14판

THOMAS

미분적분학

14판

THOMAS
미분적분학

Thomas · Hass · Heil · Weir 지음
구상모 · 유영찬 · 이성재 · 이용훈 옮김 (대표역자 이용훈)

Fourteenth Edition
THOMAS'
CALCULUS

교문사

Pearson Education South Asia Pte Ltd
9 North Buona Vista Drive
#13-05/06 The Metropolis
Tower One
Singapore 138588

Pearson Education offices in Asia: *Bangkok, Beijing, Ho Chi Minh City, Hong Kong, Jakarta, Kuala Lumpur, Manila, Seoul, Singapore, Taipei, Tokyo*

Original edition THOMAS' CALCULUS IN SI UNITS, GLOBAL EDITION 14/e, 9781292253220 by George B. Thomas, Jr., Joel R. Hass, Christopher E. Heil and Maurice D. Weir, published by Pearson Education Limited © 2019 Pearson Education Limited. All rights reserved. No part of this book may be reproduced or transmitted in any form or by any means, electronic or mechanical, including photocopying, recording or by any information storage retrieval system, without permission from Pearson Education Inc. KOREAN language edition published by PEARSON EDUCATION SOUTH ASIA PTE LTD, Copyright © 2021.

Authorized for sale only in South Korea.

4   3   2   1
24 23 22 21

Cover Art: © SnvvSnvvSnvv/Shutterstock

발행일: 2021년 3월 1일
공급처: 교문사(031-955-6111~4/genie@gyomoon.com)
ISBN: 978-981-3136-94-6(93410)
가격: 47,000원

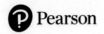

http://pearson.com/asia

역자 머리말

이 책을 번역하면서 책의 내용 전개가 철저히 학생들의 이해를 최대화시키는 방향으로 배열되어 있다는 데 감탄할 수밖에 없었다. 내용면에서 학생들이 가장 힘들어 하는 개념 이해를 돕기 위해서 비공식적인 정의, 즉 직관적 개념을 설명하고 이에 따른 실제적 예제를 주어 개념의 의미와 필요성을 부각시킨 후, 수학적인 정의를 함으로써 논리적 혹은 수학적 표현이 직관적 개념과 어떻게 부합되는지를 이해시켜서 개념 이해를 도울 수 있도록 하였다. 또한, 이들 개념에 따른 문제들을 예제로 충분히 다루어 줌으로써 개념을 완벽하게 소화할 수 있도록 하였다.

연습문제 배열 차원에서 각 장을 공부하고 그 장의 핵심 개념이나 내용들의 이해를 확인하기 위해서 복습문제를 두어 구체적인 문제가 아닌 개념과 내용 이해 여부를 묻는 논술형 문제를 앞세웠으며, 종합문제에서 일반적인 내용에 관련된 문제를 묻고, 도전적인 학생들을 위한 보충·심화 문제를 줌으로써 가르치는 사람이나 학생들에게 능동적이고 선택적인 공부를 할 수 있도록 배려하였다는 것이 두 번째 특징이다. 이 책의 또 다른 특징은 중요한 개념이나 내용이 포함된 장이나 절에서는 많은 부분을 할애하여 중요 개념이나 내용의 직관적 설명과 필요성 등을 설명해 줌으로써 동기 부여를 하고 있다는 것이다.

이와 같은 세 가지 특징이 반영된 결과로 다른 미분적분학 책들보다 부피는 크지만 가르치거나 공부하는 데 있어서 매우 효율적이라는 장점이 있다. 미분적분학을 완전하게 공부하기 위해서는 학생들은 이 책의 장점인 도입 과정, 즉 직관적 개념 설명이나 이 개념의 필요성 등을 철저히 공부하고 수학적 개념과의 연관성을 파악하도록 노력하는 것이 매우 중요하리라고 본다. 번역적인 면에서 원문의 내용을 가능한 한 그대로 번역한다는 완역의 원칙에서 작업이 이루어졌으므로 원문의 내용이나 의도가 그대로 반영되어 있다. 또한 용어의 표현은 최대한 대한수학회의 용어집을 따르고자 하였다.

Thomas의 미분적분학(제14판)은 과학이나 공학을 공부할 학생들은 전공 공부를 위한 참고서로서 반드시 갖추고 있어야 할 책으로 추천하고 싶다. 완벽한 번역을 위해 수고하신 참여 교수님들께 감사드리고, 또한 많은 도움을 준 김아름, 정수연, 황보라에게도 감사를 드린다. 마지막으로, 이 책을 출간하는 데 많은 지원과 세심하고 꼼꼼한 편집에 힘써주신 교문사의 사장님을 비롯한 직원 여러분들께 진심으로 감사드린다.

2021년 2월
수학교재편찬위원회

v

저자 머리말

Thomas' Calculus 14판은 기초적인 수학 개념(idea)들의 개념적인(conceptual) 이해의 발전에 초점을 맞추어 현대적 미적분학의 개론으로 제공되는 교재이다. 따라서 이 교재는 STEM(자연과학, 기술, 공학, 수학)을 공부하는 학생들이 전형적으로 수강하는 2~3학기용 미적분학 수업에 활용된다. 직관적이면서도 정밀한 설명, 신중하게 고른 예제, 뛰어난 그림, 오랜 시간 검증된 연습문제들이 이 교재의 기본 구성요소이다. 이 교재는 오늘날 학생들의 마음가짐과 목표의 변화를 지켜가면서 변화하는 세상에 미적분학의 응용을 이어갈 수 있도록 꾸준히 개선될 것이다.

오늘날 대부분의 학생들이 고등학교에서부터 미적분에 익숙해져 있다. 일부의 학생들은 이 경험을 대학 미적분학에서도 성공적으로 이어가기도 하지만, 또 다른 많은 학생들은 계산능력에 자신감만 지나치게 많을 뿐 개념 이해의 빈약함과 대수적 또는 삼각함수적인 숙련도에 대한 기초의 부족함을 보여주고 있다. 미적분학 수업에서 학생들의 점점 더 다양해지는 필요를 충족시키고자 노력했다. 또한 충분한 복습문제들, 자세한 해답, 다양한 예제와 연습문제들을 제공함으로써 학생들이 서로 다른 수준에 있음에도 불구하고 학생들 모두가 이해를 완벽하게 할 수 있도록 노력하였다. 우리는 학생들이 공식 암기나 틀에 박힌 계산을 하기 보다는 수학적 완성도를 발달시켜주는 방법, 또한 이해한 개념을 잘 정리, 발전시킬 수 있는 방법 등을 제공하였다. 새로운 개념을 이전에 알고 있던 관련 내용과 연결할 수 있도록 참고문헌을 제시하였다. *Thomas' Calculus* 14판은 미적분을 공부한 학생들이 문제를 해결하거나 추론하는 능력을 향상시켜서, 그들의 삶이 중요한 자리에서 도움을 받게 될 것을 기대한다. 꽤 많은 분야에서 실제로 많이 적용되고 있는 이 아름답고 창조적인 과목을 숙달함은 그 자체로도 보람된 일이며, 정의한 것과 가정한 것과 추론된 것을 이해함으로써 얻어지는 논리적이고 정밀한 사고능력, 또한 개념을 일반화하는 방법을 알게 된 것이 미적분학 공부의 진짜 선물이다. 이 책을 통해 이 목표에 도달할 수 있기를 바란다.

14판의 새로운 것들

14판에서는 새로운 저자로, 조지아 공대(Georgia Institute of Technology)의 크리스토퍼 헤일(Christopher Heil) 교수가 합류하였다. 그는 조지아 공대에서 1993년부터 미적분학, 선형대수학, 해석학, 현대대수학 등을 가르쳐왔다. 경험이 많을 뿐 아니라 13판에서는 조언자로 참여하였다. 그의 연구주제는 조화해석학이며, 또한 시간주파수 해석, 웨이블릿, 작용소 이론 등도 연구하고 있다.

14판은 실질적인 개정판이다. 모든 용어, 기호, 그림들이 더욱 더 명확하고, 일관되며 간결하게 수정되었다. 추가적으로 다음 사항들이 교재를 통하여 개선되었다.

- **그림**: 명확한 시각화와 수학적 정확성을 가져오기 위해 그림이 새롭게 그려졌다.
- **예제**: 개념적인 장애를 극복하기 위해 (사용자들의 피드백에 대한 응답으로) 예제를 추가하였다.
- **연습문제**: 기하학적 성질을 포함하는 새로운 형태의 연습문제를 전 교재를 통해 많이 추가하였다. 새로운 연습문제는 단지 같은 형태의 문제를 여러 개 추가한 것이 아니라 각 주제에 대한 새로운 관점과 접근법이 다른 형태의 문제를 추가하였다.
- **여백노트**: 학생들이 문제의 풀이과정을 적을 수 있도록, 수학적 논증의 각 단계를 엄밀히 기록하기 위해 여백 공간을 추가하였다.

향상된 내용들

1장

- 1.1절에서 평균 속력의 정의를 추가하였다.
- 극한의 정의를 일반적인 정의역에서도 적용될 수 있도록 명확히 하였다. 이렇게 정의된 극한은 이제 일관되어서 뒷장의 다변수 정의역이나 더 일반적인 영역에도 똑같이 적용할 수 있다.
- 1.4절의 예제 7을 새롭게 추가하여 삼각함수의 비의 극한을 설명하였다.
- 1.5절의 예제 11을 다시 고쳐서 함수의 영을 구함으로써 방정식의 해를 찾았다. 앞의 설명과 일관되게 하였다.
- 새로운 연습문제를 추가하였다. 1.1절 15~18, 1.2절 3(h)~(k), 4(f)~(i), 1.4절 19~20, 45~46, 1.6절 69~72, 종합문제 49~50, 보충 · 심화문제 33

2장

- 기울기와 변화율과의 관계를 명확히 하였다.
- 그림 2.9를 추가하여 제곱근 함수에 대하여 수직선 판정법을 설명하였다.
- 2.2절에서 $x\sin(1/x)$의 그림을 추가하여 연속함수가 진동으로 인하여 어떻게 미분계수가 존재하지 않을 수 있는 지를 설명하였다.
- 곱의 미분공식에서 곱해지는 인수의 순서를 바꾸어 표현함으로 후에 내적이나 외적까지 포함하여 전체 교재를 통해 일관성을 유지하였다.
- 새로운 연습문제를 추가하였다. 2.2절 36, 43~44, 2.3절 51~52, 2.5절 43~44, 61(b)(c), 2.6절 65~66, 97~99, 2.7절 25~26, 2.8절 47, 보충 · 심화문제 24~25

3장

- 3.1절에 요약을 추가하였다.
- 예제 3과 그림 3.27을 새롭게 추가하여 오목성의 기본적인 예제와 고급 예제를 설명하였다.
- 새로운 연습문제를 추가하였다. 3.1절 61~62, 3.3절 61~62, 3.4절 49~50, 99~104, 3.5절 37~40, 3.6절 7~8, 3.7절 93~96, 종합문제 1~10, 보충 · 심화문제 19~20, 33, 3.1절의 연습문제 53~68을 종합문제로 이동

4장

- 4.4절의 논의를 개선하였고, 그림 4.18을 새롭게 추가하여 평균값 정리를 설명하였다.
- 새로운 연습문제를 추가하였다. 4.2절 33~36, 종합문제 45~46

5장

- 원주각 방법을 명확히 하였다.
- 5.6절의 그림과 함께 직선 위의 질량 분포에 대한 도입 논의를 추가하였다.
- 새로운 연습문제를 추가하였다. 5.1절 15~16, 5.2절 45~46, 5.5절 1~2, 5.6절 1~6, 19~20, 종합문제 17~18, 35~36

6장

- "부정형"의 용어에 대한 설명을 추가하였다.
- 6.6절에서 역사인함수에 대한 기호를 $\sin^{-1}$ 대신에 arcsin을 기본 기호로 사용하였다. 다른 삼각함수에 대하여도 유사하게 바꾸어 사용하였다.
- 새로운 연습문제를 추가하였다. 6.2절 5~6, 75~76, 6.3절 5~6, 31~32, 123~128, 149~150, 6.6절 43~46, 95~96, 보충·심화문제 9~10, 23

7장

- 7.2절의 부분적분법 설명을 새롭게 고쳐 써서 $u\,dv$보다는 오히려 $u(x)v'(x)dx$표현을 강조하였다. 이에 따라 예제 1~3을 다시 썼다.
- 표를 이용한 적분의 설명을 삭제하였으며, 이와 관련한 연습문제도 삭제하였다.
- 7.5절에서 부분분수식의 상수를 구하는 방법에 대한 설명을 새롭게 하였다.
- 7.8절에서 기호를 새롭게 고쳐서 통계학의 표준 사용법에 맞추었다.
- 새로운 연습문제를 추가하였다. 7.1절 41~44, 7.2절 53~56, 72~73, 7.3절 75~76, 7.4절 49~52, 7.5절 51~66, 73~74, 7.8절 35~38, 77~78, 종합문제 69~88

8장

- 수열과 급수의 다른 의미를 명확히 설명하였다.
- 그림 8.9를 새롭게 추가하여 히스토그램의 넓이로써 급수의 합을 설명하였다.
- 8.3절에서 근삿값에 대한 오차한계의 중요성의 논의를 추가하였다.
- 그림 8.13을 새롭게 추가하여 적분을 사용하여 부분합의 나머지 항에 대한 한계를 구하는 방법을 설명하였다.
- 8.4절에서 정리 10을 고쳐 써서 적분 판정법과 유사성을 가져왔다.
- 그림 8.16을 새롭게 추가하여 조화급수와 교대조화급수가 다르게 행동하는지를 설명하였다.
- 발산에 대한 일반항 판정법으로 일반항 판정법의 이름을 바꾸어서 수렴에 대하여 아무 말도 할 수 없음을 강조하였다.
- 그림 8.19를 새롭게 추가하여 반구간 $(-1,1]$에서 $\ln(1+x)$로 수렴하는 다항식을 설명하였다.
- 8장을 통해 빨간 점과 구간을 사용하여 발산하는 점과 구간을 표시하였다. 또한 파란색은 수렴을 표시하였다.
- 그림 8.21을 새롭게 추가하여 수렴구간에 대한 6가지 다른 가능성을 보여주었다.
- 새로운 연습문제를 추가하였다. 8.1절 27~30, 72~77, 8.2절 19~22, 73~76, 105, 8.3절 11~12, 39~42, 8.4절 55~56, 8.5절 45~46, 65~66, 8.6절 57~82, 8.7절 61~65, 8.8

절 23~24, 39~40, 8.9절 11~12, 37~38, 종합문제 41~44, 97~102

9장

- 9.2절에서 예제 1과 그림 9.2를 새롭게 추가하여 매개변수 곡선의 직접적인 예를 들었다.
- 극좌표에서 넓이 공식을 새롭게 고쳐서 r이 양수인 것과 θ가 겹치지 않도록 하는 조건을 포함시켰다.
- 9.5절에서 예제 3과 그림 9.37을 새롭게 추가하여 극 곡선의 교점을 설명하였다.
- 새로운 연습문제를 추가하였다. 9.1절 19~28, 9.2절 49~50, 9.4절 21~24

10장

- 그림 10.13(b)를 새롭게 추가하여 벡터의 크기를 조절하는 효과를 보여 주었다.
- 10.3절에서 예제 7과 그림 10.26을 새롭게 추가하여 벡터사영을 설명하였다.
- 10.6절에서 예제 4와 그림 10.48을 새롭게 추가하고 일반적인 이차 곡선의 설명을 추가하여 중심이 원점이 아닌 타원면을 완전제곱 꼴로 고치는 표현법을 설명하였다.
- 새로운 연습문제를 추가하였다. 10.1절 31~34, 59~60, 73~76, 10.2절 43~44, 10.3절 17~18, 10.4절 51~57, 10.5절 49~52

11장

- κ(kappa), τ(tau) 등과 같은 그리스 문자를 어떻게 읽는지를 보조단에 추가하였다.
- 새로운 연습문제를 추가하였다. 11.1절 1~4, 27~36, 11.2절 15~16, 19~20, 11.4절 27~28, 11.6절 1~2

12장

- 12.1절에서 열린 영역과 닫힌 영역에 대해 상세하게 설명하였다.
- 한 점에서 편미분계수, 기울기 벡터, 방향미분계수를 계산하는 기호를 이 장을 통해 표준화하였다.
- "분지 도형"을 대신하여 "종속 도형"으로 이름을 바꾸어 변수에 종속됨을 명확히 하였다.
- 새로운 연습문제를 추가하였다. 12.2절 51~54, 12.3절 51~54, 59~60, 71~74, 103~104, 12.4절 20~30, 43~46, 57~58, 12.5절 41~44, 12.6절 9~10, 61, 12.7절 61~62

13장

- 그림 13.21(b)를 새롭게 추가하여 이중적분의 적분영역을 설정하는 방법을 설명하였다.
- 13.5절 예제 1을 새롭게 추가하고, 예제 2와 예제 3을 보완하였으며, 그림 13.31, 13.32와 13.33을 새롭게 추가하여 삼중 적분의 적분영역을 설정하는 기본 예제를 만들었다.
- 새로운 연습문제를 추가하였다. 13.1절 15~16, 27~28, 13.7절 1~22

14장

- 그림 14.4를 새롭게 추가하여 함수의 선적분을 설명하였다.
- 그림 14.17을 새롭게 추가하여 기울기 벡터장을 설명하였다.
- 그림 14.19를 새롭게 추가하여 벡터장의 선적분을 설명하였다.
- 14.2절에서 선적분에 대한 기호를 명확히 하였다.

- 14.3절에서 퍼텐셜 에너지의 부호에 대한 논의를 추가하였다.
- 14.4절 예제 3의 풀이를 다시 써서 그린 정리의 연계를 명확히 하였다.
- 14.6절 그림 14.52를 따라 곡면의 방향의 논의를 새롭게 하였다.
- 새로운 연습문제를 추가하였다. 14.2절 37~38, 41~46, 14.4절 1~6, 14.6절 49~50, 14.7절 1~6, 14.8절 1~4

지속적인 사항들

엄밀성: 엄밀성의 정도는 전판과 비슷하다. 형식적인 논의와 비형식적인 논의를 구별하였으면 그 차이를 지적하였다. 학생들이 새롭고 어려운 개념을 이해하기 쉽도록 더 직관적이고, 덜 형식적인 접근을 시도하여, 나중에는 수학적으로 더 완벽히 이해할 수 있게 해준다. 학생들이 이해할 수 있는 정확한 정의와 증명들도 포함하였으며, 더 깊고 더 민감한 주제는 고등 미적분학에 다루도록 설명하였다. 이러한 논의는 강사들에게는 다양한 주제의 깊이와 양에 따라 어느 정도의 유연성을 제공한다. 예를 들면, 유한닫힌 구간에서 정의된 연속함수에 대한 중간값 정리나 극값 정리는 증명하지 않았다. 하지만 자세히 서술하였고 많은 예제를 통해 의미를 잘 설명하였다. 또한 그들을 사용하여 다른 중요한 결과들을 증명하였다. 추가로, 더 깊게 다루고자 하는 강사들은 부록 6에서 실수의 완비성을 이용하여 이 정리들을 더 심도 있게 논의할 수 있다.

서술형 연습문제: 서술형 문제는 학생들로 하여금 많은 미적분학에 있는 개념들 및 응용들을 탐구하고 설명하도록 책 전체에 고루 편성하였다. 추가로, 각 장의 끝에서 학생들로 하여금 공부한 것을 복습하고 요약하도록 하는 문제들을 포함하였다. 대부분의 문제들이 좋은 서술과제가 될 것이다.

각 장 복습과 과제: 각 절의 끝에 있는 연습문제에 더하여, 각 장의 내용을 정리하는 복습문제, 장 전체에 해당하는 종합문제, 더 도전적이고 종합적인 보충·심화문제를 각 장의 끝에 수록하였다. 대부분의 장에는 좀 긴 시간 동안 개인이나 조별로 해결해야 할 몇 개의 기술 활용 실습과제를 포함하였다. 이들 과제는 컴퓨터 프로그램 Mathematica 나 Maple 등을 사용하기를 요구한다.

집필과 응용: 이 교재는 쉽게 읽을 수 있도록, 대화식으로, 내용이 풍부하도록 노력을 계속할 것이다. 새로운 주제들은, 분명하고 이해가 쉬운 예제들로 동기를 부여하고 학생들에게 흥미를 주는 현실세계의 응용문제들을 보충하였다. 이 책의 가장 큰 특징은 미분적분학의 과학과 공학에의 응용에 있다. 이들 응용문제는 이전 판들을 통해 지속적으로 최신의 것으로, 새롭게 개선하였으며, 확대되어 왔다.

공학기술: 이 교재를 사용하는 강의에서, 강사의 취향에 따라 공학기술을 반영할 수 있다. 각 절에 공학기술을 요구하는 문제들을 포함하였다. 이러한 문제들은 계산기나 컴퓨터를 사용해야 할 경우, T 표시를 하였으며, 컴퓨터 대수 시스템(CAS, Maple이나 Mathematica 같은)을 사용해야 할 경우 컴퓨터 탐구문제로 분류하였다.

차례

1

극한과 연속

개요 이 장에서는 극한의 개념을 먼저 직관적으로 살펴본 후 형식에 맞춰 소개할 것이다. 또, 극한을 이용하여 함수 *f*가 변하는 방법을 설명한다. 연속적으로 변하는 함수가 있다. 이 경우, *x*의 변화량이 작으면 *f*(*x*)의 변화량도 작게 된다. 점프하거나, 엉뚱하게 변하거나, 또는 한없이 증가하거나 감소하는 값들을 갖는 함수도 있다. 극한의 개념은 이러한 움직임을 구별하는 정확한 방법을 제시한다.

1.1 변화율과 곡선의 접선

평균속도와 순간속도

역사적 인물
갈릴레오(Galileo Galilei, 1564~1642)

16세기 후반에, 갈릴레오(Galileo)는 지구의 표면 근처에서 자유롭게 낙하시키기 위해 정지(초기에는 움직이지 않는) 상태에서 떨어트린 단단한 물체는 낙하 시간의 제곱에 비례하는 거리를 낙하한다는 것을 발견하였다. 이런 유형의 운동을 **자유낙하운동(free fall)**이라고 한다. 여기서 떨어지는 물체의 속도를 줄이는 공기저항은 무시하고 중력은 떨어지는 물 체에 작용하는 유일한 힘이라고 가정한다. 만약 *y*가 *t*초 후에 미터 단위로서 낙하하는 거리를 나타낸다면 갈릴레오의 법칙은

$$y = 4.9t^2$$

이고, 여기서 4.9는 비례상수이다.

좀 더 일반적으로, 움직이는 물체의 시간 *t*에서의 이동거리가 *f*(*t*)라고 가정하자. 그러면 시간 구간 $[t_1, t_2]$에서 물체의 **평균 속도**는 경과시간 동안의 이동한 거리 $f(t_2) - f(t_1)$을 경과시간 $t_2 - t_1$으로 나눔으로써 구할 수 있다. 측정 단위는 단위 시간당 길이를 사용한다. 예를 들어, km/h(시속 킬로미터), m/s(초속 미터)와 같이 문제에 따라 적절하게 사용한다.

> **평균 속도** *f*(*t*)가 시간 *t*에서 이동거리라고 할 때,
> $$[t_1, t_2] \text{ 동안 평균 속도} = \frac{\text{이동한 거리}}{\text{경과 시간}} = \frac{f(t_2) - f(t_1)}{t_2 - t_1}$$
> 이다.

예제 1 암석이 높은 절벽의 꼭대기로부터 떨어져서 깨졌다. 다음 시간 구간에서의 평균속도는 얼마인가?

(a) 낙하하는 처음 2초 동안

(b) 1초와 2초 사이의 1초 구간 동안

풀이   주어진 시간 구간 동안 암석의 평균속도는 거리의 변화 Δy를 시간 구간의 길이 Δt로 나누는 것이다. (증분 Δy와 Δt는 "델타 y"와 "델타 t"로 읽는다.) 거리는 미터, 시간은 초로 계산하면 다음과 같다.

(a) 처음 2초 동안   : $\dfrac{\Delta y}{\Delta t} = \dfrac{4.9(2)^2 - 4.9(0)^2}{2 - 0} = 9.8\dfrac{m}{s}$

(b) 1초와 2초 사이   : $\dfrac{\Delta y}{\Delta t} = \dfrac{4.9(2)^2 - 4.9(1)^2}{2 - 1} = 14.7\dfrac{m}{s}$ ■

떨어지는 물체에 대해 시간 구간에서 평균속도를 이용하는 대신에 순간 t_0에서 속도를 결정하는 방법이 필요하다. 이 방법을 찾기 위해서 t_0에서 시작해서 더욱더 짧은 시간 구간에서 평균속도를 계산할 때 무슨 일이 일어나는가를 조사한다. 다음 예제는 이과정을 설명한다. 여기서는 자연스럽게 다루고, 2장에서는 엄밀하게 다룰 것이다.

예제 2   예제 1에서 $t = 1$초와 $t = 2$초에서 낙하하는 암석의 속도를 구하라.

풀이   길이 $\Delta t = h$를 갖는 시간 구간 $[t_0, t_0 + h]$ 상에서

$$\frac{\Delta y}{\Delta t} = \frac{4.9(t_0 + h)^2 - 4.9t_0^2}{h} \tag{1}$$

로 암석의 평균속도를 계산할 수 있다. 단순히 $h = 0$을 대입하여 정확한 순간 t_0에서 "순간적인" 속도를 계산하기 위해서 이 공식을 사용할 수 없다. 왜냐하면 0으로 나눌 수 없기 때문이다. 그러나 $t_0 = 1$과 $t_0 = 2$에서 출발하는 더욱더 짧은 시간 구간에서 평균속도를 계산하기 위해서는 공식을 이용할 수 있고 h의 값을 아주 작게 취함으로써 그 경향을 볼 수 있다(표 1.1).

표 1.1 짧은 시간 구간 $[t_0, t_0 + h]$ 상에서의 평균속도		
평균속도: $\dfrac{\Delta y}{\Delta t} = \dfrac{4.9(t_0 + h)^2 - 4.9t_0^2}{h}$		
시간 구간 h의 길이	$t_0 = 1$에서 출발하는 길이 h의 구간 상에서의 평균속도	$t_0 = 2$에서 출발하는 길이 h의 구간 상에서의 평균속도
1	14.7	24.5
0.1	10.29	20.09
0.01	9.849	19.649
0.001	9.8049	19.6049
0.0001	9.80049	19.60049

$t_0 = 1$에서 출발하는 시간 구간 상에서의 평균속도는 구간의 길이가 작아짐으로써 극한값 9.8에 접근하는 것처럼 보인다. 이것은 암석이 $t_0 = 1$초에서 9.8 m/s의 속도로 낙하함을 나타낸다. 이것을 대수적으로 확인해보자.

만약 $t_0 = 1$에 고정하고 식 (1)의 분자를 전개하여 정리하면

$$\frac{\Delta y}{\Delta t} = \frac{4.9(1 + h)^2 - 4.9(1)^2}{h} = \frac{4.9(1 + 2h + h^2) - 4.9}{h}$$

$$= \frac{9.8h + 4.9h^2}{h} = 9.8 + 4.9h$$

를 구할 수 있다. 0이 아닌 h의 값에 대해서 오른쪽과 왼쪽의 식은 같고 평균속도는 $9.8 + 4.9h$ m/s이다. 이제 평균속도가 h가 0에 접근할때 왜극한값 $9.8 + 4.9(0) = 9.8$ m/s를 가지

는지를 알 수 있다.

마찬가지로, 식 (1)에서 $t_0 = 2$에 고정하고 0이 아닌 h의 값에 대해서 같은 방법을 적용하면

$$\frac{\Delta y}{\Delta t} = 19.6 + 4.9h$$

를 얻는다. 표 1.1에서 보여 주듯이, h가 점점 더 0에 가까워질 때 $t_0 = 2$에서 평균속도는 극한값 19.6 m/s를 갖는다. ■

떨어지는 물체의 평균속도는 더 일반적인 개념인 평균변화율의 한 예이다.

평균변화율과 할선

주어진 임의의 함수 $f(x)$에 대해서, y값의 변화량 $\Delta y = f(x_2) - f(x_1)$을 변화가 발생하는 구간 $[x_1, x_2]$의 길이 $\Delta x = x_2 - x_1 = h$로 나누어 x에 관한 y의 평균변화율을 계산한다. (지금부터는 기호를 단순화하기 위해서 Δx 대신에 기호 h를 사용한다.)

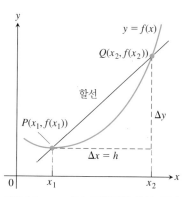

그림 1.1 $y = f(x)$ 그래프의 할선. 구간 $[x_1, x_2]$에서 f의 평균변화율인 기울기는 $\frac{\Delta y}{\Delta x}$이다.

> **정의** 구간 $[x_1, x_2]$에서 x에 관한 $y = f(x)$의 **평균변화율(average rate of change)**은 다음과 같다.
>
> $$\frac{\Delta y}{\Delta x} = \frac{f(x_2) - f(x_1)}{x_2 - x_1} = \frac{f(x_1 + h) - f(x_1)}{h}, \qquad h \neq 0$$

기하학적으로, $[x_1, x_2]$에서 f의 평균변화율은 점 $P(x_1, f(x_1))$과 $Q(x_2, f(x_2))$를 통과하는 직선의 기울기이다(그림 1.1). 기하학에서 한 곡선의 두 점을 연결하는 직선은 곡선에 대한 **할선(secant)**이다. 그래서 x_1에서 x_2까지의 f의 평균변화율은 할선 PQ의 기울기가 된다. 곡선을 따라 점 Q를 점 P에 접근하면, 구간의 길이 h가 0으로 접근한다. 이러한 과정이 한 점에서 곡선의 기울기를 정의할 수 있게 해준다.

곡선의 기울기 정의

직선의 기울기가 의미하는 것은 직선이 증가하거나 감소하는 비율, 즉 선형함수의 변화율을 의미한다. 그러면 곡선 위에 있는 한 점 P에서 곡선의 기울기가 의미하는 것은 무엇인가? 만약 P에서 곡선에 대한 접선이 있다면(곡선에 접하는 선은 원에 접하는 접선과 같다.) P에서 곡선의 기울기와 접선의 기울기를 동일하게 생각하는 것은 합리적이다. 점 P를 통과하는 모든 직선 중에서 접선은 점 P에서 곡선을 가장 근사시키는 직선임을 알게 될 것이다. 따라서 곡선 위에 있는 한 점에서 접선에 대한 정확한 개념이 필요하다.

원의 접선은 명확하다. 만약 P를 통과하는 L이 P에서 반지름과 수직이면 직선 L은 점 P에서 원에 접한다(그림 1.2). 그런 직선은 원에 접한다. 그러면 한 점 P에서 직선 L이 일반적인 곡선 C에 접한다는 것은 무슨 의미인가?

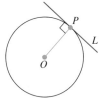

그림 1.2 반경 OP에 수직이면서 점 P를 통과하는 L은 점 P에서 원에 대한 접선이다.

일반적인 곡선에 대해서 접선을 정의하기 위해서, Q가 곡선을 따라 P를 향해 이동함으로써 P와 근처의 점들 Q를 통과하는 할선의 움직임을 설명하는 접근이 필요하다(그림 1.3). 계산할 수 있는 것, 즉 할선 PQ의 기울기를 가지고 시작해라. 곡선을 따라 Q를 P에 접근시킴으로써 할선의 기울기의 극한값을 계산한다. (극한 개념은 다음 절에서 설명한다.) 만약 극한이 존재하면, P에서 곡선의 기울기를 구하고, 이 기울기를 가지면서 P를 통과하는 직선을 P에서 곡선에 대한 접선으로 정의한다.

역사적 인물
페르마(Pierre de Fermat, 1601~1665)

다음 예제는 곡선에 대한 접선을 기하학적인 개념으로 설명한다.

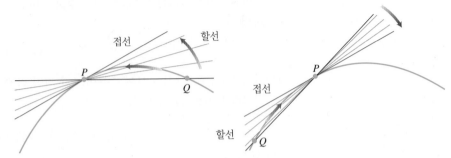

그림 1.3 P에서 곡선에 대한 접선은 $Q \to P$일 때 할선의 기울기의 극한을 기울기로 가지면서 P를 통과하는 직선이다.

예제 3 점 $P(2, 4)$에서 포물선 $y = x^2$의 접선의 기울기를 구하라. 또, 이 점에서 포물선에 접하는 접선의 방정식을 구하라.

풀이 $P(2, 4)$와 $Q(2+h, (2+h)^2)$ 근처를 통과하는 할선을 가지고 시작한다. 먼저, 할선 PQ의 기울기를 식으로 쓰고 Q가 곡선을 따라 P에 접근할 때 기울기에 무슨 일이 일어나는가를 조사한다.

$$\text{할선 기울기} = \frac{\Delta y}{\Delta x} = \frac{(2+h)^2 - 2^2}{h} = \frac{h^2 + 4h + 4 - 4}{h}$$

$$= \frac{h^2 + 4h}{h} = h + 4$$

만약 $h > 0$이면, 그림 1.4처럼 Q는 P의 오른쪽 위에 놓인다. 만약 $h < 0$이면, Q는 P의 왼쪽에 놓인다. 두 경우에 있어서, Q가 곡선을 따라 P에 접근할 때 h는 0에 접근하 고 할선의 기울기 $h + 4$는 4에 접근한다. 우리는 P에서 포물선의 기울기 4를 얻는다.

P에서 포물선에 대한 접선은 기울기가 4이고 P를 통과하는 직선이다.

$$y = 4 + 4(x - 2) \quad \text{점-기울기 방정식}$$

$$y = 4x - 4$$

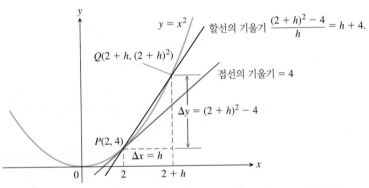

그림 1.4 할선의 기울기의 극한으로 점 $P(2, 4)$에서 포물선 $y - x^2$의 기울기 구하기(예제 3).

순간변화율과 접선

예제 2에서 암석이 $t = 1$과 $t = 2$ 순간에 낙하하는 비율을 순간변화율이라고 한다. 순간변화율과 접선의 기울기는 밀접한 관계가 있는데, 이것은 다음 예제에서 이해하게 될 것이다.

예제 4 그림 1.5는 초파리의 개체가 50일의 실험 기간 동안 얼마나 성장되었는가를 보여 준다. 파리의 수를 일정한 시간 구간에서 세어서 시간 t에 대한 좌표로 점의 위치를 결정하고, 이 점들을 부드러운 곡선에 의해 연결하였다(그림 1.5의 파란선). 23일에서 45일까지의 평균성장률을 구하라.

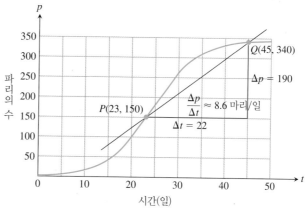

그림 1.5 통제된 실험에서 초파리 개체의 성장. 22일 동안 평균변화율은 할선의 기울기 $\dfrac{\Delta p}{\Delta t}$이다(예제 4).

풀이 23일에는 150마리의 파리가 있었고 45일에는 340마리의 파리가 있었다. 그래서 파리의 수는 $45 - 23 = 22$일 동안 $340 - 150 = 190$마리가 증가하였다. 23일에서 45일까지의 개체의 평균변화율은

$$\text{평균변화율:}\quad \frac{\Delta p}{\Delta t} = \frac{340 - 150}{45 - 23} = \frac{190}{22} \approx 8.6 \text{ 마리/일}$$

이 평균변화율은 그림 1.5의 그래프에 있는 점 P와 Q를 통과하는 할선의 기울기이다. ■

예제 4에서 계산되었던 23일에서 45일까지의 평균변화율은 개체군이 23일 당일에 얼마나 빨리 변화하는지를 의미하는 것은 아니다. 따라서 당일에 가까운 시간 구간을 조사할 필요가 있다.

예제 5 예제 4의 개체에 있는 파리의 수가 23일에는 얼마나 빨리 증가하는가?

풀이 이 질문에 답하기 위해서, 23일에서 시작하여 점점 짧아지는 시간 구간 상에서의 평균변화율을 조사한다. 기하학적으로, 곡선을 따라 P에 접근하는 점 Q들의 수열에 대해 할선 PQ의 기울기를 계산함으로써 이 비율들을 구한다(그림 1.6).

Q	PQ의 기울기 $= \Delta p / \Delta t$ (마리/일)
(45, 340)	$\dfrac{340 - 150}{45 - 23} \approx 8.6$
(40, 330)	$\dfrac{330 - 150}{40 - 23} \approx 10.6$
(35, 310)	$\dfrac{310 - 150}{35 - 23} \approx 13.3$
(30, 265)	$\dfrac{265 - 150}{30 - 23} \approx 16.4$

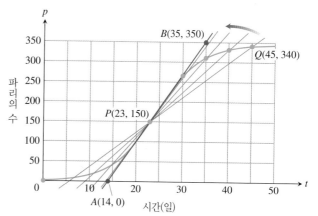

그림 1.6 초파리 그래프에서 점 P를 통과하는 4개 할선의 위치와 기울기(예제 5)

표에 있는 값들은 Q의 t 좌표가 45에서 30으로 줄어들 때 할선의 기울기가 8.6에서 16.4로 상승함을 보여 주고, 또 t가 지속적으로 23일로 줄어들 때 기울기는 조금 더 커질 것이다. 기하학적으로, 그림에서 보듯이 할선들이 P를 중심으로 시계 반대방향으로 회전하면서 빨간 직선에 접근하는 것처럼 보인다. 빨간 직선이 점 $(14, 0)$과 $(35, 350)$을 통과하여 지나가기 때문에 기울기는 근삿값으로

$$\frac{350 - 0}{35 - 14} = 16.7 \text{ 마리/일}$$

를 갖는다. 23일의 개체는 약 16.7 마리/일의 비율로 증가한다.   ■

순간변화율은 변화가 발생하는 구간의 길이 h가 0에 접근할 때 평균변화율의 값이다. 평균변화율은 할선의 기울기에 대응한다; 순간변화율은 고정된 값에서 접선의 기울기에 대응한다. 따라서 순간변화율과 접선의 기울기는 밀접하게 연결되어 있다. 다음 장에서 이 용어를 엄밀하게 정의할 것이고, 우선적으로 극한 개념의 이해가 필요하다.

연습문제 1.1

평균변화율

연습문제 1~6에서 주어진 구간 또는 구간들 상에서 함수의 평균변화율을 구하라.

1. $f(x) = x^3 + 1$
  a. $[2, 3]$ **b.** $[-1, 1]$

2. $g(x) = x^2 - 2x$
  a. $[1, 3]$ **b.** $[-2, 4]$

3. $h(t) = \cot t$
  a. $[\pi/4, 3\pi/4]$ **b.** $[\pi/6, \pi/2]$

4. $g(t) = 2 + \cos t$
  a. $[0, \pi]$ **b.** $[-\pi, \pi]$

5. $R(\theta) = \sqrt{4\theta + 1}$; $[0, 2]$

6. $P(\theta) = \theta^3 - 4\theta^2 + 5\theta$; $[1, 2]$

한 점에서 곡선의 기울기

연습문제 7~14에서 예제 3의 방법을 이용하여 (a) 주어진 점 P에서 곡선의 기울기, (b) P에서 접선의 방정식을 구하라.

7. $y = x^2 - 5$, $P(2, -1)$

8. $y = 7 - x^2$, $P(2, 3)$

9. $y = x^2 - 2x - 3$, $P(2, -3)$

10. $y = x^2 - 4x$, $P(1, -3)$

11. $y = x^3$, $P(2, 8)$

12. $y = 2 - x^3$, $P(1, 1)$

13. $y = x^3 - 12x$, $P(1, -11)$

14. $y = x^3 - 3x^2 + 4$, $P(2, 0)$

15. $y = \dfrac{1}{x}$, $P(-2, -1/2)$

16. $y = \dfrac{x}{2 - x}$, $P(4, -2)$

17. $y = \sqrt{x}$, $P(4, 2)$

18. $y = \sqrt{7 - x}$, $P(-2, 3)$

순간변화율

19. 자동차의 속도 다음 그림은 스포츠 자동차가 정지상태에서 가속하는 시간과 거리의 그래프를 보여준다.
  a. 그림 1.6에서와 같이 표에서 할선 PQ_1, PQ_2, PQ_3와 PQ_4의 순서를 배열하여 할선들의 기울기를 추정하라. 이 기울기들에 대한 적절한 단위는 무엇인가?
  b. $t = 20$초에서 자동차의 속도를 추정하라.

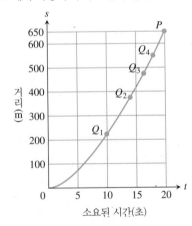

소요된 시간(초)

20. 다음 그림은 80 m 높이의 달 착륙선에서 달의 표면까지 떨어트리는 물체의 시간에 대한 낙하거리의 위치를 보여준다.
  a. 그림 1.6에서와 같이 표에서 할선 PQ_1, PQ_2, PQ_3와 PQ_4의 순서를 배열하여 할선들의 기울기를 추정하라.
  b. 물체가 표면에 도달한 순간 물체는 얼마나 빠른가?

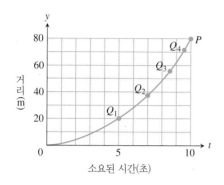

소요된 시간(초)

21. 5년 동안 운영된 작은 회사의 매년도 이익이 다음 표에 나와 있다.

년	1000달러에 대한 이익
2010	6
2011	27
2012	62
2013	111
2014	174

a. 연도에 대한 함수로서 이익을 나타내는 점들을 그리고, 그 점들을 가능한 부드러운 곡선으로 연결하라.

b. 2012년과 2014년 사이의 이익 증가에 대한 평균변화율은 얼마인가?

c. 그래프를 이용하여 2012년에 이익이 변화하는 비율을 추정하라.

22. 점 $x = 1.2$, $x = 11/10$, $x = 101/100$, $x = 1001/1000$, $x = 10001/10000$과 $x = 1$에서 함수 $F(x) = (x+2)/(x-2)$에 대한 값들을 표로 만들라.

a. 표에서 $x \neq 1$인 각 점에 대해 구간 $[1, x]$ 상에서 $F(x)$의 평균변화율을 구하라.

b. 만약 필요하다면 표를 확장하여 $x = 1$에서 $F(x)$의 변화율을 결정하라.

23. $g(x) = \sqrt{x}$ $(x \geq 0)$라 하자.

a. 구간 $[1, 2]$, $[1, 1.5]$와 $[1, 1+h]$ 상에서 x에 대한 $g(x)$의 평균변화율을 구하라.

b. 0에 접근하는 몇 개의 h값($h = 0.1$, 0.01, 0.001, 0.0001, 0.00001과 0.000001)에 대해 구간 $[1, 1+h]$ 상에서 x에 대한 g의 평균변화율의 값을 표로 만들라.

c. $x = 1$에서 x에 대한 $g(x)$의 변화율이 표에서 가리키는 것은 무엇인가?

d. 구간 $[1, 1+h]$ 상에서 h가 0에 접근할 때 x에 대한 g의 평균변화율의 극한을 계산하라.

24. $f(t) = 1/t (t \neq 0)$라 하자.

a. (i) $t = 2$에서 $t = 3$까지 그리고 (ii) $t = 2$에서 $t = T$까지의 구간들상에서 t에 대한 f의 평균변화율을 구하라.

b. 2에 접근하는 몇 개의 T값($T = 2.1$, 2.01, 2.001, 2.0001, 2.00001과 2.000001)에 대해 구간 $[2, T]$ 상에서 t에 대한 f의 평균변화율의 값을 표로 만들라.

c. $t = 2$에서 t에 대한 f의 변화율이 표에서 가리키는 것은 무엇인가?

d. $t = 2$에서 $t = T$까지의 구간 상에서 T가 2에 접근할 때 t에 대한 f의 평균변화율의 극한을 계산하라. $T = 2$를 대입하기 위해서는 몇 번 대수적으로 식을 변형해야만 한다.

25. 다음 그림은 t시간 후에 자전거로 여행한 총 거리를 보여준다.

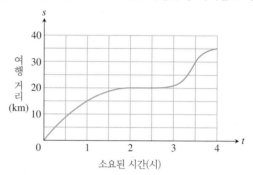

소요된 시간(시)

a. 시간 구간 $[0, 1]$, $[1, 2.5]$와 $[2.5, 3.5]$ 상에서 자전거의 평균 속도를 추정하라.

b. 시간 $t = \frac{1}{2}$, $t = 2$, $t = 3$에서 자전거의 순간속도를 추정하라.

c. 자전거의 최대 속도와 그것이 발생하는 특정 시간을 추정하라.

26. 다음 그림은 오토바이를 t일 동안 운행한 후에 오토바이의 연료통에 있는 연료 A의 총 양을 보여준다.

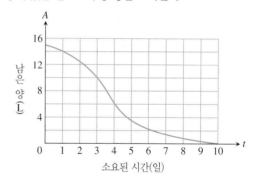

소요된 시간(일)

a. 시간 구간 $[0, 3]$, $[0, 5]$와 $[7, 10]$ 상에서 연료 소비량의 평균 비율을 추정하라.

b. 시간 $t = 1$, $t = 4$와 $t = 8$에서 연료 소비량의 순간 비율을 추정하라.

c. 연료 소비량의 최대 비율과 그것이 발생하는 특정 시간을 추정하라.

1.2   함수의 극한과 극한 법칙

1.1절에서는 함수의 순간변화율이나 곡선의 접선을 구함에 있어 극한의 개념이 나타남을 보았다. 이 절에서는 함수의 극한을 비형식적인 방법에 의한 정의로 시작하여 극한의 성질을 다루는 법칙들을 살펴본다. 이 법칙들은 다항함수나 유리함수를 포함하여 다양한 함수들의 극한을 빠르게 계산할 수 있게 해 준다. 엄밀한 정의는 다음 절에서 논의한다.

함숫값의 극한

극한 함수 $y = f(x)$를 연구할 때, 우리는 특정한 점 c 근처에서(c에서는 아님) 함수의 움직임에 흥미를 가지고 있음을 자주 발견한다. 어떤 c에서는 함수를 계산하려고 할 때 0으로 나누게 되는 상황이 발생하여 정의되지 않는 경우가 있다. 이것은 앞에서 0에 아주 가까운 h에 대해 $\Delta y / h$를 생각하여 함수 y의 순간변화율을 구할 때 언급되었다. 다음은 직접 계산할 수 없는 특정한 점 근처에서 함수가 어떻게 움직이는지를 수치적으로 조사하는 특별한 예이다.

예제 1   함수

$$f(x) = \frac{x^2 - 1}{x - 1}$$

은 $x = 1$ 근방에서 어떻게 움직이는가?

풀이   주어진 식은 $x = 1$(0으로 나눌 수 없다.)을 제외한 모든 실수 x에서 f가 정의된다. $x \neq 1$인 경우 분자를 인수분해하고 공통인자를 약분함으로써 식을 간단히 정리할 수 있다.

$$f(x) = \frac{(x - 1)(x + 1)}{x - 1} = x + 1 \qquad (단,\ x \neq 1)$$

그래서 f의 그래프는 점 $(1, 2)$를 제외한 직선 $y = x + 1$이다. 이 제외된 점은 그림 1.7에서 "구멍"으로 보인다. 비록 $f(1)$이 정의되지 않지만 1에 충분히 가까운 x를 선택함으로써 $f(x)$의 값이 2에 원하는 만큼 가까이 가게 만들 수 있다는 것은 명백하다(표 1.2).   ■

함수의 극한의 비형식적인 설명

여기서는 함수 f의 정의역의 내부점에서 극한의 비형식적인 정의를 알아본다. $f(x)$가 c의 근방에서 정의된(c에서 정의될 필요는 없음) 함수라 하자. 만약 x가 c에 충분히 가까이 접근할 때 $f(x)$가 임의로 L에 가깝게(우리가 원하는 만큼 L에 가깝게) 간다면 우리는 x가 c에 접근할 때 f는 **극한 L**에 접근한다고 말하고 기호로는

$$\lim_{x \to c} f(x) = L$$

과 같이 나타내고, "x가 c에 접근할 때 $f(x)$의 극한은 L이다."라고 읽는다. 예제 1에서 x가 1에 접근할 때 $f(x)$는 극한 2에 접근한다고 말하고, 기호로

$$\lim_{x \to 1} f(x) = 2, \quad 또는 \quad \lim_{x \to 1} \frac{x^2 - 1}{x - 1} = 2$$

라 쓴다.

  특히, 이 정의는 x가 c에 접근(c에서 함숫값은 고려하지 않음)할 때마다 $f(x)$의 값들은 수 L에 가까이 간다고 말한다. 여기에서 임의로 가까이, 또는 충분히 가까이와 같은

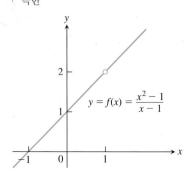

$$y = f(x) = \frac{x^2 - 1}{x - 1}$$

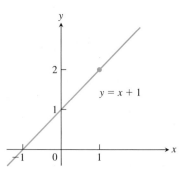

$$y = x + 1$$

그림 1.7 f의 그래프는 f가 정의되지 않는 $x = 1$을 제외하고 직선 $y = x + 1$과 일치한다(예제 1).

표 1.2 x가 1에 가까이 접근할수록 $f(x)$는 2에 가까이 접근한다.

x	$f(x) = \dfrac{x^2 - 1}{x - 1}$
0.9	1.9
1.1	2.1
0.99	1.99
1.01	2.01
0.999	1.999
1.001	2.001
0.999999	1.999999
1.000001	2.000001

표현들이 불명확하기 때문에 이 정의는 제대로 형식을 갖추지 않은 것이다. 그것들의 의미는 문맥에 따라 결정된다. (피스톤을 만드는 기계기술자에게 가깝다고 말하는 것은 0.001 mm 내에 있음을 의미할 수 있고, 멀리 떨어진 은하수를 연구하는 천문학자에게 가깝다고 말하는 것은 수천광년내에 있음을 의미할 수 있다.) 그러나 이 정의는 특별한 함수들의 극한을 인지하고 값을 구하기에 충분히 명확하다. 극한에 대한 정리를 증명하거나 복잡한 함수를 공부하기 위해서는 1.3절의 엄밀한 정의가 필요할 것이다. 다음의 예제들은 극한의 개념을 이해하는 데 도움을 줄 것이다.

예제 2 c에서 함수의 극한은 함수가 c에서 어떻게 정의되는가에 의존되지 않는다. 그림 1.8에 있는 세 개의 함수를 보자. 함수 f는 비록 f가 $x = 1$에서 정의되지 않을지라도 $x \to 1$일 때 극한 2를 갖는다. 함수 g는 비록 $2 \neq g(1)$일지라도 $x \to 1$일 때 극한 2를 갖는다. 함수 h는 그림 1.8에 있는 세 개의 함수 중 $x = 1$에서 $x \to 1$일 때 극한이 함수값과 같게 되는 유일한 함수이다. h에 대해 $\lim_{x \to 1} h(x) = h(1)$이 성립한다.

극한과 함숫값이 같다는 것은 아주 중요한 사실이므로 이에 대하여 1.5절에서 다시 논의하겠다. ∎

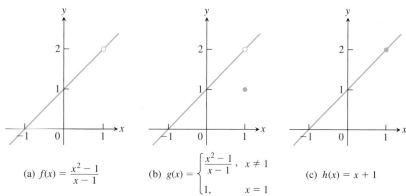

(a) $f(x) = \dfrac{x^2 - 1}{x - 1}$ (b) $g(x) = \begin{cases} \dfrac{x^2 - 1}{x - 1}, & x \neq 1 \\ 1, & x = 1 \end{cases}$ (c) $h(x) = x + 1$

그림 1.8 $x \to 1$에 접근할 때 $f(x)$, $g(x)$, $h(x)$의 극한은 모두 2이다. 그러나 유일하게 $h(x)$만 $x = 1$에서 함숫값과 극한이 같다(예제 2).

극한을 구하는 과정은 먼저 기본적인 함수들의 극한을 구하고, 이들의 간단한 연산에 대해 극한을 어떻게 구하는지 알아본다. 두 함수로 시작한다.

예제 3 상수함수와 항등함수의 $x \to c$일 때 극한을 구한다.

(a) 만약 f가 **항등함수(identity function)** $f(x) = x$이면 임의의 c에 대해(그림 1.9 (a))
$$\lim_{x \to c} f(x) = \lim_{x \to c} x = c$$
이다.

(b) f가 **상수함수(constnat function)** $f(x) = k$(상수값 k를 가진 함수)이면 임의의 c에 대해(그림 1.9 (b))
$$\lim_{x \to c} f(x) = \lim_{x \to c} k = k$$
이다.

예를 들면
$$\lim_{x \to 3} x = 3 \quad \text{그리고} \quad \lim_{x \to -7} (4) = \lim_{x \to 2} (4) = 4$$
이다. 이 결과는 1.3절의 예제 3에서 증명할 것이다. ∎

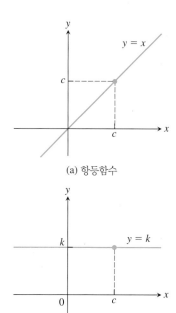

(a) 항등함수

(b) 상수함수

그림 1.9 예제 3에 있는 함수들은 모든 점 c에서 극한을 갖는다.

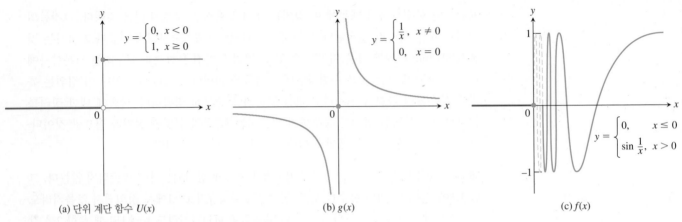

(a) 단위 계단 함수 $U(x)$ (b) $g(x)$ (c) $f(x)$

그림 1.10 x가 0에 접근할 때 극한을 갖지 않는 함수(예제 4).

함수가 특정한 점에서 극한을 갖지 않을 수 있다. 극한이 존재하지 않는 몇 가지 예를 그림 1.10에서 보였고, 다음 예제에서 설명하였다.

예제 4 $x \to 0$일 때 다음 함수가 극한을 갖지 않음을 설명하기 위해 움직임을 논하라.

(a) $U(x) = \begin{cases} 0, & x < 0 \\ 1, & x \ge 0 \end{cases}$ (b) $g(x) = \begin{cases} \dfrac{1}{x}, & x \ne 0 \\ 0, & x = 0 \end{cases}$

(c) $f(x) = \begin{cases} 0, & x \le 0 \\ \sin\dfrac{1}{x}, & x > 0 \end{cases}$

풀이

(a) **점프:** 단위 계단 함수(**unit step function**) $U(x)$는 $x = 0$에서 함숫값이 점프하기 때문에 $x \to 0$일 때 극한을 갖지 않는다. 임의로 0에 가까이 가는 음수 x에 대해서 $U(x) = 0$이다. 또 임의로 0으로 가까이 가는 양수 x에 대해서는 $U(x) = 1$이다. 즉, $x \to 0$일 때 $U(x)$가 접근하는 단 한 개의 값 L은 없다(그림 1.10 (a)).

(b) **극한을 갖기에는 너무 크게 증가한다:** $g(x)$는 $x \to 0$일 때 극한을 갖지 않는다. 왜냐하면 $x \to 0$일 때 g의 절댓값이 임의로 크게 증가하고 또 어느 실수에도 가까이 가지 않기 때문이다(그림 1.10 (b)). 이 함수는 유계가 아니라고 한다.

(c) **극한을 갖기에는 너무 많이 진동한다:** $f(x)$는 $x \to 0$일 때 극한을 갖지 않는다. 왜냐하면 0을 포함하는 모든 열린 구간에서 함숫값이 $+1$과 -1 사이를 진동하기 때문이다. $x \to 0$일 때 함숫값이 하나의 수에 가까이 가지 않는다(그림 1.10 (c)). ■

극한 법칙

복잡한 함수의 극한을 계산할 때, 기본적인 몇 개의 공식을 이용하면 간단한 함수로 쪼개어 생각할 수 있다. 다음 공식들은 많은 극한 계산을 간단하게 해준다.

정리 1 극한 법칙 만약 L, M, c와 k가 실수이고

$$\lim_{x \to c} f(x) = L \quad \text{그리고} \quad \lim_{x \to c} g(x) = M \text{이면}$$

1. 합의 공식: $\quad\quad\quad\quad \lim_{x \to c}(f(x) + g(x)) = L + M$

2. 차의 공식 $\quad\quad\quad\quad \lim_{x \to c}(f(x) - g(x)) = L - M$

3. 상수배의 공식: $\quad\quad \lim_{x \to c}(k \cdot f(x)) = k \cdot L$

4. 곱의 공식: $\quad\quad\quad\quad \lim_{x \to c}(f(x) \cdot g(x)) = L \cdot M$

5. 몫의 공식 $\quad\quad\quad\quad \lim_{x \to c}\dfrac{f(x)}{g(x)} = \dfrac{L}{M}, \quad M \neq 0$

6. 거듭제곱의 공식: $\quad \lim_{x \to c}\left[\, f(x)\,\right]^n = L^n, n$은 양의 정수

7. 근의 공식: $\quad\quad\quad \lim_{x \to c}\sqrt[n]{f(x)} = \sqrt[n]{L} = L^{1/n}, n$은 양의 정수

(만약, n이 짝수라면 c를 포함하는 한 구간에서 $f(x) \geq 0$이라 가정한다.)

합의 공식에 따르면 두 함수의 합의 극한은 각 함수들의 극한의 합이다. 다음 공식들도 유사하다. 두 함수의 차의 극한은 각 함수들의 극한의 차이다. 함수의 상수배의 극한은 그 함수의 극한의 상수배이다. 두 함수의 곱의 극한은 각 함수들의 극한의 곱이다. 두 함수의 몫의 극한은 각 함수들의 극한의 몫이다 (분모의 극한이 0이 아닌 경우이다); 함수의 양의 정수 거듭제곱 (또는 근)의 극한은 함수의 극한의 정수 거듭제곱(또는 근) 이다(극한의 근이 실수이어야 한다).

정리 1에 있는 성질들이 참이라는 것은 직관적으로 간단히 설명할 수 있다(비록 이 직관적인 논의가 증명하는 것은 아니지만). 만약 x가 c에 충분히 가까이 가면 극한 의 비형식적인 정의로부터 $f(x)$는 L에 가까이 가고 $g(x)$는 M에 가까이 간다. 그러면 $f(x) + g(x)$는 $L + M$에 가까이 가는 것은 합리적이다. $f(x) - g(x)$는 $L - M$에 가까이 간 다. $kf(x)$는 kL에 가까이 간다. $f(x)g(x)$는 LM에 가까이 간다. 그리고 만약 M이 0이 아 니면 $f(x)/g(x)$는 L/M에 가까이 간다. 1.3절에서는 극한의 엄밀한 정의에 기초해서 합 의 공식을 증명할 것이다. 공식 2~5는 부록 4에서 증명하였다. 공식 6은 공식 4를 반복 적으로 적용하여 얻는다. 공식 7은 고등 미적분학 교재에서 증명된다. 합, 차와 곱의 공 식은 꼭 2개가 아닌 임의의 개수까지 확장하여 적용할 수 있다.

예제 5 정리 1의 극한 법칙과 $\lim_{x \to c} k = k$와 $\lim_{x \to c} x = c$(예제 3)를 이용하여 다음 극한을 구하라.

(a) $\displaystyle\lim_{x \to c}(x^3 + 4x^2 - 3)$ $\quad\quad\quad\quad\quad$ **(b)** $\displaystyle\lim_{x \to c}\frac{x^4 + x^2 - 1}{x^2 + 5}$

(c) $\displaystyle\lim_{x \to -2}\sqrt{4x^2 - 3}$

풀이

(a) $\displaystyle\lim_{x \to c}(x^3 + 4x^2 - 3) = \lim_{x \to c} x^3 + \lim_{x \to c} 4x^2 - \lim_{x \to c} 3$ $\quad\quad$ 합과 차의 공식

$\quad\quad\quad\quad\quad\quad\quad\quad\quad\quad\quad = c^3 + 4c^2 - 3$ $\quad\quad\quad\quad\quad\quad\quad\quad$ 거듭제곱과 상수배의 공식

(b) $\displaystyle\lim_{x \to c}\frac{x^4 + x^2 - 1}{x^2 + 5} = \frac{\displaystyle\lim_{x \to c}(x^4 + x^2 - 1)}{\displaystyle\lim_{x \to c}(x^2 + 5)}$ $\quad\quad\quad\quad\quad\quad$ 몫의 공식

$$= \frac{\lim_{x \to c} x^4 + \lim_{x \to c} x^2 - \lim_{x \to c} 1}{\lim_{x \to c} x^2 + \lim_{x \to c} 5}$$ 합과 차의 공식

$$= \frac{c^4 + c^2 - 1}{c^2 + 5}$$ 거듭제곱과 곱의 공식

(c) $$\lim_{x \to -2} \sqrt{4x^2 - 3} = \sqrt{\lim_{x \to -2} (4x^2 - 3)}$$ $n = 2$인 근의 공식

$$= \sqrt{\lim_{x \to -2} 4x^2 - \lim_{x \to -2} 3}$$ 차의 공식

$$= \sqrt{4(-2)^2 - 3}$$ 곱과 상수배의 공식

$$= \sqrt{16 - 3}$$

$$= \sqrt{13}$$ ■

다항함수와 유리함수의 극한 계산

정리 1은 다항함수와 유리함수의 극한 계산을 간단하게 해준다. x가 c에 접근할 때 다항함수의 극한을 계산하기 위해서 함수의 식에서 x의 값으로 c를 대입한다. x가 **분모가 0이 되지 않게 하는** 점 c에 접근할 때는 유리함수의 극한을 계산하기 위해서 단지 함수의 식에서 x 대신 c를 대입한다(예제 5(a)와 5(b) 참조). 이 결과를 다음 정리로 서술하였다.

정리 2 **다항함수의 극한**   만약 $P(x) = a_n x^n + a_{n-1} x^{n-1} + \cdots + a_0$이면

$$\lim_{x \to c} P(x) = P(c) = a_n c^n + a_{n-1} c^{n-1} + \cdots + a_0$$

이다.

정리 3 **유리함수의 극한**   만약 $P(x)$와 $Q(x)$가 다항식이고 $Q(c) \neq 0$이면

$$\lim_{x \to c} \frac{P(x)}{Q(x)} = \frac{P(c)}{Q(c)}$$

이다.

예제 6   다음 계산은 정리 2와 3을 설명한다.

$$\lim_{x \to -1} \frac{x^3 + 4x^2 - 3}{x^2 + 5} = \frac{(-1)^3 + 4(-1)^2 - 3}{(-1)^2 + 5} = \frac{0}{6} = 0$$ ■

약분하여 분모의 0 제거

공통인수 확인
만약 $Q(x)$가 다항함수이고 $Q(c)=0$이면 $(x-c)$는 $Q(x)$의 인수임을 알 수 있다. 따라서 만약 x의 유리함수에 대해 분자와 분모가 모두 $x=c$에서 0이면, 분자와 분모는 공통인수 $(x-c)$를 갖는다.

정리 3은 $x = c$에서 유리함수의 분모가 0이 아닐 때만 적용한다. 분모가 0이면 분자와 분모에 있는 공통인수를 약분하여 c에서 분모가 더 이상 0이 아니도록 분수식을 바꿀 수 있다. 이렇게 하면 우리는 간단해진 분수식에 값을 대입함으로써 극한을 구할 수 있다.

예제 7 $\lim_{x \to 1} \dfrac{x^2 + x - 2}{x^2 - x}$를 구하라.

풀이 $x = 1$을 대입할 수 없다. 왜냐하면 분모가 0이 되기 때문이다. 만약 분자도 또한 $x=1$에서 0이라면 분자와 분모는 같은 공통인수 $(x-1)$을 갖는다. 공통인수의 약분을 통

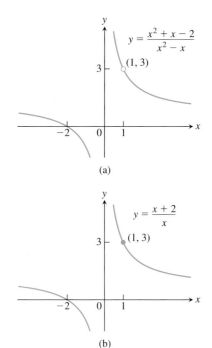

(a)

(b)

그림 1.11 (a)에 있는 $f(x) = (x^2 + x - 2)/(x^2 - x)$의 그래프는 f가 정의되지 않는 $x = 1$을 제외하고 (b)에 있는 $g(x) = (x + 2)/x$의 그래프와 같다. 함수는 $x \to 1$일 때 같은 극한을 갖는다(예제 7).

해 $x \neq 1$에 대해서 원 식과 같은 값을 가지는 더 간단한 분수식을 얻는다.

$$\frac{x^2 + x - 2}{x^2 - x} = \frac{(x - 1)(x + 2)}{x(x - 1)} = \frac{x + 2}{x}, \quad \text{단 } x \neq 1$$

정리 3에 의해 이 분수식에 $x = 1$을 대입하여 $x \to 1$일 때 분수식의 극한을 구한다.

$$\lim_{x \to 1} \frac{x^2 + x - 2}{x^2 - x} = \lim_{x \to 1} \frac{x + 2}{x} = \frac{1 + 2}{1} = 3$$

그림 1.11 참조. ■

계산기와 컴퓨터를 사용한 극한의 추정

수치적으로 극한을 추정하기 위하여 계산기나 컴퓨터를 이용할 수 있다. 하지만 계산기와 컴퓨터는 때때로 오답과 잘못된 추정값을 줄 수 있다. 이러한 문제는 항상 반올림 오차와 연관되어 있다. 이것은 다음 예제에서 설명하겠다.

예제 8 $\displaystyle\lim_{x \to 0} \frac{\sqrt{x^2 + 100} - 10}{x^2}$의 값을 추정하라.

풀이 표 1.3은 $x = 0$ 근방의 여러 값들에서 계산기로 구한 함숫값들을 목록으로 만들었다. x가 0에 접근할 때 ± 1, ± 0.5, ± 0.10 그리고 ± 0.01을 지나면서 함숫값은 0.05에 접근하는 것처럼 보인다.

하지만 x를 더욱 더 작은값 ± 0.0005, ± 0.0001, ± 0.00001 그리고 ± 0.000001을 취함에 따라 함숫값은 0에 접근하는 것처럼 나타난다.

그러면 답은 0.05인가? 아니면 0인가?, 아니면 다른 값인가? 이 질문은 다음 예제에서 해결한다. ■

표 1.3 $x = 0$ 근방에서 $f(x) = \dfrac{\sqrt{x^2 + 100} - 10}{x^2}$의 컴퓨터 계산값	
x	$f(x)$
± 1	0.049876
± 0.5	0.049969
± 0.1	0.049999
± 0.01	0.050000
± 0.0005	0.050000
± 0.0001	0.000000
± 0.00001	0.000000
± 0.000001	0.000000

0.05에 접근? (±1 ~ ±0.01)

0에 접근? (±0.0005 ~ ±0.000001)

컴퓨터와 계산기를 이용하는 것은 예제 8과 같이 애매한 결과를 줄 수 있다. 계산기는 x가 아주 작은 값일 때, 반올림 오차를 없앨 만큼 충분한 자리수를 갖지 못한다. 문제에서 $x = 0$을 대입할 수 없고, 분자와 분모는 명백한 공통인수가 없다(예제 7에서 했던 것처럼). 그러나 때때로 연산에 의해 공통인수를 만들 수 있다.

예제 9 $\displaystyle\lim_{x \to 0} \frac{\sqrt{x^2 + 100} - 10}{x^2}$을 구하라.

풀이 이것은 예제 8에서 다루었던 극한이다. $x = 0$을 대입할 수 없고 분자와 분모는 명확한 공통인수를 갖지 않는다. 켤레식 $\sqrt{x^2 + 100} + 10$ (제곱근 뒤의 부호를 바꿈으로서 얻어지는)을 분자와 분모 모두에 곱함으로써 공통인수를 생성할 수 있다. 위의 과정을 분자를 유리화한다고 한다.

$$\frac{\sqrt{x^2 + 100} - 10}{x^2} = \frac{\sqrt{x^2 + 100} - 10}{x^2} \cdot \frac{\sqrt{x^2 + 100} + 10}{\sqrt{x^2 + 100} + 10}$$ 켤레식을 곱하고 나눔

$$= \frac{x^2 + 100 - 100}{x^2(\sqrt{x^2 + 100} + 10)}$$

$$= \frac{x^2}{x^2(\sqrt{x^2 + 100} + 10)}$$ 공통인수 x^2

$$= \frac{1}{\sqrt{x^2 + 100} + 10}$$ $x \neq 0$에 대해 x^2 약분

따라서

$$\lim_{x \to 0} \frac{\sqrt{x^2 + 100} - 10}{x^2} = \lim_{x \to 0} \frac{1}{\sqrt{x^2 + 100} + 10}$$

$$= \frac{1}{\sqrt{0^2 + 100} + 10}$$ 분모가 $x = 0$에서 0이
아니므로 대입

$$= \frac{1}{20} = 0.05$$

이다. 이 약분은 예제 8에 있는 모호한 컴퓨터 결과에 대한 정확한 답을 제공한다. ■

　분모가 0이 되는 몫의 극한을 구하기 위해서 항상 대수적으로 풀 수는 없다. 어떤 경우에는 기하학적인 방법을 적용하거나 (1.4절의 정리 7의 증명) 미적분학적인 방법을 적용해서(3.5절에서 설명됨) 극한을 구할 수 있다. 또한 극한을 알고 있는 함수와의 비교를 사용하는 다음의 정리도 유용한 방법이다.

샌드위치 정리(Sandwich Theorem)

다음 정리는 다양한 극한의 계산을 가능하게 할 것이다. 함수 f의 값이 점 c에서 같은 극한 L을 갖는 서로 다른 두 개의 함수 g와 h 사이에 샌드위치 모양으로 끼어 있기 때문에 샌드위치 정리라고 부른다. L로 접근하는 두 함수의 값 사이에 갇혀 있기 때문에 f의 값은 L로 접근해야만 한다(그림 1.12). 부록 4에 증명되어 있다.

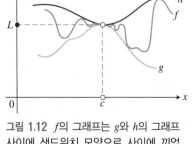

그림 1.12 f의 그래프는 g와 h의 그래프 사이에 샌드위치 모양으로 사이에 끼었다.

> **정리 4 샌드위치 정리** c를 포함하는 어떤 열린 구간에서 $x = c$를 제외한 모든 x에 대하여 $g(x) \leq f(x) \leq h(x)$라 가정하자. 또
>
> $$\lim_{x \to c} g(x) = \lim_{x \to c} h(x) = L$$
>
> 이라고 가정하면 극한 $\lim_{x \to c} f(x) = L$이다.

샌드위치 정리는 압축 정리(Squeeze Theorem) 혹은 쪼임 정리(Prinching Theorem)라고도 불린다.

예제 10 $1 - \dfrac{x^2}{4} \leq u(x) \leq 1 + \dfrac{x^2}{2}$ 　　$(x \neq 0)$

를 만족할 때, $\lim_{x \to 0} u(x)$를 구하라. (u가 아무리 복잡하더라도 상관없다.)

풀이

$$\lim_{x \to 0}(1 - (x^2/4)) = 1과 \qquad \lim_{x \to 0}(1 + (x^2/2)) = 1$$

이므로 샌드위치 정리에 의하면 극한 $\lim_{x \to 0} u(x) = 1$이 된다(그림 1.13). ■

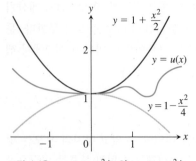

그림 1.13 $y = 1 + (x^2/2)$와 $y = 1 - (x^2/4)$ 사이의 영역에 놓여 있는 그래프를 가진 임의의 함수 $u(x)$는 $x \to 0$일 때 극한 1을 갖는다(예제 10).

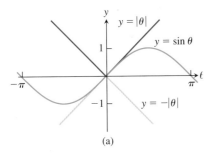

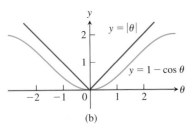

그림 1.14 예제 11에서 샌드위치 정리의 극한을 확인한다.

예제 11 샌드위치 정리는 몇 가지 중요한 극한 공식을 찾는 데 도움을 준다.

(a) $\lim_{\theta \to 0} \sin \theta = 0$ **(b)** $\lim_{\theta \to 0} \cos \theta = 1$

(c) 임의의 함수 $f(x)$에 대하여 만약 $\lim_{x \to c} |f(x)| = 0$이면 $\lim_{x \to c} f(x) = 0$이다.

풀이

(a) 모든 θ에 대하여 $-|\theta| \leq \sin \theta \leq |\theta|$이고(그림 1.14(a) 참조),

$\lim_{\theta \to 0} (-|\theta|) = \lim_{\theta \to 0} |\theta| = 0$이기 때문에 샌드위치 정리에 의하면

$$\lim_{\theta \to 0} \sin \theta = 0$$

이다.

(b) 모든 θ에 대하여 $0 \leq 1 - \cos \theta \leq |\theta|$이므로(그림 1.14(b) 참조), $\lim_{\theta \to 0} (1 - \cos \theta) = 0$이고, 또한 $\lim_{\theta \to 0} (1 - (1 - \cos \theta)) = 1 - \lim_{\theta \to 0} (1 - \cos \theta) = 1 - 0$이므로

$$\lim_{\theta \to 0} \cos \theta = 1$$

이다.

(c) $-|f(x)| \leq f(x) \leq |f(x)|$이고, $-|f(x)|$와 $|f(x)|$는 $x \to c$일 때 극한 0을 가지므로, $\lim_{x \to c} f(x) = 0$이다. ■

예제 11에서 사인 함수와 코사인 함수는 $\theta = 0$에서 극한이 함숫값과 같음을 알 수 있다. 아직은 임의의 c에 대해, $\lim_{\theta \to c} \sin \theta = \sin c$와 $\lim_{\theta \to c} \cos \theta = \cos c$임을 알 수는 없다. 1.5절에서 참이 됨을 증명할 것이다.

연습문제 1.2

그래프를 이용한 극한

1. 아래 그래프로 주어진 함수 $g(x)$에 대해 다음 극한들을 구하라. 만약 존재하지 않으면 이유를 설명하라.

a. $\lim_{x \to 1} g(x)$ **b.** $\lim_{x \to 2} g(x)$ **c.** $\lim_{x \to 3} g(x)$ **d.** $\lim_{x \to 2.5} g(x)$

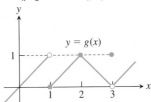

2. 아래 그래프로 주어진 함수 $f(t)$에 대해 다음 극한들을 구하라. 만약 존재하지 않으면 이유를 설명하라.

a. $\lim_{t \to -2} f(t)$ **b.** $\lim_{t \to -1} f(t)$ **c.** $\lim_{t \to 0} f(t)$ **d.** $\lim_{t \to -0.5} f(t)$

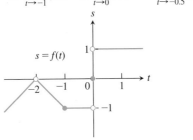

3. 아래 그래프로 주어진 함수 $y = f(x)$에 대해서 다음 문장 중 참인 것은 어느 것인가? 거짓인 것은 어느 것인가?

a. $\lim_{x \to 0} f(x)$는 존재한다. **b.** $\lim_{x \to 0} f(x) = 0$

c. $\lim_{x \to 0} f(x) = 1$ **d.** $\lim_{x \to 1} f(x) = 1$

e. $\lim_{x \to 1} f(x) = 0$

f. $(-1, 1)$에 있는 모든 점 c에서 $\lim_{x \to c} f(x)$는 존재한다.

g. $\lim_{x \to 1} f(x)$는 존재하지 않는다.

h. $f(0) = 0$

i. $f(0) = 1$

j. $f(1) = 0$

k. $f(1) = -1$

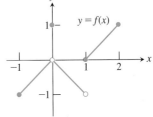

4. 아래 그래프로 주어진 함수 $y = f(x)$에 대해서 다음 문장 중 참인 것은 어느 것인가? 거짓인 것은 어느 것인가?

a. $\lim_{x \to 2} f(x)$는 존재하지 않는다.

b. $\lim_{x \to 2} f(x) = 2$

c. $\lim_{x \to 1} f(x)$는 존재하지 않는다.

d. $(-1, 1)$에 있는 모든 점 c에서 $\lim_{x \to c} f(x)$는 존재한다.

e. $(1, 3)$에 있는 모든 점 c에서 $\lim_{x \to c} f(x)$는 존재한다.

f. $f(1) = 0$

g. $f(1) = -2$

h. $f(2) = 0$

i. $f(2) = 1$

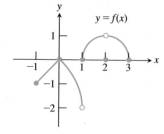

극한의 존재

연습문제 5와 6에서 극한이 존재하지 않는 이유를 설명하라.

5. $\lim_{x \to 0} \dfrac{x}{|x|}$

6. $\lim_{x \to 1} \dfrac{1}{x - 1}$

7. 함수 $f(x)$는 $x = c$를 제외한 모든 실수 x에서 정의되었다고 하자. $\lim_{x \to c} f(x)$의 존재에 대해 말할 수 있는 것은 무엇인가? 대답에 대한 이유를 설명하라.

8. 함수 $f(x)$는 $[-1, 1]$에 있는 모든 x에서 정의되었다고 하자. $\lim_{x \to 0} f(x)$의 존재에 대해 말할 수 있는 것은 무엇인가? 대답에 대한 이유를 설명하라.

9. 만약 $\lim_{x \to 1} f(x) = 5$라면 f는 $x = 1$에서 정의되어야 하는가? 만약 그렇다면 $f(1) = 5$이어야만 하는가? $x = 1$에서 f의 값에 대해서 내릴 수 있는 결론은 무엇인가? 설명하라.

10. 만약 $f(1) = 5$라면 $\lim_{x \to 1} f(x)$가 존재해야만 하는가? 만약 그렇다면 $\lim_{x \to 1} f(x) = 5$이어야만 하는가? $\lim_{x \to 1} f(x)$에 대해서 내릴 수 있는 결론은 무엇인가? 설명하라.

극한 계산

연습문제 11~22에서 극한을 구하라.

11. $\lim_{x \to -3} (x^2 - 13)$

12. $\lim_{x \to 2} (-x^2 + 5x - 2)$

13. $\lim_{t \to 6} 8(t - 5)(t - 7)$

14. $\lim_{x \to -2} (x^3 - 2x^2 + 4x + 8)$

15. $\lim_{x \to 2} \dfrac{2x + 5}{11 - x^3}$

16. $\lim_{s \to 2/3} (8 - 3s)(2s - 1)$

17. $\lim_{x \to -1/2} 4x(3x + 4)^2$

18. $\lim_{y \to 2} \dfrac{y + 2}{y^2 + 5y + 6}$

19. $\lim_{y \to -3} (5 - y)^{4/3}$

20. $\lim_{z \to 4} \sqrt{z^2 - 10}$

21. $\lim_{h \to 0} \dfrac{3}{\sqrt{3h + 1} + 1}$

22. $\lim_{h \to 0} \dfrac{\sqrt{5h + 4} - 2}{h}$

몫의 극한 연습문제 23~42에서 극한을 구하라.

23. $\lim_{x \to 5} \dfrac{x - 5}{x^2 - 25}$

24. $\lim_{x \to -3} \dfrac{x + 3}{x^2 + 4x + 3}$

25. $\lim_{x \to -5} \dfrac{x^2 + 3x - 10}{x + 5}$

26. $\lim_{x \to 2} \dfrac{x^2 - 7x + 10}{x - 2}$

27. $\lim_{t \to 1} \dfrac{t^2 + t - 2}{t^2 - 1}$

28. $\lim_{t \to -1} \dfrac{t^2 + 3t + 2}{t^2 - t - 2}$

29. $\lim_{x \to -2} \dfrac{-2x - 4}{x^3 + 2x^2}$

30. $\lim_{y \to 0} \dfrac{5y^3 + 8y^2}{3y^4 - 16y^2}$

31. $\lim_{x \to 1} \dfrac{x^{-1} - 1}{x - 1}$

32. $\lim_{x \to 0} \dfrac{\frac{1}{x - 1} + \frac{1}{x + 1}}{x}$

33. $\lim_{u \to 1} \dfrac{u^4 - 1}{u^3 - 1}$

34. $\lim_{v \to 2} \dfrac{v^3 - 8}{v^4 - 16}$

35. $\lim_{x \to 9} \dfrac{\sqrt{x} - 3}{x - 9}$

36. $\lim_{x \to 4} \dfrac{4x - x^2}{2 - \sqrt{x}}$

37. $\lim_{x \to 1} \dfrac{x - 1}{\sqrt{x + 3} - 2}$

38. $\lim_{x \to -1} \dfrac{\sqrt{x^2 + 8} - 3}{x + 1}$

39. $\lim_{x \to 2} \dfrac{\sqrt{x^2 + 12} - 4}{x - 2}$

40. $\lim_{x \to -2} \dfrac{x + 2}{\sqrt{x^2 + 5} - 3}$

41. $\lim_{x \to -3} \dfrac{2 - \sqrt{x^2 - 5}}{x + 3}$

42. $\lim_{x \to 4} \dfrac{4 - x}{5 - \sqrt{x^2 + 9}}$

삼각함수를 포함한 극한 연습문제 43~50에서 극한을 구하라.

43. $\lim_{x \to 0} (2 \sin x - 1)$

44. $\lim_{x \to \pi/4} \sin^2 x$

45. $\lim_{x \to 0} \sec x$

46. $\lim_{x \to \pi/3} \tan x$

47. $\lim_{x \to 0} \dfrac{1 + x + \sin x}{3 \cos x}$

48. $\lim_{x \to 0} (x^2 - 1)(2 - \cos x)$

49. $\lim_{x \to -\pi} \sqrt{x + 4} \cos (x + \pi)$

50. $\lim_{x \to 0} \sqrt{7 + \sec^2 x}$

극한 공식 이용

51. $\lim_{x \to 0} f(x) = 1$과 $\lim_{x \to 0} g(x) = -5$라 가정하자. 다음 계산의 단계 (a), (b)와 (c)를 완성시키기 위해 이용된 정리 1에 있는 공식의 이름을 말하라.

$$\lim_{x \to 0} \dfrac{2f(x) - g(x)}{(f(x) + 7)^{2/3}} = \dfrac{\lim_{x \to 0} (2f(x) - g(x))}{\lim_{x \to 0} (f(x) + 7)^{2/3}} \quad \text{(a)}$$

$$= \dfrac{\lim_{x \to 0} 2f(x) - \lim_{x \to 0} g(x)}{\left(\lim_{x \to 0} (f(x) + 7) \right)^{2/3}} \quad \text{(b)}$$

$$= \dfrac{2 \lim_{x \to 0} f(x) - \lim_{x \to 0} g(x)}{\left(\lim_{x \to 0} f(x) + \lim_{x \to 0} 7 \right)^{2/3}} \quad \text{(c)}$$

$$= \dfrac{(2)(1) - (-5)}{(1 + 7)^{2/3}} = \dfrac{7}{4}$$

52. $\lim_{x \to 1} h(x) = 5$, $\lim_{x \to 1} p(x) = 1$과 $\lim_{x \to 1} r(x) = 2$라 하자. 다음 계산의 단계 (a), (b)와 (c)를 완성시키기 위해 이용된 정리 1에 있는 공식의 이름을 말하라.

$$\lim_{x \to 1} \dfrac{\sqrt{5h(x)}}{p(x)(4 - r(x))} = \dfrac{\lim_{x \to 1} \sqrt{5h(x)}}{\lim_{x \to 1} (p(x)(4 - r(x)))} \quad \text{(a)}$$

$$= \dfrac{\sqrt{\lim_{x \to 1} 5h(x)}}{\left(\lim_{x \to 1} p(x) \right) \left(\lim_{x \to 1} (4 - r(x)) \right)} \quad \text{(b)}$$

$$= \dfrac{\sqrt{5 \lim_{x \to 1} h(x)}}{\left(\lim_{x \to 1} p(x) \right) \left(\lim_{x \to 1} 4 - \lim_{x \to 1} r(x) \right)} \quad \text{(c)}$$

$$= \dfrac{\sqrt{(5)(5)}}{(1)(4 - 2)} = \dfrac{5}{2}$$

53. $\lim_{x \to c} f(x) = 5$, $\lim_{x \to c} g(x) = -2$라 가정하자. 다음 극한을 구하라.

a. $\lim_{x \to c} f(x)g(x)$

b. $\lim_{x \to c} 2f(x)g(x)$

c. $\lim_{x \to c} (f(x) + 3g(x))$

d. $\lim_{x \to c} \dfrac{f(x)}{f(x) - g(x)}$

54. $\lim\limits_{x \to 4} f(x) = 0$, $\lim\limits_{x \to 4} g(x) = -3$이라 가정하자. 다음 극한을 구하라.
   a. $\lim\limits_{x \to 4} (g(x) + 3)$ **b.** $\lim\limits_{x \to 4} x f(x)$
   c. $\lim\limits_{x \to 4} (g(x))^2$ **d.** $\lim\limits_{x \to 4} \dfrac{g(x)}{f(x) - 1}$

55. $\lim\limits_{x \to b} f(x) = 7$, $\lim\limits_{x \to b} g(x) = -3$이라 가정하자. 다음 극한을 구하라.
   a. $\lim\limits_{x \to b} (f(x) + g(x))$ **b.** $\lim\limits_{x \to b} f(x) \cdot g(x)$
   c. $\lim\limits_{x \to b} 4 g(x)$ **d.** $\lim\limits_{x \to b} f(x) / g(x)$

56. $\lim\limits_{x \to -2} p(x) = 4$, $\lim\limits_{x \to -2} r(x) = 0$, $\lim\limits_{x \to -2} s(x) = -3$이라 가정하자. 다음 극한을 구하라.
   a. $\lim\limits_{x \to -2} (p(x) + r(x) + s(x))$
   b. $\lim\limits_{x \to -2} p(x) \cdot r(x) \cdot s(x)$
   c. $\lim\limits_{x \to -2} (-4p(x) + 5r(x)) / s(x)$

평균변화율의 극한

할선, 접선과 순간율의 연관성 때문에 공식

$$\lim_{h \to 0} \frac{f(x + h) - f(x)}{h}$$

의 극한은 미적분학에서 자주 나타난다. 연습문제 57~62에서 함수 f와 x의 주어진 값에 대한 극한을 구하라.

57. $f(x) = x^2$, $x = 1$
58. $f(x) = x^2$, $x = -2$
59. $f(x) = 3x - 4$, $x = 2$
60. $f(x) = 1/x$, $x = -2$
61. $f(x) = \sqrt{x}$, $x = 7$
62. $f(x) = \sqrt{3x + 1}$, $x = 0$

샌드위치 정리의 이용

63. $-1 \le x \le 1$에 대해 $\sqrt{5 - 2x^2} \le f(x) \le \sqrt{5 - x^2}$이 성립할 때, $\lim\limits_{x \to 0} f(x)$를 구하라.

64. 모든 x에 대해 $2 - x^2 \le g(x) \le 2\cos x$가 성립할 때, $\lim\limits_{x \to 0} g(x)$를 구하라.

65. a. 0으로 가까이 가는 모든 x의 값에 대해서 부등식

$$1 - \frac{x^2}{6} < \frac{x\sin x}{2 - 2\cos x} < 1$$

이 성립한다. 만약 이 부등식을 이용하여 $\lim\limits_{x \to 0} \dfrac{x\sin x}{2 - 2\cos x}$에 대해 설명할 수 있는 것이 있다면 무엇인가? 대답에 대한 이유를 설명하라.

T b. $-2 \le x \le 2$에 대해 함수

$$y = 1 - (x^2/6),\ y = (x\sin x)/(2 - 2\cos x)$$

의 그래프를 그리라. $x \to 0$일 때 그래프의 움직임을 설명하라.

66. a. 0으로 가까이 가는 x의 모든값에 대해서 부등식

$$\frac{1}{2} - \frac{x^2}{24} < \frac{1 - \cos x}{x^2} < \frac{1}{2}$$

이 성립한다(식이 성립하는 것은 8.9절에서 보게 될 것이다). 만약 이 부등식을 이용하여 $\lim\limits_{x \to 0} \dfrac{1 - \cos x}{x^2}$에 대해 설명할 수 있는 것이 있다면 무엇인가? 대답에 대한 이유를 설명하라.

T b. $-2 \le x \le 2$에 대해 함수

$$y = (1/2) - (x^2/24),\ y = (1 - \cos x)/x^2,\ y = 1/2$$

의 그래프를 그리라. $x \to 0$일 때 그래프의 움직임을 설명하라.

극한의 추정

T 연습문제 67~74에 대하여 유용한 계산기를 이용해서 그래프를 구할 것이다.

67. $f(x) = (x^2 - 9)/(x + 3)$이라 하자.
   a. 점 $x = -3.1,\ -3.01,\ -3.001$과 계산기가 나타낼 수 있는 -3에 아주 가까운 점에서 f값들의 표를 만들어라. 그리고 $\lim\limits_{x \to -3} f(x)$를 추정하라. 만약 본래 x값들 대신에 $x = -2.9$, -2.99, -2.999, $\cdots$에서 f를 계산한다면 추정값은 얼마인가?
   b. $x \to -3$일 때 그래프에서 y값들을 추정하기 위해 줌(Zoom)과 자취(Trace)를 이용하여 $c = -3$ 근방에서 f의 그래프를 그림으로써 (a)에서의 결론을 입증하라.
   c. 예제 7에서와 같이 대수적으로 $\lim\limits_{x \to -3} f(x)$를 구하라.

68. $g(x) = (x^2 - 2)/(x - \sqrt{2})$이라 하자.
   a. 점 $x = 1.4,\ 1.41,\ 1.414$와 $\sqrt{2}$의 연속적인 소수의 근삿값에서 g값들의 표를 만들라. $\lim\limits_{x \to \sqrt{2}} g(x)$를 추정하라.
   b. $x \to \sqrt{2}$일 때 그래프에서 y값들을 추정하기 위해 줌(Zoom)과 자취(Trace)를 이용하여 $c = \sqrt{2}$ 근방에서 g의 그래프를 그림으로써 (a)에서의 결론을 입증하라.
   c. 대수적으로 $\lim\limits_{x \to \sqrt{2}} g(x)$를 구하라.

69. $G(x) = (x + 6)/(x^2 + 4x - 12)$라 하자.
   a. 점 $x = -5.9,\ -5.99,\ -5.999$, $\cdots$에서 G값들의 표를 만들어라. $\lim\limits_{x \to -6} G(x)$를 추정하라. 만약 본래 x값들 대신에 $x = -6.1,\ -6.01,\ -6.001$, $\cdots$에서 G를 계산한다면 추정값은 얼마인가?
   b. $x \to -6$일 때 그래프에서 y값들을 추정하기 위해 줌(Zoom)과 자취(Trace)를 이용하여 G의 그래프를 그림으로써 (a)에서의 결론을 입증하라.
   c. 대수적으로 $\lim\limits_{x \to -6} G(x)$를 구하라.

70. $h(x) = (x^2 - 2x - 3)/(x^2 - 4x + 3)$이라 하자.
   a. 점 $x = 2.9,\ 2.99,\ 2.999$, $\cdots$에서 h값들의 표를 만들어라. $\lim\limits_{x \to 3} h(x)$를 추정하라. 만약 본래 x값들 대신에 $x = 3.1,\ 3.01,\ 3.001$, $\cdots$에서 h를 계산한다면 추정값은 얼마인가?
   b. $x \to 3$일 때 그래프에서 y값들을 추정하기 위해 줌(Zoom)과 자취(Trace)를 이용하여 $c = 3$ 근방에서 h의 그래프를 그림으로써 (a)에서의 결론을 입증하라.
   c. 대수적으로 $\lim\limits_{x \to 3} h(x)$를 구하라.

71. $f(x) = (x^2 - 1)/(|x| - 1)$이라 하자.
   a. 점 $c = -1$의 왼쪽과 오른쪽에서 접근하는 x값들에서 f값들의 표를 만들어라. $\lim\limits_{x \to -1} f(x)$를 추정하라.
   b. $x \to -1$일 때 그래프에서 y값들을 추정하기 위해 줌(Zoom)과 자취(Trace)를 이용하여 $c = -1$ 근방에서 f의 그래프를 그림으로써 (a)에서의 결론을 입증하라.

c. 대수적으로 $\lim_{x \to 1} f(x)$를 구하라.

72. $F(x) = (x^2 + 3x + 2)/(2 - |x|)$라 하자.

    a. 점 $c = -2$의 왼쪽과 오른쪽에서 접근하는 x값들에서 F값들의 표를 만들어라. $\lim_{x \to -2} F(x)$를 추정하라.

    b. $x \to -2$일 때 그래프에서 y값들을 추정하기 위해 줌(Zoom)과 자취(Trace)를 이용하여 $c = -2$ 근방에서 F의 그래프를 그림으로써 (a)에서의 결론을 입증하라.

    c. 대수적으로 $\lim_{x \to -2} F(x)$를 구하라.

73. $g(\theta) = (\sin \theta)/\theta$라 하자.

    a. 점 $c = 0$의 왼쪽과 오른쪽에서 접근하는 θ값들에서 g값들의 표를 만들어라. $\lim_{\theta \to 0} g(\theta)$를 추정하라.

    b. $c = 0$ 근방에서 g의 그래프를 그림으로써 (a)에서의 결론을 입증하라.

74. $G(t) = (1 - \cos t)/t^2$이라 하자.

    a. 점 $c = 0$의 왼쪽과 오른쪽에서 접근하는 t값들에서 G값들의 표를 만들어라. $\lim_{t \to 0} G(t)$를 추정하라.

    b. $c = 0$ 근방에서 G의 그래프를 그림으로써 (a)에서의 결론을 입증하라.

이론과 예제

75. 만약 $[-1, 1]$에 있는 x에 대해 $x^4 \le f(x) \le x^2$이고 $x < -1$과 $x > 1$에 대해 $x^2 \le f(x) \le x^4$이면 자동적으로 $\lim_{x \to c} f(x)$를 알게 되는 점들 c는 무엇인가? 이 점들에서 극한값에 대해 말할 수 있는 것은 무엇인가?

76. $x \ne 2$에 대해 $g(x) \le f(x) \le h(x)$라 가정하고

$$\lim_{x \to 2} g(x) = \lim_{x \to 2} h(x) = -5$$

라 가정하자. $x = 2$에서 f, g와 h의 값에 대해 얻을 수 있는 결론은 무엇인가? $f(2) = 0$은 가능한가? $\lim_{x \to 2} f(x) = 0$은 가능한가? 대답에 대한 이유를 설명하라.

77. $\lim_{x \to 4} \dfrac{f(x) - 5}{x - 2} = 1$이 성립할 때, $\lim_{x \to 4} f(x)$를 구하라.

78. $\lim_{x \to -2} \dfrac{f(x)}{x^2} = 1$이 성립할 때, 다음을 구하라.

    a. $\lim_{x \to -2} f(x)$ **b.** $\lim_{x \to -2} \dfrac{f(x)}{x}$

79. a. $\lim_{x \to 2} \dfrac{f(x) - 5}{x - 2} = 3$이 성립할 때, $\lim_{x \to 2} f(x)$를 구하라.

    b. $\lim_{x \to 2} \dfrac{f(x) - 5}{x - 2} = 4$가 성립할 때, $\lim_{x \to 2} f(x)$를 구하라.

80. $\lim_{x \to 0} \dfrac{f(x)}{x^2} = 1$이 성립할 때, 다음을 구하라.

    a. $\lim_{x \to 0} f(x)$ **b.** $\lim_{x \to 0} \dfrac{f(x)}{x}$

T **81. a.** $\lim_{x \to 0} g(x)$를 추정하기 위해서 $g(x) = x \sin (1/x)$의 그래프를 그려라. 필요한 만큼 원점에서 확대하라.

    b. 증명을 통해 (a)에서의 추정치를 확인하라.

T **82. a.** $\lim_{x \to 0} h(x)$를 추정하기 위해서 $h(x) = x^2 \cos (1/x^3)$의 그래프를 그려라. 필요한 만큼 원점에서 확대하라.

    b. 증명을 통해 (a)에서의 추정치를 확인하라.

컴퓨터 탐구

극한의 그래픽적인 추정

연습문제 83~88에서 CAS를 이용하여 다음을 수행하라.

    a. 점 c 근방에서 함수의 그래프를 그려라.

    b. 그래프로부터 극한값을 추정하라.

83. $\lim_{x \to 2} \dfrac{x^4 - 16}{x - 2}$ **84.** $\lim_{x \to -1} \dfrac{x^3 - x^2 - 5x - 3}{(x + 1)^2}$

85. $\lim_{x \to 0} \dfrac{\sqrt[3]{1 + x} - 1}{x}$ **86.** $\lim_{x \to 3} \dfrac{x^2 - 9}{\sqrt{x^2 + 7} - 4}$

87. $\lim_{x \to 0} \dfrac{1 - \cos x}{x \sin x}$ **88.** $\lim_{x \to 0} \dfrac{2x^2}{3 - 3 \cos x}$

1.3 극한의 엄밀한 정의

이제 우리의 관심을 극한의 엄밀한 정의로 돌리자. 미적분학 역사의 초기에는 이론의 근본이 되는 기본개념에 대해 타당성 논쟁이 있었다. 수학자와 철학자에 의해 명백한 모순이 언급되었다. 이러한 논쟁은 엄밀한 정의에 의해 해결되었다. 이 엄밀한 정의에 의하면, 앞에서 설명한 정의에서 "임의로 가까이 가게 하는"과 같은 모호한 구절들이 모든 예제에 적용할 수 있는 구체적인 조건들로 대체된다. 우리는 엄밀한 정의를 이용하여 앞 절에서 주어진 극한의 성질들을 오해없이 증명할 수 있고, 또 많은 중요한 극한들을 확인할 수 있다.

    $x \to c$일 때 $f(x)$의 극한이 L과 같다는 것을 보이기 위해, 우리는 만약 x가 c에 "충분히 가깝게" 유지한다면 $f(x)$와 L 사이의 차이를 "우리가 원하는 만큼 작게" 만들 수 있음을 보여줄 필요가 있다. 이제 우리에게 필요한 것은 $f(x)$와 L 사이의 차이의 크기를 구체적으로 표현하기 위한 방법을 알아보는 것이다.

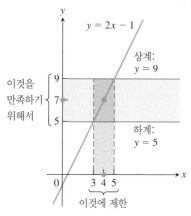

그림 1.15 x가 $x=4$로부터 1의 거리 이내를 유지하면 y는 $y=7$로부터 2의 거리 이내에 있게 된다(예제 1).

예제 1 $x=4$ 근방에서 함수 $y=2x-1$을 생각해보자. 직관적으로 x가 4에 가까이 갈 때 y는 7에 가까이 가는 것은 명백하므로 $\lim\limits_{x\to4}(2x-1)=7$이다. 그러나 $y=2x-1$과 7의 절댓값의 차이가 2보다 작게 하기 위해서는 x가 4에 얼마나 가까이 가야 하는가?

풀이 다음과 같은 질문을 던져보자: $|y-7|<2$를 만족하는 x의 값은 무엇인가? 해답을 찾기 위해서 우선 $|y-7|$을 x의 항으로 표현한다.

$$|y-7|=|(2x-1)-7|=|2x-8|$$

그러면 질문은 다음과 같다. 부등식 $|2x-8|<2$를 만족하는 x의 값은 무엇인가? 해답을 찾기 위해서 부등식

$$
\begin{aligned}
|2x-8| &< 2 \\
-2 < 2x-8 &< 2 \qquad \text{절댓값 정의로부터}\\
6 < 2x &< 10 \qquad \text{각 변에 8을 더함}\\
3 < x &< 5 \qquad x\text{에 대한 식}\\
-1 < x-4 &< 1 \qquad x-4\text{에 대한 식}
\end{aligned}
$$

을 푼다. x가 $x=4$로부터 1의 거리 이내를 유지하면 y는 $y=7$로부터 2의 거리 이내에 있게 될 것이다(그림 1.15). ∎

위의 예제에서 우리는 어떤 함수의 함숫값 $f(x)$가 극한값 L에 대해 정해진 구간 이내에 놓이는 것을 보장하기 위해서 x가 특정값 c에 얼마나 가까이 가야만 하는가를 결정했다. $x\to c$일 때 $f(x)$의 극한이 실제로 L임을 보이기 위해서, 우리는 x가 c에 충분히 가까이 가는 것을 유지함으로써 $f(x)$와 L의 차이가, 아주 작은 어떤 정해진 오차보다 작게 만들 수 있음을 보일 수 있어야만 한다. 각 정해진 오차를 표현하기 위해, 두 상수 δ(델타)와 ε(입실론)을 사용한다. 이 그리스 문자는 아주 작은 값을 의미한다.

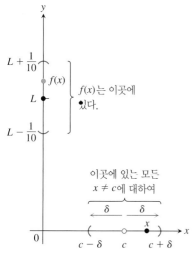

그림 1.16 $f(x)$가 구간 $\left(L-\dfrac{1}{10}, L+\dfrac{1}{10}\right)$ 내에 있도록 하기 위해 구간 $(c-\delta, c+\delta)$ 내에 x가 존재하게 하는 $\delta>0$을 어떻게 정의해야 하는가?

극한의 정의

x가 c에 접근할 때 함수 $f(x)$의 값을 지켜보자($x=c$에서 값은 제외하고). 우리는 x가 c로부터 어떤 거리 δ 이내에 머물면 $f(x)$는 극한값 L로부터 1/10거리 이내에 머물기를 원한다(그림 1.16). 그러나 x가 c에 접근할 때 $f(x)$가 극한값 L의 1/10거리 이내에 머문다고 보장할 수 없다. L로 향하지 않고 $L-(1/10)$과 $L+(1/10)$ 사이의 구간 내에서 벗어 나는 것을 막기 위한 것은 무엇인가?

오차가 1/100, 1/1000 또는 1/100,000 이내라고 한다면 각 경우마다, 새로운 오차한계를 만족하는 구간 내에 x를 유지하기 위해서 c에 대한 새로운 δ-구간을 구한다. 각각의 경우에 대해서 $f(x)$가 어떤 단계에서 L로부터 떨어져 벗어날 가능성이 있다.

다음 페이지의 그림은 문제를 설명한다. 이것을 회의론자와 수학자 사이의 싸움으로 생각할 수 있다. 회의론자는 극한이 존재함에 대한 의심의 여지가 있음을 증명하기 위해서 ε-도전을 제안하고 수학자는 L의 ε 내에 함숫값을 가지는 c 주 위의 δ-간격을 가지고 모든 ε-도전에 대답한다.

이와 같이 끝없는 도전과 응답의 연속을 어떻게 멈출 수 있을까? 도전자가 만들 수 있는 임의의 오차한계 ε에 대해서, $f(x)$를 L의 오차 한계 내에 두기 위해서 x와 c의 충분히 가까운 δ 거리를 ε의 함수로 구하거나 계산할 수 있음을 증명하면 된다(그림 1.17). 이것이 극한의 엄밀한 정의를 이끌어낸다.

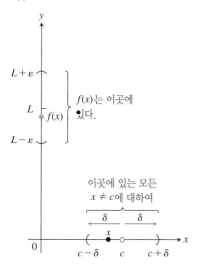

그림 1.17 극한의 정의에서 δ와 ε의 관계

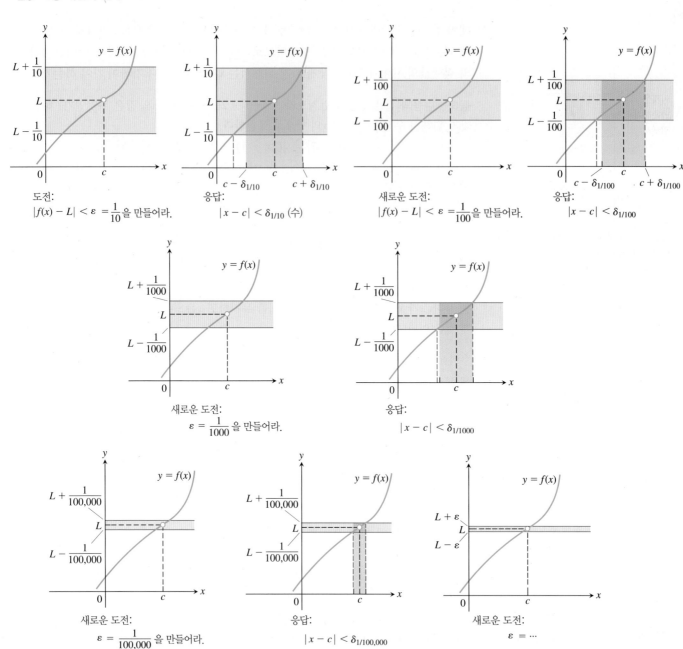

도전:
$|f(x) - L| < \varepsilon = \dfrac{1}{10}$ 을 만들어라.

응답:
$|x - c| < \delta_{1/10}$ (수)

새로운 도전:
$|f(x) - L| < \varepsilon = \dfrac{1}{100}$ 을 만들어라.

응답:
$|x - c| < \delta_{1/100}$

새로운 도전:
$\varepsilon = \dfrac{1}{1000}$ 을 만들어라.

응답:
$|x - c| < \delta_{1/1000}$

새로운 도전:
$\varepsilon = \dfrac{1}{100,000}$ 을 만들어라.

응답:
$|x - c| < \delta_{1/100,000}$

새로운 도전:
$\varepsilon = \cdots$

정의 $f(x)$가 c를 포함하는 열린 구간 (c는 제외될 수 있음)에서 정의되었다고 하자. 만약 임의의 $\varepsilon > 0$에 대하여

$$0 < |x - c| < \delta \quad \Rightarrow \quad |f(x) - L| < \varepsilon$$

을 만족하는 $\delta > 0$이 존재하면, **x가 c에 접근할 때 $f(x)$의 극한은 L**이라고 말하고, 기호로는

$$\lim_{x \to c} f(x) = L$$

로 나타낸다.

정의를 시각화하기 위해, 원통형 축을 가공기계에 의해 작은 오차범위로 제작하는 것을 상상해보자. 가공기계의 다이얼을 돌려서 맞춰진 값을 변수 x로 하여 축의 직경이 결정되어 제작된다. 축의 직경이 L이 되도록 작업한다고 하자. 완벽하게 맞출 수는

없기에, 변수 x값으로 직경 $f(x)$가 $L-\varepsilon$과 $L+\varepsilon$ 사이에 들어오도록 다이얼을 돌려야 한다. 다이얼에 대한 제어 조건을 δ라 하자. 즉, 축의 직경 $f(x)$가 L에서 ε내의 정확도를 갖기 위해서 다이얼의 위치를 $x=c$에 얼마만큼 정확히 맞춰야 하는 문제이다. 오차의 허용범위가 더 엄해질수록, δ를 더 조정해야 한다. 다이얼을 얼마만큼 더 정확하게 맞춰야 하는가를 제어하는 δ의 값은 결국 허용오차 ε이 얼마냐에 의존하게 된다.

함수의 극한의 정의는 더 일반적인 정의역으로 확장된다. c를 중심으로 하는 열린 구간만이 요구되는 데, 이는 함수의 정의역에 포함되며 점 c는 제외된다. 복잡한 정의역을 가진 함수에 대한 극한의 예는 1장 복습문제 37~40에서 볼 수 있다. 구간의 경계에 있는 점들에 대한 극한의 정의는 다음 절에서 다룰 것이다.

예제: 정의로 판정하기

극한의 엄밀한 정의는 함수의 극한을 어떻게 구하는가를 알려주지는 않으며, 단지 어떤 예상되는 값이 극한이 되는가를 검증하게 해 준다. 다음 예제들을 통하여 이 정의가 특별한 함수에 대한 극한의 확인에 어떻게 이용될 수 있는가를 알아본다. 그러나 이 정의는 이와 같은 계산을 하는 것보다는 오히려 특별한 극한의 계산을 간단하게 할 수 있도록 하기 위한 일반적인 정리를 증명하는 것에 실제적인 목적이 있다.

예제 2 $\lim\limits_{x \to 1} (5x - 3) = 2$임을 보이라.

풀이 극한의 정의에서 $c=1$, $f(x)=5x-3$, 그리고 $L=2$라 놓자. 임의의 $\varepsilon>0$에 대해서 $x \neq 1$이고 x가 $c=1$을 중심으로 반경이 거리 δ 이내에 있다면, 즉

$$0 < |x - 1| < \delta$$

일 때마다 $f(x)$가 중심이 $L=2$이고 반경 ε 이내에서

$$|f(x) - 2| < \varepsilon$$

있는 것이 참이 되도록 하는 적당한 양수 δ를 구해야만 한다.
우리는 ε – 부등식으로부터 반대로 계산하여 δ를 구한다.

$$|(5x - 3) - 2| = |5x - 5| < \varepsilon$$
$$5|x - 1| < \varepsilon$$
$$|x - 1| < \varepsilon/5$$

따라서 우리는 $\delta=\varepsilon/5$를 취할 수 있다(그림 1.18). 만약 $0<|x-1|<\delta=\varepsilon/5$라면

$$|(5x - 3) - 2| = |5x - 5| = 5\,|x - 1| < 5(\varepsilon/5) = \varepsilon,$$

이고 그것은 $\lim\limits_{x \to 1} (5x-3) = 2$임을 증명한다.

$\delta=\varepsilon/5$의 값은 $0<|x-1|<\delta$이면 $|5x-5|<\varepsilon$이 되게 하는 유일한 값이 아니다. 더 작은 양수 δ도 결과는 같다. 정의는 가장 적당한 양수 δ에 대해서는 질문하지 않는다. δ를 구하는 것은 다음에 할 것이다. ■

예제 3 1.2절에서 그래픽으로 제시한 다음 결과를 증명하라.

(a) $\lim\limits_{x \to c} x = c$　　　　　　　　**(b)** $\lim\limits_{x \to c} k = k$　(k는 상수)

풀이

(a) $\varepsilon>0$이 주어졌다고 하자.

$$0 < |x - c| < \delta \text{이면} \quad |x - c| < \varepsilon$$

을 만족하는 모든 x에 대해서 $\delta>0$을 구해야만 한다. 만약 δ와 ε이 같거나 더 작은 양

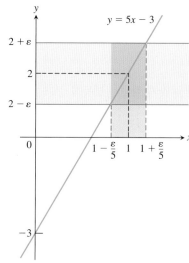

그림 1.18 만약 $f(x) = 5x-3$이면 $0 < |x-1| < \varepsilon/5$는 $|f(x)-2| < \varepsilon$을 보장한다 (예제 2).

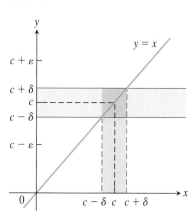

그림 1.19 함수 $f(x) = x$에 대해서 $0 < |x-c| < \delta$는 $\delta \leq \varepsilon$일 때 $|f(x)-c| < \varepsilon$을 보장한다(예제 3(a)).

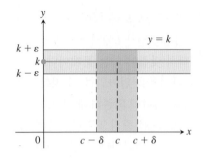

그림 1.20 함수 $f(x) = k$에 대해서, 임의의 양수 δ에 대해 $|f(x) - k| < \varepsilon$이다(예제 3(b)).

수라면 결과는 성립할 것이다(그림 1.19). 이것은 $\lim\limits_{x \to c} x = c$임을 증명한다.

(b) $\varepsilon > 0$이 주어졌다고 하자.

$$0 < |x - c| < \delta \text{이면} \qquad |k - k| < \varepsilon$$

을 만족하는 모든 x에 대해서 $\delta > 0$을 구해야만 한다. $k - k = 0$이기 때문에 δ에 대하여 임의의 양수를 이용할 수 있고 결과는 성립할 것이다(그림 1.20). 이것은 $\lim\limits_{x \to c} k = k$임을 증명한다. ■

주어진 ε에 대해 대수적으로 델타를 구함

예제 2와 예제 3에서, $|f(x) - L|$이 ε보다 작게 되도록 c를 포함하는 값의 구간은 c를 중심으로 대칭이고 그 구간 길이의 반을 δ로 취했다. $|f(x) - L| < \varepsilon$이 되는 c를 포함하는 구간이 c를 중심으로 대칭이 아닐 때에는 c로부터 구간의 끝점에 더 가까운 거리로서 δ를 취할 수 있다.

예제 4 극한 $\lim\limits_{x \to 5} \sqrt{x - 1} = 2$에 대해 $\varepsilon = 1$로 극한을 계산하는 $\delta > 0$을 구하라. 즉,

$$0 < |x - 5| < \delta \qquad \Rightarrow \qquad |\sqrt{x - 1} - 2| < 1$$

을 만족하는 모든 x에 대해서 $\delta > 0$을 구하라.

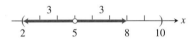

그림 1.21 $x = 5$를 중심으로 하는 반경 3의 열린 구간은 열린 구간 (2, 10) 안에 있다.

풀이 조사는 두 단계로 구성된다.

1. $x \neq 5$에 대해 부등식이 성립하는 $x = 5$를 포함한 구간을 찾기 위해서 부등식 $|\sqrt{x - 1} - 2| < 1$을 풀어라.

$$|\sqrt{x - 1} - 2| < 1$$
$$-1 < \sqrt{x - 1} - 2 < 1$$
$$1 < \sqrt{x - 1} < 3$$
$$1 < x - 1 < 9$$
$$2 < x < 10$$

부등식은 열린 구간 (2, 10)에 있는 모든 x에 대해 성립한다. 그래서 이 구간에서 $x \neq 5$인 모든 x에 대해서 잘 성립한다.

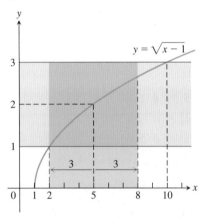

그림 1.22 예제 4에 있는 함수와 구간들

2. 구간 (2, 10) 안에있고 중심 구간 $5 - \delta < x < 5 + \delta$(중심 $x = 5$)에 위치하기 위한 $\delta > 0$의 값을 구하라. 5와 더 가까운 구간 (2, 10)의 끝점까지의 거리는 3이다(그림 1.21). 만약 $\delta = 3$ 또는 더 작은 양수를 취한다면 부등식 $0 < |x - 5| < \delta$로 x는 2와 10 사이에 위치할 것이며 $|\sqrt{x - 1} - 2| < 1$이 될 것이다(그림 1.22).

$$0 < |x - 5| < 3 \qquad \Rightarrow \qquad |\sqrt{x - 1} - 2| < 1 \qquad ■$$

주어진 f, L, c와 $\varepsilon > 0$에 대해 δ를 대수적으로 구하는 방법

모든 x에 대해

$$0 < |x - c| < \delta \qquad \Rightarrow \qquad |f(x) - L| < \varepsilon$$

을 만족하는 $\delta > 0$을 구하는 절차는 두 단계로 완성시킬 수 있다.

1. $x \neq c$에 대해 부등식이 성립하는 c를 포함한 구간 (a, b)를 찾기 위해서 부등식 $|f(x) - L| < \varepsilon$을 풀어라. $x = c$에서는 부등식이 성립할 필요가 없다. $x = c$에서 f의 값이 극한의 존재에 영향을 주지 않는다.

2. 구간 (a, b) 안에 중심이 c인 열린 구간 $(c - \delta, c + \delta)$가 위치하기 위한 $\delta > 0$의 값을 구하라. 부등식 $|f(x) - L| < \varepsilon$은 δ-구간에 있는 모든 $x \neq c$에 대해 성립할 것이다.

예제 5 함수

$$f(x) = \begin{cases} x^2, & x \neq 2 \\ 1, & x = 2. \end{cases}$$

일 때, $\lim\limits_{x \to 2} f(x) = 4$를 증명하라.

풀이 증명하기 위해서는 주어진 $\varepsilon > 0$에 대해서

$$0 < |x - 2| < \delta \quad \Rightarrow \quad |f(x) - 4| < \varepsilon$$

을 만족하는 모든 x에 대해 $\delta > 0$이 존재함을 보여야 한다.

1. $x \neq 2$에 대해 부등식이 성립하는 $x = 2$를 포함한 열린 구간을 찾기 위해서 부등식 $|f(x) - 4| < \varepsilon$을 풀어라.

$x \neq c = 2$에 대해, $f(x) = x^2$이고 문제를 풀기 위한 부등식은 $|x^2 - 4| < \varepsilon$이다.

$$|x^2 - 4| < \varepsilon$$
$$-\varepsilon < x^2 - 4 < \varepsilon$$
$$4 - \varepsilon < x^2 < 4 + \varepsilon$$
$$\sqrt{4 - \varepsilon} < |x| < \sqrt{4 + \varepsilon} \qquad \text{\small{$\varepsilon < 4$라 가정; 아래를 참조하라}}$$
$$\sqrt{4 - \varepsilon} < x < \sqrt{4 + \varepsilon} \qquad \text{\small{부등식을 푸는 $x = 2$에 대한 구간}}$$

부등식 $|f(x) - 4| < \varepsilon$는 열린 구간 $(\sqrt{4 - \varepsilon}, \sqrt{4 + \varepsilon})$에 있는 $x \neq 2$인 모든 x에 대해서 성립한다(그림 1.23).

2. 구간 $(\sqrt{4 - \varepsilon}, \sqrt{4 + \varepsilon})$ 안에 중심 구간 $(2 - \delta, 2 + \delta)$가 위치하는 $\delta > 0$의 값을 구하라.

$x = 2$와 더 가까운 $(\sqrt{4 - \varepsilon}, \sqrt{4 + \varepsilon})$의 끝점까지의 거리 δ를 취하라. 즉, 두 수 $2 - \sqrt{4 - \varepsilon}$과 $\sqrt{4 + \varepsilon} - 2$의 최솟값 (더 작은) $\delta = \min\{2 - \sqrt{4 - \varepsilon}, \sqrt{4 + \varepsilon} - 2\}$를 취하라. 만약 δ의 값이 이 값을 갖거나 더 작은 양수를 갖는다면 부등호 $0 < |x - 2| < \delta$로 인하여 $|f(x) - 4| < \varepsilon$이 되도록 $\sqrt{4 - \varepsilon}$과 $\sqrt{4 + \varepsilon}$ 사이에 x가 자동적으로 위치할 것이다. 즉,

$$0 < |x - 2| < \delta \quad \Rightarrow \quad |f(x) - 4| < \varepsilon$$

이다. 이것으로 증명은 끝났다.

만약 $\varepsilon \geq 4$라면 $x = 2$로부터 구간 $(0, \sqrt{4 + \varepsilon})$의 끝점에 더 가까운 δ를 취한다. 다시 말해서 $\delta = \min\{2, \sqrt{4 + \varepsilon} - 2\}$(그림 1.23 참조). ■

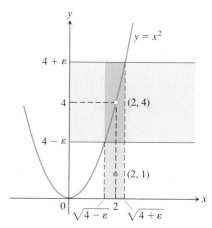

그림 1.23 예제 5에서 함수가 $|f(x) - 4| < \varepsilon$를 만족하게 하기 위한 $x = 2$를 포함하는 열린 구간

정의를 이용하여 정리 증명하기

우리는 앞 예제에서처럼 특정한 극한을 증명하기 위해서 극한의 엄밀한 정의에만 의존하지는 않는다. 오히려 1.2절의 정리들과 같은 극한에 관한 일반적인 정리를 사용한다. 이러한 정리들을 증명하는 데 정의가 사용된다 (부록 4). 예로써 정리 1의 합의 공식을 증명한다.

예제 6 $\lim\limits_{x \to c} f(x) = L$과 $\lim\limits_{x \to c} g(x) = M$으로 주어졌다면

$$\lim_{x \to c}(f(x) + g(x)) = L + M$$

임을 증명하라.

풀이 $\varepsilon > 0$이 주어졌다고 하자. 모든 x에 대해서

$$0 < |x - c| < \delta \quad \Rightarrow \quad |f(x) + g(x) - (L + M)| < \varepsilon$$

을 만족하는 양수 δ를 구하고자 한다. 항들을 정리하면

$$|f(x) + g(x) - (L + M)| = |(f(x) - L) + (g(x) - M)|$$

삼각부등식:
$$|a + b| \leq |a| + |b|$$

$$\leq |f(x) - L| + |g(x) - M|$$

이다. $\lim_{x \to c} f(x) = L$이기 때문에 모든 x에 대해서

$$0 < |x - c| < \delta_1 \quad \Rightarrow \quad |f(x) - L| < \varepsilon/2$$

$\lim_{x \to c} f(x) = L$로부터
δ_1을 찾을 수 있음

를 만족하는 양수 δ_1이 존재한다. 이와 같이, $\lim_{x \to c} g(x) = M$이기 때문에 모든 x에 대해서

$$0 < |x - c| < \delta_2 \quad \Rightarrow \quad |g(x) - M| < \varepsilon/2$$

$\lim_{x \to c} g(x) = M$으로부터
δ_2를 찾을 수 있음

를 만족하는 양수 δ_2가 존재한다. δ_1과 δ_2에서 더 작은 것을 $\delta = \min\{\delta_1, \delta_2\}$라 하자. 만약 $0 < |x - c| < \delta$이면 $|x - c| < \delta_1$이므로 $|f(x) - L| < \varepsilon/2$이고 $|x - c| < \delta_2$이므로 $|g(x) - M| < \varepsilon/2$이다. 그러므로

$$f(x) + g(x) - (L + M)| < \frac{\varepsilon}{2} + \frac{\varepsilon}{2} = \varepsilon$$

이다. 이것으로 $\lim_{x \to c}(f(x) + g(x)) = L + M$임을 보여 주었다. ■

연습문제 1.3

한 점에 대한 구간의 중심

연습문제 1~6에서 내부에 점 c를 포함하는 x축 위의 구간 (a, b)를 스케치하여라. 그리고 모든 x에 대해서 $0 < |x - c| < \delta$ $a < x < b$ 를 만족하는 값 $\delta > 0$을 구하라.

1. $a = 1$, $b = 7$, $c = 5$
2. $a = 1$, $b = 7$, $c = 2$
3. $a = -7/2$, $b = -1/2$, $c = -3$
4. $a = -7/2$, $b = -1/2$, $c = -3/2$
5. $a = 4/9$, $b = 4/7$, $c = 1/2$
6. $a = 2.7591$, $b = 3.2391$, $c = 3$

그래프로 델타 구하기

연습문제 7~14에서 그래프를 이용하여 모든 x에 대해서 $0 < |x - c| < \delta \Rightarrow |f(x) - L| < \varepsilon$을 만족하는 값 $\delta > 0$을 구하라.

7.

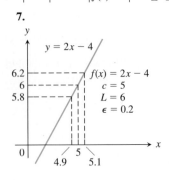

8.

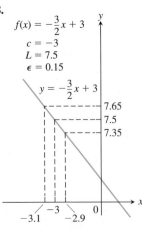

9.

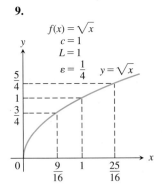

10.

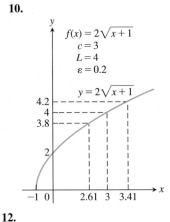

11.

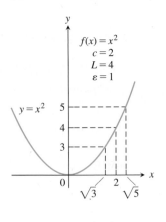

12.

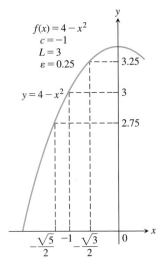

13.

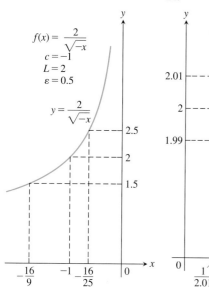

$f(x) = \dfrac{2}{\sqrt{-x}}$

$c = -1$

$L = 2$

$\varepsilon = 0.5$

$y = \dfrac{2}{\sqrt{-x}}$

14.

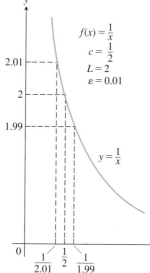

$f(x) = \dfrac{1}{x}$

$c = \dfrac{1}{2}$

$L = 2$

$\varepsilon = 0.01$

$y = \dfrac{1}{x}$

34. $f(x) = \dfrac{x^2 + 6x + 5}{x + 5}, \qquad c = -5, \qquad \varepsilon = 0.05$

35. $f(x) = \sqrt{1 - 5x}, \qquad c = -3, \qquad \varepsilon = 0.5$

36. $f(x) = 4/x, \qquad c = 2, \qquad \varepsilon = 0.4$

연습문제 37~50에서 극한을 증명하라.

37. $\lim\limits_{x \to 4}(9 - x) = 5$ **38.** $\lim\limits_{x \to 3}(3x - 7) = 2$

39. $\lim\limits_{x \to 9}\sqrt{x - 5} = 2$ **40.** $\lim\limits_{x \to 0}\sqrt{4 - x} = 2$

41. $f(x) = \begin{cases} x^2, & x \neq 1 \\ 2, & x = 1 \end{cases}$이면 $\lim\limits_{x \to 1}f(x) = 1$

42. $f(x) = \begin{cases} x^2, & x \neq -2 \\ 1, & x = -2 \end{cases}$이면 $\lim\limits_{x \to -2}f(x) = 4$

43. $\lim\limits_{x \to 1}\dfrac{1}{x} = 1$ **44.** $\lim\limits_{x \to \sqrt{3}}\dfrac{1}{x^2} = \dfrac{1}{3}$

45. $\lim\limits_{x \to -3}\dfrac{x^2 - 9}{x + 3} = -6$ **46.** $\lim\limits_{x \to 1}\dfrac{x^2 - 1}{x - 1} = 2$

47. $f(x) = \begin{cases} 4 - 2x, & x < 1 \\ 6x - 4, & x \geq 1 \end{cases}$이면 $\lim\limits_{x \to 1}f(x) = 2$

48. $f(x) = \begin{cases} 2x, & x < 0 \\ x/2, & x \geq 0 \end{cases}$이면 $\lim\limits_{x \to 0}f(x) = 0$

49. $\lim\limits_{x \to 0}x\sin\dfrac{1}{x} = 0$

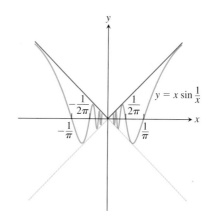

$y = x\sin\dfrac{1}{x}$

50. $\lim\limits_{x \to 0}x^2\sin\dfrac{1}{x} = 0$

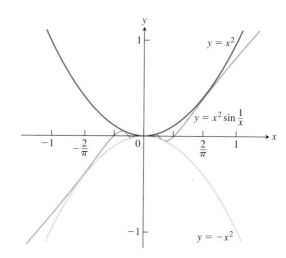

$y = x^2$

$y = x^2\sin\dfrac{1}{x}$

$y = -x^2$

대수적으로 델타 구하기

연습문제 15~30에서 함수 $f(x)$와 수 L, c와 $\varepsilon > 0$이 주어져 있다. 각 경우에 있어서 부등식 $|f(x) - L| < \varepsilon$이 성립하는 c에 대한 열린 구간을 구하라. 그러면 모든 x에 대해서 부등식 $|f(x) - L| < \varepsilon$이 성립하도록 $0 < |x - c| < \delta$를 만족하는 $\delta > 0$에 대한 값을 얻게 된다.

15. $f(x) = x + 1, \qquad L = 5, \qquad c = 4, \qquad \varepsilon = 0.01$

16. $f(x) = 2x - 2, \qquad L = -6, \qquad c = -2, \qquad \varepsilon = 0.02$

17. $f(x) = \sqrt{x + 1}, \qquad L = 1, \qquad c = 0, \qquad \varepsilon = 0.1$

18. $f(x) = \sqrt{x}, \qquad L = 1/2, \qquad c = 1/4, \qquad \varepsilon = 0.1$

19. $f(x) = \sqrt{19 - x}, \qquad L = 3, \qquad c = 10, \qquad \varepsilon = 1$

20. $f(x) = \sqrt{x - 7}, \qquad L = 4, \qquad c = 23, \qquad \varepsilon = 1$

21. $f(x) = 1/x, \qquad L = 1/4, \qquad c = 4, \qquad \varepsilon = 0.05$

22. $f(x) = x^2, \qquad L = 3, \qquad c = \sqrt{3}, \qquad \varepsilon = 0.1$

23. $f(x) = x^2, \qquad L = 4, \qquad c = -2, \qquad \varepsilon = 0.5$

24. $f(x) = 1/x, \qquad L = -1, \qquad c = -1, \qquad \varepsilon = 0.1$

25. $f(x) = x^2 - 5, \qquad L = 11, \qquad c = 4, \qquad \varepsilon = 1$

26. $f(x) = 120/x, \qquad L = 5, \qquad c = 24, \qquad \varepsilon = 1$

27. $f(x) = mx, \quad m > 0, \quad L = 2m, \quad c = 2, \quad \varepsilon = 0.03$

28. $f(x) = mx, \qquad m > 0, \qquad L = 3m, \qquad c = 3, \qquad \varepsilon = c > 0$

29. $f(x) = mx + b, \qquad m > 0, \qquad L = (m/2) + b,$
$c = 1/2, \qquad \varepsilon = c > 0$

30. $f(x) = mx + b, \quad m > 0, \quad L = m + b, \quad c = 1, \quad \varepsilon = 0.05$

공식적인 정의 이용

연습문제 31~36에서 함수 $f(x)$, 점 c와 양수 ε이 주어져 있다. $L = \lim\limits_{x \to c}f(x)$인 L을 구하라. 그리고 모든 x에 대해서

$$0 < |x - c| < \delta \quad \Rightarrow \quad |f(x) - L| < \varepsilon$$

을 만족하는 $\delta > 0$을 구하라.

31. $f(x) = 3 - 2x, \qquad c = 3, \qquad \varepsilon = 0.02$

32. $f(x) = -3x - 2, \qquad c = -1, \qquad \varepsilon = 0.03$

33. $f(x) = \dfrac{x^2 - 4}{x - 2}, \qquad c = 2, \qquad \varepsilon = 0.05$

이론과 예제

51. $\lim_{x \to 0} g(x) = k$이기 위한 정의를 말하라.

52. $\lim_{x \to c} f(x) = L$과 $\lim_{h \to 0} f(h+c) = L$은 서로 동치임을 증명하라.

53. 극한에 대한 잘못된 서술 다음 서술문이 거짓임을 예를 들어 보이라.

> 만약 x가 c에 접근할 때 $f(x)$가 L에 가까이 있다면 x가 c에 접근할 때 L은 $f(x)$의 극한이다.

예에서 $x \to c$일 때 함수가 주어진 L을 극한값으로 갖지 않는 이유를 설명하라.

54. 극한에 대한 잘못된 서술 다음 서술문이 거짓임을 예를 들어 보이라.

> 주어진 임의의 $\varepsilon > 0$에 대해서 $|f(x) - L| < \varepsilon$을 만족하는 x의 값이 존재한다면 x가 c에 접근할 때 L은 $f(x)$의 극한이다.

예에서 $x \to c$일 때 함수가 주어진 L을 극한값으로 갖지 않는 이유를 설명하라.

T **55. 엔진 실린더 깎기** 단면적이 60 cm^2인 엔진 실린더를 깎기 전에 내부의 이상적인 실린더의 직경이 $c = 8.7404 \text{ cm}$인 것으로부터 얼마나 많은 편차가 있는지 알 필요가 있다. 60 cm^2의 허용치 0.1 cm^2 이내에서 허용할 수 있고 여전히 면적은 허용치에 들어 오는 면적을 가진다. $A = \pi(x/2)^2$이라 하자. $|A - 60| \le 0.1$로 만들기 위해 성립해야 하는 x의 구간을 조사하라. 구한 구간은 무엇인가?

56. 저항의 제작 다음 그림과 같이 전기회로에 대한 옴의 법칙 (Ohm's law)은 $V = RI$이다. 이 등식에서 V는 직류 전압으로 단위는 볼트(V)이고, I는 전류이며 단위는 암페어(A)이다. 그리고 R은 저항으로 단위는 옴(Ω)이다. 회사는 전압 V가 120볼트이어야 하고 전류 I는 5 ± 0.1암페어인 회로를 구성하는 데 필요한 저항 제작을 의뢰 받았다. 전류값 I가 $I_0 = 5$의 0.1암페어 범위 이내의 값을 가질 때 이 회로를 구성하기 위해 필요한 저항 R의 범위를 구하라.

$x \to c$일 때 언제 수 L이 $f(x)$의 극한이 아닌가?

L이 극한이 아님을 보이기 주어진 $\varepsilon > 0$에 대해서
$$0 < |x - c| < \delta \quad \Longrightarrow \quad |f(x) - L| < \varepsilon$$
을 만족하는 모든 x에 대해, $\delta > 0$이 없다면 $\lim_{x \to c} f(x) + L$임을 증명할 수 있다. 어떤 ε이 존재하여, 각 $\delta > 0$에 대해서
$$0 < |x - c| < \delta \text{와} \quad |f(x) - L| \ge \varepsilon$$
을 만족하는 x의 값이 존재함을 보여줌으로써, $\lim_{x \to c} f(x) + L$임을 증명할 수 있다.

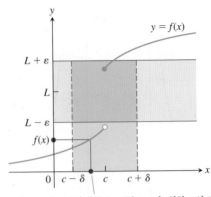

$0 < |x - c| < \delta$와 $|f(x) - L| \ge \varepsilon$을 위한 x의 값

57. $f(x) = \begin{cases} x, & x < 1 \\ x + 1, & x > 1 \end{cases}$이라 하자.

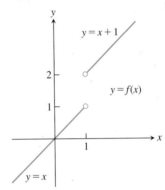

a. $\varepsilon = 1/2$이라 하자. 다음 조건을 만족하는 $\delta > 0$이 없음을 보이라: 모든 x에 대해서
$$0 < |x - 1| < \delta \quad \Longrightarrow \quad |f(x) - 2| < 1/2$$
이다. 즉, 각 $\delta > 0$에 대해서
$$0 < |x - 1| < \delta \text{와} \quad |f(x) - 2| \ge 1/2$$
를 만족하는 x의 값이 존재함을 보이라.
이것은 $\lim_{x \to 1} f(x) + 2$임을 보이는 것이다.

b. $\lim_{x \to 1} f(x) + 1$임을 보이라.

c. $\lim_{x \to 1} f(x) + 1.5$임을 보이라.

58. $h(x) = \begin{cases} x^2, & x < 2 \\ 3, & x = 2 \\ 2, & x > 2 \end{cases}$라 하자.

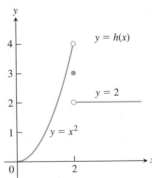

a. $\lim_{x \to 2} h(x) \ne 4$

b. $\lim_{x \to 2} h(x) \ne 3$

c. $\lim_{x \to 2} h(x) \ne 2$

임을 보이라.

59. 아래 그려진 함수에 대해 다음을 설명하라.

    a. $\lim_{x \to 3} f(x) \neq 4$ **b.** $\lim_{x \to 3} f(x) \neq 4.8$

    c. $\lim_{x \to 3} f(x) \neq 3$

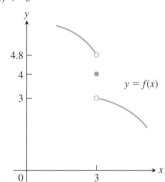

60. a. 아래 그려진 함수에 대해 $\lim_{x \to 1} g(x) + 2$임을 보이라.

    b. $\lim_{x \to 1} g(x)$는 존재하는 것처럼 보이는가? 만약 그렇다면 극한 값은 얼마인가? 그렇지 않다면 아닌 이유를 설명하라.

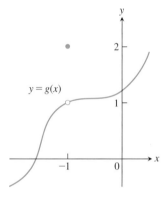

컴퓨터 탐구

연습문제 61~66에서 그래프로 δ를 찾는 것은 더욱 연구해야 할 것이다. CAS를 이용하여 다음 단계를 수행하라.

    a. c 근방에서 함수 $y = f(x)$의 그래프를 그리라.

    b. 극한 L의 값을 추측하고, 또 정확하게 추측했다면 이를 알아 보기 위해서 수식적으로 극한을 구하라.

    c. $\varepsilon = 0.2$를 이용하여 c 근방에서 함수 f와 함께 직선 $y1 = L - \varepsilon$과 $y2 = L + \varepsilon$의 그래프를 그리라.

    d. (c)의 그래프로부터 모든 x에 대해

$$0 < |x - c| < \delta \quad \Rightarrow \quad |f(x) - L| < \varepsilon$$

    을 만족하는 $\delta > 0$을 추정하라.

    구간 $0 < |x - c| < \delta$ 상에서 f, y_1과 y_2의 위치를 결정함으로써 추정치를 테스트하라. 관찰 영역이 $c - 2\delta \leq x \leq c + 2\delta$와 $L - 2\varepsilon \leq y \leq L + 2\varepsilon$일 경우는? 만약 임의의 함수가 구간 $[L - \varepsilon, L + \varepsilon]$ 밖에 놓였다면 d의 선택은 너무 컸다. 작은 추정치로 다시 시도하라.

    e. $\varepsilon = 0.1$, 0.05와 0.001에 대해서 (c)와 (d)를 반복하라.

61. $f(x) = \dfrac{x^4 - 81}{x - 3}$, $c = 3$ **62.** $f(x) = \dfrac{5x^3 + 9x^2}{2x^5 + 3x^2}$, $c = 0$

63. $f(x) = \dfrac{\sin 2x}{3x}$, $c = 0$ **64.** $f(x) = \dfrac{x(1 - \cos x)}{x - \sin x}$, $c = 0$

65. $f(x) = \dfrac{\sqrt[3]{x} - 1}{x - 1}$, $c = 1$

66. $f(x) = \dfrac{3x^2 - (7x + 1)\sqrt{x} + 5}{x - 1}$, $c = 1$

1.4   한쪽 방향으로의 극한

이 절에서는 극한의 개념을 **한쪽 방향으로의 극한(one-sided limit)**(단지 왼쪽으로부터만 (즉, $x < c$에서) 또는 오른쪽으로부터만(즉, $x > c$에서) c에 접근할 때의 극한)으로 확장한다. 이 개념은 한 점에서 왼쪽 또는 오른쪽으로부터 접근함에 따라 서로 다른 극한을 갖는 함수를 설명할 수 있게 해준다. 또한 함수가 구간의 끝점에서 극한을 갖는다는 의미를 말할 수 있게 해준다.

한쪽 방향으로의 극한

함수 f를 c의 양쪽 방향을 포함하는 어떤 구간에서 정의되었다고 가정하자. f가 x가 c에 접근할 때 극한 L을 갖기 위해서는, x가 c의 양쪽으로부터 c에 접근할 때 함숫값 $f(x)$가 L에 접근해야 한다. 이런 이유로 이 극한을 때로는 **양쪽 방향으로의 극한(two-sided limit)**이라 한다.

    f가 양쪽 방향으로의 극한을 갖지 않더라도, 그래도 한쪽 방향으로의, 즉 왼쪽 또는 오른쪽으로부터 접근할 때의, 극한을 가질 수는 있다. 오른쪽으로부터만 접근할 때 극

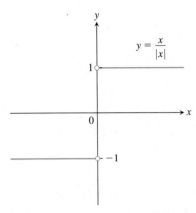

그림 1.24 원점에서 우극한과 좌극한이 다르다.

한을 **오른쪽으로부터 극한(limit from the right)** 간단히 **우극한(right-hand limit)**이라 하고, 왼쪽으로부터만 접근할 때에는 **왼쪽으로부터 극한(limit from the left)** 간단히 **좌극한(left-hand limit)**이라 한다.

함수 $f(x)=x/|x|$(그림 1.24)는 x가 0의 오른쪽에서 접근할 때 극한 1을 갖고 0의 왼쪽에서 접근할 때 극한 -1을 갖는다. 이들 한쪽 방향으로의 극한값이 서로 같지 않기 때문에 x가 0에 접근할 때 $f(x)$가 접근하는 하나의 값을 찾을 수 없다. 그래서 $f(x)$는 0에서 극한(양쪽 방향으로의 극한)을 갖지 않는다.

직관적으로, 만약 $f(x)$를 $c<b$인 구간 (c, b)에서만 생각하고, 그 구간 내에 있는 x가 c에 접근할 때 함숫값 $f(x)$가 L에 가까이 접근하면 f는 c에서 **우극한 L**을 갖는다고 하고, 이를

$$\lim_{x \to c^+} f(x) = L$$

로 나타낸다. 기호 "$x \to c^+$"는 c보다 큰 x값의 경우만을 생각함을 의미한다.

마찬가지로, 만약 $f(x)$가 $a<c$인 구간 (a, c)에서만 생각하고, 그 구간 내에 있는 x가 c에 접근할 때 함숫값 $f(x)$가 M에 가까이 접근하면 f는 c에서 **좌극한 M**을 갖는다고 하고, 이를

$$\lim_{x \to c^-} f(x) = M$$

으로 나타낸다. 기호 "$x \to c^-$"는 c보다 작은 x값의 경우만을 생각함을 의미한다.

이러한 비형식적인 정의들은 그림 1.25에 설명되어 있다. 그림 1.24의 함수 $f(x)=x/|x|$에 대해서

$$\lim_{x \to 0^+} f(x) = 1 \text{과} \quad \lim_{x \to 0^-} f(x) = -1$$

을 갖는다.

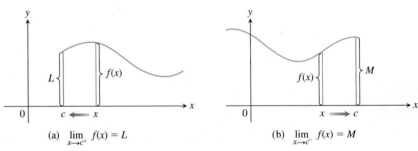

(a) $\lim_{x \to c^+} f(x) = L$　　　(b) $\lim_{x \to c^-} f(x) = M$

그림 1.25 (a) x가 c에 접근할 때 우극한 (b) x가 c에 접근할 때 좌극한

이제 정의역의 경계점에서 함수의 극한을 정의하고자 한다. 이 정의는 13장에서 볼 수 있는, 평면이나 공간에서 어떤 영역의 경계점에서 극한에도 똑같이 적용된다. 함수 f의 정의역이 $(a, c]$ 또는 (a, c)와 같이 c의 왼쪽에 놓여 있는 구간이면, 함수 f는 c에서 좌극한을 가질 때 c에서 극한을 갖는다고 한다. 마찬가지로, 함수 f의 정의역이 $[c, b)$ 또는 (c, b)와 같이 c의 오른쪽에 놓여 있는 구간이면, 함수 f는 c에서 우극한을 가질 때 c에서 극한을 갖는다고 한다.

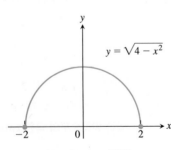

그림 1.26 함수 $f(x)=\sqrt{4-x^2}$은 $x=-2$에서 우극한 0을 갖고 $x=2$에서 좌극한 0을 갖는다(예제 1).

예제 1 $f(x)=\sqrt{4-x^2}$의 정의역은 $[-2, 2]$이다; 함수의 그래프는 그림 1.26과 같이 반원이고

$$\lim_{x \to -2^+} \sqrt{4-x^2} = 0 \text{과} \quad \lim_{x \to 2^-} \sqrt{4-x^2} = 0$$

을 갖는다. 이 함수는 $(-2, 2)$에서 각 점들에서 양쪽 방향으로의 극한을 갖는다. 또한 $x=2$에서 좌극한을 갖고, $x=-2$에서 우극한을 갖는다. 하지만 $x=-2$에서 좌극한을 갖지 않고, $x=2$에서 우극한을 갖지 않는다. f는 이 점들의 양쪽 방향에서 정의되지 않기 때문에, 양쪽 방향으로의 극한을 갖지 않는다. 정의역의 경계점에서는, 그 점에서 한쪽에 놓여있는 구간이 정의역이므로, $\lim\limits_{x\to -2}\sqrt{4-x^2}=0$이고 $\lim\limits_{x\to 2}\sqrt{4-x^2}=0$이다. 함수 f는 $x=-2$와 $x=2$에서 극한을 가진다. ∎

한쪽 방향으로의 극한에 대해서도 1.2절의 정리 1에서 언급된 모든 성질들이 성립한다. 두 함수의 합의 우극한은 그들의 우극한들의 합이다. 다른 공식들도 성립한다. 다항함수와 유리함수의 극한에 대한 정리들도 한쪽 방향으로의 극한에 대해서도 성립한다. 마찬가지로, 샌드위치 정리도 성립한다. 극한과 한쪽 방향으로의 극한과의 관계는 다음 정리에 의해 설명된다.

정리 6 함수 f가 c를 포함하는, c 자신은 제외될 수도 있는, 열린 구간에서 정의되었다고 가정하자. 함수 $f(x)$가 x가 c에 접근할 때 극한을 갖기 위한 필요충분조건은 그 점에서 좌극한과 우극한을 갖고 두 값이 같은 것이다.

$$\lim_{x\to c} f(x) = L \quad\Longleftrightarrow\quad \lim_{x\to c^-} f(x) = L \text{이고} \quad \lim_{x\to c^+} f(x) = L$$

정리 6은 함수의 정의역의 내부점에서만 적용한다. 정의역의 경계점에서는 적절한 한쪽 방향으로의 극한을 가질 때 극한을 갖는다.

예제 2 그림 1.27에 있는 그래프를 갖는 함수에 대해,

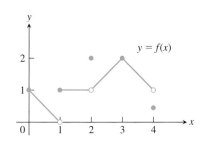

그림 1.27 예제 2의 함수의 그래프

$x=0$에서: $\lim\limits_{x\to 0^-} f(x)$는 존재하지 않는다, *$x=0$의 왼쪽에서 정의되지 않는다.*

$\lim\limits_{x\to 0^+} f(x) = 1$, *$x=0$에서 우극한을 갖는다.*

$\lim\limits_{x\to 0} f(x) = 1$. *정의역의 경계점 $x=0$에서 극한을 갖는다.*

$x=1$에서: $\lim\limits_{x\to 1^-} f(x) = 0$, *비록 $f(1)=1$일지라도*

$\lim\limits_{x\to 1^+} f(x) = 1$,

$\lim\limits_{x\to 1} f(x)$는 존재하지 않는다. *좌극한과 우극한이 다르다.*

$x=2$에서: $\lim\limits_{x\to 2^-} f(x) = 1$,

$\lim\limits_{x\to 2^+} f(x) = 1$,

$\lim\limits_{x\to 1} f(x) = 1$. *비록 $f(2)=2$일지라도*

$x=3$에서: $\lim\limits_{x\to 3^-} f(x) = \lim\limits_{x\to 3^+} f(x) = \lim\limits_{x\to 3} f(x) = f(3) = 2$

$x=4$에서: $\lim\limits_{x\to 4^-} f(x) = 1$, *비록 $f(4)\neq 1$일지라도*

$\lim\limits_{x\to 4^+} f(x)$는 존재하지 않는다, *$x=4$의 오른쪽에서 정의되지 않는다.*

$\lim\limits_{x\to 4} f(x) = 1$. *정의역의 경계점 $x=4$에서 극한을 갖는다.*

$f(x)$는 $[0, 4]$에 있는 다른 모든 점 c에서 극한 $f(c)$를 갖는다. ∎

한쪽 방향으로의 극한에 대한 엄밀한 정의

한쪽 방향으로의 극한에 대한 엄밀한 정의는 1.3절의 극한에 대한 정의로부터 쉽게 바꿀 수 있다.

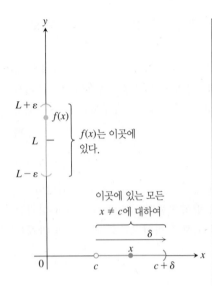

그림 1.28 우극한의 정의와 연관된 구간

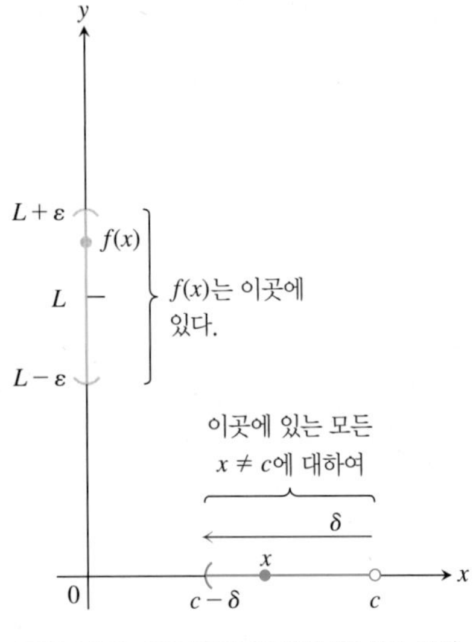

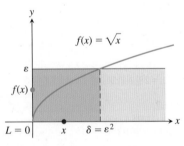

그림 1.29 좌극한의 정의와 연관된 구간

정의 **(a)** 함수 f의 정의역이 c의 오른쪽에 놓여있는 구간 (c, d)를 포함하고 있다고 가정하자. 임의의 $\varepsilon > 0$에 대해,

$$c < x < c + \delta \quad \Rightarrow \quad |f(x) - L| < \varepsilon$$

을 만족하는 $\delta > 0$이 존재하면 $f(x)$는 c에서 **우극한 L**을 갖는다고 하고

$$\lim_{x \to c^+} f(x) = L$$

로 나타낸다.

(b) 함수 f의 정의역이 c의 왼쪽에 놓여있는 구간 (b, c)를 포함하고 있다고 가정하자. 임의의 $\varepsilon > 0$에 대해,

$$c - \delta < x < c \quad \Rightarrow \quad |f(x) - L| < \varepsilon$$

을 만족하는 $\delta > 0$이 존재하면 $f(x)$는 c에서 **좌극한 L**을 갖는다고 하고

$$\lim_{x \to c^-} f(x) = L$$

로 나타낸다.

그림 1.28과 1.29는 정의를 설명한다.

예제 3 $\displaystyle \lim_{x \to 0^+} \sqrt{x} = 0$을 증명하라.

풀이 $\varepsilon > 0$이 주어졌다고 하자. 여기서 $c = 0$이고 $L = 0$이다. 따라서 모든 x에 대하여

$$0 < x < \delta \quad \Rightarrow \quad |\sqrt{x} - 0| < \varepsilon$$

즉

$$0 < x < \delta \quad \Rightarrow \quad \sqrt{x} < \varepsilon \qquad x \geq 0일 때 |\sqrt{x}| = \sqrt{x}$$

을 만족하는 $\delta > 0$을 구하고자 한다. 마지막 부등식의 양변에 제곱을 취함으로써

$$0 < x < \delta 이면 \quad x < \varepsilon^2$$

이다. 만약 $\delta = \varepsilon^2$을 선택한다면

$$0 < x < \delta = \varepsilon^2 \quad \Rightarrow \quad \sqrt{x} < \varepsilon$$

즉

$$0 < x < \delta = \varepsilon^2 \quad \Rightarrow \quad \sqrt{x} < \varepsilon$$

이다. 정의에 의해서 $\displaystyle \lim_{x \to 0^+} \sqrt{x} = 0$임을 보여준다(그림 1.30). ■

지금까지 살펴보았던 함수들은 각 점들에서 흥미 있는 여러 종류의 극한을 가지고 있었다. 일반적으로 극한을 갖지 않는 경우도 있다.

예제 4 $y = \sin(1/x)$는 x가 한쪽 방향으로 0에 접근할 때 극한을 갖지 않음을 보이라(그림 1.31).

풀이 x가 0에 접근할 때, $1/x$는 경계가 없이 커지고 $\sin(1/x)$의 값은 -1에서 1까지 반복적으로 진동한다. x가 0에 접근할 때 함수의 값이 가까이 가는 유일한 수 L은 없다. x를 양수의 값 또는 음수의 값으로 제한하더라도 극한값은 갖지 않을 것이다. 이 함수는 $x = 0$에서 우극한도 좌극한도 갖지 않는다.

그림 1.30에 표시된 그래프: $f(x) = \sqrt{x}$, $L = 0$, $\delta = \varepsilon^2$

그림 1.30 예제 3의 $\displaystyle \lim_{x \to 0^+} \sqrt{x} = 0$

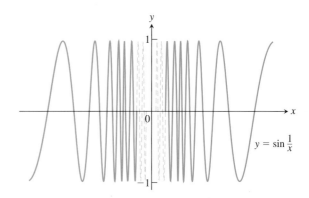

그림 1.31　함수 $y = \sin(1/x)$는 x가 0에 접근할 때 우극한도 좌극한도 없다(예제 4).　■

$(\sin\theta)/\theta$를 포함하는 극한

$(\sin\theta)/\theta$에 대한 중요한 사실은 라디안으로 측정되었을 때 $\theta \to 0$일 때 극한은 1이라는 것이다. 이 사실은 그림 1.32에서 확인할 수 있고, 또 샌드위치 정리를 이용해서 대수적으로도 확인할 수 있다. 삼각함수의 순간변화율을 공부하는 2.5절에서 이 극한의 중요성이 설명되어 있다.

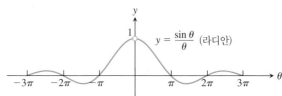

그림 1.32　$f(\theta) = \dfrac{\sin\theta}{\theta}$의 그래프는 θ가 0에 접근할 때 좌극한과 우극한은 1임을 나타낸다.

> **정리 7**　$\theta \to 0$일 때$(\sin\theta)/\theta$의 극한
> $$\lim_{\theta \to 0} \frac{\sin\theta}{\theta} = 1 \qquad (\theta\text{의 단위는 라디안}) \tag{1}$$

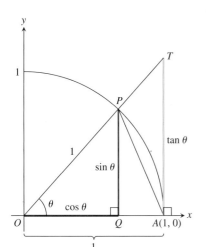

그림 1.33　$TA/OA = \tan\theta$, 그리고 OA $= 1$이므로 $TA = \tan\theta$

식 (2)에서는 라디안 단위를 사용하며 θ가 라디안 단위이므로 부채꼴 OAP의 면적은 $\theta/2$이다.

증명　증명은 우극한과 좌극한이 모두 1임을 보이는 것이다. 그러면 우리는 양쪽 방향으로의 극한이 1이라는 것을 알게 될 것이다.

우극한이 1임을 보이기 위해서, θ를 $\pi/2$보다 작은 양수라고 하자(그림 1.33).

$$\Delta OAP\text{의 면적} < \text{부채꼴 } OAP\text{의 면적} < \Delta OAT\text{의 면적}$$

임에 주목하자. 우리는 θ의 항으로 이 면적을 다음과 같이 표현할 수 있다.

$$\Delta OAP\text{의 면적} = \frac{1}{2}\text{밑변} \times \text{높이} = \frac{1}{2}(1)(\sin\theta) = \frac{1}{2}\sin\theta$$

$$\text{부채꼴 } OAP\text{의 면적} = \frac{1}{2}r^2\theta = \frac{1}{2}(1)^2\theta = \frac{\theta}{2} \tag{2}$$

$$\Delta OAT\text{의 면적} = \frac{1}{2}\text{밑변} \times \text{높이} = \frac{1}{2}(1)(\tan\theta) = \frac{1}{2}\tan\theta$$

따라서

$$\frac{1}{2}\sin\theta < \frac{1}{2}\theta < \frac{1}{2}\tan\theta$$

이다. 만약 $0 < \theta < \pi/2$이기 때문에 양수 $(1/2)\sin\theta$로 세 항 모두를 나눈다면 마지막 부등식은 아래와 같다.

$$1 < \frac{\theta}{\sin \theta} < \frac{1}{\cos \theta}$$

역수를 취해 부등식을 뒤집자.

$$1 > \frac{\sin \theta}{\theta} > \cos \theta$$

$\lim\limits_{x \to 0^+} \cos \theta = 1$이기 때문에(1.2절 예제 11(b)) , 샌드위치 정리에 의해서

$$\lim_{\theta \to 0^+} \frac{\sin \theta}{\theta} = 1$$

이 성립한다. 이제, 좌극한을 알아보자. $\sin \theta$와 θ는 기함수이다. 따라서 $f(\theta) = \sin \theta / \theta$는 y축에 대해 대칭인 그래프를 가진 우함수이다(그림 1.32). 이 대칭성은 0에서 좌극한이 존재하고 우극한과 같은 값을 갖는 것을 의미한다.

$$\lim_{\theta \to 0^-} \frac{\sin \theta}{\theta} = 1 = \lim_{\theta \to 0^+} \frac{\sin \theta}{\theta}$$

따라서 정리 6에 의해 $\lim\limits_{\theta \to 0} (\sin \theta)/\theta = 1$이다. ∎

예제 5 **(a)** $\lim\limits_{y \to 0} \dfrac{\cos y - 1}{y} = 0$과 **(b)** $\lim\limits_{x \to 0} \dfrac{\sin 2x}{5x} = \dfrac{2}{5}$임을 보이라.

풀이

(a) 반각 공식 $\cos y = 1 - 2 \sin^2(y/2)$를 이용하여 아래와 같이 계산한다.

$$\begin{aligned} \lim_{y \to 0} \frac{\cos y - 1}{y} &= \lim_{y \to 0} - \frac{2 \sin^2(y/2)}{y} \\ &= -\lim_{\theta \to 0} \frac{\sin \theta}{\theta} \sin \theta \qquad \text{\small $\theta = y/2$라고 하자.} \\ &= -(1)(0) = 0 \qquad \text{\small 식 (1)과 1.2절의 예제 11(a)} \end{aligned}$$

(b) 식 (1)은 주어진 분수식에 바로 적용할 수 없다. 우리는 분모에서 $5x$가 아닌 $2x$가 필요하다. 2/5를 분자와 분모에 곱함으로써 아래 식을 만들 수 있다.

$$\begin{aligned} \lim_{x \to 0} \frac{\sin 2x}{5x} &= \lim_{x \to 0} \frac{(2/5) \cdot \sin 2x}{(2/5) \cdot 5x} \\ &= \frac{2}{5} \lim_{x \to 0} \frac{\sin 2x}{2x} \qquad \text{\small 식 (1)에서 } \theta = 2x \\ &= \frac{2}{5}(1) = \frac{2}{5} \end{aligned}$$
∎

예제 6 $\lim\limits_{t \to 0} \dfrac{\tan t \sec 2t}{3t}$를 구하라.

풀이 $\tan t$와 $\sec 2t$의 정의로부터 아래 식을 얻는다.

$$\begin{aligned} \lim_{t \to 0} \frac{\tan t \sec 2t}{3t} &= \lim_{t \to 0} \frac{1}{3} \cdot \frac{1}{t} \cdot \frac{\sin t}{\cos t} \cdot \frac{1}{\cos 2t} \\ &= \frac{1}{3} \lim_{t \to 0} \frac{\sin t}{t} \cdot \frac{1}{\cos t} \cdot \frac{1}{\cos 2t} \\ &= \frac{1}{3}(1)(1)(1) = \frac{1}{3} \qquad \text{\small 식 (1)과 1.2절의 예제 11(b)} \end{aligned}$$
∎

예제 7 0이 아닌 상수 A와 B에 대하여 다음을 보이라.

$$\lim_{\theta \to 0} \frac{\sin A\theta}{\sin B\theta} = \frac{A}{B}$$

풀이

$$\lim_{\theta \to 0} \frac{\sin A\theta}{\sin B\theta} = \lim_{\theta \to 0} \frac{\sin A\theta}{A\theta} \, A\theta \, \frac{B\theta}{\sin B\theta} \, \frac{1}{B\theta} \qquad A\theta \text{와 } B\theta \text{를 곱하고 나눔}$$

$$= \lim_{\theta \to 0} \frac{\sin A\theta}{A\theta} \frac{B\theta}{\sin B\theta} \frac{A}{B} \qquad u = A\theta \text{라 하면 } \lim_{u \to 0} \frac{\sin u}{u} = 1$$

$$= \lim_{\theta \to 0} (1)(1) \frac{A}{B} \qquad v = B\theta \text{라 하면 } \lim_{v \to 0} \frac{v}{\sin v} = 1$$

$$= \frac{A}{B} \qquad \blacksquare$$

연습문제 1.4

그래프로 극한 찾기

1. 주어진 그래프 $y = f(x)$에 대하여 다음 명제가 참인지, 거짓인지 설명하라.

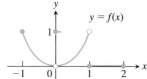

a. $\lim_{x \to -1^+} f(x) = 1$ **b.** $\lim_{x \to 0^-} f(x) = 0$

c. $\lim_{x \to 0^-} f(x) = 1$ **d.** $\lim_{x \to 0^-} f(x) = \lim_{x \to 0^+} f(x)$

e. $\lim_{x \to 0} f(x)$가 존재한다.   **f.** $\lim_{x \to 0} f(x) = 0$

g. $\lim_{x \to 0} f(x) = 1$ **h.** $\lim_{x \to 1} f(x) = 1$

i. $\lim_{x \to 1} f(x) = 0$ **j.** $\lim_{x \to 2^-} f(x) = 2$

k. $\lim_{x \to -1^-} f(x)$가 존재하지 않는다. **l.** $\lim_{x \to 2^+} f(x) = 0$

2. 주어진 그래프 $y = f(x)$에 대하여 다음 명제가 참인지, 거짓인지 설명하라.

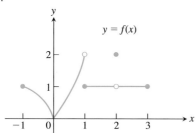

a. $\lim_{x \to -1^+} f(x) = 1$ **b.** $\lim_{x \to 2} f(x)$가 존재하지 않는다.

c. $\lim_{x \to 2} f(x) = 2$ **d.** $\lim_{x \to 1^-} f(x) = 2$

e. $\lim_{x \to 1^+} f(x) = 1$ **f.** $\lim_{x \to 1} f(x)$가 존재하지 않는다.

g. $\lim_{x \to 0^+} f(x) = \lim_{x \to 0^-} f(x)$

h. 개구간 $(-1, 1)$ 내의 모든 c에서 $\lim_{x \to c} f(x)$가 존재한다.

i. 개구간 $(1, 3)$ 내의 모든 c에서 $\lim_{x \to c} f(x)$가 존재한다.

j. $\lim_{x \to -1^-} f(x) = 0$ **k.** $\lim_{x \to 3^+} f(x)$가 존재하지 않는다.

3. $f(x) = \begin{cases} 3 - x, & x < 2 \\ \dfrac{x}{2} + 1, & x > 2 \end{cases}$ 라 하자.

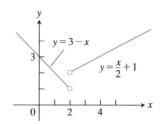

a. $\lim_{x \to 2^+} f(x)$와 $\lim_{x \to 2^-} f(x)$를 구하라.

b. $\lim_{x \to 2} f(x)$가 존재하는가? 존재하면 그 값을 구하고, 존재하지 않으면 그 이유를 설명하라.

c. $\lim_{x \to -4^-} f(x)$와 $\lim_{x \to -4^+} f(x)$를 구하라.

d. $\lim_{x \to 4} f(x)$가 존재하는가? 존재하면 그 값을 구하고, 존재하지 않으면 그 이유를 설명하라.

4. $f(x) = \begin{cases} 3 - x, & x < 2 \\ 2, & x = 2 \\ \dfrac{x}{2}, & x > 2 \end{cases}$ 라 하자.

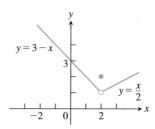

a. $\lim_{x \to 2^+} f(x)$, $\lim_{x \to 2^-} f(x)$와 $f(2)$를 구하라.

b. $\lim_{x \to 2} f(x)$가 존재하는가? 존재하면 그 값을 구하고, 존재하지 않으면 그 이유를 설명하라.

c. $\lim_{x \to -1^-} f(x)$와 $\lim_{x \to -1^+} f(x)$를 구하라.

d. $\lim_{x \to -1} f(x)$가 존재하는가? 존재하면 그 값을 구하고, 존재하지 않으면 그 이유를 설명하라.

5. $f(x) = \begin{cases} 0, & x \leq 0 \\ \sin\dfrac{1}{x}, & x > 0 \end{cases}$ 이라 하자.

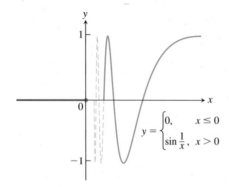

$y = \begin{cases} 0, & x \leq 0 \\ \sin\dfrac{1}{x}, & x > 0 \end{cases}$

a. $\lim\limits_{x \to 0^+} f(x)$가 존재하는가? 존재하면 그 값을 구하고, 존재하지 않으면 그 이유를 설명하라.

b. $\lim\limits_{x \to 0^-} f(x)$가 존재하는가? 존재하면 그 값을 구하고, 존재하지 않으면 그 이유를 설명하라.

c. $\lim\limits_{x \to 0} f(x)$가 존재하는가? 존재하면 그 값을 구하고, 존재하지 않으면 그 이유를 설명하라.

6. $g(x) = \sqrt{x}\,\sin(1/x)$라 하자.

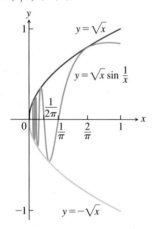

$y = \sqrt{x}$

$y = \sqrt{x}\,\sin\dfrac{1}{x}$

$y = -\sqrt{x}$

a. $\lim\limits_{x \to 0^+} g(x)$가 존재하는가? 존재하면 그 값을 구하고, 존재하지 않으면 그 이유를 설명하라.

b. $\lim\limits_{x \to 0^-} g(x)$가 존재하는가? 존재하면 그 값을 구하고, 존재하지 않으면 그 이유를 설명하라.

c. $\lim\limits_{x \to 0} g(x)$가 존재하는가? 존재하면 그 값을 구하고, 존재하지 않으면 그 이유를 설명하라.

7. **a.** $f(x) = \begin{cases} x^3, & x \neq 1 \\ 0, & x = 1 \end{cases}$의 그래프를 그리라.

b. $\lim\limits_{x \to 1^-} f(x)$와 $\lim\limits_{x \to 1^+} f(x)$를 구하라.

c. $\lim\limits_{x \to 1} f(x)$가 존재하는가? 존재하면 그 값을 구하고, 존재하지 않으면 그 이유를 설명하라.

8. **a.** $f(x) = \begin{cases} 1 - x^2, & x \neq 1 \\ 2, & x = 1 \end{cases}$의 그래프를 그리라.

b. $\lim\limits_{x \to 1^+} f(x)$와 $\lim\limits_{x \to 1^-} f(x)$를 구하라.

c. $\lim\limits_{x \to 1} f(x)$가 존재하는가? 존재하면 그 값을 구하고, 존재하지 않으면 그 이유를 설명하라.

연습문제 9와 10에서 다음 함수의 그래프를 그리고 아래 질문에 답하라.

a. f의 정의역과 치역은 무엇인가? 그래프를 그리라.

b. 어느 점 c에서 $\lim\limits_{x \to c} f(x)$가 존재하는가?

c. 어느 점에서 좌극한만 존재하고 우극한은 존재하지 않는가?

d. 어느 점에서 우극한만 존재하고 좌극한은 존재하지 않는가?

9. $f(x) = \begin{cases} \sqrt{1 - x^2}, & 0 \leq x < 1 \\ 1, & 1 \leq x < 2 \\ 2, & x = 2 \end{cases}$

10. $f(x) = \begin{cases} x, & -1 \leq x < 0, \ \ \text{또는} \ \ 0 < x \leq 1 \\ 1, & x = 0 \\ 0, & x < -1 \ \ \text{또는} \ \ x > 1 \end{cases}$

대수적으로 한쪽 방향으로의 극한 찾기

연습문제 11~20에서 다음 극한을 구하라.

11. $\lim\limits_{x \to -0.5^-} \sqrt{\dfrac{x + 2}{x + 1}}$

12. $\lim\limits_{x \to 1^+} \sqrt{\dfrac{x - 1}{x + 2}}$

13. $\lim\limits_{x \to -2^+} \left(\dfrac{x}{x + 1}\right)\left(\dfrac{2x + 5}{x^2 + x}\right)$

14. $\lim\limits_{x \to 1^-} \left(\dfrac{1}{x + 1}\right)\left(\dfrac{x + 6}{x}\right)\left(\dfrac{3 - x}{7}\right)$

15. $\lim\limits_{h \to 0^+} \dfrac{\sqrt{h^2 + 4h + 5} - \sqrt{5}}{h}$

16. $\lim\limits_{h \to 0^-} \dfrac{\sqrt{6} - \sqrt{5h^2 + 11h + 6}}{h}$

17. **a.** $\lim\limits_{x \to -2^+} (x + 3)\dfrac{|x + 2|}{x + 2}$
  b. $\lim\limits_{x \to -2^-} (x + 3)\dfrac{|x + 2|}{x + 2}$

18. **a.** $\lim\limits_{x \to 1^+} \dfrac{\sqrt{2x}(x - 1)}{|x - 1|}$
  b. $\lim\limits_{x \to 1^-} \dfrac{\sqrt{2x}(x - 1)}{|x - 1|}$

19. **a.** $\lim\limits_{x \to 0^+} \dfrac{|\sin x|}{\sin x}$
  b. $\lim\limits_{x \to 0^-} \dfrac{|\sin x|}{\sin x}$

20. **a.** $\lim\limits_{x \to 0^+} \dfrac{1 - \cos x}{|\cos x - 1|}$
  b. $\lim\limits_{x \to 0^-} \dfrac{\cos x - 1}{|\cos x - 1|}$

연습문제 21과 22에서 잘 알려진 최대정수함수 $y = \lfloor x \rfloor$를 이용하여 극한을 구하라.

21. **a.** $\lim\limits_{\theta \to 3^+} \dfrac{\lfloor \theta \rfloor}{\theta}$
  b. $\lim\limits_{\theta \to 3^-} \dfrac{\lfloor \theta \rfloor}{\theta}$

22. **a.** $\lim\limits_{t \to 4^+} (t - \lfloor t \rfloor)$
  b. $\lim\limits_{t \to 4^-} (t - \lfloor t \rfloor)$

$\lim\limits_{\theta \to 0} \dfrac{\sin \theta}{\theta} = 1$을 이용

연습문제 23~46에서 다음 극한을 구하라.

23. $\lim\limits_{\theta \to 0} \dfrac{\sin \sqrt{2}\theta}{\sqrt{2}\theta}$

24. $\lim\limits_{t \to 0} \dfrac{\sin kt}{t}$ (k는 상수)

25. $\lim\limits_{y \to 0} \dfrac{\sin 3y}{4y}$

26. $\lim\limits_{h \to 0^-} \dfrac{h}{\sin 3h}$

27. $\lim\limits_{x \to 0} \dfrac{\tan 2x}{x}$

28. $\lim\limits_{t \to 0} \dfrac{2t}{\tan t}$

29. $\lim\limits_{x \to 0} \dfrac{x \csc 2x}{\cos 5x}$

30. $\lim\limits_{x \to 0} 6x^2 (\cot x)(\csc 2x)$

31. $\lim\limits_{x \to 0} \dfrac{x + x \cos x}{\sin x \cos x}$

32. $\lim\limits_{x \to 0} \dfrac{x^2 - x + \sin x}{2x}$

33. $\lim\limits_{\theta \to 0} \dfrac{1 - \cos \theta}{\sin 2\theta}$

34. $\lim\limits_{x \to 0} \dfrac{x - x \cos x}{\sin^2 3x}$

35. $\lim\limits_{t \to 0} \dfrac{\sin(1 - \cos t)}{1 - \cos t}$

36. $\lim\limits_{h \to 0} \dfrac{\sin(\sin h)}{\sin h}$

37. $\lim\limits_{\theta \to 0} \dfrac{\sin \theta}{\sin 2\theta}$

38. $\lim\limits_{x \to 0} \dfrac{\sin 5x}{\sin 4x}$

39. $\lim\limits_{\theta \to 0} \theta \cos \theta$

40. $\lim\limits_{\theta \to 0} \sin \theta \cot 2\theta$

41. $\lim\limits_{x \to 0} \dfrac{\tan 3x}{\sin 8x}$

42. $\lim\limits_{y \to 0} \dfrac{\sin 3y \cot 5y}{y \cot 4y}$

43. $\lim\limits_{\theta \to 0} \dfrac{\tan \theta}{\theta^2 \cot 3\theta}$

44. $\lim\limits_{\theta \to 0} \dfrac{\theta \cot 4\theta}{\sin^2 \theta \cot^2 2\theta}$

45. $\lim\limits_{x \to 0} \dfrac{1 - \cos 3x}{2x}$

46. $\lim\limits_{x \to 0} \dfrac{\cos^2 x - \cos x}{x^2}$

이론과 예제

47. f의 정의역의 내부점에서 $\lim\limits_{x \to a^+} f(x)$와 $\lim\limits_{x \to a^-} f(x)$가 존재하면 $\lim\limits_{x \to a} f(x)$를 알 수 있는가? 그 이유를 설명하라.

48. $\lim\limits_{x \to a} f(x)$가 존재하면 $\lim\limits_{x \to c^+} f(x)$의 값을 구할 수 있는가? 그 이유를 설명하라.

49. f는 x의 기함수이다. $\lim\limits_{x \to 0^+} f(x) = 3$으로부터 $\lim\limits_{x \to 0^-} f(x)$에 대하여 어떤 사실을 말할 수 있는가? 그 이유를 설명하라.

50. f는 x의 우함수이다. $\lim\limits_{x \to 2^-} f(x) = 7$로부터 $\lim\limits_{x \to -2^+} f(x)$ 또는

$\lim\limits_{x \to -2^+} f(x)$에 대하여 어떤 사실을 말할 수 있는가? 그 이유를 설명하라.

한쪽 방향으로의 극한의 엄밀한 정의

51. 임의의 $\varepsilon > 0$에 대하여 $x < 1$일 때마다 $\sqrt{x - 5} < \varepsilon$을 만족하는 구간 $I = (5, 5 + \delta)$, $\delta > 0$을 구하라. 극한을 유도하고 그 값을 구하라.

52. 임의의 $\varepsilon > 0$에 대하여 $x \in I$일 때마다 $\sqrt{4 - x} < \varepsilon$을 만족하는 구간 $I = (4 - \delta, 4)$, $\delta > 0$을 구하라. 극한을 유도하고 그 값을 구하라.

연습문제 53과 54에서 우극한과 좌극한의 정의를 이용하여 다음을 증명하라.

53. $\lim\limits_{x \to 0^-} \dfrac{x}{|x|} = -1$

54. $\lim\limits_{x \to 2^+} \dfrac{x - 2}{|x - 2|} = 1$

55. 최대정수함수 **(a)** $\lim\limits_{x \to 400^+} \lfloor x \rfloor$를 구하고 극한의 정의를 이용하여 설명하라.

(b) $\lim\limits_{x \to 400^-} \lfloor x \rfloor$를 구하고 극한의 정의를 이용하여 설명하라.

(c) (a), (b)로부터 $\lim\limits_{x \to 400} \lfloor x \rfloor$에 대하여 어떤 사실을 말할 수 있는가? 그 이유를 설명하라.

56. 한쪽 방향으로의 극한 $f(x) = \begin{cases} x^2 \sin(1/x), & x < 0 \\ \sqrt{x}, & x > 0 \end{cases}$ 라 하자.

(a) $\lim\limits_{x \to 0^+} f(x)$를 구하고 극한의 정의를 이용하여 설명하라.

(b) $\lim\limits_{x \to 0^-} f(x)$를 구하고 극한의 정의를 이용하여 설명하라.

(c) (a), (b)로부터 $\lim\limits_{x \to 0} f(x)$에 대하여 어떤 사실을 말할 수 있는가? 그 이유를 설명하라.

1.5 연속

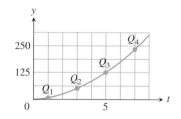

그림 1.34 떨어지는 물체에 관한 실험 자료 Q_1, Q_2, Q_3, …로부터 점들을 실선으로 연결한다.

실험실에서 발생하거나 자연에서 수집한 함숫값을 도시할 때, 얻어지지 않은 점에서의 함숫값을 보여주기 위하여 점들을 실선으로 연결하는 경우가 종종 있다(그림 1.34). 그렇게 함으로써, **연속함수**처럼 보이게 된다. 그리면 함숫값은 입력에 대하여 규칙적으로 계속 변하고, 중간 값들을 취하지 않고 한 값에서 다른 값으로 갑자기 도약이 발생하지 않는다.

　직관적으로 보면, 그래프가 정의역 내에서 끊어지지 않은 하나의 움직임으로 그려지는 함수 $y = f(x)$가 연속함수의 예가 된다. 이러한 함수가 미적분학과 그 응용에서 중요한 역할을 한다.

한 점에서의 연속

함수의 연속을 이해하기 위하여, 그림 1.35에서와 같은 함수를 생각하자. 이 함수의 극한은 앞 절의 예제 2에서 이미 공부하였다.

예제 1 그림 1.35에서 나타난 함수 f는 어떤 점에서 연속이 아닌가? 이유를 설명하라. 정의역 내의 다른 점에서는 어떠한가?

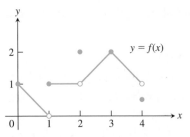

그림 1.35 함수는 $x=1$, $x=2$와 $x=4$ 에서 연속이 아니다(예제 1).

풀이 먼저 함수 f의 정의역은 닫힌 구간 $[0, 4]$이므로, 이 구간 내의 점들에 대해 살펴보자. 그림에서 보면, 그래프는 $x=1$, $x=2$와 $x=4$에서 끊어짐이 있음을 볼 수 있다. $x=1$에서 도약이 있는 끊어짐이 보인다. 나중에 이를 "도약 불연속"이라 정의할 것이다. $x=2$에서는 "제거가능한 불연속"이라 불리는 끊어짐이 보인다. 오직 이 점에서만 함숫값을 새롭게 정의하여 만든 새로운 함수가 이 점 $x=2$에서 연속이 될 수 있기 때문이다. 마찬가지로 $x=4$에서도 "제거가능한 불연속"인 끊어짐이 보인다.

함수 f의 그래프에서 끊어짐이 있는 점들:

$x=1$에서, 좌극한 $\lim_{x \to 1^-} f(x) = 0$과 우극한 $\lim_{x \to 1^+} f(x) = 1$을 모두 갖지만, 두 값이 다르므로 내부점 $x=1$에서 극한을 갖지 않는다. 결과적으로 그래프에서 보듯이 도약이 있고, 연속이 아니다. 하지만, 함숫값 $f(1)=1$과 우극한이 같으므로, 함수는 $x=1$에서 오른쪽으로부터 연속이라고 한다.

$x=2$에서, 함수는 극한값 $\lim_{x \to 2} f(x) = 1$을 갖지만 함숫값은 $f(2)=2$이다. 즉, 극한값과 함숫값이 서로 다르다. 그래프에서 끊어짐이 있다. 따라서 $x=2$에서 연속이 아니다.

$x=4$에서, 즉 오른쪽 끝점에서 함수는 좌극한 $\lim_{x \to 4^-} f(x) = 1$을 갖지만 함숫값은 $f(4) = \frac{1}{2}$로 극한값과 서로 다르다. 또 다시 함수의 그래프는 오른쪽 끝점에서 끊어짐이 있고, 왼쪽으로부터 연속이 아니다.

함수 f의 그래프에서 끊어짐이 없는 점들:

$x=3$에서, 함수는 극한값 $\lim_{x \to 3} f(x) = 2$를 갖고 또한 그 점에서 함숫값도 $f(3)=2$로 같은 값이다. 따라서 $x=3$에서 그래프는 끊어짐이 없고, 연속이다.

$x=0$에서, 함수는 이 왼쪽 끝점에서 우극한 $\lim_{x \to 0^+} f(x) = 1$을 갖고, 함숫값도 $f(0)=1$로 서로 같은 값이다. 함수는 $x=0$에서 오른쪽으로부터 연속이다. $x=0$은 이 함수의 정의역의 왼쪽 끝점이므로, $x=0$에서 극한 $\lim_{x \to 0} f(x) = 1$을 갖고, 따라서 연속이다.

정의역 내의 다른 모든 점 $x=c$에서 함숫값과 같은 극한값을 갖는다. 즉, $\lim_{x \to c} f(x) = f(c)$이다. 예를 들어, $\lim_{x \to 5/2} f(x) = f\left(\frac{5}{2}\right) = \frac{3}{2}$이다. 이 모든 점에서 함수의 그래프는 끊어짐이 없고 연속이다. ■

예제 1에서 살펴본 연속 개념을 모아서 다음과 같이 정의한다.

정의 c를 함수 f의 정의역내의 구간의 내부점 또는 끝점이 되는 실수라 하자. 만일

$$\lim_{x \to c} f(x) = f(c)$$

가 성립하면, 함수 f는 c에서 **연속(continuous at c)**이라 한다. 만일

$$\lim_{x \to c^+} f(x) = f(c)$$

가 성립하면, 함수 f는 c에서 **오른쪽으로부터 연속(continuous from the right at c)** 또는 간단히 **우연속(right-continuous at c)**이라 한다. 만일

$$\lim_{x \to c^-} f(x) = f(c)$$

가 성립하면, 함수 f는 c에서 **왼쪽으로부터 연속(continuous from the left at c)** 또는 간단히 **좌연속(left-continuous at c)**이라 한다.

예제 1에서 함수 f는 $x=1$, 2와 4를 제외한 $[0, 4]$ 내의 모든 x에서 연속이다. $x=1$에서는 좌연속은 아니어도 우연속이다. $x=2$에서는 우연속도 아니고 좌연속도 아니다. $x=4$에서는 좌연속이 아니다.

정리 6에 의하면 다음과 같은 사실을 바로 알 수 있다. 함수 f가 정의역 내부의 구간

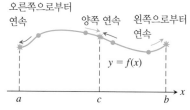

그림 1.36　점 a, b와 c에서 연속

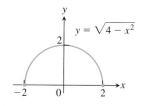

그림 1.37　정의역에서 연속인 함수(예제 2)

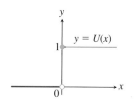

그림 1.38　함수는 원점에서 도약 불연속성을 가진다(예제 3).

의 내부점 c에서 연속이기 위한 필요충분조건은 c에서 오른쪽으로부터 연속이면서 왼쪽으로부터 연속이다(그림 1.36).만일 함수가 닫힌 구간 $[a, b]$에서, 점 a에서 오른쪽으로부터 연속, 점 b에서 왼쪽으로부터 연속이고 또한 구간의 모든 내부점에서 연속이면, 함수가 **닫힌 구간 $[a, b]$에서 연속**이라고 한다. 이 정의는 구간의 끝점을 한 점만 가지고 있는 무한 닫힌 구간 $[a, \infty)$와 $(-\infty, b]$에도 적용할 수 있다. 만일 함수가 정의역 내의 내부점 c에서 연속이 아니면, 함수 f는 **c에서 불연속(discontinuous)**이라 하며, c를 f의 **불연속점**이라고 한다. 함수 f는 함숫값 $f(c)$가 정의된 점 c에서만 연속, 또는 오른쪽으로부터 연속, 왼쪽으로부터 연속이 될 수 있음을 명심하자.

예제 2　함수 $f(x) = \sqrt{4 - x^2}$은 정의역 $[-2, 2]$에서 연속이다(그림 1.37). 그리고 $x = -2$에서는 오른쪽으로부터 연속이고 $x = 2$에서는 왼쪽으로부터 연속이다.　■

예제 3　그림 1.38에서 주어진 그래프의 단위계단함수 $U(x)$는 $x = 0$에서 오른쪽으로부터 연속이지만, 왼쪽으로부터 연속이 아니고 따라서 연속이 아니다. 이 함수는 $x = 0$에서 도약 불연속성을 가진다.　■

정의역 내의 구간의 내부점 또는 끝점에서 함수는 다음 판정법에 의해 연속이 결정된다.

연속성 판정

함수 $f(x)$가 $x = c$에서 연속이기 위한 필요충분조건은 다음 3가지 조건을 만족하는 것이다.

1. $f(c)$가 존재한다(c는 f의 정의역 내에 있다).
2. $\lim_{x \to c} f(x)$가 존재한다($x \to c$일 때 f는 극한을 가진다).
3. $\lim_{x \to c} f(x) = f(c)$(극한값과 함숫값이 같다).

한쪽 방향으로의 연속성은 연속성 판정 2, 3항의 극한이 한쪽 방향으로의 극한으로 적절하게 대체되어야 한다.

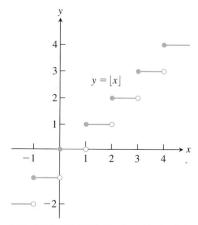

그림 1.39　최대정수함수는 정수가 아닌 모든 점에서 연속이고, 또한 모든 정수에서는 오른쪽 연속이지만 왼쪽 연속은 아니다(예제 4).

예제 4　최대정수함수 $y = \lfloor x \rfloor$의 그래프는 그림 1.39에 그려져 있다. 이 함수는 $x \to n$일 때 좌극한과 우극한은 같지 않기 때문에 모든 정수에서 불연속이다.

$$\lim_{x \to n^-} \lfloor x \rfloor = n - 1 \quad 그리고 \quad \lim_{x \to n^+} \lfloor x \rfloor = n$$

$\lfloor x \rfloor = n$이므로 최대정수함수는 모든 정수 n에서 오른쪽으로부터 연속(왼쪽으로부터 연속은 아님)이다.
최대정수함수는 정수가 아닌 모든 실수에서 연속이다. 예를 들면,

$$\lim_{x \to 1.5} \lfloor x \rfloor = 1 = \lfloor 1.5 \rfloor$$

일반적으로 만약 $n - 1 < c < n$(n은 정수)이면 $\lim_{x \to c} \lfloor x \rfloor = n - 1 = \lfloor c \rfloor$이다.　■

그림 1.40은 불연속의 몇 개의 일반적인 형태를 보여준다. 그림 1.40 (a)의 함수는 $x = 0$에서 연속이다. 그림 1.40 (b)의 함수는 $x = 0$에서 정의되지 않았지만 $f(0) = 1$이면 연속이고, 그림 1.40 (c)의 함수는 $f(0)$의 값이 2 대신 1이면 연속이다. 그림 1.40 (b)와 1.40 (c)의 불연속은 **제거 가능한(removable)** 불연속이다. 각각의 함수는 $x \to 0$일 때 극한값을 갖고 $f(0)$의 값을 이 극한값과 같게 정의함으로써 불연속을 제거할 수 있다.

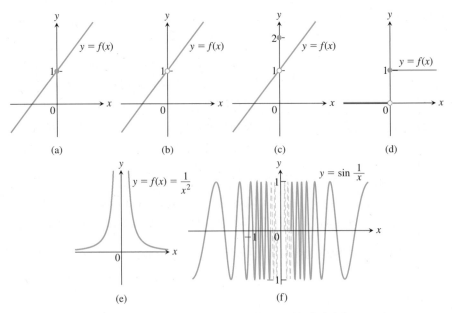

그림 1.40 $x = 0$에서 (a)의 함수는 연속이고, (b)~(f)의 함수는 연속이 아니다.

그림 1.40 (d)~1.40 (f)의 불연속은 $\lim\limits_{x \to 0} f(x)$가 존재하지 않으므로 $f(0)$의 어떤 값으로도 상황이 개선되지 않아 더욱 심각하다. 그림 1.40 (d)의 계단함수는 한쪽 방향으로의 극 한들은 존재하지만 두 값이 서로 다르므로 **도약 불연속(jump discontinuity)**을 가진다. 그림 1.40 (e)의 함수 $f(x) = 1/x^2$은 **무한 불연속(infinite discontinuity)**을 가진다. 그림 1.40 (f)의 함수는 $x \to 0$일 때 많은 진동으로 $[-1, 1]$ 사이의 각 값들이 계속되어 극한값이 존재하지 않으므로 **진동 불연속(oscillating discontinuity)**을 가진다.

연속함수

이제 함수의 연속성을 어떤 한 점이 아닌 정의역 전체를 통해 표현하고자 한다. 정의역의 모든 점에서 연속인 함수를 **연속함수(continuous function)**라고 정의한다. 이는 함수의 성질이다. 함수는 항상 정의역을 가지고 있다. 만일 정의역이 바뀌면 함수도 바뀌며, 연속성도 또한 바뀔 수 있다. 만일 함수가 정의역 내의 한 점 또는 그 이상의 점에서 불연속이면, 이런 함수를 **불연속함수(discontinuous function)**라고 한다.

예제 5

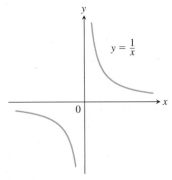

그림 1.41 함수 $y = 1/x$는 정의역에서 연속이고, $x = 0$에서는 정의되지 않는다. 따라서 $x = 0$을 포함하는 어떠한 구간에서도 불연속이다(예제 5).

(a) 함수 $y = 1/x$(그림 1.41)는 정의역의 모든 점에서 연속이므로 연속함수이다. 그러나 $x = 0$에서는 함수가 정의되지 않아 $x = 0$을 포함하는 모든 구간에서는 불연속이다. 또한 $x = 0$에서 어떤 값으로 정의하여도 연속이 될 수 없으므로 $x = 0$은 제거 가능한 불연속이 아니다.

(b) 항등함수 $f(x) = x$와 상수함수는 1.3절 예제 3에 의하여 모든 곳에서 연속이다. ∎

연속함수의 대수적 결합은 함수가 정의되는 모든 곳에서 연속이다.

정리 8 **연속함수의 성질** 만약 함수 f와 g가 $x=c$에서 연속이면 다음 함수들도 $x=c$에서 연속이다.

1. 합: $\qquad\qquad f+g$

2. 차: $\qquad\qquad f-g$

3. 상수배: $\qquad\ k \cdot f(k$는 실수$)$

4. 곱: $\qquad\qquad f \cdot g$

5. 몫: $\qquad\qquad f/g \ (g(c) \neq 0)$

6. 거듭제곱: $\qquad f^n \ (n$은 양의 정수$)$

7. 근: $\qquad\qquad \sqrt[n]{f} \ (c$를 포함하는 열린 구간에서 정의되고, n은 양의 정수$)$

정리 8의 대부분의 결과는 1.2절 정리 1의 극한 공식으로부터 쉽게 증명된다. 예를 들어, 합에 대한 성질을 증명해 보자.

$$\begin{aligned}
\lim_{x \to c}(f+g)(x) &= \lim_{x \to c}(f(x)+g(x)) \\
&= \lim_{x \to c} f(x) + \lim_{x \to c} g(x) \qquad \text{정리 1, 합의 공식} \\
&= f(c) + g(c) \qquad\qquad\quad c\text{에서 } f, g\text{의 연속성} \\
&= (f+g)(c)
\end{aligned}$$

따라서 이 사실로부터 $f+g$는 $x=c$에서 연속이다.

예제 6

(a) 모든 다항식 $P(x) = a_n x^n + a_{n-1} x^{n-1} + \cdots + a_0$는 1.2절 정리 2에 의해 $\lim_{x \to c} P(x) = P(c)$이므로 연속이다.

(b) 만약 $P(x)$와 $Q(x)$가 다항식이면 $P(x)/Q(x)$는 1.2절 정리 3에 의해 그 함수가 정의되는 곳$(Q(c) \neq 0)$에서 연속이다. ∎

예제 7 함수 $f(x) = |x|$는 x의 모든 곳에서 연속이다. 만약 $x > 0$이면 $f(x) = x$는 다항식이고, $x < 0$이면 $f(x) = -x$도 다항식이다. 그리고 원점에서 $\lim_{x \to 0} |x| = 0 = |0|$이다. ∎

1.2절 예제 11에 의해 함수 $y = \sin x$와 $y = \cos x$는 $x=0$에서 연속이다. 사실 두 함수는 모든 곳에서 연속이다(연습문제 64). 정리 8로부터 모든 삼각함수는 정의된 영역에서 연속이다. 예를 들면 $y = \tan x$는 $\cdots \cup (-\pi/2, \pi/2) \cup (\pi/2, 3\pi/2) \cup \cdots$에서 연속이다. ∎

합성함수의 연속

연속함수의 모든 합성함수는 연속이다. 이 개념은 $f(x)$가 $x=c$에서 연속이고 $g(x)$는 $x=f(c)$에서 연속이면 $g \circ f$는 $x=c$에서 연속이다는 의미이다(그림 1.42). 이 경우에 $x \to c$일 때 함수 $g \circ f$의 극한은 $g(f(c))$이다.

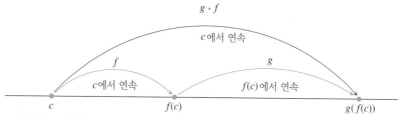

그림 1.42 연속함수의 합성은 연속이다.

> **정리 9 연속함수의 합성** f가 c에서 연속이고 g가 $f(c)$에서 연속이면 $g \circ f$는 c에서 연속이다.

직관적으로, 정리 9로부터 x가 c에 접근하면 $f(x)$가 $f(c)$에 접근하고 g는 $f(c)$에서 연속이므로 $g(f(x))$는 $g(f(c))$에 접근한다는 것을 알 수 있다.

합성함수의 연속은 임의의 유한개의 함수에 대해서 성립한다. 유일한 조건은 적용되는 각 함수들이 연속이어야 한다는 것이다. 정리 9의 증명의 개요는 부록 4에 있는 연습문제 6을 참고하라.

예제 8 다음 함수들이 정의역에서 연속임을 보이라.

(a) $y = \sqrt{x^2 - 2x - 5}$ **(b)** $y = \dfrac{x^{2/3}}{1 + x^4}$

(c) $y = \left|\dfrac{x - 2}{x^2 - 2}\right|$ **(d)** $y = \left|\dfrac{x \sin x}{x^2 + 2}\right|$

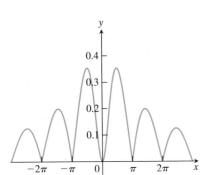

그림 1.43 그래프 $y = |(x \sin x)/(x^2 + 2)|$는 연속이다(예제 8 (d)).

풀이

(a) 제곱근 함수는 연속 항등함수 $f(x) = x$의 근이므로 $[0, \infty]$에서 연속이다(정리 8의 7). 주어진 함수는 제곱근 함수 $g(t) = \sqrt{t}$와 다항식 $f(x) = x^2 - 2x - 5$의 합성함수이므로, 정의역에서 연속이다.

(b) 분자는 항등함수의 제곱의 세제곱근이다. 분모의 식은 모든 곳에서 양의 값을 갖는 다항식이므로, 두 함수의 몫은 연속이다.

(c) 함수의 몫 $(x - 2)/(x^2 - 2)$는 모든 $x \neq \pm\sqrt{2}$에 대하여 연속이고 절댓값 함수도 연속 (예제 7)이며, 주어진 함수는 두 함수의 합성함수이다.

(d) $\sin$ 함수는 모든 곳에서 연속이므로(연습문제 64), 분자의 항 $x \sin x$는 연속함수들의 곱이고, 분모의 항 $x^2 + 2$는 모든 곳에서 양의 값을 갖는 다항식이다. 주어진 함수는 연속인 절대함수와 연속함수들의 몫함수의 합성함수이다(그림 1.43). ■

이제 다음의 좀 더 일반적인 결과를 증명하고 나면 정리 9는 실제적으로는 바로 얻어지는 결과이다. 이는 x가 c에 접근할 때 함수 $f(x)$의 극한이 b이면, x가 c에 접근할 때 합성함수 $g \circ f$의 극한은 $g(b)$임을 말한다.

> **정리 10 연속함수의 극한** 만약 g가 점 b에서 연속이고 $\lim\limits_{x \to c} f(x) = b$이면 $\lim\limits_{x \to c} g(f(x)) = g(b)$이다.

증명 $\varepsilon > 0$이라 하자. g가 b에서 연속이므로

$$0 < |y - b| < \delta_1 \quad \Rightarrow \quad |g(y) - g(b)| < \varepsilon$$

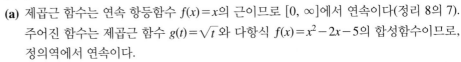

g가 $y = b$에서 연속이므로 $\lim\limits_{y \to b} g(y) = g(b)$

을 만족하는 $\delta_1 > 0$이 존재한다. 그리고 $\lim\limits_{x \to c} f(x) = b$이므로

$$0 < |x - c| < \delta \quad \Rightarrow \quad |f(x) - b| < \delta_1$$

$\lim\limits_{x \to c} f(x) = b$의 정의

을 만족하는 $\delta > 0$이 존재한다. 여기서 $y = f(x)$라 두면 두 번째 사실로부터 $0 < |x - c| < \delta$일 때마다 $|y - b| < \delta_1$이고, 따라서 $|g(y) - g(b)| = |g(f(x)) - g(b)| < \varepsilon$이다. 극한의 정의에 의해 $\lim\limits_{x \to c} g(f(x)) = g(b)$이다. c가 함수 f의 정의역의 내부점인 경우에 대하여 증명하였다. c가 정의역의 끝점인 경우에 대해서는 양쪽 방향으로의 극한을 한쪽 방향으로의 극한으로 적절하게 바꿔줌으로써 전체적으로 비슷하게 증명할 수 있다. ■

예제 9 정리 10을 적용하여 다음의 극한을 계산한다.

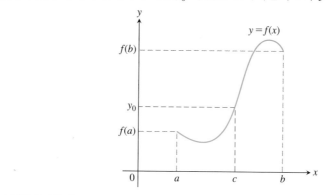

$$\lim_{x \to \pi/2} \cos\left(2x + \sin\left(\frac{3\pi}{2} + x\right)\right) = \cos\left(\lim_{x \to \pi/2} 2x + \lim_{x \to \pi/2} \sin\left(\frac{3\pi}{2} + x\right)\right)$$
$$= \cos(\pi + \sin 2\pi) = \cos \pi = -1. \qquad \blacksquare$$

연속함수의 중간값 정리

두 수를 택하여 두 수 사이의 모든 수들을 함숫값으로 가지면 **중간값 성질**(Intermediate Value Property)을 만족한다고 말한다.

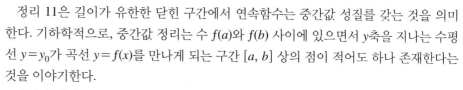

> **정리 11 연속함수의 중간값 정리** f는 닫힌 구간 $[a, b]$ 상에서 연속함수이고, y_0는 $f(a)$와 $f(b)$ 사이의 임의의 수이면 $y_0 = f(c)$를 만족하는 수 c가 $[a, b]$ 안에 존재한다.

정리 11은 길이가 유한한 닫힌 구간에서 연속함수는 중간값 성질를 갖는 것을 의미한다. 기하학적으로, 중간값 정리는 수 $f(a)$와 $f(b)$ 사이에 있으면서 y축을 지나는 수평선 $y = y_0$가 곡선 $y = f(x)$를 만나게 되는 구간 $[a, b]$ 상의 점이 적어도 하나 존재한다는 것을 이야기한다.

중간값 정리를 증명하기 위해서는 실수계의 완비성 성질이 필요하다. 실수들은 완비성 성질을 만족하므로, 실수는 중간에 구멍이나 간격이 있지 않고 꽉 채워져 있다. 이와는 반대로 유리수들은 완비성 성질을 만족하지 않으므로, 유리수에서만 정의되는 함수에서는 중간값 정리가 성립하지 않는다. 자세한 논의와 예제는 부록 7을 참조하라.

정리 11에서 구간상에서 함수 f의 연속성은 필수적이다. 만약 f가 구간상의 단 한 점에서라도 불연속이면 그림 1.44의 함수와 같이 정리의 내용은 성립하지 않을 수도 있다.(2와 3 사이에서 임의의 수 y_0를 선택하라.)

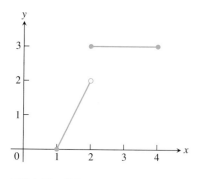

그림 1.44 함수
$$f(x) = \begin{cases} 2x - 2, & 1 \le x < 2 \\ 3, & 2 \le x \le 4 \end{cases}$$
는 $f(1) = 0$과 $f(4) = 3$ 사이의 모든 값을 가지지 못한다. 2와 3 사이의 모든 값이 빠져 있다.

그래프의 연결성 정리 11은 구간상에서 연속인 함수의 그래프가 그 구간에서 끊어질 수 없는 이유이다. 즉, 연속인 함수의 그래프는 하나의 연결된 끊어지지 않은 곡선이다. 최대정수함수(그림 1.39)의 그래프처럼 점프하지도, 또 $1/x$(그림 1.41)의 그래프처럼 분리되지도 않는다.

근을 찾는 방법 방정식 $f(x) = 0$의 해를 방정식의 **근**(root) 또는 함수 f의 **영**(zero)이라 부른다. 중간값 정리에 의하면 f가 연속이면 f의 부호가 바뀌는 어떤 구간에서 f의 영을 포함한다. 연속함수의 함숫값이 양인 한 점과 함숫값이 음인 또 다른 한 점사이의 어떤 곳에서 함숫값은 반드시 0이 되어야 한다.

이는 우리가 컴퓨터 화면에서 수평축을 가로지르는 연속함수의 그래프를 볼 때 그래프가 수평축을 건너뛰지 않는다는 의미이다. 실제로 함숫값이 0이 되는 점이 반드시 존재한다.

예제 10   방정식 $x^3 - x - 1 = 0$의 근이 1과 2 사이에 존재함을 보이라.

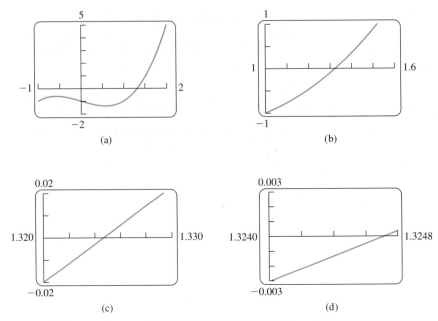

그림 1.45   함수 $f(x) = x^3 - x - 1$의 영에 대해 확대한다. 함수의 영은 $x = 1.3247$ 가까이에 있다(예제 10).

풀이 $f(x) = x^3 - x - 1$이라 하자. $f(1) = 1 - 1 - 1 = -1 < 0$이고, $f(2) = 2^3 - 2 - 1 = 5 > 0$이기 때문에 $y_0 = 0$은 $f(1)$과 $f(2)$ 사이의 값임을 알 수 있다. f는 다항함수이므로 연속이기 때문에, 중간값 정리는 1과 2 사이에 함수 f의 영이 있음을 말해준다. 그림 1.45는 $x = 1.32$ 근처에서 근이 존재하는 결과를 보여준다.   ■

예제 11   방정식 $\sqrt{2x + 5} = 4 - x^2$의 해가 존재함을 증명하기 위해서 중간값 정리를 이용하여라(그림 1.46).

풀이 $\sqrt{2x + 5} + x^2 - 4 = 0$이고 $f(x) = \sqrt{2x + 5} + x^2 - 4$라 하자. 양수인 선형함수 $y = 2x + 5$를 가진 제곱근 함수의 합성이기 때문에 $g(x) = \sqrt{2x + 5}$는 구간 $[-5/2, \infty)$에서 연속이다. 그러면 f는 함수 g와 함수 $y = x^2 - 4$의 합이고, 2차함수는 모든 x 값에 대해서 연속이다. 따라서 $f(x) = \sqrt{2x + 5} + x^2 - 4$는 구간 $[-5/2, \infty)$에서 연속이다. 시행착오에 의해서, 함숫값 $f(0) = \sqrt{5} - 4 \approx -1.76$과 $f(2) = \sqrt{9} = 3$이고, f는 유한 닫힌 구간 $[0, 2]$ $\subset [-5/2, \infty)$에서 연속이다. 값 $y_0 = 0$은 $f(0) \approx -1.76$과 $f(2) = 3$ 사이에 있기 때문에, 중간값 정리에 의해서 $f(c) = 0$인 $c \in [0, 2]$가 있다. 즉, 수 c는 원래 방정식의 해이다.   ■

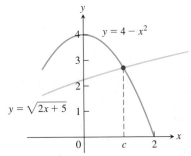

그림 1.46   곡선 $y = \sqrt{2x + 5}$와 $y = 4 - x^2$은 $\sqrt{2x + 5} + x^2 - 4 = 0$인 $x = c$에서 같은 값을 갖는다(예제 11).

한 점에서 연속확장

함수 f가 가끔 한 점 $x = c$에서 정의되지 않는 경우가 있다. 그럼에도 불구하고, $x = c$를 포함하도록 f의 정의역을 확장시켜서 $x = c$에서도 연속이 되도록 새로운 함수를 정의할 수 있다. 예를 들어, 함수 $y = f(x) = (\sin x)/x$는 $x = 0$에서는 정의되지 않으므로 $x = 0$을 제외한 모든 점에서 연속이다. 그런데 $y = (\sin x)/x$는 $x \to 0$일 때 유한극한이 존재한다(정리 7). 그러므로 점 $x = 0$을 포함하도록 함수의 정의역을 확장함으로써 $x = 0$에서 연속이 되는 함수로 확장하는 것이 가능하다. 다음과 같이 함수를 정의하자.

$$F(x) = \begin{cases} \dfrac{\sin x}{x}, & x \neq 0 \qquad \text{\small $x \neq 0$에서 원 함수와 같음} \\[2mm] 1, & x = 0 \qquad \text{\small $x = 0$에서 새로운 값} \end{cases}$$

$\displaystyle\lim_{x \to 0} \dfrac{\sin x}{x} = F(0)$이므로 연속에 대한 조건을 만족시켜서 새로운 함수 $F(x)$는 $x=0$에서 연속이다(그림 1.47).

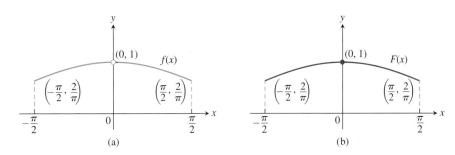

그림 1.47 (a) $-\pi/2 \leq x \leq \pi/2$에서 $f(x) = (\sin x)/x$의 그래프는 함수가 $x=0$에서 정의되지 않으므로 점 $(0, 1)$을 포함하지 않는다. (b) $F(0) = 1$과 그 이외의 점에서는 $F(x) = f(x)$를 만족하는 새로운 함수 $F(x)$를 정의함으로써 정의역을 0이 포함되도록 확장할 수 있다. $F(0) = \displaystyle\lim_{x \to 0} f(x)$이므로 $F(x)$는 $x=0$에서도 연속이다.

일반적으로, 유리함수와 같은 함수는 정의되지 않는 점에서 극한을 가질 수도 있다. $f(c)$는 정의되지 않지만 $\displaystyle\lim_{x \to c} f(x) = L$이 존재하면 새로운 함수 $F(x)$를 다음과 같이 정의할 수 있다.

$$F(x) = \begin{cases} f(x), & x \text{는 } f \text{의 정의역 내의 점} \\ L, & x = c \end{cases}$$

함수 F는 $x=c$에서 연속이고, F를 $x=c$로 f**의 연속확장**(continuous extension of f)이라 부른다. 유리함수 f에 대해서 연속확장은 분모와 분자의 공통인수를 약분함으로써 보통 얻어진다.

예제 12 $\qquad\qquad f(x) = \dfrac{x^2 + x - 6}{x^2 - 4}, \quad x \neq 2$

는 $x=2$로 연속확장될 수 있음을 보이고 그 확장을 구하라.

풀이 $f(2)$가 정의되지 않았지만, $x \neq 2$일 때

$$f(x) = \dfrac{x^2 + x - 6}{x^2 - 4} = \dfrac{(x-2)(x+3)}{(x-2)(x+2)} = \dfrac{x+3}{x+2}$$

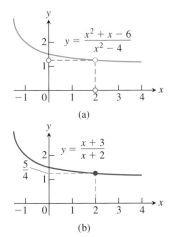

새로운 함수 $F(x) = \dfrac{x+3}{x+2}$는 $x \neq 2$에 대하여 $f(x)$와 같고, $x=2$에서 연속이며 함숫값은 $5/4$이다. 따라서 F는 $x=2$로 f의 연속확장이고

$$\lim_{x \to 2} \dfrac{x^2 + x - 6}{x^2 - 4} = \lim_{x \to 2} f(x) = \dfrac{5}{4}$$

이다. f의 그래프는 그림 1.48에서 볼 수 있고 연속확장 F는 점 $(2, 5/4)$에서 구멍을 가지지 않음을 제외하고는 f와 같은 그래프이다. 결과적으로 F는 함수 f를 정의역에서 빠져 있는 $x=2$까지 확장하여, 더 커진 정의역에서 연속함수가 되었다. ∎

그림 1.48 (a) $f(x)$의 그래프와 (b) 연속확장 $F(x)$의 그래프(예제 12)

연습문제 1.5

그래프로부터 연속성

연습문제 1~4에서 주어진 함수의 그래프가 $[-1, 3]$에서 연속인지를 말하라. 만약 그렇지 않으면 연속이 되지 않는 곳과 그 이유를 설명하라.

1.

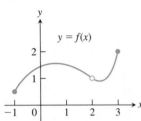

2.

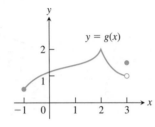

3.

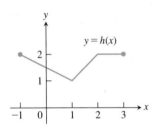

4.

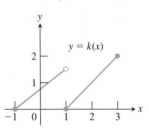

연습문제 5~10에서 다음 그림으로 그려지는 함수

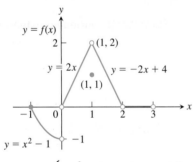

$$f(x) = \begin{cases} x^2 - 1, & -1 \le x < 0 \\ 2x, & 0 < x < 1 \\ 1, & x = 1 \\ -2x + 4, & 1 < x < 2 \\ 0, & 2 < x < 3 \end{cases}$$

에 대해, 다음 질문에 답하라.

5. a. $f(-1)$은 존재하는가?
  b. $\lim_{x \to -1^+} f(x)$는 존재하는가?
  c. $\lim_{x \to -1^+} f(x) = f(-1)$인가?
  d. f는 $x = -1$에서 연속인가?

6. a. $f(1)$은 존재하는가?
  b. $\lim_{x \to 1} f(x)$는 존재하는가?
  c. $\lim_{x \to 1} f(x) = f(1)$인가?
  d. f는 $x = 1$에서 연속인가?

7. a. f는 $x = 2$에서 정의되는가? (f의 정의를 보라.)
  b. f는 $x = 2$에서 연속인가?

8. f는 x의 어떤 값에서 연속인가?

9. $x = 2$에서 확장함수가 연속이기 위하여 $f(2)$의 값은 무엇인가?

10. 불연속성을 없애기 위하여 $f(1)$을 어떤 값으로 정의해야 하는가?

연속성 판정법 적용하기

연습문제 11과 12에서 다음 함수는 어느 점에서 불연속인가? 만약 불연속점이 존재하면, 그 점에서 불연속성은 없앨 수 있는가? 없앨 수 없는가? 그 이유를 설명하라.

11. 1.4절 연습문제 1   **12.** 1.4절 연습문제 2

연습문제 13~30에서 다음 함수는 어느 점에서 연속인가?

13. $y = \dfrac{1}{x-2} - 3x$

14. $y = \dfrac{1}{(x+2)^2} + 4$

15. $y = \dfrac{x+1}{x^2 - 4x + 3}$

16. $y = \dfrac{x+3}{x^2 - 3x - 10}$

17. $y = |x - 1| + \sin x$

18. $y = \dfrac{1}{|x| + 1} - \dfrac{x^2}{2}$

19. $y = \dfrac{\cos x}{x}$

20. $y = \dfrac{x+2}{\cos x}$

21. $y = \csc 2x$

22. $y = \tan \dfrac{\pi x}{2}$

23. $y = \dfrac{x \tan x}{x^2 + 1}$

24. $y = \dfrac{\sqrt{x^4 + 1}}{1 + \sin^2 x}$

25. $y = \sqrt{2x + 3}$

26. $y = \sqrt[4]{3x - 1}$

27. $y = (2x - 1)^{1/3}$

28. $y = (2 - x)^{1/5}$

29. $g(x) = \begin{cases} \dfrac{x^2 - x - 6}{x - 3}, & x \ne 3 \\ 5, & x = 3 \end{cases}$

30. $f(x) = \begin{cases} \dfrac{x^3 - 8}{x^2 - 4}, & x \ne 2, x \ne -2 \\ 3, & x = 2 \\ 4 & = -2 \end{cases}$

삼각함수를 포함한 극한

연습문제 31~36에서 다음 극한을 구하라. 함수는 접근하는 점에서 연속인가?

31. $\lim_{x \to \pi} \sin(x - \sin x)$

32. $\lim_{t \to 0} \sin\left(\dfrac{\pi}{2} \cos(\tan t)\right)$

33. $\lim_{y \to 1} \sec(y \sec^2 y - \tan^2 y - 1)$

34. $\lim_{x \to 0} \tan\left(\dfrac{\pi}{4} \cos(\sin x^{1/3})\right)$

35. $\lim_{t \to 0} \cos\left(\dfrac{\pi}{\sqrt{19 - 3 \sec 2t}}\right)$

36. $\lim_{x \to \pi/6} \sqrt{\csc^2 x + 5\sqrt{3} \tan x}$

연속확장

37. 함수 $g(x) = (x^2 - 9)/(x - 3)$을 확장하여 $x = 3$에서 연속이 되도

록 $g(3)$을 정의하라.

38. 함수 $h(t) = (t^2 + 3t - 10)/(t-2)$를 확장하여 $t=2$에서 연속이 되도록 $h(2)$를 정의하라.

39. 함수 $f(s) = (s^3 - 1)/(s^2 - 1)$을 확장하여 $s=1$에서 연속이 되도록 $f(1)$을 정의하라.

40. 함수 $g(x) = (x^2 - 16)/(x^3 - 3x - 4)$를 확장하여 $x=4$에서 연속이 되도록 $g(4)$를 정의하라.

41. $f(x) = \begin{cases} x^2 - 1, & x < 3 \\ 2ax, & x \geq 3 \end{cases}$이 모든 x에 대하여 연속이기 위한 a의 값은 무엇인가?

42. $g(x) = \begin{cases} x, & x < -2 \\ bx^2, & x \geq -2 \end{cases}$가 모든 x에 대하여 연속이기 위한 b의 값은 무엇인가?

43. $f(x) = \begin{cases} a^2 x - 2a, & x \geq 2 \\ 12, & x < 2 \end{cases}$가 모든 x에 대하여 연속이기 위한 a의 값은 무엇인가?

44. $g(x) = \begin{cases} \dfrac{x-b}{b+1}, & x < 0 \\ x^2 + b, & x > 0 \end{cases}$이 모든 x에 대하여 연속이기 위한 b의 값은 무엇인가?

45. $f(x) = \begin{cases} -2, & x \leq -1 \\ ax - b, & -1 < x < 1 \\ 3, & x \geq 1 \end{cases}$이 모든 x에 대하여 연속이기 위한 a와 b의 값은 무엇인가?

46. $g(x) = \begin{cases} ax + 2b, & x \leq 0 \\ x^2 + 3a - b, & 0 < x \leq 2 \\ 3x - 5, & x > 2 \end{cases}$가 모든 x에 대하여 연속이기 위한 a와 b의 값은 무엇인가?

정리와 예제

47. 연속함수 $y = f(x)$는 $x=0$에서 음이고 $x=1$에서 양이다. 방정식 $f(x) = 0$은 $x=0$과 $x=1$ 사이에 최소한 하나의 해를 왜 갖는가? 그래프 개형으로 설명하라.

48. 방정식 $\cos x = x$는 최소한 하나의 해를 가지는지 그 이유를 설명하라.

49. **세제곱근** 방정식 $x^3 - 15x + 1 = 0$은 구간 $[-4, 4]$에서 세 개의 해를 가짐을 보이라.

50. **함숫값** 함수 $F(x) = (x-a)^2 \cdot (x-b)^2 + x$가 어떤 값 x에 대해 함숫값 $(a+b)/2$를 가짐을 보이라.

51. **방정식 풀이** 함수 $f(x) = x^3 - 8x + 10$에 대해 (a) $f(c) = \pi$, (b) $f(c) = -\sqrt{3}$, (c) $f(c) = 5,000,000$을 만족하는 각각의 c가 존재함을 보이라.

52. 다음 다섯 명제가 왜 같은 정보를 요구하는지 이유를 설명하라.
  a. $f(x) = x^3 - 3x - 1$의 근을 구하라.
  b. 곡선 $y = x^3$ 이 직선 $y = 3x + 1$을 통과하는 점의 x좌표를 구하라.
  c. $x^3 - 3x = 1$을 만족하는 x의 모든 값을 구하라.
  d. 삼차곡선 $y = x^3 - 3x$가 직선 $y = 1$을 통과하는 점의 x좌표를 구하라.
  e. 방정식 $x^3 - 3x - 1 = 0$을 풀라.

53. **제거 가능한 불연속성** $x=2$를 제외한 모든 x의 값에서 연속이면서 $x=2$는 제거 가능한 불연속성을 가지는 함수 $f(x)$의 실례를 들라. f는 $x=2$에서 불연속이고 불연속성을 어떻게 제거할 수 있는지 설명하라.

54. **제거할 수 없는 불연속성** $x=-1$을 제외한 모든 x의 값에서 연속이면서 $x=-1$은 제거할 수 없는 불연속성을 가지는 함수 $g(x)$의 실례를 들라. g는 그 점에서 불연속이고 불연속성을 어떻게 제거할 수 없는지 설명하라.

55. **모든 점에서 불연속함수**
  a. 공집합이 아닌 모든 실수 구간은 유리수와 무리수를 모두 포함한다는 사실을 이용하여 함수 $f(x)$
$$f(x) = \begin{cases} 1, & x는\ 유리수 \\ 0, & x는\ 무리수 \end{cases}$$
는 모든 점에서 불연속임을 보이라.
  b. f는 모든 점에서 오른쪽 연속인가, 왼쪽 연속인가?

56. $f(x)$와 $g(x)$가 $0 \leq x \leq 1$에서 연속일 때 $f(x)/g(x)$가 $[0, 1]$의 점에서 불연속일 수 있는가? 그 이유를 설명하라.

57. 곱함수 $h(x) = f(x) \cdot g(x)$가 $x=0$에서 연속이면 $f(x)$와 $g(x)$도 $x=0$에서 연속인가? 그 이유를 설명하라.

58. **연속함수의 합성의 불연속** $x=0$에서 f와 g는 연속이지만 합성함수 $f \circ g$는 불연속이 되는 함수 f와 g의 예를 들라. 이것은 정리 9에 모순인가? 그 이유를 설명하라.

59. **영을 갖지 않는 연속함수** 구간상에서 절대 영을 갖지 않는 연속함수가 그 구간에서 부호를 바꾸지 않는 것이 사실인가? 그 이유를 설명하라.

60. **고무줄 당김** 한쪽 끝을 오른쪽으로, 다른 끝은 왼쪽으로 움직여 고무줄을 당겼을 때, 고무줄의 어느 한 점이 원래의 위치에 그대로 있을 수 있는가? 그 이유를 설명하라.

61. **고정점 정리** 함수 f는 닫힌 구간 $[0, 1]$ 상에서 연속이고 $[0, 1]$ 내의 모든 x에 대하여 $0 \leq f(x) \leq 1$이다. $f(c) = c$를 만족하는 $[0, 1]$ 내의 수 c가 존재하는 것을 보이라(c는 f의 **고정점(fixed point)**이라 부른다).

62. **연속함수의 부호보존 성질** 함수 f는 구간 (a, b)에서 정의되고 f가 연속인 어떤 c에서 $f(c) \neq 0$이라고 가정하자. f가 $f(c)$와 같은 부호를 가지는 c를 중심으로 하는 구간 $(c-d, c+d)$가 존재하는 것을 보이라. 이 결론이 얼마나 주목할 내용인지 유의하자.

63. f가 c에서 연속이기 위한 필요충분조건은 $\lim_{h \to 0} f(c + h) = f(c)$임을 증명하라.

64. 연습문제 63과 아래 항등식을 이용하여 $f(x) = \sin x$와 $g(x) = \cos x$가 모든 $x=c$에서 연속임을 증명하라.
$$\sin(h + c) = \sin h \cos c + \cos h \sin c,$$
$$\cos(h + c) = \cos h \cos c - \sin h \sin c$$

그래프로 방정식 풀기

T 연습문제 65~70에서 그래픽 계산기나 컴퓨터 그래퍼를 이용하여 다음 방정식을 풀어라.

65. $x^3 - 3x - 1 = 0$

66. $2x^3 - 2x^2 - 2x + 1 = 0$

67. $x(x-1)^2 = 1$ (한 근)

68. $x^3 - 15x + 1 = 0$ (세 근)

69. $\cos x = x$ (한 근). 라디안 모드를 이용하여 확인하라.

70. $2 \sin x = x$ (세 근). 라디안 모드를 이용하여 확인하라.

1.6   무한극한: 그래프의 점근선

이 절에서는 독립변수 x의 크기가 매우 커질 때, 즉 $x \to \pm\infty$일 때, 함수의 움직임을 조사한다. 더 나아가, 극한의 개념을 무한극한까지 확장한다. 이는 앞에서 언급한 극한과 다른 새로운 용어를 사용한다. 무한극한은 유용한 기호와 용어를 제공한다. 이러한 극한 개념은 수평 또는 수직 점근선을 갖는 함수의 그래프를 분석하는 데 사용된다.

$x \to \pm\infty$일 때 유한극한

무한대(∞) 기호는 실수를 나타내는 것은 아니다. 정의역과 치역의 값이 유한 경계를 크게 벗어날 때 함수의 움직임을 설명하기 위해서 ∞를 사용한다. 예를 들어, 함수 $f(x) = 1/x$은 $x \neq 0$인 모든 점에서 정의된다(그림 1.49). x가 양수로점점 커질 때 $1/x$은 점점 작아진다. x가 음수로 크기가 점점 커질 때 $1/x$은 크기가 다시 작아진다. 이러한 사실을 요약하면, $f(x) = 1/x$은 $x \to \pm\infty$일 때 극한 0을 갖는다고 말하며, 또한 0은 양의 무한대와 음의 무한대에서 $f(x) = 1/x$의 극한이라고 말한다. 다음은 무한극한의 엄밀한 정의이다.

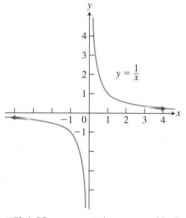

그림 1.49 $x \to \infty$ 또는 $x \to -\infty$일 때 $y = 1/x$의 그래프는 0에 접근한다.

정의

1. 임의의 $\varepsilon > 0$에 대하여

$$x > M \quad \Rightarrow \quad |f(x) - L| < \epsilon$$

을 만족하는 M이 존재하면, 함수 $f(x)$는 **x가 무한대로 접근할 때 극한 L을 갖는다**고 하고

$$\lim_{x \to \infty} f(x) = L$$

로 나타낸다.

2. 임의의 $\varepsilon > 0$에 대하여

$$x < N \quad \Rightarrow \quad |f(x) - L| < \varepsilon$$

을 만족하는 N이 존재하면, 함수 $f(x)$는 **x가 음의 무한대로 접근할 때 극한 L을 갖는다**고 하고

$$\lim_{x \to -\infty} f(x) = L$$

로 나타낸다.

직관적으로, 만약 x가 원점으로부터 양의 방향으로 점점 더 멀어질 때 $f(x)$가 L에 가까워지면 $\lim_{x \to \infty} f(x) = L$이다. 마찬가지로, 만약 x가 원점으로부터 음의 방향으로 점점 더 멀어질 때 $f(x)$가 L에 가까워지면 $\lim_{x \to -\infty} f(x) = L$이다.

$x \to \pm\infty$일 때 함수의 극한을 계산하는 방법은 1.2절에 있는 유한극한에 대해 계산하는 것과 비슷하다. 그곳에서 처음 우리는 상수함수와 항등함수 $y = k$와 $y = x$의 극한

을 구했었다. 그때 이 결과를 대수적인 결합을 통하여 극한에 대한 정리에 응용하여 다른 함수로 확장했었다. 여기에서도 초기함수를 $y=k$와 $y=x$ 대신에 $y=k$와 $y=1/x$로 하는 것을 제외하고는 같다.

다음의 기본적인 사실은

$$\lim_{x \to \pm\infty} k = k \text{와} \qquad \lim_{x \to \pm\infty} \frac{1}{x} = 0 \tag{1}$$

엄밀한 정의를 적용하여 확인할 수 있다. 두 번째 결과는 예제 1에서 증명하고 첫 번째 결과는 연습문제 91과 92로 남긴다.

예제 1

(a) $\lim\limits_{x \to \infty} \dfrac{1}{x} = 0$ **(b)** $\lim\limits_{x \to -\infty} \dfrac{1}{x} = 0$임을 보이라.

풀이

(a) $\varepsilon > 0$이 주어졌다고 하자. 모든 x에 대해서

$$x > M \qquad \Rightarrow \qquad \left| \frac{1}{x} - 0 \right| = \left| \frac{1}{x} \right| < \varepsilon$$

을 만족하는 M을 구해야만 한다. 만약 $M=1/\varepsilon$이거나 이보다 큰 임의의 양수라면 결과는 성립할 것이다(그림 1.50). 이것은 $\lim\limits_{x \to \infty} \dfrac{1}{x} = 0$임을 증명한다.

(b) $\varepsilon > 0$이 주어졌다고 하자. 모든 x에 대해서

$$x < N \qquad \Rightarrow \qquad \left| \frac{1}{x} - 0 \right| = \left| \frac{1}{x} \right| < \varepsilon$$

을 만족하는 N을 구해야만 한다. 만약 $N=-1/\varepsilon$이거나 $-1/\varepsilon$보다 작은 임의의 수라면 결과는 성립할 것이다(그림 1.50). 이것은 $\lim\limits_{x \to -\infty} \dfrac{1}{x} = 0$임을 증명한다. ■

무한대에서 극한은 유한극한의 성질들과 비슷한 성질들을 갖는다.

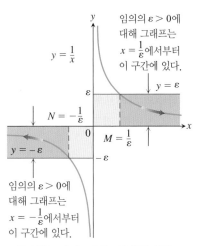

임의의 $\varepsilon > 0$에 대해 그래프는 $x = \dfrac{1}{\varepsilon}$에서부터 이 구간에 있다.

$y = \dfrac{1}{x}$

$y = \varepsilon$

$N = -\dfrac{1}{\varepsilon}$

$M = \dfrac{1}{\varepsilon}$

$y = -\varepsilon$

임의의 $\varepsilon > 0$에 대해 그래프는 $x = -\dfrac{1}{\varepsilon}$에서부터 이 구간에 있다.

그림 1.50 예제 1에서 기하학적 해석

> **정리 12** 정리 1에 있는 모든 극한 공식은 $\lim\limits_{x \to c}$를 $\lim\limits_{x \to \infty}$ 또는 $\lim\limits_{x \to -\infty}$ 로 대체해도 성립한다. 즉, 변수 x는 유한 수 c 또는 $\pm\infty$에 접근할 수 있다.

예제 2 정리 12에 있는 성질들은 x가 유한 수 c에 접근할 때와 같은 방법으로 극한 계산에 이용된다.

(a)
$$\lim_{x \to \infty}\left(5 + \frac{1}{x} \right) = \lim_{x \to \infty} 5 + \lim_{x \to \infty}\frac{1}{x} \qquad \text{합의 공식}$$
$$= 5 + 0 = 5 \qquad \text{알고 있는 극한}$$

(b)
$$\lim_{x \to -\infty} \frac{\pi\sqrt{3}}{x^2} = \lim_{x \to -\infty} \pi\sqrt{3} \cdot \frac{1}{x} \cdot \frac{1}{x}$$
$$= \lim_{x \to -\infty} \pi\sqrt{3} \cdot \lim_{x \to -\infty}\frac{1}{x} \cdot \lim_{x \to -\infty}\frac{1}{x} \qquad \text{곱의 공식}$$
$$= \pi\sqrt{3} \cdot 0 \cdot 0 = 0 \qquad \text{알고 있는 극한} \qquad ■$$

유리함수의 무한대 극한

$x \to \pm\infty$일 때 유리함수의 극한을 결정하기 위해서, 우리는 분모에 있는 x의 최고 차수로 분자와 분모를 나눌 수 있다. 그러면 포함된 다항식의 차수에 의존해서 다음과 같이 계산된다.

예제 3 이 예제는 분자의 차수가 분모의 차수보다 작거나 같을 때 무슨 일이 일어나는가를 설명한다.

(a) $\lim_{x \to \infty} \dfrac{5x^2 + 8x - 3}{3x^2 + 2} = \lim_{x \to \infty} \dfrac{5 + (8/x) - (3/x^2)}{3 + (2/x^2)}$ x^2으로 분자와 분모 나누기

$$= \frac{5 + 0 - 0}{3 + 0} = \frac{5}{3}$$ 그림 1.51 참조

(b) $\lim_{x \to -\infty} \dfrac{11x + 2}{2x^3 - 1} = \lim_{x \to -\infty} \dfrac{(11/x^2) + (2/x^3)}{2 - (1/x^3)}$ x^3으로 분자와 분모 나누기

$$= \frac{0 + 0}{2 - 0} = 0$$ 그림 1.52 참조   ■

분자의 차수가 분모의 차수보다 더 큰 경우의 예는 예제 9와 예제 13에서 설명된다.

수평 점근선

만약 그래프의 점이 원점에서 점점 더 멀리 움직일 때 함수의 그래프와 고정된 직선 사이의 거리가 0에 접근하면, 우리는 그래프가 점근적으로 직선에 접근한다고 하고 그 직선을 그래프의 **점근선**이라고 한다. $f(x) = 1/x$을 살펴보면(그림 1.49),

$$\lim_{x \to \infty} \frac{1}{x} = 0$$

이기 때문에 x축이 오른쪽에서 곡선의 점근선임을 알 수 있다. 또

$$\lim_{x \to -\infty} \frac{1}{x} = 0$$

이기 때문에 x축이 왼쪽에서 곡선의 점근선임을 알 수 있다. 우리는 x축을 $f(x) = 1/x$ 그래프의 수평 점근선이라고 말한다.

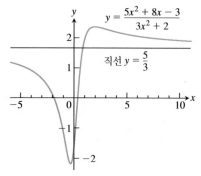

$y = \dfrac{5x^2 + 8x - 3}{3x^2 + 2}$

직선 $y = \dfrac{5}{3}$

그림 1.51 예제 3(a)에서 함수의 그래프. 그래프는 $|x|$가 증가할 때 직선 $y = 5/3$에 접근한다.

> **정의** 만약
> $$\lim_{x \to \infty} f(x) = b \text{이거나} \qquad \lim_{x \to -\infty} f(x) = b$$
> 이면 직선 $y = b$는 함수 $y = f(x)$ 그래프의 **수평 점근선(horizontal asymptote)**이다.

$x \to \pm\infty$일 때 함수의 극한에 따라 그래프의 수평 점근선은 0, 1 또는 2개가 된다.

그림 1.51(예제 3(a))에 그려진 함수

$$f(x) = \frac{5x^2 + 8x - 3}{3x^2 + 2}$$

의 곡선은

$$\lim_{x \to \infty} f(x) = \frac{5}{3} \text{와} \qquad \lim_{x \to -\infty} f(x) = \frac{5}{3}$$

이기 때문에 오른쪽과 왼쪽에서 수평 점근선으로 직선 $y = 5/3$를 갖는다.

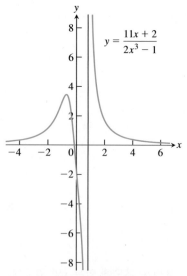

$y = \dfrac{11x + 2}{2x^3 - 1}$

그림 1.52 예제 3(b)에서 함수의 그래프. 그래프는 $|x|$가 증가할 때 x축에 접근한다.

예제 4 $f(x) = \dfrac{x^3 - 2}{|x|^3 + 1}$ 그래프의 수평 점근선을 구하라.

풀이 $x \to \pm\infty$일 때 극한을 계산한다.

$x \geq 0$에 대해: $\lim_{x \to \infty} \dfrac{x^3 - 2}{|x|^3 + 1} = \lim_{x \to \infty} \dfrac{x^3 - 2}{x^3 + 1} = \lim_{x \to \infty} \dfrac{1 - (2/x^3)}{1 + (1/x^3)} = 1$

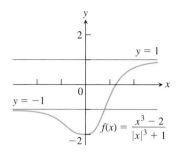

그림 1.53 예제 4에서 함수의 그래프는 2개의 수평 점근선을 갖는다.

$$x < 0에\ 대해:\ \lim_{x \to -\infty} \frac{x^3 - 2}{|x|^3 + 1} = \lim_{x \to -\infty} \frac{x^3 - 2}{(-x)^3 + 1} = \lim_{x \to -\infty} \frac{1 - (2/x^3)}{-1 + (1/x^3)} = -1$$

수평 점근선은 $y = -1$과 $y = 1$이다. 그래프는 그림 1.53에서 볼 수 있다. x의 양의 값에 대해 수평 점근선 $y = -1$을 통과함에 주목하라. ■

때로는 변환 $t = \frac{1}{x}$에 의해 $x \to \infty$를 $t \to 0$으로 바꾸면 도움이 될 수 있다.

예제 5 **(a)** $\lim\limits_{x \to \infty} \sin(1/x)$ **(b)** $\lim\limits_{x \to \pm\infty} x \sin(1/x)$를 구하라.

풀이

(a) 새로운 변수 $t = 1/x$를 도입한다. 예제 1로부터 $x \to \infty$일 때 $t \to 0^+$임을 알고 있다(그림 1.49). 따라서

$$\lim_{x \to \infty} \sin \frac{1}{x} = \lim_{t \to 0^+} \sin t = 0$$

이다.

(b) $x \to \infty$와 $x \to -\infty$일 때 극한을 계산한다.

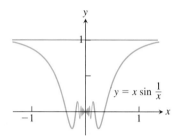

그림 1.54 직선 $y = 1$은 그려진 함수의 수평점근선이다(예제 5 (b)).

$$\lim_{x \to \infty} x \sin \frac{1}{x} = \lim_{t \to 0^+} \frac{\sin t}{t} = 1과 \qquad \lim_{x \to -\infty} x \sin \frac{1}{x} = \lim_{t \to 0^-} \frac{\sin t}{t} = 1$$

이다. 그래프는 그림 1.54에서 볼 수 있고, 직선 $y = 1$이 수평 점근선임을 알 수 있다. ■

마찬가지로, $t = 1/x$에 의해 $t \to \pm\infty$일 때 $y = f(t)$를 관찰함으로써 $x \to 0$일 때 $y = f(1/x)$의 움직임을 관찰할 수 있다.

예제 6 극한 $\lim\limits_{x \to 0^+} x \left\lfloor \dfrac{1}{x} \right\rfloor$를 구하라.

풀이 $t = \dfrac{1}{x}$이라 하자. 그러면

$$\lim_{x \to 0^+} x \left\lfloor \frac{1}{x} \right\rfloor = \lim_{t \to \infty} \frac{1}{t} \lfloor t \rfloor$$

이다. 그림 1.55의 그래프에서 보는 것처럼, $t - 1 \le \lfloor t \rfloor \le t$임을 알 수 있다. 따라서

$$1 - \frac{1}{t} \le \frac{1}{t} \lfloor t \rfloor \le 1 \qquad \text{양변에 양수인 } \tfrac{1}{t} \text{을 곱한다.}$$

을 얻는다. 샌드위치 정리에 의해

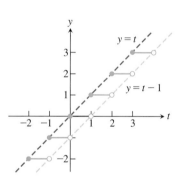

그림 1.55 $y = t - 1$과 $y = t$의 사이에 놓여 있는 최대정수함수 $y = \lfloor t \rfloor$의 그래프

$$\lim_{t \to \infty} \frac{1}{t} \lfloor t \rfloor = 1$$

이므로, 극한값은 1임을 알 수 있다. ■

샌드위치 정리는 $x \to \pm\infty$일 때의 극한에 대해서도 성립한다. x의 큰 값이 $x \to \infty$나 $x \to -\infty$일 때 구하려고 하는 극한을 가진 함수가 경계 함수 사이에 존재함을 통해 확인한다.

예제 7 샌드위치 정리를 이용하여 곡선

$$y = 2 + \frac{\sin x}{x}$$

의 수평 점근선을 구하라.

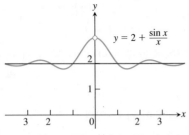

그림 1.56 곡선은 대단히 많은 자신의 점근선 중의 하나와 교차할 수 있다(예제 7).

풀이 우리는 $x \to \pm\infty$일 때 함수의 움직임에 관심이 있다.

$$0 \le \left| \frac{\sin x}{x} \right| \le \left| \frac{1}{x} \right|$$

이고, $\lim_{x \to \pm\infty} |1/x| = 0$이기 때문에, 샌드위치 정리에 의해서 $\lim_{x \to \pm\infty} (\sin x)/x = 0$을 갖는다. 따라서

$$\lim_{x \to \pm\infty} \left(2 + \frac{\sin x}{x} \right) = 2 + 0 = 2$$

이고, 직선 $y = 2$는 왼쪽과 오른쪽에서 곡선의 수평 점근선이다(그림 1.56).

이 예제는 곡선이 자신의 수평 점근선 중 하나와 무수히 많이 교차할 수도 있음을 보여준다. ■

예제 8 $\lim_{x \to \infty} \left(x - \sqrt{x^2 + 16} \right)$을 구하라.

풀이 x와 $\sqrt{x^2 + 16}$은 $x \to \infty$일 때 무한대에 접근한다. 그래서 극한에 있어서 차이가 일어나는 것이 불명확하다(기호 ∞는 실수(real number)를 나타내지 않기 때문에 ∞로부터 ∞를 뺄 수 없다). 이러한 상황에서는 동등한 대수적 결과를 얻기 위해서 공액근식 표현을 분자와 분모에 곱할 수 있다.

$$\lim_{x \to \infty} \left(x - \sqrt{x^2 + 16} \right) = \lim_{x \to \infty} \left(x - \sqrt{x^2 + 16} \right) \frac{x + \sqrt{x^2 + 16}}{x + \sqrt{x^2 + 16}}$$

$$= \lim_{x \to \infty} \frac{x^2 - (x^2 + 16)}{x + \sqrt{x^2 + 16}} = \lim_{x \to \infty} \frac{-16}{x + \sqrt{x^2 + 16}}$$

$x \to \infty$일 때 마지막 표현의 분모는 임의적으로 커진다. 그래서 극한은 0이다. 극한 공식을 이용하여 직접 계산하면 아래의 결과를 얻을 수 있다.

$$\lim_{x \to \infty} \frac{-16}{x + \sqrt{x^2 + 16}} = \lim_{x \to \infty} \frac{-\dfrac{16}{x}}{1 + \sqrt{\dfrac{x^2}{x^2} + \dfrac{16}{x^2}}} = \frac{0}{1 + \sqrt{1 + 0}} = 0$$

■

사선 점근선

만약 유리함수의 분자의 차수가 분모의 차수보다 크면 그래프는 **사선(경사진) 점근선 (oblique or slant line asymptote)**을 갖는다. 우리는 선형함수와 $x \to \pm\infty$일 때 0으로 가는 나머지를 더한 함수로 f를 표현하기 위해서 분모로 분자를 나누어서 점근선에 대한 방정식을 구한다.

예제 9 그림 1.57의 $f(x) = \dfrac{x^2 - 3}{2x - 4}$ 그래프의 사선 점근선을 구하라.

풀이 우리는 $x \to \pm\infty$일 때 움직임에 관심이 있다. $(x^2 - 3)$을 $(2x - 4)$로 나눈다.

$$
\begin{array}{r}
\frac{x}{2} + 1 \\
2x - 4 \overline{)\, x^2 - 3 } \\
\underline{x^2 - 2x } \\
2x - 3 \\
\underline{2x - 4 } \\
1
\end{array}
$$

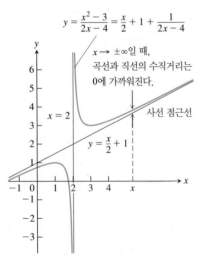

$$y = \frac{x^2 - 3}{2x - 4} = \frac{x}{2} + 1 + \frac{1}{2x - 4}$$

$x \to \pm\infty$일 때, 곡선과 직선의 수직거리는 0에 가까워진다.

$x = 2$

사선 점근선

$y = \dfrac{x}{2} + 1$

그림 1.57 예제 9에서 함수의 그래프는 1개의 사선 점근선을 갖는다.

이므로

$$f(x) = \frac{x^2 - 3}{2x - 4} = \underbrace{\left(\frac{x}{2} + 1\right)}_{\text{직선 } g(x)} + \underbrace{\left(\frac{1}{2x - 4}\right)}_{\text{나머지}}$$

이다.

$x \to \pm\infty$일 때, f와 g의 그래프 사이의 수직 거리인 나머지는 0으로 가고, 사선

$$g(x) = \frac{x}{2} + 1$$

은 f 그래프의 점근선이다(그림 1.57). 직선 $y = g(x)$는 오른쪽과 왼쪽의 점근선이다.   ■

예제 9에서 유리함수의 분자의 차수가 분모의 차수보다 더 크면 $|x|$가 커짐에 따라 극한은 $+\infty$ 또는 $-\infty$가 된다는 것을 확인할 수 있다. 이때 부호는 분자와 분모의 부호에 따라 결정된다.

무한극한

함수 $f(x) = 1/x$를 살펴보자. $x \to 0^+$일 때, f의 값은 한없이 커져서 마침내 모든 양의 실수를 뛰어 넘는다. 즉, 매우 큰 어떤 양의 실수 B보다 f의 값은 여전히 더 커져 간다 (그림 1.58). 따라서 $x \to 0^+$일 때 f는 극한을 갖지 않는다. 그럼에도 불구하고 편의상 f에 대하여 $x \to 0^+$일 때, $f(x)$는 ∞로 접근한다고 말하고 다음과 같이 나타낸다.

$$\lim_{x \to 0^+} f(x) = \lim_{x \to 0^+} \frac{1}{x} = \infty$$

식으로는 이렇게 쓰지만 극한이 존재한다고 하지 않으며, ∞는 실수가 아니기 때문에 실수 ∞가 존재한다고도 하지 않는다. 오히려 $x \to 0^+$일 때, $1/x$는 양이며 임의로 그 값이 커지기 때문에 $\lim_{x \to 0^+}(1/x)$는 존재하지 않음을 말해주는 아주 간결한 표현방법이다.

또한, $x \to 0^-$일 때, $f(x) = 1/x$의 값들은 음이며 임의로 작아진다. 즉, 임의의 음의 실수 $-B$에 대하여, f의 값은 $-B$보다 아래에 위치하며(그림 1.58) 이것을 다음과 같이 나타낸다.

$$\lim_{x \to 0^-} f(x) = \lim_{x \to 0^-} \frac{1}{x} = -\infty$$

다시 한번 더 설명하면, 이것은 수 $-\infty$가 가지는 극한이 존재한다는 의미가 아니다. 그리고 실수 $-\infty$는 없다. $x \to 0^-$일 때, $f(x) = 1/x$의 값이 음이며 임의로 작아지기 때문에 함수의 극한은 존재하지 않는다고 한다.

예제 10 $\lim\limits_{x \to 1^+} \dfrac{1}{x - 1}$와 $\lim\limits_{x \to 1^-} \dfrac{1}{x - 1}$을 구하라.

기하학적 풀이 $y = 1/(x-1)$의 그래프는 $y = 1/x$의 그래프를 오른쪽으로 1만큼 이동한 것이다(그림 1.59). 따라서 $y = 1/(x-1)$의 1 근방에서의 움직임은 $y = 1/x$의 0 근방에서의 움직임과 같다. 즉

$$\lim_{x \to 1^+} \frac{1}{x - 1} = \infty \quad \text{그리고} \quad \lim_{x \to 1^-} \frac{1}{x - 1} = -\infty$$

해석적 풀이 $x - 1$과 그 역수를 생각하자. $x \to 1^+$이면, $(x-1) \to 0^+$이고 $1/(x-1) \to \infty$이다. $x \to 1^-$이면, $(x-1) \to 0^-$이고 $1/(x-1) \to -\infty$이다.   ■

예제 11 $x \to 0$일 때 $f(x) = \dfrac{1}{x^2}$의 움직임을 설명하라.

풀이 x가 0의 양쪽으로부터 접근할 때, $1/x^2$의 값은 양이면서 임의로 커진다(그림 1.60).

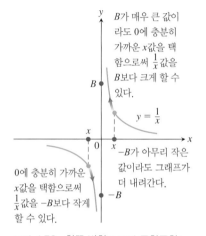

B가 매우 큰 값이라도 0에 충분히 가까운 x값을 택함으로써 $\frac{1}{x}$값을 B보다 크게 할 수 있다.

$y = \frac{1}{x}$

0에 충분히 가까운 x값을 택함으로써 $\frac{1}{x}$값을 $-B$보다 작게 할 수 있다.

$-B$가 아무리 작은 값이라도 그래프가 더 내려간다.

그림 1.58 한쪽 방향으로의 무한극한:
$$\lim_{x \to 0^+} \frac{1}{x} = \infty \text{와} \lim_{x \to 0^-} \frac{1}{x} = -\infty$$

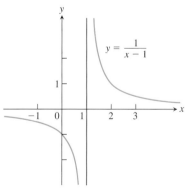

$y = \dfrac{1}{x - 1}$

그림 1.59 $x = 1$ 근방에서 함수 $y = 1/(x-1)$의 움직임은 $x = 0$ 근방에서 함수 $y = 1/x$의 움직임과 같다. 그래프 $y = 1/(x-1)$은 $y = 1/x$의 그래프를 오른쪽으로 1만큼 이동한 것이다(예제 10).

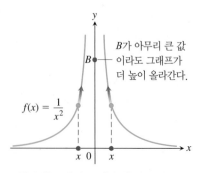

그림 1.60 예제 11에서 함수 그래프는 $x \to 0$이면 $f(x)$는 ∞에 접근한다.

즉,

$$\lim_{x \to 0} f(x) = \lim_{x \to 0} \frac{1}{x^2} = \infty$$

함수 $y = 1/x$는 $x \to 0$에 접근하는 방향에 따라 일치하지는 않는다. $x \to 0^+$이면 $1/x \to \infty$이나, $x \to 0^-$이면 $1/x \to -\infty$이다. 따라서 $\lim_{x \to 0} (1/x)$에 대하여 극한이 존재하지 않는다고 한다. 함수 $y = 1/x^2$은 다르다. x가 0의 어느 쪽으로부터 접근하더라도 함수의 값은 ∞로 접근하므로, $\lim_{x \to 0} (1/x^2) = \infty$라고 한다. ■

예제 12 이 예제는 유리함수의 분모가 0이 되는 점의 근방에서 다양한 방법으로 극한을 구할 수 있음을 설명한다.

(a) $\lim_{x \to 2} \frac{(x-2)^2}{x^2 - 4} = \lim_{x \to 2} \frac{(x-2)^2}{(x-2)(x+2)} = \lim_{x \to 2} \frac{x-2}{x+2} = 0$ 0이 되는 식을 소거한 뒤에 x에 2를 대입

(b) $\lim_{x \to 2} \frac{x-2}{x^2 - 4} = \lim_{x \to 2} \frac{x-2}{(x-2)(x+2)} = \lim_{x \to 2} \frac{1}{x+2} = \frac{1}{4}$ 0이 되는 식을 소거한 뒤에 x에 2를 대입

(c) $\lim_{x \to 2^+} \frac{x-3}{x^2 - 4} = \lim_{x \to 2^+} \frac{x-3}{(x-2)(x+2)} = -\infty$ 2 근방의 $x > 2$에서 값은 음수이다.

(d) $\lim_{x \to 2^-} \frac{x-3}{x^2 - 4} = \lim_{x \to 2^-} \frac{x-3}{(x-2)(x+2)} = \infty$ 2 근방의 $x < 2$에서 값은 양수이다.

(e) $\lim_{x \to 2} \frac{x-3}{x^2 - 4} = \lim_{x \to 2} \frac{x-3}{(x-2)(x+2)}$ 은 존재하지 않는다. 좌극한과 우극한이 다르다.

(f) $\lim_{x \to 2} \frac{2-x}{(x-2)^3} = \lim_{x \to 2} \frac{-(x-2)}{(x-2)^3} = \lim_{x \to 2} \frac{-1}{(x-2)^2} = -\infty$ 분모는 양. $x = 2$ 근방에서 분자는 음.

(a)와 (b)에서 $x = 2$일 때 분모가 0이지만 분자도 역시 0이 되므로 공통인수는 서로 약분된다. 따라서 유한극한이 존재한다. (f)에서는 공통인수가 약분된 후에도 분모가 0이 되어 극한이 존재하지 않는다. ■

예제 13 $\lim_{x \to -\infty} \frac{2x^5 - 6x^4 + 1}{3x^2 + x - 7}$을 구하라.

풀이 $x \to -\infty$일 때 유리함수의 극한값을 구하기 위해, 분모의 최고차 항인 x^2으로 분모와 분자를 나누어 보자.

$$\lim_{x \to -\infty} \frac{2x^5 - 6x^4 + 1}{3x^2 + x - 7} = \lim_{x \to -\infty} \frac{2x^3 - 6x^2 + x^{-2}}{3 + x^{-1} - 7x^{-2}}$$

$$= \lim_{x \to -\infty} \frac{2x^2(x-3) + x^{-2}}{3 + x^{-1} - 7x^{-2}}$$

$$= -\infty, \qquad x^{-n} \to 0, \ x - 3 \to -\infty$$

$x \to -\infty$일 때, 분모는 3으로 가까이 가는데, 분자는 $-\infty$로 접근하기 때문이다. ■

무한극한의 엄밀한 정의

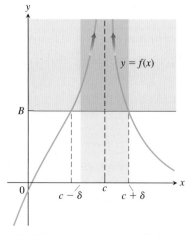

그림 1.61 $c - \delta < x < c + \delta$에 대하여, $f(x)$의 그래프는 직선 $y = B$ 위에 놓여 있다.

c에 충분히 가까운 모든 x에 대하여 유한 수 L에 임의로 가깝게 놓여지는 $f(x)$를 요구하는 대신에, 무한극한의 정의는 원점으로부터 임의로 멀리 떨어지는 $f(x)$를 요구한다. 이러한 차이점을 제외하고, 앞에서 학습한 것과 동일한 의미를 가진다. 그림 1.61과 1.62는 이러한 정의를 설명한다.

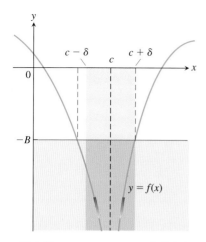

그림 1.62 $c - \delta < x < c + \delta$에 대하여, $f(x)$의 그래프는 직선 $y = -B$ 아래에 놓여 있다.

정의

1. 임의의 양수 B에 대하여,

$$0 < |x - c| < \delta \quad \Rightarrow \quad f(x) > B$$

를 만족하는 $\delta > 0$이 존재하면, 함수 $f(x)$는 x가 c에 접근할 때 ∞로 **접근한다**고 하며,

$$\lim_{x \to c} f(x) = \infty$$

로 나타낸다.

2. 임의의 음수 $-B$에 대하여,

$$0 < |x - c| < \delta \quad \Rightarrow \quad f(x) < -B$$

를 만족하는 $\delta > 0$이 존재하면, 함수 $f(x)$는 x가 c에 접근할 때 $-\infty$로 **접근한다**고 하며,

$$\lim_{x \to c} f(x) = -\infty$$

로 나타낸다.

c에서 한쪽 방향으로의 무한극한의 엄밀한 정의도 유사하며 연습문제에서 설명한다.

예제 14 $\lim\limits_{x \to 0} \dfrac{1}{x^2} = \infty$를 증명하라.

풀이 주어진 $B > 0$에 대하여, $0 < |x - 0| < \delta$이면 $\dfrac{1}{x^2} > B$를 만족하는 $\delta > 0$을 찾는다.

$$\frac{1}{x^2} > B \quad \Leftrightarrow \quad x^2 < \frac{1}{B}$$

즉,

$$|x| < \frac{1}{\sqrt{B}}$$

이다. 따라서 $\delta = 1/\sqrt{B}$(또는 어떤 더 작은 양의 수)를 택하면

$$|x| < \delta \quad \Rightarrow \quad \frac{1}{x^2} > \frac{1}{\delta^2} \geq B$$

를 만족한다. 그러므로 정의에 의해

$$\lim_{x \to 0} \frac{1}{x^2} = \infty$$

이다. ∎

수직 점근선

$f(x) = 1/x$의 그래프 위의 점과 y축 사이의 거리는 그래프 위의 점이 그래프를 따라 수직으로 움직이면서 원점으로부터 멀어짐에 따라 0으로 접근함에 주목하자(그림 1.63). 이것은 다음 극한으로부터 알 수 있다.

$$\lim_{x \to 0^+} \frac{1}{x} = \infty \quad \text{그리고} \quad \lim_{x \to 0^-} \frac{1}{x} = -\infty$$

직선 $x = 0$(y축)을 $f(x) = 1/x$ 그래프의 수직 점근선이라고 한다. $x = 0$에서 분모값은 0을 가지고 함수는 정의되지 않음에 주목하라.

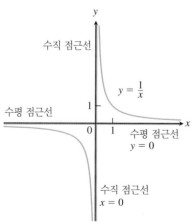

그림 1.63 좌표축들은 쌍곡선 $y = 1/x$의 양쪽 부분에 점근선이다.

정의 $\lim\limits_{x \to a^+} f(x) = \pm\infty$ 또는 $\lim\limits_{x \to a^-} f(x) = \pm\infty$ 중 어느 하나가 성립하면, 직선 $x = a$를 함수 $y = f(x)$ 그래프의 **수직 점근선(vertical asymptote)**이라고 한다.

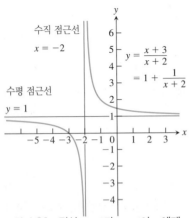

그림 1.64 직선 $y=1$과 $x=-2$는 예제 15에서 곡선의 점근선이다.

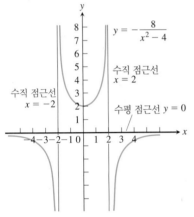

그림 1.65 예제 16에서 함수의 그래프. 곡선은 단지 한쪽 방향에서 x축에 접근하는 것에 주목하라. 점근선은 양쪽 방향일 필요는 없다.

예제 15 곡선 $y = \dfrac{x+3}{x+2}$의 수평 점근선과 수직 점근선을 구하라.

풀이 $x \to \pm\infty$와 분모의 값이 0이 되는 $x \to -2$에서 함수의 움직임을 보자. $(x+2)$로 $(x+3)$을 나누어 유리함수를 나머지를 가진 다항식으로 표현하면 점근선이 쉽게 보인다.

$$
\begin{array}{r}
1 \\
x+2\,\overline{)\,x+3} \\
\underline{x+2} \\
1
\end{array}
$$

즉, 주어진 함수는 다음과 같이 쓸 수 있다.

$$y = 1 + \frac{1}{x+2}$$

$x \to \pm\infty$일 때 곡선은 수평 점근선 $y=1$에 가까이 가고, $x \to -2$일 때 곡선은 수직 점근선 $x=-2$에 가까이 간다.

주어진 곡선은 $f(x)=1/x$의 그래프를 위로 1만큼, 왼쪽으로 2만큼 이동한 것이다(그림 1.64). 따라서 점근선은 직선 $y=1$과 $x=-2$이다. ∎

예제 16 $f(x) = -\dfrac{8}{x^2-4}$의 그래프의 수평 점근선과 수직 점근선을 구하라.

풀이 $x \to \pm\infty$와 분모의 값이 0이 되는 $x \to \pm2$에서 함수의 움직임을 보자. f는 x의 우함수이므로 그래프는 y축에 대하여 대칭이다.

(a) $x \to \pm\infty$에 따라 함수의 움직임: $\lim\limits_{x\to\infty} f(x)=0$이므로, 직선 $y=0$은 오른쪽 방향에서 그래프의 수평 점근선이다. 대칭성에 의하여 왼쪽 방향에서도 마찬가지로 점근선이다(그림 1.65). 곡선이 음의 방향으로부터 (또는 아래 방향으로부터) x축으로 접근함에 유의하자.

(b) $x \to \pm2$에 따라 함수의 움직임: $\lim\limits_{x\to 2^+} f(x) = -\infty$와 $\lim\limits_{x\to 2^-} f(x) = \infty$이므로, 직선 $x=2$는 오른쪽, 왼쪽 양쪽 방향으로부터 수직 점근선이다. 또한 대칭성에 의하여 직선 $x=-2$에 대해서도 같은 사실이 성립한다. f가 다른 모든 점에서 유한인 극한을 가지므로 다른 점근선은 없다. ∎

예제 17 두 곡선 $y = \sec x = \dfrac{1}{\cos x}$과 $y = \tan x = \dfrac{\sin x}{\cos x}$는 $\cos x=0$인 점, 즉 $\pi/2$의 홀수의 정수배에서 수직 점근선을 갖는다(그림 1.66).

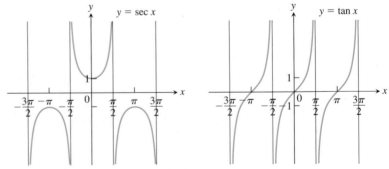

그림 1.66 $\sec x$와 $\tan x$의 그래프는 무수히 많은 수직 점근선을 갖는다(예제 17). ∎

우세한 항

예제 9에서 나눗셈에 의해서 함수

$$f(x) = \frac{x^2-3}{2x-4}$$

를 선형함수에 나머지 항을 더하여 나타낼 수 있었다.

$$f(x) = \left(\frac{x}{2} + 1\right) + \left(\frac{1}{2x - 4}\right)$$

이 결과로 다음과 같은 사실을 알 수 있다.

$$f(x) \approx \frac{x}{2} + 1 \qquad |x|\text{이 큰 값에 대하여 } \frac{1}{2x - 4}\text{은 거의 0이다.}$$

$$f(x) \approx \frac{1}{2x - 4} \qquad 2 \text{ 근처의 } x\text{에 대하여 이 항의 절댓값은 아주 크다.}$$

만약 f가 어떻게 움직이는지를 알고 싶다면, 이것이 찾는 방법이다. $|x|$가 매우 크고, f의 전체 값에 대한 $1/(2x-4)$의 기여가 중요하지 않을 때 $y = (x/2) + 1$과 같이 움직인다. x가 2에 아주 가까워서 $1/(2x-4)$가 우세한 기여를 한다면 $1/(2x-4)$와 같이 움직인다.

$x \to \pm\infty$일 때 $(x/2) + 1$이 **우세**하고, x가 2 근처에 있을 때 $1/(2x-4)$이 **우세**하다. 이와 같이 **우세한 항(dominant terms)**은 함수의 움직임을 예측하는 데 도움을 준다.

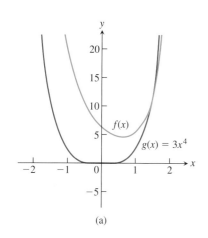

예제 18   두 함수 $f(x) = 3x^4 - 2x^3 + 3x^2 - 5x + 6$, $g(x) = 3x^4$이라 하자. 비록 절댓값이 작은 x의 값에 대하여 f와 g는 아주 다를지라도, $x \to \infty$ 또는 $x \to -\infty$일 때 두 함수의 비가 1이 되는, 즉 매우 큰 수 $|x|$에 대해서는 두 함수가 거의 비슷함을 보이라.

풀이 f와 g의 그래프는 원점 가까이에서 아주 다르게 변하지만(그림 1.67 (a)) 점점 더 큰 단위에서는 실제적으로 일치하게 나타난다(그림 1.67 (b)).

f에 있는 항 $3x^4$은 g에 의해서 그래프로 표현되었듯이, 큰 x에 대하여 $x \to \pm\infty$일 때 두 함수의 비를 조사함으로써 다항식 f를 지배함을 보일 수 있다.

$$\lim_{x \to \pm\infty} \frac{f(x)}{g(x)} = \lim_{x \to \pm\infty} \frac{3x^4 - 2x^3 + 3x^2 - 5x + 6}{3x^4}$$

$$= \lim_{x \to \pm\infty} \left(1 - \frac{2}{3x} + \frac{1}{x^2} - \frac{5}{3x^3} + \frac{2}{x^4}\right)$$

$$= 1$$

이것은 큰 $|x|$에 대하여 f와 g는 거의 일치함을 보여준다.   ■

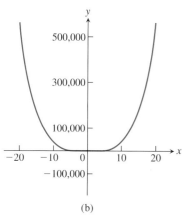

그림 1.67 f와 g의 그래프, (a) 작은 $|x|$ 값에 대하여 f와 g는 다르고, (b) 매우 큰 수 $|x|$에 대하여 f와 g는 거의 일치한다 (예제 18).

연습문제 1.6

극한 구하기

1. 그래프로 주어진 함수 f에 대해, 다음 극한을 결정하라.

  a. $\lim_{x \to 2} f(x)$　　**b.** $\lim_{x \to -3^+} f(x)$　　**c.** $\lim_{x \to -3^-} f(x)$

  d. $\lim_{x \to -3} f(x)$　　**e.** $\lim_{x \to 0^+} f(x)$　　**f.** $\lim_{x \to 0^-} f(x)$

  g. $\lim_{x \to 0} f(x)$　　**h.** $\lim_{x \to \infty} f(x)$　　**i.** $\lim_{x \to -\infty} f(x)$

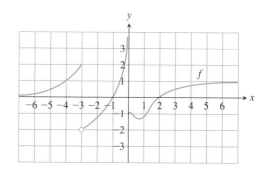

2. 그래프로 주어진 함수 f에 대해, 다음 극한을 결정하라.

  a. $\lim_{x \to 4} f(x)$　　**b.** $\lim_{x \to 2^+} f(x)$　　**c.** $\lim_{x \to 2^-} f(x)$

  d. $\lim_{x \to 2} f(x)$　　**e.** $\lim_{x \to -3^+} f(x)$　　**f.** $\lim_{x \to -3^-} f(x)$

g. $\lim\limits_{x \to -3} f(x)$ **h.** $\lim\limits_{x \to 0^+} f(x)$ **i.** $\lim\limits_{x \to 0^-} f(x)$

j. $\lim\limits_{x \to 0} f(x)$ **k.** $\lim\limits_{x \to \infty} f(x)$ **l.** $\lim\limits_{x \to -\infty} f(x)$

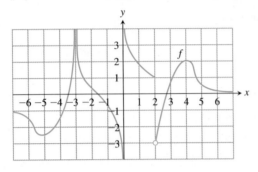

연습문제 3~8에서 **(a)** $x \to \infty$ **(b)** $x \to -\infty$일 때 각각의 극한을 구하라(그림을 그릴 수 있는 계산기와 컴퓨터를 이용하여 답을 시각화할 수 있다).

3. $f(x) = \dfrac{2}{x} - 3$ **4.** $f(x) = \pi - \dfrac{2}{x^2}$

5. $g(x) = \dfrac{1}{2 + (1/x)}$ **6.** $g(x) = \dfrac{1}{8 - (5/x^2)}$

7. $h(x) = \dfrac{-5 + (7/x)}{3 - (1/x^2)}$ **8.** $h(x) = \dfrac{3 - (2/x)}{4 + (\sqrt{2}/x^2)}$

연습문제 9~12에서 다음 극한을 구하라.

9. $\lim\limits_{x \to \infty} \dfrac{\sin 2x}{x}$ **10.** $\lim\limits_{\theta \to -\infty} \dfrac{\cos \theta}{3\theta}$

11. $\lim\limits_{t \to -\infty} \dfrac{2 - t + \sin t}{t + \cos t}$ **12.** $\lim\limits_{r \to \infty} \dfrac{r + \sin r}{2r + 7 - 5\sin r}$

유리함수의 극한

연습문제 13~22에서 **(a)** $x \to \infty$ **(b)** $x \to -\infty$일 때 각각의 유리함수의 극한을 구하라.

13. $f(x) = \dfrac{2x + 3}{5x + 7}$ **14.** $f(x) = \dfrac{2x^3 + 7}{x^3 - x^2 + x + 7}$

15. $f(x) = \dfrac{x + 1}{x^2 + 3}$ **16.** $f(x) = \dfrac{3x + 7}{x^2 - 2}$

17. $h(x) = \dfrac{7x^3}{x^3 - 3x^2 + 6x}$ **18.** $h(x) = \dfrac{9x^4 + x}{2x^4 + 5x^2 - x + 6}$

19. $g(x) = \dfrac{10x^5 + x^4 + 31}{x^6}$ **20.** $g(x) = \dfrac{x^3 + 7x^2 - 2}{x^2 - x + 1}$

21. $f(x) = \dfrac{3x^7 + 5x^2 - 1}{6x^3 - 7x + 3}$ **22.** $h(x) = \dfrac{5x^8 - 2x^3 + 9}{3 + x - 4x^5}$

$x \to \infty$ 또는 $x \to -\infty$일 때 극한

연습문제 23~36에서 유리함수의 극한을 구할 때 x의 비정수 또는 음의 멱을 포함하는 경우에도 비를 같은 방법으로 적용한다. 즉, 분모에 있는 x의 최고 차수로 분모와 분자를 나누는 것부터 시작한다. 다음 극한을 구하라.

23. $\lim\limits_{x \to \infty} \sqrt{\dfrac{8x^2 - 3}{2x^2 + x}}$ **24.** $\lim\limits_{x \to -\infty} \left(\dfrac{x^2 + x - 1}{8x^2 - 3}\right)^{1/3}$

25. $\lim\limits_{x \to -\infty} \left(\dfrac{1 - x^3}{x^2 + 7x}\right)^5$ **26.** $\lim\limits_{x \to \infty} \sqrt{\dfrac{x^2 - 5x}{x^3 + x - 2}}$

27. $\lim\limits_{x \to \infty} \dfrac{2\sqrt{x} + x^{-1}}{3x - 7}$ **28.** $\lim\limits_{x \to \infty} \dfrac{2 + \sqrt{x}}{2 - \sqrt{x}}$

29. $\lim\limits_{x \to -\infty} \dfrac{\sqrt[3]{x} - \sqrt[5]{x}}{\sqrt[3]{x} + \sqrt[5]{x}}$ **30.** $\lim\limits_{x \to \infty} \dfrac{x^{-1} + x^{-4}}{x^{-2} - x^{-3}}$

31. $\lim\limits_{x \to \infty} \dfrac{2x^{5/3} - x^{1/3} + 7}{x^{8/5} + 3x + \sqrt{x}}$ **32.** $\lim\limits_{x \to -\infty} \dfrac{\sqrt[3]{x} - 5x + 3}{2x + x^{2/3} - 4}$

33. $\lim\limits_{x \to \infty} \dfrac{\sqrt{x^2 + 1}}{x + 1}$ **34.** $\lim\limits_{x \to -\infty} \dfrac{\sqrt{x^2 + 1}}{x + 1}$

35. $\lim\limits_{x \to \infty} \dfrac{x - 3}{\sqrt{4x^2 + 25}}$ **36.** $\lim\limits_{x \to -\infty} \dfrac{4 - 3x^3}{\sqrt{x^6 + 9}}$

무한극한

연습문제 37~48에서 극한을 구하라.

37. $\lim\limits_{x \to 0^+} \dfrac{1}{3x}$ **38.** $\lim\limits_{x \to 0^-} \dfrac{5}{2x}$

39. $\lim\limits_{x \to 2^-} \dfrac{3}{x - 2}$ **40.** $\lim\limits_{x \to 3^+} \dfrac{1}{x - 3}$

41. $\lim\limits_{x \to -8^+} \dfrac{2x}{x + 8}$ **42.** $\lim\limits_{x \to -5^-} \dfrac{3x}{2x + 10}$

43. $\lim\limits_{x \to 7} \dfrac{4}{(x - 7)^2}$ **44.** $\lim\limits_{x \to 0} \dfrac{-1}{x^2(x + 1)}$

45. a. $\lim\limits_{x \to 0^+} \dfrac{2}{3x^{1/3}}$ **b.** $\lim\limits_{x \to 0^-} \dfrac{2}{3x^{1/3}}$

46. a. $\lim\limits_{x \to 0^+} \dfrac{2}{x^{1/5}}$ **b.** $\lim\limits_{x \to 0^-} \dfrac{2}{x^{1/5}}$

47. $\lim\limits_{x \to 0} \dfrac{4}{x^{2/5}}$ **48.** $\lim\limits_{x \to 0} \dfrac{1}{x^{2/3}}$

연습문제 49~52에서 극한을 구하라.

49. $\lim\limits_{x \to (\pi/2)^-} \tan x$ **50.** $\lim\limits_{x \to (-\pi/2)^+} \sec x$

51. $\lim\limits_{\theta \to 0} (1 + \csc \theta)$ **52.** $\lim\limits_{\theta \to 0} (2 - \cot \theta)$

연습문제 53~58에서 극한을 구하라.

53. $\lim \dfrac{1}{x^2 - 4}$:

　a. $x \to 2^+$ **b.** $x \to 2^-$

　c. $x \to -2^+$ **d.** $x \to -2^-$

54. $\lim \dfrac{x}{x^2 - 1}$:

　a. $x \to 1^+$ **b.** $x \to 1^-$

　c. $x \to -1^+$ **d.** $x \to -1^-$

55. $\lim \left(\dfrac{x^2}{2} - \dfrac{1}{x}\right)$:

　a. $x \to 0^+$ **b.** $x \to 0^-$

　c. $x \to \sqrt[3]{2}$ **d.** $x \to -1$

56. $\lim \dfrac{x^2 - 1}{2x + 4}$:

　a. $x \to -2^+$ **b.** $x \to -2^-$

　c. $x \to 1^+$ **d.** $x \to 0^-$

57. $\lim \dfrac{x^2 - 3x + 2}{x^3 - 2x^2}$:

　a. $x \to 0^+$ **b.** $x \to 2^+$

　c. $x \to 2^-$ **d.** $x \to 2$

　e. $x \to 0$일 때 극한이 존재하면 극한은 무엇인가?

58. $\lim \dfrac{x^2 - 3x + 2}{x^3 - 4x}$:

    a. $x \to 2^+$ **b.** $x \to -2^+$

    c. $x \to 0^-$ **d.** $x \to 1^+$

    e. $x \to 0$일 때 극한이 존재하면 극한은 무엇인가?

연습문제 59~62에서 극한을 구하라.

59. $\lim\left(2 - \dfrac{3}{t^{1/3}}\right)$:

    a. $t \to 0^+$ **b.** $t \to 0^-$

60. $\lim\left(\dfrac{1}{t^{3/5}} + 7\right)$:

    a. $t \to 0^+$ **b.** $t \to 0^-$

61. $\lim\left(\dfrac{1}{x^{2/3}} + \dfrac{2}{(x - 1)^{2/3}}\right)$:

    a. $x \to 0^+$ **b.** $x \to 0^-$

    c. $x \to 1^+$ **d.** $x \to 1^-$

62. $\lim\left(\dfrac{1}{x^{1/3}} - \dfrac{1}{(x - 1)^{4/3}}\right)$:

    a. $x \to 0^+$ **b.** $x \to 0^-$

    c. $x \to 1^+$ **d.** $x \to 1^-$

간단한 유리함수의 그래프

연습문제 63~68에서 유리함수의 그래프를 그리고, 그래프에 점근선의 방정식과 우세 항을 포함시키라.

63. $y = \dfrac{1}{x - 1}$ **64.** $y = \dfrac{1}{x + 1}$

65. $y = \dfrac{1}{2x + 4}$ **66.** $y = \dfrac{-3}{x - 3}$

67. $y = \dfrac{x + 3}{x + 2}$ **68.** $y = \dfrac{2x}{x + 1}$

정의역, 치역, 점근선

연습문제 69~72에서 각 함수의 정의역과 치역을 결정하라. 여러 가지 극한을 사용하여 점근선과 치역을 구하라.

69. $y = 4 + \dfrac{3x^2}{x^2 + 1}$ **70.** $y = \dfrac{2x}{x^2 - 1}$

71. $y = \dfrac{\sqrt{x^2 + 4}}{x}$ **72.** $y = \dfrac{x^3}{x^3 - 8}$

그래프와 함수 그리기

연습문제 73~76에서 주어진 조건을 만족하는 함수 $y = f(x)$의 그래프의 개형을 그리라. 공식은 필요없다 (좌표축과 대략적인 형태) (답은 유일하지 않다. 따라서 그래프는 정답에 있는 그림과 정확하게 같지 않을 수 있다.)

73. $f(0) = 0$, $f(1) = 2$, $f(-1) = -2$, $\lim\limits_{x \to -\infty} f(x) = -1$

    $\lim\limits_{x \to \infty} f(x) = 1$

74. $f(0) = 0$, $\lim\limits_{x \to \pm\infty} f(x) = 0$, $\lim\limits_{x \to 0^+} f(x) = 2$

    $\lim\limits_{x \to 0^-} f(x) = -2$

75. $f(0) = 0$, $\lim\limits_{x \to \pm\infty} f(x) = 0$, $\lim\limits_{x \to 1^-} f(x) = \lim\limits_{x \to -1^+} f(x) = \infty$,

    $\lim\limits_{x \to 1^+} f(x) = -\infty$, $\lim\limits_{x \to -1^-} f(x) = -\infty$

76. $f(2) = 1$, $f(-1) = 0$, $\lim\limits_{x \to \infty} f(x) = 0$, $\lim\limits_{x \to 0^+} f(x) = \infty$,

    $\lim\limits_{x \to 0^-} f(x) = -\infty$, $\lim\limits_{x \to -\infty} f(x) = 1$

연습문제 77~80에서 주어진 조건을 만족하는 함수를 구하고, 그래프의 개형을 그리라. (답은 유일하지 않으며 주어진 조건을 만족하기만 하면 된다. 도움이 된다면 자유롭게 공식을 이용하라.)

77. $\lim\limits_{x \to \pm\infty} f(x) = 0$, $\lim\limits_{x \to 2^-} f(x) = \infty$, and $\lim\limits_{x \to 2^+} f(x) = \infty$

78. $\lim\limits_{x \to \pm\infty} g(x) = 0$, $\lim\limits_{x \to 3^-} g(x) = -\infty$, and $\lim\limits_{x \to 3^+} g(x) = \infty$

79. $\lim\limits_{x \to -\infty} h(x) = -1$, $\lim\limits_{x \to \infty} h(x) = 1$, $\lim\limits_{x \to 0^-} h(x) = -1$, and

    $\lim\limits_{x \to 0^+} h(x) = 1$

80. $\lim\limits_{x \to \pm\infty} k(x) = 1$, $\lim\limits_{x \to 1^-} k(x) = \infty$, and $\lim\limits_{x \to 1^+} k(x) = -\infty$

81. $f(x)$와 $g(x)$는 x에 관한 다항식이고 $\lim\limits_{x \to \infty} (f(x)/g(x)) = 2$이다. $\lim\limits_{x \to -\infty} f(x)/g(x)$에 대하여 어떤 사실을 말할 수 있는가? 그 이유를 설명하라.

82. $f(x)$와 $g(x)$는 x에 관한 다항식이다. 만약 $g(x) \neq 0$이면 $f(x)/g(x)$의 그래프는 점근선을 가질 수 있는가? 그 이유를 설명하라.

83. 주어진 유리함수의 그래프는 얼마나 많은 수평 점근선을 가질 수 있는가? 그 이유를 설명하라.

$x \to \pm\infty$일 때 차의 극한 구하기

연습문제 84~90에서 극한을 구하라.

84. $\lim\limits_{x \to \infty} \left(\sqrt{x + 9} - \sqrt{x + 4}\right)$

85. $\lim\limits_{x \to \infty} \left(\sqrt{x^2 + 25} - \sqrt{x^2 - 1}\right)$

86. $\lim\limits_{x \to -\infty} \left(\sqrt{x^2 + 3} + x\right)$

87. $\lim\limits_{x \to -\infty} \left(2x + \sqrt{4x^2 + 3x - 2}\right)$

88. $\lim\limits_{x \to \infty} \left(\sqrt{9x^2 - x} - 3x\right)$

89. $\lim\limits_{x \to \infty} \left(\sqrt{x^2 + 3x} - \sqrt{x^2 - 2x}\right)$

90. $\lim\limits_{x \to \infty} \left(\sqrt{x^2 + x} - \sqrt{x^2 - x}\right)$

엄밀한 정의 이용

연습문제 91과 92에서 $x \to \pm\infty$일 때 극한의 정의를 이용하여 아래 극한을 보이라.

91. f가 상수함수 $f(x) = k$이면 $\lim\limits_{x \to \infty} f(x) = k$이다.

92. f가 상수함수 $f(x) = k$이면 $\lim\limits_{x \to -\infty} f(x) = k$이다.

연습문제 93~96에서 엄밀한 정의를 이용하여 다음 등식을 증명하라.

93. $\lim\limits_{x \to 0} \dfrac{-1}{x^2} = -\infty$ **94.** $\lim\limits_{x \to 0} \dfrac{1}{|x|} = \infty$

95. $\lim\limits_{x \to 3} \dfrac{-2}{(x - 3)^2} = -\infty$ **96.** $\lim\limits_{x \to -5} \dfrac{1}{(x + 5)^2} = \infty$

97. 다음은 **오른쪽** 방향으로의 **무한 극한**의 정의이다.

> 구간 (c, d)가 함수 f의 정의역 내에 있다고 가정하자. 임의의 양수 B에 대하여,

$$c < x < c + \delta \quad \Rightarrow \quad f(x) > B$$

를 만족하는 $\delta > 0$이 존재하면, 함수 $f(x)$는 x가 c의 오른쪽으로부터 접근할 때 ∞로 접근한다고 하며,

$$\lim_{x \to c^+} f(x) = \infty$$

로 나타낸다.

다음 경우에 대하여 정의를 말하라.

a. $\displaystyle\lim_{x \to c^-} f(x) = \infty$ **b.** $\displaystyle\lim_{x \to c^+} f(x) = -\infty$

c. $\displaystyle\lim_{x \to c^-} f(x) = -\infty$

연습문제 98~102에서 연습문제 97의 엄밀한 정의를 이용하여 다음 극한을 증명하라.

98. $\displaystyle\lim_{x \to 0^+} \frac{1}{x} = \infty$ **99.** $\displaystyle\lim_{x \to 0^-} \frac{1}{x} = -\infty$

100. $\displaystyle\lim_{x \to 2^-} \frac{1}{x-2} = -\infty$ **101.** $\displaystyle\lim_{x \to 2^+} \frac{1}{x-2} = \infty$

102. $\displaystyle\lim_{x \to 1^-} \frac{1}{1-x^2} = \infty$

사선 점근선

연습문제 103~108에서 점근선의 그래프와 방정식을 포함하여 유리 함수를 그리라.

103. $y = \dfrac{x^2}{x-1}$ **104.** $y = \dfrac{x^2+1}{x-1}$

105. $y = \dfrac{x^2-4}{x-1}$ **106.** $y = \dfrac{x^2-1}{2x+4}$

107. $y = \dfrac{x^2-1}{x}$ **108.** $y = \dfrac{x^3+1}{x^2}$

추가적인 그래프 연습

T 연습문제 109~112에서 다음 곡선의 그래프를 그리라. 곡선의 식과 직접 보는 것과의 관계를 설명하라.

109. $y = \dfrac{x}{\sqrt{4-x^2}}$ **110.** $y = \dfrac{-1}{\sqrt{4-x^2}}$

111. $y = x^{2/3} + \dfrac{1}{x^{1/3}}$ **112.** $y = \sin\left(\dfrac{\pi}{x^2+1}\right)$

T 연습문제 113과 114에서 다음 함수의 그래프를 그리고 질문에 답하라. 또한 그 이유를 설명하라.

a. $x \to 0^+$일 때 그래프는 어떻게 변하는가?

b. $x \to \pm\infty$일 때 그래프는 어떻게 변하는가?

c. $x=1$과 $x=-1$에서 그래프는 어떻게 변하는가?

113. $y = \dfrac{3}{2}\left(x - \dfrac{1}{x}\right)^{2/3}$ **114.** $y = \dfrac{3}{2}\left(\dfrac{x}{x-1}\right)^{2/3}$

1장 복습문제

1. $t=a$부터 $t=b$까지 구간 위에서 함수 $g(t)$의 평균변화율은 무엇인가? 그것은 할선과 어떤 관련이 있는가?

2. $t=t_0$에서 함수 $g(t)$의 변화율을 구하기 위하여 어떤 극한이 계산 되어야 하는가?

3. 극한 $\displaystyle\lim_{x \to c} f(x) = L$의 비공식적 또는 직관적 정의는 무엇인가? 왜 정의가 비공식적인가? 보기를 들라.

4. x가 c로 가까이 접근할 때 함수 $f(x)$의 극한값과 극한의 존재가 $x=c$에서 함숫값이 무엇인가에 영향을 미치는가? 설명을 하고 예를 들라.

5. 극한이 존재하지 않는 함수는 어떤 상태가 일어나는가? 예를 들라.

6. 극한을 구하기 위하여 무슨 정리가 유용한가? 정리가 어떻게 이용되는지 예를 들라.

7. 한쪽 극한은 극한과 어떤 관계를 갖는가? 이러한 연관성이 때때로 극한을 구하는 데 어떻게 이용되는지 또는 관계가 없는지 증명하라. 예를 들라.

8. $\displaystyle\lim_{\theta \to 0}((\sin\theta)/\theta)$의 값은 무엇인가? θ가 도나 라디안에 따라 결과에 영향이 미치는가? 그 이유를 설명하라.

9. $\displaystyle\lim_{x \to c} f(x) = L$은 정확하게 무엇을 의미하는가? 극한의 엄밀한 정의에서 주어진 f, L, c와 $\varepsilon > 0$에 대하여 $\delta > 0$을 구하는 예를 들라.

10. 다음 명제를 정확히 정의하라.

a. $\displaystyle\lim_{x \to 2^-} f(x) = 5$ **b.** $\displaystyle\lim_{x \to 2^+} f(x) = 5$

c. $\displaystyle\lim_{x \to 2} f(x) = \infty$ **d.** $\displaystyle\lim_{x \to 2} f(x) = -\infty$

11. 함수가 정의역의 내부점에서 연속이 되기 위해서는 어떤 조건을 만족해야 하는가? 그리고 끝점에서는?

12. 함수의 그래프를 보고 함수가 어디에서 연속이라는 것을 어떻게 말하는가?

13. 한 점에서 함수가 오른쪽으로부터 연속이라는 것은 무엇을 의미하는가? 왼쪽으로부터 연속은? 연속성과 한쪽 방향으로부터 연속은 어떤 관계가 있는가?

14. 함수가 연속이다는 것은 무엇을 의미하는가? 모든 정의역에서 연속이 아닌 함수가 정의역 내의 선택된 구간에서는 연속일 수 있는 사실을 예를 들어 설명하라.

15. 불연속성의 기본 형태들은 무엇인가? 각각의 예를 들라. 제거 가능한 불연속성은 무엇인가? 예를 들라.

16. 함수가 중간값 성질을 만족한다는 것은 무엇을 의미하는가? 어떤 조건들에서 함수가 주어진 구간에서 이와 같은 성질을 만족하는가? 방정식 $f(x)=0$의 그래프를 그리거나 해를 구하기 위한 결론은 무엇인가?

17. 어떤 상황에서 함수 $f(x)$를 점 $x=c$에서 연속이 되게 확대할 수 있는가? 예를 들라.

18. $\displaystyle\lim_{x \to \infty} f(x) = L$과 $\displaystyle\lim_{x \to -\infty} f(x) = L$은 정확하게 무엇을 의미하는가? 예를 들라.

19. $\lim\limits_{x\to\pm\infty} k$ (k는 상수)와 $\lim\limits_{x\to\pm\infty}(1/x)$는 무엇인가? 이러한 결과를 다른 함수에도 확대할 수 있는가? 예를 들라.

20. $x\to\pm\infty$에 따라 유리함수의 극한을 어떻게 구하는가? 예를

들라.

21. 수평 점근선, 수직 점근선 그리고 사선 점근선은 무엇인가? 예를 들라.

1장 종합문제

극한과 연속

1. 함수 $f(x)$의 그래프를 그리라. 그리고 $x=-1$, 0과 1에서 함수에 대하여 극한, 한쪽 극한, 연속성과 한쪽 연속성을 자세히 토의하라. 제거 가능한 불연속점이 있는가? 그 이유를 설명하라.

$$f(x)=\begin{cases} 1, & x\le -1 \\ -x, & -1<x<0 \\ 1, & x=0 \\ -x, & 0<x<1 \\ 1, & x\ge 1 \end{cases}$$

2. 함수 $f(x)$에 대하여 종합문제 1과 같이 답하라.

$$f(x)=\begin{cases} 0, & x\le -1 \\ 1/x, & 0<|x|<1 \\ 0, & x=1 \\ 1, & x>1 \end{cases}$$

3. $f(t)$와 $g(t)$는 모든 t에 대해 정의되고, $\lim\limits_{t\to c} f(t)=-7$, $\lim\limits_{t\to c} g(t)=0$ 이라고 하자. $t\to c$일 때 다음 함수의 극한을 구하라.

a. $3f(t)$ **b.** $(f(t))^2$

c. $f(t)\cdot g(t)$ **d.** $\dfrac{f(t)}{g(t)-7}$

e. $\cos(g(t))$ **f.** $|f(t)|$

g. $f(t)+g(t)$ **h.** $1/f(t)$

4. $f(x)$와 $g(x)$는 모든 x에 대해 정의되고, $\lim\limits_{x\to 0} f(x)=1/2$, $\lim\limits_{x\to 0} g(x)$ 라고 하자. $x\to 0$일 때 다음 함수의 극한을 구하라.

a. $-g(x)$ **b.** $g(x)\cdot f(x)$

c. $f(x)+g(x)$ **d.** $1/f(x)$

e. $x+f(x)$ **f.** $\dfrac{f(x)\cdot \cos x}{x-1}$

종합문제 5와 6에서 주어진 명제의 극한이 존재하면 $\lim\limits_{x\to 0} g(x)$의 값을 구하라.

5. $\lim\limits_{x\to 0}\left(\dfrac{4-g(x)}{x}\right)=1$ **6.** $\lim\limits_{x\to -4}\left(x\lim\limits_{x\to 0} g(x)\right)=2$

7. 다음 함수들은 어떤 구간에서 연속인가?

a. $f(x)=x^{1/3}$ **b.** $g(x)=x^{3/4}$

c. $h(x)=x^{-2/3}$ **d.** $k(x)=x^{-1/6}$

8. 다음 함수들은 어떤 구간에서 연속인가?

a. $f(x)=\tan x$ **b.** $g(x)=\csc x$

c. $h(x)=\dfrac{\cos x}{x-\pi}$ **d.** $k(x)=\dfrac{\sin x}{x}$

극한 구하기

종합문제 9~24에서 다음 극한을 구하라. 만약 극한이 존재하지 않

으면 그 이유를 설명하라.

9. $\lim \dfrac{x^2-4x+4}{x^3+5x^2-14x}$

a. $x\to 0$일 때 **b.** $x\to 2$일 때

10. $\lim \dfrac{x^2+x}{x^5+2x^4+x^3}$

a. $x\to 0$일 때 **b.** $x\to -1$일 때

11. $\lim\limits_{x\to 1} \dfrac{1-\sqrt{x}}{1-x}$ **12.** $\lim\limits_{x\to a} \dfrac{x^2-a^2}{x^4-a^4}$

13. $\lim\limits_{h\to 0} \dfrac{(x+h)^2-x^2}{h}$ **14.** $\lim\limits_{x\to 0} \dfrac{(x+h)^2-x^2}{h}$

15. $\lim\limits_{x\to 0} \dfrac{\dfrac{1}{2+x}-\dfrac{1}{2}}{x}$ **16.** $\lim\limits_{x\to 0} \dfrac{(2+x)^3-8}{x}$

17. $\lim\limits_{x\to 1} \dfrac{x^{1/3}-1}{\sqrt{x}-1}$ **18.** $\lim\limits_{x\to 64} \dfrac{x^{2/3}-16}{\sqrt{x}-8}$

19. $\lim\limits_{x\to 0} \dfrac{\tan(2x)}{\tan(\pi x)}$ **20.** $\lim\limits_{x\to \pi} \csc x$

21. $\lim\limits_{x\to \pi} \sin\left(\dfrac{x}{2}+\sin x\right)$ **22.** $\lim\limits_{x\to \pi} \cos^2(x-\tan x)$

23. $\lim\limits_{x\to 0} \dfrac{8x}{3\sin x - x}$ **24.** $\lim\limits_{x\to 0} \dfrac{\cos 2x-1}{\sin x}$

종합문제 25~28에서 x가 주어진 값으로 접근할 때 $g(x)$의 극한을 구하라.

25. $\lim\limits_{x\to 0^+} (4g(x))^{1/3}=2$ **26.** $\lim\limits_{x\to \sqrt{5}} \dfrac{1}{x+g(x)}=2$

27. $\lim\limits_{x\to 1} \dfrac{3x^2+1}{g(x)}=\infty$ **28.** $\lim\limits_{x\to -2} \dfrac{5-x^2}{\sqrt{g(x)}}=0$

근

T 29. $f(x)=x^3-x-1$이라 하자.

a. f는 -1과 2 사이에서 0을 가짐을 보이라.

b. 방정식 $f(x)=0$을 오차 10^{-8} 범위 내에서 그래프를 이용하여 풀라.

c. (b)의 정확한 해는 $\left(\dfrac{1}{2}+\dfrac{\sqrt{69}}{18}\right)^{1/3}+\left(\dfrac{1}{2}-\dfrac{\sqrt{69}}{18}\right)^{1/3}$이다. 정확한 값을 계산하고 (b)에서 구한 값과 비교하라.

T 30. $f(\theta)=\theta^3-2\theta+2$라 하자.

a. f는 -2와 0 사이에서 0을 가짐을 보이라.

b. 방정식 $f(\theta)=0$을 오차 10^{-4} 범위내에서 그래프를 이용하여 풀라.

c. (b)의 정확한 해는 $\left(\sqrt{\dfrac{19}{27}}-1\right)^{1/3}-\left(\sqrt{\dfrac{19}{27}}+1\right)^{1/3}$이다. 정확한 값을 계산하고 (b)에서 구한 값과 비교하라.

연속확장

31. $x=1$ 또는 -1에서 $f(x)=x(x^2-1)/|x^2-1|$은 연속이 되게 확장 가능한가? 그 이유를 설명하라.(그래프를 그리라. 재미있는 그래프를 보게 된다.)

32. 함수 $f(x)=\sin(1/x)$는 $x=0$에서 연속확장을 갖지 못함을 설명하라.

T 종합문제 33~36에서 함수가 주어진 점 a로 연속확장을 가지는지 보기 위하여 함수의 그래프를 그리라. 만약 그렇다면 a에서 가장 좋은 확장함수의 값을 구하기 위하여 자취와 줌을 이용하라. 함수가 연속확장을 갖지 않는다면 오른쪽으로부터 또는 왼쪽으로부터 연속이 되게 확장이 가능한가? 만약 그렇다면 확장함수의 값은 무엇인가?

33. $f(x)=\dfrac{x-1}{x-\sqrt[4]{x}}, \quad a=1$

34. $g(\theta)=\dfrac{5\cos\theta}{4\theta-2\pi}, \quad a=\pi/2$

35. $h(t)=(1+|t|)^{1/t}, \quad a=0$

36. $k(x)=\dfrac{x}{1-2^{|x|}}, \quad a=0$

무한대에서 극한

종합문제 37~46에서 극한을 구하라.

37. $\displaystyle\lim_{x\to\infty}\dfrac{2x+3}{5x+7}$

38. $\displaystyle\lim_{x\to-\infty}\dfrac{2x^2+3}{5x^2+7}$

39. $\displaystyle\lim_{x\to-\infty}\dfrac{x^2-4x+8}{3x^3}$

40. $\displaystyle\lim_{x\to\infty}\dfrac{1}{x^2-7x+1}$

41. $\displaystyle\lim_{x\to-\infty}\dfrac{x^2-7x}{x+1}$

42. $\displaystyle\lim_{x\to\infty}\dfrac{x^4+x^3}{12x^3+128}$

43. $\displaystyle\lim_{x\to\infty}\dfrac{\sin x}{\lfloor x\rfloor}$

(그래퍼를 이용하여 구간 $-5\le x\le 5$에 대해 그래프를 그리라.)

44. $\displaystyle\lim_{\theta\to\infty}\dfrac{\cos\theta-1}{\theta}$

(그래프를 이용하여 ∞에서 극한을 보기 위하여 원점 가까이에서 $f(x)=x(\cos(1/x)-1)$의 그래프를 그리라.)

45. $\displaystyle\lim_{x\to\infty}\dfrac{x+\sin x+2\sqrt{x}}{x+\sin x}$

46. $\displaystyle\lim_{x\to\infty}\dfrac{x^{2/3}+x^{-1}}{x^{2/3}+\cos^2 x}$

수평과 수직 점근선

47. 극한을 이용하여 모든 수직 점근선에 대한 방정식을 구하라.

a. $y=\dfrac{x^2+4}{x-3}$ **b.** $f(x)=\dfrac{x^2-x-2}{x^2-2x+1}$

c. $y=\dfrac{x^2+x-6}{x^2+2x-8}$

48. 극한을 이용하여 모든 수평 점근선에 대한 방정식을 구하라.

a. $y=\dfrac{1-x^2}{x^2+1}$ **b.** $f(x)=\dfrac{\sqrt{x}+4}{\sqrt{x}+4}$

c. $g(x)=\dfrac{\sqrt{x^2+4}}{x}$ **d.** $y=\sqrt{\dfrac{x^2+9}{9x^2+1}}$

49. $y=\dfrac{\sqrt{16-x^2}}{x-2}$의 정의역과 치역을 결정하라.

50. a와 b를 양의 상수라 하자. $y=\dfrac{\sqrt{ax^2+4}}{x-b}$의 그래프의 수평 점근선과 수직 점근선의 식을 구하라.

1장   보충 · 심화 문제

1. 로렌츠 수축 상대성 이론에서 로켓 같은 물체의 길이는 물체가 움직이는 속도에 따라 관측자에게는 다르게 보이게 된다. 만약 관측자가 정지 상태의 로켓 길이를 L_0로 측정했다면 속도 v에서 길이는

$$L=L_0\sqrt{1-\dfrac{v^2}{c^2}}$$

이다. 이 방정식은 로렌츠 수축 공식이다. 여기서 c는 빛의 속력으로 약 3×10^8 m/s이다. v가 증가할 때 L의 길이는 어떻게 되는가? $\displaystyle\lim_{v\to c^-}L$을 구하라. 왼편 극한은 왜 필요한가?

2. 배수 탱크로부터 유출 통제 토리첼리 법칙에 따라 아래 그림과 같이 탱크의 물이 밖으로 유출되는 비율 y는 물의 깊이 x의 제곱근의 상수배이고, 그 상수는 출구 밸브의 크기와 형태에 의존한다. 어떤 탱크에 대하여 $y=\sqrt{x}/2$라 가정하자. 때때로 호스로 물을 넣어 유출 비율을 거의 상수에 가깝도록 유지하려고 한다. 유출 비율을 유지하기 위하여 물은 얼마만큼의 깊이를 유지해야 하는가?

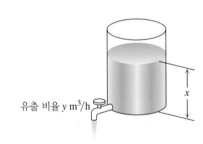

유출 비율 y m³/h

a. 비율 $y_0=1$ m³/h의 0.2 m³/h 이내
b. 비율 $y_0=1$ m³/h의 0.1 m³/h 이내

3. 정밀기기의 열팽창 대부분의 금속은 열이 가해지면 팽창하고 차게 하면 수축한다. 실험기기의 단면 넓이가 종종 결정적이므로 기구가 만들어지는 공장도 기구가 실험실처럼 같은 온도로 유지되어야 한다. 20℃에서 10 cm 넓이의 알루미늄 막대기는 온도 t에서

$$y=10+2(t-20)\times10^{-4}$$

폭을 가진다. 중력 파도 탐지기에서 이와 같은 막대기를 사용한다고 하자. 여기서 막대기 폭은 10 cm 중 0.0005 cm 이내여야 한다. 이러한 오차 범위가 벗어나지 않도록 온도를 $t_0=20$℃

로 얼마나 가깝게 유지해야 하는가?

4. 측정 컵의 줄무늬 전형적 $1-L$ 측정 컵의 내부는 반지름 6 cm 의 원형 실린더이다(그림 참조). 컵에 채울 물의 부피는 컵이 채워지는 높이 h의 함수로서 식

$$V = \pi 6^2 h = 36\pi h$$

이다. 오차 범위 1%($10\ \text{cm}^3$) 이내에서 물 1 L($1000\ \text{cm}^3$)를 측정하기 위하여 h를 얼마나 세밀하게 측정해야 하는가?

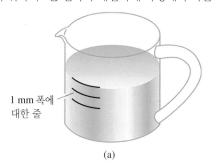

1 mm 폭에 대한 줄

(a)

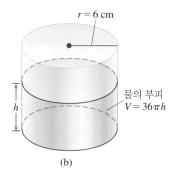

$r = 6\ \text{cm}$

물의 부피 $V = 36\pi h$

(b)

극한의 엄밀한 정의

보충·심화 문제 5~8에서 극한의 엄밀한 정의를 이용하여 다음 함수가 c에서 연속임을 증명하라.

5. $f(x) = x^2 - 7$, $\quad c = 1$ **6.** $g(x) = 1/(2x)$, $\quad c = 1/4$

7. $h(x) = \sqrt{2x - 3}$, $\quad c = 2$ **8.** $F(x) = \sqrt{9 - x}$, $\quad c = 5$

9. 극한의 유일성 함수는 같은 점에서 다른 극한을 갖지 않는다. 즉, $\lim_{x \to c} f(x) = L_1$, $\lim_{x \to c} f(x) = L_2$이면 $L_1 = L_2$임을 보이라.

10. 극한의 상수배의 공식을 증명하라. 즉, $\lim_{x \to c} kf(x) = k \lim_{x \to c} f(x)$ (k는 상수)

11. 한쪽 방향으로의 극한 만약 $\lim_{x \to 0^+} f(x) = A$이고 $\lim_{x \to 0^-} f(x) = B$이면 다음을 구하라.

  a. $\lim_{x \to 0^+} f(x^3 - x)$ **b.** $\lim_{x \to 0^-} f(x^3 - x)$

  c. $\lim_{x \to 0^+} f(x^2 - x^4)$ **d.** $\lim_{x \to 0^-} f(x^2 - x^4)$

12. 극한과 연속 다음 명제 중 어느 것이 참이고, 어느 것이 거짓인가? 참이면 이유를 말하고 거짓이면 반례를 들라.

  a. 만약 $\lim_{x \to c} f(x)$는 존재하고 $\lim_{x \to c} g(x)$는 존재하지 않으면, $\lim_{x \to c} (f(x) + g(x))$는 존재하지 않는다.

  b. 만약 $\lim_{x \to c} f(x)$도 $\lim_{x \to c} g(x)$도 둘 다 존재하지 않으면, $\lim_{x \to c} (f(x) + g(x))$도 존재하지 않는다.

  c. 만약 f가 c에서 연속이면 $|f|$도 역시 연속이다.

  d. 만약 $|f|$가 c에서 연속이면 f도 역시 연속이다.

보충·심화 문제 13과 14에서 극한의 엄밀히 정의를 이용하여 다음 함수가 x의 주어진 값으로 연속확장을 가짐을 증명하라.

13. $f(x) = \dfrac{x^2 - 1}{x + 1}$, $\quad x = -1$ **14.** $g(x) = \dfrac{x^2 - 2x - 3}{2x - 6}$, $\quad x = 3$

15. 오직 한 점에서 연속함수 $f(x)$를 다음과 같이 정의한다.

$$f(x) = \begin{cases} x, & x \text{는 유리수} \\ 0, & x \text{는 무리수} \end{cases}$$

  a. f는 $x = 0$에서 연속임을 보이라.

  b. 공집합이 아닌 실수의 모든 열린 구간은 유리수와 무리수를 포함하는 사실을 이용하여 f가 0이 아닌 어떤 x에서도 연속이 아님을 보이라.

16. 디리클레 자 함수 x가 유리수이면 x는 정수의 몫 m/n으로 유일하게 표현될 수 있다. 여기서 $n > 0$이고 m과 n은 1보다 큰 공통 인수를 갖지 않는다. (가장 낮은 분수, 예를 들어 6/4는 3/2로 쓴다.) $f(x)$를 구간 [0, 1]의 모든 x에 대하여 다음과 같이 정의한다.

$$f(x) = \begin{cases} 1/n, & x = m/n \text{는 유리수} \\ 0, & x \text{는 무리수} \end{cases}$$

예를 들어, $f(0) = f(1) = 1$, $f(1/2) = 1/2$, $f(1/3) = f(2/3) = 1/3$, $f(1/4) = f(3/4) = 1/4$ 등등

  a. f는 [0, 1]의 모든 유리수에서 불연속임을 보이라.

  b. f는 [0, 1]의 모든 무리수에서 연속임을 보이라. (**힌트**: 만약 ε이 양의 수이면 $f(r) \geq \varepsilon$을 만족하는 [0, 1] 내부에 유한 개의 유리수 r이 존재한다.)

  c. f의 그래프를 그리라. f는 왜 "자 함수"라고 부르는가?

17. 원점에 대칭인 점 온도가 같은 지구 적도 위에서 원점에 대칭인(지름의 정반대) 점의 한 쌍이 있다고 말할 수 있는가? 그 이유를 설명하라.

18. $\lim_{x \to c} (f(x) + g(x)) = 3$이고 $\lim_{x \to c} (f(x) - g(x)) = -1$이라 할 때, $\lim_{x \to c} f(x)g(x)$를 구하라.

19. 거의 선형인 이차방정식의 근 방정식 $ax^2 + 2x - 1 = 0$(a는 상수)은 $a > -1$이고 $a \neq 0$이면 하나의 양의 근과 하나의 음의 근을 가진다. 즉, $r_+(a) = \dfrac{-1 + \sqrt{1 + a}}{a}$, $r_-(a) = \dfrac{-1 - \sqrt{1 + a}}{a}$

  a. $a \to 0$일 때 $r_+(a)$는 어떠한가? $a \to -1^+$일 때는?

  b. $a \to 0$일 때 $r_-(a)$는 어떠한가? $a \to -1^-$일 때는?

  c. a의 함수인 $r_+(a)$와 $r_-(a)$의 그래프에 의해 결론을 유도하고 설명하라.

  d. $a = 1, 0.5, 0.2, 0.1, 0.05$에 대하여 동시에 $f(x) = ax^2 + 2x - 1$의 그래프를 그리라.

20. 방정식의 근 방정식 $x + 2 \cos x = 0$은 최소한 한 개 이상의 해를 가짐을 보이라.

21. 유계함수 D에 있는 모든 x에 대하여 $f(x) \leq N$을 만족하는 수 N이 존재하면 실수함수 f는 집합 D에서 **위로부터 유계(bounded from above)**라고 한다. 이런 N이 존재하면 N을 D에서 f의 **상계(upper bound)**라고 부르고 f는 N에 의해 위로부터 유계라고 한다. 유사하게 D에 있는 모든 x에 대하여 $f(x) \geq M$을 만족하는 수 M이 존재하면 f는 집합 D에서 **아래로부터 유계(bounded from below)**라고 한다. 이런 M이 존재하면 M을 D에서 f의 **하**

계(**lower bound**)라고 부르고 f는 M에 의해 아래로부터 유계라고 한다. f는 아래로부터 그리고 위로부터 모두 유계이면 f는 D에서 유계라고 한다. 다음을 증명하라.

a. f가 D에서 유계이기 위한 필요충분조건은 D에 있는 모든 x에 대하여 $|f(x)| \leq B$를 만족하는 수 B가 존재한다.

b. f가 N에 의해 위로부터 유계라고 하자. 만약 $\lim_{x \to c} f(x) = L$이면 $L \leq N$이다.

c. f가 M에 의해 아래로부터 유계라고 하자. 만약 $\lim_{x \to c} f(x) = L$이면 $L \geq M$이다.

22. $\max\{a, b\}, \min\{a, b\}$

a. $\max\{a, b\} = \dfrac{a+b}{2} + \dfrac{|a-b|}{2}$라 할 때, 이 값은 $a \geq b$이면 a이고, $b \geq a$이면 b임을 보이라. 다시 말하면, $\max\{a, b\}$는 두 수 a, b 중 더 큰 수이다.

b. $\min\{a, b\}$에 대하여 유사한 표현을 찾으라. $\min\{a, b\}$는 두 수 a, b 중 더 작은 수이다.

$\dfrac{\sin \theta}{\theta}$ 를 포함한 극한의 일반화

수식 $\lim_{\theta \to 0} (\sin \theta)/\theta = 1$이 일반화될 수 있다. 만약 $\lim_{x \to c} f(x) = 0$이고 $f(x)$는 $x = c$를 포함하는 열린 구간에서 절대 0을 갖지 않는다면,

$$\lim_{x \to c} \frac{\sin f(x)}{f(x)} = 1$$

이다. 다음은 여러 가지 예들이다.

a. $\lim_{x \to 0} \dfrac{\sin x^2}{x^2} = 1$

b. $\lim_{x \to 0} \dfrac{\sin x^2}{x} = \lim_{x \to 0} \dfrac{\sin x^2}{x^2} \lim_{x \to 0} \dfrac{x^2}{x} = 1 \cdot 0 = 0$

c. $\lim_{x \to -1} \dfrac{\sin(x^2 - x - 2)}{x + 1}$

$$= \lim_{x \to -1} \frac{\sin(x^2 - x - 2)}{(x^2 - x - 2)} \cdot \lim_{x \to -1} \frac{(x^2 - x - 2)}{x + 1}$$

$$= 1 \cdot \lim_{x \to -1} \frac{(x+1)(x-2)}{x+1} = -3$$

d. $\lim_{x \to 1} \dfrac{\sin(1 - \sqrt{x})}{x - 1} = \lim_{x \to 1} \dfrac{\sin(1 - \sqrt{x})}{1 - \sqrt{x}} \dfrac{1 - \sqrt{x}}{x - 1}$

$$= 1 \cdot \lim_{x \to 1} \frac{(1 - \sqrt{x})(1 + \sqrt{x})}{(x - 1)(1 + \sqrt{x})} = \lim_{x \to 1} \frac{1 - x}{(x - 1)(1 + \sqrt{x})}$$

$$= -\frac{1}{2}$$

보충 · 심화 문제 23~28에서 다음 극한을 구하라.

23. $\lim_{x \to 0} \dfrac{\sin(1 - \cos x)}{x}$

24. $\lim_{x \to 0^+} \dfrac{\sin x}{\sin \sqrt{x}}$

25. $\lim_{x \to 0} \dfrac{\sin(\sin x)}{x}$

26. $\lim_{x \to 0} \dfrac{\sin(x^2 + x)}{x}$

27. $\lim_{x \to 2} \dfrac{\sin(x^2 - 4)}{x - 2}$

28. $\lim_{x \to 9} \dfrac{\sin(\sqrt{x} - 3)}{x - 9}$

사선 점근선

보충 · 심화 문제 29~32에서 가능한 사선 점근선을 모두 구하라.

29. $y = \dfrac{2x^{3/2} + 2x - 3}{\sqrt{x} + 1}$

30. $y = x + x \sin \dfrac{1}{x}$

31. $y = \sqrt{x^2 + 1}$

32. $y = \sqrt{x^2 + 2x}$

방정식의 해가 존재

33. $1 < a < b$라 하자. 방정식 $\dfrac{a}{x} + x = \dfrac{1}{x - b}$의 해가 존재함을 보이라.

극한

34. 다음 극한이 참이 되도록 상수 a와 b를 구하라.

a. $\lim_{x \to 0} \dfrac{\sqrt{a + bx} - 1}{x} = 2$　**b.** $\lim_{x \to 1} \dfrac{\tan(ax - a) + b - 2}{x - 1} = 3$

35. 극한 $\lim_{x \to 1} \dfrac{x^{2/3} - 1}{1 - \sqrt{x}}$을 계산하라.

36. 극한 $\lim_{x \to 0} \dfrac{|3x + 4| - |x| - 4}{x}$를 계산하라.

임의의 정의역에서 극한

함수의 $x = c$에서 극한의 정의를 정의역이 c근처에서 구간보다 더 복잡한 경우로 확장한다.

> **극한의 일반적인 정의**
>
> c를 포함하는 모든 열린 구간들이 f의 정의역에 속하는 c외에 다른 점을 포함하고 있다고 가정하자. 임의의 양수 $\varepsilon > 0$에 대하여, x가 정의역에 속하면서
>
> $$0 < |x - c| < \delta \quad \Rightarrow \quad |f(x) - L| < \varepsilon$$
>
> 를 만족하는 $\delta > 0$이 존재하면,
>
> $$\lim_{x \to c} f(x) = L$$
>
> 이라 한다.

보충 · 심화문제 37~39에서

a. 정의역을 구하라.

b. $c = 0$에서 정의역이 위에 설명한 성질을 만족함을 보이라.

c. $\lim_{x \to 0} f(x)$를 계산하라.

37. 함수 f가 다음과 같이 정의된다.

$$f(x) = \begin{cases} x, & x = 1/n \text{일 때, 여기서 } n \text{은 양의 정수} \\ 1, & x = 0 \text{일 때} \end{cases}$$

38. 함수 f가 다음과 같이 정의된다.

$$f(x) = \begin{cases} 1 - x, & x = 1/n \text{일 때, 여기서 } n \text{은 양의 정수} \\ 1, & x = 0 \text{일 때} \end{cases}$$

39. $f(x) = \sqrt{x \sin(1/x)}$

40. 유리수의 집합에서 정의되는 함수 g를 $g(x) = \dfrac{2}{x - \sqrt{2}}$라 하자.

a. 함수 g의 그래프를 가능한 만큼 그리라. g가 유리수의 점에서만 정의됨을 기억하자.

b. 극한의 일반적인 정의를 이용하여, $\lim_{x \to 0} g(x) = -\sqrt{2}$임을 보이라.

c. (b)에서 극한과 $g(0)$가 같음을 보임으로써 $g(x)$가 $x = 0$에서 연속임을 보이라.

d. 함수 g가 정의역내의 다른 점에서도 연속인가?

2

미분계수와 도함수

개요 1장에서 우리는 곡선 위의 한 점에서 기울기를 어떻게 결정하는지와 함숫값이 변하는 점에서 변화율을 어떻게 측정하는지에 대해 알아보았다. 이제는 극한을 배웠기 때문에 이 개념들을 상세하게 정의할 수 있으며, 둘 다 한 점에서 함수의 미분계수에 의해 설명됨을 알 수 있다. 그런 다음에 한 점에서의 미분계수를 도함수로 확장시키고, 이 도함수를 극한의 직접 계산이 없이 쉽게 구할 수 있는 공식들을 개발한다. 이 공식들을 사용하면 일반적인 함수 또는 그들의 조합으로 된 함수 대부분의 도함수를 구할 수 있다.

미분계수는 수학뿐만 아니라 과학, 경제학, 의학 등 다양한 분야의 문제들을 연구하는 데 활용되어진다. 이러한 문제로는 매우 일반적인 방정식의 해를 구하는 문제, 움직이는 물체의 속도나 가속도를 구하는 문제, 공기 중의 한 점으로부터 물속의 한 점까지 가는 빛의 경로를 추적하는 문제, 회사에서 이윤이 최대가 되도록 하는 생산품의 수를 결정해야 하는 문제, 주어진 모집단 내에서 전염병의 확산을 연구, 폐의 기능 정도에 따라 1분에 심장이 내보내는 혈액의 양을 계산하는 것 등이 포함된다.

2.1 접선과 미분계수

이 절에서는 곡선 위의 한 점에서 기울기와 접선, 그리고 함수의 한 점에서 미분계수를 정의한다. 미분계수는 곡선의 기울기와 함수의 순간변화율을 구하게 해준다.

함수 그래프의 접선 구하기

점 $P(x_0, f(x_0))$에서 임의의 곡선 $y = f(x)$에의 접선을 찾기 위하여 1.1절에서 언급한 방법을 이용한다. 즉, 먼저 점 P와 곡선 위의 근방의 점 $Q(x_0 + h, f(x_0 + h))$를 지나는 할선의 기울기를 계산하고 $h \to 0$일 때, 기울기의 극한을 조사한다(그림 2.1). 만약 극한이 존재하면 이를 P에서 곡선의 기울기라고 부르며, 이 기울기를 가지고 점 P를 지나는 직선을 P에서 접선이라고 정의한다.

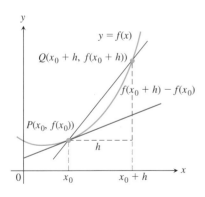

그림 2.1 점 P에서 접선의 기울기는
$$\lim_{h \to 0} \frac{f(x_0 + h) - f(x_0)}{h}$$
이다.

정의 점 $P(x_0, f(x_0))$에서 곡선 $y = f(x)$의 **기울기(slope of the curve)**는

$$\lim_{h \to 0} \frac{f(x_0 + h) - f(x_0)}{h} \qquad \text{(단, 극한이 존재하면)}$$

이다. 점 P에서 곡선에 대한 **접선(tangent line)**은 이 기울기를 가진 P를 지나는 직선이다.

1.1절 예제 3에서, 이 정의를 포물선 $f(x) = x^2$의 점 $P(2, 4)$에서의 기울기와 포물선의 P에서 접선을 구하는 데 적용하였다. 또 다른 예제를 살펴보자.

예제 1

(a) $x = a \neq 0$에서 곡선 $y = \dfrac{1}{x}$의 기울기를 구하라. $x = -1$에서 기울기는 얼마인가?

(b) 기울기는 어디에서 $-\dfrac{1}{4}$과 같은가?

(c) a가 변함에 따라 점 $\left(a, \dfrac{1}{a}\right)$에서 접선은 어떻게 변하는가?

풀이

(a) 점 $\left(a, \dfrac{1}{a}\right)$에서 $f(x) = \dfrac{1}{x}$의 기울기는

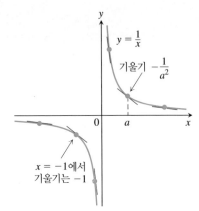

그림 2.2 원점 근처에서 가파른 접선의 기울기는 접선이 어떤 방향이든 원점에서 멀어짐에 따라 점차 완만하게 된다(예제 1).

$$\lim_{h \to 0} \frac{f(a + h) - f(a)}{h} = \lim_{h \to 0} \frac{\dfrac{1}{a + h} - \dfrac{1}{a}}{h} = \lim_{h \to 0} \frac{1}{h} \frac{a - (a + h)}{a(a + h)}$$

$$= \lim_{h \to 0} \frac{-h}{ha(a + h)} = \lim_{h \to 0} \frac{-1}{a(a + h)} = -\frac{1}{a^2}$$

모든 분수 앞에 $h = 0$을 대입하여 극한을 계산할 수 있는 단계까지 $\lim\limits_{h \to 0}$을 써야 한다는 것을 주목하라. 수 a는 양수 또는 음수일 수도 있으나 0은 아니다. $a = -1$일 때 기울기는 $\dfrac{-1}{(-1)^2} = -1$이다(그림 2.2).

(b) $x = a$에서 $y = \dfrac{1}{x}$의 기울기는 $-\dfrac{1}{a^2}$이므로

$$-\frac{1}{a^2} = -\frac{1}{4}$$

이다. 이 식은 $a^2 = 4$와 같으므로 $a = 2$ 또는 $a = -2$를 얻는다. 곡선은 $\left(2, \dfrac{1}{2}\right)$과 $\left(-2, -\dfrac{1}{2}\right)$에서 기울기 $-\dfrac{1}{4}$을 갖는다(그림 2.3).

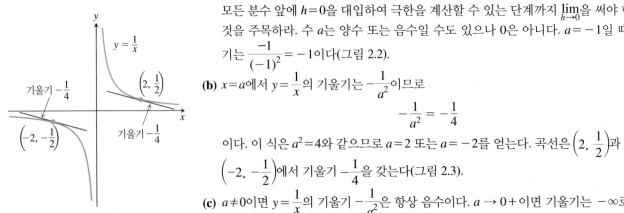

그림 2.3 $y = \dfrac{1}{x}$에 대한 기울기 $-\dfrac{1}{4}$을 가지는 2개의 접선(예제 1)

(c) $a \neq 0$이면 $y = \dfrac{1}{x}$의 기울기 $-\dfrac{1}{a^2}$은 항상 음수이다. $a \to 0+$이면 기울기는 $-\infty$로 접근하여 접선은 점점 가파르게 되며(그림 2.2), $a \to 0^-$일 때도 마찬가지다. a가 어떤 방향으로 원점에서 멀어지든 기울기는 0에 접근하여 접선은 점점 더 수평이 된다. ■

변화율: 미분계수

다음 식은 **점 x_0에서 증분 h인 함수 f의 차분몫(difference quotient of f at x_0 with increment h)**이라 부른다.

$$\frac{f(x_0 + h) - f(x_0)}{h}, \quad h \neq 0$$

만약 h가 0에 접근함에 따라 차분몫이 극한을 가지면 이 극한은 특별한 이름과 기호가 주어진다.

기호 $f'(x_0)$는 'f 프라임 x_0'라고 읽는다.

> **정의** 함수 f의 점 x_0에서 미분계수 $f'(x_0)$는 극한값이 존재한다는 가정하에서
>
> $$f'(x_0) = \lim_{h \to 0} \frac{f(x_0 + h) - f(x_0)}{h}$$
>
> 이다.

미분계수는 우리가 생각하는 문제가 무엇인가에 따라 두 가지 이상의 의미를 가지고 있다. 미분계수의 공식은 곡선 $y = f(x)$의 한 점에서 기울기와 같은 공식이다. 만일 차분몫을 할선의 기울기로 해석한다면, 미분계수는 곡선 $y = f(x)$의 점 $P(x_0, f(x_0))$에서 기울기가 된다. 만일 차분몫을 평균변화율로 해석한다면 (1.1절), 미분계수는 점 $x = x_0$에서 함수의 x에 대한 순간변화율이 된다. 이는 2.4절에서 공부하기로 한다.

예제 2 1.1절의 예제 1과 예제 2에서 지구 표면 근처의 정지 상태로부터 자유낙하하는 암석의 속력을 공부하였다. 그리고 처음 t초 동안 암석이 $y = 4.9\,t^2$미터만큼 낙하하는 것을 알았다. 이때 $t = 1$초인 순간에 암석의 속력을 구하기 위해 점점 짧은 시간의 구간 동안 평균속력을 사용하였다. $t = 1$초에서 암석의 정확한 속력은 얼마인가?

풀이 $f(t) = 4.9\,t^2$이라 두자. $h > 0$에 대해 $t = 1$과 $t = 1 + h$초 사이의 구간에서 암석의 평균속력은

$$\frac{f(1 + h) - f(1)}{h} = \frac{4.9(1 + h)^2 - 4.9(1)^2}{h} = \frac{4.9(h^2 + 2h)}{h} = 4.9(h + 2)$$

이다. 따라서 $t = 1$인 순간의 암석의 속력은

$$f'(1) = \lim_{h \to 0} 4.9(h + 2) = 4.9(0 + 2) = 9.8 \text{ m/s}$$

이다. 그러므로 1.1절에서 9.8 m/s로 추정한 결과는 옳다. ■

요약

지금까지 한 점에서 곡선의 기울기, 곡선의 접선의 기울기, 함수의 변화율, 함수의 미분계수에 대하여 공부하였다. 이러한 개념은 모두 같은 극한에 기초한다.

> 다음은 모두 차분몫의 극한에 대한 해석이다.
>
> $$\lim_{h \to 0} \frac{f(x_0 + h) - f(x_0)}{h}$$
>
> 1. $y = f(x)$ 그래프의 $x = x_0$에서 기울기
> 2. 곡선 $y = f(x)$의 $x = x_0$에서 접선의 기울기
> 3. 함수 $f(x)$의 $x = x_0$에서 x에 대한 변화율
> 4. $x = x_0$에서 미분계수 $f'(x_0)$

다음 절에서, 점 x_0을 함수 f의 정의역을 따라 변할 수 있게 할 것이다.

연습문제 2.1

기울기와 접선

연습문제 1~4에서 격자와 직선자를 이용하여 점 P_1과 P_2에서 곡선의 기울기(x의 1칸당 y의 칸수)를 대략적으로 추정하라.

1.

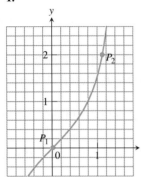

2.

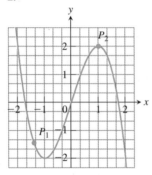

3.

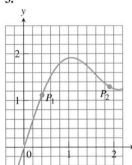

4.

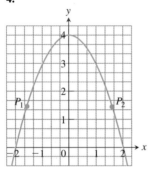

연습문제 5~10에서 다음의 주어진 점에서 곡선의 접선방정식을 구하라. 그리고 곡선과 접선의 개형을 그리라.

5. $y = 4 - x^2$, $(-1, 3)$

6. $y = (x - 1)^2 + 1$, $(1, 1)$

7. $y = 2\sqrt{x}$, $(1, 2)$

8. $y = \dfrac{1}{x^2}$, $(-1, 1)$

9. $y = x^3$, $(-2, -8)$

10. $y = \dfrac{1}{x^3}$, $\left(-2, -\dfrac{1}{8}\right)$

연습문제 11~18에서 다음의 주어진 점에서 함수의 그래프의 기울기를 구하라. 그리고 그래프의 접선의 방정식을 구하라.

11. $f(x) = x^2 + 1$, $(2, 5)$

12. $f(x) = x - 2x^2$, $(1, -1)$

13. $g(x) = \dfrac{x}{x - 2}$, $(3, 3)$

14. $g(x) = \dfrac{8}{x^2}$, $(2, 2)$

15. $h(t) = t^3$, $(2, 8)$

16. $h(t) = t^3 + 3t$, $(1, 4)$

17. $f(x) = \sqrt{x}$, $(4, 2)$

18. $f(x) = \sqrt{x + 1}$, $(8, 3)$

연습문제 19~22에서 다음의 주어진 점에서 곡선의 기울기를 구하라.

19. $y = 5x - 3x^2$, $x = 1$

20. $y = x^3 - 2x + 7$, $x = -2$

21. $y = \dfrac{1}{x - 1}$, $x = 3$

22. $y = \dfrac{x - 1}{x + 1}$, $x = 0$

미분계수 값의 해석

23. 효모 세포의 성장   통제된 실험실 실험에서 효모 세포는 시간 간격으로 생존하는 세포의 수 P를 세는 자동 세포 배양 시스템 내에서 성장한다. t시간 후의 세포 수가 아래의 그림과 같다.

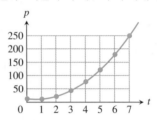

a. 미분계수 $P'(5)$가 어떤 의미인지 설명하라. 단위는 무엇인가?

b. $P'(2)$와 $P'(3)$ 중에 어느 값이 더 큰가? 이유를 설명하라.

c. 실험 데이터들의 동향을 따르는 이차 곡선을 구하면 $P(t) = 6.10t^2 - 9.28t + 16.43$과 같다. $t = 5$ 시간에서 순간 성장률을 구하라.

24. 약의 효능   혈류에 투입된 진통제의 t 시간 후의 효능 E를 0과 1 사이의 값으로 나타낸 그림이 다음과 같이 주어졌다.

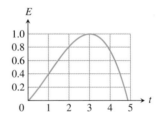

a. 어느 시간에 약의 효능이 증가하는 것으로 나타나는가? 그 시간에 미분계수는 어떠한가?

b. 어느 시간에 약의 효능이 최대에 도달했다고 추정되는가? 그 시간에 미분계수는 어떠한가? 추정된 시간이 되기 전 1 시간 동안, 시간이 증가함에 따라 미분계수는 어떻게 변하는가?

연습문제 25~26에서 함수의 그래프는 어느 점에서 수평인 접선을 가지는가?

25. $f(x) = x^2 + 4x - 1$

26. $g(x) = x^3 - 3x$

27. 기울기가 -1인 곡선 $y = \dfrac{1}{(x - 1)}$의 모든 접선의 방정식을 구하라.

28. 기울기가 $\dfrac{1}{4}$인 곡선 $y = \sqrt{x}$의 접선의 방정식을 구하라.

변화율

29. 탑에서 떨어진 물체   100 m 높이의 탑에서 물체가 떨어진다. t초 후 지면으로부터 높이는 $100 - 4.9t^2$ m이다. 물체가 떨어진 2초 후 물체는 얼마나 빨리 떨어지는가?

30. 로켓 속도   로켓 발사 t초 후, 로켓의 고도는 $3t^2$ m이다. 로켓 발사 10초 후 로켓은 얼마나 빨리 상승하는가?

31. 원의 넓이 변화율   반지름이 $r = 3$일 때 반지름에 대해 원의 넓

이($A = \pi r^2$)의 변화율은 얼마인가?

32. 구의 부피 변화율 반지름이 $r=2$일 때 반지름에 대해 구의 부피($V = \frac{4}{3} \pi r^3$)의 변화율은 얼마인가?

33. 직선 $y = mx + b$는 어떠한 점 $(x_0, mx_0 + b)$에서도 접선이 자기 자신이 됨을 보이라.

34. 곡선 $y = \dfrac{1}{\sqrt{x}}$의 $x=4$인 점에서 접선의 기울기를 구하라.

접선 검증

35. $f(x) = \begin{cases} x^2 \sin(1/x), & x \neq 0 \\ 0, & x = 0 \end{cases}$의 그래프가 원점에서 접선을 갖는가? 그 이유를 설명하라.

36. $g(x) = \begin{cases} x \sin(1/x), & x \neq 0 \\ 0, & x = 0 \end{cases}$의 그래프가 원점에서 접선을 갖는가? 그 이유를 설명하라.

수직 접선

만약 차분몫의 극한값이 ∞ 또는 $-\infty$이면 연속인 곡선 $y = f(x)$는 점 $x = x_0$에서 **수직 접선**을 갖는다고 말한다. 예를 들어 $y = x^{1/3}$은 $x = 0$에서 수직 접선을 갖는다.(그림 참조):

$$\lim_{h \to 0} \frac{f(0 + h) - f(0)}{h} = \lim_{h \to 0} \frac{h^{1/3} - 0}{h}$$
$$= \lim_{h \to 0} \frac{1}{h^{2/3}} = \infty$$

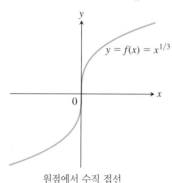

원점에서 수직 접선

하지만, $y = x^{2/3}$은 $x = 0$에서 수직 접선을 갖지 않는다.(그림 참조):

$$\lim_{h \to 0} \frac{g(0 + h) - g(0)}{h} = \lim_{h \to 0} \frac{h^{2/3} - 0}{h}$$
$$= \lim_{h \to 0} \frac{1}{h^{1/3}}$$

이 존재하지 않는다. 왜냐하면 마지막 수식에서 0의 오른쪽으로부터는 ∞이고, 0의 왼쪽으로부터는 $-\infty$이기 때문이다.

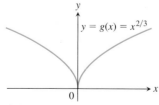

원점에서 수직 접선이 존재하지 않음

37. $f(x) = \begin{cases} -1, & x < 0 \\ 0, & x = 0 \\ 1, & x > 0 \end{cases}$의 그래프가 원점에서 수직 접선을 갖는가? 그 이유를 설명하라.

38. $U(x) = \begin{cases} 0, & x < 0 \\ 1, & x \geq 0 \end{cases}$의 그래프가 점 $(0, 1)$에서 수직 접선을 갖는가? 그 이유를 설명하라.

[T] 연습문제 39~48에서 다음 물음에 답하라.

   a. 곡선의 그래프를 그리라. 그리고 그래프는 어느 점에서 수직접선을 갖는가?

   b. 연습문제 37과 38의 도입 부분을 먼저 읽은 후, 극한을 구하여 (a)항의 주장을 확인하라.

39. $y = x^{2/5}$ **40.** $y = x^{4/5}$

41. $y = x^{1/5}$ **42.** $y = x^{3/5}$

43. $y = 4x^{2/5} - 2x$ **44.** $y = x^{5/3} - 5x^{2/3}$

45. $y = x^{2/3} - (x - 1)^{1/3}$ **46.** $y = x^{1/3} + (x - 1)^{1/3}$

47. $y = \begin{cases} -\sqrt{|x|}, & x \leq 0 \\ \sqrt{x}, & x > 0 \end{cases}$ **48.** $y = \sqrt{|4 - x|}$

컴퓨터 탐구

연습문제 49~52에서 함수에 대하여 CAS를 이용하여 아래 단계를 실행하라.

   a. 구간 $\left(x_0 - \frac{1}{2}\right) \leq x \leq (x_0 + 3)$ 구간에서 $y = f(x)$를 그리라.

   b. x_0를 고정시키면, x_0에서 f에 대한 차분몫

$$q(h) = \frac{f(x_0 + h) - f(x_0)}{h}$$

는 증분 h의 함수이다. CAS workspace에 이 함수를 입력하라.

   c. $h \to 0$일 때, q의 극한을 구하라.

   d. 할선 $y = f(x_0) + q \cdot (x - x_0)$를 $h = 3, 2, 1$에 대하여 정의하고, (a)에서 주어진 구간상에서 f 및 접선과 함께 할선의 그래프를 그리라.

49. $f(x) = x^3 + 2x, \quad x_0 = 0$

50. $f(x) = x + \dfrac{5}{x}, \quad x_0 = 1$

51. $f(x) = x + \sin(2x), \quad x_0 = \pi/2$

52. $f(x) = \cos x + 4 \sin(2x), \quad x_0 = \pi$

2.2   도함수

역사적 이야기
도함수

앞 절에서 곡선 $y = f(x)$의 점 $x = x_0$에서 미분계수를 극한을 사용하여 도함수

$$f'(x_0) = \lim_{h \to 0} \frac{f(x_0 + h) - f(x_0)}{h}$$

와 같이 정의하였다. 이제 f의 정의역의 각 점에서 극한을 고려함으로써 f로부터 유도된 함수로서의 도함수를 알아보자.

> **정의**   변수 x에 관한 함수 $f(x)$의 **도함수(derivative)**는, 다음 극한이 존재한다면 x에서 함숫값이
>
> $$f'(x) = \lim_{h \to 0} \frac{f(x + h) - f(x)}{h}$$
>
> 로 주어지는 함수 f'이다.

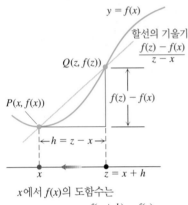

$y = f(x)$

할선의 기울기
$\dfrac{f(z) - f(x)}{z - x}$

$Q(z, f(z))$

$f(z) - f(x)$

$P(x, f(x))$

$\leftarrow h = z - x \rightarrow$

x $z = x + h$

x에서 $f(x)$의 도함수는

$$f'(x) = \lim_{h \to 0} \frac{f(x + h) - f(x)}{h}$$

$$= \lim_{z \to x} \frac{f(z) - f(x)}{z - x}$$

그림 2.4 차분몫의 두 공식

정의에서 앞에서와 다르게 $f(x_0)$ 대신 $f(x)$를 사용했는데 이는 도함수 $f'(x)$가 정의될 때 사용되는 변수 x를 독립변수로 하는 함수임을 강조하기 위함이다. f'의 정의역은 f의 정의역 안에 있는 점들로서 극한이 존재하는 점들의 집합으로, 이 정의역은 f의 정의역과 같거나 작을 수도 있다. 어떤 특정한 x에서 f'이 존재한다면 f는 x에서 미분가능하다(미분계수를 갖는다)고 한다. f'이 f의 정의역의 모든 점 x에서 존재한다면 f는 미분가능(differentiable) 함수라고 한다.

$z = x + h$라 쓰면, $h = z - x$이고 h가 0으로 접근할 필요충분조건은 z가 x에 접근하는 것이다. 따라서 도함수의 동치 정의는 다음과 같다(그림 2.4). 이 공식은 때때로 도함수를 구함에 있어서 x에 접근하는 z에 중점을 두어 더 편리하게 사용되기도 한다.

> **도함수의 다른 공식**
>
> $$f'(x) = \lim_{z \to x} \frac{f(z) - f(x)}{z - x}$$

정의로부터 도함수 계산하기

도함수를 계산하는 과정을 **미분법(differentiation)**이라 한다. 도함수를 $f'(x)$로 적을 수도 있으나 미분법은 함수 $y = f(x)$에 행해지는 연산이라는 개념을 강조하기 위해서 기호

$$\frac{d}{dx} f(x)$$

를 사용한다. 2.1절의 예제 1은 함수 $y = \dfrac{1}{x}$의 $x = a$에서 미분계수를 계산하는 과정을 보여주었다. 정의역의 임의의 점 x에서는

역비례 함수의 도함수
$\dfrac{d}{dx}\left(\dfrac{1}{x}\right) = -\dfrac{1}{x^2}, \quad x \neq 0$

$$\frac{d}{dx}\left(\frac{1}{x}\right) = -\frac{1}{x^2}$$

임을 알 수 있다. f의 정의역의 모든 점에 적용되는 두 가지 예를 더 보자.

예제 1 $f(x) = \dfrac{x}{x-1}$를 미분하라.

풀이   도함수의 정의에 따라 $f(x+h)$를 구하고 $f(x)$를 빼서 차분몫을 계산하면

$$f(x) = \frac{x}{x-1}\text{이고}, \quad f(x+h) = \frac{(x+h)}{(x+h)-1}\text{이므로}$$

$$
\begin{aligned}
f'(x) &= \lim_{h \to 0} \frac{f(x+h) - f(x)}{h} && \text{정의}\\[2mm]
&= \lim_{h \to 0} \frac{\dfrac{x+h}{x+h-1} - \dfrac{x}{x-1}}{h} && \text{대입}\\[2mm]
&= \lim_{h \to 0} \frac{1}{h} \cdot \frac{(x+h)(x-1) - x(x+h-1)}{(x+h-1)(x-1)} && \frac{a}{b} - \frac{c}{d} = \frac{ad-cb}{bd}\\[2mm]
&= \lim_{h \to 0} \frac{1}{h} \cdot \frac{-h}{(x+h-1)(x-1)} && \text{간단히}\\[2mm]
&= \lim_{h \to 0} \frac{-1}{(x+h-1)(x-1)} = \frac{-1}{(x-1)^2} && h \neq 0\text{로 약분, 계산} \;\blacksquare
\end{aligned}
$$

예제 2

(a) $x > 0$에서 $y = \sqrt{x}$의 도함수를 구하라.

(b) $x = 4$에서 곡선 $y = \sqrt{x}$에 대한 접선을 구하라.

풀이

(a) f'을 구하기 위해 대수적 성질을 이용하여 식을 변환한다.

제곱근 함수의 도함수
$$\frac{d}{dx}\sqrt{x} = \frac{1}{2\sqrt{x}}, \quad x > 0$$

$$
\begin{aligned}
f'(x) &= \lim_{z \to x} \frac{f(z) - f(x)}{z - x}\\[2mm]
&= \lim_{z \to x} \frac{\sqrt{z} - \sqrt{x}}{z - x}\\[2mm]
&= \lim_{z \to x} \frac{\sqrt{z} - \sqrt{x}}{\left(\sqrt{z} - \sqrt{x}\right)\left(\sqrt{z} + \sqrt{x}\right)} && \frac{1}{a^2 - b^2} = \frac{1}{(a-b)(a+b)}\\[2mm]
&= \lim_{z \to x} \frac{1}{\sqrt{z} + \sqrt{x}} = \frac{1}{2\sqrt{x}}. && \text{약분하고 계산}
\end{aligned}
$$

(b) $x = 4$에서 곡선의 기울기는

$$f'(4) = \frac{1}{2\sqrt{4}} = \frac{1}{4}$$

이다. 접선은 점 $(4, 2)$를 지나고 기울기가 $\frac{1}{4}$인 직선이다(그림 2.5).

$$y = 2 + \frac{1}{4}(x - 4)$$

$$y = \frac{1}{4}x + 1 \qquad\qquad \blacksquare$$

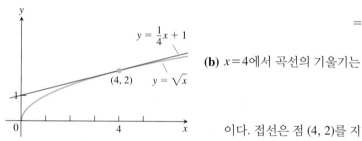

그림 2.5 곡선 $y = \sqrt{x}$와 점 $(4, 2)$에서 이 곡선의 접선. 접선의 기울기는 $x = 4$에서 미분계수를 계산함으로써 구할 수 있다(예제 2).

기호

x가 독립변수이고 y가 종속변수일 때 함수 $y = f(x)$의 도함수를 나타내는 방법은 여러 가지이다. 도함수에 대한 일반적인 기호에는

$$f'(x) = y' = \frac{dy}{dx} = \frac{df}{dx} = \frac{d}{dx}f(x) = D(f)(x) = D_x f(x)$$

등이 있다. 기호 $\frac{d}{dx}$와 D는 미분법의 연산을 나타낸다. $\frac{dy}{dx}$를 'x에 관한 y의 도함수', $\frac{df}{dx}$와 $\frac{d}{dx}f(x)$를 'x에 관한 f의 도함수'라고 부른다. '프라임' 기호 y'과 f'은 뉴턴(Newton)이 처음 사용한 기호이다. $\frac{d}{dx}$는 라이프니츠(Leibniz)가 사용한 기호이다. 기호 $\frac{dy}{dx}$를

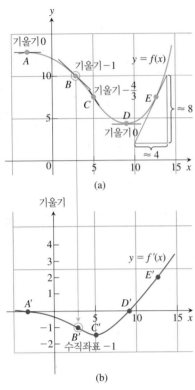

(a)

(b)

그림 2.6 (a)의 $y = f(x)$의 그래프로부터 기울기를 표시함으로써 (b)에서 $y = f'(x)$의 그래프를 만들었다. B'의 수직좌표는 B에서의 기울기이고 다른 점도 마찬가지이다. E에서 기울기는 약 8/4 = 2이다. (b)에서 f의 변화율은 x가 A'에서 D' 사이에서는 음수이고, D'의 오른쪽에서는 양수임을 알 수 있다.

비율로 생각해서는 안 된다. 단지 도함수를 나타내는 기호이다.

특정한 수 $x = a$에서 미분계수의 값을 표현하기 위해서는 기호

$$f'(a) = \frac{dy}{dx}\bigg|_{x=a} = \frac{df}{dx}\bigg|_{x=a} = \frac{d}{dx}f(x)\bigg|_{x=a}$$

를 이용한다. 예를 들어, 예제 2에서

$$f'(4) = \frac{d}{dx}\sqrt{x}\bigg|_{x=4} = \frac{1}{2\sqrt{x}}\bigg|_{x=4} = \frac{1}{2\sqrt{4}} = \frac{1}{4}$$

로 쓸 수도 있다.

도함수의 그래프 그리기

가끔 f의 그래프에서의 기울기들을 계산함으로써 $y = f(x)$의 도함수의 그래프를 근사적으로 그릴 수 있다. 즉, xy평면에 점 $(x, f'(x))$를 표시하고 매끄러운 곡선으로 점들을 이으면 $y = f'(x)$의 그래프가 된다.

예제 3 그림 2.6(a)의 함수 $y = f(x)$에 대한 도함수의 그래프를 그리라.

풀이 구간을 짧게 여러 구간으로 나누어 각 구간에서 f의 그래프에 대한 접선을 스케치하고 이들의 기울기를 이용해 이 점들에서 $f'(x)$의 값들을 추정한다. 대응하는 $(x, f'(x))$를 표시하고 점들을 매끄러운 곡선으로 연결하여 그림 2.6(b)처럼 그린다. ■

$y = f'(x)$의 그래프로부터 무엇을 배울 수 있는가? 첫눈에 다음과 같은 것을 알 수 있다.

1. f의 변화율이 양, 음, 0이 되는 곳
2. 임의의 점 x에서 증가율의 대강의 크기와 $f(x)$의 크기와 관련하여 $f'(x)$의 크기
3. 변화율이 증가 또는 감소하는 곳

구간에서 미분가능; 한쪽 미분계수

함수 $y = f(x)$는 (유한, 또는 무한의) 열린 구간의 각 점에서 미분계수가 존재할 때 그 **구간에서 미분가능**하다고 한다. $y = f(x)$는 열린 구간 (a, b)에서 미분가능하고 극한

$$\lim_{h \to 0^+} \frac{f(a + h) - f(a)}{h} \qquad \boldsymbol{a}\text{에서의 우미분계수}$$

$$\lim_{h \to 0^-} \frac{f(b + h) - f(b)}{h} \qquad \boldsymbol{b}\text{에서의 좌미분계수}$$

이 양 끝점에서 존재한다면 **닫힌 구간 $[a, b]$에서 미분가능**하다고 한다(그림 2.7).

우미분계수와 좌미분계수는 함수의 정의역의 임의의 점에서 정의될 수도 있다. 1.4절의 정리 6에 의해, 함수가 어떤 점에서 미분계수를 갖기 위한 필요충분조건은 그 점에서 우미분계수와 좌미분계수를 갖고, 이 두 값이 일치하는 것이다.

예제 4 함수 $y = |x|$는 $(-\infty, 0)$과 $(0, \infty)$에서 미분가능하지만 $x = 0$에서는 미분계수가 존재하지 않음을 보이라.

풀이 2.1절에서 $y = mx + b$의 미분계수는 기울기 m이 됨을 보였다. 따라서 원점의 오른쪽에서, 즉 $x > 0$에서

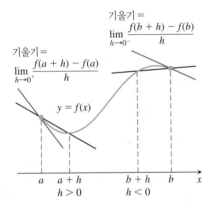

기울기 =
$$\lim_{h \to 0^+} \frac{f(a + h) - f(a)}{h}$$

기울기 =
$$\lim_{h \to 0^-} \frac{f(b + h) - f(b)}{h}$$

$y = f(x)$

$a \quad a+h \qquad b+h \quad b \quad x$
$h > 0 \qquad\qquad h < 0$

그림 2.7 끝점에서 미분계수는 한쪽 방향으로의 극한이다.

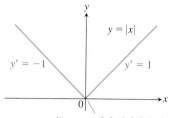

y'는 $x = 0$에서 정의되지 않는다.
우미분 계수 ≠ 좌미분 계수

그림 2.8 함수 $y = |x|$는 그래프가 꺾이는 원점에서는 미분가능하지 않다(예제 4).

$$\frac{d}{dx}(|x|) = \frac{d}{dx}(x) = \frac{d}{dx}(1 \cdot x) = 1 \qquad \frac{d}{dx}(mx+b) = m, \; x>0 \text{이므로} \; |x| = x$$

이 성립하고, 원점의 왼쪽에서는, 즉 $x<0$에서

$$\frac{d}{dx}(|x|) = \frac{d}{dx}(-x) = \frac{d}{dx}(-1 \cdot x) = -1 \qquad x<0\text{이므로} \; |x| = -x$$

이 성립한다(그림 2.8). 원점에서 두 직선이 부드럽지 않게 각을 이루어 만난다. 원점에서 한쪽 미분계수들이 다르므로 그곳에서 미분계수가 존재하지 않는다.

$$\text{원점에서 } |x|\text{의 우미분계수} = \lim_{h \to 0^+} \frac{|0+h| - |0|}{h} = \lim_{h \to 0^+} \frac{|h|}{h}$$
$$= \lim_{h \to 0^+} \frac{h}{h} \qquad h>0\text{이므로} \; |h| = h$$
$$= \lim_{h \to 0^+} 1 = 1$$

$$\text{원점에서 } |x|\text{의 좌미분계수} = \lim_{h \to 0^-} \frac{|0+h| - |0|}{h} = \lim_{h \to 0^-} \frac{|h|}{h}$$
$$= \lim_{h \to 0^-} \frac{-h}{h} \qquad h<0\text{이므로} \; |h| = -h$$
$$= \lim_{h \to 0^-} -1 = -1 \qquad ∎$$

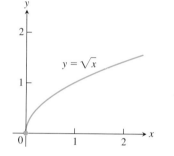

그림 2.9 제곱근 함수는 $x = 0$에서 그래프가 수직 접선을 가지므로 미분가능하지 않다(예제 5).

예제 5 예제 2에서 $x>0$에서

$$\frac{d}{dx}\sqrt{x} = \frac{1}{2\sqrt{x}}$$

임을 알았다. 정의를 적용해 $x=0$에서 미분계수가 존재하는지를 조사하자.

풀이 (우)극한이 무한이므로 $x=0$에서는 미분계수가 존재하지 않는다. 원점에서 $y=\sqrt{x}$의 그래프 위의 점 $(h, \sqrt{h})$를 잇는 할선의 기울기가 ∞로 가므로 이 그래프는 원점에서 수직 접선을 갖는다(그림 2.9 참조). ∎

함수가 도함수를 갖지 않을 때

함수는 점 $P(x_0, f(x_0))$와 가까운 그래프 위의 점 Q를 지나는 할선의 기울기가 Q가 P에 접근할 때, 어떤 극한에 접근한다면 점 x_0에서 도함수를 갖는다. Q가 P에 접근할 때 할선이 극한을 갖지 못하거나 수직선이 된다면 도함수는 존재하지 않는다. 따라서 미분 가능성은 f의 그래프의 '매끄러움' 상태이다. 그래프가 어떤 점에서 다음과 같은 상황을 맞게 되면 그 함수는 그 점에서 미분불가능이다.

마지막 예는 $x=0$에서 연속인 함수이다. 하지만 $x=0$에 가까이 갈 때 그래프는 위아래로 무한히 진동한다. 원점을 지나는 할선의 기울기가 -1과 1 사이를 진동하므로 $x=0$에서 극한을 갖지 않는다.

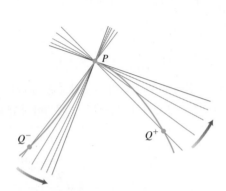

1. 꺾인 점: 한쪽 미분계수들이 서로 다른 경우

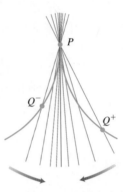

2. 첨점: PQ의 기울기가 한쪽에서는 ∞로, 다른 쪽에서는 $-\infty$로 접근하는 경우

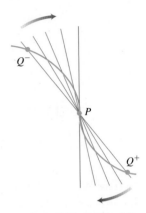

3. 수직 접선: PQ의 기울기가 양쪽에서 ∞ 또는 $-\infty$로 접근하는 경우 (여기서는 $-\infty$)

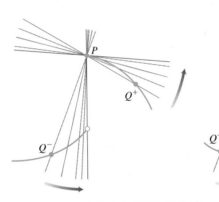

4. 불연속 점(두 가지 예)

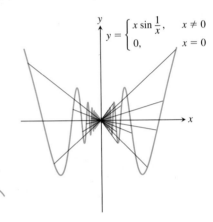

5. 무한 진동

미분가능한 함수는 연속이다

함수는 미분계수를 갖는 모든 점에서 연속이다.

> **정리 1 미분가능하면 연속이다.** f가 $x=c$에서 미분계수를 갖는다면, f는 $x=c$에서 연속이다.

증명 $f'(c)$가 존재한다고 하자. $\lim\limits_{x \to c} f(x) = f(c)$ 즉 동일하게, $\lim\limits_{h \to 0} f(c+h) = f(c)$가 성립함을 보여야 한다. $h \neq 0$이라면

$$f(c + h) = f(c) + (f(c + h) - f(c)) \qquad \text{\small $f(c)$를 더하고 뺌}$$

$$= f(c) + \frac{f(c + h) - f(c)}{h} \cdot h \qquad \text{\small h로 곱하고 나눔}$$

가 성립한다. $h \to 0$일 때 극한을 취한다. 1.2절의 정리 1에 의해 다음 식이 성립한다.

$$\lim_{h \to 0} f(c + h) = \lim_{h \to 0} f(c) + \lim_{h \to 0} \frac{f(c + h) - f(c)}{h} \cdot \lim_{h \to 0} h$$

$$= f(c) + f'(c) \cdot 0$$

$$= f(c) + 0$$

$$= f(c)$$

■

한쪽 방향으로의 극한에 대한 비슷한 논의를 이용하면 f가 $x=c$에서 한쪽 (우 또는 좌) 미분계수를 갖는다면, f는 $x=c$에서 그 쪽으로부터 연속이다.

정리 1은 함수가 어떤 점에서 불연속 (예를 들어, 도약 불연속)이면 함수는 그곳에서 미분가능하지 않다는 것을 말한다. 최대 정수함수 $y=\lfloor x \rfloor$는 각 정수 $x=n$에서 미분가능하지 않다(1.5절, 예제 4).

주의 정리 1의 역은 성립하지 않는다. 예제 4에서 보았듯이 함수가 연속인 점에서 꼭 도함수를 가질 필요는 없다.

연습문제 2.2

도함수와 값 구하기 그래프

연습문제 1~6에서 정의를 이용하여 함수들의 도함수를 구하고, 주어진 점에서 도함수의 값들을 구하라.

1. $f(x) = 4 - x^2$; $\ f'(-3), f'(0), f'(1)$

2. $F(x) = (x-1)^2 + 1$; $\ F'(-1), F'(0), F'(2)$

3. $g(t) = \dfrac{1}{t^2}$; $\ g'(-1), g'(2), g'(\sqrt{3})$

4. $k(z) = \dfrac{1-z}{2z}$; $\ k'(-1), k'(1), k'(\sqrt{2})$

5. $p(\theta) = \sqrt{3\theta}$; $\ p'(1), p'(3), p'(2/3)$

6. $r(s) = \sqrt{2s+1}$; $\ r'(0), r'(1), r'(1/2)$

연습문제 7~12에서 지시된 도함수를 구하라.

7. $y = 2x^3$일 때 $\dfrac{dy}{dx}$

8. $r = s^3 - 2s^2 + 3$일 때 $\dfrac{dr}{ds}$

9. $s = \dfrac{t}{2t+1}$일 때 $\dfrac{ds}{dt}$

10. $v = t - \dfrac{1}{t}$일 때 $\dfrac{dv}{dt}$

11. $p = q^{3/2}$일 때 $\dfrac{dp}{dq}$

12. $z = \dfrac{1}{\sqrt{w^2-1}}$일 때 $\dfrac{dz}{dw}$

기울기와 접선

연습문제 13~16에서 함수들을 미분하고, 독립변수의 주어진 값에서 접선의 기울기를 구하라.

13. $f(x) = x + \dfrac{9}{x}$, $\ x = -3$

14. $k(x) = \dfrac{1}{2+x}$, $\ x = 2$

15. $s = t^3 - t^2$, $\ t = -1$

16. $y = \dfrac{x+3}{1-x}$, $\ x = -2$

연습문제 17~18에서 함수들을 미분하고, 함수의 그래프 위의 주어진 점에서 접선의 방정식을 구하라.

17. $y = f(x) = \dfrac{8}{\sqrt{x-2}}$, $\ (x, y) = (6, 4)$

18. $w = g(z) = 1 + \sqrt{4-z}$, $\ (z, w) = (3, 2)$

연습문제 19~22에서 미분계수의 값을 구하라.

19. $s = 1 - 3t^2$일 때 $\left.\dfrac{ds}{dt}\right|_{t=-1}$

20. $y = 1 - \dfrac{1}{x}$일 때 $\left.\dfrac{dy}{dx}\right|_{x=\sqrt{3}}$

21. $r = \dfrac{2}{\sqrt{4-\theta}}$일 때 $\left.\dfrac{dr}{d\theta}\right|_{\theta=0}$

22. $w = z + \sqrt{z}$일 때 $\left.\dfrac{dw}{dz}\right|_{z=4}$

도함수에 대한 다른 공식 이용하기

연습문제 23~26에서 공식

$$f'(x) = \lim_{z \to x} \frac{f(z) - f(x)}{z - x}$$

를 이용하여 함수들의 도함수를 구하라.

23. $f(x) = \dfrac{1}{x+2}$

24. $f(x) = x^2 - 3x + 4$

25. $g(x) = \dfrac{x}{x-1}$

26. $g(x) = 1 + \sqrt{x}$

그래프

연습문제 27~30에서 그래프로 나타낸 함수들의 도함수를 그림 (a)~(d)의 그래프에서 찾아라.

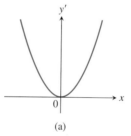

(a)

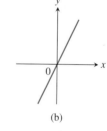

(b)

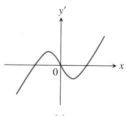

(c)

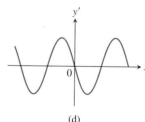

(d)

27.

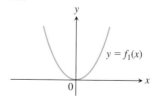

$y = f_1(x)$

28.

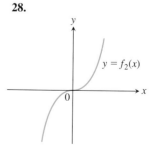

$y = f_2(x)$

29.

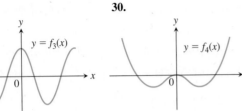

30.

31. a. 다음 그래프는 끝점들을 선분으로 연결하여 만든 것이다. 구간 $[-4, 6]$의 어느 점에서 f'이 정의되지 않는가? 그 이유를 설명하라.

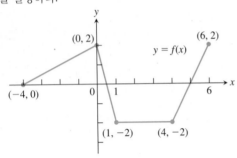

b. f의 도함수의 그래프를 그리라. 그래프는 계단함수가 될 것이다.

32. 도함수로부터 원함수 찾기

a. 다음 정보를 이용하여 닫힌 구간 $[-2, 5]$에서 함수 f의 그래프를 그리라.

i) f의 그래프는 끝점을 연결하는 닫힌 선분들로 이루어졌다.

ii) 그래프는 점 $(-2, 3)$에서 시작한다.

iii) f의 도함수는 다음 그림과 같은 계단함수이다.

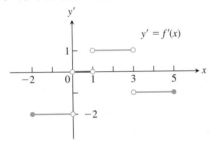

b. 그래프가 $(-2, 3)$ 대신 $(-2, 0)$에서 시작하는 조건으로 (a)의 과정을 반복하라.

33. 경제 성장　다음 그래프는 2005년부터 2011년까지 미국의 국민 총생산(GNP)의 연평균 변화 $y = f(t)$를 보여준다. (정의된 곳에서) dy/dt의 그래프를 그리라.

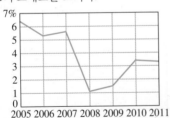

34. 초파리　(1.1절, 예제 4의 계속) 닫힌 환경(예를 들어, 실험실)에서 시작하는 파리의 수는 비교적 적은 수가 존재하는 초기에는 천천히 증가하다가 번식하는 파리의 수가 증가하면서 먹을 것이 아직은 충분할 때는 빠르게 증가한다. 환경이 수용능력의 한계에 도달하게 되면 파리의 수는 다시 천천히 증가한다.

a. 예제 3의 그래프 방법을 이용하여 초파리 수의 도함수에 대한 그래프를 그리라. 아래 그림은 파리 수의 그래프이다.

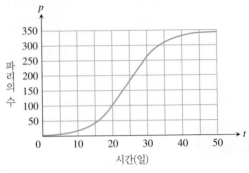

b. 기간 중 파리의 수가 가장 빠르게 증가한 날과 가장 느리게 증가한 날을 찾아라.

35. 온도　주어진 그림은 캘리포니아주의 도시 데이비스에서 2008년 4월 18일 오전 6시부터 오후 6시까지의 온도 $T(℃)$를 보여준다.

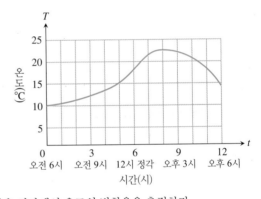

a. 다음 시간에서 온도의 변화율을 추정하라.

i) 오전 7시　**ii)** 오전 9시　**iii)** 오후 2시　**iv)** 오후 4시

b. 몇 시에 온도가 가장 빠르게 증가하는가? 또는 빠르게 감소하는가? 그 때 변화율은 각각 얼마인가?

c. 예제 3의 그래프 방법을 이용하여 시간 t에 대한 온도 T의 도 함수를 그리라.

36. 캘리포니아주의 도시 새크라멘토에서 2006년부터 2015년까지 단독주택의 평균 가격(단위는 천 달러)이 아래 그래프에 주어져 있다.

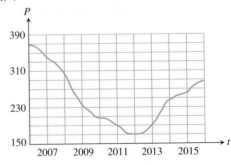

a. 몇 년 동안 주택의 가격이 내렸는가? 또한 올랐는가?

b. 다음 년도의 말에서 주택 가격을 추정하라.
　　i) 2007년　ii) 2012년　iii) 2015년

c. 다음 년도의 초에서 주택 가격의 변화율을 추정하라.
　　i) 2007년　ii) 2010년　iii) 2014년

d. 주택 가격이 가장 빠르게 떨어진 기간은 몇 년 동안인가?
　변화율을 추정하라.

e. 주택 가격이 가장 빠르게 상승한 기간은 몇 년 동안인가?
　변화율을 추정하라.

f. 예제 3의 그래프 방법을 이용하여 시간 t에 관한 가격 P의
　도함수를 그리라.

한쪽 미분계수

연습문제 37~40에서 좌미분계수와 우미분계수를 비교하여 각 함수가 점 P에서 미분가능하지 않음을 보이라.

37.

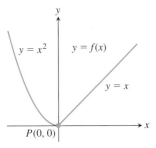

38.

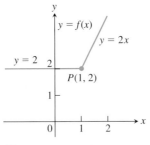

39.

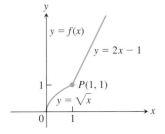

40.

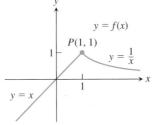

연습문제 41~44에서 구분적으로 정의된 함수가 원점에서 미분가능한지를 판정하라.

41. $f(x) = \begin{cases} 2x - 1, & x \geq 0 \\ x^2 + 2x + 7, & x < 0 \end{cases}$

42. $g(x) = \begin{cases} x^{2/3}, & x \geq 0 \\ x^{1/3}, & x < 0 \end{cases}$

43. $f(x) = \begin{cases} 2x + \tan x, & x \geq 0 \\ x^2, & x < 0 \end{cases}$

44. $g(x) = \begin{cases} 2x - x^3 - 1, & x \geq 0 \\ x - \dfrac{1}{x+1}, & x < 0 \end{cases}$

구간에서의 미분가능성과 연속성

연습문제 45~50에서 각 그림은 닫힌 구간 D에서 함수의 그래프를 나타낸다. 정의역의 어느 점에서 다음 문항에 대한 답이 되는지 이유를 설명하라.

　a. 함수가 미분가능한가?

　b. 함수가 연속이지만 미분가능하지 않은가?

　c. 함수가 연속하지도 미분가능하지도 않은가?

45.

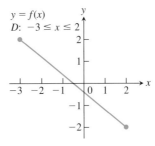

46.

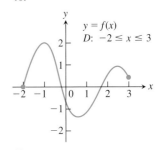

47.

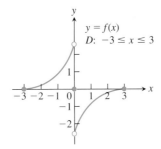

48.

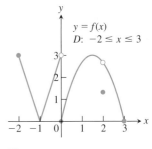

49.

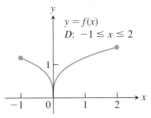

50.

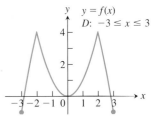

이론과 예제

연습문제 51~54에서

　a. 주어진 함수 $y = f(x)$의 도함수 $f'(x)$를 구하라.

　b. 다른 좌표를 이용하여 $y = f(x)$와 $y = f'(x)$의 그래프를 나란히 그리고 다음 질문에 답하라.

　c. 존재한다면, 어떤 x값에 대해 f'가 양, 0 또는 음인가?

　d. 존재한다면, 어떤 x값 구간에 대해 x가 증가할 때 함수 $y = f(x)$가 증가하는가? x가 증가할 때 $y = f(x)$가 감소하는가? 이것은 (c)에서 여러분이 구한 것과 어떻게 관련되어 있는가?(이 관계에 대해 3.3절에서 좀 더 자세히 다루겠다.)

51. $y = -x^2$ 　　　　**52.** $y = -1/x$

53. $y = x^3/3$ 　　　　**54.** $y = x^4/4$

55. 포물선의 접선 포물선 $y = 2x^2 - 13x + 5$는 기울기가 -1인 접선을 갖는가? 그렇다면 접점을 구하고 접선의 방정식을 구하라. 그렇지 않다면 왜 그런지 밝혀라.

56. $y = \sqrt{x}$의 접선 곡선 $y = \sqrt{x}$의 접선 중 $x = -1$에서 x축을 교차하는 접선이 존재하는가? 그렇다면 접점과 접선의 방정식을 구하라. 그렇지 않다면 그 이유를 설명하라.

57. $-f$의 도함수 함수 $f(x)$가 점 $x = x_0$에서 미분가능하다는 것을 안다면 $x = x_0$에서 $-f$의 미분가능성에 관해 어떤 것을 알 수 있는가? 그 이유를 설명하라.

58. 상수배의 도함수 함수 $g(t)$가 점 $t = 7$에서 미분가능하다는 것을

안다면 $t=7$에서 $3g$의 미분가능성에 관해 어떤 것을 알 수 있는가? 그 이유를 설명하라.

59. 나눗셈의 극한 함수 $g(t)$와 $h(t)$가 t의 모든 값에 대해 정의되고 $g(0)=h(0)=0$이라 하자. $\lim_{t \to 0}(g(t))/(h(t))$가 존재하는가? 존재한다면, 그것은 0이어야만 하는가? 그 이유를 설명하라.

60. a. 함수 $f(x)$가 $-1 \leq x \leq 1$에 대해 $|f(x)| \leq x^2$을 만족한다고 하자. f는 $x=0$에서 미분가능함을 보이고 $f'(0)$을 구하라.

  b. $f(x) = \begin{cases} x^2 \sin\dfrac{1}{x}, & x \neq 0 \\ 0, & x = 0 \end{cases}$

  가 $x=0$에서 미분가능함을 보이고 $f'(0)$을 구하라.

T 61. $0 \leq x \leq 2$인 창에서 $y=1/(2\sqrt{x})$의 그래프를 그리라. 그런 후 같은 창에서 $h=1, 0.5, 0.1$일 때

$$y = \frac{\sqrt{x+h} - \sqrt{x}}{h}$$

의 그래프를 그리라. 다음에 $h=-1, -0.5, -0.1$일 때 그래프를 그리라. 어떤 일이 일어나는지를 설명하라.

T 62. $-2 \leq x \leq 2$, $0 \leq y \leq 3$인 창에서 $y=3x^2$의 그래프를 그리라. 그런 후 같은 창에서 $h=2, 1, 0.2$일 때

$$y = \frac{(x+h)^3 - x^3}{h}$$

의 그래프를 그리라. 다음에 $h=-2, -1, -0.2$일 때 그래프를 그리라. 어떤 일이 일어나는지를 설명하라.

T 63. $y=|x|$**의 도함수** $f(x)=|x|$의 도함수 그래프를 그리고,

$$y = \frac{|x| - 0}{x - 0} = \frac{|x|}{x}$$

의 그래프를 그리라. 어떤 결론을 얻을 수 있는가?

T 64. **바이어슈트라스(Weierstrass)의 모든 점 미분불가능 연속함수**   바이어슈트라스 함수 $f(x) = \sum_{n=0}^{\infty} (2/3)^n \cos(9^n \pi x)$의 처음 여덟 항의 합은

$$g(x) = \cos(\pi x) + (2/3)^1 \cos(9\pi x) + (2/3)^2 \cos(9^2 \pi x)$$
$$+ (2/3)^3 \cos(9^3 \pi x) + \cdots + (2/3)^7 \cos(9^7 \pi x)$$

이다. 이 합의 그래프를 그리라. 몇 번 확대하라. 이 그래프가 얼마나 울퉁불퉁하고 들쑥날쑥한가? 그래프의 나타내진 부분이 매끄러운 지를 확인하라.

컴퓨터 탐구

연습문제 65~70에서 함수에 대하여 CAS를 이용하여 다음 단계를 수행하라.

  a. $y=f(x)$를 그려서 함수의 대역적 움직임을 살펴보라.

  b. 일반적인 점 x에서 일반적인 단계 크기 h를 이용해 차분몫 q를 정의하라.

  c. $h \to 0$일 때 극한을 구하라. 이것으로 어떤 공식을 얻을 수 있는가?

  d. 값 $x=x_0$을 대체하고 함수 $y=f(x)$를 그 점에서 이것의 접선과 함께 그리라.

  e. (c)에서 얻은 공식에서 x를 x_0보다 크거나 작은 값들로 대체하라. 여러분이 그린 그림과 함께 이 수들이 의미 있는 수가 되는가?

  f. (c)에서 얻은 공식의 그래프를 그리라. 이것의 값들이 음이 된다는 것은 무엇을 의미하는가? 0이라면? 양이라면? 이것이 (a)에서 그린 그림과 함께 의미를 갖는가? 그 이유를 설명하라.

65. $f(x) = x^3 + x^2 - x$, $x_0 = 1$

66. $f(x) = x^{1/3} + x^{2/3}$, $x_0 = 1$

67. $f(x) = \dfrac{4x}{x^2 + 1}$, $x_0 = 2$

68. $f(x) = \dfrac{x - 1}{3x^2 + 1}$, $x_0 = -1$

69. $f(x) = \sin 2x$, $x_0 = \pi/2$

70. $f(x) = x^2 \cos x$, $x_0 = \pi/4$

2.3   미분 공식

이 절에서는 상수함수, 거듭제곱 함수, 다항함수, 유리함수와 이들의 어떤 조합으로 된 함수까지 매번 극한을 이용하지 않고서 쉽고 직접 미분할 수 있는 여러 공식들을 소개한다.

거듭제곱, 상수배, 합과 차

미분법의 가장 기본적인 공식은 모든 상수함수의 도함수가 0이라는 것이다.

> **상수함수의 도함수**
> 함수 f가 상수값 $f(x)=c$를 갖는 상수함수라면, 다음 공식이 성립한다.
>
> $$\frac{df}{dx} = \frac{d}{dx}(c) = 0$$

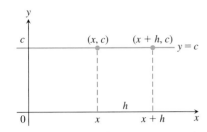

그림 2.10 공식 $\dfrac{d}{dx}c=0$은 상수함수의 값이 절대 변하지 않고 모든 점에서 수평선의 기울기가 0이라는 것을 말하는 다른 방법이다.

증명 함숫값이 항상 c인 함수 $f(x)=c$(그림 2.10)에 도함수의 정의를 적용하면, 모든 x값에 대해

$$f'(x) = \lim_{h \to 0}\frac{f(x+h)-f(x)}{h} = \lim_{h \to 0}\frac{c-c}{h} = \lim_{h \to 0}0 = 0 \qquad \blacksquare$$

이제 거듭제곱 함수를 생각해보자. 2.1절에서 다음을 알았다.

$$\frac{d}{dx}\left(\frac{1}{x}\right) = -\frac{1}{x^2}, \quad 즉, \quad \frac{d}{dx}(x^{-1}) = -x^{-2}$$

앞 절의 예제 2에서 또한 다음을 알았다.

$$\frac{d}{dx}\left(\sqrt{x}\right) = \frac{1}{2\sqrt{x}}, \quad 즉, \quad \frac{d}{dx}(x^{1/2}) = \frac{1}{2}x^{-1/2}$$

이 두 예제는 거듭제곱 x^n을 미분하는 일반적인 공식을 암시해준다. 먼저 n이 양의 정수일 때 공식을 증명한다.

양의 정수 거듭제곱 함수의 도함수
n이 양의 정수일 때, 다음 공식이 성립한다.
$$\frac{d}{dx}x^n = nx^{n-1}$$

증명 공식

$$z^n - x^n = (z-x)(z^{n-1} + z^{n-2}x + \cdots + zx^{n-2} + x^{n-1})$$

은 우변을 전개하여 보일 수 있다. 그러면 도함수의 정의에 대한 다른 형태로부터 다음 식을 얻을 수 있다.

$$\begin{aligned}
f'(x) &= \lim_{z \to x}\frac{f(z)-f(x)}{z-x} = \lim_{z \to x}\frac{z^n - x^n}{z-x} \\
&= \lim_{z \to x}(z^{n-1} + z^{n-2}x + \cdots + zx^{n-2} + x^{n-1}) \qquad {\scriptstyle n항} \\
&= nx^{n-1} \qquad\qquad\qquad\qquad\qquad\qquad\qquad \blacksquare
\end{aligned}$$

거듭제곱 미분 공식은 실제로 양의 정수뿐만 아니라 모든 실수 n에 대해 성립한다. 음의 정수와 분수 제곱에 대한 예제를 보았으며, n이 무리수일 때에도 성립한다. 여기서는 일반적인 공식을 서술만 하고, 증명은 7장으로 미룬다.

거듭제곱 미분 공식(일반적인 형태)
n이 임의의 실수일 때, x^n과 x^{n-1}이 정의되는 모든 x에서 다음 공식이 성립한다.
$$\frac{d}{dx}x^n = nx^{n-1}$$

예제 1 다음 x의 거듭제곱을 미분하라.

(a) x^3 **(b)** $x^{2/3}$ **(c)** $x^{\sqrt{2}}$ **(d)** $\dfrac{1}{x^4}$ **(e)** $x^{-4/3}$ **(f)** $\sqrt{x^{2+\pi}}$

풀이   **(a)** $\dfrac{d}{dx}(x^3) = 3x^{3-1} = 3x^2$ **(b)** $\dfrac{d}{dx}(x^{2/3}) = \dfrac{2}{3}x^{(2/3)-1} = \dfrac{2}{3}x^{-1/3}$

(c) $\dfrac{d}{dx}\left(x^{\sqrt{2}}\right) = \sqrt{2}x^{\sqrt{2}-1}$

(d) $\dfrac{d}{dx}\left(\dfrac{1}{x^4}\right) = \dfrac{d}{dx}\left(x^{-4}\right) = -4x^{-4-1} = -4x^{-5} = -\dfrac{4}{x^5}$

(e) $\dfrac{d}{dx}\left(x^{-4/3}\right) = -\dfrac{4}{3}x^{-(4/3)-1} = -\dfrac{4}{3}x^{-7/3}$

(f) $\dfrac{d}{dx}\left(\sqrt{x^{2+\pi}}\right) = \dfrac{d}{dx}\left(x^{1+(\pi/2)}\right) = \left(1+\dfrac{\pi}{2}\right)x^{1+(\pi/2)-1} = \dfrac{1}{2}(2+\pi)\sqrt{x^\pi}$ ■

다음 공식은 미분가능한 함수에 상수가 곱해지면, 이것의 도함수에 같은 상수를 곱한 것으로 미분된다는 것을 말한다.

> **상수배 미분 공식**
> u가 x의 미분가능한 함수이고 c가 상수이면, 다음 공식이 성립한다.
> $$\dfrac{d}{dx}(cu) = c\dfrac{du}{dx}$$

증명

$$\dfrac{d}{dx}cu = \lim_{h\to 0}\dfrac{cu(x+h) - cu(x)}{h} \qquad f(x) = cu(x)\text{로 놓고}$$
도함수 정의 이용

$$= c\lim_{h\to 0}\dfrac{u(x+h) - u(x)}{h} \qquad \text{상수배 극한 성질}$$

$$= c\dfrac{du}{dx} \qquad u\text{는 미분가능}$$

■

예제 2

(a) 도함수 공식

$$\dfrac{d}{dx}(3x^2) = 3\cdot 2x = 6x$$

는 $y = x^2$의 그래프를 y좌표를 3배하여 재설정하면, 각 점에서의 기울기에 3을 곱하게 된다는 것을 말한다(그림 2.11).

(b) 함수의 음

미분가능한 함수 u의 음의 도함수는 함수의 도함수의 음이다. 상수배 공식에서 $c = -1$을 대입하면 다음 식을 구할 수 있다.

$$\dfrac{d}{dx}(-u) = \dfrac{d}{dx}(-1\cdot u) = -1\cdot\dfrac{d}{dx}(u) = -\dfrac{du}{dx}$$

■

다음 공식은 2개의 미분가능한 함수들의 합의 도함수는 그들의 도함수들의 합임을 말한다.

> **합의 미분 공식**
> u와 v가 x의 미분가능한 함수라면, 그들의 합 $u+v$도 u와 v가 모두 미분가능한 모든 점에서 미분가능하다. 그러한 점들에서 다음 공식이 성립한다.
> $$\dfrac{d}{dx}(u+v) = \dfrac{du}{dx} + \dfrac{dv}{dx}$$

증명 $f(x) = u(x) + v(x)$에 도함수의 정의를 적용한다.

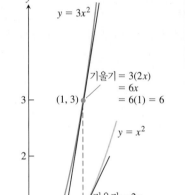

그림 2.11 $y = x^2$과 $y = 3x^2$의 그래프. y좌표를 3배 하면 기울기도 3배가 된다(예제 2).

함수를 u와 v로 놓기
미분 공식이 필요할 때 우리가 다루고자 하는 함수들을 f와 g 같은 문자로 표시한다. 미분 공식을 말할 때, 이와 똑같은 문자가 사용되길 원하지 않는다. 이 문제를 해결하기 위해, 도함수 공식의 함수들로 전에 이미 사용되지 않았을 것 같은 문자 u와 v를 사용한다.

$$\frac{d}{dx}\big[\,u(x) + v(x)\,\big] = \lim_{h \to 0} \frac{\big[\,u(x+h) + v(x+h)\,\big] - \big[\,u(x) + v(x)\,\big]}{h}$$

$$= \lim_{h \to 0} \left[\frac{u(x+h) - u(x)}{h} + \frac{v(x+h) - v(x)}{h}\right]$$

$$= \lim_{h \to 0} \frac{u(x+h) - u(x)}{h} + \lim_{h \to 0} \frac{v(x+h) - v(x)}{h} = \frac{du}{dx} + \frac{dv}{dx} \qquad \blacksquare$$

합의 공식과 상수배 공식을 결합하면 **차의 미분 공식**을 얻는데 이는 미분가능한 함수들의 차의 도함수는 그들의 도함수들의 차가 됨을 말해준다.

$$\frac{d}{dx}(u - v) = \frac{d}{dx}\big[\,u + (-1)v\,\big] = \frac{du}{dx} + (-1)\frac{dv}{dx} = \frac{du}{dx} - \frac{dv}{dx}$$

합의 공식은 또한 셋 이상의 함수의 합에 대해서도 그 수가 유한개이기만 하면 성립한다. u_1, u_2, $\cdots$, u_n이 x에 관해 미분가능한 함수라면 $u_1 + u_2 + \cdots + u_n$도 그렇고, 다음 관계가 성립한다.

$$\frac{d}{dx}(u_1 + u_2 + \cdots + u_n) = \frac{du_1}{dx} + \frac{du_2}{dx} + \cdots + \frac{du_n}{dx}$$

예를 들어, 세 함수에 대해

$$\frac{d}{dx}(u_1 + u_2 + u_3) = \frac{d}{dx}((u_1 + u_2) + u_3) = \frac{d}{dx}(u_1 + u_2) + \frac{du_3}{dx} = \frac{du_1}{dx} + \frac{du_2}{dx} + \frac{du_3}{dx}$$

와 같이 계산되므로, 공식이 성립함을 보일 수 있다. 유한개의 항에 대하여는 수학적 귀납법에 의한 증명이 부록 2에 있다.

예제 3   다항식 $x^3 + \frac{4}{3}x^2 - 5x + 1$의 도함수를 구하라.

풀이
$$\frac{dy}{dx} = \frac{d}{dx}x^3 + \frac{d}{dx}\left(\frac{4}{3}x^2\right) - \frac{d}{dx}(5x) + \frac{d}{dx}(1) \qquad \text{합과 차의 미분 공식}$$

$$= 3x^2 + \frac{4}{3}\cdot 2x - 5 + 0 = 3x^2 + \frac{8}{3}x - 5 \qquad \blacksquare$$

예제 3에서 미분한 것처럼 다항식을 항별로 미분할 수 있다. 모든 다항식은 모든 x에 대해 미분가능하다.

예제 4   곡선 $y = x^4 - 2x^2 + 2$는 수평 접선을 갖는가? 그렇다면 어디에서 갖는가?

풀이   있다면 수평 접선은 기울기 $\frac{dy}{dx}$가 0일 때 생긴다.

$$\frac{dy}{dx} = \frac{d}{dx}(x^4 - 2x^2 + 2) = 4x^3 - 4x$$

를 얻는다. 방정식 $\frac{dy}{dx} = 0$을 x에 관해 풀면

$$4x^3 - 4x = 0$$
$$4x(x^2 - 1) = 0$$
$$x = 0, 1, -1$$

을 얻는다. 곡선 $y = x^4 - 2x^2 + 2$는 $x = 0$, 1과 -1에서 수평 접선을 갖는다. 곡선 위의 대응하는 점은 $(0, 2)$, $(1, 1)$과 $(-1, 1)$이다. 그림 2.12 참조. $\qquad \blacksquare$

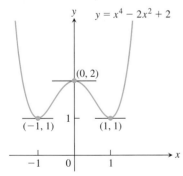

그림 2.12 예제 4의 곡선과 이것의 수평 접선

곱과 몫

두 함수의 합의 도함수는 각각의 도함수의 합인데 반해 두 함수의 곱의 도함수는 각각의 도함수의 곱이 아니다. 예를 들어, 다음 두 식의 값은 다르다.

$$\frac{d}{dx}(x \cdot x) = \frac{d}{dx}(x^2) = 2x \text{이지만} \quad \frac{d}{dx}(x) \cdot \frac{d}{dx}(x) = 1 \cdot 1 = 1$$

다음에 설명하듯이, 두 함수의 곱의 도함수는 두 곱의 합이다.

곱의 미분 공식

u와 v가 x에 관해 미분가능한 함수라면 그들의 곱 uv도 미분가능하고, 다음 공식이 성립한다.

$$\frac{d}{dx}(uv) = u\frac{dv}{dx} + \frac{du}{dx}v$$

곱 uv의 도함수는 u에 v의 도함수를 곱한 것과 u의 도함수에 v를 곱한 것의 합이다. 프라임 기호로는 $(uv)' = uv' + u'v$이다. 함수 기호는 다음과 같다.

$$\frac{d}{dx}[f(x)g(x)] = f(x)g'(x) + f'(x)g(x), \quad \text{즉} \quad (fg)' = fg' + f'g. \tag{3}$$

예제 5　$y = (x^2 + 1)(x^3 + 3)$의 도함수를 구하라.

풀이　**(a)** $u = x^2 + 1$과 $v = x^3 + 3$으로 놓고 곱의 공식을 이용하면, 다음 식을 구할 수 있다.

$$\frac{d}{dx}[(x^2 + 1)(x^3 + 3)] = (x^2 + 1)(3x^2) + (2x)(x^3 + 3) \qquad \scriptstyle \frac{d}{dx}(uv) = u\frac{dv}{dx} + \frac{du}{dx}v$$
$$= 3x^4 + 3x^2 + 2x^4 + 6x$$
$$= 5x^4 + 3x^2 + 6x.$$

(b) 이 특별한 곱은 y에 관한 원래의 표현을 전개한 후 결과를 미분함으로써 미분될 수 있다.

$$y = (x^2 + 1)(x^3 + 3) = x^5 + x^3 + 3x^2 + 3$$
$$\frac{dy}{dx} = 5x^4 + 3x^2 + 6x$$

이것은 **(a)**의 계산과 일치한다.

곱의 미분 공식의 증명

$$\frac{d}{dx}(uv) = \lim_{h \to 0} \frac{u(x + h)v(x + h) - u(x)v(x)}{h}$$

이 분수를 u와 v의 도함수에 대한 차분몫을 포함하는 동치인 식으로 변환하기 위해 분자에 $u(x+h)v(x)$를 빼고 더한다.

$$\frac{d}{dx}(uv) = \lim_{h \to 0} \frac{u(x + h)v(x + h) - u(x + h)v(x) + u(x + h)v(x) - u(x)v(x)}{h}$$
$$= \lim_{h \to 0}\left[u(x + h)\frac{v(x + h) - v(x)}{h} + v(x)\frac{u(x + h) - u(x)}{h} \right]$$
$$= \lim_{h \to 0} u(x + h) \cdot \lim_{h \to 0} \frac{v(x + h) - v(x)}{h} + v(x) \cdot \lim_{h \to 0} \frac{u(x + h) - u(x)}{h}$$

h가 0으로 갈 때 $u(x+h)$는 $u(x)$로 가는데 이는 x에 관해 미분가능한 함수로서 u가 x에

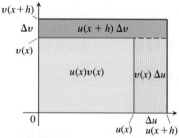

곱의 미분 공식을 그림으로 보이기
$u(x)$와 $v(x)$가 양이고 $h > 0$이고 x가 증가할 때 증가한다고 가정하자.

곱 uv의 변화량은 큰 사각형과 작은 사각형의 넓이 차이이다. 즉, 위쪽과 오른쪽의 붉은 그림자 영역의 직사각형의 합이다. 즉

$$\Delta(uv) = u(x+h)v(x+h) - u(x)v(x)$$
$$= u(x+h)\Delta v + v(x)\Delta u$$

이다. 이 식을 h로 나누면

$$\frac{\Delta(uv)}{h} = u(x + h)\frac{\Delta v}{h} + v(x)\frac{\Delta u}{h}$$

이고, $h \to 0^+$일 때 극한은 곱의 미분 공식을 얻는다.

관해 연속이기 때문이다. 두 분수는 x에서의 도함수 $\dfrac{dv}{dx}$와 $\dfrac{dv}{dx}$의 값에 근접한다. 간단히 말해 다음 식과 같다. 그러므로

$$\frac{d}{dx}(uv) = u\frac{dv}{dx} + v\frac{du}{dx} \qquad\blacksquare$$

두 함수의 몫의 도함수는 몫의 미분 공식에 의해 주어진다.

> **몫의 미분 공식**
>
> u와 v가 미분가능하고 $v(x) \neq 0$이라면, 몫 u/v는 미분가능하고 다음 식이 성립한다.
>
> $$\frac{d}{dx}\left(\frac{u}{v}\right) = \frac{v\dfrac{du}{dx} - u\dfrac{dv}{dx}}{v^2}$$

함수 기호로 쓰면, 다음 식과 같다.

$$\frac{d}{dx}\left[\frac{f(x)}{g(x)}\right] = \frac{g(x)f'(x) - f(x)g'(x)}{g^2(x)}$$

예제 6　$y = \dfrac{t^2 - 1}{t^3 + 1}$ 의 도함수를 구하라.

풀이　$u = t^2 - 1$과 $v = t^3 + 1$로 놓고 몫의 미분 공식을 적용하면

$$\begin{aligned}
\frac{dy}{dt} &= \frac{(t^3 + 1)\cdot 2t - (t^2 - 1)\cdot 3t^2}{(t^3 + 1)^2} \qquad \frac{d}{dt}\left(\frac{u}{v}\right) = \frac{v(du/dt) - u(dv/dt)}{v^2}\\[2mm]
&= \frac{2t^4 + 2t - 3t^4 + 3t^2}{(t^3 + 1)^2}\\[2mm]
&= \frac{-t^4 + 3t^2 + 2t}{3 \quad 2}
\end{aligned}$$

$\blacksquare$

몫의 미분 공식의 증명

$$\begin{aligned}
\frac{d}{dx}\left(\frac{u}{v}\right) &= \lim_{h\to 0}\frac{\dfrac{u(x+h)}{v(x+h)} - \dfrac{u(x)}{v(x)}}{h}\\[2mm]
&= \lim_{h\to 0}\frac{v(x)u(x+h) - u(x)v(x+h)}{hv(x+h)v(x)}
\end{aligned}$$

마지막 분수를 u와 v의 도함수에 대한 차분몫을 포함하는 동치인 표현으로 바꾸기 위해 분자에 $v(x)u(x)$를 빼고 더한다. 그러면

$$\begin{aligned}
\frac{d}{dx}\left(\frac{u}{v}\right) &= \lim_{h\to 0}\frac{v(x)u(x+h) - v(x)u(x) + v(x)u(x) - u(x)v(x+h)}{hv(x+h)v(x)}\\[2mm]
&= \lim_{h\to 0}\frac{v(x)\dfrac{u(x+h) - u(x)}{h} - u(x)\dfrac{v(x+h) - v(x)}{h}}{v(x+h)v(x)}
\end{aligned}$$

를 얻는다. 분자와 분모에 극한을 취하면 몫의 미분 공식을 얻는다. 연습문제 62에 또다른 증명의 개요를 볼 수 있다.

$\blacksquare$

미분 문제를 푸는 데 어떤 공식을 선택하는가에 따라 해야 할 작업의 양에 차이가 생긴다. 예를 보자.

예제 7 $y = \dfrac{(x-1)(x^2-2x)}{x^4}$의 도함수를 구하라.

풀이   도함수를 구하기 위해 몫의 미분 공식을 이용하는 대신 분자를 전개하고 x^4으로 나눈다.

$$y = \frac{(x-1)(x^2-2x)}{x^4} = \frac{x^3 - 3x^2 + 2x}{x^4} = x^{-1} - 3x^{-2} + 2x^{-3}$$

이제 합과 거듭제곱 공식을 이용하면 다음 식과 같다.

$$\frac{dy}{dx} = -x^{-2} - 3(-2)x^{-3} + 2(-3)x^{-4}$$

$$= -\frac{1}{x^2} + \frac{6}{x^3} - \frac{6}{x^4} \qquad\blacksquare$$

2계와 고계 도함수

$y = f(x)$가 미분가능한 함수라면, 이것의 도함수 $f'(x)$도 또한 함수이다. f'이 또한 미분가능하다면, f''이라 불리는 x에 관한 새로운 함수를 얻기 위해 f'을 미분할 수 있다. 따라서 $f'' = (f')'$이다. f''은 첫 번째 도함수의 도함수이므로 f의 **2계 도함수(second derivative)**라고 부른다. 기호로는

$$f''(x) = \frac{d^2y}{dx^2} = \frac{d}{dx}\left(\frac{dy}{dx}\right) = \frac{dy'}{dx} = y'' = D^2(f)(x) = D_x^2 f(x)$$

로 쓴다. 기호 D^2은 미분의 연산이 2번 수행됨을 뜻한다.

$y = x^6$이면 $y' = 6x^5$이고

$$y'' = \frac{dy'}{dx} = \frac{d}{dx}(6x^5) = 30x^4$$

이다. 따라서 $D^2(x^6) = 30x^4$이다.

y''이 미분가능하다면 이것의 도함수 $y''' = dy''/dx = d^3y/dx^3$을 x에 관한 y의 **3계 도함수(third derivative)**라고 부른다. 예상할 수 있듯이

$$y^{(n)} = \frac{d}{dx}y^{(n-1)} = \frac{d^ny}{dx^n} = D^ny$$

가 임의의 양의 정수 n에 대해 x에 관한 y의 **n계 도함수(nth derivative)**로 불리면서 이름을 계속 붙일 수 있다.

2계 도함수를 $y = f(x)$의 그래프의 어떤 점에서의 접선의 기울기의 변화로 설명할 수 있다. 다음 장에서 2계 도함수는 그래프가 접점에서 멀어지면서 움직일 때 접선에서 위로 또는 아래로 휘는지를 나타낸다는 것을 보게 될 것이다. 다음 절에서 우리는 2계와 3계 도함수를 직선을 따른 운동으로 설명한다.

예제 8 $y = x^3 - 3x^2 + 2$의 첫 네 도함수는

1계 도함수: $y' = 3x^2 - 6x$

2계 도함수: $y'' = 6x - 6$

3계 도함수: $y''' = 6$

4계 도함수: $y^{(4)} = 0$

도함수에 대한 기호 읽는 법

y' 'y 프라임' 또는 'y의 도함수'

y'' 'y 더블 프라임' 또는 'y의 2계 도함수'

$\dfrac{d^2y}{dx^2}$ 'd 제곱 y dx 제곱'

y''' 'y 트리플 프라임' 또는 'y의 3계 도함수'

$y^{(n)}$ 'y의 n계 도함수'

$\dfrac{d^ny}{dx^n}$ 'd n 제곱 y dx n 제곱'

D^n 'D n 제곱'

이다. 모든 다항함수는 모든 계의 도함수를 갖는다. 이 예제에서 5계 이상의 도함수는 모두 0이다. ∎

연습문제 2.3

도함수 계산

연습문제 1~12에서 1계와 2계 도함수를 구하라.

1. $y = -x^2 + 3$　　　　**2.** $y = x^2 + x + 8$

3. $s = 5t^3 - 3t^5$　　　　**4.** $w = 3z^7 - 7z^3 + 21z^2$

5. $y = \dfrac{4x^3}{3} - x + 2e^x$　**6.** $y = \dfrac{x^3}{3} + \dfrac{x^2}{2} + e^{-x}$

7. $w = 3z^{-2} - \dfrac{1}{z}$　　**8.** $s = -2t^{-1} + \dfrac{4}{t^2}$

9. $y = 6x^2 - 10x - 5x^{-2}$　**10.** $y = 4 - 2x - x^{-3}$

11. $r = \dfrac{1}{3s^2} - \dfrac{5}{2s}$　　**12.** $r = \dfrac{12}{\theta} - \dfrac{4}{\theta^3} + \dfrac{1}{\theta^4}$

연습문제 13~16에서 y'을 (a) 곱의 공식을 이용하여 구하고, (b) 인자들을 곱하여 미분하기 더 간단한 항들의 합으로 만들어 구하라.

13. $y = (3 - x^2)(x^3 - x + 1)$　**14.** $y = (2x + 3)(5x^2 - 4x)$

15. $y = (x^2 + 1)\left(x + 5 + \dfrac{1}{x}\right)$　**16.** $y = (1 + x^2)(x^{3/4} - x^{-3})$

연습문제 17~28에서 함수의 도함수를 구하라.

17. $y = \dfrac{2x + 5}{3x - 2}$　　**18.** $z = \dfrac{4 - 3x}{3x^2 + x}$

19. $g(x) = \dfrac{x^2 - 4}{x + 0.5}$　**20.** $f(t) = \dfrac{t^2 - 1}{t^2 + t - 2}$

21. $v = (1 - t)(1 + t^2)^{-1}$　**22.** $w = (2x - 7)^{-1}(x + 5)$

23. $f(s) = \dfrac{\sqrt{s} - 1}{\sqrt{s} + 1}$　**24.** $u = \dfrac{5x + 1}{2\sqrt{x}}$

25. $v = \dfrac{1 + x - 4\sqrt{x}}{x}$　**26.** $r = 2\left(\dfrac{1}{\sqrt{\theta}} + \sqrt{\theta}\right)$

27. $y = \dfrac{1}{(x^2 - 1)(x^2 + x + 1)}$　**28.** $y = \dfrac{(x + 1)(x + 2)}{(x - 1)(x - 2)}$

연습문제 29~32에서 함수의 모든 계의 도함수를 구하라.

29. $y = \dfrac{x^4}{2} - \dfrac{3}{2}x^2 - x$　**30.** $y = \dfrac{x^5}{120}$

30. $y = (x - 1)(x + 2)(x + 3)$　**32.** $y = (4x^2 + 3)(2 - x)x$

연습문제 33~38에서 함수의 1계와 2계 도함수를 구하라.

33. $y = \dfrac{x^3 + 7}{x}$　　**34.** $s = \dfrac{t^2 + 5t - 1}{t^2}$

35. $r = \dfrac{(\theta - 1)(\theta^2 + \theta + 1)}{\theta^3}$　**36.** $u = \dfrac{(x^2 + x)(x^2 - x + 1)}{x^4}$

37. $w = \left(\dfrac{1 + 3z}{3z}\right)(3 - z)$　**38.** $p = \dfrac{q^2 + 3}{(q - 1)^3 + (q + 1)^3}$

39. u와 v가 $x=0$에서 미분가능한 x의 함수들이고

$$u(0) = 5, \quad u'(0) = -3, \quad v(0) = -1, \quad v'(0) = 2$$

이다. $x=0$에서 다음 도함수들의 값을 구하라.

a. $\dfrac{d}{dx}(uv)$　**b.** $\dfrac{d}{dx}\left(\dfrac{u}{v}\right)$　**c.** $\dfrac{d}{dx}\left(\dfrac{v}{u}\right)$　**d.** $\dfrac{d}{dx}(7v - 2u)$

40. u와 v가 x의 미분가능한 함수들이고

$$u(1) = 2, \quad u'(1) = 0, \quad v(1) = 5, \quad v'(1) = -1$$

이다. $x=1$에서 다음 도함수들의 값을 구하라.

a. $\dfrac{d}{dx}(uv)$　**b.** $\dfrac{d}{dx}\left(\dfrac{u}{v}\right)$　**c.** $\dfrac{d}{dx}\left(\dfrac{v}{u}\right)$　**d.** $\dfrac{d}{dx}(7v - 2u)$

기울기와 접선

41. a. 곡선에의 법선　곡선 $y = x^3 - 4x + 1$ 위의 점 $(2, 1)$을 지나고 이 점에서 접선과 수직인 직선의 방정식을 구하라.

b. 가장 작은 기울기　이 곡선 위의 가장 작은 기울기는 얼마인가? 곡선 위의 어느 점에서 곡선이 이 기울기를 갖는가?

c. 특정한 기울기를 갖는 접선　이 곡선의 기울기가 8인 점들에서 곡 선에 접하는 직선의 방정식을 구하라.

42. a. 수평 접선 곡선　$y = x^3 - 3x - 2$의 수평 접선의 방정식을 구하라. 또한, 접점에서 이 접선에 수직인 직선의 방정식을 구하라.

b. 가장 작은 기울기　이 곡선 위의 가장 작은 기울기는 얼마인가? 곡선 위의 어느 점에서 곡선이 이 기울기를 갖는가? 이 점에서 곡선의 접선에 수직인 직선 (법선)의 방정식을 구하라.

43. (아래에 그려진) 뉴턴의 서펜타인 (뱀 모양 곡선) 위의 원점과 점 $(1, 2)$에서 접선을 구하라.

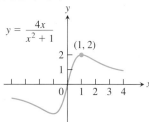

44. 아래에 그려진 곡선 애그네시의 마녀(Witch of Agnesi) 위의 점 $(2, 1)$에서 접선을 구하라.

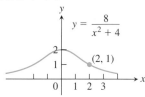

45. 항등함수에 접하는 2차 곡선　곡선 $y = ax^2 + bx + c$는 점 $(1, 2)$를 지나고 원점에서 직선 $y = x$와 접한다. a, b와 c를 구하라.

46. 공통 접선을 갖는 2차 곡선　곡선 $y = x^2 + ax + b$와 $y = cx - x^2$은 점 $(1, 0)$에서 공통 접선을 갖는다. a, b, c를 구하라.

47. $f(x) = 3x^2 - 4x$의 그래프 위에서 접선이 직선 $y = 8x + 5$와 평행한 모든 점을 구하라.

48. $g(x) = \dfrac{1}{3}x^3 - \dfrac{2}{3}x^2 + 1$의 그래프 위에서 접선이 직선 $8x - 2y = 1$과 평행한 모든 점을 구하라.

49. $y = x/(x-2)$의 그래프 위에서 접선이 직선 $y = 2x + 3$과 수직인 모든 점을 구하라.

50. $f(x) = x^2$의 그래프 위에서 접선이 점 $(3, 8)$을 지나는 모든 점을 구하라.

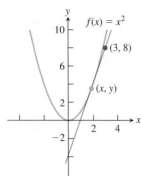

51. 함수 f와 g는 미분가능 함수라 하자. $f(1) = 2$, $f'(1) = -3$이고, $g(1) = 4$, $g'(1) = -2$라 할 때, $F(x) = f(x)g(x)$의 그래프에 $x = 1$에서 접하는 직선의 방정식을 구하라.

52. 함수 f와 g는 미분가능 함수라 하자. $f(2) = 3$, $f'(2) = -1$이고, $g(2) = -4$, $g'(2) = 1$이라 할 때, $F(x) = \dfrac{f(x) + 3}{x - g(x)}$의 그래프에 $x = 2$에서 수직인 직선의 방정식을 구하라.

53. a. 점 $(-1, 0)$에서 곡선 $y = x^3 - x$에 접하는 직선의 방정식을 구하라.

 ⊤ **b.** 곡선과 접선을 같은 영역에 그리라. 접선은 다른 점에서 곡선과 만난다. 자취와 줌을 이용해 그 점의 좌표를 추측하라.

 ⊤ **c.** 곡선과 접선에 대한 방정식을 동시에 놓고 연립하여 풀어서 두 번째 교점의 좌표의 추측값을 확인하라.

54. a. 원점에서 곡선 $y = x^3 - 6x^2 + 5x$에 접하는 직선의 방정식을 구하라.

 ⊤ **b.** 곡선과 접선을 같은 영역에 그리라. 접선은 다른 점에서 곡선과 만난다. 자취와 줌을 이용해 그 점의 좌표를 추측하라.

 ⊤ **c.** 곡선과 접선에 대한 방정식을 동시에 놓고 연립하여 풀어서 두 번째 교점의 좌표의 추측값을 확인하라.

이론과 예제

연습문제 55와 56에서 먼저 각각의 극한을 특정한 x값에서의 미분계수로 바꾸어서 계산하라.

55. $\displaystyle\lim_{x \to 1} \dfrac{x^{50} - 1}{x - 1}$ **56.** $\displaystyle\lim_{x \to -1} \dfrac{x^{2/9} - 1}{x + 1}$

57. 다음 함수를 모든 x값에서 미분가능하게 만들어주는 a의 값을 구하라.

$$g(x) = \begin{cases} ax, & x < 0 \\ x^2 - 3x, & x \geq 0 \end{cases}$$

58. 다음 함수를 모든 x값에서 미분가능하게 만들어주는 a와 b의 값을 구하라.

$$f(x) = \begin{cases} ax + b, & x > -1 \\ bx^2 \ \ 3, & x \leq -1 \end{cases}$$

59. 차수가 n인 일반적인 다항식의 형태는 $a_n \neq 0$일 때

$$P(x) = a_n x^n + a_{n-1}x^{n-1} + \cdots + a_2 x^2 + a_1 x + a_0$$

이다. $P'(x)$를 구하라.

60. 약에 대한 신체의 반응 약에 대한 신체의 반응은 때때로 다음과 같은 식으로 표현된다.

$$R = M^2 \left(\dfrac{C}{2} - \dfrac{M}{3} \right)$$

여기서, C는 양의 상수이고, M은 혈액에 흡수된 약의 양이다. 혈압에 따라 반응이 변한다면, R은 혈압계의 밀리미터로 측정된다. 온도에 따라 반응이 변한다면 R은 온도로 측정된다. $\dfrac{dR}{dM}$을 구하라. M의 함수로서 이 도함수를 약에 대한 신체의 민감도라 부른다. 3.5절에서 신체가 가장 민감하게 반응하는 약의 양을 어떻게 찾는지 볼 것이다.

61. 곱의 공식에서 함수 $v(x)$가 상수값 c를 갖는다고 하자. 그러면 곱의 공식은 어떤 결과를 가져오는가? 이것은 상수배 곱의 공식에 대해 무엇을 말하는가?

62. 역 공식

a. 역 공식은 함수 $v(x)$가 미분가능하고 0이 아닌 점에서

$$\dfrac{d}{dx}\left(\dfrac{1}{v} \right) = -\dfrac{1}{v^2} \dfrac{dv}{dx}$$

가 성립하는 것이다. 역 공식은 몫의 미분 공식의 특별한 경우임을 보이라.

b. 역 공식과 곱의 공식을 결합하면 몫의 미분 공식을 얻음을 보이라.

63. 곱의 공식의 일반화 x에 관해 미분가능한 두 함수의 곱 uv의 도함수에 대해 곱의 공식은 다음과 같다.

$$\dfrac{d}{dx}(uv) = u\dfrac{dv}{dx} + v\dfrac{du}{dx}$$

a. x에 관해 미분가능한 세 함수의 곱 uvw의 도함수에 대해 유사한 공식은 무엇인가?

b. x에 관해 미분가능한 네 함수의 곱 $u_1 u_2 u_3 u_4$의 도함수에 대한 공식은 무엇인가?

c. x에 관해 미분가능한 n(유한 수)개의 함수의 곱 $u_1 u_2 u_3 \cdots u_n$의 도함수에 대한 공식은 무엇인가?

64. 음의 정수에 대한 거듭제곱 공식 몫의 미분 공식을 이용하여 음의 정수에 대한 거듭제곱 공식을 증명하라. 즉, m이 양의 정수일 때

$$\dfrac{d}{dx}(x^{-m}) = -mx^{-m-1}$$

65. 실린더 압력 실린더의 기체가 일정한 온도 T를 유지하면, 압력 P와 부피 V의 관계는 다음 식과 같다.

$$P = \dfrac{nRT}{V - nb} - \dfrac{an^2}{V^2}$$

여기서, a, b, n과 R은 상수이다. $\dfrac{dP}{dV}$를 구하라. (아래 그림 참조)

66. 최적의 주문량 상품을 주문하고, 자재비를 지급하고 상품을 보관하는 주간 평균 비용에 관한 한 가지 식은

$$A(q) = \frac{km}{q} + cm + \frac{hq}{2}$$

로 주어진다. 여기서 q는 상품(구두, TV, 빗자루, 또는 어떤 상품이 되든)의 재고가 모자랄 때 주문하는 양이고, k는 주문하는 데 드는 비용(이는 주문을 얼마나 자주 하는가에 관계없이 일정하다)이며, c는 한 상품의 (고정된) 비용이고, m은 매주에 팔려는 상품의 수이고, h는 한 가지 상품을 일주일간 보관하는 데 드는 비용(공간, 공익설비, 보험, 보안 등의 고정비용)이다. $\frac{dA}{dq}$와 $\frac{d^2A}{dq^2}$ 을 계산하라.

2.4 변화율로서의 미분계수

이 절에서는 무엇이 변화하는 비율을 미분계수를 사용하여 모형화하는 응용에 대해 공부한다. 무엇이 변한다는 의미는 시간에 따라 변화하는 양을 생각하는 것이 자연스럽지만, 실제로는 시간이 아닌 다른 변수들에 대해서도 같은 방법으로 생각할 수 있다. 예를 들면, 경제학에서는 강철을 생산함에 있어서 생산되는 양(톤)에 따라 생산비용이 어떻게 변하는지를 알고 싶어 하고, 공학에서는 발전기의 온도에 따라 생산 전력의 변화량을 알고 싶어 할 수 있다.

순간변화율

우리가 차분몫 $\dfrac{f(x+h) - f(x)}{h}$를 x에서 $x+h$ 사이의 구간에서 f의 평균변화율로 해석한다면, $h \to 0$일 때 극한은 f가 한 점 x에서 순간적으로 변하는 비율로 해석할 수 있다. 이는 미분계수의 중요한 해석 중의 하나이다.

> **정의** 점 x_0에서 x에 관한 함수 f의 **순간변화율**(**instantaneous rate of change**)은, 극한 값이 존재한다는 가정하에서 다음과 같은 미분계수이다.
>
> $$f'(x_0) = \lim_{h \to 0} \frac{f(x_0 + h) - f(x_0)}{h}$$

따라서 순간변화율은 평균변화율의 극한이다.

x가 시간을 나타내지 않을 때에도 **순간**(*instantaneous*)이라는 용어를 사용하는 것이 보편적이다. 그러나 이 용어는 자주 생략된다. **변화율**(*rate of change*)이라 말할 때, **순간 변화율**을 의미한다.

예제 1 원의 넓이 A는 지름에 관한 방정식

$$A = \frac{\pi}{4}D^2$$

으로 나타낸다. 지름이 10 m일 때 지름에 관한 넓이의 변화는 얼마나 빠른가?

풀이 지름에 관한 넓이의 변화율은

$$\frac{dA}{dD} = \frac{\pi}{4} \cdot 2D = \frac{\pi D}{2}$$

이다. $D = 10$ m일 때, 넓이는 지름에 관하여 비율 $\left(\dfrac{\pi}{2}\right)10 = 5\pi$ m²/m ≒ 15.71 m²/m로 변화한다. ∎

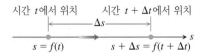

그림 2.13 좌표축의 시간 t에서 짧은 진행 시간 $t+\Delta t$ 사이에 움직인 물체의 위치. 여기서 좌표축은 수평이다.

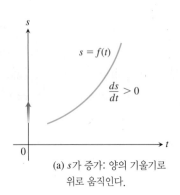

(a) s가 증가: 양의 기울기로 위로 움직인다.

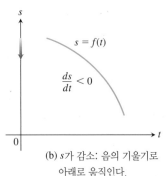

(b) s가 감소: 음의 기울기로 아래로 움직인다.

그림 2.14 직선(수직축)을 따른 운동 $s=f(t)$에 대해, $v=ds/dt$는 (a) s가 증가할 때 양이고 (b) s가 감소할 때 음이다.

직선 운동: 변위, 속도, 속력, 가속도와 순간가속도

좌표축(s축), 보통 수평 또는 수직축에서 물체가 움직인다면 좌표축에서의 위치 s는 시간 t의 함수:

$$s = f(t)$$

로 표현된다. 시간 구간 t에서 $t+\Delta t$ 사이에서 물체의 **변위**(displacement)는

$$\Delta s = f(t + \Delta t) - f(t)$$

이고(그림 2.13), 그 시간 구간에서 물체의 **평균속도**(average velocity)는 변위

$$v_{av} = \frac{변위}{이동\ 시간} = \frac{\Delta s}{\Delta t} = \frac{f(t + \Delta t) - f(t)}{\Delta t}$$

이동 시간이다. 어떤 순간 t에서 물체의 속도를 구하기 위해서는, 시간 t에서 $t+\Delta t$ 사이의 구간에서 평균속도에 $\Delta t \to 0$으로 극한을 취하면 된다. 즉, 이 극한은 t에 관한 f의 미분계수이다.

> **정의** **속도(순간 속도)**는 시간에 관한 위치의 미분계수이다. 시간 t에서 물체의 위치가 $s=f(t)$이면, 시간 t에서 이 물체의 속도는 다음과 같다.
>
> $$v(t) = \frac{ds}{dt} = \lim_{\Delta t \to 0} \frac{f(t + \Delta t) - f(t)}{\Delta t}$$

그림 2.13에서 물체가 수평 좌표축을 따라 얼마나 빨리 움직이는지를 말하는 것에 덧붙여 이것의 속도는 운동의 방향을 말해준다. 물체가 앞으로 가는 동안 (s가 증가)에는 속도가 양이고, 물체가 뒤로 가는 동안 (s가 감소)에는 속도가 음이다.

좌표축이 수직이면, 물체는 위로 가는 동안 속도는 양이 되고, 아래로 가는 동안 속도는 음이 된다. 그림 2.14에서 파란 곡선은 시간에 관한 좌표축에 따른 위치를 나타낸다. 이는 s축을 따라 움직이는 경로를 나타낸 것이 아님을 주의하라.

친구의 집에 운전하여 갔다가 50 km/h로 돌아온다면, 집까지의 거리가 감소할지라도 속도계는 50을 나타내지 결코 -50을 나타내지 않는다. 속도계는 항상 속도의 절댓값인 속력을 나타낸다. 속력은 방향에 상관없이 앞으로 진행하는 비율을 측정한다.

> **정의** **속력**(speed)은 속도의 절댓값이다.
>
> $$속력 = \left| v(t) \right| = \left| \frac{ds}{dt} \right|$$

예제 2 그림 2.15는 수평 좌표축을 따라 움직이는 입자의 속도 $v=f'(t)$의 그래프(그림 2.14에서처럼 위치 함수 $s=f(t)$를 나타낸 것과는 다르게)이다. 속도 함수의 그래프에서, 입자가 좌표축을 따라 앞으로 혹은 뒤로 움직일 때 (그림에서는 보이지 않았다.) 우리가 자세히 보아야 할 것은 곡선의 기울기가 아니라, 속도의 부호이다. 그림 2.15에서 보면, 입자가 처음 3초 동안은 앞으로 움직였다 (속도가 양이므로)는 것을 알 수 있다. 다음 2초 동안은 뒤로 움직였다가 (속도가 음이므로), 다음 1초 동안 멈춰 있었고, 다시 앞으로 움직였다는 것을 알 수 있다. 입자는 양의 속도가 증가하는 처음 1초 동안 속력이 상승되었고, 다음 1초 동안은 속도가 일정하였으며, 다음 1초 동안은 감속되어 속력이 0으로 줄어들었다. $t=3$초에서 순간적으로는 멈춰 있었고 (속도가 0일때), 속도가 음수가 되기 시작하므로 방향이 바뀌어 움직인다. 입자가 뒤로 움직이기 시작하여

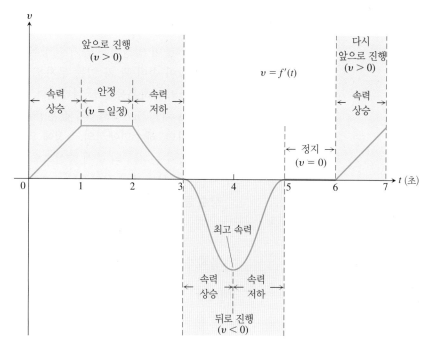

그림 2.15 예제 2에서 수평 좌표축을 따라 움직이는 입자의 속도 그래프

$t=4$초까지 속력이 올라간다. 이때가 뒤로 움직이는 최대 속력이 되고 계속해서 입자는 속력을 줄여나가 $t=5$초에서 멈추게 된다. (속도가 다시 0이 된다.) 입자는 속도함수 그래프에서 보는 것처럼 여기서 1초 동안 멈춰 있다가 $t=6$초부터 다시 앞으로 가속한다. ∎

역사적 인물
볼차노(Bernard Bolzano, 1781~1848)

물체의 속도가 변하는 비율은 물체의 **가속도**(*acceleration*)이다. 가속도는 물체가 얼마나 빨리 속도를 올리는지 또는 속도를 떨어뜨리는지를 측정한다. 또한 평면이나 공간에서 물체의 운동에서는 가속도가 방향의 변화를 이끌 수도 있음을 11장에서 공부한다.

가속도의 급작스런 변화를 **순간가속도**(*jerk*)라 부른다. 승용차나 버스를 타고 갈 때 갑자기 움직이면, 관련된 가속도가 반드시 커서 그러는 것이 아니라 가속도의 변화가 급작스럽게 일어나서 그런 것이다.

정의   **가속도**는 시간에 관한 속도의 도함수이다. 시간 t에서의 물체의 위치가 $s=f(t)$라 하면, 시간 t에서의 물체의 가속도는

$$a(t) = \frac{dv}{dt} = \frac{d^2s}{dt^2}$$

이다. **순간가속도**는 시간에 관한 가속도의 도함수이다.

$$j(t) = \frac{da}{dt} = \frac{d^3s}{dt^3}$$

지구의 표면 가까이에서는 모든 물체가 일정한 가속도를 유지하며 떨어진다. 자유낙하에 관한 갈릴레오(Galileo)의 실험 (1.1절 참조)에 의하면, s가 떨어진 거리이고, g가 지구의 중력가속도일 때,

$$s = \frac{1}{2}gt^2$$

이 성립한다. 이 방정식은 공기 저항이 없는 진공 상태에서 성립하고, 바위나 강철 도구 등과 같이 속이 꽉 차 있는 무거운 물체가 공기 저항이 중요하게 나타나기 전까지 몇 초 동안의 낙하운동을 잘 나타낸다.

방정식 $s=(1/2)gt^2$에서 g의 값은 t와 s의 측정 단위에 따라 다르다. t를 초(일반적인 단위)라 하면, 해수면에서의 측정에 의해 결정된 g의 값은 약 9.8 m/s^2 (미터법)이다. (이 중력 상수는 지구의 무게 중심으로부터의 거리에 의존한다. 예를 들어, 에베레스트 산의 정상에서는 조금 작아진다.)

상수 중력가속도 ($g=9.8$ m/s^2)의 순간가속도는 0이다.

$$j = \frac{d}{dt}(g) = 0$$

물체가 자유낙하할 동안에는 순간가속도가 없다.

예제 3 그림 2.16은 시간 $t=0$초의 정지 상태에서 투하된 무거운 쇠구슬의 자유낙하 운동을 보인 것이다.

(a) 처음 3초 동안에 구슬은 얼마나 낙하하는가?

(b) $t=3$일 때 속도, 속력, 가속도는 얼마인가?

풀이 **(a)** 미터법에 의한 자유낙하운동 방정식은 $s=4.9t^2$이다. 처음 3초 동안에 쇠구슬은

$$s(3) = 4.9(3)^2 = 44.1 \text{ m}$$

낙하한다.

(b) 시간 t에서, 속도는 위치의 도함수:

$$v(t) = s'(t) = \frac{d}{dt}(4.9t^2) = 9.8t$$

이다. $t=3$에서 속도는 아래 방향 (s는 증가)으로

$$v(3) = 29.4 \text{ m/s}$$

이다. $t=3$에서 속력은

$$\text{속력} = |v(3)| = 29.4 \text{ m/s}$$

이다. 시간 t에서 가속도는

$$a(t) = v'(t) = s''(t) = 9.8 \text{ m/s}^2$$

이다. $t=3$에서 가속도는 9.8 m/s^{2}이다. ■

예제 4 다이너마이트가 폭발하여 무거운 바위를 49 m/s (176.4 km/h)의 속도로 수직 상방으로 쏘아올린다(그림 2.17(a)). 바위는 t초 후의 높이 s가 $s=49t-4.9t^2$ m이다.

(a) 바위는 얼마나 높이 올라가는가?

(b) 지상으로부터 78.4 m 높이에 오를 때 이 바위의 속도와 속력은 얼마인가? 또, 내려 올 때 이 높이에서의 속도와 속력은 얼마인가?

(c) (폭발 후) 나는 동안 시간 t에서 이 바위의 가속도는 얼마인가?

(d) 언제 바위가 땅에 다시 닿는가?

풀이 **(a)** 우리가 선택한 좌표계에서는 s는 지상으로부터 위로 오를 때의 높이이다. 따라서 속도는 위로 올라갈 때 양이고 아래로 내려올 때 음이다. 바위가 최고점에 도달한 순간은 바위가 움직이고 있는 동안에 속도가 0인 순간이다. 최고 높이를 구하기 위

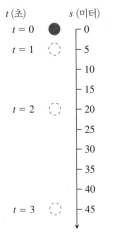

t (초) s (미터)

$t=0$ ● ┌─ 0
$t=1$ ○ ├─ 5
           ├─ 10
           ├─ 15
$t=2$ ○ ├─ 20
           ├─ 25
           ├─ 30
           ├─ 35
           ├─ 40
$t=3$ ○ └─ 45

그림 2.16 쇠구슬의 정지상태로부터의 자유낙하(예제 3)

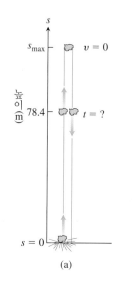

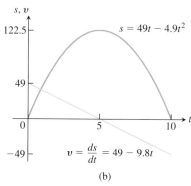

그림 2.17 (a) 예제 4의 바위.
(b) 시간의 함수로서의 s와 v의 그래프;
$v = ds/dt = 0$일 때 s는 최고. s의 그래프
는 바위가 움직인 경로가 아니고 높이 대
시간의 관계이다. 그래프의 기울기는 여
기서 직선으로 나타내어진 바위의 속도이
다.

해서는 언제 $v=0$이 되는지 찾고 이 시각에 s의 값을 구하면 된다. 바위가 움직이는
동안 시간 t에서 속도는 다음과 같다.

$$v = \frac{ds}{dt} = \frac{d}{dt}(49t - 4.9t^2) = 49 - 9.8t \text{ m/s}$$

$$49 - 9.8t = 0 \quad \text{즉,} \quad t = 5\text{초}$$

일 때 속도는 0이다. $t=5$초일 때 바위의 높이는 다음과 같다.

$$s_{\max} = s(5) = 49(5) - 4.9(5)^2 = 245 - 122.5 = 122.5 \text{ m}$$

그림 2.17(b) 참조.

(b) 올라갈 때와 내려올 때 78.4 m의 높이에서 바위의 속도를 구하기 위해

$$s(t) = 49t - 4.9t^2 = 78.4$$

를 풀어 먼저 t의 두 값을 찾는다. 이 방정식을 풀면 다음과 같다.

$$4.9t^2 - 49t + 78.4 = 0$$
$$4.9(t^2 - 10t + 16) = 0$$
$$(t - 2)(t - 8) = 0$$
$$t = 2\text{초}, t = 8\text{초}$$

바위는 폭발 2초 후에 78.4 m 높이가 되고 다시 8초 후에 이 높이가 된다. 이 시간들에
서 바위의 속도들은

$$v(2) = 49 - 9.8(2) = 49 - 19.6 = 29.4 \text{ m/s}$$
$$v(8) = 49 - 9.8(8) = 49 - 78.4 = -29.4 \text{ m/s}$$

이다. 이 두 경우 모두에서 바위의 속도는 29.4 m/s이다. $v(2)>0$이므로, $t=2$일 때 바
위는 위로 올라가고 (s 증가) 있고, $v(8)<0$이므로 $t=8$일 때는 내려오고 (s 감소) 있
다.

(c) 폭발 후에 움직이는 동안에는 어느 때라도 바위의 가속도는 상수

$$a = \frac{dv}{dt} = \frac{d}{dt}(49 - 9.8t) = -9.8 \text{ m/s}^2$$

이다. 가속도는 바위에 미치는 중력의 영향으로 항상 아래를 향한다. 바위가 올라가
면 속력은 서서히 감소하고, 바위가 아래로 떨어지면, 속력은 서서히 증가한다.

(d) 바위는 $s=0$이 되는 양의 시간 t에 땅에 닿는다. 방정식 $49t - 4.9t^2 = 0$을 인수분해하
면 $4.9t(10-t) = 0$이 되고, 따라서 $t=0$과 $t=10$을 얻는다. $t=0$에서 폭발이 일어나고
바위가 위로 던져졌다. 바위는 10초 후에 땅에 다시 돌아온다. ∎

경제학에서의 미분계수

경제학자는 변화율과 도함수에 대한 특별한 용어를 사용한다. 그들은 이것들을 **한계
값**(*marginal*)이라 부른다.

생산 공정에서, **생산비용**(*cost of production*) $c(x)$는 생산되는 상품의 개수 x의 함수
이다. **한계 생산비용**(**marginal cost of production**)은 생산량(수준)에 관한 비용의 변화
율 dc/dx이다.

$c(x)$가 일주일에 x톤의 강철을 생산하는 데 필요한 달러를 나타낸다고 하자. 일주일
에 $x+h$톤을 생산하기 위해서는 더 많은 비용이 들어가는데, 이 비용 차이를 h로 나누
면 추가로 1톤을 생산하는 데 드는 평균 비용이 된다.

$$\frac{c(x+h) - c(x)}{h} = h\text{톤을 추가로 생산하는 데 드는 1톤당 평균 비용}$$

$h \to 0$일 때 이 비율의 극한은 현재 1주일당 생산량이 x톤일 때 1주일에 추가로 생산

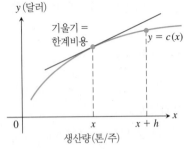

그림 2.18 주당 강철 생산량: $c(x)$는 주당 x톤을 생산하는 비용. 추가로 h톤을 생산하는 데 드는 비용은 $c(x+h)-c(x)$이다.

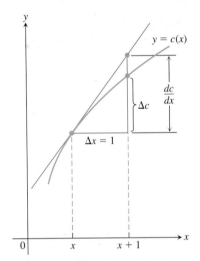

그림 2.19 한계비용 dc/dx는 $\Delta x = 1$개의 상품을 더 생산하는 데 드는 추가 비용 Δc에 근접한다.

하는 데 드는 한계 생산비용이다(그림 2.18).

$$\frac{dc}{dx} = \lim_{h \to 0} \frac{c(x + h) - c(x)}{h} = 한계\ 생산비용$$

가끔 한계 생산비용은 1개의 상품을 추가로 생산하는 데 드는 추가 비용으로 간단하게 정의된다.

$$\frac{\Delta c}{\Delta x} = \frac{c(x + 1) - c(x)}{1}$$

이는 x에서 dc/dx의 값으로 근사된다. 이 근사는 c의 그래프의 기울기가 x 부근에서 급격히 변하지 않으면 수용 가능하다. 그러면 차분몫은 이것의 극한 dc/dx에 가까워지는데 이 값은 $\Delta x = 1$일 때 접선에서 나타난다(그림 2.19). 근사 과정은 x값이 클 때 더 잘 적용된다.

경제학자는 가끔 총 비용함수를 3차 다항식

$$c(x) = \alpha x^3 + \beta x^2 + \gamma x + \delta$$

로 표현하는데, 여기서 δ는 임대료, 전기료, 장비료와 관리비용 등의 **고정비용**(*fixed cost*)을 나타낸다. 다른 항들은 원자재 비용, 세금과 임금 등과 같은 **가변비용**(*variable cost*)을 나타낸다. 가변비용들은 생산되는 상품의 양에 따라 다른 반면에 고정비용들은 생산되는 상품의 개수와는 무관하다. 3차 다항식은 보통 관련된 수량 구간에서 비용의 변동을 서술하기에 적합하다.

예제 5 8대에서 30대 사이의 냉각기를 생산할 때 x대의 냉각기를 생산하는 데 드는 비용이

$$c(x) = x^3 - 6x^2 + 15x$$

달러이고 x대의 냉각기를 팔아서 생기는 수입이

$$r(x) = x^3 - 3x^2 + 12x$$

달러로 주어진다고 하자. 당신의 공장에서 현재는 매일 10대의 냉각기를 생산한다. 하루에 1대의 냉각기를 더 생산하기 위한 추가비용은 얼마나 되고, 하루에 11대의 냉각기를 팔았을 때 수입과 수익은 얼마나 증가하겠는가?

풀이   10대의 냉각기를 생산하고 있는 이 공장에서 1대 더 생산하는 데 드는 비용은 약 $c'(10)$이다.

$$c'(x) = \frac{d}{dx}\left(x^3 - 6x^2 + 15x\right) = 3x^2 - 12x + 15$$

$$c'(10) = 3(100) - 12(10) + 15 = 195$$

추가비용은 약 195달러이다. 한계수입 함수는

$$r'(x) = \frac{d}{dx}(x^3 - 3x^2 + 12x) = 3x^2 - 6x + 12$$

이다. 한계수입 함수는 1대 더 팔았을 때 증가하는 수입을 추정한다. 현재 매일 10대를 판다면, 매일 11대를 팔았을 때 약

$$r'(10) = 3(100) - 6(10) + 12 = 252$$

달러의 추가 수입을 예상할 수 있다. 예상되는 추가 수익은 추가 비용 195달러를 뺀 $252 - 195 = 57$달러이다.   ■

예제 6   한계비율은 세율 논의에서 자주 나오게 된다. 당신의 한계소득세율이 28 %

이고 수입이 1000달러 증가한다면, 추가로 280달러의 세금을 더 내야 할 것으로 예상할 수 있다. 하지만 당신이 총 수입의 28 %를 세금으로 내야 한다는 것을 뜻하는 것이 아니다. 이것은 단지 당신의 현재 수입수준 I에서 수입에 대한 세금 T의 증가비율이 $dT/dI = 0.28$임을 뜻하는 것이다. 추가로 버는 1달러당 0.28달러를 세금으로 내게 되는 것이다. 수입이 증가할수록, 누진세율이 더 큰 구간에 진입하게 되어 한계세율이 높아지게 될 것이다.

변화에 대한 민감성

x의 작은 변화가 함수 $f(x)$에 커다란 변화를 가져온다면, 함수가 x의 변화에 상대적으로 **민감하다(sensitive)**고 말한다. 도함수 $f'(x)$는 이 민감도의 측도이다. $|f'(x)|$가 더 클수록(그래프의 기울기가 더 가파를수록), 함수는 더 민감하다.

예제 7   오스트리아 신부 멘델(G. Mendel, 1822~1884)은 완두콩과 채소를 기르면서 최초로 교배에 대한 과학적인 설명을 하였다.

그의 꼼꼼한 기록은 다음과 같은 사실을 보여준다. p (0과 1 사이의 수)가 매끄러운 표면의 완두콩 유전자(우성)의 빈도수이고 $(1-p)$는 주름잡힌 완두콩 유전자의 빈도수라면, 다음 세대에서 매끄러운 표면의 콩의 비율은

$$y = 2p(1-p) + p^2 = 2p - p^2$$

이다. 그림 2.20(a)에서 p에 대한 y의 그래프는 y값은 p가 작을 때가 p가 클 때보다 p의 변화에 더 민감하다는 것을 보여준다. 실제로, 이 사실은 그림 2.20(b)에서 도함수의 그래프에 의해 확실하다. 이때 dy/dp는 p가 0에 가까울 때 2에 가깝고, p가 1에 가까울 때 0에 가깝다.

유전적 특징에 대한 암시는 약간의 우성 인자를 매우 열성인 개체군(주름진 표면을 갖는 완두콩의 비율이 작은 곳)에 투입하면 다음 세대들에서 매우 우성인 개체에서 비슷한 증가가 일어나는 것보다 더 극적인 효과가 나타날 것이다.

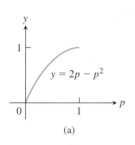

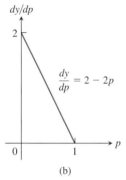

그림 2.20 (a) $y = 2p - p^2$의 그래프는 매끄러운 표면의 완두콩의 비율을 나타낸다. (b) dy/dp의 그래프(예제 7).

연습문제 2.4

좌표축을 따른 운동

연습문제 1~6에서 s가 미터이고, t가 초를 나타낼 때, 좌표축을 따라 운동하는 물체의 위치 방정식은 $s = f(t)$이다.

a. 주어진 시간 구간에서 물체의 변위와 평균속도를 구하라.

b. 구간의 양 끝점에서 물체의 속도와 가속도를 구하라.

c. 구간에서 물체는 방향을 바꾸는 적이 있는가?

1. $s = t^2 - 3t + 2,\ \ 0 \le t \le 2$

2. $s = 6t - t^2,\ \ 0 \le t \le 6$

3. $s = -t^3 + 3t^2 - 3t,\ \ 0 \le t \le 3$

4. $s = (t^4/4) - t^3 + t^2,\ \ 0 \le t \le 3$

5. $s = \dfrac{25}{t^2} - \dfrac{5}{t},\ \ 1 \le t \le 5$

6. $s = \dfrac{25}{t+5},\ \ -4 \le t \le 0$

7. **입자 운동**   시간 t에서 s축을 따라 운동하는 물체의 위치가 $s =$ $t^3 - 6t^2 + 9t$ m이다.

a. 속도가 0인 모든 점에서 물체의 가속도를 구하라.

b. 가속도가 0인 모든 점에서 물체의 속도를 구하라.

c. $t = 0$부터 $t = 2$까지 물체가 움직인 총 거리를 구하라.

8. **입자 운동**   시간 $t \ge 0$에서 s축을 따라 운동하는 물체의 속도가 $v = t^2 - 4t + 3$이다.

a. 속도가 0인 모든 점에서 물체의 가속도를 구하라.

b. 언제 물체가 앞으로 진행하고, 언제 반대 방향으로 진행하는가?

c. 언제 물체의 속도가 증가하는가? 언제 감소하는가?

자유낙하 응용

9. **화성과 목성에서의 자유낙하**   화성과 목성에서의 자유낙하운동 방정식은 (s는 미터, t는 초를 나타낼 때), 화성에서는 $s = 1.86t^2$, 목성에서는 $s = 11.44t^2$이다. 각 행성에서 정지 상태의

바위돌이 떨어져 27.8 m/s(약 100 km/h)의 속도에 도달하려면 얼마나 걸리겠는가?

10. **달에서의 수직 발사 운동** 달에서 24 m/s(약 86 km/h)의 속도로 바위돌을 수직 방향으로 위로 던졌을 때, t초 후의 높이가 $s = 24t - 0.8t^2$이다.
    a. 시간 t에서 바위의 속도와 가속도를 구하라. (여기서, 가속도는 달에서의 중력가속도이다.)
    b. 바위가 최고점에 도달하는 데 걸리는 시간은 얼마인가?
    c. 바위의 최고 높이는 얼마인가?
    d. 최고 높이의 절반에 도달하는 데는 얼마나 걸리는가?
    e. 얼마 후에 땅에 떨어지는가?

11. **공기 없는 작은 행성에서 g 찾기** 공기가 없는 작은 행성에서 탐험가가 스프링 총을 사용하여 표면에서 발사 속도 15 m/s로 수직 위로 쇠구슬을 쏘아올렸다. 행성의 표면에서 중력가속도가 g_s m/s^{2}이었으므로 탐험가는 t초 후에 쇠구슬이 $s = 15t - (1/2)g_s t^2$ m의 높이에 이를 것으로 예상하였다. 쇠구슬은 발사 20초후에 최고 높이에 도달하였다. g_s의 값은 얼마인가?

12. **고속 탄환** 수직 위로 발사된 45구경 칼리버의 탄환의 높이는, t초 후에 달에서는 $s = 250t - 0.8t^2$ m이고, 지구에서는 공기가 없다면, $s = 250t - 4.9t^2$ m이다. 각각의 경우에 탄환이 지면에 다시 돌아오는 데 걸리는 시간은 얼마인가? 탄환은 얼마나 높이 올라 가는가?

13. **피사의 사탑에서 자유낙하** 갈릴레오는 지면에서 56 m의 높이에 있는 피사의 사탑 꼭대기에서 포탄을 떨어뜨렸다. t초 후에 포탄의 높이는 지면으로부터 $s = 56 - 4.9t^2$ m이다.
    a. 시간 t에서 포탄의 속도, 속력과 가속도는 얼마인가?
    b. 포탄이 땅에 떨어질 때까지 얼마나 걸리는가?
    c. 포탄이 땅에 떨어지는 순간에 포탄의 속도는 얼마인가?

14. **갈릴레오의 자유낙하운동 공식** 갈릴레오는 공을 정지 상태에서 아주 가파른 경사면 (널빤지)을 따라 굴리고 널빤지가 수직이 되어 공이 자유낙하를 할 때 공의 행동을 예측하는 극한 공식을 살펴 봄으로써 자유낙하운동시의 물체의 속도에 대한 공식을 만들었다(아래 그림의 (a)를 보라). 널빤지의 주어진 각에 대해 공이 움직이기 시작한 t후에 속도는 t의 상수배임을 발견하였다. 즉, 속도는 $v = kt$의 공식으로 주어졌다. 상수 k의 값은 널빤지의 경사도에 따라 다르다. 거리를 m(미터)로, 시간을 초를 이용하여 현대의 기호로 쓰면(그림 (b)), 갈릴레오가 실험에 의해 결정한 것은, 주어진 임의의 각 u에 대해, 공이 구르기 시작하여 t초후의 공의 속도는

$$v = 9.8(\sin\theta)t \text{ m/s}$$

라는 것이다.
    a. 자유낙하하는 동안의 공의 속도에 대한 식은 무엇인가?
    b. (a)에서의 작업에 기초하여 지구의 표면 근처에서 자유낙하 운동을 경험하는 물체의 상수 가속도는 무엇인지 찾아라.

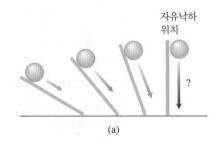

자유낙하 위치

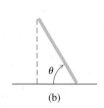

(a)　　　　　(b)

그래프로부터 운동 이해하기

15. 아래 그림은 좌표축을 따라 운동하는 물체의 속도 $v = ds/dt = f(t)(m/s)$를 보여준다.

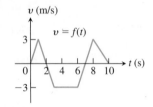

    a. 언제 물체가 방향을 바꾸는가?
    b. (근사적으로) 언제 물체가 일정한 속도로 움직이는가?
    c. $0 \le t \le 10$에서 물체의 속도함수의 그래프를 그리라.
    d. 정의되는 곳에서 물체의 가속도 그래프를 그리라.

16. 입자 P가 다음 그림의 (a)에 보인 것처럼 수직선을 따라 운동한다. (b)는 시간 t의 함수로서 P의 위치를 나타낸다.

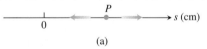

(a)

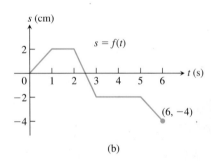

(b)

    a. 언제 P가 왼쪽으로 움직이는가? 언제 오른쪽으로 움직이는가? 언제 정지하는가?
    b. (정의된다면) 분자의 속도와 속력의 그래프를 그리라.

17. **로켓 발사하기** 모형 로켓을 발사할 때, 처음 몇 초 동안은 추진체가 타면서 로켓을 위쪽으로 가속시킨다. 추진체가 다 탄 후에 로켓은 한동안 위로 올라가다가 아래로 떨어지기 시작한다. 로켓이 떨어지기 시작한 조금 후에 작은 폭약이 터지면서 낙하산이 펴진다. 낙하산은 로켓을 천천히 떨어지게 하여 안전하게 착륙할 수 있게 해준다.
아래 그림은 모형 로켓의 비행속도를 보여준다. 이 정보를 이용하여 다음에 답하라.
    a. 추진체가 다 타버린 순간 로켓의 속도는 얼마인가?
    b. 추진체는 몇 초 동안 탔는가?

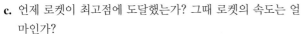

c. 언제 로켓이 최고점에 도달했는가? 그때 로켓의 속도는 얼마인가?

d. 언제 낙하산이 펼쳐지는가? 그때 로켓은 얼마나 빠른 속도로 떨어지는가?

e. 낙하산이 펴지기 전까지 로켓은 얼마의 거리를 떨어지는가?

f. 언제 로켓의 가속도가 가장 큰가?

g. 언제 가속도가 일정한가? 그때 가속도의 값은 얼마인가? 가장 가까운 정수로 답하라.

18. 다음 그림은 좌표축 위에서 움직이는 입자의 속도 $v = f(t)$를 보인 것이다.

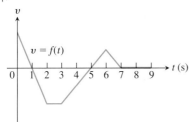

a. 언제 입자가 앞으로 진행하는가? 언제 뒤로 진행하는가? 언제 속도가 증가하는가? 언제 감소하는가?

b. 언제 입자의 가속도가 양수인가? 언제 음수인가? 언제 0인가?

c. 언제 입자가 최고 속도로 움직이는가?

d. 언제 입자가 1초 이상 멈추어 서는가?

19. 2개의 떨어지는 공 다음 그림의 다섬광 사진은 정지 상태로부터 떨어지는 2개의 공을 보여준다. 수직 단위는 센티미터이다. 방정식 $s = 490t^2$ (s가 센티미터이고, t가 초일 때 자유낙하운동 방정식)을 이용해 다음 질문에 답하라.(출처: *PSSC Physics*, 2nd ed., EDC, Inc의 허락하에 재인쇄판)

a. 공들이 처음 160 cm를 낙하하는 데 얼마나 걸리는가? 이 시간동안 그들의 평균속도는 얼마인가?

b. 공들이 160 cm 표시에 도달했을 때 공들의 속도는 얼마인가? 그때 그들의 가속도는 얼마인가?

c. 불빛은 얼마나 빨리 터지는가? (1초당 몇 번 터지는가?)

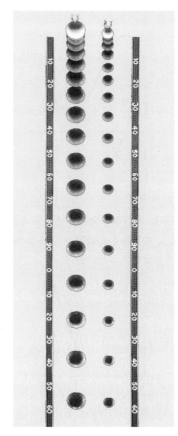

20. 달리는 트럭 다음 그래프는 고속도로를 달리는 트럭의 위치 s를 나타낸다. 트럭은 $t = 0$에서 운행을 시작하고 $t = 15$일 때 15시간 후에 되돌아온다.

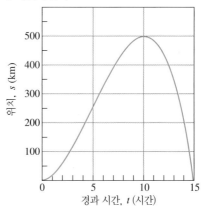

a. 2.2절 예제 3에서 서술한 방법을 이용해 $0 \leq t \leq 15$ 구간에서 트럭의 속도 $v = ds/dt$의 그래프를 그리라. 이 속도 곡선으로 같은 과정을 반복하여 트럭의 가속도 dv/dt의 그래프를 그리라.

b. $s = 15t^2 - t^3$이라 하자. ds/dt와 d^2s/dt^2의 그래프를 그리고 이 그래프들을 (a)의 그래프들과 비교하라.

21. 다음 그림의 그래프들은 시간 t의 함수로서 좌표축을 따라 움직이는 물체의 위치 s, 속도 $v = ds/dt$와 가속도 $a = d^2s/dt^2$을 나타낸다. 각 함수에 해당하는 그래프를 찾고, 그 이유를 설명하라.

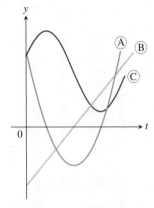

22. 아래의 그래프는 시간 t의 함수로서 좌표축을 따라 움직이는 물체의 위치 s, 속도 $v=ds/dt$와 가속도 $a=d^2s/dt^2$을 나타낸다. 각 함수에 해당하는 그래프를 찾고, 그 이유를 설명하라.

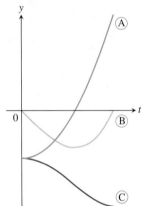

경제학

23. **한계비용** x대의 세탁기를 생산하는 비용이
$c(x) = 2000 + 100x - 0.1x^2$ 달러라고 하자.
   a. 처음 100대의 세탁기를 생산하는 데 드는 대당 평균비용을 구하라.
   b. 100대의 세탁기를 생산할 때 한계비용을 구하라.
   c. 100대의 세탁기를 생산할 때 한계비용은 처음 100대를 생산한 후에 1대를 더 생산하는 데 드는 비용에 근접함을 후자를 직접 계산함으로써 보이라.

24. **한계수익** x대의 세탁기를 팔아서 얻는 수입이
$$r(x) = 20{,}000\left(1 - \frac{1}{x}\right)$$
달러라 하자.
   a. 100대의 세탁기를 생산했을 때 한계수입을 구하라.
   b. $r'(x)$를 이용하여 1주일에 100대의 세탁기를 생산하던 것을 1주일에 101대의 세탁기를 생산할 때 얻는 수입의 증가를 추정하라.
   c. $x \to \infty$일 때 $r'(x)$의 극한을 구하라. 이 수의 의미를 설명하라.

추가 응용

25. **박테리아 개체수** 박테리아가 자라고 있던 영양제 배양액에 살균제를 추가할 때 박테리아 개체수는 잠깐 동안은 증가를 계속하지만, 곧바로 증가가 멈추고 감소하기 시작한다. 시간 t(시간)에서 개체수의 크기는 $b = 10^6 + 10^4t - 10^3t^2$이었다. 다음 시간에서 증가율을 구하라.
   a. $t = 0$시간
   b. $t = 5$시간
   c. $t = 10$시간

26. **신체의 표면적** 표준형 남성의 신체의 겉넓이(S)를 구하는 공식으로 $S = \frac{1}{60}\sqrt{wh}\,(\mathrm{m}^2)$가 자주 사용된다. 여기서 남성의 신장이 h(m)이고, 몸무게가 w(kg)이다. 이때 키가 $h = 180$(cm)으로 일정한 남성의 몸무게에 대한 신체의 겉넓이의 변화율을 구하라. 몸무게에 대한 S의 변화율이 몸무게가 적을 때에 급격히 변하는가? 아니면 클 때에 급격히 변하는가? 이유를 설명하라.

T 27. **탱크 비우기** 아래쪽에 있는 밸브를 열어서 저장탱크를 비우는 데 12시간이 걸린다. 밸브를 열고 t시간 후의 탱크 속의 액체의 깊이 y는 공식
$$y = 6\left(1 - \frac{t}{12}\right)^2 \mathrm{m}$$
로 주어진다.
   a. 시간 t에서 탱크가 비워지는 비율 dy/dt (m/h)를 구하라.
   b. 언제 탱크 속의 액체의 높이가 빠르게 떨어지는가? 가장 느린 때는? 이 시간들에서 dy/dt의 값은?
   c. y와 dy/dt를 함께 그래프로 그리고, dy/dt의 부호와 값과 관련하여 y의 움직임을 논하라.

28. **탱크 비우기** 탱크가 비워지기 시작한 t분 후에 탱크 속의 물의 양은 $Q(t) = 200(30 - t)^2$ 리터이다. 10분 후에는 물은 얼마나 빨리 비워지는가? 처음 10분 동안에 물이 흐르는 평균속도는 얼마인가?

29. **자동차의 정지 거리** 미국 도로공사의 데이터에 따르면, 달리는 자동차의 전체 정지 거리는 속도에 관한 식으로 다음과 같이 주어진다.
$$s = 0.21v + 0.00636v^2$$
여기서 속도 v의 단위는 km/h이고 거리 s의 단위는 m이다. 일차항 $0.21v$는 운전자가 정지해야 함을 인지하고 제동장치를 작동하기 전까지 차가 이동한 거리를 나타내고, 이차항 $0.00636v^2$은 제동장치가 작동되어 차가 완전히 멈출 때까지의 이동 거리를 나타낸다. $v = 50$(km/h)일 때와 $v = 100$(km/h)일 때의 미분계수 ds/dv를 구하고, 두 미분계수의 의미를 설명하라.

30. **풍선불기** 구면 풍선의 부피 $V = (4/3)\pi r^3$은 반지름에 연동하여 변화한다.
   a. $r = 2$ m일 때 부피는 반지름에 관해 어떤 비율(m^3/m)로 변화하는가?
   b. 반지름이 2에서 2.2 m로 바뀔 때 부피는 근사적으로 얼마나 증가하는가?

31. **비행기 이륙용** 비행기가 이륙하기 전에 활주로를 운행하는 거리는 $D = (10/9)t^2$으로 주어진다. 여기서, D는 시작점으로부터 미터로 측정되고, t는 브레이크를 놓는 순간부터 초로 측정한 시간이다. 비행기는 속도가 200 km/h에 도달하면 이륙하기 시작한다. 이륙하는 순간까지 얼마나 걸리겠는가? 또, 이 시간

동안 활주로에서 얼마의 거리를 운행하는가?

32. 화산 용암샘 하와이 섬의 킬라우에아 이키(Kilauea Iki) 화산은 분화구의 벽을 따라 용암의 줄기가 흐르기 시작하여 1959년 11월에 폭발하였지만, 후에도 분화구의 바닥의 한 구멍으로 제한된 활동이 계속되었다. 이 구멍에서 한 지점에서의 용암 분출 하와이 최고 기록인 580 m 높이를 기록하였다. 용암의 분출속도는 몇 m/s인가? (힌트: v_0이 용암의 최초 분출속도라 하면, t초후의 용암의 높이는 $s = v_0 t - 4.9t^2$ m이다. $ds/dt = 0$이 되는 시간을 찾으면 된다. 공기저항은 무시한다.)

그래프로 운동 해석하기

[T] 연습문제 33~36에서 s축을 따라 운동하는 물체의 위치함수를 시간 t의 함수 $s = f(t)$로 나타내었다. f의 그래프를 속도함수 $v(t) = ds/dt = f'(t)$와 가속도함수 $a(t) = d^2s/dt^2 = f''(t)$의 그래프와 함께 그리라. v와 a의 부호와 값과 관련하여 물체의 움직임을 서술하라. 당신의 서술에 다음과 같은 내용들을 포함시키라.

   a. 언제 물체가 순간적으로 멈추는가?
   b. 언제 물체가 왼쪽 (아래) 또는 오른쪽 (위)으로 움직이는가?
   c. 언제 방향을 바꾸는가?
   d. 언제 속도가 증가하고 언제 감소하는가?
   e. 언제 최고 속도로 움직이고 언제 최저 속도로 움직이는가?
   f. 언제 축의 원점으로부터 가장 멀리 떨어지는가?

33. $s = 60t - 4.9t^2$, $0 \le t \le 12.5$ (무거운 물체를 지구 표면에서 수직 방향으로 60 m/s의 속도로 쏘아올렸다.)

34. $s = t^2 - 3t + 2$, $0 \le t \le 5$

35. $s = t^3 - 6t^2 + 7t$, $0 \le t \le 4$

36. $s = 4 - 7t + 6t^2 - t^3$, $0 \le t \le 4$

2.5 삼각함수의 도함수

자연에는 여러 주기적인 현상들이 있다. 예를 들어, 전자기장, 심장의 박동, 바다의 조수, 날씨 등이 그렇다. 사인과 코사인의 도함수는 주기적인 변화를 설명하는 데 중요한 역할을 한다. 이 절에서는 여섯 가지의 기본적인 삼각함수를 어떻게 미분하는지를 보인다.

사인함수의 도함수

x의 단위가 라디안일 때, 1.4절의 예제 5(a)와 정리 7의 극한을 사인함수의 덧셈정리

$$\sin(x + h) = \sin x \cos h + \cos x \sin h$$

와 결합하여 $f(x) = \sin x$의 도함수를 계산한다.

$f(x) = \sin x$라 하면

$$
\begin{aligned}
f'(x) &= \lim_{h \to 0} \frac{f(x+h) - f(x)}{h} = \lim_{h \to 0} \frac{\sin(x+h) - \sin x}{h} \qquad \text{도함수 정의}\\
&= \lim_{h \to 0} \frac{(\sin x \cos h + \cos x \sin h) - \sin x}{h}\\
&= \lim_{h \to 0} \frac{\sin x(\cos h - 1) + \cos x \sin h}{h}\\
&= \lim_{h \to 0}\left(\sin x \cdot \frac{\cos h - 1}{h}\right) + \lim_{h \to 0}\left(\cos x \cdot \frac{\sin h}{h}\right)\\
&= \sin x \cdot \underbrace{\lim_{h \to 0} \frac{\cos h - 1}{h}}_{\text{극한값 } 0} + \cos x \cdot \underbrace{\lim_{h \to 0} \frac{\sin h}{h}}_{\text{극한값 } 1} = \sin x \cdot 0 + \cos x \cdot 1 = \cos x
\end{aligned}
$$

1.4절의 예제 5(a)와 정리 7

사인함수의 도함수는 코사인함수이다.

$$\frac{d}{dx}(\sin x) = \cos x$$

예제 1 차, 곱, 몫이 포함된 사인함수의 도함수를 구한다.

(a) $y = x^2 - \sin x$: $\quad \dfrac{dy}{dx} = 2x - \dfrac{d}{dx}(\sin x)$ 　　　차의 미분 공식

$\qquad\qquad\qquad\qquad\quad = 2x - \cos x$

(b) $y = x^2 \sin x$: $\quad \dfrac{dy}{dx} = x^2 \dfrac{d}{dx}(\sin x) + 2x \sin x$ 　　곱의 미분 공식

$\qquad\qquad\qquad\qquad\quad = x^2 \cos x + 2x \sin x$

(c) $y = \dfrac{\sin x}{x}$: $\quad \dfrac{dy}{dx} = \dfrac{x \dfrac{d}{dx}(\sin x) - \sin x \cdot 1}{x^2}$

　　　　　　　　　　　　　　　　　　　　　　몫의 미분 공식 ■

$\qquad\qquad\qquad\qquad\quad = \dfrac{x \cos x - \sin x}{x^2}$

코사인함수의 도함수

코사인함수의 덧셈정리

$$\cos(x + h) = \cos x \cos h - \sin x \sin h$$

를 이용하여 차분몫의 극한을 구할 수 있다.

$$\frac{d}{dx}(\cos x) = \lim_{h \to 0} \frac{\cos(x + h) - \cos x}{h} \qquad \text{도함수 정의}$$

$$= \lim_{h \to 0} \frac{(\cos x \cos h - \sin x \sin h) - \cos x}{h} \qquad \text{코사인함수의 덧셈정리}$$

$$= \lim_{h \to 0} \frac{\cos x(\cos h - 1) - \sin x \sin h}{h}$$

$$= \lim_{h \to 0} \cos x \cdot \frac{\cos h - 1}{h} - \lim_{h \to 0} \sin x \cdot \frac{\sin h}{h}$$

$$= \cos x \cdot \lim_{h \to 0} \frac{\cos h - 1}{h} - \sin x \cdot \lim_{h \to 0} \frac{\sin h}{h}$$

$$= \cos x \cdot 0 - \sin x \cdot 1 \qquad \text{1.4절의 예제 5(a)와 정리 7}$$

$$= -\sin x$$

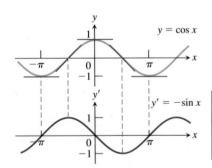

그림 2.21 곡선 $y = \cos x$의 접선의 기울기의 그래프로서의 곡선 $y' = -\sin x$이다.

코사인함수의 도함수는 음의 사인함수이다.

$$\frac{d}{dx}(\cos x) = -\sin x$$

　그림 2.21은 이 결과를 시각화한 것이다. 곡선 $y = \cos x$의 접선의 기울기를 그래프로 그렸다.

예제 2 다른 함수와 조합된 코사인함수의 도함수를 구한다.

(a) $y = 5x + \cos x$:

$$\frac{dy}{dx} = \frac{d}{dx}(5x) + \frac{d}{dx}(\cos x) \qquad \text{합의 공식}$$

$$= 5 - \sin x$$

(b) $y = \sin x \cos x$:

$$\frac{dy}{dx} = \sin x \frac{d}{dx}(\cos x) + \cos x \frac{d}{dx}(\sin x) \qquad \text{곱의 공식}$$

$$= \sin x(-\sin x) + \cos x(\cos x)$$

$$= \cos^2 x - \sin^2 x$$

(c) $y = \dfrac{\cos x}{1 - \sin x}$:

$$\frac{dy}{dx} = \frac{(1 - \sin x)\dfrac{d}{dx}(\cos x) - \cos x \dfrac{d}{dx}(1 - \sin x)}{(1 - \sin x)^2} \qquad \text{몫의 공식}$$

$$= \frac{(1 - \sin x)(-\sin x) - \cos x(0 - \cos x)}{(1 - \sin x)^2}$$

$$= \frac{1 - \sin x}{(1 - \sin x)^2} \qquad \sin^2 x + \cos^2 x = 1$$

$$= \frac{1}{1 - \sin x} \qquad\qquad\qquad ■$$

단순조화운동

용수철의 끝부분에 매달린 물체가 저항이 없이 자유롭게 위아래로 움직이는 운동은 **단순조화운동**(*simple harmonic motion*)의 한 모형이다. 이 운동은 주기적이며, 무기한 으로 반복되므로 삼각함수를 이용하여 나타낸다. 다음 예제는 마찰력과 같은 정반대 의 힘이 없는 운동의 모형이다.

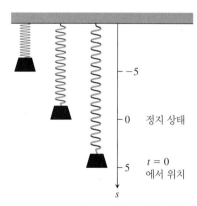

예제 3   용수철에 매달린 물체를 정지된 상태에서 5단위만큼 잡아당겼다가 놓으면 위 아래로 진동한다(그림 2.22). 놓은 당시를 $t=0$이라 하면 시간 t에서 이 물체의 위치는

$$s = 5 \cos t$$

로 주어진다. 시간 t에서 이 물체의 속도와 가속도는 얼마인가?

풀이   다음을 얻을 수 있다.

위치: $\quad s = 5 \cos t$

속도: $\quad v = \dfrac{ds}{dt} = \dfrac{d}{dt}(5 \cos t) = -5 \sin t$

가속도: $\quad a = \dfrac{dv}{dt} = \dfrac{d}{dt}(-5 \sin t) = -5 \cos t$

그림 2.22   물체가 수직 용수철에 매달 려 있는데 정지 상태에서 위아래로 진동 하면서 움직인다(예제 3).

이 방정식으로부터 물체에 대한 얼마나 많은 정보를 얻을 수 있는지 주목하라.

1. 시간이 지남에 따라 물체는 s축의 $s = -5$와 $s = 5$ 사이를 위아래로 진동한다. 운동의 진 폭은 5이고, 주기는 코사인함수의 주기인 $2p$이다.
2. 그림 2.23에서 보는 것처럼 속도 $v = -5 \sin t$는 $\cos t = 0$일 때에 가장 큰 크기 5를 갖는 다. 따라서 물체의 속력 $|v| = 5|\sin t|$는 $\cos t = 0$, 즉 $s = 0$ (정지 위치)일 때에 가장 크 다. 물체의 속력은 $\sin t = 0$일 때 0이다. 이것은 운동 구간의 양 끝점인 $s = 5 \cos t = \pm 5$ 일 때마다 일어난다. 이 지점에서 물체의 운동 방향이 바뀐다.
3. 물체는 용수철과 중력의 합쳐진 힘에 의해 운동한다. 이 합쳐진 힘은, 물체가 정지 위 치보다 아래에 있으면 위로 당기고 정지 위치보다 위에 있으면 아래로 당긴다. 즉, 물 체의 가속도는 항상 위치의 반대 부호에 비례한다. 용수철의 이러한 성질을 **훅의 법칙** (*Hooke's Law*)이라 하며, 5.5절에서 자세히 설명한다.

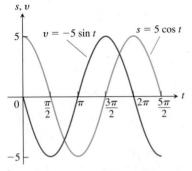

그림 2.23 예제 3의 물체의 위치와 속도의 그래프

4. 가속도 값 $a = -5 \cos t$는 정지 상태인 $\cos t = 0$일 때에만 0이고, 중력의 힘과 용수철에 의한 힘을 서로 상쇄한다. 물체가 다른 곳에 있을 때는, 두 힘은 동일하지 않고 가속도는 0이 아니다. 가속도는 정지 위치에서 가장 먼 점, 즉 $\cos t = \pm 1$인 점에서 크기가 가장 크다. ■

예제 4 예제 3의 단순조화운동의 순간가속도는

$$j = \frac{da}{dt} = \frac{d}{dt}(-5 \cos t) = 5 \sin t$$

이다. 이것은 변위의 극점에서가 아니라 정지 위치인 $\sin t = \pm 1$일 때 가장 크기가 크고, 이때 가속도는 방향과 부호를 바꾼다. ■

다른 기본 삼각함수들의 도함수

$\sin x$와 $\cos x$는 x에 대해 미분가능하므로

$$\tan x = \frac{\sin x}{\cos x}, \qquad \cot x = \frac{\cos x}{\sin x}, \qquad \sec x = \frac{1}{\cos x}, \qquad \csc x = \frac{1}{\sin x}$$

은 함수들이 정의된 모든 x값에서 미분가능하다. 몫의 미분 공식을 이용하여 그들의 도함수들을 구하면 다음 공식들과 같다. 여(co)함수의 도함수 공식에서 음의 부호가 나타남을 주목하라.

다른 삼각함수들의 도함수

$$\frac{d}{dx}(\tan x) = \sec^2 x \qquad\qquad \frac{d}{dx}(\cot x) = -\csc^2 x$$

$$\frac{d}{dx}(\sec x) = \sec x \tan x \qquad\qquad \frac{d}{dx}(\csc x) = -\csc x \cot x$$

대표적인 계산을 보이기 위해, 탄젠트함수의 도함수를 구한다. 다른 도함수들의 계산은 연습문제 62에 있다.

예제 5 $d(\tan x)/dx$를 구하라.

풀이 몫의 미분 공식을 이용하여 도함수를 계산한다.

$$\begin{aligned} \frac{d}{dx}(\tan x) = \frac{d}{dx}\left(\frac{\sin x}{\cos x}\right) &= \frac{\cos x \dfrac{d}{dx}(\sin x) - \sin x \dfrac{d}{dx}(\cos x)}{\cos^2 x} \quad\text{몫의 공식} \\ &= \frac{\cos x \cos x - \sin x(-\sin x)}{\cos^2 x} \\ &= \frac{\cos^2 x + \sin^2 x}{\cos^2 x} \\ &= \frac{1}{\cos^2 x} = \sec^2 x \end{aligned}$$

■

예제 6 $y = \sec x$일 때 y''을 구하라.

풀이 2계 도함수를 구하려면 삼각함수의 도함수의 결합이 필요하다.

$$y = \sec x$$
$$y' = \sec x \tan x \qquad\qquad \text{시칸트함수의 미분 공식}$$

$$y'' = \frac{d}{dx}(\sec x \tan x)$$

$$= \sec x \frac{d}{dx}(\tan x) + \tan x \frac{d}{dx}(\sec x) \qquad \text{곱의 공식}$$

$$= \sec x(\sec^2 x) + \tan x(\sec x \tan x) \qquad \text{미분 공식}$$

$$= \sec^3 x + \sec x \tan^2 x \qquad \blacksquare$$

정의역에서 삼각함수의 미분가능성으로부터 정의역의 모든 점에서 그들의 연속성을 보장받는다(2.2절의 정리 1). 그러므로 삼각함수들의 대수적 결합과 합성함수의 극한을 직접 대입에 의해 계산할 수 있다.

예제 7   삼각함수가 포함된 극한은 직접 대입하여 계산할 수 있다. 단, 대수적으로 정의되지 않는, 즉 분모가 0인 경우는 주의해야 한다.

$$\lim_{x \to 0} \frac{\sqrt{2 + \sec x}}{\cos(\pi - \tan x)} = \frac{\sqrt{2 + \sec 0}}{\cos(\pi - \tan 0)} = \frac{\sqrt{2 + 1}}{\cos(\pi - 0)} = \frac{\sqrt{3}}{-1} = -\sqrt{3} \qquad \blacksquare$$

연습문제 2.5

도함수

연습문제 1~18에서 dy/dx를 구하라.

1. $y = -10x + 3\cos x$

2. $y = \frac{3}{x} + 5\sin x$

3. $y = x^2 \cos x$

4. $y = \sqrt{x}\sec x + 3$

5. $y = \csc x - 4\sqrt{x} + \frac{7}{e^x}$

6. $y = x^2 \cot x - \frac{1}{x^2}$

7. $f(x) = \sin x \tan x$

8. $g(x) = \frac{\cos x}{\sin^2 x}$

9. $y = xe^{-x}\sec x$

10. $y = (\sin x + \cos x)\sec x$

11. $y = \frac{\cot x}{1 + \cot x}$

12. $y = \frac{\cos x}{1 + \sin x}$

13. $y = \frac{4}{\cos x} + \frac{1}{\tan x}$

14. $y = \frac{\cos x}{x} + \frac{x}{\cos x}$

15. $y = (\sec x + \tan x)(\sec x - \tan x)$

16. $y = x^2 \cos x - 2x \sin x - 2\cos x$

17. $f(x) = x^3 \sin x \cos x$

18. $g(x) = (2 - x)\tan^2 x$

연습문제 19~22에서 ds/dt를 구하라.

19. $s = \tan t - t$

20. $s = t^2 - \sec t + 1$

21. $s = \frac{1 + \csc t}{1 - \csc t}$

22. $s = \frac{\sin t}{1 - \cos t}$

연습문제 23~26에서 $dr/d\theta$를 구하라.

23. $r = 4 - \theta^2 \sin \theta$

24. $r = \theta \sin \theta + \cos \theta$

25. $r = \sec \theta \csc \theta$

26. $r = (1 + \sec \theta)\sin \theta$

연습문제 27~32에서 dp/dq를 구하라.

27. $p = 5 + \frac{1}{\cot q}$

28. $p = (1 + \csc q)\cos q$

29. $p = \frac{\sin q + \cos q}{\cos q}$

30. $p = \frac{\tan q}{1 + \tan q}$

31. $p = \frac{q \sin q}{q^2 - 1}$

32. $p = \frac{3q + \tan q}{q \sec q}$

33. a. $y = \csc x$ **b.** $y = \sec x$

일 때 y''를 구하라.

34. a. $y = -2\sin x$ **b.** $y = 9\cos x$

일 때 $y^{(4)} = d^4y/dx^4$을 구하라.

접선

연습문제 35~38에서 주어진 구간에서 곡선의 그래프를 그리고 x의 주어진 값에서 그 곡선에 접선을 그리라. 각 곡선과 접선의 방정식을 표기하라.

35. $y = \sin x, \quad -3\pi/2 \le x \le 2\pi$

$x = -\pi, 0, 3\pi/2$

36. $y = \tan x, \quad -\pi/2 < x < \pi/2$

$x = -\pi/3, 0, \pi/3$

37. $y = \sec x, \quad -\pi/2 < x < \pi/2$

$x = -\pi/3, \pi/4$

38. $y = 1 + \cos x, \quad -3\pi/2 \le x \le 2\pi$

$x = -\pi/3, 3\pi/2$

[T] 연습문제 39~44에서 함수들의 그래프가 구간 $0 \le x \le 2\pi$에서 수평접선을 갖는가? 그렇다면 어디에서 갖는가? 그렇지 않다면 왜 그렇지 않은가? 그래픽 계산기를 이용해 함수의 그래프를 그림으로써 시각화하라.

39. $y = x + \sin x$

40. $y = 2x + \sin x$

41. $y = x - \cot x$

42. $y = x + 2\cos x$

43. $y = \dfrac{\sec x}{3 + \sec x}$

44. $y = \dfrac{\cos x}{3 - 4\sin x}$

45. 곡선 $y = \tan x$, $-\pi/2 < x < \pi/2$ 위의 점에서 접선이 직선 $y = 2x$와 평행하는 모든 점을 구하라. 곡선과 접선을 같은 좌표에 그리고 각각의 방정식을 표기하라.

46. 곡선 $y = \cot x$, $0 < x < \pi$ 위의 점에서 접선이 직선 $y = -x$와 평행하는 모든 점을 구하라. 곡선과 접선을 같은 좌표에 그리고 각각의 방정식을 표기하라.

연습문제 47~48에서 **(a)** P에서 곡선의 접선의 방정식, **(b)** Q에서 곡선의 수평 접선의 방정식을 구하라.

47.

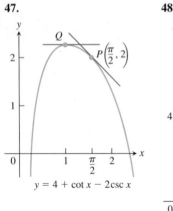

$y = 4 + \cot x - 2\csc x$

48.

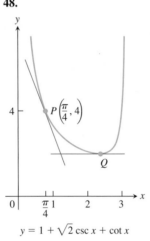

$y = 1 + \sqrt{2}\,\csc x + \cot x$

삼각극한

연습문제 49~56에서 극한을 구하라.

49. $\displaystyle\lim_{x \to 2} \sin\left(\dfrac{1}{x} - \dfrac{1}{2}\right)$

50. $\displaystyle\lim_{x \to -\pi/6} \sqrt{1 + \cos(\pi \csc x)}$

51. $\displaystyle\lim_{\theta \to \pi/6} \dfrac{\sin\theta - \frac{1}{2}}{\theta - \frac{\pi}{6}}$

52. $\displaystyle\lim_{\theta \to \pi/4} \dfrac{\tan\theta - 1}{\theta - \frac{\pi}{4}}$

53. $\displaystyle\lim_{x \to 0} \sec\left[\cos x + \pi \tan\left(\dfrac{\pi}{4\sec x}\right) - 1\right]$

54. $\displaystyle\lim_{x \to 0} \sin\left(\dfrac{\pi + \tan x}{\tan x - 2\sec x}\right)$

55. $\displaystyle\lim_{t \to 0} \tan\left(1 - \dfrac{\sin t}{t}\right)$

56. $\displaystyle\lim_{\theta \to 0} \cos\left(\dfrac{\pi\theta}{\sin\theta}\right)$

이론과 예제

연습문제 57~58에서 방정식들은 좌표축을 따라 운동하는 물체의 위치방정식 $s = f(t)$ (s의 단위는 미터, t의 단위는 초)이다. $t = \pi/4$ 초에서 물체의 속도, 속력, 가속도와 순간가속도를 구하라.

57. $s = 2 - 2\sin t$

58. $s = \sin t + \cos t$

59. 다음 함수가 $x = 0$에서 연속이 되도록 하는 c값이 존재하는가?

$$f(x) = \begin{cases} \dfrac{\sin^2 3x}{x^2}, & x \neq 0 \\ c, & x = 0 \end{cases}$$

그 이유를 설명하라.

60. 다음 함수가 $x = 0$에서 연속이 되도록 하는 b값이 존재하는가?

$$g(x) = \begin{cases} x + b, & x < 0 \\ \cos x, & x \geq 0 \end{cases}$$

$x = 0$에서 미분가능한가? 그 이유를 설명하라.

61. 처음 몇개의 도함수를 구하여, 유형을 찾고 다음을 구하라.

a. $\dfrac{d^{999}}{dx^{999}}(\cos x)$

b. $\dfrac{d^{110}}{dx^{110}}(\sin x - 3\cos x)$

c. $\dfrac{d^{73}}{dx^{73}}(x\sin x)$

62. 다음 함수들의 도함수에 대한 공식을 구하라.

a. $\sec x$ **b.** $\csc x$ **c.** $\cot x$

63. 질량이 있는 물체가 용수철에 매달려 평형상태($x = 0$)에 있다. 그런 후에 변위가

$$x = 10\cos t$$

가 되도록 운동이 이루어지게 한다. x의 단위는 센티미터이고, t의 단위는 초이다. 주어진 그림 참조.

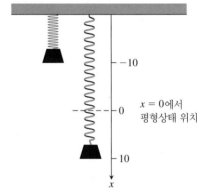

a. $t = 0$, $t = \pi/3$와 $t = 3\pi/4$에서 용수철의 변위를 구하라.

b. $t = 0$, $t = \pi/3$와 $t = 3\pi/4$에서 용수철의 속도를 구하라.

64. x축 위에서 입자의 위치를

$$x = 3\cos t + 4\sin t$$

라고 가정하자. x의 단위는 피트이고, t의 단위는 초이다.

a. $t = 0$, $t = \pi/2$와 $t = \pi$에서 입자의 위치를 구하라.

b. $t = 0$, $t = \pi/2$와 $t = \pi$에서 입자의 속도를 구하라.

T 65. $-\pi \leq x \leq 2\pi$에서 $y = \cos x$의 그래프를 그리라. 같은 화면에 $h = 1, 0.5, 0.3$과 0.1을 대입하여

$$y = \dfrac{\sin(x + h) - \sin x}{h}$$

의 그래프를 그리라. 그런 후 새로운 화면에서 $h = -1, -0.5$와 -0.3에 대해 그래프를 그리라. $h \to 0^+$일 때 어떤 일이 일어나는가? $h \to 0^-$일 때는 어떤 일이 일어나는가? 여기서 어떤 현상을 발견할 수 있는가?

T 66. $-\pi \leq x \leq 2\pi$에서 $y = -\sin x$의 그래프를 그리라. 같은 화면에 $h = 1, 0.5, 0.3$과 0.1을 대입하여

$$y = \dfrac{\cos(x + h) - \cos x}{h}$$

의 그래프를 그리라. 그런 후 새로운 화면에서 $h = -1, -0.5$와 -0.3을 대입하여 그래프를 그리라. $h \to 0^+$일 때 어떤 일이 일어나는가? $h \to 0^-$일 때는 어떤 일이 일어나는가? 여기서 어떤 현상을 발견할 수 있는가?

T 67. 중앙 차분몫   중앙 차분몫

$$\frac{f(x + h) - f(x - h)}{2h}$$

은 수치 해석에서 $f'(x)$를 근사시키는 데 이용되는데, 이는

(1) $f'(x)$가 존재하면 $h \to 0$일 때 위 식의 극한이 $f'(x)$와 같고,

(2) 이 식이 보통 h의 주어진 값에 대해 차분몫

$$\frac{f(x + h) - f(x)}{h}$$

보다는 $f'(x)$에 대한 더 좋은 근사를 제공하기 때문이다. 다음 그림 참조.

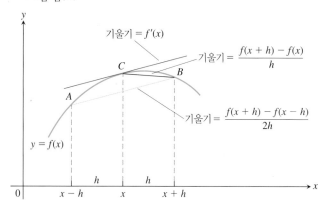

a. $f(x) = \sin x$에 대한 중앙 차분몫이 $f'(x) = \cos x$에 얼마나 빠르게 수렴하는지 보기 위해 $y = \cos x$와

$$y = \frac{\sin(x + h) - \sin(x - h)}{2h}$$

의 그래프를 $h = 1$, 0.5와 0.3일 때 구간 $[-\pi, 2\pi]$에서 동시에 그리라. 결과를 같은 h값에 대해 연습문제 65에서 얻은 것과 비교하라.

b. $f(x) = \cos x$에 대한 중앙 차분몫이 $f'(x) = -\sin x$에 얼마나 빠르게 수렴하는지 보기 위해 $y = -\sin x$와

$$y = \frac{\cos(x + h) - \cos(x - h)}{2h}$$

의 그래프를 $h = 1$, 0.5와 0.3일 때 구간 $[-\pi, 2\pi]$에서 동시에 그리라. 결과를 같은 h값에 대해 연습문제 66에서 얻은 것과 비교하라.

68. 중앙 차분몫에 대한 주의   (연습문제 67의 계속) 중앙 차분몫

$$\frac{f(x + h) - f(x - h)}{2h}$$

은 f가 x에서 도함수를 갖지 않더라도 $h \to 0$일 때 극한을 가질 수도 있다. 예를들어 $f(x) = |x|$로 놓고

$$\lim_{h \to 0} \frac{|0 + h| - |0 - h|}{2h}$$

을 계산한다. 보시다시피, $f(x) = |x|$는 $x = 0$에서 도함수를 갖지 않을지라도 이 극한은 존재한다.

주의: 중앙 차분몫을 이용하기 전에 도함수가 존재하는지 확인하라.

T 69. 탄젠트함수의 그래프에서 기울기 $y = \tan x$와 이것의 도함수를 $(-\pi/2, \pi/2)$에서 함께 그리라. 탄젠트함수의 그래프가 가장 작은 기울기를 갖는가? 가장 큰 기울기를 갖는가? 기울기가 음이 되는 경우가 있는가? 그 이유를 설명하라.

T 70. 코탄젠트함수의 그래프에서 기울기 $y = \cot x$와 이것의 도함수를 $0 < x < \pi$에서 함께 그리라. 코탄젠트함수의 그래프가 가장 작은 기울기를 갖는가? 가장 큰 기울기를 갖는가? 기울기가 양이 되는 경우가 있는가? 그 이유를 설명하라.

T 71. $(\sin kx)/x$ 탐구   구간 $-2 \le x \le 2$에서 $y = (\sin x)/x$, $y = (\sin 2x)/x$와 $y = (\sin 4x)/x$의 그래프를 함께 그리라. 언제 각 그래프가 y축과 교차하는가? 그래프가 정말로 축과 교차하는가? $y = (\sin 5x)/x$와 $y = (\sin(-3x))/x$의 그래프에 대해서는 $x \to 0$일 때 어떤 것을 예상할 수 있는가? 왜 그런가? 다른 k값에 대한 $y = (\sin kx)/x$의 그래프에 대해서는 어떤가? 그 이유를 설명하라.

T 72. 라디안 대 도: 도-모드를 이용한 도함수 x를 라디안 대신 도로 측정하면 $\sin x$와 $\cos x$의 도함수는 어떻게 될까? 이를 보기 위해 다음 단계를 실행한다.

a. 그래픽 계산기나 컴퓨터 그래픽 소프트웨어에서 도 모드를 이용하여

$$f(h) = \frac{\sin h}{h}$$

의 그래프를 그리고, 극한 $\lim_{h \to 0} f(h)$를 계산하라. 이 극한값과 $\pi/180$과 비교하라. 극한이 $\pi/180$이어야만 한다고 믿을 어떤 이유가 있는가?

b. 계속 그래픽 계산기를 도 모드로 놓고 다음을 계산한다.

$$\lim_{h \to 0} \frac{\cos h - 1}{h}$$

c. 이 교재에 있는 $\sin x$의 도함수에 대한 공식의 유도 과정으로 돌아가서 도-모드 극한을 이용하여 앞의 유도 과정을 완성하라. 도함수에 대해 어떤 공식을 얻는가?

d. $\cos x$의 도함수에 대한 공식의 유도 과정을 도-모드 극한을 이용하여 수행하라. 도함수에 대해 어떤 공식을 얻는가?

e. 도-모드 공식의 불이익은 고계 도함수를 구하고자 할 때 더욱 분명해진다. 시도해 보라. $\sin x$와 $\cos x$의 2계와 3계 도-모드 도함수는 무엇인가?

2.6   연쇄법칙

A: x 바퀴 회전 B: u 바퀴 회전 C: y 바퀴 회전

그림 2.24   기어 A가 x바퀴를 돌 때 기어 B는 u바퀴를 돌고 기어 C는 y바퀴를 돈다. 원주를 비교하거나 또는 톱니를 셈으로써 $y = u/2$ (B가 한바퀴 돌 때 C는 반바퀴 돈다)이고, $u = 3x$ (A가 한 바퀴 돌 때 B는 세 바퀴 돈다)임을 알 수 있으므로 $y = 3x/2$이다. 그러므로
$dy/dx = 3/2 = (1/2)(3) = (dy/du)(du/dx)$
이다.

함수 $F(x) = \sin(x^2 - 4)$는 어떻게 미분할 수 있을까? 이 함수는 두 함수 $y = f(u) = \sin u$와 $u = g(x) = x^2 - 4$와의 합성함수 $f \circ g$이며, 우리는 이 두 함수를 미분할 줄 안다. 해답은 **연쇄법칙(Chain Rule)**이다. 연쇄법칙에 따르면 함수 F의 도함수는 f와 g의 도함수의 곱으로 나타난다. 이 절에서 이 법칙을 알아본다.

합성함수의 도함수

함수 $y = \dfrac{3}{2}x = \dfrac{1}{2}(3x)$는 함수 $y = \dfrac{1}{2}u$와 $u = 3x$의 합성이다.

$$\frac{dy}{dx} = \frac{3}{2}, \qquad \frac{dy}{du} = \frac{1}{2}, \qquad \frac{du}{dx} = 3$$

을 얻는다. $\dfrac{3}{2} = \dfrac{1}{2} \cdot 3$이므로

$$\frac{dy}{dx} = \frac{dy}{du} \cdot \frac{du}{dx}$$

가 성립함을 알 수 있다. 도함수를 변화율로 생각한다면, 직관에 의해 이 관계는 합당하다. $y = f(u)$가 u의 절반의 속도로 변하고, $u = g(x)$는 x의 3배의 속도로 변한다면, y는 x의 속도의 3/2배로 변할 것이라는 예측을 할 수 있다. 이 효과는 기어 열의 문제와 흡사하다(그림 2.24). 또 다른 예제를 보자.

예제 1   함수

$$y = (3x^2 + 1)^2$$

은 $y = f(u) = u^2$과 $u = g(x) = 3x^2 + 1$의 합성이다. 도함수를 계산하면

$$\begin{aligned}
\frac{dy}{du} \cdot \frac{du}{dx} &= 2u \cdot 6x \\
&= 2(3x^2 + 1) \cdot 6x \qquad u\text{를 대입} \\
&= 36x^3 + 12x
\end{aligned}$$

가 됨을 알 수 있다. 전개된 형태 $(3x^2 + 1)^2 = 9x^4 + 6x^2 + 1$로부터 도함수를 계산하여도 같은 결과를 얻는다.

$$\begin{aligned}
\frac{dy}{dx} &= \frac{d}{dx}(9x^4 + 6x^2 + 1) \\
&= 36x^3 + 12x
\end{aligned}$$ ∎

합성함수 $f(g(x))$의 x에서의 도함수는 $g(x)$에서의 f의 도함수에 x에서의 $g(x)$의 도함수를 곱한 것이다. 이것은 연쇄법칙으로 알려져 있다(그림 2.25).

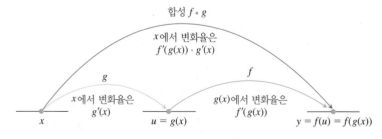

그림 2.25   변화율을 곱한다: x에서 $f \circ g$의 도함수는 $g(x)$에서 f의 도함수와 x에서 g의 도함수의 곱이다.

> **정의 2   연쇄법칙**
>
> $f(u)$가 점 $u = g(x)$에서 미분가능하고, $g(x)$가 x에서 미분가능하면, 합성함수 $(f \circ g)(x)$ $= f(g(x))$는 x에서 미분가능하고,
>
> $$(f \circ g)'(x) = f'(g(x)) \cdot g'(x)$$
>
> 이다. 라이프니츠(Leibniz) 기호로, $y = f(u)$이고 $u = g(x)$라면
>
> $$\frac{dy}{dx} = \frac{dy}{du} \cdot \frac{du}{dx}$$
>
> 이다. 여기서 dy/du는 $u = g(x)$에서 계산되었다.

연쇄법칙의 직관적인 증명 Δu를 x가 Δx만큼 변할 때 u의 변화라고 하자. 즉

$$\Delta u = g(x + \Delta x) - g(x)$$

이다. 그러면 이에 대응되는 y의 변화는

$$\Delta u = g(x + \Delta x) - g(x)$$

이다. 이제 $\Delta x \neq 0$이라면, 비 $\Delta y / \Delta x$를 곱으로

$$\frac{\Delta y}{\Delta x} = \frac{\Delta y}{\Delta u} \cdot \frac{\Delta u}{\Delta x} \tag{1}$$

라고 쓸 수 있다. $\Delta x \to 0$일 때 극한을 취하면

$$\begin{aligned}
\frac{dy}{dx} &= \lim_{\Delta x \to 0} \frac{\Delta y}{\Delta x} \\
&= \lim_{\Delta x \to 0} \frac{\Delta y}{\Delta u} \cdot \frac{\Delta u}{\Delta x} \\
&= \lim_{\Delta x \to 0} \frac{\Delta y}{\Delta u} \cdot \lim_{\Delta x \to 0} \frac{\Delta u}{\Delta x} \\
&= \lim_{\Delta u \to 0} \frac{\Delta y}{\Delta u} \cdot \lim_{\Delta x \to 0} \frac{\Delta u}{\Delta x} \quad \text{\small (g가 연속이므로 $\Delta x \to 0$일 때 $\Delta u \to 0$임에 주의하라.)} \\
&= \frac{dy}{du} \cdot \frac{du}{dx}
\end{aligned}$$

를 얻는다. 이 증명에서 문제점은 식 (1)에서 $\Delta x \neq 0$일 함수 $g(x)$가 x 근처에서 빠르게 진동하면 $\Delta u = 0$일 수 있다는 것이고, 그렇게 되면 Δu로 나눌 수가 없다. 이 문제를 극복하기 위해서 다른 접근 방법을 써야 하는데 2.9절에서 증명을 완성하겠다. ■

예제 2 x축을 따라 움직이는 물체의 $t \geq 0$일 때의 위치가 $x(t) = \cos(t^2 + 1)$로 주어진다. 물체의 속도를 구하라.

풀이   속도는 dx/dt이다. 이 경우 x는 합성함수이다. $x = \cos(u)$, $u = t^2 + 1$이다. 따라서 다음 식을 구할 수 있다.

$$\frac{dx}{du} = -\sin(u) \qquad \text{\small $x = \cos(u)$}$$

$$\frac{du}{dt} = 2t \qquad \text{\small $u = t^2 + 1$}$$

연쇄법칙에 의해 다음 식을 구할 수 있다.

$$\frac{dx}{dt} = \frac{dx}{du} \cdot \frac{du}{dt}$$

$$= -\sin(u) \cdot 2t$$

$$= -\sin(t^2 + 1) \cdot 2t$$

$$= -2t\sin(t^2 + 1)$$ ■

연쇄법칙의 표현 방법

$(f \circ g)'(x) = f'(g(x)) \cdot g'(x)$

$\dfrac{dy}{dx} = \dfrac{dy}{du} \cdot \dfrac{du}{dx}$

$\dfrac{dy}{dx} = f'(g(x)) \cdot g'(x)$

$\dfrac{d}{dx} f(u) = f'(u) \dfrac{du}{dx}$

'외부-내부' 법칙

라이프니츠 기호에서의 어려움은 도함수들이 어디에서 계산되는지를 구체적으로 명시하지 않는다는 것이다. 따라서 가끔은 연쇄법칙을 함수 기호를 사용하여 나타내는 것이 도움이 된다. $y = f(g(x))$이면,

$$\frac{dy}{dx} = f'(g(x)) \cdot g'(x)$$

이다. 설명하면, '외부' 함수 f를 미분하고, 이것을 '내부' 함수 $g(x)$에서 계산한 후 '내부 함수'의 도함수를 곱한다.

예제 3 $\sin(x^2 + x)$를 x에 관해 미분하라.

풀이

$$\frac{d}{dx} \sin\underbrace{(x^2 + x)}_{\text{내부}} = \cos\underbrace{(x^2 + x)}_{\substack{\text{내부는} \\ \text{그대로 남김}}} \cdot \underbrace{(2x + 1)}_{\substack{\text{내부의} \\ \text{미분}}}$$ ■

연쇄법칙의 반복 사용

가끔은 연쇄법칙을 두 번 또는 그 이상 적용하여 도함수를 구하는 경우가 있다. 예를 보자.

예제 4 $g(t) = \tan(5 - \sin 2t)$의 도함수를 구하라.

풀이 탄젠트는 $5 - \sin 2t$의 함수이고, 사인은 자신이 t의 함수인 $2t$의 함수임을 주목하라. 따라서 연쇄법칙에 의해 다음 식을 구할 수 있다.

$$g'(t) = \frac{d}{dt}(\tan(5 - \sin 2t))$$

$$= \sec^2(5 - \sin 2t) \cdot \frac{d}{dt}(5 - \sin 2t) \qquad \begin{array}{l} u = 5 - \sin 2t \text{로 놓고} \\ \tan u \text{의 도함수} \end{array}$$

$$= \sec^2(5 - \sin 2t) \cdot \left(0 - \cos 2t \cdot \frac{d}{dt}(2t)\right) \qquad \begin{array}{l} u = 2t \text{로 놓고} \\ 5 - \sin u \text{의 도함수} \end{array}$$

$$= \sec^2(5 - \sin 2t) \cdot (-\cos 2t) \cdot 2$$

$$= -2(\cos 2t)\sec^2(5 - \sin 2t)$$ ■

연쇄법칙을 함수의 거듭제곱에 적용하기

만일 n이 임의의 실수이고 f가 거듭제곱 함수 $f(u) = u^n$이면, 거듭제곱 미분 공식에 의 도함수는 $f'(u) = nu^{n-1}$이다. u가 x에 관한 미분가능한 함수라면, 연쇄법칙을 이용하여 **거듭제곱 연쇄법칙(Power Chain Rule)**을 만들 수 있다.

$$\frac{d}{dx}(u^n) = nu^{n-1}\frac{du}{dx} \qquad\qquad \frac{d}{du}(u^n) = nu^{n-1}$$

예제 5　거듭제곱 연쇄법칙은 수식의 거듭제곱에 대한 도함수를 간단하게 계산해준다.

(a) $\dfrac{d}{dx}(5x^3 - x^4)^7 = 7(5x^3 - x^4)^6 \dfrac{d}{dx}(5x^3 - x^4)$　　$u = 5x^3 - x^4, n = 7$로 거듭제곱 연쇄법칙

$$= 7(5x^3 - x^4)^6 (5 \cdot 3x^2 - 4x^3)$$

$$= 7(5x^3 - x^4)^6 (15x^2 - 4x^3)$$

(b) $\dfrac{d}{dx}\left(\dfrac{1}{3x-2}\right) = \dfrac{d}{dx}(3x-2)^{-1}$

$$= -1(3x-2)^{-2}\dfrac{d}{dx}(3x-2)$$　　$u = 3x-2, n = -1$로 거듭제곱 연쇄법칙

$$= -1(3x-2)^{-2}(3)$$

$$= -\dfrac{3}{(3x-2)^2}$$

(b)에서 몫의 미분 공식을 이용해서 도함수를 구할 수도 있다.

(c) $\dfrac{d}{dx}(\sin^5 x) = 5\sin^4 x \cdot \dfrac{d}{dx}\sin x$　　$\sin^n x$는 $(\sin x)^n, n \neq -1$이므로 $u = \sin x, n = 5$로 거듭제곱 연쇄법칙

$$= 5\sin^4 x \cos x$$ ∎

절댓값 함수의 도함수

$\dfrac{d}{dx}(|x|) = \dfrac{x}{|x|}, \quad x \neq 0$

$\qquad\qquad = \begin{cases} 1, & x > 0 \\ -1, & x < 0 \end{cases}$

예제 6　2.2절 예제 4에서 절댓값 함수 $y = |x|$는 $x = 0$에서 미분불가능하다는 것을 알았다. 하지만, 그 외의 모든 실수에서는 미분가능하다는 것을 이제 보이고자 한다. $|x| = \sqrt{x^2}$이므로, 다음 공식을 유도할 수 있다.

$$\dfrac{d}{dx}(|x|) = \dfrac{d}{dx}\sqrt{x^2}$$

$$= \dfrac{1}{2\sqrt{x^2}} \cdot \dfrac{d}{dx}(x^2)$$　　$u = x^2, n = 1/2, x \neq 0$로 거듭제곱 연쇄법칙

$$= \dfrac{1}{2|x|} \cdot 2x$$　　$\sqrt{x^2} = |x|$

$$= \dfrac{x}{|x|}, \quad x \neq 0$$ ∎

예제 7　곡선 $y = 1/(1-2x)^3$에 접하는 모든 직선의 기울기는 양임을 보이라.

풀이　도함수를 구하면 다음과 같다.

$$\dfrac{dy}{dx} = \dfrac{d}{dx}(1-2x)^{-3}$$

$$= -3(1-2x)^{-4} \cdot \dfrac{d}{dx}(1-2x)$$　　$u = (1-2x), n = -3$으로 거듭제곱 연쇄법칙

$$= -3(1-2x)^{-4} \cdot (-2)$$

$$= \dfrac{6}{(1-2x)^4}$$

분모가 0이 아닌, 곡선 위의 임의의 점 (x, y)에서 접선의 기울기는

$$\dfrac{dy}{dx} = \dfrac{6}{(1-2x)^4}$$

으로, 2개의 양수의 곱이다. ∎

예제 8 $\sin x$와 $\cos x$의 도함수의 공식은 x의 단위가 도가 아닌 라디안이라는 가정하에 얻어졌음을 기억하는 것이 중요하다. 연쇄법칙에 의해 이 둘 사이의 차이에 대한 새로운 식견을 얻을 수 있다. $180° = \pi$ 라디안이므로, $x° = \pi x/180$ 라디안이다. 여기서, $x°$는 각 x의 단위가 도임을 뜻한다.

연쇄법칙에 의해

$$\frac{d}{dx}\sin(x°) = \frac{d}{dx}\sin\left(\frac{\pi x}{180}\right) = \frac{\pi}{180}\cos\left(\frac{\pi x}{180}\right) = \frac{\pi}{180}\cos(x°)$$

가 된다. 그림 2.26 참조. 비슷하게 $\cos(x°)$의 도함수는 $-(\pi/180)\sin(x°)$이다.

인자 $\pi/180$은 반복미분할 때 복잡하게 될 것이다. 라디안 단위를 사용하는 이유를 단번에 알 수 있다. ■

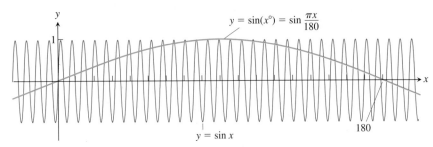

그림 2.26 $\sin(x°)$는 $\sin x$의 진동수의 $\pi/180$배만 진동한다. 이것의 최고 기울기는 $x = 0$에서 $\pi/180$이다 (예제 8).

연습문제 2.6

도함수 계산

연습문제 1~8에서 주어진 $y = f(u)$와 $u = g(x)$에 대해, $dy/dx = f'g(x))g'(x)$를 구하라.

1. $y = 6u - 9, \quad u = (1/2)x^4$ **2.** $y = 2u^3, \quad u = 8x - 1$

3. $y = \sin u, \quad u = 3x + 1$ **4.** $y = \cos u, \quad u = -\dfrac{x}{3}$

5. $y = \sqrt{u}, \quad u = \sin x$ **6.** $y = \sin u, \quad u = x - \cos x$

7. $y = \tan u, \quad u = \pi x^2$ **8.** $y = -\sec u, \quad u = \dfrac{1}{x} + 7x$

연습문제 9~18에서 함수를 $y = f(u)$와 $u = g(x)$의 형태로 쓰고, x의 함수로서 dy/dx를 구하라.

9. $y = (2x + 1)^5$ **10.** $y = (4 - 3x)^9$

11. $y = \left(1 - \dfrac{x}{7}\right)^{-7}$ **12.** $y = \left(\dfrac{\sqrt{x}}{2} - 1\right)^{-10}$

13. $y = \left(\dfrac{x^2}{8} + x - \dfrac{1}{x}\right)^4$ **14.** $y = \sqrt{3x^2 - 4x + 6}$

15. $y = \sec(\tan x)$ **16.** $y = \cot\left(\pi - \dfrac{1}{x}\right)$

17. $y = \tan^3 x$ **18.** $y = 5\cos^{-4} x$

연습문제 19~40에서 함수의 도함수를 구하라.

19. $p = \sqrt{3 - t}$ **20.** $q = \sqrt[3]{2r - r^2}$

21. $s = \dfrac{4}{3\pi}\sin 3t + \dfrac{4}{5\pi}\cos 5t$ **22.** $s = \sin\left(\dfrac{3\pi t}{2}\right) + \cos\left(\dfrac{3\pi t}{2}\right)$

23. $r = (\csc\theta + \cot\theta)^{-1}$ **24.** $r = 6(\sec\theta - \tan\theta)^{3/2}$

25. $y = x^2\sin^4 x + x\cos^{-2} x$ **26.** $y = \dfrac{1}{x}\sin^{-5} x - \dfrac{x}{3}\cos^3 x$

27. $y = \dfrac{1}{18}(3x - 2)^6 + \left(4 - \dfrac{1}{2x^2}\right)^{-1}$

28. $y = (5 - 2x)^{-3} + \dfrac{1}{8}\left(\dfrac{2}{x} + 1\right)^4$

29. $y = (4x + 3)^4(x + 1)^{-3}$ **30.** $y = (2x - 5)^{-1}(x^2 - 5x)^6$

31. $h(x) = x\tan\left(2\sqrt{x}\right) + 7$ **32.** $k(x) = x^2\sec\left(\dfrac{1}{x}\right)$

33. $f(x) = \sqrt{7 + x\sec x}$ **34.** $g(x) = \dfrac{\tan 3x}{(x + 7)^4}$

35. $f(\theta) = \left(\dfrac{\sin\theta}{1 + \cos\theta}\right)^2$ **36.** $g(t) = \left(\dfrac{1 + \sin 3t}{3 - 2t}\right)^{-1}$

37. $r = \sin(\theta^2)\cos(2\theta)$ **38.** $r = \sec\sqrt{\theta}\tan\left(\dfrac{1}{\theta}\right)$

39. $q = \sin\left(\dfrac{t}{\sqrt{t + 1}}\right)$ **40.** $q = \cot\left(\dfrac{\sin t}{t}\right)$

연습문제 41~58에서 dy/dt를 구하라.

41. $y = \sin^2(\pi t - 2)$ **42.** $y = \sec^2 \pi t$

43. $y = (1 + \cos 2t)^{-4}$

44. $y = (1 + \cot(t/2))^{-2}$

45. $y = (t \tan t)^{10}$

46. $y = (t^{-3/4} \sin t)^{4/3}$

47. $y = \left(\dfrac{t^2}{t^3 - 4t}\right)^3$

48. $y = \left(\dfrac{3t - 4}{5t + 2}\right)^{-5}$

49. $y = \sin(\cos(2t - 5))$

50. $y = \cos\left(5 \sin\left(\dfrac{t}{3}\right)\right)$

51. $y = \left(1 + \tan^4\left(\dfrac{t}{12}\right)\right)^3$

52. $y = \dfrac{1}{6}(1 + \cos^2(7t))^3$

53. $y = \sqrt{1 + \cos(t^2)}$

54. $y = 4 \sin\left(\sqrt{1 + \sqrt{t}}\right)$

55. $y = \tan^2(\sin^3 t)$

56. $y = \cos^4(\sec^2 3t)$

57. $y = 3t(2t^2 - 5)^4$

58. $y = \sqrt{3t + \sqrt{2 + \sqrt{1 - t}}}$

2계 도함수

연습문제 59~64에서 y''을 구하라.

59. $y = \left(1 + \dfrac{1}{x}\right)^3$

60. $y = (1 - \sqrt{x})^{-1}$

61. $y = \dfrac{1}{9} \cot(3x - 1)$

62. $y = 9 \tan\left(\dfrac{x}{3}\right)$

63. $y = x(2x + 1)^4$

64. $y = x^2(x^3 - 1)^5$

연습문제 65와 66에서 방정식 $f'(x) = 0$과 $f''(x) = 0$의 해를 구하라.

65. $f(x) = x(x - 4)^3$

66. $f(x) = \sec^2 x - 2 \tan x$,　단　$0 \le x \le 2\pi$

미분계수 구하기

연습문제 67~72에서 주어진 x값에서 $(f \circ g)'$의 값을 구하라.

67. $f(u) = u^5 + 1$,　$u = g(x) = \sqrt{x}$,　$x = 1$

68. $f(u) = 1 - \dfrac{1}{u}$,　$u = g(x) = \dfrac{1}{1 - x}$,　$x = -1$

69. $f(u) = \cot \dfrac{\pi u}{10}$,　$u = g(x) = 5\sqrt{x}$,　$x = 1$

70. $f(u) = u + \dfrac{1}{\cos^2 u}$,　$u = g(x) = \pi x$,　$x = 1/4$

71. $f(u) = \dfrac{2u}{u^2 + 1}$,　$u = g(x) = 10x^2 + x + 1$,　$x = 0$

72. $f(u) = \left(\dfrac{u - 1}{u + 1}\right)^2$,　$u = g(x) = \dfrac{1}{x^2} - 1$,　$x = -1$

73. $f'(3) = -1$, $g'(2) = 5$, $g(2) = 3$이라 하고, $y = f(g(x))$라 할 때 $x = 2$에서 y'의 값은 얼마인가?

74. $r = \sin(f(t))$라 하고, $f(0) = \pi/3$, $f'(0) = 4$일 때, $t = 0$에서 dr/dt의 값은 얼마인가?

75. 함수 f, g와 x에 관한 그들의 도함수가 $x = 2$와 $x = 3$에서 다음 값들을 갖는다고 하자.

x	$f(x)$	$g(x)$	$f'(x)$	$g'(x)$
2	8	2	1/3	-3
3	3	-4	2π	5

다음 함수에 대해 주어진 x값에서 x에 관한 도함수의 값을 구하라.

a. $2f(x)$,　$x = 2$

b. $f(x) + g(x)$,　$x = 3$

c. $f(x) \cdot g(x)$,　$x = 3$

d. $f(x)/g(x)$,　$x = 2$

e. $f(g(x))$,　$x = 2$

f. $\sqrt{f(x)}$,　$x = 2$

g. $1/g^2(x)$,　$x = 3$

h. $\sqrt{f^2(x) + g^2(x)}$,　$x = 2$

76. 함수 f, g와 x에 관한 그들의 도함수가 $x = 0$과 $x = 1$에서 다음 값들을 갖는다고 하자.

x	$f(x)$	$g(x)$	$f'(x)$	$g'(x)$
0	1	1	5	1/3
1	3	-4	$-1/3$	$-8/3$

다음 함수에 대해 주어진 x값에서 x에 관한 도함수의 값을 구하라.

a. $5f(x) - g(x)$,　$x = 1$

b. $f(x)g^3(x)$,　$x = 0$

c. $\dfrac{f(x)}{g(x) + 1}$,　$x = 1$

d. $f(g(x))$,　$x = 0$

e. $g(f(x))$,　$x = 0$

f. $(x^{11} + f(x))^{-2}$,　$x = 1$

g. $f(x + g(x))$,　$x = 0$

77. $s = \cos \theta$이고 $d\theta/dt = 5$라면 $\theta = 3\pi/2$일 때 ds/dt를 구하라.

78. $y = x^2 + 7x - 5$이고 $dx/dt = 1/3$이면, $x = 1$일 때 dy/dt를 구하라.

이론과 예제

함수를 서로 다른 방법에 의한 합성으로 쓸 수 있다면 어떤 일이 일어나는가? 각 경우에 도함수가 같은가? 연쇄법칙에 의하면 같아야 한다. 연습문제 79~80에서 시도해 보라.

79. $y = x$를 다음 함수들의 합성으로 생각하여 연쇄법칙을 이용하여 dy/dx를 구하라.

a. $y = (u/5) + 7$　and　$u = 5x - 35$

b. $y = 1 + (1/u)$　and　$u = 1/(x - 1)$

80. $y = x^{3/2}$을 다음 함수들의 합성으로 생각하여 연쇄법칙을 이용하여 dy/dx를 구하라.

a. $y = u^3$　and　$u = \sqrt{x}$

b. $y = \sqrt{u}$　and　$u = x^3$

81. 곡선 $y = ((x - 1)/(x + 1))^2$의 $x = 0$에서 접선을 구하라.

82. 곡선 $y = \sqrt{x^2 - x + 7}$의 $x = 2$에서 접선을 구하라.

83. a. $x = 1$에서 곡선 $y = 2 \tan(\pi x/4)$의 접선을 구하라.

b. 접선 곡선에서의 기울기　구간 $-2 < x < 2$에서 가질 수 있는 곡선의 기울기 중 가장 작은 것은 무엇인가? 그 이유를 설명하라.

84. 사인곡선에서의 기울기

a. 원점에서 곡선들 $y = \sin 2x$와 $y = -\sin(x/2)$에 접하는 접선들의 방정식을 구하라. 접선들이 어떻게 관련되어 있는지에 관한 특별한 것이 있는가? 그 이유를 설명하라.

b. 원점에서 곡선 $y = \sin mx$와 $y = -\sin(x/m)$ (m은 0이 아닌 상수)에 접하는 접선에 관해 말할 수 있는 것이 있는가? 그 이유를 설명하라.

c. 주어진 m에 대해, 곡선들 $y = \sin mx$와 $y = -\sin(x/m)$의 접선의 기울기 중 가장 큰 값은 무엇인가? 그 이유를 설명하라.

d. 함수 $y = \sin x$는 구간 $[0, 2\pi]$에서 1주기를 완성하고, 함수 $y = \sin 2x$는 2주기를 완성하며, $y = \sin(x/2)$는 주기의 반을

완성한다. $y = \sin mx$가 $[0, 2\pi]$에서 완성하는 주기들의 수와 원점에서 곡선 $y = \sin mx$의 기울기 사이에 어떤 관계가 있는가? 그 이유를 설명하라.

85. 기계를 매우 빠르게 작동시키기 피스톤이 위아래로 직선 운동을 하고, 시간 t초에서의 위치가, A와 b가 양수일 때,

$$s = A\cos(2\pi bt)$$

로 주어졌다고 가정하자. A의 값은 운동의 진폭이고, b는 진동수(피스톤이 초당 위아래로 움직이는 수)이다. 진동수를 2배로 만들면 피스톤의 속도, 가속도와 순간가속도에 어떤 효과가 미치는가? (이것을 찾아내기만 하면, 기계를 매우 빠르게 작동시킬 때 기계가 파손되는 이유를 알 것이다.)

86. 알래스카주 페어뱅크스의 기온 주어진 그림의 그래프는 평년(365일이 있는 해)의 알래스카주의 페어뱅크스의 섭씨 기온을 보여준다. x일의 기온을 근사하는 방정식은 다음과 같고 그래프는 주어진 그림에 있다.

$$y = 20 \sin\left[\frac{2\pi}{365}(x - 101)\right] - 4$$

a. 기온이 가장 빨리 증가하는 날은 언제인가?

b. 가장 빨리 증가했을 때 하루 동안의 증가 온도는 몇 도나 되는가?

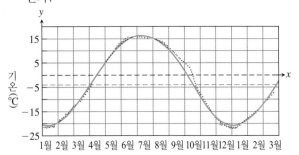

87. 입자 운동 좌표축을 따라 움직이는 입자의 위치는 s가 미터로, t가 초로 주어질 때, $s = \sqrt{1 + 4t}$이다. $t = 6$초에서 입자의 속도와 가속도를 구하라.

88. 일정한 가속도 낙하하는 물체가 시작점으로부터 s미터 떨어진 순간에 이 물체의 속도는 $v = k\sqrt{s}$ m/s(k는 상수)이다. 물체의 가속도가 상수임을 보이라.

89. 낙하하는 별똥별 지구의 대기권으로 진입하는 무거운 별똥별의 속도는 s가 지구 중심으로부터의 거리(km)일 때, $\sqrt{s}$에 반비례한다. 별똥별의 가속도가 s^2에 반비례함을 증명하라.

90. 입자의 가속도 입자가 속도 $dx/dt = f(x)$로 x축을 따라서 움직인다. 입자의 가속도가 $f(x)\,f'(x)$임을 보이라.

91. 기온과 진자의 주기 진폭이 작은 진동(작은 진자운동)에 대해 주기 T와 단순 진자의 길이 L 사이의 관계를 방정식

$$T = 2\pi\sqrt{\frac{L}{g}}$$

로 모형화할 수 있다. 여기서, g는 진자의 위치에서 가해지는 일정한 중력가속도이다. g의 단위가 cm/s²이면, L의 단위는 cm이고, T의 단위는 초이다. 진자가 금속으로 만들어졌다면, 이것의 길이는 기온에 따라 달라지는데 대략 L에 비례하는 비율로 증가하거나 감소한다. 기호로는, u가 기온이고, k가 비례

상수일 때,

$$\frac{dL}{du} = kL$$

이다. 진자가 이 식에 따라 움직인다고 하면, 주기가 기온에 관해 변하는 비율은 $kT/2$임을 보이라.

92. 연쇄법칙 $f(x) = x^2$이고 $g(x) = |x|$라 하자. 합성함수

$$(f \circ g)(x) = |x|^2 = x^2, \qquad (g \circ f)(x) = |x^2| = x^2$$

은, g가 $x = 0$에서 미분가능하지 않지만, $x = 0$에서 모두 미분가능하다. 이것이 연쇄법칙에 어긋나는가? 설명하라.

T 93. $\sin 2x$의 도함수 $-2 \le x \le 3.5$에서 함수 $y = 2\cos 2x$의 그래프를 그리라. 같은 화면에 $h = 1.0, 0.5$와 0.2인 경우에 대해

$$y = \frac{\sin 2(x + h) - \sin 2x}{h}$$

의 그래프를 그리라. 음의 값을 포함한 h의 다른 값들에 대해서도 똑같이 해 보라. $h \to 0$일 때 어떻게 될까? 그 이유를 설명하라.

94. $\cos(x2)$의 도함수 $-2 \le x \le 3$에서 $y = -2x \sin(x^2)$의 그래프를 그리라. 같은 화면에 $h = 1.0, 0.7$과 0.3인 경우에 대해

$$y = \frac{\cos((x + h)^2) - \cos(x^2)}{h}$$

의 그래프를 그리라. h의 다른 값들에 대해서도 똑같이 해 보라. $h \to 0$일 때 어떻게 될까? 그 이유를 설명하라.

연습문제 95와 96에서 연쇄법칙을 이용하여 거듭제곱 공식 $(d/dx)\, x^n = nx^{n-1}$이 성립함을 보이라.

95. $x^{1/4} = \sqrt{\sqrt{x}}$ **96.** $x^{3/4} = \sqrt{x\sqrt{x}}$

97. 함수 $f(x)$에 대하여, 다음 물음에 답하라.

$$f(x) = \begin{cases} x \sin\left(\dfrac{1}{x}\right), & x > 0 \\[2mm] 0, & x \le 0 \end{cases}$$

a. 함수 f가 $x = 0$에서 연속임을 보이라.

b. $x \ne 0$에서 도함수 f'를 결정하라.

c. 함수 f가 $x = 0$에서 미분가능하지 않음을 보이라.

98. 함수 $f(x)$에 대하여, 다음 물음에 답하라.

$$f(x) = \begin{cases} x^2 \cos\left(\dfrac{2}{x}\right), & x \ne 0 \\[2mm] 0, & x = 0 \end{cases}$$

a. 함수 f가 $x = 0$에서 연속임을 보이라.

b. $x \ne 0$에서 도함수 f'을 결정하라.

c. 함수 f가 $x = 0$에서 미분가능함을 보이라.

d. 도함수 f'이 $x = 0$에서 연속이 아님을 보이라.

99. 다음 각 명제를 검증하라.

a. 함수 f가 우함수이면, 도함수 f'은 기함수이다.

b. 함수 f가 기함수이면, 도함수 f'은 우함수이다.

컴퓨터 탐구

삼각 다항식

100. 주어진 그림에서 보듯이, 삼각 "다항식"

$$s = f(t) = 0.78540 - 0.63662 \cos 2t - 0.07074 \cos 6t$$
$$- 0.02546 \cos 10t - 0.01299 \cos 14t$$

는 구간 $[-\pi, \pi]$에서 톱니함수 $s = g(t)$에 대한 좋은 근사를 제공한다. f의 도함수는 dg/dt가 정의된 점에서 g의 도함수를 얼마나 잘 근사시키는가? 이를 풀기 위해 다음 단계를 수행하라.

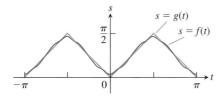

a. $[-\pi, \pi]$에서 (정의되었다면) dg/dt의 그래프를 그리라.

b. df/dt를 구하라.

c. df/dt의 그래프를 그리라. df/dt에 의한 dg/dt의 근사가 어디에서 가장 좋은가? 최소로 좋은가? 삼각 다항식에 의한 근사는 열과 진동이론에서 중요하지만, 다음 문제에서 보듯이, 우리는 그렇게 많은 것을 기대하지 말아야만 한다.

101. (연습문제 100의 계속) 연습문제 100에서는 $[-\pi, \pi]$에서 톱니 함수 $g(t)$를 근사시킨 삼각 다항식 $f(t)$가 그 도함수도 톱니 함수의 도함수를 근사시켰다. 그러나 삼각 다항식이 그 도함

수가 함수의 도함수를 전혀 근사시키지 않고서도 함수를 근사시키는 것이 가능하다. 이러한 예로서 주어진 그림에서 그래프로 그려진 삼각 '다항식'

$$s = h(t) = 1.2732 \sin 2t + 0.4244 \sin 6t + 0.25465 \sin 10t$$
$$+ 0.18189 \sin 14t + 0.14147 \sin 18t$$

는 계단함수 $s = k(t)$를 근사시킨다. 그러나 h의 도함수는 k의 도함수와 전혀 같지 않다.

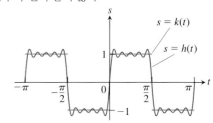

a. $[-\pi, \pi]$에서 (정의되었다면) dk/dt의 그래프를 그리라.

b. dh/dt를 구하라.

c. dh/dt의 그래프를 그려서 이것이 dk/dt의 그래프와 얼마나 일치하는지 보라.

2.7 음함수 미분법

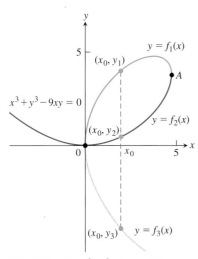

그림 2.27 곡선 $x^3 + y^3 - 9xy = 0$은 x에 대한 하나의 함수로 표현되지 않지만 몇 개의 x에 대한 함수의 그래프로 나누어진다. 이 곡선은 1638년에 데카르트(Descartes)의 엽선이라 이름지어졌다.

지금까지 우리가 다루었던 대부분의 함수는 y가 변수 x에 의해 $y = f(x)$와 같은 양함수의 식으로 표현되는 형태로, 이러한 함수들의 미분법을 공부하였다. 또 다른 형태의 함수를 알아보면 다음과 같은 방정식을 볼 수 있다.

$$x^3 + y^3 - 9xy = 0, \qquad y^2 - x = 0, \qquad \text{또는} \qquad x^2 + y^2 - 25 = 0$$

(그림 2.27, 2.28과 2.29 참조). 이와 같은 방정식에 의해 정의되는 변수 x와 y 사이의 관계를 **음함수**(*implicit function*)라고 한다. 비록 y값에 대한 간단한 공식이 없지만, 하나의 x값에 대해 하나 또는 둘 이상의 y값이 대응된다는 의미이다. 가끔의 경우에는 이 방정식을 y에 대해 풀어서 x에 대한 (또는 여러 변수에 대한) 양함수로 표현할 수도 있다. 식 $F(x, y) = 0$을 보통의 방법에 의해 미분할 수 있는 $y = f(x)$의 형태로 표현할 수 없을 때, 우리는 **음함수 미분법**(*implicit differentiation*)에 의해 dy/dx를 구할 수 있다. 이 절에서는 이 방법을 공부한다.

음함수

x의 함수로 y를 풀 수 있는 익숙한 방정식을 포함하는 예로부터 시작한다. 먼저 양함수로 풀어서 보통의 방법으로 dy/dx를 계산한다. 그런 다음 이 방정식을 음함수 미분법으로 미분하여 도함수를 구하고 두 방법이 같은 결과를 구해짐을 알게 된다. 다음 예제는 새로운 방법이 포함된 단계를 요약하였다. 예제와 연습문제에서, 주어진 방정식은 항상 y가 x에 관하여 미분가능한 함수여서 dy/dx가 존재하는 음함수라고 가정한다.

예제 1 $y^2 = x$일 때, dy/dx를 구하라.

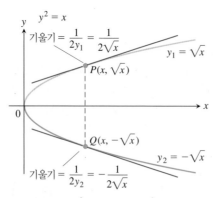

그림 2.28 식 $y^2 - x = 0$ 또는 $y^2 = x$는 구간 $x > 0$에서 2개의 미분가능한 함수로 구성되어 있다. 예제 1에서는 $y^2 = x$를 y에 대해 풀지 않고도 도함수를 찾을 수 있음을 보여준다.

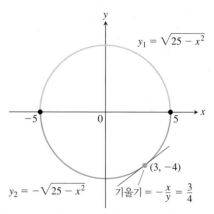

그림 2.29 두 함수를 결합한 원. y_2의 그래프는 아래 반원이며 점 $(3, -4)$를 지난다.

풀이 방정식 $y^2 = x$는 실제로 x에 대해 미분가능한 2개의 함수로 구성되어 있다. 즉, $y_1 = \sqrt{x}$와 $y_2 = -\sqrt{x}$이다(그림 2.28). 그리고 이 두 함수는 $x > 0$일 때, 다음과 같이 미분할 수 있음을 알 수 있다.

$$\frac{dy_1}{dx} = \frac{1}{2\sqrt{x}}, \qquad \frac{dy_2}{dx} = -\frac{1}{2\sqrt{x}}$$

그러나 y가 $x > 0$인 x에 대해 미분가능한 여러 개의 함수로 구성되어 있으나 그것을 구할 수 없는 경우 오직 $y^2 = x$라는 것만 안다고 해도 여전히 dy/dx를 구할 수 있을까?

답은 '예'이다. dy/dx를 구하기 위해서는 $y^2 = x$에서 y가 x에 대해 미분가능한 함수 $y = f(x)$라고 간주하고 양변을 그대로 x에 대해 미분하면 된다.

$$y^2 = x$$

연쇄법칙에 의해 $\dfrac{d}{dx}(y^2)$

$$2y\frac{dy}{dx} = 1 \qquad = \frac{d}{dx}[f(x)]^2 = 2f(x)f'(x) = 2y\frac{dy}{dx}$$

$$\frac{dy}{dx} = \frac{1}{2y}$$

이 하나의 식이 앞에서 구한 2개의 함수 $y_1 = \sqrt{x}$와 $y_2 = -\sqrt{x}$를 직접 미분한 두 식을 포함한다.

$$\frac{dy_1}{dx} = \frac{1}{2y_1} = \frac{1}{2\sqrt{x}}, \qquad \frac{dy_2}{dx} = \frac{1}{2y_2} = \frac{1}{2(-\sqrt{x})} = -\frac{1}{2\sqrt{x}} \qquad ■$$

예제 2 원 $x^2 + y^2 = 25$ 위의 한 점 $(3, -4)$에서의 접선의 기울기를 구하라.

풀이 원은 x에 대한 하나의 함수로 표현되지 않지만 그림 2.29에서 보는 것처럼 2개의 미분가능한 함수 $y_1 = \sqrt{25 - x^2}$과 $y_2 = -\sqrt{25 - x^2}$으로 구성된다. 점 $(3, -4)$는 y_2의 그래프 위에 있는 점이고, 따라서 직접 y_2을 거듭제곱 연쇄법칙을 사용하여 미분해서 기울기를 구할 수 있다.

$$\left.\frac{dy_2}{dx}\right|_{x=3} = -\frac{-2x}{2\sqrt{25-x^2}}\bigg|_{x=3} = -\frac{-6}{2\sqrt{25-9}} = \frac{3}{4}$$

$$\frac{d}{dx}\left(-(25-x^2)^{1/2}\right)$$
$$= -\frac{1}{2}(25-x^2)^{-1/2}(-2x)$$

그러나 우리는 음함수의 미분법을 이용하여 더 쉽게 문제를 해결할 수 있다.

$$\frac{d}{dx}(x^2) + \frac{d}{dx}(y^2) = \frac{d}{dx}(25)$$

$$2x + 2y\frac{dy}{dx} = 0 \qquad \text{예제 1참조}$$

$$\frac{dy}{dx} = -\frac{x}{y}$$

따라서 점 $(3, -4)$에서의 기울기는 $\dfrac{x}{y}\bigg|_{(3, -4)} = -\dfrac{3}{-4} = \dfrac{3}{4}$이다.

dy_2/dx로 표현되는 기울기는 x축의 아래에 있는 점에 대해서만 기울기를 구할 수 있는 반면에 식 $dy/dx = -x/y$는 기울기를 갖는 원 위의 모든 점에서 적용될 수 있다. 또한, 음함수의 도함수는 독립변수 x만을 포함하지 않고 변수 x와 y를 모두 포함하는 것을 주목하기 바란다. ■

일반적인 음함수의 미분법을 설명하기 전에 우리는 예제 1과 예제 2에서 앞에서 배웠던 일반적인 함수의 도함수와 비교하여 살펴보았다. 여기서 우리는 y를 x에 대해 미분가능한 함수로 간주하고 일반적인 미분법을 이용하여 음함수의 양변을 x에 관하여 미분하였다.

음함수 미분법
1. 방정식의 양변을 x에 관하여 미분한다. 이때 y는 x에 관하여 미분가능한 함수로 간주한다.
2. 식의 한쪽 변으로 dy/dx가 포함된 항들을 모으고, dy/dx에 관하여 정리한다.

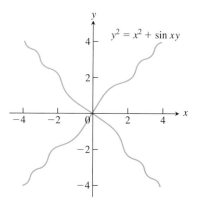

그림 2.30 예제 3의 $y^2 = x^2 + \sin xy$의 그래프

예제 3 $y^2 = x^2 + \sin xy$일 때 dy/dx를 구하라(그림 2.30).

풀이 음함수 미분법을 사용하여 미분한다.

$$y^2 = x^2 + \sin xy$$

$$\frac{d}{dx}(y^2) = \frac{d}{dx}(x^2) + \frac{d}{dx}(\sin xy) \qquad \text{양변을 } x\text{에 관하여 미분한다.}$$

$$2y\frac{dy}{dx} = 2x + (\cos xy)\frac{d}{dx}(xy) \qquad \begin{array}{l}y\text{를 }x\text{의 함수로 가정하고}\\ \text{연쇄법칙을 이용한다.}\end{array}$$

$$2y\frac{dy}{dx} = 2x + (\cos xy)\left(y + x\frac{dy}{dx}\right) \qquad xy\text{를 함수의 곱으로 간주한다.}$$

$$2y\frac{dy}{dx} - (\cos xy)\left(x\frac{dy}{dx}\right) = 2x + (\cos xy)y \qquad dy/dx\text{를 포함하는 항을 모은다.}$$

$$(2y - x\cos xy)\frac{dy}{dx} = 2x + y\cos xy$$

$$\frac{dy}{dx} = \frac{2x + y\cos xy}{2y - x\cos xy} \qquad dy/dx\text{에 관하여 푼다.}$$

위에서 보는 바와 같이 식 dy/dx를 이용하면 곡선 위의 모든 점에서 접선의 기울기를 구할 수 있다. 역시 음함수의 도함수에는 변수 x와 y가 모두 포함되어 있는 것을 볼 수 있다. ■

고계 도함수

음함수 미분법을 이용하여 고계 도함수도 구할 수 있다.

예제 4 $2x^3 - 3y^2 = 8$일 때 d^2y/dx^2을 구하라.

풀이   먼저, 식의 양변을 x에 관하여 미분하여 $y' = dy/dx$를 구한다.

$$\frac{d}{dx}(2x^3 - 3y^2) = \frac{d}{dx}(8)$$

$$6x^2 - 6yy' = 0 \qquad\qquad \text{\small y를 x의 함수로 간주}$$

$$y' = \frac{x^2}{y}, \qquad \text{단 } y \neq 0 \qquad \text{\small y'에 관하여 푼다.}$$

이제 몫의 미분 공식을 적용하여 y''을 구하면

$$y'' = \frac{d}{dx}\left(\frac{x^2}{y}\right) = \frac{2xy - x^2y'}{y^2} = \frac{2x}{y} - \frac{x^2}{y^2}\cdot y'$$

이므로, 마지막으로 $y' = x^2/y$를 대입하여 y''를 x와 y로 나타낸다.

$$y'' = \frac{2x}{y} - \frac{x^2}{y^2}\left(\frac{x^2}{y}\right) = \frac{2x}{y} - \frac{x^4}{y^3}, \qquad \text{단 } y \neq 0 \qquad ■$$

렌즈, 접선, 그리고 법선

빛이 렌즈를 통과하면서 방향이 바뀌는데 그 굴절 방향을 결정하는 중요한 요인은 빛이 렌즈를 통과하는 점에 접하는 접선에 수직인 직선과 이루는 각이다(그림 2.31에서의 각 A와 B). 이 수직인 직선을 법선이라고 한다. 그림 2.31에서 보는 바와 같이 빛이 렌즈를 통과하는 점에 접하는 접선에 수직인 직선이 바로 **법선(normal)**이다.

예제 5   점 $(2, 4)$가 곡선 $x^3 + y^3 - 9xy = 0$ 위에 있음을 보이고, 접선의 방정식과 법선의 방정식을 구하라.

풀이 $2^3 + 4^3 - 9(2)(4) = 8 + 64 - 72 = 0$을 만족하므로 점 $(2, 4)$는 곡선 위에 있음을 알 수 있다.

점 $(2, 4)$에서의 접선의 기울기를 구하기 위해 먼저 양변을 x에 관하여 미분을 하여 dy/dx를 구한다.

$$x^3 + y^3 - 9xy = 0$$

$$\frac{d}{dx}(x^3) + \frac{d}{dx}(y^3) - \frac{d}{dx}(9xy) = \frac{d}{dx}(0)$$

$$3x^2 + 3y^2\frac{dy}{dx} - 9\left(x\frac{dy}{dx} + y\frac{dx}{dx}\right) = 0 \qquad \text{\small 양변을 x에 관하여 미분한다.}$$

$$(3y^2 - 9x)\frac{dy}{dx} + 3x^2 - 9y = 0 \qquad \text{\small xy를 함수의 곱으로 간주한다.}$$

$$3(y^2 - 3x)\frac{dy}{dx} = 9y - 3x^2$$

$$\frac{dy}{dx} = \frac{3y - x^2}{y^2 - 3x} \qquad \text{\small dy/dx에 관하여 푼다.}$$

이제 점 $(x, y) = (2, 4)$에서의 접선의 기울기를 계산하면 다음과 같다.

$$\left.\frac{dy}{dx}\right|_{(2,4)} = \left.\frac{3y - x^2}{y^2 - 3x}\right|_{(2,4)} = \frac{3(4) - 2^2}{4^2 - 3(2)} = \frac{8}{10} = \frac{4}{5}$$

따라서 점 $(2, 4)$에서의 접선은 기울기가 $4/5$이고 점 $(2, 4)$를 지나므로 접선의 방정식은

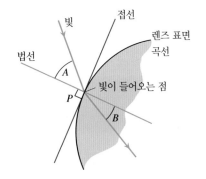

빛   접선
법선   렌즈 표면 곡선
A
P 빛이 들어오는 점
B

그림 2.31 렌즈의 단면도. 빛이 렌즈의 표면을 통과하면서 굴절되는 것을 보여준다.

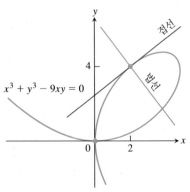

$x^3 + y^3 - 9xy = 0$

그림 2.32 예제 5는 데카르트의 엽선 위의 점 $(2, 4)$에서의 접선과 법선을 구하는 것을 보여준다.

다음과 같다.

$$y = 4 + \frac{4}{5}(x - 2)$$

$$y = \frac{4}{5}x + \frac{12}{5}$$

점 (2, 4)에서의 법선은 접선과 수직이므로 기울기가 $-5/4$이고 점 (2, 4)를 지나는 직선이 된다.

$$y = 4 - \frac{5}{4}(x - 2)$$

$$y = -\frac{5}{4}x + \frac{13}{2}$$ ■

연습문제 2.7

음함수의 미분

연습문제 1~14에서 다음 각 함수에 대하여 dy/dx를 구하라.

1. $x^2 y + xy^2 = 6$ **2.** $x^3 + y^3 = 18xy$

3. $2xy + y^2 = x + y$ **4.** $x^3 - xy + y^3 = 1$

5. $x^2(x - y)^2 = x^2 - y^2$ **6.** $(3xy + 7)^2 = 6y$

7. $y^2 = \dfrac{x - 1}{x + 1}$ **8.** $x^3 = \dfrac{2x - y}{x + 3y}$

9. $x = \sec y$ **10.** $xy = \cot(xy)$

11. $x + \tan(xy) = 0$ **12.** $x^4 + \sin y = x^3 y^2$

13. $y \sin\left(\dfrac{1}{y}\right) = 1 - xy$ **14.** $x \cos(2x + 3y) = y \sin x$

연습문제 15~18에서 다음 각 경우에 $dr/d\theta$을 구하라.

15. $\theta^{1/2} + r^{1/2} = 1$ **16.** $r - 2\sqrt{\theta} = \dfrac{3}{2}\theta^{2/3} + \dfrac{4}{3}\theta^{3/4}$

17. $\sin(r\theta) = \dfrac{1}{2}$ **18.** $\cos r + \cot\theta = r$

2계 도함수

연습문제 19~26에서 음함수의 미분법을 이용해 dy/dx와 d^2y/dx^2을 구하라.

19. $x^2 + y^2 = 1$ **20.** $x^{2/3} + y^{2/3} = 1$

21. $y^2 = x^2 + 2x$ **22.** $y^2 - 2x = 1 - 2y$

23. $2\sqrt{y} = x - y$ **24.** $xy + y^2 = 1$

25. $3 + \sin y = y - x^3$ **26.** $\sin y = x \cos y - 2$

27. $x^3 + y^3 = 16$일 때, 점 (2, 2)에서 d^2y/dx^2의 값을 구하라.

28. $xy + y^2 = 1$일 때, 점 (0, -1)에서 d^2y/dx^2의 값을 구하라.

연습문제 29와 30에서 각 곡선에 대해 주어진 점에서의 접선의 기울기를 구하라.

29. $y^2 + x^2 = y^4 - 2x$, 점 (-2, 1)과 (-2, -1)

30. $(x^2 + y^2)^2 = (x - y)^2$, 점 (1, 0)과 (1, -1)

기울기, 접선, 그리고 법선

연습문제 31~40에서 주어진 점이 각 곡선 위에 있음을 보이고, 각

점에서 **(a)** 접선의 방정식과 **(b)** 법선의 방정식을 구하라.

31. $x^2 + xy - y^2 = 1$,   (2, 3)

32. $x^2 + y^2 = 25$,   (3, -4)

33. $x^2 y^2 = 9$,   (-1, 3)

34. $y^2 - 2x - 4y - 1 = 0$,   (-2, 1)

35. $6x^2 + 3xy + 2y^2 + 17y - 6 = 0$,   ($-1$, 0)

36. $x^2 - \sqrt{3}xy + 2y^2 = 5$, $\left(\sqrt{3}, 2\right)$

37. $2xy + \pi \sin y = 2\pi$,   (1, $\pi/2$)

38. $x \sin 2y = y \cos 2x$,   ($\pi/4$, $\pi/2$)

39. $y = 2 \sin(\pi x - y)$,   (1, 0)

40. $x^2 \cos^2 y - \sin y = 0$,   (0, π)

41. 평행한 접선 곡선 $x^2 + xy + y^2 = 7$이 x축과 만나는 두 점의 좌표를 구하고, 이 두 점에서의 접선이 평행함을 보이라. 접선의 기울기는 얼마인가?

42. 주어진 직선에 평행한 법선 직선 $2x + y = 0$과 평행하고 곡선 $xy + 2x - y = 0$에 수직인 법선의 방정식을 구하라.

43. 8자 모양의 곡선 다음 그림에 표시된 곡선 $y^4 = y^2 - x^2$ 위의 두 점에서의 접선의 기울기를 구하라.

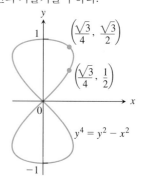

44. 디오클레스의 질주선(디오클레스, B.C. 200~) 곡선 $y^2(2 - x) = x^3$ 위의 점 (1, 1)에서의 접선의 방정식과 법선의 방정식을 구하라.

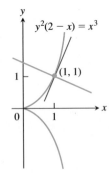

45. 악마의 곡선(가브리엘 크레이머, 1750) 다음 그림에 표시된 곡선 $y^4 - 4y^2 = x^4 - 9x^2$ 위의 네 점에서의 접선의 기울기를 구하라.

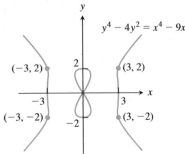

46. 데카르트의 엽선(folium) (그림 2.27 참조)
  a. 곡선 $x^3 + y^3 - 9xy = 0$ 위의 점 $(4, 2)$와 $(2, 4)$에서 접선의 기울기를 구하라.
  b. 원점을 제외한 어떤 점에서 x축과 평행인 접선을 갖는가?
  c. 그림 2.27에 표시된 점 A에서는 접선이 y축과 평행하다. 점 A의 좌표를 구하라.

이론과 예제

47. 법선과 만나는 점 곡선 $x^2 + 2xy - 3y^2 = 0$ 위의 점 $(1, 1)$에서의 법선이 이 곡선과 만나는 다른 점의 좌표를 구하라.

48. 유리지수에 대한 거듭제곱 미분 공식 p와 q를 정수라 하고 $q > 0$이라 하자. $y = x^{p/q}$일 때, 이와 동치인 방정식 $y^q = x^p$을 음함수 미분법으로 미분하므로써 모든 $y \neq 0$에 대하여 다음이 성립함을 보이라.
$$\frac{d}{dx} x^{p/q} = \frac{p}{q} x^{(p/q)-1}$$

49. 포물선의 법선 아래 그림과 같이 y축 위의 점 $(a, 0)$에서 포물선 $x = y^2$에 3개의 법선을 그릴 수 있으면 a는 $1/2$보다 크다는 것을 보이라. 그 중의 하나는 x축이다. a가 어떤 값일 때 나머지 2개의 법선이 수직이 되는가?

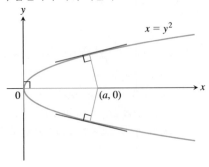

50. 두 점 $(1, 1)$과 $(1, -1)$에서 두 곡선 $y^2 = x^3$과 $2x^2 + 3y^2 = 5$에 접하는 접선은 어떤 특별한 성질이 있는가? 그 이유를 설명하라.

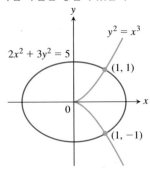

51. 다음 곡선들의 쌍이 수직으로 만나는 것을 보이라.
  a. $x^2 + y^2 = 4$, $x^2 = 3y^2$
  b. $x = 1 - y^2$, $x = \frac{1}{3}y^2$

52. 아래그림에서볼 수 있는 $y^2 = x^3$의 그래프는 **반삼차포물선(semicubical parabola)**이라 불린다. 직선 $y = -\frac{1}{3}x + b$가 이 곡선과 수직으로 만나도록 상수 b의 값을 결정하라.

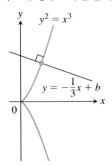

T 연습문제 53과 54에서 y가 x에 관하여 미분가능하다고 가정하고 dy/dx를 구하고, 반대로 x가 y에 관하여 미분가능하다고 가정하고 dx/dy를 구하라. dy/dx와 dx/dy는 어떤 관계가 있는가? 그래프를 이용하여 그 관계를 설명하라.

53. $xy^3 + x^2y = 6$ **54.** $x^3 + y^2 = \sin^2 y$

컴퓨터 탐구

연습문제 55~62에서 CAS를 이용하여 다음 각 단계를 실행해 보라.
  a. CAS의 음함수 그래프 그리기를 이용하여 그래프를 그리고 주어진 점 P가 식을 만족함을 확인하라.
  b. 음함수의 미분법을 이용하여 dy/dx를 구하고 주어진 점 P에서의 값을 계산하라.
  c. (b)에서 구한 기울기를 이용하여 점 P에서의 접선의 방정식을 구하라. 그리고 음함수와 접선의 그래프를 하나의 평면에 그리라.

55. $x^3 - xy + y^3 = 7$, $P(2, 1)$
56. $x^5 + y^3x + yx^2 + y^4 = 4$, $P(1, 1)$
57. $y^2 + y = \frac{2 + x}{1 - x}$, $P(0, 1)$
58. $y^3 + \cos xy = x^2$, $P(1, 0)$
59. $x + \tan\left(\frac{y}{x}\right) = 2$, $P\left(1, \frac{\pi}{4}\right)$

60. $xy^3 + \tan(x + y) = 1, \quad P\left(\dfrac{\pi}{4}, 0\right)$

61. $2y^2 + (xy)^{1/3} = x^2 + 2, \quad P(1, 1)$

62. $x\sqrt{1 + 2y} + y = x^2, \quad P(1, 0)$

2.8 연계 변화율

이 절에서는 둘 또는 그 이상의 연계된 변수가 변화함에 따라 발생되는 문제에 대해 알아본다. 그들 중의 한 변수의 변화가 다른 변수의 변화율에 어떤 영향을 주는지를 결정하는 문제를 **연계 변화율 문제**(*related rates problem*)라고 한다.

연계 변화율 관계식

구 모양의 풍선에 공기를 주입하고자 한다. 풍선의 부피와 반지름은 시간이 지남에 따라 증가한다. 또한, 반지름이 r일 때 풍선의 부피 V는

$$V = \frac{4}{3}\pi r^3$$

이 되고, 연쇄법칙을 이용하여 양변을 t에 관하여 미분하면 다음과 같이 V와 r의 연계 변화율 관계식을 구할 수 있다.

$$\frac{dV}{dt} = \frac{dV}{dr}\frac{dr}{dt} = 4\pi r^2 \frac{dr}{dt}$$

따라서 반지름 r의 값과 어떤 특정한 시간에 부피가 증가하는 변화율 dV/dt의 값을 알면 위 식을 dr/dt에 관하여 풀어 그 시간에 반지름이 증가하는 변화율을 구할 수 있다. 풍선이 커짐에 따라 반지름이 증가하는 변화율을 측정하는 것보다는 부피가 증가하는 변화율을 측정하는 것이 더 쉬울 것이다(풍선에 주입되는 공기의 비율). 연계 변화율 식을 이용하면 dV/dt로부터 dr/dt의 값을 구할 수 있게 된다.

　매우 종종 연계 변화율 식에서 변수를 연계시키는 핵심은 그림을 그려서 둘 사이의 기하적인 연관을 찾는 것이다. 다음 예제에서 알아보자.

예제 1　원뿔 모양의 물탱크에 1분에 $0.25\ \text{m}^3$의 물을 채우고 있다. 물탱크는 꼭짓점이 아래를 향하고 있고 높이는 3 m이며, 밑면의 반지름은 1.5 m이다. 물의 높이가 1.8 m가 되었을 때, 물의 높이가 증가하는 속력을 구하라.

풀이　그림 2.33은 물탱크에 어느 정도의 물이 차 있는 것을 나타낸 것이다. 이 문제를 풀기 위해서 다음과 같이 변수를 지정한다.

$$V = \text{시각 } t\text{분일 때의 물의 부피}(\text{m}^3)$$
$$x = \text{시각 } t\text{분일 때의 수면의 반지름}(\text{m})$$
$$y = \text{시각 } t\text{분일 때의 물의 높이}(\text{m})$$

V, x, y는 시간변수 t에 관하여 미분가능하다고 가정하자. 그리고 이 문제에서 사용되는 상수들은 물탱크의 크기를 나타내는 수들이다. 이제 문제는 다음 조건에서 dy/dt를 구하는 것이다.

$$y = 1.8\ \text{m}, \qquad \frac{dV}{dt} = 0.25\ \text{m}^3/\text{min}$$

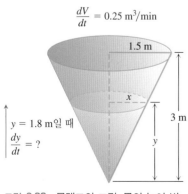

그림 2.33 물탱크의 그림. 물의 높이 변화율은 물탱크에 1분에 물을 얼마나 넣는지에 따라 결정된다(예제 1).

물의 부피는

$$V = \frac{1}{3}\pi x^2 y$$

이다. 그런데 이 식에는 V와 y 외에도 x를 포함하고 있다. 문제의 가정에서 dx/dt의 값을 주지 않았으므로 우리는 x의 값을 따로 구해야 한다. 그림 2.33에서 닮음삼각형의 성질을 이용하면

$$\frac{x}{y} = \frac{1.5}{3}, \qquad x = \frac{y}{2}$$

임을 알 수 있고, 따라서

$$V = \frac{1}{3}\pi\left(\frac{y}{2}\right)^2 y = \frac{\pi}{12}y^3$$

이 된다. 따라서 양변을 t에 관하여 미분하면 다음과 같다.

$$\frac{dV}{dt} = \frac{\pi}{12}\cdot 3y^2\frac{dy}{dt} = \frac{\pi}{4}y^2\frac{dy}{dt}$$

dy/dt를 구하기 위해 $y=1.8$, $dV/dt=0.25$를 대입하여 구하면

$$0.25 = \frac{\pi}{4}(1.8)^2\frac{dy}{dt}$$

$$\frac{dy}{dt} = \frac{1}{3.24\pi} \approx 0.098$$

이다. 그러므로 물의 높이가 1.8 m일 때, 물이 상승하는 속력은 0.098 m/min이다.   ■

연계 변화율 문제의 해법 전략
1. **그림을 그리고 적당한 변수와 상수에 이름을 지정한다.** 보통 시간 변수는 t로 놓고, 모든 변수는 t에 관하여 미분가능하다고 가정한다.
2. **문제에서 주어진 모든 수에 대한 조건을 위에서 정한 변수들을 써서 정리해 본다.**
3. **구하고자 하는 것을 쓴다.** (주로 변화율이고, 도함수 형태로 쓴다.)
4. **변수들의 관련된 관계식을 구한다.** 때로는 2개 이상의 식을 세워 변수의 관계식을 구한 후 변화율을 알고 있는 변수와 변화율을 구하고자 하는 변수가 포함된 하나의 식으로 유도한다.
5. **양변을 t에 관하여 미분한다.** 구하고자 하는 변화율에 관하여 식을 푼다.
6. **값을 계산한다.** 알고 있는 변화율을 이용하여 구하고자 하는 변화율을 구한다.

예제 2 뜨거운 공기가 들어 있는 풍선이 지면으로부터 수직인 방향으로 올라가고 있고, 풍선이 처음 출발한 지점으로부터 거리가 150 m 지점에서 풍선을 바라보고 있다. 지면과 풍선이 이루는 각의 크기가 $\pi/4$일 때, 지면과 풍선이 이루는 각의 크기가 0.14 rad/min의 속도로 증가하고 있다. 풍선이 상승하는 속도는 얼마인가?

풀이 다음과 같이 6단계로 나누어 문제를 해결해 보자.
1. **그림을 그리고 적당한 변수와 상수에 이름을 지정한다**(그림 2.34 참조). 여기서, 변수들은 다음과 같다.

　　　θ＝관측 지점에서 지면과 풍선이 이루는 각의 크기(rad)
　　　y＝지상으로부터 풍선의 높이(m)

시간 변수를 t로 놓고, θ와 y는 t에 관하여 미분가능하다고 가정하자.
　이 문제에서의 상수는 관측 지점에서 풍선이 처음 지면에서 출발한 지점까지의 거리인

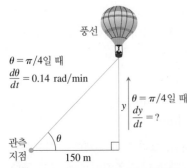

풍선

$\theta = \pi/4$일 때
$\dfrac{d\theta}{dt} = 0.14$ rad/min

$\theta = \pi/4$일 때
$\dfrac{dy}{dt} = ?$

y

관측
지점

150 m

그림 2.34 풍선이 상승하는 높이의 변화율은 각이 커지는 변화율과 관계가 있다(예제 2).

150 m이고 여기서는 특별히 이름을 지정할 필요는 없다.

2. 문제에서 주어진 모든 수에 대한 조건을 위에서 정한 변수들을 써서 정리해 본다.

$$\theta = \frac{\pi}{4} \text{일 때} \qquad \frac{d\theta}{dt} = 0.14 \text{ rad/min}$$

3. 구하고자 하는 것을 쓴다. $\theta = \pi/4$일 때, dy/dt를 구하는 문제이다.

4. 변수 y와 θ의 관계식을 쓴다.

$$\frac{y}{150} = \tan \theta \qquad \text{또는} \qquad y = 150 \tan \theta$$

5. 연쇄법칙을 이용하여 양변을 t에 관하여 미분한다. 그러면 구하고자 하는 dy/dt가 이미 알고 있는 $d\theta/dt$와 어떤 관계가 있는지를 알 수 있다.

$$\frac{dy}{dt} = 150 \, (\sec^2 \theta) \frac{d\theta}{dt}$$

6. $\theta = \pi/4$일 때 $d\theta/dt = 0.14$임을 이용하여 dy/dt를 구한다.

$$\frac{dy}{dt} = 150 \left(\sqrt{2} \right)^2 (0.14) = 42 \qquad \sec \frac{\pi}{4} = \sqrt{2}$$

따라서 문제의 시점에서 풍선은 42 m/min의 속력으로 상승하고 있다. ∎

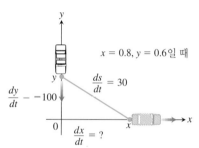

그림 2.35 자동차의 속력은 경찰차의 속력과 두 차 사이의 거리의 변화율과 관계가 있다(예제 3).

예제 3 경찰차는 북쪽에서 교차로를 향하여 남쪽으로 달리고 있고, 자동차는 교차로를 막 지나 동쪽으로 달리고 있다. 경찰차에서 교차로까지의 거리가 0.6 km일 때, 교차로에서 자동차까지의 거리는 0.8 km이었다. 이때 경찰차와 자동차 사이의 거리가 30 km/h의 속력으로 증가하고 있었고, 그때의 경찰차의 속력이 100 km/h이었다면, 자동차의 속력은 얼마인가?

풀이 경찰차와 자동차가 달리는 것을 좌표평면에 나타내면 그림 2.35와 같다. t가 시간을 나타내는 변수라 하고 다음과 같이 변수를 지정하자.

  $x = $ 시각 t에서의 교차로에서 자동차까지의 거리
  $y = $ 시각 t에서의 교차로에서 경찰차까지의 거리
  $s = $ 경찰차와 자동차까지의 거리

x, y, s가 t에 관하여 미분가능하다고 가정하자. 그러면 문제는

$$x = 0.8 \text{ km}, \qquad y = 0.6 \text{ km}, \qquad \frac{dy}{dt} = -100 \text{ km/h}, \qquad \frac{ds}{dt} = 30 \text{ km/h}$$

일 때, dx/dt를 구하는 것이 된다. 경찰차와 자동차 사이의 거리에 관한 공식 $s^2 = x^2 + y^2$의 양변을 미분하면

$$2s \frac{ds}{dt} = 2x \frac{dx}{dt} + 2y \frac{dy}{dt}$$

$$\frac{ds}{dt} = \frac{1}{s} \left(x \frac{dx}{dt} + y \frac{dy}{dt} \right)$$

$$= \frac{1}{\sqrt{x^2 + y^2}} \left(x \frac{dx}{dt} + y \frac{dy}{dt} \right)$$

이다. 이제 $x = 0.8$, $y = 0.6$, $dy/dt = -100$, $ds/dt = 30$을 대입하여 dx/dt에 관하여 푼다.

$$30 = \frac{1}{\sqrt{(0.8)^2 + (0.6)^2}} \left(0.8 \frac{dx}{dt} + (0.6)(-100) \right)$$

$$\frac{dx}{dt} = \frac{30\sqrt{(0.8)^2 + (0.6)^2} + (0.6)(100)}{0.8} = 112.5$$

따라서 자동차의 속력은 112.5 km/h이다.   ∎

연습문제 2.8

1. **넓이**   반지름 r과 원의 넓이 $A = \pi r^2$이 t에 관하여 미분가능하다고 가정하자. 두 변화율 dA/dt와 dr/dt의 관계식을 구하라.

2. **겉넓이**   반지름 r과 구의 겉넓이 $S = 4\pi r^2$이 t에 관하여 미분가능하다고 가정하자. 두 변화율 dS/dt와 dr/dt의 관계식을 구하라.

3. $y = 5x$이고 $dx/dt = 2$일 때, dy/dt를 구하라.

4. $2x + 3y = 12$이고 $dy/dt = -2$일 때, dx/dt를 구하라.

5. $y = x^2$이고 $dx/dt = 3$일 때, $x = -1$에서 dy/dt의 값은 얼마인가?

6. $x = y^3 - y$이고 $dy/dt = 5$일 때, $y = 2$에서 dx/dt의 값은 얼마인가?

7. $x^2 + y^2 = 25$이고 $dx/dt = -2$일 때, $x = 3$과 $y = -4$에서 dy/dt의 값은 얼마인가?

8. $x^2 y^3 = 4/27$이고 $dy/dt = 1/2$일 때, $x = 2$에서 dx/dt의 값은 얼마인가?

9. $L = \sqrt{x^2 + y^2}$이고 $dx/dt = -1$과 $dy/dt = 3$일 때, $x = 5$와 $y = 12$에서 dL/dt의 값은 얼마인가?

10. $r + s^2 + v^3 = 12$이고 $dr/dt = 4$와 $ds/dt = -3$일 때, $r = 3$과 $s = 1$에서 dv/dt의 값은 얼마인가?

11. 원래 24 m인 정육면체의 모서리의 길이 x가 매분 5 m씩 줄어든다면, $x = 3$ m에서 정육면체의 다음 값의 변화율은 얼마인가?
    a. 겉넓이   **b.** 부피

12. 정육면체의 겉넓이가 매초 72 cm^{2}씩 증가한다면, 모서리의 길이가 $x = 3$ cm에서 정육면체의 부피 변화율은 얼마인가?

13. **부피**   반지름이 r이고, 높이가 h인 원기둥의 부피는 $V = \pi r^2 h$이다.
    a. r이 상수일 때, 두 변화율 dV/dt와 dh/dt의 관계식을 구하라.
    b. h가 상수일 때, 두 변화율 dV/dt와 dr/dt의 관계식을 구하라.
    c. r과 h가 모두 상수가 아닐 때, 변화율 dV/dt를 두 변화율 dh/dt와 dr/dt의 식으로 표현하라.

14. **부피**   밑면의 반지름이 r이고, 높이가 h인 원뿔의 부피는 $V = (1/3)\pi r^2 h$이다.
    a. r이 상수일 때, 두 변화율 dV/dt와 dh/dt의 관계식을 구하라.
    b. h가 상수일 때, 두 변화율 dV/dt와 dr/dt의 관계식을 구하라.
    c. r과 h가 모두 상수가 아닐 때, 변화율 dV/dt를 두 변화율 dh/dt와 dr/dt의 식으로 표현하라.

15. **전압의 변화**   전압이 V(volts)이고, 전류가 I(amp), 저항이 R(ohms)인 전기회로에서 $V = IR$이라는 관계식이 성립한다. V는 초당 1 V씩 증가하고 있고, I는 초당 1/3 amp씩 감소하고 있다고 한다. t가 시간(초)을 나타내는 변수일 때

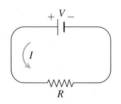

    a. dV/dt의 값은?
    b. dI/dt의 값은?
    c. 변화율 dR/dt를 두 변화율 dV/dt와 dI/dt의 식으로 표현하라.
    d. $V = 12$ V이고 $I = 2$ amp일 때, dR/dt를 구하라. R은 증가하는가? 감소하는가?

16. **전력**   전기회로에서 전력 P(watt)는 저항 R(ohms)과 전류 I(amp)의 크기에 의해 결정된다. $P = RI^2$
    a. 세 변화율 dP/dt, dR/dt, dI/dt의 관계식을 구하라. 단, P, R, I는 상수가 아니다.
    b. P가 상수일 때, 변화율 dR/dt를 dI/dt의 식으로 나타내라.

17. **거리** x와 y는 t에 관하여 미분가능하고 두 점 $(x, 0)$과 $(0, y)$ 사이의 거리를 $s = \sqrt{x^2 + y^2}$이라 하자.
    a. y가 상수일 때, 두 변화율 ds/dt와 dx/dt의 관계식을 구하라.
    b. x와 y가 모두 상수가 아닐 때, 변화율 ds/dt를 두 변화율 dx/dt와 dy/dt의 식으로 표현하라.
    c. s가 상수일 때, 두 변화율 dx/dt와 dy/dt의 관계식을 구하라.

18. **대각선**   가로, 세로, 높이의 길이가 각각 x, y, z인 직육면체 모양의 상자에서 대각선의 길이 $s = \sqrt{x^2 + y^2 + z^2}$이다. x, y, z가 t에 관하여 미분가능하다고 할 때
    a. 변화율 ds/dt를 변화율 dx/dt, dy/dt, dz/dt의 식으로 표현하라.
    b. x가 상수일 때, 변화율 ds/dt를 변화율 dy/dt, dz/dt의 식으로 표현하라.
    c. s가 상수일 때, 변화율 dx/dt, dy/dt, dz/dt는 어떤 관계식을 만족하는가?

19. **넓이**   두 변의 길이가 각각 a, b이고 사이각의 크기가 h인 삼각형의 넓이는 다음과 같다.

    $$A = \frac{1}{2}ab\sin\theta$$

    a. a와 b가 상수일 때, 변화율 dA/dt를 변화율 dh/dt의 식으로 표현하라.
    b. b만 상수일 때, 변화율 dA/dt를 두 변화율 da/dt와 dh/dt의 식으로 표현하라.
    c. a, b, h가 모두 상수가 아닐 때, 변화율 dA/dt를 변화율 $da/$

dt, db/dt, dh/dt의 식으로 표현하라.

20. 판의 가열 원모양의 금속판의 중심에 열을 가하고 있다. 온도가 올라가는 부분의 반지름이 1분에 0.01 cm만큼씩 증가한다고 한다. 반지름의 길이가 50 cm가 되었을 때, 온도가 올라가는 부분의 넓이가 증가하는 변화율을 구하라.

21. 크기가 변하는 직사각형 직사각형의 세로의 길이 l은 2 cm/s의 비율로 줄어들고 있고, 가로의 길이 w는 2 cm/s의 비율로 늘어나고 있다. $l=12$ cm이고 $w=5$ cm일 때, **(a)** 넓이의 변화율을 구하라. **(b)** 둘레의 길이의 변화율을 구하라. **(c)** 대각선의 길이의 변화율을 구하라. 어떤 것이 증가하는지 또는 감소하는지 판별하라.

22. 크기가 변하는 직육면체 가로, 세로, 높이가 각각 x, y, z인 직육면체 모양의 상자에서 x, y, z가 각각 다음과 같은 비율로 변하고 있다.

$$\frac{dx}{dt} = 1 \text{ m/s}, \quad \frac{dy}{dt} = -2 \text{ m/s}, \quad \frac{dz}{dt} = 1 \text{ m/s}$$

$x=4$, $y=3$, $z=2$일 때, 다음 각 변화율을 구하라.

(a) 부피의 변화율, **(b)** 겉넓이의 변화율, **(c)** 대각선의 길이 $s = \sqrt{x^2 + y^2 + z^2}$의 변화율

23. 미끄러지는 사다리 길이가 3.9 m인 사다리가 벽에 기대어 있다가 미끄러지기 시작하였다. 사다리의 아랫부분이 벽으로부터 3.6 m가 되었을 때의 변화율이 1.=m/s이었다.

a. 벽에 기대어 있는 부분이 내려오는 변화율을 구하라.

b. 사다리와 벽, 그리고 지면이 이루는 삼각형의 넓이의 변화율을 구하라.

c. 사다리와 지면이 이루는 각의 크기 θ의 변화율을 구하라.

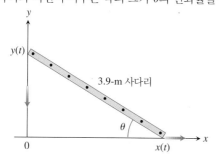

24. 비행기 사이의 거리 두 비행기의 항로는 공항에서 직각인 방향으로 각각 12,000 m이다. 비행기 A는 시속 442 노트마일/h의 속력으로 공항으로 날아오고 있고, 비행기 B는 시속 481 노트마일/h의 속력으로 공항으로 날아오고 있다. 비행기 A가 공항에서 5 노트마일, 비행기 B가 공항에서 12 노트마일인 거리에 있을 때, 두 비행기 사이의 거리의 변화율을 구하라 (단, 1 노트마일은 1852 m이다).

25. 날고 있는 연 어떤 소녀가 날리고 있는 연의 높이가 90 m이고, 바람이 수평으로 7.5 m/s의 속력으로 불고 있다. 소녀와 연 사이의 거리 150 m일 때, 소녀가 실을 풀고 있는 속력을 구하라.

26. 실린더 공장에서 깊이가 15 cm인 실린더에 새로운 피스톤을 넣고자 구멍을 넓히고 있다. 3분에 1/1000 cm씩 구멍의 반지름을 넓히고 있다면, 구멍의 지름이 10 cm일 때, 실린더의 부피가 증가하는 속력을 구하라.

27. 모래더미 컨베이어 벨트에 의해 운반된 모래가 10 m³/min의 속도로 떨어지면서 모래더미를 쌓으면, 모래더미의 높이는 밑면의 지름의 3/8이 된다. **(a)** 모래더미의 높이의 변화율을 구하라. **(b)** 모래더미의 높이가 4 m일 때의 반지름의 변화율을 구하라.(단, 단위는 cm/min을 사용한다.)

28. 원뿔 모양의 수조 원뿔 모양의 수조에서 1분에 50 m³의 물이 흘러나오고 있다. 수조의 밑면의 반지름은 45 m이고, 높이는 6 m이다.

a. 물의 높이가 5 m일 때 물의 높이가 줄어들고 있는 비율 (cm/min)을 구하라.

b. 이때 수면의 반지름의 변화율 (cm/min)을 구하라.

29. 반구 모양의 수조 그림과 같이 반지름의 길이가 13 m인 반구 모양의 수조에 1분에 6 m³의 물을 붓고 있다. 물의 깊이가 y(m)이고 수면의 반지름이 r일 때, 담겨져 있는 물의 부피는 $V=(\pi/3)y^2(3r-y)$이다.

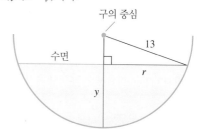

a. 물의 깊이가 8 m일 때, 물의 깊이의 변화율을 구하라.

b. 물의 깊이가 y(m)일 때, 수면의 반지름 r의 변화율을 구하라.

c. 물의 깊이가 8 m일 때, 수면의 반지름의 변화율을 구하라.

30. 커지는 빗방울 떨어지는 빗방울이 구 모양이라고 가정하고, 빗방울이 떨어지면서 주위의 수분을 흡수하여 빗방울의 겉넓이에 비례하여 커진다고 가정하자. 이때 빗방울의 반지름이 커지는 비율이 일정함을 보이라.

31. 팽창하는 풍선 구 모양의 풍선에 100π m³/min의 비율로 헬륨 가스를 주입하고 있다. 풍선의 반지름이 5 m가 되는 순간에 풍선의 반지름이 증가하는 변화율과 풍선의 겉넓이의 변화율을 구하라.

32. 당겨지는 배 그림과 같이 도르래를 이용하여 배를 당기고 있다. 도르래는 배에서 2 m 높이에 매달려 있고, 줄은 0.5 m/s의 비율로 당겨지고 있다.

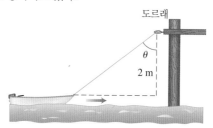

a. 배가 선착장에서 3 m 거리에 있을 때, 배의 속력을 구하라.

b. 그림에서 각 θ의 변화율을 구하라.

33. 열기구와 자전거 열기구가 일정한 속력 0.3 m/s로 수직으로 상

승하고 있고, 자전거는 일정한 속력 5 m/s로 달리고 있다. 열기구가 20 m 높이에 이르렀을 때, 자전거가 열기구의 바로 밑을 통과하고 있었다. 그로부터 3초 후에 열기구와 자전거 사이의 거리 $s(t)$의 변화율을 구하라.

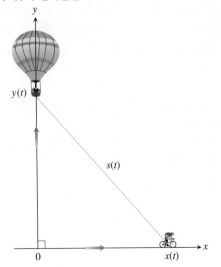

34. 커피메이커 그림과 같이 원뿔 모양의 필터를 사용하는 커피메이커에서 160 cm³/min 비율로 커피가 내려지고 있다.

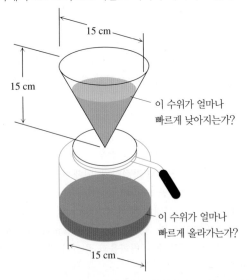

a. 필터에서의 물의 높이가 12 cm일 때, 밑에 있는 원기둥 모양의 그릇에 내려진 커피의 높이가 올라가는 비율을 구하라.

b. 필터에서의 물의 높이가 12 cm일 때, 물의 높이가 줄어드는 비율을 구하라.

35. 심장이 하는 일 1860년대 말 독일의 약학과 교수인 아돌프 픽(Adolf Fick)은 심장이 1분에 얼마나 많은 피를 내보내는지 측정하는 방법을 개발하였다. 이 책을 보고 있는 독자들은 아마도 심장에서 7 L/min의 비율로 피가 내보내지고 있을 것이다. 휴식을 취하고 있을 때는 6 L/min가 조금 안 될 것이다. 마라톤 선수가 달리고 있을 때는 30 L/min까지 올라갈 수도 있다. 이와 같은 결과는 다음과 같은 식에 의해 계산된다.

$$y = \frac{Q}{D}$$

여기서, Q는 호흡할 때 나오는 1분당 CO_2의 양(mL)이고, D는 폐로 들어가는 피 속에 있는 CO_2의 농도와 폐에서 나오는 피 속에 있는 CO_2의 농도(mL/L)의 차이이다. $Q = 233$ mL/min이고, $D = 97 - 56 = 41$ mL/L일 때,

$$y = \frac{233 \text{ mL/min}}{41 \text{ mL/L}} \approx 5.68 \text{ L/min}$$

이고, 이 값은 6 L/min에 가까운 값으로 보통 사람들이 휴식을 취하고 있을 때의 비율이다.

$Q = 233$이고 $D = 41$이라고 가정하자. 또한, D가 분당 2단위 만큼씩 줄어들고, Q는 변하지 않는다고 가정할 때, 심장에서 내보내는 피의 양에는 어떤 일이 일어나겠는가?

36. 포사체 운동 어떤물체가 제 1 사분면에서 포물선 $y = x^2$ 위를 움직이고 있다. x좌표의 값이 일정한 속도 10 m/s로 움직인다면 $x = 3$ m일 때, 원점과 이 물체가 있는 위치를 잇는 직선이 x축과 이루는 각 θ의 변화율을 구하라.

37. 평면에서의 운동 xy평면 위에서 움직이고 있는 물체의 좌표는 t에 관하여 미분가능하고, $dx/dt = -1$ m/s, $dy/dt = -5$ m/s라고 하자. 이 점이 (5, 12)를 지날 때 원점과 이 점 사이의 거리의 변화율을 구하라.

38. 움직이는 차 관찰 트랙에서 40 m 떨어진 거리에서 자동차를 촬영 하고 있다. 자동차는 288 km/h(80 m/s)의 속력으로 달리고 있다. 그림과 같이 자동차가 촬영하고 있는 카메라의 정면을 통과할 때 각 θ의 변화율을 구하라. 또, 0.5초 후의 변화율을 구하라.

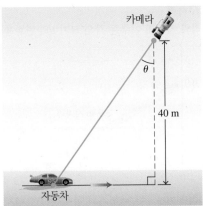

39. 움직이는 그림자 높이가 15 m인 가로등 위에서 불을 비추고 있고, 이 가로등으로부터 9 m 떨어진 곳에서 가로등과 같은 높이에서 공을 떨어뜨렸다(그림 참조). 1/2초 후에 공의 그림자가 움직이고 있는 속도를 구하라. (단, t초 후에 공이 떨어지는 거리는 $s = 4.9t^2$ m로 계산한다.)

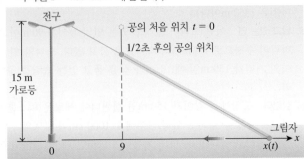

40. 건물의 그림자 어느 날 아침 해가 솟아오르고 있을 때, 높이가 24 m인 건물의 그림자의 길이는 18 m이었고, 이때 그림과 같이 각 θ의 변화율은 0.27°/min이었다. 그림자의 길이가 줄어드는 속력을 구하라(라디안을 이용하고 답을 cm/min으로 구하여 소수 첫 자리에서 반올림하라).

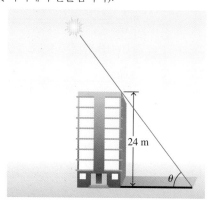

41. 얼음 코팅 지름이 8 cm인 쇠구슬에 일정한 두께로 얼음이 둘러싸여 있다. 얼음이 10 cm³/min의 비율로 녹고 있다면 남아 있는 얼음의 두께가 2 cm일 때, 얼음의 두께의 변화율을 구하라. 또 겉넓이의 변화율을 구하라.

42. 고속도로 순찰비행기 고속도로 순찰비행기가 지면으로부터의 3 km의 높이에서 일정한 속력 120 km/h로 날고 있다. 비행기에서 레이더로 측정해 보니 비행기에서 달려오는 자동차까지의 거리는 5 km이었고, 이 거리가 160 km/h의 속력으로 줄어들고 있었다. 이 자동차의 속력을 구하라.

43. 야구선수 야구에서 루와 루 사이의 거리는 27 m이다. 한 주자가 1루에서 2루까지 5 m/s의 속력으로 달리고 있다.

    a. 이 주자가 1루에서부터의 거리가 9 m인 지점을 통과할 때, 이 주자와 3루까지의 거리의 변화율을 구하라.

    b. 그림에서의 각 θ_1, θ_2의 변화율을 구하라((a)와 같은 시각에서).

    c. 이 주자가 4.5 m/s의 속력으로 슬라이딩하여 2루에 도착하였을 때, θ_1, θ_2의 변화율을 구하라.

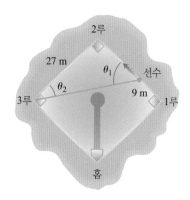

44. 멀어지는 배 두 배가 지점 O를 기준으로 120°의 각도를 이루며 일직선으로 항해하고 있다. 배 A는 14 노트의 속력으로, 배 B는 21 노트의 속력으로 항해한다. $OA=5$, $OB=3$일 때, 두 배 사이의 거리의 변화율을 구하라. (단, 1 노트 = 1 노트마일/h = 1852 m/h이다.)

45. 시계의 움직이는 바늘 시계가 오후 4시일 때, 분침과 시침 사이의 각은 어떤 변화율로 움직이는가?

46. 석유 유출 만 해역에 위치한 석유 굴착기의 폭발로 인해, 주변의 해수면에 굴착기를 중심으로 하는 타원형의 기름띠가 퍼져 나갔다. 띠는 항상 20 cm의 두께를 유지한다. 며칠 후, 타원의 장축이 2 km 이고 단축이 3/4 km가 되었고, 장축은 $9m/h$의 속도로, 단축은 3 m/h의 속도로 증가하고 있다. 이때 굴착기로부터 흘러나오는 기름 양의 변화율(m³/h)은 얼마인가?

47. 등대 빔 1 km 앞 바다에 설치된 등대에서 한 줄기 빛이 나와, 분당 3바퀴의 일정한 속도로 시계 반대방향으로 회전하고 있다. 등대에서 나오는 빔의 이미지가 1 km가 되는, 즉 등대에서 가장 가까운 해안선의 지점을 지날 때, 해안선을 따라 이동하는 빔의 이미지의 속도는 얼마인가?

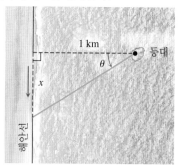

2.9 선형화와 미분

우리는 때때로 복잡한 함수를 좀 더 간단한 형태의 함수로 근사화함으로써 실제적인 응용문제에서 정확도를 원하는 만큼 충족하면서도 동시에 쉽게 계산할 수 있게 된다. 이 절에서는 접선에 기반을 둔 **선형화**(*linearization*)라 불리는 근사법에 대해 공부한다. 8장에서는 다항식을 근사함수로 사용하는 또 다른 근사법에 대해 다룬다.

또한 **미분**(*differential*)이라 불리는 새로운 변수 *dx*와 *dy*를 소개하고, 라이프니츠의 미

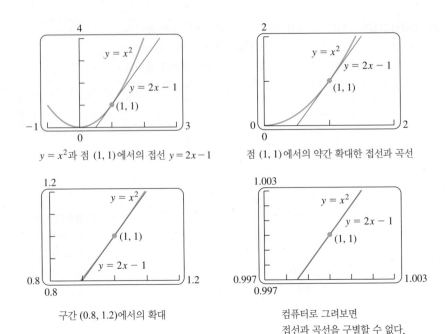

$y = x^2$과 점 $(1, 1)$에서의 접선 $y = 2x - 1$

점 $(1, 1)$에서의 약간 확대한 접선과 곡선

구간 $(0.8, 1.2)$에서의 확대

컴퓨터로 그려보면
접선과 곡선을 구별할 수 없다.

그림 2.36 그래프를 확대할수록 곡선은 점점 직선이 되어 접선과 구분할 수 없게 된다.

분 표기법인 dy/dx가 실제 비율을 나타낼 수 있도록 미분을 정의한다. 미분 dy를 사용하여 측정 오차를 추정할 수 있고, 또한 연쇄법칙 (2.6절)의 증명을 상세하게 할 수도 있다.

선형화

그림 2.36에서 보는 것처럼, 곡선 $y = x^2$에 접하는 접선은 접점 근방에서 곡선과 매우 가까움을 알 수 있다. 접점을 포함하는 짧은 구간에서의 접선 위의 y값은 곡선 위의 값들의 매우 좋은 근삿값이 된다. 이와 같은 사실은 그래프를 부분적으로 확대해서 보면 더욱 확실하게 알 수 있다. 또한, 접점 근방에서의 함숫값 $f(x)$와 직선 위의 값들을 표로 만들어 보아도 이와 같은 사실을 알 수 있다. 포물선뿐만 아니라 모든 미분가능한 함수의 그래프는 아주 짧은 구간에서는 직선처럼 보인다.

일반적으로 f가 미분가능한 함수일 때(그림 2.37), 점 $x = a$에서 곡선 $y = f(x)$에 접하는 접선은 점 $(a, f(a))$를 지나고 접선의 방정식은 다음과 같다.

$$y = f(a) + f'(a)(x - a)$$

따라서 접선은 다음과 같은 1차 함수의 그래프이다.

$$L(x) = f(a) + f'(a)(x - a)$$

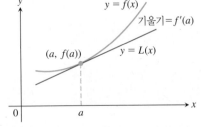

그림 2.37 $x = a$에서 곡선 $y = f(x)$에 접하는 접선은 $L(x) = f(a) + f'(a)(x-a)$이다.

접점에서 곡선의 그래프가 직선에 가까울수록, $L(x)$는 $f(x)$에 대한 아주 좋은 근삿값을 얻을 수 있게 해준다.

정의 f가 $x = a$에서 미분가능할 때, 근사함수
$$L(x) = f(a) + f'(a)(x - a)$$
를 a에서 f의 **선형화함수(linearization)**라고 한다. 함수 f를 L로 근사시키는 식
$$f(x) \approx L(x)$$
을 a에서 f의 **표준선형근사식(standard linear approximation)**이라고 한다. 점 $x = a$를 근사의 **중심(center)**이라고 한다.

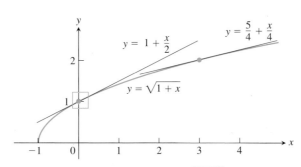

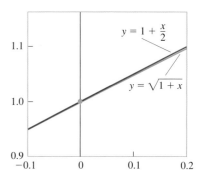

그림 2.38　$x=0$과 $x=3$에서 $y=\sqrt{1+x}$의 선형화함수의 그래프. 그림 2.39는 y축 위의 $y=1$ 근방의 작은 사각형 부분을 확대한 것이다.

그림 2.39　그림 2.38의 사각형 부분을 확대한 그림

예제 1　$x=0$에서 $f(x)=\sqrt{1+x}$의 선형화함수를 구하라(그림 2.38 참조).

풀이　$f(0)=1$이고

$$f'(x)=\frac{1}{2}(1+x)^{-1/2}$$

이다. 따라서 선형화함수는 다음과 같다.

$$L(x)=f(a)+f'(a)(x-a)=1+\frac{1}{2}(x-0)=1+\frac{x}{2}$$

그림 2.39 참조.　■

다음 표를 통하여 예제 1에서 x가 0에 가까울 때 $\sqrt{1+x}\approx 1+(x/2)$와 같이 근삿값을 구하는 것이 얼마나 정확한지 알아보기로 하자. 0에서 멀어질수록 오차는 커질 것이다. 예를 들어, $x=2$일 때 선형화함수의 값은 2이고 실제의 함숫값은 $\sqrt{3}$이어서 소숫점 아래 첫째자리부터 틀리다는 것을 바로 알 수 있다.

	근삿값	참값	| 참값 − 근삿값 |
$\sqrt{1.005}\approx 1+\dfrac{0.005}{2}=1.00250$		1.002497	$0.000003<10^{-5}$
$\sqrt{1.05}\approx 1+\dfrac{0.05}{2}=1.025$		1.024695	$0.000305<10^{-3}$
$\sqrt{1.2}\approx 1+\dfrac{0.2}{2}=1.10$		1.095445	$0.004555<10^{-2}$

위에서의 계산 결과가 선형화함수를 이용하여 계산하는 것이 계산기를 이용하는 것보다 모든 면에서 낫다는 뜻은 아니다. 선형화함수를 이용하는 이유는 복잡한 함수의 계산을 조금 쉬운 계산으로 근삿값을 구할 수 있다는 것이다. $\sqrt{1+x}$에 대하여 0 근방의 x값에 대해 함숫값을 구하고자 하고, 어느 정도의 오차를 허용한다면 $1+x/2$를 사용하여 계산할 수 있다. 물론 오차가 얼마나 되는지 계산하고자 하는 경우도 있을 수 있다. 오차의 한계에 대해서는 8장에서 더 자세하게 설명하기로 하자.

선형근사는 보통 중심에서 멀어질수록 정확도가 떨어진다. 그림 2.38에서 보는 것처럼, $x=3$ 근방에서 $\sqrt{1+x}\approx 1+(x/2)$로 근삿값을 구하는 것은 오차가 매우 커서 유용하지 못하다. 여기서는 $x=3$에서의 선형화함수를 필요로 한다.

예제 2　$x=3$에서 $f(x)=\sqrt{1+x}$의 선형화함수를 구하라(그림 2.38 참조).

풀이 다음의 값들을 이용하여 $a = 3$일 때의 선형화함수 $L(x)$를 구한다.

$$f(3) = 2, \qquad f'(3) = \frac{1}{2}(1 + x)^{-1/2}\Big|_{x=3} = \frac{1}{4}$$

따라서

$$L(x) = 2 + \frac{1}{4}(x - 3) = \frac{5}{4} + \frac{x}{4}$$

$x = 3.2$일 때 예제 2의 선형화함수로부터

$$\sqrt{1 + x} = \sqrt{1 + 3.2} \approx \frac{5}{4} + \frac{3.2}{4} = 1.250 + 0.800 = 2.050$$

임을 알 수 있고, 실제로 참값은 $\sqrt{4.2} \approx 2.04939$이다. 따라서 이때의 오차는 $1/1{,}000$ 보다 작다는 것을 알 수 있다. 반면에 예제 1의 선형화함수의 값은

$$\sqrt{1 + x} = \sqrt{1 + 3.2} \approx 1 + \frac{3.2}{2} = 1 + 1.6 = 2.6$$

이므로 25% 이상의 오차가 있음을 알 수 있다.

예제 3 $x = \pi/2$에서 $f(x) = \cos x$의 선형화함수를 구하라(그림 2.40 참조).

풀이 $f(\pi/2) = \cos(\pi/2) = 0$, $f'(x) = -\sin x$, $f'(\pi/2) = -\sin(\pi/2) = -1$이므로 $a = \pi/2$에서 선형화함수는 다음과 같다.

$$\begin{aligned}
L(x) &= f(a) + f'(a)(x - a) \\
&= 0 + (-1)\left(x - \frac{\pi}{2}\right) \\
&= -x + \frac{\pi}{2}
\end{aligned}$$

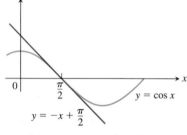

그림 2.40 $f(x) = \cos x$의 그래프와 $x = \pi/2$에서의 선형화함수. $x = \pi/2$ 근방에서 $\cos x \approx -x + (\pi/2)$이다(예제 3).

다음은 무리함수 또는 멱함수의 선형화함수에 대한 유용한 결과이다 (연습문제 13).

$$(1 + x)^k \approx 1 + kx \qquad (x\text{는 } 0 \text{ 근방}; \ k\text{는 임의의 실수})$$

이 결과로부터 x의 값이 충분히 0에 가까울 때, 매우 근사한 근사함수를 구할 수 있다.

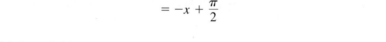

$$\sqrt{1 + x} \approx 1 + \frac{1}{2}x \qquad\qquad\qquad k = 1/2$$

$$\frac{1}{1 - x} = (1 - x)^{-1} \approx 1 + (-1)(-x) = 1 + x \qquad k = -1;\ x \text{ 대신에 } -x \text{ 대입}$$

$$\sqrt[3]{1 + 5x^4} = (1 + 5x^4)^{1/3} \approx 1 + \frac{1}{3}(5x^4) = 1 + \frac{5}{3}x^4 \qquad \begin{array}{l}k = 1/3;\ x \text{ 대신에}\\ 5x^4 \text{ 대입}\end{array}$$

$$\frac{1}{\sqrt{1 - x^2}} = (1 - x^2)^{-1/2} \approx 1 + \left(-\frac{1}{2}\right)(-x^2) = 1 + \frac{1}{2}x^2 \qquad \begin{array}{l}k = -1/2;\ x \text{ 대신에}\\ -x^2 \text{ 대입}\end{array}$$

$x=0$ 근방에서 근사함수

$$\sqrt{1 + x} \approx 1 + \frac{x}{2}$$

$$\frac{1}{1 - x} \approx 1 + x$$

$$\frac{1}{\sqrt{1 - x^2}} \approx 1 + \frac{x^2}{2}$$

미분

우리는 때때로 y를 x에 관하여 미분한 도함수를 라이프니츠 기호 dy/dx를 사용하여 표현했었다. 마치 나눗셈처럼 보이지만 실제로는 비를 뜻하는 것은 아니다. 이제 2개의 새로운 변수 dx와 dy에 대해서 소개하기로 한다. 만일 두 변수의 비의 값이 존재하면 그것은 바로 도함수가 될 것이다.

> **정의**　함수 $y=f(x)$를 미분가능한 함수라고 하자. **미분 dx**는 독립변수이고, **미분 dy**는 다음과 같이 정의된다.
>
> $$dy = f'(x)\,dx$$

dx는 독립변수인 반면에, dy는 항상 x와 dx에 의해 결정되는 종속변수이다. 즉, dx의 값이 주어지면 함수 f의 정의역 내의 x의 값에 의해 dy의 값이 결정된다. dx는 자주 x의 변화량 Δx로 선택된다.

예제 4　**(a)** $y=x^5+37x$일 때, dy를 구하라.
(b) $x=1$이고 $dx=0.2$일 때, dy의 값을 구하라.

풀이　**(a)** $dy=(5x^4+37)dx$
(b) dy에 $x=1$과 $dx=0.2$를 대입하면

$$dy = (5 \cdot 1^4 + 37)\,0.2 = 8.4 \qquad\blacksquare$$

미분에 대한 기하학적 의미는 그림 2.41을 보면 쉽게 이해할 수 있을 것이다. $x=a$이고 $dx=\Delta x$라고 하자. 그러면 x의 변화에 따른 $y=f(x)$의 변화량은 다음과 같다.

$$\Delta y = f(a+dx) - f(a)$$

x의 변화량에 따른 접선 L의 변화량은 다음과 같이 구할 수 있다.

$$\begin{aligned}
\Delta L &= L(a+dx) - L(a) \\
&= \underbrace{f(a) + f'(a)\big[(a+dx)-a\big]}_{L(a+dx)} - \underbrace{f(a)}_{L(a)} \\
&= f'(a)\,dx
\end{aligned}$$

즉, x의 값이 $x=a$에서 $dx=\Delta x$만큼 변화했을 때, f의 선형화함수의 변화량 ΔL은 정확히 미분 dy의 값이다. 따라서 x의 변화량이 $dx=\Delta x$일 때, dy의 값은 접선이 증가하는 양 또는 감소하는 양을 뜻한다.

$dx \neq 0$일 때, dy와 dx의 비는 도함수 $f'(x)$와 같다. 그 이유는 다음과 같다.

$$dy \div dx = \frac{f'(x)\,dx}{dx} = f'(x) = \frac{dy}{dx}$$

때때로 $dy=f'(x)\,dx$ 대신에

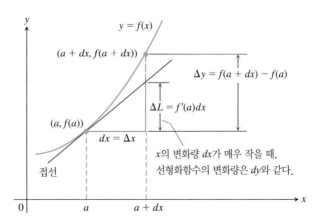

그림 2.41　기하학적으로 미분 dy는 x의 값이 $x=a$에서 $dx=\Delta x$만큼 변화했을 때, f의 선형화함수의 변화량 ΔL을 나타낸다.

$$df = f'(x)\,dx$$

와 같이 쓰기도 한다. 여기서 df를 f의 **미분**이라 부른다. 예를 들어, $f(x) = 3x^2 - 6$일 때

$$df = d(3x^2 - 6) = 6x\,dx$$

우리가 이미 알고 있는 미분법 공식으로부터 미분을 유도할 수도 있다. 즉

$$\frac{d(u+v)}{dx} = \frac{du}{dx} + \frac{dv}{dx} \qquad \text{또는} \qquad \frac{d(\sin u)}{dx} = \cos u\,\frac{du}{dx}$$

로부터 다음과 같은 식을 구할 수 있다.

$$d(u+v) = du + dv \qquad \text{또는} \qquad d(\sin u) = \cos u\,du$$

예제 5 연쇄법칙과 다른 미분 공식을 이용하여 다음 함수의 미분을 구할 수 있다.

(a) $d(\tan 2x) = \sec^2 (2x)\,d(2x) = 2\sec^2 2x\,dx$

(b) $d\left(\dfrac{x}{x+1}\right) = \dfrac{(x+1)\,dx - x\,d(x+1)}{(x+1)^2} = \dfrac{x\,dx + dx - x\,dx}{(x+1)^2} = \dfrac{dx}{(x+1)^2}$ ■

미분을 이용한 변화량의 근삿값

점 a에서 함수 $f(x)$의 함숫값을 알고 있고 가까운 점 $a+dx$로 이동하면 f의 변화량이 얼마인지 구할 수 있을까? $dx = \Delta x$의 값이 작을 때, 그림 2.41로부터 Δy의 값은 근사적으로 미분연산자 dy의 값과 매우 가까운 것을 알 수 있다. 따라서

$$f(a + dx) = f(a) + \Delta y \qquad \Delta x = dx$$

이므로 근삿값은

$$f(a + dx) \approx f(a) + dy$$

이고, 여기서 $dx = \Delta x$이다. 그러므로 $f(a)$의 값을 알고 dx의 값이 작고 $dy = f'(a)dx$일 때, $\Delta y \approx dy$라는 근사식으로부터 $f(a+dx)$의 근삿값을 구할 수 있다.

예제 6 원의 반지름 r이 $a = 10$ m에서 10.1 m로 증가했다(그림 2.42 참조). 미분 dA를 이용하여 넓이의 증가량의 근삿값을 구하고, 실제 원의 넓이를 직접 계산하여 비교해 보라.

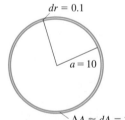

$dr = 0.1$

$a = 10$

$\Delta A \approx dA = 2\pi a\,dr$

그림 2.42 dr이 a와 비교할 때 작은 값이면, 미분 dA를 이용하여 원의 넓이의 근삿값 $A(a + dr) = \pi a^2 + dA$를 구할 수 있다(예제 6).

풀이 $A = \pi r^2$이므로 A의 증가량의 근삿값은

$$dA = A'(a)\,dr = 2\pi a\,dr = 2\pi(10)(0.1) = 2\pi \text{ m}^2$$

이다. 따라서 $A(r + \Delta r) \approx A(r) + dA$로부터

$$A(10 + 0.1) \approx A(10) + 2\pi$$
$$= \pi(10)^2 + 2\pi = 102\pi$$

이다. 이로부터 반지름이 10.1 m일 때 원의 넓이의 근삿값은 102π m^{2}임을 알 수 있다. 실제로 원의 넓이는

$$A(10.1) = \pi(10.1)^2$$
$$= 102.01\pi \text{ m}^2$$

이므로 오차 $\Delta A - dA$는 0.01π m^{2}이다. ■

예제 7 미분을 이용하여 다음 근삿값을 구하라.

(a) $7.97^{1/3}$

(b) $\sin(\pi/6 + 0.01)$

풀이 **(a)** 세제곱근함수 $y = x^{1/3}$에 관한 미분은

$$dy = \frac{1}{3x^{2/3}} dx$$

이다. 7.97에 가까우면서 $f(a)$와 $f'(a)$를 쉽게 계산할 수 있는 a의 값을 $a = 8$로 잡는다. 또한 $a + dx = 7.97$이 되도록 $dx = -0.03$으로 잡는다. 미분에 의한 근삿값 식으로부터

$$f(7.97) = f(a + dx) \approx f(a) + dy$$

$$= 8^{1/3} + \frac{1}{3(8)^{2/3}}(-0.03)$$

$$= 2 + \frac{1}{12}(-0.03) = 1.9975$$

이다. 이는 $7.97^{1/3}$의 근삿값으로, 실제로 소수 6째 자리까지 정확한 값은 1.997497이다.

(b) $y = \sin x$에 관한 미분은

$$dy = \cos x \, dx$$

이다. $\sin(\pi/6 + 0.01)$의 근삿값을 구하기 위해서 $a = \pi/6$와 $dx = 0.01$로 잡아준다. 그러면

$$f(\pi/6 + 0.01) = f(a + dx) \approx f(a) + dy$$

$$= \sin \frac{\pi}{6} + \left(\cos \frac{\pi}{6} \right)(0.01)$$

$$= \frac{1}{2} + \frac{\sqrt{3}}{2}(0.01) \approx 0.5087$$

$$\sin(a + dx) \approx \sin a + (\cos a) \, dx$$

이다. 실제값과 비교하기 위하여 $\sin(\pi/6 + 0.01)$의 소수 6째 자리까지 계산하면 0.508635이다. ■

예제 7(b)의 방법은 컴퓨터 알고리즘에서 삼각함수의 값을 계산할 때 종종 사용되는 방법이다. 알고리즘에서는 우선 0과 $\pi/4$ 사이에서의 사인과 코사인 값을 많이 저장해 놓은 표가 있고, 이 표에 저장된 값 사이의 값을 예제 7(b)의 미분을 이용한 방법에 의해 계산한다. 구간 $[0, \pi/4]$ 외부에서의 값은 삼각함수의 항등식을 이용하여 계산한다.

미분을 이용한 근삿값의 오차

$f(x)$를 x에 관하여 미분가능한 함수라 하고, $dx = \Delta x$를 x의 증가량이라고 하자. x의 값이 a로부터 $a + \Delta x$로 변했을 때 f의 변화량은 다음과 같이 두 가지로 생각할 수 있다:

실제 변화량: $\Delta f = f(a + \Delta x) - f(a)$

미분 근삿값: $df = f'(a) \Delta x$

df의 값은 Δf의 값에 얼마나 가까울까?

Δf의 값에서 df의 값을 빼서 오차가 얼마나 되는지 알아보자.

$$\text{오차} = \Delta f - df$$

$$= \Delta f - f'(a) \Delta x$$

$$= \underbrace{f(a + \Delta x) - f(a)}_{\Delta f} - f'(a) \Delta x$$

$$= \underbrace{\left(\frac{f(a + \Delta x) - f(a)}{\Delta x} - f'(a) \right)}_{\varepsilon \text{이라 하자}} \cdot \Delta x$$

$$= \varepsilon \cdot \Delta x$$

$\Delta x \to 0$일 때, 차분몫

$$\frac{f(a + \Delta x) - f(a)}{\Delta x}$$

의 값은 도함수의 정의에 따라 $f'(a)$로 수렴하므로, 위의 식에서 ε이라고 놓은 괄호 안에 있는 식의 값은 매우 작은 값을 갖는다. 실제로 $\Delta x \to 0$일 때, $\varepsilon \to 0$이다. Δx의 값이 작을 때, 오차 $\varepsilon \Delta x$의 값은 훨씬 더 작은 값이 된다.

$$\underbrace{\Delta f}_{\substack{\text{실제}\\\text{변화량}}} = \underbrace{f'(a)\Delta x}_{\substack{\text{변화량의}\\\text{근삿값}}} + \underbrace{\varepsilon \Delta x}_{\text{오차}}$$

오차의 값을 정확하게 구하는 것은 쉽지 않지만 두 개의 작은 값 ε과 Δx의 곱으로 나타낼 수 있으며, 이 두 값은 $\Delta x \to 0$일 때 0에 접근한다. 많은 통상적인 함수에서 Δx가 작은 값일 때, 오차는 매우 작은 값이다.

$x=a$ 근방에서 $y=f(x)$의 변화량

$y=f(x)$가 $x=a$에서 미분가능하고, x가 a로부터 $a+\Delta x$까지 변할 때, f의 변화량 Δy는 다음과 같이 주어진다.

$$\Delta y = f'(a)\,\Delta x + \varepsilon\,\Delta x \tag{1}$$

여기서 $\Delta x \to 0$일 때, $\varepsilon \to 0$이다.

예제 6에서 우리는

$$\Delta A = \pi(10.1)^2 - \pi(10)^2 = (102.01 - 100)\pi = (\underbrace{2\pi}_{dA} + \underbrace{0.01\pi}_{\text{오차}})\,\text{m}^2$$

임을 알았다. 따라서 오차는 $\Delta A - dA = \varepsilon \Delta r = 0.01\pi$이고 $\varepsilon = 0.01\pi/\Delta r = 0.01\pi/0.1 = 0.1\pi$ m이다.

연쇄법칙의 증명

식 (1)을 이용하여 연쇄법칙을 완벽하게 증명하기 위해서는, $f(u)$가 u에 관하여 미분가능한 함수이고 $u=g(x)$가 x에 관하여 미분가능한 함수일 때, 합성함수 $y=f(g(x))$가 x에 관하여 미분가능하다는 것을 보여야 한다. 함수가 미분가능한 것은 함수의 정의역에 속한 모든 점에서 미분가능한 것과 동치이므로, g가 x_0에서 미분가능하고 f가 $g(x_0)$에서 미분가능할 때, 합성함수는 x_0에서 미분가능하고 다음 식이 성립해야 한다.

$$\left.\frac{dy}{dx}\right|_{x=x_0} = f'(g(x_0)) \cdot g'(x_0)$$

Δx를 x의 증가량이라고 하고 Δu와 Δy를 각각 u와 y의 증가량이라고 하자. 그러면 식 (1)을 이용하면 Δu는 다음과 같다.

$$\Delta u = g'(x_0)\Delta x + \varepsilon_1\,\Delta x = (g'(x_0) + \varepsilon_1)\Delta x$$

여기서 $\Delta x \to 0$일 때 $\varepsilon_1 \to 0$이다. 마찬가지로 Δy도 다음과 같이 나타낼 수 있다.

$$\Delta y = f'(u_0)\Delta u + \varepsilon_2\,\Delta u = (f'(u_0) + \varepsilon_2)\Delta u$$

여기서 $\Delta u \to 0$일 때 $\varepsilon_2 \to 0$이다. 또한 $\Delta x \to 0$일 때 $\Delta u \to 0$임을 주목하라. 이제 Δu와 Δy의 식으로부터

$$\Delta y = (f'(u_0) + \varepsilon_2)(g'(x_0) + \varepsilon_1)\Delta x$$

가 되고, 따라서

$$\frac{\Delta y}{\Delta x} = f'(u_0)g'(x_0) + \varepsilon_2 g'(x_0) + f'(u_0)\varepsilon_1 + \varepsilon_2 \varepsilon_1$$

이다. Δx가 0으로 감에 따라 ε_1과 ε_2는 모두 0으로 수렴하므로 극한을 취하면

$$\left.\frac{dy}{dx}\right|_{x=x_0} = \lim_{\Delta x \to 0} \frac{\Delta y}{\Delta x} = f'(u_0)g'(x_0) = f'(g(x_0)) \cdot g'(x_0)$$

가 되어 증명이 되었다. ■

변화량의 민감성

식 $df = f'(x)dx$로부터 우리는 x의 다른 값에 대하여 함숫값 $f(x)$가 얼마나 민감하게 변하는지를 알 수 있다. x의 값에 대하여 $f'(x)$의 값이 클수록 dx의 변화에 따른 함숫값의 변화는 더 큰 영향을 받게된다. x의 값이 a로부터 $a+dx$까지 변할 때 f값의 변화량을 다음과 같이 세 가지 방법, 즉 절대, 상대, 백분율로 나타낼 수 있다.

	참값	근삿값
절대변화량	$\Delta f = f(a + dx) - f(a)$	$df = f'(a)\,dx$
상대변화량	$\dfrac{\Delta f}{f(a)}$	$\dfrac{df}{f(a)}$
변화량의 백분율	$\dfrac{\Delta f}{f(a)} \times 100$	$\dfrac{df}{f(a)} \times 100$

예제 8 우물의 깊이를 다음과 같은 방법으로 구해 보자. 우물에 무거운 돌을 떨어뜨려 물이 튀는 소리가 들릴 때까지의 시간을 재면 식 $s = 4.9t^2$을 이용하여 깊이를 알 수 있다. 만일 시간을 재는 데 0.1초의 오차가 있다고 하면, 우물의 깊이는 오차가 어떻게 될까?

풀이 미분을 구해 보면

$$ds = 9.8t\,dt$$

가 되어 이는 t의 값에 의해 달라짐을 알 수 있다. $t=2$이고 $dt=0.1$인 경우 ds는

$$ds = 9.8(2)(0.1) = 1.96 \text{ m}$$

가 되지만 3초 후인 $t=5$초의 경우에는 같은 dt에 대해

$$ds = 9.8(5)(0.1) = 4.9 \text{ m}$$

가 되어 훨씬 더 큰 차이를 보이게 된다. 따라서 우물의 실제 깊이가 깊을수록 같은 0.1초의 차이라도 깊이의 근삿값은 실제의 깊이보다 더 큰 차이를 보이게 된다. 즉, 근삿값은 t의 값이 큰 경우 오차값에 더욱 민감해 진다. ■

예제 9 뉴턴의 제 2 운동방정식은

$$F = \frac{d}{dt}(mv) = m\frac{dv}{dt} = ma$$

인데 이는 질량이 일정한 상수라고 가정하고 찾아낸 식이다. 이 이론은 오늘날 약간 달라졌다. 왜냐하면 운동하는 물체의 속력이 빨라지면 질량이 증가할 수 있기 때문이다.

아인슈타인의 식에 의하면 질량은 다음과 같다.

$$m = \frac{m_0}{\sqrt{1 - v^2/c^2}}$$

여기서, m_0는 물체가 정지하고 있을 때의 질량을 나타내고, c는 빛의 속도이고 약 300,000 km/s이다. 다음 식을 이용하여 물체의 속력이 v일 때 질량의 변화량 Δm 값의 근삿값을 구하라.

$$\frac{1}{\sqrt{1 - x^2}} \approx 1 + \frac{1}{2}x^2 \tag{2}$$

풀이 v가 c에 비해 상대적으로 매우 작을 때는 v^2/c^2이 거의 0에 가까운 수이고, 따라서 다음 근사식을 이용할 수 있다.

$$\frac{1}{\sqrt{1 - v^2/c^2}} \approx 1 + \frac{1}{2}\left(\frac{v^2}{c^2}\right) \qquad \text{식 (2)에서 } x = \frac{v}{c}$$

그러면

$$m = \frac{m_0}{\sqrt{1 - v^2/c^2}} \approx m_0\left[1 + \frac{1}{2}\left(\frac{v^2}{c^2}\right)\right] = m_0 + \frac{1}{2}m_0 v^2\left(\frac{1}{c^2}\right)$$

이 되어

$$m \approx m_0 + \frac{1}{2}m_0 v^2\left(\frac{1}{c^2}\right) \tag{3}$$

이라는 결과를 얻을 수 있다. 따라서 식 (3)으로부터 운동하는 물체의 속력이 v일 때 질량의 변화량을 알 수 있다. ■

질량에서 에너지로 변환

예제 9에서 유도된 식 (3)은 중요한 의미를 가지고 있다.

뉴턴 물리학에서 물체의 운동에너지(KE)는 $(1/2)m_0 v^2$이라고 한다. 식 (3)을 다음과 같이 고쳐 쓰면

$$(m - m_0)c^2 \approx \frac{1}{2}m_0 v^2$$

즉,

$$(m - m_0)c^2 \approx \frac{1}{2}m_0 v^2 = \frac{1}{2}m_0 v^2 - \frac{1}{2}m_0(0)^2 = \Delta(\text{KE})$$

가 되고, 이것은 다시 다음과 같이 고쳐 쓸 수 있다.

$$(\Delta m)c^2 \approx \Delta(\text{KE})$$

따라서 속력이 0에서 v로 증가했을 때 운동에너지의 증가량 $\Delta(\text{KE})$는 근사적으로 $(\Delta m)c^2$이 된다. 즉, 질량의 변화량 3(빛의 속도)2이다. 빛의 속력이 $c \approx 3 \times 10^8$ m/s라는 것을 이용하면 물체가 조금만 움직여도 운동에너지의 변화는 매우 크다는 것을 알 수 있다.

연습문제 2.9

선형화함수 구하기

연습문제 1~5에서 $x=a$에서 $f(x)$의 선형화함수 $L(x)$를 구하라.

1. $f(x) = x^3 - 2x + 3$, $a = 2$

2. $f(x) = \sqrt{x^2 + 9}$, $a = -4$

3. $f(x) = x + \dfrac{1}{x}$, $a = 1$

4. $f(x) = \sqrt[3]{x}$, $a = -8$

5. $f(x) = \tan x$, $a = \pi$

6. $x=0$에서 공통 선형근사 $x=0$에서 다음 각 함수의 선형화함수를 구하라.

   a. $\sin x$ **b.** $\cos x$ **c.** $\tan x$

선형화를 이용한 근사

연습문제 7~12에서 주어진 점 a 근처에서 주어진 함수의 값과 미분계수를 쉽게 구할 수 있는 적당한 정수를 찾아서 선형화함수를 구하라.

7. $f(x) = x^2 + 2x$, $a = 0.1$

8. $f(x) = x^{-1}$, $a = 0.9$

9. $f(x) = 2x^2 + 3x - 3$, $a = -0.9$

10. $f(x) = 1 + x$, $a = 8.1$

11. $f(x) = \sqrt[3]{x}$, $a = 8.5$

12. $f(x) = \dfrac{x}{x + 1}$, $a = 1.3$

13. $x=0$에서 $f(x)=(1+x)^k$의 선형화함수가 $L(x)=1+kx$임을 증명하라.

14. $(1+x)^k=1+kx$를 이용하여 $x=0$에서 다음 각 함수의 근사식을 구하라.

   a. $f(x) = (1 - x)^6$ **b.** $f(x) = \dfrac{2}{1 - x}$

   c. $f(x) = \dfrac{1}{\sqrt{1 + x}}$ **d.** $f(x) = \sqrt{2 + x^2}$

   e. $f(x) = (4 + 3x)^{1/3}$ **f.** $f(x) = \sqrt[3]{\left(1 - \dfrac{x}{2 + x}\right)^2}$

15. 계산기보다 빠른 계산 근사식 $(1+x)^k \approx 1+kx$를 이용하여 다음 각 값의 근삿값을 구하라.

   a. $(1.0002)^{50}$ **b.** $\sqrt[3]{1.009}$

16. $x=0$에서 $f(x)=\sqrt{x + 1}+\sin x$의 선형화함수를 구하라. $x=0$에서 두 함수 $\sqrt{x + 1}$과 $\sin x$의 선형화함수와는 어떤 관계가 있는가?

미분 형태의 도함수

연습문제 17~28에서 dy를 구하라.

17. $y = x^3 - 3\sqrt{x}$

18. $y = x\sqrt{1 - x^2}$

19. $y = \dfrac{2x}{1 + x^2}$

20. $y = \dfrac{2\sqrt{x}}{3(1 + \sqrt{x})}$

21. $2y^{3/2} + xy - x = 0$

22. $xy^2 - 4x^{3/2} - y = 0$

23. $y = \sin(5\sqrt{x})$

24. $y = \cos(x^2)$

25. $y = 4\tan(x^3/3)$

26. $y = \sec(x^2 - 1)$

27. $y = 3\csc\left(1 - 2\sqrt{x}\right)$

28. $y = 2\cot\left(\dfrac{1}{\sqrt{x}}\right)$

근사 오차

연습문제 29~34에서 함수 $f(x)$에 대해 x의 값이 x_0로부터 $x_0 + dx$까지 변할 때 다음 각 값을 구하라.

   a. 변화량 $\Delta f = f(x_0 + dx) - f(x_0)$;

   b. 근삿값 $df = f'(x_0)\,dx$;

   c. 근사 오차 $|\Delta f - df|$

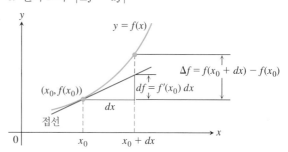

29. $f(x) = x^2 + 2x$, $x_0 = 1$, $dx = 0.1$

30. $f(x) = 2x^2 + 4x - 3$, $x_0 = -1$, $dx = 0.1$

31. $f(x) = x^3 - x$, $x_0 = 1$, $dx = 0.1$

32. $f(x) = x^4$, $x_0 = 1$, $dx = 0.1$

33. $f(x) = x^{-1}$, $x_0 = 0.5$, $dx = 0.1$

34. $f(x) = x^3 - 2x + 3$, $x_0 = 2$, $dx = 0.1$

미분을 이용한 변화량의 근사

연습문제 35~40에서 부피 또는 겉넓이의 변화량을 미분을 이용하여 구하라.

35. 구의 반지름이 r_0로부터 $r_0 + dr$로 변했을 때 부피 $V=(4/3)\pi r^3$의 변화량

36. 정육면체의 한 모서리의 길이가 x_0로부터 $x_0 + dx$로 변했을 때 부피 $V=x^3$의 변화량

37. 정육면체의 한 모서리의 길이가 x_0로부터 $x_0 + dx$로 변했을 때 겉넓이 $S=6x^2$의 변화량

38. 원뿔의 밑면의 반지름이 r_0로부터 $r_0 + dr$로 변하고 높이의 변화는 없을 때 옆넓이 $S = \pi r\sqrt{r^2 + h^2}$의 변화량

39. 원기둥의 밑면의 반지름이 r_0로부터 $r_0 + dr$로 변하고 높이의 변화는 없을 때 부피 $V=\pi r^2 h$의 변화량

40. 원기둥의 높이가 h_0로부터 $h_0 + dh$로 변하고 밑면의 반지름의 변화는 없을 때 옆넓이 $S=2\pi rh$의 변화량

응용

41. 원의 반지름이 2.00 m로부터 2.02 m로 증가하였다.

   a. 넓이의 증가량의 근삿값을 구하라.

   b. 원의 원래 넓이에 대한 근삿값의 비를 백분율로 나타내라.

42. 어떤 나무의 지름은 25 cm이다. 지난 1년 동안 원의 둘레가 5 cm 늘어났다면, 지름은 얼마나 늘어났는가? 또, 나무의 단면

의 넓이는 얼마나 증가하였는가?

43. 부피의 근삿값 그림과 같이 두께가 0.5 cm이고, 단면의 반지름이 6 cm, 길이가 30 cm인 원통 모양의 관이 있다. 관 내부의 부피의 근삿값을 구하라.

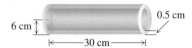

44. 건물의 높이 구하기 어떤 사람이 건물에서 9 m 떨어진 거리에서 건물의 꼭대기를 바라본 각의 크기가 대략 75°였다. 이를 바탕으로 건물의 높이에 대한 근삿값을 구하고자 할 때, 실제 건물의 높이와의 오차가 4% 이내가 되도록 하려면 각의 크기는 몇 % 이내로 정확하게 측정이 되어야 하는가?

45. 원의 반지름이 2 %의 오차를 가지고 r로 측정되었다. 이 반지름으로 계산된 다음 값들의 최대 오차의 백분율은 몇 %일까?
  a. 원 둘레 길이   **b.** 원의 넓이

46. 허용 오차 정육면체의 모서리의 길이가 최대 0.5 %의 오차를 가지고 x로 측정되었다. 이 값으로 계산된 다음 값들의 최대 오차의 백분율은 몇 %일까?
  a. 정육면체의 겉넓이   **b.** 정육면체의 부피

47. 허용 오차 높이와 밑면의 반지름이 h로 같은 원기둥이 있다. 따라서 부피는 $V=\pi h^3$이다. 이 원기둥의 부피를 실제의 부피와 1% 이내로 정확하게 구하고자 한다. 이때 높이 h의 값에 대한 근삿값의 오차의 한계를 실제 h의 값에 대한 백분율로 구하라.

48. 허용 오차
  a. 높이가 10 m인 원통 모양의 물탱크가 있다. 물탱크 내부의 부피의 근삿값이 참값에 대한 오차가 1% 이내가 되려면 물탱크의 안쪽 부분의 지름은 얼마나 정확하게 측정이 되어야 하는가?
  b. 위 a의 물탱크 옆면에 페인트 칠을 하려고 한다. 옆면의 넓이의 근삿값에 대한 오차가 5% 이내가 되려면 물탱크의 바깥쪽 부분의 지름은 얼마나 정확하게 측정이 되어야 하는가?

49. 구의 지름이 100 ± 1 cm로 측정되었고, 이 측정값으로 부피를 계산하였다. 부피에 대한 오차의 백분율을 추정하라.

50. 측정된 지름 D에 의해 계산되는 구의 부피가 3% 이내로 정확하게 구하고자 한다면, 이때 지름 D를 측정할 때 허용되는 백분율 오차를 추정하라.

51. 우주 조종사의 심장이 하는 일 심장에서 피를 공급하는 방, 즉 좌심실이 하는 일은 다음의 식과 같이 주어진다.

$$W = PV + \frac{V\delta v^2}{2g}$$

여기서, W는 단위 시간당 일의 양, P는 피의 평균압력, V는 단위 시간 동안 내보내지는 피의 부피, δ는 피의 밀도, v는 피가 심실을 나갈 때의 속력, g는 중력가속도이다.

여기서, P, V, δ, v가 상수일 때, W는 g의 함수가 되어 다음과 같이 간단히 쓸 수 있다.

$$W = a + \frac{b}{g} \quad (a, \ b는 \ 상수)$$

미항공우주국(NASA)의 의료팀은 우주 조종사가 중력가속도 g의 초깃값에 따른 중력가속도의 변화가 일의 변화에 얼마나 민감하게 영향을 미치는지를 알고 싶어한다. 달에서 중력가속도는 $g=1.6$ m/s²이고, 지구에서 중력가속도는 $g=9.8$ m/s²이다. 달에서 중력가속도가 dg만큼 변화했을 때 일의 변화량 dW달과, 지구에서 중력가속도가 dg만큼 변화했을 때 일의 변화량 dW지구를 각각 구하라. 간단히 쓴 식을 사용하여 dW지구에 대한 dW달의 비의 값을 구하라.

52. 약의 농도 사람이 환약을 꿀꺽 삼킨 후, 시간에 따른 혈류에 약의 농도 C(단위는 mg/ml)는 다음의 근사식으로 나타낸다.

$$C(t) = 1 + \frac{4t}{1 + t^3} - e^{-0.06t}$$

t가 20분부터 30분까지 변할 때, 농도의 변화를 추정하라.

53. 혈관의 확장 생리학자 장 푸와죄유(Jean Poiseuille, 1797~1869)가 발견한 공식 $V=kr^4$은 부분 장애가 있는 혈관이 정상적인 혈류를 위해서 혈관의 반지름을 얼마나 확장시켜야 하는지를 알게 해준다. 공식에 의하면, 고정된 혈압으로 혈관을 통해 흐르는 단위 시간당 혈액의 부피 V가 혈관의 반지름의 4제곱의 상수 k배라고 한다. 반지름 r을 10% 확장하면 V는 어떻게 변할까?

54. 중력가속도의 측정 온도를 일정하게 유지하면서 길이가 L인 진자를 매달아 놓았다. 진자의 주기 T는 중력가속도의 값 g에 의해서 결정된다. 지구 위의 여러 지점에서 미세한 중력가속도의 변화에 따라 진자의 주기는 다르게 나타날 것이다. 이와 같이 주기의 변화량 ΔT를 측정하여 T, g, L의 관계식 $T=2\pi(L/g)^{1/2}$로부터 g의 변화를 예측할 수 있다.
  a. L이 고정되어 있을 때 T를 g에 대한 함수로 간주하여 dT를 구하고 이 결과를 이용하여 **(b)**, **(c)**의 물음에 답하라.
  b. g가 증가하면 T는 증가하는가 아니면 감소하는가? 진자시계는 빨라지겠는가 아니면 느려지겠는가?
  c. 진자의 길이가 100 cm로 고정되어 있다. 어떤 지역에서 $g=980$ cm/s²이었는데 다른 지역으로 옮겼더니 진자의 주기가 $dT=0.001$ s만큼 증가하였다. dg를 구하고 이를 이용하여 옮긴 지역에서의 g 값의 근삿값을 구하라.

55. 2차 근사함수
  a. $Q(x)=b_0+b_1(x-a)+b_2(x-a)^2$을 다음 조건을 만족하는 $x=a$에서 $f(x)$의 2차 근사함수라고 하자.
   i) $Q(a) = f(a)$
   ii) $Q'(a) = f'(a)$
   iii) $Q''(a) = f''(a)$
  계수 b_0, b_1, b_2를 구하라.
  b. 함수 $f(x)=1/(1-x)$의 $x=0$에서 2차 근사함수를 구하라.
  T **c.** 함수 $f(x)=1/(1-x)$와 $x=0$에서 2차 근사함수의 그래프를 그리라. 점 $(0, 1)$ 근방에서 그래프를 조금 크게 그려 보고 그래프에 대해 설명하라.
  T **d.** $x=1$에서 함수 $g(x)=1/x$의 2차 근사함수를 구하라. g와 그것의 2차 근사함수 그래프를 한 화면에 그리고 이에 대해 설명하라.

T **e.** $x=0$에서 함수 $h(x) = \sqrt{1+x}$에서의 2차 근사함수를 구하라. h와 h의 2차 근사함수 그래프를 한 화면에 그리고 이에 대해 설명하라.

f. **(b)**, **(d)**, **(e)**에 주어진 각 점에서 세 함수 f, g, h의 선형화함수는 무엇인가?

56. 선형근사함수 중에 가장 우수한 것은 선형함수 $y=f(x)$는 $x=a$에서 미분가능하고, 상수 m, c에 대하여 $g(x) = m(x-a) + c$는 1차 함수라 하자. 만일 $x=a$ 근방에서 오차 $E(x) = f(x) - g(x)$가 충분히 작으면, g를 선형화함수 $L(x) = f(a) + f'(a)(x-a)$를 대신하여 사용할 수 있는 선형근사함수라고 볼 수 있을 것이다. 다음 두 조건을 만족하는 선형근사함수를 구해 보자.

1. $E(a) = 0$ *x = a*에서의 근사오차는 0이다.

2. $\displaystyle\lim_{x \to a} \frac{E(x)}{x-a} = 0$ 근사오차가 *x − a*에 비해 매우 작아진다.

그러면 $g(x) = f(a) + f'(a)(x-a)$가 됨을 증명하라. 이는 곧 선형화함수 $L(x)$가 $x=a$에서의 오차가 0이고 $x-a$에 비해 근사오차가 매우 작은 유일한 선형근사함수라는 것이다.

선형화함수 $L(x)$:
$y = f(a) + f'(a)(x-a)$
다른 선형근사함수 $g(x)$:
$y = m(x-a) + c$

$y = f(x)$

$(a, f(a))$

a

x

컴퓨터 탐구

연습문제 57~60에서 CAS를 이용하여 주어진 구간 I에서 각 함수를 선형화함수로 근사시켰을 때의 오차의 한계를 구해 보고자 한다. 다음 각 물음에 답하라.

a. 구간 I에서 함수 f의 그래프를 그리라.

b. 주어진 점 a에서 선형화함수를 구하라.

c. 함수 f와 선형화함수 L의 그래프를 한 화면에 그리라.

d. 구간 I에서 절대오차함수 $|f(x) - L(x)|$의 그래프를 그리고 최댓값을 구하라.

e. 위 **(d)**의 그래프로부터 $e = 0.5$, 0.1, 0.01일 때 다음 조건을 만족하는 δ의 최댓값을 각각 구하라.

$$|x-a| < \delta \quad\Rightarrow\quad |f(x) - L(x)| < \varepsilon$$

그리고 위에서 구한 δ가 조건을 만족하는지 그래프에서 확인하라.

57. $f(x) = x^3 + x^2 - 2x$, $[-1, 2]$, $a = 1$

58. $f(x) = \dfrac{x-1}{4x^2+1}$, $\left[-\dfrac{3}{4}, 1\right]$, $a = \dfrac{1}{2}$

59. $f(x) = x^{2/3}(x-2)$, $[-2, 3]$, $a = 2$

60. $f(x) = \sqrt{x} - \sin x$, $[0, 2\pi]$, $a = 2$

2장   복습문제

1. 함수 f의 도함수란 무엇인가? 도함수의 정의역은 f의 정의역과 어떤 관계가 있는가? 몇 가지 예를 들라.

2. 도함수는 접선의 기울기, 접선의 방정식, 함숫값의 증가량을 결정하는 데 어떤 역할을 하는가?

3. 함수의 식은 알지 못하고 함수의 값들만 표로 주어졌을 때, 이로부터 도함수의 그래프를 그린다면 어떻게 그릴 수 있는가?

4. 열린 구간에서 함수가 미분가능하다는 것은 어떤 의미인가? 또, 닫힌 구간에서는 어떤 의미인가?

5. 도함수와 한쪽 도함수는 어떤 관계가 있는가?

6. 함수가 어떤 점에서 미분가능하지 않다는 것은 어떤 경우인지 그림으로 그려 설명하라.

7. 함수가 어떤 점에서의 미분가능성과 그 점에서의 연속성과는 어떤 관계가 있는지 설명하라.

8. 도함수를 구하는 법은 어떤 것들이 있는지 예를 들라.

9. 다음 세 가지 법칙을 이용하면

a. $\dfrac{d}{dx}(x^n) = nx^{n-1}$ **b.** $\dfrac{d}{dx}(cu) = c\dfrac{du}{dx}$

c. $\dfrac{d}{dx}(u_1 + u_2 + \cdots + u_n) = \dfrac{du_1}{dx} + \dfrac{du_2}{dx} + \cdots + \dfrac{du_n}{dx}$

모든 다항식의 도함수를 구할 수 있다. 그 이유를 설명하라.

10. 유리함수의 도함수를 구하려면 복습문제 9의 세 법칙 외에 어떤 법칙이 필요한가?

11. 2계 도함수와 3계 도함수는 무엇인지 설명하라. 어느 정도의 고계도함수까지 있는지 설명하라. 또한 몇 가지 예를 들라.

12. 함수의 평균변화율과 순간변화율 사이에는 어떤 관계가 있는지 몇 가지 예를 들라.

13. 물체의 운동에서 도함수는 어떤 의미인가? 직선 위를 움직이는 물체의 위치와 도함수에 대해 설명하라.

14. 경제학에서 도함수는 어떤 경우에 사용되는가?

15. 도함수가 또 어떤 분야에서 응용될 수 있는지 예를 들라.

16. 극한 $\displaystyle\lim_{h \to 0}((\sin h)/h)$와 $\displaystyle\lim_{h \to 0}((\cos h - 1)/h)$는 사인함수와 코사인함수의 도함수와 어떤 연관이 있는지 설명하라. 또, 두 함수의 도함수는 무엇인가?

17. $\sin x$와 $\cos x$의 도함수를 이용하여 어떤 방법으로 $\tan x$, $\cot x$, $\sec x$, $\csc x$의 도함수를 구할 수 있는가? 각각의 도함수를 구하라.

18. 6개의 삼각함수는 어떤 점에서 연속인가? 어떻게 알 수 있는가?

19. 두 미분가능한 함수의 합성함수의 도함수를 구하는 법칙은 무엇인가? 몇 가지 예를 들어 설명하라.

20. n이 정수이고, u가 x에 관하여 미분가능할 때 $(d/dx)(u^n)$은 어떻게 구할 수 있는가? n이 실수일 때는 어떻게 구하는가? 몇 가지 예를 들어 설명하라.

21. 음함수의 미분법은 무엇인가? 언제 필요한가? 몇 가지 예를 들어 설명하라.

22. 연계 변화율 문제는 어떤 것인가? 몇 가지 예를 들어 설명하라.

23. 연계 변화율 문제를 풀기 위한 전략은 무엇인가? 예를 들어 설명하라.

24. $x=a$에서 함수 $f(x)$의 선형화함수 $L(x)$의 정의는 무엇인가? 선형화함수가 존재하려면 $x=a$에서 함수에 어떤 조건이 있어야 하는가? 선형화함수는 어떻게 사용되는가? 몇 가지 예를 들라.

25. x가 a로부터 $a+dx$까지 변했을 때, 미분가능한 함수 $f(x)$의 변화량은 어떻게 구할 수 있는가? 상대변화량과 백분율은 어떻게 구하는가? 몇 가지 예를 들라.

2장   종합문제

함수의 도함수

종합문제 1~40에서 각 함수의 도함수를 구하라.

1. $y = x^5 - 0.125x^2 + 0.25x$ **2.** $y = 3 - 0.7x^3 + 0.3x^7$

3. $y = x^3 - 3(x^2 + \pi^2)$ **4.** $y = x^7 + \sqrt{7}x - \dfrac{1}{\pi + 1}$

5. $y = (x + 1)^2(x^2 + 2x)$ **6.** $y = (2x - 5)(4 - x)^{-1}$

7. $y = (\theta^2 + \sec \theta + 1)^3$ **8.** $y = \left(-1 - \dfrac{\csc \theta}{2} - \dfrac{\theta^2}{4}\right)^2$

9. $s = \dfrac{\sqrt{t}}{1 + \sqrt{t}}$ **10.** $s = \dfrac{1}{\sqrt{t} - 1}$

11. $y = 2\tan^2 x - \sec^2 x$ **12.** $y = \dfrac{1}{\sin^2 x} - \dfrac{2}{\sin x}$

13. $s = \cos^4(1 - 2t)$ **14.** $s = \cot^3\left(\dfrac{2}{t}\right)$

15. $s = (\sec t + \tan t)^5$ **16.** $s = \csc^5(1 - t + 3t^2)$

17. $r = \sqrt{2\theta \sin \theta}$ **18.** $r = 2\theta\sqrt{\cos \theta}$

19. $r = \sin \sqrt{2\theta}$ **20.** $r = \sin\left(\theta + \sqrt{\theta + 1}\right)$

21. $y = \dfrac{1}{2}x^2 \csc \dfrac{2}{x}$ **22.** $y = 2\sqrt{x} \sin \sqrt{x}$

23. $y = x^{-1/2} \sec(2x)^2$ **24.** $y = \sqrt{x} \csc(x + 1)^3$

25. $y = 5 \cot x^2$ **26.** $y = x^2 \cot 5x$

27. $y = x^2 \sin^2(2x^2)$ **28.** $y = x^{-2} \sin^2(x^3)$

29. $s = \left(\dfrac{4t}{t + 1}\right)^{-2}$ **30.** $s = \dfrac{-1}{15(15t - 1)^3}$

31. $y = \left(\dfrac{\sqrt{x}}{1 + x}\right)^2$ **32.** $y = \left(\dfrac{2\sqrt{x}}{2\sqrt{x} + 1}\right)^2$

33. $y = \sqrt{\dfrac{x^2 + x}{x^2}}$ **34.** $y = 4x\sqrt{x + \sqrt{x}}$

35. $r = \left(\dfrac{\sin \theta}{\cos \theta - 1}\right)^2$ **36.** $r = \left(\dfrac{1 + \sin \theta}{1 - \cos \theta}\right)^2$

37. $y = (2x + 1)\sqrt{2x + 1}$ **38.** $y = 20(3x - 4)^{1/4}(3x - 4)^{-1/5}$

39. $y = \dfrac{3}{(5x^2 + \sin 2x)^{3/2}}$ **40.** $y = (3 + \cos^3 3x)^{-1/3}$

음함수 미분법

종합문제 41~48에서 음함수의 미분법을 이용하여 dy/dx를 구하라.

41. $xy + 2x + 3y = 1$ **42.** $x^2 + xy + y^2 - 5x = 2$

43. $x^3 + 4xy - 3y^{4/3} = 2x$ **44.** $5x^{4/5} + 10y^{6/5} = 15$

45. $\sqrt{xy} = 1$ **46.** $x^2y^2 = 1$

47. $y^2 = \dfrac{x}{x + 1}$ **48.** $y^2 = \sqrt{\dfrac{1 + x}{1 - x}}$

종합문제 49~50에서 dp/dq를 구하라.

49. $p^3 + 4pq - 3q^2 = 2$ **50.** $q = (5p^2 + 2p)^{-3/2}$

종합문제 51~52에서 dr/ds를 구하라.

51. $r \cos 2s + \sin^2 s = \pi$ **52.** $2rs - r - s + s^2 = -3$

53. 음함수의 미분법을 이용하여 d^2y/dx^2을 구하라.

  a. $x^3 + y^3 = 1$ **b.** $y^2 = 1 - \dfrac{2}{x}$

54. a. $x^2 - y^2 = 1$에 대하여 음함수의 미분법을 이용하여 $dy/dx = x/y$임을 증명하라.

  b. $d^2y/dx^2 = -1/y^3$임을 보이라.

미분계수의 값

55. $x=0$과 $x=1$에서 두 함수 $f(x)$와 $g(x)$의 함숫값과 미분계수의 값이 다음 표와 같다.

x	$f(x)$	$g(x)$	$f'(x)$	$g'(x)$
0	1	1	-3	$1/2$
1	3	5	$1/2$	-4

다음의 각 주어진 점에서 미분계수의 값을 구하라.

  a. $6f(x) - g(x)$, $x = 1$ **b.** $f(x)g^2(x)$, $x = 0$

  c. $\dfrac{f(x)}{g(x) + 1}$, $x = 1$ **d.** $f(g(x))$, $x = 0$

  e. $g(f(x))$, $x = 0$ **f.** $(x + f(x))^{3/2}$, $x = 1$

  g. $f(x + g(x))$, $x = 0$

56. $x=0$과 $x=1$에서 함수 $f(x)$의 함숫값과 미분계수의 값이 다음 표와 같다.

x	$f(x)$	$f'(x)$
0	9	-2
1	-3	$1/5$

다음 각 물음의 주어진 점에서 미분계수의 값을 구하라.

a. $\sqrt{x}\, f(x),\quad x=1$　　　　　**b.** $\sqrt{f(x)},\quad x=0$

c. $f(\sqrt{x}),\quad x=1$　　　　　**d.** $f(1-5\tan x),\quad x=0$

e. $\dfrac{f(x)}{2+\cos x},\quad x=0$　　　　**f.** $10\sin\left(\dfrac{\pi x}{2}\right)f^2(x),\quad x=1$

57. $y=3\sin 2x$이고 $x=t^2+\pi$일 때, $t=0$에서 dy/dt의 값을 구하라.

58. $s=t^2+5t$, $t=(u^2+2u)^{1/3}$일 때, $u=2$에서 ds/du의 값을 구하라.

59. $w=\sin\left(\sqrt{r}-2\right)$이고 $r=8\sin(s+\pi/6)$일 때, $s=0$에서 dw/ds의 값을 구하라.

60. $r=(\theta^2+7)^{1/3}$, $\theta^2 t+\theta=1$일 때, $t=0$에서 dr/dt의 값을 구하라.

61. $y^3+y=2\cos x$일 때, 점 $(0,1)$에서 d^2y/dx^2의 값을 구하라.

62. $x^{1/3}+y^{1/3}=4$일 때, 점 $(8,8)$에서 d^2y/dx^2의 값을 구하라.

도함수의 정의

종합문제 63~64에서 도함수의 정의를 이용하여 도함수를 구하라.

63. $f(t)=\dfrac{1}{2t+1}$　　　　　**64.** $g(x)=2x^2+1$

65. a. 다음 함수의 그래프를 그리라.
$$f(x)=\begin{cases} x^2, & -1\le x<0 \\ -x^2, & 0\le x\le 1 \end{cases}$$
b. $x=0$에서 f는 연속인가?
c. $x=0$에서 f는 미분가능한가?
그 이유를 설명하라.

66. a. 다음 함수의 그래프를 그리라.
$$f(x)=\begin{cases} x, & -1\le x<0 \\ \tan x, & 0\le x\le \pi/4 \end{cases}$$
b. $x=0$에서 f는 연속인가?
c. $x=0$에서 f는 미분가능한가?
그 이유를 설명하라.

67. 다음 함수의 그래프를 그리라.
$$f(x)=\begin{cases} x, & 0\le x\le 1 \\ 2-x, & 1<x\le 2 \end{cases}$$
a. $x=1$에서 f는 연속인가?
b. $x=1$에서 f는 미분가능한가?
그 이유를 설명하라.

68. 다음 함수에 대해 물음에 답하라.
$$f(x)=\begin{cases} \sin 2x, & x\le 0 \\ mx, & x>0 \end{cases}$$
a. $x=0$에서 연속인 m의 값을 구하라.
b. $x=0$에서 미분가능한 m의 값을 구하라.
그 이유를 설명하라.

기울기, 접선과 법선

69. 주어진 기울기를 갖는 접선　기울기가 $-3/2$인 직선이 곡선 $y=(x/2)+1/(2x-4)$에 접하는 곡선 위의 점이 있는가? 있으면 접점의 좌표를 구하라.

70. 주어진 기울기를 갖는 접선　기울기가 2인 직선이 곡선 $y=x-1/(2x)$에 접하는 곡선 위의 점이 있는가? 있으면 접점의 좌표

를 구하라.

71. 수평 접선　x축에 평행한 직선이 곡선 $y=2x^3-3x^2-12x+20$에 접할 때, 접점의 좌표를 구하라.

72. 접선의 절편　곡선 $y=x^3$ 위의 점 $(-2,-8)$에 접하는 직선의 x절편과 y절편을 구하라.

73. 주어진 직선에 수직 또는 평행인 접선　곡선 $y=2x^3-3x^2-12x+20$ 위의 점 중에서 그 점에서의 접선이 다음의 조건을 만족하는 점의 좌표를 구하라.
a. 직선 $y=1-(x/24)$에 수직
b. 직선 $y=\sqrt{2}-12x$에 평행

74. 교차하는 접선　곡선 $y=(\pi\sin x)/x$에 대하여 $x=\pi$와 $x=-\pi$에서의 두 접선이 직교함을 보이라.

75. 주어진 직선에 평행한 법선　$-\pi/2<x<\pi/2$에서 곡선 $y=\tan x$ 위의 점 중에서 법선이 직선 $y=-x/2$에 평행한 점의 좌표를 구하라. 곡선과 법선의 그래프를 한 좌표평면 위에 그리라.

76. 접선과 법선　곡선 $y=1+\cos x$ 위의 점 $(\pi/2,1)$에서 접선과 법선의 방정식을 구하라. 곡선의 그래프와 접선 및 법선의 그래프를 한 좌표평면 위에 그리라.

77. 접하는 포물선　포물선 $y=x^2+C$가 직선 $y=x$에 접하게 되는 C의 값을 구하라.

78. 접선의 기울기　곡선 $y=x^3$ 위의 점 (a,a^3)에서 접하는 접선이 이 곡선과 다른 점에서 만나면 그 점에서 접선의 기울기는 점 (a,a^3)에서 기울기의 4배임을 보이라.

79. 접하는 곡선　곡선 $y=c/(x+1)$이 두 점 $(0,3)$과 $(5,-2)$를 지나는 직선에 접할 때, c의 값을 구하라.

80. 원의 법선　원 $x^2+y^2=a^2$ 위의 임의의 점에서 법선은 원점을 지남을 보이라.

종합문제 81~86에서 주어진 각 곡선 위의 점에서 접선과 법선의 방정식을 구하라.

81. $x^2+2y^2=9,\quad (1,2)$

82. $(x+1)^3+y^2=2,\quad (0,1)$

83. $xy+2x-5y=2,\quad (3,2)$

84. $(y-x)^2=2x+4,\quad (6,2)$

85. $x+\sqrt{xy}=6,\quad (4,1)$

86. $x^{3/2}+2y^{3/2}=17,\quad (1,4)$

87. 곡선 $x^3y^3+y^2=x+y$ 위의 두 점 $(1,1)$과 $(1,-1)$에서 접선의 기울기를 구하라.

88. 곡선 $y=\sin(x-\sin x)$의 그래프가 아래 그림과 같을 때, 이 곡선은 x축에 수평인 접선을 갖는가? 그 이유를 설명하라.

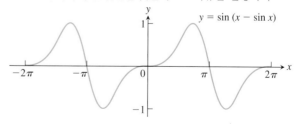

그래프의 분석

종합문제 89~90에서 함수 $y=f(x)$의 그래프와 그 도함수 $f'(x)$의

그래프가 같이 주어져 있다. $f(x)$와 $f'(x)$가 각각 어떤 것인지 구별하여라. 어떻게 알 수 있는가?

89.   **90.**

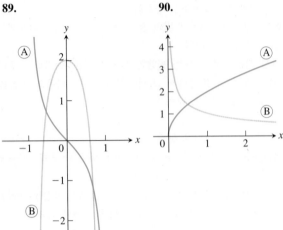

91. 다음 설명을 이용하여 구간 $-1 \leq x \leq 6$에서 함수 $y = f(x)$의 그래프를 그리라.

  i) f의 그래프는 여러 개의 직선으로 되어 있다.

  ii) f의 그래프는 점 $(-1, 2)$를 지난다.

  iii) 도함수 $f'(x)$의 그래프는 아래와 같이 계단함수이다.

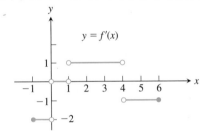

92. 함수 f의 그래프가 점 $(-1, 0)$을 지나도록 종합문제 91의 세 조건을 만족하는 함수의 그래프를 그리라.

종합문제 93~94에서 아래 주어진 그림에 대하여 답하라. 그래프의 **(a)**는 어떤 지역의 토끼와 여우의 수를 200일 동안 조사하여 그래프로 나타낸 것이다. 처음에 토끼의 수는 번식에 의해 증가한다. 그러나 여우가 조금씩 늘어나면서 여우가 토끼를 잡아먹어 토끼의 수가 줄어들게 된다. **(b)**는 토끼의 수의 도함수를 나타내는 그래프로 기울기를 측정하여 그린 것이다.

93. a. 토끼의 수가 가장 많았을 때와 가장 적었을 때 도함수의 값은 얼마인가?

  b. 도함수의 값이 가장 클 때와 가장 작을 때 토끼의 수는 얼마인가?

94. 토끼와 여우의 수의 기울기를 어떤 단위로 측정해야 하는가?

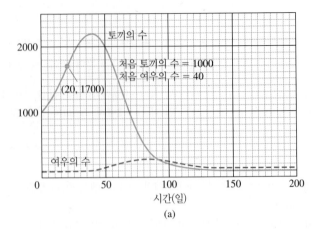

(a)

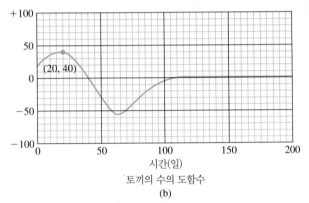

토끼의 수의 도함수
(b)

출처: NCPMF "Differentiation" by W.U. Walton et al., Project CALC.
Reprinted by permission of Educational Development Center, Inc.

삼각함수의 극한

종합문제 95~102에서 극한을 구하라.

95. $\displaystyle \lim_{x \to 0} \frac{\sin x}{2x^2 - x}$ **96.** $\displaystyle \lim_{x \to 0} \frac{3x - \tan 7x}{2x}$

97. $\displaystyle \lim_{r \to 0} \frac{\sin r}{\tan 2r}$ **98.** $\displaystyle \lim_{\theta \to 0} \frac{\sin (\sin \theta)}{\theta}$

99. $\displaystyle \lim_{\theta \to (\pi/2)^-} \frac{4\tan^2 \theta + \tan \theta + 1}{\tan^2 \theta + 5}$

100. $\displaystyle \lim_{\theta \to 0^+} \frac{1 - 2\cot^2 \theta}{5\cot^2 \theta - 7 \cot \theta - 8}$

101. $\displaystyle \lim_{x \to 0} \frac{x \sin x}{2 - 2 \cos x}$ **102.** $\displaystyle \lim_{\theta \to 0} \frac{1 - \cos \theta}{\theta^2}$

종합문제 103과 104에서 각 함수가 원점에서 연속이 되도록 하려면 어떻게 해야 하는가?

103. $g(x) = \dfrac{\tan (\tan x)}{\tan x}$ **104.** $f(x) = \dfrac{\tan (\tan x)}{\sin (\sin x)}$

연계 변화율

105. 원기둥 원기둥의 전체 겉넓이 S는 밑면의 반지름 r과 높이 h에 의해 결정되고 $S = 2\pi r^2 + 2\pi rh$이다.

  a. h가 상수일 때, 변화율 dS/dt를 변화율 dr/dt의 식으로 표현하라.

  b. r이 상수일 때, 변화율 dS/dt를 변화율 dh/dt의 식으로 표현하라.

c. r과 h가 모두 상수가 아닐 때, 변화율 dS/dt를 두 개의 변화율 dr/dt와 dh/dt의 식으로 표현하라.

d. S가 상수일 때, 변화율 dr/dt를 변화율 dh/dt의 식으로 표현하라.

106. 원뿔 원뿔의 옆넓이 S는 밑면의 반지름 r과 높이 h에 의해 결정되고 $S = \pi r \sqrt{r^2 + h^2}$이다.

a. h가 상수일 때, 변화율 dS/dt를 변화율 dr/dt의 식으로 표현하라.

b. r이 상수일 때, 변화율 dS/dt를 변화율 dh/dt의 식으로 표현하라.

c. r과 h가 모두 상수가 아닐 때, 변화율 dS/dt를 두 개의 변화율 dr/dt와 dh/dt의 식으로 표현하라.

107. 넓이가 변하는 원 원의 반지름이 $-2/\pi$ m/s의 비율로 변하고 있다. $r = 10$ m일 때 원의 넓이의 변화율을 구하라.

108. 모서리가 변하는 정육면체 정육면체의 각 모서리의 길이가 20 cm 증가했을 순간의 부피가 변화율이 1200 cm³/min이다. 그 순간에 모서리의 길이가 증가하는 변화율을 구하라.

109. 병렬 연결된 저항 두 저항 R_1, R_2가 병렬로 연결되어 있을 때 전기회로에 미치는 저항 R은 다음과 같이 구할 수 있다.

$$\frac{1}{R} = \frac{1}{R_1} + \frac{1}{R_2}$$

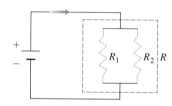

R_1이 1 ohm/s의 비율로 감소하고 있고, R_2는 0.5 ohm/s의 비율로 증가하고 있다면 $R_1 = 75$ ohm이고 $R_2 = 50$ ohm 인 순간의 R의 변화율을 구하라.

110. 회로에서의 임피던스 전기회로에서 임피던스 Z(ohm)는 저항의 크기 R(ohm)과 유도저항 X(ohm)에 의해 결정되며 $Z = \sqrt{R^2 + X^2}$을 만족한다. R이 3 ohm/s의 비율로 증가하고 있고, X는 2 ohm/s의 비율로 감소하고 있다. $R = 10$ ohm이고 $X = 20$ ohm 인 순간의 Z의 변화율을 구하라.

111. 움직이는 물체의 속력 xy평면 위를 움직이는 물체의 좌표 (x, y)는 시간변수 t에 관하여 미분가능하고 $dx/dt = 10$ m/s이고 $dy/dt = 5$ m/s이다. 이 물체가 $(3, -4)$를 지나는 순간에 이 물체는 원점으로부터 얼마나 빠르게 멀어지고 있는가?

112. 입자의 운동 어떤 입자가 1사분면에서 곡선 $y = x^{3/2}$을 따라 움직이고 있다. 여기서, 입자와 원점까지의 거리가 초당 11의 비율로 멀어지고 있다면, $x = 3$일 때 변화율 dx/dt의 값을 구하라.

113. 원뿔 물탱크 그림과 같은 원뿔 모양의 물탱크에서 물이 0.2 m³/min의 비율로 흘러나오고 있다.

a. 그림에 표시된 변수 h와 r의 관계식을 구하라.

b. $h = 2$ m일 때 물의 깊이의 순간변화율을 구하라.

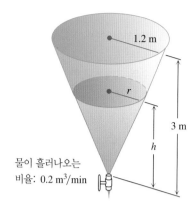

물이 흘러나오는 비율: 0.2 m³/min

114. 회전하는 원통 아래 그림과 같이 텔레비전 안테나선이 원기둥 모양의 통에 감겨져 있다. 안테나선은 여러 층으로 감겨져 있으며 각 층의 반지름은 일정하다고 한다. 안테나선은 2 m/s의 속력으로 일정하게 당겨지면서 풀리고 있다. 이때 풀려진 안테나선의 길이 s, 원통이 도는 각도 θ, 그리고 안테나선이 감겨져 있는 층의 반지름이 r일 때, $s = r\theta$라는 관계식이 성립한다. 현재 안테나선이 감겨져 있는 층의 반지름이 0.4 m일 때 원통이 회전하는 속력을 구하라.

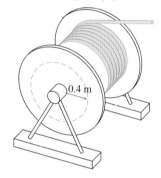

0.4 m

115. 서치라이트 해안에서 1 km 떨어진 배에서 서치라이트가 회전하면서 해안을 비추고 있다. 서치라이트는 $dh/dt = -0.6$ rad/s의 비율로 일정하게 회전하고 있다.

a. 빛이 지점 A에 도달했을 때 그림의 화살표 방향으로 빛이 움직이는 속력을 구하라.

b. 0.6 rad/s의 비율로 서치라이트가 회전하면 1분에 몇 번 회전을 하는가?

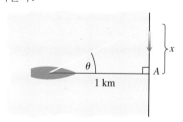

θ x A 1 km

116. 좌표축 위의 점의 운동 두 점 A와 B가 각각 x축, y축 위를 움직이고 있다. 원점에서 두 점 A와 B를 잇는 직선 AB까지의 거리 r은 일정하다. 점 B가 $0.3r$ m/s의 속력으로 원점을 향해서 움직이고 있고 OB의 길이가 $2r$인 순간에 OA의 길이의 변화량을 구하라. 변화량은 증가하는가, 감소하는가?

선형화함수

117. 다음 각 주어진 점에서 선형화함수를 구하라.

a. $x = -\pi/4$에서 $\tan x$ **b.** $x = -\pi/4$에서 $\sec x$

곡선과 선형화함수의 그래프를 한 좌표평면에 그리라.

118. 다음의 두 근사식

$$\frac{1}{1+x} \approx 1 - x \text{와}   \tan x \approx x$$

을 이용하여 $x=0$에서 함수 $f(x)=1/(1+\tan x)$의 유용한 선형근사식을 다음과 같이 구할 수 있다.

$$\frac{1}{1+\tan x} \approx 1 - x$$

이 결과가 $x=0$에서 함수 $f(x)=1/(1+\tan x)$의 표준선형근사식임을 증명하라.

119. $x=0$에서 함수 $f(x)=\sqrt{1+x}+\sin x-0.5$의 선형화함수를 구하라.

120. $x=0$에서 함수 $f(x)=2/(1-x)+\sqrt{1+x}-3.1$의 선형화함수를 구하라.

미분을 이용한 변화량의 근사

121. 원뿔의 옆넓이 아래 그림의 원뿔에서 반지름은 일정하게 유지되면서 높이가 h_0로부터 h_0+dh까지 변했을 때 옆넓이의 변화량을 구하라.

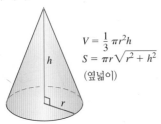

$$V = \frac{1}{3}\pi r^2 h$$
$$S = \pi r\sqrt{r^2 + h^2}$$
(옆넓이)

122. 오차 제어

a. 정육면체의 겉넓이를 계산하는 데 오차가 2% 이내가 되려면 한 모서리의 길이는 얼마나 정확하게 측정이 되어야 하는가?

b. (a)에서 오차 범위 이내에서 측정된 모서리의 길이를 이용하여 부피를 계산하면 오차의 범위는 얼마인가? 백분율 오차를 구하라.

123. 오차 범위 구의 적도의 길이를 재었더니 10 cm이었고, 오차는 0.4 cm이다. 이 값을 이용하여 반지름을 계산하고, 또 이 반지름을 이용하여 구의 겉넓이와 부피를 계산한다. 다음 각 계산값들의 오차를 백분율로 구하라.

a. 반지름   **b.** 겉넓이   **c.** 부피

124. 높이 구하기 그림과 같이 가로등의 높이를 구하기 위하여 가로등으로부터 10 m 떨어진 거리에 높이가 1.8 m인 막대를 세웠을 때 생기는 막대의 그림자의 길이를 a라고 하자. a의 값을 측정하였더니 4.5 m였고, 오차는 1 cm이다. 이를 이용하여 가로등의 높이를 구했을 때 오차를 구하라.

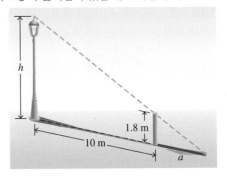

2장   보충 · 심화 문제

1. $\sin^2\theta + \cos^2\theta = 1$과 같은 식을 항등식이라고 하는데 그 이유는 이 식이 θ의 모든 값에서 성립하기 때문이다. 그러나 $\sin\theta = 0.5$와 같은 식은 특정한 θ의 값에서만 성립하기 때문에 항등식이라고 하지 않는다. θ를 포함하는 삼각함수의 항등식을 θ에 관하여 미분하여 얻은 새로운 식도 역시 항등식이 된다. 다음 각 항등식을 θ에 관하여 미분하고 그 결과가 θ의 모든 값에서 성립함을 보이라.

a. $\sin 2\theta = 2\sin\theta\cos\theta$

b. $\cos 2\theta = \cos^2\theta - \sin^2\theta$

2. 항등식 $(x+a) = \sin x \cos a + \cos x \sin a$에 관하여 미분한 결과가 항등식이 되는가? 식 $x^2 - 2x - 8 = 0$에 대해서도 같은 규칙이 성립한다고 할 수 있는가? 그 이유를 설명하라.

3. a. 두 함수

$$f(x) = \cos x,   g(x) = a + bx + cx^2$$

이 다음의 조건을 만족하도록 하는 상수 a, b, c의 값을 구하라.

$$f(0) = g(0),   f'(0) = g'(0),   f''(0) = g''(0)$$

b. 두 함수

$$f(x) = \sin(x+a),   g(x) = b\sin x + c\cos x$$

가 다음의 조건을 만족하도록 하는 상수 b, c의 값을 구하라.

$$f(0) = g(0),   f'(0) = g'(0)$$

c. (a)와 (b)에서 구한 함수 f, g의 3계 도함수와 4계 도함수는 어떻게 되는지 설명하라.

4. 미분방정식의 해

a. 세 함수 $y = \sin x$, $y = \cos x$, $y = a\cos x + b\sin x$ (a와 b는 상수)가 모두 다음의 식을 만족함을 보이라.

$$y'' + y = 0$$

b. (a)의 결과를 이용하여 다음을 만족하는 함수를 구할 수 있는가?

$$y'' + 4y = 0$$

이 결과를 일반화하여 설명하라.

5. 접하는 원   원 $(x-h)^2+(y-k)^2=a^2$이 점 $(1, 2)$에서 포물선 $y=x^2+1$에 접하고, 이 점에서 두 곡선의 2계 도함수 d^2y/dx^2의 값이 같도록 상수 h, k, a의 값을 구하라.

6. 한계수익   어떤 버스의 승차 정원은 60명이다. 이 버스의 요금 p(달러)는 이 버스를 이용하는 사람 수 x에 따라 $p=[3-(x/40)]^2$과 같이 결정된다. 이 버스가 한 번 운행될 때 얻어지는 수입을 $r(x)$라고 할 때, $r(x)$의 식을 구하라. 이 버스가 한 번 운행될 때 dr/dx가 0이 되려면 몇 명이 이 버스를 탈때인가? (이때 dr/dx를 한계수익이라고 한다. 이 값이 수익을 최대화하는 값이 된다.)

7. 공장에서의 생산

   a. 경제학자들은 "성장률"이라는 말을 자주 사용한다. $u=f(t)$를 시각 t일 때 작업이 가능한 노동자의 수라고 하자 (이 함수는 실제로 계단함수이지만 미분가능한 함수로 간주한다). $v=g(t)$를 시각 t일 때 한 사람당 평균 생산량이라고 하자. 그러면 총 생산량은 $y=uv$가 된다. 노동력이 1년에 4%의 비율로 성장하고 있고($du/dt=0.04u$) 한 사람당 평균 생산량이 5%의 비율로 성장한다면($dv/dt=0.05v$), 총생산량 y의 성장률은 얼마인가?

   b. **(a)**에서 노동력이 1년에 2%의 비율로 감소하고 한 사람당 평균 생산량이 3%의 비율로 증가한다면 총 생산량은 증가하겠는가 감소하겠는가? 그리고 비율은 얼마인가?

8. 곤돌라의 디자인   지름이 10 m인 열기구를 디자인하는 사람이 열기구의 2.5 m 아래에 곤돌라를 설치하고자 한다. 연결 케이블은 열기구에 접하도록 하고 다음 그림에는 그 중 2개의 케이블이 열기구에 접하고 있는 것을 나타낸다. 이때 접하는 두 점의 좌표가 $(-4, -3)$, $(4, -3)$라면 곤돌라의 넓이는 얼마로 해야 하는가?

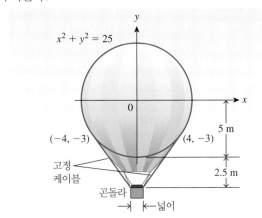

9. 피사의 사탑과 낙하산   1988년 8월 5일에, 런던의 마이크 멕카티(Mike McCarthy)가 피사의 사탑 꼭대기에서 뛰어 내렸다. 그는 54.6 m의 높이에서 뛰어 내리며 낙하산을 폈고, 이는 가장 낮은 높이에서 뛰어 내리며 낙하산을 편 세계신기록이라고 발표하였다. 내려오는 동안의 그의 속력을 보여주는 대략적인 그래프를 그리라. (출처: 1988년 8월 6일자 Boston Globe)

10. 물체의 운동   어떤 물체가 수직선을 따라 움직이는 데 시각 $t \geq 0$일 때의 위치가 다음과 같다.

$$s = 10\cos(t + \pi/4)$$

   a. $t=0$일 때의 초기 위치는?

   b. 이 물체가 원점에서 가장 멀리 갈 수 있는 곳의 위치는 어디인가? (왼쪽, 오른쪽 모두)

   c. **(b)**에서 구한 두 위치에서 이 물체의 속도와 가속도는 얼마인가?

   d. 이 물체가 처음 원점을 지나는 시간을 구하라. 또, 그때의 속도, 속력, 가속도를 구하라.

11. 종이집게 쏘기   공기 중에서 고무줄을 이용하여 종이집게를 수직 방향으로 공중으로 쏘아올리면 19.6 m까지 올라갈 수 있다. 쏘아올린 후 t초 후에 종이집게의 높이는 $s=19.6t-4.9t^2$으로 주어진다.

   a. 종이집게가 가장 높은 위치에 도달하기까지 걸리는 시간을 구하라. 고무줄로 쏘아올린 초기속도는 얼마인가?

   b. 만일 달에서 마찬가지로 했다면 t초 후의 종이집게의 높이는 $s=19.6t-0.8t^2$으로 주어진다. 종이집게가 가장 높은 위치에 도달하기까지 걸리는 시간과 그때의 높이를 구하라.

12. 두 물체의 속도   두 물체가 수직선을 따라 움직이고 있고 t초일 때 물체 위치는 각각 $s_1=3t^3-12t^2+18t+5$ m, $s_2=-t^3+9t^2-12t$ m이다. 두 물체의 속도가 같게 되는 시각을 구하라.

13. 물체의 속도   질량이 m으로 일정한 어떤 물체가 x축 위를 움직이고 있다. 이 물체의 속도 v와 위치 x는 다음 관계식을 만족한다.

$$\frac{1}{2}m(v^2-v_0^2) = \frac{1}{2}k(x_0^2-x^2)$$

여기서, k, v_0, x_0는 상수이다. $v \neq 0$일 때 다음 식이 성립함을 보이라.

$$m\frac{dv}{dt} = -kx$$

14. 평균속도와 순간속도

   a. 어떤 물체의 위치 x는 시간변수 t의 2차 함수 $x=At^2+Bt+C$라 하자. 그러면 구간 $[t_1, t_2]$에서 이 물체의 평균속도와 이 구간의 중점에서의 순간속도는 같다는 것을 보이라.

   b. **(a)**의 결과는 기하학적으로 어떤 것을 의미하는지 설명하라.

15. 다음 함수

$$y = \begin{cases} \sin x, & x < \pi \\ mx+b, & x \geq \pi \end{cases}$$

에 대하여 다음 조건을 만족하는 상수 m과 b의 값을 각각 구하라.

   a. $x=\pi$에서 연속   **b.** $x=\pi$에서 미분가능

16. 다음 함수

$$f(x) = \begin{cases} \dfrac{1-\cos x}{x}, & x \neq 0 \\ 0, & x = 0 \end{cases}$$

는 $x=0$에서 미분가능한가? 그 이유를 설명하라.

17. a. 다음 함수

$$f(x) = \begin{cases} ax, & x < 2 \\ ax^2-bx+3, & x \geq 2 \end{cases}$$

가 모든 x에 대하여 미분가능하도록 하는 a와 b의 값을 구하라.

b. (a)에서 구한 함수 f의 그래프의 특징에 대해 설명하라.

18. a. 다음 함수

$$g(x) = \begin{cases} ax + b, & x \leq -1 \\ ax^3 + x + 2b, & x > -1 \end{cases}$$

가 모든 x에 대하여 미분가능하도록 하는 a와 b의 값을 구하라.

b. (a)에서 구한 함수 g의 그래프의 특징에 대해 설명하라.

19. 미분가능한 기함수 x에 관하여 미분가능한 기함수의 도함수는 어떤 특별한 성질을 가지는가? 그 이유를 설명하라.

20. 미분가능한 우함수 x에 관하여 미분가능한 우함수의 도함수는 어떤 특별한 성질을 가지는가? 그 이유를 설명하라.

21. 정의역이 점 x_0를 포함하는 열린 구간인 두 함수 f와 g는 x_0에서 미분가능하고 $f(x_0)=0$이며, g는 x_0에서 연속이다. 두 함수의 곱 fg는 점 x_0에서 미분가능함을 보이라. 이 결과로부터 $|x|$는 $x=0$에서 미분가능하지 않지만 곱 $x|x|$는 $x=0$에서 미분가능하다는 것을 알 수 있다.

22. (보충·심화 문제 21의 계속) 보충·심화 문제 21을 이용하여 다음 각 함수가 $x=0$에서 미분가능함을 보이라.

a. $|x| \sin x$ 　**b.** $x^{2/3} \sin x$ 　**c.** $\sqrt[3]{x}\,(1 - \cos x)$

d. $h(x) = \begin{cases} x^2 \sin(1/x), & x \neq 0 \\ 0, & x = 0 \end{cases}$

23. 함수 h가 다음과 같을 때

$$h(x) = \begin{cases} x^2 \sin(1/x), & x \neq 0 \\ 0, & x = 0 \end{cases}$$

$h(x)$의 도함수는 $x=0$에서 연속인가? $k(x)=xh(x)$의 도함수는 $x=0$에서 연속인가? 그 이유를 설명하라.

24. 함수 $f(x) = \begin{cases} x^2, & x가 유리수 \\ 0, & x가 무리수 \end{cases}$ 라 하자. 함수 f가 $x=0$에서 미분가능함을 보이라.

25. 주어진 그림에서 보는 것처럼, 점 B가 A지점으로부터 C지점까지 초속 2 cm로 움직인다. $x=4$ cm일 때, θ의 어느 속도로 움직이는가?

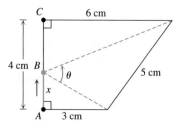

26. 함수 f가 모든 x와 y에 대하여 다음의 조건을 만족한다고 한다.

i) $f(x + y) = f(x) \cdot f(y)$

ii) $f(x) = 1 + xg(x)$, 여기서 $\lim_{x \to 0} g(x) = 1$이다.

모든 x에 대하여 도함수 $f'(x)$가 존재하고 $f'(x)=f(x)$임을 보이라.

27. 일반적인 곱의 공식 수학적 귀납법을 이용하여 y가 미분가능한 유한 개의 함수의 곱 $y=u_1 u_2 \cdots u_n$으로 표현될 때 y는 같은 정의역에서 미분가능하고 도함수는 다음과 같음을 증명하라.

$$\frac{dy}{dx} = \frac{du_1}{dx} u_2 \cdots u_n + u_1 \frac{du_2}{dx} \cdots u_n + \cdots + u_1 u_2 \cdots u_{n-1} \frac{du_n}{dx}$$

28. 곱의 고계도함수에 대한 라이프니츠 공식 곱으로 주어진 함수의 고계도함수를 구하는 라이프니츠 공식은 다음과 같다.

a. $\dfrac{d^2(uv)}{dx^2} = \dfrac{d^2u}{dx^2}v + 2\dfrac{du}{dx}\dfrac{dv}{dx} + u\dfrac{d^2v}{dx^2}.$

b. $\dfrac{d^3(uv)}{dx^3} = \dfrac{d^3u}{dx^3}v + 3\dfrac{d^2u}{dx^2}\dfrac{dv}{dx} + 3\dfrac{du}{dx}\dfrac{d^2v}{dx^2} + u\dfrac{d^3v}{dx^3}.$

c. $\dfrac{d^n(uv)}{dx^n} = \dfrac{d^nu}{dx^n}v + n\dfrac{d^{n-1}u}{dx^{n-1}}\dfrac{dv}{dx} + \cdots$

$$+ \frac{n(n - 1)\cdots(n - k + 1)}{k!}\frac{d^{n-k}u}{dx^{n-k}}\frac{d^kv}{dx^k}$$

$$+ \cdots + u\frac{d^nv}{dx^n}$$

여기서 **(a)**와 **(b)**는 **(c)**의 특수한 경우이다. 수학적 귀납법과 다음의 식

$$\binom{m}{k} + \binom{m}{k + 1} = \frac{m!}{k!(m - k)!} + \frac{m!}{(k + 1)!(m - k - 1)!}$$

을 이용하여 **(c)**를 증명하라.

29. 시계추의 주기 시계추의 주기 T는 다음과 같이 주어진다. $T^2 = 4\pi^2 L/g$. 여기서, T의 단위는 초이고, $g = 9.8$ m/s^2, L은 시계추의 길이이다. 다음 각 값을 근사적으로 구하라.

a. $T=1$초일 때 시계추의 길이 L

b. (a)에서 시계추의 길이가 0.01 m 늘어났을 때 주기 T의 변화량 dT

c. (b)에서 주기가 dT만큼 바뀔 때 하루 동안에 늦어지거나 혹은 빨라지는 시간

30. 녹는 얼음 정육면체 모양의 얼음이 정육면체 모양을 유지하면서 녹는다고 가정하자. 한 모서리의 길이를 s라고 하면 부피는 $V=s^3$이 되고, 겉넓이는 $S=6s^2$이 된다. V와 S는 s에 관하여 미분가능하다고 가정하고 얼음의 부피는 겉넓이에 대하여 일정한 비율로 감소한다고 가정하자. (이것은 얼음이 녹는 것은 표면부터 녹기 때문에 합리적이다). 이를 수학적으로 표현하면 다음과 같다.

$$\frac{dV}{dt} = -k(6s^2), \qquad k > 0$$

여기서 음의 부호는 부피가 줄어들고 있음을 뜻한다. 비례상수 k가 상수라고 가정하자(실제로 비례상수는 여러 가지 상황에 따라 영향을 받아 변할 수 있다. 예를 들면, 습도, 온도, 햇빛의 유무 등). 적절한 환경 하에서 얼음의 부피가 1시간에 처음 부피(V_0)의 1/4만큼 줄어들었다고 가정하자. 얼음이 다 녹으려면 시간이 얼마나 걸리겠는가?

3

도함수의 활용

개요   도함수의 가장 중요한 활용 중 하나는 문제의 최적 (가장 좋은)해를 구하는 도구로서 사용된다는 것이다. 수학, 물리, 공학, 경영과 경제, 생물학과 의학 등에서 많은 최적화 문제를 찾아볼 수 있다. 예를 들어 다음과 같은 문제들이 있다. 주어진 구에 내접하는 원기둥의 부피가 최대가 될 때, 높이와 반지름은 얼마인가? 지름이 정해진 원기둥 모양의 통나무를 잘라서 만들 수 있는 직육면체 빔이 힘이 가장 좋을 때, 그 치수는 얼마인가? 생산 비용과 영업 매출을 기준으로, 생산자가 제품을 몇 개 생산할 때에 최대의 이익을 얻게 되는가? 기침할 때 호흡기관이 얼마만큼 수축되어야 내뿜어지는 공기의 속도가 최대가 되는가? 혈관을 흐르는 혈액이 지류를 통해 흘러갈 때, 혈관 지류의 각이 얼마일 때 마찰에 의한 에너지 손실이 최소가 되는가?

이 장에서는 도함수를 이용하여 함수의 극값을 구하는 방법, 그래프의 개형을 그리고 해석하는 방법과 방정식의 근사 수치해를 구하는 방법을 공부한다. 또한 도함수로부터 원래의 함수를 찾아내는 개념도 소개한다. 이러한 여러 활용들의 핵심은 함수의 평균변화율과 미분계수의 관계를 연결해 주는 평균값 정리이다.

3.1   함수의 극값

이 절에서는 함수의 극값 (최대 또는 최소)을 그 도함수로부터 구하고 확인하는 방법을 알아본다. 극값을 구할 수 있으면, 다양한 형태의 최적화 문제를 풀 수 있다. (3.5절 참조) 여기서 생각하는 함수의 정의역은 구간 또는 구간들의 합집합이다.

역자 주 : 수학 용어

극값	절대 극값 (대역 극값)	최댓값 최솟값
	상대 극값 (국소 극값)	극댓값 극솟값

> 정의 f는 정의역이 D인 함수라고 하자. 만약 D의 모든 점 x에 대해
>
> $$f(x) \le f(c)$$
>
> 를 만족하는 D의 점 c가 있을 때, f는 점 c에서 **최댓값(absolute maximum)**을 가진다고 한다. 또, D의 모든 점 x에 대해
>
> $$f(x) \ge f(c)$$
>
> 를 만족하는 D의 점 c가 있을 때, f는 점 c에서 **최솟값(absolute minimum)**을 가진다고 한다.

최댓값과 최솟값을 함수 f의 **극값(extreme values)**이라고 한다. 최댓값 또는 최솟값은

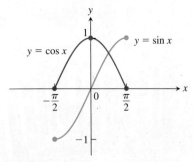

그림 3.1 [−π/2, π/2]에서 사인과 코사인함수의 절대 극값. 이 값들은 함수의 정의역에 따라 바뀔 수 있다.

대역 **최대** 또는 대역 **최소(global maxima or minima)**라고도 불린다.

예를 들면, 닫힌 구간 $[-\pi/2, \pi/2]$에서 함수 $f(x) = \cos x$는 최댓값 1을 (한 번) 가지고, 최솟값 0을 (두 번) 가진다. 똑같은 구간에서 함수 $g(x) = \sin x$는 최댓값 1과 최솟값 −1을 가진다(그림 3.1).

정의하는 식이 같은 함수라도 정의역에 따라서 극값 (최댓값 또는 최솟값)이 달라질 수 있다. 함수의 정의역이 무한이거나 열린 구간에서는 극값을 갖지 않을 수도 있다. 다음 예제에서 확인해 보자.

예제 1   다음 함수들의 각 정의역에서의 절대 극값을 그림 3.2에서 찾아볼 수 있다. 같은 함수식 $y = x^2$에 대해 정의역이 다른 경우이다.

함수 식	정의역 D	D 위의 절대 극값
(a) $y = x^2$	$(-\infty, \infty)$	최댓값 없음, $x = 0$에서 최솟값 0
(b) $y = x^2$	$[0, 2]$	$x = 2$에서 최댓값 4, $x = 0$에서 최솟값 0
(c) $y = x^2$	$(0, 2]$	$x = 2$에서 최댓값 4, 최솟값 없음
(d) $y = x^2$	$(0, 2)$	절대 극값 없음

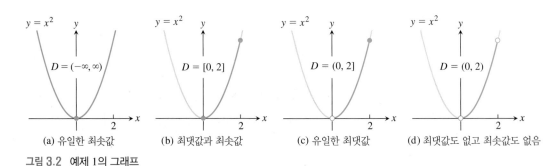

그림 3.2   예제 1의 그래프

역사적 인물
베르누이(Daniel Bernoulli, 1700~1789)

예제 1의 몇몇 함수는 최댓값과 최솟값을 갖지 않는다. 다음 정리는 유한한 닫힌 구간 $[a, b]$에서 연속인 함수는 그 구간에서 최댓값과 최솟값을 가진다는 사실을 알게 해 준다. 함수의 그래프를 그려서 이런 극값을 볼 수 있다.

정리 1 극값 정리   함수 f가 닫힌 구간 $[a, b]$에서 연속이면, f는 $[a, b]$에서 최댓값 M과 최솟값 m을 가진다. 즉, $[a, b]$에 x_1과 x_2가 존재해서 $f(x_1) = m$이고 $f(x_2) = M$이며, $[a, b]$의 모든 x에 대해 $m \le f(x) \le M$이다.

극값 정리를 증명하려면 실수 체계에 관한 상세한 지식이 필요하다 (부록 7 참조). 이에 따라 여기서는 증명을 다루지 않는다. 그림 3.3은 닫힌 구간 $[a, b]$에서 연속함수가 가질 수 있는 절대 극값의 위치를 보여주고 있다. 함수 $y = \cos x$는 최솟값(또는 최댓값)이 구간의 두 개 이상의 다른 점에서 나타남을 볼 수 있다.

정리 1의 조건인 유한한 닫힌 구간과 연속함수는 필수적인 요소이다. 이런 조건이 없으면, 이 정리의 결론이 성립하지 않을 수 있다. 예제 1은 유한 닫힌 구간이라는 조건이 성립하지 않을 때 절대 극값이 존재하지 않을 수 있음을 보여준다. 함수 $y = x$는 무한 구간 $(-\infty, \infty)$에서 절대 극값이 둘 다 존재하지 않는다. 그림 3.4는 연속함수라는 조건이 없는 경우를 보여준다.

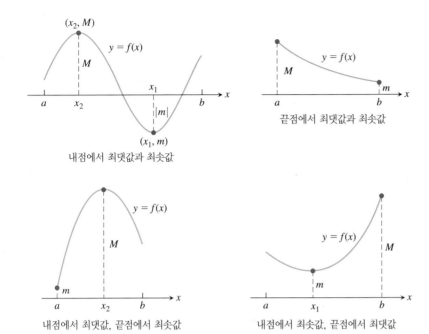

끝점에서 최댓값과 최솟값

내점에서 최댓값과 최솟값

내점에서 최댓값, 끝점에서 최솟값

내점에서 최솟값, 끝점에서 최댓값

그림 3.3 닫힌 구간 $[a\ b]$에서 연속함수가 가질 수 있는 최댓값과 최솟값

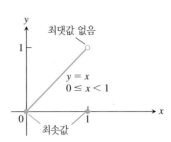

그림 3.4 단 한 점에서 불연속인 함수도 닫힌 구간에서 최댓값이나 최솟값을 가지지 못할 수 있다. 함수

$$y = \begin{cases} x, & 0 \le x < 1 \\ 0, & x = 1 \end{cases}$$

은 $x=1$을 제외하면 $[0, 1]$의 모든 점에서 연속이지만, $[0, 1]$에서 이 그래프는 가장 높은 점을 가지지 않는다.

국소(상대) 극값

그림 3.5는 정의역이 $[a, b]$인 함수의 그래프가 5개의 점에서 극값을 가지는 모습을 보여준다. 이 함수는 최솟값을 a에서 가지지만, e에서 이 함수의 값은 근방에 있는 임의의 점에서의 값보다 작다. 그래프는 c의 왼쪽에서는 올라가고, 오른쪽에서는 내려가서 $f(c)$가 국소적으로 가장 큰 값이 된다. 이 함수는 d에서 최댓값을 가진다. 여기서 우리가 말한 것을 국소 극값으로 정의한다.

> **정의** 함수 f 가 정의역 내의 한 점 c를 포함하는 한 열린 구간의 모든 $x \in D$에 대해 $f(x) \le f(c)$일 때, f는 c에서 **극댓값**(local maximum)을 가진다고 한다. 함수 f 가 정의역 내의 한 점 c를 포함하는 한 열린 구간의 모든 $x \in D$에 대해 $f(x) \ge f(c)$일 때, f는 c에서 **극솟값**(local minimum)을 가진다고 한다.

정의역이 닫힌 구간 $[a, b]$인 함수 f는 반구간 $[a, a+\delta)$, $\delta > 0$의 모든 x에 대해 $f(x) \le f(a)$이면 끝점 $x=a$에서 극댓값을 갖는다. 마찬가지로 함수 f가 열린 구간 $(c-\delta, c+\delta)$, $\delta > 0$의 모든 x에 대해 $f(x) \le f(c)$일 때 내점 $x=c$에서 극댓값을 갖고, 반구간 $(b-\delta,$

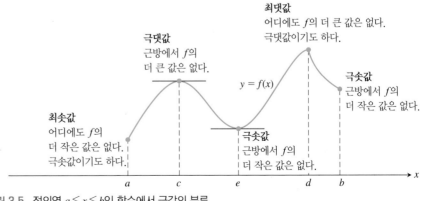

그림 3.5 정의역 $a \le x \le b$인 함수에서 극값의 분류

b], $\delta > 0$의 모든 x에 대해 $f(x) \le f(b)$일 때 끝점 $x = b$에서 극댓값을 갖는다. 극솟값은 부등식이 반대이다. 그림 3.5에서 함수 f는점 c와 d에서 극댓값을 가지고, 점 a와 e 및 b에서 극솟값을 가진다. 국소 극값을 **상대 극값(relative extreme)**이라고도 한 다. 어떤 함수는 유한 구간일지라도 무한개의 많은 극값을 가질 수 있다. 하나의 예는 구간 (0, 1]에서의 함수 $f(x) = \sin(1/x)$이다(그림 1.40 참조).

최댓값은 극댓값이기도 하다. 전체에서 가장 큰 값은 당연히 근방에서 가장 큰 값이기 때문이다. 그러므로 **최댓값이 존재한다면, 그 값은 자동적으로 극댓값 전체의 집합에 속한다**. 마찬가지로 **최솟값이 존재한다면, 그 값은 자동적으로 극솟값 전체의 집합에 속한다.**

극값 구하기

다음 정리는 함수의 극값을 구하기 위해서는 통상 단 몇 개의 값만을 조사하면 충분하다는 이유를 설명한다.

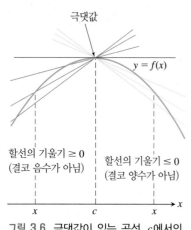

극댓값

$y = f(x)$

할선의 기울기 ≥ 0
(결코 음수가 아님)

할선의 기울기 ≤ 0
(결코 양수가 아님)

x c x x

그림 3.6 극댓값이 있는 곡선. c에서의 기울기는 양이 아닌 수의 극한인 동시에 음이 아닌 수의 극한이므로 0이다.

> **정리 2 국소 극값에 관한 1계 도함수 정리**   함수 f가 정의역의 내점 c에서 극댓값 또는 극솟값을 가지고, c에서 미분가능하면 다음이 성립한다.
>
> $$f'(c) = 0$$

증명   국소 극값에서 $f'(c) = 0$임을 증명하기 위해서, 먼저 $f'(c)$가 양수가 될 수 없음을 보이고 다음에 $f'(c)$가 음수가 될 수 없음을 보이겠다. 양수도 아니고 음수도 아닌 유일한 수는 0이므로, $f'(c) = 0$임이 증명된다.

먼저 함수 f가 $x = c$에서 극댓값을 가진다고 가정하자(그림 3.6). 그러면 c에 충분히 가까운 x의 모든 값에 대해 $f(x) - f(c) \le 0$이다. c는 f의 정의역의 내점이므로 $f'(c)$는 다음과 같은 양쪽 극한으로 정의된다.

$$\lim_{x \to c} \frac{f(x) - f(c)}{x - c}$$

이는 $x = c$에서 우극한과 좌극한이 모두 존재하고 그 값은 $f'(c)$와 같음을 뜻한다. 우극한을 조사하면, 다음 결과를 얻는다.

$$f'(c) = \lim_{x \to c^+} \frac{f(x) - f(c)}{x - c} \le 0 \qquad \text{(}x - c\text{) > 0이고, } f(x) \le f(c)\text{이므로} \qquad (1)$$

마찬가지로, 좌극한을 조사하면 다음 결과를 얻는다.

$$f'(c) = \lim_{x \to c^-} \frac{f(x) - f(c)}{x - c} \ge 0 \qquad \text{(}x - c\text{) < 0이고, } f(x) \le f(c)\text{이므로} \qquad (2)$$

식 (1)과 (2)를 만족하면 $f'(c) = 0$이다.

따라서 극댓값에 대한 정리가 성립함을 보였다. 극솟값에 대해 정리를 증명하기 위해서는 단순히 부등식 $f(x) \ge f(c)$를 이용하면 된다. 이 부등식은 식 (1)과 (2)에서 부등호의 방향을 반대로 해준다. ∎

정리 2에 의하면 함수가 국소 극값을 가지는 미분가능한 내점에서 그 1계 도함수의 값은 언제나 0이어야 한다. 정의역을 구간 또는 구간들의 합집합에서 생각하기로 한 것을 상기하자. 그러므로 함수 f가 (국소 또는 대역) 극값을 가질 수 있는 곳은 다음과 같은 점들뿐이다.

1. $f' = 0$인 내점   그림 3.5에서 $x = c$와 $x = e$

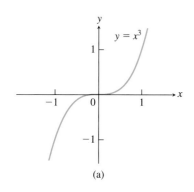

(a)

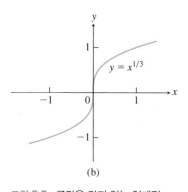

(b)

그림 3.7 극값을 갖지 않는 임계점
(a) $y' = 3x^2$은 $x = 0$에서 0이지만 $y = x^3$
은 극값을 갖지 않는다.
(b) $y' = (1/3)x^{-2/3}$은 $x = 0$에서 정의되지
않지만 $y = x^{1/3}$은 극값을 갖지 않는다.

2. f'이 정의되지 않는 내점   그림 3.5에서 $x = d$
3. f의 정의역의 끝점   그림 3.5에서 $x = a$와 $x = b$

이러한 결과들을 요약하기 위해 다음을 정의한다.

> **정의**   함수 f의 정의역에 속하는 내점 중에서 미분계수가 0이거나 정의되지 않는 점을 f의 **임계점**(**critical point**)이라고 한다.

그러므로 함수가 극값을 가질 수 있는 정의역의 점은 임계점과 끝점뿐이다.

그러나 이를 잘못 해석해서는 안된다. 함수가 임계점 $x = c$에서 국소 극값을 가지지 않을 수 있다. 예를 들면, 함수 $y = x^3$과 $y = x^{1/3}$는 원점에서 임계점을 가지지만, 두 함수는 원점에서 국소 극값을 갖지 않는다. 대신에 각 함수는 그 점에서 **변곡점**(*point of inflection*)을 가진다(그림 3.7참조). 이 개념은 3.4절에서 정의하고 자세히 논의한다.

극값과 관련된 대부분 문제는 유한 닫힌 구간에서 연속함수의 절대 극값을 찾는 것이다. 정리 1은 그런 값의 존재를 보장한다. 정리 2는 그런 값이 임계점과 끝점에서만 나타난다고 말해준다. 이에 따라 단순히 이런 점들을 나열하고 해당하는 함숫값을 계산함으로써 가장 큰 값과 가장 작은 값 및 그런 값이 위치하는 곳을 찾을 수 있다. 하지만 닫힌 구간이나 유한 구간이 아니면 (예를 들어, $a < x < b$ 또는 $a < x < \infty$) 절대 극값은 존재하지 않을 수도 있다. 최댓값과 최솟값이 존재한다면 임계점이나 구간의 오른쪽이나 왼쪽 끝점을 포함하는 점에서 존재한다.

> **유한 닫힌 구간에서 연속함수 f의 절대 극값을 구하는 방법**
> **1.** 구간 내의 f의 임계점을 구한다.
> **2.** 모든 임계점과 끝점에서 f의 값을 계산한다.
> **3.** 그런 값 중에서 가장 큰 것과 가장 작은 것을 택한다.

예제 2   구간 $[-2, 1]$에서 $f(x) = x^2$의 최댓값과 최솟값을 구하라.

풀이   주어진 함수는 정의역 전체에서 미분가능하므로, 임계점은 $f'(x) = 2x = 0$인 점, 즉 $x = 0$ 뿐이다. $x = 0$ 및 끝점 $x = -2$와 $x = 1$에서의 함숫값을 확인해야 한다.

$$\text{임계점에서의 값: } \quad f(0) = 0$$
$$\text{끝점에서의 값: } \quad f(-2) = 4$$
$$f(1) = 1$$

그러므로 주어진 함수는 $x = -2$에서 최댓값 4를 가지고, $x = 0$에서 최솟값 0을 가진다. ∎

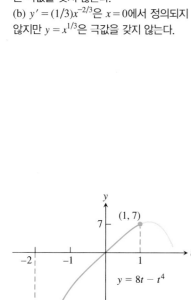

그림 3.8 구간 $[-2, 1]$에서 함수 $g(t) = 8t - t^4$의 절대 극값(예제 3).

예제 3   구간 $[-2, 1]$에서 $g(t) = 8t - t^4$의 최댓값과 최솟값을 구하라.

풀이   함수는 정의역 전체에서 미분가능하므로, 임계점은 오직 $g'(t) = 0$인 점에서만 나타난다. 따라서 방정식을 풀면

$$8 - 4t^3 = 0, \quad \text{즉} \quad t = \sqrt[3]{2} > 1$$

이다. 이 점은 주어진 정의역 내에 있지 않다. 따라서 함수의 절대 극값은 끝점에서 나타난다. 최솟값은 $g(-2) = -32$이고, 최댓값은 $g(1) = 7$이다(그림 3.8 참조). ∎

예제 4 구간 $[-2, 3]$에서 $f(x) = x^{2/3}$의 최댓값과 최솟값을 구하라.

풀이 임계점과 끝점에서 함숫값을 계산하고, 그런 값 중에서 가장 큰 것과 가장 작은 것을 택한다.

1계 도함수

$$f'(x) = \frac{2}{3}x^{-1/3} = \frac{2}{3\sqrt[3]{x}}$$

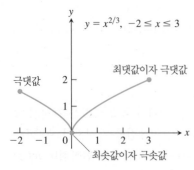

$y = x^{2/3}, \; -2 \le x \le 3$

0이 될 수 없지만, 내점 $x = 0$에서 정의되지 않는다. 이 임계점과 끝점에서 f의 값은 다음과 같다.

임계점에서의 값: $f(0) = 0$

끝점에서의 값: $f(-2) = (-2)^{2/3} = \sqrt[3]{4}$

$\qquad\qquad\qquad f(3) = (3)^{2/3} = \sqrt[3]{9}$

그림 3.9 구간 $[-2, 3]$에서 $f(x) = x^{2/3}$의 절대 극값은 $x = 0$과 $x = 3$에서 나타난다 (예제 4).

이런 값 중에서 주어진 함수의 최댓값은 2.08이고, 이 값은 오른쪽 끝점 $x = 3$에서 가짐을 알 수 있다. 최솟값은 0이고, 내점 $x = 0$에서 가진다(그림 3.9). ∎

연습문제 3.1

그래프에서 극값 구하기

연습문제 1~6에서 구간 $[a, b]$에서 함수가 절대 극값을 가지는지를 그래프를 이용해서 결정하라. 그리고 얻은 답이 정리 1과 일치함을 설명하라.

1.

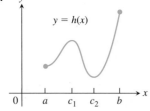

$y = h(x)$

2.

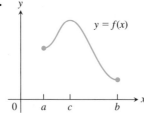

$y = f(x)$

3.

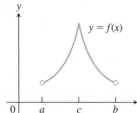

$y = f(x)$

4.

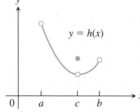

$y = h(x)$

5.

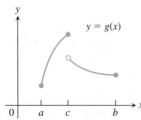

$y = g(x)$

6.

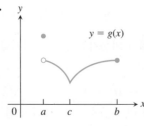

$y = g(x)$

연습문제 7~10에서 극값과 그 값을 가지는 점을 구하라.

7.

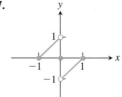

8.

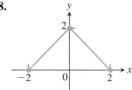

9.

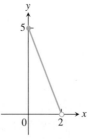

10.

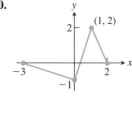

연습문제 11~14에서 표에 어울리는 그래프를 짝지으라.

11.

x	$f'(x)$
a	0
b	0
c	5

12.

x	$f'(x)$
a	0
b	0
c	-5

13.

x	$f'(x)$
a	존재하지 않는다.
b	0
c	-2

14.

x	$f'(x)$
a	존재하지 않는다.
b	존재하지 않는다.
c	-1.7

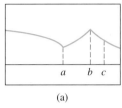

(a)

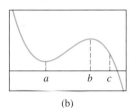

(b)

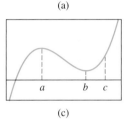

(c)

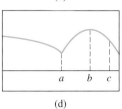

(d)

연습문제 15~20에서 각 함수의 그래프를 그리고, 정의역에서 절대 극값을 가지는지의 여부를 결정하라. 또한 구한 결과가 정리 1과 일치하는지 확인하라.

15. $f(x) = |x|, \quad -1 < x < 2$

16. $y = \dfrac{6}{x^2 + 2}, \quad -1 < x < 1$

17. $g(x) = \begin{cases} -x, & 0 \le x < 1 \\ x - 1, & 1 \le x \le 2 \end{cases}$

18. $h(x) = \begin{cases} \dfrac{1}{x}, & -1 \le x < 0 \\ \sqrt{x}, & 0 \le x \le 4 \end{cases}$

19. $y = 3 \sin x, \quad 0 < x < 2\pi$

20. $f(x) = \begin{cases} x + 1, & -1 \le x < 0 \\ \cos x, & 0 < x \le \dfrac{\pi}{2} \end{cases}$

유한 닫힌 구간에서의 절대 극값

연습문제 21~36에서 주어진 구간에서 각 함수의 최댓값과 최솟값을 구하라. 그리고 그래프를 그려라. 그래프 위에 절대 극값이 나타나는 점을 표시하고, 그 좌표를 써 넣으라.

21. $f(x) = \dfrac{2}{3}x - 5, \quad -2 \le x \le 3$

22. $f(x) = -x - 4, \quad -4 \le x \le 1$

23. $f(x) = x^2 - 1, \quad -1 \le x \le 2$

24. $f(x) = 4 - x^3, \quad -2 \le x \le 1$

25. $F(x) = -\dfrac{1}{x^2}, \quad 0.5 \le x \le 2$

26. $F(x) = -\dfrac{1}{x}, \quad -2 \le x \le -1$

27. $h(x) = \sqrt[3]{x}, \quad -1 \le x \le 8$

28. $h(x) = -3x^{2/3}, \quad -1 \le x \le 1$

29. $g(x) = \sqrt{4 - x^2}, \quad -2 \le x \le 1$

30. $g(x) = -\sqrt{5 - x^2}, \quad -\sqrt{5} \le x \le 0$

31. $f(\theta) = \sin \theta, \quad -\dfrac{\pi}{2} \le \theta \le \dfrac{5\pi}{6}$

32. $f(\theta) = \tan \theta, \quad -\dfrac{\pi}{3} \le \theta \le \dfrac{\pi}{4}$

33. $g(x) = \csc x, \quad \dfrac{\pi}{3} \le x \le \dfrac{2\pi}{3}$

34. $g(x) = \sec x, \quad -\dfrac{\pi}{3} \le x \le \dfrac{\pi}{6}$

35. $f(t) = 2 - |t|, \quad -1 \le t \le 3$

36. $f(t) = |t - 5|, \quad 4 \le t \le 7$

연습문제 37~40에서 함수의 최댓값과 최솟값을 구하고, 그 값을 가지는 점을 구하라.

37. $f(x) = x^{4/3}, \quad -1 \le x \le 8$

38. $f(x) = x^{5/3}, \quad -1 \le x \le 8$

39. $g(\theta) = \theta^{3/5}, \quad -32 \le \theta \le 1$

40. $h(\theta) = 3\theta^{2/3}, \quad -27 \le \theta \le 8$

임계점 구하기

연습문제 41~50에서 각 함수의 모든 임계점을 구하라.

41. $y = x^2 - 6x + 7$ **42.** $f(x) = 6x^2 - x^3$

43. $f(x) = x(4 - x)^3$ **44.** $g(x) = (x - 1)^2(x - 3)^2$

45. $y = x^2 + \dfrac{2}{x}$ **46.** $f(x) = \dfrac{x^2}{x - 2}$

47. $y = x^2 - 32\sqrt{x}$ **48.** $g(x) = \sqrt{2x - x^2}$

49. $y = x^3 + 3x^2 - 24x + 7$ **50.** $y = x - 3x^{2/3}$

국소 극값과 임계점

연습문제 51~58에서 각 함수의 임계점, 정의역의 끝점을 구하고, 그 점에서의 함숫값을 구하고 극값(절대와 국소)을 구하라.

51. $y = x^{2/3}(x + 2)$ **52.** $y = x^{2/3}(x^2 - 4)$

53. $y = x\sqrt{4 - x^2}$ **54.** $y = x^2\sqrt{3 - x}$

55. $y = \begin{cases} 4 - 2x, & x \le 1 \\ x + 1, & x > 1 \end{cases}$

56. $y = \begin{cases} 3 - x, & x < 0 \\ 3 + 2x - x^2, & x \ge 0 \end{cases}$

57. $y = \begin{cases} -x^2 - 2x + 4, & x \le 1 \\ -x^2 + 6x - 4, & x > 1 \end{cases}$

58. $y = \begin{cases} -\dfrac{1}{4}x^2 - \dfrac{1}{2}x + \dfrac{15}{4}, & x \le 1 \\ x^3 - 6x^2 + 8x, & x > 1 \end{cases}$

연습문제 59와 60에서 답과 그 이유를 함께 설명하라.

59. $f'(x) = (x - 2)^{2/3}$이라고 하자.

  a. $f'(2)$가 존재하는가?

  b. f의 국소 극값은 $x = 2$에서만 나타남을 보이라.

  c. (b)의 결과는 극값 정리에 모순이 되는가?

  d. 2를 a로 바꾸어 $f(x) = (x - a)^{2/3}$이라고 할 때, (a)와 (b)의 물음에 답하라.

60. $f(x) = |x^3 - 9x|$라고 하자.

  a. $f'(0)$이 존재하는가?   **b.** $f'(3)$이 존재하는가?

  c. $f'(-3)$이 존재하는가?   **d.** f의 극값을 모두 구하라.

연습문제 61~62에서 함수의 정의역에서 최댓값도 가지지 않고 최솟값도 가지지 않음을 보이라.

61. $y = x^{11} + x^3 + x - 5$ **62.** $y = 3x + \tan x$

이론과 예제

63. 미분불가능한 최솟값 함수 $f(x) = |x|$는 $x=0$에서 최솟값을 가진다. 그렇지만 $x=0$에서 미분불가능하다. 이는 정리 2에 모순되지 않는가? 그 이유를 설명하라.

64. 우함수 우함수 $f(x)$가 $x=c$에서 극댓값을 가진다면, $x=-c$에서 f의 값에 대해 무엇이라 말할 수 있는가? 그 이유를 설명하라.

65. 기함수 기함수 $g(x)$가 $x=c$에서 극솟값을 가진다면, $x=-c$에서 g의 값에 대해 무엇이라 말할 수 있는가? 그 이유를 설명하라.

66. 임계점과 끝점이 없는 함수 연속함수 $f(x)$의 극값은 임계점과 끝점에서의 값을 비교해서 구한다. 그런데 임계점이나 끝점이 없을때는 어떻게 해야 하는가? 이런 경우는 어떻게 나타나는가? 이런 함수가 실제로 존재하는가? 그 이유를 설명하라.

67. 다음 함수는 어떤 상자의 부피를 나타낸다.

$$V(x) = x(10 - 2x)(16 - 2x), \qquad 0 < x < 5$$

a. V의 극값을 구하라.

b. (a)에서 구한 값(들)의 의미를 상자의 부피의 용어로 설명하라.

68. 3차 함수 다음과 같은 3차 함수를 생각하자.

$$f(x) = ax^3 + bx^2 + cx + d$$

a. f가 0, 1 또는 2개의 임계점을 가질 수 있음을 보이라. 각 경우에 대응하는 함수의 예를 들고 그래프를 그리라.

b. f가 가질 수 있는 국소 극값은 몇개인가?

69. 수직 운동 물체의 최대 높이 수직으로 운동하는 물체의 높이는 다음과 같이 표현된다.

$$s = -\frac{1}{2}gt^2 + v_0 t + s_0, \qquad g > 0$$

여기서, s의 단위는 미터(m)이고, t의 단위는 초(s)이다. 이 물체의 최대 높이를 구하라.

70 피크 전류 어떤 교류 회로에서 임의로 주어진 시각 t(초)에서의 전류 i(암페어)는 $i = 2\cos t + 2\sin t$라고 하자. 이 회로에서의 피크 전류(최대 크기)는 얼마인가?

T 연습문제 71~74에서 함수의 그래프를 그리라. 그리고 주어진 구간에서 함수의 극값을 구하고, 극값이 나타나는 곳을 말하라.

71. $f(x) = |x - 2| + |x + 3|, \quad -5 \le x \le 5$

72. $g(x) = |x - 1| - |x - 5|, \quad -2 \le x \le 7$

73. $h(x) = |x + 2| - |x - 3|, \quad -\infty < x < \infty$

74. $k(x) = |x + 1| + |x - 3|, \quad -\infty < x < \infty$

컴퓨터 탐구

연습문제 75~80에서 CAS를 이용하여 지정된 닫힌 구간에서 주어진 함수의 절대 극값을 구하라. 각 문제에 대하여 다음 과정을 수행하라.

a. 지정된 구간에서 함수의 그래프를 그리라. 이를 통해 그곳에서 함수의 전반적인 행동을 관찰하라.

b. $f' = 0$인 내점을 구하라(어떤 문제에서는 방정식의 수치해법을 이용해서 해의 근삿값을 구해야 한다). f'의 그래프도 그리라.

c. f'이 존재하지 않는 내점을 구하라.

d. (b)와 (c)에서 구한 모든 점과 구간의 끝점에서 함숫값을 계산하라.

e. 주어진 구간에서 함수의 절대 극값을 구하고, 그 값을 가지는 점을 구하라.

75. $f(x) = x^4 - 8x^2 + 4x + 2, \quad [-20/25, 64/25]$

76. $f(x) = -x^4 + 4x^3 - 4x + 1, \quad [-3/4, 3]$

77. $f(x) = x^{2/3}(3 - x), \quad [-2, 2]$

78. $f(x) = 2 + 2x - 3x^{2/3}, \quad [-1, 10/3]$

79. $f(x) = \sqrt{x} + \cos x, \quad [0, 2\pi]$

80. $f(x) = x^{3/4} - \sin x + \frac{1}{2}, \quad [0, 2\pi]$

3.2 평균값 정리

상수함수는 그의 도함수가 항상 0인 함수임을 알고 있다. 그렇다면, 도함수가 항상 0이 되는 조금 더 복잡한 함수가 있지 않을까? 두 함수가 어떤 구간에서 똑같은 도함수를 갖는다면 두 함수 사이의 관계는 무엇인가? 평균값 정리를 적용하여 이런 질문과 이번 장에서 다른 질문에 대한 답을 얻을 수 있다. 먼저 평균값 정리의 특별한 경우이면서 또한 정리를 증명하는 데 사용될 롤의 정리를 소개한다.

롤의 정리

함수의 그래프를 그려보면, 동일 수평선 상에 있는 그래프 위의 두 점 사이에는 수평선에 평행인 접선을 갖는, 즉 도함수가 0인 점이 적어도 1개 있다(그림 3.10). 다음과 같

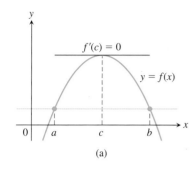

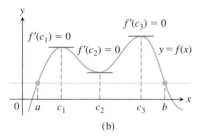

그림 3.10 롤의 정리에 의해 미분가능한 곡선에 있으면서 같은 수평선에 있는 두 점 사이에는 적어도 1개의 수평인 접선이 존재한다. (a)와 같이 단 1개일 수 있고, (b)와 같이 여러 개일 수 있다.

역사적 인물
롤(Michel Rolle, 1652~1719)

은 정리를 얻는다.

> **정리 3 롤의 정리** $y = f(x)$가 닫힌 구간 $[a, b]$의 모든 점에서 연속이고 열린 구간 (a, b)의 모든 점에서 미분가능하다고 하자. 만약 $f(a) = f(b)$이면, $f'(c) = 0$을 만족하는 c가 (a, b)에 적어도 1개 존재한다.

증명 f가 연속이므로 정리 1에 의해 $[a, b]$에서 최댓값과 최솟값을 가진다. 이런 값은 다음과 같은 경우에만 나타날 수 있다.

1. f'이 0인 내점
2. f'이 존재하지 않는 내점
3. f의 정의역의 끝점, 이 경우에는 a와 b

가정에 의해 f는 모든 내점에서 미분가능하다. 그래서 (2)의 경우는 불가능하고, $f' = 0$인 내점 및 두 끝점 a와 b만 남는다. 최댓값 또는 최솟값이 a와 b 사이의 점 c에서 나타나면, 3.1절의 정리 2에 의해 $f'(c) = 0$이다. 이에 따라 롤의 정리가 증명된다.

최댓값과 최솟값이 모두 끝점에서 나타난다면, $f(a) = f(b)$이기 때문에 이 경우에 f는 모든 $x \in [a, b]$에 대해 $f(x) = f(a) = f(b)$인 상수함수이다. 따라서 $f'(x) = 0$이고 점 c는 열린 구간 (a, b)에서 임의로 택할 수 있다. ■

정리 3의 가정은 필수적이다. 한 점에서라도 조건이 성립하지 않으면, 수평인 접선이 존재하지 않을 수 있다(그림 3.11).

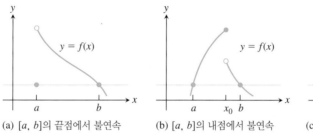

(a) $[a, b]$의 끝점에서 불연속   (b) $[a, b]$의 내점에서 불연속   (c) $[a, b]$에서 연속이지만 내점에서 미분불가능

그림 3.11 롤의 정리의 조건이 성립하지 않으면, 수평인 접선이 존재하지 않을 수 있다.

다음 예제에서 설명하는 것처럼, 롤의 정리는 중간값 정리와 결합해서 방정식 $f(x) = 0$이 오직 하나의 실수 해를 가짐을 증명한다.

예제 1 다음 방정식에 단 1개의 실근이 존재함을 보이라.

$$x^3 + 3x + 1 = 0$$

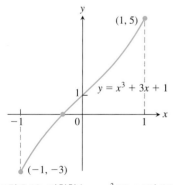

그림 3.12 다항함수 $y = x^3 + 3x + 1$이 0이 되는 실수값은 그래프에서 보는 것과 같이 곡선이 x축과 만나는, −1과 0 사이의 오직 한 점이다(예제 1).

풀이 연속함수 $f(x) = x^3 + 3x + 1$이라 하자. $f(-1) = -3$, $f(0) = 1$이므로 중간값 정리에 의해 열린 구간 $(-1, 0)$에서 f의 그래프는 x축을 지난다(그림 3.12). 만약 $f(x)$가 두 점 $x = a$와 $x = b$에서 0이 되었다고 하면, 롤의 정리에 의해 f'이 0이 되는 점 $x = c$가 그 사이에 존재해야만 하는데 그 도함수

$$f'(x) = 3x^2 + 3$$

은 (항상 양이므로) 결코 0이 되지 않는다. 그러므로 f는 더 이상 0을 가질 수 없다. ■

롤의 정리를 사용하여 평균값 정리를 증명한다.

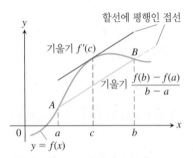

그림 3.13 기하학적으로, 평균값 정리에 의해 곡선의 a와 b 사이의 적어도 한 점에서의 접선이 A와 B를 연결하는 할선에 평행이다.

역사적 인물
라그랑주(Joseph–Louis Lagrange, 1736~1813)

평균값 정리

라그랑주가 처음으로 서술한 평균값 정리는 롤의 정리의 상황을 옆으로 기울인 형태이다(그림 3.13). 평균값 정리는 A와 B를 연결하는 할선에 평행인 접선을 가진 점이 있다는 것을 보장한다.

> **정리 4 평균값 정리**　$y = f(x)$가 닫힌 구간 $[a, b]$에서 연속이고 열린 구간 (a, b)에서 미분가능하다고 하자. 그러면 다음을 만족하는 점 c가 (a, b)에 적어도 1개 존재한다.
> $$\frac{f(b) - f(a)}{b - a} = f'(c) \tag{1}$$

증명　f의 그래프를 평면에 곡선으로 나타내고, 두 점 $A(a, f(a))$와 $B(b, f(b))$를 지나는 직선을 그린다(그림 3.14). 이 할선의 함수식은 다음과 같다.

$$g(x) = f(a) + \frac{f(b) - f(a)}{b - a}(x - a) \tag{2}$$

x에서 f와 g의 두 그래프 사이의 수직 방향의 차이는 다음과 같다.

$$\begin{aligned} h(x) &= f(x) - g(x) \\ &= f(x) - f(a) - \frac{f(b) - f(a)}{b - a}(x - a) \end{aligned} \tag{3}$$

그림 3.15는 세 함수 f, g, h의 그래프를 함께 보여준다.

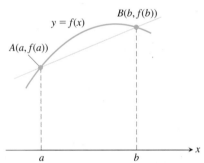

그림 3.14 구간 $[a, b]$에서 f의 그래프와 할선 AB

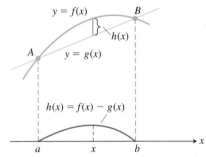

그림 3.15 할선 AB는 함수 $g(x)$의 그래프이다. $h(x) = f(x) - g(x)$는 x에서 f와 g 그래프의 수직 방향 거리이다.

　　함수 h는 $[a, b]$에서 롤의 정리의 조건을 만족한다. 즉, f와 g가 $[a, b]$에서 연속이고 (a, b)에서 미분가능하므로, h도 그러하다. 또, f와 g의 그래프가 모두 점 A와 B를 지나기 때문에 $h(a) = h(b) = 0$이다. 따라서 어떤 점 $c \in (a, b)$에서 $h'(c) = 0$이다. 이것은 정리의 식 (1)을 만족하는 점이다.

　　식 (1)이 성립함을 보이기 위해서 다음과 같이 식 (3)의 양변을 x에 관해 미분하고 $x = c$로 놓자.

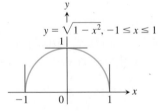

그림 3.16 함수 $f(x) = \sqrt{1 - x^2}$은 -1과 1에서 미분가능하지 않지만, $[-1, 1]$에서 평균값 정리의 조건(과 결론)을 만족시킨다.

$$h'(x) = f'(x) - \frac{f(b) - f(a)}{b - a} \qquad \text{식 (3)의 양변을 미분한다.}$$

$$h'(c) = f'(c) - \frac{f(b) - f(a)}{b - a} \qquad x = c\text{에서 계산}$$

$$0 = f'(c) - \frac{f(b) - f(a)}{b - a} \qquad h'(c) = 0$$

$$f'(c) = \frac{f(b) - f(a)}{b - a} \qquad \text{재배열}$$

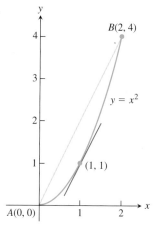

그림 3.17   예제 2에서 구한 것처럼,
$c = 1$에서 접선은 할선에 평행이다.

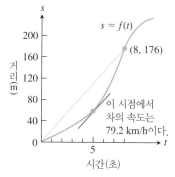

그림 3.18   예제 3의 자동차가 달린 거리
대 경과한 시간

따라서 정리가 증명된다.   ■

평균값 정리의 조건은 a 또는 b에서 f가 미분가능함을 요구하지 않는다. a와 b에서 연속이면 충분하다(그림 3.16).

예제 2   함수 $f(x) = x^2$은 $0 \le x \le 2$에서 연속이고 $0 < x < 2$에서 미분가능하다(그림 3.17). $f(0) = 0$이고 $f(2) = 4$이므로, 평균값 정리에 의해 이 구간의 적당한 점 c에서 도함수 $f'(x) = 2x$의 값이 반드시 $(4-0)/(2-0) = 2$이어야 한다. 이 경우에는 방정식 $2c = 2$를 풀어서 $c = 1$을 얻음으로써, c를 확인할 수 있다. 그러나 항상 c가 존재함을 알지라도 대수적으로 c의 값을 구하는 것은 항상 쉬운 것은 아니다.   ■

물리적 해석

$\dfrac{f(b) - f(a)}{b - a}$ 는 $[a, b]$에서 f의 평균변화율이고 $f'(c)$는 순간변화율이라고 생각할 수 있다. 평균값 정리에 의하면 순간변화율이 전체 구간에서 평균변화율과 같게 되는 내부의 점이 반드시 존재함을 알 수 있다.

예제 3   자동차가 정지 상태에서 출발해서 8초 동안에 176 m를 달렸다면, 8초 동안의 평균 속도는 $176/8 = 22$ m/s이다. 평균값 정리에 의해, 가속하던 동안에 속도계가 정확히 79.2 km/h($= 22$ m/s)를 가리키는 시점이 있었음을 알 수 있다(그림 3.18).   ■

수학적 결과물

이 절의 첫 부분에서 어떤 구간에서 도함수가 항상 0인 함수는 어떤 함수인지를 물었다. 평균값 정리의 첫 번째 따름정리는 도함수가 0인 함수는 상수 함수 밖에 없음을 답해 준다.

> **따름정리 1**   열린 구간 (a, b)의 모든 x에서 $f'(x) = 0$이면, 적당한 상수 C가 존재해서 모든 $x \in (a, b)$에 대해 $f(x) = C$이다.

증명   함수 f의 값이 구간 (a, b)에서 상수임을 보이려고 한다. 이를 위해서는 $x_1 < x_2$인 x_1과 x_2가 (a, b)의 임의의 두 점일 때 $f(x_1) = f(x_2)$임을 보이면 충분하다. 그러면 f는 $[x_1, x_2]$에서 평균값 정리의 조건을 만족시킨다. 왜냐하면 $[x_1, x_2]$의 모든 점에서 미분가능하므로, 분명히 모든 점에서 연속이기 때문이다. 그러므로 x_1과 x_2 사이의 어떤 점 c에 대해 다음이 성립한다.

$$\frac{f(x_2) - f(x_1)}{x_2 - x_1} = f'(c)$$

구간 (a, b) 전체에서 $f' = 0$이므로, 위의 식은 차례로 다음과 같이 된다.

$$\frac{f(x_2) - f(x_1)}{x_2 - x_1} = 0, \qquad f(x_2) - f(x_1) = 0, \qquad f(x_1) = f(x_2) \quad ■$$

이 절의 첫 부분에서 또 하나의 질문은 어떤 구간에서 도함수가 서로 같은 두 함수 사이의 관계였다. 다음 따름정리는 그 구간에서 두 함숫값의 차가 상수라고 답해준다.

> **따름정리 2**   열린 구간 (a, b)의 모든 x에서 $f'(x) = g'(x)$이면, 적당한 상수 C가 존재해서 모든 $x \in (a, b)$에 대해 $f(x) = g(x) + C$이다. 즉, $f - g$는 (a, b)에서 상수이다.

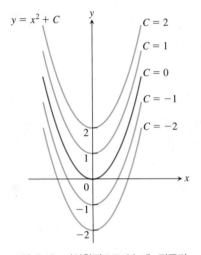

그림 3.19 기하학적으로 볼 때, 평균값 정리의 따름정리 2에 의해 어떤 구간에서 도함수가 서로 같은 함수들의 그래프는 그 구간에서 수직 방향으로 평행이동시킨 것만큼 차이가 난다. 도함수가 $2x$인 함수들의 그래프는 포물선족 $y = x^2 + C$이다. 여기서는 C의 몇 가지 값에 대응하는 포물선을 그렸다.

증명 모든 점 $x \in (a, b)$에서 함수 $h = f - g$의 도함수는 다음과 같다.

$$h'(x) = f'(x) - g'(x) = 0$$

그러므로 따름정리 1에 의해 (a, b)에서 $h(x) = C$이다. 즉, (a, b)에서 $f(x) - g(x) = C$이므로, $f(x) = g(x) + C$이다. ∎

따름정리 1과 2는 열린 구간 (a, b)가 유한하지 않은 경우에도 역시 성립한다. 즉, 구간이 (a, ∞), $(-\infty, b)$ 또는 $(-\infty, \infty)$인 경우에도 성립한다.

따름정리 2는 3.7절에서 역도함수를 논의할 때 중요한 역할을 한다. 예를 들면, $(-\infty, \infty)$에서 $f(x) = x^2$의 도함수가 $2x$이므로, $(-\infty, \infty)$에서 도함수가 $2x$인 다른 모든 함수의 식은 적당한 C에 대해 $x^2 + C$로 표현된다(그림 3.19).

예제 4 도함수가 $\sin x$이고, 그 그래프가 점 $(0, 2)$를 지나는 함수 $f(x)$를 구하라.

풀이 $g(x) = -\cos x$의 도함수는 $g'(x) = \sin x$이므로 f와 g의 도함수는 같다. 따름정리 2에 의해 적당한 상수 C에 대해 $f(x) = -\cos x + C$이다. f의 그래프가 점 $(0, 2)$를 지나므로 조건 $f(0) = 2$로부터 C를 결정할 수 있다.

$$f(0) = -\cos(0) + C = 2, \quad \text{즉}, \quad C = 3$$

따라서 구하는 함수는 $f(x) = -\cos x + 3$이다. ∎

가속도로부터 속도와 위치 구하기

따름정리 2를 사용하여 수직으로 움직이는 물체의 속도와 위치함수를 구할 수 있다. 정지 상태에서 9.8 m/s^2의 가속도로 자유낙하하는 물체를 생각하자. 정지한 위치로부터 아래쪽을 양수의 방향으로 측정하였을 때 위치함수를 $s(t)$라 하자(정지한 위치는 $s(0) = 0$).

속도함수 $v(t)$의 도함수는 9.8이다. 또한 함수 $g(t) = 9.8t$의 도함수는 9.8이다. 따름정리 2에 의해 적당한 상수 C에 대해 속도함수 $v(t)$는

$$v(t) = 9.8t + C$$

이며, 물체가 정지 상태에서 떨어지므로, $v(0) = 0$이다. 그러므로 다음을 얻는다.

$$9.8(0) + C = 0, \quad C = 0$$

따라서 속도함수는 $v(t) = 9.8t$이다. 그렇다면 위치함수 $s(t)$는?

$s(t)$의 도함수는 $9.8t$이다. 또한 함수 $f(t) = 4.9t^2$의 도함수는 $9.8t$이다. 따름정리 2에 의해 적당한 상수 C에 대해 $s(t)$는

$$s(t) = 4.9t^2 + C$$

이고, $s(0) = 0$이므로 다음을 얻는다.

$$4.9(0)^2 + C = 0, \quad C = 0$$

그러므로 위치함수는 $s(t) = 4.9t^2$이다.

변화율로부터 원래의 함수를 찾는 능력은 미적분학의 매우 강력한 기능 중 하나이다. 4장에서 알아보겠지만, 이는 수학의 발달에서 핵심적인 요소이다.

연습문제 3.2

평균값 정리의 점검

연습문제 1~6에서 주어진 함수와 구간에 대한 평균값 정리의 결론인 다음 식을 만족시키는 c의 값(들)을 구하라.

1. $f(x) = x^2 + 2x - 1$, $[0, 1]$

2. $f(x) = x^{2/3}$, $[0, 1]$

3. $f(x) = x + \dfrac{1}{x}$, $\left[\dfrac{1}{2}, 2\right]$

4. $f(x) = \sqrt{x - 1}$, $[1, 3]$

5. $f(x) = x^3 - x^2$, $[-1, 2]$

6. $g(x) = \begin{cases} x^3, & -2 \le x \le 0 \\ x^2, & 0 < x \le 2 \end{cases}$

연습문제 7~12에서 함수가 평균값 정리의 조건을 주어진 구간에서 만족시키는지 판정하라. 그 이유를 설명하라.

7. $f(x) = x^{2/3}$, $[-1, 8]$

8. $f(x) = x^{4/5}$, $[0, 1]$

9. $f(x) = \sqrt{x(1 - x)}$, $[0, 1]$

10. $f(x) = \begin{cases} \dfrac{\sin x}{x}, & -\pi \le x < 0 \\ 0, & x = 0 \end{cases}$

11. $f(x) = \begin{cases} x^2 - x, & -2 \le x \le -1 \\ 2x^2 - 3x - 3, & -1 < x \le 0 \end{cases}$

12. $f(x) = \begin{cases} 2x - 3, & 0 \le x \le 2 \\ 6x - x^2 - 7, & 2 < x \le 3 \end{cases}$

13. 다음 함수를 생각하자.

$$f(x) = \begin{cases} x, & 0 \le x < 1 \\ 0, & x = 1 \end{cases}$$

이 함수는 $x = 0$과 $x = 1$에서 0이고 $(0, 1)$에서 미분가능하지만 도함수는 $(0, 1)$에서 결코 0이 아니다. 이것은 어떻게 가능할까? 롤의 정리에 의해 도함수는 $(0, 1)$의 어떤 점에서 0이 되어야 하지 않을까? 자신의 답에 대한 이유를 설명하라.

14. 다음 함수를 생각하자.

$$f(x) = \begin{cases} 3, & x = 0 \\ -x^2 + 3x + a, & 0 < x < 1 \\ mx + b, & 1 \le x \le 2 \end{cases}$$

이 함수가 구간 $[0, 2]$에서 평균값 정리의 조건을 만족시키도록 a, b, m의 값을 결정하라.

근(영)

15. a. 직선 위에 다음 각 다항함수의 영과 함께 1계 도함수의 영을 표시하라.

  i) $y = x^2 - 4$

  ii) $y = x^2 + 8x + 15$

  iii) $y = x^3 - 3x^2 + 4 = (x + 1)(x - 2)^2$

  iv) $y = x^3 - 33x^2 + 216x = x(x - 9)(x - 24)$

b. 롤의 정리를 이용해서 $x^n + a_{n-1}x^{n-1} + \cdots + a_1 x + a_c$의 임의의 두 영 사이에는 다음 함수의 영이 존재함을 증명하라.

$$nx^{n-1} + (n - 1)a_{n-1}x^{n-2} + \cdots + a_1$$

16. f''은 $[a, b]$에서 연속이고 f는 그 구간에서 3개의 영을 가진다고 하자. f''이 (a, b)에서 적어도 1개의 영을 가짐을 보이라. 이 결과를 일반화하라.

17. 구간 $[a, b]$ 전체에서 $f'' > 0$이면, f'은 그 구간에서 많아야 1개의 영을 가짐을 보이라. 구간 $[a, b]$ 전체에서 $f'' < 0$인 경우에는 어떤가?

18. 3차 방정식은 많아야 3개의 실근을 가짐을 보이라.

연습문제 19~26에서 함수는 주어진 구간에서 단 1개의 영을 가짐을 보이라.

19. $f(x) = x^4 + 3x + 1$, $[-2, -1]$

20. $f(x) = x^3 + \dfrac{4}{x^2} + 7$, $(-\infty, 0)$

21. $g(t) = \sqrt{t} + \sqrt{1 + t} - 4$, $(0, \infty)$

22. $g(t) = \dfrac{1}{1 - t} + \sqrt{1 + t} - 3.1$, $(-1, 1)$

23. $r(\theta) = \theta + \sin^2\left(\dfrac{\theta}{3}\right) - 8$, $(-\infty, \infty)$

24. $r(\theta) = 2\theta - \cos^2 \theta + \sqrt{2}$, $(-\infty, \infty)$

25. $r(\theta) = \sec \theta - \dfrac{1}{\theta^3} + 5$, $(0, \pi/2)$

26. $r(\theta) = \tan \theta - \cot \theta - \theta$, $(0, \pi/2)$

도함수로부터 함수 구하기

27. $f(-1) = 3$이고 모든 x에 대해 $f'(x) = 0$이면, 모든 x에 대해 $f(x) = 3$인가? 그 이유를 설명하라.

28. $f(0) = 5$이고 모든 x에 대해 $f'(x) = 2$이면, 모든 x에 대해 $f(x) = 2x + 5$인가? 그 이유를 설명하라.

29. 모든 x에 대해 $f'(x) = 2x$이고 다음 조건을 만족할 때, $f(2)$를 구하라.

  a. $f(0) = 0$ **b.** $f(1) = 0$ **c.** $f(-2) = 3$

30. 도함수가 상수인 함수에 대하여 말하라. 그 이유를 설명하라.

연습문제 31~36에서 주어진 도함수를 가진 모든 함수를 구하라.

31. a. $y' = x$ **b.** $y' = x^2$ **c.** $y' = x^3$

32. a. $y' = 2x$ **b.** $y' = 2x - 1$ **c.** $y' = 3x^2 + 2x - 1$

33. a. $y' = -\dfrac{1}{x^2}$ **b.** $y' = 1 - \dfrac{1}{x^2}$ **c.** $y' = 5 + \dfrac{1}{x^2}$

34. a. $y' = \dfrac{1}{2\sqrt{x}}$ **b.** $y' = \dfrac{1}{\sqrt{x}}$ **c.** $y' = 4x - \dfrac{1}{\sqrt{x}}$

35. a. $y' = \sin 2t$ **b.** $y' = \cos \dfrac{t}{2}$ **c.** $y' = \sin 2t + \cos \dfrac{t}{2}$

36. a. $y' = \sec^2 \theta$ **b.** $y' = \sqrt{\theta}$ **c.** $y' = \sqrt{\theta} - \sec^2 \theta$

연습문제 37~40에서 주어진 도함수를 가지고 점 P를 지나는 함수를 구하라.

37. $f'(x) = 2x - 1$, $P(0, 0)$

38. $g'(x) = \dfrac{1}{x^2} + 2x$, $P(-1, 1)$

39. $r'(\theta) = 8 - \csc^2 \theta$, $P\left(\dfrac{\pi}{4}, 0\right)$

40. $r'(t) = \sec t \tan t - 1$, $P(0, 0)$

속도 또는 가속도로부터 위치 구하기

연습문제 41~44에서 좌표축을 따라 운동하는 물체의 속도 $v = ds/dt$와 초기 위치가 주어져 있다. 시각 t에서 물체의 위치를 구하라.

41. $v = 9.8t + 5$, $s(0) = 10$ **42.** $v = 32t - 2$, $s(0.5) = 4$

43. $v = \sin \pi t$, $s(0) = 0$ **44.** $v = \dfrac{2}{\pi} \cos \dfrac{2t}{\pi}$, $s(\pi^2) = 1$

연습문제 45~48에서 좌표축을 따라 운동하는 물체의 가속도 $a = d^2s/dt^2$과 초기 속도 및 초기 위치가 주어져 있다. 시각 t에서 물체의 위치를 구하라.

45. $a = 32$, $v(0) = 20$, $s(0) = 5$

46. $a = 9.8$, $v(0) = -3$, $s(0) = 0$

47. $a = -4 \sin 2t$, $v(0) = 2$, $s(0) = -3$

48. $a = \dfrac{9}{\pi^2} \cos \dfrac{3t}{\pi}$, $v(0) = 0$, $s(0) = -1$

응용

49. 온도 변화   수은 온도계를 냉동기에서 꺼내어 끓는 물에 넣으면, 온도가 $-19℃$부터 $100℃$까지 올라가는 데 14초 걸린다. 이런 과정에서 온도가 $8.5℃/s$의 속도로 올라가는 시점이 존재함을 보이라.

50. 트럭 운전 기사가 고속도로 통행요금 징수소에 건넨 표에 따르면, 그녀는 $230\,km$의 거리를 2시간에 달렸다. 그 고속도로의 제한속도는 $100\,km/h$이다. 그녀는 과속으로 벌금을 물었는데, 이유는 무엇인가?

51. 고대의 기록에 따르면, (고대 그리스 또는 로마의 군함인) 170개의 노가 달린 갤리선은 184해리를 24시간에 항해한다고 한다. 이런 항해 중에 갤리선의 속도가 7.5노트(해리/시)를 초과하는 시점이 있는 이유를 설명하라.

52. 뉴욕시의 $42\,km$ 마라톤 대회에서 2.2시간만에 골인한 선수가 있다. 이 선수가 정확하게 $18\,km/h$의 속도로 달린 적이 적어도 2번 있음을 보이라.

53. 자동차로 2시간 여행했다면, 그 차의 속도계가 2시간 동안의 평균 속도와 같은 속도를 가리킨 적이 있음을 보이라.

54. 달에서의 자유 낙하   달에서의 중력 가속도는 $1.6\,m/s^2$이다. 크레바스에 떨어뜨린 돌이 30초 뒤에 바닥에 도달했다면, 바닥에 도달하기 직전에 돌의 속도는 얼마인가?

이론과 예제

55. a와 b의 기하 평균   두 양수 a와 b의 기하 평균은 $\sqrt{ab}$이다. 양수의 구간 $[a, b]$에서 $f(x) = 1/x$에 대한 평균값 정리의 결론에 나타나는 c의 값이 $c = \sqrt{ab}$임을 보이라.

56. a와 b의 산술 평균   두 수 a와 b의 산술 평균은 $(a+b)/2$이다. 임의의 구간 $[a, b]$에서 $f(x) = x^2$에 대한 평균값 정리의 결론에 나타나는 c의 값이 $c = (a+b)/2$임을 보이라.

T 57. 다음 함수의 그래프를 그리라.
$$f(x) = \sin x \sin (x + 2) - \sin^2 (x + 1)$$
이 그래프의 특징은 무엇인가? 이 함수가 그런 행동을 갖는 이유는 무엇인가? 그 이유를 설명하라.

58. 롤의 정리

a. 영이 $x = -2, -1, 0, 1, 2$인 다항함수 $f(x)$를 만들라.

b. f와 그 도함수 f'의 그래프를 함께 그리라. 롤의 정리와 관련된 어떤 사실을 확인할 수 있는가?

c. $g(x) = \sin x$와 그 도함수 g'도 f와 f'과 똑같은 현상을 나타내는가?

59. 유일한 해   함수 f는 $[a, b]$에서 연속이고 (a, b)에서 미분가능하다고 하자. 또, $f(a)$와 $f(b)$의 부호는 서로 다르고, a와 b 사이에서 $f' \neq 0$이라고 하자. $f(x) = 0$을 만족하는 x는 a와 b 사이에 유일하게 존재함을 보이라.

60. 평행인 접선   두 함수 f와 g는 $[a, b]$에서 미분가능하고 $f(a) = g(a)$이며 $f(b) = g(b)$라고 하자. 그러면 a와 b 사이에 적어도 한 점이 존재해서 그 점에서 f와 g의 그래프에 대한 접선들이 평행이거나 일치함을 보이라. 간단한 그림으로 설명하라.

61. $1 \leq x \leq 4$에 대해 $f'(x) \leq 1$이라 가정하자. $f(4) - f(1) \leq 3$임을 보이라.

62. 모든 x에 대해 $0 < f'(x) < 1/2$라 가정하자.
$f(-1) < f(1) < 2 + f(-1)$임을 보이라.

63. 모든 x에 대해 $|\cos x - 1| \leq |x|$임을 보이라.
(힌트: $[0, x]$에서 $f(t) = \cos t$를 생각하라.)

64. 임의의 수 a와 b에 대해 부등식 $|\sin b - \sin a| \leq |b - a|$가 성립함을 보이라.

65. 미분가능한 두 함수 $f(x)$와 $g(x)$의 그래프가 평면의 같은 점에서 출발하고 모든 점에서 두 함수의 변화율이 서로 같다면, 두 그래프는 서로 일치하는가? 그 이유를 설명하라.

66. 함수 f가 미분가능한 함수이고, 모든 w와 x에 대하여 $|f(w) - f(x)| \leq |w - x|$가 성립한다면, 모든 x에 대하여 $-1 \leq f'(x) \leq 1$임을 보이라.

67. 함수 f가 $a \leq x \leq b$에서 미분가능하고 $f(b) < f(a)$이면, f'은 a와 b 사이의 어떤 점에서 음수임을 보이라.

68. 구간 $[a, b]$에서 정의된 함수 f에 대해 다음 부등식이 성립함을 보장할 수 있는 f에 관한 조건은 무엇인가?
$$\min f' \leq \frac{f(b) - f(a)}{b - a} \leq \max f'$$
여기서, $\min f'$와 $\max f'$는 각각 $[a, b]$에서 f'의 최솟값과 최댓값을 나타낸다. 자신의 답에 대한 이유를 설명하라.

T 69. 연습문제 68의 부등식을 이용해서 $0 \leq x \leq 0.1$에서 $f'(x) = 1/(1 + x^4 \cos x)$이고 $f(0) = 1$일 때, $f(0.1)$의 값을 추정하라.

T 70. 연습문제 68의 부등식을 이용해서 $0 \leq x \leq 0.1$에서 $f'(x) = 1/(1 - x^4)$이고 $f(0) = 2$일 때, $f(0.1)$의 값을 추정하라.

71. f는 x의 모든 값에서 미분가능하고 $f(1)=1$이며, $(-\infty, 1)$에서 $f'<0$이고, $(1, \infty)$에서 $f'>0$이다.

　a. 모든 x에 대해 $f(x) \geq 1$임을 보이라.

　b. 반드시 $f'(1)=0$인가? 그 이유를 설명하라.

72. $f(x)=px^2+qx+r$은 닫힌 구간 $[a, b]$에서 정의된 2차 함수이다. (a, b)에 단 1개의 점 c가 존재해서 f가 평균값 정리의 결론을 만족시킴을 보이라.

3.3 단조함수와 1계 도함수 판정법

미분가능한 함수의 그래프를 그리기 위해서는 증가하고(왼쪽에서 오른쪽으로 올라가고) 감소하는(왼쪽에서 오른쪽으로 내려가는) 구간을 알면 유용하다. 이 절에서는 함수가 어떤 구간에서 증가하거나 감소한다는 의미를 명확하게 정의하고, 증가하는 곳과 감소하는 곳을 결정하는 판정법을 공부한다. 또한 함수의 임계점에서 국소 극값을 갖는지를 판정하는 방법을 알아본다.

증가함수와 감소함수

평균값 정리의 또 하나의 따름정리는 도함수가 양수인 함수는 증가함수이고, 도함수가 음수인 함수는 감소함수라는 것을 보여준다. 구간에 대해 증가하거나 감소하는 함수를 구간에서 **단조(monotonic)** 함수라고 말한다.

> **따름정리 3**　함수 f가 $[a, b]$에서 연속이고 (a, b)에서 미분가능하다고 하자.
>
> 　모든 점 $x \in (a, b)$에서 $f'(x)>0$이면, f는 $[a, b]$에서 증가한다.
>
> 　모든 점 $x \in (a, b)$에서 $f'(x)<0$이면, f는 $[a, b]$에서 감소한다.

증명　x_1과 x_2는 $[a, b]$에 속하는 임의의 두 점으로 x_1, x_2라고 하자. 구간 $[x_1, x_2]$에서 f에 평균값 정리를 적용하면, x_1과 x_2 사이에 다음을 만족시키는 적당한 c가 존재하게 된다.

$$f(x_2) - f(x_1) = f'(c)(x_2 - x_1)$$

$x_2 - x_1$이 양수이기 때문에, 이 식의 우변의 부호는 $f'(c)$의 부호와 같다. 따라서 (a, b)에서 f'이 양수이면 $f(x_2)>f(x_1)$이고, f'이 음수이면 $f(x_2)<f(x_1)$이다. ∎

　따름정리 3에 의하면 $f(x)=\sqrt{x}$는 모든 $b>0$에 대하여 $f'(x)=1/\sqrt{x}$가 $(0, b)$에서 양수이므로 $[0, b]$에서 증가한다. $x=0$에서 미분가능하지 않지만, 따름정리 3은 적용된다. 따름정리 3은 유한 구간뿐만 아니라 무한 구간에 대해서도 유효하다. 따라서 $f(x)=\sqrt{x}$는 $[0, \infty)$에서 증가한다.

　함수 f의 증가 또는 감소 구간을 찾기 위해 우선 f의 모든 임계점을 찾는다. 두 점 $a<b$가 함수 f의 임계점이고 구간 (a, b)에서 f'이 0이 아니면서 연속이면, 중간값 정리에 의해 f'은 반드시 구간 (a, b) 전체에서 양수이거나 구간 전체에서 음수이다. 그 구간에서 f'의 부호를 결정하는 한 가지 방법은 (a, b)의 단지 어느 한 점 c에서 f'의 값을 계산하는 것이다. 따름징리 3에 의해 $f'(c)>0$이면 (a, b)의 모든 x에 대해 $f'(x)>0$이고 f는 $[a, b]$에서 증가하고, $f'(c)<0$이면 f는 $[a, b]$에서 감소한다. (a, b)에서 점 c의 선택은 중요하지 않다. 모든 점에 대해서 $f'(c)$의 부호가 같기 때문이다. 단지 $f'(c)$의 계산이 쉬운 점을 선택하면 된다. 다음 예제는 이런 과정을 어떻게 사용하는지 설명한다.

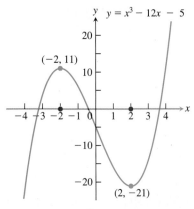

그림 3.20 $f(x) = x^3 - 12x - 5$는 3개로 나누어진 구간에서 단조함수이다(예제 1).

예제 1 $f(x) = x^3 - 12x - 5$의 임계점을 구하고, f가 증가·감소하는 구간을 결정하라.

풀이 함수 f는 모든 점에서 연속이고 미분가능하며, 1계 도함수는 다음과 같다.

$$f'(x) = 3x^2 - 12 = 3(x^2 - 4)$$
$$= 3(x + 2)(x - 2)$$

그러므로 $x = -2$와 $x = 2$에서 0이다. 이 임계점들은 f의 정의역을 소구간 $(-\infty, -2)$, $(-2, 2)$, $(2, \infty)$으로 나누고, 각 소구간에서 f'의 값은 양수이거나 음수이다. 소구간의 편한 점에서 f'의 값을 알아보면서 f'의 부호를 결정한다. 첫째 구간에서는 $x = -3$에서, 둘째 구간에서는 $x = 0$에서, 셋째 구간에서는 $x = 3$에서 f'의 값을 계산한다. 이 점에서 상대적으로 계산이 쉽다. 이제 따름정리 3을 각 소구간에 적용하면 f의 행동이 결정된다. 그 결과를 아래의 표에 정리하였다. f의 그래프는 그림 3.20에 나타나 있다.

구간	$-\infty < x < -2$	$-2 < x < 2$	$2 < x < \infty$
f'의 값	$f'(-3) = 15$	$f'(0) = -12$	$f'(3) = 15$
f'의 부호	$+$	$-$	$+$
f의 행동	증가	감소	증가

예제 1의 표에서, 열린 구간을 명확히 하기 위해 구간 표현시 '<'을 사용하였다. 따름정리 3에 의하면 구간 표현시 "≤"을 사용할 수 있다. 즉 예제에서 함수 f는 $-\infty < x \le -2$에서 증가하고, $-2 \le x \le 2$에서 감소하고, $2 \le x < \infty$에서 증가한다. 한 점에서는 함수가 증가이거나 감소인 것을 말하지 않는다.

국소 극값에 대한 1계 도함수 판정법

그림 3.21에서 보는 것처럼, f가 극솟값을 가지는 점의 경우, 바로 왼쪽에서는 $f' < 0$이고 바로 오른쪽에서는 $f' > 0$이다(끝점인 경우에는 한쪽만을 생각한다). 그래서 함수는 극솟값의 왼쪽에서는 감소하고 오른쪽에서는 증가한다. 마찬가지로, f가 극댓값을 가지는 점의 경우, 바로 왼쪽에서는 $f' > 0$이고 바로 오른쪽에서는 $f' < 0$이다. 그래서 함수는 극댓값의 왼쪽에서는 증가하고 오른쪽에서는 감소한다. 정리하면, 국소 극값에서 f'의 부호가 바뀐다.

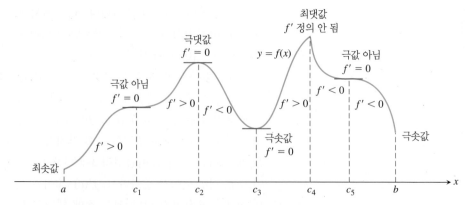

그림 3.21 함수의 임계점은 증가하는 곳에서도 감소하는 곳에서도 존재한다. 극값을 가지는 임계점에서는 1계 도함수의 부호가 바뀐다.

이런 관찰 결과는 미분가능한 함수에 대한 국소 극값의 존재와 속성을 판정하는 방법을 알려준다.

국소 극값에 대한 1계 도함수 판정법

c는 연속함수 f의 임계점이고, f는 c를 포함하는 적당한 구간의 (c는 제외할 수 있는데) 모든 점에서 미분가능하다고 하자. c를 왼쪽으로부터 오른쪽으로 나아갈 때

1. c에서 f'이 음수에서 양수로 바뀌면, f는 c에서 극솟값을 가진다.

2. c에서 f'이 양수에서 음수로 바뀌면, f는 c에서 극댓값을 가진다.

3. c에서 f'의 부호가 바뀌지 않으면 (즉, f'이 c의 양쪽에서 양수이거나 양쪽에서 음수이면), f는 c에서 극값을 가지지 않는다.

끝점에서 극값에 대한 판정도 비슷하지만, 한쪽에서만 f'의 부호를 사용하여 증가 또는 감소를 결정한다.

1계 도함수 판정 증명   1. c에서 f'의 부호가 음에서 양으로 바뀌므로, $a<c<b$ 를 만족하는 적당한 수 a와 b가 존재해서 (a, c)에서 $f'<0$이고 (c, b)에서 $f'>0$이다. (a, c)에서 $f'<0$은 f가 $[a, c]$에서 감소함을 뜻하므로, 모든 $x \in (a, c)$에 대해 $f(c)<f(x)$이다. (c, b)에서 $f'>0$은 f가 $[c, b]$에서 증가함을 뜻하므로, 모든 $x \in (c, b)$에 대해 $f(c)<f(x)$이다. 따라서 모든 $x \in (a, b)$에 대해 $f(x) \geq f(c)$이다. 정의에 의해, f는 c에서 극솟값을 가진다.

2와 **3**도 비슷한 방법으로 증명한다. ∎

예제 2 다음 함수의 임계점을 구하라.

$$f(x) = x^{1/3}(x - 4) = x^{4/3} - 4x^{1/3}$$

f가 증가하는 구간과 감소하는 구간을 결정하라. 함수의 국소 극값과 절대 극값을 구하라.

풀이 함수 f는 연속함수 $x^{1/3}$과 $(x-4)$의 곱이므로 모든 실수에서 연속이다. 1계 도함수는 다음과 같다.

$$f'(x) = \frac{d}{dx}(x^{4/3} - 4x^{1/3}) = \frac{4}{3}x^{1/3} - \frac{4}{3}x^{-2/3}$$

$$= \frac{4}{3}x^{-2/3}(x - 1) = \frac{4(x - 1)}{3x^{2/3}}$$

이 도함수는 $x=1$에서 0이고, $x=0$에서는 정의되지 않는다. 정의역의 끝점이 없으므로, 임계점인 $x=1$과 $x=0$에서만 f의 극값이 나타날 수 있다.

임계점은 x축을 f'이 양수이거나 음수인 구간으로 나눈다. f'의 부호는 임계점과 임계점 사이에서 f의 행동을 알려준다. 이런 정보를 다음의 표에 정리하였다.

구간	$x < 0$	$0 < x < 1$	$x > 1$
f'의 부호	$-$	$-$	$+$

평균값 정리의 따름정리 3에 의해 f는 구간 $(-\infty, 0)$과 $(0, 1)$에서 감소하고, 구간 $(1, \infty)$에서 증가한다. 국소 극값에 대한 1계 도함수 판정법에 따라 f는 $x=0$에서 (f'의 부호

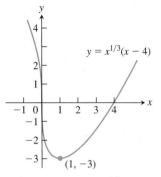

그림 3.22 함수 $f(x) = x^{1/3}(x-4)$는 $x<1$에서 감소하고 $x>1$에서 증가한다 (예제 2).

가 바뀌지 않으므로) 극값을 가지지 않고, f는 $x=1$에서 (f'이 음수에서 양수로 바뀌므로) 극솟값을 가진다.

극솟값은 $f(1) = 1^{1/3}(1-4) = -3$이다. 이는 최솟값이기도 한데, 함숫값이 $(-\infty, 1)$에서는 감소하고 $(1, \infty)$에서는 증가하기 때문이다. 그림 3.22에서 함수의 그래프와 함께 이 값을 보여준다.

$\lim_{x \to 0} f'(x) = -\infty$이므로, f의 그래프는 원점에서 수직인 접선을 가진다.   ■

예제 3 구간 $[0, 2\pi]$에서 다음 함수의 임계점을 구하라.
$$f(x) = \sin^2 x - \sin x - 1$$
f가 증가하는 구간과 감소하는 구간을 결정하라. 함수의 국소 극값과 절대 극값을 구하라.

풀이 함수 f는 구간 $[0, 2\pi]$에서 연속이고, $(0, 2\pi)$에서 미분가능하므로, 임계점은 f'이 영인 점에서 나타난다. 도함수는
$$f'(x) = 2 \sin x \cos x - \cos x = (2 \sin x - 1)(\cos x)$$
이므로 $f'(x) = 0$이기 위해서는 $\sin x = \frac{1}{2}$ 또는 $\cos x = 0$이어야 한다. 따라서 구간 $(0, 2\pi)$에서 f의 임계점은 $x = \pi/6$, $x = 5\pi/6$, $x = \pi/2$와 $x = 3\pi/2$이다. 이들은 구간 $[0, 2\pi]$를 다음과 같은 구간으로 나눈다.

구간	$\left(0, \frac{\pi}{6}\right)$	$\left(\frac{\pi}{6}, \frac{\pi}{2}\right)$	$\left(\frac{\pi}{2}, \frac{5\pi}{6}\right)$	$\left(\frac{5\pi}{6}, \frac{3\pi}{2}\right)$	$\left(\frac{3\pi}{2}, 2\pi\right)$
f'의 부호	$-$	$+$	$-$	$+$	$-$
f의 행동	감소	증가	감소	증가	감소

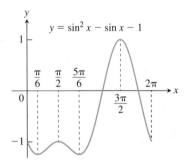

그림 3.23 예제 3의 함수의 그래프

표에 의해 f가 증가하는 구간과 감소하는 구간이 결정된다. 표로부터 $f(\pi/6) = \frac{1}{4} - \frac{1}{2} - 1 = -\frac{5}{4}$는 극솟값이고, $f(\pi/2) = 1 - 1 - 1 = -1$은 극댓값임을 알 수 있다. 또한 $f(5\pi/6) = -\frac{5}{4}$가 또 하나의 극솟값이며, $f(3\pi/2) = 1 - (-1) - 1 = 1$이 또 하나의 극댓값임을 알 수 있다. 양 끝점에서의 값은 $f(0) = f(2\pi) = -1$이다. 따라서 정의역에서 함수 f는 $x = \pi/6$과 $x = 5\pi/6$에서 최솟값 $-\frac{5}{4}$를 가지며, $x = 3\pi/2$에서 최댓값 1을 가진다. 그래프는 그림 3.23에서 볼 수 있다.   ■

연습문제 3.3

도함수로부터 함수 해석하기

연습문제 1~14에서 주어진 도함수를 가진 함수에 대해 아래의 질문에 답하라.
  a. f의 임계점은 무엇인가?
  b. f는 어떤 구간에서 증가하거나 감소하는가?
  c. [존재한다면] 어떤 점에서 f는 극댓값과 극솟값을 가지는가?

1. $f'(x) = x(x-1)$
2. $f'(x) = (x-1)(x+2)$
3. $f'(x) = (x-1)^2(x+2)$
4. $f'(x) = (x-1)^2(x+2)^2$
5. $f'(x) = (x-1)(x+2)(x-3)$
6. $f'(x) = (x-7)(x+1)(x+5)$
7. $f'(x) = \dfrac{x^2(x-1)}{x+2}$, $x \neq -2$

8. $f'(x) = \dfrac{(x-2)(x+4)}{(x+1)(x-3)}, \quad x \neq -1, 3$

9. $f'(x) = 1 - \dfrac{4}{x^2}, \quad x \neq 0$ **10.** $f'(x) = 3 - \dfrac{6}{\sqrt{x}}, \quad x \neq 0$

11. $f'(x) = x^{-1/3}(x+2)$ **12.** $f'(x) = x^{-1/2}(x-3)$

13. $f'(x) = (\sin x - 1)(2\cos x + 1), 0 \leq x \leq 2\pi$

14. $f'(x) = (\sin x + \cos x)(\sin x - \cos x), 0 \leq x \leq 2\pi$

극값 찾기

연습문제 15~40에서

   a. 함수가 증가하는 구간과 감소하는 구간을 구하라.

   b. [존재한다면] 국소 또는 절대 극값을 구하라.

15.
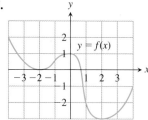

16.
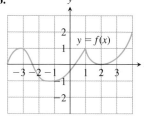

17.
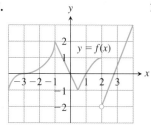

18.
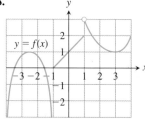

19. $g(t) = -t^2 - 3t + 3$ **20.** $g(t) = -3t^2 + 9t + 5$

21. $h(x) = -x^3 + 2x^2$ **22.** $h(x) = 2x^3 - 18x$

23. $f(\theta) = 3\theta^2 - 4\theta^3$ **24.** $f(\theta) = 6\theta - \theta^3$

25. $f(r) = 3r^3 + 16r$ **26.** $h(r) = (r+7)^3$

27. $f(x) = x^4 - 8x^2 + 16$ **28.** $g(x) = x^4 - 4x^3 + 4x^2$

29. $H(t) = \dfrac{3}{2}t^4 - t^6$ **30.** $K(t) = 15t^3 - t^5$

31. $f(x) = x - 6\sqrt{x-1}$ **32.** $g(x) = 4\sqrt{x} - x^2 + 3$

33. $g(x) = x\sqrt{8 - x^2}$ **34.** $g(x) = x^2\sqrt{5 - x}$

35. $f(x) = \dfrac{x^2 - 3}{x - 2}, \quad x \neq 2$ **36.** $f(x) = \dfrac{x^3}{3x^2 + 1}$

37. $f(x) = x^{1/3}(x + 8)$ **38.** $g(x) = x^{2/3}(x + 5)$

39. $h(x) = x^{1/3}(x^2 - 4)$ **40.** $k(x) = x^{2/3}(x^2 - 4)$

연습문제 41~52에서

   a. 주어진 정의역에서 함수의 국소 극값을 구하고, 극값을 가지는 점을 말하라.

   b. [존재한다면] 절대 극값을 구하라.

   T **c.** 그래프를 그리는 계산기 또는 컴퓨터를 이용해서 위에서 얻은 결과를 확인하라.

41. $f(x) = 2x - x^2, \quad -\infty < x \leq 2$

42. $f(x) = (x + 1)^2, \quad -\infty < x \leq 0$

43. $g(x) = x^2 - 4x + 4, \quad 1 \leq x < \infty$

44. $g(x) = -x^2 - 6x - 9, \quad -4 \leq x < \infty$

45. $f(t) = 12t - t^3, \quad -3 \leq t < \infty$

46. $f(t) = t^3 - 3t^2, \quad -\infty < t \leq 3$

47. $h(x) = \dfrac{x^3}{3} - 2x^2 + 4x, \quad 0 \leq x < \infty$

48. $k(x) = x^3 + 3x^2 + 3x + 1, \quad -\infty < x \leq 0$

49. $f(x) = \sqrt{25 - x^2}, \quad -5 \leq x \leq 5$

50. $f(x) = \sqrt{x^2 - 2x - 3}, \quad 3 \leq x < \infty$

51. $g(x) = \dfrac{x - 2}{x^2 - 1}, \quad 0 \leq x < 1$

52. $g(x) = \dfrac{x^2}{4 - x^2}, \quad -2 < x \leq 1$

연습문제 53~60에서

   a. 주어진 구간에서 각 함수의 국소 극값을 구하고, 극값을 가지는 점을 말하라.

   T **b.** 함수 및 그 도함수의 그래프를 그리라. f'의 부호 및 값과 관련해서 f의 행동을 설명하라.

53. $f(x) = \sin 2x, \quad 0 \leq x \leq \pi$

54. $f(x) = \sin x - \cos x, \quad 0 \leq x \leq 2\pi$

55. $f(x) = \sqrt{3}\cos x + \sin x, \quad 0 \leq x \leq 2\pi$

56. $f(x) = -2x + \tan x, \quad \dfrac{-\pi}{2} < x < \dfrac{\pi}{2}$

57. $f(x) = \dfrac{x}{2} - 2\sin\dfrac{x}{2}, \quad 0 \leq x \leq 2\pi$

58. $f(x) = -2\cos x - \cos^2 x, \quad -\pi \leq x \leq \pi$

59. $f(x) = \csc^2 x - 2\cot x, \quad 0 < x < \pi$

60. $f(x) = \sec^2 x - 2\tan x, \quad \dfrac{-\pi}{2} < x < \dfrac{\pi}{2}$

연습문제 61~62에서 f'의 그래프가 주어져 있다. 함수 f가 연속이라 가정하고 극댓값과 극솟값을 가지는 x값을 결정하라.

61.   **62.**

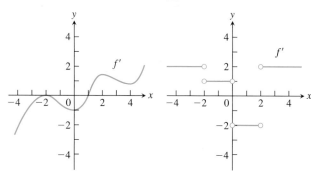

이론과 예제

연습문제 63~64에서 함수가 θ의 주어진 값에서 국소 극값을 가짐을 보이고 어떤 종류의 국소 극값인지를 말하라.

63. $h(\theta) = 3\cos\dfrac{\theta}{2}, \quad 0 \leq \theta \leq 2\pi, \quad \theta = 0$과 $\theta = 2\pi$에서

64. $h(\theta) = 5\sin\dfrac{\theta}{2}, \quad 0 \leq \theta \leq \pi, \quad \theta = 0$과 $\theta = \pi$에서

65. 점 $(1, 1)$을 지나고 $f'(1) = 0$이며, 다음을 만족시키는 미분가능한 함수 $y = f(x)$의 그래프를 그리라.

   a. $x < 1$에서 $f'(x) > 0$, $x > 1$에서 $f'(x) < 0$

b. $x<1$에서 $f'(x)<0$, $x>1$에서 $f'(x)>0$

c. $x\neq1$에서 $f'(x)>0$

d. $x\neq1$에서 $f'(x)<0$

66. 다음을 만족시키는 미분가능한 함수 $y=f(x)$의 그래프를 그리라.

    a. $(1, 1)$에서 극솟값, $(3, 3)$에서 극댓값을 가진다.

    b. $(1, 1)$에서 극댓값, $(3, 3)$에서 극솟값을 가진다.

    c. $(1, 1)$과 $(3, 3)$에서 극댓값을 가진다.

    d. $(1, 1)$과 $(3, 3)$에서 극솟값을 가진다.

67. 다음과 같은 연속함수 $y=g(x)$의 그래프를 그리라.

    a. $g(2)=2$, $x<2$에서 $0<g'<1$,

        $x\to2^-$일 때 $g'(x)\to1^-$,

        $x>2$에서 $-1<g'<0$,

        $x\to2^+$일 때 $g'(x)\to-1^+$.

    b. $g(2)=2$, $x<2$에서 $g'<0$,

        $x\to2^-$일 때 $g'(x)\to-\infty$,

        $x>2$에서 $g'>0$,

        $x\to2^+$일 때 $g'(x)\to\infty$

68. 다음과 같은 연속함수 $y=h(x)$의 그래프를 그리라.

    a. $h(0)=0$, 모든 x에 대해 $-2\leq h(x)\leq2$,

        $x\to0^-$일 때 $h'(x)\to\infty$, $x\to0^+$일 때 $h'(x)\to\infty$

    b. $h(0)=0$, 모든 x에 대해 $-2\leq h(x)\leq0$,

        $x\to0^-$일 때 $h'(x)\to\infty$, $x\to0^+$일 때 $h'(x)\to-\infty$

69. $f(x)=x\sin(1/x)$, $x\neq0$의 극값에 대해 말하라. 이 함수는 몇 개의 임계점을 갖는가? x축의 어디에 위치하여 있는가? 함수 f는 최솟값이나 최댓값을 갖는가? (1.3절 연습문제 49참조.)

70. 함수 $f(x)=ax^2+bx+c$ $(a\neq0)$가 증가하는 구간과 감소하는 구간을 구하고, 그 이유를 설명하라.

71. 점 $(1, 2)$에서 최댓값을 가지는 $f(x)=ax^2+bx$에 대해 a, b를 구하라.

72. 점 $(0, 0)$에서 극댓값을, 점 $(1, -1)$에서 극솟값을 갖는 $f(x)=ax^3+bx^2+cx+d$에 대해 a, b, c, d를 구하라.

3.4 오목성과 곡선 그리기

1계 도함수를 이용해서 함수가 증가하는 구간과 감소하는 구간을 결정하고, 임계점에서 극댓값 또는 극솟값이 되는지를 판정하는 방법을 알아보았다. 이 절에서는 미분가능한 함수의 그래프가 굽거나 휘었는가에 대해 2계 도함수가 제공하는 정보를 알아본다. 1계·2계 도함수와 1.6절에서 공부한 함수의 점근적인 행동과 대칭성을 결합하면 함수의 정밀한 그래프를 그릴 수가 있다. 이러한 개념들을 모두 단계별 과정으로 정리하면 그래프를 그리는 것과 함수의 중요한 특징을 시각적으로 표현하는 방법을 제공한다. 이런 특징들을 확인하고 아는 것은 수학분야뿐만 아니라 그래프 분석과 데이터 해석 같은 과학, 공학의 응용분야에서도 매우 중요하다. 함수의 정의역이 유한한 닫힌 구간이 아닐 경우에, 그래프를 그림으로써 최댓값 또는 최솟값이 존재하는지를 결정하기 쉽게 해주고, 만약 존재한다면 어느 점인가를 알기 쉽게 해준다.

오목

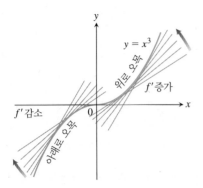

그림 3.24에서 보는 것처럼, x의 값이 증가함에 따라 곡선 $y=x^3$은 위로 올라가지만, 구간 $(-\infty, 0)$과 $(0, \infty)$에서 정의된 각 부분은 서로 다른 모양으로 휜다. 곡선을 따라 왼쪽으로부터 원점에 접근하면, 곡선은 오른쪽으로 휘며 그 접선의 아래쪽에 놓여 있다. 접선의 기울기는 구간 $(-\infty, 0)$에서 감소한다. 곡선을 따라 원점에서 오른쪽으로 나아가면, 곡선은 왼쪽으로 휘며 그 접선의 위쪽에 놓여 있다. 접선의 기울기는 $(0, \infty)$에서 증가한다. 이렇게 굽거나 휘는 행동을 표현하기 위해 곡선의 오목성을 정의한다.

그림 3.24 $f(x)=x^3$의 그래프는 $(-\infty, 0)$에서 아래로 오목하고 $(0, \infty)$에서 위로 오목하다(예제 1(a)).

> **정의** 미분가능한 함수 $y=f(x)$의 그래프는
> **(a)** 열린 구간 I에서 f'이 증가하면, I에서 **위로 오목**(concave up)하다고 한다.
> **(b)** 열린 구간 I에서 f'이 감소하면, I에서 **아래로 오목**(concave down)하다고 한다.

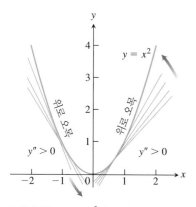

그림 3.25 $f(x) = x^2$의 그래프는 모든 구간에서 위로 오목하다(예제 1(b)).

$y = f(x)$의 2계 도함수가 존재하면, 1계 도함수에 대하여 평균값 정리의 따름정리 3을 적용할 수 있다. I에서 $f'' > 0$일 때 f'이 증가하고, $f'' < 0$일 때 f'이 감소한다는 결론을 얻는다.

오목성에 대한 2계 도함수 판정법

함수 $y = f(x)$가 구간 I에서 두 번 미분가능하다고 하자.

1. I에서 $f'' > 0$일 때, f의 그래프는 I에서 위로 오목하다.

2. I에서 $f'' > 0$일 때, f의 그래프는 I에서 아래로 오목하다.

$y = f(x)$가 두 번 미분가능하면, 2계 도함수를 기호 f'' 또는 y''으로 번갈아가며 사용할 것이다.

예제 1

(a) 곡선 $y = x^3$은 $(-\infty, 0)$에서 $y'' = 6x < 0$이므로 아래로 오목하고, $(0, \infty)$에서는 $y'' = 6x > 0$이므로 위로 오목하다(그림 3.24).

(b) 곡선 $y = x^2$은 $(-\infty, \infty)$에서 위로 오목한데, 2계 도함수 $y'' = 2$가 항상 양수이기 때문이다(그림 3.25). ∎

예제 2 구간 $[0, 2\pi]$에서 $y = 3 + \sin x$의 오목성을 결정하라.

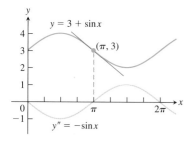

그림 3.26 y''의 부호를 이용해서 y의 오목성을 결정한다(예제 2).

풀이 $y = 3 + \sin x$의 1계 도함수는 $y' = \cos x$이고 2계 도함수는 $y'' = -\sin x$이다.

$y = 3 + \sin x$의 그래프는 구간 $(0, \pi)$에서 $y'' = -\sin x$가 음수이므로, 아래로 오목하다. 그리고 구간 $(\pi, 2\pi)$에서 $y'' = -\sin x$가 양수이므로, 위로 오목하다(그림 3.26). ∎

변곡점

예제 2의 곡선 $y = 3 + \sin x$는 점 $(\pi, 3)$에서 오목성이 바뀐다. 모든 x에 대해 1계 도함수가 $y' = \cos x$이므로 $(\pi, 3)$에서 이 곡선은 접선의 기울기 -1을 갖는다. 이 점을 이 곡선의 변곡점이라고 한다.

그림 3.26에서 그래프는 이 점에서 접선을 갖고 $x = \pi$에서 2계 도함수 $y'' = -\sin x$가 0을 갖는 것을 보여준다. 일반적으로 다음과 같이 정의한다.

정의 함수의 그래프 위의 점$(c, f(c))$에서 접선이 존재하고 오목성이 바뀌면 **변곡점**(**point of inflection**)이라 한다.

$f(x) = 3 + \sin x$의 2계 도함수가 변곡점 $(\pi, 3)$에서 0임을 살펴보았다. 일반적으로 2계 도함수가 변곡점 $(c, f(c))$에서 존재한다면 $f''(c) = 0$이다. 이는 2계 도함수 f''이 $x = c$를 포함하는 구간에서 부호가 변하고 연속이므로 중간값 정리로부터 만족한다. 연속성 가정이 없더라도 2계 도함수가 존재하고 여전히 $f''(c) = 0$이다(앞선 논쟁이 불연속인 경우에서 요구될지라도). 변곡점에서 접선이 존재해야 하므로, 그 점에서 1계 도함수 $f'(c)$가 존재하거나 또는 수직 접선을 갖는다. 수직 접선에는 1계 도함수나 2계 도함수가 존재하지 않는다. 요약하면 변곡점에서 두 가지 중 하나가 일어날 수 있다.

변곡점 $(c, f(c))$에서 $f''(c) = 0$이거나 $f''(c)$는 존재하지 않는다.

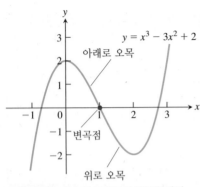

그림 3.27 함수의 그래프가 변곡점에서 아래로 오목에서 위로 오목으로 오목성이 바뀐다.

예제 3 다음 함수의 오목성을 결정하고, 변곡점을 구하라.

$$f(x) = x^3 - 3x^2 + 2$$

풀이 먼저 함수 f의 1계 도함수와 2계 도함수를 구한다.

$$f'(x) = 3x^2 - 6x, \qquad f''(x) = 6x - 6$$

오목성을 결정하기 위해서 2계 도함수의 부호를 살펴보자. $x < 1$에서 음수이고, $x = 1$에서 0이고, $x > 1$에서 양수이다. 그러므로 함수 f는 구간 $(-\infty, 1)$에서 아래로 오목이고, $(1, \infty)$에선 위로 오목이다. 따라서 오목성이 바뀌는 점 $(1, 0)$에서 변곡점을 갖는다.

함수 f의 그래프는 그림 3.27에서 볼 수 있다. 하지만 그래프의 모양을 미리 알지 못했어도, 오목성을 결정하는 데 문제가 없었음을 주목하라. ■

다음 예제는 변곡점에서 1계 도함수는 존재하지만 2계 도함수는 존재하지 않는 함수를 설명한다.

예제 4 $f(x) = x^{5/3}$는 $f'(x) = (5/3)x^{2/3}$이고 $f'(0) = 0$이므로 원점에서 수평 접선을 갖는다. 그러나 $x = 0$에서 2계 도함수는 갖지 않는다.

$$f''(x) = \frac{d}{dx}\left(\frac{5}{3}x^{2/3}\right) = \frac{10}{9}x^{-1/3}$$

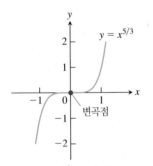

그림 3.28 $y = x^{5/3}$ 그래프는 $x = 0$에서 f''가 존재하지 않지만 원점에서 오목성이 바뀌는 수평 접선을 갖는다 (예제 4).

그럼에도 불구하고 $x < 0$에 대하여 $f''(x) < 0$, $x > 0$에 대하여 $f''(x) > 0$이므로 2계 도함수가 $x = 0$에서 부호가 변하며 원점에서 변곡점을 갖는다. 그림 3.28에서 그래프를 보여준다. ■

다음은 도함수가 존재하고 $f'' = 0$이라도 변곡점이 없는 예제를 보여준다.

예제 5 곡선 $y = x^4$은 $x = 0$에서 변곡점을 가지지 않는다(그림 3.29). $y'' = 12x^2$은 $x = 0$에서 0이지만, 부호가 바뀌지 않는다. 모든 실수에서 곡선은 위로 오목하다. ■

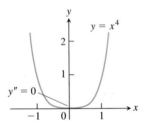

그림 3.29 $y = x^4$의 그래프는 원점에서 $y'' = 0$이지만, 변곡점이 없다(예제 5).

다음 예제에서는 1계 도함수나 2계 도함수가 존재하지 않지만 수직 접선이 존재하는 변곡점을 가지는 곡선에 대해 살펴본다.

예제 6 $y = x^{1/3}$의 그래프는 2계 도함수가 $x < 0$에서 양수, $x > 0$에서 음수이기 때문에 원점에서 변곡점을 갖는다.

$$y'' = \frac{d^2}{dx^2}\left(x^{1/3}\right) = \frac{d}{dx}\left(\frac{1}{3}x^{-2/3}\right) = -\frac{2}{9}x^{-5/3}$$

그러나 $y' = \frac{1}{3}x^{-2/3}$과 y''는 $x = 0$에서 존재하지 않으며, 수직 접선을 갖는다. 그림 3.30 참조. ■

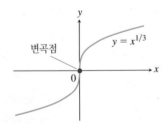

그림 3.30 y'와 y''가 존재하지 않는 변곡점(예제 6)

주의 3.1절의 예제 4(그림 3.9)에서 함수 $f(x) = x^{2/3}$가 $x = 0$에서 2계 미분계수를 갖지 않음을 보였고 변곡점이 아님을 보였다($x = 0$에서 오목성이 바뀌지 않는다). 위의 예제 6의 함수의 경우와 함께 정리해 보면, $x = c$에서 2계 미분계수가 존재하지 않을 때, 그 점은 변곡점이 될 수도, 또는 아닐 수도 있음을 알게 된다. 따라서 1계 또는 2계 미분계수가 존재하지 않는 점에서는 함수의 행동을 해석함에 있어서 신중할 필요가 있다. 그러한 점에서 곡선은 수직 접선을 갖거나, 꺾인 점, 뾰족한 점, 다양한 불연속점이 될 수 있다.

　　직선을 따라 움직이는 물체의 운동을 시간의 함수로 탐구할 때, 2계 도함수로 주어지는 물체의 가속도가 양수이거나 음수인 시점에 관심을 가지게 된다. 물체의 위치함수에 대한 그래프에서 변곡점은 가속도의 부호가 바뀌는 점을 알려준다.

예제 7　한 입자가 다음과 같은 위치함수에 따라 수평선 위를 움직이고 있다.

$$s(t) = 2t^3 - 14t^2 + 22t - 5, \qquad t \geq 0$$

속도와 가속도를 구하고, 이 입자의 운동을 설명하라.

풀이　속도는 다음과 같다.

$$v(t) = s'(t) = 6t^2 - 28t + 22 = 2(t - 1)(3t - 11)$$

그리고 가속도는 다음과 같다.

$$a(t) = v'(t) = s''(t) = 12t - 28 = 4(3t - 7)$$

함수 $s(t)$가 증가하면 입자는 오른쪽으로 움직이고, $s(t)$가 감소하면 입자는 왼쪽으로 움직인다.

　　1계 도함수 $(v = s')$는 임계점 $t = 1$과 $t = 11/3$에서 0이다.

구간	$0 < t < 1$	$1 < t < 11/3$	$11/3 < t$
$v = s'$의 부호	+	−	+
s의 행동	증가	감소	증가
입자의 운동 방향	오른쪽	왼쪽	오른쪽

　　입자는 구간 $[0, 1)$과 $(11/3, \infty)$에서 오른쪽으로 움직이고, $(1, 11/3)$에서 왼쪽으로 움직이며 $t = 1$과 $t = 11/3$에서 순간적으로 정지한다.

　　가속도 $a(t) = s''(t) = 4(3t - 7)$은 $t = 7/3$에서 0이다.

구간	$0 < t < 7/3$	$7/3 < t$
$a = s''$의 부호	−	+
s의 그래프	아래로 오목	위로 오목

입자의 움직임은 오른쪽으로 움직이며 속도가 느려지면서 출발한다. 그러다가 시간 구간$[0, 7/3)$에서 가속도가 왼쪽 (음수)으로 향하는 영향으로 인해, 결국 시간 $t = 1$에서 방향이 바뀌어 왼쪽으로 움직이기 시작한다. 시간 $t = 7/3$에서 가속도가 방향을 오른쪽으로 바뀌지만 입자는 계속 왼쪽으로 움직이고 가속도가 오른쪽인 상태에서 속도는 느려진다. 결국 시간 $t = 11/3$에서 입자는 다시 방향을 바꾸어 오른쪽으로 움직이고, 가속도도 같은 방향이어서 속도가 빨라진다.　∎

국소 극값에 대한 2계 도함수 판정법

임계점에서 f'의 부호 변화를 조사하는 대신에, 다음과 같은 판정법을 이용하여 국소 극 값의 존재와 종류를 결정할 수 있다.

> **정리 5 국소 극값에 대한 2계 도함수 판정법** f''이 $x=c$를 포함하는 열린 구간에서 연속이라 하자.
> **1.** $f'(c)=0$이고 $f''(c)<0$이면, f는 $x=c$에서 극댓값을 가진다.
> **2.** $f'(c)=0$이고 $f''(c)>0$이면, f는 $x=c$에서 극솟값을 가진다.
> **3.** $f'(c)=0$이고 $f''(c)=0$이면, 판정할 수 없다. 함수 f는 극댓값이나 극솟값을 가질 수 있으며, 아무것도 가지지 않을 수도 있다.

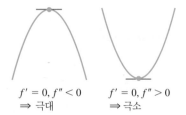

$f'=0, f''<0$
$\Rightarrow$ 극대

$f'=0, f''>0$
$\Rightarrow$ 극소

증명 **1.** $f''(c)<0$이면, f''이 연속이므로 점 c를 포함하는 적당한 열린 구간 I에서 f'' $(x)<0$이다. 그러므로 f'은 I에서 감소한다. $f'(c)=0$이므로, c에서 f'의 부호는 양에서 음으로 바뀐다. 따라서 1계 도함수 판정법에 의해 f는 c에서 극댓값을 가진다.

2. 1의 증명과 마찬가지이다.

3. 3개의 함수 $y=x^4$, $y=-x^4$, $y=x^3$을 생각하자. $x=0$에서 각 함수의 1계와 2계 도함수의 값은 모두 0이다. 그렇지만 함수 $y=x^4$은 극솟값을 가지고, $y=-x^4$은 극댓값을 가지며, $y=x^3$은 $x=0$을 포함하는 모든 열린 구간에서 증가한다(이 점에서 극댓값도 극솟값도 가지지 않는다). 그러므로 판정할 수 없다. ■

이 판정법에서는 c가 중심인 구간이 아니라 그 점 c에서 f''의 부호만을 필요로 한다. 그래서 이 판정법을 적용하기가 쉽다. 이것은 좋은 소식이다. 나쁜 소식은 $x=c$에서 f'' $=0$이거나 f''이 존재하지 않을 때 이 판정법으로 결론을 얻을 수 없다는 점이다. 이런 경우에는 국소 극값에 대한 1계 도함수 판정법을 이용한다.

f'과 함께 f''은 함수의 그래프의 모양을 알려준다. 즉, 임계점의 위치, 임계점에서의 상황, 증가·감소하는 곳, 오목성으로 정의된 곡선이 굽거나 휘는 방법 등을 알려준다. 이런 정보를 이용해서 함수의 특징을 포착하여 그래프를 그리게 된다.

예제 8 아래에 나열한 단계를 따라서 다음 함수의 그래프를 그리라.

$$f(x) = x^4 - 4x^3 + 10$$

(a) f의 극값이 나타나는 곳을 구하라.

(b) f가 증가하는 구간과 감소하는 구간을 구하라.

(c) f의 그래프가 위로 오목한 곳과 아래로 오목한 곳을 구하라.

(d) f의 그래프에 대한 개형을 그리라.

(e) 특별한 점, 이를테면 극대·극소점, 변곡점, 절편 등을 표시하고 그래프를 완성하라.

풀이 $f'(x)=4x^3-12x^2$이 존재하므로, f는 연속이다. f의 정의역은 $(-\infty, \infty)$이고, f'의 정의역도 $(-\infty, \infty)$이다. 그러므로 f의 임계점은 $f'=0$인 점에서만 나타난다.

$$f'(x) = 4x^3 - 12x^2 = 4x^2(x - 3)$$

이므로 $x=0$과 $x=3$에서 $f'=0$이다.

구간	$x<0$	$0<x<3$	$3<x$
f'의 부호	$-$	$-$	$+$
f의 행동	감소	감소	증가

(a) 국소 극값에 대한 1계 도함수 판정법과 위의 표를 이용해서 $x=0$에서는 극값이 없고, $x=3$에서 극솟값이 있음을 알 수 있다.

(b) 위의 표를 이용해서 f는 구간 $(-\infty, 0]$과 $[0, 3]$에서 감소하고, 구간 $[3, \infty)$에서 증가

함을 알 수 있다.

(c) $f''(x) = 12x^2 - 24x = 12x(x-2)$는 $x=0$과 $x=2$에서 0이다. 이 점들을 사용하여 f가 어느 구간에서 위로 오목한지 아래로 오목한지 판정할 수 있다.

구간	$x < 0$	$0 < x < 2$	$2 < x$
f''의 부호	+	−	+
f의 행동	위로 오목	아래로 오목	위로 오목

(d) 위의 두 표에서 얻은 정보를 요약하면 다음과 같다.

$x < 0$	$0 < x < 2$	$2 < x < 3$	$3 < x$
감소	감소	감소	증가
위로 오목	아래로 오목	위로 오목	위로 오목

곡선의 개형은 다음과 같다.

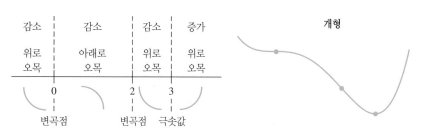

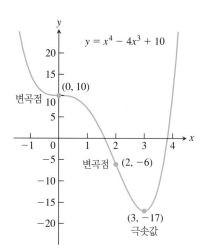

그림 3.31 $f(x) = x^4 - 4x^3 + 10$의 그래프
(예제 8)

(e) (가능하면) 곡선의 절편 및 y'과 y''이 0인 점들을 표시한다. 국소 극값과 변곡점을 나타낸다. 개형을 이용해서 곡선을 그린다 (필요하면 추가적으로 점들을 표시한다). 그림 3.31은 f의 그래프를 보여준다. ∎

예제 8은 함수의 특징을 그리는 단계별 과정을 알려준다. 1.6절에서 점근선에 대해 공부하였고, 유리함수에 대한 점근선을 구해 보았다. 일반적인 함수에 대한 점근선은 다음 절에서 다룬다.

$y=f(x)$의 그래프 그리기 전략

1. f의 정의역과 곡선의 대칭성을 확인한다.

2. y'과 y''을 구한다.

3. f의 임계점을 구하고, 각 점에서 함수의 특성을 확인한다.

4. 곡선이 증가하는 구간과 감소하는 구간을 구한다.

5. 존재한다면, 변곡점을 구하고, 곡선의 오목·볼록을 결정한다.

6. 점근선을 확인한다.

7. 주요한 점, 이를테면 절편과 3~5단계에서 구한 점을 표시하고 그래프를 그린다.

예제 9 다음 함수의 그래프를 그리라.

$$f(x) = \frac{(x+1)^2}{1+x^2}$$

풀이 **1.** f의 정의역은 $(-\infty, \infty)$이고, 좌표축이나 원점에 관해 대칭은 아니다.

2. f'과 f''을 구하라.

$$f(x) = \frac{(x+1)^2}{1+x^2}$$

$x = -1$에서 x절편,
$x = 0$에서 y절편 $(y = 1)$

$$f'(x) = \frac{(1+x^2) \cdot 2(x+1) - (x+1)^2 \cdot 2x}{(1+x^2)^2}$$

$$= \frac{2(1-x^2)}{(1+x^2)^2}$$

임계점: $x = -1, \ x = 1$

$$f''(x) = \frac{(1+x^2)^2 \cdot 2(-2x) - 2(1-x^2)[2(1+x^2) \cdot 2x]}{(1+x^2)^4}$$

$$= \frac{4x(x^2-3)}{(1+x^2)^3}$$

식을 계산하면

3. 임계점에서의 특성 f의 정의역 전체에서 f'이 존재하므로, 임계점은 $f'(x)=0$인 $x = \pm 1$ 에서만 나타난다 (단계 2). $x = -1$에서 $f''(-1) = 1 > 0$이므로, 2계 도함수 판정법에 의 해 극솟값을 얻는다. $x = 1$에서 $f''(1) = -1 < 0$이므로, 2계 도함수 판정법에 의해 극댓 값을 얻는다.

4. 증가와 감소 구간 $(-\infty, -1)$에서 도함수는 $f'(x) < 0$이므로 곡선은 감소한다. 구간 $(-1, 1)$에서는 $f'(x) > 0$이므로 곡선은 증가한다. $(1, \infty)$에서는 다시 $f'(x) < 0$이므로 감소한다.

5. 변곡점 2계 도함수의 분모는 언제나 양수이다 (단계 2). 2계 도함수 f''은 $x = -\sqrt{3}, \ 0,$ $\sqrt{3}$일 때 0이다. 2계 도함수는 이런 각 점에서 부호가 바뀐다. 실제로 $(-\infty, -\sqrt{3})$에 서 음수, $(-\sqrt{3}, 0)$에서 양수, $(0, \sqrt{3})$에서 음수, $(\sqrt{3}, \infty)$에서 양수이다. 그러므로 각 점은 변곡점이다. 이 곡선은 구간 $(-\infty, -\sqrt{3})$에서 아래로 오목, $(-\sqrt{3}, 0)$에서 위로 오목, $(0, \sqrt{3})$에서 아래로 오목, $(\sqrt{3}, \infty)$에서 위로 오목이다.

6. 점근선 $f(x)$의 분자를 전개하고 분자와 분모를 모두 x^2으로 나누면 다음을 얻는다.

$$f(x) = \frac{(x+1)^2}{1+x^2} = \frac{x^2 + 2x + 1}{1+x^2}$$

분자를 전개한다.

$$= \frac{1 + (2/x) + (1/x^2)}{(1/x^2) + 1}$$

x^2으로 나눈다.

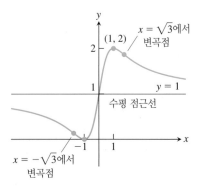

그림 3.32 $y = \dfrac{(x+1)^2}{1+x^2}$의 그래프
(예제 9)

여기서, $x \to \infty$일 때 $f(x) \to 1^+$이고 $x \to -\infty$일 때 $f(x) \to 1^-$임을 알 수 있다. 그러므 로 직선 $y = 1$이 수평 점근선이다.

f는 구간 $(-\infty, -1)$에서 감소하고 $(-1, 1)$에서 증가하므로 $f(-1) = 0$이 극솟값이다. f는 $(1, \infty)$에서 감소하지만, 그 구간에서 수평 점근선 $y = 1$을 결코 지나갈 수 없다(이 점근선의 위 쪽에서 접근한다). 그래서 그래프는 결코 음수가 될 수 없고, 극솟값 $f(-1)$ $= 0$은 최솟값이 된다. 마찬가지로, 그래프는 구간 $(-\infty, -1)$에서 점근선 $y = 1$의 아래 쪽에서 접근하며 이를 결코 지나갈 수 없으므로, $f(1) = 2$는 최댓값이다. 따라서 수직 점근선은 없다(f의 치역은 $0 \le y \le 2$이다).

7. f의 그래프를 그림 3.32에 나타냈다. 그래프가 $x \to -\infty$일 때 수평 점근선 $y = 1$에 접근 하면서 아래로 오목하고, $x \to \infty$일 때 $y = 1$에 접근하면서 위로 오목한 모습에 주목하 자. ∎

예제 10 $f(x) = \dfrac{x^2 + 4}{2x}$의 그래프를 그리라.

풀이 **1.** f의 정의역은 0이 아닌 실수이다. x나 $f(x)$가 0이 아니므로 절편값이 없다.
$f(-x) = -f(x)$이므로 f는 기함수이고 원점에 대해서 대칭이다.
2. 계산을 단순하게 하기 위해 $f(x)$를 정리해서 도함수를 계산한다.

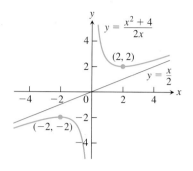

그림 3.33 $y = \dfrac{x^2 + 4}{2x}$ 의 그래프(예제 10)

$$f(x) = \frac{x^2 + 4}{2x} = \frac{x}{2} + \frac{2}{x} \qquad \text{미분을 위하여 함수를 단순화}$$

$$f'(x) = \frac{1}{2} - \frac{2}{x^2} = \frac{x^2 - 4}{2x^2} \qquad f'(x) = 0\text{을 풀기 쉽게 통분함}$$

$$f''(x) = \frac{4}{x^3} \qquad f\text{의 정의역 전체에 존재}$$

3. 임계점은 $f'(x) = 0$에 의해 $x = \pm 2$로 나타난다. $f''(-2) < 0$, $f''(2) > 0$이므로 2계 도함수 판정법에 의해 $x = -2$에서 극댓값 $f(-2) = -2$, $x = 2$에서 극솟값 $f(2) = 2$를 얻는다.

4. 구간 $(-\infty, -2)$에서 $x^2 - 4 > 0$이므로 f'는 양수이며 그래프는 증가한다. 구간 $(-2, 0)$에서 도함수는 음수이므로 그래프는 감소한다. 유사하게 구간 $(0, 2)$에서 그래프는 감소하고 구간 $(2, \infty)$에서 그래프는 증가한다.

5. $x < 0$에서 $f''(x) < 0$이고, $x > 0$에서 $f''(x) > 0$이며 f''이 f의 정의역에서 존재하고 0이 아니므로 변곡점은 존재하지 않는다. 그래프는 구간 $(-\infty, 0)$에서 아래로 오목하고, $(0, \infty)$에서 위로 오목하다.

6. $f(x)$를 정리한 식으로부터 다음을 얻는다.

$$\lim_{x \to 0^+} \left(\frac{x}{2} + \frac{2}{x} \right) = +\infty, \qquad \lim_{x \to 0^-} \left(\frac{x}{2} + \frac{2}{x} \right) = -\infty$$

그러므로 y축이 수직 점근선이다. 또한 $x \to \infty$ 또는 $x \to -\infty$일 때 $f(x)$는 직선 $y = x/2$로 접근한다. 따라서 $y = x/2$는 점근선이다.

7. f의 그래프를 그림 3.33에 나타냈다. ■

예제 11 구간 $[0, 2\pi]$에서 함수 $f(x) = \cos x - \dfrac{\sqrt{2}}{2}x$의 그래프를 그리라.

풀이 함수 f의 도함수는 다음과 같다.

$$f'(x) = -\sin x - \frac{\sqrt{2}}{2} \quad \text{와} \quad f''(x) = -\cos x$$

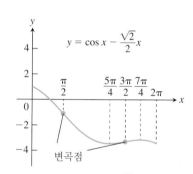

그림 3.34 $y = \cos x - \dfrac{\sqrt{2}}{2}x$의 그래프 (예제 11)

두 도함수는 구간 $(0, 2\pi)$의 모든 점에서 존재한다. 구간 내에서 $f'(x) = 0$이 되기 위해서는 $\sin x = -\sqrt{2}/2$이어야 한다. 즉, 임계점은 $x = 5\pi/4$와 $x = 7\pi/4$이다. 또한 2계 도함수 판정법을 적용하면, $f''(5\pi/4) = -\cos(5\pi/4) = \sqrt{2}/2 > 0$이므로, 점 $x = 5\pi/4$에서 극솟값 $f(5\pi/4) \approx -3.48$을 갖고, $f''(7\pi/4) = -\cos(7\pi/4) = -\sqrt{2}/2 < 0$이므로, 점 $x = 7\pi/4$에서 극댓값 $f(7\pi/4) \approx -3.18$을 갖는다.

2계 도함수를 조사해보면, $x = \pi/2$와 $x = 3\pi/2$에서 $f'' = 0$임을 알 수 있고, 또한 두 점 $(\pi/2, f(\pi/2)) \approx (\pi/2, -1.11)$과 $(3\pi/2, f(3\pi/2)) \approx (3\pi/2, -3.33)$에서 변곡점을 가짐을 알 수 있다.

마지막으로, 구간의 양 끝점에서 함숫값을 계산하면, $f(0) = 1$과 $f(2\pi) \approx -3.44$를 얻는다. 그러므로 닫힌 구간 $[0, 2\pi]$에서 함수 f의 최댓값은 $f(0) = 1$이고, 최솟값은 $f(5\pi/4) \approx -3.48$이다. 함수 f의 그래프는 그림 3.34에 그려져 있다. ■

도함수로부터 함수의 그래프 모양

다음 그림은 1계 도함수와 2계 도함수가 그래프의 모양에 영향을 주는 것을 요약한 것이다.

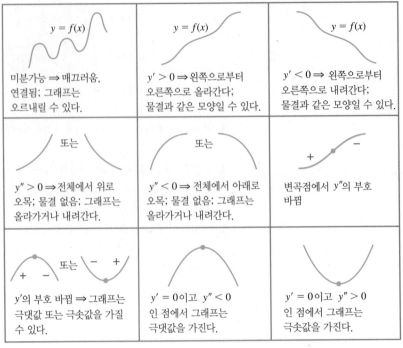

그림 3.35

연습문제 3.4

함수의 그래프 분석하기

연습문제 1~8에서 주어진 그래프를 이용해서 변곡점과 함수의 극
댓값과 극솟값을 결정하라. 함수가 위로 오목하고 아래로 오목한
구간을 구하라.

1. $y = \dfrac{x^3}{3} - \dfrac{x^2}{2} - 2x + \dfrac{1}{3}$

2. $y = \dfrac{x^4}{4} - 2x^2 + 4$

3. $y = \dfrac{3}{4}(x^2 - 1)^{2/3}$

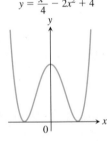

4. $y = \dfrac{9}{14}x^{1/3}(x^2 - 7)$

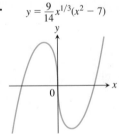

5. $y = x + \sin 2x, \ -\dfrac{2\pi}{3} \le x \le \dfrac{2\pi}{3}$

6. $y = \tan x - 4x, \ -\dfrac{\pi}{2} < x < \dfrac{\pi}{2}$

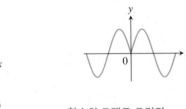

7. $y = \sin|x|, \ -2\pi \le x \le 2\pi$

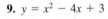

8. $y = 2\cos x - \sqrt{2}x, \ -\pi \le x \le \dfrac{3\pi}{2}$

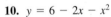

함수의 그래프 그리기

연습문제 9~50에서 함수의 그래프를 그리라. 모든 국소 극값과 변
곡점의 좌표를 결정하라.

9. $y = x^2 - 4x + 3$
10. $y = 6 - 2x - x^2$
11. $y = x^3 - 3x + 3$
12. $y = x(6 - 2x)^2$
13. $y = -2x^3 + 6x^2 - 3$
14. $y = 1 - 9x - 6x^2 - x^3$
15. $y = (x - 2)^3 + 1$
16. $y = 1 - (x + 1)^3$
17. $y = x^4 - 2x^2 = x^2(x^2 - 2)$

18. $y = -x^4 + 6x^2 - 4 = x^2(6 - x^2) - 4$

19. $y = 4x^3 - x^4 = x^3(4 - x)$ **20.** $y = x^4 + 2x^3 = x^3(x + 2)$

21. $y = x^5 - 5x^4 = x^4(x - 5)$ **22.** $y = x\left(\dfrac{x}{2} - 5\right)^4$

23. $y = x + \sin x, \quad 0 \le x \le 2\pi$

24. $y = x - \sin x, \quad 0 \le x \le 2\pi$

25. $y = \sqrt{3}x - 2\cos x, \quad 0 \le x \le 2\pi$

26. $y = \dfrac{4}{3}x - \tan x, \quad -\dfrac{\pi}{2} < x < \dfrac{\pi}{2}$

27. $y = \sin x \cos x, \quad 0 \le x \le \pi$

28. $y = \cos x + \sqrt{3}\sin x, \quad 0 \le x \le 2\pi$

29. $y = x^{1/5}$ **30.** $y = x^{2/5}$

31. $y = \dfrac{x}{\sqrt{x^2 + 1}}$ **32.** $y = \dfrac{\sqrt{1 - x^2}}{2x + 1}$

33. $y = 2x - 3x^{2/3}$ **34.** $y = 5x^{2/5} - 2x$

35. $y = x^{2/3}\left(\dfrac{5}{2} - x\right)$ **36.** $y = x^{2/3}(x - 5)$

37. $y = x\sqrt{8 - x^2}$ **38.** $y = (2 - x^2)^{3/2}$

39. $y = \sqrt{16 - x^2}$ **40.** $y = x^2 + \dfrac{2}{x}$

41. $y = \dfrac{x^2 - 3}{x - 2}$ **42.** $y = \sqrt[3]{x^3 + 1}$

43. $y = \dfrac{8x}{x^2 + 4}$ **44.** $y = \dfrac{5}{x^4 + 5}$

45. $y = |x^2 - 1|$ **46.** $y = |x^2 - 2x|$

47. $y = \sqrt{|x|} = \begin{cases} \sqrt{-x}, & x < 0 \\ \sqrt{x}, & x \ge 0 \end{cases}$

48. $y = \sqrt{|x - 4|}$

49. $y = \dfrac{x}{9 - x^2}$ **50.** $y = \dfrac{x^2}{1 - x}$

y'을 알고 개형 그리기

연습문제 51~72에서 연속함수 $y = f(x)$의 1계 도함수가 주어져 있다. y''을 구하고 165쪽의 그래프 그리기 전략에서 2~4단계를 이용해서 f의 그래프의 개형을 그리라.

51. $y' = 2 + x - x^2$ **52.** $y' = x^2 - x - 6$

53. $y' = x(x - 3)^2$ **54.** $y' = x^2(2 - x)$

55. $y' = x(x^2 - 12)$ **56.** $y' = (x - 1)^2(2x + 3)$

57. $y' = (8x - 5x^2)(4 - x)^2$ **58.** $y' = (x^2 - 2x)(x - 5)^2$

59. $y' = \sec^2 x, \quad -\dfrac{\pi}{2} < x < \dfrac{\pi}{2}$

60. $y' = \tan x, \quad -\dfrac{\pi}{2} < x < \dfrac{\pi}{2}$

61. $y' = \cot\dfrac{\theta}{2}, \quad 0 < \theta < 2\pi$ **62.** $y' = \csc^2\dfrac{\theta}{2}, \quad 0 < \theta < 2\pi$

63. $y' = \tan^2\theta - 1, \quad -\dfrac{\pi}{2} < \theta < \dfrac{\pi}{2}$

64. $y' = 1 - \cot^2\theta, \quad 0 < \theta < \pi$

65. $y' = \cos t, \quad 0 \le t \le 2\pi$

66. $y' = \sin t, \quad 0 \le t \le 2\pi$

67. $y' = (x + 1)^{-2/3}$ **68.** $y' = (x - 2)^{-1/3}$

69. $y' = x^{-2/3}(x - 1)$ **70.** $y' = x^{-4/5}(x + 1)$

71. $y' = 2|x| = \begin{cases} -2x, & x \le 0 \\ 2x, & x > 0 \end{cases}$

72. $y' = \begin{cases} -x^2, & x \le 0 \\ x^2, & x > 0 \end{cases}$

y'과 y''의 그래프로부터 y의 그래프 그리기

연습문제 73~76에서 함수 $y = f(x)$의 1계와 2계 도함수의 그래프가 주어졌다. 주어진 점 P를 지나는 f의 그래프를 개략적으로 그리라.

73.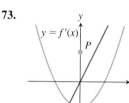

74.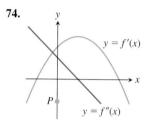

75.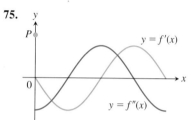

76.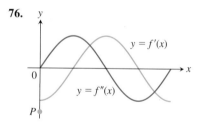

유리함수의 그래프

연습문제 77~94에서 유리함수를 165쪽의 그래프 그리기 전략에 따라 그리라.

77. $y = \dfrac{2x^2 + x - 1}{x^2 - 1}$ **78.** $y = \dfrac{x^2 - 49}{x^2 + 5x - 14}$

79. $y = \dfrac{x^4 + 1}{x^2}$ **80.** $y = \dfrac{x^2 - 4}{2x}$

81. $y = \dfrac{1}{x^2 - 1}$ **82.** $y = \dfrac{x^2}{x^2 - 1}$

83. $y = -\dfrac{x^2 - 2}{x^2 - 1}$ **84.** $y = \dfrac{x^2 - 4}{x^2 - 2}$

85. $y = \dfrac{x^2}{x + 1}$ **86.** $y = -\dfrac{x^2 - 4}{x + 1}$

87. $y = \dfrac{x^2 - x + 1}{x - 1}$ **88.** $y = -\dfrac{x^2 - x + 1}{x - 1}$

89. $y = \dfrac{x^3 - 3x^2 + 3x - 1}{x^2 + x - 2}$ **90.** $y = \dfrac{x^3 + x - 2}{x - x^2}$

91. $y = \dfrac{x}{x^2 - 1}$ **92.** $y = \dfrac{x - 1}{x^2(x - 2)}$

93. $y = \dfrac{8}{x^2 + 4}$　(아네시의 마술)

94. $y = \dfrac{4x}{x^2 + 4}$　(뉴턴의 뱀)

이론과 예제

95. 아래 그림은 2번 미분가능한 함수 $y = f(x)$의 일부 그래프를 보여준다. 표시한 5개의 각 점에서 y'과 y''의 값을 양수, 음수, 0으로 분류하라.

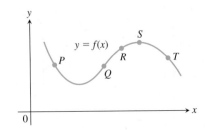

96. 다음을 만족하는 매끄럽게 연결된 곡선 $y = f(x)$를 그리라.

$f(-2) = 8,$ $\qquad$ $f'(2) = f'(-2) = 0,$

$f(0) = 4,$ $\qquad$ $|x| < 2$일 때 $f'(x) < 0$

$f(2) = 0,$ $\qquad$ $x < 0$일 때 $f''(x) < 0$

$|x| > 2$일 때 $f'(x) > 0$ $\quad$ $x > 0$일 때 $f''(x) > 0$

97. 다음과 같은 성질을 가진 두 번 미분가능한 함수 $y = f(x)$의 그래프를 그리라. 점들의 좌표를 표시하라.

x	y	도함수
$x < 2$		$y' < 0,\quad y'' > 0$
2	1	$y' = 0,\quad y'' > 0$
$2 < x < 4$		$y' > 0,\quad y'' > 0$
4	4	$y' > 0,\quad y'' = 0$
$4 < x < 6$		$y' > 0,\quad y'' < 0$
6	7	$y' = 0,\quad y'' < 0$
$x > 6$		$y' < 0,\quad y'' < 0$

98. 두 번 미분가능한 함수 $y = f(x)$는 점 $(-2, 2)$, $(-1, 1)$, $(0, 0)$, $(1, 1)$을 지나고 그 1계와 2계 도함수의 부호는 다음과 같을 때, 이 함수의 그래프를 그리라.

$$y': \quad \frac{+ \qquad - \qquad + \qquad -}{\quad -2 \qquad 0 \qquad 2 \quad}$$

$$y'': \quad \frac{- \qquad\qquad + \qquad\qquad -}{\qquad -1 \qquad\qquad 1 \qquad}$$

99. 다음 성질을 만족하는, 두 번 미분가능한 함수 $y = f(x)$의 그래프를 그리라. 가능하다면 좌표를 표시하라.

x	y	도함수
$x < -2$		$y' > 0,\quad y'' < 0$
-2	-1	$y' = 0,\quad y'' = 0$
$-2 < x < -1$		$y' > 0,\quad y'' > 0$
-1	0	$y' > 0,\quad y'' = 0$
$-1 < x < 0$		$y' > 0,\quad y'' < 0$
0	3	$y' = 0,\quad y'' < 0$
$0 < x < 1$		$y' < 0,\quad y'' < 0$
1	2	$y' < 0,\quad y'' = 0$
$1 < x < 2$		$y' < 0,\quad y'' > 0$
2	0	$y' = 0,\quad y'' > 0$
$x > 2$		$y' > 0,\quad y'' > 0$

100. 점 $(-3, -2)$, $(-2, 0)$, $(0, 1)$, $(0, 2)$와 $(2, 3)$을 지나고, 1계와 2계 도함수가 다음과 같은 부호를 가지는 두 번 미분가능한 함수 $y = f(x)$의 그래프를 그리라.

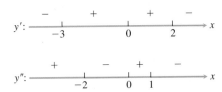

연습문제 101과 102에서 도함수 f'의 그래프가 주어져 있다. 곡선의 변곡점에 해당하는 x값을 결정하라.

101.

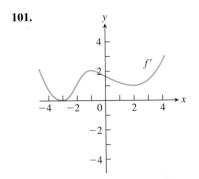

102.

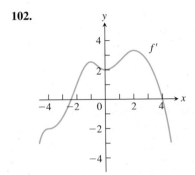

연습문제 103과 104에서 도함수 f'의 그래프가 주어져 있다. 곡선의 극솟값, 극댓값, 변곡점에 해당하는 x값을 결정하라.

103.

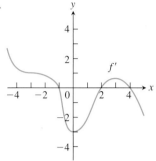

104.

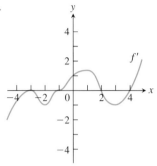

직선 위의 운동

연습문제 105와 106에서 그래프는 좌표축 위에서 앞뒤로 움직이는 물체의 위치 $s = f(t)$를 보여준다. **(a)** 물체는 언제 원점으로부터 멀어지는가? 언제 원점으로 향하는가? 언제쯤 **(b)** 속도가 0이 되는가? **(c)** 가속도가 0이 되는가? **(d)** 언제 가속도가 양수인가? 음수인가?

105.

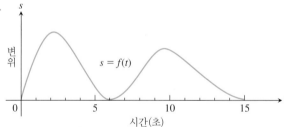

106.

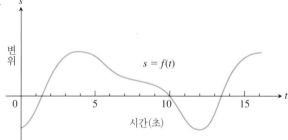

107. 한계 비용   아래 그래프는 x개의 물건을 생산하는 이론적인 비용 $c = f(x)$를 나타낸다. 생산 수준이 어느 정도일 때, 한계 비용이 감소에서 증가로 바뀌는가?

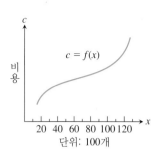

단위: 100개

108. 아래 그래프는 지난 12개월 동안 어느 회사의 월별 수익을 나타낸다. 어떤 구간에서 한계 수익이 증가하는가? 어떤 구간에서 감소하는가?

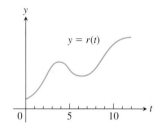

109. 함수 $y = f(x)$의 도함수가 다음과 같다고 하자.
$$y' = (x - 1)^2(x - 2)$$
만약 존재한다면, 어떤 점에서 f의 그래프는 극솟값, 극댓값, 변곡점을 가지는가? (**힌트**: y'의 부호를 확인하라.)

110. 함수 $y = f(x)$의 도함수가 다음과 같다고 하자.
$$y' = (x - 1)^2(x - 2)(x - 4)$$
만약 존재한다면, 어떤 점에서 f의 그래프는 극솟값, 극댓값, 변곡점을 가지는가?

111. $f(1) = 0$이고, $f'(x) = 1/x$인 $x > 0$에서 정의된 함수 $y = f(x)$의 그래프를 그리라. 이런 곡선의 오목성에 대해 어떤 말을 할 수 있는가? 그 이유를 설명하라.

112. 연속인 2계 도함수를 가지고 모든 x에 대해 $f'' \neq 0$인 함수 $y = f(x)$의 그래프에 대해 어떤 말을 할 수 있는가? 그 이유를 설명하라.

113. b, c, d가 상수일 때 b의 어떤 값에 대해 곡선 $y = x^3 + bx^2 + cx + d$는 $x = 1$에서 변곡점을 가지는가? 그 이유를 설명하라.

114. 포물선
   a. 다음 포물선의 꼭짓점의 좌표를 구하라.
$$y = ax^2 + bx + c, \quad a \neq 0$$
   b. 언제 포물선이 위로 오목하고 아래로 오목한가? 그 이유를 설명하라.

115. 2차 곡선   2차 곡선 $y = ax^2 + bx + c \ (a \neq 0)$의 변곡점에 대해 어떤 말을 할 수 있는가? 그 이유를 설명하라.

116. 3차 곡선   3차 곡선 $y = ax^3 + bx^2 + cx + d \ (a \neq 0)$의 변곡점에 대해 어떤 말을 할 수 있는가? 그 이유를 설명하라.

117. $f(x)$의 2계 도함수가 다음과 같다고 하자.
$$y'' = (x + 1)(x - 2)$$
f의 그래프는 어떤 x값에서 변곡점을 가지는가?

118. $f(x)$의 2계 도함수가 다음과 같다고 하자.
$$y'' = x^2(x - 2)^3(x + 3)$$

f의 그래프는 어느 x값에서 변곡점을 가지는가?

119. $y = ax^3 + bx^2 + cx$의 그래프가 $x = 3$에서 극댓값, $x = -1$에서 극솟값, $(1, 11)$에서 변곡점을 가질때, 상수 a, b, c를 구하라.

120. $y = (x^2 + a)/(bx + c)$의 그래프가 $x = 3$에서 극솟값, $(-1, -2)$에서 극댓값을 가질 때, 상수 a, b, c를 구하라.

컴퓨터 탐구

연습문제 121~124에서 주어진 함수의 그래프에서 [존재한다면] 변곡점 및 함수가 극댓값과 극솟값을 가지는 점의 좌표를 구하라. 그리고 이런 모든 점을 동시에 볼 수 있도록 충분히 큰 영역에서 함수의 그래프를 그리라. 1계와 2계 도함수의 그래프도 함께 그리라. 도함수들의 그래프가 x축을 지나는 점들이 함수의 그래프와 어떤 관계가 있는가? 도함수의 그래프는 함수의 그래프와 또 어떤 방법

으로 관련이 있는가?

121. $y = x^5 - 5x^4 - 240$ **122.** $y = x^3 - 12x^2$

123. $y = \dfrac{4}{5}x^5 + 16x^2 - 25$

124. $y = \dfrac{x^4}{4} - \dfrac{x^3}{3} - 4x^2 + 12x + 20$

125. 함수 $f(x) = 2x^4 - 4x^2 + 1$ 및 1계와 2계 도함수의 그래프를 함께 그리라. f'과 f''의 부호와 관련해서 f의 행동에 대해 말하라.

126. 함수 $f(x) = x \cos x$ 및 2계 도함수의 그래프를 $0 \le x \le 2\pi$에서 그리라. f''의 함숫값과 부호와 관련해서 f의 행동에 대해 말하라.

3.5   응용 최적화 문제

둘레의 길이가 정해졌을 때, 넓이가 가장 큰 사각형의 가로와 세로의 길이는 얼마인가? 정해진 부피의 원기둥 모양 캔의 가장 값싼 형태는 무엇인가? 이윤이 가장 큰 생산량은 얼마인가? 이러한 문제들은 함수의 가장 좋은, 또는 최적의 해를 구하는 문제이다. 이 절에서는 수학, 물리학, 경제학, 경영학 등과 관련된 다양한 최적화 문제를 푼다.

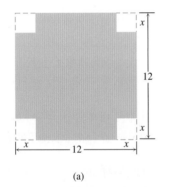

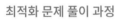

(a)

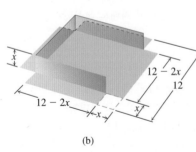

(b)

그림 3.36 정사각형 모양 주석의 귀퉁이를 잘라내어 만든 뚜껑이 없는 상자. 상자의 부피를 최대로 하려면 귀퉁이의 크기는 얼마인가?(예제 1)

> **최적화 문제 풀이 과정**
>
> **1. 문제를 파악한다.** 문제를 읽고 주어진 양은 무엇인가? 최적화하려는 모르는 양은 무엇인가?를 이해한다.
>
> **2. 그림을 그린다.** 문제에 중요할 수 있는 부분을 표시한다.
>
> **3. 변수를 도입한다.** 그림과 문제의 모든 관계를 방정식 또는 대수식으로 나열한다. 모르는 양을 나타내는 변수를 확인한다.
>
> **4. 모르는 양에 대한 식을 작성한다.** 가능한 경우 모르는 양을 하나의 변수의 함수 또는 두 개의 변수의 두 식으로 표현한다. 이것은 상당한 조작이 필요할 수 있다.
>
> **5. 모르는 양의 정의역에서 임계점과 끝점을 조사한다.** 함수의 그래프로부터 알고 있는 사실을 이용한다. 함수의 임계점을 확인하고 분류하기 위해서 1계와 2계 도함수를 이용한다.

예제 1   12 cm×12 cm 주석의 네 귀퉁이에서 똑같은 정사각형 모양을 잘라내어 뚜껑이 없는 상자를 만든다. 상자의 부피를 최대로 하려면, 귀퉁이에서 얼마나 큰 정사각형 모양을 잘라내야 하는가?

풀이   먼저 그림을 그리자(그림 3.36). 이 그림에서 귀퉁이 정사각형의 한 변을 x cm라고 하자. 상자의 부피는 다음과 같이 변수 x에 관한 함수이다.

$$V(x) = x(12 - 2x)^2 = 144x - 48x^2 + 4x^3. \qquad V = hlw$$

주석판의 한 변은 12 cm이므로 $x \le 6$이고, V의 정의역은 $0 \le x \le 6$이다.

V의 그래프로부터 최솟값은 $x = 0$과 $x = 6$일 때 0이고, 최댓값은 $x = 2$ 근방에서 나타남

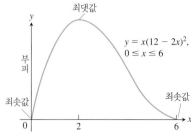

그림 3.37 그림 3.36의 상자의 부피를 x 에 관한 함수로 나타냈다.

을 알 수 있다(그림 3.37). 좀 더 자세히 살펴보기 위해서 x에 관한 V의 1계 도함수를 구하면 다음과 같다.

$$\frac{dV}{dx} = 144 - 96x + 12x^2 = 12(12 - 8x + x^2) = 12(2 - x)(6 - x)$$

두 근 $x=2$와 $x=6$ 중에서 $x=2$만이 함수 정의역의 내점이고, 임계점을 형성한다. 이 유일한 임계점과 두 끝점에서 V의 값은 다음과 같다.

　　임계점에서의 값: $V(2) = 128$

　　끝점에서의 값: 　$V(0) = 0,\ V(6) = 0$

최대 부피는 128 cm³이다. 잘라내는 정사각형의 한 변은 2 cm이다. ■

예제 2　원기둥 모양의 1L짜리 캔을 제작하려고 한다(그림 3.38). 최소의 재료가 드는 규격은 얼마인가?

풀이　캔의 부피: 밑면의 반지름을 r(cm), 높이를 h(cm)라고 하면, 캔의 부피는 다음과 같이 표현된다.

그림 3.38　1 L 캔은 $h = 2r$일 때 최소의 재료가 든다(예제 2).

$$\pi r^2 h = 1000 \qquad \text{1 liter} = 1000 \text{ cm}^3$$

캔의 겉넓이: $A = \underbrace{2\pi r^2}_{\text{밑면}} + \underbrace{2\pi rh}_{\text{옆면}}$

'최소의 재료'라는 문구를 어떻게 해석할 수 있을까? 우선 재료의 두께와 제조 과정에서의 손실은 통상적으로 무시한다. 그리고 조건 $\pi r^2 h = 1000$ cm³을 만족하면서 전체 겉넓이를 가능한 작게 하는 r과 h의 크기를 찾는다.

겉넓이를 하나의 변수의 함수로 나타내기 위해서 $\pi r^2 h = 1000$의 변수들을 하나에 대해 풀고, 그 표현을 겉넓이 공식에 대입한다. h에 대해 풀면 다음과 같다.

$$h = \frac{1000}{\pi r^2}$$

그러므로 겉넓이는 다음과 같다.

$$\begin{aligned}
A &= 2\pi r^2 + 2\pi rh \\
&= 2\pi r^2 + 2\pi r\left(\frac{1000}{\pi r^2}\right) \\
&= 2\pi r^2 + \frac{2000}{r}
\end{aligned}$$

목표는 A의 값을 최소화하는 $r > 0$의 값을 구하는 것이다. 그림 3.39는 그런 값이 존재함을 암시한다.

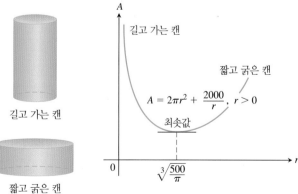

그림 3.39　$A = 2\pi r^2 + 2000/r$의 그래프는 위로 오목하다.

그래프로부터 작은 r에 대해서는 (즉, 파이프의 일부와 같이 길고 가는 용기에 대해서는) 항 $2000/r$의 값이 커져서 A가 커진다 (1.6절 참조). 매우 가는 1 L짜리 캔은 엄청 길어져서 겉넓이가 아주 커진다. 큰 r에 대해서는 (즉, 피자 판과 같이 짧고 굵은 용기에 대해서는) 항 $2\pi r^2$의 값이 커져서 A가 역시 커진다.

A는 끝점이 없는 구간 $r>0$에서 미분가능하므로, 다음과 같이 그 도함수가 0이 되는 점에서만 최솟값을 가질 수 있다.

$$\frac{dA}{dr} = 4\pi r - \frac{2000}{r^2}$$

$$0 = 4\pi r - \frac{2000}{r^2} \qquad \text{\small $dA/dr = 0$ 으로 놓는다.}$$

$$4\pi r^3 = 2000 \qquad \text{\small r^2 을 곱한다.}$$

$$r = \sqrt[3]{\frac{500}{\pi}} \approx 5.42 \qquad \text{\small r 에 대해 푼다.}$$

$r = \sqrt[3]{500/\pi}$에서는 어떤 현상이 나타나는가?

2계 도함수는 다음과 같다.

$$\frac{d^2A}{dr^2} = 4\pi + \frac{4000}{r^3}$$

2계 도함수의 값은 A의 정의역 전체에서 양수이다. 그러므로 그래프는 모든 곳에서 위로 오목하고, $r = \sqrt[3]{500/\pi}$ 에서 A의 값은 최솟값이다.

이에 대응하는 h의 값은 다음과 같다.

$$h = \frac{1000}{\pi r^2} = 2\sqrt[3]{\frac{500}{\pi}} = 2r$$

최소 재료가 드는 1 L짜리 캔에서 높이는 지름과 같다. 여기서, $r \approx 5.42$ cm이고, $h \approx 10.84$ cm이다. ■

수학과 물리학의 예

예제 3 반지름이 2인 반원에 직사각형이 내접하고 있다. 내접하는 직사각형 중에서 최대 넓이는 얼마인가? 이때 길이와 높이는 얼마인가?

풀이 원과 직사각형을 좌표평면에 위치시켰을 때 얻는 직사각형에서 모서리의 좌표를 $(x, \sqrt{4 - x^2})$이라고 하자(그림 3.40). 오른쪽 아래 모서리의 위치인 x를 변수로 다음과 같이 직사각형의 가로, 세로, 넓이를 나타낼 수 있다.

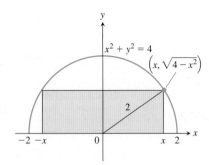

그림 3.40 반원에 내접한 직사각형 (예제 3)

가로: $2x$ 세로: $\sqrt{4 - x^2}$, 넓이: $2x\sqrt{4 - x^2}$

x의 값은 구간 $0 \le x \le 2$에 속한다.

목표는 정의역 [0, 2]에서 넓이 함수의 최댓값을 구하는 것이다.

$$A(x) = 2x\sqrt{4 - x^2}$$

도함수는 다음과 같다.

$$\frac{dA}{dx} = \frac{-2x^2}{\sqrt{4 - x^2}} + 2\sqrt{4 - x^2}$$

이는 $x = 2$일 때 정의되지 않으며, 0인 경우는 다음과 같다.

$$\frac{-2x^2}{\sqrt{4-x^2}} + 2\sqrt{4-x^2} = 0$$

$$-2x^2 + 2(4-x^2) = 0$$

$$8 - 4x^2 = 0$$

$$x^2 = 2$$

$$x = \pm\sqrt{2}$$

두 근 $x = \sqrt{2}$와 $x = -\sqrt{2}$ 중에서 $x = \sqrt{2}$만이 A의 정의역의 내점이고 임계점을 이룬다. 임계점과 끝점에서 A의 값은 다음과 같다.

임계점에서의 값: $A(\sqrt{2}) = 2\sqrt{2}\sqrt{4-2} = 4$

끝점에서의 값: $A(0) = 0, \quad A(2) = 0$

직사각형의 최대 넓이는 세로가 $\sqrt{4-x^2} = \sqrt{2}$이고, 가로가 $2x = 2\sqrt{2}$일 때 4이다. ■

역사적 인물
스넬(Willebrord Snell van Royden, 1580~1626)

예제 4 빛의 속도는 그것이 통과하는 매질에 좌우되는데, 일반적으로 밀도가 높을수록 속도가 낮아진다.

광학에서 페르마의 원리에 따르면, 빛은 한 점에서 다른 점까지 통과 시간이 최소인 경로를 따라 이동한다. 빛의 속도가 c_1인 한 매질의 점 A로부터 빛의 속도가 c_2인 다른 매질의 점 B까지 광선이 이동하는 경로를 구하라.

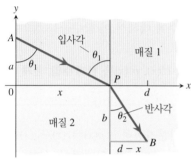

그림 3.41 광선은 한 매질을 지나서 밀도가 더 높은 매질로 들어갈 때 굴절한다 (예제 4).

풀이 A로부터 B까지 이동하는 빛은 가장 빠른 경로를 따르기 때문에, 통과 시간을 최소화 하는 경로를 찾아야 한다. A와 B는 xy평면 위에 있고, 두 매질을 분리하는 직선을 x축이 라고 하자(그림 3.41). xy 평면에서 A의 좌표를 $(0, a)$, B의 좌표를 $(d, -b)$로 놓는다.

고른 매질에서는 빛의 속도가 항상 상수이므로, '가장 짧은 시간'은 '가장 짧은 경로'를 뜻하고 광선은 직선을 따라 이동한다. 그러므로 A로부터 B까지의 경로는 A로부터 경계점 P까지의 선분과 P로부터 B까지의 또 다른 선분으로 이루어진다. 거리는 속도와 시간의 곱이므로, 다음을 얻는다.

$$(시간) = \frac{(거리)}{(속도)}$$

그림 3.41에서 빛이 A로부터 P까지 이동하는 데 걸리는 시간은 다음과 같다.

$$t_1 = \frac{AP}{c_1} = \frac{\sqrt{a^2 + x^2}}{c_1}$$

P로부터 B까지 이동하는 데 걸리는 시간은 다음과 같다.

$$t_2 = \frac{PB}{c_2} = \frac{\sqrt{b^2 + (d-x)^2}}{c_2}$$

A로부터 B까지 이동하는 데 걸리는 시간은 이것들의 합으로 다음과 같다.

$$t = t_1 + t_2 = \frac{\sqrt{a^2 + x^2}}{c_1} + \frac{\sqrt{b^2 + (d-x)^2}}{c_2}$$

이 식은 t를 정의역이 $[0, d]$인 x에 관한 미분가능한 함수로 나타낸다. 이 닫힌 구간에서 t의 최솟값을 구하려고 한다. 도함수는 다음과 같으며, 이 도함수는 연속이다.

$$\frac{dt}{dx} = \frac{x}{c_1\sqrt{a^2 + x^2}} - \frac{d-x}{c_2\sqrt{b^2 + (d-x)^2}}$$

이를 그림 3.41에 있는 각 θ_1과 θ_2로 나타내면 다음과 같다.

$$\frac{dt}{dx} = \frac{\sin\theta_1}{c_1} - \frac{\sin\theta_2}{c_2}$$

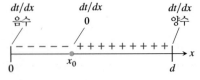

그림 3.42 dt/dx의 부호(예제 4)

t의 도함수는 $x=0$에서 음수이고, $x=d$에서 양수이다. dt/dx가 구간 $[0, d]$에서 연속이 므로 연속함수에 대한 중간값 정리에 의해(1.5절), 적당한 점 $x_0 \in [0, d]$이 존재해서 $dt/dx=0$이다(그림 3.42). dt/dx가 x에 관한 증가함수이기 때문에 (연습문제 66), 0이되는 점이 단 1개 존재한다. 그 점에서 다음이 성립한다.

$$\frac{\sin \theta_1}{c_1} = \frac{\sin \theta_2}{c_2}$$

이 공식이 **스넬의 법칙(Snell's law)** 또는 **굴절 법칙(law of refraction)**이고, 광학 이론에서 중요한 원리이다. 이것은 광선이 따르는 경로를 묘사한다. ■

경제학의 예

다음과 같이 정의하자.

$r(x)=x$개를 판매했을 때의 수입

$c(x)=x$개를 생산했을 때의 비용

$p(x)=r(x)-c(x)=x$개를 생산해서 판매했을 때의 이윤

x는 실제 많은 응용에서 정수이지만 모든 0이 아닌 실수에 대해서 이 함수들을 정의하고 미분가능한 함수로 가정한다.

경제학자들은 수입, 비용, 이윤에 대한 도함수 $r'(x)$, $c'(x)$, $p'(x)$를 **한계 수입, 한계 비용, 한계 이윤**으로 사용한다.

이런 도함수들과 이윤 p의 관계를 관찰하자.

$r(x)$와 $c(x)$가 생산 가능한 구간의 임의의 x에 대해 미분가능하고 $p(x)=r(x)-c(x)$가 최댓값을 가진다면, $p(x)$의 임계점이나 구간의 끝점에서 나타난다. 임계점이 나타나면 $p'(x)=r'(x)-c'(x)=0$이므로, $r'(x)=c'(x)$이다. 이 마지막 식의 경제학적 의미는 다음과 같다.

이윤이 최대인 생산 수준에서 한계 수입과 한계 비용은 서로 같다(그림 3.43).

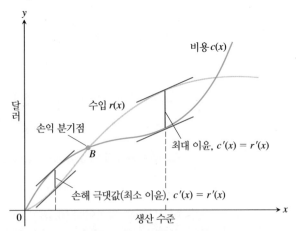

그림 3.43 전형적인 비용 함수의 그래프는 아래로 오목하게 출발하고 나중에 위로 오목하게 바뀐다. 이 그래프는 수입 곡선과 손익 분기점 B에서 교차한다. B의 왼쪽에서 회사는 손해를 본다. 오른쪽에서 회사는 이윤을 보는데, 최대의 이윤은 $c'(x)=r'(x)$일 때 나타난다. 오른쪽으로 더 가면, [인건비와 재료비 상승 및 시장 포화 등의 복합적인 요인으로 비용이 수입을 초과하고 생산 수준은 또다시 이윤이 없게 된다.

예제 5 $r(x)=9x$이고, $c(x)=x^3-6x^2+15x$라고 하자. 여기서, x는 MP3 플레이어 생산 량을 100만 단위로 나타낸다. 이윤을 최대화하는 생산 수준이 있는가? 있다면 그것은

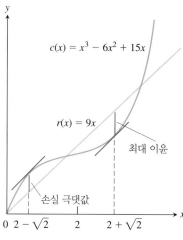

$$c(x) = x^3 - 6x^2 + 15x$$

$$r(x) = 9x$$

최대 이윤

손실 극댓값

$0\quad 2-\sqrt{2}\quad 2\quad 2+\sqrt{2}$

그림 3.44 예제 5의 원가 곡선과 수입 곡선

얼마인가?

풀이　$r'(x)=9$이고, $c'(x)=3x^2-12x+15$이므로 다음을 얻는다.

$$3x^2 - 12x + 15 = 9 \qquad c'(x)=r'(x)\text{로 놓는다.}$$

$$3x^2 - 12x + 6 = 0$$

이 이차방정식의 두 근은 다음과 같다.

$$x_1 = \frac{12 - \sqrt{72}}{6} = 2 - \sqrt{2} \approx 0.586,$$

$$x_2 = \frac{12 + \sqrt{72}}{6} = 2 + \sqrt{2} \approx 3.414$$

최대 이윤을 얻을 수 있는 생산 수준은 $x \approx 0.586$(100만 단위)이거나 $x \approx 3.414$(100만 단위)이다. $p(x)=r(x)-c(x)$의 2계 도함수는 $p''(x)=-c''(x)$이다. $r''(x)$가 항상 0이기 때문이다. 그러므로 $p''(x)=6(2-x)$인데, $x=2+\sqrt{2}$에서 음수이고, $x=2-\sqrt{2}$에서는 양수이다. 2계 도함수 판정법에 의해 최대 이윤은 $x=3.414$ 근처에서 나타나고(여기서, 수입이 비용을 초과한다), 최대 손실은 $x=0.586$ 근처에서 나타난다. $r(x)$와 $c(x)$의 그래프는 그림 3.44에 나타냈다.　∎

예제 6　체리나무를 사용하여 매일 5개의 책상을 만드는 목수가 있다. 나무를 주문하면 한 번에 5000달러를 배달 비용으로 지불한다. 또한 목재의 단위량을 보관하는 데는 하루에 10달러씩 지불한다. 단위량이란 책상 한 개를 만드는 데 필요한 목재의 양이다. 그렇다면, 매일 지출되는 평균 비용을 최소화하기 위해서는 매번 주문할 때 얼마나 많은 양을 주문해야 할까? 또한 얼마나 자주 주문하여야 할까?

풀이　x일마다 한 번씩 주문한다고 하자. 이를 한 주기(cycle)라고 하자. x일 동안에 제작할 책상의 개수인 $5x$개에 필요한 목재 $5x$ 단위량을 주문해야 한다. 매일 보관해야 하는 평균량은 근사적으로 $5x/2$이다. 따라서 매 주기마다 배달 비용과 보관 비용은

주기별 비용 = 배달 비용 + 보관 비용

$$\text{주기별 비용} = \underbrace{5000}_{\substack{\text{배달}\\\text{비용}}} + \underbrace{\left(\frac{5x}{2}\right)}_{\substack{\text{평균}\\\text{보관량}}} \cdot \underbrace{x}_{\substack{\text{보관}\\\text{날수}}} \cdot \underbrace{10}_{\substack{\text{하루당}\\\text{보관 비용}}}$$

매 주기는 x일이므로, 매 주기별 비용을 x일로 나누면 매일 평균 비용 $c(x)$는

$$c(x) = \frac{5000}{x} + 25x, \qquad x > 0$$

이다(그림 3.45 참조). $x \to 0$일 때와 $x \to \infty$일 때, 매일 평균 비용은 무한히 커진다. 그렇다면 최소가 존재할 것이다. 어디일까? 우리의 목표는 주문하는 주기 x일과 그때의 최소 비용을 구하는 것이다.

그러기 위해, 매일 평균 비용 $c(x)$의 도함수가 0이 되는 임계점을 구한다.

$$c'(x) = -\frac{5000}{x^2} + 25 = 0$$

$$x = \pm\sqrt{200} \approx \pm 14.14$$

두 임계점 중에서 $\sqrt{200}$만이 $c(x)$의 정의역 내에 있다. 그때 매일 평균 비용은

$$c\left(\sqrt{200}\right) = \frac{5000}{\sqrt{200}} + 25\sqrt{200} = 500\sqrt{2} \approx 707.11 \text{ (달러)}$$

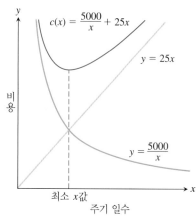

$$c(x) = \frac{5000}{x} + 25x$$

$$y = 25x$$

비용

$$y = \frac{5000}{x}$$

최소 x값
주기 일수

그림 3.45 매일 평균 비용 $c(x)$는 쌍곡함수과 일차함수의 합이다(예제 6).

이다. $c(x)$의 정의역은 열린 구간 $(0, \infty)$이므로 $c''(x) = \dfrac{10000}{x^3} > 0$임을 알 수 있다. 따라서 $x = \sqrt{200} \approx 14.14$((일)에서 최소 비용이 된다.

목수는 매번 14일 마다 나무를 $5 \times 14 = 70$ 단위량을 주문하도록 일정을 계획하여야 할 것이다. ∎

연습문제 3.5

수학적 응용

변수가 1개인 함수의 최댓값 또는 최솟값을 구하는 경우에는 각 문제에 적절한 정의역에서 그래프를 그려볼 것을 권장한다. 그래프는 문제를 풀기 전에 이해를 도와 주고, 얻은 답을 설명하는 시각적인 자료를 제공한다.

1. **둘레의 최소화** 넓이가 16 cm²인 직사각형 중에서 둘레가 최소일 때는 언제인가? 이때 각 변의 길이는 얼마인가?

2. 둘레가 8 m인 직사각형 중에서 넓이가 가장 큰 것은 정사각형임을 보이라.

3. 다음 그림은 빗변의 길이가 2인 직각이등변삼각형에 내접한 직사각형을 나타낸다.
   a. x를 이용해서 P의 y좌표를 나타내라. (힌트: 직선 AB의 방정식을 구하라.)
   b. x를 변수로 하여 직사각형의 넓이를 나타내라.
   c. 직사각형의 넓이가 최대일 때는 언제인가? 이때 각 변의 길이는 얼마인가?

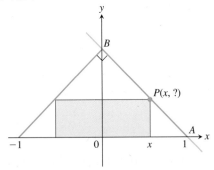

4. 직사각형의 밑변은 x축에 있고, 위의 두 꼭짓점은 포물선 $y = 12 - x^2$에 있다. 직사각형의 넓이가 최대일 때는 언제인가? 이때 각 변의 길이는 얼마인가?

5. 24 cm × 45 cm 판지를 네 귀퉁이에서 똑같은 정사각형을 잘라내고 옆면을 접어 올려서 뚜껑이 없는 직육면체 모양의 상자를 만들려고 한다. 이런 방법으로 만들 수 있는 부피가 가장 큰 상자의 각 모서리의 길이는 얼마인가? 이때의 부피는 얼마인가?

6. 제1사분면에 점 $(a, 0)$과 $(0, b)$를 잇는 길이가 20인 선분을 그린다. 이 선분과 좌표축으로 둘러싸인 삼각형의 넓이는 $a = b$일 때 최대임을 보이라.

7. **최대 넓이의 울타리** 농장의 한 직사각형 구역을 한 변은 강으로, 나머지 세 변은 단선의 전선 울타리로 둘러치려고 한다. 800 m의 전선을 사용하여, 둘러칠 수 있는 넓이는 최대 얼마인

가? 이 때 각 변의 길이는 얼마인가?

8. **가장 짧은 울타리** 넓이가 216 m²인 직사각형 모양의 완두콩 밭을 울타리로 둘러치고 변 중 하나와 평행인 또 다른 울타리를 설치해서 2개의 똑같은 부분으로 나누려고 한다. 울타리 전체의 길이가 가장 짧게 되는 바깥 직사각형의 각 변의 길이는 얼마인가? 이때 어느 정도의 울타리가 필요한가?

9. **물통 설계** 밑면이 정사각형이고 뚜껑이 없으며 부피가 4 m³인 직육면체 모양의 물통을 철판으로 만들려고 한다. 얇은 철판을 모서리끼리 서로 용접해서 물통을 만든다. 물통의 무게를 가능한 한 작게 하도록 밑면의 길이와 높이를 정하려고 한다.
   a. 물통 각 모서리의 길이는 얼마인가?
   b. 무게를 어떻게 고려할지에 대해 간단히 설명하라.

10. **빗물 받기** 뚜껑이 없고 부피가 20 m³인 직육면체 모양의 물통이 있는데, 밑면은 정사각형 모양으로 한 변이 x m이고, 깊이는 y m이다. 이 물통의 위쪽은 지면과 같은 높이로 땅 위를 흐르는 물을 받아들인다. 이 물통과 관련된 비용은 물통을 제작하는 데 필요한 재료비뿐만 아니라 곱 xy에 비례하는 땅파기 비용이 든다.
   a. 전체 비용이 다음과 같다고 하자.
   $$c = 5(x^2 + 4xy) + 10xy$$
   이 비용은 x와 y가 얼마일 때 최소인가?
   b. (a)의 비용함수는 어떤 방법으로 얻었는지 추측하라.

11. **포스터 제작** 직사각형 모양의 포스터를 제작하는 데 넓이가 312.5 cm²인 그림을 포함하는 사각형과 위아래에는 10 cm, 좌우에는 5 cm씩의 여백이 있어야 한다. 필요한 종이의 양을 최소화하려면, 포스터의 규격을 어떻게 해야 하는가?

12. 반지름이 3인 구에 내접하는 가장 큰 직원뿔의 부피를 구하라.

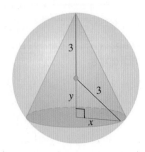

13. 삼각형에서 두 변의 길이가 각각 a와 b이고, 두 변 사이의 각의 크기를 h라고 하자. 삼각형의 넓이를 최대화하는 h의 값은 얼마인가? (힌트: $A = (1/2)ab \sin h$)

14. 캔의 제작 뚜껑이 없는 직원기둥 모양으로 부피가 1000 cm³인 캔 중에서 가장 가벼운 것의 규격은 얼마인가? 이 결과를 예제 2의 결과와 비교하라.

15. 캔의 제작 부피가 1000 cm³인 직원기둥 모양의 캔을 제작하는 데 제조 과정에서는 허비되는 양도 고려한다. 옆면을 위해 알루미늄을 자를 때는 허비되는 것이 없지만, 반지름이 r인 위와 아래의 면은 한 변이 $2r$인 정사각형에서 잘라낸다. 그러므로 캔을 만들 때 사용되는 알루미늄 전체의 양은 다음과 같다.

$$A = 8r^2 + 2\pi rh$$

예제 2에서는 $A = 2\pi r^2 + 2\pi rh$이었고, 가장 경제적인 캔에서 $h : r = 2 : 1$이었다. 이 문제에서는 어떤 비율에서 가장 경제적일까?

⊤ 16. 뚜껑이 있는 상자 제작 판지 한 장의 크기는 30 cm×45 cm이다. 아래 그림에 나타낸 대로, 30 cm 변의 귀퉁이에서 2개의 똑같은 정사각형을 잘라낸다. 다른 귀퉁이에서는 2개의 똑같은 직사각형을 잘라내고, 그림에 나타낸 점선을 따라 접어서 직육면체 모양의 뚜껑이 달린 상자를 만든다.

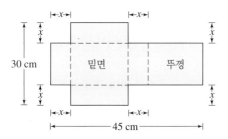

a. 상자의 부피 $V(x)$에 대한 식을 써라.

b. 문제 상황에 적절한 V의 정의역을 구하고, 그 정의역에서 V의 그래프를 그리라.

c. 그래프를 이용해서 최대 부피와 그에 대응하는 x의 값을 구하라.

d. (c)의 결과를 해석적인 방법으로 확인하라.

⊤ 17. 가방 제작 아래 그림과 같이 60 cm×90 cm 판지를 반으로 접어서 60 cm×45 cm 직사각형을 만든다. 그리고 접힌 직사각형의 네 귀퉁이에서 한 변의 길이가 x인 똑같은 정사각형을 잘라낸다. 판지를 펼치고, 가장자리에 있는 6개의 직사각형을 접어서 옆면과 뚜껑이 있는 상자를 만들려고 한다.

a. 이 상자의 부피 $V(x)$에 관한 식을 써라.

b. 문제 상황에 적절한 V의 정의역을 구하고, 그 정의역에서 V의 그래프를 그리라.

c. 그래프를 이용해서 최대 부피와 그에 대응하는 x의 값을 구하라.

d. (c)의 결과를 해석적인 방법으로 확인하라.

e. 부피가 17,500 cm³일 때, x와 y의 값을 구하라.

f. (b)에서 발생하는 문제점을 간단히 설명하라.

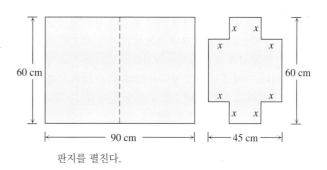

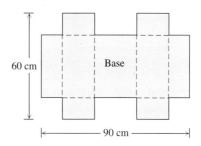

판지를 펼친다.

18. $x = -\pi$부터 $x = \pi$까지의 곡선 $y = 4\cos(0.5x)$ 아래에 내접한 직사각형이 있다. 이 중에서 넓이가 가장 큰 직사각형의 규격은 무엇인가? 그때의 가장 큰 넓이는 얼마인가?

19. 반지름이 10 cm인 구에 내접하는 부피가 가장 큰 직원기둥의 규격을 구하라. 최대 부피는 얼마인가?

20. a. 어떤 우체국에서는 국내 소포용 상자의 경우 그 길이와 둘레의 합이 276 cm를 초과하지 않는 것만 접수한다. 밑면이 정사각형이고 부피가 최대인 상자의 규격은 얼마인가?

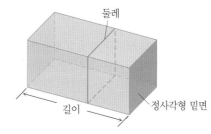

⊤ b. 길이의 함수로 생각한 276 cm(길이와 둘레의 합이 276 cm) 상자의 부피를 그래프로 그리라. 그리고 (a)의 답과 비교하라.

21. (연습문제 20의 계속)

a. 밑면이 정사각형인 상자 대신에 옆면이 정사각형인 상자를 생각하자. 이 상자의 부피는 $h \times h \times w$이고, 둘레는 $2h + 2w$이다. 이제 부피가 최대일 때 이 상자의 규격은 얼마인가?

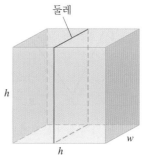

⊤ b. h의 함수로 나타낸 부피의 그래프를 그리라. 그리고 (a)의 답과 비교하라.

22. 다음 그림과 같이 직사각형 위에 반원이 붙은 모양의 창문이 있다. 직사각형 부분은 투명 유리이고 반원 부분은 색채 유리로, 단위 넓이의 색채 유리를 통과하는 빛의 양은 투명 유리의 절반이다. 전체 둘레는 고정되어 있다. 가장 많은 빛을 통과시키는 창문의 각 부분의 비율을 구하라. 틀의 굵기는 무시한다.

23. 원기둥 위에 반구를 붙인 모양의 [밑면이 없는] 사일로를 만들려고 한다. 단위 넓이의 겉면을 건설하는 비용은, 반구 부분이 원기둥 옆면 부분의 2배이다. 부피가 고정되어 있을 때, 건설 비용이 최소인 경우의 규격을 구하라. 사일로의 두께와 허비되는 양은 무시한다.

24. 아래 그림에 나타낸 규격의 물통을 만든다. 각의 크기 θ만이 바뀔 수 있다. 물통의 부피를 최대화하는 θ의 값은 얼마인가?

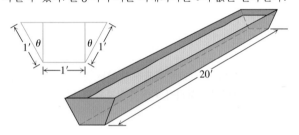

25. 종이 접기 21.6 cm×28 cm 직사각형의 종이가 평평한 면 위에 놓여 있다. 다음 그림에 나타낸 대로, 한 귀퉁이를 더 긴 대변 위에 올려놓고 평평하게 접는다. 문제는 접은 선의 길이를 가능한 한 작게 하는 것이다. 길이를 L이라 하고, 아래와 같이 진행한다.
a. $L^2 = 2x^3/(2x - 21.6)$임을 보이라.
b. L^2을 최소화하는 x의 값은 무엇인가?
c. L의 최솟값은 얼마인가?

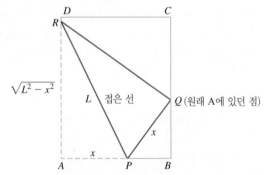

26. 원기둥 제작 다음 두 가지 제작 문제에 대한 답을 비교하라.
a. 둘레가 36 cm이고, 크기가 x cm×y cm인 직사각형 모양의 종이를 아래 그림 (a)에 나타낸 대로 말아서 원기둥을 만든다. 부피가 최대일 때, x와 y의 값은 얼마인가?

b. 똑같은 종이를 길이가 y인 변을 중심으로 회전시키면, 아래 그림 (b)에 나타낸 원기둥이 만들어진다. 부피가 최대일 때, x와 y의 값은 얼마인가?

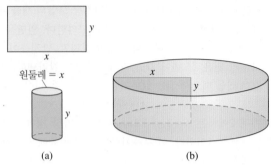

(a)   (b)

27. 원뿔 만들기 빗변이 $\sqrt{3}$ m인 직각삼각형을 직각을 낀 한 변을 중심으로 회전시켜서 직원뿔을 만든다. 이런 방법으로 만들 수 있는 부피가 가장 큰 원뿔의 반지름, 높이, 부피를 구하라.

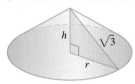

28. 직선 $\dfrac{x}{a} + \dfrac{y}{b} = 1$ 위의 점 중에서 원점에 가장 가까운 점을 구하라.

29. 임의의 양수와 그 역수의 합이 가장 작은 값이 되는 양수를 구하라.

30. 임의의 양수의 역수와 그 양수의 제곱에 4배한 값의 합이 가장 작은 값이 되는 양수를 구하라.

31. 철사 b m를 두 조각으로 잘랐다. 한 조각은 정삼각형으로 구부렸고 다른 한 쪽은 원으로 구부렸다. 각각 둘러싸인 넓이의 합이 최소가 되었을 때 각 부분의 철사의 길이를 구하라.

32. 연습문제 31에서 한 조각이 정사각형이고 다른 조각이 원일 때 철사의 길이를 구하라.

33. 오른쪽 삼각형 안에 내접하도록 넓이가 최대인 직사각형을 구하라.

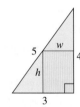

34. 반지름이 3인 반원 안에 내접하도록 넓이가 최대인 직사각형을 구하라.

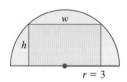

35. a의 어떤 값에 대해 $f(x) = x_2 + (a/x)$가
a. $x = 2$에서 극솟값을 가지는가?
b. $x = 1$에서 변곡점을 가지는가?

36. a와 b의 어떤 값에 대해 $f(x) = x^3 + ax^2 + bx$가
a. $x = -1$에서 극댓값, $x = 3$에서 극솟값을 가지는가?
b. $x = 4$에서 극솟값, $x = 1$에서 변곡점을 가지는가?

37. 반지름이 1인 구에 외접하는 직원뿔이 있다. 부피가 최대인 원

뿔의 높이 h와 반지름 r을 구하라.

38. 곡선 $y = 20x^3 + 60x - 3x^5 - 5x^4$의 기울기가 최대인 점을 구하라.

39. 곡선 $y = 3x - x^2$의 접선과 x축, y축으로 둘러싸인 제1사분면의 삼각형 중에서 넓이가 가장 작은 삼각형의 넓이를 구하라.

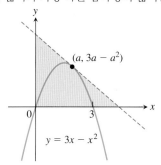

40. 반지름이 1 m인 원형의 재료에서 각 θ만큼의 부채꼴을 제거한 후, 두 직선의 변을 연결하여 원뿔을 만들었다. 부피가 가장 큰 원뿔의 부피를 구하라.

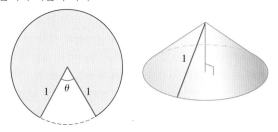

물리학에의 활용

41. 수직 운동　수직으로 운동하는 물체의 높이는 다음과 같이 주어진다.

$$s = -4.9t^2 + 29.4t + 34.3$$

s의 단위는 미터이고, t의 단위는 초일 때, 다음을 구하라.

　a. $t = 0$일 때 물체의 속도

　b. 최고 높이와 그때의 시각

　c. $s = 0$일 때의 속도

42. 가장 빠른 경로　곧은 해안의 한 지점에서 해안과 수직 방향으로 2 km 떨어진 곳에서 제인 (Jane)은 보트를 타고 있다. 그 지점에서 해안을 따라 6 km 떨어진 곳에 마을이 있다. 제인은 2 km/h의 속도로 노를 저을 수 있고 5 km/h의 속도로 걸을 수 있을 때, 가장 짧은 시간에 마을에 도착하기 위해서는 해안의 어느 지점에 상륙해야 하는가?

43. 가장 짧은 들보　빌딩으로부터 5 m 떨어진 곳에 높이가 2 m인 담장이 있다. 담장 밖의 지면으로부터 빌딩 면까지 닿을 수 있는 가장 짧고 곧은 들보의 길이를 구하라.

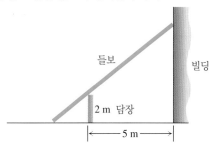

44. 직선 위의 운동　s축에서 두 입자의 위치는 각각 $s_1 = \sin t$와

$s_2 = \sin(t + \pi/3)$이다. 여기서, s_1과 s_2의 단위는 m, t의 단위는 초이다.

　a. 구간 $0 \le t \le 2\pi$의 어느 시점에서 두 점이 만나는가?

　b. 두 입자가 가장 멀리 떨어졌을 때의 거리는 얼마인가?

　c. 구간 $0 \le t \le 2\pi$의 어느 시점에서 두 입자 사이의 거리가 가장 빠르게 변하는가?

45. 광원으로부터 임의의 한 점에서의 조도는 한 점과 광원 사이의 거리의 역수의 제곱에 비례한다. 두 빛은 6 m가 떨어져 있으며, 하나의 빛은 다른 빛의 조도의 8배이다. 전체 조도가 최소가 되도록 강한 빛으로부터 얼마나 떨어져 있어야 하는가?

46. 포물체 운동　원점에서 수평으로 발사되는 포의 범위 R은 원점부터 충격점까지의 거리이다. 포가 수평각 α로 초기속도 v_0로 발사된다면 다음과 같이 구할 수 있다(11장 참조).

$$R = \frac{v_0^2}{g} \sin 2\alpha$$

여기서 g는 중력에 의한 하향 가속도이다. 범위 R이 최대가 되게 하는 각도 α를 구하라.

T 47. 들보의 강도　직사각기둥 모양의 나무 들보의 강도 S는 그것의 두께 d의 제곱과 너비 w의 곱에 비례한다 (다음의 그림 참조).

　a. 지름이 30 cm인 원기둥 모양의 통나무를 잘라서 만들 수 있는 가장 강한 들보의 크기를 구하라.

　b. 비례상수가 $k = 1$이라 가정하고, 들보의 너비 w에 관한 함수로 S의 그래프를 그리라. (a)의 답에서 얻은 결과와 비교하라.

　c. 또다시 $k = 1$이라 하고, 들보의 두께 d에 관한 함수로 S의 그래프를 같은 평면 위에 그리라. 위에서 그린 그래프 및 (a)의 답에서 얻은 결과와 비교하라. k의 값을 바꾸면 어떤 영향이 있을까?

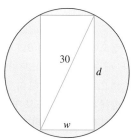

T 48. 들보의 뻣뻣함　직사각형 들보의 뻣뻣한 정도 S는 두께의 세제곱과 너비의 곱에 비례한다.

　a. 지름이 30 cm인 원기둥 모양의 통나무를 잘라서 만들 수 있는 가장 뻣뻣한 들보의 크기를 구하라.

　b. 비례상수가 $k = 1$이라 가정하고, 들보의 너비 w에 관한 함수로 S의 그래프를 그리라. (a)의 답에서 얻은 결과와 비교하라.

　c. 또다시 $k = 1$이라 하고, 들보의 두께 d에 관한 함수로 S의 그래프를 같은 평면 위에 그리라. 위에서 그린 그래프 및 (a)의 답에서 얻은 결과와 비교하라. k의 값을 바꾸면 어떤 영향이 있을까?

49. 마찰 없는 짐차　마찰 없는 작은 짐차가 용수철을 통해 벽에 붙어 있다. 정지 상태에서 10 cm 끌어당겼다가 시각 $t = 0$에서 놓

으면 4초 동안 앞뒤로 구른다. 시각 t에서의 위치는 $s = 10\cos\pi t$이다.

a. 짐차의 최고 속도는 얼마인가? 짐차가 가장 빨리 움직일 때의 시각과 위치는? 그때 가속도의 크기는?

b. 가속도의 크기가 가장 클 때 짐차의 위치는? 그때 짐차의 속도는?

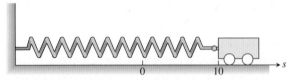

50. 용수철에 나란히 매달려 있는 두 물체의 위치는 각각 $s_1 = 2\sin t$와 $s_2 = \sin 2t$이다.

a. 구간 $0 < t$의 어느 시점에서 두 물체가 만나는가?
(힌트: $\sin 2t = 2\sin t\cos t$)

b. 구간 $0 \le t \le 2\pi$의 어느 시점에서 두 물체 사이의 수직 거리가 최대인가? 그 거리는 얼마인가?
(힌트: $\cos 2t = 2\cos^2 t - 1$)

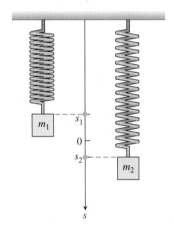

51. 두 배 사이의 거리   정오에, 배 A가 배 B의 정북쪽으로 12노트마일 거리에 있었다. 배 A가 12노트(노트마일/시; 1노트마일은 1852 m이다.)의 속력으로 남쪽을 향해 자정까지 계속 항해하였다. 배 B는 동쪽을 향해 8노트의 속도로 자정까지 항해하였다.

a. 정오를 시점으로 시간 $t = 0$이라 하고 두 배 사이의 거리 s를 t의 함수로 나타내라.

b. 두 배 사이의 거리가 정오에는 얼마나 빨리 변하였는가? 또 한 시간 뒤에는?

c. 그 날의 가시거리가 5노트마일이었다면 배들끼리 서로 볼 수 있는 시간은 언제인가?

d. t의 함수인 s와 ds/dt를 $-1 \le t \le 3$의 범위에서 가능하다면 다른 색깔로 함께 그리라. 그래프를 비교해 봄으로써 얻은 결과가 (b)와 (c)에서 구한 답과 서로 일치하는지 알아보라.

e. ds/dt의 그래프는 마치 1사분면에서 수평 점근선을 갖는 것처럼 보인다. 이는 결국 ds/dt가 $t \to \infty$일 때 극한값을 갖는다는 것을 말한다. 극한값은 얼마인가? 두 배들의 속력과 극한값과는 어떤 관계가 있는가?

52. 광학에서 페르마의 원리   광학에서 페르마의 원리에 따르면, 빛은 한 점에서 다른 점까지 통과 시간이 최소인 경로를 따라 이동한다. 그림에 나타낸 대로 광원 A에서 나온 빛은 평면 거울에 반사되어 점 B에 있는 수신기로 향한다. 페르마의 원리를 따르는 빛에 대해서 입사각과 반사각이 서로 같음을 보이라. 여기서, 두 각은 모두 반사면에 대한 법선으로부터 측정한다 (이 결과는 미분법을 이용하지 않고도 유도할 수 있다. 많은 사람이 선호하는 순수한 기하학적 논증 방법이 있다).

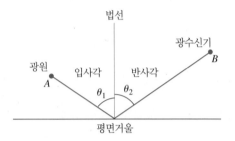

53. 주석 페스트   금속성의 주석을 13.2℃ 이하로 유지하면, 서서히 깨지고 부서져서 회색 가루가 된다. 주석 물체도 몇 년 동안 차가운 상태로 유지하면 결국 자연스럽게 회색 가루가 된다. 교회에 있는 주석 오르간 파이프가 부셔져 버리는 장면을 오래 전에 목격한 유럽 사람들은 이런 변화를 주석 페스트(tin pest)라고 불렀다. 왜냐하면 이것이 전염성이 있다고 여겼기 때문이다. 실제로 회색 가루는 자체의 조성을 위한 촉매이다.

화학 반응을 위한 촉매는 그 자신은 전혀 변하지 않고 반응 속도를 조절하는 물질이다. 자동 촉매 반응은 화학 반응에 기여하는 물질 또는 그 생성물이 그 반응에 촉매의 역할을 하는 일을 말한다. 그런 반응은 현존하는 촉매의 양이 적으면 처음에는 서서히 진행될 수 있고, 원래 물질을 대부분 소진되었을 때인 끝부분에서 다시 서서히 진행될 수 있다. 그러나 물질과 촉매가 충분한 그 중간 단계에서는 반응이 매우 빠른 속도로 진행된다.

일부의 경우에, 반응 속도 $v = dx/dt$가 현존하는 원래의 물질의 양과 생성물의 양에 모두 비례한다는 가정이 합리적이다. 즉, v를 x만의 함수로 생각해서 다음과 같이 나타낼 수 있다.

$$v = kx(a - x) = kax - kx^2$$

여기서, x는 생성물의 양이고, a는 물질의 처음 양이며, k는 양의 상수이다.

x의 어떤 값에서 속도 v가 최댓값을 가지는가? v의 최댓값은 얼마인가?

54. 비행기 착륙 경로   그림에 나타낸 대로, 공항 활주로에서 수평 거리 L만큼 떨어진 곳에 고도 H의 위치에 있는 비행기가 하강하기 시작한다. 비행기의 착륙 경로가 3차함수 $y = ax^3 + bx^2 + cx + d$의 그래프와 같다고 하자.

여기서, $y(-L) = H$이고, $y(0) = 0$이다.

a. $x = 0$에서 dy/dx는 얼마인가?

b. $x = -L$에서 dy/dx는 얼마인가?

c. $x = 0$과 $x = -L$에서 dy/dx의 값과 함께 $y(0) = 0$과 $y(-L) = H$를 이용해서 다음이 성립함을 보이라.

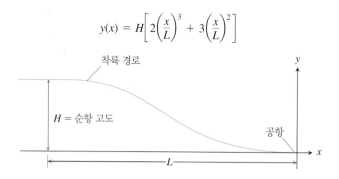

$$y(x) = H\left[2\left(\frac{x}{L}\right)^3 + 3\left(\frac{x}{L}\right)^2\right]$$

착륙 경로

H = 순항 고도

공항

y

x

L

상업과 경제

55. 배낭을 1개 제작하고 배달하는 비용은 c달러이다. 이 배낭을 x 달러에 판다면, 판매 수량은 다음과 같다.

$$n = \frac{a}{x - c} + b(100 - x)$$

여기서, a와 b는 양의 상수이다. 최대 이윤을 남기는 판매 가격은 얼마인가?

56. 여행사에서는 어떤 상품을 다음과 같이 판매한다.
- (여행을 떠날 수 있는 최소 인원인) 50 명이 여행할 때, 1인당 200달러.
- 최대 80명까지 한 사람이 추가될 때마다 1인당 비용이 2달러씩 감면된다.

여행을 시행하는 데 (고정 비용인) 6000 달러와 1인당 32달러의 비용이 든다. 이윤을 최대화할 수 있는 여행객의 수는 얼마인가?

57. 윌슨 대지 크기 공식   재산 관리 공식 중 하나에 따르면 상품의 주문과 지불 및 유지를 위한 한 주 평균 비용이 다음과 같다고 한다.

$$A(q) = \frac{km}{q} + cm + \frac{hq}{2}$$

여기서, q는 물건 (신발, 라디오, 비 등 임의의 상품)의 재고가 부족할 때 주문하는 수량이고, k는 주문 비용이며 (아무리 자주 주문해도 똑같다), c는 상품 1개의 비용 (상수)이고, m은 한 주 평균 판매 수량 (상수)이며, h는 상품 1개를 유지관리하는 비용(공간, 공공요금, 보험, 경비 등을 고려한 상수)이다.

a. 재산 관리자의 업무는 $A(q)$를 최소화하는 양을 찾는 것이다. 그것은 무엇인가? (답을 얻은 식을 윌슨 대지 크기 공식이라고 한다.)

b. 운송 비용은 가끔 주문량에 좌우된다. 그런 경우에는 k를 k와 q의 상수배의 합인 $k + bq$로 바꾸는 것이 더 현실적이다. 이럴 경우, 가장 경제적인 주문량은 얼마인가?

58. 생산 수준   평균 비용이 가장 적은 생산 수준은 평균 비용이 한계 비용과 같아지는 수준임을 증명하라.

59. $r(x) = 6x$와 $c(x) = x^3 - 6x^2 + 15x$가 각각 수입함수와 비용함수라면, 할 수 있는 최선의 경우는 손익이 0이 되는, 즉 수입이 비용과 같아지는 상태임을 보이라.

60. 생산 수준 x개의 물건을 생산하는 비용이
$c(x) = x^3 - 20x^2 + 20000x$라고 하자. x개의 물건을 생산하는 평균 비용을 최소화하는 생산 수준을 구하라.

61. 밑면이 정사각형이고 부피가 6 m³인 뚜껑이 없는 사각기둥 상자를 만들려고 한다. 바닥면에 대한 재료값은 1 m²당 60달러이고 옆 면에 대한 재료값은 1 m²당 40달러이다. 최소의 비용으로 상자를 만들려면 상자의 치수는 얼마인가? 최소 비용은 얼마인가?

62. 800개의 객실이 있는 호텔이 있다. 하루 숙박비가 50달러일 때 800개의 객실이 꽉 찬다고 한다. 숙박비가 10달러 비싸지면 하루에 40개의 방이 빈다고 한다. 하루 밤에 최대의 수입을 거두기 위한 숙박비는 얼마인가?

의학

63. 약에 대한 민감성   (2.3절 연습문제 60의 계속) 도함수 dR/dM을 최대화하는 M의 값을 찾음으로써 신체가 가장 민감하게 반응하는 약의 양을 구하라. 여기서, R과 M의 관계는 다음과 같다.

$$R = M^2\left(\frac{C}{2} - \frac{M}{3}\right)$$

여기서, C는 상수이다.

64. 기침하는 과정

a. 기침할 때 기관이 수축되어 빠져나가는 공기의 속도가 증가한다. 그래서 속도를 최대화하기 위해서는 얼마만큼 수축되어야 하는지, 그리고 기침할 때 실제로 그만큼 수축되는지와 같은 질문이 제기된다.

기관 벽의 신축성과 벽 근처의 공기가 마찰 때문에 느려진다는 합리적인 가정에서 공기 흐름의 평균 속도 v에 대해 다음과 같은 식을 설정할 수 있다.

$$v = c(r_0 - r)r^2 \text{ cm/s}, \qquad \frac{r_0}{2} \le r \le r_0$$

여기서, r_0은 안정 상태에서 기관의 지름(cm)이고, c는 양의 상수로 부분적으로 기관의 길이에 좌우된다.

$r = (2/3)r_0$일 때, 즉 기관이 약 33% 축소될 때, v가 최대임을 보이라. 놀랍게도 X선 사진은 기침할 때 기관이 이만큼 축소된다는 사실을 확증한다.

T b. $r_0 = 0.5$와 $c = 1$일 때 구간 $0 \le r \le 0.5$에서 v의 그래프를 그리라. $r = (2/3)r_0$일 때 v가 최대라는 주장에서 얻은 결과와 비교하라.

이론과 예제

65. 양의 정수에 관한 부등식   양의 정수 a, b, c, d에 대해 다음 부등식이 성립함을 보이라.

$$\frac{(a^2 + 1)(b^2 + 1)(c^2 + 1)(d^2 + 1)}{abcd} \ge 16$$

66. 예제 4의 도함수 dt/dx

a. 다음이 x에 관한 증가함수임을 보이라.

$$f(x) = \frac{x}{\sqrt{a^2 + x^2}}$$

b. 다음이 x에 관한 감소함수임을 보이라.

$$g(x) = \frac{d - x}{\sqrt{b^2 + (d - x)^2}}$$

c. 다음이 x에 관한 증가함수임을 보이라.

$$\frac{dt}{dx} = \frac{x}{c_1\sqrt{a^2 + x^2}} - \frac{d - x}{c_2\sqrt{b^2 + (d - x)^2}}$$

67. $f(x)$와 $g(x)$는 미분가능한 함수로 그래프는 아래 그림과 같다. 점 c에서 두 그래프 사이의 수직 거리가 최대이다. c에서 두 그래프의 접선에 관한 특별한 사실이 있는가? 그 이유를 설명하라.

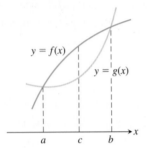

68. 함수 $f(x) = 3 + 4\cos x + \cos 2x$의 값이 음수가 되는 경우가 있는지 알아보자.

   a. 구간 $[0, 2\pi]$에 속하는 x의 값만 고려해야 하는지 이유를 설명하라.

   b. f의 값이 음수가 되는 경우가 있는가? 그 이유를 설명하라.

69. a. 함수 $y = \cot x - \sqrt{2}\,\csc x$는 구간 $0 < x < \pi$에서 최댓값을 가진다. 그 값을 구하라.

T b. 함수의 그래프를 그리고, (a)의 답에서 얻은 결과와 비교하라.

70. a. 함수 $y = \tan x + 3\cot x$는 구간 $0 < x < \pi/2$에서 최솟값을 가진다. 그 값을 찾아라.

T b. 함수의 그래프를 그리고, (a)의 답에서 얻은 결과와 비교하라.

71. a. 곡선 $y = \sqrt{x}$와 점 $(3/2, 0)$ 사이의 거리는 얼마인가? (**힌트**: 거리의 제곱을 최소화하면, 제곱근 계산을 피할 수 있다.)

T b. 거리함수 $D(x)$와 $y = \sqrt{x}$의 그래프를 함께 그리고, (a)의 답에서 얻은 결과와 비교하라.

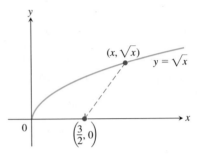

72. a. 반원 $y = \sqrt{16 - x^2}$과 점 $(1, \sqrt{3})$ 사이의 거리는 얼마인가?

T b. 거리함수와 $y = \sqrt{16 - x^2}$의 그래프를 함께 그리고, (a)의 답에서 얻은 결과와 비교하라.

3.6 뉴턴 방법

수 천년동안 수학자들의 주요 목표 중의 하나가 방정식의 해를 구하는 것이었다. 선형 방정식($ax + b = 0$)의 경우나 이차 방정식($ax^2 + bx + c = 0$)의 경우에는 해의 공식을 구할 수 있다. 그렇지만, 대부분의 방정식은 해를 구하는 간단한 공식이 없다.

이 절에서는 **뉴턴 방법**(*Newton's method*) 또는 **뉴턴·래프슨 방법**(*Newton-Raphson method*)이라고 부르는 수치적 방법을 알아본다. 이 방법은 방정식 $f(x) = 0$의 해의 근삿값을 구하는 기법이다. 뉴턴 방법은 근사해를 구하기 위해 f가 0인 점 근방에서 $y = f(x)$의 그래프에 대한 접선을 이용한다. (f가 0인 x의 값은 함수 f의 근이고, 방정식 $f(x) = 0$의 해이다.) 뉴턴 방법은 매우 강력하고 효율적이다. 공학이나 또는 복잡한 방정식의 해를 구하고자 하는 여러 분야에 매우 많이 응용되어 지고 있다.

뉴턴 방법의 과정

방정식 $f(x) = 0$의 해를 계산하는 뉴턴 방법의 목표는 해에 한없이 가까워지는 근삿값의 수열을 만드는 것이다. 수열의 첫째항 x_0을 선택한다. 그런 다음에 이 방법은(좋은 상황이라는 가정하에서) f의 그래프가 x축을 지나는 점을 향해 한걸음 한걸음 다가가도록 한다(그림 3.46). 이 방법은 각 단계에서 f의 영을 그것의 선형함수의 영으로 근사시킨다. 그 과정을 설명하면 다음과 같다.

처음에 추정한 x_0은 그래프로부터 또는 단순한 추측으로 얻을 수 있다. 그런 다음, 이 방법에서는 $(x_0, f(x_0))$에서 곡선 $y = f(x)$에 접하는 접선을 이용한다. 접선의 x절편을 x_1이라고 하자(그림 3.46). 수 x_1은 통상 x_0보다 해에 더 가까운 근삿값이다. $(x_1, f(x_1))$에서

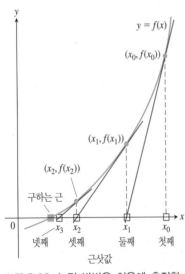

그림 3.46 뉴턴 방법은 처음에 추정한 값 x_0에서 출발해서(좋은 상황이라는 가정하에서) 추정한 값을 한 번에 한 단계씩 개선시킨다.

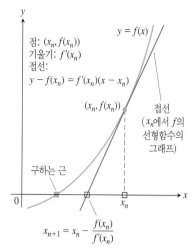

점: $(x_n, f(x_n))$
기울기: $f'(x_n)$
접선:
$y - f(x_n) = f'(x_n)(x - x_n)$

$(x_n, f(x_n))$

접선
(x_n에서 f의
선형함수의
그래프)

구하는 근

x_n

$$x_{n+1} = x_n - \frac{f(x_n)}{f'(x_n)}$$

그림 3.47 뉴턴 방법의 연속적인 단계. x_n에서 곡선까지 위로 올라가고 접선을 따라 내려와서 x_{n+1}을 구한다.

곡선에 대한 접선의 x절편인 x_2는 수열에서 그 다음 근삿값이다. 이와 같이 계속해서 그 다음 근삿값을 생성하고, 근에 충분히 가까워지면 중지한다.

연속적인 근삿값을 생성하는 공식을 유도하면 다음과 같다. 주어진 근삿값 x_n에 대해 $(x_n, f(x_n))$에서 곡선에 대한 접선의 방정식은 다음과 같다.

$$y = f(x_n) + f'(x_n)(x - x_n)$$

$y = 0$으로 놓으면, 다음과 같이 x축을 지나는 점을 구할 수 있다(그림 3.47).

$$0 = f(x_n) + f'(x_n)(x - x_n)$$

$$-\frac{f(x_n)}{f'(x_n)} = x - x_n$$

$$x = x_n - \frac{f(x_n)}{f'(x_n)} \qquad f'(x_n) \neq 0 \text{일 때}$$

x의 값이 다음 근삿값 x_{n+1}이다. 뉴턴 방법을 요약하면 다음과 같다.

뉴턴 방법

1. 방정식 $f(x) = 0$의 해에 대한 첫째 근삿값을 추정한다. $y = f(x)$의 그래프를 통해 근삿값을 추정할 수 있다.

2. 다음 공식에 따라서 첫째 근삿값을 이용해서 둘째 근삿값을 얻고 둘째 근삿값을 이용해서 셋째 근삿값을 얻으며 이와 같이 계속한다.

$$x_{n+1} = x_n - \frac{f(x_n)}{f'(x_n)}, \quad f'(x_n) \neq 0 \text{일 때} \tag{1}$$

뉴턴 방법 활용하기

뉴턴 방법을 활용하는 경우에는 일반적으로 수치 계산이 많이 요구되는데, 계산기 또는 컴퓨터로 적절하게 처리할 수 있다. 그럼에도 불구하고, 이 방법은 (매우 지루할 수 있지만) 손으로 계산하는 경우에도 방정식의 해를 구할 수 있는 강력한 방법이다.

첫째 예제에서는 $\sqrt{2}$의 근삿값을 방정식 $f(x) = x^2 - 2 = 0$의 양수 근을 계산해서 얻는다.

예제 1 다음 방정식의 양수 근을 구하라.

$$f(x) = x^2 - 2 = 0$$

풀이 $f(x) = x^2 - 2$일 때 $f'(x) = 2x$이므로, 식 (1)은 다음과 같이 된다.

$$x_{n+1} = x_n - \frac{x_n{}^2 - 2}{2x_n}$$

$$= x_n - \frac{x_n}{2} + \frac{1}{x_n}$$

$$= \frac{x_n}{2} + \frac{1}{x_n}$$

이제 다음 식을 이용해서 각 근삿값으로부터 다음 근삿값을 구할 수 있다.

$$x_{n+1} = \frac{x_n}{2} + \frac{1}{x_n}$$

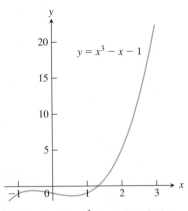

그림 3.48 $f(x) = x^3 - x - 1$의 그래프는 x축을 1번 지난다. 이것이 구하려는 근이다(예제 2).

초깃값 $x_0 = 1$에서 출발하면, 다음 표의 첫째 열에 있는 결과를 얻는다 (소수점 아래 다섯째 자리까지 나타내면, $\sqrt{2} = 1.41421$).

	오차	정확한 숫자의 개수
$x_0 = 1$	-0.41421	1
$x_1 = 1.5$	0.08579	1
$x_2 = 1.41667$	0.00246	3
$x_3 = 1.41422$	0.00001	5

뉴턴 방법은 제곱근 계산에 가장 많이 사용되는 방법인데, 매우 빠르게 (앞의 예제에서보다 더 빠르게) 수렴하기 때문이다. 예제 1에 있는 표의 계산을 소수점 아래 다섯째 자리가 아니라 열셋째 자리까지 시행하면, 한 단계 뒤에는 소수점 아래 열째 자리 이상까지 정확한 $\sqrt{2}$의 근삿값을 얻게 된다.

예제 2 곡선 $y = x^3 - x$가 수평선 $y = 1$을 지나는 점의 x좌표를 구하라.

풀이 $x^3 - x = 1$ 또는 $x^3 - x - 1 = 0$일 때, 곡선이 직선을 지난다. 언제 $f(x) = x^3 - x - 1$은 0이 되는가? $f(1) = -1$이고 $f(2) = 5$이므로, 중간값 정리에 의해 구간 (1, 2)에 근이 존재한다(그림 3.48).

뉴턴 방법을 초깃값 $x_0 = 1$과 함께 f에 적용하자. 그 결과는 표 3.1과 그림 3.49에 나타냈다.

$n = 5$일 때, $x_6 = x_5 = 1.3247\ 17957$의 결과에 도달한다. $x_{n+1} = x_n$이면, 식 (1)에 의해 $f(x_n) = 0$이다. $f(x) = 0$의 해를 소수점 아래 아홉째 자리까지 구하였다.

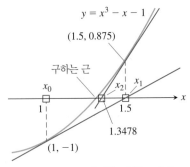

그림 3.49 표 4.1에 있는 처음 3개의 x값(소수점 아래 넷째 자리까지)

n	x_n	$f(x_n)$	$f'(x_n)$	$x_{n+1} = x_n - \dfrac{f(x_n)}{f'(x_n)}$
0	1	-1	2	1.5
1	1.5	0.875	5.75	1.3478 26087
2	1.3478 26087	0.1006 82173	4.4499 05482	1.3252 00399
3	1.3252 00399	0.0020 58362	4.2684 68292	1.3247 18174
4	1.3247 18174	0.0000 00924	4.2646 34722	1.3247 17957
5	1.3247 17957	$-1.8672E-13$	4.2646 32999	1.3247 17957

표 3.1 뉴턴 방법을 $x_0 = 1$일 때 $f(x) = x^3 - x - 1$에 적용한 결과

그림 3.50에서는 예제 2의 과정을 $x_0 = 3$인 점 $B_0(3, 23)$에서 출발할 수 있음을 나타냈다. 점 B_0은 x축에서 꽤 멀리 떨어져 있지만, B_0에서의 접선은 x축을 (2.12, 0)의 근방에서 지나므로 x_1은 x_0에 비해 훨씬 더 좋은 근삿값이다. $f(x) = x^3 - x - 1$과 $f'(x) = 3x^2 - 1$인 경우에 식 (1)을 반복 적용하면, 7단계만에 소수점 아래 아홉 자리까지의 해 $x_7 = x_6 = 1.3247\ 17957$에 도달한다.

근삿값의 수렴

8장에서 뉴턴 방법의 근삿값 x_n에 대한 수렴성의 개념을 정확히 정리할 것이다. 직관적으로 경계가 없이 무한히 n을 증가하면 x_n은 근 r에 근접한다(1.6절에서 t가 무한대로 갈 때 함수 $g(t)$의 극한값을 정의한 것과 유사하다).

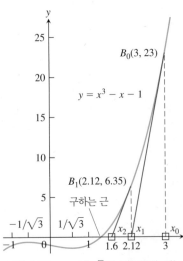

그림 3.50 $x = 1/\sqrt{3}$의 오른쪽에 있는 임의의 x_0에서 출발해도 예제 2의 근에 도달한다.

실제로 뉴턴 방법은 통상 매우 빠른 속도로 수렴하지만, 수렴이 보장되지는 않는다. 수렴을 판정하는 방법은 x_0을 위한 좋은 출발점을 추정하기 위해 함수의 그래프를 그리는 것으로부터 시작된다. $|f(x_n)|$의 값이 0에 가까운지를 확인함으로써 근에 더 가까워졌음을 판정할 수 있고, $|x_n - x_{n+1}|$의 값을 계산해서 이 방법이 수렴함을 확인할 수 있다.

뉴턴 방법이 항상 수렴하지는 않는다. 예를 들어 다음 함수를 생각하자.

$$f(x) = \begin{cases} -\sqrt{r-x}, & x < r \\ \sqrt{x-r}, & x \geq r, \end{cases}$$

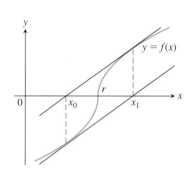

그림 3.51 뉴턴 방법이 수렴하지 않을 수 있다. x_0에서 x_1로 갔다가 다시 x_0으로 가서 r에 더 가까워지지 않는다.

이 함수의 그래프는 그림 3.51과 같다. $x_0 = r - h$에서 출발하면 $x_1 = r + h$를 얻고, 그 다음 근삿값들은 이 두 값을 교대로 취한다. 아무리 여러 번 반복해도 처음에 추측한 값보다 근에 더 가까워지지 않는다.

뉴턴 방법이 수렴하면, 근에 수렴한다. 그렇지만 주의하자. 뉴턴 방법이 수렴하지만 그곳에 근이 없는 경우도 있다. 다행히도, 이런 경우는 드물다.

뉴턴 방법이 근에 수렴할 때, 그 근이 처음에 생각했던 것이 아닐 수 있다. 그림 3.52는 이런 상황이 나타날 수 있는 두 가지 경우를 보여준다.

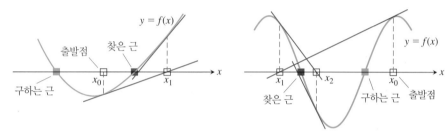

그림 3.52 너무 먼 곳에서 출발하면, 뉴턴 방법은 원하는 근을 지나칠 수 있다.

연습문제 3.6

근 구하기

1. 뉴턴 방법을 이용해서 방정식 $x^2 + x - 1 = 0$의 해를 계산하자. 왼 쪽에 있는 해를 위해 $x_0 = -1$에서 출발하고 오른쪽에 있는 해를 위해 $x_0 = 1$에서 출발한다. 각 경우에 x_2를 구하라.

2. 뉴턴 방법을 이용해서 $x^3 + 3x + 1 = 0$의 한 실근을 계산하자. $x_0 = 0$에서 출발해서 x_2를 구하라.

3. 뉴턴 방법으로 함수 $f(x) = x^4 + x - 3$의 두 근을 계산하자. 왼쪽에 있는 근을 위해 $x_0 = -1$에서 출발하고 오른쪽에 있는 근을 위해 $x_0 = 1$에서 출발한다. 각 경우에 x_2를 구하라.

4. 뉴턴 방법으로 함수 $f(x) = 2x - x^2 + 1$의 두 근을 계산하자. 왼쪽에 있는 해를 위해 $x_0 = 0$에서 출발하고 오른쪽의 해를 위해 $x_0 = 2$에서 출발한다. 각 경우에 x_2를 구하라.

5. 뉴턴 방법으로 방정식 $x4 - 2 = 0$의 해인 2의 양의 네제곱근을 구하라. $x_0 = 1$에서 출발하여 x_2를 구하라.

6. 뉴턴 방법으로 방정식 $x4 - 2 = 0$의 해인 2의 음의 네제곱근을 구하라. $x_0 = -1$에서 출발하여 x_2를 구하라.

7. 뉴턴 방법을 이용해서 방정식 $3 - x = x^3$의 해를 구하자. $x_0 = 1$

에서 출발하여 x_2를 구하라.

출발점의 중요성

8. 아래 보이는 그림의 함수를 이용하여, 각 출발점 x_0에 대하여, 뉴턴 방법의 근삿값의 수열이 어떤 일이 발생되는지를 그림으로 보이라.

  a. $x_0 = 0$ **b.** $x_0 = 1$

  c. $x_0 = 2$ **d.** $x_0 = 4$

  e. $x_0 = 5.5$

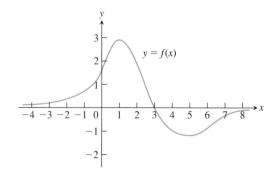

9. 근의 추정 처음에 추정한 x_0이 다행스럽게도 $f(x)=0$의 근이라고 가정하자. $f'(x_0)$이 정의되고 0이 아니라고 하면, x_1은 무엇이며, 그 다음 근삿값은 무엇인가?

10. 원주율 계산 뉴턴 방법으로 방정식 $\cos x=0$을 풀어서 $\pi/2$를 계산한다고 하자. 출발점의 선택은 중요한가? 그 이유를 설명하라.

이론과 예제

11. 진동 $h>0$일 때, 다음 함수에 뉴턴 방법을 적용해서 $x_0=h$이면 $x_1=-h$이고, $x_0=-h$이면 $x_1=h$임을 보이라.

$$f(x) = \begin{cases} \sqrt{x}, & x \geq 0 \\ \sqrt{-x}, & x < 0 \end{cases}$$

이런 현상을 보여주는 그림을 그리라.

12. 더욱 더 나빠지는 근삿값 뉴턴 방법을 $x_0=1$일 때 $f(x)=x^{1/3}$에 적용해서 x_1, x_2, x_3, x_4를 계산하라. $|x_n|$에 대한 공식을 구하라. $n \to \infty$일 때 $|x_n|$은 어떻게 되는가? 이때 나타나는 현상을 보여주는 그림을 그리라.

13. 다음 네 문장이 모두 똑같은 정보를 요구하고 있는 이유를 설명하라.

i) $f(x)=x^3-3x-1$의 근을 구하라.

ii) 곡선 $y=x^3$과 직선 $y=3x+1$의 교점의 x좌표를 구하라.

iii) 곡선 $y=x^3-3x$가 수평선 $y=1$을 지나는 점의 x좌표를 구하라.

iv) $g(x)=(1/4)x^4-(3/2)x^2-x+5$의 도함수가 0인 곳의 x의 값을 구하라.

14. 행성의 위치 행성의 공간좌표를 계산하기 위해서는 $x=1+0.5 \sin x$와 같은 방정식을 풀어야 한다. 함수 $f(x)=x-1-0.5 \sin x$의 그래프는 $x=1.5$의 근방에 이 함수의 근이 있음을 알려준다. 뉴턴 방법을 적용해서 더 정확한 값을 구하라. 즉, $x_0=1.5$에서 출발해서 x_1을 구하라(근을 소수점 아래 다섯째 자리까지 구하면 1.49870이다). 라디안을 이용하고 있음을 상기하자.

T 15. 곡선의 교점 곡선 $y=\tan x$는 직선 $y=2x$를 $x=0$과 $x=\pi/2$ 사이에서 지난다. 뉴턴 방법으로 교점을 구하라.

T 16. 4차 방정식의 실근 뉴턴 방법을 이용해서 방정식 $x^4-2x^3-x^2-2x+2=0$의 두 실근을 구하라.

T 17. a. 방정식 $\sin 3x=0.99-x^2$에는 몇 개의 근이 있는가?

b. 뉴턴 방법을 이용해서 근들을 구하라.

18. 곡선의 교점

a. $\cos 3x$와 x는 만나는가? 그 이유를 설명하라.

b. 뉴턴 방법으로 교점을 구하라.

19. 함수 $f(x)=2x^4-4x^2+1$의 네 근을 구하라.

T 20. 원주율 계산 뉴턴 방법으로 $x_0=3$일 때 방정식 $\tan x=0$을 풀어서 π의 값을 계산기에서 표시되는 가능한 한 많은 자리까지 구하라.

21. 곡선의 교점 $\cos x=2x$인 x의 값(들)은 무엇인가?

22. 곡선의 교점 $\cos x=-x$인 x의 값(들)은 무엇인가?

23. $y=x^2(x+1)$과 $y=1/x(x>0)$의 그래프는 $x=r$에서 교점을 갖는다. 뉴턴 방법으로 r의 값을 소수점 아래 넷째 자리까지 구하라.

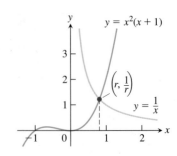

24. $y=\sqrt{x}$와 $y=3-x_2$의 그래프는 $x=r$에서 교점을 갖는다. 뉴턴 방법으로 r의 값을 소수점 아래 넷째자리까지 구하라.

25. 1.5절의 중간값 정리를 이용해서 $f(x)=x^3+2x-4$의 근이 $x=1$과 $x=2$ 사이에 존재함을 보이라. 그 근을 소수점 아래 다섯째 자리까지 구하라.

26. 4차식의 인수분해 다음의 인수분해에서 r_1, r_2, r_3, r_4의 근삿값을 구하라.

$$8x^4-14x^3-9x^2+11x-1 = 8(x-r_1)(x-r_2)(x-r_3)(x-r_4)$$

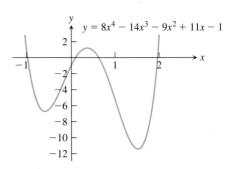

T 27. 다른 근으로의 수렴 주어진 출발점을 이용해서 뉴턴 방법으로 $f(x)=4x^4-4x^2$의 근을 구하라.

a. $(-\infty, -\sqrt{2}/2)$에 속한 $x_0=-2$와 $x_0=-0.8$

b. $(-\sqrt{21}/7, \sqrt{21}/7)$에 속한 $x_0=-0.5$와 $x_0=0.25$

c. $(\sqrt{2}/2, \infty)$에 속한 $x_0=0.8$과 $x_0=2$

d. $x_0=-\sqrt{21}/7$과 $x_0=\sqrt{21}/7$

28. 부표 문제 잠수함 위치 추적 문제에서는 물속의 소리 측정기(부표)에 잠수함이 가장 가까이 접근하는 지점(CPA)을 구할 필요가 자주 있다. 잠수함이 포물선 경로 $y=x^2$을 따라 이동하고 부표는 점$(2, -1/2)$에 있다고 하자.

a. 잠수함과 부표 사이의 거리를 최소화하는 x의 값은 방정식 $x=1/(x^2+1)$의 근임을 보이라.

b. 뉴턴 방법으로 방정식 $x=1/(x^2+1)$을 풀라.

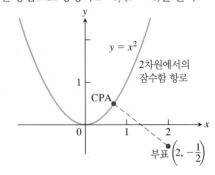

T **29. 근에서 거의 평평한 곡선** 어떤 곡선은 대단히 평평해서 뉴턴의 방법으로는 근에서 너무 멀리 떨어지게 되어 실질적으로 유용한 근삿값을 얻지 못한다. 뉴턴 방법을 초깃값이 $x_0 = 2$일 때 $f(x) = (x-1)^{40}$에 적용해서 $x = 1$에 얼마나 가까이 갈 수 있는지 알아보라.

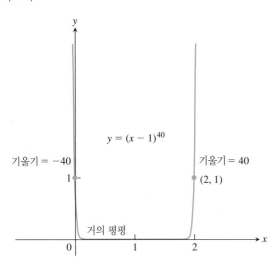

30. 다음 그림은 호의 길이 s는 3이고 현의 길이가 2를 갖는 반지름이 r인 원이다. 뉴턴 방법으로 r과 θ(라디안)를 소수점 아래 넷째 자리까지 구하라. $(0 < \theta < \pi)$

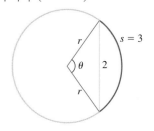

3.7 **역도함수**

많은 문제들에서는 도함수(또는 변화율)로부터 원래의 함수를 찾아내기를 요구한다. 예를 들면, 물리 법칙에 의해 처음 높이에서 낙하하는 물체의 가속도를 알 수 있는데, 이를 이용하여 임의의 시간에서 물체의 속도나 높이를 계산해야 하는 문제가 있다. 좀 더 일반적으로 말하면, 함수 f로부터 도함수가 f가 되는 함수 F를 구해야 하는 경우가 있다. 이러한 함수 F가 존재한다면, 이를 f의 **역도함수**라고 한다. 원시함수가 미적분학의 중요한 두 요소, 즉 도함수와 정적분을 연결해 주는 고리이다.

역도함수 구하기

> **정의** 구간 I의 모든 x에 대해 $F'(x) = f(x)$일 때, F를 I에서 f의 **역도함수(antiderivative)** 라고 한다.

도함수 $f(x)$로부터 함수 $F(x)$를 다시 구하는 과정을 **역미분**(*antidifferentiation*)이라고 한다. 함수 f의 역도함수를 F, g의 역도함수를 G와 같이, 역도함수는 보통 대문자로 나타낸다.

예제 1 다음 함수의 역도함수를 구하라.

(a) $f(x) = 2x$ **(b)** $g(x) = \cos x$ **(c)** $h(x) = \sec^2 x + \dfrac{1}{2\sqrt{x}}$

풀이 거꾸로 생각하여야 한다. 어떤 함수를 미분하였을 때 주어진 함수와 같을까?

(a) $F(x) = x^2$ **(b)** $G(x) = \sin x$ **(c)** $H(x) = \tan x + \sqrt{x}$

각 답을 미분하여 확인할 수 있다. $F(x)=x^2$의 도함수는 $2x$이다. $G(x)=\sin x$의 도함수는 $\cos x$이고, $H(x)=\tan x + \sqrt{x}$의 도함수는 $\sec^2 x + (1/2\sqrt{x})$이다. ■

함수 $F(x)=x^2$이 도함수가 $2x$인 유일한 함수는 아니다. 함수 x^2+1의 도함수도 그와 똑같다. 임의의 상수 C에 대해 x^2+C의 도함수도 그렇다. 다른 것도 있는가?

3.2절에 있는 평균값 정리의 따름정리 2는 이에 대한 답을 알려준다. 즉, 한 함수에 대한 임의의 두 역도함수는 상수만큼 차이가 난다. 그래서 **임의의 상수** C에 대한 x^2+C의 함수들은 $f(x)=2x$의 모든 역도함수를 형성한다. 좀 더 일반적으로, 다음과 같은 결과를 얻는다.

정리 8   함수 F가 구간 I에서 f의 역도함수일 때, I에서 f의 가장 일반적인 역도함수는 임의의 상수 C에 대해 다음과 같다.

$$F(x) + C$$

그러므로 I에서 f의 가장 일반적인 역도함수는 함수족 $F(x)+C$로, 그 그래프는 다른 것의 수직 이동이다. C에 특정한 값을 지정함으로써, 이 함수족으로부터 특별한 역도함수를 선택할 수 있다. 다음 예제는 값을 지정하는 방법을 보여준다.

예제 2 $f(x)=3x^2$의 역도함수 중에서 $F(1)=-1$인 것을 구하라.

풀이   함수 x^3의 도함수가 $3x^2$이므로, $f(x)$의 모든 역도함수를 나타내는 일반적인 역도함수는 다음과 같다.

$$F(x) = x^3 + C$$

조건 $F(1)=-1$을 이용해서 C에 대한 특정한 값을 결정한다. $x=1$을 $F(x)=x^3+C$에 대입하면 다음을 얻는다.

$$F(1) = (1)^3 + C = 1 + C$$

$F(1)=-1$이므로, $1+C=-1$을 풀면 $C=-2$를 얻는다. 그러므로 $F(1)=-1$을 만족시키는 역도함수는 다음과 같다.

$$F(x) = x^3 - 2$$

C는 $y=x^3+C$의 여러 곡선 중에서 $(1,-1)$을 지나는 특별한 곡선을 선택한다(그림 3.53). ■

여러 가지 미분 공식으로부터 거꾸로 계산하면, 역도함수에 대한 공식과 법칙을 유도할 수 있다. 각 경우에 주어진 함수의 모든 역도함수를 나타내는 일반적인 표현에 임의의 상수 C가 있다. 표 3.2에 여러 중요한 함수에 대한 역도함수 공식을 제시하였다. 표 3.2의 공식들은, 일반적인 역도함수를 미분해서 왼쪽에 있는 함수를 얻음으로써 쉽게 확인할 수 있다. 예를 들면, $k \neq 0$일 때 $(\tan kx)/k+C$의 도함수는 상수 C의 모든 값에 대해 $\sec^2 kx$이다. 이 결과는 $\sec^2 kx$의 가장 일반적인 역도함수에 대한 공식 4를 증명한다.

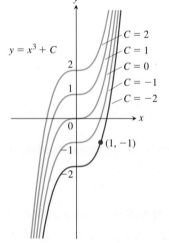

그림 3.53 곡선 $y=x^3+C$는 겹치지 않고 좌표평면을 채운다. 예제 2에서 주어진 점 $(1,-1)$을 지나는 곡선은 $y=x^3-2$임을 확인한다.

표 3.2 역도함수 공식 (*k*는 0이 아닌 상수)

함수	일반적인 역도함수
1. x^n	$\dfrac{1}{n+1}x^{n+1} + C, \quad n \neq -1$
2. $\sin kx$	$-\dfrac{1}{k}\cos kx + C$
3. $\cos kx$	$\dfrac{1}{k}\sin kx + C$
4. $\sec^2 kx$	$\dfrac{1}{k}\tan kx + C$
5. $\csc^2 kx$	$-\dfrac{1}{k}\cot kx + C$
6. $\sec kx \tan kx$	$\dfrac{1}{k}\sec kx + C$
7. $\csc kx \cot kx$	$-\dfrac{1}{k}\csc kx + C$

예제 3 다음 함수의 일반적인 역도함수를 구하라.

(a) $f(x) = x^5$ 　　　　　　　　　**(b)** $g(x) = \dfrac{1}{\sqrt{x}}$

(c) $h(x) = \sin 2x$ 　　　　　　　**(d)** $i(x) = \cos \dfrac{x}{2}$

풀이 각각의 경우에 표 3.2의 공식을 이용할 수 있다.

(a) $F(x) = \dfrac{x^6}{6} + C$ 　　　　　　　　　　　　공식 1, $n = 5$일 때

(b) $g(x) = x^{-1/2}$이므로 역도함수는 다음과 같다.

$$G(x) = \frac{x^{1/2}}{1/2} + C = 2\sqrt{x} + C$$ 　　　　공식 1, $n = -1/2$일 때

(c) $H(x) = \dfrac{-\cos 2x}{2} + C$ 　　　　　　　　　공식 2, $k = 2$일 때

(d) $I(x) = \dfrac{\sin(x/2)}{1/2} + C = 2\sin \dfrac{x}{2} + C$ 　　공식 3, $k = 1/2$일 때 ■

다른 도함수 공식으로부터 대응하는 역도함수 공식을 유도할 수 있다. 역도함수끼리 더하거나 뺄 수 있으며, 역도함수에 상수를 곱할 수도 있다.

표 3.3 역도함수 공식에 관한 선형공식

	함수	일반적인 역도함수
1. 상수배 공식:	$kf(x)$	$kF(x) + C$, k는 상수
2. 합·차 공식:	$f(x) \pm g(x)$	$F(x) \pm G(x) + C$

표 3.3의 공식들은 역도함수들을 미분하고 그 결과가 원래의 함수와 일치함을 확인함으로써 쉽게 증명할 수 있다.

예제 4 다음 함수의 일반적인 역도함수를 구하라.

$$f(x) = \frac{3}{\sqrt{x}} + \sin 2x$$

풀이 예제 3에 있는 함수 g와 h에 대해 $f(x) = 3g(x) + h(x)$이다. 예제 3(b)에 의해 $G(x) = 2\sqrt{x}$는 $g(x)$의 역도함수이므로, 역도함수에 관한 상수배 공식에 의해 $3G(x) = 3 \cdot 2\sqrt{x} = 6\sqrt{x}$는 $3g(x) = 3/\sqrt{x}$의 역도함수이다. 마찬가지로 예제 3(c)에 의해 $H(x) = (-1/2)\cos 2x$는 $h(x) = \sin 2x$의 역도함수이다. 그러므로 역도함수에 관한 합 공식에 의해 $f(x)$에 대한 일반적인 역도함수 공식은 다음과 같다.

$$F(x) = 3G(x) + H(x) + C$$
$$= 6\sqrt{x} - \frac{1}{2}\cos 2x + C$$

여기서, C는 임의의 상수이다. ■

초깃값 문제와 미분방정식

역도함수는 수학과 그 응용에서 여러 가지 중요한 역할을 한다. 역도함수를 구하는 방법과 기법은 미적분학의 주요 부분이고 7장에서 주로 다룬다. 함수 $f(x)$의 역도함수를 구하는 문제는 다음 방정식을 만족시키는 함수 $y(x)$를 구하는 문제와 같다.

$$\frac{dy}{dx} = f(x)$$

이것을 **미분방정식(differential equation)**이라고 하는데, 이 방정식이 미지의 함수 y의 도함수를 포함하고 있기 때문이다. 이를 풀기 위해서는 주어진 방정식을 만족시키는 함수 $y(x)$가 필요하다. 이런 함수는 $f(x)$의 역도함수를 취해서 구한다. 역미분 과정에서 나타나는 임의의 상수는 다음과 같이 초기 조건을 지정함으로써 결정할 수 있다.

$$y(x_0) = y_0$$

이 조건은 $x = x_0$일 때 함수 $y(x)$의 값이 y_0임을 뜻한다. 초기 조건이 주어진 미분방정식을 **초깃값 문제(initial value problem)**라고 한다. 이런 문제는 과학의 모든 분야에서 중요한 역할을 한다. 다음은 초깃값 문제를 푸는 예제이다.

함수 $f(x)$의 가장 일반적인 역도함수 $F(x) + C$(예제 2에서 함수 $3x^2$에 대하여 $x^3 + C$와 같은)는 미분방정식 $dy/dx = f(x)$의 **일반해(general solution)** $y = F(x) + C$를 구하게 해준다. 일반해는 미분 방정식의 모든 해를 말한다(C의 각 값에 대해 하나씩이므로 무수히 많은 해가 있다). 일반해를 구함으로써 미분방정식을 **푼다(solve)**. 그리고 초기 조건 $y(x_0) = y_0$을 만족시키는 **특수해(particular solution)**를 구함으로써 초깃값 문제를 푼다. 예제 2에서 함수 $y = x^3 - 2$는 초깃값 $y(1) = -1$을 만족하는 미분방정식 $dy/dx = 3x^2$의 특수해이다.

역도함수와 운동

물체의 위치에 대한 도함수는 속도이고, 속도의 도함수가 가속도임을 알아보았다. 물체의 가속도를 알면 역도함수를 구해서 속도를 알아낼 수 있고, 속도의 역도함수로부터 물체의 위치함수를 다시 구할 수 있다. 이 과정은 3.2절에 있는 따름정리 2의 활용으로 이용되었다. 이제 역도함수를 이용한 용어와 개념적인 체제를 갖추고, 미분방정식의 관점에서 그 문제를 다시 다루어 보자.

예제 5 3.6 m/s의 속도로 상승하고 있는 열기구가 지면으로부터 24.5 m의 높이에 있을 때 상자가 떨어졌다. 이 상자가 지면에 도달하는 데 얼마나 걸리는가?

풀이 시각 t에서 이 상자의 속도를 $v(t)$로 나타내고, 지면으로부터의 높이를 $s(t)$로 나타

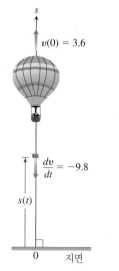

$v(0) = 3.6$

$\dfrac{dv}{dt} = -9.8$

$s(t)$

0   지면

그림 3.54 상승하는 열기구에서 떨어지는 상자(예제 5)

내자. 지구 표면 근방에서 중력 가속도는 9.8 m/s^2이다. 떨어지는 상자에 다른 힘이 가해지지 않는다고 가정하면, 다음을 얻는다.

$$\frac{dv}{dt} = -9.8$$ 중력이 s가 감소하는 방향으로
가해지므로 음수이다.

이것으로부터 다음과 같은 초깃값 문제를 얻는다(그림 3.54).

미분방정식: $\dfrac{dv}{dt} = -9.8$

초기 조건: $v(0) = 3.6$ 열기구의 초기 속도

이것이 상자의 운동에 대한 수학적 모형이다. 다음과 같이 이 초깃값 문제를 풀어서 상자의 속도를 얻는다.

1. 미분방정식을 푼다: -9.8의 역도함수에 대한 일반적인 공식은 다음과 같다.

$$v = -9.8t + C$$

미분방정식의 일반해를 찾았으므로, 초기 조건을 이용해서 특수해를 구한다.

2. C의 값을 계산한다:

$$3.6 = -9.8(0) + C$$ 초기 조건 $v(0) = 3.6$
$$C = 3.6$$

초깃값 문제의 해는 다음과 같다.

$$v = -9.8t + 3.6$$

속도는 높이의 도함수이고, 상자가 떨어질 때인 시각 $t = 0$에서 상자의 높이가 24.5 m이므로, 두 번째 초깃값 문제는 다음과 같다.

미분방정식: $\dfrac{ds}{dt} = -9.8t + 3.6$ 마지막 식에서
$v = ds/dt$로 놓는다.

초기 조건: $s(0) = 24.5$

이 초깃값 문제를 풀어서 t의 함수로 높이를 구한다.

1. 미분방정식을 푼다: $-9.8t + 3.6$의 일반적인 역도함수는 다음과 같다.

$$s = -4.9t^2 + 3.6t + C$$

2. C의 값을 계산한다:

$$24.5 = -4.9(0)^2 + 3.6(0) + C$$ 초기 조건 $s(0) = 24.5$
$$C = 24.5$$

시각 t에서 지면으로부터 상자의 높이는 다음과 같다.

$$s = -4.9t^2 + 3.6t + 24.5$$

해를 활용하기: 상자가 지면에 도달하는 데까지 걸리는 시간을 구하기 위해서 다음과 같이 s를 0으로 놓고 t에 대해 푼다.

$$-4.9t^2 + 3.6t + 24.5 = 0$$
$$t = \frac{-3.6 \pm \sqrt{493.16}}{-9.8}$$ 근의 공식
$$t \approx -1.90, \quad \text{또는} \quad t \approx 2.63$$

상자는 기구에서 떨어지고 약 2.63초 뒤에 지면에 도달한다 (음수 근에는 물리적인 의미가 없다). ■

부정적분

함수 f의 역도함수 전체의 집합을 특별한 기호로 나타낸다.

> **정의** f의 역도함수 전체의 집합을 x에 관한 f의 **부정적분(indefinite integral)**이라 하고, 기호로 다음과 같이 나타낸다.
>
> $$\int f(x)\, dx$$
>
> 기호 $\int$은 **적분 기호(integral sign)**이다. 함수 f가 이 적분의 **피적분함수(integrand)**이고, x가 **적분 변수(variable of intergration)**이다.

우리가 방금 정의한 표기법의 적분 기호 다음에 피적분함수가 뒤따르고 적분 변수를 나타내기 위한 미분이 나타난다. 4장에서는 왜 이것이 중요한지를 설명할 것이다.

이런 표기법으로 예제 1의 해를 다음과 같이 바꾸어 나타낼 수 있다.

$$\int 2x\, dx = x^2 + C,$$

$$\int \cos x\, dx = \sin x + C,$$

$$\int \left(\sec^2 x + \frac{1}{2\sqrt{x}} \right) dx = \tan x + \sqrt{x} + C$$

이 표기법은 4장에서 탐구할 역도함수의 주요한 활용과 관련이 있다. 역도함수는 무한 합의 극한 계산에서 결정적인 역할을 하는데, 이는 미적분학의 기본정리라고 부르는 4장의 핵심 결과에서 설명하겠지만 예상하지 못한 놀랍도록 유용한 역할을 한다.

예제 6 다음을 계산하라.

$$\int (x^2 - 2x + 5)\, dx$$

풀이 $(x^3/3) - x^2 + 5x$가 $x^2 - 2x + 5$의 역도함수임을 알게 되면, 다음과 같이 적분을 계산할 수 있다.

$$\int (x^2 - 2x + 5)\, dx = \underbrace{\frac{x^3}{3} - x^2 + 5x}_{\text{역도함수}} + \underbrace{C}_{\text{임의의 상수}}$$

역도함수를 곧바로 알 수 없으면, 다음과 같이 합·차 및 상수배 공식으로 항별로 역도함수를 생성한다.

$$\int (x^2 - 2x + 5)\, dx = \int x^2\, dx - \int 2x\, dx + \int 5\, dx$$

$$= \int x^2\, dx - 2\int x\, dx + 5\int 1\, dx$$

$$= \left(\frac{x^3}{3} + C_1 \right) - 2\left(\frac{x^2}{2} + C_2 \right) + 5(x + C_3)$$

$$= \frac{x^3}{3} + C_1 - x^2 - 2C_2 + 5x + 5C_3$$

이 식은 필요 이상으로 복잡하다. C_1과 $-2C_2$ 및 $5C_3$을 결합해서 1개의 임의의 상수 $C = C_1 - 2C_2 + 5C_3$으로 나타내면, 위의 식은 다음과 같이 간단하게 된다.

$$\frac{x^3}{3} - x^2 + 5x + C$$

그리고 여전히 모든 역도함수가 포함되어 있다. 이런 이유에서 항별로 적분하더라도 위의 마지막 꼴로 바로 진행할 것을 권고한다. 즉, 다음과 같이 쓰자.

$$\int (x^2 - 2x + 5)\,dx = \int x^2\,dx - \int 2x\,dx + \int 5\,dx$$

$$= \frac{x^3}{3} - x^2 + 5x + C$$

각 항별로 가장 간단한 역도함수를 구하고, 끝에 임의의 상수를 추가한다. ■

연습문제 3.7

역도함수 구하기

연습문제 1~16에서 각 함수의 역도함수를 구하라. 가능한 한 머릿속으로 계산하고, 구한 답을 미분해서 확인하라.

1. a. $2x$ **b.** x^2 **c.** $x^2 - 2x + 1$

2. a. $6x$ **b.** x^7 **c.** $x^7 - 6x + 8$

3. a. $-3x^{-4}$ **b.** x^{-4} **c.** $x^{-4} + 2x + 3$

4. a. $2x^{-3}$ **b.** $\dfrac{x^{-3}}{2} + x^2$ **c.** $-x^{-3} + x - 1$

5. a. $\dfrac{1}{x^2}$ **b.** $\dfrac{5}{x^2}$ **c.** $2 - \dfrac{5}{x^2}$

6. a. $-\dfrac{2}{x^3}$ **b.** $\dfrac{1}{2x^3}$ **c.** $x^3 - \dfrac{1}{x^3}$

7. a. $\dfrac{3}{2}\sqrt{x}$ **b.** $\dfrac{1}{2\sqrt{x}}$ **c.** $\sqrt{x} + \dfrac{1}{\sqrt{x}}$

8. a. $\dfrac{4}{3}\sqrt[3]{x}$ **b.** $\dfrac{1}{3\sqrt[3]{x}}$ **c.** $\sqrt[3]{x} + \dfrac{1}{\sqrt[3]{x}}$

9. a. $\dfrac{2}{3}x^{-1/3}$ **b.** $\dfrac{1}{3}x^{-2/3}$ **c.** $-\dfrac{1}{3}x^{-4/3}$

10. a. $\dfrac{1}{2}x^{-1/2}$ **b.** $-\dfrac{1}{2}x^{-3/2}$ **c.** $-\dfrac{3}{2}x^{-5/2}$

11. a. $-\pi \sin \pi x$ **b.** $3 \sin x$ **c.** $\sin \pi x - 3 \sin 3x$

12. a. $\pi \cos \pi x$ **b.** $\dfrac{\pi}{2} \cos \dfrac{\pi x}{2}$ **c.** $\cos \dfrac{\pi x}{2} + \pi \cos x$

13. a. $\sec^2 x$ **b.** $\dfrac{2}{3} \sec^2 \dfrac{x}{3}$ **c.** $-\sec^2 \dfrac{3x}{2}$

14. a. $\csc^2 x$ **b.** $-\dfrac{3}{2} \csc^2 \dfrac{3x}{2}$ **c.** $1 - 8 \csc^2 2x$

15. a. $\csc x \cot x$ **b.** $-\csc 5x \cot 5x$ **c.** $-\pi \csc \dfrac{\pi x}{2} \cot \dfrac{\pi x}{2}$

16. a. $\sec x \tan x$ **b.** $4 \sec 3x \tan 3x$ **c.** $\sec \dfrac{\pi x}{2} \tan \dfrac{\pi x}{2}$

부정적분 구하기

연습문제 17~56에서 가장 일반적인 역도함수 또는 부정적분을 구하라. 구한 답을 미분해서 확인하라.

17. $\displaystyle\int (x + 1)\,dx$

18. $\displaystyle\int (5 - 6x)\,dx$

19. $\displaystyle\int \left(3t^2 + \dfrac{t}{2} \right) dt$

20. $\displaystyle\int \left(\dfrac{t^2}{2} + 4t^3 \right) dt$

21. $\displaystyle\int (2x^3 - 5x + 7)\,dx$

22. $\displaystyle\int (1 - x^2 - 3x^5)\,dx$

23. $\displaystyle\int \left(\dfrac{1}{x^2} - x^2 - \dfrac{1}{3} \right) dx$

24. $\displaystyle\int \left(\dfrac{1}{5} - \dfrac{2}{x^3} + 2x \right) dx$

25. $\displaystyle\int x^{-1/3}\,dx$

26. $\displaystyle\int x^{-5/4}\,dx$

27. $\displaystyle\int \left(\sqrt{x} + \sqrt[3]{x} \right) dx$

28. $\displaystyle\int \left(\dfrac{\sqrt{x}}{2} + \dfrac{2}{\sqrt{x}} \right) dx$

29. $\displaystyle\int \left(8y - \dfrac{2}{y^{1/4}} \right) dy$

30. $\displaystyle\int \left(\dfrac{1}{7} - \dfrac{1}{y^{5/4}} \right) dy$

31. $\displaystyle\int 2x(1 - x^{-3})\,dx$

32. $\displaystyle\int x^{-3}(x + 1)\,dx$

33. $\displaystyle\int \dfrac{t\sqrt{t} + \sqrt{t}}{t^2}\,dt$

34. $\displaystyle\int \dfrac{4 + \sqrt{t}}{t^3}\,dt$

35. $\displaystyle\int (-2 \cos t)\,dt$

36. $\displaystyle\int (-5 \sin t)\,dt$

37. $\displaystyle\int 7 \sin \dfrac{\theta}{3}\,d\theta$

38. $\displaystyle\int 3 \cos 5\theta\,d\theta$

39. $\displaystyle\int (-3 \csc^2 x)\,dx$

40. $\displaystyle\int \left(-\dfrac{\sec^2 x}{3} \right) dx$

41. $\displaystyle\int \dfrac{\csc \theta \cot \theta}{2}\,d\theta$

42. $\displaystyle\int \dfrac{2}{5} \sec \theta \tan \theta\,d\theta$

43. $\displaystyle\int (4 \sec x \tan x - 2 \sec^2 x)\,dx$

44. $\displaystyle\int \dfrac{1}{2}(\csc^2 x - \csc x \cot x)\,dx$

45. $\displaystyle\int (\sin 2x - \csc^2 x)\,dx$

46. $\displaystyle\int (2 \cos 2x - 3 \sin 3x)\,dx$

47. $\displaystyle\int \dfrac{1 + \cos 4t}{2}\,dt$

48. $\displaystyle\int \dfrac{1 - \cos 6t}{2}\,dt$

49. $\displaystyle\int 3x^{\sqrt{3}}\,dx$

50. $\displaystyle\int x^{\sqrt{2}-1}\,dx$

51. $\displaystyle\int (1 + \tan^2 \theta)\, d\theta$ **52.** $\displaystyle\int (2 + \tan^2 \theta)\, d\theta$

(힌트: $1 + \tan^2 \theta = \sec^2 \theta$)

53. $\displaystyle\int \cot^2 x\, dx$ **54.** $\displaystyle\int (1 - \cot^2 x)\, dx$

(힌트: $1 + \cot^2 x = \csc^2 x$)

55. $\displaystyle\int \cos\theta\,(\tan\theta + \sec\theta)\, d\theta$ **56.** $\displaystyle\int \frac{\csc\theta}{\csc\theta - \sin\theta}\, d\theta$

역도함수 공식 확인하기

연습문제 57~62에서 공식을 미분하여 확인하라.

57. $\displaystyle\int (7x - 2)^3\, dx = \frac{(7x - 2)^4}{28} + C$

58. $\displaystyle\int (3x + 5)^{-2}\, dx = -\frac{(3x + 5)^{-1}}{3} + C$

59. $\displaystyle\int \sec^2 (5x - 1)\, dx = \frac{1}{5}\tan(5x - 1) + C$

60. $\displaystyle\int \csc^2\!\left(\frac{x - 1}{3}\right) dx = -3\cot\!\left(\frac{x - 1}{3}\right) + C$

61. $\displaystyle\int \frac{1}{(x + 1)^2}\, dx = -\frac{1}{x + 1} + C$

62. $\displaystyle\int \frac{1}{(x + 1)^2}\, dx = \frac{x}{x + 1} + C$

63. 다음 식이 참인지 거짓인지 판정하고, 그 이유를 간단히 설명하라.

   a. $\displaystyle\int x \sin x\, dx = \frac{x^2}{2}\sin x + C$

   b. $\displaystyle\int x \sin x\, dx = -x \cos x + C$

   c. $\displaystyle\int x \sin x\, dx = -x \cos x + \sin x + C$

64. 다음 식이 참인지 거짓인지 판정하고, 그 이유를 간단히 설명하라.

   a. $\displaystyle\int \tan\theta \sec^2\theta\, d\theta = \frac{\sec^3\theta}{3} + C$

   b. $\displaystyle\int \tan\theta \sec^2\theta\, d\theta = \frac{1}{2}\tan^2\theta + C$

   c. $\displaystyle\int \tan\theta \sec^2\theta\, d\theta = \frac{1}{2}\sec^2\theta + C$

65. 다음 식이 참인지 거짓인지 판정하고, 그 이유를 간단히 설명하라.

   a. $\displaystyle\int (2x + 1)^2\, dx = \frac{(2x + 1)^3}{3} + C$

   b. $\displaystyle\int 3(2x + 1)^2\, dx = (2x + 1)^3 + C$

   c. $\displaystyle\int 6(2x + 1)^2\, dx = (2x + 1)^3 + C$

66. 다음 식이 참인지 거짓인지 판정하고, 그 이유를 간단히 설명하라.

   a. $\displaystyle\int \sqrt{2x + 1}\, dx = \sqrt{x^2 + x} + C$

   b. $\displaystyle\int \sqrt{2x + 1}\, dx = \sqrt{x^2 + x} + C$

   c. $\displaystyle\int \sqrt{2x + 1}\, dx = \frac{1}{3}\left(\sqrt{2x + 1}\right)^3 + C$

67. 다음 식이 참인지 거짓인지 판정하고, 그 이유를 간단히 설명하라.

$$\int \frac{-15(x + 3)^2}{(x - 2)^4}\, dx = \left(\frac{x + 3}{x - 2}\right)^3 + C$$

68. 다음 식이 참인지 거짓인지 판정하고, 그 이유를 간단히 설명하라.

$$\int \frac{x\cos(x^2) - \sin(x^2)}{x^2}\, dx = \frac{\sin(x^2)}{x} + C$$

초깃값 문제

69. 아래 그래프 중에서 초깃값 문제 $\dfrac{dy}{dx} = 2x$, $y(1) = 4$의 해를 나타내는 것은 무엇인가? 그 이유를 설명하라.

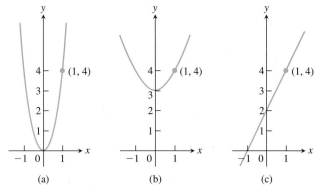

    (a)   (b)   (c)

70. 아래 그래프 중에서 초깃값 문제 $\dfrac{dy}{dx} = -x$, $y(-1) = 1$의 해를 나타내는 것은 무엇인가? 그 이유를 설명하라.

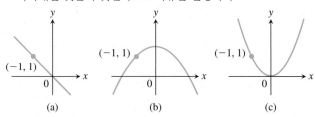

    (a)   (b)   (c)

연습문제 71~90에서 초깃값 문제를 풀라.

71. $\dfrac{dy}{dx} = 2x - 7$, $\quad y(2) = 0$

72. $\dfrac{dy}{dx} = 10 - x$, $\quad y(0) = -1$

73. $\dfrac{dy}{dx} = \dfrac{1}{x^2} + x$, $\quad x > 0;\quad y(2) = 1$

74. $\dfrac{dy}{dx} = 9x^2 - 4x + 5$, $\quad y(-1) = 0$

75. $\dfrac{dy}{dx} = 3x^{-2/3}$, $\quad y(-1) = -5$

76. $\dfrac{dy}{dx} = \dfrac{1}{2\sqrt{x}}, \quad y(4) = 0$

77. $\dfrac{ds}{dt} = 1 + \cos t, \quad s(0) = 4$

78. $\dfrac{ds}{dt} = \cos t + \sin t, \quad s(\pi) = 1$

79. $\dfrac{dr}{d\theta} = -\pi \sin \pi\theta, \quad r(0) = 0$

80. $\dfrac{dr}{d\theta} = \cos \pi\theta, \quad r(0) = 1$

81. $\dfrac{dv}{dt} = \dfrac{1}{2} \sec t \tan t, \quad v(0) = 1$

82. $\dfrac{dv}{dt} = 8t + \csc^2 t, \quad v\left(\dfrac{\pi}{2}\right) = -7$

83. $\dfrac{d^2 y}{dx^2} = 2 - 6x; \quad y'(0) = 4, \quad y(0) = 1$

84. $\dfrac{d^2 y}{dx^2} = 0; \quad y'(0) = 2, \quad y(0) = 0$

85. $\dfrac{d^2 r}{dt^2} = \dfrac{2}{t^3}; \quad \dfrac{dr}{dt}\Big|_{t=1} = 1, \quad r(1) = 1$

86. $\dfrac{d^2 s}{dt^2} = \dfrac{3t}{8}; \quad \dfrac{ds}{dt}\Big|_{t=4} = 3, \quad s(4) = 4$

87. $\dfrac{d^3 y}{dx^3} = 6; \quad y''(0) = -8, \quad y'(0) = 0, \quad y(0) = 5$

88. $\dfrac{d^3 \theta}{dt^3} = 0; \quad \theta''(0) = -2, \quad \theta'(0) = -\dfrac{1}{2}, \quad \theta(0) = \sqrt{2}$

89. $y^{(4)} = -\sin t + \cos t;$
$y'''(0) = 7, \quad y''(0) = y'(0) = -1, \quad y(0) = 0$

90. $y^{(4)} = -\cos x + 8 \sin 2x;$
$y'''(0) = 0, \quad y''(0) = y'(0) = 1, \quad y(0) = 3$

91. xy평면에서 점 $(9, 4)$를 지나고 모든 점에서의 기울기가 $3\sqrt{x}$ 인 곡선 $y = f(x)$를 구하라.

92. a. 다음을 만족시키는 곡선 $y = f(x)$를 구하라.

   i) $\dfrac{d^2 y}{dx^2} = 6x$

   ii) 점 $(0, 1)$을 지나고, 이 점에서 수평 접선을 가진다.

  b. 이런 곡선은 얼마나 많이 있는가? 어떻게 알 수 있는가?

연습문제 93~96에서 도함수 f'의 그래프가 주어져 있다. $f(0) = 1$ 이라 가정하고 연속함수 f의 그래프를 그리라.

93.   **94.**

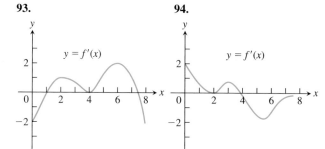

95.   **96.**

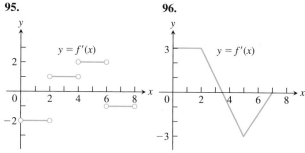

해(적분) 곡선

연습문제 97~100에서 미분방정식의 해 곡선이 주어졌다. 각 문제에서 표시된 점을 지나는 곡선의 방정식을 구하라.

97.   **98.**

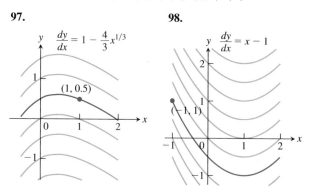

99.   **100.**

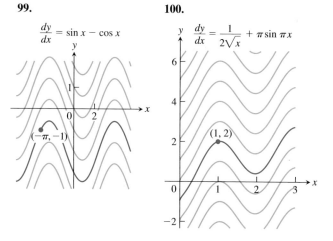

응용

101. 속도의 역함수로부터 변위 구하기

  a. s축 위에서 운동하는 물체의 속도가 다음과 같다고 하자.

$$\dfrac{ds}{dt} = v = 9.8t - 3$$

   i) 시각 $t=0$에서 $s=5$일 때, $t=1$부터 $t=3$까지의 시구간에서 물체의 변위를 구하라.

   ii) 시각 $t=0$에서 $s=-2$일 때, $t=1$부터 $t=3$까지 물체의 변위를 구하라.

   iii) 시각 $t=0$에서 $s=s_0$일 때, $t=1$부터 $t=3$까지 물체의 변위를 구하라.

  b. 좌표축 위에서 운동하는 물체의 위치 s가 시각 t의 미분가능한 함수라고 하자. 속도함수 ds/dt의 역함수를 알기만

하면, $t=a$부터 $t=b$까지의 변위를 이런 시각 중 어느 때의 정확한 위치를 모르더라도 구할 수 있는가? 그 이유를 설명하라.

102. 로켓 발사 로켓이 지구 표면으로부터 20 m/s^2의 일정한 가속도로 발사된다. 1분 뒤에 이 로켓의 속도는 얼마인가?

103. 제 시간에 차 세우기 고속도로 위에서 $108 \text{ km/h}(30 \text{ m/s})$의 속도로 일정하게 달리다가 앞쪽의 사고를 목격하고 급제동을 걸었다. 75 m만에 차를 세우기 위해 필요한 일정한 감속도는 얼마인가? 아래의 단계를 따라 답을 구하라.

1. 다음 초깃값 문제를 풀라.

미분방정식: $\dfrac{d^2s}{dt^2} = -k$ (k는 상수)

초기 조건: $\dfrac{ds}{dt} = 30$, $s = 0$, $t = 0$일 때

시간과 거리는 제동을 걸기 시작할 때부터 측정한다.

2. $ds/dt = 0$이 되는 t의 값을 구하라(답에는 k가 포함된다).

3. 2단계에서 구한 t의 값에 대해 $s = 75$가 되는 k의 값을 구하라.

104. 오토바이 세우기 일리노이주에서는 오토바이 이용자가 13.7 m를 $48 \text{ km/h}(13.3 \text{ m/s})$의 속도에서 0까지로 제동할 수 있기를 요구한다. 이러기 위한 일정한 감속 속도는 얼마인가?

105. 좌표축 위의 운동 한 입자가 가속도가 $a = d^2s/dt^2 = 15\sqrt{t} - (3/\sqrt{t})$이고, $t=1$에서 $ds/dt = 4$와 $s = 0$의 조건으로 좌표축 위에서 움직이고 있다. 다음을 구하라.

a. t의 식으로 나타낸 속도 $v = ds/dt$

b. t의 식으로 나타낸 위치 s

T 106. 망치와 깃털 아폴로 15호의 우주 비행사 스코트(David Scott)는 진공 상태에서 모든 물체가 똑같은 (일정한) 가속도로 떨어진다는 사실을 입증하기 위해서, 달에서 망치와 깃털을 지면에서 1.2 m 위에서 떨어뜨렸다. 텔레비전에서는 망치와 깃털이 지구에서보다 더 느리게 떨어지는 장면을 보여주었는데, 지구에서는 진공 상태에서 1.2 m 떨어지는 데 단지 0.5초 걸렸을 것이다. 망치와 깃털이 달에서 1.2 m 떨어지는 데 얼마나 걸렸겠는가? 이를 구하기 위해서 t의 함수로서의 s에 관한 다음 초깃값 문제를 풀라. 그리고 $s = 0$이 되는 t의 값을 구하라.

미분방정식: $\dfrac{d^2s}{dt^2} = -1.6 \text{ m/s}^2$

초기 조건: $\dfrac{ds}{dt} = 0$, $s = 1.2$, $t = 0$일 때

107. 등가속도 운동 좌표축 위에서 일정한 가속도 a로 운동하는 물체의 위치 s에 관한 표준형은 다음과 같다.

$$s = \frac{a}{2}t^2 + v_0 t + s_0 \qquad (1)$$

여기서, v_0과 s_0은 각각 시각 $t = 0$에서 물체의 속도와 위치이

다. 다음 초깃값 문제를 풀어서 위의 식을 유도하라.

미분방정식: $\dfrac{d^2s}{dt^2} = a$

초기 조건: $\dfrac{ds}{dt} = v_0$, $s = s_0$, $t = 0$일 때

108. 행성의 표면 근방에서의 자유 낙하 중력 가속도가 일정하게 g인 행성 표면 근방에서의 자유 낙하에 대해, 연습문제 107의 식 (1)은 다음과 같이 된다.

$$s = -\frac{1}{2}gt^2 + v_0 t + s_0 \qquad (2)$$

여기서, s는 표면으로부터 물체의 높이이다. 이 식에는 음의 부호가 있는데, 가속도의 방향은 s가 감소하는 아래쪽 방향이기 때문이다. v_0은 시각 $t = 0$에서 물체가 상승하면 양수이고, 물체가 하강하면 음수이다.

연습문제 107의 결과를 사용하는 대신에 식 (2)를 적절한 초깃값 문제를 풀어서 직접 유도할 수 있다. 초깃값 문제는 무엇인가? 이를 풀어서 정확한 초깃값 문제임을 확인하고, 풀이의 각 단계를 설명하라.

109. 다음을 가정하자.

$$f(x) = \frac{d}{dx}\left(1 - \sqrt{x}\right), \quad g(x) = \frac{d}{dx}(x + 2)$$

다음을 구하라.

a. $\displaystyle\int f(x)\, dx$

b. $\displaystyle\int g(x)\, dx$

c. $\displaystyle\int [-f(x)]\, dx$

d. $\displaystyle\int [-g(x)]\, dx$

e. $\displaystyle\int [f(x) + g(x)]\, dx$

f. $\displaystyle\int [f(x) - g(x)]\, dx$

110. 해의 유일성 미분가능한 함수 $y = F(x)$와 $y = G(x)$가 모두 구간 I에서 다음 초기값 문제의 해라고 하자.

$$\frac{dy}{dx} = f(x), \qquad y(x_0) = y_0$$

I의 모든 x에 대해 $F(x) = G(x)$인가? 그 이유를 설명하라.

컴퓨터 탐구

연습문제 111~114에서 CAS를 이용해서 초깃값 문제를 풀라. 해 곡선을 그리라.

111. $y' = \cos^2 x + \sin x$, $y(\pi) = 1$

112. $y' = \dfrac{1}{x} + x$, $y(1) = -1$

113. $y' = \dfrac{1}{\sqrt{4 - x^2}}$, $y(0) = 2$

114. $y'' = \dfrac{2}{x} + \sqrt{x}$, $y(1) = 0$, $y'(1) = 0$

3장   복습문제

1. 닫힌 구간에서 연속인 함수의 극값에 대해 어떤 말을 할 수 있는가?

2. 함수가 그 정의역에서 국소 극값을 가진다는 것은 무엇을 뜻하는가? 절대 극값은? 국소 극값과 절대 극값은 어떤 관계에 있는가? 예를 들라.

3. 닫힌 구간에서 연속함수의 절대 극값을 어떻게 구하는가? 예를 들라.

4. 롤의 정리에서 가정과 결론은 무엇인가? 각 가정은 실제로 필요한가? 그 이유를 설명하라.

5. 평균값 정리에서 가정과 결론은 무엇인가? 이 정리를 물리적으로 설명할 수 있는가?

6. 평균값 정리의 세 가지 따름정리를 서술하라.

7. 도함수 f'와 점 $x=x_0$에서 f의 값을 알 때, 함수 $f(x)$를 구할 수 있는가? 예를 들라.

8. 국소 극값에 대한 1계 도함수 판정법은 무엇인가? 그것을 적용하는 예를 들라.

9. 그래프가 위 또는 아래로 오목한 곳을 결정하기 위해 두 번 미분가능한 함수를 어떻게 조사하는가? 예를 들라.

10. 변곡점이란 무엇인가? 예를 들라. 변곡점에는 어떤 물리적 의미가 있는가?

11. 국소 극값에 대한 2계 도함수 판정법은 무엇인가? 그것을 적용하는 예를 들라.

12. 함수의 도함수들은 그 그래프에 대해 어떤 정보를 제공하는가?

13. 다항함수의 그래프를 그리는 단계를 나열하라. 예를 들어 설명하라.

14. 뾰족점(첨점)은 무엇인가? 예를 들라.

15. 유리함수의 그래프를 그리는 단계를 나열하라. 예를 들라.

16. 최대·최소 문제를 푸는 일반적인 전략을 약술하라. 예를 들라.

17. 방정식을 풀기 위한 뉴턴 방법을 설명하라. 예를 들라. 이 방법의 기초를 이루는 이론은 무엇인가? 이 방법을 이용할 때 유의할 점들은 무엇인가?

18. 함수에는 2개 이상의 역도함수가 존재할 수 있는가? 그렇다면 역도함수 사이의 관계는 무엇인가? 설명하라.

19. 부정적분은 무엇인가? 어떻게 구할 수 있는가? 부정적분을 구하는 어떤 일반적인 공식을 알고 있는가?

20. $dy/dx = f(x)$ 꼴의 미분방정식을 경우에 따라 어떻게 풀 수 있는가?

21. 초깃값 문제란 무엇인가? 어떻게 푸는가? 예를 들라.

22. 좌표축 위에서 움직이는 물체의 가속도를 시간의 함수로 알고 있다면, 물체의 위치함수를 구하기 위해서는 무엇을 더 알아야 하는가? 예를 들라.

3장   종합문제

극값 구하기

종합문제 1~10에서 함수의 정의역에서 극값(절대와 상대)과 그 값을 가지는 점을 구하라.

1. $y = 2x^2 - 8x + 9$

2. $y = x^3 - 2x + 4$

3. $y = x^3 + x^2 - 8x + 5$

4. $y = x^3(x - 5)^2$

5. $y = \sqrt{x^2 - 1}$

6. $y = x - 4\sqrt{x}$

7. $y = \dfrac{1}{\sqrt[3]{1 - x^2}}$

8. $y = \sqrt{3 + 2x - x^2}$

9. $y = \dfrac{x}{x^2 + 1}$

10. $y = \dfrac{x + 1}{x^2 + 2x + 2}$

극값의 존재

11. $f(x) = x^3 + 2x + \tan x$는 극댓값과 극솟값을 가지는가? 그 이유를 설명하라.

12. $g(x) = \csc x + 2\cot x$는 극댓값을 가지는가? 그 이유를 설명하라.

13. $f(x) = (7 + x)(11 - 3x)^{1/3}$는 최솟값을 가지는가? 최댓값은? 가진다면 그것(들)을 구하고, 아니면 이유를 설명하라. f의 임계점을 모두 나열하라.

14. 다음 함수가 $x = 3$에서 국소 극값 1을 가지도록 a와 b의 값을 구하라.

$$f(x) = \frac{ax + b}{x^2 - 1}$$

이 극값은 극댓값인가 극솟값인가? 그 이유를 설명하라.

15. x의 모든 값에서 정의된 최대 정수함수 $f(x) = \lfloor x \rfloor$는 $[0, 1)$의 모든 점에서 극댓값 0을 가진다. 이런 극댓값 중에서 f의 극솟값이 될 수 있는 것이 있는가? 이유를 설명하라.

16. a. 점 c에서 극댓값도 극솟값도 가지지 않지만 c에서 1계 도함수의 값이 0인 미분가능한 함수 f의 예를 들라.

   b. 이것은 3.1절의 정리 2에 모순되지 않는가? 그 이유를 설명하라.

17. 함수 $y = 1/x$는 구간 $0 < x < 1$에서 연속이지만 최댓값도 최솟값도 가지지 않는다. 이는 연속함수에 관한 극값 정리와 모순되는가? 이유는?

18. 구간 $-1 < \leq x \leq 1$에서 함수 $y = |x|$의 최댓값과 최솟값은 얼마인가? 이것은 닫힌 구간이 아니다. 이는 연속함수에 관한 극값 정리와 일치하는가? 이유는?

T 19. 함수의 대역적 행동을 충분히 보여줄 수 있는 큰 그래프에서는 중요한 국소적 양상을 드러내지 못할 수가 있다.
   함수 $f(x) = (x^8/8) - (x^6/2) - x^5 + 5x^3$의 그래프가 이와 같다.

   a. 구간 $-2.5 \leq x \leq 2.5$에서 f의 그래프를 그리라. 어디에 국

소 극값과 변곡점이 있는 것으로 보이는가?

b. 이제 $f'(x)$를 인수분해하고 f가 $x=\sqrt[3]{5}\approx\pm1.70998$에서 극댓값, $x=\pm\sqrt{3}\approx\pm1.73205$에서 극솟값을 가짐을 보이라.

c. $x=\sqrt[3]{5}$와 $x=\sqrt{3}$에서 극값이 존재함을 보여주도록 그래프를 확대해 보자.

이 문제의 의도는 정밀하게 계산하지 않으면 3개의 극값 중에서 2개의 존재를 인식하지 못할 수 있음을 보여주는 것이다. 함수의 일반적인 그래프에서 매우 가까운 값들은 화면에서 한 화소 안에 들어갈 수 있다.

[출처: *Uses of Technology in the Mathematics Curriculum*, 오클라호마 주립대학교 에반스(Benny Evans)와 존슨(Jerry Johnson) 이 미국 과학 재단 연구비 (USE−8950044)로 1990년에 출판.]

T 20. (종합문제 19의 계속)

a. 구간 $-2\le x\le2$에서 $f(x)=(x^8/8)-(2/5)x^5-5x-(5/x^2)+11$의 그래프를 그리라. 어디에 국소 극값과 변곡점이 있는 것으로 보이는가?

b. f가 $x=\sqrt[7]{5}\approx1.2585$에서 극댓값, $x=\sqrt[4]{2}\approx1.2599$에서 극솟값을 가짐을 보이라.

c. $x=\sqrt[7]{5}$와 $x=\sqrt[4]{2}$에서 극값이 존재함을 보여주도록 그래프를 확대해 보자.

평균값 정리

21. a. $g(t)=\sin^2 t-3t$는 정의역의 모든 구간에서 감소함을 보이라.

b. 방정식 $\sin^2 t-3t=5$에는 몇 개의 해가 있는가? 그 이유를 설명하라.

22. a. $y=\tan\theta$는 정의역의 모든 열린 구간에서 증가함을 보이라.

b. (a)의 결론이 정말 참이라면, $\tan\pi=0$이 $\tan(\pi/4)=1$보다 작다는 사실을 어떻게 설명할 수 있는가?

23. a. 방정식 $x^4+2x^2-2=0$의 해가 [0, 1]에 단 한 개 있음을 보이라.

T b. 그 해를 가능한 한 많은 자리까지 자세히 구하라.

24. a. $f(x)=x/(x+1)$이 정의역의 모든 열린 구간에서 증가함을 보이라.

b. $f(x)=x^3+2x$가 극값을 가지지 않음을 보이라.

25. 저수지의 물 폭우 때문에 저수지 물이 24시간 동안 1,000,000 m³만큼 증가하였다. 그 시기의 어느 순간에 저수지 수량이 500,000 L/min을 초과하는 비율로 증가했음을 보이라.

26. 식 $F(x)=3x+C$는 C의 값에 따라 다른 함수가 된다. 그렇지만 이 모든 함수의 x에 관한 도함수는 모두 똑같이 $F'(x)=3$이다. 이것들은 도함수가 3인 유일한 미분가능한 함수들인가? 다른 것들이 있을까? 그 이유를 설명하라.

27. $\dfrac{x}{x+1}\ne-\dfrac{1}{x+1}$ 이지만 다음이 성립함을 보이라.

$$\frac{d}{dx}\left(\frac{x}{x+1}\right)=\frac{d}{dx}\left(-\frac{1}{x+1}\right)$$

이는 평균값 정리의 따름 정리 2와 모순되지 않는가? 그 이유를 설명하라.

28. $f(x)=x^2/(x^2+1)$과 $g(x)=-1/(x^2+1)$의 1계 도함수를 계산하

라. 이 두 함수의 그래프에 대해 어떤 결론을 내릴 수 있는가?

그래프 해석하기

종합문제 29와 30에서 그래프를 이용해서 질문에 답하라.

29. f의 절대 극값을 확인하고, 그것이 나타나는 x의 값을 구하라.

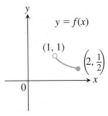

30. 함수 $y=f(x)$가 다음과 같은 구간을 구하라.

a. 증가   **b.** 감소

c. f'의 주어진 그래프를 이용해서 함수의 국소 극값이 나타나는 곳을 지적하고, 각 극값이 극댓값인지 극솟값인지 구분하라.

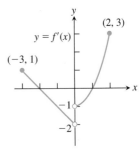

종합문제 31~32에서 그래프는 좌표축에서 운동하는 물체의 위치 함수 $s=f(t)$를 나타낸다(t는 시각이다). [존재한다면] 물체의 **(a)** 속도가 0이고 **(b)** 가속도가 0인 대략적인 시각을 구하라. 물체가 **(c)** 앞으로 가고 **(d)** 뒤로 가는 대략적인 시간을 구하라.

31.

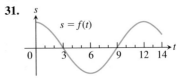

32.

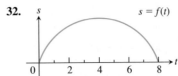

그래프와 그래프 그리기

종합문제 33~42에서 곡선을 그리라.

33. $y=x^2-(x^3/6)$ **34.** $y=x^3-3x^2+3$

35. $y=-x^3+6x^2-9x+3$

36. $y=(1/8)(x^3+3x^2-9x-27)$

37. $y=x^3(8-x)$ **38.** $y=x^2(2x^2-9)$

39. $y=x-3x^{2/3}$ **40.** $y=x^{1/3}(x-4)$

41. $y=x\sqrt{3-x}$ **42.** $y=x\sqrt{4-x^2}$

종합문제 43~48에서 함수 $y=f(x)$의 1계 도함수가 주어졌다. **(a)** [존재한다면] 어떤 점에서 f의 그래프가 극댓값, 극솟값, 변곡점을 가지는가? **(b)** 그래프의 개형을 그리라.

43. $y' = 16 - x^2$

44. $y' = x^2 - x - 6$

45. $y' = 6x(x + 1)(x - 2)$

46. $y' = x^2(6 - 4x)$

47. $y' = x^4 - 2x^2$

48. $y' = 4x^2 - x^4$

종합문제 49~52에서 각 함수의 그래프를 그리라. 1계 도함수를 이용해서 그래프에 나타나는 현상을 설명하라.

49. $y = x^{2/3} + (x - 1)^{1/3}$ **50.** $y = x^{2/3} + (x - 1)^{2/3}$

51. $y = x^{1/3} + (x - 1)^{1/3}$ **52.** $y = x^{2/3} - (x - 1)^{1/3}$

종합문제 53~60에서 함수의 그래프를 그리라.

53. $y = \dfrac{x + 1}{x - 3}$ **54.** $y = \dfrac{2x}{x + 5}$

55. $y = \dfrac{x^2 + 1}{x}$ **56.** $y = \dfrac{x^2 - x + 1}{x}$

57. $y = \dfrac{x^3 + 2}{2x}$ **58.** $y = \dfrac{x^4 - 1}{x^2}$

59. $y = \dfrac{x^2 - 4}{x^2 - 3}$ **60.** $y = \dfrac{x^2}{x^2 - 4}$

최적화

61. 음이 아닌 두 수의 합이 36일 때 다음과 같은 경우의 그 두 수를 구하라.

  a. 제곱근의 차가 가장 클 때   **b.** 제곱근의 합이 가장 클 때

62. 음의 아닌 두 수의 합이 20일 때 다음과 같은 경우의 그 두 수를 구하라.

  a. 한 수의 제곱근과 다른 수의 곱이 가장 클 때

  b. 한 수의 제곱근과 다른 수의 합이 가장 클 때

63. 이등변삼각형의 한 꼭짓점이 원점에 있고, 밑변이 x축과 평행이며, 그 위의 두 꼭짓점이 포물선 $y = 27 - x^2$에 있다. 이런 삼각형의 최대 넓이를 구하라.

64. 6 mm 두께의 철판을 용접해서 뚜껑이 없는 직육면체 모양의 통을, 밑면은 정사각형이고, 부피는 1 m³가 되게 만들려고 한다. 무게가 최소일 때, 규격은 얼마인가?

65. 반지름이 $\sqrt{3}$인 구에 내접하는 가장 큰 직원기둥의 높이와 반지름을 구하라.

66. 그림과 같이 직원뿔에 또 다른 직원뿔이 거꾸로 내접하고 있다. 두 밑면은 서로 평행이고, 작은 원뿔의 꼭짓점은 큰 원뿔 밑면의 중심에 있다. 작은 원뿔의 부피가 최대일 때, r과 h의 값은 얼마인가?

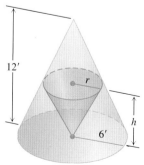

67. 타이어 제조 한 회사에서는 하루에 A급 타이어를 x백 개, B급 타이어를 y백 개 제조할 수 있는데, $0 \le x \le 4$이고 다음이 성립한다.

$$y = \frac{40 - 10x}{5 - x}$$

A급 타이어 1개의 이윤은 B급 타이어 1개 이윤의 2배이다. 두 가지 타이어를 몇 개씩 제조할 때 이윤이 최대인가?

68. 입자 운동 s축 위에서 운동하는 두 입자의 위치는 $s_1 = \cos t$와 $s_2 = \cos(t + \pi/4)$이다.

  a. 두 입자 사이의 거리는 최대 얼마인가?

  b. 두 입자는 언제 부딪치는가?

T 69. 뚜껑 없는 상자 뚜껑이 없는 직육면체 모양의 상자를 25 cm × 40 cm 판자의 네 귀퉁이에서 똑같은 크기의 정사각형을 잘라내고 옆면을 세워서 만들려고 한다. 부피가 최대일 때 각 모서리의 길이를 구하라. 이렇게 얻은 답을 그래프로 그려서 확인하라.

70. 사다리 문제 그림에 나타낸 복도의 귀퉁이에서 수평으로 운반할 수 있는 가장 긴 사다리의 길이는 대략 얼마인가? 답을 가장 가까운 미터로 반올림하라.

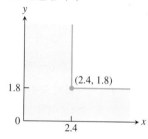

뉴턴 방법

71. $f(x) = 3x - x^2$이라 하자. 방정식 $f(x) = -4$가 구간 $[2, 3]$에서 해를 가짐을 보이고, 뉴턴 방법으로 해를 구하라.

72. $f(x) = x^4 - x^3$이라 하자. 방정식 $f(x) = 75$가 구간 $[3, 4]$에서 해를 가짐을 보이고, 뉴턴 방법으로 해를 구하라.

부정적분 구하기

종합문제 73~88에서 부정적분(가장 일반적인 역도함수)을 구하라. 구한 답을 미분하여 확인하라.

73. $\displaystyle\int (x^3 + 5x - 7)\, dx$ **74.** $\displaystyle\int \left(8t^3 - \frac{t^2}{2} + t\right) dt$

75. $\displaystyle\int \left(3\sqrt{t} + \frac{4}{t^2}\right) dt$ **76.** $\displaystyle\int \left(\frac{1}{2\sqrt{t}} - \frac{3}{t^4}\right) dt$

77. $\displaystyle\int \frac{dr}{(r + 5)^2}$ **78.** $\displaystyle\int \frac{6\, dr}{(r - \sqrt{2})^3}$

79. $\displaystyle\int 3\theta\sqrt{\theta^2 + 1}\, d\theta$ **80.** $\displaystyle\int \frac{\theta}{\sqrt{7 + \theta^2}}\, d\theta$

81. $\displaystyle\int x^3(1 + x^4)^{-1/4}\, dx$ **82.** $\displaystyle\int (2 - x)^{3/5}\, dx$

83. $\displaystyle\int \sec^2 \frac{s}{10}\, ds$ **84.** $\displaystyle\int \csc^2 \pi s\, ds$

85. $\int \csc \sqrt{2}\theta \cot \sqrt{2}\theta \, d\theta$ **86.** $\int \sec \dfrac{\theta}{3} \tan \dfrac{\theta}{3} \, d\theta$

87. $\int \sin^2 \dfrac{x}{4} \, dx$ (힌트: $\sin^2\theta = \dfrac{1 - \cos 2\theta}{2}$)

88. $\int \cos^2 \dfrac{x}{2} \, dx$

89. $\dfrac{dy}{dx} = \dfrac{x^2 + 1}{x^2}, \quad y(1) = -1$

90. $\dfrac{dy}{dx} = \left(x + \dfrac{1}{x}\right)^2, \quad y(1) = 1$

91. $\dfrac{d^2 r}{dt^2} = 15\sqrt{t} + \dfrac{3}{\sqrt{t}}; \quad r'(1) = 8, \quad r(1) = 0$

92. $\dfrac{d^3 r}{dt^3} = -\cos t; \quad r''(0) = r'(0) = 0, \quad r(0) = -1$

초깃값 문제

종합문제 89~92에서 초깃값 문제를 풀라.

3장   보충·심화 문제

함수와 도함수

1. 어떤 구간에서 최댓값과 최솟값이 서로 같은 함수에 대해 무슨 말을 할 수 있는가? 그 이유를 설명하라.

2. 불연속함수는 닫힌 구간에서 최댓값과 최솟값을 가질 수 없다는 말은 참인가? 그 이유를 설명하라.

3. 열린 구간에서 연속함수의 극값에 대해 어떤 결론을 내릴 수 있는가? 반구간에 대해서는? 그 이유를 설명하라.

4. 국소 극값 다음 도함수의 부호 변화를 조사하라.

$$\frac{df}{dx} = 6(x - 1)(x - 2)^2(x - 3)^3(x - 4)^4$$

그 결과를 이용해서 f가 극댓값과 극솟값을 가지는 점을 확인하라.

5. 국소 극값

  a. $y = f(x)$의 1계 도함수가 다음과 같다고 하자.

$$y' = 6(x + 1)(x - 2)^2$$

  f의 그래프는 [존재한다면] 어떤 점에서 극댓값, 극솟값, 변곡점을 가지는가?

  b. $y = f(x)$의 1계 도함수가 $y' = 6x(x + 1)(x - 2)$라 하자. 이때 f의 그래프는 어떤 점에서 국소 최대, 국소 최소나 변곡점을 가지는가?

6. 모든 x에 대해 $f'(x) \leq 2$일 때, f의 값은 $[0, 6]$에서 최대 얼마만큼 증가할 수 있는가? 그 이유를 설명하라.

7. 함숫값의 한계 f가 $[a, b]$에서 연속이고, c는 그 구간의 내점이라 하자. $[a, c]$에서 $f'(x) \leq 0$이고 $(c, b]$에서 $f'(x) \geq 0$이라 할 때, $[a, b]$에서 $f(x)$는 $f(c)$보다 작지 않음을 보이라.

8. 부등식

  a. x의 모든 값에 대해 $-1/2 \leq x/(1+x^2) \leq 1/2$가 성립함을 보이라.

  b. 함수 f의 도함수가 $f'(x) = x/(1+x^2)$이라 하자. (a)의 결과를 이용해서 임의의 a와 b에 대해 다음이 성립함을 보이라.

$$\left|f(b) - f(a)\right| \leq \frac{1}{2}\left|b - a\right|$$

9. $f(x) = x^2$의 도함수는 $x = 0$일 때 0이지만, f는 상수함수가 아니다. 이것은 도함수가 0인 함수는 상수라는 평균값 정리의 따름정리에 모순이 아닌가? 답에 대한 이유를 보이라.

10. 극값과 변곡점 $h = fg$는 x에 관한 미분가능한 두 함수의 곱이

라 하자.

  a. f와 g는 양의 함숫값을 가지고 $x = a$에서 극댓값을 가지며, f'과 g'은 a에서 부호가 바뀔 때, h는 a에서 극댓값을 가지는가?

  b. f와 g의 그래프가 $x = a$에서 변곡점을 가질 때, h의 그래프도 a에서 변곡점을 가지는가?

각 경우에 '그렇다'고 답하면 증명을 제시하고, '아니다'라고 답하면 반례를 제시하라.

11. 함수 구하기 $f(x) = (x + a)/(bx^2 + cx + 2)$가 다음 조건을 만족할 때, a, b, c의 값을 구하라.

  i) a, b, c의 값은 0 또는 1이다.

  ii) f의 그래프는 점 $(-1, 0)$을 지난다.

  iii) 직선 $y = 1$은 f의 그래프의 점근선이다.

12. 수평 접선 곡선 $y = x^3 + kx^2 + 3x - 4$가 단 1개의 수평 접선을 가질 때, 상수 k의 값은 얼마인가?

최적화

13. 가장 큰 내접 삼각형 점 A와 B는 단위원 지름의 양 끝점이고 점 C는 원둘레에 있다. 삼각형 ABC의 넓이는 이등변삼각형일 때 최대인 것이 참인가? 어떻게 알 수 있는가?

14. 2계 도함수 판정법의 증명 극댓값과 극솟값에 관한 2계 도함수 판정법(3.4절)은 다음과 같다.

  a. $f'(c) = 0$이고 $f''(c) < 0$일 때, f는 $x = c$에서 극댓값을 가진다.

  b. $f'(c) = 0$이고 $f''(c) > 0$일 때, f는 $x = c$에서 극솟값을 가진다.

명제 (a)를 증명하기 위해서 $\varepsilon = (1/2)\left|f''(c)\right|$이라 하자. 그리고 다음 사실

$$f''(c) = \lim_{h \to 0} \frac{f'(c + h) - f'(c)}{h} = \lim_{h \to 0} \frac{f'(c + h)}{h}$$

로부터 적절한 $\delta > 0$에 대해 다음이 성립한다.

$$0 < |h| < \delta \quad \Rightarrow \quad \frac{f'(c + h)}{h} < f''(c) + \varepsilon < 0$$

따라서 $f'(c+h)$는 $-\delta < h < 0$일 때 양수이고 $0 < h < \delta$일 때 음수이다. 명제 (b)를 비슷한 방법으로 증명하라.

15. 물통의 구멍 그림에 나타낸 대로, 물통 옆면의 적당한 높이에 구멍을 내어 뿜어 나오는 물줄기가 가능한 한 물통으로부터 먼 곳의 지면에 이르기를 바란다. 꼭대기 근방에 구멍을 내면, 그곳의 압력이 낮아 물이 느리게 나오지만 공중에서는 상대적으

로 긴 시간을 보낸다. 바닥 근방에 구멍을 내면, 물은 빠른 속도로 나오지만 떨어지는 시간이 짧다. 구멍을 내는 가장 적절한 곳은 어디인가? (**힌트**: 물 방울이 높이 y로부터 지면까지 떨어지는 데 시간이 얼마나 걸리는가?)

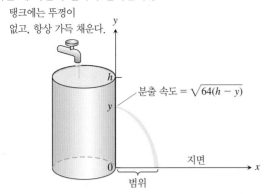

탱크에는 뚜껑이 없고, 항상 가득 채운다.

분출 속도 $= \sqrt{64(h-y)}$

지면

범위

16. 필드 골 차기 미식 축구 선수가 오른쪽 해시 마크에 있는 필드 골을 차려고 한다. 골 포스트 사이는 b 미터이고 해시 마크 라인은 오른쪽 골 포스트로부터 $a(>0)$미터 떨어져 있다(다음 그림을 보라). 각 β의 크기를 최대로 하는 골 포스트 라인으로부터의 거리 h를 구하라.

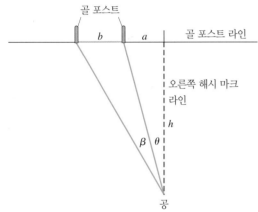

골 포스트

b a 골 포스트 라인

오른쪽 해시 마크 라인

h

β θ

공

17. 변수 답을 가진 최대·최소 문제 종종 최대·최소 문제의 해는 도형의 형태에 따라 달라진다. 이러한 경우로, 그림에 나타난 반지름이 r이고, 높이가 h인 직원기둥이 반지름이 R이고, 높이가 H인 직원뿔에 내접하고 있다고 하자. 원기둥의 (윗면과 아래면을 포함한) 겉넓이를 최대화하는 (R과 H에 관한) r의 값을 구하라. 해가 $H \leq 2R$ 또는 $H > 2R$에 따라 달라짐을 알 수 있다.

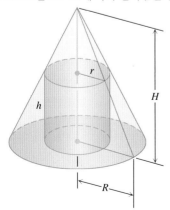

r

h

H

R

18. 매개변수의 최소화 x의 모든 양수값에 대해 다음을 만족시키는 양의 상수 m의 최솟값을 구하라.
$$mx - 1 + (1/x) \geq 0$$

19. 주어진 그림에서와 같이 직각삼각형에 내접하는 넓이가 최대인 직사각형의 치수를 결정하라.

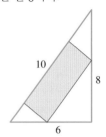

10

8

6

20. 밑면이 정사각형인 직육면체 상자가 높이가 4이고 밑면의 반지름이 3인 직원뿔 안에 내접한다. 만일 직육면체 상자의 밑면이 직원뿔의 밑면에 놓여 있다고 하면, 상자의 최대 부피는 얼마인가?

이론과 예제

21. 한 회사에서는 어떤 물건을 한 주에 x개 생산하는 데 $y = a + bx$ 달러의 비용이 든다. 한 주에 x개를 개당 $P = c - ex$ 달러에 팔 수 있다. a, b, c, e는 모두 양의 상수이다. (**a**) 이윤을 최대화하는 생산 수준은 무엇인가? (**b**) 그에 해당하는 가격은 무엇인가? (**c**) 이 생산 수준에서 주당 이익은 얼마인가? (**d**) 1개를 팔 때마다 t 달러의 세금을 낸다면, 이윤을 최대화하기 위한 1개의 가격은 얼마인가? 이 가격과 세금이 없을 때의 가격 사이의 차이점에 대해 논의하라.

22. 나누지 않고 역수 구하기 함수 $f(x) = (1/x) - a$에 뉴턴 방법을 적용하면, 수 a의 역수를 a로 나누지 않고도 계산할 수 있다. 예를 들면, $a = 3$일 때 $f(x) = (1/x) - 3$이다.
  a. $y = (1/x) - 3$의 그래프를 그리라. x절편은 무엇인가?
  b. 이 경우의 점화식이 다음과 같음을 보이라.
$$x_{n+1} = x_n(2 - 3x_n)$$
  그러므로 나눌 필요가 없다.

23. $f(x) = x^q - a$에 뉴턴 방법을 적용하여, $x = \sqrt[q]{a}$를 구한다. 여기서 a는 양의 실수이고, q는 양의 정수이다. x_1이 x_0과 a/x_0^{q-1}의 '가중 평균'임을 보이고, 다음을 만족시키는 계수 m_0과 m_1을 구하라.
$$x_1 = m_0 x_0 + m_1\left(\frac{a}{x_0^{q-1}}\right), \quad \begin{matrix} m_0 > 0, m_1 > 0 \\ m_0 + m_1 = 1 \end{matrix}$$

x_0과 a/x_0^{q-1}가 서로 같을 경우에는 어떻게 되는가? 그런 경우에 x_1의 값은 얼마인가?

24. (임의의 상수 a와 b에 대한) 직선 $y = ax + b$의 족을 관계 $y'' = 0$으로 특성화시킬 수 있다. 다음과 같은 원 전체의 족에 대해 성립하는 식과 비슷한 관계를 구하라.
$$(x-h)^2 + (y-h)^2 = r^2$$
여기서, h와 r은 임의의 상수이다. (**힌트**: 주어진 식과 연속으로 미분해서 얻은 2개의 식으로부터 h와 r을 소거하라.)

25. 자동차의 제동 장치는 일정한 감속도 k m/s²을 생성한다고 하자.

(a) 108 km/h(30 m/s)로 달리던 자동차에 제동 장치를 가동하면 30 m만에 정지한다면 k의 값은 얼마인가? **(b)** 똑같은 k에 대해 정지하기 전에 속도가 54 km/h였다면, 차는 얼마를 더 움직일까?

26. 미분가능한 두 함수 $f(x)$와 $g(x)$에 대해 다음 관계가 성립한다.
$$f'(x) = g(x), \quad f''(x) = -f(x)$$
$h(x) = f^2(x) + g^2(x)$이고 $h(0) = 5$일 때, $h(10)$을 구하라.

27. 다음 조건을 만족시키는 곡선이 존재할 수 있을까?
$$\begin{cases} \dfrac{d^2y}{dx^2} = 0 \\ \dfrac{dy}{dx} = 1, \quad y=0, \quad x=0 \text{일 때} \end{cases}$$
그 이유를 설명하라.

28. 점 $(1, -1)$을 지나고 기울기가 항상 $3x^2 + 2$인 xy평면 위에 있는 곡선의 방정식을 구하라.

29. 한 입자가 x축을 따라 움직이고 있다. 가속도는 $a = -t^2$이다. $t=0$일 때, 입자는 원점에 있다. 운동 과정에서 점 $x=b(b>0)$에 도달하지만, 그 점을 넘어가지는 않는다. $t=0$일 때의 속도를 구하라.

30. 한 입자가 $a = \sqrt{t} - (1/\sqrt{t})$의 가속도로 움직이고 있다. $t=0$일 때 속도가 $v=4/3$이고, 위치가 $s=-4/15$일 때, 다음을 구하라.

  a. t의 식으로 나타낸 속도 v

  b. t의 식으로 나타낸 위치 s

31. $f(x) = ax^2 + 2bx + c$이고, $a>0$이다. 최솟값을 구하여, 모든 실수 x에 대해 $f(x) \geq 0$이기 위한 필요충분조건은 $b^2 - ac \leq 0$임을 보이라.

32. 슈바르츠의 부등식

  a. 보충·심화 문제 31에서 다음과 같이 놓자.
$$f(x) = (a_1 x + b_1)^2 + (a_2 x + b_2)^2 + \cdots + (a_n x + b_n)^2$$
그리고 다음과 같은 슈바르츠의 부등식을 유도하라.
$$(a_1 b_1 + a_2 b_2 + \cdots + a_n b_n)^2$$
$$\leq \left(a_1^2 + a_2^2 + \cdots + a_n^2\right)\left(b_1^2 + b_2^2 + \cdots + b_n^2\right)$$

  b. 슈바르츠 부등식에서 등호는 1부터 n까지의 모든 i에 대해 $a_i x = -b_i$를 만족하는 실수 x가 존재할 때에만 성립함을 보이라.

33. 주어진 그림에서와 같이 중심이 원점이고 점 A에서 수직 접선을 가지는 단위원을 생각해 보자. 선분 AB와 선분 BC의 길이가 같다고 가정하고, 두 점 B와 C를 지나는 직선의 x절편을 점 D라 하자. 점 B가 점 A에 한없이 가까이 갈 때, t의 극한을 구하라.

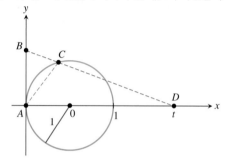

4
적분

개요   고전적인 기하학의 위대한 업적 중 하나는 삼각형, 구, 원뿔 등의 넓이와 부피에 대한 공식을 개발한 것이다. 이 장에서는 더 일반적인 도형의 넓이와 부피를 계산하는, **적분법**(*integration*)이라 불리는 방법을 개발한다. 넓이와 부피를 정의하고 계산하기 위한 미적분학의 핵심 도구가 **정적분**(*definite integral*)이다. 단지 몇 개의 이름만 나열하자면 곡선 경로의 길이, 확률, 평균, 에너지 소비량, 물체의 질량, 댐의 수문에 미치는 힘 등과 같은 양들 또한 이를 이용하여 계산할 수 있다.

미분계수처럼 정적분도 극한으로 정의한다. 정적분은 점차적으로 더 세밀한 근삿값들의 극한이다. 곡선으로 이루어진 영역의 넓이 같은 양을 매우 조그마한 조각으로 나누는 데, 각 조각을 직사각형과 같은 간단한 형태로 근사시킴으로써 전체 넓이를 근사시키는 개념이다. 즉, 각 조각에서 구한 근삿값들을 더하여 전체 양의 근삿값을 얻는 것이다. 영역을 점점 더 많은 조각으로 나눌수록, 조각에서 얻은 값을 더한 근삿값은 일반적으로 점점 더 우리가 구하고자 하는 양에 수렴할 것이다. 조각의 수를 무한히 증가시키고, 만약 극한이 존재한다면, 그 극한이 정적분이다. 4.3절에서 이 개념을 공부한다.

이와 같은 정적분을 계산하는 과정이 또한 원시함수를 구하는 것과 매우 밀접하게 연관되어 있음을 공부한다. 이는 미적분학에서 매우 중요한 관계 중 하나이다. 이는 직접 근삿값의 극한을 계산해야하는 어려움을 덜어주고 쉽고 확실하게 정적분을 계산해주는 유용한 방법을 제공하고 있다. 이 연관관계를 미적분학의 기본 정리(Fundamental Theorem of Calculus)에서 알 수 있다.

4.1   넓이와 유한 합을 이용한 추정

정적분 공식은 적절한 유한 합의 구성에 기초를 두고 있다. 이 절에서는 유한 합의 구성 과정을 세 가지 예, 즉 그래프 아래의 넓이, 움직이는 물체가 이동한 거리, 함수의 평균값을 통해 알아본다. 비록 우리가 평면에서의 일반적인 영역의 넓이, 또는 닫힌 구간에서 함수의 평균값의 의미를 자세하게 정의해야만 하지만, 이들 용어들이 의미하는 직관적인 개념을 가지고 있다. 직관적인 개념과 연관하여 좀 더 간단한 유한합으로 이러한 값을 근사시키는 것으로 적분법에 대한 접근을 시작한다. 그리고 합산 과정에서 항의 수를 더 많이 늘려갈 때 어떤 현상이 나타나는지를 생각해본다. 이어지는 절에서 항의 수를 무한히 크게 했을 때 이 합의 극한에 대해 살펴본다. 이것이 정적분에 대한 상세한 정의로 이끌 것이다.

넓이

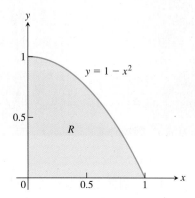

그림 4.1 영역 R의 넓이를 구할수 있는 간단한 공식은 없다.

x축의 위, $y = 1 - x^2$의 그래프 아래, 그리고 직선 $x = 0$과 $x = 1$의 사이에 놓여 있는, 색칠한 부분 영역 R의 넓이를 구한다고 하자(그림 4.1). 불행히도 이와 같이 경계선이 곡선으로 된 일반적인 모양의 넓이를 계산하기 위한 간단한 공식은 없다. 그렇다면 어떻게 R의 넓이를 구할 것인가?

영역 R의 넓이를 정확하게 결정할 수 없으므로, 넓이의 근삿값을 구하는 방법을 생각해보자. 그림 4.2(a)를 보면 2개의 직사각형이 영역 R을 포함하고 있다. 각 사각형은 밑변이 $\frac{1}{2}$이고 높이는 왼쪽에서부터 오른쪽으로 각각 1과 3/4이다. 각 사각형의 높이는 각 소구간에서 함수 f의 최댓값이다. 함수 f가 감소함수이기 때문에, 높이는 사각형의 밑변이 되는 [0, 1]의 소구간의 왼쪽 끝점에서의 함숫값이다. 두 직사각형의 총 넓이는 영역 R의 넓이 A에 가깝다. 즉

$$A \approx 1 \cdot \frac{1}{2} + \frac{3}{4} \cdot \frac{1}{2} = \frac{7}{8} = 0.875$$

이렇게 추정된 값은 A보다 크다. 왜냐하면 두 직사각형은 R을 포함하고 있기 때문이다. 각 직사각형의 밑변에 놓여있는 점들 x에서 $f(x)$의 최댓값에 해당하는 직사각형의 높이를 택하였기 때문에 0.875를 **상합(upper sum)**이라 한다. 그림 4.2(b)에서, 영역 R을 포함하면서 폭이 $\frac{1}{4}$인 4개의 직사각형으로 더 좋은 근삿값을 얻는다. 이들 네 직사각형은 영역 R을 여전히 포함하기 때문에 근삿값

$$A \approx 1 \cdot \frac{1}{4} + \frac{15}{16} \cdot \frac{1}{4} + \frac{3}{4} \cdot \frac{1}{4} + \frac{7}{16} \cdot \frac{1}{4} = \frac{25}{32} = 0.78125$$

는 A보다 크다.

반대로, 그림 4.3(a)와 같이, 영역 R의 내부에 포함되는 4개의 직사각형으로 넓이를 추정해 보자. 각 직사각형은 그림 4.2(b)와 같이 폭은 $\frac{1}{4}$이나, 각 직사각형은 f의 그래프 아래쪽에 놓여 있다. 함수 $f(x) = 1 - x^2$은 구간 [0, 1]에서 감소하므로 각 직사각형의 높이는 밑변을 이루는 소구간의 오른쪽 끝점에서 함숫값이다. 네 번째 직사각형의 높이는 0이므로 넓이에 영향을 주지 않는다. 이들 직사각형의 넓이의 총합은 구하려는

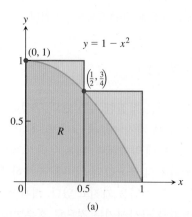 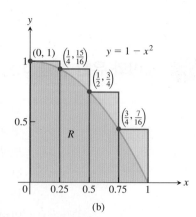

그림 4.2 (a) R을 포함하는 2개의 직사각형을 이용하여 R의 넓이의 상계를 얻는다.
(b) 4개의 직사각형은 보다 좋은 상계를 준다. 두 추정값은 연홍색으로 칠해진 양 만큼 넓이의 참값을 초과한다.

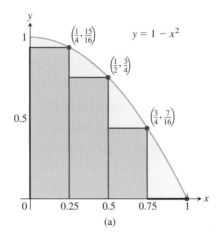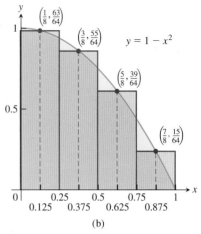

그림 4.3 (a) 영역 R에 포함되는 직사각형들은 푸른색으로 칠해진 양만큼 참값보다 작은 근삿값을 준다. (b) 이용된 각 직사각형의 밑변의 중점에서 취한 함숫값 $y = f(x)$를 그 직사각형의 높이로 취하였다. 이러한 방법을 중점법이라고 한다. 이 추정값은 연홍색의 초과량과 푸른색의 부족량이 대충 비슷하므로 넓이의 참값에 더 가깝다.

넓이의 **하합(lower sum)**이라 하는 근삿값

$$A \approx \frac{15}{16} \cdot \frac{1}{4} + \frac{3}{4} \cdot \frac{1}{4} + \frac{7}{16} \cdot \frac{1}{4} + 0 \cdot \frac{1}{4} = \frac{17}{32} = 0.53125$$

를 얻는다. 이들 직사각형은 영역 R의 내부에 포함되기 때문에 이렇게 추정된 근삿값은 실제 넓이 A보다 작다. A의 참값은 이들 상합과 하합 사이에 있다. 즉

$$0.53125 < A < 0.78125$$

상합, 하합 근삿값을 동시에 생각하면, 넓이의 참값은 두 값 사이에 있기 때문에 넓이의 근삿값과 근삿값의 오차한계를 알 수 있다. 여기서 오차는 차 $0.78125 - 0.53125 = 0.25$보다 클 수 없다.

각 직사각형의 높이를 밑변의 중점에서 함숫값을 취하여 얻은, 또 하나의 근삿값을 추정할 수 있다(그림 4.3(b)). 이러한 추정법을 넓이의 근삿값을 구하는 **중점법(midpoint rule)**이라 한다. 중점법으로 얻은 근삿값은 상합과 하합 사이에 놓여 있지만 그 값이 넓이의 참값보다 큰 지 작은 지는 알 수 없다. 앞에서와 같은 방법으로 폭이 $\frac{1}{4}$인 직사각형으로 중점법을 이용하여

$$A \approx \frac{63}{64} \cdot \frac{1}{4} + \frac{55}{64} \cdot \frac{1}{4} + \frac{39}{64} \cdot \frac{1}{4} + \frac{15}{64} \cdot \frac{1}{4} = \frac{172}{64} \cdot \frac{1}{4} = 0.671875$$

를 얻는다.

상합, 하합 그리고 중점법으로 합을 계산하는 과정을 보면 함수 f가 정의되는 구간 $[a, b]$를 길이가 각각 $\Delta x = \frac{(b-a)}{n}$인 n개의 소구간으로 등분하였고, 각 소구간에 속하는 한 점에서 함숫값을 계산하였다. 이때 첫 번째 소구간에 속하는 점을 c_1, 두 번째 소구간에 속하는 점을 c_2 등이라 놓으면 상합에서는 k번째 소구간에서 최댓값 $f(c_k)$가 되는 c_k를, 하합에서는 최솟값 $f(c_k)$가 되는 c_k를, 중점법에서는 구간의 중점인 c_k를 택한다. 각 경우에 유한 합은

$$f(c_1)\,\Delta x + f(c_2)\,\Delta x + f(c_3)\,\Delta x + \cdots + f(c_n)\,\Delta x$$

인 모양을 하고 있다. 직사각형의 폭을 보다 좁게 하여 그 개수를 점점 늘려나가면 이들 유한 합은 영역 R의 넓이의 참값에 점점 더 가까운 근삿값을 얻는다.

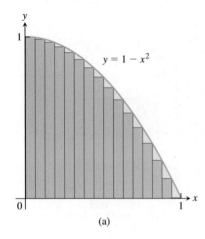

(a)

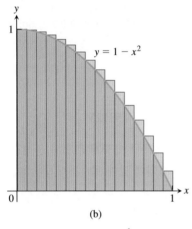

(b)

그림 4.4 (a) 폭이 $\Delta x = \dfrac{1}{16}$인 16개의 직사각형을 이용한 하합. (b) 16개의 직사각형을 이용한 상합.

그림 4.4(a)는 같은 폭을 가진 16개의 직사각형을 이용하여 R의 넓이에 대한 하합 근삿값을 보여주고 있다. 그들 넓이의 합은 0.634765625로 실제 넓이에 가깝다. 그러나 직사각형이 R의 내부에 놓여 있으므로 실제 넓이보다 여전히 작다.

그림 4.4(b)는 같은 폭을 가진 16개의 직사각형을 이용하여 R의 넓이에 대한 상합 근삿값을 보여주고 있다. 그들 넓이의 합은 0.697265625로 실제 넓이에 가깝다. 그러나 이들 직사각형은 R을 포함하기 때문에 실제 넓이보다 여전히 크다. 16개의 직사각형으로 중점법을 이용하면 총 넓이의 근삿값은 0.6669921875로 실제 넓이보다 큰지 작은지는 분명치 않다.

표 4.1 R의 넓이에 대한 유한 합의 근삿값

소구간의 개수	하합	중점법	상합
2	0.375	0.6875	0.875
4	0.53125	0.671875	0.78125
16	0.634765625	0.6669921875	0.697265625
50	0.6566	0.6667	0.6766
100	0.66165	0.666675	0.67165
1000	0.6661665	0.66666675	0.6671665

표 4.1은 직사각형의 개수를 1,000개까지 하였을 때 R의 넓이에 대한 상합, 하합을 보여주고 있다. 이 근삿값들은 $\dfrac{2}{3}$에 가까이 가고 있다. 4.2절에서 직사각형의 밑변의 길이가 0에 가까워지도록 그 개수를 한없이 크게 하여 극한을 취해 R과 같은 영역의 넓이를 구하는 방법을 보여준다. 여기서 개발된 방법으로 R의 넓이는 정확히 $\dfrac{2}{3}$임을 알 수 있다.

이동 거리

한 자동차가 어느 한 방향으로 고속도로를 속도함수 $v(t)$로 달리고 있다고 가정하자. 시간 구간 $t=a$와 $t=b$ 사이에 이동한 거리를 알고 싶다. 자동차의 위치함수 $s(t)$의 도함수가 $v(t)$이다. 만일 $v(t)$의 역도함수 $F(t)$를 구할 수 있다면 그 자동차의 위치함수 $s(t)$는 $s(t)=F(t)+C$로 놓을 수 있다. 따라서 이동 거리는 위치의 차 $s(b)-s(a)=F(b)-F(a)$를 계산하여 구해진다. 하지만 속도가 각 시점에서 자동차의 속도계를 기록하여 결정된 것이라면, 이로부터 속도의 역도함수를 얻을 수 있는 공식을 구할 수는 없다. 그렇다면 이 경우 어떻게 해야 하는가?

속도 $v(t)$의 역도함수를 모를 때, 앞에서 넓이를 추정했던 것과 같은 방법으로 유한 합을 사용하여 이동 거리의 근삿값을 구한다. 구간 $[a, b]$를 작은 시간 구간으로 세분화하여 각 소구간에서 속도가 비교적 일정하다고 단정한다. 그러면 각 소구간에서 이동 거리는 보통의 거리 공식

$$거리 = 속도 \times 시간$$

으로 근사시키고, 그 결과들을 $[a, b]$에서 모두 더한다.

세분화된 구간은 길이가 모두 Δt인 소구간들로 다음 그림과 같다고 하자.

첫 번째 소구간에서 t_1을 택한다. 시간이 Δt만큼 변하는 동안 속도가 거의 변하지 않을 정도로 Δt를 작게 하면 첫 번째 구간에서 이동 거리는 대략 $v(t_1)\Delta t$이다. t_2가 두 번째 구간에 속하면 두 번째 구간에서 이동 거리는 $v(t_2)\Delta t$이다. 따라서 모든 소구간에서 이동 거리의 총합은

$$D \approx v(t_1)\,\Delta t + v(t_2)\,\Delta t + \cdots + v(t_n)\,\Delta t,$$

이다. 여기서 n은 소구간의 개수이다. 이 합은 단지 실제 이동 거리 D의 근삿값이며, 소구간을 점점 더 많이 할수록, 근삿값은 더 정확해진다.

예제 1   지면에서 수직으로 쏘아올린 물체의 속도함수는 $f(t)=160-9.8t$ m/s이다. 앞에서 설명한 유한 합의 방법을 이용하여 처음 3초가 경과하는 순간 발사체의 고도를 계산하라. 그 합은 정확한 고도 435.9 m에 어느 정도로 가까운가?(4.4절에서 정확한 값을 쉽게 계산하는 방법을 배운다.)

풀이   소구간의 개수와 각 소구간에서 택한 시점에 관하여 결과를 측정해 본다. $f(t)$가 감소하기 때문에 각 소구간의 왼쪽 끝점을 택하면 상합, 오른쪽 끝점을 택하면 하합을 얻는다.

(a) 길이가 1인 3개의 소구간과 각 소구간의 왼쪽 끝점에서 f의 값을 계산하여 상합을 구한다.

$t=0, 1, 2$에서 f의 값을 계산하면 다음과 같다.

$$\begin{aligned}
D &\approx f(t_1)\,\Delta t + f(t_2)\,\Delta t + f(t_3)\,\Delta t \\
&= [\,160 - 9.8(0)\,](1) + [\,160 - 9.8(1)\,](1) + [\,160 - 9.8(2)\,](1) \\
&= 450.6
\end{aligned}$$

(b) 길이가 1인 3개의 소구간과 각 소구간의 오른쪽 끝점에서 f의 값을 계산하여 하합을 구한다.

$t=1, 2, 3$에서 f의 값을 계산하면 다음과 같다.

$$\begin{aligned}
D &\approx f(t_1)\,\Delta t + f(t_2)\,\Delta t + f(t_3)\,\Delta t \\
&= [\,160 - 9.8(1)\,](1) + [\,160 - 9.8(2)\,](1) + [\,160 - 9.8(3)\,](1) \\
&= 421.2
\end{aligned}$$

(c) 길이가 $\frac{1}{2}$인 6개의 소구간을 잡으면,

이다. 각 소구간의 왼쪽 끝점을 이용하여 상합 $D\approx 443.25$를, 오른쪽 끝점을 이용하여 하합 $D\approx 428.55$를 구한다. 소구간의 개수가 6일 때의 추정이 3일 때보다 다소 좁혀진다. 소구간이 좁아질수록 결과는 개선된다.

표 4.2에서 볼 수 있듯이, 왼쪽 끝점 상합은 큰 쪽으로부터 참값 435.9에 가까워지고,

오른쪽 끝점 하합은 작은 쪽으로부터 참값에 가까워진다. 참값은 상합과 하합 사이에 있다. 최소 오차는 0.23이고 참값과의 상대오차는 매우 작다.

표 4.2 이동 거리 추정

소구간의 개수	각 소구간의 길이	상합	하합
3	1	450.6	421.2
6	1/2	443.25	428.55
12	1/4	439.58	432.23
24	1/8	437.74	434.06
48	1/16	436.82	434.98
96	1/32	436.36	435.44
192	1/64	436.13	435.67

$$\text{오차의 크기} = |\text{참값} - \text{측정값}|$$
$$= |435.9 - 435.67| = 0.23$$

$$\text{상대오차} = \frac{0.23}{435.9} \approx 0.05\%$$

표의 맨 밑줄로부터 처음 3초가 경과하는 순간 발사체의 고도는 대략 436 m라고 결론 짓는 것이 타당하다. ∎

변위와 이동 거리

어떤 물체가 위치함수 $s(t)$로 수직선을 따라서 한쪽 방향으로만 움직이고 있다면 그 물체가 $t=a$로부터 $t=b$까지 이동한 총 거리는 예제 1에서와 같이 소구간에서 이동한 거리를 모두 합하여 계산할 수 있다. 그 물체가 움직이는 동안 한 번 또는 여러 차례 방향을 바꾼다면, 그 물체의 속력 $|v(t)|$, 즉 속도함수 $v(t)$의 절댓값을 이용하여 총 이동 거리를 구한다. 예제 1에서와 같이 속도함수를 이용하면 단지 그 물체의 **변위** (displacement) $s(b) - s(a)$, 즉 처음 위치와 최종 위치의 차를 측정할 뿐이다. 이 차를 이해하기 위해, 당신이 집에서부터 1 킬로미터를 걸어 왔다가 다시 집으로 돌아갔을 때 어떤 상황인지에 대해 생각해보라. 전체 이동한 거리는 2 킬로미터이지만, 처음 출발했던 위치로 다시 돌아와 마쳤으므로 변위는 0이다.

이유를 살펴보기 위해, 물체의 속도가 시간 t_{k-1}부터 t_k까지 크게 변하지 않도록 소구간의 길이 Δt를 충분히 작게 되도록 구간 $[a, b]$를 등분하라. 그러면 $v(t_k)$는 그 구간에서 속도의 좋은 근삿값을 준다. 따라서 시간 소구간 동안의 변위, 즉 물체의 위치 좌표의 변화는 대략

$$v(t_k) \, \Delta t$$

이다. $v(t_k)$가 양이면 변화는 양이고, $v(t_k)$가 음이면 변화는 음이다.

어느 경우이든, 소구간에서의 이동 거리는 대략

$$|v(t_k)| \, \Delta t$$

이다. 시간 구간에서 **총 이동 거리**(total distnace traveled)는 대략 다음 식과 같다.

$$|v(t_1)| \Delta t + |v(t_2)| \Delta t + \cdots + |v(t_n)| \Delta t$$

이 개념은 4.4절에서 다시 살펴볼 것이다.

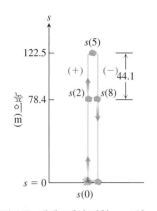

그림 4.5 예제 2에서 바위. $t = 2$와 $t = 8$ 초에서 도달하는 높이는 78.4 m이다. $t = 8$에서 바위는 최고 높이로부터 44.1 m 만큼 떨어졌다.

표 4.3 속도함수

t	$v(t)$	t	$v(t)$
0	49	4.5	4.9
0.5	44.1	5.0	0
1.0	39.2	5.5	−4.9
1.5	34.3	6.0	−9.8
2.0	29.4	6.5	−14.7
2.5	24.5	7.0	−19.6
3.0	19.6	7.5	−24.5
3.5	14.7	8.0	−29.4
4.0	9.8		

예제 2   2.4절 예제 4에서, 다이너마이트 폭발에 의한 수직 방향으로 쏘아올린 무거운 바위의 운동에 대해 알아보았다. 그 예제에서, 운동하는 동안 각 시간에서 바위의 속도가 $v(t) = 49 - 9.8t$ m/s임을 구했다. 바위는 폭발 2초 후에 지상으로부터 78.4 m 높이에 있었으며, 계속 위로 올라 폭발 5초 후에 최고 높이인 122.5 m에 도달했다가 아래로 떨어지기 시작하여 다시 폭발 8초 후에 다시 78.4 m 높이에 도달했다.(그림 4.5 참조)

만일 예제 1에서 설명한 것과 같은 과정을 따른다면, 시간 구간 [0, 8]에서 속도함수 $v(t)$를 사용하여 합산 과정에 의해 $t = 8$에서의 지상으로부터 바위의 높이 78.4 m의 근삿값을 얻을 것이다. 양의 위로 운동 (높이 78.4 m에서 최고 높이까지 거리 44.1 m를 양의 변화로 보는)과 음의 아래로 운동 (다시 최고 높이에서 78.4 m 높이까지 내려오는 운동을 음의 변화로 보는)은 서로 상쇄되어서, 속도함수로부터 지상으로부터 높이(또는 변위)의 근삿값을 얻게 된다.

한편, 합산 과정에서 속도함수의 절댓값 $|v(t)|$를 사용하면, 바위가 이동한 **총 이동 거리**(*total distnace*)를 구하게 된다. $t = 8$에서 지상 높이 78.4 m에 도달했을 때 최고 도달 높이인 122.5 m에, 최고 높이에서 78.4 m 높이까지 내려온 거리 44.1 m를 더한 거리가 된다. 즉, 구간 [0, 8] 동안 속도함수의 절댓값을 사용하여 합산 과정에 의해 바위가 올라갔다 내려온 총 이동 거리인 166.6 m의 근삿값을 얻게 된다. 여기서는 속도함수의 부호에 의한 거리 변화량의 상쇄가 일어나지 않는다. 따라서 속도함수의 절댓값 (즉, 바위의 속력)을 사용하면 변위보다 더 큰 총 이동 거리를 얻게 된다.

이를 설명하기 위해 구간 [0, 8]을 0.5초 간격으로 16등분하여 각 구간의 오른쪽 끝점에서 속도함수의 값을 표 4.3에 정리하였다.

합산 과정에서 $v(t)$를 사용하면, $t = 8$에서 변위의 근삿값은

$$(44.1 + 39.2 + 34.3 + 29.4 + 24.5 + 19.6 + 14.7 + 9.8 + 4.9$$
$$+ 0 - 4.9 - 9.8 - 14.7 - 19.6 - 24.5 - 29.4) \cdot \frac{1}{2} = 58.8$$

이고

$$오차의\ 크기 = 78.4 - 58.8 = 19.6$$

이며, 합산 과정에서 $|v(t)|$를 사용하면, 시간 구간 [0, 8] 동안 총 이동 거리의 근삿값은

$$(44.1 + 39.2 + 34.3 + 29.4 + 24.5 + 19.6 + 14.7 + 9.8 + 4.9$$
$$+ 0 + 4.9 + 9.8 + 14.7 + 19.6 + 24.5 + 29.4) \cdot \frac{1}{2} = 161.7$$

이고

$$오차의\ 크기 = 166.6 - 161.7 = 4.9$$

이 된다.

구간 [0, 8]을 더 많은 소구간으로 나누어 계산하면, 높이에 대한 근삿값은 표 4.4에서 보는 것처럼 78.4 m와 166.6 m에 더욱 더 가까워질 것이다.   ■

표 4.4　수직방향으로 쏘아올린 바위의 시간 구간 [0. 8] 동안 이동한 거리의 근삿값

소구간 수	각 소구간의 길이	변위	총 이동 거리
16	1/2	58.8	161.7
32	1/4	68.6	164.15
64	1/8	73.5	165.375
128	1/16	75.95	165.9875
256	1/32	77.175	166.29375
512	1/64	77.7875	166.446875

음이 아닌 함수의 평균값

n개의 수 $x_1, \cdots, x_n$의 평균값은 이들의 총합을 n으로 나눈 것이다. 구간 $[a, b]$에서 정의된 연속함수 f의 평균값은 무엇인가? 예를 들어 어떤 마을의 어느 한 지점에서 온도는 날마다 오르내리는 연속함수이다. 그렇다면 그 마을의 어느 날 평균온도가 23℃였다면 이는 무엇을 의미하는가?

함수가 상수이면 그 질문에 쉽게 답할 수 있다. 구간 $[a, b]$에서 일정한 c를 갖는 함수의 평균값은 c이다. c가 양일 때, 그 그래프는 높이 c인 직사각형이다. 함수의 평균값은 기하학적으로 이 직사각형의 넓이를 폭 $b-a$로 나눈 것으로 해석된다(그림 4.6(a)).

그림 4.6(b)와 같이 상수가 아닌 함수 g의 평균값을 구하려면 어떻게 해야 하는가? 이 그래프를 $x=a$와 $x=b$에 세운 칸막이로 둘러싸인 탱크 속에서 출렁이는 물의 높이를 순간 포착한 사진으로 생각할 수 있다. 물이 출렁임에 따라 각 점에서 물의 높이는 변하지만 그의 평균 높이는 일정하다. 물의 평균 높이를 얻기 위해 물이 잠잠하여 그 높이가 일정하게 될 때까지 놓아두자. 최종 높이 c는 g의 아랫부분의 넓이를 $b-a$로 나눈 것과 같다. 따라서 구간 $[a, b]$에서 음이 아닌 함수의 평균값은 그 그래프 아랫부분의 넓이를 $b-a$로 나눈 것으로 정의하게 된다. 이 정의가 타당하려면, 그래프 아랫부분의 넓이가 무엇인지를 정확히 알 필요가 있다. 이 문제는 4.3절에서 해결하기로 하고 다음 예를 살펴보자.

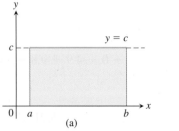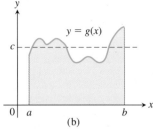

(a)　　　　　　　(b)

그림 4.6　(a) $[a, b]$에서 $f(x) = c$의 평균값은 직사각형의 넓이를 $b-a$로 나눈 것이다. (b) $[a, b]$에서 $g(x)$의 평균값은 그래프 아랫부분의 넓이를 $b-a$로 나눈 것이다.

예제 3　구간 $[0, \pi]$에서 함수 $f(x) = \sin x$의 평균값을 구하라.

풀이　0과 π 사이에서 $\sin x$의 그래프를 살펴보면(그림 4.7) 그 높이의 평균값은 0과 1 사이에 있음을 알 수 있다. 평균값을 구하기 위하여 그래프 아랫부분의 넓이 A를 계산하여 그 넓이를 구간의 길이 $\pi - 0 = \pi$로 나눈다.

넓이를 쉽게 구할 수 없기 때문에, 유한 합을 이용한 근삿값을 구한다. 상합을 얻기 위해, x축의 $[0, \pi]$ 위에 있고 $y = \sin x$의 그래프 아래에 놓여 있는 영역을 포함하는 8개의

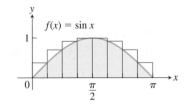

그림 4.7　$[0, \pi]$에서 $\sin x$의 평균값을 계산하기 위하여 0과 π 사이에서 $f(x) = \sin x$의 그래프 아랫부분의 넓이의 근삿값을 8개의 직사각형을 이용하여 구하고 있다 (예제 3).

표 4.5 $0 \leq x \leq \pi$에서 $\sin x$의 평균값	
소구간 수	상합으로 구한 근삿값
8	0.75342
16	0.69707
32	0.65212
50	0.64657
100	0.64161
1000	0.63712

직사각형의 넓이를 더한다. 이때 직사각형의 폭은 $\frac{\pi}{8}$로 모두 같고, 각 소구간에서 $\sin x$의 최댓값을 높이로 하는 직사각형을 택한다. 각 소구간에서 최댓값은 왼쪽 끝 점, 오른쪽 끝 점, 또는 내부의 어느 한 점에서도 나타날 수 있다. 그 점에서 $\sin x$의 값을 직사각형의 높이로 하여 상합을 계산한다. 이들 직사각형의 넓이의 총합을 생각한다(그림 4.7).

$$A \approx \left(\sin\frac{\pi}{8} + \sin\frac{\pi}{4} + \sin\frac{3\pi}{8} + \sin\frac{\pi}{2} + \sin\frac{\pi}{2} + \sin\frac{5\pi}{8} + \sin\frac{3\pi}{4} + \sin\frac{7\pi}{8} \right) \cdot \frac{\pi}{8}$$

$$\approx (.38 + .71 + .92 + 1 + 1 + .92 + .71 + .38) \cdot \frac{\pi}{8} = (6.02) \cdot \frac{\pi}{8} \approx 2.364$$

이다. 이 결과를 구간의 길이 π로 나누면 $[0, \pi]$에서 $\sin x$의 평균값에 대한 근삿값 $\frac{2.364}{\pi} \approx 0.753$을 얻는다.

상합으로 넓이를 추정하였기 때문에 근사적으로 구한 평균값은 실제 평균값보다 크다. 직사각형의 수를 많이 하면 할수록 폭은 점점 줄어들어 표 4.5에서 보는 것처럼 실제 평균값에 더욱더 가까워질 것이다. 4.3절의 방법을 이용하면 실제 평균값은 $\frac{2}{\pi} \approx 0.63662$이다.

앞에서와 마찬가지로, $y = \sin x$의 그래프 아래쪽으로 놓여 있는 직사각형을 이용하여 하합을 계산하든지, 또는 중점법을 이용할 수도 있다. 4.3절에서 어느 경우이든 상관없이 근삿값은 모든 직사각형의 폭을 충분히 작게 하면 실제 넓이에 가깝게 됨을 알게 된다. ■

요약

양의 값을 갖는 함수의 그래프 아랫부분의 넓이, 방향을 유지하면서 움직이는 물체의 이동 거리, 어떤 구간에서 음이 아닌 함수의 평균값 등은 모두 유한 합을 이용하여 근삿값을 구할 수 있다. 우선 주어진 구간을 작은 소구간들로 분할하고 각 소구간에서 함수 f를 상수로 간주하여 근사화된 함수로 생각한다. 그리고 각 소구간의 길이에 그 소구간에 속하는 어느 한 점에서의 함숫값을 곱하여 모두 더한다. 구간 $[a, b]$를 n개의 소구간으로 등분하면 소구간의 길이는 모두 $\Delta x = (b - a)/n$이고, k번째 소구간에서 선택한 한 점 c_k에서 f의 값을 $f(c_k)$라고 하면 다음과 같은 유한 합을 얻는다.

$$f(c_1)\,\Delta x + f(c_2)\,\Delta x + f(c_3)\,\Delta x + \cdots + f(c_n)\,\Delta x$$

c_k의 선택에 따라 k번째 소구간에서 f의 값은 최대, 최소, 또는 그 사이의 어느 한 값이 될 수 있다. 참값은 상합과 하합으로 주어지는 근삿값의 사이에 있게 된다. 유한 합으로 구한 근삿값은 소구간의 개수를 점점 많게 하여 그 폭을 작게 하면 할수록 더욱 더 참값에 가까워진다.

연습문제 4.1

넓이

연습문제 1~4에서

a. 같은 폭을 가진 2개의 직사각형으로 하합

b. 같은 폭을 가진 4개의 직사각형으로 하합

c. 같은 폭을 가진 2개의 직사각형으로 상합

d. 같은 폭을 가진 4개의 직사각형으로 상합

으로 그래프 아랫부분의 넓이를 추정하라.

1. $x = 0$과 $x = 1$ 사이에서 $f(x) = x^2$

2. $x = 0$과 $x = 1$ 사이에서 $f(x) = x^3$

3. $x = 1$과 $x = 5$ 사이에서 $f(x) = 1/x$

4. $x = -2$와 $x = 2$ 사이에서 $f(x) = 4 - x^2$

2개 또는 4개의 직사각형으로 중점법을 이용하여 다음 함수의 그래프 아랫부분의 넓이를 추정하라.

5. $x=0$과 $x=1$ 사이에서 $f(x)=x^2$

6. $x=0$과 $x=1$ 사이에서 $f(x)=x^3$

7. $x=1$과 $x=5$ 사이에서 $f(x)=1/x$

8. $x=-2$와 $x=2$ 사이에서 $f(x)=4-x^2$

거리

9. 이동 거리 다음 표는 궤도 위를 움직이는 모형 열차의 처음 10초 동안 속도의 변화를 나타낸 것이다. 길이가 1인 10개의 소구간으로 나누고 각 소구간의

a. 왼쪽 끝점

b. 오른쪽 끝점

을 이용하여 모형 열차의 이동 거리를 추정하라.

시간 (초)	속도 (cm/s)	시간 (초)	속도 (cm/s)
0	0	6	28
1	30	7	15
2	56	8	5
3	25	9	15
4	38	10	0
5	33		

10. 강을 거슬러 올라간 거리 다음 표는 조수의 영향을 받는 강둑 위에 앉아, 병 하나가 조수에 밀려 강을 거슬러 올라가는 것을 바라보면서 1시간 동안 5분마다 그 병이 움직이는 속도를 기록한 것이다. 1시간 동안 병이 얼마나 강을 거슬러 올라갔겠는가? 길이가 5인 12개의 소구간으로 나누고 각 소구간의

a. 왼쪽 끝점

b. 오른쪽 끝점

을 이용하여 병의 이동 거리를 추정하라.

시간 (분)	속도 (m/s)	시간 (분)	속도 (m/s)
0	1	35	1.2
5	1.2	40	1.0
10	1.7	45	1.8
15	2.0	50	1.5
20	1.8	55	1.2
25	1.6	60	0
30	1.4		

11. 도로의 길이 1대의 자동차가 구불구불한 도로를 달리고 있다. 그 자동차의 속도계는 정상적으로 작동하나 주행기록계는 고장난 상태라고 가정하자. 다음 표는 10초 간격으로 자동차의 속도를 기록한 것이다.

a. 왼쪽 끝점

b. 오른쪽 끝점

을 이용하여 도로의 길이를 추정하라.

시간 (초)	속도 (m/s로 변환) (36 km/h = 10 m/s)	시간 (초)	속도 (m/s로 변환) (36 km/h = 10 m/s)
0	0	70	5
10	15	80	7
20	5	90	12
30	12	100	15
40	10	110	10
50	15	120	12
60	12		

12. 속도에 관한 자료로 이동 거리 구하기 다음 표는 36초 동안 0부터 228 km/h까지 변속하고 있는 경주용 자동차의 속도에 관한 자료이다.

시간 (시)	속도 (km/h)	시간 (시)	속도 (km/h)
0.0	0	0.006	187
0.001	64	0.007	201
0.002	100	0.008	212
0.003	132	0.009	220
0.004	154	0.010	228
0.005	174		

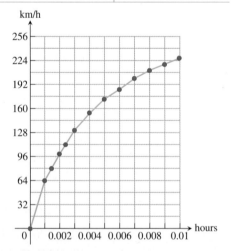

a. 직사각형을 이용하여 속도가 228 km/h 될 때까지 36초 동안 자동차의 주행거리를 추정하라.

b. 자동차 주행한 거리의 중간점을 통과하는 데 대략 몇 초 걸렸는가? 그때 자동차의 속도는 얼마인가?

13. 공기의 저항을 받는 자유낙하 한 물체가 헬리콥터로부터 수직으로 낙하하고 있다. 그 물체는 점점 빠르게 낙하한다. 그러나 공기의 저항으로 인하여 가속도(속도의 변화율)는 점점 감소한다. 가속도는 m/s²으로 측정되고, 5초 동안 매 초마다 다음과 같이 기록되었다고 한다.

t	0	1	2	3	4	5
a	9.8	5.944	3.605	2.187	1.326	0.805

a. $t=5$일 때 속력의 상합 근삿값을 구하라.

b. $t=5$일 때 속력의 하합 근삿값을 구하라.

c. $t=3$일 때 낙하거리의 상합 근삿값을 구하라.

14. 발사체의 이동 거리 한 물체가 초기속도 122.5m/s로 해수면에서 위쪽을 향해 수직으로 발사되었다고 하자.

  a. 그 물체에 작용하는 힘은 중력뿐이라고 한다. 처음 5초가 경과한 후 속도의 상합 근삿값을 구하라. 단, 중력가속도는 9.8 m/s²이다.

  b. 5초가 경과한 후 그 물체가 도달한 높이의 하합 근삿값을 구하라.

함수의 평균값
연습문제 15~18에서 주어진 구간을 4개의 소구간으로 등분하고, 각 소구간의 중점에서 f의 값을 생각한다. 유한 합으로 함수 f의 평균값을 추정하라.

15. $[0, 2]$에서 $f(x)=x^3$

16. $[1, 9]$에서 $f(x)=1/x$

17. $[0, 2]$에서 $f(x)=\dfrac{1}{2}+\sin^2 \pi t$

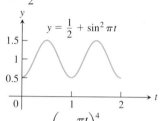

18. $[0, 4]$에서 $f(t) = 1 - \left(\cos\dfrac{\pi t}{4}\right)^4$

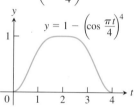

근삿값 추정의 예제

19. 물의 오염 바다에서 좌초된 한 유조선에서 원유가 누출되고 있다. 다음 표에 기록된 바와 같이 매 시간 원유 누출량의 증가로 인하여 피해는 점점 악화되고 있다.

시간(시)	0	1	2	3	4
누출량 (L/h)	50	70	97	136	190

시간(시)	5	6	7	8
누출량 (L/h)	265	369	516	720

  a. 5시간 경과 후 누출된 원유 총 누출량의 상합, 하합 근삿값을 추정하라.

  b. 8시간 경과 후 누출된 원유 총 누출량의 상합, 하합 근삿값을 추정하라.

  c. 처음 8시간 이후 계속하여 유조선에서 원유가 720 L/h로 누출되고 있다. 유조선이 처음에 25,000 L의 오일을 싣고 있

었다면, 원유가 모두 누출될 때까지 최악인 경우 대략 몇 시간 걸리겠는가? 최선인 경우는 어떠한가?

20. 대기오염 발전소는 오일을 연소시켜 전기를 생성한다. 연소 과정에서 생기는 오염물질은 굴뚝 속에 설치된 집진기에 의하여 제거된다. 시간이 경과함에 따라 집진기는 효율이 떨어져 방출되는 오염물질의 양이 정부의 기준치를 초과하면 즉시 교체되어야 한다. 다음 표는 매 월말에 대기 중에 방출된 오염물질의 비율을 측정하여 기록한 것이다.

월	1월	2월	3월	4월	5월	6월
오염물질 방출비율 (톤/일)	0.20	0.25	0.27	0.34	0.45	0.52

월	7월	8월	9월	10월	11월	12월
오염물질 방출비율 (톤/일)	0.63	0.70	0.81	0.85	0.89	0.95

  a. 한 달을 30일로 가정하고, 새 집진기는 0.05 톤/일만을 방출한다. 1월말까지 방출된 오염물질의 총량의 상합을 추정하라. 하합은 얼마인가?

  b. 최선인 경우 대략 언제쯤 대기 중으로 방출된 오염물질의 양이 125톤이 될까?

21. 반지름이 1인 원에 정n각형을 내접시켜 다음의 각 n에 대하여 다각형의 넓이를 계산하라.

  a. 4(정사각형) **b.** 8(정팔각형) **c.** 16

  d. (a), (b), (c)의 넓이를 원의 넓이와 비교해 보라.

22. (연습문제 21번의 계속)

  a. 반지름이 1인 원에 정n각형을 내접시키고, 원의 반지름을 다각형의 꼭짓점에 그려 만든 n개의 합동인 삼각형 중 하나의 넓이를 계산하라.

  b. $n \to \infty$일 때 내접인 다각형의 넓이의 극한을 계산하라.

  c. 반지름이 r인 원에 대하여 (a), (b)를 반복하라.

컴퓨터 탐구
연습문제 23~26에서 CAS를 이용하여 다음 단계를 수행하라.

  a. 주어진 구간에서 함수의 그래프를 그린다.

  b. 그 구간을 각각 $n=100, 200, 1000$개로 등분하고, 각 소구간의 중점에서 함숫값을 계산한다.

  c. (b)를 이용하여 함수의 평균값을 계산한다.

  d. $n=1000$일 때, (c)에서 구한 평균값을 이용하여 방정식 $f(x)=($평균값$)$을 풀라.

23. $[0, \pi]$에서 $f(x)=\sin x$

24. $[0, \pi]$에서 $f(x)=\sin^2 x$

25. $\left[\dfrac{\pi}{4}, \pi\right]$에서 $f(x)=x \sin\dfrac{1}{x}$

26. $\left[\dfrac{\pi}{4}, \pi\right]$에서 $f(x)=x \sin^2\dfrac{1}{x}$

4.2 시그마 기호와 유한 합의 극한

4.1절에서 유한 합을 계산할 때, 이를테면 표 4.1에서 본 것과 같이 종종 많은 항들을 더하게 된다. 이 절에서 수많은 항들의 합을 나타내는 편리한 기호를 소개한다. 기호를 설명하고 그 성질 몇 가지를 언급한 후, 항의 개수가 한없이 커짐에 따라 어떻게 되는지 살펴본다.

유한 합과 시그마 기호

시그마 기호(sigma notation)를 이용하여 많은 항들의 합을 간편하게 나타낼 수 있다.

$$\sum_{k=1}^{n} a_k = a_1 + a_2 + a_3 + \cdots + a_{n-1} + a_n$$

그리스 문자 Σ(알파벳 대문자 S에 대응)는 합을 나타낸다. **합의 첨자(index of summation)** k는 합이 어디에서 시작하여(Σ의 아래에 있는 수에서부터) 어디서 끝나는지(Σ의 위에 있는 수까지)를 나타낸다. 어떠한 문자도 첨자로 사용될 수 있다. 그러나 문자 i, j, k 등이 보통 쓰인다.

첨자 k는 $k = n$에서 끝난다.

합의 기호 (그리스 문자 시그마) — $\displaystyle\sum_{k=1}^{n} a_k$ — a_k는 k번째 항에 대한 식

첨자 k는 $k = 1$에서 시작한다.

따라서 1부터 11까지 제곱의 합은

$$1^2 + 2^2 + 3^2 + 4^2 + 5^2 + 6^2 + 7^2 + 8^2 + 9^2 + 10^2 + 11^2 = \sum_{k=1}^{11} k^2$$

와 같이, i가 1부터 100까지일 때, $f(i)$의 합은

$$f(1) + f(2) + f(3) + \cdots + f(100) = \sum_{i=1}^{100} f(i)$$

로 쓸 수 있다. 시작하는 값은 1이어야 할 필요는 없다. 모든 정수가 될 수 있다.

예제 1

시그마 기호로 합	k의 각 값에 대하여 풀어 쓴 합	합의 값
$\displaystyle\sum_{k=1}^{5} k$	$1 + 2 + 3 + 4 + 5$	15
$\displaystyle\sum_{k=1}^{3} (-1)^k k$	$(-1)^1(1) + (-1)^2(2) + (-1)^3(3)$	$-1 + 2 - 3 = -2$
$\displaystyle\sum_{k=1}^{2} \dfrac{k}{k+1}$	$\dfrac{1}{1+1} + \dfrac{2}{2+1}$	$\dfrac{1}{2} + \dfrac{2}{3} = \dfrac{7}{6}$
$\displaystyle\sum_{k=4}^{5} \dfrac{k^2}{k-1}$	$\dfrac{4^2}{4-1} + \dfrac{5^2}{5-1}$	$\dfrac{16}{3} + \dfrac{25}{4} = \dfrac{139}{12}$

예제 2 합 $1 + 3 + 5 + 7 + 9$를 시그마 기호로 나타내라.

풀이 항을 생성하는 식은 합의 시작 첨자의 선택에 따라 결정된다. 그러나 생성된 항들은 변함이 없다. 시작 첨자가 $k = 0$ 또는 $k = 1$로 시작하도록 선택하는 것이 대체로 간편하

지만 어떤 정수에서도 시작할 수 있다.

$$k = 0으로 시작하면: \qquad 1 + 3 + 5 + 7 + 9 = \sum_{k=0}^{4}(2k + 1)$$

$$k = 1로 시작하면: \qquad 1 + 3 + 5 + 7 + 9 = \sum_{k=1}^{5}(2k - 1)$$

$$k = 2로 시작하면: \qquad 1 + 3 + 5 + 7 + 9 = \sum_{k=2}^{6}(2k - 3)$$

$$k = -3으로 시작하면: \qquad 1 + 3 + 5 + 7 + 9 = \sum_{k=-3}^{1}(2k + 7)$$ ■

$$\sum_{k=1}^{3}(k + k^2)$$

으로 주어진 합을 두 개의 합으로 재배열하여

$$\sum_{k=1}^{3}(k + k^2) = (1 + 1^2) + (2 + 2^2) + (3 + 3^2)$$

$$= (1 + 2 + 3) + (1^2 + 2^2 + 3^2) \qquad \text{항들의 재조합}$$

$$= \sum_{k=1}^{3}k + \sum_{k=1}^{3}k^2$$

으로 나타낼 수 있다. 이는 유한 합의 일반적인 공식

$$\sum_{k=1}^{n}(a_k + b_k) = \sum_{k=1}^{n}a_k + \sum_{k=1}^{n}b_k$$

를 예시한다. 아래는 유한 합의 네 가지 공식이다. 이 공식들은 수학적 귀납법으로 증명할 수 있다(부록 2).

유한 합의 계산 공식

1. 합의 공식: $\qquad \displaystyle\sum_{k=1}^{n}(a_k + b_k) = \sum_{k=1}^{n}a_k + \sum_{k=1}^{n}b_k$

2. 차의 공식: $\qquad \displaystyle\sum_{k=1}^{n}(a_k - b_k) = \sum_{k=1}^{n}a_k - \sum_{k=1}^{n}b_k$

3. 상수배의 공식: $\qquad \displaystyle\sum_{k=1}^{n}ca_k = c \cdot \sum_{k=1}^{n}a_k \qquad$ (c는 임의의 상수)

4. 상수값의 공식: $\qquad \displaystyle\sum_{k=1}^{n}c = n \cdot c \qquad$ (c는 임의의 상수)

예제 3   계산 공식을 사용하여 다음을 얻는다.

(a) $\displaystyle\sum_{k=1}^{n}(3k - k^2) = 3\sum_{k=1}^{n}k - \sum_{k=1}^{n}k^2$ $\qquad$ 차, 상수배의 공식

(b) $\displaystyle\sum_{k=1}^{n}(-a_k) = \sum_{k=1}^{n}(-1) \cdot a_k = -1 \cdot \sum_{k=1}^{n}a_k = -\sum_{k=1}^{n}a_k$ $\qquad$ 상수배의 공식

(c) $\displaystyle\sum_{k=1}^{3}(k + 4) = \sum_{k=1}^{3}k + \sum_{k=1}^{3}4$ $\qquad$ 합의 공식

$\qquad\qquad\qquad\;\; = (1 + 2 + 3) + (3 \cdot 4)$ $\qquad$ 상수값의 공식

$\qquad\qquad\qquad\;\; = 6 + 12 = 18$

(d) $\displaystyle\sum_{k=1}^{n}\frac{1}{n} = n\cdot\frac{1}{n} = 1$

역사적 인물
가우스(Carl Friedrich Gauss, 1777~1855)

수년에 걸쳐 유한 합에 관한 다양한 공식이 발견되었다. 이중에서 제일 유명한 것은 처음 n개 자연수의 합을 구하는 공식(가우스가 8살 때 발견하였다.)이고 처음 n개 자연수의 제곱의 합과 세제곱의 합을 구하는 공식이다.

예제 4   처음 n개 자연수의 합이 다음과 같음을 증명하라.

$$\sum_{k=1}^{n}k = \frac{n(n + 1)}{2}$$

풀이   처음 4개의 자연수의 합은 공식에 의하면

$$\frac{(4)(5)}{2} = 10$$

이다. 직접 더해 보면

$$1 + 2 + 3 + 4 = 10$$

이다. 일반적으로 공식을 증명하기 위하여 합을 한 번은 순차적으로, 다시 한 번은 역순으로 두 번 쓴다.

$$\begin{array}{ccccccccc}
1 & + & 2 & + & 3 & + & \cdots & + & n \\
n & + & (n - 1) & + & (n - 2) & + & \cdots & + & 1
\end{array}$$

첫 번째 열의 두 항을 더하면 $1+n=n+1$, 두 번째 열의 두 항을 더하면 $2+(n-1)=n+1$, 모든 열에 속하는 두 항을 더하면 그 합은 모두 $n+1$이다. 따라서 n개 열의 총합은 $n(n+1)$이다. 이것은 구하는 양의 2배이므로 처음 n개 자연수의 총합은 $\dfrac{n(n+1)}{2}$이다. ∎

처음 n개 자연수의 제곱의 합과 세제곱의 합을 구하는 공식은 수학적 귀납법을 이용하여 증명된다 (부록 2). 공식은 다음과 같다.

처음 n개 자연수의 제곱: $\displaystyle\sum_{k=1}^{n}k^2 = \frac{n(n + 1)(2n + 1)}{6}$

처음 n개 자연수의 세제곱: $\displaystyle\sum_{k=1}^{n}k^3 = \left(\frac{n(n + 1)}{2}\right)^2$

유한 합의 극한

4.1절에서 유한 합 근삿값은 항의 개수를 늘려 소구간의 폭을 좁게 하면 할수록 보다 정확하게 됨을 보았다. 다음 예는 소구간의 폭이 0에 가까워지도록 그 소구간의 개수를 한없이 크게 하여 극한을 계산하는 방법을 보여준다.

예제 5 $y=1-x^2$의 아래, x축 위, 구간 $[0, 1]$ 사이로 표시되는 영역 R에 대하여 폭이 같은 직사각형들을 이용하고, 폭이 0에 가까워지도록 그 개수를 무한히 하여 영역 R의 넓이의 하합의 극한을 구하라. (그림 4.4(a) 참조)

풀이   폭이 $\Delta x = \dfrac{(1-0)}{n}$으로 같은 n개의 직사각형을 이용해 하한을 계산하여 $n \to \infty$일 때 어떻게 되는지 살펴본다. 먼저 구간 $[0, 1]$을 같은 폭을 갖는 n개의 소구간

$$\left[0, \frac{1}{n}\right], \left[\frac{1}{n}, \frac{2}{n}\right], \ldots, \left[\frac{n-1}{n}, \frac{n}{n}\right]$$

으로 나눈다. 각 소구간의 폭의 길이는 모두 $\frac{1}{n}$로 같다. 함수 $y = 1 - x^2$은 [0, 1]에서 감소하고, 따라서 각 소구간의 오른쪽 끝점에서 그 소구간에서의 최솟값을 갖는다. 소구간 $\left[\frac{(k-1)}{n}, \frac{k}{n}\right]$에서 높이가 $f\left(\frac{k}{n}\right) = 1 - \left(\frac{k}{n}\right)^2$인 직사각형으로 하합을 만들면

$$f\left(\frac{1}{n}\right) \cdot \frac{1}{n} + f\left(\frac{2}{n}\right) \cdot \frac{1}{n} + \cdots + f\left(\frac{k}{n}\right) \cdot \frac{1}{n} + \cdots + f\left(\frac{n}{n}\right) \cdot \frac{1}{n}$$

위 식을 시그마를 이용하여 나타내고 간단히 하면

$$\sum_{k=1}^{n} f\left(\frac{k}{n}\right)\left(\frac{1}{n}\right) = \sum_{k=1}^{n}\left(1 - \left(\frac{k}{n}\right)^2\right)\left(\frac{1}{n}\right)$$

$$= \sum_{k=1}^{n}\left(\frac{1}{n} - \frac{k^2}{n^3}\right)$$

$$= \sum_{k=1}^{n}\frac{1}{n} - \sum_{k=1}^{n}\frac{k^2}{n^3} \qquad \text{차의 공식}$$

$$= n \cdot \frac{1}{n} - \frac{1}{n^3}\sum_{k=1}^{n}k^2 \qquad \text{상수값의 공식과} \\ \text{상수배의 공식}$$

$$= 1 - \left(\frac{1}{n^3}\right)\frac{(n)(n+1)(2n+1)}{6} \qquad \text{처음 } n \text{개의 제곱합}$$

$$= 1 - \frac{2n^3 + 3n^2 + n}{6n^3} \qquad \text{분자 전개}$$

임의의 n에 대하여 하합을 나타내는 식을 얻었다. $n \to \infty$일 때 이 식의 극한을 취하면, 소구간의 개수를 한없이 크게 하여 소구간의 길이를 0으로 접근시키면 하합이 수렴함을 알 수 있다.

$$\lim_{n \to \infty}\left(1 - \frac{2n^3 + 3n^2 + n}{6n^3}\right) = 1 - \frac{2}{6} = \frac{2}{3}$$

하합은 $\frac{2}{3}$에 수렴한다. 같은 계산법으로 상합 역시 $\frac{2}{3}$에 수렴한다. 유한 합 $\sum_{k=1}^{n} f(c_k)\frac{1}{n}$은 모두 동일한 값 $\frac{2}{3}$에 수렴한다. 어떠한 유한 합도 하합과 상합 사이에 있기 때문이다. 따라서 영역 R의 넓이를 이 극한값으로 정의하게 된다. 4.3절에서 유한 합의 극한을 보다 더 일반적으로 다룬다. ■

리만 합

독일의 수학자 리만은 유한 합의 극한 이론을 엄밀하게 정립하였다. 리만 합의 개념을 소개한다. **리만 합**(*Riemann sum*)은 다음 절에서 공부하게 될 정적분 이론의 기초가 된다.

닫힌 구간에서 정의된 임의의 함수 $y = f(x)$를 생각하자. 그림 4.8과 같이 f는 양의 값뿐만 아니라 음의 값도 가질 수 있다. 구간 $[a, b]$를 소구간으로 분할한다. 이때 소구간의 폭의 길이가 모두 같을 필요는 없다. 그리고 4.1절에서 유한 합에 대하여 했던 것과 똑같은 방법으로 합을 만든다. 그렇게 하기 위해 a와 b 사이에서 $n-1$개의 점 $\{x_1, x_2, x_3, \cdots, x_{n-1}\}$을 증가하는 순서로 택하여

역사적 인물
리만(Georg Friedrich Bernhard Riemann, 1826~1866)

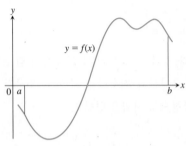

그림 4.8 닫힌 구간 [a, b]에서 연속인 함수 y = f(x)의 전형적인 그래프

$$a < x_1 < x_2 < \cdots < x_{n-1} < b$$

가 되도록 한다. 편의성을 위하여 $x_0 = a$로, $x_n = b$로 나타낸다. 그러면

$$a = x_0 < x_1 < x_2 < \cdots < x_{n-1} < x_n = b$$

와 같다. 이 모든 점들의 집합

$$P = \{x_0, x_1, x_2, \ldots, x_{n-1}, x_n\}$$

을 [a, b]의 한 **분할**(**partition**)이라 한다.

분할 P는 구간 [a, b]를 n개의 닫힌 구간

$$[x_0, x_1], [x_1, x_2], \ldots, [x_{n-1}, x_n]$$

으로 나눈다. 이들 가운데 첫 번째 소구간은 $[x_0, x_1]$, 두 번째 소구간은 $[x_1, x_2]$이고 P의 **k번째 소구간**(**kth subinterval**)은 $[x_{k-1}, x_k]$이다. 여기서 k는 1과 n 사이의 정수이다.

첫 번째 소구간 $[x_0, x_1]$의 길이를 Δx_1, 두 번째 소구간 $[x_1, x_2]$의 길이를 Δx_2, k번째 소구간의 길이를 $\Delta x_k = x_k - x_{k-1}$로 놓는다. 만일 n개의 소구간의 길이가 모두 같다면 그 동일한 길이를 Δx라 하며, 그 길이 Δx는 $\dfrac{(b-a)}{n}$이다.

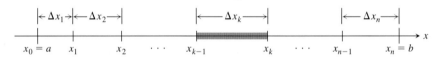

각 소구간에서 한 점을 잡는다. k번째 소구간 $[x_{k-1}, x_k]$에서 택한 점을 c_k라 한다. 각 소구간 위에 x축에 수직으로 직사각형을 세워 $(c_k, f(c_k))$에서 곡선과 만나게 한다. $f(c_k)$의 부호에 따라서 이들 직사각형은 x축의 위 또는 아래에 놓인다. 또, $f(c_k) = 0$이면 x축의 한 부분을 나타낸다(그림 4.9).

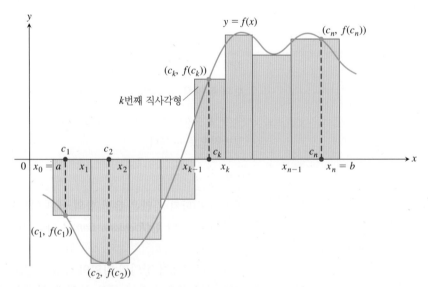

그림 4.9 직사각형들은 함수 y = f(x)의 그래프와 x축 사이의 영역을 근사시킨다. 그림 4.8을 확대하고 반복하여 구간 [a, b]의 분할과 직사각형을 구성하는 점 c_k와 그에 해당하는 높이 $f(c_k)$를 보여준다.

각 소구간에 대하여 곱 $f(c_k) \cdot \Delta x_k$를 생각한다. 이 곱도 $f(c_k)$의 부호에 따라서 양, 음, 또는 0이 된다. $f(c_k) > 0$이면 곱 $f(c_k) \cdot \Delta x_k$는 밑변이 Δx_k이고, 높이가 $f(c_k)$인 직사각형

의 넓이이고, $f(c_k) < 0$이면 곱 $f(c_k) \cdot \Delta x_k$는 밑변이 Δx_k이고, 높이가 $-f(c_k)$인 직사각형 넓이의 음이다. 이때 직사각형은 x축으로부터 아래로 향하는 직사각형을 나타낸다.

마지막으로 이들 곱을 모두 합하면 다음과 같다.

$$S_P = \sum_{k=1}^{n} f(c_k)\, \Delta x_k$$

합 S_P를 **구간 $[a, b]$에서 함수 $y = f(x)$의 리만 합**(Riemman sum)이라 한다. 리만 합은 분할 P와 그 분할의 각 소구간에서 택한 점 c_k에 의하여 결정된다. 예를 들면, 구간 $[a, b]$를 n개의 소구간으로 같은 길이 $\Delta x = \dfrac{(b-a)}{n}$가 되도록 분할할 수 있다. 여기서 각 소구간의 오른쪽 끝점을 c_k로 선택하여 리만 합을 구성할 수 있다(예제 5에서 했던 것처럼). 이러한 선택은 다음과 같은 리만 합을 만들어 낸다.

$$S_n = \sum_{k=1}^{n} f\left(a + k\frac{(b-a)}{n}\right) \cdot \left(\frac{b-a}{n}\right)$$

대신에 c_k를 각 소구간의 왼쪽 끝점, 또는 중점으로 선택하면, 비슷하지만 조금 다른 리만 합을 얻을 수 있다.

소구간의 길이가 모두 $\Delta x = \dfrac{(b-a)}{n}$로 같은 경우에서는, 단순히 구간의 개수 n을 증가시킴으로써 소구간의 길이를 더 좁게 만들 수 있다. 어떤 분할이 길이가 서로 다른 소구간들로 이루어져 있으면, 그 중에서 길이가 가장 큰 소구간을 조절함으로써 모든 소구간들의 길이가 0에 가까워진다는 사실을 알 수 있다. 이때 길이가 최대인 소구간의 길이를 분할 P의 **노름**(norm)이라 하고 $\|P\|$로 나타낸다. $\|P\|$가 충분히 작으면 그 분할 P에 의하여 만들어지는 소구간의 길이는 모두 충분히 작다.

예제 6 집합 $P = \{0, 0.2, 0.6, 1, 1.5, 2\}$는 $[0, 2]$의 한 분할이다. P로 만들어지는 소구간은 $[0, 0.2]$, $[0.2, 0.6]$, $[0.6, 1]$, $[1, 1.5]$, $[1.5, 2]$로 5개이다.

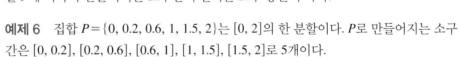

소구간의 길이는 각각 $\Delta x_1 = 0.2$, $\Delta x_2 = 0.4$, $\Delta x_3 = 0.4$, $\Delta x_4 = 0.5$, $\Delta x_5 = 0.5$이다. 최대인 소구간의 길이는 0.5이므로, 분할의 노름은 $\|P\| = 0.5$이다. 이 예에서 최대 길이를 갖는 소구간은 2개 있다. ■

닫힌 구간 $[a, b]$의 한 분할에 관한 어떠한 리만 합도 연속함수 f와 x축 사이의 영역과 근사한 직사각형들을 정의한다. 그림 4.10에서 설명하는 것처럼, 노름이 0에 가까운 분할에 의한 직사각형들의 모임은 영역의 넓이를 더욱 가깝게 근사시킨다. 함수 f가 닫힌 구간 $[a, b]$에서 연속이면 분할 P와 그 분할의 각 소구간에 속하는 점 c_k를 임의로 택하여 분할의 노름이 0에 가까워지도록 극한을 취하면, 이 선택에 해당하는 리만 합은 선택에 상관없이 유일한 극한값을 갖는다는 사실을 다음 절에서 보게 된다.

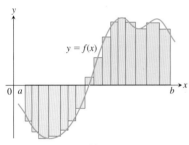

(a)

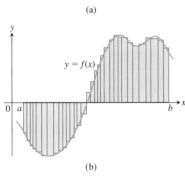

(b)

그림 4.10 구간 $[a, b]$의 보다 세밀한 분할로부터 직사각형을 갖는 그림 4.9의 곡선. 분할이 세밀하면 할수록 직사각형들의 합은 그래프와 x축 사이의 영역에 점점 더 근사해진다.

연습문제 4.2

시그마 기호

연습문제 1~6에서 시그마 기호를 풀어 쓰고 그 합을 계산하라.

1. $\displaystyle\sum_{k=1}^{2} \frac{6k}{k+1}$ **2.** $\displaystyle\sum_{k=1}^{3} \frac{k-1}{k}$

3. $\displaystyle\sum_{k=1}^{4} \cos k\pi$ **4.** $\displaystyle\sum_{k=1}^{5} \sin k\pi$

5. $\displaystyle\sum_{k=1}^{3} (-1)^{k+1} \sin \frac{\pi}{k}$ **6.** $\displaystyle\sum_{k=1}^{4} (-1)^{k} \cos k\pi$

7. $1+2+4+8+16+32$를 시그마 기호로 나타낸 것을 찾으라.

  a. $\displaystyle\sum_{k=1}^{6} 2^{k-1}$ **b.** $\displaystyle\sum_{k=0}^{5} 2^{k}$ **c.** $\displaystyle\sum_{k=-1}^{4} 2^{k+1}$

8. $1-2+4-8+16-32$를 시그마 기호로 나타낸 것을 찾으라.

  a. $\displaystyle\sum_{k=1}^{6} (-2)^{k-1}$ **b.** $\displaystyle\sum_{k=0}^{5} (-1)^{k} 2^{k}$ **c.** $\displaystyle\sum_{k=-2}^{3} (-1)^{k+1} 2^{k+2}$

9. 다음에서 나머지 두 식과 다른 것은 어느 것인가?

  a. $\displaystyle\sum_{k=2}^{4} \frac{(-1)^{k-1}}{k-1}$ **b.** $\displaystyle\sum_{k=0}^{2} \frac{(-1)^{k}}{k+1}$ **c.** $\displaystyle\sum_{k=-1}^{1} \frac{(-1)^{k}}{k+2}$

10. 다음에서 나머지 두 식과 다른 것은 어느 것인가?

  a. $\displaystyle\sum_{k=1}^{4} (k-1)^{2}$ **b.** $\displaystyle\sum_{k=-1}^{3} (k+1)^{2}$ **c.** $\displaystyle\sum_{k=-3}^{-1} k^{2}$

연습문제 11~16에서 합을 시그마 기호를 써서 나타내라. 합의 처음값을 주는 방법에 따라 답이 다를 수 있다.

11. $1+2+3+4+5+6$ **12.** $1+4+9+16$

13. $\dfrac{1}{2} + \dfrac{1}{4} + \dfrac{1}{8} + \dfrac{1}{16}$ **14.** $2+4+6+8+10$

15. $1 - \dfrac{1}{2} + \dfrac{1}{3} - \dfrac{1}{4} + \dfrac{1}{5}$ **16.** $-\dfrac{1}{5} + \dfrac{2}{5} - \dfrac{3}{5} + \dfrac{4}{5} - \dfrac{5}{5}$

유한 합의 값

17. $\displaystyle\sum_{k=1}^{n} a_k = -5$이고 $\displaystyle\sum_{k=1}^{n} b_k = 6$일 때, 다음 식의 값을 구하라.

  a. $\displaystyle\sum_{k=1}^{n} 3a_k$ **b.** $\displaystyle\sum_{k=1}^{n} \frac{b_k}{6}$ **c.** $\displaystyle\sum_{k=1}^{n} (a_k + b_k)$

  d. $\displaystyle\sum_{k=1}^{n} (a_k - b_k)$ **e.** $\displaystyle\sum_{k=1}^{n} (b_k - 2a_k)$

18. $\displaystyle\sum_{k=1}^{n} a_k = 0$이고 $\displaystyle\sum_{k=1}^{n} b_k = 1$일 때, 다음 식의 값을 구하라.

  a. $\displaystyle\sum_{k=1}^{n} 8a_k$ **b.** $\displaystyle\sum_{k=1}^{n} 250b_k$

  c. $\displaystyle\sum_{k=1}^{n} (a_k + 1)$ **d.** $\displaystyle\sum_{k=1}^{n} (b_k - 1)$

연습문제 19~36에서 합을 계산하라.

19. a. $\displaystyle\sum_{k=1}^{10} k$ **b.** $\displaystyle\sum_{k=1}^{10} k^{2}$ **c.** $\displaystyle\sum_{k=1}^{10} k^{3}$

20. a. $\displaystyle\sum_{k=1}^{13} k$ **b.** $\displaystyle\sum_{k=1}^{13} k^{2}$ **c.** $\displaystyle\sum_{k=1}^{13} k^{3}$

21. $\displaystyle\sum_{k=1}^{7} (-2k)$ **22.** $\displaystyle\sum_{k=1}^{5} \frac{\pi k}{15}$

23. $\displaystyle\sum_{k=1}^{6} (3 - k^{2})$ **24.** $\displaystyle\sum_{k=1}^{6} (k^{2} - 5)$

25. $\displaystyle\sum_{k=1}^{5} k(3k + 5)$ **26.** $\displaystyle\sum_{k=1}^{7} k(2k + 1)$

27. $\displaystyle\sum_{k=1}^{5} \frac{k^{3}}{225} + \left(\displaystyle\sum_{k=1}^{5} k\right)^{3}$ **28.** $\left(\displaystyle\sum_{k=1}^{7} k\right)^{2} - \displaystyle\sum_{k=1}^{7} \frac{k^{3}}{4}$

29. a. $\displaystyle\sum_{k=1}^{7} 3$ **b.** $\displaystyle\sum_{k=1}^{500} 7$ **c.** $\displaystyle\sum_{k=3}^{264} 10$

30. a. $\displaystyle\sum_{k=9}^{36} k$ **b.** $\displaystyle\sum_{k=3}^{17} k^{2}$ **c.** $\displaystyle\sum_{k=18}^{71} k(k-1)$

31. a. $\displaystyle\sum_{k=1}^{n} 4$ **b.** $\displaystyle\sum_{k=1}^{n} c$ **c.** $\displaystyle\sum_{k=1}^{n} (k-1)$

32. a. $\displaystyle\sum_{k=1}^{n} \left(\frac{1}{n} + 2n\right)$ **b.** $\displaystyle\sum_{k=1}^{n} \frac{c}{n}$ **c.** $\displaystyle\sum_{k=1}^{n} \frac{k}{n^{2}}$

33. $\displaystyle\sum_{k=1}^{50} \left[(k+1)^{2} - k^{2}\right]$ **34.** $\displaystyle\sum_{k=2}^{20} \left[\sin(k-1) - \sin k\right]$

35. $\displaystyle\sum_{k=7}^{30} \left(\sqrt{k-4} - \sqrt{k-3}\right)$

36. $\displaystyle\sum_{k=1}^{40} \frac{1}{k(k+1)}$ $\left(\text{힌트: } \dfrac{1}{k(k+1)} = \dfrac{1}{k} - \dfrac{1}{k+1}\right)$

리만 합

연습문제 37~40에서 주어진 구간에서 함수의 그래프를 그리라. 구간을 4개의 소구간으로 분할하라. c_k를 k번째 소구간의 (a) 왼쪽 끝점, (b) 오른쪽 끝점, (c) 중점으로 각각 취했을 때 리만 합 $\displaystyle\sum_{k=1}^{4} f(c_k)\Delta x_k$와 연관된 직사각형을 그림에 첨가하라(직사각형을 분리하여 그리라).

37. $f(x) = x^{2} - 1$, $[0, 2]$ **38.** $f(x) = -x^{2}$, $[0, 1]$

39. $f(x) = \sin x$, $[-\pi, \pi]$

40. $f(x) = \sin x + 1$, $[-\pi, \pi]$

41. 분할 $P = \{0, 1.2, 1.5, 2.3, 2.6, 3\}$의 노름을 구하라.

42. 분할 $P = \{-2, -1.6, -0.5, 0, 0.8, 1\}$의 노름을 구하라.

상합의 극한

연습문제 43~50의 함수에 대하여 구간 $[a, b]$를 n개의 소구간으로 등분하고 오른쪽 끝점을 c_k로 사용하여 얻어지는 리만 합을 식으로 나타내라. 그리고 $n \to \infty$일 때 이들 합의 극한을 취하여 $[a, b]$에서 그래프 아랫부분의 넓이를 계산하라.

43. 구간 $[0, 1]$에서 $f(x) = 1 - x^{2}$

44. 구간 $[0, 3]$에서 $f(x) = 2x$

45. 구간 $[0, 3]$에서 $f(x) = x^{2} + 1$

46. 구간 $[0, 1]$에서 $f(x) = 3x^{2}$

47. 구간 $[0, 1]$에서 $f(x) = x + x^{2}$

48. 구간 $[0, 1]$에서 $f(x) = 3x + 2x^{2}$

49. 구간 $[0, 1]$에서 $f(x) = 2x^{3}$

50. 구간 $[-1, 0]$에서 $f(x) = x^{2} - x^{3}$

4.3 정적분

이 절에서는 $[a, b]$의 분할의 노름이 0에 가까이 갈 때, 보다 일반적인 리만 합의 극한을 생각해 보기로 한다. 이러한 극한 과정은 자연스럽게 닫힌 구간 $[a, b]$에서 정의되는 연속함수의 **정적분**(*definite integral*)의 정의를 이끌어 낸다.

정적분의 정의

어떤 함수에 대하여 $[a, b]$의 분할의 노름이 0에 가까이 갈 때 대응하는 리만 합의 값이 극한값 J에 가까워진다는 사실에 기초하여 정적분을 정의한다. 작은 양수로서 리만 합이 J에 어느 정도로 가까운지를 설명해주는 기호로 ε과 그렇게 되기 위해 제2의 작은 양수로서 분할의 노름이 어느 정도로 작은지를 설명해주는 기호로 δ를 도입한다. 다음은 엄밀한 정의이다.

정의 $f(x)$를 닫힌 구간 $[a, b]$에서 정의되는 함수라 하자. 임의로 주어진 $\varepsilon > 0$에 대하여 $\delta > 0$가 존재하여 $\|P\| < \delta$인 $[a, b]$의 분할 $P = \{x_0, x_1, \cdots, x_n\}$과 각 소구간 $[x_{k-1}, x_k]$에 속하는 점 c_k를 택하는 방법에 관계없이

$$\left| \sum_{k=1}^{n} f(c_k)\,\Delta x_k - J \right| < \varepsilon$$

이 성립할 때, J를 **$[a, b]$에서 f의 정적분**(*definite integral of f over [a, b]*), 또는 리만 합 $\displaystyle\sum_{k=1}^{n} f(c_k)\Delta x_k$의 극한값이라 한다.

정의에서 분할의 노름이 0으로 갈 때 극한의 개념을 포함하고 있다.

노름이 0으로 가는 분할을 택하는 수 많은 방법이 있고, 각 분할에 대하여 점 c_k를 택하는 방법도 수없이 많다. 분할을 어떻게 택하더라도 동일한 극한 J를 얻으면 정적분은 존재한다. 극한이 존재할 때, 다음과 같이 나타내고 **정적분이 존재한다**(*definite integral exists*)라고 한다.

$$J = \lim_{\|P\|\to 0} \sum_{k=1}^{n} f(c_k)\,\Delta x_k$$

리만 합의 극한은 항상 분할의 노름이 0으로 가고 소구간의 개수도 무한대로 갈 때 극한을 생각한다. 더 나아가 점 c_k의 선택에 상관없이 동일한 극한 J를 얻는다.

라이프니츠는 리만 합의 극한과정을 표현하는 정적분의 기호를 도입하였다. 그는 유한 합 $\displaystyle\sum_{k=1}^{n} f(c_k)\Delta x_k$이 '무한히 작은' 부분구간의 폭 dx와 함숫값 $f(x)$의 곱의 무한 합이 되는 것을 상상하였다. 극한을 통해 합기호 Σ는 알파벳 'S'(sum의 약자)를 길게 늘인 적분 기호 $\int$로 대치된다. 함숫값 $f(c_k)$는 연속적인 선택으로 함숫값 $f(x)$로 대치된다. 부분구간의 폭 Δx_k는 미분 dx가 된다. 정적분은 x가 a부터 b까지 움직일 때 곱 $f(x)\cdot dx$의 합과 같다. 이 기호는 적분을 구성하는 과정을 담고 있으므로, 이 리만의 정의는 정적분의 정확한 의미를 설명해 준다.

정적분이 존재하면, J를 쓰는 대신에,

$$\int_b^a f(x)\,dx$$

로 나타내고, 'a부터 b까지 x에 관한 f의 적분'이라고 읽는다. 적분 기호에서 각 부분의

명칭은 다음과 같다.

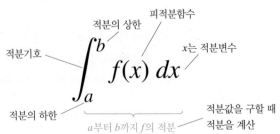

정적분이 존재할 때, 구간 $[a, b]$에서 f의 리만 합은 정적분 $J = \int_b^a f(x)\,dx$에 **수렴한다** (**converge**)라고 말하고, 이때 f는 $[a, b]$에서 **적분가능하다(integrable)**라고 말한다.

소구간의 길이가 모두 $\Delta x = \dfrac{(b-a)}{n}$으로 동일한 경우에는 각 리만 합을 k번째 소구간 $[x_{k-1}, x_k]$에서 택한 점 c_k를 이용하여 다음과 같이 쓸 수 있다.

$$S_n = \sum_{k=1}^{n} f(c_k)\,\Delta x_k = \sum_{k=1}^{n} f(c_k)\left(\frac{b-a}{n}\right) \qquad \text{모든 } k\text{에 대하여 } \Delta x_k = \Delta x = (b-a)/n$$

만일 정적분이 존재하면, 이 리만 합이 $[a, b]$에서 f의 정적분으로 수렴한다. 따라서

$$J = \int_a^b f(x)\,dx = \lim_{n \to \infty} \sum_{k=1}^{n} f(c_k)\left(\frac{b-a}{n}\right) \qquad \text{소구간의 길이가 동일한 경우} \\ \|P\| \to 0\text{은 } n \to \infty\text{과 같다}$$

만일 k번째 소구간에서 c_k를 오른쪽 끝점으로 택한다면, 즉, $c_k = a + k\Delta x = a + k\dfrac{(b-a)}{n}$ 이면, 정적분 공식은 다음과 같이 된다.

$$\int_a^b f(x)\,dx = \lim_{n \to \infty} \sum_{k=1}^{n} f\left(a + k\frac{(b-a)}{n}\right)\left(\frac{b-a}{n}\right) \qquad (1)$$

식 (1)은 정적분을 계산하는 데 사용될 수 있는 명백한 식이다. 정적분이 존재하는 한, 다른 분할을 선택하고 c_k를 다른 위치의 값을 사용할지라도 분할의 노름이 0으로 간다는 전제하에 $n \to \infty$일 때의 리만 합의 극한은 동일한 값을 갖게 된다.

어떤 주어진 구간에서 함수의 정적분의 값은 함수에는 의존하고, 변수를 나타내기 위해 선택된 문자와는 무관하다. 즉, x 대신 t 또는 u를 사용하고 싶으면 정적분 $\int_b^a f(x)\,dx$ 대신 다음과 같이 나타낸다.

$$\int_a^b f(t)\,dt \qquad \text{또는} \qquad \int_a^b f(u)\,du$$

적분을 어떻게 적느냐에 무관하게, 분할의 노름이 0으로 갈 때 정적분은 리만 합의 극한으로써 여전히 동일한 값이다. 어떤 문자를 사용하느냐에 무관하므로, 적분변수 x, t, u 등을 닫힌 구간 $[a, b]$에 속하는 실수를 나타내는 **거짓변수(dummy variable)**라고 한다. 위의 정적분에서 t, u와 x는 거짓변수이다.

적분가능 함수와 적분불가능 함수

닫힌 구간 $[a, b]$에서 정의된 함수가 비록 유계일지라도, 모든 함수가 적분가능하지는 않다. 즉, 어떤 함수에 대해서는 리만 합들이 같은 극한값으로 수렴하지 않을 수도 있고, 아예 극한값을 갖지 않을 수도 있다. $[a, b]$에서 정의된 함수가 적분가능하기 위한

완전한 조건은 고등 해석학에서 배우겠지만, 다행히도 우리가 실제 응용문제에서 다루게 되는 거의 모든 함수가 적분가능 함수이다. 실제로, $[a, b]$에서 연속함수는 모두 이 구간에서 적분가능하다. 또한 유한개의 도약불연속점 외에 불연속점을 갖고 있지 않는 함수(그림 1.9와 1.10 참조. 나중에 이를 **구분적으로 연속인 함수**라 한다.)도 모두 적분 가능하다. 다음 정리는 이 결과를 말하고 있다. 이에 대한 증명은 고등 미적분학에서 다룰 것이다.

정리 1 연속함수의 적분가능성 만일 함수 f가 구간 $[a, b]$에서 연속, 또는 f가 그 구간에서 기껏해야 유한개의 도약불연속점만을 갖는다면, 정적분 $\displaystyle\int_b^a f(x)\,dx$는 존재하고 f는 구간 $[a, b]$에서 적분가능하다.

정리 1에 숨겨진 연속함수에 대한 개념은 연습문제 86과 87에서 설명한다. 간단히 말하면, f가 연속일 때 상합을 구하기 위해 $f(c_k)$가 소구간 $[x_{k-1}, x_k]$에서 f의 최댓값이 되는 c_k를 선택할 수 있다. 같은 방법으로, 하합을 구하기 위해 $[x_{k-1}, x_k]$에서 f의 최솟값이 되는 c_k를 선택할 수 있다. 이 두 상합과 하합은 분할 P의 노름이 0으로 갈 때, 같은 극한값으로 수렴함을 보일 수 있다. 더욱이, 모든 리만 합은 상합과 하합 사이의 값들이기 때문에 역시 같은 값으로 수렴한다. 그러므로 정적분의 정의에서 J의 값이 존재하고, 따라서 연속함수는 구간 $[a, b]$에서 적분가능하다.

적분가능한 함수가 아니라면, 그 함수는 그래프와 x축 사이의 폭이 얇은 직사각형의 수를 크게 하여도 잘 근사되지 않을 만큼 충분히 불연속이어야 한다. 다음 예제는 닫힌 구간에서 적분가능하지 않는 함수를 보여준다.

예제 1 함수

$$f(x) = \begin{cases} 1, & x\text{가 유리수이면} \\ 0, & x\text{가 무리수이면} \end{cases}$$

은 $[0, 1]$에서 리만 적분을 갖지 못한다. 임의의 두 수 사이에는 유리수와 무리수가 동시에 존재한다는 사실 때문이다. 따라서 이 함수는 $[0, 1]$에서 너무나 불규칙으로 아래위로 널뛰기 때문에 직사각형이 아무리 얇다 하더라도 그 그래프 아래와 x축 위의 영역을 근사시킬 수 없다. 실제로, 상합과 하합이 서로 다른 극한값으로 수렴함을 증명한다.

$[0, 1]$의 한 분할 P를 선택한다면, 분할에 의한 소구간의 길이들을 합하면 1이 된다. 즉, $\displaystyle\sum_{k=1}^n \Delta x_k = 1$이다. 각 소구간 $[x_{k-1}, x_k]$에서 유리수가 존재한다. 이를 c_k라 하자. 그러면 c_k는 유리수이기 때문에 $f(c_k) = 1$이다. 1은 함수 f가 취할 수 있는 최댓값이므로, 이러한 c_k를 선택하여 얻은 상합은

$$U = \sum_{k=1}^n f(c_k)\,\Delta x_k = \sum_{k=1}^n (1)\,\Delta x_k = 1$$

이다. 분할의 노름이 0으로 가까이 갈 때, 각 합이 항상 1이므로, 이 상합은 1로 수렴한다.

한편, c_k를 다르게 선택함으로써 다른 결과를 얻을 수 있다. 각 소구간 $[x_{k-1}, x_k]$에서 또한 무리수가 항상 존재하므로, 이러한 무리수를 c_k로 택하면, $f(c_k) = 0$이다. 0은 함수 f가 취할 수 있는 최솟값이므로, 이 c_k의 선택은 소구간에서 최솟값을 얻게 되므로, 이에 해당하는 하합은

$$L = \sum_{k=1}^{n} f(c_k)\,\Delta x_k = \sum_{k=1}^{n} (0)\,\Delta x_k = 0$$

이다. 분할의 노름이 0으로 가까이 갈 때, 각 합이 항상 0이므로, 이 하합은 0으로 수렴한다.

따라서 c_k를 다르게 선택함으로써 그에 해당하는 리만 합이 다른 극한을 가짐을 알수 있다. 결론적으로 구간 [0, 1]에서 함수 f의 정적분은 존재하지 않는다. 즉, 함수 f는 [0, 1]에서 적분가능하지 않다. ■

정리 1에서는 정적분을 어떻게 계산하는지에 대해 알 수 없다. 피적분함수의 역도함수와의 연관식으로 계산하는 방법이 4.4절에 소개될 것이다.

정적분의 성질

$\int_{b}^{a} f(x)\,dx$를 합 $\sum_{k=1}^{n} f(c_k)\,\Delta x_k$의 극한으로 정의할 때, x를 구간 [a, b]의 왼쪽에서 오른쪽으로 이동시켰다. 이와 반대로 오른쪽에서 왼쪽으로, 즉 $x_0 = b$에서 $x_n = a$로 이동시키면 어떻게 될까? 리만 합에서 각 Δx의 부호가 변하여 $x_k - x_{k-1}$은 양수가 아니라 음수가 된다. 각 소구간에서 동일한 c_k를 택하여도 리만 합의 부호는 변하고, 따라서 극한값, 즉 $\int_{b}^{a} f(x)\,dx$의 부호도 변한다. 앞서 역순으로 적분한다는 의미를 생각하지 않았으므로 다음과 같이 정의한다.

$$\int_{b}^{a} f(x)\,dx = -\int_{a}^{b} f(x)\,dx \qquad \textit{a와 b의 교환}$$

비록 $a < b$일 때만 구간 [a, b]에서 적분이 정의될 수 있지만, 편의상 $a = b$일 때도, 즉 길이가 0인 구간 [a, b]에서 적분을 정의할 것이다. $a = b$이므로 $\Delta x = 0$이 되고, $f(a)$가 존재하기만 하면 다음과 같이 정의한다.

$$\int_{a}^{a} f(x)\,dx = 0 \qquad \text{적분의 상한과 하한이 모두 } a\text{이다}$$

위에서 설명한 두 가지를 포함해서 적분의 기본적인 성질을 정리 2에 요약해 둔다. 표 4.6에 열거된 적분의 성질은 적분을 계산함에 있어 매우 유용하다. 성질 2부터 7까지는 그림 4.11과 같이 기하학적으로 해석된다. 이들 그래프에서 함수는 양의 값을 갖는 것으로 하였으나 이들 성질은 모든 적분가능 함수에 대하여 적용될 수 있다.

> **정리 2** f와 g가 적분가능하면 정적분은 표 4.6의 성질을 만족시킨다.

표 4.6의 성질 1과 2는 정의이지만, 표 4.6의 성질 3부터 7까지는 증명하여야 한다. 다음은 성질 6의 증명이다. 표 4.6의 다른 성질들도 비슷한 방법으로 증명할 수 있다.

성질 6의 증명 성질 6에서 구간 [a, b]에서 f의 적분은 구간의 길이에 f의 최솟값을 곱한 것보다 작지 않고 최댓값을 곱한 것보다 크지 않다. 왜냐하면 [a, b]의 분할과 점 c_k의 선택에 의하여

표 4.6 정적분의 성질

1. 적분 순서:
$$\int_b^a f(x)\,dx = -\int_a^b f(x)\,dx$$
정의

2. 폭이 0인 구간:
$$\int_a^a f(x)\,dx = 0$$
$f(a)$가 존재할 때 정의

3. 상수배:
$$\int_a^b kf(x)\,dx = k\int_a^b f(x)\,dx$$
임의의 수 k

4. 합과 차:
$$\int_a^b (f(x) \pm g(x))\,dx = \int_a^b f(x)\,dx \pm \int_a^b g(x)\,dx$$

5. 가법성:
$$\int_a^b f(x)\,dx + \int_b^c f(x)\,dx = \int_a^c f(x)\,dx$$

6. 최대-최소 부등식: 함수 f가 $[a, b]$에서 최댓값 $\max f$와 최솟값 $\min f$를 갖는다면
$$(\min f) \cdot (b - a) \leq \int_a^b f(x)\,dx \leq (\max f) \cdot (b - a).$$

7. 지배성: 만약 $[a, b]$에서 $f(x) \geq g(x)$이면 $\displaystyle\int_a^b f(x)\,dx \geq \int_a^b g(x)\,dx$

만약 $[a, b]$에서 $f(x) \geq 0$이면 $\displaystyle\int_a^b f(x)\,dx \geq 0.$ (특별한 경우)

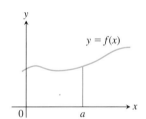

(a) 폭이 0인 구간
$$\int_a^a f(x)\,dx = 0$$

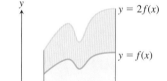

(b) 상수배: $(k = 2)$
$$\int_a^b kf(x)\,dx = k\int_a^b f(x)\,dx$$

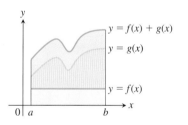

(c) 합(넓이의 합)
$$\int_a^b (f(x) + g(x))\,dx = \int_a^b f(x)\,dx + \int_a^b g(x)\,dx$$

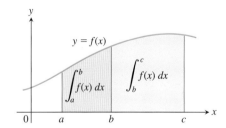

(d) 정적분의 가법성
$$\int_a^b f(x)\,dx + \int_b^c f(x)\,dx = \int_a^c f(x)\,dx$$

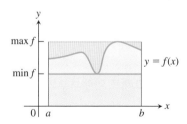

(e) 최대-최소 부등식
$$(\min f) \cdot (b - a) \leq \int_a^b f(x)\,dx$$
$$\leq (\max f) \cdot (b - a)$$

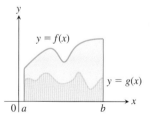

(f) 지배성
$[a, b]$에서 $f(x) \geq g(x)$
$$\Rightarrow \int_a^b f(x)\,dx \geq \int_a^b g(x)\,dx$$

그림 4.11 표 4.6의 성질 2~7의 기하학적 해석

$$(\min f) \cdot (b - a) = (\min f) \cdot \sum_{k=1}^{n} \Delta x_k \qquad \scriptstyle\sum_{k=1}^{n} \Delta x_k = b - a$$

$$= \sum_{k=1}^{n} (\min f) \cdot \Delta x_k \qquad \scriptstyle 상수배의\ 공식$$

$$\leq \sum_{k=1}^{n} f(c_k)\, \Delta x_k \qquad \scriptstyle \min f \leq f(c_k)$$

$$\leq \sum_{k=1}^{n} (\max f) \cdot \Delta x_k \qquad \scriptstyle f(c_k) \leq \max f$$

$$= (\max f) \cdot \sum_{k=1}^{n} \Delta x_k \qquad \scriptstyle 상수배의\ 공식$$

$$= (\max f) \cdot (b - a)$$

이기 때문이다. $[a, b]$에서 f의 리만 합은 부등식

$$(\min f) \cdot (b - a) \leq \sum_{k=1}^{n} f(c_k)\, \Delta x_k \leq (\max f) \cdot (b - a)$$

을 만족한다. 따라서 극한을 취하면 적분이므로, 부등식이 성립한다. ■

예제 2 $\displaystyle\int_{-1}^{1} f(x)\, dx = 5, \qquad \int_{1}^{4} f(x)\, dx = -2, \qquad \int_{-1}^{1} h(x)\, dx = 7$

이라 하면, 몇 가지 성질에 의해 다음과 같이 계산된다.

1. $\displaystyle\int_{4}^{1} f(x)\, dx = -\int_{1}^{4} f(x)\, dx = -(-2) = 2$ $\qquad$ 성질 1

2. $\displaystyle\int_{-1}^{1} \bigl[\, 2f(x) + 3h(x) \,\bigr]\, dx = 2\int_{-1}^{1} f(x)\, dx + 3\int_{-1}^{1} h(x)\, dx$ $\qquad$ 성질 3과 4

$$= 2(5) + 3(7) = 31$$

3. $\displaystyle\int_{-1}^{4} f(x)\, dx = \int_{-1}^{1} f(x)\, dx + \int_{1}^{4} f(x)\, dx = 5 + (-2) = 3$ $\qquad$ 성질 5 ■

예제 3 $\displaystyle\int_{0}^{1} \sqrt{1 + \cos x}\, dx$ 의 값이 $\sqrt{2}$보다 작거나 같음을 증명하라.

풀이 성질 6으로부터 $(\min f) \cdot (b - a)$는 $\displaystyle\int_{b}^{a} f(x)\, dx$의 **하계**이고, $(\max f) \cdot (b - a)$는 **상계** 이다. $[0, 1]$에서 $\sqrt{1 + \cos x}$의 최댓값은 $\sqrt{1 + 1} = \sqrt{2}$, 따라서

$$\int_{0}^{1} \sqrt{1 + \cos x}\, dx \leq \sqrt{2} \cdot (1 - 0) = \sqrt{2}$$

이다. ■

음이 아닌 함수의 그래프 아랫부분의 넓이

이제 이 장에서 말했던, 경계가 곡선으로 된 영역의 넓이의 의미를 정의하는 문제로 돌 아가자. 4.1절에서, 음이 아닌 연속함수의 그래프 아랫부분의 넓이를 그 영역을 덮고 있 는 여러 종류의 직사각형의 유한 합(상합, 하합, 또는 각 소구간의 중점을 이용한 합)을 이용하여 근삿값으로 구했다. 이 모든 합들이 리만 합의 특별한 경우에 해당한다. 정리 1은 이러한 리만 합들 모두가 분할의 노름이 0으로 접근할 때, 소구간의 수가 무한히 많 아지고, 하나의 정적분으로 수렴한다는 것을 말하고 있다. 이제, 이 결과로부터 음이 아 닌 적분가능한 함수의 그래프 아랫부분의 넓이를 정적분의 값으로 정의할 수 있다.

> **정의** $y=f(x)$가 닫힌 구간 $[a, b]$에서 음이 아닌 적분가능한 함수라고 하자. 그러면 **구간 $[a, b]$에서 곡선 $y=f(x)$의 아랫부분의 넓이**는 a부터 b까지 f의 정적분이다. 즉,
>
> $$A = \int_a^b f(x)\, dx$$

경계가 연속함수의 그래프인 영역의 넓이를 처음으로 엄밀하게 정의하였다. 이를 간단한 예, 즉 직선 아랫부분의 넓이에 적용해 보자. 그러면 우리가 이미 알고 있었던 넓이가 정의와 일치한다는 사실을 알 수 있다.

예제 4 $b>0$일 때, $\int_0^b x\, dx$를 계산하고 구간 $[0, b]$에서 $y=x$의 아랫부분의 넓이 A를 구하라.

풀이 구하는 영역은 삼각형이다(그림 4.12). 넓이를 두 가지 방법으로 구한다.

(a) 리만 합의 극한으로 정적분을 구하기 위해 $\displaystyle\lim_{\|P\|\to 0}\sum_{k=1}^{n} f(c_k)\,\Delta x_k$를 계산한다. 정리 1에 의하여 노름이 0으로 갈 때 분할과 점 c_k와 관계없이 동일한 극한을 갖는다. 따라서 구간 $[0, b]$를 길이가 $\Delta x = (b-0)/n$인 n개의 소구간으로 등분하고 c_k를 각 소구간의 오른쪽 끝점으로 택하면 분할은 $P = \left\{0, \dfrac{b}{n}, \dfrac{2b}{n}, \dfrac{3b}{n}, \cdots, \dfrac{nb}{n}\right\}$이고, $c_k = \dfrac{kb}{n}$이다.

따라서

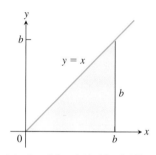

그림 4.12 예제 4의 영역은 삼각형이다.

$$
\begin{aligned}
\sum_{k=1}^{n} f(c_k)\,\Delta x &= \sum_{k=1}^{n} \frac{kb}{n}\cdot\frac{b}{n} && f(c_k) = c_k\\
&= \sum_{k=1}^{n} \frac{kb^2}{n^2}\\
&= \frac{b^2}{n^2}\sum_{k=1}^{n} k && \text{상수배의 공식}\\
&= \frac{b^2}{n^2}\cdot\frac{n(n+1)}{2} && \text{처음 } n\text{개의 자연수합}\\
&= \frac{b^2}{2}\left(1 + \frac{1}{n}\right)
\end{aligned}
$$

$n\to\infty$이고 $\|P\|\to 0$일 때 우변 마지막 식의 극한은 $b^2/2$이다. 따라서 다음과 같이 구할 수 있다.

$$\int_0^b x\, dx = \frac{b^2}{2}$$

(b) 음이 아닌 함수에 대하여 그 넓이는 정적분과 같으므로, 밑변이 b이고 높이가 $y=b$인 삼각형의 넓이로 정적분을 쉽게 구할 수 있다. 넓이는 $A = (1/2)b\cdot b = b^2/2$ 따라서 $\int_0^b x\, dx = b^2/2$이다. ∎

예제 4를 이용하면 닫힌 구간 $[a, b]$, $0<a<b$에서 $f(x)=x$를 적분할 수 있다.

$$
\begin{aligned}
\int_a^b x\, dx &= \int_a^0 x\, dx + \int_0^b x\, dx && \text{성질 5}\\
&= -\int_0^a x\, dx + \int_0^b x\, dx && \text{성질 1}\\
&= -\frac{a^2}{2} + \frac{b^2}{2} && \text{예제 4}
\end{aligned}
$$

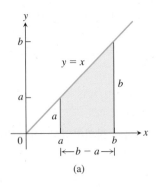

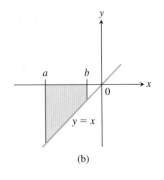

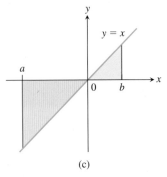

그림 4.13 이 사다리꼴 영역의 넓이는 $A = (b^2-a^2)/2$이다. (b) 식 (2)에서 정적분은 이 사다리꼴 영역의 넓이의 음이다. (c) 식 (2)에서 정적분은 파란색 삼각형 영역의 넓이에서 노란색 삼각형 영역의 넓이를 뺀 값이다.

따라서 $f(x) = x$의 적분 공식은 다음과 같다.

$$\int_a^b x\,dx = \frac{b^2}{2} - \frac{a^2}{2}, \qquad a < b \tag{2}$$

식 (2)는 사다리꼴의 넓이다(그림 4.13(a)). a와 b가 음일 때에도, 식 (2)는 성립한다. 하지만 정적분의 해석은 달라진다. $a < b < 0$일 때, 정적분의 값 $(b^2-a^2)/2$는 음의 값인데 이것은 x축에서 $y = x$까지 거꾸로 선 사다리꼴 넓이의 음이다(그림 4.13(b)). $a < 0$이고 $b > 0$일 때도 식 (2)는 성립하고 정적분의 값은 그래프 아래와 $[0, b]$ 위의 넓이에서 그래프 위와 $[a, 0]$ 아랫부분의 넓이를 뺀 것과 같다(그림 4.13(c)).

예제 4에서 사용했던 것과 같은 방법으로 리만 합을 계산하여 다음을 증명할 수 있다(연습문제 63과 65).

$$\int_a^b c\,dx = c(b - a), \qquad c\text{는 상수} \tag{3}$$

$$\int_a^b x^2\,dx = \frac{b^3}{3} - \frac{a^3}{3}, \qquad a < b \tag{4}$$

연속함수의 평균값

4.1절에서는 구간 $[a, b]$에서 음이 아닌 연속함수의 평균값을 약식으로 도입하였다. 이때 평균은 $y = f(x)$의 그래프 아랫부분의 넓이를 $b - a$로 나눈 것과 같다. 적분 기호로 평균값은

$$\text{평균값} = \frac{1}{b - a}\int_a^b f(x)\,dx$$

로 표현된다. 이를 이용하여 연속함수(또는 적분가능)의 평균값을 엄밀하게 정의할 수 있다.

다시 말해 다음과 같이 생각할 수 있다. n개 수의 평균값은 그들의 총합을 n으로 나눈 것이라는 생각을 가지고 시작해 보자. 구간 $[a, b]$에서 연속인 함수는 무수히 많은 함숫값을 가진다. 그러나 순서를 보존하도록 함숫값을 표본 추출할 수 있다. $[a, b]$를 n개의 소구간으로 등분하면 각 소구간의 길이는 $\Delta x = (b-a)/n$이고, 각 소구간에 속하는 c_k에서 f의 값을 계산한다(그림 4.14). 표본으로 추출한 n개 값의 평균값은 다음과 같다.

$$\frac{f(c_1) + f(c_2) + \cdots + f(c_n)}{n} = \frac{1}{n}\sum_{k=1}^{n} f(c_k)$$

$$= \frac{\Delta x}{b - a}\sum_{k=1}^{n} f(c_k) \qquad \Delta x = \frac{b - a}{n}, \text{ 따라서 } \frac{1}{n} = \frac{\Delta x}{b - a}$$

$$= \frac{1}{b - a}\sum_{k=1}^{n} f(c_k)\,\Delta x \qquad \text{상수배 공식}$$

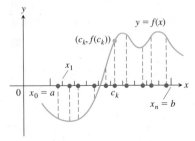

그림 4.14 구간 $[a, b]$에서 함숫값의 표본

즉, 표본의 평균값은 $[a, b]$에서 f의 리만 합을 $(b-a)$로 나누어 얻어진다. 표본의 크기를 증가시키면서 분할의 노름이 0에 접근시키면 평균은 $\frac{1}{(b-a)}\int_b^a f(x)\,dx$에 접근한다. 이 두 관점을 가지고 다음을 정의한다.

정의

만일 f가 $[a, b]$에서 적분가능하면, $[a, b]$에서 f의 **평균값(average value** 혹은 **mean)**은 다음과 같다.

$$\text{av}(f) = \frac{1}{b - a} \int_a^b f(x)\, dx$$

예제 5 $[-2, 2]$에서 함수 $f(x) = \sqrt{4 - x^2}$의 평균값을 구하라.

풀이 함수 $f(x) = \sqrt{4 - x^2}$의 그래프는 중심이 원점에 있고, 반지름이 2인 반원이다(그림 4.15). 원의 내부의 넓이를 알고 있으므로, 리만 합의 극한을 구하지 않아도 된다. 반원과 x축의 -2와 2 사이의 넓이는

$$\text{넓이} = \frac{1}{2} \cdot \pi r^2 = \frac{1}{2} \cdot \pi (2)^2 = 2\pi$$

이다. f가 음이 아니므로 넓이는 또한 -2부터 2까지 f의 적분

$$\int_{-2}^{2} \sqrt{4 - x^2}\, dx = 2\pi$$

이다. 따라서 f의 평균값은 다음과 같다.

$$\text{av}(f) = \frac{1}{2 - (-2)} \int_{-2}^{2} \sqrt{4 - x^2}\, dx = \frac{1}{4}(2\pi) = \frac{\pi}{2}$$

$[-2, 2]$에서 f의 평균값은 $[-2, 2]$에서 반원과 같은 넓이를 갖는 직사각형의 높이임을 주목해야 한다(그림 4.15 참조).

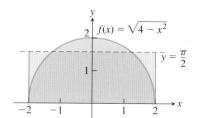

그림 4.15 $f(x) = \sqrt{4-x^2}$의 $[-2, 2]$에서 평균값은 $\frac{\pi}{2}$ 이다(예제 5). 여기에 표시된 직사각형의 넓이는 $4 \cdot (\pi/2) = 2\pi$로 반원의 넓이와 같다.

연습문제 4.3

극한을 적분으로 나타내기

연습문제 1~8의 극한을 정적분으로 나타내라.

1. $[0, 2]$의 분할 P에 대하여 $\displaystyle \lim_{\|P\| \to 0} \sum_{k=1}^{n} c_k^2 \, \Delta x_k$

2. $[-1, 0]$의 분할 P에 대하여 $\displaystyle \lim_{\|P\| \to 0} \sum_{k=1}^{n} 2c_k^3 \, \Delta x_k$

3. $[-7, 5]$의 분할 P에 대하여 $\displaystyle \lim_{\|P\| \to 0} \sum_{k=1}^{n} (c_k^2 - 3c_k) \, \Delta x_k$

4. $[1, 4]$의 분할 P에 대하여 $\displaystyle \lim_{\|P\| \to 0} \sum_{k=1}^{n} \left(\frac{1}{c_k} \right) \Delta x_k$

5. $[2, 3]$의 분할 P에 대하여 $\displaystyle \lim_{\|P\| \to 0} \sum_{k=1}^{n} \frac{1}{1 - c_k} \, \Delta x_k$

6. $[0, 1]$의 분할 P에 대하여 $\displaystyle \lim_{\|P\| \to 0} \sum_{k=1}^{n} \sqrt{4 - c_k^2} \, \Delta x_k$

7. $[-\pi/4, 0]$의 분할 P에 대하여 $\displaystyle \lim_{\|P\| \to 0} \sum_{k=1}^{n} (\sec c_k) \, \Delta x_k$

8. $[0, \pi/4]$의 분할 P에 대하여 $\displaystyle \lim_{\|P\| \to 0} \sum_{k=1}^{n} (\tan c_k) \, \Delta x_k$

정적분 성질 이용하기

9. f 와 g는 적분가능하고

$$\int_1^2 f(x)\, dx = -4, \quad \int_1^5 f(x)\, dx = 6, \quad \int_1^5 g(x)\, dx = 8$$

이라 하자. 표 4.6의 성질을 이용하여 다음을 구하라.

a. $\displaystyle \int_2^2 g(x)\, dx$ **b.** $\displaystyle \int_5^1 g(x)\, dx$

c. $\displaystyle \int_1^2 3f(x)\, dx$ **d.** $\displaystyle \int_2^5 f(x)\, dx$

e. $\displaystyle \int_1^5 [f(x) - g(x)]\, dx$ **f.** $\displaystyle \int_1^5 [4f(x) - g(x)]\, dx$

10. f와 h는 적분가능하고

$$\int_1^9 f(x)\, dx = -1, \quad \int_7^9 f(x)\, dx = 5, \quad \int_7^9 h(x)\, dx = 4$$

이라 하자. 표 4.6의 성질을 이용하여 다음을 구하라.

a. $\displaystyle \int_1^9 -2f(x)\, dx$ **b.** $\displaystyle \int_7^9 [f(x) + h(x)]\, dx$

c. $\displaystyle \int_7^9 [2f(x) - 3h(x)]\, dx$ **d.** $\displaystyle \int_9^1 f(x)\, dx$

e. $\displaystyle\int_1^7 f(x)\,dx$ **f.** $\displaystyle\int_9^7 [\,h(x) - f(x)\,]\,dx$

11. $\int_1^2 f(x)\,dx = 5$일 때, 다음을 구하라.

  a. $\displaystyle\int_1^2 f(u)\,du$ **b.** $\displaystyle\int_1^2 \sqrt{3}f(z)\,dz$

  c. $\displaystyle\int_2^1 f(t)\,dt$ **d.** $\displaystyle\int_1^2 [-f(x)\,]\,dx$

12. $\int_{-3}^0 g(t)\,dt = \sqrt{2}$일 때 다음을 구하라.

  a. $\displaystyle\int_0^{-3} g(t)\,dt$ **b.** $\displaystyle\int_{-3}^0 g(u)\,du$

  c. $\displaystyle\int_{-3}^0 [-g(x)\,]\,dx$ **d.** $\displaystyle\int_{-3}^0 \frac{g(r)}{\sqrt{2}}dr$

13. f는 적분가능하고 $\int_0^3 f(z)\,dz = 3$이고 $\int_0^4 f(z)\,dz = 7$일 때, 다음을 구하라.

  a. $\displaystyle\int_3^4 f(z)\,dz$ **b.** $\displaystyle\int_4^3 f(t)\,dt$

14. h는 적분가능하고 $\int_{-1}^1 h(r)\,dr = 0$이고 $\int_{-1}^3 h(r)\,dr = 6$일 때, 다음을 구하라.

  a. $\displaystyle\int_1^3 h(r)\,dr$ **b.** $-\displaystyle\int_3^1 h(u)\,du$

넓이를 이용하여 정적분 구하기

연습문제 15~22에서 피적분함수의 그래프를 그리고 넓이를 이용하여 적분을 구하라.

15. $\displaystyle\int_{-2}^4 \left(\frac{x}{2} + 3\right) dx$ **16.** $\displaystyle\int_{1/2}^{3/2} (-2x + 4)\,dx$

17. $\displaystyle\int_{-3}^3 \sqrt{9 - x^2}\,dx$ **18.** $\displaystyle\int_{-4}^0 \sqrt{16 - x^2}\,dx$

19. $\displaystyle\int_{-2}^1 |x|\,dx$ **20.** $\displaystyle\int_{-1}^1 (1 - |x|)\,dx$

21. $\displaystyle\int_{-1}^1 (2 - |x|)\,dx$ **22.** $\displaystyle\int_{-1}^1 \left(1 + \sqrt{1 - x^2}\right) dx$

연습문제 23~28에서 알고있는 넓이 공식을 이용하여 적분을 구하라.

23. $\displaystyle\int_0^b \frac{x}{2}dx,\quad b > 0$ **24.** $\displaystyle\int_0^b 4x\,dx,\quad b > 0$

25. $\displaystyle\int_a^b 2s\,ds,\quad 0 < a < b$ **26.** $\displaystyle\int_a^b 3t\,dt,\quad 0 < a < b$

27. $f(x) = \sqrt{4 - x^2}$의 정적분

  a. $[-2, 2]$에서   **b.** $[0, 2]$에서

28. $f(x) = 3x + \sqrt{1 - x^2}$의 정적분

  a. $[-1, 0]$에서   **b.** $[-1, 1]$에서

정적분 계산하기

연습문제 29~40에서 식 (2)와 (4)의 결과를 이용하여 적분을 구하라.

29. $\displaystyle\int_1^{\sqrt{2}} x\,dx$ **30.** $\displaystyle\int_{0.5}^{2.5} x\,dx$ **31.** $\displaystyle\int_\pi^{2\pi} \theta\,d\theta$

32. $\displaystyle\int_{\sqrt{2}}^{5\sqrt{2}} r\,dr$ **33.** $\displaystyle\int_0^{\sqrt[3]{7}} x^2\,dx$ **34.** $\displaystyle\int_0^{0.3} s^2\,ds$

35. $\displaystyle\int_0^{1/2} t^2\,dt$ **36.** $\displaystyle\int_0^{\pi/2} \theta^2\,d\theta$ **37.** $\displaystyle\int_a^{2a} x\,dx$

38. $\displaystyle\int_{\sqrt{3}}^{} x\,dx$ **39.** $\displaystyle\int_{}^{\sqrt[3]{b}} x^2\,dx$ **40.** $\displaystyle\int_{}^{3b} x^2\,dx$

연습문제 41~50에서 표 4.6의 성질과 (2)~(4)의 결과를 이용하여 적분을 구하라.

41. $\displaystyle\int_3^1 7\,dx$ **42.** $\displaystyle\int_0^2 5x\,dx$

43. $\displaystyle\int_0^2 (2t - 3)\,dt$ **44.** $\displaystyle\int_0^{\sqrt{2}} \left(t - \sqrt{2}\right) dt$

45. $\displaystyle\int_2^1 \left(1 + \frac{z}{2}\right) dz$ **46.** $\displaystyle\int_3^0 (2z - 3)\,dz$

47. $\displaystyle\int_1^2 3u^2\,du$ **48.** $\displaystyle\int_{1/2}^1 24u^2\,du$

49. $\displaystyle\int_0^2 (3x^2 + x - 5)\,dx$ **50.** $\displaystyle\int_1^0 (3x^2 + x - 5)\,dx$

정적분으로 넓이 구하기

연습문제 51~54에서 정적분을 이용하여 구간 $[0, b]$ 사이에서 x축과 그래프로 둘러싸인 부분의 넓이를 구하라.

51. $y = 3x^2$ **52.** $y = \pi x^2$

53. $y = 2x$ **54.** $y = \dfrac{x}{2} + 1$

평균값 구하기

연습문제 55~62에서 함수의 그래프를 그리고 주어진 구간에서 그 평균값을 구하라.

55. $[0, 3]$에서 $f(x) = x^2 - 1$

56. $[0, 3]$에서 $f(x) = -\dfrac{x^2}{2}$

57. $[0, 1]$에서 $f(x) = -3x^2 - 1$

58. $[0, 1]$에서 $f(x) = 3x^2 - 3$

59. $[0, 3]$에서 $f(t) = (t - 1)^2$

60. $[-2, 1]$에서 $f(t) = t^2 - t$

61. a. $[-1, 1]$,   **b.** $[1, 3]$,   **c.** $[-1, 3]$
     에서 $g(x) = |x| - 1$

62. a. $[-1, 0]$,   **b.** $[0, 1]$,   **c.** $[-1, 1]$
     에서 $h(x) = -|x|$

극한으로써 정적분

연습문제 63~70에서 예제 4(a)의 방법 또는 식 (1)을 이용하여 정적분을 구하라.

63. $\displaystyle\int_a^b c\,dx$ **64.** $\displaystyle\int_0^2 (2x + 1)\,dx$

65. $\int_a^b x^2\,dx, \quad a < b$ **66.** $\int_{-1}^0 (x - x^2)\,dx$

67. $\int_{-1}^2 (3x^2 - 2x + 1)\,dx$ **68.** $\int_{-1}^1 x^3\,dx$

69. $\int_a^b x^3\,dx, \quad a < b$ **70.** $\int_0^1 (3x - x^3)\,dx$

이론과 예제

71. 다음 적분값을 최대로 하는 a와 b의 값을 구하라.

$$\int_a^b (x - x^2)\,dx$$

(힌트: 피적분함수가 양이 되는 곳은?)

72. 다음 적분값을 최소로 하는 a와 b의 값을 구하라.

$$\int_a^b (x^4 - 2x^2)\,dx$$

73. 최대-최소 부등식을 이용하여 다음 적분의 상계와 하계를 구하라.

$$\int_0^1 \frac{1}{1 + x^2}\,dx$$

74. (연습문제 73의 계속) 최대-최소 부등식을 이용하여 다음 적분의 상계와 하계를 구하라.

$$\int_0^{0.5} \frac{1}{1 + x^2}\,dx, \quad \int_{0.5}^1 \frac{1}{1 + x^2}\,dx$$

위 두 식을 더하여

$$\int_0^1 \frac{1}{1 + x^2}\,dx$$

가 취하는 범위를 추정하라.

75. 적분 $\int_0^1 \sin(x^2)\,dx$의 값은 2가 될 수 없음을 증명하라.

76. 적분 $\int_0^1 \sqrt{x + 8}\,dx$의 값은 $2\sqrt{2} \approx 2.8$과 3 사이에 있음을 증명하라.

77. 음이 아닌 함수의 적분 최대-최소 부등식을 이용하여 f가 적분 가능하면

$$[a, b] \text{에서} \quad f(x) \geq 0 \quad \Rightarrow \quad \int_a^b f(x)\,dx \geq 0$$

이 성립함을 증명하라.

78. 양이 아닌 함수의 적분 f가 적분가능하면

$$[a, b] \text{에서} \quad f(x) \leq 0 \quad \Rightarrow \quad \int_a^b f(x)\,dx \leq 0$$

이 성립함을 증명하라.

79. 부등식 $\sin x \leq x,\ x \geq 0$을 이용한 $\int_0^1 \sin x\,dx$의 상계를 구하라.

80. 부등식 $\sec x \geq 1 + (x^2/2)$은 구간 $(-\pi/2, \pi/2)$에서 성립한다. 이를 이용한 적분 $\int_0^1 \sec x\,dx$의 하계를 구하라.

81. 구간 $[a, b]$에서 적분가능한 함수 $f(x)$의 평균값을 $\mathrm{av}(f)$라 할 때, $\mathrm{av}(f)$를 $[a, b]$에서 적분하면 f의 적분값과 같은가? 즉

$$\int_a^b \mathrm{av}(f)\,dx = \int_a^b f(x)\,dx$$

그 이유를 설명하라.

82. 적분가능한 함수의 평균값이 $[a, b]$에서 다음 성질을 가진다면 좋을 것이다.

  a. $\mathrm{av}(f + g) = \mathrm{av}(f) + \mathrm{av}(g)$

  b. $\mathrm{av}(kf) = k\,\mathrm{av}(f)$ (임의의 수 k)

  c. $\mathrm{av}(f) \leq \mathrm{av}(g)$ ($[a, b]$에서 $f(x) \leq g(x)$일 경우)

성립하는가? 성립한다면 그 이유를 설명하라.

83. 증가함수의 상합과 하합

  a. x가 구간 $[a, b]$를 왼쪽에서 오른쪽으로 이동함에 따라서 연속함수 $f(x)$의 그래프가 점점 상승한다고 하자. $[a, b]$를 n개의 소구간으로 등분하는 분할을 P라 하면 각 소구간의 길이는 $\Delta x = (b - a)/n$이다. 다음 그림을 보고 이 분할에 대하여 f의 상합과 하합의 차는 치수가 $[f(b) - f(a)]\Delta x$인 직사각형 R의 넓이임을 증명하라. (힌트: 차 $U - L$은 대각선 $Q_0 Q_1$, $Q_1 Q_2$, $\cdots$, $Q_{n-1} Q_n$이 곡선을 따라 놓여 있는 직사각형들의 넓이의 총합이다. 이를 직사각형을 수평적으로 R 위로 이동하면 겹치는 것이 없다.)

  b. $[a, b]$의 분할의 소구간의 길이 Δx_k가 다르다고 하자.

$$U - L \leq |f(b) - f(a)|\,\Delta x_{\max}$$

이 성립함을 증명하라. 여기서 $\Delta x_{\max}$는 P의 노름이고, 따라서 $\lim\limits_{\|P\| \to 0} (U - L) = 0$이다.

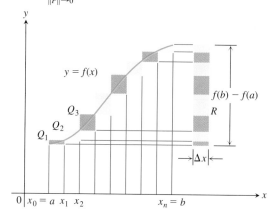

84. 감소함수의 상합과 하합(연습문제 83의 계속)

  a. x가 구간 $[a, b]$를 왼쪽에서 오른쪽으로 이동함에 따라서 감소하는 연속함수 $f(x)$에 대하여 연습문제 83과 같은 그림을 그려라. $[a, b]$를 n개의 소구간으로 등분하는 분할을 P라 하자. 연습문제 83(a)와 비슷한 $U - L$에 대한 식을 구하라.

  b. $[a, b]$의 분할의 소구간의 길이 Δx_k가 다르다고 하자.

$$U - L \leq |f(b) - f(a)|\,\Delta x_{\max}$$

이 마찬가지로 성립함을 증명하라. 따라서 $\lim\limits_{\|P\| \to 0} (U - L) = 0$

85. $\sin h + \sin 2h + \sin 3h + \cdots + \sin mh$

$$= \frac{\cos(h/2) - \cos((m + (1/2))h)}{2 \sin(h/2)}$$

를 이용하여 $x = 0$과 $x = \pi/2$ 사이에서 곡선 $y = \sin x$의 아랫부분의 넓이를 다음 두 단계로 구하라.

  a. 구간 $[0, \pi/2]$를 n개의 소구간으로 등분하고 대응하는 상합 U를 계산한다. 따라서

  b. $n \to \infty$이고 $\Delta x = (b - a)/n \to 0$일 때 U의 극한을 구하라.

86. f가 $[a, b]$에서 연속이고 음이 아닌 함수로 아래의 그래프와 같다고 하자. 그림과 같이 점

$$x_1, x_2, \ldots, x_{k-1}, x_k, \ldots, x_{n-1}$$

을 삽입하여 $[a, b]$를 길이가 각각

$\Delta x_1 = x_1 - a$, $\Delta x_2 = x_2 - x_1$, $\cdots$, $\Delta x_n = b - x_{n-1}$인 n개의 소구간으로 나눈다. 소구간의 길이가 모두 같을 필요는 없다.

a. $m_k = \min\{f(x) ; x$는 k번째 소구간에 속한다$\}$라고 하자. **하합**

$$L = m_1 \Delta x_1 + m_2 \Delta x_2 + \cdots + m_n \Delta x_n$$

과 첫 번째 그림에서 음영으로 표시되는 영역 사이의 관계를 설명하라.

b. $M_k = \max\{f(x) ; x$는 k번째 소구간에 속한다$\}$라고 하자. **상합**

$$U = M_1 \Delta x_1 + M_2 \Delta x_2 + \cdots + M_n \Delta x_n$$

과 두 번째 그림에서 음영으로 표시되는 영역 사이의 관계를 설명하라.

c. $U - L$과 세 번째 그림에서 음영으로 표시되는 영역 사이의 관계를 설명하라.

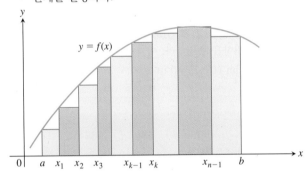

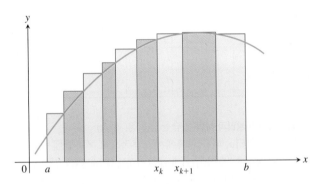

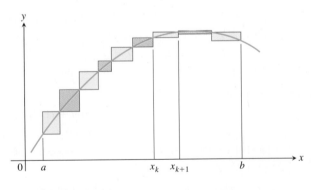

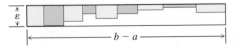

87. 임의로 주어진 $\varepsilon > 0$에 대하여 $\delta > 0$가 존재하여 $[a, b]$에 속하고 $|x_1 - x_2| < \delta$을 만족하는 모든 x_1, x_2에 대하여 $|f(x_1) - f(x_2)| < \varepsilon$이 성립하면 f는 $[a, b]$에서 **평등연속(uniformly continuous)**이라 한다. 닫힌 구간에서 연속인 함수는 평등연속임을 증명할 수 있다. 이 사실과 연습문제 86의 그림을 이용하여 f가 연속이고 $\varepsilon > 0$이 주어지면 Δx_k 중에서 최대인 것을 충분히 작게 하여 $U - L \le \varepsilon \cdot (b - a)$이 되게 할 수 있음을 증명하라.

88. 240 km의 도로를 왕복하는 데, 갈 때는 평균시속 48 km/h로 달리고 돌아올 때는 80 km/h로 달렸다면 평균시속은 얼마인가?

컴퓨터 탐구

CAS를 이용하여 리만 합과 연관된 직사각형을 그릴 수 있다면, 연습문제 89~94에서 적분값에 수렴하도록 리만 합과 연관된 직사각형을 그려 보아라. 적분구간을 $n = 4, 10, 20, 50$개의 소구간으로 각각 등분하라.

89. $\displaystyle\int_0^1 (1 - x)\, dx = \frac{1}{2}$

90. $\displaystyle\int_0^1 (x^2 + 1)\, dx = \frac{4}{3}$

91. $\displaystyle\int_{-\pi}^{\pi} \cos x\, dx = 0$

92. $\displaystyle\int_0^{\pi/4} \sec^2 x\, dx = 1$

93. $\displaystyle\int_{-1}^1 |x|\, dx = 1$

94. $\displaystyle\int_1^2 \frac{1}{x}\, dx$ (적분값은 약 0.693)

연습문제 95~98에서 CAS를 이용하여 다음 단계를 수행하라.

a. 주어진 구간에서 함수의 그래프를 그리라.

b. 주어진 구간을 $n = 100, 200, 1000$개의 소구간으로 각각 등분하고, 각 소구간의 중점에서 함숫값을 계산하라.

c. (b)에서 얻은 함숫값의 평균값을 계산하라.

d. $n = 1000$에 대하여 (c)에서 구한 x의 평균값으로 방정식 $f(x) = $(평균값)을 풀라.

95. $[0, \pi]$에서 $f(x) = \sin x$

96. $[0, \pi]$에서 $f(x) = \sin^2 x$

97. $\left[\dfrac{\pi}{4}, \pi\right]$에서 $f(x) = x \sin\dfrac{1}{x}$

98. $\left[\dfrac{\pi}{4}, \pi\right]$에서 $f(x) = x \sin^2\dfrac{1}{x}$

4.4 미적분학의 기본정리

역사적 인물
뉴턴(Sir Isaac Newton, 1642~1727)

앞 절에서 정적분을 리만 합의 극한으로 구하였다. 이를 대신하기 위해, 이 절에서는 적분 계산의 중심 정리인 미적분학의 기본정리를 소개한다. 이 정리는 미분과 적분을 연관시켜서 피적분함수의 역도함수, 즉 부정적분을 이용하여 주어진 정적분을 계산한다. 라이프니츠와 뉴턴이 이 연관성을 해결하여 수학의 개발이 시작되었으며, 이 후 200년 동안 과학 혁명에 불을 지피게 된다.

이를 통해, 정적분의 평균값 정리를 기술한다. 이 정리는 적분 계산에 있어서 중요한 정리일 뿐만 아니라 기본정리를 증명하는 데 이용된다. 또한 4.1절의 예제 2에서 암시한 것처럼 구간에서 함수의 순변화량이 변화율의 적분임을 알 수 있다.

정적분의 평균값 정리

앞 절에서 정적분 $\int_b^a f(x)\,dx$의 값을 구간의 길이 $b-a$로 나눈 값을 구간 $[a, b]$에서 연속함수 f의 평균값으로 정의하였다. 정적분의 평균값 정리에 의하면 함수가 주어진 구간에서 적어도 한 번은 그 평균값과 같은 함숫값을 가진다.

그림 4.16의 그래프는 구간 $[a, b]$에서 정의되는 양의 연속함수 $y = f(x)$를 나타내고 있다. 기하학적으로, 평균값 정리는 밑변의 길이가 $b-a$이고, 높이가 f의 평균값 $f(c)$를 갖는 직사각형이 a와 b 사이에서 함수 f의 그래프 아랫부분의 넓이와 같게 되는 c가 $[a, b]$ 내에 적어도 하나 존재함을 말해준다.

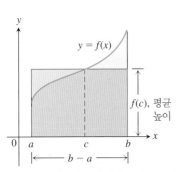

그림 4.16 평균값 정리에서 $f(c)$는 $[a, b]$에서 f의 평균 높이이다. $f \geq 0$일 때, 직사각형의 넓이는 a에서 b까지 f의 아랫부분의 넓이, 즉

$$f(c)(b-a) = \int_a^b f(x)\,dx$$

이다.

> **정리 3 정적분의 평균값 정리** f가 $[a, b]$에서 연속이면, $[a, b]$ 내의 한 점 c가 존재하여 다음 식이 성립한다.
>
> $$f(c) = \frac{1}{b-a}\int_a^b f(x)\,dx$$

증명   최대-최소 부등식(표 4.6의 성질 6)의 양변을 $b-a$로 나누면

$$\min f \leq \frac{1}{b-a}\int_a^b f(x)\,dx \leq \max f$$

이다. f가 연속이므로 연속함수에 대한 중간값 정리(1.5절)에 의하여 f는 $\min f$와 $\max f$ 사이에서 함숫값을 반드시 갖는다. 따라서 f는 $[a, b]$ 내의 한 점 c에서 $\frac{1}{(b-a)}\int_b^a f(x)\,dx$ 를 함숫값으로 갖는다. ■

여기서 f의 연속성은 필수적이다. 불연속함수는 평균값과 같은 함숫값을 갖지 않을 수 있다(그림 4.17).

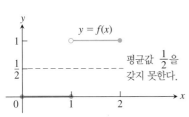

그림 4.17 불연속함수는 평균값을 함숫값으로 갖지 않을 수 있다.

예제 1 f가 $[a, b]$, $a \neq b$에서 연속이고,

$$\int_a^b f(x)\,dx = 0$$

이면 $[a, b]$에서 적어도 한 번은 $f(x) = 0$이 된다.

풀이 $[a, b]$에서 f의 평균값은

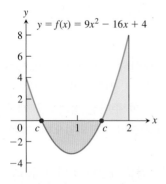

그림 4.18 함수 $f(x) = 9x^2 - 16x + 4$는 $\int_0^2 f(x)\, dx = 0$이고, 구간 $[0, 2]$ 내에 $f(c) = 0$인 점이 두 개 존재한다.

$$\text{av}(f) = \frac{1}{b-a}\int_a^b f(x)\, dx = \frac{1}{b-a}\cdot 0 = 0$$

이다. 평균값 정리에 의하여 f는 적어도 한 점 $c \in [a, b]$에서 이 값을 갖는다. 그림 4.18에서 구간 $[0, 2]$에서 함수 $f(x) = 9x^2 - 16x + 4$에 대해 설명하고 있다. ■

제 1 기본정리

정적분을 리만 합의 극한을 취해서 계산하는 것은 매우 어려운 일이다. 이제 역도함수를 이용하여 정적분 값을 구하는 새롭고 쉬운 방법을 개발하고자 한다. 이 방법은 미적분학의 두 부류가 결합되어 있다. 한 부류는 정적분을 구하기 위해 유한 합의 극한을 취하는 개념을 갖고 있으며 또 다른 하나는 도함수와 역도함수를 포함하는 부류이다. 두 부류가 합쳐진 것이 미적분학의 기본정리(Fundamental Theorem of Calculus)이다. 이에 대한 논의를 적분으로 표현된 어떤 함수를 미분하는 방법을 생각하는 것으로 시작해 보자.

$f(x)$가 유한 구간 I에서 적분가능한 함수이면, 임의로 고정된 점 $a \in I$부터 $x \in I$까지 적분은 x에서의 함숫값이

$$F(x) = \int_a^x f(t)\, dt \tag{1}$$

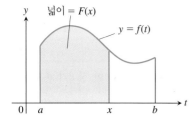

그림 4.19 식 (1)로 정의되는 함수 $F(x)$는 f가 음이 아니고 $x > a$일 때 색칠한 부분의 넓이이다.

인 새로운 함수 F를 정의한다. 이를테면 f가 음이 아니고 x가 a의 오른쪽에 있으면 $F(x)$는 a부터 x까지 그래프 아랫부분의 넓이이다(그림 4.19). 변수 x는 적분의 상한이지만 F는 실변수의 실가함수이다. x에 각각의 값을 입력하면 그에 대응하는 수의 값이 하나씩 대응된다. 이 값은 a부터 x까지 f의 정적분이다.

식 (1)은 새로운 함수(6.1절에서 볼 것이다.)를 정의해준다. 이 식의 핵심적인 중요한 의미는 적분과 도함수 사이의 관계를 맺어준다는 데 있다. 기본정리에 의하면 f가 연속이면 F는 미분가능하고 F의 도함수는 f자신이 된다. 즉, 구간 $[a, b]$ 내의 각 x에 대하여

$$F'(x) = f(x)$$

이다. 이유를 알아보기 위해 그 내면의 기하학적인 성질을 살펴보자.

$[a, b]$에서 $f \geq 0$이라고 하면 도함수의 정의로부터, $h \to 0$일 때

$$\frac{F(x+h) - F(x)}{h}$$

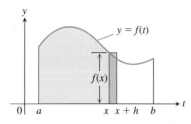

그림 4.20 식 (1)에서 $F(x)$는 x의 왼쪽 부분의 넓이이다. 마찬가지로 $F(x+h)$는 $x+h$의 왼쪽 부분의 넓이이다. 그들 차분 몫 $[F(x+h) - F(x)]/h$는 $f(x)$와 근사적으로 같아서 직사각형의 높이를 나타낸다.

의 극한을 취하면 된다. $h > 0$에 대하여 $F(x+h)$는 a부터 $x+h$까지, $F(x)$는 a부터 x까지 f의 그래프 아랫부분의 넓이이므로, 그 차는 x부터 $x+h$까지 f의 그래프 아랫부분의 넓이이다(그림 4.20). 그림 4.20에서 보는 것처럼, h가 작으면 이 부분의 넓이는 높이가 $f(x)$이고, 밑변이 구간 $[x, x+h]$인 직사각형의 넓이의 근삿값이다. 즉

$$F(x+h) - F(x) \approx hf(x)$$

양변을 h로 나누면, 차분몫의 값은 함숫값 $f(x)$에 매우 가까워짐을 알 수 있다.

$$\frac{F(x+h) - F(x)}{h} \approx f(x)$$

h가 0으로 가까이 갈 때, 이 근삿값은 더욱 가까워진다. 이런 이유로, $h \to 0$일 때 이 차분 몫의 극한인 $F'(x)$가 $f(x)$와 같아져서 다음 식

$$F'(x) = \lim_{h \to 0} \frac{F(x + h) - F(x)}{h} = f(x)$$

를 예상할 수 있다. 이 결과는 함수 f가 양이 아니어도 성립하므로, 미적분학의 제 1 기본정리를 얻는다.

정리 4 미적분학의 제 1 기본정리 f가 $[a, b]$에서 연속이면 $F(x) = \displaystyle\int_a^x f(t)\,dt$는 $[a, b]$에서 연속이고 (a, b)에서 미분가능하고, 그 도함수는 $f(x)$이다.

$$F'(x) = \frac{d}{dx}\int_a^x f(t)\,dt = f(x) \tag{2}$$

정리 4를 증명하기에 앞서, 이 정리의 의미를 이해하기 위한 몇 가지 예제를 살펴보자. 각 예제들은 독립변수 x가 정적분의 상한 또는 하한에서 (x자체로써 또는 x의 수식으로) 나타남을 주목하라. 모든 예제에서 독립 변수는 x이고, 그에 종속되는 변수는 y이다. 또한 t는 단지 적분에서 사용되는 거짓변수이다.

예제 2   기본정리를 이용하여 다음 함수 y로부터 dy/dx를 구하라.

(a) $y = \displaystyle\int_a^x (t^3 + 1)\,dt$
(b) $y = \displaystyle\int_x^5 3t \sin t\,dt$
(c) $y = \displaystyle\int_1^{x^2} \cos t\,dt$
(d) $y = \displaystyle\int_{1+3x^2}^4 \frac{1}{2 + t}\,dt$

풀이   독립변수 x에 관하여 도함수를 계산한다.

(a) $\dfrac{dy}{dx} = \dfrac{d}{dx}\displaystyle\int_a^x (t^3 + 1)\,dt = x^3 + 1$ 식 (2)에서 $f(t) = t^3 + 1$

(b) $\dfrac{dy}{dx} = \dfrac{d}{dx}\displaystyle\int_x^5 3t \sin t\,dt = \dfrac{d}{dx}\left(-\displaystyle\int_5^x 3t \sin t\,dt\right)$ 표 4.6의 성질 1

$= -\dfrac{d}{dx}\displaystyle\int_5^x 3t \sin t\,dt$

$= -3x \sin x$ 식 (2)에서 $f(t) = 3t \sin t$

(c) 적분의 상한은 x가 아니고 x^2이다. 이것은 y를 두 함수

$$y = \int_1^u \cos t\,dt \quad 및 \quad u = x^2$$

의 합성함수로 만든다. 따라서 dy/dx를 구하기 위해 연쇄법칙을 이용해야 한다.

$$\frac{dy}{dx} = \frac{dy}{du} \cdot \frac{du}{dx}$$
$$= \left(\frac{d}{du}\int_1^u \cos t\,dt\right) \cdot \frac{du}{dx}$$
$$= \cos u \cdot \frac{du}{dx} \quad \text{식 (2)에서 } f(t) = \cos t$$
$$= \cos(x^2) \cdot 2x$$
$$= 2x \cos x^2$$

(d) $\dfrac{d}{dx}\displaystyle\int_{1+3x^2}^{4}\dfrac{1}{2+t}\,dt = \dfrac{d}{dx}\left(-\displaystyle\int_{4}^{1+3x^2}\dfrac{1}{2+t}\,dt\right)$ 　　　성질 1

$\qquad\qquad\qquad\qquad\qquad = -\dfrac{d}{dx}\displaystyle\int_{4}^{1+3x^2}\dfrac{1}{2+t}\,dt$

$\qquad\qquad\qquad\qquad\qquad = -\dfrac{1}{2+(1+3x^2)}\cdot\dfrac{d}{dx}\left(1+3x^2\right)$ 　　식 (2)와 연쇄법칙

$\qquad\qquad\qquad\qquad\qquad = -\dfrac{2x}{1+x^2}$ ∎

정리 4의 증명　함수 $F(x)$에 도함수의 정의를 직접 적용하여 제 1 기본정리를 증명한다. x와 $x+h$가 모두 (a, b)에 속할 때, 즉, (a, b)에 속하는 각 x에 내하여 $h \to 0$일 때 식

$$\frac{F(x+h)-F(x)}{h} \qquad\qquad (3)$$

의 극한값이 $f(x)$임을 보이는 것이다. 그렇게 하기 위해서,

$$F'(x) = \lim_{h \to 0}\frac{F(x+h)-F(x)}{h}$$

$$= \lim_{h \to 0}\frac{1}{h}\left[\int_{a}^{x+h}f(t)\,dt - \int_{a}^{x}f(t)\,dt\right]$$

$$= \lim_{h \to 0}\frac{1}{h}\int_{x}^{x+h}f(t)\,dt \qquad\qquad \text{표 4.6, 성질 5}$$

정적분의 평균값 정리에 의하여 구간 $[x, x+h]$에서 f의 평균값이 x와 $x+h$ 사이에 있는 어떤 c에서 함숫값 $f(c)$와 같다. 즉, 구간 $[x, x+h]$에 속하는 어떤 c에 대하여

$$\frac{1}{h}\int_{x}^{x+h}f(t)\,dt = f(c) \qquad\qquad (4)$$

이다. $h \to 0$일 때, $x+h$는 x로 접근하고, 따라서 c도 x에 접근할 수밖에 없다 (c가 x와 $x+h$ 사이에 있기 때문이다). f가 x에서 연속이므로 $f(c)$는 $f(x)$로 접근한다.

$$\lim_{h \to 0}f(c) = f(x) \qquad\qquad (5)$$

따라서 (a, b) 내의 모든 x에 대하여,

$$F'(x) = \lim_{h \to 0}\frac{1}{h}\int_{x}^{x+h}f(t)\,dt$$

$$= \lim_{h \to 0}f(c) \qquad\qquad \text{식(4)}$$

$$= f(x) \qquad\qquad\qquad \text{식(5)}$$

이므로 F는 x에서 미분가능하다. 미분가능성은 연속성을 보장하므로, F는 또한 열린 구간 (a, b)에서 연속이다. 증명을 완성하기 위해서, 이제는 $x=a$와 $x=b$에서 또한 연속임을 보여야 한다. 이를 위해, $x=a$에서는 단지 $h \to 0^+$일 때 한쪽 방향으로의 극한을 보이면 되고, 또한 $x=b$에서는 단지 $h \to 0^-$일 때 한쪽 방향으로의 극한을 보이면 된다. 한쪽 방향으로의 극한이라는 점만 제외하면 증명과정은 똑같다. 이로부터 F가 $x=a$에서 우미분계수를, $x=b$에서 좌미분계수를 가짐을 증명하고, 3.2절의 정리 1에 의하여 F가 두 점에서 연속이다. ∎

제 2 기본정리(계산 정리)

이제 미적분학의 제 2 기본정리를 생각해 보자. 제 2 기본정리는 리만 합의 극한을 사용하지 않고도 정적분을 계산하는 방법을 제시한다. 극한 대신 역도함수를 찾아 적분의 상한과 하한에서 역도함수의 값을 계산한다.

정리 4 (계속) 미적분학의 제 2 기본정리 f가 $[a, b]$에서 연속이고 F를 $[a, b]$에서 f의 역도함수라고 하면

$$\int_a^b f(x)\, dx = F(b) - F(a)$$

증명   제 1 기본정리에 의하여 f의 역도함수는 존재한다. 즉

$$G(x) = \int_a^x f(t)\, dt$$

따라서 F를 f의 한 역도함수라고 하면 적당한 상수 C에 대하여 $F(x) = G(x) + C$이다. 여기서 $a < x < b$이다(3.2절, 도함수에 대한 평균값 정리의 따름정리 2에 의하여). F와 G는 모두 $[a, b]$에서 연속이므로 $x \to a^+$ 또는 $x \to b^-$로 한쪽 방향으로의 극한을 취하여 $x = a$ 또는 $x = b$일 때 $F(x) = G(x) + C$ 역시 성립한다.

$F(b) - F(a)$를 계산하면 다음과 같다.

$$
\begin{aligned}
F(b) - F(a) &= \big[\,G(b) + C\,\big] - \big[\,G(a) + C\,\big] \\
&= G(b) - G(a) \\
&= \int_a^b f(t)\, dt - \int_a^a f(t)\, dt \\
&= \int_a^b f(t)\, dt - 0 \\
&= \int_a^b f(t)\, dt \qquad\blacksquare
\end{aligned}
$$

계산 정리는 구간 $[a, b]$에서 f의 정적분을 계산하기 위해 다음 2가지만 하면 된다고 말해주는 아주 중요한 정리이다:

1. 함수 f의 역도함수 F를 구하고,

2. $F(b) - F(a)$를 구하면, 이 값이 $\int_b^a f(x)\, dx$가 된다.

이는 리만 합을 구하는 것에 비하면 아주 쉬운 과정이다. 구간 $[a, b]$에서 함수 f의 모든 값들을 알아야 하는 복잡한 과정에 의한 정적분 계산이 단지 역도함수 F의 양 끝점 a와 b에서의 값만을 알면 구할 수 있게 해준다는 점에서 이 정리는 아주 막강하다고 할 수 있다. 식 $F(b) - F(a)$를 기호

$$F(x)\,\bigg]_a^b \qquad \text{또는} \qquad \bigg[\,F(x)\,\bigg]_a^b$$

등으로 나타낸다.

예제 3   리만 합을 구하지 않고 계산 정리를 이용하여 몇 가지 정적분을 계산한다.

(a) $\displaystyle\int_0^{\pi} \cos x\,dx = \sin x\Big]_0^{\pi}$ $\dfrac{d}{dx}\sin x = \cos x$

$\qquad\qquad\qquad = \sin \pi - \sin 0 = 0 - 0 = 0$

(b) $\displaystyle\int_{-\pi/4}^{0} \sec x \tan x\,dx = \sec x\Big]_{-\pi/4}^{0}$ $\dfrac{d}{dx}\sec x = \sec x \tan x$

$\qquad\qquad\qquad = \sec 0 - \sec\left(-\dfrac{\pi}{4}\right) = 1 - \sqrt{2}$

(c) $\displaystyle\int_1^{4}\left(\dfrac{3}{2}\sqrt{x} - \dfrac{4}{x^2}\right)dx = \left[x^{3/2} + \dfrac{4}{x}\right]_1^{4}$ $\dfrac{d}{dx}\left(x^{3/2} + \dfrac{4}{x}\right) = \dfrac{3}{2}x^{1/2} - \dfrac{4}{x^2}$

$\qquad\qquad\qquad = \left[(4)^{3/2} + \dfrac{4}{4}\right] - \left[(1)^{3/2} + \dfrac{4}{1}\right]$

$\qquad\qquad\qquad = [8 + 1] - [5] = 4$ ∎

연습문제 72는 리만 합의 개념, 평균값 정리와 정적분의 정의를 함께 사용하여 계산 정리의 또 다른 증명을 제공한다.

변화율의 적분

제 2 기본정리를 또 다른 방법으로 해석할 수 있다. 만일 F가 f의 역도함수라고 하면, $F' = f$이다. 정리의 식을 다시 쓸 수 있다.

$$\int_a^b F'(x)\,dx = F(b) - F(a)$$

여기서 $F'(x)$는 함수 $F(x)$의 x에 관한 변화율을 나타내므로, 위 식은 F'의 적분이 x가 a 부터 b까지 변할 때 F의 **순 변화량(net change)**이 됨을 말한다. 정리하면 다음과 같다.

> **정리 5 순변화정리**   미분가능한 함수 $F(x)$의 구간 $a \leq x \leq b$에서의 순 변화량은 변화 율의 적분이다.
>
> $$F(b) - F(a) = \int_a^b F'(x)\,dx \qquad\qquad (6)$$

예제 4   이 예제에서는 순변화정리의 몇 가지 해석에 대해 살펴본다.

(a) 만일 $c(x)$를 어떤 상품의 x개를 생산하는 데 드는 비용이라고 하면, $c'(x)$는 한계비 용(2.4절 참조)이다. 상품의 생산량을 x_1개에서 x_2개로 늘렸을 때 증가하는 비용은 정리 5로부터

$$\int_{x_1}^{x_2} c'(x)\,dx = c(x_2) - c(x_1)$$

이다.

(b) 만일 물체가 좌표축을 따라 움직일 때 위치함수를 $s(t)$라고 하면, 그의 속도는 $v(t) = s'(t)$이다. 정리 5에 의하면, 속도함수의 적분

$$\int_{t_1}^{t_2} v(t)\,dt = s(t_2) - s(t_1)$$

은 시간 구간 $t_1 \leq t \leq t_2$에서 **변위(displacement)**이다. 한편, 속력 $|v(t)|$의 적분은 시

간 구간 동안 움직인 **총 이동 거리**(**total distnace traveled**)가 된다. 이는 4.1절에서 공부한 내용과 일치한다. ∎

식 (6)을 다음과 같이 다시 쓰면

$$F(b) = F(a) + \int_a^b F'(x)\,dx$$

순변화정리는 또한 구간 $[a, b]$에서 함수 $F(x)$의 마지막 값이 처음 값 $F(a)$에 그 구간에서의 순 변화량을 더한 값과 같다는 것을 알게 해준다. 따라서 $v(t)$가 좌표축을 따라 움직이는 물체의 속도함수를 나타내면, 시간 구간 $t_1 \le t \le t_2$에서 물체의 마지막 위치 $s(t_2)$는 처음 위치 $s(t_1)$에 좌표축을 따라 위치의 순 변화량을 더한 값이다(예제 4(b) 참조).

예제 5 다시 다이너마이트 폭발에 의해 수직으로 상승하는 무거운 바위를 쏘아올린 바위의 해석을 생각해 보자(4.1절 예제 3). 운동 동안의 시간 t에서 바위의 속도는 $v(t) = 49 - 9.8t$ m/s로 주어졌다.
(a) 시간 구간 $0 \le t \le 8$ 동안 바위의 변위를 구하라.
(b) 이 시간 구간 동안 총 이동 거리를 구하라.

풀이 **(a)** 예제 4(b)로부터, 변위는 적분에 의해 구한다.

$$\int_0^8 v(t)\,dt = \int_0^8 (49 - 9.8t)\,dt = \Big[49t - 4.9t^2\Big]_0^8$$
$$= (49)(8) - (4.9)(64) = 78.4$$

바위가 폭발 8초 후에 지상으로부터 78.4 m 높이에 있다는 의미이다. 이는 4.1절 예제 3의 결과와 일치한다.

(b) 표 4.3에서 알아본 것과 같이, 속도 함수 $v(t)$는 시간 구간 $[0, 5]$ 동안 양이고, 구간 $[5, 8]$ 동안은 음이다. 그러므로 예제 4(b)로부터 총 이동 거리는 다음 적분에 의해 구한다.

$$\int_0^8 |v(t)|\,dt = \int_0^5 |v(t)|\,dt + \int_5^8 |v(t)|\,dt$$
$$= \int_0^5 (49 - 9.8t)\,dt - \int_5^8 (49 - 9.8t)\,dt$$
$$= \Big[49t - 4.9t^2\Big]_0^5 - \Big[49t - 4.9t^2\Big]_5^8$$
$$= [(49)(5) - (4.9)(25)] - [(49)(8) - (4.9)(64) - ((49)(5) - (4.9)(25))]$$
$$= 122.5 - (-44.1) = 166.6$$

이 또한 4.1절 예제 3의 결과와 일치한다. 즉, 바위가 시간 구간 $0 \le t \le 8$ 동안 이동한 총 이동 거리 166.6 m는 (i) 시간 구간 $[0, 5]$ 동안에 도달한 최고 높이 122.5 m에 (ii) 시간 구간 $[5, 8]$ 동안 바위가 떨어진 거리 44.1 m를 더한 값이다. ∎

적분법과 미분법 사이의 관계

기본정리의 결과는 몇 가지로 요약된다. 식 (2)를

$$\frac{d}{dx}\int_a^x f(t)\,dt = f(x)$$

로 다시 쓸 수 있다. 즉, 함수 f를 적분하고 그 결과를 다시 미분하면 함수 f를 다시 얻게 된다. 마찬가지로 식 (6)에서 x를 t로, b를 x로 바꾸면

$$\int_a^x F'(t)\,dt = F(x) - F(a)$$

가 되어 함수 F를 미분하고 다시 그 결과를 적분하고 적분상수를 조절하여 F를 다시 얻게 된다. 다시 말하면 적분법과 미분법의 과정은 서로 역 관계이다. 기본정리로부터 모든 연속함수 f는 역도함수 F를 갖는다. 정적분을 쉽게 계산하기 위해서는 역도함수를 찾는 것이 중요함을 알게 해 준다. 그리고 미분방정식 $dy/dx = f(x)$는 임의의 연속함수에 대하여 해 (즉, 함수 $y = F(x) + C$)를 갖는다.

총 넓이

넓이는 항상 음이 아닌 값이다. 리만 합은 $f(c_k)\,\Delta x_k$인 꼴의 항을 포함하는 근삿값이다. 이것은 $f(c_k)$가 양일 때 직사각형의 넓이를 나타낸다. $f(c_k)$가 음이면 $f(c_k)\Delta x_k$는 직사각형의 넓이의 음이다. 음인 함수에 대하여 이러한 항을 모두 더하면 곡선과 x축 사이의 넓이의 음이다. 절댓값을 취하면 정확한 양의 넓이를 얻는다.

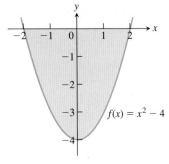

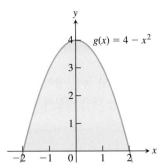

그림 4.21 이 두 그래프는 x축과 둘러싸인 영역이 같은 크기의 넓이를 갖게 한다. 하지만 두 함수의 $[-2, 2]$에서 정적분은 서로 다른 부호를 갖는다(예제 6).

예제 6 그림 4.21은 $f(x) = x^2 - 4$의 그래프와 그와 x축에 대칭인 $g(x) = 4 - x^2$를 보여준다. 각 함수에 대해서
(a) 구간 $[-2, 2]$에서 정적분을 구하라.
(b) 구간 $[-2, 2]$에서 그래프와 x축으로 둘러싸인 넓이를 구하라.

풀이

(a) $\displaystyle \int_{-2}^2 f(x)\,dx = \left[\frac{x^3}{3} - 4x\right]_{-2}^2 = \left(\frac{8}{3} - 8\right) - \left(-\frac{8}{3} + 8\right) = -\frac{32}{3}$

와

$$\int_{-2}^2 g(x)\,dx = \left[4x - \frac{x^3}{3}\right]_{-2}^2 = \frac{32}{3}$$

이다.

(b) $[-2, 2]$에서 곡선과 x축 사이의 넓이는 두 경우 모두 32/3이다. 비록 $f(x)$의 정적분은 음수일지라도, 넓이는 양수이다. ∎

예제 7 그림 4.22는 $x = 0$과 $x = 2\pi$ 사이에서 함수 $f(x) = \sin x$의 그래프를 나타내고 있다. 다음을 계산하라.
(a) $[0, 2\pi]$에서 $f(x)$의 정적분
(b) $[0, 2\pi]$에서 $f(x)$의 그래프와 x축으로 둘러싸인 부분의 넓이

풀이 **(a)** $f(x) = \sin x$의 정적분을 계산하면

$$\int_0^{2\pi} \sin x\,dx = -\cos x\Big|_0^{2\pi} = -[\cos 2\pi - \cos 0] = -[1 - 1] = 0$$

정적분의 값이 0인 이유는 그래프가 x축 윗부분과 아랫부분이 상쇄되기 때문이다.

(b) $[0, 2\pi]$에서 $f(x)$의 그래프와 x축 사이의 넓이는 $\sin x$의 정의역을 두 부분으로 나누어 계산해야 한다. 구간 $[0, 2\pi]$에서 함숫값은 음이 아니고 구간 $[\pi, 2\pi]$에서 함숫값은 양이 아니다.

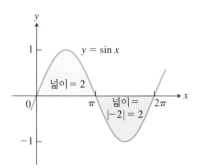

그림 4.22 $0 \le x \le 2\pi$에 대하여 곡선 $y = \sin x$와 x축 사이의 넓이는 두 적분의 절댓값의 합이다(예제 7).

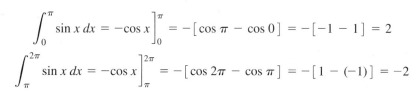

$$\int_0^\pi \sin x\, dx = -\cos x \Big]_0^\pi = -[\cos \pi - \cos 0] = -[-1 - 1] = 2$$

$$\int_\pi^{2\pi} \sin x\, dx = -\cos x \Big]_\pi^{2\pi} = -[\cos 2\pi - \cos \pi] = -[1 - (-1)] = -2$$

두 번째 적분은 음의 값이다. 그래프와 축 사이의 넓이는 절댓값을 더하여 구한다. 즉

$$넓이 = |2| + |-2| = 4$$ ■

> **요약**
>
> 구간 $[a, b]$에서 $y = f(x)$의 그래프와 x축으로 둘러싸인 영역의 넓이를 구하기 위해 다음 단계에 따라서 계산한다.
>
> **1.** f가 0이 되는 점에서 $[a, b]$를 소구간으로 나눈다.
>
> **2.** 각 소구간에서 f를 적분한다.
>
> **3.** 적분의 절댓값을 모두 더한다.

예제 8 $-1 \le x \le 2$에서 $f(x) = x^3 - x^2 - 2x$의 그래프와 x축으로 둘러싸인 영역의 넓이를 구하라.

풀이 먼저 f의 영을 구한다.

$$f(x) = x^3 - x^2 - 2x = x(x^2 - x - 2) = x(x + 1)(x - 2)$$

이므로 구하는 점은 $x = 0, -1, 2$(그림 4.23)이다. 이 점들로 구간 $[-1, 2]$를 2개의 소구간으로 나눈다. $[-1, 0]$에서 $f \ge 0$, $[0, 2]$에서 $f \le 0$이다. 각 소구간에서 f를 적분하고 계산된 각 적분의 절댓값을 모두 더한다.

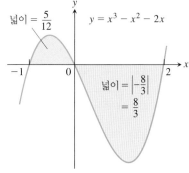

그림 4.23 곡선 $y = x^3 - x^2 - 2x$와 x축 사이의 영역(예제 8)

$$\int_{-1}^0 (x^3 - x^2 - 2x)\, dx = \left[\frac{x^4}{4} - \frac{x^3}{3} - x^2\right]_{-1}^0 = 0 - \left[\frac{1}{4} + \frac{1}{3} - 1\right] = \frac{5}{12}$$

$$\int_0^2 (x^3 - x^2 - 2x)\, dx = \left[\frac{x^4}{4} - \frac{x^3}{3} - x^2\right]_0^2 = \left[4 - \frac{8}{3} - 4\right] - 0 = -\frac{8}{3}$$

둘러싸인 전체 넓이는 각 적분의 절댓값의 합이다.

$$둘러싸인 전체 넓이 = \frac{5}{12} + \left|-\frac{8}{3}\right| = \frac{37}{12}$$ ■

연습문제 4.4

적분 계산

연습문제 1~28에서 적분을 계산하라.

1. $\displaystyle\int_0^2 x(x - 3)\, dx$

2. $\displaystyle\int_{-1}^1 (x^2 - 2x + 3)\, dx$

3. $\displaystyle\int_{-2}^2 \frac{3}{(x + 3)^4}\, dx$

4. $\displaystyle\int_{-1}^1 x^{299}\, dx$

5. $\displaystyle\int_1^4 \left(3x^2 - \frac{x^3}{4}\right) dx$

6. $\displaystyle\int_{-2}^3 (x^3 - 2x + 3)\, dx$

7. $\displaystyle\int_0^1 (x^2 + \sqrt{x})\, dx$

8. $\displaystyle\int_1^{32} x^{-6/5}\, dx$

9. $\displaystyle\int_0^{\pi/3} 2\sec^2 x\, dx$

10. $\displaystyle\int_0^\pi (1 + \cos x)\, dx$

11. $\displaystyle\int_{\pi/4}^{3\pi/4} \csc\theta \cot\theta\, d\theta$

12. $\displaystyle\int_0^{\pi/3} 4\frac{\sin u}{\cos^2 u}\, du$

13. $\displaystyle\int_{\pi/2}^0 \frac{1 + \cos 2t}{2}\, dt$

14. $\displaystyle\int_{-\pi/3}^{\pi/3} \sin^2 t\, dt$

15. $\displaystyle\int_0^{\pi/4} \tan^2 x\, dx$

16. $\displaystyle\int_0^{\pi/6} (\sec x + \tan x)^2\, dx$

17. $\displaystyle\int_0^{\pi/8} \sin 2x\, dx$

18. $\displaystyle\int_{-\pi/3}^{-\pi/4} \left(4\sec^2 t + \frac{\pi}{t^2} \right) dt$

19. $\displaystyle\int_1^{-1} (r+1)^2\, dr$

20. $\displaystyle\int_{-\sqrt3}^{\sqrt3} (t+1)(t^2+4)\, dt$

21. $\displaystyle\int_{\sqrt2}^{1} \left(\frac{u^7}{2} - \frac{1}{u^5} \right) du$

22. $\displaystyle\int_{-3}^{-1} \frac{y^5 - 2y}{y^3}\, dy$

23. $\displaystyle\int_1^{\sqrt2} \frac{s^2 + \sqrt{s}}{s^2}\, ds$

24. $\displaystyle\int_1^{8} \frac{(x^{1/3}+1)(2 - x^{2/3})}{x^{1/3}}\, dx$

25. $\displaystyle\int_{\pi/2}^{\pi} \frac{\sin 2x}{2\sin x}\, dx$

26. $\displaystyle\int_0^{\pi/3} (\cos x + \sec x)^2\, dx$

27. $\displaystyle\int_{-4}^{4} |x|\, dx$

28. $\displaystyle\int_0^{\pi} \frac{1}{2}(\cos x + |\cos x|)\, dx$

연습문제 29~32에서 피적분함수의 역도함수를 추측하라. 미분하여 그 추측이 타당함을 밝히고 주어진 정적분을 계산하라. (힌트: 역도함수를 추측할 때 연쇄법칙을 명심하라. 다음 절에서 역도함수 구하는 방법을 배우게 된다.)

29. $\displaystyle\int_0^{\sqrt{\pi/2}} x\cos x^2\, dx$

30. $\displaystyle\int_1^{\pi^2} \frac{\sin\sqrt{x}}{\sqrt{x}}\, dx$

31. $\displaystyle\int_2^{5} \frac{x\, dx}{\sqrt{1+x^2}}$

32. $\displaystyle\int_0^{\pi/3} \sin^2 x\cos x\, dx$

적분의 도함수

연습문제 33~38에서 도함수를 구하라.
  a. 적분을 계산하고 그 결과를 미분하라.
  b. 적분을 직접 미분하라.

33. $\displaystyle\frac{d}{dx}\int_0^{\sqrt{x}} \cos t\, dt$

34. $\displaystyle\frac{d}{dx}\int_1^{\sin x} 3t^2\, dt$

35. $\displaystyle\frac{d}{dt}\int_0^{t^4} \sqrt{u}\, du$

36. $\displaystyle\frac{d}{d\theta}\int_0^{\tan\theta} \sec^2 y\, dy$

37. $\displaystyle\frac{d}{dx}\int_0^{x^3} t^{-2/3}\, dt$

38. $\displaystyle\frac{d}{dt}\int_0^{\sqrt{t}} \left(x^4 + \frac{3}{\sqrt{1-x^2}} \right) dx$

연습문제 39~46에서 dy/dx를 구하라.

39. $\displaystyle y = \int_0^{x} \sqrt{1+t^2}\, dt$

40. $\displaystyle y = \int_1^{x} \frac{1}{t}\, dt,\quad x > 0$

41. $\displaystyle y = \int_{\sqrt{x}}^{0} \sin(t^2)\, dt$

42. $\displaystyle y = x\int_2^{x^2} \sin(t^3)\, dt$

43. $\displaystyle y = \int_{-1}^{x} \frac{t^2}{t^2+4}\, dt - \int_3^{x} \frac{t^2}{t^2+4}\, dt$

44. $\displaystyle y = \left(\int_0^{x} (t^3+1)^{10}\, dt \right)^3$

45. $\displaystyle y = \int_0^{\sin x} \frac{dt}{\sqrt{1-t^2}},\quad |x| < \frac{\pi}{2}$

46. $\displaystyle y = \int_{\tan x}^{0} \frac{dt}{1+t^2}$

넓이

연습문제 47~50에서 주어진 범위에서 곡선과 x축으로 둘러싸인 영역의 전체 넓이를 구하라.

47. $y = -x^2 - 2x,\quad -3 \le x \le 2$

48. $y = 3x^2 - 3,\quad -2 \le x \le 2$

49. $y = x^3 - 3x^2 + 2x,\quad 0 \le x \le 2$

50. $y = x^{1/3} - x,\quad -1 \le x \le 8$

연습문제 51~54에서 색칠한 부분의 넓이를 구하라.

51.

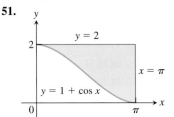

52.

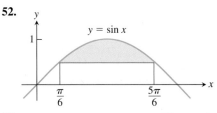

53. **54.**

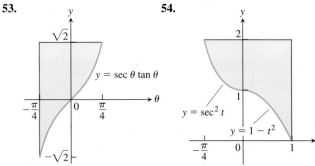

초깃값 문제

연습문제 55~58에서 초깃값 문제의 해를 다음 함수 중에서 찾으라. 답을 고르고 그 이유를 설명하라.

  a. $\displaystyle y = \int_1^{x} \frac{1}{t}\, dt - 3$
  b. $\displaystyle y = \int_0^{x} \sec t\, dt + 4$

  c. $\displaystyle y = \int_{-1}^{x} \sec t\, dt + 4$
  d. $\displaystyle y = \int_{\pi}^{x} \frac{1}{t}\, dt - 3$

55. $\displaystyle\frac{dy}{dx} = \frac{1}{x},\quad y(\pi) = -3$

56. $y' = \sec x,\quad y(-1) = 4$

57. $y' = \sec x,\quad y(0) = 4$

58. $y' = \frac{1}{x},\quad y(1) = -3$

연습문제 59와 60에서 초깃값 문제의 해를 적분으로 나타내라.

59. $\displaystyle\frac{dy}{dx} = \sec x,\quad y(2) = 3$

60. $\dfrac{dy}{dx} = \sqrt{1 + x^2}, \quad y(1) = -2$

이론과 예제

61. 포물선에 대한 아르키메데스의 넓이 공식 발명가이며, 무기제작자이며, 물리학자이며, 고대 서양의 위대한 수학자의 한 사람인 아르키메데스(Archimedes, 287~212 B.C)는 포물선 아랫부분의 넓이는 밑변과 높이의 곱의 2/3임을 발견하였다. 포물선 $y = h - (4h/b^2)x^2$, $-b/2 \le x \le b/2$를 그리라. 여기서 h와 b는 양수임을 가정한다. 적분을 이용하여 포물선의 호와 x축으로 둘러싸인 영역의 넓이를 구하라.

62. k를 양의 상수라고 하면, x축과 곡선 $y = \sin kx$ 사이의 넓이가 $2/k$임을 증명하라.

63. 한계비용으로부터 비용 x장의 포스터를 인쇄하였을 때 한계비용은

$$\frac{dc}{dx} = \frac{1}{2\sqrt{x}}$$

달러이다. $c(100) - c(1)$을 계산하라.

64. 한계수익으로부터 수입 어느 회사가 에그비터(달걀의 거품을 만드는 요리기구)를 제조, 판매하여 얻는 한계수익은

$$\frac{dr}{dx} = 2 - 2/(x + 1)^2$$

으로 주어진다고 한다. 여기서 r은 1000달러, x는 1000개를 기본 단위로 측정되었다고 한다. $x = 3000$개의 에그비터를 생산하여 얻을 수 있는 수입은 얼마인가? 이를 구하기 위해 한계수입을 $x = 0$부터 $x = 3$까지 적분하라.

65. 시간 t에서 방 안의 온도 $T(℃)$가 다음과 같이 주어졌다.

$$T = 30 - 2\sqrt{25 - t}, \quad 0 \le t \le 25$$

a. $t = 0, t = 16$과 $t = 25$일 때, 방 안의 온도를 구하라.

b. $0 \le t \le 25$ 동안의 방 안의 평균 온도를 구하라.

66. t년 동안 성장한 후의 야자나무의 크기 H가 다음과 같이 주어졌다.

$$H = \sqrt{t + 1} + 5t^{1/3}, \quad 0 \le t \le 8$$

a. $t = 0, t = 4$와 $t = 8$일 때, 나무의 크기를 구하라.

b. $0 \le t \le 8$ 동안의 나무의 평균 크기를 구하라.

67. $\int_1^x f(t)\, dt = x^2 - 2x + 1$일 때 $f(x)$를 구하라.

68. $\int_0^x f(t)\, dt = x \cos \pi x$일 때 $f(4)$를 구하라.

69. $x = 1$에서

$$f(x) = 2 - \int_2^{x+1} \frac{9}{1 + t}\, dt$$

의 선형근사식을 구하라.

70. $x = -1$에서

$$g(x) = 3 + \int_1^{x^2} \sec(t - 1)\, dt$$

의 선형근사식을 구하라.

71. f는 모든 x에 대하여 양의 도함수를 갖고 $f(1) = 0$이라고 한다.

$$g(x) = \int_0^x f(t)\, dt$$

에 대하여 다음 명제 중에서 참인 것은? 그 이유를 설명하라.

a. g는 x의 미분가능한 함수이다.

b. g는 x의 연속함수이다.

c. g의 그래프는 $x = 1$에서 수평인 접선을 갖는다.

d. g는 $x = 1$에서 극댓값을 갖는다.

e. g는 $x = 1$에서 극솟값을 갖는다.

f. g의 그래프는 $x = 1$에서 변곡점을 갖는다.

g. dg/dx의 그래프는 $x = 1$에서 x축과 만난다.

72. 계산 정리의 또 다른 증명

a. 구간 $[a, b]$의 분할을 $a = x_0 < x_1 < x_2 < \cdots < x_n = b$라 하고, F를 f의 역도함수라고 할 때, 다음을 증명하라.

$$F(b) - F(a) = \sum_{i=1}^{n} \left[F(x_i) - F(x_{i-1}) \right]$$

b. 각 항에 평균값 정리를 적용하여 구간 (x_{i-1}, x_i) 내의 어떤 점 c_i에 대하여

$$F(x_i) - F(x_{i-1}) = f(c_i)(x_i - x_{i-1})$$

이 성립함을 보이라. 그런 다음 $F(b) - F(a)$가 구간 $[a, b]$에서 f의 리만 합이 됨을 보이라.

c. (b)와 정적분의 정의로부터, 다음이 성립함을 보이라.

$$F(b) - F(a) = \int_a^b f(x)\, dx$$

73. f는 미분가능한 함수로 그 그래프는 다음 그림과 같다고 하자. 한 좌표축을 따라서 움직이는 물체의 시간 t초에서 위치는

$$s = \int_0^t f(x)\, dx$$

미터라고 한다. 그래프를 이용하여 다음 물음에 답하라. 그 이유를 설명하라.

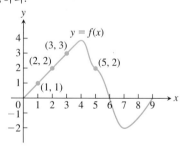

a. $t = 5$에서 물체의 속도는?

b. $t = 5$에서 물체의 가속도는 양인가, 음인가?

c. $t = 3$에서 물체의 위치는?

d. 처음 9초 동안 s가 최대가 되는 것은?

e. 가속도가 0일 때는 대략 언제쯤인가?

f. 물체가 원점을 향하여 움직일 때는 언제인가? 또한 반대로 향하여 움직일 때는 언제인가?

g. $t = 9$일 때 물체는 원점의 어느 쪽에 놓여 있는가?

74. $\displaystyle \lim_{x \to \infty} \frac{1}{\sqrt{x}} \int_1^x \frac{dt}{\sqrt{t}}$를 구하라.

컴퓨터 탐구

연습문제 75~78에서 주어진 함수 f와 구간 $[a, b]$에 대하여 $F(x) = \int_a^x f(t)\, dt$라 하자. CAS를 이용하여 다음 단계를 실행하여

물음에 답하라.

a. $[a, b]$에서 함수 f와 F의 그래프를 그리라.

b. 방정식 $F'(x)=0$을 풀어라. $F'(x)=0$인 점에서 f와 F의 그래 프에 대해 알 수 있는 사실은 무엇인가? 제 1 기본정리에 의한 관찰인가? 그 이유를 설명하라.

c. 함수 F가 증가하고 감소하는 구간(근삿값)을 구하라. 그 구 간에서 참인 것은 무엇인가?

d. 도함수 f'를 계산하고 그 그래프를 F와 함께 그리라. $f'(x)=0$ 인 점에서 F의 그래프에 대해 알 수 있는 사실은 무엇인가? 제 1 기본정리에 의한 관찰인가? 그 이유를 설명하라.

75. $f(x) = x^3 - 4x^2 + 3x$, $[0, 4]$

76. $f(x) = 2x^4 - 17x^3 + 46x^2 - 43x + 12$, $\left[0, \dfrac{9}{2}\right]$

77. $f(x) = \sin 2x \cos \dfrac{x}{3}$, $[0, 2\pi]$

78. $f(x) = x \cos \pi x$, $[0, 2\pi]$

연습문제 79~82에서 주어진 a, u와 f에 대하여

$$F(x) = \int_a^{u(x)} f(t)\, dt$$

라 하자. CAS를 이용하여 다음 단계를 수행하고 질문에 답하라.

a. F의 정의역을 구하라.

b. $F'(x)$를 계산하고 그 영을 구하라. 정의역에서 F가 증가하 는 곳은 어디인가? 또한 감소하는 곳은 어디인가?

c. $F''(x)$를 계산하고 그 영을 구하라. F의 극점(극대, 극소)과 변곡점을 구하라.

d. (a)−(c)에서 얻은 정보로부터 정의역에서 $F(x)$의 그래프를 그리라. CAS를 이용한 $y=F(x)$의 그래프와 비교해 보라.

79. $a = 1$, $u(x) = x^2$, $f(x) = \sqrt{1 - x^2}$

80. $a = 0$, $u(x) = x^2$, $f(x) = \sqrt{1 - x^2}$

81. $a = 0$, $u(x) = 1 - x$, $f(x) = x^2 - 2x - 3$

82. $a = 0$, $u(x) = 1 - x^2$, $f(x) = x^2 - 2x - 3$

연습문제 83과 84에서 f가 연속이고 $u(x)$가 두 번 미분가능함을 가 정한다.

83. $\dfrac{d}{dx}\displaystyle\int_a^{u(x)} f(t)\, dt$를 계산하고 CAS를 이용하여 검증하라.

84. $\dfrac{d^2}{dx^2}\displaystyle\int_a^{u(x)} f(t)\, dt$를 계산하고 CAS를 이용하여 검증하라.

4.5 부정적분과 치환적분

미적분학의 기본정리는 연속함수의 정적분 계산을 그 역도함수를 찾아서 바로 쉽게 할 수 있음을 말해주고 있다. 3.8절에서 함수 f의 모든 역도함수의 집합을 x에 관한 f의 **부정적분(indefinite integral)**이라 정의하였고, 기호로는 $\int f(x)\, dx$로 나타내었다. f의 모든 역도함수들은 상수 차이만 있으므로, f의 임의의 역도함수 F에 대하여 부정적분 기호 $\int$는

$$\int f(x)\, dx = F(x) + C$$

를 의미한다. 여기서 C는 임의 상수이다. 기본정리에서 언급한 역도함수와 정적분 사 이의 관계를 이 기호를 사용하여 다음과 같이 설명한다.

$$\int_a^b f(x)\, dx = F(b) - F(a) = \big[F(b) + C \big] - \big[F(a) + C \big]$$

$$= \big[F(x) + C \big]_a^b = \left[\int f(x)\, dx \right]_a^b$$

함수 f의 부정적분을 구할 때에는 항상 임의 상수 C를 포함하는 것을 기억하라.

정적분과 부정적분의 차이를 주의 깊게 살펴보면, 정적분 $\int_a^b f(x)\, dx$는 **수(number)**이 며, 부정적분 $\int f(x)\, dx$는 임의 상수를 포함하는 **함수(function)**이다.

지금까지는 어떤 함수의 도함수임을 확실하게 알 수 있는 함수들에 대해 그 함수의 역도함수를 알아보았다. 이 절에서는 어떤 함수의 도함수임을 쉽게 알 수 없는 함수들

의 역도함수를 구하는 더 일반적인 방법을 공부할 것이다.

치환적분: 연쇄법칙을 거꾸로 실행

함수 u가 x의 미분가능한 함수이고 n이 -1이 아닌 임의의 실수라 할 때, 연쇄법칙에 의하면

$$\frac{d}{dx}\left(\frac{u^{n+1}}{n+1}\right) = u^n \frac{du}{dx}$$

이다. 이 식을 다른 관점에서 보면, 함수 $u^{n+1}/(n+1)$은 함수 $u^n(du/dx)$의 역도함수이므로

$$\int u^n \frac{du}{dx}\, dx = \frac{u^{n+1}}{n+1} + C \tag{1}$$

가 된다. 적분을 계산할 때 $(du/dx)\, dx$는 du로 간단히 쓸 수 있다고 하면, 식 (1)에서 적분이 간단히 표현되어

$$\int u^n\, du = \frac{u^{n+1}}{n+1} + C$$

가 된다. 미적분학의 창시자 중 한 명인 라이프니츠는 이와 같은 표현이 가능하다는 것을 이미 알고 있었고, 이 방법으로부터 적분 계산에서 치환적분을 가능하게 해준다. 미분에서와 마찬가지로, 적분 계산에 있어서도 다음 식이 성립한다.

$$du = \frac{du}{dx}\, dx$$

예제 1 적분 $\displaystyle\int (x^3 + x)^5(3x^2 + 1)\, dx$를 구하라.

풀이 $u = x^3 + x$라고 하자. 그러면

$$du = \frac{du}{dx}\, dx = (3x^2 + 1)\, dx$$

이고, 따라서 치환에 의해 다음을 얻는다.

$$\int (x^3 + x)^5(3x^2 + 1)\, dx = \int u^5\, du \qquad \text{\small $u = x^3 + x$라 하면, $du = (3x^2 + 1)\, dx$}$$

$$= \frac{u^6}{6} + C \qquad \text{\small u에 관해 적분}$$

$$= \frac{(x^3 + x)^6}{6} + C \qquad \text{\small u에 $x^3 + x$ 대입} \qquad\blacksquare$$

예제 2 $\displaystyle\int \sqrt{2x + 1}\, dx$를 구하라.

풀이 $u = 2x+1$과 $n = 1/2$이라고 하여도 적분은

$$\int u^n\, du$$

의 형태를 만족할 수 있다. 왜냐하면

$$du = \frac{du}{dx}\, dx = 2\, dx$$

가 정확하게 dx가 아니기 때문이다. 즉, 상수 인자 2가 적분에서 빠져있기 때문이다. 하

지만 적분 기호 뒤에 이 상수 인자를 곱해주고, 이에 대한 보완으로 적분 기호 앞에 1/2을 곱하여 줄 수 있다. 그렇다면 다음과 같이 된다.

$$\int \sqrt{2x + 1}\, dx = \frac{1}{2} \int \underbrace{\sqrt{2x + 1}}_{u} \cdot \underbrace{2\, dx}_{du}$$

$$= \frac{1}{2} \int u^{1/2}\, du \qquad u = 2x + 1\text{이라 하면, } du = 2\, dx$$

$$= \frac{1}{2} \frac{u^{3/2}}{3/2} + C \qquad u\text{에 관해 적분}$$

$$= \frac{1}{3}(2x + 1)^{3/2} + C \qquad u\text{에 } 2x + 1 \text{ 대입} \qquad ■$$

예제 1과 예제 2에서 사용된 치환은 다음 일반적인 공식의 예이다.

정리 6 치환적분 $u = g(x)$를 미분가능한 함수라 하고 그 치역을 I, f를 I에서 연속이라고 하면 다음이 성립한다.

$$\int f(g(x))g'(x)\, dx = \int f(u)\, du$$

증명 F가 f의 역도함수라고 하면, 연쇄법칙에 의하여 다음 공식이 성립한다.

$$\frac{d}{dx} F(g(x)) = F'(g(x)) \cdot g'(x) \qquad \text{연쇄법칙}$$

$$= f(g(x)) \cdot g'(x) \qquad F' = f\text{이기 때문에}$$

따라서 $F(g(x))$는 $f(g(x)) \cdot g'(x)$의 역도함수이다. $u = g(x)$로 치환하면

$$\int f(g(x))g'(x)\, dx = \int \frac{d}{dx} F(g(x))\, dx$$

$$= F(g(x)) + C \qquad \text{3장 정리 8}$$

$$= F(u) + C \qquad u = g(x)$$

$$= \int F'(u)\, du \qquad \text{3장 정리 8}$$

$$= \int f(u)\, du \qquad F' = f \qquad ■$$

치환적분에서는 전통적으로 변수를 u로 사용(때때로 u-치환이라고 한다.)하지만 변수 사용은 v, t, θ 등 아무거나 상관없다. 단지 적분의 형태가 $\int f(g(x)) \cdot g'(x)\, dx$와 같이 주어지고 정리 6의 조건을 만족할 때 치환적분이 적용되며, 주된 문제는 피적분함수에서 x를 포함하는 어떤 식을 치환해야 할지 결정하는 것이다. 다음에 이어지는 예제들을 통해 이 개념을 살펴보자.

적분 값을 구하기 위한 치환 방법

1. $u = g(x)$로 치환하고 $du = (du/dx)\, dx = g'(x)\, dx$를 대입하여 $\int f(u)\, du$를 얻는다.

2. u에 관하여 적분한다.

3. 다시 u에 $g(x)$를 환원한다.

예제 3 $\displaystyle\int \sec^2(5x + 1) \cdot 5\, dx$를 구하라.

풀이 $u = 5x + 1$로 치환하면 $du = 5\, dx$이고, 따라서

$$\int \sec^2(5x + 1) \cdot 5\, dx = \int \sec^2 u\, du \qquad \text{\small $u = 5x + 1$이라 하면, $du = 5\, dx$}$$

$$= \tan u + C \qquad \text{\small $\dfrac{d}{du}\tan u = \sec^2 u$}$$

$$= \tan(5x + 1) + C \qquad \text{\small u에 $5x + 1$을 대입} \qquad\blacksquare$$

예제 4 $\displaystyle\int \cos(7\theta + 3)\, d\theta$를 구하라.

풀이 $u = 7\theta + 3$으로 치환하면 $du = 7\, d\theta$이다. 적분의 $d\theta$항에 7이 빠져있으므로, 예제 2에서와 같은 방법으로 7을 곱하고 다시 나누면 다음과 같다.

$$\int \cos(7\theta + 3)\, d\theta = \frac{1}{7}\int \cos(7\theta + 3) \cdot 7\, d\theta \qquad \text{\small 적분의 앞에 1/7}$$

$$= \frac{1}{7}\int \cos u\, du \qquad \text{\small $u = 7\theta + 3$이라 하면, $du = 7\, d\theta$}$$

$$= \frac{1}{7}\sin u + C \qquad \text{\small 적분}$$

$$= \frac{1}{7}\sin(7\theta + 3) + C \qquad \text{\small u에 $7\theta + 3$을 대입}$$

이 문제를 다른 방법에 의해 풀어 본다. 앞에서와 같이, $u = 7\theta + 3$으로 치환하면 $du = 7d\theta$이므로, $d\theta$에 관해 풀면 $d\theta = (1/7)\, du$를 얻는다. 따라서 다음과 같이 적분을 구한다.

$$\int \cos(7\theta + 3)\, d\theta = \int \cos u \cdot \frac{1}{7}\, du \qquad \text{\small $u = 7\theta + 3$이면, $du = 7\, d\theta$, $d\theta = (1/7)\, du$}$$

$$= \frac{1}{7}\sin u + C \qquad \text{\small 적분}$$

$$= \frac{1}{7}\sin(7\theta + 3) + C \qquad \text{\small u에 $7\theta + 3$을 대입}$$

이 답을 미분하여 원래 주어진 함수 $\cos(7\theta + 3)$을 얻을 수 있으므로 이 풀이가 옳음을 확인할 수 있다. $\blacksquare$

예제 5 때때로 피적분함수에 x의 거듭제곱이 적분하고자 하는 함수의 인자에 나타난 거듭제곱보다 차수가 1 작게 나타나는 경우가 있다. 이때에는 바로 큰 차수의 거듭제곱을 치환한다. 다음 예제에서 설명한다.

$$\int x^2 \cos x^3\, dx = \int \cos x^3 \cdot x^2\, dx$$

$$= \int \cos u \cdot \frac{1}{3}\, du \qquad \text{\small $u = x^3$, $du = 3x^2\, dx$, $(1/3)\, du = x^2\, dx$라 하자.}$$

$$= \frac{1}{3}\int \cos u\, du$$

$$= \frac{1}{3}\sin u + C \qquad \text{\small u에 관하여 적분}$$

$$= \frac{1}{3} \sin x^3 + C \qquad \text{\small u를 x^3으로 환원} \qquad \blacksquare$$

역사적 인물
버코프(George David Birkhoff, 1884~ 1944)

$u = g(x)$로 치환하고자 할 때, 피적분함수에 여분의 인자 x가 나타나는 경우도 있다. 이런 경우에는, 식 $u = g(x)$에서 x를 u의 함수로 풀어서 해결할 수 있다. 여분의 인자 x를 u의 함수로 나타내어 적분할 수 있는지를 살펴본다. 다음 예제를 보자.

예제 6 $\displaystyle\int x\sqrt{2x+1}\,dx$를 구하라.

풀이 앞의 예제 2에서 적분과 같이 $u = 2x + 1$로 치환하면 $du = 2\,dx$이다. 그러면

$$\sqrt{2x+1}\,dx = \frac{1}{2}\sqrt{u}\,du$$

이다. 하지만 이 문제의 피적분함수는 $\sqrt{2x+1}$에 여분의 x가 곱하여져 있다. 이 경우에는 치환 식 $u = 2x+1$로부터 $x = (u-1)/2$를 풀어서 다음과 같은 식을 얻는다.

$$x\sqrt{2x+1}\,dx = \frac{1}{2}(u-1) \cdot \frac{1}{2}\sqrt{u}\,du$$

이제 적분하면 다음과 같다.

$$\int x\sqrt{2x+1}\,dx = \frac{1}{4}\int (u-1)\sqrt{u}\,du = \frac{1}{4}\int (u-1)u^{1/2}\,du \qquad \text{\small 치환}$$

$$= \frac{1}{4}\int (u^{3/2} - u^{1/2})\,du \qquad \text{\small 곱셈}$$

$$= \frac{1}{4}\left(\frac{2}{5}u^{5/2} - \frac{2}{3}u^{3/2}\right) + C \qquad \text{\small 적분}$$

$$= \frac{1}{10}(2x+1)^{5/2} - \frac{1}{6}(2x+1)^{3/2} + C \qquad \text{\small u를 $2x+1$로 환원} \quad \blacksquare$$

예제 7 때때로 삼각함수의 항등식을 사용하여 어떻게 계산해야 할지 모르는 적분을 치환 공식을 사용하여 계산할 수 있는 형태로 변환시킬 수 있다.

(a) $\displaystyle\int \sin^2 x\,dx = \int \frac{1 - \cos 2x}{2}\,dx \qquad \text{\small $\sin^2 x = \dfrac{1-\cos 2x}{2}$}$

$$= \frac{1}{2}\int (1 - \cos 2x)\,dx$$

$$= \frac{1}{2}x - \frac{1}{2}\frac{\sin 2x}{2} + C = \frac{x}{2} - \frac{\sin 2x}{4} + C$$

(b) $\displaystyle\int \cos^2 x\,dx = \int \frac{1 + \cos 2x}{2}\,dx = \frac{x}{2} + \frac{\sin 2x}{4} + C \qquad \text{\small $\cos^2 x = \dfrac{1+\cos 2x}{2}$}$

(c) $\displaystyle\int (1 - 2\sin^2 x)\sin 2x\,dx = \int (\cos^2 x - \sin^2 x)\sin 2x\,dx$

$$= \int \cos 2x \sin 2x\,dx \qquad \text{\small $\cos 2x = \cos^2 x - \sin^2 x$}$$

$$= \int \frac{1}{2}\sin 4x\,dx = \int \frac{1}{8}\sin u\,du \qquad \text{\small $u = 4x,\ du = 4x\,dx$}$$

$$= -\frac{1}{8}\cos 4x + C \qquad\qquad \blacksquare$$

다른 치환 시도하기

치환적분이란 직접 계산할 수 없는 적분을 치환할 대상을 찾아 직접 적분할 수 있는 형태로 바꾸어주는 것이다. 올바른 치환은 경험과 연습을 통해 얻어진다. 처음 치환이 실패하게 되면, 피적분함수의 또 다른 대수식이나 삼각함수식을 결합해 보면서 또 다른 치환을 시도해 본다. 7장에서 더 복잡한 치환법을 공부할 것이다.

예제 8 $\displaystyle\int \frac{2z\,dz}{\sqrt[3]{z^2+1}}$ 을 계산하라.

풀이   치환법은 탐험과도 같다. 피적분함수의 가장 복잡한 부분을 치환하면 어떻게 되는지 살펴본다. 이 적분에서는 $u = z^2 + 1$로 놓아 보거나 또는 세제곱근 전체를 u로 놓아 볼 수도 있을 것이다. 이 예제에서는 두 가지 치환이 모두 잘 구해지지만, 항상 그렇지는 않다. 어떤 치환은 전혀 계산이 되지 않아, 대신에 다른 치환을 적용해야만 하는 경우도 있다.

방법 1 $u = z^2 + 1$을 치환하면

$$\int \frac{2z\,dz}{\sqrt[3]{z^2+1}} = \int \frac{du}{u^{1/3}} \qquad\qquad u = z^2 + 1\text{이라 하자.}$$
$$\hspace{6cm} du = 2z\,dz$$

$$= \int u^{-1/3}\,du \qquad\qquad \int u^n\,du$$

$$= \frac{u^{2/3}}{2/3} + C \qquad\qquad u\text{에 관하여 적분}$$

$$= \frac{3}{2}u^{2/3} + C$$

$$= \frac{3}{2}(z^2 + 1)^{2/3} + C \qquad u\text{를 } z^2+1\text{로 환원}$$

방법 2 $u = \sqrt[3]{z^2+1}$로 치환하면

$$\int \frac{2z\,dz}{\sqrt[3]{z^2+1}} = \int \frac{3u^2\,du}{u} \qquad\qquad u = \sqrt[3]{z^2+1}\text{이라 하자.}$$
$$\hspace{6cm} u^3 = z^2+1,\ 3u^2\,du = 2z\,dz$$

$$= 3\int u\,du$$

$$= 3\cdot\frac{u^2}{2} + C \qquad\qquad u\text{에 관하여 적분}$$

$$= \frac{3}{2}(z^2+1)^{2/3} + C \qquad u\text{를 } (z^2+1)^{1/3}\text{으로 환원}\quad\blacksquare$$

연습문제 4.5

적분 계산

연습문제 1~16에서 주어진 치환을 이용하여 부정적분을 구하라.

1. $\displaystyle\int 2(2x+4)^5\,dx, \quad u = 2x+4$

2. $\displaystyle\int 7\sqrt{7x-1}\,dx, \quad u = 7x-1$

3. $\displaystyle\int 2x(x^2+5)^{-4}\,dx, \quad u = x^2+5$

4. $\displaystyle\int \frac{4x^3}{(x^4+1)^2}\,dx, \quad u = x^4+1$

5. $\displaystyle\int (3x+2)(3x^2+4x)^4\,dx, \quad u = 3x^2+4x$

6. $\int \dfrac{(1 + \sqrt{x})^{1/3}}{\sqrt{x}} \, dx$, $\quad u = 1 + \sqrt{x}$

7. $\int \sin 3x \, dx$, $\quad u = 3x$ **8.** $\int x \sin(2x^2) \, dx$, $\quad u = 2x^2$

9. $\int \sec 2t \tan 2t \, dt$, $\quad u = 2t$

10. $\int \left(1 - \cos \dfrac{t}{2}\right)^2 \sin \dfrac{t}{2} \, dt$, $\quad u = 1 - \cos \dfrac{t}{2}$

11. $\int \dfrac{9r^2 \, dr}{\sqrt{1 - r^3}}$, $\quad u = 1 - r^3$

12. $\int 12(y^4 + 4y^2 + 1)^2(y^3 + 2y) \, dy$, $\quad u = y^4 + 4y^2 + 1$

13. $\int \sqrt{x} \sin^2(x^{3/2} - 1) \, dx$, $\quad u = x^{3/2} - 1$

14. $\int \dfrac{1}{x^2} \cos^2\left(\dfrac{1}{x}\right) dx$, $\quad u = -\dfrac{1}{x}$

15. $\int \csc^2 2\theta \cot 2\theta \, d\theta$

    a. $u = \cot 2\theta$를 이용   **b.** $u = \csc 2\theta$를 이용

16. $\int \dfrac{dx}{\sqrt{5x + 8}}$

    a. $u = 5x + 8$를 이용   **b.** $u = \sqrt{5x + 8}$를 이용

연습문제 17~50에서 적분을 계산하라.

17. $\int \sqrt{3 - 2s} \, ds$ **18.** $\int \dfrac{1}{\sqrt{5s + 4}} \, ds$

19. $\int \theta \sqrt[4]{1 - \theta^2} \, d\theta$ **20.** $\int 3y \sqrt{7 - 3y^2} \, dy$

21. $\int \dfrac{1}{\sqrt{x}(1 + \sqrt{x})^2} \, dx$ **22.** $\int \sqrt{\sin x} \cos^3 x \, dx$

23. $\int \sec^2(3x + 2) \, dx$ **24.** $\int \tan^2 x \sec^2 x \, dx$

25. $\int \sin^5 \dfrac{x}{3} \cos \dfrac{x}{3} \, dx$ **26.** $\int \tan^7 \dfrac{x}{2} \sec^2 \dfrac{x}{2} \, dx$

27. $\int r^2 \left(\dfrac{r^3}{18} - 1\right)^5 dr$ **28.** $\int r^4 \left(7 - \dfrac{r^5}{10}\right)^3 dr$

29. $\int x^{1/2} \sin(x^{3/2} + 1) \, dx$

30. $\int \csc\left(\dfrac{v - \pi}{2}\right) \cot\left(\dfrac{v - \pi}{2}\right) dv$

31. $\int \dfrac{\sin(2t + 1)}{\cos^2(2t + 1)} \, dt$ **32.** $\int \dfrac{\sec z \tan z}{\sqrt{\sec z}} \, dz$

33. $\int \dfrac{1}{t^2} \cos\left(\dfrac{1}{t} - 1\right) dt$ **34.** $\int \dfrac{1}{\sqrt{t}} \cos(\sqrt{t} + 3) \, dt$

35. $\int \dfrac{1}{\theta^2} \sin \dfrac{1}{\theta} \cos \dfrac{1}{\theta} \, d\theta$ **36.** $\int \dfrac{\cos \sqrt{\theta}}{\sqrt{\theta} \sin^2 \sqrt{\theta}} \, d\theta$

37. $\int \dfrac{x}{\sqrt{1 + x}} \, dx$ **38.** $\int \sqrt{\dfrac{x - 1}{x^5}} \, dx$

39. $\int \dfrac{1}{x^2} \sqrt{2 - \dfrac{1}{x}} \, dx$ **40.** $\int \dfrac{1}{x^3} \sqrt{\dfrac{x^2 - 1}{x^2}} \, dx$

41. $\int \sqrt{\dfrac{x^3 - 3}{x^{11}}} \, dx$ **42.** $\int \sqrt{\dfrac{x^4}{x^3 - 1}} \, dx$

43. $\int x(x - 1)^{10} \, dx$ **44.** $\int x\sqrt{4 - x} \, dx$

45. $\int (x + 1)^2(1 - x)^5 \, dx$ **46.** $\int (x + 5)(x - 5)^{1/3} \, dx$

47. $\int x^3 \sqrt{x^2 + 1} \, dx$ **48.** $\int 3x^5 \sqrt{x^3 + 1} \, dx$

49. $\int \dfrac{x}{(x^2 - 4)^3} \, dx$ **50.** $\int \dfrac{x}{(2x - 1)^{2/3}} \, dx$

어떤 치환을 해야 할지 모르겠으면 적분을 약간 단순하게 할 시험 치환을 하고 좀 더 단순하게 하기 위해서 다른 치환을 함으로써 단계적으로 적분을 줄이도록 노력하라. 연습문제 51~52에서 일련의 치환을 해 봄으로써 무엇을 의미하는지 알게 될 것이다.

51. $\int \dfrac{18 \tan^2 x \sec^2 x}{(2 + \tan^3 x)^2} \, dx$

    a. $u = \tan x$, 뒤이어 $v = u^3$, 그 후 $w = 2 + v$

    b. $u = \tan^3 x$, 뒤이어 $v = 2 + u$

    c. $u = 2 + \tan^3 x$

52. $\int \sqrt{1 + \sin^2(x - 1)} \sin(x - 1) \cos(x - 1) \, dx$

    a. $u = x - 1$, 뒤이어 $v = \sin u$, 그 후 $w = 1 + v^2$

    b. $u = \sin(x - 1)$, 뒤이어 $v = 1 + u^2$

    c. $u = 1 + \sin^2(x - 1)$

연습문제 53~54에서 적분을 계산하라.

53. $\int \dfrac{(2r - 1) \cos \sqrt{3(2r - 1)^2 + 6}}{\sqrt{3(2r - 1)^2 + 6}} \, dr$

54. $\int \dfrac{\sin \sqrt{\theta}}{\sqrt{\theta} \cos^3 \sqrt{\theta}} \, d\theta$

초깃값 문제

연습문제 55~60에서 초깃값 문제를 풀어라.

55. $\dfrac{ds}{dt} = 12t(3t^2 - 1)^3$, $\quad s(1) = 3$

56. $\dfrac{dy}{dx} = 4x(x^2 + 8)^{-1/3}$, $\quad y(0) = 0$

57. $\dfrac{ds}{dt} = 8 \sin^2\left(t + \dfrac{\pi}{12}\right)$, $\quad s(0) = 8$

58. $\dfrac{dr}{d\theta} = 3 \cos^2\left(\dfrac{\pi}{4} - \theta\right)$, $\quad r(0) = \dfrac{\pi}{8}$

59. $\dfrac{d^2s}{dt^2} = -4 \sin\left(2t - \dfrac{\pi}{2}\right)$, $\quad s'(0) = 100$, $\quad s(0) = 0$

60. $\dfrac{d^2y}{dx^2} = 4 \sec^2 2x \tan 2x$, $\quad y'(0) = 4$, $\quad y(0) = -1$

61. 직선 위를 움직이는 입자의 속도는 모든 t에 대하여 $v=ds/dt=6\sin 2t$ m/s이다. $t=0$일 때 $s=0$이다. $t=\pi/2$초일 때 s의 값을 구하라.

62. 직선 위를 움직이는 입자의 가속도는 모든 t에 대하여 $a=d^2s/dt^2=\pi^2\cos\pi t$ m/s^{2}이다. $t=0$일 때 $s=0$이고 $v=8$ m/s이다. $t=1$초일 때 s의 값을 구하라.

4.6 정적분치환과 곡선으로 둘러싸인 넓이

치환적분을 이용하여 정적분을 계산하는 방법은 두 가지로 볼 수 있다. 하나의 방법은 치환을 이용하여 역도함수를 구한 다음, 계산 정리를 적용하여 정적분을 계산하는 것이다. 또 다른 방법은 정적분의 상한, 하한을 바꾸어서 직접 정적분을 치환하는 것이다. 이러한 방법의 새로운 공식을 소개하고, 이 절에서는 이 공식을 적용하여 두 곡선으로 둘러싸인 넓이를 계산한다.

치환적분 공식

다음 공식은 적분변수가 치환에 의해 변할 때 적분의 상한, 하한이 어떻게 바뀌는지를 보여준다.

> **정리 7 정적분의 치환** g'가 구간 $[a, b]$에서 연속이고 f가 $g(x)=u$의 치역에서 연속이면
> $$\int_a^b f(g(x))\cdot g'(x)\,dx = \int_{g(a)}^{g(b)} f(u)\,du$$

증명 F를 f의 역도함수라고 하자. 그러면

$$\int_a^b f(g(x))\cdot g'(x)\,dx = F(g(x))\Big]_{x=a}^{x=b} \qquad \begin{aligned}\frac{d}{dx}F(g(x)) \\ = F'(g(x))g'(x) \\ = f(g(x))g'(x)\end{aligned}$$

$$= F(g(b)) - F(g(a))$$

$$= F(u)\Big]_{u=g(a)}^{u=g(b)}$$

$$= \int_{g(a)}^{g(b)} f(u)\,du \qquad \text{제 2 기본정리} \quad ■$$

정리 7을 이용하기 위해 $u=g(x)$와 $du=g'(x)\,dx$로 치환하여 정적분을 계산할 수 있다. 따라서 $g(a)(x=a$에서 u의 값)으로부터 $g(b)(x=b$에서 u의 값)까지 u에 관한 변환된 적분을 계산하라.

예제 1 $\displaystyle\int_{-1}^{1} 3x^2\sqrt{x^3+1}\,dx$를 계산하라.

풀이   정리 7을 이용하여 적분을 계산하는 방법과 원래의 적분 범위를 이용하여 적분을 계산하는 두 방법을 적용한다.

방법 1   적분을 변형시키고 변형된 적분을 정리 7에서 주어지는 범위에서 계산하라.

$$\int_{-1}^{1} 3x^2\sqrt{x^3 + 1}\, dx$$
$u = x^3 + 1$이라 하자. $du = 3x^2\, dx$
$x = -1$일 때, $u = (-1)^3 + 1 = 0$
$x = 1$일 때, $u = (1)^3 + 1 = 2$

$$= \int_{0}^{2} \sqrt{u}\, du$$

$$= \frac{2}{3} u^{3/2} \Big]_{0}^{2} \qquad \text{새로운 정적분을 계산}$$

$$= \frac{2}{3}\big[2^{3/2} - 0^{3/2}\big] = \frac{2}{3}\big[2\sqrt{2}\big] = \frac{4\sqrt{2}}{3}$$

방법 2 적분을 부정적분으로 변형시켜서 적분하고, x로 환원시키고, 원래의 적분 범위를 이용하라.

$$\int 3x^2\sqrt{x^3 + 1}\, dx = \int \sqrt{u}\, du \qquad u = x^3 + 1\text{이라 하자. } du = 3x^2\, dx$$

$$= \frac{2}{3} u^{3/2} + C \qquad u\text{에 관하여 적분}$$

$$= \frac{2}{3}(x^3 + 1)^{3/2} + C \qquad u\text{를 } x^3 + 1\text{로 환원}$$

$$\int_{-1}^{1} 3x^2\sqrt{x^3 + 1}\, dx = \frac{2}{3}(x^3 + 1)^{3/2} \Big]_{-1}^{1} \qquad x\text{의 적분 범위 이용}$$

$$= \frac{2}{3}\big[((1)^3 + 1)^{3/2} - ((-1)^3 + 1)^{3/2}\big]$$

$$= \frac{2}{3}\big[2^{3/2} - 0^{3/2}\big] = \frac{2}{3}\big[2\sqrt{2}\big] = \frac{4\sqrt{2}}{3} \qquad\blacksquare$$

위의 두 가지 방법 중에서 어느 것이 더 좋은가? 방법 1은 정리 7을 사용하여 정적분을 치환하고 치환 범위에서 계산하고, 방법 2는 치환적분에 의해 부정적분을 찾고, 원래 범위로 계산한다. 예제 1에서는 방법 1이 좀 더 쉬워 보인다. 그러나 항상 그렇지는 않다. 일반적으로 두 가지 방법을 모두 잘 이해하고 때에 따라서 편리한 것을 이용하는 것이 바람직하다.

예제 2 정적분의 상한, 하한을 바꾸어 주는 방법을 알아보자.

(a)
$$\int_{\pi/4}^{\pi/2} \cot\theta \csc^2\theta\, d\theta = \int_{1}^{0} u \cdot (-du)$$
$u = \cot\theta$라 하면, $du = -\csc^2\theta\, d\theta$, $-du = \csc^2\theta\, d\theta$
$\theta = \pi/4$일 때, $u = \cot(\pi/4) = 1$
$\theta = \pi/2$일 때, $u = \cot(\pi/2) = 0$

$$= -\int_{1}^{0} u\, du$$

$$= -\left[\frac{u^2}{2}\right]_{1}^{0}$$

$$= -\left[\frac{(0)^2}{2} - \frac{(1)^2}{2}\right] = \frac{1}{2}$$

(b)
$$\int_{0}^{\pi/2} \frac{2\sin x \cos x}{(1 + \sin^2 x)^3}\, dx = \int_{1}^{2} \frac{1}{u^3}\, du$$
$u = 1 + \sin^2 x$라 하면 $du = 2\sin x \cos x\, dx$
$x = 0$일 때, $u = 1$. $x = \pi/2$일 때, $u = 2$

$$= -\frac{1}{2u^2}\Big]_1^2$$

$$= -\frac{1}{8} - \left(-\frac{1}{2}\right) = \frac{3}{8}$$ ∎

대칭함수의 정적분

정리 7의 치환 공식을 이용하여 대칭인 구간 $[-a, a]$에서 우함수와 기함수의 정적분을 쉽게 계산할 수 있다(그림 4.24).

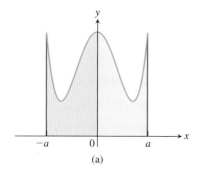

정리 8 함수 f가 대칭인 구간 $[-a, a]$에서 연속이라 하자.

(a) f가 우함수이면, $\displaystyle\int_{-a}^{a} f(x)\,dx = 2\int_0^a f(x)\,dx$

(b) f가 기함수이면, $\displaystyle\int_{-a}^{a} f(x)\,dx = 0$

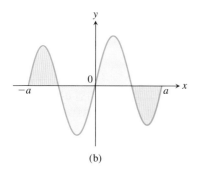

그림 4.24 (a) 우함수 f의 $-a$부터 a까지의 적분은 0부터 a까지 적분의 두 배이다. (b) 기함수 f의 $-a$부터 a까지의 적분은 0이다.

증명 (a)의 증명

$$\int_{-a}^{a} f(x)\,dx = \int_{-a}^{0} f(x)\,dx + \int_0^a f(x)\,dx \qquad \text{가법성}$$

$$= -\int_0^{-a} f(x)\,dx + \int_0^a f(x)\,dx \qquad \text{적분 순서}$$

$$= -\int_0^a f(-u)(-du) + \int_0^a f(x)\,dx \qquad \begin{array}{l} u = -x\text{로 치환},\ du = -dx \\ x = 0\text{일 때},\ u = 0 \\ x = -a\text{일 때},\ u = a \end{array}$$

$$= \int_0^a f(-u)\,du + \int_0^a f(x)\,dx$$

$$= \int_0^a f(u)\,du + \int_0^a f(x)\,dx \qquad \begin{array}{l} f\text{는 우함수이므로} \\ f(-u) = f(u) \end{array}$$

$$= 2\int_0^a f(x)\,dx$$

(b)의 증명도 전체적으로 비슷하다. 연습으로 남긴다(연습문제 86). ∎

예제 3 $\displaystyle\int_{-2}^{2} (x^4 - 4x^2 + 6)\,dx$를 계산하라.

풀이 $f(x) = x^4 - 4x^2 + 6$은 $f(-x) = f(x)$를 만족하므로 대칭인 구간 $[-2, 2]$에서 우함수이다. 따라서

$$\int_{-2}^{2} (x^4 - 4x^2 + 6)\,dx = 2\int_0^2 (x^4 - 4x^2 + 6)\,dx$$

$$= 2\left[\frac{x^5}{5} - \frac{4}{3}x^3 + 6x\right]_0^2$$

$$= 2\left(\frac{32}{5} - \frac{32}{3} + 12\right) = \frac{232}{15}$$ ∎

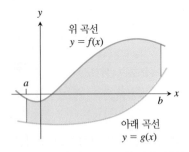

그림 4.25 곡선 $y=f(x)$의 아래, 곡선 $y=g(x)$의 위, 직선 $x=a$와 $x=b$로 둘러싸인 영역

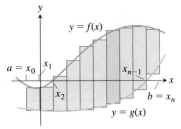

그림 4.26 x축에 수직인 직사각형으로 영역을 근사시킨다.

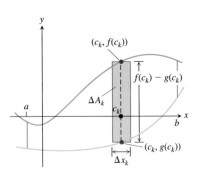

그림 4.27 직사각형의 넓이 ΔA_k는 높이 $f(c_k)-g(c_k)$와 밑변 Δx_k의 곱이다.

두 곡선으로 둘러싸인 넓이

곡선 $y=f(x)$의 아래, 곡선 $y=g(x)$의 위, 직선 $x=a$와 $x=b$로 둘러싸인 영역의 넓이를 구해 보자(그림 4.25). 영역이 기하학적으로 구할 수 있는 모양이나, f와 g가 연속함수 이면 적분으로 넓이를 구해야만 한다.

먼저 구간 $[a, b]$의 한 분할 $P=\{x_0, x_1, \cdots, x_n\}$을 생각하고 분할의 각 소구간을 밑변으로 하는 n개의 직사각형으로 근사시켜 보자(그림 4.26). k째 직사각형의 넓이는(그림 4.27)

$$\Delta A_k = \text{밑변} \times \text{높이} = [f(c_k) - g(c_k)]\,\Delta x_k$$

n개 직사각형의 넓이를 더한 합을 구하고자 하는 영역의 넓이의 근삿값으로 하면

$$A \approx \sum_{k=1}^{n} \Delta A_k = \sum_{k=1}^{n} [f(c_k) - g(c_k)]\,\Delta x_k \qquad \text{리만 합}$$

$\|P\| \to 0$이면, f와 g는 연속이므로 우변의 합의 극한은 $\int_a^b [f(x) - g(x)]\,dx$가 된다. 영역의 넓이를 이 적분값으로 정의한다. 즉

$$A = \lim_{\|P\| \to 0} \sum_{k=1}^{n} [f(c_k) - g(c_k)]\,\Delta x_k = \int_a^b [f(x) - g(x)]\,dx$$

> **정의** 함수 f와 g는 구간 $[a, b]$에서 연속이고 $f(x) \geq g(x)$라고 하자. 그러면 **a부터 b까지 곡선 $y=f(x)$와 $y=g(x)$로 둘러싸인 영역의 넓이**는 a부터 b까지 $(f-g)$의 적분이다. 즉,
> $$A = \int_a^b [f(x) - g(x)]\,dx$$

이 정의를 적용할 때 곡선의 그래프를 그려보는 것이 도움이 된다. 그래프를 그려보면 어느 것이 위에 있는 함수 f이고, 어느 것이 아래에 있는 함수 g인지를 알 수 있다. 또한 상한과 하한이 주어지지 않은 경우에 그것들을 찾는 데도 도움이 된다. 방정식 $f(x)=g(x)$를 x에 관해 풀어 곡선의 교점을 찾아서 상한과 하한으로 결정해야 할 필요도 있다. 그런 다음 교점들 사이의 넓이를 구하기 위해 함수 $f-g$를 적분한다.

예제 4 포물선 $y=2-x^2$과 직선 $y=-x$로 둘러싸인 영역의 넓이를 구하라.

풀이 먼저 두 곡선의 그래프를 그린다(그림 4.28). $y=2-x^2$과 $y=-x$를 연립으로 풀어 x를 적분 범위로 정한다.

$$\begin{aligned} 2 - x^2 &= -x && f(x)=g(x)\text{라 하자.} \\ x^2 - x - 2 &= 0 && \text{다시 쓴다.} \\ (x+1)(x-2) &= 0 && \text{인수분해한다.} \\ x = -1, \quad x &= 2 && \text{푼다.} \end{aligned}$$

영역은 $x=-1$과 $x=2$ 사이이다. 적분 구간은 $a=-1$과 $b=2$이다.

두 곡선 사이의 넓이는 다음과 같다.

$$A = \int_a^b [f(x) - g(x)]\,dx = \int_{-1}^{2} [(2 - x^2) - (-x)]\,dx$$

$$= \int_{-1}^{2} (2 + x - x^2)\,dx = \left[2x + \frac{x^2}{2} - \frac{x^3}{3} \right]_{-1}^{2}$$

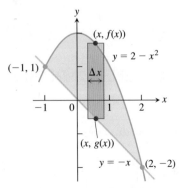

그림 4.28 예제 4의 영역에 대한 리만 합의 전형적인 근사 직사각형

$$= \left(4 + \frac{4}{2} - \frac{8}{3}\right) - \left(-2 + \frac{1}{2} + \frac{1}{3}\right) = \frac{9}{2} \qquad \blacksquare$$

만일 경계곡선을 나타내는 식이 한 점 또는 여러 점에서 변하면, 식이 다른 부분 영역으로 나누고 각 부분 영역에서 넓이를 구하여 모두 더하면 된다.

예제 5   곡선 $y = \sqrt{x}$, x축, 직선 $y = x - 2$로 둘러싸인 영역의 넓이를 구하라.

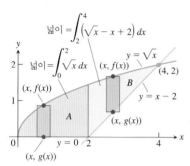

그림 4.29 경계곡선의 식이 변할 때, 경계곡선이 동일한 구간으로 영역을 분할하고 각 부분 영역의 넓이의 합을 구한다 (예제 5).

풀이   그림 4.29에서 영역의 위 경계는 $f(x) = \sqrt{x}$의 그래프이다. 아래 경계는 $0 \le x \le 2$에 대하여 $g(x) = 0$으로 $2 \le x \le 4$에 대하여 $g(x) = x - 2$로 다르다. 그림 4.29에서 보는 것처럼 영역을 $x = 2$에서 부분영역 A와 B로 나눈다.

영역 A에 대하여 적분 구간은 $a = 0$부터 $b = 2$까지이고, 영역 B에 대한 적분의 하한은 $a = 2$이다. 적분의 상한을 구하기 위해 방정식 $y = \sqrt{x}$와 $y = x - 2$를 x에 대하여 연립으로 푼다.

$$
\begin{aligned}
\sqrt{x} &= x - 2 && f(x) = g(x)\text{라 하자.} \\
x &= (x-2)^2 = x^2 - 4x + 4 && \text{양변을 제곱한다.} \\
x^2 - 5x + 4 &= 0 && \text{정리한다.} \\
(x-1)(x-4) &= 0 && \text{인수분해한다.} \\
x = 1, &\quad x = 4 && \text{푼다.}
\end{aligned}
$$

$x = 4$만이 방정식 $x = \sqrt{x} - 2$를 만족시킨다. $x = 1$은 제곱으로 인해 발생된 무연근이다. 따라서 적분의 상한은 $b = 4$이다.

$$0 \le x \le 2: \qquad f(x) - g(x) = \sqrt{x} - 0 = \sqrt{x}$$
$$2 \le x \le 4: \qquad f(x) - g(x) = \sqrt{x} - (x-2) = \sqrt{x} - x + 2$$

따라서 구하는 영역의 넓이는 다음과 같다.

$$\text{총 넓이} = \underbrace{\int_0^2 \sqrt{x}\, dx}_{A\text{의 넓이}} + \underbrace{\int_2^4 \left(\sqrt{x} - x + 2\right) dx}_{B\text{의 넓이}}$$

$$= \left[\frac{2}{3}x^{3/2}\right]_0^2 + \left[\frac{2}{3}x^{3/2} - \frac{x^2}{2} + 2x\right]_2^4$$

$$= \frac{2}{3}(2)^{3/2} - 0 + \left(\frac{2}{3}(4)^{3/2} - 8 + 8\right) - \left(\frac{2}{3}(2)^{3/2} - 2 + 4\right)$$

$$= \frac{2}{3}(8) - 2 = \frac{10}{3} \qquad \blacksquare$$

y에 관한 적분

영역을 둘러싼 곡선이 y의 함수로 표시되면, 영역을 근사시키는 직사각형들을 수평으로 놓고 기본 적분은 x 대신 y를 사용한다. 영역

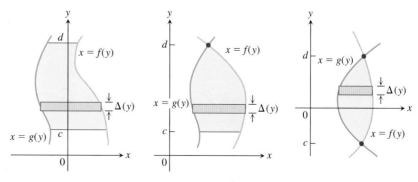

에 대하여 공식

$$A = \int_c^d \left[f(y) - g(y) \right] dy$$

를 이용한다. 여기서 f는 언제나 오른쪽 곡선을, g는 왼쪽 곡선을 나타낸다. 따라서 $f(y) - g(y)$는 음이 아니다.

예제 6 y에 관하여 적분하여 예제 5의 영역의 넓이를 구하라.

풀이 그림 4.30에서와 같이 영역을 그리고 y값을 구간으로 하는 분할의 한 소구간 위에 밑변을 갖는 수평인 직사각형을 하나 그린다. 영역의 오른쪽 경계는 직선 $x = y + 2$, 즉 $f(y) = y + 2$이다. 왼쪽 경계는 곡선 $x = y^2$, 즉 $g(y) = y^2$이다. 적분의 하한은 $y = 0$이다. 적분의 상한은 $x = y + 2$와 $x = y^2$을 y에 대하여 연립으로 풀어 구한다.

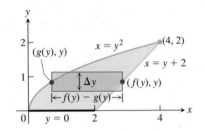

그림 4.30 x에 관해서 적분하면 음영부분의 넓이를 찾기 위해서 두 번 적분을 해야 한다. 그러나 만약 y에 관해서 적분한다면 단지 한 번만 하면 된다(예제 6).

$$
\begin{aligned}
y + 2 &= y^2 &\quad& f(y) = y + 2 \text{와 } g(y) = y^2 \text{이라 하자.} \\
y^2 - y - 2 &= 0 &\quad& \text{다시 쓴다.} \\
(y + 1)(y - 2) &= 0 &\quad& \text{인수분해한다.} \\
y = -1, &\quad y = 2 &\quad& \text{푼다.}
\end{aligned}
$$

적분의 상한은 $b = 2$이다. $y = -1$은 x축 아래쪽에 있는 교점이다.

영역의 넓이는

$$
\begin{aligned}
A = \int_c^d \left[f(y) - g(y) \right] dy &= \int_0^2 \left[y + 2 - y^2 \right] dy \\
&= \int_0^2 \left[2 + y - y^2 \right] dy \\
&= \left[2y + \frac{y^2}{2} - \frac{y^3}{3} \right]_0^2 \\
&= 4 + \frac{4}{2} - \frac{8}{3} = \frac{10}{3}
\end{aligned}
$$

이것은 예제 5의 결과로, 훨씬 쉽게 구해지는 것을 알 수 있다. ∎

비록 예제 5의 넓이를 구하는 것이 x에 관한 적분보다 y에 관한 적분이 더 쉽더라도(예제 6에서 보였다.), 그보다 더 쉬운 방법이 있다. 그림 4.31에서 보는 것처럼, 우리가 구해야 할 넓이는 구간 $0 \le x \le 4$에서 곡선 $y = \sqrt{x}$와 x축 사이의 넓이에서 밑변과 높이가 2인 이등변삼각형의 넓이를 뺀 값이다. 따라서 미적분학과 기하학을 합하여 다음과 같이 구한다.

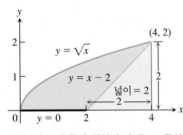

그림 4.31 푸른색 영역의 넓이는 포물선 $y = \sqrt{x}$ 아래 영역 넓이에서 삼각형의 넓이를 뺀 값이다.

$$
\begin{aligned}
\text{넓이} &= \int_0^4 \sqrt{x}\, dx - \frac{1}{2}(2)(2) \\
&= \frac{2}{3} x^{3/2} \Big]_0^4 - 2 \\
&= \frac{2}{3}(8) - 0 - 2 = \frac{10}{3}
\end{aligned}
$$

예제 7 직선 $y = 2 - x$와 곡선 $y = \sqrt{2x - x^2}$에 의해 둘러싸인 영역의 넓이를 구하라.

풀이 그림 4.32에서 영역이 그려져 있다. 직선과 곡선은 두 점 $(1, 1)$과 $(2, 0)$에서 만난

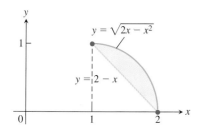

그림 4.32 예제 7의 곡선에 의해 둘러싸인 영역

다. 수직인 직사각형을 이용하여, 영역의 넓이를 구하면

$$A = \int_1^2 \left(\sqrt{2x - x^2} + x - 2 \right) dx$$

이다. 하지만, 근호를 포함하는 항에 대한 원시함수를 구하는 방법을 알 수 없으므로, 치환이 간단하지 않음이 명백하다.

따라서 수평인 직사각형을 사용하기 위해 먼저 경계를 나타내는 함수를 y의 함수로 표현할 필요가 있다. 그림 4.32에서 왼쪽의 직선은 $x = 2 - y$이고, 오른쪽의 곡선인 $y = \sqrt{2x - x^2}$은

$$\begin{aligned} y^2 &= 2x - x^2 \\ &= -(x^2 - 2x + 1) + 1 \qquad \text{완전 제곱꼴} \\ &= -(x - 1)^2 + 1 \end{aligned}$$

와 같이 쓸 수 있다. 이를 x에 관해 풀면

$$\begin{aligned} (x - 1)^2 &= 1 - y^2, \\ x &= 1 + \sqrt{1 - y^2} \qquad x \geq 1, 0 \leq y \leq 1 \end{aligned}$$

이다. 영역의 넓이는 다음과 같다.

$$A = \int_0^1 \left[\left(1 + \sqrt{1 - y^2} \right) - (2 - y) \right] dy = \int_0^1 \left(\sqrt{1 - y^2} + y - 1 \right) dy$$

이 역시 근호를 포함하는 항의 적분을 구하는 방법을 아직 알 수 없다(비록 7.4절에서 적분하는 방법을 공부하겠지만). 결론적으로 수직인 직사각형이나 수평인 직사각형을 사용하여도 아직은 계산할 수 있는 적분은 이끌어 내지 못한다.

그럼에도 불구하고, 예제 6에서 구한 것처럼, 가끔은 약간의 관찰이 도움이 됨을 알 수 있다. 오른쪽의 경계 곡선 $y = \sqrt{2x - x^2}$을 y의 함수로 표현하는 식을 살펴보면, 중심이 $(1, 0)$이고 반지름이 1인 원의 방정식 $(x - 1)^2 + y^2 = 1$임을 알 수 있다. 그림 4.32로부터 구하고자 하는 영역의 넓이는 단위원의 오른쪽 위 4분원의 넓이에서 꼭짓점이 $(1, 1)$, $(1, 0)$과 $(2, 0)$인 삼각형의 넓이를 뺀 값임을 알 수 있다. 즉, 넓이는 다음과 같다.

$$A = \frac{\pi}{4} - \frac{1}{2} = \frac{\pi - 2}{4} \approx 0.285 \qquad \blacksquare$$

연습문제 4.6

정적분 계산하기

연습문제 1~24에서 정리 7의 치환법으로 적분을 계산하라.

1. a. $\displaystyle\int_0^3 \sqrt{y + 1}\, dy$ **b.** $\displaystyle\int_{-1}^0 \sqrt{y + 1}\, dy$

2. a. $\displaystyle\int_0^1 r\sqrt{1 - r^2}\, dr$ **b.** $\displaystyle\int_{-1}^1 r\sqrt{1 - r^2}\, dr$

3. a. $\displaystyle\int_0^{\pi/4} \tan x \sec^2 x\, dx$ **b.** $\displaystyle\int_{-\pi/4}^0 \tan x \sec^2 x\, dx$

4. a. $\displaystyle\int_0^{\pi} 3 \cos^2 x \sin x\, dx$ **b.** $\displaystyle\int_{2\pi}^{3\pi} 3 \cos^2 x \sin x\, dx$

5. a. $\displaystyle\int_0^1 t^3(1 + t^4)^3\, dt$ **b.** $\displaystyle\int_{-1}^1 t^3(1 + t^4)^3\, dt$

6. a. $\displaystyle\int_0^{\sqrt{7}} t(t^2 + 1)^{1/3}\, dt$ **b.** $\displaystyle\int_{-\sqrt{7}}^0 t(t^2 + 1)^{1/3}\, dt$

7. a. $\displaystyle\int_{-1}^1 \frac{5r}{(4 + r^2)^2}\, dr$ **b.** $\displaystyle\int_0^1 \frac{5r}{(4 + r^2)^2}\, dr$

8. a. $\displaystyle\int_0^1 \frac{10\sqrt{v}}{(1 + v^{3/2})^2}\, dv$ **b.** $\displaystyle\int_1^4 \frac{10\sqrt{v}}{(1 + v^{3/2})^2}\, dv$

9. a. $\displaystyle\int_0^{\sqrt{3}} \frac{4x}{\sqrt{x^2 + 1}}\, dx$ **b.** $\displaystyle\int_{-\sqrt{3}}^{\sqrt{3}} \frac{4x}{\sqrt{x^2 + 1}}\, dx$

10. a. $\displaystyle\int_0^1 \frac{x^3}{\sqrt{x^4 + 9}}\,dx$ **b.** $\displaystyle\int_{-1}^0 \frac{x^3}{\sqrt{x^4 + 9}}\,dx$

11. a. $\displaystyle\int_0^1 t\sqrt{4 + 5t}\,dt$ **b.** $\displaystyle\int_1^9 t\sqrt{4 + 5t}\,dt$

12. a. $\displaystyle\int_0^{\pi/6} (1 - \cos 3t)\sin 3t\,dt$ **b.** $\displaystyle\int_{\pi/6}^{\pi/3} (1 - \cos 3t)\sin 3t\,dt$

13. a. $\displaystyle\int_0^{2\pi} \frac{\cos z}{\sqrt{4 + 3\sin z}}\,dz$ **b.** $\displaystyle\int_{-\pi}^{\pi} \frac{\cos z}{\sqrt{4 + 3\sin z}}\,dz$

14. a. $\displaystyle\int_{-\pi/2}^0 \left(2 + \tan\frac{t}{2}\right)\sec^2\frac{t}{2}\,dt$ **b.** $\displaystyle\int_{-\pi/2}^{\pi/2} \left(2 + \tan\frac{t}{2}\right)\sec^2\frac{t}{2}\,dt$

15. $\displaystyle\int_0^1 \sqrt{t^5 + 2t}\,(5t^4 + 2)\,dt$ **16.** $\displaystyle\int_1^4 \frac{dy}{2\sqrt{y}\,(1 + \sqrt{y})^2}$

17. $\displaystyle\int_0^{\pi/6} \cos^{-3} 2\theta \sin 2\theta\,d\theta$ **18.** $\displaystyle\int_{\pi}^{3\pi/2} \cot^5\left(\frac{\theta}{6}\right)\sec^2\left(\frac{\theta}{6}\right)\,d\theta$

19. $\displaystyle\int_0^{\pi} 5(5 - 4\cos t)^{1/4}\sin t\,dt$ **20.** $\displaystyle\int_0^{\pi/4} (1 - \sin 2t)^{3/2}\cos 2t\,dt$

21. $\displaystyle\int_0^1 (4y - y^2 + 4y^3 + 1)^{-2/3}(12y^2 - 2y + 4)\,dy$

22. $\displaystyle\int_0^1 (y^3 + 6y^2 - 12y + 9)^{-1/2}(y^2 + 4y - 4)\,dy$

23. $\displaystyle\int_0^{\sqrt[3]{\pi^2}} \sqrt{\theta}\cos^2(\theta^{3\,2})\,d\theta$ **24.** $\displaystyle\int_{-1}^{-1/2} t^{-2}\sin^2\left(1 + \frac{1}{t}\right)\,dt$

넓이

연습문제 25~40에서 색칠한 부분의 전체 넓이를 구하라.

25.

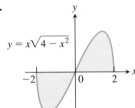

$y = x\sqrt{4 - x^2}$

26.

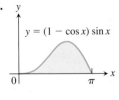

$y = (1 - \cos x)\sin x$

27.

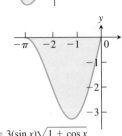

$y = 3(\sin x)\sqrt{1 + \cos x}$

28. $y = \dfrac{\pi}{2}(\cos x)(\sin(\pi + \pi\sin x))$

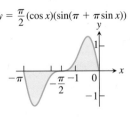

29.

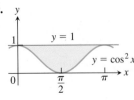

$y = 1$
$y = \cos^2 x$

30.

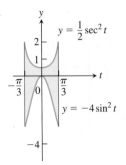

$y = \dfrac{1}{2}\sec^2 t$
$y = -4\sin^2 t$

31.

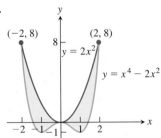

$(-2, 8)$ $(2, 8)$
$y = 2x^2$
$y = x^4 - 2x^2$

32.

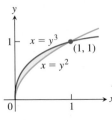

$x = y^3$
$(1, 1)$
$x = y^2$

33.

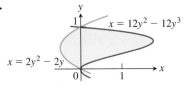

$x = 12y^2 - 12y^3$
$x = 2y^2 - 2y$

34.

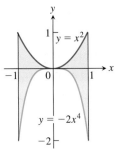

$y = x^2$
$y = -2x^4$

35.

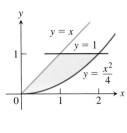

$y = x$
$y = 1$
$y = \dfrac{x^2}{4}$

36.

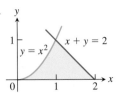

$x + y = 2$
$y = x^2$

37.

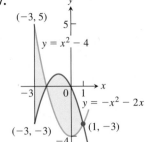

$(-3, 5)$
$y = x^2 - 4$
$y = -x^2 - 2x$
$(-3, -3)$
$(1, -3)$

38.

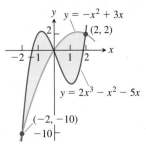

$y = -x^2 + 3x$
$(2, 2)$
$y = 2x^3 - x^2 - 5x$
$(-2, -10)$

39. 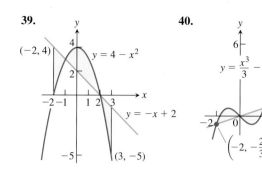 **40.**

넓이를 구하라.

72. 곡선 $x - y^{1/3} = 0$과 $x - y^{1/5} = 0$으로 둘러싸인 프로펠러 모양의 넓이를 구하라.

73. 직선 $y = x$, 직선 $x = 2$, 곡선 $y = 1/x^2$, x축으로 둘러싸인 제1사분면 내의 넓이를 구하라.

74. y축으로 왼쪽 경계, 곡선 $y = \sin x$와 $y = \cos x$로 오른쪽 경계로 하고 제 1사분면 내의 '삼각형' 영역의 넓이를 구하라.

연습문제 41~50에서 직선과 곡선으로 둘러싸인 영역의 넓이를 구하라.

41. $y = x^2 - 2$, $y = 2$
42. $y = 2x - x^2$, $y = -3$
43. $y = x^4$, $y = 8x$
44. $y = x^2 - 2x$, $y = x$
45. $y = x^2$, $y = -x^2 + 4x$
46. $y = 7 - 2x^2$, $y = x^2 + 4$
47. $y = x^4 - 4x^2 + 4$, $y = x^2$
48. $y = x\sqrt{a^2 - x^2}$, $a > 0$, $y = 0$
49. $y = \sqrt{|x|}$, $5y = x + 6$ (교점이 모두 몇 개인가?)
50. $y = |x^2 - 4|$, $y = (x^2/2) + 4$

75. 포물선 $y = x^2$과 직선 $y = 4$로 둘러싸인 영역의 넓이를 수평인 직선 $y = c$로 이등분하려고 한다.

   a. 영역을 그리고, 문제의 뜻에 맞도록 직선 $y = c$를 긋는다. 포물선과 이 직선이 만나는 점의 좌표를 그래프에 첨가하라.

   b. y에 관한 적분으로 c를 구하라. (이것은 c를 적분의 양끝으로 한다.)

   c. x에 관한 적분으로 c를 구하라. (이것은 c를 피적분함수로 한다.)

연습문제 51~58에서 직선과 곡선으로 둘러싸인 영역의 넓이를 구하라.

51. $x = 2y^2$, $x = 0$, $y = 3$
52. $x = y^2$, $x = y + 2$
53. $y^2 - 4x = 4$, $4x - y = 16$
54. $x - y^2 = 0$, $x + 2y^2 = 3$
55. $x + y^2 = 0$, $x + 3y^2 = 2$
56. $x - y^{2/3} = 0$, $x + y^4 = 2$
57. $x = y^2 - 1$, $x = |y|\sqrt{1 - y^2}$
58. $x = y^3 - y^2$, $x = 2y$

76. 곡선 $y = 3 - x^2$과 직선 $y = -1$ 사이의 넓이를 각각 다음에 관한 적분을 이용하여 구하라.

   a. x **b.** y

77. 왼쪽으로 y축, 아래로 $y = x/4$, 왼쪽 위로 $y = 1 + \sqrt{x}$, 오른쪽 위로 $y = 2/\sqrt{x}$에 의하여 둘러싸인 제1사분면에 놓여 있는 영역의 넓이를 구하라.

78. 왼쪽으로 y축, 아래로 $x = 2\sqrt{y}$, 왼쪽 위로 $x = (y - 1)^2$, 오른쪽 위로 $x = 3 - y$에 의하여 둘러싸인 제1사분면에 놓여 있는 영역의 넓이를 구하라.

연습문제 59~62에서 두 곡선으로 둘러싸인 영역의 넓이를 구하라.

59. $4x^2 + y = 4$, $x^4 - y = 1$
60. $x^3 - y = 0$, $3x^2 - y = 4$
61. $x + 4y^2 = 4$, $x + y^4 = 1$ $(x \geq 0)$
62. $x + y^2 = 3$, $4x + y^2 = 0$

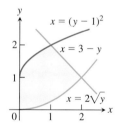

연습문제 63~70에서 직선과 곡선으로 둘러싸인 영역의 넓이를 구하라.

63. $y = 2\sin x$, $y = \sin 2x$, $0 \leq x \leq \pi$
64. $y = 8\cos x$, $y = \sec^2 x$, $-\pi/3 \leq x \leq \pi/3$
65. $y = \cos(\pi x/2)$, $y = 1 - x^2$
66. $y = \sin(\pi x/2)$, $y = x$
67. $y = \sec^2 x$, $y = \tan^2 x$, $x = -\pi/4$, $x = \pi/4$
68. $x = \tan^2 y$, $x = -\tan^2 y$, $-\pi/4 \leq y \leq \pi/4$
69. $x = 3\sin y\sqrt{\cos y}$, $x = 0$, $0 \leq y \leq \pi/2$
70. $y = \sec^2(\pi x/3)$, $y = x^{1/3}$, $-1 \leq x \leq 1$

79. 다음과 같이 삼각형 AOC는 포물선 $y = x^2$과 직선 $y = a^2$로 둘러싸인 영역에 내접하고 있다. a가 0으로 갈 때, 삼각형의 넓이의 포물선 영역의 넓이에 대한 비의 극한을 구하라.

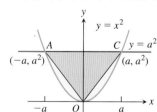

곡선으로 둘러싸인 넓이

71. 곡선 $x - y^3 = 0$과 직선 $x - y = 0$으로 둘러싸인 프로펠러 모양의

80. 양의 연속함수 f와 x축, $x = a$, $x = b$로 둘러싸인 부분의 넓이를 4라 할 때, 곡선 $y = f(x)$, $y = 2f(x)$와 직선 $x = a$, $x = b$로 둘러싸인 영역의 넓이를 구하라.

81. 그림의 색칠한 부분의 영역의 넓이를 나타내는 적분은 다음 중 어느 것인가? 그 이유를 설명하라.

   a. $\displaystyle\int_{-1}^{1} (x - (-x))\, dx = \int_{-1}^{1} 2x\, dx$

b. $\displaystyle\int_{-1}^{1}(-x-(x))\,dx = \int_{-1}^{1}-2x\,dx$

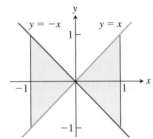

82. 다음 문장은 참인가 거짓인가 또는 참일 수도 거짓일 수도 있는가? 연속인 곡선 $y=f(x)$, $y=g(x)$와 직선 $x=a$, $x=b$ $(a<b)$로 둘러싸인 영역의 넓이는

$$\int_a^b [\,f(x)-g(x)\,]\,dx$$

이다. 그 이유를 설명하라.

이론과 예제

83. $F(x)$를 $f(x)=(\sin x)/x$, $x>0$의 역도함수라고 하자.

$$\int_1^3 \frac{\sin 2x}{x}\,dx$$

를 F를 사용하여 나타내라.

84. f가 연속이면

$$\int_0^1 f(x)\,dx = \int_0^1 f(1-x)\,dx$$

임을 증명하라.

85. $\displaystyle\int_0^1 f(x)\,dx = 3$이라 하자. 각각

a. f는 우함수　　　　　　**b.** f는 기함수

일 때 적분 $\displaystyle\int_{-1}^{0} f(x)\,dx$를 구하라.

86. a. f가 $[-a,a]$에서 기함수일 때, 다음 식이 성립함을 증명하라.

$$\int_{-a}^{a} f(x)\,dx = 0$$

b. $f(x)=\sin x$, $a=\pi/2$로 (a)의 결과를 검증해 보라.

87. f는 연속함수이다. 치환 $u=a-x$를 이용하고 그 결과로 얻어지는 적분을 더하여 적분

$$I = \int_0^a \frac{f(x)\,dx}{f(x)+f(a-x)}$$

의 값을 구하라.

88. 치환을 이용하여 모든 양수 x와 y에 대하여

$$\int_x^{xy} \frac{1}{t}\,dt = \int_1^y \frac{1}{t}\,dt$$

가 성립함을 증명하라.

정적분의 이동성

함수의 평행이동에 관하여 정적분은 불변이다. 식으로 나타내면

$$\int_a^b f(x)\,dx = \int_{a-c}^{b-c} f(x+c)\,dx \tag{1}$$

f가 적분가능하고 x의 필요한 값에 대하여 정의되어 있으면 위 식은 성립한다. 예를 들어, 다음 그림에서

$$\int_{-2}^{-1}(x+2)^3\,dx = \int_0^1 x^3\,dx$$

가 성립함을 보여준다.

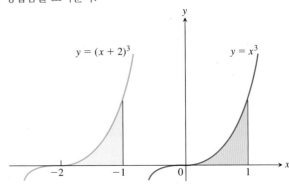

89. 치환을 이용하여 식 (1)을 증명하라.

90. 다음 각 함수에 대해 $[a,b]$에서 $f(x)$, $[a-c,b-c]$에서 $f(x+c)$의 그래프를 그려 식 (1)이 타당함을 확인하라.

a. $f(x)=x^2$, $a=0$, $b=1$, $c=1$

b. $f(x)=\sin x$, $a=0$, $b=\pi$, $c=\pi/2$

c. $f(x)=\sqrt{x-4}$, $a=4$, $b=8$, $c=5$

컴퓨터 탐구

연습문제 91~94에서 평면에서 곡선들의 교점을 대수적으로 구할 수 없을 때, 곡선으로 둘러싸인 영역의 넓이를 구하게 된다. CAS를 이용하여 다음 단계를 수행하라.

a. 곡선의 그래프를 그려 그들의 모양을 보고 몇 개의 교점을 갖는지 보아라.

b. CAS의 수치방정식 풀이를 이용하여 모든 교점을 구하라.

c. $|f(x)-g(x)|$를 인접하는 한 쌍의 교점 사이에서 적분하라.

d. (c)에서 구한 적분을 모두 더하라.

91. $f(x)=\dfrac{x^3}{3}-\dfrac{x^2}{2}-2x+\dfrac{1}{3}$, $g(x)=x-1$

92. $f(x)=\dfrac{x^4}{2}-3x^3+10$, $g(x)=8-12x$

93. $f(x)=x+\sin(2x)$, $g(x)=x^3$

94. $f(x)=x^2\cos x$, $g(x)=x^3-x$

4장 복습문제

1. 이동 거리, 넓이, 평균값 등과 같은 양을 유한 합을 이용하여 추정할 수 있는가? 그 이유를 설명하라.

2. 시그마 기호란 무엇인가? 그것이 주는 이점은 무엇인가? 예를 들라.

3. 리만 합이란 무엇인가? 왜 이와 같은 합을 생각하려고 하는가?

4. 닫힌 구간의 분할에 대한 노름이란 무엇인가?

5. 닫힌 구간 [a, b]에서 함수 f의 정적분이란 무엇인가? 언제 그 것이 존재함을 확신할 수 있는가?

6. 정적분과 넓이 사이의 관계는 무엇인가? 정적분의 또 다른 해석을 주어라.

7. 닫힌 구간에서 적분가능한 함수의 평균값이란 무엇인가? 그 함수가 평균값을 가져야 하는가? 그 이유를 설명하라.

8. 정적분이 가지는 성질을 기술하라 (표 4.6). 예를 들라.

9. 미적분학의 기본정리란 무엇인가? 이것이 그렇게 중요한 이유

는 무엇인가? 두 가지 정리를 예를 들어 설명하라.

10. 순변화정리란 무엇인가? 속도의 적분은 무엇이라고 말할 수 있는가? 한계비용의 적분은 무엇인가?

11. 적분 과정과 미분 과정을 서로 "역 관계"로서 생각할 수 있는 지에 대하여 토론해 보라.

12. f가 연속일 때, 초깃값 문제 $dy/dx = f(x)$, $y(x_0) = y_0$의 풀이에 기본정리가 어떻게 이용되는가?

13. 치환적분은 연쇄법칙과 어떻게 관련되어 있는가?

14. 부정적분을 치환을 이용하여 어떻게 계산할 수 있는가? 예를 들라.

15. 치환법이 정적분에 어떻게 작용하는가? 예를 들라.

16. 두 연속인 곡선 사이의 영역의 넓이를 어떻게 정의하고 계산하는가? 예를 들라.

4장 종합문제

유한 합과 추정

1. 그림은 모형 로켓이 발사된 후 8초 동안 속도(m/s)의 그래프이다. 로켓은 2초 동안 속도가 계속 증가하다가 그 후 감소하여 $t = 8$초일 때 최고점에 도달한다.

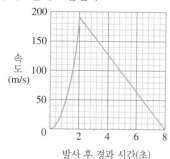

a. 로켓이 지면에서 발사되었다고 가정하고, 로켓이 얼마나 높이 올라갔는지 구하라. (2.4절의 연습문제 17의 로켓이다.)

b. 지면에서 로켓의 높이를 $0 \le t \le 8$에 대하여 시간의 함수로 보고 그래프를 그리라.

2. a. 다음 그림은 $t = 0$부터 $t = 10$초까지 시간이 변함에 따라서 움직이는 물체의 속도를 나타낸 것이다. 10초 동안 물체가 이동한 거리를 구하라.

b. $s(0) = 0$이라 하고 $0 \le t \le 10$에 대하여 t의 함수로 s의 그래프를 그리라.

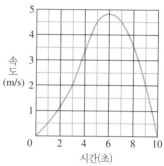

3. $\displaystyle\sum_{k=1}^{10} a_k = -2$이고 $\displaystyle\sum_{k=1}^{10} b_k = 25$라고 할 때, 다음을 구하라.

a. $\displaystyle\sum_{k=1}^{10} \frac{a_k}{4}$
b. $\displaystyle\sum_{k=1}^{10} (b_k - 3a_k)$
c. $\displaystyle\sum_{k=1}^{10} (a_k + b_k - 1)$
d. $\displaystyle\sum_{k=1}^{10} \left(\frac{5}{2} - b_k\right)$

4. $\displaystyle\sum_{k=1}^{20} a_k = 0$이고 $\displaystyle\sum_{k=1}^{20} b_k = 7$라고 할 때, 다음을 구하라.

a. $\displaystyle\sum_{k=1}^{20} 3a_k$
b. $\displaystyle\sum_{k=1}^{20} (a_k + b_k)$
c. $\displaystyle\sum_{k=1}^{20} \left(\frac{1}{2} - \frac{2b_k}{7}\right)$
d. $\displaystyle\sum_{k=1}^{20} (a_k - 2)$

정적분

종합문제 5~8에서 각 극한을 정적분으로 나타내라. 그리고 적분을 계산하여 극한값을 구하라. 이 경우 P는 주어진 구간의 한 분할이고, 수 c_k들은 P의 소구간에서 각각 택한 것이다.

5. $\lim\limits_{\|P\| \to 0} \sum\limits_{k=1}^{n} (2c_k - 1)^{-1/2} \Delta x_k$, 여기서 P는 $[1, 5]$의 분할이다.

6. $\lim\limits_{\|P\| \to 0} \sum\limits_{k=1}^{n} c_k(c_k^2 - 1)^{1/3} \Delta x_k$, 여기서 P는 $[1, 3]$의 분할이다.

7. $\lim\limits_{\|P\| \to 0} \sum\limits_{k=1}^{n} \left(\cos\left(\dfrac{c_k}{2}\right) \right) \Delta x_k$, 여기서 P는 $[-\pi, 0]$의 분할이다.

8. $\lim\limits_{\|P\| \to 0} \sum\limits_{k=1}^{n} (\sin c_k)(\cos c_k) \Delta x_k$, 여기서 P는 $[0, \pi/2]$의 분할이다.

9. $\int_{-2}^{2} 3f(x)\,dx = 12$, $\int_{-2}^{5} f(x)\,dx = 6$이고 $\int_{-2}^{5} g(x)\,dx = 2$일 때, 다음을 구하라.

    a. $\displaystyle\int_{-2}^{2} f(x)\,dx$ **b.** $\displaystyle\int_{2}^{5} f(x)\,dx$

    c. $\displaystyle\int_{5}^{-2} g(x)\,dx$ **d.** $\displaystyle\int_{-2}^{5} (-\pi g(x))\,dx$

    e. $\displaystyle\int_{-2}^{5} \left(\dfrac{f(x) + g(x)}{5} \right) dx$

10. $\int_{0}^{2} f(x)\,dx = \pi$, $\int_{0}^{2} 7g(x)\,dx = 7$, $\int_{0}^{1} g(x)\,dx = 2$일 때, 다음을 구하라.

    a. $\displaystyle\int_{0}^{2} g(x)\,dx$ **b.** $\displaystyle\int_{1}^{2} g(x)\,dx$

    c. $\displaystyle\int_{2}^{0} f(x)\,dx$ **d.** $\displaystyle\int_{0}^{2} \sqrt{2}\,f(x)\,dx$

    e. $\displaystyle\int_{0}^{2} (g(x) - 3f(x))\,dx$

넓이

종합문제 11~14에서 f의 그래프와 x축 사이의 총 넓이를 구하라.

11. $f(x) = x^2 - 4x + 3, \quad 0 \le x \le 3$

12. $f(x) = 1 - (x^2/4), \quad -2 \le x \le 3$

13. $f(x) = 5 - 5x^{2/3}, \quad -1 \le x \le 8$

14. $f(x) = 1 - \sqrt{x}, \quad 0 \le x \le 4$

종합문제 15~26에서 곡선과 직선으로 둘러싸인 영역의 넓이를 구하라.

15. $y = x, \quad y = 1/x^2, \quad x = 2$

16. $y = x, \quad y = 1/\sqrt{x}, \quad x = 2$

17. $\sqrt{x} + \sqrt{y} = 1, \quad x = 0, \quad y = 0$

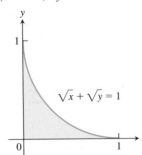

18. $x^3 + \sqrt{y} = 1, \quad x = 0, \quad y = 0, \quad 0 \le x \le 1$

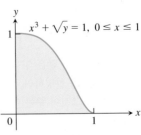

19. $x = 2y^2, \quad x = 0, \quad y = 3$ **20.** $x = 4 - y^2, \quad x = 0$

21. $y^2 = 4x, \quad y = 4x - 2$

22. $y^2 = 4x + 4, \quad y = 4x - 16$

23. $y = \sin x, \quad y = x, \quad 0 \le x \le \pi/4$

24. $y = |\sin x|, \quad y = 1, \quad -\pi/2 \le x \le \pi/2$

25. $y = 2\sin x, \quad y = \sin 2x, \quad 0 \le x \le \pi$

26. $y = 8\cos x, \quad y = \sec^2 x, \quad -\pi/3 \le x \le \pi/3$

27. 왼쪽으로 $x + y = 2$, 오른쪽으로 $y = x^2$, 위로 $y = 2$에 의하여 둘러싸인 '삼각형' 영역의 넓이를 구하라.

28. 왼쪽으로 $y = \sqrt{x}$, 오른쪽으로 $y = 6 - x$, 아래로 $y = 1$에 의하여 둘러싸인 '삼각형' 영역의 넓이를 구하라.

29. $f(x) = x^3 - 3x^2$의 극값을 구하고 f와 x축으로 둘러싸인 영역의 넓이를 구하라.

30. 곡선 $x^{1/2} + y^{1/2} = a^{1/2}$로 제1사분면에서 떼어낸 영역의 넓이를 구하라.

31. 곡선 $x = y^{2/3}$와 직선 $x = y$, $y = -1$로 둘러싸인 영역의 총 넓이를 구하라.

32. 곡선 $y = \sin x$, $y = \cos x$와 $0 \le x \le 3\pi/2$로 둘러싸인 영역의 총 넓이를 구하라.

초깃값 문제

33. $y = x^2 + \displaystyle\int_{1}^{x} \dfrac{1}{t}\,dt$가 다음 초깃값 문제의 해임을 보이라.

$$\dfrac{d^2 y}{dx^2} = 2 - \dfrac{1}{x^2}; \quad y'(1) = 3, \quad y(1) = 1$$

34. $y = \displaystyle\int_{0}^{x} (1 + 2\sqrt{\sec t})\,dt$가 다음 초깃값 문제의 해임을 보이라.

$$\dfrac{d^2 y}{dx^2} = \sqrt{\sec x}\,\tan x; \quad y'(0) = 3, \quad y(0) = 0.$$

종합문제 35~36에서 초깃값 문제의 해를 적분으로 나타내라.

35. $\dfrac{dy}{dx} = \dfrac{\sin x}{x}, \quad y(5) = -3$

36. $\dfrac{dy}{dx} = \sqrt{2 - \sin^2 x}, \quad y(-1) = 2$

부정적분 구하기

종합문제 37~46에서 적분을 구하라.

37. $\displaystyle\int 2(\cos x)^{-1/2} \sin x\,dx$ **38.** $\displaystyle\int (\tan x)^{-3/2} \sec^2 x\,dx$

39. $\displaystyle\int (2\theta + 1 + 2\cos(2\theta + 1))\,d\theta$

40. $\int \left(\dfrac{1}{\sqrt{2\theta - \pi}} + 2 \sec^2(2\theta - \pi) \right) d\theta$

41. $\int \left(t - \dfrac{2}{t} \right)\left(t + \dfrac{2}{t} \right) dt$ **42.** $\int \dfrac{(t+1)^2 - 1}{t^4} dt$

43. $\int \sqrt{t} \sin(2t^{3/2}) \, dt$

44. $\int (\sec\theta \tan\theta) \sqrt{1 + \sec\theta} \, d\theta$

45. $\int \dfrac{\sin 2\theta - \cos 2\theta}{(\sin 2\theta + \cos 2\theta)^3} d\theta$ **46.** $\int \cos\theta \cdot \sin(\sin\theta) \, d\theta$

정적분 구하기

종합문제 47~68에서 적분을 구하라.

47. $\int_{-1}^{1} (3x^2 - 4x + 7) \, dx$ **48.** $\int_{0}^{1} (8s^3 - 12s^2 + 5) \, ds$

49. $\int_{1}^{2} \dfrac{4}{v^2} dv$ **50.** $\int_{1}^{27} x^{-4/3} \, dx$

51. $\int_{1}^{4} \dfrac{dt}{t\sqrt{t}}$ **52.** $\int_{1}^{4} \dfrac{(1 + \sqrt{u})^{1/2}}{\sqrt{u}} du$

53. $\int_{0}^{1} \dfrac{36 \, dx}{(2x+1)^3}$ **54.** $\int_{0}^{1} \dfrac{dr}{\sqrt[3]{(7-5r)^2}}$

55. $\int_{1/8}^{1} x^{-1/3}(1 - x^{2/3})^{3/2} \, dx$ **56.** $\int_{0}^{1/2} x^3(1 + 9x^4)^{-3/2} \, dx$

57. $\int_{0}^{\pi} \sin^2 5r \, dr$ **58.** $\int_{0}^{\pi/4} \cos^2\left(4t - \dfrac{\pi}{4} \right) dt$

59. $\int_{0}^{\pi/3} \sec^2\theta \, d\theta$ **60.** $\int_{\pi/4}^{3\pi/4} \csc^2 x \, dx$

61. $\int_{\pi}^{3\pi} \cot^2 \dfrac{x}{6} \, dx$ **62.** $\int_{0}^{\pi} \tan^2 \dfrac{\theta}{3} \, d\theta$

63. $\int_{-\pi/3}^{0} \sec x \tan x \, dx$ **64.** $\int_{\pi/4}^{3\pi/4} \csc z \cot z \, dz$

65. $\int_{0}^{\pi/2} 5(\sin x)^{3/2} \cos x \, dx$ **66.** $\int_{-\pi/2}^{\pi/2} 15 \sin^4 3x \cos 3x \, dx$

67. $\int_{0}^{\pi/2} \dfrac{3 \sin x \cos x}{\sqrt{1 + 3\sin^2 x}} dx$ **68.** $\int_{0}^{\pi/4} \dfrac{\sec^2 x}{(1 + 7\tan x)^{2/3}} dx$

평균값

69. $f(x) = mx + b$의 다음 구간에서 평균값을 구하라.
  a. $[-1, 1]$에서   **b.** $[-k, k]$에서

70. 다음 함수의 주어진 구간에서 평균값을 구하라.
  a. $[0, 3]$에서 $y = 3x$ **b.** $[0, a]$에서 $y = ax$

71. f를 $[a, b]$에서 미분가능한 함수라고 하자. 1장에서

$$\dfrac{f(b) - f(a)}{b - a}$$

를 $[a, b]$에서 f의 평균변화율로, x에서 f의 순간변화율을 $f'(x)$

로 정의하였다. 이 장에서는 함수의 평균값을 정의하였다. 평균의 새 정의가 기존의 것과 모순되지 않기 위해서는

$$\dfrac{f(b) - f(a)}{b - a} = [a, b]\text{에서 } f'\text{의 평균값}$$

이어야 한다. 이것이 사실인가? 그 이유를 설명하라.

72. 길이가 2인 구간에서 적분가능한 함수의 평균값은 그 구간에서 함수의 적분값의 반이다. 참인가? 그 이유를 설명하라.

T 73. 1년 365일에 대한 온도함수

$$f(x) = 20 \sin\left(\dfrac{2\pi}{365}(x - 101) \right) - 4$$

의 평균값을 계산하라(2.6절 연습문제 84 참조). 이것은 1년의 평균기온을 측정하는 방법이다. 기상청의 공식 발표는 매일 기온의 평균값으로 $-3.5°C$인데, 이는 $f(x)$의 평균값보다 약간 높다.

T 74. 가스의 비열 비열 C_v는 일정한 부피를 갖는 1몰의가스의 온도를 $1°C$ 올리는 데 필요한 열량이다. 산소의 비열은 온도의 함수로서 공식

$$C_v = 8.27 + 10^{-5}(26T - 1.87T^2)$$

을 만족한다. $20° \leq T \leq 675°$에 대하여 C_v의 평균값과 이때 T를 구하라.

적분의 미분

종합문제 75~88에서 dy/dx를 구하라.

75. $y = \int_{2}^{x} \sqrt{2 + \cos^3 t} \, dt$ **76.** $y = \int_{2}^{7x^2} \sqrt{2 + \cos^3 t} \, dt$

77. $y = \int_{x}^{1} \dfrac{6}{3 + t^4} dt$ **78.** $y = \int_{\sec x}^{2} \dfrac{1}{t^2 + 1} dt$

이론과 예제

79. $[a, b]$에서 미분가능한 모든 함수 $y = f(x)$는 그 자신이 $[a, b]$에서 어떤 함수의 도함수인가? 그 이유를 설명하라.

80. $F(x)$를 $f(x) = \sqrt{1 + x^4}$의 역도함수라 하자.
$\int_{0}^{1} \sqrt{1 + x^4} \, dx$를 F에 관하여 나타내고, 그 이유를 설명하라.

81. $y = \int_{x}^{1} \sqrt{1 + t^2} \, dt$일 때 dy/dx를 구하라. 계산 과정을 설명하라.

82. $y = \int_{\cos x}^{0} (1/(1 - t^2)) \, dt$일 때 dy/dx를 구하라. 계산 과정을 설명하라.

83. 새 주차장 주차의 수요를 충족시키기 위해 한 마을에서 아래와 같은 토지를 배정하였다. 그 마을의 토목기사가 마을 위원회로부터 주차장을 10,000달러에 건설할 수 있는지를 질문 받았다. 토지를 정리하는데 $1 \, m^2$에 소요되는 비용이 1.00달러, 주차장을 포장하는데 $1 \, m^2$에 20.00달러가 소요된다고 한다. 가능한가? 하합 추정을 이용하여 보이라. (답은 이용된 추정 방법에 따라 약간 변할 수 있다.)

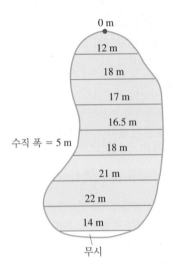

0 m
12 m
18 m
17 m
16.5 m
18 m
21 m
22 m
14 m

수직 폭 = 5 m

무시

84. 두 스카이다이버 A와 B가 높이 2,000 m 상공을 선회하고 있는 헬리콥터에 탑승하고 있다. A가 점프하여 낙하산이 펴지기까지 4초 동안 하강한다. 그런 후 헬리콥터는 2,200 m로 상승하여 거기서 선회한다. A가 기체를 떠난 후 45초일 때 B는 점프하여 낙하산이 펴지기까지 13초 동안 하강한다. 두 다이버는 낙하산이 펴진 상태에서 4.9 m/s로 하강한다. 다이버는 낙하산이 펴지기 전까지는 자유낙하한다고 가정한다.

a. 어느 지점에서 A의 낙하산이 펴지는가?

b. 어느 지점에서 B의 낙하산이 펴지는가?

c. 누가 먼저 지면에 안착하는가?

4장 보충 · 심화 문제

이론과 예제

1. a. $\displaystyle\int_0^1 7f(x)\,dx = 7$이면, $\displaystyle\int_0^1 f(x)\,dx = 1$인가?

   b. $\displaystyle\int_0^1 f(x)\,dx = 4$이고 $f(x) \geq 0$이면,

   $$\int_0^1 \sqrt{f(x)}\,dx = \sqrt{4} = 2$$인가?

   그 이유를 설명하라.

2. $\displaystyle\int_{-2}^2 f(x)\,dx = 4, \int_2^5 f(x)\,dx = 3, \int_{-2}^5 g(x)\,dx = 2$라 하자. 다음 중 옳은 것은?

   a. $\displaystyle\int_5^2 f(x)\,dx = -3$ **b.** $\displaystyle\int_{-2}^5 (f(x) + g(x)) = 9$

   c. $f(x) \leq g(x)$ 위에서 $-2 \leq x \leq 5$

3. 초깃값 문제

$$y = \frac{1}{a}\int_0^x f(t)\sin a(x - t)\,dt$$

는 다음 초깃값 문제의 해임을 보이라.

$$\frac{d^2y}{dx^2} + a^2 y = f(x), \qquad \frac{dy}{dx} = 0과 \quad y = 0, \quad x = 0$$일 때

(힌트: $\sin(ax - at) = \sin ax \cos at - \cos ax \sin at$)

4. 비례 x와 y가

$$x = \int_0^y \frac{1}{\sqrt{1 + 4t^2}}\,dt$$

인 관계가 있다고 하자. d^2y/dx^2이 y에 비례함을 증명하고 비례상수를 구하라.

5. a. $\displaystyle\int_0^{x^2} f(t)\,dt = x\cos\pi x$ **b.** $\displaystyle\int_0^{f(x)} t^2\,dt = x\cos\pi x$

   일 때 $f(4)$를 구하라.

6. i) f는 양인 연속함수이다.

ii) $x = 0$부터 $x = a$까지 곡선 $y = f(x)$의 아랫부분의 넓이는

$$\frac{a^2}{2} + \frac{a}{2}\sin a + \frac{\pi}{2}\cos a$$

일 때 $f(\pi/2)$를 구하라.

7. x축, 곡선 $y = f(x)$, $f(x) \geq 0$, 직선 $x = 1$과 $x = b$로 둘러싸인 영역의 넓이를 $\sqrt{b^2 + 1} - \sqrt{2}$라 할 때 $f(x)$를 구하라.

8. 다음을 증명하라.

$$\int_0^x \left(\int_0^u f(t)\,dt\right)du = \int_0^x f(u)(x - u)\,du$$

(힌트: 우변의 적분을 두 적분의 차로 표시하라. 그리고 양변의 x에 관한 도함수가 같음을 보이라.)

9. 곡선 구하기 x에서 기울기가 $3x^2 + 2$이고 점 $(1, -1)$을 지나는 곡선의 방정식을 구하라.

10. 흙 파기 구덩이의 밑바닥에서 흙을 한 삽 퍼서 초기속도 9.8 m/s로 던져 올린다. 던진 흙은 5.2 m 올라가야만 구덩이 밖으로 던져질 수 있다. 흙이 구덩이 밖으로 내던져지기에 충분한 속도인가, 아니면 구덩이 안으로 다시 떨어질 것인가?

구분적 연속함수

우리는 주로 연속인 함수에 대하여 관심을 두지만 응용되는 많은 함수는 구분적 연속함수이다. 함수 f가 닫힌 구간 I 내에 단지 유한 개의 불연속인 점을 갖고, 극한

$$\lim_{x \to c^-} f(x), \qquad \lim_{x \to c^+} f(x)$$

이 존재하고, I의 모든 내점에서 유한이고, I의 양 끝점에서 한쪽 극한이 존재하며 유한일 때 함수 $f(x)$는 I에서 구분적 연속함수라 한다. 구분적 연속함수는 모두 적분가능하다. 불연속인 점은 구간 I를 소구간(열린 구간, 반구간)으로 나누어 각 소구간에서 함수 f는 연속이며, 위에서 언급한 극한 조건으로부터 각 소구간의 경계까지 연속인 확장함수를 갖는다. 구분적 연속함수의 적분은 각각의 확장함수를 적분하여 그 결과를 더한다.

$$f(x) = \begin{cases} 1 - x, & -1 \le x < 0 \\ x^2, & 0 \le x < 2 \\ -1, & 2 \le x \le 3 \end{cases}$$

의 $[-1, 3]$에서 적분은 다음과 같다(그림 4.33).

$$\int_{-1}^{3} f(x)\, dx = \int_{-1}^{0} (1 - x)\, dx + \int_{0}^{2} x^2\, dx + \int_{2}^{3} (-1)\, dx$$

$$= \left[x - \frac{x^2}{2} \right]_{-1}^{0} + \left[\frac{x^3}{3} \right]_{0}^{2} + \left[-x \right]_{2}^{3}$$

$$= \frac{3}{2} + \frac{8}{3} - 1 = \frac{19}{6}$$

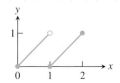

그림 4.33 이와 같은 구분적 연속함수는 조각별로 적분된다.

기본정리를 구분적 연속함수에 적용하려면 f가 연속인 점 x에서만 이 $(d/dx)\int_{a}^{x} f(t)\, dt$가 $f(x)$와 같다는 제한 조건을 요구한다. 라이프니츠 공식(보충·심화 문제 27~29 참조)에 대한 조건과 비슷하다.

보충·심화 문제 11~16에서 함수의 그래프를 그리고 적분하라.

11. $f(x) = \begin{cases} x^{2/3}, & -8 \le x < 0 \\ -4, & 0 \le x \le 3 \end{cases}$

12. $f(x) = \begin{cases} \sqrt{-x}, & -4 \le x < 0 \\ x^2 - 4, & 0 \le x \le 3 \end{cases}$

13. $g(t) = \begin{cases} t, & 0 \le t < 1 \\ \sin \pi t, & 1 \le t \le 2 \end{cases}$

14. $h(z) = \begin{cases} \sqrt{1 - z}, & 0 \le z < 1 \\ (7z - 6)^{-1/3}, & 1 \le z \le 2 \end{cases}$

15. $f(x) = \begin{cases} 1, & -2 \le x < -1 \\ 1 - x^2, & -1 \le x < 1 \\ 2, & 1 \le x \le 2 \end{cases}$

16. $h(r) = \begin{cases} r, & -1 \le r < 0 \\ 1 - r^2, & 0 \le r < 1 \\ 1, & 1 \le r \le 2 \end{cases}$

17. 그래프가 다음 그림과 같은 함수의 평균값을 구하라.

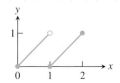

18. 그래프가 다음 그림과 같은 함수의 평균값을 구하라.

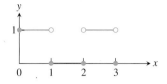

적분의 유한 합 근삿값

응용문제에서 적분은 유한 합의 극한값을 구하는 데 이용된다. 역으로 유한 합을 적분의 근삿값으로 이용할 수 있다. 예를 들어, 처음 n개의 양의 정수의 제곱근의 합, $\sqrt{1} + \sqrt{2} + \cdots + \sqrt{n}$을 계산해 보자. 적분

$$\int_{0}^{1} \sqrt{x}\, dx = \frac{2}{3} x^{3/2} \Big]_{0}^{1} = \frac{2}{3}$$

는 상합

$$S_n = \sqrt{\frac{1}{n} \cdot \frac{1}{n}} + \sqrt{\frac{2}{n} \cdot \frac{1}{n}} + \cdots + \sqrt{\frac{n}{n} \cdot \frac{1}{n}}$$

$$= \frac{\sqrt{1} + \sqrt{2} + \cdots + \sqrt{n}}{n^{3/2}}$$

의 극한값이다.

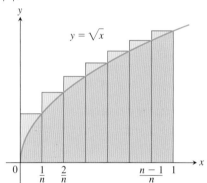

따라서 n이 클때 S_n은 $2/3$에 가깝고

제곱근의 합 $= \sqrt{1} + \sqrt{2} + \cdots + \sqrt{n} = S_n \cdot n^{3/2} \approx \frac{2}{3} n^{3/2}$

을 얻는다. 다음 표는 근삿값을 나타낸다.

n	제곱근의 합	$(2/3)n^{3/2}$	상대오차
10	22.468	21.082	$1.386/22.468 \approx 6\%$
50	239.04	235.70	1.4%
100	671.46	666.67	0.7%
1000	21,097	21,082	0.07%

19. $\lim\limits_{n \to \infty} \dfrac{1^5 + 2^5 + 3^5 + \cdots + n^5}{n^6}$ 과 $\displaystyle\int_{0}^{1} x^5\, dx$ 가 같음을 보이고, 이 적분을 계산하여 극한값을 구하라.

20. 보충·심화 문제 19와 같은 방법으로 다음의 극한을 계산하라.

$$\lim\limits_{n \to \infty} \frac{1}{n^4} (1^3 + 2^3 + 3^3 + \cdots + n^3)$$

21. $f(x)$를 연속함수라 하자.

$$\lim\limits_{n \to \infty} \frac{1}{n} \left[f\left(\frac{1}{n} \right) + f\left(\frac{2}{n} \right) + \cdots + f\left(\frac{n}{n} \right) \right]$$

을 정적분으로 나타내라.

22. 보충·심화 문제 21의 결과를 이용하여 다음을 계산하라.

a. $\lim\limits_{n\to\infty}\dfrac{1}{n^2}(2+4+6+\cdots+2n)$,

b. $\lim\limits_{n\to\infty}\dfrac{1}{n^{16}}(1^{15}+2^{15}+3^{15}+\cdots+n^{15})$,

c. $\lim\limits_{n\to\infty}\dfrac{1}{n}\left(\sin\dfrac{\pi}{n}+\sin\dfrac{2\pi}{n}+\sin\dfrac{3\pi}{n}+\cdots+\sin\dfrac{n\pi}{n}\right)$

다음 극한에 대하여 무엇을 말할 수 있는가?

d. $\lim\limits_{n\to\infty}\dfrac{1}{n^{17}}(1^{15}+2^{15}+3^{15}+\cdots+n^{15})$

e. $\lim\limits_{n\to\infty}\dfrac{1}{n^{15}}(1^{15}+2^{15}+3^{15}+\cdots+n^{15})$

23. a. 반지름 r인 원에 내접하는 정 n각형의 넓이 A_n은

$$A_n=\frac{nr^2}{2}\sin\frac{2\pi}{n}$$

임을 증명하라.

b. $n\to\infty$일 때 A_n의 극한값을 구하라. 이 극한값은 원의 넓이와 일치하는가?

24. $S_n=\dfrac{1^2}{n^3}+\dfrac{2^2}{n^3}+\cdots+\dfrac{(n-1)^2}{n^3}$이라 하자. $\lim\limits_{n\to\infty}S_n$을 계산하기 위해

$$S_n=\frac{1}{n}\left[\left(\frac{1}{n}\right)^2+\left(\frac{2}{n}\right)^2+\cdots+\left(\frac{n-1}{n}\right)^2\right]$$

임을 보이고, S_n을 적분

$$\int_0^1 x^2\,dx$$

의 근삿값인 합으로 해석해 보라.

(힌트: 구간 $[0,1]$을 n개의 소구간으로 등분하고 내접하는 직사각형에 대한 근사합을 써 보라.)

기본정리를 이용하여 함수 정의

25. 적분으로 정의된 함수 함수 f의 그래프는 다음 그림과 같이 반원과 두 선분으로 이루어져 있다. $g(x)=\int_1^x f(t)\,dt$라 하자.

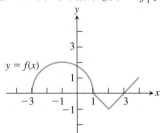

a. $g(1)$을 구하라.

b. $g(3)$을 구하라.

c. $g(-1)$을 구하라.

d. 열린 구간 $(-3,4)$에서 g가 극댓값을 갖는 모든 x를 구하라.

e. $x=-1$에서 g의 접선의 방정식을 구하라.

f. 열린 구간 $(-3,4)$에서 g의 그래프의 각 변곡점의 x좌표를 구하라.

g. g의 치역을 구하라.

26. 함수 $y=\sin x+\displaystyle\int_x^\pi \cos 2t\,dt+1$이 다음 두 조건을 모두 만족함을 보이라.

i) $y''=-\sin x+2\sin 2x$

ii) $x=\pi$일 때 $y=1$과 $y'=-2$

라이프니츠 법칙

응용 분야에서 적분의 상한과 하한이 동시에 변수를 갖는 적분으로 정의되는 함수를 만나게 된다. **라이프니츠 법칙(Leibniz's rule)**을 이용하여 도함수를 구할 수 있다.

> **라이프니츠 법칙**
>
> f가 $[a,b]$에서 연속이고, $u(x)$와 $v(x)$가 $[a,b]$에 속하는 x의 미분가능한 함수라고 하면
>
> $$\frac{d}{dx}\int_{u(x)}^{v(x)}f(t)\,dt=f(v(x))\frac{dv}{dx}-f(u(x))\frac{du}{dx}$$
>
> 가 성립한다.

이 법칙을 증명하기 위하여 F를 $[a,b]$에서 f의 역도함수라 하자. 그러면

$$\int_{u(x)}^{v(x)}f(t)\,dt=F(v(x))-F(u(x))$$

이다. 이 식의 양변을 x로 미분하여 원하는 결과를 얻는다.

$$\frac{d}{dx}\int_{u(x)}^{v(x)}f(t)\,dt=\frac{d}{dx}\big[F(v(x))-F(u(x))\big]$$

$$=F'(v(x))\frac{dv}{dx}-F'(u(x))\frac{du}{dx}\qquad\text{연쇄법칙}$$

$$=f(v(x))\frac{dv}{dx}-f(u(x))\frac{du}{dx}$$

보충·심화 문제 27~29에서 라이프니츠 법칙을 이용하여 함수의 도함수를 구하라.

27. $f(x)=\displaystyle\int_{1/x}^{x}\frac{1}{t}\,dt$ **28.** $f(x)=\displaystyle\int_{\cos x}^{\sin x}\frac{1}{1-t^2}\,dt$

29. $g(y)=\displaystyle\int_{\sqrt{y}}^{2\sqrt{y}}\sin t^2\,dt$

30. 라이프니츠 법칙을 이용하여 적분

$$\int_x^{x+3}t(5-t)\,dt$$

의 값이 최대가 되는 x의 값을 구하라.

5

정적분의 응용

개요 4장에서 닫힌 구간에서 연속인 함수의 정적분을 리만 합의 극한으로 정의하였다. 이 정적분의 값을 미적분학의 기본정리에 의해 계산할 수 있음을 증명하였다. 또한, 곡선 아래 부분의 넓이 또는 두 곡선 사이의 넓이를 정적분으로 정의하고 계산할 수 있음을 알았다.

이 장에서는 정적분의 여러 추가 응용문제 중 몇 가지를 살펴볼 것이다. 우리는 정적분을 이용하여 부피, 평면곡선의 길이, 회전 곡면의 넓이를 정의하고 계산할 수 있다. 또한 힘에 의해 한 일을 포함한 물리학 문제도 풀 것이다. 그리고 물체의 질량중심의 위치도 정적분에 의해 계산할 수 있다. 이러한 문제나 또 다른 응용문제에서 구하고자 하는 양을 리만 합으로 근사시킬 수 있다면, 그러한 리만 합의 극한, 즉 정적분에 의해 구하고자 하는 양이 정의된다.

5.1 절단면을 이용한 부피

이 절에서는 절단면의 넓이를 이용하여 입체의 부피를 정의한다. 입체 S의 **절단면 (cross-section)**은 S와 한 평면과의 공통부분에 의해서 얻어지는 평면영역이다(그림 5.1). 특정한 입체의 부피를 구하는 네 적절한 질단면을 얻는 세 가지 방법(얇은 조각 (slicing), 원판(disk), 와셔(washer))을 제시한다.

그림 5.1에서와 같은 입체 S의 부피를 구해야 한다고 가정하자. 구간 $[a, b]$의 각 점 x에서, 점 x를 지나면서 x축에 수직인 평면으로 입체 S를 자를 때 생기는 절단면을 $S(x)$라 하고, 이 평면 영역의 넓이를 $A(x)$라 하자. A가 x에 관한 연속함수이면, 입체 S의 부피는 $A(x)$의 정적분임을 보일 것이다. 이와 같이 부피를 계산하는 방법을 **얇은 조각방법 (method of slicing)**이라 한다.

이 방법의 구체적인 내용을 보이기 전에, 원주(원기둥)의 정의를 고전적인 기하학의 평범한 원주(밑면이 원, 정사각형 또는 다른 사각형)로부터 밑면이 더 일반적인 원주형 입체로 확장할 필요가 있다. 그림 5.2에서 보는 것처럼, 원주형 입체의 밑면의 넓이, 즉 밑넓이가 A이고, 높이가 h이면 원주형 입체의 부피는

$$부피 = 밑넓이 \times 높이 = A \cdot h$$

이다. 얇은 조각방법의 기초가 되는 개념은, 절단면 S를 밑넓이가 $A(x)$이고, 높이가 Δx_k인 원주형 입체로 보는 것이다. 여기서 Δx_k는 구간 $[a, b]$를 유한 개의 소구간으로

그림 5.1 구간 $[a, b]$에 속하는 점 x를 지나고 x축에 수직인 평면 P_x와 입체 S의 공통부분인 S의 절단면 $S(x)$

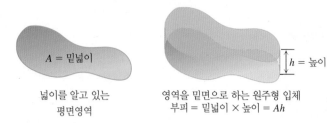

A = 밑넓이

넓이를 알고 있는
평면영역

h = 높이

영역을 밑면으로 하는 원주형 입체
부피 = 밑넓이 × 높이 = Ah

그림 5.2 원주형 입체의 부피는 항상 밑넓이 × 높이이다.

분할했을 때 만들어지는 소구간 $[x_{k-1}, x_k]$의 길이에 해당한다.

평행한 평면으로 조각 자르기

구간 $[a, b]$를 폭(길이) Δx_k의 소구간들로 분할하고 분할점 $a = x_0 < x_1 < \cdots < x_n = b$에서 x축에 수직인 평면들에 의해서 마치 한 조각의 빵조각처럼 입체를 얇은 조각으로 자른다. 평면들은 S를 '얇은 조각'(한 덩어리의 얇은 빵조각같이)으로 자른다. 조각의 표본을 그림 5.3에 나타내었다. 그 얇은 조각은 점 x_{k-1}에서의 평면과 점 x_k에서의 평면 사이의 밑넓이가 $A(x_k)$이고, 높이가 $\Delta x_k = x_k - x_{k-1}$인 원주형 입체에 의해서 근사된다(그림 5.4). 이 원주형 입체의 부피 V_k는 $A(x_k) \cdot \Delta x_k$이고 그 값은 근사적으로 그 조각의 부피와 같다.

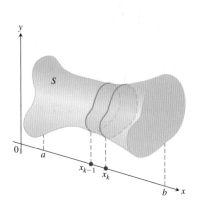

그림 5.3 입체 S의 얇은 조각의 표본

$$k번째 조각의 부피 \approx V_k = A(x_k)\, \Delta x_k$$

따라서 주어진 입체 S의 부피 V는 이 원주형 입체들의 부피의 합으로 근사시킨다. 즉,

$$V \approx \sum_{k=1}^{n} V_k = \sum_{k=1}^{n} A(x_k)\, \Delta x_k$$

이것은 $[a, b]$에서 함수 $A(x)$에 대한 리만 합이다. 이 리만 합의 근삿값은 $n \to \infty$일 때, $A(x)$의 정적분으로 수렴한다.

$$\lim_{n \to \infty} \sum_{k=1}^{n} A(x_k)\, \Delta x_k = \int_a^b A(x)\, dx$$

그러므로 입체 S의 부피를 이 정적분으로 정의하기로 한다.

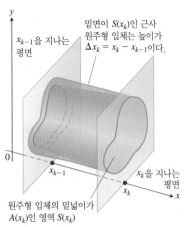

x_{k-1}을 지나는 평면

밑면이 $S(x_k)$인 근사 원주형 입체는 높이가 $\Delta x_k = x_k - x_{k-1}$이다.

x_k을 지나는 평면

원주형 입체의 밑면이 $A(x_k)$인 영역 $S(x_k)$

그림 5.4 그림 5.3의 얇은 조각의 입체는 근사적으로 넓이가 $A(x_k)$인 영역 $S(x_k)$를 밑면으로 하고, 높이가 $\Delta x_k = x_k - x_{k-1}$인 원주형 입체로 간주된다.

> **정의** $x = a$부터 $x = b$까지의 적분가능한 절단면의 넓이 $A(x)$를 가진 입체의 **부피 (volume)**는 a부터 b까지 A의 적분이다.
>
> $$\int_a^b A(x)\, dx$$

이 정의는 $A(x)$가 연속일 때, 혹은 더욱 일반적으로, $A(x)$가 적분가능할 때 적용된다. x축에 수직인 절단면을 사용하여 입체의 부피를 구하기 위해서 정의에서 언급한 적분 공식을 적용하려면 다음 단계들을 거쳐야 한다.

> **입체의 부피를 구하기**
> **1.** 입체와 표본 절단면을 그려라.
> **2.** 표본 절단면의 넓이 $A(x)$에 대한 공식을 구하라.
> **3.** 적분의 한계(하한과 상한)를 구하라.
> **4.** 부피를 구하기 위해 $A(x)$를 적분하라.

예제 1 한 변이 3 m인 정사각형을 밑면으로 하고, 높이가 3 m인 피라미드가 있다. 꼭짓점에서 x m 아래되는 지점에서 높이에 수직인 피라미드의 절단면은 한 변이 x m인 정사각형이다. 피라미드의 부피를 구하라.

풀이

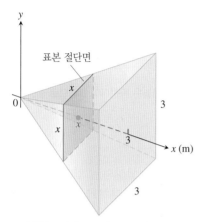

그림 5.5 예제 1의 피라미드의 절단면은 정사각형이다.

1. 그리기: x축을 중심축으로 잡고 원점에 그 피라미드의 꼭짓점을 놓고 표본 절단면을 포함하여 피라미드를 그린다(그림 5.5). 피라미드를 이와 같이 설정함으로써, 수직인 절단면이 정사각형이 되어, 넓이를 계산하기 쉽다.

2. $A(x)$에 대한 공식: x점에서 절단면은 한 변이 x m인 정사각형이다. 그러므로 그 넓이는 다음과 같다.

$$A(x) = x^2$$

3. 적분의 한계: 각 정사각형은 $x=0$부터 $x=3$까지의 평면 위에 놓여 있다.

4. 부피를 구하기 위해서 적분한다.

$$V = \int_0^3 A(x)\,dx = \int_0^3 x^2\,dx = \frac{x^3}{3}\bigg]_0^3 = 9 \text{ m}^3 \qquad \blacksquare$$

예제 2 반지름이 3인 원형의 원기둥이 두 개의 평면에 의해 잘라진 곡선 모양의 쐐기가 있다. 첫 번째 평면은 원기둥의 축에 수직이고, 두 번째 평면은 원기둥의 중심에서 첫 번째 평면과 45° 각도로 만난다. 이 쐐기의 부피를 구하라.

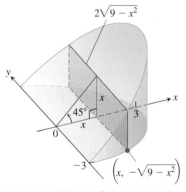

그림 5.6 예제 2의 x축에 수직으로 잘린 쐐기. 절단면이 직사각형이다.

풀이 쐐기를 그리고, x축에 수직인 표본 절단면을 그린다(그림 5.6). 그림에서 쐐기의 밑면은 45°인 평면이 y축에서 만날 때 이 평면에 의해 원 $x^2+y^2=9$가 잘린 $x \geq 0$인 부분의 반원이 된다. 구간 [0, 3]의 임의의 점 x에 대하여, 반원 모양의 밑면에서 y값은 $y=-\sqrt{9-x^2}$부터 $y=y=\sqrt{9-x^2}$까지 변한다. 이제 쐐기를 x축에 수직인 평면으로 자를 때, 점 x에서 절단면은 높이가 x인 직사각형이고 두께는 반원을 가로질러 확장된다. 따라서 이 절단면의 넓이는

$$A(x) = (\text{높이})(\text{두께}) = (x)\left(2\sqrt{9-x^2}\right)$$
$$= 2x\sqrt{9-x^2}$$

이다. 이 직사각형은 $x=0$부터 $x=3$까지 있으므로 부피는

$$V = \int_a^b A(x)\,dx = \int_0^3 2x\sqrt{9-x^2}\,dx$$

$$= -\frac{2}{3}(9-x^2)^{3/2}\bigg]_0^3 \qquad \begin{matrix}u = 9-x^2\text{으로 치환하면} \\ du = -2x\,dx\text{이고, 적분하고, 대입}\end{matrix}$$

$$= 0 + \frac{2}{3}(9)^{3/2}$$

$$= 18 \qquad \blacksquare$$

역사적 인물
카발리에리(Bonaventura Cavalieri, 1598~1647)

예제 3 카발리에리의 원리는 같은 높이를 갖는 입체들이 각 높이에서 동일한 넓이를 가진다면 똑같은 부피를 가진다는 것을 말해 준다(그림 5.7). 절단면의 넓이함수 $A(x)$와 구간 $[a, b]$가 두 입체들에 대해서 똑같은 조건이기 때문에 이 원리는 부피의 정의로부터 두 입체의 부피가 명백히 같다는 것을 말한다. $\qquad \blacksquare$

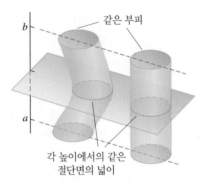

그림 5.7 카발리에리의 원리: 이 입체들은 같은 부피를 갖고, 또한 쌓아놓은 동전더미 그림으로 설명될 수 있다.

회전체: 원판 방법

평면에 놓여 있는 한 축을 회전축으로 평면영역을 회전하여 생성되는 입체를 **회전체(solid ofrevolution)**라 한다. 그림 5.8에서와 같은 입체의 부피를 구하기 위해서, 먼저 절단면의 넓이 $A(x)$를 구해보면 회전축으로부터 평면영역의 경계까지의 거리인 $R(x)$를 반지름으로 하는 원판의 넓이임을 알 수 있다. 이때 그 넓이는 다음과 같다.

$$A(x) = \pi(\text{반지름})^2 = \pi[R(x)]^2$$

그러므로 부피의 정의는 다음과 같다.

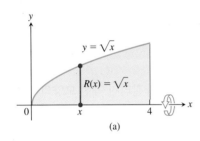

(a)

> **x축을 회전축으로 한 회전체의 원판에 의한 부피**
> $$\int_a^b A(x)\, dx = \int_a^b \pi[R(x)]^2\, dx$$

회전체의 부피를 구하는 이 방법은 절단면이 반지름 $R(x)$인 원판이기 때문에 흔히 **원판 방법(disk method)**이라 한다.

예제 4 곡선 $y = \sqrt{x}$, $0 \le x \le 4$와 직선 $x = 4$ 그리고 x축으로 둘러싸인 영역을 x축을 회전축으로 회전하여 생긴 입체가 있다. 이때 그 입체의 부피를 구하라.

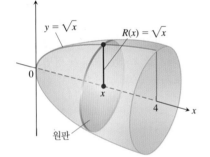

(b)

그림 5.8 예제 4의 (a) 영역과 (b) 회전체

풀이 그 영역과 표본 반지름, 그리고 회전체를 보여주는 그림을 그린다(그림 5.8). 그 부피는 다음과 같다.

$$
\begin{aligned}
V &= \int_a^b \pi[R(x)]^2\, dx \\
&= \int_0^4 \pi[\sqrt{x}]^2\, dx \qquad \text{\small x축 회전에서 반지름 $R(x) = \sqrt{x}$}\\
&= \pi\int_0^4 x\, dx = \pi\frac{x^2}{2}\Big]_0^4 = \pi\frac{(4)^2}{2} = 8\pi \qquad\blacksquare
\end{aligned}
$$

예제 5 원
$$x^2 + y^2 = a^2$$
을 x축을 회전축으로 회전하여 생긴 구가 있다. 이때 구의 부피를 구하라.

풀이 x축에 수직인 평면들로 구를 얇은 조각으로 자른다(그림 5.9). $-a$와 a 사이의 점 x

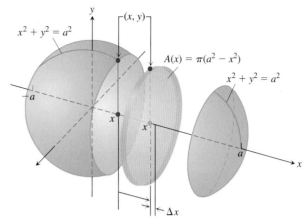

그림 5.9 x축을 회전축으로 원 $x^2 + y^2 = a^2$을 회전하여 생긴 구. 그 반지름은 $R(x) = y = \sqrt{a^2 - x^2}$ (예제 5).

에서의 절단면의 넓이는 다음 식과 같다.

$$A(x) = \pi y^2 = \pi(a^2 - x^2)$$

x축 회전에서
반지름 $R(x) = \sqrt{a^2 - x^2}$

그러므로 부피는 다음과 같다.

$$V = \int_{-a}^{a} A(x)\, dx = \int_{-a}^{a} \pi(a^2 - x^2)\, dx = \pi\left[a^2 x - \frac{x^3}{3}\right]_{-a}^{a} = \frac{4}{3}\pi a^3$$

다음 예제에서는 회전축이 x축은 아니지만, 같은 방법으로 부피를 구한다. 적당한 구간에서 $\pi(\text{반지름})^2$을 적분한다.

예제 6 곡선 $y = \sqrt{x}$, 직선 $y = 1$, 직선 $x = 4$로 둘러싸인 영역을 직선 $y = 1$을 회전축으로 회전하여 얻어지는 입체의 부피를 구하라.

풀이 영역과 표본 반지름, 그리고 생성된 입체를 보여주는 그림을 그린다(그림 5.10). 그 부피는 다음과 같다.

$$V = \int_{1}^{4} \pi\left[R(x)\right]^2 dx$$

$$= \int_{1}^{4} \pi\left[\sqrt{x} - 1\right]^2 dx$$

$y = 1$회전에서
반지름 $R(x) = \sqrt{x} - 1$

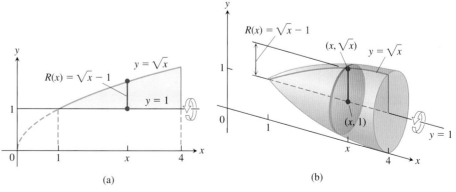

그림 5.10 예제 6의 (a) 영역과 (b) 회전체

$$= \pi \int_1^4 \left[x - 2\sqrt{x} + 1 \right] dx \qquad \text{피적분함수 전개}$$

$$= \pi \left[\frac{x^2}{2} - 2 \cdot \frac{2}{3} x^{3/2} + x \right]_1^4 = \frac{7\pi}{6} \qquad \text{적분} \qquad \blacksquare$$

y축, 곡선 $x=R(y)$, $c \le y \le d$로 둘러싸인 영역을 y축을 회전축으로 회전하여 생긴 입체의 부피를 구하기 위해서는 x 대신에 y로 바꿔서 똑같은 방법을 적용한다. 이 경우에 원형의 절단면의 넓이는 다음과 같다.

$$A(y) = \pi [\text{반지름}]^2 = \pi \left[R(y) \right]^2$$

그러므로 부피의 정의는 다음과 같다.

---

y축을 회전축으로 한 회전체의 원판에 의한 부피

$$V = \int_c^d A(y)\, dy = \int_c^d \pi \left[R(y) \right]^2 dy$$

예제 7 y축, 곡선 $x=2/y$, $1 \le y \le 4$로 둘러싸인 영역을 y축을 회전축으로 회전하여 생기는 입체의 부피를 구하라.

풀이 영역과 표본 반지름, 생성된 입체를 보여주는 그림을 그린다(그림 5.11). 그 부피는 다음과 같다.

$$V = \int_1^4 \pi \left[R(y) \right]^2 dy$$

$$= \int_1^4 \pi \left(\frac{2}{y} \right)^2 dy \qquad \begin{array}{l} y\text{축 회전에서} \\ \text{반지름 } R(y) = \dfrac{2}{y} \end{array}$$

$$= \pi \int_1^4 \frac{4}{y^2}\, dy = 4\pi \left[-\frac{1}{y} \right]_1^4 = 4\pi \left[\frac{3}{4} \right] = 3\pi \qquad \blacksquare$$

예제 8 포물선 $x=y^2+1$과 직선 $x=3$으로 둘러싸인 영역을 직선 $x=3$을 회전축으로 회전하여 생긴 입체의 부피를 구하라.

풀이 영역과 표본 반지름, 생성된 입체를 보여주는 그림을 그린다(그림 5.12). 절단면은 직선 $x=3$에 수직이고 y 좌표가 $y=-\sqrt{2}$부터 $y=\sqrt{2}$까지 변한다. 그 부피는 다음과 같다.

$$V = \int_{-\sqrt{2}}^{\sqrt{2}} \pi \left[R(y) \right]^2 dy \qquad x=3\text{일 때 } y = \pm\sqrt{2}$$

$$= \int_{-\sqrt{2}}^{\sqrt{2}} \pi [2 - y^2]^2\, dy \qquad \begin{array}{l} x=3 \text{ 회전에서 반지름} \\ R(y) = 3 - (y^2 + 1) \end{array}$$

$$= \pi \int_{-\sqrt{2}}^{\sqrt{2}} \left[4 - 4y^2 + y^4 \right] dy \qquad \text{피적분함수 전개}$$

$$= \pi \left[4y - \frac{4}{3} y^3 + \frac{y^5}{5} \right]_{-\sqrt{2}}^{\sqrt{2}} \qquad \text{적분}$$

$$= \frac{64\pi\sqrt{2}}{15} \qquad \blacksquare$$

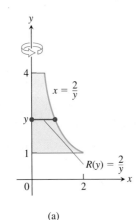

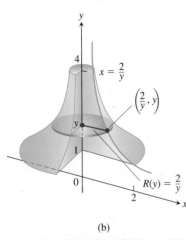

그림 5.11 예제 7의 (a) 영역과 (b) 회전체의 일부분

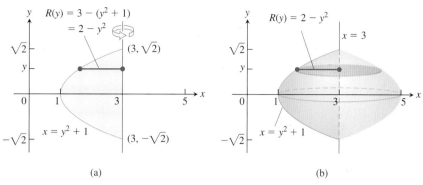

그림 5.12   예제 8의 (a) 영역과 (b) 회전체

회전체의 부피: 와셔 방법

입체를 얻기 위해서 회전되는 영역이 회전축에 접하거나 교차하지 않으면 그 회전체는 구멍을 갖게 된다(그림 5.13). 회전축에 수직인 절단면들은 원판 대신에 와셔(그림 5.13에 있는 자주색의 원환면)이다. 표본 와셔의 크기는

바깥반지름: $R(x)$

안반지름: $r(x)$

이다. 그 와셔의 넓이는 반지름이 $R(x)$인 원의 넓이에서 반지름이 $r(x)$인 원의 넓이를 뺀 값

$$A(x) = \pi [R(x)]^2 - \pi [r(x)]^2 = \pi([R(x)]^2 - [r(x)]^2)$$

이다. 결과적으로 부피의 정의는 다음과 같다.

---

x축을 회전축으로 한 회전체의 와셔에 의한 부피

$$V = \int_a^b A(x)\, dx = \int_a^b \pi([R(x)]^2 - [r(x)]^2)\, dx$$

얇은 조각이 바깥반지름이 $R(x)$이고 안반지름이 $r(x)$인 와셔이기 때문에 회전체의 부피를 구하는 이 방법을 **와셔(나사받이) 방법(washer method)**이라고 한다.

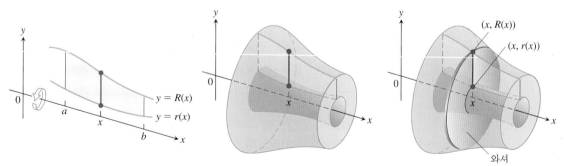

그림 5.13 여기서 회전해서 생기는 회전체의 절단면은 원반이 아닌 와셔이고, 따라서 적분 $\int_a^b A(x)\, dx$는 약간 다른 공식으로 변형된다.

예제 9 곡선 $y = x^2 + 1$과 직선 $y = -x + 3$에 의해서 둘러싸인 영역을 x축을 회전축으로 회전하여 생긴 입체가 있다. 그 입체의 부피를 구하라.

풀이 이 절의 앞부분에서 다룬 4단계의 입체의 부피를 구하는 방법을 사용한다.

1. 영역과 회전축에 수직이고 영역을 가로지르는 선분을 그린다(그림 5.14(a)의 적색부분).

2. 그 영역을 x축을 회전축으로 회전하였을 때, 그 선분이 한 바퀴 회전되어 생긴 와셔의 바깥반지름과 안반지름을 구한다.

그 반지름들은 회전축과 그 선분의 끝점들 사이의 거리이다(그림 5.14).

바깥반지름: $R(x) = -x + 3$

안반지름: $r(x) = x^2 + 1$

3. 그림 5.14(a)에서와 같이 곡선과 직선의 교점들의 좌표들을 구해서 적분의 구간을 구한다.

$$x^2 + 1 = -x + 3$$
$$x^2 + x - 2 = 0$$
$$(x + 2)(x - 1) = 0$$
$$x = -2, \quad x = 1 \qquad \text{적분의 한계}$$

4. 부피적분을 계산한다.

$$V = \int_a^b \pi \left([R(x)]^2 - [r(x)]^2 \right) dx \qquad \text{x축 회전}$$

$$= \int_{-2}^1 \pi \left((-x + 3)^2 - (x^2 + 1)^2 \right) dx \qquad \text{2단계와 3단계의 값}$$

$$= \pi \int_{-2}^1 (8 - 6x - x^2 - x^4) \, dx \qquad \text{간단히}$$

$$= \pi \left[8x - 3x^2 - \frac{x^3}{3} - \frac{x^5}{5} \right]_{-2}^1 = \frac{117\pi}{5} \qquad \text{적분} \quad ■$$

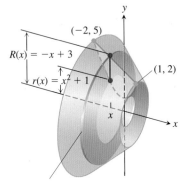

그림 5.14 (a) 예제 9에서 회전축에 수직인 선분들로 이루어진 영역. (b) 그 영역을 x축을 회전축으로 한 바퀴 회전할 때 그 선분은 와셔를 만든다.

영역을 y축을 회전축으로 회전하여 얻어지는 입체의 부피를 구하기 위해서 예제 9에서와 똑같은 과정을 거친다. 다만 x 대신 y에 관하여 적분한다. 이 경우는 표본 와셔를 만드는 선분은 y축(회전축)에 수직이고, 그 와셔의 바깥반지름과 안반지름은 y의 함수이다.

예제 10 포물선 $y = x^2$과 직선 $y = 2x$에 의해서 둘러싸인 제1사분면에 있는 영역을 y축을 회전축으로 회전하여 얻어진 입체가 있다. 그 입체의 부피를 구하라.

풀이 우선 영역을 그리고 회전축 (y축)에 수직이며 영역을 가로지르는 선분을 수평으로 그린다(그림 5.15(a) 참조).

선분의 회전에 의해서 생기는 와셔의 반지름은 $R(y) = \sqrt{y}$, $r(y) = y/2$이다(그림 5.15). 직선과 포물선은 $y = 0$과 $y = 4$에서 만난다. 그러므로 적분의 하한과 상한은 각각 $c = 0$과 $d = 4$이다. 다음과 같이 적분해서 그 부피를 구한다.

$$V = \int_c^d \pi \left([R(y)]^2 - [r(y)]^2 \right) dy \qquad \text{y축 회전}$$

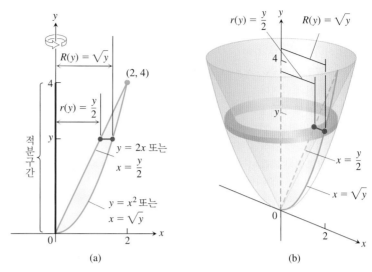

그림 5.15 (a) 예제 10에서 y축을 회전축으로 회전될 영역, 와셔 반지름, 적분의 한계.
(b) (a)에서의 그 선분에 의해 한 바퀴 회전된 와셔

$$= \int_0^4 \pi \left(\left[\sqrt{y} \right]^2 - \left[\frac{y}{2} \right]^2 \right) dy \qquad \text{반지름과 적분한계 대입}$$

$$= \pi \int_0^4 \left(y - \frac{y^2}{4} \right) dy = \pi \left[\frac{y^2}{2} - \frac{y^3}{12} \right]_0^4 = \frac{8}{3} \pi$$

연습문제 5.1

얇은 조각들에 의한 부피

연습문제 1~10에서 입체의 부피를 구하라.

1. $x=0$과 $x=4$에서 x축에 수직인 평면들 사이에 입체가 놓여 있다. 구간 $0 \le x \le 4$에 있고 x축에 수직인 절단면은 정사각형으로 그것의 대각선이 포물선 $y=-\sqrt{x}$부터 포물선 $y=\sqrt{x}$까지 닿아 있다.

2. $x=-1$과 $x=1$에서 x축에 수직인 평면 사이에 입체가 놓여 있다. x축에 수직인 절단면은 원판이며 그것의 지름이 포물선 $y=x^2$부터 포물선 $y=2-x^2$까지 닿아 있다.

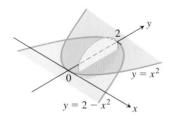

3. $x=-1$과 $x=1$에서 x축에 수직인 평면들 사이에 입체가 놓여 있다. 이들 평면 사이에 있고 x축에 수직인 절단면은 정사각형이며 그것의 밑변이 반원 $y=-\sqrt{1-x^2}$부터 반원 $y=\sqrt{1-x^2}$까지 닿아 있다.

4. $x=-1$과 $x=1$에서 x축에 수직인 평면들 사이에 입체가 놓여 있다. 이들 평면 사이에 있고 x축에 수직인 절단면은 정사각형이며 그것의 대각선이 반원 $y=-\sqrt{1-x^2}$부터 $y=\sqrt{1-x^2}$까지 닿아 있다.

5. 입체의 밑면이 직선 $x=0$과 직선 $x=\pi$, x축, 그리고 곡선 $y=2\sqrt{\sin x}$로 둘러싸인 영역이다. x축에 수직인 절단면이

   a. 그림에서와 같이 밑변이 x축과 그 곡선 사이에 놓여 있는 이등변삼각형이다.

   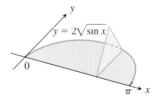

   b. 밑변이 x축과 그 곡선 사이에 놓여 있는 정사각형이다.

6. $x=-\pi/3$과 $x=\pi/3$에서 x축에 수직인 평면 사이에 입체가 놓여 있다. x축에 수직인 절단면이

   a. 지름이 곡선 $y=\tan x$부터 곡선 $y=\sec x$까지 닿아 있는 원판이다.

   b. 밑변이 곡선 $y=\tan x$부터 곡선 $y=\sec x$까지 닿아 있는 정사각형이다.

7. 입체의 밑면이 직선 $y=3x$, $y=6$과 $x=0$에 의해 둘러싸인 영역

이다. x축에 수직인 절단면이

a. 높이가 10인 직사각형

b. 둘레의 길이가 20인 직사각형

8. 입체의 밑면이 포물선 $y=\sqrt{x}$와 $y=x/2$에 의해 둘러싸인 영역이다. x축에 수직인 절단면이

a. 높이가 6인 이등변 삼각형

b. 직경이 입체의 밑면을 가로지르는 반원

9. $y=0$과 $y=2$에서 y축에 수직인 평면 사이에 입체가 놓여 있다. y축에 수직인 절단면이 지름이 y축부터 포물선 $x=\sqrt{5}\,y^2$까지 닿아 있는 원판이다.

10. 입체의 밑면이 원판 $x^2+y^2\leq1$이다. $y=-1$과 $y=1$ 사이에 있고 y축에 수직인 평면에 의하여 생기는 절단면이 길이가 같은 두 변 중의 한 변이 원판에 놓여 있는 이등변 직각삼각형이다.

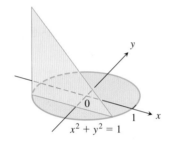

11. 주어진 사면체의 부피를 구하라.(**힌트**: 번호가 있는 변 중의 하나에 수직인 얇은 조각을 생각한다.)

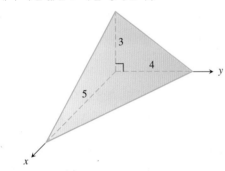

12. 밑면이 넓이가 9인 정사각형이고 높이가 5인 피라미드의 부피를 구하라.

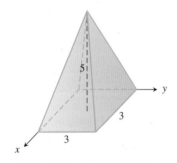

13. **나선형 입체**   변의 길이가 s인 정사각형이 직선 L에 수직인 평면에 놓여 있다. 그 정사각형의 한 꼭짓점은 L위에 놓여 있다. 이 정사각형이 L을 따라 거리 h만큼 움직이면서 L을 회전축으로 한 바퀴 회전하여 생기는 정사각형 절단면을 갖는 코르크스크루와 같은 나선형 기둥이 있다.

a. 그 나선형 기둥의 부피를 구하라.

b. 그 정사각형이 한 번 대신에 두 번 회전되었다면 그렇게 얻어진 나선형 기둥의 부피는 얼마인가? 그 이유를 설명하라.

14. **카발리에리의 원리**(Cavalieri's principle) $x=0$과 $x=12$를 지나는 x축에 수직인 평면들 사이에 입체가 놓여 있다. 다음 그림에서와 같이 그 입체와 x축에 수직인 평면에 의해 생기는 절단면은 지름이 직선 $y=x/2$부터 직선 $y=x$까지 닿아 있는 원판이다. 그 입체가 밑면의 반지름이 3이고, 높이가 12인 직원뿔과 같은 부피를 갖는 이유를 설명하라.

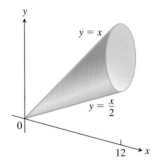

15. **반-원기둥 두 개의 교차**   지름이 2인 두 개의 반-원기둥이 주어진 그림처럼 직각으로 만난다. 두 원기둥의 공통 영역의 입체의 부피를 구하라.(**힌트**: 입체 밑면과 평행인 얇은 조각을 생각한다.)

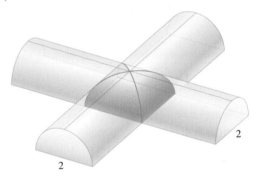

16. **탱크 안의 휘발유**   길이가 3 m이고 반지름이 1 m인 직원기둥 모양의 휘발유 탱크가 (옆으로 뉘어져) 있다. 휘발유가 탱크 안에 1.5 m 깊이만큼 채워져 있다면, 그 부피를 구하는 적분 공식을 구하라. 이 적분의 계산은 7장에서 공부할 것이다.(그렇지 않다면 기하학적인 방법을 사용하여 이 값을 구할 수 있다.)

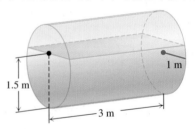

원판 방법에 의한 부피

연습문제 17~20에서 주어진 축을 회전축으로 색칠한 영역을 회전하여 생기는 회전체의 부피를 구하라.

17. x축을 회전축으로

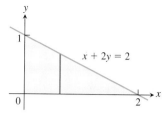

18. y축을 회전축으로

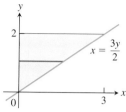

19. y축을 회전축으로

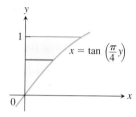

20. x축을 회전축으로

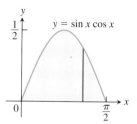

연습문제 21~26에서 직선과 곡선으로 둘러싸인 영역을 x축을 회전축으로 회전하여 생기는 회전체의 부피를 구하라.

21. $y=x^2$, $y=0$, $x=2$
22. $y=x^3$, $y=0$, $x=2$
23. $y=\sqrt{9-x^2}$, $y=0$
24. $y=x-x^2$, $y=0$
25. $y=\sqrt{\cos x}$, $0 \leq x \leq \pi/2$, $y=0$, $x=0$
26. $y=\sec x$, $y=0$, $x=-\pi/4$, $x=\pi/4$

연습문제 27~28에서 주어진 영역을 지정한 축을 회전축으로 회전하여 생기는 회전체의 부피를 구하라.

27. 위로는 직선 $y=\sqrt{2}$, 아래로는 곡선 $y=\sec x \tan x$, 왼쪽으로는 y축으로 둘러싸인 제1사분면에 있는 영역. 직선 $y=\sqrt{2}$를 회전축.

28. 위로는 직선 $y=2$, 아래로는 곡선 $y=2\sin x$, $0 \leq x \leq \pi/2$, 왼쪽으로는 y축으로 둘러싸인 제1사분면에 있는 영역. 직선 $y=2$를 회전축.

연습문제 29~34에서 직선과 곡선으로 둘러싸인 영역을 y축을 회전축으로 회전하여 생기는 회전체의 부피를 구하라.

29. $x=\sqrt{5}y^2$, $x=0$, $y=-1$, $y=1$로 둘러싸인 영역
30. $x=y^{3/2}$, $x=0$, $y=2$로 둘러싸인 영역
31. $x=\sqrt{2\sin 2y}$, $0 \leq y \leq \pi/2$, $x=0$으로 둘러싸인 영역
32. $x=\sqrt{\cos(\pi y/4)}$, $-2 \leq y \leq 0$, $x=0$으로 둘러싸인 영역
33. 좌표축, 직선 $y=3$, 곡선 $x=2/\sqrt{y+1}$로 둘러싸인 제1사분면에 있는 영역
34. $x=\sqrt{2}y/(y^2+1)$, $x=0$, $y=1$로 둘러싸인 영역

와셔 방법에 의한 부피

연습문제 35~36에서 색칠한 영역을 주어진 축을 회전축으로 회전하여 생기는 회전체의 부피를 구하라.

35. x축

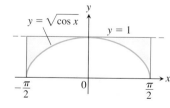

36. y축

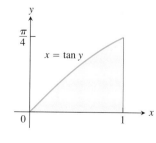

연습문제 37~42에서 직선과 곡선들로 둘러싸인 영역을 x축을 회전축으로 회전하여 생기는 회전체의 부피를 구하라.

37. $y=x$, $y=1$, $x=0$
38. $y=2\sqrt{x}$, $y=2$, $x=0$
39. $y=x^2+1$, $y=x+3$
40. $y=4-x^2$, $y=2-x$
41. $y=\sec x$, $y=\sqrt{2}$, $-\pi/4 \leq x \leq \pi/4$
42. $y=\sec x$, $y=\tan x$, $x=0$, $x=1$

연습문제 43~46에서 각 영역을 y축을 회전축으로 회전하여 생기는 회전체의 부피를 구하라.

43. 꼭짓점이 $(1, 0)$, $(2, 1)$과 $(1, 1)$인 삼각형으로 둘러싸인 영역
44. 꼭짓점이 $(0, 1)$, $(1, 0)$과 $(1, 1)$인 삼각형으로 둘러싸인 영역
45. 위로는 포물선 $y=x^2$, 아래로는 x축, 오른쪽으로는 직선 $x=2$로 둘러싸인 제1사분면에 있는 영역
46. 왼쪽으로는 원 $x^2+y^2=3$, 오른쪽으로는 직선 $x=\sqrt{3}$, 위로는 직선 $y=\sqrt{3}$으로 둘러싸인 제1사분면에 있는 영역

연습문제 47~48에서 각 영역을 주어진 축을 회전축으로 회전하여 생기는 회전체의 부피를 구하라.

47. 위로는 곡선 $y=x^2$, 아래로는 x축, 오른쪽으로는 직선 $x=1$로 둘러싸인 제1사분면에 있는 영역을 직선 $x=-1$을 회전축으로.

48. 위로는 곡선 $y=-x^3$, 아래로는 x축, 왼쪽으로는 직선 $x=-1$로 둘러싸인 제 2사분면에 있는 영역을 직선 $x=-2$를 회전축으로.

회전체의 부피

49. $y=\sqrt{x}$와 직선 $y=2$, $x=0$으로 둘러싸인 영역을
　a. x축 　　　　**b.** y축
　c. 직선 $y=2$ 　　**d.** 직선 $x=4$
　를 회전축으로 회전하여 생기는 입체의 부피를 구하라.

50. 직선 $y=2x$, $y=0$, $x=1$로 둘러싸인 삼각형 영역을
　a. 직선 $x=1$ 　　**b.** 직선 $x=2$
　를 회전축으로 회전하여 생기는 입체의 부피를 구하라.

51. 포물선 $y=x^2$과 직선 $y=1$로 둘러싸인 영역을
　a. 직선 $y=1$ 　　**b.** 직선 $y=2$
　c. 직선 $y=-1$
　을 회전축으로 회전하여 생기는 입체의 부피를 적분으로 구하라.

52. 꼭짓점이 $(0, 0)$, $(b, 0)$과 $(0, h)$인 삼각형 영역을
　a. x축 　　　　**b.** y축
　을 회전축으로 회전하여 생기는 입체의 부피를 적분으로 구하라.

이론과 응용

55. 원환체의 부피　원판 $x^2+y^2 \leq a^2$을 직선 $x=b(b>a)$를 회전축으로 회전하여 원환체(torus)라 불리는 도넛처럼 생긴 입체가 얻어졌다. 그것의 부피를 구하라.
　(힌트: $\int_{-a}^{a} \sqrt{a^2-y^2}\, dy = \pi a^2/2$, 왜냐하면 그것은 반지름이 a인 반원의 넓이이기 때문이다.)

54. 사발의 부피　$y=x^2/2$의 그래프, 직선 $y=0$, 직선 $y=5$로 둘러싸인 영역을 y축을 회전축으로 회전하여 생기는 입체 모양의

사발이 있다.

a. 그 사발의 부피를 구하라.

b. 연계 변화율 초당 3 입방 단위의 일정한 비율로 그 사발에 물을 채운다면 물의 깊이가 4 단위일 때 사발의 수면 상승 속도는 얼마인가?

55. 사발의 부피

a. 반지름이 a인 반구면 사발에 물이 들어 있는데 깊이가 h이다. 그 사발에 들어 있는 물의 부피를 구하라.

b. 연계 변화율 가라앉은 반지름이 5 m인 반구면 모양의 콘크리트 사발로 0.2 m³/s의 비율로 물이 흘러들어간다. 물의 깊이가 4 m일 때 그 콘크리트 사발의 수면 상승속도는 얼마인가?

56. 회전체의 위쪽에서 똑바로 비춰지는 빛에 의해서 축에 평행한 책상에 드리워진 그림자를 이용하여 회전체의 부피를 어떻게 추정할 수 있는지를 설명하라.

57. 반구의 부피 다음 그림에서와 같이 반지름이 R인 반구의 절단면과 반지름이 R이고, 높이가 R인 직원기둥에서 밑면의 반지름이 R이고, 높이가 R인 거꾸로 선 모양의 직원뿔을 제거하고 남은 입체의 절단면을 비교하여 반지름이 R인 반구의 부피를 구하는 공식이 $V = (2/3)\pi R^3$을 유도하라.

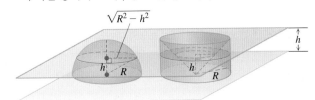

58. 측량추의 설계 무게가 약 190 g인 황동으로 된 측량 추를 제작하는데 다음 그림에서와 같은 회전체의 모양으로 만들기로 결정하였다. 그 측량추의 부피를 구하라. 만일 무게가 8.5 g/cm³인 황동이 있다면 그것으로 만들 수 있는 측량추의 무게 (그램 단위로 반올림)는 얼마가 되겠는가?

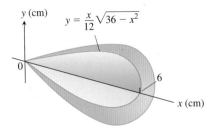

$$y = \frac{x}{12}\sqrt{36 - x^2}$$

59. 중국 냄비의 제작 손잡이가 달린 구면 모양의 그릇과 같은 프라이팬 모양의 중국 냄비를 제작하려고 한다. 집에서 간단한 실험으로 깊이가 9 cm, 반지름이 16 cm인 구로 그 그릇을 만들면 약 3 L가 들어간다는 것을 알 수 있다. 다음 그림에서처럼 냄비가 좌표계에서의 적당한 함수의 그래프를 회전하여 생긴 회전면의 일부가 되게 한 다음 적분을 이용해서 그 부피를 구하라. 입방 센티 미터 단위로 반올림할 때 부피는 얼마인가? (1L = 1000 cm³)

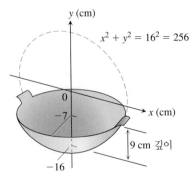

60. 최대-최소 주어진 그림에서와 같이 아치 $y = \sin x$, $0 \le x \le \pi$를 직선 $y = c$, $0 \le c \le 1$을 회전축으로 회전하여 생기는 회전체가 있다.

a. 그 입체의 부피가 최소가 되는 c를 구하라. 이때 최소의 부피는 얼마인가?

b. 입체의 부피가 최대가 되는 [0, 1]에 속하는 c는 얼마인가?

T c. 우선 $0 \le c \le 1$인 c의 함수인 입체의 부피에 대한 그래프를 그리라. 그리고 더 넓은 영역에서 그려보라. 또, c가 [0, 1] 밖의 값일 때의 입체의 부피는 어떤 값이 되는가? 이것이 물리적으로는 어떤 모양의 회전면이 되는가? 그 이유를 설명하라.

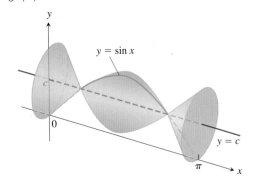

61. 곡선 $y = f(x) > 0$, $x = a > 0$, $x = b > a$와 $y = 0$에 의해 둘러싸인 영역 R을 생각하자(주어진 그림 참조). R을 x축을 회전축으로 회전하여 얻은 회전체의 부피가 4π이고, R을 직선 $y = -1$을 회전축으로 회전하여 얻은 회전체의 부피가 8π일 때, R의 넓이를 구하라.

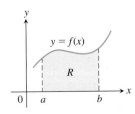

62. 연습문제 61의 영역 R을 생각하자. R을 x축을 회전축으로 회전하여 얻은 회전체의 부피가 6π이고, R을 직선 $y = -2$를 회전축으로 회전하여 얻은 회전체의 부피가 10π일 때, R의 넓이를 구하라.

5.2 원주각을 이용한 부피

5.1절에서는 입체 S의 부피를 정적분 $V = \int_a^b A(x)\,dx$로 정의하였다. 여기서 $A(x)$는 $x = a$부터 $x = b$까지의 입체의 적분가능한 절단면의 넓이이다. 이 넓이 $A(x)$는 그 입체 전체를 x축에 수직인 평면으로 절단하여 얻어진다. 하지만 이 얇은 조각방법(method of slicing)은 다음에 설명할 첫 번째 예제처럼 가끔 적용하기에 곤란할 때가 있다. 이 어려움을 극복하기 위해서 입체를 다른 방법으로 절단하여 넓이를 구하고 이를 이용하여 같은 적분 방법으로 부피를 정의한다.

원기둥으로 조각 자르기

쿠키 커터와 같은, 반지름이 증가하는 원형의 원기둥을 사용하여 입체를 조각으로 자른다고 가정하자. 원기둥의 중심축이 y축에 평행하도록 입체를 똑바로 아래쪽으로 잘라 나간다. 각 원기둥의 중심 수직축은 같은 직선이 되고, 원기둥의 반지름은 조각을 따라 증가한다. 이러한 방법으로 입체가 하나의 중심축으로부터 멀어지면서 마치 나이테처럼 동일한 두께의 얇은 원주각(원기둥 껍질) 조각으로 잘라진다. 원주각을 펼치면, 이 부피는 직사각형 판의 넓이 $A(x)$와 두께 Δx에 의해 근삿값으로 구해진다. 이 판으로부터 앞에서와 같이 부피에 대한 똑같은 적분 정의를 적용할 수 있다. 이러한 일반적인 방법으로 식을 유도하기 전에 다음 예제를 먼저 살펴보자.

예제 1 x축과 포물선 $y = f(x) = 3x - x^2$으로 둘러싸인 영역을 수직선 $x = -1$을 회전축으로 회전하여 하나의 입체가 얻어졌다(그림 5.16). 그 입체의 부피를 구하라.

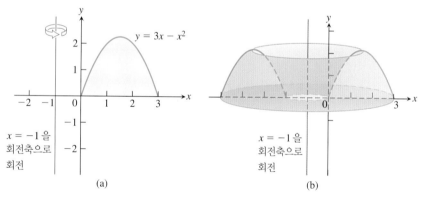

그림 5.16 (a) 회전하기 전의 예제 1의 영역. (b) (a)의 영역을 수직선 $x = -1$을 회전축으로 회전하여 생기는 입체

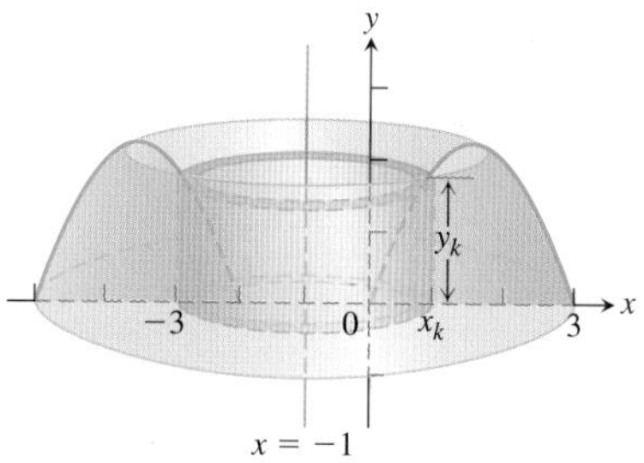

풀이 5.1절의 와셔 방법을 이용하는 것은 y축에 관하여 왼쪽 및 오른쪽 부분의 곡선들의 x값을 구해야 하기 때문에 여기서는 곤란하다(이 x값들은, 표본 와셔에 대한 부피 공식을 이용할 때 $y = 3x - x^2$을 풀어서 나오는 x값으로, 안반지름과 바깥반지름이다). 두께 Δy의 수평 띠를 회전하는 대신에 두께 Δx인 **수직 띠**(vertical strip)를 회전시킨다. 그렇게 회전하면 수직인 띠의 밑면에 있는 점 x_k에서 높이가 y_k이고, 두께가 Δx인 **원주각**(cylindrical shell)이 얻어진다. 원주각의 한 예는 오렌지색으로 칠해진 부분으로서 그림 5.17에서와 같다. 그림에서 보여진 원주각은 내부 구멍 가까이 전체를 회전축에 평행하게 수직으로 잘라내어 얻어지는 얇은 조각으로 된 입체와 거의 같다고 간주할 수 있다. 그 다음에 더 큰 구멍둘레로 하나의 원주형 얇은 조각을 잘라낸다. 그 다음 또 하나를 잘라내고, 이렇게 계속해나가면 결과적으로 n개의 원주각을 얻는다. 그 원주각들의

그림 5.17 수직선 $x = -1$을 회전축으로 두께 Δx인 수직 띠를 회전하여 얻어지는 높이가 y_k인 원통. 원통의 바깥 반지름은 x_k이고, 이때 높이 $y_k = 3x_k - x_k^2$이다(예제 1).

반지름은 점차적으로 커진다. 그리고 원주각들의 높이는 포물선 호의 높이에 의해 결정된다. 처음에 높이가 낮은 데서 시작하여 점점 더 높아지다가, 그리고 반대로 다시 낮아진다(그림 5.16(a)). 원주각의 부피의 합으로 된 리만 합이 입체의 전체 부피의 근삿값이다.

각 원주각은 x축 상에서 소구간 $[x_{k-1}, x_k]$ 위에 놓여 있으며, 그 두께는 $\Delta x_k = x_k - x_{k-1}$이다. 포물선이 직선 $x = -1$을 회전축으로 회전하므로, 원주각의 바깥반지름은 $1 + x_k$이다. 원주각의 높이는 소구간 $[x_{k-1}, x_k]$의 어떤 점에서 포물선의 높이이므로, 근삿값으로 $y_k = f(x_k) = 3x_k - x_k^2$이다. 이 원주각을 풀어서 평평하게 펼쳐 놓으면, 이것은 두께가 Δx_k인 직육면체 조각이다(그림 5.18 참조). 이 직육면체 조각의 높이는 근삿값으로 $y_k = 3x_k - x_k^2$이고, 또한 길이는 원주각의 둘레이므로, 근삿값으로 $2\pi \cdot$ 반지름 $= 2\pi(1 + x_k)$이다. 따라서 원주각의 부피는 근삿값으로 직육면체 조각의 부피가 된다.

$$\Delta V_k = \text{둘레의 길이} \times \text{높이} \times \text{두께}$$
$$= 2\pi(1 + x_k) \cdot \left(3x_k - x_k^2\right) \cdot \Delta x_k$$

구간 $[0, 3]$에서 개개의 원주각의 부피 ΔV_k를 모두 합하면 리만 합이 얻어진다.

$$\sum_{k=1}^{n} \Delta V_k = \sum_{k=1}^{n} 2\pi(x_k + 1)\left(3x_k - x_k^2\right)\Delta x_k$$

두께 $\Delta x \to 0$이고 $n \to \infty$일 때, 극한을 취하게 되면 부피적분은 다음과 같다.

$$V = \lim_{n \to \infty} \sum_{k=1}^{n} 2\pi(x_k + 1)\left(3x_k - x_k^2\right)\Delta x_k$$

$$= \int_0^3 2\pi(x + 1)(3x - x^2)\, dx$$

$$= \int_0^3 2\pi(3x^2 + 3x - x^3 - x^2)\, dx$$

$$= 2\pi \int_0^3 (2x^2 + 3x - x^3)\, dx$$

$$= 2\pi \left[\frac{2}{3}x^3 + \frac{3}{2}x^2 - \frac{1}{4}x^4\right]_0^3 = \frac{45\pi}{2}$$

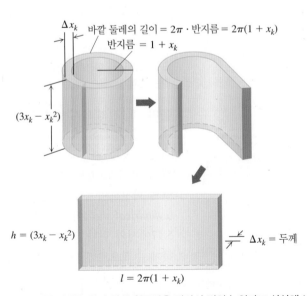

그림 5.18 (거의) 평평한 직육면체를 얻기 위해 원주각을 잘라서 펼쳐 놓았다고 상상해 보라(예제 1).

이제 좀 더 일반적인 입체로 이 과정을 일반화한다.

원주각 방법

유한 닫힌 구간 $[a, b]$에서 음이 아닌 연속함수 $y = f(x)$의 그래프와 x축으로 둘러싸인 영역이 수직선 $x = L$의 오른쪽에 놓여 있다고 가정하자(그림 5.19(a)). $a \geq L$이라 가정하자. 그러면 수직선은 영역과 접할 수는 있지만 그 영역을 통과하지는 않는다. 이 영역을 수직인 직선 $x = L$을 회전축으로 회전하면 입체 S가 생성된다.

P를 점 $a = x_0 < x_1 < \cdots < x_n = b$들로 이루어진 구간 $[a, b]$의 분할이라 하자. 평소처럼, 각 소구간 $[x_{k-1}, x_k]$에서 한 점 c_k를 선택한다. 예제 1에서는 c_k를 끝점으로 선택했지만, 이제는 조금 더 편리하게 c_k를 k번째 소구간 $[x_{k-1}, x_k]$의 중점이라 하자. 그림 5.19(a)에서와 같이 그영역을 $[a, b]$의 분할에 기초한 직사각형으로 근사시킨다. 표본 근사 직사각형은 높이가 $f(c_k)$이고 폭이 $\Delta x_k = x_k - x_{k-1}$이다. 만일 이 직사각형이 수직선 $x = L$을 회전축으로 회전한다면 그림 5.19(b)에 있는 원주각이 만들어진다. 기하학에서의 공식을 적용하면 직사각형을 회전해서 얻어지는 원주각의 부피는 다음과 같다.

> 높이가 h이고 안반지름이 r, 바깥반지름이 R인 원주각의 부피는
> $$\pi R^2 h - \pi r^2 h = 2\pi\left(\frac{R+r}{2}\right)(h)(R-r)$$
> 이다.

$$\Delta V_k = 2\pi \times \text{평균 원주각 반지름} \times \text{원주각 높이} \times \text{두께}$$
$$= 2\pi \cdot (c_k - L) \cdot f(c_k) \cdot \Delta x_k \qquad R = x_k - L \text{과 } r = x_{k-1} - L$$

n개의 직사각형들로 만들어진 원주각들의 부피의 합은 입체 S의 부피를 근사시킨다.

$$V \approx \sum_{k=1}^{n} \Delta V_k$$

$\Delta x_k \to 0$이고 $n \to \infty$일 때 리만 합의 극한은 정적분으로서 입체의 부피가 된다.

$$V = \lim_{n \to \infty} \sum_{k=1}^{n} \Delta V_k = \int_a^b 2\pi(\text{원주각 반지름})(\text{원주각 높이}) \, dx$$
$$= \int_a^b 2\pi(x - L)f(x) \, dx$$

여기서 사용된 적분변수 x를 **두께변수(thickness variable)**라고 한다. 원주각 방법의 **과정**을 강조하기 위해서 적분공식을 원주각 반지름과 원주각 높이를 사용한 적분을 이용한다. 이것은 또한 수평인 직선 L을 회전축으로 하는 회전에도 허용된다.

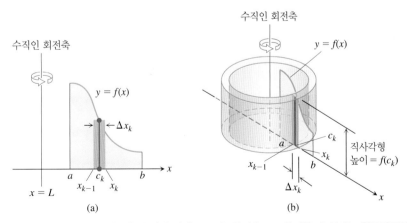

그림 5.19 (a)에서 보여지는 영역을 수직인 직선 $x = L$을 회전축으로 회전할 때 입체는 원주각들의 얇은 조각으로 나눌 수 있다. (b)에서 보이는 것이 원주각의 표본이다.

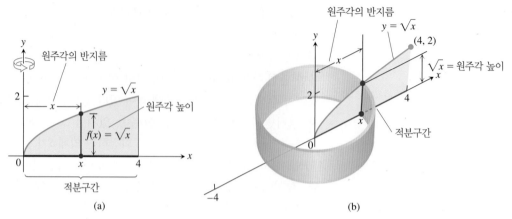

그림 5.20 (a) 예제 2의 영역, 원주각의 치수, 적분구간. (b) (a)에서 폭이 Δx인 수직인 선분을 한 바퀴 회전하여 생긴 원주각

수직선을 회전축으로 회전한 원주각 공식

x축과 연속함수 $y = f(x) \geq 0$, $L \leq a \leq x \leq b$의 그래프 사이의 영역을 수직인 직선 $x = L$을 회전축으로 회전하여 얻어지는 입체의 부피는 다음과 같다.

$$V = \int_a^b 2\pi \binom{\text{원주각}}{\text{반지름}}\binom{\text{원주각}}{\text{높이}} dx$$

예제 2 곡선 $y = \sqrt{x}$, x축, 직선 $x = 4$로 둘러싸인 영역을 y축을 회전축으로 회전하여 생긴 입체가 있다. 그 입체의 부피를 구하라.

풀이 영역을 그리고, 회전축에 평행하게 그 영역을 가로지르는 선분을 그려라(그림 5.20(a)). 그 선분의 높이(원주각 높이), 회전축으로부터의 떨어진 거리(원주각 반지름)를 표시하라(그림 5.20(b)에서 원주각을 그려 놓았지만, 독자들은 그것을 그릴 필요가 없다).

원주각의 두께 변수는 x이다. 그러므로 원주각 공식의 적분의 하한과 상한은 $a = 0$과 $b = 4$이다(그림 5.20). 이때 부피는 다음과 같다.

$$V = \int_a^b 2\pi \binom{\text{원주각}}{\text{반지름}}\binom{\text{원주각}}{\text{높이}} dx$$

$$= \int_0^4 2\pi(x)\left(\sqrt{x}\right) dx$$

$$= 2\pi \int_0^4 x^{3/2} dx = 2\pi \left[\frac{2}{5}x^{5/2}\right]_0^4 = \frac{128\pi}{5}$$ ∎

지금까지 수직인 회전축을 이용하였다. 회전축이 수평인 축에 대해서는 x를 y로 대체하면 된다.

예제 3 곡선 $y = \sqrt{x}$, x축, 직선 $x = 4$로 둘러싸인 영역을 x축을 회전축으로 회전하여 생긴 입체가 있다. 그 입체의 부피를 구하라.

풀이 이 입체의 부피는 5.1절 예제 4에서 원판 방법에 의해 구하였다. 여기서는 원주각 방법으로 부피를 구한다. 먼저 영역과 그 내부에 회전축에 평행한 선분을 그려라(그림

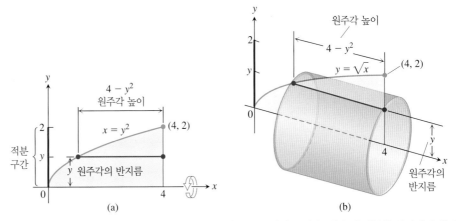

그림 5.21 (a) 예제 3의 영역, 원주각 치수, 적분구간. (b) (a)에서 폭이 Δy인 수평 선분을 회전하여 생긴 원주각

5.21(a)). 그 선분의 높이(원주각 높이), 회전축과 떨어진 거리(원주각 반지름)를 표시하라(그림 5.21(b)에서 원주각을 그려 놓았지만, 독자들은 그것을 그릴 필요가 없다). 이 경우에 원주각 두께 변수는 y이다. 그래서 원주각 공식을 위한 적분의 하한과 상한은 $a=0$과 $b=2$이다(그림 5.21에서 y축상에). 이때 부피는 다음과 같다.

$$V = \int_a^b 2\pi \left(\begin{array}{c}\text{원주각} \\ \text{반지름}\end{array}\right)\left(\begin{array}{c}\text{원주각} \\ \text{높이}\end{array}\right) dy$$

$$= \int_0^2 2\pi(y)(4 - y^2)\, dy$$

$$= 2\pi \int_0^2 (4y - y^3)\, dy$$

$$= 2\pi \left[2y^2 - \frac{y^4}{4} \right]_0^2 = 8\pi$$

원주각 방법의 요약

회전축의 위치에 관계없이(수평이든 또는 수직이든), 원주각 방법을 충족시키는 단계는 다음과 같다.

1. 영역과 회전축에 **평행한 선분**을 그 영역 내에 그리라. 선분의 높이 혹은 길이(원주각 높이)와 회전축에서 떨어진 거리(원주각 반지름)를 구해 표시하라.

2. 두께변수에 대한 **적분의 하한과 상한**을 구하라.

3. 두께변수로 $2\pi \times$(원주각 반지름)$\times$(원주각 높이)를 **적분**하여 부피를 구하라.

원주각 방법과 와셔 방법은 어떤 영역의 부피를 구하는 데 모두 똑같은 답을 준다. 여기서 그 결과를 증명은 하지 않지만, 연습문제 37과 38에서 설명된다. 두 부피 공식은 실제로 13장에서 2중적분과 3중적분을 공부할 때 살펴볼 일반적인 부피 공식의 특별한 경우이다. 그런 일반적인 공식은 영역을 회전축으로 한 바퀴 회전하여 생긴 회전체가 아닌 일반적인 입체의 부피를 구하기 위해 필요하다.

연습문제 5.2

회전축을 중심으로 회전

연습문제 1~6에서 색칠해진 영역을 지시된 축을 회전축으로 회전하여 생기는 입체의 부피를 원주각 방법을 이용하여 구하라.

1.

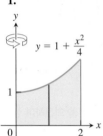

$y = 1 + \dfrac{x^2}{4}$

2.

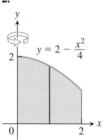

$y = 2 - \dfrac{x^2}{4}$

3.

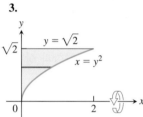

$y = \sqrt{2}$, $x = y^2$

4.

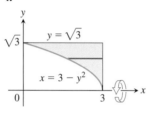

$y = \sqrt{3}$, $x = 3 - y^2$

5. y축

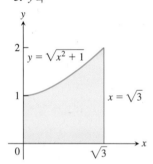

$y = \sqrt{x^2 + 1}$, $x = \sqrt{3}$

6. y축

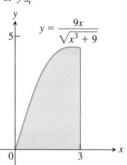

$y = \dfrac{9x}{\sqrt{x^3 + 9}}$

y축을 회전축으로 회전

연습문제 7~12에서 곡선과 직선으로 둘러싸인 영역을 y축을 회전축으로 회전하여 생기는 입체의 부피를 원주각 방법을 이용하여 구하라.

7. $y = x$, $y = -x/2$, $x = 2$

8. $y = 2x$, $y = x/2$, $x = 1$

9. $x \geq 0$에 대하여 $y = x^2$, $y = 2 - x$, $x = 0$

10. $y = 2 - x^2$, $y = x^2$, $x = 0$

11. $y = 2x - 1$, $y = \sqrt{x}$, $x = 0$

12. $y = 3/(2\sqrt{x})$, $y = 0$, $x = 1$, $x = 4$

13. $f(x) = \begin{cases} (\sin x)/x, & 0 < x \leq \pi \\ 1, & x = 0 \end{cases}$

    a. $xf(x) = \sin x$, $0 \leq x \leq \pi$임을 보이라.

    b. 색칠해진 영역을 y축을 회전축으로 회전하여 얻어지는 입체의 부피를 구하라.

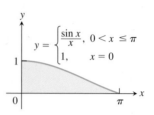

$y = \begin{cases} \dfrac{\sin x}{x}, & 0 < x \leq \pi \\ 1, & x = 0 \end{cases}$

14. $g(x) = \begin{cases} (\tan x)^2/x, & 0 < x \leq \pi/4 \\ 0, & x = 0 \end{cases}$

    a. $xg(x) = (\tan x)^2$, $0 \leq x \leq \pi/4$임을 보이라.

    b. 색칠해진 영역을 y축을 회전축으로 회전하여 얻어지는 입체의 부피를 구하라.

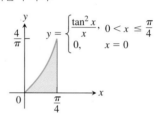

$y = \begin{cases} \dfrac{\tan^2 x}{x}, & 0 < x \leq \dfrac{\pi}{4} \\ 0, & x = 0 \end{cases}$

x축을 회전축으로 회전

연습문제 15~22에서 곡선과 직선으로 둘러싸인 영역을 x축을 회전축으로 회전하여 얻어지는 입체의 부피를 원주각 방법을 이용하여 구하라.

15. $x = \sqrt{y}$, $x = -y$, $y = 2$

16. $x = y^2$, $x = -y$, $y = 2$, $y \geq 0$

17. $x = 2y - y^2$, $x = 0$ **18.** $x = 2y - y^2$, $x = y$

19. $y = |x|$, $y = 1$ **20.** $y = x$, $y = 2x$, $y = 2$

21. $y = \sqrt{x}$, $y = 0$, $y = x - 2$

22. $y = \sqrt{x}$, $y = 0$, $y = 2 - x$

수평 또는 수직인 직선을 회전축으로 회전

연습문제 23~26에서 원주각 방법을 이용하여 주어진 곡선에 의해 둘러싸인 영역을 주어진 직선을 회전축으로 회전하여 얻은 입체의 부피를 구하라.

23. $y = 3x$, $y = 0$, $x = 2$

    a. y축   **b.** 직선 $x = 4$

    c. 직선 $x = -1$ **d.** x축

    e. 직선 $y = 7$ **f.** 직선 $y = -2$

24. $y = x^3$, $y = 8$, $x = 0$

    a. y축   **b.** 직선 $x = 3$

    c. 직선 $x = -2$ **d.** x축

    e. 직선 $y = 8$ **f.** 직선 $y = -1$

25. $y = x + 2$, $y = x^2$

    a. 직선 $x = 2$ **b.** 직선 $x = -1$

    c. x축   **d.** 직선 $y = 4$

26. $y = x^4$, $y = 4 - 3x^2$

    a. 직선 $x = 1$ **b.** x축

연습문제 27과 28에서 색칠해진 영역을 지시된 축을 회전축으로
회전하여 생기는 입체의 부피를 원주각 방법을 이용하여 구하라.

27. a. x축   **b.** 직선 $y=1$

    c. 직선 $y=8/5$ **d.** 직선 $y=-2/5$

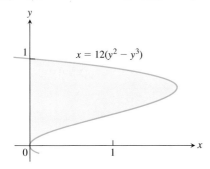

28. a. x축   **b.** 직선 $y=2$

    c. 직선 $y=5$ **d.** 직선 $y=-5/8$

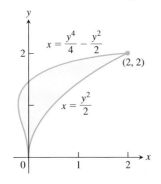

와셔 방법과 원주각 방법의 선택

어떤 영역들에 대하여, 와셔 방법이나 원주각 방법 모두 좌표축을
회전축으로 그 영역을 회전하여 생기는 입체에 대하여는 잘 적용
되지만, 그러나 이것은 항상 잘 적용되는 것은 아니다. 예를 들면,
한 영역을 y축을 회전축으로 회전하고, 와셔 방법을 적용할 때는 y
에 관하여 적분해야 한다. 그렇지만 y에 관하여 피적분함수를 표현
하는 것이 불가능할 수도 있다. 그러한 경우에, 대신 원주각 방법은
x에 관하여 적분하는 것이 가능할 수도 있다.

연습문제 29와 30에서 어느 정도 그러한 문제점을 살펴볼 수 있다.

29. 직선 $y=x$와 곡선 $y=x^2$으로 둘러싸인 영역을 각각의 좌표축
을 회전축으로 회전하여 얻어지는 입체의 부피를 아래의 방법
을 이용하여 구하라.

    a. 원주각 방법   **b.** 와셔 방법

30. 직선 $2y=x+4$, $y=x$, 직선 $x=0$으로 둘러싸인 삼각형 영역을
각각의 주어진 축 또는 직선을 회전축으로 회전하여 생기는 입
체의 부피를 각각 지시된 방법을 이용하여 구하라.

    a. x축과 와셔 방법

    b. y축과 원주각 방법

    c. 직선 $x=4$와 원주각 방법

    d. 직선 $y=8$과 와셔 방법

연습문제 31~36에서 지시된 축을 회전축으로 주어진 영역을 회전
하여 생기는 입체의 부피를 구하라. 만일 어떤 문제에서 와셔 방법
을 이용하는 것이 더 좋다고 판단되면 그 방법을 자유롭게 이용

하라.

31. 꼭짓점이 (1, 1), (1, 2)와 (2, 2)인 삼각형 영역을 지시된 축을
회전축으로.

    a. x축   **b.** y축

    c. 직선 $x=10/3$ **d.** 직선 $y=1$

32. $y=\sqrt{x}$, $y=2$, $x=0$으로 둘러싸인 영역을 지시된 축을 회전축
으로.

    a. x축   **b.** y축

    c. 직선 $x=4$ **d.** 직선 $y=2$

33. 곡선 $x=y-y^3$과 y축으로 둘러싸인 제1사분면에 있는 영역을
지시된 축을 회전축으로.

    a. x축   **b.** 직선 $y=1$

34. 곡선 $x=y-y^3$, 직선 $x=1$, 직선 $y=1$로 둘러싸인 제1사분면에
있는 영역을 지시된 축을 회전축으로.

    a. x축   **b.** y축

    c. 직선 $x=1$ **d.** 직선 $y=1$

35. 곡선 $y=\sqrt{x}$와 곡선 $y=x^2/8$로 둘러싸인 영역을 지시된 축을
회전축으로.

    a. x축   **b.** y축

36. 곡선 $y=2x-x^2$과 직선 $y=x$로 둘러싸인 영역을 지시된 축을
회전축으로.

    a. y축   **b.** 직선 $x=1$

37. 곡선 $y=1/x^{1/4}$을 위쪽 경계로, 직선 $x=1/16$을 왼쪽 경계로,
직선 $y=1$을 아래쪽 경계로 하여 둘러싸인 제1사분면에 있는
영역을 x축을 회전축으로 회전하여 생긴 입체가 있다. 다음 지
시된 방법을 이용하여 그 입체의 부피를 구하라.

    a. 와셔 방법   **b.** 원주각 방법

38. 곡선 $y=1/\sqrt{x}$를 위쪽 경계로, 직선 $x=1/4$를 왼쪽 경계로, 직
선 $y=1$을 아래쪽 경계로 하여 둘러싸인 제1사분면에 있는 영
역을 y축을 회전축으로 회전하여 생긴 입체가 있다. 다음 지시
된 방법을 이용하여 그 입체의 부피를 구하라.

    a. 와셔 방법   **b.** 원주각 방법

이론과 예제

39. 그림에서와 같은 영역을 x축을 회전축으로 회전하여 생긴 입
체가 있다. 그 입체의 부피를 구하기 위해서 어느 방법(원반,
와셔, 원주각)을 이용해야 하는가? 각 경우에 있어서 필요로
하는 적분은 몇 개인가? 그 이유를 설명하라.

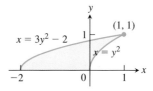

40. 그림에서와 같은 영역을 y축을 회전축으로 회전하여 생긴 입
체가 있다. 그 입체의 부피를 구하기 위해서 어느 방법(원반,
와셔, 원주각)을 이용해야 하는가? 각 경우에 있어서 필요로
하는 적분은 몇 개인가? 그 이유를 설명하라.

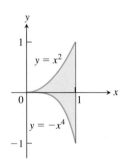

41. 반지름이 5인 구의 지름을 따라 반지름이 3인 드릴로 구멍을 뚫은 구슬이 있다.

 a. 구슬의 부피를 구하라.

 b. 구의 제거된 부분의 부피를 구하라.

42. 고리의 모양을 하고 있는 케이크는 곡선 $y=\sin(x^2-1)$, $1 \leq x \leq \sqrt{1+\pi}$와 x축을 경계로 하고 있는 영역을 y축을 회전축으로 회전하여 얻은 모양이다. 케이크의 부피를 구하라.

43. 적절한 회전체를 이용하여, 높이가 h이고 반지름이 r인 직각 원뿔의 부피를 구하는 공식을 유도하라.

44. 원주각 방법을 이용하여 반지름이 r인 구의 부피를 구하는 식을 유도하라.

45. 곡선 $y=f(x)>0$과 두 직선 $x=a>0$, $x=b>a$에 둘러싸인 영역 R을 생각하자. 영역 R을 y축을 회전축으로 회전하여 생긴 입체의 부피가 2π이고, 영역 R을 직선 $x=-2$를 회전축으로 회전하여 생긴 입체의 부피가 10π일 때, 영역 R의 넓이를 구하라.

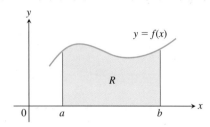

46. 연습문제 45의 영역 R을 생각하자. 영역 R의 넓이가 1이고, 영역 R을 직선 $x=-3$을 회전축으로 회전하여 생긴 입체의 부피가 10π라 할 때, 영역 R을 y축을 회전축으로 회전하여 생긴 입체의 부피를 구하라.

5.3 호의 길이

반듯한 선분의 길이는 어떤 의미인지 잘 안다. 하지만 적분이 없다면, 구불구불한 곡선의 길이는 정확한 정의를 알 수가 없다. 만일 구간에서 정의된 연속함수의 그래프로 나타내는 곡선이라면, 곡선과 x축 사이의 넓이를 정의하기 위해 사용했던 방법과 비슷한 과정을 사용하여 곡선의 길이를 정의할 수 있다. 구부러진 곡선을 많은 조각으로 나누고, 각 조각을 반듯한 선분에 의해 근사시킨다. 이 선분들의 길이의 합이 구하고자 하는 곡선의 길이의 근삿값이다. 이 선분의 수가 무한히 커질 때 이 근삿값의 극한이 곡선의 길이이다.

곡선 $y=f(x)$의 길이

길이를 구해야 하는 곡선이 함수 $y=f(x)$의 $x=a$부터 $x=b$까지의 그래프라 하자. 곡선의 길이를 구하는 적분 공식을 유도하기 위해, 함수 f가 $[a, b]$의 각 점에서 도함수가 연속이라 하자. 이러한 함수를 **매끄럽다(smooth)**고 한다. 또한 이 함수의 그래프는 중단점, 모퉁이(corner), 또는 첨점(cusp)을 포함하고 있지 않기 때문에 **매끄러운 곡선(smooth curve)**이라 한다.

 구간 $[a, b]$를 먼저 $a=x_0<x_1<x_2<\cdots<x_n=b$에 의해 n개의 소구간으로 분할한다. 만일 $y_k=f(x_k)$라고 하면, 이에 해당하는 곡선 위의 점은 $P_k(x_k, y_k)$이다. 이제 이웃하는 점들 P_{k-1}과 P_k를 계속 선분으로 연결하여 다각형 경로를 만든다. 이때 이 경로의 길이가 곡선의 길이의 근삿값이 된다(그림 5.22). 선분 $P_{k-1} P_k$에서 $\Delta x_k=x_k-x_{k-1}$이라 하고 $\Delta y_k=y_k-y_{k-1}$이라 하면, 선분 길이는(그림 5.23 참조)

$$L_k = \sqrt{(\Delta x_k)^2 + (\Delta y_k)^2}$$

이다. 따라서 곡선의 길이는 다음과 같은 합에 의해 근삿값으로 구해진다.

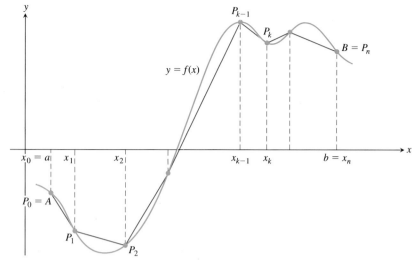

그림 5.22 다각형 경로 $P_0 P_1 P_2 \cdots P_n$의 길이는 곡선 $y = f(x)$의 점 A부터 점 B까지 길이의 근삿값이다.

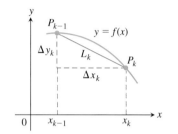

그림 5.23 곡선 $y = f(x)$의 호 $P_{k-1} P_k$는 그림에서와 같이 선분의 길이 $L_k = \sqrt{(\Delta x_k)^2 + (\Delta y_k)^2}$에 의해 근삿값으로 구해진다.

$$\sum_{k=1}^{n} L_k = \sum_{k=1}^{n} \sqrt{(\Delta x_k)^2 + (\Delta y_k)^2} \qquad (1)$$

구간 $[a, b]$를 더 잘게 자르면 더 나은 근삿값을 기대할 수 있다. 이 극한을 계산하기 위해 평균값 정리를 사용하면 다음 식을 만족하고 $x_{k-1} < c_k < x_k$인 점 c_k가 존재한다.

$$\Delta y_k = f'(c_k) \, \Delta x_k$$

식 (1)의 합에서 Δy_k를 대입하면 다음 식을 얻는다.

$$\sum_{k=1}^{n} L_k = \sum_{k=1}^{n} \sqrt{(\Delta x_k)^2 + (f'(c_k)\Delta x_k)^2} = \sum_{k=1}^{n} \sqrt{1 + [\, f'(c_k)\,]^2} \, \Delta x_k \qquad (2)$$

이 리만 합의 극한은 계산할 수 있다. $\sqrt{1 + [\, f'(x)\,]^2}$은 구간 $[a, b]$에서 연속이므로 식 (2)의 우변의 리만 합의 극한이 존재하며 그 값은

$$\lim_{n \to \infty} \sum_{k=1}^{n} L_k = \lim_{n \to \infty} \sum_{k=1}^{n} \sqrt{1 + [\, f'(c_k)\,]^2} \, \Delta x_k = \int_a^b \sqrt{1 + [\, f'(x)\,]^2} \, dx$$

이 된다. 이 정적분을 곡선의 길이로 정의한다.

정의   도함수 f'이 구간 $[a, b]$에서 연속이면 곡선 $y = f(x)$의 점 $A = (a, f(a))$부터 점 $B = (b, f(b))$까지 **길이(호의 길이)**는 다음 적분 값이다.

$$L = \int_a^b \sqrt{1 + [\, f'(x)\,]^2} \, dx = \int_a^b \sqrt{1 + \left(\frac{dy}{dx}\right)^2} \, dx \qquad (3)$$

예제 1   다음 곡선의 길이를 구하라(그림 5.24).

$$y = \frac{4\sqrt{2}}{3} x^{3/2} - 1, \qquad 0 \le x \le 1$$

풀이   식 (3)을 이용하려면 $a = 0$과 $b = 1$이고

$$y = \frac{4\sqrt{2}}{3} x^{3/2} - 1 \qquad\qquad x = 1, y \approx 0.89$$

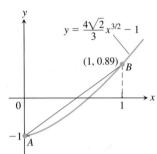

그림 5.24 곡선의 길이는 점 A와 B를 연결하는 선분들의 길이보다 약간 길다(예제 1).

$$\frac{dy}{dx} = \frac{4\sqrt{2}}{3} \cdot \frac{3}{2}x^{1/2} = 2\sqrt{2}x^{1/2}$$

$$\left(\frac{dy}{dx}\right)^2 = \left(2\sqrt{2}x^{1/2}\right)^2 = 8x$$

이다. 따라서 $x=0$부터 $x=1$까지 곡선의 길이는 다음과 같다.

$$L = \int_0^1 \sqrt{1 + \left(\frac{dy}{dx}\right)^2}\, dx = \int_0^1 \sqrt{1 + 8x}\, dx \qquad \text{식 (3)에서 } a = 0, b = 1$$

$$= \frac{2}{3} \cdot \frac{1}{8}(1 + 8x)^{3/2}\Big]_0^1 = \frac{13}{6} \approx 2.17 \qquad \begin{matrix} u = 1 + 8x\text{로 치환} \\ \text{적분하고 다시 환원} \end{matrix}$$

곡선의 길이는 곡선 위의 점 $A=(0, -1)$과 $B=(1, 4\sqrt{2}/3-1)$을 연결하는 선분들의 길이보다 약간 길다는 것을 주의하라(그림 5.24 참조).

$$2.17 > \sqrt{1^2 + (1.89)^2} \approx 2.14 \qquad \text{소수점 근삿값} \qquad \blacksquare$$

예제 2 다음 함수의 그래프의 길이를 구하라.

$$f(x) = \frac{x^3}{12} + \frac{1}{x}, \qquad 1 \le x \le 4$$

풀이 함수의 그래프는 그림 5.25에서 볼 수 있다. 식 (3)을 이용하기 위하여

$$f'(x) = \frac{x^2}{4} - \frac{1}{x^2}$$

이고

$$1 + [f'(x)]^2 = 1 + \left(\frac{x^2}{4} - \frac{1}{x^2}\right)^2 = 1 + \left(\frac{x^4}{16} - \frac{1}{2} + \frac{1}{x^4}\right)$$

$$= \frac{x^4}{16} + \frac{1}{2} + \frac{1}{x^4} = \left(\frac{x^2}{4} + \frac{1}{x^2}\right)^2$$

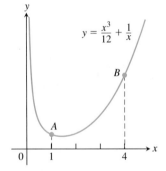

그림 5.25 예제 2의 곡선. 점 A는 $(1, 13/12)$이고 점 B는 $(4, 67/12)$이다.

이다. $[1, 4]$ 위에서 그래프의 길이는 다음과 같다.

$$L = \int_1^4 \sqrt{1 + [f'(x)]^2}\, dx = \int_1^4 \left(\frac{x^2}{4} + \frac{1}{x^2}\right) dx$$

$$= \left[\frac{x^3}{12} - \frac{1}{x}\right]_1^4 = \left(\frac{64}{12} - \frac{1}{4}\right) - \left(\frac{1}{12} - 1\right) = \frac{72}{12} = 6 \qquad \blacksquare$$

dy/dx가 불연속일 때 다루기

dy/dx가 존재하지 않는 곡선 위의 점에서 dx/dy는 존재할 수도 있다. 예를 들어, 수직 접선을 갖는 곡선에서 나타날 수 있다. 이러한 경우에는 x를 y의 함수로 표현하고, 다음과 같은 식 (3)의 유사 공식을 적용해서 곡선의 길이를 구할 수도 있다.

> **$x=g(y), c \le y \le d$의 길이에 대한 공식**
> 도함수 g'이 $[c, d]$ 상에서 연속이면, 점 $A=(g(c), c)$부터 점 $B=(g(d), d)$까지 곡선 $x=g(y)$의 길이는 다음과 같다.
>
> $$L = \int_c^d \sqrt{1 + \left(\frac{dx}{dy}\right)^2}\, dy = \int_c^d \sqrt{1 + [g'(y)]^2}\, dy \qquad (4)$$

예제 3 $x = 0$부터 $x = 2$까지 곡선 $y = (x/2)^{2/3}$의 길이를 구하라.

풀이 도함수

$$\frac{dy}{dx} = \frac{2}{3}\left(\frac{x}{2}\right)^{-1/3}\left(\frac{1}{2}\right) = \frac{1}{3}\left(\frac{2}{x}\right)^{1/3}$$

은 $x = 0$에서 정의되지 않는다. 따라서 식 (3)을 이용해서 곡선의 길이를 구할 수 없다.

그러므로 x를 y에 관한 방정식으로 다시 고쳐 쓴다.

$$y = \left(\frac{x}{2}\right)^{2/3}$$

$$y^{3/2} = \frac{x}{2} \qquad \text{양변에 3/2제곱을 취한다.}$$

$$x = 2y^{3/2} \qquad x\text{에 대해 푼다.}$$

이로부터 곡선은 $y = 0$부터 $y = 1$까지 함수 $x = 2y^{3/2}$의 그래프로 볼 수 있다(그림 5.26).
도함수

$$\frac{dx}{dy} = 2\left(\frac{3}{2}\right)y^{1/2} = 3y^{1/2}$$

는 $[0, 1]$에서 연속이다. 따라서 식 (4)를 이용하여 곡선의 길이를 구하면 다음과 같다.

$$
\begin{aligned}
L &= \int_c^d \sqrt{1 + \left(\frac{dx}{dy}\right)^2}\, dy = \int_0^1 \sqrt{1 + 9y}\, dy \qquad \text{식 (4)에서 } c = 0,\ d = 1 \\
&= \frac{1}{9}\cdot\frac{2}{3}(1 + 9y)^{3/2}\Big]_0^1 \qquad\qquad u = 1 + 9y\text{라 하면, } du/9 = dy \\
&\qquad\qquad\qquad\qquad\qquad\qquad\qquad\quad \text{적분하고, 다시 환원} \\
&= \frac{2}{27}\left(10\sqrt{10} - 1\right) \approx 2.27
\end{aligned}
$$

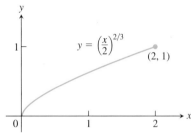

그림 5.26 $x = 0$부터 $x = 2$까지의 곡선 $y = (x/2)^{2/3}$의 그래프는 또한 $y = 0$부터 $y = 1$까지의 함수 $x = 2y^{3/2}$의 그래프이다 (예제 3).

호의 길이에 대한 미분 공식

함수 $y = f(x)$와 그 도함수 f'이 구간 $[a, b]$에서 연속이면, 미적분학의 기본정리에 의해 새로운 함수

$$s(x) = \int_a^x \sqrt{1 + [f'(t)]^2}\, dt \qquad\qquad (5)$$

를 정의할 수 있다. 식 (3)과 그림 5.22로부터, 새로운 함수 $s(x)$가 $[a, b]$에서 연속이고, 또한 각 $x \in [a, b]$에 대하여 시작점 $P_0(a, f(a))$부터 $Q(x, f(x))$까지의 곡선 $y = f(x)$의 길이를 나타냄을 알 수 있다. 이 함수 s를 함수 $y = f(x)$에 대한 **호의 길이 함수(arc length function)**라 한다. 기본정리에 의하면 함수 s는 구간 (a, b)에서 미분가능하며, 도함수는 다음과 같다.

$$\frac{ds}{dx} = \sqrt{1 + [f'(x)]^2} = \sqrt{1 + \left(\frac{dy}{dx}\right)^2}$$

또한 호의 길이의 미분은 다음과 같다.

$$ds = \sqrt{1 + \left(\frac{dy}{dx}\right)^2}\, dx \qquad\qquad (6)$$

식 (6)을 기억하기 쉽게

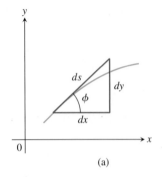

(a)

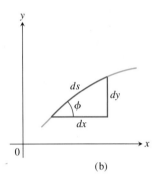

(b)

그림 5.27 식 $ds = \sqrt{dx^2 + dy^2}$을 기억하기 위한 그림

$$ds = \sqrt{dx^2 + dy^2} \tag{7}$$

과 같이 나타내어 곡선의 길이를 구할 때에서는 적절한 상한과 하한 사이에서 적분하면 된다. 이러한 관점에서 보면, 모든 호의 길이 공식들이 식 $L = \int ds$의 약간씩 변형된 표현들임을 알 수 있다. 그림 5.27(a)는 식 (7)에 대응하는 ds를 명확하게 설명해준다. 그림 5.27(b)는 정확하지는 않지만 그림 5.27(a)의 단순화된 근사라고 간주한다. 즉, $ds \approx \Delta s$이다.

예제 4 예제 2에서 곡선의 길이를 $A = (1, 13/12)$를 시작점으로 하여 구하라(그림 5.25 참조).

풀이 예제 2의 풀이에서

$$1 + [\,f'(x)\,]^2 = \left(\frac{x^2}{4} + \frac{1}{x^2}\right)^2$$

을 구했다. 그러므로 호의 길이 함수는

$$s(x) = \int_1^x \sqrt{1 + [\,f'(t)\,]^2}\, dt = \int_1^x \left(\frac{t^2}{4} + \frac{1}{t^2}\right) dt$$

$$= \left[\frac{t^3}{12} - \frac{1}{t}\right]_1^x = \frac{x^3}{12} - \frac{1}{x} + \frac{11}{12}$$

이다. 점 $A = (1, 13/12)$부터 $B = (4, 67/12)$까지 곡선의 길이는 호의 길이 함수를 이용하여 간단하게

$$s(4) = \frac{4^3}{12} - \frac{1}{4} + \frac{11}{12} = 6$$

으로 계산된다. 계산 결과는 예제 2에서와 같다. ∎

연습문제 5.3

곡선의 길이 구하기

연습문제 1~12에서 곡선의 길이를 구하라. 만일 그래프를 그리는 능력이 있다면, 이 곡선들의 모양이 어떻게 생겼는지 보기 위해 그래프를 그려보는 것도 좋을 것이다.

1. $x = 0$부터 $x = 3$까지 $y = (1/3)(x^2 + 2)^{3/2}$

2. $x = 0$부터 $x = 4$까지 $y = x^{3/2}$

3. $y = 1$부터 $y = 3$까지 $x = (y^3/3) + 1/(4y)$

4. $y = 1$부터 $y = 9$까지 $x = (y^{3/2}/3) - y^{1/2}$

5. $y = 1$부터 $y = 2$까지 $x = (y^4/4) + 1/(8y^2)$

6. $y = 2$부터 $y = 3$까지 $x = (y^3/6) + 1/(2y)$

7. $y = (3/4)x^{4/3} - (3/8)x^{2/3} + 5,\ 1 \le x \le 8$

8. $y = (x^3/3) + x^2 + x + 1/(4x+4),\ 0 \le x \le 2$

9. $y = \dfrac{x^3}{3} + \dfrac{1}{4x},\quad 1 \le x \le 3$

10. $y = \dfrac{x^5}{5} + \dfrac{1}{12x^3},\quad \dfrac{1}{2} \le x \le 1$

11. $x = \displaystyle\int_0^y \sqrt{\sec^4 t - 1}\, dt,\quad -\pi/4 \le y \le \pi/4$

12. $y = \displaystyle\int_{-2}^x \sqrt{3t^4 - 1}\, dt,\quad -2 \le x \le -1$

T **곡선의 길이에 대한 적분 구하기**

연습문제 13~20에서 다음을 구하라.

    a. 곡선의 길이를 정적분으로 정의하라.

    b. 그 곡선이 어떻게 생겼는지 알기 위해 곡선의 그래프를 그려 보라.

    c. 그래프 그리는 능력이나 컴퓨터로 정적분을 구하는 소프트웨어를 이용하여 곡선의 길이를 수치로 구하라.

13. $y = x^2,\quad -1 \le x \le 2$

14. $y = \tan x,\quad -\pi/3 \le x \le 0$

15. $x = \sin y,\quad 0 \le y \le \pi$

16. $x = \sqrt{1 - y^2},\quad -1/2 \le y \le 1/2$

17. $(-1, -1)$부터 $(7, 3)$까지 $y^2 + 2y = 2x + 1$

18. $y = \sin x - x\cos x,\quad 0 \le x \le \pi$

19. $y = \displaystyle\int_0^x \tan t\, dt,\quad 0 \le x \le \pi/6$

20. $x = \int_0^y \sqrt{\sec^2 t - 1}\, dt, \quad -\pi/3 \leq y \leq \pi/4$

이론과 예제

21. a. 곡선의 길이를 나타내는 적분(식 (3))이

$$L = \int_1^4 \sqrt{1 + \frac{1}{4x}}\, dx$$

이고, 양의 도함수를 가지며 점 (1, 1)을 지나는 곡선을 구하라.

b. 그러한 곡선이 몇 개 존재하는가? 그 이유를 설명하라.

22. a. 곡선의 길이를 나타내는 적분 (식 (4))이

$$L = \int_1^2 \sqrt{1 + \frac{1}{y^4}}\, dy$$

이고, 양의 도함수를 가지며 점 (0, 1)을 지나는 곡선을 구하라.

b. 그러한 곡선이 몇 개 존재하는가? 그 이유를 설명하라.

23. $x = 0$부터 $x = \pi/4$까지 다음 곡선의 길이를 구하라.

$$y = \int_0^x \sqrt{\cos 2t}\, dt$$

24. 성망형의 길이 식 $x^{2/3} + y^{2/3} = 1$의 그래프는 별모양을 하고 있기 때문에 성망형이라 불리는 곡선들 중 하나이다(주어진 그림 참조). 이 성망형의 길이를 제1사분면의 절반 $y = (1 - x^{2/3})^{3/2}$, $\sqrt{2}/4 \leq x \leq 1$의 길이를 구한 후, 8배를 해서 구하라.

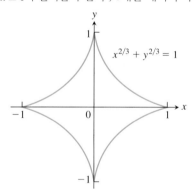

25. 선분의 길이 호의 길이 공식(식 (3))을 이용하여 선분 $y = 3 - 2x$, $0 \leq x \leq 2$의 길이를 구하라. 직각삼각형의 빗변으로써 선분의 길이를 구하여 답을 비교해 보아라.

26. 원의 둘레 중심이 원점이고 반지름이 r인 원의 둘레를 적분으로 나타내라. 이 적분의 계산 방법은 7.3절에서 배울 것이다.

27. $9x^2 = y(y - 3)^2$일 때, 다음을 보이라.

$$ds^2 = \frac{(y + 1)^2}{4y}\, dy^2$$

28. $4x^2 - y^2 = 64$일 때, 다음을 보이라.

$$ds^2 = \frac{4}{y^2}(5x^2 - 16)\, dx^2$$

29. 구간 $0 \leq x \leq a$에서 길이가 항상 $\sqrt{2}a$인 매끄러운 (도함수가 연속인) 곡선 $y = f(x)$가 존재하는가? 그 이유를 설명하라.

30. 접선 지느러미를 이용하여 곡선의 길이 공식 유도하기 함수 f가 $[a, b]$에서 매끄럽다고 가정하자. 구간 $[a, b]$를 일반적인 방법

으로 분할하였다고 하자. 각 소구간 $[x_{k-1}, x_k]$에서, 점 $(x_{k-1}, f(x_{k-1}))$에서 접선 지느러미를 다음 주어진 그림에서와 같이 구성한다.

a. k번째 구간 $[x_{k-1}, x_k]$에서 접선 지느러미의 길이는 $\sqrt{(\Delta x_k)^2 + (f'(x_{k-1})\, \Delta x_k)^2}$임을 보이라.

b. 곡선 $y = f(x)$의 a부터 b까지의 길이 L이 다음과 같음을 보이라.

$$\lim_{n \to \infty} \sum_{k=1}^n (k\text{번째 접선 지느러미의 길이}) = \int_a^b \sqrt{1 + (f'(x))^2}\, dx$$

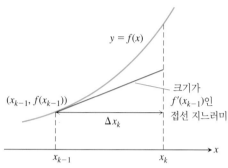

31. 단위원의 제1사분면($\frac{\pi}{2}$까지)의 호의 길이를 $n = 4$개의 선분으로 근사시킨 다각형(아래 주어진 그림 참조)의 길이를 계산하여 근삿값을 구하라.

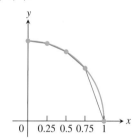

32. 두 점 사이의 길이 직선 $y = mx + b$의 그래프 위의 두 점을 (x_1, y_1)과 (x_2, y_2)라고 하자. 호의 길이 공식(식 (3))을 이용하여 두 점 사이의 길이를 구하라.

33. 점 (0, 0)을 시작점으로 하여 $f(x) = 2x^{3/2}$의 그래프에 대한 호의 길이 함수를 구하라. (0, 0)부터 (1, 2)까지 곡선의 길이는 얼마인가?

34. 점 (0, 1/4)를 시작점으로 하여 연습문제 8의 곡선에 대한 호의 길이 함수를 구하라. (0, 1/4)부터 (1, 59/24)까지 곡선의 길이는 얼마인가?

컴퓨터 탐구

연습문제 35~40에서 닫힌 구간에서 주어진 곡선에 대하여 CAS를 이용하여 다음 단계들을 수행하라.

a. 구간의 $n = 2, 4, 8$개의 분할점들에 대하여 꺾은선 근사법을 이용하고, 또한 그 곡선도 그리라(그림 5.22 참고).

b. 그 선분들의 길이를 합하여 곡선의 길이의 근삿값을 구하라.

c. 적분을 이용해 곡선의 길이를 구하라. $n = 2, 4, 8$에 대하여 적분에 의한 실제의 길이와 그 근삿값을 비교하라. n이 크면 실제 길이와 근삿값을 비교해 보면 어떤가? 그 이유를 설명하라.

35. $f(x) = \sqrt{1 - x^2}, \quad -1 \leq x \leq 1$

36. $f(x) = x^{1/3} + x^{2/3}, \quad 0 \leq x \leq 2$

37. $f(x) = \sin(\pi x^2), \quad 0 \leq x \leq \sqrt{2}$

38. $f(x) = x^2 \cos x, \quad 0 \leq x \leq \pi$

39. $f(x) = \dfrac{x - 1}{4x^2 + 1}, \quad -\dfrac{1}{2} \leq x \leq 1$

40. $f(x) = x^3 - x^2, \quad -1 \leq x \leq 1$

5.4 회전면의 넓이

어떤 사람이 줄넘기를 한다고 할 때. 그 줄은 그 사람을 중심으로 공간에서 곡면을 만드는데, 이와 유사한 개념이 **회전체의 곡면**(*surface of revolution*)이라 불리는 것이다. 이 곡면은 회전체의 부피를 감싸고 있으며, 감싼 부피보다는 곡면의 넓이를 구해야 하는 응용문제가 더 많다. 이 장에서는 회전체의 곡면의 넓이를 정의한다. 더 일반적인 곡면은 14장에서 다룬다.

곡면의 넓이 정의하기

어떤 구간에서 정의된 함수의 그래프에 의해 둘러싸인 평면영역을 회전시켰을 때, 이 장의 앞에서 보았던 것처럼 회전체를 만든다. 하지만 만일 경계 곡선만을 회전시킨다면, 내부가 없고 단지 입체를 둘러싸고 있는 경계 곡면만을 만든다. 바로 앞 절에서 단지 곡선의 길이를 정의하고 계산하는 것에 관심이 있었던 것처럼 여기서는 하나의 곡선을 어떤 축을 회전축으로 회전시켜 얻은 곡면의 넓이를 정의하고 계산하는 것에 관심이 있다.

일반적인 곡선을 생각하기에 앞서 회전축인 x축과 평행한 선분과 평행하지 않은 선분의 경우로 나누어 살펴보기로 한다. x축과 평행하고 Δx의 길이를 갖는 선분 AB를 x축을 회전축으로 회전하면(그림 5.28(a)), 곡면의 넓이 $2\pi y \Delta x$인 원주면이 만들어진다. 이 넓이는 가로가 Δx이고, 세로가 $2\pi y$인 직사각형의 넓이와 같다(그림 5.28(b)). 이때 $2\pi y$는 선분 AB 상의 한 점 (x, y)를 x축을 회전축으로 회전해서 생긴 반지름이 y인 원의 둘레의 길이이다.

선분 AB의 길이가 L이고, 또한 그 선분이 x축과 평행이 아니라고 가정하자. 이때 선분 AB를 x축을 회전축으로 회전시키면 원뿔대가 된다(그림 5.29(a)). 고전 기하학으로부터 원뿔대의 겉넓이는 $2\pi y^* L$이다. 여기서 $y^* = (y_1 + y_2)/2$는 축 위의 선분 AB의 평균 높이이다. 이 넓이는 가로, 세로가 각각 L과 $2\pi y^*$인 직사각형의 넓이와 같다(그림 5.29(b)).

더욱 일반적인 곡선을 x축을 회전축으로 회전하여 생기는 곡면의 넓이를 정의하기 위하여 위에서 언급한 기하학적 원리를 이용하자. 0보다 크거나 같은 연속함수 $y = f(x)$, $a \leq x \leq b$의 그래프를 x축을 회전축으로 회전하여 생기는 곡면의 넓이에 대한 정의를 살펴보자. 일반적으로, 닫힌 구간 $[a, b]$를 분할하고 그 표본점들을 이용하여 주어진 함수의 그래프를 짧은 호들로 분할한다. 그림 5.30은 표본 호인 PQ와 f의 그래프의 일부를 회전하여 생기는 띠를 보여준다.

호 PQ를 x축을 회전축으로 회전할 때, 점 P와 Q를 잇는 선분이 회전축이 x축인 원뿔대를 만든다(그림 5.31). 이 원뿔대의 곡면의 넓이는 호 PQ에 의해서 만들어지는 띠

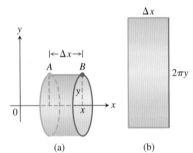

그림 5.28 (a) 길이가 Δx인 수평선분 AB를 x축을 회전축으로 회전하여 생긴 원주면의 넓이는 $2\pi y \Delta x$이다. (b) 잘라서 펼쳐 놓은 직사각형으로서의 원주면

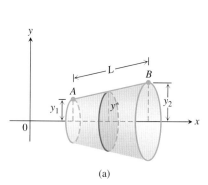

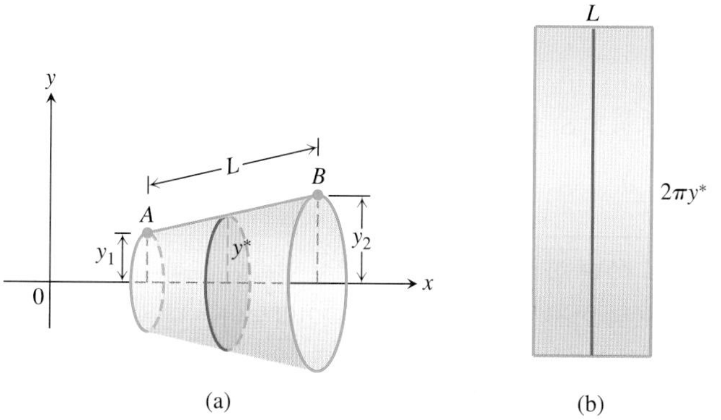

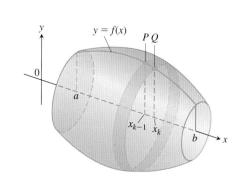

(a)

(b)

그림 5.29 반경 (a) 경사진 선분 AB를 x축을 회전축으로 회전하여 생기는 원뿔대의 넓이는 $2\pi y^*L$이다. (b) x축 위의 AB의 평균 높이인 $y^* = \dfrac{y_1 + y_2}{2}$ 에 대한 직사각형의 넓이

그림 5.30 음이 아닌 함수 $y = f(x)$, $a \le x \le b$의 그래프를 x축을 회전축으로 회전하여 생기는 곡면. 곡면은 호 PQ를 한 바퀴 회전하여 얻은 것과 같은 띠들의 합이다.

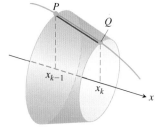

그림 5.31 P와 Q를 연결하는 선분을 x축을 회전축으로 한 바퀴 회전시키면 원뿔대가 얻어진다.

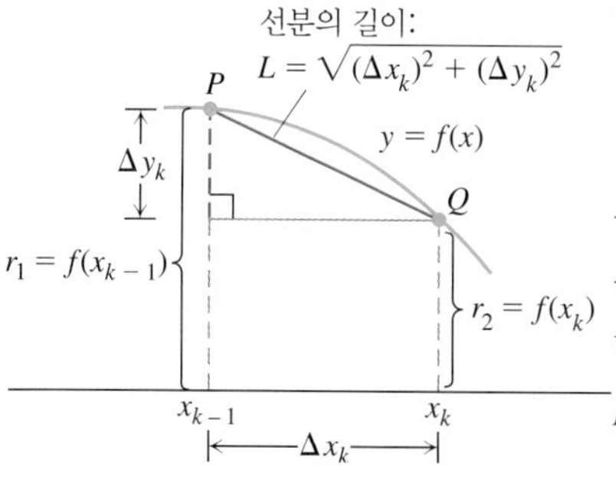

그림 5.32 선분 PQ와 호에 관련된 길이

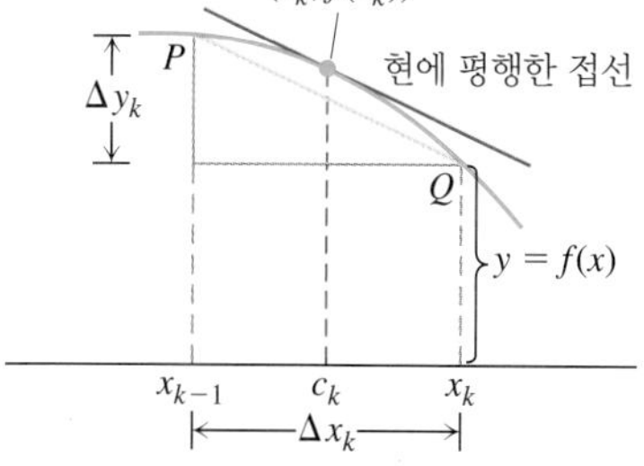

그림 5.33 만일 f가 매끄럽다면, 평균값 정리는 그 접선이 선분 PQ에 평행하게 되는 점 c_k의 존재성을 보장한다.

의 넓이를 근삿값으로 갖는다. 그림 5.31에서와 같이 그 원뿔대의 곡면의 넓이는 $2\pi y^*L$이다. 여기서 y^*는 선분 PQ의 평균 높이이고, L은 그 선분의 길이이다 (앞에서와 같이). $f \ge 0$이므로 그림 5.32에서와 같이 선분의 평균 높이는 $y^* = (f(x_{k-1}) + f(x_k))/2$이고, 선분의 길이는 $L = \sqrt{(\Delta x_k)^2 + (\Delta y_k)^2}$이다. 그러므로

$$\text{원뿔대의 곡면의 넓이} = 2\pi \cdot \frac{f(x_{k-1}) + f(x_k)}{2} \cdot \sqrt{(\Delta x_k)^2 + (\Delta y_k)^2}$$
$$= \pi(f(x_{k-1}) + f(x_k))\sqrt{(\Delta x_k)^2 + (\Delta y_k)^2}$$

PQ와 같은 호들을 x축을 회전축으로 회전해서 얻는 띠들의 넓이를 합하면 주어진 회전체를 회전하여 얻어지는 회전면의 넓이가 되고, 그 근삿값은 다음과 같다.

$$\sum_{k=1}^{n} \pi(f(x_{k-1}) + f(x_k))\sqrt{(\Delta x_k)^2 + (\Delta y_k)^2} \tag{1}$$

구간 $[a, b]$의 분할을 더욱 세분하면 위의 근삿값은 참값에 더욱 가까워진다. 극한을 구하기 위해서는, 먼저 Δy_k를 적절한 값으로 치환할 필요가 있다. 함수 f가 미분가능하다면 평균값 정리에 의하여 접선의 기울기가 선분 PQ의 기울기와 같은 점 $(c_k, f(c_k))$가 P와 Q 사이의 곡선상에 존재한다(그림 5.33). 이 점에서는

$$f'(c_k) = \frac{\Delta y_k}{\Delta x_k}$$

즉,

$$\Delta y_k = f'(c_k)\,\Delta x_k$$

이다. Δy_k를 치환하면, 식 (1)의 합은 다음과 같다.

$$\sum_{k=1}^{n} \pi(f(x_{k-1}) + f(x_k))\sqrt{(\Delta x_k)^2 + (f'(c_k)\,\Delta x_k)^2}$$
$$= \sum_{k=1}^{n} \pi(f(x_{k-1}) + f(x_k))\sqrt{1 + (f'(c_k))^2}\,\Delta x_k \tag{2}$$

이 합은 x_{k-1}, x_k와 c_k가 같은 점들이 아니므로 어떤 함수의 리만 합이 되지 않는다. 그렇지만 $[a, b]$의 분할의 노름이 0에 한없이 가까워지면 x_{k-1}, x_k와 c_k는 어느 한 점에 가까워지고 식 (2)의 합은 다음 정적분에 수렴한다는 것이 증명될 수 있다.

$$\int_a^b 2\pi f(x)\sqrt{1+(f'(x))^2}\,dx$$

그러므로 a와 b 사이의 f의 그래프에 의해서 만들어지는 곡면의 넓이를 이 정적분으로 정의한다.

정의 음이 아닌 함수 $f(x)$가 $[a, b]$에서 연속인 도함수를 가지면, 곡선 $y=f(x)$를 x축을 회전축으로 회전시켜서 얻어지는 **곡면의 넓이**는 다음과 같다.

$$S = \int_a^b 2\pi y\sqrt{1+\left(\frac{dy}{dx}\right)^2}\,dx = \int_a^b 2\pi f(x)\sqrt{1+(f'(x))^2}\,dx \qquad (3)$$

식 (3)에서의 제곱근은 5.3절의 식 (6)에서 곡선의 호의 길이 미분에 대한 공식에 있는 것과 비슷함에 주목하라.

예제 1 곡선 $y=2\sqrt{x}$, $1\le x\le 2$를 x축을 회전축으로 회전하여 얻어지는 곡면의 넓이를 구하라(그림 5.34).

풀이 공식

$$S = \int_a^b 2\pi y\sqrt{1+\left(\frac{dy}{dx}\right)^2}\,dx \qquad \text{식 (3)}$$

에 다음 수식들을 대입하는데,

$$a = 1, \qquad b = 2, \qquad y = 2\sqrt{x}, \qquad \frac{dy}{dx} = \frac{1}{\sqrt{x}}$$

먼저, 계산하기 쉽도록 다음과 같이 변환한다.

$$\sqrt{1+\left(\frac{dy}{dx}\right)^2} = \sqrt{1+\left(\frac{1}{\sqrt{x}}\right)^2}$$
$$= \sqrt{1+\frac{1}{x}} = \sqrt{\frac{x+1}{x}} = \frac{\sqrt{x+1}}{\sqrt{x}}$$

이제, 이 수식들을 대입하면 다음과 같다.

$$S = \int_1^2 2\pi \cdot 2\sqrt{x}\,\frac{\sqrt{x+1}}{\sqrt{x}}\,dx = 4\pi\int_1^2 \sqrt{x+1}\,dx$$
$$= 4\pi \cdot \frac{2}{3}(x+1)^{3/2}\Big]_1^2 = \frac{8\pi}{3}\left(3\sqrt{3}-2\sqrt{2}\right) \qquad \blacksquare$$

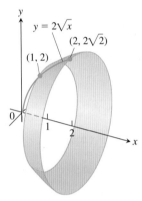

$y=2\sqrt{x}$

$(2, 2\sqrt{2})$

$(1, 2)$

그림 5.34 예제 1에 있는 이 곡면의 넓이를 계산한다.

y축 회전

y축을 회전축으로 회전하여 얻어진 곡면인 경우에는 식 (3)에 x와 y를 서로 바꾸어 대입한다.

---

y축을 회전축으로 회전하여 얻어진 곡면의 넓이
함수 $x=g(y)\ge 0$이 $[c, d]$에서 연속인 도함수를 가지면, 곡선 $x=g(y)$를 y축을 회전 축으로 회전하여 얻어진 곡면의 넓이는 다음과 같다.

$$S = \int_c^d 2\pi x\sqrt{1+\left(\frac{dx}{dy}\right)^2}\,dy = \int_c^d 2\pi g(y)\sqrt{1+(g'(y))^2}\,dy \qquad (4)$$

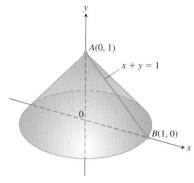

그림 5.35 선분 AB를 y축을 회전축으로 회전하여 원뿔면이 얻어졌다. 이때 측면의 넓이는 두 가지 다른 방법으로 계산할 수 있다(예제 2).

예제 2 선분 $x=1-y$, $0 \leq y \leq 1$을 y축을 회전축으로 회전시키면 그림 5.35에서와 같은 원뿔면이 얻어진다. 그 원뿔면의 옆넓이(밑넓이 제외)를 구하라.

풀이 우선 기하학에서 잘 알려진 공식을 이용해서 계산한다.

$$\text{옆넓이} = \frac{\text{밑면의 둘레}}{2} \times \text{모선} = \pi\sqrt{2}$$

식 (4)를 계산하여 같은 값이 되는지를 알아보기 위해서,

$$c = 0, \qquad d = 1, \qquad x = 1-y, \qquad \frac{dx}{dy} = -1,$$

$$\sqrt{1 + \left(\frac{dx}{dy}\right)^2} = \sqrt{1 + (-1)^2} = \sqrt{2}$$

를 식 (4)에 대입한다. 그리고 그것을 계산하면

$$S = \int_c^d 2\pi x \sqrt{1 + \left(\frac{dx}{dy}\right)^2}\, dy = \int_0^1 2\pi(1-y)\sqrt{2}\, dy$$

$$= 2\pi\sqrt{2}\left[y - \frac{y^2}{2}\right]_0^1 = 2\pi\sqrt{2}\left(1 - \frac{1}{2}\right)$$

$$= \pi\sqrt{2}$$

가 된다. 그렇게 다른 방법으로 계산한 결과가 서로 일치한다. ■

연습문제 5.4

곡면의 넓이에 대한 적분 구하기

연습문제 1~8에서

  a. 주어진 곡선을 지시된 축을 회전축으로 회전하여 생긴 곡면의 넓이를 적분으로 나타내라.

  T b. 곡선들의 모양이 어떻게 생겼는지 보기 위하여 그것을 그려보라.

  T c. 적분계산 프로그램을 이용해서 곡면의 넓이를 수치적으로 구하라.

1. $y = \tan x$, $0 \leq x \leq \pi/4$; x축
2. $y = x^2$, $0 \leq x \leq 2$; x축
3. $xy = 1$, $1 \leq y \leq 2$; y축
4. $x = \sin y$, $0 \leq y \leq \pi$; y축
5. $(4, 1)$에서 $(1, 4)$까지 $x^{1/2} + y^{1/2} = 3$; x축
6. $y + 2\sqrt{y} = x$, $1 \leq y \leq 2$; y축
7. $x = \displaystyle\int_0^y \tan t\, dt$, $\quad 0 \leq y \leq \pi/3$; y축
8. $y = \displaystyle\int_1^x \sqrt{t^2 - 1}\, dt$, $\quad 1 \leq x \leq \sqrt{5}$; x축

곡면의 넓이 구하기

9. 선분 $y = x/2$, $0 \leq x \leq 4$를 x축을 회전축으로 회전하여 얻어지는 원뿔면의 옆넓이를 구하라. 기하학적 공식을 이용하여 답을 검산하라.

$$\text{옆넓이} = \frac{1}{2} \times (\text{밑면의 둘레}) \times (\text{모선})$$

10. 선분 $y = x/2$, $0 \leq x \leq 4$를 y축을 회전축으로 회전하여 얻어지는 원뿔면의 옆넓이를 구하라. 기하학 공식을 이용하여 답을 검산하라.

$$\text{옆넓이} = \frac{1}{2} \times (\text{밑면의 둘레}) \times (\text{모선})$$

11. 선분 $y = (x/2) + (1/2)$, $1 \leq x \leq 3$을 x축을 회전축으로 회전하여 얻어지는 원뿔대의 곡면의 넓이를 구하라. 기하학 공식을 이용하여 답을 검산하라.

$$\text{원뿔대의 곡면의 넓이} = \pi(r_1 + r_2) \times (\text{모선})$$

12. 선분 $y = (x/2) + (1/2)$, $1 \leq x \leq 3$을 y축을 회전축으로 회전하여 얻어지는 원뿔대의 곡면의 넓이를 구하라. 기하학 공식을 이용하여 답을 검산하라.

$$\text{원뿔대의 곡면의 넓이} = \pi(r_1 + r_2) \times (\text{모선})$$

연습문제 13~23에서 지시된 축을 회전축으로 곡선을 회전하여 얻어지는 곡면의 넓이를 구하라. 만일 이들 곡선을 수치적으로 정밀하게 그릴 수 있다면 그 곡선이 어떻게 생겼는지 모양을 알기 위해서 그것을 그려보아도 좋다.

13. $y = x^3/9$, $0 \leq x \leq 2$; x축
14. $y = \sqrt{x}$, $3/4 \leq x \leq 15/4$; x축
15. $y = \sqrt{2x - x^2}$, $0.5 \leq x \leq 1.5$; x축
16. $y = \sqrt{x + 1}$, $1 \leq x \leq 5$; x축

17. $x = y^3/3$, $0 \leq y \leq 1$; y축

18. $x = (1/3)y^{3/2} - y^{1/2}$, $1 \leq y \leq 3$; y축

19. $x = 2\sqrt{4-y}$, $0 \leq y \leq 15/4$; y축

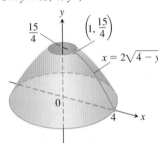

20. $x = \sqrt{2y-1}$, $5/8 \leq y \leq 1$; y축

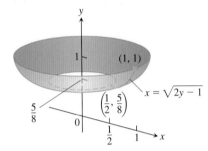

21. $y = (1/2)(x^2 + 1)$, $0 \leq x \leq 1$; y축

22. $y = (1/3)(x^2+2)^{3/2}$, $0 \leq x \leq \sqrt{2}$; y축 (**힌트:** $ds = \sqrt{dx^2 + dy^2}$ 을 dx에 관해 나타내고, 적절한 적분하한과 상한을 택하여 적분 $S = \int 2\pi x\, ds$를 구하라.)

23. $x = (y^4/4) + 1/(8y^2)$, $1 \leq y \leq 2$; x축 (**힌트:** $ds = \sqrt{dx^2 + dy^2}$을 dy에 관해 나타내고, 적절한 적분하한과 상한을 택하여 적분 $S = \int 2\pi y\, ds$를 구하라.)

24. 곡선 $y = \cos x$, $-\pi/2 \leq x \leq \pi/2$를 x축을 회전축으로 회전하여 생기는 곡면의 넓이를 정적분으로 나타내라. 7.4절에서 그러한 정적분의 값을 구하는 방법을 살펴보게 될 것이다.

25. 새로운 정의를 시험해 보기 식 (3)을 이용하여 곡선 $y = \sqrt{a^2 - x^2}$, $-a \leq x \leq a$를 x축을 회전축으로 회전하여 얻어지는 곡면의 넓이로 구하여도 반지름이 a인 구의 곡면의 넓이는 여전히 $4\pi a^2$임을 보이라.

26. 새로운 정의를 시험해 보기 밑변의 반지름이 r이고, 높이가 h인 원뿔면의 옆넓이는 (밑면의 둘레의 반)×(모선)인 $\pi r\sqrt{r^2 + h^2}$이 된다. 이것 역시 선분 $y = (r/h)x$, $0 \leq x \leq h$를 x축을 회전축으로 회전하여 생기는 곡면의 넓이를 구하는 것과 같음을 보이라.

T 27. 그릇을 에나멜로 도금하기 당신이 근무하는 회사에서는 설계했던 호화로운 느낌의 그릇 제품을 생산하기로 결정하였다. 그 계획은 그 그릇의 안쪽 면은 흰색 에나멜을 입히고 바깥면은 파란색 에나멜로 입힐 예정이다. 그 그릇에 각 에나멜을 0.5 mm 두께로 분무한 뒤에 햇볕에 말리게 될 것이다(그림 참조). 당신 회사의 생산 부서에서는 5000개의 제품을 만드는 데 에나멜의 양이 얼마나 필요한지를 알아내려고 한다. 이 질문에 대한 답으로서 두 색의 에나멜의 양이 각각 얼마나 필요한가? (헛되이

소비된 양과 사용되지 않은 재료는 제외하라. 그리고 답을 리터 단위로 써라. 1 cm³ = 1 mL, 1L = 1000 cm³임을 상기하라.)

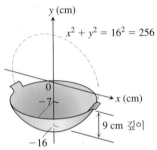

28. 빵을 얇게 자르기 공 모양의 빵을 같은 두께로 얇게 잘라 얻은 각각의 얇은 빵조각들은 그 껍질들의 넓이가 모두 같다는 것을 알 수 있다. 그 이유를 알기 위해서, 그림에서와 같은 반원 $y = \sqrt{r^2 - x^2}$을 x축을 회전축으로 회전하여 생긴 구면이 있다. 그리고 AB를 x축 상의 길이가 h인 구간의 위쪽에 놓여 있는 그 반원의 호라 놓자. 호 AB를 한 바퀴 회전하여 생기는 회전면의 넓이는 구간의 위치에는 변하지 않는다는 것을 보이라.(그것은 구의 반지름이 일정하므로 그 구간의 길이 h에만 변한다.)

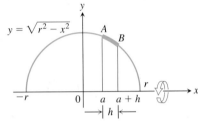

29. 그림에서와 같은 그늘진 띠는 길이가 h 단위만큼 반지름이 R인 구면으로부터 x축에 수직인 평행한 평면들에 의해 잘린다. 띠의 곡면의 넓이는 $2\pi Rh$임을 보이라.

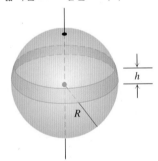

30. 미국의 몬태나 주의 보제만(Bozeman)에 있고 미국국립기후관측소에 의해 운영되는 가옥형의 레이더인 30 m 높이의 돔의 개략도가 여기에 있다.

a. 그 돔의 외부 표면에 칠해야 할 페인트의 양은 얼마인가?

T b. 그에 대한 답으로써 가장 가까운 정수값을 m^2 단위로 표기하여 구하라.

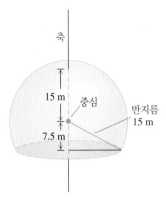

31. **또 다른 곡면넓이 공식의 유도** 함수 f가 $[a, b]$에서 매끄럽고 $[a, b]$를 통상적인 방법으로 분할하였다고 하자. k번째 소구간 $[x_{k-1}, x_k]$에서 주어진 그림에서와 같이 곡선의 중간점 $m_k = (x_{k-1} + x_k)/2$에서 접선을 그린다.

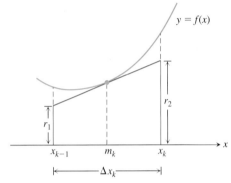

a. $r_1 = f(m_k) - f'(m_k)\dfrac{\Delta x_k}{2}$이고 $r_2 = f(m_k) + f'(m_k)\dfrac{\Delta x_k}{2}$임을 보이라.

b. k번째 소구간에서 접선의 길이 L_k가
$$L_k = \sqrt{(\Delta x_k)^2 + (f'(m_k)\, \Delta x_k)^2}$$임을 보이라.

c. 접선 선분을 x축을 회전축으로 회전하여 얻은 원뿔대의 옆면의 넓이는 $2\pi f(m_k)\sqrt{1 + (f'(m_k))^2}\, \Delta x_k$임을 보이라.

d. 구간 $[a, b]$에서 곡선 $y = f(x)$를 x축을 회전축으로 회전하여 얻은 곡면의 넓이는 $\displaystyle\lim_{n \to \infty} \sum_{k=1}^{n} (k$번째 절단체의 옆면의 넓이$)$
$$= \int_a^b 2\pi f(x)\sqrt{1 + (f'(x))^2}\, dx$$임을 보이라.

32. **성망형 곡면** 다음 그림에서와 같은 성망형 곡선의 한 부분을 x축을 회전축으로 회전하여 얻은 곡면의 넓이를 구하라. (**힌트:** 제1사분면의 그 곡선의 일부인 $y = (1 - x^{2/3})^{3/2}$, $0 \le x \le 1$을 회전하라. 그리고 이 경우에 구해진 넓이에 2를 곱하라.)

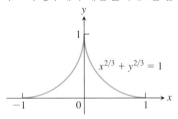

5.5 일과 유체 힘

일상생활에서, 일이라는 것은 물리적 혹은 정신적 노동을 요구하는 활동을 의미한다. 그러나 과학에서 일이란 물체에 작용하는 힘과 물체의 이동 거리를 특별한 방법으로 표현하는 용어이다. 이 절은 일을 계산하는 방법을 보여준다. 일은 철도차량 스프링에 압력을 가하고 지하의 탱크를 비우는 것부터 아원자 입자를 강제로 충돌시키고 인공위성을 궤도에 쏘아올리는 것까지 두루 응용된다.

일정한 힘에 의해 행해진 일

일정한 힘 F가 물체에 작용하여 그 힘의 방향과 평행하게 직선운동을 하며 이동된 거리가 d일 때 물체에 의해 행해진 **일(work)** W는 다음과 같다.

$$W = Fd \quad \text{(일정한 힘에 의한 일의 공식)} \tag{1}$$

식 (1)로부터 임의의 역학계에서 일의 단위는 거리 단위와 힘의 단위의 곱이다. SI 단위(SI는 **국제표준단위계**(*Systeme International*)를 나타낸다)에서 힘의 단위는 N이고, 거리의 단위는 m이며, 일의 단위는 뉴턴-미터(N·m)이다. 이 합성기호는 가끔 특별한 명칭인 **줄(joule)**로 나타낸다. 해수면에서 중력가속도를 9.8 m/s^2이라 하면, 1 kg을 1 m 들어 올리는 데 9.8줄의 일이 요구된다. 이는 1 kg에 행사한 9.8 N의 힘에 이동거리인

1 m를 곱한 것임을 알 수 있다.

예제 1 타이어를 갈아 끼우기 위해서 1000 kg인 차의 한쪽 측면을 35 cm를 들어 올린다면 수직으로 5000 N만큼의 힘을 작용시켜야 한다. 이때 차에 행해진 일의 총량은 $5000 \times 0.35 = 1750$ J이다. ■

직선을 따라 일정하지 않은 힘에 의해 행해진 일

용수철을 늘이거나 압축하고 있을 때와 같이, 만일 당신이 일의 방법에 따라 가하는 힘이 일정하지 않다면, 일의 공식 $W = Fd$에서 F는 변동을 반영하는 적분 공식으로 대체되어야 한다.

일을 행하는 힘이 직선인 x축을 따라 작용하고 그 힘의 크기 F가 그 위치의 연속함수로 표현된다고 가정하자. 이때 $x = a$부터 $x = b$까지 이르는 구간에서 행해진 일의 양을 구하고자 한다. 먼저 $[a, b]$를 소구간 $[x_{k-1}, x_k](1 \le k \le n)$으로 분할하고, 각 소구간 $[x_{k-1}, x_k]$에 속하는 c_k를 임의로 선택하자. 이때 소구간의 길이를 충분히 작게 잡으면 F가 연속이므로, x_{k-1}부터 x_k까지 F의 변동은 매우 작게 된다. 그 소구간에서 행해진 일은, F가 일정하고 식 (1)을 적용할 수 있다고 했을 때와 같이 $F(c_k) \Delta x_k$이다. 그러므로 a부터 b까지 행해진 전체 일은 리만 합(Riemann sum)으로 표현된다.

$$\text{일} \approx \sum_{k=1}^{n} F(c_k)\, \Delta x_k$$

그 분할의 노름이 0에 가까워질수록 그 근삿값은 개선될 것이며, 따라서 a부터 b까지 그 힘에 의해 행해진 일을 a부터 b까지 적분으로 정의한다.

$$\lim_{n \to \infty} \sum_{k=1}^{n} F(c_k)\, \Delta x_k = \int_a^b F(x)\, dx$$

정의 $x = a$부터 $x = b$까지 x축을 따라 작용하는 일정하지 않은 힘 $F(x)$에 의해 행해진 **일**은 다음과 같다.

$$W = \int_a^b F(x)\, dx \tag{2}$$

만일 F의 단위가 뉴턴(N)이고, x의 단위가 미터(m)이면 그 적분의 단위는 줄(J)이다. 그래서 $x = 1$ m부터 $x = 10$ m까지 x축을 따라 $F(x) = 1/x^2$의 힘에 의해 행해진 일은 다음과 같다.

$$W = \int_1^{10} \frac{1}{x^2}\, dx = -\frac{1}{x}\Big]_1^{10} = -\frac{1}{10} + 1 = 0.9 \text{ J}$$

용수철에 대한 훅의 법칙: $F = kx$

용수철을 늘이거나 압축할 때 요구되는 일을 구할 때 일의 계산이 필요하다. **훅의 법칙 (Hooke's law)**에 의하면 본래의 (압축되지 않은 상태의) 길이를 x만큼 늘이거나 압축하거나 할 때 용수철에 작용하는 힘은 x에 비례한다. 기호로는 다음과 같이 표현한다.

$$F = kx \tag{3}$$

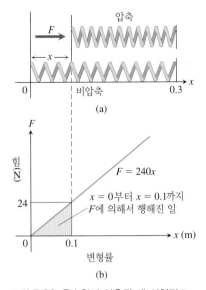

그림 5.36 용수철이 압축될 때 선형적으로 증가하는 압력하에서 힘 F로 그 용수철을 계속해서 누를 필요가 있다(예제 2).

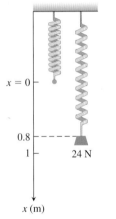

그림 5.37 24 N의 무게는 이 용수철의 본래의 길이보다 0.8 m 늘어나게 한다(예제 3).

상수 k는 용수철의 **탄성계수**(또는 **용수철 상수**)라고 하는 용수철의 특성값으로 단위 길이당 힘의 단위로 측정된다. 훅의 법칙, 식 (3)은 힘이 용수철의 금속을 변형시키지 않는 한 유용하게 사용된다. 이 절에서는 용수철에 작용하는 힘이 용수철을 망가뜨리지 못할 정도로 아주 작다고 가정한다.

예제 2　힘 상수가 $k = 240$ N/m일 때, 본래의 길이를 30 cm인 것을 20 cm가 되게 압축시키는 데 필요한 일을 구하라.

풀이　x축을 따라 놓여 있는 압축되지 않은 용수철을 스케치하되 원점에 움직일 수 있는 끝점을 놓고, $x = 0.3$ m인 지점에는 용수철의 고정된 끝을 둔다(그림 5.36). 이것은 공식 $F = 240x$로 용수철을 0부터 x까지 압축하는 데 필요한 힘을 설명하는 것을 가능하게 한다. 용수철을 0부터 0.1 m까지 압축시키기 위해서는 그 힘을

$$F(0) = 240 \cdot 0 = 0 \text{ N부터} \qquad F(0.1) = 240 \cdot 0.1 = 24 \text{ N}$$

까지 증가시켜야 한다. 이 구간에서 행해진 일은 다음과 같다.

$$W = \int_0^{0.1} 240x \, dx = 120x^2 \Big]_0^{0.1} = 1.2 \text{ J}$$

식 (2)에서
$a = 0, b = 0.1,$
$F(x) = 240x$ ■

예제 3　길이가 1 m인 용수철이 선반에 매달려 있다. 그 용수철에 24 N 무게의 추를 용수철에 매달아 길이가 1.8 m로 늘어났다. 이때
(a) 탄성계수 k를 구하라.
(b) 본래의 용수철 길이보다 2 m를 늘였을 때 행해진 일을 구하라.
(c) 용수철에 45 N 무게의 추를 매달면 용수철의 길이는 얼마나 늘어나는가?

풀이
(a) 탄성계수. 식 (3)으로부터 탄성계수를 구한다. 24 N의 무게로 0.8 m를 늘였기 때문에

$$24 = k(0.8)$$
$$k = 24/0.8 = 30 \text{ N/m}$$

식 (3)에
$F = 24, x = 0.8$

(b) 2 m 늘였을 때 그 행해진 일. 용수철을 매달아 아래 끝이 $x = 0$에 위치하도록 하고 x축을 따라 정지상태로 매달려 있다(그림 5.37). 용수철을 본래의 길이보다 x m 늘어나게 하는 힘은 원점에 있는 용수철 끝을 수직으로 끌어내리는 힘과 같다. $k = 30$일 때의 훅의 법칙은 이 힘이

$$F(x) = 30x$$

임을 말해 준다. $x = 0$ m부터 $x = 2$ m까지 늘릴 때 작용한 힘에 의해 한 일은

$$W = \int_0^2 30x \, dx = 15x^2 \Big]_0^2 = 60 \text{ J}$$

(c) 45 N의 무게는 용수철의 길이를 얼마나 늘일 수 있는가? 방정식 $F = 30x$에 $F = 45$를 대입하면

$$45 = 30x, \qquad \text{또는} \qquad x = 1.5 \text{ m}$$

따라서 45 N은 용수철 길이를 1.5 m 늘어나게 한다. ■

물체 끌어올리기와 용기에서 액체 퍼 올리기

일을 구하는 정적분은 끌어올릴 때 무게가 변하는 대상들을 끌어올리는 데 행해진 일을 계산하는 데 유용하다.

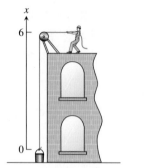

그림 5.38 예제 4에서의 양동이를 끌어 올리기

예제 4 5 kg의 양동이가 일정한 속력으로 지상에서 공중으로 로프에 의해 20 m가 들어 올려졌다(그림 5.38). 로프의 무게는 0.08 kg/m이다. 양동이와 로프를 들어 올리는 데 얼마만큼의 일이 필요한가?

풀이 양동이의 무게는 질량(5 kg)에 중력 가속도, 근삿값으로 9.8 m/s²을 곱하여 얻어진다. 따라서 양동이의 무게는 (5)(9.8)=49 N이고, 그것을 들어 올리는데 필요한 일은 무게×거리=(49)(20)=980 J이다.

로프의 무게는 양동이가 들어 올려지면서 변한다. 왜냐하면 로프의 길이가 들어 올려진 만큼 짧아지기 때문이다. 양동이가 x m 들어 올려져 있을 때 로프의 남아있는 부분의 무게가 후에 끌어 올려져야 될 로프의 무게 (0.08)(20−x)(9.8) N이다. 그러므로 로프를 끌어 올리는 데 행해진 일은

$$\begin{matrix}\text{로프를 끌어 올리는 데}\\\text{행해진 일의 양}\end{matrix} = \int_0^{20} (0.08)(20-x)(9.8)\,dx = \int_0^{20} (15.68 - 0.784x)\,dx$$

$$= \left[15.68x - 0.392x^2 \right]_0^{20} = 313.6 - 156.8 = 156.8 \text{ J}$$

양동이와 로프를 합쳐서 행해진 전체 일은

$$980 + 156.8 = 1136.8 \text{ J}$$

용기에서 액체의 전부 또는 일부를 퍼내는 데 얼마의 일이 필요한가? 기술자들은 물이나 어떤 액체를 한곳에서 다른 곳으로 옮기려면 펌프를 설치하거나, 비용을 계산하기 위해 그 답을 알아야 할 필요가 있다. 그 양을 알아내기 위해서, 매번 하나의 얇은 수평 판만큼의 액체를 퍼내고 이 판에 $W = Fd$를 적용한다고 상상해 보자. 다음에 얇은 조각들의 두께를 더 얇게 하여 아주 많은 개수의 얇은 조각들을 합하게 되면 궁극적으로 적분이 되고 그 정적분이 구하려는 일이다.

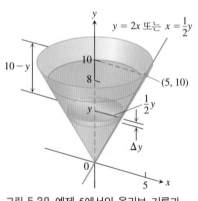

그림 5.39 예제 5에서의 올리브 기름과 탱크

예제 5 그림 5.39에 있는 원추형 탱크에 무게가 0.9 g/cm³ 또는 8820 N/m³인 올리브 기름을 탱크의 테두리에서 2 m 아래까지 채워져 있다고 한다. 기름을 탱크의 가장자리까지 퍼올리는 데 행해진 일은 얼마인가?

풀이 기름을 구간 [0, 8]의 분할점들에서 y축에 수직인 평면들로 만들어진 얇은 조각들로 잘게 나누어 생각해 보자.

표본점 y와 $y+\Delta y$에서의 평면들로 만들어진 표본 조각은 대략 부피가

$$\Delta V = \pi(\text{반지름})^2(\text{두께}) = \pi \left(\frac{1}{2} y \right)^2 \Delta y = \frac{\pi}{4} y^2 \, \Delta y \text{ m}^3$$

이다. 조각을 끌어 올리는 데 드는 힘 $F(y)$는 그 무게와 같다. 즉,

$$F(y) = 8820 \, \Delta V = \frac{8820\pi}{4} y^2 \, \Delta y \text{ N} \qquad \text{무게 = 단위 부피당 무게 × 부피}$$

이 조각에서 원추형 탱크의 테두리까지 힘 $F(y)$가 작용하는 거리는 약 $(10-y)$ m이다. 그러므로 얇은 조각을 끌어 올리는 데 한 일은

$$\Delta W = \frac{8820\pi}{4} (10 - y) y^2 \, \Delta y \text{ J}$$

이다. [0, 8]의 분할에 대응하는 n개의 조각들이 존재한다고 하고 $y=y_k$는 두께가 Δy_k인 k번째의 얇은 조각에 대응하는 평면을 나타낸다고 가정하면, 그 조각을 끌어 올리는 데 소요된 일을 리만 합

$$W \approx \sum_{k=1}^{n} \frac{8820\pi}{4}(10 - y_k)y_k^2 \, \Delta y_k \text{ J}$$

로 근사시킬 수 있다. 그 테두리까지 그 기름을 퍼올리는 데 행해진 일은 분할의 노름이 0에 가까워질 때 이 합의 극한이다. 즉,

$$W = \lim_{n \to \infty} \sum_{k=1}^{n} \frac{8820\pi}{4}(10 - y_k)y_k^2 \, \Delta y_k = \int_0^8 \frac{8820\pi}{4}(10 - y)y^2 \, dy$$

$$= \frac{8820\pi}{4} \int_0^8 (10y^2 - y^3) \, dy$$

$$= \frac{8820\pi}{4} \left[\frac{10y^3}{3} - \frac{y^4}{4} \right]_0^8 \approx 4{,}728{,}977 \text{ J} \quad \blacksquare$$

유체압력과 힘

댐에 가해지는 압력은 깊을수록 증가하기 때문에 댐은 꼭대기 부분(그림 5.40)보다 아랫부분을 더 두껍게 건설한다. 댐 표면의 임의의 지점에서 받는 압력은 오로지 그 점이 수면보다 얼마나 아래에 있는지에 따라 결정되고 댐의 외부 표면이 그 점에서 얼마나 많이 경사져 있는지에는 관계하지 않는다. 수면 아래 h m가 되는 지점에서의 압력은 m²당 N으로 항상 $9800h$이다. 수 9800은 m³당 N으로 물의 무게-밀도이다. 유체면 아래 h m되는 지점의 압력은 유체의 무게-밀도와 h의 곱이다.

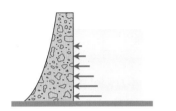

그림 5.40 가중되는 압력을 견디기 위해서 댐은 아래로 내려갈수록 두껍게 건설된다.

무게-밀도

유체의 무게-밀도는 단위 부피당 유체의 무게이다. 대표적인 값(N/m³)은 다음과 같다.

가솔린	6600
수은	133,000
우유	10,100
당밀	15,700
올리브 기름	8820
바닷물	10,050
물	9800

압력-깊이 방정식

정지상태에 있는 유체 속에서 깊이가 h인 지점에서의 압력 p는 유체의 무게-밀도 w와 h의 곱이다.

$$p = wh \tag{4}$$

평평하고 수평인 밑면을 가진 유체를 담을 수 있는 용기에서 밑면에 작용하는 유체에 의해서 가해지는 전체 힘은 그 밑넓이와 밑면에 가해진 압력을 곱해서 구할 수 있다. 전체 힘은 단위 넓이당 힘(압력)에 넓이를 곱한 것과 같기 때문에 이것을 계산할 수 있다(그림 5.41 참조). 만일 F, p, A가 각각 전체 힘, 압력, 넓이라면

$F =$ 전체 정역학적 힘 = 단위 넓이당 힘 × 넓이

　　= 압력 × 넓이 = pA

　　= whA　　　　　　　　　　　식 (4)로부터　$p = wh$

이다.

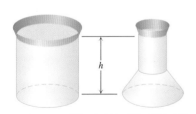

그림 5.41 같은 깊이와 같은 밑넓이를 갖는 이 용기들이 물로 채워져 있다. 그러므로 전체 힘은 각 용기의 밑바닥에서는 같다. 용기들의 모양은 여기서 중요하지 않다.

일정한-깊이에서의 곡면 위에 작용하는 유체의 힘

$$F = pA = whA \tag{5}$$

예를 들면, 물의 무게-밀도가 9800 N/m³이다. 그러므로 넓이가 3 m×6 m이고, 깊이가 1 m인 직사각형 수영장의 밑바닥에 작용하는 유체의 힘은 다음과 같다.

$$F = whA = (9800 \text{ N/m}^3)(1 \text{ m})(3 \cdot 6 \text{ m}^2)$$

$$= 176{,}400 \text{ N}$$

수평(*horizontally*)으로 잠겨 있는 평평한 판에 대해서, 방금 살펴본 수영장의 바닥에

서와 같이 유체의 압력으로 인하여 그 판 윗면에 작용하는 아래로 향하는 힘은 식 (5)에 의해 주어진다. 그렇지만, 만약 그 판이 **수직**(*vertically*)으로 잠겨 있다면, 그것에 작용하는 압력은 깊이가 다르면 압력도 다를 것이고, 또한 식 (5)는 그러한 경우에는 더 이상 쓸모가 없다 (h가 일정하지 않기 때문이다).

무게-밀도가 w인 유체 속에 잠겨 있는 수직인 판의 한 면에 작용하는 유체에 의해 가해지는 힘을 알고 싶다고 가정하자. 그것을 구하기 위해서 판을 xy 평면에서 y=a부터 y=b까지 그어진 영역으로서 모델을 삼자(그림 5.42). 보통의 방법으로 [a, b]를 분할하고 분할점에서 y축에 수직인 평면들에 의해 영역이 얇은 띠들로 절단되었다고 가정하자. y에서 y+∆y 사이의 표본 띠는 폭이 ∆y 단위이고, 길이가 L(y) 단위이다. L(y)는 y의 연속인 함수라고 가정하자.

압력은 꼭대기에서 밑바닥까지 띠를 가로질러 변한다. 그렇지만 만일 띠가 충분히 좁다면, 압력은 w×(띠의 깊이)인 밑바닥-변값과 거의 같을 것이다. 띠의 한 면에 유체에 의해 가해지는 힘은 대략 다음과 같다.

$$\Delta F = (밑바닥 \ 변에 \ 작용하는 \ 압력) \times (넓이)$$
$$= w \cdot (띠의 \ 깊이) \cdot L(y)\,\Delta y$$

a≤y≤b의 분할에 대응하는 n개의 띠가 존재하고 y_k는 길이가 $L(y_k)$이고 폭이 Δy_k인 k번째 띠의 밑바닥 변까지의 깊이를 나타낸다고 가정하자. 그 전체 판에 작용하는 힘은 각 띠에 작용하는 힘을 합함으로써 근사적으로 구할 수 있고, 리만 합

$$F \approx \sum_{k=1}^{n} (w \cdot (띠의 \ 깊이)_k \cdot L(y_k))\,\Delta y_k \tag{6}$$

으로 주어진다. 식 (6)에서의 합은 [a, b]에서 연속인 함수에 대한 리만 합이고, 또한 분할의 노름이 0에 가까워질 때 근사식은 참값에 가까워질 것이라 기대된다. 판에 작용하는 힘은 이 합의 극한이다.

$$\lim_{n \to \infty} \sum_{k=1}^{n} (w \cdot (띠의 \ 깊이)_k \cdot L(y_k))\,\Delta y_k = \int_a^b w \cdot (띠의 \ 깊이) \cdot L(y)\,dy$$

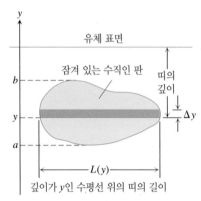

그림 5.42 얇고, 평탄한 수평의 띠의 한 면에 작용하는 유체에 의해서 가해지는 정역학적 힘은 대략
∆F = 압력×넓이
= w×(띠의 깊이)×L(y) ∆y

수직인 평탄한 판에 작용하는 유체의 힘에 대한 적분

무게-밀도 w인 유체 속에 수직으로 잠겨 있는 판이 y축 상의 y=a와 y=b 사이에 놓여 있다고 가정하자. L(y)는 깊이 y에서 그 판의 표면을 따라서 왼쪽에서 오른쪽으로 측정된 수평인 띠의 길이라고 놓자. 이때 판의 한 면에 유체에 의해서 가해지는 힘은 다음과 같다.

$$F = \int_a^b w \cdot (띠의 \ 깊이) \cdot L(y)\,dy \tag{7}$$

예제 6 밑변이 2 m이고, 높이가 1 m인 평탄한 이등변 직각삼각형 판이 수직으로 잠겨 있고, 또한 수영장의 수면 아래 0.6 m 되는 곳에 거꾸로 놓인 판의 밑변이 수평으로 놓여 있다. 그 판의 한 면에 물에 의해 가해지는 힘을 구하라.

풀이 평판의 밑바닥의 꼭짓점에 원점을 위치시키고, 판의 대칭축을 따라 y축을 위쪽으로 그어서 좌표계를 설정한다(그림 5.43). 수영장의 수면은 직선 y=1.6을 따라 놓여 있고, 직선 y=1을 따라 판의 꼭대기인 밑변이 놓여 있다. 판의 오른쪽 변은 직선 y=x에 놓

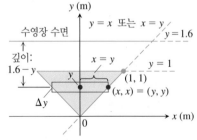

그림 5.43 예제 6에서 잠겨 있는 판의 한 면에 작용하는 힘을 구하기 위해서 이 그림에서와 같은 좌표계를 설정할 수 있다.

여 있고, 변의 오른쪽 위 꼭짓점이 (1, 1)에 있다. 깊이가 y인 얇은 띠의 길이는

$$L(y) = 2x = 2y$$

이다. 수면 아래 띠의 깊이는 $(1.6 - y)$이다. 그러므로 판의 한 면에 물에 의해 가해지는 힘은 다음과 같다.

$$F = \int_a^b w \cdot (\text{띠의 깊이}) \cdot L(y)\, dy \qquad \text{식 (7)}$$

$$= \int_0^1 9800(1.6 - y)2y\, dy$$

$$= 19{,}600 \int_0^1 (1.6y - y^2)\, dy$$

$$= 19{,}600 \left[0.8y^2 - \frac{y^3}{3} \right]_0^1 \approx 9147\ \text{N} \qquad ■$$

연습문제 5.5

용수철

연습문제 1~2에서 힘(단위는 N)의 함수 그래프가 주어져 있다. 각 힘에 대하여, 물체를 10 m 이동하는 데 행해진 일은 얼마인가?

1.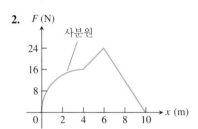

2.

3. 탄성계수 본래의 용수철의 길이가 2 m인 용수철을 5 m까지 늘이는데 1800 J의 일이 필요하였다. 이때 탄성계수를 구하라.

4. 용수철 늘이기 본래의 길이가 10 cm인 용수철이 있다. 800 N의 힘으로 그 용수철을 14 cm가 되게 늘였다.

  a. 탄성계수를 구하라.

  b. 용수철을 10 cm로부터 12 cm로 늘이는 데 행해진 일은 얼마인가?

  c. 1600 N으로 용수철을 늘이면 본래의 길이 외에 얼마나 더 늘어나는가?

5. 고무줄 늘이기 2 N의 힘은 고무줄을 2 cm(0.02 m) 늘인다고 한다. 훅의 법칙이 적용된다고 가정하자. 4 N의 힘은 고무줄을 얼마까지 늘일 수 있겠는가? 그리고 고무줄을 그만큼 늘이는 데 필요한 일은 얼마인가?

6. 용수철 늘이기 만일 90 N의 힘이 용수철을 본래의 길이보다 1 m를 늘인다고 할 때, 본래의 길이보다 5 m를 늘이려면 얼마의 일이 필요한가?

7. 지하철 차량의 코일스프링 뉴욕시 교통공단의 지하철 차량에 장착된 코일스프링 장치를 그것이 압축되기 전의 높이인 20 cm에서 완전히 압축된 상태의 높이인 12 cm까지 압축하는 데 소요되는 힘은 96,000 N이다.

  a. 코일스프링의 탄성계수는 얼마인가?

  b. 코일스프링을 처음 1 cm를 압축하는 데 소요되는 일은 얼마인가? 다시 1 cm를 압축하는 데 소요되는 일은 얼마인가? (J 단위로 가장 가까운 정수로 답하라.)

8. 욕실 크기 욕실 크기는 70 kg의 사람이 그 위에서 있을 때는 1.5 mm 만큼 압축된다. 척도가 훅의 법칙에 따르는 용수철처럼 움직인다고 가정할 때, 어떤 사람이 3 mm를 압축했다고 할 때 그의 몸무게는 얼마인가?

일정하지 않은 힘에 의해 행해진 일

9. 로프 들어올리기 한 등산가가 늘어뜨린 길이가 50 m인 로프를 끌어올리려고 한다. 로프의 미터당 무게가 0.624 N/m라고 가정하면 얼마의 일이 소요되겠는가?

10. 새는 샌드백 본래의 무게가 600 N인 샌드백 하나가 일정한 비율로 끌어올려졌다. 그것이 끌어올려졌을 때, 모래가 일정한 비율로 샜다. 샌드백은 6 m 만큼 끌어올려지는 동안에 반이 샜다. 샌드백을 이 길이(6 m)까지 끌어올리는 데 행해진 일은 얼마인가? (샌드백과 끌어올리는 장비의 무게는 무시하라.)

11. 엘리베이터를 케이블로 끌어올리기 꼭대기 부분에 전동기가 달린 엘리베이터는 피트당 무게가 60 N/m인 여러 가닥으로 꼰 케이블을 감거나 풀어서 오르내리게 설치되어 있다. 엘리베이

터가 1층에 있을 때, 케이블 길이가 60 m로 느슨하게 풀어져 있고, 또한 효과적으로 엘리베이터가 꼭대기 층에 있을 때는 케이블 길이가 0 m로 감아져 있다. 1층에서 꼭대기 층까지 엘리베이터를 타고 올라갈 때 케이블에 의해 엘리베이터를 끌어올리는 데 전동기가 실제로 한 일은 얼마인가?

12. 인력   질량이 m인 입자가 $(x, 0)$에 놓여 있고, 또한 크기가 k/x^2인 힘이 원점 쪽으로 향하여 작용하고 있다고 하자. 입자가 $x = b$에서 정지상태에서 출발하고, 또한 다른 힘이 작용하지 않는다면 입자가 $x = a(0 < a < b)$에 도달할 때까지 입자에 행해진 일을 구하라.

13. 누수되는 양동이   예제 4에서 양동이가 물이 새고 있다고 가정하자. 8 L(78 N)일 때부터 새기 시작해서 일정한 비율로 그 양동이의 물이 새고 있다. 양동이가 꼭대기에 도달해야 비로소 양동이의 누수가 끝난다. 그 양동이 물을 혼자 힘으로 끌어올리는 데 소요되는 일은 얼마인가? (**힌트**: 로프와 양동이의 무게는 무시하고, 또한 x m만큼 끌어올렸을 때 남아 있는 물의 양을 구하라.)

14. (연습문제 13의 계속) 예제 4와 연습문제 13에서 물 20 L(195 N)를 담을 수 있는 더 큰 용량의 양동이로 바꾸었다. 그런데 새 양동이가 오히려 더 많이 누수가 되었다. 그래서 새 양동이 역시 꼭대기에 도달할 때는 물이 다 샌 상태가 되었다. 그 물이 일정한 비율로 샜다고 가정할 때, 그 물을 혼자 힘으로 끌어올리는 데 소요되는 일은 얼마인가? (로프와 양동이의 무게는 무시한다.)

용기에서 액체를 퍼올리기

15. 물 퍼내기   그림에서와 같이 땅바닥이 상단 면이 되는 직육면체 모양의 탱크가 저장용기로 쓰이고 있다. 물 무게가 9800 N/m³이라고 가정하자. 이때

a. 탱크에 물이 가득 들어 있다고 할 때, 탱크 안의 물을 지표면 위로 펌프를 이용해 거꾸로 퍼올려서 탱크를 비우는 데 소요되는 일은 얼마인가?

b. 만일 탱크바닥이 보일 때까지 5마력(hp)의 발동기(3678 W의 일처리 속도)를 이용하여 물을 펌프로 퍼내게 되면, 물로 가득 채워진 탱크를 완전히 비우는 데 몇 시간이 걸리겠는가? (가장 가까운 정수의 값을 분 단위로 하라.)

c. (b)에서 펌프로 물을 퍼내기 시작해서 266분 후에는 수면 높이가 10 m(중간 수위) 아래로 낮아지게 됨을 보이라.

d. 물의 무게   물 무게가 9780 N/m³이거나 9820 N/m³인 지역에서의 (a)와 (b)의 답은 무엇인가?

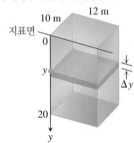

지표면

16. 물탱크 비우기   다음 그림에서와 같이 직사각형 모양의 물탱크(빗물 저장용기)의 윗면이 지표면 3 m 아래에 놓여 있다. 물탱크를 점검하기 위해서 현재 가득 들어 있는 물을 지표면 밖으로 펌프로 퍼내어 그 물탱크를 완전히 비울 예정이다.

a. 물탱크를 완전히 비우는 데 소요되는 일은 얼마인가?

b. 1/2 hp 발동기를 이용하여 370 W의 일처리 속도로 물을 펌프로 퍼내어 물탱크를 완전히 비운다면 몇 시간이 걸리겠는가?

c. (b)에서 만일 수면이 물탱크의 중간에 이를 때까지 펌프로 물을 퍼낸다면 몇 시간이 걸리겠는가? (물탱크를 완전히 비우는 데 걸리는 시간의 반보다는 적게 걸릴 것이다.)

d. 물의 무게   물 무게가 9780 N/m³이거나 혹은 9820 N/m³인 지역에서 (a)~(c)의 질문에 대한 답은 무엇인가?

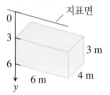

17. 기름을 펌프로 퍼내기   예제 5에서 탱크에 기름이 가득 들어 있다고 할 때, 탱크에서 펌프로 기름을 탱크의 위쪽으로 퍼내는 데 소요되는 일은 얼마인가?

18. 반이 채워진 기름 탱크에서 펌프로 퍼내기   예제 5에서 탱크에 기름이 가득 들어 있다고 가정한 대신에, 단지 반이 채워져 있다고 가정하자. 탱크의 꼭대기에서 아래로 1 m에 이를 때까지 기름을 펌프로 퍼내는 데 소요되는 일은 얼마인가?

19. 탱크 비우기   높이가 9 m이고, 지름이 6 m인 수직인 직원주면 탱크가 있다. 탱크에는 무게가 7840 N/m³인 등유가 가득 들어 있다. 탱크의 위쪽으로 등유를 펌프로 퍼내는 데 소요되는 일의 양은 얼마인가?

20. a. 우유 퍼내기   예제 5에서의 원뿔면 용기에 올리브 기름 대신에 우유(무게가 10,100 N/m³)가 담겨 있다고 가정하자. 우유를 용기의 테두리 위로 모두 퍼내는 데 소요되는 일의 양은 얼마인가?

b. 기름 퍼내기   예제 5에서의 원뿔면 용기에 올리브 기름을 용기의 테두리에서 아래로 1 m에 이를 때까지 퍼내는 데 소요되는 일량은 얼마인가?

21. 곡선 $y = x^2$, $0 \le x \le 2$를 y축을 회전축으로 회전시켜 물탱크를 만들어서 사해로부터 소금물로 가득 채울 것이다. 무게는 대략 11,500 N/m³이다. 탱크의 위로 물을 모두 퍼내는 데 소요되는 일의 양은 얼마인가?

22. 무게 8300 N/m³의 경유가 가득 채워진 높이가 3 m이고 반지름이 1.5인 직원기둥 모양의 탱크가 수평으로 누워 있다. 탱크의 위로 4.5 m 지점까지 경유를 퍼 올리는데 소요되는 일의 양은 얼마인가?

23. 급수탑 비우기   구의 수직인 축에 적분구간이 놓이게 하고 다른 저장용기에서 적용한 것과 같은 방법으로 구면용기에서 펌프

로 물을 밖으로 퍼내는 모형을 만들고자 한다. 여기 그림에서와 같은 도형을 이용하여 반지름이 5 m인 물이 가득 들어 있는 반구면 탱크의 위의 테두리에서 아래로 4 m에 이를 때까지 펌프를 통해 물을 밖으로 퍼내어 반구면 용기를 다 비우는 데 소요되는 일의 양을 구하라. 물은 무게가 9800 N/m³이다.

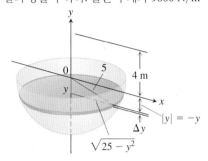

24. 그림에서와 같이 한 회사원이 저장용기의 수리와 배출문제를 담당하고 있다. 탱크는 반지름이 3 m인 반구면이고, 또한 용기에 무게가 8800 N/m³인 벤젠이 가득 들어 있다. 담당자가 접촉했던 한 회사에서 액체를 퍼내는 일을 하는데 J당 0.4센트에 탱크를 비울 수 있다고 했다. 탱크 위로 0.6 m만큼 위에 있는 배출구를 통해 벤젠을 펌프로 퍼내어 탱크를 완전히 비우는 데 소요되는 일을 구하라. 만일 그 작업에 5,000달러의 예산이 배정되어 있다고 한다면 그는 회사측에 얼마에 용역을 줄 수 있는가?

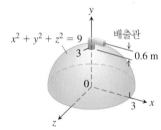

일과 운동에너지

25. 운동에너지 크기가 일정하지 않은 힘 $F(x)$로 x_1부터 x_2까지 x축을 따라 질량이 m인 물체를 이동시키면, 그 물체의 속도 v는 dx/dt로 쓸 수 있다(여기서 t는 시간을 나타낸다). 운동에 관한 뉴턴의 제2법칙 $F = m(dv/dt)$과 연쇄법칙

$$\frac{dv}{dt} = \frac{dv}{dx}\frac{dx}{dt} = v\frac{dv}{dx}$$

를 이용하여 x_1부터 x_2까지 물체를 이동시킬 때 그 힘에 의해서 행해진 전체 일은

$$W = \int_{x_1}^{x_2} F(x)\, dx = \frac{1}{2}mv_2{}^2 - \frac{1}{2}mv_1{}^2$$

임을 보이라. 여기서 v_1과 v_2는 x_1과 x_2에서의 물체의 속도이다. 물리학에서 식 $(1/2)mv^2$은 속도 v로 움직이는 질량이 m인 물체의 **운동에너지**(*kinetic energy*)라고 한다. 그러므로 **힘에 의해 행해진 일은 물체의 운동에너지로 변환되는 것**과 같고, 또한 이 변화량을 계산해서 일을 구할 수 있다.

연습문제 26~30에서 연습문제 25의 결과를 이용하라.

26. 테니스 무게가 60 g인 테니스 공이 50 m/s(약 180 km/h)로

서브되었다. 이렇게 빠른 속력으로 날아가게 하기 위해서 공에 행해진 일은 얼마인가?

27. 야구 야구공을 144 km/h의 속력으로 던졌을 때 공에 행해진 일은 몇 J인가? 야구공은 무게가 150 g이다.

28. 골프 티(골프공 받침대)에 놓인 50 g의 골프공을 향해 84 m/s (302.4 km/h)의 속력으로 제1타를 쳤다. 공이 공중으로 날아가는 동안에 행해진 일은 몇 J인가?

29. 2004년 6월 11일에 영국 런던에서 열린 스텔라 아르투와 테니스 대회의 앤디 로딕과 파라돈 스리차반과의 시합에서 로딕은 시속 244.8 km의 속도의 서브를 기록했다. 공의 무게가 60 g이면 앤디가 이 속도로 서브를 하였을 때 소요된 일의 양은 얼마인가?

30. 소프트볼 무게가 200 g인 소프트볼을 40 m/s (144 km/h) 속력으로 날아가게 하는 데 소요되는 일은 얼마인가?

31. 밀크쉐이크 마시기 그림에서와 같이 구멍이 있는 원추형 용기에 cm³당 무게가 0.8 g인 딸기 밀크쉐이크가 가득 들어 있다. 그림에서와 같이, 용기는 깊이가 18 cm이고, 밑면의 지름이 6 cm, 윗면의 지름이 9 cm이다(보스턴에 있는 브리검(Brigham)에서의 표준 크기이다). 빨대는 꼭대기에서 3 cm 위로 튀어나와 있다. 밀크쉐이크를 빨대를 이용하여 빨아먹는 데 필요한 일은 얼마인가? (마찰은 무시하라.)

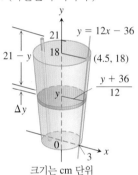

크기는 cm 단위

32. 급수탑 당신이 사는 도시에서는 물 공급을 증대시키기 위해서 1개의 우물을 더 뚫기로 결정하였다. 도시공학자들에 따르면 급수탑은 물 분배에 필요한 압력을 가하는 것은 필연적일 것이라 주장해 왔고, 또한 그림에서와 같은 시스템을 설계해 왔다. 수직으로 설치되어 있는 지름이 10 cm인 파이프를 통하여 깊이가 90 m인 우물에서 밑면의 지름이 6 m이고, 높이가 7.5 m인 원주형 탱크로 물이 양수될 것이다. 탱크의 밑면은 땅에서 위로 18 m의 높이에 위치해 있다. 펌프는 초당 2000 J의 일처리 속도로 퍼올릴 수 있는 3 hp이다. 가장 가까운 정수 시간으로, 탱크에 물이 처음으로 가득 채워질 때까지 걸리는 시간은? (파이프를 채우는 데 걸리는 시간도 포함한다.) 물 무게는 9800 N/m³이라고 가정하라.

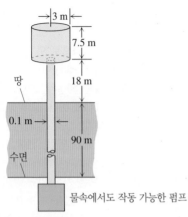

33. 궤도에 인공위성을 쏘아올리기 지구 중력장의 세기는 물체와 지구 중심과의 거리 r에 따라 변하고 진입시키는 동안과 그 이후에 질량 m인 인공위성의 운동에 의해 실험적으로 얻어진 중력의 크기는

$$F(r) = \frac{mMG}{r^2}$$

이다. 여기서 $M = 5.975 \times 10^{24}$ kg은 지구 질량, $G = 6.6720 \times 10^{-11}$ N·m² kg^{-2}은 중력상수이고, r는 미터 단위로 측정된다. 그러므로 지구 표면에서 지구 중심에서 위쪽으로 35,780 km의 원형 궤도상으로 1000 kg의 인공위성을 쏘아올리는 데 소요되는 일은 정적분

$$\text{일} = \int_{6,370,000}^{35,780,000} \frac{1000MG}{r^2} dr \text{ J}$$

로 주어진다. 정적분의 값을 구하라. 적분의 하한은 지구 중심과 지구 표면의 발사대의 위치 사이의 미터 단위로 측정된 반지름이다(이 계산에서 그것을 발사대에 끌어올리는 데 소요되는 에너지와 인공위성을 궤도속도에 도달하도록 가속하는 데 소요되는 에너지는 고려되지 않는다).

34. 전자들을 동시에 제어하기 서로 r m 떨어져 있는 두 전자는

$$F = \frac{23 \times 10^{-29}}{r^2} \text{ N}$$

의 힘으로 서로를 밀어내게 한다.

a. 1개의 전자가 x축(m 단위) 상의 점 $(1, 0)$에서 고정되어 있다고 가정하자. $(-1, 0)$부터 원점까지 x축을 따라 두 번째 전자를 움직이는 데 필요한 일은 얼마인가?

b. 전자가 x축(m 단위) 상의 점 $(-1, 0)$과 $(1, 0)$의 각 점에서 전자 1개씩 고정되어 있다고 가정하자. 제3의 전자가 점 $(5, 0)$에서 점 $(3, 0)$으로 x축을 따라 움직이는 데 소요되는 일은 얼마인가?

유체의 힘 구하기

35. 삼각형 판 그림에서와 같이 좌표계를 이용해서 예제 6에서의 판의 한 면에 가해지는 유체의 정역학적 힘을 구하라.

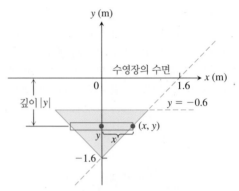

36. 삼각형 판 그림에서와 같이 좌표계를 이용해서 예제 6에서의 판의 한 면에 가해지는 유체의 힘을 구하라.

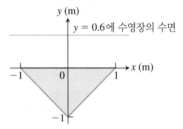

37. 사각형 판 물이 가득 채워진 깊이 3 m의 풀장에서 풀의 바닥에 수직으로 세워져 있는 0.9 m × 1.2 m 크기의 직사각형 판의 한 변에 가해지는 유체의 힘을 계산하라.

a. 1.2 m의 한변에   **b.** 0.9 m의 한 변에

38. 반원 판 물이 가득 채워진 깊이 6 m의 풀장의 바닥에 지름을 대고 수직으로 세워져 있는 반지름이 5 m인 반원 판의 한 면에 가해지는 유체의 힘을 계산하라.

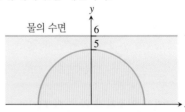

39. 삼각형 판 그림에서와 같이 이등변 삼각형 판이 담수호의 수면 아래 1 m 만큼 수직으로 잠겨 있다.

a. 판의 한 면에 가해지는 유체의 힘을 구하라.

b. 호수의 물이 민물 대신에 해수라면 판의 한 면에 가해지는 유체의 힘은 얼마인가?

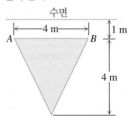

40. 회전된 삼각형 판 그림에서와 같이 연습문제 39에서의 이등변 삼각형 판이 판의 일부분이 호수의 수면 위로 솟아 있도록 선분 AB를 둘레로 180° 회전되어 있다. 이때 그 판의 한 면에 가해지는 물의 힘은 얼마인가?

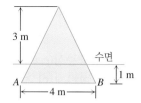

41. 뉴잉글랜드 수족관 보스톤(Boston)에 있는 뉴잉글랜드(New England) 수족관에서 대표적인 수족관이 직사각형 모양의 어류 관람용 유리벽이 가로 길이가 1.6 m이고, 세로로는 수면 아래 0.01 m와 수면 아래 0.85 m 사이에 설치되어 있다. 해수의 무게–밀도가 10,050 N/m³이다(만일 관람객들이 놀랄 경우에 대비하여 유리 두께는 2 cm 이고, 그 수족관의 벽은 물고기가 밖으로 튀어나오지 못하도록 수면보다 10 cm 더 높게 설치되어 있다). 유리벽면의이 부분(가로가 1.6 m, 세로 0.84 m 길이의 유리벽)에 가해지는 물의 힘을 구하라.

42. 반원판 지름이 2 m인 반원판의 일부가 표면을 따라 지름이 수면에 놓인 상태로 민물 속에 수직으로 잠겨 있다. 판의 한 면에 가해지는 물의 힘을 구하라.

43. 기울어진 판 물이 가득 채워진 깊이 2 m의 풀의 바닥에 1 m× 1 m 크기의 정사각형 판이 다음과 같이 있을 때 한 면에 가해지는 유체의 힘을 계산하라.

  a. 1 m×1 m의 한 면이 납작하게 누워 있을 때

  b. 1 m의 한 변에 수직으로 세워져 있을 때

  c. 1 m의 한 변에 45°의 기울기로 세워져 있을 때

44. 기울어진 판 물이 가득 채워진 깊이 6 m의 풀에 각 변의 길이가 3 m, 4 m와 5 m인 직각삼각형 판이 길이가 3 m인 변을 바닥에 대고 60° 기울기로 세워져 있을 때 한 면에 가해지는 유체의 힘을 계산하라.

45. 그림에서와 같이 정육면체형 탱크에 파열도 안 되고, 25,000 N의 유체의 정역학적 힘에 견디도록 설계되고, 볼트로 단단하게 조여 있는 포물선형 문이 설치되어 있다. 저장하려는 액체는 무게–밀도가 8000 N/m³이다.

  a. 액체의 깊이가 2 m일 때 문에 가해지는 액체의 힘은 얼마인가?

  b. 설계상 한계압력을 초과하지 않게 용기에 액체를 채울 때 최대 높이는 얼마인가?

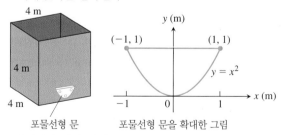

포물선형 문 포물선형 문을 확대한 그림

46. 그림에서와 같이 단면이 V자형인 수족관이 25,000 N의 물의 힘에 견디도록 설계되어 있다. 한계수압을 초과하지 않을 때까지 물을 채울 때 최대 몇 m³까지의 물을 채울 수 있는가? m³ 단위로 하는 가장 가까운 정수의 값을 구하라.

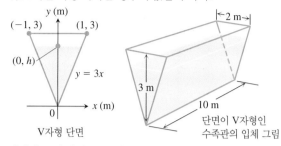

V자형 단면 단면이 V자형인 수족관의 입체 그림

47. 길이가 a 단위이고, 폭이 b 단위인 수직인 직사각기둥 모양의 수족관이 긴 변 쪽이 유면과 평행하게 무게–밀도 w인 유체 속에 잠겨 있다. 수족관의 수직인 면들에 가해지는 평균압력을 구하라. 그 이유를 설명하라.

48. (연습문제 47의 계속) 수족관의 한 면에 가해지는 유체의 정역학적 힘은 압력의 평균값(연습문제 47에서 구한 값)×수족관의 넓이임을 보이라.

49. 0.5 m³/min의 비율로 실린더에 물이 채워지고 있다. 실린더의 절단면은 지름이 2 m인 지름의 반원이다. 실린더의 한 쪽 측면은 좌우로 움직이도록 설계되어 있고, 채워지는 물은 용수철에 압력을 가하여 부피를 증가시키는 역할을 한다. 용수철 계수는 k = 3000 N/m이다. 만일 실린더의 용수철과 연결된 반원판이 수압에 의해 용수철을 압축시켜 2.5 m를 움직이게 되면 배수 구문이 열려서, 담겨져 있는 물이 0.6 m³/min의 비율로 바닥에 있는 배수구로 배출되게 되어 있다. 실린더에 0.6 m³/min 비율로 물이 계속 채워지고 있는 상황이지만 실린더의 물이 흘러넘칠 수 있겠는가?

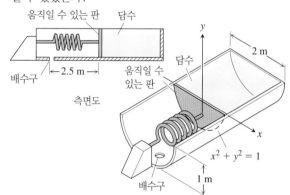

움직일 수 있는 판 담수 담수 2 m 배수구 2.5 m 움직일 수 있는 판 측면도 $x^2 + y^2 = 1$ 1 m 배수구

50. 수족관에 물 채우기 수족관의 수직인 측면들이 한 변이 1 m인 정사각형들이다.

  a. 수족관에 물이 가득 채워졌을 때 측면들에 가해지는 물의 정역학적 힘을 구하라.

  b. 수압을 25%만큼 감소시키기 위해서 수족관 내 수면의 높이를 몇 cm 더 낮게 해야 하는가?

많은 구조물과 역학계에서 마치 그것들의 질량이 **질량중심**(*center of mass*)이라 하는 한 점에 집중되어 있는 것처럼 움직인다(그림 5.44). 따라서 이 점의 위치가 어디인가를 알아내는 것은 중요하다. 그리고 그 위치를 구하는 것은 기본적으로 수학적인 문제이다. 여기서는 직선이나 평면 영역에 분포된 질량에 대해 다루어 보자. 3차원 공간상의 곡선이나 영역에 분포된 질량은 13장과 14장에서 다룬다.

직선 위에 분포된 질량

단계별로 수학적인 모형을 개발한다. 첫 번째 단계는 원점에서 지레받침으로 지지된 단단한 x축 위에 점 질량 m_1, m_2, m_3가 놓여 있다고 가정한다.

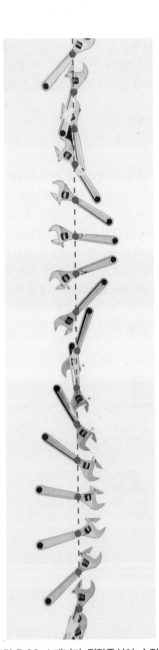

이때 이 질점계는 균형을 이룰 수도 있고 이루지 못할 수도 있다. 그것은 질량들이 얼마나 큰지, 또한 축 위의 어느 위치에 놓여 있는지에 따라 결정된다.

각 질량 m_k에 아래 방향으로 (질량 크기)×(중력가속도)인 힘 $m_k g$ (m_k의 무게)가 가해진다. 중력가속도는 아래 방향이므로 음수이다. 이 각각의 힘은 시소를 타는 것과 같이 원점을 중심축으로 하여 돌리려는 경향이 있다. **토크**(**torque**)라 불리는 이 돌리려는 힘은 (힘 $m_k g$)×(작용점에서 원점 사이의 부호 붙은 거리 x_k)이다. 관례상 반시계 방향을 양의 방향으로 한다. 원점의 왼쪽에 있는 질량에는 양 (반시계 방향)의 토크로 가해진다. 원점의 오른쪽에 있는 질량에는 음(시계 방향)의 토크가 가해진다.

토크들의 합은 원점을 중심으로 회전하려는 계의 경향을 측정한다. 이 합을 **계의 토크**(**system torque**)라 한다.

$$\text{계의 토크} = m_1 g x_1 + m_2 g x_2 + m_3 g x_3 \qquad (1)$$

그 계가 균형을 이룰 필요충분조건은 계의 토크가 0인 것이다.

만일 식 (1)에 g가 공통인수이므로 계의 토크는

$$\underbrace{g}_{\text{환경의 특성}} \cdot \underbrace{(m_1 x_1 + m_2 x_2 + m_3 x_3)}_{\text{계의 특성}}$$

임을 알 수 있다. 따라서 계의 토크는 그것이 존재하는 환경의 특성인 중력가속도 g와, 그 계 자체의 특성인 수 $(m_1 x_1 + m_2 x_2 + m_3 x_3)$의 곱이다.

수 $(m_1 x_1 + m_2 x_2 + m_3 x_3)$은 **원점에 대한 계의 모멘트**(**moment ofthe system about the origin**)라 한다. 그것은 개별 질량의 **모멘트**(**moment**) $m_1 x_1, m_2 x_2, m_3 x_3$의 합이다.

$$M_0 = \text{원점에 대한 계 모멘트} = \sum m_k x_k$$

(더 많은 항들을 갖는 합을 고려하기 위해서 $\sum$ 기호로 바꾼다.)

보통 질점계가 균형을 이루도록 하기 위하여 지레받침을 놓아야 할 위치를 알아내고자 한다. 즉, 어떤 위치 $\bar{x}$에 지레받침을 놓으면 그 토크의 합이 0이 되는지 알고자 한다.

그림 5.44 스패너가 질량중심이 수직선을 따라 미끄러져 가는 것처럼 질량중심을 축으로 회전하면서 미끄러져 간다. (출처: *PSSC Physics*, 2nd ed., Reprinted by permission of Education Development Center, Inc)

이 특별한 위치에서의 지레받침점에 대한 각 질량의 토크는 다음과 같다.

$\bar{x}$에 대한 m_k의 토크 = (점 $\bar{x}$와 m_k가 놓인 질점 사이의 부호 붙은 거리) ×

(아래로 작용하는 힘)

$$= (x_k - \bar{x})m_k g$$

이 토크들의 합이 0이 되도록 방정식을 쓰면, 다음과 같은 $\bar{x}$에 관한 방정식이 얻어진다.

$$\sum (x_k - \bar{x})m_k g = 0 \qquad \text{토크의 합이 0이 된다.}$$

이를 $\bar{x}$에 대해 풀면

$$\bar{x} = \frac{\sum m_k x_k}{\sum m_k} \qquad \bar{x}\text{에 대해 푼다.}$$

이다. 이 마지막 식은 원점에 대한 그 질점계의 모멘트를 그 계의 총 질량으로 나누어 $\bar{x}$ 를 구한다는 것을 말해준다.

$$\bar{x} = \frac{\sum m_k x_k}{\sum m_k} = \frac{\text{원점에 대한 계의 모멘트}}{\text{계의 질량}} \qquad (2)$$

그 점 $\bar{x}$를 그 질점계의 **질량중심(center of mass)**이라 한다.

얇은 철사

직선 위에 이산적으로 배열된 질량들 대신에, x축 위의 구간 $[a, b]$에 놓여 있는 얇은 철사 또는 얇은 막대기를 생각해 보자. 더 나아가 이 철사가 균일하지 않고, 오히려 밀도가 점과 점 사이를 연속적으로 변한다고 가정하자. 막대기에서 점 x를 포함하고 있는 짧은 조각이 길이가 Δx이고 질량이 Δm이라 할 때, 그 점 x에서 밀도는 다음과 같이 주어진다.

$$\delta(x) = \lim_{\Delta x \to 0} \Delta m / \Delta x$$

이 식을 종종 다른 형태의 식인 $\delta = dm/dx$ 또는 $dm = \delta \, dx$로 대신 쓰기도 한다.

구간 $[a, b]$를 유한 개의 소구간 $[x_{k-1}, x_k]$로 분할한다. 소구간 n개를 택하고, 점 x_k를 포함하고 길이가 Δx_k인 소구간에 해당하는 철사의 일부분들을 질량이 $\Delta m_k = \delta(x_k) \, \Delta x_k$ 이고 위치 x_k에 놓여 있는 점 질량으로 대체하면, 하나의 질점계가 얻어진다. 이 질점계 의 전체 질량과 모멘트는 철사에서의 값과 근사적으로 같다.

철사의 질량 M과 모멘트 M_0는 리만 합의 근삿값에 의해 다음과 같다.

$$M \approx \sum_{k=1}^{n} \Delta m_k = \sum_{k=1}^{n} \delta(x_k) \, \Delta x_k, \qquad M_0 \approx \sum_{k=1}^{n} x_k \, \Delta m_k = \sum_{k=1}^{n} x_k \delta(x_k) \, \Delta x_k$$

분할의 구간의 길이가 0에 한없이 가까워질 때 리만 합의 극한을 취하면, 철사의 질량 과 원점에 대한 모멘트에 대한 적분 식을 얻게 된다. 질량 M, 원점에 대한 모멘트 M_0, 와 질량중심 $\bar{x}$는 다음과 같다.

$$M = \int_a^b \delta(x) \, dx, \qquad M_0 = \int_a^b x \, \delta(x) \, dx, \qquad \bar{x} = \frac{M_0}{M} = \frac{\displaystyle\int_a^b x \, \delta(x) \, dx}{\displaystyle\int_a^b \delta(x) \, dx}$$

예제 1 x축 위의 구간 $[1, 2]$에 막대기가 놓여 있다. 밀도가 $\delta(x) = 2 + 3x^2$이라 할 때, 막대기의 질량 M과 질량중심 $\bar{x}$를 구하라.

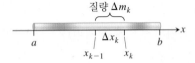

그림 5.45 밀도가 변하는 막대기를 점 x_k에 놓여 있는 유한 개의 질량 $\Delta m_k = \delta(x_k)\Delta x_k$들에 의한 질점계로 모형화할 수 있다.

풀이　막대기의 질량은 밀도를 적분하여 구한다.

$$M = \int_1^2 (2 + 3x^2)\, dx = \Big[2x + x^3\Big]_1^2 = (4 + 8) - (2 + 1) = 9$$

또한 질량중심을 구하면 다음과 같다.

$$\bar{x} = \frac{M_0}{M} = \frac{\displaystyle\int_1^2 x(2 + 3x^2)\, dx}{9} = \frac{\Big[x^2 + \dfrac{3x^4}{4}\Big]_1^2}{9} = \frac{19}{12} \qquad ■$$

평면영역 위에 분포된 질량

평면 위의 유한개 점 (x_k, y_k)에 질량 m_k가 놓여 있는 질점계가 있다고 가정하자(그림 5.46 참조). 계의 질량은 다음과 같다.

$$\text{계의 질량: } M = \sum m_k$$

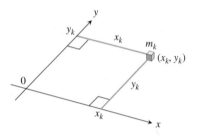

그림 5.46 각 질량 m_k는 각 축에 대하여 모멘트를 갖는다.

각 질량은 각 축에 대한 모멘트를 갖는다. x축에 대한 모멘트는 $m_k y_k$이고, y축에 대한 모멘트는 $m_k x_k$이다. 그 두 축에 대한 전체 계의 모멘트는 다음과 같다.

$$x\text{축에 대한 모멘트: } M_x = \sum m_k y_k$$
$$y\text{축에 대한 모멘트: } M_y = \sum m_k x_k$$

계의 질량중심의 x좌표는 다음과 같이 정의된다.

$$\bar{x} = \frac{M_y}{M} = \frac{\sum m_k x_k}{\sum m_k} \qquad (3)$$

1차원의 경우에서와 같이 이 $\bar{x}$를 선택함으로써 그 계는 직선 $x = \bar{x}$를 중심으로 균형을 이룬다(그림 5.47).

계의 질량중심의 y좌표는 다음과 같이 정의된다.

$$\bar{y} = \frac{M_x}{M} = \frac{\sum m_k y_k}{\sum m_k} \qquad (4)$$

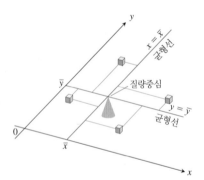

그림 5.47 2차원적 배열의 질점계가 질량중심에서 균형을 이룬다.

이 $\bar{y}$를 선택함으로써 그 계는 직선 $y = \bar{y}$를 중심으로 또한 균형을 이룬다. 직선 $y = \bar{y}$를 중심으로 질량들에 의해 가해지는 그 토크들은 상쇄된다. 따라서 균형이 유지되는 한 그 계는 마치 모든 질량이 한 점 $(\bar{x}, \bar{y})$에 놓여 있는 것처럼 작용한다. 이 점을 그 계의 **질량중심**이라 한다.

얇고, 평탄한 판

많은 응용에 있어서, 얇고 평평한 판, 예를 들면 알루미늄 원반이나 삼각형 모양의 철판의 질량중심을 구할 필요가 있다. 그러한 경우에, 질량분포가 연속이라 가정하여 $\bar{x}$와 $\bar{y}$를 계산하기 위해 정의되는 공식들은 유한 합 대신에 적분을 포함하게 된다. 그 적분은 다음 방법으로 유도된다.

xy평면의 한 영역을 차지하는 평판이 있다고 하자. 그리고 그 평판을 어느 한 개의 축과(그림 5.48에서 y축) 평행한 얇은 띠들로 자른다. 표본 띠의 질량중심은 $(\tilde{x}, \tilde{y})$이다. 표본 띠의 질량 Δm을 마치 점 $(\tilde{x}, \tilde{y})$에 집중되어 있는 것처럼 다룬다. 이때 y축에 대해 그 띠의 모멘트는 $\tilde{x}\Delta m$이다. x축에 대한 그 띠의 모멘트는 $\tilde{y}\Delta m$이다. 그러면 식 (3)과 (4)는 다음 식과 같다.

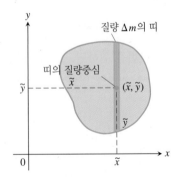

그림 5.48 평판을 y축에 평행한 얇은 띠들로 자른다. 각 축에 대하여 표본 띠에 의하여 가해지는 모멘트는 그 띠의 질량 Δm이 띠의 질량중심 $(\tilde{x}, \tilde{y})$에 집중되어 있다고 가정할 때 가해지는 모멘트이다.

$$\bar{x} = \frac{M_y}{M} = \frac{\sum \tilde{x} \, \Delta m}{\sum \Delta m}, \qquad \bar{y} = \frac{M_x}{M} = \frac{\sum \tilde{y} \, \Delta m}{\sum \Delta m}$$

1차원의 경우에서와 같이, 그 합들은 적분으로 나타내질 수 있는 리만 합이고, 또한 그 띠의 폭이 더 좁으면 좁을수록 극한값으로서 이들 적분에 더 가까워지게 된다. 이들 적분들은 다음과 같은 기호로 쓴다.

$$\bar{x} = \frac{\int \tilde{x} \, dm}{\int dm}, \qquad \bar{y} = \frac{\int \tilde{y} \, dm}{\int dm}$$

---

*xy*평면에서의 어떤 영역을 차지하는 얇은 평판의 모멘트, 질량, 질량중심

x축에 대한 모멘트: $M_x = \int \tilde{y} \, dm$

y축에 대한 모멘트: $M_y = \int \tilde{x} \, dm$

질량: $M = \int dm$

질량중심: $\bar{x} = \dfrac{M_y}{M}, \;\; \bar{y} = \dfrac{M_x}{M}$

(5)

평판의 밀도

재질의 밀도는 단위 넓이당 질량이다. 전선, 막대와 좁은 띠에 대한 밀도는 단위 길이당 질량으로 주어진다.

적분식에서 미분 dm은 띠의 질량이다. 이 절에서 평판의 밀도 δ가 상수 또는 연속함수라 가정하자. 그러면 질량 미분 dm은 단위 넓이당 질량과 넓이의 곱 $\delta \, dA$와 같다. 여기서 dA는 띠의 넓이를 말한다.

식 (5)에서 적분을 계산하기 위해서는, 좌표평면에 평판을 그린 후, 하나의 좌표축에 평행한 질량의 띠를 스케치한다. 그리고 이 띠의 질량 dm과 질량중심의 좌표 $(\tilde{x}, \tilde{y})$를 x와 y를 사용하여 표현한다. 마지막으로 좌표평면에서 평판의 위치로부터 결정되는 적분상한, 하한을 사용하여 $\tilde{y} \, dm, \tilde{x} \, dm$과 dm을 적분한다.

예제 2   그림 5.49에서와 같이 삼각형 모양의 평판은 $d = 3 \text{ g/cm}^2$의 밀도를 갖는다. 다음을 구하라.

(a) y축에 대한 평판의 모멘트 M_y

(b) 평판의 질량 M

(c) 평판의 질량중심(c.m.)의 x좌표

풀이   방법 1: 수직인 띠(그림 5.50)

(a) 모멘트 M_y: 수직인 표본 띠가

질량중심: $(\tilde{x}, \tilde{y}) = (x, x)$
길이: $2x$
폭: dx
넓이: $dA = 2x \, dx$
질량: $dm = \delta \, dA = 3 \cdot 2x \, dx = 6x \, dx$
y축과 질량중심 사이의 거리: $\tilde{x} = x$

를 갖는다. y축에 대한 그 띠의 모멘트는

$$\tilde{x} \, dm = x \cdot 6x \, dx = 6x^2 \, dx$$

이다. 그러므로 y축에 대한 평판의 모멘트는 다음과 같다.

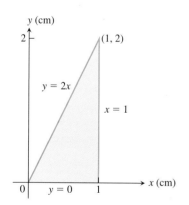

그림 5.49 예제 2의 평판

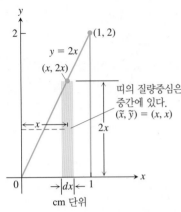

그림 5.50 예제 2의 평판과 수직인 띠의 모형

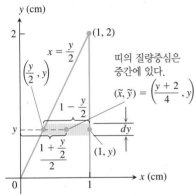

그림 5.51 예제 2의 평판과 수평인 띠의 모형

$$M_y = \int \tilde{x}\, dm = \int_0^1 6x^2\, dx = 2x^3 \Big]_0^1 = 2\ \text{g}\cdot\text{cm}$$

(b) 그 평판의 질량:

$$M = \int dm = \int_0^1 6x\, dx = 3x^2 \Big]_0^1 = 3\ \text{g}$$

(c) 그 평판의 질량중심의 x좌표:

$$\bar{x} = \frac{M_y}{M} = \frac{2\ \text{g}\cdot\text{cm}}{3\ \text{g}} = \frac{2}{3}\ \text{cm}$$

같은 방식으로 M_x와 $\bar{y} = M_x/M$을 구할 수 있다.

방법 2: 수평인 띠(그림 5.51)

(a) 모멘트 M_y: 수평인 표본 띠의 질량중심의 y좌표는 y이다(그림 참조). 그러므로

$$\tilde{y} = y$$

x좌표는 삼각형을 횡단할 때 중간 지점의 x좌표이다. 이것은 그 좌표가 $y/2$ (띠의 왼쪽 x값)과 1 (띠의 오른쪽 x값)의 평균이 된다:

$$\tilde{x} = \frac{(y/2)+1}{2} = \frac{y}{4} + \frac{1}{2} = \frac{y+2}{4}$$

또한,

$$\text{길이:}\quad 1 - \frac{y}{2} = \frac{2-y}{2}$$

$$\text{폭:}\quad dy$$

$$\text{넓이:}\quad dA = \frac{2-y}{2}\, dy$$

$$\text{질량:}\quad dm = \delta\, dA = 3 \cdot \frac{2-y}{2}\, dy$$

$$\text{질량중심과 } y\text{축 사이의 거리:}\quad \tilde{x} = \frac{y+2}{4}$$

를 얻는다. y축에 대한 그 띠의 모멘트는

$$\tilde{x}\, dm = \frac{y+2}{4} \cdot 3 \cdot \frac{2-y}{2}\, dy = \frac{3}{8}(4 - y^2)\, dy$$

이다. y축에 대한 그 평판의 모멘트는 다음과 같다.

$$M_y = \int \tilde{x}\, dm = \int_0^2 \frac{3}{8}(4 - y^2)\, dy = \frac{3}{8}\left[4y - \frac{y^3}{3} \right]_0^2 = \frac{3}{8}\left(\frac{16}{3} \right) = 2\ \text{g}\cdot\text{cm}$$

(b) 그 평판의 질량:

$$M = \int dm = \int_0^2 \frac{3}{2}(2 - y)\, dy = \frac{3}{2}\left[2y - \frac{y^2}{2} \right]_0^2 = \frac{3}{2}(4 - 2) = 3\ \text{g}$$

(c) 그 평판의 질량중심의 x좌표:

$$\bar{x} = \frac{M_y}{M} = \frac{2\ \text{g}\cdot\text{cm}}{3\ \text{g}} = \frac{2}{3}\ \text{cm}$$

같은 방식으로 M_x와 $\bar{y}$를 계산할 수 있다.

얇고, 평탄한 판의 질량분포가 대칭축을 가진다면, 질량중심은 이 축상에 놓이게 된다. 만일 대칭축이 2개 있다면, 질량중심은 그 축들의 교점에 놓이게 된다. 이 사실들은 흔히 이와 관련된 문제를 풀 때 그 풀이를 단순하게 하는 데 도움이 된다.

예제 3 위로는 포물선 $y=4-x^2$과 아래로는 x축에 의해 둘러싸인 영역(그림 5.52)을 차지하는 얇은 평판의 질량중심을 구하라. 점 (x, y)에서 평판의 밀도는 $d=2x^2$, 즉 y축과 점 사이의 거리의 제곱에 2배이다.

풀이 질량분포가 y축에 대하여 대칭이므로 $\bar{x}=0$이다. 밀도가 변수 x의 함수이므로 질량의 분포를 수직인 띠로 모형을 만든다. 이 수직인 띠(그림 5.52 참조)를 이용하여 다음과 같은 관계식을 얻을 수 있다.

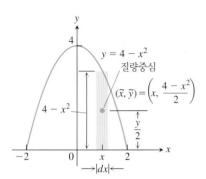

그림 5.52 예제 3의 평판과 수직인 띠의 모형

질량중심: $(\tilde{x}, \tilde{y}) = \left(x, \dfrac{4-x^2}{2}\right)$

길이: $4-x^2$

폭: dx

넓이: $dA = (4-x^2)\,dx$

질량: $dm = \delta\,dA = \delta(4-x^2)\,dx$

질량중심과 x축 사이의 거리: $\tilde{y} = \dfrac{4-x^2}{2}$

x축에 대한 띠의 모멘트는

$$\tilde{y}\,dm = \frac{4-x^2}{2}\cdot \delta(4-x^2)\,dx = \frac{\delta}{2}(4-x^2)^2\,dx$$

이다. x축에 대한 평판의 모멘트와 질량은

$$M_x = \int \tilde{y}\,dm = \int_{-2}^{2}\frac{\delta}{2}(4-x^2)^2\,dx = \int_{-2}^{2}x^2(4-x^2)^2\,dx$$

$$= \int_{-2}^{2}(16x^2 - 8x^4 + x^6)\,dx = \frac{2048}{105}$$

$$M = \int dm = \int_{-2}^{2}\delta(4-x^2)\,dx = \int_{-2}^{2}2x^2(4-x^2)\,dx$$

$$= \int_{-2}^{2}(8x^2 - 2x^4)\,dx = \frac{256}{15}$$

이다. 그러므로

$$\bar{y} = \frac{M_x}{M} = \frac{2048}{105}\cdot\frac{15}{256} = \frac{8}{7}$$

이다. 따라서 평판의 질량중심은 다음과 같다.

$$(\bar{x}, \bar{y}) = \left(0, \frac{8}{7}\right)$$

∎

두 곡선에 의해 둘러싸인 평판

평판이 두 개의 곡선 $y=g(x)$와 $y=f(x)$에 의해 둘러싸인 영역을 차지한다고 가정하자. 단, 여기서 $f(x)\geq g(x)$이고 $a\leq x\leq b$이다. 이에 대한 수직 띠(그림 5.53 참조)로부터 다음을 얻는다.

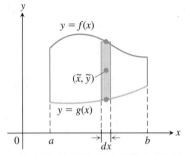

그림 5.53 두 곡선에 의해 둘러싸인 평판의 모형과 수직 띠. 이 띠의 질량중심은 중간이다. 즉, $\widetilde{y} = \dfrac{1}{2}\left[f(x) + g(x)\right]$ 이다.

질량중심:　　$(\widetilde{x},\ \widetilde{y}) = \left(x, \dfrac{1}{2}\left[f(x) + g(x)\right]\right)$

길이:　　　$f(x) - g(x)$

폭:　　　　dx

넓이:　　　$dA = \left[f(x) - g(x)\right] dx$

질량:　　　$dm = \delta\, dA = \delta\left[f(x) - g(x)\right] dx$

y축에 대한 평판의 모멘트는

$$M_y = \int x\, dm = \int_a^b x\delta\left[f(x) - g(x)\right] dx$$

이고, x축에 대한 평판의 모멘트는

$$M_x = \int y\, dm = \int_a^b \frac{1}{2}\left[f(x) + g(x)\right]\cdot\delta\left[f(x) - g(x)\right] dx$$

$$= \int_a^b \frac{\delta}{2}\left[f^2(x) - g^2(x)\right] dx$$

이다. 이 모멘트로부터 다음 공식을 얻는다.

$$\bar{x} = \frac{1}{M}\int_a^b \delta x\left[f(x) - g(x)\right] dx \tag{6}$$

$$\bar{y} = \frac{1}{M}\int_a^b \frac{\delta}{2}\left[f^2(x) - g^2(x)\right] dx \tag{7}$$

예제 4　두 곡선 $g(x) = x/2$와 $f(x) = \sqrt{x}$, $0 \le x \le 1$에 의해 둘러싸인 얇은 평판(그림 5.54)의 질량중심을 구하라. 식 (6)과 (7)을 이용하고 밀도함수는 $\delta(x) = x^2$이다.

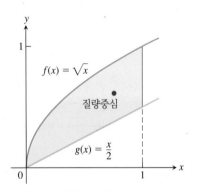

그림 5.54 예제 4의 영역

풀이　먼저 $dm = \delta[f(x) - g(x)]dx$를 이용하여 평판의 질량을 계산하면 다음과 같다.

$$M = \int_0^1 x^2\left(\sqrt{x} - \frac{x}{2}\right) dx = \int_0^1 \left(x^{5/2} - \frac{x^3}{2}\right) dx = \left[\frac{2}{7}x^{7/2} - \frac{1}{8}x^4\right]_0^1 = \frac{9}{56}$$

이제 식 (6)과 (7)로부터

$$\bar{x} = \frac{56}{9}\int_0^1 x^2\cdot x\left(\sqrt{x} - \frac{x}{2}\right) dx$$

$$= \frac{56}{9}\int_0^1 \left(x^{7/2} - \frac{x^4}{2}\right) dx$$

$$= \frac{56}{9}\left[\frac{2}{9}x^{9/2} - \frac{1}{10}x^5\right]_0^1 = \frac{308}{405}$$

이고

$$\bar{y} = \frac{56}{9}\int_0^1 \frac{x^2}{2}\left(x - \frac{x^2}{4}\right) dx$$

$$= \frac{28}{9}\int_0^1 \left(x^3 - \frac{x^4}{4}\right) dx$$

$$= \frac{28}{9}\left[\frac{1}{4}x^4 - \frac{1}{20}x^5\right]_0^1 = \frac{252}{405}$$

이다. 그림 5.54에서 질량중심의 위치를 볼 수 있다. ∎

중심

예제 4에서 질량중심은 영역의 기하적인 중심에 있지 않았다. 이는 영역 내에서 밀도가 일정하지 않기 때문이다. $\bar{x}$와 $\bar{y}$의 공식에서, 밀도함수가 상수이면 분모와 분자에서 서로 약분이 발생한다. 따라서 밀도가 일정할 때, 질량중심의 위치는 물체가 만들어지는 재질이 아니라 기하적인 모양에 따라 결정된다. 이러한 경우에 공학자들은 질량의 중심을 "삼각형 또는 원뿔의 중심을 구하라."에서와 같이, 도형의 **중심(centroid)**이라 한다. 그렇게 하기 위해서 δ를 1로 잡고, 앞에서와 같이 질량으로 모멘트를 나눠서 $\bar{x}$와 $\bar{y}$를 구한다.

예제 5 반지름이 a인 반원 모양을 하는, 밀도가 상수 δ인 철사의 질량중심(또는 중심)을 구하라.

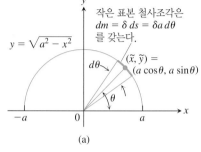

풀이 반원 $y = \sqrt{a^2 - x^2}$ 모양의 철사의 모형을 만든다(그림 5.55). 질량의 분포는 x축 대칭이므로 $\bar{x}=0$이다. $\bar{y}$를 구하기 위하여 철사를 짧은 소호 조각으로 나누어졌다고 생각하자. $(\tilde{x}, \tilde{y})$를 소호 조각의 질량중심이라 하고, 원점과 $(\tilde{x}, \tilde{y})$를 연결하는 선분의 x축으로부터 각도를 θ라 하면, $\tilde{y}=a \sin \theta$는 단위가 라디안인 각 θ의 함수이다(그림 5.55(a) 참조). $(\tilde{x}, \tilde{y})$를 포함하고 있는 소호의 길이 ds는 $d\theta$ 라디안의 각에 대응한다. 즉, $ds=a\,d\theta$이다. 따라서 소호 조각은 $\bar{y}$를 계산하기 위한 다음의 관계식들을 얻게 된다.

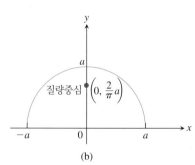

길이: $ds = a\,d\theta$

질량: $dm = \delta\,ds = \delta a\,d\theta$ 단위 길이당 질량 × 길이

질량중심과 x축 사이의 거리: $\tilde{y} = a \sin \theta$

그러므로

$$\bar{y} = \frac{\int \tilde{y}\,dm}{\int dm} = \frac{\int_0^\pi a\sin\theta \cdot \delta a\,d\theta}{\int_0^\pi \delta a\,d\theta} = \frac{\delta a^2 \left[-\cos\theta\right]_0^\pi}{\delta a \pi} = \frac{2}{\pi}a$$

질량중심은 원점으로부터 대칭축을 따라 위로 약 2/3지점인 $(0, 2a/\pi)$이다(그림 5.55(b)). $\bar{y}$의 계산식에서 δ가 어떻게 약분되었는지를 살펴보면, $\delta=1$로 놓고 $\bar{y}$를 계산하면 항상 같은 값이 나옴을 알 수 있을 것이다. ∎

그림 5.55 예제 5의 반원형의 철사. (a) 질량중심을 구하는 데 사용된 길이와 변수. (b) 질량중심은 철사 위에 있지 않다.

예제 5에서 xy평면에서 미분가능한 함수의 그래프를 따라 놓여 있는 얇은 철사의 질량중심을 구하였다. 14장에서는 평면 (또는 공간)에서 더 일반적인 모양의 매끄러운 곡선을 따라 놓여 있는 철사의 질량중심을 구하는 방법에 대해 공부할 것이다.

유체 힘과 중심

물속에 잠긴 수직인 평판의 중심의 위치가 알려져 있다면(그림 5.56), 판의 한 면에 가해지는 힘을 아주 쉽게 구할 수 있다. 5.5절의 식 (7)과 x축에 대한 모멘트의 정의로부터

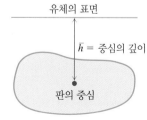

그림 5.56 판의 한 면에 가해지는 유체의 정역학적 힘은 $w \cdot \bar{h} \cdot$(판의 넓이)이다.

$$F = \int_a^b w \times (\text{띠 깊이}) \times L(y)\,dy$$

$$= w \int_a^b (\text{띠 깊이}) \times L(y)\,dy$$

$$= w \times (\text{판이 차지하는 영역의 수평선에 대한 모멘트})$$

$$= w \times (\text{판의 중심의 깊이}) \times (\text{판의 넓이})$$

> **유체의 힘과 중심**
> 잠겨 있는 수직인 평판의 한 면에 가해지는 무게–밀도가 w인 유체의 힘은 w와 그 판의 중심과 유체면 사이의 거리 $\bar{h}$, 판의 넓이 A의 곱이다.
> $$F = w\bar{h}A \tag{8}$$

예제 6   밑변이 2 m이고 높이가 1 m인 평평한 이등변 삼각형 판이 수직으로 잠겨 있고, 수영장의 수면 아래 0.6 m 되는 곳에 거꾸로 놓인 판이 밑변이 수평으로 놓여 있다 (5.5절의 예제 6 참조). 식 (8)을 이용하여 평판의 한 면에 물에 의해 가해지는 힘을 구하라.

풀이   삼각형(그림 5.43)의 중심은 y축 위에, 밑변으로부터 꼭짓점까지 길이의 1/3지점이다. 수영장의 수면이 $y = 1.6$이므로 $\bar{h} = \dfrac{2.8}{3}$(중심 $y = \dfrac{2}{3}$)이다. 삼각형의 넓이는

$$A = \frac{1}{2}(\text{밑변})(\text{높이}) = \frac{1}{2}(2)(1) = 1$$

이다. 그러므로 힘은 다음과 같다.

$$F = w\bar{h}A = (9800)\left(\frac{2.8}{3}\right)(1) \approx 9147 \, \text{N} \qquad \blacksquare$$

파푸스의 정리(Theorem of Pappus)

4세기에 파푸스(Pappus)라 불리는 알렉산드리아의 그리스 수학자가 회전면과 회전체의 중심에 관련된 두 가지의 공식을 발견하였다 그 공식들을 이용하면 많은 다른 방법을 써서 계산할 때보다 훨씬 간편하게 계산될 수 있다.

> **정리 1 부피에 대한 파푸스의 정리**   평면영역을 그 영역의 내부와 만나지 않는 그 평면 위의 한 직선을 회전축으로 회전하여 얻은 입체의 부피는 영역의 넓이 A와 그 영역의 중심이 회전할 때 움직인 거리의 곱이다. 만일 ρ가 회전축과 중심 사이의 거리라면 다음과 같다.
> $$V = 2\pi\rho A \tag{9}$$

증명   회전축을 x축으로 영역 R가 1사분면에 있도록 그린다(그림 5 57). $L(y)$는 y에서 y축에 수직인 R의 횡단선의 길이라 하자. $L(y)$는 연속이라 가정한다.

원주각 방법에 따르면 그 영역을 x축을 회전축으로 회전하여 얻은 입체의 부피는

$$V = \int_c^d 2\pi(\text{원주각 반지름})(\text{원주각 높이})\,dy = 2\pi\int_c^d y\,L(y)\,dy \tag{10}$$

이다. 그 R의 중심의 y좌표는

$$\bar{y} = \frac{\displaystyle\int_c^d \tilde{y}\,dA}{A} = \frac{\displaystyle\int_c^d y\,L(y)\,dy}{A} \qquad \tilde{y} = y, \; dA = L(y)\,dy$$

이다. 그러므로

$$\int_c^d y\,L(y)\,dy = A\bar{y}$$

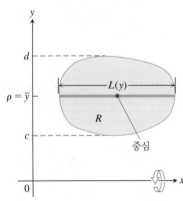

그림 5.57 1700년 된 정리는 영역 R를 x축을 회전축으로 (한 바퀴) 회전하여 생긴 입체의 부피를 영역의 넓이와 회전할 때 중심이 움직인 거리를 곱해서 구할 수 있다는 것을 말해준다.

식 (10)에 있는 마지막 적분 대신에 $A\bar{y}$를 대입하면 $V = 2\pi\bar{y}A$가 된다. 만일 $\rho = \bar{y}$라 하면 $V = 2\pi\rho A$가 된다. ■

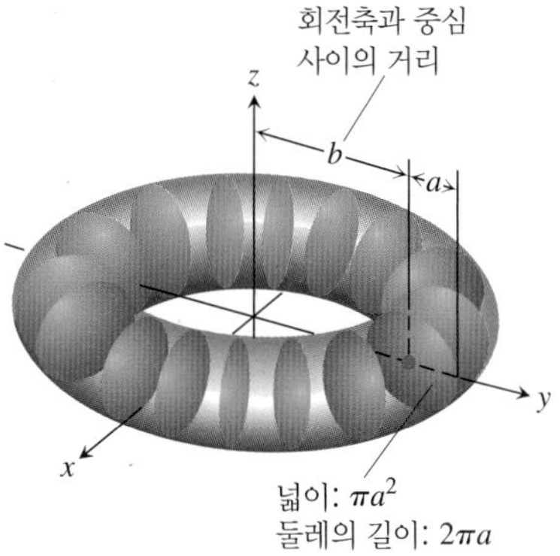

예제 7 반지름이 a인 원판을 그 중심에서 $b \geq a$만큼 떨어진 평면상의 한 축을 회전축으로 회전시켜 얻은 원환체(torus)의 부피를 구하라.

풀이 부피에 대한 파푸스의 정리를 적용하자. 원판의 중심은 원의 중심이고, 원의 넓이는 $A = \pi a^2$이며, 중심부터 회전축까지의 거리는 $\rho = b$이다(그림 5.58 참조). 이 값들을 식 (9)에 대입하여 원환체의 부피를 구하면 다음과 같다.

$$V = 2\pi(b)(\pi a^2) = 2\pi^2 ba^2$$ ■

다음 예제는 파푸스의 정리의 식 (9)를 이용하여 넓이 A를 알고 있는 평면영역의 중심의 좌표 중 하나를 어떻게 구하는지를 보여준다. 물론 여기서 이 영역을 또 다른 좌표축을 회전축으로 회전시켜 얻은 회전체의 부피를 알고 있어야 한다. 즉, 우리가 구하고자 하는 좌표가 $\bar{y}$라고 하면, x축을 회전축으로 회전시켜야 하며, 이때 회전축과 중심과의 거리는 $\bar{y} = \rho$가 된다. 이미 부피 V를 알고 있는 입체를 회전체로 보겠다는 생각이다. 그러면 식 (9)를 ρ에 대해 풀 수 있고, 이 값이 중심의 좌표 $\bar{y}$이다.

예제 8 반지름이 a인 반원판의 중심의 좌표를 구하라.

풀이 반원 $y = \sqrt{a^2 - x^2}$과 x축 사이의 영역(그림 5.59)을 생각하고, 이 영역을 x축을 회전축으로 회전시켜 구를 얻었다고 상상하자. 대칭성에 의해 중심의 x좌표는 $\bar{x} = 0$이다. 식 (9)에서 $\bar{y} = \rho$라고 하면 다음과 같이 구할 수 있다.

$$\bar{y} = \frac{V}{2\pi A} = \frac{(4/3)\pi a^3}{2\pi(1/2)\pi a^2} = \frac{4}{3\pi}a$$ ■

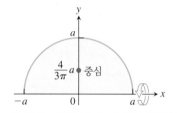

그림 5.58 파푸스의 제1정리를 이용하여 적분을 쓰지 않고 원환체의 부피를 구할 수 있다(예제 7).

넓이: πa^2
둘레의 길이: $2\pi a$

회전축과 중심 사이의 거리

그림 5.59 파푸스의 제1정리를 이용해서 적분을 계산하지 않고서 반원판의 중심을 구할 수 있다(예제 8).

$\frac{4}{3\pi}a$ 중심

정리 2 곡면의 넓이에 대한 파푸스의 정리 매끄러운 평면곡선의 호를 그 호의 내부와 만나지 않는 평면상의 한 직선을 회전축으로 한 바퀴 회전하여 얻은 곡면의 넓이는 (호의 길이 L)×(호의 중심이 회전할 때 움직인 거리)와 같다. 만일 ρ가 회전축과 그 중심 사이의 거리라면, 그 곡면의 넓이는 다음과 같다.

$$S = 2\pi\rho L \qquad (11)$$

아래의 증명에서는 회전축을 x축으로 잡고 호는 x의 연속인 도함수를 갖는 함수의 그래프라 가정한다.

증명 회전축 표시를 한 x축과 제1사분면에 $x = a$부터 $x = b$까지 그어진 호를 함께 그린다(그림 5.60). 그 호에 의해서 얻어지는 곡면의 넓이는

$$S = \int_{x=a}^{x=b} 2\pi y\, ds = 2\pi \int_{x=a}^{x=b} y\, ds \qquad (12)$$

이다. 그 호의 중심의 y좌표는

$$\bar{y} = \frac{\int_{x=a}^{x=b} \tilde{y}\, ds}{\int_{x=a}^{x=b} ds} = \frac{\int_{x=a}^{x=b} y\, ds}{L} \qquad L = \int ds \text{ 는 호의 길이이고 } \tilde{y} = y$$

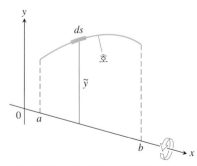

그림 5.60 파푸스의 넓이 정리를 증명하기 위한 그림. 호의 길이 미분 ds는 5.3절의 식 (6)에 주어졌다.

이다. 이로부터

$$\int_{x=a}^{x=b} y\, ds = \bar{y} L$$

식 (12)에 있는 마지막 적분 대신에 $\bar{y}L$을 대입하면 $S = 2\pi\bar{y}L$이 된다. 만일 $\rho = \bar{y}$라 하면, $S = 2\pi\rho L$이 된다. ∎

예제 9 파푸스의 넓이 정리를 이용하여 예제 7에서 원환체의 곡면의 넓이를 구하라.

풀이 그림 5.58로부터 원환체의 곡면은 반지름이 a인 원을 z축을 회전축으로 회전시켜 얻은 것이다. 여기서 회전축과 중심 사이의 거리는 $b \geq a$이다. 회전체의 곡면을 생성하는 매끄러운 곡선의 길이는 원둘레이므로 즉, $L = 2\pi a$이다. 이 값들을 식 (11)에대 입하여 원환체의 곡면의 넓이를 구하면 다음과 같다.

$$S = 2\pi(b)(2\pi a) = 4\pi^2 ba$$ ∎

연습문제 5.6

철사의 질량

연습문제 1~6에서 밀도가 $\delta(x)$인, 주어진 구간에서의 선형 철사의 질량 M과 질량중심 $\bar{x}$를 구하라.

1. $1 \leq x \leq 4, \quad \delta(x) = \sqrt{x}$

2. $-3 \leq x \leq 3, \quad \delta(x) = 1 + 3x^2$

3. $0 \leq x \leq 3, \quad \delta(x) = \dfrac{1}{x+1}$

4. $1 \leq x \leq 2, \quad \delta(x) = \dfrac{8}{x^3}$

5. $\delta(x) = \begin{cases} 4, & 0 \leq x \leq 2 \\ 5, & 2 < x \leq 3 \end{cases}$

6. $\delta(x) = \begin{cases} 2 - x, & 0 \leq x < 1 \\ x, & 1 \leq x \leq 2 \end{cases}$

밀도가 일정한 얇은 평판

연습문제 7~18에서 주어진 영역을 차지하고 밀도가 상수 δ인 평판의 질량중심을 구하라.

7. 포물선 $y = x^2$과 직선 $y = 4$로 둘러싸인 영역

8. 포물선 $y = 25 - x^2$과 x축으로 둘러싸인 영역

9. 포물선 $y = x - x^2$과 직선 $y = -x$로 둘러싸인 영역

10. 포물선 $y = x^2 - 3$과 $y = -2x^2$으로 둘러싸인 영역

11. y축과 $x = y - y^3$과 곡선 $0 \leq y \leq 1$로 둘러싸인 영역

12. 포물선 $x = y^2 - y$와 직선 $y = x$로 둘러싸인 영역

13. x축과 곡선 $y = \cos x, -\pi/2 \leq x \leq \pi/2$로 둘러싸인 영역

14. x축과 곡선 $y = \sec^2 x, -\pi/4 \leq x \leq \pi/4$로 둘러싸인 영역

15. (a)와 (b)에서 각각 구한 답을 비교하라.

  a. 제1사분면에서 원 $x^2 + y^2 = 9$로 잘라낸 영역

  b. x축과 반원 $y = \sqrt{9 - x^2}$으로 둘러싸인 영역

16. 포물선 $y = 2x^2 - 4x$와 $y = 2x - x^2$으로 둘러싸인 영역

17. 곡선 $y = 1/\sqrt{x}, x$축, 직선 $x = 1$, 직선 $x = 16$으로 둘러싸인 영역

18. 위로는 곡선 $y = 1/x^3$, 아래로는 $y = -1/x^3$, 왼쪽으로는 $x = 1$, 오른쪽으로는 $x = a > 1$로 둘러싸인 영역. $\lim\limits_{a \to \infty} \bar{x}$도 구하라.

19. 곡선 $y = x^4$과 $y = x^5$에 의해 둘러싸인 영역을 생각하자. 이 영역의 질량중심이 외부에 있음을 보이라.

20. 곡선 $y = \sqrt{x}$와 $x = 2y$에 둘러싸인, 밀도 δ가 일정한 얇은 평판을 생각하자. 이 평판에 대해 다음을 구하라.

  a. x축에 대한 모멘트

  b. y축에 대한 모멘트

  c. 직선 $x = 5$에 대한 모멘트

  d. 직선 $x = -1$에 대한 모멘트

  e. 직선 $y = 2$에 대한 모멘트

  f. 직선 $y = -3$에 대한 모멘트

  g. 질량

  h. 질량중심

밀도가 일정하지 않은 얇은 평판

21. x축, 곡선 $y = 2/x^2$, $1 \leq x \leq 2$로 둘러싸인 얇은 평판의 질량중심을 구하라. 단, 그 판 상의 점 (x, y)에서의 밀도는 $\delta(x) = x^2$이다.

22. 아래로는 포물선 $y = x^2$, 위로는 직선 $y = x$로 둘러싸인 얇은 평판의 질량중심을 구하라. 단, 그 판 상의 점 (x, y)에서의 밀도는 $\delta(x) = 12x$이다.

23. 곡선 $y = \pm 4/\sqrt{x}$, 직선 $x = 1$, 직선 $x = 4$로 둘러싸인 영역을 y축을 회전축으로 회전하여 얻은 입체가 있다.

  a. 그 입체의 부피를 구하라.

  b. 그 영역을 차지하는 그 얇은 판의 질량중심을 구하라. 단, 그 판 상의 점 (x, y)에서의 밀도는 $\delta(x) = 1/x$이다.

  c. 그 판을 스케치하고 그 스케치에 질량중심을 표시하라.

24. 곡선 $y = 2/x$, x축, 직선 $x = 1$, 직선 $x = 4$로 둘러싸인 영역을 x축을 회전축으로 회전하여 얻은 입체가 있다.

a. 그 입체의 부피를 구하라.

b. 그 영역을 차지하는 그 얇은 평판의 질량중심은 어느 곳인가? 단, 그 판 상의 점 (x, y)에서의 밀도는 $\delta(x) = \sqrt{x}$이다.

c. 그 평판을 스케치하고, 또한 그 평판에 질량중심을 표시하라.

삼각형의 중심

25. **삼각형의 중심은 삼각형의 중선들의 교점에 놓여 있다**　각 변의 중점에서 마주보는 꼭짓점을 잇는 중선을 따라 1/3 되는 거리에 놓여 있는 삼각형 내부에 있는 점이 삼각형의 중선들이 만나는 교점이라는 것을 상기하라. 중심 역시 각 변의 중점에서 마주보는 꼭짓점을 잇는 중선을 따라 1/3 되는 거리에 놓여 있다는 것을 보임으로써 중선들이 만나는 교점에 놓여 있다는 것을 보이라. 그것을 보이기 위해서는 다음의 단계들로 구분하여 수행하라.

i. 주어진 그림의 (b)에서와 같이 x축에 삼각형의 한 변을 놓아라. dm을 L과 dy에 관하여 나타내라.

ii. 유사한 삼각형들을 이용해서 $L = (b/h)(h - y)$임을 보이라. dm 대신 공식에 L에 대한 이 수식을 대입하라.

iii. $\bar{y} = h/3$임을 보이라.

iv. 이 논리를 나머지 변들에 대해서 적용하라.

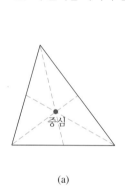
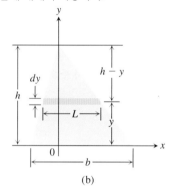

(a)　　　　　(b)

연습문제 25의 결과를 이용해서 연습문제 26~30에서 제시된 꼭짓점들이 만드는 삼각형의 중심을 구하라(여기서 $a, b > 0$).

26. $(-1, 0), (1, 0), (0, 3)$　　　**27.** $(0, 0), (1, 0), (0, 1)$

28. $(0, 0), (a, 0), (0, a)$　　　**29.** $(0, 0), (a, 0), (0, b)$

30. $(0, 0), (a, 0), (a/2, b)$

얇은 철사

31. **상수 밀도**　$x = 0$부터 $x = 2$까지 곡선 $y = \sqrt{x}$에 놓여 있는 밀도가 상수인 철사에 대하여 x축에 대한 모멘트를 구하라.

32. **상수 밀도**　$x = 0$부터 $x = 1$까지 곡선 $y = x^3$에 놓여 있는 밀도가 상수인 철사에 대하여 x축에 대한 모멘트를 구하라.

33. **변수 밀도**　예제 5에서의 철사의 밀도가 $\delta = k \sin \theta$ (k는 상수)라 가정하자. 질량중심을 구하라.

34. **변수 밀도**　예제 5에서의 철사의 밀도가 $\delta = 1 + k|\cos \theta|$ (k는 상수)라 가정하자. 질량중심을 구하라.

두 곡선에 둘러싸인 평판

연습문제 35~38에서 주어진 함수의 그래프에 의해 둘러싸인 얇은

평판의 중심을 구하라. 식 (6)과 (7)에서 $\delta = 1$과 $M =$ 영역의 넓이를 사용하라.

35. $g(x) = x^2$과 $f(x) = x + 6$

36. $g(x) = x^2(x + 1)$, $f(x) = 2$와 $x = 0$

37. $g(x) = x^2(x - 1)$과 $f(x) = x^2$

38. $g(x) = 0$, $f(x) = 2 + \sin x$, $x = 0$과 $x = 2\pi$

（힌트: $\int x \sin x \, dx = \sin x - x \cos x + C$）

이론과 예제

연습문제 39~40에서 명제와 공식을 증명하라.

39. 미분가능한 평면곡선의 중심의 좌표들은 다음과 같다.

$$\bar{x} = \frac{\int x \, ds}{\text{길이}}, \qquad \bar{y} = \frac{\int y \, ds}{\text{길이}}$$

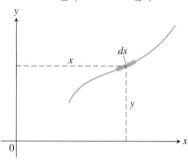

40. 방정식 $y = x^2/(4p)$에서 $p > 0$가 어떤 값을 가지더라도 다음 그림에서와 같은 포물선 일부의 중심의 y좌표는 $\bar{y} = (3/5)a$이다.

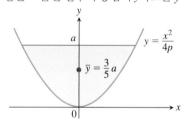

파푸스의 정리

41. 꼭짓점 $(0, 2), (2, 0), (4, 2)$와 $(2, 4)$를 갖는 정사각형 영역을 x축을 회전축으로 회전하여 얻은 입체가 있다. 그 입체의 부피와 겉넓이를 구하라.

42. 파푸스의 정리를 이용해서 좌표축, 직선 $2x + y = 6$으로 둘러싸인 삼각형 영역을 직선 $x = 5$를 회전축으로 회전하여 얻은 입체도형의 부피를 구하라(연습문제 25 참조).

43. 원 $(x - 2)^2 + y^2 = 1$을 y축을 회전축으로 회전하여 얻은 원환체의 부피를 구하라.

44. 파푸스의 정리를 이용해서 직원뿔의 겉넓이와 부피를 구하라.

45. 넓이에 대한 파푸스의 정리와 반지름이 a인 구의 겉넓이가 $4\pi a^2$이라는 사실을 이용해서 반원 $y = \sqrt{a^2 - x^2}$의 중심을 구하라.

46. 연습문제 45에서 구한 바와 같이, 반원 $y = \sqrt{a^2 - x^2}$의 중심은 점 $(0, 2a/\pi)$에 놓여 있다. 그 반원을 직선 $y = a$를 회전축으로 한 바퀴 회전하여 얻은 곡면의 넓이를 구하라.

47. 반타원 $y = (b/a)\sqrt{a^2 - x^2}$과 x축으로 둘러싸인 영역 R의 넓이는 $(1/2)\pi ab$이다. 그리고 R을 x축을 회전축으로 회전하여 얻

은 타원체의 부피는 $(4/3)\pi ab^2$이다. R의 중심을 구하라. 그 중심의 위치는 a와 상관이 없다.

48. 예제 8에서 구한 바와 같이, x축과 반원 $y = \sqrt{a^2 - x^2}$으로 둘러싸인 영역의 중심은 점 $(0, 4a/3\pi)$에 놓여 있다. 이 영역을 직선 $y = -a$를 회전축으로 한 바퀴 회전하여 얻은 입체의 부피를 구하라.

49. 연습문제 48의 영역을 직선 $y = x - a$를 회전축으로 한 바퀴 회전하여 얻은 입체가 있다. 그 입체의 부피를 구하라.

50. 연습문제 45에서 구한 바와 같이, 반원 $y = \sqrt{a^2 - x^2}$의 중심은 점 $(0, 2a/\pi)$에 놓여 있다. 그 반원을 직선 $y = x - a$를 회전

축으로 한 바퀴 회전하여 얻은 곡면의 넓이를 구하라.

연습문제 51~52에서 파푸스의 정리를 이용하여 주어진 삼각형의 중심을 구하라. 반지름이 r이고 높이가 h인 원뿔의 부피는 $V = \frac{1}{3}\pi r^2 h$임을 이용하라.

51. **52.**

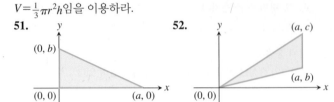

5장   복습문제

1. 얇은 조각 방법을 이용하여 입체의 부피를 어떻게 정의하고 그 값을 구하는가? 예를 들어 설명하라.

2. 얇은 조각 방법에서 유도된 입체의 부피를 구하는 원반 방법과 와셔 방법을 어떻게 정의하고 그 값을 구하는가? 이들 방법으로 부피를 구하는 예를 들고 설명하라.

3. 원주각 방법을 설명하라. 그 예를 들고 설명하라.

4. 닫힌 구간에서 정의된 매끄러운 함수의 그래프의 길이를 어떻게 구하는가? 예를 들고 설명하라. 연속인 도함수(또는 연속 미분가능한 함수)를 갖지 않는 함수에 대해서는 어떻게 되는가?

5. 매끄러운 함수 $y = f(x)$, $a \le x \le b$의 그래프를 x축을 회전축으로 한 바퀴 회전하여 얻은 곡면의 넓이를 어떻게 정의하고 값

을 구하는가? 예를 들고 설명하라.

6. x축의 한 부분을 따라 축의 양의 방향으로 작용하는 일정하지 않은 힘에 의해 행해진 일을 어떻게 정의하고 값을 구하는가? 한 탱크에서 펌프로 액체를 퍼내는 데 소요되는 일을 어떻게 구하는가? 예를 들고 설명하라.

7. 액체에 의해 수직인 벽에 가해지는 힘을 어떻게 구하는가? 예를 들고 설명하라.

8. 질량중심의 정의는 무엇인가? 중심은?

9. 얇은 금속평판의 질량중심을 구하라. 예를 들고 설명하라.

10. 구간 $a \le x \le b$에서 두 곡선 $y = f(x)$와 $y = g(x)$에 의해 둘러싸인 얇은 판의 질량중심은 어디인가?

5장   종합문제

부피

종합문제 1~18에서 주어진 입체도형의 부피를 구하라.

1. 점 $x = 0$과 점 $x = 1$을 지나고 x축에 수직인 평면 사이에 입체가 놓여 있다. 평면 사이에 있고 x축에 수직인 절단면이 지름이 포물선 $y = x^2$과 포물선 $y = \sqrt{x}$ 사이의 축에 평행한 선분의 길이인 원반인 입체도형이다.

2. 입체의 밑면이 직선 $y = x$와 포물선 $y = 2\sqrt{x}$로 둘러싸인 제1사분면에 있는 영역이다. x축에 수직인 절단면이 이등변 삼각형인데 이등변 삼각형의 밑변이 직선과 곡선 사이의 y축에 평행한 선분인 입체도형이다.

3. 점 $x = \pi/4$와 점 $x = 5\pi/4$를 지나고 x축에 수직인 평면 사이에 입체가 놓여 있다. 평면 사이에 있는 절단면이 원반인데 원반의 지름이 곡선 $y = 2\cos x$와 곡선 $y = 2\sin x$ 사이의 y축에 평행한 선분인 입체도형이다.

4. 점 $x = 0$과 $x = 6$ 사이의 x축에 수직인 평면들 사이에 입체도형이 놓여 있다. 입체와 평면 사이의 절단면은 한 변이 x축에서

곡선 $x^{1/2} + y^{1/2} = \sqrt{6}$ 사이의 길이인 정사각형들이다.

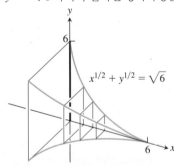

5. 점 $x = 0$과 $x = 4$를 지나고 x축에 수직인 평면 사이에 입체가 놓여 있다. x축에 수직인 평면 사이의 절단면은 그것의 지름이 $x^2 = 4y$와 $y^2 = 4x$ 사이의 길이인 원반이다.

6. 밑면이 xy평면 위의 포물선 $y^2 = 4x$와 직선 $x = 1$로 둘러싸인 영역인 입체가 있다. x축에 수직인 각 절단면은 평면 위에 한 변을 갖는 이등변 삼각형이다(삼각형들은 모두 평면의 같은 변 위에 놓여 있다).

7. x축, 곡선 $y = 3x^4$, 직선 $x = 1$과 $x = -1$로 둘러싸인 영역을 (a) x축, (b) y축, (c) 직선 $x = 1$, (d) 직선 $y = 3$을 회전축으로 회전하여 생기는 입체의 부피를 구하라.

8. 곡선 $y = 4/x^3$, 직선 $x = 1$과 $y = 1/2$로 둘러싸인 '삼각형' 모양의 영역을 (a) x축, (b) y축, (c) 직선 $x = 2$, (d) 직선 $y = 4$를 회전축으로 회전하여 생기는 입체의 부피를 구하라.

9. 왼쪽으로는 포물선 $x = y^2 + 1$과 오른쪽으로는 직선 $x = 5$로 둘러싸인 영역을 (a) x축, (b) y축, (c) 직선 $x = 5$를 회전축으로 회전하여 생기는 입체의 부피를 구하라.

10. 포물선 $y^2 = 4x$와 직선 $y = x$로 둘러싸인 영역을 (a) x축, (b) y축, (c) 직선 $x = 4$, (d) 직선 $y = 4$를 회전축으로 회전하여 생기는 입체의 부피를 구하라.

11. x축, 직선 $x = \pi/3$, 제1사분면에 있는 곡선 $y = \tan x$로 둘러싸인 '삼각형' 모양의 영역을 x축을 회전축으로 회전하여 생기는 입체의 부피를 구하라.

12. 곡선 $y = \sin x$와 직선 $x = 0$, $x = \pi$, $y = 2$로 둘러싸인 영역을 직선 $y = 2$를 회전축으로 회전하여 생기는 입체의 부피를 구하라.

13. 곡선 $y = x^2 - 2x$와 x축으로 둘러싸인 영역을 (a) x축, (b) 직선 $y = -1$, (c) 직선 $x = 2$, (d) 직선 $y = 2$를 회전축으로 회전하여 생기는 입체의 부피를 구하라.

14. $y = 2\tan x$, $y = 0$, $x = -\pi/4$, $x = \pi/4$로 둘러싸인 영역을 x축을 회전축으로 회전하여 생기는 입체의 부피를 구하라(그 영역은 제1사분면과 3사분면에 놓여 있고 비대칭의 나비 넥타이 모양과 비슷하게 생겼다).

15. **구멍을 가진구의 부피** 반지름은 $\sqrt{3}$ m인 둥근 구멍은 반지름 2 m인 구의 중심을 관통하였다. 구에서 제거된 부분의 부피를 구하라.

16. **풍선의 부피** 풍선의 옆면도는 그림에서와 같이 타원 모양을 닮고 있다. cm^3 단위로 쓰고 가장 가까운 정수의 값으로 풍선의 부피를 구하라.

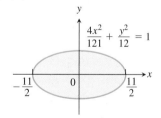

17. 높이가 h이고 반지름이 a와 b인 주어진 원뿔대의 부피를 구하라.

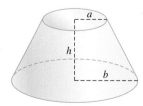

18. 아래 그림에 주어진 $x^{2/3} + y^{2/3} = 1$의 그래프를 **성망형(astroid)**이라 한다. 이 성망형에 의해 둘러싸인 영역을 x축을 회전축으로 회전하여 생긴 입체의 부피를 구하라.

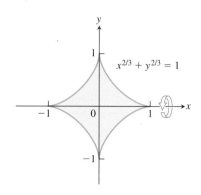

곡선의 길이

종합문제 19~22에서 주어진 곡선의 길이를 구하라.

19. $y = x^{1/2} - (1/3)x^{3/2}$, $1 \le x \le 4$

20. $x = y^{2/3}$, $1 \le y \le 8$

21. $y = (5/12)x^{6/5} - (5/8)x^{4/5}$, $1 \le x \le 32$

22. $x = (y^3/12) + (1/y)$, $1 \le y \le 2$

회전면의 넓이

종합문제 23~26에서 주어진 축을 회전축으로 회전하여 얻은 회전면의 넓이를 구하라.

23. $y = \sqrt{2x + 1}$, $0 \le x \le 3$; x축

24. $y = x^3/3$, $0 \le x \le 1$; x축

25. $x = \sqrt{4y - y^2}$, $1 \le y \le 2$; y축

26. $x = \sqrt{y}$, $2 \le y \le 6$; y축

일

27. **등반 장비** 한 암벽 등반가는 암벽의 아래로 미터당 0.8 N의 무게가 나가는 40 m 길이의 밧줄에 매달려 있는 100 N의 장비를 위로 끌어올리려고 한다. 이때 소요되는 일은 얼마인가? (**힌트**: 밧줄과 장비를 분리해서 풀고, 그 다음에 합하라.)

28. **누수되는 탱크 트럭** 어떤 사람이 워싱턴 산기슭에서 탱크 트럭에 4000 L의 물을 싣고 운전하여 산 정상까지 운반하였다. 그리고 탱크에 물이 단지 반만 남아 있다는 사실을 도착하고 나서야 발견하였다. 그는 가득 찬 상태에서 출발하였고, 또 일정한 속력으로 올라갔고, 또한 50분이 지나서 1500 m 거리만큼 실제로 이동하였다. 일정한 비율로 누수가 된다고 가정할 때, 산의 정상까지 물을 운반하는 데 소요되는 일은 얼마인가? 그 사람 자신과 트럭이 거기까지 이동하는 동안에 한 일은 계산하지 마라. 물의 무게는 9.8 N/L이다.

29. **지구의 인력** 지구 표면 아래의 물체의 인력은 지구 중심으로부터 거리에 직접적으로 비례한다. 지구 표면으로부터 a km 아래에 위치한 무게가 w N인 물체를 지구 표면까지 들어 올려 이동시키는 데 행해진 일을 구하라. 지구의 반지름은 r km로 일정하다고 가정하자.

30. **차고 문의 용수철** 200 N의 힘으로 차고 문의 용수철을 0.8 m 늘릴 수 있다고 하자. 300 N의 힘은 용수철을 얼마나 더 늘릴 수 있는가? 힘의 크기가 300 N의 크기 초과하지 않는 범위에서 임의의 길이로 용수철을 늘리는 데 필요한 일은 얼마인가?

31. **급수탑에서 펌프로 물을 퍼내기** 밑면은 지름이 20 m 이고, 깊이

가 8 m인 정점이 아래쪽에 있는 직원뿔 모양의 급수탑에 물이 가득 들어 있다. 탑의 윗면에서 6 m 아래까지 물을 펌프로 퍼내는 데 소요되는 일의 양은 얼마인가?

32. 급수탑에서 펌프로 물을 퍼올리기(종합문제 31의 계속) 급수탑에 깊이가 5 m까지 물이 채워져야 되고, 물이 탑의 밑면과 같은 높이까지 차도록 물을 펌프로 퍼올리려고 한다. 그렇게 탑에 물을 가득 채우는 데 소요되는 일은 얼마인가?

33. 원뿔형 탱크에서 펌프로 물을 퍼내기 밑면은 반지름이 5 m이고, 높이가 10 m인, 그리고 정점이 아래에 있는 직원뿔 모양의 급수탑에 무게–밀도가 900 N/m³인 액체로 채워져 있다. 그 액체의 표면이 탑의 꼭대기에서 아래로 2 m 만큼 낮아지게 될 때까지 펌프로 액체를 퍼내는 데 소요되는 일은 얼마인가? 만일 펌프가 41,250 J/s 속도로 작동하는 모터에 의해 물을 퍼낸다면, 탱크를 완전히 비우는 데 시간이 얼마나 소요되는가?

34. 원주형 탱크에서 펌프로 물을 퍼내기 저장용 탱크가 길이가 6 m이고, 지름이 2.5 m인 수평한 중심축을 갖는 직원주형으로 되어 있다. 이때 탱크에 무게 – 밀도가 8950 N/m³인 올리브 기름으로 반이 채워져 있다고 할 때, 탱크의 바닥에서 2 m 높이에 있는 배출구까지 파이프를 통하여 기름을 펌프로 퍼내어 탱크를 완전히 비우는 데 행해진 일을 구하라.

35. 용수철이 후크의 법칙을 따르지 않는다고 가정하자. 대신에, 용수철을 본래의 길이로부터 x m 늘리는 데 필요한 힘을 $F(x) = 5x^{3/2}$ N이라 하자. 다음을 수행할 때 행해진 일을 구하라.
   a. 용수철을 본래의 길이로부터 2 m 늘리는 데
   b. 용수철을 본래의 길이를 지나 1 m부터 본래의 길이를 지나 3 m까지 늘리는 데

36. 용수철이 후크의 법칙을 따르지 않는다고 가정하자. 대신에, 용수철을 본래의 길이로부터 x m 늘리는 데 필요한 힘을 $F(x) = k\sqrt{5 + x^2}$ N이라 하자.
   a. 3 N의 힘으로 용수철을 2 m 늘렸다면, k의 값을 구하라.
   b. 용수철을 본래의 길이로부터 1 m 늘리는데 필요한 일을 구하라.

질량중심과 중심

37. 두 포물선 $y = 2x^2$과 $y = 3 - x^2$으로 둘러싸인 얇은 평판의 중심을 구하라.

38. x축, 직선 $x = 2$와 $x = -2$, 포물선 $y = x^2$으로 둘러싸인 얇은 평판의 중심을 구하라.

39. y축, 포물선 $y = x^2/4$, 직선 $y = 4$로 둘러싸인 제1사분면에 있는 '삼각형' 영역을 차지하는 얇은 평판의 중심을 구하라.

40. 포물선 $y^2 = x$와 직선 $x = 2y$로 둘러싸인 얇은 평판의 중심을 구하라.

41. 밀도함수가 $\delta(y) = 1 + y$라 할 때 포물선 $y^2 = x$와 직선 $x = 2y$로 둘러싸인 얇은 평판의 질량중심을 구하라(수평인 띠들을 이용하라).

42. a. 곡선 $y = 3/x^{3/2}$과 x축, 직선 $x = 1$과 $x = 9$로 둘러싸인 상수밀도를 갖는 얇은 평판의 질량중심을 구하라.
   b. 상수밀도 대신에 밀도함수가 $\delta(x) = x$라 할 때, 그 판의 질량중심을 구하라(수직인 띠들을 이용하라).

유체의 힘

43. 단면이 V자형인 물통 그림에서와 같이 수직인 삼각형 판은 물($w = 9800$)이 가득 찬 V자형의 물통의 끝부분의 옆면 판이다. 판에 가해지는 유체의 힘은 얼마인가?

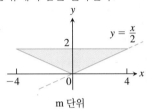

m 단위

44. V자형 단풍당밀통 그림에서와 같이 수직인 사다리꼴 판은 무게가 11,000 N/m³인 단풍당밀이 가득 찬 V자형의 당밀통의 양쪽 끝의 옆면 판이다. 당밀이 0.5 m 깊이일 때 그 당밀통의 판에 가해지는 당밀의 힘은 얼마인가?

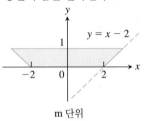

m 단위

45. 포물선형 문에 가해지는 힘 m 단위로 측정되는 댐의 전면에 있는 평탄한 수직인 문은 곡선 $y = 4x^2$과 직선 $y = 4$ 사이에 포물선 모양을 하고 있다. 문의 꼭대기는 수면에서 5 m 아래에 위치해 있다. 문에 가해지는 물의 힘을 구하라 ($w = 9800$).

46. 안쪽의 옆면 벽은 무게가 150,000 N인 유체의 전체 힘에 견딜 수 있고, 0.3 m 정사각형 밑면을 가진 수직인 직육면체 모양의 탱크에 수은($w = 133,350$ N/m³)을 저장하려고 한다. 한번에 저장할 수 있는 수은의 양은 몇 m³인가?

5장 보충 · 심화 문제

부피와 길이

1. 양의 연속함수 $y = f(x)$의 그래프와 x축, 직선 $x = a(a$는 상수)와 직선 $x = b(b$는 변수, $b > a)$로 둘러싸인 영역을 x축을 회전축으로 회전하여 얻은 입체가 있다. 모든 b에 대하여 그 입체의 부피는 $b^2 - ab$이다. 이때 $f(x)$를 구하라.

2. 양의 연속함수 $y = f(x)$의 그래프와 x축, 직선 $x = 0$과 직선 $x = a(a$는 변수)로 둘러싸인 영역을 x축을 회전축으로 회전하여 얻은 입체가 있다. 모든 $a > 0$에 대하여 그 입체의 부피는

$a^2 + a$이다. 이때 $f(x)$를 구하라.

3. $x \geq 0$에 대하여 증가함수 $f(x)$가 매끄러운 함수라 하고, $f(0) = a$라고 가정하자. $x > 0$일 때, $s(x)$는 $(0, a)$와 $(x, f(x))$ 사이의 f의 그래프의 길이라고 놓자. 어떤 상수 C에 대하여 $s(x) = Cx$라 할 때, $f(x)$를 구하라. C에 대해 허용되는 값은 얼마인가?

4. a. $0 < a \leq \pi/2$에 대하여

$$\int_0^\alpha \sqrt{1 + \cos^2\theta}\, d\theta > \sqrt{\alpha^2 + \sin^2\alpha}$$

임을 보이라.

　b. (a)의 결과를 일반화하라.

5. 두 그래프 $y = x$와 $y = x^2$에 의해 둘러싸인 영역을 직선 $y = x$를 회전축으로 회전하여 얻은 입체의 부피를 구하라.

6. 반지름이 1인 직원기둥을 생각하자. 원기둥에 쐐기 모양을 만드는데, 한 단면은 원기둥의 밑면에 평행하게 원기둥을 완전히 통과하고, 또 다른 면은 처음 면과 45°를 이루고 있고 원기둥의 반대쪽에서 처음 면과 만난다고 하자(주어진 그림을 참조하라). 쐐기의 부피를 구하라.

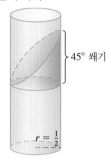

45° 쐐기

$r = \dfrac{1}{2}$

곡면의 넓이

7. 곡선 $y = 2\sqrt{x}$ 위의 각 점에서 길이 $h = y$인 선분이 xy평면에 수직으로 그려져 있다(다음의 그림을 참조하라). $(0, 0)$에서 $(3, 2\sqrt{3})$ 사이의 이들 수직인 선분들에 의해 형성되는 곡면의 넓이를 구하라.

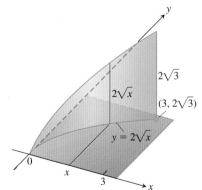

y

$2\sqrt{3}$

$2\sqrt{x}$

$(3, 2\sqrt{3})$

$y = 2\sqrt{x}$

0

x

3

x

8. 그림에서와 같이 반지름이 a인 원 상의 점들에서 선분들이 그 원이 놓인 평면에 수직으로 그려져 있고, 그 각 점 P에서 수직인 선분들은 길이가 ks이다. 여기서 s는 $(a, 0)$부터 P까지 반시계 방향으로 측정된 원의 호의 길이이고, k는 양의 상수이다. 이때 $(a, 0)$에서 시작하여 원을 한 바퀴 도는 호를 따라 세워진 수직인 선분들에 의해서 형성되는 곡면의 넓이를 구하라.

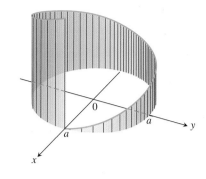

0

a

a

y

x

일

9. 힘의 크기가 함수 $F(t) = t^2$인 힘이 작용하여 질량이 m인 입자가 $t = 0$일 때 정지상태에서 출발되고, $x = 0$부터 $x = h$까지 일정한 가속도 a로 x축을 따라 이동되었다. 행해진 일의 양을 구하라.

10. 일과 운동에너지　50 g 골프공이 탄성계수가 $k = 2$ N/cm이고 수직으로 세워진 용수철 위에 놓여 있다고 가정하자. 용수철은 공의 압력으로 15 cm가 압축되었다가 복원되었다. 공은 대략 얼마의 높이에 있는가(용수철이 고정된 밑바닥 위치에서부터 측정된다)?

질량중심

11. 아래로는 x축과 위로는 곡선 $y = 1 - x^n$ (n은 양의 짝수)으로 둘러싸인 영역의 중심을 구하라. $n \to \infty$일 때, 중심의 극한을 구하라.

12. 어떤 사람이 트럭 뒤에 2륜 운반대를 연결하여 전화선 전주를 운반하려고 한다. 이때 그는 안전하게 운반하기 위하여 2륜 운반대의 바퀴의 지름이 1 m 혹은 그 정도 크기일 것과 전주가 균형을 이루도록 하기 위해 전주의 질량중심보다 뒤쪽에 운반대의 바퀴 축이 위치해 있기를 원한다. 나이넥스(Verizon, 미국의 뉴욕과 뉴 잉글랜드 지역의 전신전화 회사)의 12 m 등급의 목재 전주는 꼭대기의 둘레길이가 66 cm이고, 밑면의 둘레의 길이는 104 cm이다. 이때 전주의 질량중심이 꼭대기에서 얼마 떨어진 거리에 있는가?

13. xy평면에 R이 놓여 있고, 넓이가 A인 얇은 금속판의 밀도가 δ로 일정하다고 가정하자. M_y를 이 금속판의 y축에 대한 모멘트라 놓자. 금속판의 직선 $x = b$에 대한 모멘트는

　a. 만일 판이 직선의 오른쪽에 놓여 있다면, $M_y - b\delta A$이고,

　b. 만일 판이 직선의 왼쪽에 놓여 있다면, $b\delta A - M_y$임을 보이라.

14. a가 양의 상수일 때, 곡선 $y^2 = 4ax$와 직선 $x = a$로 둘러싸인 얇은 판의 질량중심을 다음의 경우에 각각 구하라.

　a. 점 (x, y)에서의 밀도가 x에 비례한다.

　b. 점 (x, y)에서의 밀도가 $|y|$에 비례한다.

15. a. $0 < a < b$라고 하자. 원점을 중심으로 하고 반지름이 각각 a와 b인 두 동심원과 좌표축들로 둘러싸인 제1사분면에 있는 영역의 중심을 구하라.

　b. $a \to b$일 때의 이 중심의 좌표들의 극한을 구하라. 극한이 무엇을 의미하는지 설명하라.

16. 한 변의 길이가 400 cm인 정사각형의 한쪽 모퉁이에서 넓이가 400 cm²인 삼각형을 잘라내었다. 잘라내고 남은 부분의 중심은 본래의 정사각형의 한 변과 22 cm 떨어져 있다. 안 잘린 변들과는 각각 얼마나 떨어져 있는가?

유체의 힘

17. 삼각형 판 *ABC*가 수직인 상태로 물속에 잠겨 있다. 길이가 4 m인 변 *AB*는 수면 아래 6 m 되는 곳에 있고, 반면에 꼭짓점 *C*는 수면 아래 2 m 되는 곳에 있다. 판의 한 면에 물에 의해 가해지는 힘을 구하라.

18. 수직인 직사각형 판이 판의 꼭대기 면이 유면에 평행한 상태로 유체 속에 잠겨 있다. 판의 한 면에 가해지는 유체의 힘은 판의 위 면과 아래 면이 받는 압력의 평균값에 판의 넓이를 곱한 값과 같음을 보이라.

6

초월함수

개요　지수함수는 과학, 공학, 수학과 경제학의 광범위한 분야에서 흥미로운 현상들을 표현하고 있다. 이 함수는 생물학적 개체수의 증가, 인간 공동체에 걸쳐 질병이나 어떤 정보량의 확산, 약물 투여량, 방사성 원소를 이용한 화석의 연대 측정, 지구의 대기압, 온도 변화, 파동, 전기회로, 다리의 진동, 이자율 또는 확률을 공부하는 데 유용하게 사용된다.

이 장에서는, 지수함수를 엄격하고 정확하게 정의하고 그의 성질을 얻기 위해 미적분법을 사용한다. 먼저, 자연로그함수 $y = \ln x$를 어떤 적분에 의해 정의하고, 그런 다음에 자연지수함수 $y = e^x$를 그의 역함수로 정의한다. 이 두 함수가 기본이 되어, 모든 종류의 로그함수와 지수함수를 표현할 수 있다. 또한 역삼각함수를 소개하고, 뿐만 아니라 쌍곡함수와 역쌍곡함수와 그의 응용에 대해 공부한다. 삼각함수와 함께 더불어, 이 모든 함수들이 초월함수의 범주에 속한다.

6.1　역함수와 그 도함수

함수 f의 효과를 원상태로 되돌리는 것, 즉 거꾸로 하는 함수를 'f의 역함수'라 한다. 모든 경우는 아니지만, 흔히 볼 수 있는 대다수의 함수들은 역함수를 가지고 있다. 응용분야에서 중요한 역함수가 자주 사용된다. 또한 지수함수의 개발이나 성질을 다룰 때에도 역함수는 아주 중요한 역할을 한다. 역함수를 가지기 위해서 함수는 정의역에서 특별한 성질을 가지고 있어야 한다.

일대일 함수

함수는 정의역의 각 원소를 치역의 하나의 값에 대응시키는 규칙이다. 어떤 함수의 경우에는 정의역의 하나 또는 그 이상의 여러 원소가 치역의 동일한 값에 대응한다. 함수 $f(x) = x^2$은 $x = -1$과 $x = 1$이 둘 다 동일한 1에 대응한다. 마찬가지로, 사인함수는 $\pi/3$과 $2\pi/3$이 둘 다 $\sqrt{3}/2$에 대응한다. 이와 다르게, 어떤 함수들은 치역의 각 원소가 한 번 이상 대응하지 않는다. 제곱근 함수나 $f(x) = x^3$은 다른 값을 항상 다른 값에 대응한다. 이와 같이 정의역의 모든 서로 다른 값들을 서로 다른 값으로 대응시키는 함수를 일대일 함수라 한다.

정의 함수 $f(x)$가 $x_1 \neq x_2$인 집합 D의 모든 원소에 대해 항상 $f(x_1) \neq f(x_2)$를 만족하면, 함수 $f(x)$는 정의역 D에서 **일대일(one-to-one)**이라 한다.

예제 1 어떤 함수들은 그 함수의 정의역 전체에서 일대일이다. 이와 다르게, 어떤 함수들은 정의역 전체에서는 일대일이 아니지만, 정의역을 조금 작게 제한하여, 그 작은 정의역에서 일대일이 되게 할 수 있다. 원래의 함수와 제한된 함수는, 두 함수의 정의역이 서로 다르기 때문에, 같은 함수가 아니다. 하지만, 두 함수의 작은 정의역에서의 함숫값은 서로 같다.

(a) $f(x) = \sqrt{x}$는 음이 아닌 실수들로 이루어진 어떤 정의역에서도 일대일이다. 왜냐하면, 모든 음이 아닌 두 실수 $x_1 \neq x_2$에 대하여, $\sqrt{x_1} \neq \sqrt{x_2}$이기 때문이다.

(b) $g(x) = \sin x$는 구간 $[0, \pi]$에서 일대일이 아니다. 왜냐하면, $\sin(\pi/6) = \sin(5\pi/6)$이기 때문이다. 실제로, 구간 $[0, \pi/2]$에서 각 원소 x_1에 대하여, 이에 대응하는 다른 원소 x_2를 구간 $(\pi/2, \pi]$내에서 $\sin x_1 = \sin x_2$가 성립하도록 택할 수 있다. 하지만 사인함수는 구간 $[0, \pi/2]$에서는 일대일이다. 왜냐하면, 사인함수는 구간 $[0, \pi/2]$에서 증가함수이므로 서로 다른 x값에 대해 서로 다른 함숫값을 가지기 때문이다. ∎

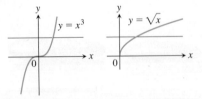

(a) 일대일 : 각 수평선에 대하여 그래프와 기껏해야 한 점에서만 만난다.

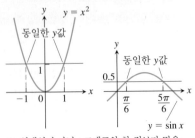

(b) 일대일이 아님 : 그래프와 한 점보다 많은 점에서 만나는 수평선이 하나 이상 존재한다.

그림 6.1 (a) $y = x^3$과 $y = \sqrt{x}$는 각각 그들의 정의역 $(-\infty, \infty)$와 $[0, \infty)$에서 일대일이다. (b) $y = x^2$과 $y = \sin x$는 정의역에서 일대일이 아니다.

일대일 함수 $y = f(x)$의 그래프는 주어진 수평선과 기껏해야 한 점에서 만난다. 만일 그래프가 수평선과 한 점만이 아니라 여러 번 만난다면, 이는 최소한 둘 이상의 x값이 동일한 y값을 가짐을 뜻하므로, 일대일이 아니다(그림 6.1).

> **일대일 함수에 대한 수평선 판정법**
> 함수 $y = f(x)$가 일대일이 되기 위한 필요충분조건은 그래프가 각 수평선과 기껏해야 한 점에서 만나는 것이다.

역함수

일대일 함수의 각 함숫값들은 오직 하나의 값으로부터 대응되기 때문에, 이 함숫값에 원래의 값을 대응시키는 규칙을 정함으로써, 이 함수의 효과를 거꾸로 해줄 수 있다.

> **정의** 함수 f를 정의역 D에서 치역 R로의 일대일이라 가정하자.
> 이때, R을 정의역으로, D를 치역으로 하는 **역함수(inverse function)** f^{-1}를 다음과 같이 정의할 수 있다. 각 $b \in R$에 대하여,
> $$f^{-1}(b) = a$$
> 여기서 $f(a) = b$이다.

주의
역함수 f^{-1}과 역수함수 $1/f$를 혼동하지 말라.

f의 역함수 기호 f^{-1}은 "에프 인버스" 또는 "역함수 에프"라고 읽는다. 여기서 "-1"은 지수의 의미가 아니다. 즉, $f^{-1}(x)$는 $1/f(x)$를 의미하지는 않는다. 함수 f와 f^{-1}의 정의역과 치역이 서로 맞바꿔짐에 주목하라.

예제 2 다음 표와 같이 주어진 일대일 함수 $y = f(x)$를 생각해보자.

x	1	2	3	4	5	6	7	8
$f(x)$	3	4.5	7	10.5	15	20.5	27	34.5

역함수 $x = f^{-1}(y)$의 함숫값에 대한 표는 함수 f에 대한 표에서 각 열의 두 수를 맞바꿈으로써 쉽게 얻을 수 있다.

y	3	4.5	7	10.5	15	20.5	27	34.5
$f^{-1}(y)$	1	2	3	4	5	6	7	8

■

함수 f를 입력 값 x에 작용하면 $f(x)$를 출력 값으로 얻는다, 이 값을 다시 입력 값으로 역함수 f^{-1}을 작용하면 출력 값으로 처음 값 x가 곧바로 되돌아온다. 비슷한 방법으로, 치역의 어떤 값 y를 택하여, 이 값에 역함수 f^{-1}을 작용하고, 그 출력 값 $f^{-1}(y)$을 다시 입력 값으로 함수 f를 작용하면, 처음 값 y가 곧바로 되돌아온다. 다시 말하면, 함수와 역함수를 합성하면, 아무 것도 안한 것처럼 동일한 효과를 얻는다.

f의 정의역의 모든 x에 대해, $(f^{-1} \circ f)(x) = x$

f^{-1}의 정의역(f의 치역)의 모든 y에 대해, $(f \circ f^{-1})(y) = y$

오직 일대일 함수만 역함수를 가질 수 있다. 그 이유는 정의역의 서로 다른 두 값 x_1과 x_2에 대하여, 만약 f가 일대일이 아니라면, 즉 $f(x_1) = y$이고 $f(x_2) = y$인 y에 대하여 역함수의 값 $f^{-1}(y)$를 결정할 수 없기 때문이다. 왜냐하면, $f^{-1}(f(x_1)) = x_1$과 $f^{-1}(f(x_2)) = x_2$를 둘 다 만족해야 하기 때문이다.

어떤 구간에서 증가하는 함수는 두 값 $x_2 > x_1$에 대하여, 부등식 $f(x_2) > f(x_1)$이 항상 성립한다. 따라서 이는 일대일이고 역함수를 가진다. 어떤 구간에서 감소하는 함수는 마찬가지로 역함수를 가진다. 함수가 어떤 구간에서 증가 또는 감소하지 않더라도 일대일이고 역함수를 가질 수도 있다. 예를 들어 정의역이 $(-\infty, \infty)$인 다음 함수는 수평선 판정법을 만족하므로 일대일이다.

$$f(x) = \begin{cases} \dfrac{1}{x}, & x \neq 0 \\ 0, & x = 0 \end{cases}$$

역함수 구하기

함수와 역함수의 그래프는 서로 밀접한 관계를 가지고 있다, 그래프로부터 함수의 값을 읽기 위해, x축에서 x의 값으로 시작하여, 수직으로 그래프에 닿은 후, 다시 수평으로 y축과 만나는 점의 y값을 읽으면 된다. 이 과정을 거꾸로 하면 역함수의 값을 읽을 수 있다. 즉, y축의 y의 값으로부터 수평으로 함수의 그래프에 닿은 후, 수직으로 x축과 만나는 점의 x값을 읽으면, $x = f^{-1}(y)$가 된다(그림 6.2).

이제 f^{-1}의 그래프를, 함수에 대한 일반적인 형태대로, 입력 값이 y축이 아닌 x축에 위치하도록 설정해보자. 이를 위해, 45°선인 직선 $y = x$의 맞은편에 반사시킴으로 x축과 y축을 맞바꾼다. 이렇게 함으로써, f^{-1}의 표현하는 새로운 그래프를 얻는다. 이제 $f^{-1}(x)$의 값을 읽기 위해 일반적인 방법에 의해, x축의 x값에서 출발하여, 수직으로 그래프에 닿은 후, 수평으로 y축과 만나는 점의 y값을 읽어, $f^{-1}(x)$의 값을 얻는다. 그림 6.2는 함수 f와 f^{-1}의 그래프 사이의 관계를 설명해준다. 그래프는 직선 $y = x$에 의해 반사됨으로써 서로 맞바꾸어졌다.

f로부터 f^{-1}로 바뀌는 과정을 두 단계 과정으로 요약할 수 있다.

1. 식 $y = f(x)$를 x에 관해 푼다. 이렇게 얻어지는 식 $x = f^{-1}(y)$은 x가 y의 함수로써 표현된 식이다.

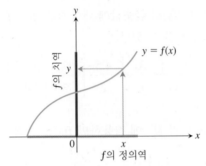

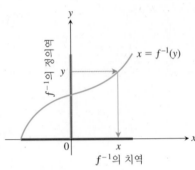

(a) x에 대한 f의 값을 구하기 위해, x 에서 출발하여, 곡선까지 위로 올라간 후, y축에 도달한다.

(b) f^{-1}의 그래프는 x축과 y축을 맞바꾸면, f의 그래프와 같다. 주어진 y에 대한 x의 값을 구하기 위해, y에서 출발하여, 곡선까지 간 후, x축 으로 내려온다. f^{-1}의 정의역은 f의 치역이고, f^{-1}의 치역은 f의 정의역이다.

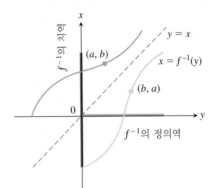

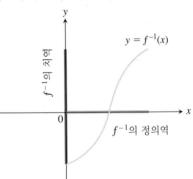

(c) 더 일반적인 방법으로 f^{-1}의 그래 프를 그리기 위해, f의 그래프를 직선 $y=x$의 맞은편에 반사시킨다.

(d) 그런 다음에, x와 y를 맞바꾼다. 이제 f^{-1}의 그래프를 x의 함수로써 일반적인 모양으로 볼 수 있게 된다.

그림 6.2 함수 $y=f^{-1}(x)$의 그래프는 $y=f(x)$의 그래프를 직선 $y=x$를 대칭축으로 반사시켜 얻는다.

2. 이제 x와 y를 맞바꾸어 준다. 그러면, $y=f^{-1}(x)$와 같이 x를 독립변수로 y를 종속변 수로 하는 일반적인 형태로 표현되는 역함수 f^{-1}을 얻는다.

예제 3 $y=\dfrac{1}{2}x+1$의 역함수를 x의 함수로 구하라.

풀이

1단계. x를 y에 관하여 푼다:

그래프는 직선으로 수평선 판정법을 만족한다(그림 6.3 참조).

$$y = \frac{1}{2}x + 1$$
$$2y = x + 2$$
$$x = 2y - 2$$

2단계. x와 y를 맞바꾼다: $y = 2x - 2$

y를 종속변수로 하는 일반적인 형태로 함수를 표현한다.

함수 $f(x)=\dfrac{1}{2}x+1$의 역함수는 $f^{-1}(x)=2x-2$이다(그림 6.3 참조). 확인을 위해, 두 합성함 수가 항등함수가 됨을 검증한다.

$$f^{-1}(f(x)) = 2\left(\frac{1}{2}x + 1\right) - 2 = x + 2 - 2 = x$$

$$f(f^{-1}(x)) = \frac{1}{2}(2x - 2) + 1 = x - 1 + 1 = x$$

그림 6.3 함수 $f(x)=(1/2)x+1$과 $f^{-1}(x)=2x-2$의 그래프를 함께 그리면 직선 $y=x$에 대하여 대칭임을 볼 수 있 다(예제 3).

예제 4 $x \geq 0$에서 함수 $y=x^2$의 역함수를 x의 함수로 구하라.

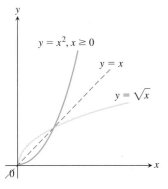

그림 6.4 $x \geq 0$에서 함수 $y=x^2$과
$y=\sqrt{x}$는 서로 역함수 관계이다(예제 4).

풀이　$x \geq 0$이므로, 그래프는 수평선 판정법을 만족한다. 따라서 함수는 일대일이고 역함수를 가진다. 역함수를 구하기 위해, 먼저 x를 y에 관하여 푼다.

$$y = x^2$$
$$\sqrt{y} = \sqrt{x^2} = |x| = x \qquad {\scriptstyle x \geq 0이므로 \, |x| = x}$$

이제 x와 y를 맞바꾸어주면,

$$y = \sqrt{x}$$

를 얻는다. $x \geq 0$에서 함수 $y=x^2$의 역함수는 $y=\sqrt{x}$이다(그림 6.4). ∎

함수 $y=x^2$은 정의역을 음이 아닌 실수의 집합으로 **제한하였기에**(restricted) 일대일이고(그림 6.4) 역함수를 가진다. 바꾸어 말하면, 실수 전체 집합을 정의역으로 하는 함수 $y=x^2$은 일대일이 아니고(그림 6.1(b)) 따라서 역함수도 가지지 못한다.

미분가능한 함수의 역함수의 도함수

예제 3에서 함수 $f(x)=(1/2)x+1$의 역함수가 $f^{-1}(x)=2x-2$가 됨을 계산해 보았다. 각각의 도함수를 구하여 보면 다음과 같다.

$$\frac{d}{dx}f(x) = \frac{d}{dx}\left(\frac{1}{2}x + 1\right) = \frac{1}{2}$$
$$\frac{d}{dx}f^{-1}(x) = \frac{d}{dx}(2x - 2) = 2$$

두 도함수는 서로 역수 관계이다. 따라서 한 직선의 기울기는 그의 역함수 직선의 기울기와 역수 관계이다(그림 6.3 참조).

도함수가 서로 역수 관계에 있다는 것은 이 예제에서만 볼 수 있는 특별한 경우가 아니다. 수직 또는 수평이 아닌 모든 직선을 직선 $y=x$에 대하여 대칭이동시키면 항상 두 직선의 기울기는 역수 관계에 있음을 알 수 있다. 즉, 직선의 기울기가 $m \neq 0$인 직선을 직선 $y=x$에 대하여 대칭이동시키면 기울기는 $1/m$이 된다.

함수 f와 f^{-1}의 기울기가 서로 역수 관계에 있다는 것은 다른 함수의 경우에도 마찬가지로 성립한다. 그렇지만 접선의 기울기를 비교하기 위해서는 그 대응되는 점에 주의를 기울여야 한다. $y=f(x)$ 위의 한 점 $(a, (f(a))$에서의 접선의 기울기가 $f'(a)$이고 $f'(a) \neq 0$이라면, $y=f^{-1}(x)$에서의 접선의 기울기가 $1/f'(a)$이 되는 점은 $(f(a), a)$이다(그림 6.5 참조). 즉, $b=f(a)$라고 놓으면 다음 관계가 성립한다.

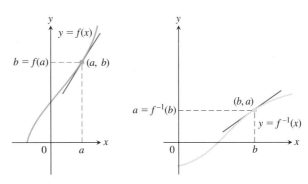

기울기는 서로 역수이다: $(f^{-1})'(b) = \dfrac{1}{f'(a)}$ 또는 $(f^{-1})'(b) = \dfrac{1}{f'(f^{-1}(b))}$

그림 6.5 역함수 관계에 있는 두 함수의 그래프에서 서로 대응하는 점에서의 기울기는 서로 역수 관계이다.

$$(f^{-1})'(b) = \frac{1}{f'(a)} = \frac{1}{f'(f^{-1}(b))}$$

만일 $y = f(x)$가 점 $(a, f(a))$에서 수평인 접선을 가지면, 역함수 f^{-1}는 점 $(f(a), a)$에서 수직인 접선을 갖게 되고, 이 경우 기울기가 무한대가 되어 f^{-1}는 점 $x = f(a)$에서 미분 가능하지 않게 된다. 정리 1은 어떤 조건에서 역함수 f^{-1}가 미분가능하게 되는지를 보여준다.

정리 1 역함수의 미분법 함수 f의 정의역이 구간 I라 하자. 구간 I에서 $f'(x)$가 존재하고 0이 아닌 값을 가질 때, f^{-1}는 f^{-1}의 정의역 내의 모든 점에서 미분가능하며, b가 f^{-1}의 정의역 안에 있는 점일 때, 점 b에서 $(f^{-1})'$의 값은 점 $a = f^{-1}(b)$에서 f'값의 역수, 즉

$$(f^{-1})'(b) = \frac{1}{f'(f^{-1}(b))} \tag{1}$$

다른 표현으로는

$$\frac{df^{-1}}{dx}\bigg|_{x=b} = \frac{1}{\dfrac{df}{dx}\bigg|_{x=f^{-1}(b)}}$$

이다.

정리 1로부터 두 가지 사실을 알 수 있다. 그 중 하나는 f^{-1}가 미분가능하다는 사실이고 또 하나는 미분계수가 존재할 때, f^{-1}의 미분계수에 대한 공식이다. 첫 번째 사실에 대한 증명은 여기서는 생략하고, 두 번째 사실만 다음과 같은 방법으로 증명한다.

$$f(f^{-1}(x)) = x \qquad \text{역함수 관계식}$$

$$\frac{d}{dx}f(f^{-1}(x)) = 1 \qquad \text{양변을 미분}$$

$$f'(f^{-1}(x)) \cdot \frac{d}{dx}f^{-1}(x) = 1 \qquad \text{연쇄법칙}$$

$$\frac{d}{dx}f^{-1}(x) = \frac{1}{f'(f^{-1}(x))} \qquad \text{도함수를 푼다}$$

예제 5 $x > 0$에서 $f(x) = x^2$과 그의 역함수 $f^{-1}(x) = \sqrt{x}$의 도함수는 각각 $f'(x) = 2x$, $(f^{-1})'(x) = 1/(2\sqrt{x})$이다. 이는 정리 1로부터 얻은 다음의 결과와 일치한다.

$$
\begin{aligned}
(f^{-1})'(x) &= \frac{1}{f'(f^{-1}(x))} \\
&= \frac{1}{2(f^{-1}(x))} \qquad f'(x) = 2x\text{에서 } x\text{에 } f^{-1}(x) \text{ 대입} \\
&= \frac{1}{2(\sqrt{x})} \qquad f^{-1}(x) = \sqrt{x}
\end{aligned}
$$

또한, 정리 1을 이용하여 얻은 $(f^{-1})'(x)$는 역함수를 무리함수의 도함수의 지수법칙을 이용하여 구한 결과와 일치한다는 것도 알 수 있다.

이번에는 특정한 점에서 정리 1을 이용한 예를 들어보자. a의 값으로 $x = 2$라 하고, b의 값으로 $f(2) = 4$라 하자. 정리 1로부터 $x = 2$에서 f의 미분계수인 $f'(2) = 4$와 $x = f(2)$에서 f^{-1}의 미분계수인 $(f^{-1})'(4)$는 서로 역수 관계에 있음을 알 수 있다. 즉,

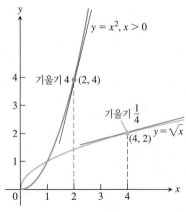

그림 6.6 점 $(4, 2)$에서 $f^{-1}(x) = \sqrt{x}$의 미분계수는 점 $(2, 4)$에서 $f(x) = x^2$의 미분계수의 역수이다(예제 5).

$$(f^{-1})'(4) = \frac{1}{f'(f^{-1}(4))} = \frac{1}{f'(2)} = \frac{1}{2x}\Big|_{x=2} = \frac{1}{4}$$

그림 6.6 참조. ■

예제 5에서 살펴본 과정을 통하여 이 장에서 여러 역함수의 도함수를 계산할 것이다. 식 (1)을 이용하면 f^{-1}의 구체적인 식을 구할 수 없는 경우에도 df^{-1}/dx의 값을 구할 수 있다.

예제 6   함수 f가 $x>0$에서 $f(x)=x^3-2$일 때, $f^{-1}(x)$를 구하지 말고 $x=6=f(2)$에서 df^{-1}/dx의 값을 구하라.

풀이   정리 1을 적용하여 $x=6$에서 f^{-1}의 미분계수를 구한다.

$$\frac{df}{dx}\Big|_{x=2} = 3x^2\Big|_{x=2} = 12$$

$$\frac{df^{-1}}{dx}\Big|_{x=f(2)} = \frac{1}{\dfrac{df}{dx}\Big|_{x=2}} = \frac{1}{12} \qquad \text{식 (1)}$$

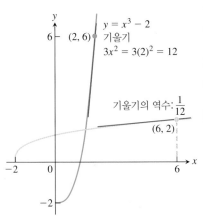

그림 6.7 $x=2$에서 $f(x)=x^3-2$의 미분계수로부터 $x=6$에서 f^{-1}의 미분계수를 구할 수 있다(예제 6).

그림 6.7 참조. ■

연습문제 6.1

일대일 함수 그래프로 확인하기

연습문제 1~6에서 다음 그래프는 일대일인가? 일대일이 아닌가?

1.
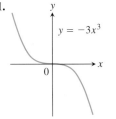

2.
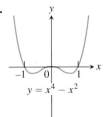

3.
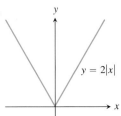

4.
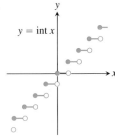

5.
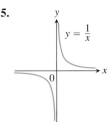

6.
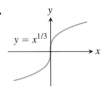

연습문제 7~10에서 다음 함수의 그래프로부터 일대일인지 결정하라.

7. $f(x) = \begin{cases} 3 - x, & x < 0 \\ 3, & x \geq 0 \end{cases}$

8. $f(x) = \begin{cases} 2x + 6, & x \leq -3 \\ x + 4, & x > -3 \end{cases}$

9. $f(x) = \begin{cases} 1 - \dfrac{x}{2}, & x \leq 0 \\ \dfrac{x}{x+2}, & x > 0 \end{cases}$

10. $f(x) = \begin{cases} 2 - x^2, & x \leq 1 \\ x^2, & x > 1 \end{cases}$

역함수 그리기

연습문제 11~16에서 주어진 함수 $y=f(x)$의 그래프로부터 직선 $y=x$를 그리고, 이 직선에 대칭하도록 그래프를 그려서 역함수 f^{-1}의 그래프를 그리라. (역함수 f^{-1}의 식을 구할 필요는 없다.) 역함수 f^{-1}의 정의역과 치역을 확인하라.

11.

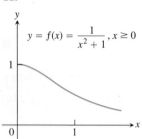

$y = f(x) = \dfrac{1}{x^2 + 1}, \; x \geq 0$

12.

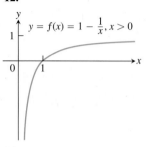

$y = f(x) = 1 - \dfrac{1}{x}, \; x > 0$

13.

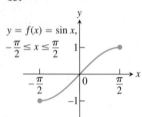

$y = f(x) = \sin x,$
$-\dfrac{\pi}{2} \leq x \leq \dfrac{\pi}{2}$

14.

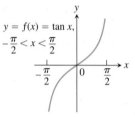

$y = f(x) = \tan x,$
$-\dfrac{\pi}{2} < x < \dfrac{\pi}{2}$

15.

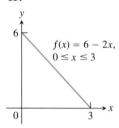

$f(x) = 6 - 2x,$
$0 \leq x \leq 3$

16.

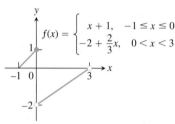

$f(x) = \begin{cases} x + 1, & -1 \leq x \leq 0 \\ -2 + \dfrac{2}{3}x, & 0 < x < 3 \end{cases}$

17. a. $0 \leq x \leq 1$에서 함수 $f(x) = \sqrt{1 - x^2}$의 그래프를 그리라. 그래프의 대칭성을 말하라.

    b. 함수 f의 역함수는 자기 자신임을 보이라. ($x \geq 0$에서 $\sqrt{x^2} = x$임을 기억하라.)

18. a. 함수 $f(x) = 1/x$의 그래프를 그리라. 그래프의 대칭성을 말하라.

    b. 함수 f의 역함수는 자기 자신임을 보이라.

역함수의 식 구하기

연습문제 19~24에서 함수 $y = f(x)$의 식과 함수 f와 f^{-1}의 그래프가 주어져 있다. 각 역함수의 식을 구하라.

19. $f(x) = x^2 + 1, \quad x \geq 0$

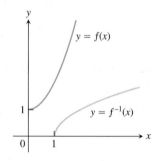

20. $f(x) = x^2, \quad x \leq 0$

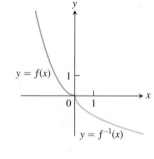

21. $f(x) = x^3 - 1$

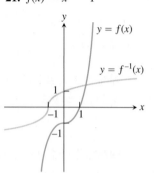

22. $f(x) = x^2 - 2x + 1, \quad x \geq 1$

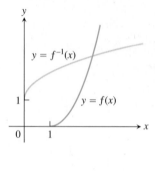

23. $f(x) = (x + 1)^2, \quad x \geq -1$

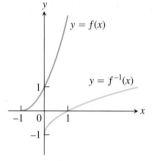

24. $f(x) = x^{2/3}, \quad x \geq 0$

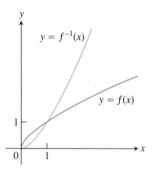

역함수의 도함수

연습문제 25~34에서 함수 $y = f(x)$의 식이 주어져 있다. 역함수를 구하고, 역함수의 정의역과 치역을 확인하라. $f(f^{-1}(x)) = f^{-1}(f(x)) = x$임을 보이라.

25. $f(x) = x^5$

26. $f(x) = x^4, \quad x \geq 0$

27. $f(x) = x^3 + 1$

28. $f(x) = (1/2)x - 7/2$

29. $f(x) = 1/x^2, \quad x > 0$

30. $f(x) = 1/x^3, \quad x \neq 0$

31. $f(x) = \dfrac{x + 3}{x - 2}$

32. $f(x) = \dfrac{\sqrt{x}}{\sqrt{x} - 3}$

33. $f(x) = x^2 - 2x, \; x \leq 1$ (힌트: 완전제곱꼴로 고쳐라.)

34. $f(x) = (2x^3 + 1)^{1/5}$

연습문제 35~38에서 다음 각 물음에 답하라.

    a. $f^{-1}(x)$를 구하라.

    b. f와 f^{-1}의 그래프를 한 좌표평면에 그리라.

    c. $x = a$에서 df/dx를 계산하고, $x = f(a)$에서 df^{-1}/dx를 계산해 $df^{-1}/dx = 1/(df/dx)$임을 보이라.

35. $f(x) = 2x + 3, \quad a = -1$

36. $f(x) = \dfrac{x + 2}{1 - x}, \quad a = 1/2$

37. $f(x) = 5 - 4x, \quad a = 1/2$

38. $f(x) = 2x^2, \quad x \geq 0, \quad a = 5$

39. a. $f(x) = x^3$과 $g(x) = \sqrt[3]{x}$는 서로 역함수 관계가 있음을 보이라.

    b. f와 g의 그래프를 그려 $(1, 1)$과 $(-1, -1)$에서 만남을 보이라. 또한, 직선 $y = x$에 대하여 대칭임을 확인하라.

    c. 두 점 $(1, 1)$과 $(-1, -1)$에서 f와 g에 접하는 접선의 기울기를 모두 구하라.

    d. 원점에서 각 곡선에 접하는 접선은 무엇인가?

40. a. $h(x) = x^3/4$와 $k(x) = (4x)^{1/3}$은 서로 역함수 관계가 있음을 보이라.

b. h와 k의 그래프를 그려 $(2, 2)$와 $(-2, -2)$에서 만남을 보이라. 또한 직선 $y=x$에 대하여 대칭임을 확인하라.

c. 두 점 $(2, 2)$와 $(-2, -2)$에서 h와 k에 접하는 접선의 기울기를 모두 구하라.

d. 원점에서 각 곡선에 접하는 접선은 무엇인가?

41. $x \geq 2$에서 $f(x) = x^3 - 3x^2 - 1$일 때, $x = -1 = f(3)$에서 df^{-1}/dx의 값을 구하라.

42. $x > 2$에서 $f(x) = x^2 - 4x - 5$일 때, $x = 0 = f(5)$에서 df^{-1}/dx의 값을 구하라.

43. 미분가능한 함수 $y = f(x)$가 역함수가 존재하고, 이 함수의 그래프 위의 점 $(2, 4)$에서 접선의 기울기가 $1/3$일 때, $x = 4$에서 df^{-1}/dx의 값을 구하라.

44. 미분가능한 함수 $y = g(x)$가 역함수가 존재하고 원점을 지난다고 하자. 원점에서 접선의 기울기가 2일 때, 원점에서 g^{-1}의 접선의 기울기를 구하라.

직선의 역함수

45. a. m이 0이 아닌 상수일 때, 함수 $y = mx$의 역함수를 구하라.

b. 기울기가 0이 아니고 원점을 지나는 직선을 그래프로 가지는 함수 $y = f(x)$의 역함수에 대해서 어떤 결론을 내릴 수 있는지 논하라.

46. 상수 $m \neq 0$과 b에 대하여, 함수 $f(x) = mx + b$의 역함수의 그래프는 기울기가 $1/m$이고 y절편이 $-b/m$임을 보이라.

47. a. 함수 $f(x) = x + 1$의 역함수를 구하라. f와 그의 역함수의 그래프를 함께 그리라. 이 그래프에 비교해보기 위해 점선 또는 쇄선으로 직선 $y = x$의 그래프를 추가하라.

b. 상수 b에 대하여, 함수 $f(x) = x + b$의 역함수를 구하라. 함수 f의 그래프와 비교하여 역함수 f^{-1}의 그래프를 설명하라.

c. 직선 $y = x$에 평행한 직선을 그래프로 가지는 함수의 역함수에 대하여 어떤 결론을 내릴 수 있는지 논하라.

48. a. 함수 $f(x) = -x + 1$의 역함수를 구하라. 직선 $y = -x + 1$과 직선 $y = x$의 그래프를 함께 그리고, 만나는 점에서 직선 사이의 각을 구하라.

b. 상수 b에 대하여, 함수 $f(x) = -x + b$의 역함수를 구하라. 직선 $y = -x + b$와 직선 $y = x$의 그래프는 어떤 각도로 만나는가?

c. 직선 $y = x$와 수직으로 만나는 직선을 그래프로 가지는 함수의 역함수에 대하여 어떤 결론을 내릴 수 있는지 논하라.

증가함수와 감소함수

49. 증가함수와 감소함수는 일대일임을 보이라. 즉, 구간 I에서 서로 다른 두 원소 x_1과 x_2에 대하여, $f(x_1) \neq f(x_2)$임을 보이라.

연습문제 50~54에서 연습문제 49의 결론을 이용하여 함수가 그의 정의역에서 역함수를 가짐을 보이라. 또한 정리 1을 이용하여 역함수의 도함수 df^{-1}/dx를 구하라.

50. $f(x) = (1/3)x + (5/6)$　**51.** $f(x) = 27x^3$

52. $f(x) = 1 - 8x^3$　**53.** $f(x) = (1 - x)^3$

54. $f(x) = x^{5/3}$

이론과 응용

55. 함수 $f(x)$가 일대일이면, 함수 $g(x) = -f(x)$에 대해서 어떠한 말을 할 수 있는가? 이 또한 일대일인가? 답변에 대한 이유를 설명하라.

56. 함수 $f(x)$가 일대일이고 0인 함숫값이 없으면, 함수 $h(x) = 1/f(x)$에 대해서 어떠한 말을 할 수 있는가? 이 또한 일대일인가? 답변에 대한 이유를 설명하라.

57. 함수 g의 치역이 함수 f의 정의역에 속한다고 가정하자. 함수 f와 g가 일대일이면, 그 합성함수 $f \circ g$에 대해 어떠한 말을 할 수 있는가? 답변에 대한 이유를 설명하라.

58. 합성함수 $f \circ g$가 일대일이면, 함수 g는 일대일이어야만 하는가? 답변에 대한 이유를 설명하라.

59. 함수 f와 g를 미분가능 함수라 하고, 서로를 역함수로 가진다고 가정하자. 즉, $(g \circ f)(x) = x$가 성립한다. 이 식의 양변을 x에 관하여 미분하고, 연쇄법칙을 이용하여 $(g \circ f)'(x)$를 함수 g와 f의 도함수들의 곱으로 나타내면, 어떻게 되는가? (단, 이것은 정리 1의 증명은 아니다. 여기서는 정리 1의 결론인 $g = f^{-1}$가 미분가능함을 이미 가정했기 때문이다.)

60. 와셔방법과 원주각방법에 의해 부피를 구하는 것은 동치이다. 양수 $a > 0$에 대하여, 함수 f를 구간 $a \leq x \leq b$에서 미분가능하고 증가한다고 하자. 또한 f의 역함수 f^{-1}가 미분가능하다고 하자. 함수 f의 그래프와 두 직선 $x = a$, $y = f(b)$로 둘러싸인 영역을 y축을 회전축으로 회전시켜 입체도형을 얻었다. 와셔방법과 원주각방법으로 부피를 구하기 위한 다음 두 적분이 동일한 값을 가진다.

$$\int_{f(a)}^{f(b)} \pi((f^{-1}(y))^2 - a^2)\, dy = \int_a^b 2\pi x(f(b) - f(x))\, dx$$

이 식을 증명하기 위해, 다음을 정의한다.

$$W(t) = \int_{f(a)}^{f(t)} \pi((f^{-1}(y))^2 - a^2)\, dy$$

$$S(t) = \int_a^t 2\pi x(f(t) - f(x))\, dx$$

이제 두 함수 W와 S가 구간 $[a, b]$의 한 점에서 일치함과 구간 $[a, b]$에서 동일한 도함수를 가짐을 보이라. 3.2절에서 알아본 것과 같이, 평균값정리의 따름정리 2에 의해 구간 $[a, b]$에 속한 모든 t에 대해, $W(t) = S(t)$임을 보일 수 있다. 즉, $W(b) = S(b)$가 성립한다. (출처: "Disks and Shells Revisited." by Walter Carlip, *American Mathematical Monthly*, Vol. 98, No. 2, Feb. 1991, pp. 172~174.)

컴퓨터 탐구

연습문제 61~66에서 함수와 그 역함수에 대하여 각각의 도함수와 접선을 살펴보기로 하자. CAS를 이용하여 다음 각 단계를 실행해 보자.

a. 함수 $y = f(x)$와 그 도함수의 그래프를 그리라. f가 일대일 대응이라는 것을 어떻게 알 수 있는가?

b. $y = f(x)$를 풀어 x를 y에 관해 나타내고, 역함수 g를 구하라.

c. 주어진 점 $(x_0, f(x_0))$에서 f에 접하는 접선의 방정식을 구하라.

d. 점 $(f(x_0), x_0)$에서 g에 접하는 접선의 방정식을 구하라. 여기서, 점 $(f(x_0), x_0)$는 점 $(x_0, f(x_0))$의 직선 $y=x$에 대한 대칭점임을 확인하라. 또한 정리 1을 이용하여 이 접선의 기울기를 구하라.

e. f와 g의 그래프, 그리고 두 점 $(x_0, f(x_0))$과 $(f(x_0), x_0)$을 잇는 직선의 그래프를 한 좌표평면에 그려 대칭성을 확인하라.

61. $y = \sqrt{3x - 2}, \quad \dfrac{2}{3} \le x \le 4, \quad x_0 = 3$

62. $y = \dfrac{3x + 2}{2x - 11}, \quad -2 \le x \le 2, \quad x_0 = 1/2$

63. $y = \dfrac{4x}{x^2 + 1}, \quad -1 \le x \le 1, \quad x_0 = 1/2$

64. $y = \dfrac{x^3}{x^2 + 1}, \quad -1 \le x \le 1, \quad x_0 = 1/2$

65. $y = x^3 - 3x^2 - 1, \quad 2 \le x \le 5, \quad x_0 = \dfrac{27}{10}$

66. $y = 2 - x - x^3, \quad -2 \le x \le 2, \quad x_0 = \dfrac{3}{2}$

연습문제 67과 68에서 주어진 식을 주어진 구간에서 $y = f(x)$와 $x = f^{-1}(y)$에 대해서 풀고 위 5단계의 물음에 답하라.

67. $y^{1/3} - 1 = (x + 2)^3, \quad -5 \le x \le 5, \quad x_0 = -3/2$

68. $\cos y = x^{1/5}, \quad 0 \le x \le 1, \quad x_0 = 1/2$

6.2 자연로그함수

로그함수는, 역사적으로 볼 때, 17세기에 해상항법이나 천체역학과 같은 수치 계산 분야에서 대약진을 가능하게 해주는 중요한 역할을 담당하였다. 이 절에서는 미적분학의 기본정리를 이용하여 자연로그함수를 적분으로 정의한다. 이렇게 에두른 접근 방식이 처음에는 이상하고 혼란스러워 보여도, 로그함수와 지수함수의 중요한 특성들을 얻어내는 데 논리적으로도 엄밀한, 아주 멋진 방법임을 곧 알게 될 것이다.

자연로그함수의 정의

양수 $x > 0$에서, $\ln x$라고 표기하는, 자연로그함수는 적분으로 정의한다.

> **정의** **자연로그함수**는 다음과 같이 정의한다.
>
> $$\ln x = \int_1^x \frac{1}{t} dt, \qquad x > 0$$

미적분학의 기본정리로부터, 함수 $\ln x$는 연속함수이다. 기하학적으로, $x > 1$이면 $\ln x$는 $t = 1$부터 $t = x$까지 곡선 $y = \dfrac{1}{t}$의 아랫부분의 넓이이다(그림 6.8). $0 < x < 1$이면 $\ln x$는 x부터 1까지 그 곡선 아래 넓이의 음의 값이다. $x \le 0$일 때는 정의되지 않는다. 구간의 크기가 0일 때는 적분값이 0이므로 다음과 같다.

$$\ln 1 = \int_1^1 \frac{1}{t} dt = 0$$

그림 6.8에서 그래프는 $y = \dfrac{1}{x}$이지만 적분식에서는 $y = \dfrac{1}{t}$를 사용한다. $y = \dfrac{1}{x}$를 사용하면 다음과 같이

$$\ln x = \int_1^x \frac{1}{x} dx$$

가 되어 x가 두 가지 서로 다른 의미로 사용되므로 적분변수를 t로 바꾼다.

4.1절에서처럼 $t = 1$과 $t = x$ 사이의 구간에서 $y = \dfrac{1}{t}$의 그래프 아래쪽의 넓이를 구하

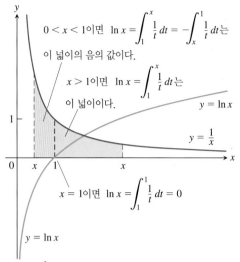

그림 6.8 $y = \ln x$의 그래프와 $y = \dfrac{1}{x}(x>0)$의 그래프와의 관계. $y = \ln x$의 그래프는 x가 1보다 크면 x축 위에 있으며, x가 1보다 작으면 x축 아래에 있다.

표 6.1 $\ln x$의 소수점 2자리까지의 값

x	$\ln x$
0	정의되지 않음
0.05	-3.00
0.5	-0.69
1	0
2	0.69
3	1.10
4	1.39
10	2.30

기 위하여 유한 개의 직사각형을 사용하면 $\ln x$의 근삿값을 구할 수 있다. 표 6.1에 몇 개의 값이 나타나 있다. 특별히 자연로그의 값이 1이 되는 중요한 실수가 $x=2$와 $x=3$ 사이에 있다. $\ln x$는 연속함수이므로 구간 $[2, 3]$에서 중간값 정리를 만족하는 수가 존재하므로 이 값을 정의하자.

> **정의** e는 자연로그함수의 정의역에 속하는 실수 중에서 다음을 만족하는 수이다.
>
> $$\ln(e) = \int_1^e \frac{1}{t}\,dt = 1$$

기하학적으로 설명하면, e는 x축상의 한 값으로 구간 $[1, e]$에서 $y = \dfrac{1}{t}$의 그래프 아래쪽의 넓이가 1이 되는 값이다. 즉, 그림 6.8에서 $x=e$일 때 파란색으로 칠해진 영역의 넓이가 1이 된다. 다음 절에서, 극한에 의해 e의 값을 계산할 수 있으며, 소수점 아래 15자리까지 계산하면 $e \approx 2.718281828459045$임을 알게 된다.

$y = \ln x$의 도함수

4.4절에 나오는 미적분학의 제1기본정리에 의하면

$$\frac{d}{dx}\ln x = \frac{d}{dx}\int_1^x \frac{1}{t}\,dt = \frac{1}{x}$$

이므로, 모든 양의 실수값 x에 대하여 다음이 성립한다.

$$\frac{d}{dx}\ln x = \frac{1}{x} \tag{1}$$

그러므로 $y = \ln x$는 초깃값 문제 $\dfrac{dy}{dx} = \dfrac{1}{x}$, $x>0$, $y(1)=0$의 해가 된다. 도함수가 항상 양이 됨을 주목하라.

만일 함수 u가 x의 미분가능한 함수로서 양의 값을 가지면, $\ln u$가 정의되며, 연쇄법칙에 의해 다음이 성립한다.

$$\frac{d}{dx}\ln u = \frac{1}{u}\frac{du}{dx}, \qquad u > 0 \tag{2}$$

예제 1 식 (2)를 이용하여 도함수를 구한다.

(a) $\dfrac{d}{dx}\ln 2x = \dfrac{1}{2x}\dfrac{d}{dx}(2x) = \dfrac{1}{2x}(2) = \dfrac{1}{x}, \quad x > 0$

(b) $u = x^2 + 3$일 때 식 (2)에 의해

$$\frac{d}{dx}\ln(x^2 + 3) = \frac{1}{x^2 + 3}\cdot\frac{d}{dx}(x^2 + 3) = \frac{1}{x^2 + 3}\cdot 2x = \frac{2x}{x^2 + 3}$$

(c) $u = |x|$일 때, 식 (2)에 의해 중요한 도함수를 얻는다.

$$\begin{aligned}
\frac{d}{dx}\ln|x| &= \frac{d}{du}\ln u \cdot \frac{du}{dx} && u = |x|, x \neq 0\\
&= \frac{1}{u}\cdot\frac{x}{|x|} && \frac{d}{dx}(|x|) = \frac{x}{|x|}\\
&= \frac{1}{|x|}\cdot\frac{x}{|x|} && u\text{를 환원}\\
&= \frac{x}{x^2}\\
&= \frac{1}{x}
\end{aligned}$$

따라서 $1/x$은 정의역 $x > 0$에서 $\ln x$의 도함수이고, 정의역 $x < 0$에서 $\ln(-x)$의 도함수이다. ∎

예제 1(a)에서의 결과로부터 함수 $y = \ln 2x$의 도함수가 함수 $y = \ln x$의 도함수와 같다는 사실을 알 수 있다. 모든 상수 b에 대해서 $bx > 0$인 함수 $y = \ln bx$에 대해서도 마찬가지로 성립한다.

$$\frac{d}{dx}\ln bx = \frac{1}{bx}\cdot\frac{d}{dx}(bx) = \frac{1}{bx}(b) = \frac{1}{x}$$

$\ln|x|$의 도함수
$$\frac{d}{dx}\ln|x| = \frac{1}{x}, \; x \neq 0$$

$$\frac{d}{dx}\ln bx = \frac{1}{x}, \quad bx > 0$$

로그함수의 성질

현대적인 전자 컴퓨터 이전의 수치 계산에서 가장 중요한 발전 하나를 말하라면 네이피어(John Napier)에 의해 발견된 로그(Logarithm)라 할 수 있다. 로그의 성질을 이용하면 연산이 쉽게 바뀌지는 데, 두 양수를 곱하는 연산은 각각의 로그의 덧셈으로, 두 양수를 나누는 연산은 각각의 로그의 뺄셈으로, 또한 어떤 수의 지수승을 하는 연산은 그 수의 로그에 지수를 곱하는 것으로 바꾸어준다.

> **정리 2 자연로그의 대수적 성질** 임의의 수 $b > 0$과 $x > 0$에 대하여, 자연로그는 다음 성질을 만족한다.
>
> **1. 곱의 성질** $\quad\ln bx = \ln b + \ln x$
>
> **2. 몫의 성질** $\quad\ln\dfrac{b}{x} = \ln b - \ln x$
>
> **3. 역수의 성질** $\quad\ln\dfrac{1}{x} = -\ln x$ $\qquad\qquad$ 성질 2에서 $b=1$
>
> **4. 거듭제곱의 성질** $\ln x^r = r\ln x$ $\qquad\qquad$ r은 유리수

지금은 성질 4에서 지수가 단지 유리수인 경우만 생각하지만, 6.3절에서 실수인 경우에도 성립함을 알게 될 것이다.

예제 2 정리 2의 성질을 적용한다.

(a) $\ln 4 + \ln \sin x = \ln(4 \sin x)$ ⬩ 곱의 성질

(b) $\ln \dfrac{x+1}{2x-3} = \ln(x+1) - \ln(2x-3)$ ⬩ 몫의 성질

(c) $\ln \dfrac{1}{8} = -\ln 8$ ⬩ 역수의 성질

$\qquad\quad = -\ln 2^3 = -3 \ln 2$ ⬩ 멱의 성질

이제 정리 2를 증명하고자 한다. 각 성질들은 평균값 정리의 따름정리 2를 적용하여 증명할 수 있다.

$\ln bx = \ln b + \ln x$의 증명　증명은 다음과 같이 $\ln bx$와 $\ln x$의 도함수가 서로 같다는 사실로부터 시작한다.

$$\frac{d}{dx}\ln(bx) = \frac{b}{bx} = \frac{1}{x} = \frac{d}{dx}\ln x$$

그러므로 평균값 정리의 따름정리 2에 의해 두 함수의 차이는 상수이다. 즉, 적당한 상수 C에 대해 다음이 성립한다.

$$\ln bx = \ln x + C$$

마지막 식은 x의 모든 양수값에 대해 성립하므로, $x=1$에 대해서도 성립한다. 그러므로 다음을 얻는다.

$$\ln(b \cdot 1) = \ln 1 + C$$
$$\ln b = 0 + C \qquad \ln 1 = 0$$
$$C = \ln b$$

이를 대입하면 다음 결과를 얻는다.

$$\ln bx = \ln b + \ln x \qquad\qquad ■$$

$\ln x^r = r \ln x$의 증명(r이 유리수라 가정)　여기서도 도함수가 서로 같은 두 함수를 이용한다. x의 모든 양수 값에 대해 다음이 성립한다.

$$\frac{d}{dx}\ln x^r = \frac{1}{x^r}\frac{d}{dx}(x^r) \qquad 식 (2)에서 \ u = x^r$$

$$= \frac{1}{x^r}rx^{r-1} \qquad 거듭제곱 미분 공식, r은 유리수$$

$$= r \cdot \frac{1}{x} = \frac{d}{dx}(r \ln x)$$

$\ln x^r$과 $r \ln x$의 도함수가 서로 같으므로, 적당한 상수 C에 대해 다음이 성립한다.

$$\ln x^r = r \ln x + C$$

x의 값을 1로 택하면 C가 0임을 알 수 있다. 이것으로 증명이 끝났다. (2.7절의 연습문제 48에서 r이 유리수일 때 거듭제곱 미분 공식을 증명하였다.)

연습문제 90에서 몫의 법칙을 증명하게 될 것이다. 역수의 법칙은 몫의 법칙의 특별한 경우로, $b=1$로 택하고 $\ln 1 = 0$을 이용하면 얻게 된다. ■

아직 거듭제곱의 성질을 r이 무리수인 경우에서는 증명하지 않았다. 하지만 유리수나 무리수인 경우, 즉 모든 실수 r에 대해 거듭제곱의 성질이 성립한다. 이것은 다음 절

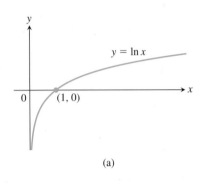

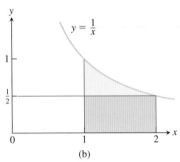

그림 6.9 (a) 자연로그함수의 그래프 (b) 높이 $y = 1/2$인 직사각형은 $1 \leq x \leq 2$에서 $y = 1/x$의 그래프 아래에 꼭 맞게 들어간다.

에서 지수함수와 무리수지수에 대해 공부한 후에 증명할 것이다.

ln x의 그래프와 치역

$x > 0$에서 도함수 $d(\ln x)/dx = 1/x$는 양이므로 $\ln x$는 증가함수이다. 2계 도함수 $-1/x^2$은 음이므로 $\ln x$의 그래프는 아래로 오목하다(그림 6.9(a) 참조).

$\ln 2$의 값은 구간 $[1, 2]$에서 $y = 1/x$의 그래프 아래 영역의 넓이를 생각하면 어림할 수 있다. 그림 6.9(b)에서 높이 $1/2$인 직사각형은 구간 $[1, 2]$에서 그래프 아래에 꼭 맞게 들어간다. 그러므로 $y = 1/x$의 그래프 아래쪽 영역의 넓이인 $\ln 2$는 직사각형의 넓이 $1/2$보다 크다. 그러므로 $\ln 2 > 1/2$이다. 그러므로

$$\ln 2^n = n \ln 2 > n\left(\frac{1}{2}\right) = \frac{n}{2}$$

이 성립하고, 따라서 $n \to \infty$일 때 $\ln(2^n) \to \infty$이다. $\ln x$가 증가함수이므로

$$\lim_{x \to \infty} \ln x = \infty$$

임을 알 수 있다. 또한,

$$\lim_{x \to 0^+} \ln x = \lim_{t \to \infty} \ln t^{-1} = \lim_{t \to \infty} (-\ln t) = -\infty \qquad x = 1/t = t^{-1}$$

이 성립한다. $\ln x$는 $x > 0$에 대하여 정의하였다. 따라서 $\ln x$의 정의역은 양의 실수의 집합이다. 이 사실과 중간값 정리에 의하여 그 치역은 모든 실수의 집합이고 그래프가 그림 6.9(a)와 같음을 알 수 있다.

적분 $\int \dfrac{1}{u} \, du$

예제 1 (c)에 의하여 다음을 알 수 있다.

---

u가 0이 아닌 미분가능한 함수이면 다음 식이 성립한다.

$$\int \frac{1}{u} du = \ln |u| + C \qquad (3)$$

식 (3)은 $u \neq 0$인 $1/u$의 정의역 모든 점에서 성립한다. 이로부터 $\int du/u$ 형식의 적분이 로그함수가 된다는 것을 알 수 있다. $u = f(x)$가 0이 아닌 미분가능한 함수이면, $du = f'(x) \, dx$이고

$$\int \frac{f'(x)}{f(x)} dx = \ln |f(x)| + C$$

가 성립한다.

예제 3 $\displaystyle\int \frac{du}{u}$ 형식으로 바꾸어서 적분한다.

$$\int_{-\pi/2}^{\pi/2} \frac{4\cos\theta}{3 + 2\sin\theta} d\theta = \int_1^5 \frac{2}{u} du \qquad \begin{aligned} &u = 3 + 2\sin\theta, \quad du = 2\cos\theta \, d\theta, \\ &u(-\pi/2) = 1, \quad u(\pi/2) = 5 \end{aligned}$$

$$= 2\ln|u| \Big]_1^5$$

$$= 2\ln|5| - 2\ln|1| = 2\ln 5$$

여기서 $u = 3 + 2\sin\theta$는 $[-\pi/2, \pi/2]$에서 항상 양이므로 식 (3)을 적용할 수 있다. ∎

$\tan x$, $\cot x$, $\sec x$와 $\csc x$의 적분

식 (3)에 의해 이 삼각함수들의 적분을 구할 수 있다.

$$\int \tan x \, dx = \int \frac{\sin x}{\cos x} \, dx = \int \frac{-du}{u}$$

$u = \cos x > 0$, $(-\pi/2, \pi/2)$에서
$du = -\sin x \, dx$

$$= -\ln|u| + C = -\ln|\cos x| + C$$

$$= \ln \frac{1}{|\cos x|} + C = \ln|\sec x| + C \qquad \text{역수의 성질}$$

코탄젠트함수에 대해서는

$$\int \cot x \, dx = \int \frac{\cos x \, dx}{\sin x} = \int \frac{du}{u}$$

$u = \sin x,$
$du = \cos x \, dx$

$$= \ln|u| + C = \ln|\sin x| + C = -\ln|\csc x| + C$$

$\sec x$를 적분하기 위해, 분모와 분자에 $(\sec x + \tan x)$를 곱한다.

$$\int \sec x \, dx = \int \sec x \, \frac{(\sec x + \tan x)}{(\sec x + \tan x)} \, dx = \int \frac{\sec^2 x + \sec x \tan x}{\sec x + \tan x} \, dx$$

$$= \int \frac{du}{u} = \ln|u| + C = \ln|\sec x + \tan x| + C$$

$u = \sec x + \tan x,$
$du = (\sec x \tan x + \sec^2 x) dx$

$\csc x$에 대해서는 분모와 분자에 $(\csc x + \cot x)$를 곱한다.

$$\int \csc x \, dx = \int \csc x \, \frac{(\csc x + \cot x)}{(\csc x + \cot x)} \, dx = \int \frac{\csc^2 x + \csc x \cot x}{\csc x + \cot x} \, dx$$

$$= \int \frac{-du}{u} = -\ln|u| + C = -\ln|\csc x + \cot x| + C$$

$u = \csc x + \cot x,$
$du = (-\csc x \cot x - \csc^2 x) \, dx$

탄젠트, 코탄젠트, 시컨트, 코시컨트 함수의 적분

$$\int \tan u \, du = \ln|\sec u| + C \qquad\qquad \int \sec u \, du = \ln|\sec u + \tan u| + C$$

$$\int \cot u \, du = \ln|\sin u| + C \qquad\qquad \int \csc u \, du = -\ln|\csc u + \cot u| + C$$

예제 4

$$\int_0^{\pi/6} \tan 2x \, dx = \int_0^{\pi/3} \tan u \, \frac{du}{2} = \frac{1}{2} \int_0^{\pi/3} \tan u \, du$$

$u = 2x$로 치환, $dx = du/2$,
$u(0) = 0$, $u(\pi/6) = \pi/3$

$$= \frac{1}{2} \ln|\sec u| \Big]_0^{\pi/3} = \frac{1}{2}(\ln 2 - \ln 1) = \frac{1}{2} \ln 2 \qquad \blacksquare$$

로그미분법

미분하고자 하는 함수가 함수들의 곱, 나눗셈, 지수 등의 복잡한 식으로 표현되어 있을 때는 주어진 식을 바로 미분하는 것보다는 양변에 로그를 취한 후에 미분하는 것이 더 편할 때가 있다. 이는 앞에서 언급했듯이 주어진 식을 간단히 정리하고 미분하는 것을

의미한다. 이와 같은 방법을 **로그미분법(logarithmic differentiation)**이라 한다.

예제 5 $y = \dfrac{(x^2 + 1)(x + 3)^{1/2}}{x - 1}, \quad x > 1$일 때 dy/dx를 구하라.

풀이 양변에 자연로그를 취하고 로그의 성질을 이용하여 식을 정리해 보면 다음과 같다.

$$
\begin{aligned}
\ln y &= \ln \frac{(x^2 + 1)(x + 3)^{1/2}}{x - 1} \\
&= \ln((x^2 + 1)(x + 3)^{1/2}) - \ln(x - 1) \qquad \text{몫의 성질}\\
&= \ln(x^2 + 1) + \ln(x + 3)^{1/2} - \ln(x - 1) \qquad \text{곱의 성질}\\
&= \ln(x^2 + 1) + \frac{1}{2}\ln(x + 3) - \ln(x - 1) \qquad \text{거듭제곱의 성질}
\end{aligned}
$$

이제 양변을 각각 x에 관하여 미분한다. 좌변의 경우 식 (2)를 이용하면 다음과 같은 결과를 얻을 수 있다.

$$
\frac{1}{y}\frac{dy}{dx} = \frac{1}{x^2 + 1} \cdot 2x + \frac{1}{2} \cdot \frac{1}{x + 3} - \frac{1}{x - 1}
$$

이제 위 식에서 dy/dx를 구하면

$$
\frac{dy}{dx} = y\left(\frac{2x}{x^2 + 1} + \frac{1}{2x + 6} - \frac{1}{x - 1}\right)
$$

이 되고, y 대신에 원래의 식을 대입하면 다음과 같다.

$$
\frac{dy}{dx} = \frac{(x^2 + 1)(x + 3)^{1/2}}{x - 1}\left(\frac{2x}{x^2 + 1} + \frac{1}{2x + 6} - \frac{1}{x - 1}\right) \quad \blacksquare
$$

예제 5에서 만약에 곱의 미분 공식, 몫의 미분 공식, 거듭제곱의 미분 공식을 사용하였다면, 계산이 무척 길어졌을 것이다.

연습문제 6.2

대수적 성질(정리 2) 이용하기

1. $\ln 2$와 $\ln 3$으로 다음 로그를 나타내라.

   a. $\ln 0.75$ **b.** $\ln (4/9)$ **c.** $\ln (1/2)$

   d. $\ln \sqrt[3]{9}$ **e.** $\ln 3\sqrt{2}$ **f.** $\ln \sqrt{13.5}$

2. $\ln 5$와 $\ln 7$로 다음 로그를 나타내라.

   a. $\ln (1/125)$ **b.** $\ln 9.8$ **c.** $\ln 7\sqrt{7}$

   d. $\ln 1225$ **e.** $\ln 0.056$

   f. $(\ln 35 + \ln (1/7))/(\ln 25)$

연습문제 3~4에서 로그의 성질을 이용하여 식을 간단히 표현하라.

3. **a.** $\ln \sin \theta - \ln \left(\dfrac{\sin \theta}{5}\right)$ **b.** $\ln (3x^2 - 9x) + \ln \left(\dfrac{1}{3x}\right)$

   c. $\dfrac{1}{2}\ln (4t^4) - \ln 2$

4. **a.** $\ln \sec \theta + \ln \cos \theta$ **b.** $\ln (8x + 4) - 2 \ln 2$

   c. $3 \ln \sqrt[3]{t^2 - 1} - \ln (t + 1)$

연습문제 5~6에서 t를 구하라.

5. $\ln \left(\dfrac{t}{t - 1}\right) = 2$ **6.** $\ln(t - 2) = \ln 8 - \ln t$

로그함수의 도함수

연습문제 7~38에서 x, t, θ에 관한 y의 도함수를 구하라.

7. $y = \ln 3x$ **8.** $y = \ln kx$, k는 상수

9. $y = \ln (t^2)$ **10.** $y = \ln (t^{3/2})$

11. $y = \ln \dfrac{3}{x}$ **12.** $y = \ln \dfrac{10}{x}$

13. $y = \ln (\theta + 1)$ **14.** $y = \ln (2\theta + 2)$

15. $y = \ln x^3$ **16.** $y = (\ln x)^3$

17. $y = t(\ln t)^2$ **18.** $y = t\sqrt{\ln t}$

19. $y = \dfrac{x^4}{4}\ln x - \dfrac{x^4}{16}$ **20.** $y = (x^2 \ln x)^4$

21. $y = \dfrac{\ln t}{t}$ **22.** $y = \dfrac{1 + \ln t}{t}$

23. $y = \dfrac{\ln x}{1 + \ln x}$

24. $y = \dfrac{x \ln x}{1 + \ln x}$

25. $y = \ln(\ln x)$

26. $y = \ln(\ln(\ln x))$

27. $y = \theta(\sin(\ln \theta) + \cos(\ln \theta))$

28. $y = \ln(\sec \theta + \tan \theta)$

29. $y = \ln \dfrac{1}{x\sqrt{x + 1}}$

30. $y = \dfrac{1}{2} \ln \dfrac{1 + x}{1 - x}$

31. $y = \dfrac{1 + \ln t}{1 - \ln t}$

32. $y = \sqrt{\ln \sqrt{t}}$

33. $y = \ln(\sec(\ln \theta))$

34. $y = \ln\left(\dfrac{\sqrt{\sin \theta \cos \theta}}{1 + 2 \ln \theta}\right)$

35. $y = \ln\left(\dfrac{(x^2 + 1)^5}{\sqrt{1 - x}}\right)$

36. $y = \ln \sqrt{\dfrac{(x + 1)^5}{(x + 2)^{20}}}$

37. $y = \displaystyle\int_{x^2/2}^{x^2} \ln \sqrt{t}\, dt$

38. $y = \displaystyle\int_{\sqrt{x}}^{\sqrt[3]{x}} \ln t\, dt$

적분 계산하기

연습문제 39~56에서 적분을 계산하라.

39. $\displaystyle\int_{-3}^{-2} \dfrac{dx}{x}$

40. $\displaystyle\int_{-1}^{0} \dfrac{3\, dx}{3x - 2}$

41. $\displaystyle\int \dfrac{2y\, dy}{y^2 - 25}$

42. $\displaystyle\int \dfrac{8r\, dr}{4r^2 - 5}$

43. $\displaystyle\int_{0}^{\pi} \dfrac{\sin t}{2 - \cos t}\, dt$

44. $\displaystyle\int_{0}^{\pi/3} \dfrac{4 \sin \theta}{1 - 4 \cos \theta}\, d\theta$

45. $\displaystyle\int_{1}^{2} \dfrac{\ln x}{x}\, dx$

46. $\displaystyle\int_{2}^{4} \dfrac{dx}{x \ln x}$

47. $\displaystyle\int_{2}^{4} \dfrac{dx}{x(\ln x)^2}$

48. $\displaystyle\int_{2}^{16} \dfrac{dx}{2x\sqrt{\ln x}}$

49. $\displaystyle\int \dfrac{3 \sec^2 t}{6 + 3 \tan t}\, dt$

50. $\displaystyle\int \dfrac{\sec y \tan y}{2 + \sec y}\, dy$

51. $\displaystyle\int_{0}^{\pi/2} \tan \dfrac{x}{2}\, dx$

52. $\displaystyle\int_{\pi/4}^{\pi/2} \cot t\, dt$

53. $\displaystyle\int_{\pi/2}^{\pi} 2 \cot \dfrac{\theta}{3}\, d\theta$

54. $\displaystyle\int_{0}^{\pi/12} 6 \tan 3x\, dx$

55. $\displaystyle\int \dfrac{dx}{2\sqrt{x} + 2x}$

56. $\displaystyle\int \dfrac{\sec x\, dx}{\sqrt{\ln(\sec x + \tan x)}}$

로그미분법

연습문제 57~70에서 로그미분법을 이용하여 주어진 독립변수에 대한 y의 도함수를 구하라.

57. $y = \sqrt{x(x + 1)}$

58. $y = \sqrt{(x^2 + 1)(x - 1)^2}$

59. $y = \sqrt{\dfrac{t}{t + 1}}$

60. $y = \sqrt{\dfrac{1}{t(t + 1)}}$

61. $y = \sqrt{\theta + 3} \sin \theta$

62. $y = (\tan \theta)\sqrt{2\theta + 1}$

63. $y = t(t + 1)(t + 2)$

64. $y = \dfrac{1}{t(t + 1)(t + 2)}$

65. $y = \dfrac{\theta + 5}{\theta \cos \theta}$

66. $y = \dfrac{\theta \sin \theta}{\sqrt{\sec \theta}}$

67. $y = \dfrac{x\sqrt{x^2 + 1}}{(x + 1)^{2/3}}$

68. $y = \sqrt{\dfrac{(x + 1)^{10}}{(2x + 1)^5}}$

69. $y = \sqrt[3]{\dfrac{x(x - 2)}{x^2 + 1}}$

70. $y = \sqrt[3]{\dfrac{x(x + 1)(x - 2)}{(x^2 + 1)(2x + 3)}}$

이론과 응용

71. 주어진 구간에서 함수는 어디에서 최댓값과 최솟값을 가지는가? 확인하라.

    a. $\ln(\cos x)$, 구간 $[-\pi/4, \pi/3]$에서

    b. $\cos(\ln x)$, 구간 $[1/2, 2]$에서

72. **a.** $f(x) = x - \ln x$가 $x > 1$에서 증가함을 보이라.

    b. (a)를 이용하여, $x > 1$에서 $\ln x < x$임을 보이라.

73. $x = 1$부터 $x = 5$까지 곡선 $y = \ln x$와 $y = \ln 2x$ 사이의 넓이를 구하라.

74. $x = -\pi/4$부터 $x = \pi/3$까지 곡선 $y = \tan x$와 x축 사이의 넓이를 구하라.

극값 구하기

연습문제 75~76에서

    a. 함수가 증가 또는 감소하는 열린 구간을 구하라.

    b. 함수의 극값과 최댓값, 최솟값이 존재하는지, 존재한다면, 어디에서 존재하는지 구하라.

75. $g(x) = x(\ln x)^2$

76. $g(x) = x^2 - 2x - 4 \ln x$

77. 제1사분면에서 곡선 $x = 2/\sqrt{y + 1}$, 직선 $y = 3$, 좌표축에 의해 둘러싸인 영역을 y축을 회전축으로 회전하여 생긴 입체의 부피를 구하라.

78. 곡선 $y = \sqrt{\cot x}$와 x축 사이에 둘러싸인 $x = \pi/6$부터 $x = \pi/2$까지 영역을 x축을 회전축으로 회전하여 생긴 입체의 부피를 구하라.

79. $x = 1/2$부터 $x = 2$까지 곡선 $y = 1/x^2$과 x축 사이의 영역을 y축을 회전축으로 회전시켜서 얻은 회전체의 부피를 구하라.

80. 5.2절 연습문제 6에서 $x = 0$부터 $x = 3$까지 곡선 $y = 9x/\sqrt{x^3 + 9}$와 x축 사이의 영역을 y축을 회전축으로 회전시켜서 부피 36π인 회전체를 얻었다. 같은 영역을 y축이 아닌 x축을 회전축으로 회전시켜서 얻은 회전체의 부피는 얼마인가? (그래프는 5.2절 연습문제 6에 있다.)

81. 다음 곡선의 길이를 구하라.

    a. $y = (x^2/8) - \ln x$, $4 \le x \le 8$

    b. $x = (y/4)^2 - 2 \ln(y/4)$, $4 \le y \le 12$

82. $x = 1$부터 $x = 2$까지 호의 길이가 다음과 같고, 점 $(1, 0)$을 지나는 곡선을 구하라.

$$L = \int_{1}^{2} \sqrt{1 + \dfrac{1}{x^2}}\, dx$$

T 83. **a.** $x = 1$부터 $x = 2$까지 곡선 $y = 1/x$와 x축 사이에 둘러싸인 영역의 중심을 구하라. 소수 둘째 자리까지 계산하라.

    b. 영역의 그래프를 그리고, 중심을 표시하라.

84. **a.** $x = 1$부터 $x = 16$까지 곡선 $y = 1/\sqrt{x}$와 x축에 의해 둘러싸인

영역을 덮고, 일정한 밀도를 가진 얇은 판의 질량중심을 구하라.

b. 밀도가 일정하지 않고, 밀도 함수가 $\delta(x) = 4/\sqrt{x}$일 때, 질량중심을 구하라.

85. 도함수를 이용하여, 함수 $f(x) = \ln(x^3 - 1)$이 일대일임을 보이라.

86. 도함수를 이용하여, 함수 $g(x) = \sqrt{x^2 + \ln x}$가 일대일임을 보이라.

연습문제 87~88에서 초깃값문제를 풀라.

87. $\dfrac{dy}{dx} = 1 + \dfrac{1}{x}, \quad y(1) = 3$

88. $\dfrac{d^2y}{dx^2} = \sec^2 x, \quad y(0) = 0, \quad y'(0) = 1$

T 89. $x=0$에서 ln(1+x)의 선형근사 $x = 1$ 근방에서 $\ln x$의 근사식을 구하는 대신 $x = 0$ 근방에서 $\ln(1+x)$의 근사식을 구하면 다음과 같이 더 간단한 식을 얻는다.

a. $x = 0$ 근방에서 선형 근사식 $\ln(1+x) \approx x$를 구하라.

b. 구간 $[0, 0.1]$에서 $\ln(1+x)$의 근삿값으로 x를 사용할 때의 오차를 소수점 5자리까지 계산하라.

c. $0 \leq x \leq 0.5$ 구간에서 $\ln(1+x)$와 x의 그래프를 동시에 나타내라. 가능하면 다른 색으로 그리라. 어느 점에서 $\ln(1+x)$가 가장 잘 근사된다고 생각되는가? 가장 잘 근사되지 않는 점은? 그래프 상의 좌표를 읽어서 살펴볼 수 있는 오차의 한계는 얼마인가? (그래픽 계산기나 프로그램에 따라서 정확도가 다를 수 있다.)

90. 정리 2의 성질 1과 4를 증명하기 위해 적용했던 동일-도함수 논리를 이용하여, 로그의 몫의 성질을 증명하라.

T 91. a. $0 \leq x \leq 23$에서 $y = \sin x$와 곡선 $y = \ln(a + \sin x)(a = 2, 4, 8, 20, 50)$의 그래프를 그리라.

b. a가 증가할수록 그래프가 편평해지는 이유는 무엇인가? (힌트: $|y'|$의 상한을 a의 식으로 구하라.)

T 92. $y = \sqrt{x} - \ln x, \ x > 0$의 그래프는 변곡점을 가지는가?

a. 그래프를 이용하여 답하라.

b. 미적분을 이용하여 답하라.

6.3 지수함수

자연로그함수 $\ln x$의 이론을 기반으로 하여 그의 역함수인 자연지수함수 $\exp x = e^x$를 소개한다. 그리고 자연지수함수의 성질과 자연지수함수의 미분과 적분을 공부한다. 거듭제곱의 미분 공식도 일반적인 실수 지수에 대하여 증명한다. 마지막으로, 일반적인 지수함수 a^x와 일반적인 로그함수 $\log_a x$도 소개한다.

$\ln x$의 역함수와 상수 e

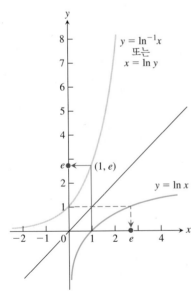

그림 6.10 $y = \ln x$와 $y = \ln^{-1} x = \exp x$의 그래프. e의 값은 $\ln^{-1} 1 = \exp(1)$과 같다.

$\ln x$는 정의역이 $(0, \infty)$인 x에 대한 증가함수이며 치역이 $(-\infty, \infty)$이다. 그러므로 정의역이 $(-\infty, \infty)$이고 치역이 $(0, \infty)$인 역함수 $\ln^{-1} x$가 존재한다. $\ln^{-1} x$의 그래프는 $\ln x$의 그래프와 $y = x$에 대하여 대칭이다. 그림 6.10에서 보는 것처럼

$$\lim_{x \to \infty} \ln^{-1} x = \infty, \qquad \lim_{x \to -\infty} \ln^{-1} x = 0$$

이 성립한다. 함수 $\ln^{-1} x$를 통상적인 기호로서 $\exp x$로 나타낸다. 이제 $\exp x$가 밑이 e인 지수함수가 됨을 보이자.

e는 $\ln(e) = 1$을 만족하도록 정의하였다. 따라서 $e = \exp(1)$이다. 다른 수와 마찬가지로 임의의 유리수 r에 대하여 e의 유리수 멱 e^r을 다음과 같이 생각할 수 있다.

$$e^2 = e \cdot e, \qquad e^{-2} = \frac{1}{e^2}, \qquad e^{1/2} = \sqrt{e}, \quad \text{등등}$$

e가 양이므로 e^r도 또한 양이다. 따라서 e^r은 로그를 취할 수 있다. 로그를 취하면 임의의 유리수 r에 대하여

$$\ln e^r = r \ln e = r \cdot 1 = r \qquad \text{정리 2의 성질 4}$$

임을 알 수 있다. 양변에 역함수 $\ln^{-1}$를 취하면

$$e^r = \exp r \qquad (r \text{은 유리수}) \qquad \text{exp는 } \ln^{-1} \qquad (1)$$

가 성립한다. 무리수 x에 대해 e^x의 의미를 분명하게 설명할 방법이 아직은 없다. 하지만 $\ln^{-1} x$는 x가 유리수일 뿐 아니라 무리수일 때에도 의미가 정확히 있다. 따라서 무리수 x에 대한 e^x의 정의를, 식 (1)을 x가 무리수일 때까지 확장시킴으로써, 하고자 한다. 그러면, $\exp x$는 모든 x에 대해 정의되며, 이를 이용하여 모든 점에서의 e^x의 값을 정의하면 된다.

> 정의 모든 실수 x에 대하여, **자연지수함수(natural exponential function)**를 $e^x = \exp x$로 정의한다.

처음으로 지수가 무리수인 경우에 대한 정확한 의미를 말하였다. 즉, 특정한 수 e에 유리수든지 무리수든지 임의의 실수 x를 지수로 올릴 수 있다. 함수 $\ln x$와 e^x는 서로에 대한 역함수이므로, 다음 관계식이 성립한다.

> e^x와 $\ln x$의 역관계
>
> $$e^{\ln x} = x \qquad (\text{모든 } x > 0 \text{에 대하여})$$
> $$\ln(e^x) = x \qquad (\text{모든 } x \text{에 대하여})$$

예제 1 방정식 $e^{2x-6} = 4$를 만족하는 x를 구하라.

풀이 주어진 방정식의 양변에 자연로그를 취하고 두 번째 역관계 식을 사용하면

$$\ln(e^{2x-6}) = \ln 4$$
$$2x - 6 = \ln 4 \qquad\qquad \text{역관계}$$
$$2x = 6 + \ln 4$$
$$x = 3 + \frac{1}{2}\ln 4 = 3 + \ln 4^{1/2}$$
$$x = 3 + \ln 2$$

예제 2 기울기가 m이고 원점을 지나는 직선이 $y = \ln x$의 그래프에 접한다. 이때 m의 값을 구하라.

풀이 접점의 x좌표를 $x = a > 0$이라 하자. 그러면 점 $(a, \ln a)$는 접점의 좌표가 되고, 따라서 접선의 기울기는 $m = 1/a$(그림 6.11)가 되고, 접선이 원점을 지나므로 접선의 기울기는 다음과 같다.

$$m = \frac{\ln a - 0}{a - 0} = \frac{\ln a}{a}$$

따라서 이 두 식을 이용하여 다음과 같이 기울기를 구할 수 있다.

$$\frac{\ln a}{a} = \frac{1}{a}$$
$$\ln a = 1$$
$$e^{\ln a} = e^1$$
$$a = e$$
$$m = \frac{1}{e}$$

x	e^x (반올림)
-1	0.37
0	1
1	2.72
2	7.39
10	22026
100	2.6881×10^{43}

e^x의 일반적인 값

$\ln^{-1} x,\ \exp x,\ e^x$ 세 가지 기호 모두는 자연지수함수를 나타낸다.

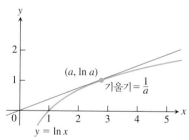

그림 6.11 기울기가 $1/a$인 직선이 이 곡선 위의 점 $(a, \ln a)$에서 접한다(예제 2).

e^x의 미분과 적분

자연지수함수의 역함수가 미분가능하고 항상 0이 아니므로, 정리 1에 의하면 자연지수함수는 미분가능하다. 이제 역관계식과 연쇄법칙을 이용하여 그의 도함수를 계산하면 다음과 같다.

$$\ln(e^x) = x \qquad \text{역관계식}$$

$$\frac{d}{dx}\ln(e^x) = 1 \qquad \text{양변 미분}$$

$$\frac{1}{e^x} \cdot \frac{d}{dx}(e^x) = 1 \qquad \text{6.2절 식 (2)에서 } u = e^x$$

$$\frac{d}{dx}e^x = e^x \qquad \text{도함수}$$

즉, $y = e^x$에 대하여, $dy/dx = e^x$이다. 따라서 자연지수함수 e^x는 도함수가 자기 자신이다. 더 나아가, $f(x) = e^x$이면, $f'(0) = e^0 = 1$이다. 이는 자연지수함수 e^x는 $x = 0$에서, 즉 y절편에서 기울기가 1임을 의미한다.

연쇄법칙을 확장시켜 자연지수함수에 대하여 함수 $u(x)$를 포함하는 더 일반화된 형태의 미분 공식을 얻을 수 있다.

---

u가 x에 관한 임의의 미분가능한 함수일 때, 다음이 성립한다.

$$\frac{d}{dx}e^u = e^u \frac{du}{dx} \tag{2}$$

예제 3 식 (2)를 사용하여 지수함수의 도함수를 구한다.

(a) $\dfrac{d}{dx}(5e^x) = 5\dfrac{d}{dx}e^x = 5e^x$

(b) $\dfrac{d}{dx}e^{-x} = e^{-x}\dfrac{d}{dx}(-x) = e^{-x}(-1) = -e^{-x} \qquad$ 식 (2)에서 $u = -x$

(c) $\dfrac{d}{dx}e^{\sin x} = e^{\sin x}\dfrac{d}{dx}(\sin x) = e^{\sin x} \cdot \cos x \qquad$ 식 (2)에서 $u = \sin x$

(d) $\dfrac{d}{dx}\left(e^{\sqrt{3x+1}}\right) = e^{\sqrt{3x+1}} \cdot \dfrac{d}{dx}\left(\sqrt{3x+1}\right) \qquad$ 식 (2)에서 $u = \sqrt{3x+1}$

$$= e^{\sqrt{3x+1}} \cdot \frac{1}{2}(3x+1)^{-1/2} \cdot 3 = \frac{3}{2\sqrt{3x+1}}e^{\sqrt{3x+1}}$$

e^x의 도함수는 자기 자신이므로, 그의 원시함수 또한 자기 자신이다. 따라서 식 (2)와 동치인 적분 공식은 다음과 같다.

지수함수의 일반적인 원시함수

$$\int e^u \, du = e^u + C$$

예제 4

(a) $\displaystyle\int_0^{\ln 2} e^{3x}\,dx = \int_0^{\ln 8} e^u \cdot \frac{1}{3}\,du \qquad u = 3x$라 하면, $\dfrac{1}{3}du = dx, \ u(0) = 0,$

$u(\ln 2) = 3\ln 2 = \ln 2^3 = \ln 8$

$$= \frac{1}{3}\int_0^{\ln 8} e^u \, du$$

$$= \frac{1}{3} e^u \Big]_0^{\ln 8}$$

$$= \frac{1}{3}(8 - 1) = \frac{7}{3}$$

(b) $\displaystyle\int_0^{\pi/2} e^{\sin x} \cos x \, dx = e^{\sin x} \Big]_0^{\pi/2}$ 원시함수는 예제 3(c)로부터

$$= e^1 - e^0 = e - 1 \qquad \blacksquare$$

e^x의 도함수는 존재하며, 모든 점에서 양의 값을 가진다. 그림 6.10에서 보는 것처럼 연속이고 증가함수임이 확실하다. e^x의 2계 도함수 또한 e^x이고 모든 점에서 양의 값을 가지므로, 그래프는 위로 오목이다. 더 나아가 그림 6.10에 의하면 지수함수는 다음 극한을 가진다.

$$\lim_{x \to -\infty} e^x = 0 \text{과} \qquad \lim_{x \to \infty} e^x = \infty$$

극한의 처음 식으로부터 $y = e^x$의 그래프는 x축을 수평점근선으로 가짐을 알 수 있다.

지수법칙

e^x은 $\ln^{-1} x$를 이용하여 우회적으로 정의하였음에도 불구하고, 우리가 잘 알고 있는 대수적인 지수법칙을 따른다. 다음 정리 3은 이 법칙이 $\ln x$와 e^x의 정의에 따른 결과라는 것을 말해준다.

정리 3   모든 실수 x, x_1, x_2에 대하여 지수함수 e^x은 다음 법칙이 성립한다.

1. $e^{x_1} e^{x_2} = e^{x_1 + x_2}$ **2.** $e^{-x} = \dfrac{1}{e^x}$

3. $\dfrac{e^{x_1}}{e^{x_2}} = e^{x_1 - x_2}$ **4.** $(e^{x_1})^r = e^{rx_1}, \quad r$은 유리수

법칙 1의 증명   다음과 같이 놓자.

$$y_1 = e^{x_1}, \qquad y_2 = e^{x_2}$$

그러면 다음을 얻는다.

$$x_1 = \ln y_1, \quad x_2 = \ln y_2 \qquad \text{역관계}$$
$$x_1 + x_2 = \ln y_1 + \ln y_2$$
$$= \ln y_1 y_2 \qquad \text{로그의 곱의 성질}$$
$$e^{x_1 + x_2} = e^{\ln y_1 y_2} \qquad \text{지수를 취한다.}$$
$$= y_1 y_2 \qquad e^{\ln u} = u$$
$$= e^{x_1} e^{x_2} \qquad \blacksquare$$

법칙 4의 증명 $y = (e^{x_1})^r$이라 놓자. 그러면 다음을 얻는다.

$$\ln y = \ln (e^{x_1})^r$$
$$= r \ln (e^{x_1}) \qquad \text{로그의 거듭제곱의 성질, } r\text{은 유리수}$$
$$= rx_1 \qquad \ln e^u = u \text{에서 } u = x_1$$

여기서, 양변에 지수를 취하면 다음과 같다.

$$y = e^{rx_1} \qquad e^{\ln y} = y \qquad \blacksquare$$

초월수와 초월함수

유리계수 다항식의 근이 되는 수를 **대수적 수**라고 한다. -2는 $x + 2 = 0$의 근이므로 대수적이다. 또, $\sqrt{3}$은 $x^2 - 3 = 0$의 근이므로 대수적이다. e, π와 같이 대수적이 아닌 수를 **초월수**라고 한다.

오늘날 함수 $y = f(x)$가 다음 형태의 한 방정식

$$P_n y^n + \cdots + P_1 y + P_0 = 0$$

을 만족할 때 대수적이라고 한다. 단, P는 x의 유리계수 다항식이다. 함수 $y = 1/\sqrt{x + 1}$은 $(x+1)y^2 - 1 = 0$을 만족하므로 대수적이다. 여기서, $P_2 = x + 1$, $P_1 = 0$, $P_0 = -1$이다. 대수적이 아닌 함수를 초월함수라고 한다.

법칙 2와 법칙 3은 법칙 1로부터 얻는다. 로그의 거듭제곱 성질과 마찬가지로, 법칙 4도 모든 실수 r에 대해 성립한다.

일반적인 지수함수 a^x

임의의 양수 a에 대하여 $a = e^{\ln a}$이므로 a^x을 $(e^{\ln a})^x = e^{x \ln a}$으로 볼 수 있다. 따라서 다음과 같이 정의할 수 있다.

> **정의** 임의의 $a > 0$과 x에 대하여 **밑이 a인 지수함수(exponential function with base a)** 를 다음과 같이 정의한다.
> $$a^x = e^{x \ln a}$$

정의에 따르면 $a = e$일 때 $a^x = e^{x \ln a} = e^{x \ln e} = e^{x \cdot 1} = e^x$이다. 같은 방법으로, 거듭제곱 함수 $f(x) = x^r$(r은 실수)도 $x^r = e^{r \ln x}$로 정의한다.

정리 3은 밑이 a인 지수함수 a^x에 대해서도 성립한다. 예를 들어,

$$
\begin{aligned}
a^{x_1} \cdot a^{x_2} &= e^{x_1 \ln a} \cdot e^{x_2 \ln a} && a^x\text{의 정의} \\
&= e^{x_1 \ln a + x_2 \ln a} && \text{법칙 1} \\
&= e^{(x_1 + x_2) \ln a} && \ln a\text{로 정리} \\
&= a^{x_1 + x_2} && a^x\text{의 정의}
\end{aligned}
$$

특히, 모든 실수 n에 대해, $a^n \cdot a^{-1} = a^{n-1}$이 성립한다.

(일반적인 형태의) 거듭제곱 공식의 증명

일반적인 지수함수의 정의를 이용하여 n-거듭제곱을 임의의 실수(유리수나 무리수가 다 포함된)까지 확장시킬 수 있다. 다시 말해, 임의의 실수 지수 n에 대한 거듭제곱함수 $y = x^n$을 정의할 수 있다.

> **정의** 임의의 $x > 0$과 임의의 실수 n에 대하여 다음과 같이 정의한다.
> $$x^n = e^{n \ln x}$$

로그함수와 지수함수는 서로 역함수 관계이므로, 정의로부터 모든 실수 n에 대해서 다음 식을 얻는다.

$$\ln x^n = n \ln x$$

즉, 거듭제곱함수에 자연로그를 취한 공식은 정리 2에서 언급한 것처럼 지수 n이 유리수뿐만 아니라, 모든 실수에서도 성립한다.

거듭제곱 함수의 정의로부터 2.3절에서 서술했던, 임의의 실수 n에 대한 거듭제곱 미분 공식을 확실하게 할 수 있다.

> **일반적인 거듭제곱 미분 공식**
> n이 임의의 실수일 때, $x > 0$이면 다음 공식이 성립한다.
> $$\frac{d}{dx} x^n = n x^{n-1}$$
> 만일 $x \le 0$이면, x^n과 x^{n-1}이 정의되고 미분이 존재하는 경우에만 공식이 성립한다.

증명 x^n을 x에 관하여 미분하면

$$\frac{d}{dx}x^n = \frac{d}{dx}e^{n\ln x} \qquad x^n\text{의 정의, } x>0$$

$$= e^{n\ln x}\cdot\frac{d}{dx}(n\ln x) \qquad e^u\text{에 연쇄법칙 식 (2) 적용}$$

$$= x^n\cdot\frac{n}{x} \qquad \text{정의와 } \ln x \text{의 도함수}$$

$$= nx^{n-1} \qquad x^n\cdot x^{-1}=x^{n-1}$$

요약하면, $x>0$일 경우는 다음 식이 성립한다.

$$\frac{d}{dx}x^n = nx^{n-1}$$

이제 $x<0$인 경우를 보자. 만일 $y=x^n$과 x^{n-1}이 모두 정의되고 y'이 존재하면,

$$\ln|y| = \ln|x|^n = n\ln|x|$$

음함수 미분법(도함수 y'이 존재한다는 가정으로)과 6.2절의 식 (3)을 이용하면

$$\frac{y'}{y} = \frac{n}{x}$$

이고, 도함수에 대하여 풀면

$$y' = n\frac{y}{x} = n\frac{x^n}{x} = nx^{n-1}$$

을 얻는다.

$x=0$일 때, $n\geq1$이면 미분계수의 정의로부터 직접적으로 미분계수가 0이 됨을 보일 수 있다. 따라서 모든 실수 x에 대하여 일반적인 거듭제곱 미분 공식의 증명이 완성되었다. ∎

예제 5 $f(x)=x^x$, $x>0$일 때, $f'(x)$를 구하라.

풀이   여기서는, 지수가 상수값 n이 아니고 변수 x이므로 거듭제곱 공식을 적용할 수 없다. 하지만, 일반적인 거듭제곱함수의 정의로부터 $f(x)=x^x=e^{x\ln x}$이므로 미분하면 다음과 같다.

$$f'(x) = \frac{d}{dx}(e^{x\ln x})$$

$$= e^{x\ln x}\frac{d}{dx}(x\ln x) \qquad \text{식 (2)에서 } u=x\ln x$$

$$= e^{x\ln x}\left(\ln x + x\cdot\frac{1}{x}\right) \qquad \text{곱의 미분공식}$$

$$= x^x(\ln x + 1) \qquad x>0$$

또한 $y=x^x$의 도함수를 y'이 존재한다는 가정하에 로그미분법을 사용하여 구할 수도 있다. ∎

극한으로 표현되는 수 e

수 e를 $\ln e = 1$을 만족하는 수, 즉 $\exp(1)$로 정의하였다. e는 로그함수와 지수함수에서 매우 중요한 상수임을 알고 있다. e의 값은 얼마일까? e의 값을 극한을 사용하여 계산하는 방법이 다음 정리에 있다.

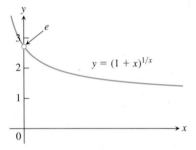

그림 6.12 그래프에서 $x \to 0$일 때 함수의 극한값은 e이다.

정리 4 **극한으로서의 수 e**   수 e는 다음 극한으로 계산될 수 있다.

$$e = \lim_{x \to 0} (1 + x)^{1/x}$$

증명 $f(x) = \ln x$일 때, $f'(x) = 1/x$이므로 $f'(1) = 1$이다. 따라서 도함수의 정의에 의해서

$$f'(1) = \lim_{h \to 0} \frac{f(1 + h) - f(1)}{h} = \lim_{x \to 0} \frac{f(1 + x) - f(1)}{x}$$

$$= \lim_{x \to 0} \frac{\ln(1 + x) - \ln 1}{x} = \lim_{x \to 0} \frac{1}{x} \ln(1 + x) \qquad \ln 1 = 0$$

$$= \lim_{x \to 0} \ln(1 + x)^{1/x} = \ln\left[\lim_{x \to 0}(1 + x)^{1/x}\right] \qquad \begin{array}{l}\text{로그함수는 연속.}\\\text{1장 정리 10}\end{array}$$

가 되고, $f'(1) = 1$이므로

$$\ln\left[\lim_{x \to 0}(1 + x)^{1/x}\right] = 1$$

이다. 따라서 양변에 지수를 취하면 다음과 같은 결과를 얻을 수 있다.

$$\lim_{x \to 0}(1 + x)^{1/x} = e$$

그림 6.12 참조.   ∎

정리 4에서 x에 매우 작은 값을 대입해 보면 e의 근삿값을 얻을 수 있는데 소수점 아래 15자리까지 구해보면 $e \fallingdotseq 2.718281828459045$이다.

a^u의 도함수

이 도함수를 구하기 위해, 먼저 일반지수함수를 $a^x = e^{x \ln a}$라 정의하자. 그러면 다음을 얻는다.

$$\frac{d}{dx}a^x = \frac{d}{dx}e^{x \ln a} = e^{x \ln a} \cdot \frac{d}{dx}(x \ln a) \qquad \frac{d}{dx}e^u = e^u \frac{du}{dx}$$

$$= a^x \ln a$$

이제 왜 e^x를 미적분학에서 더 좋아하는지를 알 수 있을 것이다. 여기서 $a = e$이면, $\ln a = 1$이 되므로, a^x의 도함수는 간단하게 다음과 같다.

$$\frac{d}{dx}e^x = e^x \ln e = e^x \qquad \ln e = 1$$

연쇄법칙을 적용하면, 다음과 같이 일반적인 지수함수의 일반적인 미분 공식을 얻게 된다.

$a > 0$이고, u가 x에 관한 미분가능함수일 때, a^u는 미분가능하고 다음이 성립한다.

$$\frac{d}{dx}a^u = a^u \ln a \frac{du}{dx} \tag{3}$$

이 마지막 결과와 동치인 적분 공식이 다음과 같다.

$a > 0$이고, u가 x에 관한 미분가능함수일 때, a^u는 미분가능하고 다음이 성립한다.

$$\int a^u \, du = \frac{a^u}{\ln a} + C \tag{4}$$

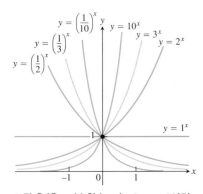

그림 6.13 지수함수 a^x는 $0<a<1$이면 감소하고, $a>1$이면 증가한다. $x\to\infty$일 때, $0<a<1$이면 $a^x\to 0$이고, $a>1$이면 $a^x\to\infty$이다. $x\to-\infty$일 때, $0<a<1$이면 $a^x\to\infty$이고, $a>1$이면 $a^x\to 0$이다.

식 (3)에서 $u=x$라고 놓음으로써, a^x의 도함수는 $\ln a>0$, 즉 $a>1$일 때는 양의 함수이고, $\ln a<0$, 즉 $0<a<1$일 때는 음의 함수임을 알 수 있다. 따라서 지수함수 a^x는 $a>1$일 때는 증가함수이고, $0<a<1$일 때는 감소함수이다. 각 경우에 지수함수 a^x는 일대일이다. 또한 2계 도함수

$$\frac{d^2}{dx^2}(a^x) = \frac{d}{dx}(a^x\ln a) = (\ln a)^2\, a^x$$

는 모든 x에서 양의 값을 가진다. 따라서 a^x의 그래프는 실수의 모든 구간에서 위로 오목이다. 그림 6.13은 몇 가지 지수함수의 그래프를 보여준다.

예제 6   식 (3)과 (4)를 이용하여 도함수와 적분을 구한다.

(a) $\dfrac{d}{dx}3^x = 3^x\ln 3$ $\qquad\qquad$ 식 (3)에서 $a=3, u=x$

(b) $\dfrac{d}{dx}3^{-x} = 3^{-x}(\ln 3)\dfrac{d}{dx}(-x) = -3^{-x}\ln 3$ $\qquad$ 식 (3)에서 $a=3, u=-x$

(c) $\dfrac{d}{dx}3^{\sin x} = 3^{\sin x}(\ln 3)\dfrac{d}{dx}(\sin x) = 3^{\sin x}(\ln 3)\cos x$ $\quad$ 식 (3)에서 $a=3, u=\sin x$

(d) $\displaystyle\int 2^x\,dx = \dfrac{2^x}{\ln 2} + C$ $\qquad\qquad$ 식 (4)에서 $a=2, u=x$

(e) $\displaystyle\int 2^{\sin x}\cos x\,dx = \int 2^u\,du = \dfrac{2^u}{\ln 2} + C$ $\qquad$ $u=\sin x$라 하면, $du=\cos x\,dx$ 식 (4)

$\qquad\qquad\qquad\qquad\quad = \dfrac{2^{\sin x}}{\ln 2} + C$ $\qquad\qquad$ u를 $\sin x$로 환원 ∎

밑이 a인 로그함수

a가 1이 아닌 임의의 양의 실수이면 a^x은 일대일 함수이고 모든 점에서 미분값이 0이 아니다. 따라서 a^x은 미분가능한 역함수를 가진다.

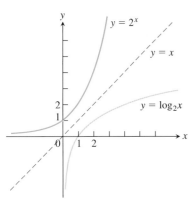

그림 6.14 2^x과 그 역함수 $\log_2 x$의 그래프

> **정의**   임의의 양수 $a\neq 1$에 대하여, **밑이 a인 로그함수(logarithm of x with base a) $\log_a x$**
> 는 a^x의 역함수이다.

$y=\log_a x$의 그래프는 $y=a^x$의 그래프를 45°선인 $y=x$에 반사시켜서 얻을 수 있다(그림 6.14). $a=e$일 때는 $\log_e x=(e^x$의 역함수$)=\ln x$이다. ($\log_{10} x$는 x의 상용로그라 부르며 가끔 $\log x$라 쓴다.) $\log_a x$와 a^x이 서로 역함수이므로 두 함수를 어느 순서로 합성하더라도 항등함수가 된다.

> **a^x와 $\log_a x$의 역관계** $\qquad$ $a^{\log_a x} = x$ $\qquad$ (모든 $x>0$에 대하여)
>
> $\qquad\qquad\qquad\qquad\qquad$ $\log_a(a^x) = x$ $\qquad$ (모든 x에 대하여)

함수 $\log_a x$는 실제로 $\ln x$에 단지 상수를 곱해준 값이다. 이를 보이기 위해, $y=\log_a x$라 놓고, 이와 동치 관계인 식 $a^y=x$의 양변에 자연로그를 취하면, 식 $y\ln a=\ln x$를 얻는다. y에 대해 풀면 다음 식을 얻는다.

$$\log_a x = \frac{\ln x}{\ln a} \qquad\qquad (5)$$

표6.2 밑이 a인 로그함수의 성질

임의의 $x>0$, $y>0$에 대하여

1. 곱의 성질:
$$\log_a xy = \log_a x + \log_a y$$

2. 몫의 성질:
$$\log_a \frac{x}{y} = \log_a x - \log_a y$$

3. 역수의 성질:
$$\log_a \frac{1}{y} = -\log_a y$$

4. 거듭제곱의 성질:
$$\log_a x^y = y \log_a x$$

그러므로 $\log_a x$에 대한 대수적 성질은 $\ln x$에 대한 성질과 같다는 것을 쉽게 알 수 있다. 표 6.2에 주어진 성질은 자연로그의 해당하는 성질을 식 (5)를 사용하여 $\ln a$로 나누어 주면 증명된다. 예를 들어

$$\ln xy = \ln x + \ln y \qquad \text{자연로그에 대한 성질 1}$$

$$\frac{\ln xy}{\ln a} = \frac{\ln x}{\ln a} + \frac{\ln y}{\ln a} \qquad \ln a\text{로 나눈다.}$$

$$\log_a xy = \log_a x + \log_a y \qquad \text{밑이 }a\text{인 로그에 대한 성질 1}$$

$\log_a x$를 포함하는 미분과 적분

밑이 a인 로그에 대한 미분이나 적분을 구하기 위해서는 자연로그로 바꾸어 계산하면 된다. u를 x의 미분가능하고 양인 함수라 하면

$$\frac{d}{dx}(\log_a u) = \frac{d}{dx}\left(\frac{\ln u}{\ln a}\right) = \frac{1}{\ln a}\frac{d}{dx}(\ln u) = \frac{1}{\ln a}\cdot\frac{1}{u}\frac{du}{dx}$$

$$\frac{d}{dx}(\log_a u) = \frac{1}{\ln a}\cdot\frac{1}{u}\frac{du}{dx}$$

예제 7

(a) $\dfrac{d}{dx}\log_{10}(3x+1) = \dfrac{1}{\ln 10}\cdot\dfrac{1}{3x+1}\dfrac{d}{dx}(3x+1) = \dfrac{3}{(\ln 10)(3x+1)}$

(b) $\displaystyle\int \frac{\log_2 x}{x}dx = \frac{1}{\ln 2}\int \frac{\ln x}{x}dx \qquad \log_2 x = \frac{\ln x}{\ln 2}$

$$= \frac{1}{\ln 2}\int u\, du \qquad u = \ln x, \quad du = \frac{1}{x}dx$$

$$= \frac{1}{\ln 2}\frac{u^2}{2} + C = \frac{1}{\ln 2}\frac{(\ln x)^2}{2} + C = \frac{(\ln x)^2}{2\ln 2} + C$$

연습문제 6.3

지수방정식 풀기

연습문제 1~6에서 t를 구하라.

1. a. $e^{-0.3t} = 27$ **b.** $e^{kt} = \dfrac{1}{2}$ **c.** $e^{(\ln 0.2)t} = 0.4$

2. a. $e^{-0.01t} = 1000$ **b.** $e^{kt} = \dfrac{1}{10}$ **c.** $e^{(\ln 2)t} = \dfrac{1}{2}$

3. $e^{\sqrt{t}} = x^2$ **4.** $e^{(x^2)}e^{(2x+1)} = e^t$

5. $e^{2t} - 3e^t = 0$ **6.** $e^{-2t} + 6 = 5e^{-t}$

연습문제 7~26에서 적절한 변수 x, t 또는 θ에 관하여 y의 도함수를 구하라.

7. $y = e^{-5x}$ **8.** $y = e^{2x/3}$

9. $y = e^{5-7x}$ **10.** $y = e^{(4\sqrt{x}+x^2)}$

11. $y = xe^x - e^x$ **12.** $y = (1+2x)e^{-2x}$

13. $y = (x^2 - 2x + 2)e^x$ **14.** $y = (9x^2 - 6x + 2)e^{3x}$

15. $y = e^\theta(\sin\theta + \cos\theta)$ **16.** $y = \ln(3\theta e^{-\theta})$

17. $y = \cos(e^{-\theta^2})$ **18.** $y = \theta^3 e^{-2\theta}\cos 5\theta$

19. $y = \ln(3te^{-t})$ **20.** $y = \ln(2e^{-t}\sin t)$

21. $y = \ln\left(\dfrac{e^\theta}{1+e^\theta}\right)$ **22.** $y = \ln\left(\dfrac{\sqrt{\theta}}{1+\sqrt{\theta}}\right)$

23. $y = e^{(\cos t + \ln t)}$ **24.** $y = e^{\sin t}(\ln t^2 + 1)$

25. $y = \displaystyle\int_0^{\ln x} \sin e^t\, dt$ **26.** $y = \displaystyle\int_{e^{4\sqrt{x}}}^{e^{2x}} \ln t\, dt$

연습문제 27~32에서 도함수 dy/dx를 구하라.

27. $\ln y = e^y \sin x$ **28.** $\ln xy = e^{x+y}$

29. $e^{2x} = \sin(x + 3y)$ **30.** $\tan y = e^x + \ln x$

31. $3 + \sin y = y - x^3$ **32.** $\ln y = xe^y - 2$

적분 계산하기

연습문제 33~54에서 적분을 계산하라.

33. $\int (e^{3x} + 5e^{-x})\, dx$

34. $\int (2e^x - 3e^{-2x})\, dx$

35. $\int_{\ln 2}^{\ln 3} e^x\, dx$

36. $\int_{-\ln 2}^{0} e^{-x}\, dx$

37. $\int 8e^{(x+1)}\, dx$

38. $\int 2e^{(2x-1)}\, dx$

39. $\int_{\ln 4}^{\ln 9} e^{x/2}\, dx$

40. $\int_{0}^{\ln 16} e^{x/4}\, dx$

41. $\int \dfrac{e^{\sqrt{r}}}{\sqrt{r}}\, dr$

42. $\int \dfrac{e^{-\sqrt{r}}}{\sqrt{r}}\, dr$

43. $\int 2t\, e^{-t^2}\, dt$

44. $\int t^3 e^{(t^4)}\, dt$

45. $\int \dfrac{e^{1/x}}{x^2}\, dx$

46. $\int \dfrac{e^{-1/x^2}}{x^3}\, dx$

47. $\int_{0}^{\pi/4} (1 + e^{\tan\theta}) \sec^2\theta\, d\theta$

48. $\int_{\pi/4}^{\pi/2} (1 + e^{\cot\theta}) \csc^2\theta\, d\theta$

49. $\int e^{\sec\pi t} \sec\pi t \tan\pi t\, dt$

50. $\int e^{\csc(\pi+t)} \csc(\pi + t) \cot(\pi + t)\, dt$

51. $\int_{\ln(\pi/6)}^{\ln(\pi/2)} 2e^{v} \cos e^{v}\, dv$

52. $\int_{0}^{\sqrt{\ln\pi}} 2x\, e^{x^2} \cos(e^{x^2})\, dx$

53. $\int \dfrac{e^r}{1 + e^r}\, dr$

54. $\int \dfrac{dx}{1 + e^x}$

초깃값 문제

연습문제 55~58에서 초깃값 문제를 풀라.

55. $\dfrac{dy}{dt} = e^t \sin(e^t - 2), \quad y(\ln 2) = 0$

56. $\dfrac{dy}{dt} = e^{-t} \sec^2(\pi e^{-t}), \quad y(\ln 4) = 2/\pi$

57. $\dfrac{d^2 y}{dx^2} = 2e^{-x}, \quad y(0) = 1, \quad y'(0) = 0$

58. $\dfrac{d^2 y}{dt^2} = 1 - e^{2t}, \quad y(1) = -1, \quad y'(1) = 0$

미분법

연습문제 59~86에서 주어진 독립변수에 대하여 y의 도함수를 구하라.

59. $y = 2^x$

60. $y = 3^{-x}$

61. $y = 5^{\sqrt{s}}$

62. $y = 2^{(s^2)}$

63. $y = x^{\pi}$

64. $y = t^{1-e}$

65. $y = (\cos\theta)^{\sqrt{2}}$

66. $y = (\ln\theta)^{\pi}$

67. $y = 7^{\sec\theta} \ln 7$

68. $y = 3^{\tan\theta} \ln 3$

69. $y = 2^{\sin 3t}$

70. $y = 5^{-\cos 2t}$

71. $y = \log_2 5\theta$

72. $y = \log_3(1 + \theta \ln 3)$

73. $y = \log_4 x + \log_4 x^2$

74. $y = \log_{25} e^x - \log_5 \sqrt{x}$

75. $y = x^3 \log_{10} x$

76. $y = \log_3 r \cdot \log_9 r$

77. $y = \log_3\left(\left(\dfrac{x+1}{x-1}\right)^{\ln 3}\right)$

78. $y = \log_5 \sqrt{\left(\dfrac{7x}{3x+2}\right)^{\ln 5}}$

79. $y = \theta \sin(\log_7 \theta)$

80. $y = \log_7\left(\dfrac{\sin\theta \cos\theta}{e^{\theta} 2^{\theta}}\right)$

81. $y = \log_{10} e^x$

82. $y = \dfrac{\theta 5^{\theta}}{2 - \log_5 \theta}$

83. $y = 3^{\log_2 t}$

84. $y = 3 \log_8(\log_2 t)$

85. $y = \log_2(8t^{\ln 2})$

86. $y = t \log_3\left(e^{(\sin t)(\ln 3)}\right)$

적분

연습문제 87~96에서 적분을 계산하라.

87. $\int 5^x\, dx$

88. $\int \dfrac{3^x}{3 - 3^x}\, dx$

89. $\int_{0}^{1} 2^{-\theta}\, d\theta$

90. $\int_{-2}^{0} 5^{-\theta}\, d\theta$

91. $\int_{1}^{\sqrt{2}} x2^{(x^2)}\, dx$

92. $\int_{1}^{4} \dfrac{2^{\sqrt{x}}}{\sqrt{x}}\, dx$

93. $\int_{0}^{\pi/2} 7^{\cos t} \sin t\, dt$

94. $\int_{0}^{\pi/4} \left(\dfrac{1}{3}\right)^{\tan t} \sec^2 t\, dt$

95. $\int_{2}^{4} x^{2x}(1 + \ln x)\, dx$

96. $\int \dfrac{x2^{x^2}}{1 + 2^{x^2}}\, dx$

연습문제 97~110에서 적분을 계산하라.

97. $\int 3x^{\sqrt{3}}\, dx$

98. $\int x^{\sqrt{2}-1}\, dx$

99. $\int_{0}^{3} (\sqrt{2} + 1)x^{\sqrt{2}}\, dx$

100. $\int_{1}^{e} x^{(\ln 2)-1}\, dx$

101. $\int \dfrac{\log_{10} x}{x}\, dx$

102. $\int_{1}^{4} \dfrac{\log_2 x}{x}\, dx$

103. $\int_{1}^{4} \dfrac{\ln 2 \log_2 x}{x}\, dx$

104. $\int_{1}^{e} \dfrac{2 \ln 10 \log_{10} x}{x}\, dx$

105. $\int_{0}^{2} \dfrac{\log_2(x + 2)}{x + 2}\, dx$

106. $\int_{1/10}^{10} \dfrac{\log_{10}(10x)}{x}\, dx$

107. $\int_{0}^{9} \dfrac{2 \log_{10}(x + 1)}{x + 1}\, dx$

108. $\int_{2}^{3} \dfrac{2 \log_2(x - 1)}{x - 1}\, dx$

109. $\int \dfrac{dx}{x \log_{10} x}$

110. $\int \dfrac{dx}{x(\log_8 x)^2}$

연습문제 111~114에서 적분을 계산하라.

111. $\int_{1}^{\ln x} \dfrac{1}{t}\, dt, \quad x > 1$

112. $\int_{1}^{e^x} \dfrac{1}{t}\, dt$

113. $\int_{1}^{1/x} \dfrac{1}{t}\, dt, \quad x > 0$

114. $\dfrac{1}{\ln a} \int_{1}^{x} \dfrac{1}{t}\, dt, \quad x > 0$

로그 미분법

연습문제 115~126에서 로그 미분법을 이용하여 주어진 독립변수에 관하여 y의 도함수를 구하라.

115. $y = (x+1)^x$

116. $y = x^2 + x^{2x}$

117. $y = (\sqrt{t})^t$

118. $y = t^{\sqrt{t}}$

119. $y = (\sin x)^x$

120. $y = x^{\sin x}$

121. $y = \sin x^x$

122. $y = (\ln x)^{\ln x}$

123. $y^x = x^3 y$

124. $x^{\sin y} = \ln y$

125. $x = y^{xy}$

126. $e^y = y^{\ln x}$

연습문제 127~128에서 각 방정식이 성립하도록 하는 함수 f를 구하라.

127. $\displaystyle\int_2^x \sqrt{f(t)}\,dt = x \ln x$

128. $f(x) = e^2 + \displaystyle\int_1^x f(t)\,dt$

이론과 응용

129. 구간 $[0,1]$에서 함수 $f(x) = e^x - 2$의 최댓값과 최솟값을 구하라.

130. 주기함수 $f(x) = 2e^{\sin(x/2)}$는 어느 점에서 극값을 가지는가? 극값은 얼마인가?

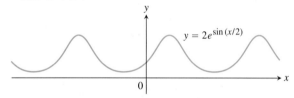

$y = 2e^{\sin(x/2)}$

131. $f(x) = xe^{-x}$라 하자.

　　a. f의 최댓값과 최솟값을 모두 구하라.

　　b. f의 변곡점을 모두 구하라.

132. $f(x) = \dfrac{e^x}{1+e^{2x}}$라 하자.

　　a. f의 최댓값과 최솟값을 모두 구하라.

　　b. f의 변곡점을 모두 구하라.

133. $f(x) = x^2 \ln (1/x)$의 최솟값을 구하라. 어느 점에서 최소인지 말하라.

T 134. $f(x) = (x-3)^2\, e^x$와 그의 일계 도함수의 그래프를 그리라. f'의 값과 부호와 연관지어 f의 행동을 말하라. 필요하다면, 미적분학에서 중요한 점들을 확인하라.

135. 제1사분면에서 위로는 곡선 $y = e^{2x}$, 아래로는 곡선 $y = e^x$, 오른쪽으로는 직선 $x = \ln 3$에 의해 둘러싸인 영역의 넓이를 구하라.

136. 제1사분면에서 위로는 곡선 $y = e^{x/2}$, 아래로는 곡선 $y = e^{-x/2}$, 오른쪽으로는 직선 $x = 2\ln 2$에 의해 둘러싸인 영역의 넓이를 구하라.

137. $x=0$부터 $x=1$까지 길이가
$$L = \int_0^1 \sqrt{1 + \frac{1}{4}e^x}\,dx$$
이고 원점을 지나는 xy평면 위의 곡선을 구하라.

138. $0 \le y \le \ln 2$에서 곡선 $x = (e^y + e^{-y})/2$을 y축을 회전축으로 회전하여 생긴 곡면의 넓이를 구하라.

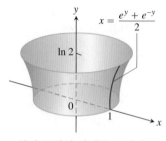

$x = \dfrac{e^y + e^{-y}}{2}$

연습문제 139~142에서 곡선의 길이를 구하라.

139. $x=0$부터 $x=1$까지 $y = \dfrac{1}{2}(e^x + e^{-x})$

140. $x = \ln 2$부터 $x = \ln 3$까지 $y = \ln(e^x - 1) - \ln(e^x + 1)$

141. $x=0$부터 $x = \pi/4$까지 $y = \ln(\cos x)$

142. $x = \pi/6$부터 $x = \pi/4$까지 $y = \ln(\csc x)$

143. **a.** $\displaystyle\int \ln x\,dx = x \ln x - x + C$임을 보이라.

　　b. 구간 $[1,e]$에서 $\ln x$의 평균값을 구하라.

144. 구간 $[1,2]$에서 $f(x) = 1/x$의 평균값을 구하라.

145. $x=0$에서 e^x의 선형 근사

　　a. $x=0$ 근방에서 선형 근사식 $e^x \approx 1 + x$를 유도하라.

　　T b. 구간 $[0,0.2]$에서 e^x의 근삿값으로 $1+x$를 사용할 때의 오차를 소수점 5자리까지 계산하라.

　　T c. $-2 \le x \le 2$에서 e^x와 $1+x$의 그래프를 동시에 그리라. 가능하면 서로 다른 색으로 그리라. 근삿값이 e^x보다 크게 되는 구간과 작게 되는 구간은 각각 어디인가?

146. **기하평균, 로그평균, 산술평균 부등식**

　　a. e^x의 그래프가 x값의 임의의 구간에서 위로 오목임을 보이라.

　　b. 다음 그림을 참고하여 $0 < a < b$일 때, 다음을 보이라.

$$e^{(\ln a + \ln b)/2} \cdot (\ln b - \ln a) < \int_{\ln a}^{\ln b} e^x\,dx$$

$$< \frac{e^{\ln a} + e^{\ln b}}{2} \cdot (\ln b - \ln a)$$

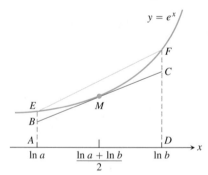

$y = e^x$

　　c. (b)의 부등식을 이용하여 다음을 보이라.

$$\sqrt{ab} < \frac{b-a}{\ln b - \ln a} < \frac{a+b}{2}$$

　　이 부등식은 두 양수의 기하평균은 로그평균보다 작고, 로그평균은 산술평균보다 작다는 것을 말해준다.

147. $-2 \le x \le 2$에서 곡선 $y = 2x/(1+x^2)$와 x축 사이에 둘러싸인 영역의 넓이를 구하라.

148. $-1 \le x \le 1$에서 곡선 $y = 2^{1-x}$와 x축 사이에 둘러싸인 영역의

넓이를 구하라.

149. 곡선 $y = 2x + 3$과 $y = \ln x$의 그래프가 주어져 있다.

    a. 두 그래프 사이의 최소의 수직 거리를 구하라.

    b. 두 그래프 사이의 최소의 수평 거리를 구하라.

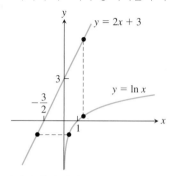

150. 내접하는 직사각형의 넓이가 최대일 때 치수를 구하라.

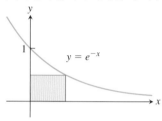

T 151. 방정식 $x^2 = 2^x$는 3개의 해가 있다. 그래프를 이용하여 $x = 2$, $x = 4$가 아닌 다른 제3의 해의 근삿값을 가능한 한 정확하게 구하라.

T 152. $x > 0$일 때 $x^{\ln 2}$와 $2^{\ln x}$가 같은 값일 수 있는가? 두 함수의 그래프를 그려서 확인해 보라.

153. 2^x의 선형 근사

    a. $x = 0$에서 함수 $f(x) = 2^x$의 선형 근사식을 구하라. 계수를 소수점 두 자리로 반올림하라.

T b. $-3 \le x \le 3$에서와 $-1 \le x \le 1$에서 함수와 선형 근사식의 두 그래프를 함께 그리라.

154. $\log_3 x$의 선형 근사

    a. $x = 3$에서 함수 $f(x) = \log_3 x$의 선형 근사식을 구하라. 계수를 소수점 두 자리로 반올림하라.

T b. $0 \le x \le 8$에서와 $2 \le x \le 4$에서 함수와 선형 근사식의 두 그래프를 함께 그리라.

T 155. e^π와 π^e 중 어느 것이 더 클까? 계산기를 이용하면 옛날에 알기 어려웠던 값을 쉽게 확인할 수 있다(계산기로 계산해 보면 이 두 값이 놀랍게도 가까운 값이라는 것을 알 수 있다). 다음과 같이 계산기를 사용하지 않고 알 수 있다.

    a. 원점을 지나고 $y = \ln x$의 그래프에 접하는 직선의 방정식을 구하라.

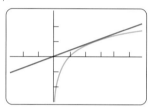

$[-3, 6] \times [-3, 3]$

    b. $y = \ln x$의 그래프와 접선을 이용하여 e가 아닌 모든 양수 x에 대하여 $\ln x < x/e$임을 설명하라.

    c. e가 아닌 모든 양수 x에 대하여 $\ln (x^e) < x$임을 보이라.

    d. e가 아닌 모든 양수 x에 대하여 $x^e < e^x$임을 확인하라.

    e. 그러면 e^π와 π^e 중 어느 것이 더 큰가?

T 156. e를 소수로 나타내기 계산기를 사용하여 3.6절의 뉴턴 방법(Newton method)으로 방정식 $\ln x = 1$의 해를 구함으로써 e의 값을 가능한 한 자세하게 소수로 나타내라.

6.4   지수적 변화

지수함수는 독립변수의 변화에 대하여 매우 급격히 증가하거나 감소한다. 이러한 지수함수는 다양한 자연현상이나 산업현장에서 증가와 감소를 잘 표현할 수 있다. 이렇듯 실제 현상에서의 변동성이 지수함수에 의해 잘 표현되기 때문에 지수함수의 중요성이 강조된다.

지수적 변화

많은 현실 상황을 모형화해 보면 표현하고자 하는 양 y는 t시점에서 자신의 크기에 비례해서 증가하거나 감소하는 경우가 많다. 방사성 물질의 감소, 인구수, 뜨거운 물체와 그를 둘러싼 매체 사이의 온도 차이 등은 좋은 예가 될 수 있다. 그러한 양은 **지수적 변화(exponential change)**를 따른다고 한다.

    $t = 0$일 때의 양을 y_0라고 하면 다음 초깃값 문제를 풀어서 y를 t의 함수로 나타낸다.

$$\text{미분방정식:} \qquad \frac{dy}{dt} = ky \qquad\qquad (1a)$$

$$\text{초기조건:} \qquad t = 0 \text{일 때} \quad y = y_0 \qquad (1b)$$

y가 양의 값이고 증가한다면, k는 양이며 식 (1a)에서 증가율이 현재까지의 누적량에 비례한다고 말한다. y가 양의 값이고 감소한다면 k는 음이고 식 (1a)에서 감소율이 현재 남아 있는 양에 비례한다고 말한다.

$y_0 = 0$이면 상수함수 $y = 0$이식 (1a)의 해가 됨을 알 수 있다. 0이 아닌 해를 구하기 위해 식 (1a)의 양변을 y로 나누어 준다.

$$\frac{1}{y} \cdot \frac{dy}{dt} = k \qquad\qquad y \neq 0$$

$$\int \frac{1}{y}\frac{dy}{dt}dt = \int k\, dt \qquad t\text{에 대하여 적분}$$

$$\ln|y| = kt + C \qquad \int (1/u)\, du = \ln|u| + C$$

$$|y| = e^{kt+C} \qquad \text{지수를 취한다.}$$

$$|y| = e^C \cdot e^{kt} \qquad e^{a+b} = e^a \cdot e^b$$

$$y = \pm e^C e^{kt} \qquad |y| = r\text{이면} \ y = \pm r$$

$$y = Ae^{kt} \qquad \pm e^C \text{를} \ A \text{로 나타내었다.}$$

A의 값을 $\pm e^C$가 취할 수 있는 모든 값에 더불어 0까지 취할 수 있다고 하면 해 $y = 0$도 이 형태의 식에 포함시킬 수 있다.

초깃값 문제에 대한 해의 A 값을 구하기 위해, 초기 조건 $t = 0$과 $y = y_0$을 대입하여 다음 식을 푼다.

$$y_0 = Ae^{k \cdot 0} = A$$

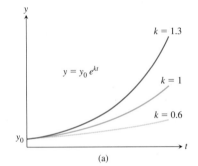

초깃값 문제

$$\frac{dy}{dt} = ky, \qquad y(0) = y_0$$

의 해는

$$y = y_0 e^{kt} \qquad\qquad (2)$$

이다.

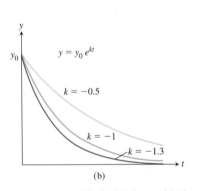

그림 6.15 (a) 지수적 성장과 (b) 지수적 소멸의 그래프. $|k|$가 커질수록, 성장($k > 0$)과 소멸($k < 0$)은 강화한다.

이런 식으로 변화하는 양을 $k > 0$이면 **지수적으로 성장한다**(exponential growth)고 하고, $k < 0$이면 **지수적으로 소멸한다**(exponential decay)고 한다. 여기서 k를 **변화율 상수(rate constant of the change)**라고 한다(그림 6.15 참조).

식 (2)의 결론은 도함수가 자기자신인 함수(즉, $k = 1$)는 지수함수의 상수배뿐임을 보여준다.

무제한 개체수 증가

엄격히 말해서 어느 집단(예를 들어 사람, 식물, 여우, 박테리아 등)의 개체수는 이산값을 가지므로 시간의 불연속함수이다. 그러나 개체수가 충분히 많은 경우에는 연속함수로 근사시킬 수 있다. 많은 경우에 그 근사함수가 미분가능하다고 가정해도 무리가 없으며, 따라서 개체수를 예측하는 데 미적분을 적용할 수 있다.

집단에서 생식력을 가진 개체의 비율과 번식력이 일정하다고 가정하면 t시점에서

그림 6.16 예제 1에서의 자료를 기반으로 10시간 동안 효모량의 성장에 대한 그래프

시간 (시)	효모량 (mg)
0	9.6
1	18.3
2	29.0
3	47.2
4	71.1
5	119.1
6	174.6
7	257.3
8	350.7
9	441.0
10	513.3

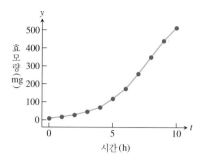

출산율은 그 시점의 개체수 $y(t)$에 비례한다. 사망률 또한 안정적이며 $y(t)$에 비례한다고 가정하자. 더욱이 외부로 유출되거나 유입되는 부분을 무시하면 증가율 dy/dt는 출산율에서 사망률을 뺀 값, 즉 두 비례하는 값의 차이가 된다. 다시 말해서 $dy/dt=ky$로 $y=y_0e^{kt}$이 된다. 여기서 y_0는 $t=0$일 때의 개체수이다. 모든 증가문제에서처럼 주위환경에 의한 제한요소가 있을 수 있지만, 여기서 그 부분은 고려하지 않는다. 만약 k가 양수이면 비례식 $dy/dt=ky$는 **무제한 개체수 증가**의 모형 방정식이다(그림 6.16 참조).

예제 1 어떤 실험에 배양되는 효모의 양이 초기에는 29그램이었다. 30분이 지난 후에 양은 37그램이 되었다. 효모의 양이 100그램 이하일 때에, 무제한 개체수 증가 방정식을 효모 성장에 대한 좋은 모형이라고 가정하자. 효모의 양이 초기보다 2배가 되기 위해 걸리는 시간은 얼마나 걸리는가?

풀이 t분 후의 효모의 양을 $y(t)$라 하고, 무제한 개체수 증가에 대한 방정식 $dy/dt=ky$를 사용하면 해는 $y=y_0e^{kt}$가 된다.

여기서 y_0의 값은 $y_0=y(0)=29$가 된다. 또한

$$y(30) = 29e^{k(30)} = 37$$

이 되므로, 이를 k에 대해 풀면

$$\begin{aligned} e^{k(30)} &= \frac{37}{29} \\ 30k &= \ln\left(\frac{37}{29}\right) \\ k &= \frac{1}{30}\ln\left(\frac{37}{29}\right) \approx 0.008118 \end{aligned}$$

이다. 따라서 t분 후의 효모량은

$$y = 29e^{(0.008118)t} \text{ (그램)}$$

이다. 초기 양의 두 배, 즉 $y(t)=58$이 되는 시간 t를 구하기 위해 다음 식을 풀면

$$\begin{aligned} 29e^{(0.008118)t} &= 58 \\ (0.008118)t &= \ln\left(\frac{58}{29}\right) \\ t &= \frac{\ln 2}{0.008118} \approx 85.38 \end{aligned}$$

이다. 효모양이 두 배가 되는 데는 약 85분이 걸린다. ■

다음 예제에서는 어느 개체수가 질병으로 인하여 감소하는 부분을 어떻게 다룰지에 대하여 살펴본다. 여기에서는 비례상수 k가 음수이므로, 모형 방정식은 지수적으로 소멸하는 개체수를 표현한다.

예제 2 적절한 조치를 취했을 때 질병이 퇴치되는 과정에 대한 모델에서 감염된 숫자의 변화율 dy/dt가 개체수 y에 비례한다고 가정하자. 감염에서 회복되는 개체수는 감염자 수에 비례한다. 매년 감염자 수가 20% 줄어든다고 가정하자. 현재 10,000 감염자가 있다고 가정하면 몇 년 뒤에 감염자 수가 1000으로 줄어들까?

풀이 식 $y=y_0e^{kt}$을 이용한다. y_0값, k값, $y=1000$이 되는 시간 t를 구해야 한다.

y_0의 값. t는 임의의 시점으로 하여 계산할 수 있다. 현재를 시점으로 하면 $t=0$일 때 $y=10,000$이다. 따라서 $y_0=10,000$이다. 이 값을 식에 대입하면 다음과 같다.

$$y = 10,000e^{kt} \tag{3}$$

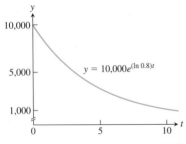

그림 6.17 그래프에서 질병에 감염된 사람의 수가 지수적으로 줄어드는 것을 보여준다(예제 2).

라돈-222 가스의 경우 t를 일 단위로 측정하면 $k=0.18$이다. 시계 바늘의 야광을 위해 칠하는 라듐-226(위험한 관행이다)에 대하여 t를 연 단위로 측정하면 $k=4.3\times10^{-4}$이다.

k의 값. $t=1$일 때 감염자 수는 현재의 80%, 즉 8000으로 줄어든다. 따라서

$$8000 = 10,000e^{k(1)} \qquad \text{식 (3)과 } t = 1\text{일 때 } y = 8000$$
$$e^k = 0.8$$
$$\ln(e^k) = \ln 0.8 \qquad \text{양변에 로그를 취한다.}$$
$$k = \ln 0.8 < 0 \qquad \ln 0.8 \approx -0.223$$

이다. 따라서 임의의 시간 t에서 감염자 수는 다음과 같다.

$$y = 10,000e^{(\ln 0.8)t} \qquad\qquad (4)$$

$y=1000$이 되는 시간 t.   식 (4)에서 $y=1000$으로 두고 t에 대하여 풀면

$$1000 = 10,000e^{(\ln 0.8)t}$$
$$e^{(\ln 0.8)t} = 0.1$$
$$(\ln 0.8)t = \ln 0.1 \qquad \text{양변에 로그를 취한다.}$$
$$t = \frac{\ln 0.1}{\ln 0.8} \approx 10.32\text{년}$$

감염자 수가 1000으로 줄어들기 위해서는 10년 조금 더 걸린다(그림 6.17 참조).   ■

방사성 물질

어떤 원자는 불안정하여 저절로 질량이나 방사선이 방출된다. 이 과정을 **방사선 소멸(radioactive decay)**이라 한다. 이런 현상을 보이는 원소를 **방사성 원소(radioactive)**라 한다. 어떤 경우에는 원자가 방사선 소멸과정을 통하여 질량을 방출하고 남은 것이 변하여 새로운 원소가 되기도 한다. 예를 들어, C-14 방사선 동위원소는 방사선 소멸 후 질소가 되고 라듐은 몇 번의 중간 단계 방사선 소멸과정을 통하여 납으로 변한다.

실험에 의하면 어느 주어진 시점에 방사성 원소가 소멸하는 비율(단위 시간당 변화하는 원소의 수로 측정할 때)은 그 시점에 존재하는 방사성 원소의 수에 비례한다고 알려져 있다. 그러므로 방사선 소멸은 방정식 $dy/dt = -ky$, $k>0$으로 나타낼 수 있다. 이때 y가 감소한다는 것을 강조하기 위하여 통상 $k(k<0)$ 대신 $-k(k>0)$를 사용한다. 시각 $t=0$일 때 방사성 원소의 수를 y_0라고 하면 임의의 양의 시각 t일 때의 수는 다음과 같다.

$$y = y_0 e^{-kt}, \qquad k > 0$$

방사성 원소의 **반감기(half-life)**는 표본에 존재하던 방사성 원소가 소멸을 통하여 그 양이 반으로 줄어들 때까지 걸리는 시간을 말한다. 반감기는 표본의 원소의 초기 수와는 무관하며, 다만 원소의 종류에 따라 결정되는 일정한 상수이다.

반감기를 계산하기 위하여, y_0를 초기 시점에 표본에 존재하는 방사성 원소의 수라 한다. 그리고 시간이 t만큼 지난 후에 남아있는 방사성 원소의 수를 y라 하면, $y=y_0 e^{-kt}$가 성립한다. 이제 방사성 원소의 수가 초기에 존재하던 수의 절반이 되는 시점 t를 구한다.

$$y_0 e^{-kt} = \frac{1}{2}y_0$$
$$e^{-kt} = \frac{1}{2}$$
$$-kt = \ln\frac{1}{2} = -\ln 2 \qquad \text{자연로그의 역수의 성질}$$
$$t = \frac{\ln 2}{k}$$

이렇게 구한 t가 원소의 반감기이다. 반감기는 y_0에는 어떤 영향을 받지 않고 오직 k의 값에 의해서만 결정된다.

$$반감기 = \frac{\ln 2}{k} \qquad (5)$$

폴로늄-201의 유효 방사성 수명은 매우 짧아서 연 단위를 사용하지 않고 일 단위로 계산한다. 표본에 존재하는 방사성 원소의 수는 y_0에서 시작하여 t일 후에

$$y = y_0 e^{-5 \times 10^{-3} t}$$

만큼 남아 있다. 따라서 이 원소의 반감기는

$$반감기 = \frac{\ln 2}{k} \qquad \text{식 (5)}$$
$$= \frac{\ln 2}{5 \times 10^{-3}} \qquad \text{k의 값은 폴로늄의 소멸 식에서}$$
$$\approx 139일$$

이다. 이는 139일이 지난 후에 방사성 원소의 수가 y_0의 절반으로 줄어든다는 의미이다. 또한 139일이 또 지나면 또 절반이 된다. 즉 초기부터 278일이 지나면, 초기의 1/4 만큼 남아 있게 된다(그림 6.18 참조).

예제 3 방사성 원소의 소멸을 이용하여 지구의 과거 사건의 연대를 측정할 수도 있다. 유기체가 살아 있는 동안은 일반적인 탄소에 대한 방사성 탄소(C-14)의 비율이 당시의 주위 환경과 동일하다. 그러나 그 유기체가 죽으면 더 이상 탄소를 섭취하지 않으므로 C-14가 소멸하면서 C-14의 비율이 줄어든다.

C-14의 반감기는 5730년이다. 원래 C-14의 10%가 소멸된 표본의 연대를 측정하라.

풀이 소멸식 $y = y_0 e^{-kt}$을 사용한다. k를 구하고, y가 $0.9 y_0$일 때(90%가 아직 남아 있으므로)의 시간 t를 구해야 한다. 즉 $y_0 e^{-kt} = 0.9 y_0$일 때이므로 $e^{-kt} = 0.9$일 때의 t를 계산해야 한다.

k의 값. 반감기 식 (5)를 적용하여:

$$k = \frac{\ln 2}{반감기} = \frac{\ln 2}{5730} \qquad (약 \ 1.2 \times 10^{-4})$$

$e^{-kt} = 0.9$일 때의 t의 값:

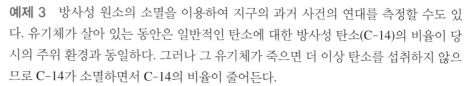
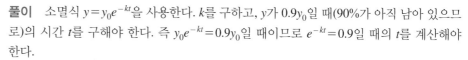

$$e^{-kt} = 0.9$$
$$e^{-(\ln 2 / 5730)t} = 0.9$$
$$-\frac{\ln 2}{5730} t = \ln 0.9 \qquad \text{양변에 로그를 취한다.}$$
$$t = -\frac{5730 \ln 0.9}{\ln 2} \approx 871년$$

따라서 표본은 871년 된 것이다. ■

열전도: 뉴턴의 냉각법칙

냄비에 담긴 뜨거운 국물은 주위 공기의 온도로 식어간다. 큰 욕조에 뜨거운 은괴를 넣으면 욕조에 담긴 물의 온도로 냉각된다. 이와 같은 경우 어느 시점에서 물질의 온도가 변화하는 비율은 그 물질의 온도와 주변 물질의 온도의 차에 비례한다. 난방에도 적용

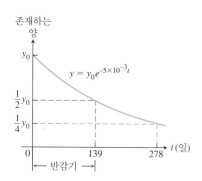

존재하는 양

$y = y_0 e^{-5 \times 10^{-3} t}$

그림 6.18 시점 t에 존재하는 폴로늄-210의 양. y_0는 초기에 존재하는 방사성 원소의 수를 나타낸다.

탄소(C-14)의 반감기 5730년이 연대 측정에 사용된다.

되는 이 법칙을 **뉴턴의 냉각법칙**(*Newton law of cooling*)이라 한다.

시각 t일 때 물질의 온도를 H라 하고, 주변 물질의 온도를 H_S라 하면 미분방정식은

$$\frac{dH}{dt} = -k(H - H_S) \tag{6}$$

가 된다. $H - H_S$를 y로 치환하면

$$\begin{aligned}
\frac{dy}{dt} &= \frac{d}{dt}(H - H_S) = \frac{dH}{dt} - \frac{d}{dt}(H_S) \\
&= \frac{dH}{dt} - 0 \qquad\qquad H_S\text{는 상수} \\
&= \frac{dH}{dt} \\
&= -k(H - H_S) \qquad \text{식 (6)} \\
&= -ky \qquad\qquad\quad H - H_S = y
\end{aligned}$$

$y(0) = y_0$라고 하면 $dy/dt = -ky$의 해는 $y = y_0 e^{-kt}$이므로 y 대신 $H - H_S$를 대입하면

$$H - H_S = (H_0 - H_S)e^{-kt} \tag{7}$$

이다. 여기서 H_0는 $t = 0$일 때 온도를 말한다. 이 식이 뉴턴의 냉각법칙의 해이다.

예제 4   98℃의 완전히 삶은 계란을 싱크대의 18℃ 물에 넣었다. 5분 후 계란의 온도가 38℃였다. 물의 온도는 감지할 수 있을 정도로 변하지 않았다고 가정하고 계란의 온도가 20℃가 될 때까지는 얼마나 걸리겠는가?

풀이   계란의 온도가 98℃에서 20℃로 변할 때까지 걸리는 시간을 계산한 다음 5분을 빼주면 된다. 식 (7)에서 $H_S = 18$, $H_0 = 98$로 두면 싱크대에 넣은 지 t분 후 계란의 온도는

$$H = 18 + (98 - 18)e^{-kt} = 18 + 80e^{-kt}$$

이다. k를 계산하기 위하여 $t = 5$일 때 $H = 38$임을 이용하면:

$$\begin{aligned}
38 &= 18 + 80e^{-5k} \\
e^{-5k} &= \frac{1}{4} \\
-5k &= \ln\frac{1}{4} = -\ln 4 \\
k &= \frac{1}{5}\ln 4 = 0.2\ln 4 \qquad (\text{약 } 0.28)
\end{aligned}$$

시각 t일 때 계란의 온도는 $H = 18 + 80e^{-(0.2\ln 4)t}$이다. $H = 20$일 때 t를 계산하면

$$\begin{aligned}
20 &= 18 + 80e^{-(0.2\ln 4)t} \\
80e^{-(0.2\ln 4)t} &= 2 \\
e^{-(0.2\ln 4)t} &= \frac{1}{40} \\
-(0.2\ln 4)t &= \ln\frac{1}{40} = -\ln 40 \\
t &= \frac{\ln 40}{0.2\ln 4} \approx 13\text{분}
\end{aligned}$$

물에 넣고 약 13분이 지나면 계란의 온도가 20℃가 된다. 온도가 38℃가 될 때까지 이미 5분이 지났으므로 약 8분 후에 계란의 온도는 20℃가 된다. ■

연습문제 6.4

응용과 예제

다음 연습문제 중 대부분은 그 답이 지수나 로그값으로 나타난다. 계산기를 사용하면 실수로 나타낼 수 있다.

1. **인류는 계속 진화한다** 미시간(Michigan) 대학 인류학 박물관의 브레이스 박사(C. Loring Brace)의 연구에 의하면 인류의 치아는 계속 작아지고 있으며 많은 과학자들이 말하는 것처럼 진화과정이 30,000년 전에 끝난 것이 아니다. 예를 들어 북유럽인들의 치아는 지금도 계속 작아지고 있으며 1000년마다 약 1%씩 크기가 줄어든다고 한다.

   a. t를 연 단위의 시간, y를 치아의 크기라고 하고 $t=1000$일 때 $y=0.99y_0$라는 조건을 이용하여 $y=y_0e^{kt}$에서 k를 구하라.

   b. 약 몇 년이 지나면 인류의 치아는 현재 크기의 90%로 줄어들겠는가?

   c. 지금부터 20,000년 후 우리 후손들의 치아의 크기는 현재 우리들의 치아의 크기에 비하여 얼마나 되겠는가(%로 나타내라)?

2. **기압** 지구 대기의 공기압 p의 고도 h에 대한 변화 dp/dh는 p에 비례한다고 볼 수 있다. 해수면에서 기압이 1013헥토파스칼이고 고도 20 km 일 때의 기압이 90헥토파스칼이라 가정하자.

   a. 다음 초깃값 문제를 풀어서 p를 h의 식으로 나타내라.

   미분방정식: $dp/dh = kp$ (k는 상수)

   초기조건: $h=0$일 때 $p=p_0$

   주어진 기압-고도 관계 자료를 이용하여 p_0와 k를 구하라.

   b. $h=50$ km일 때 기압은 얼마인가?

   c. 고도가 얼마일 때 기압이 900헥토파스칼인가?

3. **1차 화학 반응** 어떤 화학반응에서는 단위 시간당 물질이 변화하는 양은 현재 그 물질의 양에 비례한다. 예를 들어, δ-글루코노락톤이 글루콘산으로 변하는 경우 t를 시간 단위로 측정하면

   $$\frac{dy}{dt} = -0.6y$$

   가 된다. $t=0$일 때 δ-글루코노락톤 100 g이 있다면 1시간 후 δ-글루코노락톤은 얼마나 남는가?

4. **설탕의 전화** 원당을 처리하는 데는 설탕 분자를 변화시키는 전화라는 과정이 있다. 전화과정이 시작되면 전화되는 원당의 양은 현재 남아 있는 원당의 양에 비례한다. 1000 kg의 원당이 10시간 만에 800 kg으로 줄어들었다면 앞으로 14시간이 더 지나면 원당은 얼마나 남는가?

5. **수중작업** 해수면 x m 아래 빛의 밝기 $L(x)$는

   $$\frac{dL}{dx} = -kL$$

   로 나타낼 수 있다. 잠수부의 경험에 의하면 캐리비안 해에서 해수면의 6 m 아래의 밝기는 해수면의 절반이 된다. 밝기가 해수면의 10분의 1 미만이면 별도의 빛이 없이 작업을 할 수 없다. 전등이 준비되지 않았을 때 얼마나 깊은 곳까지 작업을 할 수 있는가?

6. **방전되는 축전지의 전압** 축전지에서 전극 사이의 전압 V에 비례하는 전류가 방전되고 있다고 하자. 시간 t가 초단위일 때

   $$\frac{dV}{dt} = -\frac{1}{40}V$$

   이다. 이 방정식을 $t=0$일 때 $V=V_0$라 하고 V에 대하여 풀어라. 전압이 처음의 10%로 떨어지기까지 얼마나 걸리는가?

7. **콜레라 균** 어느 군체의 박테리아는 지수적 변화의 법칙에 따라 무한히 증가한다고 하자. 그 군체는 한 마리의 박테리아로부터 시작하여 30분마다 2배로 증가한다. 24시간 후에 그 군체에는 박테리아가 얼마나 있는가? (알맞은 실험실 조건에서 콜레라 박테리아는 30분마다 2배로 증가한다. 박테리아에 감염된 사람에게서는 많은 박테리아가 죽는다. 그러나 여기서 보듯이 아침에 건강해 보이는 사람이 저녁에는 위험할 수도 있다는 것을 알 수 있다.)

8. **박테리아 배양** 이상적인 조건의 실험실에서 박테리아 군체를 배양하고 있는데, 시간이 지남에 따라 개체수는 지수적으로 증가한다. 3시간 후에 10,000마리이던 것이 5시간 후에는 40,000마리가 되었다. 처음에 박테리아는 몇 마리가 있었는가?

9. **질병의 발생** (예제 2의 계속) 해마다 감염자 수가 20%가 아닌 25%씩 감소한다고 하자.

   a. 감염자 수가 1000으로 줄어드는 데 몇 년이 걸리는가?

   b. 그 질병을 퇴치하는 데, 즉 감염자 수가 1 미만으로 줄어드는 데 몇 년이 걸리는가?

10. **약의 농도** 항생제가 정맥주사로 혈류에 일정한 비율 r로 투여된다. 약이 인체를 통해 흐르면서 혈류에 존재하는 병원균에 작용함으로써, 항생제는 혈류로부터 현재 시각에 혈류에 남아 있는 양의 일정 비율만큼씩 줄어든다. 환자의 몸에 있는 혈액의 양은 일정하기 때문에, 혈류 속의 항생제의 농도 $y=y(t)$는 다음과 같은 미분방정식에 의해 모형화될 수 있다.

    $$\frac{dy}{dt} = r - ky, \quad k > 0인 상수$$

    a. $y(0)=y_0$일 때, 시간 t에서의 약의 농도 $y(t)$를 구하라. (힌트: $\tilde{y} = r - ky$로 치환하라.)

    b. $y_0 < (r/k)$라고 가정하고 극한값 $\lim_{t\to\infty} y(t)$를 구하라. 약의 농도에 대한 해곡선을 대략 그려보아라.

11. **멸종 위기의 종** 생물학자는 동물이나 식물의 종(species)이 20년 이내에 멸종될 거라고 예상되면 멸종위기로 생각한다. 어떤 야생종이 현재 개체 수가 1147이다. 이 종의 개체 수는 지난 7년 동안 연간 평균 39% 비율로 지수적으로 감소되고 있다면, 이 종은 멸종위기로 생각되는가? 이유를 설명하라.

12. **미국의 인구** 미국 인구조사국에서는 현재 미국의 전체 인구수를 발표하고 있다. 2012년 9월 20일에 12초마다 인구가 1명씩 증가하고 있었다. 그 날 오후 8시 11분 인구는 314,419,198명이었다.

    a. 인구가 일정한 속도로 지수적으로 증가한다고 가정하고 인구 증가의 변화율상수를 구하라. (1년 365일 동안의 인구 기준)

    b. 이 변화율로 인구가 증가할 때, 2019년 9월 20일 오후 8시

11분 미국의 인구는 얼마가 되는가?

13. 석유의 고갈 남캘리포니아주 한 유정에서 생산되는 석유의 양이 매년 10%씩 감소한다고 하자. 언제 생산량이 현재의 5분의 1로 떨어지는가?

14. 연속 가격 할인 어떤 회사 영업부에서는 바이어들로부터 100개씩 주문을 받아 내기 위해 주문하는 제품의 개수 x에 대한 단가 함수 $p(x)$에 연속할인을 적용한다. 주문이 하나 늘어날 때마다 제품 단가를 0.01달러 비율로 할인해 준다. 100개씩 주문할 때의 단가는 $p(100)=20.09$달러이다.

  a. 다음 초깃값 문제를 풀어서 $p(x)$를 구하라.

$$미분방정식: \quad \frac{dp}{dx} = -\frac{1}{100}\,p$$

$$초기조건: \quad p(100) = 20.09$$

  b. 10개 주문할 때의 단가 $p(10)$과 90개 주문할 때의 단가 $p(90)$을 각각 구하라.

  c. 영업부에서는 100개 주문 받을 때 수입 $r(x)=x\cdot p(x)$가 90개 주문 받을 때보다 실제로 더 적은지를 확인해 보려고 한다. $r(x)$는 $x=100$일 때 최대가 됨을 보이라.

  d. $0 \le x \le 200$에서 수입 함수 $r(x)=xp(x)$의 그래프를 그리라.

15. 플루토늄–239 플루토늄의 반감기는 24,360일이다. 대기 중에 개봉된 플루토늄 10 g이 80%로 줄어드는 데 얼마나 걸리는가?

16. 폴로늄–210 폴로늄의 반감기는 139일이다. 그런데 표본에서 폴로늄 원소의 95%가 소멸되면 효용이 없다. 새 표본은 얼마 동안 유용한가?

17. 방사성 원소의 평균수명 방사성 함수식 $y=y_0 e^{-kt}$를 사용하는 물리학자들은 $1/k$를 방사성 원소의 평균수명이라 한다. 라돈의 평균수명은 $1/0.18=5.6$일이다. C–14의 평균수명은 8000년이 넘는다. 원래의 방사성 원소 중 95%가 평균수명의 3배 기간 (즉, $t=3/k$ 기간) 이내에 소멸된다는 것을 보이라. 따라서 원소의 평균수명을 이용하여 표본의 방사능이 얼마동안 지속될 것인지를 짐작할 수 있다.

18. 캘리포늄–252 그램당 2700만 달러나 하고, 뇌암을 치료하고, 석탄의 유황 함량을 측정하고, 짐 속의 폭발물을 탐지하는 데 사용되는 것은 무엇일까? 정답은 방사성 동위원소인 캘리포늄–252인데, 시보그(Glenn Seaborg)가 1950년 발견한 이래 지금까지 서방 세계에서 8 g만 만들어졌다. 이 동위원소의 반감기는 2.645년이다. 동위원소 1마이크로그램은 초당 1억 7천만 개의 중성자를 발산한다.

  a. 이 동위원소의 소멸방정식에서 k는 얼마인가?

  b. 동위원소의 평균수명은 얼마인가? (연습문제 17 참조)

  c. 표본에서 95%의 방사성 원소가 소멸되기까지 얼마나 걸리는가?

19. 국이 식을 때 20℃인 방에서 국그릇의 국이 10분만에 90℃에서 60℃로 식었다. 뉴턴 법칙을 이용하여 다음 물음에 답하라.

  a. 국이 35℃로 식으려면 얼마나 더 있어야 하는가?

  b. 국그릇을 식탁 위에 두는 대신 90℃인 국을 -15℃인 냉동실에 넣어 둔다면 90℃에서 35℃로 식는 데 얼마나 걸리는가?

20. 온도를 알 수 없는 막대 알루미늄 막대를 바깥의 찬 곳에서 온도가 18℃인 작업장으로 들여왔다. 10분 후 막대의 온도는 2℃였으며 다시 10분 후에는 10℃가 되었다. 뉴턴의 냉각법칙을 이용하여 막대의 처음 온도를 구하라.

21. 온도를 알 수 없는 주위 물질 46℃의 물이 담긴 냄비를 냉장고 안에 넣었다. 10분 후 물의 온도는 39℃가 되었고 다시 10분 후에는 33℃였다. 뉴턴 법칙을 이용하여 냉장고 안의 온도를 추정하라.

22. 공기 중에서 냉각되는 은괴 은괴의 온도는 실온보다 60℃가 더 높다. 20분 전에는 70℃ 더 높았다. 다음 각 경우에 은괴의 온도는 실온보다 얼마나 더 높은가?

  a. 지금부터 15분 후

  b. 지금부터 2시간 후

  c. 언제 은괴가 실온보다 10℃ 더 높겠는가?

23. 크레이터 호수의 나이 미국 오리건 주에 있는 크레이터 호수 바닥에서 호수 생성 당시 화산 폭발로 죽은 나무가 목탄으로 발견되었다. 그 목탄의 C–14는 살아 있는 나무에서 발견되는 양의 44.5%였다. 크레이터 호의 나이는 얼마인가?

24. C–14를 사용한 연대 측정의 민감도 C–14를 이용한 연대 측정에서 비교적 적은 표본 오차가 어떤 영향을 미치는지 알아보기 위하여 다음과 같은 경우를 생각해 보자.

  a. 2000년 일리노이 주 중부에서 발견된 화석화된 뼈 조각은 원래 C–14의 17%를 포함하고 있었다. 이 뼈의 동물이 죽은 것은 언제인가?

  b. 17% 대신에 18%라 하면 언제인가?

  c. 17% 대신에 16%라 하면 언제인가?

25. C–14 가장 오래되었다고 알려진 냉동인간 미라는 1991년 이탈리아 알프스의 외치탈 빙하에서 발견되어 외치(Otzi)라 불리는 데, 발견 당시 짚신을 신고 염소 모피의 가죽을 입고 있었으며 구리 도끼와 양날의 돌칼을 들고 있었다. 외치는 빙하가 녹으면서 발견되었는데, 이미 5000년 전에 죽은 것으로 추정된다. 외치 몸에 있던 원래 C–14의 양이 발견될 당시에는 얼마나 남아 있었을까?

26. 미술품 위조 버미어(Vermeer, 1632~1675)가 그린 것으로 알려진 그림은 C–14를 원래의 96.2% 이상 포함할 수 없는데 99.5% 포함하고 있다고 한다. 이 가짜 그림은 얼마나 오래 되었는가?

27. 라스코 동굴 벽화 선사시대의 동물 벽화는 1940년 프랑스의 라스코(Lascaux) 동굴에서 발견되었다. 과학적인 분석에 의하면 벽화에 있던 원래 C–14의 15%만 남아 있는 것으로 판명되었다. 이 벽화는 언제 그려진 것으로 추정되는가?

28. 잉카 미라 젊은 잉카 여인의 냉동 미라가 1995년 페루의 암파토산(Mt. Ampato)에서 고고학자 요한 라인하르드(Johan Reinhard)에 의해 탐험 중에 발견되었다.

  a. 냉동 소녀의 나이가 500살이라면 원래 C–14의 몇 %만 남아 있겠는가?

  b. 만약 C–14의 측정에 1%의 오차가 발생할 수 있다면, 냉동 인간의 나이는 최대 몇 살인가?

6.5 부정형과 로피탈의 법칙

역사적 인물
로피탈(Guillaume François Antoine de l'Hôpital, 1661~1704)
베르누이(Johann Bernoulli, 1667~1748)

"0/0" 또는 "∞/∞"와 같은 표현은 보통의 수와 비슷해 보인다. 우리는 이를 수의 **형태**(*form*)를 가지고 있다고 한다. 하지만 이들의 값은 덧셈이나 곱셈처럼 일반적인 규칙에 의해 일정한 값으로 정할 수가 없다. 이러한 표현을 "**부정형**(*indefinite forms*)"이라 부른다. 이들이 비록 수는 아니지만, 부정형은 함수의 행동의 극한을 요약 정리하는 데 있어 유용한 역할을 한다.

요한 베르누이는 분수의 극한에서 분자와 분모가 모두 0 또는 ∞로 가까이 가는 경우에 도함수를 사용하여 극한을 계산하는 방법을 발견하였다. 이 방법은 오늘날 **로피탈의 법칙**(**l'Hôpital's Rule**)으로 알려져 있다. 로피탈은 프랑스의 귀족출신으로 이 법칙을 인쇄물에 처음으로 소개한 최초의 미분학 개론 교재를 저술하였다.

부정형 0/0

함수

$$F(x) = \frac{3x - \sin x}{x}$$

가 $x = 0$(이 점에서 함수가 정의되지 않지만)의 아주 가까이에서 어떻게 행동하는 가를 알고 싶다면, $x \to 0$일 때 $F(x)$의 극한을 조사해 보면 된다. 분모의 극한이 0이기 때문에 극한의 몫의 공식(1장의 정리 1)을 적용할 수 없다. 더욱이, 이 경우에는 분자와 분모가 모두 0에 가까워지므로, 0/0은 정의되지 않는다. 이러한 극한은, 일반적으로는 존재할 수도 있고 존재하지 않을 수도 있다. 하지만 이 함수 $F(x)$의 극한은 존재한다. 물론 로피탈의 법칙을 적용하면 알 수 있다. 예제 1(a)에서 보게 될 것이다.

연속함수 $f(x)$와 $g(x)$가 $x = a$에서 둘 다 0이면, 다음 극한은 $x = a$를 대입하여 구할 수는 없다.

$$\lim_{x \to a} \frac{f(x)}{g(x)}$$

대입하면 0/0을 얻는데, 의미없는 식으로 그 값을 계산할 수 없다. 0/0을 **부정형**(**indeterminate form**)을 나타내는 기호로 사용한다. 일관된 값으로 계산되어지지 않는 ∞/∞, $\infty \cdot 0$, $\infty - \infty$, 0^0 그리고 1^∞와 같은 의미없는 식들도 부정형이라 부른다. 항상은 아니지만 종종, 부정형에 이르는 극한을 소거 또는 항의 재배열 또는 다른 대수적 조작을 통해 구할 수도 있다. 1장에서 이런 경우를 알아보았다. 1.4절에서 $\lim_{x \to 0} \frac{\sin x}{x}$의 값을 구하기 위해 상당히 많은 분석 과정을 거쳤었다. 또한 미분계수를 구하는 다음 극한 공식을 보자.

$$f'(a) = \lim_{x \to a} \frac{f(x) - f(a)}{x - a}$$

이 극한은 $x = a$를 대입하고자 할 때 0/0과 같은 부정형에 이르지만, 극한값 계산에 성공해 왔다. 로피탈의 법칙은 도함수를 사용해서 부정형에 이르는 극한을 계산 가능하게 해준다.

> **정리 5 로피탈의 법칙** $f(a)=g(a)=0$이고, f와 g가 a를 포함하는 열린 구간 I에서 미분가능하며, $x \neq a$인 I에서 $g'(x) \neq 0$이면 다음이 성립한다.
>
> $$\lim_{x \to a} \frac{f(x)}{g(x)} = \lim_{x \to a} \frac{f'(x)}{g'(x)}$$

이 절의 끝에서 정리 5의 증명을 다룬다.

예제 1 다음 극한은 $0/0$ 부정형을 포함하고 있다. 로피탈의 법칙을 적용하여 극한을 구하라. 필요한 경우에는 로피탈의 법칙을 반복적으로 적용하라.

> **주의**
> f/g에 로피탈의 법칙을 적용할 때, f의 도함수를 g의 도함수로 나눈다. f/g의 도함수를 구하면 안 된다. 사용할 몫은 f'/g'이지 $(f/g)'$가 아니다.

(a) $\displaystyle \lim_{x \to 0} \frac{3x - \sin x}{x} = \lim_{x \to 0} \frac{3 - \cos x}{1} = \left. \frac{3 - \cos x}{1} \right|_{x=0} = 2$

(b) $\displaystyle \lim_{x \to 0} \frac{\sqrt{1+x} - 1}{x} = \lim_{x \to 0} \frac{\dfrac{1}{2\sqrt{1+x}}}{1} = \frac{1}{2}$

(c) $\displaystyle \lim_{x \to 0} \frac{\sqrt{1+x} - 1 - x/2}{x^2}$ $\frac{0}{0}$; 로피탈의 법칙 적용

$\displaystyle = \lim_{x \to 0} \frac{(1/2)(1+x)^{-1/2} - 1/2}{2x}$ 여전히 $\frac{0}{0}$; 다시 로피탈의 법칙 적용

$\displaystyle = \lim_{x \to 0} \frac{-(1/4)(1+x)^{-3/2}}{2} = -\frac{1}{8}$ $\frac{0}{0}$ 아님; 극한 계산됨

(d) $\displaystyle \lim_{x \to 0} \frac{x - \sin x}{x^3}$ $\frac{0}{0}$; 로피탈의 법칙 적용

$\displaystyle = \lim_{x \to 0} \frac{1 - \cos x}{3x^2}$ 여전히 $\frac{0}{0}$; 다시 로피탈의 법칙 적용

$\displaystyle = \lim_{x \to 0} \frac{\sin x}{6x}$ 여전히 $\frac{0}{0}$; 다시 로피탈의 법칙 적용

$\displaystyle = \lim_{x \to 0} \frac{\cos x}{6} = \frac{1}{6}$ $\frac{0}{0}$ 아님; 극한 계산됨 ∎

예제 1에서의 절차를 다음과 같이 요약하였다.

> **로피탈의 법칙 활용하기** 로피탈의 법칙으로 다음 극한값을 구한다고 하자.
>
> $$\lim_{x \to a} \frac{f(x)}{g(x)}$$
>
> 그러면 $x=a$에서 부정형 $0/0$을 얻는 경우에는 계속해서 f와 g를 미분한다. 그러다가 $x=a$에서의 도함수의 값이 하나라도 0이 아니면 미분하기를 멈춘다. 로피탈의 법칙은 분자 또는 분모가 0이 아닌 유한한 극한값을 가지는 경우에는 적용할 수 없다.

예제 2 로피탈의 법칙을 적용함에 있어 주의해야 한다.

$$\lim_{x \to 0} \frac{1 - \cos x}{x + x^2} \qquad \frac{0}{0}$$

$$= \lim_{x \to 0} \frac{\sin x}{1 + 2x} \qquad \frac{0}{0} \text{ 아님}$$

여기서 다시 로피탈의 법칙의 적용을 시도하면, 다음의 결과를 얻게 된다.

$$\lim_{x \to 0} \frac{\cos x}{2} = \frac{1}{2}$$

하지만 이 결과는 올바른 극한이 아니다. 부정형인 극한에 대해서만 로피탈의 법칙을 적용할 수 있는데, $\lim\limits_{x \to 0} \dfrac{\sin x}{1+2x}$는 부정형이 아니다. 다시 말해, 이 극한은 $x=0$을 대입하면 $0/1=0$이다. 즉, 구하고자 하는 극한의 올바른 값은 0이다.   ■

로피탈의 법칙은 한쪽 방향으로의 극한에도 적용된다.

예제 3 이 예제에서 한쪽 방향으로의 극한은 서로 다르다.

(a) $\lim\limits_{x \to 0^+} \dfrac{\sin x}{x^2}$ $\quad\quad\quad\quad\quad\quad\quad\quad \dfrac{0}{0}$

$= \lim\limits_{x \to 0^+} \dfrac{\cos x}{2x} = \infty$ $\quad$ $x>0$일 때 양의 무한대

(b) $\lim\limits_{x \to 0^-} \dfrac{\sin x}{x^2}$ $\quad\quad\quad\quad\quad\quad\quad\quad \dfrac{0}{0}$

$= \lim\limits_{x \to 0^-} \dfrac{\cos x}{2x} = -\infty$ $\quad$ $x<0$일 때 음의 무한대   ■

> ∞와 $+\infty$는 같은 의미임을 상기하자.

부정형 ∞/∞, $\infty \cdot 0$, $\infty - \infty$

$x \to a$일 때의 극한을 구하기 위해서 $x=a$를 대입하면 $0/0$뿐만 아니라 ∞/∞, $\infty \cdot 0$, 또는 $\infty - \infty$와 같이 모호한 식을 얻는 경우가 종종 있다. 먼저 ∞/∞꼴을 생각하자.

좀 더 고급 과정에서는 로피탈의 법칙이 부정형 $0/0$뿐만 아니라 ∞/∞에도 적용된다는 사실을 증명한다. 즉, $x \to a$일 때 $f(x) \to \pm\infty$이고 $g(x) \to \pm\infty$이면, 다음 등식은 우변의 극한이 존재하는 경우에 성립한다.

$$\lim_{x \to a} \frac{f(x)}{g(x)} = \lim_{x \to a} \frac{f'(x)}{g'(x)}$$

기호 $x \to a$에서 a는 유한한 수이거나 무한대이어도 성립한다. 또한 $x \to a$를 한쪽 방향으로의 극한 $x \to a^+$ 또는 $x \to a^-$으로 바꾸어도 성립한다.

예제 4 ∞/∞형의 극한을 구하라.

(a) $\lim\limits_{x \to \pi/2} \dfrac{\sec x}{1+\tan x}$ $\quad\quad$ **(b)** $\lim\limits_{x \to \infty} \dfrac{\ln x}{2\sqrt{x}}$ $\quad\quad$ **(c)** $\lim\limits_{x \to \infty} \dfrac{e^x}{x^2}$

풀이 **(a)** 분자와 분모는 $x=\pi/2$에서 불연속이므로, 이 점에서는 한쪽 극한들을 조사해야 한다. 로피탈의 법칙을 적용하기 위해서 한 끝점이 $x=\pi/2$인 임의의 열린 구간 I를 선택할 수 있다.

$$\lim_{x \to (\pi/2)^-} \frac{\sec x}{1+\tan x}$$ 좌극한이 $\dfrac{\infty}{\infty}$: 로피탈의 법칙 적용

$$= \lim_{x \to (\pi/2)^-} \frac{\sec x \tan x}{\sec^2 x} = \lim_{x \to (\pi/2)^-} \sin x = 1$$

우극한도 역시 부정형 $(-\infty)/(-\infty)$ 경우로서 극한은 1이다. 따라서 극한은 1이다.

(b) $\lim\limits_{x \to \infty} \dfrac{\ln x}{2\sqrt{x}} = \lim\limits_{x \to \infty} \dfrac{1/x}{1/\sqrt{x}} = \lim\limits_{x \to \infty} \dfrac{1}{\sqrt{x}} = 0$ $\quad$ $\dfrac{1/x}{1/\sqrt{x}} = \dfrac{\sqrt{x}}{x} = \dfrac{1}{\sqrt{x}}$

(c) $\lim\limits_{x \to \infty} \dfrac{e^x}{x^2} = \lim\limits_{x \to \infty} \dfrac{e^x}{2x} = \lim\limits_{x \to \infty} \dfrac{e^x}{2} = \infty$ ■

다음으로, 부정형 $\infty \cdot 0$과 $\infty - \infty$를 알아보자. 이런 형태는 대수적으로 조작해서 부정형 0/0 또는 ∞/∞로 변환시킬 수 있는 경우가 종종 있다. 여기서, $\infty \cdot 0$ 또는 $\infty - \infty$가 수를 뜻하지 않는다는 사실을 또다시 지적한다. 이것들은 극한을 고려할 때 함수의 행동을 나타내는 기호에 불과하다. 이런 부정형을 다루는 방법에 대한 예제를 살펴보자.

예제 5 $\infty \cdot 0$형의 극한을 구하라.

(a) $\displaystyle\lim_{x\to\infty}\left(x\sin\frac{1}{x}\right)$ **(b)** $\displaystyle\lim_{x\to 0^+}\sqrt{x}\ln x$

풀이

a. $\displaystyle\lim_{x\to\infty}\left(x\sin\frac{1}{x}\right) = \lim_{h\to 0^+}\left(\frac{1}{h}\sin h\right) = \lim_{h\to 0^+}\frac{\sin h}{h} = 1$ $\infty \cdot 0$; $h = 1/x$로 놓는다.

b. $\displaystyle\lim_{x\to 0^+}\sqrt{x}\ln x = \lim_{x\to 0^+}\frac{\ln x}{1/\sqrt{x}}$ $\infty \cdot 0$을 ∞/∞로 전환

$\displaystyle\qquad\qquad = \lim_{x\to 0^+}\frac{1/x}{-1/\left(2x^{3/2}\right)}$ 로피탈의 법칙 적용됨

$\displaystyle\qquad\qquad = \lim_{x\to 0^+}\left(-2\sqrt{x}\right) = 0$ ∎

예제 6 $\infty - \infty$형의 극한을 구하라.

$$\lim_{x\to 0}\left(\frac{1}{\sin x} - \frac{1}{x}\right)$$

풀이 $x \to 0^+$일 때, $\sin x \to 0^+$이고 다음이 성립한다.

$$\frac{1}{\sin x} - \frac{1}{x} \to \infty - \infty$$

마찬가지로 $x \to 0^-$일 때, $\sin x \to 0^-$이고 다음이 성립한다.

$$\frac{1}{\sin x} - \frac{1}{x} \to -\infty - (-\infty) = -\infty + \infty$$

어느 경우에도 극한의 결과를 알 수 없다. 극한값을 구하기 위해서 먼저 두 분수를 다음과 같이 통분하자.

$$\frac{1}{\sin x} - \frac{1}{x} = \frac{x - \sin x}{x \sin x}$$ 공통 분모는 $x \sin x$

그리고 이 결과에 로피탈의 법칙을 적용한다.

$$\lim_{x\to 0}\left(\frac{1}{\sin x} - \frac{1}{x}\right) = \lim_{x\to 0}\frac{x - \sin x}{x \sin x}$$ $\frac{0}{0}$

$$\qquad\qquad = \lim_{x\to 0}\frac{1 - \cos x}{\sin x + x \cos x}$$ 여전히 $\frac{0}{0}$

$$\qquad\qquad = \lim_{x\to 0}\frac{\sin x}{2\cos x - x \sin x} = \frac{0}{2} = 0$$ ∎

부정형 1^∞, 0^0, ∞^0

부정형 1^∞, 0^0, ∞^0의 극한은 종종 먼저 함수에 로그를 취한 다음에 처리할 수 있다. 로

피탈의 법칙을 이용해서 로그를 취한 식의 극한을 구하고, 그 결과의 지수값을 취해서
원래 함수의 극한을 구한다. 이런 과정은 지수함수의 연속성과 1.5절의 정리 10에 의해
가능하며, 다음과 같이 공식화된다.(한쪽 방향으로의 극한에서도 공식은 유효하다.)

$\lim\limits_{x \to a} \ln f(x) = L$일 때, 다음이 성립한다.

$$\lim_{x \to a} f(x) = \lim_{x \to a} e^{\ln f(x)} = e^L$$

여기서 a는 유한한 수 또는 무한대일 때에도 성립한다.

예제 7   로피탈의 법칙을 적용하여 $\lim\limits_{x \to 0^+} (1+x)^{1/x} = e$임을 보이라.

풀이   주어진 극한은 1^∞꼴의 부정형이다. $f(x) = (1+x)^{1/x}$이라 하고, $\lim\limits_{x \to 0^+} \ln f(x)$를 구하
자. 다음이 성립한다.

$$\ln f(x) = \ln(1+x)^{1/x} = \frac{1}{x}\ln(1+x)$$

이제 로피탈의 법칙을 적용하면 다음을 얻는다.

$$\lim_{x \to 0^+} \ln f(x) = \lim_{x \to 0^+} \frac{\ln(1+x)}{x} \qquad \frac{0}{0}$$

$$= \lim_{x \to 0^+} \frac{\dfrac{1}{1+x}}{1} \qquad \text{로피탈의 법칙 적용됨}$$

$$= \frac{1}{1} = 1$$

따라서 구하는 극한은 다음과 같다.

$$\lim_{x \to 0^+} (1+x)^{1/x} = \lim_{x \to 0^+} f(x) = \lim_{x \to 0^+} e^{\ln f(x)} = e^1 = e \qquad \blacksquare$$

예제 8   극한값 $\lim\limits_{x \to \infty} x^{1/x}$을 구하라.

풀이   주어진 극한은 ∞^0 꼴의 부정형이다. $f(x) = x^{1/x}$이라 하고, $\lim\limits_{x \to \infty} \ln f(x)$를 구하자.
다음이 성립한다.

$$\ln f(x) = \ln x^{1/x} = \frac{\ln x}{x}$$

로피탈의 법칙을 적용하면 다음을 얻는다.

$$\lim_{x \to \infty} \ln f(x) = \lim_{x \to \infty} \frac{\ln x}{x} \qquad \frac{\infty}{\infty}$$

$$= \lim_{x \to \infty} \frac{1/x}{1} \qquad \text{로피탈의 법칙 적용됨}$$

$$= \frac{0}{1} = 0$$

따라서 구하는 극한은 다음과 같다.

$$\lim_{x \to \infty} x^{1/x} = \lim_{x \to \infty} f(x) = \lim_{x \to \infty} e^{\ln f(x)} = e^0 = 1 \qquad \blacksquare$$

로피탈 법칙의 증명

로피탈 법칙을 증명하기에 앞서, 기하학적으로 이의 합당함을 설명해 주기 위한 특

별한 예를 살펴보자. 도함수가 연속이며 $f(a) = g(a) = 0$이고 $g'(a) \neq 0$인 두 함수 $f(x)$와 $g(x)$를 생각해 보자. 두 함수 $f(x)$와 $g(x)$의 그래프와 그에 대한 각각의 선형 근사식 $y = f'(a)(x-a)$와 $y = g'(a)(x-a)$를 그림 6.19에서 볼 수 있다. 우리는 $x = a$ 근처에서는 두 함수와 그들의 근사식이 거의 근사함을 알고 있다. 실제로,

$$f(x) = f'(a)(x - a) + \varepsilon_1 (x - a) \text{와} \quad g(x) = g'(a)(x - a) + \varepsilon_2 (x - a)$$

와 같이 쓸 수 있다. 여기서 $x \to a$일 때, $\varepsilon_1 \to 0$이고 $\varepsilon_2 \to 0$인 값이다. 따라서 그림 6.19의 근사식에 의해

$$\lim_{x \to a} \frac{f(x)}{g(x)} = \lim_{x \to a} \frac{f'(a)(x - a) + \varepsilon_1 (x - a)}{g'(a)(x - a) + \varepsilon_2 (x - a)}$$

$$= \lim_{x \to a} \frac{f'(a) + \varepsilon_1}{g'(a) + \varepsilon_2} = \frac{f'(a)}{g'(a)} \qquad g'(a) \neq 0$$

$$= \lim_{x \to a} \frac{f'(x)}{g'(x)} \qquad \text{도함수가 연속}$$

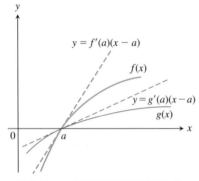

그림 6.19 로피탈의 법칙에서 두 함수와 그들의 $x = a$에서 선형 근사식의 그래프

와 같이 로피탈의 법칙의 식이 증명된다. 이제 정리 5에서 말하는 좀 더 일반적인 가정으로부터 로피탈의 법칙을 증명해 나가고자 한다. 즉, $g'(a) \neq 0$과 두 함수의 도함수가 연속이라는 조건이 없이 증명한다.

　로피탈의 법칙은, 평균값 정리를 함수 1개에서 2개로 확장한 코시의 평균값 정리에 근거해서 증명한다. 코시의 정리를 먼저 증명하고, 이것으로부터 로피탈의 법칙이 어떻게 증명되는지를 보이겠다.

$g(x) = x$이면, 정리 6은 평균값 정리이다.

정리 6 코시의 평균값 정리　함수 f와 g가 $[a, b]$에서 연속이고 (a, b)에서 미분가능하며 (a, b)에서 $g'(x) \neq 0$이라 하자. 그러면 (a, b)에 속하는 적당한 수 c가 존재해서 다음이 성립한다.

$$\frac{f'(c)}{g'(c)} = \frac{f(b) - f(a)}{g(b) - g(a)}$$

증명　3.2절의 평균값 정리를 2번 적용한다. 먼저 평균값 정리를 이용하여 $g(a) \neq g(b)$임을 증명한다. 만약 $g(a) = g(b)$라면, 평균값 정리에 의해 a와 b 사이의 적당한 c에 대해 다음이 성립해야 한다.

$$g'(c) = \frac{g(b) - g(a)}{b - a} = 0$$

(a, b)에서 $g'(x) \neq 0$이라고 가정했으므로, 이것은 불가능하다. 이제 평균값 정리를 다음 함수에 적용한다.

$$F(x) = f(x) - f(a) - \frac{f(b) - f(a)}{g(b) - g(a)} [g(x) - g(a)]$$

이 함수는 f 및 g와 같은 구간에서 연속이고 미분가능하고, $F(a) = F(b) = 0$이다. 그러므로 a와 b 사이의 적당한 c에 대해 $F'(c) = 0$이다. f와 g로 표현하면, 다음을 얻는다.

$$F'(c) = f'(c) - \frac{f(b) - f(a)}{g(b) - g(a)} [g'(c)] = 0$$

즉,　　$$\frac{f'(c)}{g'(c)} = \frac{f(b) - f(a)}{g(b) - g(a)}$$　∎

코시의 평균값 정리(Cauchy's Mean Value Theorem)는 두 점 $A = (g(a),\ f(a))$와 $B = (g(b),\ f(b))$를 연결하는 평면에서의 구부러진 곡선 C에 대한 기하학적 의미로 해석할 수 있다. 9장에서 점 A와 B로 연결된 할선과 평행이 되는 접선이 적어도 한 점 P에서 존재하기 위한 곡선 C를 만드는 법을 배울 것이다.

정리 6에서 식의 좌변은 구간 (a, b)에 속하는 적당한 수 c에서 f'/g'의 접선의 기울기이다. 점 A와 B를 연결하는 할선의 기울기는 다음과 같다.

$$\frac{f(b) - f(a)}{g(b) - g(a)}$$

코시의 평균값 정리에서의 식은 접선의 기울기와 할선의 기울기가 서로 같다는 것을 말한다. 이런 기하학적 결과를 그림 6.20에 나타냈다. 그림에서와 같이, A와 B를 연결하는 할선에 평행이 되는 접선이 2개 이상일 수 있다.

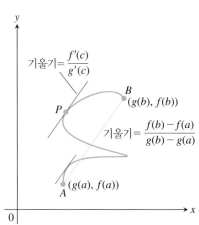

그림 6.20 적어도 1개 이상의 P가 존재하여 점 P에서 곡선 C에 대한 접선의 기울기가 두 점 $A(g(a), f(a))$와 $B(g(b), f(b))$를 연결하는 할선의 기울기와 서로 같다.

로피탈의 법칙 증명 먼저 $x \to a^+$인 경우에 대해 주어진 식이 성립함을 밝힌다. 이 과정을 거의 바꾸지 않고도 $x \to a^-$인 경우에 적용할 수 있고, 이에 따라 두 가지 경우를 결합시키면 주어진 결과를 증명하게 된다.

x가 a의 오른쪽에 있다고 가정하자. 그러면 $g'(x) \neq 0$이고, 닫힌 구간 $[a, x]$에 코시의 평균값 정리를 적용할 수 있다. 이에 따라 a와 x 사이에 적당한 점 c가 존재해서 다음이 성립한다.

$$\frac{f'(c)}{g'(c)} = \frac{f(x) - f(a)}{g(x) - g(a)}$$

그런데 $f(a) = g(a) = 0$이므로, 다음을 얻는다.

$$\frac{f'(c)}{g'(c)} = \frac{f(x)}{g(x)}$$

$x \to a^+$일 때 c가 a와 x 사이에 있으므로, $c \to a^+$이다. 그러므로 다음이 성립한다.

$$\lim_{x \to a^+} \frac{f(x)}{g(x)} = \lim_{c \to a^+} \frac{f'(c)}{g'(c)} = \lim_{x \to a^+} \frac{f'(x)}{g'(x)}$$

따라서 x가 a의 오른쪽에서 한없이 가까워지는 경우에 로피탈의 정리가 증명된다. x가 a의 왼쪽에서 한없이 가까워지는 경우 (x, a)는 닫힌 구간 $[x, a]$에 코시의 평균값 정리를 적용해서 증명한다. ∎

연습문제 6.5

극한값 구하기

연습문제 1~6에서 로피탈의 법칙을 활용하여 극한을 계산하라. 그리고 1장에서 배운 방법을 이용해서 극한을 계산하라.

1. $\displaystyle\lim_{x \to -2} \frac{x + 2}{x^2 - 4}$

2. $\displaystyle\lim_{x \to 0} \frac{\sin 5x}{x}$

3. $\displaystyle\lim_{x \to \infty} \frac{5x^2 - 3x}{7x^2 + 1}$

4. $\displaystyle\lim_{x \to 1} \frac{x^3 - 1}{4x^3 - x - 3}$

5. $\displaystyle\lim_{x \to 0} \frac{1 - \cos x}{x^2}$

6. $\displaystyle\lim_{x \to \infty} \frac{2x^2 + 3x}{x^3 + x + 1}$

로피탈의 법칙 활용하기

연습문제 7~50에서 로피탈의 법칙을 활용해서 극한을 구하라.

7. $\displaystyle\lim_{x \to 2} \frac{x - 2}{x^2 - 4}$

8. $\displaystyle\lim_{x \to -5} \frac{x^2 - 25}{x + 5}$

9. $\displaystyle\lim_{t \to -3} \frac{t^3 - 4t + 15}{t^2 - t - 12}$

10. $\displaystyle\lim_{t \to -1} \frac{3t^3 + 3}{4t^3 - t + 3}$

11. $\displaystyle\lim_{x \to \infty} \frac{5x^3 - 2x}{7x^3 + 3}$

12. $\displaystyle\lim_{x \to \infty} \frac{x - 8x^2}{12x^2 + 5x}$

13. $\displaystyle\lim_{t\to 0}\frac{\sin t^2}{t}$

14. $\displaystyle\lim_{t\to 0}\frac{\sin 5t}{2t}$

15. $\displaystyle\lim_{x\to 0}\frac{8x^2}{\cos x - 1}$

16. $\displaystyle\lim_{x\to 0}\frac{\sin x - x}{x^3}$

17. $\displaystyle\lim_{\theta\to \pi/2}\frac{2\theta - \pi}{\cos(2\pi - \theta)}$

18. $\displaystyle\lim_{\theta\to -\pi/3}\frac{3\theta + \pi}{\sin(\theta + (\pi/3))}$

19. $\displaystyle\lim_{\theta\to \pi/2}\frac{1 - \sin\theta}{1 + \cos 2\theta}$

20. $\displaystyle\lim_{x\to 1}\frac{x - 1}{\ln x - \sin \pi x}$

21. $\displaystyle\lim_{x\to 0}\frac{x^2}{\ln(\sec x)}$

22. $\displaystyle\lim_{x\to \pi/2}\frac{\ln(\csc x)}{(x - (\pi/2))^2}$

23. $\displaystyle\lim_{t\to 0}\frac{t(1 - \cos t)}{t - \sin t}$

24. $\displaystyle\lim_{t\to 0}\frac{t\sin t}{1 - \cos t}$

25. $\displaystyle\lim_{x\to (\pi/2)^-}\left(x - \frac{\pi}{2}\right)\sec x$

26. $\displaystyle\lim_{x\to (\pi/2)^-}\left(\frac{\pi}{2} - x\right)\tan x$

27. $\displaystyle\lim_{\theta\to 0}\frac{3^{\sin\theta} - 1}{\theta}$

28. $\displaystyle\lim_{\theta\to 0}\frac{(1/2)^\theta - 1}{\theta}$

29. $\displaystyle\lim_{x\to 0}\frac{x2^x}{2^x - 1}$

30. $\displaystyle\lim_{x\to 0}\frac{3^x - 1}{2^x - 1}$

31. $\displaystyle\lim_{x\to \infty}\frac{\ln(x + 1)}{\log_2 x}$

32. $\displaystyle\lim_{x\to \infty}\frac{\log_2 x}{\log_3(x + 3)}$

33. $\displaystyle\lim_{x\to 0^+}\frac{\ln(x^2 + 2x)}{\ln x}$

34. $\displaystyle\lim_{x\to 0^+}\frac{\ln(e^x - 1)}{\ln x}$

35. $\displaystyle\lim_{y\to 0}\frac{\sqrt{5y + 25} - 5}{y}$

36. $\displaystyle\lim_{y\to 0}\frac{\sqrt{ay + a^2} - a}{y},\quad a > 0$

37. $\displaystyle\lim_{x\to \infty}(\ln 2x - \ln(x + 1))$

38. $\displaystyle\lim_{x\to 0^+}(\ln x - \ln \sin x)$

39. $\displaystyle\lim_{x\to 0^+}\frac{(\ln x)^2}{\ln(\sin x)}$

40. $\displaystyle\lim_{x\to 0^+}\left(\frac{3x + 1}{x} - \frac{1}{\sin x}\right)$

41. $\displaystyle\lim_{x\to 1^+}\left(\frac{1}{x - 1} - \frac{1}{\ln x}\right)$

42. $\displaystyle\lim_{x\to 0^+}(\csc x - \cot x + \cos x)$

43. $\displaystyle\lim_{\theta\to 0}\frac{\cos\theta - 1}{e^\theta - \theta - 1}$

44. $\displaystyle\lim_{h\to 0}\frac{e^h - (1 + h)}{h^2}$

45. $\displaystyle\lim_{t\to \infty}\frac{e^t + t^2}{e^t - t}$

46. $\displaystyle\lim_{x\to \infty}x^2 e^{-x}$

47. $\displaystyle\lim_{x\to 0}\frac{x - \sin x}{x\tan x}$

48. $\displaystyle\lim_{x\to 0}\frac{(e^x - 1)^2}{x\sin x}$

49. $\displaystyle\lim_{\theta\to 0}\frac{\theta - \sin\theta\cos\theta}{\tan\theta - \theta}$

50. $\displaystyle\lim_{x\to 0}\frac{\sin 3x - 3x + x^2}{\sin x\sin 2x}$

밑 및 지수와 관련된 극한

연습문제 51~66에서 극한을 구하라.

51. $\displaystyle\lim_{x\to 1^+}x^{1/(1-x)}$

52. $\displaystyle\lim_{x\to 1^+}x^{1/(x-1)}$

53. $\displaystyle\lim_{x\to \infty}(\ln x)^{1/x}$

54. $\displaystyle\lim_{x\to e^+}(\ln x)^{1/(x-e)}$

55. $\displaystyle\lim_{x\to 0^+}x^{-1/\ln x}$

56. $\displaystyle\lim_{x\to \infty}x^{1/\ln x}$

57. $\displaystyle\lim_{x\to \infty}(1 + 2x)^{1/(2\ln x)}$

58. $\displaystyle\lim_{x\to 0}(e^x + x)^{1/x}$

59. $\displaystyle\lim_{x\to 0^+}x^x$

60. $\displaystyle\lim_{x\to 0^+}\left(1 + \frac{1}{x}\right)^x$

61. $\displaystyle\lim_{x\to \infty}\left(\frac{x + 2}{x - 1}\right)^x$

62. $\displaystyle\lim_{x\to \infty}\left(\frac{x^2 + 1}{x + 2}\right)^{1/x}$

63. $\displaystyle\lim_{x\to 0^+}x^2\ln x$

64. $\displaystyle\lim_{x\to 0^+}x(\ln x)^2$

65. $\displaystyle\lim_{x\to 0^+}x\tan\left(\frac{\pi}{2} - x\right)$

66. $\displaystyle\lim_{x\to 0^+}\sin x\ln x$

이론과 응용

연습문제 67~74에서 로피탈의 법칙으로 극한을 구할 수 없다. 적용하면 순환 과정에 빠진다. 다른 방법으로 극한을 구하라.

67. $\displaystyle\lim_{x\to \infty}\frac{\sqrt{9x + 1}}{\sqrt{x + 1}}$

68. $\displaystyle\lim_{x\to 0^+}\frac{\sqrt{x}}{\sqrt{\sin x}}$

69. $\displaystyle\lim_{x\to (\pi/2)^-}\frac{\sec x}{\tan x}$

70. $\displaystyle\lim_{x\to 0^+}\frac{\cot x}{\csc x}$

71. $\displaystyle\lim_{x\to \infty}\frac{2^x - 3^x}{3^x + 4^x}$

72. $\displaystyle\lim_{x\to -\infty}\frac{2^x + 4^x}{5^x - 2^x}$

73. $\displaystyle\lim_{x\to \infty}\frac{e^{x^2}}{xe^x}$

74. $\displaystyle\lim_{x\to 0^+}\frac{x}{e^{-1/x}}$

75. 참과 거짓으로 구분하고, 그 이유를 설명하라.

a. $\displaystyle\lim_{x\to 3}\frac{x - 3}{x^2 - 3} = \lim_{x\to 3}\frac{1}{2x} = \frac{1}{6}$ **b.** $\displaystyle\lim_{x\to 3}\frac{x - 3}{x^2 - 3} = \frac{0}{6} = 0$

76. 참과 거짓으로 구분하고, 그 이유를 설명하라.

a. $\displaystyle\lim_{x\to 0}\frac{x^2 - 2x}{x^2 - \sin x} = \lim_{x\to 0}\frac{2x - 2}{2x - \cos x}$

$\displaystyle = \lim_{x\to 0}\frac{2}{2 + \sin x} = \frac{2}{2 + 0} = 1$

b. $\displaystyle\lim_{x\to 0}\frac{x^2 - 2x}{x^2 - \sin x} = \lim_{x\to 0}\frac{2x - 2}{2x - \cos x} = \frac{-2}{0 - 1} = 2$

77. 다음 계산 중에서 1개만 정확하다. 정확한 것은? 그 이유를 설명하라. 틀린 것의 이유는?

a. $\displaystyle\lim_{x\to 0^+}x\ln x = 0\cdot(-\infty) = 0$

b. $\displaystyle\lim_{x\to 0^+}x\ln x = 0\cdot(-\infty) = -\infty$

c. $\displaystyle\lim_{x\to 0^+}x\ln x = \lim_{x\to 0^+}\frac{\ln x}{(1/x)} = \frac{-\infty}{\infty} = -1$

d. $\displaystyle\lim_{x\to 0^+}x\ln x = \lim_{x\to 0^+}\frac{\ln x}{(1/x)}$

$\displaystyle = \lim_{x\to 0^+}\frac{(1/x)}{(-1/x^2)} = \lim_{x\to 0^+}(-x) = 0$

78. 다음 함수들과 주어진 구간에서 코시의 평균값 정리의 결론을 만족시키는 c의 값을 구하라.

a. $f(x) = x,\ g(x) = x^2,\ (a, b) = (-2, 0)$

b. $f(x) = x,\ g(x) = x^2,\ $임의의 (a, b)

c. $f(x) = x^3/3 - 4x,\ g(x) = x^2,\ (a, b) = (0, 3)$

79. 연속적 확장 다음 함수가 $x = 0$에서 연속이 되게 하는 c의 값을 구하라.

$$f(x) = \begin{cases} \dfrac{9x - 3\sin 3x}{5x^3}, & x \neq 0 \\ c, & x = 0 \end{cases}$$

위에서 구한 c의 값이 적절한 이유를 설명하라.

80. $\displaystyle\lim_{x\to 0}\left(\frac{\tan 2x}{x^3} + \frac{a}{x^2} + \frac{\sin bx}{x}\right) = 0$일 때 a, b의 값을 구하라.

T 81. ∞−∞형

  a. $f(x)=x-\sqrt{x^2+x}$의 그래프를 적당히 넓은 x값의 구간에서 그려서, 다음 극한값을 추정하라.

  b. 로피탈의 법칙으로 극한값을 구해서 위에서 추정한 결과를 확인하자. 첫 단계로 $f(x)$에 분수함수 $(x+\sqrt{x^2+x})/(x+\sqrt{x^2+x})$를 곱하고 분자를 간단히 하라.

82. $\lim\limits_{x\to\infty}(\sqrt{x^2+1}-\sqrt{x})$를 구하라.

T 83. 0/0형 그래프를 그려서 다음 극한값을 추정하라.

$$\lim_{x\to1}\frac{2x^2-(3x+1)\sqrt{x}+2}{x-1}$$

로피탈의 법칙으로 위에서 추정한 극한값을 확인하라.

84. 이 문제에서는 다음 두 극한 사이의 차이점을 탐구한다.

$$\lim_{x\to\infty}\left(1+\frac{1}{x^2}\right)^x \quad \text{와} \quad \lim_{x\to\infty}\left(1+\frac{1}{x}\right)^x=e$$

  a. 로피탈의 법칙을 이용하여 다음을 보이라.

$$\lim_{x\to\infty}\left(1+\frac{1}{x}\right)^x=e$$

  T b. $x>0$에서 다음 두 함수의 그래프를 함께 그리라.

$$f(x)=\left(1+\frac{1}{x^2}\right)^x, \quad g(x)=\left(1+\frac{1}{x}\right)^x$$

  f와 g의 행동을 비교 설명하라. $\lim\limits_{x\to\infty}f(x)$의 값을 추정하라.

  c. 위에서 추정한 $\lim\limits_{x\to\infty}f(x)$의 값을 로피탈의 법칙으로 확인하라.

85. 다음이 성립함을 보이라.

$$\lim_{k\to\infty}\left(1+\frac{r}{k}\right)^k=e^r$$

86. $x>0$일 때, [존재한다면] 다음 함수의 최댓값을 구하라.

  a. $x^{1/x}$ **b.** x^{1/x^2} **c.** x^{1/x^n} (n은 양의 정수)

  d. 모든 양의 정수 n에 대해 $\lim\limits_{x\to\infty}x^{1/x^n}=1$임을 보이라.

87. 다음 각 함수에 대하여 극한을 사용해서 수평 접선을 구하라.

  a. $y=x\tan\left(\dfrac{1}{x}\right)$ **b.** $y=\dfrac{3x+e^{2x}}{2x+e^{3x}}$

88. $f(x)=\begin{cases}e^{-1/x^2}, & x\neq0\\0, & x=0\end{cases}$에 대해 $f'(0)$을 구하라.

T 89. $(\sin x)x$의 $[0, \pi]$로의 연속적 확장

  a. 구간 $0\leq x\leq\pi$에서 $f(x)=(\sin x)x$의 그래프를 그리라. f가 $x=0$에서 연속이 되도록 f의 값을 정하라.

  b. 로피탈의 법칙으로 $\lim\limits_{x\to0}f(x)$를 구해서 (a)의 결론을 확인하여라.

  c. 그래프를 이용해서 $[0, \pi]$에서 f의 최댓값을 추정하라. f는 어느 점 근방에서 최댓값을 가지는가?

  d. 같은 좌표평면 위에 f'의 그래프를 그리고 x절편을 확인해서 (c)에서 추정한 값을 확인하라.

T 90. 함수 $(\sin x)\tan x$ (연습문제 89의 계속)

  a. 구간 $-7\leq x\leq7$에서 $f(x)=(\sin x)\tan^x$의 그래프를 그리라. 그래프에 있는 틈을 어떻게 설명할 수 있는가? 틈은 얼마나 넓은가?

  b. 구간 $0\leq x\leq\pi$에서 f의 그래프를 그리라. 이 함수는 $x=\pi/2$에서 정의되지 않지만, 그래프는 그 점에서 끊기지 않는다. 이유는 무엇인가? 그래프에서는 $x=\pi/2$에서 f의 값이 얼마로 보이는가? (힌트: 로피탈의 법칙을 이용해서 $x\to(\pi/2)^-$와 $x\to(\pi/2)^+$일 때, f의 극한값을 구하라.)

  c. (b)의 그래프를 계속 이용해서 f의 최댓값과 최솟값을 가능한 한 정확하게 구하고, 그런 값이 나타나는 x의 값을 추정하라.

6.6 **역삼각함수**

역삼각함수는 삼각형에서 변의 길이로부터 각을 계산하기를 원할 때 필요하다. 또한 그들의 역도함수는 매우 유용하며 미분방정식의 풀이에서 자주 사용한다. 이 절에서는 이 함수들의 정의와 그래프 및 계산하는 방법을 보여준다. 또한 그들의 도함수는 어떻게 계산되며, 왜 그들이 매우 중요한 역도함수인지를 보여준다.

역삼각함수 정의하기

6개의 기본 삼각함수는 함숫값이 모두 주기적으로 나타나기 때문에 모두 일대일이 아니다. 하지만 정의역을 주기가 나타나는 한 구간으로 제한함으로써 일대일이 되게 할 수 있다. 즉, 사인함수는 $x=-\pi/2$에서 -1부터 $x=\pi/2$에서 1까지 증가한다. 따라서 정의역을 구간 $[-\pi/2, \pi/2]$로 제한하면 일대일 함수가 된다. 이제 이 정의역을 제한한 일대일 사인함수로부터 역함수, 즉 역사인함수라 부르는 $\arcsin x$를 정의할 수 있다 (그림 6.21). 같은 방법으로 6개의 삼각함수의 정의역을 제한함으로써 6개의 역삼각함

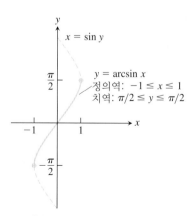

$x=\sin y$

$y=\arcsin x$
정의역: $-1\leq x\leq1$
치역: $\pi/2\leq y\leq\pi/2$

그림 6.21 $y=\arcsin x$의 그래프

수를 정의한다.

삼각함수가 일대일이 되도록 정의역 제한하기

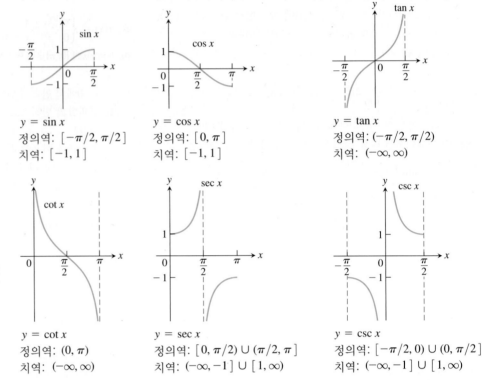

$y = \sin x$
정의역: $[-\pi/2, \pi/2]$
치역: $[-1, 1]$

$y = \cos x$
정의역: $[0, \pi]$
치역: $[-1, 1]$

$y = \tan x$
정의역: $(-\pi/2, \pi/2)$
치역: $(-\infty, \infty)$

$y = \cot x$
정의역: $(0, \pi)$
치역: $(-\infty, \infty)$

$y = \sec x$
정의역: $[0, \pi/2) \cup (\pi/2, \pi]$
치역: $(-\infty, -1] \cup [1, \infty)$

$y = \csc x$
정의역: $[-\pi/2, 0) \cup (0, \pi/2]$
치역: $(-\infty, -1] \cup [1, \infty)$

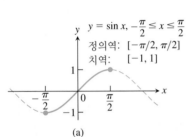

$y = \sin x,\ -\dfrac{\pi}{2} \le x \le \dfrac{\pi}{2}$
정의역: $[-\pi/2, \pi/2]$
치역: $[-1, 1]$

(a)

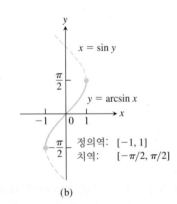

$x = \sin y$

$y = \arcsin x$

정의역: $[-1, 1]$
치역: $[-\pi/2, \pi/2]$

(b)

그림 6.22 (a)는 $y = \sin x,\ -\pi/2 \le x \le \pi/2$의 그래프이고 (b)는 역함수 $y = \arcsin x$의 그래프이다. 직선 $y = x$에 대한 대칭으로 얻어진 $y = \arcsin x$의 그래프는 $x = \sin y$의 그래프의 일부이다.

정의역이 제한된 함수들은 이제 일대일이므로, 다음과 같은 역함수를 가진다.

$$y = \sin^{-1} x \text{ 또는 } y = \arcsin x \qquad y = \cos^{-1} x \text{ 또는 } y = \arccos x$$
$$y = \tan^{-1} x \text{ 또는 } y = \arctan x \qquad y = \cot^{-1} x \text{ 또는 } y = \mathrm{arccot}\, x$$
$$y = \sec^{-1} x \text{ 또는 } y = \mathrm{arcsec}\, x \qquad y = \csc^{-1} x \text{ 또는 } y = \mathrm{arccsc}\, x$$

이 식은 "y는 x의 아크사인 함수" 또는 "y는 아크사인 x"라고 읽는다. 나머지도 같은 방법으로 읽는다.

주의 '-1'은 역함수에 대한 표기로써 "역함수(inverse)"를 의미한다. 이는 역수의 의미와 다르다. 예를 들어, $\sin x$의 역수(reciprocal)는 $(\sin x)^{-1} = 1/(\sin x) = \csc x$이다.

정의역을 제한한 삼각함수의 그래프를 직선 $y = x$에 대한 대칭성을 이용하여 6개의 역삼각함수의 그래프를 얻는다. 그림 6.22(b)는 $y = \arcsin x$의 그래프이다. 그림 6.23은 6개의 역삼각함수의 그래프이다. 이제 각 함수에 대해 자세히 살펴보도록 한다.

정의역: $-1 \leq x \leq 1$
치역: $-\dfrac{\pi}{2} \leq y \leq \dfrac{\pi}{2}$

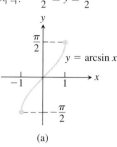

(a)

정의역: $-1 \leq x \leq 1$
치역: $0 \leq y \leq \pi$

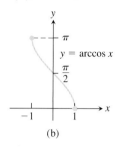

(b)

정의역: $-\infty < x < \infty$
치역: $-\dfrac{\pi}{2} < y < \dfrac{\pi}{2}$

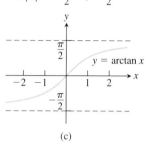

(c)

정의역: $x \leq -1$ or $x \geq 1$
치역: $0 \leq y \leq \pi, y \neq \dfrac{\pi}{2}$

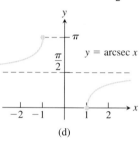

(d)

정의역: $x \leq -1$ or $x \geq 1$
치역: $-\dfrac{\pi}{2} \leq y \leq \dfrac{\pi}{2}, y \neq 0$

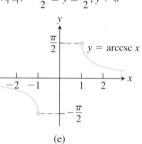

(e)

정의역: $-\infty < x < \infty$
치역: $0 < y < \pi$

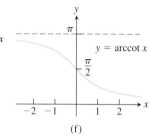

(f)

그림 6.23 6개의 역삼각함수의 그래프

아크사인과 아크코사인의 '아크'

단위원과 각(라디안 단위)에 대해, 호의 길이 $s = r\theta$는 $s = \theta$가 된다. 즉 중심각과 그에 대응하는 호(arc, 아크)는 크기가 같다. 만일 $x = \sin y$라 하면, y는 사인 값이 x인 각이 되며 또한 이 각에 대응하는 단위원 위의 '아크'의 길이가 된다. 따라서 y는 사인 값이 x인 '아크'라고 한다.

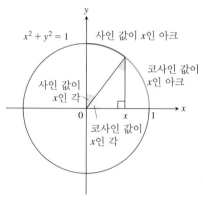

아크사인과 아크코사인 함수

아크사인과 아크코사인 함수를 정의하자. 함숫값은 사인과 코사인 함수의 제한된 정의역에 속하는 각(단위는 라디안)이 된다.

> **정의**
>
> $y = \arcsin x$는 $[-\pi/2, \pi/2]$에 속하면서 $\sin y = x$인 값이다.
> $y = \arccos x$는 $[0, \pi]$에 속하면서 $\cos y = x$인 값이다.

$y = \arcsin x$의 그래프(그림 6.22(b))는 원점에 대해 대칭이다(이는 $x = \sin y$의 그래프를 따라 놓여있다.). 그러므로 아크사인함수는 기함수이며 다음을 만족한다.

$$\arcsin(-x) = -\arcsin x \tag{1}$$

$y = \arccos x$의 그래프(그림 6.24(b))는 대칭성을 가지지 않는다.

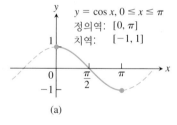

(a)

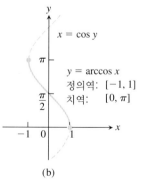

(b)

그림 6.24 (a)는 $y = \cos x$, $0 \leq x \leq \pi$의 그래프이고 (b)는 역함수 $y = \arccos x$의 그래프이다. 직선 $y = x$에 대한 대칭으로 얻어진 $y = \arccos x$의 그래프는 $x = \cos y$의 그래프의 일부이다.

예제 1 다음을 계산하라.

(a) $\arcsin\left(\dfrac{\sqrt{3}}{2}\right)$ 　　　　　　**(b)** $\arccos\left(-\dfrac{1}{2}\right)$

풀이

(a) $\sin(\pi/3) = \sqrt{3}/2$이고 $\pi/3$은 아크사인함수의 치역 $[-\pi/2, \pi/2]$에 속하므로,

$$\arcsin\left(\dfrac{\sqrt{3}}{2}\right) = \dfrac{\pi}{3}$$

이다. 그림 6.25(a) 참조.

(b) $\cos(2\pi/3) = -1/2$이고 $2\pi/3$은 아크코사인함수의 치역 $[0, \pi]$에 속하므로,

$$\arccos\left(-\frac{1}{2}\right) = \frac{2\pi}{3}$$

이다. 그림 6.25(b) 참조.

예제 1에서 설명한 과정과 같은 방법으로, 특수각의 아크사인 함숫값과 아크코사인 함숫값에 대한 다음 표를 얻을 수 있다.

x	$\arcsin x$	$\arccos x$
$\sqrt{3}/2$	$\pi/3$	$\pi/6$
$\sqrt{2}/2$	$\pi/4$	$\pi/4$
$1/2$	$\pi/6$	$\pi/3$
$-1/2$	$-\pi/6$	$2\pi/3$
$-\sqrt{2}/2$	$-\pi/4$	$3\pi/4$
$-\sqrt{3}/2$	$-\pi/3$	$5\pi/6$

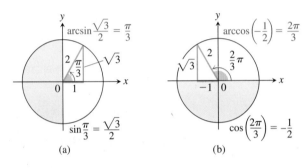

그림 6.25 아크사인 함숫값과 아크코사인 함숫값(예제 1)

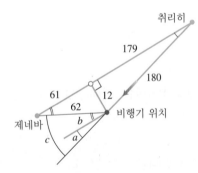

그림 6.26 항로 이탈 교정 도표(예제 2), 거리는 소수점을 반올림하였다.

예제 2 비행기가 취리히부터 제네바까지 240 km를 비행하는 동안, 조종사는 180 km를 비행한 후에, 그림 6.26에서 보는 것처럼, 비행기가 항로에서 12 km가 떨어져 있음을 알게 되었다. 올바른 원래 항로와 평행인 항로에 대한 각 a와 각 b를 구하고, 각 $c = a + b$를 구하라.

풀이 피타고라스 정리와 주어진 정보로부터, 올바른 원래 항로를 따라 비행했을 경우의 비행거리를 계산하면 대략 179 km임을 알 수 있다(그림 6.26 참조). 취리히부터 제네바까지 비행거리를 알고 있으므로, 남은 거리는 61 km이다. 다시 피타고라스 정리를 적용하면, 비행기의 위치로부터 제네바까지 거리는 대략 62 km임을 알 수 있다. 마지막으로, 그림 6.26으로부터 $180 \sin a = 12$이고 $62 \sin b = 12$임을 알 수 있다. 따라서

$$a = \sin^{-1}\frac{12}{180} \approx 0.067 \text{ 라디안} \approx 3.8°$$

$$b = \sin^{-1}\frac{12}{62} \approx 0.195 \text{ 라디안} \approx 11.2°$$

$$c = a + b \approx 15°$$

아크사인과 아크코사인을 포함하는 항등식

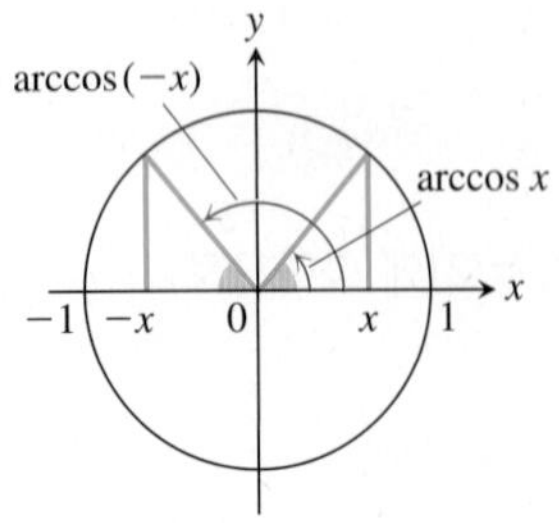

그림 6.27에서 보는 것처럼, 아크코사인은 다음 항등식을 만족한다.

$$\arccos x + \arccos(-x) = \pi \tag{2}$$

그림 6.27 $\arccos x$와 $\arccos(-x)$는 보각이다. 즉, 두 합이 π이다.

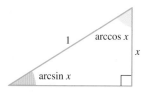

그림 6.28 arcsin *x*와 arccos *x*는 여각이다. 즉, 두 합이 $\pi/2$이다.

즉,

$$\arccos(-x) = \pi - \arccos x \tag{3}$$

이다. 또한 그림 6.28에서 삼각형으로부터, 모든 $x > 0$에 대하여

$$\arcsin x + \arccos x = \pi/2 \tag{4}$$

가 성립함을 알 수 있다. 식 (4)는 *x*가 $[-1, 1]$ 내에 있는 다른 값일 때에도 성립하지만, 이는 그림 6.28에서 삼각형으로부터 결론지을 수는 없다. 하지만 식 (1)과 (3)을 이용하여 얻을 수 있다(연습문제 119).

$\tan x$, $\cot x$, $\sec x$, $\csc x$의 역함수

이 4개의 기본 역삼각함수의 그래프는 그림 6.23에서 볼 수 있다. 정의역이 제한된 삼각함수를 직선 $y=x$에 대해 대칭시킴으로 그래프를 얻었다. 즉, *x*의 아크탄젠트는 탄젠트값이 *x*인 각(단위는 라디안)이다. *x*의 아크코탄젠트는 코탄젠트값이 *x*인 각이다. 나머지도 같은 방법으로 구한다. 이때 각은 탄젠트, 코탄젠트, 시컨트, 코시컨트 함수의 제한된 정의역에 속하는 값이어야 한다.

> **정의**
>
> $y = \arctan x$는 $(-\pi/2, \pi/2)$에 속하면서 $\tan y = x$인 값이다.
> $y = \text{arccot } x$는 $(0, \pi)$에 속하면서 $\cot y = x$인 값이다.
> $y = \text{arcsec } x$는 $[0, \pi/2) \cup (\pi/2, \pi]$에 속하면서 $\sec y = x$인 값이다.
> $y = \text{arccsc } x$는 $[-\pi/2, 0) \cup (0, \pi/2]$에 속하면서 $\csc y = x$인 값이다.

탄젠트, 코탄젠트, 시컨트, 코시컨트 함수가 정의 되지 않는 점을 제외시키기 위해 열린 구간 또는 반구간을 사용하였다(그림 6.23 참조).

역사인함수나 역코사인함수에서 $\sin^{-1} x$ 대신에 arcsin *x*라고, $\cos^{-1} x$ 대신에 arccos *x*라고 썼던 것과 마찬가지로, $\tan^{-1} x$, $\cot^{-1} x$, $\sec^{-1} x$와 $\csc^{-1} x$를 arctan *x*, arccot *x*, arcsec *x*와 arccsc *x*라고 쓴다.

$y = \arctan x$ 그래프는 원점에 대하여 대칭이다. 이는 $x = \tan y$의 그래프가 원점에 대하여 대칭이기 때문이다(그림 6.23(c) 참조). 대수적으로도

$$\arctan(-x) = -\arctan x$$

가 성립하여 역탄젠트함수는 기함수이다. $y = \text{arccot } x$는 이러한 대칭관계가 없다(그림 6.23(f) 참조). 또한, 그림 6.23(c)에서 보는 바와 같이 역탄젠트함수의 그래프에는 2개의 수평 점근선 $y = \pi/2$와 $y = -\pi/2$가 있다.

그림 6.23(d)와 6.23(e)에서는 $\sec x$와 $\csc x$의 역함수의 그래프가 주어져 있다.

참고 *x*가 음수일 때 arcsec *x*는 정의하는 교재마다 약간의 차이가 있다. 만일 역함수의 값을 제2사분면에 있도록 $\pi/2$와 π 사이의 값으로 정의하면 $\text{arcsec } x = \arccos(1/x)$라는 관계식이 성립하고, 정의역 내에서 arcsec *x*는 증가함수가 된다. 어떤 경우는 *x*가 음수일 때 arcsec *x*의 값을 $[-\pi, -\pi/2)$의 값으로 정의하기도 하고, 어떤 교재에서는 $[\pi, 3\pi/2)$ 사이의 값으로 정의하기도 한다(그림 6.29 참조). 이 두 가지 방법은 역함수의 도함수를 쉽게 구할 수 있다는 장점이 있다. 그러나 이 두 가지 경우는 $\text{arcsec } x = \arccos(1/x)$라는 관계식을 만족하지 못한다. 첫 번째 소개한 것과 같은 우리의 정의는

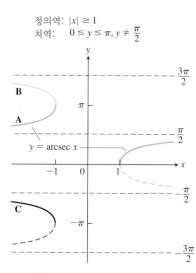

정의역: $|x| \geq 1$
치역: $0 \leq y \leq \pi, y \neq \dfrac{\pi}{2}$

그림 6.29 $y = \text{arcsec } x$는 그림에서 보는 바와 같이 여러 가지 정의 방법이 있다. **A**의 경우 유용한 관계식 arcsec *x* = arccos(1/*x*)이 성립한다.

역함수의 도함수가 절댓값을 포함하는 단점은 있지만 앞서 소개한 관계식이 성립하고 다음과 같은 관계식도 얻을 수 있다.

$$\operatorname{arcsec} x = \arccos\left(\frac{1}{x}\right) = \frac{\pi}{2} - \arcsin\left(\frac{1}{x}\right) \tag{5}$$

예제 3   주어진 그림은 arctan x의 두 값을 보여준다.

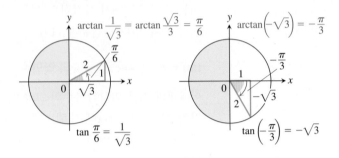

x	$\arctan x$
$\sqrt{3}$	$\pi/3$
1	$\pi/4$
$\sqrt{3}/3$	$\pi/6$
$-\sqrt{3}/3$	$-\pi/6$
-1	$-\pi/4$
$-\sqrt{3}$	$-\pi/3$

arctan x의 치역이 $(-\pi/2, \pi/2)$이므로 각은 제1사분면과 제4사분면에 있는 각이다. ■

$y=\arcsin u$의 도함수

함수 $x=\sin y$는 구간 $-\pi/2<y<\pi/2$에서 미분가능하고 도함수 코사인은 양의 함수임을 알 수 있다. 따라서 6.1절의 정리 1에 의해 역함수 $y=\arcsin x$는 구간 $-1<x<1$에서 미분가능하다는 것을 알 수 있다. 그러나 그림 6.30에서 보는 바와 같이 $x=1$ 또는 $x=-1$에서는 수직인 접선을 가지므로 이 두 점에서는 미분가능하지 않다.

이제 $f(x)=\sin x$, $f^{-1}(x)=\arcsin x$라 놓고 정리 1을 이용하여 $y=\arcsin x$의 도함수를 구해 보자.

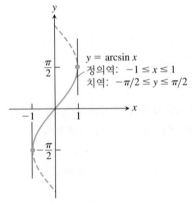

그림 6.30 $y=\arcsin x$의 그래프는 $x=-1$과 $x=1$에서 수직인 접선을 가진다.

$$\begin{aligned}
(f^{-1})'(x) &= \frac{1}{f'(f^{-1}(x))} & \text{정리 1}\\[2mm]
&= \frac{1}{\cos(\arcsin x)} & f'(u) = \cos u\\[2mm]
&= \frac{1}{\sqrt{1-\sin^2(\arcsin x)}} & \cos u = \sqrt{1-\sin^2 u}\\[2mm]
&= \frac{1}{\sqrt{1-x^2}} & \sin(\arcsin x) = x
\end{aligned}$$

u가 $|u|<1$에서 x에 관하여 미분가능한 함수일 때 연쇄법칙을 이용하여 다음과 같은 결과를 얻을 수 있다.

$$\frac{d}{dx}(\arcsin u) = \frac{1}{\sqrt{1-u^2}}\frac{du}{dx}, \qquad |u| < 1$$

예제 4 연쇄법칙을 이용하여 다음 도함수를 구한다.

$$\frac{d}{dx}(\arcsin x^2) = \frac{1}{\sqrt{1-(x^2)^2}} \cdot \frac{d}{dx}(x^2) = \frac{2x}{\sqrt{1-x^4}}$$ ∎

$y=\arctan u$의 도함수

$f(x)=\tan x,\ f^{-1}(x)=\arctan x$라 놓고 정리 1을 이용하여 $y=\arctan x$의 도함수를 구해보자. 정리 1에 의해 $y=\tan x$의 도함수는 구간 $-\pi/2<x<\pi/2$에서 양수이므로 미분가능하다.

$$
\begin{aligned}
(f^{-1})'(x) &= \frac{1}{f'(f^{-1}(x))} & \text{정리 1}\\[2mm]
&= \frac{1}{\sec^2(\arctan x)} & f'(u)=\sec^2 u\\[2mm]
&= \frac{1}{1+\tan^2(\arctan x)} & \sec^2 u = 1 + \tan^2 u\\[2mm]
&= \frac{1}{1+x^2} & \tan(\arctan x)=x
\end{aligned}
$$

이 도함수는 모든 실수 구간에서 정의된다. u가 x에 관하여 미분가능한 함수일 때, 연쇄법칙을 이용하여 다음과 같은 결과를 얻을 수 있다.

$$\frac{d}{dx}(\arctan u) = \frac{1}{1+u^2}\frac{du}{dx}$$

$y=\text{arcsec}\, u$의 도함수

구간 $0<x<\pi/2$와 $\pi/2<x<\pi$에서 $\sec x$의 도함수는 양수이므로 정리 1에 의하여 $y=\text{arcsec}\, x$는 미분가능하다. 여기서, $y=\text{arcsec}\, x$의 도함수를 구하기 위해 정리 1을 이용하는 것보다 다음과 같이 음함수의 미분법과 연쇄법칙을 이용하는 것이 더 편리하다.

$$
\begin{aligned}
y &= \text{arcsec}\, x\\
\sec y &= x & \text{역함수 관계}\\
\frac{d}{dx}(\sec y) &= \frac{d}{dx}x & \text{양변을 미분}\\
\sec y \tan y \frac{dy}{dx} &= 1 & \text{연쇄법칙}\\
\frac{dy}{dx} &= \frac{1}{\sec y \tan y} & \begin{array}{l}|x|>1\text{이므로 }y\text{는 }(0,\pi/2)\cup(\pi/2,\pi)\\ \text{사이의 값이고,}\\ \text{따라서 }\sec y \tan y \neq 0\text{이다.}\end{array}
\end{aligned}
$$

이 결과를 다시 x에 관하여 표현하기 위하여 다음의 관계식을 이용한다.

$$\sec y = x, \qquad \tan y = \pm\sqrt{\sec^2 y - 1} = \pm\sqrt{x^2-1}$$

따라서

$$\frac{dy}{dx} = \pm \frac{1}{x\sqrt{x^2 - 1}}$$

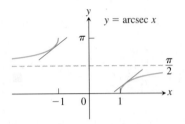

그림 6.31 $y = \mathrm{arcsec}\, x$의 접선의 기울기는 $x > 1$과 $x < -1$일 때 모두 양수이다.

여기서 부호를 어떻게 처리하면 좋을까? 그림 6.31에서와 같이 $y = \mathrm{arcsec}\, x$는 접선의 기울기가 항상 양수이다. 즉

$$\frac{d}{dx} \mathrm{arcsec}\, x = \begin{cases} +\dfrac{1}{x\sqrt{x^2 - 1}}, & x > 1 \text{일 때} \\[3mm] -\dfrac{1}{x\sqrt{x^2 - 1}}, & x < -1 \text{일 때} \end{cases}$$

그러므로 절댓값 기호를 이용하면 부호 "$\pm$"를 사용하지 않고 다음과 같이 식을 간단히 쓸 수 있다.

$$\frac{d}{dx} \mathrm{arcsec}\, x = \frac{1}{|x|\sqrt{x^2 - 1}}$$

$|u| > 1$이고, u가 x의 미분가능한 함수일 때, 연쇄법칙을 이용하여 다음과 같은 결과를 얻을 수 있다.

$$\frac{d}{dx}(\mathrm{arcsec}\, u) = \frac{1}{|u|\sqrt{u^2 - 1}} \frac{du}{dx}, \qquad |u| > 1$$

예제 5 연쇄법칙과 역시컨트함수의 도함수를 이용하여 다음 도함수를 구한다.

$$\begin{aligned}
\frac{d}{dx} \mathrm{arcsec}\,(5x^4) &= \frac{1}{|5x^4|\sqrt{(5x^4)^2 - 1}} \frac{d}{dx}(5x^4) \\[2mm]
&= \frac{1}{5x^4\sqrt{25x^8 - 1}}(20x^3) \qquad {\scriptstyle 5x^4 > 1 > 0} \\[2mm]
&= \frac{4}{x\sqrt{25x^8 - 1}} \qquad\qquad \blacksquare
\end{aligned}$$

나머지 세 역삼각함수의 도함수

마찬가지 방법을 이용하면 나머지 세 역삼각함수인 역코사인, 역코탄젠트, 역코시컨트에 대해서도 도함수를 구할 수 있다. 그러나 삼각함수의 항등식을 이용하여 다음과 같이 쉽게 그 결과를 얻을 수 있다.

> **역삼각함수와 역코삼각함수와의 항등식**
> $$\mathrm{arccos}\, x = \pi/2 - \mathrm{arcsin}\, x$$
> $$\mathrm{arccot}\, x = \pi/2 - \mathrm{arctan}\, x$$
> $$\mathrm{arccsc}\, x = \pi/2 - \mathrm{arcsec}\, x$$

첫 번째 항등식은 식 (4)에서 보였다. 나머지 2개의 항등식도 비슷한 방법으로 유도할 수 있다. '코'자가 붙는 역코삼각함수의 도함수는 대응하는 역삼각함수의 도함수에 '$-$'를 붙이면 된다. 예를 들면, $\mathrm{arccos}\, x$의 도함수는 다음과 같다.

$$\frac{d}{dx}(\mathrm{arccos}\, x) = \frac{d}{dx}\left(\frac{\pi}{2} - \mathrm{arcsin}\, x\right) \qquad {\scriptstyle \text{항등식}}$$

$$= -\frac{d}{dx}(\arcsin x)$$

$$= -\frac{1}{\sqrt{1-x^2}} \qquad \text{역사인함수의 도함수}$$

삼각함수의 역함수에 대한 도함수를 표 6.3에 정리하였다.

표 6.3 역삼각함수의 도함수

1. $\dfrac{d(\arcsin u)}{dx} = \dfrac{1}{\sqrt{1-u^2}}\dfrac{du}{dx}, \quad |u| < 1$

2. $\dfrac{d(\arccos u)}{dx} = -\dfrac{1}{\sqrt{1-u^2}}\dfrac{du}{dx}, \quad |u| < 1$

3. $\dfrac{d(\arctan u)}{dx} = \dfrac{1}{1+u^2}\dfrac{du}{dx}$

4. $\dfrac{d(\text{arccot } u)}{dx} = -\dfrac{1}{1+u^2}\dfrac{du}{dx}$

5. $\dfrac{d(\text{arcsec } u)}{dx} = \dfrac{1}{|u|\sqrt{u^2-1}}\dfrac{du}{dx}, \quad |u| > 1$

6. $\dfrac{d(\text{arccsc } u)}{dx} = -\dfrac{1}{|u|\sqrt{u^2-1}}\dfrac{du}{dx}, \quad |u| > 1$

적분 공식

표 6.3에서 미분 공식으로부터 3개의 유용한 적분 공식을 만들어 표 6.4를 만들었다. 이 공식들은 우변의 함수를 미분함으로써 쉽게 검증이 된다. 역사인함수를 표현하는 데 통상적으로 두 개의 표기 방법이 사용되므로, 이 공식들에서는 arcsin x뿐만 아니라 $\sin^{-1} x$를 사용하여 나타내었다. 다른 역삼각함수에도 같은 방식으로 적용된다.

표 6.4 역삼각함수로 계산되는 적분

임의의 $a > 0$에 대해 다음 공식이 성립한다.

1. $\displaystyle\int \frac{du}{\sqrt{a^2-u^2}} = \sin^{-1}\left(\frac{u}{a}\right) + C \qquad (u^2 < a^2$에서만 성립함$)$

2. $\displaystyle\int \frac{du}{a^2+u^2} = \frac{1}{a}\tan^{-1}\left(\frac{u}{a}\right) + C \qquad ($모든 u에 대해 성립함$)$

3. $\displaystyle\int \frac{du}{u\sqrt{u^2-a^2}} = \frac{1}{a}\sec^{-1}\left|\frac{u}{a}\right| + C \qquad (|u| > a > 0$에서만 성립함$)$

표 6.3에서 미분 공식은 $a = 1$인 경우이지만, 대부분의 적분에서 $a \neq 1$이고, 표 6.4의 공식이 더 유용하다.

예제 6 다음 예제들은 표 6.4가 어떻게 사용되는 지를 설명해 준다.

(a) $\displaystyle\int_{\sqrt{2}/2}^{\sqrt{3}/2} \frac{dx}{\sqrt{1-x^2}} = \sin^{-1} x \Big]_{\sqrt{2}/2}^{\sqrt{3}/2} \qquad$ 표 6.4의 공식 1에서 $a=1, u=x$

$$= \sin^{-1}\left(\frac{\sqrt{3}}{2}\right) - \sin^{-1}\left(\frac{\sqrt{2}}{2}\right) = \frac{\pi}{3} - \frac{\pi}{4} = \frac{\pi}{12}$$

(b) $\displaystyle\int \frac{dx}{\sqrt{3 - 4x^2}} = \frac{1}{2}\int \frac{du}{\sqrt{a^2 - u^2}}$ $a = \sqrt{3}, u = 2x$이고 $du/2 = dx$

$\displaystyle\qquad\qquad\qquad\quad = \frac{1}{2}\sin^{-1}\left(\frac{u}{a}\right) + C$ 표 6.4의 공식 1

$\displaystyle\qquad\qquad\qquad\quad = \frac{1}{2}\sin^{-1}\left(\frac{2x}{\sqrt{3}}\right) + C$

(c) $\displaystyle\int \frac{dx}{\sqrt{e^{2x} - 6}} = \int \frac{du/u}{\sqrt{u^2 - a^2}}$ $u = e^x, du = e^x dx,$
$dx = du/e^x = du/u,$
$a = \sqrt{6}$

$\displaystyle\qquad\qquad\qquad\quad = \int \frac{du}{u\sqrt{u^2 - a^2}}$

$\displaystyle\qquad\qquad\qquad\quad = \frac{1}{a}\sec^{-1}\left|\frac{u}{a}\right| + C$ 표 6.4의 공식 3

$\displaystyle\qquad\qquad\qquad\quad = \frac{1}{\sqrt{6}}\sec^{-1}\left(\frac{e^x}{\sqrt{6}}\right) + C$ ■

예제 7 다음을 계산하라.

(a) $\displaystyle\int \frac{dx}{\sqrt{4x - x^2}}$ **(b)** $\displaystyle\int \frac{dx}{4x^2 + 4x + 2}$

풀이

(a) 식 $\sqrt{4x - x^2}$은 표 6.4의 공식에 어떤 것에도 없는 표현이다. 따라서 먼저 $4x - x^2$를 완전 제곱꼴로 고쳐서 다시 써보면

$$4x - x^2 = -(x^2 - 4x) = -(x^2 - 4x + 4) + 4 = 4 - (x - 2)^2$$

이다. 이제 $a = 2$와 $u = x - 2$로 치환하면, $du = dx$가 되어 다음을 얻는다.

$$\int \frac{dx}{\sqrt{4x - x^2}} = \int \frac{dx}{\sqrt{4 - (x - 2)^2}}$$

$$= \int \frac{du}{\sqrt{a^2 - u^2}}$$ $a = 2, u = x - 2$이고 $du = dx$

$$= \sin^{-1}\left(\frac{u}{a}\right) + C$$ 표 6.4의 공식 1

$$= \sin^{-1}\left(\frac{x - 2}{2}\right) + C$$

(b) $4x^2 + 4x + 2$에서 완전 제곱꼴로 고치면

$$4x^2 + 4x + 2 = 4(x^2 + x) + 2 = 4\left(x^2 + x + \frac{1}{4}\right) + 2 - \frac{4}{4}$$

$$= 4\left(x + \frac{1}{2}\right)^2 + 1 = (2x + 1)^2 + 1$$

이므로, 다음을 얻는다.

$$\int \frac{dx}{4x^2 + 4x + 2} = \int \frac{dx}{(2x + 1)^2 + 1} = \frac{1}{2}\int \frac{du}{u^2 + a^2}$$ $a = 1, u = 2x + 1$
이고 $du/2 = dx$

$$= \frac{1}{2}\cdot\frac{1}{a}\tan^{-1}\left(\frac{u}{a}\right) + C$$ 표 6.4의 공식 2

$$= \frac{1}{2}\tan^{-1}(2x + 1) + C$$ $a = 1, u = 2x + 1$ ■

연습문제 6.6

특수각에서의 역삼각함수

연습문제 1~8에서 예제 1, 3과 같이 직각삼각형을 이용하여 각의 크기를 구하라.

1. a. $\tan^{-1} 1$ **b.** $\arctan(-\sqrt{3})$ **c.** $\tan^{-1}\left(\dfrac{1}{\sqrt{3}}\right)$

2. a. $\arctan(-1)$ **b.** $\tan^{-1}\sqrt{3}$ **c.** $\tan^{-1}\left(\dfrac{-1}{\sqrt{3}}\right)$

3. a. $\sin^{-1}\left(\dfrac{-1}{2}\right)$ **b.** $\sin^{-1}\left(\dfrac{1}{\sqrt{2}}\right)$ **c.** $\arcsin\left(\dfrac{-\sqrt{3}}{2}\right)$

4. a. $\sin^{-1}\left(\dfrac{1}{2}\right)$ **b.** $\arcsin\left(\dfrac{-1}{\sqrt{2}}\right)$ **c.** $\sin^{-1}\left(\dfrac{\sqrt{3}}{2}\right)$

5. a. $\cos^{-1}\left(\dfrac{1}{2}\right)$ **b.** $\cos^{-1}\left(\dfrac{-1}{\sqrt{2}}\right)$ **c.** $\arccos\left(\dfrac{\sqrt{3}}{2}\right)$

6. a. $\csc^{-1}\sqrt{2}$ **b.** $\operatorname{arccsc}\left(\dfrac{-2}{\sqrt{3}}\right)$ **c.** $\csc^{-1} 2$

7. a. $\operatorname{arcsec}(-\sqrt{2})$ **b.** $\sec^{-1}\left(\dfrac{2}{\sqrt{3}}\right)$ **c.** $\sec^{-1}(-2)$

8. a. $\cot^{-1}(-1)$ **b.** $\operatorname{arccot}(\sqrt{3})$ **c.** $\cot^{-1}\left(\dfrac{-1}{\sqrt{3}}\right)$

계산하기

연습문제 9~12에서 각 값을 구하라.

9. $\sin\left(\cos^{-1}\left(\dfrac{\sqrt{2}}{2}\right)\right)$ **10.** $\sec\left(\arccos\dfrac{1}{2}\right)$

11. $\tan\left(\arcsin\left(-\dfrac{1}{2}\right)\right)$ **12.** $\cot\left(\sin^{-1}\left(-\dfrac{\sqrt{3}}{2}\right)\right)$

극한

연습문제 13~20에서 각 극한을 구하라(그래프를 이용해도 좋다).

13. $\displaystyle\lim_{x\to 1^-}\sin^{-1}x$ **14.** $\displaystyle\lim_{x\to -1^+}\cos^{-1}x$

15. $\displaystyle\lim_{x\to\infty}\tan^{-1}x$ **16.** $\displaystyle\lim_{x\to -\infty}\tan^{-1}x$

17. $\displaystyle\lim_{x\to\infty}\sec^{-1}x$ **18.** $\displaystyle\lim_{x\to -\infty}\sec^{-1}x$

19. $\displaystyle\lim_{x\to\infty}\csc^{-1}x$ **20.** $\displaystyle\lim_{x\to -\infty}\csc^{-1}x$

도함수 구하기

연습문제 21~42에서 주어진 독립변수에 대한 y의 도함수를 구하라.

21. $y = \cos^{-1}(x^2)$ **22.** $y = \cos^{-1}(1/x)$

23. $y = \arcsin\sqrt{2}\,t$ **24.** $y = \sin^{-1}(1-t)$

25. $y = \sec^{-1}(2s+1)$ **26.** $y = \sec^{-1} 5s$

27. $y = \csc^{-1}(x^2+1),\ x>0$ **28.** $y = \csc^{-1}\dfrac{x}{2}$

29. $y = \sec^{-1}\dfrac{1}{t},\ 0<t<1$ **30.** $y = \arcsin\dfrac{3}{t^2}$

31. $y = \operatorname{arccot}\sqrt{t}$ **32.** $y = \cot^{-1}\sqrt{t-1}$

33. $y = \ln(\tan^{-1}x)$ **34.** $y = \tan^{-1}(\ln x)$

35. $y = \csc^{-1}(e^t)$ **36.** $y = \arccos(e^{-t})$

37. $y = s\sqrt{1-s^2} + \cos^{-1}s$ **38.** $y = \sqrt{s^2-1} - \sec^{-1}s$

39. $y = \tan^{-1}\sqrt{x^2-1} + \csc^{-1}x,\ x>1$

40. $y = \cot^{-1}\dfrac{1}{x} - \tan^{-1}x$

41. $y = x\arcsin x + \sqrt{1-x^2}$

42. $y = \ln(x^2+4) - x\tan^{-1}\left(\dfrac{x}{2}\right)$

연습문제 43~46에서 음함수 미분법을 사용하여 주어진 점 P에서 $\dfrac{dy}{dx}$를 구하라.

43. $3\tan^{-1}x + \sin^{-1}y = \dfrac{\pi}{4};\quad P(1,-1)$

44. $\sin^{-1}(x+y) + \cos^{-1}(x-y) = \dfrac{5\pi}{6};\quad P\left(0,\dfrac{1}{2}\right)$

45. $y\cos^{-1}(xy) = \dfrac{-3\sqrt{2}}{4}\pi;\quad P\left(\dfrac{1}{2},-\sqrt{2}\right)$

46. $16(\tan^{-1}3y)^2 + 9(\tan^{-1}2x)^2 = 2\pi^2;\quad P\left(\dfrac{\sqrt{3}}{2},\dfrac{1}{3}\right)$

적분 계산하기

연습문제 47~70에서 적분을 계산하라.

47. $\displaystyle\int \dfrac{dx}{\sqrt{9-x^2}}$ **48.** $\displaystyle\int \dfrac{dx}{\sqrt{1-4x^2}}$

49. $\displaystyle\int \dfrac{dx}{17+x^2}$ **50.** $\displaystyle\int \dfrac{dx}{9+3x^2}$

51. $\displaystyle\int \dfrac{dx}{x\sqrt{25x^2-2}}$ **52.** $\displaystyle\int \dfrac{dx}{x\sqrt{5x^2-4}}$

53. $\displaystyle\int_0^1 \dfrac{4\,ds}{\sqrt{4-s^2}}$ **54.** $\displaystyle\int_0^{3\sqrt{2}/4} \dfrac{ds}{\sqrt{9-4s^2}}$

55. $\displaystyle\int_0^2 \dfrac{dt}{8+2t^2}$ **56.** $\displaystyle\int_{-2}^2 \dfrac{dt}{4+3t^2}$

57. $\displaystyle\int_{-1}^{-\sqrt{2}/2} \dfrac{dy}{y\sqrt{4y^2-1}}$ **58.** $\displaystyle\int_{-2/3}^{-\sqrt{2}/3} \dfrac{dy}{y\sqrt{9y^2-1}}$

59. $\displaystyle\int \dfrac{3\,dr}{\sqrt{1-4(r-1)^2}}$ **60.** $\displaystyle\int \dfrac{6\,dr}{\sqrt{4-(r+1)^2}}$

61. $\displaystyle\int \dfrac{dx}{2+(x-1)^2}$ **62.** $\displaystyle\int \dfrac{dx}{1+(3x+1)^2}$

63. $\displaystyle\int \dfrac{dx}{(2x-1)\sqrt{(2x-1)^2-4}}$

64. $\displaystyle\int \dfrac{dx}{(x+3)\sqrt{(x+3)^2-25}}$

65. $\displaystyle\int_{-\pi/2}^{\pi/2} \dfrac{2\cos\theta\,d\theta}{1+(\sin\theta)^2}$ **66.** $\displaystyle\int_{\pi/6}^{\pi/4} \dfrac{\csc^2 x\,dx}{1+(\cot x)^2}$

67. $\displaystyle\int_0^{\ln\sqrt{3}} \frac{e^x\,dx}{1+e^{2x}}$

68. $\displaystyle\int_1^{e^{\pi/4}} \frac{4\,dt}{t(1+\ln^2 t)}$

69. $\displaystyle\int \frac{y\,dy}{\sqrt{1-y^4}}$

70. $\displaystyle\int \frac{\sec^2 y\,dy}{\sqrt{1-\tan^2 y}}$

연습문제 71~84에서 적분을 계산하라.

71. $\displaystyle\int \frac{dx}{\sqrt{-x^2+4x-3}}$

72. $\displaystyle\int \frac{dx}{\sqrt{2x-x^2}}$

73. $\displaystyle\int_{-1}^0 \frac{6\,dt}{\sqrt{3-2t-t^2}}$

74. $\displaystyle\int_{1/2}^1 \frac{6\,dt}{\sqrt{3+4t-4t^2}}$

75. $\displaystyle\int \frac{dy}{y^2-2y+5}$

76. $\displaystyle\int \frac{dy}{y^2+6y+10}$

77. $\displaystyle\int_1^2 \frac{8\,dx}{x^2-2x+2}$

78. $\displaystyle\int_2^4 \frac{2\,dx}{x^2-6x+10}$

79. $\displaystyle\int \frac{x+4}{x^2+4}\,dx$

80. $\displaystyle\int \frac{t-2}{t^2-6t+10}\,dt$

81. $\displaystyle\int \frac{x^2+2x-1}{x^2+9}\,dx$

82. $\displaystyle\int \frac{t^3-2t^2+3t-4}{t^2+1}\,dt$

83. $\displaystyle\int \frac{dx}{(x+1)\sqrt{x^2+2x}}$

84. $\displaystyle\int \frac{dx}{(x-2)\sqrt{x^2-4x+3}}$

연습문제 85~96에서 적분을 계산하라.

85. $\displaystyle\int \frac{e^{\sin^{-1}x}\,dx}{\sqrt{1-x^2}}$

86. $\displaystyle\int \frac{e^{\cos^{-1}x}\,dx}{\sqrt{1-x^2}}$

87. $\displaystyle\int \frac{(\sin^{-1}x)^2\,dx}{\sqrt{1-x^2}}$

88. $\displaystyle\int \frac{\sqrt{\tan^{-1}x}\,dx}{1+x^2}$

89. $\displaystyle\int \frac{dy}{(\tan^{-1}y)(1+y^2)}$

90. $\displaystyle\int \frac{dy}{(\sin^{-1}y)\sqrt{1-y^2}}$

91. $\displaystyle\int_{\sqrt{2}}^2 \frac{\sec^2(\sec^{-1}x)\,dx}{x\sqrt{x^2-1}}$

92. $\displaystyle\int_{2/\sqrt{3}}^2 \frac{\cos(\sec^{-1}x)\,dx}{x\sqrt{x^2-1}}$

93. $\displaystyle\int \frac{1}{\sqrt{x}(x+1)\big((\tan^{-1}\sqrt{x})^2+9\big)}\,dx$

94. $\displaystyle\int \frac{e^x\sin^{-1}e^x}{\sqrt{1-e^{2x}}}\,dx$

95. $\displaystyle\int_0^1 \frac{\tan^{-1}x}{1+x^2}\,dx$

96. $\displaystyle\int_{-\sqrt{3}}^{1/\sqrt{3}} \frac{\cos(\tan^{-1}3x)}{1+9x^2}\,dx$

로피탈의 법칙

연습문제 97~104에서 극한을 구하라.

97. $\displaystyle\lim_{x\to0} \frac{\sin^{-1}5x}{x}$

98. $\displaystyle\lim_{x\to1^+} \frac{\sqrt{x^2-1}}{\sec^{-1}x}$

99. $\displaystyle\lim_{x\to\infty} x\tan^{-1}\frac{2}{x}$

100. $\displaystyle\lim_{x\to0} \frac{2\tan^{-1}3x^2}{7x^2}$

101. $\displaystyle\lim_{x\to0} \frac{\tan^{-1}x^2}{x\sin^{-1}x}$

102. $\displaystyle\lim_{x\to\infty} \frac{e^x\tan^{-1}e^x}{e^{2x}+x}$

103. $\displaystyle\lim_{x\to0^+} \frac{(\tan^{-1}\sqrt{x})^2}{x\sqrt{x+1}}$

104. $\displaystyle\lim_{x\to0^+} \frac{\sin^{-1}x^2}{(\sin^{-1}x)^2}$

적분 공식

연습문제 105~108에서 적분 공식을 검증하라.

105. $\displaystyle\int \frac{\tan^{-1}x}{x^2}\,dx = \ln x - \frac{1}{2}\ln(1+x^2) - \frac{\tan^{-1}x}{x} + C$

106. $\displaystyle\int x^3\cos^{-1}5x\,dx = \frac{x^4}{4}\cos^{-1}5x + \frac{5}{4}\int \frac{x^4\,dx}{\sqrt{1-25x^2}}$

107. $\displaystyle\int (\sin^{-1}x)^2\,dx = x(\sin^{-1}x)^2 - 2x + 2\sqrt{1-x^2}\sin^{-1}x + C$

108. $\displaystyle\int \ln(a^2+x^2)\,dx = x\ln(a^2+x^2) - 2x + 2a\tan^{-1}\frac{x}{a} + C$

초깃값 문제

연습문제 109~112에서 초깃값 문제를 풀라.

109. $\displaystyle\frac{dy}{dx} = \frac{1}{\sqrt{1-x^2}}, \quad y(0)=0$

110. $\displaystyle\frac{dy}{dx} = \frac{1}{x^2+1} - 1, \quad y(0)=1$

111. $\displaystyle\frac{dy}{dx} = \frac{1}{x\sqrt{x^2-1}}, \quad x>1; \quad y(2)=\pi$

112. $\displaystyle\frac{dy}{dx} = \frac{1}{1+x^2} - \frac{2}{\sqrt{1-x^2}}, \quad y(0)=2$

응용과 이론

113. 다음 그림과 같이 교실의 앞 벽에 칠판이 걸려 있고, 한 학생이 창가에 앉아 칠판을 바라보고 있다. 칠판의 길이는 4 m이고 창 쪽에서 1 m만큼 떨어진 곳에 걸려 있다. 이 학생이 앞에서 x m 거리에 앉아있을 때, 칠판의 양끝을 바라보는 시선이 이루는 각의 크기가

$$\alpha = \cot^{-1}\frac{x}{5} - \cot^{-1}x$$

임을 보이라.

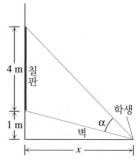

114. $x=1$부터 $x=2$까지 곡선 $y=\sec^{-1}x$와 x축으로 둘러싸인 영역을 y축을 회전축으로 회전하여 생긴 입체의 부피를 구하라.

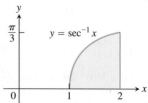

115. 원뿔의 빗변의 길이가 그림에서와 같이 3 m이다. 원뿔의 부피가 최대가 되기 위한 각은 얼마인가?

부피가 최대일 때
이 각은 얼마인가?

116. 다음 그림에서 각 a의 크기를 구하라.

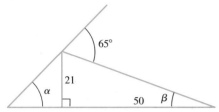

117. 다음 그림을 이용하여 $\tan^{-1} 1 + \tan^{-1} 2 + \tan^{-1} 3 = \pi$가 성립함을 보이라.

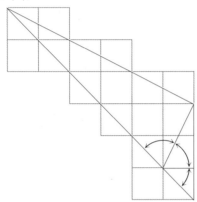

118. 항등식 $\sec^{-1}(-x) = \pi - \sec^{-1} x$의 두 가지 유도 방법
  a. (기하학적 방법) 다음 그림을 이용하여 $\sec^{-1}(-x) = \pi - \sec^{-1} x$가 성립함을 보이라.

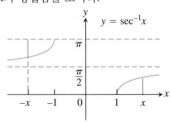

  b. (대수적 방법) 다음 두 식을 이용하여 $\sec^{-1}(-x) = \pi - \sec^{-1} x$가 성립함을 보이라.
  $$\cos^{-1}(-x) = \pi - \cos^{-1} x \qquad \text{식 (3)}$$
  $$\sec^{-1} x = \cos^{-1}(1/x) \qquad \text{식 (5)}$$

119. 항등식 $\sin^{-1} x + \cos^{-1} x = \pi/2$ 그림 6.28에서 $0 < x < 1$에서 항등식을 보였다. $[-1, 1]$의 나머지에서 이 식을 보이기 위해, $x = 1, 0$과 -1에서 직접 계산에 의해 식이 성립함을 보이라. 구간 $(-1, 0)$에서는 $x = -a$, $a > 0$이라 놓고, $\sin^{-1}(-a) + \cos^{-1}(a)$에 식 (1)과 (3)을 적용하라.

120. 합 $\tan^{-1} x + \tan^{-1}(1/x)$이 일정한 상수임을 보이라.

121 표 6.3에 주어진 $\sec^{-1} u$의 도함수와 다음 항등식
$$\csc^{-1} u = \frac{\pi}{2} - \sec^{-1} u$$

을 이용하여 $\csc^{-1} u$의 도함수를 유도하라.

122. 동치인 식 $\tan y = x$의 양변을 미분하여 $y = \tan^{-1} x$의 도함수는 $\dfrac{dy}{dx} = \dfrac{1}{1 + x^2}$임을 보이라.

123. 정리 1 역함수의 미분법을 이용하여 다음을 증명하라.
$$\frac{d}{dx} \sec^{-1} x = \frac{1}{|x|\sqrt{x^2 - 1}}, \quad |x| > 1$$

124. 표 6.3에 주어진 $\tan^{-1} u$의 도함수와 다음 항등식
$$\cot^{-1} u = \frac{\pi}{2} - \tan^{-1} u$$

을 이용하여 $\cot^{-1} u$의 도함수를 유도하라.

125. 다음 두 함수는 어떤 특별한 관계가 있는지 설명하라.
$$f(x) = \sin^{-1} \frac{x-1}{x+1}, \quad x \geq 0 \text{와} \quad g(x) = 2\tan^{-1}\sqrt{x}$$

126. 다음 두 함수는 어떤 특별한 관계가 있는지 설명하라.
$$f(x) = \sin^{-1}\frac{1}{\sqrt{x^2 + 1}} \text{와} \quad g(x) = \tan^{-1}\frac{1}{x}$$

127. 아래에 주어진 회전체의 부피를 구하라.

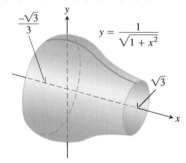

128. 호의 길이 5.3절의 식 (3)을 사용하여 반지름이 r인 원의 둘레를 구하라.

연습문제 129~130에서 입체의 부피를 구하라.

129. $x = -1$에서와 $x = 1$에서 x축과 수직인 평면 사이에 놓여있는 입체가 있다. x축에 수직인 절단면이
  a. 지름이 곡선 $y = -1/\sqrt{1 + x^2}$부터 곡선 $y = 1/\sqrt{1 + x^2}$까지 이어지는 원
  b. 밑변의 모서리가 곡선 $y = -1/\sqrt{1 + x^2}$부터 곡선 $y = 1/\sqrt{1 + x^2}$까지인 수직 정사각형

130. $x = -\sqrt{2}/2$에서와 $x = \sqrt{2}/2$에서 x축과 수직인 평면 사이에 놓여있는 입체가 있다. x축에 수직인 절단면이
  a. 지름이 x축부터 곡선 $y = 2/\sqrt[4]{1 - x^2}$까지 이어지는 원
  b. 대각선이 x축부터 곡선 $y = 2/\sqrt[4]{1 - x^2}$까지 이어지는 정사각형

T 131. 다음 각 값을 구하라.
  a. $\sec^{-1} 1.5$ **b.** $\csc^{-1}(-1.5)$ **c.** $\cot^{-1} 2$

T 132. 다음 각 값을 구하라.
  a. $\sec^{-1}(-3)$ **b.** $\csc^{-1} 1.7$ **c.** $\cot^{-1}(-2)$

T 연습문제 133~135에서 각 합성함수의 정의역과 치역을 구하라. 각각 다른 좌표평면에 그래프를 그리라. 두 그래프를 비교하여 차이를 설명하라.

133. a. $y = \tan^{-1}(\tan x)$ **b.** $y = \tan(\tan^{-1} x)$
134. a. $y = \sin^{-1}(\sin x)$ **b.** $y = \sin(\sin^{-1} x)$

135. a. $y = \cos^{-1}(\cos x)$ **b.** $y = \cos(\cos^{-1} x)$

T 연습문제 136~140에서 그래프 계산기를 이용하라.

136. $y = \sec(\sec^{-1} x) = \sec(\cos^{-1}(1/x))$의 그래프를 그리고 특징을 설명하라.

137. 뉴턴의 서펜타인(serpentine) 뉴턴의 서펜타인 $y = 4x/(x^2 + 1)$과 함수 $y = 2\sin(2\tan^{-1} x)$의 그래프를 한 좌표평면에 그리고 특징을 설명하라.

138. 유리함수 $y = (2 - x^2)/x^2$과 함수 $y = \cos(2\sec^{-1} x)$의 그래프

를 한 좌표평면에 그리고 특징을 설명하라.

139. 함수 $f(x) = \sin^{-1} x$와 이 함수의 1계 도함수, 2계 도함수의 그래프를 모두 한 좌표평면에 그리고, f'과 f''의 값과 부호의 변화에 따라 함수 $f(x)$의 그래프가 어떻게 변하는지 설명하라.

140. 함수 $f(x) = \tan^{-1} x$와 이 함수의 1계 도함수, 2계 도함수의 그래프를 모두 한 좌표평면에 그리고, f'과 f''의 값과 부호의 변화에 따라 함수 $f(x)$의 그래프가 어떻게 변하는지 설명하라.

6.7 쌍곡선함수

쌍곡선함수는 두 지수함수 e^x과 e^{-x}의 조합으로 만들어진다. 쌍곡선함수를 이용하면 많은 수학적 표현을 간단하게 나타낼 수 있으며 여러 가지 수학 또는 공학 응용문제에서 매우 중요하게 활용된다.

정의와 항등식

쌍곡사인 함수와 쌍곡코사인 함수는 다음 식으로 정의한다.

$$\sinh x = \frac{e^x - e^{-x}}{2} \text{와} \quad \cosh x = \frac{e^x + e^{-x}}{2}$$

또한 이 기본적인 두 함수로부터 쌍곡탄젠트, 쌍곡코탄젠트, 쌍곡시컨트, 쌍곡코시컨트 함수를 정의한다. 이 함수들의 식과 그래프가 표 6.5에 나타나 있다. 쌍곡선함수들

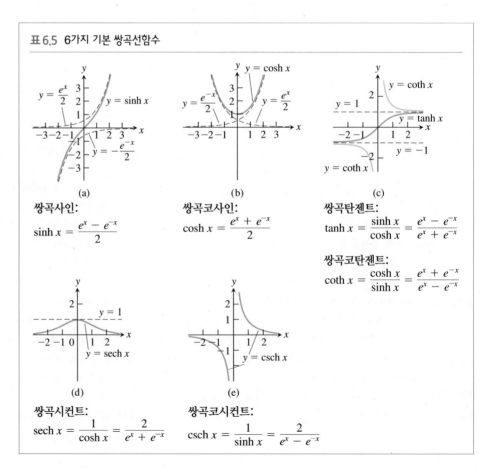

표 6.5 6가지 기본 쌍곡선함수

쌍곡사인:
$$\sinh x = \frac{e^x - e^{-x}}{2}$$

쌍곡코사인:
$$\cosh x = \frac{e^x + e^{-x}}{2}$$

쌍곡탄젠트:
$$\tanh x = \frac{\sinh x}{\cosh x} = \frac{e^x - e^{-x}}{e^x + e^{-x}}$$

쌍곡코탄젠트:
$$\coth x = \frac{\cosh x}{\sinh x} = \frac{e^x + e^{-x}}{e^x - e^{-x}}$$

쌍곡시컨트:
$$\text{sech } x = \frac{1}{\cosh x} = \frac{2}{e^x + e^{-x}}$$

쌍곡코시컨트:
$$\text{csch } x = \frac{1}{\sinh x} = \frac{2}{e^x - e^{-x}}$$

표 6.6 쌍곡선함수의 항등관계
$\cosh^2 x - \sinh^2 x = 1$
$\sinh 2x = 2 \sinh x \cosh x$
$\cosh 2x = \cosh^2 x + \sinh^2 x$
$\cosh^2 x = \dfrac{\cosh 2x + 1}{2}$
$\sinh^2 x = \dfrac{\cosh 2x - 1}{2}$
$\tanh^2 x = 1 - \operatorname{sech}^2 x$
$\coth^2 x = 1 + \operatorname{csch}^2 x$

과 그 이름이 같은 삼각함수와 서로 유사한 점이 많다는 것을 발견할 수 있다.

쌍곡선함수는 표 6.6의 항등관계를 만족한다. 부호만 일부 다를 뿐 우리가 알고 있는 삼각함수의 항등식을 닮았다. 항등식은 정의로부터 직접 증명할 수 있다. 두 번째 항등식은 다음과 같이 증명할 수 있다.

$$2 \sinh x \cosh x = 2\left(\frac{e^x - e^{-x}}{2}\right)\left(\frac{e^x + e^{-x}}{2}\right)$$
$$= \frac{e^{2x} - e^{-2x}}{2} \qquad \text{계산}$$
$$= \sinh 2x \qquad \sinh \text{의 정의}$$

다른 항등식도 함수의 정의를 식에 대입하여 계산해 보면 증명할 수 있다.

모든 실수 u에 대하여, 좌표 $(\cos u,\ \sin u)$가 나타내는 점이 단위 원 $x^2 + y^2 = 1$ 위에 있다는 것을 안다. 따라서 삼각함수를 때로는 **원함수**(*circular function*)라고 한다. 표 6.6의 첫 번째 식에서 x를 u로 바꾼 식

$$\cosh^2 u - \sinh^2 u = 1$$

이 만족되기 때문에, 좌표 $(\cosh u,\ \sinh u)$가 나타내는 점이 쌍곡선 $x^2 - y^2 = 1$의 오른쪽 곡선 위에 있게 된다. 이 때문에 **쌍곡선함수**(*hyperbolic function*)란 이름이 붙여지게 됐다(연습문제 86 참조).

쌍곡선함수는 7장에서 다루게 될, 여러 가지 적분을 구하는 데에 유용하게 쓰인다. 뿐만 아니라 과학이나 공학에서도 중요한 역할을 한다. 쌍곡코사인함수는 같은 높이에 있는 두 점 사이에 줄을 연결하여 자유롭게 매달린 전선이나 줄의 모양이다(연습문제 83 참조). 세인트 루이스 아치는 쌍곡코사인함수를 뒤집어 놓은 모양이다. 쌍곡탄젠트함수는 깊이가 일정한 물 위를 이동하는 파도의 속도를 나타내는 공식에 사용되며, 역쌍곡탄젠트함수는 아인슈타인의 특수 상대성 이론에 의하여 상대속도가 어떻게 더해지는가를 표현하는 데 사용된다.

쌍곡선함수의 미분과 적분

6가지 쌍곡선함수는 미분가능한 함수인 e^x과 e^{-x}이 조합된 유리식이므로 이 식이 정의되는 모든 점에서 미분가능하다(표 6.7). 여기서도 삼각함수와 닮은 성질을 볼 수 있다.

도함수 공식들은 e^u의 도함수로부터 유도된다.

표 6.7 쌍곡선함수의 도함수
$\dfrac{d}{dx}(\sinh u) = \cosh u \dfrac{du}{dx}$
$\dfrac{d}{dx}(\cosh u) = \sinh u \dfrac{du}{dx}$
$\dfrac{d}{dx}(\tanh u) = \operatorname{sech}^2 u \dfrac{du}{dx}$
$\dfrac{d}{dx}(\coth u) = -\operatorname{csch}^2 u \dfrac{du}{dx}$
$\dfrac{d}{dx}(\operatorname{sech} u) = -\operatorname{sech} u \tanh u \dfrac{du}{dx}$
$\dfrac{d}{dx}(\operatorname{csch} u) = -\operatorname{csch} u \coth u \dfrac{du}{dx}$

$$\frac{d}{dx}(\sinh u) = \frac{d}{dx}\left(\frac{e^u - e^{-u}}{2}\right) \qquad \sinh u \text{의 정의}$$
$$= \frac{e^u\, du/dx + e^{-u}\, du/dx}{2} \qquad e^u \text{의 도함수}$$
$$= \cosh u \frac{du}{dx} \qquad \cosh u \text{의 정의}$$

이로써 첫 번째 도함수 공식이 증명되었으며 다음과 같이 정의로부터 쌍곡코시컨트함수의 도함수를 계산할 수 있다.

$$\frac{d}{dx}(\operatorname{csch} u) = \frac{d}{dx}\left(\frac{1}{\sinh u}\right) \qquad \operatorname{csch} u \text{의 정의}$$
$$= -\frac{\cosh u\, du}{\sinh^2 u\, dx} \qquad \text{몫의 미분법}$$
$$= -\frac{1}{\sinh u}\frac{\cosh u\, du}{\sinh u\, dx} \qquad \text{항을 재정렬}$$

$$= -\text{csch } u \coth u \frac{du}{dx} \qquad \text{csch } u\text{와 } \coth u\text{의 정의}$$

표 6.7의 다른 공식도 같은 방법으로 유도할 수 있다.

도함수 공식으로부터 표 6.8의 적분 공식도 얻을 수 있다.

예제 1 도함수와 적분 공식의 예를 살펴보자.

(a)
$$\frac{d}{dt}\left(\tanh \sqrt{1 + t^2}\right) = \text{sech}^2 \sqrt{1 + t^2} \cdot \frac{d}{dt}\left(\sqrt{1 + t^2}\right)$$
$$= \frac{t}{\sqrt{1 + t^2}} \text{sech}^2 \sqrt{1 + t^2}$$

(b)
$$\int \coth 5x \, dx = \int \frac{\cosh 5x}{\sinh 5x} dx = \frac{1}{5} \int \frac{du}{u} \qquad \begin{matrix} u = \sinh 5x, \\ du = 5 \cosh 5x \, dx \end{matrix}$$
$$= \frac{1}{5} \ln |u| + C = \frac{1}{5} \ln |\sinh 5x| + C$$

(c)
$$\int_0^1 \sinh^2 x \, dx = \int_0^1 \frac{\cosh 2x - 1}{2} dx \qquad \text{표 6.6}$$
$$= \frac{1}{2} \int_0^1 (\cosh 2x - 1) \, dx = \frac{1}{2}\left[\frac{\sinh 2x}{2} - x\right]_0^1$$
$$= \frac{\sinh 2}{4} - \frac{1}{2} \approx 0.40672 \qquad \text{계산기로 계산}$$

(d)
$$\int_0^{\ln 2} 4e^x \sinh x \, dx = \int_0^{\ln 2} 4e^x \frac{e^x - e^{-x}}{2} dx = \int_0^{\ln 2} (2e^{2x} - 2) \, dx$$
$$= \left[e^{2x} - 2x\right]_0^{\ln 2} = (e^{2\ln 2} - 2\ln 2) - (1 - 0)$$
$$= 4 - 2\ln 2 - 1 \approx 1.6137 \qquad ■$$

역쌍곡선함수

6가지 기본 쌍곡선함수의 역함수는 적분에서 매우 유용하다(7장 참조). $d(\sinh x)/dx$ $= \cosh x > 0$이므로 쌍곡사인함수는 x의 증가함수이다. 그 역함수를

$$y = \sinh^{-1} x$$

로 나타낸다. $-\infty < x < \infty$인 모든 x에 대하여 $y = \sinh^{-1} x$의 값은 쌍곡사인함수의 값이 x가 되는 실수의 값이다. $y = \sinh x$와 $y = \sinh^{-1} x$의 그래프는 그림 6.32(a)에 나타나 있다.

함수 $y = \cosh x$의 그래프는 표 6.5에서 보는 것처럼 일대일이 아니다. 그러나 함수를 $y = \cosh x$, $x \geq 0$으로 제한하면 일대일 함수가 되므로 역함수를 가진다. 이 역함수를

$$y = \cosh^{-1} x$$

로 나타낸다. 모든 $x \geq 1$에 대하여 $y = \cosh^{-1} x$는 쌍곡코사인함수의 값이 x가 되는 구간 $0 \leq y \leq \infty$에 속하는 실수이다. $y = \cosh x$, $x \geq 0$과 $y = \cosh^{-1} x$의 그래프는 그림 6.32(b)에 나타나 있다.

$y = \cosh x$와 마찬가지로 함수 $y = \text{sech } x = 1/\cosh x$는 일대일이 아니다. 그러나 음이 아닌 x로 제한하면 함수는 일대일이 되고, 역함수는

$$y = \text{sech}^{-1} x$$

를 가진다. 구간 $(0, 1]$의 모든 x에 대하여 $y = \text{sech}^{-1} x$는 쌍곡시컨트함수의 값이 x가 되는 음이 아닌 실수이다. $y = \text{sech } x$, $x \geq 0$과 $y = \text{sech}^{-1} x$의 그래프는 그림 6.32(c)에 나

표 6.8 쌍곡선함수의 적분

$$\int \sinh u \, du = \cosh u + C$$
$$\int \cosh u \, du = \sinh u + C$$
$$\int \text{sech}^2 u \, du = \tanh u + C$$
$$\int \text{csch}^2 u \, du = -\coth u + C$$
$$\int \text{sech } u \tanh u \, du = -\text{sech } u + C$$
$$\int \text{csch } u \coth u \, du = -\text{csch } u + C$$

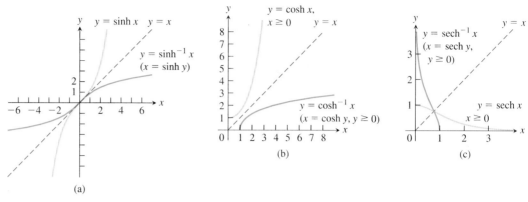

그림 6.32 역쌍곡선함수들의 그래프. 그래프가 $y = x$에 대하여 대칭이다.

타나 있다.

쌍곡탄젠트, 쌍곡코탄젠트, 쌍곡코시컨트 함수는 각각 그 정의역에서 일대일 함수이므로 역함수가 존재하며 다음과 같이 나타낸다.

$$y = \tanh^{-1}x, \qquad y = \coth^{-1}x, \qquad y = \operatorname{csch}^{-1}x$$

이 함수들의 그래프는 그림 6.33에 나타나 있다.

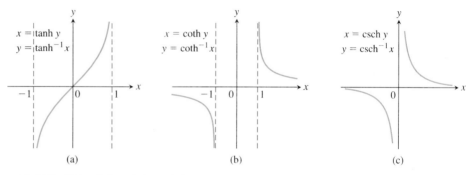

그림 6.33 역쌍곡탄젠트, 역쌍곡코탄젠트, 역쌍곡코시컨트 함수의 그래프

유용한 항등식

표 6.9 역쌍곡선함수의 항등식
$\operatorname{sech}^{-1}x = \cosh^{-1}\dfrac{1}{x}$
$\operatorname{csch}^{-1}x = \sinh^{-1}\dfrac{1}{x}$
$\coth^{-1}x = \tanh^{-1}\dfrac{1}{x}$

$\cosh^{-1}x$, $\sinh^{-1}x$, $\tanh^{-1}x$ 값만 계산할 수 있는 계산기에서 표 6.9의 항등식을 사용하여 $\operatorname{sech}^{-1}x$, $\operatorname{csch}^{-1}x$, $\coth^{-1}x$를 계산한다. 이 항등식은 함수의 정의에서 바로 나온다. 예를 들어 $0 < x \leq 1$에서

$$\operatorname{sech}\left(\cosh^{-1}\left(\frac{1}{x}\right)\right) = \frac{1}{\cosh\left(\cosh^{-1}\left(\frac{1}{x}\right)\right)} = \frac{1}{\left(\frac{1}{x}\right)} = x$$

이다. 또한 쌍곡시컨트함수가 구간 $(0, 1]$에서 일대일이고 $\operatorname{sech}(\operatorname{sech}^{-1}x) = x$이므로

$$\cosh^{-1}\left(\frac{1}{x}\right) = \operatorname{sech}^{-1}x$$

역쌍곡선함수의 도함수

역쌍곡선함수는 표 6.10의 도함수 공식의 역연산인 적분에서 중요하게 활용된다.

$\tanh^{-1}u$와 $\coth^{-1}u$의 도함수 공식에서 각각 $|u| < 1$과 $|u| > 1$로 제한되는 것은 각각의 함숫값이 제한되기 때문이다(그림 6.33(a), (b)). $|u| < 1$과 $|u| > 1$로 구별되는 것은

표 6.10 역쌍곡선함수의 도함수

$$\frac{d(\sinh^{-1} u)}{dx} = \frac{1}{\sqrt{1 + u^2}}\frac{du}{dx}$$

$$\frac{d(\cosh^{-1} u)}{dx} = \frac{1}{\sqrt{u^2 - 1}}\frac{du}{dx}, \qquad u > 1$$

$$\frac{d(\tanh^{-1} u)}{dx} = \frac{1}{1 - u^2}\frac{du}{dx}, \qquad |u| < 1$$

$$\frac{d(\coth^{-1} u)}{dx} = \frac{1}{1 - u^2}\frac{du}{dx}, \qquad |u| > 1$$

$$\frac{d(\operatorname{sech}^{-1} u)}{dx} = -\frac{1}{u\sqrt{1 - u^2}}\frac{du}{dx}, \qquad 0 < u < 1$$

$$\frac{d(\operatorname{csch}^{-1} u)}{dx} = -\frac{1}{|u|\sqrt{1 + u^2}}\frac{du}{dx}, \qquad u \neq 0$$

미분 공식을 적분 공식으로 바꿀 때 중요하게 작용한다.

예제 2에서 역쌍곡선함수의 도함수가 어떻게 유도되는지 $d(\cosh^{-1} u)/dx$를 예로 들어 설명한다. 다른 공식도 같은 방법으로 유도할 수 있다.

예제 2 u가 x의 미분가능한 함수이고 $x > 1$이면

$$\frac{d}{dx}(\cos^{-1} u) = \frac{1}{\sqrt{u^2 - 1}}\frac{du}{dx}$$

풀이 먼저 $x > 1$에서 $f(x) = \cosh x$, $f^{-1}(x) = \cosh^{-1} x$라 두고 7.1절 정리 1을 사용하여 $y = \cosh^{-1} x$의 미분을 구한다. $x > 0$에서 $\cosh x$의 미분이 양이므로 정리 1을 적용할 수 있다.

$$(f^{-1})'(x) = \frac{1}{f'(f^{-1}(x))} \qquad \text{7.1절 정리 1}$$

$$= \frac{1}{\sinh(\cosh^{-1} x)} \qquad f'(u) = \sinh u$$

$$= \frac{1}{\sqrt{\cosh^2(\cosh^{-1} x) - 1}} \qquad \begin{array}{l}\cosh^2 u - \sinh^2 u = 1, \\ \sinh u = \sqrt{\cosh^2 u - 1}\end{array}$$

$$= \frac{1}{\sqrt{x^2 - 1}} \qquad \cosh(\cosh^{-1} x) = x$$

마지막으로 연쇄법칙을 적용하면 공식이 증명된다.

$$\frac{d}{dx}(\cosh^{-1} u) = \frac{1}{\sqrt{u^2 - 1}}\frac{du}{dx}$$

표 6.10의 도함수 공식에서 적절히 치환하면 표 6.11의 적분 공식이 유도된다. 표 6.11의 각 공식은 우변을 미분하면 쉽게 증명된다.

역사적 인물
코발레프스키(Sonya Kovalevsky, 1850~1891)

표 6.11 역쌍곡선함수가 되는 적분

1. $\displaystyle\int \frac{du}{\sqrt{a^2 + u^2}} = \sinh^{-1}\left(\frac{u}{a}\right) + C, \qquad a > 0$

2. $\displaystyle\int \frac{du}{\sqrt{u^2 - a^2}} = \cosh^{-1}\left(\frac{u}{a}\right) + C, \qquad u > a > 0$

3. $\displaystyle\int \frac{du}{a^2 - u^2} = \begin{cases} \dfrac{1}{a}\tanh^{-1}\left(\dfrac{u}{a}\right) + C, & u^2 < a^2 \\[2mm] \dfrac{1}{a}\coth^{-1}\left(\dfrac{u}{a}\right) + C, & u^2 > a^2 \end{cases}$

4. $\displaystyle\int \frac{du}{u\sqrt{a^2 - u^2}} = -\frac{1}{a}\operatorname{sech}^{-1}\left(\frac{u}{a}\right) + C, \qquad 0 < u < a$

5. $\displaystyle\int \frac{du}{u\sqrt{a^2 + u^2}} = -\frac{1}{a}\operatorname{csch}^{-1}\left|\frac{u}{a}\right| + C, \qquad u \neq 0, \ a > 0$

예제 3　다음 적분값을 구하라.

$$\int_0^1 \frac{2\,dx}{\sqrt{3 + 4x^2}}$$

풀이　부정적분은

$$\int \frac{2\,dx}{\sqrt{3 + 4x^2}} = \int \frac{du}{\sqrt{a^2 + u^2}} \qquad u = 2x, \quad du = 2\,dx, \quad a = \sqrt{3}$$

$$= \sinh^{-1}\left(\frac{u}{a}\right) + C \qquad \text{표 6.11 공식}$$

$$= \sinh^{-1}\left(\frac{2x}{\sqrt{3}}\right) + C$$

이다. 따라서

$$\int_0^1 \frac{2\,dx}{\sqrt{3 + 4x^2}} = \sinh^{-1}\left(\frac{2x}{\sqrt{3}}\right)\Big]_0^1 = \sinh^{-1}\left(\frac{2}{\sqrt{3}}\right) - \sinh^{-1}(0)$$

$$= \sinh^{-1}\left(\frac{2}{\sqrt{3}}\right) - 0 \approx 0.98665 \qquad ■$$

연습문제 6.7

쌍곡선함수의 값과 항등식

연습문제 1~4에서 주어진 $\sinh x$ 또는 $\cosh x$의 값과 정의와 항등식 $\cosh^2 x - \sinh^2 x = 1$을 이용하여 나머지 5가지 쌍곡선함수의 값을 구하라.

1. $\sinh x = -\dfrac{3}{4}$

2. $\sinh x = \dfrac{4}{3}$

3. $\cosh x = \dfrac{17}{15}, \quad x > 0$

4. $\cosh x = \dfrac{13}{5}, \quad x > 0$

연습문제 5~10에서 주어진 함수를 지수함수로 나타내고 최대한 간단히 하라.

5. $2\cosh(\ln x)$

6. $\sinh(2\ln x)$

7. $\cosh 5x + \sinh 5x$

8. $\cosh 3x - \sinh 3x$

9. $(\sinh x + \cosh x)^4$

10. $\ln(\cosh x + \sinh x) + \ln(\cosh x - \sinh x)$

11. 항등식

$$\sinh(x + y) = \sinh x \cosh y + \cosh x \sinh y,$$
$$\cosh(x + y) = \cosh x \cosh y + \sinh x \sinh y.$$

를 사용하여 다음을 증명하라.

a. $\sinh 2x = 2\sinh x \cosh x$.

b. $\cosh 2x = \cosh^2 x + \sinh^2 x$.

12. $\cosh x$와 $\sinh x$의 정의를 이용하여 다음을 증명하라.

$$\cosh^2 x - \sinh^2 x = 1$$

미분하기

연습문제 13~24에서 y를 적절한 변수에 대하여 미분하라.

13. $y = 6\sinh\dfrac{x}{3}$ **14.** $y = \dfrac{1}{2}\sinh(2x+1)$

15. $y = 2\sqrt{t}\tanh\sqrt{t}$ **16.** $y = t^2\tanh\dfrac{1}{t}$

17. $y = \ln(\sinh z)$ **18.** $y = \ln(\cosh z)$

19. $y = (\operatorname{sech}\theta)(1 - \ln\operatorname{sech}\theta)$ **20.** $y = (\operatorname{csch}\theta)(1 - \ln\operatorname{csch}\theta)$

21. $y = \ln\cosh v - \dfrac{1}{2}\tanh^2 v$ **22.** $y = \ln\sinh v - \dfrac{1}{2}\coth^2 v$

23. $y = (x^2 + 1)\operatorname{sech}(\ln x)$

（힌트: 미분하기 전에 지수함수로 나타내고 간단히 하라.）

24. $y = (4x^2 - 1)\operatorname{csch}(\ln 2x)$

연습문제 25~36에서 y를 적절한 변수에 대하여 미분하라.

25. $y = \sinh^{-1}\sqrt{x}$ **26.** $y = \cosh^{-1}2\sqrt{x+1}$

27. $y = (1 - \theta)\tanh^{-1}\theta$ **28.** $y = (\theta^2 + 2\theta)\tanh^{-1}(\theta + 1)$

29. $y = (1 - t)\coth^{-1}\sqrt{t}$ **30.** $y = (1 - t^2)\coth^{-1}t$

31. $y = \cos^{-1}x - x\operatorname{sech}^{-1}x$ **32.** $y = \ln x + \sqrt{1 - x^2}\,\operatorname{sech}^{-1}x$

33. $y = \operatorname{csch}^{-1}\left(\dfrac{1}{2}\right)^{\theta}$ **34.** $y = \operatorname{csch}^{-1}2^{\theta}$

35. $y = \sinh^{-1}(\tan x)$

36. $y = \cosh^{-1}(\sec x), \quad 0 < x < \pi/2$

적분 공식

연습문제 37~40에서 적분 공식을 검증하라.

37. a. $\displaystyle\int \operatorname{sech}x\,dx = \tan^{-1}(\sinh x) + C$

　b. $\displaystyle\int \operatorname{sech}x\,dx = \sin^{-1}(\tanh x) + C$

38. $\displaystyle\int x\operatorname{sech}^{-1}x\,dx = \dfrac{x^2}{2}\operatorname{sech}^{-1}x - \dfrac{1}{2}\sqrt{1 - x^2} + C$

39. $\displaystyle\int x\coth^{-1}x\,dx = \dfrac{x^2 - 1}{2}\coth^{-1}x + \dfrac{x}{2} + C$

40. $\displaystyle\int \tanh^{-1}x\,dx = x\tanh^{-1}x + \dfrac{1}{2}\ln(1 - x^2) + C$

적분 계산

연습문제 41~60에서 적분을 계산하라.

41. $\displaystyle\int \sinh 2x\,dx$ **42.** $\displaystyle\int \sinh\dfrac{x}{5}\,dx$

43. $\displaystyle\int 6\cosh\left(\dfrac{x}{2} - \ln 3\right)dx$ **44.** $\displaystyle\int 4\cosh(3x - \ln 2)\,dx$

45. $\displaystyle\int \tanh\dfrac{x}{7}\,dx$ **46.** $\displaystyle\int \coth\dfrac{\theta}{\sqrt{3}}\,d\theta$

47. $\displaystyle\int \operatorname{sech}^2\left(x - \dfrac{1}{2}\right)dx$ **48.** $\displaystyle\int \operatorname{csch}^2(5 - x)\,dx$

49. $\displaystyle\int \dfrac{\operatorname{sech}\sqrt{t}\tanh\sqrt{t}\,dt}{\sqrt{t}}$ **50.** $\displaystyle\int \dfrac{\operatorname{csch}(\ln t)\coth(\ln t)\,dt}{t}$

51. $\displaystyle\int_{\ln 2}^{\ln 4}\coth x\,dx$ **52.** $\displaystyle\int_{0}^{\ln 2}\tanh 2x\,dx$

53. $\displaystyle\int_{-\ln 4}^{-\ln 2}2e^{\theta}\cosh\theta\,d\theta$ **54.** $\displaystyle\int_{0}^{\ln 2}4e^{-\theta}\sinh\theta\,d\theta$

55. $\displaystyle\int_{-\pi/4}^{\pi/4}\cosh(\tan\theta)\sec^2\theta\,d\theta$ **56.** $\displaystyle\int_{0}^{\pi/2}2\sinh(\sin\theta)\cos\theta\,d\theta$

57. $\displaystyle\int_{1}^{2}\dfrac{\cosh(\ln t)}{t}\,dt$ **58.** $\displaystyle\int_{1}^{4}\dfrac{8\cosh\sqrt{x}}{\sqrt{x}}\,dx$

59. $\displaystyle\int_{-\ln 2}^{0}\cosh^2\left(\dfrac{x}{2}\right)dx$ **60.** $\displaystyle\int_{0}^{\ln 10}4\sinh^2\left(\dfrac{x}{2}\right)dx$

역쌍곡선함수와 적분

쌍곡선함수는 지수함수로 표현할 수 있으므로, 로그함수를 이용하면 아래와 같이 역쌍곡선함수의 값을 구할 수 있다.

$$\sinh^{-1}x = \ln\left(x + \sqrt{x^2 + 1}\right), \quad -\infty < x < \infty$$

$$\cosh^{-1}x = \ln\left(x + \sqrt{x^2 - 1}\right), \quad x \geq 1$$

$$\tanh^{-1}x = \dfrac{1}{2}\ln\dfrac{1 + x}{1 - x}, \quad |x| < 1$$

$$\operatorname{sech}^{-1}x = \ln\left(\dfrac{1 + \sqrt{1 - x^2}}{x}\right), \quad 0 < x \leq 1$$

$$\operatorname{csch}^{-1}x = \ln\left(\dfrac{1}{x} + \dfrac{\sqrt{1 + x^2}}{|x|}\right), \quad x \neq 0$$

$$\coth^{-1}x = \dfrac{1}{2}\ln\dfrac{x + 1}{x - 1}, \quad |x| > 1$$

연습문제 61~66에서 위의 관계식을 이용하여 함숫값을 자연로그함수로 표현하라.

61. $\sinh^{-1}(-5/12)$ **62.** $\cosh^{-1}(5/3)$

63. $\tanh^{-1}(-1/2)$ **64.** $\coth^{-1}(5/4)$

65. $\operatorname{sech}^{-1}(3/5)$ **66.** $\operatorname{csch}^{-1}\left(-1/\sqrt{3}\right)$

연습문제 67~74에서 적분을

　a. 역쌍곡선함수로 나타내라.

　b. 자연로그함수로 나타내라.

67. $\displaystyle\int_{0}^{2\sqrt{3}}\dfrac{dx}{\sqrt{4 + x^2}}$ **68.** $\displaystyle\int_{0}^{1/3}\dfrac{6\,dx}{\sqrt{1 + 9x^2}}$

69. $\displaystyle\int_{5/4}^{2}\dfrac{dx}{1 - x^2}$ **70.** $\displaystyle\int_{0}^{1/2}\dfrac{dx}{1 - x^2}$

71. $\displaystyle\int_{1/5}^{3/13}\dfrac{dx}{x\sqrt{1 - 16x^2}}$ **72.** $\displaystyle\int_{1}^{2}\dfrac{dx}{x\sqrt{4 + x^2}}$

73. $\displaystyle\int_0^\pi \frac{\cos x\, dx}{\sqrt{1+\sin^2 x}}$ **74.** $\displaystyle\int_1^e \frac{dx}{x\sqrt{1+(\ln x)^2}}$

응용과 예제

75. 함수 f가 원점에 대칭인 구간에서 정의된 함수일 때(따라서 f가 x에서 정의되면 $-x$에서도 정의된다.)

$$f(x) = \frac{f(x)+f(-x)}{2} + \frac{f(x)-f(-x)}{2} \tag{1}$$

이 성립함을 보이라. 그리고 $(f(x)+f(-x))/2$는 우함수이고 $(f(x)-f(-x))/2$는 기함수임을 보이라.

76. $\sinh^{-1} x = \ln(x+\sqrt{x^2+1})$($x$는 모든 실수)를 유도하라. 유도과정에서 제곱근 앞에 $-$부호가 아닌 $+$부호가 붙는 이유를 설명하라.

77. 스카이다이빙 질량 m인 물체가 정지상태에서 중력에 의하여 자유 낙하할 때, 속도의 제곱에 비례하는 공기저항을 받는다. 낙하하기 시작해서 t초 후 물체의 속도는 다음 미분방정식을 만족한다.

$$m\frac{dv}{dt} = mg - kv^2$$

여기서 k는 물체의 공기역학적 성질과 공기의 밀도에 의하여 결정되는 상수이다(낙하길이가 짧아서 공기밀도의 변화가 결과에 별영향을 미치지 않는다고 가정한다).

a. 속도

$$v = \sqrt{\frac{mg}{k}}\tanh\left(\sqrt{\frac{gk}{m}}\,t\right)$$

는 주어진 미분방정식과 초기조건 $t=0$일 때 $v=0$을 만족한다는 것을 증명하라.

b. 물체의 **극한속도** $\displaystyle\lim_{t\to\infty} v$를 구하라.

c. 75 kg($mg=735$ N)인 스카이다이버에 대하여 시간은 초, 거리는 미터일 때 k의 값은 0.235라고 한다. 이 스카이다이버의 극한속도를 구하라.

78. 가속도의 크기가 거리 변동에 비례하는 경우 직선 위를 움직이는 물체의 위치가 시각 t일 때

a. $s = a\cos kt + b\sin kt$

b. $s = a\cosh kt + b\sinh kt$

라고 하자. 물체는 (a)의 경우 원점에 가까워지고, (b)의 경우 원점에서 멀어지는 운동이다. 두 경우 모두가 속도 d^2s/dt^2은 s에 비례한다는 것을 보이라.

79. 부피 제1사분면에서 위로는 곡선 $y=\cosh x$, 아래로는 곡선 $y=\sinh x$, 왼쪽으로는 y축, 오른쪽으로는 직선 $x=2$에 의해 둘러싸인 영역이 있다. 이 영역을 x축을 회전축으로 회전하여 얻은 회전체의 부피를 구하라.

80. 부피 곡선 $y=\operatorname{sech} x$, x축, 직선 $x=\pm\ln\sqrt{3}$으로 둘러싸인 영역을 x축을 회전축으로 회전하여 얻은 회전체의 부피를 구하라.

81. 호의 길이 곡선 $x=0$부터 $x=\ln\sqrt{5}$까지 $y=(1/2)\cosh 2x$의 길이를 구하라.

82. 쌍곡선함수의 정의를 사용하여, 다음 극한값을 구하라.

a. $\displaystyle\lim_{x\to\infty}\tanh x$ **b.** $\displaystyle\lim_{x\to-\infty}\tanh x$

c. $\displaystyle\lim_{x\to\infty}\sinh x$ **d.** $\displaystyle\lim_{x\to-\infty}\sinh x$

e. $\displaystyle\lim_{x\to\infty}\operatorname{sech} x$ **f.** $\displaystyle\lim_{x\to\infty}\coth x$

g. $\displaystyle\lim_{x\to 0^+}\coth x$ **h.** $\displaystyle\lim_{x\to 0^-}\coth x$

i. $\displaystyle\lim_{x\to-\infty}\operatorname{csch} x$

83. 매달린 전선 전선이 두 전봇대 사이에 매달려 있는 경우를 생각해 보자. 전선의 단위 길이당 무게를 w, 전선의 최저점에서 수평장력을 크기 H인 **벡터**라 하자. x축을 수평으로 잡으면 중력은 수직으로 작용한다. y축을 수직 위로 향하도록 하고 최저점을 y축 위의 $y=H/w$인 점으로 잡으면 전선은 다음 쌍곡선함수

$$y = \frac{H}{w}\cosh\frac{w}{H}x$$

위에 위치한다.

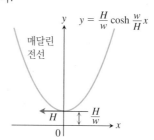

이러한 곡선을 **사슬곡선(chain curve)** 혹은 **현수선(catenary)**이라 한다.

a. $P(x, y)$를 전선 위의 임의의 점이라고 하자. 아래의 그림에서 P점에서의 장력은 크기 T인 벡터, 최저점에서의 장력은 크기 H인 벡터로 나타나 있다. P점에서 전선의 기울기는 다음과 같음을 보이라.

$$\tan\phi = \frac{dy}{dx} = \sinh\frac{w}{H}x.$$

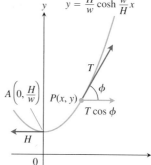

b. (a)의 결과와 P점에서 수평장력은 H여야 한다(전선이 움직이지 않으므로)는 사실을 이용하여 $T=wy$임을 보이라. 따라서 $P(x, y)$에서 장력의 크기는 정확히 길이 y인 전선의 무게와 같다.

84. (연습문제 83 계속) 연습문제 83의 그림에서 호 AP의 길이는 $s=(1/a)\sinh ax$이다. 단, $a=w/H$. P의 좌표는 s를 이용하여 다음과 같이 나타낼 수 있다는 것을 보이라.

$$x = \frac{1}{a}\sinh^{-1} as, \qquad y = \sqrt{s^2 + \frac{1}{a^2}}$$

85. 넓이 제1사분면에서 곡선 $y=(1/a)\cosh ax$, 두 좌표축, 직선

$x=b$로 만들어지는 영역의 넓이는 높이 $1/a$, 밑변 s인 직사각형의 넓이와 같다는 것을 보이라. 단, s는 $x=0$부터 $x=b$까지 곡선의 길이이다. 이 결과를 도시하라.

86. 쌍곡선함수에서 쌍곡선 $x=\cos u$, $y=\sin u$가 단위원 위의 점 (x, y)인 것처럼 함수 $x=\cosh u$와 $y=\sinh u$는 단위 쌍곡선 $x^2-y^2=1$ 의 오른쪽 분지 위의 점 (x, y)이다.

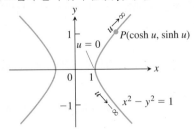

$\cosh^2 u-\sinh^2 u=1$이므로 모든 u에 대하여 점 $(\cosh u, \sinh u)$는 쌍곡선 $x^2-y^2=1$의 오른쪽 분지 위에 있다.

쌍곡선 함수와 원함수의 또 한 가지 닮은 점은 단위 쌍곡선 $x^2-y^2=1$의 오른쪽 분지 위의 점 $(\cosh u, \sinh u)$에 대하여 단위원과 마찬가지로 u는 그림에서와 같이 부채꼴 AOP의 넓이의 2배이다. 이것을 다음과 같이 단계별로 증명하라.

a. 부채꼴 AOP의 넓이 $A(u)$는 다음과 같음을 보이라.

$$A(u) = \frac{1}{2}\cosh u \sinh u - \int_{1}^{\cosh u} \sqrt{x^2-1}\, dx$$

b. (a)의 양변을 u에 대하여 미분하여 다음을 증명하라.

$$A'(u) = \frac{1}{2}$$

c. 위의 식을 $A(u)$에 대하여 풀어라. $A(0)$은 얼마인가? 해의 적분상수 C의 값은 얼마인가? C가 결정되었으면 u와 $A(u)$의 관계는 어떠한가?

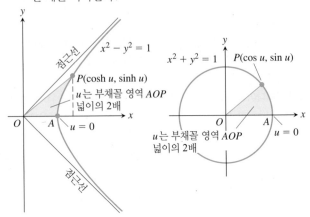

이 그림에서 쌍곡선함수와 원함수의 닮은 점 한 가지가 밝혀졌다.

6.8 상대적 증가율

수학, 컴퓨터과학, 공학 등에서는 x가 커짐에 따라 x의 함수가 얼마나 빠르게 증가하는가를 비교하는 것이 종종 중요할 때가 있다. 이러한 비교에서 지수함수는 매우 빠르게 증가하는 함수로, 또 로그함수는 매우 느리게 증가하는 함수로 중요하게 사용된다. 이 절에서는 o와 O 표기법을 도입하여 이러한 성질을 나타내는 방법을 알아본다. 여기서는 $x \to \infty$일 때 함숫값이 양인 함수만을 생각한다.

함수의 증가율

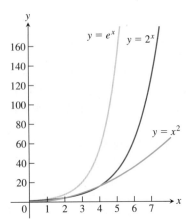

그림 6.34 e^x, 2^x, x^2의 그래프

2^x이나 e^x과 같은 지수함수는 x가 커짐에 따라 매우 빠르게 증가한다는 것을 느꼈을 것이다. 이러한 지수함수는 x보다는 확실히 더 빠르게 증가한다. 그림 6.34에서 2^x은 x^2보다 더 빠르게 증가한다는 것을 볼 수 있다. 실제로 x가 증가함에 따라 2^x이나 e^x은 x의 어떠한 거듭제곱보다 더 빠르게 증가한다. 연습문제 19에서는 $x^{1,000,000}$보다도 더 빠르게 증가한다는 것을 확인해 볼 수 있다. 이와는 대조적으로 로그함수 $y=\log_2 x$와 $y=\ln x$는 $x \to \infty$일 때 x의 어떠한 거듭제곱보다도 더 천천히 증가한다(연습문제 21).

x가 증가함에 따라 $y=e^x$이 얼마나 빠르게 증가하는가를 보기 위하여 함수의 그래프를 큰 칠판에 그린다고 생각해 보자. $x=1$ cm일 때 그래프는 x축 위 $e^1 \approx 3$ cm에 있다. $x=6$ cm일 때 그래프의 높이는 $e^6 \approx 403$ cm ≈ 4 m이며 아마도 천장보다 위일 것이다. $x=10$ cm일 때 그래프의 높이는 학교 건물보다 높은 $e^{10} \approx 22,026$ cm ≈ 220 m이다. $x=24$ cm일 때 그래프는 달까지 거리의 절반 정도 되고 $x=43$ cm일 때 그래프의 높이

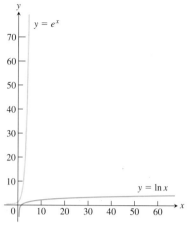

그림 6.35 e^x과 $\ln x$의 그래프

는 태양계에 가장 가까운 항성인 켄타우루스 자리의 별 프록시마까지 도달하고도 남는다. 축을 cm 단위로 나타낼 때 $y = \ln x$의 값이 $y = 43$이 되려면 x축으로 5광년 정도 가야 한다(그림 6.35 참조).

이렇게 지수함수, 다항함수, 로그함수간의 비교는 중요하므로, 어떤 한 함수 $f(x)$가 $x \to \infty$일 때 다른 함수 $g(x)$보다 더 빠르게 증가한다는 의미를 정의함으로써 명확하게 비교할 수 있다.

정의 $f(x)$와 $g(x)$를 x가 충분히 클 때 양의 값을 가지는 함수라고 하자.

1.
$$\lim_{x \to \infty} \frac{f(x)}{g(x)} = \infty$$

이면 $x \to \infty$일 때 f는 g보다 **더 빠르게 증가한다**(grows faster)고 한다.
동치명제로,

$$\lim_{x \to \infty} \frac{g(x)}{f(x)} = 0$$

이면 $x \to \infty$일 때 g는 f보다 **더 느리게 증가한다**(grows slower)고 한다.

2. 양의 유한한 값 L에 대하여

$$\lim_{x \to \infty} \frac{f(x)}{g(x)} = L$$

이면 $x \to \infty$일 때 f와 g는 **같은 정도로 증가한다**(grow at the same rate)고 한다.

이 정의에 의하면 $y = 2x$는 $y = x$보다 더 빠르게 증가하지는 않는다.

$$\lim_{x \to \infty} \frac{2x}{x} = \lim_{x \to \infty} 2 = 2$$

이므로 두 함수는 같은 정도로 증가한다. 이렇게 상식에 어긋나게 정의하는 이유는 'f가 g보다 더 빠르게 증가'한다는 것은 매우 큰 x에 대하여 g는 f에 비해서 무시할 수 있을 만큼밖에 되지 않는다는 것을 표현하려고 하기 때문이다.

예제 1

(a) $x \to \infty$일 때 e^x은 x^2보다 더 빠르게 증가한다.

$$\underbrace{\lim_{x \to \infty} \frac{e^x}{x^2}}_{\infty/\infty} = \underbrace{\lim_{x \to \infty} \frac{e^x}{2x}}_{\infty/\infty} = \lim_{x \to \infty} \frac{e^x}{2} = \infty \qquad \text{로피탈의 정리를 2번 사용}$$

(b) $x \to \infty$일 때 3^x은 2^x보다 더 빠르게 증가한다.

$$\lim_{x \to \infty} \frac{3^x}{2^x} = \lim_{x \to \infty} \left(\frac{3}{2}\right)^x = \infty$$

(c) $x \to \infty$일 때 x^2은 $\ln x$보다 더 빠르게 증가한다.

$$\lim_{x \to \infty} \frac{x^2}{\ln x} = \lim_{x \to \infty} \frac{2x}{1/x} = \lim_{x \to \infty} 2x^2 = \infty \qquad \text{로피탈의 정리}$$

(d) $x \to \infty$일 때 $\ln x$는 $x^{1/n}$보다 더 느리게 증가한다.

$$\lim_{x \to \infty} \frac{\ln x}{x^{1/n}} = \lim_{x \to \infty} \frac{1/x}{(1/n)x^{(1/n)-1}} \qquad \text{로피탈의 정리}$$

$$= \lim_{x \to \infty} \frac{n}{x^{1/n}} = 0 \qquad n \text{은 상수}$$

(e) (b)에서 보듯이 밑이 서로 다른 지수함수는 $x \to \infty$일 때 같은 정도로 증가하는 것은 아니다. $a > b > 0$이면 a^x은 b^x보다 더 빠르게 증가한다. $(a/b) > 1$이므로

$$\lim_{x \to \infty} \frac{a^x}{b^x} = \lim_{x \to \infty} \left(\frac{a}{b}\right)^x = \infty$$

(f) 지수함수와는 반대로 밑이 다른 로그함수는 $x \to \infty$일 때 항상 같은 정도로 증가한다.

$$\lim_{x \to \infty} \frac{\log_a x}{\log_b x} = \lim_{x \to \infty} \frac{\ln x / \ln a}{\ln x / \ln b} = \frac{\ln b}{\ln a}$$

이 극한값은 항상 양의 유한한 값이다. ∎

$x \to \infty$일 때 f가 g와 같은 정도로 증가하고 g가 h와 같은 정도로 증가한다면 f는 h와 같은 정도로 증가한다.

$$\lim_{x \to \infty} \frac{f}{g} = L_1, \qquad \lim_{x \to \infty} \frac{g}{h} = L_2$$

이므로

$$\lim_{x \to \infty} \frac{f}{h} = \lim_{x \to \infty} \frac{f}{g} \cdot \frac{g}{h} = L_1 L_2$$

이며, L_1과 L_2는 각각 유한한 양의 값이므로, $L_1 L_2$도 마찬가지다.

예제 2 $x \to \infty$일 때 $\sqrt{x^2 + 5}$와 $(2\sqrt{x} - 1)^2$은 같은 정도로 증가함을 보이라.

풀이 $x \to \infty$일 때 이 두 함수가 모두 $g(x) = x$와 같은 정도로 증가함을 보인다.

$$\lim_{x \to \infty} \frac{\sqrt{x^2 + 5}}{x} = \lim_{x \to \infty} \sqrt{1 + \frac{5}{x^2}} = 1$$

$$\lim_{x \to \infty} \frac{(2\sqrt{x} - 1)^2}{x} = \lim_{x \to \infty} \left(\frac{2\sqrt{x} - 1}{\sqrt{x}}\right)^2 = \lim_{x \to \infty} \left(2 - \frac{1}{\sqrt{x}}\right)^2 = 4 \qquad ∎$$

차수와 o와 O-표현

이제 o와 O 기호를 도입하기로 한다. 이 기호는 수백 년 전에 정수론 학자들이 만들었으며 지금은 수치해석 분야와 컴퓨터과학에서 주로 사용된다. 정의에 따르면, $x \to \infty$일 때 함수 $f = o(g)$라는 것은 f가 g보다 느리게 증가한다는 것을 뜻한다.

> **정의**
> $\lim\limits_{x \to \infty} \dfrac{f(x)}{g(x)} = 0$이면 $x \to \infty$일 때 함수 f가 g보다 **차수가 낮다**(of smaller order than)고 한다. 이때 $\boldsymbol{f = o(g)}$라고 한다.

예제 3 o 기호를 사용하자.

(a) $\lim\limits_{x \to \infty} \dfrac{\ln x}{x} = 0$이므로 $x \to \infty$일 때 $\ln x = o(x)$

(b) $\lim\limits_{x \to \infty} \dfrac{x^2}{x^3 + 1} = 0$이므로 $x \to \infty$일 때 $x^2 = o(x^3 + 1)$ ∎

정의

충분히 큰 x에 대하여 $f(x)$와 $g(x)$가 양의 값을 가진다고 하자. 이때 충분히 큰 모든 x에 대하여

$$\frac{f(x)}{g(x)} \leq M$$

을 만족하는 양수 M이 존재하면 $x \to \infty$일 때 f는 g보다 **차수가 크지 않다**(of at most the order of)고 한다. 이때 $f = O(g)$라고 나타낸다.

예제 4 O 기호를 사용하자.

(a) $\dfrac{x + \sin x}{x} \leq 2$이므로 $x \to \infty$ 일 때 $x + \sin x = O(x)$

(b) $\dfrac{e^x + x^2}{e^x} \to 1$이므로 $x \to \infty$ 일 때 $e^x + x^2 = O(e^x)$

(c) $\dfrac{x}{e^x} \to 0$이므로 $x \to \infty$일 때 $x = O(e^x)$ ∎

정의를 다시 살펴보면 x가 충분히 큰 영역의, 양의 함수에서 $f = o(g)$이면 $f = O(g)$임을 알 수 있다. 또한 f와 g가 같은 정도의 증가율로 증가하면 $f = O(g)$이며 동시에 $g = O(f)$이다(연습문제 11).

순차적 탐색과 이진탐색

컴퓨터과학자들은 어떤 알고리즘을 실행하는 데 필요한 조작의 수로 그 알고리즘의 효율성을 평가한다. 같은 작업을 하는 알고리즘이라도 구성방법에 따라서 효율성이 크게 달라진다. 이런 차이를 O-표현으로 나타내기도 한다. 예를 들어보자.

웹스터 국제영어사전(*Webster International Dictionary*)에는 a로 시작하는 단어가 약 26,000개 있다. a로 시작하는 어떤 단어를 찾아보는 알고리즘 한 가지는 앞에서부터 차례로 그 단어를 찾아내거나 혹은 사전에 없다는 것을 확인하는 것이다. **순차적 탐색**(sequential search)이라 불리는 이 방법은 단어가 알파벳 순서로 배열되어 있다는 성질을 특별하게 사용하지 않는다. 뒤쪽에 나오는 단어는 26,000번에 이르는 조작을 해야 알 수 있다.

다른 한 방법은 전체 단어를 반으로 나누어 가운데 위치한 단어를 먼저 찾는 것이다. 그 단어가 찾는 단어가 아니면 다시 그 단어가 속한 절반의 가운데 위치한 단어를 찾고 나머지 절반은 버린다. 사전은 순서대로 배열되어 있기 때문에 어느 쪽에 속하는지는 바로 알 수 있다. **이진탐색**(binary search)이라 불리는 이 방법을 1번 실행하면 관계 없는 단어 약 13,000개를 제거할 수 있다. 이번에도 찾는 단어가 아니면 다시 그 단어가 속한 쪽을 두고 나머지 부분은 버린다. 이런 방법으로 한 번에 절반씩 몇 번 잘라나가면 남은 절반이 단어를 하나도 포함하지 않게 된다. 몇 번이면 그렇게 될까? 약 15회면 된다.

$$(26{,}000/2^{15}) < 1$$

15회 조작은 26,000회 조작과 비교할 수 없이 적다.

n개의 단어 배열에서 하나의 단어를 찾거나 혹은 없다고 판단하기 위해서, 순차적 탐색은 n회의 조작이 필요하며 이진탐색은 $\log_2 n$회의 조작이 필요하다. 왜냐하면 $2^{m-1} < n \leq 2^m$일 때 $m - 1 < \log_2 n \leq m$이므로 한 단어만 남을 때까지 절반씩 제거해 나

가는 방법은 $\log_2 n$ 이상의 최소 자연수인 $m = \lceil \log_2 n \rceil$이기 때문이다.

O-표현법으로는 이를 간략히 표현할 수 있다. 사전식으로 순차적 탐색을 하는 경우 필요한 조작의 수는 $O(n)$이고 이진탐색의 경우는 $O(\log_2 n)$이다. 앞의 예의 경우 26,000 대 15라는 큰 차이가 있으며 n이 커질수록 그 차이는 더욱 커진다. 왜냐하면 $n \to \infty$로 감에 따라 n은 $\log_2 n$보다 더 빠르게 증가하기 때문이다.

연습문제 6.8

지수함수 e^x과의 비교

1. 다음 함수 중 $x \to \infty$일 때 e^x보다 더 빠르게 증가하는 함수는 어느 것인가? 같은 정도로 증가하는 함수는? 더 느리게 증가하는 함수는?

a. $x - 3$ **b.** $x^3 + \sin^2 x$

c. $\sqrt{x}$ **d.** 4^x

e. $(3/2)^x$ **f.** $e^{x/2}$

g. $e^x/2$ **h.** $\log_{10} x$

2. 다음 함수 중 $x \to \infty$일 때 e^x보다 더 빠르게 증가하는 함수는 어느 것인가? e^x과 같은 정도로 증가하는 함수는? 더 느리게 증가하는 함수는?

a. $10x^4 + 30x + 1$ **b.** $x \ln x - x$

c. $\sqrt{1 + x^4}$ **d.** $(5/2)^x$

e. e^{-x} **f.** xe^x

g. $e^{\cos x}$ **h.** e^{x-1}

이차함수 x^2과의 비교

3. 다음 함수 중 $x \to \infty$일 때 x^2보다 더 빠르게 증가하는 함수는 어느 것인가? x^2과 같은 정도로 증가하는 함수는? 더 느리게 증가하는 함수는?

a. $x^2 + 4x$ **b.** $x^5 - x^2$

c. $\sqrt{x^4 + x^3}$ **d.** $(x + 3)^2$

e. $x \ln x$ **f.** 2^x

g. $x^3 e^{-x}$ **h.** $8x^2$

4. 다음 함수 중 $x \to \infty$일 때 x^2보다 더 빠르게 증가하는 함수는 어느 것인가? x^2과 같은 정도로 증가하는 함수는? 더 느리게 증가하는 함수는?

a. $x^2 + \sqrt{x}$ **b.** $10x^2$

c. $x^2 e^{-x}$ **d.** $\log_{10}(x^2)$

e. $x^3 - x^2$ **f.** $(1/10)^x$

g. $(1.1)^x$ **h.** $x^2 + 100x$

로그함수 $\ln x$와의 비교

5. 다음 함수 중 $x \to \infty$일 때 $\ln x$보다 더 빠르게 증가하는 함수는 어느 것인가? $\ln x$와 같은 정도로 증가하는 함수는? 더 느리게 증가하는 함수는?

a. $\log_3 x$ **b.** $\ln 2x$

c. $\ln \sqrt{x}$ **d.** $\sqrt{x}$

e. x **f.** $5 \ln x$

g. $1/x$ **h.** e^x

6. 다음 함수 중 $x \to \infty$일 때 $\ln x$보다 더 빠르게 증가하는 함수는 어느 것인가? $\ln x$와 같은 정도로 증가하는 함수는? 더 느리게 증가하는 함수는?

a. $\log_2 (x^2)$ **b.** $\log_{10} 10x$

c. $1/\sqrt{x}$ **d.** $1/x^2$

e. $x - 2 \ln x$ **f.** e^{-x}

g. $\ln (\ln x)$ **h.** $\ln (2x + 5)$

증가율 순서

7. 다음 함수를 $x \to \infty$일 때 증가하는 정도가 느린 것부터 빠른 것까지 순서로 나열하라.

a. e^x **b.** x^x

c. $(\ln x)^x$ **d.** $e^{x/2}$

8. 다음 함수를 $x \to \infty$일 때 증가하는 정도가 느린 것부터 빠른 것까지 순서로 나열하라.

a. 2^x **b.** x^2

c. $(\ln 2)^x$ **d.** e^x

o와 O-표현; 차수

9. $x \to \infty$일 때 다음은 참인가 혹은 거짓인가?

a. $x = o(x)$ **b.** $x = o(x + 5)$

c. $x = O(x + 5)$ **d.** $x = O(2x)$

e. $e^x = o(e^{2x})$ **f.** $x + \ln x = O(x)$

g. $\ln x = o(\ln 2x)$ **h.** $\sqrt{x^2 + 5} = O(x)$

10. $x \to \infty$일 때 다음은 참인가 혹은 거짓인가?

a. $\dfrac{1}{x + 3} = O\left(\dfrac{1}{x}\right)$ **b.** $\dfrac{1}{x} + \dfrac{1}{x^2} = O\left(\dfrac{1}{x}\right)$

c. $\dfrac{1}{x} - \dfrac{1}{x^2} = o\left(\dfrac{1}{x}\right)$ **d.** $2 + \cos x = O(2)$

e. $e^x + x = O(e^x)$ **f.** $x \ln x = o(x^2)$

g. $\ln (\ln x) = O(\ln x)$ **h.** $\ln (x) = o(\ln (x^2 + 1))$

11. 양함수 $f(x)$와 $g(x)$가 $x \to \infty$일 때 같은 정도로 증가하면 $f = O(g)$이고, $g = O(f)$임을 보이라.

12. $x \to \infty$일 때 다항함수 $f(x)$가 어떤 경우에 다항함수 $g(x)$ 보다 차수가 작은가? 그 이유를 설명하라.

13. $x \to \infty$일 때 다항함수 $f(x)$가 어떤 경우에 다항함수 $g(x)$ 보다 차수가 크지 않은가? 그 이유를 설명하라.

14. 1.8절에서 알아본 유리함수의 극한의 성질로부터 $x \to \infty$일 때 다항함수의 상대적 증가율에 대하여 어떤 것을 알 수 있는가?

다른 비교

T **15.** 다음 극한값을 계산하라.

$$\lim_{x \to \infty} \frac{\ln (x + 1)}{\ln x}, \quad \lim_{x \to \infty} \frac{\ln (x + 999)}{\ln x}$$

어떤 것을 알 수 있는지 로피탈의 정리를 이용하여 설명하라.

16. (연습문제 15 계속) 다음 극한값

$$\lim_{x \to \infty} \frac{\ln (x + a)}{\ln x}$$

은 a가 어떤 값을 가지더라도 일정함을 보이라. 이 사실로부터 $f(x) = \ln (x + a)$와 $g(x) = \ln x$가 상대적으로 어느 정도로 증가하는지 설명하라.

17. $\sqrt{10x + 1}$과 $\sqrt{x + 1}$은 $x \to \infty$일 때 각각 $\sqrt{x}$와 같은 정도로 증가한다는 것을 보임으로써 $x \to \infty$일 때 서로 같은 정도로 증가한다는 것을 보이라.

18. $\sqrt{x^4 + x}$와 $\sqrt{x^4 - x^3}$은 $x \to \infty$일 때 각각 x^2과 같은 정도로 증가한다는 것을 보임으로써 $x \to \infty$일 때 서로 같은 정도로 증가한다는 것을 보이라.

19. $x \to \infty$일 때 e^x은 모든 양수 n에 대하여 x^n보다 빠르게 증가한다는 것을 보이라. 심지어 $x^{1,000,000}$보다도 더 빠르게 증가한다. (힌트: x^n의 n계 도함수는 얼마인가?)

20. e^x은 어떤 다항함수보다도 더 빠르게 증가한다. $x \to \infty$일 때 e^x은 임의의 다항식

$$a_n x^n + a_{n-1} x^{n-1} + \cdots + a_1 x + a_0$$

보다 더 빠르게 증가함을 보이라.

21. a. $\ln x$는 $x \to \infty$일 때 모든 양의 정수 n에 대하여 $x^{1/n}$보다 느리게 증가하는데, 심지어 $x^{1/1,000,000}$보다 더 느리게 증가함을 보이라.

T **b.** $x^{1/1,000,000}$은 x가 매우 커지면 $\ln x$보다 더 큰 값이 된다. $x^{1,000,000} > \ln x$가 되는 1보다 큰 x값을 하나 찾으라. $x > 1$일 때 $x^{1,000,000} = \ln x$는 $\ln (\ln x) = (\ln x)/1,000,000$와 동치라는 것을 이용하라.

T **c.** $x^{1/10}$이 $\ln x$보다 더 크게 되는 x도 매우 큰 값이다. 계산기를 이용하여 $x^{1/10}$과 $\ln x$의 그래프가 만나는 점, 즉 $\ln x = 10 \ln (\ln x)$가 되는 점을 찾아라. 만나는 점을 10, 100, 1000, $\cdots$ 사이에 들어가도록 한 다음 이분법으로 찾아나가면 어느 정도 정확한 값을 찾을 수 있다.

T **d.** ((c)의 계속) $\ln x = 10 \ln (\ln x)$가 되는 x를 찾을 수 없는 계산기도 있다. 이때는 계산기로 계산할 수 있는 범위 내에서 찾도록 시도해 보라. 어떤 현상을 볼 수 있는가?

22. 함수 $\ln x$는 어떤 다항식보다도 더 느리게 증가한다. 함수 $\ln x$는 $x \to \infty$일 때 주어진 어떤 다항식보다도 더 느리게 증가한다는 것을 보이라.

알고리즘과 탐색

23. a. 같은 문제를 해결하는 데 각각 아래와 같은 탐색횟수를 가지는 3개의 알고리즘을 생각해 보자.

$$n \log_2 n, \quad n^{3/2}, \quad n(\log_2 n)^2$$

어느 알고리즘이 궁극적으로 가장 효율적인가? 그 이유를 말하라.

T **b.** (a)의 세 함수의 그래프를 함께 나타내어서 각각이 얼마나 빠르게 증가하는지 살펴보라.

24. 아래 함수들로 연습문제 23을 다시 풀라.

$$n, \quad \sqrt{n} \log_2 n, \quad (\log_2 n)^2$$

T **25.** 순서대로 정렬된 백만 개 중 하나를 찾으려고 한다. 순차적 탐색법과 이진탐색법은 각각 몇 단계의 조작이 필요한가?

T **26.** 순서대로 정렬된 450,000개(웹스터 신국제영어사전 제3판에 수록된 단어의 수) 중 하나를 찾으려고 한다. 순차적 탐색법과 이진탐색법은 각각 몇 단계의 조작이 필요한가?

6장 복습문제

1. 어떤 함수가 역함수를 가지는가? 두 함수 f와 g가 서로의 역함수라면, 무엇을 의미하는가? 서로의 역함수인 함수의 예와 아닌 예를 들어 설명하라.

2. 함수의 정의역, 치역, 그래프가 그의 역함수의 정의역, 치역, 그래프와 어떤 연관이 있는가? 예를 들어 설명하라.

3. x의 함수의 역함수를 x의 함수로 어떻게 표현할 수 있는가?

4. 어떤 조건하에서 f의 역함수가 미분가능하다고 확신할 수 있는가? f의 도함수와 f^{-1}의 도함수는 어떤 연관이 있는가?

5. 자연로그함수는 무엇인가? 그의 정의역, 치역과 도함수는 무엇인가? 어떤 수리적 특성을 가지고 있는가? 그래프로 설명하라.

6. 로그 미분법은 무엇인가? 예를 들어 설명하라.

7. 어떤 함수를 적분하면 로그함수가 되는가? 예를 들어 설명하라. 라. $\tan x$, $\cot x$, $\sec x$와 $\csc x$의 적분은 무엇인가?

8. 지수함수 e^x은 어떻게 정의되는가? 정의역, 치역, 도함수는 무엇인가? 어떤 지수법칙을 만족하는가? 그래프에 대하여 설명하라.

9. 함수 a^x과 $\log_a x$는 어떻게 정의되는가? a에 어떤 제한이 있는가? $\log_a x$의 그래프는 $\ln x$의 그래프와 어떤 관계가 있는가? 지수함수와 로그함수는 사실상 각각 1개씩뿐이라는 말은 어떤 의미에서 사실인가?

10. 지수적 변화의 법칙은 무엇인가? 초깃값 문제에서 어떻게 유도되는가? 이 법칙이 적용되는 예를 들라.

11. 로피탈의 법칙을 설명하라. 이 법칙을 사용해야 할 때와 멈춰야 할 때에 대해 어떻게 알고 있는가? 예를 들어 설명하라.

12. 부정형 ∞/∞, $\infty \cdot 0$과 $\infty - \infty$에 이르는 극한은 어떻게 처리할

수 있는가? 예를 들어 설명하라.

13. 부정형 1^∞, 0^0과 ∞^∞에 이르는 극한은 어떻게 처리할 수 있는가? 예를 들어 설명하라.

14. 역삼각함수는 어떻게 정의되는가? 이들 함숫값을 구하기 위해 직각삼각형은 어떻게 사용할 수 있는가? 예를 들어 설명하라.

15. 역삼각함수의 도함수는 무엇인가? 도함수의 정의역은 함수의 정의역과 비교하면 어떠한가?

16. 어떤 함수를 적분하면 역삼각함수가 되는가? 치환과 완전제곱 꼴은 어떻게 이 적분의 응용을 확장시킬 수 있는가?

17. 6가지 기본 쌍곡선함수는 무엇인가? 각각의 정의역, 치역, 그래프에 대하여 말하라. 그 함수들 사이의 관계를 말하라.

18. 6가지 기본 쌍곡선함수의 도함수는 무엇인가? 각각의 적분 공

식은 무엇인가? 6가지 기본 삼각함수와 닮은 점은 무엇인가?

19. 역쌍곡선함수는 어떻게 정의되는가? 각각의 정의역, 치역, 그래프에 대하여 말하라. 계산기에 있는 $\cosh^{-1} x$, $\sinh^{-1} x$, $\tanh^{-1} x$ 키를 이용하여 $\text{sech}^{-1} x$, $\text{csch}^{-1} x$, $\coth^{-1} x$ 값을 구할 수 있는가?

20. 어떤 적분에서 자연스럽게 역쌍곡선함수가 유도되는가?

21. $x \to \infty$일 때 양의 함수의 증가율을 어떻게 비교할 수 있는가?

22. 증가비교에서 함수 e^x와 $\ln x$의 역할은 무엇인가?

23. O-표현과 o-표현을 예를 들어 설명하라.

24. 순차적 탐색법과 이진탐색법 중 어느 것이 더 효율적인가? 그 이유를 설명하라.

6장   종합문제

함수의 도함수

종합문제 1~24에서 적절한 변수에 대하여 y의 도함수를 구하라.

1. $y = 10e^{-x/5}$

2. $y = \sqrt{2}e^{\sqrt{2}x}$

3. $y = \dfrac{1}{4}xe^{4x} - \dfrac{1}{16}e^{4x}$

4. $y = x^2 e^{-2/x}$

5. $y = \ln(\sin^2 \theta)$

6. $y = \ln(\sec^2 \theta)$

7. $y = \log_2(x^2/2)$

8. $y = \log_5(3x - 7)$

9. $y = 8^{-t}$

10. $y = 9^{2t}$

11. $y = 5x^{3.6}$

12. $y = \sqrt{2}x^{-\sqrt{2}}$

13. $y = (x + 2)^{x+2}$

14. $y = 2(\ln x)^{x/2}$

15. $y = \sin^{-1}\sqrt{1 - u^2}, \quad 0 < u < 1$

16. $y = \arcsin\left(\dfrac{1}{\sqrt{v}}\right), \quad v > 1$

17. $y = \ln\cos^{-1} x$

18. $y = z\cos^{-1} z - \sqrt{1 - z^2}$

19. $y = t\arctan t - \dfrac{1}{2}\ln t$

20. $y = (1 + t^2)\cot^{-1} 2t$

21. $y = z\sec^{-1} z - \sqrt{z^2 - 1}, \quad z > 1$

22. $y = 2\sqrt{x - 1}\sec^{-1}\sqrt{x}$

23. $y = \csc^{-1}(\sec \theta), \quad 0 < \theta < \pi/2$

24. $y = (1 + x^2)e^{\tan^{-1} x}$

로그미분법

종합문제 25~30에서 로그미분법을 이용하여 각 변수에 대한 y의 도함수를 구하라.

25. $y = \dfrac{2(x^2 + 1)}{\sqrt{\cos 2x}}$

26. $y = \sqrt[10]{\dfrac{3x + 4}{2x - 4}}$

27. $y = \left(\dfrac{(t + 1)(t - 1)}{(t - 2)(t + 3)}\right)^5, \quad t > 2$

28. $y = \dfrac{2u2^u}{\sqrt{u^2 + 1}}$

29. $y = (\sin \theta)^{\sqrt{\theta}}$

30. $y = (\ln x)^{1/(\ln x)}$

적분

종합문제 31~78에서 적분을 계산하라.

31. $\displaystyle\int e^x \sin(e^x)\,dx$

32. $\displaystyle\int e^t \cos(3e^t - 2)\,dt$

33. $\displaystyle\int e^x \sec^2(e^x - 7)\,dx$

34. $\displaystyle\int e^y \csc(e^y + 1)\cot(e^y + 1)\,dy$

35. $\displaystyle\int \sec^2 x\, e^{\tan x}\,dx$

36. $\displaystyle\int \csc^2 x\, e^{\cot x}\,dx$

37. $\displaystyle\int_{-1}^{1} \dfrac{dx}{3x - 4}$

38. $\displaystyle\int_{1}^{e} \dfrac{\sqrt{\ln x}}{x}\,dx$

39. $\displaystyle\int_{0}^{\pi} \tan\dfrac{x}{3}\,dx$

40. $\displaystyle\int_{1/6}^{1/4} 2\cot\pi x\,dx$

41. $\displaystyle\int_{0}^{4} \dfrac{2t}{t^2 - 25}\,dt$

42. $\displaystyle\int_{-\pi/2}^{\pi/6} \dfrac{\cos t}{1 - \sin t}\,dt$

43. $\displaystyle\int \dfrac{\tan(\ln v)}{v}\,dv$

44. $\displaystyle\int \dfrac{dv}{v\ln v}$

45. $\displaystyle\int \dfrac{(\ln x)^{-3}}{x}\,dx$

46. $\displaystyle\int \dfrac{\ln(x - 5)}{x - 5}\,dx$

47. $\displaystyle\int \dfrac{1}{r}\csc^2(1 + \ln r)\,dr$

48. $\displaystyle\int \dfrac{\cos(1 - \ln v)}{v}\,dv$

49. $\displaystyle\int x3^{x^2}\,dx$

50. $\displaystyle\int 2^{\tan x}\sec^2 x\,dx$

51. $\displaystyle\int_{1}^{7} \dfrac{3}{x}\,dx$

52. $\displaystyle\int_{1}^{32} \dfrac{1}{5x}\,dx$

53. $\displaystyle\int_{1}^{4} \left(\dfrac{x}{8} + \dfrac{1}{2x}\right)dx$

54. $\displaystyle\int_{1}^{8} \left(\dfrac{2}{3x} - \dfrac{8}{x^2}\right)dx$

55. $\displaystyle\int_{-2}^{-1} e^{-(x+1)} \, dx$

56. $\displaystyle\int_{-\ln 2}^{0} e^{2w} \, dw$

57. $\displaystyle\int_{0}^{\ln 5} e^{r}(3e^{r} + 1)^{-3/2} \, dr$

58. $\displaystyle\int_{0}^{\ln 9} e^{\theta}(e^{\theta} - 1)^{1/2} \, d\theta$

59. $\displaystyle\int_{1}^{e} \frac{1}{x}(1 + 7\ln x)^{-1/3} \, dx$

60. $\displaystyle\int_{e}^{e^{2}} \frac{1}{x\sqrt{\ln x}} \, dx$

61. $\displaystyle\int_{1}^{3} \frac{(\ln(v+1))^{2}}{v+1} \, dv$

62. $\displaystyle\int_{2}^{4} (1 + \ln t)t \ln t \, dt$

63. $\displaystyle\int_{1}^{8} \frac{\log_{4}\theta}{\theta} \, d\theta$

64. $\displaystyle\int_{1}^{e} \frac{8\ln 3 \log_{3}\theta}{\theta} \, d\theta$

65. $\displaystyle\int_{-3/4}^{3/4} \frac{6\,dx}{\sqrt{9 - 4x^{2}}}$

66. $\displaystyle\int_{-1/5}^{1/5} \frac{6\,dx}{\sqrt{4 - 25x^{2}}}$

67. $\displaystyle\int_{-2}^{2} \frac{3\,dt}{4 + 3t^{2}}$

68. $\displaystyle\int_{\sqrt{3}}^{3} \frac{dt}{3 + t^{2}}$

69. $\displaystyle\int \frac{dy}{y\sqrt{4y^{2} - 1}}$

70. $\displaystyle\int \frac{24\,dy}{y\sqrt{y^{2} - 16}}$

71. $\displaystyle\int_{\sqrt{2/3}}^{2/3} \frac{dy}{|y|\sqrt{9y^{2} - 1}}$

72. $\displaystyle\int_{-2/\sqrt{5}}^{-\sqrt{6}/\sqrt{5}} \frac{dy}{|y|\sqrt{5y^{2} - 3}}$

73. $\displaystyle\int \frac{dx}{\sqrt{-2x - x^{2}}}$

74. $\displaystyle\int \frac{dx}{\sqrt{-x^{2} + 4x - 1}}$

75. $\displaystyle\int_{-2}^{-1} \frac{2\,dv}{v^{2} + 4v + 5}$

76. $\displaystyle\int_{-1}^{1} \frac{3\,dv}{4v^{2} + 4v + 4}$

77. $\displaystyle\int \frac{dt}{(t+1)\sqrt{t^{2} + 2t - 8}}$

78. $\displaystyle\int \frac{dt}{(3t+1)\sqrt{9t^{2} + 6t}}$

방정식 풀이

종합문제 79~84에서 y에 대하여 풀어라.

79. $3^{y} = 2^{y+1}$

80. $4^{-y} = 3^{y+2}$

81. $9e^{2y} = x^{2}$

82. $3^{y} = 3\ln x$

83. $\ln(y - 1) = x + \ln y$

84. $\ln(10\ln y) = \ln 5x$

로피탈의 법칙

종합문제 85~108에서 로피탈의 법칙을 이용하여 극한을 구하라.

85. $\displaystyle\lim_{x \to 1} \frac{x^{2} + 3x - 4}{x - 1}$

86. $\displaystyle\lim_{x \to 1} \frac{x^{a} - 1}{x^{b} - 1}$

87. $\displaystyle\lim_{x \to \pi} \frac{\tan x}{x}$

88. $\displaystyle\lim_{x \to 0} \frac{\tan x}{x + \sin x}$

89. $\displaystyle\lim_{x \to 0} \frac{\sin^{2} x}{\tan(x^{2})}$

90. $\displaystyle\lim_{x \to 0} \frac{\sin mx}{\sin nx}$

91. $\displaystyle\lim_{x \to \pi/2^{-}} \sec 7x \cos 3x$

92. $\displaystyle\lim_{x \to 0^{+}} \sqrt{x} \sec x$

93. $\displaystyle\lim_{x \to 0} (\csc x - \cot x)$

94. $\displaystyle\lim_{x \to 0} \left(\frac{1}{x^{4}} - \frac{1}{x^{2}} \right)$

95. $\displaystyle\lim_{x \to \infty} \left(\sqrt{x^{2} + x + 1} - \sqrt{x^{2} - x} \right)$

96. $\displaystyle\lim_{x \to \infty} \left(\frac{x^{3}}{x^{2} - 1} - \frac{x^{3}}{x^{2} + 1} \right)$

97. $\displaystyle\lim_{x \to 0} \frac{10^{x} - 1}{x}$

98. $\displaystyle\lim_{\theta \to 0} \frac{3^{\theta} - 1}{\theta}$

99. $\displaystyle\lim_{x \to 0} \frac{2^{\sin x} - 1}{e^{x} - 1}$

100. $\displaystyle\lim_{x \to 0} \frac{2^{-\sin x} - 1}{e^{x} - 1}$

101. $\displaystyle\lim_{x \to 0} \frac{5 - 5\cos x}{e^{x} - x - 1}$

102. $\displaystyle\lim_{x \to 0} \frac{x \sin x^{2}}{\tan^{3} x}$

103. $\displaystyle\lim_{t \to 0^{+}} \frac{t - \ln(1 + 2t)}{t^{2}}$

104. $\displaystyle\lim_{x \to 4} \frac{\sin^{2}(\pi x)}{e^{x-4} + 3 - x}$

105. $\displaystyle\lim_{t \to 0^{+}} \left(\frac{e^{t}}{t} - \frac{1}{t} \right)$

106. $\displaystyle\lim_{y \to 0^{+}} e^{-1/y} \ln y$

107. $\displaystyle\lim_{x \to \infty} \left(\frac{e^{x} + 1}{e^{x} - 1} \right)^{\ln x}$

108. $\displaystyle\lim_{x \to 0^{+}} \left(1 + \frac{3}{x} \right)^{x}$

함수의 증가율 비교하기

109. $x \to \infty$일 때 f가 g보다 더 빠르게, 동등하게, 더 느리게 증가하는지 알아보고, 그 이유를 설명하라.

  a. $f(x) = \log_{2} x$, $g(x) = \log_{3} x$

  b. $f(x) = x$, $g(x) = x + \frac{1}{x}$

  c. $f(x) = x/100$, $g(x) = xe^{-x}$

  d. $f(x) = x$, $g(x) = \tan^{-1} x$

  e. $f(x) = \csc^{-1} x$, $g(x) = 1/x$

  f. $f(x) = \sinh x$, $g(x) = e^{x}$

110. $x \to \infty$일 때 f가 g보다 더 빠르게, 동등하게, 더 느리게 증가하는지 알아보고, 그 이유를 설명하라.

  a. $f(x) = 3^{-x}$, $g(x) = 2^{-x}$

  b. $f(x) = \ln 2x$, $g(x) = \ln x^{2}$

  c. $f(x) = 10x^{3} + 2x^{2}$, $g(x) = e^{x}$

  d. $f(x) = \tan^{-1}(1/x)$, $g(x) = 1/x$

  e. $f(x) = \sin^{-1}(1/x)$, $g(x) = 1/x^{2}$

  f. $f(x) = \operatorname{sech} x$, $g(x) = e^{-x}$

111. 참인지 거짓인지 설명하라.

  a. $\dfrac{1}{x^{2}} + \dfrac{1}{x^{4}} = O\!\left(\dfrac{1}{x^{2}}\right)$ **b.** $\dfrac{1}{x^{2}} + \dfrac{1}{x^{4}} = O\!\left(\dfrac{1}{x^{4}}\right)$

  c. $x = o(x + \ln x)$ **d.** $\ln(\ln x) = o(\ln x)$

  e. $\tan^{-1} x = O(1)$ **f.** $\cosh x = O(e^{x})$

112. 참인지 거짓인지 설명하라.

  a. $\dfrac{1}{x^{4}} = O\!\left(\dfrac{1}{x^{2}} + \dfrac{1}{x^{4}}\right)$ **b.** $\dfrac{1}{x^{4}} = o\!\left(\dfrac{1}{x^{2}} + \dfrac{1}{x^{4}}\right)$

  c. $\ln x = o(x + 1)$ **d.** $\ln 2x = O(\ln x)$

  e. $\sec^{-1} x = O(1)$ **f.** $\sinh x = O(e^{x})$

이론과 응용

113. 함수 $f(x) = e^{x} + x$는 미분가능하고 일대일 함수이므로 미분가능한 역함수 $f^{-1}(x)$가 존재한다. $f(\ln 2)$에서 df^{-1}/dx의 값을 구하라.

114. 함수 $f(x) = 1 + (1/x)$, $x \ne 0$의 역함수를 구하고, $f^{-1}(f(x)) = f(f^{-1}(x)) = x$임을 보이라. 또한

$$\left.\frac{df^{-1}}{dx}\right|_{f(x)} = \frac{1}{f'(x)}$$

임을 보이라.

종합문제 115~116에서 함수의 주어진 구간에서 최댓값과 최솟값을 구하라.

115. $y = x \ln 2x - x$, $\left[\dfrac{1}{2e}, \dfrac{e}{2}\right]$

116. $y = 10x(2 - \ln x)$, $(0, e^2]$

117. 넓이 $x = 1$부터 $x = e$까지 곡선 $y = 2(\ln x)/x$와 x축 사이의 영역의 넓이를 구하라.

118. a. $x = 10$부터 $x = 20$까지 곡선 $y = 1/x$과 x축 사이의 영역의 넓이가 $x = 1$부터 $x = 2$까지 이 곡선과 x축 사이의 영역의 넓이와 같음을 보이라.

b. $x = ka$부터 $x = kb$까지 곡선 $y = 1/x$과 x축 사이의 영역의 넓이가 $x = a$부터 $x = b$까지 이 곡선과 x축 사이의 영역의 넓이와 같음을 보이라. $0 < a < b$, $k > 0$이다.

119. 어떤 입자가 $y = \ln x$ 곡선을 따라 오른쪽 위로 이동하고 있다. x좌표가 $(dx/dt) = \sqrt{x}$ m/s의 속도로 증가하고 있다면 점 $(e^2, 2)$에서 y좌표가 이동하는 속도는?

120. 한 어린이가 곡선 $y = 3e^{-x/3}$과 같은 모양의 미끄럼틀을 타고 내려가고 있다. y좌표는 $dy/dt = (-1/4)\sqrt{3 - y}$ m/s의 속도로 변하고 있다. $x = 3$ m일 때 이 어린이의 x좌표는 대략 얼마의 속도로 변하는가?

121. 그림에 나타낸 직사각형은 한 변이 양의 y축에 있고, 다른 한 변이 x축에 있으며, 오른쪽 위의 꼭짓점은 곡선 $y = e^{-x}$에 있다. 이 직사각형의 최대 넓이와 그때 각각 변의 길이는 얼마인가?

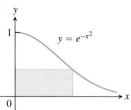

122. 그림에 나타낸 직사각형은 한 변이 양의 y축에 있고, 다른 한 변이 x축에 있으며, 오른쪽 위의 꼭짓점은 곡선 $y = (\ln x)/x^2$에 있다. 이 직사각형의 최대 넓이와 그때 각각 변의 길이는 얼마인가?

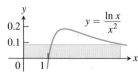

T 123. 다음 함수의 그래프를 그리고, 그림으로부터 극값과 그 위치를 추정하라. 그리고 변곡점의 좌표와 그래프가 위로 오목하고 아래로 오목한 구간을 지적하라. 함수의 도함수를 이용해서 위에서 추정한 값을 확인하라.

a. $y = (\ln x)/\sqrt{x}$ **b.** $y = e^{-x^2}$

c. $y = (1 + x)e^{-x}$

T 124. $f(x) = x \ln x$의 그래프를 그리라. 이 함수가 최솟값을 가지는 것으로 보이는가? 자신의 답을 미분법으로 확인하라.

125. 원래 있던 C-14 동위원소의 90%가 붕괴된 목탄의 나이를 구하라.

126. 식어가는 파이 온도가 104°C인 애플파이를 오븐에서 바로 꺼내어 바람이 부는 5°C인 베란다에 내놓았다. 15분 후 파이의 온도는 82°C이었다. 이때부터 얼마 후 파이의 온도가 21°C가 되겠는가?

127. 태양열 발전기 위치 그림에서 보는 것처럼 두 건물 사이에 동서방향으로 지면에 태양열 발전기를 건설하기로 계약되어 있다. 해가 발전기 위를 곧바로 지나간다고 할 때, 하루 중 햇빛을 받는 시간을 최대화하기 위해서는, 발전기를 큰 건물로부터 얼마나 많이 떨어져 지어야 하는가? 먼저 θ에 대한 식을 다음과 같이 구하고,

$$\theta = \pi - \cot^{-1}\frac{x}{60} - \cot^{-1}\frac{50 - x}{30}$$

θ가 최대가 되기 위한 x의 값을 구하라.

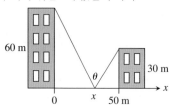

128. 물밑에 가설하는 둥근 전송 케이블의 중심은 구리선이고, 둘레는 절연체로 이루어져 있다. 절연체의 두께에 대한 구리선 반지름의 비를 x라 할 때, 전송 신호의 속도는 식 $v = x^2 \ln(1/x)$로 표현된다고 한다. 구리선의 반지름이 1 cm일 때, 전송 속도가 최대인 두께 h는 얼마인가?

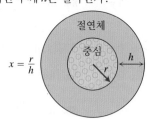

6장   보충 · 심화 문제

극한

보충 · 심화문제 1~6에서 극한을 구하라.

1. $\displaystyle\lim_{b \to 1^-} \int_0^b \frac{dx}{\sqrt{1 - x^2}}$

2. $\displaystyle\lim_{x \to \infty} \frac{1}{x} \int_0^x \tan^{-1} t \, dt$

3. $\displaystyle\lim_{x \to 0^+} (\cos \sqrt{x})^{1/x}$

4. $\displaystyle\lim_{x \to \infty} (x + e^x)^{2/x}$

5. $\displaystyle\lim_{n \to \infty} \left(\frac{1}{n + 1} + \frac{1}{n + 2} + \cdots + \frac{1}{2n}\right)$

6. $\lim_{n \to \infty} \frac{1}{n}\left(e^{1/n} + e^{2/n} + \cdots + e^{(n-1)/n} + e^{n/n}\right)$

7. $A(t)$를 제1사분면에서 좌표축과 곡선 $y = e^{-x}$, 수직선 $x = t$, $t > 0$에 의해 둘러싸인 영역의 넓이라 하고, 같은 영역을 x축을 회전축으로 회전시켜 얻은 회전체의 부피를 $V(t)$라 하자. 다음 극한값을 구하라.

   a. $\lim_{t \to \infty} A(t)$ **b.** $\lim_{t \to \infty} V(t)/A(t)$ **c.** $\lim_{t \to 0^+} V(t)/A(t)$

8. 로그함수의 밑의 변화

   a. $a \to 0^+, 1^-, 1^+, \infty$일 때 극한값 $\log_a 2$의 극한값을 구하라.

   T b. $0 < a \le 4$ 구간에서 $y = \log_a 2$를 a의 함수라 보고 그 그래프를 그리라.

보충·심화문제 9~10에서 음함수 미분법을 사용하여 $\dfrac{dy}{dx}$를 구하라.

9. $y e^x = x^y + 1$ **10.** $y^{\ln x} = x^{x^y}$

이론과 예제

11. 곡선 $y = 2(\log_2 x)/x$와 $y = 2(\log_4 x)/x$, $x = 1$과 $x = e$ 사이의 x축으로 둘러싸인 부분들의 넓이를 구하라. 넓이가 큰 것과 작은 것의 비를 구하라.

T 12. $-5 \le x \le 5$에서 함수 $f(x) = \tan^{-1} x + \tan^{-1}(1/x)$의 그래프를 그리라. 그리고 미적분학을 사용하여 그래프를 설명하라. 구간 $[-5, 5]$의 외부에서는 함수가 어떠할 것으로 생각되는가? 그 이유를 설명하라.

13. 어떤 $x > 0$에 대하여 $x^{(x^x)} = (x^x)^x$인가? 그 이유를 설명하라.

T 14. 구간 $[0, 3\pi]$에서 함수 $f(x) = (\sin x)^{\sin x}$의 그래프를 그리라. 그래프를 설명하라.

15. $f(x) = e^{g(x)}$이고 $g(x) = \displaystyle\int_2^x \frac{t}{1 + t^4} dt$일 때 $f'(2)$를 구하라.

16. a. $f(x) = \displaystyle\int_1^{e^x} \frac{2 \ln t}{t} dt$일 때 df/dx를 구하라.

   b. $f(0)$을 구하라.

   c. f의 그래프에 대하여 어떤 결론을 내릴 수 있는가? 이유를 설명하라.

17. 우함수-기함수 분해

   a. g와 h를 각각 f의 우함수와 기함수라 하자. 모든 x에 대하여 $g(x) + h(x) = 0$이면 모든 x에 대하여 $g(x) = 0$, $h(x) = 0$이다.

   b. (a)의 결과를 이용하여 $f(x) = f_E(x) + f_O(x)$가 우함수 $f_E(x)$와 기함수 $f_O(x)$의 합이라면

$$f_E(x) = (f(x) + f(-x))/2, \quad f_O(x) = (f(x) - f(-x))/2$$

임을 보이라.

   c. (b)로부터 알 수 있는 중요한 사실은 무엇인가?

18. g는 원점을 포함하는 어떤 열린 구간 전체에서 미분가능한 함수이고, 다음과 같은 성질을 가지고 있다고 하자.

   i. g의 정의역에 속하는 모든 실수 $x, y, x + y$에 대하여

$$g(x + y) = \frac{g(x) + g(y)}{1 - g(x)g(y)}$$

   ii. $\displaystyle\lim_{h \to 0} g(h) = 0$

   iii. $\displaystyle\lim_{h \to 0} \frac{g(h)}{h} = 1$

   a. $g(0) = 0$임을 보이라.

   b. $g'(x) = 1 + [g(x)]^2$임을 보이라.

   c. (b)의 미분방정식을 풀어서 $g(x)$를 구하라.

19. 질량중심 제1사분면과 제4사분면에서 곡선 $y = 1/(1 + x^2)$, $y = -1/(1 + x^2)$, $x = 0$, $x = 1$로 둘러싸인 영역을 덮는 밀도가 일정한 얇은 판의 질량중심을 구하라.

20. 회전체 $x = 1/4$와 $x = 4$ 사이에서 곡선 $y = 1/(2\sqrt{x})$와 x축으로 둘러싸인 영역을 x축을 회전축으로 회전시켜서 회전체를 얻었다.

   a. 이 회전체의 부피를 구하라.

   b. 이 영역의 중심을 구하라.

21. 혈관과 파이프의 최선의 분지각 유체가 흐르는 큰 파이프에서 작은 파이프가 갈라질 때, 에너지 절약의 관점에서 최선의 각도를 찾고자 한다. 예를 들면, 아래 그림에 나타낸 부분 AOB를 따라 마찰에 의한 에너지 손실을 최소화한다고 하자. 그림의 B는 작은 파이프에 도달해야 할 주어진 점이고, A는 B보다 위쪽의 큰 파이프에 있는 점이며, O는 갈라지는 점이다. 푸아죄유(Poiseuille)의 법칙에 따르면, 난류가 아닐 때 마찰에 의한 에너지 손실은 경로의 길이에 비례하고 반지름의 4제곱에 반비례한다. 그러므로 AO를 따른 손실은 $(kd_1)/R^4$이고, BO를 따른 손실은 $(kd_2)/r^4$이다. 여기서, k는 상수, d_1은 AO의 길이, d_2는 OB의 길이, R은 큰 파이프의 반지름, r은 작은 파이프의 반지름이다. 각 θ를 다음과 같이 두 가지 손실의 합이 최소가 되도록 정한다.

$$L = k\frac{d_1}{R^4} + k\frac{d_2}{r^4}$$

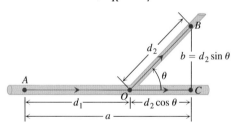

이 모형에서 $AC = a$와 $BC = b$는 고정된 것으로 가정하였다. 그러므로 다음 관계를 얻는다.

$$d_1 + d_2 \cos \theta = a, \quad d_2 \sin \theta = b$$

그래서 다음이 성립한다.

$$d_2 = b \csc \theta$$
$$d_1 = a - d_2 \cos \theta = a - b \cot \theta$$

전체 손실 L을 다음과 같이 θ의 함수로 나타낼 수 있다.

$$L = k\left(\frac{a - b \cot \theta}{R^4} + \frac{b \csc \theta}{r^4}\right)$$

   a. $dL/d\theta = 0$인 θ의 임계값이 다음과 같음을 보이라.

$$\theta_c = \cos^{-1} \frac{r^4}{R^4}$$

   b. 파이프 반지름의 비가 $r/R = 5/6$일 때, (a)에서 주어진 최적의 분지각을 자연수 각도로 계산하라.

여기서, 설명한 수학적 분석은 동물의 몸에서 동맥 분지의 각을 설명하는데도 이용된다.

22. 도시 정원 폭이 15 m인 야채 정원이 동서로 150 m 떨어진 두

건물 사이에서 자라고 있다. 두 건물의 높이가 각각 60 m와 105 m라고 할 때, 햇빛 노출시간이 최대가 되기 위해서는 정원이 어디에 위치해야 되는가? (**힌트**: 주어진 그림에서와 같이 정원에 햇빛노출이 최대가 되는 x의 값을 구하라.)

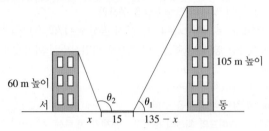

23. 곡선 위의 점 (a, b)에서의 접선, y축과 직선 $y=b$에 의해 만들어지는 삼각형 ABC를 생각하자. 다음을 보이라.

$$(\text{삼각형 } ABC\text{의 넓이}) = \frac{a}{2}$$

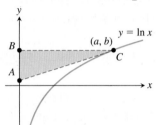

7

적분법

개요　미적분학의 기본정리는 피적분함수의 역도함수를 구할 수만 있다면 정적분의 값을 바로 계산할 수 있게 해준다. 하지만, 역도함수 (또는 부정적분)를 구하는 것은 도함수를 구하는 것처럼 쉽고 간단하지 않다.

　이 장에서는 삼각함수, 어떤 함수들의 곱 그리고 유리함수 등과 같이 특수한 형태의 함수에 대해 적분을 구하는 데 사용되는 몇 가지 중요한 기법들을 공부한다. 역도함수가 항상 구해지는 것은 아니기 때문에, 정적분 값을 계산하기 위한 수치적인 방법을 알아본다. 또한 정의역 또는 치역이 무한인, 즉 **이상적분**을 공부한다.

7.1　기본적인 적분 공식 이용하기

표 7.1은 우리가 지금까지 공부하였던 여러 함수들의 부정적분을 요약하였다. 그리고 치환법은 이 기본적인 함수들이 포함된 좀 더 복잡한 함수들의 적분을 구하기 쉽게 해준다. 이 절에서는 대수함수로의 치환법(4장 참조)과 삼각함수의 항등식을 같이 사용함으로써 표 7.1의 활용 범위를 더 넓히게 된다. 더 많은 함수들의 적분표가 책의 뒷부분에 수록되어 있으며, 이에 대한 활용방법은 7.6절에서 설명한다.

　때로는 적분을 구하기 위해서 표 7.1에 표현된 표준적인 형태에 맞춰서 적분을 고쳐적어야 한다. 이러한 과정을 보여주는 예제로 시작한다.

예제 1　다음 적분을 구하라.

$$\int_3^5 \frac{2x-3}{\sqrt{x^2-3x+1}}\,dx$$

풀이　적분을 고쳐서 4.6절에서 공부한 정적분의 치환법을 적용하면 다음과 같다.

$$\int_3^5 \frac{2x-3}{\sqrt{x^2-3x+1}}\,dx = \int_1^{11}\frac{du}{\sqrt{u}} \qquad \begin{array}{l} u = x^2-3x+1,\ du=(2x-3)\,dx; \\ x=3일\ 때\ u=1,\ x=5일\ 때\ u=11 \end{array}$$

$$= \int_1^{11} u^{-1/2}\,du$$

$$= 2\sqrt{u}\,\Big]_1^{11} = 2\left(\sqrt{11}-1\right) \approx 4.63 \quad \text{표 7.1, 공식 2} \quad \blacksquare$$

표7.1 기본적인 적분 공식

---

1. $\int k\,dx = kx + C$ (k는 모든 수)

2. $\int x^n\,dx = \dfrac{x^{n+1}}{n+1} + C$ $(n \neq -1)$

3. $\int \dfrac{dx}{x} = \ln|x| + C$

4. $\int e^x\,dx = e^x + C$

5. $\int a^x\,dx = \dfrac{a^x}{\ln a} + C$ $(a > 0, a \neq 1)$

6. $\int \sin x\,dx = -\cos x + C$

7. $\int \cos x\,dx = \sin x + C$

8. $\int \sec^2 x\,dx = \tan x + C$

9. $\int \csc^2 x\,dx = -\cot x + C$

10. $\int \sec x \tan x\,dx = \sec x + C$

11. $\int \csc x \cot x\,dx = -\csc x + C$

12. $\int \tan x\,dx = \ln|\sec x| + C$

13. $\int \cot x\,dx = \ln|\sin x| + C$

14. $\int \sec x\,dx = \ln|\sec x + \tan x| + C$

15. $\int \csc x\,dx = -\ln|\csc x + \cot x| + C$

16. $\int \sinh x\,dx = \cosh x + C$

17. $\int \cosh x\,dx = \sinh x + C$

18. $\int \dfrac{dx}{\sqrt{a^2 - x^2}} = \sin^{-1}\left(\dfrac{x}{a}\right) + C$

19. $\int \dfrac{dx}{a^2 + x^2} = \dfrac{1}{a}\tan^{-1}\left(\dfrac{x}{a}\right) + C$

20. $\int \dfrac{dx}{x\sqrt{x^2 - a^2}} = \dfrac{1}{a}\sec^{-1}\left|\dfrac{x}{a}\right| + C$

21. $\int \dfrac{dx}{\sqrt{a^2 + x^2}} = \sinh^{-1}\left(\dfrac{x}{a}\right) + C$ $(a > 0)$

22. $\int \dfrac{dx}{\sqrt{x^2 - a^2}} = \cosh^{-1}\left(\dfrac{x}{a}\right) + C$ $(x > a > 0)$

예제 2   완전 제곱을 이용하여 적분을 구하라.

$$\int \frac{dx}{\sqrt{8x - x^2}}$$

풀이   분모를 간단히 하기 위해 완전 제곱식을 이용하자.

$$8x - x^2 = -(x^2 - 8x) = -(x^2 - 8x + 16 - 16)$$
$$= -(x^2 - 8x + 16) + 16 = 16 - (x - 4)^2$$

그러면 다음과 같다.

$$\int \frac{dx}{\sqrt{8x - x^2}} = \int \frac{dx}{\sqrt{16 - (x-4)^2}}$$

$$= \int \frac{du}{\sqrt{a^2 - u^2}} \qquad a = 4,\ u = (x-4),$$
$$\hspace{8em} du = dx$$

$$= \sin^{-1}\left(\frac{u}{a}\right) + C \qquad \text{표 7.1, 공식 18}$$

$$= \sin^{-1}\left(\frac{x-4}{4}\right) + C$$

예제 3　다음 적분을 구하라.

$$\int (\cos x \sin 2x + \sin x \cos 2x)\,dx$$

풀이　여기서는 피적분함수를 사인함수의 합의 공식을 이용하여 동치관계인 삼각함수 표현식으로 고쳐 써서 간단히 구할 수 있다.

$$\int (\cos x \sin 2x + \sin x \cos 2x)\,dx = \int (\sin (x + 2x))\,dx$$

$$= \int \sin 3x\,dx$$

$$= \int \frac{1}{3} \sin u\,du \qquad u = 3x,\ du = 3\,dx$$

$$= -\frac{1}{3} \cos 3x + C \qquad \text{표 7.1, 공식 6} \qquad ■$$

4.5절에서는 시컨트 함수의 부정적분을 구하기 위해서 1에 해당하는 유리함수(분모와 분자가 같은 함수)를 곱하여 변형된 함수를 적분하였다. 이러한 방법을 다음 예제에서 보는 것처럼 여러 다른 함수들에도 적용할 수 있다.

예제 4　다음 적분을 구하라.

$$\int_0^{\pi/4} \frac{dx}{1 - \sin x}$$

풀이　피적분함수의 분모와 분자에 $1 + \sin x$를 곱하면 적분을 구할 수 있는 형태가 된다.

$$\int_0^{\pi/4} \frac{dx}{1 - \sin x} = \int_0^{\pi/4} \frac{1}{1 - \sin x} \cdot \frac{1 + \sin x}{1 + \sin x}\,dx \qquad 1 + \sin x\text{를 곱하고 나누면}$$

$$= \int_0^{\pi/4} \frac{1 + \sin x}{1 - \sin^2 x}\,dx \qquad \text{간단히}$$

$$= \int_0^{\pi/4} \frac{1 + \sin x}{\cos^2 x}\,dx \qquad 1 - \sin^2 x = \cos^2 x$$

$$= \int_0^{\pi/4} (\sec^2 x + \sec x \tan x)\,dx \qquad \text{표 7.1, 공식 8과 10}$$

$$= \Big[\tan x + \sec x \Big]_0^{\pi/4} = \big(1 + \sqrt{2} - (0 + 1) \big) = \sqrt{2} \qquad ■$$

예제 5　다음 적분을 구하라.

$$\int \frac{3x^2 - 7x}{3x + 2}\,dx$$

풀이　피적분함수는 분자의 차수가 분모의 차수보다 큰 가분수 유리함수이다. 이러한 함수를 적분하기 위해서는 먼저 분자를 분모로 장제법으로 나누어 몫과 나머지를 구한다. 이로부터 피적분함수를 정리하면

$$\frac{3x^2 - 7x}{3x + 2} = x - 3 + \frac{6}{3x + 2}$$

$$
\begin{array}{r}
x - 3 \\
3x + 2 \overline{)\ 3x^2 - 7x} \\
\underline{3x^2 + 2x} \\
-9x \\
\underline{-9x - 6} \\
+ 6
\end{array}
$$

가 된다. 적분하면 다음과 같다.

$$\int \frac{3x^2 - 7x}{3x + 2} dx = \int \left(x - 3 + \frac{6}{3x + 2} \right) dx = \frac{x^2}{2} - 3x + 2 \ln |3x + 2| + C \qquad \blacksquare$$

가분수 유리함수에 대해서 장제법에 의해 분자의 차수를 낮추어도(예제 5) 항상 적분이 가능한 형태로 표현되는 것은 아니다. 이에 대해서는 7.5절에서 다시 살펴본다.

예제 6   다음 적분을 구하라.

$$\int \frac{3x + 2}{\sqrt{1 - x^2}} dx$$

풀이   피적분함수를 덧셈에 의해 분리하면 다음과 같다.

$$\int \frac{3x + 2}{\sqrt{1 - x^2}} dx = 3 \int \frac{x \, dx}{\sqrt{1 - x^2}} + 2 \int \frac{dx}{\sqrt{1 - x^2}}$$

우변의 첫 번째 적분은 치환적분에 의해

$$u = 1 - x^2, \qquad du = -2x \, dx, \qquad 즉 \qquad x \, dx = -\frac{1}{2} du$$

이므로 적분하면

$$3 \int \frac{x \, dx}{\sqrt{1 - x^2}} = 3 \int \frac{(-1/2) \, du}{\sqrt{u}} = -\frac{3}{2} \int u^{-1/2} \, du$$
$$= -\frac{3}{2} \cdot \frac{u^{1/2}}{1/2} + C_1 = -3\sqrt{1 - x^2} + C_1$$

이다. 우변의 두 번째 적분은 기본 형태이므로

$$2 \int \frac{dx}{\sqrt{1 - x^2}} = 2 \sin^{-1} x + C_2 \qquad \text{표 7.1, 공식 18}$$

이다. $C_1 + C_2$를 하나의 상수 C로 하면 구하고자 하는 적분은 다음과 같다.

$$\int \frac{3x + 2}{\sqrt{1 - x^2}} dx = -3\sqrt{1 - x^2} + 2 \sin^{-1} x + C \qquad \blacksquare$$

피적분함수에서 무엇을 치환하여야 하는가에 대한 질문의 해답은 명쾌하지는 않다. 때로는 시행착오를 통해 답을 찾는다. 다음 예제는 치환에 의해 해결되지만, 어떠한 치환에도 적분이 구해지지 않는다면 완전히 다른 방법을 시도해 봐야 한다. 다음 몇 개의 절에서는 새로운 방법들을 소개할 것이다.

예제 7   다음 적분을 구하라.

$$\int \frac{dx}{\left(1 + \sqrt{x} \right)^3}$$

풀이   우선 치환 대상으로 $\sqrt{x}$를 생각해 보면, 도함수인 $1/\sqrt{x}$이 피적분함수에 없음을 알 수 있다. 따라서 이 치환은 적당치 않다. 또 다른 치환 가능성은 $(1 + \sqrt{x})$이다. 이 경우는 적분을 구할 수 있다.

$$\int \frac{dx}{\left(1 + \sqrt{x} \right)^3} = \int \frac{2(u - 1) \, du}{u^3} \qquad \begin{array}{l} u = 1 + \sqrt{x}, \; du = \frac{1}{2\sqrt{x}} dx; \\[4pt] dx = 2\sqrt{x} \, du = 2(u - 1) \, du \end{array}$$

$$= \int \left(\frac{2}{u^2} - \frac{2}{u^3} \right) du$$

$$= -\frac{2}{u} + \frac{1}{u^2} + C$$

$$= \frac{1 - 2u}{u^2} + C$$

$$= \frac{1 - 2(1 + \sqrt{x})}{(1 + \sqrt{x})^2} + C$$

$$= C - \frac{1 + 2\sqrt{x}}{(1 + \sqrt{x})^2} \qquad \blacksquare$$

정적분 계산의 경우에는, 피적분 함수의 성질을 이용하여 적분 값을 구하는 방법이 있다.

예제 8 다음 적분을 구하라.

$$\int_{-\pi/2}^{\pi/2} x^3 \cos x \, dx$$

풀이 이 적분의 경우에는 어떠한 치환이나 대수적인 방법이 전혀 도움이 되지 않는다. 하지만, 이 적분은 적분구간이 $[-\pi/2, \pi/2]$로써 원점 대칭임을 알 수 있다. 또한 x^3은 기함수이고 $\cos x$는 우함수이다. 따라서 그 곱은 기함수가 된다. 그러므로

$$\int_{-\pi/2}^{\pi/2} x^3 \cos x \, dx = 0 \qquad \text{4.6절 정리 8}$$

이다. $\blacksquare$

연습문제 7.1

다양한 적분법

연습문제 1~44에서 적절하다고 생각하는 대수적 방법이나 삼각 항등식을 이용한 치환에 의해 기본 형태로 고쳐서 적분을 구하라.

1. $\displaystyle\int_0^1 \frac{16x}{8x^2 + 2} \, dx$

2. $\displaystyle\int \frac{x^2}{x^2 + 1} \, dx$

3. $\displaystyle\int (\sec x - \tan x)^2 \, dx$

4. $\displaystyle\int_{\pi/4}^{\pi/3} \frac{dx}{\cos^2 x \tan x}$

5. $\displaystyle\int \frac{1 - x}{\sqrt{1 - x^2}} \, dx$

6. $\displaystyle\int \frac{dx}{x - \sqrt{x}}$

7. $\displaystyle\int \frac{e^{-\cot z}}{\sin^2 z} \, dz$

8. $\displaystyle\int \frac{2^{\ln z^3}}{16z} \, dz$

9. $\displaystyle\int \frac{dz}{e^z + e^{-z}}$

10. $\displaystyle\int_1^2 \frac{8 \, dx}{x^2 - 2x + 2}$

11. $\displaystyle\int_{-1}^0 \frac{4 \, dx}{1 + (2x + 1)^2}$

12. $\displaystyle\int_{-1}^3 \frac{4x^2 - 7}{2x + 3} \, dx$

13. $\displaystyle\int \frac{dt}{1 - \sec t}$

14. $\displaystyle\int \csc t \sin 3t \, dt$

15. $\displaystyle\int_0^{\pi/4} \frac{1 + \sin \theta}{\cos^2 \theta} \, d\theta$

16. $\displaystyle\int \frac{d\theta}{\sqrt{2\theta - \theta^2}}$

17. $\displaystyle\int \frac{\ln y}{y + 4y \ln^2 y} \, dy$

18. $\displaystyle\int \frac{2^{\sqrt{y}} \, dy}{2\sqrt{y}}$

19. $\displaystyle\int \frac{d\theta}{\sec \theta + \tan \theta}$

20. $\displaystyle\int \frac{dt}{t\sqrt{3 + t^2}}$

21. $\displaystyle\int \frac{4t^3 - t^2 + 16t}{t^2 + 4} \, dt$

22. $\displaystyle\int \frac{x + 2\sqrt{x - 1}}{2x\sqrt{x - 1}} \, dx$

23. $\displaystyle\int_0^{\pi/2} \sqrt{1 - \cos \theta} \, d\theta$

24. $\displaystyle\int (\sec t + \cot t)^2 \, dt$

25. $\displaystyle\int \frac{dy}{\sqrt{e^{2y} - 1}}$

26. $\displaystyle\int \frac{6 \, dy}{\sqrt{y} \, (1 + y)}$

27. $\displaystyle\int \frac{2 \, dx}{x\sqrt{1 - 4\ln^2 x}}$

28. $\displaystyle\int \frac{dx}{(x - 2)\sqrt{x^2 - 4x + 3}}$

29. $\displaystyle\int (\csc x - \sec x)(\sin x + \cos x)\, dx$

30. $\displaystyle\int 3 \sinh\left(\dfrac{x}{2} + \ln 5\right) dx$

31. $\displaystyle\int_{\sqrt{2}}^{3} \dfrac{2x^3}{x^2 - 1}\, dx$

32. $\displaystyle\int_{-1}^{1} \sqrt{1 + x^2}\, \sin x\, dx$

33. $\displaystyle\int_{-1}^{0} \sqrt{\dfrac{1 + y}{1 - y}}\, dy$

34. $\displaystyle\int e^{z + e^z}\, dz$

35. $\displaystyle\int \dfrac{7\, dx}{(x - 1)\sqrt{x^2 - 2x - 48}}$

36. $\displaystyle\int \dfrac{dx}{(2x + 1)\sqrt{4x + 4x^2}}$

37. $\displaystyle\int \dfrac{2\theta^3 - 7\theta^2 + 7\theta}{2\theta - 5}\, d\theta$

38. $\displaystyle\int \dfrac{d\theta}{\cos\theta - 1}$

39. $\displaystyle\int \dfrac{dx}{1 + e^x}$

힌트: 장제법 사용

40. $\displaystyle\int \dfrac{\sqrt{x}}{1 + x^3}\, dx$

힌트: $u = x^{3/2}$로 치환

41. $\displaystyle\int \dfrac{e^{3x}}{e^x + 1}\, dx$

42. $\displaystyle\int \dfrac{2^x - 1}{3^x}\, dx$

43. $\displaystyle\int \dfrac{1}{\sqrt{x}\,(1 + x)}\, dx$

44. $\displaystyle\int \dfrac{\tan\theta + 3}{\sin\theta}\, d\theta$

이론과 예제

45. 넓이 구간 $-\pi/4 \le x \le \pi/4$에서 위로는 곡선 $y = 2\cos x$, 아래로는 $y = \sec x$에 의해 둘러싸인 영역의 넓이를 구하라.

46. 부피 연습문제 45에서 정의된 영역을 x축을 회전축으로 회전시켜 얻은 입체의 부피를 구하라.

47. 호의 길이 구간 $0 \le x \le \pi/3$에서 곡선 $y = \ln(\cos x)$의 길이를 구하라.

48. 호의 길이 구간 $0 \le x \le \pi/4$에서 곡선 $y = \ln(\sec x)$의 길이를 구하라.

49. 중심 곡선 $y = \sec x$와 x축, 직선 $x = -\pi/4$, $x = \pi/4$에 의해 둘러싸인 영역의 중심을 구하라.

50. 중심 곡선 $y = \csc x$와 x축, 직선 $x = \pi/6$, $x = 5\pi/6$에 의해 둘러싸인 영역의 중심을 구하라.

51. 함수 $y = e^{x^3}$과 $y = x^3 e^{x^3}$은 초등함수로의 역도함수를 갖지 않지만, 함수 $y = (1 + 3x^3)e^{x^3}$은 역도함수를 갖는다. 다음 적분을 구하라.

$$\int (1 + 3x^3)e^{x^3}\, dx$$

52. 치환 $u = \tan x$을 사용하여 다음 적분을 구하라.

$$\int \dfrac{dx}{1 + \sin^2 x}$$

53. 치환 $u = x^4 + 1$을 사용하여 다음 적분을 구하라.

$$\int x^7 \sqrt{x^4 + 1}\, dx$$

54. 다른 치환 사용하기 다음 치환들을 사용하여 적분을 구하라.

$$\int ((x^2 - 1)(x + 1))^{-2/3}\, dx$$

어떠한 치환을 사용하여도 적분이 구하여짐을 보이라.

a. $u = 1/(x + 1)$

b. $u = ((x - 1)/(x + 1))^k$ 여기서 $k = 1, 1/2, 1/3, -1/3, -2/3, -1$

c. $u = \tan^{-1} x$

d. $u = \tan^{-1} \sqrt{x}$

e. $u = \tan^{-1}((x - 1)/2)$

f. $u = \cos^{-1} x$

g. $u = \cosh^{-1} x$

7.2 부분적분

부분적분은 다음과 같은 형태의 적분을 간단하게 해주는 기법이다.

$$\int u(x)\, v'(x)\, dx$$

함수 u가 어렵지 않게 반복적으로 미분가능하고, 함수 v'이 어렵지 않게 반복적으로 적분가능할 때 아주 유용하게 사용된다. 예를 들어

$$\int x \cos x\, dx \quad \text{와} \quad \int x^2 e^x\, dx$$

를 살펴보면 함수 $u(x) = x$ 또는 $u(x) = x^2$은 어렵지 않게 반복적으로 미분가능하며 0함수가 되고, 함수 $v'(x) = \cos x$ 또는 $v'(x) = e^x$은 어렵지 않게 반복적으로 적분가능하다. 또한 부분적분은 다음과 같은 경우에도 적용할 수 있다.

$$\int \ln x\, dx \quad \text{와} \quad \int e^x \cos x\, dx$$

첫 번째 경우에는 피적분함수 ln x는 (ln x)(1)이라 쓸 수 있고, $u(x) =$ ln x는 쉽게 미분가능하며 $v'(x) = 1$이라고 하면 쉽게 적분이 x가 됨을 알 수 있다. 두 번째 경우에는 각 함수가 미분과 적분을 반복하게 되면 자기자신이 다시 나타나는 경우이다.

적분 형태의 곱의 법칙

만일 u와 v가 미분가능한 x의 함수이면 곱의 법칙

$$\frac{d}{dx}\left[u(x)v(x)\right] = u'(x)v(x) + u(x)v'(x)$$

가 성립한다. 부정적분을 취하면, 이 방정식은

$$\int \frac{d}{dx}\left[u(x)v(x)\right]dx = \int \left[u'(x)v(x) + u(x)v'(x)\right]dx$$

즉

$$\int \frac{d}{dx}\left[u(x)v(x)\right]dx = \int u'(x)v(x)\,dx + \int u(x)v'(x)\,dx$$

가 된다. 마지막 식의 항의 순서를 바꾸면

$$\int u(x)v'(x)\,dx = \int \frac{d}{dx}\left[u(x)v(x)\right]dx - \int v(x)u'(x)\,dx$$

가 되고, 이 식으로부터 다음 **부분적분(integration by parts)** 공식을 얻는다.

부분적분 공식

$$\int u(x)v'(x)\,dx = u(x)v(x) - \int v(x)u'(x)\,dx \qquad (1)$$

이 공식은 원래의 적분 $\int u(x)\,v'(x)\,dx$를 계산하는 문제를, 다른 형태의 새로운 적분 $\int v(x)\,u'(x)\,dx$를 계산하는 문제로 바꾸어 준다. 많은 경우에서, 바뀐 형태의 적분이 원래 형태의 적분보다 계산하기 더 쉽고 간단하게 되도록 u와 v를 선택할 수 있다. u와 v를 선택하는 방법은 매우 많으며, 적분을 가장 쉽게 해주는 선택 방법이 항상 명확히 정해진 것은 아니다. 따라서 때로는 여러 번 시도해 볼 필요가 있다.

공식은 미분형식으로 주어진 경우가 자주 있다. $v'(x)\,dx = dv$라 하고 $u'(x)\,dx = du$라 하면 부분적분 공식은 다음과 같이 주어진다.

부분적분 공식-미분 형식

$$\int u\,dv = uv - \int v\,du \qquad (2)$$

다음 예제들은 부분적분법을 설명해 준다.

예제 1 다음 적분을 구하라.

$$\int x\cos x\,dx$$

풀이 $x\cos x$의 역도함수는 명확하게 주어지지 않으므로 다음 부분적분 공식

$$\int u(x)\, v'(x)\, dx = u(x)\, v(x) - \int v(x)\, u'(x)\, dx$$

을 이용하여 적분하기 더 쉬운 형태의 적분으로 바꾸어 준다. 먼저 함수 $u(x)$와 $v(x)$를 선택하여야 한다. 이 경우에는 $x \cos x$에서

$$u(x) = x와 \qquad v'(x) = \cos x$$

로 선택한다. 그 다음에는 $u(x)$를 미분하고, $v'(x)$의 역도함수를 구하면 다음을 얻는다.

$$u'(x) = 1과 \qquad v(x) = \sin x$$

$v'(x)$의 역도함수를 구할 때, 적분상수 C의 값을 결정해야 하는 데, 역도함수는 가능하면 간단하게 잡아주는 게 좋으므로 $C = 0$으로 선택한다. 이제 부분적분 공식을 적용하면

$$\int \underset{u(x)\ v'(x)}{x \cos x}\, dx = \underset{u(x)\ v(x)}{x \sin x} - \int \underset{v(x)\ u'(x)}{\sin x\,(1)}\, dx \qquad \text{부분적분 공식}$$

$$= x \sin x + \cos x + C \qquad \text{적분하고 간단히}$$

원래 함수의 적분을 구하였다.   ■

예제 1에서 부분적분을 이용하기 위해 다음 4가지의 가능한 u와 dv의 선택을 생각해 보자.

1. $u = 1,\ \ dv = x \cos x\, dx$ **2.** $u = x,\ \ dv = \cos x\, dx$

3. $u = x \cos x,\ \ dv = dx$ **4.** $u = \cos x,\ \ dv = x\, dx$

선택 2는 예제 1에서 사용된 경우이다. 나머지 세 선택의 경우는 적분을 구할 수 없다. 실제로, 선택 3의 경우는 $du = (\cos x - x \sin x)\, dx$이므로 적분이

$$\int (x \cos x - x^2 \sin x)\, dx$$

으로 더 복잡해진다.

   부분적분의 목적은 어떻게 계산해야 될지 알 수 없는 적분 $\int u(x)\, v'(x)\, dx$의 형태에서 계산하기 쉬운 형태의 적분 $\int v(x)\, u'(x)\, dx$로 바꾸어 주는 것이다. 일반적으로, 먼저 피적분함수에서 쉽게 적분할 수 있는 최대의 부분을 $v'(x)$로 선택한다. 그러면 남겨진 부분이 u가 된다. $v'(x)$로부터 $v(x)$를 구할 때, 어떠한 역도함수도 괜찮으므로 적분상수가 없는 가장 간단한 형태의 함수를 취한다. 이는 식 (2)에서 우변의 적분에 상수가 포함되어 있기 때문에 가능하다.

예제 2   다음 적분을 구하라.

$$\int \ln x\, dx$$

풀이   아직까지는 $\ln x$의 역도함수를 구하는 방법을 알지 못한다. 만일 $u(x) = \ln x$라 하면, 도함수는 더 간단한 함수 $u'(x) = 1/x$이다. $u(x) = \ln x$에 곱하여진 두 번째 함수 $v'(x)$는 없는 것처럼 보이지만, 상수함수 $v'(x) = 1$이라 놓을 수 있다. 이제 부분적분 공식(1)을 사용하기 위하여

$$u(x) = \ln x와 \qquad v'(x) = 1$$

이라 놓고, $u(x)$를 미분하고, $v'(x)$의 역도함수를 구하면 다음을 얻는다.

$$u'(x) = \frac{1}{x}와 \qquad v(x) = x$$

원래 함수의 적분은 다음과 같다.

$$\int \ln x \cdot 1 \; dx = (\ln x) \, x - \int x \frac{1}{x} \, dx \qquad \text{부분적분 공식}$$

$$\underset{u(x)\;\;v'(x)}{} \qquad \underset{u(x)\;\;v(x)}{} \qquad \underset{v(x)\;\;u'(x)}{\phantom{x\frac{1}{x}}}$$

$$= x \ln x - x + C \qquad \text{적분하고 간단히} \qquad ■$$

다음 예제에서는 미분 형식을 사용하여 부분적분의 과정을 나타낸다. 계산 과정은 똑같다. 단지 $u'(x) \, dx$를 du로, $v'(x) \, dx$를 dv로 짧게 표현할 뿐이다. 다음 예제에서처럼 때로는 부분적분을 두 번 이상 사용해야 하는 경우도 있다.

예제 3　다음 적분을 계산하라.

$$\int x^2 e^x \, dx$$

풀이　부분적분 공식(1)을 사용하기 위하여

$$u(x) = x^2 \text{과} \qquad v'(x) = e^x$$

라 놓고, $u(x)$를 미분하고, $v'(x)$의 역도함수를 구하면 다음을 얻는다.

$$u'(x) = 2x \text{와} \qquad v(x) = e^x$$

이를 $du = u'(x) \, dx$와 $dv = v'(x) \, dx$라 쓰고 다시 요약하면 다음과 같다.

$$du = 2x \, dx \text{와} \qquad dv = e^x \, dx$$

따라서 다음을 얻는다.

$$\int x^2 e^x \, dx = x^2 e^x - \int e^x 2x \, dx \qquad \text{부분적분 공식}$$

$$\underset{u\quad dv}{} \qquad \underset{u\;\;v}{} \qquad \underset{v\quad du}{}$$

새로운 적분은 원래의 적분보다는 덜 복잡하다. x^2이 x로 축소되었기 때문이다. 우변의 적분을 계산하기 위하여, $u = x$, $dv = e^x \, dx$라 놓고 다시 한 번 부분적분을 적용한다. 그러면 $du = dx$이고 $v = e^x$이므로 다음을 얻는다.

$$\int x e^x \, dx = x e^x - \int e^x \, dx = x e^x - e^x + C \qquad \text{부분적분 공식 (2)}$$

$$\underset{u\;\;dv}{} \qquad \underset{u\;\;v}{} \qquad \underset{v\;\;du}{} \qquad\qquad u = x, \; dv = e^x \, dx, \; v = e^x, \; du = dx$$

이 계산 결과를 이용하면, 원래의 적분은 다음과 같다.

$$\int x^2 e^x \, dx = x^2 e^x - 2\int x e^x \, dx$$

$$= x^2 e^x - 2x e^x + 2 e^x + C$$

여기서 적분상수는 우변의 적분을 대입한 후에 다시 써준 것이다.　■

예제 3의 기법은 적분 $\int x^n e^x \, dx$ (n은 양의 정수)에 적합한 방법이다. 왜냐하면 x^n은 계속 미분하면 결국 0이 되고 e^x은 적분하기 쉽기 때문이다.

다음 예제에서와 같은 적분은 전기공학에서 자주 나타난다. 이런 적분을 계산하기 위해서는 2번 부분적분하고 미지의 적분, 즉 구하고자 하는 적분에 관하여 풀어야 한다.

예제 4　다음 적분을 계산하라.

$$\int e^x \cos x \, dx$$

풀이　$u = e^x$, $dv = \cos x \, dx$로 놓자. 그러면 $du = e^x \, dx$, $v = \sin x$이고

$$\int e^x \cos x \, dx = e^x \sin x - \int e^x \sin x \, dx \qquad u(x) = e^x, \quad v(x) = \sin x$$

이다. 두 번째 적분은 $\cos x$가 $\sin x$로 바뀐 것을 제외하고 첫 번째 적분과 같다. 두 번째 적분을 계산하기 위해

$$u = e^x, \qquad dv = \sin x \, dx, \qquad v = -\cos x, \qquad du = e^x \, dx$$

로 부분적분을 시도하자. 그러면

$$\int e^x \cos x \, dx = e^x \sin x - \left(-e^x \cos x - \int (-\cos x)(e^x \, dx) \right) \qquad u(x) = e^x, \quad v(x) = -\cos x$$

$$= e^x \sin x + e^x \cos x - \int e^x \cos x \, dx$$

이 된다. 구해야 할 적분이 식의 양쪽에 서로 다른 부호로 나타난다. 양변에 이 적분을 더하고 적분상수를 쓰면 다음과 같다.

$$2 \int e^x \cos x \, dx = e^x \sin x + e^x \cos x + C_1$$

양변을 2로 나누고 적분상수를 새롭게 나타내어 다음을 얻는다.

$$\int e^x \cos x \, dx = \frac{e^x \sin x + e^x \cos x}{2} + C$$

예제 5　다음 적분

$$\int \cos^n x \, dx$$

를 $\cos x$의 더 낮은 승수의 적분으로 표현하는 공식을 구하라.

풀이　$\cos^n x$를 $\cos^{n-1} x \cdot \cos x$로 생각하고

$$u = \cos^{n-1} x, \qquad dv = \cos x \, dx$$

라 놓으면

$$du = (n-1) \cos^{n-2} x \, (-\sin x \, dx), \qquad v = \sin x$$

이다. 그러므로 부분적분을 적용하면

$$\int \cos^n x \, dx = \cos^{n-1} x \sin x + (n-1) \int \sin^2 x \cos^{n-2} x \, dx$$

$$= \cos^{n-1} x \sin x + (n-1) \int (1 - \cos^2 x) \cos^{n-2} x \, dx$$

$$= \cos^{n-1} x \sin x + (n-1) \int \cos^{n-2} x \, dx - (n-1) \int \cos^n x \, dx$$

이다. 식의 양변에

$$(n-1) \int \cos^n x \, dx$$

를 더하면 다음 식을 얻는다.

$$n \int \cos^n x \, dx = \cos^{n-1} x \sin x + (n-1) \int \cos^{n-2} x \, dx$$

n으로 나누어 최종 결과를 얻는다.

$$\int \cos^n x \, dx = \frac{\cos^{n-1} x \sin x}{n} + \frac{n-1}{n} \int \cos^{n-2} x \, dx \qquad \blacksquare$$

예제 5에서 구한 공식은 **축소 공식(reduction formula)**이라 한다. 이는 어떤 함수의 승수를 포함하는 적분을 같은 형태의 더 낮은 승수의 적분으로 고쳤기 때문이다. n이 양의 정수일 때, 이 공식을 남아 있는 적분이 쉬어질 때까지 반복 적용하면 된다. 예를 들어, 예제 5의 결과를 적용하여 다음을 구할 수 있다.

$$\int \cos^3 x \, dx = \frac{\cos^2 x \sin x}{3} + \frac{2}{3} \int \cos x \, dx$$
$$= \frac{1}{3} \cos^2 x \sin x + \frac{2}{3} \sin x + C$$

부분적분으로 정적분 구하기

부분적분을 이용하여 정적분을 계산하기 위해 식 (1)의 부분적분 공식과 미적분학의 제 2 기본정리를 결합할 수 있다. $[a, b]$ 위에서 함수 f', g'이 모두 연속이라고 가정하면 미적분학의 제 2 기본정리에 의해 다음 공식을 얻는다.

정적분에 관한 부분적분
$$\int_a^b f(x)g'(x) \, dx = f(x)g(x) \Big]_a^b - \int_a^b f'(x)g(x) \, dx \qquad (3)$$

예제 6 $x=0$부터 $x=4$까지 곡선 $y=xe^{-x}$와 x축에 의해 둘러싸인 영역의 넓이를 구하라.

풀이   이 영역은 그림 7.1에 파란색으로 표시되었다. 이 영역의 넓이는

$$\int_0^4 xe^{-x} \, dx$$

이다. $u=x$, $dv=e^{-x} \, dx$, $v=-e^{-x}$, $du=dx$라 놓고 계산하면 다음을 얻는다.

$$\int_0^4 xe^{-x} \, dx = -xe^{-x} \Big]_0^4 - \int_0^4 (-e^{-x}) \, dx \qquad \text{부분적분 공식 (3)}$$
$$= \left[-4e^{-4} - (-0e^{-0}) \right] + \int_0^4 e^{-x} \, dx$$
$$= -4e^{-4} - e^{-x} \Big]_0^4$$
$$= -4e^{-4} - (e^{-4} - e^{-0}) = 1 - 5e^{-4} \approx 0.91 \qquad \blacksquare$$

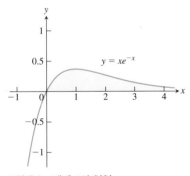

그림 7.1   예제 6의 영역

연습문제 7.2

부분적분

연습문제 1~24에서 부분적분을 이용하여 적분을 구하라.

1. $\int x \sin \dfrac{x}{2}\, dx$

2. $\int \theta \cos \pi\theta\, d\theta$

3. $\int t^2 \cos t\, dt$

4. $\int x^2 \sin x\, dx$

5. $\int_1^2 x \ln x\, dx$

6. $\int_1^e x^3 \ln x\, dx$

7. $\int xe^x\, dx$

8. $\int xe^{3x}\, dx$

9. $\int x^2 e^{-x}\, dx$

10. $\int (x^2 - 2x + 1)e^{2x}\, dx$

11. $\int \tan^{-1} y\, dy$

12. $\int \sin^{-1} y\, dy$

13. $\int x \sec^2 x\, dx$

14. $\int 4x \sec^2 2x\, dx$

15. $\int x^3 e^x\, dx$

16. $\int p^4 e^{-p}\, dp$

17. $\int (x^2 - 5x)e^x\, dx$

18. $\int (r^2 + r + 1)e^r\, dr$

19. $\int x^5 e^x\, dx$

20. $\int t^2 e^{4t}\, dt$

21. $\int e^\theta \sin \theta\, d\theta$

22. $\int e^{-y} \cos y\, dy$

23. $\int e^{2x} \cos 3x\, dx$

24. $\int e^{-2x} \sin 2x\, dx$

치환과 부분적분

연습문제 25~30에서 치환한 후 부분적분을 이용하여 적분을 구하라.

25. $\int e^{\sqrt{3s+9}}\, ds$

26. $\int_0^1 x\sqrt{1-x}\, dx$

27. $\int_0^{\pi/3} x \tan^2 x\, dx$

28. $\int \ln (x + x^2)\, dx$

29. $\int \sin (\ln x)\, dx$

30. $\int z(\ln z)^2\, dz$

적분계산

연습문제 31~56에서 적분을 구하라. 부분적분을 사용하지 않아도 된다.

31. $\int x \sec x^2\, dx$

32. $\int \dfrac{\cos \sqrt{x}}{\sqrt{x}}\, dx$

33. $\int x (\ln x)^2\, dx$

34. $\int \dfrac{1}{x (\ln x)^2}\, dx$

35. $\int \dfrac{\ln x}{x^2}\, dx$

36. $\int \dfrac{(\ln x)^3}{x}\, dx$

37. $\int x^3 e^{x^4}\, dx$

38. $\int x^5 e^{x^3}\, dx$

39. $\int x^3 \sqrt{x^2 + 1}\, dx$

40. $\int x^2 \sin x^3\, dx$

41. $\int \sin 3x \cos 2x\, dx$

42. $\int \sin 2x \cos 4x\, dx$

43. $\int \sqrt{x} \ln x\, dx$

44. $\int \dfrac{e^{\sqrt{x}}}{\sqrt{x}}\, dx$

45. $\int \cos \sqrt{x}\, dx$

46. $\int \sqrt{x}\, e^{\sqrt{x}}\, dx$

47. $\int_0^{\pi/2} \theta^2 \sin 2\theta\, d\theta$

48. $\int_0^{\pi/2} x^3 \cos 2x\, dx$

49. $\int_{2/\sqrt{3}}^2 t \sec^{-1} t\, dt$

50. $\int_0^{1/\sqrt{2}} 2x \sin^{-1} (x^2)\, dx$

51. $\int x \tan^{-1} x\, dx$

52. $\int x^2 \tan^{-1} \dfrac{x}{2}\, dx$

53. $\int (1 + 2x^2)e^{x^2}\, dx$

54. $\int \dfrac{xe^x}{(x + 1)^2}\, dx$

55. $\int \sqrt{x}\, (\sin^{-1} \sqrt{x})\, dx$

56. $\int \dfrac{(\sin^{-1} x)^2}{\sqrt{1 - x^2}}\, dx$

이론과 예제

57. 넓이 구하기 다음 구간에서 곡선 $y = x \sin x$와 x축으로 둘러싸인 영역의 넓이를 구하라(아래 그림 참조).

    a. $0 \le x \le \pi$ **b.** $\pi \le x \le 2\pi$ **c.** $2\pi \le x \le 3\pi$

    d. 여기서 어떤 패턴을 볼 수 있는가? n이 임의의 음이 아닌 정수일 때 $n\pi \le x \le (n+1)\pi$ 범위에서 곡선과 x축 사이의 넓이는 무엇인가? 그 이유를 설명하라.

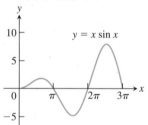

58. 넓이 구하기 다음 구간에서 곡선 $y = x \cos x$와 x축으로 둘러싸인 영역의 넓이를 구하라(아래 그림 참조).

    a. $\pi/2 \le x \le 3\pi/2$ **b.** $3\pi/2 \le x \le 5\pi/2$

    c. $5\pi/2 \le x \le 7\pi/2$

    d. 어떤 패턴을 볼 수 있는가? n이 임의의 양의 정수일 때

$$\left(\dfrac{2n - 1}{2}\right)\pi \le x \le \left(\dfrac{2n + 1}{2}\right)\pi$$

범위에서 곡선과 x축 사이의 넓이는 무엇인가? 그 이유를

설명하라.

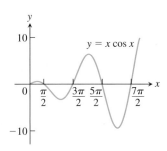

59. 부피 구하기 좌표축들과 곡선 $y=e^x$ 및 직선 $x=\ln 2$로 둘러싸인 제1사분면에 놓인 영역을 직선 $x=\ln 2$를 회전축으로 회전시켜 얻은 입체의 부피를 구하라.

60. 부피 구하기 좌표축들과 곡선 $y=e^{-x}$ 및 직선 $x=1$로 둘러싸인 제1사분면에 놓인 영역을 다음을 회전축으로 회전시켜 얻은 입체의 부피를 구하라.
   a. y축
   b. 직선 $x=1$

61. 부피 구하기 좌표축들과 곡선 $y=\cos x,\ 0\le x\le \pi/2$로 둘러싸인 제1사분면에 놓인 영역을 다음을 회전축으로 회전시켜 얻은 입체의 부피를 구하라.
   a. y축
   b. 직선 $x=\pi/2$

62. 부피 구하기 x축과 곡선 $y=x\sin x,\ 0\le x\le \pi$로 둘러싸인 영역을 다음을 회전축으로 회전시켜 얻은 입체의 부피를 구하라.
   a. y축
   b. 직선 $x=\pi$
   (연습문제 57 그래프 참조)

63. 곡선 $y=\ln x$와 직선 $y=0$과 $x=e$에 의해 둘러싸인 영역을 생각하자.
   a. 영역의 넓이를 구하라.
   b. 이 영역을 x축을 회전축으로 회전시켜 얻은 입체의 부피를 구하라.
   c. 이 영역을 직선 $x=-2$를 회전축으로 회전시켜 얻은 입체의 부피를 구하라.
   d. 이 영역의 중심을 구하라.

64. 곡선 $y=\tan^{-1}x$와 직선 $y=0$과 $x=1$에 의해 둘러싸인 영역을 생각하자.
   a. 영역의 넓이를 구하라.
   b. 이 영역을 y축을 회전축으로 회전시켜 얻은 입체의 부피를 구하라.

65. 평균값 다음 그림의 제진기(dashpot)에 의해서 상징되는 감쇠력은 질량을 단 용수철의 움직임을 느리게 한다. 시간이 t일 때 질량의 위치가
$$y=2e^{-t}\cos t,\qquad t\ge 0$$
로 주어질 때 구간 $0\le x\le 2\pi$에서 y의 평균값을 구하라.

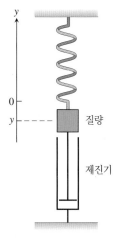

66. 평균값 연습문제 65에서와 같은 질량–용수철–제진기 계에서 시간이 t일 때 질량의 위치는
$$y=4e^{-t}(\sin t - \cos t),\qquad t\ge 0$$
으로 주어진다. 구간 $0\le t\le 2\pi$에서 y의 평균값을 구하라.

축소 공식

연습문제 67~73에서 부분적분을 이용하여 축소 공식을 증명하라.

67. $\displaystyle \int x^n \cos x\, dx = x^n \sin x - n\int x^{n-1}\sin x\, dx$

68. $\displaystyle \int x^n \sin x\, dx = -x^n \cos x + n\int x^{n-1}\cos x\, dx$

69. $\displaystyle \int x^n e^{ax}\, dx = \frac{x^n e^{ax}}{a} - \frac{n}{a}\int x^{n-1}e^{ax}\, dx,\quad a\ne 0$

70. $\displaystyle \int (\ln x)^n\, dx = x(\ln x)^n - n\int (\ln x)^{n-1}\, dx$

71. $\displaystyle \int x^m(\ln x)^n\, dx = \frac{x^{m+1}}{m+1}(\ln x)^n$
$$-\frac{n}{m+1}\int x^m(\ln x)^{n-1}\, dx,\quad m\ne -1$$

72. $\displaystyle \int x^n\sqrt{x+1}\, dx = \frac{2x^n}{2n+3}(x+1)^{3/2}$
$$-\frac{2n}{2n+3}\int x^{n-1}\sqrt{x+1}\, dx$$

73. $\displaystyle \int \frac{x^n}{\sqrt{x+1}}\, dx = \frac{2x^n}{2n+1}\sqrt{x+1}$
$$-\frac{2n}{2n+1}\int \frac{x^{n-1}}{\sqrt{x+1}}\, dx$$

74. 예제 5를 이용하여 다음을 보이라.
$$\int_0^{\pi/2}\sin^n x\, dx = \int_0^{\pi/2}\cos^n x\, dx$$
$$=\begin{cases}\left(\dfrac{\pi}{2}\right)\dfrac{1\cdot 3\cdot 5\cdots (n-1)}{2\cdot 4\cdot 6\cdots n}, & n\text{이 짝수일 때}\\[2mm]\dfrac{2\cdot 4\cdot 6\cdots (n-1)}{1\cdot 3\cdot 5\cdots n}, & n\text{이 홀수일 때}\end{cases}$$

75. 다음 적분공식을 증명하라.

$$\int_a^b \left(\int_x^b f(t)\, dt \right) dx = \int_a^b (x - a) f(x)\, dx$$

76. 부분적분을 이용하여 다음 공식을 구하라.

$$\int \sqrt{1 - x^2}\, dx = \frac{1}{2} x \sqrt{1 - x^2} + \frac{1}{2} \int \frac{1}{\sqrt{1 - x^2}}\, dx$$

역함수의 적분

부분적분을 이용하면 역함수의 적분에 관한 공식을 얻을 수 있다. 이 공식은 대개 좋은 결과를 얻게 한다.

$$\int f^{-1}(x)\, dx = \int y f'(y)\, dy \qquad \begin{aligned} &y = f^{-1}(x), \quad x = f(y) \\ &dx = f'(y)\, dy \end{aligned}$$

$$= y f(y) - \int f(y)\, dy \qquad \begin{aligned} &u = y, \, dv = f'(y)\, dy \\ &\text{라 하고 부분적분} \end{aligned}$$

$$= x f^{-1}(x) - \int f(y)\, dy$$

적분하기 아주 어렵고 복잡한 부분을 $f^{-1}(x)$로 잡아주는 것이 이 방법의 핵심이다. 그리고 간단하게 해준다. $\ln x$의 적분에 적용하면

$$\int \ln x\, dx = \int y e^y\, dy \qquad \begin{aligned} &y = \ln x, \quad x = e^y \\ &dx = e^y\, dy \end{aligned}$$

$$= y e^y - e^y + C$$

$$= x \ln x - x + C$$

이다. $\cos^{-1} x$의 적분에 적용하면

$$\int \cos^{-1} x\, dx = x \cos^{-1} x - \int \cos y\, dy \qquad y = \cos^{-1} x$$

$$= x \cos^{-1} x - \sin y + C$$

$$= x \cos^{-1} x - \sin(\cos^{-1} x) + C$$

이 된다.

연습문제 77~80에서 공식

$$\int f^{-1}(x)\, dx = x f^{-1}(x) - \int f(y)\, dy \qquad y = f^{-1}(x) \quad (4)$$

를 이용하여 적분을 구하라. 답을 x로 나타내라.

77. $\displaystyle\int \sin^{-1} x\, dx$ **78.** $\displaystyle\int \tan^{-1} x\, dx$

79. $\displaystyle\int \sec^{-1} x\, dx$ **80.** $\displaystyle\int \log_2 x\, dx$

$f^{-1}(x)$를 적분하는 또 다른 방법은 (물론 f^{-1}가 적분가능할 때) 다음과 같이 f^{-1}의 적분을 나타내기 위해서 $u = f^{-1}(x)$, $dv = dx$로 놓고 부분적분을 적용하는 것이다.

$$\int f^{-1}(x)\, dx = x f^{-1}(x) - \int x \left(\frac{d}{dx} f^{-1}(x) \right) dx \qquad (5)$$

연습문제 81~82에서 식 (4)와 (5)를 써서 얻은 결과들을 비교하라.

81. $\cos^{-1} x$를 적분할 때 식 (4)와 (5)의 결과는 다른 식을 얻게 한다.

a. $\displaystyle\int \cos^{-1} x\, dx = x \cos^{-1} x - \sin(\cos^{-1} x) + C$ 식 (4)

b. $\displaystyle\int \cos^{-1} x\, dx = x \cos^{-1} x - \sqrt{1 - x^2} + C$ 식 (5)

두 결과가 모두 옳다고 할 수 있는가? 그 이유를 설명하라.

82. $\tan^{-1} x$를 적분할 때 식 (4)와 (5)의 결과는 다른 식을 얻게 한다.

a. $\displaystyle\int \tan^{-1} x\, dx = x \tan^{-1} x - \ln \sec(\tan^{-1} x) + C$ 식 (4)

b. $\displaystyle\int \tan^{-1} x\, dx = x \tan^{-1} x - \ln \sqrt{1 + x^2} + C$ 식 (5)

두 결과가 모두 옳다고 할 수 있는가? 그 이유를 설명하라.

연습문제 83~84에서 (a) 식 (4), (b) 식 (5)를 이용하여 적분을 구하라. 각각의 경우에 답을 x로 미분하여 답이 맞는지 확인하라.

83. $\displaystyle\int \sinh^{-1} x\, dx$ **84.** $\displaystyle\int \tanh^{-1} x\, dx$

7.3 삼각함수의 적분

삼각함수의 적분은 6개의 기본적인 삼각함수들의 대수적 결합을 포함한다. 원칙적으로 사인과 코사인으로 그러한 적분을 표현할 수 있다. 그러나 적분

$$\int \sec^2 x\, dx = \tan x + C$$

와 같이 다른 함수로 표현하는 것이 때로는 더 간단하다. 또한 삼각함수의 적분은 삼각항등식을 이용하면 보다 다루기 쉬운 적분으로 변형할 수도 있다.

사인의 거듭제곱과 코사인의 거듭제곱의 곱

다음 형태의 적분으로 시작해 보자.

$$\int \sin^m x \cos^n x\, dx$$

여기서 m과 n은 음이 아닌 정수들이다. m과 n이 홀수 또는 짝수냐에 따라 치환 방법을 세 가지 경우로 나누어 생각해 볼 수 있다.

경우 1 m이 **홀수**이면 $m = 2k + 1$로 쓸 수 있고 항등식 $\sin^2 x = 1 - \cos^2 x$를 이용하여

$$\sin^m x = \sin^{2k+1} x = (\sin^2 x)^k \sin x = (1 - \cos^2 x)^k \sin x \tag{1}$$

로 나타낸다. 그 다음에 $\sin x$와 dx를 결합하여 $\sin x\, dx$를 $-d(\cos x)$로 놓는다.

경우 2 n이 **홀수**이면, $n = 2k + 1$로 쓸 수 있고 항등식 $\cos^2 x = 1 - \sin^2 x$를 이용하여

$$\cos^n x = \cos^{2k+1} x = (\cos^2 x)^k \cos x = (1 - \sin^2 x)^k \cos x$$

로 나타낸다. $\cos x$와 dx를 결합하여 $\cos x\, dx$를 $d(\sin x)$로 놓는다.

경우 3 m과 n이 모두 **짝수**이면, 항등식

$$\sin^2 x = \frac{1 - \cos 2x}{2}, \qquad \cos^2 x = \frac{1 + \cos 2x}{2} \tag{2}$$

를 이용하여 피적분함수를 $\cos 2x$에 관한 더 낮은 차수의 함수로 바꾼다.

다음의 예제들로부터 각각의 경우를 설명한다.

예제 1 다음 적분을 구하라.

$$\int \sin^3 x \cos^2 x\, dx$$

풀이 경우 1에 대한 예제이다.

$$
\begin{aligned}
\int \sin^3 x \cos^2 x\, dx &= \int \sin^2 x \cos^2 x \sin x\, dx && m\text{이 홀수}\\
&= \int (1 - \cos^2 x)(\cos^2 x)(-d(\cos x)) && \sin x\, dx = -d(\cos x)\\
&= \int (1 - u^2)(u^2)(-du) && u = \cos x\\
&= \int (u^4 - u^2)\, du && \text{항을 곱한다}\\
&= \frac{u^5}{5} - \frac{u^3}{3} + C = \frac{\cos^5 x}{5} - \frac{\cos^3 x}{3} + C
\end{aligned}
$$

■

예제 2 다음 적분을 구하라.

$$\int \cos^5 x\, dx$$

풀이 경우 2($m = 0$은 짝수, $n = 5$는 홀수)에 대한 예제이다.

$$
\begin{aligned}
\int \cos^5 x\, dx = \int \cos^4 x \cos x\, dx &= \int (1 - \sin^2 x)^2\, d(\sin x) && \cos x\, dx = d(\sin x)\\
&= \int (1 - u^2)^2\, du && u = \sin x\\
&= \int (1 - 2u^2 + u^4)\, du && 1 - u^2 \text{을 제곱}
\end{aligned}
$$

$$= u - \frac{2}{3}u^3 + \frac{1}{5}u^5 + C = \sin x - \frac{2}{3}\sin^3 x + \frac{1}{5}\sin^5 x + C \qquad \blacksquare$$

예제 3   다음 적분을 구하라.

$$\int \sin^2 x \cos^4 x \, dx$$

풀이   경우 3에 대한 예제이다.

$$\int \sin^2 x \cos^4 x \, dx = \int \left(\frac{1 - \cos 2x}{2}\right)\left(\frac{1 + \cos 2x}{2}\right)^2 dx \qquad {\scriptstyle m \text{과 } n \text{이 모두 짝수}}$$

$$= \frac{1}{8}\int (1 - \cos 2x)(1 + 2\cos 2x + \cos^2 2x)\, dx$$

$$= \frac{1}{8}\int (1 + \cos 2x - \cos^2 2x - \cos^3 2x)\, dx$$

$$= \frac{1}{8}\left[x + \frac{1}{2}\sin 2x - \int (\cos^2 2x + \cos^3 2x)\, dx \right]$$

$\cos^2 2x$를 포함하는 항은 식 (2)를 이용하여 적분한다.

$$\int \cos^2 2x \, dx = \frac{1}{2}\int (1 + \cos 4x)\, dx$$

$$= \frac{1}{2}\left(x + \frac{1}{4}\sin 4x \right) \qquad {\scriptstyle \text{마지막 결과를 쓸 때까지 적분상수 생략}}$$

$\cos^3 2x$항의 적분은 경우 2에 해당하므로 항등식 $\cos^2 2x = 1 - \sin^2 2x$를 이용하여 적분한다.

$$\int \cos^3 2x \, dx = \int (1 - \sin^2 2x) \cos 2x \, dx \qquad {\scriptstyle u = \sin 2x,\ du = 2\cos 2x\, dx}$$

$$= \frac{1}{2}\int (1 - u^2)\, du = \frac{1}{2}\left(\sin 2x - \frac{1}{3}\sin^3 2x \right) \qquad {\scriptstyle \text{다시 적분상수 } C \text{ 생략}}$$

이 모든 것을 대입하여 정리하면 적분이 구하여진다.

$$\int \sin^2 x \cos^4 x \, dx = \frac{1}{16}\left(x - \frac{1}{4}\sin 4x + \frac{1}{3}\sin^3 2x \right) + C \qquad \blacksquare$$

제곱근 소거

다음 예제에서는 제곱근을 소거하기 위해 항등식 $\cos^2 \theta = (1 + \cos 2\theta)/2$를 이용하여 제곱근 안을 완전제곱 꼴로 고친다.

예제 4   다음 적분을 구하라.

$$\int_0^{\pi/4} \sqrt{1 + \cos 4x}\, dx$$

풀이   제곱근을 소거하기 위하여 항등식

$$\cos^2 \theta = \frac{1 + \cos 2\theta}{2} \qquad \text{즉} \qquad 1 + \cos 2\theta = 2\cos^2 \theta$$

를 이용한다. $\theta = 2x$일 때 항등식은

$$1 + \cos 4x = 2 \cos^2 2x$$

가 된다. 그러므로 결과는 다음과 같다.

$$\int_0^{\pi/4} \sqrt{1 + \cos 4x}\, dx = \int_0^{\pi/4} \sqrt{2 \cos^2 2x}\, dx = \int_0^{\pi/4} \sqrt{2}\sqrt{\cos^2 2x}\, dx$$

$$= \sqrt{2} \int_0^{\pi/4} |\cos 2x|\, dx = \sqrt{2} \int_0^{\pi/4} \cos 2x\, dx \quad \begin{smallmatrix}[0,\,\pi/4]\text{에서}\\ \cos 2x \geq 0\end{smallmatrix}$$

$$= \sqrt{2} \left[\frac{\sin 2x}{2}\right]_0^{\pi/4} = \frac{\sqrt{2}}{2}\,[\,1 - 0\,] = \frac{\sqrt{2}}{2} \quad \blacksquare$$

$\tan x$와 $\sec x$의 거듭제곱의 적분

우리는 탄젠트와 시컨트, 그리고 이 함수들의 제곱의 적분을 알고 있다. 더 높은 차수의 거듭제곱은 항등식 $\tan^2 x = \sec^2 x - 1$, $\sec^2 x = \tan^2 x + 1$과 부분적분을 이용하여 거듭제곱의 차수를 줄여야 할 필요가 있다.

예제 5   다음 적분을 구하라.

$$\int \tan^4 x\, dx$$

풀이 $\displaystyle\int \tan^4 x\, dx = \int \tan^2 x \cdot \tan^2 x\, dx = \int \tan^2 x \cdot (\sec^2 x - 1)\, dx$

$$= \int \tan^2 x \sec^2 x\, dx - \int \tan^2 x\, dx$$

$$= \int \tan^2 x \sec^2 x\, dx - \int (\sec^2 x - 1)\, dx$$

$$= \int \tan^2 x \sec^2 x\, dx - \int \sec^2 x\, dx + \int dx$$

첫 번째 적분에서는

$$u = \tan x, \qquad du = \sec^2 x\, dx$$

라 놓고 계산하면 다음과 같다.

$$\int u^2\, du = \frac{1}{3} u^3 + C_1$$

나머지 적분들은 기본형이고 결과들을 모아서 정리하면 다음을 얻는다.

$$\int \tan^4 x\, dx = \frac{1}{3} \tan^3 x - \tan x + x + C \quad \blacksquare$$

예제 6   다음 적분을 구하라.

$$\int \sec^3 x\, dx$$

풀이 $u = \sec x, \qquad dv = \sec^2 x\, dx, \qquad v = \tan x, \qquad du = \sec x \tan x\, dx$

라 놓고 부분적분한다. 그러면 다음 식을 얻는다.

$$\int \sec^3 x\, dx = \sec x \tan x - \int (\tan x)(\sec x \tan x\, dx)$$

$$= \sec x \tan x - \int (\sec^2 x - 1) \sec x \, dx \qquad {\scriptstyle \tan^2 x \,=\, \sec^2 x \,-\, 1}$$

$$= \sec x \tan x + \int \sec x \, dx - \int \sec^3 x \, dx$$

이 식에서 2개의 시컨트 세제곱 함수의 적분을 좌변으로 합하면

$$2 \int \sec^3 x \, dx = \sec x \tan x + \int \sec x \, dx$$

이고 적분하여 정리하면 다음과 같은 적분을 얻는다.

$$\int \sec^3 x \, dx = \frac{1}{2} \sec x \tan x + \frac{1}{2} \ln |\sec x + \tan x| + C \qquad \blacksquare$$

예제 7   다음 적분을 구하라.

$$\int \tan^4 x \sec^4 x \, dx$$

풀이

$$\int (\tan^4 x)(\sec^4 x) \, dx = \int (\tan^4 x)(1 + \tan^2 x)(\sec^2 x) \, dx \qquad {\scriptstyle \sec^2 x \,=\, 1 \,+\, \tan^2 x}$$

$$= \int (\tan^4 x + \tan^6 x)(\sec^2 x) \, dx$$

$$= \int (\tan^4 x)(\sec^2 x) \, dx + \int (\tan^6 x)(\sec^2 x) \, dx$$

$$= \int u^4 \, du + \int u^6 \, du = \frac{u^5}{5} + \frac{u^7}{7} + C \qquad {\scriptstyle u \,=\, \tan x, \atop du \,=\, \sec^2 x \, dx}$$

$$= \frac{\tan^5 x}{5} + \frac{\tan^7 x}{7} + C \qquad \blacksquare$$

사인과 코사인의 곱

적분

$$\int \sin mx \sin nx \, dx, \qquad \int \sin mx \cos nx \, dx, \qquad \int \cos mx \cos nx \, dx$$

는 주기함수를 포함하는 여러 응용 문제에 자주 나타난다. 부분적분을 통해 이 적분들을 계산할 수 있으나, 그런 경우에 2번씩 부분적분해야 하지만 다음 항등식을 이용하면 더 간단히 적분할 수 있다.

$$\sin mx \sin nx = \frac{1}{2} \big[\cos (m - n)x - \cos (m + n)x \big] \tag{3}$$

$$\sin mx \cos nx = \frac{1}{2} \big[\sin (m - n)x + \sin (m + n)x \big] \tag{4}$$

$$\cos mx \cos nx = \frac{1}{2} \big[\cos (m - n)x + \cos (m + n)x \big] \tag{5}$$

이 항등식들은 사인과 코사인 함수의 합의 공식으로부터 얻을 수 있다. 이렇게 얻은 함수들은 역도함수들을 쉽게 찾을 수 있다.

예제 8   다음 적분을 구하라.

$$\int \sin 3x \cos 5x \, dx$$

풀이   식 (4)에서 $m=3$, $n=5$라 놓고 적분하면 다음과 같다.

$$\int \sin 3x \cos 5x \, dx = \frac{1}{2} \int \left[\sin(-2x) + \sin 8x \right] dx$$

$$= \frac{1}{2} \int (\sin 8x - \sin 2x) \, dx$$

$$= -\frac{\cos 8x}{16} + \frac{\cos 2x}{4} + C \qquad\blacksquare$$

연습문제 7.3

사인과 코사인의 거듭제곱의 곱
연습문제 1~22에서 적분을 구하라.

1. $\displaystyle\int \cos 2x \, dx$

2. $\displaystyle\int_0^\pi 3 \sin \frac{x}{3} \, dx$

3. $\displaystyle\int \cos^3 x \sin x \, dx$

4. $\displaystyle\int \sin^4 2x \cos 2x \, dx$

5. $\displaystyle\int \sin^3 x \, dx$

6. $\displaystyle\int \cos^3 4x \, dx$

7. $\displaystyle\int \sin^5 x \, dx$

8. $\displaystyle\int_0^\pi \sin^5 \frac{x}{2} \, dx$

9. $\displaystyle\int \cos^3 x \, dx$

10. $\displaystyle\int_0^{\pi/6} 3 \cos^5 3x \, dx$

11. $\displaystyle\int \sin^3 x \cos^3 x \, dx$

12. $\displaystyle\int \cos^3 2x \sin^5 2x \, dx$

13. $\displaystyle\int \cos^2 x \, dx$

14. $\displaystyle\int_0^{\pi/2} \sin^2 x \, dx$

15. $\displaystyle\int_0^{\pi/2} \sin^7 y \, dy$

16. $\displaystyle\int 7 \cos^7 t \, dt$

17. $\displaystyle\int_0^\pi 8 \sin^4 x \, dx$

18. $\displaystyle\int 8 \cos^4 2\pi x \, dx$

19. $\displaystyle\int 16 \sin^2 x \cos^2 x \, dx$

20. $\displaystyle\int_0^\pi 8 \sin^4 y \cos^2 y \, dy$

21. $\displaystyle\int 8 \cos^3 2\theta \sin 2\theta \, d\theta$

22. $\displaystyle\int_0^{\pi/2} \sin^2 2\theta \cos^3 2\theta \, d\theta$

제곱근을 가진 적분
연습문제 23~32에서 적분을 구하라.

23. $\displaystyle\int_0^{2\pi} \sqrt{\frac{1 - \cos x}{2}} \, dx$

24. $\displaystyle\int_0^\pi \sqrt{1 - \cos 2x} \, dx$

25. $\displaystyle\int_0^\pi \sqrt{1 - \sin^2 t} \, dt$

26. $\displaystyle\int_0^\pi \sqrt{1 - \cos^2 \theta} \, d\theta$

27. $\displaystyle\int_{\pi/3}^{\pi/2} \frac{\sin^2 x}{\sqrt{1 - \cos x}} \, dx$

28. $\displaystyle\int_0^{\pi/6} \sqrt{1 + \sin x} \, dx$

$$\left(\text{힌트: } \sqrt{\frac{1 - \sin x}{1 - \sin x}} \text{를 곱하라.} \right)$$

29. $\displaystyle\int_{5\pi/6}^\pi \frac{\cos^4 x}{\sqrt{1 - \sin x}} \, dx$

30. $\displaystyle\int_{\pi/2}^{3\pi/4} \sqrt{1 - \sin 2x} \, dx$

31. $\displaystyle\int_0^{\pi/2} \theta \sqrt{1 - \cos 2\theta} \, d\theta$

32. $\displaystyle\int_{-\pi}^\pi (1 - \cos^2 t)^{3/2} \, dt$

탄젠트와 시컨트의 거듭제곱
연습문제 33~50에서 적분을 구하라.

33. $\displaystyle\int \sec^2 x \tan x \, dx$

34. $\displaystyle\int \sec x \tan^2 x \, dx$

35. $\displaystyle\int \sec^3 x \tan x \, dx$

36. $\displaystyle\int \sec^3 x \tan^3 x \, dx$

37. $\displaystyle\int \sec^2 x \tan^2 x \, dx$

38. $\displaystyle\int \sec^4 x \tan^2 x \, dx$

39. $\displaystyle\int_{-\pi/3}^0 2 \sec^3 x \, dx$

40. $\displaystyle\int e^x \sec^3 e^x \, dx$

41. $\displaystyle\int \sec^4 \theta \, d\theta$

42. $\displaystyle\int 3 \sec^4 3x \, dx$

43. $\displaystyle\int_{\pi/4}^{\pi/2} \csc^4 \theta \, d\theta$

44. $\displaystyle\int \sec^6 x \, dx$

45. $\displaystyle\int 4 \tan^3 x \, dx$

46. $\displaystyle\int_{-\pi/4}^{\pi/4} 6 \tan^4 x \, dx$

47. $\displaystyle\int \tan^5 x \, dx$

48. $\displaystyle\int \cot^6 2x \, dx$

49. $\displaystyle\int_{\pi/6}^{\pi/3} \cot^3 x \, dx$

50. $\displaystyle\int 8 \cot^4 t \, dt$

사인과 코사인의 곱

연습문제 51~56에서 적분을 구하라.

51. $\int \sin 3x \cos 2x \, dx$

52. $\int \sin 2x \cos 3x \, dx$

53. $\int_{-\pi}^{\pi} \sin 3x \sin 3x \, dx$

54. $\int_{0}^{\pi/2} \sin x \cos x \, dx$

55. $\int \cos 3x \cos 4x \, dx$

56. $\int_{-\pi/2}^{\pi/2} \cos x \cos 7x \, dx$

연습문제 57~62에서 다양한 삼각함수 항등식을 이용하여 적분을 구하라.

57. $\int \sin^2 \theta \cos 3\theta \, d\theta$

58. $\int \cos^2 2\theta \sin \theta \, d\theta$

59. $\int \cos^3 \theta \sin 2\theta \, d\theta$

60. $\int \sin^3 \theta \cos 2\theta \, d\theta$

61. $\int \sin \theta \cos \theta \cos 3\theta \, d\theta$

62. $\int \sin \theta \sin 2\theta \sin 3\theta \, d\theta$

선별된 적분

연습문제 63~68에서 알고 있는 방법들을 이용하여 적분을 구하라.

63. $\int \dfrac{\sec^3 x}{\tan x} \, dx$

64. $\int \dfrac{\sin^3 x}{\cos^4 x} \, dx$

65. $\int \dfrac{\tan^2 x}{\csc x} \, dx$

66. $\int \dfrac{\cot x}{\cos^2 x} \, dx$

67. $\int x \sin^2 x \, dx$

68. $\int x \cos^3 x \, dx$

응용

69. 호의 길이 곡선
$$y = \ln (\sin x), \quad \frac{\pi}{6} \le x \le \frac{\pi}{2}$$
의 길이를 구하라.

70. 질량중심 x축, 곡선 $y = \sec x$와 직선 $x = -\pi/4$, $x = \pi/4$로 둘러싸인 영역의 질량중심을 구하라.

71. 부피 곡선 $y = \sin x$의 한 아치(arch)를 x축을 회전축으로 회전시켜 얻는 입체의 부피를 구하라.

72. 넓이 x축과 곡선 $\sqrt{1 + \cos 4x}$, $0 \le x \le \pi$ 사이의 넓이를 구하라.

73. 중심 곡선 $y = x + \cos x$, x축과 직선 $x = 0$과 $x = 2\pi$로 둘러싸인 영역의 중심을 구하라.

74. 부피 곡선 $y = \sin x + \sec x$, x축과 y축, 직선 $x = \pi/3$로 둘러싸인 영역을 x축을 회전축으로 회전시켜 얻은 입체의 부피를 구하라.

75. 부피 곡선 $y = \tan^{-1} x$, 직선 $x = 0$과 $y = \pi/4$로 둘러싸인 영역을 y축을 회전축으로 회전시켜 얻은 입체의 부피를 구하라.

76. 평균값 구간 $[0, \pi/6]$에서 함수 $f(x) = \dfrac{1}{1 - \sin \theta}$의 평균값을 구하라.

7.4 삼각치환

삼각치환은 적분변수를 삼각함수로 치환하여 적분을 쉽게 해주는 치환적분법이다. 가장 보편적인 치환법으로는 $x = a \tan \theta$, $x = a \sin \theta$, $x = a \sec \theta$가 있다. 이 치환은 피적분함수에 각각 $\sqrt{a^2 + x^2}$, $\sqrt{a^2 - x^2}$, $\sqrt{x^2 - a^2}$이 포함되어 있는 적분을 쉽게 적분할 수 있는 형태로 바꾸어 줄 수 있기에 아주 효과적이다. 이 치환들은 그림 7.2에 소개된 표본 직각삼각형들로부터 나왔다.

$x = a \tan \theta$이면

$$a^2 + x^2 = a^2 + a^2 \tan^2 \theta = a^2(1 + \tan^2 \theta) = a^2 \sec^2 \theta$$

$x = a \sin \theta$이면

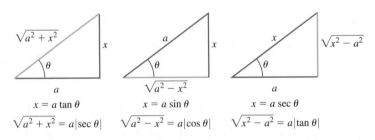

$$x = a \tan \theta$$
$$\sqrt{a^2 + x^2} = a|\sec \theta|$$

$$x = a \sin \theta$$
$$\sqrt{a^2 - x^2} = a|\cos \theta|$$

$$x = a \sec \theta$$
$$\sqrt{x^2 - a^2} = a|\tan \theta|$$

그림 7.2 3개의 기본적 치환을 설명해 주는 x와 a를 변으로 가진 표본 직각삼각형들

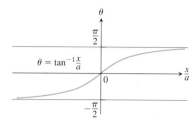

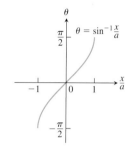

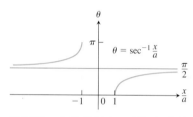

그림 7.3 x/a의 함수로 그려진 x/a의 역탄젠트, 역사인, 역시컨트 함수

$$a^2 - x^2 = a^2 - a^2 \sin^2 \theta = a^2(1 - \sin^2 \theta) = a^2 \cos^2 \theta$$

$x = a \sec \theta$이면

$$x^2 - a^2 = a^2 \sec^2 \theta - a^2 = a^2(\sec^2 \theta - 1) = a^2 \tan^2 \theta$$

우리는 적분할 때 사용한 치환이 가역적이어서 적분한 후에 원래의 변수로 돌아갈 수 있기를 바란다. 예를 들어 $x = a \tan \theta$로 치환할 때는 적분하고 나서 $\theta = \tan^{-1}(x/a)$로 놓을 수 있기를 바란다. $x = a \sin \theta$일 때는 적분을 마친 후 $\theta = \sin^{-1}(x/a)$로 놓을 수 있기를 바란다. $x = a \sec \theta$일 때도 마찬가지이다.

6.6절에서 알고 있는 것처럼 치환에 사용된 함수들은 단지 특정한 θ의 범위에서만 역함수를 가진다(그림 7.3). 가역적이기 위하여

$x = a \tan \theta$는 $-\dfrac{\pi}{2} < \theta < \dfrac{\pi}{2}$인 경우에 $\theta = \tan^{-1}\left(\dfrac{x}{a}\right)$가 되고

$x = a \sin \theta$는 $-\dfrac{\pi}{2} \leq \theta \leq \dfrac{\pi}{2}$인 경우에 $\theta = \sin^{-1}\left(\dfrac{x}{a}\right)$가 된다. 또,

$$x = a \sec \theta \text{는} \begin{cases} \dfrac{x}{a} \geq 1 \text{이면} \quad 0 \leq \theta < \dfrac{\pi}{2} \text{이고} \\ \dfrac{x}{a} \leq -1 \text{이면} \quad \dfrac{\pi}{2} < \theta \leq \pi \text{인 경우에} \end{cases} \theta = \sec^{-1}\left(\dfrac{x}{a}\right) \text{가 된다.}$$

$x = a \sec \theta$로 치환하여 적분할 때 계산을 간단히 하기 위하여 $x/a \geq 1$인 경우로 제한하여 이용할 것이다. 이 경우에 θ는 $[0, \pi/2)$에 놓이고 $\tan \theta \geq 0$이 될 것이다. 그러므로 $a > 0$이라 가정하면 $\sqrt{x^2 - a^2} = \sqrt{a^2 \tan^2 \theta} = |a \tan \theta| = a \tan \theta$와 같이 절댓값 기호없이 표현할 수 있다.

삼각치환에 의한 풀이 과정

1. x 변수에 대한 치환을 적고, 미분 dx를 계산한다. 치환에 대한 θ의 범위를 정한다.

2. 치환된 삼각함수와 계산된 미분을 적분에 대입하여 대수적으로 간단하게 정리한다.

3. 삼각함수를 적분한 후, 치환된 변수를 되돌리기 위해 각 θ의 범위에 신경을 써야 한다.

4. 적분 후 치환된변수를 원 변수 x로 되돌릴 때, 적절한 표본삼각형을 그려주면 도움이 된다.

예제 1 다음 적분을 구하라.

$$\int \frac{dx}{\sqrt{4 + x^2}}$$

풀이 삼각치환을 사용하여

$$x = 2 \tan \theta, \qquad dx = 2 \sec^2 \theta \, d\theta, \qquad -\frac{\pi}{2} < \theta < \frac{\pi}{2}$$

로 놓으면

$$4 + x^2 = 4 + 4 \tan^2 \theta = 4(1 + \tan^2 \theta) = 4 \sec^2 \theta$$

이다. 그러므로

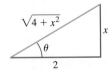

그림 7.4 치환 $x = 2 \tan \theta$를 나타내는 직각삼각형(예제 1):
$$\tan \theta = \frac{x}{2},$$
$$\sec \theta = \frac{\sqrt{4 + x^2}}{2}$$

$$\int \frac{dx}{\sqrt{4 + x^2}} = \int \frac{2 \sec^2 \theta \, d\theta}{\sqrt{4 \sec^2 \theta}} = \int \frac{\sec^2 \theta \, d\theta}{|\sec \theta|} \qquad \sqrt{\sec^2 \theta} = |\sec \theta|$$

$$= \int \sec \theta \, d\theta \qquad -\frac{\pi}{2} < \theta < \frac{\pi}{2} \text{에서 } \sec \theta > 0$$

$$= \ln |\sec \theta + \tan \theta| + C$$

$$= \ln \left| \frac{\sqrt{4 + x^2}}{2} + \frac{x}{2} \right| + C \qquad \text{그림 7.4로부터}$$

$\ln |\sec \theta + \tan \theta|$가 x로 어떻게 표현되었는지 주목하라. 원래의 치환 $x = 2 \tan \theta$를 나타내는 직각삼각형을 그려놓았고(그림 7.4), 삼각형에서 여러 삼각비를 구할 수 있다. ∎

예제 2 여기서 우리는 역쌍곡사인함수의 자연로그함수에 의한 표현식을 얻을 수 있다. 예제 1에서와 같은 과정에 의해

$$\int \frac{dx}{\sqrt{a^2 + x^2}} = \int \sec \theta \, d\theta \qquad x = a \tan \theta, \ dx = a \sec^2 \theta \, d\theta$$

$$= \ln |\sec \theta + \tan \theta| + C$$

$$= \ln \left| \frac{\sqrt{a^2 + x^2}}{a} + \frac{x}{a} \right| + C \qquad \text{그림 7.2로부터}$$

이다. 표 6.9에 의하면 함수 $\sinh^{-1}(x/a)$ 또한 $1/\sqrt{a^2 + x^2}$의 역도함수이고, 두 역도함수는 상수만큼의 차이만 있으므로 다음 식을 얻는다.

$$\sinh^{-1} \frac{x}{a} = \ln \left| \frac{\sqrt{a^2 + x^2}}{a} + \frac{x}{a} \right| + C$$

위 식에서 $x = 0$을 대입하면 $0 = \ln |1| + C$가 되며, 따라서 $C = 0$이 된다. $\sqrt{a^2 + x^2} > |x|$이므로, 결론적으로 다음 식을 얻는다.

$$\sinh^{-1} \frac{x}{a} = \ln \left(\frac{\sqrt{a^2 + x^2}}{a} + \frac{x}{a} \right)$$

(또한 6.7절의 연습문제 76 참조.) ∎

예제 3 다음 적분을 구하라.

$$\int \frac{x^2 \, dx}{\sqrt{9 - x^2}}$$

풀이 $x = 3 \sin \theta, \qquad dx = 3 \cos \theta \, d\theta, \qquad -\frac{\pi}{2} < \theta < \frac{\pi}{2}$

로 놓으면

$$9 - x^2 = 9 - 9 \sin^2 \theta = 9(1 - \sin^2 \theta) = 9 \cos^2 \theta$$

이다. 그러므로 다음과 같이 적분을 구한다.

$$\int \frac{x^2 \, dx}{\sqrt{9 - x^2}} = \int \frac{9 \sin^2 \theta \cdot 3 \cos \theta \, d\theta}{|3 \cos \theta|}$$

$$= 9 \int \sin^2 \theta \, d\theta \qquad -\frac{\pi}{2} < \theta < \frac{\pi}{2} \text{에서 } \cos \theta > 0$$

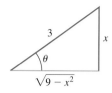

그림 7.5　치환 $x = 3\sin\theta$를 나타내는 직각삼각형(예제 3):

$$\sin\theta = \frac{x}{3},$$

$$\cos\theta = \frac{\sqrt{9 - x^2}}{3}$$

$$= 9\int \frac{1 - \cos 2\theta}{2}\, d\theta$$

$$= \frac{9}{2}\left(\theta - \frac{\sin 2\theta}{2}\right) + C$$

$$= \frac{9}{2}(\theta - \sin\theta\cos\theta) + C \qquad \sin 2\theta = 2\sin\theta\cos\theta$$

$$= \frac{9}{2}\left(\sin^{-1}\frac{x}{3} - \frac{x}{3}\cdot\frac{\sqrt{9 - x^2}}{3}\right) + C \qquad \text{그림 7.5로부터}$$

$$= \frac{9}{2}\sin^{-1}\frac{x}{3} - \frac{x}{2}\sqrt{9 - x^2} + C \qquad\blacksquare$$

예제 4　다음 적분을 구하라.

$$\int \frac{dx}{\sqrt{25x^2 - 4}}, \qquad x > \frac{2}{5}$$

풀이　먼저 제곱근호 안의 식이 $x^2 - a^2$형이 되도록 근호를 다시 쓴다.

$$\sqrt{25x^2 - 4} = \sqrt{25\left(x^2 - \frac{4}{25}\right)}$$

$$= 5\sqrt{x^2 - \left(\frac{2}{5}\right)^2} \qquad \sqrt{x^2 - a^2}\text{에서 } a = \frac{2}{5}$$

그 다음에 아래와 같이 치환하여 정리한다.

$$x = \frac{2}{5}\sec\theta, \qquad dx = \frac{2}{5}\sec\theta\tan\theta\, d\theta, \qquad 0 < \theta < \frac{\pi}{2}$$

$$x^2 - \left(\frac{2}{5}\right)^2 = \frac{4}{25}\sec^2\theta - \frac{4}{25}$$

$$= \frac{4}{25}(\sec^2\theta - 1) = \frac{4}{25}\tan^2\theta$$

$$\sqrt{x^2 - \left(\frac{2}{5}\right)^2} = \frac{2}{5}|\tan\theta| = \frac{2}{5}\tan\theta \qquad \begin{array}{l} 0 < \theta < \pi/2\text{에서} \\ \tan\theta > 0 \end{array}$$

이것을 피적분함수에 대입하여 계산하면 다음과 같다.

$$\int \frac{dx}{\sqrt{25x^2 - 4}} = \int \frac{dx}{5\sqrt{x^2 - (4/25)}} = \int \frac{(2/5)\sec\theta\tan\theta\, d\theta}{5\cdot(2/5)\tan\theta}$$

$$= \frac{1}{5}\int \sec\theta\, d\theta = \frac{1}{5}\ln|\sec\theta + \tan\theta| + C$$

$$= \frac{1}{5}\ln\left|\frac{5x}{2} + \frac{\sqrt{25x^2 - 4}}{2}\right| + C \qquad \text{그림 7.6으로부터} \qquad\blacksquare$$

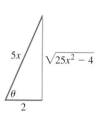

그림 7.6　만일 $x = (2/5)\sec\theta$, $0 < \theta < \dfrac{\pi}{2}$이면 $\theta = \sec^{-1}(5x/2)$이고 직각삼각형으로부터 θ의 값에 대한 다른 삼각함수값을 알 수 있다(예제 4).

연습문제 7.4

기본적 삼각치환

연습문제 1~14에서 적분을 구하라.

1. $\displaystyle\int \frac{dx}{\sqrt{9 + x^2}}$

2. $\displaystyle\int \frac{3\,dx}{\sqrt{1 + 9x^2}}$

3. $\displaystyle\int_{-2}^{2} \frac{dx}{4 + x^2}$

4. $\displaystyle\int_{0}^{2} \frac{dx}{8 + 2x^2}$

5. $\displaystyle\int_{0}^{3/2} \frac{dx}{\sqrt{9 - x^2}}$

6. $\displaystyle\int_{0}^{1/2\sqrt{2}} \frac{2\,dx}{\sqrt{1 - 4x^2}}$

7. $\displaystyle\int \sqrt{25 - t^2}\,dt$

8. $\displaystyle\int \sqrt{1 - 9t^2}\,dt$

9. $\displaystyle\int \frac{dx}{\sqrt{4x^2 - 49}},\quad x > \frac{7}{2}$

10. $\displaystyle\int \frac{5\,dx}{\sqrt{25x^2 - 9}},\quad x > \frac{3}{5}$

11. $\displaystyle\int \frac{\sqrt{y^2 - 49}}{y}\,dy,\quad y > 7$

12. $\displaystyle\int \frac{\sqrt{y^2 - 25}}{y^3}\,dy,\quad y > 5$

13. $\displaystyle\int \frac{dx}{x^2\sqrt{x^2 - 1}},\quad x > 1$

14. $\displaystyle\int \frac{2\,dx}{x^3\sqrt{x^2 - 1}},\quad x > 1$

선별된 적분

연습문제 15~34에서 알고 있는 방법들을 이용하여 적분을 구하라. 대부분은 삼각치환을 이용하지만 다른 방법을 이용해야 하는 문제도 있다.

15. $\displaystyle\int \frac{x}{\sqrt{9 - x^2}}\,dx$

16. $\displaystyle\int \frac{x^2}{4 + x^2}\,dx$

17. $\displaystyle\int \frac{x^3\,dx}{\sqrt{x^2 + 4}}$

18. $\displaystyle\int \frac{dx}{x^2\sqrt{x^2 + 1}}$

19. $\displaystyle\int \frac{8\,dw}{w^2\sqrt{4 - w^2}}$

20. $\displaystyle\int \frac{\sqrt{9 - w^2}}{w^2}\,dw$

21. $\displaystyle\int \sqrt{\frac{x + 1}{1 - x}}\,dx$

22. $\displaystyle\int x\sqrt{x^2 - 4}\,dx$

23. $\displaystyle\int_{0}^{\sqrt{3}/2} \frac{4x^2\,dx}{(1 - x^2)^{3/2}}$

24. $\displaystyle\int_{0}^{1} \frac{dx}{(4 - x^2)^{3/2}}$

25. $\displaystyle\int \frac{dx}{(x^2 - 1)^{3/2}},\quad x > 1$

26. $\displaystyle\int \frac{x^2\,dx}{(x^2 - 1)^{5/2}},\quad x > 1$

27. $\displaystyle\int \frac{(1 - x^2)^{3/2}}{x^6}\,dx$

28. $\displaystyle\int \frac{(1 - x^2)^{1/2}}{x^4}\,dx$

29. $\displaystyle\int \frac{8\,dx}{(4x^2 + 1)^2}$

30. $\displaystyle\int \frac{6\,dt}{(9t^2 + 1)^2}$

31. $\displaystyle\int \frac{x^3\,dx}{x^2 - 1}$

32. $\displaystyle\int \frac{x\,dx}{25 + 4x^2}$

33. $\displaystyle\int \frac{v^2\,dv}{(1 - v^2)^{5/2}}$

34. $\displaystyle\int \frac{(1 - r^2)^{5/2}}{r^8}\,dr$

연습문제 35~48에서 적절히 치환한 후 삼각치환을 적용하여 적분을 구하라.

35. $\displaystyle\int_{0}^{\ln 4} \frac{e^t\,dt}{\sqrt{e^{2t} + 9}}$

36. $\displaystyle\int_{\ln (3/4)}^{\ln (4/3)} \frac{e^t\,dt}{(1 + e^{2t})^{3/2}}$

37. $\displaystyle\int_{1/12}^{1/4} \frac{2\,dt}{\sqrt{t} + 4t\sqrt{t}}$

38. $\displaystyle\int_{1}^{e} \frac{dy}{y\sqrt{1 + (\ln y)^2}}$

39. $\displaystyle\int \frac{dx}{x\sqrt{x^2 - 1}}$

40. $\displaystyle\int \frac{dx}{1 + x^2}$

41. $\displaystyle\int \frac{x\,dx}{\sqrt{x^2 - 1}}$

42. $\displaystyle\int \frac{dx}{\sqrt{1 - x^2}}$

43. $\displaystyle\int \frac{x\,dx}{\sqrt{1 + x^4}}$

44. $\displaystyle\int \frac{\sqrt{1 - (\ln x)^2}}{x \ln x}\,dx$

45. $\displaystyle\int \sqrt{\frac{4 - x}{x}}\,dx$

46. $\displaystyle\int \sqrt{\frac{x}{1 - x^3}}\,dx$

(힌트: $x = u^2$ 이라고 놓자.)

(힌트: $u = x^{3/2}$ 이라고 놓자.)

47. $\displaystyle\int \sqrt{x}\sqrt{1 - x}\,dx$

48. $\displaystyle\int \frac{\sqrt{x} - 2}{\sqrt{x} - 1}\,dx$

완전제곱 꼴로 고치기

연습문제 49~52에서 적절한 삼각치환을 사용하기 위해 완전제곱 꼴로 바꾸라.

49. $\displaystyle\int \sqrt{8 - 2x - x^2}\,dx$

50. $\displaystyle\int \frac{1}{\sqrt{x^2 - 2x + 5}}\,dx$

51. $\displaystyle\int \frac{\sqrt{x^2 + 4x + 3}}{x + 2}\,dx$

52. $\displaystyle\int \frac{\sqrt{x^2 + 2x + 2}}{x^2 + 2x + 1}\,dx$

초깃값 문제

연습문제 53~56에서 dy/dx로부터 x의 함수로서 y를 구하라.

53. $x\dfrac{dy}{dx} = \sqrt{x^2 - 4},\quad x \geq 2,\quad y(2) = 0$

54. $\sqrt{x^2 - 9}\,\dfrac{dy}{dx} = 1,\quad x > 3,\quad y(5) = \ln 3$

55. $(x^2 + 4)\dfrac{dy}{dx} = 3,\quad y(2) = 0$

56. $(x^2 + 1)^2\dfrac{dy}{dx} = \sqrt{x^2 + 1},\quad y(0) = 1$

응용과 예제

57. **넓이** 좌표축들과 곡선 $y = \sqrt{9 - x^2}/3$으로 둘러싸이고 제1사분면에 놓인 영역의 넓이를 구하라.

58. **넓이** 타원

$$\frac{x^2}{a^2} + \frac{y^2}{b^2} = 1$$

에 의해 둘러싸인 영역의 넓이를 구하라.

59. 곡선 $y = \sin^{-1} x$, x축과 직선 $x = 1/2$에 의해 둘러싸인 영역을 생각하자.

a. 영역의 넓이를 구하라.

b. 이 영역의 중심을 구하라.

60. 곡선 $y = \sqrt{x\tan^{-1}x}$, x축과 직선 $x = 1$로 둘러싸인 영역을 생각하자. 이 영역을 x축을 회전축으로 회전시켜 얻은 입체의 부피를 구하라.

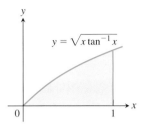

$$y = \sqrt{x\tan^{-1}x}$$

61. 각각 다음 방법으로 적분 $\int x^3 \sqrt{1-x^2}\,dx$를 구하라.

a. 부분적분　**b.** u-치환　**c.** 삼각치환

62. 수상스키의 경로 수상스키가 10 m의 줄로 보트에 연결되어 있다. 이때 보트의 위치를 원점이라 하고, 수상스키의 위치를 $(10, 0)$이라 가정하자. 보트가 y축의 양의 방향으로 움직일 때, 수상스키는 아래 그림에서와 같이 모르는 경로 $y = f(x)$로 보트에 이끌려간다.

a. $f'(x) = \dfrac{-\sqrt{100 - x^2}}{x}$임을 보이라.

(**힌트**: 수상스키는 항상 보트를 직접 향하고, 줄은 경로 $y = f(x)$의 접선에 놓여 있다.)

b. $f(10) = 0$을 이용하여 (a)로부터 $f(x)$의 식을 구하라.

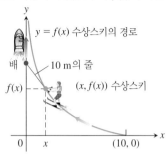

$y = f(x)$ 수상스키의 경로

배

10 m의 줄

$f(x)$

$(x, f(x))$ 수상스키

x

$(10, 0)$

63. 구간 $[1, 3]$에서 함수 $f(x) = \dfrac{\sqrt{x+1}}{\sqrt{x}}$의 평균값을 구하라.

64. 구간 $0 \le x \le 1$에서 곡선 $y = 1 - e^{-x}$의 길이를 구하라.

7.5　부분분수에 의한 유리함수의 적분

이 절에서는 유리함수(다항함수들의 몫)를 **부분분수**(*partial fraction*)라고 하는 보다 간단한 함수들의 합으로 표현하는 방법을 공부한다. 유리함수를 부분분수로 나타내면 적분하기 쉽다. 예를 들어, 유리함수 $(5x - 3)/(x^2 - 2x - 3)$은

$$\frac{5x - 3}{x^2 - 2x - 3} = \frac{2}{x + 1} + \frac{3}{x - 3}$$

으로 쓸 수 있다. 위 항등식은 우변의 분수들을 공통분모 $(x + 1)(x - 3)$으로 통분하여 대수적으로 증명할 수 있다. 이렇게 유리함수를 부분분수로 표현하는 기술은 또 다른 영역에서도(예를 들면, 미분방정식을 풀기 위해 라플라스 변환을 할 때) 유용하게 사용된다. 유리함수 $(5x - 3)/(x + 1)(x - 3)$을 직접 적분하는 대신에, 다음과 같이 위 항등식의 우변의 분수들을 적분하여 더하면 된다.

$$\int \frac{5x - 3}{(x + 1)(x - 3)}\,dx = \int \frac{2}{x + 1}\,dx + \int \frac{3}{x - 3}\,dx$$

$$= 2\ln|x + 1| + 3\ln|x - 3| + C$$

유리함수를 보다 간단한 분수들의 합으로 나타내는 방법을 **부분분수법**(**method of partial fraction**)이라 한다. 앞의 예의 경우에 부분분수로 나타낸다는 것은

$$\frac{5x - 3}{x^2 - 2x - 3} = \frac{A}{x + 1} + \frac{B}{x - 3} \tag{1}$$

를 만족하는 상수 A, B를 찾는 것과 같다(잠시 동안 $A = 2$이고, $B = 3$이라는 것을 모른다고 가정하자). 분수 $A/(x + 1)$과 $B/(x - 3)$의 분모들은 원래 분모 $(x^2 - 2x - 3)$의 인수들이기 때문에 이 분수들을 **부분분수**(**partial fraction**)라 한다. 적합한 값을 결정하기 위한 계수 A, B를 **미정계수**(**undetermined coefficients**)라 한다.

A, B의 값을 찾기 위하여 먼저 식 (1)의 양변에 $x^2 - 2x - 3$을 곱한 후, 항을 정리하면

$$5x - 3 = A(x - 3) + B(x + 1) = (A + B)x - 3A + B$$

를 얻는다. 위 식이 x에 관한 항등식이 되기 위해서는

$$A + B = 5, \qquad -3A + B = -3$$

이어야 하고, 이를 풀면 $A = 2$, $B = 3$을 찾을 수 있다.

부분분수법의 개략적 설명

분모와 분자의 다항식이 서로 공통인수를 가지지 않는 기약분수식으로 주어진 유리함수 $f(x)/g(x)$를 부분분수의 합으로 나타낼 때, 다음 두 가지를 고려해야 한다.

- **$f(x)$의 차수가 $g(x)$의 차수보다 작은 진분수함수이어야 한다.** 그렇지 않다면 $f(x)$를 $g(x)$로 나눈 나머지 항을 가지고 작업을 해야 한다. 예제 3은 이러한 경우를 설명하고 있다.
- **$g(x)$의 인수를 알아야 한다.** 이론적으로는, 실계수를 가진 다항식은 실계수를 가진 1차 다항식과 실계수를 가진 기약 2차 다항식의 곱으로 나타낼 수 있다. 그러나 실제로 이런 인수들을 찾는 것은 어려울 수도 있다.

이제 $g(x)$의 인수를 알 때 진분수함수 $f(x)/g(x)$의 부분분수를 찾는 법을 소개한다. 2차 다항식은 실계수를 갖는 일차식의 곱으로 나타낼 수 없을 때, **기약(irreducible)** 다항식이다. 즉, 실근을 갖지 않는다.

부분분수법(진분수함수 $f(x)/g(x)$)

1. $x - r$이 $g(x)$의 인수이고 $(x - r)^m$이 $g(x)$를 나누는 $x - r$의 가장 높은 차수의 거듭제곱이라 하자. 이때 이 인수에 다음과 같이 m개의 분수식의 합으로 주어지는 부분분수의 합을 대응시킨다.

$$\frac{A_1}{(x - r)} + \frac{A_2}{(x - r)^2} + \cdots + \frac{A_m}{(x - r)^m}$$

$g(x)$의 다른 1차 인수에도 마찬가지로 적용한다.

2. 실근을 갖지 않는 이차다항식 $x^2 + px + q$가 $g(x)$의 기약 2차 인수이고 $(x^2 + px + q)^n$이 $g(x)$를 나누는 가장 높은 차수의 거듭제곱이라 하자. 이때 이 인수에 다음과 같이 n개의 분수식의 합으로 주어지는 부분분수의 합을 대응시킨다.

$$\frac{B_1 x + C_1}{(x^2 + px + q)} + \frac{B_2 x + C_2}{(x^2 + px + q)^2} + \cdots + \frac{B_n x + C_n}{(x^2 + px + q)^n}$$

$g(x)$의 다른 기약 2차 인수에도 마찬가지로 적용한다.

3. 원래의 분수 $f(x)/g(x)$를 이들 부분분수들의 합과 같다고 놓는다. 이렇게 얻은 분수 방정식의 양변에 $g(x)$를 곱하고 x에 관한 내림차순으로 항들을 정리한다.

4. 3에서 얻은 항등식에서 좌우변의 x의 같은 거듭제곱에 대응하는 계수들을 같다고 놓고 미정계수에 관한 방정식을 푼다.

예제 1 부분분수를 이용하여 다음 적분을 구하라.

$$\int \frac{x^2 + 4x + 1}{(x - 1)(x + 1)(x + 3)} \, dx$$

풀이 분모의 인수는 $(x-1)$, $(x+1)$, $(x+3)$이고 모두 1차 인수이므로, 피적분함수를 부분분수의 합으로 표현하면 다음과 같다.

$$\frac{x^2 + 4x + 1}{(x - 1)(x + 1)(x + 3)} = \frac{A}{x - 1} + \frac{B}{x + 1} + \frac{C}{x + 3}$$

미정계수 A, B, C의 값을 찾기 위하여 분수함수를 정리하여

$$\begin{aligned}
x^2 + 4x + 1 &= A(x + 1)(x + 3) + B(x - 1)(x + 3) + C(x - 1)(x + 1) \\
&= A(x^2 + 4x + 3) + B(x^2 + 2x - 3) + C(x^2 - 1) \\
&= (A + B + C)x^2 + (4A + 2B)x + (3A - 3B - C)
\end{aligned}$$

를 얻는다. 항등식이므로 양변의 다항식의 같은 차수의 계수들은 일치해야 한다.

$$\begin{aligned}
x^2 \text{의 계수:} \quad & A + B + C = 1 \\
x^1 \text{의 계수:} \quad & 4A + 2B = 4 \\
x^0 \text{의 계수:} \quad & 3A - 3B - C = 1
\end{aligned}$$

미지수 A, B, C에 관한 1차 연립방정식을 푸는 방법은 소거법 또는 계산기나 컴퓨터를 이용하는 방법을 포함하여 여러 가지가 있다. 해는 $A = 3/4$, $B = 1/2$, $C = -1/4$이다. 그러므로 다음과 같이 적분할 수 있다.

$$\begin{aligned}
\int \frac{x^2 + 4x + 1}{(x - 1)(x + 1)(x + 3)} \, dx &= \int \left[\frac{3}{4} \frac{1}{x - 1} + \frac{1}{2} \frac{1}{x + 1} - \frac{1}{4} \frac{1}{x + 3} \right] dx \\
&= \frac{3}{4} \ln |x - 1| + \frac{1}{2} \ln |x + 1| - \frac{1}{4} \ln |x + 3| + K
\end{aligned}$$

여기서 K는 적분상수이다(미정계수의 상수 C와 혼선을 피하기 위해서 K라고 썼다). ■

예제 2 부분분수를 이용하여 다음 적분을 구하라.

$$\int \frac{6x + 7}{(x + 2)^2} \, dx$$

풀이 먼저 피적분함수를 미정계수를 가진 부분분수들의 합으로 나타내어 보자.

$$\frac{6x + 7}{(x + 2)^2} = \frac{A}{x + 2} + \frac{B}{(x + 2)^2} \qquad \text{\small $(x+2)$의 2차식이므로}$$

$$\begin{aligned}
6x + 7 &= A(x + 2) + B \qquad \text{\small 양변에 $(x + 2)^2$을 곱한다.} \\
&= Ax + (2A + B)
\end{aligned}$$

x의 같은 차수의 계수들을 같다고 놓아 A, B를 구할 수 있다.

$$A = 6, \ 2A + B = 12 + B = 7 \quad \text{즉} \quad A = 6, B = -5$$

그러므로

$$\begin{aligned}
\int \frac{6x + 7}{(x + 2)^2} \, dx &= \int \left(\frac{6}{x + 2} - \frac{5}{(x + 2)^2} \right) dx \\
&= 6 \int \frac{dx}{x + 2} - 5 \int (x + 2)^{-2} \, dx \\
&= 6 \ln |x + 2| + 5(x + 2)^{-1} + C
\end{aligned}$$
■

다음 예제는 $f(x)/g(x)$가 진분수 함수가 아닌 경우에 어떻게 해야 할지를 보여준다. $f(x)$의 차수가 $g(x)$의 차수보다 큰 경우이다.

예제 3 부분분수를 이용하여 다음 적분을 구하라.

$$\int \frac{2x^3 - 4x^2 - x - 3}{x^2 - 2x - 3}\,dx$$

풀이 피적분함수의 분자의 차수가 분모의 차수보다 크다. 먼저 분자를 분모로 나눈다.

$$
\begin{array}{r}
2x \\
x^2 - 2x - 3 \overline{)2x^3 - 4x^2 - x - 3} \\
\underline{2x^3 - 4x^2 - 6x} \\
5x - 3
\end{array}
$$

그러면 피적분함수를 다항식 더하기 진분수함수 형태로 쓸 수 있다.

$$\frac{2x^3 - 4x^2 - x - 3}{x^2 - 2x - 3} = 2x + \frac{5x - 3}{x^2 - 2x - 3}$$

우변의 진분수함수가 어떻게 부분분수로 분해되는지 이 절을 시작할 때 이미 찾았으므로 다음과 같이 적분할 수 있다.

$$
\begin{aligned}
\int \frac{2x^3 - 4x^2 - x - 3}{x^2 - 2x - 3}\,dx &= \int 2x\,dx + \int \frac{5x - 3}{x^2 - 2x - 3}\,dx \\
&= \int 2x\,dx + \int \frac{2}{x + 1}\,dx + \int \frac{3}{x - 3}\,dx \\
&= x^2 + 2\ln|x + 1| + 3\ln|x - 3| + C \quad \blacksquare
\end{aligned}
$$

예제 4 부분분수를 이용하여 다음 적분을 구하라.

$$\int \frac{-2x + 4}{(x^2 + 1)(x - 1)^2}\,dx$$

풀이 분자는 1차 다항식의 제곱항 $(x-1)^2$ 뿐만 아니라 기약 2차 다항식 x^2+1을 인수로 가졌다. 그러므로 다음과 같이 쓸 수 있다.

$$\frac{-2x + 4}{(x^2 + 1)(x - 1)^2} = \frac{Ax + B}{x^2 + 1} + \frac{C}{x - 1} + \frac{D}{(x - 1)^2} \tag{2}$$

분수식을 정리하면

$$
\begin{aligned}
-2x + 4 &= (Ax + B)(x - 1)^2 + C(x - 1)(x^2 + 1) + D(x^2 + 1) \\
&= (A + C)x^3 + (-2A + B - C + D)x^2 \\
&\quad + (A - 2B + C)x + (B - C + D)
\end{aligned}
$$

이고, 같은 차수의 계수를 같다고 놓아 다음을 얻는다.

$$
\begin{array}{lll}
x^3\text{의 계수:} & 0 = A + C \\
x^2\text{의 계수:} & 0 = -2A + B - C + D \\
x^1\text{의 계수:} & -2 = A - 2B + C \\
x^0\text{의 계수:} & 4 = B - C + D
\end{array}
$$

이 방정식을 동시에 만족하는 A, B, C, D의 값을 찾아보자.

$$
\begin{array}{ll}
-4 = -2A, \quad A = 2 & \text{두 번째 식에서 네 번째 식을 뺀다.} \\
C = -A = -2 & \text{첫 번째 식} \\
B = (A + C + 2)/2 = 1 & \text{세 번째 식에 } C = -A\text{를 대입한다.} \\
D = 4 - B + C = 1 & \text{네 번째 식}
\end{array}
$$

이 값들을 식 (2)에 대입하여 다음을 얻는다.

$$\frac{-2x + 4}{(x^2 + 1)(x - 1)^2} = \frac{2x + 1}{x^2 + 1} - \frac{2}{x - 1} + \frac{1}{(x - 1)^2}$$

마지막으로 위 부분분수의 합을 이용하여 적분할 수 있다.

$$\int \frac{-2x + 4}{(x^2 + 1)(x - 1)^2}\, dx = \int \left(\frac{2x + 1}{x^2 + 1} - \frac{2}{x - 1} + \frac{1}{(x - 1)^2} \right) dx$$

$$= \int \left(\frac{2x}{x^2 + 1} + \frac{1}{x^2 + 1} - \frac{2}{x - 1} + \frac{1}{(x - 1)^2} \right) dx$$

$$= \ln(x^2 + 1) + \tan^{-1} x - 2 \ln|x - 1| - \frac{1}{x - 1} + C \quad \blacksquare$$

예제 5   부분분수를 이용하여 다음 적분을 구하라.

$$\int \frac{dx}{x(x^2 + 1)^2}$$

풀이   피적분함수에 대응하는 부분분수 형태는

$$\frac{1}{x(x^2 + 1)^2} = \frac{A}{x} + \frac{Bx + C}{x^2 + 1} + \frac{Dx + E}{(x^2 + 1)^2}$$

이다. $x(x^2 + 1)^2$을 양변에 곱하면

$$\begin{aligned} 1 &= A(x^2 + 1)^2 + (Bx + C)x(x^2 + 1) + (Dx + E)x \\ &= A(x^4 + 2x^2 + 1) + B(x^4 + x^2) + C(x^3 + x) + Dx^2 + Ex \\ &= (A + B)x^4 + Cx^3 + (2A + B + D)x^2 + (C + E)x + A \end{aligned}$$

이고, 계수를 같게 놓아 다음 연립방정식을 얻는다.

$$A + B = 0, \quad C = 0, \quad 2A + B + D = 0, \quad C + E = 0, \quad A = 1$$

연립방정식을 풀면 $A = 1, B = -1, C = 0, D = -1, E = 0$이다. 적분은 다음과 같다.

$$\int \frac{dx}{x(x^2 + 1)^2} = \int \left[\frac{1}{x} + \frac{-x}{x^2 + 1} + \frac{-x}{(x^2 + 1)^2} \right] dx$$

$$= \int \frac{dx}{x} - \int \frac{x\, dx}{x^2 + 1} - \int \frac{x\, dx}{(x^2 + 1)^2}$$

$$= \int \frac{dx}{x} - \frac{1}{2} \int \frac{du}{u} - \frac{1}{2} \int \frac{du}{u^2} \qquad {\scriptstyle u = x^2 + 1, \atop \scriptstyle du = 2x\, dx}$$

$$= \ln|x| - \frac{1}{2} \ln|u| + \frac{1}{2u} + K$$

$$= \ln|x| - \frac{1}{2} \ln(x^2 + 1) + \frac{1}{2(x^2 + 1)} + K$$

$$= \ln \frac{|x|}{\sqrt{x^2 + 1}} + \frac{1}{2(x^2 + 1)} + K \qquad \blacksquare$$

다항식 $f(x)$의 차수가 $g(x)$의 차수보다 작고

$$g(x) = (x - r_1)(x - r_2) \cdots (x - r_n)$$

가 서로 다른 1차 인수의 곱일 때 $f(x)/g(x)$를 부분분수로 전개하는 빠른 방법이 있다.

예제 6   다음 부분분수 전개에서 A, B, C를 구하라.

$$\frac{x^2 + 1}{(x - 1)(x - 2)(x - 3)} = \frac{A}{x - 1} + \frac{B}{x - 2} + \frac{C}{x - 3} \tag{3}$$

풀이 식 (3)의 양변에 $(x-1)$을 곱하면 다음을 얻고

$$\frac{x^2 + 1}{(x-2)(x-3)} = A + \frac{B(x-1)}{x-2} + \frac{C(x-1)}{x-3}$$

$x=1$을 대입하면 A의 값을 알 수 있다.

$$\frac{(1)^2 + 1}{(1-2)(1-3)} = A + 0 + 0$$

$$A = 1$$

똑같은 방법으로, 양변에 $(x-2)$를 곱하고 $x=2$를 대입하면 다음을 얻는다.

$$\frac{(2)^2 + 1}{(2-1)(2-3)} = B$$

즉, $B = -5$이다. 마지막으로 양변에 $(x-3)$을 곱하고 $x=3$을 대입하면 다음을 얻는다.

$$\frac{(3)^2 + 1}{(3-1)(3-2)} = C$$

즉, $C = 5$이다. ■

계수를 결정하는 다른 방법들

부분분수에 나타나는 상수를 결정하는 다른 방법은 다음 예제에서 보여주는 것처럼 미분하는 것이다. 또, x에 수치를 대입하는 방법도 있다.

예제 7 다음 방정식에서 분모를 곱한 후 미분하고, $x=-1$을 대입하여 A, B, C를 구하라.

$$\frac{x-1}{(x+1)^3} = \frac{A}{x+1} + \frac{B}{(x+1)^2} + \frac{C}{(x+1)^3}$$

풀이 분수식을 정리한다.

$$x - 1 = A(x+1)^2 + B(x+1) + C$$

$x=-1$을 대입하면 $C=-2$이다. x에 관하여 양변을 미분하면

$$1 = 2A(x+1) + B$$

를 얻고, $x=-1$을 대입하면 $B=1$이다. 한 번 더 미분하면 $0=2A$가 되고, $A=0$을 얻는다. 그러므로 다음과 같다.

$$\frac{x-1}{(x+1)^3} = \frac{1}{(x+1)^2} - \frac{2}{(x+1)^3}$$ ■

어떤 문제에서는 x에 $x=0$, ± 1, ± 2와 같은 작은 값들을 대입하면 다른 방법보다 더 빨리 A, B, C를 구할 수도 있다.

예제 8 다음 방정식에서 x에 적당한 값을 대입하여 A, B, C를 구하라.

$$\frac{x^2 + 1}{(x-1)(x-2)(x-3)} = \frac{A}{x-1} + \frac{B}{x-2} + \frac{C}{x-3}$$

풀이 분수식을 정리하면 다음을 얻는다.

$$x^2 + 1 = A(x-2)(x-3) + B(x-1)(x-3) + C(x-1)(x-2)$$

$x=1, 2, 3$을 차례로 대입하여 A, B, C를 구한다.

$$x = 1: \quad (1)^2 + 1 = A(-1)(-2) + B(0) + C(0)$$
$$2 = 2A$$
$$A = 1$$
$$x = 2: \quad (2)^2 + 1 = A(0) + B(1)(-1) + C(0)$$
$$5 = -B$$
$$B = -5$$
$$x = 3: \quad (3)^2 + 1 = A(0) + B(0) + C(2)(1)$$
$$10 = 2C$$
$$C = 5$$

결론: $$\frac{x^2 + 1}{(x - 1)(x - 2)(x - 3)} = \frac{1}{x - 1} - \frac{5}{x - 2} + \frac{5}{x - 3}$$ ∎

연습문제 7.5

분수함수를 부분분수로 전개하기
연습문제 1~8에서 분수함수를 부분분수로 전개하라.

1. $\dfrac{5x - 13}{(x - 3)(x - 2)}$

2. $\dfrac{5x - 7}{x^2 - 3x + 2}$

3. $\dfrac{x + 4}{(x + 1)^2}$

4. $\dfrac{2x + 2}{x^2 - 2x + 1}$

5. $\dfrac{z + 1}{z^2(z - 1)}$

6. $\dfrac{z}{z^3 - z^2 - 6z}$

7. $\dfrac{t^2 + 8}{t^2 - 5t + 6}$

8. $\dfrac{t^4 + 9}{t^4 + 9t^2}$

반복되지 않는 1차 인수
연습문제 9~16에서 피적분함수를 부분분수의 합으로 나타내고 적분을 구하라.

9. $\displaystyle\int \frac{dx}{1 - x^2}$

10. $\displaystyle\int \frac{dx}{x^2 + 2x}$

11. $\displaystyle\int \frac{x + 4}{x^2 + 5x - 6} \, dx$

12. $\displaystyle\int \frac{2x + 1}{x^2 - 7x + 12} \, dx$

13. $\displaystyle\int_4^8 \frac{y \, dy}{y^2 - 2y - 3}$

14. $\displaystyle\int_{1/2}^1 \frac{y + 4}{y^2 + y} \, dy$

15. $\displaystyle\int \frac{dt}{t^3 + t^2 - 2t}$

16. $\displaystyle\int \frac{x + 3}{2x^3 - 8x} \, dx$

반복되는 1차 인수
연습문제 17~20에서 피적분함수를 부분분수의 합으로 나타내고 적분을 구하라.

17. $\displaystyle\int_0^1 \frac{x^3 \, dx}{x^2 + 2x + 1}$

18. $\displaystyle\int_{-1}^0 \frac{x^3 \, dx}{x^2 - 2x + 1}$

19. $\displaystyle\int \frac{dx}{(x^2 - 1)^2}$

20. $\displaystyle\int \frac{x^2 \, dx}{(x - 1)(x^2 + 2x + 1)}$

기약 2차 인수
연습문제 21~32에서 피적분함수를 부분분수의 합으로 나타내고 적분을 구하라.

21. $\displaystyle\int_0^1 \frac{dx}{(x + 1)(x^2 + 1)}$

22. $\displaystyle\int_1^{\sqrt{3}} \frac{3t^2 + t + 4}{t^3 + t} \, dt$

23. $\displaystyle\int \frac{y^2 + 2y + 1}{(y^2 + 1)^2} \, dy$

24. $\displaystyle\int \frac{8x^2 + 8x + 2}{(4x^2 + 1)^2} \, dx$

25. $\displaystyle\int \frac{2s + 2}{(s^2 + 1)(s - 1)^3} \, ds$

26. $\displaystyle\int \frac{s^4 + 81}{s(s^2 + 9)^2} \, ds$

27. $\displaystyle\int \frac{x^2 - x + 2}{x^3 - 1} \, dx$

28. $\displaystyle\int \frac{1}{x^4 + x} \, dx$

29. $\displaystyle\int \frac{x^2}{x^4 - 1} \, dx$

30. $\displaystyle\int \frac{x^2 + x}{x^4 - 3x^2 - 4} \, dx$

31. $\displaystyle\int \frac{2\theta^3 + 5\theta^2 + 8\theta + 4}{(\theta^2 + 2\theta + 2)^2} \, d\theta$

32. $\displaystyle\int \frac{\theta^4 - 4\theta^3 + 2\theta^2 - 3\theta + 1}{(\theta^2 + 1)^3} \, d\theta$

가분수함수
연습문제 33~38에서 피적분함수의 분자를 분모로 나누어 다항식과 진분수함수의 합으로 나타내고 진분수함수를 부분분수들의 합으로 나타내라. 그 다음에 적분을 구하라.

33. $\displaystyle\int \frac{2x^3 - 2x^2 + 1}{x^2 - x} \, dx$

34. $\displaystyle\int \frac{x^4}{x^2 - 1} \, dx$

35. $\displaystyle\int \frac{9x^3 - 3x + 1}{x^3 - x^2} \, dx$

36. $\displaystyle\int \frac{16x^3}{4x^2 - 4x + 1} \, dx$

37. $\displaystyle\int \frac{y^4 + y^2 - 1}{y^3 + y} \, dy$

38. $\displaystyle\int \frac{2y^4}{y^3 - y^2 + y - 1} \, dy$

적분 구하기
연습문제 39~54에서 적분을 구하라.

39. $\displaystyle\int \frac{e^t \, dt}{e^{2t} + 3e^t + 2}$

40. $\displaystyle\int \frac{e^{4t} + 2e^{2t} - e^t}{e^{2t} + 1} \, dt$

41. $\displaystyle\int \frac{\cos y \, dy}{\sin^2 y + \sin y - 6}$

42. $\displaystyle\int \frac{\sin \theta \, d\theta}{\cos^2 \theta + \cos \theta - 2}$

43. $\displaystyle\int \frac{(x-2)^2 \tan^{-1}(2x) - 12x^3 - 3x}{(4x^2+1)(x-2)^2}\,dx$

44. $\displaystyle\int \frac{(x+1)^2 \tan^{-1}(3x) + 9x^3 + x}{(9x^2+1)(x+1)^2}\,dx$

45. $\displaystyle\int \frac{1}{x^{3/2} - \sqrt{x}}\,dx$ **46.** $\displaystyle\int \frac{1}{(x^{1/3}-1)\sqrt{x}}\,dx$

(힌트: $x = u^6$으로 치환)

47. $\displaystyle\int \frac{\sqrt{x+1}}{x}\,dx$ **48.** $\displaystyle\int \frac{1}{x\sqrt{x+9}}\,dx$

(힌트: $x+1 = u^2$으로 치환)

49. $\displaystyle\int \frac{1}{x(x^4+1)}\,dx$ **50.** $\displaystyle\int \frac{1}{x^6(x^5+4)}\,dx$

$\left(\text{힌트: } \dfrac{x^3}{x^3}\text{을 곱하라.}\right)$

51. $\displaystyle\int \frac{1}{\cos 2\theta \sin \theta}\,d\theta$ **52.** $\displaystyle\int \frac{1}{\cos \theta + \sin 2\theta}\,d\theta$

53. $\displaystyle\int \frac{\sqrt{1+\sqrt{x}}}{x}\,dx$ **54.** $\displaystyle\int \frac{\sqrt{x}}{\sqrt{2-\sqrt{x}}+\sqrt{x}}\,dx$

연습문제 55~66에서 알고 있는 방법을 사용하여 적분을 계산하라.

55. $\displaystyle\int \frac{x^3 - 2x^2 - 3x}{x+2}\,dx$ **56.** $\displaystyle\int \frac{x+2}{x^3 - 2x^2 - 3x}\,dx$

57. $\displaystyle\int \frac{2^x - 2^{-x}}{2^x + 2^{-x}}\,dx$ **58.** $\displaystyle\int \frac{2^x}{2^{2x} + 2^x - 2}\,dx$

59. $\displaystyle\int \frac{1}{x^4 - 1}\,dx$ **60.** $\displaystyle\int \frac{x^4 - 1}{x^5 - 5x + 1}\,dx$

61. $\displaystyle\int \frac{\ln x + 2}{x(\ln x + 1)(\ln x + 3)}\,dx$

62. $\displaystyle\int \frac{2}{x(\ln x - 2)^3}\,dx$

63. $\displaystyle\int \frac{1}{\sqrt{x^2 - 1}}\,dx$ **64.** $\displaystyle\int \frac{x}{x + \sqrt{x^2 + 2}}\,dx$

65. $\displaystyle\int x^5 \sqrt{x^3 + 1}\,dx$ **66.** $\displaystyle\int x^2 \sqrt{1 - x^2}\,dx$

초깃값 문제

연습문제 67~70에서 t의 함수인 x에 관한 초깃값 문제를 풀라.

67. $(t^2 - 3t + 2)\dfrac{dx}{dt} = 1 \quad (t > 2), \quad x(3) = 0$

68. $(3t^4 + 4t^2 + 1)\dfrac{dx}{dt} = 2\sqrt{3}, \quad x(1) = -\pi\sqrt{3}/4$

69. $(t^2 + 2t)\dfrac{dx}{dt} = 2x + 2 \quad (t, x > 0), \quad x(1) = 1$

70. $(t+1)\dfrac{dx}{dt} = x^2 + 1 \quad (t > -1), \quad x(0) = 0$

응용과 예제

연습문제 71~72에서 그림자 영역을 지정된 축을 회전축으로 회전시켜 얻는 입체의 부피를 구하라.

71. x축

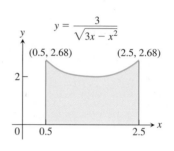

72. y축

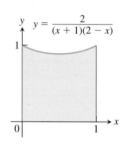

73. 구간 $0 \le x \le \dfrac{1}{2}$에서 곡선 $y = \ln(1 - x^2)$의 길이를 구하라.

74. 다음 방법에 의해 적분 $\int \sec\theta\,d\theta$를 계산하라.

a. $\dfrac{\sec\theta + \tan\theta}{\sec\theta + \tan\theta}$를 곱하고 치환적분을 사용하라.

b. 적분을 $\int \dfrac{1}{\cos\theta}\,d\theta$로 적고, $\dfrac{\cos\theta}{\cos\theta}$를 곱한 후, 삼각함수의 항등식을 적용하고 치환적분을 적용하라. 마지막으로 부분분수를 이용하여 적분을 계산하라.

T 75. x축, 곡선 $y = \tan^{-1} x$와 직선 $x = \sqrt{3}$으로 둘러싸인 제1사분면에 놓인 영역의 중심의 x좌표를 소수점 아래 2자리까지 구하라.

T 76. 아래 영역의 중심의 x좌표를 소수점 아래 2자리까지 구하라.

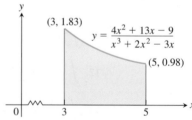

T 77. 사회적 확산 사회학자들은 때때로 정보가 모집단을 통해 확산되는 방법을 묘사하기 위해 '사회적 확산'이라는 용어를 사용한다. 정보는 소문이거나 문화적인 일시적 관심사이거나 또는 기술혁신에 대한 새 소식일 수도 있다. 충분히 큰 모집단에서 정보를가진 사람들의 수 x는 시간 t에 관하여 미분가능한 함수로 간주되고 확산비율 dx/dt는 정보를 가진 사람들의 수 x는 정보를 갖지 못한 사람들의 수에 비례한다고 여겨진다. 이것에 기초하여 다음 방정식을 얻는다.

$$\frac{dx}{dt} = kx(N - x)$$

여기서 N은 모집단에 속한 사람들의 수이다.

　t는 일 수, $k = 1/250$이고, $N = 1000$명의 모집단에서 시간이 $t = 0$일 때 두 사람이 소문을 내기 시작한다고 가정하자.

a. t의 함수인 x를 구하라.

b. 언제 모집단의 반이 소문을 듣겠는가? (이때가 바로 소문이
가장 빨리 퍼지는 때이다.)

T **78. 2계의 화학반응**　많은 화학적 반응들은 새로운 물질을 만들기
위해 변화를 겪는 2개의 분자의 상호작용의 결과이다. 반응하
는 비율은 전형적으로 두 종류 분자의 농도에 따라 다르다. 만
일 시간 $t=0$일 때 a가 물질 A의 양, b가 물질 B의 양이고, x가
시간이 t일 때의 생성물질의 양이면 x가 형성되는 변화율은 미
분방정식

$$\frac{dx}{dt} = k(a - x)(b - x)$$

또는

$$\frac{1}{(a - x)(b - x)}\frac{dx}{dt} = k$$

로 주어진다. 여기서 k는 반응상수이다. (a) $a=b$, (b) $a \neq b$일
때 방정식의 양변을 적분하여 x와 t 사이의 관계식을 구하라.
각 경우에 $t=0$일 때 $x=0$이라고 가정하자.

7.6　적분표와 컴퓨터 대수 시스템

이 절에서는 적분을 계산하기 위해 표와 컴퓨터 대수 시스템(CAS)을 이용하는 방법에
대하여 공부한다.

적분표

간단한 적분표가 책의 뒷부분에 소개되었다. (보다 더 많은 양의 적분표를 원한다면 수
천 개의 적분표가 나와 있는 *CRC Mathematical Tables*와 같은 책들을 찾아보아라.) 적
분 공식에 나와 있는 a, b, c, m, n 등의 문자는 상수를 나타낸다. 이 상수들은 보통 임
의의 실수를 의미하며 정수일 필요는 없으며, 이따금 공식에 따라 값에 제한이 필요한
경우는 따로 서술한다. 예를 들어 공식 21은 $n \neq 1$, 공식 27은 $n \neq -2$와 같이 제한조건
이 주어진다.

　공식에 따라 또한 상수들은 분모를 0이 되지 않도록 하며, 음수의 짝수 제곱근이 나
오지 않도록 하는 값들이어야 한다. 예를 들어, 공식 24는 $a \neq 0$이어야만 하고, 공식 29
(a)와 (b)는 $b > 0$이어야만 성립한다.

예제 1　다음 적분을 구하라.

$$\int x(2x + 5)^{-1}\, dx$$

풀이　공식 24:

$$\int x(ax + b)^{-1}\, dx = \frac{x}{a} - \frac{b}{a^2}\ln|ax + b| + C$$

를 적용한다($n \neq -1$이어야 하므로 공식 22는 적용할 수 없음). $a=2$, $b=5$를 대입하면
다음을 얻는다.

$$\int x(2x + 5)^{-1}\, dx = \frac{x}{2} - \frac{5}{4}\ln|2x + 5| + C \qquad ■$$

예제 2　다음 적분을 구하라.

$$\int \frac{dx}{x\sqrt{2x - 4}}$$

풀이　공식 29(b):

$$\int \frac{dx}{x\sqrt{ax-b}} = \frac{2}{\sqrt{b}} \tan^{-1} \sqrt{\frac{ax-b}{b}} + C$$

를 적용하여 위 식에 $a=2$, $b=4$를 대입하면 다음을 얻는다.

$$\int \frac{dx}{x\sqrt{2x-4}} = \frac{2}{\sqrt{4}} \tan^{-1} \sqrt{\frac{2x-4}{4}} + C = \tan^{-1} \sqrt{\frac{x-2}{2}} + C \qquad \blacksquare$$

예제 3 다음 적분을 구하라.

$$\int x \sin^{-1} x \, dx$$

풀이 공식 106:

$$\int x^n \sin^{-1} ax \, dx = \frac{x^{n+1}}{n+1} \sin^{-1} ax - \frac{a}{n+1} \int \frac{x^{n+1} \, dx}{\sqrt{1-a^2 x^2}}, \qquad n \neq -1$$

을 적용하여 $n=1$이고 $a=1$을 대입하면 다음과 같다.

$$\int x \sin^{-1} x \, dx = \frac{x^2}{2} \sin^{-1} x - \frac{1}{2} \int \frac{x^2 \, dx}{\sqrt{1-x^2}}$$

우변의 적분은 공식 49:

$$\int \frac{x^2}{\sqrt{a^2-x^2}} \, dx = \frac{a^2}{2} \sin^{-1}\left(\frac{x}{a}\right) - \frac{1}{2} x\sqrt{a^2-x^2} + C$$

를 적용하여 $a=1$을 대입하면

$$\int \frac{x^2 \, dx}{\sqrt{1-x^2}} = \frac{1}{2} \sin^{-1} x - \frac{1}{2} x\sqrt{1-x^2} + C$$

이다. 결과를 합하면 다음과 같다.

$$\int x \sin^{-1} x \, dx = \frac{x^2}{2} \sin^{-1} x - \frac{1}{2}\left(\frac{1}{2} \sin^{-1} x - \frac{1}{2} x\sqrt{1-x^2} + C\right)$$

$$= \left(\frac{x^2}{2} - \frac{1}{4}\right)\sin^{-1} x + \frac{1}{4} x\sqrt{1-x^2} + C' \qquad \blacksquare$$

축소 공식

때로는 다음과 같은 축소 공식을 적용하여 부분적분을 반복하는 데 걸리는 시간을 줄일 수 있다.

$$\int \tan^n x \, dx = \frac{1}{n-1} \tan^{n-1} x - \int \tan^{n-2} x \, dx \tag{1}$$

$$\int (\ln x)^n \, dx = x(\ln x)^n - n \int (\ln x)^{n-1} \, dx \tag{2}$$

$$\int \sin^n x \cos^m x \, dx = -\frac{\sin^{n-1} x \cos^{m+1} x}{m+n} + \frac{n-1}{m+n} \int \sin^{n-2} x \cos^m x \, dx \qquad (n \neq -m) \tag{3}$$

이 공식을 반복적으로 적용해서 결국 원래의 적분을 직접 적분할 수 있을 만큼 낮은 차수의 거듭제곱을 가진 적분으로 표현할 수 있다. 다음 예제에서 이 과정을 설명한다.

예제 4 다음 적분을 구하라.

$$\int \tan^5 x \, dx$$

풀이 $n = 5$일 때 식 (1)을 적용하면

$$\int \tan^5 x \, dx = \frac{1}{4} \tan^4 x - \int \tan^3 x \, dx$$

를 얻는다. $n = 3$일 때 식 (1)을 다시 적용하면

$$\int \tan^3 x \, dx = \frac{1}{2} \tan^2 x - \int \tan x \, dx = \frac{1}{2} \tan^2 x + \ln |\cos x| + C$$

를 얻는다. 결과를 합하면 다음과 같다.

$$\int \tan^5 x \, dx = \frac{1}{4} \tan^4 x - \frac{1}{2} \tan^2 x - \ln |\cos x| + C' \qquad \blacksquare$$

축소 공식은 그 형태로부터 짐작할 수 있듯이 부분적분에 의해 얻을 수 있다(7.2절의 예제 5 참조).

CAS를 이용한 적분

컴퓨터 대수 시스템의 강력한 특징은 컴퓨터로 변수를 그대로 사용하여 적분을 할 수 있다는 것이다. 각자의 시스템에 따라 지정된 **적분 명령어(integrate command)**(예를 들어, Maple에서는 **int**, Mathematica에서는 **Integrate**)를 통해 적분이 수행된다.

예제 5 다음 함수의 부정적분을 계산해야 한다고 가정하자.

$$f(x) = x^2 \sqrt{a^2 + x^2}$$

Maple을 사용한다면, 먼저 함수의 이름을 정하고 식을 정의한다.

$$> f := x^2 * \text{sqrt} (a^2 + x^2);$$

그 다음에 적분변수를 지정하고 f에 관한 적분 명령어를 이용한다.

$$> \text{int(f, x);}$$

Maple이 다음과 같이 응답할 것이다.

$$\frac{1}{4} x(a^2 + x^2)^{3/2} - \frac{1}{8} a^2 x \sqrt{a^2 + x^2} - \frac{1}{8} a^4 \ln \left(x + \sqrt{a^2 + x^2} \right)$$

만일 답을 더 간단하게 정리할 수 있는지 알고자 한다면, 다음 명령어

$$> \text{simplify(\%);}$$

를 사용하라. Maple이

$$\frac{1}{8} a^2 x \sqrt{a^2 + x^2} + \frac{1}{4} x^3 \sqrt{a^2 + x^2} - \frac{1}{8} a^4 \ln \left(x + \sqrt{a^2 + x^2} \right)$$

으로 답을 준다. 만일 구간 $0 \le x \le \pi/2$에서 정적분 값을 구하려고 한다면 다음과 같은 명령어

$$> \text{int(f, x = 0..Pi/2);}$$

을 이용하라. Maple은 다음과 같이 표현된 답을 줄 것이다.

$$\frac{1}{64}\pi(4a^2 + \pi^2)^{(3/2)} - \frac{1}{32}a^2\pi\sqrt{4a^2 + \pi^2} + \frac{1}{8}a^4\ln(2)$$

$$- \frac{1}{8}a^4\ln\left(\pi + \sqrt{4a^2 + \pi^2}\right) + \frac{1}{16}a^4\ln(a^2)$$

또한 상수 a의 특별한 값에 대한 정적분을 구하고자 한다면 다음과 같은 명령어

> a := 1;

> int(f, x = 0..1);

을 이용하라. Maple이 다음 수식으로 응답할 것이다.

$$\frac{3}{8}\sqrt{2} + \frac{1}{8}\ln\left(\sqrt{2} - 1\right)$$ ■

예제 6 CAS를 이용하여 다음 적분을 구하라.

$$\int \sin^2 x \cos^3 x\, dx$$

풀이 Maple에 다음과 같은 명령어

> int ((sin^2)(x) * (cos^3)(x), x)

를 입력하면 즉시 아래와 같은 응답을 줄 것이다.

$$-\frac{1}{5}\sin(x)\cos(x)^4 + \frac{1}{15}\cos(x)^2\sin(x) + \frac{2}{15}\sin(x)$$ ■

컴퓨터 대수 시스템은 그 내부에서 적분을 어떻게 처리하는가에 따라 다르게 표현될 수 있다. 예제 5와 예제 6에서 Maple을 예로 사용했지만, Mathematica를 사용하면 결과가 다르게 표현될 수 있다.

1. 예제 5에서, Mathematica는 명령어

$$In\,[1] := \text{Integrate}\left[x^2 * \text{Sqrt}\left[a^2 + x^2\right], x\right]$$

을 입력하면, 결과를 더 간단히 하는 과정을 거치지 않고 바로

$$Out\,[1] = \sqrt{a^2 + x^2}\left(\frac{a^2 x}{8} + \frac{x^3}{4}\right) - \frac{1}{8}a^4\,\text{Log}\left[x + \sqrt{a^2 + x^2}\right]$$

와 같이 출력해 준다. 적분표에서 공식 22와 가까운 결과가 나왔다.

2. 예제 6에서 Mathematica의 적분

$$In\,[2] := \text{Integrate}\left[\text{Sin}\left[x\right]^2 * \text{Cos}\left[x\right]^3, x\right]$$

에 대한 결과는

$$Out\,[2] = \frac{\text{Sin}\left[x\right]}{8} - \frac{1}{48}\text{Sin}\left[3\,x\right] - \frac{1}{80}\text{Sin}\left[5\,x\right]$$

이고, 이것은 Maple의 답과는 다르다. 하지만 둘 다 맞는 답이다.

CAS는 매우 강력하므로 어려운 문제를 푸는 데 도움을 준다. 하지만 각각의 CAS는 나름대로의 한계들을 가지고 있으며, 심지어 문제를 더 복잡하게 만드는 상황도 발생한다(이용하거나 해석하기에 아주 어려운 답을 준다는 의미에서). 또한 Maple도 Mathematica도 응답할 때 임의의 상수 $+C$를 내놓지 않는다. 이와는 달리 독자들의 작은 수학적 사고가 어려운 문제를 매우 다루기 쉬운 문제로 바꾸어 놓을 수도 있다. 연

습문제 67에서 그런 예를 볼 수 있다.

많은 컴퓨터 장비에서 사용되는 적분 응용 프로그램(Maple이나 Mathematica 같은)에서 피적분함수를 변수로 입력해서 변수로 출력 값을 얻는, 즉, 부정적분을 구할 수 있다. 뿐만 아니라 대부분의 응용 프로그램이 정적분의 값도 계산할 수도 있다. 이러한 응용 프로그램은 적분표에 나오지 않는 함수들의 적분을 구하는 도구로 사용될 수 있다. 하지만 어떤 함수는 전혀 적분을 구하지 못하는 경우도 발생한다.

비초등적분

많은 함수들의 역도함수가 우리가 지금까지 공부해 온 다항함수, 삼각함수, 지수함수 등과 같은 초등함수들에 의해 표현되지 않는다. 초등함수로 된 역도함수를 갖지 않는 함수의 적분을 **비초등**(nonelementary)**적분**이라 한다. 이러한 적분은 때로는 무한급수(8장)에 의해 표현되거나 수치적 방법(7.7절)에 의해 근삿값을 구한다. 비초등적분의 예제들은 오차함수(이것은 랜덤 오차의 확률을 계산한다)

$$\operatorname{erf}(x) = \frac{2}{\sqrt{\pi}} \int_0^x e^{-t^2}\, dt$$

와 공학과 물리학에서 나타나는

$$\int \sin x^2\, dx, \qquad \int \sqrt{1 + x^4}\, dx$$

와 같은 적분들이다. 이 적분들과

$$\int \frac{e^x}{x}\, dx, \qquad \int e^{(e^x)}\, dx, \qquad \int \frac{1}{\ln x}\, dx, \qquad \int \ln(\ln x)\, dx, \qquad \int \frac{\sin x}{x}\, dx$$

$$\int \sqrt{1 - k^2 \sin^2 x}\, dx, \qquad 0 < k < 1$$

와 같은 다수의 적분들은 쉬워 보여서 어떤 결과가 나오는지 보고 싶어 적분을 시도하게 한다. 그러나 이런 적분들은 유한개의 초등함수들의 조합으로 표현할 수 있는 방법이 없음이 증명될 수 있다. 치환에 의하여 이런 적분들로 바꿀 수 있는 적분에도 똑같이 적용된다. 미적분학의 제 1 기본정리의 결과로서 연속인 피적분함수들은 역도함수를 갖는다. 그러나 역도함수들 중 어떤 것도 초등적은 아니다. 현재의 장에서는 계산하는 문제에 나오는 적분들은 모두 초등함수를 역도함수로 갖는다.

연습문제 7.6

적분표 이용하기

연습문제 1~26에서 책의 뒷부분에 있는 적분표를 이용하여 적분을 구하라.

1. $\displaystyle\int \frac{dx}{x\sqrt{x-3}}$

2. $\displaystyle\int \frac{dx}{x\sqrt{x+4}}$

3. $\displaystyle\int \frac{x\, dx}{\sqrt{x-2}}$

4. $\displaystyle\int \frac{x\, dx}{(2x+3)^{3/2}}$

5. $\displaystyle\int x\sqrt{2x-3}\, dx$

6. $\displaystyle\int x(7x+5)^{3/2}\, dx$

7. $\displaystyle\int \frac{\sqrt{9-4x}}{x^2}\, dx$

8. $\displaystyle\int \frac{dx}{x^2\sqrt{4x-9}}$

9. $\displaystyle\int x\sqrt{4x-x^2}\, dx$

10. $\displaystyle\int \frac{\sqrt{x-x^2}}{x}\, dx$

11. $\displaystyle\int \frac{dx}{x\sqrt{7+x^2}}$

12. $\displaystyle\int \frac{dx}{x\sqrt{7-x^2}}$

13. $\displaystyle\int \frac{\sqrt{4-x^2}}{x}\, dx$

14. $\displaystyle\int \frac{\sqrt{x^2-4}}{x}\, dx$

15. $\displaystyle\int e^{2t}\cos 3t\,dt$

16. $\displaystyle\int e^{-3t}\sin 4t\,dt$

17. $\displaystyle\int x\cos^{-1}x\,dx$

18. $\displaystyle\int x\tan^{-1}x\,dx$

19. $\displaystyle\int x^2\tan^{-1}x\,dx$

20. $\displaystyle\int \frac{\tan^{-1}x}{x^2}\,dx$

21. $\displaystyle\int \sin 3x\cos 2x\,dx$

22. $\displaystyle\int \sin 2x\cos 3x\,dx$

23. $\displaystyle\int 8\sin 4t\sin\frac{t}{2}\,dt$

24. $\displaystyle\int \sin\frac{t}{3}\sin\frac{t}{6}\,dt$

25. $\displaystyle\int \cos\frac{\theta}{3}\cos\frac{\theta}{4}\,d\theta$

26. $\displaystyle\int \cos\frac{\theta}{2}\cos 7\theta\,d\theta$

치환과 적분표

연습문제 27~40에서 치환을 이용하여 적분을 표에서 찾을 수 있는 적분으로 바꾼 후, 적분을 구하라.

27. $\displaystyle\int \frac{x^3+x+1}{(x^2+1)^2}\,dx$

28. $\displaystyle\int \frac{x^2+6x}{(x^2+3)^2}\,dx$

29. $\displaystyle\int \sin^{-1}\sqrt{x}\,dx$

30. $\displaystyle\int \frac{\cos^{-1}\sqrt{x}}{\sqrt{x}}\,dx$

31. $\displaystyle\int \frac{\sqrt{x}}{\sqrt{1-x}}\,dx$

32. $\displaystyle\int \frac{\sqrt{2-x}}{\sqrt{x}}\,dx$

33. $\displaystyle\int \cot t\sqrt{1-\sin^2 t}\,dt,\quad 0<t<\pi/2$

34. $\displaystyle\int \frac{dt}{\tan t\sqrt{4-\sin^2 t}}$

35. $\displaystyle\int \frac{dy}{y\sqrt{3+(\ln y)^2}}$

36. $\displaystyle\int \tan^{-1}\sqrt{y}\,dy$

37. $\displaystyle\int \frac{1}{\sqrt{x^2+2x+5}}\,dx$

(힌트: 완전제곱꼴로 변형하여라.)

38. $\displaystyle\int \frac{x^2}{\sqrt{x^2-4x+5}}\,dx$

39. $\displaystyle\int \sqrt{5-4x-x^2}\,dx$

40. $\displaystyle\int x^2\sqrt{2x-x^2}\,dx$

축소 공식 이용하기

연습문제 41~50에서 축소 공식을 이용하여 적분을 구하라.

41. $\displaystyle\int \sin^5 2x\,dx$

42. $\displaystyle\int 8\cos^4 2\pi t\,dt$

43. $\displaystyle\int \sin^2 2\theta\cos^3 2\theta\,d\theta$

44. $\displaystyle\int 2\sin^2 t\sec^4 t\,dt$

45. $\displaystyle\int 4\tan^3 2x\,dx$

46. $\displaystyle\int 8\cot^4 t\,dt$

47. $\displaystyle\int 2\sec^3 \pi x\,dx$

48. $\displaystyle\int 3\sec^4 3x\,dx$

49. $\displaystyle\int \csc^5 x\,dx$

50. $\displaystyle\int 16x^3(\ln x)^2\,dx$

연습문제 51~56에서 치환한 후 (삼각치환도 가능) 축소 공식을 적용하여 적분을 구하라.

51. $\displaystyle\int e^t\sec^3(e^t-1)\,dt$

52. $\displaystyle\int \frac{\csc^3\sqrt{\theta}}{\sqrt{\theta}}\,d\theta$

53. $\displaystyle\int_0^1 2\sqrt{x^2+1}\,dx$

54. $\displaystyle\int_0^{\sqrt{3}/2} \frac{dy}{(1-y^2)^{5/2}}$

55. $\displaystyle\int_1^2 \frac{(r^2-1)^{3/2}}{r}\,dr$

56. $\displaystyle\int_0^{1/\sqrt{3}} \frac{dt}{(t^2+1)^{7/2}}$

응용

57. 곡면넓이 곡선 $y=\sqrt{x^2+2}$, $0\le x\le\sqrt{2}$를 x축을 회전축으로 회전시켜 얻은 곡면의 넓이를 구하라.

58. 호의 길이 곡선 $y=x^2$, $0\le x\le\sqrt{3}/2$의 길이를 구하라.

59. 중심 곡선 $y=1/\sqrt{x+1}$과 직선 $x=3$에 의해서 잘려진 제1사분면 위에 놓이는 영역의 중심을 구하라.

60. y축에 관한 모멘트 일정한 밀도 $\delta=1$을 가진 얇은 금속판이 제1사분면 위 곡선 $y=36/(2x+3)$ 과 직선 $x=3$으로 둘러싸인 영역에 놓여 있다. 축에 관한 금속판의 모멘트를 구하라.

T 61. 적분표와 계산기를 이용하여 곡선 $y=x^2$, $-1\le x\le 1$을 x축을 회전축으로 회전시켜 얻은 곡면의 넓이를 소수점 아래 2자리까지 구하라.

62. 부피 회사의 회계 부장이 연말에 회사의 탱크에 남아 있는 가솔린의 재고량을 계산하기 위하여 컴퓨터 프로그램에서 그가 이용할 수 있는 공식을 찾아 달라고 요청하였다. 전형적인 탱크는 반지름 r, 길이 L의 직원기둥 모양이며 주어진 그림에서 보는 것처럼 수평하게 놓여 있다. 회계 사무실에 도착하는 자료는 센티미터(cm)가 표시된 곧은 자로 측정한 가솔린의 깊이이다.

a. 다음 그림에서 깊이 d까지 탱크를 채우는 가솔린의 부피는

$$V=2L\int_{-r}^{-r+d}\sqrt{r^2-y^2}\,dy$$

임을 보이라.

b. 적분을 계산하라.

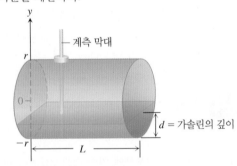

63. 임의의 a와 b에 대하여 적분

$$\int_a^b \sqrt{x-x^2}\,dx$$

가 가질 수 있는 최댓값은 얼마인가? 그 이유를 설명하라.

64. 임의의 a와 b에 대하여 적분

$$\int_a^b x\sqrt{2x-x^2}\,dx$$

가 가질 수 있는 최댓값은 얼마인가? 그 이유를 설명하라.

컴퓨터 탐구

연습문제 65와 66에서 CAS를 이용하여 적분을 실행하라.

65. 다음 적분을 구하라.

a. $\int x \ln x\, dx$ b. $\int x^2 \ln x\, dx$ c. $\int x^3 \ln x\, dx$

d. 어떤 패턴을 볼 수 있는가? 적분 $\int x^4 \ln x\, dx$에 대한 공식을 예측하라. 그리고 CAS를 사용하여 계산한 값으로 예측이 옳았는지 확인해 보라.

e. $n \geq 2$일 때 $\int x^n \ln x\, dx$와 동치인 공식은 무엇인가? CAS를 사용하여 답을 확인하라.

66. 다음 적분을 구하라.

a. $\int \dfrac{\ln x}{x^2}\, dx$ b. $\int \dfrac{\ln x}{x^3}\, dx$ c. $\int \dfrac{\ln x}{x^4}\, dx$

d. 어떤 패턴을 볼 수 있는가? 적분 $\int \dfrac{\ln x}{x^5}\, dx$에 대한 공식을 예측하라. 그리고 CAS를 사용하여 예측이 옳았는지 확인해 보라.

e. $n \geq 1$일 때 $\int \dfrac{\ln x}{x^n}\, dx$의 공식은 무엇인가? CAS를 사용하여 답을 확인하라.

67. a. CAS를 이용하여

$$\int_0^{\pi/2} \frac{\sin^n x}{\sin^n x + \cos^n x}\, dx$$

(n은 임의의 양의 정수)를 계산하라. CAS가 적분 결과를 찾았는가?

b. 계속하여 $n = 1, 2, 3, 5, 7$일 때 적분을 구하라. 결과의 복잡함에 관하여 논하라.

c. 이제 $x = (\pi/2) - u$로 치환하고 치환된 적분과 원래의 적분을 더하라. 적분

$$\int_0^{\pi/2} \frac{\sin^n x}{\sin^n x + \cos^n x}\, dx$$

의 값은 얼마인가? 이 연습문제는 CAS로 바로 답을 얻을 수 없는 적분이 있을 때 조그만 수학적 재능이 문제를 어떻게 풀 수 있는지 설명해 준다.

7.7 수치 적분

함수 $\sin(x^2)$, $1/\ln x$와 $\sqrt{1 + x^4}$과 같이, 어떤 함수들은 역도함수가 초등함수로 표현되지 않는다. 피적분함수 f의 역도함수를 사용할 수 없을 경우에는 적분을 대신하기 위하여 다음과 같은 방법을 생각해보자. 먼저 적분구간을 분할한 후 각 소구간 내에서 함수와 가장 근접한 다항식을 찾아서 f를 대체시키고, 그 다항식을 적분한 후 다시 그 결과들을 전체구간으로 합하여 f의 적분에 대한 근삿값으로 구한다. 이러한 과정을 수치 적분이라 한다. 이 절에서는 이에 대한 두 가지 방법, **사다리꼴 공식** (*Trapezoidal Rule*)과 **심프슨 공식**(*Simpson Rule*)을 공부한다. 적분의 근삿값을 계산할 때 발생되는 오차를 가능한 한 줄이는 것이 핵심이다.

사다리꼴 공식

사다리꼴 공식의 기본 개념은 정적분을 계산하기 위하여 그림 7.7에서 보는 것처럼, 곡선과 x축 사이의 영역을 근사시키기 위해 직사각형 대신에 사다리꼴을 사용하는 것이다. 그림에서 구간을 분할하는 점들 $x_0, x_1, x_2, \cdots, x_n$이 같은 간격으로 위치할 필요는 없지만 균등 분할하면 각 소구간의 길이를 더 간단한 공식으로 얻을 수 있다. 이제 각 소구간의 길이를

$$\Delta x = \frac{b - a}{n}$$

라 하자. 이때 길이 $\Delta x = (b - a)/n$을 **소구간의 길이**(**step size** 또는 **mesh size**)라 한다. i번째 소구간 위에 놓이는 사다리꼴의 넓이는

$$\Delta x \left(\frac{y_{i-1} + y_i}{2} \right) = \frac{\Delta x}{2} (y_{i-1} + y_i)$$

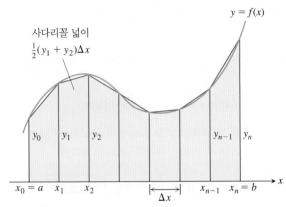

사다리꼴 넓이
$\frac{1}{2}(y_1 + y_2)\Delta x$

그림 7.7 사다리꼴 공식은 각 소구간에서 정의된 곡선 $y = f(x)$의 부분을 선분으로 근사한다. a부터 b까지 f의 정적분의 근삿값을 구하기 위하여 선분의 끝점을 x축에 연결하여 만든 사다리꼴의 넓이들을 더한다.

가 된다. 여기서 $y_{i-1} = f(x_{i-1})$이고 $y_i = f(x_i)$이다(그림 7.7). 따라서 곡선 $y = f(x)$ 아래와 x축 위에 놓이는 영역은 모든 사다리꼴의 넓이를 더하여 근사시킬 수 있다.

$$T = \frac{1}{2}(y_0 + y_1)\Delta x + \frac{1}{2}(y_1 + y_2)\Delta x + \cdots$$
$$+ \frac{1}{2}(y_{n-2} + y_{n-1})\Delta x + \frac{1}{2}(y_{n-1} + y_n)\Delta x$$
$$= \Delta x \left(\frac{1}{2}y_0 + y_1 + y_2 + \cdots + y_{n-1} + \frac{1}{2}y_n \right)$$
$$= \frac{\Delta x}{2}(y_0 + 2y_1 + 2y_2 + \cdots + 2y_{n-1} + y_n)$$

여기서 $y_0 = f(a)$, $y_1 = f(x_1)$, $\ldots$, $y_{n-1} = f(x_{n-1})$, $y_n = f(b)$이다.

사다리꼴 공식에서는 T를 사용하여 a부터 b까지 f의 적분을 근사시킨 값을 표현한다.

사다리꼴 공식

$\int_a^b f(x)\,dx$의 근삿값을 구하기 위하여

$$T = \frac{\Delta x}{2}\left(y_0 + 2y_1 + 2y_2 + \cdots + 2y_{n-1} + y_n \right)$$

을 이용한다. y_i값들은 분할점

$$x_0 = a,\, x_1 = a + \Delta x,\, x_2 = a + 2\Delta x,\, \ldots,\, x_{n-1} = a + (n-1)\Delta x,\, x_n = b$$

에서의 f의 값들이고, $\Delta x = (b-a)/n$이다.

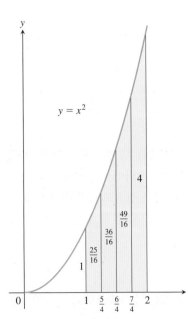

$y = x^2$

그림 7.8 사다리꼴 공식을 이용하여 $x = 1$부터 $x = 2$까지 $y = x^2$의 그래프 아래의 넓이의 근삿값을 구하면 참값보다 약간 크다(예제 1).

예제 1 사다리꼴 공식을 이용하여 $n = 4$일 때 $\int_1^2 x^2\,dx$의 근삿값을 구하라. 이렇게 얻은 근삿값과 적분의 참값을 비교하라.

풀이 적분구간 $[1, 2]$를 길이가 같은 4개의 소구간(그림 7.8)으로 나누고 각 소구간의 끝점에서 $y = x^2$의 함숫값을 구하여 표를 만든다(표 7.2).

사다리꼴 공식에 이 y값들과 $n = 4$, 그리고 $\Delta x = (2-1)/4 = 1/4$을 대입하여 T를 구한다.

$$T = \frac{\Delta x}{2}\left(y_0 + 2y_1 + 2y_2 + 2y_3 + y_4 \right)$$

표 7.2	
x	$y = x^2$
1	1
$\dfrac{5}{4}$	$\dfrac{25}{16}$
$\dfrac{6}{4}$	$\dfrac{36}{16}$
$\dfrac{7}{4}$	$\dfrac{49}{16}$
2	4

$$= \frac{1}{8}\left(1 + 2\left(\frac{25}{16}\right) + 2\left(\frac{36}{16}\right) + 2\left(\frac{49}{16}\right) + 4\right)$$

$$= \frac{75}{32} = 2.34375$$

포물선은 위로 오목하므로 원래의 곡선을 근사하는 선분은 곡선의 위에 놓인다. 그러므로 각 사다리꼴은 곡선 아래에 놓이는 영역보다 약간 더 큰 넓이를 갖는다. 적분의 정확한 값은 다음과 같다.

$$\int_1^2 x^2\, dx = \frac{x^3}{3}\Big]_1^2 = \frac{8}{3} - \frac{1}{3} = \frac{7}{3}$$

근삿값 T는 참값 7/3의 약 0.5%가 더해진 값이다. 백분율 오차는 $(2.34375 - 7/3)/(7/3)$ ≈ 0.00446 또는 0.446%이다. ∎

심프슨 공식: 포물선을 이용한 근사

연속함수의 정적분을 근사하는 다른 공식은 선분으로 곡선을 근사하는 사다리꼴 공식과 달리 포물선을 이용하여 얻을 수 있다. 이전처럼 구간 $[a, b]$를 같은 길이 $h = \Delta x = (b-a)/n$의 n개의 소구간으로 분할한다. 그러나 이번에는 n을 짝수로 잡아야 한다. 각각의 연속되는 2개의 소구간에서 그림 7.9에서처럼 포물선으로 곡선 $y = f(x) \geq 0$을 근사시킨다. 전형적인 포물선이 곡선 위의 연속되는 세 점 (x_{i-1}, y_{i-1}), (x_i, y_i), (x_{i+1}, y_{i+1})을 통과하여 지난다.

이제 이 세 점을 지나는 포물선 아래의 색칠한 부분의 넓이를 계산해 보자. 계산을 간단히 하기 위하여 먼저 $x_0 = -h$, $x_1 = 0$, $x_2 = h$(그림 7.10)라 하자. 여기서 $h = \Delta x = (b-a)/n$이다. y축을 왼쪽이나 오른쪽으로 이동시켜도 포물선 아래의 넓이는 같을 것이다. 포물선의 방정식은

$$y = Ax^2 + Bx + C$$

형태이므로 $x = -h$부터 $x = h$까지 포물선 아래의 넓이는 다음과 같다.

$$A_p = \int_{-h}^{h} (Ax^2 + Bx + C)\, dx$$

$$= \left[\frac{Ax^3}{3} + \frac{Bx^2}{2} + Cx\right]_{-h}^{h}$$

$$= \frac{2Ah^3}{3} + 2Ch = \frac{h}{3}(2Ah^2 + 6C)$$

곡선이 세 점 $(-h, y_0)$, $(0, y_1)$, (h, y_2)를 지나므로

$$y_0 = Ah^2 - Bh + C, \qquad y_1 = C, \qquad y_2 = Ah^2 + Bh + C$$

가 성립하고 이로부터 다음을 얻는다.

$$C = y_1$$
$$Ah^2 - Bh = y_0 - y_1$$
$$Ah^2 + Bh = y_2 - y_1$$
$$2Ah^2 = y_0 + y_2 - 2y_1$$

그러므로 세로좌표 y_0, y_1, y_2로 넓이 A_p를 나타내면

$$A_p = \frac{h}{3}(2Ah^2 + 6C) = \frac{h}{3}((y_0 + y_2 - 2y_1) + 6y_1) = \frac{h}{3}(y_0 + 4y_1 + y_2)$$

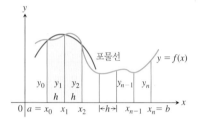

그림 7.9 심프슨의 공식은 포물선으로 원래의 곡선을 근사한다.

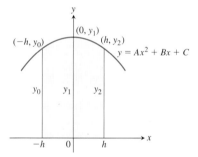

그림 7.10 $-h$부터 h까지 적분하여 색칠한 부분의 넓이를 구하면

$$\frac{h}{3}(y_0 + 4y_1 + y_2)$$

이다.

가 된다. 포물선을 그림 7.9의 색칠한 부분으로 수평이동하여도 포물선 아래의 넓이는 변하지 않는다. 그러므로 그림 7.9의 세 점 (x_0, y_0), (x_1, y_1), (x_2, y_2)를 지나는 포물선 아래의 넓이는 여전히

$$\frac{h}{3}(y_0 + 4y_1 + y_2)$$

이다. 마찬가지로 세 점 (x_2, y_2), (x_3, y_3), (x_4, y_4)를 지나는 포물선 아래의 넓이는

$$\frac{h}{3}(y_2 + 4y_3 + y_4)$$

이 된다. 모든 포물선 아래의 넓이를 계산하고 그 결과들을 더하면 다음과 같은 근삿값을 얻게 된다.

$$\int_a^b f(x)\, dx \approx \frac{h}{3}(y_0 + 4y_1 + y_2) + \frac{h}{3}(y_2 + 4y_3 + y_4) + \cdots$$
$$+ \frac{h}{3}(y_{n-2} + 4y_{n-1} + y_n)$$
$$= \frac{h}{3}(y_0 + 4y_1 + 2y_2 + 4y_3 + 2y_4 + \cdots + 2y_{n-2} + 4y_{n-1} + y_n)$$

이 결과는 심프슨의 공식으로 알려져 있다. 2개의 소구간 위에서 포물선을 잡아 공식을 적용하므로 소구간의 수 n은 짝수이어야 한다.

역사적 인물
심프슨(Thomas Simpson, 1720~1761)

> **심프슨의 공식**
>
> $\int_a^b f(x)\, dx$의 근삿값을 구하기 위하여
>
> $$S = \frac{\Delta x}{3}(y_0 + 4y_1 + 2y_2 + 4y_3 + \cdots + 2y_{n-2} + 4y_{n-1} + y_n)$$
>
> 를 이용한다. 여기서 y값들은 분할점
>
> $$x_0 = a, x_1 = a + \Delta x, x_2 = a + 2\Delta x, \ldots, x_{n-1} = a + (n-1)\Delta x, x_n = b$$
>
> 에서의 함수 f의 값들이다. n은 짝수이고 $\Delta x = (b-a)/n$이다.

위의 공식에서 계수들은 1, 4, 2, 4, 2, 4, 2, $\cdots$, 4, 1의 패턴을 갖는다.

예제 2 심프슨의 공식을 이용하여 $n=4$일 때 $\int_0^2 5x^4\, dx$의 근삿값을 구하라.

풀이 구간 $[0, 2]$를 4개의 소구간으로 분할하고 각 분할점에서 $y = 5x^4$의 값을 구하라(표 7.3). 그 다음에 $n=4$, $\Delta x = 1/2$로 놓고 심프슨의 공식을 적용한다.

$$S = \frac{\Delta x}{3}\left(y_0 + 4y_1 + 2y_2 + 4y_3 + y_4\right)$$
$$= \frac{1}{6}\left(0 + 4\left(\frac{5}{16}\right) + 2(5) + 4\left(\frac{405}{16}\right) + 80\right)$$
$$= 32\frac{1}{12}$$

이 근삿값은 참값 32보다 단지 1/12만큼 큰 값인데, 백분율 오차는 3/1000보다 작은 값이고 단지 4개의 소구간으로 얻은 값이다. ■

표 7.3

x	$y = 5x^4$
0	0
$\dfrac{1}{2}$	$\dfrac{5}{16}$
1	5
$\dfrac{3}{2}$	$\dfrac{405}{16}$
2	80

오차 추정

근사법을 사용하고자 할 때, 항상 근삿값이 얼마나 정확한가 하는 문제가 발생한다. 다

음 정리에서 사다리꼴 공식과 심프슨 공식을 적용할 때 발생되는 오차를 추정하는 공식을 소개한다. **오차(error)**란 정적분 $\int_a^b f(x)\,dx$의 실제 값과 공식에 의한 근삿값과의 차이를 말한다.

정리 1 사다리꼴 공식과 심프슨 공식에서 오차의 추정 f''이 $[a, b]$에서 연속이고, $a \le x \le b$에서 $|f''(x)| \le M$을 만족하는 상수 M이 존재하면, 사다리꼴 공식을 이용하여 a부터 b까지 f의 적분값에 대한 근삿값을 구할 때의 오차 E_T는 다음 부등식을 만족한다.

$$|E_T| \le \frac{M(b-a)^3}{12n^2} \qquad \text{사다리꼴 공식}$$

$f^{(4)}$이 $[a, b]$에서 연속이고, $a \le x \le b$에서 $|f^{(4)}(x)| \le M$을 만족하는 상수 M이 존재하면, 심프슨 공식을 이용하여 a부터 b까지 f의 적분값에 대한 근삿값을 구할 때의 오차 E_S는 다음 부등식을 만족한다.

$$|E_S| \le \frac{M(b-a)^5}{180n^4} \qquad \text{심프슨 공식}$$

정리 1이 왜 참이 되는지를 알아보자. 먼저, 사다리꼴 공식의 경우에 다음과 같은 고급 미적분학의 한 결과로부터 시작된다. f''가 $[a, b]$에서 연속이면

$$\int_a^b f(x)\,dx = T - \frac{b-a}{12} \cdot f''(c)(\Delta x)^2$$

을 만족하는 c가 a와 b 사이에 존재한다. 따라서 Δx가 0으로 접근함에 따라 오차

$$E_T = -\frac{b-a}{12} \cdot f''(c)(\Delta x)^2$$

은 $(\Delta x)^2$과 같은 속도로 0에 접근한다.

오차의 한계를 추정하는 데에는 부등식

$$|E_T| \le \frac{b-a}{12} \max|f''(x)|(\Delta x)^2$$

을 사용한다. 여기서 $\max |f''(x)|$는 $[a, b]$에서 $|f''(x)|$의 최댓값을 뜻한다. 일반적으로 $\max |f''(x)|$의 정확한 값을 구하기는 쉽지 않으므로 $\max |f''(x)|$ 대신에 $[a, b]$에서 $|f''(x)|$의 상계 또는 '가장 최악의 경우'에 가질 수 있는 값을 추정한다. 만일 M이 $[a, b]$에서 $|f''(x)|$의 한 상계이면 $[a, b]$에서 $|f''(x)| \le M$을 만족하므로

$$|E_T| \le \frac{b-a}{12} M(\Delta x)^2$$

이 된다. Δx 대신에 $(b-a)/n$을 대입하면

$$|E_T| \le \frac{M(b-a)^3}{12n^2}$$

을 얻는다.

심프슨 공식에서 오차를 추정하기 위하여 고급 미적분학에서의 다음 결과로부터 시작한다. 4계 도함수 $f^{(4)}$이 연속이면

$$\int_a^b f(x)\,dx = S - \frac{b-a}{180} \cdot f^{(4)}(c)(\Delta x)^4$$

을 만족하는 c가 a와 b 사이에 존재한다. 따라서 Δx가 0에 접근할 때, 오차

$$E_S = -\frac{b-a}{180} \cdot f^{(4)}(c)(\Delta x)^4$$

는 $(\Delta x)^4$과 같은 속도로 0에 접근한다. 이것은 왜 심프슨의 공식이 사다리꼴 공식보다 더 좋은 결과를 주는지 설명해 준다.

부등식

$$|E_S| \le \frac{b-a}{180} \max|f^{(4)}(x)| \, (\Delta x)^4$$

이 오차의 크기에 대한 하나의 상계를 알려준다. 여기서 max는 구간 $[a, b]$에서의 최댓값을 의미한다. 사다리꼴 공식에 대한 오차에서 max $|f''|$와 마찬가지로 보통 max $|f^{(4)}(x)|$의 정확한 값을 찾을 수 없으므로 그것의 한 상계로 대체해야 한다. 만일 M이 $[a, b]$에서 $|f^{(4)}|$의 상계이면

$$|E_S| \le \frac{b-a}{180} M(\Delta x)^4$$

이 된다. 위 부등식의 오른쪽에 나오는 Δx 대신에 $(b-a)/n$을 대입하면

$$|E_S| \le \frac{M(b-a)^5}{180n^4}$$

을 얻는다.

예제 3 심프슨 공식을 이용한 $n=4$일 때 $\int_0^2 5x^4 \, dx$의 근삿값(예제 2)에 대한 오차의 상계를 구하라.

풀이 오차를 추정하기 위하여 먼저 구간 $0 \le x \le 2$에서 $f(x) = 5x^4$의 4계 도함수의 크기에 대한 상계 M을 찾는다. 4계 도함수는 상수값 $f^{(4)}(x) = 120$을 가지므로 $M=120$으로 잡자. $b-a=2$, $n=4$로 놓았을 때 심프슨 공식에 대한 오차를 추정하면 다음과 같은 상계를 얻을 수 있다.

$$|E_S| \le \frac{M(b-a)^5}{180n^4} = \frac{120(2)^5}{180 \cdot 4^4} = \frac{1}{12}$$

이 오차 추정은 예제 2의 결과와 일치한다. ■

정리 1을 활용하면, 사다리꼴 공식이나 심프슨 공식을 이용하여 오차의 허용범위 내에서 적분의 근삿값을 구하고자 할 때 사용해야 하는 소구간의 수를 추정할 수 있다.

예제 4 심프슨 공식을 이용하여 10^{-4}보다 작은 오차 허용범위 내에서 예제 3의 적분값에 대한 근삿값을 구하고자 할 때, 소구간의 수를 최소 몇 개로 해야 하는지를 구하라.

풀이 정리 1에서의 공식을 이용하여 다음 부등식

$$\frac{M(b-a)^5}{180n^4} < 10^{-4}$$

을 만족하는 소구간의 수 n을 구하면, 이때 심프슨 공식의 오차 $|E^S| < 10^{-4}$을 만족한다.

예제 3의 풀이로부터 $M=120$과 $b-a=2$를 대입하면 n은 다음 식을 만족한다.

$$\frac{120(2)^5}{180n^4} < \frac{1}{10^4}$$

즉, 부등식은

표 7.4 $\ln 2 = \int_1^2 (1/x)dx$의 사다리꼴 공식 근삿값 T_n과 심프슨의 공식 근삿값 S_n

n	T_n	|오차|의 상계	S_n	|오차|의 상계
10	0.6937714032	0.0006242227	0.6931502307	0.0000030502
20	0.6933033818	0.0001562013	0.6931473747	0.0000001942
30	0.6932166154	0.0000694349	0.6931472190	0.0000000385
40	0.6931862400	0.0000390595	0.6931471927	0.0000000122
50	0.6931721793	0.0000249988	0.6931471856	0.0000000050
100	0.6931534305	0.0000062500	0.6931471809	0.0000000004

$$n^4 > \frac{64 \cdot 10^4}{3}$$

이고, 이로부터

$$n > 10\left(\frac{64}{3}\right)^{1/4} \approx 21.5$$

이다.

심프슨 공식에서 n은 짝수이어야 하므로, 오차 허용범위 내에서 근삿값을 구하기 위해서는 최소 22개의 소구간이 필요하다. ■

예제 5 6장에서 보았던 것처럼 $\ln 2$의 값은 적분

$$\ln 2 = \int_1^2 \frac{1}{x}\, dx$$

로부터 계산할 수 있다.

표 7.4에는 다양한 값의 n을 이용하여 $\int_1^2 (1/x)\, dx$의 근삿값이 되는 T와 S의 값들을 계산해 놓았다. 심프슨의 공식이 사다리꼴의 공식을 얼마나 극적으로 개선시켰는지 주목하라. 특히 n의 값이 2배가 되었을 때 (이때, $h = \Delta x$는 반이 된다) \|오차\|의 상계는 T의 경우 2의 제곱, 즉 4로 나누어지는 반면, S의 경우는 네 제곱, 즉 16으로 나누어진다.

이것은 $\Delta x = (2 - 1)/n$이 아주 작아질 때 극적인 효과를 갖는다. $n = 50$일 때 심프슨의 공식에 의한 근삿값은 정확히 소수점 7자리까지 참값과 일치하고 $n = 100$일 때는 소수점 9자리(10억분의 일)까지 참값과 일치한다! ■

만일 $f(x)$가 4보다 작은 차수의 다항식이면 함수 f의 4계 도함수는 0이 되고

$$E_S = -\frac{b - a}{180} f^{(4)}(c)(\Delta x)^4 = -\frac{b - a}{180}(0)(\Delta x)^4 = 0$$

이 된다. 그러므로 4보다 작은 차수의 다항식의 적분에 대한 근삿값을 심프슨의 공식으로 계산하면 오차가 없음을 뜻한다. 다시 말하면 함수 f가 상수함수이거나 1차 함수이거나 2차 또는 3차 다항식일 때 심프슨의 공식을 써서 얻는 근삿값은 분할의 수에 관계없이 정확히 적분값과 일치한다. 마찬가지로, f가 상수함수이거나 1차 함수이면 f의 2계 도함수가 0이 되므로

$$E_T = -\frac{b - a}{12} f''(c)(\Delta x)^2 = -\frac{b - a}{12}(0)(\Delta x)^2 = 0$$

이 된다. 그러므로 이런 경우에 사다리꼴 공식은 정확한 적분값을 구해준다. 함수의 그래프가 정확히 사다리꼴이므로 놀랄만한 결과는 아니다.

소구간의 길이 Δx가 줄어들면 이론상 심프슨의 공식과 사다리꼴 공식의 오차가 감소하긴 하지만 실제로는 그렇지 않을 수도 있다. Δx가 아주 작을 때, 예를 들어 $\Delta x = 10^{-8}$일 때, S와 T의 값을 구하기 위해 컴퓨터와 계산기를 사용함으로 인해 생기는 반올림 오차가 누적되면 오차 공식이 잘 들어맞지 않을 수도 있다. Δx가 어느 한도 이상으로 작아지면 결과가 더 나빠질 수 있다. 이 공식들을 사용할 때 발생되는 반올림오차를 가진 문제에 대해서는 수치해석학 교재를 참고하기 바란다.

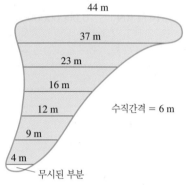

그림 7.11 예제 6에서 늪의 치수들

예제 6 오염된 작은 늪의 물을 빼고 메우려고 한다(그림 7.11). 늪의 평균 깊이는 1.5 m 이다. 늪의 물이 빠진 후 이 영역을 메우려면 몇 m^3의 흙이 필요한가?

풀이 늪의 넓이의 근삿값을 구한 후 1.5를 곱하여 늪의 부피를 계산한다. 그림 7.11에서처럼 $\Delta x = 6$ m, y값들은 늪을 가로질러 측정된 거리로 놓고 심프슨의 공식을 이용하여 넓이의 근삿값을 구하면 다음과 같다.

$$S = \frac{\Delta x}{3}(y_0 + 4y_1 + 2y_2 + 4y_3 + 2y_4 + 4y_5 + y_6)$$

$$= \frac{6}{3}(44 + 148 + 46 + 64 + 24 + 36 + 4) = 732$$

그러므로 부피는 약 $(732)(1.5) = 1098$ m^3이다. ■

연습문제 7.7

적분의 근사

연습문제 1~10에서 사다리꼴 공식과 심프슨의 공식을 이용하여 다음에서 요구하는 적분의 근삿값과 오차를 구하라.

I. 사다리꼴 공식 이용
  a. $n = 4$로 적분의 근삿값을 구하고 $|E_T|$의 상계를 구하라.
  b. 직접 적분을 계산하고 $|E_T|$를 구하라.
  c. 공식 $(|E_T|/(참값)) \times 100$을 이용하여 적분의 참값에 대한 백분율 오차를 구하라.

II. 심프슨의 공식 이용
  a. $n = 4$로 적분의 근삿값을 구하고 $|E_S|$의 상계를 구하라.
  b. 직접 적분을 계산하고 $|E_S|$를 구하라.
  c. 공식 $(|E_S|/(참값)) \times 100$을 이용하여 적분의 참값에 대한 백분율 오차를 구하라.

1. $\displaystyle\int_1^2 x\,dx$

2. $\displaystyle\int_1^3 (2x - 1)\,dx$

3. $\displaystyle\int_{-1}^1 (x^2 + 1)\,dx$

4. $\displaystyle\int_{-2}^0 (x^2 - 1)\,dx$

5. $\displaystyle\int_0^2 (t^3 + t)\,dt$

6. $\displaystyle\int_{-1}^1 (t^3 + 1)\,dt$

7. $\displaystyle\int_1^2 \frac{1}{s^2}\,ds$

8. $\displaystyle\int_2^4 \frac{1}{(s-1)^2}\,ds$

9. $\displaystyle\int_0^\pi \sin t\,dt$

10. $\displaystyle\int_0^1 \sin \pi t\,dt$

소구간의 최소 개수 추정

연습문제 11~22에서 주어진 적분의 근삿값을 (a) 사다리꼴 공식으로 구할 때 (b) 심프슨의 공식으로 구할 때 오차가 10^{-4}보다 작게 하려면 구간을 최소한 몇 등분해야 하는가? (연습문제 11~18에서 적분은 연습문제 1~8에서 적분과 같다.)

11. $\displaystyle\int_1^2 x\,dx$

12. $\displaystyle\int_1^3 (2x - 1)\,dx$

13. $\displaystyle\int_{-1}^1 (x^2 + 1)\,dx$

14. $\displaystyle\int_{-2}^0 (x^2 - 1)\,dx$

15. $\displaystyle\int_0^2 (t^3 + t)\,dt$

16. $\displaystyle\int_{-1}^1 (t^3 + 1)\,dt$

17. $\displaystyle\int_1^2 \frac{1}{s^2}\,ds$

18. $\displaystyle\int_2^4 \frac{1}{(s-1)^2}\,ds$

19. $\displaystyle\int_0^3 \sqrt{x + 1}\,dx$

20. $\displaystyle\int_0^3 \frac{1}{\sqrt{x+1}}\,dx$

21. $\displaystyle\int_0^2 \sin(x + 1)\,dx$

22. $\displaystyle\int_{-1}^1 \cos(x + \pi)\,dx$

수치자료에 의한 추정

23. 수영장 물의 부피 수영장은 가로가 5 m, 세로가 10 m인 직사각형 모양이다. 주어진 표는 수영장의 한쪽 끝에서 다른 쪽 끝까지 1 m 간격으로 잰 물의 깊이 $h(x)$를 나타내고 있다. $n = 10$으로 놓고 사다리꼴 공식을 이용하여 수영장 물의 부피

$$V = \int_0^{10} 5 \cdot h(x) \, dx$$

의 근삿값을 구하라.

위치 (m)	깊이 (m)	위치 (m)	깊이 (m)
x	$h(x)$	x	$h(x)$
0	1.20	6	2.30
1	1.64	7	2.38
2	1.82	8	2.46
3	1.98	9	2.54
4	2.10	10	2.60
5	2.20		

24. 움직인 거리 오른쪽 표에는 어떤 스포츠 카가 정지상태에서 130 km/h로 가속하는 데 걸리는 시간에 대한 자료가 기록되어 있다. 이 차가 이 스피드에 도달하기까지 움직인 거리는 얼마인가? (속도 곡선 아래의 넓이를 근사하기 위하여 사다리꼴을 이용하라. 그러나 시간의 구간 길이가 일정하지 않은 것에 주의해야 한다.)

속력의 변화	시간 (초)
0부터 30 km/h까지	2.2
40 km/h까지	3.2
50 km/h까지	4.5
60 km/h까지	5.9
70 km/h까지	7.8
80 km/h까지	10.2
90 km/h까지	12.7
100 km/h까지	16.0
110 km/h까지	20.6
120 km/h까지	26.2
130 km/h까지	37.1

25. 날개 디자인 새로운 항공기의 디자인은 각 날개에 일정한 횡단면 넓이를 가진 가솔린 탱크를 만들도록 한다. 날개의 단면은 아래의 축척된 그림에 자세히 그려져 있다. 탱크는 가솔린 2000 kg를 저장할 수 있어야 하며 가솔린의 밀도는 673 kg/m³이다. 심프슨의 공식을 이용하여 탱크 길이의 근삿값을 구하라.

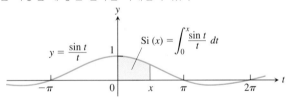

$y_0 = 0.5$ m, $y_1 = 0.55$ m, $y_2 = 0.6$ m, $y_3 = 0.65$ m,
$y_4 = 0.7$ m, $y_5 = y_6 = 0.75$ m 수평간격 = 0.3 m

26. 무인 탐사선 Pathfinder Island의 기름 소모 디젤 발전기는 필터를 교체하기 위해 일시적으로 중단할 때까지 기름의 소모량을 점차적으로 증가시키면서 연속적으로 작동한다. 사다리꼴 공식을 이용하여 한 주 동안 발전기에 의해 소모된 기름의 양의 근삿값을 구하라.

요일	기름 소모율 (L/h)
일요일	0.019
월요일	0.020
화요일	0.021
수요일	0.023
목요일	0.025
금요일	0.028
토요일	0.031
일요일	0.035

이론과 예제

27. 사인−적분 함수의 이용 가능한 값 사인−적분함수

$$\mathrm{Si}(x) = \int_0^x \frac{\sin t}{t} \, dt \qquad \text{'} x \text{의 사인 적분'}$$

는 식을 더 이상 간단히 할 수 없는 함수로 공학에서 많이 쓰는 함수 중 하나이다. $(\sin t)/t$의 역도함수를 나타내는 초등함수는 없다. 그러나 수치 적분으로 $\mathrm{Si}(x)$의 값을 쉽게 추정할 수 있다.

이때 피적분함수 $f(t)$는 $(\sin t)/t$를 $[0, x]$에서 연속이 되도록 확장한

$$f(t) = \begin{cases} \dfrac{\sin t}{t}, & t \neq 0 \\[2mm] 1, & t = 0 \end{cases}$$

이다. 이 함수는 정의역의 모든 점에서 모든 계수의 도함수를 가진다. 그 그래프는 매끄럽게 이어져 있으므로 심프슨의 공식을 적용할 때 좋은 결과를 기대할 수 있다.

a. $[0, \pi/2]$에서 $|f^{(4)}| \leq 1$임을 이용하여, 심프슨의 공식을 적용하여 $n=4$일 때

$$\mathrm{Si}\left(\frac{\pi}{2}\right) = \int_0^{\pi/2} \frac{\sin t}{t} \, dt$$

의 근삿값을 구할 때 일어날 수 있는 오차의 한계를 구하라.

b. 심프슨의 공식을 이용하여 $n=4$일 때 $\mathrm{Si}(\pi/2)$의 근삿값을 구하라.

c. (a)에서 찾은 오차의 한계를 (b)에서 찾은 값의 백분율로 표현하라.

28. 오차함수 확률론과 열 흐름과 신호 송신의 이론에서 중요한 오차 함수

$$\mathrm{erf}(x) = \frac{2}{\sqrt{\pi}} \int_0^x e^{-t^2} \, dt$$

는 e^{-t^2}의 역도함수를 나타내는 초등함수를 갖지 않으므로 수치 적분으로 그 값을 추정해야 한다.

a. 심프슨의 공식을 이용하여 $n=10$일 때 $\mathrm{erf}(1)$의 근삿값을 구하라.

b. $[0, 1]$에서

$$\left| \frac{d^4}{dt^4} \left(e^{-t^2} \right) \right| \le 12$$

가 성립한다. (a)에서 근삿값의 오차의 크기에 대한 상계를
구하라.

29. 적분 $\int_a^b f(x)\, dx$에 대한 사다리꼴 공식에서 합 T는 $[a, b]$에서
연속인 함수 f의 리만 합임을 증명하라. (**힌트**: 중간값 정리를
이용해 $f(c_k) = (f(x_{k-1}) + f(x_k))/2$를 만족하는 $c_k \in [x_{k-1}, x_k]$의
존재성을 보이라.)

30. 적분 $\int_a^b f(x)\, dx$에 대한 심프슨의 공식에서 합 S는 $[a, b]$에서
연속인 함수 f의 리만 합임을 증명하라. (연습문제 29 참조)

T 31. 타원 적분 타원

$$\frac{x^2}{a^2} + \frac{y^2}{b^2} = 1$$

의 길이는 다음과 같이 표현된다.

$$길이 = 4a \int_0^{\pi/2} \sqrt{1 - e^2 \cos^2 t}\, dt$$

여기서 $e = \sqrt{a^2 - b^2}/a$는 타원의 이심률이다. 이 식을 **타원
적분**(elliptic integral)이라 하고, $e = 0$ 또는 $e = 1$일 때를 제외하
고는 비초등적이다(즉, 피적분함수의 역도함수를 나타내는 초
등함수가 존재하지 않는다).

a. 사다리꼴 공식을 적용하여 $n = 10$일 때 $a = 1$이고 $e = \frac{1}{2}$일
때의 타원의 길이를 추정하라.

b. $f(t) = \sqrt{1 - e^2 \cos^2 t}$의 2계 도함수의 절댓값이 1보다 작
다는 것을 이용하여 (a)에서 얻은 근삿값의 오차의 한계를
구하라.

응용

T 32. 곡선 $y = \sin x$의 한 아치의 길이는 다음 식으로 표현된다.

$$L = \int_0^{\pi} \sqrt{1 + \cos^2 x}\, dx$$

$n = 8$일 때 심프슨의 공식을 적용하여 L을 추정하라.

T 33. 금속 제작회사가 아래에 보이는 것처럼 주름진 철제 지붕 조각
들을 생산하는 계약에 입찰을 한다. 주름진 조각의 단면은 곡선

$$y = \sin \frac{3\pi}{20} x, \quad 0 \le x \le 20\ \text{cm}$$

와 일치한다. 만일 철을 늘리지 않고 납작한 철판 조각을 눌러
서 지붕을 만든다면 원래 철판의 폭은 얼마나 길어야 하는가?
답을 얻기 위하여 수치 적분을 이용하여 사인곡선의 길이의 근
삿값을 소수점 둘째 자리까지 구하라.

원판   주름진 판

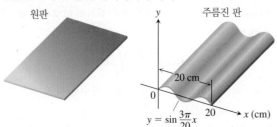

T 34. 토목회사가 아래와 같은 터널을 건축하는 계약에 입찰을 한다.
터널의 길이는 90 m이고, 바닥의 너비는 15 m이다. 단면은 곡
선 $y = 7.5 \cos(\pi x/15)$의 아치 모양이다. 완공했을 때 터널의
내부 곡면(차도를 제외하고)은 1제곱미터당 26.11 달러의 비용
이 드는 방수 처리용 도료를 바를 것이다. 도료를 바르려면 얼
마의 비용이 들겠는가? (**힌트**: 수치 적분을 적용하여 코사인
곡선의 길이를 구하라.)

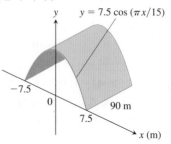

연습문제 35와 36의 곡선을 x축을 회전축으로 회전시켜 얻은 곡면
의 영역을 소수점 둘째자리까지 구하라.

35. $y = \sin x, \quad 0 \le x \le \pi$

36. $y = x^2/4, \quad 0 \le x \le 2$

37. 수치 적분을 적용하여 다음 함수의 값을 추정하라.

$$\sin^{-1} 0.6 = \int_0^{0.6} \frac{dx}{\sqrt{1 - x^2}}$$

참고로, 소수점 5자리까지 구하면 $\sin^{-1} 0.6 = 0.64350$이다.

38. 수치 적분을 적용하여 다음 함수의 값을 추정하라.

$$\pi = 4 \int_0^1 \frac{1}{1 + x^2}\, dx$$

39. 약의 흡수 60세 이전의 평범한 성인에게 12시간마다 복용하
는 감기약이 신체내로 흡수되는 속도를 다음과 같은 식으로 모
델링한다.

$$\frac{dy}{dt} = 6 - \ln(2t^2 - 3t + 3)$$

여기서 y의 단위는 밀리그램, t는 시간 단위의 투약후의 시간
이다. 12시간 주기로 신체내에 흡수되는 약의 양은 얼마인가?

40. 항히스타민제의 효과 건강한 성인의 혈류에 항히스타민제의
농도는 다음 식으로 모델링된다.

$$C = 12.5 - 4 \ln(t^2 - 3t + 4)$$

여기서 C의 단위는 g/L이고, t는 시간 단위의 투약후의 시간
이다. 6시간 주기로 혈류에 남아있는 약의 농도의 평균 수준은
얼마인가?

7.8 이상적분

지금까지 정적분은 두 가지 성질을 만족할 때 사용하였다. 첫 번째는 적분의 정의역 $[a, b]$가 유한해야 하고, 두 번째는 정의역에서의 피적분함수의 치역이 유한해야 한다. 실제로는 이들 조건 중 하나 또는 둘 다를 만족하지 않는 문제를 접하게 된다. $x = 1$부터 $x = \infty$까지 곡선 $y = (\ln x)/x^2$의 아래쪽 넓이를 구하는 적분의 예에서는 정의역이 무한 구간이 된다(그림 7.12(a)). $x = 0$부터 $x = 1$까지 곡선 $y = 1/\sqrt{x}$의 아래쪽 넓이를 구하는 적분의 예에서는 피적분함수의 치역이 무한구간이 된다(그림 7.12(b)). 어느 쪽의 경우든 적분을 **이상**(*improper*)적분이라 하고 극한으로 적분값을 계산한다. 8장에서 이상적분이 특정한 무한급수의 수렴성을 판정할 때 유용하게 사용됨을 볼 것이다.

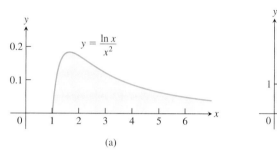

그림 7.12 무한곡선들 아래의 넓이는 유한한가? 두 곡선 모두에서 그 대답이 '예'라는 것을 알 수 있다.

무한구간에서 적분

곡선 $y = e^{-x/2}$ 아래에 놓이고 제1사분면에 속하는 무한영역(오른쪽에서 유계가 아님)을 생각해 보자(그림 7.13(a)). 이 영역이 무한한 넓이를 가진다고 생각할 수도 있으나 실제 넓이는 유한하다는 것을 알게 될 것이다. 넓이를 계산하는 방법은 다음과 같다. 먼저 오른쪽 $x = b$를 경계로 갖는 영역의 넓이 $A(b)$를 구해보자(그림 7.13(b)).

$$A(b) = \int_0^b e^{-x/2}\, dx = -2e^{-x/2}\Big]_0^b = -2e^{-b/2} + 2$$

그 다음에 $b \to \infty$일 때 $A(b)$의 극한을 구한다.

$$\lim_{b \to \infty} A(b) = \lim_{b \to \infty} \left(-2e^{-b/2} + 2\right) = 2$$

0부터 ∞까지 곡선 아래의 넓이에 해당하는 값은 다음과 같다.

$$\int_0^\infty e^{-x/2}\, dx = \lim_{b \to \infty} \int_0^b e^{-x/2}\, dx = 2$$

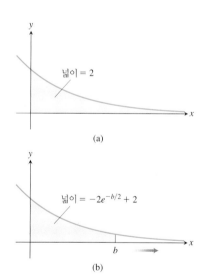

그림 7.13 (a) 곡선 $y = e^{-x/2}$ 아래에 놓이고 제1사분면에 속하는 영역의 넓이. (b) 이 넓이는 유형 I의 이상적분이다.

정의 무한구간에서의 적분을 **유형 I의 이상적분**(**improper integrals of type I**)이라 한다.

1. 만일 함수 $f(x)$가 $[a, \infty)$에서 연속이면 다음과 같다.

$$\int_a^\infty f(x)\, dx = \lim_{b \to \infty} \int_a^b f(x)\, dx$$

2. 만일 함수 $f(x)$가 $(-\infty, b]$에서 연속이면 다음과 같다.

$$\int_{-\infty}^{b} f(x)\,dx = \lim_{a \to -\infty} \int_{a}^{b} f(x)\,dx$$

3. 만일 함수 $f(x)$ 가 $(-\infty, \infty)$에서 연속이면 다음과 같다.

$$\int_{-\infty}^{\infty} f(x)\,dx = \int_{-\infty}^{c} f(x)\,dx + \int_{c}^{\infty} f(x)\,dx$$

여기서 c는 임의의 실수이다.

각각의 경우에 극한이 유한하면 이상적분은 **수렴(converge)** 한다고 하며, 극한은 이상적분의 **값(value)**이 된다. 만일 극한이 존재하지 않으면 이상적분은 **발산(diverge)**한다고 한다.

정의의 3번째 식에서 c의 선택은 중요하지 않다. 편리한 값을 선택하여 $\int_{-\infty}^{\infty} f(x)\,dx$의 수렴, 발산을 결정하거나 값을 계산하면 된다.

만일 적분 구간에서 $f \geq 0$이면 위에서 정의한 어떤 적분도 넓이로 해석될 수 있다. 예를 들어, 그림 7.13의 이상적분은 넓이로 해석하였다. 그 경우에 넓이는 유한한 값 2를 가졌다. 만일 $f \geq 0$이고 이상적분이 발산하면 곡선 아래 넓이는 **무한(infinite)**하다고 할 수 있다.

예제 1 $x=1$부터 $x=\infty$까지 곡선 $y=(\ln x)/x^2$의 아래 넓이는 유한한가? 만일 그렇다면 그 넓이는 얼마인가?

풀이 $x=1$부터 $x=b$까지 곡선의 아래 넓이를 구하고 $b \to \infty$일 때의 극한을 구한다. 만일 극한이 유한하면 그 극한값이 곡선 아래 넓이이다(그림 7.14). 1부터 b까지 넓이는

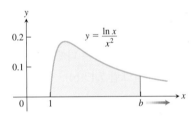

그림 7.14 곡선 아래의 넓이는 이상적분이다(예제 1).

$$\int_{1}^{b} \frac{\ln x}{x^2}\,dx = \left[(\ln x)\left(-\frac{1}{x}\right)\right]_{1}^{b} - \int_{1}^{b}\left(-\frac{1}{x}\right)\left(\frac{1}{x}\right)dx$$

$u = \ln x,\ dv = dx/x^2,$
$du = dx/x,\ v = -1/x$
이라 하고, 부분적분

$$= -\frac{\ln b}{b} - \left[\frac{1}{x}\right]_{1}^{b}$$

$$= -\frac{\ln b}{b} - \frac{1}{b} + 1$$

이다. $b \to \infty$일 때 넓이의 극한은

$$\int_{1}^{\infty} \frac{\ln x}{x^2}\,dx = \lim_{b \to \infty} \int_{1}^{b} \frac{\ln x}{x^2}\,dx$$

$$= \lim_{b \to \infty}\left[-\frac{\ln b}{b} - \frac{1}{b} + 1\right]$$

$$= -\left[\lim_{b \to \infty} \frac{\ln b}{b}\right] - 0 + 1$$

$$= -\left[\lim_{b \to \infty} \frac{1/b}{1}\right] + 1 = 0 + 1 = 1 \qquad \text{로피탈의 법칙}$$

이다. 그러므로 이상적분은 수렴하고 넓이는 1이 된다. ∎

예제 2 다음 이상적분을 구하라.

$$\int_{-\infty}^{\infty} \frac{dx}{1 + x^2}$$

역사적 인물
디리클레(Lejeune Dirichlet, 1805~1859)

풀이 정의(3의 경우)에 따라 $c = 0$을 선택하고 다음과 같이 나타낼 수 있다.

$$\int_{-\infty}^{\infty} \frac{dx}{1 + x^2} = \int_{-\infty}^{0} \frac{dx}{1 + x^2} + \int_{0}^{\infty} \frac{dx}{1 + x^2}$$

그런 다음, 위 식에서 우변의 이상적분들을 계산한다.

$$\int_{-\infty}^{0} \frac{dx}{1 + x^2} = \lim_{a \to -\infty} \int_{a}^{0} \frac{dx}{1 + x^2}$$

$$= \lim_{a \to -\infty} \tan^{-1} x \Big]_{a}^{0}$$

$$= \lim_{a \to -\infty} (\tan^{-1} 0 - \tan^{-1} a) = 0 - \left(-\frac{\pi}{2}\right) = \frac{\pi}{2}$$

$$\int_{0}^{\infty} \frac{dx}{1 + x^2} = \lim_{b \to \infty} \int_{0}^{b} \frac{dx}{1 + x^2}$$

$$= \lim_{b \to \infty} \tan^{-1} x \Big]_{0}^{b}$$

$$= \lim_{b \to \infty} (\tan^{-1} b - \tan^{-1} 0) = \frac{\pi}{2} - 0 = \frac{\pi}{2}$$

이다. 그러므로 적분은

$$\int_{-\infty}^{\infty} \frac{dx}{1 + x^2} = \frac{\pi}{2} + \frac{\pi}{2} = \pi$$

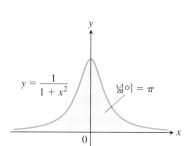

$y = \dfrac{1}{1 + x^2}$ 넓이 $= \pi$

그림 7.15 이 곡선 아래의 넓이는 유한하다(예제 2).

이다. $1/(1 + x^2) > 0$이므로 이상적분은 곡선과 x축 사이의 (유한한) 넓이로 해석될 수 있다(그림 7.15). ∎

적분 $\displaystyle\int_{1}^{\infty} \frac{dx}{x^p}$

$y = 1/x^p$ 형태의 피적분함수를 가진 이상적분의 수렴과 발산이 함수 $y = 1/x$를 경계로 나뉘어진다. 다음 예제에서 보는 것처럼 $p > 1$이면 수렴하고 $p \leq 1$이면 발산한다.

예제 3 이상적분 $\int_{1}^{\infty} dx/x^p$이 수렴하는 p의 값을 구하라. 적분이 수렴할 때 그 값은 얼마인가?

풀이 만일 $p \neq 1$이면

$$\int_{1}^{b} \frac{dx}{x^p} = \frac{x^{-p+1}}{-p + 1} \Big]_{1}^{b} = \frac{1}{1 - p} (b^{-p+1} - 1) = \frac{1}{1 - p} \left(\frac{1}{b^{p-1}} - 1\right)$$

이고, $\displaystyle\lim_{b \to \infty} \frac{1}{b^{p-1}} = \begin{cases} 0, & p > 1 \\ \infty, & p < 1 \end{cases}$ 이므로

$$\int_1^\infty \frac{dx}{x^p} = \lim_{b\to\infty} \int_1^b \frac{dx}{x^p}$$

$$= \lim_{b\to\infty} \left[\frac{1}{1-p}\left(\frac{1}{b^{p-1}} - 1 \right) \right] = \begin{cases} \dfrac{1}{p-1}, & p > 1 \\ \infty, & p < 1 \end{cases}$$

이다. 따라서 $p>1$이면 적분은 $1/(p-1)$값으로 수렴하고 $p<1$이면 발산한다.

$p=1$일 때도 적분은 발산한다.

$$\int_1^\infty \frac{dx}{x^p} = \int_1^\infty \frac{dx}{x}$$

$$= \lim_{b\to\infty} \int_1^b \frac{dx}{x}$$

$$= \lim_{b\to\infty} \ln x \Big]_1^b$$

$$= \lim_{b\to\infty} (\ln b - \ln 1) = \infty$$

∎

수직 점근선을 가지는 피적분함수

이상적분의 또 다른 유형은 피적분함수가 적분 상한이나 하한 중 적어도 하나에서, 또는 적분구간의 내점에서 수직 점근선 (무한 불연속)을 가지는 경우이다. 만일 피적분함수 f가 적분구간에서 양이면 이상적분을 f의 그래프와 x축 및 적분 상한과 하한 사이의 넓이로 해석할 수 있다.

$x=0$부터 $x=1$까지 곡선 $y=1/\sqrt{x}$ 아래에 놓이고 제1사분면에 속하는 넓이를 생각해 보자(그림 7.12(b)). 먼저 일부인 a부터 1까지의 넓이를 구한다(그림 7.16).

$$\int_a^1 \frac{dx}{\sqrt{x}} = 2\sqrt{x}\,\Big]_a^1 = 2 - 2\sqrt{a}$$

그 다음에 $a\to 0^+$일 때 이 넓이의 그 극한을 구한다.

$$\lim_{a\to 0^+} \int_a^1 \frac{dx}{\sqrt{x}} = \lim_{a\to 0^+} \left(2 - 2\sqrt{a}\right) = 2$$

$x=0$부터 $x=1$까지 곡선 아래에 놓이는 넓이는 유한하며 그 값은 다음과 같다.

$$\int_0^1 \frac{dx}{\sqrt{x}} = \lim_{a\to 0^+} \int_a^1 \frac{dx}{\sqrt{x}} = 2$$

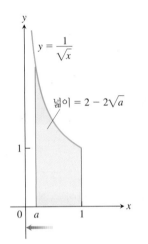

그림 7.16 이 곡선 아래의 넓이는 유형 II의 이상적분의 예이다.

정의   적분 구간의 끝점이나 내부의 한 점에서 무한대가 되는 함수의 적분을 **유형 II의 이상적분(improper integrals of type II)**이라 한다.

1. 함수 $f(x)$가 $(a, b]$에서 연속이고 a에서 불연속이면 다음과 같이 정의한다.

$$\int_a^b f(x)\,dx = \lim_{c\to a^+} \int_c^b f(x)\,dx$$

2. 함수 $f(x)$가 $[a, b)$에서 연속이고 b에서 불연속이면 다음과 같이 정의한다.

$$\int_a^b f(x)\,dx = \lim_{c\to b^-} \int_a^c f(x)\,dx$$

3. 함수 $f(x)$가 $c(a<c<b)$에서 불연속이고 $[a, c) \cup (c, b]$에서 연속이면 다음과 같이 정의한다.

$$\int_a^b f(x)\, dx = \int_a^c f(x)\, dx + \int_c^b f(x)\, dx$$

각각의 경우에 극한이 유한하면 이상적분은 **수렴(converge)**한다고 하고 극한을 이상 적분의 **값(value)**이라 한다. 만일 극한이 존재하지 않으면 적분은 **발산(diverge)**한다고 한다.

정의의 3번째 경우에서 식의 좌변의 이상적분은 식 우변의 두 이상적분이 모두 수렴할 때 수렴한다고 하고 그렇지 않으면 이 이상적분은 발산한다고 한다.

예제 4 다음 이상적분의 수렴성을 판정하라.

$$\int_0^1 \frac{1}{1-x}\, dx$$

풀이 피적분함수 $f(x) = 1/(1-x)$는 $[0, 1)$에서 연속이지만 $x=1$에서는 불연속이고 $x \to 1^-$일 때 무한대로 발산한다(그림 7.17). 그래서 다음과 같이 적분을 계산한다.

$$\lim_{b \to 1^-} \int_0^b \frac{1}{1-x}\, dx = \lim_{b \to 1^-} \left[-\ln|1-x| \right]_0^b$$
$$= \lim_{b \to 1^-} \left[-\ln(1-b) + 0 \right] = \infty$$

극한이 무한하므로 이상적분은 발산한다. ∎

예제 5 다음 적분을 구하라.

$$\int_0^3 \frac{dx}{(x-1)^{2/3}}$$

풀이 피적분함수는 $x=1$에서 수직 점근선을 갖고 $[0, 1)$과 $(1, 3]$에서 연속이다(그림 7.18). 따라서 위의 정의의 3번째 경우에 해당하므로

$$\int_0^3 \frac{dx}{(x-1)^{2/3}} = \int_0^1 \frac{dx}{(x-1)^{2/3}} + \int_1^3 \frac{dx}{(x-1)^{2/3}}$$

이 된다. 이 식의 우변의 각 이상적분을 계산하면 다음과 같다.

$$\int_0^1 \frac{dx}{(x-1)^{2/3}} = \lim_{b \to 1^-} \int_0^b \frac{dx}{(x-1)^{2/3}}$$
$$= \lim_{b \to 1^-} 3(x-1)^{1/3} \Big]_0^b$$
$$= \lim_{b \to 1^-} \left[3(b-1)^{1/3} + 3 \right] = 3$$
$$\int_1^3 \frac{dx}{(x-1)^{2/3}} = \lim_{c \to 1^+} \int_c^3 \frac{dx}{(x-1)^{2/3}}$$
$$= \lim_{c \to 1^+} 3(x-1)^{1/3} \Big]_c^3$$

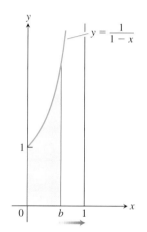

$y = \dfrac{1}{1-x}$

그림 7.17 $[0, 1)$에서 곡선 아래에 놓이고 x축 위에 놓이는 넓이는 실수가 아니다(예제 4).

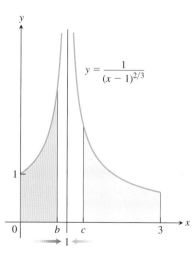

$y = \dfrac{1}{(x-1)^{2/3}}$

그림 7.18 예제 5는 적분이 수렴함을 보여준다(그 넓이는 실수).

$$= \lim_{c \to 1^+} \left[3(3-1)^{1/3} - 3(c-1)^{1/3} \right] = 3\sqrt[3]{2}$$

따라서 이상적분은 다음과 같이 수렴한다.

$$\int_0^3 \frac{dx}{(x-1)^{2/3}} = 3 + 3\sqrt[3]{2} \qquad \blacksquare$$

CAS를 이용한 이상적분

컴퓨터 대수 시스템은 많은 수렴하는 이상적분을 계산할 수 있다. Maple을 이용하여 수렴하는 적분값

$$\int_2^\infty \frac{x+3}{(x-1)(x^2+1)} \, dx$$

를 계산하려면 먼저 함수를 다음과 같이 입력하고

$$> f := (x+3)/((x-1)*(x^2+1))$$

그 다음에 적분 명령어

$$> \text{int}(f, x = 2..\text{infinity})$$

를 입력한다. 그러면 Maple이 다음과 같이 응답할 것이다.

$$-\frac{1}{2}\pi + \ln(5) + \arctan(2)$$

숫자로 결과를 얻기 위해서는 계산 명령어 **evalf**를 사용하고 다음과 같이 얻고자 하는 숫자의 자릿수를 명시한다.

$$> \text{evalf}(\%, 6)$$

기호 %는 컴퓨터에게 화면에 마지막으로 출력된 식을 계산하라고 지시하는 명령어이다. 이 경우에는 $(-1/2)\pi + \ln(5) + \arctan(2)$의 값을 구하라는 의미가 된다. Maple은 1.14579라고 답할 것이다.

Mathematica를 이용할 때는

$$In \, [1] := \text{Integrate} \left[(x+3)/((x-1)(x^2+1)), \{x, 2, \text{Infinity}\} \right]$$

라고 입력하면

$$Out \, [1] = \frac{-\pi}{2} + \text{ArcTan}\,[2] + \text{Log}\,[5]$$

라고 응답할 것이다. 6자리의 숫자로 표현된 결과를 얻으려면 명령어 "$N[\%, 6]$"를 이용한다. 그러면 1.14579라고 답을 줄 것이다.

수렴과 발산의 판정

이상적분을 직접 계산할 수 없을 때에도 우리는 그것이 수렴하는지 발산하는지를 결정해야 할 필요가 있다. 적분이 발산하면 이야기는 끝난다. 만일 수렴하면 그 값의 근삿값을 구하기 위해 수치적 방법을 적용할 수 있다. 수렴과 발산의 주된 판정법은 직접비교판정법과 극한 비교 판정법이 있다.

예제 6   이상적분 $\int_1^\infty e^{-x^2} dx$는 수렴하는가?

풀이   정의에 의하여

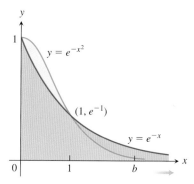

그림 7.19 e^{-x^2}의 그래프는 $x > 1$일 때 e^{-x}의 그래프보다 아래에 놓인다(예제 6).

$$\int_1^\infty e^{-x^2}\,dx = \lim_{b\to\infty}\int_1^b e^{-x^2}\,dx$$

일 때, 피적분함수의 역도함수가 초등함수가 아니므로 마지막 적분을 직접 계산할 수 없다. 그러나 $b \to \infty$일 때 극한이 유한함을 보일 수 있다. 적분 $\int_1^b e^{-x^2}\,dx$는 b에 대한 증가함수이므로 $b \to \infty$일 때 그 극한은 무한이거나 그렇지 않으면 유한 극한값을 가진다. 그런데 이 적분은 무한하지 않음을 보일 수 있다. 모든 $x \geq 1$의 값에 대하여 $e^{-x^2} \leq e^{-x}$이므로 (그림 7.19)

$$\int_1^b e^{-x^2}\,dx \leq \int_1^b e^{-x}\,dx = -e^{-b} + e^{-1} < e^{-1} \approx 0.36788$$

그러므로 부록 6에서 논의된 실수의 완비성에 의하여

$$\int_1^\infty e^{-x^2}\,dx = \lim_{b\to\infty}\int_1^b e^{-x^2}\,dx$$

는 유한한 값으로 수렴한다. 이 값이 0.37보다 작은 양수라는 것을 제외하고는 정확한 값은 알 수 없다. ■

예제 6에서 보인 e^{-x^2}과 e^{-x}의 비교는 다음 판정법의 특별한 경우에 해당한다.

정리 2 직접 비교 판정법   함수 f와 g가 $[a, \infty)$에서 연속이고 모든 $x \geq a$에 대하여 $0 \leq f(x) \leq g(x)$일 때

1. $\displaystyle\int_a^\infty g(x)\,dx$가 수렴하면 $\displaystyle\int_a^\infty f(x)\,dx$도 수렴한다.

2. $\displaystyle\int_a^\infty f(x)\,dx$가 발산하면 $\displaystyle\int_a^\infty g(x)\,dx$도 발산한다.

증명   정리 2가 성립하는 이유는 예제 6의 논증과 비슷하다.

만일 모든 $x \geq a$에 대하여 $0 \leq f(x) \leq g(x)$이면 4.3절의 정리 2 성질 7에 의해

$$\int_a^b f(x)\,dx \leq \int_a^b g(x)\,dx, \qquad b > a$$

이 성립한다. 이로부터 예제 6처럼

$$\int_a^\infty g(x)\,dx \text{ 가 수렴하면 } \quad \int_a^\infty f(x)\,dx \text{도 수렴한다.}$$

고 주장할 수 있다. 반대로

$$\int_a^\infty f(x)\,dx \text{ 가 발산하면 } \quad \int_a^\infty g(x)\,dx \text{도 발산한다.}$$

고 말할 수 있다. ■

역사적 인물
바이어슈트라스(Karl Weierstrass, 1815~1897)

정리 2는 비록 유형 I의 이상적분에 대한 것이지만, 유형 II의 이상적분에 대하여도 비슷한 결과로 나타난다.

예제 7 이 예들은 정리 2를 어떻게 적용하는지를 설명한다.

(a) $\displaystyle\int_1^\infty \frac{\sin^2 x}{x^2}\,dx$는 수렴한다.

왜냐하면 $[1, \infty)$에서 $0 \le \dfrac{\sin^2 x}{x^2} \le \dfrac{1}{x^2}$이고 $\displaystyle\int_1^\infty \frac{1}{x^2}\,dx$가 수렴하기 때문이다. 예제 3

(b) $\displaystyle\int_1^\infty \frac{1}{\sqrt{x^2 - 0.1}}\,dx$는 발산한다.

왜냐하면 $[1, \infty)$에서 $\dfrac{1}{\sqrt{x^2 - 0.1}} \ge \dfrac{1}{x}$이고 $\displaystyle\int_1^\infty \frac{1}{x}\,dx$가 발산하기 때문이다. 예제 3

(c) $\displaystyle\int_0^{\pi/2} \frac{\cos x}{\sqrt{x}}\,dx$는 수렴한다. 왜냐하면 $\left[0, \dfrac{\pi}{2}\right]$에서

$$0 \le \frac{\cos x}{\sqrt{x}} \le \frac{1}{\sqrt{x}} \qquad \left[0, \tfrac{\pi}{2}\right]\text{에서} \ \ 0 \le \cos x \le 1$$

이고

$$\begin{aligned}
\int_0^{\pi/2} \frac{dx}{\sqrt{x}} &= \lim_{a \to 0^+} \int_a^{\pi/2} \frac{dx}{\sqrt{x}} \\
&= \lim_{a \to 0^+} \sqrt{4x}\,\Big]_a^{\pi/2} \qquad 2\sqrt{x} = \sqrt{4x}\\
&= \lim_{a \to 0^+} \left(\sqrt{2\pi} - \sqrt{4a}\right) = \sqrt{2\pi} \ \text{가 수렴하기 때문이다.} \ \blacksquare
\end{aligned}$$

정리 3 극한 비교 판정법   양인 함수 f와 g가 $[a, \infty)$에서 연속이고

$$\lim_{x \to \infty} \frac{f(x)}{g(x)} = L, \qquad 0 < L < \infty$$

이면

$$\int_a^\infty f(x)\,dx \text{와} \qquad \int_a^\infty g(x)\,dx$$

는 둘 다 수렴하거나 또는 둘 다 발산한다.

정리 3의 증명은 생략한다.

정의에서 a부터 ∞까지 두 함수의 이상적분이 모두 수렴한다고 할지라도 두 적분이 반드시 같은 값을 갖는다는 것을 의미하지는 않는다. 다음 예제를 보라.

예제 8 $\displaystyle\int_1^\infty (1/x^2)\,dx$와 비교하여 다음 적분이 수렴함을 보이라.

$$\int_1^\infty \frac{dx}{1 + x^2}$$

두 적분의 값을 찾고 비교하라.

풀이   함수 $f(x) = 1/x^2$과 $g(x) = 1/(1 + x^2)$은 양이고 $[1, \infty)$에서 연속이다. 또한,

$$\lim_{x \to \infty} \frac{f(x)}{g(x)} = \lim_{x \to \infty} \frac{1/x^2}{1/(1 + x^2)} = \lim_{x \to \infty} \frac{1 + x^2}{x^2}$$

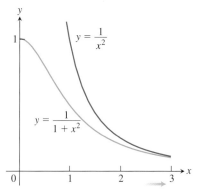

그림 7.20 예제 8의 함수들

$$= \lim_{x\to\infty} \left(\frac{1}{x^2} + 1 \right) = 0 + 1 = 1$$

이므로, 유한한 양의 극한을 가진다(그림 7 20). 따라서 $\int_1^\infty \frac{dx}{x^2}$가 수렴하므로 $\int_1^\infty \frac{dx}{1+x^2}$ 도 수렴한다.

그러나 2개의 적분은 서로 다른 값으로 수렴한다.

$$\int_1^\infty \frac{dx}{x^2} = \frac{1}{2-1} = 1 \qquad \text{예제 3}$$

이고

$$\int_1^\infty \frac{dx}{1+x^2} = \lim_{b\to\infty} \int_1^b \frac{dx}{1+x^2}$$

$$= \lim_{b\to\infty} \left[\tan^{-1} b - \tan^{-1} 1 \right] = \frac{\pi}{2} - \frac{\pi}{4} = \frac{\pi}{4} \qquad \blacksquare$$

예제 9 다음 이상적분의 수렴성을 보이라.

$$\int_1^\infty \frac{1 - e^{-x}}{x} dx$$

풀이 다음 두 함수 $f(x) = (1-e^{-x})/x$와 $g(x) = 1/x$를 비교해 보자. 이 두 함수는 $f(x) \le g(x)$를 만족하지만 $\int_1^\infty g(x)dx$가 발산하므로, 직접 비교 판정법을 사용할 수는 없다. 그렇지만 다음 극한값

$$\lim_{x\to\infty} \frac{f(x)}{g(x)} = \lim_{x\to\infty} \left(\frac{1-e^{-x}}{x} \right) \left(\frac{x}{1} \right) = \lim_{x\to\infty} (1 - e^{-x}) = 1$$

이 유한한 양의 극한값을 가진다는 사실을 알 수 있다. 따라서 극한 비교 판정법을 사용하여 $\int_1^\infty \frac{dx}{x}$가 발산하므로 $\int_1^\infty \frac{1-e^{-x}}{x} dx$가 발산함을 알 수 있다. 표 7.5로부터 $b \to \infty$ 일 때 이상적분에 대한 근삿값이 특정한 어떤 값으로 접근하지 않고 계속 커지고 있음을 볼 수 있다. $\blacksquare$

표 7.5

b	$\int_1^b \dfrac{1 - e^{-x}}{x} dx$
2	0.5226637569
5	1.3912002736
10	2.0832053156
100	4.3857862516
1000	6.6883713446
10000	8.9909564376
100000	11.2935415306

연습문제 7.8

이상적분 구하기

연습문제 1~34에서 표를 이용하지 말고 적분을 구하라.

1. $\int_0^\infty \frac{dx}{x^2+1}$

2. $\int_1^\infty \frac{dx}{x^{1.001}}$

3. $\int_0^1 \frac{dx}{\sqrt{x}}$

4. $\int_0^4 \frac{dx}{\sqrt{4-x}}$

5. $\int_{-1}^1 \frac{dx}{x^{2/3}}$

6. $\int_{-8}^1 \frac{dx}{x^{1/3}}$

7. $\int_0^1 \frac{dx}{\sqrt{1-x^2}}$

8. $\int_0^1 \frac{dr}{r^{0.999}}$

9. $\int_{-\infty}^{-2} \frac{2\,dx}{x^2-1}$

10. $\int_{-\infty}^2 \frac{2\,dx}{x^2+4}$

11. $\int_2^\infty \frac{2}{v^2-v}\,dv$

12. $\int_2^\infty \frac{2\,dt}{t^2-1}$

13. $\int_{-\infty}^\infty \frac{2x\,dx}{(x^2+1)^2}$

14. $\int_{-\infty}^\infty \frac{x\,dx}{(x^2+4)^{3/2}}$

15. $\int_0^1 \frac{\theta+1}{\sqrt{\theta^2+2\theta}}\,d\theta$

16. $\int_0^2 \frac{s+1}{\sqrt{4-s^2}}\,ds$

17. $\int_0^\infty \frac{dx}{(1+x)\sqrt{x}}$

18. $\int_1^\infty \frac{1}{x\sqrt{x^2-1}}\,dx$

19. $\int_0^\infty \frac{dv}{(1+v^2)(1+\tan^{-1}v)}$

20. $\int_0^\infty \frac{16\tan^{-1}x}{1+x^2}\,dx$

21. $\int_{-\infty}^0 \theta e^\theta\,d\theta$

22. $\int_0^\infty 2e^{-\theta}\sin\theta\,d\theta$

23. $\displaystyle\int_{-\infty}^{0} e^{-|x|}\,dx$

24. $\displaystyle\int_{-\infty}^{\infty} 2xe^{-x^2}\,dx$

25. $\displaystyle\int_{0}^{1} x\ln x\,dx$

26. $\displaystyle\int_{0}^{1} (-\ln x)\,dx$

27. $\displaystyle\int_{0}^{2} \frac{ds}{\sqrt{4-s^2}}$

28. $\displaystyle\int_{0}^{1} \frac{4r\,dr}{\sqrt{1-r^4}}$

29. $\displaystyle\int_{1}^{2} \frac{ds}{s\sqrt{s^2-1}}$

30. $\displaystyle\int_{2}^{4} \frac{dt}{t\sqrt{t^2-4}}$

31. $\displaystyle\int_{-1}^{4} \frac{dx}{\sqrt{|x|}}$

32. $\displaystyle\int_{0}^{2} \frac{dx}{\sqrt{|x-1|}}$

33. $\displaystyle\int_{-1}^{\infty} \frac{d\theta}{\theta^2+5\theta+6}$

34. $\displaystyle\int_{0}^{\infty} \frac{dx}{(x+1)(x^2+1)}$

수렴성의 판정

연습문제 35~68에서 적분, 직접 비교 판정법, 또는 극한 비교 판정법을 이용하여 적분의 수렴성을 판정하라. 만일 1개 이상의 방법이 적용 가능하면 마음대로 선택하여 판정하라.

35. $\displaystyle\int_{1/2}^{2} \frac{dx}{x\ln x}$

36. $\displaystyle\int_{-1}^{1} \frac{d\theta}{\theta^2-2\theta}$

37. $\displaystyle\int_{1/2}^{\infty} \frac{dx}{x(\ln x)^3}$

38. $\displaystyle\int_{0}^{\infty} \frac{d\theta}{\theta^2-1}$

39. $\displaystyle\int_{0}^{\pi/2} \tan\theta\,d\theta$

40. $\displaystyle\int_{0}^{\pi/2} \cot\theta\,d\theta$

41. $\displaystyle\int_{0}^{1} \frac{\ln x}{x^2}\,dx$

42. $\displaystyle\int_{1}^{2} \frac{dx}{x\ln x}$

43. $\displaystyle\int_{0}^{\ln 2} x^{-2}e^{-1/x}\,dx$

44. $\displaystyle\int_{0}^{1} \frac{e^{-\sqrt{x}}}{\sqrt{x}}\,dx$

45. $\displaystyle\int_{0}^{\pi} \frac{dt}{\sqrt{t+\sin t}}$

46. $\displaystyle\int_{0}^{1} \frac{dt}{t-\sin t}$

(힌트: $t \ge 0$일 때 $t \ge \sin t$)

47. $\displaystyle\int_{0}^{2} \frac{dx}{1-x^2}$

48. $\displaystyle\int_{0}^{2} \frac{dx}{1-x}$

49. $\displaystyle\int_{-1}^{1} \ln|x|\,dx$

50. $\displaystyle\int_{-1}^{1} -x\ln|x|\,dx$

51. $\displaystyle\int_{1}^{\infty} \frac{dx}{x^3+1}$

52. $\displaystyle\int_{4}^{\infty} \frac{dx}{\sqrt{x-1}}$

53. $\displaystyle\int_{2}^{\infty} \frac{dv}{\sqrt{v-1}}$

54. $\displaystyle\int_{0}^{\infty} \frac{d\theta}{1+e^\theta}$

55. $\displaystyle\int_{0}^{\infty} \frac{dx}{\sqrt{x^6+1}}$

56. $\displaystyle\int_{2}^{\infty} \frac{dx}{\sqrt{x^2-1}}$

57. $\displaystyle\int_{1}^{\infty} \frac{\sqrt{x+1}}{x^2}\,dx$

58. $\displaystyle\int_{2}^{\infty} \frac{x\,dx}{\sqrt{x^4-1}}$

59. $\displaystyle\int_{\pi}^{\infty} \frac{2+\cos x}{x}\,dx$

60. $\displaystyle\int_{\pi}^{\infty} \frac{1+\sin x}{x^2}\,dx$

61. $\displaystyle\int_{4}^{\infty} \frac{2\,dt}{t^{3/2}-1}$

62. $\displaystyle\int_{2}^{\infty} \frac{1}{\ln x}\,dx$

63. $\displaystyle\int_{1}^{\infty} \frac{e^x}{x}\,dx$

64. $\displaystyle\int_{e^e}^{\infty} \ln(\ln x)\,dx$

65. $\displaystyle\int_{1}^{\infty} \frac{1}{\sqrt{e^x-x}}\,dx$

66. $\displaystyle\int_{1}^{\infty} \frac{1}{e^x-2^x}\,dx$

67. $\displaystyle\int_{-\infty}^{\infty} \frac{dx}{\sqrt{x^4+1}}$

68. $\displaystyle\int_{-\infty}^{\infty} \frac{dx}{e^x+e^{-x}}$

이론과 예제

69. 각 적분이 수렴하는 p의 값을 구하라.

a. $\displaystyle\int_{1}^{2} \frac{dx}{x(\ln x)^p}$

b. $\displaystyle\int_{2}^{\infty} \frac{dx}{x(\ln x)^p}$

70. $\displaystyle\lim_{b\to\infty}\int_{-b}^{b} f(x)\,dx$는 $\displaystyle\int_{-\infty}^{\infty} f(x)\,dx$와 같지 않을 수도 있다.

$$\int_{0}^{\infty} \frac{2x\,dx}{x^2+1}$$

는 발산하고, 따라서

$$\int_{-\infty}^{\infty} \frac{2x\,dx}{x^2+1}$$

도 발산함을 보이라. 그 다음에

$$\lim_{b\to\infty}\int_{-b}^{b} \frac{2x\,dx}{x^2+1} = 0$$

임을 보이라.

연습문제 71~74에서 제1사분면에 속하는 곡선 $y=e^{-x}$와 x축 사이의 무한 영역에 관한 것이다.

71. 영역의 넓이를 구하라.

72. 영역의 중심을 구하라.

73. 영역을 y축을 회전축으로 회전시켜 얻은 입체의 부피를 구하라.

74. 영역을 x축을 회전축으로 회전시켜 얻은 입체의 부피를 구하라.

75. $x=0$부터 $x=\pi/2$까지 곡선 $y=\sec x$와 $y=\tan x$ 사이에 놓이는 영역의 넓이를 구하라.

76. 연습문제 75에서의 영역을 x축을 회전축으로 회전시켜 얻은 입체에 대하여

a. 부피를 구하라.

b. 입체의 내부곡면과 외부곡면은 무한한 넓이를 가졌음을 보이라.

77. 곡선 $y=\dfrac{1}{x^2}$, 직선 $y=0$과 $x=1$로 둘러싸인 제1사분면에 놓여 있는 무한영역을 생각하자.

a. 영역의 넓이를 구하라.

b. 이 영역을 (i) x축을 (ii) y축을 회전축으로 회전시켜 얻은 입체의 부피를 구하라.

78. 곡선 $y=\dfrac{1}{\sqrt{x}}$, x축, $x=0$과 $x=1$로 둘러싸인 제1사분면에 속하는 무한영역을 생각하자.

a. 영역의 넓이를 구하라.

b. 이 영역을 (i) x축을 (ii) y축을 회전축으로 회전시켜 얻은 입체의 부피를 구하라.

79. 다음 적분을 계산하라.

a. $\displaystyle\int_0^1 \frac{dt}{\sqrt{t}(1+t)}$ **b.** $\displaystyle\int_0^\infty \frac{dt}{\sqrt{t}(1+t)}$

80. 다음 적분을 계산하라.

$$\int_3^\infty \frac{dx}{x\sqrt{x^2-9}}$$

81. 정의역이 무한하지만 수렴하는 이상적분의 근삿값 추정

a. $\displaystyle\int_3^\infty e^{-3x}\,dx = \frac{1}{3}e^{-9} < 0.000042$ 임을 보이고, 따라서 $\int_3^\infty e^{-x^2}\,dx < 0.000042$ 가 성립함을 설명하라. 이것은 0.000042 보다 크지 않은 오차로 $\int_0^\infty e^{-x^2}\,dx$ 가 $\int_0^3 e^{-x^2}\,dx$ 로 대체될 수 있음을 의미함을 설명하라.

[T] **b.** $\int_0^3 e^{-x^2}\,dx$ 를 수치적으로 구하라.

82. 무한한 페인트통 또는 가브리엘의 뿔   예제 3에서 본 것처럼 적분 $\int_1^\infty (dx/x)$ 는 발산한다. 이것은 곡선 $y=1/x$, $x \geq 1$을 x축을 회전축으로 회전시켜 얻는 곡면의 곡면 넓이를 계산하는 적분

$$\int_1^\infty 2\pi \frac{1}{x}\sqrt{1+\frac{1}{x^4}}\,dx$$

또한 발산함을 의미한다. 2개의 적분을 비교해 보면 모든 유한한 값 $b>1$에 대하여

$$\int_1^b 2\pi \frac{1}{x}\sqrt{1+\frac{1}{x^4}}\,dx > 2\pi \int_1^b \frac{1}{x}\,dx$$

임을 알 수 있다.

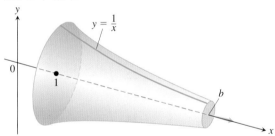

그러나 입체의 **부피**에 관한 적분

$$\int_1^\infty \pi \left(\frac{1}{x}\right)^2 dx$$

는 수렴한다. (a) 부피를 구하라. (b) 이 회전체는 그 내부를 칠할 충분한 페인트를 갖지 못한 통으로 가끔 묘사된다. 잠시 동안 그것에 대해 생각해 보자. 유한한 양의 페인트로 무한한 곡면을 칠할 수 없다는 것은 상식이다. 그러나 만일 뿔을 유한한 양의 페인트로 채우면 무한한 곡면이 칠해질 것이다. 이 명백한 모순을 설명하라.

83. 사인 – 적분함수   사인-적분함수

$$\mathrm{Si}(x) = \int_0^x \frac{\sin t}{t}\,dt$$

는 광학에서 중요하게 응용된다.

[T] **a.** $t>0$일 때 피적분함수 $(\sin t)/t$를 그려라. 함수 Si는 정의구역에서 증가하는가 또는 감소하는가? Si(x)=0인 x>0가 있다고 생각하는가? $0 \leq x \leq 25$에서 함수 Si(x)를 그려서 답을 확인하라.

b. $\displaystyle\int_0^\infty \frac{\sin t}{t}\,dt$의 수렴성을 살펴보라. 수렴한다면 그 값은 얼마인가?

84. 오차함수   오차함수는 다음과 같이 정의된다.

$$\mathrm{erf}(x) = \int_0^x \frac{2e^{-t^2}}{\sqrt{\pi}}\,dt$$

[T] **a.** $0 \leq x \leq 25$에서 오차함수를 그려라.

b. $\displaystyle\int_0^\infty \frac{2e^{-t^2}}{\sqrt{\pi}}\,dt$의 수렴성을 살펴보라. 수렴한다면 그 값은 얼마인가? 13.4절 연습문제 41에서 추론한 답을 확인하는 방법을 알게 될 것이다.

85. 정규확률분포   다음 함수

$$f(x) = \frac{1}{\sigma\sqrt{2\pi}}e^{-\frac{1}{2}\left(\frac{x-\mu}{\sigma}\right)^2}$$

을 평균 μ, 표준편차 σ인 **정규확률밀도함수**(*normal probability density function*)라고 한다. 수 μ는 어디에 중심을 둔 분포인지를 말해주며, σ는 평균 주위에 흩어져 있는 정도를 나타낸다.

확률론에서 이 함수의 적분은

$$\int_{-\infty}^\infty f(x)\,dx = 1$$

로 알려져 있다. 이제 $\mu=0$, $\sigma=1$이라 놓자.

[T] **a.** f의 그래프를 그려라. f가 증가하는 구간, 감소하는 구간을 찾으라. 또한 극값을 갖는 점을 찾고 극값을 구하라.

b. $n=1, 2, 3$일 때 $\displaystyle\int_{-n}^n f(x)\,dx$를 구하라.

c. $\displaystyle\int_{-\infty}^\infty f(x)\,dx = 1$이 성립한다는 것을 논리적으로 설명하라. (힌트: $x>1$일 때 $0 < f(x) < e^{-x/2}$임을 보이고, $b>1$에 대하여 $b \to \infty$일 때 $\int_b^\infty e^{-x/2}\,dx \to 0$임을 보이라.)

86. $f(x)$가 실수들의 모든 구간에서 적분가능하고 a, b가 $a<b$인 실수일 때 다음을 보이라.

a. $\int_{-\infty}^a f(x)\,dx$와 $\int_a^\infty f(x)\,dx$가 둘 다 수렴한다는 것과 $\int_{-\infty}^b f(x)\,dx$와 $\int_b^\infty f(x)\,dx$가 둘 다 수렴한다는 것은 동치이다.

b. 모든 적분이 수렴하면 다음 식이 성립한다.

$$\int_{-\infty}^a f(x)\,dx + \int_a^\infty f(x)\,dx = \int_{-\infty}^b f(x)\,dx + \int_b^\infty f(x)\,dx$$

컴퓨터 탐구

연습문제 87~90에서 CAS를 이용하여 다양한 p의값(정수가 아닌 값을 포함하여)에 대하여 적분을 조사하라. 적분이 수렴하는 p값은 무엇인가? 적분이 수렴할 때 적분값은 얼마인가? 다양한 p에 대하여 피적분함수를 그려라.

87. $\displaystyle\int_0^e x^p \ln x\,dx$ **88.** $\displaystyle\int_e^\infty x^p \ln x\,dx$

89. $\displaystyle\int_0^\infty x^p \ln x\,dx$ **90.** $\displaystyle\int_{-\infty}^\infty x^p \ln |x|\,dx$

연습문제 91~92에서 CAS를 이용하여 적분을 구하라.

91. $\displaystyle\int_0^{2/\pi} \sin \frac{1}{x}\,dx$ **92.** $\displaystyle\int_0^{2/\pi} x \sin \frac{1}{x}\,dx$

7장 복습문제

1. 부분적분법을 나타내는 공식은 무엇인가? 그것은 어디서 나왔는가? 왜 부분적분법을 이용하려고 하는가?
2. 부분적분법 공식을 적용할 때 u와 dv를 어떻게 선택하는가? $\int f(x)\, dx$형의 적분에 부분적분법을 어떻게 적용할 수 있는가?
3. 만일 피적분함수가 $\sin^n x \cos^m x$ 같은 곱의 형태이면 어떻게 적분을 계산할 수 있는가? (여기서 m, n은 음이 아닌 정수) 각각의 경우에 대한 구체적인 예를 들라.
4. $\sin mx \sin nx$, $\sin mx \cos nx$와 $\cos mx \cos nx$의 적분을 계산하기 위하여 어떤 치환을 해야 하는가? 각각의 경우에 대하여 예를 들라.
5. $\sqrt{a^2 - x^2}$, $\sqrt{a^2 + x^2}$과 $\sqrt{x^2 - a^2}$을 포함하는 적분을 직접 계산할 수 있는 적분으로 변형시키기 위하여 어떤 치환이 이용되는가? 각각의 경우에 대하여 예를 들라.
6. 3개의 기본적인 삼각치환이 가역적이 되도록 하려면 이 치환들과 관련된 변수에 어떤 제한 조건을 두어야 하는가?
7. 부분분수법의 목적은 무엇인가?
8. 다항식 $f(x)$의 차수가 다항식 $g(x)$의 차수보다 작고 $g(x)$가 다음과 같을 경우
   a. 서로 다른 1차 인수의 곱
   b. 반복되는 1차 인수로 이루어졌을 때
   c. 기약 2차 인수를 포함할 때
   $f(x)/g(x)$를 부분분수의 합으로 어떻게 쓸 수 있는가? f의 차수가 g의 차수보다 작지 않으면 어떻게 해야 하는가?
9. 전형적으로 사용되는 적분표는 무엇인가? 만일 적분값을 구하려고 하는 특정한 적분이 표에 나와 있지 않으면 어떻게 해야 하는가?
10. 축소 공식은 무엇인가? 축소 공식은 어떻게 사용되는가? 예를 들라.
11. 심프슨의 공식과 사다리꼴 공식의 상대적 장점들을 어떻게 비교할 수 있겠는가?
12. 유형 I의 이상적분과 유형 II의 이상적분은 무엇인가? 다양한 형태의 이상적분들이 어떻게 정의되었는가? 예를 들라.
13. 직접 계산할 수 없는 이상적분의 수렴과 발산을 결정할 때 이용할 수 있는 판정법은 무엇인가? 그 이용법의 예를 들라.

7장 종합문제

부분적분

종합문제 1~8에서 부분적분을 이용하여 적분을 구하라.

1. $\displaystyle\int \ln (x + 1)\, dx$
2. $\displaystyle\int x^2 \ln x\, dx$
3. $\displaystyle\int \tan^{-1} 3x\, dx$
4. $\displaystyle\int \cos^{-1}\left(\frac{x}{2}\right) dx$
5. $\displaystyle\int (x + 1)^2 e^x\, dx$
6. $\displaystyle\int x^2 \sin (1 - x)\, dx$
7. $\displaystyle\int e^x \cos 2x\, dx$
8. $\displaystyle\int x \sin x \cos x\, dx$

부분분수

종합문제 9~28에서 적분을 구하라. 먼저 치환이 필요할 수도 있다.

9. $\displaystyle\int \frac{x\, dx}{x^2 - 3x + 2}$
10. $\displaystyle\int \frac{x\, dx}{x^2 + 4x + 3}$
11. $\displaystyle\int \frac{dx}{x(x + 1)^2}$
12. $\displaystyle\int \frac{x + 1}{x^2(x - 1)}\, dx$
13. $\displaystyle\int \frac{\sin \theta\, d\theta}{\cos^2 \theta + \cos \theta - 2}$
14. $\displaystyle\int \frac{\cos \theta\, d\theta}{\sin^2 \theta + \sin \theta - 6}$
15. $\displaystyle\int \frac{3x^2 + 4x + 4}{x^3 + x}\, dx$
16. $\displaystyle\int \frac{4x\, dx}{x^3 + 4x}$
17. $\displaystyle\int \frac{v + 3}{2v^3 - 8v}\, dv$
18. $\displaystyle\int \frac{(3v - 7)\, dv}{(v - 1)(v - 2)(v - 3)}$
19. $\displaystyle\int \frac{dt}{t^4 + 4t^2 + 3}$
20. $\displaystyle\int \frac{t\, dt}{t^4 - t^2 - 2}$
21. $\displaystyle\int \frac{x^3 + x^2}{x^2 + x - 2}\, dx$
22. $\displaystyle\int \frac{x^3 + 1}{x^3 - x}\, dx$
23. $\displaystyle\int \frac{x^3 + 4x^2}{x^2 + 4x + 3}\, dx$
24. $\displaystyle\int \frac{2x^3 + x^2 - 21x + 24}{x^2 + 2x - 8}\, dx$
25. $\displaystyle\int \frac{dx}{x(3\sqrt{x + 1})}$
26. $\displaystyle\int \frac{dx}{x\left(1 + \sqrt[3]{x}\right)}$
27. $\displaystyle\int \frac{ds}{e^s - 1}$
28. $\displaystyle\int \frac{ds}{\sqrt{e^s + 1}}$

삼각치환

종합문제 29~32에서 (a) 삼각치환을 이용하지 않고, 또는 (b) 삼각치환을 이용하여 적분을 구하라.

29. $\displaystyle\int \frac{y\, dy}{\sqrt{16 - y^2}}$
30. $\displaystyle\int \frac{x\, dx}{\sqrt{4 + x^2}}$
31. $\displaystyle\int \frac{x\, dx}{4 - x^2}$
32. $\displaystyle\int \frac{t\, dt}{\sqrt{4t^2 - 1}}$

종합문제 33~36에서 적분을 구하라.

33. $\displaystyle\int \frac{x\, dx}{9 - x^2}$
34. $\displaystyle\int \frac{dx}{x(9 - x^2)}$
35. $\displaystyle\int \frac{dx}{9 - x^2}$
36. $\displaystyle\int \frac{dx}{\sqrt{9 - x^2}}$

삼각함수의 적분

종합문제 37~44에서 적분을 구하라.

37. $\displaystyle\int \sin^3 x \cos^4 x \, dx$ **38.** $\displaystyle\int \cos^5 x \sin^5 x \, dx$

39. $\displaystyle\int \tan^4 x \sec^2 x \, dx$ **40.** $\displaystyle\int \tan^3 x \sec^3 x \, dx$

41. $\displaystyle\int \sin 5\theta \cos 6\theta \, d\theta$ **42.** $\displaystyle\int \sec^2 \theta \sin^3 \theta \, d\theta$

43. $\displaystyle\int \sqrt{1 + \cos (t/2)} \, dt$ **44.** $\displaystyle\int e^t \sqrt{\tan^2 e^t + 1} \, dt$

수치 적분

45. 심프슨의 공식에 대한 오차 한계 공식을 써서

$$\ln 3 = \int_1^3 \frac{1}{x} \, dx$$

의 값을 심프슨의 공식으로 추정할 때 오차의 절댓값이 10^{-4}보다 작은 근삿값을 얻으려면 몇 개의 소구간으로 나누어야 하는가? (심프슨의 공식에서 소구간의 수는 짝수이어야 함을 기억하라.)

46. 간단한 계산에 의하여 $0 \le x \le 1$일 때 $f(x) = \sqrt{1 + x^4}$의 2계 도함수는 0과 8 사이에 놓임을 알 수 있다. 이 사실에 입각하여 오차의 절댓값이 10^{-3}보다 크지 않도록 0부터 1까지 f의 적분의 근삿값을 사다리꼴 공식을 적용하여 얻으려면 몇 개의 소구간으로 나누어야 하는가?

47. 직접 계산하여

$$\int_0^\pi 2 \sin^2 x \, dx = \pi$$

를 보일 수 있다. $n = 6$일 때 사다리꼴 공식을 적용하면 이 값에 얼마나 가까운 근삿값을 얻을 수 있겠는가? $n = 6$일 때 심프슨의 공식을 적용하면 어떠한가? 직접 시도하여 보이라.

48. 심프슨의 공식을 적용하여 10^{-5}보다 작은 오차를 가진 적분

$$\int_1^2 f(x) \, dx$$

의 근삿값을 추정하려고 한다. 적분구간에서 $|f^{(4)}(x)| \le 3$을 알았다고 하자. 원하는 오차를 가지도록 하려면 몇 개의 소구간으로 나누어야 하는가? (심프슨의 공식에서는 이 수는 짝수이어야 함을 기억하라.)

T 49. 평균 기온 온도함수

$$f(x) = 20 \sin \left(\frac{2\pi}{365} (x - 101) \right) - 4$$

의 365일 동안의 평균값을 계산하라. 이것은 알라스카, Fairbanks에서의 연중 평균 대기온도를 계산하는 방법의 하나이다. 국립기상국(National Weather Service)의 공식적인 기록(그해 동안 매일마다의 정상적인 평균 대기온도의 수치적 평균)은 $f(x)$의 평균값보다 약간 큰 $-3.5°C$이다.

50. 기체의 열용량 열용량 C_v는 일정 부피를 가진 주어진 질량의 기체를 1°C 올리는 데 필요한 열의 양으로 cal/deg·mol 단위로 측정된다. 산소의 열용량은 온도 T에 의해 결정되고 공식

$$C_v = 8.27 + 10^{-5} (26T - 1.87T^2)$$

을 만족한다. 심프슨의 공식을 적용하여 $20°C \le t \le 675°C$일 때 C_v의 평균값과 평균값을 갖는 온도를 구하라.

51. 연료의 효율 자동차에 내장된 컴퓨터는 단위 시간당 리터 단위로 연료 소비량을 수치로 표시한다. 여행하는 동안 승객이 1시간 동안 내내 5분마다 연료의 소비량을 기록하였다.

시간	L / h	시간	L / h
0	2.5	35	2.5
5	2.4	40	2.4
10	2.3	45	2.3
15	2.4	50	2.4
20	2.4	55	2.4
25	2.5	60	2.3
30	2.6		

a. 사다리꼴 공식을 적용하여 1시간 동안의 총 연료 소비량의 근삿값을 구하라.

b. 만일 1시간 동안 자동차가 60 km를 주행했다면 여행하는 1시간 동안 연료 효율(리터당 킬로미터 단위로)은 얼마인가?

52. 새 주차장 주차에 대한 수요를 충족시키기 위하여 시에서 아래 보이는 영역을 할당하였다. 11,000달러로 주차장이 지어질 수 있는지 알아보려고 시의회가 시의 기술자에게 문의했다고 하자. 땅을 개간하는 데 10제곱미터당 1달러의 비용이 들고 그 부지를 포장하는 데 제곱미터당 20달러의 비용이 든다. 이 일을 11,000 달러로 할 수 있는지 심프슨의 공식을 적용하여 알아내라.

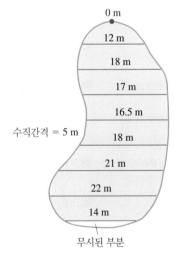

이상적분

종합문제 53~62에서 이상적분을 구하라.

53. $\displaystyle\int_0^3 \frac{dx}{\sqrt{9 - x^2}}$ **54.** $\displaystyle\int_0^1 \ln x \, dx$

55. $\displaystyle\int_0^2 \frac{dy}{(y - 1)^{2/3}}$ **56.** $\displaystyle\int_{-2}^0 \frac{d\theta}{(\theta + 1)^{3/5}}$

57. $\displaystyle\int_3^\infty \frac{2 \, du}{u^2 - 2u}$ **58.** $\displaystyle\int_1^\infty \frac{3v - 1}{4v^3 - v^2} \, dv$

59. $\displaystyle\int_0^\infty x^2 e^{-x}\,dx$

60. $\displaystyle\int_{-\infty}^0 xe^{3x}\,dx$

61. $\displaystyle\int_{-\infty}^\infty \frac{dx}{4x^2+9}$

62. $\displaystyle\int_{-\infty}^\infty \frac{4\,dx}{x^2+16}$

종합문제 63~68에서 이상적분이 수렴하는가? 발산하는가?

63. $\displaystyle\int_6^\infty \frac{d\theta}{\sqrt{\theta^2+1}}$

64. $\displaystyle\int_0^\infty e^{-u}\cos u\,du$

65. $\displaystyle\int_1^\infty \frac{\ln z}{z}\,dz$

66. $\displaystyle\int_1^\infty \frac{e^{-t}}{\sqrt t}\,dt$

67. $\displaystyle\int_{-\infty}^\infty \frac{2\,dx}{e^x+e^{-x}}$

68. $\displaystyle\int_{-\infty}^\infty \frac{dx}{x^2(1+e^x)}$

다양한 적분

종합문제 69~136에서 적분을 구하라.

69. $\displaystyle\int xe^{2x}\,dx$

70. $\displaystyle\int_0^1 x^2 e^{x^3}\,dx$

71. $\displaystyle\int (\tan^2 x + \sec^2 x)\,dx$

72. $\displaystyle\int_0^{\pi/4} \cos^2 2x\,dx$

73. $\displaystyle\int x\sec^2 x\,dx$

74. $\displaystyle\int x\sec^2(x^2)\,dx$

75. $\displaystyle\int \sin x\cos^2 x\,dx$

76. $\displaystyle\int \sin 2x\sin(\cos 2x)\,dx$

77. $\displaystyle\int_{-1}^0 \frac{e^x}{e^x+e^{-x}}\,dx$

78. $\displaystyle\int (e^{2x}+e^{-x})^2\,dx$

79. $\displaystyle\int \frac{x+1}{x^4-x^3}\,dx$

80. $\displaystyle\int \frac{e^x+1}{e^x(e^{2x}-4)}\,dx$

81. $\displaystyle\int \frac{e^x+e^{3x}}{e^{2x}}\,dx$

82. $\displaystyle\int (e^x-e^{-x})(e^x+e^{-x})^3\,dx$

83. $\displaystyle\int_0^{\pi/3} \tan^3 x\sec^2 x\,dx$

84. $\displaystyle\int \tan^4 x\sec^4 x\,dx$

85. $\displaystyle\int_0^3 (x+2)\sqrt{x+1}\,dx$

86. $\displaystyle\int (x+1)\sqrt{x^2+2x}\,dx$

87. $\displaystyle\int \cot x\csc^3 x\,dx$

88. $\displaystyle\int \sin x(\tan x-\cot x)^2\,dx$

89. $\displaystyle\int \frac{x\,dx}{1+\sqrt x}$

90. $\displaystyle\int \frac{x^3+2}{4-x^2}\,dx$

91. $\displaystyle\int \sqrt{2x-x^2}\,dx$

92. $\displaystyle\int \frac{dx}{\sqrt{-2x-x^2}}$

93. $\displaystyle\int \frac{2-\cos x+\sin x}{\sin^2 x}\,dx$

94. $\displaystyle\int \sin^2\theta\cos^5\theta\,d\theta$

95. $\displaystyle\int \frac{9\,dv}{81-v^4}$

96. $\displaystyle\int_2^\infty \frac{dx}{(x-1)^2}$

97. $\displaystyle\int \theta\cos(2\theta+1)\,d\theta$

98. $\displaystyle\int \frac{x^3\,dx}{x^2-2x+1}$

99. $\displaystyle\int \frac{\sin 2\theta\,d\theta}{(1+\cos 2\theta)^2}$

100. $\displaystyle\int_{\pi/4}^{\pi/2} \sqrt{1+\cos 4x}\,dx$

101. $\displaystyle\int \frac{x\,dx}{\sqrt{2-x}}$

102. $\displaystyle\int \frac{\sqrt{1-v^2}}{v^2}\,dv$

103. $\displaystyle\int \frac{dy}{y^2-2y+2}$

104. $\displaystyle\int \frac{x\,dx}{\sqrt{8-2x^2-x^4}}$

105. $\displaystyle\int \frac{z+1}{z^2(z^2+4)}\,dz$

106. $\displaystyle\int x^2(x-1)^{1/3}\,dx$

107. $\displaystyle\int \frac{t\,dt}{\sqrt{9-4t^2}}$

108. $\displaystyle\int \frac{\tan^{-1}x}{x^2}\,dx$

109. $\displaystyle\int \frac{e^t\,dt}{e^{2t}+3e^t+2}$

110. $\displaystyle\int \tan^3 t\,dt$

111. $\displaystyle\int_1^\infty \frac{\ln y}{y^3}\,dy$

112. $\displaystyle\int y^{3/2}(\ln y)^2\,dy$

113. $\displaystyle\int e^{\ln\sqrt x}\,dx$

114. $\displaystyle\int e^\theta\sqrt{3+4e^\theta}\,d\theta$

115. $\displaystyle\int \frac{\sin 5t\,dt}{1+(\cos 5t)^2}$

116. $\displaystyle\int \frac{dv}{\sqrt{e^{2v}-1}}$

117. $\displaystyle\int \frac{dr}{1+\sqrt r}$

118. $\displaystyle\int \frac{4x^3-20x}{x^4-10x^2+9}\,dx$

119. $\displaystyle\int \frac{x^3}{1+x^2}\,dx$

120. $\displaystyle\int \frac{x^2}{1+x^3}\,dx$

121. $\displaystyle\int \frac{1+x^2}{1+x^3}\,dx$

122. $\displaystyle\int \frac{1+x^2}{(1+x)^3}\,dx$

123. $\displaystyle\int \sqrt x\cdot\sqrt{1+\sqrt x}\,dx$

124. $\displaystyle\int \sqrt{1+\sqrt{1+x}}\,dx$

125. $\displaystyle\int \frac{1}{\sqrt x\cdot\sqrt{1+x}}\,dx$

126. $\displaystyle\int_0^{1/2} \sqrt{1+\sqrt{1-x^2}}\,dx$

127. $\displaystyle\int \frac{\ln x}{x+x\ln x}\,dx$

128. $\displaystyle\int \frac{1}{x\cdot\ln x\cdot\ln(\ln x)}\,dx$

129. $\displaystyle\int \frac{x^{\ln x}\ln x}{x}\,dx$

130. $\displaystyle\int (\ln x)^{\ln x}\left[\frac{1}{x}+\frac{\ln(\ln x)}{x}\right]dx$

131. $\displaystyle\int \frac{1}{x\sqrt{1-x^4}}\,dx$

132. $\displaystyle\int \frac{\sqrt{1-x}}{x}\,dx$

133. a. $\int_0^a f(x)\,dx = \int_0^a f(a-x)\,dx$임을 보이라.

b. (a)를 이용하여 적분을 구하라.

$$\int_0^{\pi/2} \frac{\sin x}{\sin x+\cos x}\,dx$$

134. $\displaystyle\int \frac{\sin x}{\sin x+\cos x}\,dx$

135. $\displaystyle\int \frac{\sin^2 x}{1+\sin^2 x}\,dx$

136. $\displaystyle\int \frac{1-\cos x}{1+\cos x}\,dx$

7장 보충·심화 문제

적분 계산하기

보충·심화 문제 1~6에서 적분을 구하라.

1. $\displaystyle\int (\sin^{-1} x)^2 \, dx$

2. $\displaystyle\int \frac{dx}{x(x+1)(x+2)\cdots(x+m)}$

3. $\displaystyle\int x \sin^{-1} x \, dx$

4. $\displaystyle\int \sin^{-1} \sqrt{y} \, dy$

5. $\displaystyle\int \frac{dt}{t - \sqrt{1 - t^2}}$

6. $\displaystyle\int \frac{dx}{x^4 + 4}$

보충·심화 문제 7과 8에서 극한을 구하라.

7. $\displaystyle\lim_{x\to\infty} \int_{-x}^{x} \sin t \, dt$

8. $\displaystyle\lim_{x\to 0^+} x \int_{x}^{1} \frac{\cos t}{t^2} \, dt$

보충·심화 문제 9와 10에서 유한 합의 극한을 정적분으로 보고 적분을 계산하여 극한을 구하라.

9. $\displaystyle\lim_{n\to\infty} \sum_{k=1}^{n} \ln \sqrt[n]{1 + \frac{k}{n}}$

10. $\displaystyle\lim_{n\to\infty} \sum_{k=0}^{n-1} \frac{1}{\sqrt{n^2 - k^2}}$

응용

11. 호의 길이 구하기 다음 곡선의 길이를 구하라.
$$y = \int_{0}^{x} \sqrt{\cos 2t} \, dt, \quad 0 \le x \le \pi/4$$

12. 호의 길이 구하기 곡선 $y = \ln(1 - x^2)$, $0 \le x \le 1/2$의 길이를 구하라.

13. 부피 구하기 x축과 곡선 $y = 3x\sqrt{1-x}$에 의하여 둘러싸인 제1사분면에 놓인 영역을 y축을 회전축으로 회전시켜서 입체를 얻었다. 이 입체의 부피를 구하라.

14. 부피 구하기 x축, 곡선 $y = 5/(x\sqrt{5-x})$와 직선 $x=1$, $x=4$에 의하여 둘러싸인 제1사분면에 놓인 영역을 x축을 회전축으로 회전시켜서 입체를 얻었다. 이 입체의 부피를 구하라.

15. 부피 구하기 두 좌표축과 곡선 $y = e^x$와 직선 $x=1$에 의하여 둘러싸인 제1사분면에 놓인 영역을 y축을 회전축으로 회전시켜서 입체를 얻었다. 이 입체의 부피를 구하라.

16. 부피 구하기 곡선 $y = e^x - 1$, x축, 직선 $x = \ln 2$에 의하여 둘러싸인 제1사분면에 놓인 영역을 직선 $x = \ln 2$를 회전축으로 회전시켜 입체를 얻었다. 이 입체의 부피를 구하라.

17. 부피 구하기 직선 $y = 1$, 곡선 $y = \ln x$와 직선 $x = 1$에 의하여 둘러싸인 제1사분면에 놓인 삼각형 모양의 영역을 R이라 하자. 다음의 직선을 회전축으로 R을 회전시켜 얻는 입체의 부피를 구하라.

  a. x축   **b.** 직선 $y = 1$

18. 부피 구하기(보충·심화 문제 17의 계속) 다음의 직선을 회전축으로 R을 회전시켜 얻는 입체의 부피를 구하라.

  a. y축   **b.** 직선 $x = 1$

19. 부피 구하기 x축과 곡선
$$y = f(x) = \begin{cases} 0, & x = 0 \\ x \ln x, & 0 < x \le 2 \end{cases}$$

사이의 영역을 x축을 회전축으로 회전하여 아래에 보이는 입체를 얻었다.

  a. f가 $x = 0$에서 연속임을 보이라.

  b. 입체의 부피를 구하라.

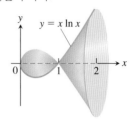

20. 부피 구하기 좌표축들과 곡선 $y = -\ln x$로 둘러싸인 제1사분면에 속하는 무한영역을 x축을 회전축으로 회전시켜 입체를 얻었다. 입체의 부피를 구하라.

21. 영역의 중심 x축, 곡선 $y = \ln x$와 직선 $x = e$로 둘러싸인 제1사분면에 속하는 영역의 중심을 구하라.

22. 영역의 중심 곡선 $y = \pm(1-x^2)^{-1/2}$와 직선들 $x = 0$, $x = 1$로 둘러싸인 평면영역의 중심을 구하라.

23. 곡선의 길이 $x = 1$부터 $x = e$까지 곡선 $y = \ln x$의 길이를 구하라.

24. 곡면넓이 구하기 보충·심화 문제 23의 곡선을 y축을 회전축으로 회전하여 얻은 곡면의 넓이를 구하라.

25. 성망형으로 얻은 곡면 방정식 $x^{2/3} + y^{2/3} = 1$의 그래프는 (아래 그림 참조) **성망형**(*astroids*)이라 한다. 이 곡선을 x축을 회전축으로 회전하여 얻은 곡면의 넓이를 구하라.

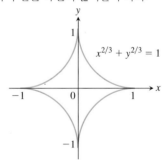

26. 곡선의 길이 다음 곡선의 길이를 구하라.
$$y = \int_{1}^{x} \sqrt{\sqrt{t} - 1} \, dt, \quad 1 \le x \le 16$$

27. a가 어떤 값일 때 다음 적분이 수렴하는가?
$$\int_{1}^{\infty} \left(\frac{ax}{x^2 + 1} - \frac{1}{2x} \right) dx$$

각 a에 대응하는 적분을 구하라.

28. $x > 0$에 대하여, $G(x) = \displaystyle\int_{0}^{\infty} e^{-xt} \, dt$라 하자. $x > 0$에 대하여, $xG(x) = 1$임을 증명하라.

29. 무한한 넓이와 유한한 부피 p가 어떤 값을 가질 때 다음 성질을 만족하는가? 곡선 $y = x^{-p}$, $1 \le x < \infty$과 x축 사이의 영역의 넓이는 무한하지만 이 영역을 x축을 회전축으로 회전시켜 얻는 입체의 부피는 유한하다.

30. 무한한 넓이와 유한한 부피 p가 어떤 값을 가질 때 다음 성질을 만족하는가? 곡선 $y=x^{-p}$, y축과 직선 $x=1$ 그리고 x축 위의 구간 $[0, 1]$에 의하여 둘러싸인 제1사분면에 속하는 영역의 넓이는 무한하지만 이 영역을 좌표축들 중의 하나로 회전시켜 얻는 입체의 부피는 유한하다.

31. 도함수 제곱의 적분 함수 f가 $[0,1]$에서 연속인 도함수를 갖고 $f(1)=f(0)=-1/6$일 때, 다음을 증명하라.

$$\int_0^1 (f'(x))^2\, dx \geq 2\int_0^1 f(x)\, dx + \frac{1}{4}$$

힌트: 부등식 $0 \leq \int_0^1 \left(f'(x)+x-\frac{1}{2}\right)^2 dx$를 참조하라.

출처: *Mathematics Magazine*, 84권 4호, 2011년 10월

32. (보충 · 심화 문제 31 계속) 함수 f가 $a>0$에 대하여 $[0, a]$에서 연속인 도함수를 갖고, $f(a)=f(0)=b$일 때, 다음을 증명하라.

$$\int_0^a (f'(x))^2\, dx \geq 2\int_0^a f(x)\, dx - \left(2ab + \frac{a^3}{12}\right)$$

힌트: 부등식 $0 \leq \int_0^a \left(f'(x)+x-\frac{a}{2}\right)^2 dx$를 참조하라.

출처: *Mathematics Magazine*, 84권 4호, 2011년 10월

치환 적분 $z=\tan(x/2)$

$\sin x$ 또는 $\cos x$를 포함한 유리식의 적분은 다음 치환

$$z = \tan \frac{x}{2} \tag{1}$$

에 의해 z의 유리함수의 적분으로 바꾸어 준다. 이는 부분분수에 의해 적분할 수 있게 해준다.

아래 주어진 그림으로부터

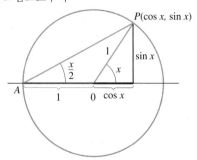

다음 관계식을 얻는다.

$$\tan \frac{x}{2} = \frac{\sin x}{1 + \cos x}$$

치환의 효과를 알기 위해 다음을 계산한다.

$$\cos x = 2\cos^2\left(\frac{x}{2}\right) - 1 = \frac{2}{\sec^2(x/2)} - 1$$

$$= \frac{2}{1 + \tan^2(x/2)} - 1 = \frac{2}{1 + z^2} - 1$$

$$\cos x = \frac{1 - z^2}{1 + z^2} \tag{2}$$

과

$$\sin x = 2\sin\frac{x}{2}\cos\frac{x}{2} = 2\frac{\sin(x/2)}{\cos(x/2)}\cdot \cos^2\left(\frac{x}{2}\right)$$

$$= 2\tan\frac{x}{2}\cdot\frac{1}{\sec^2(x/2)} = \frac{2\tan(x/2)}{1 + \tan^2(x/2)}$$

$$\sin x = \frac{2z}{1 + z^2} \tag{3}$$

마지막으로 $x=2\tan^{-1} z$으로부터 다음 식을 얻는다.

$$dx = \frac{2\, dz}{1 + z^2} \tag{4}$$

예제

a. $\displaystyle \int \frac{1}{1 + \cos x}\, dx = \int \frac{1 + z^2}{2}\frac{2\, dz}{1 + z^2}$

$$= \int dz = z + C$$

$$= \tan\left(\frac{x}{2}\right) + C$$

b. $\displaystyle \int \frac{1}{2 + \sin x}\, dx = \int \frac{1 + z^2}{2 + 2z + 2z^2}\frac{2\, dz}{1 + z^2}$

$$= \int \frac{dz}{z^2 + z + 1} = \int \frac{dz}{(z + (1/2))^2 + 3/4}$$

$$= \int \frac{du}{u^2 + a^2}$$

$$= \frac{1}{a}\tan^{-1}\left(\frac{u}{a}\right) + C$$

$$= \frac{2}{\sqrt{3}}\tan^{-1}\frac{2z + 1}{\sqrt{3}} + C$$

$$= \frac{2}{\sqrt{3}}\tan^{-1}\frac{1 + 2\tan(x/2)}{\sqrt{3}} + C$$

보충 · 심화 문제 33~40에서 식 (1)~(4)에 주어진 치환을 이용하여 적분을 계산하라. 유니버설 조인트의 입력축과 출력축이 일렬이 아닐 때, 출력축의 평균 각속도를 계산할 때 이와 같은 적분이 사용된다.

33. $\displaystyle \int \frac{dx}{1 - \sin x}$ **34.** $\displaystyle \int \frac{dx}{1 + \sin x + \cos x}$

35. $\displaystyle \int_0^{\pi/2} \frac{dx}{1 + \sin x}$ **36.** $\displaystyle \int_{\pi/3}^{\pi/2} \frac{dx}{1 - \cos x}$

37. $\displaystyle \int_0^{\pi/2} \frac{d\theta}{2 + \cos \theta}$ **38.** $\displaystyle \int_{\pi/2}^{2\pi/3} \frac{\cos\theta\, d\theta}{\sin\theta\cos\theta + \sin\theta}$

39. $\displaystyle \int \frac{dt}{\sin t - \cos t}$ **40.** $\displaystyle \int \frac{\cos t\, dt}{1 - \cos t}$

보충 · 심화 문제 41~42에서 $z=\tan(\theta/2)$의 치환을 사용하여 적분을 계산하라.

41. $\displaystyle \int \sec\theta\, d\theta$ **42.** $\displaystyle \int \csc\theta\, d\theta$

감마함수와 Stirling의 공식

오일러의 감마함수 $\Gamma(x)$('gamma of x'; Γ는 그리스의 대문자 g)은

음이 아닌 정수에서 실수로 팩토리얼(factorial)을 확장하기 위하여 적분을 이용한다. 공식은 다음과 같다.

$$\Gamma(x) = \int_0^\infty t^{x-1}e^{-t}\,dt, \quad x > 0$$

각각의 양수 x에 대하여 $\Gamma(x)$는 0부터 ∞까지 $t^{x-1}e^{-t}$를 적분한 수이다. 13장의 보충·심화 문제 23을 풀게 된다면 $\Gamma(1/2)$를 계산하는 법을 알게 될 것이다.

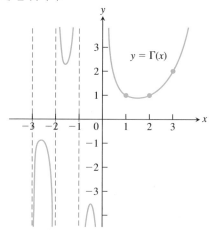

그림 7.21 오일러의 감마함수 $\Gamma(x)$는 x가 자연수 $n+1$일 때 $n!$인 x의 연속 함수이다. Γ를 적분공식으로 정의하면 단지 $x > 0$일 때만 타당하다. 그러나 공식 $\Gamma(x) = (\Gamma(x+1))/x$를 이용하면 x가 정수가 아닌 음의 실수일 때까지 Γ를 확장하여 정의할 수 있다.

43. 만일 n이 음이 아닌 정수이면 $\Gamma(n+1)=n!$

a. $\Gamma(1)=1$

b. $\Gamma(x+1)$에 대한 적분에 부분적분을 적용해 $\Gamma(x+1)=x\,\Gamma(x)$를 보이라. 이것에 의하여

$$\Gamma(2) = 1\Gamma(1) = 1$$
$$\Gamma(3) = 2\Gamma(2) = 2$$
$$\Gamma(4) = 3\Gamma(3) = 6$$
$$\vdots$$
$$\Gamma(n+1) = n\,\Gamma(n) = n! \tag{5}$$

c. 수학적 귀납법으로 모든 음이 아닌 정수에 대하여 식 (5)가

성립함을 증명하라.

44. Stirling의 공식 스코틀랜드의 수학자 James Stirling(1692~1770)은

$$\lim_{x\to\infty}\left(\frac{e}{x}\right)^x\sqrt{\frac{x}{2\pi}}\,\Gamma(x) = 1$$

임을 보였다. 그래서 큰 x에 대하여

$$\Gamma(x) = \left(\frac{x}{e}\right)^x\sqrt{\frac{2\pi}{x}}\,(1+\varepsilon(x)), \quad x\to\infty\text{일 때 } \varepsilon(x)\to 0 \tag{6}$$

$\varepsilon(x)$를 떨어뜨리면 근사식

$$\Gamma(x) \approx \left(\frac{x}{e}\right)^x\sqrt{\frac{2\pi}{x}} \qquad \textbf{(Stirling의 공식)} \tag{7}$$

에 이른다.

a. $n!$**에 대한 Stirling의 근사식** 식 (7)과 $n! = n\,\Gamma(n)$이라는 사실을 이용하여 다음을 보이라.

$$n! \approx \left(\frac{n}{e}\right)^n\sqrt{2n\pi} \qquad \textbf{(Stirling의 근사식)} \tag{8}$$

8.1절의 연습문제 114를 풀면 식 (8)은 근사식

$$\sqrt[n]{n!} \approx \frac{n}{e} \tag{9}$$

에 이르게 됨을 알게 될 것이다.

T b. $n = 10, 20, 30, \cdots$일 때 Stirling의 근사식으로 계산한 값과 계산기가 계산한 값을 할 수 있는 한 많이 비교하라.

T c. 식 (6)을 개선하면

$$\Gamma(x) = \left(\frac{x}{e}\right)^x\sqrt{\frac{2\pi}{x}}\,e^{1/(12x)}(1+\varepsilon(x))$$

또는

$$\Gamma(x) \approx \left(\frac{x}{e}\right)^x\sqrt{\frac{2\pi}{x}}\,e^{1/(12x)}$$

이 되고, 이것은

$$n! \approx \left(\frac{n}{e}\right)^n\sqrt{2n\pi}\,e^{1/(12n)} \tag{10}$$

임을 알려준다. 계산기, Stirling의 근사식, 그리고 식 (10)에 의하여 계산된 10!의 값을 비교하라.

8 무한수열과 무한급수

개요　이 장에서 소개하는 주제는 **무한급수**(*infinite series*)이다. 이러한 급수는 함수의 계산과 해석에 있어서 아주 흥미로운 내용으로, 다양한 수와 함수를 무한히 많은 항들의 합으로써 상세하게 표현하는 방법을 친근하면서도 새롭게 제공해준다. 예를 들면

$$\frac{\pi}{4} = 1 - \frac{1}{3} + \frac{1}{5} - \frac{1}{7} + \frac{1}{9} - \cdots$$

와

$$\cos x = 1 - \frac{x^2}{2} + \frac{x^4}{24} - \frac{x^6}{720} + \frac{x^8}{40,320} - \cdots$$

와 같은 것이다.

이러한 표현을 의미 있게 해주는 방법을 개발할 필요가 있다. 두 수를 어떻게 더하는지를 모두가 알고 있으며, 또한 여러 개의 수를 어떻게 더하는 지도 알고 있다. 하지만, 무한히 많은 수들은 어떻게 더할 수 있을까? 심지어 함수를 더하는 경우에 있어서는, 무한히 많은 x의 거듭제곱함수를 어떻게 더할 수 있을까? 이 장에서는 무한수열 또는 무한급수의 이론을 이용하여 이러한 질문의 답을 알게 해준다. 미분학, 적분학과 마찬가지로, 극한은 무한급수의 발전에 중요한 역할을 하였다.

하나의 공통적이고 중요한 급수의 응용은 복잡한 함수를 사용하여 계산할 때에 발생한다. 위에서 주어진 코사인 함수와 같은, 계산하기 어려운 함수는 무한차수의 다항식(infinite degree polynomial)처럼 보이는 표현으로 대체된다. 무한차수의 다항식이란 x의 거듭제곱함수들의 무한급수를 말한다. 이러한 무한급수는 처음 몇 항을 사용하여도 이 함수를 매우 정확하게 근사시키는 다항식을 구할 수 있게 해주며, 또한 우리가 앞에서 다루었던 것보다 훨씬 더 많은 일반적인 함수들에 대해서도 적용할 수 있게 해준다. 수학의 중요한 응용분야인 과학이나 공학에서 발생하는 미분방정식의 해를 구할 때에, 이 새로운 함수가 일반적인 해로 얻어지게 된다.

구어체에서는 수열(sequence)과 급수(series), 이 두 용어가 때로는 서로 교환되어 사용된다. 하지만, 수학에서는 각자가 서로 다른 의미를 가지고 있다. 수열은 무한히 나열된 형태이고, 반면에 급수는 무한히 더하는 합의 형태이다. 급수에 의해 표현된 무한합을 이해하기 위하여, 우리는 먼저 무한수열을 공부해야 한다.

8.1 수열

수열은 무한급수의 공부뿐 아니라 수학의 많은 응용문제에 있어서 기본이 되는 내용이다. 우리는 이미 3.6절에서 수열을 사용하는 예로 뉴턴 방법을 공부하였다. 뉴턴 방법에서는 미분가능한 함수의 영에 점점 더 가까이 가도록 근사 수열 x_n을 구성하였다. 이제 유한 값으로 수렴하는 일반적인 수들의 수열과 그들이 수렴하는 조건에 대해 알아본다.

수열 표현하기

수열이란 순서가 주어진 수의 나열이다.

$$a_1, a_2, a_3, \ldots, a_n, \ldots$$

여기서 a_1, a_2, a_3 등은 수를 나타내며 수열의 **항(term)**이라고 한다. 예를 들어, 수열

$$2, 4, 6, 8, 10, 12, \ldots, 2n, \ldots$$

에서 첫째 항 $a_1=2$, 둘째 항 $a_2=4$이고, n번째 항 $a_n=2n$이다. 정수 n을 a_n의 **지수(index)**라고 하며, 수열에서의 a_n의 위치를 말해준다. 순서는 중요하다. 수열 2, 4, 6, 8, …은 수열 4, 2, 6, 8, …과 같지 않다. 다음 수열을

$$a_1, a_2, a_3, \ldots, a_n, \ldots$$

1을 a_1에, 2를 a_2에, 3을 a_3에, 양수 n을 n째항 a_n에 대응시키는 하나의 함수라고 생각할 수 있다. 더 자세하게 말하면 **무한수열(infinite sequence)**이란 양의 정수 집합을 정의역으로 가지는 함수이다.

수열 2, 4, 6, 8, 10, 12, …, $2n$, …은 1을 $a_1=2$에, 2를 $a_2=4$, …에 대응시키는 함수이다. 이 수열은 일반적으로 식 $a_n=2n$에 의해 표현된다.

지수를 임의의 수 n부터 시작하게 할 수도 있다. 예를 들어, 수열 12, 14, 16, 18, 20, 22, …은 $a_n=10+2n$과 같은 식으로 표현되지만, 또한 지수를 $n \geq 6$으로 잡으면 $b_n=2n$과 같이 더욱 간단한 식으로 나타낼 수 있다. 일반항을 간단히 해 주려면 시작하는 지수를 적절한 정수로 지정해 준다. 즉, $\{b_n\}$이 b_6에서 시작하는 반면, $\{a_n\}$은 a_1에서 시작된다.

수열을 표현하는 방법은

$$a_n = \sqrt{n}, \quad b_n = (-1)^{n+1}\frac{1}{n}, \quad c_n = \frac{n-1}{n}, \quad d_n = (-1)^{n+1}$$

처럼 일반항을 나타낼 규칙을 써서 나타내거나

$$\{a_n\} = \left\{ \sqrt{1}, \sqrt{2}, \sqrt{3}, \ldots, \sqrt{n}, \ldots \right\}$$

$$\{b_n\} = \left\{ 1, -\frac{1}{2}, \frac{1}{3}, -\frac{1}{4}, \ldots, (-1)^{n+1}\frac{1}{n}, \ldots \right\}$$

$$\{c_n\} = \left\{ 0, \frac{1}{2}, \frac{2}{3}, \frac{3}{4}, \frac{4}{5}, \ldots, \frac{n-1}{n}, \ldots \right\}$$

$$\{d_n\} = \left\{ 1, -1, 1, -1, 1, -1, \ldots, (-1)^{n+1}, \ldots \right\}$$

처럼 항들을 나열하여 나타낼 수 있다. 또한, 규칙을 사용하여 다음과 같이 나타낼 수도 있다.

$$\{a_n\} = \left\{ \sqrt{n} \right\}_{n=1}^{\infty}, \quad \{b_n\} = \left\{ (-1)^{n+1}\frac{1}{n} \right\}_{n=1}^{\infty}$$

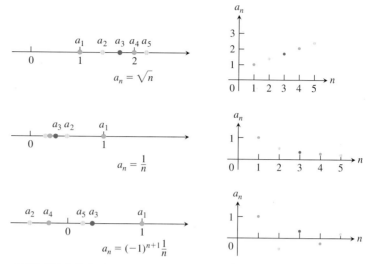

그림 8.1   수열은 실수축상의 점으로 표현할 수도 있고, 수평축 n이 항의 지수이고 수직축 a_n이 항의 값일 때 평면상의 점으로 표현할 수도 있다.

그림 8.1은 그래프를 이용하여 수열을 표현하는 두 가지 방법을 보여준다. 첫 번째 방법은 $a_1, a_3, a_3, \cdots, a_n, \cdots$ 중 처음 몇 개의 항을 수직선에 점으로 표시하는 것이다. 두 번째는 수열을 정의하는 함수의 그래프를 좌표평면에 나타내는 방법이다. 이때 함수는 정수를 정의역으로 가지며, 그래프는 xy평면에 $(1, a_1), (2, a_2), \cdots, (n, a_n), \cdots$의 점들로 나타난다.

수렴과 발산

어떤 수열은 지수 n이 증가함에 따라 하나의 값에 가까워진다. 다음 수열

$$\left\{ 1, \frac{1}{2}, \frac{1}{3}, \frac{1}{4}, \cdots, \frac{1}{n}, \cdots \right\}$$

은 n이 증가함에 따라 수열의 항이 0에 가까워지고, 수열

$$\left\{ 0, \frac{1}{2}, \frac{2}{3}, \frac{3}{4}, \frac{4}{5}, \cdots, 1 - \frac{1}{n}, \cdots \right\}$$

은 1에 가까워진다. 반면에 수열

$$\left\{ \sqrt{1}, \sqrt{2}, \sqrt{3}, \ldots, \sqrt{n}, \ldots \right\}$$

의 항은 n이 증가할 때, 무한히 큰 값을 가진다. 또, 수열

$$\left\{ 1, -1, 1, -1, 1, -1, \ldots, (-1)^{n+1}, \ldots \right\}$$

은 1과 -1 사이를 계속 오가며 하나의 값으로는 수렴하지 않는다. 다음 정의는 극한값에 수렴하는 수열이 갖는 의미를 말해준다. 먼저 $\varepsilon > 0$을 잡자. 수렴하는 수열은 적당한 N이 존재하여 N보다 큰 n에 대하여 a_n과 수열의 극한값과의 차가 ε보다 작아진다.

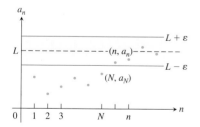

그림 8.2   수열을 좌표평면에 표현할 때, $y = L$이 수열의 점 $\{(n, a_n)\}$이 가지는 수평 점근선이면, $a_n \to L$이다. 그림에서 a_N 이후의 모든 a_n들이 L의 ε 반지름 내에 들어있다.

정의   임의의 양수 ε에 대하여 이에 대응하는 정수 N이 존재하여 아래 조건을 만족하면

$$n > N \quad \Rightarrow \quad |a_n - L| < \varepsilon$$

수열 $\{a_n\}$은 L에 **수렴(converge)**한다. 반면에 위의 조건을 만족하는 L이 존재하지 않

으면, $\{a_n\}$은 **발산(diverge)**한다.

$\{a_n\}$이 L에 수렴할 때, $\lim_{n \to \infty} a_n = L$, 혹은 간단히 $a_n \to L$이라 쓰고, L을 수열의 **극한 (limit)**이라 한다(그림 8.2).

위 정의는 x가 ∞로 갈 때 함수 $f(x)$의 극한 정의(1.6절의 $\lim_{x \to \infty} f(x)$)와 유사하다. 앞으로 수열의 극한을 계산할 때, 이와 연관된 함수의 극한 성질을 이용할 것이다.

예제 1 다음을 보이라.

(a) $\lim_{n \to \infty} \dfrac{1}{n} = 0$ **(b)** $\lim_{n \to \infty} k = k$ (k는 상수)

풀이

(a) $\varepsilon > 0$이 주어졌다고 하자. 이제 적당한 정수 N이 존재하여

$$n > N \quad \Rightarrow \quad \left| \frac{1}{n} - 0 \right| < \varepsilon$$

이 성립함을 보이자. 이는 $\dfrac{1}{n} < \varepsilon$, 즉 $n > \dfrac{1}{\varepsilon}$일 때 성립한다. N이 $N > \dfrac{1}{\varepsilon}$인 어떤 정수라면, $n > N$인 모든 n에 대하여 $\left| \dfrac{1}{n} - 0 \right| < \varepsilon$을 만족시킨다. 따라서 $\lim_{n \to \infty} \dfrac{1}{n} = 0$이 성립한다.

(b) $\varepsilon > 0$이 주어졌다고 하자. 이제 적당한 정수 N이 존재하여

$$n > N \quad \Rightarrow \quad |k - k| < \varepsilon$$

이 성립함을 보이자. 그런데 $k - k = 0$이므로, 어떤 양의 정수 N을 잡더라도 $|k - k| < \varepsilon$이 성립한다. 따라서 상수 k에 대해 $\lim_{n \to \infty} k = k$가 성립한다. ∎

예제 2 수열 $\{1, -1, 1, -1, 1, -1, \cdots, (-1)^{n+1}, \cdots\}$이 발산함을 보이라.

풀이 주어진 수열이 L에 수렴한다고 가정하자. 그러면 수열의 수들은 결국은 극한 L에 임의로 가까워진다. 만일 수들이 1과 -1 사이를 계속 오가게 된다면, 이런 일은 일어날 수 없다. 이를 알아보기 위해, 극한의 정의에서 $\varepsilon = 1/2$을 선택한다. 그러면, 어떤 자연수 N보다 큰 지수 n에 대하여, 수열의 항 a_n은 모두 L의 $\varepsilon = 1/2$ 구간 내에 들어있어야 한다. 따라서 수열의 모든 홀수 번째 항마다 나타나는 1은 L의 $\varepsilon = 1/2$ 구간 내에 들어있어야 한다. 이로부터, $|L - 1| < 1/2$, 즉 $1/2 < L < 3/2$이 성립한다. 마찬가지로 -1은 임의의 짝수 번째 항마다 나타난다. 그러므로 $|L - (-1)| < 1/2$, 즉 $-3/2 < L < -1/2$가 성립해야 한다. 그러나 구간 $(1/2, 3/2)$와 $(-3/2, -1/2)$는 공통부분이 없으므로 L은 두 구간에 동시에 존재할 수 없다. 그러므로 이를 만족하는 극한값 L은 존재하지 않고 따라서 수열은 발산한다.

여기서 양수 ε을 $1/2$이 아닌 1 미만의 어떤 양수로 잡더라도 같은 방법으로 증명이 가능하다. ∎

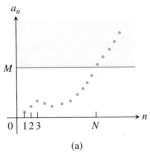

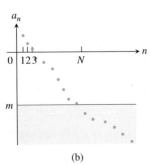

그림 8.3 (a) 어떤 수 M이 주어지더라도 어떤 지수 N을 넘어서는 수열의 항들은 M 위의 영역에 놓이게 되므로 수열은 ∞로 발산한다. (b) 어떤 지수 N을 넘어서는 수열의 항들이 주어진 수 m 아래에 놓이게 되므로 $-\infty$로 발산한다.

수열 $\{\sqrt{n}\}$ 역시 발산하나, 그 증명은 다르다. n이 증가할 때, 수열의 항은 어떠한 고정된 값보다도 큰 값을 갖는다. 이와 같은 현상을 다음과 같이 표현한다.

$$\lim_{n \to \infty} \sqrt{n} = \infty$$

수열의 극한으로 무한대를 썼으나, n이 증가함에 따라 항 a_n과 ∞의 차가 작아진다고 하지 않는다. 또한, 수열이 근접하는 무한대라는 수가 존재한다고 하지도 않는다. 단지 n이 커짐에 따라 a_n이 주어진 어떠한 값보다도 한없이 커진다는 것을 뜻하는 기호이다

(그림 8.3(a) 참조). 또한, 그림 8.3(b) 처럼 음의 무한대로 작아지는 수열의 항도 있다.

정의 임의의 M에 대하여, 적당한 정수 N이 존재하여 $n > N$인 모든 n에 대하여 $a_n > M$이면 수열 $\{a_n\}$은 **무한대로 발산(diverges to infinity)**한다. 이때

$$\lim_{n \to \infty} a_n = \infty \qquad \text{또는} \qquad a_n \to \infty$$

이라 쓴다. 마찬가지로 임의의 m에 대하여, 적당한 정수 N이 존재하여 $n > N$인 모든 n에 대하여 $a_n < m$이면 수열 $\{a_n\}$은 **음의 무한대로 발산(diverges to negative infinity)**한다고 한다. 이때

$$\lim_{n \to \infty} a_n = -\infty \qquad \text{또는} \qquad a_n \to -\infty$$

이라 쓴다.

예제 2에서 살펴본 수열처럼, 양의 무한대나 음의 무한대로 발산하지 않으면서 발산하는 수열도 있다. 수열 $\{1, -2, 3, -4, 5, -6, 7, -8, \cdots\}$ 또는 수열 $\{1, 0, 2, 0, 3, 0, \cdots\}$ 등이 그러한 예이다.

수열의 수렴과 발산에는 어떠한 개수든 처음 항들의 값들은 영향을 주지 않는다. 즉, 처음 10, 1000개의 항들, 또는 처음 100만 개의 항들을 제거하거나 값을 바꾸어도 영향이 없다. 그림 8.2는 수열이 극한값을 갖는지와 극한값이 존재할 때 그 값이 얼마인가를 결정하는데, 수열의 처음 몇 개 항들을 없앤 후에 오직 남아 있는 수열의 항들만 사용되는 것을 보여준다.

수열의 극한 계산

수열은 양의 정수를 정의역으로 갖는 함수이므로, 1장에서 공부한 함수의 극한에 관한 정리를 수열에 그대로 적용할 수 있다.

정리 1 $\{a_n\}$과 $\{b_n\}$을 실수의 값을 갖는 수열이라 하자. 실수 A, B에 대하여 $\lim_{n \to \infty} a_n = A$이고 $\lim_{n \to \infty} b_n = B$일 때, 다음이 성립한다.

1. 합의 공식: $\lim_{n \to \infty} (a_n + b_n) = A + B$

2. 차의 공식: $\lim_{n \to \infty} (a_n - b_n) = A - B$

3. 상수배의 공식: $\lim_{n \to \infty} (k \cdot b_n) = k \cdot B$ (k는 임의의 상수)

4. 곱의 공식: $\lim_{n \to \infty} (a_n \cdot b_n) = A \cdot B$

5. 몫의 공식: $\lim_{n \to \infty} \dfrac{a_n}{b_n} = \dfrac{A}{B}$ 단, $B \neq 0$

증명은 1.2절의 정리 1과 비슷하므로 생략한다.

예제 3 정리 1과 예제 1에서 나온 결과를 적용해 보자.

(a) $\lim_{n \to \infty} \left(-\dfrac{1}{n} \right) = -1 \cdot \lim_{n \to \infty} \dfrac{1}{n} = -1 \cdot 0 = 0$ 상수배의 공식과 예제 1(a)

(b) $\lim_{n \to \infty} \left(\dfrac{n-1}{n} \right) = \lim_{n \to \infty} \left(1 - \dfrac{1}{n} \right) = \lim_{n \to \infty} 1 - \lim_{n \to \infty} \dfrac{1}{n} = 1 - 0 = 1$ 차의 공식과 예제 1(a)

(c) $\lim_{n \to \infty} \dfrac{5}{n^2} = 5 \cdot \lim_{n \to \infty} \dfrac{1}{n} \cdot \lim_{n \to \infty} \dfrac{1}{n} = 5 \cdot 0 \cdot 0 = 0$ 곱의 공식

(d) $\lim_{n \to \infty} \dfrac{4 - 7n^6}{n^6 + 3} = \lim_{n \to \infty} \dfrac{(4/n^6) - 7}{1 + (3/n^6)} = \dfrac{0 - 7}{1 + 0} = -7$ 분모, 분자를 n^6으로 나누고
합의 공식과 몫의 공식 ■

정리 1을 이용할 때 주의해야 한다. 예를 들어, 수열 $\{a_n\}$과 $\{b_n\}$의 합 $\{a_n + b_n\}$이 극한을 갖더라도 수열 $\{a_n\}$과 $\{b_n\}$ 각각이 극한값을 갖는다고는 말 할 수 없다. 그러한 예로, $\{a_n\} = \{1, 2, 3, \cdots\}$과 $\{b_n\} = \{-1, -2, -3, \cdots\}$은 모두 발산하나, 합 $\{a_n + b_n\} = \{0, 0, 0, \cdots\}$은 분명히 0에 수렴한다.

정리 1의 결과 중 하나는 발산하는 수열 $\{a_n\}$에 0이 아닌 어떤 실수를 곱해도 발산한다는 것이다. 이 명제의 대우를 이용하여 증명하기 위해 먼저 $c \ne 0$에 대하여 $\{ca_n\}$이 수렴한다고 가정해 보면 정리 1의 상수배 공식에 의하여 $k = 1/c$라고 할 때, 수열

$$\left\{ \frac{1}{c} \cdot ca_n \right\} = \{a_n\}$$

이 수렴하게 된다. 따라서 $\{a_n\}$이 수렴하지 않는다면 $\{ca_n\}$도 수렴할수 없다. 다시 말해서 $\{a_n\}$이 발산하면 $\{ca_n\}$은 발산한다.

다음은 수열에 관한 샌드위치(Sandwich) 정리(1.2절 참조)이다. 이 정리의 증명은 연습문제 119에서 다루기로 한다(그림 8.4 참조).

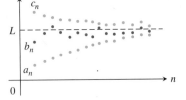

그림 8.4 수열 $\{b_n\}$의 항들이 두 수열 $\{a_n\}$과 $\{c_n\}$의 항들 사이에 끼어 있으므로, 같은 극한값 L로 향하고 있다.

> **정리 2 수열에 관한 샌드위치 정리** $\{a_n\}, \{b_n\}, \{c_n\}$을 실수열이라고 하자. 적당한 지수 N 이후의 모든 n에 대하여 $a_n \le b_n \le c_n$이 성립하고, $\lim_{n \to \infty} a_n = \lim_{n \to \infty} c_n = L$이면, $\lim_{n \to \infty} b_n = L$이다.

정리 2의 직접적인 결과로, $|b_n| \le c_n$이고 $c_n \to 0$이면, $-c_n \le b \le c_n$이 성립하므로 $b_n \to 0$이다. 이 결과를 다음 예제에 적용해 보자.

예제 4 $1/n \to 0$이 성립하므로,

(a) $-\dfrac{1}{n} \le \dfrac{\cos n}{n} \le \dfrac{1}{n}$이기 때문에 $\dfrac{\cos n}{n} \to 0$이다.

(b) $0 \le \dfrac{1}{2^n} \le \dfrac{1}{n}$이기 때문에 $\dfrac{1}{2^n} \to 0$이다.

(c) $-\dfrac{1}{n} \le (-1)^n \dfrac{1}{n} \le \dfrac{1}{n}$이기 때문에 $(-1)^n \dfrac{1}{n} \to 0$이다.

(d) $|a_n| \to 0$이면, $-|a_n| \le a_n \le |a_n|$이기 때문에 $a_n \to 0$이다.   ■

다음 정리는 수렴수열의 연속함수에 의한 함숫값으로 정의된 수열이 수렴함을 말해주며 정리 1과 2가 이용된다. 정리의 증명은 연습문제에서 다룬다(연습문제 120).

> **정리 3 수열에 관한 연속함수 정리** 실수로 이루어진 수열 $\{a_n\}$에 대하여 $a_n \to L$이고 f가 모든 a_n에서 정의되고 L에서 연속인 함수이면, $f(a_n) \to f(L)$이다.

예제 5 $\sqrt{(n+1)/n} \to 1$임을 보이라.

풀이 $(n+1)/n \to 1$이므로, 정리 3에서 $f(x) = \sqrt{x}$이고 $L = 1$이라 놓으면 $\sqrt{(n+1)/n} \to \sqrt{1} = 1$이 성립한다.   ■

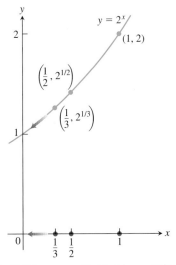

그림 8.5 $n \to \infty$일 때, $1/n \to 0$이고 $2^{1/n} \to 2^0$이다(예제 6). $\{1/n\}$의 항들은 x축 위에 그리고 $\{2^{1/n}\}$은 $f(x) = 2^x$의 그래프 위에 y값으로 그린다.

예제 6 $\{1/n\}$은 0에 수렴하는 수열이다. 정리 3에서 $a_n = 1/n$, $f(x) = 2^x$, $L = 0$이라 놓으면, $2^{1/n} = f(1/n) \to f(L) = 2^0 = 1$. 즉, 수열 $\{2^{1/n}\}$은 1에 수렴한다(그림 8.5). ■

로피탈의 법칙의 사용

다음 정리는 $\lim_{n \to \infty} a_n$와 $\lim_{x \to \infty} f(x)$의 관계를 식으로 나타낸 것이다. 어떤 수열은 극한값을 구하기 위해 로피탈(l'Hôpital)의 법칙을 이용할 수도 있다.

> **정리 4** $f(x)$가 모든 $x \geq n_0$에서 정의된 함수이고 실수열 $\{a_n\}$이 $n \geq n_0$에 대하여 $a_n = f(n)$을 만족할 때, 다음이 성립한다.
> $$\lim_{x \to \infty} f(x) = L \quad \Rightarrow \quad \lim_{n \to \infty} a_n = L$$

증명 $\lim_{n \to \infty} f(x) = L$이라 가정하자. 그러면 양수 ε마다 실수 M이 존재하여
$$x > M \quad \Rightarrow \quad |f(x) - L| < \varepsilon$$
이 성립한다. N을 M보다 크면서 n_0보다 크거나 같은 정수라고 하자. 그러면
$$n > N \quad \Rightarrow \quad a_n = f(n)\text{이고,} \quad |a_n - L| = |f(n) - L| < \varepsilon$$
이 성립한다. ■

예제 7 다음을 보이라.
$$\lim_{n \to \infty} \frac{\ln n}{n} = 0$$

풀이 함수 $(\ln x)/x$는 모든 $x \geq 1$에서 정의되며 양의 정수에서는 주어진 수열과 일치한다. 그러므로 $\lim_{x \to \infty}(\ln x)/x$의 극한값이 존재한다면 정리 4에 의해 $\lim_{n \to \infty}(\ln n)/n$의 극한값은 같은 값이 된다. 이제 로피탈의 법칙을 적용하면 다음이 성립한다.
$$\lim_{x \to \infty} \frac{\ln x}{x} = \lim_{x \to \infty} \frac{1/x}{1} = \frac{0}{1} = 0$$
따라서 $\lim_{n \to \infty}(\ln n)/n = 0$이다. ■

로피탈의 법칙에 의해 양의 정수 n을 연속인 실변수로 간주하여 n에 관해 직접 미분함으로써 수열의 극한값을 쉽게 찾을 수 있다. 이렇게 하는 것이 예제 7과 같은 방법을 사용하는 것보다 a_n의 극한값을 구하기가 더 쉬워진다.

예제 8 다음과 같은 n번째 항을 갖는 수열은 수렴하는가?
$$a_n = \left(\frac{n+1}{n-1}\right)^n$$

만약 수렴한다면, 극한값 $\lim_{n \to \infty} a_n$은 얼마인가?

풀이 극한값은 1^∞ 형태의 부정형을 갖는다. 먼저 a_n에 자연로그를 취하여 $\infty \cdot 0$ 형태로 바꾸면 로피탈의 법칙을 적용할 수 있다.
$$\ln a_n = \ln\left(\frac{n+1}{n-1}\right)^n$$
$$= n \ln\left(\frac{n+1}{n-1}\right)$$

그러면

$$\lim_{n\to\infty} \ln a_n = \lim_{n\to\infty} n \ln\left(\frac{n+1}{n-1}\right) \qquad \text{∞·0 형태}$$

$$= \lim_{n\to\infty} \frac{\ln\left(\dfrac{n+1}{n-1}\right)}{1/n} \qquad \frac{0}{0} \text{ 형태}$$

$$= \lim_{n\to\infty} \frac{-2/(n^2-1)}{-1/n^2} \qquad \text{로피탈의 법칙}$$

$$= \lim_{n\to\infty} \frac{2n^2}{n^2-1} = 2 \qquad \text{간단히 하고 계산}$$

$\ln a_n \to 2$이며, $f(x) = e^x$은 연속함수이므로, 정리 3에 의해

$$a_n = e^{\ln a_n} \to e^2$$

따라서 $\{a_n\}$은 e^2으로 수렴한다. ∎

자주 사용되는 극한값

다음 정리는 자주 사용되는 극한값이다.

정리 5   다음의 6개 수열은 수렴한다.

1. $\displaystyle\lim_{n\to\infty} \frac{\ln n}{n} = 0$ **2.** $\displaystyle\lim_{n\to\infty} \sqrt[n]{n} = 1$

3. $\displaystyle\lim_{n\to\infty} x^{1/n} = 1 \qquad (x > 0)$ **4.** $\displaystyle\lim_{n\to\infty} x^n = 0 \quad (|x| < 1)$

5. $\displaystyle\lim_{n\to\infty}\left(1 + \frac{x}{n}\right)^n = e^x$ (임의의 x에 대하여)   **6.** $\displaystyle\lim_{n\to\infty} \frac{x^n}{n!} = 0$ (임의의 x에 대하여)

(3)에서 (6)까지 공식에서 $n \to \infty$이므로 x는 상수로 생각한다.

증명   (1)의 극한값은 예제 7에서 이미 계산하였다. (2)와 (3)은 로그함수를 취하여 정리 4를 이용하면 증명된다(연습문제 117, 118). (4)~(6)의 증명은 부록 5를 참고하기 바란다. ∎

예제 9   정리 5를 활용하여 다음 극한을 구한다.

(a) $\dfrac{\ln(n^2)}{n} = \dfrac{2 \ln n}{n} \to 2 \cdot 0 = 0$ 공식 1

(b) $\sqrt[n]{n^2} = n^{2/n} = \left(n^{1/n}\right)^2 \to (1)^2 = 1$ 공식 2

(c) $\sqrt[n]{3n} = 3^{1/n}\left(n^{1/n}\right) \to 1 \cdot 1 = 1$ 공식 3 ($x = 3$)과 공식 2

(d) $\left(-\dfrac{1}{2}\right)^n \to 0$ 공식 4 $\left(x = -\dfrac{1}{2}\right)$

(e) $\left(\dfrac{n-2}{n}\right)^n = \left(1 + \dfrac{-2}{n}\right)^n \to e^{-2}$ 공식 5 ($x = -2$)

(f) $\dfrac{100^n}{n!} \to 0$ 공식 6 ($x = 100$)

계승 기호

기호 $n!$은 1부터 n까지의 정수의 곱 $1 \cdot 2 \cdot 3 \cdots n$을 뜻한다.

$(n+1)! = (n+1) \cdot n!$임을 이용하면 계산을 쉽게할 수 있다. 예를 들어,

$4! = 1 \cdot 2 \cdot 3 \cdot 4 = 24$
$5! = 1 \cdot 2 \cdot 3 \cdot 4 \cdot 5 = 5 \cdot 4! = 120$

이다. $0! = 1$로 정의한다. 계승은 지수보다 더욱 빠르게 증가함을 다음 표로부터 알 수 있다. 표에서의 값들은 반올림하였다.

n	e^n	$n!$
1	3	1
5	148	120
10	22,026	3,628,800
20	4.9×10^8	2.4×10^{18}

점화적 정의

지금까지 우리는 n의 값으로부터 직접 a_n을 계산해 왔다. 그러나 수열은 다음 두 조건에 의해 **점화적(recursively)**으로 정의할 수 있다.

1. 첫째 항(또는 여러 개의 항)

2. 점화식(recursion formula)이라 불리는 이웃하는 항 사이의 관계식

예제 10

(a) 양의 정수로 이루어진 수열 1, 2, 3, $\cdots$, n, $\cdots$을 귀납적으로 정의하면, $a_1 = 1$, $a_n = a_{n-1} + 1(n > 1)$이다. $a_1 = 1$로부터 차례로 대입하면, $a_2 = a_1 + 1 = 2$, $a_3 = a_2 + 1 = 3$ 등을 얻는다.

(b) 계승으로 이루어진 수열 1, 2, 6, 24, $\cdots$, $n!$, $\cdots$을 귀납적으로 정의하면, $a_1 = 1$, $a_n = n \cdot a_{n-1}(n > 1)$이다. $a_1 = 1$로부터 차례로 대입하면, $a_2 = 2 \cdot a_1 = 2$, $a_3 = 3 \cdot a_2 = 6$, $a_4 = 4 \cdot a_3 = 24$ 등을 얻는다.

(c) $a_1 = 1$, $a_2 = 1$, $a_{n+1} = a_n + a_{n-1}(n \geq 2)$은 **피보나치 수열(Fibonacci sequence)** 1, 1, 2, 3, 5, $\cdots$의 점화적 정의이다. $a_1 = 1$, $a_2 = 1$로부터 차례로 대입하면, $a_3 = 1 + 1 = 2$, $a_4 = 2 + 1 = 3$, $a_5 = 3 + 2 = 5$ 등을 얻는다.

(d) 뉴턴 방법(연습문제 145 참조)을 사용하여, $\sin x - x^2 = 0$의 해에 수렴하는 수열을 점화적으로 정의하면, $x_1 = 1$, $x_{n+1} = x_n - [(\sin x_n - x_n^2)/(\cos x_n - 2x_n)](n > 0)$이다. ∎

유계이고 단조인 수열

수열의 수렴을 결정하는 데 있어서 유계수열과 단조수열의 개념이 아주 중요하게 사용된다.

> **정의** 만일 모든 n에 대하여 $a_n \leq M$인 실수 M이 존재하면 수열 $\{a_n\}$은 위로 **유계(bounded from above)**이다. 이때 M을 $\{a_n\}$의 **상계(upper bound)**라 한다. M이 $\{a_n\}$의 상계이고, M보다 작은 수는 $\{a_n\}$의 상계가 아닐 때, M을 $\{a_n\}$의 **최소상계(least upper bound)**라 한다.
>
> 만일 모든 n에 대하여 $a_n \geq m$인 실수 m이 존재하면 수열 $\{a_n\}$은 **아래로 유계(bounded from below)**이다. 이때 m을 $\{a_n\}$의 **하계(lower bound)**라 한다. m이 $\{a_n\}$의 하계이고, m보다 큰 수는 $\{a_n\}$의 하계가 아닐 때, m을 $\{a_n\}$의 **최대하계(greatest lower bound)**라 한다.
>
> 수열 $\{a_n\}$이 위로 유계이면서 아래로 유계이면, 수열 $\{a_n\}$은 **유계(bounded)**이다. 그렇지 않으면 수열 $\{a_n\}$은 **유계가 아니다(unbounded)**.

예제 11

(a) 수열 1, 2, 3, $\cdots$, n, $\cdots$은 상계를 갖지 않는다. 왜냐하면, 어떤 실수 M이 주어지더라도 수열의 항이 결국 M보다 커지기 때문이다. 그렇지만 1보다 작거나 같은 모든 수는 하계가 된다. 따라서 $m = 1$은 이 수열의 최대하계이다.

(b) 수열 $\dfrac{1}{2}$, $\dfrac{2}{3}$, $\dfrac{3}{4}$, $\cdots$, $\dfrac{n}{n+1}$, $\cdots$은 1보다 크거나 같은 모든 수에 의해 위로 유계이다. 상계 $M = 1$은 이 수열의 최소상계이다(연습문제 137). 또한, 이 수열은 최대하계인 $\dfrac{1}{2}$보다 작거나 같은 모든 수에 의해 아래로 유계이다. ∎

수렴 수열은 유계이다.

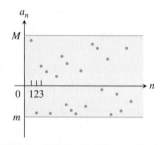

그림 8.6 어떤 유계수열은 그 상계와 하계로 둘러싸인 띠 안에서 크게 오가며 움직이므로 수렴하지 않는다.

만일 수열 $\{a_n\}$이 L로 수렴하면, 정의에 의해 어떤 자연수 N이 존재하여 $n > N$인 자연수에 대해서 $|a_n - L| < 1$이 된다. 즉,

$$n > N일 \; 때, \; L - 1 < a_n < L + 1$$

이다. 이때 M이 $L+1$보다 큰 수이면서 유한개의 수열의 항 $a_1, a_2, \cdots, a_N$보다 더 큰 수이면, 모든 지수 n에 대하여 $a_n \leq M$이 되어, 수열 $\{a_n\}$이 위로 유계이다. 같은 방법으로, m이 $L-1$보다 작은 수이면서 유한개의 수열의 항 $a_1, a_2, \cdots, a_N$보다 더 작은 수이면, m은 수열 $\{a_n\}$의 하계이다. 그러므로 모든 수렴하는 수열은 유계이다.

모든 수렴하는 수열이 유계임에도 불구하고, 유계이지만 수렴하지 않는 수열이 존재한다. 그러한 예가 예제 2에서 살펴본 유계수열 $\{(-1)^{n+1}\}$이다. 이 경우, 유계수열은 하계 m과 상계 M으로 둘러싸인 띠 안에서 크게 오가며 움직이는 것이 문제이다(그림 8.6). 모든 항들이 항상 전 항에 비해 감소하지 않거나, 혹은 항상 증가하지 않거나 하는 수열에서는 이러한 행동이 나타나지 않으며, 이러한 형태의 수열은 중요하다.

> **정의** 모든 n에 대하여 $a_n \leq a_{n+1}$, 즉 $a_1 \leq a_2 \leq a_3 \leq \cdots$이면, 수열 $\{a_n\}$은 **감소하지 않는** (**nondecreasing**) 수열이라 한다. 모든 n에 대하여 $a_n \geq a_{n+1}$이면, 수열 $\{a_n\}$은 **증가하지 않는**(**nonincreasing**) 수열이라 한다. 수열 $\{a_n\}$이 감소하지 않거나 또는 증가하지 않는 수열이면, **단조**(**monotone**)수열이라 한다.

예제 12

(a) 수열 $1, 2, 3, \cdots, n, \cdots$은 감소하지 않는 수열이다.

(b) 수열 $\dfrac{1}{2}, \dfrac{2}{3}, \dfrac{3}{4}, \cdots, \dfrac{n}{n+1}, \cdots$은 감소하지 않는 수열이다.

(c) 수열 $1, \dfrac{1}{2}, \dfrac{1}{4}, \dfrac{1}{8}, \cdots, \dfrac{1}{2^n}, \cdots$은 증가하지 않는 수열이다.

(d) 상수열 $3, 3, 3, \cdots, 3, \cdots$은 증가하지 않는 수열이면서 동시에 감소하지 않는 수열이다.

(e) 수열 $1, -1, 1, -1, 1, -1, \cdots$은 단조수열이 아니다. ■

위로 유계인 감소하지 않는 수열은 항상 최소상계를 갖는다. 마찬가지로, 아래로 유계인 증가하지 않는 수열은 항상 최대하계를 갖는다. 이 결과는 부록 6에서 소개된 실수의 **완비성 공리**에 기초하여 증명할 수 있다. 여기에서는 L이 감소하지 않는 수열의 최소상계이면, 수열이 L로 수렴한다는 것과, 또한 L이 증가하지 않는 수열의 최대하계이면, 수열이 L로 수렴한다는 것을 증명한다.

> **정리 6 단조수열 정리** 수열 $\{a_n\}$이 유계이고 단조수열이면, 이 수열은 항상 수렴한다.

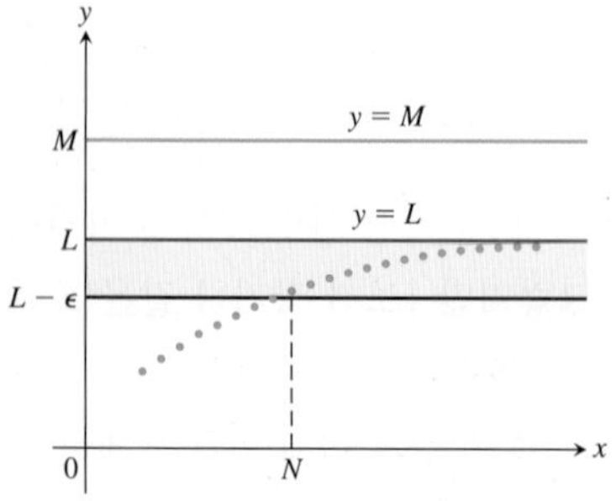

그림 8.7 감소하지 않은 수열이 상계 M을 가지면, 그 수열은 극한값 L을 가지며, $L \leq M$이다.

증명 우선, 수열 $\{a_n\}$이 감소하지 않는 수열이면서 최소상계 L을 갖는다고 가정하자. 이 때 M을 이 수열의 상계라고 하고, xy평면에 점 $(1, a_1), (2, a_2), \cdots, (n, a_n), \cdots$을 나타내면 모든 점들이 직선 $y = M$을 포함한 아래쪽에 찍히게 된다(그림 8.7). 직선 $y = L$은 이러한 직선들 중 가장 낮은 직선이 된다. 직선 $y = L$보다 위쪽에 찍히는 점 (n, a_n)은 하나도 없으며, ε이 양수일 때 직선 $y = L - \varepsilon$보다 위쪽에 일부의 점들이 찍힐 수 있다. ($L - \varepsilon$은 상계가 아니기 때문에)

(a) 모든 n에 대해서 $a_n \le L$이고

(b) 주어진 양수 $\varepsilon > 0$에 대해서 $a_N > L - \varepsilon$을 만족시키는 자연수 N이 존재하므로 수열은 L로 수렴한다.

좀 더 자세히 설명하면 수열 $\{a_n\}$이 감소하지 않는 수열이므로

$$n \ge N \text{에 대하여 } a_n \ge a_N > L - \varepsilon$$

이다. 그러므로 지수가 N보다 큰 모든 항들 a_n과 L의 차이가 ε 내에 존재한다. 이는 수열 $\{a_n\}$의 극한값이 L이 됨을 설명해준다.

아래로 유계인 증가하지 않는 수열에 대한 증명도 비슷한 방법으로 할 수 있다.   ■

정리 6에서 알아야 하는 중요한 사실은 수렴하는 수열이라고 해서 모두 단조수열은 아니라는 것이다. 수열 $\{(-1)^{n+1}/n\}$은 수렴하는 유계수열이다. 하지만 이 수열은 단조수열은 아니다. 이 수열은 양수와 음수가 교대로 나오면서 0을 향한다. 정리가 말하고자 하는 것은 감소하지 않는 수열이, 위로 유계이면 수렴하지만 그렇지 않으면 무한대로 발산한다는 것이다.

연습문제 8.1

수열의 항 구하기

연습문제 1~6에서 수열 $\{a_n\}$의 식을 나타내고 있다. a_1, a_2, a_3, a_4의 값을 구하라.

1. $a_n = \dfrac{1-n}{n^2}$

2. $a_n = \dfrac{1}{n!}$

3. $a_n = \dfrac{(-1)^{n+1}}{2n-1}$

4. $a_n = 2 + (-1)^n$

5. $a_n = \dfrac{2^n}{2^{n+1}}$

6. $a_n = \dfrac{2^n - 1}{2^n}$

연습문제 7~12에서 수열의 첫 번째 항이나 두 번째 항과 남은 항을 위한 점화식이 주어져 있다. 수열의 첫 10개의 항을 적으라.

7. $a_1 = 1$, $a_{n+1} = a_n + (1/2^n)$

8. $a_1 = 1$, $a_{n+1} = a_n/(n+1)$

9. $a_1 = 2$, $a_{n+1} = (-1)^{n+1}a_n/2$

10. $a_1 = -2$, $a_{n+1} = na_n/(n+1)$

11. $a_1 = a_2 = 1$, $a_{n+2} = a_{n+1} + a_n$

12. $a_1 = 2$, $a_2 = -1$, $a_{n+2} = a_{n+1}/a_n$

수열의 식 구하기

연습문제 13~30에서 수열의 n번째 항의 식을 구하라.

13. 수열 $1, -1, 1, -1, 1, \cdots$ — 부호가 번갈아 나타나는 1

14. 수열 $-1, 1, -1, 1, -1, \cdots$ — 부호가 번갈아 나타나는 1

15. 수열 $1, -4, 9, -16, 25, \cdots$ — 양의 정수의 제곱; 부호가 번갈아 나타난다.

16. 수열 $1, -\dfrac{1}{4}, \dfrac{1}{9}, -\dfrac{1}{16}, \dfrac{1}{25}, \cdots$ — 부호가 번갈아 나타나면서 양의 정수의 제곱의 역

17. $\dfrac{1}{9}, \dfrac{2}{12}, \dfrac{2^2}{15}, \dfrac{2^3}{18}, \dfrac{2^4}{21}, \cdots$ — 2의 거듭제곱을 3의 배수로 나눔

18. $-\dfrac{3}{2}, -\dfrac{1}{6}, \dfrac{1}{12}, \dfrac{3}{20}, \dfrac{5}{30}, \cdots$ — 2씩 증가하는 정수를 연속하는 정수의 곱으로 나눔

19. 수열 $0, 3, 8, 15, 24, \cdots$ — 1을 뺀 양의 정수의 제곱

20. 수열 $-3, -2, -1, 0, 1, \cdots$ — -3부터 시작하는 정수

21. 수열 $1, 5, 9, 13, 17, \cdots$ — 모두 다른 양의 홀수

22. 수열 $2, 6, 10, 14, 18, \cdots$ — 모두 다른 양의 짝수

23. $\dfrac{5}{1}, \dfrac{8}{2}, \dfrac{11}{6}, \dfrac{14}{24}, \dfrac{17}{120}, \cdots$ — 3씩 증가하는 정수를 계승으로 나눔

24. $\dfrac{1}{25}, \dfrac{8}{125}, \dfrac{27}{625}, \dfrac{64}{3125}, \dfrac{125}{15,625}, \cdots$ — 양의 정수의 3승을 5의 거듭제곱으로 나눔

25. 수열 $1, 0, 1, 0, 1, \cdots$ — 1과 0이 번갈아 나타남

26. 수열 $0, 1, 1, 2, 2, 3, 3, 4, \cdots$ — 매 반복되는 양의 정수

27. $\dfrac{1}{2} - \dfrac{1}{3}, \dfrac{1}{3} - \dfrac{1}{4}, \dfrac{1}{4} - \dfrac{1}{5}, \dfrac{1}{5} - \dfrac{1}{6}, \cdots$

28. $\sqrt{5} - \sqrt{4}, \sqrt{6} - \sqrt{5}, \sqrt{7} - \sqrt{6}, \sqrt{8} - \sqrt{7}, \cdots$

29. $\sin\left(\dfrac{\sqrt{2}}{1+4}\right), \sin\left(\dfrac{\sqrt{3}}{1+9}\right), \sin\left(\dfrac{\sqrt{4}}{1+16}\right), \sin\left(\dfrac{\sqrt{5}}{1+25}\right), \cdots$

30. $\sqrt{\dfrac{5}{8}}, \sqrt{\dfrac{7}{11}}, \sqrt{\dfrac{9}{14}}, \sqrt{\dfrac{11}{17}}, \cdots$

극한 구하기

연습문제 31~100에서 수열 $\{a_n\}$이 수렴하는가? 아니면 발산하는가? 수렴하는 경우에는 극한을 구하라.

31. $a_n = 2 + (0.1)^n$

32. $a_n = \dfrac{n + (-1)^n}{n}$

33. $a_n = \dfrac{1 - 2n}{1 + 2n}$

34. $a_n = \dfrac{2n + 1}{1 - 3\sqrt{n}}$

35. $a_n = \dfrac{1 - 5n^4}{n^4 + 8n^3}$

36. $a_n = \dfrac{n + 3}{n^2 + 5n + 6}$

37. $a_n = \dfrac{n^2 - 2n + 1}{n - 1}$

38. $a_n = \dfrac{1 - n^3}{70 - 4n^2}$

39. $a_n = 1 + (-1)^n$

40. $a_n = (-1)^n\left(1 - \dfrac{1}{n}\right)$

41. $a_n = \left(\dfrac{n+1}{2n}\right)\left(1 - \dfrac{1}{n}\right)$

42. $a_n = \left(2 - \dfrac{1}{2^n}\right)\left(3 + \dfrac{1}{2^n}\right)$

43. $a_n = \dfrac{(-1)^{n+1}}{2n-1}$

44. $a_n = \left(-\dfrac{1}{2}\right)^n$

45. $a_n = \sqrt{\dfrac{2n}{n+1}}$

46. $a_n = \dfrac{1}{(0.9)^n}$

47. $a_n = \sin\left(\dfrac{\pi}{2} + \dfrac{1}{n}\right)$

48. $a_n = n\pi \cos(n\pi)$

49. $a_n = \dfrac{\sin n}{n}$

50. $a_n = \dfrac{\sin^2 n}{2^n}$

51. $a_n = \dfrac{n}{2^n}$

52. $a_n = \dfrac{3^n}{n^3}$

53. $a_n = \dfrac{\ln(n+1)}{\sqrt{n}}$

54. $a_n = \dfrac{\ln n}{\ln 2n}$

55. $a_n = 8^{1/n}$

56. $a_n = (0.03)^{1/n}$

57. $a_n = \left(1 + \dfrac{7}{n}\right)^n$

58. $a_n = \left(1 - \dfrac{1}{n}\right)^n$

59. $a_n = \sqrt[n]{10n}$

60. $a_n = \sqrt[n]{n^2}$

61. $a_n = \left(\dfrac{3}{n}\right)^{1/n}$

62. $a_n = (n+4)^{1/(n+4)}$

63. $a_n = \dfrac{\ln n}{n^{1/n}}$

64. $a_n = \ln n - \ln(n+1)$

65. $a_n = \sqrt[n]{4^n n}$

66. $a_n = \sqrt[n]{3^{2n+1}}$

67. $a_n = \dfrac{n!}{n^n}$ (힌트: $1/n$과 비교하여라.)

68. $a_n = \dfrac{(-4)^n}{n!}$

69. $a_n = \dfrac{n!}{10^{6n}}$

70. $a_n = \dfrac{n!}{2^n \cdot 3^n}$

71. $a_n = \left(\dfrac{1}{n}\right)^{1/(\ln n)}$

72. $a_n = \dfrac{(n+1)!}{(n+3)!}$

73. $a_n = \dfrac{(2n+2)!}{(2n-1)!}$

74. $a_n = \dfrac{3e^n + e^{-n}}{e^n + 3e^{-n}}$

75. $a_n = \dfrac{e^{-2n} - 2e^{-3n}}{e^{-2n} - e^{-n}}$

76. $a_n = \left(1 - \dfrac{1}{2}\right) + \left(\dfrac{1}{2} - \dfrac{1}{3}\right) + \left(\dfrac{1}{3} - \dfrac{1}{4}\right) + \cdots$
$$+ \left(\dfrac{1}{n-2} - \dfrac{1}{n-1}\right) + \left(\dfrac{1}{n-1} - \dfrac{1}{n}\right)$$

77. $a_n = (\ln 3 - \ln 2) + (\ln 4 - \ln 3) + (\ln 5 - \ln 4) + \cdots$
$$+ (\ln(n-1) - \ln(n-2)) + (\ln n - \ln(n-1))$$

78. $a_n = \ln\left(1 + \dfrac{1}{n}\right)^n$

79. $a_n = \left(\dfrac{3n+1}{3n-1}\right)^n$

80. $a_n = \left(\dfrac{n}{n+1}\right)^n$

81. $a_n = \left(\dfrac{x^n}{2n+1}\right)^{1/n},\quad x > 0$

82. $a_n = \left(1 - \dfrac{1}{n^2}\right)^n$

83. $a_n = \dfrac{3^n \cdot 6^n}{2^{-n} \cdot n!}$

84. $a_n = \dfrac{(10/11)^n}{(9/10)^n + (11/12)^n}$

85. $a_n = \tanh n$

86. $a_n = \sinh(\ln n)$

87. $a_n = \dfrac{n^2}{2n-1}\sin\dfrac{1}{n}$

88. $a_n = n\left(1 - \cos\dfrac{1}{n}\right)$

89. $a_n = \sqrt{n}\sin\dfrac{1}{\sqrt{n}}$

90. $a_n = (3^n + 5^n)^{1/n}$

91. $a_n = \tan^{-1} n$

92. $a_n = \dfrac{1}{\sqrt{n}}\tan^{-1} n$

93. $a_n = \left(\dfrac{1}{3}\right)^n + \dfrac{1}{\sqrt{2^n}}$

94. $a_n = \sqrt[n]{n^2 + n}$

95. $a_n = \dfrac{(\ln n)^{200}}{n}$

96. $a_n = \dfrac{(\ln n)^5}{\sqrt{n}}$

97. $a_n = n - \sqrt{n^2 - n}$

98. $a_n = \dfrac{1}{\sqrt{n^2 - 1} - \sqrt{n^2 + n}}$

99. $a_n = \dfrac{1}{n}\displaystyle\int_1^n \dfrac{1}{x}\,dx$

100. $a_n = \displaystyle\int_1^n \dfrac{1}{x^p}\,dx,\quad p > 1$

점화적으로 정의된 수열

연습문제 101~108에서 수열이 수렴한다고 가정하고 그의 극한값을 구하라.

101. $a_1 = 2,\quad a_{n+1} = \dfrac{72}{1 + a_n}$

102. $a_1 = -1,\quad a_{n+1} = \dfrac{a_n + 6}{a_n + 2}$

103. $a_1 = -4,\quad a_{n+1} = \sqrt{8 + 2a_n}$

104. $a_1 = 0,\quad a_{n+1} = \sqrt{8 + 2a_n}$

105. $a_1 = 5,\quad a_{n+1} = \sqrt{5a_n}$

106. $a_1 = 3,\quad a_{n+1} = 12 - \sqrt{a_n}$

107. $2,\ 2 + \dfrac{1}{2},\ 2 + \dfrac{1}{2 + \dfrac{1}{2}},\ 2 + \dfrac{1}{2 + \dfrac{1}{2 + \dfrac{1}{2}}},\ \cdots$

108. $\sqrt{1},\ \sqrt{1 + \sqrt{1}},\ \sqrt{1 + \sqrt{1 + \sqrt{1}}},$
$$\sqrt{1 + \sqrt{1 + \sqrt{1 + \sqrt{1}}}},\ldots$$

이론과 예제

109. 수열의 첫 항은 $x_1 = 1$이다. 그 다음 각 항들은 그 항 전의 모든 항들의 합이다
$$x_{n+1} = x_1 + x_2 + \cdots + x_n$$
$n \geq 2$일 때, x_n의 일반식을 추론할 수 있도록 수열의 초기항들을 충분히 나열하라.

110. 다음과 같은 유리수의 수열이 있다.
$$\dfrac{1}{1},\ \dfrac{3}{2},\ \dfrac{7}{5},\ \dfrac{17}{12},\ \ldots,\ \dfrac{a}{b},\ \dfrac{a + 2b}{a + b},\ \ldots$$
여기서 분자들로 하나의 수열 $\{x_n\}$이, 분모들로 또 하나의 수열 $\{y_n\}$이, 그리고 그들의 비, 즉 $r_n = x_n/y_n$으로 수열 $\{r_n\}$이 정의된다고 하자.

a. $x_1^2 - 2y_1^2 = -1$, $x_2^2 - 2y_2^2 = +1$을 증명하고, 더 일반적으로 $a^2 - 2b^2 = -1$ 또는 $+1$이면 각각 $(a + 2b)^2 - 2(a + b)^2 = +1$ 또는 -1임을 증명하라.

b. 분수 $r_n = x_n/y_n$은 n이 증가함에 따라 극한에 수렴한다. 그 극한을 구하라. (힌트: $r_n^2 - 2 = \pm(1/y_n)^2$과 y_n이 n보다 작

지 않음을 보이기 위해 (a)를 사용하라.)

111. 뉴턴 방법 다음 수열은 뉴턴 방법(Newton method)의 점화식에서 온 것이다.

$$x_{n+1} = x_n - \frac{f(x_n)}{f'(x_n)}$$

이 수열은 수렴하는가? 그렇다면 극한은 얼마인가? 각각의 경우에서 수열을 이루는 함수 f의 확인에서부터 시작하라.

a. $x_0 = 1, \quad x_{n+1} = x_n - \frac{x_n^2 - 2}{2x_n} = \frac{x_n}{2} + \frac{1}{x_n}$

b. $x_0 = 1, \quad x_{n+1} = x_n - \frac{\tan x_n - 1}{\sec^2 x_n}$

c. $x_0 = 1, \quad x_{n+1} = x_n - 1$

112. a. $f(x)$는 $[0, 1]$에서 모든 x에 대하여 미분가능하고, $f(0)=0$이다. 수열 $\{a_n\}$을 $a_n = nf(1/n)$으로 정의할 때, $\lim_{n\to\infty} a_n = f'(0)$임을 보이라.

(a) 의 결과를 이용하여 다음 수열 $\{a_n\}$의 극한을 구하라.

b. $a_n = n \tan^{-1} \frac{1}{n}$ **c.** $a_n = n(e^{1/n} - 1)$

d. $a_n = n \ln\left(1 + \frac{2}{n}\right)$

113. 피타고라스의 삼중수 3개의 수 a, b, c가 $a^2 + b^2 = c^2$을 만족하면 피타고라스의 삼중수라고 한다. a를 양의 홀수라고 하고, $b = \left\lfloor \dfrac{a^2}{2} \right\rfloor$, $c = \left\lceil \dfrac{a^2}{2} \right\rceil$을 각각 $a^2/2$보다 크지 않은 가장 큰 정수와 작지 않은 가장 작은 정수라고 하자.

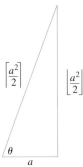

a. $a^2 + b^2 = c^2$을 증명하라. (힌트: $a = 2n + 1$이라 하고, b와 c를 n에 대한 식으로 나타내라.)

b. 직접 계산하거나 그림을 통해 다음 값을 구하라.

$$\lim_{a\to\infty} \frac{\left\lfloor \dfrac{a^2}{2} \right\rfloor}{\left\lceil \dfrac{a^2}{2} \right\rceil}$$

114. $n!$의 n제곱근

a. $\lim_{n\to\infty}(2n\pi)^{1/(2n)} = 1$을 보이고, 스털링(Stirling) 의 근사식(7장, 보충·심화 문제 44(a))을 이용하여 충분히 큰 n에 대하여 다음을 증명하라.

$$\sqrt[n]{n!} \approx \frac{n}{e}$$

T b. (a)에서의 근삿값을 확인하기 위해 가능한 한 큰 수인 $n = 40, 50, 60, \cdots$ 등을 n에 대입해 보라.

115. a. $\lim_{n\to\infty}(1/n^c) = 0$이라고 하고, c가 양의 상수일 때 c가 어떤 수라도 다음이 성립함을 증명하라.

$$\lim_{n\to\infty} \frac{\ln n}{n^c} = 0$$

b. c가 임의의 양의 상수일 때, $\lim_{n\to\infty} 1/n^c = 0$임을 증명하라. (힌트: 만약 $\varepsilon = 0.001$이고, $c = 0.04$일 때 $n > N$에 대하여 $|1/n^c - 0| < \varepsilon$이 성립하도록 하려면 N이 얼마나 커야 하는가?)

116. 지퍼 정리 수열을 이용한 지퍼 정리를 증명하라. 만일 $\{a_n\}$, $\{b_n\}$ 모두 L로 수렴하면 수열

$$a_1, b_1, a_2, b_2, \ldots, a_n, b_n, \ldots$$

이 L로 수렴함을 보이라.

117. 다음을 증명하라.

$$\lim_{n\to\infty} \sqrt[n]{n} = 1$$

118. 다음을 증명하라.

$$\lim_{n\to\infty} x^{1/n} = 1, \; (x > 0)$$

119. 정리 2를 증명하라.

120. 정리 3을 증명하라.

연습문제 121~124에서 수열이 수렴하는지 발산하는지를 답하고 그 이유를 설명하라.

121. $a_n = \dfrac{3n+1}{n+1}$ **122.** $a_n = \dfrac{(2n+3)!}{(n+1)!}$

123. $a_n = \dfrac{2^n 3^n}{n!}$ **124.** $a_n = 2 - \dfrac{2}{n} - \dfrac{1}{2^n}$

연습문제 125~134에서 수열이 수렴하는지 발산하는지를 답하고 그 이유를 설명하라.

125. $a_n = 1 - \dfrac{1}{n}$ **126.** $a_n = n - \dfrac{1}{n}$

127. $a_n = \dfrac{2^n - 1}{2^n}$ **128.** $a_n = \dfrac{2^n - 1}{3^n}$

129. $a_n = ((-1)^n + 1)\left(\dfrac{n+1}{n}\right)$

130. 수열의 첫 번째 항은 $x_1 = \cos(1)$이다. 두 번째 항 x_2는 x_1, $\cos(2)$ 둘 중 큰 수이다. 세 번째 항 x_3는 x_2, $\cos(3)$ 둘 중 큰 수이다. 일반항은

$$x_{n+1} = \max\{x_n, \cos(n+1)\}$$

131. $a_n = \dfrac{1 + \sqrt{2n}}{\sqrt{n}}$ **132.** $a_n = \dfrac{n+1}{n}$

133. $a_n = \dfrac{4^{n+1} + 3^n}{4^n}$ **134.** $a_1 = 1, \quad a_{n+1} = 2a_n - 3$

연습문제 135와 136에서 수렴의 정의를 사용하여 주어진 극한을 증명하라.

135. $\lim_{n\to\infty} \dfrac{\sin n}{n} = 0$ **136.** $\lim_{n\to\infty}\left(1 - \dfrac{1}{n^2}\right) = 1$

137. 수열 $\{n/(n+1)\}$은 최소상계 1을 가진다. 만약 M이 1보다 작은 수일 때, $\{n/(n+1)\}$의 항들은 결국 M을 넘어선다는 것을 보이라. 즉, 만약 $M < 1$이면, $n > N$인 모든 자연수에 대해 $n/(n+1) > M$이 성립하는 정수 N을 찾으라. 모든 n에 대하여 $n/(n+1) < 1$이기 때문에 이것은 1이 $\{n/(n+1)\}$의 최소상계라는 것을 증명하는 것과 같다.

138. 최소상계의 유일성 만약 M_1과 M_2가 둘 다 수열 $\{a_n\}$의 최소

상계라고 할 때, $M_1 = M_2$임을 보이라. 즉, 한 수열 $\{a_n\}$은 2개의 다른 최소상계를 가질 수 없다.

139. 위로 유계인, 양수로 이루어진 수열 $\{a_n\}$은 반드시 수렴하는가? 그 이유를 설명하라.

140. $\{a_n\}$이 수렴하는 수열이면, 모든 양수 ε에 대하여 정수 N이 존재하여, 모든 m, n에 대하여 다음이 성립함을 보이라.

$$m > N, \quad n > N \quad \Rightarrow \quad |a_m - a_n| < \varepsilon$$

141. **극한의 유일성** 수열의 극한이 유일하다는 것을 증명하라. 즉, 만일 $a_n \to L_1$이고 $a_n \to L_2$이면 $L_1 = L_2$임을 보이라.

142. **극한과 부분수열** 한 수열의 항들이 주어진 순서대로 또 다른 수열에 나타날 때 첫 번째 수열을 두 번째 수열의 **부분수열** (subsequence)이라 한다. 만일 수열 $\{a_n\}$의 두 부분수열이 $L_1 \neq L_2$로 그 극한값이 다르면 $\{a_n\}$은 발산함을 증명하라.

143. 수열 $\{a_n\}$에 대하여 짝수 번째 항을 a_{2k}로, 홀수 번째 항을 a_{2k+1}로 나타낸다. 만일 $a_{2k} \to L$이고 $a_{2k+1} \to L$이면 $a_n \to L$임을 증명하라.

144. $\{a_n\} \to 0$일 필요충분조건은 $\{|a_n|\} \to 0$임을 증명하라.

145. **뉴턴 방법에 의한 수열의 형성** 미분가능한 함수 $f(x)$를 이용한 뉴턴 방법은 x_0로부터 시작하고 $f(x) = 0$의 근으로 수렴하는 조건하에 수열 $\{x_n\}$을 만드는 것이다. 이 수열의 점화식은 다음과 같다.

$$x_{n+1} = x_n - \frac{f(x_n)}{f'(x_n)}$$

a. $f(x) = x^2 - a, a > 0$일 때 점화식은 $x_{n+1} = (x_n + a/x_n)/2$임을 보이라.

T **b.** $x_0 = 1, a = 3$을 시작값으로 하여 수열의 항들을 계속해서 구하고 값들이 반복될 때까지 하라. 또, 근삿값은 얼마인가? 그 이유를 설명하라.

T **146.** **$\pi/2$의 점화식 정의** 수열 $\{x_n\}$을 $x_n = x_{n-1} + \cos x_{n-1}$으로 정의하고 $x_1 = 1$으로 시작하면, 수열이 $\pi/2$로 빠르게 수렴하게 된다.

a. 수렴함을 보이라.

b. 다음 그림으로부터 수렴이 빠르게 이루어지는 이유를 설명하라.

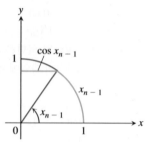

컴퓨터 탐구

연습문제 147~158에서 주어진 수열에 대하여 각 단계를 CAS를 사용하여 수행하라.

a. 처음 25개의 항을 계산하여 그리라. 수열이 위로 또는 아래로 유계인가? 수열은 수렴하거나 발산하는가? 만약 수열이 수렴한다면, 극한 L은 얼마인가?

b. 만약 수렴한다면, $n \geq N$인 모든 자연수에 대해 $|a_n - L| \leq 0.01$이 성립하는 N을 찾으라. 항들이 L로부터 0.0001 이내에 들어 있으려면 N이 얼마나 커져야 하는가?

147. $a_n = \sqrt[n]{n}$

148. $a_n = \left(1 + \dfrac{0.5}{n}\right)^n$

149. $a_1 = 1, \quad a_{n+1} = a_n + \dfrac{1}{5^n}$

150. $a_1 = 1, \quad a_{n+1} = a_n + (-2)^n$

151. $a_n = \sin n$

152. $a_n = n \sin \dfrac{1}{n}$

153. $a_n = \dfrac{\sin n}{n}$

154. $a_n = \dfrac{\ln n}{n}$

155. $a_n = (0.9999)^n$

156. $a_n = (123456)^{1/n}$

157. $a_n = \dfrac{8^n}{n!}$

158. $a_n = \dfrac{n^{41}}{19^n}$

8.2   무한급수

다음과 같이 무한수열의 각 항을 더한 합을 **무한급수**(infinite series)라 한다.

$$a_1 + a_2 + a_3 + \cdots + a_n + \cdots$$

이 절에서는 무한히 더한 합에 관해 이해하고 그 합을 구하는 방법을 공부한다. 무한급수의 무한히 많은 항을 일일이 다 더하는 것은 불가능하다. 대신에 급수의 일부인 첫째 항부터 n번째 항까지만 더한 합을 살펴본다.

$$s_n = a_1 + a_2 + a_3 + \cdots + a_n$$

첫째 항부터 n번째 항까지의 합은 유한 합에 불과하므로 유한에서처럼 더하면 된다. 이때 첫째 항부터 n번째 항까지의 합을 **n번째 부분합**(nth partial sum)이라 한다. 8.1절에서 n이 커지면 수열이 극한에 근접하듯 부분합도 극한값에 가까워지리라 추측할 수 있다.

예를 들면, 다음 급수

$$1 + \frac{1}{2} + \frac{1}{4} + \frac{1}{8} + \frac{1}{16} + \cdots$$

에서 첫째 항부터 더할 때 부분합이 어떻게 증가하는지 살펴보자.

부분합		값	부분합의 또 다른 표현식
첫째:	$s_1 = 1$	1	$2 - 1$
둘째:	$s_2 = 1 + \frac{1}{2}$	$\frac{3}{2}$	$2 - \frac{1}{2}$
셋째:	$s_3 = 1 + \frac{1}{2} + \frac{1}{4}$	$\frac{7}{4}$	$2 - \frac{1}{4}$
$\vdots$	$\vdots$	$\vdots$	$\vdots$
n번째:	$s_n = 1 + \frac{1}{2} + \frac{1}{4} + \cdots + \frac{1}{2^{n-1}}$	$\frac{2^n - 1}{2^{n-1}}$	$2 - \frac{1}{2^{n-1}}$

그러면 패턴이 나온다. 부분합은 n번째 항이

$$s_n = 2 - \frac{1}{2^{n-1}}$$

인 수열이 된다. 이때 $\lim\limits_{n \to \infty}(1/2^{n-1}) = 0$이므로 부분합의 수열은 2에 수렴한다. 따라서

$$\text{"무한급수 } 1 + \frac{1}{2} + \frac{1}{4} + \cdots + \frac{1}{2^{n-1}} + \cdots \text{의 합은 2이다."}$$

라고 말한다. 위 급수에서 유한개 항들의 합이 2와 같을 수 있을까? 없다. 그러면 무한 개의 항을 차 례로 모두 더할 수는 있을까? 그렇지 않다. 무한 합은 $n \to \infty$일 때 부분 합의 수열의 극한값, 이 경우는 2로 정의한다(그림 8.8). 수열과 극한을 통해 유한 합 에서 벗어날 수 있다.

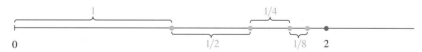

그림 8.8 길이 1, $\frac{1}{2}$, $\frac{1}{4}$, $\frac{1}{8}$, $\cdots$를 차례로 더해가면 2에 접근한다.

정의 수열 $\{a_n\}$이 주어질 때,

$$a_1 + a_2 + a_3 + \cdots + a_n + \cdots$$

을 **무한급수(infinite series)**라 한다. 이때 a_n을 급수의 **n번째 항(nth term)**이라 한다.

$$s_1 = a_1$$
$$s_2 = a_1 + a_2$$
$$\vdots$$
$$s_n = a_1 + a_2 + \cdots + a_n = \sum_{k=1}^{n} a_k$$
$$\vdots$$

위와 같이 정의한 수열 $\{s_n\}$을 급수의 **부분합의 수열(sequence of partial sum)**이라 하 며, s_n은 **n번째 부분합(nth partial sum)**이 된다. 부분합의 수열이 극한값 L에 수렴하면

급수는 **수렴(converge)**하고, 이때의 **합(sum)**은 L이 된다. 수렴하는 경우 다음과 같이 쓰기도 한다.

$$a_1 + a_2 + \cdots + a_n + \cdots = \sum_{n=1}^{\infty} a_n = L$$

급수의 부분합의 수열이 수렴하지 않을 때, 급수가 **발산한다(diverge)**고 한다.

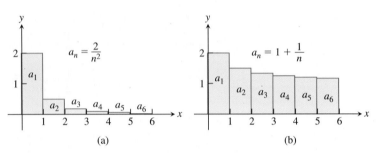

(a)

(b)

그림 8.9 양수 항을 갖는 급수의 합은 무한히 많은 직사각형들의 전체 넓이의 합으로 해석된다. (a) 전체 넓이의 합이 유한이면 급수는 수렴하고, (b) 전체 넓이의 합이 유계가 아니면 급수는 발산한다. 직사각형의 넓이가 감소하는 경우일지라도 전체 넓이의 합은 무한이 될 수 있음을 주의하라.

무한급수에서 각 항을 직사각형의 넓이로 표현할 수 있다. 급수의 모든 항 a_n이 양수일 때, 전체 넓이의 합이 유한이면 급수는 수렴하고 그렇지 않으면 발산한다. 그림 8.9(a)는 급수가 수렴하는 예를 보여주고 그림 8.9(b)는 급수가 발산하는 예를 보여준다. 전체 넓이의 합의 수렴은 7.8절에서 공부하였던 이상적분의 수렴 또는 발산과 관련되어 있다. 이 연관 관계를 명확히 하면 급수에 대한 중요한 수렴 판정법인 적분판정법으로 발전한다. 다음 절에서 설명한다.

주어진 급수 $a_1 + a_2 + \cdots + a_n + \cdots$가 수렴할지 발산할지 알지 못할 수도 있다. 어느 경우든 기호 $\sum$를 사용하여 급수를 다음과 같이 간단히 쓰자.

$$\sum_{n=1}^{\infty} a_n, \qquad \sum_{k=1}^{\infty} a_k, \qquad \sum a_n \qquad \text{1부터 }\infty\text{까지 합을 나타낸 간단한 표기법}$$

기하급수

a와 r이 상수이고 $a \neq 0$일 때, 다음과 같은 형태의 급수를 **기하급수(geometric series)**라 한다.

$$a + ar + ar^2 + \cdots + ar^{n-1} + \cdots = \sum_{n=1}^{\infty} ar^{n-1}$$

마찬가지로 기하급수를 간단히 $\sum_{n=0}^{\infty} ar^n$으로 쓰기도 한다. **공비(ratio)** r이 다음 식에서처럼 양수일 수도 있고,

$$1 + \frac{1}{2} + \frac{1}{4} + \cdots + \left(\frac{1}{2}\right)^{n-1} + \cdots \qquad r = 1/2, a = 1$$

다음 식에서처럼 음수일 수도 있다.

$$1 - \frac{1}{3} + \frac{1}{9} - \cdots + \left(-\frac{1}{3}\right)^{n-1} + \cdots \qquad r = -1/3, a = 1$$

$r = 1$이면, 기하급수의 n번째 부분합은 다음과 같고,

$$s_n = a + a(1) + a(1)^2 + \cdots + a(1)^{n-1} = na$$

이때 $\lim_{n \to \infty} s_n = \pm \infty$ (a의 부호에 따름)이므로 발산하는 급수이다. $r = -1$이면 n번째 부분합이 a와 0에서 진동하여 하나의 극한을 가질 수 없으므로 급수는 발산한다. $|r| \neq 1$이면, 급수의 수렴과 발산을 판정하기 위해 다음과 같은 방법을 사용한다.

$$s_n = a + ar + ar^2 + \cdots + ar^{n-1} \qquad \text{\small n번째 부분합}$$

$$rs_n = ar + ar^2 + \cdots + ar^{n-1} + ar^n \qquad \text{\small s_n에 r을 곱하자.}$$

$$s_n - rs_n = a - ar^n \qquad \text{\small s_n에서 rs_n을 뺀다. 우변의 항 대부분이 소거된다.}$$

$$s_n(1 - r) = a(1 - r^n) \qquad \text{\small 인수분해}$$

$$s_n = \frac{a(1 - r^n)}{1 - r}, \qquad (r \neq 1) \qquad \text{\small $r \neq 1$일 때 s_n을 얻는다.}$$

$|r| < 1$이면, $n \to \infty$일 때, $r^n \to 0$(8.1절에서)이고, 따라서 이 경우에는 $s_n \to a/(1-r)$이다. 반면 $|r| > 1$이면 $|r^n| \to \infty$이 되어 급수는 발산한다.

$|r| < 1$이면, 기하급수 $a + ar + ar^2 + \cdots + ar^{n-1} + \cdots$은 $a/(1-r)$로 수렴한다.

$$\sum_{n=1}^{\infty} ar^{n-1} = \frac{a}{1 - r}, \qquad |r| < 1$$

$|r| \geq 1$이면, 급수는 발산한다.

기하급수의 합공식 $a/(1-r)$는 지수가 $n = 1$부터 시작되는 $\displaystyle\sum_{n=1}^{\infty} ar^{n-1}$ 형태에서만 적용한다(혹은 지수 $n = 0$부터 시작되는 $\displaystyle\sum_{n=0}^{\infty} ar^n$ 형태에 대해서도 적용).

예제 1　$a = 1/9$이고 $r = 1/3$인 기하급수는

$$\frac{1}{9} + \frac{1}{27} + \frac{1}{81} + \cdots = \sum_{n=1}^{\infty} \frac{1}{9}\left(\frac{1}{3}\right)^{n-1} = \frac{1/9}{1 - (1/3)} = \frac{1}{6}$$

이다. ∎

예제 2　급수

$$\sum_{n=0}^{\infty} \frac{(-1)^n 5}{4^n} = 5 - \frac{5}{4} + \frac{5}{16} - \frac{5}{64} + \cdots$$

은 $a = 5$이고 $r = -1/4$인 기하급수이다. 이 급수는

$$\frac{a}{1 - r} = \frac{5}{1 + (1/4)} = 4$$

에 수렴한다. ∎

예제 3　평탄한 바닥에서부터 a미터 떨어진 높이에서 공을 떨어뜨린다. 공이 높이 h에서 낙하 후 표면에 맞을 때마다 다시 높이 rh만큼 튀어오른다 ($0 < r < 1$). 이때 공이 위아래로 움직인 총 거리를 계산하라(그림 8.10).

풀이　총 거리는

$$s = a + \underbrace{2ar + 2ar^2 + 2ar^3 + \cdots}_{\text{이 합은 } 2ar/(1-r)\text{이다.}} = a + \frac{2ar}{1 - r} = a\frac{1 + r}{1 - r}$$

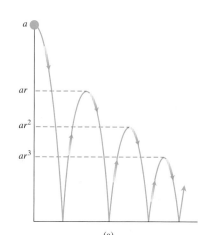

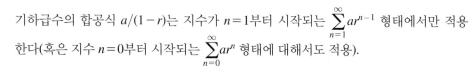

그림 8.10　(a) 예제 3의 공을 튀게 했을 때 만약 반동이 r 곱으로 줄어진다면 공이 움직인 수직거리를 계산하는 데 기하급수가 어떻게 사용되는지 보인 그림. (b) 튀는 공의 조금씩 변하는 모양을 찍은 사진(출처: *PSSC Physics*, 2nd ed., Reprinted by permission of Educational Development Center, Inc.).

예를 들어, $a = 6$ m이고 $r = 2/3$일 때, 총 거리는 다음과 같다.

$$s = 6 \cdot \frac{1 + (2/3)}{1 - (2/3)} = 6\left(\frac{5/3}{1/3}\right) = 30 \text{ m}$$

예제 4 순환소수 $5.232323\cdots$을 분수로 나타내라.

풀이
$$\begin{aligned}
5.232323\ldots &= 5 + \frac{23}{100} + \frac{23}{(100)^2} + \frac{23}{(100)^3} + \cdots \\
&= 5 + \frac{23}{100}\underbrace{\left(1 + \frac{1}{100} + \left(\frac{1}{100}\right)^2 + \cdots\right)}_{1/(1 - 0.01)} \quad \begin{array}{l} a = 1, \\ r = 1/100 \end{array} \\
&= 5 + \frac{23}{100}\left(\frac{1}{0.99}\right) = 5 + \frac{23}{99} = \frac{518}{99}
\end{aligned}$$

불행하게도, 수렴하는 기하급수의 합공식과 같은 공식은 흔하지 않고, 대개 급수의 합을 근사 계산해야 한다(뒤에 이것에 대해서 더 논의). 그러나 다음 예제에서는 급수의 합의 정확한 값을 구한다.

예제 5 다음 '망원' 급수 $\displaystyle\sum_{n=1}^{\infty} \frac{1}{n(n+1)}$의 합을 구하라.

풀이 부분합의 수열의 패턴을 찾으면 s_k를 간단한 식으로 나타낼 수 있다.

$$\frac{1}{n(n+1)} = \frac{1}{n} - \frac{1}{n+1}$$

위와 같은 부분 분수식으로부터 부분합은

$$\sum_{n=1}^{k} \frac{1}{n(n+1)} = \sum_{n=1}^{k} \left(\frac{1}{n} - \frac{1}{n+1}\right)$$

이므로 나열하여

$$s_k = \left(\frac{1}{1} - \frac{1}{\cancel{2}}\right) + \left(\frac{1}{\cancel{2}} - \frac{1}{\cancel{3}}\right) + \left(\frac{1}{\cancel{3}} - \frac{1}{\cancel{4}}\right) + \cdots + \left(\frac{1}{\cancel{k}} - \frac{1}{k+1}\right)$$

괄호를 없애고 서로 다른 부호를 갖는 이웃하는 항을 소거해 나가면 그 합은

$$s_k = 1 - \frac{1}{k+1}$$

이므로, $k \to \infty$일 때 $s_k \to 1$이다. 따라서 이 급수는 수렴하고 그 합은 1이다.

$$\sum_{n=1}^{\infty} \frac{1}{n(n+1)} = 1$$

발산하는 급수에 대한 일반항 판정법

급수가 수렴하지 않는 이유 중 하나는 급수의 항이 작아지지 않는 데 있다.

예제 6 급수

$$\sum_{n=1}^{\infty} \frac{n+1}{n} = \frac{2}{1} + \frac{3}{2} + \frac{4}{3} + \cdots + \frac{n+1}{n} + \cdots$$

은 부분합이 결국 어떤 정해진 수보다도 커지므로 발산한다. 각 항은 모두 1보다 크므로 n번째 부분합은 n보다도 크다.

급수 $\sum_{n=1}^{\infty} a_n$이 수렴한다면 $\lim_{n\to\infty} a_n = 0$이어야 함을 증명해 보자. 먼저 S를 급수합이라 하고, n번째 부분합을 $s_n = a_1 + a_2 + \cdots + a_n$이라 하자. n이 커질 때, s_n과 s_{n-1}은 S에 가까워지므로, 두 항의 차 a_n은 0에 가까워진다. 식으로 나타내면,

$$a_n = s_n - s_{n-1} \to S - S = 0 \qquad \text{수열에 관한 차의 법칙}$$

이것으로 다음 정리가 입증되었다.

주의

정리 7은 $a_n \to 0$이면, $\sum_{n=1}^{\infty} a_n$이 수렴한다는 것은 아니다. $a_n \to 0$이면서도 급수가 발산할 수도 있다. (예제 8 참조)

> **정리 7** $\sum_{n=1}^{\infty} a_n$이 수렴하면, $a_n \to 0$이다.

정리 7을 이용하면 예제 6에 나와 있는 급수가 발산함을 쉽게 판정할 수 있다.

> **발산에 대한 일반항 판정법**
>
> $\lim_{n\to\infty} a_n$이 존재하지 않거나 0이 아닌 다른 값이면, $\sum_{n=1}^{\infty} a_n$은 발산한다.

예제 7   다음은 발산하는 급수들의 예이다.

(a) $n^2 \to \infty$이므로 $\sum_{n=1}^{\infty} n^2$은 발산한다.

(b) $\dfrac{n+1}{n} \to 1$이므로 $\sum_{n=1}^{\infty} \dfrac{n+1}{n}$은 발산한다. $\lim_{n\to\infty} a_n \neq 0$

(c) $\lim_{n\to\infty} (-1)^{n+1}$은 존재하지 않으므로 $\sum_{n=1}^{\infty} (-1)^{n+1}$은 발산한다.

(d) $\lim_{n\to\infty} \dfrac{-n}{2n+5} = -\dfrac{1}{2} \neq 0$이므로 $\sum_{n=1}^{\infty} \dfrac{-n}{2n+5}$은 발산한다.   ■

예제 8   급수

$$1 + \underbrace{\frac{1}{2} + \frac{1}{2}}_{2개} + \underbrace{\frac{1}{4} + \frac{1}{4} + \frac{1}{4} + \frac{1}{4}}_{4개} + \cdots + \underbrace{\frac{1}{2^n} + \frac{1}{2^n} + \cdots + \frac{1}{2^n}}_{2^n개} + \cdots$$

은 2개, 4개, $\cdots$, 2^n개씩 묶은 그룹을 만들어 항들을 더하면 1씩 증가하므로 급수의 부분합은 한없이 커진다. 그러나 급수의 항들로 이루어진 수열은 0에 수렴한다. 8.3절의 예제 1의 조화급수 $\sum 1/n$도 이와 비슷하다.   ■

급수의 연산

2개의 수렴하는 급수를 항별로 더하거나, 항별로 빼거나, 또는 급수의 각 항에 상수를 곱하면 새로운 급수가 만들어진다.

> **정리 8** $\sum a_n = A$, $\sum b_n = B$가 수렴하는 급수이면 다음이 성립한다.
>
> **1. 합의 공식:** $\sum (a_n + b_n) = \sum a_n + \sum b_n = A + B$
>
> **2. 차의 공식:** $\sum (a_n - b_n) = \sum a_n - \sum b_n = A - B$
>
> **3. 상수배의 공식:** $\sum k a_n = k \sum a_n = kA$ (k는 임의의 상수)

증명   급수에 관한 위의 세 가지 공식은 8.1절의 정리 1에 소개된 수열에 관한 공식과 유사하다. 급수에 관한 합의 공식을 증명해 보자. 먼저

$$A_n = a_1 + a_2 + \cdots + a_n, \quad B_n = b_1 + b_2 + \cdots + b_n$$

이라 놓으면, $\sum(a_n + b_n)$의 부분합 s_n은 다음과 같다.

$$s_n = (a_1 + b_1) + (a_2 + b_2) + \cdots + (a_n + b_n)$$
$$= (a_1 + \cdots + a_n) + (b_1 + \cdots + b_n)$$
$$= A_n + B_n$$

$A_n \to A$, $B_n \to B$이므로 수열에 관한 합의 공식에 의해 결국 $s_n \to A + B$이다. 차의 공식에 대한 증명도 마찬가지이다.

급수에 관한 상수배의 공식을 증명해 보자. $\sum ka_n$의 부분합은 다음과 같은 수열로 나타난다.

$$s_n = ka_1 + ka_2 + \cdots + ka_n = k(a_1 + a_2 + \cdots + a_n) = kA_n$$

이것은 수열에 관한 상수배의 공식에 의해 kA에 수렴한다. ∎

다음은 정리 8로부터 나오는 결과들이다. 증명은 생략한다.

---

1. 발산하는 급수에 0이 아닌 상수를 곱하면 그 급수는 발산한다.

2. $\sum a_n$이 수렴하고 $\sum b_n$이 발산하는 급수이면, $\sum(a_n + b_n)$과 $\sum(a_n - b_n)$은 둘 다 발산한다.

주의 $\sum a_n$과 $\sum b_n$이 둘 다 발산하는 경우에도 $\sum(a_n + b_n)$은 수렴할 수 있다. 한 예로, $\sum a_n = 1 + 1 + 1 + \cdots$과 $\sum b_n = (-1) + (-1) + (-1) + \cdots$은 모두 발산하나, $\sum(a_n + b_n) = 0 + 0 + 0 + \cdots$은 0으로 수렴한다.

예제 9 다음 급수의 합을 구하라.

(a)
$$\sum_{n=1}^{\infty} \frac{3^{n-1} - 1}{6^{n-1}} = \sum_{n=1}^{\infty} \left(\frac{1}{2^{n-1}} - \frac{1}{6^{n-1}} \right)$$
$$= \sum_{n=1}^{\infty} \frac{1}{2^{n-1}} - \sum_{n=1}^{\infty} \frac{1}{6^{n-1}} \qquad \text{차의 공식}$$
$$= \frac{1}{1 - (1/2)} - \frac{1}{1 - (1/6)} \qquad a = 1,\ r = 1/2,\ 1/6\text{인 기하급수}$$
$$= 2 - \frac{6}{5} = \frac{4}{5}$$

(b)
$$\sum_{n=0}^{\infty} \frac{4}{2^n} = 4 \sum_{n=0}^{\infty} \frac{1}{2^n} \qquad \text{차의 공식}$$
$$= 4 \left(\frac{1}{1 - (1/2)} \right) \qquad a = 1,\ r = 1/2\text{인 기하급수}$$
$$= 8 \qquad ∎$$

항 추가 또는 소거

주어진 급수에 유한개의 항을 추가하거나 소거한다면 수렴급수의 경우 합은 달라지더라도 급수의 수렴 또는 발산은 유지된다. $\sum_{n=1}^{\infty} a_n$이 수렴급수일 때, $k > 1$인 임의의 k에 대해 $\sum_{n=k}^{\infty} a_n$은 수렴하며 다음과 같다.

$$\sum_{n=1}^{\infty} a_n = a_1 + a_2 + \cdots + a_{k-1} + \sum_{n=k}^{\infty} a_n$$

역으로 $k > 1$인 임의의 k에 대해 $\sum\limits_{n=k}^{\infty} a_n$이 수렴하면 $\sum\limits_{n=1}^{\infty} a_n$은 수렴한다. 따라서

$$\sum_{n=1}^{\infty} \frac{1}{5^n} = \frac{1}{5} + \frac{1}{25} + \frac{1}{125} + \sum_{n=4}^{\infty} \frac{1}{5^n}$$

이고

$$\sum_{n=4}^{\infty} \frac{1}{5^n} = \left(\sum_{n=1}^{\infty} \frac{1}{5^n} \right) - \frac{1}{5} - \frac{1}{25} - \frac{1}{125}$$

역사적 인물
데데킨트(Richard Dedekind, 1831~1916)

급수의 처음 몇 항들은 급수의 수렴 또는 발산에 영향을 주지 못한다. 오직 급수의 꼬리(tail), 즉 처음 어떤 유한개의 항들을 뛰어 넘어 나머지 부분을 더한 것이 수렴하는지 발산하는지가 급수의 수렴, 발산에 영향을 미치게 된다.

지수변환

항의 순서가 보존된다면, 지수를 변환하더라도 급수의 수렴성은 유지된다. $\sum\limits_{n=1}^{\infty} a_n$의 a_n에서 n 대신 $n - h$로 변환하면 첫째 항의 지수는 $1 + h$에서 시작한다.

$$\sum_{n=1}^{\infty} a_n = \sum_{n=1+h}^{\infty} a_{n-h} = a_1 + a_2 + a_3 + \cdots$$

$\sum\limits_{n=1}^{\infty} a_n$의 a_n에서 n 대신 $n + h$로 변환하면 $1 - h$가 첫째 항의 지수가 된다.

$$\sum_{n=1}^{\infty} a_n = \sum_{n=1-h}^{\infty} a_{n+h} = a_1 + a_2 + a_3 + \cdots$$

이러한 과정은 마치 평행이동과 같다. 이미 기하급수에서 첫째 항의 지수를 $n=1$ 대신 $n=0$을 사용하는 지수변환을 보았으며, 지수변환은 어떠한 수도 처음 시작하는 지수로 사용할 수 있다. 지수변환을 통해 급수의 표현을 간결하게 할 수 있다.

예제 10 기하급수

$$\sum_{n=1}^{\infty} \frac{1}{2^{n-1}} = 1 + \frac{1}{2} + \frac{1}{4} + \cdots$$

을 다음과 같이 쓸 수 있다.

$$\sum_{n=0}^{\infty} \frac{1}{2^n}, \qquad \sum_{n=5}^{\infty} \frac{1}{2^{n-5}}, \qquad \text{또는} \qquad \sum_{n=-4}^{\infty} \frac{1}{2^{n+4}}$$

그러나 지수변환을 하더라도 급수의 부분합은 같다. ■

연습문제 8.2

n번째 부분합 구하기

연습문제 1~6에서 급수의 n번째 부분합을 구하는 공식을 찾고, 급수가 수렴한다면 공식을 이용, 급수의 합을 구하라.

1. $2 + \dfrac{2}{3} + \dfrac{2}{9} + \dfrac{2}{27} + \cdots + \dfrac{2}{3^{n-1}} + \cdots$

2. $\dfrac{9}{100} + \dfrac{9}{100^2} + \dfrac{9}{100^3} + \cdots + \dfrac{9}{100^n} + \cdots$

3. $1 - \dfrac{1}{2} + \dfrac{1}{4} - \dfrac{1}{8} + \cdots + (-1)^{n-1} \dfrac{1}{2^{n-1}} + \cdots$

4. $1 - 2 + 4 - 8 + \cdots + (-1)^{n-1} 2^{n-1} + \cdots$

5. $\dfrac{1}{2 \cdot 3} + \dfrac{1}{3 \cdot 4} + \dfrac{1}{4 \cdot 5} + \cdots + \dfrac{1}{(n+1)(n+2)} + \cdots$

6. $\dfrac{5}{1 \cdot 2} + \dfrac{5}{2 \cdot 3} + \dfrac{5}{3 \cdot 4} + \cdots + \dfrac{5}{n(n+1)} + \cdots$

등비수열을 포함한 급수

연습문제 7~14에서 급수가 어떻게 시작하는지 보이기 위해 처음 8항을 쓰고, 급수의 합을 구하라. 또는 발산함을 보이라.

7. $\displaystyle\sum_{n=0}^{\infty} \frac{(-1)^n}{4^n}$ **8.** $\displaystyle\sum_{n=2}^{\infty} \frac{1}{4^n}$

9. $\displaystyle\sum_{n=1}^{\infty} \left(1 - \frac{7}{4^n}\right)$ **10.** $\displaystyle\sum_{n=0}^{\infty} (-1)^n \frac{5}{4^n}$

11. $\displaystyle\sum_{n=0}^{\infty} \left(\frac{5}{2^n} + \frac{1}{3^n}\right)$ **12.** $\displaystyle\sum_{n=0}^{\infty} \left(\frac{5}{2^n} - \frac{1}{3^n}\right)$

13. $\displaystyle\sum_{n=0}^{\infty} \left(\frac{1}{2^n} + \frac{(-1)^n}{5^n}\right)$ **14.** $\displaystyle\sum_{n=0}^{\infty} \left(\frac{2^{n+1}}{5^n}\right)$

연습문제 15~22에서 기하급수가 수렴하는지 발산하는지를 판정하고, 수렴한다면 급수의 합을 구하라.

15. $1 + \left(\dfrac{2}{5}\right) + \left(\dfrac{2}{5}\right)^2 + \left(\dfrac{2}{5}\right)^3 + \left(\dfrac{2}{5}\right)^4 + \cdots$

16. $1 + (-3) + (-3)^2 + (-3)^3 + (-3)^4 + \cdots$

17. $\left(\dfrac{1}{8}\right) + \left(\dfrac{1}{8}\right)^2 + \left(\dfrac{1}{8}\right)^3 + \left(\dfrac{1}{8}\right)^4 + \left(\dfrac{1}{8}\right)^5 + \cdots$

18. $\left(\dfrac{-2}{3}\right)^2 + \left(\dfrac{-2}{3}\right)^3 + \left(\dfrac{-2}{3}\right)^4 + \left(\dfrac{-2}{3}\right)^5 + \left(\dfrac{-2}{3}\right)^6 + \cdots$

19. $1 - \left(\dfrac{2}{e}\right) + \left(\dfrac{2}{e}\right)^2 - \left(\dfrac{2}{e}\right)^3 + \left(\dfrac{2}{e}\right)^4 - \cdots$

20. $\left(\dfrac{1}{3}\right)^{-2} - \left(\dfrac{1}{3}\right)^{-1} + 1 - \left(\dfrac{1}{3}\right) + \left(\dfrac{1}{3}\right)^2 - \cdots$

21. $1 + \left(\dfrac{10}{9}\right)^2 + \left(\dfrac{10}{9}\right)^4 + \left(\dfrac{10}{9}\right)^6 + \left(\dfrac{10}{9}\right)^8 + \cdots$

22. $\dfrac{9}{4} - \dfrac{27}{8} + \dfrac{81}{16} - \dfrac{243}{32} + \dfrac{729}{64} - \cdots$

순환소수

연습문제 23~30에서 주어진 수들을 분수로 표현하라.

23. $0.\overline{23} = 0.23\,23\,23\ldots$

24. $0.\overline{234} = 0.234\,234\,234\ldots$

25. $0.\overline{7} = 0.7777\ldots$

26. $0.\overline{d} = 0.dddd\ldots$,   (여기서 d는 숫자)

27. $0.0\overline{6} = 0.06666\ldots$

28. $1.\overline{414} = 1.414\,414\,414\ldots$

29. $1.24\overline{123} = 1.24\,123\,123\,123\ldots$

30. $3.\overline{142857} = 3.142857\,142857\ldots$

일반항 판정법

연습문제 31~38에서 발산에 대한 일반항 판정법을 사용하여 급수가 발산함을 보이거나, 아니면 판정법을 적용할 수 없는 이유를 말하라.

31. $\displaystyle\sum_{n=1}^{\infty} \frac{n}{n+10}$ **32.** $\displaystyle\sum_{n=1}^{\infty} \frac{n(n+1)}{(n+2)(n+3)}$

33. $\displaystyle\sum_{n=0}^{\infty} \frac{1}{n+4}$ **34.** $\displaystyle\sum_{n=1}^{\infty} \frac{n}{n^2+3}$

35. $\displaystyle\sum_{n=1}^{\infty} \cos\frac{1}{n}$ **36.** $\displaystyle\sum_{n=0}^{\infty} \frac{e^n}{e^n+n}$

37. $\displaystyle\sum_{n=1}^{\infty} \ln\frac{1}{n}$ **38.** $\displaystyle\sum_{n=0}^{\infty} \cos n\pi$

망원급수

연습문제 39~44에서 급수의 n번째 부분합을 구하고, 이를 이용하여 수렴, 발산을 판정하라. 수렴한다면, 급수의 합을 구하라.

39. $\displaystyle\sum_{n=1}^{\infty} \left(\frac{1}{n} - \frac{1}{n+1}\right)$ **40.** $\displaystyle\sum_{n=1}^{\infty} \left(\frac{3}{n^2} - \frac{3}{(n+1)^2}\right)$

41. $\displaystyle\sum_{n=1}^{\infty} \left(\ln\sqrt{n+1} - \ln\sqrt{n}\right)$ **42.** $\displaystyle\sum_{n=1}^{\infty} \left(\tan(n) - \tan(n-1)\right)$

43. $\displaystyle\sum_{n=1}^{\infty} \left(\cos^{-1}\left(\frac{1}{n+1}\right) - \cos^{-1}\left(\frac{1}{n+2}\right)\right)$

44. $\displaystyle\sum_{n=1}^{\infty} \left(\sqrt{n+4} - \sqrt{n+3}\right)$

연습문제 45~52에서 급수의 합을 구하라.

45. $\displaystyle\sum_{n=1}^{\infty} \frac{4}{(4n-3)(4n+1)}$ **46.** $\displaystyle\sum_{n=1}^{\infty} \frac{6}{(2n-1)(2n+1)}$

47. $\displaystyle\sum_{n=1}^{\infty} \frac{40n}{(2n-1)^2(2n+1)^2}$ **48.** $\displaystyle\sum_{n=1}^{\infty} \frac{2n+1}{n^2(n+1)^2}$

49. $\displaystyle\sum_{n=1}^{\infty} \left(\frac{1}{\sqrt{n}} - \frac{1}{\sqrt{n+1}}\right)$ **50.** $\displaystyle\sum_{n=1}^{\infty} \left(\frac{1}{2^{1/n}} - \frac{1}{2^{1/(n+1)}}\right)$

51. $\displaystyle\sum_{n=1}^{\infty} \left(\frac{1}{\ln(n+2)} - \frac{1}{\ln(n+1)}\right)$

52. $\displaystyle\sum_{n=1}^{\infty} \left(\tan^{-1}(n) - \tan^{-1}(n+1)\right)$

수렴과 발산

연습문제 53~76에서 수렴, 발산을 판정하고 그 이유를 설명하라. 또, 급수가 수렴한다면 그 합을 구하라.

53. $\displaystyle\sum_{n=0}^{\infty} \left(\frac{1}{\sqrt{2}}\right)^n$ **54.** $\displaystyle\sum_{n=0}^{\infty} \left(\sqrt{2}\right)^n$

55. $\displaystyle\sum_{n=1}^{\infty} (-1)^{n+1} \frac{3}{2^n}$ **56.** $\displaystyle\sum_{n=1}^{\infty} (-1)^{n+1} n$

57. $\displaystyle\sum_{n=0}^{\infty} \cos\left(\frac{n\pi}{2}\right)$ **58.** $\displaystyle\sum_{n=0}^{\infty} \frac{\cos n\pi}{5^n}$

59. $\displaystyle\sum_{n=0}^{\infty} e^{-2n}$ **60.** $\displaystyle\sum_{n=1}^{\infty} \ln\frac{1}{3^n}$

61. $\displaystyle\sum_{n=1}^{\infty} \frac{2}{10^n}$ **62.** $\displaystyle\sum_{n=0}^{\infty} \frac{1}{x^n}, \quad |x| > 1$

63. $\displaystyle\sum_{n=1}^{\infty} \frac{2^n - 1}{3^n}$ **64.** $\displaystyle\sum_{n=1}^{\infty} \left(1 - \frac{1}{n}\right)^n$

65. $\displaystyle\sum_{n=0}^{\infty} \frac{n!}{1000^n}$ **66.** $\displaystyle\sum_{n=1}^{\infty} \frac{n^n}{n!}$

67. $\displaystyle\sum_{n=1}^{\infty} \frac{2^n + 3^n}{4^n}$ **68.** $\displaystyle\sum_{n=1}^{\infty} \frac{2^n + 4^n}{3^n + 4^n}$

69. $\displaystyle\sum_{n=1}^{\infty} \ln\left(\frac{n}{n+1}\right)$ **70.** $\displaystyle\sum_{n=1}^{\infty} \ln\left(\frac{n}{2n+1}\right)$

71. $\displaystyle\sum_{n=0}^{\infty} \left(\frac{e}{\pi}\right)^n$ **72.** $\displaystyle\sum_{n=0}^{\infty} \frac{e^{n\pi}}{\pi^{ne}}$

73. $\displaystyle\sum_{n=1}^{\infty} \left(\frac{n}{n+1} - \frac{n+2}{n+3}\right)$

74. $\sum_{n=2}^{\infty} \left(\sin\left(\frac{\pi}{n}\right) - \sin\left(\frac{\pi}{n-1}\right) \right)$

75. $\sum_{n=1}^{\infty} \left(\cos\left(\frac{\pi}{n}\right) + \sin\left(\frac{\pi}{n}\right) \right)$

76. $\sum_{n=0}^{\infty} \left(\ln(4e^n - 1) - \ln(2e^n + 1) \right)$

기하급수

연습문제 77~80에서 기하급수의 처음 몇 항을 써 보고 a와 r을 구하라. 그리고 급수의 합을 구하고, 부등식 $|r|<1$을 x에 관한 식으로 나타냄으로써 급수가 수렴하기 위한 x의 범위를 구하라.

77. $\sum_{n=0}^{\infty} (-1)^n x^n$

78. $\sum_{n=0}^{\infty} (-1)^n x^{2n}$

79. $\sum_{n=0}^{\infty} 3 \left(\frac{x-1}{2} \right)^n$

80. $\sum_{n=0}^{\infty} \frac{(-1)^n}{2} \left(\frac{1}{3 + \sin x} \right)^n$

연습문제 81~86에서 등비급수가 수렴하도록 하는 x값을 찾고 급수의 합을 구하라.

81. $\sum_{n=0}^{\infty} 2^n x^n$

82. $\sum_{n=0}^{\infty} (-1)^n x^{-2n}$

83. $\sum_{n=0}^{\infty} (-1)^n (x+1)^n$

84. $\sum_{n=0}^{\infty} \left(-\frac{1}{2} \right)^n (x-3)^n$

85. $\sum_{n=0}^{\infty} \sin^n x$

86. $\sum_{n=0}^{\infty} (\ln x)^n$

이론과 예제

87. 연습문제 5의 급수는 다음과 같이 나타낼 수 있다.

$$\sum_{n=1}^{\infty} \frac{1}{(n+1)(n+2)}, \quad \sum_{n=-1}^{\infty} \frac{1}{(n+3)(n+4)}$$

이를 다음의 n으로 시작될 때의 합으로 나타내라.

a. $n = -2$ **b.** $n = 0$ **c.** $n = 5$

88. 연습문제 6의 수열 또한 다음과 같이 나타낼 수 있다.

$$\sum_{n=1}^{\infty} \frac{5}{n(n+1)}, \quad \sum_{n=0}^{\infty} \frac{5}{(n+1)(n+2)}$$

이를 다음의 n으로 시작될 때의 합으로 나타내라.

a. $n = -1$ **b.** $n = 3$ **c.** $n = 20$

89. 모든 항이 0이 아니고 합이 다음과 같은 무한급수를 구하라.

a. 1 **b.** -3 **c.** 0

90. (연습문제 89의 계속) 임의의 실수에 대하여 그것을 합으로 하는 무한급수(단, 모든항이 0이 아니다.)가 항상 존재하는가?

91. $\sum a_n$과 $\sum b_n$이 모두 수렴하고 b_n의 어느 항도 0이 아니지만 $\sum (a_n/b_n)$이 발산하는 예를 들라.

92. 등비급수 $A = \sum a_n$, $B = \sum b_n$이 수렴하고 $\sum a_n b_n$이 AB가 아닌 다른 값에 수렴하는 예를 들라.

93. $A = \sum a_n$, $B = \sum b_n \neq 0$이 수렴하고 어떤 b_n도 0이 아닐지라도 $\sum (a_n/b_n)$가 A/B가 아닌 다른 값에 수렴하는 예를 들라.

94. $\sum a_n$이 수렴하고, 모든 n에 대하여 $a_n > 0$일 때, $\sum (1/a_n)$에 대해서 항상 옳은 성질은 무엇일까? 그 이유를 설명하라.

95. 발산하는 급수에 유한개의 항을 더하거나, 혹은 유한개의 항을

뺀다면 어떻게 되겠는가? 그 이유를 설명하라.

96. $\sum a_n$이 수렴하고, $\sum b_n$이 발산할 때, 항별 합인 $\sum (a_n + b_n)$에 대해 항상 옳은 성질은 무엇일까? 그 이유를 설명하라.

97. 다음 a값에 따라서 기하급수 $\sum ar^{n-1}$이 5로 수렴하도록 r을 정하라.

a. $a = 2$ **b.** $a = \frac{13}{2}$

98. 다음 식이 성립하도록 b의 값을 정하라.

$$1 + e^b + e^{2b} + e^{3b} + \cdots = 9$$

99. 무한급수 $1 + 2r + r^2 + 2r^3 + r^4 + 2r^5 + r^6 + \cdots$은 r이 어떤 값일 때 수렴하는가? 또, 수렴할 때 급수의 합을 구하라.

100. 다음 그림은 연속적으로 정사각형을 만들어 갈 때 처음 5개를 보여준다. 가장 바깥쪽의 사각형의 넓이는 4 m^2이다. 앞의 사각형의 각 변의 중점들을 연결하여 다른 사각형을 만든다. 이 과정에서 모든 사각형들의 넓이의 합을 구하라.

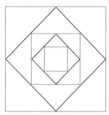

101. 약의 투약량 어떤 환자가 매일 아침 같은 시각에 고혈압의 조절을 위해 300 mg의 알약을 복용한다. 환자의 신체 내에서 약의 농도가 시간당 일정한 비율 $k = 0.12$로 지수적으로 감소한다.

a. 환자가 복용한 한 알의 약이 다음 약을 복용하기 전에 몇 mg 남아 있는가? 또 그 다음 약을 복용하기 전에는 몇 mg의 약이 남아 있는가?

b. 장기적으로 환자가 약을 최소한 6개월동안 복용한 이후, 그 다음날 약을 복용하기 전에 환자의 신체 내에는 몇 mg의 약이 남아 있는가?

102. 수렴하는 기하급수의 합 L과 부분합 중 하나인 s_n과의 차 $(L - s_n)$은 $ar^n/(1-r)$임을 증명하라.

103. 칸토어 집합 닫힌 구간 $[0, 1]$로 시작하여 이 집합을 만들어 보자. 먼저, 이 집합에서 중앙의 열린 구간 $(1/3, 2/3)$을 제거하면, 두 개의 닫힌 구간 $[0, 1/3]$과 $[2/3, 1]$이 남는다. 그 다음 과정으로, 남아 있는 각각의 닫힌 구간에서 중앙의 $1/3$되는 열린 구간을 제거한다. $[0, 1/3]$에서는 $(1/9, 2/9)$를, $[2/3, 1]$에서는 $(7/9, 8/9)$을 제거한 후, 4개의 닫힌 구간 $[0, 1/9]$, $[2/9, 1/3]$, $[2/3, 7/9]$과 $[8/9, 1]$이 남는다. 또 다음 과정으로, 남아 있는 각각의 닫힌 구간들에서 중앙의 $1/3$되는 열린 구간을 제거한다. 그러면 $[0, 1/9]$에서는 열린 구간 $(1/27, 2/27)$이 제거되고, 닫힌 구간 $[0, 1/27]$과 $[2/27, 1/9]$가 남고, $[2/9, 1/3]$에서는 열린 구간 $(7/27, 8/27)$이 제거되고, 닫힌 구간 $[2/9, 7/27]$과 $[8/27, 1/3]$이 남고, 나머지도 같은 방법으로 구한다. 이와 같이, 전 과정에서 남아 있는 각각의 닫힌 구간에서 중앙의 $1/3$되는 열린 구간을 제거하는 과정을 무한히 반복한다. 처음의 집합 $[0, 1]$에서 모든 열린 구간이

제거되고 남아 있는 수들의 집합을 칸토어 집합(게오르그 칸토어(Georg Cantor, 1845~1918)의 이름을 따서)이라 한다. 이 집합은 다음과 같은 흥미로운 성질을 가지고 있다.

a. 칸토어 집합은 $[0, 1]$ 내의 무한히 많은 수들을 포함한다. 칸토어 집합에 속하는 12개의 수를 나열하라.

b. 적절한 기하급수를 이용하여, $[0, 1]$로부터 제거되는 모든 열린 구간의 길이의 총합이 1임을 보이라.

104. 코흐(Helga von Koch)의 눈송이 곡선 코흐의 눈송이는 유한한 넓이의 영역을 둘러싼 무한대의 길이를 가진 곡선이다. 한 변의 길이가 1인 정삼각형으로부터 시작하여 이러한 곡선을 만들어 보자.

a. n번째 곡선 C_n의 길이 L_n을 구하고 $\lim_{n \to \infty} L_n = \infty$임을 보이라.

b. C_n에 의해 둘러싸인 영역 A_n의 넓이를 구하고 $\lim_{n \to \infty} A_n = (8/5) A_1$임을 보이라.

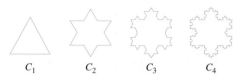

C_1 　 C_2 　 C_3 　 C_4

105. 주어진 그림에서 가장 큰 원의 반지름은 1이다. 크기가 줄어드는 반원에 내접하면서 넓이가 가장 큰 원의 수열을 생각하자. 모든 원들의 넓이의 합은 얼마인가?

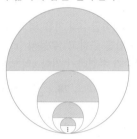

8.3　적분판정법

급수에 대하여 알고 싶어하는 가장 기본적인 질문은 급수가 수렴하는지 아닌지에 관한 것이다. 이 절에서 음수항이 없는 급수로 시작하여 이 질문에 대한 공부를 시작한다. 이러한 급수는 급수의 부분합이 유계이면 수렴한다. 급수가 수렴성이 밝혀져도 일반적으로 합을 구하는 공식이 없으므로, 수렴하는 급수의 합을 추정하기 위해 부분합을 사용하여 총합을 근사시킬 때 발생하는 오차를 알아본다.

감소하지 않는 부분합

$\sum_{n=1}^{\infty} a_n$이 모든 n에 대해 $a_n \geq 0$인 무한급수라고 하자. 그러면 $s_{n+1} = s_n + a_n$이므로 부분합 s_{n+1}은 s_n보다 크거나 같다.

$$s_1 \leq s_2 \leq s_3 \leq \cdots \leq s_n \leq s_{n+1} \leq \cdots$$

부분합은 감소하지 않는 수열이 되고, 단조수열 정리(8.1절의 정리 6)는 다음 결과를 얻는다.

> **정리 6의 따름정리** 음수항이 없는 급수 $\sum_{n=1}^{\infty} a_n$이 수렴할 필요충분조건은 부분합들이 위로 유계이다.

예제 1 위의 따름정리의 예로 **조화급수(harmonic series)**를 생각해 보자.

$$\sum_{n=1}^{\infty} \frac{1}{n} = 1 + \frac{1}{2} + \frac{1}{3} + \cdots + \frac{1}{n} + \cdots$$

비록 n번째 항인 $1/n$은 0에 가까워지지만, 부분합의 상계가 존재하지 않으므로 이 급수는 발산한다. 이를 증명하기 위해 다음과 같은 방법으로 주어진 급수의 항을 그룹지어 보자.

$$1 + \frac{1}{2} + \underbrace{\left(\frac{1}{3} + \frac{1}{4}\right)}_{>\frac{2}{4}=\frac{1}{2}} + \underbrace{\left(\frac{1}{5} + \frac{1}{6} + \frac{1}{7} + \frac{1}{8}\right)}_{>\frac{4}{8}=\frac{1}{2}} + \underbrace{\left(\frac{1}{9} + \frac{1}{10} + \cdots + \frac{1}{16}\right)}_{>\frac{8}{16}=\frac{1}{2}} + \cdots$$

처음 두 항의 합은 1.5이다. 그 뒤의 두 항의 합은 $1/4 + 1/4 = 1/2$보다 큰 $1/3 + 1/4$이다. 다음 뒤의 네 항의 합은 $1/8+1/8+1/8+1/8 = 1/2$보다 큰 $1/5+1/6+1/7+1/8$이다. 또, 그 뒤의 8개의 항의 합은 $8/16 = 1/2$보다 큰 $1/9+1/10+1/11+1/12+1/13 +1/14+1/15+1/16$이다. 그 뒤 16개 항의 합은 $16/32 = 1/2$보다 크다. 일반적으로 $1/2^{n+1}$을 마지막 항으로 가지는 2^n개 항의 합은 $2^n/2^{n+1} = 1/2$보다 크다. 부분합의 수열은 위로 유계가 아니다. $n = 2^k$이면 s_n의 부분합은 $k/2$보다 크다. 따라서 부분합의 수열은 위로 유계가 아니다. 조화급수는 발산한다. ∎

적분판정법

조화급수의 n번째 항인 $1/n$에 $1/n^2$을 대입한 형태의 급수를 가지고 적분판정법을 설명하겠다.

예제 2 다음 급수는 수렴하는가?

$$\sum_{n=1}^{\infty} \frac{1}{n^2} = 1 + \frac{1}{4} + \frac{1}{9} + \frac{1}{16} + \cdots + \frac{1}{n^2} + \cdots$$

풀이 $\sum_{n=1}^{\infty}(1/n^2)$의 수렴성을 판정하기 위해 $\int_1^{\infty}(1/x^2)dx$를 이용하자. 급수의 각 항을 함수 $f(x) = 1/x^2$의 함숫값으로 보고 곡선 $y = 1/x^2$ 아래 직사각형들의 합으로 해석한다면 급수 $\sum_{n=1}^{\infty}(1/n^2)$과 적분 $\int_1^{\infty}(1/x^2)dx$가 비교 가능해진다.

그림 8.11에서 보는 것처럼, 다음 관계가 성립한다.

$$
\begin{aligned}
s_n &= \frac{1}{1^2} + \frac{1}{2^2} + \frac{1}{3^2} + \cdots + \frac{1}{n^2}\\
&= f(1) + f(2) + f(3) + \cdots + f(n)\\
&< f(1) + \int_1^n \frac{1}{x^2}dx\\
&< 1 + \int_1^{\infty} \frac{1}{x^2}dx\\
&< 1 + 1 = 2
\end{aligned}
$$

직사각형 넓이의 합은 그래프 아래 넓이보다 작다.

$\int_1^n(1/x^2)\,dx < \int_1^{\infty}(1/x^2)\,dx$

7.8절 예제 3에서 $\int_1^{\infty}(1/x^2)\,dx = 1$

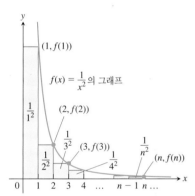

그림 8.11 그래프 $f(x) = 1/x^2$ 아래 직사각형들의 넓이의 합은 그래프 아래 넓이보다 작다(예제 2).

따라서 $\sum_{n=1}^{\infty}(1/n^2)$의 부분합은 (2에 의해) 위로 유계이므로 주어진 급수는 수렴한다. ∎

> **주의**
> 급수와 적분값이 모두 수렴할 때 그 값이 일치할 필요는 없다. 예제 6에서 다음을 알 수 있다.
> $$\sum_{n=1}^{\infty}(1/n^2) \neq \int_1^{\infty}(1/x^2)\,dx = 1$$

> **정리 9 적분판정법** $\{a_n\}$을 양수항으로 이루어진 수열이라 하자. $x \geq N$ (N은 양의 정수)인 모든 x에 대하여 f가 연속이고 양이며 감소함수이면서 $a_n = f(n)$이 성립한다고 하자. 그러면 급수 $\sum_{n=N}^{\infty} a_n$과 적분 $\int_N^{\infty} f(x)\,dx$는 둘 다 수렴하거나 둘 다 발산한다.

증명 $N = 1$일 때 성립함을 보이면 된다. 일반적인 N에 대한 증명도 $N = 1$일 때와 비슷하기 때문이다.

f가 모든 n에 대하여 $f(n) = a_n$인 감소함수라는 가정에서 출발한다. 그림 8.12(a)에서 $x = 1$부터 $x = n+1$까지의 곡선 $y = f(x)$ 아래의 넓이보다 각각 $a_1, a_2, \cdots, a_n$을 넓이로 갖

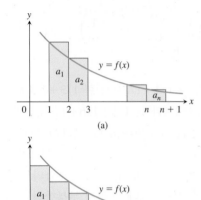

그림 8.12 적분판정법의 조건하에서 급수 $\sum_{n=1}^{\infty} a_n$과 $\int_1^{\infty} f(x)\,dx$는 둘 다 수렴하거나 둘 다 발산한다.

는 직사각형들의 넓이의 합이 더 크다. 즉,

$$\int_1^{n+1} f(x)\,dx \leq a_1 + a_2 + \cdots + a_n$$

그림 8.12(b)에서는 오른쪽이 아닌 왼쪽으로 직사각형이 놓여 있다. 넓이 a_1을 갖는 처음 직사각형을 제외하면,

$$a_2 + a_3 + \cdots + a_n \leq \int_1^n f(x)\,dx$$

이제 부등식의 양변에 a_1을 더하면,

$$a_1 + a_2 + \cdots + a_n \leq a_1 + \int_1^n f(x)\,dx$$

위 두 결과를 종합하면,

$$\int_1^{n+1} f(x)\,dx \leq a_1 + a_2 + \cdots + a_n \leq a_1 + \int_1^n f(x)\,dx$$

위 부등식은 모든 n에 대해 성립하고 $n \to \infty$일 때도 마찬가지다.

만일 $\int_1^{\infty} f(x)\,dx$가 유한이라면 위 부등식의 우변이 유한이고, 따라서 $\sum a_n$도 유한이다. 만일 $\int_1^{\infty} f(x)\,dx$가 무한이면 부등식의 좌변이 무한이 되어 $\sum a_n$도 무한이다. 따라서 급수와 적분은 유한과 무한을 같이 한다. ■

예제 3 p급수(p-series)

$$\sum_{n=1}^{\infty} \frac{1}{n^p} = \frac{1}{1^p} + \frac{1}{2^p} + \frac{1}{3^p} + \cdots + \frac{1}{n^p} + \cdots$$

가 $p > 1$일 때 수렴하고, $p \leq 1$일 때 발산함을 보이라(p는 상수).

풀이 $p > 1$이면, $f(x) = 1/x^p$은 x에 관한 양의 감소함수이다.

$$\int_1^{\infty} \frac{1}{x^p}\,dx = \int_1^{\infty} x^{-p}\,dx = \lim_{b\to\infty}\left[\frac{x^{-p+1}}{-p+1}\right]_1^b \qquad \text{이상적분 계산}$$

$$= \frac{1}{1-p}\lim_{b\to\infty}\left(\frac{1}{b^{p-1}} - 1\right)$$

$$= \frac{1}{1-p}(0 - 1) = \frac{1}{p-1} \qquad \begin{array}{l} p - 1 > 0\text{이므로} \\ b\to\infty\text{일 때, } b^{p-1}\to\infty \end{array}$$

$\boxed{p\text{급수 } \sum_{n=1}^{\infty} \dfrac{1}{n^p}}$

$p > 1$일 때 수렴하고, $p \leq 1$일 때 발산한다.

이므로 적분판정법에 의해 주어진 급수는 수렴한다. 하지만 p급수의 합이 $1/(p-1)$이라는 말은 **아니다**. 급수는 수렴하나 그 수렴값은 모르는 상태이다.

$p \leq 0$이면, 일반항 판정법에 의해 급수는 발산한다. $0 < p < 1$이면, $1 - p > 0$이 되어,

$$\int_1^{\infty} \frac{1}{x^p}\,dx = \frac{1}{1-p}\lim_{b\to\infty}(b^{1-p} - 1) = \infty$$

따라서 적분판정법에 의해 급수는 발산한다.

$p = 1$이면 (발산하는) 조화급수

$$1 + \frac{1}{2} + \frac{1}{3} + \cdots + \frac{1}{n} + \cdots$$

이다. 요약하면, $p > 1$이면 수렴하고 $p \leq 1$이면 발산한다. ■

　$p=1$인 p급수를 **조화급수**라고 한다(예제 1). p급수 판정법에 따르면 조화급수는 아슬 아슬하게 발산하는 경우이다. 예를 들어 p를 1.000000001로 바꾸면 급수는 수렴한다!

　조화급수의 부분합이 무한대에 접근하는 속도는 매우 느리다. 예를 들어, 조화급수 의 부분합이 20을 넘기 위해서는 178,000,000 이상의 항이 더해져야 한다. 이 부분합을 계산하는 데만 몇 주가 걸릴 것이다(연습문제 49(b) 참조).

예제 4　p급수는 아니지만, 다음 급수

$$\sum_{n=1}^{\infty} \frac{1}{n^2+1}$$

은 적분판정법에 의해 수렴한다. 함수 $f(x)=1/(x^2+1)$은 모든 $x \geq 1$에서 $f(x)>0$이고 연속인 감소함수이다. 또한,

$$
\begin{aligned}
\int_1^{\infty} \frac{1}{x^2+1}\,dx &= \lim_{b \to \infty} \Big[\arctan x\Big]_1^b \\
&= \lim_{b \to \infty} \big[\arctan b - \arctan 1\big] \\
&= \frac{\pi}{2} - \frac{\pi}{4} = \frac{\pi}{4}
\end{aligned}
$$

이므로, 적분판정법에 의해 급수는 수렴한다. 하지만 급수의 합이 $\pi/4$ 또는 다른 어떤 값이라고 말할 수는 없다.　∎

예제 5　다음 급수의 수렴 또는 발산을 판정하라.

(a) $\displaystyle\sum_{n=1}^{\infty} n e^{-n^2}$　　　**(b)** $\displaystyle\sum_{n=1}^{\infty} \frac{1}{2^{\ln n}}$

풀이　**(a)** 적분판정법을 적용하기 위해 다음을 계산하면

$$
\begin{aligned}
\int_1^{\infty} \frac{x}{e^{x^2}}\,dx &= \frac{1}{2}\int_1^{\infty} \frac{du}{e^u} \qquad {\scriptstyle u = x^2,\, du = 2x\,dx} \\
&= \lim_{b \to \infty} \left[-\frac{1}{2}e^{-u}\right]_1^b \\
&= \lim_{b \to \infty} \left(-\frac{1}{2e^b} + \frac{1}{2e}\right) = \frac{1}{2e}
\end{aligned}
$$

이다. 적분이 수렴하므로, 급수 또한 수렴한다.

(b) 또 다시 적분판정법을 적용하면,

$$
\begin{aligned}
\int_1^{\infty} \frac{dx}{2^{\ln x}} &= \int_0^{\infty} \frac{e^u\,du}{2^u} \qquad {\scriptstyle u = \ln x,\, x = e^u,\, dx = e^u\,du} \\
&= \int_0^{\infty} \left(\frac{e}{2}\right)^u du \\
&= \lim_{b \to \infty} \frac{1}{\ln\left(\frac{e}{2}\right)} \left(\left(\frac{e}{2}\right)^b - 1\right) = \infty \qquad {\scriptstyle (e/2) > 1}
\end{aligned}
$$

이다. 이상적분이 발산하므로, 급수 또한 발산한다.　∎

오차추정

기하급수나 8.2절 예제 5의 망원급수에서처럼, 어떤 수렴하는 급수는 그 급수의 합을

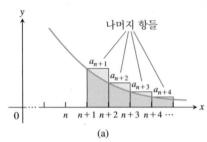

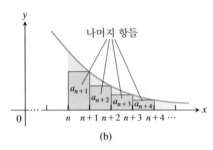

그림 8.13 n개의 항을 사용하였을 때, 나머지는 (a) 함수 f의 구간 $[n+1, \infty)$에서 적분보다 크고, (b) 함수 f의 구간 $[n, \infty)$에서 적분보다 작다.

계산할 수 있다. 다시 말해, 부분합의 수열의 극한값 S를 구할 수 있다. 하지만 대부분의 수렴하는 급수는 급수의 합을 쉽게 계산할 수 없다. 그럼에도 불구하고, 우리는 처음 n개의 항을 더하여 얻은 s_n이 급수의 합 S와 얼마만큼 떨어져 있는지를 조사함으로써 급수의 합을 추정할 수 있다. 함수 또는 수에 대한 근사는 발생할 수 있는 가장 나쁜 경우의 오차의 크기에 대한 한계를 동반할 때 더 유용하다. 이와 같은 오차 한계 내에서 우리가 당면한 문제에 충분히 가까운 추정값 또는 근삿값을 구할 수 있다. 오차 크기에 대한 한계가 없다면, 우리는 실제 답에 가까울 것이라고 단지 추측하거나 희망하는 것이 된다. 이제 적분을 사용하여 오차 크기의 한계를 구하는 방법을 알아보자.

양항급수 $\sum a_n$이 적분판정법에 의해 수렴한다고 판정되면, 급수의 합 S와 n번째 부분합 s_n과의 차이를 계산하여 **나머지(remainder)** R_n의 크기를 추정하여야 할 것이다. 즉, 다음 값을 추정하고자 한다.

$$R_n = S - s_n = a_{n+1} + a_{n+2} + a_{n+3} + \cdots$$

이 값의 하계를 구하기 위해서 $x \geq n$ 범위에서 곡선 $y = f(x)$의 아래부분과 직사각형의 넓이의 합(그림 8.13(a))을 비교해 보면 다음과 같다.

$$R_n = a_{n+1} + a_{n+2} + a_{n+3} + \cdots \geq \int_{n+1}^{\infty} f(x)\, dx$$

또한, 그림 8.13(b)로부터 상계를 구하기 위해 다음 식을 얻는다.

$$R_n = a_{n+1} + a_{n+2} + a_{n+3} + \cdots \leq \int_{n}^{\infty} f(x)\, dx$$

이 두 비교식으로부터 나머지의 한계에 대한 다음 결과를 얻을 수 있다.

적분판정법에서 나머지에 대한 한계

수열 $\{a_k\}$이 $a_k = f(k)$이고 양수항으로 이루어진 수열이라고 하자. 이때 함수 $f(x)$는 $x \geq n$에서 양의 함수이고 감소하는 연속함수이다. 급수 $\sum a_n$이 S로 수렴하면, 나머지 $R_n = S - s_n$는 다음 부등식을 만족한다.

$$\int_{n+1}^{\infty} f(x)\, dx \leq R_n \leq \int_{n}^{\infty} f(x)\, dx \qquad (1)$$

식 (1)의 각 변에 부분합 s_n을 더하면 $s_n + R_n = S$이므로 다음 식을 얻는다.

$$s_n + \int_{n+1}^{\infty} f(x)\, dx \leq S \leq s_n + \int_{n}^{\infty} f(x)\, dx \qquad (2)$$

적분판정법에 의해 수렴한다고 판정된 급수의 합을 근사시킬 때 오차를 추정하기 위해 식 (2)가 유용하게 사용된다. 즉, 오차는 식 (2)에서 주어진 끝점으로, S를 포함하는 구간의 길이보다 더 클 수는 없기 때문이다.

예제 6 부등식 (2)를 사용하여 $n = 10$일 때 급수 $\sum (1/n^2)$의 합을 추정하라.

풀이 다음 적분

$$\int_{n}^{\infty} \frac{1}{x^2}\, dx = \lim_{b \to \infty} \left[-\frac{1}{x} \right]_n^b = \lim_{b \to \infty} \left(-\frac{1}{b} + \frac{1}{n} \right) = \frac{1}{n}$$

을 이용하여 부등식 (2)를 적용하면

$$s_{10} + \frac{1}{11} \leq S \leq s_{10} + \frac{1}{10}$$

한편 $s_{10} = 1 + (1/4) + (1/9) + (1/16) + \cdots + (1/100) \approx 1.54977$을 위 부등식에 대입하면

$$1.64068 \leq S \leq 1.64977$$

이다. 이 부등식으로부터 구간의 중앙값을 급수의 합 S의 근삿값으로 택하면,

$$\sum_{n=1}^{\infty} \frac{1}{n^2} \approx 1.6452$$

이고, 이때 오차는 구간의 길이의 반보다 작다. 즉, 오차는 0 005보다 작다. 삼각함수의 **푸리에 급수**(고등 미적분학에서 다룸)를 이용하면, S가 $\pi^2/6 \approx 1.64493$임을 증명할 수 있다. ■

> $p=2$인 p급수
> $$\sum_{n=1}^{\infty} \frac{1}{n^2} = \frac{\pi^2}{6} \approx 1.64493$$

연습문제 8.3

적분판정법으로 판정

연습문제 1~12에서 적분판정법을 사용하여 급수의 수렴, 발산을 판정하라. 적분판정법의 조건을 만족하는지 확실하게 확인하라.

1. $\displaystyle\sum_{n=1}^{\infty} \frac{1}{n^2}$ **2.** $\displaystyle\sum_{n=1}^{\infty} \frac{1}{n^{0.2}}$ **3.** $\displaystyle\sum_{n=1}^{\infty} \frac{1}{n^2 + 4}$

4. $\displaystyle\sum_{n=1}^{\infty} \frac{1}{n + 4}$ **5.** $\displaystyle\sum_{n=1}^{\infty} e^{-2n}$ **6.** $\displaystyle\sum_{n=2}^{\infty} \frac{1}{n(\ln n)^2}$

7. $\displaystyle\sum_{n=1}^{\infty} \frac{n}{n^2 + 4}$ **8.** $\displaystyle\sum_{n=2}^{\infty} \frac{\ln (n^2)}{n}$

9. $\displaystyle\sum_{n=1}^{\infty} \frac{n^2}{e^{n/3}}$ **10.** $\displaystyle\sum_{n=3}^{\infty} \frac{n - 4}{n^2 - 2n + 1}$

11. $\displaystyle\sum_{n=1}^{\infty} \frac{7}{\sqrt{n + 4}}$ **12.** $\displaystyle\sum_{n=1}^{\infty} \frac{1}{5n + 10\sqrt{n}}$

수렴과 발산의 판정

연습문제 13~46에서 급수가 수렴하는지 발산하는지를 판정하고 그 이유를 설명하라(급수의 수렴, 발산을 판정하는 방법은 여러 가지가 있을 수 있다).

13. $\displaystyle\sum_{n=1}^{\infty} \frac{1}{10^n}$ **14.** $\displaystyle\sum_{n=1}^{\infty} e^{-n}$ **15.** $\displaystyle\sum_{n=1}^{\infty} \frac{n}{n + 1}$

16. $\displaystyle\sum_{n=1}^{\infty} \frac{5}{n + 1}$ **17.** $\displaystyle\sum_{n=1}^{\infty} \frac{3}{\sqrt{n}}$ **18.** $\displaystyle\sum_{n=1}^{\infty} \frac{-2}{n\sqrt{n}}$

19. $\displaystyle\sum_{n=1}^{\infty} -\frac{1}{8^n}$ **20.** $\displaystyle\sum_{n=1}^{\infty} \frac{-8}{n}$ **21.** $\displaystyle\sum_{n=2}^{\infty} \frac{\ln n}{n}$

22. $\displaystyle\sum_{n=2}^{\infty} \frac{\ln n}{\sqrt{n}}$ **23.** $\displaystyle\sum_{n=1}^{\infty} \frac{2^n}{3^n}$ **24.** $\displaystyle\sum_{n=1}^{\infty} \frac{5^n}{4^n + 3}$

25. $\displaystyle\sum_{n=0}^{\infty} \frac{-2}{n + 1}$ **26.** $\displaystyle\sum_{n=1}^{\infty} \frac{1}{2n - 1}$ **27.** $\displaystyle\sum_{n=1}^{\infty} \frac{2^n}{n + 1}$

28. $\displaystyle\sum_{n=1}^{\infty} \left(1 + \frac{1}{n}\right)^n$ **29.** $\displaystyle\sum_{n=2}^{\infty} \frac{\sqrt{n}}{\ln n}$ **30.** $\displaystyle\sum_{n=1}^{\infty} \frac{1}{\sqrt{n}(\sqrt{n} + 1)}$

31. $\displaystyle\sum_{n=1}^{\infty} \frac{1}{(\ln 2)^n}$ **32.** $\displaystyle\sum_{n=1}^{\infty} \frac{1}{(\ln 3)^n}$

33. $\displaystyle\sum_{n=3}^{\infty} \frac{(1/n)}{(\ln n)\sqrt{\ln^2 n - 1}}$ **34.** $\displaystyle\sum_{n=1}^{\infty} \frac{1}{n(1 + \ln^2 n)}$

35. $\displaystyle\sum_{n=1}^{\infty} n \sin \frac{1}{n}$ **36.** $\displaystyle\sum_{n=1}^{\infty} n \tan \frac{1}{n}$

37. $\displaystyle\sum_{n=1}^{\infty} \frac{e^n}{1 + e^{2n}}$ **38.** $\displaystyle\sum_{n=1}^{\infty} \frac{2}{1 + e^n}$

39. $\displaystyle\sum_{n=1}^{\infty} \frac{e^n}{10 + e^n}$ **40.** $\displaystyle\sum_{n=1}^{\infty} \frac{e^n}{(10 + e^n)^2}$

41. $\displaystyle\sum_{n=2}^{\infty} \frac{\sqrt{n + 2} - \sqrt{n + 1}}{\sqrt{n + 1}\sqrt{n + 2}}$ **42.** $\displaystyle\sum_{n=3}^{\infty} \frac{7}{\sqrt{n + 1} \ln \sqrt{n + 1}}$

43. $\displaystyle\sum_{n=1}^{\infty} \frac{8 \tan^{-1} n}{1 + n^2}$ **44.** $\displaystyle\sum_{n=1}^{\infty} \frac{n}{n^2 + 1}$

45. $\displaystyle\sum_{n=1}^{\infty} \operatorname{sech} n$ **46.** $\displaystyle\sum_{n=1}^{\infty} \operatorname{sech}^2 n$

이론과 예제

연습문제 47~48에서 급수가 수렴하기 위한 a의 값은 얼마인가?

47. $\displaystyle\sum_{n=1}^{\infty} \left(\frac{a}{n + 2} - \frac{1}{n + 4}\right)$ **48.** $\displaystyle\sum_{n=3}^{\infty} \left(\frac{1}{n - 1} - \frac{2a}{n + 1}\right)$

49. a. 조화급수의 부분합이 다음 부등식을 만족한다는 것을 그림 8.12(a)와 8.12(b)와 같은 그림을 그려서 설명하라.

$$\ln (n + 1) = \int_1^{n+1} \frac{1}{x} dx \leq 1 + \frac{1}{2} + \cdots + \frac{1}{n}$$

$$\leq 1 + \int_1^n \frac{1}{x} dx = 1 + \ln n.$$

T b. 조화급수가 발산한다는 것을 알고 있더라도 그것이 발산한다는 것을 분명하게 실감하기는 어렵다. 부분합은 아주 천천히 증가한다. 이를 이해하기 위해 다음을 생각해 보자. 우

주가 탄생한 날을 $s_1 = 1$로 놓자. 이제 우주는 13억 년 전에 생성되었으며 매초마다 새로운 항이 더해진다고 가정하자. 1년을 365일이라 가정한다면 오늘날의 부분합 s_n은 얼마나 커져 있을까?

50. $\displaystyle\sum_{n=1}^{\infty} \frac{1}{nx}$이 수렴하도록 하는 x의 값은 존재하는가? 그 이유를 설명하라.

51. $\displaystyle\sum_{n=1}^{\infty} a_n$이 발산하는 양항급수일 때 모든 n에 대하여 $b_n < a_n$을 만족하는, 발산하는 양항급수 $\displaystyle\sum_{n=1}^{\infty} b_n$이 존재하는가? '가장 작은' 발산하는 양항급수가 존재하는가? 그 이유를 설명하라.

52. (연습문제 51의 계속) '가장 큰' 수렴하는 양항급수가 존재하는가? 그 이유를 설명하라.

53. $\displaystyle\sum_{n=1}^{\infty} \left(1/\sqrt{n+1}\right)$ 발산

a. 아래 주어진 그래프를 이용하여 부분합 $s_{50} = \displaystyle\sum_{n=1}^{50} \left(1/\sqrt{n+1}\right)$이 다음 식을 만족함을 보이라.

$$\int_1^{51} \frac{1}{\sqrt{x+1}}\, dx < s_{50} < \int_0^{50} \frac{1}{\sqrt{x+1}}\, dx$$

이 식으로부터 $11.5 < s_{50} < 12.3$임을 보이라.

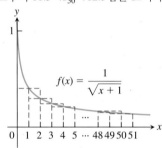

b. 부분합 $s_n = \displaystyle\sum_{i=1}^{n} \left(1/\sqrt{i+1}\right)$이 $s_n > 1000$을 만족하기 위한 n의 범위를 구하라.

54. $\displaystyle\sum_{n=1}^{\infty} \left(1/n^4\right)$ 수렴

a. 아래 주어진 그래프를 이용하여 부분합 $s_{30} = \displaystyle\sum_{n=1}^{30} \left(1/n^4\right)$이 급수 $\displaystyle\sum_{n=1}^{\infty} \left(1/n^4\right)$의 합을 추정할 때 오차의 상계를 구하라.

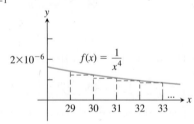

b. 부분합 $s_n = \displaystyle\sum_{i=1}^{n} \frac{1}{i^4}$이 급수 $\displaystyle\sum_{n=1}^{\infty} \left(1/n^4\right)$의 합을 오차범위 0.000001 내에서 추정하고자 할 때 n의 범위를 구하라.

55. 급수 $\displaystyle\sum_{n=1}^{\infty} (1/n^3)$의 근삿값을 참값의 0.01 범위 내에서 추정하라.

56. 급수 $\displaystyle\sum_{n=2}^{\infty} (1/(n^2+4))$의 근삿값을 참값의 0.1 범위 내에서 추정하라.

57. 수렴하는 급수 $\displaystyle\sum_{n=1}^{\infty} (1/n^{1.1})$의 합을 0.00001 범위 내에서 추정하기 위해서는 몇 개의 항을 사용하여야 하는가?

58. 수렴하는 급수 $\displaystyle\sum_{n=4}^{\infty} (1/n(\ln n)^3)$의 합을 0.01 범위 내에서 추정하기 위해서는 몇 개의 항을 사용하여야 하는가?

59. **코시(Cauchy) 압축 판정** $\{a_n\}$이 증가하지 않는 양수의 수열이고(즉, 모든 n에 대하여 $a_n \geq a_{n+1}$) 0에 수렴한다고 할 때, $\sum a_n$이 수렴하기 위한 필요충분조건은 $\sum 2^n a_{2^n}$이 수렴하는 것이다. 예를 들어, $\sum 2^n \left(\dfrac{1}{2^n}\right) = \sum 1$이 발산하므로 $\sum\left(\dfrac{1}{n}\right)$이 발산한다. 이 판정법을 증명하라.

60. 연습문제 59의 코시 압축 판정을 이용하여 다음을 보이라.

a. $\displaystyle\sum_{n=2}^{\infty} \frac{1}{n \ln n}$이 발산한다.

b. $\displaystyle\sum_{n=1}^{\infty} \frac{1}{n^p}$은 $p > 1$이면 수렴하고 $p \leq 1$이면 발산한다.

61. **로그 p급수**

a. 이상적분 $\displaystyle\int_2^{\infty} \frac{dx}{x(\ln x)^p}$($p$는 양의 상수)은 $p > 1$일 때만 수렴함을 보이라.

b. (a)로부터 다음의 급수가 수렴하기 위한 조건을 구하라. 그 이유를 설명하라.

$$\sum_{n=2}^{\infty} \frac{1}{n(\ln n)^p}$$

62. (연습문제 61의 계속) 연습문제 61의 결과를 이용하여 다음 급수들의 수렴과 발산을 판정하고 그 이유를 제시하라.

a. $\displaystyle\sum_{n=2}^{\infty} \frac{1}{n(\ln n)}$ **b.** $\displaystyle\sum_{n=2}^{\infty} \frac{1}{n(\ln n)^{1.01}}$

c. $\displaystyle\sum_{n=2}^{\infty} \frac{1}{n \ln(n^3)}$ **d.** $\displaystyle\sum_{n=2}^{\infty} \frac{1}{n(\ln n)^3}$

63. **오일러의 상수** 그림 8.12와 같은 그래프들은 n이 증가하면 합

$$1 + \frac{1}{2} + \cdots + \frac{1}{n}$$

과 적분

$$\ln n = \int_1^n \frac{1}{x}\, dx$$

의 차이가 거의 없다는 것을 보여준다. 다음 단계를 따라 이를 탐구해 보자.

a. 정리 9의 증명에서 $f(x) = 1/x$를 사용하여 다음을 증명하라.

$$\ln(n+1) \leq 1 + \frac{1}{2} + \cdots + \frac{1}{n} \leq 1 + \ln n$$

또는

$$0 < \ln(n+1) - \ln n \leq 1 + \frac{1}{2} + \cdots + \frac{1}{n} - \ln n \leq 1$$

따라서 다음 수열은 아래와 위로 모두 유계이다.

$$a_n = 1 + \frac{1}{2} + \cdots + \frac{1}{n} - \ln n$$

b. 다음을 보이고, 이 결과를 이용해서 (a)의 수열 $\{a_n\}$이 감소함을 보이라.

$$\frac{1}{n+1} < \int_n^{n+1} \frac{1}{x}\, dx = \ln(n+1) - \ln n$$

아래로 유계인 감소하는 수열은 수렴하므로 (a)에서 정의된 수열 $\{a_n\}$은 수렴한다.

$$1 + \frac{1}{2} + \cdots + \frac{1}{n} - \ln n \to \gamma$$

γ는 **오일러의 상수**라고 하며 그 값은 $0.5772\cdots$이다.

64. 적분판정법을 이용해 다음이 수렴함을 보이라.

$$\sum_{n=0}^{\infty} e^{-n^2}$$

65. a. 급수 $\sum (1/n^3)$에 대하여, 부등식 (2)를 사용하여 $n = 10$일 때 S를 포함하는 구간을 구하라.

  b. 예제 5에서와 같이, 구간의 중앙값을 사용하여 (a)의 급수합의 근삿값을 구하라. 이 근삿값에 대한 최대 오차는 얼마인가?

66. 급수 $\sum (1/n^4)$에 대하여 연습문제 65를 풀라.

67. 넓이 수열 $\{1/n\}_{n=1}^{\infty}$을 생각해 보자. 구간 [0, 1] 내에 있는 각 소구간 $(1/(n+1), 1/n)$에서 소구간의 길이를 너비로 하고 높이가 $1/n$인 직사각형을 세우고, 그 넓이를 a_n이라 하자. 모든 직사각형의 넓이의 총 합 $\sum a_n$을 구하라. (**힌트**: 8.2절 예제 5의 결과를 이용하라.)

68. 넓이 연습문제 67을 직사각형 대신에 사다리꼴을 사용하여 풀라. 즉, 각 소구간 $(1/(n+1), 1/n)$에서 $x = 1/(n+1)$에서 높이가 $y = 1/(n+1)$, $x = 1/n$에서 높이가 $y = 1/n$인 사다리꼴의 넓이를 a_n이라 하자.

8.4 비교판정법

지금까지 기하급수와 p급수, 그 외 몇 가지 급수의 수렴성을 알아보았다. 수렴 여부를 알고 있는 급수와의 비교를 통해 더 많은 급수들의 수렴 여부를 판정할 수 있다.

> **정리 10 직접비교판정법** 두 급수 $\sum a_n$과 $\sum b_n$이 모든 n에 대하여 $0 \le a_n \le b_n$을 만족한다고 하자.
> **1.** 급수 $\sum b_n$이 수렴하면, 또한 $\sum a_n$도 수렴한다.
> **2.** 급수 $\sum a_n$이 발산하면, 또한 $\sum b_n$도 발산한다.

증명 급수 $\sum a_n$과 $\sum b_n$은 음수 항을 가지지 않는다. 8.3절의 정리 6의 따름정리에 의하면 급수 $\sum a_n$과 $\sum b_n$은 그들의 부분합이 위로 유계일 때에만 수렴한다.

(1) $\sum b_n$이 수렴한다고 가정하였으므로, 급수 $\sum b_n$이 어떤 수 M으로 수렴한다고 하자. 부분합 $\sum a_n$은

$$s_N = a_1 + a_2 + \cdots + a_N \le b_1 + b_2 + \cdots + b_N \le \sum_{n=1}^{\infty} b_n = M$$

이므로, 모두 $M = \sum b_n$에 의해 유계이다. 급수 $\sum a_n$의 부분합이 유계이므로, 정리 6의 따름정리에 의해 급수 $\sum a_n$은 수렴한다. 결론적으로 $\sum b_n$이 수렴하면, $\sum a_n$도 수렴한다. 그림 8.14는 각 급수들의 각 항들을 직사각형의 넓이로 표현하여, 이 결과를 설명해준다.

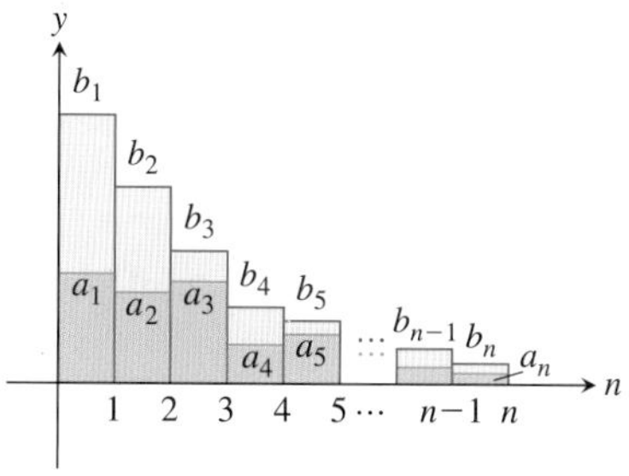

(2) $\sum a_n$이 발산하다고 가정하였으므로, 급수 $\sum b_n$의 부분합은 위로 유계가 아니다. 만약 유계라고 하면 $\sum a_n$의 부분합은

$$a_1 + a_2 + \cdots + a_N \le b_1 + b_2 + \cdots + b_N$$

이므로, 또한 위로 유계이어야 한다. 이는 급수 $\sum a_n$이 수렴한다는 의미가 된다. 결론적으로 $\sum a_n$이 발산하면, $\sum b_n$도 발산한다. ∎

그림 8.14 더 큰 b_n 사각형의 전체 넓이 $\sum b_n$이 유한이면, 작은 a_n 사각형의 전체 넓이 $\sum a_n$도 유한이다.

예제 1 정리 10을 적용해 다음 급수의 수렴성을 판정해 보자.

(a) 급수

$$\sum_{n=1}^{\infty} \frac{5}{5n - 1}$$

의 n번째 항

$$\frac{5}{5n-1} = \frac{1}{n - \frac{1}{5}} > \frac{1}{n}$$

은 발산하는 급수인 조화급수의 n번째 항보다 크기 때문에 직접비교판정법에 의해 발산한다.

(b) 급수

$$\sum_{n=0}^{\infty} \frac{1}{n!} = 1 + \frac{1}{1!} + \frac{1}{2!} + \frac{1}{3!} + \cdots$$

은 수렴한다. 왜냐하면 급수의 모든 항은 양수이고, 다음 급수

$$1 + \sum_{n=0}^{\infty} \frac{1}{2^n} = 1 + 1 + \frac{1}{2} + \frac{1}{2^2} + \cdots$$

의 항과 항별로 비교해 보면 주어진 급수의 항들이 작거나 같다.

좌변의 기하급수는 수렴하고 급수의 합을 계산하면,

$$1 + \sum_{n=0}^{\infty} \frac{1}{2^n} = 1 + \frac{1}{1-(1/2)} = 3$$

이다. 하지만 3은 $\sum_{n=0}^{\infty}(1/n!)$의 부분합의 상계이지 극한값은 아니다. 8.9절에서 알게 되겠지만, $\sum_{n=0}^{\infty}(1/n!)$은 e로 수렴한다.

(c) 급수

$$5 + \frac{2}{3} + \frac{1}{7} + 1 + \frac{1}{2+\sqrt{1}} + \frac{1}{4+\sqrt{2}} + \frac{1}{8+\sqrt{3}} + \cdots + \frac{1}{2^n + \sqrt{n}} + \cdots$$

은 수렴한다. 수렴함을 보이기 위해서 처음 3개 항은 생략하고 나머지 항들을 수렴하는 기하급수 $\sum_{n=0}^{\infty}(1/2^n)$와 비교하자. 3개 항을 제외한 수열의 일반항 $1/(2^n + \sqrt{n})$은 기하급수의 대응되는 항 $1/2^n$보다 작다. 항별 비교에 따라,

$$1 + \frac{1}{2+\sqrt{1}} + \frac{1}{4+\sqrt{2}} + \frac{1}{8+\sqrt{3}} + \cdots \leq 1 + \frac{1}{2} + \frac{1}{4} + \frac{1}{8} + \cdots$$

따라서 3개 항을 제외한 급수는 직접비교판정법에 의해 수렴하므로 3개 항이 더해진 주어진 급수도 수렴한다. ∎

극한비교판정법

이제 a_n이 n에 관한 분수함수일 때, $\{a_n\}$을 무한수열로 갖는 급수의 수렴성을 판정하는 데 특히 유용한 비교판정법을 소개한다.

정리 11 극한비교판정법 모든 $n \geq N$ (N은 정수)에 대하여 $a_n > 0$, $b_n > 0$이라 하자.

1. $\lim_{n \to \infty} \dfrac{a_n}{b_n} = c > 0$이면, $\sum a_n$과 $\sum b_n$은 수렴과 발산을 같이 한다.

2. $\lim_{n \to \infty} \dfrac{a_n}{b_n} = 0$이고 $\sum b_n$이 수렴하면, $\sum a_n$도 수렴한다.

3. $\lim_{n \to \infty} \dfrac{a_n}{b_n} = \infty$이고 $\sum b_n$이 발산하면, $\sum a_n$도 발산한다.

증명 (2)와 (3)은 연습문제 57(a), (b)에서 증명하고, 여기서는 (1)만을 증명하겠다.

$c/2 > 0$이므로, 정수 N이 존재하여 모든 n에 대하여 다음이 성립한다.

$$n > N \;\Rightarrow\; \left| \frac{a_n}{b_n} - c \right| < \frac{c}{2} \qquad \text{극한의 정의에서} \atop \varepsilon = c/2, L = c, \; a_n \text{에 } a_n/b_n \text{을 대입}$$

따라서 모든 $n > N$에 대하여

$$-\frac{c}{2} < \frac{a_n}{b_n} - c < \frac{c}{2}$$

$$\frac{c}{2} < \frac{a_n}{b_n} < \frac{3c}{2}$$

$$\left(\frac{c}{2} \right) b_n < a_n < \left(\frac{3c}{2} \right) b_n$$

만일 $\sum b_n$이 수렴한다면, $\sum (3c/2) b_n$가 수렴하게 되어 직접비교판정법에 의해 $\sum a_n$은 수렴한다. 반면에 $\sum b_n$이 발산한다면, $\sum (c/2) b_n$이 발산하므로 $\sum a_n$은 직접비교판정법에 의해 발산한다. ■

예제 2　다음 중 어떤 급수가 수렴하는가? 또는 발산하는가?

(a) $\dfrac{3}{4} + \dfrac{5}{9} + \dfrac{7}{16} + \dfrac{9}{25} + \cdots = \displaystyle\sum_{n=1}^{\infty} \frac{2n+1}{(n+1)^2} = \sum_{n=1}^{\infty} \frac{2n+1}{n^2 + 2n + 1}$

(b) $\dfrac{1}{1} + \dfrac{1}{3} + \dfrac{1}{7} + \dfrac{1}{15} + \cdots = \displaystyle\sum_{n=1}^{\infty} \frac{1}{2^n - 1}$

(c) $\dfrac{1 + 2 \ln 2}{9} + \dfrac{1 + 3 \ln 3}{14} + \dfrac{1 + 4 \ln 4}{21} + \cdots = \displaystyle\sum_{n=2}^{\infty} \frac{1 + n \ln n}{n^2 + 5}$

풀이　각 급수에 극한비교판정법을 적용해 보자.

(a) $a_n = (2n+1)/(n^2 + 2n + 1)$이라 하자. 충분히 큰 n에 대해서 차수가 큰 항이 값을 좌우하므로 결국 a_n은 $2n/n^2 = 2/n$과 거의 비슷하다. 따라서 $b_n = 1/n$으로 잡아주자.

$$\sum_{n=1}^{\infty} b_n = \sum_{n=1}^{\infty} \frac{1}{n}$$

은 발산하고

$$\lim_{n \to \infty} \frac{a_n}{b_n} = \lim_{n \to \infty} \frac{2n^2 + n}{n^2 + 2n + 1} = 2$$

이다. 따라서 극한비교판정법 (1)에 의해 $\sum a_n$은 발산한다. 여기서 물론 $b_n = 2/n$으로 잡아도 되나, $1/n$으로 잡는 것이 더 간단하다.

(b) $a_n = 1/(2^n - 1)$이라 하자. 충분히 큰 n에 대하여 a_n을 $1/2^n$로 간주해도 된다. 따라서 $b_n = 1/2^n$로 잡자.

$$\sum_{n=1}^{\infty} b_n = \sum_{n=1}^{\infty} \frac{1}{2^n}$$

은 수렴하고,

$$\begin{aligned} \lim_{n \to \infty} \frac{a_n}{b_n} &= \lim_{n \to \infty} \frac{2^n}{2^n - 1} \\ &= \lim_{n \to \infty} \frac{1}{1 - (1/2^n)} \\ &= 1 \end{aligned}$$

이다. 그러므로 극한비교판정법 (1)에 의해 $\sum a_n$은 수렴한다.

(c) $a_n = (1 + n \ln n)/(n^2 + 5)$라 하자. 충분히 큰 n에 대하여 a_n은 $(n \ln n)/n^2 = (\ln n)/n$과 행동이 유사하고, 여기서 $(\ln n)/n$은 $n \geq 3$인 모든 n에 대해 $1/n$보다 크다. 따라서 $b_n = 1/n$으로 잡아주자.

$$\sum_{n=2}^{\infty} b_n = \sum_{n=2}^{\infty} \frac{1}{n}$$

이 발산하고

$$\lim_{n \to \infty} \frac{a_n}{b_n} = \lim_{n \to \infty} \frac{n + n^2 \ln n}{n^2 + 5}$$
$$= \infty$$

이다. 따라서 극한비교판정법 (3)에 의해 $\sum a_n$은 발산한다. ■

예제 3 $\displaystyle\sum_{n=1}^{\infty} \frac{\ln n}{n^{3/2}}$은 수렴하는가?

풀이 c가 0보다 큰 임의의 상수일 때, $\ln n$은 n^c보다 증가속도가 느리다(8.1절 연습문제 115). 그러므로 충분히 큰 n에 대하여 수렴하는 p급수와의 비교식을 얻을 수 있다.

$$\frac{\ln n}{n^{3/2}} < \frac{n^{1/4}}{n^{3/2}} = \frac{1}{n^{5/4}}$$

그러므로 $a_n = (\ln n)/n^{3/2}$이라 하고, $b_n = 1/n^{5/4}$으로 잡으면

$$\lim_{n \to \infty} \frac{a_n}{b_n} = \lim_{n \to \infty} \frac{\ln n}{n^{1/4}}$$
$$= \lim_{n \to \infty} \frac{1/n}{(1/4)n^{-3/4}} \qquad \text{로피탈의 법칙}$$
$$= \lim_{n \to \infty} \frac{4}{n^{1/4}} = 0$$

이고, $\sum b_n = \sum (1/n^{5/4})$ ($p > 1$인 p급수)이 수렴하므로 극한비교판정법 (2)에 의해 $\sum a_n$은 수렴한다. ■

연습문제 8.4

직접비교판정법

연습문제 1~8에서 직접비교판정법을 사용하여 급수의 수렴, 발산을 판정하라.

1. $\displaystyle\sum_{n=1}^{\infty} \frac{1}{n^2 + 30}$ **2.** $\displaystyle\sum_{n=1}^{\infty} \frac{n-1}{n^4 + 2}$ **3.** $\displaystyle\sum_{n=2}^{\infty} \frac{1}{\sqrt{n}-1}$

4. $\displaystyle\sum_{n=2}^{\infty} \frac{n+2}{n^2-n}$ **5.** $\displaystyle\sum_{n=1}^{\infty} \frac{\cos^2 n}{n^{3/2}}$ **6.** $\displaystyle\sum_{n=1}^{\infty} \frac{1}{n3^n}$

7. $\displaystyle\sum_{n=1}^{\infty} \sqrt{\frac{n+4}{n^4+4}}$ **8.** $\displaystyle\sum_{n=1}^{\infty} \frac{\sqrt{n}+1}{\sqrt{n^2+3}}$

극한비교판정법

연습문제 9~16에서 극한비교판정법을 사용하여 급수의 수렴, 발산을 판정하라.

9. $\displaystyle\sum_{n=1}^{\infty} \frac{n-2}{n^3 - n^2 + 3}$
 (힌트: $\displaystyle\sum_{n=1}^{\infty}(1/n^2)$과 극한비교하라.)

10. $\displaystyle\sum_{n=1}^{\infty} \sqrt{\frac{n+1}{n^2+2}}$
 (힌트: $\displaystyle\sum_{n=1}^{\infty}(1/\sqrt{n})$과 극한비교하라.)

11. $\displaystyle\sum_{n=2}^{\infty} \frac{n(n+1)}{(n^2+1)(n-1)}$ **12.** $\displaystyle\sum_{n=1}^{\infty} \frac{2^n}{3+4^n}$

13. $\displaystyle\sum_{n=1}^{\infty} \frac{5^n}{\sqrt{n}\,4^n}$ **14.** $\displaystyle\sum_{n=1}^{\infty} \left(\frac{2n+3}{5n+4}\right)^n$

15. $\displaystyle\sum_{n=2}^{\infty} \frac{1}{\ln n}$
 (힌트: $\displaystyle\sum_{n=2}^{\infty}(1/n)$과 극한비교하라.)

16. $\displaystyle\sum_{n=1}^{\infty} \ln\left(1 + \frac{1}{n^2}\right)$
 (힌트: $\displaystyle\sum_{n=1}^{\infty}(1/n^2)$과 극한비교하라.)

수렴과 발산의 판정

연습문제 17~56에서 급수들이 수렴하는지 혹은 발산하는지 알아
보고 그 이유를 설명하라.

17. $\displaystyle\sum_{n=1}^{\infty} \frac{1}{2\sqrt{n} + \sqrt[3]{n}}$ **18.** $\displaystyle\sum_{n=1}^{\infty} \frac{3}{n + \sqrt{n}}$ **19.** $\displaystyle\sum_{n=1}^{\infty} \frac{\sin^2 n}{2^n}$

20. $\displaystyle\sum_{n=1}^{\infty} \frac{1 + \cos n}{n^2}$ **21.** $\displaystyle\sum_{n=1}^{\infty} \frac{2n}{3n - 1}$ **22.** $\displaystyle\sum_{n=1}^{\infty} \frac{n + 1}{n^2\sqrt{n}}$

23. $\displaystyle\sum_{n=1}^{\infty} \frac{10n + 1}{n(n + 1)(n + 2)}$ **24.** $\displaystyle\sum_{n=3}^{\infty} \frac{5n^3 - 3n}{n^2(n - 2)(n^2 + 5)}$

25. $\displaystyle\sum_{n=1}^{\infty} \left(\frac{n}{3n + 1}\right)^n$ **26.** $\displaystyle\sum_{n=1}^{\infty} \frac{1}{\sqrt{n^3 + 2}}$ **27.** $\displaystyle\sum_{n=3}^{\infty} \frac{1}{\ln(\ln n)}$

28. $\displaystyle\sum_{n=1}^{\infty} \frac{(\ln n)^2}{n^3}$ **29.** $\displaystyle\sum_{n=1}^{\infty} \frac{1}{\sqrt{n}\ln n}$ **30.** $\displaystyle\sum_{n=1}^{\infty} \frac{(\ln n)^2}{n^{3/2}}$

31. $\displaystyle\sum_{n=1}^{\infty} \frac{1}{1 + \ln n}$ **32.** $\displaystyle\sum_{n=2}^{\infty} \frac{\ln(n + 1)}{n + 1}$ **33.** $\displaystyle\sum_{n=2}^{\infty} \frac{1}{n\sqrt{n^2 - 1}}$

34. $\displaystyle\sum_{n=1}^{\infty} \frac{\sqrt{n}}{n^2 + 1}$ **35.** $\displaystyle\sum_{n=1}^{\infty} \frac{1 - n}{n2^n}$ **36.** $\displaystyle\sum_{n=1}^{\infty} \frac{n + 2^n}{n^2 2^n}$

37. $\displaystyle\sum_{n=1}^{\infty} \frac{1}{3^{n-1} + 1}$ **38.** $\displaystyle\sum_{n=1}^{\infty} \frac{3^{n-1} + 1}{3^n}$ **39.** $\displaystyle\sum_{n=1}^{\infty} \frac{n + 1}{n^2 + 3n} \cdot \frac{1}{5^n}$

40. $\displaystyle\sum_{n=1}^{\infty} \frac{2^n + 3^n}{3^n + 4^n}$ **41.** $\displaystyle\sum_{n=1}^{\infty} \frac{2^n - n}{n2^n}$ **42.** $\displaystyle\sum_{n=1}^{\infty} \frac{\ln n}{\sqrt{n}\,e^n}$

43. $\displaystyle\sum_{n=2}^{\infty} \frac{1}{n!}$

(힌트: 먼저 $n \geq 2$에서 $\dfrac{1}{n!} \leq \dfrac{1}{n(n - 1)}$임을 보이라.)

44. $\displaystyle\sum_{n=1}^{\infty} \frac{(n - 1)!}{(n + 2)!}$ **45.** $\displaystyle\sum_{n=1}^{\infty} \sin \frac{1}{n}$ **46.** $\displaystyle\sum_{n=1}^{\infty} \tan \frac{1}{n}$

47. $\displaystyle\sum_{n=1}^{\infty} \frac{\tan^{-1} n}{n^{1.1}}$ **48.** $\displaystyle\sum_{n=1}^{\infty} \frac{\sec^{-1} n}{n^{1.3}}$ **49.** $\displaystyle\sum_{n=1}^{\infty} \frac{\coth n}{n^2}$

50. $\displaystyle\sum_{n=1}^{\infty} \frac{\tanh n}{n^2}$ **51.** $\displaystyle\sum_{n=1}^{\infty} \frac{1}{n\sqrt[n]{n}}$ **52.** $\displaystyle\sum_{n=1}^{\infty} \frac{\sqrt[n]{n}}{n^2}$

53. $\displaystyle\sum_{n=1}^{\infty} \frac{1}{1 + 2 + 3 + \cdots + n}$ **54.** $\displaystyle\sum_{n=1}^{\infty} \frac{1}{1 + 2^2 + 3^2 + \cdots + n^2}$

55. $\displaystyle\sum_{n=2}^{\infty} \frac{n}{(\ln n)^2}$ **56.** $\displaystyle\sum_{n=2}^{\infty} \frac{(\ln n)^2}{n}$

이론과 예제

57. 극한비교판정법의 (a) (2)와 (b) (3)을 증명하라.

58. 만약 $\displaystyle\sum_{n=1}^{\infty} a_n$이 음수항이 없는 수렴하는 급수일 때, $\displaystyle\sum_{n=1}^{\infty}(a_n/n)$은 어떤 성질을 가지고 있는가? 그 이유를 설명하라.

59. $n \geq N(N$은 정수$)$에 대하여 $a_n > 0$이고 $b_n > 0$이라 할 때, $\displaystyle\lim_{n\to\infty}(a_n/b_n) = \infty$이고 $\sum a_n$은 수렴한다면 $\sum b_n$은 어떤 성질을 가지고 있는가? 그 이유를 설명하라.

60. $\sum a_n$이 음수항이 없는 수렴하는 급수일 때, $\sum a_n{}^2$은 수렴함을 보이라.

61. $a_n > 0$이고 $\displaystyle\lim_{n\to\infty} a_n = \infty$라 할 때, 급수 $\sum a_n$이 발산함을 보이라.

62. $a_n > 0$이고 $\displaystyle\lim_{n\to\infty} n^2 a_n = 0$이라 할 때, 급수 $\sum a_n$이 수렴함을 보이라.

63. $p > 1$이고 $-\infty < q < \infty$일 때, 급수 $\displaystyle\sum_{n=2}^{\infty} \frac{(\ln n)^q}{n^p}$이 수렴함을 보이라.

(힌트: $1 < r < p$일 때 $\displaystyle\sum_{n=2}^{\infty} \frac{1}{n^r}$과 극한비교하라.)

64. (연습문제 63의 계속) $0 < p < 1$이고 $-\infty < q < \infty$일 때, 급수 $\displaystyle\sum_{n=2}^{\infty} \frac{(\ln n)^q}{n^p}$이 발산함을 보이라.

(힌트: 적절한 p급수와 극한비교하라.)

65. **십진 소수** 구간 $[0, 1]$ 안의 어떤 실수도 다음과 같이 십진수에 의해 표현될 수 있다. (유일하지는 않지만)

$$0.d_1 d_2 d_3 d_4 \ldots = \frac{d_1}{10} + \frac{d_2}{10^2} + \frac{d_3}{10^3} + \frac{d_4}{10^4} + \cdots$$

여기서 각 d_i는 0, 1, 2, 3, $\cdots$, 9 중 하나의 수이다. 우변의 급수가 항상 수렴함을 증명하라.

66. 양수 항을 갖는 급수 $\sum a_n$이 수렴하면, 급수 $\sum \sin(a_n)$도 수렴함을 증명하라.

연습문제 67~72에서 연습문제 63과 64의 결과를 사용하여 급수의 수렴, 발산을 판정하라.

67. $\displaystyle\sum_{n=2}^{\infty} \frac{(\ln n)^3}{n^4}$ **68.** $\displaystyle\sum_{n=2}^{\infty} \sqrt{\frac{\ln n}{n}}$

69. $\displaystyle\sum_{n=2}^{\infty} \frac{(\ln n)^{1000}}{n^{1.001}}$ **70.** $\displaystyle\sum_{n=2}^{\infty} \frac{(\ln n)^{1/5}}{n^{0.99}}$

71. $\displaystyle\sum_{n=2}^{\infty} \frac{1}{n^{1.1}(\ln n)^3}$ **72.** $\displaystyle\sum_{n=2}^{\infty} \frac{1}{\sqrt{n \cdot \ln n}}$

컴퓨터 탐구

73. 다음 급수는 수렴 또는 발산하는지 알려지지 않은 급수이다.

$$\sum_{n=1}^{\infty} \frac{1}{n^3 \sin^2 n}$$

CAS를 사용하여 다음 단계를 실행하며 위의 급수를 탐구해 보라.

a. 다음과 같은 부분합의 수열을 정의하자.

$$s_k = \sum_{n=1}^{k} \frac{1}{n^3 \sin^2 n}$$

$k \to \infty$일 때 s_k의 극한을 구해 보자. CAS는 이 극한을 찾을 수 있는가?

b. 부분합의 수열에 대해 처음 100개의 점 (k, s_k)를 찍어보라. 그것들이 수렴하는 것으로 나타나는가? 극한에 대하여 어떤 예상을 해볼 수 있을까?

c. 다음에는 처음 200개의 점 (k, s_k)를 찍어보고 그 특징을 설명하라.

d. 처음 400개의 점 (k, s_k)를 찍어보라. $k = 355$일 때 어떻게 되었는가? $355/113$의 값을 계산하라. 그리고 $k = 355$일 때 어떻게 되었는지를 설명하라. 어떤 k값에 대하여 이런 행동이 다시 일어날 것이라고 추측할 수 있는가?

74. a. 정리 8을 이용하여 수렴하는 p급수 $S = \sum_{n=1}^{\infty} \dfrac{1}{n^2}$에 대하여 다음이 성립함을 보이라.

$$S = \sum_{n=1}^{\infty} \frac{1}{n(n+1)} + \sum_{n=1}^{\infty} \left(\frac{1}{n^2} - \frac{1}{n(n+1)} \right)$$

b. 8.2절의 예제 5로부터, 다음이 성립함을 보이라.

$$S = 1 + \sum_{n=1}^{\infty} \frac{1}{n^2(n+1)}$$

c. 원래 급수 $S = \sum_{n=1}^{\infty} \dfrac{1}{n^2}$의 처음 M개의 항을 취했을 때보다 (b)에서의 급수의 처음 M개의 항을 취했을 때가 S의 값에 더 가까운 값이 되는 이유를 설명하라.

d. S의 정확한 값은 $\pi^2/6$이라고 알려져 있다. 다음 두 합 중 어느 것이 더 S에 가까운가?

$$\sum_{n=1}^{1000000} \frac{1}{n^2} \quad \text{또는} \quad 1 + \sum_{n=1}^{1000} \frac{1}{n^2(n+1)}$$

8.5 절대수렴: 비판정법과 근판정법

급수가 어떤 항은 양수이고, 어떤 항은 음수일 때, 이 급수는 수렴할 수도, 그렇지 않을 수도 있다. 예를 들어 기하급수

$$5 - \frac{5}{4} + \frac{5}{16} - \frac{5}{64} + \cdots = \sum_{n=0}^{\infty} 5 \left(\frac{-1}{4} \right)^n \tag{1}$$

은 수렴한다 ($|r| = \dfrac{1}{4} < 1$이기 때문에). 하지만 또 다른 기하급수

$$1 - \frac{5}{4} + \frac{25}{16} - \frac{125}{64} + \cdots = \sum_{n=0}^{\infty} \left(\frac{-5}{4} \right)^n \tag{2}$$

은 발산한다 ($|r| = \dfrac{4}{5} > 1$이기 때문에). 급수 (1)의 합을 구할 때, 음수와 양수 사이에서 약간의 소거가 있어서 급수가 수렴하는 데 도움이 되었을 수도 있다. 하지만, 급수 (1)에서 모든 항들을 양수항이 되게 하여 새로운 급수를 만들어 보면

$$5 + \frac{5}{4} + \frac{5}{16} + \frac{5}{64} + \cdots = \sum_{n=0}^{\infty} \left| 5 \left(\frac{-1}{4} \right)^n \right| = \sum_{n=0}^{\infty} 5 \left(\frac{1}{4} \right)^n$$

이 되어 이 급수 또한 수렴함을 알 수 있다. 양수항과 음수항을 둘 다 갖는 일반적인 급수에 대하여, 그 항들에 절댓값을 취한 급수에 앞에서 공부한 수렴판정법을 적용할 수 있다. 그렇게 하기 위하여 우리는 자연스럽게 다음과 같은 정의가 필요하게 된다.

> **정의** 급수 a_n의 절댓값으로 이루어진 급수, $\sum |a_n|$이 수렴하면, $\sum a_n$은 **절대적으로 수렴** 또는 **절대수렴(absolutely convergent)**한다고 한다.

따라서 기하급수 (1)은 절대수렴한다. 이 급수는 또한 수렴한다는 것도 알 수 있다. 이러한 사실, 즉 절대수렴하는 급수는 또한 수렴한다는 명제는 항상 참이 된다. 이를 증명해 보자.

> **정리 12 절대수렴판정법** 급수 $\sum_{n=1}^{\infty} |a_n|$이 수렴하면, $\sum_{n=1}^{\infty} a_n$은 수렴한다.

증명 모든 n에 대하여

$$-|a_n| \le a_n \le |a_n| \text{이므로} \quad 0 \le a_n + |a_n| \le 2|a_n|$$

이다. $\sum_{n=1}^{\infty} |a_n|$이 수렴하므로, $\sum_{n=1}^{\infty} 2|a_n|$은 수렴한다. 따라서 직접비교판정법에 의해 음수

항이 없는 급수 $\sum_{n=1}^{\infty}(a_n+|a_n|)$ 은 수렴한다. a_n 은 식 $a_n=(a_n+|a_n|)-|a_n|$ 과 같이 쓸 수 있으므로 $\sum_{n=1}^{\infty}a_n$ 은 2개의 수렴하는 급수의 차로 표현할 수 있다.

$$\sum_{n=1}^{\infty}a_n = \sum_{n=1}^{\infty}(a_n+|a_n|-|a_n|) = \sum_{n=1}^{\infty}(a_n+|a_n|) - \sum_{n=1}^{\infty}|a_n|$$

그러므로 $\sum_{n=1}^{\infty}a_n$ 은 수렴한다. ■

예제 1 절대수렴하는 두 가지 예를 살펴보자.

(a) $\sum_{n=1}^{\infty}(-1)^{n+1}\frac{1}{n^2} = 1 - \frac{1}{4} + \frac{1}{9} - \frac{1}{16} + \cdots$ 에 대하여, 급수의 각 항에 절댓값을 취한 급수

$$\sum_{n=1}^{\infty}\frac{1}{n^2} = 1 + \frac{1}{4} + \frac{1}{9} + \frac{1}{16} + \cdots$$

은 수렴한다. 따라서 주어진 급수는 절대수렴하므로 수렴하는 급수이다.

(b) $\sum_{n=1}^{\infty}\frac{\sin n}{n^2} = \frac{\sin 1}{1} + \frac{\sin 2}{4} + \frac{\sin 3}{9} + \cdots$ 에 대하여, 각 항에 절댓값을 취하면

$$\sum_{n=1}^{\infty}\left|\frac{\sin n}{n^2}\right| = \frac{|\sin 1|}{1} + \frac{|\sin 2|}{4} + \cdots$$

이 되고 모든 n 에 대하여 $|\sin n|\le 1$ 이므로 $\sum_{n=1}^{\infty}\frac{1}{n^2}$ 과 비교하면 직접비교판정법에 의해 수렴한다. 따라서 주어진 급수는 절대수렴하므로 수렴한다. ■

주의 정리 12를 적용할 때 주의할 점이 있다. 수렴하는 급수는 절대수렴할 필요는 **없다.** 그러한 예는 다음 절에서 볼 수 있다.

비판정법

비판정법은 a_{n+1}/a_n 의 비를 계산하여 급수의 증가(또는 감소)속도를 알아보는 방법이다. 기하급수 $\sum ar^n$ 에서 a_{n+1}/a_n 의 비는 상수$((ar^{n+1})/(ar^n)=r)$ 이고, 이때 비의 절댓값이 1보다 작으면 수렴하고 그 역도 성립한다. 이 결과를 확장한 것이 비판정법이며 이는 매우 유용하게 사용된다.

정리 13 비판정법 $\sum a_n$ 을 어떤 급수라 하자. 또한

$$\lim_{n\to\infty}\left|\frac{a_{n+1}}{a_n}\right| = \rho$$

이라 가정하자.
(a) $\rho<1$ 이면 급수는 **절대수렴한다.**
(b) $\rho>1$ 이거나 ρ 가 무한이면 급수는 **발산한다.**
(c) $\rho=1$ 이면 급수는 **수렴할 수도 발산할 수도 있다.**

증명
(a) $\rho<1$. r 을 $\rho<r<1$ 인 수라 하자. 그러면 $\varepsilon=r-\rho$ 는 양수이다.

$$\left|\frac{a_{n+1}}{a_n}\right| \to \rho$$

이므로 N이 존재하여 $n \geq N$인 충분히 큰 모든 n에 대하여 $|a_{n+1}/a_n|$은 ρ의 ε 반지름 내에 있어야 한다. 수식으로 나타내면 다음과 같다.

$$n \geq N 일 때, \qquad \left|\frac{a_{n+1}}{a_n}\right| < \rho + \varepsilon = r$$

즉,

$$|a_{N+1}| < r|a_N|,$$
$$|a_{N+2}| < r|a_{N+1}| < r^2|a_N|,$$
$$|a_{N+3}| < r|a_{N+2}| < r^3|a_N|,$$
$$\vdots$$
$$|a_{N+m}| < r|a_{N+m-1}| < r^m|a_N|$$

그러므로

$$\sum_{m=N}^{\infty} |a_m| = \sum_{m=0}^{\infty} |a_{N+m}| \leq \sum_{m=0}^{\infty} |a_N| \, r^m = |a_N| \sum_{m=0}^{\infty} r^m$$

이다. 우변의 기하급수는 $0 < r < 1$이므로 수렴한다. 따라서 절댓값을 취한 급수 $\sum_{m=N}^{\infty} |a_m|$은 직접비교판정법에 의해 수렴한다. 급수에서 유한개의 항을 추가하거나 삭제해도 급수의 수렴 발산 성질에는 영향이 없으므로 급수 $\sum_{n=1}^{\infty} |a_n|$도 또한 수렴한다. 즉, $\sum a_n$은 절대 수렴한다.

(b) $1 < \rho \leq \infty$. 어떤 지수 M에서부터

$$\left|\frac{a_{n+1}}{a_n}\right| > 1 이므로 \quad |a_M| < |a_{M+1}| < |a_{M+2}| < \cdots$$

이고 n이 무한히 커짐에 따라 급수의 항은 0에 수렴하지 않는다. 따라서 일반항 판정 법에 의해 급수는 발산한다.

(c) $\rho = 1$. 두 급수

$$\sum_{n=1}^{\infty} \frac{1}{n}, \qquad \sum_{n=1}^{\infty} \frac{1}{n^2}$$

에서 $\rho = 1$일 때 비판정법으로는 판정할 수 없음을 보여준다.

$$\sum_{n=1}^{\infty} \frac{1}{n}: \quad \left|\frac{a_{n+1}}{a_n}\right| = \frac{1/(n+1)}{1/n} = \frac{n}{n+1} \to 1$$

$$\sum_{n=1}^{\infty} \frac{1}{n^2}: \quad \left|\frac{a_{n+1}}{a_n}\right| = \frac{1/(n+1)^2}{1/n^2} = \left(\frac{n}{n+1}\right)^2 \to 1^2 = 1$$

두 급수 모두 $\rho = 1$이나, 전자는 발산하고 후자는 수렴한다. ∎

급수의 항이 n의 계승을 포함하거나 n을 지수로 가지고 있을 때 비판정법이 매우 효과적으로 사용된다.

예제 2 다음 급수의 수렴성을 조사하라.

(a) $\displaystyle\sum_{n=0}^{\infty} \frac{2^n + 5}{3^n}$ **(b)** $\displaystyle\sum_{n=1}^{\infty} \frac{(2n)!}{n!n!}$ **(c)** $\displaystyle\sum_{n=1}^{\infty} \frac{4^n n! n!}{(2n)!}$

풀이 각 급수에 비판정법을 적용해 보자.

(a) 급수 $\displaystyle\sum_{n=0}^{\infty} (2^n + 5)/3^n$에 대하여

$$\left|\frac{a_{n+1}}{a_n}\right| = \frac{(2^{n+1} + 5)/3^{n+1}}{(2^n + 5)/3^n} = \frac{1}{3} \cdot \frac{2^{n+1} + 5}{2^n + 5} = \frac{1}{3} \cdot \left(\frac{2 + 5 \cdot 2^{-n}}{1 + 5 \cdot 2^{-n}}\right) \to \frac{1}{3} \cdot \frac{2}{1} = \frac{2}{3}$$

$\rho = 2/3$이 1보다 작으므로 주어진 급수는 절대수렴한다. 따라서 수렴한다. 여기서 급수의 합이 2/3를 의미하지는 **않는다.** 사실 급수의 합은 다음과 같다.

$$\sum_{n=0}^{\infty} \frac{2^n + 5}{3^n} = \sum_{n=0}^{\infty} \left(\frac{2}{3}\right)^n + \sum_{n=0}^{\infty} \frac{5}{3^n} = \frac{1}{1 - (2/3)} + \frac{5}{1 - (1/3)} = \frac{21}{2}$$

(b) $a_n = \dfrac{(2n)!}{n!n!}$라 하면, $a_{n+1} = \dfrac{(2n + 2)!}{(n + 1)!(n + 1)!}$이다.

$$\left|\frac{a_{n+1}}{a_n}\right| = \frac{n!n!(2n + 2)(2n + 1)(2n)!}{(n + 1)!(n + 1)!(2n)!}$$

$$= \frac{(2n + 2)(2n + 1)}{(n + 1)(n + 1)} = \frac{4n + 2}{n + 1} \to 4$$

$\rho = 4$는 1보다 크므로 주어진 급수는 발산한다.

(c) $a_n = 4^n n!n!/(2n)!$라 하면

$$\left|\frac{a_{n+1}}{a_n}\right| = \frac{4^{n+1}(n + 1)!(n + 1)!}{(2n + 2)(2n + 1)(2n)!} \cdot \frac{(2n)!}{4^n n!n!}$$

$$= \frac{4(n + 1)(n + 1)}{(2n + 2)(2n + 1)} = \frac{2(n + 1)}{2n + 1} \to 1$$

$\rho = 1$이므로, 비판정법으로 주어진 급수의 수렴성을 판정할 수 없다.

$a_{n+1}/a_n = (2n + 2)/(2n + 1)$에 주목하면, $(2n + 2)/(2n + 1)$은 1보다 항상 크므로 a_{n+1}은 a_n보다 항상 큰 값을 갖는다. 따라서 모든 항이 $a_1 = 2$보다 크거나 같아, $n \to \infty$일 때 n번째 항은 0에 수렴하지 않는다. 따라서 급수는 발산한다. ∎

근판정법

지금까지 $\sum a_n$의 수렴을 알아보는 수렴판정법은 a_n이 비교적 단순한 형태일 때 잘 적용되었다. 그러나 다음 항을 갖는 급수를 생각해 보자.

$$a_n = \begin{cases} n/2^n, & n이\ 홀수 \\ 1/2^n, & n이\ 짝수 \end{cases}$$

수렴성을 알아보기 위하여 주어진 급수의 몇 개의 항을 나열해 보자.

$$\sum_{n=1}^{\infty} a_n = \frac{1}{2^1} + \frac{1}{2^2} + \frac{3}{2^3} + \frac{1}{2^4} + \frac{5}{2^5} + \frac{1}{2^6} + \frac{7}{2^7} + \cdots$$

$$= \frac{1}{2} + \frac{1}{4} + \frac{3}{8} + \frac{1}{16} + \frac{5}{32} + \frac{1}{64} + \frac{7}{128} + \cdots$$

분명히 이것은 기하급수는 아니다. $n \to \infty$일 때 n번째 항은 0에 수렴하므로 일반항 판정법으로 급수가 발산한다고 말할 수도 없다. 적분판정법이 유용할 것 같지도 않다. 비판정법을 이용한다면,

$$\left|\frac{a_{n+1}}{a_n}\right| = \begin{cases} \dfrac{1}{2n}, & n이\ 홀수 \\[2mm] \dfrac{n + 1}{2}, & n이\ 짝수 \end{cases}$$

$n \to \infty$일 때, 비 a_{n+1}/a_n은 커졌다 작아졌다 하므로 극한값을 갖지 않는다. 하지만, 다음 판정법에 의하면 급수가 수렴하는지를 알 수 있다.

정리 14 근판정법 $\sum a_n$을 어떤 급수라 하자. 또한

$$\lim_{n\to\infty} \sqrt[n]{|a_n|} = \rho$$

이라 가정하자.

(a) $\rho < 1$이면 급수는 **절대수렴**한다.

(b) $\rho > 1$이거나 무한이면 급수는 **발산**한다.

(c) $\rho = 1$이면 급수는 **수렴할 수도 발산할 수도** 있다.

증명

(a) $\rho < 1$. $\rho + \varepsilon < 1$인 충분히 작은 $\varepsilon > 0$을 선택하자. $\sqrt[n]{|a_n|} \to \rho$이므로 항 $\sqrt[n]{|a_n|}$은 결국 ε보다도 더욱 가까이 ρ에 다가간다. 즉, 자연수 M이 존재하여

$$n \geq M \text{일 때} \quad \sqrt[n]{|a_n|} < \rho + \varepsilon$$

이 성립한다. 다시 말해서

$$n \geq M \text{에 대하여} \quad |a_n| < (\rho + \varepsilon)^n$$

이다. 이제, $\sum_{n=M}^{\infty} (\rho + \varepsilon)^n$은 공비가 $(\rho + \varepsilon) < 1$인 기하급수이므로 수렴한다. 직접비교판정법에 의하여 $\sum_{n=M}^{\infty} |a_n|$은 수렴하고, 유한개의 항을 더하여도 수렴 발산에는 영향이 없으므로

$$\sum_{n=1}^{\infty} |a_n| = |a_1| + \cdots + |a_{M-1}| + \sum_{n=M}^{\infty} |a_n|$$

도 수렴한다. 따라서 $\sum a_n$은 절대수렴한다.

(b) $1 < \rho \leq \infty$. 어떤 정수 M보다 큰 모든 자연수에 대하여, $\sqrt[n]{|a_n|} > 1$이므로 $n > M$에 대하여 $|a_n| > 1$이다. 급수의 항이 0에 수렴하지 않는다. 급수는 일반항 판정법에 의해 발산한다.

(c) $\rho = 1$. 두 급수

$$\sum_{n=1}^{\infty} (1/n), \qquad \sum_{n=1}^{\infty} (1/n^2)$$

에서 $\rho = 1$일 때 근판정법에 의해 판정할 수 없음을 보여준다. 두 급수 모두 $\sqrt[n]{|a_n|} \to 1$이나, 앞의 급수는 발산하고 뒤의 급수는 수렴한다. ∎

예제 3 $a_n = \begin{cases} n/2^n, & n\text{이 홀수} \\ 1/2^n, & n\text{이 짝수} \end{cases}$ 라 하자. $\sum a_n$은 수렴하는가?

풀이 근판정법을 이용하면,

$$\sqrt[n]{|a_n|} = \begin{cases} \sqrt[n]{n}/2, & n\text{이 홀수} \\ 1/2, & n\text{이 짝수} \end{cases}$$

따라서

$$\frac{1}{2} \leq \sqrt[n]{|a_n|} \leq \frac{\sqrt[n]{n}}{2}$$

$\sqrt[n]{n} \to 1$이므로(8.1절 정리 5), 샌드위치 정리에 의해 $\lim_{n\to\infty} \sqrt[n]{|a_n|} = 1/2$이다. 극한값이 1보다 작으므로 주어진 급수는 근판정법에 의해 절대수렴한다. ∎

예제 4 다음 중 어떤 급수가 수렴하는가? 또는 발산하는가?

(a) $\sum_{n=1}^{\infty} \frac{n^2}{2^n}$　**(b)** $\sum_{n=1}^{\infty} \frac{2^n}{n^3}$　**(c)** $\sum_{n=1}^{\infty} \left(\frac{1}{1+n}\right)^n$

풀이　각 급수는 양수항을 갖으므로 근판정법을 적용해 보자.

(a) $\sqrt[n]{\frac{n^2}{2^n}} = \frac{\sqrt[n]{n^2}}{\sqrt[n]{2^n}} = \frac{\left(\sqrt[n]{n}\right)^2}{2} \to \frac{1^2}{2} < 1$이므로 $\sum_{n=1}^{\infty} \frac{n^2}{2^n}$ 은 수렴한다.

(b) $\sqrt[n]{\frac{2^n}{n^3}} = \frac{2}{\left(\sqrt[n]{n}\right)^3} \to \frac{2}{1^3} > 1$이므로 $\sum_{n=1}^{\infty} \frac{2^n}{n^3}$ 은 발산한다.

(c) $\sqrt[n]{\left(\frac{1}{1+n}\right)^n} = \frac{1}{1+n} \to 0 < 1$이므로 $\sum_{n=1}^{\infty} \left(\frac{1}{1+n}\right)^n$ 은 수렴한다. ■

연습문제 8.5

비판정법

연습문제 1~8에서 비판정법을 사용하여 급수의 절대수렴, 발산을 판정하라.

1. $\sum_{n=1}^{\infty} \frac{2^n}{n!}$　　**2.** $\sum_{n=1}^{\infty} (-1)^n \frac{n+2}{3^n}$

3. $\sum_{n=1}^{\infty} \frac{(n-1)!}{(n+1)^2}$　　**4.** $\sum_{n=1}^{\infty} \frac{2^{n+1}}{n3^{n-1}}$

5. $\sum_{n=1}^{\infty} \frac{n^4}{(-4)^n}$　　**6.** $\sum_{n=2}^{\infty} \frac{3^{n+2}}{\ln n}$

7. $\sum_{n=1}^{\infty} (-1)^n \frac{n^2(n+2)!}{n! \, 3^{2n}}$　　**8.** $\sum_{n=1}^{\infty} \frac{n5^n}{(2n+3)\ln(n+1)}$

근판정법

연습문제 9~16에서 근판정법을 사용하여 급수의 절대수렴, 발산을 판정하라.

9. $\sum_{n=1}^{\infty} \frac{7}{(2n+5)^n}$　　**10.** $\sum_{n=1}^{\infty} \frac{4^n}{(3n)^n}$

11. $\sum_{n=1}^{\infty} \left(\frac{4n+3}{3n-5}\right)^n$　　**12.** $\sum_{n=1}^{\infty} \left(-\ln\left(e^2 + \frac{1}{n}\right)\right)^{n+1}$

13. $\sum_{n=1}^{\infty} \frac{-8}{(3+(1/n))^{2n}}$　　**14.** $\sum_{n=1}^{\infty} \sin^n\left(\frac{1}{\sqrt{n}}\right)$

15. $\sum_{n=1}^{\infty} (-1)^n \left(1 - \frac{1}{n}\right)^{n^2}$

（힌트: $\lim_{n\to\infty} (1 + x/n)^n = e^x$）

16. $\sum_{n=2}^{\infty} \frac{(-1)^n}{n^{1+n}}$

수렴 또는 발산의 판정

연습문제 17~46에서 급수가 수렴하는지 발산하는지를 판정하고 그 이유를 설명하라(급수의 수렴, 발산을 판정하는 방법은 여러 가지가 있을 수 있다).

17. $\sum_{n=1}^{\infty} \frac{n^{\sqrt{2}}}{2^n}$　　**18.** $\sum_{n=1}^{\infty} (-1)^n n^2 e^{-n}$

19. $\sum_{n=1}^{\infty} n!(-e)^{-n}$　　**20.** $\sum_{n=1}^{\infty} \frac{n!}{10^n}$

21. $\sum_{n=1}^{\infty} \frac{n^{10}}{10^n}$　　**22.** $\sum_{n=1}^{\infty} \left(\frac{n-2}{n}\right)^n$

23. $\sum_{n=1}^{\infty} \frac{2 + (-1)^n}{1.25^n}$　　**24.** $\sum_{n=1}^{\infty} \frac{(-2)^n}{3^n}$

25. $\sum_{n=1}^{\infty} (-1)^n \left(1 - \frac{3}{n}\right)^n$　　**26.** $\sum_{n=1}^{\infty} \left(1 - \frac{1}{3n}\right)^n$

27. $\sum_{n=1}^{\infty} \frac{\ln n}{n^3}$　　**28.** $\sum_{n=1}^{\infty} \frac{(-\ln n)^n}{n^n}$

29. $\sum_{n=1}^{\infty} \left(\frac{1}{n} - \frac{1}{n^2}\right)$　　**30.** $\sum_{n=1}^{\infty} \left(\frac{1}{n} - \frac{1}{n^2}\right)^n$

31. $\sum_{n=1}^{\infty} \frac{e^n}{n^e}$　　**32.** $\sum_{n=1}^{\infty} \frac{n \ln n}{(-2)^n}$

33. $\sum_{n=1}^{\infty} \frac{(n+1)(n+2)}{n!}$　　**34.** $\sum_{n=1}^{\infty} e^{-n}(n^3)$

35. $\sum_{n=1}^{\infty} \frac{(n+3)!}{3!n!3^n}$　　**36.** $\sum_{n=1}^{\infty} \frac{n2^n(n+1)!}{3^n n!}$

37. $\sum_{n=1}^{\infty} \frac{n!}{(2n+1)!}$　　**38.** $\sum_{n=1}^{\infty} \frac{n!}{(-n)^n}$

39. $\sum_{n=2}^{\infty} \frac{-n}{(\ln n)^n}$　　**40.** $\sum_{n=2}^{\infty} \frac{n}{(\ln n)^{(n/2)}}$

41. $\sum_{n=1}^{\infty} \frac{n! \ln n}{n(n+2)!}$　　**42.** $\sum_{n=1}^{\infty} \frac{(-3)^n}{n^3 2^n}$

43. $\displaystyle\sum_{n=1}^{\infty} \frac{(n!)^2}{(2n)!}$ **44.** $\displaystyle\sum_{n=1}^{\infty} \frac{(2n+3)(2^n+3)}{3^n+2}$

45. $\displaystyle\sum_{n=3}^{\infty} \frac{2^n}{n^2}$ **46.** $\displaystyle\sum_{n=3}^{\infty} \frac{2^{n^2}}{n^{2^n}}$

연습문제 47~56에서 점화식으로 정의된 급수 $\displaystyle\sum_{n=1}^{\infty} a_n$은 수렴하는가? 또는 발산하는가? 그 이유를 설명하라.

47. $a_1 = 2, \quad a_{n+1} = \dfrac{1+\sin n}{n} a_n$

48. $a_1 = 1, \quad a_{n+1} = \dfrac{1+\tan^{-1} n}{n} a_n$

49. $a_1 = \dfrac{1}{3}, \quad a_{n+1} = \dfrac{3n-1}{2n+5} a_n$

50. $a_1 = 3, \quad a_{n+1} = \dfrac{n}{n+1} a_n$

51. $a_1 = 2, \quad a_{n+1} = \dfrac{2}{n} a_n$

52. $a_1 = 5, \quad a_{n+1} = \dfrac{\sqrt[n]{n}}{2} a_n$

53. $a_1 = 1, \quad a_{n+1} = \dfrac{1+\ln n}{n} a_n$

54. $a_1 = \dfrac{1}{2}, \quad a_{n+1} = \dfrac{n+\ln n}{n+10} a_n$

55. $a_1 = \dfrac{1}{3}, \quad a_{n+1} = \sqrt[n]{a_n}$

56. $a_1 = \dfrac{1}{2}, \quad a_{n+1} = (a_n)^{n+1}$

수렴 또는 발산

연습문제 57~64에서 급수는 수렴하는가? 또는 발산하는가? 그 이유를 설명하라.

57. $\displaystyle\sum_{n=1}^{\infty} \frac{2^n n! n!}{(2n)!}$ **58.** $\displaystyle\sum_{n=1}^{\infty} \frac{(-1)^n (3n)!}{n!(n+1)!(n+2)!}$

59. $\displaystyle\sum_{n=1}^{\infty} \frac{(n!)^n}{(n^n)^2}$ **60.** $\displaystyle\sum_{n=1}^{\infty} (-1)^n \frac{(n!)^n}{n^{(n^2)}}$

61. $\displaystyle\sum_{n=1}^{\infty} \frac{n^n}{2^{(n^2)}}$ **62.** $\displaystyle\sum_{n=1}^{\infty} \frac{n^n}{(2^n)^2}$

63. $\displaystyle\sum_{n=1}^{\infty} \frac{1 \cdot 3 \cdot \cdots \cdot (2n-1)}{4^n 2^n n!}$

64. $\displaystyle\sum_{n=1}^{\infty} \frac{1 \cdot 3 \cdot \cdots \cdot (2n-1)}{[2 \cdot 4 \cdot \cdots \cdot (2n)](3^n+1)}$

65. b_n을 4/5로 수렴하는 양수들의 수열이라 하자. 다음 급수의 수렴, 발산을 판정하라.

    a. $\displaystyle\sum_{n=1}^{\infty} (b_n)^{1/n}$ **b.** $\displaystyle\sum_{n=1}^{\infty} \left(\frac{5}{4}\right)^n (b_n)$

    c. $\displaystyle\sum_{n=1}^{\infty} (b_n)^n$ **d.** $\displaystyle\sum_{n=1}^{\infty} \frac{1000^n}{n! + b_n}$

66. b_n을 1/3로 수렴하는 양수들의 수열이라 하자. 다음 급수의 수렴, 발산을 판정하라.

    a. $\displaystyle\sum_{n=1}^{\infty} \frac{b_{n+1} b_n}{n \, 4^n}$ **b.** $\displaystyle\sum_{n=1}^{\infty} \frac{n^n}{n! \, b_1^2 b_2^2 \cdots b_n^2}$

이론과 예제

67. 비판정법과 근판정법으로 p급수의 수렴성 여부를 판정해 보고 2개의 판정법 모두 판정에 도움이 되지 않음을 확인하라.

$$\sum_{n=1}^{\infty} \frac{1}{n^p}$$

68. 다음 급수에 대하여 비판정법과 근판정법 모두 판정에 도움이 되지 않음을 확인하라.

$$\sum_{n=2}^{\infty} \frac{1}{(\ln n)^p} \qquad (p는\ 상수)$$

69. $a_n = \begin{cases} \dfrac{n}{2^n}, & n은\ 소수일\ 때 \\[2mm] \dfrac{1}{2^n}, & n이\ 소수가\ 아닐\ 때 \end{cases}$ 에 대하여 $\displaystyle\sum a_n$은 수렴하는지의 여부를 답하고 그 이유를 설명하라.

70. 급수 $\displaystyle\sum_{n=1}^{\infty} \frac{2^{(n^2)}}{n!}$이 발산함을 보이라. 지수법칙에 따라 $2^{(n^2)} = (2^n)^n$이다.

8.6 교대급수와 조건수렴

급수가 양수항과 음수항을 교대적으로 가질 때, 이러한 급수를 **교대급수(alternating series)**라 한다. 교대급수의 세 가지 예를 살펴보자.

$$1 - \frac{1}{2} + \frac{1}{3} - \frac{1}{4} + \frac{1}{5} - \cdots + \frac{(-1)^{n+1}}{n} + \cdots \tag{1}$$

$$-2 + 1 - \frac{1}{2} + \frac{1}{4} - \frac{1}{8} + \cdots + \frac{(-1)^n 4}{2^n} + \cdots \tag{2}$$

$$1 - 2 + 3 - 4 + 5 - 6 + \cdots + (-1)^{n+1} n + \cdots \tag{3}$$

예에서 보듯이 교대급수의 일반항은

$$a_n = (-1)^{n+1} u_n \qquad 또는 \qquad a_n = (-1)^n u_n$$

의 형태이다. 여기서 $u_n = |a_n|$은 양수이다.

급수 (1)을 **교대조화급수(alternating harmonic series)**라 하며 곧 알게 되겠지만, 이 급수는 수렴한다. 급수 (2)는 $-2/[1+(1/2)] = -4/3$에 수렴하는 공비 $r = -1/2$인 기하급수이다. 급수 (3)은 일반항이 0에 수렴하지 않으므로 발산한다.

교대급수판정법을 이용하여 교대조화급수가 수렴함을 증명해 보자. 이 판정법은 교대급수의 **수렴**을 보일 때 사용되며, 발산함을 보일 때 사용되지는 않는다. 이 판정법은 급수 (2)에서와 같이 교대급수 $-u_1 + u_2 - u_3 + \cdots$에 대하여도 적용할 수 있다.

정리 15 교대급수판정법 급수

$$\sum_{n=1}^{\infty} (-1)^{n+1} u_n = u_1 - u_2 + u_3 - u_4 + \cdots$$

이 다음의 세 가지 조건을 만족시키면 수렴한다.
1. 모든 n에 대해 $u_n > 0$
2. 적당한 정수 N이 존재하여 모든 $n \geq N$에 대해, $u_n \geq u_{n+1}$, 즉 양수 u_n은 궁극적으로 증가하지 않는다.
3. $u_n \to 0$

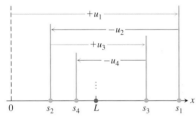

그림 8.15 $N=1$에 대하여 정리 15의 조건을 만족시키는 교대급수의 부분합이 처음부터 극한값을 향해 커졌다 작아졌다를 거듭하며 가까워진다.

증명 $u_1, u_2, u_3, \cdots$이 증가하지 않는 경우를 살펴보자. 즉, $N=1$이라 하자. n이 짝수인 정수, 즉 $n = 2m$이면 처음 n항의 합은 다음과 같다.

$$s_{2m} = (u_1 - u_2) + (u_3 - u_4) + \cdots + (u_{2m-1} - u_{2m})$$
$$= u_1 - (u_2 - u_3) - (u_4 - u_5) - \cdots - (u_{2m-2} - u_{2m-1}) - u_{2m}.$$

첫 번째 줄식에서 괄호 안의각 항이 0 또는 양수이므로 s_{2m}은 음이 아닌 항들의 합임을 알 수 있다. 따라서 $s_{2m+2} \geq s_{2m}$이고 $\{s_{2m}\}$은 감소하지 않는 수열이다. 두 번째 줄 식에서 $s_{2m} \leq u_1$임을 알 수 있다. $\{s_{2m}\}$은 감소하지 않는 수열이고 위로 유계이므로 다음의 극한값을 가진다.

$$\lim_{m \to \infty} s_{2m} = L \qquad \text{정리 6} \qquad (4)$$

n이 홀수인 정수, 즉 $n = 2m+1$이면, 처음 n항의 합은 $s_{2m+1} = s_{2m} + u_{2m+1}$이다. $u_n \to 0$이므로

$$\lim_{m \to \infty} u_{2m+1} = 0$$

이고, $m \to \infty$임에 따라

$$s_{2m+1} = s_{2m} + u_{2m+1} \to L + 0 = L \qquad (5)$$

이다. 식 (4)와 (5)를 결합하면, $\lim_{n \to \infty} s_n = L$(8.1절의 연습문제 143). ■

예제 1 교대조화급수

$$\sum_{n=1}^{\infty} (-1)^{n+1} \frac{1}{n} = 1 - \frac{1}{2} + \frac{1}{3} - \frac{1}{4} + \cdots$$

은 $N=1$에 대하여 정리 15의 세 가지 조건을 확실히 만족시킨다. 그러므로 교대급수판정법에 의해 수렴한다. 하지만 판정법은 급수의 합이 얼마인지에 대하여는 아무것도 알려주지 않는다. 그림 8.16의 히스토그램에서 보는 것처럼, 조화급수의 부분합은 발산하고, 교대조화급수의 부분합은 수렴한다. 그래프에서 보면 교대조화급수는 $\ln 2$로 수렴한다. ■

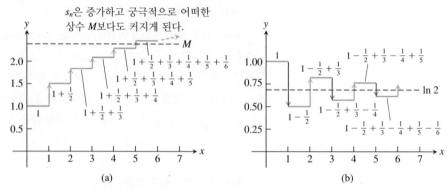

그림 8.16 (a) 조화급수는 발산하고, 부분합은 궁극적으로 어떠한 상수보다도 크게 된다. (b) 교대 조화급수는 ln 2 ≈ 0.693으로 수렴한다.

두 번째 조건에서 $u_n \geq u_{n+1}$을 보이고자 할 때, 수열 $\{u_n\}$이 증가하지 않는 수열이 됨을 직접적으로 보이는 것보다는 미분가능한 함수 $f(x)$를 정의하여 보일 수도 있다. 먼저 $f(n) = u_n$, 즉 각 양의 정수 n에서의 함숫값과 수열의 값이 일치하는 미분가능한 함수를 정의한다. 만일 적당한 자연수 N이 존재하여 모든 $x \geq N$에 대해 $f'(x) \leq 0$이면, 함수 $f(x)$는 $x \geq N$에서 증가하지 않는 함수이다. 그러면 모든 $n \geq N$에 대해서 $f(n) \geq f(n+1)$, 즉 $u_n \geq u_{n+1}$이 만족한다.

예제 2 일반항이 $u_n = 10n/(n^2 + 16)$인 수열이 궁극적으로 증가하지 않음을 보이자. 이를 위해, 함수 $f(x)$를

$$f(x) = \frac{10x}{x^2 + 16}$$

으로 정의한다. 그러면 미분 공식에 의해

$$x \geq 4일 \text{ 때} \qquad f'(x) = \frac{10(16 - x^2)}{(x^2 + 16)^2} \leq 0$$

이다. 따라서 $n \geq 4$에 대해서 $u_n \geq u_{n+1}$이다. 즉, 수열 $\{u_n\}$은 $n \geq 4$에 대해서 증가하지 않는 수열이다. ∎

부분합을 그래프로 해석한 그림 8.15는 교대급수가 $N = 1$이면서 정리 15의 세 조건을 만족시킬 때, 극한값 L에 어떻게 수렴하는지를 보여준다. x축의 원점에서 출발하여 양의 거리 $s_1 = u_1$를 표시한다. u_2만큼 거리를 되돌아와서 $s_2 = u_1 - u_2$에 대응하는 점을 표시한다. $u_2 \leq u_1$이므로 원점에서 왼쪽으로 가지는 않는다. 이런 식의 방법을 계속하면 급수의 부호에 따라 커졌다 작아졌다를 반복한다. 그런데 $n \geq N$에 대하여 $u_{n+1} \leq u_n$이므로 후진과 전진을 반복하는 구간이 점점 짧아진다. n이 증가함에 따라 일반항은 0에 가까워지므로 진폭이 점점 작아진다. 극한값 L을 가로질러 진동하고, 그 진동의 진폭이 0에 가까워진다. 극한값 L은 임의의 두 연속되는 합 s_n과 s_{n+1} 사이에 놓여 있으므로 s_n까지의 거리가 u_{n+1}을 넘지 않는다.

$$n \geq N에 \text{ 대하여} \qquad |L - s_n| < u_{n+1}$$

이므로 정리 16과 같이 수렴하는 교대급수의 합을 예측할 수 있다.

> **정리 16 교대급수 추정정리** 교대급수 $\sum_{n=1}^{\infty} (-1)^{n+1} u_n$이 정리 15의 세 조건을 만족시키면, 모든 $n \geq N$에 대하여
>
> $$s_n = u_1 - u_2 + \cdots + (-1)^{n+1} u_n$$
>
> 은 급수의 합 L에 가까워진다. 이때 오차의 절댓값은 u_{n+1}보다 작다. 또한 합 L은 s_n과 s_{n+1} 사이의 값이며 $L - s_n$은 $(-1)^n$과 같은 부호를 갖는다.

나머지 $L - s_n$의 부호가 $(-1)^n$과 같다는 증명은 연습문제 87에서 하겠다.

예제 3 합을 알고 있는 급수에 정리 16을 적용해 보자.

$$\sum_{n=0}^{\infty} (-1)^n \frac{1}{2^n} = 1 - \frac{1}{2} + \frac{1}{4} - \frac{1}{8} + \frac{1}{16} - \frac{1}{32} + \frac{1}{64} - \frac{1}{128} \mathbin{\vert} + \frac{1}{256} - \cdots$$

주어진 급수의 8번째 다음의 항을 잘라내면, $1/256$보다 작은 양수만큼이 소거된다. 처음 8개 항의 합은 0.6640625이고 처음 9개 항의 합은 0.66796875이다. 급수의 합은

$$\frac{1}{1 - (-1/2)} = \frac{1}{3/2} = \frac{2}{3}$$

이므로 $0.6640625 < (2/3) < 0.66796875$임을 알 수 있다. 오차는 $(2/3)20.6640625 = 0.0026041666\cdots$인데, 이것은 양수이고 $(1/256) = 0.00390625$보다 작은 값이다. ∎

조건수렴

예제 3의 교대급수에서 모든 음수항을 양수항으로 바꾸어 주면, 기하급수 $\sum 1/2^n$가 된다. 원래의 급수와 절댓값이 취해진 새로운 급수는 둘 다 수렴한다 (비록 서로 다른 합을 갖지만). 절대수렴하는 급수에 대하여, 급수의 음수항에서 무한히 많은 항을 양수항으로 바꾸어도 급수의 수렴함이 바뀌지는 않는다. 수렴하는 급수 중에는 그렇지 않은 급수도 있다. 수렴하는 교대조화급수는 무한히 많은 음수항을 가지고 있으며, 이 항들을 모두 양수항으로 바꾸어 주면, 조화급수가 되어 발산한다. 따라서 교대조화급수가 수렴하기 위해서는 무한히 많은 음수항이 필수적인 요소이다. 수렴하는 급수를 두 가지의 형태로 분류하기 위하여 다음 용어를 정의한다.

> **정의** 수렴하지만 절대수렴하지 않는 급수를 **조건수렴**(**conditionally convergent**)한다고 한다.

교대조화급수는 **조건수렴**한다. 다음 예제는 교대 p급수로 확장한 결과이다.

예제 4 p가 양의 상수이면, 수열 $\{1/n^p\}$은 감소하는 수열이고, 극한값이 0이다. 그러므로 교대 p급수

$$\sum_{n=1}^{\infty} \frac{(-1)^{n-1}}{n^p} = 1 - \frac{1}{2^p} + \frac{1}{3^p} - \frac{1}{4^p} + \cdots, \quad p > 0$$

는 수렴한다.

$p > 1$이면, 급수는 일반적인 p급수로서 절대수렴한다. $0 < p \leq 1$이면, 교대급수판정법에 의해 조건수렴한다. 예를 들면 다음과 같다.

$$\text{절대수렴} \ (p = 3/2): \quad 1 - \frac{1}{2^{3/2}} + \frac{1}{3^{3/2}} - \frac{1}{4^{3/2}} + \cdots$$

$$\text{조건수렴} \ (p = 1/2): \quad 1 - \frac{1}{\sqrt{2}} + \frac{1}{\sqrt{3}} - \frac{1}{\sqrt{4}} + \cdots \qquad \blacksquare$$

조건수렴하는 급수를 사용할 때 주의해야 할 사항이 있다. 교대조화급수에서 볼 수 있는 것처럼 조건수렴하는 급수는 무한히 많은 항들의 부호를 바꾸어주면 수렴하지 않게 될 수 있다. 더 나아가, 단지 무한히 많은 항들의 순서를 바꾸어도 심각한 변화가 발생될 수 있다. 이 문제를 논의해 보자.

재배열급수

유한 항의 합은 순서를 바꾸어 더하여도 항상 같은 값이 된다. 무한급수에 대해서도 같은 결과로 참이 될 수 있을까? 절대수렴하는 급수의 경우에는 그렇다. (증명의 개요는 연습문제 96 참조.)

정리 17 절대수렴급수의 재배열정리 $\displaystyle\sum_{n=1}^{\infty} a_n$이 절대수렴하고, 수열 $\{a_n\}$을 임의로 배열한 수열을 $b_1, b_2, \cdots, b_n, \cdots$라 하면, $\sum b_n$도 절대수렴하며

$$\sum_{n=1}^{\infty} b_n = \sum_{n=1}^{\infty} a_n$$

한편 조건수렴하는 급수의 항들은 재배열하면, 다른 합을 얻을 수 있다. 실제로 어떤 실수 r에 대해서도, 주어진 조건수렴하는 급수를 합이 r가 되도록 재배열할 수 있다. (이 증명은 생략한다.) 여기서는 조건수렴하는 급수의 더하는 순서를 다르게 함으로써 합이 다르게 얻어지는 예를 보여준다.

예제 5 교대조화급수 $\displaystyle\sum_{n=1}^{\infty} (-1)^{n+1} \frac{1}{n}$이 어떤 수 L로 수렴함을 알고 있다. 또한, 정리 16에 의해서 L이 연속하는 두 부분합 $s_2 = 1/2$와 $s_3 = 5/6$ 사이의 값임도 알고 있다. 즉, $L \neq 0$이다. 급수에 2를 곱한 값을 생각해 보면

$$2L = 2 \sum_{n=1}^{\infty} \frac{(-1)^{n+1}}{n} = 2 \left(1 - \frac{1}{2} + \frac{1}{3} - \frac{1}{4} + \frac{1}{5} - \frac{1}{6} + \frac{1}{7} - \frac{1}{8} + \frac{1}{9} - \frac{1}{10} + \frac{1}{11} - \cdots \right)$$

$$= 2 - 1 + \frac{2}{3} - \frac{1}{2} + \frac{2}{5} - \frac{1}{3} + \frac{2}{7} - \frac{1}{4} + \frac{2}{9} - \frac{1}{5} + \frac{2}{11} - \cdots$$

이제 마지막 합의 순서를 바꾸어서 분모가 홀수인 각 쌍들을 묶어서 계산하도록 하고 분모가 짝수인 음수항은 그 위치에서 그대로 계산하도록 하자 (그러면 분모가 양의 정수의 순서대로 계산된다). 그러면 다음과 같은 결과를 얻는다.

$$(2 - 1) - \frac{1}{2} + \left(\frac{2}{3} - \frac{1}{3} \right) - \frac{1}{4} + \left(\frac{2}{5} - \frac{1}{5} \right) - \frac{1}{6} + \left(\frac{2}{7} - \frac{1}{7} \right) - \frac{1}{8} + \cdots$$

$$= \left(1 - \frac{1}{2} + \frac{1}{3} - \frac{1}{4} + \frac{1}{5} - \frac{1}{6} + \frac{1}{7} - \frac{1}{8} + \frac{1}{9} - \frac{1}{10} + \frac{1}{11} - \cdots \right)$$

$$= \sum_{n=1}^{\infty} \frac{(-1)^{n+1}}{n} = L$$

따라서 조건수렴하는 급수 $\displaystyle\sum_{n=1}^{\infty} (-1)^{n+1} \frac{2}{n}$의 항을 재배열함으로써 이 급수는 다시 교대

조화급수 $\sum_{n=1}^{\infty} (-1)^{n+1} \dfrac{1}{n}$이 되었다. 즉, 두 급수의 합은 같아야 하므로 $2L = L$이어야 한다. $L \neq 0$이므로, 이는 명백히 거짓이다 ∎

예제 5는 조건수렴하는 급수의 항을 재배열하여 얻은 급수의 합이 원래 급수의 합과 같기를 기대할 수 없다는 것을 보여준다. 우리는 조건수렴하는 급수를 사용할 때 올바른 결과를 얻을 수 있게 주어진 순서대로 더하여야 한다. 한편, 정리 17은 절대수렴하는 급수는 순서를 아무리 바꾸어서 더하더라도 결과에 영향을 끼치지 않는다는 것을 말해 준다.

수렴, 발산 판정법 요약

우리는 무한급수가 수렴하는지 발산하는지를 판정하는 여러 가지 판정법을 공부하였다. 좀 더 고급 과정에서 배우게 되는 몇 가지 방법들은 여기서 빠져있다. 우리가 배운 판정법을 요약하면 다음과 같다.

---

1. 일반항 판정법: $a_n \to 0$이 아니면, 급수는 발산한다.

2. 기하급수: $|r| < 1$이면 $\sum ar^n$은 수렴한다. $|r| > 1$이면 급수는 발산한다.

3. p급수: $p > 1$이면 $\sum 1/n^p$은 수렴한다. 그렇지 않으면 발산한다.

4. 음수항을 갖지 않는 급수: 적분판정법, 비판정법, 근판정법을 사용한다. 수렴여부를 아는 급수와 비교하는 직접비교판정법 또는 극한비교판정법을 사용한다.

5. 음수항을 갖는 급수: $\sum |a_n|$이 비판정법, 근판정법, 또는 다른 판정법에 의해 수렴하면 절대수렴하는 급수는 수렴하므로 $\sum a_n$은 수렴한다.

6. 교대급수: $\sum a_n$이 교대급수판정법의 조건을 만족시키면 $\sum a_n$은 수렴한다.

연습문제 8.6

수렴과 발산의 판정

연습문제 1~14에서 교대급수의 발산과 수렴을 판정하고 그 이유를 설명하라.

1. $\displaystyle\sum_{n=1}^{\infty} (-1)^{n+1} \dfrac{1}{\sqrt{n}}$

2. $\displaystyle\sum_{n=1}^{\infty} (-1)^{n+1} \dfrac{1}{n^{3/2}}$

3. $\displaystyle\sum_{n=1}^{\infty} (-1)^{n+1} \dfrac{1}{n3^n}$

4. $\displaystyle\sum_{n=2}^{\infty} (-1)^{n} \dfrac{4}{(\ln n)^2}$

5. $\displaystyle\sum_{n=1}^{\infty} (-1)^{n} \dfrac{n}{n^2 + 1}$

6. $\displaystyle\sum_{n=1}^{\infty} (-1)^{n+1} \dfrac{n^2 + 5}{n^2 + 4}$

7. $\displaystyle\sum_{n=1}^{\infty} (-1)^{n+1} \dfrac{2^n}{n^2}$

8. $\displaystyle\sum_{n=1}^{\infty} (-1)^{n} \dfrac{10^n}{(n+1)!}$

9. $\displaystyle\sum_{n=1}^{\infty} (-1)^{n+1} \left(\dfrac{n}{10}\right)^n$

10. $\displaystyle\sum_{n=2}^{\infty} (-1)^{n+1} \dfrac{1}{\ln n}$

11. $\displaystyle\sum_{n=1}^{\infty} (-1)^{n+1} \dfrac{\ln n}{n}$

12. $\displaystyle\sum_{n=1}^{\infty} (-1)^{n} \ln\left(1 + \dfrac{1}{n}\right)$

13. $\displaystyle\sum_{n=1}^{\infty} (-1)^{n+1} \dfrac{\sqrt{n} + 1}{n + 1}$

14. $\displaystyle\sum_{n=1}^{\infty} (-1)^{n+1} \dfrac{3\sqrt{n} + 1}{\sqrt{n} + 1}$

절대수렴과 조건수렴

연습문제 15~48에서 급수의 절대수렴과 조건수렴, 발산을 판정하고, 그 이유를 설명하라.

15. $\displaystyle\sum_{n=1}^{\infty} (-1)^{n+1} (0.1)^n$

16. $\displaystyle\sum_{n=1}^{\infty} (-1)^{n+1} \dfrac{(0.1)^n}{n}$

17. $\displaystyle\sum_{n=1}^{\infty} (-1)^{n} \dfrac{1}{\sqrt{n}}$

18. $\displaystyle\sum_{n=1}^{\infty} \dfrac{(-1)^n}{1 + \sqrt{n}}$

19. $\displaystyle\sum_{n=1}^{\infty} (-1)^{n+1} \dfrac{n}{n^3 + 1}$

20. $\displaystyle\sum_{n=1}^{\infty} (-1)^{n+1} \dfrac{n!}{2^n}$

21. $\displaystyle\sum_{n=1}^{\infty} (-1)^{n} \dfrac{1}{n + 3}$

22. $\displaystyle\sum_{n=1}^{\infty} (-1)^{n} \dfrac{\sin n}{n^2}$

23. $\displaystyle\sum_{n=1}^{\infty} (-1)^{n+1} \dfrac{3 + n}{5 + n}$

24. $\displaystyle\sum_{n=1}^{\infty} \dfrac{(-2)^{n+1}}{n + 5^n}$

25. $\displaystyle\sum_{n=1}^{\infty} (-1)^{n+1} \dfrac{1 + n}{n^2}$

26. $\displaystyle\sum_{n=1}^{\infty} (-1)^{n+1} \left(\sqrt[n]{10}\right)$

27. $\displaystyle\sum_{n=1}^{\infty} (-1)^{n} n^2 (2/3)^n$

28. $\displaystyle\sum_{n=2}^{\infty} (-1)^{n+1} \dfrac{1}{n \ln n}$

29. $\displaystyle\sum_{n=1}^{\infty}(-1)^n\frac{\tan^{-1}n}{n^2+1}$

30. $\displaystyle\sum_{n=1}^{\infty}(-1)^n\frac{\ln n}{n-\ln n}$

31. $\displaystyle\sum_{n=1}^{\infty}(-1)^n\frac{n}{n+1}$

32. $\displaystyle\sum_{n=1}^{\infty}(-5)^{-n}$

33. $\displaystyle\sum_{n=1}^{\infty}\frac{(-100)^n}{n!}$

34. $\displaystyle\sum_{n=1}^{\infty}\frac{(-1)^{n-1}}{n^2+2n+1}$

35. $\displaystyle\sum_{n=1}^{\infty}\frac{\cos n\pi}{n\sqrt{n}}$

36. $\displaystyle\sum_{n=1}^{\infty}\frac{\cos n\pi}{n}$

37. $\displaystyle\sum_{n=1}^{\infty}\frac{(-1)^n(n+1)^n}{(2n)^n}$

38. $\displaystyle\sum_{n=1}^{\infty}\frac{(-1)^{n+1}(n!)^2}{(2n)!}$

39. $\displaystyle\sum_{n=1}^{\infty}(-1)^n\frac{(2n)!}{2^n n! n}$

40. $\displaystyle\sum_{n=1}^{\infty}(-1)^n\frac{(n!)^2 3^n}{(2n+1)!}$

41. $\displaystyle\sum_{n=1}^{\infty}(-1)^n\left(\sqrt{n+1}-\sqrt{n}\right)$ **42.** $\displaystyle\sum_{n=1}^{\infty}(-1)^n\left(\sqrt{n^2+n}-n\right)$

43. $\displaystyle\sum_{n=1}^{\infty}(-1)^n\left(\sqrt{n+\sqrt{n}}-\sqrt{n}\right)$

44. $\displaystyle\sum_{n=1}^{\infty}\frac{(-1)^n}{\sqrt{n}+\sqrt{n+1}}$

45. $\displaystyle\sum_{n=1}^{\infty}(-1)^n\operatorname{sech}n$ **46.** $\displaystyle\sum_{n=1}^{\infty}(-1)^n\operatorname{csch}n$

47. $\dfrac{1}{4}-\dfrac{1}{6}+\dfrac{1}{8}-\dfrac{1}{10}+\dfrac{1}{12}-\dfrac{1}{14}+\cdots$

48. $1+\dfrac{1}{4}-\dfrac{1}{9}-\dfrac{1}{16}+\dfrac{1}{25}+\dfrac{1}{36}-\dfrac{1}{49}-\dfrac{1}{64}+\cdots$

오차 계산

연습문제 49~52에서 전체 급수의 합의 값에 대하여 처음 4개 항의 합의 값에 대한 오차 크기를 계산하라.

49. $\displaystyle\sum_{n=1}^{\infty}(-1)^{n+1}\frac{1}{n}$

50. $\displaystyle\sum_{n=1}^{\infty}(-1)^{n+1}\frac{1}{10^n}$

51. $\displaystyle\sum_{n=1}^{\infty}(-1)^{n+1}\frac{(0.01)^n}{n}$ 이 급수의 합이 $\ln(1.01)$임을 8.7절에서 알게 된다.

52. $\dfrac{1}{1+t}=\displaystyle\sum_{n=0}^{\infty}(-1)^n t^n,\quad 0<t<1$

연습문제 53~56에서 전체 급수의 합을 몇 개의 항을 사용하여 추정하여야 오차가 0.001보다 작아지는가?

53. $\displaystyle\sum_{n=1}^{\infty}(-1)^n\frac{1}{n^2+3}$

54. $\displaystyle\sum_{n=1}^{\infty}(-1)^{n+1}\frac{n}{n^2+1}$

55. $\displaystyle\sum_{n=1}^{\infty}(-1)^{n+1}\frac{1}{(n+3\sqrt{n})^3}$

56. $\displaystyle\sum_{n=1}^{\infty}(-1)^n\frac{1}{\ln(\ln(n+2))}$

연습문제 57~82에서 급수가 수렴하는지 발산하는지를 판정하고 그 이유를 설명하라. (급수의 수렴, 발산을 판정하는 방법은 여러 가지가 있을 수 있다.)

57. $\displaystyle\sum_{n=1}^{\infty}\frac{3^n}{n^n}$

58. $\displaystyle\sum_{n=1}^{\infty}\frac{3^n}{n^3}$

59. $\displaystyle\sum_{n=1}^{\infty}\left(\frac{1}{n+2}-\frac{1}{n+3}\right)$

60. $\displaystyle\sum_{n=1}^{\infty}\left(\frac{1}{2n+1}-\frac{1}{2n+2}\right)$

61. $\displaystyle\sum_{n=0}^{\infty}(-1)^n\frac{(n+2)!}{(2n)!}$

62. $\displaystyle\sum_{n=2}^{\infty}\frac{(3n)!}{(n!)^3}$

63. $\displaystyle\sum_{n=1}^{\infty}n^{-2/\sqrt{5}}$

64. $\displaystyle\sum_{n=2}^{\infty}\frac{3}{10+n^{4/3}}$

65. $\displaystyle\sum_{n=1}^{\infty}\left(1-\frac{2}{n}\right)^{n^2}$

66. $\displaystyle\sum_{n=0}^{\infty}\left(\frac{n+1}{n+2}\right)^n$

67. $\displaystyle\sum_{n=1}^{\infty}\frac{n-2}{n^2+3n}\left(-\frac{2}{3}\right)^n$

68. $\displaystyle\sum_{n=0}^{\infty}\frac{n+1}{(n+2)!}\left(\frac{3}{2}\right)^n$

69. $\dfrac{1}{2}-\dfrac{1}{2}+\dfrac{1}{2}-\dfrac{1}{2}+\dfrac{1}{2}-\dfrac{1}{2}+\cdots$

70. $1-\dfrac{1}{8}+\dfrac{1}{64}-\dfrac{1}{512}+\dfrac{1}{4096}-\cdots$

71. $\displaystyle\sum_{n=3}^{\infty}\sin\left(\frac{1}{\sqrt{n}}\right)$

72. $\displaystyle\sum_{n=1}^{\infty}\tan(n^{1/n})$

73. $\displaystyle\sum_{n=2}^{\infty}\frac{n}{\ln n}$

74. $\displaystyle\sum_{n=2}^{\infty}\frac{1}{n\sqrt{\ln n}}$

75. $\displaystyle\sum_{n=2}^{\infty}\ln\left(\frac{n+2}{n+1}\right)$

76. $\displaystyle\sum_{n=2}^{\infty}\left(\frac{\ln n}{n}\right)^3$

77. $\displaystyle\sum_{n=2}^{\infty}\frac{1}{1+2+2^2+\cdots+2^n}$

78. $\displaystyle\sum_{n=2}^{\infty}\frac{1+3+3^2+\cdots+3^{n-1}}{1+2+3+\cdots+n}$

79. $\displaystyle\sum_{n=0}^{\infty}(-1)^n\frac{e^n}{e^n+e^{n^2}}$

80. $\displaystyle\sum_{n=0}^{\infty}\frac{(2n+3)(2^n+3)}{3^n+2}$

81. $\displaystyle\sum_{n=1}^{\infty}\frac{n^3 3^n}{3\cdot5\cdot7\cdots(2n+1)}$

82. $\displaystyle\sum_{n=1}^{\infty}\frac{4\cdot6\cdot8\cdots(2n)}{5^{n+1}(n+2)!}$

T 연습문제 83~84에서 오차의 크기가 5×10^{-6} 이내가 되도록 급수의 근삿값을 계산하라.

83. $\displaystyle\sum_{n=0}^{\infty}(-1)^n\frac{1}{(2n)!}$ 이 급수의 합이 $\cos 1$임을 8.9절에서 알게 된다.

84. $\displaystyle\sum_{n=0}^{\infty}(-1)^n\frac{1}{n!}$ 이 급수의 합이 e^{-1}임을 8.9절에서 알게 된다.

이론과 예제

85. a. 다음 급수는

$$\frac{1}{3}-\frac{1}{2}+\frac{1}{9}-\frac{1}{4}+\frac{1}{27}-\frac{1}{8}+\cdots+\frac{1}{3^n}-\frac{1}{2^n}+\cdots$$

정리 15의 조건 중 하나와 맞지 않는다. 어떤 것인가?

b. (a)에서 정리 17을 이용하여 급수의 합을 구하라.

T **86.** 정리 15의 조건을 만족하는 교대급수의 극한 L은 2개의 연속하는 부분합의 값 사이에 놓여 있다. 이는 다음의 평균을 사용하여 L의 근삿값을 계산할 수 있음을 뜻한다.

$$\frac{s_n+s_{n+1}}{2}=s_n+\frac{1}{2}(-1)^{n+2}a_{n+1}$$

교대조화급수의 합의 근삿값은 다음과 같음을 보이라.

$$s_{20}+\frac{1}{2}\cdot\frac{1}{21}$$

정확한 합은 $\ln 2=0.69314718\cdots$이다.

87. 정리 15의 조건을 만족하는 교대급수의 나머지 항의 부호 정리 15
의 조건을 만족하는 교대급수의 부분합 중 하나를 급수의 합의
근삿값으로 계산할 때 나머지(사용되지 않은 항의 합)는 최초
로 사용되지 않은 항과 같은 부호를 가진다. 정리 16의 주장인
이것을 증명하라. (**힌트**: 나머지 항들을 이웃하는 2개씩 그룹
지으라.)

88. 다음 급수

$$1 - \frac{1}{2} + \frac{1}{2} - \frac{1}{3} + \frac{1}{3} - \frac{1}{4} + \frac{1}{4} - \frac{1}{5} + \frac{1}{5} - \frac{1}{6} + \cdots$$

의 첫 $2n$번째 항까지의 합이 다음 급수

$$\frac{1}{1 \cdot 2} + \frac{1}{2 \cdot 3} + \frac{1}{3 \cdot 4} + \frac{1}{4 \cdot 5} + \frac{1}{5 \cdot 6} + \cdots$$

의 첫 n번째 항까지의 합과 같다는 것을 보이라. 이 급수들은
수렴하는가? 처음 급수의 첫 $2n+1$까지 항의 합은 얼마인가?
또, 급수들이 수렴한다면 그 값은 얼마인가?

89. $\sum_{n=1}^{\infty} a_n$이 발산한다면, $\sum_{n=1}^{\infty} |a_n|$이 발산함을 보이라.

90. $\sum_{n=1}^{\infty} a_n$이 절대수렴할 때, 다음을 보이라.

$$\left| \sum_{n=1}^{\infty} a_n \right| \leq \sum_{n=1}^{\infty} |a_n|$$

91. $\sum_{n=1}^{\infty} a_n$과 $\sum_{n=1}^{\infty} b_n$이 둘 다 절대수렴할 때, 다음도 절대수렴함을 보이라.

a. $\sum_{n=1}^{\infty} (a_n + b_n)$ **b.** $\sum_{n=1}^{\infty} (a_n - b_n)$

c. $\sum_{n=1}^{\infty} k a_n$ (k는 임의의 상수)

92. $\sum_{n=1}^{\infty} a_n$과 $\sum_{n=1}^{\infty} b_n$이 둘 다 수렴하여도 $\sum_{n=1}^{\infty} a_n b_n$이 발산할 수 있는
예를 보이라.

93. 급수 $\sum a_n$이 절대수렴하면, $\sum a_n^2$이 수렴함을 증명하라.

94. 다음 급수

$$\sum_{n=1}^{\infty} \left(\frac{1}{n} - \frac{1}{n^2} \right)$$

이 수렴하는가? 발산하는가? 이유를 설명하라.

T **95.** 교대조화급수에서, 항들을 재배열해 새로운 급수가 $-1/2$에
수렴하도록 하는 것이 목적이라고 하자. 첫 음수의 항인 $-1/2$
를 사용하여 새로운 배열을 시작해 보자. 합이 $-1/2$보다 작거
나 같으면 새로운 양수의 항들을 더해 새로운 합이 $-1/2$보다
크게 해 보자. 그리고 나서 다시 합이 $-1/2$보다 작거나 같도
록 음수의 항들을 더해 보자. 부분합이 최소한 세 번은 원하는
값에 도달할 때까지 이러한 과정을 반복하자. 그렇게 해서 만
든 새로운 급수의 n번째 항까지의 합을 s_n이라고 하면, 그 합들
이 어떻게 그려지는지 점 (n, s_n)들을 찍어보며 확인하라.

96. 재배열정리(정리 17) 증명의 개요

a. ε을 양의 실수, $L = \sum_{n=1}^{\infty} a_n$이라 하며, $s_k = \sum_{n=1}^{k} a_n$이라 하자. 다
음 관계식을 만족하는 지수 N_1과 지수 $N_2 \geq N_1$가 존재함을
보이라.

$$\sum_{n=N_1}^{\infty} |a_n| < \frac{\varepsilon}{2} \quad \text{이고} \quad |s_{N_2} - L| < \frac{\varepsilon}{2}$$

모든 항 $a_1, a_2, \cdots, a_{N_2}$이 수열 $\{b_n\}$에서 나타나기 때문에
다음을 만족하는 지수 $N_3 \geq N_2$가 존재한다. 즉, $n \geq N_3$라면
$\left(\sum_{k=1}^{n} b_k \right) - s_{N_2}$는 기껏해야 $m \geq N_1$인 a_m들의 합이다. 그러므로
$n \geq N_3$라면 다음이 성립한다.

$$\left| \sum_{k=1}^{n} b_k - L \right| \leq \left| \sum_{k=1}^{n} b_k - s_{N_2} \right| + |s_{N_2} - L|$$

$$\leq \sum_{k=N_1}^{\infty} |a_k| + |s_{N_2} - L| < \varepsilon$$

b. (a)에서 증명한 것은 만약 $\sum_{n=1}^{\infty} a_n$이 절대수렴하면 $\sum_{n=1}^{\infty} b_n$도 수
렴하고 $\sum_{n=1}^{\infty} b_n = \sum_{n=1}^{\infty} a_n$이라는 것이다.

이제 $\sum_{n=1}^{\infty} |a_n|$이 수렴하기 때문에, $\sum_{n=1}^{\infty} |b_n|$이 $\sum_{n=1}^{\infty} |a_n|$으로 수
렴함을 보이라.

8.7 거듭제곱급수

지금까지 우리는 수로 이루어진 무한급수의 수렴성을 판정하는 많은 방법들을 공부하
였다. 이제는 무한히 더해지는 다항식과 같은 급수의 합에 대해 공부한다. 이러한 합을
거듭제곱급수(*power series*)라 하는데 이는 변수 x에 대한 거듭제곱(멱)들의 무한급수
로 나타나기 때문이다. 다항함수와 마찬가지로 거듭제곱급수들은 서로 더하고, 빼고,
곱할 수 있을 뿐 아니라 미분, 적분 등을 하여 새로운 거듭제곱급수를 얻어낼 수 있다.
거듭제곱급수를 사용하면 미적분학의 방법들을 방대한 함수 배열로 확장할 수 있으
며, 미적분 기술을 훨씬 더 넓은 환경에 응용할 수 있다.

거듭제곱급수의 수렴성

거듭제곱급수에서 사용될 기호와 용어의 정의를 먼저 살펴보자.

정의 $x=0$을 중심으로 하는 거듭제곱급수(power series about $x=0$)는 다음과 같은 형태의 급수이다.

$$\sum_{n=0}^{\infty} c_n x^n = c_0 + c_1 x + c_2 x^2 + \cdots + c_n x^n + \cdots \tag{1}$$

$x=a$를 중심으로 하는 거듭제곱급수(power series about $x=a$)는 다음과 같은 형태의 급수이다.

$$\sum_{n=0}^{\infty} c_n (x-a)^n = c_0 + c_1(x-a) + c_2(x-a)^2 + \cdots + c_n(x-a)^n + \cdots \tag{2}$$

여기서 a는 **중심(center)**, 상수 $c_0, c_1, c_2, \cdots, c_n, \cdots$는 **계수(coefficient)**라 한다.

위의 식 (1)은 식 (2)에서 $a=0$을 대입하여 얻은 특별한 경우이다. 거듭제곱급수는 급수가 수렴하는 어떤 구간에서 함수 $f(x)$를 정의한다. 또한, 그 구간 내에서 함수는 연속이고 미분가능하다고 알려져 있다.

예제 1   식 (1)에서 모든 계수에 1을 대입하면 다음과 같은 기하 거듭제곱급수가 된다.

$$\sum_{n=0}^{\infty} x^n = 1 + x + x^2 + \cdots + x^n + \cdots$$

이것은 첫 항이 1, 공비가 x인 기하급수이므로, $|x|<1$일 때 $\dfrac{1}{1-x}$로 수렴한다. 이를 식으로 나타내면 다음과 같은 하나의 함수가 정의된다.

$$\frac{1}{1-x} = 1 + x + x^2 + \cdots + x^n + \cdots, \qquad -1 < x < 1 \tag{3} \blacksquare$$

$\dfrac{1}{1-x}$에 대한 거듭제곱급수

$$\frac{1}{1-x} = \sum_{n=0}^{\infty} x^n, \quad |x| < 1$$

지금까지 우리는 식 (3)을 우변의 급수의 합을 나타내는 공식으로 사용하였는데 관점을 다음과 같이 바꾸어 보자. 우변의 급수에서 부분합인 다항식 $P_n(x)$를 좌변의 함수의 근사식으로 생각해 보자. x가 0에 가까우면 급수의 근사식으로 항의 개수가 그다지 많이 필요없지만 x가 1 또는 -1에 가까워지면 항의 개수는 점점 많아져야 한다. 그림 8.17은 함수 $f(x)=1/(1-x)$와 $n=0, 1, 2, 8$일 때의 근사다항식 $y_n=P_n(x)$의 그래프이다. 함수 $f(x)=1/(1-x)$는 $x=1$을 포함하는 구간에서는 연속이 아니고, $x=1$에서 수직점근선을 가진다. 그러므로 $x \geq 1$에서는 다항식으로 근사시킬 수 없다.

예제 2   식 (2)에 $a=2$, $c_0=1$, $c_1=-1/2$, $c_2=1/4$, $\cdots$, $c_n=(-1/2)^n$을 대입하면 다음 거듭제곱급수가 된다.

$$1 - \frac{1}{2}(x-2) + \frac{1}{4}(x-2)^2 + \cdots + \left(-\frac{1}{2}\right)^n (x-2)^n + \cdots \tag{4}$$

이것은 첫 항이 1, 공비가 $r = \dfrac{-(x-2)}{2}$인 기하급수이므로, $\left|\dfrac{x-2}{2}\right|<1$, 즉 $0<x<4$일 때 수렴하며 그 합은

$$\frac{1}{1-r} = \frac{1}{1+\dfrac{x-2}{2}} = \frac{2}{x}$$

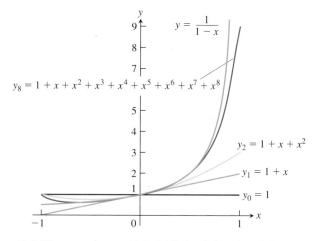

그림 8.17　$f(x) = 1/(1-x)$와 근사다항식 4개의 그래프(예제 1)

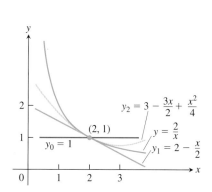

그림 8.18　$f(x) = 2/x$와 처음 세 근사다항식의 그래프(예제 2)

그러므로 다음 식을 얻는다.

$$\frac{2}{x} = 1 - \frac{(x-2)}{2} + \frac{(x-2)^2}{4} - \cdots + \left(-\frac{1}{2}\right)^n (x-2)^n + \cdots, \qquad 0 < x < 4$$

급수 (4)로부터 함수 $f(x) = 2/x$의 $x = 2$ 근처에서의 근사다항식들을 얻을 수 있다(그림 8.18).

$$P_0(x) = 1$$

$$P_1(x) = 1 - \frac{1}{2}(x-2) = 2 - \frac{x}{2}$$

$$P_2(x) = 1 - \frac{1}{2}(x-2) + \frac{1}{4}(x-2)^2 = 3 - \frac{3x}{2} + \frac{x^2}{4}$$　∎

　다음 예제는 거듭제곱급수에 대해 비판정법을 사용하여, 거듭제곱급수가 어디에서 수렴, 발산하는지를 알아내는 방법을 설명한다.

예제 3　다음의 거듭제곱급수가 수렴하도록 하는 x의 범위는?

(a) $\displaystyle\sum_{n=1}^{\infty} (-1)^{n-1} \frac{x^n}{n} = x - \frac{x^2}{2} + \frac{x^3}{3} - \cdots$

(b) $\displaystyle\sum_{n=1}^{\infty} (-1)^{n-1} \frac{x^{2n-1}}{2n-1} = x - \frac{x^3}{3} + \frac{x^5}{5} - \cdots$

(c) $\displaystyle\sum_{n=0}^{\infty} \frac{x^n}{n!} = 1 + x + \frac{x^2}{2!} + \frac{x^3}{3!} + \cdots$

(d) $\displaystyle\sum_{n=0}^{\infty} n! x^n = 1 + x + 2! x^2 + 3! x^3 + \cdots$

풀이　급수에서 n번째 항을 u_n이라고 하고, $\sum u_n$에 비판정법을 적용한다.

(a) $\displaystyle\left|\frac{u_{n+1}}{u_n}\right| = \left|\frac{x^{n+1}}{n+1} \cdot \frac{n}{x}\right| = \frac{n}{n+1}|x| \rightarrow |x|$

비판정법에 의해 이 급수는 $|x| < 1$에서 절대수렴하고, $|x| > 1$에서 발산한다. $x = 1$이면 교대조화급수 $1 - 1/2 + 1/3 - 1/4 + \cdots$이 되는데 이것은 수렴한다. $x = -1$이면 -1이 곱해진 조화급수 $-1 - 1/2 - 1/3 - 1/4 - \cdots$이 되는데 이것은 발산한다. 이상

을 종합하여 급수 (a)는 $-1 < x \le 1$에서 수렴하고 그 외에는 발산한다.

예제 6에서 이 급수가 구간 $(-1, 1]$에서 함수 $\ln(x+1)$로 수렴함을 보일 것이다(그림 8.19 참조).

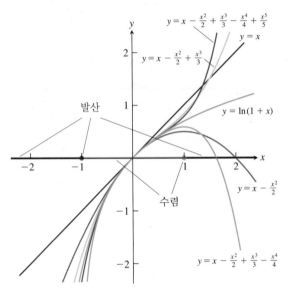

그림 8.19 거듭제곱급수 $x - \dfrac{x^2}{2} + \dfrac{x^3}{3} - \dfrac{x^4}{4} + \cdots$ 는 구간 $(-1, 1]$에서 수렴한다.

(b) $\left| \dfrac{u_{n+1}}{u_n} \right| = \left| \dfrac{x^{2n+1}}{2n+1} \cdot \dfrac{2n-1}{x^{2n-1}} \right| = \dfrac{2n-1}{2n+1} x^2 \rightarrow x^2$ $\qquad 2(n+1) - 1 = 2n + 1$

비판정법에 의해 이 급수는 $x^2 < 1$에서 절대수렴하고, $x^2 > 1$에서 발산한다. $x = 1$이면 $1 - 1/3 + 1/5 - 1/7 + \cdots$이 되는데 교대급수판정법에 의해 수렴한다. $x = -1$일 때는 $x = 1$일 때 얻은 급수에 -1이 곱해진 급수가 되므로 역시 수렴한다. 이상을 종합하여 급수 (b)는 $-1 \le x \le 1$에서 수렴하고 그 외에는 발산한다.

(c) 모든 x에 대하여 $\left| \dfrac{u_{n+1}}{u_n} \right| = \left| \dfrac{x^{n+1}}{(n+1)!} \cdot \dfrac{n!}{x^n} \right| = \dfrac{|x|}{n+1} \rightarrow 0$ $\qquad \dfrac{n!}{(n+1)!} = \dfrac{1 \cdot 2 \cdot 3 \cdots n}{1 \cdot 2 \cdot 3 \cdots n \cdot (n+1)}$

이 급수는 모든 x에서 절대수렴한다.

(d) $x \ne 0$일 때 $\left| \dfrac{u_{n+1}}{u_n} \right| = \left| \dfrac{(n+1)! x^{n+1}}{n! x^n} \right| = (n+1)|x| \rightarrow \infty$

이 급수는 $x = 0$을 제외한 모든 x에서 발산한다.

앞의 예제에서는 거듭제곱급수가 어떻게 수렴하는지를 설명하였다. 다음 정리는 거듭제곱급수가 한 점 이상에서 수렴한다면 이 점들을 포함하는 구간 전체에서 수렴한다는 것을 보여준다. 구간은 유한 또는 무한일 수 있으며, 구간의 끝점은 둘 다 포함될 수도 있고, 한 쪽만 포함될 수도 있으며, 둘 다 포함되지 않을 수도 있다. 유한 구간의 끝점에서 수렴하는지 발산하는지는 따로 판정하여야 한다.

정리 18 거듭제곱급수의 수렴정리 거듭제곱급수 $\displaystyle\sum_{n=0}^{\infty} a_n x^n = a_0 + a_1 x + a_2 x^2 + \cdots$ 이 $x = c \neq 0$에서 수렴하면, $|x| < |c|$에서 절대수렴한다. 한편 $x = d$에서 발산하면, $|x| > |d|$에서 발산한다.

증명 직접비교판정법을 사용하여 주어진 급수를 수렴하는 기하급수와 비교하여 증명한다.

급수 $\displaystyle\sum_{n=0}^{\infty} a_n c^n$이 수렴한다고 가정하자. 일반항 판정법에 의하면 $\displaystyle\lim_{n\to\infty} a_n c^n = 0$이 되므로 어떤 자연수 N이 존재하여 모든 $n > N$에 대하여 $|a_n c^n| < 1$이다. 즉,

$$\text{모든 } n > N \text{에 대하여} \quad |a_n| < \frac{1}{|c|^n} \tag{5}$$

이제 $|x| < |c|$, 즉 $|x|/|c| < 1$인 모든 x에 대하여, 식 (5)의 양변에 $|x|^n$을 곱하면

$$\text{모든 } n > N \text{에 대하여} \quad |a_n||x|^n < \frac{|x|^n}{|c|^n}$$

이다. $|x/c| < 1$이므로, 기하급수 $\displaystyle\sum_{n=0}^{\infty} |x/c|^n$은 수렴한다. 따라서 직접비교판정법(정리 10)에 의해 급수 $\displaystyle\sum_{n=0}^{\infty} |a_n||x|^n$은 수렴하고, 원래 급수 $\displaystyle\sum_{n=0}^{\infty} a_n x^n$은 $-|c| < x < |c|$에서 절대수렴한다(그림 8.20). 첫 번째 내용이 증명되었다.

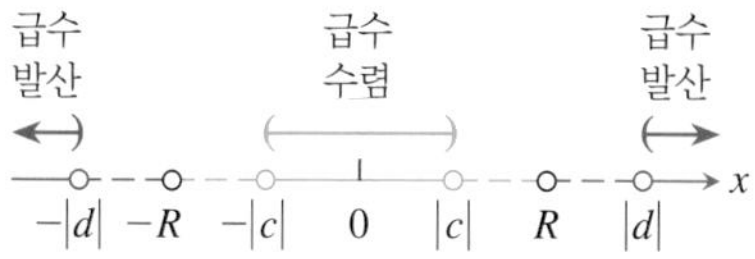

이제 급수 $\displaystyle\sum_{n=0}^{\infty} a_n x^n$이 $x = d$에서 발산한다고 가정하자. 만일 $|x| > |d|$인 어떤 수 x에서 급수가 수렴한다고 하면, 첫 번째 내용에 따라서 급수가 $x = d$에서도 수렴해야 한다. 이는 가정에 모순이 된다. 따라서 $|x| > |d|$인 모든 x에서 급수는 발산한다. ■

표현의 간결성을 위하여 정리 18에서 형태가 $\sum a_n x^n$ 꼴인 급수만을 언급했는데 $\sum a_n (x - a)^n$ 꼴인 급수는 $x - a$를 x'으로 치환한 후 급수 $\sum a_n (x')^n$에 정리의 결과를 적용하면 된다.

그림 8.20 급수 $\sum a_n x^n$이 $x = c$에서 수렴하면 급수는 구간 $-|c| < x < |c|$에서 절대수렴하고, $x = d$에서 발산하면 급수는 $|x| > |d|$인 모든 x에서 발산한다. 정리 18의 따름정리에 의하면 수렴 반지름 $R \geq 0$이 존재한다. $|x| < R$에서 급수는 절대수렴하고 $|x| > R$에서 급수는 발산한다.

거듭제곱급수의 수렴 반지름

지금까지 공부한 예제와 정리에 의하면 급수 $\sum c_n (x - a)^n$의 수렴에 대하여 세 가지가 가능하다. 즉, $x = a$에서만 수렴하거나, 모든 점에서 수렴하거나, $x = a$를 중심으로 반지름이 R인 어떤 구간에서 수렴한다. 정리 18의 따름정리로서 이 사실을 증명해 보자.

또한 구간의 양 끝점에서의 수렴을 생각한다면, 6가지의 서로 다른 가능성이 있다. 6가지 경우가 그림 8.21에 있다.

정리 18의 따름정리 급수 $\sum c_n (x - a)^n$의 수렴성은 다음 세 가지 중의 하나이다.
1. 양수 R이 존재하여 $|x - a| > R$인 모든 x에서 발산하고 $|x - a| < R$인 모든 x에서 절대수렴한다. 양 끝점인 $x = a - R$, $x = a + R$에서는 급수에 따라 수렴할 수도 있고 발산할 수도 있다.
2. 모든 x에서 절대수렴한다($R = \infty$인 경우).
3. $x = a$에서만 수렴하고 그 외 모든 점에서 발산한다($R = 0$인 경우).

증명 먼저 주어진 급수의 중심이 0인, 즉 $a = 0$인 경우를 생각하자. 이 급수가 모든 점에

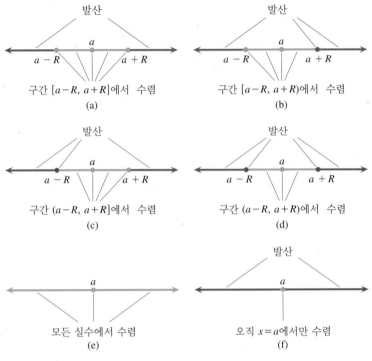

그림 8.21 수렴 구간의 6가지 가능성

서 수렴하면 경우 2에 해당하고 $x=0$에서만 수렴하면 경우 3에 해당한다. 이 두 경우에 해당하지 않는다면 0이 아닌 실수 d가 존재하여 급수 $\sum_{n=0}^{\infty} c_n d^n$이 발산한다. 집합 S를 급수 $\sum_{n=0}^{\infty} c_n x^n$이 수렴하는 x들의 집합이라고 하자. 정리 18에 의하면 $|x| > |d|$인 모든 x에서 발산하게 되므로 $|x| > |d|$인 모든 x는 집합 S에 속하지 않는다. 따라서 집합 S는 유계이다. 실수의 완비성(부록 6을 참조)에 의하면 집합 S는 최소상계 R(이는 집합 S의 모든 원소 x에 대하여 $x \leq R$를 만족하는 최소의 실수를 의미한다.)를 갖는다. 경우 3에 해당하지 않으므로 급수가 수렴하는 어떤 수 $b \neq 0$이 존재하고 정리 18에 의하면 급수는 또한 열린 구간 $(-|b|, |b|)$에서도 수렴한다. 그러므로 $R > 0$이다.

만일 $|x| < R$이면, R이 최소상계이므로, $|x| < c < R$를 만족하는 집합 S의 원소 c가 존재한다. $c \in S$이므로 급수는 $x=c$에서 수렴하고 정리 18에 의해서 급수는 x에서 절대 수렴한다.

이제 $|x| > R$라고 하자. 만일 급수가 x에서 수렴한다고 가정하면, 정리 18에 의해 급수는 열린 구간 $(-|x|, |x|)$에서 절대수렴하고, 따라서 집합 S는 이 구간을 포함한다. 그런데 R이 집합 S의 최소상계이므로 $|x| \leq R$가 된다. 이는 모순이다. 따라서 $|x| > R$인 모든 x에서 급수는 발산한다. 중심이 0인, 즉 $a=0$인 경우는 증명이 되었다.

급수의 중심이 임의의 $x=a$인 거듭제곱급수에 대해서는, $x'=x-a$로 놓고 앞에서 했던 증명을 x를 x'으로 바꾸어서 반복한다. $x=a$이면 $x'=0$이므로 급수 $\sum_{n=0}^{\infty} |c_n(x')^n|$이 $x'=0$을 중심으로 반지름이 R인 열린 구간에서 수렴한다는 것은 급수 $\sum_{n=0}^{\infty} |c_n(x-a)^n|$이 $x=a$를 중심으로 반지름이 R인 열린 구간에서 수렴한다는 것과 같다. ∎

R을 거듭제곱급수의 **수렴 반지름**(**radius of convergence**)이라 하고, $x=a$를 중심으로 하는 반지름이 R인 구간을 **수렴구간**(**interval of convergence**)이라 한다. 수렴구간은 열린 구간, 닫힌 구간, 반구간 등의 어느 것도 될 수 있다. $|x-a| < R$인 점 x에서 급수는

절대수렴한다. 모든 x에 대하여 급수가 수렴하면 수렴 반지름이 무한대라 하며, 한 점 $x=a$에서만 수렴한다면 수렴 반지름이 0이라 한다.

거듭제곱급수의 수렴성을 판정하는 법

1. 비판정법이나 근판정법을 써서 급수가 절대수렴하는 최대의 구간을 찾는다.
$$|x-a| < R \quad 즉 \quad a-R < x < a+R$$
2. R이 유한이면, 양 끝점에서 예제 3(a)나 3(b)와 같이 비교판정, 적분판정, 교대급수 판정 등을 써서 수렴, 발산 여부를 판정한다.
3. R이 유한이면, 급수는 $|x-a| > R$에서 발산한다(조건수렴도 하지 못한다). 이는 이 범위에서는 n번째 항이 0으로 수렴하지 못하기 때문이다.

거듭제곱급수의 연산

두 거듭제곱급수는 두 급수의 수렴구간의 교집합 내에서, 상수들의 급수에서와 같이 (정리 8 참조), 항별로 더할 수도 있고 뺄 수도 있다. 또한, 다항식을 곱하는 것과 같이 곱할 수도 있다. 하지만 대체로 중요한 처음 몇 개의 항을 곱한 후 극한을 취한다. 곱한 결과의 계수에 대한 공식은 다음과 같다. 여기서 증명은 생략한다(거듭제곱급수는 또한 다항식을 나누는 것과 비슷한 방법으로 나눌 수 있다. 하지만 여기서는 계수에 대한 일반적인 형태는 다루지 않는다).

정리 19 거듭제곱급수에 대한 급수의 곱셈 공식   두 거듭제곱급수 $A(x) = \sum_{n=0}^{\infty} a_n x^n$과 $B(x) = \sum_{n=0}^{\infty} b_n x^n$이 $|x| < R$에서 절대수렴한다고 하자.
$$c_n = a_0 b_n + a_1 b_{n-1} + a_2 b_{n-2} + \cdots + a_{n-1} b_1 + a_n b_0 = \sum_{k=0}^{n} a_k b_{n-k}$$
이라 하면 거듭제곱급수 $\sum_{n=0}^{\infty} c_n x^n$은 $|x| < R$에서 $A(x)B(x)$로 절대수렴한다. 즉,
$$\left(\sum_{n=0}^{\infty} a_n x^n \right) \cdot \left(\sum_{n=0}^{\infty} b_n x^n \right) = \sum_{n=0}^{\infty} c_n x^n$$

두 거듭제곱급수의 곱셈에서 일반적인 계수 c_n을 구하는 것은 매우 장황하고 항들이 다루기 힘들 수도 있다. 다음에서 보여주는 계산은 각 급수의 처음 몇 개의 항들을 구한 다음에, 두 번째 급수의 항들을 첫 번째 급수의 각 항들에 곱하여서 급수의 곱셈을 얻는다.

$$\left(\sum_{n=0}^{\infty} x^n \right) \cdot \left(\sum_{n=0}^{\infty} (-1)^n \frac{x^{n+1}}{n+1} \right)$$

$$= (1 + x + x^2 + \cdots)\left(x - \frac{x^2}{2} + \frac{x^3}{3} - \cdots \right) \quad \text{두 번째 급수에}$$

$$= \left(x - \frac{x^2}{2} + \frac{x^3}{3} - \cdots \right) + \left(x^2 - \frac{x^3}{2} + \frac{x^4}{3} - \cdots \right) + \left(x^3 - \frac{x^4}{2} + \frac{x^5}{3} - \cdots \right) + \cdots$$

$$\underbrace{}_{1을 곱하고} \quad \underbrace{}_{x를 곱하고} \quad \underbrace{}_{x^2을 곱하고}$$

$$= x + \frac{x^2}{2} + \frac{5x^3}{6} - \frac{x^4}{6} \cdots \quad \text{처음 네 개의 거듭제곱을 정리한다.}$$

또한, 수렴하는 거듭제곱급수의 x 자리에 함수 $f(x)$를 대입할 수도 있다.

> **정리 20**   거듭제곱급수 $\sum_{n=0}^{\infty} a_n x^n$이 $|x| < R$에서 절대수렴한다고 하면, 모든 연속함수 $f(x)$에 대하여 $\sum_{n=0}^{\infty} a_n (f(x))^n$이 $|f(x)| < R$인 x에서 절대수렴한다.

$\dfrac{1}{1-x} = \sum_{n=0}^{\infty} x^n$은 $|x| < 1$에서 절대수렴한다. 정리 20에 의하여 $\dfrac{1}{1-4x^2} = \sum_{n=0}^{\infty} (4x^2)^n$은 $|4x^2| < 1$, 즉 $|x| < 1/2$에서 절대수렴한다.

정리 21에 따르면 거듭제곱급수는 수렴 반지름 내의 점에서 각 항별로 미분할 수 있다. 증명의 개요는 연습문제 64 참조.

> **정리 21 항별 미분정리** $\sum_{n=0}^{\infty} c_n (x-a)^n$이 수렴 반지름 $R > 0$을 가지며, 급수의 합이 함수 f를
>
> $$f(x) = \sum_{n=0}^{\infty} c_n (x-a)^n, \quad a - R < x < a + R$$
>
> 로 정의하면, 이 함수는 수렴 반지름 내에서 무한 번 미분가능하다. 이 도함수는 거듭제곱급수를 항별 미분하여 얻는다. 즉,
>
> $$f'(x) = \sum_{n=1}^{\infty} n c_n (x-a)^{n-1}$$
>
> $$f''(x) = \sum_{n=2}^{\infty} n(n-1) c_n (x-a)^{n-2}$$
>
> 와 같이 계속 할 수 있다. 이때 항별 미분하여 새롭게 얻어지는 거듭제곱급수들은 구간 $a - R < x < a + R$에서 수렴한다.

예제 4   다음 함수에 대하여 $f'(x)$와 $f''(x)$를 나타내는 급수를 구하라.

$$f(x) = \frac{1}{1-x} = 1 + x + x^2 + x^3 + x^4 + \cdots + x^n + \cdots$$

$$= \sum_{n=0}^{\infty} x^n, \quad -1 < x < 1$$

풀이 $f'(x) = \dfrac{1}{(1-x)^2} = 1 + 2x + 3x^2 + 4x^3 + \cdots + nx^{n-1} + \cdots$

$$= \sum_{n=1}^{\infty} n x^{n-1}, \quad -1 < x < 1$$

$$f''(x) = \frac{2}{(1-x)^3} = 2 + 6x + 12x^2 + \cdots + n(n-1)x^{n-2} + \cdots$$

$$= \sum_{n=2}^{\infty} n(n-1) x^{n-2}, \quad -1 < x < 1$$

주의   거듭제곱급수가 아닌 다른 종류의 급수에서 항별 미분이 성립하지 않을 수도 있다. 예를 들어, 다음의 삼각급수는 모든 x에 대하여 수렴한다.

$$\sum_{n=1}^{\infty} \frac{\sin(n!x)}{n^2}$$

그러나 항별 미분을 하여 얻은 다음 급수는 모든 x에 대하여 발산한다.

$$\sum_{n=1}^{\infty} \frac{n! \cos (n!x)}{n^2}$$

또한 거듭제곱급수는 수렴 반지름 내의 점에서 각 항별로 적분 하는 것도 가능하다. 증명의 개요는 연습문제 65 참조.

정리 22 항별 적분정리 $f(x) = \displaystyle\sum_{n=0}^{\infty} c_n(x - a)^n$이 $a-R<x<a+R \,(R>0)$에서 수렴할 때, $\displaystyle\sum_{n=0}^{\infty} c_n \frac{(x - a)^{n+1}}{n + 1}$은 $a-R<x<a+R$에서 수렴하며 다음과 같다.

$$\int f(x)\, dx = \sum_{n=0}^{\infty} c_n \frac{(x - a)^{n+1}}{n + 1} + C, \quad a-R<x<a+R$$

예제 5   다음 함수는 어떤 함수인가?

$$f(x) = \sum_{n=0}^{\infty} \frac{(-1)^n x^{2n+1}}{2n + 1} = x - \frac{x^3}{3} + \frac{x^5}{5} - \cdots, \quad -1 \le x \le 1$$

풀이   원래 급수를 항별로 미분하면 다음과 같다.

$$f'(x) = 1 - x^2 + x^4 - x^6 + \cdots, \quad -1 < x < 1 \qquad \text{정리 21}$$

이것은 첫 항이 1, 공비가 $-x^2$인 기하급수이므로

$$f'(x) = \frac{1}{1 - (-x^2)} = \frac{1}{1 + x^2}$$

이제 $f'(x)=1/(1+x^2)$을 적분하면

$$\int f'(x)\, dx = \int \frac{dx}{1 + x^2} = \tan^{-1}x + C$$

$x=0$일 때 $f(x)$의 급수는 0이므로 $C=0$. 따라서

$$f(x) = x - \frac{x^3}{3} + \frac{x^5}{5} - \frac{x^7}{7} + \cdots = \tan^{-1}x, \quad -1 < x < 1 \tag{6}$$

$x = \pm 1$일 때도 이 급수는 $\tan^{-1} x$로 수렴한다. 이에 대한 증명은 생략한다. ∎

예제 5에서 원래 급수는 원래의 수렴구간의 양 끝점에서 수렴한다. 그러나 일반적으로 정리 22에서 미분하여 얻은 급수는 수렴구간 내부에서만 수렴성을 보장받을 수 있다.

예제 6   급수

$$\frac{1}{1 + t} = 1 - t + t^2 - t^3 + \cdots$$

는 열린 구간 $-1<t<1$에서 수렴한다. 따라서

$$\ln (1 + x) = \int_0^x \frac{1}{1 + t}\, dt = t - \frac{t^2}{2} + \frac{t^3}{3} - \frac{t^4}{4} + \cdots \bigg]_0^x \qquad \text{정리 22}$$

$$= x - \frac{x^2}{2} + \frac{x^3}{3} - \frac{x^4}{4} + \cdots$$

즉,

π를 급수로 표현하기

$$\frac{\pi}{4} = \tan^{-1} 1 = \sum_{n=0}^{\infty} \frac{(-1)^n}{2n + 1}$$

교대조화급수의 합

$$\ln 2 = \sum_{n=1}^{\infty} \frac{(-1)^{n-1}}{n}$$

$$\ln(1 + x) = \sum_{n=1}^{\infty} \frac{(-1)^{n-1}x^n}{n}, \qquad -1 < x < 1$$

이 급수는 $x = 1$에서도 $\ln 2$로 수렴함을 보일 수 있다. 하지만 정리의 결과는 아니다. 이에 대한 증명의 개요는 연습문제 61 참조. ∎

연습문제 8.7

수렴구간

연습문제 1~36에서 (a) 급수의 수렴 반지름과 수렴구간을 구하라. 어떤 x에 대하여 급수는 (b) 절대수렴하는가? (c) 조건수렴하는가?

1. $\displaystyle\sum_{n=0}^{\infty} x^n$

2. $\displaystyle\sum_{n=0}^{\infty} (x + 5)^n$

3. $\displaystyle\sum_{n=0}^{\infty} (-1)^n (4x + 1)^n$

4. $\displaystyle\sum_{n=1}^{\infty} \frac{(3x - 2)^n}{n}$

5. $\displaystyle\sum_{n=0}^{\infty} \frac{(x - 2)^n}{10^n}$

6. $\displaystyle\sum_{n=0}^{\infty} (2x)^n$

7. $\displaystyle\sum_{n=0}^{\infty} \frac{nx^n}{n + 2}$

8. $\displaystyle\sum_{n=1}^{\infty} \frac{(-1)^n (x + 2)^n}{n}$

9. $\displaystyle\sum_{n=1}^{\infty} \frac{x^n}{n\sqrt{n}\,3^n}$

10. $\displaystyle\sum_{n=1}^{\infty} \frac{(x - 1)^n}{\sqrt{n}}$

11. $\displaystyle\sum_{n=0}^{\infty} \frac{(-1)^n x^n}{n!}$

12. $\displaystyle\sum_{n=0}^{\infty} \frac{3^n x^n}{n!}$

13. $\displaystyle\sum_{n=1}^{\infty} \frac{4^n x^{2n}}{n}$

14. $\displaystyle\sum_{n=1}^{\infty} \frac{(x - 1)^n}{n^3 3^n}$

15. $\displaystyle\sum_{n=0}^{\infty} \frac{x^n}{\sqrt{n^2 + 3}}$

16. $\displaystyle\sum_{n=1}^{\infty} \frac{(-1)^n x^{n+1}}{\sqrt{n + 3}}$

17. $\displaystyle\sum_{n=0}^{\infty} \frac{n(x + 3)^n}{5^n}$

18. $\displaystyle\sum_{n=0}^{\infty} \frac{nx^n}{4^n (n^2 + 1)}$

19. $\displaystyle\sum_{n=0}^{\infty} \frac{\sqrt{n}\,x^n}{3^n}$

20. $\displaystyle\sum_{n=1}^{\infty} \sqrt[n]{n}(2x + 5)^n$

21. $\displaystyle\sum_{n=1}^{\infty} (2 + (-1)^n) \cdot (x + 1)^{n-1}$

22. $\displaystyle\sum_{n=1}^{\infty} \frac{(-1)^n 3^{2n} (x - 2)^n}{3n}$

23. $\displaystyle\sum_{n=1}^{\infty} \left(1 + \frac{1}{n}\right)^n x^n$

24. $\displaystyle\sum_{n=1}^{\infty} (\ln n) x^n$

25. $\displaystyle\sum_{n=1}^{\infty} n^n x^n$

26. $\displaystyle\sum_{n=0}^{\infty} n!(x - 4)^n$

27. $\displaystyle\sum_{n=1}^{\infty} \frac{(-1)^{n+1} (x + 2)^n}{n2^n}$

28. $\displaystyle\sum_{n=0}^{\infty} (-2)^n (n + 1)(x - 1)^n$

29. $\displaystyle\sum_{n=2}^{\infty} \frac{x^n}{n(\ln n)^2}$ 8.3절 연습문제 61에서 $\sum 1/(n(\ln n)^2)$에 대한 정보를 얻을 수 있다.

30. $\displaystyle\sum_{n=2}^{\infty} \frac{x^n}{n\ln n}$ 8.3절 연습문제 61에서 $\sum 1/(n\ln n)$에 대한 정보를 얻을 수 있다.

31. $\displaystyle\sum_{n=1}^{\infty} \frac{(4x - 5)^{2n+1}}{n^{3/2}}$

32. $\displaystyle\sum_{n=1}^{\infty} \frac{(3x + 1)^{n+1}}{2n + 2}$

33. $\displaystyle\sum_{n=1}^{\infty} \frac{1}{2 \cdot 4 \cdot 6 \cdots (2n)} x^n$

34. $\displaystyle\sum_{n=1}^{\infty} \frac{3 \cdot 5 \cdot 7 \cdots (2n + 1)}{n^2 \cdot 2^n} x^{n+1}$

35. $\displaystyle\sum_{n=1}^{\infty} \frac{1 + 2 + 3 + \cdots + n}{1^2 + 2^2 + 3^2 + \cdots + n^2} x^n$

36. $\displaystyle\sum_{n=1}^{\infty} (\sqrt{n + 1} - \sqrt{n})(x - 3)^n$

연습문제 37~40에서 급수의 수렴 반지름을 구하라.

37. $\displaystyle\sum_{n=1}^{\infty} \frac{n!}{3 \cdot 6 \cdot 9 \cdots 3n} x^n$

38. $\displaystyle\sum_{n=1}^{\infty} \left(\frac{2 \cdot 4 \cdot 6 \cdots (2n)}{2 \cdot 5 \cdot 8 \cdots (3n - 1)}\right)^2 x^n$

39. $\displaystyle\sum_{n=1}^{\infty} \frac{(n!)^2}{2^n (2n)!} x^n$

40. $\displaystyle\sum_{n=1}^{\infty} \left(\frac{n}{n + 1}\right)^{n^2} x^n$

(힌트: 근판정법 적용)

연습문제 41~48에서 정리 20을 이용하여 급수의 수렴구간과 그 구간 안에서 x의 함수로서 합을 구하라.

41. $\displaystyle\sum_{n=0}^{\infty} 3^n x^n$

42. $\displaystyle\sum_{n=0}^{\infty} (e^x - 4)^n$

43. $\displaystyle\sum_{n=0}^{\infty} \frac{(x - 1)^{2n}}{4^n}$

44. $\displaystyle\sum_{n=0}^{\infty} \frac{(x + 1)^{2n}}{9^n}$

45. $\displaystyle\sum_{n=0}^{\infty} \left(\frac{\sqrt{x}}{2} - 1\right)^n$

46. $\displaystyle\sum_{n=0}^{\infty} (\ln x)^n$

47. $\displaystyle\sum_{n=0}^{\infty} \left(\frac{x^2 + 1}{3}\right)^n$

48. $\displaystyle\sum_{n=0}^{\infty} \left(\frac{x^2 - 1}{2}\right)^n$

기하급수 이용하기

49. 예제 2에서 함수 $f(x) = 2/x$를 $x = 2$를 중심으로 하는 거듭제곱급수로 표현하였다. 기하급수를 이용하여 $f(x)$를 $x = 1$을 중심으로 하는 거듭제곱급수로 표현하고, 수렴구간을 구하라.

50. 기하급수를 이용하여 다음 각 함수를 $x = 0$을 중심으로 하는 거듭제곱급수로 표현하고, 수렴구간을 구하라.

  a. $f(x) = \dfrac{5}{3 - x}$
  b. $g(x) = \dfrac{3}{x - 2}$

51. 연습문제 50에서 함수 $g(x)$를 $x=5$를 중심으로 하는 거듭제곱급수로 표현하고, 수렴구간을 구하라.

52. a. 다음 거듭제곱급수의 수렴구간을 구하라.

$$\sum_{n=0}^{\infty} \frac{8}{4^{n+2}} x^n$$

b. (a)에서의 거듭제곱급수를 $x=3$을 중심으로 하는 거듭제곱급수로 표현하고 새로운 급수의 수렴구간을 구하라(왜 새로운 수렴구간이 원래 수렴구간에 속하는 모든 수들을 포함하지 않아도 되는지를 이 장의 뒷부분에서 설명할 것이다).

이론과 예제

53. 다음 급수는 어떤 x에 대하여 수렴하는가?

$$1 - \frac{1}{2}(x - 3) + \frac{1}{4}(x - 3)^2 + \cdots + \left(-\frac{1}{2}\right)^n (x - 3)^n + \cdots$$

합은 무엇인가? 항별 미분하면 어떤 급수인가? 새로운 급수는 어떤 x에 대하여 수렴하는가? 합은 무엇인가?

54. 연습문제 53에서 항별 적분하면 어떤 급수인가? 새로운 급수는 어떤 x에 대하여 수렴하는가? 이 합의 다른 이름은 무엇인가?

55. 다음 급수

$$\sin x = x - \frac{x^3}{3!} + \frac{x^5}{5!} - \frac{x^7}{7!} + \frac{x^9}{9!} - \frac{x^{11}}{11!} + \cdots$$

는 모든 x에 대하여 $\sin x$로 수렴한다.

a. $\cos x$에 대한 급수의 처음 6항을 구하라. 급수는 어떤 x에 대하여 수렴하는가?

b. $\sin x$에 대한 급수에서 x를 $2x$로 바꾸어 모든 x에 대하여 $\sin 2x$로 수렴하는 급수를 구하라.

c. (a)와 급수 곱을 이용하여 $2\sin x \cos x$에 대한 급수의 처음 6항을 계산하라. 계산한 답을 (b)의 답과 비교하라.

56. 다음 급수

$$e^x = 1 + x + \frac{x^2}{2!} + \frac{x^3}{3!} + \frac{x^4}{4!} + \frac{x^5}{5!} + \cdots$$

는 모든 x에 대하여 e^x로 수렴한다.

a. $(d/dx)e^x$에 대한 급수를 구하라. e^x에 대한 급수가 나오는가? 그 이유를 설명하라.

b. $\int e^x dx$에 대한 급수를 구하라. e^x에 대한 급수가 나오는가? 그 이유를 설명하라.

c. 모든 x에서 e^{-x}로 수렴하는 급수를 찾기 위해 e^x 급수에서 x 대신에 $-x$를 대입하라. 그리고 e^x에 대한 급수와 e^{-x}에 대한 급수를 곱하여 $e^{-x} \cdot e^x$에 대한 급수의 처음 6항을 찾아보라.

57. 다음 급수

$$\tan x = x + \frac{x^3}{3} + \frac{2x^5}{15} + \frac{17x^7}{315} + \frac{62x^9}{2835} + \cdots$$

는 $-\pi/2 < x < \pi/2$에서 $\tan x$로 수렴한다.

a. $\ln |\sec x|$에 대한 급수의 처음 5개의 항을 찾아보라. 급수는 어떤 x에 대하여 수렴하는가?

b. $\sec^2 x$에 대한 급수의 처음 5개의 항을 찾아보라. 급수는 어떤 x에 대하여 수렴하는가?

c. 연습문제 58에서 주어진 $\sec x$에 대한 급수를 제곱하여 (b)의 결과를 확인하라.

58. 다음 급수

$$\sec x = 1 + \frac{x^2}{2} + \frac{5}{24}x^4 + \frac{61}{720}x^6 + \frac{277}{8064}x^8 + \cdots$$

는 $-\pi/2 < x < \pi/2$에서 $\sec x$로 수렴한다.

a. $\ln |\sec x + \tan x|$의 거듭제곱급수에 대한 처음 5개의 항을 찾아보라. 급수는 어떤 x에 대하여 수렴하는가?

b. $\sec x \tan x$에 대한 급수의 첫 4항을 구하라. 급수는 어떤 x에 대하여 수렴하는가?

c. $\sec x$에 대한 급수와 연습문제 57에서 주어진 $\tan x$에 대한 급수를 곱하여 (b)의 결과를 확인하라.

59. 수렴하는 거듭제곱급수의 유일성

a. 두 거듭제곱급수 $\sum_{n=0}^{\infty} a_n x^n$과 $\sum_{n=0}^{\infty} b_n x^n$이 수렴하고 열린 구간 $(-c, c)$에서 모든 x값에 대해 같다면 모든 n에 대해 $a_n = b_n$임을 보이라.

(힌트: $f(x) = \sum_{n=0}^{\infty} a_n x^n = \sum_{n=0}^{\infty} b_n x^n$이라고 하자. a_n과 b_n이 모두 $f^{(n)}(0)/(n!)$과 같다는 것을 보이기 위해 각각의 항을 미분하라.)

b. 열린 구간 $(-c, c)$에서 모든 x에 대하여 $\sum_{n=0}^{\infty} a_n x^n = 0$이면, 모든 n에 대하여 $a_n = 0$임을 보이라.

60. 급수 $\sum_{n=0}^{\infty} (n^2/2^n)$의 합 이 급수의 합을 알아내기 위하여 $1/(1-x)$를 등비급수로 표현한 후 x에 관한 등식의 양변을 미분하고, 양변에 x를 곱하라. 다시 미분하고 x를 곱하라. $x = 1/2$로 놓으면 어떤 결과를 얻을 수 있는가?

61. 교대조화급수의 합 이 연습문제에서는 다음을 보일 것이다.

$$\sum_{n=1}^{\infty} \frac{(-1)^{n+1}}{n} = \ln 2$$

조화급수의 n번째 부분합을 h_n이라 하고, 교대조화급수의 n번째 부분합을 s_n이라 하자.

a. 수학적 귀납법과 연산을 사용하여 다음을 보이라.

$$s_{2n} = h_{2n} - h_n$$

b. 8.3절 연습문제 63의 결과를 이용하여 다음을 보이라.

$$\lim_{n \to \infty} (h_n - \ln n) = \gamma \text{ 와 } \lim_{n \to \infty} (h_{2n} - \ln 2n) = \gamma$$

여기서 γ는 오일러의 상수이다.

c. 이 결과들을 이용하여 다음을 보이라.

$$\sum_{n=1}^{\infty} \frac{(-1)^{n+1}}{n} = \lim_{n \to \infty} s_{2n} = \ln 2$$

62. 급수 $\sum a_n x^n$이 $x=4$에서 수렴하고 $x=7$에서 발산한다고 가정하자. 이 급수에 대한 다음 진술이 참(T)인지, 거짓(F)인지 또는 정보가 충분하지 않은지(N) 답하라.

a. $x = -4$에서 절대수렴한다.

b. $x = 5$에서 발산한다.

c. $x = -8.5$에서 절대수렴한다.

d. $x = -2$에서 수렴한다.

e. $x = 8$에서 발산하다.

f. $x = -6$에서 발산한다.

g. $x = 0$에서 절대수렴한다.

h. $x = -7.1$에서 절대수렴한다.

63. 급수 $\sum a_n(x-2)^n$이 $x = -1$에서 수렴하고 $x = 6$에서 발산한다고 가정하자. 이 급수에 대한 다음 진술이 참(T)인지, 거짓(F)인지 또는 정보가 충분하지 않은지(N) 답하라.

a. $x = 1$에서 절대수렴한다.

b. $x = -6$에서 발산한다.

c. $x = 2$에서 발산한다.

d. $x = 0$에서 수렴한다.

e. $x = 5$에서 절대수렴한다.

f. $x = 4.9$에서 발산한다.

g. $x = 5.1$에서 발산한다.

h. $x = 4$에서 절대수렴한다.

64. 정리 21의 증명 정리 21에서 $a = 0$이라 놓고 $f(x) = \sum_{n=0}^{\infty} c_n x^n$이 $-R < x < R$에서 수렴한다고 가정하자. $g(x) = \sum_{n=1}^{\infty} nc_n x^{n-1}$이라 하자. 이 연습문제에서는 $f'(x) = g(x)$, 즉 $\lim_{h \to 0} \dfrac{f(x+h) - f(x)}{h} = g(x)$임을 보일 것이다.

a. 비판정법을 이용하여 $g(x)$가 $-R < x < R$에서 수렴함을 보이라.

b. 평균값정리를 이용하여, $n = 1, 2, 3, \cdots$에 대하여, x와 $x+h$ 사이에 다음 식이 성립하는 c_n이 존재함을 보이라.

$$\frac{(x+h)^n - x^n}{h} = nc_n^{n-1}$$

c. 다음 식이 성립함을 보이라.

$$\left| g(x) - \frac{f(x+h) - f(x)}{h} \right| = \left| \sum_{n=2}^{\infty} na_n \left(x^{n-1} - c_n^{n-1} \right) \right|$$

d. 평균값정리를 이용하여, $n = 2, 3, 4, \cdots$에 대하여, x와 c_n사이에 다음 식이 성립하는 d_{n-1}이 존재함을 보이라.

$$\frac{x^{n-1} - c_n^{n-1}}{x - c_n} = (n-1)d_{n-1}^{n-2}$$

e. 왜 $|x - c_n| < h$와 $|d_{n-1}| \le \alpha = \max\{|x|, |x+h|\}$가 성립하는지 설명하라.

f. 다음 식이 성립함을 보이라.

$$\left| g(x) - \frac{f(x+h) - f(x)}{h} \right| \le |h| \sum_{n=2}^{\infty} |n(n-1)a_n \alpha^{n-2}|$$

g. 급수 $\sum_{n=2}^{\infty} n(n-1)\alpha^{n-2}$가 $-R < x < R$에서 수렴함을 보이라.

h. (f)에 극한 $h \to 0$을 취하여 다음 결론을 얻으라.

$$\lim_{h \to 0} \frac{f(x+h) - f(x)}{h} = g(x)$$

65. 정리 22의 증명 정리 22에서 $a = 0$이라 놓고 $f(x) = \sum_{n=0}^{\infty} c_n x^n$이 $-R < x < R$에서 수렴한다고 가정하자. $g(x) = \sum_{n=0}^{\infty} \dfrac{c_n}{n+1} x^{n+1}$이라 하자. 이 연습문제에서는 $g'(x) = f(x)$임을 보일 것이다.

a. 비판정법을 이용하여 $g(x)$가 $-R < x < R$에서 수렴함을 보이라.

b. 정리 21을 이용하여, $g'(x) = f(x)$, 즉 다음 식이 성립함을 보이라.

$$\int f(x)\, dx = g(x) + C$$

8.8 테일러 급수와 매크로린 급수

우리는 지금까지 $f(x) = \dfrac{1}{1-x}$ 또는 $g(x) = \dfrac{3}{x-2}$과 같은 함수들은 기하급수를 사용하여 거듭제곱급수로 어떻게 표현되는지를 공부하였다. 이제 일반적인 함수를 거듭제곱급수로 표현해 보고자 한다. 이 절에서는 무한 번 미분가능한 함수가 **테일러 급수** (Taylor series)라는 거듭제곱급수를 어떻게 만드는지를 공부한다. 이 급수는 함수의 다항식으로의 근사화에 매우 유용하게 사용된다. 다항식 근사는 수학자나 과학자들에게 매우 유용하므로, 테일러 급수는 무한급수의 이론의 중요한 응용이라 할 수 있다.

급수 표현

정리 21로부터 수렴구간 내에서 거듭제곱급수의 합은 무한 번 미분가능한 연속함수임을 알았다. 그 반대의 경우는 어떠할까? 즉, 함수 $f(x)$가 어떤 구간 I에서 무한 번 미분가능할 때 f는 최소한 이 구간에서 거듭제곱급수로 표현될 수 있을까? 가능하다면 그 계수는 무엇일까?

$f(x)$가 양의 수렴 반지름을 가진 다음과 같은 거듭제곱급수의 합이라면 두 번째 질문에는 쉽게 답할 수 있다.

$$f(x) = \sum_{n=0}^{\infty} a_n(x - a)^n$$

$$= a_0 + a_1(x - a) + a_2(x - a)^2 + \cdots + a_n(x - a)^n + \cdots$$

수렴구간 I에서 반복적으로 항별 미분하면

$$f'(x) = a_1 + 2a_2(x - a) + 3a_3(x - a)^2 + \cdots + na_n(x - a)^{n-1} + \cdots$$

$$f''(x) = 1 \cdot 2a_2 + 2 \cdot 3a_3(x - a) + 3 \cdot 4a_4(x - a)^2 + \cdots$$

$$f'''(x) = 1 \cdot 2 \cdot 3a_3 + 2 \cdot 3 \cdot 4a_4(x - a) + 3 \cdot 4 \cdot 5a_5(x - a)^2 + \cdots$$

를 얻는다. 이때 모든 n에 대하여 n계 도함수는

$$f^{(n)}(x) = n!a_n + (x - a)\text{의 인수를 가지는 항들의 합}$$

이므로 이 식에 $x=a$를 대입하면,

$$f'(a) = a_1, \qquad f''(a) = 1 \cdot 2a_2, \qquad f'''(a) = 1 \cdot 2 \cdot 3a_3$$

이고, 일반적으로 다음 식을 얻는다.

$$f^{(n)}(a) = n!a_n$$

이 식은 구간 I에서 f의 값으로 수렴하는(I에서 f를 표현하는) 거듭제곱급수 $\sum_{n=0}^{\infty} a_n(x - a)^n$의 계수에서 나타내는 형태이다. (아직까지는 존재하는지의 여부를 알 수 없지만) 존재한다고 가정하면 그러한 급수는 오직 하나뿐이며 그것의 n번째 계수는

$$a_n = \frac{f^{(n)}(a)}{n!}$$

이다. 즉, f가 급수로 표현된다면 그것은 다음과 같다.

$$f(x) = f(a) + f'(a)(x - a) + \frac{f''(a)}{2!}(x - a)^2$$

$$+ \cdots + \frac{f^{(n)}(a)}{n!}(x - a)^n + \cdots \tag{1}$$

$x=a$를 중심으로 하는 구간에서 무한 번 미분가능한 임의의 함수 f가 식 (1)과 같이 급수로 나타내질 때 이 급수는 수렴구간 내의 임의의 점 x에서 $f(x)$로 수렴할까? 그 답은 함수에 따라 다르다(예제 4 참조).

테일러 급수와 매크로린 급수

식 (1)의 우변의 급수는 이 장에서 가장 중요하고 유용한 급수이다.

역사적 인물
테일러(Brook Taylor, 1685~1731),
매크로린(Colin Maclaurin, 1698~ 1746)

> **정의** a를 포함하는 구간에서 f가 무한 번 미분가능할 때 $x=a$에서 f의 **테일러 급수**(**Taylor series generated by f at $x=a$**)는 다음과 같다.
>
> $$\sum_{k=0}^{\infty} \frac{f^{(k)}(a)}{k!}(x - a)^k = f(a) + f'(a)(x - a) + \frac{f''(a)}{2!}(x - a)^2$$
>
> $$+ \cdots + \frac{f^{(n)}(a)}{n!}(x - a)^n + \cdots$$
>
> $x=0$에서 f의 테일러 급수인 f의 **매크로린 급수**(**Maclaurin series of f**)는 다음과 같다.
>
> $$\sum_{k=0}^{\infty} \frac{f^{(k)}(0)}{k!}x^k = f(0) + f'(0)x + \frac{f''(0)}{2!}x^2 + \cdots + \frac{f^{(n)}(0)}{n!}x^n + \cdots$$

$x=0$인 경우는 자주 쓰이므로 따로 매크로린 급수라고 부르는 것인데 모든 경우에 그냥 테일러 급수라고 통칭하는 경우도 많다.

예제 1 $a=2$에서 $f(x)=1/x$의 테일러 급수를 구하라. 그리고 이 급수가 $1/x$로 수렴하는 x의 범위를 구하라.

풀이 먼저 도함수들을 구한 다음에, $f(2)$, $f'(2)$, $f''(2)$, $\cdots$를 구한다.

$$f(x) = x^{-1}, \quad f'(x) = -x^{-2}, \quad f''(x) = 2!x^{-3}, \quad \cdots, \quad f^{(n)}(x) = (-1)^n n! x^{-(n+1)}$$

$$f(2) = 2^{-1} = \frac{1}{2}, \quad f'(2) = -\frac{1}{2^2}, \quad \frac{f''(2)}{2!} = 2^{-3} = \frac{1}{2^3}, \quad \cdots, \quad \frac{f^{(n)}(2)}{n!} = \frac{(-1)^n}{2^{n+1}}$$

따라서 테일러 급수는 다음과 같다.

$$f(2) + f'(2)(x-2) + \frac{f''(2)}{2!}(x-2)^2 + \cdots + \frac{f^{(n)}(2)}{n!}(x-2)^n + \cdots$$

$$= \frac{1}{2} - \frac{(x-2)}{2^2} + \frac{(x-2)^2}{2^3} - \cdots + (-1)^n \frac{(x-2)^n}{2^{n+1}} + \cdots$$

이것은 첫 항이 $1/2$, 공비가 $r=-(x-2)/2$인 기하급수이다. 따라서 $|x-2|<2$일 때 절대 수렴하며, 그 합은 다음과 같다.

$$\frac{1/2}{1+(x-2)/2} = \frac{1}{2+(x-2)} = \frac{1}{x}$$

그러므로 $a=2$에서 $f(x)=1/x$의 테일러 급수는 $|x-2|<2$, 즉 $0<x<4$일 때 $1/x$로 수렴한다. ■

테일러 다항식

점 a에서 미분가능한 함수 f의 선형화는 다음과 같은 1차식이다.

$$P_1(x) = f(a) + f'(a)(x-a)$$

2.9절에서 선형화는 a 근처의 값 x에서 $f(x)$의 근삿값을 구할 때 사용하였다. f가 a에서 더 높은 계수의 도함수를 가진다면 더 높은 차수의 다항식 근사가 가능하다. 이 다항식들을 f의 테일러 다항식이라 한다.

> **정의** 내부점 a를 포함하는 구간에서 f가 k번 미분가능할 때($k=1, 2, \cdots, N$) 0부터 N까지 중 임의의 정수 n에 대하여 $x=a$에서 f의 **n계 테일러 다항식(Taylor polynomial of order n)**은 다음의 다항식이다.
>
> $$P_n(x) = f(a) + f'(a)(x-a) + \frac{f''(a)}{2!}(x-a)^2 + \cdots$$
> $$+ \frac{f^{(k)}(a)}{k!}(x-a)^k + \cdots + \frac{f^{(n)}(a)}{n!}(x-a)^n$$

여기에서 **n차(degree n)**라고 하지 않고 **n계(order n)**라고 하는 이유는 $f^{(n)}(a)$가 0이 되는 경우도 있기 때문이다. 예를 들어, $x=0$에서 $f(x)=\cos x$의 처음 두 테일러 다항식은 $P_0(x)=1$과 $P_1(x)=1$이므로 1계 테일러 다항식의 차수는 1이 아니고 0임에 유의하라.

$x=a$에서 f의 선형화는 a 근처에서 가장 좋은 1차 근사인 것처럼 n계 테일러 다항식은 가장 좋은 n차 다항식 근사이다(연습문제 44).

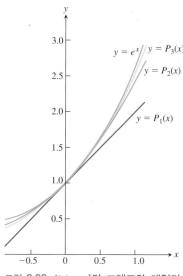

그림 8.22 $f(x) = e^x$의 그래프와 테일러 다항식들
$P_1(x) = 1 + x$
$P_2(x) = 1 + x + (x^2/2!)$
$P_3(x) = 1 + x + (x^2/2!) + (x^3/3!)$
$x = 0$ 근처에서 이들은 거의 일치함에 주목하라(예제 2).

예제 2 $x = 0$에서 $f(x) = e^x$의 테일러 급수와 테일러 다항식을 구하라.

풀이 모든 $n = 0, 1, 2, \cdots$에 대하여 $f^{(n)}(x) = e^x$와 $f^{(n)}(0) = 1$이다. 따라서 $x = 0$에서 f의 테일러 급수는(그림 8.22 참조) 다음과 같다.

$$f(0) + f'(0)x + \frac{f''(0)}{2!}x^2 + \cdots + \frac{f^{(n)}(0)}{n!}x^n + \cdots$$

$$= 1 + x + \frac{x^2}{2} + \cdots + \frac{x^n}{n!} + \cdots$$

$$= \sum_{k=0}^{\infty} \frac{x^k}{k!}$$

이것은 또한 e^x의 매크로린 급수이다. 다음 절에서 이 급수는 모든 x에 대하여 e^x로 수렴함을 공부하게 된다.

$x = 0$에서 f의 n계 테일러 다항식은 다음과 같다.

$$P_n(x) = 1 + x + \frac{x^2}{2} + \cdots + \frac{x^n}{n!}$$

예제 3 $x = 0$에서 $f(x) = \cos x$의 테일러 급수와 테일러 다항식을 구하라.

풀이 코사인과 그것의 도함수들을 계산하면 다음과 같다.

$$f(x) = \cos x, \qquad f'(x) = -\sin x$$
$$f''(x) = -\cos x, \qquad f^{(3)}(x) = \sin x$$
$$\vdots \qquad\qquad \vdots$$
$$f^{(2n)}(x) = (-1)^n \cos x, \qquad f^{(2n+1)}(x) = (-1)^{n+1} \sin x$$

$x = 0$에서 $\cos x = 1$, $\sin x = 0$이므로

$$f^{(2n)}(0) = (-1)^n, \qquad f^{(2n+1)}(0) = 0$$

이다. 따라서 $x = 0$에서 f의 테일러 급수는 다음과 같다.

$$f(0) + f'(0)x + \frac{f''(0)}{2!}x^2 + \frac{f'''(0)}{3!}x^3 + \cdots + \frac{f^{(n)}(0)}{n!}x^n + \cdots$$

$$= 1 + 0 \cdot x - \frac{x^2}{2!} + 0 \cdot x^3 + \frac{x^4}{4!} + \cdots + (-1)^n \frac{x^{2n}}{(2n)!} + \cdots$$

$$= \sum_{k=0}^{\infty} \frac{(-1)^k x^{2k}}{(2k)!}$$

이것은 또한 $\cos x$의 매크로린 급수이다. 코사인 함수의 테일러 급수에서 x의 짝수 거듭

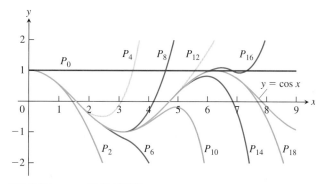

그림 8.23 $n \to \infty$일 때 다항식

$$P_{2n}(x) = \sum_{k=0}^{n} \frac{(-1)^k x^{2k}}{(2k)!}$$

은 $\cos x$로 수렴한다. 아무리 멀리 가더라도 $\cos x$의 성질은 $x = 0$에서 $\cos x$와 그것의 도함수들의 값으로 미루어 알 수 있다(예제 3).

제곱만 나오는데, 이는 우함수의 성질과 일치된다. 8.9절에서 이 급수는 모든 x에 대하여 $\cos x$로 수렴함을 공부하게 된다.

한편 $f^{(2n+1)}(0)=0$이므로 $2n$계 테일러 다항식과 $2n+1$계 테일러 다항식은 같다.

$$P_{2n}(x) = P_{2n+1}(x) = 1 - \frac{x^2}{2!} + \frac{x^4}{4!} - \cdots + (-1)^n \frac{x^{2n}}{(2n)!}$$

그림 8.23은 이 다항식들이 $x=0$ 근처에서 $\cos x$와 비슷함을 보여주고 있다. 여기에서 그림은 y축에 대칭이므로 그래프의 오른쪽 부분만을 그려 놓았다. ∎

예제 4 다음 함수(그림 8.24)

$$f(x) = \begin{cases} 0, & x = 0 \\ e^{-1/x^2}, & x \neq 0 \end{cases}$$

는 $x=0$에서 무한 번 미분가능하며 모든 n에 대하여 $f^{(n)}(0)=0$이다(아주 쉬운 것은 아니지만). 따라서 $x=0$에서 f의 테일러 급수는 다음과 같다.

$$f(0) + f'(0)x + \frac{f''(0)}{2!}x^2 + \cdots + \frac{f^{(n)}(0)}{n!}x^n + \cdots$$
$$= 0 + 0 \cdot x + 0 \cdot x^2 + \cdots + 0 \cdot x^n + \cdots$$
$$= 0 + 0 + \cdots + 0 + \cdots$$

이 급수는 모든 x에 대하여 (0으로) 수렴하지만 오직 $x=0$에서만 $f(x)$로 수렴한다. 전체 수렴구간에서 $f(x)$의 테일러 급수가 $f(x)$ 자신과 일치하지 않는 예이다. ∎

아직 두 가지 질문이 해결되지 않았다.

1. x가 어떤 값을 가질 때 f의 테일러 급수는 f로 수렴할까?
2. 주어진 구간에서 함수의 테일러 다항식은 얼마나 가깝게 원래의 함수에 근접해 있을까?

다음 절에서 테일러 정리에 의해 이 질문들의 답을 해결해 보자.

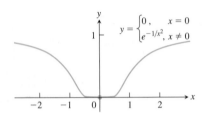

그림 8.24 $y = e^{-1/x^2}$의 연속 확장의 그래프는 원점에서 모든 도함수가 0이고 편평하다(예제 4). 그러므로 이 함수의 테일러 급수는 이 함수와 같지 않다.

연습문제 8.8

테일러 다항식 구하기

연습문제 1~10에서 a에서 f의 0, 1, 2, 3계 테일러 다항식을 구하라.

1. $f(x) = e^{2x}$, $a = 0$
2. $f(x) = \sin x$, $a = 0$
3. $f(x) = \ln x$, $a = 1$
4. $f(x) = \ln(1 + x)$, $a = 0$
5. $f(x) = 1/x$, $a = 2$
6. $f(x) = 1/(x + 2)$, $a = 0$
7. $f(x) = \sin x$, $a = \pi/4$
8. $f(x) = \tan x$, $a = \pi/4$
9. $f(x) = \sqrt{x}$, $a = 4$
10. $f(x) = \sqrt{1 - x}$, $a = 0$

$x=0$에서 테일러 급수(매크로린 급수)

연습문제 11~24에서 주어진 함수의 매크로린 급수를 구하라.

11. e^{-x}
12. xe^x
13. $\dfrac{1}{1 + x}$
14. $\dfrac{2 + x}{1 - x}$
15. $\sin 3x$
16. $\sin \dfrac{x}{2}$
17. $7 \cos(-x)$
18. $5 \cos \pi x$
19. $\cosh x = \dfrac{e^x + e^{-x}}{2}$
20. $\sinh x = \dfrac{e^x - e^{-x}}{2}$
21. $x^4 - 2x^3 - 5x + 4$
22. $\dfrac{x^2}{x + 1}$
23. $x \sin x$
24. $(x + 1) \ln (x + 1)$

테일러 급수와 매크로린 급수

연습문제 25~34에서 $x=a$에서 f의 테일러 급수를 구하라.

25. $f(x) = x^3 - 2x + 4$, $a = 2$
26. $f(x) = 2x^3 + x^2 + 3x - 8$, $a = 1$
27. $f(x) = x^4 + x^2 + 1$, $a = -2$
28. $f(x) = 3x^5 - x^4 + 2x^3 + x^2 - 2$, $a = -1$
29. $f(x) = 1/x^2$, $a = 1$
30. $f(x) = 1/(1 - x)^3$, $a = 0$
31. $f(x) = e^x$, $a = 2$
32. $f(x) = 2^x$, $a = 1$

33. $f(x) = \cos(2x + (\pi/2)), \quad a = \pi/4$

34. $f(x) = \sqrt{x+1}, \quad a = 0$

연습문제 35~40에서 각함수의 매크로린 급수를 0이 아닌 처음 세 항까지를 구하고 급수가 절대수렴하는 x를 구하라.

35. $f(x) = \cos x - (2/(1-x))$

36. $f(x) = (1 - x + x^2)e^x$

37. $f(x) = (\sin x) \ln(1 + x)$

38. $f(x) = x \sin^2 x$

39. $f(x) = x^4 e^{x^2}$

40. $f(x) = \dfrac{x^3}{1 + 2x}$

이론과 예제

41. $x = a$에서 e^x의 테일러 급수를 사용하여 다음을 보이라.
$$e^x = e^a\left[1 + (x - a) + \frac{(x - a)^2}{2!} + \cdots\right]$$

42. (연습문제 41의 계속) $x = 1$에서 e^x의 테일러 급수를 구하라. 연습문제 41의 식과 구한 답을 비교해 보라.

43. $f(x)$가 $x = a$에서 n계 도함수를 가진다고 하자. n계 테일러 다항식과 그것의 처음 n개의 도함수는 f와 그것의 처음 n개의 도함수와 $x = a$에서 같은 값을 가짐을 증명하라.

44. 테일러 다항식의 근사 성질 $f(x)$는 $x = a$를 중심으로 하는 구간

에서 미분가능하고 $g(x) = b_0 + b_1(x - a) + \cdots + b_n(x - a)^n$는 상수계수 $b_0, \cdots, b_n$을 가진 n차 다항식이라 하자. $E(x) = f(x) - g(x)$라 하고 g가 다음 두 조건을 만족할 때

 i) $E(a) = 0$ $x = a$에서 근삿값의 오차$=0$

 ii) $\displaystyle\lim_{x \to a} \frac{E(x)}{(x - a)^n} = 0,$ $(x - a)^n$과 비교했을 때 오차는 무시할 수 있다.

$$g(x) = f(a) + f'(a)(x - a) + \frac{f''(a)}{2!}(x - a)^2 + \cdots$$
$$+ \frac{f^{(n)}(a)}{n!}(x - a)^n$$

가 됨을 보이라. 따라서 테일러 다항식 $P_n(x)$는 $x = a$일 때 오차가 0이고 $(x - a)^n$과 비교할 때 무시할 수 있는 n차 이하의 유일한 다항식이다.

2차 근사 $x = a$에서 2번 미분가능한 함수 $f(x)$의 2계 테일러 다항식을 $x = a$에서 f의 **2차 근사**(quadratic approximation)라고 한다. 연습문제 45~50에서 $x = 0$에서 f의 (a) 선형화(1계 테일러 다항식) (b) 2차근사를 구하라.

45. $f(x) = \ln(\cos x)$ **46.** $f(x) = e^{\sin x}$

47. $f(x) = 1/\sqrt{1 - x^2}$ **48.** $f(x) = \cosh x$

49. $f(x) = \sin x$ **50.** $f(x) = \tan x$

8.9 테일러 급수의 수렴성

앞 절에서 함수에 의해 생성되는 테일러 급수가 언제 이 함수로 수렴하기를 기대할 수 있을까?라는 질문을 하였다. 유한 계수 테일러 다항식은 테일러 급수의 근삿값이며, 함수에 대한 추정치를 제공한다. 이 추정치가 유용하게 사용되기 위해서는, 함수를 유한 계수 테일러 다항식으로 근사시킬 때 발생 가능한 오차를 제어하기 위한 방법이 필요하다. 이 가능한 오차의 한계를 어떻게 줄여나갈 것인가? 다음 정리는 이 질문에 대한 답을 제시한다.

> **정리 23 테일러 정리** f와 처음 n개의 도함수 $f, f'', \cdots, f^{(n)}$가 $[a, b]$에서 연속이고, $f^{(n)}$가 (a, b)에서 미분가능하면, $a < c < b$인 c가 존재하여 다음 식을 만족한다.
>
> $$f(b) = f(a) + f'(a)(b - a) + \frac{f''(a)}{2!}(b - a)^2 + \cdots$$
> $$+ \frac{f^{(n)}(a)}{n!}(b - a)^n + \frac{f^{(n+1)}(c)}{(n + 1)!}(b - a)^{n+1}$$

테일러 정리는 평균값 정리의 일반화이다(연습문제 49). 테일러 정리의 증명은 이 절의 마지막 부분에 있다.

테일러 정리를 사용할 때, 때때로 a를 상수 취급하고 b를 독립변수처럼 취급하고는 한다. b를 x로 바꾼 테일러 공식은 사용하기 편리하다. 이렇게 상수를 변수로 바꾼 정리를 소개한다.

테일러 공식

a를 포함하는 열린 구간 I에서 f의 모든 계수의 도함수가 존재하면, 모든 양의 정수 n 과 모든 $x \in I$에 대하여 다음이 성립한다.

$$f(x) = f(a) + f'(a)(x - a) + \frac{f''(a)}{2!}(x - a)^2 + \cdots$$

$$+ \frac{f^{(n)}(a)}{n!}(x - a)^n + R_n(x) \tag{1}$$

여기서,

$$R_n(x) = \frac{f^{(n+1)}(c)}{(n + 1)!}(x - a)^{n+1} \quad c는 a와 \ x \ 사이의 어떤 수 \tag{2}$$

테일러 정리를 이렇게 나타낼 때, 모든 $x \in I$에 대하여

$$f(x) = P_n(x) + R_n(x)$$

함수 $R_n(x)$는 a와 x 사이에서 이 둘에 의해 정해지는 c에서의 $(n+1)$계 미분계수 $f^{(n+1)}$ (c)에 의해 결정된다. 임의의 값 n에 대하여 위 식은 구간 I에서 f의 n계 다항근사함수 $P_n(x)$와 그와 관련된 오차 $R_n(x)$를 동시에 보여준다.

식 (1)을 **테일러 공식(Taylor's formula)**이라 한다. 함수 $R_n(x)$를 I에서 f의 $P_n(x)$로의 근사에 의한 ***n*계 나머지항(remainder of order *n*)** 또는 **오차항(error term)**이라 한다.

모든 $x \in I$에 대하여 $n \to \infty$일 때 $R_n(x) \to 0$이면, $x = a$에서 f의 테일러 급수는 I에서 f에 **수렴(converges)**한다고 하고, 다음과 같이 쓴다.

$$f(x) = \sum_{k=0}^{\infty} \frac{f^{(k)}(a)}{k!}(x - a)^k$$

다음 예제에서 설명하는 바와 같이 c값을 모르더라도 R_n을 구할 수 있다.

예제 1　$x = 0$에서 $f(x) = e^x$의 테일러 급수는 모든 실수 x에 대해 $f(x)$에 수렴함을 보이라.

풀이　주어진 함수는 구간 $I = (-\infty, \infty)$ 위에서 모든 계수의 도함수를 가진다. 식 (1)과 (2)에 $f(x) = e^x$와 $a = 0$을 대입하면

$$e^x = 1 + x + \frac{x^2}{2!} + \cdots + \frac{x^n}{n!} + R_n(x) \qquad \text{8.8절 예제 2의 다항식}$$

이고

$$R_n(x) = \frac{e^c}{(n + 1)!}x^{n+1} \qquad (c는 0과 \ x \ 사이의 수)$$

이다. e^x은 증가함수이므로 e^c은 $e^0 = 1$과 e^x 사이의 값을 갖는다. x가 음수이면 c도 음수가 되어 $e^c < 1$이다. $x = 0$이면 $e^x = 1$이 되어 $R_n(x) = 0$. x가 양수이면 c도 양수이고, $e^c < e^x$이다. 따라서 위에서 주어진 $R_n(x)$는

$$x \le 0일 \ 때, \qquad |R_n(x)| \le \frac{|x|^{n+1}}{(n + 1)!} \qquad c < 0이므로 \ e^c < 1$$

와

$$x > 0일 \ 때, \qquad |R_n(x)| < e^x \frac{x^{n+1}}{(n + 1)!} \qquad c < x이므로 \ e^c < e^x$$

이다. 모든 x에 대하여

$$\lim_{n \to \infty} \frac{x^{n+1}}{(n+1)!} = 0 \qquad \text{8.1절 정리 5}$$

이므로 결론적으로 $\lim_{n \to \infty} R_n(x) = 0$이 되어 주어진 급수는 모든 x에 대하여 e^x에 수렴한다. 따라서 다음과 같다.

$$e^x = \sum_{k=0}^{\infty} \frac{x^k}{k!} = 1 + x + \frac{x^2}{2!} + \cdots + \frac{x^k}{k!} + \cdots \qquad (3) \ \blacksquare$$

$x = 1$에서 예제 1의 결과로부터

$$e = 1 + 1 + \frac{1}{2!} + \cdots + \frac{1}{n!} + R_n(1)$$

이고, 여기서 0과 1 사이의 적당한 c가 존재하여 다음이 성립한다.

> **e를 급수로 표현하기**
> $$e = \sum_{n=0}^{\infty} \frac{1}{n!}$$

$$R_n(1) = e^c \frac{1}{(n+1)!} < \frac{3}{(n+1)!} \qquad {\color{gray} e^c < e^1 < 3}$$

나머지항 구하기

예제 1에서 풀었던 방법으로도 $R_n(x)$를 구할 수 있다. 나머지항을 구하는 이러한 방법은 편리하기 때문에 다음에 언급하는 하나의 정리로 나타난다.

> **정리 24 나머지항 추정정리** 상수 $M > 0$이 존재하여 x와 a 사이의 모든 t에 대하여 $|f^{(n+1)}(t)| \leq M$일 때, 테일러 정리의 나머지항 $R_n(x)$는 다음 부등식을 만족시킨다.
> $$|R_n(x)| \leq M \frac{|x - a|^{n+1}}{(n+1)!}$$
> 위 조건이 모든 n에 대하여 성립하고 테일러 정리에서 언급한 f에 대한 조건이 충족되면, 테일러 급수는 $f(x)$에 수렴한다.

다음 두 예제는 정리 24를 이용하여 사인함수와 코사인함수의 테일러 급수가 그들 자신으로 수렴함을 증명한다.

예제 2 $x = 0$에서 $\sin x$의 테일러 급수가 모든 x에 대하여 수렴함을 보이라.

풀이 함수 $\sin x$와 그 도함수는

$$
\begin{aligned}
f(x) &= \sin x, & f'(x) &= \cos x \\
f''(x) &= -\sin x, & f'''(x) &= -\cos x \\
&\vdots & &\vdots \\
f^{(2k)}(x) &= (-1)^k \sin x, & f^{(2k+1)}(x) &= (-1)^k \cos x
\end{aligned}
$$

이고 따라서

$$f^{(2k)}(0) = 0, \qquad f^{(2k+1)}(0) = (-1)^k$$

이다. 구하는 급수는 차수가 홀수, 즉 $n = 2k+1$번째 항에 대해서만 값을 가지고, 테일러 정리에 의해

$$\sin x = x - \frac{x^3}{3!} + \frac{x^5}{5!} - \cdots + \frac{(-1)^k x^{2k+1}}{(2k+1)!} + R_{2k+1}(x)$$

$\sin x$의 모든 도함수의 절댓값은 1 이하이므로, $M = 1$을 나머지항 추정정리에 적용하여 다음 식을 얻을 수 있다.

$$|R_{2k+1}(x)| \leq 1 \cdot \frac{|x|^{2k+2}}{(2k+2)!}$$

정리 5의 공식 6으로부터 x가 어떤 값을 갖든, $k \to \infty$일 때 $(|x|^{2k+2}/(2k+2)!) \to 0$이므로, $R_{2k+1}(x) \to 0$이고, $\sin x$의 매크로린 급수는 모든 x에 대하여 $\sin x$에 수렴한다. 따라서

$$\sin x = \sum_{k=0}^{\infty} \frac{(-1)^k x^{2k+1}}{(2k+1)!} = x - \frac{x^3}{3!} + \frac{x^5}{5!} - \frac{x^7}{7!} + \cdots \qquad (4) \ \blacksquare$$

$$\boxed{\sin x = x - \frac{x^3}{3!} + \frac{x^5}{5!} - \frac{x^7}{7!} + \cdots}$$

예제 3 $x=0$에서 $\cos x$의 테일러 급수가 모든 x에 대하여 $\cos x$에 수렴함을 보이라.

풀이 $\cos x$의 테일러 다항함수(8.8절의 예제 3)에 나머지항을 더하여 $\cos x$의 $n=2k$일 때의 테일러 공식을 얻는다.

$$\cos x = 1 - \frac{x^2}{2!} + \frac{x^4}{4!} - \cdots + (-1)^k \frac{x^{2k}}{(2k)!} + R_{2k}(x)$$

$\cos x$의 모든 도함수의 절댓값은 1 이하이므로 $M=1$을 나머지항 추정정리에 적용하여 다음 식을 얻을 수 있다.

$$|R_{2k}(x)| \leq 1 \cdot \frac{|x|^{2k+1}}{(2k+1)!}$$

모든 x에 대하여, $k \to \infty$일 때 $R_{2k}(x) \to 0$이다. 그러므로 이 급수는 모든 x에 대하여 $\cos x$에 수렴한다. 따라서 다음과 같다.

$$\cos x = \sum_{k=0}^{\infty} \frac{(-1)^k x^{2k}}{(2k)!} = 1 - \frac{x^2}{2!} + \frac{x^4}{4!} - \frac{x^6}{6!} + \cdots \qquad (5) \ \blacksquare$$

$$\boxed{\cos x = 1 - \frac{x^2}{2!} + \frac{x^4}{4!} - \frac{x^6}{6!} + \cdots}$$

테일러 급수 활용하기

모든 테일러 급수는 거듭제곱급수로 표현되기 때문에 테일러 급수들을 그 급수의 수렴구간들의 교집합에서 더하거나, 빼거나, 곱하는 연산이 가능하다.

예제 4 알고 있는 급수를 이용하여, 그 급수를 연산하므로 주어진 함수의 테일러 급수의 처음 몇 항을 구하라.

(a) $\dfrac{1}{3}(2x + x \cos x)$ **(b)** $e^x \cos x$

풀이

(a) $\dfrac{1}{3}(2x + x \cos x) = \dfrac{2}{3}x + \dfrac{1}{3}x\left(1 - \dfrac{x^2}{2!} + \dfrac{x^4}{4!} - \cdots + (-1)^k \dfrac{x^{2k}}{(2k)!} + \cdots\right)$ $\quad$ <small>$\cos x$의 테일러 급수</small>

$$= \frac{2}{3}x + \frac{1}{3}x - \frac{x^3}{3!} + \frac{x^5}{3 \cdot 4!} - \cdots = x - \frac{x^3}{6} + \frac{x^5}{72} - \cdots$$

(b) $e^x \cos x = \left(1 + x + \dfrac{x^2}{2!} + \dfrac{x^3}{3!} + \dfrac{x^4}{4!} + \cdots\right) \cdot \left(1 - \dfrac{x^2}{2!} + \dfrac{x^4}{4!} - \cdots\right)$ $\quad$ <small>두 번째 급수의 각 항을 첫 번째 급수에 곱한다.</small>

$$= \left(1 + x + \frac{x^2}{2!} + \frac{x^3}{3!} + \frac{x^4}{4!} + \cdots\right) - \left(\frac{x^2}{2!} + \frac{x^3}{2!} + \frac{x^4}{2!2!} + \frac{x^5}{2!3!} + \cdots\right)$$

$$+ \left(\frac{x^4}{4!} + \frac{x^5}{4!} + \frac{x^6}{2!4!} + \cdots\right) + \cdots$$

$$= 1 + x - \frac{x^3}{3} - \frac{x^4}{6} + \cdots \qquad \blacksquare$$

정리 20에 의하여, $u(x)$가 임의의 연속함수일 때, 함수 $f(u(x))$의 테일러 급수를 구하기 위해 함수 f의 테일러 급수를 이용할 수 있다. $u(x)$가 함수 f의 테일러 급수의 수렴 구간에 있는 모든 x에서 이 치환에 의한 테일러 급수는 수렴한다. 예를 들어, $\cos x$의 테일러 급수에서 x를 $2x$로 치환하여 $\cos 2x$의 테일러 급수를 구할 수 있다.

$$\cos 2x = \sum_{k=0}^{\infty} \frac{(-1)^k (2x)^{2k}}{(2k)!} = 1 - \frac{(2x)^2}{2!} + \frac{(2x)^4}{4!} - \frac{(2x)^6}{6!} + \cdots \qquad \text{식 (5)에 } x\text{를 } 2x\text{로 치환}$$

$$= 1 - \frac{2^2 x^2}{2!} + \frac{2^4 x^4}{4!} - \frac{2^6 x^6}{6!} + \cdots$$

$$= \sum_{k=0}^{\infty} (-1)^k \frac{2^{2k} x^{2k}}{(2k)!}$$

예제 5 $\sin x$를 $x - (x^3/3!)$로 근사시킬 때, 오차의 한계가 3×10^{-4}이 되도록 x의 값의 범위를 결정하라.

풀이 여기서 $\sin x$의 테일러 급수가 0이 아닌 모든 x에 대하여 교대급수라는 사실을 이용하자. 교대급수 추정정리(8.6절)에 따르면,

$$\sin x = x - \frac{x^3}{3!} + \frac{x^5}{5!} - \cdots$$

의 $(x^3/3!)$ 이후의 항을 버림으로써 발생한 오차는

$$\left| \frac{x^5}{5!} \right| = \frac{|x|^5}{120}$$

보다 크지 않다. 그러므로

$$\frac{|x|^5}{120} < 3 \times 10^{-4} \quad \text{즉} \quad |x| < \sqrt[5]{360 \times 10^{-4}} \approx 0.514 \qquad \begin{array}{l} |x| \text{의 상한을 찾아야} \\ \text{하므로 버림을 함.} \end{array}$$

인 모든 x에 대하여 오차는 3×10^{-4}을 넘지 않는다.

나머지항 추정정리에서 찾을 수 없는 사실을 교대급수 추정정리가 말해주고 있다. 즉, x가 양수일 때 $x^5/120$이 양수가 되므로 $\sin x$의 근사함수 $x - (x^3/3!)$은 적게 어림한 값이다.

그림 8.25는 $\sin x$의 그래프와 $\sin x$를 근사시킨 몇 개의 테일러 다항함수의 그래프를 동시에 보여준다. $0 \le x \le 1$ 범위에서 $P_3(x) = x - (x^3/3!)$의 그래프는 sin 곡선과 거의 구별이 안 될 만큼 비슷하다. ■

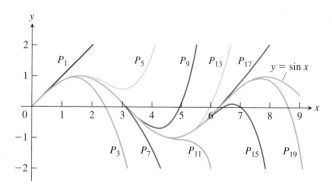

그림 8.25 다항식

$$P_{2n+1}(x) = \sum_{k=0}^{n} \frac{(-1)^k x^{2k+1}}{(2k+1)!}$$

은 $n \to \infty$일 때, $\sin x$에 수렴한다. $x \le 1$에 대하여 $P_3(x)$가 sin 곡선에 얼마만큼 가까이 근접하는지에 주목하라(예제 5).

테일러 정리의 증명

$a < b$라고 가정하고 테일러 정리를 증명하자. $a > b$의 증명은 $a < b$일 때와 거의 비슷하다. 테일러 다항함수

$$P_n(x) = f(a) + f'(a)(x - a) + \frac{f''(a)}{2!}(x - a)^2 + \cdots + \frac{f^{(n)}(a)}{n!}(x - a)^n$$

와 $P_n(x)$의 처음 n계 도함수들은 $x = a$에서 함수 f와 f의 처음 n계 도함수들과 일치한다. 여기에 $K(x - a)^{n+1}$(K는 상수)형태의 다른 항을 더하여도 마찬가지다. 왜냐하면 항 $K(x - a)^{n+1}$와 처음 n계 도함수들은 $x = a$에서 모두 0이 되기 때문이다. 새로운 함수

$$\phi_n(x) = P_n(x) + K(x - a)^{n+1}$$

와 이 함수의 처음 n계 도함수들은 $x = a$에서 여전히 f와 f의 처음 n계 도함수들과 일치한다.

이제 $x = b$에서 곡선 $y = \phi_n(x)$와 주어진 곡선 $y = f(x)$가 일치되게 하는 K값을 정하자. 식으로 나타내면 다음과 같다.

$$f(b) = P_n(b) + K(b - a)^{n+1} \quad \text{즉} \quad K = \frac{f(b) - P_n(b)}{(b - a)^{n+1}} \tag{6}$$

식 (6)에서 정의된 K를 대입하여 정의된 함수

$$F(x) = f(x) - \phi_n(x)$$

는 모든 $x \in [a, b]$에 대하여 주어진 함수 f와 그 근사함수 ϕ_n와의 차를 측정한다.

이제 롤의 정리(3.2절)를 이용하자. 먼저, $F(a) = F(b) = 0$이고 F와 F'은 $[a, b]$에서 연속이므로, 다음 식을 만족하는 c_1이 존재한다.

$$F'(c_1) = 0, \quad c_1 \in (a, b)$$

다음으로 $F'(a) = F'(c_1) = 0$이고 F'와 F''은 $[a, c_1]$에서 연속이므로, 다음 식을 만족하는 c_2가 존재한다.

$$F''(c_2) = 0, \quad c_2 \in (a, c_1)$$

롤의 정리를 $F'', F''', \cdots, F^{(n-1)}$에 대하여 계속해서 사용하면, 다음의 상수들이 존재한다.

$$(a, c_2) \text{ 내에 } F'''(c_3) = 0\text{을 만족하는 } c_3\text{가 있고}$$
$$(a, c_3) \text{ 내에 } F^{(4)}(c_4) = 0\text{을 만족하는 } c_4\text{가 있고}$$
$$\vdots$$
$$(a, c_{n-1}) \text{ 내에 } F^{(n)}(c_n) = 0\text{을 만족하는 } c_n\text{이 있다.}$$

마지막으로, $f^{(n)}$은 $[a, c_n]$에서 연속이고 (a, c_n)에서 미분가능하며, $F^{(n)}(a) = F^{(n)}(c_n) = 0$이므로 롤의 정리에 의하여 다음을 만족하는 c_{n+1}이 (a, c_n)에 있다.

$$F^{(n+1)}(c_{n+1}) = 0 \tag{7}$$

$F(x) = f(x) - P_n(x) - K(x - a)^{n+1}$를 $n + 1$번 미분하면, 다음 식을 얻는다.

$$F^{(n+1)}(x) = f^{(n+1)}(x) - 0 - (n + 1)!K \tag{8}$$

식 (7)과 (8)로부터

$$K = \frac{f^{(n+1)}(c)}{(n + 1)!}, \quad c = c_{n+1} \in (a, b) \tag{9}$$

이고, 식 (6)과 (9)로부터

$$f(b) = P_n(b) + \frac{f^{(n+1)}(c)}{(n+1)!}(b-a)^{n+1}$$

을 얻는다. 따라서 정리가 증명된다.   ■

연습문제 8.9

치환을 이용한 테일러 급수

연습문제 1~12에서 예제 4에서와 같은 치환을 이용하여 $x=0$에서 함수의 테일러 급수를 구하라.

1. e^{-5x} **2.** $e^{-x/2}$ **3.** $5\sin(-x)$

4. $\sin\left(\dfrac{\pi x}{2}\right)$ **5.** $\cos 5x^2$ **6.** $\cos\left(x^{2/3}/\sqrt{2}\right)$

7. $\ln(1+x^2)$ **8.** $\tan^{-1}(3x^4)$ **9.** $\dfrac{1}{1+\frac{3}{4}x^3}$

10. $\dfrac{1}{2-x}$ **11.** $\ln(3+6x)$ **12.** $e^{-x^2+\ln 5}$

연습문제 13~30에서 거듭제곱급수 연산을 이용하여 $x=0$에서 함수의 테일러 급수를 구하라.

13. xe^x **14.** $x^2\sin x$ **15.** $\dfrac{x^2}{2}-1+\cos x$

16. $\sin x - x + \dfrac{x^3}{3!}$ **17.** $x\cos \pi x$ **18.** $x^2\cos(x^2)$

19. $\cos^2 x$ (힌트: $\cos^2 x = (1+\cos 2x)/2$.)

20. $\sin^2 x$ **21.** $\dfrac{x^2}{1-2x}$ **22.** $x\ln(1+2x)$

23. $\dfrac{1}{(1-x)^2}$ **24.** $\dfrac{2}{(1-x)^3}$ **25.** $x\tan^{-1}x^2$

26. $\sin x \cdot \cos x$ **27.** $e^x + \dfrac{1}{1+x}$ **28.** $\cos x - \sin x$

29. $\dfrac{x}{3}\ln(1+x^2)$ **30.** $\ln(1+x) - \ln(1-x)$

연습문제 31~38에서 함수의 매크로린 급수의 0이 아닌 처음 네 항을 구하라.

31. $e^x\sin x$ **32.** $\dfrac{\ln(1+x)}{1-x}$ **33.** $(\tan^{-1}x)^2$

34. $\cos^2 x \cdot \sin x$ **35.** $e^{\sin x}$ **36.** $\sin(\tan^{-1}x)$

37. $\cos(e^x - 1)$ **38.** $\cos\sqrt{x} + \ln(\cos x)$

오차의 추정

39. $P_3(x) = x - (x^3/6)$을 사용하여, $x=0.1$에서 $\sin x$의 값을 근사시킬 때 오차를 추정하라.

40. $P_4(x) = 1 + x + (x^2/2) + (x^3/6) + (x4/24)$를 사용하여, $x=1/2$에서 e^x의 값을 근사시킬 때 오차를 추정하라.

41. 오차의 범위가 5×10^{-4} 이내에서 $\sin x$를 $x-(x^3/6)$으로 바꾸어 쓸 수 있는 x의 값은 대략 얼마인가? 그 이유를 설명하라.

42. $|x|<0.5$에서 $\cos x$를 $1-(x^2/2)$로 바꾸어 쓸 때 오차의 범위는 얼마인가? $1-(x^2/2)$가 너무 크거나 작지는 않은가? 그 이유를 설명하라.

43. $|x|<10^{-3}$일 때 근사식 $\sin x = x$는 얼마나 정확한가? x, $\sin x$가 되는 x의 범위는?

44. x가 작은 수일 때 근사식 $\sqrt{1+x} = 1 + (x/2)$를 사용한다. $|x|<0.01$일 때 오차의 범위를 구하라.

45. x가 작은 수일 때 근사식 $e^x = 1 + x + (x^2/2)$를 사용한다. 나머지 항 추정정리를 사용하여 $|x|<0.1$일 때 오차의 범위를 구하라.

46. (연습문제 45의 계속) $x<0$일 때 e^x의 급수는 교대급수이다. 교대급수 추정정리를 사용하여 $-0.1<x<0$일 때 근사식 $e^x = 1+x+(x^2/2)$에서 오차의 범위를 구하라. 이것과 연습문제 45의 결과를 비교하라.

이론과 예제

47. 항등식 $\sin^2 x = (1-\cos 2x)/2$를 이용하여 $\sin^2 x$의 매크로린 급수를 구하라. 이 급수를 미분하여 $2\sin x\cos x$의 매크로린 급수를 구하라. 이 급수는 $\sin 2x$의 매크로린 급수와 같음을 확인하라.

48. (연습문제 47의 계속) 항등식 $\cos^2 x = \cos 2x + \sin^2 x$를 이용하여 $\cos^2 x$의 매크로린 급수를 구하라.

49. 테일러 정리와 중간값 정리 중간값 정리 (3.2절, 정리 4)가 테일러 정리의 특별한 경우임을 설명하라.

50. 변곡점의 선형화 두 번 미분가능한 함수 $f(x)$의 그래프가 $x=a$에서 변곡점을 가질 때, $x=a$에서 f의 선형화는 $x=a$에서 2차 근사와 같음을 보이라. 이는 왜 접선이 변곡점에서 잘 들어 맞는지를 보여준다.

51. 2계 도함수 판정법

$$f(x) = f(a) + f'(a)(x-a) + \frac{f''(c_2)}{2}(x-a)^2$$

을 이용하여 다음의 사실을 확인하라.

f가 연속인 1계, 2계 도함수를 가지고, $f'(a)=0$을 만족할 때,

a. a를 포함하는 구간에서 $f''\le0$이면 f는 a에서 극댓값을 갖는다.

b. a를 포함하는 구간에서 $f''\ge0$이면 f는 a에서 극솟값을 갖는다.

52. 3차 근사 $a=0$, $n=3$일 때 테일러의 공식을 이용하여 함수 $f(x)=1/(1-x)$의 $x=0$에서 3차 근사식을 구하라. $|x|\le0.1$에서 이 근사화의 오차의 범위를 구하라.

53. a. $n=2$일 때 테일러의 공식을 이용하여 함수 $f(x)=(1+x)^k$를

(단, k는 상수)의 $x=0$에서 2차 근사식을 구하라.

b. $k=3$일 때, 닫힌 구간 $[0, 1]$에서 2차 근사식의 오차의 한계가 $1/100$ 이하가 되도록 x를 정하라.

54. π의 보다 나은 근삿값

a. 소수점 n자리까지 정확한 π의 근삿값을 P라고 할 때, $P+\sin P$는 소수점 $3n$자리까지 정확한 π의 근삿값임을 보이라. (힌트: $P=\pi+x$라 놓고 계산하라.)

T b. 위의 상황을 계산기로 확인하라.

55. 함수 $f(x)=\sum\limits_{n=0}^{\infty}a_n x^n$의 테일러 급수는 자기자신이다. 수렴 반지름이 $R>0$인 거듭제곱급수 $f(x)=\sum\limits_{n=0}^{\infty}a_n x^n$에 의하여 정의된 함수는 $(-R, R)$인 모든 점에서 그 함수에 수렴하는 테일러 급수를 갖는다. 함수 $f(x)=\sum\limits_{n=0}^{\infty}a_n x^n$의 테일러 급수는 $\sum\limits_{n=0}^{\infty}a_n x^n$임을 보임으로써 이 사실을 증명하라. 이를 이용하면 다음과 같은 급수

$$x\sin x = x^2 - \frac{x^4}{3!} + \frac{x^6}{5!} - \frac{x^8}{7!} + \cdots$$

$$x^2 e^x = x^2 + x^3 + \frac{x^4}{2!} + \frac{x^5}{3!} + \cdots$$

은 이미 알고 있는 테일러 급수에 x의 거듭제곱을 곱하여 얻을 수 있다. 뿐만 아니라 수렴하는 거듭제곱급수의 적분과 미분에 의해 얻어지는 급수는 그것이 나타내는 함수의 테일러 급수와 같다.

56. 우함수와 기함수의 테일러 급수 (8.7절 연습문제 59의 계속) 열린 구간 $(-R, R)$에서 수렴하는 $f(x)=\sum\limits_{n=0}^{\infty}a_n x^n$가 있다. 다음을 증명하라.

a. f가 우함수이면 $a_1=a_3=a_5=\cdots=0$, 즉 $x=0$에서 f의 테일러 급수는 x의 짝수 거듭제곱만을 포함한다.

b. f가 기함수이면 $a_0=a_2=a_4=\cdots=0$, 즉 $x=0$에서 f의 테일러 급수는 x의 홀수 거듭제곱만을 포함한다.

컴퓨터 탐구

$n=1$, $a=0$일 때의 테일러 공식은 $x=0$에서 함수의 선형화이다. $n=2$, $n=3$일 때 2차, 3차 근사식을 얻을 수 있다. 다음의 연습문제

에서 이 근사식들에 대한 오차를 탐구하게 된다. 다음 두 문제의 답을 찾을 것이다.

a. 각 근사식이 오차가 10^{-2} 이하가 되기 위한 x의 범위는 무엇인가?

b. 주어진 구간 내에서 각 근사식의 최대 오차는 무엇인가?

연습문제 57~62에서 주어진 함수와 구간에 대하여 (a), (b)에 제시된 물음에 답하기 위하여 다음의 단계를 CAS를 이용하여 실행하라.

단계 1: 주어진 구간에서 함수의 그래프의 개형을 그리라.

단계 2: $x=0$에서 테일러 다항식 $P_1(x)$, $P_2(x)$, $P_3(x)$를 구하라.

단계 3: 각 테일러 다항식의 나머지항에 연관된 $(n+1)$계 도함수 $f^{(n+1)}(c)$를 계산하라. 주어진 구간에서 c의 함수로서 도함수의 그래프의 개형을 그려보라. 또, 도함수의 절댓값의 최댓값 M을 어림하라.

단계 4: 각 다항식의 나머지항 $R_n(x)$를 계산하라. $f^{(n+1)}(c)$ 대신 단계 3에서의 어림값 M을 이용하여 $R_n(x)$의 그래프의 개형을 그리라. x의 값을 계산하여 (a)의 물음에 답하라.

단계 5: 주어진 구간에서 실제 오차인 $E_n(x)=|f(x)-P_n(x)|$의 그래프의 개형을 그려서 어림한 오차와 실제 오차를 비교하라. 이 단계는 (b)의 답에 도움이 될 것이다.

단계 6: 함수와 그것의 세 테일러 근사식의 그래프를 함께 그려보라. 이들과 더불어 단계 4와 5에서 발견한 사실을 연관지어 논의하라.

57. $f(x) = \dfrac{1}{\sqrt{1+x}}$, $|x| \le \dfrac{3}{4}$

58. $f(x) = (1+x)^{3/2}$, $-\dfrac{1}{2} \le x \le 2$

59. $f(x) = \dfrac{x}{x^2+1}$, $|x| \le 2$

60. $f(x) = (\cos x)(\sin 2x)$, $|x| \le 2$

61. $f(x) = e^{-x}\cos 2x$, $|x| \le 1$

62. $f(x) = e^{x/3}\sin 2x$, $|x| \le 2$

8.10 이항급수와 테일러 급수의 활용

테일러 급수는 다른 방법으로는 좀처럼 풀기 어려운 문제를 해결하는 데 사용될 수 있다. 예를 들어 자주 사용되는 함수로 표현되지 않는 역도함수를 가진 함수가 많이 있다. 이 절에서는 이러한 함수들의 적분값을 구하는 데 있어 테일러 급수를 어떻게 이용하는지를 공부한다. 또한 테일러 급수를 이용하여 부정형으로 나타나는 극한값을 구하는 방법과 지수함수를 실수에서 복소수로 확장하는 방법을 공부할 것이다. 먼저, 함수 $f(x)=(1+x)^m$을 표현하는 테일러 급수인 이항급수로부터 논의를 시작해서, 자주 사용되는 몇 가지의 테일러 급수를 정리한 표 8.1로 이 절을 마무리한다.

거듭제곱과 제곱근을 포함한 식의 이항급수

m이 상수일 때, $f(x)=(1+x)^m$의 테일러 급수는 다음과 같다.

$$1 + mx + \frac{m(m-1)}{2!}x^2 + \frac{m(m-1)(m-2)}{3!}x^3 + \cdots$$

$$+ \frac{m(m-1)(m-2)\cdots(m-k+1)}{k!}x^k + \cdots \qquad (1)$$

이러한 급수는 **이항급수(binomial series)**라 하며, $|x|<1$에서 절대수렴한다. 이항급수를 얻기 위하여 먼저 주어진 함수와 그 도함수를 다음과 같이 열거하자.

$$f(x) = (1+x)^m$$

$$f'(x) = m(1+x)^{m-1}$$

$$f''(x) = m(m-1)(1+x)^{m-2}$$

$$f'''(x) = m(m-1)(m-2)(1+x)^{m-3}$$

$$\vdots$$

$$f^{(k)}(x) = m(m-1)(m-2)\cdots(m-k+1)(1+x)^{m-k}$$

이제 급수 (1)을 얻기 위해 위에서 열거한 도함수들의 $x=0$에서 함숫값을 테일러 공식에 대입하자.

m이 0 또는 양의 정수이면 $k=m+1$에서부터 계수가 0이 되므로 이항급수는 $(m+1)$번째 항에서 끝난다.

m이 양의 정수나 0이 아닌 실수이면, 이항급수는 $|x|<1$에서 수렴하는 무한급수가 된다. 수렴함을 보이기 위해 x^k을 포함하는 항을 u_k라 놓자. 절대수렴성을 알아보는 비 판정법을 적용하면, k에 따라

$$k \to \infty \text{일 때} \qquad \left|\frac{u_{k+1}}{u_k}\right| = \left|\frac{m-k}{k+1}x\right| \to |x|$$

이항급수는 $(1+x)^m$의 테일러 급수이고 $|x|<1$에서 수렴함을 알 수 있다. 이 사실은 이항급수가 $(1+x)^m$에 수렴함을 말해주지는 않는다. 그러나 사실 이항급수는 $(1+x)^m$에 수렴한다. 증명은 연습문제 58에 남긴다. 다음 공식은 급수를 표현하기에 충분하다.

이항급수

$-1<x<1$에 대하여

$$(1+x)^m = 1 + \sum_{k=1}^{\infty}\binom{m}{k}x^k$$

여기서,

$$\binom{m}{1} = m, \qquad \binom{m}{2} = \frac{m(m-1)}{2!}\text{와}$$

$$\binom{m}{k} = \frac{m(m-1)(m-2)\cdots(m-k+1)}{k!} \qquad k \geq 3$$

예제 1 $m=-1$이면

$$\binom{-1}{1} = -1, \qquad \binom{-1}{2} = \frac{-1(-2)}{2!} = 1$$

$$\binom{-1}{k} = \frac{-1(-2)(-3)\cdots(-1-k+1)}{k!} = (-1)^k\left(\frac{k!}{k!}\right) = (-1)^k$$

이 계수들을 사용하면, 이항급수는 잘 알려진 기하급수

$$(1+x)^{-1} = 1 + \sum_{k=1}^{\infty}(-1)^k x^k = 1 - x + x^2 - x^3 + \cdots + (-1)^k x^k + \cdots$$

가 된다. ∎

예제 2 2.9절 예제 1에 의해 $|x|$가 작을 때, $\sqrt{1+x} \approx 1+(x/2)$임을 알고 있다. $m = 1/2$일 때, 이항급수로부터 교대급수 평가정리로부터 평가 가능한 오차를 수반한 2계 및 그 이상의 계의 근사식을 얻을 수 있다.

$$(1+x)^{1/2} = 1 + \frac{x}{2} + \frac{\left(\frac{1}{2}\right)\left(-\frac{1}{2}\right)}{2!}x^2 + \frac{\left(\frac{1}{2}\right)\left(-\frac{1}{2}\right)\left(-\frac{3}{2}\right)}{3!}x^3$$
$$+ \frac{\left(\frac{1}{2}\right)\left(-\frac{1}{2}\right)\left(-\frac{3}{2}\right)\left(-\frac{5}{2}\right)}{4!}x^4 + \cdots$$
$$= 1 + \frac{x}{2} - \frac{x^2}{8} + \frac{x^3}{16} - \frac{5x^4}{128} + \cdots$$

위 식에서 x를 다른 것으로 치환하면 다른 함수가 근사하는 급수도 구할 수 있다. 예를 들어,

$$|x^2|\text{가 작을 때} \qquad \sqrt{1-x^2} \approx 1 - \frac{x^2}{2} - \frac{x^4}{8}$$

$$\left|\frac{1}{x}\right|\text{가 작을 때, 즉 }|x|\text{가 클 때,} \qquad \sqrt{1-\frac{1}{x}} \approx 1 - \frac{1}{2x} - \frac{1}{8x^2}$$ ∎

비초등함수의 적분 계산

때로는 자주 사용되는 테일러 급수를 이용하여 주어진 거듭제곱급수의 합을 알려진 함수로 표현할 수 있다. 예를 들면,

$$x^2 - \frac{x^6}{3!} + \frac{x^{10}}{5!} - \frac{x^{14}}{7!} + \cdots = (x^2) - \frac{(x^2)^3}{3!} + \frac{(x^2)^5}{5!} - \frac{(x^2)^7}{7!} + \cdots = \sin x^2$$

연습문제 59~62에서 추가적인 예제를 볼 수 있다.

테일러 급수를 이용하면 비초등함수의 적분을 급수로 나타낼 수 있다. $\int \sin x^2\, dx$와 같은 적분은 빛의 회절에 관한 연구에서 등장한다.

예제 3 $\int \sin x^2\, dx$를 거듭제곱급수로 나타내라.

풀이 $\sin x$의 급수 표현에서 x를 x^2으로 치환하면 다음을 얻는다.

$$\sin x^2 = x^2 - \frac{x^6}{3!} + \frac{x^{10}}{5!} - \frac{x^{14}}{7!} + \frac{x^{18}}{9!} - \cdots$$

따라서

$$\int \sin x^2\, dx = C + \frac{x^3}{3} - \frac{x^7}{7\cdot 3!} + \frac{x^{11}}{11\cdot 5!} - \frac{x^{15}}{15\cdot 7!} + \frac{x^{19}}{19\cdot 9!} - \cdots$$ ∎

예제 4   오차의 한계가 0.001이 되도록 $\int_0^1 \sin x^2 \, dx$의 근삿값을 구하라.

풀이   예제 3에서 구한 부정적분으로부터 다음을 쉽게 구할 수 있다.

$$\int_0^1 \sin x^2 \, dx = \frac{1}{3} - \frac{1}{7 \cdot 3!} + \frac{1}{11 \cdot 5!} - \frac{1}{15 \cdot 7!} + \frac{1}{19 \cdot 9!} - \cdots$$

우변의 급수는 교대급수이고,

$$\frac{1}{11 \cdot 5!} \approx 0.00076$$

이 수치적으로 볼 때, 처음으로 0.001보다 작아짐을 알 수 있다. 앞의 두 항을 합하면,

$$\int_0^1 \sin x^2 \, dx \approx \frac{1}{3} - \frac{1}{42} \approx 0.310$$

이고, 그 다음 두 항을 더하면 오차의 한계가 10^{-6}인 다음 근삿값을 얻는다.

$$\int_0^1 \sin x^2 \, dx \approx 0.310268$$

마지막으로 한 항을 더 더하면 오차를 대략 1.08×10^{-9}로 가지는 다음을 얻는다.

$$\int_0^1 \sin x^2 \, dx \approx \frac{1}{3} - \frac{1}{42} + \frac{1}{1320} - \frac{1}{75600} + \frac{1}{6894720} \approx 0.310268303$$

이와 같은 정확성을 보장받기 위해 사다리꼴 공식(Trapezoidal Rule)에 관한 오차 공식을 사용한다면 구간을 8000여 개의 소구간으로 분할하여야 할 것이다. ∎

역탄젠트 함수

8.7절 예제 5에서 $\tan^{-1} x$의 급수를 얻기 위해, 먼저 그의 도함수의 급수

$$\frac{d}{dx} \tan^{-1} x = \frac{1}{1 + x^2} = 1 - x^2 + x^4 - x^6 + \cdots$$

을 구하고 그 다음에 적분하여 다음 식을 찾았다.

$$\tan^{-1} x = x - \frac{x^3}{3} + \frac{x^5}{5} - \frac{x^7}{7} + \cdots$$

그러나 이 결과를 유도하는 항별 적분정리를 증명하지 않았다. 이제 유한개의 항으로 표현된

$$\frac{1}{1 + t^2} = 1 - t^2 + t^4 - t^6 + \cdots + (-1)^n t^{2n} + \frac{(-1)^{n+1} t^{2n+2}}{1 + t^2} \tag{2}$$

의 양변을 적분하여 $\tan^{-1} x$의 급수를 다시 이끌어내 보자. 식 (2)에서 마지막 항은 나머지 항을 첫째 항이 $a = (-1)^{n+1} t^{2n+2}$이고 공비 $r = -t^2$인 기하급수의 합으로 얻어질 것이다. 식 (2)의 양변을 적분구간 $t = 0$부터 $t = x$까지 적분하면,

$$\tan^{-1} x = x - \frac{x^3}{3} + \frac{x^5}{5} - \frac{x^7}{7} + \cdots + (-1)^n \frac{x^{2n+1}}{2n+1} + R_n(x)$$

여기서,

$$R_n(x) = \int_0^x \frac{(-1)^{n+1} t^{2n+2}}{1 + t^2} dt$$

피적분함수의 분모는 1보다 크거나 같다. 따라서

$$|R_n(x)| \leq \int_0^{|x|} t^{2n+2}\, dt = \frac{|x|^{2n+3}}{2n+3}$$

$|x| \leq 1$이면, 이 부등식의 우변은 $n \to \infty$일 때, 0으로 수렴한다. 따라서 $|x| \leq 1$이면 $\displaystyle\lim_{n \to \infty} R_n(x) = 0$이고 다음 식이 성립한다.

$$\tan^{-1} x = \sum_{n=0}^{\infty} \frac{(-1)^n x^{2n+1}}{2n+1}, \qquad |x| \leq 1$$

$$\tan^{-1} x = x - \frac{x^3}{3} + \frac{x^5}{5} - \frac{x^7}{7} + \cdots, \qquad |x| \leq 1$$

(3)

$\tan^{-1} x$의 급수에서 고차항으로 갈수록 다루기 힘들기 때문에 테일러 급수를 위와 같은 방법으로 간접적으로 구하였다. 식 (3)에 $x=1$을 대입하면, **라이프니츠 공식**(**Leibniz's formula**)이 만들어진다.

$$\frac{\pi}{4} = 1 - \frac{1}{3} + \frac{1}{5} - \frac{1}{7} + \frac{1}{9} - \cdots + \frac{(-1)^n}{2n+1} + \cdots$$

이 급수는 매우 느리게 수렴하므로, 소수점 아래 많은 자릿수까지 π의 근삿값을 구할 때 이것을 사용하지는 않는다. $\tan^{-1} x$의 급수는 x가 0에 가까울 때, 가장 빨리 수렴한다. 이런 이유에서 $\tan^{-1} x$의 급수로 π를 계산할 때 다양한 삼각함수 항등식을 사용한다.

예를 들어,

$$\alpha = \tan^{-1}\frac{1}{2}, \qquad \beta = \tan^{-1}\frac{1}{3}$$

라 두면,

$$\tan(\alpha + \beta) = \frac{\tan\alpha + \tan\beta}{1 - \tan\alpha\tan\beta} = \frac{\frac{1}{2} + \frac{1}{3}}{1 - \frac{1}{6}} = 1 = \tan\frac{\pi}{4}$$

이므로

$$\frac{\pi}{4} = \alpha + \beta = \tan^{-1}\frac{1}{2} + \tan^{-1}\frac{1}{3}$$

이다. 이제 식 (3)에 $x=1/2$와 $x=1/3$을 각각 대입하면, $\tan^{-1}(1/2)$와 $\tan^{-1}(1/3)$을 구할 수 있다. 두 결과를 더하고 4를 곱하면 π가 나온다.

부정형의 극한 계산

때때로 부정형의 극한을 테일러 급수가 포함된 함수로 표현함으로써 계산할 수 있다.

예제 5 다음 극한을 구하라.

$$\lim_{x \to 1} \frac{\ln x}{x-1}$$

풀이 $\ln x$를 $x-1$에 관한 테일러 급수로 표현하자. 그렇게 하기 위하여 $x=1$에서 $\ln x$의 테일러 급수를 직접 계산하거나, 8.7절 예제 6에 나와 있는 $\ln(1+x)$의 급수에서 x를 $x-1$로 치환하면 된다. 이런 방법으로 다음 식을 얻는다.

$$\ln x = (x-1) - \frac{1}{2}(x-1)^2 + \cdots$$

이 식으로부터

$$\lim_{x \to 1} \frac{\ln x}{x-1} = \lim_{x \to 1}\left(1 - \frac{1}{2}(x-1) + \cdots\right) = 1$$

물론, 이 특별한 극한값은 로피탈의 법칙을 사용하여도 계산할 수 있다.

예제 6 다음 극한을 구하라.

$$\lim_{x \to 0} \frac{\sin x - \tan x}{x^3}$$

풀이 $\sin x$와 $\tan x$의 테일러 급수를 x^5항까지 나타내면,

$$\sin x = x - \frac{x^3}{3!} + \frac{x^5}{5!} - \cdots, \qquad \tan x = x + \frac{x^3}{3} + \frac{2x^5}{15} + \cdots$$

이다. 급수를 항별로 빼면 다음과 같다.

$$\sin x - \tan x = -\frac{x^3}{2} - \frac{x^5}{8} - \cdots = x^3 \left(-\frac{1}{2} - \frac{x^2}{8} - \cdots \right)$$

양변을 x^3으로 나누고 극한을 취하면 극한값을 얻는다.

$$\lim_{x \to 0} \frac{\sin x - \tan x}{x^3} = \lim_{x \to 0} \left(-\frac{1}{2} - \frac{x^2}{8} - \cdots \right)$$

$$= -\frac{1}{2}$$ ∎

$\lim_{x \to 0} ((1/\sin x) - (1/x))$의 계산에 급수를 이용하면, 극한값을 구할 뿐 아니라, $\csc x$의 근사식을 찾을 수도 있다.

예제 7 $\lim_{x \to 0} \left(\dfrac{1}{\sin x} - \dfrac{1}{x} \right)$를 구하라.

풀이 $\sin x$의 테일러 급수와 연산을 사용하여 다음을 얻는다.

$$\frac{1}{\sin x} - \frac{1}{x} = \frac{x - \sin x}{x \sin x} = \frac{x - \left(x - \dfrac{x^3}{3!} + \dfrac{x^5}{5!} - \cdots \right)}{x \cdot \left(x - \dfrac{x^3}{3!} + \dfrac{x^5}{5!} - \cdots \right)}$$

$$= \frac{x^3 \left(\dfrac{1}{3!} - \dfrac{x^2}{5!} + \cdots \right)}{x^2 \left(1 - \dfrac{x^2}{3!} + \cdots \right)} = x \cdot \frac{\dfrac{1}{3!} - \dfrac{x^2}{5!} + \cdots}{1 - \dfrac{x^2}{3!} + \cdots}$$

그러므로

$$\lim_{x \to 0} \left(\frac{1}{\sin x} - \frac{1}{x} \right) = \lim_{x \to 0} \left(x \cdot \frac{\dfrac{1}{3!} - \dfrac{x^2}{5!} + \cdots}{1 - \dfrac{x^2}{3!} + \cdots} \right) = 0$$

우변의 분수식으로부터, $|x|$가 작을 때 다음 사실을 알 수 있다.

$$\frac{1}{\sin x} - \frac{1}{x} \approx x \cdot \frac{1}{3!} = \frac{x}{6} \qquad \text{즉} \qquad \csc x \approx \frac{1}{x} + \frac{x}{6}$$ ∎

오일러 항등식

복소수는 a와 b가 실수이고 $i = \sqrt{-1}$(부록 7 참조)일 때, $a + bi$ 형태의 수를 의미한다. e^x의 테일러 급수에서 $x = i\theta$(θ는 실수)로 치환하고, 다음 관계를 이용하자.

$$i^2 = -1, \quad i^3 = i^2 i = -i, \quad i^4 = i^2 i^2 = 1, \quad i^5 = i^4 i = i$$

결과를 간단히 고치면, 다음 식을 얻는다.

$$e^{i\theta} = 1 + \frac{i\theta}{1!} + \frac{i^2\theta^2}{2!} + \frac{i^3\theta^3}{3!} + \frac{i^4\theta^4}{4!} + \frac{i^5\theta^5}{5!} + \frac{i^6\theta^6}{6!} + \cdots$$

$$= \left(1 - \frac{\theta^2}{2!} + \frac{\theta^4}{4!} - \frac{\theta^6}{6!} + \cdots \right) + i\left(\theta - \frac{\theta^3}{3!} + \frac{\theta^5}{5!} - \cdots \right)$$

$$= \cos\theta + i\sin\theta$$

이 식에서 e를 허수로 제곱한 식을 정의하지 않았으므로 아직 $e^{i\theta} = \cos\theta + i\sin\theta$가 성립함을 **증명**하였다고 볼 수 없다. 오히려 이 식은 $e^{i\theta}$가 이미 우리가 실수에서 지수함수에 대해 알고 있는 다른 사실들과 일치하도록 하기 위해 어떻게 정의되어야 하는지를 말해준다.

정의

임의의 실수 θ에 대하여 $e^{i\theta} = \cos\theta + i\sin\theta$ (4)

식 (4)를 **오일러 항등식(Euler's identity)**이라 하며, 이 식으로부터 임의의 복소수 $a + bi$에 대하여 e^{a+bi}를 $e^a \cdot e^{bi}$로 정의할 수 있다. 따라서

$$e^{a+ib} = e^a(\cos b + i\sin b)$$

이다. 이 항등식의 또 하나의 결과로 다음 식을 얻는다.

$$e^{i\pi} = -1$$

위 식을 변형한 식 $e^{i\pi} + 1 = 0$은 수학에서 가장 중요한 5개의 상수로 이루어져 있다.

표 8.1 자주 사용하는 테일러 급수

$$\frac{1}{1-x} = 1 + x + x^2 + \cdots + x^n + \cdots = \sum_{n=0}^{\infty} x^n, \quad |x| < 1$$

$$\frac{1}{1+x} = 1 - x + x^2 - \cdots + (-x)^n + \cdots = \sum_{n=0}^{\infty} (-1)^n x^n, \quad |x| < 1$$

$$e^x = 1 + x + \frac{x^2}{2!} + \cdots + \frac{x^n}{n!} + \cdots = \sum_{n=0}^{\infty} \frac{x^n}{n!}, \quad |x| < \infty$$

$$\sin x = x - \frac{x^3}{3!} + \frac{x^5}{5!} - \cdots + (-1)^n \frac{x^{2n+1}}{(2n+1)!} + \cdots = \sum_{n=0}^{\infty} \frac{(-1)^n x^{2n+1}}{(2n+1)!}, \quad |x| < \infty$$

$$\cos x = 1 - \frac{x^2}{2!} + \frac{x^4}{4!} - \cdots + (-1)^n \frac{x^{2n}}{(2n)!} + \cdots = \sum_{n=0}^{\infty} \frac{(-1)^n x^{2n}}{(2n)!}, \quad |x| < \infty$$

$$\ln(1+x) = x - \frac{x^2}{2} + \frac{x^3}{3} - \cdots + (-1)^{n-1}\frac{x^n}{n} + \cdots = \sum_{n=1}^{\infty} \frac{(-1)^{n-1} x^n}{n}, \quad -1 < x \le 1$$

$$\tan^{-1} x = x - \frac{x^3}{3} + \frac{x^5}{5} - \cdots + (-1)^n \frac{x^{2n+1}}{2n+1} + \cdots = \sum_{n=0}^{\infty} \frac{(-1)^n x^{2n+1}}{2n+1}, \quad |x| \le 1$$

연습문제 8.10

이항급수

연습문제 1~10에서 주어진 함수에 대한 이항급수의 처음 네 항을 구하라.

1. $(1 + x)^{1/2}$ **2.** $(1 + x)^{1/3}$

3. $(1 - x)^{-3}$ **4.** $(1 - 2x)^{1/2}$

5. $\left(1 + \dfrac{x}{2}\right)^{-2}$ **6.** $\left(1 - \dfrac{x}{3}\right)^{4}$

7. $(1 + x^3)^{-1/2}$ **8.** $(1 + x^2)^{-1/3}$

9. $\left(1 + \dfrac{1}{x}\right)^{1/2}$ **10.** $\dfrac{x}{\sqrt[3]{1 + x}}$

연습문제 11~14에서 주어진 함수에 대한 이항급수를 구하라.

11. $(1 + x)^4$ **12.** $(1 + x^2)^3$

13. $(1 - 2x)^3$ **14.** $\left(1 - \dfrac{x}{2}\right)^4$

비초등함수의 적분과 근사 계산

T 연습문제 15~18에서 급수를 이용하여 오차가 10^{-5}보다 작도록 적분값을 계산하라(해답에서는 소수점 7자리에서 반올림한 적분값이 제시되어 있다).

15. $\displaystyle\int_0^{0.6} \sin x^2 \, dx$ **16.** $\displaystyle\int_0^{0.4} \dfrac{e^{-x} - 1}{x} \, dx$

17. $\displaystyle\int_0^{0.5} \dfrac{1}{\sqrt{1 + x^4}} \, dx$ **18.** $\displaystyle\int_0^{0.35} \sqrt[3]{1 + x^2} \, dx$

T 연습문제 19~22에서 급수를 이용하여 오차가 10^{-8}보다 작도록 적분값을 계산하라.

19. $\displaystyle\int_0^{0.1} \dfrac{\sin x}{x} \, dx$ **20.** $\displaystyle\int_0^{0.1} e^{-x^2} \, dx$

21. $\displaystyle\int_0^{0.1} \sqrt{1 + x^4} \, dx$ **22.** $\displaystyle\int_0^{1} \dfrac{1 - \cos x}{x^2} \, dx$

23. 적분 $\int_0^1 \cos t^2 \, dt$에서 $\cos t^2$을 $1 - \dfrac{t^4}{2} + \dfrac{t^8}{4!}$으로 근사화할 때 오차를 추정하라.

24. 적분 $\int_0^1 \cos \sqrt{t} \, dt$에서 $\cos \sqrt{t}$를 $1 - \dfrac{t}{2} + \dfrac{t^2}{4!} - \dfrac{t^3}{6!}$으로 근사화할 때 오차를 추정하라.

연습문제 25~28에서 주어진 구간에서 오차의 크기가 10^{-3}보다 작게 되도록 $F(x)$를 근사화하는 다항식을 구하라.

25. $F(x) = \displaystyle\int_0^x \sin t^2 \, dt$, $[0, 1]$

26. $F(x) = \displaystyle\int_0^x t^2 e^{-t^2} \, dt$, $[0, 1]$

27. $F(x) = \displaystyle\int_0^x \tan^{-1} t \, dt$,   **(a)** $[0, 0.5]$ **(b)** $[0, 1]$

28. $F(x) = \displaystyle\int_0^x \dfrac{\ln(1 + t)}{t} \, dt$,   **(a)** $[0, 0.5]$ **(b)** $[0, 1]$

부정형

연습문제 29~40에서 급수를 이용하여 극한값을 구하라.

29. $\displaystyle\lim_{x \to 0} \dfrac{e^x - (1 + x)}{x^2}$ **30.** $\displaystyle\lim_{x \to 0} \dfrac{e^x - e^{-x}}{x}$

31. $\displaystyle\lim_{t \to 0} \dfrac{1 - \cos t - (t^2/2)}{t^4}$ **32.** $\displaystyle\lim_{\theta \to 0} \dfrac{\sin \theta - \theta + (\theta^3/6)}{\theta^5}$

33. $\displaystyle\lim_{y \to 0} \dfrac{y - \tan^{-1} y}{y^3}$ **34.** $\displaystyle\lim_{y \to 0} \dfrac{\tan^{-1} y - \sin y}{y^3 \cos y}$

35. $\displaystyle\lim_{x \to \infty} x^2 \left(e^{-1/x^2} - 1\right)$ **36.** $\displaystyle\lim_{x \to \infty} (x + 1) \sin \dfrac{1}{x + 1}$

37. $\displaystyle\lim_{x \to 0} \dfrac{\ln(1 + x^2)}{1 - \cos x}$ **38.** $\displaystyle\lim_{x \to 2} \dfrac{x^2 - 4}{\ln(x - 1)}$

39. $\displaystyle\lim_{x \to 0} \dfrac{\sin 3x^2}{1 - \cos 2x}$ **40.** $\displaystyle\lim_{x \to 0} \dfrac{\ln(1 + x^3)}{x \cdot \sin x^2}$

표 8.1 이용하기

연습문제 41~52에서 표 8.1을 이용하여 급수의 합을 구하라.

41. $1 + 1 + \dfrac{1}{2!} + \dfrac{1}{3!} + \dfrac{1}{4!} + \cdots$

42. $\left(\dfrac{1}{4}\right)^3 + \left(\dfrac{1}{4}\right)^4 + \left(\dfrac{1}{4}\right)^5 + \left(\dfrac{1}{4}\right)^6 + \cdots$

43. $1 - \dfrac{3^2}{4^2 \cdot 2!} + \dfrac{3^4}{4^4 \cdot 4!} - \dfrac{3^6}{4^6 \cdot 6!} + \cdots$

44. $\dfrac{1}{2} - \dfrac{1}{2 \cdot 2^2} + \dfrac{1}{3 \cdot 2^3} - \dfrac{1}{4 \cdot 2^4} + \cdots$

45. $\dfrac{\pi}{3} - \dfrac{\pi^3}{3^3 \cdot 3!} + \dfrac{\pi^5}{3^5 \cdot 5!} - \dfrac{\pi^7}{3^7 \cdot 7!} + \cdots$

46. $\dfrac{2}{3} - \dfrac{2^3}{3^3 \cdot 3} + \dfrac{2^5}{3^5 \cdot 5} - \dfrac{2^7}{3^7 \cdot 7} + \cdots$

47. $x^3 + x^4 + x^5 + x^6 + \cdots$

48. $1 - \dfrac{3^2 x^2}{2!} + \dfrac{3^4 x^4}{4!} - \dfrac{3^6 x^6}{6!} + \cdots$

49. $x^3 - x^5 + x^7 - x^9 + x^{11} - \cdots$

50. $x^2 - 2x^3 + \dfrac{2^2 x^4}{2!} - \dfrac{2^3 x^5}{3!} + \dfrac{2^4 x^6}{4!} - \cdots$

51. $-1 + 2x - 3x^2 + 4x^3 - 5x^4 + \cdots$

52. $1 + \dfrac{x}{2} + \dfrac{x^2}{3} + \dfrac{x^3}{4} + \dfrac{x^4}{5} + \cdots$

이론과 예제

53. $\ln(1 - x)$의 급수를 구하기 위해 $\ln(1 + x)$의 테일러 급수에서 x를 $-x$로 치환하고 이것을 $\ln(1 + x)$의 테일러 급수로부터 빼서 $|x| < 1$일 때 다음을 증명하라.

$$\ln \dfrac{1 + x}{1 - x} = 2\left(x + \dfrac{x^3}{3} + \dfrac{x^5}{5} + \cdots\right)$$

54. $\ln(1.1)$을 오차의 크기가 10^{-8}보다 작게 되도록 계산하기 위해서 $\ln(1 + x)$의 테일러 급수의 몇 개의 항까지를 더해야 하는가? 그 이유를 설명하라.

55. 교대급수 추정정리를 사용하여 $\dfrac{\pi}{4}$와의 오차가 10^{-3}보다 작게 하려면 $\tan^{-1}$에 대한 테일러 급수를 몇 개 항까지 더해야 하는가?

56. $f(x) = \tan^{-1} x$의 테일러 급수는 $|x| > 1$에서 발산함을 보이라.

T 57. **π의 어림값** 오차의 크기가 10^{-6}보다 작게 되도록 다음 식의 우변을 계산하려면 $\tan^{-1} x$의 테일러 급수에서 얼마나 많은 항을 사용해야 하는가?

$$\pi = 48 \tan^{-1} \frac{1}{18} + 32 \tan^{-1} \frac{1}{57} - 20 \tan^{-1} \frac{1}{239}$$

이와 대조적으로 $\sum_{n=1}^{\infty}(1/n^2)$이 $\pi^2/6$으로 수렴하는 속도는 매우 느려서 50개의 항까지 조사하여도 정확히 알 수 없다.

58. 식 (1)에서 이항급수가 $(1+x)^m$으로 수렴함을 증명하기 위하여 다음 단계를 사용하라.

a. $f'(x) = \dfrac{mf(x)}{1+x}, \quad -1 < x < 1$

임을 보이기 위하여 다음 급수를 미분하라.

$$f(x) = 1 + \sum_{k=1}^{\infty} \binom{m}{k} x^k$$

b. $g(x) = (1+x)^{-m} f(x)$로 정의하고, $g'(x) = 0$임을 보이라.

c. (b)로부터 다음을 증명하라.
$$f(x) = (1+x)^m$$

59. a. $\sin^{-1} x$의 테일러 급수의 0이 아닌 처음 4개의 항을 이항급수와 다음 식을 이용하여 구하라.

$$\frac{d}{dx} \sin^{-1} x = (1-x^2)^{-1/2}$$

수렴 반지름은 얼마인가?

b. **$\cos^{-1} x$의 급수** (a)의 결과를 이용하여 $\cos^{-1} x$의 테일러 급수의 0이 아닌 처음 다섯 항을 구하라.

60. a. **$\sinh^{-1} x$의 급수** 다음 함수의 테일러 급수의 0이 아닌 처음 네 항을 구하라.

$$\sinh^{-1} x = \int_0^x \frac{dt}{\sqrt{1+t^2}}$$

T b. (a)의 급수에서 구한 처음 세 항을 이용하여 $\sinh^{-1} 0.25$를 어림 계산하라. 어림값의 오차의 상계를 구하라.

61. $-1/(1+x)$의 급수로부터 $1/(1+x)^2$의 테일러 급수를 구하라.

62. $1/(1-x^2)$의 테일러 급수를 이용하여 $2x/(1-x^2)^2$의 급수를 구하라.

T 63. **π의 어림값** 영국 수학자 왈리스(Wallis)는 공식

$$\frac{\pi}{4} = \frac{2 \cdot 4 \cdot 4 \cdot 6 \cdot 6 \cdot 8 \cdots}{3 \cdot 3 \cdot 5 \cdot 5 \cdot 7 \cdot 7 \cdots}$$

을 발견하였다. 이 공식에서 π를 소수점 2자리까지 구하라.

64. **제1종의 완전타원적분** 상수 $0 < k < 1$에 대해 다음 적분

$$K = \int_0^{\pi/2} \frac{d\theta}{\sqrt{1 - k^2 \sin^2 \theta}}$$

을 제1종의 완전타원적분이라고 한다.

a. $1/\sqrt{1-x}$에 대한 이항급수의 처음 네 항이 다음과 같음을 보이라.

$$(1-x)^{-1/2} = 1 + \frac{1}{2}x + \frac{1 \cdot 3}{2 \cdot 4}x^2 + \frac{1 \cdot 3 \cdot 5}{2 \cdot 4 \cdot 6}x^3 + \cdots$$

b. 앞의 (a)와 책의 뒷부분에 있는 적분공식표 67로부터 다음을 보이라.

$$K = \frac{\pi}{2}\left[1 + \left(\frac{1}{2}\right)^2 k^2 + \left(\frac{1 \cdot 3}{2 \cdot 4}\right)^2 k^4 + \left(\frac{1 \cdot 3 \cdot 5}{2 \cdot 4 \cdot 6}\right)^2 k^6 + \cdots \right]$$

65. **$\sin^{-1} x$에 대한 급수** $|x| < 1$에서 이항급수 $(1-x^2)^{-1/2}$를 적분하여 다음을 증명하라.

$$\sin^{-1} x = x + \sum_{n=1}^{\infty} \frac{1 \cdot 3 \cdot 5 \cdots (2n-1)}{2 \cdot 4 \cdot 6 \cdots (2n)} \frac{x^{2n+1}}{2n+1}$$

66. **$|x| > 1$에서 $\tan^{-1} x$의 급수** 다음 급수

$$\tan^{-1} x = \frac{\pi}{2} - \frac{1}{x} + \frac{1}{3x^3} - \frac{1}{5x^5} + \cdots, \quad x > 1$$

$$\tan^{-1} x = -\frac{\pi}{2} - \frac{1}{x} + \frac{1}{3x^3} - \frac{1}{5x^5} + \cdots, \quad x < -1$$

를 x부터 ∞까지와 $-\infty$부터 x까지를 각각 적분하여 다음 급수를 구하라.

$$\frac{1}{1+t^2} = \frac{1}{t^2} \cdot \frac{1}{1 + (1/t^2)} = \frac{1}{t^2} - \frac{1}{t^4} + \frac{1}{t^6} - \frac{1}{t^8} + \cdots$$

오일러의 항등식

67. 식 (4)를 이용하여 e의 지수승에 관한 다음의 표현을 $a + bi$ 꼴로 바꾸어 써라.

a. $e^{-i\pi}$ **b.** $e^{i\pi/4}$ **c.** $e^{-i\pi/2}$

68. 식 (4)를 이용하여 다음을 보이라.

$$\cos\theta = \frac{e^{i\theta} + e^{-i\theta}}{2}, \quad \sin\theta = \frac{e^{i\theta} - e^{-i\theta}}{2i}$$

69. $e^{i\theta}$와 $e^{-i\theta}$의 테일러 급수를 이용하여 연습문제 68의 식을 증명하라.

70. 다음을 보이라.

a. $\cosh i\theta = \cos\theta$ **b.** $\sinh i\theta = i\sin\theta$

71. e^x와 $\sin x$의 테일러 급수를 곱하여 $e^x \sin x$의 테일러 급수의 x^5까지의 항을 구하라. 이 급수는 다음 급수의 허수부이다.

$$e^x \cdot e^{ix} = e^{(1+i)x}$$

이 사실을 이용하여 답을 확인하라. 어떤 x에 대하여 $e^x \sin x$의 급수는 수렴하는가?

72. a, b가 실수일 때, $e^{(a+ib)x}$를 다음과 같이 정의할 수 있다.

$$e^{(a+ib)x} = e^{ax} \cdot e^{ibx} = e^{ax}(\cos bx + i\sin bx)$$

이 식의 우변을 미분하여 다음이 성립함을 보이라.

$$\frac{d}{dx}e^{(a+ib)x} = (a+ib)e^{(a+ib)x}$$

따라서 $(d/dx)e^{kx} = ke^{kx}$는 k가 실수일 때는 물론 복소수일 때도 성립한다.

73. $e^{i\theta}$의 정의를 이용하여 임의의 실수 θ, θ_1, θ_2에 대하여 다음이 성립함을 보이라.

a. $e^{i\theta_1}e^{i\theta_2} = e^{i(\theta_1 + \theta_2)}$ **b.** $e^{-i\theta} = 1/e^{i\theta}$

74. 2개의 복소수 $a + ib$, $c + id$가 같기 위한 필요충분조건은 $a = c$이고 $b = d$이다. 이 사실을 이용하여

$$\int e^{ax} \cos bx \, dx, \quad \int e^{ax} \sin bx \, dx$$

로부터

$$\int e^{(a+ib)x} \, dx = \frac{a - ib}{a^2 + b^2}e^{(a+ib)x} + C$$

의 값을 구하라. 단, $C = C_1 + iC_2$는 복소 적분상수이다.

8장 복습문제

1. 무한수열이 무엇인가? 어떤 수열이 수렴하거나 발산한다는 것은 무슨 의미인가? 예를 들라.

2. 단조증가함수란 무엇인가? 어떤 상황에서 이런 수열이 극한값을 가질 수 있는가? 예를 들라.

3. 극한을 계산하는 데 어떤 정리를 이용할 수 있는가? 예를 들라.

4. 어떤 정리를 쓰면 로피탈의 법칙이 수열의 극한을 구하는 데 도움이 되는가? 예를 들라.

5. 정리 5에서 소개한 수열과 급수를 다룰 때 자주 접하게 될 6개의 잘 알려진 극한은 무엇인가?

6. 무한급수란 무엇인가? 무한급수가 수렴한다거나 발산한다는 말의 의미는 무엇인가? 예를 들라.

7. 기하급수란 무엇인가? 기하급수는 언제 수렴하고, 발산하는가? 수렴한다면 그 합은 얼마인가? 예를 들라.

8. 기하급수 외에 또 다른 수렴하거나 발산하는 급수로는 무엇을 알고 있는가?

9. 발산에 대한 일반항 판정법이란 무엇인가? 이 판정법은 어떤 개념을 기반으로 하고 있는가?

10. 수렴하는 급수들의 항별 합과 차에 관해 어떻게 말할 수 있는가? 또, 수렴 또는 발산하는 수열과 상수배에 관해서는 어떠한가?

11. 수렴하는 (혹은 발산하는) 급수에 유한개의 항을 더한다면 어떻게 되겠는가? 또, 수렴하는 (혹은 발산하는) 급수에서 유한개의 항들을 뺀다면 어떻게 되겠는가?

12. 어떻게 수열의 번호를 다시 매길 수 있는가? 이것이 왜 필요한가?

13. 음이 아닌 수열의 합은 어떤 조건에서 수렴, 발산하는가? 음이 아닌 수열의 합을 공부해야 하는 이유는 무엇인가?

14. 적분판정법이 무엇인가? 또, 그 근거는 무엇인가? 그 사용의 예를 들라.

15. p급수가 수렴할 때와 발산할 때가 언제이며 그것을 어떻게 알 수 있는가? p급수의 수렴과 발산의 예를 들라.

16. 직접비교판정법과 극한비교판정법이 무엇인가? 이 판정법의 근거는 무엇인가? 그 사용의 예를 들라.

17. 비판정법과 근판정법은 무엇인가? 그것들은 수렴인지 발산인지를 알아보려 할 때 언제나 당신이 원하는 답을 주는가?

18. 절대수렴이 무엇인가? 조건수렴은 무엇인가? 두 가지는 어떻게 연관되어 있는가?

19. 교대급수는 무엇인가? 이런 급수의 수렴을 판정할 때 사용할 수 있는 판정법은 무엇인가?

20. 교대급수의 합을 이 급수의 부분합 중 하나와 근사시켰을 때 그 차이는 어떻게 될 것으로 추정되는가? 이 추정을 통해 무엇을 알 수 있는가?

21. 절대수렴하는 급수의 항들을 순서를 바꾸는 것은 어떤 의미가 있는가? 또, 조건수렴하는 급수의 항을 바꾸는 것은 어떠한가?

22. 거듭제곱급수는 무엇인가? 거듭제곱급수의 수렴 여부를 어떻게 판정할 수 있는가?

23. 다음에 관하여 기본적 사실들을 예를 들어 설명하라.
    a. 거듭제곱급수의 합, 차, 곱
    b. 거듭제곱급수에서 x를 함수로 치환
    c. 거듭제곱급수의 항별 미분
    d. 거듭제곱급수의 항별 적분

24. $x = a$에서 함수 $f(x)$의 테일러 급수는 어떻게 표현되는가? 이 급수를 구하기 위해서는 함수 f에 관한 어떤 정보가 필요한가? 예를 들라.

25. 매크로린 급수란 무엇인가?

26. 테일러 급수는 항상 원래의 함수에 수렴하는가?

27. 테일러 다항식이란 무엇인가? 이 다항식은 무슨 목적을 갖는가?

28. 테일러 공식이란 무엇인가? 테일러 다항식으로 어떤 함수에 근사하는 것에 관하여 이 공식은 무엇을 알려주는가? 특히 선형화시켰을 때의 오차에 관해 테일러 다항식은 어떤 점을 말해 주는가? 2차까지 근사했을 때는?

29. 이항급수란 무엇인가? 어떤 구간에서 수렴하는가? 어떻게 그것을 사용하는가?

30. 어려운 정적분의 값을 근사하기 위해 거듭제곱급수를 어떻게 사용하면 되겠는가?

31. $1/(1-x)$, $1/(1+x)$, e^x, $\sin x$, $\cos x$, $\ln(1+x)$, $\tan^{-1} x$의 테일러 급수는 무엇인가? 이들 급수를 그들의 부분합으로 대치했을 때, 나타나는 오차는 어떻게 추정할 것인가?

8장 종합문제

수열의 수렴 판정하기

종합문제 1~18에서 n번째 항이 다음과 같이 나타내어지는 수열은 수렴하는가? 발산하는가? 수렴하는 경우 극한을 구하라.

1. $a_n = 1 + \dfrac{(-1)^n}{n}$

2. $a_n = \dfrac{1 - (-1)^n}{\sqrt{n}}$

3. $a_n = \dfrac{1 - 2^n}{2^n}$

4. $a_n = 1 + (0.9)^n$

5. $a_n = \sin \dfrac{n\pi}{2}$

6. $a_n = \sin n\pi$

7. $a_n = \dfrac{\ln(n^2)}{n}$

8. $a_n = \dfrac{\ln(2n + 1)}{n}$

9. $a_n = \dfrac{n + \ln n}{n}$

10. $a_n = \dfrac{\ln(2n^3 + 1)}{n}$

11. $a_n = \left(\dfrac{n - 5}{n}\right)^n$

12. $a_n = \left(1 + \dfrac{1}{n}\right)^{-n}$

13. $a_n = \sqrt[n]{\dfrac{3^n}{n}}$

14. $a_n = \left(\dfrac{3}{n}\right)^{1/n}$

15. $a_n = n(2^{1/n} - 1)$

16. $a_n = \sqrt[n]{2n + 1}$

17. $a_n = \dfrac{(n + 1)!}{n!}$

18. $a_n = \dfrac{(-4)^n}{n!}$

수렴하는 급수

종합문제 19~24에서 급수의 합을 구하라.

19. $\displaystyle\sum_{n=3}^{\infty} \dfrac{1}{(2n - 3)(2n - 1)}$

20. $\displaystyle\sum_{n=2}^{\infty} \dfrac{-2}{n(n + 1)}$

21. $\displaystyle\sum_{n=1}^{\infty} \dfrac{9}{(3n - 1)(3n + 2)}$

22. $\displaystyle\sum_{n=3}^{\infty} \dfrac{-8}{(4n - 3)(4n + 1)}$

23. $\displaystyle\sum_{n=0}^{\infty} e^{-n}$

24. $\displaystyle\sum_{n=1}^{\infty} (-1)^n \dfrac{3}{4^n}$

급수의 수렴 판정하기

종합문제 25~44에서 급수는 절대수렴하는가? 조건수렴하는가? 아니면 발산하는가? 그 이유를 설명하라.

25. $\displaystyle\sum_{n=1}^{\infty} \dfrac{1}{\sqrt{n}}$

26. $\displaystyle\sum_{n=1}^{\infty} \dfrac{-5}{n}$

27. $\displaystyle\sum_{n=1}^{\infty} \dfrac{(-1)^n}{\sqrt{n}}$

28. $\displaystyle\sum_{n=1}^{\infty} \dfrac{1}{2n^3}$

29. $\displaystyle\sum_{n=1}^{\infty} \dfrac{(-1)^n}{\ln(n + 1)}$

30. $\displaystyle\sum_{n=2}^{\infty} \dfrac{1}{n(\ln n)^2}$

31. $\displaystyle\sum_{n=1}^{\infty} \dfrac{\ln n}{n^3}$

32. $\displaystyle\sum_{n=3}^{\infty} \dfrac{\ln n}{\ln(\ln n)}$

33. $\displaystyle\sum_{n=1}^{\infty} \dfrac{(-1)^n}{n\sqrt{n^2 + 1}}$

34. $\displaystyle\sum_{n=1}^{\infty} \dfrac{(-1)^n 3n^2}{n^3 + 1}$

35. $\displaystyle\sum_{n=1}^{\infty} \dfrac{n + 1}{n!}$

36. $\displaystyle\sum_{n=1}^{\infty} \dfrac{(-1)^n(n^2 + 1)}{2n^2 + n - 1}$

37. $\displaystyle\sum_{n=1}^{\infty} \dfrac{(-3)^n}{n!}$

38. $\displaystyle\sum_{n=1}^{\infty} \dfrac{2^n 3^n}{n^n}$

39. $\displaystyle\sum_{n=1}^{\infty} \dfrac{1}{\sqrt{n(n + 1)(n + 2)}}$

40. $\displaystyle\sum_{n=2}^{\infty} \dfrac{1}{n\sqrt{n^2 - 1}}$

41. $1 - \left(\dfrac{1}{\sqrt{3}}\right)^2 + \left(\dfrac{1}{\sqrt{3}}\right)^4 - \left(\dfrac{1}{\sqrt{3}}\right)^6 + \left(\dfrac{1}{\sqrt{3}}\right)^8 - \cdots$

42. $\displaystyle\sum_{n=0}^{\infty} \dfrac{(-1)^n}{e^{-n} + 1}$

43. $\displaystyle\sum_{n=0}^{\infty} \dfrac{1}{1 + r + r^2 + \cdots + r^n}$, for $-1 < r < 1$

44. $\displaystyle\sum_{n=1}^{\infty} \dfrac{(-1)^n}{\sqrt{n + 100} - \sqrt{n}}$

거듭제곱급수

종합문제 45~54에서 (a) 수렴 반지름과 수렴구간을 구하라. (b) 절대수렴하는 x의 값과 (c) 조건수렴하는 x의 값을 정하라.

45. $\displaystyle\sum_{n=1}^{\infty} \dfrac{(x + 4)^n}{n3^n}$

46. $\displaystyle\sum_{n=1}^{\infty} \dfrac{(x - 1)^{2n-2}}{(2n - 1)!}$

47. $\displaystyle\sum_{n=1}^{\infty} \dfrac{(-1)^{n-1}(3x - 1)^n}{n^2}$

48. $\displaystyle\sum_{n=0}^{\infty} \dfrac{(n + 1)(2x + 1)^n}{(2n + 1)2^n}$

49. $\displaystyle\sum_{n=1}^{\infty} \dfrac{x^n}{n^n}$

50. $\displaystyle\sum_{n=1}^{\infty} \dfrac{x^n}{\sqrt{n}}$

51. $\displaystyle\sum_{n=0}^{\infty} \dfrac{(n + 1)x^{2n-1}}{3^n}$

52. $\displaystyle\sum_{n=0}^{\infty} \dfrac{(-1)^n(x - 1)^{2n+1}}{2n + 1}$

53. $\displaystyle\sum_{n=1}^{\infty} (\operatorname{csch} n)x^n$

54. $\displaystyle\sum_{n=1}^{\infty} (\coth n)x^n$

매크로린 급수

종합문제 55~60에서 급수는 $x = 0$에서 어떤 함수 $f(x)$의 테일러 급수의 어느 점에서 값이다. 어떤 함수의 어느 점인가? 급수의 합은 얼마인가?

55. $1 - \dfrac{1}{4} + \dfrac{1}{16} - \cdots + (-1)^n \dfrac{1}{4^n} + \cdots$

56. $\dfrac{2}{3} - \dfrac{4}{18} + \dfrac{8}{81} - \cdots + (-1)^{n-1}\dfrac{2^n}{n3^n} + \cdots$

57. $\pi - \dfrac{\pi^3}{3!} + \dfrac{\pi^5}{5!} - \cdots + (-1)^n \dfrac{\pi^{2n+1}}{(2n + 1)!} + \cdots$

58. $1 - \dfrac{\pi^2}{9 \cdot 2!} + \dfrac{\pi^4}{81 \cdot 4!} - \cdots + (-1)^n \dfrac{\pi^{2n}}{3^{2n}(2n)!} + \cdots$

59. $1 + \ln 2 + \dfrac{(\ln 2)^2}{2!} + \cdots + \dfrac{(\ln 2)^n}{n!} + \cdots$

60. $\dfrac{1}{\sqrt{3}} - \dfrac{1}{9\sqrt{3}} + \dfrac{1}{45\sqrt{3}} - \cdots$
$+ (-1)^{n-1} \dfrac{1}{(2n - 1)(\sqrt{3})^{2n-1}} + \cdots$

종합문제 61~68에서 함수의 $x=0$에서 테일러 급수를 구하라.

61. $\dfrac{1}{1-2x}$

62. $\dfrac{1}{1+x^3}$

63. $\sin \pi x$

64. $\sin \dfrac{2x}{3}$

65. $\cos (x^{5/3})$

66. $\cos \dfrac{x^3}{\sqrt{5}}$

67. $e^{(\pi x/2)}$

68. e^{-x^2}

테일러 급수

종합문제 69~72에서 함수의 $x=a$에서 테일러 급수에서 0이 아닌 처음 4개 항을 구하라.

69. $x=-1$에서 $f(x)=\sqrt{3+x^2}$

70. $x=2$에서 $f(x)=1/(1-x)$

71. $x=3$에서 $f(x)=1/(x+1)$

72. $x=a>0$에서 $f(x)=1/x$

비초등함수의 적분

종합문제 73~76에서 급수를 사용하여 주어진 적분의 근삿값을 10^{-8} 보다 작은 오차범위 내에서 구하라.

73. $\displaystyle\int_0^{1/2} e^{-x^3}\,dx$

74. $\displaystyle\int_0^1 x\sin (x^3)\,dx$

75. $\displaystyle\int_0^{1/2} \dfrac{\tan^{-1}x}{x}\,dx$

76. $\displaystyle\int_0^{1/64} \dfrac{\tan^{-1}x}{\sqrt{x}}\,dx$

급수를 이용하여 극한 구하기

종합문제 77~82에서,

a. 거듭제곱급수를 사용하여 극한을 구하라.

$\boxed{\text{T}}$ **b.** 그래퍼를 이용하여 계산한 값을 확인하라.

77. $\displaystyle\lim_{x\to 0} \dfrac{7\sin x}{e^{2x}-1}$

78. $\displaystyle\lim_{\theta\to 0} \dfrac{e^{\theta}-e^{-\theta}-2\theta}{\theta-\sin\theta}$

79. $\displaystyle\lim_{t\to 0}\left(\dfrac{1}{2-2\cos t}-\dfrac{1}{t^2}\right)$

80. $\displaystyle\lim_{h\to 0} \dfrac{(\sin h)/h-\cos h}{h^2}$

81. $\displaystyle\lim_{z\to 0} \dfrac{1-\cos^2 z}{\ln(1-z)+\sin z}$

82. $\displaystyle\lim_{y\to 0} \dfrac{y^2}{\cos y-\cosh y}$

이론과 예제

83. $\sin 3x$의 급수 표현을 이용하여 다음 식에서 r와 s를 구하라.

$$\lim_{x\to 0}\left(\dfrac{\sin 3x}{x^3}+\dfrac{r}{x^2}+s\right)=0$$

$\boxed{\text{T}}$ **84.** $f(x)=\sin x-x$와 $g(x)=\sin x-(6x/(6+x^2))$의 그래프를 비교함으로써 근사화 $\sin x\approx x$와 $\sin x\approx 6x/(6+x^2)$의 정확도를 비교하라. 찾은 것을 기술하라.

85. 다음 급수의 수렴 반지름을 구하라.

$$\sum_{n=1}^{\infty} \dfrac{2\cdot 5\cdot 8\cdot\cdots\cdot(3n-1)}{2\cdot 4\cdot 6\cdot\cdots\cdot(2n)}x^n$$

86. 다음 급수의 수렴 반지름을 구하라.

$$\sum_{n=1}^{\infty} \dfrac{3\cdot 5\cdot 7\cdot\cdots\cdot(2n+1)}{4\cdot 9\cdot 14\cdot\cdots\cdot(5n-1)}(x-1)^n$$

87. $\displaystyle\sum_{n=2}^{\infty}\ln(1-(1/n^2))$의 n번째 부분합에 대한 닫힌 형식의 공식을 구하고, 급수의 수렴과 발산을 조사하라.

88. $\displaystyle\sum_{k=2}^{\infty}(1/(k^2-1))$의 n번째 부분합을 구하여 $n\to\infty$일 때의 값을 구하라.

89. **a.** 다음 급수가 수렴하게 하는 x값의 범위를 구하라.

$$y=1+\dfrac{1}{6}x^3+\dfrac{1}{180}x^6+\cdots$$
$$+\dfrac{1\cdot 4\cdot 7\cdots\cdot(3n-2)}{(3n)!}x^{3n}+\cdots$$

b. 위의 함수가 아래 형태의 미분방정식을 만족함을 보이고, a와 b의 값을 구하라.

$$\dfrac{d^2y}{dx^2}=x^a y+b$$

90. **a.** $x^2/(1+x)$의 매크로린 급수를 구하라.

b. 위 급수가 $x=1$에서 수렴하는지 설명하라.

91. $\displaystyle\sum_{n=1}^{\infty} a_n$과 $\displaystyle\sum_{n=1}^{\infty} b_n$이 음수가 아닌 수들로 이루어진 수렴하는 급수일 때, $\displaystyle\sum_{n=1}^{\infty} a_n b_n$에 대해서 설명할 수 있는가?

92. $\displaystyle\sum_{n=1}^{\infty} a_n$과 $\displaystyle\sum_{n=1}^{\infty} b_n$이 음수가 아닌 수들로 이루어진 발산하는 급수일 때, $\displaystyle\sum_{n=1}^{\infty} a_n b_n$에 대해서 설명할 수 있는가?

93. 수열 $\{x_n\}$과 급수 $\displaystyle\sum_{k=1}^{\infty} (x_{k+1}-x_k)$가 같이 수렴하거나 같이 발산함을 보이라.

94. 모든 n에 대하여 $a_n>0$이고, $\displaystyle\sum_{n=1}^{\infty} (a_n/(1+a_n))$이 수렴할 때, $\displaystyle\sum_{n=1}^{\infty} a_n$이 수렴함을 보이라.

95. $a_1, a_2, a_3, \cdots, a_n$이 양수이고 다음의 조건을 따른다고 하자.

i) $a_1\geq a_2\geq a_3\geq\cdots$,

ii) $a_2+a_4+a_8+a_{16}+\cdots$이 발산한다.

이때 $\dfrac{a_1}{1}+\dfrac{a_2}{2}+\dfrac{a_3}{3}+\cdots$이 발산함을 보이라.

96. 종합문제 95의 결과를 이용하여 다음 식이 발산함을 보이라.

$$1+\sum_{n=2}^{\infty}\dfrac{1}{n\ln n}$$

97. $a_n>0$이고 $\displaystyle\sum_{n=1}^{\infty} a_n$이 수렴할 때, $\displaystyle\sum_{n=1}^{\infty}\dfrac{\sqrt{a_n}}{n}$이 수렴함을 보이라.

98. 다음 급수 $\displaystyle\sum_{n=1}^{\infty} b_n$이 수렴하는지 발산하는지 판정하라.

a. $b_1=1, \quad b_{n+1}=(-1)^n \dfrac{n+1}{3n+2}b_n$

b. $b_1=3, \quad b_{n+1}=\dfrac{n}{\ln n}b_n$

99. $b_n>0$이고 $\displaystyle\sum_{n=1}^{\infty} b_n$이 수렴할 때, 다음 급수에 대해 무엇을 말할 수 있는가?

a. $\displaystyle\sum_{n=1}^{\infty}\tan (b_n)$

b. $\displaystyle\sum_{n=1}^{\infty}\ln (1+b_n)$

c. $\displaystyle\sum_{n=1}^{\infty} \ln (2 + b_n)$

100. c가 상수일 때, 수열 $\displaystyle\sum_{n=1}^{\infty} \frac{(-1)^n}{e^n + e^{cn}}$이 수렴한다고 하자. 급수의 처음 10개 항이 전체 급수의 합을 0.00001보다 작은 오차로 추정하기 위한 c의 범위를 구하라.

101. 다음 수열의 극한이 L이라 하자. L의 값을 구하라.

$$4^{1/3}, \ (4(4^{1/3}))^{1/3}, \ (4(4(4^{1/3}))^{1/3})^{1/3}, \ (4(4(4(4^{1/3}))^{1/3})^{1/3})^{1/3}, \ \cdots$$

102. 주어진 그림에서와 같이 색칠한 직각 삼각형들의 무한수열을 생각하자. 삼각형의 전체 넓이를 계산하라.

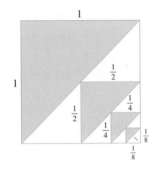

8장 보충·심화 문제

급수의 수렴 판정하기

보충·심화 문제 1~4에서 공식들에 의해 정의된 급수 $\displaystyle\sum_{n=1}^{\infty} a_n$ 중에서 어떤 것이 수렴하고 어떤 것이 발산하는가? 그 이유를 설명하라.

1. $\displaystyle\sum_{n=1}^{\infty} \frac{1}{(3n - 2)^{n+(1/2)}}$
   2. $\displaystyle\sum_{n=1}^{\infty} \frac{(\tan^{-1} n)^2}{n^2 + 1}$

3. $\displaystyle\sum_{n=1}^{\infty} (-1)^n \tanh n$
   4. $\displaystyle\sum_{n=2}^{\infty} \frac{\log_n (n!)}{n^3}$

보충·심화 문제 5~8에서 공식들에 의해 정의된 급수 $\displaystyle\sum_{n=1}^{\infty} a_n$ 중에서 어떤 것이 수렴하고 어떤 것이 발산하는가? 그 이유를 설명하라.

5. $a_1 = 1, \quad a_{n+1} = \dfrac{n(n + 1)}{(n + 2)(n + 3)} a_n$

  (힌트: 몇 개의 항을 써 보고 어떤 것이 약분 가능한지 확인 후 일반화하라.)

6. $a_1 = a_2 = 7, \quad a_{n+1} = \dfrac{n}{(n - 1)(n + 1)} a_n \quad (n \geq 2)$

7. $a_1 = a_2 = 1, \quad a_{n+1} = \dfrac{1}{1 + a_n} \quad (n \geq 2)$

8. n이 홀수일 때 $a_n = 1/3^n$, n이 짝수일 때 $a_n = n/3^n$

테일러 급수의 중심 정하기

테일러의 공식

$$f(x) = f(a) + f'(a)(x - a) + \frac{f''(a)}{2!}(x - a)^2 + \cdots$$
$$+ \frac{f^{(n)}(a)}{n!}(x - a)^n + \frac{f^{(n+1)}(c)}{(n + 1)!}(x - a)^{n+1}$$

은 $x = a$에서 f와 f''의 값으로부터 f를 나타낸다. 수치 계산을 할 때, 함수 f와 f의 도함수의 값을 아는 점 a가 필요하다. 또한, $(x - a)^{n+1}$을 무시할 수 있을 정도로 작게 만드는 함수 f의 값에 충분히 가까운 a값이 필요하다.

보충·심화 문제 9~14에서 주어진 값 x의 근방에서 함수를 나타내기 위해서 어떤 테일러 급수를 선택해야 하는가? (1개 이상의 정답이 있을 수 있다.) 선택한 급수 중 0이 아닌 처음 4개의 항을 쓰라.

9. $\cos x, \quad x = 1$
   10. $\sin x, \quad x = 6.3$

11. $e^x, \quad x = 0.4$
   12. $\ln x, \quad x = 1.3$

13. $\cos x, \quad x = 69$
   14. $\tan^{-1}x, \quad x = 2$

이론과 예제

15. a와 b를 $0 < a < b$를 만족하는 상수라 하자. 수열 $\{(a^n + b^n)^{1/n}\}$은 수렴하는가? 만일 수렴한다면 극한은 얼마인가?

16. 다음 무한급수의 합을 구하라.

$$1 + \frac{2}{10} + \frac{3}{10^2} + \frac{7}{10^3} + \frac{2}{10^4} + \frac{3}{10^5} + \frac{7}{10^6} + \frac{2}{10^7}$$
$$+ \frac{3}{10^8} + \frac{7}{10^9} + \cdots$$

17. 다음의 값을 구하라.

$$\sum_{n=0}^{\infty} \int_{n}^{n+1} \frac{1}{1 + x^2}\, dx.$$

18. 다음 급수가 항상 수렴하도록 하는 x값을 구하라.

$$\sum_{n=1}^{\infty} \frac{nx^n}{(n + 1)(2x + 1)^n}$$

T 19. a. 다음 식의 값이 a의 값에 의해 변하는가? 만일 그렇다면 어떻게 변하는가?

$$\lim_{n \to \infty} \left(1 - \frac{\cos (a/n)}{n}\right)^n, \quad (a\text{는 상수})$$

  b. 다음 식의 값이 b의 값에 의해 변하는가? 만일 그렇다면 어떻게 변하는가?

$$\lim_{n \to \infty} \left(1 - \frac{\cos (a/n)}{bn}\right)^n, \quad (a\text{와 } b\text{는 상수}, \ b \neq 0)$$

  c. 문제 (a), (b)에서 찾아낸 결과를 확인하기 위해 미적분학을 이용하라.

20. 만일 $\displaystyle\sum_{n=1}^{\infty} a_n$ 이 수렴하면 다음의 급수도 수렴함을 보이라.

$$\sum_{n=1}^{\infty} \left(\frac{1 + \sin (a_n)}{2}\right)^n$$

21. 다음 거듭제곱급수의 수렴 반지름이 5가 되기 위한 b의 값을 찾으라.

$$\sum_{n=2}^{\infty} \frac{b^n x^n}{\ln n}$$

22. $\sin x, \ln x, e^x$가 다항식이 아니라는 것을 어떻게 알 수 있는가?

근거를 말하라.

23. 다음 극한이 존재하도록 하는 a의 값을 구하고, 그 극한을 구하라.

$$\lim_{x \to 0} \frac{\sin(ax) - \sin x - x}{x^3}$$

24. 다음 식을 만족하도록 하는 a와 b의 값을 구하라.

$$\lim_{x \to 0} \frac{\cos(ax) - b}{2x^2} = -1$$

25. 라배(혹은 가우스) 판정법 증명 없이 언급되는 다음 판정법은 비판정법의 확장이다.

라배 판정법: 만일 $\sum_{n=1}^{\infty} u_n$이 양수들의 급수이고, 상수 C, K, N이 존재하여 $n \geq N$일 때 $|f(n)| < K$이고 다음 식

$$\frac{u_n}{u_{n+1}} = 1 + \frac{C}{n} + \frac{f(n)}{n^2}$$

을 만족하면, $\sum_{n=1}^{\infty} u_n$은 $C > 1$이면 수렴하고 $C \leq 1$이면 발산한다. 라배 판정법 결과가 급수 $\sum_{n=1}^{\infty}(1/n^2)$, $\sum_{n=1}^{\infty}(1/n)$에 대해서 알고 있는 것과 일치함을 보이라.

26. (보충 · 심화 문제 25의 계속) $\sum_{n=1}^{\infty} u_n$의 항들이 다음 공식에 의한 점화식으로 정의되었다고 하자. 라배 판정법을 적용하여 급수의 수렴 여부를 판정하라.

$$u_1 = 1, \quad u_{n+1} = \frac{(2n-1)^2}{(2n)(2n+1)} u_n$$

27. 만일 모든 n에 대하여 $a_n \neq 1$이고 $a_n > 0$이 성립할 때 $\sum_{n=1}^{\infty} a_n$이 수렴하면

a. $\sum_{n=1}^{\infty} a_n^2$이 수렴함을 보이라.

b. $\sum_{n=1}^{\infty} a_n/(1-a_n)$은 수렴하는가? 그 이유를 설명하라.

28. (보충 · 심화 문제 27의 계속) 만일 모든 n에 대하여 $\sum_{n=1}^{\infty} a_n$, $1 > a_n > 0$이 수렴하면 $\sum_{n=1}^{\infty} \ln(1-a_n)$이 수렴함을 보이라(**힌트**: 먼저 $|\ln(1-a_n)| \leq a_n/(1-a_n)$을 보이라).

29. 니콜 오래슴의 정리 다음을 증명하라.

$$1 + \frac{1}{2} \cdot 2 + \frac{1}{4} \cdot 3 + \cdots + \frac{n}{2^{n-1}} + \cdots = 4$$

(**힌트**: 식 $1/(1-x) = 1 + \sum_{n=1}^{\infty} x^n$의 양변을 미분하라.)

30. a. 항등식

$$\sum_{n=1}^{\infty} \frac{n(n+1)}{x^n} = \frac{2x^2}{(x-1)^3}$$

을 2번 미분하고, 그 결과에 x를 곱하고, 다음에 x를 $1/x$로 대치하여서 $|x| > 1$에 대해서

$$\sum_{n=1}^{\infty} x^{n+1} = \frac{x^2}{1-x}$$

이 됨을 보이라.

b. (a)의 식을 이용하여 다음 방정식의 1보다 큰 실근을 구하라.

$$x = \sum_{n=1}^{\infty} \frac{n(n+1)}{x^n}$$

31. 품질 관리

a. $1/(1-x)^2$의 급수를 구하기 위해 다음 급수를 미분하라.

$$\frac{1}{1-x} = 1 + x + x^2 + \cdots + x^n + \cdots$$

b. 2개의 주사위를 1번에 던지면 합이 7이 될 확률은 $p = 1/6$이다. 만일 주사위를 계속해서 던진다면 n번째에서 처음으로 합이 7이 될 확률은 $q^{n-1}p$이다(여기서, $q = 1-p = 5/6$). 7이 처음 나올 때까지 던지는 횟수의 기댓값은 $\sum_{n=1}^{\infty} nq^{n-1}p$이다. 이 급수의 합을 구하라.

c. 생산과정을 통계적으로 제어하는 엔지니어는 조립라인으로부터 무작위로 제품을 검사하여 각각의 견본품을 '좋음', '나쁨'으로 분류한다. 만일 한 제품이 '좋음'일 확률이 p이고, 한 제품이 '나쁨'일 확률이 $q = 1-p$이면, '나쁨'인 부품이 처음으로 n번째에서 발견될 확률이 $p^{n-1}q$이다. 나쁜 제품이 처음 나올 때까지 검사횟수의 평균값은 $\sum_{n=1}^{\infty} np^{n-1}q$이다. $0 < p < 1$일 때 이 합을 계산하라.

32. 기댓값 확률변수 X가 값 1, 2, 3, $\cdots$을 취할 확률이 p_1, p_2, p_3, $\cdots$이고 X가 k일 때의 확률을 p_k라고 하자. 또한, $p_k \geq 0$이고 $\sum_{k=1}^{\infty} p_k = 1$이라 하자. X의 **기댓값** $E(X)$는 수렴한다는 가정하에 $\sum_{k=1}^{\infty} kp_k$이다. 다음의 각각의 경우에 $\sum_{k=1}^{\infty} p_k = 1$임을 보이고 $E(X)$가 존재한다면 구하라(**힌트**: 보충 · 심화 문제 31).

a. $p_k = 2^{-k}$　　　　　**b.** $p_k = \frac{5^{k-1}}{6^k}$

c. $p_k = \frac{1}{k(k+1)} = \frac{1}{k} - \frac{1}{k+1}$

T 33. 안전하고 효과적인 투약 일회 복용한 약의 성분이 혈액 속에 남아 있는 농도는 시간에 따라 감소한다. 그러므로 농도가 일정 이하로 떨어지는 것을 막기 위해 일정한 주기로 반복 복용이 필요하다. 반복 복용의 효과를 알려주는 한 모델은 $(n+1)$번째 복용 전의 잔여농도 R_n을 다음과 같이 나타낸다.

$$R_n = C_0 e^{-kt_0} + C_0 e^{-2kt_0} + \cdots + C_0 e^{-nkt_0}$$

여기서, C_0: 일회 복용(mg/mL)에 의한 농도 변화, k: **제거상수**(h^{-1}), t_0: 복용 사이 시간(h))

다음 그림을 참조하라.

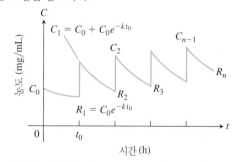

a. R_n을 분수 형태의 식으로 쓰고 $R = \lim_{x \to \infty} R_n$의 값을 구하라.

b. $C_0 = 1$ mg/mL, $k = 0.1\ h^{-1}$, $t_0 = 10$ h일 때 R_1, R_{10}을 구하라.

c. $k = 0.01\ h^{-1}$, $t_0 = 10$ h일 때 $R_n > (1/2)R$을 만족하는 가장 작은 n의 값을 구하라. $C_0 = 1$ mg/mL를 사용하라. (출처: *Prescribing Safe and Effective Dosage*, B. Horelick and S.

Koont, COMAP, Inc., Lexington, MA.)

34. 약 복용의 주기 (보충·심화 문제 33의 계속) 어떤 약의 농도가 농도 C_L 이하여서 비효율적이거나 농도 C_H 이상이어서 해로울 수 있다면 안전하면서도 효율적인(C_H 이상, C_L 이하) 농도를 유지하기 위해 C_0와 t_0의 값을 알 필요가 있다. $R = C_L$이고 $C_0 + R = C_H$일 때 C_0와 t_0의 값을 구한다고 하자.

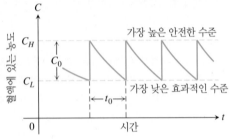

따라서 $C_0 = C_H - C_L$이다.

이러한 값들이 보충·심화 문제 33(a)에서 얻은 R에 대한 방정식으로 대체되면 다음 식을 얻을 수 있다.

$$t_0 = \frac{1}{k} \ln \frac{C_H}{C_L}$$

효율적인 수준에 빨리 도달하기 위해 농도 C_H mg/mL를 만들도록 마구 복용하도록 처방해야 할지 모른다. 매 t_0 시간마다 복용하면 농도는 $C_0 = C_H - C_L$만큼 올라감을 알 수 있다.

a. t_0에 대한 식을 유도하라.

b. $k = 0.05 \; h^{-1}$이고, 최대 안전농도가 최소 효율농도의 e배라고 할 때, 안전하면서 효율적인 농도가 보장되는 시간의 길이를 구하라.

c. $C_H = 2$ mg/mL, $C_L = 0.5$ mg/mL, $k = 0.02 \; h^{-1}$일 때 약 투여를 위한 계획을 세우라.

d. $k = 0.2 \; h^{-1}$, 최소 효율농도가 0.03 mg/mL라고 하자. 복용마다 농도 0.1 mg/mL을 올리도록 처방되었다. 약은 얼마나 오랫동안 효율적인가?

9 매개방정식과 극좌표

개요 이 장에서는 평면에서 곡선을 정의하는 새로운 방법에 대해 공부한다. 함수의 그래프나 식으로서 곡선을 생각하는 대신에, 어떤 입자가 움직일 때 시간에 따른 위치의 변화를 나타내는 경로로서 곡선을 생각한다. 그러면 입자의 위치에 대한 x, y 좌표가 각각 시간변수 t의 함수가 된다. 우리는 또한 평면에서의 점을 표현하는 방식도 바꾸어 줄 수 있는데, 직교좌표(또는 카테시안 좌표)가 아닌 **극좌표**(*polar coordinates*)를 사용하는 것이다. 이 두 가지는 행성, 위성, 또는 발사체 등 평면이나 공간상의 운동을 표현하는 데 유용한 새로운 방법이다.

9.1 평면곡선의 매개변수화

매개방정식

그림 9.1은 xy평면에서 움직이는 입자의 경로를 보여준다. 수직 방향이 포함된 경로는 기존 함수의 그래프로 표현하기 어려운 경우가 있다. 수직선은 변수 x의 함수의 그래프로 표현될 수 없기 때문이다. 하지만 우리는 종종 경로를 한 쌍의 연속함수 f와 g를 사용하여 식 $x = f(t)$와 $y = g(t)$로 나타낼 수 있다. 운동을 공부할 때, 변수 t는 항상 시간을 나타낸다. 이와 같은 식은 $y = f(x)$와 같이 표현하는 식보다 더 일반적인 곡선을 표현할 수 있으며, 경로의 추적뿐만 아니라 시간 t에서의 입자의 위치 $(x, y) = (f(t), g(t))$를 바로 알려준다.

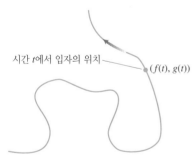

시간 t에서 입자의 위치 — $(f(t), g(t))$

그림 9.1 xy평면에서 곡선이나 입자가 움직이는 경로는 항상 함수의 그래프 또는 하나의 식으로 나타나는 것은 아니다.

> **정의** x와 y가 구간 I 내의 t에서 정의된 다음과 같은 함수
> $$x = f(t), \qquad y = g(t)$$
> 일 때, 이 식들로부터 정의된 점 $(x, y) = (f(t), g(t))$들의 집합이 **매개변수 곡선**(**parametric curve**)이다. 이 식을 곡선의 **매개방정식**(**parametric equations**)이라 한다.

변수 t를 곡선의 **매개변수**(**parameter**)라 하고, 정의역 I는 **매개구간**(**parameter interval**)이라 한다. 만일 구간 $I = [a, b]$가 닫힌 구간이면, 점 $(f(a), g(a))$를 곡선의 **시작점**(**initial point**), 점 $(f(b), g(b))$를 **끝점**(**terminal point**)이라 한다. 주어진 곡선에 대해서 매개방정식과 매개구간을 찾으면, 곡선이 **매개화되었다**(**parameterized**)라고 한다. 방정식과 구간이 함께 곡선의 **매개변수화**(**parameterization**)를 구성한다. 이때 동일한

곡선이라도 서로 다른 매개방정식들에 의해 표현될 수도 있다 (연습문제 29와 30 참조).

예제 1   다음 매개방정식에 의해 정의되는 곡선의 개형을 그리라.

$$x = \sin \pi t/2, \qquad y = t, \qquad 0 \le t \le 6$$

풀이   먼저 값들의 표를 작성하고(표 9.1), 그 점 (x, y)들을 따라서 부드러운 곡선을 그려 나간다(그림 9.2). 만일 곡선을 이동하는 입자의 경로로 생각한다면, 입자는 시각 $t = 0$에 시작점 $(0, 0)$에서 시작하여, 위로 구불구불한 경로로 올라가서 시각 $t = 6$에 끝점 $(0, 6)$에 도달한다. 그림 9.2에서 화살표는 이동하는 방향을 나타낸다.

표 9.1 t의 선택된 값들에 대한 $x = \sin \pi t/2$, $y = t$의 값들		
t	x	y
0	0	0
1	1	1
2	0	2
3	−1	3
4	0	4
5	1	5
6	0	6

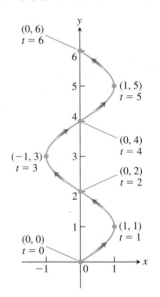

그림 9.2   매개방정식 $x = \sin \pi t/2$, $y = t$에 의해 정의되는 곡선(예제 1).

예제 2   다음 매개방정식에 의해 정의되는 곡선의 개형을 그리라.

$$x = t^2, \qquad y = t + 1, \qquad -\infty < t < \infty$$

풀이   먼저 값들의 표를 작성하고(표 9.2), 그 점 (x, y)들을 따라서 부드러운 곡선을 그려 나간다(그림 9.3). 곡선을 따라 화살표의 방향으로 이동하는 입자의 경로로서 곡선을 생각한다. 표에서는 시간 간격이 같을지라도, 곡선을 따라서 연속하는 점들을 연결하는 짧은 호의 길이들이 똑같지는 않다. 그 이유는 t가 증가할 때 곡선의 아래쪽을 따라 y축에

표 9.2 t의 선택된 값들에 대한 $x = t^2$, $y = t + 1$의 값들		
t	x	y
−3	9	−2
−2	4	−1
−1	1	0
0	0	1
1	1	2
2	4	3
3	9	4

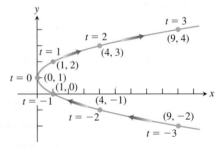

그림 9.3   매개방정식 $x = t^2$, $y = t + 1$에 의해 정의되는 곡선(예제 2).

가까워지면 입자가 천천히 움직이고, 점 (0, 1)에서 y축과 만난 후 곡선의 위쪽을 따라 움직일 때는 다시 빨라지기 때문이다. t의 범위가 모든 실수구간이기 때문에, 특별히 시작점과 끝점은 없다.

이 예제에서, 대수적인 연산을 통해 매개변수 t를 소거하고, x와 y만으로 표현되는 곡선의 대수방정식을 얻을 수 있다. $y = t + 1$을 t에 대해 풀어서 결과 식 $t = y - 1$을 얻은 후, 이를 x에 대한 식에 대입하면 다음 식을 얻는다.

$$x = t^2 = (y - 1)^2 = y^2 - 2y + 1$$

식 $x = y^2 - 2y + 1$은 그림 9.3에서 보는 것처럼 포물선을 나타낸다. 하지만 매개방정식으로부터 이렇게 매개변수를 소거하는 것이 종종 어렵거나 불가능할 수도 있다. ■

예제 3 매개변수 곡선의 그래프를 그리라.

(a) $x = \cos t,$ $y = \sin t,$ $0 \leq t \leq 2\pi$

(b) $x = a \cos t,$ $y = a \sin t,$ $0 \leq t \leq 2\pi$

풀이

(a) $x^2 + y^2 = \cos^2 t + \sin^2 t = 1$이므로, 매개변수 곡선은 원 $x^2 + y^2 = 1$ 위에 놓여 있다. t가 0부터 2π까지 증가할 때, 점 $(x, y) = (\cos t, \sin t)$는 점 (1, 0)에서 출발하여, 원 전체를 반시계방향으로 한 바퀴 돈다(그림 9.4).

(b) $x = a \cos t, y = a \sin t$는 $x^2 + y^2 = a^2 \cos^2 t + a^2 \sin^2 t = a^2$을 만족한다. 매개변수 곡선은 점 $(a, 0)$에서 출발하여 원 $x^2 + y^2 = a^2$을 반시계방향으로 한 바퀴 돌아 $t = 2\pi$에서 점 $(a, 0)$으로 마치는 움직임을 나타낸다. 그래프는 원점이 중심이고 반지름이 $r = |a|$인 원이다. 이 점들의 좌표는 $(a \cos t, a \sin t)$이다. ■

예제 4 xy평면에서 움직이는 입자의 위치 $P(x, y)$가 다음 매개방정식과 매개구간으로 주어졌을 때,

$$x = \sqrt{t}, \quad y = t, \quad t \geq 0$$

입자가 움직이는 경로를 확인하고 움직임을 나타내라.

풀이 매개방정식 $x = \sqrt{t}$와 $y = t$에서 t를 소거함으로써 경로를 확인하려고 한다. 이를 통해 x와 y 사이의 대수방정식을 얻을 수 있는데, 다음과 같다.

$$y = t = \left(\sqrt{t}\right)^2 = x^2$$

따라서 이 입자의 위치 좌표는 식 $y = x^2$을 만족한다. 즉, 이 입자는 포물선 $y = x^2$ 위를 움직인다.

하지만, 입자의 경로가 이 포물선 전체의 경로라고 결론을 내리는 것은 잘못이다. 왜냐하면 입자의 x좌표가 결코 음수가 나오지 않으므로, 포물선의 반쪽만 해당된다. $t = 0$일 때 원점을 출발하여 t가 증가할 때 1사분면을 따라 올라간다(그림 9.5). 매개구간이 $[0, \infty)$이므로 끝점은 존재하지 않는다. ■

모든 함수 $y = f(x)$의 그래프는 항상 자연스럽게 $x = t$와 $y = f(t)$로 매개화를 시킬 수 있다. 이 경우 매개변수의 정의역인 매개구간은 함수 f의 정의역과 같다.

예제 5 함수 $f(x) = x^2$의 그래프의 매개화시킨 결과는

$$x = t, \quad y = f(t) = t^2, \quad -\infty < t < \infty$$

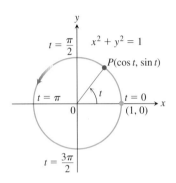

그림 9.4 식 $x = \cos t, y = \sin t$는 원 $x^2 + y^2 = 1$ 위에서 움직임을 나타낸다. t가 증가할 때 화살표 방향으로 움직인다(예제 3).

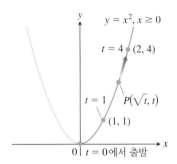

그림 9.5 매개방정식 $x = \sqrt{t}, y = t$와 매개구간 $t \geq 0$은 포물선 $y = x^2$의 오른쪽 반쪽을 따라 움직이는 입자의 경로이다(예제 4).

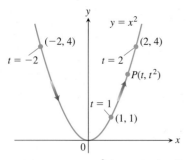

그림 9.6 $x = t$, $y = t^2$과 $-\infty < t < \infty$에 의해 정의된 경로는 포물선 $y = x^2$ 전체이다(예제 5).

이다. $t \geq 0$일 때, 매개화는 xy평면의 예제 4에서 보았던 것과 같은 경로이다. 하지만 여기서는 매개변수 t가 음수까지 포함하므로 왼쪽 반절도 포함하게 된다. 즉, 포물선 전체가 된다. 이 매개변수화의 구성에 의하면 시작점과 끝점이 존재하지 않는다(그림 9.6).

매개변수화는 또한 곡선을 따라 움직이는 입자가 지정된 곡선 위의 점을 언제 지나가는지를 알게 해준다. 예제 4에서는 점 (2, 4)를 $t = 4$에서 지나가며, 예제 5에서는 좀 더 빨리 $t = 2$에서 지나간다. 두 물체의 충돌할 가능성을 생각해야 하는 경우 이 매개변수화의 형태는 좋은 방법이 될 수 있다. 두 개의 각 매개변수의 서로 다른 값에서 위치 $P(x, y)$가 정확히 같아진다. 11장에서 운동을 공부할 때 이러한 매개변수화의 특징을 더 알아볼 것이다.

예제 6 점 (a, b)를 지나고 기울기가 m인 직선의 매개변수화를 구하라.

풀이 이 직선의 직교좌표 방정식은 $y - b = m(x - a)$이다. 여기서 매개변수 $t = x - a$라고 정의하면, $x = a + t$이고 또한 $y - b = mt$이다. 즉, 직선의 매개변수화는 다음과 같다.

$$x = a + t, \qquad y = b + mt, \qquad -\infty < t < \infty$$

예제 5에서 했던 것처럼 $t = x$라고 놓음으로써 자연스러운 매개변수화를 구성할 수 있다. 이 매개변수화는 표현되는 식이 다르지만 두 가지 모두 같은 직선에 대한 표현이다. ■

예제 7 다음 식으로 나타나는 점 $P(x, y)$를 따라 움직이는 경로를 확인하고 그려 보아라.

$$x = t + \frac{1}{t}, \qquad y = t - \frac{1}{t}, \qquad t > 0$$

표 9.3 t의 선택된 값들에 대한 $x = t + (1/t)$, $y = t - (1/t)$의 값들

t	$1/t$	x	y
0.1	10.0	10.1	-9.9
0.2	5.0	5.2	-4.8
0.4	2.5	2.9	-2.1
1.0	1.0	2.0	0.0
2.0	0.5	2.5	1.5
5.0	0.2	5.2	4.8
10.0	0.1	10.1	9.9

풀이 표 9.3에 값들의 표를 간단히 만들고 예제 1에서 했던 것처럼 그 점 (x, y)들을 부드럽게 연결하여 곡선을 그렸다. 이제 매개변수 t를 소거하자. 이는 예제 2에서보다 조금 더 복잡하다. 주어진 식으로부터 차 $x - y$를 구하면

$$x - y = \left(t + \frac{1}{t}\right) - \left(t - \frac{1}{t}\right) = \frac{2}{t}$$

또한, 합 $x + y$를 구하면

$$x + y = \left(t + \frac{1}{t}\right) + \left(t - \frac{1}{t}\right) = 2t$$

여기서 이 두 식을 곱하면 매개변수 t가 소거된 다음 식을 얻는다.

$$(x - y)(x + y) = \left(\frac{2}{t}\right)(2t) = 4$$

좌변의 항들을 곱하여 쌍곡선의 표준방정식을 얻는다 (9.6절에서 자세히 다룬다).

$$x^2 - y^2 = 4 \tag{1}$$

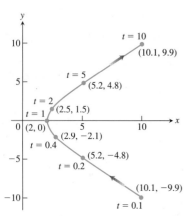

그림 9.7 매개방정식 $x = t + (1/t)$, $y = t - (1/t)$, $t > 0$로 주어진 곡선(예제 7). (매개구간 $0.1 \leq t \leq 10$에 대한 부분만 보여준다.)

그러므로 매개방정식에 의해 표현된 모든 점 $P(x, y)$의 좌표는 식 (1)을 만족한다. 하지만, 식 (1)은 x좌표가 양수임을 나타내지 못한다. 따라서 쌍곡선 위의 점들 중에는 식 $x = t + (1/t)$, $t > 0$을 만족하지 못하는 점들이 존재한다. 실제로, 매개방정식은 식 (1)에서 주어진 쌍곡선의 $x < 0$인 왼쪽 곡선의 어떤 점도 만족하지 않는다. t가 아주 작은 양수 값일 때, 점 P는 4사분면에 놓여 있으며, t가 증가하면, $t = 1$일 때 x축 위를 지나서 계속 제1사분면으로 올라간다(그림 9.7). 매개구간은 $(0, \infty)$이고 경로의 시작점과 끝점은 존재하지 않는다. ■

예제 4, 5와 6은 주어진 곡선, 또는 그의 일부분, 서로 다른 매개변수화에 의해 표현될 수 있음을 설명한다. 예제 7의 경우는 쌍곡선의 오른쪽 분지를 다음과 같은 매개변수화

$$x = \sqrt{4 + t^2}, \qquad y = t, \qquad -\infty < t < \infty$$

에 의해 나타낼 수도 있다. 이 식은 식 (1)을 y를 매개변수로 놓고 $x \geq 0$에 대해서 풀어서 구한 식이다. 물론 이에 대한 또 다른 매개변수화를 얻을 수도 있다.

$$x = 2 \sec t, \qquad y = 2 \tan t, \qquad -\frac{\pi}{2} < t < \frac{\pi}{2}$$

이 식은 삼각항등식 $\sec^2 t - \tan^2 t = 1$로부터 다음과 같이 보일 수 있다.

$$x^2 - y^2 = 4 \sec^2 t - 4 \tan^2 t = 4(\sec^2 t - \tan^2 t) = 4$$

t가 $-\pi/2$부터 $\pi/2$까지 움직일 때, $x = \sec t$는 양수로 남아 있고 $y = \tan t$는 $-\infty$부터 ∞까지 움직인다. 따라서 점 P는 쌍곡선의 오른쪽 곡선을 지나간다. $t \to 0^-$일 때, 점들은 오른쪽 곡선의 아래 반쪽을 따라 움직이며, $t = 0$일 때, 점 $(2, 0)$을 지나고, t가 $\pi/2$까지 쭉 증가하면 1사분면을 따라 쭉 움직인다. 이는 그림 9.7에서 보여준 쌍곡선 오른쪽 곡선과 같다.

사이클로이드

원호 위에서 움직이는 추시계의 성질 중 하나는 진동수는 진폭의 크기에 종속된다는 것이다. 진폭이 넓을수록 추가 중심(가장 낮은 위치)으로 오는 데 더 많은 시간이 걸린다.

만일 추가 **사이클로이드**(cycloid)에서 움직인다면 이런 현상은 발생하지 않는다. 1673년 크리스티안 호이겐스(Christiaan Huygens)는 예제 8에서 정의된 사이클로이드에서 추가 움직이는 시계를 설계하였다. 그는 중심으로부터 추가 운동할 때 추가 위로 끌어당기도록 하는 경계로 막혀져 있는 가는 철사에 추를 매달았다(그림 9.8). 다음 예제에서 추의 경로를 매개화하여 나타내었다.

예제 8 수평으로 곧은 직선을 따라 반지름이 a인 바퀴를 굴린다. 바퀴의 한 점 P의 자취를 나타내는 호의 매개방정식을 구하라. 이 호를 **사이클로이드(cycloid)**라 한다.

풀이 직선을 x축이라 하고 바퀴 위에 한 점 P를 표시한 다음 P가 원점에 있는 상태에서 시작하여 바퀴를 오른쪽으로 굴린다. 바퀴가 돌아간 각을 라디안으로 측정하여 매개변수 t로 사용한다. 그림 9.9는 바퀴가 잠깐 동안 회전하였을 때 바퀴와 지면이 닿은 점은 원점으로부터 거리가 at가 됨을 보여주고 있다. 바퀴의 중심 C는 (at, a)가 되고 P의 좌표는

$$x = at + a \cos \theta, \qquad y = a + a \sin \theta$$

θ를 t 성분으로 표현하기 위하여 그림에서 $t + \theta = 3\pi/2$가 됨을 알 수 있다. 따라서

$$\theta = \frac{3\pi}{2} - t$$

이로부터

$$\cos \theta = \cos \left(\frac{3\pi}{2} - t \right) = -\sin t, \qquad \sin \theta = \sin \left(\frac{3\pi}{2} - t \right) = -\cos t$$

우리가 구하는 방정식은 다음과 같다.

$$x = at - a \sin t, \qquad y = a - a \cos t$$

이 방정식을 a를 공통인수로 하여 인수분해하면

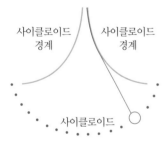

역사적 인물
호이겐스(Christiaan Hugens, 1629~1695)

사이클로이드 경계   사이클로이드 경계

사이클로이드

그림 9.8 호이겐스의 진자시계에서는 시계추가 사이클로이드로 움직이므로 진동수는 진폭에 무관하다.

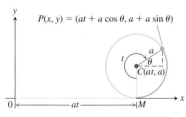

$P(x, y) = (at + a \cos \theta, a + a \sin \theta)$

$C(at, a)$

그림 9.9 각이 t일 때 구르는 바퀴 위의 점 $P(x, y)$ (예제 8)

$$x = a(t - \sin t), \qquad y = a(1 - \cos t) \tag{2}$$

이다. 그림 9.10은 사이클로이드의 첫 번째 호와 그 다음 호를 보여주고 있다. ■

브라키스토크론과 토우토크론

그림 9.10 $t \geq 0$일 때 사이클로이드
$x = a(t - \sin t), y = a(1 - \cos t)$

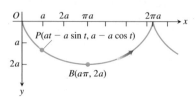

그림 9.11 그림 9.10을 거꾸로 뒤집는다. y축의 좌표가 중력 방향을 나타내기 위해 아래로 향한다. 이 곡선의 매개방정식은 여전히 식 (2)에 의해 표현된다.

그림 9.10의 위쪽 부분을 아래로 뒤집어 식 (2)가 계속 적용되어 나타난 곡선(그림 9.11)은 두 가지의 흥미 있는 물리적 성질을 가지고 있다. 첫 번째 성질은 원점 O와 첫 번째 호의 바닥에 있는 점 B의 관계이다. 이 두 점을 연결하는 미분가능한 모든 곡선 중에서 사이클로이드는 중력에 의한 힘만 작용한다고 가정하면 마찰력이 없는 구슬이 O로부터 B까지 가장 빨리 도달할 수 있는 곡선이다. 따라서 사이클로이드를 **브라키스토크론**(brachistochrones; "brah-*kiss*-toe-krone") 또는 최단강하곡선이라 하고, 이 점들에 대한 가장 짧은 시간의 곡선이라 한다. 두 번째 성질은 곡선의 어느 부분에서 구슬을 출발시켜도 B에 도달하는 시간은 같게 된다는 것이다. 따라서 사이클로이드를 **토우토크론**(tautochrones; "*taw*-toe-krone") 또는 O와 B에 대한 등시 곡선이라 한다.

O와 B를 연결하는 다른 브라키스토크론이 존재하는가? 아니면 사이클로이드뿐인가? 우리는 다음과 같이 수학적인 질문으로 수식화할 수 있다. 출발할 때 구슬에 대한 운동에너지는 0이다. 왜냐하면 속도(속력)가 0이기 때문이다. 구슬이 중력에 의하여 $(0, 0)$으로부터 평면상의 (x, y)점으로 움직인 일은 mgy이다. 그리고 이것은 운동에너지의 변화량과 같다(5.5절 연습문제 25 참조). 즉,

$$mgy = \frac{1}{2}mv^2 - \frac{1}{2}m(0)^2$$

따라서 구슬이 (x, y)에 도착할 때 구슬의 속도는

$$v = \sqrt{2gy}$$

즉,

$$\frac{ds}{dT} = \sqrt{2gy} \qquad \text{\textit{ds}는 구슬이 지나간 호의 길이 미분 \\ \textit{T}는 시간}$$

또는,

$$dT = \frac{ds}{\sqrt{2gy}} = \frac{\sqrt{1 + (dy/dx)^2}\, dx}{\sqrt{2gy}} \tag{3}$$

특별한 곡선 $y = f(x)$를 따라 O로부터 $B(a\pi, 2a)$로 구슬이 이동한 시간을 T_f라 하자.

$$T_f = \int_{x=0}^{x=a\pi} \sqrt{\frac{1 + (dy/dx)^2}{2gy}}\, dx \tag{4}$$

이 적분의 값을 최소화하는 $y = f(x)$는 어떤 곡선일까?

우선 살펴본다면 O와 B를 연결하는 직선이 가장 짧은 시간이 되리라 추측할 수 있다. 그러나 그렇지 않다. 구슬을 처음에는 수직으로 떨어뜨리면 속도가 더 **빠르게** 증가하기 때문에 어느 정도 이익이 있을 것이다. 속도가 빠르기 때문에 구슬이 B점에 먼저 도달하기 위하여 움직이는 거리를 더 많이 필요로 한다. 이것이 정말로 옳은 생각이다. **변분법**(calculus of variation)이라고 알려진 수학 분야의 연구의 결과에 의하면 원점 O로부터 B까지의 원래의 사이클로이드가 O와 B에 대한 유일한 브라키스토크론이라고 알려져 있다(그림 9.12).

다음 절에서 우리는 매개변수 곡선에 대하여 호의 길이 미분 ds가 어떻게 구해지는

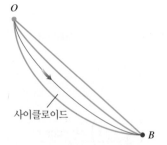

그림 9.12 사이클로이드는 마찰력 없는 구슬이 점 O로부터 B까지 내려오는 데 걸리는 시간을 최소가 되게 하는 유일한 곡선이다.

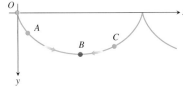

그림 9.13 구슬이 동시에 사이클로이드 위의 점 O, A와 C를 출발하여 동시에 B에 도착한다.

지를 공부할 것이다. ds를 어떻게 구하는가를 안다면, 사이클로이드에 대해 식 (4)의 우변에서 주어진 시간을 계산할 수 있다. 이 계산으로부터 마찰력 없는 구슬이 점 O를 출발하여 사이클로이드를 따라서 B까지 내려오는 데 걸리는 시간의 양을 알 수 있다. 사이클로이드를 정의하는 바퀴의 반지름이 a일 때, 걸리는 시간은 $\pi\sqrt{a/g}$이다. 더 나아가, 만약 구슬이 사이클로이드의 다른 낮은 점, 다시 말해 매개변수의 $t_0 > 0$에 해당하는 점에서 출발한다고 하면, 구슬이 B까지 내려오는 데 걸리는 시간을 구하기 위해서 식 (3)의 $ds/\sqrt{2gy}$의 매개변수 형태를 구간 $[t_0, p]$에서 적분하여야 한다. 이렇게 구한 계산도 마찬가지로 $T = \pi\sqrt{a/g}$이다. 이는 구슬이 출발하는 위치에 관계없이 B에 도달하는 시간이 동일하게 소요됨을 보여주고 있다. 예를 들어, 그림 9.13과 같이 동시에 O, A와 C에서 구슬이 출발한다고 하여도 동일한 시간에 B에 도착할 것이다. 이것은 그림 9.8의 호이겐스 진자시계가 흔들리는 추의 진폭과 무관하다는 이유가 된다.

연습문제 9.1

매개방정식으로부터 직교방정식 구하기

연습문제 1~18에서 xy평면에서 입자의 움직임에 대한 매개방정식과 매개구간이 주어졌다. 이에 대한 직교방정식을 구하고 입자의 경로를 확인하라. 직교방정식의 그래프를 그려라. 입자가 움직이는 그래프의 부분과 방향을 조사하라.

1. $x = 3t$, $y = 9t^2$, $-\infty < t < \infty$
2. $x = -\sqrt{t}$, $y = t$, $t \geq 0$
3. $x = 2t - 5$, $y = 4t - 7$, $-\infty < t < \infty$
4. $x = 3 - 3t$, $y = 2t$, $0 \leq t \leq 1$
5. $x = \cos 2t$, $y = \sin 2t$, $0 \leq t \leq \pi$
6. $x = \cos(\pi - t)$, $y = \sin(\pi - t)$, $0 \leq t \leq \pi$
7. $x = 4\cos t$, $y = 2\sin t$, $0 \leq t \leq 2\pi$
8. $x = 4\sin t$, $y = 5\cos t$, $0 \leq t \leq 2\pi$
9. $x = \sin t$, $y = \cos 2t$, $-\dfrac{\pi}{2} \leq t \leq \dfrac{\pi}{2}$
10. $x = 1 + \sin t$, $y = \cos t - 2$, $0 \leq t \leq \pi$
11. $x = t^2$, $y = t^6 - 2t^4$, $-\infty < t < \infty$
12. $x = \dfrac{t}{t-1}$, $y = \dfrac{t-2}{t+1}$, $-1 < t < 1$
13. $x = t$, $y = \sqrt{1 - t^2}$, $-1 \leq t \leq 0$
14. $x = \sqrt{t+1}$, $y = \sqrt{t}$, $t \geq 0$
15. $x = \sec^2 t - 1$, $y = \tan t$, $-\pi/2 < t < \pi/2$
16. $x = -\sec t$, $y = \tan t$, $-\pi/2 < t < \pi/2$
17. $x = -\cosh t$, $y = \sinh t$, $-\infty < t < \infty$
18. $x = 2\sinh t$, $y = 2\cosh t$, $-\infty < t < \infty$

연습문제 19~24에서 각 매개방정식에 해당하는 매개변수 곡선을 A~F 중에서 짝지으라.

19. $x = 1 - \sin t$, $y = 1 + \cos t$
20. $x = \cos t$, $y = 2\sin t$
21. $x = \dfrac{1}{4}t\cos t$, $y = \dfrac{1}{4}t\sin t$
22. $x = \sqrt{t}$, $y = \sqrt{t}\cos t$
23. $x = \ln t$, $y = 3e^{-t/2}$
24. $x = \cos t$, $y = \sin 3t$

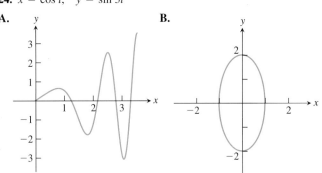

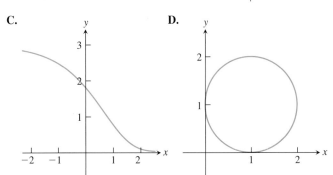

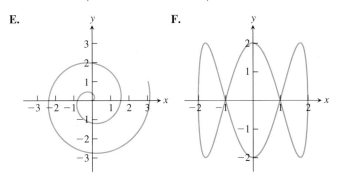

연습문제 25~28에서 주어진 $x=f(t)$, $y=g(t)$의 그래프를 사용하여 각 그래프에 해당하는 xy평면에서의 매개변수 곡선을 그리라.

25.

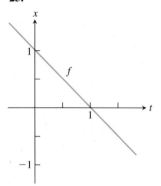

26.

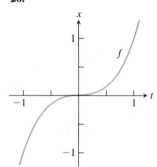

27.

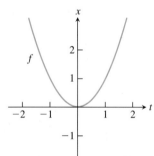

28.

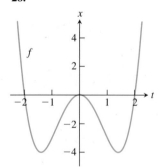

매개방정식 구하기

29. 점 $(a, 0)$에서 출발하여 원 $x^2+y^2=a^2$을 따라 움직이는 입자의 운동에 대한 매개방정식과 매개구간을 구하라.

    a. 시계방향으로 한 바퀴   **b.** 반시계방향으로 한 바퀴

    c. 시계 방향으로 두 바퀴   **d.** 반시계방향으로 두 바퀴

(이에 대한 답은 여러 가지이다. 책의 뒤에 나온 답과 같지 않을 수 있다.)

30. 점 $(a, 0)$에서 출발하여 타원 $(x^2/a^2)+(y^2/b^2)=1$을 따라 움직이는 입자의 운동에 대한 매개방정식과 매개구간을 구하라.

    a. 시계방향으로 한 바퀴   **b.** 반시계방향으로 한 바퀴

    c. 시계방향으로 두 바퀴   **d.** 반시계방향으로 두 바퀴

(연습문제 29와 같이 정답이 여러가지 있을 수 있다.)

연습문제 31~36에서 곡선을 매개변수화하라.

31. 양 끝점이 $(-1, -3)$과 $(4, 1)$인 선분

32. 양 끝점이 $(-1, 3)$과 $(3, -2)$인 선분

33. 포물선 $x-1=y^2$의 아래 반쪽

34. 포물선 $y=x^2+2x$의 왼쪽 반쪽

35. 시작점이 $(2, 3)$이고 점 $(-1, -1)$을 지나는 반 직선

36. 시작점이 $(-1, 2)$이고 점 $(0, 0)$을 지나는 반 직선

37. 점 $(2, 0)$에서 출발하여 원 $x^2+y^2=4$의 위쪽 반원을 따라 네 번 움직이는 입자의 운동에 대한 매개방정식과 매개구간을 구하라.

38. 포물선 $y=x^2$을 따라 다음과 같이 움직이는 입자의 운동에 대한 매개방정식과 매개구간을 구하라.

    점 $(0, 0)$에서 시작하여 점 $(3, 9)$까지 움직이고, 다시 점 $(3, 9)$와 점 $(-3, 9)$ 사이를 무한히 반복하는 운동

39. 다음 반원에 대하여, 점 (x, y)에서 접선의 기울기 $t=dy/dx$를 매개변수로 하는 매개방정식을 구하라.

$$x^2+y^2=a^2, \quad y>0$$

40. 다음 원에 대하여, 점 $(a, 0)$부터 반시계방향으로 점 (x, y)까지 잰 호의 길이 s를 매개변수로 하는 매개방정식을 구하라.

$$x^2+y^2=a^2$$

41. 점 $(0, 2)$와 점 $(4, 0)$을 연결하는 직선을 그림에서 주어진 각 θ를 매개변수로 매개변수화하라.

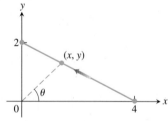

42. 점 $(0, 0)$을 끝점으로 하는 곡선 $y=\sqrt{x}$를 그림에서 주어진 각 θ를 매개변수로 매개변수화하라.

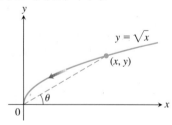

43. 점 $(1, 0)$을 시작점으로 시계방향으로 한 바퀴 움직이는 원 $(x-2)^2+y^2=1$을 그림에서 주어진 중심각 θ를 매개변수로 매개변수화하라.

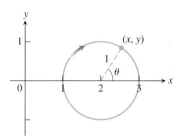

44. 점 $(1, 0)$을 시작점으로 반시계방향으로 점 $(0, 1)$까지 움직이는 원 $x^2+y^2=1$을 그림에서 주어진 각 θ를 매개변수로 매개변수화하라.

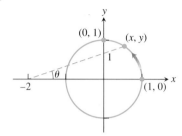

45. 마리아 아그네스의 마녀 종모양인 마리아 아그네스의 마녀는 다음과 같이 만들어진다. 아래 그림처럼 중심이 $(0, 1)$이고 반지름이 1인 원을 시작으로, 직선 $y=2$ 위에 점 A를 잡고 원점과 연결하는 선분을 그린다. 선분이 원과 만나는 점을 B라 한다. 점 A를 지나는 수직선과 점 B를 지나는 수평선이 만나는 점을 P라 하자. 점 A가 직선 $y=2$ 위를 움직일 때, 점 P가 그리는 곡선을 마녀라고 한다. 점 P의 좌표를 선분 OA와 양의 x축이 이루는 각 t(라디안)에 의해 나타냄으로써 매개방정식과 매개구간을 구하라. 다음 식들을 이용하라.

a. $x = AQ$ **b.** $y = 2 - AB \sin t$

c. $AB \cdot OA = (AQ)^2$

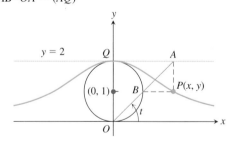

46. 하이포사이클로이드 고정된 원의 내부 안에서 원을 회전할 때, 회전하는 원의 원주 위에 있는 점 P는 **하이포사이클로이드**(hypocycloids)를 그린다. 고정된 원을 $x^2+y^2=a^2$이라 하고, 회전하는 원의 반지름을 b라 하고, 움직이는 점 P의 처음 위치를 $A(a, 0)$이라 하자. 양의 x축으로부터 원의 중심들을 포함하는 직선까지의 각 h를 매개변수로 사용하여 하이포사이클로이드의 매개방정식을 구하라. 특히, 아래의 그림처럼 $b=a/4$이면 하이포사이클로이드가 별모양 $x=a \cos^3 \theta$, $y=a \sin^3 \theta$임을 보이라.

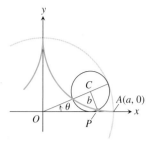

47. 아래의 그림에서 점 N은 직선 $y=a$를 따라 움직이며, P는 $OP=MN$이 되도록 움직인다. 양의 y축과 직선 ON이 만드는 각 t를 매개변수로 하는 P의 좌표에 대한 방정식을 구하라.

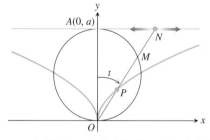

48. 트로코이드 반지름이 a인 바퀴가 미끄러짐 없이 수평선을 따라 회전한다. 바퀴의 중심으로부터 b만큼 떨어진 바퀴살 위의 점 P에 의해 그려지는 곡선의 매개방정식을 구하라. 바퀴의 회전각 θ를 매개변수로 하라. 이 곡선을 **트로코이드**(trochoids)라 하고, $b=a$일 때 이것은 사이클로이드가 된다.

매개방정식에서의 거리

49. 점 $\left(2, \dfrac{1}{2}\right)$과 가장 가까운 포물선 $x=t$, $y=t^2$, $-\infty < t < \infty$ 위의 점을 구하라(**힌트:** 거리를 t의 함수로 나타내고 제곱을 최소화하라).

50. 점 $\left(\dfrac{3}{4}, 0\right)$과 가장 가까운 타원 $x=2 \cos t$, $y=\sin t$, $0 \le t \le 2\pi$ 위의 점을 구하라(**힌트:** t의 함수로 거리의 제곱을 최소화하라).

T **그래퍼 탐구**

연습문제 51~58에서 만약 매개방정식 그래퍼를 가지고 있다면 주어진 구간에서 다음 방정식의 그래프를 그리라.

51. 타원 $x=4 \cos t$, $y=2 \sin t$

a. $0 \le t \le 2\pi$

b. $0 \le t \le \pi$

c. $-\pi/2 \le t \le \pi/2$

52. 쌍곡선 분지 $x=\sec t$($1/\cos t$로 입력), $y=\tan t$($\sin t/\cos t$로 입력)

a. $-1.5 \le t \le 1.5$

b. $-0.5 \le t \le 0.5$

c. $-0.1 \le t \le 0.1$

53. 포물선 $x=2t+3$, $y=t^2-1$, $-2 \le t \le 2$

54. 사이클로이드 $x=t-\sin t$, $y=1-\cos t$

a. $0 \le t \le 2\pi$

b. $0 \le t \le 4\pi$

c. $\pi \le t \le 3\pi$

55. 삼각주형

$x = 2 \cos t + \cos 2t$, $y = 2 \sin t - \sin 2t$; $0 \le t \le 2\pi$

x와 y에 대한 방정식에서 2 대신에 -2를 대입하면 어떻게 되는가? 새로운 방정식을 구하고 그래프를 그리라.

56. 아름다운 곡선

$x = 3 \cos t + \cos 3t$, $y = 3 \sin t - \sin 3t$; $0 \le t \le 2\pi$

x와 y에 대한 방정식에서 3 대신에 -3을 대입하면 어떻게 되는가? 새로운 방정식을 구하고 그래프를 그리라.

57. a. 에피사이클로이드:

$x = 9 \cos t - \cos 9t$, $y = 9 \sin t - \sin 9t$; $0 \le t \le 2\pi$

b. 하이포사이클로이드:

$x = 8 \cos t + 2 \cos 4t$, $y = 8 \sin t - 2 \sin 4t$; $0 \le t \le 2\pi$

c. 하이포트로이드:

$x = \cos t + 5 \cos 3t$, $y = 6 \cos t - 5 \sin 3t$; $0 \le t \le 2\pi$

58. a. $x = 6 \cos t + 5 \cos 3t$, $y = 6 \sin t - 5 \sin 3t$;
$0 \le t \le 2\pi$

b. $x = 6 \cos 2t + 5 \cos 6t$, $y = 6 \sin 2t - 5 \sin 6t$;
$0 \le t \le \pi$

c. $x = 6 \cos t + 5 \cos 3t$, $y = 6 \sin 2t - 5 \sin 3t$;
$0 \le t \le 2\pi$

d. $x = 6 \cos 2t + 5 \cos 6t$, $y = 6 \sin 4t - 5 \sin 6t$;
$0 \le t \le \pi$

9.2 매개곡선의 미적분

이 절에서는 매개곡선에 미적분을 적용한다. 특히, 매개곡선에 대하여 접선의 기울기, 곡선의 길이와 곡선과 관련하여 넓이를 구한다.

접선과 넓이

함수 f와 g가 t에서 미분가능하면, 매개곡선 $x = f(t)$, $y = g(t)$는 t에서 **미분가능**하다고 한다. 미분가능한 매개곡선 위의 한 점에서, 물론 이 점에서 y도 또한 x에 관하여 미분가능하며, 도함수 dy/dt, dx/dt와 dy/dx 사이에는 연쇄법칙에 의해 다음과 같은 관계가 있다.

$$\frac{dy}{dt} = \frac{dy}{dx} \cdot \frac{dx}{dt}$$

$dx/dt \ne 0$이면, 이 방정식의 양변을 dx/dt로 나누어서 dy/dx를 구할 수 있다.

> **dy/dx에 대한 매개변수 공식**
> 세 도함수 모두가 존재하고 $dx/dt \ne 0$이면 다음 식이 성립한다.
> $$\frac{dy}{dx} = \frac{dy/dt}{dx/dt} \tag{1}$$

매개방정식에서 y가 x에 관하여 2번 미분가능한 함수이면, 식 (1)을 함수 $dy/dx = y'$에 적용하여 t의 함수로 d^2y/dx^2을 구할 수 있다.

$$\frac{d^2y}{dx^2} = \frac{d}{dx}(y') = \frac{dy'/dt}{dx/dt} \qquad \text{식 (1)에서 } y \text{ 대신에 } y' \text{을 대입}$$

> **d^2y/dx^2에 대한 매개변수 공식**
> 매개방정식 $x = f(t)$, $y = g(t)$에서 y가 x에 관하여 2번 미분가능한 함수이면, $dx/dt \ne 0$인 임의의 점에서 다음 식이 성립한다.
> $$\frac{d^2y}{dx^2} = \frac{dy'/dt}{dx/dt} \tag{2}$$

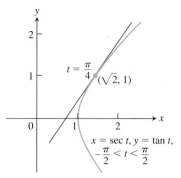

그림 9.14 예제 1에서의 곡선은 쌍곡선 $x^2 - y^2 = 1$의 오른쪽 분지이다.

예제 1   다음 곡선의 $t = \pi/4$일 때, 즉 점 $(\sqrt{2}, 1)$에서의 접선을 구하라(그림 9.14).

$$x = \sec t, \qquad y = \tan t, \qquad -\frac{\pi}{2} < t < \frac{\pi}{2}$$

풀이 t에서 접선의 기울기는 다음과 같다.

$$\frac{dy}{dx} = \frac{dy/dt}{dx/dt} = \frac{\sec^2 t}{\sec t \tan t} = \frac{\sec t}{\tan t} \qquad \text{식 (1)에 의해}$$

t에 $\pi/4$를 대입하면

$$\left.\frac{dy}{dx}\right|_{t=\pi/4} = \frac{\sec(\pi/4)}{\tan(\pi/4)}$$
$$= \frac{\sqrt{2}}{1} = \sqrt{2}$$

이다. 따라서 접선의 방정식은 다음과 같다.

$$y - 1 = \sqrt{2}\left(x - \sqrt{2}\right)$$
$$y = \sqrt{2}\,x - 2 + 1$$
$$y = \sqrt{2}\,x - 1$$

---

d^2y/dx^2 을 t의 함수로 구하기
1. $y' = dy/dx$를 t의 함수로 구하고
2. dy'/dt를 구하고
3. dy'/dt를 dx/dt로 나누어 준다.

예제 2   매개곡선 $x = t - t^2$, $y = t - t^3$의 d^2y/dx^2을 t의 함수로 나타내라.

풀이

1. 먼저 $y' = dy/dx$를 t의 함수로 나타내자.

$$y' = \frac{dy}{dx} = \frac{dy/dt}{dx/dt} = \frac{1 - 3t^2}{1 - 2t}$$

2. y'을 t에 대하여 미분하자.

$$\frac{dy'}{dt} = \frac{d}{dt}\left(\frac{1 - 3t^2}{1 - 2t}\right) = \frac{2 - 6t + 6t^2}{(1 - 2t)^2} \qquad \text{몫의 미분법에 의해}$$

3. dy'/dt를 dx/dt로 나누어 주면 된다.

$$\frac{d^2y}{dx^2} = \frac{dy'/dt}{dx/dt} = \frac{(2 - 6t + 6t^2)/(1 - 2t)^2}{1 - 2t} = \frac{2 - 6t + 6t^2}{(1 - 2t)^3} \qquad \text{식 (2)에 의해}$$

예제 3   성망형(그림 9.15)에 의해 둘러싸인 넓이를 구하라.

$$x = \cos^3 t, \qquad y = \sin^3 t, \qquad 0 \le t \le 2\pi$$

풀이   대칭성에 의해 구하고자 하는 전체 넓이는 1사분면에서 곡선 아래에 있는, 즉 $0 \le t \le \pi/2$에서의 넓이의 4배가 된다. 4장에서 공부한 넓이 구하는 정적분 공식을 적용하고, 곡선을 나타내는 식과 미분 dx를 t의 함수로 나타내면 다음과 같다.

$$A = 4\int_0^1 y\,dx \qquad \text{\small $x=0$부터 $x=1$까지 y 아래 넓이의 4배}$$

$$= 4\int_0^{\pi/2} \sin^3 t \cdot 3\cos^2 t \sin t\,dt \qquad \text{\small y와 dx에 대입}$$

$$= 12\int_0^{\pi/2} \left(\frac{1 - \cos 2t}{2}\right)^2 \left(\frac{1 + \cos 2t}{2}\right) dt \qquad \text{\small $\sin^4 t = \left(\dfrac{1 - \cos 2t}{2}\right)^2$}$$

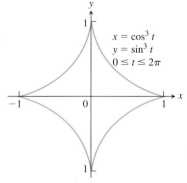

그림 9.15 예제 3의 성망형

$$= \frac{3}{2} \int_0^{\pi/2} (1 - 2\cos 2t + \cos^2 2t)(1 + \cos 2t)\, dt \qquad \text{제곱항 전개}$$

$$= \frac{3}{2} \int_0^{\pi/2} (1 - \cos 2t - \cos^2 2t + \cos^3 2t)\, dt \qquad \text{곱 전개}$$

$$= \frac{3}{2} \left[\int_0^{\pi/2} (1 - \cos 2t)\, dt - \int_0^{\pi/2} \cos^2 2t\, dt + \int_0^{\pi/2} \cos^3 2t\, dt \right]$$

$$= \frac{3}{2} \left[\left(t - \frac{1}{2}\sin 2t \right) - \frac{1}{2}\left(t + \frac{1}{4}\sin 4t \right) + \frac{1}{2}\left(\sin 2t - \frac{1}{3}\sin^3 2t \right) \right]_0^{\pi/2} \quad \text{7.2절 예제 3}$$

$$= \frac{3}{2} \left[\left(\frac{\pi}{2} - 0 - 0 - 0 \right) - \frac{1}{2}\left(\frac{\pi}{2} + 0 - 0 - 0 \right) + \frac{1}{2}(0 - 0 - 0 + 0) \right] \quad \text{계산}$$

$$= \frac{3\pi}{8} \qquad\qquad\qquad\qquad\qquad\qquad\qquad\qquad\qquad\qquad \blacksquare$$

매개방정식으로 정의된 곡선의 길이

C를 매개방정식

$$x = f(t), \qquad y = g(t), \qquad a \le t \le b$$

로 주어진 곡선이라 하자. 함수 f와 g는 구간 $[a, b]$에서 **연속적으로 미분가능(continuously differentiable)**(도함수가 연속임을 의미함)하다고 가정하자. 또한, $f'(t)$와 $g'(t)$가 동시에 0이 아니라고 가정하자. 이는 곡선 C가 모서리 점이나 첨점(뾰족점)을 갖지 않게 해준다. 이러한 곡선을 **매끄러운 곡선(smooth curve)**이라 부른다. 경로(또는 호) AB를 $A = P_0, P_1, P_2, \cdots, P_n = B$를 절점으로 n개의 조각으로 분할한다(그림 9.16). 이 점들은 구간 $[a, b]$의 분할 $a = t_0 < t_1 < t_2 < \cdots < t_n = b$에 대응한다. 즉, $P_k = (f(t_k), g(t_k))$이다. 이 분할의 이웃하는 분할점들을 선분들로 연결하라(그림 9.16). 표본선분의 길이는

$$L_k = \sqrt{(\Delta x_k)^2 + (\Delta y_k)^2}$$
$$= \sqrt{[f(t_k) - f(t_{k-1})]^2 + [g(t_k) - g(t_{k-1})]^2}$$

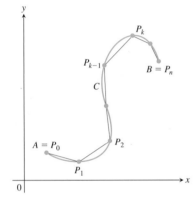

그림 9.16 매끄러운 곡선의 A에서 B 사이의 길이는 $A = P_0$에서 시작해서 P_1을 거쳐, $\cdots$, 끝점인 $B = P_n$까지 연결된 꺾은 선의 총 길이에 의해서 근사된다.

이다(그림 9.17 참조). 만일 Δt_k가 작다면, 길이 L_k는 호 $P_{k-1}P_k$의 길이에 가까워진다. 평균값 정리에 의하면 다음을 만족시키는 $[t_{k-1}, t_k]$에 속하는 수 t_k^*와 t_k^{**}가 존재한다.

$$\Delta x_k = f(t_k) - f(t_{k-1}) = f'(t_k^*)\, \Delta t_k$$
$$\Delta y_k = g(t_k) - g(t_{k-1}) = g'(t_k^{**})\, \Delta t_k$$

A에서 B 사이의 호가 t가 $t = a$부터 $t = b$까지 움직일 때 돌아오거나 거꾸로 돌아가지 않고 단 한 번만 지나간다고 가정하자. 곡선 AB의 길이에 대한 직관적인 근삿값은 모든 길이 L_k의 합이다.

$$\sum_{k=1}^{n} L_k = \sum_{k=1}^{n} \sqrt{(\Delta x_k)^2 + (\Delta y_k)^2}$$
$$= \sum_{k=1}^{n} \sqrt{[f'(t_k^*)]^2 + [g'(t_k^{**})]^2}\, \Delta t_k$$

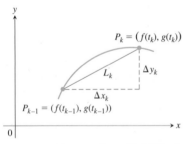

그림 9.17 호 $P_{k-1}P_k$는 그림에서와 같이 선분에 의해서 가까워지게 되고, 그 선분의 길이는 $L_k = \sqrt{(\Delta x_k)^2 + (\Delta y_k)^2}$ 이다.

비록 우변에 있는 이 마지막 합은 정확한 리만합은 아니지만(f'과 g'이 다른 점들에서의 값이기 때문이다), 고등 미적분학의 내용에 의하면, 그 분할의 노름이 0에 가까워지고 $n \to \infty$일 때, 이 합의 극한이 정적분

$$\lim_{\|P\|\to 0}\sum_{k=1}^{n}\sqrt{[f'(t_k{}^{*})]^2 + [g'(t_k{}^{**})]^2}\,\Delta t_k = \int_a^b \sqrt{[f'(t)]^2 + [g'(t)]^2}\,dt$$

이 됨을 알 수 있다. 그러므로 A에서 B 사이의 곡선의 길이를 정적분으로 정의하는 것이 합당하다.

정의 만약 곡선 C를 $x = f(t)$, $y = g(t)$, $a \le t \le b$인 매개방정식으로 정의하자. f'과 g'는 $[a, b]$에서 연속이고 동시에 0이 아니면 t가 $t = a$부터 $t = b$까지 증가할 때 정확하게 한 번 지나간다고 하면, **C의 길이(length of C)**는 정적분

$$L = \int_a^b \sqrt{[f'(t)]^2 + [g'(t)]^2}\,dt$$

이다.

만일 $x = f(t)$이고 $y = g(t)$라 하고 라이프니츠 기호를 이용하면 호의 길이 공식을 다음과 같이 쓸 수 있다.

$$L = \int_a^b \sqrt{\left(\frac{dx}{dt}\right)^2 + \left(\frac{dy}{dt}\right)^2}\,dt \tag{3}$$

매끄러운 곡선 C에서는, 전체 시간 구간 $[a, b]$에서 $(f')^2 + (g')^2 > 0$이므로, 운동 방향이 바뀌거나 또는 정반대로 되돌리지 않는다. 곡선이 어떤 점에서 정반대로 되돌리기 시작한다고 하면, 그 점에서 곡선은 미분가능하지 않거나, 또는 두 미분계수가 동시에 0이어야 한다. 이러한 현상은 11장에서 곡선에 대한 접선벡터를 공부하면서 살펴볼 것이다.

만일 길이를 구해야 할 곡선 C가 두 가지 다른 매개방정식으로 표현되었을 때, 어떤 방정식을 선택해야 하는지는 문제가 되지 않는다. 하지만 선택된 매개변수 표현의 방정식에서 곡선 C의 길이에 대한 정의에서 언급된 조건들을 모두 충족시켜야 한다(연습문제 41 참조).

예제 4 다음과 같이 매개변수로 정의된 반지름이 r인 원의 길이를 구하라.

$$x = r\cos t, \qquad y = r\sin t, \qquad 0 \le t \le 2\pi$$

풀이 t가 0부터 2π까지 변할 때, 원이 정확하게 한 바퀴 지난다. 그러므로 둘레의 길이는 다음 정적분으로 정의된다.

$$L = \int_0^{2\pi} \sqrt{\left(\frac{dx}{dt}\right)^2 + \left(\frac{dy}{dt}\right)^2}\,dt$$

$$\frac{dx}{dt} = -r\sin t, \qquad \frac{dy}{dt} = r\cos t$$

$$\left(\frac{dx}{dt}\right)^2 + \left(\frac{dy}{dt}\right)^2 = r^2(\sin^2 t + \cos^2 t) = r^2$$

이므로, 대입하여 계산하면 길이가 구해진다.

$$L = \int_0^{2\pi} \sqrt{r^2}\,dt = r\big[t\big]_0^{2\pi} = 2\pi r \qquad \blacksquare$$

예제 5 성망형(그림 9.15)의 길이를 구하라.

$$x = \cos^3 t, \qquad y = \sin^3 t, \qquad 0 \le t \le 2\pi$$

풀이 주어진 곡선이 좌표축에 대하여 대칭이기 때문에 그 곡선의 길이는 제1사분면에 놓여 있는 곡선 길이의 4배이다. 따라서

$$x = \cos^3 t, \qquad\qquad y = \sin^3 t$$

$$\left(\frac{dx}{dt}\right)^2 = [\,3\cos^2 t(-\sin t)\,]^2 = 9\cos^4 t \sin^2 t$$

$$\left(\frac{dy}{dt}\right)^2 = [\,3\sin^2 t(\cos t)\,]^2 = 9\sin^4 t \cos^2 t$$

$$\sqrt{\left(\frac{dx}{dt}\right)^2 + \left(\frac{dy}{dt}\right)^2} = \sqrt{9\cos^2 t \sin^2 t\underbrace{(\cos^2 t + \sin^2 t)}_{1}}$$

$$= \sqrt{9\cos^2 t \sin^2 t}$$

$$= 3\,|\cos t \sin t| \qquad \substack{0 \le t \le \pi/2\text{에서} \\ \cos t \sin t \ge 0}$$

$$= 3\cos t \sin t$$

그러므로

$$\text{제1사분면에 놓여 있는 곡선의 길이} = \int_0^{\pi/2} 3\cos t \sin t\, dt$$

$$= \frac{3}{2}\int_0^{\pi/2} \sin 2t\, dt \qquad \substack{\cos t \sin t = \\ (1/2)\sin 2t}$$

$$= -\frac{3}{4}\cos 2t\,\Big]_0^{\pi/2} = \frac{3}{2}$$

성망형의 길이는 이 값의 4배인 $4(3/2) = 6$이다. ■

예제 6 타원 $\dfrac{x^2}{a^2} + \dfrac{y^2}{b^2} = 1$의 둘레의 길이를 구하라.

풀이 타원은 매개방정식 $x = a\sin t$와 $y = b\cos t$, $a > b$, $0 \le t \le 2\pi$으로 표현한다. 그러면,

$$\left(\frac{dx}{dt}\right)^2 + \left(\frac{dy}{dt}\right)^2 = a^2\cos^2 t + b^2\sin^2 t$$

$$= a^2 - (a^2 - b^2)\sin^2 t$$

$$= a^2[\,1 - e^2\sin^2 t\,] \qquad \substack{e = 1 - \frac{b^2}{a^2}, \\ \text{(수 } 2.71828\cdots\text{이 아니고 이심률임)}}$$

식 (3)으로부터, 둘레의 길이는 다음과 같다.

$$P = 4a\int_0^{\pi/2} \sqrt{1 - e^2\sin^2 t}\, dt$$

(9.7절에서 이심률 e의 의미를 살펴보겠다.) P에 대한 적분은 단순하지 않고, 제 2종의 완전 타원 적분으로 알려진 적분이다. 무한급수를 이용하여 다음과 같은 식으로 적당한 정확도 내에서 값을 계산할 수 있다. 8.10절의 $\sqrt{1-x}$에 대한 이항전개식으로부터 다음 식을 얻는다.

$$\sqrt{1 - e^2 \sin^2 t} = 1 - \frac{1}{2} e^2 \sin^2 t - \frac{1}{2 \cdot 4} e^4 \sin^4 t - \cdots \qquad |e \sin t| \le e < 1$$

이제 이 전개식의 각 항에 대하여, n이 짝수일 때 $\int_0^{\pi/2} \sin^n t \, dt$를 적분공식 157(책의 뒤쪽 기본적분표 참조)을 적용하면, 둘레의 길이는 다음과 같다.

$$P = 4a \int_0^{\pi/2} \sqrt{1 - e^2 \sin^2 t} \, dt$$

$$= 4a \left[\frac{\pi}{2} - \left(\frac{1}{2} e^2\right)\left(\frac{1}{2} \cdot \frac{\pi}{2}\right) - \left(\frac{1}{2 \cdot 4} e^4\right)\left(\frac{1 \cdot 3}{2 \cdot 4} \cdot \frac{\pi}{2}\right) - \left(\frac{1 \cdot 3}{2 \cdot 4 \cdot 6} e^6\right)\left(\frac{1 \cdot 3 \cdot 5}{2 \cdot 4 \cdot 6} \cdot \frac{\pi}{2}\right) - \cdots \right]$$

$$= 2\pi a \left[1 - \left(\frac{1}{2}\right)^2 e^2 - \left(\frac{1 \cdot 3}{2 \cdot 4}\right)^2 \frac{e^4}{3} - \left(\frac{1 \cdot 3 \cdot 5}{2 \cdot 4 \cdot 6}\right)^2 \frac{e^6}{5} - \cdots \right]$$

$e < 1$이므로, 기하급수 $\sum_{n=1}^{\infty} (e^2)^n$는 수렴하고 또한 비교판정법에 의해 우변의 급수는 수렴한다. P에 대한 구체적인 값은 알지 못한다. 하지만 무한급수로부터 유한개의 항만 더하더라도 매우 가까운 근삿값을 얻을 수 있다. ∎

곡선 $y = f(x)$의 길이

5.3절의 길이 공식은 식 (3)의 특별한 경우에 해당함을 보이자. 연속적으로 미분가능한 함수 $y = f(x)$, $a \le x \le b$가 주어져 있을 때 $x = t$를 매개변수로 쓸 수 있다. 그러면 함수 f의 그래프는 이 장에서 살펴보았던 매개방정식의 특별한 경우인

$$x = t, \qquad y = f(t), \qquad a \le t \le b$$

로 정의되는 곡선이다. 그러면

$$\frac{dx}{dt} = 1, \qquad \frac{dy}{dt} = f'(t)$$

식 (1)에 의해

$$\frac{dy}{dx} = \frac{dy/dt}{dx/dt} = f'(t)$$

가 되고, 따라서

$$\left(\frac{dx}{dt}\right)^2 + \left(\frac{dy}{dt}\right)^2 = 1 + [f'(t)]^2$$
$$= 1 + [f'(x)]^2 \qquad t = x$$

이 된다. 식 (3)에 이 결과를 대입하면 $y = f(x)$의 그래프에 대한 호의 길이 공식이 된다. 이는 5.3절에서 구한 결과와 정확히 일치한다.

호의 길이 미분

5.3절에서 했던 것처럼, 매개변수 곡선 $x = f(t)$, $y = g(t)$, $a \le t \le b$에 대해서도 호의 길이 함수를 정의한다.

$$s(t) = \int_a^t \sqrt{[f'(z)]^2 + [g'(z)]^2} \, dz$$

그럼, 미적분학의 기본정리에 의해

$$\frac{ds}{dt} = \sqrt{[f'(t)]^2 + [g'(t)]^2} = \sqrt{\left(\frac{dx}{dt}\right)^2 + \left(\frac{dy}{dt}\right)^2}$$

이므로, 호의 길이 미분은

$$ds = \sqrt{\left(\frac{dx}{dt}\right)^2 + \left(\frac{dy}{dt}\right)^2}\, dt \tag{4}$$

이다. 식 (4)는 줄여서 간단히

$$ds = \sqrt{dx^2 + dy^2}$$

으로 나타낸다. 5.3절에서와 같이 미분 ds를 적절한 적분구간 사이에서 적분하여 곡선의 길이를 구할 수 있다.

여기서는 호의 길이 공식을 이용하여 호의 중심을 구하는 예를 살펴본다.

예제 7 예제 5의 성망형의 제1사분면에 놓여 있는 호의 중심을 구하라.

풀이 이 곡선의 밀도를 $\delta = 1$이라 하고, 5.6절에서 했던 것처럼 좌표축에 대하여 모멘트와 질량을 계산한다.

질량의 분포는 직선 $y = x$에 대해 대칭이며, 따라서 $\bar{x} = \bar{y}$이다. 곡선(그림 9.18)의 각 부분에서의 질량을 구하면

$$dm = 1 \cdot ds = \sqrt{\left(\frac{dx}{dt}\right)^2 + \left(\frac{dy}{dt}\right)^2}\, dt = 3 \cos t \sin t\, dt \qquad \text{예제 5로부터}$$

이므로 곡선 전체의 질량은

$$M = \int dm = \int_0^{\pi/2} 3 \cos t \sin t\, dt = \frac{3}{2} \qquad \text{다시 예제 5로부터}$$

x축에 대한 곡선의 모멘트는

$$M_x = \int \tilde{y}\, dm = \int_0^{\pi/2} \sin^3 t \cdot 3 \cos t \sin t\, dt$$

$$= 3 \int_0^{\pi/2} \sin^4 t \cos t\, dt = 3 \cdot \frac{\sin^5 t}{5}\bigg]_0^{\pi/2} = \frac{3}{5}$$

이다. 이로부터

$$\bar{y} = \frac{M_x}{M} = \frac{3/5}{3/2} = \frac{2}{5}$$

이다. 따라서 중심은 $(2/5, 2/5)$이다. ∎

예제 8 마찰력이 없는 구슬이 사이클로이드 $x = a(t - \sin t)$, $y = a(1 - \cos t)$을 따라 $t = 0$부터 $t = \pi$까지 내려오는 데 걸리는 시간 T_c를 구하라(그림 9.13 참조).

풀이 9.1절의 식 (3)으로부터, 다음과 같이 시간을 구하고자 한다.

$$T_c = \int_{t=0}^{t=\pi} \frac{ds}{\sqrt{2gy}}$$

여기서 ds와 y를 매개변수 t로 표현해야 한다. 사이클로이드에서는 $dx/dt = a(1 - \cos t)$와 $dy/dt = a \sin t$이므로 다음과 같다.

$$ds = \sqrt{\left(\frac{dx}{dt}\right)^2 + \left(\frac{dy}{dt}\right)^2}\, dt$$

$$= \sqrt{a^2(1 - 2\cos t + \cos^2 t + \sin^2 t)}\, dt$$

$$= \sqrt{a^2(2 - 2\cos t)}\, dt$$

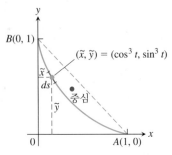

그림 9.18 예제 7에서의 성망형 호의 중심

ds와 y를 적분식에 대입하면, 다음을 얻는다.

$$T_c = \int_0^\pi \sqrt{\frac{a^2(2 - 2\cos t)}{2ga(1 - \cos t)}}\, dt \qquad {\color{gray} y = a(1 - \cos t)}$$

$$= \int_0^\pi \sqrt{\frac{a}{g}}\, dt = \pi\sqrt{\frac{a}{g}}$$

이 값은 마찰력이 없는 구슬이 점 O에서 출발하여 사이클로이드를 따라서 B까지 내려오는 데 걸리는 시간이다(그림 9.13 참조).   ■

회전면의 넓이

5.4절에서 곡선의 좌표축을 회전축으로 회전하여 얻은 곡면의 넓이를 구하는 공식을 구했다. 특히, x축을 회전축으로 하면 넓이는 $S = \int 2\pi y\, ds$, y축을 회전축으로 하면 넓이는 $S = \int 2\pi x\, ds$임을 알았다. 만일 곡선이 매개방정식 $x = f(t)$, $y = g(t)$, $a \le t \le b$로 표현되고 여기서 f와 g는 구간 $[a, b]$에서 연속적으로 미분가능하고 $(f')^2 + (g')^2 > 0$이면, 호의 길이 미분 ds는 식 (4)에 의해 구할 수 있다. 이를 정리하면 매끄러운 매개곡선을 회전하여 얻은 영역의 넓이를 구하는 공식을 다음과 같이 얻을 수 있다.

매개곡선을 회전하여 얻은 곡면의 넓이

만일 매끄러운 곡선 $x = f(t)$, $y = g(t)$, $a \le t \le b$가 t가 a부터 b까지 변할 때 곡선 위를 정확하게 한 번만 지나간다면 좌표축을 회전축으로 그 곡선 위의 입자가 회전하여 얻은 곡면의 넓이는 다음과 같다.

1. x축을 회전축으로($y \ge 0$)한 경우:

$$S = \int_a^b 2\pi y \sqrt{\left(\frac{dx}{dt}\right)^2 + \left(\frac{dy}{dt}\right)^2}\, dt \qquad (5)$$

2. y축을 회전축으로($x \ge 0$)한 경우:

$$S = \int_a^b 2\pi x \sqrt{\left(\frac{dx}{dt}\right)^2 + \left(\frac{dy}{dt}\right)^2}\, dt \qquad (6)$$

길이에서와 같이, 이 공식에서 언급된 조건을 만족하는 어떤 사용하기 편리한 매개방정식을 이용해서 곡면의 넓이를 구할 수 있다.

예제 9 xy평면에서 중심의 좌표가 $(0, 1)$이고, 반지름이 1인 원의 매개방정식은

$$x = \cos t, \qquad y = 1 + \sin t, \qquad 0 \le t \le 2\pi$$

이다. 이 매개방정식을 이용해서 그 원을 x축에 관해 한 바퀴 회전시켜서 얻은 곡면의 넓이를 구하라(그림 9.19).

풀이 다음 공식을 이용하여 구한다.

$$S = \int_a^b 2\pi y \sqrt{\left(\frac{dx}{dt}\right)^2 + \left(\frac{dy}{dt}\right)^2}\, dt \qquad {\color{gray}\begin{array}{l} x\text{축을 회전축으로} \\ y = 1 + \sin t \ge 0\text{를} \\ \text{회전시켰을 때의 식 (5)} \end{array}}$$

$$= \int_0^{2\pi} 2\pi(1 + \sin t) \underbrace{\sqrt{(-\sin t)^2 + (\cos t)^2}}_{1}\, dt$$

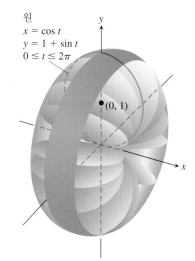

원
$x = \cos t$
$y = 1 + \sin t$
$0 \le t \le 2\pi$

$(0, 1)$

그림 9.19 예제 9에서 이 매개곡선을 한 바퀴 회전하여 생기는 곡면의 넓이를 계산할 수 있다.

$$= 2\pi \int_0^{2\pi} (1 + \sin t)\, dt$$

$$= 2\pi \left[t - \cos t \right]_0^{2\pi} = 4\pi^2 \qquad \blacksquare$$

연습문제 9.2

매개곡선의 접선

연습문제 1~14에서 주어진 t값에서 곡선의 접선의 방정식을 구하라. 또한, 이 점에서 d^2y/dx^2을 구하라.

1. $x = 2\cos t, \quad y = 2\sin t, \quad t = \pi/4$
2. $x = \sin 2\pi t, \quad y = \cos 2\pi t, \quad t = -1/6$
3. $x = 4\sin t, \quad y = 2\cos t, \quad t = \pi/4$
4. $x = \cos t, \quad y = \sqrt{3}\cos t, \quad t = 2\pi/3$
5. $x = t, \quad y = \sqrt{t}, \quad t = 1/4$
6. $x = \sec^2 t - 1, \quad y = \tan t, \quad t = -\pi/4$
7. $x = \sec t, \quad y = \tan t, \quad t = \pi/6$
8. $x = -\sqrt{t+1}, \quad y = \sqrt{3t}, \quad t = 3$
9. $x = 2t^2 + 3, \quad y = t^4, \quad t = -1$
10. $x = 1/t, \quad y = -2 + \ln t, \quad t = 1$
11. $x = t - \sin t, \quad y = 1 - \cos t, \quad t = \pi/3$
12. $x = \cos t, \quad y = 1 + \sin t, \quad t = \pi/2$
13. $x = \dfrac{1}{t+1}, \quad y = \dfrac{t}{t-1}, \quad t = 2$
14. $x = t + e^t, \quad y = 1 - e^t, \quad t = 0$

음함수로 정의된 매개변수화

연습문제 15~20에서 x와 y는 미분가능한 함수 $x = f(t), y = g(t)$로서 음함수로 정의되었다고 가정하자. 이 곡선 $x = f(t), y = g(t)$의 주어진 t값에서의 접선의 기울기를 구하라.

15. $x^3 + 2t^2 = 9, \quad 2y^3 - 3t^2 = 4, \quad t = 2$
16. $x = \sqrt{5 - \sqrt{t}}, \quad y(t-1) = \sqrt{t}, \quad t = 4$
17. $x + 2x^{3/2} = t^2 + t, \quad y\sqrt{t+1} + 2t\sqrt{y} = 4, \quad t = 0$
18. $x\sin t + 2x = t, \quad t\sin t - 2t = y, \quad t = \pi$
19. $x = t^3 + t, \quad y + 2t^3 = 2x + t^2, \quad t = 1$
20. $t = \ln(x - t), \quad y = te^t, \quad t = 0$

넓이

21. 사이클로이드의 한 호의 아랫부분의 넓이를 구하라.
$$x = a(t - \sin t), \quad y = a(1 - \cos t)$$

22. 다음 곡선과 y축으로 둘러싸인 영역의 넓이를 구하라.
$$x = t - t^2, \quad y = 1 + e^{-t}$$

23. 타원에 둘러싸인 영역의 넓이를 구하라.
$$x = a\cos t, \quad y = b\sin t, \quad 0 \le t \le 2\pi$$

24. 구간 $[0, 1]$에서 곡선 $y = x^3$ 아랫부분의 넓이를 다음 매개방정식을 이용하여 구하라.

a. $x = t^2, \quad y = t^6$ b. $x = t^3, \quad y = t^9$

곡선의 길이

연습문제 25~30에서 곡선의 길이를 구하라.

25. $x = \cos t, \quad y = t + \sin t, \quad 0 \le t \le \pi$
26. $x = t^3, \quad y = 3t^2/2, \quad 0 \le t \le \sqrt{3}$
27. $x = t^2/2, \quad y = (2t+1)^{3/2}/3, \quad 0 \le t \le 4$
28. $x = (2t+3)^{3/2}/3, \quad y = t + t^2/2, \quad 0 \le t \le 3$
29. $x = 8\cos t + 8t\sin t$
$\quad y = 8\sin t - 8t\cos t,$
$\quad 0 \le t \le \pi/2$
30. $x = \ln(\sec t + \tan t) - \sin t$
$\quad y = \cos t, \quad 0 \le t \le \pi/3$

곡면의 넓이

연습문제 31~34에서 주어진 축을 회전축으로 회전하여 얻은 곡면의 넓이를 구하라.

31. $x = \cos t, \quad y = 2 + \sin t, \quad 0 \le t \le 2\pi; \quad x$축
32. $x = (2/3)t^{3/2}, \quad y = 2\sqrt{t}, \quad 0 \le t \le \sqrt{3}; \quad y$축
33. $x = t + \sqrt{2}, \quad y = (t^2/2) + \sqrt{2}\,t, \quad -\sqrt{2} \le t \le \sqrt{2}; \quad y$축
34. $x = \ln(\sec t + \tan t) - \sin t, y = \cos t, 0 \le t \le \pi/3; x$축

35. **원뿔 추대** 두 점 $(0, 1)$과 $(2, 2)$를 연결하는 선분을 x축을 회전축으로 회전시켜 원뿔추대를 얻었다. 매개변수화 $x = 2t,$ $y = t + 1, \ 0 \le t \le 1$을 이용하여 이 추대의 곡면의 넓이를 구하라. 기하적인 공식 $A = \pi(r_1 + r_2)$(경사 높이)와 비교하라.

36. **원뿔** 원점과 점 (h, r)를 연결하는 선분을 x축을 회전축으로 회전시켜 높이가 h이고 밑면의 반지름이 r인 원뿔을 얻었다. 이 원뿔의 곡면의 넓이를 매개방정식 $x = ht, y = rt, 0 \le t \le 1$을 이용하여 구하라. 기하적인 공식 $A = \pi r$(경사 높이)와 비교하라.

중심

37. 다음 곡선의 중심의 좌표를 구하라.
$$x = \cos t + t\sin t, \quad y = \sin t - t\cos t, \quad 0 \le t \le \pi/2$$

38. 다음 곡선의 중심의 좌표를 구하라.
$$x = e^t\cos t, \quad y = e^t\sin t, \quad 0 \le t \le \pi$$

39. 다음 곡선의 중심의 좌표를 구하라.
$$x = \cos t, \quad y = t + \sin t, \quad 0 \le t \le \pi$$

T 40. 곡선의 중심 계산은 대부분 적분계산이 가능한 컴퓨터나 계산기를 이용하여 구한다. 그러한 경우에, 다음 곡선의 중심의 좌표를 소수 둘째자리까지 구하라.
$$x = t^3, \quad y = 3t^2/2, \quad 0 \le t \le \sqrt{3}$$

이론과 예제

41. 길이는 매개화와 무관하다 우리가 구한 길이가 곡선을 매개화하는 방법에 따라 다르지 않다는 사실을 설명하기 위해 반원 $y = \sqrt{1 - x^2}$의 길이를 다음과 같이 매개변수화하여 계산하라.

a. $x = \cos 2t, \quad y = \sin 2t, \quad 0 \leq t \leq \pi/2$

b. $x = \sin \pi t, \quad y = \cos \pi t, \quad -1/2 \leq t \leq 1/2$

42. a. 곡선 $x = g(y)$, $c \leq y \leq d$에 대한 직교좌표 공식(5.3절 식 (4))

$$L = \int_c^d \sqrt{1 + \left(\frac{dx}{dy}\right)^2}\, dy$$

은 매개변수 공식

$$L = \int_a^b \sqrt{\left(\frac{dx}{dt}\right)^2 + \left(\frac{dy}{dt}\right)^2}\, dt$$

의 특별한 경우임을 보이라.

이 결과를 이용하여 다음 곡선의 길이를 구하라.

b. $x = y^{3/2}, \quad 0 \leq y \leq 4/3$

c. $x = \dfrac{3}{2} y^{2/3}, \quad 0 \leq y \leq 1$

43. 다음 매개방정식 곡선을 **달팽이꼴**(limaçon)이라 부르며 아래 그림과 같다.

$$x = (1 + 2\sin\theta)\cos\theta, \quad y = (1 + 2\sin\theta)\sin\theta$$

이 주어진 θ값에 대한 곡선 위의 각 점 (x, y)와 그 점에서 접선의 기울기를 구하라.

a. $\theta = 0.$ **b.** $\theta = \pi/2.$ **c.** $\theta = 4\pi/3.$

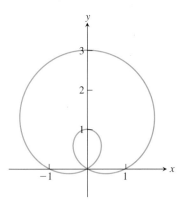

44. 다음 매개방정식 곡선을 **시누소이드**(sinusoid)라 부르며 아래 그림과 같다.

$$x = t, \quad y = 1 - \cos t, \quad 0 \leq t \leq 2\pi$$

이 곡선의 접선의 기울기가 **a.** 최대 **b.** 최소인 점 (x, y)를 구하라.

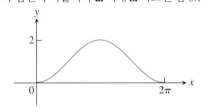

T 연습문제 45와 46은 **보우디치**(Bowditch) 곡선과 **리싸주**(Lissajous) **도형**이라 부른다. 각 경우에 곡선의 접선이 수평인 제1사분면 내부의 점을 구하고, 원 점에서 두 접선의 방정식을 구하라.

45.   **46.**

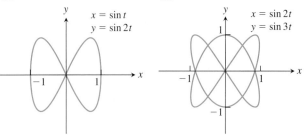

47. 사이클로이드

a. 사이클로이드의 한 호의 길이를 구하라.

$$x = a(t - \sin t), \quad y = a(1 - \cos t)$$

b. (a)에서 $a = 1$인 경우, x축을 회전축으로 한 호를 회전시켜 얻은 곡면의 넓이를 구하라.

48. 부피 다음 사이클로이드의 한 호와 x축으로 둘러싸인 영역을 x축을 회전축으로 회전시켜 얻은 회전체의 부피를 구하라.

$$x = t - \sin t, \quad y = 1 - \cos t$$

49. 다음 매개방정식의 그래프와 x축으로 둘러싸인 영역을 x축을 회전축으로 회전시켜 얻은 입체의 부피를 구하라.

$$x = 2t, \quad y = t(2 - t)$$

50. 다음 매개방정식의 그래프와 y축으로 둘러싸인 영역을 y축을 회전축으로 회전시켜 얻은 입체의 부피를 구하라.

$$x = t(1 - t), \quad y = 1 + t^2$$

컴퓨터 탐구

연습문제 51~54에서 CAS를 이용하여 닫힌 구간에서 정의된 주어진 곡선에 대하여 다음 단계를 수행하라.

a. 곡선과 함께 구간을 $n = 2, 4, 8$개의 점으로 분할하여 근사시킨 꺾은 선(그림 9.16 참조)을 그리라.

b. 곡선의 길이를 꺾은 선의 각 선분의 길이의 합으로 근사시키라.

c. 곡선의 길이를 적분을 사용하여 구하고, 이 값과 $n = 2, 4, 8$에서의 근삿값과 비교하라. n을 계속 증가시킬 때, 실제 길이값과 비교하면 어떠할까? 그 이유를 설명하라.

51. $x = \dfrac{1}{3} t^3, \quad y = \dfrac{1}{2} t^2, \quad 0 \leq t \leq 1$

52. $x = 2t^3 - 16t^2 + 25t + 5, \quad y = t^2 + t - 3, \quad 0 \leq t \leq 6$

53. $x = t - \cos t, \quad y = 1 + \sin t, \quad -\pi \leq t \leq \pi$

54. $x = e^t \cos t, \quad y = e^t \sin t, \quad 0 \leq t \leq \pi$

9.3 극좌표

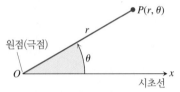

그림 9.20 평면에서 극좌표를 정의하기 위하여 극점이라 하는 원점과 시초선으로부터 시작한다.

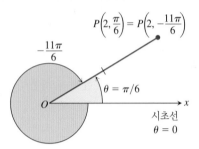

그림 9.21 극좌표는 유일하게 표현되지 않는다.

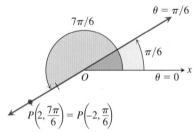

그림 9.22 극좌표에서 r값은 음이 될 수 있다.

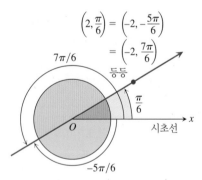

그림 9.23 점 $P(2, \pi/6)$을 나타내는 극좌표는 많이 존재한다(예제 1).

이 절에서는 극좌표를 공부하고 직교좌표와의 관계를 알아본다. 극좌표는 나중에 13장에서 공부할 중적분 계산에서 아주 유용하게 많이 사용될 것이다. 또한 행성과 위성의 궤도를 표현하는 데도 유용하게 사용된다.

극좌표의 정의

극좌표를 정의하기 위하여 먼저 **원점(origin)** O(**극점(pole)**이라 한다)와 O로부터 **시초선 (initial ray)**(그림 9.20)을 고정한다. 일반적으로 양의 x축이 시초선으로 선택된다. 평면 상의 한 점 P에 대하여 O부터 P까지의 거리를 r이라 하고 시초선으로부터 반직선 OP까지의 각을 θ라 할 때, 점 P를 **극좌표 순서쌍(polar coordinate pair)** (r, θ)로 나타낼 수 있다. 점 P를 다음과 같이 표기한다.

삼각법에서와 같이 θ는 반시계방향으로 측정될 때 양이고, 시계방향으로 측정될 때 음이 된다. 주어진 점에 대한 각은 유일하게 결정되는 것은 아니다. 평면 위의 한 점이 직교좌표는 하나의 순서쌍으로 표현되지만, 극좌표로는 무한히 많은 순서쌍으로 나타낼 수 있다. 예를 들어, 반직선 $\theta = \pi/6$ 위에서 원점으로부터 거리가 2인 점의 극좌표는 $r = 2$이고 $\theta = \pi/6$이다. 이는 또한 $r = 2$, $\theta = -11\pi/6$인 극좌표로 나타낼 수 있다(그림 9.21). 만일 r이 음수인 것을 허용하면 더욱 다양하게 표현될 수 있다. 이것이 $P(r, \theta)$를 정의하는 데 유향거리를 사용하는 이유이다. 점 $P(2, 7\pi/6)$은 길이가 2인 시초선을 양의 방향으로 $7\pi/6$ 라디안 회전시켰을 때 도달된다(그림 9.22). 또한, 이는 시초선을 반시계방향으로 $\pi/6$ 라디안 회전한 다음 **반대 방향**(*backward*)으로 2만큼 이동하면 P에 도달된다. 따라서 점의 극좌표는 $r = -2$, $\theta = \pi/6$이다.

예제 1 $P(2, \pi/6)$의 모든 극좌표를 구하라.

풀이 좌표계에 시초선을 그리고 시초선과 $\pi/6$ 라디안의 각을 이루는 반직선을 그린 다음 점 $(2, \pi/6)$를 표시한다(그림 9.23). 다음으로 $r = 2$와 $r = -2$가 되는 P의 다른 좌표를 구한다.

$r = 2$인 경우에 해당되는 각은

$$\frac{\pi}{6}, \quad \frac{\pi}{6} \pm 2\pi, \quad \frac{\pi}{6} \pm 4\pi, \quad \frac{\pi}{6} \pm 6\pi, \ldots$$

$r = -2$인 경우에 해당되는 각은

$$-\frac{5\pi}{6}, \quad -\frac{5\pi}{6} \pm 2\pi, \quad -\frac{5\pi}{6} \pm 4\pi, \quad -\frac{5\pi}{6} \pm 6\pi, \ldots$$

P에 대응되는 극좌표 순서쌍은

$$\left(2, \frac{\pi}{6} + 2n\pi\right), \quad n = 0, \pm 1, \pm 2, \ldots$$

와

$$\left(-2, -\frac{5\pi}{6} + 2n\pi\right), \quad n = 0, \pm 1, \pm 2, \ldots$$

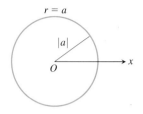

그림 9.24 원에 대한 극방정식은 $r=a$이다.

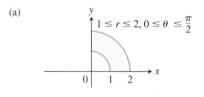

(a)

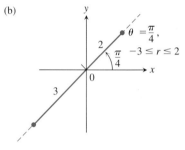

(b)

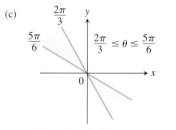

(c)

그림 9.25 r과 θ에 대한 표준 부등식의 그래프(예제 3)

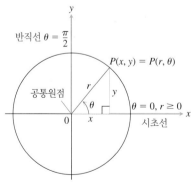

그림 9.26 극좌표와 직교좌표를 연결하는 방법

이다. $n=0$일 때 공식에서 $(2,\ \pi/6)$과 $(-2,\ -5\pi/6)$을 얻게 되고 $n=1$일 때, $(2,\ 13\pi/6)$과 $(-2,\ 7\pi/6)$을 얻게 된다. 이와 같은 방법으로 극좌표의 순서쌍을 계속하여 구할 수 있다. ■

극방정식과 그래프

r을 상수값 $r=a\neq0$으로 고정하면 $P(r,\ \theta)$는 원점 O로부터 거리가 $|a|$가 되는 점이다. 길이가 2π가 되는 구간 위를 θ가 움직인다면 P는 중심이 O이고 반지름이 $|a|$인 한 원을 그리게 된다(그림 9.24).

만일 θ를 $\theta=\theta_0$인 상수값으로 고정하고 r을 $-\infty$부터 ∞까지 변하는 값이라 하면 $P(r,\ \theta)$의 자취는 원점을 지나 시초선과 θ_0의 각을 이루는 직선이 된다(예를 들어 그림 9.22 참조).

예제 2

(a) $r=1$과 $r=-1$은 중심이 원점이고 반지름이 1인 방정식이다.

(b) $\theta=\pi/6$, $\theta=7\pi/6$와 $\theta=-5\pi/6$는 그림 9.23의 직선에 대한 방정식이다. ■

$r=a$와 $\theta=\theta_0$ 형태의 방정식들을 결합하여 영역, 선분, 반직선을 정의할 수 있다.

예제 3 아래의 조건을 만족하는 극좌표 집합을 그래프로 나타내라.

(a) $1\leq r\leq2$와 $0\leq\theta\leq\dfrac{\pi}{2}$

(b) $-3\leq r\leq2$와 $\theta=\dfrac{\pi}{4}$

(c) $\dfrac{2\pi}{3}\leq\theta\leq\dfrac{5\pi}{6}$ (r에 대한 제한이 없음)

풀이 그래프는 그림 9.25에 있다. ■

극좌표와 직교좌표 사이의 관계

평면상에서 극좌표와 직교좌표를 모두 사용할 때 2개의 원점을 겹쳐 놓고 양의 x축을 시초선으로 택한다. 반직선 $\theta=\pi/2$, $r>0$은 양의 y축이 된다(그림 9.26). 2개의 좌표계 사이에는 아래의 관계식이 성립한다.

극좌표와 직교좌표 사이의 관계식

$$x=r\cos\theta,\qquad y=r\sin\theta,\qquad r^2=x^2+y^2,\qquad \tan\theta=\frac{y}{x}\,(x\neq0)$$

이 관계식 중 처음 2개의 식에서 극좌표에 의해 주어진 r과 θ는 직교좌표상의 x와 y를 유일하게 결정하는 식이다. 반면에 원점을 제외하고 x와 y가 주어지면 세 번째 방정식에 의하여 가능한 r의 값은 두 가지이다(양의 값과 음의 값). 각각의 경우를 선택하면 앞의 2개의 식을 만족하는 유일한 $\theta\in[0,\ 2\pi)$가 존재하고 이를 통하여 직교좌표 $(x,\ y)$를 나타내는 극좌표를 얻을 수 있다. 예제 1에서와 같이 하나의 직교좌표에 대한 두 가지의 다른 극좌표가 결정될 수 있다.

예제 4 극방정식과 직교방정식으로 표현한 동치인 평면곡선의 예이다.

극방정식	동치인 직교방정식
$r \cos \theta = 2$	$x = 2$
$r^2 \cos \theta \sin \theta = 4$	$xy = 4$
$r^2 \cos^2 \theta - r^2 \sin^2 \theta = 1$	$x^2 - y^2 = 1$
$r = 1 + 2r \cos \theta$	$y^2 - 3x^2 - 4x - 1 = 0$
$r = 1 - \cos \theta$	$x^4 + y^4 + 2x^2 y^2 + 2x^3 + 2xy^2 - y^2 = 0$

일부의 곡선에서는 극좌표가 보다 편리하지만 일반적으로는 그렇지 않다. ■

예제 5 원 $x^2 + (y-3)^2 = 9$(그림 9.27)에 대한 극방정식을 구하라.

풀이 극좌표와 직교좌표 사이의 관계식을 이용하여 극방정식을 구할 수 있다.

$$x^2 + (y-3)^2 = 9$$
$$x^2 + y^2 - 6y + 9 = 9 \qquad (y-3)^2의\ 전개$$
$$x^2 + y^2 - 6y = 0 \qquad 9의\ 소거$$
$$r^2 - 6r \sin \theta = 0 \qquad x^2 + y^2 = r^2,\ y = r \sin \theta$$
$$r = 0 \quad \text{or} \quad r - 6 \sin \theta = 0$$
$$r = 6 \sin \theta \qquad 하나의\ 식으로\ 두\ 경우를\ 포함$$

■

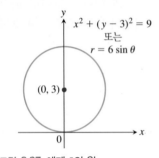

그림 9.27 예제 5의 원

예제 6 다음의 극방정식과 동치인 직교방정식을 말하고 그래프의 특성을 설명하라.

(a) $r \cos \theta = -4$

(b) $r^2 = 4r \cos \theta$

(c) $r = \dfrac{4}{2 \cos \theta - \sin \theta}$

풀이 $r \cos \theta = x$, $r \sin \theta = y$, $r^2 = x^2 + y^2$을 이용하자.

(a) $r \cos \theta = -4$

직교방정식: $r \cos \theta = -4$
$$x = -4 \qquad 치환$$

그래프: $x = -4$를 지나면서 x축에 수직인 직선

(b) $r^2 = 4r \cos \theta$

직교방정식: $r^2 = 4r \cos \theta$
$$x^2 + y^2 = 4x \qquad 치환$$
$$x^2 - 4x + y^2 = 0$$
$$x^2 - 4x + 4 + y^2 = 4 \qquad 완전제곱$$
$$(x-2)^2 + y^2 = 4 \qquad 인수분해$$

그래프: 반지름이 2, 중심이 $(h, k) = (2, 0)$인 원

(c) $r = \dfrac{4}{2 \cos \theta - \sin \theta}$

직교방정식: $r(2 \cos \theta - \sin \theta) = 4$
$$2r \cos \theta - r \sin \theta = 4 \qquad r을\ 곱함$$
$$2x - y = 4 \qquad 치환$$
$$y = 2x - 4 \qquad y를\ 푼다$$

그래프: 기울기가 $m = 2$, y절편이 $b = -4$인 직선

■

연습문제 9.3

극좌표

1. 동일한 점을 나타내는 극좌표 순서쌍은 어떤 것인가?

a. $(3, 0)$ **b.** $(-3, 0)$ **c.** $(2, 2\pi/3)$

d. $(2, 7\pi/3)$ **e.** $(-3, \pi)$ **f.** $(2, \pi/3)$

g. $(-3, 2\pi)$ **h.** $(-2, -\pi/3)$

2. 동일한 점을 나타내는 극좌표 순서쌍은 어떤 것인가?

a. $(-2, \pi/3)$ **b.** $(2, -\pi/3)$ **c.** (r, θ)

d. $(r, \theta + \pi)$ **e.** $(-r, \theta)$ **f.** $(2, -2\pi/3)$

g. $(-r, \theta + \pi)$ **h.** $(-2, 2\pi/3)$

3. 다음 점(극좌표에서 주어진) 들을 나타내라. 그리고 각 점에 대한 극좌표를 모두 구하라.

a. $(2, \pi/2)$ **b.** $(2, 0)$

c. $(-2, \pi/2)$ **d.** $(-2, 0)$

4. 다음 점(극좌표에서 주어진) 들을 나타내라. 그리고 각 점에 대한 극좌표를 모두 구하라.

a. $(3, \pi/4)$ **b.** $(-3, \pi/4)$

c. $(3, -\pi/4)$ **d.** $(-3, -\pi/4)$

극좌표를 직교좌표로

5. 연습문제 1에 제시된 점들의 직교좌표를 구하라.

6. 다음 점 (극좌표에서 주어진)들의 직교좌표를 구하라.

a. $\left(\sqrt{2}, \pi/4\right)$ **b.** $(1, 0)$

c. $(0, \pi/2)$ **d.** $\left(-\sqrt{2}, \pi/4\right)$

e. $(-3, 5\pi/6)$ **f.** $(5, \tan^{-1}(4/3))$

g. $(-1, 7\pi)$ **h.** $\left(2\sqrt{3}, 2\pi/3\right)$

직교좌표를 극좌표로

7. 직교좌표로 주어진 다음 점들의 극좌표($r \geq 0$, $0 \leq \theta < 2\pi$인 범위)를 구하라.

a. $(1, 1)$ **b.** $(-3, 0)$

c. $\left(\sqrt{3}, -1\right)$ **d.** $(-3, 4)$

8. 직교좌표로 주어진 다음 점들의 극좌표($r \geq 0$, $-\pi \leq \theta < \pi$인 범위)를 구하라.

a. $(-2, -2)$ **b.** $(0, 3)$

c. $\left(-\sqrt{3}, 1\right)$ **d.** $(5, -12)$

9. 직교좌표로 주어진 다음 점들의 극좌표($r \leq 0$, $0 \leq \theta < 2\pi$인 범위)를 구하라.

a. $(3, 3)$ **b.** $(-1, 0)$

c. $\left(-1, \sqrt{3}\right)$ **d.** $(4, -3)$

10. 직교좌표로 주어진 다음 점들의 극좌표($r \leq 0$, $-\pi \leq \theta < \pi$인 범위)를 구하라.

a. $(-2, 0)$ **b.** $(1, 0)$

c. $(0, -3)$ **d.** $\left(\dfrac{\sqrt{3}}{2}, \dfrac{1}{2}\right)$

극좌표에서 그래프

연습문제 11~26에서 극좌표가 주어진 방정식과 부등식을 만족하는 점들의 집합을 그려라.

11. $r = 2$ **12.** $0 \leq r \leq 2$

13. $r \geq 1$ **14.** $1 \leq r \leq 2$

15. $0 \leq \theta \leq \pi/6$, $r \geq 0$ **16.** $\theta = 2\pi/3$, $r \leq -2$

17. $\theta = \pi/3$, $-1 \leq r \leq 3$ **18.** $\theta = 11\pi/4$, $r \geq -1$

19. $\theta = \pi/2$, $r \geq 0$ **20.** $\theta = \pi/2$, $r \leq 0$

21. $0 \leq \theta \leq \pi$, $r = 1$ **22.** $0 \leq \theta \leq \pi$, $r = -1$

23. $\pi/4 \leq \theta \leq 3\pi/4$, $0 \leq r \leq 1$

24. $-\pi/4 \leq \theta \leq \pi/4$, $-1 \leq r \leq 1$

25. $-\pi/2 \leq \theta \leq \pi/2$, $1 \leq r \leq 2$

26. $0 \leq \theta \leq \pi/2$, $1 \leq |r| \leq 2$

극방정식을 직교방정식으로

연습문제 27~52에서 주어진 극방정식을 동치인 직교방정식으로 변환하고, 그 그래프를 기술하거나 확인하라.

27. $r \cos \theta = 2$ **28.** $r \sin \theta = -1$

29. $r \sin \theta = 0$ **30.** $r \cos \theta = 0$

31. $r = 4 \csc \theta$ **32.** $r = -3 \sec \theta$

33. $r \cos \theta + r \sin \theta = 1$ **34.** $r \sin \theta = r \cos \theta$

35. $r^2 = 1$ **36.** $r^2 = 4r \sin \theta$

37. $r = \dfrac{5}{\sin \theta - 2 \cos \theta}$ **38.** $r^2 \sin 2\theta = 2$

39. $r = \cot \theta \csc \theta$ **40.** $r = 4 \tan \theta \sec \theta$

41. $r = \csc \theta \, e^{r \cos \theta}$ **42.** $r \sin \theta = \ln r + \ln \cos \theta$

43. $r^2 + 2r^2 \cos \theta \sin \theta = 1$ **44.** $\cos^2 \theta = \sin^2 \theta$

45. $r^2 = -4r \cos \theta$ **46.** $r^2 = -6r \sin \theta$

47. $r = 8 \sin \theta$ **48.** $r = 3 \cos \theta$

49. $r = 2 \cos \theta + 2 \sin \theta$ **50.** $r = 2 \cos \theta - \sin \theta$

51. $r \sin \left(\theta + \dfrac{\pi}{6}\right) = 2$

52. $r \sin \left(\dfrac{2\pi}{3} - \theta\right) = 5$

직교방정식을 극방정식으로

연습문제 53~66에서 주어진 직교방정식을 동치인 극방정식으로 변환하라.

53. $x = 7$ **54.** $y = 1$ **55.** $x = y$

56. $x - y = 3$ **57.** $x^2 + y^2 = 4$ **58.** $x^2 - y^2 = 1$

59. $\dfrac{x^2}{9} + \dfrac{y^2}{4} = 1$ **60.** $xy = 2$

61. $y^2 = 4x$ **62.** $x^2 + xy + y^2 = 1$

63. $x^2 + (y - 2)^2 = 4$ **64.** $(x - 5)^2 + y^2 = 25$

65. $(x - 3)^2 + (y + 1)^2 = 4$ **66.** $(x + 2)^2 + (y - 5)^2 = 16$

67. 원점을 나타내는 모든 극좌표를 구하라.

68. 수직선과 수평선

a. xy평면상의 모든 수직선은 $r = a \sec \theta$ 꼴의 극방정식으로 표현됨을 보이라.

b. xy평면상의 수평선에 대한 비슷한 형태인 극방정식을 구하라.

9.4   극방정식의 그래프 그리기

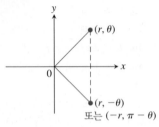

(a) x축에 대한 대칭

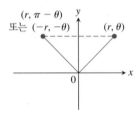

(b) y축에 대한 대칭

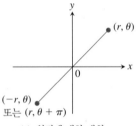

(c) 원점에 대한 대칭

그림 9.28 극좌표에서 대칭에 대한 세 가지 판정

극좌표로 표현된 방정식의 그래프를 직교 xy평면에 그리는 것이 종종 도움이 된다. 이 절에서는 대칭성과 접선을 이용하여 방정식의 그래프를 그리는 방법에 대해서 공부한다.

대칭성

극좌표를 사용할 때, 세 가지 대칭성의 기본 형태를 판정하는 방법이 아래에 정리되어 있다. 그림 9.28에서는 이 대칭성을 그림으로 설명하고 있다.

직교 xy평면에서 극좌표 그래프에 대한 대칭성 판정

1. x축에 대한 대칭: 그래프 위에 있는 점 (r, θ)에 대하여, $(r, -\theta)$ 또는 $(-r, \pi - \theta)$가 그래프 위에 있는 경우(그림 9.28(a))

2. y축에 대한 대칭: 그래프 위에 있는 점 (r, θ)에 대하여, $(r, \pi - \theta)$ 또는 $(-r, -\theta)$가 그래프 위에 있는 경우(그림 9.28(b))

3. 원점에 대한 대칭: 그래프 위에 있는 점 (r, θ)에 대하여, $(-r, \theta)$ 또는 $(r, \theta + \pi)$가 그래프 위에 있는 경우(그림 9.28(c))

기울기

xy평면에서 극좌표 곡선 $r = f(\theta)$의 기울기는 $r' = df/d\theta$가 아닌 dy/dx로 주어진다. 그 이유는 매개방정식

$$x = r\cos\theta = f(\theta)\cos\theta, \qquad y = r\sin\theta = f(\theta)\sin\theta$$

의 그래프를 f의 그래프로 생각하기 때문이다. f가 미분가능한 θ의 함수라면 x, y도 θ의 함수가 되고 $dx/d\theta \neq 0$일 때, 매개변수 공식으로부터 dy/dx를 계산할 수 있다.

$$\frac{dy}{dx} = \frac{dy/d\theta}{dx/d\theta} \qquad \text{9.2절의 식 (1)에 } t = \theta \text{ 대입}$$

$$= \frac{\dfrac{d}{d\theta}(f(\theta) \cdot \sin\theta)}{\dfrac{d}{d\theta}(f(\theta) \cdot \cos\theta)} \qquad \text{치환}$$

$$= \frac{\dfrac{df}{d\theta}\sin\theta + f(\theta)\cos\theta}{\dfrac{df}{d\theta}\cos\theta - f(\theta)\sin\theta} \qquad \text{곱의 미분 공식}$$

그러므로 dy/dx는 $df/d\theta$와 같지 않다.

직교 xy평면에서 곡선 $r = f(\theta)$의 기울기

(r, θ)에서 $dx/d\theta \neq 0$일 때

$$\left.\frac{dy}{dx}\right|_{(r,\theta)} = \frac{f'(\theta)\sin\theta + f(\theta)\cos\theta}{f'(\theta)\cos\theta - f(\theta)\sin\theta}$$

곡선 $r = f(\theta)$가 $\theta = \theta_0$에서 원점을 통과하면 $f(\theta_0) = 0$이고 곡선의 기울기는

θ	$r = 1 - \cos \theta$
0	0
$\dfrac{\pi}{3}$	$\dfrac{1}{2}$
$\dfrac{\pi}{2}$	1
$\dfrac{2\pi}{3}$	$\dfrac{3}{2}$
π	2

(a)

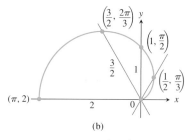

(b)

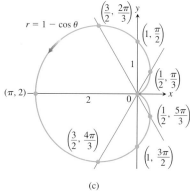

(c)

그림 9.29 심장형 $r = 1 - \cos \theta$의 그래프 그리는 단계(예제 1). 화살표는 θ가 증가하는 방향을 나타낸다.

$$\left.\frac{dy}{dx}\right|_{(0,\,\theta_0)} = \frac{f'(\theta_0) \sin \theta_0}{f'(\theta_0) \cos \theta_0} = \tan \theta_0$$

즉, 점 $(0, \theta_0)$에서 곡선의 기울기는 $\tan \theta_0$이다. 원점에서의 기울기가 아닌 $(0, \theta_0)$에서의 기울기라고 하는 이유는 θ_0과 다른 θ일 때 다른 기울기로 원점을 한 번 이상 통과할 수 있기 때문이다. 이것은 아래의 예제와 같은 경우에만 나타나는 것은 아니다.

예제 1 곡선 $r = 1 - \cos \theta$의 그래프를 직교 xy평면에 그려라.

풀이 (r, θ)가 그래프 위의 점 $\Rightarrow r = 1 - \cos \theta$

$\Rightarrow r = 1 - \cos(-\theta)$ $\quad \cos \theta = \cos(-\theta)$

$\Rightarrow (r, -\theta)$는 그래프 위의 점

따라서 곡선은 x축에 대하여 대칭이다. θ가 0부터 π까지 증가하면, $\cos \theta$는 1부터 -1까지 감소하고 $r = 1 - \cos \theta$는 최솟값 0부터 최댓값 2까지 증가한다. θ가 π부터 2π까지 연속적으로 증가하면 $\cos \theta$는 -1부터 1까지 증가하고 r은 2부터 0까지 감소한다. 이 곡선은 코사인의 주기가 2π이므로 $\theta = 2\pi$일 때 반복하여 출발하게 된다.

이 곡선은 기울기가 $\tan(0) = 0$일 때 원점을 출발하여 기울기가 $\tan(2\pi) = 0$일 때 원점으로 돌아온다.

$\theta = 0$에서 $\theta = \pi$까지 함숫값에 대한 표를 만든다. 그리고 각 점을 표시한 다음 원점에서 접선이 수평선이 되고 각 점을 지나는 매끄러운 곡선을 그린 다음 x축을 중심으로 대칭된 그래프를 그려 완성한다(그림 9.29). 이 모양이 심장의 모습을 하고 있어서 **심장형**(cardioid)이라 한다. ∎

예제 2 곡선 $r^2 = 4 \cos \theta$의 그래프를 직교 xy평면에 그려라.

풀이 방정식 $r^2 = 4 \cos \theta$는 $\cos \theta \geq 0$일 때만 의미가 있다. 따라서 θ가 $-\pi/2$부터 $\pi/2$까지 움직일 때 전체 그래프를 그릴 수 있다.

(r, θ)가 그래프 위의 점 $\Rightarrow r^2 = 4 \cos \theta$

$\Rightarrow r^2 = 4 \cos(-\theta)$ $\quad \cos \theta = \cos(-\theta)$

$\Rightarrow (r, -\theta)$는 그래프 위의 점

따라서 곡선은 x축에 대하여 대칭이다.

(r, θ)가 그래프 위의 점 $\Rightarrow r^2 = 4 \cos \theta$

$\Rightarrow (-r)^2 = 4 \cos \theta$

$\Rightarrow (-r, \theta)$는 그래프 위의 점

따라서 곡선은 원점에 대하여 대칭이다. 따라서 이 두 대칭성으로부터 곡선은 y축에 대하여 대칭이다.

$\theta = -\pi/2$와 $\theta = \pi/2$일 때 곡선은 원점을 지난다. 이때 $\tan \theta$가 무한대이므로 이 점들에서 접선은 x축에 수직이다.

$-\pi/2$와 $\pi/2$ 사이의 구간에 있는 θ에 대하여 $r^2 = 4 \cos \theta$이므로

$$r = \pm 2 \sqrt{\cos \theta}$$

이다. 아래와 같은 표를 만든 다음 대응된 점을 표시하고 곡선의 대칭성과 기울기를 이용하여 각 점들을 곡선으로 연결한다(그림 9.30).

θ	$\cos\theta$	$r = \pm 2\sqrt{\cos\theta}$
0	1	± 2
$\pm\dfrac{\pi}{6}$	$\dfrac{\sqrt{3}}{2}$	$\approx \pm 1.9$
$\pm\dfrac{\pi}{4}$	$\dfrac{1}{\sqrt{2}}$	$\approx \pm 1.7$
$\pm\dfrac{\pi}{3}$	$\dfrac{1}{2}$	$\approx \pm 1.4$
$\pm\dfrac{\pi}{2}$	0	0

(a)

(b)

$r = -2\sqrt{\cos\theta}$에 대한 고리,
$-\dfrac{\pi}{2} \le \theta \le \dfrac{\pi}{2}$

$r = 2\sqrt{\cos\theta}$에 대한 고리,
$-\dfrac{\pi}{2} \le \theta \le \dfrac{\pi}{2}$

그림 9.30 $r^2 = 4\cos\theta$의 그래프. 화살표는 θ가 증가하는 방향을 나타내고 있다. 표 안의 r의 값은 반올림한 것이다(예제 2). ■

그래프 그리는 방법

극방정식 $r = f(\theta)$의 그래프를 xy평면에 그리는 한 가지 방법은 (r, θ)값에 대한 표를 만든 다음 대응점들을 표시하고, θ가 증가하는 순서대로 점들을 연결하여 그리는 것이다. 표시된 점들이 곡선의 유형을 잘 나타내고 있을 때에는 이 방법이 그래프를 그릴 때 유용하다. 그래프를 그리는 또 다른 방법은

1. 먼저 **직교 $r\theta$평면**에 $r = f(\theta)$의 그래프를 그린다.
2. 그런 다음, 이 직교 그래프를 표로써 이용하여 극좌표 그래프를 직교 xy평면에 그린다.

때로는 이 방법이 단순히 점을 찍어 그리는 방법보다 좋은 방법이다. 왜냐하면 첫 번째 직교 그래프는 r이 증가하고 감소하는 것뿐만 아니라 r이 양인 경우, 음인 경우, 존재하지 않는 경우를 단번에 보여준다. 다음 예제를 살펴보자.

예제 3 곡선 $r^2 = \sin 2\theta$의 그래프를 직교 xy평면에 그리라.

풀이 이 예제에서는 먼저 $r^2\theta$ 직교좌표 평면에 θ의 함수 r^2(r가 아님)의 그래프를 그리는 것이 더 쉽다. 그림 9.31(a) 참조. 여기서 $r\theta$ 직교좌표 평면에 $r = \pm\sqrt{\sin 2\theta}$의 그래프를 그리고(그림 9.31(b)) 극좌표 그래프를 그린다(그림 9.31(c)). 그림 9.31(b)의 그래프는 마지막에 있는 그림 9.31(c)의 그래프를 두 번 중복하여 그리게 된다. 그래프의 두 위쪽 부분이나 그래프의 두 아래쪽 부분을 이용하여 그래프를 그릴 수도 있다. 이렇게 두 번 그래프를 그리는 것은 아무런 문제가 없고 실제로 이런 방법으로 함수에 대한 많은 것을 공부할 수도 있다. ■

과학기술의 활용 극 곡선을 매개변수로 그리기

복잡한 극 곡선을 그리기 위하여 우리는 그래프 계산기나 또는 컴퓨터를 이용할 수 있다. 만약 이러한 장치에 극좌표 그래프를 직접 그릴 수 있는 기능이 없다면 $r = f(\theta)$를 방정식

$$x = r\cos\theta = f(\theta)\cos\theta, \qquad y = r\sin\theta = f(\theta)\sin\theta$$

를 이용하여 매개변수화한다. 다음으로 xy직교좌표 평면 위에 곡선을 그리는 기능을 이용한다.

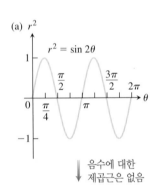

(a) r^2

$r^2 = \sin 2\theta$

음수에 대한 제곱근은 없음

(b) r

$r = +\sqrt{\sin 2\theta}$

$r = -\sqrt{\sin 2\theta}$

제곱근으로부터 $\pm$부분

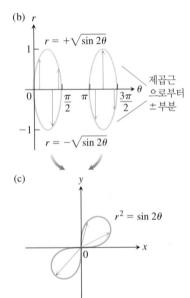

(c)

$r^2 = \sin 2\theta$

그림 9.31 (b)의 직교 $r\theta$평면 위에 $r = f(\theta)$의 그래프를 그리기 위하여 먼저 (a)의 $r^2\theta$평면 위에 $r^2 = \sin 2\theta$의 그래프를 그린다. $\sin 2\theta$가 음이 되는 θ값은 무시한다. (b)에 있는 그래프에서 반지름들이 (c)에 있는 염주형(lemniscate)의 극좌표 그래프를 두 번 지난다(예제 3).

연습문제 9.4

극 곡선의 대칭과 그래프

연습문제 1~12에서 곡선의 대칭성을 확인하고, 그 곡선을 그리라.

1. $r = 1 + \cos \theta$ **2.** $r = 2 - 2 \cos \theta$

3. $r = 1 - \sin \theta$ **4.** $r = 1 + \sin \theta$

5. $r = 2 + \sin \theta$ **6.** $r = 1 + 2 \sin \theta$

7. $r = \sin(\theta/2)$ **8.** $r = \cos(\theta/2)$

9. $r^2 = \cos \theta$ **10.** $r^2 = \sin \theta$

11. $r^2 = -\sin \theta$ **12.** $r^2 = -\cos \theta$

연습문제 13~16에서 염주형(lemniscate)의 그래프를 그리라. 이 곡선에는 어떤 대칭성이 있는가?

13. $r^2 = 4 \cos 2\theta$ **14.** $r^2 = 4 \sin 2\theta$

15. $r^2 = -\sin 2\theta$ **16.** $r^2 = -\cos 2\theta$

극 곡선의 기울기

연습문제 17~20에서 주어진 점에서 곡선의 기울기를 구하고, 이 점에서의 접선과 함께 곡선을 그리라.

17. 심장형 $r = -1 + \cos \theta; \ \theta = \pm \pi/2$

18. 심장형 $r = -1 + \sin \theta; \ \theta = 0, \pi$

19. 사엽 장미형 $r = \sin 2\theta; \ \theta = \pm \pi/4, \pm 3\pi/4$

20. 사엽 장미형 $r = \cos 2\theta; \ \theta = 0, \pm \pi/2, \pi$

*xy*평면에서 극 곡선의 오목성

극 곡선 $r = f(\theta)$의 도함수 y'에 대한 공식은 식 (1)에 주어졌다. 2계 도함수는 $\dfrac{d^2 y}{dx^2} = \dfrac{dy'/d\theta}{dx/d\theta}$ (9.2절의 식 (2) 참조)이다.

연습문제 21~24에서 각 곡선의 주어진 점들에서 기울기와 오목성을 구하라.

21. $r = \sin \theta, \quad \theta = \pi/6, \pi/3$ **22.** $r = e^\theta, \quad \theta = 0, \pi$

23. $r = \theta, \quad \theta = 0, \pi/2$ **24.** $r = 1/\theta, \quad \theta = -\pi, 1$

리마송 그래프

연습문제 25~28에서 리마송 그래프를 그리라. limaçon("*lee-masahn*")은 옛 프랑스어로 '달팽이'를 뜻한다. 연습문제 25의 그래프를 그려보면 리마송 그래프 이름을 이해할 것이다. 리마송에 대한 방정식의 형태는 $r = a \pm b \cos \theta$나 $r = a \pm b \sin \theta$이다. 여기에는 4가지의 기본형태가 있다.

25. 내부 루프를 가지고 있는 리마송

   a. $r = \dfrac{1}{2} + \cos \theta$ **b.** $r = \dfrac{1}{2} + \sin \theta$

26. 심장형

   a. $r = 1 - \cos \theta$ **b.** $r = -1 + \sin \theta$

27. 보조개 있는 리마송

   a. $r = \dfrac{3}{2} + \cos \theta$ **b.** $r = \dfrac{3}{2} - \sin \theta$

28. 계란형 리마송

   a. $r = 2 + \cos \theta$ **b.** $r = -2 + \sin \theta$

극부등식 그래프

29. 부등식 $-1 \le r \le 2$와 $-\pi/2 \le \theta \le \pi/2$에 의하여 정의된 영역을 그리라.

30. 부등식 $0 \le r \le 2 \sec \theta$와 $-\pi/4 \le \theta \le \pi/4$에 의하여 정의된 영역을 그리라.

연습문제 31과 32에서 주어진 부등식에 의하여 정의된 영역을 그리라.

31. $0 \le r \le 2 - 2 \cos \theta$ **32.** $0 \le r^2 \le \cos \theta$

T 33. 다음 중 어느 것이 $r = 1 - \cos \theta$와 같은 그래프를 갖는가?

   a. $r = -1 - \cos \theta$ **b.** $r = 1 + \cos \theta$

대수적으로 답을 확인하라.

T 34. 다음 중 어느 것이 $r = \cos 2\theta$와 같은 그래프를 갖는가?

   a. $r = -\sin(2\theta + \pi/2)$ **b.** $r = -\cos(\theta/2)$

대수적으로 답을 확인하라.

T 35. 장미형 안의 장미   방정식 $r = 1 - 2 \sin 3\theta$의 그래프를 그리라.

T 36. 신장형(nephroid)

$$r = 1 + 2 \sin \frac{\theta}{2}$$

의 그래프를 그리라.

T 37. 장미형 $m = 1/3, 2, 3, 7$에 대한 $r = \cos m\theta$의 그래프를 그리라.

T 38. 나선형   나선형을 정의한 극좌표가 주어져 있다. 다음 나선형 그래프를 그리라.

   a. $r = \theta$

   b. $r = -\theta$

   c. 로그함수 나선형: $r = e^{\theta/10}$

   d. 쌍곡선 나선형: $r = 8/\theta$

   e. 등변의 쌍곡선: $r = \pm 10/\sqrt{\theta}$

(두 분지에 대하여 서로 다른 색을 이용하라.)

T 39. 방정식 $r = \sin\left(\dfrac{8}{7}\theta\right), \ 0 \le \theta \le 14\pi$의 그래프를 그리라.

T 40. 다음 방정식의 $0 \le \theta \le 10\pi$ 범위에서 그래프를 그리라.

$$r = \sin^2(2.3\theta) + \cos^4(2.3\theta)$$

9.5 극좌표에서의 넓이와 길이

이 절에서는 평면 영역의 넓이와 곡선의 길이를 극좌표에서 어떻게 계산하는지를 공부한다.

평면에서의 넓이

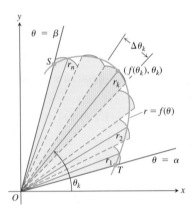

그림 9.32 영역 *OTS*의 넓이를 구하는 공식을 유도하기 위하여 부채꼴 영역으로 근사시킨다.

그림 9.32의 영역 *OTS*는 반직선 $\theta = \alpha$, $\theta = \beta$, 곡선 $r = f(\theta)$로 둘러싸여 있다. 각 *TOS*의 분할 *P*에 의하여 서로 겹쳐지지 않는 *n*개의 부채꼴로 주어진 영역을 근사시킨다. 부채꼴의 반지름은 $r_k = f(\theta_k)$이고 중심각이 $\Delta\theta_k$ 라디안이다. 부채꼴의 넓이는 반지름이 r_k인 원의 넓이의 $\Delta\theta_k / 2\pi$배, 즉

$$A_k = \frac{1}{2}r_k{}^2\,\Delta\theta_k = \frac{1}{2}\big(f(\theta_k)\big)^2\,\Delta\theta_k$$

이다. 따라서 영역 *OTS*의 넓이에 대한 근삿값은

$$\sum_{k=1}^{n} A_k = \sum_{k=1}^{n} \frac{1}{2}\big(f(\theta_k)\big)^2\,\Delta\theta_k$$

이다. *f*가 연속이므로 분할의 노름 $\|P\| \to 0$일 때 참값에 가까운 근삿값을 구할 수 있다. 여기서 $\|P\|$는 $\Delta\theta_k$의 값 중에서 최댓값이다. 그러므로 넓이에 대한 아래의 공식을 얻게 된다.

$$A = \lim_{\|P\|\to 0} \sum_{k=1}^{n} \frac{1}{2}\big(f(\theta_k)\big)^2\,\Delta\theta_k$$

$$= \int_{\alpha}^{\beta} \frac{1}{2}\big(f(\theta)\big)^2\,d\theta$$

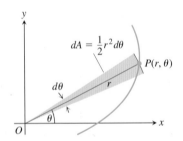

그림 9.33 곡선 $r = f(\theta)$에 대한 넓이미분 *dA*

> 원점과 곡선 $r = f(\theta)$, $\alpha \le \theta \le \beta$ 사이의 부채꼴 영역의 넓이 ($r \ge 0$이고 $\beta - \alpha \le 2\pi$이다.)
>
> $$A = \int_{\alpha}^{\beta} \frac{1}{2} r^2\,d\theta$$
>
> 이것은 **넓이미분(area differential)**(그림 9.33)
>
> $$dA = \frac{1}{2} r^2\,d\theta = \frac{1}{2}\big(f(\theta)\big)^2\,d\theta$$
>
> 에 대한 적분이다.

위의 넓이 공식에서 $r \ge 0$이라 가정하였고, 또한 영역을 이루는 각이 2π를 넘지 않는다고 가정하였다. 이는 음의 부호를 갖는 넓이를 피하고, 또한 영역이 자기 자신과 겹치는 것을 방지하게 된다. 좀 더 일반적인 영역은, 필요하다면, 보통은 이와 같은 형태의 영역으로 분할하여 다룰 수 있을 것이다.

예제 1 *xy*평면에서 심장형 $r = 2(1 + \cos\theta)$에 둘러싸인 영역의 넓이를 구하라.

풀이 심장형 그래프를 그리고(그림 9.34) θ가 0부터 2π까지 변할 때 *OP*가 영역 전체를 단 한 번 지나게 됨을 알 수 있다. 따라서 넓이는 다음과 같다.

$$\int_{\theta=0}^{\theta=2\pi} \frac{1}{2} r^2\,d\theta = \int_{0}^{2\pi} \frac{1}{2}\cdot 4(1 + \cos\theta)^2\,d\theta$$

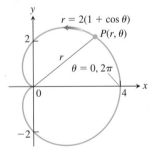

그림 9.34 예제 1의 심장형

$$= \int_0^{2\pi} 2(1 + 2\cos\theta + \cos^2\theta)\,d\theta$$

$$= \int_0^{2\pi} \left(2 + 4\cos\theta + 2\cdot\frac{1 + \cos 2\theta}{2}\right) d\theta$$

$$= \int_0^{2\pi} (3 + 4\cos\theta + \cos 2\theta)\,d\theta$$

$$= \left[3\theta + 4\sin\theta + \frac{\sin 2\theta}{2}\right]_0^{2\pi} = 6\pi - 0 = 6\pi \qquad\blacksquare$$

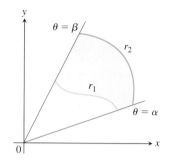

그림 9.35 음영 영역의 넓이는 원점과 r_2 사이의 넓이에서 원점과 r_1 사이의 넓이를 뺀다.

그림 9.35에서와 같은 $\theta = \alpha$부터 $\theta = \beta$까지 두 극좌표 곡선 $r_1 = r_1(\theta)$와 $r_2 = r_2(\theta)$ 사이의 영역의 넓이를 구하기 위해서는, $(1/2)r_2^2\,d\theta$의 적분에서 $(1/2)r_1^2\,d\theta$의 적분을 빼면 된다. 따라서 다음 공식을 얻는다.

영역 $0 \leq r_1(\theta) \leq r \leq r_2(\theta),\ \alpha \leq \theta \leq \beta$의 넓이 ($\beta - \alpha \leq 2\pi$이다.)

$$A = \int_\alpha^\beta \frac{1}{2} r_2^2\,d\theta - \int_\alpha^\beta \frac{1}{2} r_1^2\,d\theta = \int_\alpha^\beta \frac{1}{2}\left(r_2^2 - r_1^2\right) d\theta \qquad (1)$$

예제 2 원 $r = 1$의 내부와 심장형 $r = 1 - \cos\theta$의 외부에 놓여있는 영역의 넓이를 구하라.

풀이 영역을 그려서 경계를 정하고 적분의 구간을 구한다(그림 9.36). 외부 곡선은 $r_2 = 1$이고 내부 곡선은 $r_1 = 1 - \cos\theta$이다. 그리고 θ가 $-\pi/2$부터 $\pi/2$까지 변할 때 식 (1)에 의해 넓이는 다음과 같다.

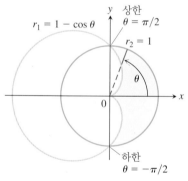

그림 9.36 예제2의 적분의 영역과 상한과 하한

$$A = \int_{-\pi/2}^{\pi/2} \frac{1}{2}\left(r_2^2 - r_1^2\right) d\theta \qquad \text{식 (1)}$$

$$= 2\int_0^{\pi/2} \frac{1}{2}\left(r_2^2 - r_1^2\right) d\theta \qquad \text{대칭성}$$

$$= \int_0^{\pi/2} (1 - (1 - 2\cos\theta + \cos^2\theta))\,d\theta \qquad r_2 = 1,\ r_1 = 1 - \cos\theta$$

$$= \int_0^{\pi/2} (2\cos\theta - \cos^2\theta)\,d\theta = \int_0^{\pi/2}\left(2\cos\theta - \frac{1 + \cos 2\theta}{2}\right) d\theta$$

$$= \left[2\sin\theta - \frac{\theta}{2} - \frac{\sin 2\theta}{4}\right]_0^{\pi/2} = 2 - \frac{\pi}{4} \qquad\blacksquare$$

한 점이 극좌표에서는 여러가지 형태로 표현될 수 있다는 사실 때문에 극방정식의 그래프 위의 점을 결정한다거나 또는 그래프가 만나는 점의 좌표를 결정하는 데 있어서 각별한 주의가 요구된다(예제 2에서는 교점이 필요했다). 직교좌표에서는 두 곡선의 교점을 구하기 위해서 항상 두 방정식을 연립하여 풀면 되었다. 하지만 극좌표에서는 얘기가 달라진다. 연립방정식의 해는 전체 교점을 구하지 못한 채로 몇몇 교점만을 구할 수도 있다. 따라서 두 극곡선의 교점을 모두 구하는 것이 가끔은 어렵다. 모든 교점을 확인하는 하나의 방법은 곡선의 그래프를 그리는 것이다.

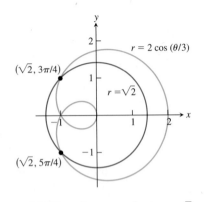

그림 9.37 곡선 $r=2\cos(\theta/3)$과 $r=\sqrt{2}$는 두 점에서 만난다(예제 3).

예제 3 곡선 $r=2\cos(\theta/3)$과 중심이 원점이고 반지름이 $\sqrt{2}$인 원이 만나는 점을 모두 구하라.

풀이 함수 $r=2\cos(\theta/3)$는 양의 값과 음의 값을 모두 가짐에 주의하라. 그러므로 이 곡선이 원과 만나는 점을 구할 때, 원의 방정식이 $r=\sqrt{2}$와 $r=-\sqrt{2}$로 표현되는 둘 다를 고려하는 것이 중요하다.

먼저, 방정식 $2\cos(\theta/3)=\sqrt{2}$를 θ에 대해 풀면

$$2\cos(\theta/3)=\sqrt{2}, \quad \cos(\theta/3)=\sqrt{2}/2, \quad \theta/3=\pi/4, \quad \theta=3\pi/4$$

이다. 이로부터, 두 곡선이 만나는 한 점$(\sqrt{2}, 3\pi/4)$을 찾았다. 하지만, 그림 9.37에서 그래프를 봄으로써 또 다른 두 번째 만나는 점이 있음을 알 수 있다.

두 번째 만나는 점을 구하기 위해, 방정식 $2\cos(\theta/3)=-\sqrt{2}$를 θ에 대해 풀자.

$$2\cos(\theta/3)=-\sqrt{2}, \quad \cos(\theta/3)=-\sqrt{2}/2, \quad \theta/3=3\pi/4, \quad \theta=9\pi/4$$

이다. 즉, 두 번째 만나는 점은 $(-\sqrt{2}, 9\pi/4)$이다. 이 점을 r이 양수이고 θ가 0과 2π 사이의 값을 사용하여 극좌표로 나타낼 수 있다. 극좌표에서는 θ에 2π의 배수를 더하여도 같은 점을 나타내게 된다. 비슷한 방법으로, r의 부호를 바꾸었을 경우에는 동시에 θ에 π를 더하거나 빼주면, 같은 점을 나타내게 된다. 따라서 극좌표에서 점 $(-\sqrt{2}, 9\pi/4)$와 같은 점이지만 다른 표현으로 $(-\sqrt{2}, \pi/4)$가 있고, 또한 다른 표현으로 $(\sqrt{2}, 5\pi/4)$가 있다. 두 번째 만나는 점은 $(\sqrt{2}, 5\pi/4)$이다. ■

극 곡선의 길이

극 곡선 $r=f(\theta)$, $\alpha\le\theta\le\beta$를

$$x=r\cos\theta=f(\theta)\cos\theta, \qquad y=r\sin\theta=f(\theta)\sin\theta, \qquad \alpha\le\theta\le\beta \qquad (2)$$

와 같이 매개변수화하여 곡선의 길이에 대한 극좌표 공식을 구할 수 있다. 9.2절의 식 (3)의 매개변수곡선에 대한 길이 공식에 의해 곡선의 길이는

$$L=\int_\alpha^\beta\sqrt{\left(\frac{dx}{d\theta}\right)^2+\left(\frac{dy}{d\theta}\right)^2}\,d\theta$$

이므로, x와 y에 식 (2)를 대입하면(연습문제 29) 다음 공식을 얻는다.

$$L=\int_\alpha^\beta\sqrt{r^2+\left(\frac{dr}{d\theta}\right)^2}\,d\theta$$

극 곡선의 길이

$r=f(\theta)$가 $\alpha\le\theta\le\beta$에서 1계 도함수가 연속이고 θ가 α부터 β까지 움직일 때 점 $P(r, \theta)$가 곡선 $r=f(\theta)$ 위를 정확하게 한 번 지난다면 곡선의 길이는 다음과 같다.

$$L=\int_\alpha^\beta\sqrt{r^2+\left(\frac{dr}{d\theta}\right)^2}\,d\theta \qquad (3)$$

예제 4 심장형 $r=1-\cos\theta$의 길이를 구하라.

풀이 적분의 상한과 하한을 결정하기 위하여 그래프를 그린다(그림 9.38). 점 $P(r, \theta)$는 θ가 0부터 2π까지 변할 때 반시계방향으로 곡선을 한 번 지나게 된다. 따라서 이 값을 α와 β로 결정하면 된다.

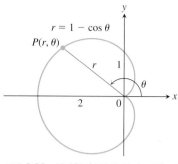

그림 9.38 심장형 곡선의 길이 계산(예제 4)

$$r = 1 - \cos\theta, \qquad \frac{dr}{d\theta} = \sin\theta$$

이고

$$r^2 + \left(\frac{dr}{d\theta}\right)^2 = (1 - \cos\theta)^2 + (\sin\theta)^2$$

$$= 1 - 2\cos\theta + \underbrace{\cos^2\theta + \sin^2\theta}_{1} = 2 - 2\cos\theta$$

이므로 심장형의 길이는 다음과 같다.

$$L = \int_\alpha^\beta \sqrt{r^2 + \left(\frac{dr}{d\theta}\right)^2}\, d\theta = \int_0^{2\pi} \sqrt{2 - 2\cos\theta}\, d\theta$$

$$= \int_0^{2\pi} \sqrt{4\sin^2\frac{\theta}{2}}\, d\theta \qquad\qquad 1 - \cos\theta = 2\sin^2(\theta/2)$$

$$= \int_0^{2\pi} 2\left|\sin\frac{\theta}{2}\right|\, d\theta$$

$$= \int_0^{2\pi} 2\sin\frac{\theta}{2}\, d\theta \qquad\qquad 0 \le \theta \le 2\pi\text{에서 } \sin(\theta/2) \ge 0$$

$$= \left[-4\cos\frac{\theta}{2}\right]_0^{2\pi} = 4 + 4 = 8 \qquad\qquad ■$$

연습문제 9.5

극곡선 영역의 넓이

연습문제 1~8에서 주어진 영역의 넓이를 구하라.

1. 나선 $r = \theta$의 $0 \le \theta \le \pi$로 둘러싸인 영역

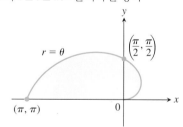

2. 원 $r = 2\sin\theta$의 $\pi/4 \le \theta \le \pi/2$로 둘러싸인 영역

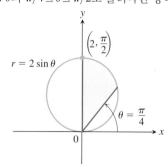

3. 계란형 리마송 $r = 4 + 2\cos\theta$의 내부

4. 심장형 $r = a(1 + \cos\theta)(a > 0)$의 내부

5. 사엽 장미형 $r = \cos 2\theta$의 한 잎의 내부

6. 삼엽 장미형 $r = \cos 3\theta$의 한 잎의 내부

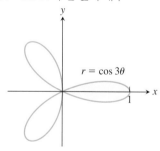

7. 염주형 $r^2 = 4\sin 2\theta$의 한 루프의 내부

8. 육엽 장미형 $r^2 = 2\sin 3\theta$의 내부

연습문제 9~18에서 주어진 영역의 넓이를 구하라.

9. 원 $r = 2\cos\theta$와 $r = 2\sin\theta$의 공통영역

10. 원 $r = 1$과 $r = 2\sin\theta$의 공통영역

11. 원 $r = 2$와 심장형 $r = 2(1 - \cos\theta)$의 공통영역

12. 심장형 $r = 2(1 + \cos\theta)$와 $r = 2(1 - \cos\theta)$의 공통영역

13. 염주형 $r^2 = 6\cos 2\theta$의 내부와 원 $r = \sqrt{3}$ 곡선의 외부의 영역

14. 원 $r = 3a\cos\theta$의 내부와 심장형 $r = a(1 + \cos\theta)\ (a > 0)$ 외부의 영역

15. 원 $r = -2\cos\theta$의 내부와 원 $r = 1$의 외부의 영역

16. 원 $r=6$의 내부와 직선 $r=3\csc\theta$의 위쪽 영역

17. 원 $r=4\cos\theta$의 내부와 수직선 $r=\sec\theta$의 오른쪽 영역

18. 원 $r=4\sin\theta$의 내부와 수평선 $r=3\csc\theta$의 아래쪽 영역

19. a. 아래에 그림에서 색칠한 영역의 넓이를 구하라.

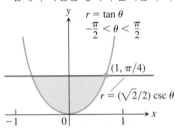

b. $r=\tan\theta$, $-\dfrac{\pi}{2}<\theta<\dfrac{\pi}{2}$의 그래프의 점근선이 $x=1$과 $x=-1$이 될 수 있을 것으로 보인다. 과연 그런가? 그 이유를 설명하라.

20. 심장형 곡선 $r=\cos\theta+1$의 내부와 원 $r=\cos\theta$의 외부의 영역의 넓이는

$$\frac{1}{2}\int_0^{2\pi}\left[(\cos\theta+1)^2-\cos^2\theta\right]d\theta=\pi$$

가 아니다. 왜 그런가? 넓이는 무엇인가? 그 이유를 설명하라.

극 곡선의 길이

연습문제 21~28에서 주어진 영역의 넓이를 구하라.

21. 나선형 $r=\theta^2$, $0\le\theta\le\sqrt{5}$

22. 나선형 $r=e^\theta/\sqrt{2}$, $0\le\theta\le\pi$

23. 심장형 $r=1+\cos\theta$

24. 곡선 $r=a\sin^2(\theta/2)$, $0\le\theta\le\pi$, $a>0$

25. 포물선 $r=6/(1+\cos\theta)$, $0\le\theta\le\pi/2$

26. 포물선 $r=2/(1-\cos\theta)$, $\pi/2\le\theta\le\pi$

27. 곡선 $r=\cos^3(\theta/3)$, $0\le\theta\le\pi/4$

28. 곡선 $r=\sqrt{1+\sin2\theta}$, $0\le\theta\le\pi$

29. 곡선 $r=f(\theta)$, $\alpha\le\theta\le\beta$의 길이 만일 도함수가 연속이라고 가정하자. 치환(본문의 식 (2))

$$x=f(\theta)\cos\theta,\quad y=f(\theta)\sin\theta$$

을 사용하여

$$L=\int_\alpha^\beta\sqrt{\left(\frac{dx}{d\theta}\right)^2+\left(\frac{dy}{d\theta}\right)^2}\,d\theta$$이

$$L=\int_\alpha^\beta\sqrt{r^2+\left(\frac{dr}{d\theta}\right)^2}\,d\theta$$로 변환됨을 보이라.

30. 원의 둘레 보통 새로운 공식에 접할 때, 이 공식을 잘 알려진 문제에 적용하여 과거의 방법으로 해결한 결과와 일치하는지를 알아 보는 것도 좋은 생각이다. 아래에 있는 원의 둘레를 계산하기 위하여 길이에 대한 공식인 식 (3)을 이용하라($a>0$).

a. $r=a$ **b.** $r=a\cos\theta$ **c.** $r=a\sin\theta$

이론과 예제

31. 평균값 f가 연속이면, 곡선 $r=f(\theta)$, $\alpha\le\theta\le\beta$에 대하여 θ에 대한 극좌표 r의 평균값은 아래와 같이 주어진다.

$$r_{\mathrm{av}}=\frac{1}{\beta-\alpha}\int_\alpha^\beta f(\theta)\,d\theta$$

아래와 같이 주어진 곡선에 대하여 위의 공식을 사용하여 θ에 대한 r의 평균값을 구하라($a>0$).

a. 심장형 $r=a(1-\cos\theta)$

b. 원 $r=a$

c. 원 $r=a\cos\theta$, $-\dfrac{\pi}{2}<\theta<\dfrac{\pi}{2}$

32. $r=f(\theta)$와 $r=2f(\theta)$의 비교 곡선 $r=f(\theta)$, $\alpha\le\theta\le\beta$와 $r=2f(\theta)$, $\alpha\le\theta\le\beta$의 길이에 대한 관련성을 어떻게 설명할 수 있는가? 그 이유를 설명하라.

9.6 원뿔곡선

이 절에서는 포물선, 타원과 쌍곡선을 기하학적으로 정의하고 살펴보며, 그에 대한 직교방정식의 표준형을 이끌어 낸다. 이들 곡선은 두 개의 원뿔을 평면으로 자를 때 얻어 지는 곡선이므로 **원뿔곡선** 또는 **원추곡선**(conic section, conics)이라 부른다(그림 9.39). 이러한 기하적인 방법은 직교좌표나 극좌표를 사용하지 않았던 고대 그리스 수학자에게는 원뿔곡선을 표현하는 유일한 방법이었다. 원뿔곡선을 극좌표로 표현하는 방법은 다음 절에서 공부한다.

쌍곡선

> **정의** 평면 위에서 한 고정된 점과 고정된 직선으로부터 일정한 거리에 있는 점들의 집합을 **포물선**(parabola)이라 한다. 이 고정된 점을 포물선의 **초점**(focus)이라 하고, 고정된 직선을 **준선**(directrix)이라 한다.

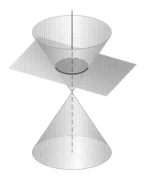

원: 원뿔축에 수직인 평면

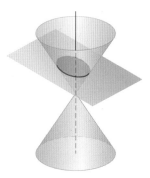

타원: 원뿔축에 비스듬한 평면

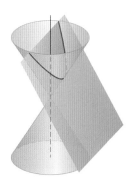

포물선: 원뿔의 옆면에 평행한 평면

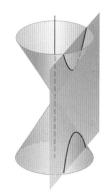

쌍곡선: 두 원뿔의 반을 자르는 평면

(a)

점: 원뿔의 꼭짓점만 지나는 평면

단일 직선: 원뿔에 접하는 평면

한 쌍의 교차직선

(b)

그림 9.39 표준원뿔곡선 (a)는 쌍원뿔을 평면으로 절단하여 나타난 곡선이다. 쌍곡선은 두 부분으로 나누어지는데 각 부분을 분지(branch)라 한다. 원뿔의 꼭짓점을 평면이 통과할 때 얻게 되는 점과 직선 (b)는 퇴화(degenerate)된 원뿔곡선이다.

만일 초점 F가 준선 L 위에 있으면 포물선은 F를 지나고 L에 수직인 직선이 된다. 따라서 이러한 경우는 제외하기로 하고, 초점 F는 L 위에 있지 않는 것으로 가정한다.

포물선의 방정식은 포물선의 초점과 준선이 서로 다른 좌표축 위에 있을 때 가장 간단하게 표현된다. 예를 들면, 초점 $F(0, p)$가 양의 y축에 있고 준선이 $y = -p$인 경우이다(그림 9.40). 그림의 기호에서 한 점 $P(x, y)$가 포물선 위에 있을 필요충분조건은 $PF = PQ$이다. 거리공식으로부터,

$$PF = \sqrt{(x - 0)^2 + (y - p)^2} = \sqrt{x^2 + (y - p)^2}$$
$$PQ = \sqrt{(x - x)^2 + (y - (-p))^2} = \sqrt{(y + p)^2}$$

이므로, 위 두 식을 같게 한 다음 양변을 제곱하여 간단히 하면

$$y = \frac{x^2}{4p} \quad \text{또는} \quad x^2 = 4py \qquad \text{표준형} \tag{1}$$

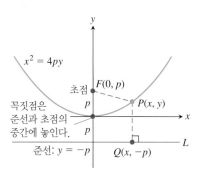

그림 9.40 포물선 $x^2 = 4py$, $p > 0$에 대한 표준형

을 얻는다. 이 방식은 y축에 대하여 포물선이 대칭임을 보여주고 있다. 이 y축을 포물선의 **축(axis)**이라 한다("대칭축"을 간단히).

포물선의 대칭축과 포물선이 만나는 점을 **꼭짓점(vertex)**이라 한다. 포물선 $x^2 = 4py$의 꼭짓점은 원점이다(그림 9.40). 양수 p를 **초점거리(focal length)**라 한다.

만일 포물선이 아래로 열려 있고 초점이 $(0, -p)$이고 준선이 $y = p$이면 식 (1)은

$$y = -\frac{x^2}{4p}, \qquad x^2 = -4py$$

이다. 변수 x와 y를 바꾸어 줌으로써 오른쪽 또는 왼쪽으로 열려 있는 포물선에 대한

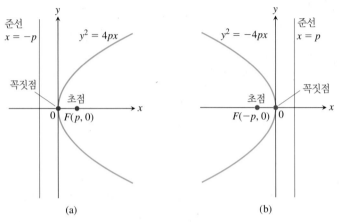

그림 9.41 (a) 포물선 $y^2 = 4px$. (b) 포물선 $y^2 = -4px$

유사한 방정식(그림 9.41)을 얻을 수 있다.

예제 1   포물선 $y^2 = 10x$의 초점과 준선을 구하라.

풀이   포물선의 표준형 $y^2 = 4px$에서 p값을 구하면

$$4p = 10 \text{이므로} \qquad p = \frac{10}{4} = \frac{5}{2}$$

따라서 p값에 대한 초점과 준선을 구하면

$$\text{초점:} \quad (p, 0) = \left(\frac{5}{2}, 0\right)$$

$$\text{준선:} \quad x = -p \quad \text{즉} \quad x = -\frac{5}{2} \qquad ■$$

타원

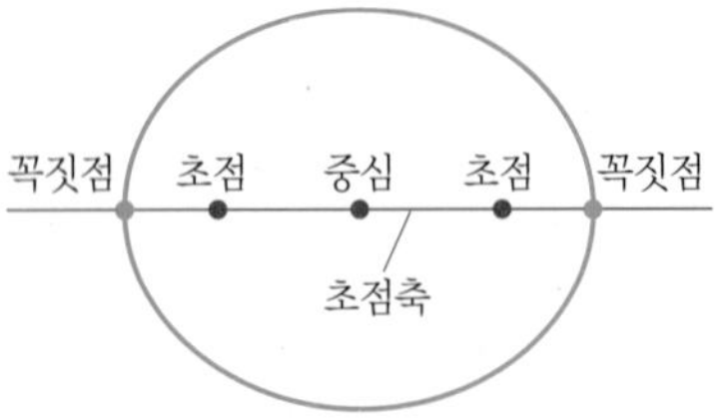

꼭짓점   초점   중심   초점   꼭짓점

초점축

그림 9.42 타원의 장축 위에 있는 점

> **정의**   평면 위에서 두 개의 고정된 점으로부터 거리의 합이 일정한 평면 위의 점들의 집합을 **타원(ellipse)**이라 한다. 이 두 고정점을 타원의 **초점(focus)**이라 한다.
>   타원의 초점을 지나는 좌표축을 **초점축(focal axis)**이라 하고, 이 축 위에 있는 두 초점의 중점을 타원의 **중심(center)**이라 한다. 초점축과 타원의 교점을 타원의 **꼭짓점(vertex)**이라 한다(그림 9.42).

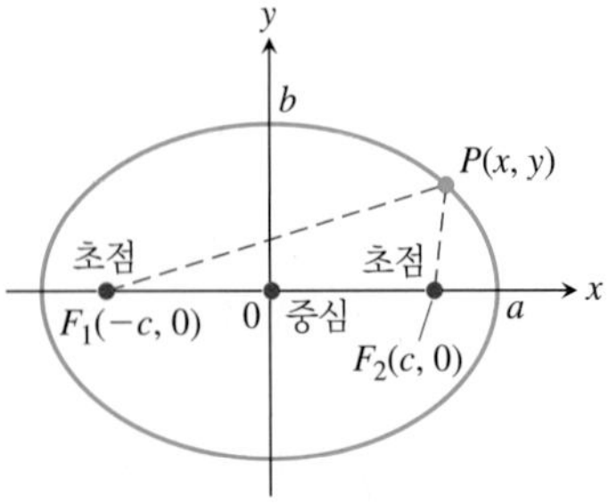

만약 초점이 $F_1(-c, 0)$, $F_2(c, 0)$(그림 9.43)이고, $PF_1 + PF_2$가 $2a$라 하면 타원의 점 $P(x, y)$는 아래의 방정식을 만족한다.

$$\sqrt{(x+c)^2 + y^2} + \sqrt{(x-c)^2 + y^2} = 2a$$

이 방정식을 간단하게 하기 위하여 두 번째 근호를 오른쪽으로 이항하고 제곱한 다음 남아 있는 근호를 분리하고 다시 제곱하여 정리하면 다음 식을 얻는다.

$$\frac{x^2}{a^2} + \frac{y^2}{a^2 - c^2} = 1 \qquad (2)$$

그림 9.43 방정식 $PF_1 + PF_2 = 2a$로 정의된 타원은 방정식 $(x^2/a^2) + (y^2/b^2) = 1(b^2 = a^2 - c^2)$의 그래프이다.

$PF_1 + PF_2$가 F_1F_2의 길이보다 크기 때문에(삼각형 PF_1F_2에 대한 삼각부등식에 의해) $2a$는 $2c$보다 크게 된다. 따라서 $a > c$이므로 식 (2)의 $a^2 - c^2$은 양이다.

또한, $0<c<a$일 때 식 (2)를 만족하는 모든 점 P는 $PF_1+PF_2=2a$를 만족하게 된다. 따라서 한 점이 타원 위에 있을 필요충분조건은 그 점의 좌표가 식 (2)를 만족하는 것이다. 만약

$$b = \sqrt{a^2 - c^2} \tag{3}$$

이라 하면 $a^2-c^2=b^2$이고 식 (2)는 다음과 같이 된다.

$$\frac{x^2}{a^2} + \frac{y^2}{b^2} = 1 \tag{4}$$

식 (4)로부터 이 타원이 원점과 두 좌표축에 대하여 대칭이 되고 $x=\pm a$와 $y=\pm b$로 생성되는 직사각형의 내부에 있음을 알 수 있다. 타원과 좌표축과의 교점은 $(\pm a, 0)$과 $(0, \pm b)$이다. 식 (4)를 미분하여 얻은

$$\frac{dy}{dx} = -\frac{b^2 x}{a^2 y} \qquad \text{식 (4)에 음함수 미분법 적용}$$

는 $x=0$일 때 $\frac{dy}{dx}=0$이고 $y=0$일 때 $\frac{dy}{dx}=\infty$이므로 타원과 좌표축과의 교점에서의 접선은 좌표축과 수직이 된다.

식 (4)에서 **장축(major axis)**은 두 점 $(\pm a, 0)$을 연결한 선분을 말하며 그 길이는 $2a$가 된다. 두 점 $(0, \pm b)$를 연결한 선분을 **단축(minor axis)**이라 하며 그 길이는 $2b$가 된다. a를 **반장축(semimajor axis)**이라 하고 b를 **반단축(semiminor axis)**이라 한다. 식 (3)으로부터 얻은

$$c = \sqrt{a^2 - b^2}$$

은 타원의 **중심–초점 거리(center-to-focus distance)**가 된다. $a=b$이면 타원은 원이 된다.

예제 2 타원

$$\frac{x^2}{16} + \frac{y^2}{9} = 1 \tag{5}$$

은 (그림 9.44)

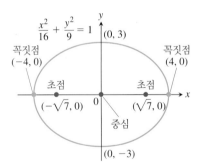

그림 9.44 장축이 수평선이 되는 타원 (예제 2)

반장축: $a = \sqrt{16} = 4,$ 　 반단축: $b = \sqrt{9} = 3$
중심–초점 거리: $c = \sqrt{16 - 9} = \sqrt{7}$
초점: $(\pm c, 0) = (\pm\sqrt{7}, 0)$
꼭짓점: $(\pm a, 0) = (\pm 4, 0)$
중심: $(0, 0)$ ■

식 (5)에서 x와 y를 바꾸어 주면, 다음과 같은 타원을 얻는다.

$$\frac{x^2}{9} + \frac{y^2}{16} = 1 \tag{6}$$

이 타원의 장축은 이제 수평선이 아닌 수직선이고 초점과 꼭짓점이 y축 위에 있다. 타원의 좌표축들과의 교점을 찾아주기만 하면, 두 축에서 길이가 긴 축이 장축이므로, 장축을 쉽게 알 수 있다.

중심이 원점에 있는 타원에 대한 표준형 방정식

x축에 초점이 있는 경우: $\dfrac{x^2}{a^2} + \dfrac{y^2}{b^2} = 1 \quad (a > b)$

중심-초점 거리: $c = \sqrt{a^2 - b^2}$
초점: $(\pm c, 0)$
꼭짓점: $(\pm a, 0)$

y축에 초점이 있는 경우: $\dfrac{x^2}{b^2} + \dfrac{y^2}{a^2} = 1 \quad (a > b)$

중심-초점 거리: $c = \sqrt{a^2 - b^2}$
초점: $(0, \pm c)$
꼭짓점: $(0, \pm a)$

각 경우에 a는 반장축, b는 반단축이다.

쌍곡선

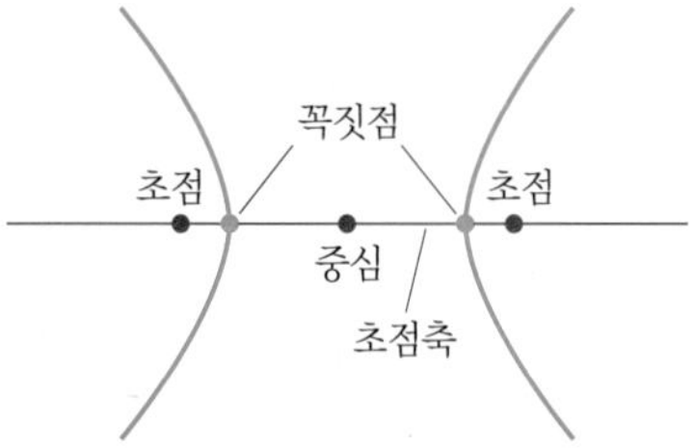

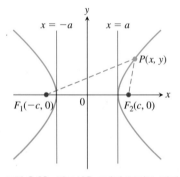

그림 9.45 쌍곡선의 초점축에 있는 점

정의 평면 위에서 두 개의 고정된 점으로부터 거리의 차가 일정한 평면 위의 점들의 집합을 **쌍곡선(hyperbola)**이라 한다. 이 두 고정점을 쌍곡선의 **초점(focus)**이라 한다.
쌍곡선의 초점을 지나는 좌표축을 **초점축(focal axis)**이라 하고, 이 축 위에 있는 두 초점의 중점을 쌍곡선의 **중심(center)**이라 한다. 초점축과 타원의 교점을 쌍곡선의 **꼭짓점(vertex)**이라 한다(그림 9.45).

$F_1(-c, 0)$과 $F_2(c, 0)$(그림 9.46)이 초점이고 두 점으로부터 일정한 거리의 차가 $2a$라 할 때, (x, y)가 쌍곡선 위에 있을 필요충분조건은

$$\sqrt{(x + c)^2 + y^2} - \sqrt{(x - c)^2 + y^2} = \pm 2a \tag{7}$$

위의 좌변의 두 번째 근호를 우변으로 이항하고 제곱하면 근호가 있는 항이 남는다. 다시 제곱하여 정리하면 아래의 식을 얻는다.

$$\frac{x^2}{a^2} + \frac{y^2}{a^2 - c^2} = 1 \tag{8}$$

위 식이 타원방정식과 같은 형태로 보이지만 $2a$는 삼각형 PF_1F_2의 두 변의 차가 되고 이것은 나머지 한 변의 길이 $2c$보다 작기 때문에 $a^2 - c^2 < 0$이다.

또한, $0 < a < c$일 때 식 (8)을 만족하는 모든 점 P는 식 (7)을 만족한다. 따라서 한 점이 쌍곡선 위에 있을 필요충분조건은 그 점의 좌표가 식 (8)을 만족하는 것이다.

b가 $c^2 - a^2$의 양의 제곱근, 즉

$$b = \sqrt{c^2 - a^2} \tag{9}$$

이라 하면 $a^2 - c^2 = -b^2$이고 식 (8)은 다음과 같이 된다.

$$\frac{x^2}{a^2} - \frac{y^2}{b^2} = 1 \tag{10}$$

그림 9.46 쌍곡선은 2개의 분지로 되어 있다. 쌍곡선의 오른쪽 분지에 있는 점에 대하여 $PF_1 - PF_2 = 2a$. 왼쪽 분지의 점에 대하여 $PF_2 - PF_1 = 2a$, $b = \sqrt{c^2 - a^2}$이다.

식 (10)이 타원의 식 (4)와 다른 점은 음의 부호와 새로운 관계식

$$c^2 = a^2 + b^2 \qquad \text{방정식 (9)로부터}$$

이다. 타원과 마찬가지로 쌍곡선은 원점과 좌표축에 대하여 대칭이다. 쌍곡선은 x축과

점 $(\pm a, 0)$에서 만난다. $y = 0$일 때

$$\frac{dy}{dx} = \frac{b^2 x}{a^2 y}$$ 식 (10)에 음함수 미분법 적용

가 무한이므로 교점에서 쌍곡선에 대한 접선은 수직선이다. 이 쌍곡선은 y축과의 교점이 없다. 즉, $x = -a$와 $x = a$ 사이에 쌍곡선은 존재하지 않는다.

직선

$$y = \pm \frac{b}{a} x$$

를 식 (10)에 의해 정의된 쌍곡선의 두 **점근선(asymptote)**이라 한다. 점근선의 방정식을 빠르게 구하는 방법으로는 식 (10)의 우변을 1 대신에 0으로 놓은 다음 이 식을 y에 관하여 풀면 된다.

$$\underbrace{\frac{x^2}{a^2} - \frac{y^2}{b^2} = 1}_{\text{쌍곡선}} \rightarrow \underbrace{\frac{x^2}{a^2} - \frac{y^2}{b^2} = 0}_{\text{1을 0으로}} \rightarrow \underbrace{y = \pm \frac{b}{a} x}_{\text{점근선}}$$

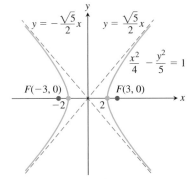

그림 9.47 예제 3의 쌍곡선과 점근선

예제 3 방정식

$$\frac{x^2}{4} - \frac{y^2}{5} = 1 \tag{11}$$

은 식 (10)을 만족하고 있으며 $a^2 = 4$, $b^2 = 5$이다(그림 9.47). 따라서

중심-초점 거리: $c = \sqrt{a^2 + b^2} = \sqrt{4 + 5} = 3$

초점: $(\pm c, 0) = (\pm 3, 0)$,   꼭짓점: $(\pm a, 0) = (\pm 2, 0)$

중심: $(0, 0)$

점근선: $\dfrac{x^2}{4} - \dfrac{y^2}{5} = 0$ 즉 $y = \pm \dfrac{\sqrt{5}}{2} x$ ∎

식 (11)에서 x와 y를 바꾸어주면, 초점과 꼭짓점이 y축 위에 놓여 있는 쌍곡선이 된다. 앞에서와 같은 방법으로 점근선을 구할 수 있으며, 그 식은 $y = \pm 2x/\sqrt{5}$가 된다.

중심이 원점에 있는 쌍곡선의 표준형 방정식

x축에 초점이 있는 경우: $\dfrac{x^2}{a^2} - \dfrac{y^2}{b^2} = 1$ y축에 초점이 있는 경우: $\dfrac{y^2}{a^2} - \dfrac{x^2}{b^2} = 1$

중심-초점 거리: $c = \sqrt{a^2 + b^2}$ 중심-초점 거리: $c = \sqrt{a^2 + b^2}$

초점: $(\pm c, 0)$ 초점: $(0, \pm c)$

꼭짓점: $(\pm a, 0)$ 꼭짓점: $(0, \pm a)$

점근선: $\dfrac{x^2}{a^2} - \dfrac{y^2}{b^2} = 0$, 즉 $y = \pm \dfrac{b}{a} x$ 점근선: $\dfrac{y^2}{a^2} - \dfrac{x^2}{b^2} = 0$, 즉 $y = \pm \dfrac{a}{b} x$

점근선 방정식의 다른 점을 주의(첫 번째 경우는 b/a, 두 번째 경우는 a/b)

---

x 대신에 $x + h$, 또는 y 대신에 $y + k$를 대입하여 원뿔곡선을 평행이동시킬 수 있다.

예제 4 방정식 $x^2 - 4y^2 + 2x + 8y - 7 = 0$이 쌍곡선임을 보이라. 또, 중심, 점근선, 꼭짓점을 구하라.

풀이 방정식을 x와 y에 관한 완전제곱꼴로 고쳐서 표준형으로 나타내면 다음과 같다.

$$(x^2 + 2x) - 4(y^2 - 2y) = 7$$

$$(x^2 + 2x + 1) - 4(y^2 - 2y + 1) = 7 + 1 - 4$$

$$\frac{(x+1)^2}{4} - (y-1)^2 = 1$$

이는 식 (10)에서 x 대신에 $x+1$이, y 대신에 $y-1$이 대입된 쌍곡선에 대한 표준형이다. 따라서 이 쌍곡선은 왼쪽으로 1만큼, 위쪽으로 1만큼 평행이동되었다. 이 쌍곡선의 중심은 $x+1=0$과 $y-1=0$, 즉 $x=-1$과 $y=1$이다. 또한

$$a^2 = 4, \qquad b^2 = 1, \qquad c^2 = a^2 + b^2 = 5$$

이므로 점근선의 방정식은

$$\frac{x+1}{2} - (y-1) = 0 \text{과} \qquad \frac{x+1}{2} + (y-1) = 0$$

$$즉 \quad y - 1 = \pm\frac{1}{2}(x+1)$$

이다. 초점은 평행이동된 두 점 $(-1\pm\sqrt{5},\, 1)$이다. ∎

연습문제 9.6

그래프 구하기

연습문제 1~4에서 아래의 방정식을 만족하는 포물선의 그래프를 짝지으라.

$$x^2 = 2y, \quad x^2 = -6y, \quad y^2 = 8x, \quad y^2 = -4x$$

그리고 포물선의 초점과 준선을 구하라.

1.
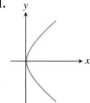

2.
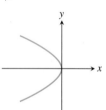

3.

4.
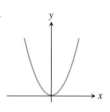

연습문제 5~8에서 아래의 방정식을 만족하는 원뿔곡선의 그래프를 짝지으라.

$$\frac{x^2}{4} + \frac{y^2}{9} = 1, \qquad \frac{x^2}{2} + y^2 = 1,$$

$$\frac{y^2}{4} - x^2 = 1, \qquad \frac{x^2}{4} - \frac{y^2}{9} = 1$$

그리고 원뿔곡선의 초점과 꼭짓점을 구하라. 만일 원뿔곡선이 쌍곡선이면 점근선도 구하라.

5.
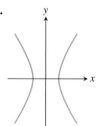

6.
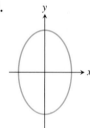

7.
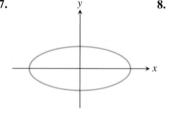

8.
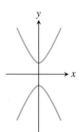

포물선

연습문제 9~16에서 포물선의 방정식이 주어져 있다. 각 포물선의 초점과 준선을 찾고 그래프에 초점과 준선이 나타나도록 포물선의 그래프를 그리라.

9. $y^2 = 12x$ **10.** $x^2 = 6y$ **11.** $x^2 = -8y$

12. $y^2 = -2x$ **13.** $y = 4x^2$ **14.** $y = -8x^2$

15. $x = -3y^2$ **16.** $x = 2y^2$

타원

연습문제 17~24에서 타원의 방정식이 주어져 있다. 각각의 방정식을 타원의 표준형으로 바꾸고 그래프에 초점이 나타나도록 각각의 그래프를 그리라.

17. $16x^2 + 25y^2 = 400$ **18.** $7x^2 + 16y^2 = 112$

19. $2x^2 + y^2 = 2$ **20.** $2x^2 + y^2 = 4$

21. $3x^2 + 2y^2 = 6$ **22.** $9x^2 + 10y^2 = 90$

23. $6x^2 + 9y^2 = 54$ **24.** $169x^2 + 25y^2 = 4225$

연습문제 25와 26에서 xy평면의 원점에 중심이 있는 타원의 초점과 꼭짓점이 주어져 있다. 주어진 정보로부터 타원의 표준방정식을 구하라.

25. 초점: $(\pm\sqrt{2}, 0)$ 꼭짓점: $(\pm 2, 0)$

26. 초점: $(0, \pm 4)$ 꼭짓점: $(0, \pm 5)$

쌍곡선

연습문제 27~34에서 쌍곡선의 방정식이 주어져 있다. 각 방정식을 표준형으로 바꾸고 점근선을 구하라. 그리고 점근선과 초점이 나타나도록 쌍곡선의 그래프를 그리라.

27. $x^2 - y^2 = 1$ **28.** $9x^2 - 16y^2 = 144$

29. $y^2 - x^2 = 8$ **30.** $y^2 - x^2 = 4$

31. $8x^2 - 2y^2 = 16$ **32.** $y^2 - 3x^2 = 3$

33. $8y^2 - 2x^2 = 16$ **34.** $64x^2 - 36y^2 = 2304$

연습문제 35~38에서 xy평면의 원점에 중심이 있는 쌍곡선의 초점과 점근선이 주어져 있다. 주어진 정보로부터 쌍곡선의 표준방정식을 구하라.

35. 초점: $(0, \pm\sqrt{2})$ 점근선: $y = \pm x$

36. 초점: $(\pm 2, 0)$ 점근선: $y = \pm\dfrac{1}{\sqrt{3}}x$

37. 초점: $(\pm 3, 0)$ 점근선: $y = \pm\dfrac{4}{3}x$

38. 초점: $(0, \pm 2)$ 점근선: $y = \pm\dfrac{1}{2}x$

원뿔곡선의 평행이동

39. 포물선 $y^2 = 8x$를 아래로 2, 오른쪽으로 1만큼 평행이동하여 생성된 포물선은 $(y+2)^2 = 8(x-1)$이다.

   a. 새로운 포물선의 꼭짓점, 초점, 준선을 구하라.

   b. 포물선의 그래프에 꼭짓점, 초점, 준선을 나타내라.

40. 포물선 $x^2 = -4y$를 왼쪽으로 1, 위로 3만큼 평행이동하여 생성된 포물선은 $(x+1)^2 = -4(y-3)$이다.

   a. 새로운 포물선의 꼭짓점, 초점, 준선을 구하라.

   b. 포물선의 그래프에 꼭짓점, 초점, 준선을 나타내라.

41. 타원 $(x^2/16) + (y^2/9) = 1$을 오른쪽으로 4, 위로 3만큼 평행이동하여 다음 타원이 생성되었다.

$$\frac{(x-4)^2}{16} + \frac{(y-3)^2}{9} = 1$$

   a. 새로운 타원의 초점, 꼭짓점, 중심을 구하라.

   b. 타원의 그래프에 초점, 꼭짓점, 중심을 나타내라.

42. 타원 $(x^2/9) + (y^2/25) = 1$을 왼쪽으로 3, 아래로 2만큼 평행이동하여 다음 타원이 생성되었다.

$$\frac{(x+3)^2}{9} + \frac{(y+2)^2}{25} = 1$$

   a. 새로운 타원의 초점, 꼭짓점, 중심을 구하라.

   b. 타원의 그래프에 초점, 꼭짓점, 중심을 나타내라.

43. 쌍곡선 $(x^2/16) - (y^2/9) = 1$을 오른쪽으로 2만큼 평행이동하여 다음 쌍곡선이 생성되었다.

$$\frac{(x-2)^2}{16} - \frac{y^2}{9} = 1$$

   a. 새로운 쌍곡선의 중심, 초점, 꼭짓점, 점근선을 구하라.

   b. 쌍곡선의 그래프에 중심, 초점, 꼭짓점, 점근선을 나타내라.

44. 쌍곡선 $(y^2/4) - (x^2/5) = 1$을 아래로 2만큼 평행이동하여 다음 쌍곡선이 생성되었다.

$$\frac{(y+2)^2}{4} - \frac{x^2}{5} = 1$$

   a. 새로운 쌍곡선의 중심, 초점, 꼭짓점, 점근선을 구하라.

   b. 쌍곡선의 그래프에 중심, 초점, 꼭짓점, 점근선을 나타내라.

연습문제 45~48에서 포물선의 방정식과 위쪽 또는 아래쪽, 왼쪽 또는 오른쪽 방향으로 평행이동할 거리가 주어져 있다. 이동하여 새롭게 생성된 포물선의 방정식을 구하고 꼭짓점, 초점과 준선을 구하라.

45. $y^2 = 4x$, 왼쪽 2, 아래쪽 3

46. $y^2 = -12x$, 오른쪽 4, 위쪽 3

47. $x^2 = 8y$, 오른쪽 1, 아래쪽 7

48. $x^2 = 6y$, 왼쪽 3, 아래쪽 2

연습문제 49~52에서 타원의 방정식과 위쪽 또는 아래쪽, 왼쪽 또는 오른쪽 방향으로 평행이동할 단위가 주어져 있다. 이동하여 새롭게 생성된 타원의 방정식을 구하고 초점, 꼭짓점과 중심을 구하라.

49. $\dfrac{x^2}{6} + \dfrac{y^2}{9} = 1$,   왼쪽 2, 아래쪽 1

50. $\dfrac{x^2}{2} + y^2 = 1$,   오른쪽 3, 위쪽 4

51. $\dfrac{x^2}{3} + \dfrac{y^2}{2} = 1$,   오른쪽 2, 위쪽 3

52. $\dfrac{x^2}{16} + \dfrac{y^2}{25} = 1$,   왼쪽 4, 아래쪽 5

연습문제 53~56에서 쌍곡선의 방정식과 위쪽 또는 아래쪽, 왼쪽 또는 오른쪽 방향으로 평행이동할 단위가 주어져 있다. 이동하여 새롭게 생성된 쌍곡선의 방정식을 구하고 중심, 초점, 꼭짓점과 점근선을 구하라.

53. $\dfrac{x^2}{4} - \dfrac{y^2}{5} = 1$,   오른쪽 2, 위쪽 2

54. $\dfrac{x^2}{16} - \dfrac{y^2}{9} = 1$,   왼쪽 2, 아래쪽 1

55. $y^2 - x^2 = 1$,   왼쪽 1, 아래쪽 1

56. $\dfrac{y^2}{3} - x^2 = 1$,   오른쪽 1, 위쪽 3

연습문제 57~68에서 원뿔곡선의 중심, 초점, 점근선, 반지름을 구하라.

57. $x^2 + 4x + y^2 = 12$

58. $2x^2 + 2y^2 - 28x + 12y + 114 = 0$

59. $x^2 + 2x + 4y - 3 = 0$ **60.** $y^2 - 4y - 8x - 12 = 0$

61. $x^2 + 5y^2 + 4x = 1$ **62.** $9x^2 + 6y^2 + 36y = 0$

63. $x^2 + 2y^2 - 2x - 4y = -1$

64. $4x^2 + y^2 + 8x - 2y = -1$

65. $x^2 - y^2 - 2x + 4y = 4$ **66.** $x^2 - y^2 + 4x - 6y = 6$

67. $2x^2 - y^2 + 6y = 3$ **68.** $y^2 - 4x^2 + 16x = 24$

이론과 예제

69. 포물선 $y^2 = kx$, $k > 0$의 한 점에서 두 좌표축과 평행하게 작도한 두 직선과 좌표축에 의하여 둘러싸인 직사각형은 포물선에 의하여 2개의 작은 영역 A, B로 나누어진다.

  a. 2개의 영역을 y축을 회전축으로 회전하면 생성된 두 회전체의 비가 4 : 1임을 증명하라.

  b. 2개의 영역을 x축을 회전축으로 회전했을 때 생기는 두 회전체의 비는 얼마인가?

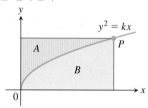

70. 현수교의 포물선 케이블 그림에서 보이는 현수교의 케이블은 수평으로 미터당 w N의 균일한 무게를 지탱한다. H를 원점에 대한 케이블의 수평장력이라 할 때, 케이블의 곡선은 방정식

$$\frac{dy}{dx} = \frac{w}{H}x$$

를 만족한다. 초기조건을 $x = 0$일 때 $y = 0$이라 놓고 이 미분방정식을 풀어서 케이블의 곡선이 포물선임을 보이라.

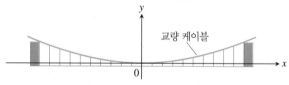

교량 케이블

71. 초점에서 포물선의 폭 직선 $y = p$가 포물선 $x^2 = 4py$ $(p > 0)$와 만나는 두 점 사이의 거리가 $4p$가 됨을 보임으로서 초점에서 포물선의 폭이 $4p$임을 보이라.

72. $(x^2/a^2) - (y^2/b^2) = 1$의 점근선

$$\lim_{x \to \infty}\left(\frac{b}{a}x - \frac{b}{a}\sqrt{x^2 - a^2}\right) = \frac{b}{a}\lim_{x \to \infty}\left(x - \sqrt{x^2 - a^2}\right) = 0$$

을 보임으로써 직선 $y = (b/a)x$와 쌍곡선 $(x^2/a^2) - (y^2/b2) = 1$의 오른쪽 분지의 윗부분 $y = (b/a)\sqrt{x^2 - a^2}$ 사이의 수직거리가 0으로 접근함을 보이라. 쌍곡선의 다른 부분과 직선 $y = \pm(b/a)x$에 대하여 비슷한 결과가 성립된다.

73. 넓이 타원 $x^2 + 4y^2 = 4$ 내부에 각각의 변이 좌표축에 평행하도록 직사각형을 만들 때 넓이가 최대가 되는 직사각형의 각 변의 길이와 그때의 넓이를 구하라.

74. 부피 타원 $9x^2 + 4y^2 = 36$을 **(a)** x축, **(b)** y축을 회전축으로 회전하여 생성되는 입체도형의 부피를 구하라.

75. 부피 x축과 직선 $x = 4$와 쌍곡선 $9x^2 - 4y^2 = 36$에 의하여 둘러싸인 영역 중 제1사분면에 있는 영역을 x축을 회전축으로 회전하여 입체도형을 생성한다. 이 입체도형의 부피를 구하라.

76. 접선 $x = -p$ 위의 점을 지나고 곡선 $y^2 = 4px$에 접하는 접선들은 서로 수직임을 보이라.

77. 접선 원 $(x - 2)^2 + (y - 1)^2 = 5$와 좌표축과 만나는 점에서의 접선의 방정식을 구하라.

78. 부피 오른쪽으로는 쌍곡선 $x^2 - y^2 = 1$, 왼쪽으로는 y축, 위와 아래로는 $y = \pm 3$으로 둘러싸인 영역을 y축을 회전축으로 회전하여 입체도형을 생성한다. 이때 생성된 입체도형의 부피를 구하라.

79. 중심 아래쪽으로는 x축, 위쪽으로는 타원 $(x^2/9) + (y^2/16) = 1$로 둘러싸인 영역의 중심을 구하라.

80. 곡면넓이 쌍곡선 $y^2 - x^2 = 1$의 위쪽 분지인 곡선 $y = \sqrt{x^2 + 1}$, $0 \le x \le \sqrt{2}$를 x축을 회전축으로 회전시켜서 곡면을 얻는다. 이 곡면의 넓이를 구하라.

81. 포물선의 반사 성질 응용 그림은 포물선 $y^2 = 4px$ 위에 있는 점 $P(x_0, y_0)$를 보여주고 있다. 직선 L을 P점을 지나는 접선이라 하고 $F(p, 0)$을 초점이라 하자. P점을 지나면서 x축과 평행한 직선을 L'이라 하자. 우리는 $\alpha = \beta$임을 보임으로써 초점으로부터 출발한 광선이 L'을 따라 반사됨을 보이고자 한다.

  a. $\tan\beta = 2p/y_0$임을 보이라.

  b. $\tan\phi = y_0/(x_0 - p)$임을 보이라.

  c. 항등식

$$\tan\alpha = \frac{\tan\phi - \tan\beta}{1 + \tan\phi\tan\beta}$$

를 이용하여 $\tan\alpha = 2p/y_0$임을 보이라.

α와 β가 예각이기 때문에 $\tan\beta = \tan\alpha$이면 $\beta = \alpha$이다.
이 성질은 자동차 전조등, 전파망원경, 위성 TV수신기 등에 응용되고 있다.

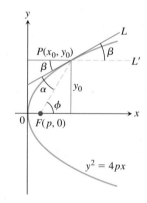

9.7 극좌표에서의 원뿔곡선

극좌표는 천문학이나 항공우주공학에서 특히 중요하다. 왜냐하면 인공위성, 달, 행성, 혜성 등의 움직이는 궤적이 타원, 포물선, 쌍곡선과 같은 곡선과 매우 유사하며, 이 곡선들이 상대적으로 간단한 하나의 극좌표 방정식에 의해 표현될 수 있기 때문이다. 여기서는 원뿔곡선의 **이심률**을 먼저 소개하고 이 개념을 발전시켜서 방정식을 설명하겠다. 이심률은 원뿔곡선을 분류 (원, 타원, 포물선, 쌍곡선)하는 데 사용되며, 모양이 네모난지 또는 평평한지의 정도를 결정해 준다.

이심률

중심으로부터 초점까지의 거리 c가 타원방정식

$$\frac{x^2}{a^2} + \frac{y^2}{b^2} = 1, \quad (a > b)$$

에 나타나 있지 않지만 방정식 $c = \sqrt{a^2 - b^2}$에서 c값을 구할 수 있다. 만일 a를 고정하고 c를 $0 \le c \le a$인 변수라 하면 타원의 모양도 다양하게 변화된다. $c = 0$(즉 $a = b$)이면 원이 되고 c가 증가함에 따라 납작해져서 점점 길게 늘어져 간다. 만일 $c = a$이면 초점과 꼭짓점이 겹쳐지고 타원은 선분이 된다.

$e = c/a$는 타원이 변할 수 있는 여러 가지 모양을 나타낸다. 쌍곡선에서도 이 비를 사용하는데, 이 경우 c는 $\sqrt{a^2 - b^2}$ 대신 $\sqrt{a^2 + b^2}$과 같다. 이것을 **이심률**이라 한다.

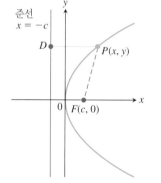

준선
$x = -c$

그림 9.48 초점 F로부터 타원 위의 한 점 P까지의 거리는 이 점 P로부터 최단거리에 있는 준선 위의 점 D까지의 거리와 같다. 즉, $PF = PD$이다.

정의 타원 $(x^2/a^2) + (y^2/b^2) = 1$ $(a > b)$의 **이심률(eccentricity)**은

$$e = \frac{c}{a} = \frac{\sqrt{a^2 - b^2}}{a}$$

쌍곡선 $(x^2/a^2) - (y^2/b^2) = 1$의 **이심률**은

$$e = \frac{c}{a} = \frac{\sqrt{a^2 + b^2}}{a}$$

포물선의 **이심률**은 $e = 1$이다.

포물선에는 하나의 초점과 하나의 준선이 존재하는 반면에, **타원**에는 2개의 초점과 2개의 **준선**이 존재한다. 이 준선은 중점으로부터 거리가 $\pm a/e$가 되는 점에서 장축과 수직을 이룬다. 그림 9.48에서 알 수 있는 것처럼 포물선의 한 점을 P라 하고, F를 초점, D를 P와 최단거리에 있는 준선 위의 점이라 하면

$$PF = 1 \cdot PD \tag{1}$$

가 성립한다. 타원인 경우에는 식 (1)은 다음과 같은 방정식으로 대체된다.

$$PF_1 = e \cdot PD_1, \qquad PF_2 = e \cdot PD_2 \tag{2}$$

여기서, e는 이심률, P는 타원 위의 점, F_1과 F_2는 초점이고 D_1과 D_2는 P점과 최단거리에 있는 준선 위의 점이다(그림 9.49).

식 (2)에서 준선과 초점은 반드시 대응되어야 한다. 즉, P로부터 F_1까지의 거리를 사용한다면 P로부터 타원의 동일한 꼭짓점에 대응되는 준선까지의 거리를 사용해야 한다. 준선 $x = -a/e$는 $F_1(-c, 0)$에 대응되고 준선 $x = a/e$는 $F_2(c, 0)$에 대응된다.

타원과 마찬가지로 **쌍곡선**에서의 **준선**은 $x = \pm a/e$이고 그리고

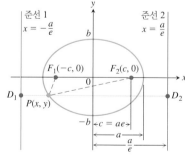

준선 1
$x = -\dfrac{a}{e}$

준선 2
$x = \dfrac{a}{e}$

그림 9.49 타원
$(x^2/a^2) + (y^2/b^2) = 1$
의 초점과 준선. 초점 F_1에 대한 준선 1과 초점 F_2에 대한 준선 2

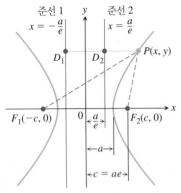

그림 9.50 쌍곡선 $(x^2/a^2) - (y^2/b^2) = 1$ 의 초점과 준선. P가 쌍곡선의 어떤 위치에 있을지라도
$$PF_1 = e \cdot PD_1, \quad PF_2 = e \cdot PD_2$$

$$PF_1 = e \cdot PD_1, \quad PF_2 = e \cdot PD_2 \tag{3}$$

여기서, P는 쌍곡선 위의 점, F_1과 F_2는 초점이고, D_1과 D_2는 P점과 최단거리에 있는 준선 위의 점이다(그림 9.50).

타원과 쌍곡선에서 이심률은 초점들과 꼭짓점들 사이의 거리의 비가 된다($c/a = 2c/2a$이기 때문).

$$\text{이심률} = \frac{\text{초점들 사이의 거리}}{\text{꼭짓점들 사이의 거리}}$$

타원에서 초점들은 꼭짓점들보다 가까이 있기 때문에 비가 1보다 작고, 쌍곡선에서는 초점들이 꼭짓점들보다 멀리 있기 때문에 비가 1보다 크다.

"초점–준선"의 방정식 $PF = e \cdot PD$는 다음과 같은 방법으로 포물선, 타원과 쌍곡선을 한 식으로 표현할 수 있다. 점 P에서 고정점 F(초점)까지의 거리인 PF는 P점에서 고정된 직선 (준선)까지의 거리의 상수곱이다.

$$PF = e \cdot PD \tag{4}$$

여기서, e는 비례상수이다. 따라서 P의 자취는

(a) $e = 1$인 경우, **포물선**이고,
(b) $e < 1$인 경우, 이심률이 e인 **타원**이고
(c) $e > 1$인 경우, 이심률이 e인 **쌍곡선**이다.

e가 커질수록, 타원은 $e \to 1^-$이면 점점 길게 늘어지고, 쌍곡선은 $e \to \infty$이면 준선에 평행인 두 직선을 향해 펴지게 된다. 식 (4)에는 좌표가 없다. 만일 직교좌표 형태로 방정식을 전환한다면 e의 크기에 따라 다른 형태로 전환된다. 그러나 극좌표에서는 나중에 보겠지만 $PF = e \cdot PD$는 e값에 관계없이 간단한 방정식으로 표현된다.

초점이 x축에 있고 중심이 원점에 있는 쌍곡선의 초점과 그에 대응하는 준선이 주어졌을 때, 그림 9.50에 나타난 수치들을 이용하여 e값을 구할 수 있다. e값을 알고 있다면 다음의 예제와 같이 방정식 $PF = e \cdot PD$로부터 쌍곡선의 직교방정식을 유도할 수 있다. 그림 9.49에 있는 수치를 이용하여 비슷한 방법으로 중심이 원점에 있고 초점이 x축에 있는 타원의 방정식을 구할 수 있다.

예제 1 중심이 원점에 있으며 초점이 (3, 0)이고 대응된 준선이 $x = 1$인 쌍곡선의 방정식을 구하라.

풀이 쌍곡선의 이심률을 구하기 위하여 우선 그림 9.50에 주어진 수치를 이용하자. 초점은(그림 9.51 참조)

$$(c, 0) = (3, 0)$$이므로 $$c = 3$$

다시 그림 9.50으로부터 준선은 직선

$$x = \frac{a}{e} = 1$$이므로 $$a = e$$

이심률을 나타내는 방정식 $e = c/a$를 이용하면

$$e = \frac{c}{a} = \frac{3}{e}$$이므로 $$e^2 = 3$$이고 $$e = \sqrt{3}$$

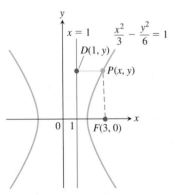

그림 9.51 예제 1의 쌍곡선과 점근선

이다. e를 알기 때문에 방정식 $PF = e \cdot PD$로부터 쌍곡선의 방정식을 유도할 수 있다. 그림 9.51의 좌표와

$$PF = e \cdot PD \qquad \text{식 (4)}$$

로부터 다음 식을 얻는다.

$$\sqrt{(x-3)^2 + (y-0)^2} = \sqrt{3}\,|x-1| \qquad e = \sqrt{3}$$
$$x^2 - 6x + 9 + y^2 = 3(x^2 - 2x + 1) \qquad \text{양변을 제곱}$$
$$2x^2 - y^2 = 6 \qquad \text{간단히}$$
$$\frac{x^2}{3} - \frac{y^2}{6} = 1 \qquad \blacksquare$$

극방정식

타원, 포물선, 쌍곡선의 극방정식을 구하기 위하여 한 초점이 원점에 있고 원점의 오른쪽에 대응된 준선이 수직선 $x = k$ (그림 9.52)가 되는 경우를 생각하자. 그러면

$$PF = r$$

이고

$$PD = k - FB = k - r\cos\theta$$

원뿔의 초점–준선의 방정식 $PF = e \cdot PD$는

$$r = e(k - r\cos\theta)$$

이다. 이를 r에 대하여 풀면 다음과 같은 식을 얻게 된다.

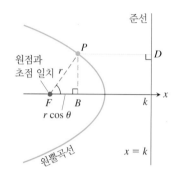

그림 9.52 원뿔곡선의 초점이 원점에 있고 준선이 시초선에 수직이고 원점의 오른쪽에 있다면 원뿔곡선의 초점–준선 방정식으로부터 극방정식을 구할 수 있다.

이심률이 e인 원뿔곡선의 극방정식

$$r = \frac{ke}{1 + e\cos\theta} \qquad (5)$$

여기서, $x = k > 0$은 수직인 준선이다.

예제 2 세 원뿔곡선의 극방정식이다. 원뿔 곡선의 이심률은 극좌표나 직교좌표에서 같은 값이다.

$$e = \frac{1}{2}: \quad \text{타원} \qquad r = \frac{k}{2 + \cos\theta}$$

$$e = 1: \quad \text{포물선} \qquad r = \frac{k}{1 + \cos\theta}$$

$$e = 2: \quad \text{쌍곡선} \qquad r = \frac{2k}{1 + 2\cos\theta} \qquad \blacksquare$$

때때로 준선의 위치에 따라 식 (5)의 변화를 볼 수 있다. 준선 $x = -k$가 원점의 왼쪽에 위치한 경우(초점은 원점에 위치) 식 (5)는 다음과 같이 된다.

$$r = \frac{ke}{1 - e\cos\theta}$$

분모는 $(+)$ 대신에 $(-)$를 갖는다. 만일 준선이 직선 $y = k$ 또는 $y = -k$라 하면 그림 9.53과 같이 방정식은 코사인 대신에 사인에 대한 방정식이 된다.

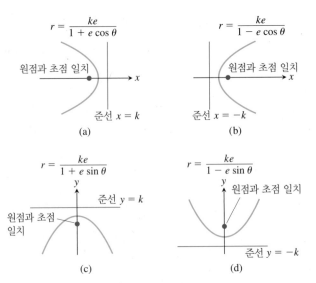

$$r = \frac{ke}{1 + e \cos\theta}$$

원점과 초점 일치

준선 $x = k$

(a)

$$r = \frac{ke}{1 - e \cos\theta}$$

원점과 초점 일치

준선 $x = -k$

(b)

$$r = \frac{ke}{1 + e \sin\theta}$$

준선 $y = k$

원점과 초점 일치

(c)

$$r = \frac{ke}{1 - e \sin\theta}$$

원점과 초점 일치

준선 $y = -k$

(d)

그림 9.53 준선의 위치는 다르지만 이심률 $e > 0$을 갖는 원뿔곡선의 방정식. 여기서 그래프가 포물선이면 $e = 1$이다.

예제 3   이심률이 3/2이고 준선이 $x = 2$인 쌍곡선의 방정식을 구하라.

풀이 $k = 2$와 $e = 3/2$을 식 (5)에 적용하면

$$r = \frac{2(3/2)}{1 + (3/2)\cos\theta} \quad 즉 \quad r = \frac{6}{2 + 3\cos\theta} \qquad ■$$

예제 4   포물선 $r = \dfrac{25}{10 + 10\cos\theta}$의 준선을 구하라.

풀이   분자와 분모를 10으로 나누면 표준화된 방정식

$$r = \frac{5/2}{1 + \cos\theta}$$

이 되고, 방정식

$$r = \frac{ke}{1 + e\cos\theta}$$

에서 $k = 5/2$와 $e = 1$이다. 따라서 준선의 방정식은 $x = 5/2$이다.   ■

그림 9.54의 타원에 대한 그림으로부터 k가 이심률 e와 반장축 a의 방정식

$$k = \frac{a}{e} - ea$$

로 표현됨을 알 수 있다. 이로부터 $ke = a(1 - e^2)$을 얻는다. 식 (5)의 ke 대신에 $a(1 - e^2)$을 대입하여 타원의 표준화된 극방정식을 구한다.

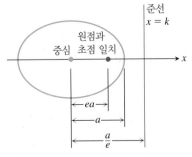

준선 $x = k$

원점과 중심 초점 일치

ea

a

$\dfrac{a}{e}$

그림 9.54   반장축이 a이고 초점-준선 거리가 $k = (a/e) - ea$인 타원에서 $ke = a(1 - e^2)$이다.

이심률이 e이고 반장축이 a인 타원의 극방정식

$$r = \frac{a(1 - e^2)}{1 + e\cos\theta} \tag{6}$$

$e = 0$인 경우 식 (6)은 $r = a$가 되고 원을 나타낸다.

직선

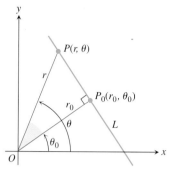

그림 9.55 직각삼각형 OP_0P로부터 직선 L에 대한 극방정식 $r_0 = r \cos(\theta - \theta_0)$을 얻을 수 있다.

원점을 지나고 직선 L에 수직인 직선이 점 $P_0(r_0, \theta_0)$, $r_0 \geq 0$에서 직선 L과 만난다고 가정하자(그림 9.55). 만일 직선 L 위의 $P(r, \theta)$가 $P_0(r_0, \theta_0)$와 다른 점이라 하면 점 P, P_0, O는 직각삼각형의 꼭짓점이 되고 이것으로부터

$$r_0 = r \cos(\theta - \theta_0)$$

> **직선에 대한 극방정식의 표준형**
> 원점을 지나고 직선 L에 수직인 직선이 직선 L과 만나는 점을 $P_0(r_0, \theta_0)$, $r_0 \geq 0$이라 하면, 직선 L의 방정식은 다음과 같다.
> $$r \cos(\theta - \theta_0) = r_0 \qquad (7)$$

예를 들어, 만일 $\theta_0 = \pi/3$이고 $r_0 = 2$이면, 다음 식을 얻는다.

$$r \cos\left(\theta - \frac{\pi}{3}\right) = 2$$

$$r\left(\cos\theta\cos\frac{\pi}{3} + \sin\theta\sin\frac{\pi}{3}\right) = 2$$

$$\frac{1}{2}r\cos\theta + \frac{\sqrt{3}}{2}r\sin\theta = 2, \quad \text{즉} \quad x + \sqrt{3}\,y = 4$$

원

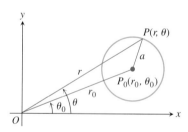

그림 9.56 삼각형 OP_0P에 코사인 법칙을 적용하여 원에 대한 극방정식을 구할 수 있다.

중심이 $P_0(r_0, \theta_0)$이고 반지름이 a인 원의 극방정식을 구하기 위해 원 위의 임의의 점을 $P(r, \theta)$라 하고 삼각형 OP_0P에 코사인 법칙을 적용해 보자(그림 9.56). 그러면

$$a^2 = r_0{}^2 + r^2 - 2r_0 r \cos(\theta - \theta_0)$$

만일 원이 원점을 지나면, $r_0 = a$이고 이 방정식은 간단히 다음과 같이 된다.

$$a^2 = a^2 + r^2 - 2ar\cos(\theta - \theta_0)$$
$$r^2 = 2ar\cos(\theta - \theta_0)$$
$$r = 2a\cos(\theta - \theta_0)$$

만일 원의 중심이 양의 x축 위에 있으면, $\theta_0 = 0$이고 더 간단한 식을 얻게 된다.

$$r = 2a\cos\theta \qquad (8)$$

만일 원의 중심이 양의 y축 위에 있으면, $\theta_0 = \pi/2$이고 $\cos(\theta - \pi/2) = \sin\theta$이므로 식 $r = 2a\cos(\theta - \theta_0)$는 다음과 같이 된다.

$$r = 2a\sin\theta \qquad (9)$$

원의 중심이 음의 x축과 음의 y축 위에 있는 원의 방정식은 위의 방정식에서 r 대신에 $-r$를 대입하여 얻을 수 있다.

예제 5 다음은 식 (8)과 (9)에 의해 주어진 원에 대한 극방정식의 몇 가지 예이다. 각 원은 원점을 지나고 중심이 x축 또는 y축에 놓여 있다.

반지름	중심(극좌표)	극방정식
3	$(3, 0)$	$r = 6 \cos \theta$
2	$(2, \pi/2)$	$r = 4 \sin \theta$
1/2	$(-1/2, 0)$	$r = -\cos \theta$
1	$(-1, \pi/2)$	$r = -2 \sin \theta$

연습문제 9.7

타원과 이심률

연습문제 1~8에서 타원의 이심률을 구하라. 타원의 초점과 준선을 구하고 그래프를 그리라.

1. $16x^2 + 25y^2 = 400$ **2.** $7x^2 + 16y^2 = 112$

3. $2x^2 + y^2 = 2$ **4.** $2x^2 + y^2 = 4$

5. $3x^2 + 2y^2 = 6$ **6.** $9x^2 + 10y^2 = 90$

7. $6x^2 + 9y^2 = 54$ **8.** $169x^2 + 25y^2 = 4225$

연습문제 9~12에서 xy평면의 원점에 중심을 둔 타원의 초점 또는 꼭짓점과 이심률에 대한 정보가 주어져 있다. 각 경우에 타원의 표준방정식을 구하라.

9. 초점: $(0, \pm 3)$
이심률: 0.5

10. 초점: $(\pm 8, 0)$
이심률: 0.2

11. 꼭짓점: $(0, \pm 70)$
이심률: 0.1

12. 꼭짓점: $(\pm 10, 0)$
이심률: 0.24

연습문제 13~16에서 xy평면의 원점에 중심을 둔 타원의 초점과 이에 대응된 준선에 대한 정보가 주어져 있다. 각 경우에 그림 9.49의 값들을 이용하여 타원의 이심률을 구하라. 그리고 타원의 표준방정식을 구하라.

13. 초점: $\left(\sqrt{5}, 0\right)$
준선: $x = \dfrac{9}{\sqrt{5}}$

14. 초점: $(4, 0)$
준선: $x = \dfrac{16}{3}$

15. 초점: $(-4, 0)$
준선: $x = -16$

16. 초점: $\left(-\sqrt{2}, 0\right)$
준선: $x = -2\sqrt{2}$

쌍곡선과 이심률

연습문제 17~24에서 쌍곡선의 이심률을 구하고 쌍곡선의 초점과 준선을 구하고 그래프를 그리라.

17. $x^2 - y^2 = 1$ **18.** $9x^2 - 16y^2 = 144$

19. $y^2 - x^2 = 8$ **20.** $y^2 - x^2 = 4$

21. $8x^2 - 2y^2 = 16$ **22.** $y^2 - 3x^2 = 3$

23. $8y^2 - 2x^2 = 16$ **24.** $64x^2 - 36y^2 = 2304$

연습문제 25~28에서 중심이 xy평면의 원점에 있는 쌍곡선의 이심률과 꼭짓점 또는 초점에 대한 정보가 주어졌다. 각 경우에 쌍곡선의 표준방정식을 구하라.

25. 이심률: 3
꼭짓점: $(0, \pm 1)$

26. 이심률: 2
꼭짓점: $(\pm 2, 0)$

27. 이심률: 3
초점: $(\pm 3, 0)$

28. 이심률: 1.25
초점: $(0, \pm 5)$

이심률과 준선

연습문제 29~36에서 원점에 한 초점이 있는 원뿔곡선의 이심률과 그 초점에 대응되는 준선이 주어져 있다. 각 원뿔곡선의 극방정식을 구하라.

29. $e = 1$, $x = 2$ **30.** $e = 1$, $y = 2$

31. $e = 5$, $y = -6$ **32.** $e = 2$, $x = 4$

33. $e = 1/2$, $x = 1$ **34.** $e = 1/4$, $x = -2$

35. $e = 1/5$, $y = -10$ **36.** $e = 1/3$, $y = 6$

포물선과 타원

연습문제 37~44에서 주어진 포물선과 타원의 그래프를 그리라. 원점에 있는 초점에 대응되는 준선을 그리고 꼭짓점을 극좌표로 표시하라. 마찬가지로 타원의 중심을 표시하라.

37. $r = \dfrac{1}{1 + \cos \theta}$ **38.** $r = \dfrac{6}{2 + \cos \theta}$

39. $r = \dfrac{25}{10 - 5 \cos \theta}$ **40.** $r = \dfrac{4}{2 - 2 \cos \theta}$

41. $r = \dfrac{400}{16 + 8 \sin \theta}$ **42.** $r = \dfrac{12}{3 + 3 \sin \theta}$

43. $r = \dfrac{8}{2 - 2 \sin \theta}$ **44.** $r = \dfrac{4}{2 - \sin \theta}$

직선

연습문제 45~48에서 주어진 직선에 대한 그래프를 그리고 이에 대한 직교방정식을 구하라.

45. $r \cos \left(\theta - \dfrac{\pi}{4}\right) = \sqrt{2}$ **46.** $r \cos \left(\theta + \dfrac{3\pi}{4}\right) = 1$

47. $r \cos \left(\theta - \dfrac{2\pi}{3}\right) = 3$ **48.** $r \cos \left(\theta + \dfrac{\pi}{3}\right) = 2$

연습문제 49~52에서 주어진 직선을 $r \cos(\theta - \theta_0) = r_0$ 형태인 극방정식으로 나타내라.

49. $\sqrt{2}x + \sqrt{2}y = 6$ **50.** $\sqrt{3}x - y = 1$

51. $y = -5$ **52.** $x = -4$

원

연습문제 53~56에서 주어진 방정식의 원을 그리고 중심에 대한 극좌표와 반지름을 구하라.

53. $r = 4 \cos \theta$ **54.** $r = 6 \sin \theta$

55. $r = -2 \cos \theta$ **56.** $r = -8 \sin \theta$

연습문제 57~64에서 주어진 원의 극방정식을 구하고 직교좌표 평면 위에 각 원을 그리고 그것의 직교방정식과 극방정식을 표시하라.

57. $(x - 6)^2 + y^2 = 36$ **58.** $(x + 2)^2 + y^2 = 4$

59. $x^2 + (y - 5)^2 = 25$ **60.** $x^2 + (y + 7)^2 = 49$

61. $x^2 + 2x + y^2 = 0$ **62.** $x^2 - 16x + y^2 = 0$

63. $x^2 + y^2 + y = 0$ **64.** $x^2 + y^2 - \dfrac{4}{3}y = 0$

극방정식의 예제

연습문제 65~74에서 주어진 원뿔곡선과 직선의 그래프를 그리라.

65. $r = 3 \sec (\theta - \pi/3)$ **66.** $r = 4 \sec (\theta + \pi/6)$

67. $r = 4 \sin \theta$ **68.** $r = -2 \cos \theta$

69. $r = 8/(4 + \cos \theta)$ **70.** $r = 8/(4 + \sin \theta)$

71. $r = 1/(1 - \sin \theta)$ **72.** $r = 1/(1 + \cos \theta)$

73. $r = 1/(1 + 2 \sin \theta)$ **74.** $r = 1/(1 + 2 \cos \theta)$

75. 근일점과 원일점 태양의 주위를 반장축의 길이가 a인 타원형으로 공전하는 행성이 있다. (다음 그림 참조)

   a. 행성이 태양에 가장 가까울 때는 $r = a(1 - e)$이고, 가장 멀리 떨어져 있을 때는 $r = a(1 + e)$임을 보이라.

   b. 연습문제 76의 표를 이용하여 태양계에서 각 행성이 태양

에서 얼마나 가까워지는지, 태양에서 얼마나 멀리 떨어지는지를 구하라.

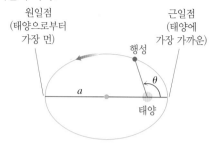

76. 행성의 궤도 아래 주어진 표와 식 (6)을 이용하여 행성의 궤도에 대한 극방정식을 구하라.

행성	준장축(천문학 단위)	이심률
수성	0.3871	0.2056
금성	0.7233	0.0068
지구	1.000	0.0167
화성	1.524	0.0934
목성	5.203	0.0484
천왕성	9.539	0.0543
해왕성	19.18	0.0460
명왕성	30.06	0.0082

9장   복습문제

1. xy평면에서 곡선의 매개변수화는 무엇인가? 함수 $y = f(x)$는 항상 매개방정식으로 표현이 되는가? 곡선의 매개방정식은 유일한가? 예를 들라.

2. 직선, 원, 포물선, 타원, 쌍곡선에 대한 표준 매개방정식을 구하라. 매개방정식으로 표현된 곡선은 직교방정식의 그래프와 어떤 것이 다른가?

3. 사이클로이드는 무엇인가? 사이클로이드에 대한 표준 매개방정식에는 무엇이 있는가? 사이클로이드에 대한 중요한 물리학적 성질에는 무엇이 있는가?

4. 매개방정식 $x = f(t)$, $y = g(t)$에 관한 도함수 dy/dx를 구하는 공식은 무엇인가? 언제 이 공식을 사용할 수 있는가? d^2y/dx^2은 어떻게 구하는가? 몇 가지 예를 들어 설명하라.

5. 매개방정식으로 표현된 곡선과 좌표축으로 둘러싸인 영역의 넓이를 어떻게 구할 수 있는가? 필요한 조건을 말하라.

6. 매개변수 곡선 $y = f(t)$, $y = g(t)$, $a \le t \le b$의 길이는 어떻게 정의하는가? 곡선이 매끄럽다는 조건은 길이를 구하는 데 왜 필요한가? 곡선의 길이를 구하는 데 매개변수 곡선에 대하여 그 밖에 무엇을 알아야 하는가?

7. 매끄러운 매개방정식 곡선의 호의 길이 함수는 무엇인가? 호의 길이 미분은 무엇인가?

8. 곡선 $x = f(t)$, $y = g(t)$, $a \le t \le b$를 x축에 대하여 한 바퀴 회전하여 생기는 곡면넓이를 어떤 조건하에서 구할 수 있는가? y축에

대해서는? 예를 들어 설명하라.

9. 극좌표는 무엇인가? 직교좌표와 극좌표 사이에는 어떤 방정식의 관계가 있는가? 한 좌표계에서 다른 좌표계로의 변환이 왜 필요한가?

10. 그래프에 대한 극좌표의 유일성을 왜 보장할 수 없는가? 예를 들라.

11. 극좌표에서 방정식에 대한 그래프를 어떻게 그리는가? 대칭성, 기울기, 원점에서의 형태와 직교좌표 그래프의 이용을 포함하여 설명하라. 예를 들라.

12. 극좌표 평면에서 $0 \le r_1(\theta) \le r \le r_2(\theta)$, $\alpha \le \theta \le \beta$ 영역에 대한 넓이를 어떻게 구할 수 있는가? 예를 들라.

13. 극좌표 평면에서 곡선 $r = f(\theta)$, $\alpha \le \theta \le \beta$에 대한 길이를 어떤 조건에서 구할 수 있는가? 표준 계산방법에 대한 예를 들라.

14. 포물선은 무엇인가? 꼭짓점이 원점에 있고 초점이 좌표축 위에 있는 포물선에 대한 직교방정식은 무엇인가? 이 방정식에서 포물선의 초점과 준선을 어떻게 구할 수 있는가?

15. 타원은 무엇인가? 중심이 원점에 있고 초점이 한 좌표축 위에 있는 타원에 대한 직교방정식은 무엇인가? 이 방정식에서 타원의 초점, 꼭짓점, 준선을 어떻게 구할 수 있는가?

16. 쌍곡선은 무엇인가? 중심이 원점에 있고 초점이 한 좌표축 위에 있는 쌍곡선의 직교방정식은 무엇인가? 이 방정식에서 쌍곡선의 초점, 꼭짓점, 준선을 어떻게 구할 수 있는가?

17. 원뿔곡선의 이심률은 무엇인가? 이심률에 의하여 원뿔 곡선을 어떻게 분류할 수 있는가? 타원형과 이심률은 어떤 관계에 있는가?

18. 방정식 $PF = e \cdot PD$를 설명하라.

19. 극좌표에서 직선과 원뿔곡선에 대한 표준방정식은 무엇인가? 예를 들라.

9장 종합문제

평면상의 매개방정식에 대한 확인

종합문제 1~6에서 xy평면에서 한 입자의 움직임에 대한 매개변수의 범위와 방정식이 주어져 있다. 그것에 대한 직교방정식을 구해 입자의 자취를 확인하라. 직교방정식에 대한 그래프를 그리고 입자의 움직인 방향과 자취를 표시하라.

1. $x = t/2$, $y = t + 1$; $-\infty < t < \infty$

2. $x = \sqrt{t}$, $y = 1 - \sqrt{t}$; $t \geq 0$

3. $x = (1/2)\tan t$, $y = (1/2)\sec t$; $-\pi/2 < t < \pi/2$

4. $x = -2\cos t$, $y = 2\sin t$; $0 \leq t \leq \pi$

5. $x = -\cos t$, $y = \cos^2 t$; $0 \leq t \leq \pi$

6. $x = 4\cos t$, $y = 9\sin t$; $0 \leq t \leq 2\pi$

매개방정식과 접선 구하기

7. xy평면에서 타원 $16x^2 + 9y^2 = 144$를 따라 반시계방향으로 한 바퀴 도는 입자의 운동에 대한 매개방정식과 매개변수 구간을 구하라. (이에 대한 식은 여러 가지일 수 있다.)

8. xy평면에서 점 $(-2, 0)$을 출발하여 원 $x^2 + y^2 = 4$를 따라 시계방향으로 세 바퀴 도는 입자의 운동에 대한 매개방정식과 매개 구간을 구하라. (이에 대한 식은 여러 가지일 수 있다.)

종합문제 9~10에서 주어진 매개방정식에 대해 xy평면에서 주어진 t의 값에 대응되는 점에서의 접선의 방정식을 구하라. 또한, 이 점에서 d^2y/dx^2의 값을 구하라.

9. $x = (1/2)\tan t$, $y = (1/2)\sec t$; $t = \pi/3$

10. $x = 1 + 1/t^2$, $y = 1 - 3/t$; $t = 2$

11. 매개변수를 제거하여 곡선을 $y = f(x)$ 형태로 표현하라.

   a. $x = 4t^2$, $y = t^3 - 1$

   b. $x = \cos t$, $y = \tan t$

12. 주어진 곡선에 대한 매개방정식을 구하라.

   a. 점 $(1, -2)$를 지나고 기울기가 3인 직선

   b. $(x - 1)^2 + (y + 2)^2 = 9$

   c. $y = 4x^2 - x$

   d. $9x^2 + 4y^2 = 36$

곡선의 길이

종합문제 13~19에서 주어진 곡선의 길이를 구하라.

13. $y = x^{1/2} - (1/3)x^{3/2}$, $1 \leq x \leq 4$

14. $x = y^{2/3}$, $1 \leq y \leq 8$

15. $y = (5/12)x^{6/5} - (5/8)x^{4/5}$, $1 \leq x \leq 32$

16. $x = (y^3/12) + (1/y)$, $1 \leq y \leq 2$

17. $x = 5\cos t - \cos 5t$, $y = 5\sin t - \sin 5t$, $0 \leq t \leq \pi/2$

18. $x = t^3 - 6t^2$, $y = t^3 + 6t^2$, $0 \leq t \leq 1$

19. $x = 3\cos\theta$, $y = 3\sin\theta$, $0 \leq \theta \leq \dfrac{3\pi}{2}$

20. 매개방정식 $x = t^2$, $y = (t^3/3) - t$는 그림에서와 같이 자폐선을 가진 곡선을 나타낸다. 자폐선은 $t = -\sqrt{3}$에서 시작해서 $t = \sqrt{3}$에서 끝나는 곡선의 일부이다. 자폐선의 길이를 구하라.

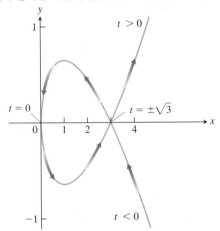

곡면의 넓이

종합문제 21과 22에서 주어진 축을 회전축으로 회전하여 생기는 회전면의 넓이를 구하라.

21. $x = t^2/2$, $y = 2t$, $0 \leq t \leq \sqrt{5}$; x축

22. $x = t^2 + 1/(2t)$, $y = 4\sqrt{t}$, $1/\sqrt{2} \leq t \leq 1$; y축

극방정식을 직교방정식으로

종합문제 23~28에서 주어진 직선을 그리라. 또한, 각 직선에 대한 직교방정식을 구하라.

23. $r\cos\left(\theta + \dfrac{\pi}{3}\right) = 2\sqrt{3}$

24. $r\cos\left(\theta - \dfrac{3\pi}{4}\right) = \dfrac{\sqrt{2}}{2}$

25. $r = 2\sec\theta$

26. $r = -\sqrt{2}\sec\theta$

27. $r = -(3/2)\csc\theta$

28. $r = \left(3\sqrt{3}\right)\csc\theta$

종합문제 29~32에서 주어진 원에 대한 직교방정식을 구하라. 좌표평면에서 각 원을 그리고, 그것의 직교방정식과 극방정식을 함께 표시하라.

29. $r = -4\sin\theta$

30. $r = 3\sqrt{3}\sin\theta$

31. $r = 2\sqrt{2}\cos\theta$

32. $r = -6\cos\theta$

직교방정식을 극방정식으로

종합문제 33~36에서 주어진 원에 대한 극방정식을 구하라. 좌표평면에서 각 원을 그리고 그것의 직교방정식과 극방정식을 표시하라.

33. $x^2 + y^2 + 5y = 0$ **34.** $x^2 + y^2 - 2y = 0$

35. $x^2 + y^2 - 3x = 0$ **36.** $x^2 + y^2 + 4x = 0$

극좌표에서 그래프

종합문제 37~38에서 주어진 극좌표 부등식에 의하여 정의된 영역을 그리라.

37. $0 \leq r \leq 6 \cos \theta$ **38.** $-4 \sin \theta \leq r \leq 0$

종합문제 39~46에서 주어진 각 그래프에 적합한 방정식을 (a)~(l)에서 짝지으라. 그래프보다 더 많은 방정식이 있어 몇몇 방정식은 짝이 없을 것이다.

   a. $r = \cos 2\theta$ **b.** $r \cos \theta = 1$ **c.** $r = \dfrac{6}{1 - 2\cos\theta}$

   d. $r = \sin 2\theta$ **e.** $r = \theta$ **f.** $r^2 = \cos 2\theta$

   g. $r = 1 + \cos \theta$ **h.** $r = 1 - \sin \theta$ **i.** $r = \dfrac{2}{1 - \cos\theta}$

   j. $r^2 = \sin 2\theta$ **k.** $r = -\sin \theta$ **l.** $r = 2\cos \theta + 1$

39. 사엽 장미형

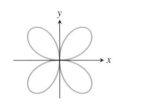

40. 나선형

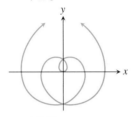

41. 달팽이형

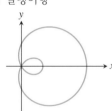

42. 염주형

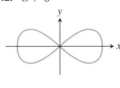

43. 원

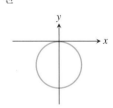

44. 심장형

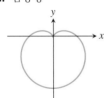

45. 포물선

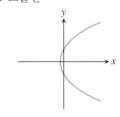

46. 염주형

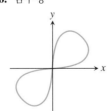

극좌표에서 넓이

종합문제 47~50에서 극좌표평면상에 주어진 영역의 넓이를 구하라.

47. 달팽이형 $r = 2 - \cos \theta$에 의해 둘러싸인 영역

48. 삼엽 장미형 $r = \sin 3\theta$의 한 잎에 둘러싸인 영역

49. 팔자형 $r = 1 + \cos 2\theta$의 내부와 원 $r = 1$의 외부

50. 심장형 $r = 2(1 + \sin \theta)$의 내부와 원 $r = 2 \sin \theta$의 외부

극좌표에서 길이

종합문제 51~54에서 주어진 극좌표방정식의 곡선의 길이를 구하라.

51. $r = -1 + \cos \theta$

52. $r = 2 \sin \theta + 2 \cos \theta, \quad 0 \leq \theta \leq \pi/2$

53. $r = 8 \sin^3(\theta/3), \quad 0 \leq \theta \leq \pi/4$

54. $r = \sqrt{1 + \cos 2\theta}, \quad -\pi/2 \leq \theta \leq \pi/2$

원뿔곡선의 그래프

종합문제 55~58에서 주어진 포물선의 그래프를 그리라. 각 그림에는 초점과 준선도 포함하라.

55. $x^2 = -4y$ **56.** $x^2 = 2y$

57. $y^2 = 3x$ **58.** $y^2 = -(8/3)x$

종합문제 59~62에서 주어진 타원과 쌍곡선의 이심률을 구하라. 각 원뿔곡선의 그래프를 그리라. 그래프에는 초점, 꼭짓점, 점근선을 포함하라.

59. $16x^2 + 7y^2 = 112$ **60.** $x^2 + 2y^2 = 4$

61. $3x^2 - y^2 = 3$ **62.** $5y^2 - 4x^2 = 20$

종합문제 63~68에서 원뿔곡선에 대한 방정식이 주어졌고 곡선이 오른쪽 또는 왼쪽, 위 또는 아래로 평행이동할 값이 주어졌다. 이동된 새로운 원뿔곡선의 방정식을 구하고, 이에 대한 초점과 꼭짓점, 중심, 점근선을 구하라. 만약 곡선이 포물선이라면 새 준선도 구하라.

63. $x^2 = -12y$, 오른쪽 2, 위 3   **64.** $y^2 = 10x$, 왼쪽 1/2, 아래 1

65. $\dfrac{x^2}{9} + \dfrac{y^2}{25} = 1$, 왼쪽 3, 아래 5

66. $\dfrac{x^2}{169} + \dfrac{y^2}{144} = 1$, 오른쪽 5, 위 12

67. $\dfrac{y^2}{8} - \dfrac{x^2}{2} = 1$, 오른쪽 2, 위 $2\sqrt{2}$

68. $\dfrac{x^2}{36} - \dfrac{y^2}{64} = 1$, 왼쪽 10, 아래 3

원뿔곡선 확인

종합문제 69~76에서 주어진 방정식이 원뿔곡선임을 확인하고 그들의 초점, 꼭짓점, 중심, 점근선 (적합한)을 구하라. 만약 곡선이 포물선이라면 그것의 준선도 구하라.

69. $x^2 - 4x - 4y^2 = 0$ **70.** $4x^2 - y^2 + 4y = 8$

71. $y^2 - 2y + 16x = -49$ **72.** $x^2 - 2x + 8y = -17$

73. $9x^2 + 16y^2 + 54x - 64y = -1$

74. $25x^2 + 9y^2 - 100x + 54y = 44$

75. $x^2 + y^2 - 2x - 2y = 0$ **76.** $x^2 + y^2 + 4x + 2y = 1$

극좌표에서 원뿔곡선

종합문제 77~80에서 주어진 극좌표방정식에 대한 원뿔곡선을 그리라. 타원의 경우 꼭짓점과 중심에 대한 극좌표도 함께 표시하라.

77. $r = \dfrac{2}{1 + \cos \theta}$ **78.** $r = \dfrac{8}{2 + \cos \theta}$

79. $r = \dfrac{6}{1 - 2\cos\theta}$ **80.** $r = \dfrac{12}{3 + \sin\theta}$

종합문제 81~84에서 극좌표 평면의 원점에 1개의 초점이 있는 원뿔곡선에 대한 이심률과 초점에 대한 준선이 주어졌다. 각 원뿔곡선에 대한 극방정식을 구하라.

81. $e = 2$, $r\cos\theta = 2$ **82.** $e = 1$, $r\cos\theta = -4$

83. $e = 1/2$, $r\sin\theta = 2$ **84.** $e = 1/3$, $r\sin\theta = -6$

이론과 예제

85. 타원 $9x^2 + 4y^2 = 36$으로 둘러싸인 영역을 **(a)** x축, **(b)** y축을 회전축으로 회전하여 생성된 입체의 부피를 구하라.

86. x축과 직선 $x = 4$와 포물선 $9x^2 - 4y^2 = 36$으로 둘러싸인 제1사

분면의 영역을 x축을 회전축으로 회전하면 입체도형이 생성된다. 이 입체도형의 부피를 구하라.

87. 치환 $x = r\cos\theta$, $y = r\sin\theta$에 의해 극방정식

$$r = \frac{k}{1 + e\cos\theta}$$

이 직교방정식

$$(1 - e^2)x^2 + y^2 + 2kex - k^2 = 0$$

으로 변환됨을 보이라.

88. 아르키메데스 나선 a는 0이 아닌 상수이고, $r = a\theta$ 형식의 방정식의 그래프를 **아르키메데스 나선**이라 부른다. 이와 같은 나선이 연속된 회전으로 생기는 영역의 폭에서 어떤 특별한 것을 발견할 수 있는가?

9장 보충 · 심화 문제

원뿔곡선 구하기

1. 초점 $(4, 0)$과 준선 $x = 3$을 갖는 포물선의 방정식을 구하라. 꼭짓점, 초점, 준선과 함께 포물선을 그리라.

2. 포물선 $x^2 - 6x - 12y + 9 = 0$의 꼭짓점, 초점, 준선을 구하라.

3. 점 P로부터 포물선 $x^2 = 4y$의 꼭짓점까지의 거리가 점 P로부터 초점까지의 거리의 2배라면, 점 $P(x, y)$에 의해서 그려지는 곡선의 방정식을 구하라. 그리고 곡선을 확인하라.

4. x축부터 y축까지 연결한 한 선분의 길이가 $a + b$이다. 선분 위의 점 P는 한 끝점으로부터 거리가 a이고, 다른 끝점으로부터 거리가 b이다. 선분의 끝점들이 축을 따라 움직이면 P의 자취가 타원이 됨을 보이라.

5. 이심률이 0.5인 타원의 꼭짓점이 점 $(0, \pm 2)$이다. 초점은 어디에 있는가?

6. 준선이 $x = 2$이고 이에 대한 초점이 $(4, 0)$이 되고 이심률이 $2/3$인 타원의 방정식을 구하라.

7. 쌍곡선의 한 초점이 점 $(0, -7)$이고, 이에 대응된 준선은 $y = -1$이다. 만약 이심률이 **(a)** 2, **(b)** 5라 할 때 쌍곡선의 방정식을 각각 구하라.

8. 점 $(12, 7)$을 지나며, $(0, -2)$와 $(0, 2)$를 초점으로 하는 쌍곡선의 방정식을 구하라.

9. 직선

$$b^2 xx_1 + a^2 yy_1 - a^2 b^2 = 0$$

이 타원 위의 점 (x_1, y_1)에서 타원 $b^2 x^2 + a^2 y^2 - a^2 b^2 = 0$의 접선임을 보이라.

10. 직선

$$b^2 xx_1 - a^2 yy_1 - a^2 b^2 = 0$$

이 쌍곡선 위의 점 (x_1, y_1)에서 쌍곡선 $b^2 x^2 - a^2 y^2 - a^2 b^2 = 0$의 접선임을 보이라.

방정식과 부등식

보충 · 심화 문제 11~16에서 주어진 방정식과 부등식을 만족하는 xy평면의 점들은 무엇인가? 각각 문제에 대해 그림을 그리라.

11. $(x^2 - y^2 - 1)(x^2 + y^2 - 25)(x^2 + 4y^2 - 4) = 0$

12. $(x + y)(x^2 + y^2 - 1) = 0$

13. $(x^2/9) + (y^2/16) \le 1$

14. $(x^2/9) - (y^2/16) \le 1$

15. $(9x^2 + 4y^2 - 36)(4x^2 + 9y^2 - 16) \le 0$

16. $(9x^2 + 4y^2 - 36)(4x^2 + 9y^2 - 16) > 0$

극좌표

17. a. 곡선

$$x = e^{2t}\cos t, \quad y = e^{2t}\sin t; \quad -\infty < t < \infty$$

에 대한 극좌표의 방정식을 구하라.

b. $t = 0$부터 $t = 2\pi$까지의 곡선의 길이를 구하라.

18. 극좌표평면에서 곡선 $r = 2\sin^3(\theta/3)$, $0 \le \theta \le 3\pi$의 길이를 구하라.

보충 · 심화 문제 19~22에서 한 초점이 원점에 있는 원뿔곡선의 이심률과 그것에 대한 준선이 주어졌다. 각 원뿔곡선에 대한 극방정식을 구하라.

19. $e = 2$, $r\cos\theta = 2$ **20.** $e = 1$, $r\cos\theta = -4$

21. $e = 1/2$, $r\sin\theta = 2$ **22.** $e = 1/3$, $r\sin\theta = -6$

이론과 예제

23. 에피사이클로이드   한 원이 고정된 원의 원주를 따라 원의 외부를 회전할 때, 회전하는 원의 원주 위에 있는 한 점 P는 그림과 같이 **에피사이클로이드**를 나타낸다. 고정된 원은 원점 O를 중심으로 하고, 반지름은 a이다.

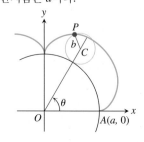

회전하는 원의 반지름을 b라 하고, 점 P의 처음 시작 위치를 $A(a, 0)$이라 하자. 양의 x축으로부터 원의 중심을 통과하는 직선까지의 각 θ를 매개변수로 하는 에피사이클로이드에 대한 매개방정식을 구하라.

24. x축과 사이클로이드
$$x = a(t - \sin t), \quad y = a(1 - \cos t); \quad 0 \le t \le 2\pi$$
에 의해 둘러싸인 영역의 중심을 구하라.

극좌표에 대한 반지름 벡터와 접선 사이의 각

직교좌표상의 한 점에서 곡선의 방향을 논의하려면 양의 x축과 접선과 각 ϕ를 사용한다. 극좌표에서는 **반지름 벡터**와 접선과 각 ψ를 계산하는 것이 더 편리하다(주어진 그림을 참조하라). 각 ϕ는 주어진 그림과 같이 삼각형의 외각 정리를 적용하면 다음과 같다.

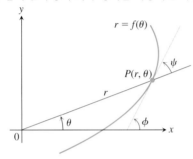

곡선의 방정식이 $r = f(\theta)$의 형태로 주어졌다고 하고, 이때 $f(\theta)$는 θ의 미분가능한 함수라 하자. 그러면
$$x = r \cos \theta, \quad y = r \sin \theta \tag{2}$$
는 θ에 대한 미분가능한 함수이고, 미분하면 다음 식을 얻는다.
$$\frac{dx}{d\theta} = -r \sin \theta + \cos \theta \frac{dr}{d\theta}$$
$$\frac{dy}{d\theta} = r \cos \theta + \sin \theta \frac{dr}{d\theta} \tag{3}$$
식 (1)로부터 $\psi = \phi - \theta$이므로
$$\tan \psi = \tan (\phi - \theta) = \frac{\tan \phi - \tan \theta}{1 + \tan \phi \tan \theta}$$
이고, $\tan \phi$가 P에서의 곡선의 기울기이므로
$$\tan \phi = \frac{dy}{dx} = \frac{dy/d\theta}{dx/d\theta}$$

이다. 또한
$$\tan \theta = \frac{y}{x}$$
이므로 다음 식을 얻는다.
$$\tan \psi = \frac{\dfrac{dy/d\theta}{dx/d\theta} - \dfrac{y}{x}}{1 + \dfrac{y}{x}\dfrac{dy/d\theta}{dx/d\theta}} = \frac{x\dfrac{dy}{d\theta} - y\dfrac{dx}{d\theta}}{x\dfrac{dx}{d\theta} + y\dfrac{dy}{d\theta}} \tag{4}$$

식 (4)의 마지막 항의 분자는 식 (2)와 (3)으로부터
$$x\frac{dy}{d\theta} - y\frac{dx}{d\theta} = r^2$$
이고, 비슷한 방법으로 분모는
$$x\frac{dx}{d\theta} + y\frac{dy}{d\theta} = r\frac{dr}{d\theta}$$
이다. 식 (4)에 이것을 대입하면 다음과 같다.
$$\tan \psi = \frac{r}{dr/d\theta} \tag{5}$$
이것은 θ의 함수로서 ψ를 찾기 위해 사용하는 방정식이다.

25. 그림을 참고하여 두 곡선의 교점에서 두 곡선의 접선들 사이의 각 β가 공식
$$\tan \beta = \frac{\tan \psi_2 - \tan \psi_1}{1 + \tan \psi_2 \tan \psi_1} \tag{6}$$
으로부터 구할 수 있음을 보이라. 언제 두 곡선이 직각으로 교차하는가?

26. 곡선 $r = \sin^4(\theta/4)$에 대하여, $\tan \psi$의 값을 구하라.

27. $\theta = \pi/6$일 때 곡선 $r = 2a \sin 3\theta$에 대하여 동경과 접선 사이의 각을 구하라.

T 28. a. 쌍곡 나선형 $r\theta = 1$의 그래프를 그리라. 나선형 곡선이 원점 주위를 감아돌 때 ψ에는 어떤 현상이 나타나는가?
　　b. (a)에서 발견한 것을 분석적으로 규명하라.

29. 원 $r = \sqrt{3} \cos \theta$와 원 $r = \sin \theta$가 점 $(\sqrt{3}/2, \pi/3)$에서 만난다. 교점에서 두 원에 대한 접선이 서로 수직이 됨을 보이라.

30. 심장형 $r = a(1 - \cos \theta)$가 반직선 $\theta = \pi/2$와 교차할 때의 각을 구하라.

10
벡터와 공간기하

개요　이 장에서는 다변수 미적분학의 기초가 되는 내용을 공부한다. 미적분학을 많은 현실 상황에서 적용하기 위해 우선 3차원 좌표계와 벡터를 소개한다. xy평면 위와 아래로 거리를 나타내기 위한 세 번째 축을 추가하여 공간 좌표계를 구성한다. 그런 다음에 벡터를 정의하고 이를 이용하여 공간에서의 직선, 평면, 곡선과 곡면에 대한 식을 쉽게 정의할 수 있다.

10.1　3차원 좌표계

공간에 한 점의 위치를 표현하기 위해 그림 10.1과 같이 배열된 3개의 서로 수직인 좌표축을 이용한다. 그림에 보이는 것처럼 구성된 세 축은 **오른손 좌표계**라 부른다. 네 손가락이 양의 x축에서 양의 y축 방향으로 감도록 오른손을 쥐면, 엄지손가락은 양의 z축 방향을 가리킨다. z축의 양의 방향에서 xy평면으로 내려다볼 때, 평면에서 양의 각은 양의 x축에서 반시계방향으로 양의 z축을 중심으로 회전한 각으로 측정한다. (**왼손 좌표계**에서는 그림 10.1에서 z축이 아래로 향하며 평면에서 양의 각은 양의 x축에서 시계방향으로 측정한다. 오른손 좌표계와 왼손 좌표계는 서로 다르다.)

공간에서 점 P의 데카르트 좌표 (x, y, z)는 P를 지나 세 축을 각각 수직으로 자르는 세 평면이 축과 만나는 수들로 이루어진다. 공간에서의 좌표를 정의하는 세 축이 직교하므로 이 좌표를 **직교 좌표**(**rectangular coordinates**)라고도 부른다. x축 위의 점은 y, z좌표 값이 0이다. 즉, 이 점은 $(x, 0, 0)$ 형태의 좌표를 갖는다. 마찬가지로 y축 위의 점의 좌표는 $(0, y, 0)$, z축 위의 점의 좌표는 $(0, 0, z)$이다.

좌표축들로 결정되는 평면은, 표준방정식이 $z=0$인 xy평면(**xy-plane**); 표준방정식이 $x=0$인 yz평면(**yz-plane**); 표준방정식이 $y=0$인 xz평면(**xz-plane**)이다. 이 세 평면은 **원점**(**origin**)$(0, 0, 0)$에서 만난다(그림 10.2). 원점을 간단히 0이나 문자 O로 나타낸다.

세 **좌표평면**(**coordinate planes**) $x=0$, $y=0$, $z=0$은 공간을 **팔분공간**(**octants**)이라 하는 8개의 조각으로 나눈다. 이 중 좌표점이 모두 양인 공간을 **제1팔분공간**(**first octant**)이라 한다; 다른 7개의 팔분공간에 대해서는 규정된 명칭이 없다.

x축에 수직인 평면 상의 점들의 x좌표는 모두 같고, 이 x좌표는 평면이 x축을 자른 위치를 나타낸다. y, z좌표는 임의의 수가 될 수 있다. 마찬가지로, y축에 수직인 평면 상의 점의 y좌표는 모두 같고, z축에 수직인 평면 상의 점은 z좌표가 모두 같다. 이러한

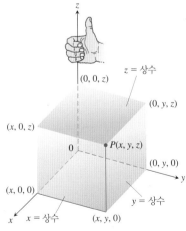

그림 10.1　데카르트 좌표계는 오른손 좌표계이다.

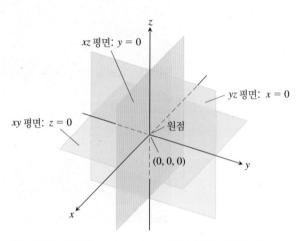

그림 10.2 세 평면 $x=0$, $y=0$, $z=0$은 공간을 팔분공간으로 나눈다.

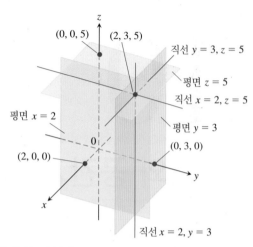

그림 10.3 세 평면 $x=2$, $y=3$, $z=5$는 점$(2, 3, 5)$를 지나는 3개의 직선을 결정한다.

평면을 방정식으로 나타내기 위해 공통의 좌표값을 정한다. 평면 $x=2$는 한 점 $x=2$에서 x축에 수직인 평면이다. 평면 $y=3$은 한 점 $y=3$에서 y축과 수직인 평면이다. 평면 $z=5$는 한 점 $z=5$에서 z축과 수직인 평면이다. 그림 10.3은 평면 $x=2$, $y=3$, $z=5$를 나타내며, 세 평면은 점$(2, 3, 5)$에서 교차한다.

그림 10.3에서 평면 $x=2$와 평면 $y=3$은 z축에 평행한 직선의 형태로 만난다. 이 직선은 한 **쌍**(*pair*)의 방정식 $x=2$, $y=3$으로 표현된다. 한 점(x, y, z)가 이 직선 위에 있다는 것은 $x=2$, $y=3$이다. 마찬가지로, 평면 $y=3$, $z=5$의 교선은 한 쌍의 방정식 $y=3$, $z=5$로 표현된다. 이 교선은 x축에 평행하다. 평면 $x=2$, $z=5$의 교선은 y축에 평행하며 한 쌍의 방정식 $x=2$, $z=5$로 표현된다.

다음 예제에서 보듯이, 좌표 방정식 또는 부등식을 그 식들이 정의하는 공간에서의 점들의 집합으로 대응시킬 수 있다.

예제 1 방정식과 부등식의 기하학적 해석

(a) $z \geq 0$ xy평면과 그 위의 점들로 구성된 반공간

(b) $x = -3$ 점 $x = -3$에서 x축에 수직인 평면. 이 평면은 yz평면에 평행하고 yz평면에서 3만큼 뒤에 놓여 있다.

(c) $z=0$, $x \leq 0$, $y \geq 0$ xy평면의 제2사분면

(d) $x \geq 0$, $y \geq 0$, $z \geq 0$ 제1팔분공간

(e) $-1 \leq y \leq 1$ 평면 $y = -1$과 $y = 1$을 포함하여 그 사이에 놓인 판

(f) $y = -2$, $z = 2$ 두 평면 $y = -2$와 $z = 2$의 교선. 다른 표현으로 한 점 $(0, -2, 2)$를 지나고 x축에 평행한 직선   ■

예제 2 다음 방정식

$$x^2 + y^2 = 4, \quad z = 3$$

을 만족시키는 점 $P(x, y, z)$는 무엇을 나타내는가?

풀이 점 P는 수평평면 $z=3$ 위에 놓여 있고, 이 평면에서 원 $x^2+y^2=4$를 구성한다. 이러한 점들의 집합을 "평면 $z=3$ 위의 원 $x^2+y^2=4$" 또는 간단히 "원 $x^2+y^2=4$, $z=3$"(그림 10.4)라 한다.   ■

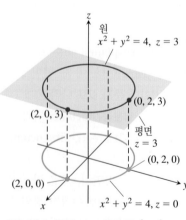

그림 10.4 평면 $z=3$ 위의 원 $x^2+y^2=4$ (예제 2)

공간에서의 거리와 구면

xy평면에서 두 점 사이의 거리를 구하는 공식이 공간으로 확장된다.

$P_1(x_1, y_1, z_1)$과 $P_2(x_2, y_2, z_2)$ 사이의 거리는

$$|P_1P_2| = \sqrt{(x_2 - x_1)^2 + (y_2 - y_1)^2 + (z_2 - z_1)^2}$$

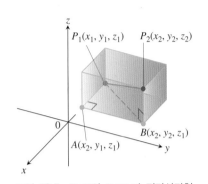

그림 10.5 P_1AB와 P_1BP_2가 직각삼각형이므로, 피타고라스 정리를 적용하면 P_1과 P_2 사이 거리를 구할 수 있다.

증명 각 좌표평면에 평행한 면으로 직육면체를 구성하고, 직육면체의 대각선의 양 끝점을 P_1과 P_2라 하자(그림 10.5). 그림에 표시된 것처럼 두 꼭짓점 $A(x_2, y_1, z_1)$와 $B(x_2, y_2, z_1)$를 정하면, 직육면체의 세 모서리 P_1A, AB, BP_2의 길이는

$$|P_1A| = |x_2 - x_1|, \qquad |AB| = |y_2 - y_1|, \qquad |BP_2| = |z_2 - z_1|$$

이다. P_1BP_2와 P_1AB가 직각삼각형이므로, 피타고라스 정리를 적용하면 다음을 얻는다.

$$|P_1P_2|^2 = |P_1B|^2 + |BP_2|^2, \qquad |P_1B|^2 = |P_1A|^2 + |AB|^2$$

(그림 10.5 참고). 따라서

$$
\begin{aligned}
|P_1P_2|^2 &= |P_1B|^2 + |BP_2|^2 \\
&= |P_1A|^2 + |AB|^2 + |BP_2|^2 \qquad {\scriptstyle |P_1B|^2 = |P_1A|^2 + |AB|^2} \\
&= |x_2 - x_1|^2 + |y_2 - y_1|^2 + |z_2 - z_1|^2 \\
&= (x_2 - x_1)^2 + (y_2 - y_1)^2 + (z_2 - z_1)^2
\end{aligned}
$$

이므로 다음 공식이 성립한다.

$$|P_1P_2| = \sqrt{(x_2 - x_1)^2 + (y_2 - y_1)^2 + (z_2 - z_1)^2} \qquad \blacksquare$$

예제 3 $P_1(2, 1, 5)$와 $P_2(-2, 3, 0)$ 사이의 거리는 다음과 같다.

$$
\begin{aligned}
|P_1P_2| &= \sqrt{(-2 - 2)^2 + (3 - 1)^2 + (0 - 5)^2} \\
&= \sqrt{16 + 4 + 25} \\
&= \sqrt{45} \approx 6.708
\end{aligned}
$$
$\blacksquare$

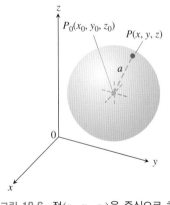

그림 10.6 점(x_0, y_0, z_0)을 중심으로 하고, 반지름이 a인 구

공간에서 구면 방정식을 나타내는 데 거리 공식을 사용할 수 있다(그림 10.6). 점 $P(x, y, z)$는 $|P_0P| = a$, 즉

$$(x - x_0)^2 + (y - y_0)^2 + (z - z_0)^2 = a^2$$

일 때, 정확하게 $P_0(x_0, y_0, z_0)$을 중심으로 하고, 반지름이 a인 구면 상에 놓인 한 점이다.

중심이 (x_0, y_0, z_0)이고 반지름이 a인 구면 방정식의 표준방정식

$$(x - x_0)^2 + (y - y_0)^2 + (z - z_0)^2 = a^2$$

예제 4 주어진 구면

$$x^2 + y^2 + z^2 + 3x - 4z + 1 = 0$$

의 중심과 반지름을 구하라.

풀이 원의 중심과 반지름을 찾는 방식으로 구면의 중심과 반지름을 찾는다: x, y, z항에 관한 완전제곱식을 만들어 1차식의 제곱 형태의 2차식으로 각각 나타낸다. 이제 표준형의 방정식에서 중심과 반지름을 읽는다. 주어진 구면에 대해,

$$x^2 + y^2 + z^2 + 3x - 4z + 1 = 0$$

$$(x^2 + 3x) + y^2 + (z^2 - 4z) = -1$$

$$\left(x^2 + 3x + \left(\frac{3}{2}\right)^2\right) + y^2 + \left(z^2 - 4z + \left(\frac{-4}{2}\right)^2\right) = -1 + \left(\frac{3}{2}\right)^2 + \left(\frac{-4}{2}\right)^2$$

$$\left(x + \frac{3}{2}\right)^2 + y^2 + (z - 2)^2 = -1 + \frac{9}{4} + 4 = \frac{21}{4}$$

이 표준형에서 $x_0 = -3/2$, $y_0 = 0$, $z_0 = 2$, $a = \sqrt{21}/2$이다. 구면의 중심은 $(-3/2, 0, 2)$이고, 반지름은 $\sqrt{21}/2$이다. ∎

예제 5 방정식과 부등식의 기하학적 해석

(a) $x_2 + y_2 + z_2 < 4$ 　　　구면 $x_2 + y_2 + z_2 = 4$의 내부

(b) $x_2 + y_2 + z_2 \leq 4$ 　　　구면 $x_2 + y_2 + z_2 = 4$로 둘러싸인 속이 꽉 찬 볼. 즉 구면 $x_2 + y_2 + z_2 = 4$와 그 내부

(c) $x_2 + y_2 + z_2 > 4$ 　　　구면 $x_2 + y_2 + z_2 = 4$의 외부

(d) $x_2 + y_2 + z_2 = 4$, $z \leq 0$ 　　구면 $x_2 + y_2 + z_2 = 4$를 xy평면(평면 $z = 0$)으로 잘라 만든 하반구 ∎

　　xy평면에서 점의 위치를 표현하는 데 직교좌표 외에도 극좌표 (9.3절)를 사용하는 것처럼, 3차원 공간에서 점의 위치를 표현하는 또 다른 방법으로 원주좌표와 구면좌표가 있다. 이 두 좌표계는 13.7절에서 다룬다.

연습문제 10.1

방정식의 기하학적 해석

연습문제 1~16에서 다음 한 쌍의 식을 만족시키는 공간 상의 점들의 집합을 기하학적으로 서술하라.

1. $x = 2$, $y = 3$ 　　　　**2.** $x = -1$, $z = 0$

3. $y = 0$, $z = 0$ 　　　　**4.** $x = 1$, $y = 0$

5. $x^2 + y^2 = 4$, $z = 0$ 　　**6.** $x^2 + y^2 = 4$, $z = -2$

7. $x^2 + z^2 = 4$, $y = 0$ 　　**8.** $y^2 + z^2 = 1$, $x = 0$

9. $x^2 + y^2 + z^2 = 1$, $x = 0$

10. $x^2 + y^2 + z^2 = 25$, $y = -4$

11. $x^2 + y^2 + (z + 3)^2 = 25$, $z = 0$

12. $x^2 + (y - 1)^2 + z^2 = 4$, $y = 0$

13. $x^2 + y^2 = 4$, $z = y$

14. $x^2 + y^2 + z^2 = 4$, $y = x$

15. $y = x^2$, $z = 0$

16. $z = y^2$, $x = 1$

부등식과 방정식의 기하학적 해석

연습문제 17~24에서 다음 부등식 또는 방정식과 부등식의 결합으로 이루어진 식을 만족시키는 공간 상의 점들의 집합을 기하학적으로 서술하라.

17. a. $x \geq 0$, $y \geq 0$, $z = 0$ 　**b.** $x \geq 0$, $y \leq 0$, $z = 0$

18. a. $0 \leq x \leq 1$ 　　　　　**b.** $0 \leq x \leq 1$, $0 \leq y \leq 1$

c. $0 \leq x \leq 1$, $0 \leq y \leq 1$, $0 \leq z \leq 1$

19. a. $x^2 + y^2 + z^2 \leq 1$ 　　**b.** $x^2 + y^2 + z^2 > 1$

20. a. $x^2 + y^2 \leq 1$, $z = 0$ 　**b.** $x^2 + y^2 \leq 1$, $z = 3$

c. $x^2 + y^2 \leq 1$, 　z에 대한 제한은 없음

21. a. $1 \leq x^2 + y^2 + z^2 \leq 4$

b. $x^2 + y^2 + z^2 \leq 1$, $z \geq 0$

22. a. $x = y$, $z = 0$ 　　　**b.** $x = y$, 　z에 대한 제한은 없음

23. a. $y \geq x^2$, $z \geq 0$ 　　**b.** $x \leq y^2$, $0 \leq z \leq 2$

24. a. $z = 1 - y$, 　x에 대한 제한은 없음

b. $z = y^3$, $x = 2$

거리

연습문제 25~30에서 두 점 P_1과 P_2 사이의 거리를 구하라.

25. $P_1(1, 1, 1)$, 　　$P_2(3, 3, 0)$

26. $P_1(-1, 1, 5)$, 　$P_2(2, 5, 0)$

27. $P_1(1, 4, 5)$, 　　$P_2(4, -2, 7)$

28. $P_1(3, 4, 5)$, 　　$P_2(2, 3, 4)$

29. $P_1(0, 0, 0)$, 　　$P_2(2, -2, -2)$

30. $P_1(5, 3, -2)$, 　$P_2(0, 0, 0)$

31. 점 $(3, -4, 2)$로부터 다음 평면까지의 거리를 구하라.

a. xy평면　　　　**b.** yz평면　　　　**c.** xz평면

32. 점 $(-2, 1, 4)$로부터 다음 평면까지의 거리를 구하라.

　a. 평면 $x=3$　　**b.** 평면 $y=-5$　　**c.** 평면 $z=-1$

33. 점 $(4, 3, 0)$으로부터 다음 축까지의 거리를 구하라.

　a. x축　　　　**b.** y축　　　　**c.** z축

34. 다음 거리를 구하라.

　a. x축으로부터 평면 $z=3$까지

　b. 원점으로부터 평면 $2=z-x$까지

　c. 점 $(0, 4, 0)$으로부터 평면 $y=x$까지

연습문제 35~44에서 주어진 집합을 하나 또는 한 쌍의 식으로 표현하라.

35. 다음에 수직인 평면;

　a. $(3, 0, 0)$에서 x축　　　　**b.** $(0, -1, 0)$에서 y축

　c. $(0, 0, -2)$에서 z축

36. 점$(3, -1, 2)$를 지나고 다음에 수직인 평면;

　a. x축　　　　**b.** y축　　　　**c.** z축

37. 점$(3, -1, 1)$을 지나고 다음에 평행인 평면;

　a. xy평면　　　**b.** yz평면　　　**c.** xz평면

38. 중심$(0, 0, 0)$, 반지름이 2이고 다음 평면에 있는 원;

　a. xy평면　　　**b.** yz평면　　　**c.** xz평면

39. 중심$(0, 2, 0)$, 반지름이 2이고 다음 평면에 있는 원;

　a. xy평면　　　**b.** yz평면　　　**c.** 평면 $y=2$

40. 중심$(-3, 4, 1)$, 반지름이 1이고 다음에 평행인 평면에 있는 원;

　a. xy평면　　　**b.** yz평면　　　**c.** xz평면

41. 점$(1, 3, -1)$을 지나고 다음에 평행한 직선;

　a. x축　　　　**b.** y축　　　　**c.** z축

42. 원점과 점 $(0, 2, 0)$으로부터 같은 거리에 있는 공간 상의 점들의 집합

43. 점$(1, 1, 3)$을 지나고 z축에 수직인 평면과, 중심이 원점이고 반지름이 5인 구가 만나서 만들어지는 원

44. 점$(0, 0, 1)$과 점 $(0, 0, -1)$로부터 거리가 똑같이 2인 공간 상의 점들의 집합

부등식으로 점들의 집합 표현하기

연습문제 45~50에서 다음 집합을 나타내는 부등식을 적으라.

45. 평면 $z=0$과 $z=1$을 포함하여 그 사이에 놓인 판

46. 제1팔분공간에서 각 좌표평면과 평면 $x=2, y=2, z=2$로 둘러싸인 정육면체

47. xy평면 아래의 반공간(경계면 포함)

48. 원점을 중심으로 하고 반지름이 1인 구면의 상반구

49. 점$(1, 1, 1)$을 중심으로 하고 반지름이 1인 구면의

　(a) 내부, **(b)** 외부

50. 원점을 중심으로 하고 반지름이 1인 구면과 반지름이 2인 구면으로 둘러싸인 닫힌 영역(**닫힌 영역**이란 두 구면의 경계면을 포함한다는 뜻이다. 반면, 구면을 포함하지 않으려면, 두 구면으로 둘러싸인 **열린 영역**이란 용어를 써야 한다. 구간에서 말하는 **닫힘**, **열림**과 비슷한 식이다. **닫힌 구간**은 양 끝점을 포함하나, **열린 구간**은 양끝점을 포함하지 않는다. 닫힌 집합은 경

계를 포함하나, 열린 집합은 경계를 포함하지 않는다.)

구면

연습문제 51~60에서 다음 구면의 중심과 반지름을 구하라.

51. $(x+2)^2 + y^2 + (z-2)^2 = 8$

52. $(x-1)^2 + \left(y+\dfrac{1}{2}\right)^2 + (z+3)^2 = 25$

53. $(x-\sqrt{2})^2 + (y-\sqrt{2})^2 + (z+\sqrt{2})^2 = 2$

54. $x^2 + \left(y+\dfrac{1}{3}\right)^2 + \left(z-\dfrac{1}{3}\right)^2 = \dfrac{16}{9}$

55. $x^2 + y^2 + z^2 + 4x - 4z = 0$

56. $x^2 + y^2 + z^2 - 6y + 8z = 0$

57. $2x^2 + 2y^2 + 2z^2 + x + y + z = 9$

58. $3x^2 + 3y^2 + 3z^2 + 2y - 2z = 9$

59. $x^2 + y^2 + z^2 - 4x + 6y - 10z = 11$

60. $(x-1)^2 + (y-2)^2 + (z+1)^2 = 103 + 2x + 4y - 2z$

연습문제 61~64에서 다음에 주어진 중심과 반지름을 가진 구면의 방정식을 구하라.

	중심	반지름
61.	$(1, 2, 3)$	$\sqrt{14}$
62.	$(0, -1, 5)$	2
63.	$\left(-1, \dfrac{1}{2}, -\dfrac{2}{3}\right)$	$\dfrac{4}{9}$
64.	$(0, -7, 0)$	7

이론과 예제

65. 점 $P(x, y, z)$로부터 다음 좌표축까지 거리를 구하라.

　a. x축　　　　**b.** y축　　　　**c.** z축

66. 점 $P(x, y, z)$로부터 다음 평면까지 거리를 구하라.

　a. xy평면　　　**b.** yz평면　　　**c.** xz평면

67. 세 꼭짓점이 각각 $A(-1, 2, 1)$, $B(1, -1, 3)$, $C(3, 4, 5)$인 삼각형의 둘레의 길이를 구하라.

68. 점 $P(3, 1, 2)$로부터 두 점 $A(2, -1, 3)$, $B(4, 3, 1)$까지의 거리가 같음을 보이라.

69. 두 평면 $y=3$과 $y=-1$로부터 같은 거리에 있는 점들의 집합에 대한 방정식을 구하라.

70. 한 점$(0, 0, 2)$와 xy평면으로부터 같은 거리에 있는 점들의 집합에 대한 방정식을 구하라.

71. 다음과 가장 가까운 구면 $x^2 + (y-3)^2 + (z-5)^2 = 4$ 위의 점을 구하라.

　a. xy평면　　　　　　　　**b.** 점 $(0, 7, -5)$

72. 다음 네 점 $(0, 0, 0)$, $(0, 4, 0)$, $(3, 0, 0)$과 $(2, 2, -3)$으로부터 같은 거리에 있는 점을 구하라.

73. 점 $(0, 0, 2)$와 x축으로부터 같은 거리에 있는 점들의 집합에 대한 방정식을 구하라.

74. y축과 평면 $z=6$으로부터 같은 거리에 있는 점들의 집합에 대한 방정식을 구하라.

75. 다음으로부터 같은 거리에 있는 점들의 집합에 대한 방정식을 구하라.

a. xy평면과 yz평면
b. x축과 y축

76. 세 점 (2, 0, 0), (0, 2, 0)과 (0, 0, 2)로부터 거리가 똑같이 3인 점을 모두 구하라.

10.2 벡터

단순히 크기만으로 사물을 측정하는 방법이 있다. 예를 들어, 질량, 길이, 시간 등을 기록하기 위해서 적절한 측정의 단위를 정하면 수를 이용하여 그 값을 표현할 수 있다. 이에 비해 힘, 변위, 속도 등을 표현하기 위해서는 더 많은 정보가 필요하다. 이를테면, 힘을 기술하기 위해서는 크기뿐만 아니라 작용하는 방향도 고려해야 한다. 물체의 변위는 옮겨간 거리와 방향으로 결정된다. 물체의 속도의 경우도 운동의 방향뿐만 아니라 속력도 알아야 한다. 이 절에서는 평면이나 공간 내에서 크기와 방향 모두를 가지고 있는 사물을 표현하는 방법을 알아본다.

벡터의 성분

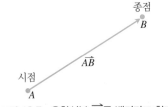

시점

그림 10.7 유향선분 $\overrightarrow{AB}$를 벡터라고 한다.

힘, 변위, 속도와 같은 양을 **벡터**(**vector**)라 하고, **유향선분**(**directed line segment**)(그림 10.7)으로 표현한다. 화살의 방향은 작용 방향이고 화살의 길이는 주어진 단위에 대해 작용하는 크기를 나타낸다. 예를 들어, 힘벡터는 힘이 작용하는 방향을 가리키고 그의 길이는 힘의 강도를 측정한 것이다; 속도벡터는 운동 방향을 가리키고 길이는 물체의 속력이다. 그림 10.8은 평면 또는 공간의 특정 위치에서 경로를 따라 이동하는 입자의 속도벡터 **v**를 나타낸다. 벡터의 이러한 응용은 11장에서 다룬다.

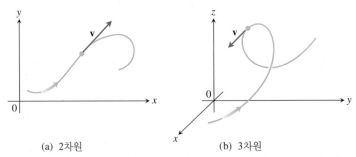

(a) 2차원   (b) 3차원

그림 10.8 (a) 평면에서 (b) 공간에서 경로를 따라 이동하는 한 입자의 속도벡터. 경로 상의 화살표는 입자의 운동 방향을 가리킨다.

정의 유향선분 $\overrightarrow{AB}$에 의해서 표현되는 벡터는 A를 **시점**(**initial point**), B를 **종점**(**terminal point**)이라 하고 그의 **길이**(**length**)를 $|\overrightarrow{AB}|$로 나타낸다. 두 벡터의 크기와 방향이 같으면 두 벡터는 **서로 같다**(**equal**).

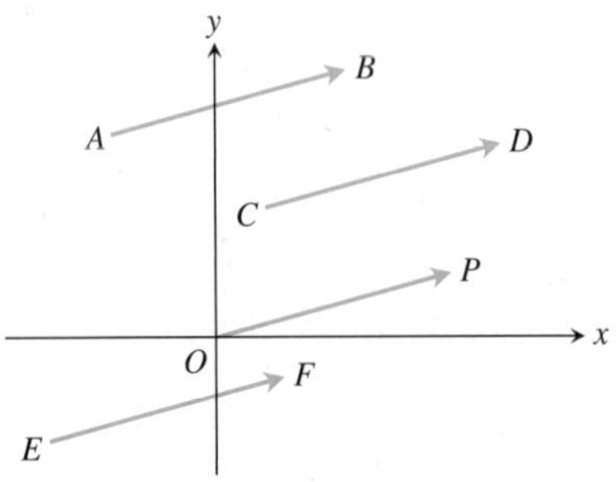

벡터를 표현할 때 쓰는 화살표가 크기가 같고 평행하며, 같은 방향을 가리킨다면 시점에 관계없이 동일한 벡터를 나타낸다(그림 10.9).

교재에서 벡터를 문자로 표현할 때는 볼드체 소문자 **u**, **v**, **w** 등을 쓴다. 때때로 힘벡터를 표현할 때 **F**와 같이 볼드체 대문자로 쓰기도 한다. 손으로 쓸 때는 통상 $\vec{u}, \vec{v}, \vec{w}, \vec{F}$처럼 문자 위에 작은 화살표를 그려 넣는다.

벡터의 방향에 대해 좀 더 엄밀하도록 벡터를 대수적으로 표현하는 방법이 필요하

그림 10.9 평면 상의 4개의 화살(유향선분)의 크기와 방향이 같다. 따라서 동일한 벡터, 즉 $\overrightarrow{AB}=\overrightarrow{CD}=\overrightarrow{OP}=\overrightarrow{EF}$이다.

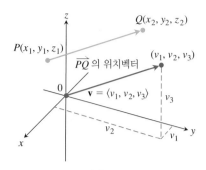

그림 10.10   벡터 $\vec{PQ}$는 표준위치에서 시점이 원점이다. 유향성분 $\vec{PQ}$와 **v**는 평행이고 같은 크기를 갖는다.

역사적 인물

가우스(Carl Friedrich Gauss, 1777~1855)

다. 벡터 $\mathbf{v} = \vec{PQ}$를 생각하자. 이때 시점이 원점이면서 $\vec{PQ}$와 동일한 유향선분이 존재한다(그림 10.10). 이것은 **표준 위치**(**standard position**)에 있는 벡터로 일반적으로 **v**를 나타낸다. **v**가 표준위치에 있을 때, 종점의 좌표 (v_1, v_2, v_3)로 **v**를 구체화할 수 있다. 만일 **v**가 평면 위의 벡터라면 종점 (v_1, v_2)는 2개의 좌표를 갖는다.

> **정의**   **v**가 시점이 원점이고 종점이 (v_1, v_2)인 평면상의 **2차원**(**two-dimensional**) 벡터일 때, 위치벡터 **v**를 **성분 형식**(**component form**)으로 나타내면
> $$\mathbf{v} = \langle v_1, v_2 \rangle$$
> **v**가 시점이 원점이고 종점이 (v_1, v_2, v_3)인 공간 상의 **3차원**(**three-dimensional**) 벡터일 때, 위치벡터 **v**를 **성분 형식**(**component form**)으로 나타내면
> $$\mathbf{v} = \langle v_1, v_2, v_3 \rangle$$

따라서 2차원 벡터는 실수 성분의 순서쌍 $\mathbf{v} = \langle v_1, v_2 \rangle$이고, 3차원 벡터는 실수 성분의 순서쌍 $\mathbf{v} = \langle v_1, v_2, v_3 \rangle$이다. 여기서, v_1, v_2, v_3을 **v**의 **성분**(**component**)이라 한다.

$\mathbf{v} = \langle v_1, v_2, v_3 \rangle$가 시점이 점 $P(x_1, y_1, z_1)$이고 종점이 점 $Q(x_2, y_2, z_2)$인 유향선분 $\vec{PQ}$로 표현될 때 $x_1 + v_1 = x_2,\ y_1 + v_2 = y_2,\ z_1 + v_3 = z_2$(그림 10.10 참고). 따라서 $v_1 = x_2 - x_1$, $v_2 = y_2 - y_1,\ v_3 = z_2 - z_1$은 $\vec{PQ}$의 성분이다.

요약하면, 두 점 $P(x_1, y_1, z_1)$와 $Q(x_2, y_2, z_2)$가 주어질 때, $\vec{PQ}$의 표준위치벡터 $\mathbf{v} = \langle v_1, v_2, v_3 \rangle$은 다음과 같다.

$$\mathbf{v} = \langle x_2 - x_1, y_2 - y_1, z_2 - z_1 \rangle$$

v가 시점과 종점이 각각 $P(x_1, y_1)$와 $Q(x_2, y_2)$인 평면 상의 2차원 벡터라면, $\mathbf{v} = \langle x_2 - x_1, y_2 - y_1 \rangle$이다. 즉, 평면벡터는 세 번째 성분이 없다. 이러한 이유로, 기본적으로 3차원 벡터를 대수적으로 다루고 2차원의 평면벡터는 3번째 성분 없이 나타낸다.

두 벡터가 서로 같을 필요충분조건은 표준위치벡터가 같은 것이다. 즉, 두 벡터 $\langle u_1, u_2, u_3 \rangle$과 $\langle v_1, v_2, v_3 \rangle$이 서로 같을 필요충분조건은 $u_1 = v_1,\ u_2 = v_2,\ u_3 = v_3$이다.

벡터 $\vec{PQ}$의 **크기**(**magnitude**) 또는 **길이**(**length**)는 임의의 동치인 유향선분의 길이와 같다. 특히, $\mathbf{v} = \langle x_2 - x_1, y_2 - y_1, z_2 - z_1 \rangle$를 $\vec{PQ}$의 표준위치벡터라 하면, 거리 공식에 의해 **v**의 크기 또는 길이를 알 수 있고, 간단히 $|\mathbf{v}|$ 혹은 $\|\mathbf{v}\|$로 표현한다.

> 벡터 $\mathbf{v} = \vec{PQ}$의 **크기** 또는 **길이**는 음이 아닌 값을 갖는다.
> $$|\mathbf{v}| = \sqrt{v_1^2 + v_2^2 + v_3^2} = \sqrt{(x_2 - x_1)^2 + (y_2 - y_1)^2 + (z_2 - z_1)^2}$$
> (그림 10.10 참고)

영벡터(**zero vector**)는 크기가 0인 유일한 벡터이고, $\mathbf{0} = \langle 0, 0 \rangle$ 또는 $\mathbf{0} = \langle 0, 0, 0 \rangle$으로 나타낸다. 이 벡터는 방향이 없는 유일한 벡터이기도 하다.

예제 1   시점 $P(-3, 4, 1)$이고 종점 $Q(-5, 2, 2)$인 벡터를 **(a)** 성분 형식으로 나타내고, **(b)** 크기를 구하라.

풀이   **(a)** $\vec{PQ}$의 표준위치벡터 **v**의 성분을 구하면
$$v_1 = x_2 - x_1 = -5 - (-3) = -2, \qquad v_2 = y_2 - y_1 = 2 - 4 = -2$$
$$v_3 = z_2 - z_1 = 2 - 1 = 1$$

따라서 $\overrightarrow{PQ}$를 성분 형식으로 나타내면

$$\mathbf{v} = \langle -2, -2, 1 \rangle$$

(b) $\mathbf{v} = \overrightarrow{PQ}$의 크기 또는 길이는

$$\mathbf{v}| = \sqrt{(-2)^2 + (-2)^2 + (1)^2} = \sqrt{9} = 3 \qquad \blacksquare$$

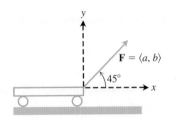

그림 10.11 수레를 앞으로 당기는 힘은 수평 성분이 유효 힘인 벡터 **F**로 표현된다(예제 2).

예제 2 매끄러운 평평한 바닥에서 작은 수레를 45° 방향으로 20 N의 힘 **F**로 당긴다 (그림 10.11). 이때 수레를 앞으로 움직이게 하는 **유효**(*effective*) 힘의 크기를 구하라.

풀이 수레를 앞으로 움직이게 하는 유효 힘은 힘 $\mathbf{F} = \langle a, b \rangle$의 수평 성분이고, 다음과 같다:

$$a = |\mathbf{F}| \cos 45° = (20)\left(\frac{\sqrt{2}}{2}\right) \approx 14.14 \, \text{N}$$

여기서, **F**는 2차원 벡터이다. $\qquad \blacksquare$

벡터의 연산

벡터에 관한 2개의 주요한 연산이 **벡터의 합**(*vector addition*)과 **스칼라곱**(*scalar multiplication*)이다. **스칼라**(**scalar**)는 간단히 설명하면 실수이고, 벡터와 구분하고자 할 때 이렇게 지칭한다. 스칼라는 양수일 수도, 음수 또는 0일 수도 있으며, 벡터에 곱하여 벡터의 크기를 변경할 수 있다.

정의 벡터 $\mathbf{u} = \langle u_1, u_2, u_3 \rangle$, $\mathbf{v} = \langle v_1, v_2, v_3 \rangle$와 스칼라 k에 대하여, 다음 연산이 정의된다.

$$\text{합: } u + v = \langle u_1 + v_1, u_2 + v_2, u_3 + v_3 \rangle$$
$$\text{스칼라곱: } k\mathbf{u} = \langle ku_1, ku_2, ku_3 \rangle$$

벡터의 합은 벡터의 대응하는 성분끼리의 합이다. 벡터의 스칼라곱은 각 성분의 스칼라곱이다. 평면벡터는 $\langle u_1, u_2 \rangle$, $\langle v_1, v_2 \rangle$와 같이 성분이 2개인 사실을 제외하면 이러한 정의가 평면벡터에도 그대로 적용된다.

벡터의 합의 정의는 그림 10.12(a)와 같이 한 벡터의 종점에 다른 한 벡터의 시점을 옮기는 과정을 통해 기하학적으로 설명된다. 다른 방법으로 그림 10.12(b)와 같이 평행사변형의 대각선을 **합벡터**(**resultant vector**)라 부르는 합으로 설명한다(합에 관한 **평행사변형 법칙**(**parallelogram law**)이라 부른다). 물리학에서 힘은 속도, 가속도 등과 같이 벡터적으로 더한다. 전기력과 중력에 관련된 입자에 작용하는 힘은 2개의 힘벡터를 더

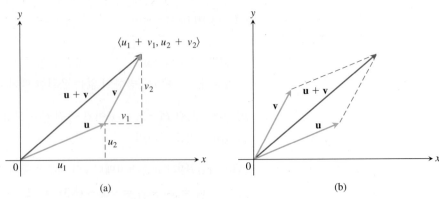

그림 10.12 (a) 벡터 합의 기하학적 해석, (b) 벡터 합에 관한 평행사변형 법칙

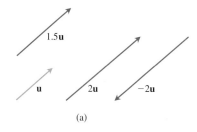

하여 구한다.

그림 10.13은 벡터 **u**에 스칼라 k배한 k**u**를 기하학적으로 해석하여 보여준다. $k>0$이면, k**u**는 u의 방향과 같고; $k<0$이면, k**u**는 u의 방향과 반대이다. **u**와 k**u**의 크기를 비교하면

$$|k\mathbf{u}| = \sqrt{(ku_1)^2 + (ku_2)^2 + (ku_3)^2} = \sqrt{k^2(u_1{}^2 + u_2{}^2 + u_3{}^2)}$$
$$= \sqrt{k^2}\sqrt{u_1{}^2 + u_2{}^2 + u_3{}^2} = |k|\,|\mathbf{u}|$$

k**u**의 크기는 **u**의 크기의 스칼라 $|k|$배이다. 벡터 (-1)**u** $= -$**u**는 **u**와 크기가 같고 방향은 반대이다.

두 벡터의 **차(difference)** **u** $-$ **v**는

$$\mathbf{u} - \mathbf{v} = \mathbf{u} + (-\mathbf{v})$$

로 정의한다.

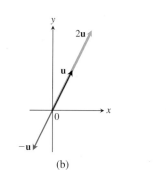

그림 10.13 (a) **u**의 스칼라배. (b) 표준 위치에 있는 벡터 **u**의 스칼라배.

u $= \langle u_1, u_2, u_3 \rangle$이고 **v** $= \langle v_1, v_2, v_3 \rangle$이면

$$\mathbf{u} - \mathbf{v} = \langle u_1 - v_1, u_2 - v_2, u_3 - v_3 \rangle$$

이다. $(\mathbf{u}-\mathbf{v}) + \mathbf{v} = \mathbf{u}$임에 주목하면, 벡터 **v**에 $(\mathbf{u}-\mathbf{v})$를 더하면 **u**가 된다(그림 10.14(a)). 그림 10.14(b)는 차 **u** $-$ **v**가 **u** $+ (-\mathbf{v})$임을 보여준다.

예제 3 **u** $= \langle -1, 3, 1 \rangle$, **v** $= \langle 4, 7, 0 \rangle$에 대하여, 다음 성분을 구하라.

(a) $2\mathbf{u} + 3\mathbf{v}$ **(b)** $\mathbf{u} - \mathbf{v}$ **(c)** $\left| \dfrac{1}{2}\mathbf{u} \right|$

풀이

(a) $2\mathbf{u} + 3\mathbf{v} = 2\langle -1, 3, 1 \rangle + 3\langle 4, 7, 0 \rangle = \langle -2, 6, 2 \rangle + \langle 12, 21, 0 \rangle = \langle 10, 27, 2 \rangle$

(b) $\mathbf{u} - \mathbf{v} = \langle -1, 3, 1 \rangle - \langle 4, 7, 0 \rangle = \langle -1-4, 3-7, 1-0 \rangle = \langle -5, -4, 1 \rangle$

(c) $\left| \dfrac{1}{2}\mathbf{u} \right| = \left| \left\langle -\dfrac{1}{2}, \dfrac{3}{2}, \dfrac{1}{2} \right\rangle \right| = \sqrt{\left(-\dfrac{1}{2}\right)^2 + \left(\dfrac{3}{2}\right)^2 + \left(\dfrac{1}{2}\right)^2} = \dfrac{1}{2}\sqrt{11}$ ■

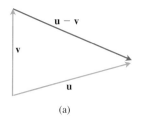

(a)

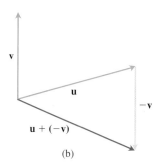

(b)

그림 10.14 (a) **v**에 벡터 **u** $-$ **v**를 더하면 **u**가 된다.
(b) **u** $-$ **v** $=$ **u** $+(-$**v**$)$

벡터 연산에 관하여 단순셈으로 이루어진 성질이 많다.

벡터 연산에 관한 성질

벡터 **u**, **v**, **w**와 스칼라 a, b에 대해서

1. $\mathbf{u} + \mathbf{v} = \mathbf{v} + \mathbf{u}$ **2.** $(\mathbf{u} + \mathbf{v}) + \mathbf{w} = \mathbf{u} + (\mathbf{v} + \mathbf{w})$

3. $\mathbf{u} + \mathbf{0} = \mathbf{u}$ **4.** $\mathbf{u} + (-\mathbf{u}) = \mathbf{0}$

5. $0\mathbf{u} = \mathbf{0}$ **6.** $1\mathbf{u} = \mathbf{u}$

7. $a(b\mathbf{u}) = (ab)\mathbf{u}$ **8.** $a(\mathbf{u} + \mathbf{v}) = a\mathbf{u} + a\mathbf{v}$

9. $(a + b)\mathbf{u} = a\mathbf{u} + b\mathbf{u}$

이것은 벡터의 합과 스칼라곱에 관한 정의를 이용하면 쉽게 증명된다. 예를 들면 성질 1은 다음과 같이 증명된다.

$$\begin{aligned}
\mathbf{u} + \mathbf{v} &= \langle u_1, u_2, u_3 \rangle + \langle v_1, v_2, v_3 \rangle \\
&= \langle u_1 + v_1, u_2 + v_2, u_3 + v_3 \rangle \\
&= \langle v_1 + u_1, v_2 + u_2, v_3 + u_3 \rangle \\
&= \langle v_1, v_2, v_3 \rangle + \langle u_1, u_2, u_3 \rangle \\
&= \mathbf{v} + \mathbf{u}
\end{aligned}$$

3개 이상의 공간 벡터가 같은 평면상에 있을 때, 우리는 그것들이 동일 평면상에 있다고 말한다. 예를 들어, 벡터 **u**, **v** 및 **u**+**v**는 항상 동일 평면상에 있다.

단위벡터

크기가 1인 벡터를 **단위벡터(unit vector)**라 한다. 다음과 같은 세 벡터를 **표준단위벡터 (standard unit vector)**라 한다.

$$\mathbf{i} = \langle 1, 0, 0 \rangle, \quad \mathbf{j} = \langle 0, 1, 0 \rangle, \quad \mathbf{k} = \langle 0, 0, 1 \rangle$$

임의의 벡터 $\mathbf{v} = \langle v_1, v_2, v_3 \rangle$는 다음과 같이 표준 단위벡터들의 **1차 결합(linear combination)**으로 표현할 수 있다.

$$\begin{aligned} \mathbf{v} &= \langle v_1, v_2, v_3 \rangle = \langle v_1, 0, 0 \rangle + \langle 0, v_2, 0 \rangle + \langle 0, 0, v_3 \rangle \\ &= v_1 \langle 1, 0, 0 \rangle + v_2 \langle 0, 1, 0 \rangle + v_3 \langle 0, 0, 1 \rangle \\ &= v_1 \mathbf{i} + v_2 \mathbf{j} + v_3 \mathbf{k} \end{aligned}$$

스칼라(혹은 실수) v_1을 벡터 **v**의 **i성분(i-component)**, v_2를 **v**의 **j성분(j-component)**, v_3을 **v**의 **k성분(k-component)**이라 한다. 시점이 $P_1(x_1, y_1, z_1)$, 종점이 $P_2(x_2, y_2, z_2)$인 벡터를 성분 형식 대신에 다음과 같이 나타낼 수 있다(그림 10.15 참고).

$$\overrightarrow{P_1 P_2} = (x_2 - x_1)\mathbf{i} + (y_2 - y_1)\mathbf{j} + (z_2 - z_1)\mathbf{k}$$

$\mathbf{v} \neq \mathbf{0}$이 아니면, 크기 $|\mathbf{v}|$는 0이 아니고

$$\left| \frac{1}{|\mathbf{v}|} \mathbf{v} \right| = \frac{1}{|\mathbf{v}|} |\mathbf{v}| = 1$$

이다. 즉, $\mathbf{v}/|\mathbf{v}|$는 **v**와 같은 방향의 단위벡터이고, 0이 아닌 벡터 **v**의 **방향(the direction)**이라 부른다.

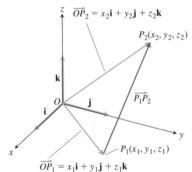

그림 10.15 P_1에서 P_2로 향하는 벡터는 $\overrightarrow{P_1 P_2} = (x_2 - x_1)\mathbf{i} + (y_2 - y_1)\mathbf{j} + (z_2 - z_1)\mathbf{k}$

예제 4 시점이 $P_1(1, 0, 1)$이고, 종점이 $P_2(3, 2, 0)$인 벡터와 같은 방향의 단위벡터 **u**를 구하라.

풀이 $\overrightarrow{P_1 P_2}$를 구하고, 그 크기로 나눈다.

$$\overrightarrow{P_1 P_2} = (3 - 1)\mathbf{i} + (2 - 0)\mathbf{j} + (0 - 1)\mathbf{k} = 2\mathbf{i} + 2\mathbf{j} - \mathbf{k}$$
$$|\overrightarrow{P_1 P_2}| = \sqrt{(2)^2 + (2)^2 + (-1)^2} = \sqrt{4 + 4 + 1} = \sqrt{9} = 3$$

$$\mathbf{u} = \frac{\overrightarrow{P_1 P_2}}{|\overrightarrow{P_1 P_2}|} = \frac{2\mathbf{i} + 2\mathbf{j} - \mathbf{k}}{3} = \frac{2}{3}\mathbf{i} + \frac{2}{3}\mathbf{j} - \frac{1}{3}\mathbf{k}$$

단위벡터 **u**는 $\overrightarrow{P_1 P_2}$의 방향이다. ∎

예제 5 $\mathbf{v} = 3\mathbf{i} - 4\mathbf{j}$가 속도벡터일 때, 속도 **v**를 속력과 운동 방향의 단위벡터의 곱으로 표현하라.

풀이 속력은 **v**의 크기이다.

$$|\mathbf{v}| = \sqrt{(3)^2 + (-4)^2} = \sqrt{9 + 16} = 5$$

단위벡터 $\mathbf{v}/|\mathbf{v}|$는 **v**의 방향을 가진다.

$$\frac{\mathbf{v}}{|\mathbf{v}|} = \frac{3\mathbf{i} - 4\mathbf{j}}{5} = \frac{3}{5}\mathbf{i} - \frac{4}{5}\mathbf{j}$$

따라서

역사적 인물
그라스만(Hermann Grassmann, 1809~1877)

$$\mathbf{v} = 3\mathbf{i} - 4\mathbf{j} = 5\left(\underbrace{\frac{3}{5}\mathbf{i} - \frac{4}{5}\mathbf{j}}_{\text{운동 방향}}\right)$$

$\underbrace{}_{\text{크기(속력)}}$

위 내용을 요약하면, 임의의 0이 아닌 벡터 $\mathbf{v}$는 크기와 방향이라는 2개의 중요한 요소로 $\mathbf{v} = |\mathbf{v}|\dfrac{\mathbf{v}}{|\mathbf{v}|}$와 같이 표현할 수 있다.

$\mathbf{v} \ne \mathbf{0}$이면,

1. $\dfrac{\mathbf{v}}{|\mathbf{v}|}$는 $\mathbf{v}$의 방향이라 부르는 단위벡터이다.

2. $\mathbf{v} = |\mathbf{v}|\dfrac{\mathbf{v}}{|\mathbf{v}|}$는 크기에 방향을 곱한 것으로 $\mathbf{v}$를 표현한 식이다.

예제 6 $\mathbf{v} = 2\mathbf{i} + 2\mathbf{j} - \mathbf{k}$의 방향으로 6 N의 힘이 작용할 때 이 힘 $\mathbf{F}$를 그 크기와 방향의 곱으로 표현하라.

풀이 힘벡터의 크기는 6이고, 방향은 $\dfrac{\mathbf{v}}{|\mathbf{v}|}$이므로, 힘 $\mathbf{F}$를 다음과 같이 표현한다.

$$\mathbf{F} = 6\,\frac{\mathbf{v}}{|\mathbf{v}|} = 6\,\frac{2\mathbf{i} + 2\mathbf{j} - \mathbf{k}}{\sqrt{2^2 + 2^2 + (-1)^2}} = 6\,\frac{2\mathbf{i} + 2\mathbf{j} - \mathbf{k}}{3}$$

$$= 6\left(\frac{2}{3}\mathbf{i} + \frac{2}{3}\mathbf{j} - \frac{1}{3}\mathbf{k}\right)$$

선분의 중점

벡터는 종종 기하학에서도 유용하게 쓰인다. 예를 들면, 선분의 중점의 좌표는 각 좌표의 평균으로 구할 수 있다.

두 점 $P_1(x_1, y_1, z_1)$과 $P_2(x_2, y_2, z_2)$를 잇는 선분의 **중점(midpoint)** M은 다음과 같다.

$$M\left(\frac{x_1 + x_2}{2}, \frac{y_1 + y_2}{2}, \frac{z_1 + z_2}{2}\right)$$

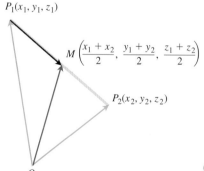

그 이유를 살펴보면(그림 10.16) 다음과 같다.

$$\overrightarrow{OM} = \overrightarrow{OP_1} + \frac{1}{2}(\overrightarrow{P_1P_2}) = \overrightarrow{OP_1} + \frac{1}{2}(\overrightarrow{OP_2} - \overrightarrow{OP_1})$$

$$= \frac{1}{2}(\overrightarrow{OP_1} + \overrightarrow{OP_2})$$

$$= \frac{x_1 + x_2}{2}\mathbf{i} + \frac{y_1 + y_2}{2}\mathbf{j} + \frac{z_1 + z_2}{2}\mathbf{k}$$

그림 10.16 중점의 좌표는 P_1과 P_2의 좌표의 평균이다.

예제 7 두 점 $P_1(3, -2, 0)$과 $P_2(7, 4, 4)$를 잇는 선분의 중점은 다음과 같다.

$$\left(\frac{3 + 7}{2}, \frac{-2 + 4}{2}, \frac{0 + 4}{2}\right) = (5, 1, 2)$$

응용

벡터는 항해술에서 중요하게 응용된다.

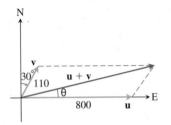

그림 10.27 예제 8의 비행기와 바람의 속도 벡터는 각각 **u**와 **v**이다.

예제 8 제트 비행기가 동쪽으로 시속 800 km/h로 비행하는 도중, 뒤쪽에서 동북쪽 60° 방향으로 부는 시속 110 km/h의 바람을 만났다. 비행기가 그 방향을 정동쪽을 유지하고 있을 때, 바람에 의해 바뀐 비행기의 지면 속력과 방향을 구하라.

풀이 **u**=비행기의 속도, **v**=바람의 속도라 하면, $|\mathbf{u}|=800, |\mathbf{v}|=110$이다(그림 10.17). 합벡터 **u**+**v**의 크기와 방향으로 결정되는 비행기의 지면속도는 **u**+**v**이다. 동쪽을 x축의 양의 방향, 북쪽을 y축의 양의 방향이라 하면, **u**와 **v**의 성분은 다음과 같다.

$$\mathbf{u} = \langle 800, 0 \rangle, \qquad \mathbf{v} = \langle 110\cos 60°, 110\sin 60° \rangle = \langle 55, 55\sqrt{3} \rangle$$

따라서

$$\mathbf{u} + \mathbf{v} = \langle 855, 55\sqrt{3} \rangle = 855\mathbf{i} + 55\sqrt{3}\,\mathbf{j}$$
$$|\mathbf{u} + \mathbf{v}| = \sqrt{855^2 + (55\sqrt{3})^2} \approx 860.3$$

이고,

$$\theta = \tan^{-1}\frac{55\sqrt{3}}{855} \approx 6.4° \qquad \text{그림 10.17}$$

이므로 비행기의 지면 속력은 860.3 km/h이고, 새롭게 조정된 방향은 동북쪽으로 약 6.4° 이다. ∎

또 다른 중요한 응용은 단일 물체에 여러 가지 힘이 작용할 때 물리학 및 공학에서 일어난다.

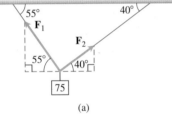

예제 9 그림 10.18(a)에서 보는 것처럼 무게 75 N의 추가 두 개의 줄에 매달려 있다. 두 줄에 작용하는 힘 $\mathbf{F}_1$과 $\mathbf{F}_2$를 구하라.

풀이 두 힘 벡터 $\mathbf{F}_1$과 $\mathbf{F}_2$는 크기가 $|\mathbf{F}_1|$과 $|\mathbf{F}_2|$이며 단위는 N이다. 합벡터 $\mathbf{F}_1+\mathbf{F}_2$는 그림 10.18(b)에서 보는 것과 같이 무게벡터 **w**와 방향이 반대(위를 향한 방향)이고 크기가 같은 벡터이어야 한다.

그림으로부터 다음 식을 얻는다.

$$\mathbf{F}_1 = \langle -|\mathbf{F}_1|\cos 55°, |\mathbf{F}_1|\sin 55° \rangle, \qquad \mathbf{F}_2 = \langle |\mathbf{F}_2|\cos 40°, |\mathbf{F}_2|\sin 40° \rangle$$

한편 $\mathbf{F}_1+\mathbf{F}_2 = \langle 0, 75 \rangle$이므로 합벡터의 성질에 의해

$$-|\mathbf{F}_1|\cos 55° + |\mathbf{F}_2|\cos 40° = 0$$
$$|\mathbf{F}_1|\sin 55° + |\mathbf{F}_2|\sin 40° = 75$$

이다. 첫 번째 식에서 $|\mathbf{F}_2|$를 구하여, 두 번째 식에 대입하면

$$|\mathbf{F}_2| = \frac{|\mathbf{F}_1|\cos 55°}{\cos 40°}\text{이고}, \qquad |\mathbf{F}_1|\sin 55° + \frac{|\mathbf{F}_1|\cos 55°}{\cos 40°}\sin 40° = 75$$

이다. 따라서

$$|\mathbf{F}_1| = \frac{75}{\sin 55° + \cos 55° \tan 40°} \approx 57.67 \text{ N}$$

이고

$$|\mathbf{F}_2| = \frac{75\cos 55°}{\sin 55°\cos 40° + \cos 55°\sin 40°}$$

$$= \frac{75\cos 55°}{\sin (55° + 40°)} \approx 43.18 \text{ N}$$

이다. 따라서 두 벡터는 각각 $\mathbf{F}_1 = \langle -33.08, 47.24 \rangle$와 $\mathbf{F}_2 = \langle 33.08, 27.76 \rangle$이다. ∎

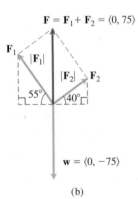

그림 10.18 예제 9의 매달려 있는 추

연습문제 10.2

평면 벡터

연습문제 1~8에서 **u** = ⟨3, −2⟩, **v** = ⟨−2, 5⟩일 때, 다음 벡터의
(a) 성분 형식, **(b)** 크기(길이)를 구하라.

1. $3\mathbf{u}$
2. $-2\mathbf{v}$
3. $\mathbf{u} + \mathbf{v}$
4. $\mathbf{u} - \mathbf{v}$
5. $2\mathbf{u} - 3\mathbf{v}$
6. $-2\mathbf{u} + 5\mathbf{v}$
7. $\dfrac{3}{5}\mathbf{u} + \dfrac{4}{5}\mathbf{v}$
8. $-\dfrac{5}{13}\mathbf{u} + \dfrac{12}{13}\mathbf{v}$

연습문제 9~16에서 다음 벡터를 성분 형식으로 표현하라.

9. $P(1, 3)$, $Q(2, -1)$일 때, 벡터 $\overrightarrow{PQ}$
10. $R(2, -1)$, $S(-4, 3)$이고, O는 원점, P는 선분 RS의 중점일 때, 벡터 $\overrightarrow{OP}$
11. 점 $A(2, 3)$에서 원점으로 가는 벡터
12. $A(1, -1)$, $B(2, 0)$, $C(-1, 3)$, $D(-2, 2)$일 때, 벡터 $\overrightarrow{AB}$와 $\overrightarrow{CD}$의 합
13. 양의 x축과 이루는 각이 $\theta = 2\pi/3$인 단위벡터
14. 양의 x축과 이루는 각이 $\theta = -3\pi/4$인 단위벡터
15. 벡터 ⟨0, 1⟩을 원점을 중심으로 120° 반시계방향으로 회전시킨 단위벡터
16. 벡터 ⟨1, 0⟩을 원점을 중심으로 135° 반시계방향으로 회전시킨 단위벡터

공간벡터

연습문제 17~22에서 다음 각 벡터를 $\mathbf{v} = v_1\mathbf{i} + v_2\mathbf{j} + v_3\mathbf{k}$의 형태로 표현하라.

17. $P_1(5, 7, -1)$, $P_2(2, 9, -2)$일 때, 벡터 $\overrightarrow{P_1P_2}$
18. $P_1(1, 2, 0)$, $P_2(-3, 0, 5)$일 때, 벡터 $\overrightarrow{P_1P_2}$
19. $A(-7, -8, 1)$, $B(-10, 8, 1)$일 때, 벡터 $\overrightarrow{AB}$
20. $A(1, 0, 3)$, $B(-1, 4, 5)$일 때, 벡터 $\overrightarrow{AB}$
21. $\mathbf{u} = ⟨1, 1, -1⟩$, $\mathbf{v} = ⟨2, 0, 3⟩$일 때, $5\mathbf{u} - \mathbf{v}$
22. $\mathbf{u} = ⟨-1, 0, 2⟩$, $\mathbf{v} = ⟨1, 1, 1⟩$일 때, $-2\mathbf{u} + 3\mathbf{v}$

기하학적 표현

연습문제 23~24에서 주어진 세 벡터 **u**, **v**, **w**의 종점에 시점을 옮기는 평행이동을 통해 다음에 제시한 벡터를 그리라.

23.

    a. $\mathbf{u} + \mathbf{v}$
    b. $\mathbf{u} + \mathbf{v} + \mathbf{w}$
    c. $\mathbf{u} - \mathbf{v}$
    d. $\mathbf{u} - \mathbf{w}$

24.

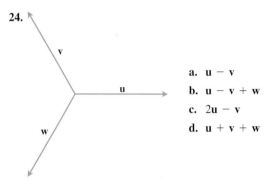

    a. $\mathbf{u} - \mathbf{v}$
    b. $\mathbf{u} - \mathbf{v} + \mathbf{w}$
    c. $2\mathbf{u} - \mathbf{v}$
    d. $\mathbf{u} + \mathbf{v} + \mathbf{w}$

크기와 방향

연습문제 25~30에서 다음 각 벡터를 크기와 방향의 곱으로 나타내라.

25. $2\mathbf{i} + \mathbf{j} - 2\mathbf{k}$
26. $9\mathbf{i} - 2\mathbf{j} + 6\mathbf{k}$
27. $5\mathbf{k}$
28. $\dfrac{3}{5}\mathbf{i} + \dfrac{4}{5}\mathbf{k}$
29. $\dfrac{1}{\sqrt{6}}\mathbf{i} - \dfrac{1}{\sqrt{6}}\mathbf{j} - \dfrac{1}{\sqrt{6}}\mathbf{k}$
30. $\dfrac{\mathbf{i}}{\sqrt{3}} + \dfrac{\mathbf{j}}{\sqrt{3}} + \dfrac{\mathbf{k}}{\sqrt{3}}$

31. 다음과 같은 크기와 방향을 가지는 벡터를 구하라. 쓰지 말고 답을 말해 보라.

크기	방향
a. 2	$\mathbf{i}$
b. $\sqrt{3}$	$-\mathbf{k}$
c. $\dfrac{1}{2}$	$\dfrac{3}{5}\mathbf{j} + \dfrac{4}{5}\mathbf{k}$
d. 7	$\dfrac{6}{7}\mathbf{i} - \dfrac{2}{7}\mathbf{j} + \dfrac{3}{7}\mathbf{k}$

32. 다음과 같은 크기와 방향을 가지는 벡터를 구하라. 쓰지 말고 답을 말해 보라.

크기	방향
a. 7	$-\mathbf{j}$
b. $\sqrt{2}$	$-\dfrac{3}{5}\mathbf{i} - \dfrac{4}{5}\mathbf{k}$
c. $\dfrac{13}{12}$	$\dfrac{3}{13}\mathbf{i} - \dfrac{4}{13}\mathbf{j} - \dfrac{12}{13}\mathbf{k}$
d. $a > 0$	$\dfrac{1}{\sqrt{2}}\mathbf{i} + \dfrac{1}{\sqrt{3}}\mathbf{j} - \dfrac{1}{\sqrt{6}}\mathbf{k}$

33. 크기가 7이고, $\mathbf{v} = 12\mathbf{i} - 5\mathbf{k}$의 방향인 벡터를 구하라.
34. 크기가 3이고, $\mathbf{v} = (1/2)\mathbf{i} - (1/2)\mathbf{j} - (1/2)\mathbf{k}$의 반대 방향인 벡터를 구하라.

방향과 중점

연습문제 35~38에서 주어진 P_1, P_2에 대하여 다음을 구하라.
    a. 벡터 $\overrightarrow{P_1P_2}$의 방향
    b. 선분 $\overrightarrow{P_1P_2}$의 중점

35. $P_1(-1, 1, 5)$ $P_2(2, 5, 0)$
36. $P_1(1, 4, 5)$ $P_2(4, -2, 7)$
37. $P_1(3, 4, 5)$ $P_2(2, 3, 4)$
38. $P_1(0, 0, 0)$ $P_2(2, -2, -2)$
39. 벡터 $\overrightarrow{AB} = \mathbf{i} + 4\mathbf{j} - 2\mathbf{k}$이고 점 $B(5, 1, 3)$일 때 점 A를 구하라.

40. 벡터 $\overrightarrow{AB} = -7\mathbf{i} + 3\mathbf{j} + 8\mathbf{k}$이고 점 $A(-2, -3, 6)$일 때, 점 B를 구하라.

이론과 응용

41. 1차 결합 $\mathbf{u} = 2\mathbf{i} + \mathbf{j}$, $\mathbf{v} = \mathbf{i} + \mathbf{j}$, $\mathbf{w} = \mathbf{i} - \mathbf{j}$이고, $\mathbf{u} = a\mathbf{v} + b\mathbf{w}$일 때, 스칼라 a와 b를 구하라.

42. 1차 결합 $\mathbf{u} = \mathbf{i} - 2\mathbf{j}$, $\mathbf{v} = 2\mathbf{i} + 3\mathbf{j}$, $\mathbf{w} = \mathbf{i} + \mathbf{j}$이고, $\mathbf{u}_1$이 $\mathbf{v}$와 평행하고 $\mathbf{u}_2$가 $\mathbf{w}$와 평행할 때 $\mathbf{u}$를 $\mathbf{u} = \mathbf{u}_1 + \mathbf{u}_2$의 형태로 나타내라(연습문제 41 참고).

43. 1차 결합 $\mathbf{u} = \langle 1, 2, 1 \rangle$, $\mathbf{v} = \langle 1, -1, -1 \rangle$, $\mathbf{w} = \langle 1, 1, -1 \rangle$, $\mathbf{z} = \langle 2, -3, -4 \rangle$이고, $\mathbf{z} = a\mathbf{u} + b\mathbf{v} + c\mathbf{w}$일 때, 스칼라 a, b와 c를 구하라.

44. 1차 결합 $\mathbf{u} = \langle 1, 2, 2 \rangle$, $\mathbf{v} = \langle 1, -1, -1 \rangle$, $\mathbf{w} = \langle 1, 3, -1 \rangle$, $\mathbf{z} = \langle 2, 11, 8 \rangle$이고, $\mathbf{z} = \mathbf{u}_1 + \mathbf{u}_2 + \mathbf{u}_3$이다. 여기서 $\mathbf{u}_1$은 $\mathbf{u}$와, $\mathbf{u}_2$는 $\mathbf{v}$와, $\mathbf{u}_3$는 $\mathbf{w}$와 평행하다. $\mathbf{u}_1$, $\mathbf{u}_2$와 $\mathbf{u}_3$는 무엇인가?

45. 속도 비행기가 북서 $25°$ 방향으로 속력 800 km/h로 날고 있다. 양의 x축은 정동 방향이고, 양의 y축은 정북 방향이라 할 때, 비행기의 속도를 성분 형식으로 나타내라.

46. (예제 8의 계속) 예제 8에서 항공기가 정동쪽으로 800 km/h의 속도로 비행하기 위한 항공기의 속도와 방향을 구하라.

47. 아래 그림과 같이 무게 100 N의 추가 두 줄에 매달려 있다고 하자. 힘벡터 $\mathbf{F}_1$과 $\mathbf{F}_2$의 크기와 성분을 구하라.

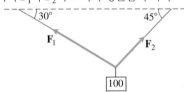

48. 아래 그림과 같이 무게 50 N의 추가 두 줄에 매달려 있다고 하자. 힘벡터 $\mathbf{F}_1$의 크기가 35 N이라 할 때, 힘벡터 $\mathbf{F}_2$의 크기와 각 α를 구하라.

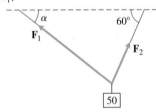

49. 아래 그림과 같이 무게 w N의 추가 두 줄에 매달려 있다고 하자. 힘벡터 $\mathbf{F}_2$의 크기가 100 N이라 할 때, w와 힘벡터 $\mathbf{F}_1$의 크기를 구하라.

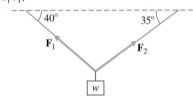

50. 아래 그림과 같이 무게 25 N의 추가 두 줄에 매달려 있다고 하자. 힘벡터 $\mathbf{F}_1$과 $\mathbf{F}_2$의 크기가 75 N으로 같다면 각 α와 β는 같다. 각 a를 구하라.

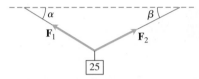

51. 위치 새가 둥지에서 동북 $60°$ 방향으로 5 km를 날아서 나뭇가지에 앉았다. 다시 정동남 방향으로 10 km를 날아서 전신주에 앉았다. 원점은 둥지로, 양의 x축은 동쪽 방향으로, 양의 y축은 북쪽 방향으로 좌표평면을 잡아라.

a. 나무의 좌표를 구하라.

b. 전신주의 좌표를 구하라.

52. 닮은 삼각형을 이용하여 점 $P_1(x_1, y_1, z_1)$에서 $P_2(x_2, y_2, z_2)$를 잇는 선분을 길이의 비 $p/q = r$로 나누는 내분점 Q를 구하라.

53. 삼각형의 중선 그림과 같이 꼭짓점이 A, B, C이고 밀도가 균일한 삼각형의 평판이 있다.

a. M이 변 AB의 중점일 때, 벡터 $\overrightarrow{CM}$을 구하라.

b. 점 C에서 선분 CM의 길이의 2/3지점에 위치한 점에 이르는 벡터를 구하라.

c. 삼각형 ABC의 세 중선의 교점의 좌표를 구하라. 5.6절의 연습문제 27에 의하면 이 점은 질량중심이다.

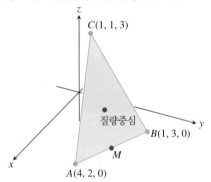

54. 원점에서 꼭짓점이
$$A(1, -1, 2), \quad B(2, 1, 3), \quad C(-1, 2, -1)$$
인 삼각형의 세 중선의 교점에 이르는 벡터를 구하라.

55. $ABCD$를 공간에서의 일반적인 형태의 사변형이라 하자. 이때 $ABCD$의 마주보는 변의 중점을 잇는 두 선분은 서로를 이등분함을 보이라. (**힌트**: 두 선분의 중점이 일치함을 보이라.)

56. 평면 위의 정n각형의 중심에서 각 꼭짓점으로 가는 벡터가 그려져 있다. 이때 벡터들의 합이 0임을 보이라. (**힌트**: 주어진 다각형의 중심을 회전의 중심으로 하여 회전하면 합은 어떻게 될까?)

57. 꼭짓점이 A, B, C인 삼각형에서 마주보는 변의 중점을 각각 a, b, c라 하자. 이때 $\overrightarrow{Aa} + \overrightarrow{Bb} + \overrightarrow{Cc} = 0$임을 보이라.

58. 평면 위의 단위벡터 평면에서 단위벡터는 $\mathbf{i}$를 반시계방향으로 θ만큼 회전이동시켜 얻은, $\mathbf{u} = (\cos \theta)\mathbf{i} + (\sin \theta)\mathbf{j}$로 표현됨을 보이라. 평면 상의 **모든** 단위벡터를 이와 같은 형태로 표현할 수 있음을 설명하라.

59. 세 점 $A(2, -3, 4)$, $B(1, 0, -1)$과 $C(3, 1, 2)$를 꼭짓점으로 하는 삼각형에 대하여 다음을 구하라.

a. $\overrightarrow{AB} + \overrightarrow{BC} + \overrightarrow{CA}$ **b.** $\overrightarrow{BA} + \overrightarrow{AC} + \overrightarrow{CB}$

10.3 내적

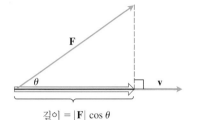

그림 10.19 벡터 **v**의 방향으로 힘 **F**의 크기는 **v** 위에 **F**를 사영한 길이 $|\mathbf{F}|\cos\theta$ 이다.

경로를 따라 운동하는 입자에 힘 **F**를 작용할 때, 운동 방향으로 작용한 힘의 크기를 알아야 할 필요성이 있다. 그러기 위해서는 힘이 가해진 위치에서의 접선과 평행한 벡터 **v**의 방향으로의 힘 **F**의 크기를 구해야 한다. 그림 10.19에서 두 벡터 **F**와 **v**의 사잇각을 θ라 할 때, 운동 방향으로 가해진 힘의 스칼라 양이 $|\mathbf{F}|\cos\theta$임을 알 수 있다.

이 절에서는 성분을 이용하여 두 벡터의 사잇각을 쉽게 계산하는 법을 배운다. 이 계산의 핵심 요소가 **점적**(*dot product*)이다. 점적은 결과가 벡터가 아니라 스칼라로 나타나기 때문에 **내적**(*inner product*) 또는 **스칼라 적**(*scalar product*)이라고도 한다. 내적에 대해 공부한 후, 한 벡터를 다른 벡터 위로 사영시키는 방법(그림 10.19에서 제시된)과 일정한 힘을 작용해 변위가 생길 때 그 힘이 한 일을 구하는 방법에 응용해 본다.

벡터가 이루는 각

영벡터가 아닌 두 벡터 **u**와 **v**가 동일한 시점을 가질 때, $0 \le \theta \le \pi$의 범위를 가지는 각 θ를 이룬다(그림 10.20). 두 벡터가 같은 직선 상에 있지 않다면, 두 벡터의 사잇각 θ는 두 벡터를 포함하는 평면상에서 측정된다. 두 벡터가 동일한 직선상에 있을 때, 두 벡터의 사잇각 θ는 두 벡터가 같은 방향일 때 0이고 반대 방향일 때 π이다. 각 θ는 **u**와 **v**의 **사잇각**(**angle between u and v**)이라 하며, 정리 1에 각에 대한 공식이 나와 있다.

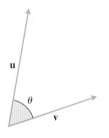

그림 10.20 구간 $[0, \pi]$에 있는 정리 1에서 주어진 벡터 **u**와 **v**의 사잇각

정리 1 **두 벡터가 이루는 각**　영벡터가 아닌 두 벡터 $\mathbf{u}=\langle u_1, u_2, u_3 \rangle$, $\mathbf{v}=\langle v_1, v_2, v_3 \rangle$가 이루는 각 θ는 다음과 같다.

$$\theta = \cos^{-1}\left(\frac{u_1 v_1 + u_2 v_2 + u_3 v_3}{|\mathbf{u}||\mathbf{v}|}\right)$$

코사인의 법칙을 이용하여 정리 1을 증명한다. 그렇게 하기 전에, θ에 관한 식에 포함되어 있는 $u_1 v_1 + u_2 v_2 + u_3 v_3$에 관심을 두고 살펴보자. 이 식은 벡터 **u**와 **v**의 상응하는 성분끼리의 곱의 합에 대한 표현이다.

정의　벡터 $\mathbf{u}=\langle u_1, u_2, u_3 \rangle$, $\mathbf{v}=\langle v_1, v_2, v_3 \rangle$의 **내적 u · v**(**dot product u · v**, "**u** dot **v**")는 다음과 같다.

$$\mathbf{u} \cdot \mathbf{v} = u_1 v_1 + u_2 v_2 + u_3 v_3$$

예제 1　예를 들어 정의를 설명하자.

(a) $\langle 1, -2, -1 \rangle \cdot \langle -6, 2, -3 \rangle = (1)(-6) + (-2)(2) + (-1)(-3)$
$$= -6 - 4 + 3 = -7$$

(b) $\left(\dfrac{1}{2}\mathbf{i} + 3\mathbf{j} + \mathbf{k}\right) \cdot (4\mathbf{i} - \mathbf{j} + 2\mathbf{k}) = \left(\dfrac{1}{2}\right)(4) + (3)(-1) + (1)(2) = 1$ ∎

2차원 벡터의 내적의 정의도 위와 유사하다.

$$\langle u_1, u_2 \rangle \cdot \langle v_1, v_2 \rangle = u_1 v_1 + u_2 v_2$$

내적은 두 벡터의 사잇각을 찾을 뿐 아니라, 이 책의 나머지에서 공간 (또는 평면)에서 기하적인 또는 물리적인 중요한 계산에서 핵심적인 도구로 사용되어지는 것을 보게 될 것이다.

정리 1의 증명 그림 10.21의 삼각형에 코사인 법칙을 적용하면 다음 식을 얻는다.

$$|\mathbf{w}|^2 = |\mathbf{u}|^2 + |\mathbf{v}|^2 - 2|\mathbf{u}||\mathbf{v}|\cos\theta \quad \text{코사인 법칙}$$
$$2|\mathbf{u}||\mathbf{v}|\cos\theta = |\mathbf{u}|^2 + |\mathbf{v}|^2 - |\mathbf{w}|^2$$

$\mathbf{w} = \mathbf{u} - \mathbf{v}$이므로 $\mathbf{w}$를 성분으로 표현하면 $\langle u_1 - v_1, u_2 - v_2, u_3 - v_3 \rangle$이다. 따라서

$$|\mathbf{u}|^2 = \left(\sqrt{u_1^2 + u_2^2 + u_3^2}\right)^2 = u_1^2 + u_2^2 + u_3^2$$
$$|\mathbf{v}|^2 = \left(\sqrt{v_1^2 + v_2^2 + v_3^2}\right)^2 = v_1^2 + v_2^2 + v_3^2$$
$$|\mathbf{w}|^2 = \left(\sqrt{(u_1 - v_1)^2 + (u_2 - v_2)^2 + (u_3 - v_3)^2}\right)^2$$
$$= (u_1 - v_1)^2 + (u_2 - v_2)^2 + (u_3 - v_3)^2$$
$$= u_1^2 - 2u_1v_1 + v_1^2 + u_2^2 - 2u_2v_2 + v_2^2 + u_3^2 - 2u_3v_3 + v_3^2$$

이므로

$$\mathbf{u}|^2 + |\mathbf{v}|^2 - |\mathbf{w}|^2 = 2(u_1v_1 + u_2v_2 + u_3v_3)$$

이다. 이를 대입하면

$$2|\mathbf{u}||\mathbf{v}|\cos\theta = |\mathbf{u}|^2 + |\mathbf{v}|^2 - |\mathbf{w}|^2 = 2(u_1v_1 + u_2v_2 + u_3v_3)$$
$$|\mathbf{u}||\mathbf{v}|\cos\theta = u_1v_1 + u_2v_2 + u_3v_3$$
$$\cos\theta = \frac{u_1v_1 + u_2v_2 + u_3v_3}{|\mathbf{u}||\mathbf{v}|}$$

이다. 각 θ의 범위는 $0 \le \theta < \pi$이므로 다음 결과를 얻는다.

$$\theta = \cos^{-1}\left(\frac{u_1v_1 + u_2v_2 + u_3v_3}{|\mathbf{u}||\mathbf{v}|}\right) \qquad \blacksquare$$

내적의 기호를 사용하면, 두 벡터 $\mathbf{u}$와 $\mathbf{v}$의 사잇각은 아래와 같이 쓸 수 있다.

내적과 사잇각

영이 아닌 벡터 $\mathbf{u}$와 $\mathbf{v}$의 사잇각은 $\theta = \cos^{-1}\left(\dfrac{\mathbf{u} \cdot \mathbf{v}}{|\mathbf{u}||\mathbf{v}|}\right)$이다.

두 벡터 $\mathbf{u}$와 $\mathbf{v}$의 내적은 $\mathbf{u} \cdot \mathbf{v} = |\mathbf{u}| \, |\mathbf{v}| \cos\theta$이다.

예제 2 두 벡터 $\mathbf{u} = \mathbf{i} - 2\mathbf{j} - 2\mathbf{k}$와 $\mathbf{v} = 6\mathbf{i} + 3\mathbf{j} + 2\mathbf{k}$의 사잇각을 구하라.

풀이 위의 공식을 이용하여 사잇각을 구한다.

$$\mathbf{u} \cdot \mathbf{v} = (1)(6) + (-2)(3) + (-2)(2) = 6 - 6 - 4 = -4$$
$$|\mathbf{u}| = \sqrt{(1)^2 + (-2)^2 + (-2)^2} = \sqrt{9} = 3$$
$$|\mathbf{v}| = \sqrt{(6)^2 + (3)^2 + (2)^2} = \sqrt{49} = 7$$
$$\theta = \cos^{-1}\left(\frac{\mathbf{u} \cdot \mathbf{v}}{|\mathbf{u}||\mathbf{v}|}\right) = \cos^{-1}\left(\frac{-4}{(3)(7)}\right) \approx 1.76 \text{ 라디안 또는 } 100.98° \qquad \blacksquare$$

각을 구하는 공식은 2차원 벡터에도 그대로 적용된다. 만일 $\mathbf{u} \cdot \mathbf{v} > 0$이면 θ는 예각이고, $\mathbf{u} \cdot \mathbf{v} < 0$이면 θ는 둔각임을 알아두자.

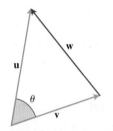

그림 10.21 벡터의 합에 관한 평행사변형 법칙에서 $\mathbf{w} = \mathbf{u} - \mathbf{v}$

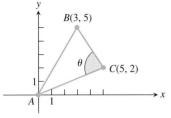

그림 10.22 예제 3의 삼각형

예제 3 꼭짓점 $A = (0, 0)$, $B = (3, 5)$, $C = (5, 2)$를 갖는 삼각형 ABC의 내각 θ를 구하라(그림 10.22).

풀이 각 θ는 $\vec{CA}$와 $\vec{CB}$의 사잇각이다. 이 두 벡터의 성분은 다음과 같다.

$$\vec{CA} = \langle -5, -2 \rangle, \qquad \vec{CB} = \langle -2, 3 \rangle$$

먼저 이 두 벡터의 내적과 크기를 계산한다.

$$\vec{CA} \cdot \vec{CB} = (-5)(-2) + (-2)(3) = 4$$
$$|\vec{CA}| = \sqrt{(-5)^2 + (-2)^2} = \sqrt{29}$$
$$|\vec{CB}| = \sqrt{(-2)^2 + (3)^2} = \sqrt{13}$$

그러므로 각을 구하는 공식에 따라 사잇각 θ를 구한다.

$$\theta = \cos^{-1}\left(\frac{\vec{CA} \cdot \vec{CB}}{|\vec{CA}||\vec{CB}|}\right)$$
$$= \cos^{-1}\left(\frac{4}{(\sqrt{29})(\sqrt{13})}\right)$$
$$\approx 78.1° \text{ 또는 } 1.36 \text{ 라디안} \qquad \blacksquare$$

직교 벡터

영벡터가 아닌 두 벡터 $\mathbf{u}$와 $\mathbf{v}$의 사잇각이 $\pi/2$이면 이 두 벡터는 수직(perpendicular)이다. 그런 벡터들에 대해서는 $\cos(\pi/2)=0$이므로 두 벡터의 내적은 $\mathbf{u} \cdot \mathbf{v} = 0$이다. 그 역도 성립한다. 영벡터가 아닌 두 벡터 $\mathbf{u}$와 $\mathbf{v}$에 대하여 $\mathbf{u} \cdot \mathbf{v} = |\mathbf{u}||\mathbf{v}|\cos\theta = 0$이면 $\cos\theta = 0$이므로 $\theta = \cos^{-1} 0 = \pi/2$이다. 다음 정의는 벡터 중 하나 또는 둘 다가 영벡터일 때도 성립한다.

> **정의** 두 벡터 $\mathbf{u}$와 $\mathbf{v}$가 $\mathbf{u} \cdot \mathbf{v} = 0$이면 직교(orthogonal)한다고 한다.

예제 4 두 벡터가 직교함을 보이기 위하여 내적을 계산한다.

(a) 두 벡터 $\mathbf{u} = \langle 3, -2 \rangle$, $\mathbf{v} = \langle 4, 6 \rangle$은 $\mathbf{u} \cdot \mathbf{v} = (3)(4) + (-2)(6) = 0$이므로 직교한다.

(b) 두 벡터 $\mathbf{u} = 3\mathbf{i} - 2\mathbf{j} + \mathbf{k}$, $\mathbf{v} = 2\mathbf{j} + 4\mathbf{k}$는 $\mathbf{u} \cdot \mathbf{v} = (3)(0) + (-2)(2) + (1)(4) = 0$이므로 직교한다.

(c) 영벡터 $\mathbf{0}$은 벡터 $\mathbf{u}$에 대해 수직이다. 왜냐하면 다음과 같이 내적이 0이다.

$$\mathbf{0} \cdot \mathbf{u} = \langle 0, 0, 0 \rangle \cdot \langle u_1, u_2, u_3 \rangle$$
$$= (0)(u_1) + (0)(u_2) + (0)(u_3)$$
$$= 0 \qquad \blacksquare$$

내적의 성질과 벡터사영

내적은 실수(스칼라)의 일반적인 곱셈 성질 중 많은 성질을 그대로 만족한다.

> **내적의 성질**
> 임의의 벡터 $\mathbf{u}$, $\mathbf{v}$, $\mathbf{w}$와 스칼라 c에 대해서 다음이 성립한다.
> 1. $\mathbf{u} \cdot \mathbf{v} = \mathbf{v} \cdot \mathbf{u}$
> 2. $(c\mathbf{u}) \cdot \mathbf{v} = \mathbf{u} \cdot (c\mathbf{v}) = c(\mathbf{u} \cdot \mathbf{v})$
> 3. $\mathbf{u} \cdot (\mathbf{v} + \mathbf{w}) = \mathbf{u} \cdot \mathbf{v} + \mathbf{u} \cdot \mathbf{w}$
> 4. $\mathbf{u} \cdot \mathbf{u} = |\mathbf{u}|^2$
> 5. $\mathbf{0} \cdot \mathbf{u} = 0$

성질 1과 3의 증명 정의를 이용하여 내적의 성질을 쉽게 증명할 수 있다. 예를 들면, 내적의 성질 1과 3의 증명은 다음과 같다.

1. $\mathbf{u} \cdot \mathbf{v} = u_1 v_1 + u_2 v_2 + u_3 v_3 = v_1 u_1 + v_2 u_2 + v_3 u_3 = \mathbf{v} \cdot \mathbf{u}$

3. $\mathbf{u} \cdot (\mathbf{v} + \mathbf{w}) = \langle u_1, u_2, u_3 \rangle \cdot \langle v_1 + w_1, v_2 + w_2, v_3 + w_3 \rangle$

$$= u_1(v_1 + w_1) + u_2(v_2 + w_2) + u_3(v_3 + w_3)$$

$$= u_1 v_1 + u_1 w_1 + u_2 v_2 + u_2 w_2 + u_3 v_3 + u_3 w_3$$

$$= (u_1 v_1 + u_2 v_2 + u_3 v_3) + (u_1 w_1 + u_2 w_2 + u_3 w_3)$$

$$= \mathbf{u} \cdot \mathbf{v} + \mathbf{u} \cdot \mathbf{w} \qquad\blacksquare$$

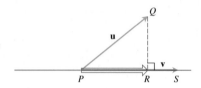

이 절의 시작부분에서 제시했던, 한 벡터를 다른 벡터 위로 사영하는 문제로 돌아가 보자. 영벡터가 아닌 벡터 $\mathbf{u} = \overrightarrow{PQ}$의 $\mathbf{v} = \overrightarrow{PS}$ 위로의 **벡터사영(vector projection)**은 점 Q를 직선 PS에 정사영할 때 나타나는 벡터 $\overrightarrow{PR}$이다(그림 10.23). 이 벡터는 다음과 같은 기호로 표현한다.

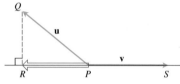

$$\text{proj}_\mathbf{v}\,\mathbf{u} \qquad (\text{“}\mathbf{u}\text{의 } \mathbf{v} \text{ 위로의 벡터사영”})$$

그림 10.23 $\mathbf{u}$의 $\mathbf{v}$ 위로의 벡터사영

벡터 $\mathbf{u}$가 힘이라면 $\text{proj}_\mathbf{v}\,\mathbf{u}$는 $\mathbf{v}$ 방향으로의 유효 힘을 나타낸다(그림 10.24).

$\mathbf{u}$와 $\mathbf{v}$의 사잇각 θ가 예각이면, $\text{proj}_\mathbf{v}\,\mathbf{u}$의 길이는 $|u| \cos\theta$이고, 방향은 $\mathbf{v}/|\mathbf{v}|$이다(그림 10.25). 각 θ가 둔각이라면, $\cos\theta < 0$이므로 $\text{proj}_\mathbf{v}\,\mathbf{u}$의 길이는 $-|\mathbf{u}|\cos\theta$이고 방향은 $-\mathbf{v}/|\mathbf{v}|$이다. 이 두 경우에 대해 모두 같은 식을 얻는다.

$$\text{proj}_\mathbf{v}\,\mathbf{u} = \left(|\mathbf{u}|\cos\theta\right)\frac{\mathbf{v}}{|\mathbf{v}|}$$

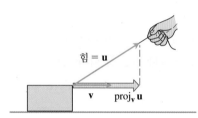

$$= \left(\frac{\mathbf{u} \cdot \mathbf{v}}{|\mathbf{v}|}\right)\frac{\mathbf{v}}{|\mathbf{v}|} \qquad |\mathbf{u}|\cos\theta = \frac{|\mathbf{u}||\mathbf{v}|\cos\theta}{|\mathbf{v}|} = \frac{\mathbf{u} \cdot \mathbf{v}}{|\mathbf{v}|}$$

$$= \left(\frac{\mathbf{u} \cdot \mathbf{v}}{|\mathbf{v}|^2}\right)\mathbf{v}$$

그림 10.24 힘 $\mathbf{u}$로 상자를 끌 때, 벡터 $\mathbf{v}$ 방향으로 움직이는 상자에 가해지는 유효 힘은 $\mathbf{u}$의 $\mathbf{v}$ 위로의 사영이다.

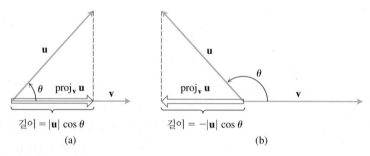

길이 $= |\mathbf{u}| \cos\theta$
(a)

길이 $= -|\mathbf{u}| \cos\theta$
(b)

그림 10.25 $\text{proj}_\mathbf{v}\,\mathbf{u}$의 길이는 (a) $\cos\theta \geq 0$일 때 $|\mathbf{u}| \cos\theta$이고, (b) $\cos\theta < 0$일 때 $-|\mathbf{u}| \cos\theta$이다.

실수 $|\mathbf{u}|\cos\theta$는 $\mathbf{u}$의 $\mathbf{v}$ **방향으로의(또는 $\mathbf{v}$ 위로의) 스칼라 성분**이라고 한다. 요약하면,

---

$\mathbf{u}$의 $\mathbf{v}$ 위로의 벡터사영은 벡터로서

$$\text{proj}_\mathbf{v}\,\mathbf{u} = \left(\frac{\mathbf{u} \cdot \mathbf{v}}{|\mathbf{v}|^2}\right)\mathbf{v} \qquad (1)$$

$\mathbf{u}$의 $\mathbf{v}$ 방향으로의 스칼라 성분은 스칼라로서

$$|\mathbf{u}| \cos\theta = \frac{\mathbf{u} \cdot \mathbf{v}}{|\mathbf{v}|} = \mathbf{u} \cdot \frac{\mathbf{v}}{|\mathbf{v}|} \qquad (2)$$

---

u의 **v** 위로의 벡터사영과 **u**의 **v** 방향으로의 스칼라 성분은 모두 벡터 **v**의 길이가 아니라 방향에만 영향을 받는다는 것에 주목하자(**v**의 방향인 **v**/|**v**|에 **u**를 내적한 결과이므로).

예제 5 **u**=6**i**+3**j**+2**k**의 **v**=**i**−2**j**−2**k** 위로의 벡터사영과 **u**의 **v** 방향으로의 스칼라 성분을 구하라.

풀이 위의 식 (1)을 이용하여 $\text{proj}_\mathbf{v}\,\mathbf{u}$를 구한다:

$$\text{proj}_\mathbf{v}\,\mathbf{u} = \frac{\mathbf{u}\cdot\mathbf{v}}{\mathbf{v}\cdot\mathbf{v}}\,\mathbf{v} = \frac{6-6-4}{1+4+4}\,(\mathbf{i}-2\mathbf{j}-2\mathbf{k})$$

$$= -\frac{4}{9}\,(\mathbf{i}-2\mathbf{j}-2\mathbf{k}) = -\frac{4}{9}\mathbf{i}+\frac{8}{9}\mathbf{j}+\frac{8}{9}\mathbf{k}$$

또한, 식 (2)로부터 **u**의 **v** 방향으로의 스칼라 성분을 구할 수 있다:

$$|\mathbf{u}|\cos\theta = \mathbf{u}\cdot\frac{\mathbf{v}}{|\mathbf{v}|} = (6\mathbf{i}+3\mathbf{j}+2\mathbf{k})\cdot\left(\frac{1}{3}\mathbf{i}-\frac{2}{3}\mathbf{j}-\frac{2}{3}\mathbf{k}\right)$$

$$= 2 - 2 - \frac{4}{3} = -\frac{4}{3}$$

식 (1)과 (2)는 2차원 벡터에서도 적용된다. 다음 예제를 통해 알아보자.

예제 6 힘 **F**=5**i**+2**j**의 벡터 **v**=**i**−3**j** 위로의 벡터사영과 **v** 방향으로의 **F**의 스칼라 성분을 구하라.

풀이 벡터사영은 다음과 같다.

$$\text{proj}_\mathbf{v}\,\mathbf{F} = \left(\frac{\mathbf{F}\cdot\mathbf{v}}{|\mathbf{v}|^2}\right)\mathbf{v}$$

$$= \frac{5-6}{1+9}\,(\mathbf{i}-3\mathbf{j}) = -\frac{1}{10}\,(\mathbf{i}-3\mathbf{j})$$

$$= -\frac{1}{10}\mathbf{i}+\frac{3}{10}\mathbf{j}$$

v 방향으로의 **F**의 스칼라 성분은 다음과 같이 구한다.

$$|\mathbf{F}|\cos\theta = \frac{\mathbf{F}\cdot\mathbf{v}}{|\mathbf{v}|} = \frac{5-6}{\sqrt{1+9}} = -\frac{1}{\sqrt{10}}$$

예제 7 벡터 **u**−$\text{proj}_\mathbf{v}\,\mathbf{u}$와 벡터사영 $\text{proj}_\mathbf{v}\,\mathbf{u}$는 직교함을 보이라.

풀이 벡터사영 $\text{proj}_\mathbf{v}\,\mathbf{u} = \left(\dfrac{\mathbf{u}\cdot\mathbf{v}}{|\mathbf{v}|^2}\right)\mathbf{v}$은 **v**와 평행하다. 그렇기 때문에 벡터 **u**−$\text{proj}_\mathbf{v}\,\mathbf{u}$와 **v**가 직교함을 보이면 충분하다. **u**−$\text{proj}_\mathbf{v}\,\mathbf{u}$와 **v**의 내적이 0이 됨을 보임으로써 직교함을 보인다.

$$(\mathbf{u}-\text{proj}_\mathbf{v}\,\mathbf{u})\cdot\mathbf{v} = \mathbf{u}\cdot\mathbf{v} - \left(\frac{\mathbf{u}\cdot\mathbf{v}}{|\mathbf{v}|^2}\mathbf{v}\right)\cdot\mathbf{v} \qquad \text{proj}_\mathbf{v}\,\mathbf{u}\text{의 정의}$$

$$= \mathbf{u}\cdot\mathbf{v} - \frac{\mathbf{u}\cdot\mathbf{v}}{|\mathbf{v}|^2}\mathbf{v}\cdot\mathbf{v} \qquad \text{내적의 성질 2}$$

$$= \mathbf{u}\cdot\mathbf{v} - \frac{\mathbf{u}\cdot\mathbf{v}}{|\mathbf{v}|^2}|\mathbf{v}|^2 \qquad \mathbf{v}\cdot\mathbf{v}=|\mathbf{v}|^2$$

$$= \mathbf{u}\cdot\mathbf{v} - \mathbf{u}\cdot\mathbf{v} = 0$$

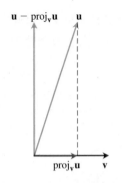

그림 10.26 벡터 **u**는 두 직교벡터의 합이다. 벡터 proj$_v$ **u**는 **v**와 평행하고, 벡터 **u** − proj$_v$ **u**는 **v**와 직교한다.

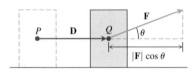

그림 10.27 일정한 힘 **F**로 변위 **D**에 대한 일은 (|**F**| cos θ)|**D**|이다. 이는 내적 **F·D**이다.

예제 7은 벡터 **u** − proj$_v$ **u**와 벡터사영 proj$_v$ **u**(이는 **v**와 같은 방향임)는 직교함을 보였다. 따라서 다음과 같이 벡터 **u**를 두 직교벡터의 합으로 표현할 수 있다(그림 10.26 참조).

$$\mathbf{u} = \text{proj}_v\,\mathbf{u} + (\mathbf{u} - \text{proj}_v\,\mathbf{u}) = \underbrace{\left(\frac{\mathbf{u}\cdot\mathbf{v}}{|\mathbf{v}|^2}\right)\mathbf{v}}_{\text{v와 평행}} + \underbrace{\left(\mathbf{u} - \left(\frac{\mathbf{u}\cdot\mathbf{v}}{|\mathbf{v}|^2}\right)\mathbf{v}\right)}_{\text{v와 직교}}$$

일(work)

5장에서 어떤 물체를 일정한 힘 F로 거리 d만큼 이동시켰을 경우, 한 일을 $W = Fd$로 계산하였다. 이 공식은 힘의 방향이 운동의 방향과 같을 경우에만 성립한다. 일반적으로 힘 **F**가 물체에 작용해서 그 물체를 직선으로 **D** = $\overrightarrow{PQ}$만큼 이동하였을 때, 그 일에 쓰인 힘은 **D** 방향에 대한 **F**의 성분이다. **F**와 **D**의 사잇각을 θ라 할 때(그림 10.27), 일은 다음과 같다.

일(work) = (**D**의 방향으로 **F**의 스칼라 성분)(**D**의 크기)
= (|**F**| cos θ) |**D**|
= **F·D**

정의 일정한 힘 **F**로 물체를 변위 **D** = $\overrightarrow{PQ}$만큼 이동시켰을 때 한 일은 다음과 같다.

$$W = \mathbf{F}\cdot\mathbf{D} = |\mathbf{F}||\mathbf{D}|\cos\theta$$

여기서, θ는 **F**와 **D**의 사잇각이다.

예제 8 |**F**| = 40 N, |**D**| = 3 m, θ = 60°일 때, P에서부터 Q까지 이동시키는 데 작용한 힘 **F**에 의한 일은 아래와 같다.

$$\begin{aligned}\text{Work} &= \mathbf{F}\cdot\mathbf{D} && \text{정의}\\ &= |\mathbf{F}||\mathbf{D}|\cos\theta \\ &= (40)(3)\cos 60° && \text{주어진 값}\\ &= (120)(1/2) = 60 \text{ J}\end{aligned}$$ ∎

14장에서는 공간에서 어떤 경로를 따라 변화하는 힘이 만드는 일과 같이 매우 흥미로운 문제를 다룰 것이다.

연습문제 10.3

내적과 사영

연습문제 1~8에서 주어진 벡터들에 대해서 다음을 구하라.

  a. **v·u**, |**v**|, |**u**|
  b. **v**와 **u**의 사잇각의 코사인값
  c. **u**의 **v** 방향의 스칼라 성분
  d. proj$_v$ **u**

1. **v** = 2**i** − 4**j** + $\sqrt{5}$**k**,   **u** = −2**i** + 4**j** − $\sqrt{5}$**k**

2. **v** = (3/5)**i** + (4/5)**k**,   **u** = 5**i** + 12**j**

3. **v** = 10**i** + 11**j** − 2**k**,   **u** = 3**j** + 4**k**

4. **v** = 2**i** + 10**j** − 11**k**,   **u** = 2**i** + 2**j** + **k**

5. **v** = 5**j** − 3**k**,   **u** = **i** + **j** + **k**

6. **v** = −**i** + **j**,   **u** = $\sqrt{2}$**i** + $\sqrt{3}$**j** + 2**k**

7. **v** = 5**i** + **j**,   **u** = 2**i** + $\sqrt{17}$**j**

8. **v** = $\left\langle \dfrac{1}{\sqrt{2}}, \dfrac{1}{\sqrt{3}} \right\rangle$,   **u** = $\left\langle \dfrac{1}{\sqrt{2}}, -\dfrac{1}{\sqrt{3}} \right\rangle$

두 벡터의 사잇

T 연습문제 9~12에서 다음 벡터들의 사잇각을 반올림하여 소수점 2
자리까지 구하라.

9. $\mathbf{u} = 2\mathbf{i} + \mathbf{j}$, $\mathbf{v} = \mathbf{i} + 2\mathbf{j} - \mathbf{k}$

10. $\mathbf{u} = 2\mathbf{i} - 2\mathbf{j} + \mathbf{k}$, $\mathbf{v} = 3\mathbf{i} + 4\mathbf{k}$

11. $\mathbf{u} = \sqrt{3}\mathbf{i} - 7\mathbf{j}$, $\mathbf{v} = \sqrt{3}\mathbf{i} + \mathbf{j} - 2\mathbf{k}$

12. $\mathbf{u} = \mathbf{i} + \sqrt{2}\mathbf{j} - \sqrt{2}\mathbf{k}$, $\mathbf{v} = -\mathbf{i} + \mathbf{j} + \mathbf{k}$

13. **삼각형** 꼭짓점이 $A(-1, 0)$, $B(2, 1)$, $C(1, -2)$인 삼각형의 내
각의 크기를 구하라.

14. **직사각형** 꼭짓점이 $A(1, 0)$, $B(0, 3)$, $C(3, 4)$, $D(4, 1)$인 직사
각형에서 두 대각선의 사잇각을 구하라.

15. **방향각과 방향코사인** $\mathbf{v} = a\mathbf{i} + b\mathbf{j} + c\mathbf{k}$의 방향각(direction
angles) α, β, γ는 다음과 같이 정의한다:

α는 $\mathbf{v}$와 양의 x축의 사잇각($0 \le \alpha \le \pi$)

β는 $\mathbf{v}$와 양의 y축의 사잇각($0 \le \beta \le \pi$)

γ는 $\mathbf{v}$와 양의 z축의 사잇각($0 \le \gamma \le \pi$)

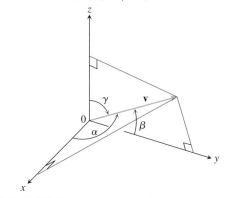

a. 다음을 증명하라.

$$\cos\alpha = \frac{a}{|\mathbf{v}|}, \qquad \cos\beta = \frac{b}{|\mathbf{v}|}, \qquad \cos\gamma = \frac{c}{|\mathbf{v}|}$$

$$\cos^2\alpha + \cos^2\beta + \cos^2\gamma = 1$$

이 코사인 값들을 $\mathbf{v}$의 **방향코사인**(direction cosine)이라 한
다.

b. **방향코사인으로 단위벡터 구하기** $\mathbf{v} = a\mathbf{i} + b\mathbf{j} + c\mathbf{k}$가 단위벡터
일 때, a, b, c가 $\mathbf{v}$의 방향코사인임을 보여라.

16. **수도관 건설** 그림과 같이 수도관을 북쪽으로 20% 경사지게
가다가 동쪽으로 10% 경사지게 만들려고 한다. 이때 수도관이
북쪽에서 동쪽으로 굽는 각 θ를 구하라.

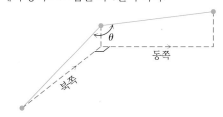

연습문제 17~18에서 직선과 평행한 벡터를 사용하여, 두 직선 사
이의 예각을 구하라.

17. $y = x$, $y = 2x + 3$

18. $2 - x + 2y = 0$, $3x - 4y = -12$

이론과 예제

19. **합과 차** 그림에서 $\mathbf{v}_1 + \mathbf{v}_2$와 $\mathbf{v}_1 - \mathbf{v}_2$가 직교하는 것처럼 보인
다. 이것은 단순히 우연의 일치인가, 아니면 임의의 두 벡터 $\mathbf{v}_1$,
$\mathbf{v}_2$에 대해 $\mathbf{v}_1 + \mathbf{v}_2$와 $\mathbf{v}_1 - \mathbf{v}_2$가 항상 직교하는가? 그 이유를 설
명하라.

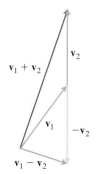

20. **원 위의 직교성** 그림과 같이 AB는 중심이 O인 원의 지름이고,
C는 A와 B를 잇는 두 호 중의 한 호 위의 임의의 한 점이다. 두
벡터 $\overrightarrow{CA}$와 $\overrightarrow{CB}$가 직교함을 보여라.

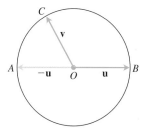

21. **마름모의 대각선** 마름모(네 변의 길이가 모두 같은 사각형)의
대각선들은 직교함을 보여라.

22. **직교하는 대각선** 대각선들이 직교하는 유일한 직사각형은 정
사각형임을 보여라.

23. **평행사변형의 직사각형이 될 조건** 평행사변형이 직사각형이 될
필요충분조건은 두 대각선의 길이가 같음을 보여라(이 사실은
목수들이 많이 활용한다).

24. **평행사변형의 대각선** 그림과 같이 $\mathbf{u}$, $\mathbf{v}$로 결정되는 평행사변형
에서 $|\mathbf{u}| = |\mathbf{v}|$이면, 점선으로 표시된 대각선이 $\mathbf{u}$와 $\mathbf{v}$의 사잇각
을 이등분함을 보여라.

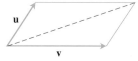

25. **투사체 운동** 총구속도 400 m/s로 수평 방향에서 위 8° 방향으
로 총을 쐈을 때, 총구속도의 수평과 수직 성분을 각각 구하라.

26. **경사면** 그림과 같이 경사면에서 상자를 끌어당긴다. 힘 $\mathbf{w}$의
경사면과 평행한 성분이 2.5 N일 때, 힘 $\mathbf{w}$를 구하라.

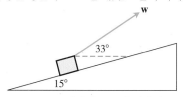

27. a. **코시-슈바르츠 부등식** 임의의 $\mathbf{u}$, $\mathbf{v}$에 대하여
$\mathbf{u} \cdot \mathbf{v} = |\mathbf{u}||\mathbf{v}| \cos\theta$임을 이용하여 부등식

$|\mathbf{u} \cdot \mathbf{v}| \le |\mathbf{u}||\mathbf{v}|$를 증명하라.

  b. 어떤 경우에 $|\mathbf{u} \cdot \mathbf{v}| = |\mathbf{u}||\mathbf{v}|$가 성립하는가? 그 이유를 설명하라.

28. 내적은 양의 정부호이다.   벡터의 내적은 양의 **정부호**(*positive definite*)임을 보이라. 즉, 모든 벡터 $\mathbf{u}$에 대하여 $\mathbf{u} \cdot \mathbf{u} \ge 0$임을 보이라. 단, 등호는 $\mathbf{u} = \mathbf{0}$일 때만 성립한다.

29. 직교하는 두 단위벡터 $\mathbf{u}_1$, $\mathbf{u}_2$가 직교하는 단위벡터이고 $\mathbf{v} = a\mathbf{u}_1 + b\mathbf{u}_2$일 때, $\mathbf{v} \cdot \mathbf{u}_1$을 구하라.

30. 내적에서의 소거   실수에서는 $uv_1 = uv_2$이고 $u \ne 0$이면, u를 소거하여 $v_1 = v_2$가 된다. 곱에 관한 소거가 내적에서도 성립하는가? 즉, $\mathbf{u} \cdot \mathbf{v}_1 = \mathbf{u} \cdot \mathbf{v}_2$이고 $\mathbf{u} \ne \mathbf{0}$이면, $\mathbf{v}_1 = \mathbf{v}_2$인가? 그 이유를 설명하라.

31. 만일 $\mathbf{u}$와 $\mathbf{v}$가 직교하면, $\text{proj}_v\,\mathbf{u} = \mathbf{0}$임을 보이라.

32. 힘 $\mathbf{F} = 2\mathbf{i} + \mathbf{j} - 3\mathbf{k}$가 속도 $\mathbf{v} = 3\mathbf{i} - \mathbf{j}$의 우주선에 작용한다. 이때 힘 $\mathbf{F}$를 $\mathbf{v}$에 평행한 벡터와 $\mathbf{v}$에 수직인 벡터의 합으로 나타내라.

평면 상의 직선방정식

33. 벡터에 수직인 직선   벡터 $\mathbf{v} = a\mathbf{i} + b\mathbf{j}$에 대해 $\mathbf{v}$의 기울기와 직선의 기울기의 곱이 -1임을 보여 벡터 $\mathbf{v}$가 직선 $ax + by = c$와 수직임을 증명하라.

34. 벡터에 평행인 직선 $\mathbf{v}$의 기울기와 직선의 기울기가 같음을 보여 $\mathbf{v} = a\mathbf{i} + b\mathbf{j}$가 직선 $bx - ay = c$와 평행함을 증명하라.

연습문제 35~38에서 연습문제 33을 이용해서 다음의 점 P를 지나고 $\mathbf{v}$와 수직인 직선의 식을 구하고 도시하라. 벡터 $\mathbf{v}$를 원점을 시점으로 그리라.

35. $P(2, 1)$, $\mathbf{v} = \mathbf{i} + 2\mathbf{j}$ **36.** $P(-1, 2)$, $\mathbf{v} = -2\mathbf{i} - \mathbf{j}$

37. $P(-2, -7)$, $\mathbf{v} = -2\mathbf{i} + \mathbf{j}$ **38.** $P(11, 10)$, $\mathbf{v} = 2\mathbf{i} - 3\mathbf{j}$

연습문제 39~42에서 연습문제 34를 이용해서 다음의 점 P를 지나고 $\mathbf{v}$와 평행한 직선의 식을 구하고 도시하라. 벡터 $\mathbf{v}$를 원점을 시점으로 하여 그리라.

39. $P(-2, 1)$, $\mathbf{v} = \mathbf{i} - \mathbf{j}$ **40.** $P(0, -2)$, $\mathbf{v} = 2\mathbf{i} + 3\mathbf{j}$

41. $P(1, 2)$, $\mathbf{v} = -\mathbf{i} - 2\mathbf{j}$ **42.** $P(1, 3)$, $\mathbf{v} = 3\mathbf{i} - 2\mathbf{j}$

일

43. 직선을 따라 한일   힘 $\mathbf{F} = 5\mathbf{i}$(5 N의 크기)를 사용하여 물체를 원점에서 점 $(1, 1)$로 옮겼다. 한 일을 계산하라(거리는 m 단위).

44. 기관차   태평양의 *Big Boy* 기관차 연합은 602,148 N의 힘으로 6000톤 짜리 기차를 끌 수 있다. 이 효율로 이 열차가 샌프란시스코에서 거의 직선 철로를 따라 로스앤젤레스까지 605 km를 달릴 때 한 일을 계산하라.

45. 경사면   나무상자를 200 N의 힘으로 수평에서 30°로 끌어당겨서 싣는 곳까지 20 m를 옮겼다. 한 일을 계산하라.

46. 보트   바람이 보트의 돛에 1000 N의 힘 $\mathbf{F}$로 그림과 같이 분다. 보트가 앞으로 1 km를 움직였다면 바람이 한 일을 계산하라. J 단위로 답하라.

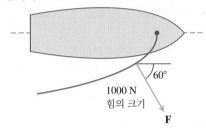

평면 위의 두 직선의 사잇각

평면 위에서 만나는 두 직선의 예각인 사잇각은 두 직선에 수직인 벡터의 사잇각과 같고, 또한 두 직선에 평행한 벡터의 사잇각과 같다.

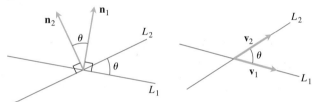

연습문제 47~52에서 이 사실과 연습문제 33 또는 34의 결과를 이용하여 다음 두 직선의 예각인 사잇각을 구하라.

47. $3x + y = 5$, $2x - y = 4$

48. $y = \sqrt{3}x - 1$, $y = -\sqrt{3}x + 2$

49. $\sqrt{3}x - y = -2$, $x - \sqrt{3}y = 1$

50. $x + \sqrt{3}y = 1$, $(1 - \sqrt{3})x + (1 + \sqrt{3})y = 8$

51. $3x - 4y = 3$, $x - y = 7$

52. $12x + 5y = 1$, $2x - 2y = 3$

10.4 외적

평면 위에서 직선이 기울어진 정도는 기울기와 경사각의 개념으로 표현하였다. 공간에서 한 **평면**(*plane*)이 기울어진 정도를 표현하기 위해서 평면에 놓인 두 벡터의 곱으로 생성한, 평면에 수직인 세 번째 벡터를 이용한다. 이 세 번째 벡터의 방향으로 평면의 "기울어짐"(inclination)을 표현하게 된다. 이 두 벡터를 함께 곱할 때 사용한 곱셈이, 벡터 곱셈의 두 번째 방법인 **벡터곱**(**vector product**) 또는 **외적**(**cross product**)이다. 외적은 넓이나 부피를 포함하여 여러 가지의 기하학적 양의 변들과 직교벡터 등을 쉽게 구해주는 방법이다. 이 절에서는 외적을 공부한다.

공간에서 두 벡터의 외적

공간에서 **0**이 아닌 두 벡터 **u**와 **v**를 잡자. 만약 한 벡터가 다른 벡터의 영이 아닌 스칼라곱으로 표현되면, 두 벡터는 평행하다. 만일 **u**와 **v**가 평행하지 않으면, 두 벡터에 의해 하나의 평면이 결정된다. 이 평면 위의 벡터들은 **u**와 **v**의 일차 결합이다. 즉, $a\mathbf{u}+b\mathbf{v}$로 표현된다. **오른손 법칙(right-hand rule)**에 따라 이 평면에 수직인 단위벡터 **n**을 선택한다. 즉, 오른손을 **u**에서 **v** 방향으로 회전하는 각 θ를 따라 감으면 엄지손가락이 가리키는 방향으로 단위법선벡터 **n**을 택할 수 있다(그림 10.28). 다음과 같이 새로운 벡터를 정의한다.

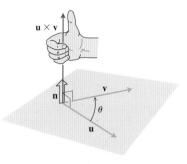

그림 10.28 **u**×**v**의 설명

> 정의 **외적(cross product) u×v** ("**u** 곱하기 **v**")는 다음과 같은 벡터이다.
> $$\mathbf{u} \times \mathbf{v} = (|\mathbf{u}||\mathbf{v}| \sin \theta)\, \mathbf{n}$$

내적과 달리 외적은 벡터이다. 이러한 이유로 외적을 **u**와 **v**의 **벡터곱(vector product)**이라고도 하며, 3차원 공간에서만 정의될 수 있다. 벡터 **u**×**v**는 **n**의 스칼라곱이므로 **u**와 **v**에 동시에 수직이다.

두 벡터의 외적을 벡터의 성분으로부터 직접 계산하는 방법이 있다. 이 방법은 (정의에서 필요한) 두 벡터가 이루는 각을 알지 못해도 구할 수 있다. 하지만 뒤에 가서 알아보기로 하고, 우선 외적의 성질에 주목하기로 하자.

θ가 0 또는 π일 때 $\sin \theta = 0$이다. 따라서 2개의 평행한 **0**이 아닌 벡터의 외적은 **0**이다. **u**와 **v** 중 하나 이상이 **0**이면 **u**×**v**는 **0**으로 정의한다. 두 벡터 **u**와 **v**의 외적이 **0**일 때 필요충분조건은 **u**와 **v**가 평행하거나 또는 하나 또는 둘 다 영벡터이다.

> **평행한 벡터**
> 영벡터가 아닌 벡터 **u**와 **v**가 평행일 필요충분조건은 **u**×**v**=**0**이다.

외적은 다음 성질을 만족한다.

> **외적의 성질**
> 벡터 **u**, **v**, **w**와 스칼라 r, s에 대해서
> 1. $(r\mathbf{u}) \times (s\mathbf{v}) = (rs)(\mathbf{u} \times \mathbf{v})$ 2. $\mathbf{u} \times (\mathbf{v} + \mathbf{w}) = \mathbf{u} \times \mathbf{v} + \mathbf{u} \times \mathbf{w}$
> 3. $\mathbf{v} \times \mathbf{u} = -(\mathbf{u} \times \mathbf{v})$ 4. $(\mathbf{v} + \mathbf{w}) \times \mathbf{u} = \mathbf{v} \times \mathbf{u} + \mathbf{w} \times \mathbf{u}$
> 5. $\mathbf{0} \times \mathbf{u} = \mathbf{0}$ 6. $\mathbf{u} \times (\mathbf{v} \times \mathbf{w}) = (\mathbf{u} \cdot \mathbf{w})\mathbf{v} - (\mathbf{u} \cdot \mathbf{v})\mathbf{w}$

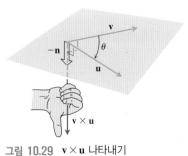

그림 10.29 **v**×**u** 나타내기

성질 3을 확인해 보자. 오른손을 **v**에서 **u** 방향으로 회전하는 각 θ를 따라 감아쥘 때 엄지손가락이 향하는 방향과 **u**에서 **v**로 감아쥘 때 엄지손가락이 향하는 방향은 반대이다. 즉, **v**×**u**로 생성되는 단위벡터는 **u**×**v**의 단위벡터와 부호가 반대이다(그림 10.29).

성질 1은 외적의 정의를 식의 양변에 적용하고 그 결과를 비교하여 증명할 수 있다. 성질 2는 부록 8에 증명하였다. 성질 4는 성질 2의 양변에 -1을 곱하고 성질 3에 의해 곱의 순서를 바꾸면 증명된다. 성질 5는 정의이다. 일반적인 경우 외적은 **결합법칙**(*associative*)이 성립하지 않는다. 즉, (**u**×**v**)×**w**와 **u**×(**v**×**w**)는 일반적으로 다르다(보

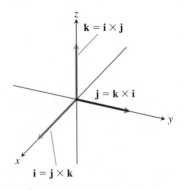

그림 10.30 **i, j, k** 각 쌍의 외적

충·심화 문제 17 참조).

정의와 성질 3을 적용하여 표준 단위벡터 **i, j, k**에 대해 각 쌍마다 외적을 계산하면 다음과 같다(그림 10.30).

$$\mathbf{i} \times \mathbf{j} = -(\mathbf{j} \times \mathbf{i}) = \mathbf{k}$$
$$\mathbf{j} \times \mathbf{k} = -(\mathbf{k} \times \mathbf{j}) = \mathbf{i}$$
$$\mathbf{k} \times \mathbf{i} = -(\mathbf{i} \times \mathbf{k}) = \mathbf{j}$$

과

$$\mathbf{i} \times \mathbf{i} = \mathbf{j} \times \mathbf{j} = \mathbf{k} \times \mathbf{k} = \mathbf{0}$$

|u×v|는 평행사변형의 넓이

n은 단위벡터이므로 **u**×**v**의 크기는 다음과 같다.

$$|\mathbf{u} \times \mathbf{v}| = |\mathbf{u}||\mathbf{v}|\,|\sin\theta||\mathbf{n}| = |\mathbf{u}||\mathbf{v}|\sin\theta$$

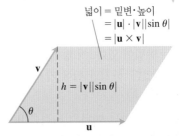

넓이 = 밑변·높이
= $|\mathbf{u}| \cdot |\mathbf{v}||\sin\theta|$
= $|\mathbf{u} \times \mathbf{v}|$

그림 10.31 **u**와 **v**로 결정되는 평행사변형

u와 **v**로 결정되는 평행사변형(그림 10.31)에서 $|\mathbf{u}|$는 평행사변형의 밑변이고, $|\mathbf{v}||\sin\theta|$는 높이를 의미하므로 $|\mathbf{u} \times \mathbf{v}|$는 넓이가 된다. 단, θ는 두 벡터 **u**와 **v**의 사잇각이다.

u×v에 대한 행렬식 공식

직교좌표계로 표현된 **u**와 **v**의 성분으로 **u**×**v**를 계산하는 것이 다음 목표이다.

$$\mathbf{u} = u_1\mathbf{i} + u_2\mathbf{j} + u_3\mathbf{k}\text{와} \qquad \mathbf{v} = v_1\mathbf{i} + v_2\mathbf{j} + v_3\mathbf{k}$$

에 대하여 분배법칙과 **i, j, k**의 곱을 이용하면 다음 식을 얻는다.

$$\begin{aligned}
\mathbf{u} \times \mathbf{v} &= (u_1\mathbf{i} + u_2\mathbf{j} + u_3\mathbf{k}) \times (v_1\mathbf{i} + v_2\mathbf{j} + v_3\mathbf{k}) \\
&= u_1v_1\mathbf{i} \times \mathbf{i} + u_1v_2\mathbf{i} \times \mathbf{j} + u_1v_3\mathbf{i} \times \mathbf{k} \\
&\quad + u_2v_1\mathbf{j} \times \mathbf{i} + u_2v_2\mathbf{j} \times \mathbf{j} + u_2v_3\mathbf{j} \times \mathbf{k} \\
&\quad + u_3v_1\mathbf{k} \times \mathbf{i} + u_3v_2\mathbf{k} \times \mathbf{j} + u_3v_3\mathbf{k} \times \mathbf{k} \\
&= (u_2v_3 - u_3v_2)\mathbf{i} - (u_1v_3 - u_3v_1)\mathbf{j} + (u_1v_2 - u_2v_1)\mathbf{k}
\end{aligned}$$

마지막 줄의 성분에 의한 식은 기억하기 어려우나 다음과 같은 행렬식 (전개하면 같은 식이 나옴)으로 표현하면 쉽다.

$$\begin{vmatrix} \mathbf{i} & \mathbf{j} & \mathbf{k} \\ u_1 & u_2 & u_3 \\ v_1 & v_2 & v_3 \end{vmatrix}$$

따라서 다음과 같은 기억하기 쉬운 공식이 나온다.

> **행렬식 공식으로 외적 구하기**
> $\mathbf{u} = u_1\mathbf{i} + u_2\mathbf{j} + u_3\mathbf{k}$와 $\mathbf{v} = v_1\mathbf{i} + v_2\mathbf{j} + v_3\mathbf{k}$에 대하여 외적은 다음과 같다.
>
> $$\mathbf{u} \times \mathbf{v} = \begin{vmatrix} \mathbf{i} & \mathbf{j} & \mathbf{k} \\ u_1 & u_2 & u_3 \\ v_1 & v_2 & v_3 \end{vmatrix}$$

행렬식

2×2와 3×3 행렬식은 다음과 같이 계산된다.

$$\begin{vmatrix} a & b \\ c & d \end{vmatrix} = ad - bc$$

$$\begin{vmatrix} a_1 & a_2 & a_3 \\ b_1 & b_2 & b_3 \\ c_1 & c_2 & c_3 \end{vmatrix} = a_1\begin{vmatrix} b_2 & b_3 \\ c_2 & c_3 \end{vmatrix}$$
$$- a_2\begin{vmatrix} b_1 & b_3 \\ c_1 & c_3 \end{vmatrix} + a_3\begin{vmatrix} b_1 & b_2 \\ c_1 & c_2 \end{vmatrix}$$

예제 1 $\mathbf{u} = 2\mathbf{i} + \mathbf{j} + \mathbf{k}$, $\mathbf{v} = -4\mathbf{i} + 3\mathbf{j} + \mathbf{k}$일 때, $\mathbf{u} \times \mathbf{v}$와 $\mathbf{v} \times \mathbf{u}$를 구하라.

풀이

$$\mathbf{u} \times \mathbf{v} = \begin{vmatrix} \mathbf{i} & \mathbf{j} & \mathbf{k} \\ 2 & 1 & 1 \\ -4 & 3 & 1 \end{vmatrix} = \begin{vmatrix} 1 & 1 \\ 3 & 1 \end{vmatrix}\mathbf{i} - \begin{vmatrix} 2 & 1 \\ -4 & 1 \end{vmatrix}\mathbf{j} + \begin{vmatrix} 2 & 1 \\ -4 & 3 \end{vmatrix}\mathbf{k}$$

$$= -2\mathbf{i} - 6\mathbf{j} + 10\mathbf{k}$$

$$\mathbf{v} \times \mathbf{u} = -(\mathbf{u} \times \mathbf{v}) = 2\mathbf{i} + 6\mathbf{j} - 10\mathbf{k} \qquad \text{성질 3}$$ ■

예제 2 세 점 $P(1, -1, 0)$, $Q(2, 1, -1)$, $R(-1, 1, 2)$를 포함하는 평면에 수직인 벡터를 구하라(그림 10.32).

풀이 벡터 $\overrightarrow{PQ} \times \overrightarrow{PR}$은 두 벡터에 수직이므로 주어진 평면에 대해서도 수직이다. 성분으로 계산하면 다음과 같다.

$$\overrightarrow{PQ} = (2 - 1)\mathbf{i} + (1 + 1)\mathbf{j} + (-1 - 0)\mathbf{k} = \mathbf{i} + 2\mathbf{j} - \mathbf{k}$$

$$\overrightarrow{PR} = (-1 - 1)\mathbf{i} + (1 + 1)\mathbf{j} + (2 - 0)\mathbf{k} = -2\mathbf{i} + 2\mathbf{j} + 2\mathbf{k}$$

$$\overrightarrow{PQ} \times \overrightarrow{PR} = \begin{vmatrix} \mathbf{i} & \mathbf{j} & \mathbf{k} \\ 1 & 2 & -1 \\ -2 & 2 & 2 \end{vmatrix} = \begin{vmatrix} 2 & -1 \\ 2 & 2 \end{vmatrix}\mathbf{i} - \begin{vmatrix} 1 & -1 \\ -2 & 2 \end{vmatrix}\mathbf{j} + \begin{vmatrix} 1 & 2 \\ -2 & 2 \end{vmatrix}\mathbf{k}$$

$$= 6\mathbf{i} + 6\mathbf{k}$$ ■

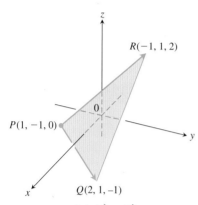

그림 10.32 벡터 $\overrightarrow{PQ} \times \overrightarrow{PR}$은 삼각형 PQR의 평면에 수직이다(예제 2). 삼각형 PQR의 넓이는 $|\overrightarrow{PQ} \times \overrightarrow{PR}|$의 1/2이다(예제 3).

예제 3 꼭짓점이 $P(1, -1, 0)$, $Q(2, 1, -1)$, $R(-1, 1, 2)$인 삼각형의 넓이를 구하라(그림 10.32).

풀이 P, Q, R에 의해 결정되는 평행사변형의 넓이는

$$\overrightarrow{PQ} \times \overrightarrow{PR}| = |6\mathbf{i} + 6\mathbf{k}| \qquad \text{예제 2의 결과}$$

$$= \sqrt{(6)^2 + (6)^2} = \sqrt{2 \cdot 36} = 6\sqrt{2}$$

이다. 삼각형의 넓이는 평행사변형의 넓이의 반, 즉 $3\sqrt{2}$이다. ■

예제 4 $P(1, -1, 0)$, $Q(2, 1, -1)$, $R(-1, 1, 2)$로 결정되는 평면의 단위법선벡터를 구하라.

풀이 $\overrightarrow{PQ} \times \overrightarrow{PR}$은 평면에 수직이므로, 이 벡터의 방향 $\mathbf{n}$은 평면에 수직인 단위법선벡터이다. 예제 2와 예제 3의 결과로부터 다음을 얻는다.

$$\mathbf{n} = \frac{\overrightarrow{PQ} \times \overrightarrow{PR}}{|\overrightarrow{PQ} \times \overrightarrow{PR}|} = \frac{6\mathbf{i} + 6\mathbf{k}}{6\sqrt{2}} = \frac{1}{\sqrt{2}}\mathbf{i} + \frac{1}{\sqrt{2}}\mathbf{k}$$ ■

외적을 쉽게 계산하기 위해 행렬식을 사용하려면, 벡터를 순서쌍 $\mathbf{v} = \langle v_1, v_2, v_3 \rangle$의 형태가 아닌, $\mathbf{v} = v_1\mathbf{i} + v_2\mathbf{j} + v_3\mathbf{k}$의 형태로 나타낸다.

돌림힘

렌치에 힘 $\mathbf{F}$를 가해서 볼트를 돌릴 때(그림 10.33), 돌림힘(torque)이 생겨서 볼트가 회전하게 된다. **돌림힘 벡터(torque vector)**는 오른손 법칙에 의해 볼트의 축 방향으로 향한다. 따라서 벡터의 끝에서 볼 때 반시계방향으로 회전한다. 돌림힘의 크기는 힘의 작용점에서의 거리와 힘의 작용점에서 렌치에 수직으로 작용하는 힘의 크기에 따라 달라진다. 즉, 돌림힘의 크기는 렌치의 손잡이 벡터 $\mathbf{r}$의 길이와 $\mathbf{r}$에 수직으로 작용하는 $\mathbf{F}$

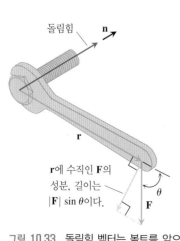

$\mathbf{r}$에 수직인 $\mathbf{F}$의 성분, 길이는 $|\mathbf{F}| \sin\theta$이다.

그림 10.33 돌림힘 벡터는 볼트를 앞으로 돌리는 힘 $\mathbf{F}$의 경향을 나타낸다.

의 스칼라 성분의 곱이다. 그림 10.33의 기호를 사용하면

$$돌림힘 벡터의 크기 = |\mathbf{r}||\mathbf{F}|\sin\theta = |\mathbf{r}\times\mathbf{F}|$$

이다. $\mathbf{n}$을 돌림힘의 방향에 있는 볼트축 방향의 단위벡터라 하자. 그러면 돌림힘 벡터는

$$돌림힘 벡터 = (|\mathbf{r}||\mathbf{F}|\sin\theta)\,\mathbf{n}$$

이다. $\mathbf{u}$와 $\mathbf{v}$가 평행할 때, $\mathbf{u}\times\mathbf{v}$가 $\mathbf{0}$임을 떠올리자. 이 사실이 돌림힘에도 성립한다. 그림 10.33에서 힘 $\mathbf{F}$가 렌치에 평행하다면, 즉 렌치의 손잡이를 따라 볼트를 밀거나 당겨서 돌리려 한다면 돌림힘은 $\mathbf{0}$이 된다.

예제 5 그림 10.34에서 힘 $\mathbf{F}$에 의해서 회전점 P에 걸리는 돌림힘의 크기는

$$\left|\overrightarrow{PQ}\times\mathbf{F}\right| = \left|\overrightarrow{PQ}\right||\mathbf{F}|\sin 70° \approx (3)(20)(0.94) \approx 56.4\ \text{N·m}$$

이다. 이때 돌림힘 벡터는 지면을 뚫고 나와 여러분을 향한다.　■

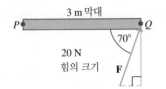

그림 10.34 P에서 $\mathbf{F}$에 의해 걸리는 돌림힘의 크기는 약 56.4 N·m(예제 5). 막대는 P를 중심으로 반시계방향으로 회전한다.

3중 스칼라 적 혹은 박스 적

$(\mathbf{u}\times\mathbf{v})\cdot\mathbf{w}$를 벡터 $\mathbf{u}$, $\mathbf{v}$, $\mathbf{w}$(차례대로)의 **3중 스칼라 적(triple scalar product)**이라 한다. 공식으로부터 다음이 성립한다.

$$|(\mathbf{u}\times\mathbf{v})\cdot\mathbf{w}| = |\mathbf{u}\times\mathbf{v}||\mathbf{w}||\cos\theta|$$

따라서 3중 스칼라 적의 절댓값은 $\mathbf{u}$, $\mathbf{v}$, $\mathbf{w}$로 결정되는 평행육면체의 부피가 된다(그림 10.35). $|\mathbf{u}\times\mathbf{v}|$는 평행육면체의 밑면의 넓이이고, $|\mathbf{w}||\cos\theta|$는 평행육면체의 높이이다. 이러한 기하학적인 이유로 $(\mathbf{u}\times\mathbf{v})\cdot\mathbf{w}$를 벡터 $\mathbf{u}$, $\mathbf{v}$, $\mathbf{w}$의 **박스 적(box product)**이라고도 한다.

$\mathbf{u}$, $\mathbf{v}$, $\mathbf{w}$를 세 변으로 하는 평행육면체에서 $\mathbf{v}$, $\mathbf{w}$ 평면, 혹은 $\mathbf{w}$, $\mathbf{u}$의 평면을 밑면으로 정할 수 있으므로 그 부피는 동일하게 다음과 같음을 알 수 있다.

$$(\mathbf{u}\times\mathbf{v})\cdot\mathbf{w} = (\mathbf{v}\times\mathbf{w})\cdot\mathbf{u} = (\mathbf{w}\times\mathbf{u})\cdot\mathbf{v}$$

내적은 교환법칙이 성립하므로

$$(\mathbf{u}\times\mathbf{v})\cdot\mathbf{w} = \mathbf{u}\cdot(\mathbf{v}\times\mathbf{w})$$

3중 스칼라 적을 행렬식으로 표현할 수 있다.

3중 스칼라 적에서 문자는 그대로 둔 채 $\cdot$와 $\times$만 바꿀 수 있다.

$$(\mathbf{u}\times\mathbf{v})\cdot\mathbf{w} = \left[\begin{vmatrix} u_2 & u_3 \\ v_2 & v_3 \end{vmatrix}\mathbf{i} - \begin{vmatrix} u_1 & u_3 \\ v_1 & v_3 \end{vmatrix}\mathbf{j} + \begin{vmatrix} u_1 & u_2 \\ v_1 & v_2 \end{vmatrix}\mathbf{k}\right]\cdot\mathbf{w}$$

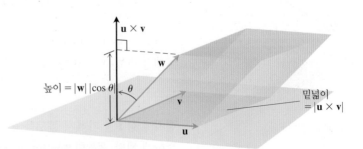

부피 = 밑넓이·높이 = $|\mathbf{u}\times\mathbf{v}||\mathbf{w}||\cos\theta| = |(\mathbf{u}\times\mathbf{v})\cdot\mathbf{w}|$

그림 10.35 $|(\mathbf{u}\times\mathbf{v})\cdot\mathbf{w}|$는 평행육면체의 부피이다.

$$= w_1 \begin{vmatrix} u_2 & u_3 \\ v_2 & v_3 \end{vmatrix} - w_2 \begin{vmatrix} u_1 & u_3 \\ v_1 & v_3 \end{vmatrix} + w_3 \begin{vmatrix} u_1 & u_2 \\ v_1 & v_2 \end{vmatrix}$$

$$= \begin{vmatrix} u_1 & u_2 & u_3 \\ v_1 & v_2 & v_3 \\ w_1 & w_2 & w_3 \end{vmatrix}$$

행렬식 공식으로 3중 스칼라 적 구하기

$$(\mathbf{u} \times \mathbf{v}) \cdot \mathbf{w} = \begin{vmatrix} u_1 & u_2 & u_3 \\ v_1 & v_2 & v_3 \\ w_1 & w_2 & w_3 \end{vmatrix}$$

$$\begin{vmatrix} u_1 & u_2 & u_3 \\ v_1 & v_2 & v_3 \\ w_1 & w_2 & w_3 \end{vmatrix} = \pm \begin{vmatrix} w_1 & w_2 & w_3 \\ v_1 & v_2 & v_3 \\ u_1 & u_2 & u_3 \end{vmatrix}$$

행렬에서 임의의 두 행을 교환하여도 행렬식의 절댓값은 바뀌지 않고 부호만 바뀔 수 있다. 따라서 $\mathbf{u}$, $\mathbf{v}$와 $\mathbf{w}$의 삼중적의 절댓값을 구하고자 할 때는 순서에 관계없이 삼중적을 계산하면 된다.

예제 6 세 벡터 $\mathbf{u}=\mathbf{i}+2\mathbf{j}-\mathbf{k}$, $\mathbf{v}=-2\mathbf{i}+3\mathbf{k}$, $\mathbf{w}=7\mathbf{j}-4\mathbf{k}$에 의해 결정되는 평행육면체의 부피를 구하라.

풀이 3중 스칼라 적의 행렬식을 이용하면

$$(\mathbf{u} \times \mathbf{v}) \cdot \mathbf{w} = \begin{vmatrix} 1 & 2 & -1 \\ -2 & 0 & 3 \\ 0 & 7 & -4 \end{vmatrix} = (1)\begin{vmatrix} 0 & 3 \\ 7 & -4 \end{vmatrix} - (2)\begin{vmatrix} -2 & 3 \\ 0 & -4 \end{vmatrix} + (-1)\begin{vmatrix} -2 & 0 \\ 0 & 7 \end{vmatrix} = -23$$

이다. 따라서 부피는 $|(\mathbf{u}\times\mathbf{v})\cdot\mathbf{w}| = 23$이다. ∎

연습문제 10.4

외적 계산

연습문제 1~8에서 $\mathbf{u}\times\mathbf{v}$와 $\mathbf{v}\times\mathbf{u}$의 크기와 방향(정의되는 경우)을 구하라.

1. $\mathbf{u} = 2\mathbf{i} - 2\mathbf{j} - \mathbf{k}$, $\mathbf{v} = \mathbf{i} - \mathbf{k}$
2. $\mathbf{u} = 2\mathbf{i} + 3\mathbf{j}$, $\mathbf{v} = -\mathbf{i} + \mathbf{j}$
3. $\mathbf{u} = 2\mathbf{i} - 2\mathbf{j} + 4\mathbf{k}$, $\mathbf{v} = -\mathbf{i} + \mathbf{j} - 2\mathbf{k}$
4. $\mathbf{u} = \mathbf{i} + \mathbf{j} - \mathbf{k}$, $\mathbf{v} = \mathbf{0}$
5. $\mathbf{u} = 2\mathbf{i}$, $\mathbf{v} = -3\mathbf{j}$
6. $\mathbf{u} = \mathbf{i} \times \mathbf{j}$, $\mathbf{v} = \mathbf{j} \times \mathbf{k}$
7. $\mathbf{u} = -8\mathbf{i} - 2\mathbf{j} - 4\mathbf{k}$, $\mathbf{v} = 2\mathbf{i} + 2\mathbf{j} + \mathbf{k}$
8. $\mathbf{u} = \frac{3}{2}\mathbf{i} - \frac{1}{2}\mathbf{j} + \mathbf{k}$, $\mathbf{v} = \mathbf{i} + \mathbf{j} + 2\mathbf{k}$

연습문제 9~14에서 좌표축을 그려서 시점을 원점으로 하여 벡터 $\mathbf{u}$, $\mathbf{v}$, $\mathbf{u}\times\mathbf{v}$를 그리라.

9. $\mathbf{u} = \mathbf{i}$, $\mathbf{v} = \mathbf{j}$
10. $\mathbf{u} = \mathbf{i} - \mathbf{k}$, $\mathbf{v} = \mathbf{j}$
11. $\mathbf{u} = \mathbf{i} - \mathbf{k}$, $\mathbf{v} = \mathbf{j} + \mathbf{k}$
12. $\mathbf{u} = 2\mathbf{i} - \mathbf{j}$, $\mathbf{v} = \mathbf{i} + 2\mathbf{j}$
13. $\mathbf{u} = \mathbf{i} + \mathbf{j}$, $\mathbf{v} = \mathbf{i} - \mathbf{j}$
14. $\mathbf{u} = \mathbf{j} + 2\mathbf{k}$, $\mathbf{v} = \mathbf{i}$

공간에서의 삼각형

연습문제 15~18에서
a. 주어진 점 P, Q, R로 결정되는 삼각형의 넓이를 구하라.
b. 평면 PQR에 수직인 단위벡터를 구하라.

15. $P(1, -1, 2)$, $Q(2, 0, -1)$, $R(0, 2, 1)$
16. $P(1, 1, 1)$, $Q(2, 1, 3)$, $R(3, -1, 1)$
17. $P(2, -2, 1)$, $Q(3, -1, 2)$, $R(3, -1, 1)$
18. $P(-2, 2, 0)$, $Q(0, 1, -1)$, $R(-1, 2, -2)$

3중 스칼라 적

연습문제 19~22에서 다음에 주어진 $\mathbf{u}$, $\mathbf{v}$, $\mathbf{w}$에 대하여 $(\mathbf{u}\times\mathbf{v})\cdot\mathbf{w} = (\mathbf{v}\times\mathbf{w})\cdot\mathbf{u} = (\mathbf{w}\times\mathbf{u})\cdot\mathbf{v}$를 증명하고 $\mathbf{u}$, $\mathbf{v}$, $\mathbf{w}$에 의해 결정되는 평행육면체의 부피를 구하라.

$\mathbf{u}$	$\mathbf{v}$	$\mathbf{w}$
19. $2\mathbf{i}$	$2\mathbf{j}$	$2\mathbf{k}$
20. $\mathbf{i} - \mathbf{j} + \mathbf{k}$	$2\mathbf{i} + \mathbf{j} - 2\mathbf{k}$	$-\mathbf{i} + 2\mathbf{j} - \mathbf{k}$
21. $2\mathbf{i} + \mathbf{j}$	$2\mathbf{i} - \mathbf{j} + \mathbf{k}$	$\mathbf{i} + 2\mathbf{k}$
22. $\mathbf{i} + \mathbf{j} - 2\mathbf{k}$	$-\mathbf{i} - \mathbf{k}$	$2\mathbf{i} + 4\mathbf{j} - 2\mathbf{k}$

이론과 예제

23. **평행하고 수직인 벡터** $\mathbf{u}=5\mathbf{i}-\mathbf{j}+\mathbf{k}$, $\mathbf{v}=\mathbf{j}-5\mathbf{k}$, $\mathbf{w}=-15\mathbf{i}+3\mathbf{j}-3\mathbf{k}$ 중 어떤 벡터들의 쌍이 (a) 직교하고, (b) 평행한가? 그 이유를 설명하라.

24. **평행하고 수직인 벡터** $\mathbf{u}=\mathbf{i}+2\mathbf{j}-\mathbf{k}$, $\mathbf{v}=-\mathbf{i}+\mathbf{j}+\mathbf{k}$, $\mathbf{w}=\mathbf{i}+\mathbf{k}$, $\mathbf{r}=-(\pi/2)\mathbf{i}-\pi\mathbf{j}+(\pi/2)\mathbf{k}$ 중 어떤 벡터들의 쌍이 (a) 직교하고, (b) 평행한가? 그 이유를 말하라.

연습문제 25와 26의 그림에서 $|\overrightarrow{PQ}|=20$ cm이고, $|\mathbf{F}|=15$ N인 힘 $\mathbf{F}$를 가할 때, 점 P에 가해지는 돌림힘의 크기를 구하라. N·m로 답하라.

25.   **26.**

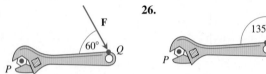

27. 다음 주어진 식의 참, 거짓을 밝혀라. 그 이유를 설명하라.

a. $|\mathbf{u}| = \sqrt{\mathbf{u}\cdot\mathbf{u}}$ b. $\mathbf{u}\cdot\mathbf{u} = |\mathbf{u}|$

c. $\mathbf{u}\times\mathbf{0} = \mathbf{0}\times\mathbf{u} = 0$ d. $\mathbf{u}\times(-\mathbf{u}) = \mathbf{0}$

e. $\mathbf{u}\times\mathbf{v} = \mathbf{v}\times\mathbf{u}$

f. $\mathbf{u}\times(\mathbf{v}+\mathbf{w}) = \mathbf{u}\times\mathbf{v} + \mathbf{u}\times\mathbf{w}$

g. $(\mathbf{u}\times\mathbf{v})\cdot\mathbf{v} = 0$

h. $(\mathbf{u}\times\mathbf{v})\cdot\mathbf{w} = \mathbf{u}\cdot(\mathbf{v}\times\mathbf{w})$

28. 다음 주어진 식의 참, 거짓을 밝혀라. 그 이유를 설명하라.

a. $\mathbf{u}\cdot\mathbf{v} = \mathbf{v}\cdot\mathbf{u}$ b. $\mathbf{u}\times\mathbf{v} = -(\mathbf{v}\times\mathbf{u})$

c. $(-\mathbf{u})\times\mathbf{v} = -(\mathbf{u}\times\mathbf{v})$

d. $(c\mathbf{u})\cdot\mathbf{v} = \mathbf{u}\cdot(c\mathbf{v}) = c(\mathbf{u}\cdot\mathbf{v})$ (c는 임의의 실수)

e. $c(\mathbf{u}\times\mathbf{v}) = (c\mathbf{u})\times\mathbf{v} = \mathbf{u}\times(c\mathbf{v})$ (c는 임의의 실수)

f. $\mathbf{u}\cdot\mathbf{u} = |\mathbf{u}|^2$

g. $(\mathbf{u}\times\mathbf{u})\cdot\mathbf{u} = 0$

h. $(\mathbf{u}\times\mathbf{v})\cdot\mathbf{u} = \mathbf{v}\cdot(\mathbf{u}\times\mathbf{v})$

29. $\mathbf{0}$이 아닌 벡터 $\mathbf{u}, \mathbf{v}, \mathbf{w}$에 대하여 내적과 외적을 이용하여 다음을 표현하라.

a. $\mathbf{v}$ 위로의 $\mathbf{u}$의 벡터사영

b. $\mathbf{u}$와 $\mathbf{v}$에 수직인 벡터

c. $\mathbf{u}\times\mathbf{v}$와 $\mathbf{w}$에 수직인 벡터

d. $\mathbf{u}, \mathbf{v}, \mathbf{w}$에 의해 결정되는 평행육면체의 부피

e. $\mathbf{u}\times\mathbf{v}$와 $\mathbf{u}\times\mathbf{w}$에 수직인 벡터

f. 크기는 $|\mathbf{u}|$이고 $\mathbf{v}$ 방향의 벡터

30. $(\mathbf{i}\times\mathbf{j})\times\mathbf{j}$와 $\mathbf{i}\times(\mathbf{j}\times\mathbf{j})$를 계산하라. 외적의 결합법칙에 대해 어떤 결론을 내릴 수 있는가?

31. 벡터 $\mathbf{u}, \mathbf{v}, \mathbf{w}$에 대하여 의미가 있는 식을 찾고, 그 이유를 설명하라.

a. $(\mathbf{u}\times\mathbf{v})\cdot\mathbf{w}$ b. $\mathbf{u}\times(\mathbf{v}\cdot\mathbf{w})$

c. $\mathbf{u}\times(\mathbf{v}\times\mathbf{w})$ d. $\mathbf{u}\cdot(\mathbf{v}\cdot\mathbf{w})$

32. **세 벡터의 외적** $(\mathbf{u}\times\mathbf{v})\times\mathbf{w}$는 $\mathbf{u}, \mathbf{v}$가 결정하는 평면 위에, $\mathbf{u}\times(\mathbf{v}\times\mathbf{w})$는 $\mathbf{v}, \mathbf{w}$가 결정하는 평면 위에 있음을 증명하라. 성립하지 않는 경우는 언제인가?

33. **외적의 소거** $\mathbf{u}\times\mathbf{v}=\mathbf{u}\times\mathbf{w}, \mathbf{u}\neq\mathbf{0}$이면, $\mathbf{v}=\mathbf{w}$인가? 그 이유를 설명하라.

34. **두 가지 소거** $\mathbf{u}\times\mathbf{v}=\mathbf{u}\times\mathbf{w}, \mathbf{u}\cdot\mathbf{v}=\mathbf{u}\cdot\mathbf{w}, \mathbf{u}\neq\mathbf{0}$이면, $\mathbf{v}=\mathbf{w}$인가? 그 이유를 설명하라.

평행사변형의 넓이

연습문제 35~40에서 다음에 주어진 꼭짓점으로 만들어지는 평행사변형의 넓이를 구하라.

35. $A(1, 0)$, $B(0, 1)$, $C(-1, 0)$, $D(0, -1)$

36. $A(0, 0)$, $B(7, 3)$, $C(9, 8)$, $D(2, 5)$

37. $A(-1, 2)$, $B(2, 0)$, $C(7, 1)$, $D(4, 3)$

38. $A(-6, 0)$, $B(1, -4)$, $C(3, 1)$, $D(-4, 5)$

39. $A(0, 0, 0)$, $B(3, 2, 4)$, $C(5, 1, 4)$, $D(2, -1, 0)$

40. $A(1, 0, -1)$, $B(1, 7, 2)$, $C(2, 4, -1)$, $D(0, 3, 2)$

삼각형의 넓이

연습문제 41~47에서 다음에 주어진 꼭짓점으로 만들어지는 삼각형의 넓이를 구하라.

41. $A(0, 0)$, $B(-2, 3)$, $C(3, 1)$

42. $A(-1, -1)$, $B(3, 3)$, $C(2, 1)$

43. $A(-5, 3)$, $B(1, -2)$, $C(6, -2)$

44. $A(-6, 0)$, $B(10, -5)$, $C(-2, 4)$

45. $A(1, 0, 0)$, $B(0, 2, 0)$, $C(0, 0, -1)$

46. $A(0, 0, 0)$, $B(-1, 1, -1)$, $C(3, 0, 3)$

47. $A(1, -1, 1)$, $B(0, 1, 1)$, $C(1, 0, -1)$

48. 평행육면체의 8개 꼭짓점 중 4개가 $A(0, 0, 0)$, $B(1, 2, 3)$, $C(0, -3, 2)$와 $D(3, -4, 5)$일 때, 부피를 구하라.

49. **삼각형의 넓이** xy평면에서 꼭짓점이 $(0, 0)$, (a_1, a_2), (b_1, b_2)인 삼각형의 넓이를 2×2 행렬식으로 표현하라. 과정을 설명하라.

50. **삼각형의 넓이**   꼭짓점이 (a_1, a_2), (b_1, b_2), (c_1, c_2)인 삼각형의 넓이를 간단한 3×3 행렬식으로 표현하라.

사면체의 부피

절단면의 넓이를 적분하여 부피를 계산했던, 5.1절의 방법을 사용하여 세 벡터에 의해 정의되는 사면체의 부피가 같은 세 벡터에 의해 정의되는 평행육면체의 부피의 $\dfrac{1}{6}$이 됨을 보일 수 있다.

연습문제 51~54에서 주어진 꼭짓점에 의해 정의되는 사면체의 부피를 구하라.

51. $A(0, 0, 0)$, $B(2, 0, 0)$, $C(0, 3, 0)$, $D(0, 0, 4)$

52. $A(0, 0, 0)$, $B(1, 0, 2)$, $C(0, 2, 1)$, $D(3, 4, 0)$

53. $A(1, -1, 0)$, $B(0, 2, -2)$, $C(-3, 0, 3)$, $D(0, 4, 4)$

54. $A(-1, 2, 3)$, $B(2, 0, 1)$, $C(1, -3, 2)$, $D(-2, 1, -1)$

연습문제 55~57에서 주어진 점들이 동일 평면위에 있는지 판정하라.

55. $A(1, 1, 1)$, $B(-1, 0, 4)$, $C(0, 2, 1)$, $D(2, -2, 3)$

56. $A(0, 0, 4)$, $B(6, 2, 0)$, $C(2, -1, 1)$, $D(-3, -4, 3)$

57. $A(0, 1, 2)$, $B(-1, 1, 0)$, $C(2, 0, -1)$, $D(1, -1, 1)$

10.5 공간에서 직선과 평면

이 절에서는 내적과 외적을 사용하여 공간에서의 직선과 선분, 평면의 방정식을 구할 것이다. 이 표현법은 책의 나머지를 통해서 공간에서의 곡선과 곡면에 대한 미적분을 공부하는 데 사용될 것이다.

공간에서 직선과 선분

평면에서는 한 점과 기울기가 주어지면 직선이 결정된다. 공간에서 직선은 한 점과 직선의 방향을 나타내는 **벡터**에 의해서 결정된다.

공간에서 직선 L이 점 $P_0(x_0, y_0, z_0)$을 지나고 벡터 $\mathbf{v} = v_1 \mathbf{i} + v_2 \mathbf{j} + v_3 \mathbf{k}$와 평행할 때, L은 벡터 $\overrightarrow{P_0 P}$가 v와 평행하게 되는 모든 점 $P(x, y, z)$의 집합이다(그림 10.36). 즉, 스칼라인 매개변수 t에 대하여 $\overrightarrow{P_0 P} = t\mathbf{v}$. 이때 t는 정의역이 $(-\infty, \infty)$이고 직선 위를 움직이는 점 P의 위치에 따라 결정된다. 식 $\overrightarrow{P_0 P} = t\mathbf{v}$를 벡터의 성분을 써서 나타내면

$$(x - x_0)\mathbf{i} + (y - y_0)\mathbf{j} + (z - z_0)\mathbf{k} = t(v_1 \mathbf{i} + v_2 \mathbf{j} + v_3 \mathbf{k})$$

이고, 정리하면 다음 식을 얻는다.

$$x\mathbf{i} + y\mathbf{j} + z\mathbf{k} = x_0\mathbf{i} + y_0\mathbf{j} + z_0\mathbf{k} + t(v_1 \mathbf{i} + v_2 \mathbf{j} + v_3 \mathbf{k}) \tag{1}$$

직선 상의 점 $P(x, y, z)$와 $P_0(x_0, y_0, z_0)$의 위치벡터를 각각 $\mathbf{r}(t)$와 $\mathbf{r}_0$라 하면, 식 (1)은 공간에서 직선의 벡터방정식을 다음과 같은 벡터 형식으로 표현한다.

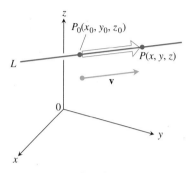

그림 10.36 P가 P_0을 지나 $\mathbf{v}$에 평행한 직선 L 상의 점일 필요충분조건은 $\overrightarrow{P_0 P}$가 $\mathbf{v}$의 스칼라배이다.

> **직선의 벡터방정식**
>
> $P_0(x_0, y_0, z_0)$을 지나 벡터 v에 평행한 직선의 벡터방정식 L은
> $$\mathbf{r}(t) = \mathbf{r}_0 + t\mathbf{v}, \quad -\infty < t < \infty \tag{2}$$
> 여기서, $\mathbf{r}$과 $\mathbf{r}_0$은 L 상의 점 $P(x, y, z)$와 $P_0(x_0, y_0, z_0)$의 위치벡터이다.

식(1)의 양변에서 대응하는 성분끼리 식으로 표현하면 t에 관한 매개방정식이 주어진다.

$$x = x_0 + tv_1, \quad y = y_0 + tv_2, \quad z = z_0 + tv_3$$

위 식은 매개변수의 범위가 $-\infty < t < \infty$인 직선의 표준 매개방정식이다.

> **직선의 매개방정식**
>
> $P_0(x_0, y_0, z_0)$을 지나 $\mathbf{v} = v_1 \mathbf{i} + v_2 \mathbf{j} + v_3 \mathbf{k}$에 평행한 직선의 표준 매개방정식은
> $$x = x_0 + tv_1, \quad y = y_0 + tv_2, \quad z = z_0 + tv_3, \quad -\infty < t < \infty \tag{3}$$

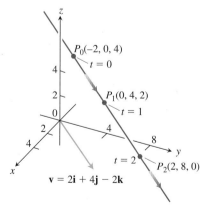

그림 10.37 직선 $x = -2 + 2t$, $y = 4t$, $z = 4 - 2t$ 위에 선택된 점과 매개변수값. 화살표는 t의 증가 방향을 나타낸다(예제 1).

예제 1 점 $(-2, 0, 4)$를 지나고 $\mathbf{v} = 2\mathbf{i} + 4\mathbf{j} - 2\mathbf{k}$와 평행한 직선의 매개방정식을 구하라 (그림 10.37).

풀이 $P_0(x_0, y_0, z_0) = (-2, 0, 4)$, $v_1 \mathbf{i} + v_2 \mathbf{j} + v_3 \mathbf{k} = 2\mathbf{i} + 4\mathbf{j} - 2\mathbf{k}$를 식(3)에 대입하면 다음 식을 얻는다.

$$x = -2 + 2t, \quad y = 4t, \quad z = 4 - 2t \quad \blacksquare$$

예제 2 두 점 $P(-3, 2, -3)$, $Q(1, -1, 4)$를 지나는 직선의 매개방정식을 구하라.

풀이 직선에 평행한 벡터는

$$\vec{PQ} = (1 - (-3))\mathbf{i} + (-1 - 2)\mathbf{j} + (4 - (-3))\mathbf{k}$$
$$= 4\mathbf{i} - 3\mathbf{j} + 7\mathbf{k}$$

이고, 한 점 $(x_0, y_0, z_0) = (-3, 2, -3)$을 식 (3)에 대입하면 직선의 방정식은

$$x = -3 + 4t, \qquad y = 2 - 3t, \qquad z = -3 + 7t$$

이다. 직선 위의 점 $Q(1, -1, 4)$를 '기준점'으로 택하면, 또 하나의 직선의 방정식은

$$x = 1 + 4t, \qquad y = -1 - 3t, \qquad z = 4 + 7t$$

이다. 위의 두 매개방정식은 동일한 직선을 나타낸다. 단지 주어진 매개변수 t에 대해 직선 위의 점을 다르게 택했을 뿐이다. ■

직선의 매개방정식은 유일하지 않다. 동일 직선이라도 기준점을 다르게 택하거나 매개변수를 다른 문자로 표현하면 매개변수식이 달라진다. 또 하나의 식

$$x = -3 + 4t^3, \quad y = 2 - 3t^3, \quad z = -3 + 7t^3$$

또한 예제 2에서 구하는 직선의 매개방정식이다.

두 점을 잇는 선분의 매개방정식을 구하려면, 먼저 선분을 포함하는 직선의 매개방정식을 구해야 한다. 그 다음, 양 끝점을 대입하여 t의 값을 각각 구하고, 이 두 값을 각각 닫힌 구간의 양 끝 값으로 정하면 된다. 이러한 제한 조건을 가지는 직선의 방정식이 선분을 매개화한다.

예제 3 두 점 $P(-3, 2, -3)$, $Q(1, -1, 4)$를 잇는 선분의 매개방정식을 구하라(그림 10.38).

풀이 먼저 P, Q를 지나는 직선의 매개방정식을 구하자. 이 문제의 경우는 예제 2로부터 다음과 같은 직선의 방정식을 얻는다.

$$x = -3 + 4t, \qquad y = 2 - 3t, \qquad z = -3 + 7t$$

직선 위의 점

$$(x, y, z) = (-3 + 4t, 2 - 3t, -3 + 7t)$$

는 $t = 0$일 때 $P(-3, 2, -3)$이고, $t = 1$일 때 $Q(1, -1, 4)$이다. 선분을 매개화하기 위해 $0 \leq t \leq 1$로 제한하자. 즉, 선분의 매개방정식은 다음과 같다.

$$x = -3 + 4t, \qquad y = 2 - 3t, \qquad z = -3 + 7t, \qquad 0 \leq t \leq 1$$ ■

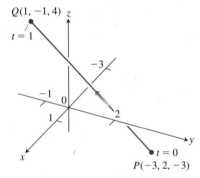

그림 10.38 예제 3으로부터 선분 PQ의 매개방정식을 얻는다. 화살표는 t의 증가 방향을 나타낸다.

공간에서 직선의 벡터방정식(식 (2))은 입자가 위치 $P_0(x_0, y_0, z_0)$에서 출발하여 벡터 $\mathbf{v}$의 방향으로 운동하는 경로로 생각해도 된다. 식 (2)를 다시 쓰면

$$\mathbf{r}(t) = \mathbf{r}_0 + t\mathbf{v}$$
$$= \mathbf{r}_0 + t|\mathbf{v}|\frac{\mathbf{v}}{|\mathbf{v}|} \qquad (4)$$

시점   시간   속력   방향

이다. 다시 말해서, 직선 운동에서 시간 t에서의 입자의 위치는 입자의 시점에 $\mathbf{v}/|\mathbf{v}|$ 방향으로 이동한 거리(속력3걸린 시간)의 합이 됨을 보여준다.

예제 4 헬리콥터가 원점에 놓인 발착장에서 점 $(1, 1, 1)$의 방향으로 속력 60 m/s로 날아가려 한다. 일직선으로 날 때, 10초 후에 헬리콥터의 위치를 구하라.

풀이 헬리콥터의 시점(발착장)을 원점으로 놓자. 단위벡터

$$\mathbf{u} = \frac{1}{\sqrt{3}}\mathbf{i} + \frac{1}{\sqrt{3}}\mathbf{j} + \frac{1}{\sqrt{3}}\mathbf{k}$$

는 헬리콥터의 방향벡터이다. 식 (4)로부터, 임의의 시간 t에서의 헬리콥터의 위치는

$$\mathbf{r}(t) = \mathbf{r}_0 + t(속력)\mathbf{u}$$

$$= \mathbf{0} + t(60)\left(\frac{1}{\sqrt{3}}\mathbf{i} + \frac{1}{\sqrt{3}}\mathbf{j} + \frac{1}{\sqrt{3}}\mathbf{k}\right)$$

$$= 20\sqrt{3}t(\mathbf{i} + \mathbf{j} + \mathbf{k})$$

이다. $t = 10$초일 때

$$\mathbf{r}(10) = 200\sqrt{3}(\mathbf{i} + \mathbf{j} + \mathbf{k})$$

$$= \langle 200\sqrt{3}, 200\sqrt{3}, 200\sqrt{3} \rangle$$

이다. 헬리콥터가 원점에서 (1, 1, 1) 방향으로 날 때, 10 초 후의 위치가 $(200\sqrt{3}, 200\sqrt{3}, 200\sqrt{3})$이다. 10초 동안 이동한 거리는 (60 m/s)(10 s)=600 m로, 벡터 $\mathbf{r}(10)$의 크기와 같다.

공간에서 점과 직선 사이의 거리

한 점 S로부터 점 P를 지나고 벡터 $\mathbf{v}$에 평행한 직선에 이르는 거리를 구하려면, 직선에 수직인 벡터 방향으로 $\overrightarrow{PS}$의 스칼라 성분의 절댓값을 구해야 한다(그림 10.39). 그림에서 개념을 살펴보면, 스칼라 성분의 절댓값은 $|\overrightarrow{PS}|\sin\theta$, 즉 $\dfrac{|\overrightarrow{PS} \times \mathbf{v}|}{|\mathbf{v}|}$이다.

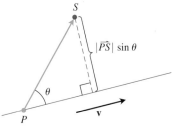

그림 10.39 θ가 $\overrightarrow{PS}$와 $\mathbf{v}$가 이루는 각일 때, 점 S로부터 점 P를 지나고 벡터 $\mathbf{v}$에 평행한 직선까지의 거리는 $|\overrightarrow{PS}|\sin\theta$이다.

점 S로부터 점 P를 지나고 $\mathbf{v}$에 평행한 직선까지의 거리

$$d = \frac{|\overrightarrow{PS} \times \mathbf{v}|}{|\mathbf{v}|} \tag{5}$$

예제 5 점 $S(1, 1, 5)$와 다음 직선 L 사이의 거리를 구하라.

$$L: \quad x = 1 + t, \quad y = 3 - t, \quad z = 2t$$

풀이 L의 방정식에서부터 L이 한 점 $P(1, 3, 0)$을 지나고 $\mathbf{v} = \mathbf{i} - \mathbf{j} + 2\mathbf{k}$에 평행함을 알 수 있다.

$$\overrightarrow{PS} = (1 - 1)\mathbf{i} + (1 - 3)\mathbf{j} + (5 - 0)\mathbf{k} = -2\mathbf{j} + 5\mathbf{k}$$

$$\overrightarrow{PS} \times \mathbf{v} = \begin{vmatrix} \mathbf{i} & \mathbf{j} & \mathbf{k} \\ 0 & -2 & 5 \\ 1 & -1 & 2 \end{vmatrix} = \mathbf{i} + 5\mathbf{j} + 2\mathbf{k}$$

이므로 식 (5)에 의하여 거리를 구하면 다음과 같다.

$$d = \frac{|\overrightarrow{PS} \times \mathbf{v}|}{|\mathbf{v}|} = \frac{\sqrt{1 + 25 + 4}}{\sqrt{1 + 1 + 4}} = \frac{\sqrt{30}}{\sqrt{6}} = \sqrt{5}$$

공간에서 평면의 방정식

공간에서 평면은 평면 상의 한 점과 평면의 "경사" 또는 방향으로 결정된다. 여기서

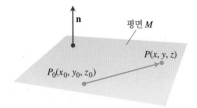

그림 10.40 공간에서 평면의 표준방정식은 평면에 수직인 법선벡터를 이용하여 정의된다. 점 P가 $\mathbf{n}$에 수직이고 P_0을 지나는 평면상의 점일 필요충분조건은 $\mathbf{n} \cdot \overrightarrow{P_0P} = 0$이다.

"경사"란 그 평면에 수직인 벡터, 즉 법선벡터로 정의한다.

평면 M이 한 점 $P_0(x_0, y_0, z_0)$를 포함하고, 0이 아닌 벡터 $\mathbf{n} = A\mathbf{i} + B\mathbf{j} + C\mathbf{k}$에 수직이라 하자. 점 P_0로부터 평면 위의 점 P까지 벡터와 $\mathbf{n}$은 직교한다. 그러면 M은 $\overrightarrow{P_0P}$와 $\mathbf{n}$이 직교하는 모든 점 $P(x, y, z)$의 집합이다(그림 10.40). 따라서 내적 $\mathbf{n} \cdot \overrightarrow{P_0P} = 0$이다. 이 식은 다음 식과 동치이다.

$$(A\mathbf{i} + B\mathbf{j} + C\mathbf{k}) \cdot [(x - x_0)\mathbf{i} + (y - y_0)\mathbf{j} + (z - z_0)\mathbf{k}] = 0$$

즉, 평면 M은 다음 식을 만족시키는 점 (x, y, z)로 구성된다.

$$A(x - x_0) + B(y - y_0) + C(z - z_0) = 0$$

평면의 방정식

점 $P_0(x_0, y_0, z_0)$를 지나고, $\mathbf{n} = A\mathbf{i} + B\mathbf{j} + C\mathbf{k}$에 수직인 평면의 방정식은 다음과 같은 형태로 표현된다:

벡터 방정식: $\quad \mathbf{n} \cdot \overrightarrow{P_0P} = 0$

성분 방정식: $\quad A(x - x_0) + B(y - y_0) + C(z - z_0) = 0$

성분 방정식의 일반형: $\quad Ax + By + Cz = D$ 여기서, $D = Ax_0 + By_0 + Cz_0$

예제 6 점 $P_0(-3, 0, 7)$을 지나고 $\mathbf{n} = 5\mathbf{i} + 2\mathbf{j} - \mathbf{k}$에 수직인 평면의 방정식을 구하라.

풀이 성분 방정식을 구하면 다음과 같다.

$$5(x - (-3)) + 2(y - 0) + (-1)(z - 7) = 0$$

이를 간단히 하면 다음 식을 얻는다.

$$5x + 15 + 2y - z + 7 = 0$$
$$5x + 2y - z = -22 \qquad \blacksquare$$

예제 6에서 $\mathbf{n} = 5\mathbf{i} + 2\mathbf{j} - \mathbf{k}$의 성분이 방정식 $5x + 2y - z = -22$의 x, y, z의 계수가 됨을 알 수 있다. 벡터 $\mathbf{n} = A\mathbf{i} + B\mathbf{j} + C\mathbf{k}$는 평면 $Ax + By + Cz = D$에 수직이다.

예제 7 세 점 $A(0, 0, 1), B(2, 0, 0), C(0, 3, 0)$을 지나는 평면의 방정식을 구하라.

풀이 평면에 수직인 벡터와 평면 위의 임의의 한 점을 이용하여 평면의 방정식을 구한다. 평면에 수직인 벡터는 다음과 같은 외적

$$\overrightarrow{AB} \times \overrightarrow{AC} = \begin{vmatrix} \mathbf{i} & \mathbf{j} & \mathbf{k} \\ 2 & 0 & -1 \\ 0 & 3 & -1 \end{vmatrix} = 3\mathbf{i} + 2\mathbf{j} + 6\mathbf{k}$$

이다. 구한 외적의 성분과 점 $A(0, 0, 1)$의 좌표를 평면의 성분 방정식에 대입하면 평면의 방정식을 얻는다.

$$3(x - 0) + 2(y - 0) + 6(z - 1) = 0$$
$$3x + 2y + 6z = 6 \qquad \blacksquare$$

교선

두 직선이 서로 평행일 필요충분조건은 이들이 동일한 방향벡터를 가지는 것이다. 이와 마찬가지로 두 평면이 서로 **평행**할 필요충분조건은 이들 각각의 법선벡터가 서로

평행, 즉 적당한 스칼라 k에 대하여 $\mathbf{n}_1 = k\mathbf{n}_2$이다. 평행하지 않은 두 평면은 한 직선에서 만난다.

예제 8 두 평면 $3x - 6y - 2z = 15$, $2x + y - 2z = 5$의 교선에 평행한 벡터를 구하라.

풀이 두 평면의 교선은 두 평면의 법선벡터 $\mathbf{n}_1$, $\mathbf{n}_2$와 동시에 수직이므로(그림 10.41) $\mathbf{n}_1 \times \mathbf{n}_2$에 평행하다. 다시 말해 $\mathbf{n}_1 \times \mathbf{n}_2$은 두 평면의 교선에 평행한 벡터이다.

$$\mathbf{n}_1 \times \mathbf{n}_2 = \begin{vmatrix} \mathbf{i} & \mathbf{j} & \mathbf{k} \\ 3 & -6 & -2 \\ 2 & 1 & -2 \end{vmatrix} = 14\mathbf{i} + 2\mathbf{j} + 15\mathbf{k}$$

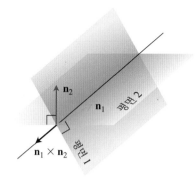

그림 10.41 두 평면의 교선과 평면의 법선벡터의 위치 관계(예제 8)

$\mathbf{n}_1 \times \mathbf{n}_2$의 임의의 0이 아닌 스칼라곱도 답일 수 있다. ∎

예제 9 두 평면 $3x - 6y - 2z = 15$, $2x + y - 2z = 5$의 교선의 매개방정식을 구하라.

풀이 두 평면의 교선에 평행한 벡터와 그 직선 위의 한 점을 찾아 식 (3)에 대입하자.
예제 8에서 교선에 평행한 벡터가 $\mathbf{v} = 14\mathbf{i} + 2\mathbf{j} + 15\mathbf{k}$임을 알았다. 교선 위의 한 점은 두 평면의 방정식을 동시에 만족시키는 점을 택하면 된다. 평면의 방정식에서 $z = 0$을 대입하고 x, y에 관한 연립방정식을 풀면, 교선 위의 한 점 $(3, -1, 0)$이 정해진다. 따라서 직선의 매개방정식은

$$x = 3 + 14t, \qquad y = -1 + 2t, \qquad z = 15t$$

이다. $z = 0$은 임의로 택한 값이고 $z = 1$ 또는 $z = -1$을 택해도 된다. 혹은 $x = 0$으로 두고 y, z에 대해 풀 수도 있다. 이렇게 점을 다르게 택하면 동일한 직선에 대해 서로 다른 매개방정식이 나온다. ∎

때때로 직선과 평면이 어디서 만나는지 알고 싶을 때가 있다. 예컨대, 얇은 판과 판을 관통하는 선분을 보면, 선분의 어느 부분이 판으로 가려졌는지 궁금하다. 이러한 응용은 컴퓨터 그래픽에 이용된다 (연습문제 78).

예제 10 직선

$$x = \frac{8}{3} + 2t, \qquad y = -2t, \qquad z = 1 + t$$

와 평면 $3x + 2y + 6z = 6$의 교점을 구하라.

풀이 직선 위의 점

$$\left(\frac{8}{3} + 2t, -2t, 1 + t \right)$$

의 좌표가 평면의 방정식을 만족시킨다면 이것은 평면 위의 점이다. 즉

$$3\left(\frac{8}{3} + 2t \right) + 2(-2t) + 6(1 + t) = 6$$
$$8 + 6t - 4t + 6 + 6t = 6$$
$$8t = -8$$
$$t = -1$$

이다. 따라서 직선과 평면의 교점은 다음과 같다.

$$(x, y, z)\big|_{t=-1} = \left(\frac{8}{3} - 2, 2, 1 - 1 \right) = \left(\frac{2}{3}, 2, 0 \right)$$
∎

한 점으로부터 평면까지의 거리

P가 법선벡터 $\mathbf{n}$을 갖는 평면 위의 한 점이라 하자. 그러면 임의의 한 점 S로부터 평면까지의 거리는 $\overrightarrow{PS}$의 $\mathbf{n}$ 위로의 벡터사영의 크기이다.

한 점 S로부터 점 P에서 법선 $\mathbf{n}$을 갖는 평면까지의 거리

$$d = \left| \overrightarrow{PS} \cdot \frac{\mathbf{n}}{|\mathbf{n}|} \right| \qquad (6)$$

예제 11　점 $S(1, 1, 3)$으로부터 평면 $3x - 2y - 6z = 6$까지의 거리를 구하라.

풀이　먼저 평면 위의 한 점 P를 찾고 $\overrightarrow{PS}$의 법선벡터 $\mathbf{n}$ 위로의 벡터사영의 길이를 구한다(그림 10.42). 평면의 방정식 $3x + 2y + 6z = 6$의 계수로부터 법선벡터는

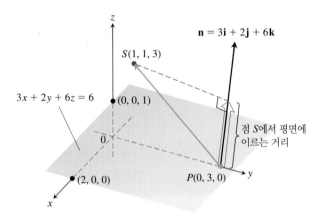

그림 10.42　S로부터 평면까지의 거리는 $\overrightarrow{PS}$의 $\mathbf{n}$ 위로의 벡터사영의 크기(예제 11)

$$\mathbf{n} = 3\mathbf{i} + 2\mathbf{j} + 6\mathbf{k}$$

이다. 평면의 방정식에서 평면 위의 점을 가장 쉽게 찾는 방법은 절편을 이용하는 것이다. y축과 만나는 점 $(0, 3, 0)$을 P로 택하면

$$\overrightarrow{PS} = (1 - 0)\mathbf{i} + (1 - 3)\mathbf{j} + (3 - 0)\mathbf{k}$$
$$= \mathbf{i} - 2\mathbf{j} + 3\mathbf{k},$$
$$\mathbf{n}| = \sqrt{(3)^2 + (2)^2 + (6)^2} = \sqrt{49} = 7$$

이므로, S로부터 평면까지의 거리는 다음과 같다.

$$d = \left| \overrightarrow{PS} \cdot \frac{\mathbf{n}}{|\mathbf{n}|} \right| \qquad \text{proj}_{\mathbf{n}} \overrightarrow{PS}\text{의 크기}$$

$$= \left| (\mathbf{i} - 2\mathbf{j} + 3\mathbf{k}) \cdot \left(\frac{3}{7}\mathbf{i} + \frac{2}{7}\mathbf{j} + \frac{6}{7}\mathbf{k} \right) \right|$$

$$= \left| \frac{3}{7} - \frac{4}{7} + \frac{18}{7} \right| = \frac{17}{7}$$

두 평면이 이루는 각

만나는 두 평면이 이루는 각은 그들의 법선벡터가 이루는 예각으로 정의된다(그림 10.43).

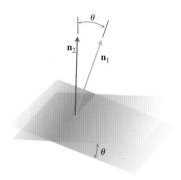

그림 10.43 두 평면 사이의 각은 그들의 법선벡터 사이의 각으로 정의한다.

예제 12   두 평면 $3x-6y-2z=15$, $2x+y-2z=5$ 사이의 각을 구하라.

풀이   두 평면의 법선벡터는 각각

$$\mathbf{n}_1 = 3\mathbf{i} - 6\mathbf{j} - 2\mathbf{k}, \qquad \mathbf{n}_2 = 2\mathbf{i} + \mathbf{j} - 2\mathbf{k}$$

이다. 따라서 두 평면이 이루는 각은 다음과 같다.

$$\theta = \cos^{-1}\left(\frac{\mathbf{n}_1 \cdot \mathbf{n}_2}{|\mathbf{n}_1||\mathbf{n}_2|}\right)$$

$$= \cos^{-1}\left(\frac{4}{21}\right)$$

$$\approx 1.38 \text{ 라디안} \qquad \text{약 } 79°$$

연습문제 10.5

직선과 선분

연습문제 1~12에서 주어진 직선의 매개방정식을 구하라.

 1. 점 $P(3, -4, -1)$을 지나고 벡터 $\mathbf{i}+\mathbf{j}+\mathbf{k}$에 평행한 직선

 2. $P(1, 2, -1)$과 $Q(-1, 0, 1)$을 지나는 직선

 3. $P(-2, 0, 3)$과 $Q(3, 5, -2)$를 지나는 직선

 4. $P(1, 2, 0)$과 $Q(1, 1, -1)$을 지나는 직선

 5. 원점을 지나고 벡터 $2\mathbf{j}+\mathbf{k}$에 평행한 직선

 6. 점$(3, -2, 1)$을 지나고 직선 $x=1+2t$, $y=2-t$, $z=3t$에 평행한 직선

 7. 점$(1, 1, 1)$을 지나고 z축에 평행한 직선

 8. 점$(2, 4, 5)$를 지나고 평면 $3x+7y-5z=21$에 수직인 직선

 9. 점$(0, -7, 0)$을 지나고 평면 $x+2x+2z=13$에 수직인 직선

 10. 점$(2, 3, 0)$을 지나고 벡터 $\mathbf{u}=\mathbf{i}+2\mathbf{j}+3\mathbf{k}$와 $\mathbf{v}=3\mathbf{i}+4\mathbf{j}+5\mathbf{k}$에 수직인 직선

 11. x축

 12. z축

연습문제 13~20에서 주어진 두 점을 잇는 선분의 매개방정식을 구하라. 좌표축을 만들어서 각 선분을 그려 넣고, 매개변수 t의증가 방향을 표시하라.

 13. $(0, 0, 0)$, $(1, 1, 3/2)$ **14.** $(0, 0, 0)$, $(1, 0, 0)$

 15. $(1, 0, 0)$, $(1, 1, 0)$ **16.** $(1, 1, 0)$, $(1, 1, 1)$

 17. $(0, 1, 1)$, $(0, -1, 1)$ **18.** $(0, 2, 0)$, $(3, 0, 0)$

 19. $(2, 0, 2)$, $(0, 2, 0)$ **20.** $(1, 0, -1)$, $(0, 3, 0)$

평면

연습문제 21~26에서 다음 평면의 방정식을 구하라.

 21. 점 $P_0(0, 2, -1)$을 지나고 $\mathbf{n}=3\mathbf{i}-2\mathbf{j}-\mathbf{k}$에 수직인 평면

 22. 점$(1, -1, 3)$을 지나고 평면 $3x+x-z=7$에 평행한 평면

 23. 세 점 $(1, 1, -1)$, $(2, 0, 2)$, $(0, -2, 1)$을 지나는 평면

 24. 세 점 $(2, 4, 5)$, $(1, 5, 7)$, $(-1, 6, 8)$을 지나는 평면

 25. 점 $P_0(2, 4, 5)$를 지나고 직선 $x=5+t$, $y=1+3t$, $z=4t$에 수직인 평면

 26. 점 $A(1, -2, 1)$을 지나고 벡터 $\overrightarrow{OA}$에 수직인 평면

 27. 두 직선 $x=2t+1$, $y=3t+2$, $z=4t+3$과 $x=s+2$, $y=2s+4$, $z=-4s-1$의 교점을 구하고, 두 직선에 의해 결정되는 평면을 구하라.

 28. 두 직선 $x=t$, $y=-t+2$, $z=t+1$과 $x=2s+2$, $y=s+3$, $z=5s+6$의 교점을 구하고, 두 직선에 의해 결정되는 평면을 구하라.

연습문제 29~30에서 다음의 만나는 두 직선에 의해 결정되는 평면을 구하라.

 29. $L1: x=-1+t$, $y=2+t$, $z=1-t$; $-\infty<t<\infty$
       $L2: x=1-4s$, $y=1+2s$, $z=2-2s$; $-\infty<s<\infty$

 30. $L1: x=t$, $y=3-3t$, $z=-2-t$; $-\infty<t<\infty$
       $L2: x=1+s$, $y=4+s$, $z=-1+s$; $-\infty<s<\infty$

 31. 점 $P_0(2, 1, -1)$을 지나고 두 평면 $2x+y-z=3$, $x+2x-z=2$의 교선에 수직인 평면을 구하라.

 32. 두 점 $P_1(1, 2, 3)$, $P_2(3, 2, 1)$을 지나고 평면 $4x-x+2z=7$에 수직인 평면을 구하라.

거리

연습문제 33~38에서 주어진 점으로부터 직선까지 거리를 구하라.

 33. $(0, 0, 12)$; $x=4t$, $y=-2t$, $z=2t$

 34. $(0, 0, 0)$; $x=5+3t$, $y=5+4t$, $z=-3-5t$

 35. $(2, 1, 3)$; $x=2+2t$, $y=1+6t$, $z=3$

 36. $(2, 1, -1)$; $x=2t$, $y=1+2t$, $z=2t$

 37. $(3, -1, 4)$; $x=4-t$, $y=3+2t$, $z=-5+3t$

 38. $(-1, 4, 3)$; $x=10+4t$, $y=-3$, $z=4t$

연습문제 39~44에서 주어진 점으로부터 평면까지 거리를 구하라.

 39. $(2, -3, 4)$, $x+2y+2z=13$

 40. $(0, 0, 0)$, $3x+2y+6z=6$

 41. $(0, 1, 1)$, $4y+3z=-12$

 42. $(2, 2, 3)$, $2x+y+2z=4$

 43. $(0, -1, 0)$, $2x+y+2z=4$

44. $(1, 0, -1), \quad -4x + y + z = 4$

45. 두 평면 $x + 2x + 6z = 1$, $x + 2x - 6z = 10$ 사이의 거리를 구하라.

46. 직선 $x = 2 + t$, $y = 1 + t$, $z = -(1/2) - (1/2)t$로부터 평면 $x + 2x + 6z = 10$까지의 거리를 구하라.

각

연습문제 47~48에서 주어진 두 평면이 이루는 각을 구하라.

47. $x + y = 1, \quad 2x + y - 2z = 2$

48. $5x + y - z = 10, \quad x - 2y + 3z = -1$

연습문제 49~50에서 교차하는 직선 사이의 예각을 구하라.

49. $x = t, y = 2t, z = -t$와 $x = 1 - t, y = 5 + t, z = 2t$

50. $x = 2 + t, y = 4t + 2, z = 1 + t$와
$x = 3t - 2, y = -2, z = 2 - 2t$

연습문제 51~52에서 직선과 평면 사이의 예각을 구하라.

51. $x = 1 - t, y = 3t, z = 1 + t; \quad 2x - y + 3z = 6$

52. $x = 2, y = 3 + 2t, z = 1 - 2t; \quad x - y + z = 0$

T 연습문제 53~56에서 주어진 두 평면이 이루는 각을 계산기를 사용하여 반올림하여 소수점 2자리까지 구하라.

53. $2x + 2y + 2z = 3, \quad 2x - 2y - z = 5$

54. $x + y + z = 1, \quad z = 0 \quad (xy$평면$)$

55. $2x + 2y - z = 3, \quad x + 2y + z = 2$

56. $4y + 3z = -12, \quad 3x + 2y + 6z = 6$

직선이 평면과 만나는 점

연습문제 57~60에서 주어진 직선이 평면과 만나는 점을 구하라.

57. $x = 1 - t, \quad y = 3t, \quad z = 1 + t; \quad 2x - y + 3z = 6$

58. $x = 2, \quad y = 3 + 2t, \quad z = -2 - 2t; \quad 6x + 3y - 4z = -12$

59. $x = 1 + 2t, \quad y = 1 + 5t, \quad z = 3t; \quad x + y + z = 2$

60. $x = -1 + 3t, \quad y = -2, \quad z = 5t; \quad 2x - 3z = 7$

연습문제 61~64에서 주어진 두 평면의 교선의 매개방정식을 구하라.

61. $x + y + z = 1, \quad x + y = 2$

62. $3x - 6y - 2z = 3, \quad 2x + y - 2z = 2$

63. $x - 2y + 4z = 2, \quad x + y - 2z = 5$

64. $5x - 2y = 11, \quad 4y - 5z = -17$

공간에서 두 직선의 위치 관계는 평행한 경우, 만나거나, 꼬인 (skew)(평행한 평면에 놓인 두 직선) 경우 중에 하나이다.

연습문제 65~66에서 주어진 세 직선에서 두 직선을 선택하여 평행인지, 만나는지, 꼬인 경우인지를 결정하라. 만일 만난다면 교점을 구하고, 그렇지 않으면 두 직선 사이의 거리를 구하라.

65. $L1: x = 3 + 2t, \quad y = -1 + 4t, \quad z = 2 - t; \quad -\infty < t < \infty$
$L2: x = 1 + 4s, y = 1 + 2s, z = -3 + 4s; \quad -\infty < s < \infty$
$L3: x = 3 + 2r, \quad y = 2 + r, \quad z = -2 + 2r; \quad -\infty < r < \infty$

66. $L1: x = 1 + 2t, \quad y = -1 - t, \quad z = 3t; \quad -\infty < t < \infty$
$L2: x = 2 - s, \quad y = 3s, \quad z = 1 + s; \quad -\infty < s < \infty$
$L3: x = 5 + 2r, \quad y = 1 - r, \quad z = 8 + 3r; \quad -\infty < r < \infty$

이론과 예제

67. 식 (3)을 이용하여 점 $P(2, -4, 7)$을 지나고 $v_1 = 2i - j + 3k$와 평행한 직선의 매개방정식을 구하라. 또한, 점 $P_2(-2, -2, 1)$을 지나고 $v_2 = -i + (1/2)j - (3/2)k$와 평행한 직선의 매개방정식을 구하라.

68. 성분방정식을 이용하여 점 $P_1(4, 1, 5)$를 지나고 $n_1 = i - 2j + k$에 수직인 평면의 방정식을 구하라. 또한, 점 $P_2(3, -2, 0)$을 지나고 $n_2 = -\sqrt{2}i + 2\sqrt{2}j - \sqrt{2}k$에 수직인 평면의 방정식을 구하라.

69. 직선 $x = 1 + 2t, y = -1 - t, z = 3t$가 각 좌표평면과 만나는 점을 구하라. 그 과정을 설명하라.

70. 평면 $z = 3$ 위의 직선으로서 i와 $\pi/6$, j와 $\pi/3$를 이루는 직선의 방정식을 구하라. 그 과정을 설명하라.

71. 직선 $x = 1 - 2t, y = 2 + 5t, z = -3t$가 평면 $2x + y - z = 8$과 평행한가? 그 이유를 설명하라.

72. 두 평면 $A_1x + B_1x + C_1z = D_1$과 $A_2x + B_2x + C_2z = D_2$가 평행할 조건과 수직으로 만날 조건은 각각 무엇인가? 그 이유를 설명하라.

73. 직선 $x = 1 + t, y = 2 - t, z = 3 + 2t$를 교선으로 가지는 서로 다른 두 평면을 구하라. 구하는 두 평면방정식을 $Ax + By + Cz = D$의 형태로 써라.

74. 원점을 지나고 평면 $M: 2x + 3x - z = 12$와 직교하는 평면을 구하라. 구하는 평면이 M과 직교하는지 어떻게 알 수 있는가?

75. 0이 아닌 실수 a, b, c에 대하여 $(x/a) + (y/b) + (z/c) = 1$은 평면이다. 어떤 평면이 되는가?

76. 두 직선 L_1, L_2는 만나지 않고 평행하지도 않다. L_1과 L_2에 동시에 수직인 0이 아닌 벡터가 존재하는가? 그 이유를 설명하라.

77. **컴퓨터 그래픽 화면의 투시도** 컴퓨터 그래픽과 투시도에서는 공간에 있는 물체를 눈에 보이는 대로 2차원인 평면에 표현한다. 아래 그림과 같이 점 $E(x_0, 0, 0)$에 있는 눈이 점 $P_1(x_1, x_2, z_1)$을 바라본 것을 yz평면에 점 $P(0, y, z)$로 표현해 보자. E로부터 나온 빛을 따라 평면 위로의 P_1의 그림자를 구하면 된다. 점 P_1의 상은 $P(0, y, z)$가 될 것이다. 그래픽 디자인에 있어 문제는 E와 P_1이 주어질 때, y, z를 구하는 것이다.

a. $\overrightarrow{EP}$와 $\overrightarrow{EP_1}$을 만족하는 벡터방정식을 구하라. y와 z를 x_0, x_1, x_2, z_1로 표현하라.

b. $x_1 = 0$일 때와 $x_1 = x_0$일 때, (a)에서 y와 z는 어떻게 표현되는가? 또한, $x_0 \to \infty$일 때 y, z는 어떻게 되는가?

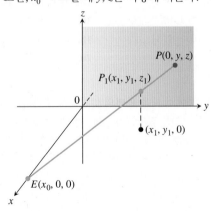

78. **컴퓨터 그래픽에서 숨겨진 선분** 이것은 컴퓨터 그래픽에 관한

전형적인 문제이다. 눈을 점 (4, 0, 0)에 위치시키고 꼭짓점이 (1, 0, 1), (1, 1, 0), (−2, 2, 2)인 삼각형 모양의 판을 바라본다. 이때 두 점 (1, 0, 0)과 (0, 2, 2)를 잇는 선분은 이 판을 통과

한다. 선분의 어느 부분이 삼각형판에 가려서 보이지 않는가? (직선과 평면의 교점을 구하는 문제이다.)

10.6 주면과 2차 곡면

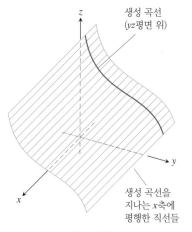

그림 10.44 주면과 생성 곡선

지금까지 두 가지 특별한 곡면의 형태인 구면과 평면에 대해서 배웠다. 여기서는 더 나아가 다양한 주면과 2차 곡면에 대해서 다룬다. 2차 곡면이란 그 방정식이 x, y, z에 관한 2차방정식으로 정의되는 곡면이다. 구면은 2차 곡면이며, 또 다른 곡면들은 12~14장에서 소개된다.

주면

주면(cylinder)이란 공간에서 주어진 평면 위에 있는 곡선을 따라 주어진 직선에 평행하도록 직선을 평행이동시킬 때 나타나는 곡면을 의미한다. 이때 주어진 곡선을 주면의 **생성 곡선(generating curve)**이라 한다(그림 10.44). 입체기하에서 **주면**은 생성 곡선이 원이므로 **원주면**(circular cylinder)을 뜻하지만, 여기서는 다양한 생성 곡선을 다룬다. 그 첫 번째 예는 포물선이 생성 곡선인 주면이다.

예제 1   포물선 $y=x^2$, $z=0$을 지나고 z축에 평행한 직선들에 의해 얻어진 주면의 방정식을 구하라(그림 10.45).

풀이 xy평면 위의 포물선 $y=x^2$ 위의 한 점을 $P_0(x_0, x_0^2, 0)$이라 하자. 그러면 임의의 실수 z에 대하여, $Q(x_0, x_0^2, z)$는 P_0을 지나고 z축에 평행한 직선 $x=x_0$, $y=x_0^2$ 위에 놓이므로 주면 위의 점이 된다. 역으로, $Q(x_0, x_0^2, z)$는 P_0을 지나고 z축에 평행한 직선 $x=x_0$, $y=x_0^2$ 위의 점이므로, y좌표가 x좌표의 제곱인 임의의 한 점 $Q(x_0, x_0^2, z)$는 주면 위에 놓여 있다(그림 10.45).

구하는 주면은 z가 임의의 실수이고 방정식 $y=x^2$을 만족시키는 점들의 집합이다. 따라서 주면의 방정식은 $y=x^2$이다. 그래서 구하는 주면을 "주면 $y=x^2$"이라 한다. ■

예제 1에서 보듯이 xy평면 위의 곡선 $f(x, y)=c$는 z축에 평행한 주면을 정의하고, 그 주면의 방정식도 $f(x, y)=c$이다. 예컨대 $x^2+y^2=1$은 xy평면 위의 원 $x^2+y^2=1$을 지나고 z축에 평행한 직선에 의해 만들어진 원주면의 방정식이다.

마찬가지로, xz평면 위의 곡선 $g(x, z)=c$는 y축에 평행한 주면을 정의하고, 이 주면의 방정식도 $g(x, z)=c$이다. 또한, 곡선 $h(y, z)=c$는 x축에 평행한 주면을 정의하고, 이 주면의 방정식은 $h(y, z)=c$이다. 그러나 일반적으로 주면의 축이 좌표축과 평행일 필요는 없다.

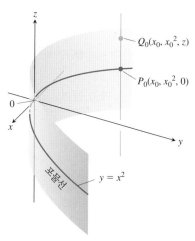

그림 10.45 예제 1에서 주면의 점들은 (x_0, x_0^2, z) 형태의 좌표를 갖는다. 따라서 이 주면을, "주면 $y=x^2$"이라 한다.

2차 곡면

2차 곡면(quadric surface)이란 공간에서 x, y, z에 대한 2차방정식의 그래프이다. 이 절에서는 다음과 같은 식으로 주어진 2차 곡면을 공부한다.

$$Ax^2 + By^2 + Cz^2 + Dz = E$$

단, A, B, C, D, E는 상수이다. 기본적인 2차 곡면은 **타원면**, **포물면**, **타원뿔면**, **쌍곡면** 등이다. 구면은 타원면의 일종으로 간주한다. 예제들을 통해 2차 곡면의 개형을 그려보이며, 기본 형태의 그래프를 요약해 보았다.

예제 2 타원면(ellipsoid)

$$\frac{x^2}{a^2} + \frac{y^2}{b^2} + \frac{z^2}{c^2} = 1$$

(그림 10.46)은 좌표축이 각각 $(\pm a, 0, 0)$, $(0, \pm b, 0)$과 $(0, 0, \pm c)$에서 만난다. 이 타원면은 $|x| \leq a$, $|y| \leq b$, $|z| \leq c$로 결정되는 직육면체 속에 놓인다. 이 식은 각 변수 x, y, z의 제곱 형태로 표현되므로 이 타원면은 각 좌표평면에 대해서 대칭이다.

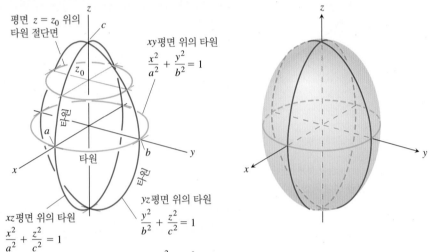

평면 $z = z_0$ 위의
타원 절단면

xy평면 위의 타원
$$\frac{x^2}{a^2} + \frac{y^2}{b^2} = 1$$

xz평면 위의 타원
$$\frac{x^2}{a^2} + \frac{z^2}{c^2} = 1$$

yz평면 위의 타원
$$\frac{y^2}{b^2} + \frac{z^2}{c^2} = 1$$

그림 10.46   예제 2에서 타원면 $\frac{x^2}{a^2} + \frac{y^2}{b^2} + \frac{z^2}{c^2} = 1$의 세 좌표평면에 대한 각 면의 절단면 타원이다.

각 좌표평면으로 이 타원면을 자를 때 생기는 곡선은 타원이다. 예를 들어,

$$z = 0 \text{일 때,} \quad \frac{x^2}{a^2} + \frac{y^2}{b^2} = 1$$

이다. 평면 $z = z_0$, $|z_0| < c$로 자를 때 생기는 곡선은 다음의 타원이다.

$$\frac{x^2}{a^2(1 - (z_0/c)^2)} + \frac{y^2}{b^2(1 - (z_0/c)^2)} = 1$$

만약 타원면의 세 축 a, b, c 중에 어느 2개가 같으면, 이 타원면은 **회전타원면(ellipsoid of revolution)**이 된다. 3개가 모두 같다면 이 타원면은 구면이 된다. ■

예제 3 쌍곡포물면(hyperbolic paraboloid)

$$\frac{y^2}{b^2} - \frac{x^2}{a^2} = \frac{z}{c}, \quad c > 0$$

은, 평면 $x = 0$과 $y = 0$에 대해서 대칭이다(그림 10.47). 두 평면으로 쌍곡포물면을 자를 때 생기는 곡선은 다음과 같다.

$$x = 0: \quad \text{포물선 } z = \frac{c}{b^2}y^2 \tag{1}$$

$$y = 0: \quad \text{포물선 } z = -\frac{c}{a^2}x^2 \tag{2}$$

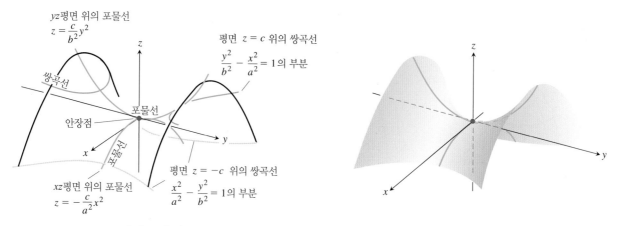

그림 10.47 쌍곡포물면 $(y^2/b^2) - (x^2/a^2) = z/c,\ c > 0$. xy평면의 위아래에서 z축에 수직인 평면으로 자른 절단면은 쌍곡선이다. 다른 축에 수직인 평면으로 자른 절단면은 포물선이다.

평면 $x = 0$에서 포물선은 꼭짓점이 원점이고 아래로 볼록이다. 평면 $y = 0$ 위의 포물선은 위로 볼록이다.

평면 $z = z_0 > 0$으로 쌍곡포물면을 자를 때 생기는 곡선은 주축이 y축에 평행하고 꼭짓점이 식 (1)에 나타난 포물선에 놓이는 쌍곡선

$$\frac{y^2}{b^2} - \frac{x^2}{a^2} = \frac{z_0}{c}$$

이다. z_0이 음이면 주축은 x축에 평행하고 꼭짓점은 식 (2)에 나타난 포물선에 놓인다.

원점 근방에서, 쌍곡포물면은 말안장 또는 산의 고갯마루와 유사한 형태를 가진다. yz평면 위에서 곡면을 따라 이동하면 원점이 최솟값으로 보이지만, xz평면을 따라 이동하면 원점이 최댓값이 된다. 이러한 점을 쌍곡포물면의 **안장점(saddle point)**이라 한다. 안장점에 대한 더 많은 얘기는 12.7절에서 하기로 한다. ■

표 10.1은 2차 곡면의 6가지 기본형의 그래프를 보여준다. 각 곡면은 z축에 대해서 대칭이며, 방정식을 적당히 바꾸어줌으로써 다른 축에 대해 대칭이 되게 할 수도 있다.

일반적인 2차 곡면

지금까지 살펴본 2차 곡면은 x축, y축 또는 z축에 대해 대칭성을 가지고 있다. 세 변수 x, y, z를 가지는 일반적인 이차 방정식은 다음과 같다.

$$Ax^2 + By^2 + Cz^2 + Dxy + Exz + Fyz + Gx + Hy + Iz + J = 0$$

여기서 $A, B, C, D, E, F, G, H, I, J$는 상수이다. 이 방정식은 표 10.1의 곡면의 기본형들과 같은 곡면과 관련이 있다. 하지만 일반적으로 이 곡면은 x축, y축 또는 z축에 대하여 평행이동 또는 회전시켜져야 한다. 위 식에서 Gx, Hy 또는 Iz와 같은 항들은, 완전제곱 꼴로 고쳐지는 과정에서 알게 되는 평행이동과 관련이 있다.

예제 4　다음 방정식으로 주어진 곡면을 확인하라.

$$x^2 + y^2 + 4z^2 - 2x + 4y + 1 = 0$$

풀이　완전제곱 꼴로 간단히 표현하면 다음과 같다.

$$\begin{aligned}
x^2 + y^2 + 4z^2 - 2x + 4y + 1 &= (x-1)^2 - 1 + (y+2)^2 - 4 + 4z^2 + 1 \\
&= (x-1)^2 + (y+2)^2 + 4z^2 - 4
\end{aligned}$$

표 10.1 2차 곡면의 그래프

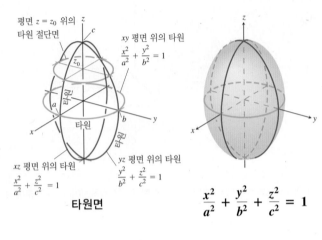

타원면

$$\frac{x^2}{a^2} + \frac{y^2}{b^2} + \frac{z^2}{c^2} = 1$$

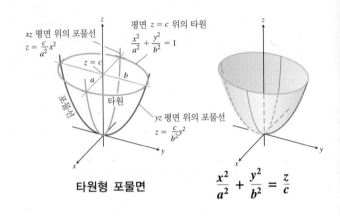

타원형 포물면

$$\frac{x^2}{a^2} + \frac{y^2}{b^2} = \frac{z}{c}$$

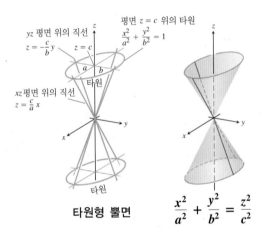

타원형 뿔면

$$\frac{x^2}{a^2} + \frac{y^2}{b^2} = \frac{z^2}{c^2}$$

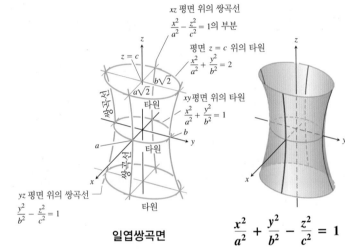

일엽쌍곡면

$$\frac{x^2}{a^2} + \frac{y^2}{b^2} - \frac{z^2}{c^2} = 1$$

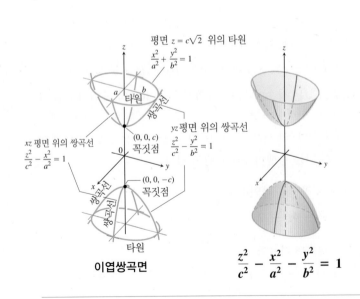

이엽쌍곡면

$$\frac{z^2}{c^2} - \frac{x^2}{a^2} - \frac{y^2}{b^2} = 1$$

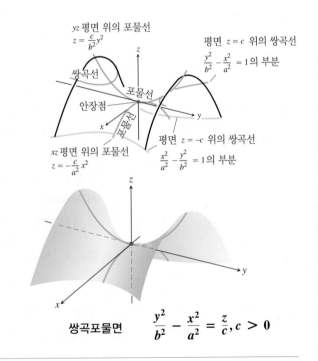

쌍곡포물면

$$\frac{y^2}{b^2} - \frac{x^2}{a^2} = \frac{z}{c}, c > 0$$

따라서 주어진 식을 다음과 같이 다시 쓸 수 있다.

$$\frac{(x-1)^2}{4} + \frac{(y+2)^2}{4} + \frac{z^2}{1} = 1$$

이는 타원면의 방정식이다. 이때 세 반축의 길이는 각각 2, 2, 1이고 점 $(1, -2, 0)$이 중심이다. 그림 10.48에서 볼 수 있다.

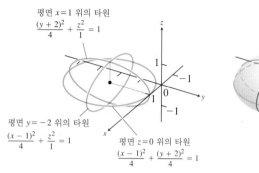

그림 10.48 점 $(1, -2, 0)$이 중심인 타원면

연습문제 10.6

방정식과 곡면 연결하기

연습문제 1~12에서 주어진 방정식에 나타내는 곡면을 짝지으라. 그리고 각 곡면의 유형(포물면, 타원면 등등)을 써라. 곡면은 (a)~(l)이다

1. $x^2 + y^2 + 4z^2 = 10$
2. $z^2 + 4y^2 - 4x^2 = 4$
3. $9y^2 + z^2 = 16$
4. $y^2 + z^2 = x^2$
5. $x = y^2 - z^2$
6. $x = -y^2 - z^2$
7. $x^2 + 2z^2 = 8$
8. $z^2 + x^2 - y^2 = 1$
9. $x = z^2 - y^2$
10. $z = -4x^2 - y^2$
11. $x^2 + 4z^2 = y^2$
12. $9x^2 + 4y^2 + 2z^2 = 36$

a.

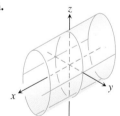

b.

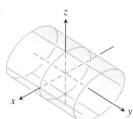

c.

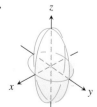

d.

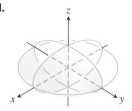

e.

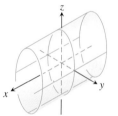

f.

g.

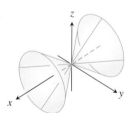

h.

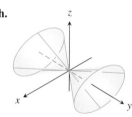

i.

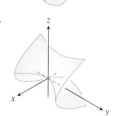

j.

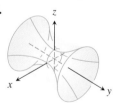

k.

l.

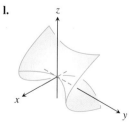

그리기

연습문제 13~44에서 주어진 곡면을 도시하라.

주면

13. $x^2 + y^2 = 4$

14. $z = y^2 - 1$

15. $x^2 + 4z^2 = 16$

16. $4x^2 + y^2 = 36$

타원면

17. $9x^2 + y^2 + z^2 = 9$

18. $4x^2 + 4y^2 + z^2 = 16$

19. $4x^2 + 9y^2 + 4z^2 = 36$

20. $9x^2 + 4y^2 + 36z^2 = 36$

포물면과 뿔면

21. $z = x^2 + 4y^2$

22. $z = 8 - x^2 - y^2$

23. $x = 4 - 4y^2 - z^2$

24. $y = 1 - x^2 - z^2$

25. $x^2 + y^2 = z^2$

26. $4x^2 + 9z^2 = 9y^2$

쌍곡면

27. $x^2 + y^2 - z^2 = 1$

28. $y^2 + z^2 - x^2 = 1$

29. $z^2 - x^2 - y^2 = 1$

30. $(y^2/4) - (x^2/4) - z^2 = 1$

쌍곡포물면

31. $y^2 - x^2 = z$

32. $x^2 - y^2 = z$

섞인 유형

33. $z = 1 + y^2 - x^2$

34. $4x^2 + 4y^2 = z^2$

35. $y = -(x^2 + z^2)$

36. $16x^2 + 4y^2 = 1$

37. $x^2 + y^2 - z^2 = 4$

38. $x^2 + z^2 = y$

39. $x^2 + z^2 = 1$

40. $16y^2 + 9z^2 = 4x^2$

41. $z = -(x^2 + y^2)$

42. $y^2 - x^2 - z^2 = 1$

43. $4y^2 + z^2 - 4x^2 = 4$

44. $x^2 + y^2 = z$

이론과 예제

45. a. 타원면

$$x^2 + \frac{y^2}{4} + \frac{z^2}{9} = 1$$

을 평면 $z=c$로 자른 절단면의 넓이 A를 c에 관한 함수로 나타내라(타원의 두 축의 길이의 반을 a, b로 나타내면 타원 $x^2/a^2 + y^2/b^2 = 1$의 넓이는 πab이다.)

b. z축에 수직으로 나란히 자르는 과정을 통해 (a)에서 타원체의 부피를 구하라.

c. 타원체

$$\frac{x^2}{a^2} + \frac{y^2}{b^2} + \frac{z^2}{c^2} = 1$$

의 부피를 구하라. 구해진 식에서 만일 $a=b=c$라면, 반지름이 a인 구의 부피가 되는가?

46. 그림과 같이 타원면의 양끝을 z축에 수직인 평면으로 잘라서 만든 통이 있다. z축에 수직인 평면으로 자른 절단면은 원이다. 높이가 $2h$이고, 중간 단면의 반지름은 R, 양끝의 단면의 반지름은 모두 r이다. 이 통의 부피를 구한 뒤, 다음 두 가지를 확인하라. 첫째, 만일 통이 반지름이 R이고, 높이가 $2h$인 원기둥이라면 부피는 어떻게 되겠는가? 둘째, $r=0$이고, $h=R$, 즉 통이 구면이라면 앞서 구한 식이 구의 부피에 대한 식이 되겠는가?

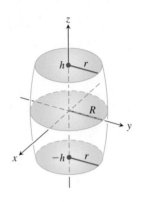

47. 포물면

$$\frac{x^2}{a^2} + \frac{y^2}{b^2} = \frac{z}{c}$$

을 평면 $z=h$로 자를 때 $z=h$ 아랫부분의 부피는 "절단면의 넓이와 높이의 곱의 반"임을 보이라.

48. a. 쌍곡면

$$\frac{x^2}{a^2} + \frac{y^2}{b^2} - \frac{z^2}{c^2} = 1$$

과 평면 $z=0$과 $z=h$, $h>0$으로 둘러싸인 입체의 부피를 구하라.

b. 두 평면 $z=0$, $z=h$가 쌍곡면에 의해 잘린 단면의 넓이를 각각 A_0, A_h라 할 때, (a)에서 구한 부피를 h, A_0, A_h를 이용하여 나타내라.

c. (a)에서 부피를 다음과 같이 나타낼 수 있음을 보이라.

$$V = \frac{h}{6}(A_0 + 4A_m + A_h)$$

단, A_m은 쌍곡면을 평면 $z=h/2$로 자른 단면의 넓이이다.

곡면 보기

T 연습문제 49~52에서 컴퓨터로 주어진 영역에서 곡면을 그리라. 가능하면 그림을 시각점(viewpoint)을 달리하면서 돌려보아라.

49. $z = y^2$, $-2 \le x \le 2$, $-0.5 \le y \le 2$

50. $z = 1 - y^2$, $-2 \le x \le 2$, $-2 \le y \le 2$

51. $z = x^2 + y^2$, $-3 \le x \le 3$, $-3 \le y \le 3$

52. $z = x^2 + 2y^2$

    a. $-3 \le x \le 3$, $-3 \le y \le 3$

    b. $-1 \le x \le 1$, $-2 \le y \le 3$

    c. $-2 \le x \le 2$, $-2 \le y \le 2$

    d. $-2 \le x \le 2$, $-1 \le y \le 1$

컴퓨터 탐구

연습문제 53~58에서 CAS 프로그램으로 다음 곡면을 그리고, 2차 곡면의 유형을 판별하라.

53. $\dfrac{x^2}{9} + \dfrac{y^2}{36} = 1 - \dfrac{z^2}{25}$

54. $\dfrac{x^2}{9} - \dfrac{z^2}{9} = 1 - \dfrac{y^2}{16}$

55. $5x^2 = z^2 - 3y^2$

56. $\dfrac{y^2}{16} = 1 - \dfrac{x^2}{9} + z$

57. $\dfrac{x^2}{9} - 1 = \dfrac{y^2}{16} + \dfrac{z^2}{2}$

58. $y - \sqrt{4 - z^2} = 0$

10장　복습문제

1. 평면 위의 유향선분이 같은 벡터가 될 조건은?
2. 벡터의 합과 차를 기하학적으로 표현하면? 대수적으로는 어떻게 표현되는가?
3. 벡터의 크기와 방향을 어떻게 구하는가?
4. 벡터에 양의 스칼라를 곱하면, 그 결과는 처음 벡터와 어떤 관계에 있는가? 스칼라 0을 곱하면? 음의 스칼라를 곱하면?
5. 벡터의 내적(스칼라 적)의 정의는 무엇인가? 내적에 관한 연산법칙을 설명하고 예를 들라. 어떤 경우에 내적이 0이 되는가?
6. 내적을 기하학적으로 설명하고 예를 들라.
7. 벡터 $\mathbf{u}$의 벡터 $\mathbf{v}$ 위로의 벡터사영의 정의는 무엇인가? 벡터 $\mathbf{u}$의 벡터 $\mathbf{v}$ 위로의 벡터사영이 사용되는 응용의 예를 들라.
8. 벡터의 **외적**(벡터적)의 정의는 무엇인가? 외적에 관한 연산법칙과 성립하지 않는 법칙을 설명하고 예를 들라. 어떤 경우에 외적이 **0**이 되는가?
9. 외적의 기하학적 의미와 물리적 의미는 무엇인가? 예를 들라.

10. $\mathbf{i}, \mathbf{j}, \mathbf{k}$ 직교좌표계와 관련된 외적을 계산하는 행렬식은 무엇인가?
11. 공간에서 직선, 선분과 평면의 방정식을 어떻게 구하는가? 예를 들라. 공간에서 직선을 하나의 식으로 나타낼 수 있는가? 평면에 대해서는?
12. 공간에서 한 점과 직선 사이의 거리, 한 점으로부터 평면까지의 거리를 어떻게 구하는가? 예를 들라.
13. 3중 스칼라 적은 무엇인가? 이것이 가지는 의미는? 어떻게 계산하는가? 예를 들라.
14. 공간에서 구면의 방정식은 무엇인가? 예를 들라.
15. 공간에서 두 직선의 교점, 직선과 평면의 교점, 두 평면의 교선을 어떻게 구하는가? 예를 들라.
16. 주면이란 무엇인가? 직교좌표계에서 예를 들라.
17. 2차 곡면이란 무엇인가? 타원면, 포물면, 원뿔면, 쌍곡면의 예를 들라(방정식과 그림).

10장　종합문제

2차원 벡터 계산

종합문제 1~4에서 $\mathbf{u} = \langle -3, 4 \rangle$, $\mathbf{v} = \langle 2, -5 \rangle$일 때, 다음 벡터에 대해서 (a) 성분 형식과 (b) 크기를 구하라.

1. $5\mathbf{u} + 9\mathbf{v}$
2. $\mathbf{u} - \mathbf{v}$
3. $-7\mathbf{u}$
4. $9\mathbf{v}$

종합문제 5~8에서 다음 벡터의 성분 형식을 구하라.

5. 벡터 $\langle 0, 1 \rangle$을 $2\pi/3$회전하여 얻어진 벡터
6. 양의 x축과 사잇각이 $\pi/6$인 단위벡터
7. $4\mathbf{i} - \mathbf{j}$와 같은 방향이며, 크기가 2인 벡터
8. $(3/5)\mathbf{i} + (4/5)\mathbf{j}$와 반대 방향이며, 크기가 5인 벡터

종합문제 9~12에서 다음 벡터를 크기와 방향으로 표현하라.

9. $\sqrt{2}\mathbf{i} + \sqrt{2}\mathbf{j}$
10. $-\mathbf{i} - \mathbf{j}$
11. $t = \pi/2$일 때, 속도벡터 $\mathbf{v} = (-2 \sin t)\mathbf{i} + (2 \cos t)\mathbf{j}$
12. $t = \ln 2$일 때, 속도벡터
$$\mathbf{v} = (e^t \cos t - e^t \sin t)\mathbf{i} + (e^t \sin t + e^t \cos t)\mathbf{j}$$

3차원 벡터 계산

종합문제 13~14에서 다음 벡터를 크기와 방향으로 표현하라.

13. $4\mathbf{i} + 5\mathbf{j} - 3\mathbf{k}$
14. $\mathbf{i} - 5\mathbf{j} + \mathbf{k}$
15. $\mathbf{v} = 3\mathbf{i} + 2\mathbf{j} - \mathbf{k}$와 같은 방향이며 크기가 8인 벡터를 구하라.
16. $\mathbf{v} = (2/5)\mathbf{i} + (3/5)\mathbf{j} + (4/5)\mathbf{k}$의 방향을 따라서 크기가 6인 벡터를 구하라.

종합문제 17~18에서 다음 벡터 $\mathbf{u}$, $\mathbf{v}$에 대해서 $|\mathbf{v}|$, $|\mathbf{u}|$, $\mathbf{v} \cdot \mathbf{u}$, $\mathbf{u} \cdot \mathbf{v}$, $\mathbf{v} \times \mathbf{u}$, $\mathbf{u} \times \mathbf{v}$, $|\mathbf{v} \times \mathbf{u}|$, $\mathbf{u}$와 $\mathbf{v}$가 이루는 각, $\mathbf{v}$ 방향으로 $\mathbf{u}$의 스칼라 성분, $\mathbf{u}$의 $\mathbf{v}$ 위로의 벡터사영을 구하라.

17. $\mathbf{v} = \mathbf{i} - \mathbf{j}$
$\mathbf{u} = 3\mathbf{i} - \mathbf{j} + 5\mathbf{k}$
18. $\mathbf{v} = \mathbf{i} - \mathbf{j} - 3\mathbf{k}$
$\mathbf{u} = -\mathbf{j} - \mathbf{k}$

종합문제 19~20에서 $\mathbf{u}$의 $\mathbf{v}$ 위로의 벡터사영을 구하라.

19. $\mathbf{v} = 4\mathbf{i} - \mathbf{j} + \mathbf{k}$
$\mathbf{u} = \mathbf{i} - \mathbf{j} + 7\mathbf{k}$
20. $\mathbf{u} = \mathbf{j} + 5\mathbf{k}$
$\mathbf{v} = \mathbf{i} - \mathbf{j} - \mathbf{k}$

종합문제 21~22에서 다음벡터 $\mathbf{u}$, $\mathbf{v}$, $\mathbf{u} \times \mathbf{v}$를 원점을 시점으로 좌표공간에 그리라.

21. $\mathbf{u} = \mathbf{i}$, $\mathbf{v} = \mathbf{i} + \mathbf{j}$
22. $\mathbf{u} = \mathbf{i} - \mathbf{j}$, $\mathbf{v} = \mathbf{i} + \mathbf{j}$
23. $|\mathbf{v}| = 2$, $|\mathbf{w}| = 3$이고 $\mathbf{v}$와 $\mathbf{w}$의 사잇각이 $\pi/3$일 때, $|\mathbf{v} - 2\mathbf{w}|$를 구하라.
24. $\mathbf{u} = 2\mathbf{i} + 4\mathbf{j} - 5\mathbf{k}$와 $\mathbf{v} = -4\mathbf{i} - 8\mathbf{j} + a\mathbf{k}$가 평행하도록 a의 값을 구하라.

종합문제 25~26에서 다음 벡터 $\mathbf{u}$, $\mathbf{v}$, $\mathbf{w}$에 대해서 **(a)** $\mathbf{u}$와 $\mathbf{v}$에 의해서 결정되는 평행사변형의 넓이와 **(b)** $\mathbf{u}$, $\mathbf{v}$와 $\mathbf{w}$에 의해서 결정되는 평행육면체의 부피를 구하라.

25. $\mathbf{u} = \mathbf{i} - \mathbf{j} - \mathbf{k}$; $\mathbf{v} = 3\mathbf{i} + 4\mathbf{j} - 5\mathbf{k}$; $\mathbf{w} = 2\mathbf{i} + 2\mathbf{j} - \mathbf{k}$
26. $\mathbf{u} = \mathbf{j} - \mathbf{k}$; $\mathbf{v} = \mathbf{k}$; $\mathbf{w} = \mathbf{i} - \mathbf{j} - \mathbf{k}$

직선, 평면, 거리

27. $\mathbf{n}$이 한 평면의 법선벡터이고, $\mathbf{v}$는 그 평면과 평행할 때, $\mathbf{v}$에 수직이고 그 평면과 평행한 벡터 $\mathbf{n}$을 구하라.
28. 직선 $ax + by = c$와 평행한 평면 상의 벡터를 하나 구하라.

종합문제 29~30에서 다음의 점과 직선 사이의 거리를 구하라.

29. $(2, 2, 0)$; $x = -t$, $y = t$, $z = -1 + t$
30. $(0, 4, 1)$; $x = 2 + t$, $y = 2 + t$, $z = t$

31. 점$(1, 2, 3)$을 지나고 벡터 $\mathbf{v} = -3\mathbf{i} + 7\mathbf{k}$에 평행한 직선의 매개방정식을 구하라.

32. 점 $P(1, 2, 0)$과 점 $Q(1, 3, -1)$을 잇는 선분의 매개방정식을 구하라.

종합문제 33~34에서 다음에 주어진 점과 평면 사이의 거리를 구하라.

33. $(6, 0, -6)$; $x - y = 4$ **34.** $(3, 0, 10)$; $2x + 3y + z = 2$

35. 점$(3, -2, 1)$을 지나고 벡터 $\mathbf{n} = 2\mathbf{i} + \mathbf{j} + \mathbf{k}$에 수직인 평면의 방정식을 구하라.

36. 점$(-1, 6, 0)$을 지나고 직선 $x = -1 + t, y = 6 - 2t, z = 3t$에 수직인 평면의 방정식을 구하라.

종합문제 37~38에서 점 P, Q와 R을 지나는 평면의 방정식을 구하라.

37. $P(1, -1, 2)$, $Q(2, 1, 3)$, $R(-1, 2, -1)$

38. $P(1, 0, 0)$, $Q(0, 1, 0)$, $R(0, 0, 1)$

39. 직선 $x = 1 + 2t, y = -1 - t, z = 3t$가 각 좌표평면과 만나는 점을 구하라.

40. 평면 $2x - y - z = 4$에 수직이고 원점을 지나는 직선이 평면 $3x - 5x + 2z = 6$과 만나는 점을 구하라.

41. 평면 $x = 7$과 $x + y + \sqrt{2}z = -3$이 이루는 각을 구하라.

42. 평면 $x + y = 1$과 $y + z = 1$이 이루는 각을 구하라.

43. 평면 $x + 2x + z = 1$과 $x - y + 2z = -8$의 교선의 매개방정식을 구하라.

44. 평면
$$x + 2y - 2z = 5\text{와}\quad 5x - 2y - z = 0$$
의 교선이 직선
$$x = -3 + 2t, \quad y = 3t, \quad z = 1 + 4t$$
와 평행함을 보이라.

45. 두 평면 $3x + 6z = 1$과 $2x + 2y - z = 3$은 한 직선에서 만난다.

  a. 두 평면이 직교함을 보이라.

  b. 두 평면의 교선의 방정식을 구하라.

46. 점$(1, 2, 3)$을 지나고 두 벡터 $\mathbf{u} = 2\mathbf{i} + 3\mathbf{j} + \mathbf{k}$와 $\mathbf{v} = \mathbf{i} - \mathbf{j} + 2\mathbf{k}$에 평행한 평면의 방정식을 구하라.

47. 벡터 $\mathbf{v} = 2\mathbf{i} - 4\mathbf{j} + \mathbf{k}$는 평면 $2x + y = 5$와 어떤 특별한 관계가 있는가? 그 이유를 설명하라.

48. 방정식 $\mathbf{n} \cdot \overrightarrow{P_0P} = 0$은 점 P_0를 지나고 벡터 $\mathbf{n}$에 수직인 평면을 나타낸다. 부등식 $\mathbf{n} \cdot \overrightarrow{P_0P} > 0$은 어떤 집합을 의미하는가?

49. 점 $A(0, 0, 0)$, $B(2, 0, -1)$, $C(2, -1, 0)$을 지나는 평면과 점 $P(1, 4, 0)$ 사이의 거리를 구하라.

50. 점$(2, 2, 3)$과 평면 $2x + 3x + 5z = 0$ 사이의 거리를 구하라.

51. 평면 $2x - y - z = 4$에 평행하고 벡터 $\mathbf{i} + \mathbf{j} + \mathbf{k}$에 수직인 벡터를 구하라.

52. $\mathbf{A} = 2\mathbf{i} - \mathbf{j} + \mathbf{k}$, $\mathbf{B} = \mathbf{i} + 2\mathbf{j} + \mathbf{k}$, $\mathbf{C} = \mathbf{i} + \mathbf{j} - 2\mathbf{k}$일 때, $\mathbf{B}$와 $\mathbf{C}$를 포함한 평면에서 $\mathbf{A}$에 수직인 단위벡터를 구하라.

53. 평면 $x + 2x + z - 1 = 0$과 $x - y + 2z + 7 = 0$의 교선과 평행하고 크기가 2인 벡터를 구하라.

54. 평면 $2x - y - z = 4$에 수직이고 원점을 지나는 직선이 평면 $3x - 5x + 2z = 6$과 만나는 점을 구하라.

55. 평면 $2x - y + 2z = -2$에 수직이고 점 $P(3, 2, 1)$을 지나는 직선이 그 평면과 만나는 점을 구하라.

56. 평면 $2x + y - z = 0$과 $x + y + 2z = 0$의 교선과 양의 x축 사이의 각은 얼마인가?

57. 직선
$$L: \quad x = 3 + 2t, \quad y = 2t, \quad z = t$$
가 평면 $x + 3y - z = -4$와 점 P에서 만난다. P의 좌표를 구하고, P를 지나고 직선 L과 수직이며 평면 $x + 3y - z = -4$ 상에 있는 직선의 방정식을 구하라.

58. 임의의 실수 k에 대해서, 평면
$$x - 2y + z + 3 + k(2x - y - z + 1) = 0$$
은 두 평면 $x - 2y + z + 3 = 0$과 $2x - y - z + 1 = 0$의 교선을 포함함을 보이라.

59. 두 점 $C(-2, -13/5, 26/5)$와 $D(16/5, -13/5, 0)$을 지나는 직선과 평행하고 두 점 $A(-2, 0, -3)$과 $B(1, -2, 1)$을 지나는 평면의 방정식을 구하라.

60. 직선 $x = 1 + 2t, y = -2 + 3t, z = -5t$는 평면 $-4x - 6y + 10z = 9$와 어떤 특별한 관계가 있는가? 그 이유를 설명하라.

61. 다음 중 어느 것이 세 점 $P(1, 1, -1)$, $Q(3, 0, 2)$, $R(-2, 1, 0)$을 지나는 평면의 방정식인가?

  a. $(2\mathbf{i} - 3\mathbf{j} + 3\mathbf{k}) \cdot ((x + 2)\mathbf{i} + (y - 1)\mathbf{j} + z\mathbf{k}) = 0$

  b. $x = 3 - t, \quad y = -11t, \quad z = 2 - 3t$

  c. $(x + 2) + 11(y - 1) = 3z$

  d. $(2\mathbf{i} - 3\mathbf{j} + 3\mathbf{k}) \times ((x + 2)\mathbf{i} + (y - 1)\mathbf{j} + z\mathbf{k}) = \mathbf{0}$

  e. $(2\mathbf{i} - \mathbf{j} + 3\mathbf{k}) \times (-3\mathbf{i} + \mathbf{k}) \cdot ((x + 2)\mathbf{i} + (y - 1)\mathbf{j} + z\mathbf{k}) = 0$

62. 아래에 제시된 꼭짓점이 $A(2, -1, 4)$, $B(1, 0, -1)$, $C(1, 2, 3)$과 D인 평행사변형에 대하여 다음을 구하라.

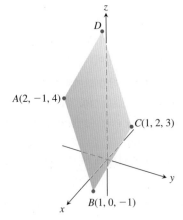

  a. D의 좌표

  b. 내각 B의 cosine 값

  c. 벡터 $\overrightarrow{BA}$의 벡터 $\overrightarrow{BC}$ 위로의 벡터사영 $\text{proj}_{\overrightarrow{BC}}\,\overrightarrow{BA}$

  d. 평행사변형의 넓이

  e. 평행사변형을 포함하는 평면의 방정식

  f. 평행사변형을 각 좌표평면에 정사영한 도형의 넓이

63. 꼬인 직선 사이의 거리 두 점 $A(1, 0, -1)$과 $B(-1, 1, 0)$을 지나

는 직선 L_1과 두 점 $C(3, 1, -1)$과 $D(4, 5, -2)$를 지나는 직선 L_2 사이의 거리를 구하라. 두 직선 사이의 거리는 두 직선에 동시에 수직인 직선을 이용해서 구한다. 먼저 두 직선에 동시에 수직인 벡터 $\mathbf{n}$을 찾아 $\mathbf{n}$ 위로의 $\overrightarrow{AC}$의 벡터사영을 구해 보라.

64. (종합문제 63의 계속) 두 점 $A(4, 0, 2)$와 $B(2, 4, 1)$을 지나는 직선과 두 점 $C(1, 3, 2)$와 $D(2, 2, 4)$를 지나는 직선 사이의 거리를 구하라.

2차 곡면

종합문제 65~76에서 다음 곡면을 분류하고, 그래프를 그리라.

65. $x^2 + y^2 + z^2 = 4$
66. $x^2 + (y - 1)^2 + z^2 = 1$
67. $4x^2 + 4y^2 + z^2 = 4$
68. $36x^2 + 9y^2 + 4z^2 = 36$
69. $z = -(x^2 + y^2)$
70. $y = -(x^2 + z^2)$
71. $x^2 + y^2 = z^2$
72. $x^2 + z^2 = y^2$
73. $x^2 + y^2 - z^2 = 4$
74. $4y^2 + z^2 - 4x^2 = 4$
75. $y^2 - x^2 - z^2 = 1$
76. $z^2 - x^2 - y^2 = 1$

10장 보충 · 심화 문제

1. **잠수함 찾기** 작전 중인 군함 A와 B가 잠수함의 위치와 속도를 알아내려고 한다. 다음 그림과 같이 A의 위치는 $(4, 0, 0)$이고, B의 위치는 $(0, 5, 0)$이다. 좌표의 단위는 1000 m이다. 군함 A는 $2\mathbf{i} + 3\mathbf{j} - (1/3)\mathbf{k}$ 방향에서 군함 B는 $18\mathbf{i} - 6\mathbf{j} - \mathbf{k}$ 방향에서 잠수함을 탐지하였다. 잠수함 요격기는 20분 거리에 있다. 잠수함은 4분 전에 $(2, -1, -1/3)$에 있었고 일정한 속도로 직선으로 움직일 때, 군함들은 요격기에 어느 위치를 알려야 하는가?

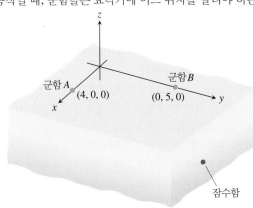

2. **헬기 구조** 헬리콥터 H_1과 H_2가 같이 비행하다가 $t = 0$ 순간에 각각 다음의 직선 항로를 따라 분리 비행하였다.

H_1: $x = 6 + 40t$, $y = -3 + 10t$, $z = -3 + 2t$
H_2: $x = 6 + 110t$, $y = -3 + 4t$, $z = -3 + t$

t의 단위는 시간이고, 거리의 단위는 km이다. 계기고장으로 H_2는 위치 $(446, 13, 1)$에서 멈추고 곧바로 $(446, 13, 0)$에 착륙하였다. 2시간 후에 H_1은 이 사실을 알고 바로 H_2를 향해 150 km/h로 비행하였다. H_1이 H_2에 도착하는 데 걸리는 시간은 얼마인가?

3. **돌림힘** 잔디 깎는 기계 Toro® 53 cm의 사용 설명서에는 점화 플러그를 20.4 N·m로 조이도록 되어 있다. 점화 플러그를 끼울 때, 점화플러그를 축으로 손잡이의 23 cm 지점을 손으로 잡고 26.5 cm 소켓 렌치를 돌린다. 렌치의 손잡이를 얼마나 세게 당겨야 하는가? N 단위로 답하라.

4. **회전체** 원점과 점 $A(1, 1, 1)$를 지나는 직선이 초속 3/2 라디안으로 회전하는 물체 (점)의 회전축이다. 회전 방향은 $A(1, 1, 1)$에서 원점을 바라볼 때 시계방향이다. 점 $B(1, 3, 2)$에 있는 물체의 속도벡터 $\mathbf{v}$를 구하라.

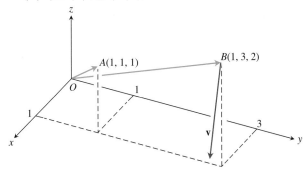

5. 각 그림과 같이 추가 두 줄에 매달려있다고 하자. 벡터 $\mathbf{F}_1$과 $\mathbf{F}_2$의 크기와 성분, 그리고 각 α와 β를 구하라.

a.
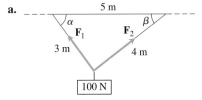

b.
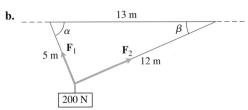

(**힌트**: 이 삼각형은 직각삼각형이다.)

6. 그림과 같이 무게 w N의 추가 두 줄에 매달려 있다고 하자. 여기서 $\mathbf{T}_1$과 $\mathbf{T}_2$는 줄의 방향으로 작용하는 힘벡터이다.

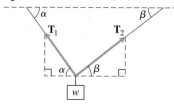

a. 벡터 $\mathbf{T}_1$과 $\mathbf{T}_2$를 구하라. 그들의 크기가

$$|\mathbf{T}_1| = \frac{w\cos\beta}{\sin(\alpha+\beta)} \text{와} \quad |\mathbf{T}_2| = \frac{w\cos\alpha}{\sin(\alpha+\beta)}$$

임을 보이라.

b. β가 고정되어 있을 때, 크기 $|\mathbf{T}_1|$가 최소가 되는 α의 값을 결정하라.

c. α가 고정되어 있을 때, 크기 $|\mathbf{T}_2|$가 최소가 되는 β의 값을 결정하라.

7. 행렬식과 평면

a. 일직선 위에 있지 않은 세 점 $P_1(x_1, x_2, z_1)$, $P_2(x_2, y_2, z_2)$, $P_3(x_3, y_3, z_3)$을 지나는 평면의 방정식이

$$\begin{vmatrix} x_1 - x & y_1 - y & z_1 - z \\ x_2 - x & y_2 - y & z_2 - z \\ x_3 - x & y_3 - y & z_3 - z \end{vmatrix} = 0$$

임을 보이라.

b. 세 점 $P_1(x_1, x_2, z_1)$, $P_2(x_2, y_2, z_2)$, $P_3(x_3, y_3, z_3)$가 다음을 만족하면, 어떤 관계에 있는가?

$$\begin{vmatrix} x & y & z & 1 \\ x_1 & y_1 & z_1 & 1 \\ x_2 & y_2 & z_2 & 1 \\ x_3 & y_3 & z_3 & 1 \end{vmatrix} = 0$$

8. 행렬식과 직선 두 직선 $x = a_1 s + b_1$, $y = a_2 s + b_2$, $z = a_3 s + b_3$, $-\infty < s < \infty$와 $x = c_1 t + d_1$, $y = c_2 t + d_2$, $z = c_3 t + d_3$, $-\infty < t < \infty$이 만나거나 평행할 필요충분조건이

$$\begin{vmatrix} a_1 & c_1 & b_1 - d_1 \\ a_2 & c_2 & b_2 - d_2 \\ a_3 & c_3 & b_3 - d_3 \end{vmatrix} = 0$$

임을 보이라.

9. 한 변의 길이가 2인 정사면체를 생각하자.

a. 벡터를 이용하여 정사면체의 밑면과 다른 한 변이 이루는 각 θ를 구하라.

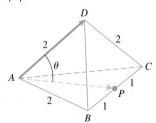

b. 벡터를 이용하여 정사면체의 인접한 두 면이 이루는 각을 구하라. 이 각을 일반적으로 이면각이라 부른다.

10. 그림에서 삼각형 ABC에서 D는 변 AB의 중점이고, E는 변 CB의 1/3인 점이다. 벡터를 이용하여 F가 선분 CD의 중점임을 보이라.

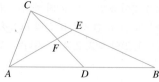

11. 벡터를 이용하여 점 $P_1(x_1, x_2)$와 직선 $ax + by = c$ 사이의 거리가 $d = \dfrac{|ax_1 + by_1 - c|}{\sqrt{a^2 + b^2}}$임을 보이라.

12. a. 점 $P_1(x_1, x_2, z_1)$과 평면 $Ax + By + Cz = D$ 사이의 거리가

$$d = \frac{|Ax_1 + By_1 + Cz_1 - D|}{\sqrt{A^2 + B^2 + C^2}}$$임을 벡터를 이용하여 보이라.

b. 두 평면 $x + y + z = 3$과 $x + y + z = 9$에 접하고 두 평면 $2x - y = 0$과 $3x - z = 0$이 중심을 지나는 구면의 방정식을 구하라.

13. a. 평행한 평면 사이의 거리 평행한 두 평면 $Ax + By + Cz = D_1$과 $Ax + Bx + Cz = D_2$ 사이의 거리는 $d = \dfrac{|D_1 - D_2|}{|A\mathbf{i} + B\mathbf{j} + C\mathbf{k}|}$임을 보이라.

b. 평행한 두 평면 $2x + 3y - z = 6$과 $2x + 3y - z = 12$ 사이의 거리를 구하라.

c. 평면 $2x - y + 2z = -4$와 평행하고 점 $(3, 2, -1)$로부터 거리가 같은 평면을 구하라.

d. 평면 $x - 2y + z = 3$과 평행하고, 거리가 5인 평면을 구하라.

14. 네 점 A, B, C, D가 한 평면에 있을 필요충분조건은 $\overrightarrow{AD} \cdot (\overrightarrow{AB} \times \overrightarrow{BC}) = 0$임을 보이라.

15. 평면 위의 벡터사영 P가 공간 상의 평면이고 $\mathbf{v}$를 벡터라 하자. 평면 P 위로의 $\mathbf{v}$의 벡터사영, $\text{proj}_P \mathbf{v}$는 다음과 같이 정의한다. 태양광선이 평면 P에 수직으로 내리쬘 때, P 위의 $\mathbf{v}$의 정사영이 $\text{proj}_P \mathbf{v}$가 된다. P가 평면 $x + 2x + 6z = 6$이고, $\mathbf{v} = \mathbf{i} + \mathbf{j} + \mathbf{k}$일 때 $\text{proj}_P \mathbf{v}$를 구하라.

16. 0이 아닌 세 벡터 $\mathbf{v}$, $\mathbf{w}$, $\mathbf{z}$가 그림과 같이 되어 있다. $\mathbf{z}$는 직선 L에 수직이고 $\mathbf{v}$, $\mathbf{w}$가 L과 이루는 각은 β로 같다. $|\mathbf{v}| = |\mathbf{w}|$일 때, $\mathbf{w}$를 $\mathbf{v}$, $\mathbf{z}$로 표현하라.

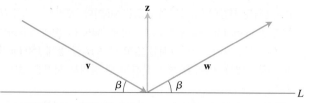

17. 삼중 벡터적 삼중 벡터적 $(\mathbf{u} \times \mathbf{v}) \times \mathbf{w}$와 $\mathbf{u} \times (\mathbf{v} \times \mathbf{w})$는 일반적으로 다르며, 다음이 성립한다.

$$(\mathbf{u} \times \mathbf{v}) \times \mathbf{w} = (\mathbf{u} \cdot \mathbf{w})\mathbf{v} - (\mathbf{v} \cdot \mathbf{w})\mathbf{u}$$

$$\mathbf{u} \times (\mathbf{v} \times \mathbf{w}) = (\mathbf{u} \cdot \mathbf{w})\mathbf{v} - (\mathbf{u} \cdot \mathbf{v})\mathbf{w}$$

아래 주어진 벡터에 대해서 위 공식이 성립함을 확인하라.

	u	v	w
a.	2i	2j	2k
b.	i − j + k	2i + j − 2k	−i + 2j − k
c.	2i + j	2i − j + k	i + 2k
d.	i + j − 2k	−i − k	2i + 4j − 2k

18. 외적과 내적 임의의 벡터 **u**, **v**, **w**, **r**에 대해서 다음을 증명하라.

a. $\mathbf{u} \times (\mathbf{v} \times \mathbf{w}) + \mathbf{v} \times (\mathbf{w} \times \mathbf{u}) + \mathbf{w} \times (\mathbf{u} \times \mathbf{v}) = \mathbf{0}$

b. $\mathbf{u} \times \mathbf{v} = (\mathbf{u} \cdot \mathbf{v} \times \mathbf{i})\mathbf{i} + (\mathbf{u} \cdot \mathbf{v} \times \mathbf{j})\mathbf{j} + (\mathbf{u} \cdot \mathbf{v} \times \mathbf{k})\mathbf{k}$

c. $(\mathbf{u} \times \mathbf{v}) \cdot (\mathbf{w} \times \mathbf{r}) = \begin{vmatrix} \mathbf{u} \cdot \mathbf{w} & \mathbf{v} \cdot \mathbf{w} \\ \mathbf{u} \cdot \mathbf{r} & \mathbf{v} \cdot \mathbf{r} \end{vmatrix}$

19. 외적과 내적 다음 식을 증명하거나 반증하라.

$$\mathbf{u} \times (\mathbf{u} \times (\mathbf{u} \times \mathbf{v})) \cdot \mathbf{w} = -|\mathbf{u}|^2 \mathbf{u} \cdot \mathbf{v} \times \mathbf{w}$$

20. 벡터의 외적을 이용하여 다음 삼각함수 공식을 유도하라.

$$\sin(A - B) = \sin A \cos B - \cos A \sin B$$

21. 임의의 실수 a, b, c, d에 대해서 벡터를 이용하여 다음을 증명하라. (힌트: $\mathbf{u} = a\mathbf{i} + b\mathbf{j}$, $\mathbf{v} = c\mathbf{i} + d\mathbf{j}$라 하라.)

$$(a^2 + b^2)(c^2 + d^2) \geq (ac + bd)^2$$

22. 동일 벡터의 내적은 항상 양수 동일한 벡터의 내적은 항상 양수임을 보이라. 즉, 임의의 벡터 **u**에 대해서, $\mathbf{u} \cdot \mathbf{u} \geq 0$이다. 그리고 $\mathbf{u} \cdot \mathbf{u} = 0$일 필요충분조건은 $\mathbf{u} = \mathbf{0}$임을 증명하라.

23. 임의의 벡터 **u**, **v**에 대해서 $|\mathbf{u} + \mathbf{v}| \leq |\mathbf{u}| + |\mathbf{v}|$를 증명하라.

24. 임의의 벡터 **u**, **v**에 대해서 $\mathbf{w} = |\mathbf{v}|\mathbf{u} + |\mathbf{u}|\mathbf{v}$가 **u**와 **v**의 사잇각을 이등분함을 증명하라.

25. 임의의 벡터 **u**, **v**에 대해서 $|\mathbf{v}|\mathbf{u} + |\mathbf{u}|\mathbf{v}$와 $|\mathbf{v}|\mathbf{u} - |\mathbf{u}|\mathbf{v}$가 직교함을 증명하라.

11

벡터함수와
공간에서의 운동

개요 이 장에서는 벡터함수의 미적분을 소개하고자 한다. 이 함수는 정의역은 앞에서와 마찬가지로 실수이지만, 치역은 스칼라가 아닌 벡터로 구성되어 있다. 벡터 함숫값이 변할 때, 크기와 방향이 모두 변화한다. 따라서 미분계수도 벡터가 된다. 또한 벡터함수의 적분도 벡터이다. 이 미적분을 사용하면 공간 또는 평면에서 움직이는 물체의 경로와 운동을 표현할 수 있으며, 이 물체의 속도와 가속도가 벡터값을 갖는 것을 알게 될 것이다. 또한, 공간상에서 이동하는 물체의 경로가 얼마나 돌고 꼬였는지를 표현하기 위한 새로운 개념을 소개한다.

11.1 공간에서의 곡선과 접선

한 입자가 주어진 시간 구간 I에서 공간을 움직일 때 입자의 좌표를 I에서 정의된 다음 함수로 생각한다:

$$x = f(t), \qquad y = g(t), \qquad z = h(t), \qquad t \in I \qquad (1)$$

이때 점들 $(x, y, z) = (f(t), g(t), h(t))$, $t \in I$는 그 입자의 **경로(path)**라 부르는 공간의 **곡선(curve)**을 구성한다. 이 곡선은 식 (1)에서의 방정식과 구간에 의해 매개변수화되었다.

공간의 곡선은 또한 벡터 형태로 표현될 수 있다. 원점으로부터 시간 t에서 입자의 위치 $P(f(t), g(t), h(t))$까지로 정의된 벡터

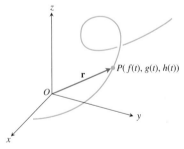

$$\mathbf{r}(t) = \overrightarrow{OP} = f(t)\mathbf{i} + g(t)\mathbf{j} + h(t)\mathbf{k} \qquad (2)$$

그림 11.1 공간에서 움직이는 입자의 위치벡터 $r = \overrightarrow{OP}$는 시간의 함수이다.

는 입자의 위치벡터이다(그림 11.1). 함수 f, g, h는 위치벡터의 **성분함수(component function)** 또는 **성분**이다. 입자의 경로를 시간 구간 I에서 $\mathbf{r}$에 의해 주어진 곡선으로 생각한다. 그림 11.2는 컴퓨터 그래픽 프로그램에 의하여 얻어진 몇 가지 공간곡선을 나타낸다.

식 (2)는 구간 I에서 실변수 t의 벡터함수로 $\mathbf{r}$을 정의한다. 더 일반적으로 정의역 D에서의 **벡터함수(vector function)** 또는 **벡터값 함수(vector-valued function)**란 D의 각 원소를 공간의 한 벡터로 대응시키는 규칙이다. 앞으로는 특별한 언급이 없을 때 정의역은 실수의 구간이고, 함수의 그래프는 공간에서의 곡선을 나타낸다. 14장에서는 정의역이 평면의 한 영역이 되는 함수를 다룰 것이다. 이런 경우, 벡터함수는 공간에서의 곡면을 나타낸다. 평면 혹은 공간의 영역에서 정의된 벡터함수는 또한 유체의 흐름, 중력장, 전자기 현상의 연구에 중요한 "벡터장(vector fields)"을 나타내게 된다. 우리는 14장

655

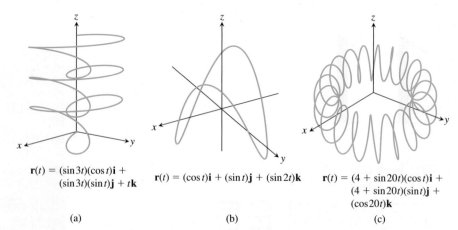

$$\mathbf{r}(t) = (\sin 3t)(\cos t)\mathbf{i} + \qquad \mathbf{r}(t) = (\cos t)\mathbf{i} + (\sin t)\mathbf{j} + (\sin 2t)\mathbf{k} \qquad \mathbf{r}(t) = (4 + \sin 20t)(\cos t)\mathbf{i} +$$
$$(\sin 3t)(\sin t)\mathbf{j} + t\mathbf{k} \qquad\qquad\qquad\qquad\qquad\qquad (4 + \sin 20t)(\sin t)\mathbf{j} +$$
$$\qquad\qquad\qquad\qquad\qquad\qquad\qquad\qquad\qquad\qquad\qquad\qquad (\cos 20t)\mathbf{k}$$

(a)   (b)   (c)

그림 11.2 위의 위치벡터 $\mathbf{r}(t)$들은 컴퓨터로 그린 공간곡선들이다.

에서 벡터장과 그 응용에 대하여 알아본다.

실수값 함수를 벡터함수와 구별하기 위해 **스칼라함수(scalar function)**라 부른다. 식 (2)에서 $\mathbf{r}$의 성분함수들은 t에 관한 스칼라함수이며, 각 성분함수들의 공통된 정의역이 벡터함수의 정의역이 된다.

예제 1 다음 벡터함수를 그리라.

$$\mathbf{r}(t) = (\cos t)\mathbf{i} + (\sin t)\mathbf{j} + t\mathbf{k}$$

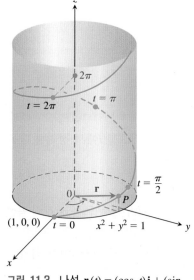

그림 11.3 나선 $\mathbf{r}(t) = (\cos\ t)\mathbf{i} + (\sin\ t)\mathbf{j} + t\mathbf{k}$의 상반(예제 1)

풀이 벡터함수 $\mathbf{r}(t)$는 모든 실수 t에서 정의된다. $\mathbf{r}$에 의해 주어진 곡선은 원기둥 $x^2 + y^2 = 1$(그림 11.3) 주위를 감고 돌아간다. $\mathbf{r}$의 $\mathbf{i}, \mathbf{j}$ 성분함수는 곡선 $\mathbf{r}$의 x, y좌표로서 원기둥의 방정식

$$x^2 + y^2 = (\cos t)^2 + (\sin t)^2 = 1$$

을 만족하므로 곡선 $\mathbf{r}$은 원기둥 위에 존재한다. 또한, 곡선은 $\mathbf{k}$ 성분함수 $z = t$가 증가함에 따라 위로 올라간다. t가 2π씩 증가할 때마다 곡선은 원기둥을 한 바퀴씩 회전하게 된다. 이 곡선을 **나선(helix**, 나선을 뜻하는 영어 spiral의 고대 그리스어)이라 부른다. 이 나선에 대한 매개방정식은 다음과 같다.

$$x = \cos t, \qquad y = \sin t, \qquad z = t$$

정의역은 세 식이 모두 정의되는 t의 값의 최대집합이다. 이 예제에서는 $-\infty < t < \infty$이다. 그림 11.4는 더 많은 나선들을 보여 준다. ■

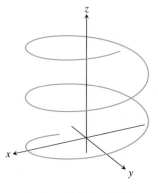

$$\mathbf{r}(t) = (\cos t)\mathbf{i} + (\sin t)\mathbf{j} + t\mathbf{k}$$

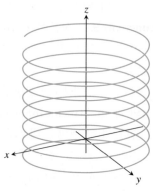

$$\mathbf{r}(t) = (\cos t)\mathbf{i} + (\sin t)\mathbf{j} + 0.3t\mathbf{k}$$

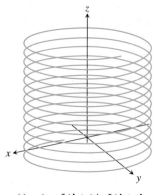

$$\mathbf{r}(t) = (\cos 5t)\mathbf{i} + (\sin 5t)\mathbf{j} + t\mathbf{k}$$

그림 11.4 코일 용수철처럼 원기둥을 따라 위로 올라가는 나선들

극한과 연속

벡터함수의 극한을 정의하는 방법은 스칼라함수의 극한과 비슷하다.

> **정의** $\mathbf{r}(t) = f(t)\mathbf{i} + g(t)\mathbf{j} + h(t)\mathbf{k}$를 정의역 D에서 정의된 한 벡터함수라 하고, $\mathbf{L}$을 한 벡터라 하자. 임의의 양수 ε에 대하여, 적당한 양수 δ가 존재하여 $0 < |t - t_0| < \delta$인 모든 $t \in D$에 대하여
>
> $$|\mathbf{r}(t) - \mathbf{L}| < \varepsilon$$
>
> 을 만족할 때, $\mathbf{r}$는 t가 t_0로 접근할 때 극한 $\mathbf{L}$을 갖는다고 하고 $\lim_{t \to t_0} \mathbf{r}(t) = \mathbf{L}$로 쓴다.

$\mathbf{L} = L_1\mathbf{i} + L_2\mathbf{j} + L_3\mathbf{k}$에 대하여 $\lim_{t \to t_0} \mathbf{r}(t) = \mathbf{L}$이 성립하기 위한 필요충분조건은

$$\lim_{t \to t_0} f(t) = L_1, \qquad \lim_{t \to t_0} g(t) = L_2, \qquad \lim_{t \to t_0} h(t) = L_3$$

이다. 증명은 생략한다. 방정식

벡터함수의 극한을 계산하기 위해, 각 성분인 스칼라함수의 극한을 계산한다.

$$\lim_{t \to t_0} \mathbf{r}(t) = \left(\lim_{t \to t_0} f(t)\right)\mathbf{i} + \left(\lim_{t \to t_0} g(t)\right)\mathbf{j} + \left(\lim_{t \to t_0} h(t)\right)\mathbf{k} \tag{3}$$

는 벡터함수의 극한을 계산하는 실질적인 방법으로 사용된다.

예제 2 $\mathbf{r}(t) = (\cos t)\mathbf{i} + (\sin t)\mathbf{j} + t\mathbf{k}$의 극한은 다음과 같이 계산한다.

$$\lim_{t \to \pi/4} \mathbf{r}(t) = \left(\lim_{t \to \pi/4} \cos t\right)\mathbf{i} + \left(\lim_{t \to \pi/4} \sin t\right)\mathbf{j} + \left(\lim_{t \to \pi/4} t\right)\mathbf{k}$$

$$= \frac{\sqrt{2}}{2}\mathbf{i} + \frac{\sqrt{2}}{2}\mathbf{j} + \frac{\pi}{4}\mathbf{k} \qquad\blacksquare$$

우리는 구간에서 정의된 스칼라함수의 연속의 정의와 마찬가지 방법으로 벡터함수의 연속을 정의한다.

> **정의**   벡터함수 $\mathbf{r}(t)$가 $\lim_{t \to t_0} \mathbf{r}(t) = \mathbf{r}(t_0)$를 만족할 때 한 점 $t = t_0$에서 **연속(continuous at a point $t = t_0$)**이라 한다. 또한, 정의역 구간의 모든 점에서 연속일 때 벡터함수는 **연속(continuous)**이라 한다.

식 (3)으로부터 $\mathbf{r}(t)$가 $t = t_0$에서 연속이기 위한 필요충분조건은 각 성분함수가 그 점에서 연속이라는 것을 알 수 있다(연습문제 45).

예제 3

(a) 그림 11.2와 11.4에서 표현된 공간곡선의 각 성분함수는 $(-\infty, \infty)$의 모든 t에서 연속이므로 그 공간곡선은 연속이다.

(b) 최대정수함수 $\lfloor t \rfloor$는 각 정수에서 불연속이므로 함수

$$\mathbf{g}(t) = (\cos t)\mathbf{i} + (\sin t)\mathbf{j} + \lfloor t \rfloor\mathbf{k}$$

는 모든 정수에서 불연속이다. $\qquad\blacksquare$

미분계수와 운동

$\mathbf{r}(t) = f(t)\mathbf{i} + g(t)\mathbf{j} + h(t)\mathbf{k}$를 공간곡선을 따라서 움직이는 한 입자의 위치벡터라 하고 f,

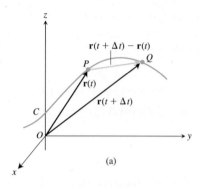

(a)

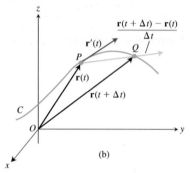

(b)

그림 11.5 $\Delta t \to 0$일 때, 점 Q는 곡선 C를 따라서 점 P에 접근한다. 이때 벡터 $\overrightarrow{PQ}/\Delta t$는 접벡터 $\mathbf{r}'(t)$로 접근한다.

g, h를 t의 미분가능한 함수라 하자. 그때 시간 t와 $t + \Delta t$에서 그 입자의 위치 차이는

$$\Delta \mathbf{r} = \mathbf{r}(t + \Delta t) - \mathbf{r}(t)$$

이다(그림 11.5(a)). 성분함수로 표현하면 다음과 같다.

$$\begin{aligned}\Delta \mathbf{r} &= \mathbf{r}(t + \Delta t) - \mathbf{r}(t) \\ &= [f(t + \Delta t)\mathbf{i} + g(t + \Delta t)\mathbf{j} + h(t + \Delta t)\mathbf{k}] \\ &\quad - [f(t)\mathbf{i} + g(t)\mathbf{j} + h(t)\mathbf{k}] \\ &= [f(t + \Delta t) - f(t)]\mathbf{i} + [g(t + \Delta t) - g(t)]\mathbf{j} + [h(t + \Delta t) - h(t)]\mathbf{k}\end{aligned}$$

Δt가 0에 접근할 때, 다음의 세 가지 경우가 동시에 성립한다. 첫째, Q는 그 곡선을 따라서 P로 접근한다. 둘째, 할선 PQ는 P에서 접하는 하나의 극한점에 접근한다. 셋째, 몫 $\Delta \mathbf{r}/\Delta t$(그림 11.5(b))은 극한

$$\begin{aligned}\lim_{\Delta t \to 0} \frac{\Delta \mathbf{r}}{\Delta t} &= \left[\lim_{\Delta t \to 0} \frac{f(t + \Delta t) - f(t)}{\Delta t}\right]\mathbf{i} + \left[\lim_{\Delta t \to 0} \frac{g(t + \Delta t) - g(t)}{\Delta t}\right]\mathbf{j} \\ &\quad + \left[\lim_{\Delta t \to 0} \frac{h(t + \Delta t) - h(t)}{\Delta t}\right]\mathbf{k} \\ &= \left[\frac{df}{dt}\right]\mathbf{i} + \left[\frac{dg}{dt}\right]\mathbf{j} + \left[\frac{dh}{dt}\right]\mathbf{k}\end{aligned}$$

에 접근한다. 그러므로 벡터함수의 미분계수를 다음과 같이 정의한다.

정의   벡터함수 $\mathbf{r}(t) = f(t)\mathbf{i} + g(t)\mathbf{j} + h(t)\mathbf{k}$의 성분함수 f, g, h가 t에서 미분계수를 가질 때 $\mathbf{r}(t)$는 t에서 **미분계수(derivative)를 가진다(미분가능하다)**라고 한다. 미분계수는 다음과 같은 벡터로 정의된다.

$$\mathbf{r}'(t) = \frac{d\mathbf{r}}{dt} = \lim_{\Delta t \to 0} \frac{\mathbf{r}(t + \Delta t) - \mathbf{r}(t)}{\Delta t} = \frac{df}{dt}\mathbf{i} + \frac{dg}{dt}\mathbf{j} + \frac{dh}{dt}\mathbf{k}$$

정의역의 모든 점에서 미분가능할 때 벡터함수 $\mathbf{r}$을 **미분가능하다(differentiable)**고 한다. 그리고 $d\mathbf{r}/dt$가 연속이고 모든 점에서 $\mathbf{0}$이 아닐 때, 즉 f, g, h가 동시에 0이 아닌 연속인 1계 미분계수를 가질 때, $\mathbf{r}$에 의하여 표현된 곡선이 **매끄럽다(smooth)**고 한다.

미분계수의 정의의 기하학적인 중요성은 그림 11.5에서 보여준다. 점 P와 Q는 각각 위치벡터 $\mathbf{r}(t)$와 $\mathbf{r}(t + \Delta t)$를 갖고, 이때 벡터 $\overrightarrow{PQ}$는 $\mathbf{r}(t + \Delta t) - \mathbf{r}(t)$에 의하여 표현된다. $\Delta t > 0$일 때, 상수배 $(1/\Delta t)(\mathbf{r}(t + \Delta t) - \mathbf{r}(t))$는 벡터 $\overrightarrow{PQ}$와 같은 방향을 가리킨다. $\Delta t \to 0$일 때, 이 벡터는 점 P에서 그 곡선에 접하는 한 벡터로 접근한다(그림 11.5(b)). 이 벡터 $\mathbf{r}'(t)$가 영벡터가 아닐 때 점 P에서 그 곡선에 대한 **접벡터(tangent)**라고 한다. 한 점 $(f(t_0), g(t_0), h(t_0))$에서 곡선에 대한 **접선(tangent line)**은 그 점을 지나고 벡터 $\mathbf{r}'(t_0)$에 평행인 직선으로 정의한다. 우리는 매끄러운 곡선에 대하여 그 곡선이 각 점에서 연속적으로 움직이는 접선벡터를 가지도록 항상 $d\mathbf{r}/dt \neq 0$을 가정한다. 매끄러운 곡선에는 날카로운 모서리나 첨점이 없다.

유한개의 매끄러운 곡선이 하나로 이어져 만든 곡선을 **구분적으로 매끄러운 곡선(piecewise smooth)**이라 부른다(그림 11.6).

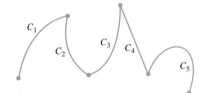

그림 11.6 5개의 매끄러운 곡선이 연속적으로 하나로 연결된 구분적으로 매끄러운 곡선. 이 곡선은 5개의 매끄러운 곡선이 연결되는 점에서 매끄럽지 않다.

그림 11.5를 다시 보자. 우리는 이 그림을 $\Delta \mathbf{r}$이 운동방향으로 진행하도록 양수인 Δt에 대하여 그렸다. 벡터 $\Delta \mathbf{r}/\Delta t$ 역시 $\Delta \mathbf{r}$과 같은 방향을 가지며, 운동의 진행방향을 가리킨다. 만일 Δt가 음수라면 $\Delta \mathbf{r}$은 운동의 진행방향과 반대방향을 가리킬 것이다. 하지만 몫

$\Delta\mathbf{r}/\Delta t$는 $\Delta\mathbf{r}$의 음의 상수배이므로 운동의 진행방향을 가리킨다. 그러므로 $\Delta\mathbf{r}$이 어떤 방향을 가리키든지 $\Delta\mathbf{r}/\Delta t$는 운동방향의 진행방향을 나타내며 $d\mathbf{r}/dt = \lim\limits_{\Delta t \to 0} \Delta\mathbf{r}/\Delta t$는 $\mathbf{0}$이 아닐 때 항상 같은 것으로 생각한다. 이것은 미분계수 $d\mathbf{r}/dt$가 시간에 대한 위치의 변화율이며, 항상 운동의 진행 방향을 가리키는 것임을 의미한다. 곡선이 매끄럽다면 $d\mathbf{r}/dt$는 항상 $\mathbf{0}$이 아니고 입자는 정지하지도 역방향으로 진행하지도 않는다.

정의 $\mathbf{r}$이 공간의 매끄러운 곡선을 따라서 움직이는 한 입자의 위치벡터라 할 때

$$\mathbf{v}(t) = \frac{d\mathbf{r}}{dt}$$

를 그 곡선에 접하는 입자의 **속도벡터(velocity vector)**라 한다. 임의의 시간 t에서, $\mathbf{v}$의 방향을 **운동방향(direction of motion)**, $\mathbf{v}$의 크기를 그 입자의 **속력(speed)**, 미분계수 $\mathbf{a} = d\mathbf{v}/dt$ (존재할 때)를 그 입자의 **가속도벡터(acceleration vector)**라 한다. 요약하면

1. 속도는 위치벡터의 미분계수: $\mathbf{v} = \dfrac{d\mathbf{r}}{dt}$

2. 속력은 속도의 크기: 속력 $= |\mathbf{v}|$

3. 가속도는 속도의 미분계수: $\mathbf{a} = \dfrac{d\mathbf{v}}{dt} = \dfrac{d^2\mathbf{r}}{dt^2}$

4. 단위벡터 $\mathbf{v}/|\mathbf{v}|$는 시간 t에서 운동방향

예제 4   공간에서 다음과 같이 주어진 위치벡터 $\mathbf{r}(t) = 2\cos t\,\mathbf{i} + 2\sin t\,\mathbf{j} + 5\cos^2 t\,\mathbf{k}$를 따라 운동하는 입자의 속도, 속력과 가속도를 구하라. 속도벡터 $\mathbf{r}(7\pi/4)$를 그림으로 나타내라.

풀이   시간 t에서의 속도와 가속도벡터는

$$\begin{aligned} \mathbf{v}(t) = \mathbf{r}'(t) &= -2\sin t\,\mathbf{i} + 2\cos t\,\mathbf{j} - 10\cos t\sin t\,\mathbf{k} \\ &= -2\sin t\,\mathbf{i} + 2\cos t\,\mathbf{j} - 5\sin 2t\,\mathbf{k} \end{aligned}$$

$$\mathbf{a}(t) = \mathbf{r}''(t) = -2\cos t\,\mathbf{i} - 2\sin t\,\mathbf{j} - 10\cos 2t\,\mathbf{k}$$

이고, 속력은

$$|\mathbf{v}(t)| = \sqrt{(-2\sin t)^2 + (2\cos t)^2 + (-5\sin 2t)^2} = \sqrt{4 + 25\sin^2 2t}$$

이다. 따라서 $t = 7\pi/4$일 때,

$$\mathbf{v}\!\left(\frac{7\pi}{4}\right) = \sqrt{2}\,\mathbf{i} + \sqrt{2}\,\mathbf{j} + 5\mathbf{k}, \qquad \mathbf{a}\!\left(\frac{7\pi}{4}\right) = -\sqrt{2}\,\mathbf{i} + \sqrt{2}\,\mathbf{j}, \qquad \left|\mathbf{v}\!\left(\frac{7\pi}{4}\right)\right| = \sqrt{29}$$

이다. $t = 7\pi/4$에서의 운동의 곡선과 속도벡터에 대한 그림은 그림 11.7에서와 같다. ■

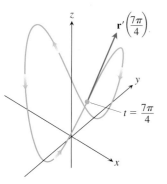

그림 11.7   예제 4에서 주어진 운동에 대한 $t = 7\pi/4$에서의 곡선과 속도벡터

움직이는 입자의 속도를 속력과 방향의 곱으로 표현할 수 있다.

$$\text{속도} = |\mathbf{v}|\left(\frac{\mathbf{v}}{|\mathbf{v}|}\right) = (\text{속력})(\text{방향})$$

미분 공식

벡터함수의 도함수는 성분별로 계산할 수 있으므로 벡터함수의 미분 공식은 스칼라함수의 미분 공식과 같은 형태를 가진다.

> **벡터함수의 미분 공식**
>
> **u**와 **v**를 t의 미분가능한 벡터함수, **C**를 상수벡터, c를 스칼라, f를 임의의 미분가능한 스칼라함수라 하자.
>
> **1. 상수함수 공식:** $\quad\dfrac{d}{dt}\mathbf{C} = \mathbf{0}$
>
> **2. 상수배 공식:** $\quad\dfrac{d}{dt}\big[c\mathbf{u}(t)\big] = c\mathbf{u}'(t)$
>
> $\quad\dfrac{d}{dt}\big[f(t)\mathbf{u}(t)\big] = f'(t)\mathbf{u}(t) + f(t)\mathbf{u}'(t)$
>
> **3. 합의 공식:** $\quad\dfrac{d}{dt}\big[\mathbf{u}(t) + \mathbf{v}(t)\big] = \mathbf{u}'(t) + \mathbf{v}'(t)$
>
> **4. 차의 공식:** $\quad\dfrac{d}{dt}\big[\mathbf{u}(t) - \mathbf{v}(t)\big] = \mathbf{u}'(t) - \mathbf{v}'(t)$
>
> **5. 내적 공식:** $\quad\dfrac{d}{dt}\big[\mathbf{u}(t) \cdot \mathbf{v}(t)\big] = \mathbf{u}'(t) \cdot \mathbf{v}(t) + \mathbf{u}(t) \cdot \mathbf{v}'(t)$
>
> **6. 외적 공식:** $\quad\dfrac{d}{dt}\big[\mathbf{u}(t) \times \mathbf{v}(t)\big] = \mathbf{u}'(t) \times \mathbf{v}(t) + \mathbf{u}(t) \times \mathbf{v}'(t)$
>
> **7. 연쇄 법칙:** $\quad\dfrac{d}{dt}\big[\mathbf{u}(f(t))\big] = f'(t)\mathbf{u}'(f(t))$

외적 공식을 이용할 때는 인자의 순서를 보존하도록 한다. 만일 **u**가 방정식의 좌변에서 앞에 위치하면 우변에서도 앞에 위치해야 한다. 그렇지 않으면 부호가 틀릴 것이다.

우리는 내적, 외적 공식과 연쇄법칙을 증명할 것이다. 상수, 상수배, 합, 차에 대한 공식들은 연습문제로 남긴다.

내적 공식의 증명 $\mathbf{u} = u_1(t)\mathbf{i} + u_2(t)\mathbf{j} + u_3(t)\mathbf{k}$와 $\mathbf{v} = v_1(t)\mathbf{i} + v_2(t)\mathbf{j} + v_3(t)\mathbf{k}$라 놓자. 그러면

$$\frac{d}{dt}(\mathbf{u} \cdot \mathbf{v}) = \frac{d}{dt}(u_1 v_1 + u_2 v_2 + u_3 v_3)$$

$$= \underbrace{u_1' v_1 + u_2' v_2 + u_3' v_3}_{\mathbf{u}' \cdot \mathbf{v}} + \underbrace{u_1 v_1' + u_2 v_2' + u_3 v_3'}_{\mathbf{u} \cdot \mathbf{v}'} \qquad \blacksquare$$

외적 공식의 증명 우리는 스칼라함수에 대한 곱의 공식의 증명 방법을 사용한다. 도함수의 정의에 의하면,

$$\frac{d}{dt}(\mathbf{u} \times \mathbf{v}) = \lim_{h \to 0} \frac{\mathbf{u}(t + h) \times \mathbf{v}(t + h) - \mathbf{u}(t) \times \mathbf{v}(t)}{h}$$

이다. 이 분수식을 **u**, **v**의 도함수와 관련한 차분몫을 포함하는 동치인 분수식으로 바꾸기 위하여 위의 분자에 $\mathbf{u}(t) \times \mathbf{v}(t+h)$를 빼고 더해준다. 그러면

$$\frac{d}{dt}(\mathbf{u} \times \mathbf{v})$$

$$= \lim_{h \to 0} \frac{\mathbf{u}(t + h) \times \mathbf{v}(t + h) - \mathbf{u}(t) \times \mathbf{v}(t + h) + \mathbf{u}(t) \times \mathbf{v}(t + h) - \mathbf{u}(t) \times \mathbf{v}(t)}{h}$$

$$= \lim_{h \to 0} \left[\frac{\mathbf{u}(t + h) - \mathbf{u}(t)}{h} \times \mathbf{v}(t + h) + \mathbf{u}(t) \times \frac{\mathbf{v}(t + h) - \mathbf{v}(t)}{h} \right]$$

$$= \lim_{h \to 0} \frac{\mathbf{u}(t + h) - \mathbf{u}(t)}{h} \times \lim_{h \to 0} \mathbf{v}(t + h) + \lim_{h \to 0} \mathbf{u}(t) \times \lim_{h \to 0} \frac{\mathbf{v}(t + h) - \mathbf{v}(t)}{h}$$

두 벡터함수의 외적의 극한은 그들의 극한(존재할 때)의 외적이므로 위의 마지막 등식은 성립한다(연습문제 46). $h \to 0$일 때, **v**는 t에서 미분가능하고 연속이므로 $\mathbf{v}(t+h)$는 $\mathbf{v}(t)$에 접근한다(연습문제 47). 두 분수식은 t에서 $d\mathbf{u}/dt$와 $d\mathbf{v}/dt$의 값으로 접근한다. 정리하면 다음이 증명된다.

$$\frac{d}{dt}(\mathbf{u} \times \mathbf{v}) = \frac{d\mathbf{u}}{dt} \times \mathbf{v} + \mathbf{u} \times \frac{d\mathbf{v}}{dt} \qquad \blacksquare$$

연쇄법칙의 증명　$\mathbf{u}(s) = a(s)\mathbf{i} + b(s)\mathbf{j} + c(s)\mathbf{k}$를 s의 미분가능한 벡터함수라 하고, $s = f(t)$를 t의 미분가능한 스칼라함수라 하자. 그러면 a, b, c는 t의 미분가능한 함수이고, 미분가능한 실수값 함수의 연쇄법칙에 의하여 다음을 얻는다.

$$\begin{aligned} \frac{d}{dt}\left[\mathbf{u}(s)\right] &= \frac{da}{dt}\mathbf{i} + \frac{db}{dt}\mathbf{j} + \frac{dc}{dt}\mathbf{k} \\ &= \frac{da}{ds}\frac{ds}{dt}\mathbf{i} + \frac{db}{ds}\frac{ds}{dt}\mathbf{j} + \frac{dc}{ds}\frac{ds}{dt}\mathbf{k} \\ &= \frac{ds}{dt}\left(\frac{da}{ds}\mathbf{i} + \frac{db}{ds}\mathbf{j} + \frac{dc}{ds}\mathbf{k}\right) \\ &= \frac{ds}{dt}\frac{d\mathbf{u}}{ds} \\ &= f'(t)\mathbf{u}'(f(t)) \qquad s = f(t) \qquad \blacksquare \end{aligned}$$

우리는 때때로 대수적으로 편리하게 스칼라 c와 벡터 $\mathbf{v}$의 곱을 $c\mathbf{v}$ 대신에 $\mathbf{v}c$로 쓴다. 그러면 예를 들어 연쇄법칙을 다음과 같은 익숙한 형식으로 쓸 수 있다:

$$\frac{d\mathbf{u}}{dt} = \frac{d\mathbf{u}}{ds}\frac{ds}{dt}$$

단, $s = f(t)$.

크기가 일정한 벡터함수

원점이 중심인 구면 위를 움직이는 한 입자에 대하여(그림 11.8), 위치벡터는 구의 반지름과 같은 일정한 길이를 갖는다. 운동의 궤적에 접하는 속도벡터 $d\mathbf{r}/dt$는 구면에 접하고 그러므로 $\mathbf{r}$에 직교한다. 이것은 크기가 일정한 미분가능한 벡터함수의 일반적인 성질이다. 그 벡터와 그의 1계 미분계수는 서로 직교한다. 이러한 결과를 직접적인 계산을 함으로써 확인할 수 있다.

$$\begin{aligned} \mathbf{r}(t) \cdot \mathbf{r}(t) &= c^2 & |\mathbf{r}(t)| = c \text{는 상수} \\ \frac{d}{dt}\left[\mathbf{r}(t) \cdot \mathbf{r}(t)\right] &= 0 & \text{양변을 미분} \\ \mathbf{r}'(t) \cdot \mathbf{r}(t) + \mathbf{r}(t) \cdot \mathbf{r}'(t) &= 0 & \mathbf{r}(t) = \mathbf{u}(t) = \mathbf{v}(t)\text{와 공식 5를 이용} \\ 2\mathbf{r}'(t) \cdot \mathbf{r}(t) &= 0 \end{aligned}$$

벡터 $\mathbf{r}'(t)$와 $\mathbf{r}(t)$는 그들의 내적이 0이므로 직교한다. 요약하면

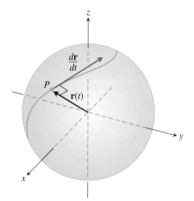

그림 11.8　위치벡터 $\mathbf{r}$이 시간의 미분가능한 함수가 되도록 한 입자가 구면 위를 움직일 때 $\mathbf{r} \cdot (d\mathbf{r}/dt) = 0$이다.

> $\mathbf{r}$이 크기가 일정한 미분가능한 t의 벡터함수이면
>
> $$\mathbf{r} \cdot \frac{d\mathbf{r}}{dt} = 0 \qquad (4)$$

우리는 11.4절에서 이러한 성질을 반복적으로 사용할 것이다. 또한 역도 성립한다 (연습문제 41 참조).

연습문제 11.1

연습문제 1~4에서 극한을 구하라.

1. $\displaystyle\lim_{t \to \pi}\left[\left(\sin\frac{t}{2}\right)\mathbf{i} + \left(\cos\frac{2}{3}t\right)\mathbf{j} + \left(\tan\frac{5}{4}t\right)\mathbf{k}\right]$

2. $\displaystyle\lim_{t \to -1}\left[t^3\mathbf{i} + \left(\sin\frac{\pi}{2}t\right)\mathbf{j} + (\ln(t + 2))\mathbf{k}\right]$

3. $\displaystyle\lim_{t \to 1}\left[\left(\frac{t^2 - 1}{\ln t}\right)\mathbf{i} - \left(\frac{\sqrt{t} - 1}{1 - t}\right)\mathbf{j} + (\tan^{-1} t)\mathbf{k}\right]$

4. $\displaystyle\lim_{t \to 0}\left[\left(\frac{\sin t}{t}\right)\mathbf{i} + \left(\frac{\tan^2 t}{\sin 2t}\right)\mathbf{j} - \left(\frac{t^3 - 8}{t + 2}\right)\mathbf{k}\right]$

평면에서의 운동

연습문제 5~8에서 $\mathbf{r}(t)$는 시간 t에서 xy평면 위의 한 입자의 위치벡터이다. 그래프가 입자의 궤적이 되는 x, y의 방정식을 구하라. 주어진 시간 t에서 입자의 속도 및 가속도벡터를 구하라.

5. $\mathbf{r}(t) = (t + 1)\mathbf{i} + (t^2 - 1)\mathbf{j}, \quad t = 1$

6. $\mathbf{r}(t) = \dfrac{t}{t+1}\mathbf{i} + \dfrac{1}{t}\mathbf{j}, \quad t = -\dfrac{1}{2}$

7. $\mathbf{r}(t) = e^t\mathbf{i} + \dfrac{2}{9}e^{2t}\mathbf{j}, \quad t = \ln 3$

8. $\mathbf{r}(t) = (\cos 2t)\mathbf{i} + (3\sin 2t)\mathbf{j}, \quad t = 0$

연습문제 9~12에서 xy평면 위의 여러 가지 곡선을 따라서 움직이는 입자들의 위치벡터를 나타내었다. 각각의 경우에 주어진 시간에서 입자들의 속도와 가속도벡터를 구하고 그 곡선 위에 벡터로 표시하라.

9. 원 $x^2+y^2=1$ 위의 운동

$$\mathbf{r}(t) = (\sin t)\mathbf{i} + (\cos t)\mathbf{j}; \quad t = \pi/4, \ \pi/2$$

10. 원 $x^2+y^2=16$ 위의 운동

$$\mathbf{r}(t) = \left(4\cos\dfrac{t}{2}\right)\mathbf{i} + \left(4\sin\dfrac{t}{2}\right)\mathbf{j}; \quad t = \pi, \ 3\pi/2$$

11. 사이클로이드 $x=t-\sin t, \ y=1-\cos t$ 위의 운동

$$\mathbf{r}(t) = (t - \sin t)\mathbf{i} + (1 - \cos t)\mathbf{j}; \quad t = \pi, \ 3\pi/2$$

12. 포물선 $y=x^2+1$ 위의 운동

$$\mathbf{r}(t) = t\mathbf{i} + (t^2 + 1)\mathbf{j}; \quad t = -1, 0, 1$$

공간에서의 운동

연습문제 13~18에서 $\mathbf{r}(t)$는 시간 t에서 공간 위의 한 입자의 위치벡터이다. 그 입자의 속도와 가속도벡터를 구하라. 주어진 시간 t에서 입자의 속력과 운동방향을 구하라. 주어진 시간에서 입자의 속도를 속력과 운동방향의 곱으로 표현하라.

13. $\mathbf{r}(t) = (t + 1)\mathbf{i} + (t^2 - 1)\mathbf{j} + 2t\mathbf{k}, \quad t = 1$

14. $\mathbf{r}(t) = (1 + t)\mathbf{i} + \dfrac{t^2}{\sqrt{2}}\mathbf{j} + \dfrac{t^3}{3}\mathbf{k}, \quad t = 1$

15. $\mathbf{r}(t) = (2\cos t)\mathbf{i} + (3\sin t)\mathbf{j} + 4t\mathbf{k}, \quad t = \pi/2$

16. $\mathbf{r}(t) = (\sec t)\mathbf{i} + (\tan t)\mathbf{j} + \dfrac{4}{3}t\mathbf{k}, \quad t = \pi/6$

17. $\mathbf{r}(t) = (2\ln(t + 1))\mathbf{i} + t^2\mathbf{j} + \dfrac{t^2}{2}\mathbf{k}, \quad t = 1$

18. $\mathbf{r}(t) = e^{-t}\mathbf{i} + (2\cos 3t)\mathbf{j} + (2\sin 3t)\mathbf{k}, \quad t = 0$

연습문제 19~22에서 $\mathbf{r}(t)$는 시간 t에서 공간 위의 한 입자의 위치벡터이다. 시간 $t=0$에서 속도와 가속도벡터 사이의 각을 구하라.

19. $\mathbf{r}(t) = (3t + 1)\mathbf{i} + \sqrt{3}t\mathbf{j} + t^2\mathbf{k}$

20. $\mathbf{r}(t) = \left(\dfrac{\sqrt{2}}{2}t\right)\mathbf{i} + \left(\dfrac{\sqrt{2}}{2}t - 16t^2\right)\mathbf{j}$

21. $\mathbf{r}(t) = (\ln(t^2 + 1))\mathbf{i} + (\tan^{-1}t)\mathbf{j} + \sqrt{t^2 + 1}\,\mathbf{k}$

22. $\mathbf{r}(t) = \dfrac{4}{9}(1 + t)^{3/2}\mathbf{i} + \dfrac{4}{9}(1 - t)^{3/2}\mathbf{j} + \dfrac{1}{3}t\mathbf{k}$

곡선의 접선

본문에서 언급한 것처럼, $t=t_0$에서 매끄러운 곡선 $\mathbf{r}(t) = f(t)\mathbf{i} + g(t)\mathbf{j} + h(t)\mathbf{k}$에 대한 **접선**은 점 $(f(t_0), g(t_0), h(t_0))$을 지나고 t_0에서 곡선의 속도벡터 $\mathbf{v}(t_0)$에 평행인 직선이다.

연습문제 23~26에서 주어진 매개변수값 $t=t_0$에서 주어진 곡선에 대한 접선의 매개방정식을 구하라.

23. $\mathbf{r}(t) = (\sin t)\mathbf{i} + (t^2 - \cos t)\mathbf{j} + e^t\mathbf{k}, \quad t_0 = 0$

24. $\mathbf{r}(t) = t^2\mathbf{i} + (2t - 1)\mathbf{j} + t^3\mathbf{k}, \quad t_0 = 2$

25. $\mathbf{r}(t) = \ln t\,\mathbf{i} + \dfrac{t - 1}{t + 2}\mathbf{j} + t\ln t\,\mathbf{k}, \quad t_0 = 1$

26. $\mathbf{r}(t) = (\cos t)\mathbf{i} + (\sin t)\mathbf{j} + (\sin 2t)\mathbf{k}, \quad t_0 = \dfrac{\pi}{2}$

연습문제 27~30에서 주어진 곡선의 접선이 주어진 점을 지나도록 t의 값을 구하라.

27. $\mathbf{r}(t) = t^2\mathbf{i} + (1 + t)\mathbf{j} + (2t - 3)\mathbf{k}; \quad (-8, 2, -1)$

28. $\mathbf{r}(t) = t\mathbf{i} + 3\mathbf{j} + \left(\dfrac{2}{3}t^{3/2}\right)\mathbf{k}; \quad (0, 3, -8/3)$

29. $\mathbf{r}(t) = 2t\mathbf{i} + t^2\mathbf{j} - t^2\mathbf{k}; \quad (0, -4, 4)$

30. $\mathbf{r}(t) = -t\mathbf{i} + t^2\mathbf{j} + (\ln t)\mathbf{k}; \quad (2, -5, -3)$

연습문제 31~36에서 $\mathbf{r}(t)$는 공간에서 시간 t에서 입자의 위치이다. 함수에 해당하는 그래프를 A~F에서 짝지으라.

31. $\mathbf{r}(t) = (t\cos t)\mathbf{i} + (t\sin t)\mathbf{j} + t\mathbf{k}$

32. $\mathbf{r}(t) = (\cos t)\mathbf{i} + (\sin t)\mathbf{j} + (\sin 2t)\mathbf{k}$

33. $\mathbf{r}(t) = t^2\mathbf{i} + (t^2 + 1)\mathbf{j} + t^4\mathbf{k}$

34. $\mathbf{r}(t) = t\mathbf{i} + (\ln t)\mathbf{j} + (\sin t)\mathbf{k}$

35. $\mathbf{r}(t) = t\mathbf{i} + (\cos t)\mathbf{j} + (\sin t)\mathbf{k}$

36. $\mathbf{r}(t) = (t\sin t)\mathbf{i} + (t\cos t)\mathbf{j} + \left(\dfrac{t}{t^2 + 1}\right)\mathbf{k}$

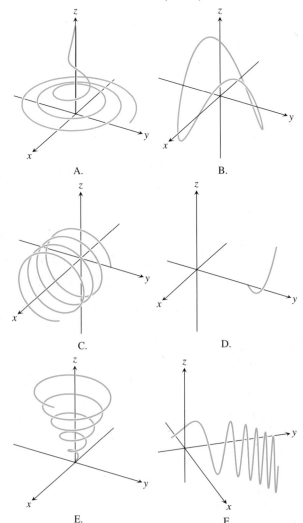

A.

B.

C.

D.

E.

F.

이론과 예제

37. 원 위의 운동 (a)~(e)에 있는 다음의 각 방정식은 원의 경로, 즉 $x^2 + y^2 = 1$을 따라 움직이는 입자의 운동을 나타낸다. 각 입자의 경로는 같을지라도 운동 또는 역학은 다르다. 각 입자에 대하여 다음의 물음에 답하라.

 i) 그 입자의 속력은 상수인가? 그렇다면 그 상수는 무엇인가?

 ii) 그 입자의 가속도벡터는 속도벡터와 항상 직교하는가?

 iii) 그 입자는 원둘레를 시계 또는 반시계방향으로 움직이는가?

 iv) 그 입자는 점 (1, 0)에서 시작하는가?

 a. $\mathbf{r}(t) = (\cos t)\mathbf{i} + (\sin t)\mathbf{j}, \quad t \geq 0$

 b. $\mathbf{r}(t) = \cos(2t)\mathbf{i} + \sin(2t)\mathbf{j}, \quad t \geq 0$

 c. $\mathbf{r}(t) = \cos(t - \pi/2)\mathbf{i} + \sin(t - \pi/2)\mathbf{j}, \quad t \geq 0$

 d. $\mathbf{r}(t) = (\cos t)\mathbf{i} - (\sin t)\mathbf{j}, \quad t \geq 0$

 e. $\mathbf{r}(t) = \cos(t^2)\mathbf{i} + \sin(t^2)\mathbf{j}, \quad t \geq 0$

38. 원 위의 운동 벡터값 함수

$$\mathbf{r}(t) = (2\mathbf{i} + 2\mathbf{j} + \mathbf{k})$$
$$+ \cos t\left(\frac{1}{\sqrt{2}}\mathbf{i} - \frac{1}{\sqrt{2}}\mathbf{j}\right) + \sin t\left(\frac{1}{\sqrt{3}}\mathbf{i} + \frac{1}{\sqrt{3}}\mathbf{j} + \frac{1}{\sqrt{3}}\mathbf{k}\right)$$

는 중심이 점 (2, 2, 1)이고 반지름이 1인 원 위를 움직이고 평면 $x + y - 2z = 2$를 지나는 한 입자의 운동을 나타냄을 보이라.

39. 포물선을 위의 운동 한 입자가 포물선 $y^2 = 2x$의 상반선을 따라서 왼쪽에서 오른쪽으로 초당 5단위의 일정한 속력으로 움직이고 있다. 점 (2, 2)를 지날 때 그 입자의 속도를 구하라.

40. 사이클로이드 위의 운동 xy 평면에서의 한 입자가 시간 t에서 위치벡터

$$\mathbf{r}(t) = (t - \sin t)\mathbf{i} + (1 - \cos t)\mathbf{j}$$

를 가지고 움직이고 있다.

 T **a.** $\mathbf{r}(t)$를 그리라. 그 곡선은 사이클로이드이다.

 b. $|\mathbf{v}|$, $|\mathbf{a}|$의 최대, 최솟값을 구하라. (**힌트:** $|\mathbf{v}|^2$과 $|\mathbf{a}|^2$의 극값을 구하고, 제곱근을 계산하라.)

41. $\mathbf{r}$을 t의 미분가능한 벡터함수라 하자. 모든 t에 대하여 $\mathbf{r} \cdot (d\mathbf{r}/dt) = 0$이면 $|\mathbf{r}|$은 상수임을 보이라.

42. 스칼라 삼중의 미분

 a. $\mathbf{u}, \mathbf{v}, \mathbf{w}$가 t의 미분가능한 벡터함수이면

$$\frac{d}{dt}(\mathbf{u} \cdot \mathbf{v} \times \mathbf{w}) = \frac{d\mathbf{u}}{dt} \cdot \mathbf{v} \times \mathbf{w} + \mathbf{u} \cdot \frac{d\mathbf{v}}{dt} \times \mathbf{w} + \mathbf{u} \cdot \mathbf{v} \times \frac{d\mathbf{w}}{dt}$$

임을 보이라.

 b. $\dfrac{d}{dt}\left(\mathbf{r} \cdot \dfrac{d\mathbf{r}}{dt} \times \dfrac{d^2\mathbf{r}}{dt^2}\right) = \mathbf{r} \cdot \left(\dfrac{d\mathbf{r}}{dt} \times \dfrac{d^3\mathbf{r}}{dt^3}\right)$

임을 보이라. (**힌트:** 좌변을 미분하고 그 곱이 0이 되는 벡터를 찾으라.)

43. 벡터함수에 대한 두 상수배 공식을 증명하라.

44. 벡터함수에 대한 합의 공식과 차의 공식을 증명하라.

45. 한 점에서의 연속성에 대한 성분함수 판정 $\mathbf{r}(t) = f(t)\mathbf{i} + g(t)\mathbf{j} + h(t)\mathbf{k}$라 정의된 벡터함수 $\mathbf{r}$이 $t = t_0$에서 연속이기 위한 필요충분조건은 f, g, h가 t_0에서 연속임을 보이라.

46. 벡터함수 외적의 극한 $\mathbf{r}_1(t) = f_1(t)\mathbf{i} + f_2(t)\mathbf{j} + f_3(t)\mathbf{k}$, $\mathbf{r}_2(t) = g_1(t)\mathbf{i} + g_2(t)\mathbf{j} + g_3(t)\mathbf{k}$, $\lim\limits_{t \to t_0} \mathbf{r}_1(t) = \mathbf{A}$, $\lim\limits_{t \to t_0} \mathbf{r}_2(t) = \mathbf{B}$라 하자. 외적에 대한 행렬식 공식과 스칼라함수에 대한 극한 곱의 법칙을 사용하여

$$\lim_{t \to t_0}(\mathbf{r}_1(t) \times \mathbf{r}_2(t)) = \mathbf{A} \times \mathbf{B}$$

를 보이라.

47. 미분가능한 벡터함수는 연속 $\mathbf{r}(t) = f(t)\mathbf{i} + g(t)\mathbf{j} + h(t)\mathbf{k}$가 $t = t_0$에서 미분가능하면 t_0에서 또한 연속임을 보이라.

48. 상수함수 법칙 $\mathbf{u}$가 상수값 $\mathbf{C}$를 갖는 벡터함수 (상수함수)이면 $d\mathbf{u}/dt = 0$임을 증명하라.

컴퓨터 탐구

연습문제 49~52에서 CAS를 사용하여 다음의 단계를 따라 풀라.

 a. 위치벡터 $\mathbf{r}$에 의하여 표현된 공간곡선을 그리라.

 b. 속도벡터 $d\mathbf{r}/dt$의 성분을 구하라.

 c. 주어진 점 t_0에서 $d\mathbf{r}/dt$을 구하고 $\mathbf{r}(t_0)$에서 그 곡선에 대한 접선의 방정식을 구하라.

 d. 주어진 구간에서 곡선과 접선을 그리라.

49. $\mathbf{r}(t) = (\sin t - t \cos t)\mathbf{i} + (\cos t + t \sin t)\mathbf{j} + t^2\mathbf{k}$, $0 \leq t \leq 6\pi, \quad t_0 = 3\pi/2$

50. $\mathbf{r}(t) = \sqrt{2}t\mathbf{i} + e^t\mathbf{j} + e^{-t}\mathbf{k}, \quad -2 \leq t \leq 3, \quad t_0 = 1$

51. $\mathbf{r}(t) = (\sin 2t)\mathbf{i} + (\ln(1 + t))\mathbf{j} + t\mathbf{k}, \quad 0 \leq t \leq 4\pi, t_0 = \pi/4$

52. $\mathbf{r}(t) = (\ln(t^2 + 2))\mathbf{i} + (\tan^{-1} 3t)\mathbf{j} + \sqrt{t^2 + 1}\,\mathbf{k}, \quad -3 \leq t \leq 5, \quad t_0 = 3$

연습문제 53~54에서 상수 a와 b의 값을 변화시킴으로써 나선

$$\mathbf{r}(t) = (\cos at)\mathbf{i} + (\sin at)\mathbf{j} + bt\mathbf{k}$$

의 움직임을 그림으로 확인할 수 있다. CAS를 사용하여 각 문제의 단계를 수행하라.

53. $b = 1$이라 놓는다. 구간 $0 \leq t \leq 4\pi$ 위에서 $a = 1, 2, 4, 6$에 대한 $t = 3\pi/2$에서 접선을 그리라. a가 이러한 수들로 증가할 때 나선의 그래프와 접선의 위치에 어떤 변화가 있는지 설명하라.

54. $a = 1$이라 놓는다. 구간 $0 \leq t \leq 4\pi$ 위에서 $b = 1/4, 1/2, 2$와 4에 대한 $t = 3\pi/2$에서 접선을 그리라. b가 이러한 수들로 증가할 때 나선의 그래프와 접선의 위치에 어떤 변화가 있는지 설명하라.

11.2 벡터함수의 적분: 발사체 운동

이 절에서는 벡터함수의 적분에 대해 알아보고 공간 또는 평면에서의 경로를 따르는 운동에 대한 적용을 알아본다.

벡터함수의 적분

미분가능한 벡터함수 $\mathbf{R}(t)$가 구간 I의 각 점에서 $d\mathbf{R}/dt = \mathbf{r}$을 만족하면 구간 I에서 벡터함수 $\mathbf{r}(t)$의 **원시함수(antiderivative)**라 한다. 만일 $\mathbf{R}$이 I에서 $\mathbf{r}$의 한 원시함수이면 각 점에서 성분별로 계산해 봄으로써 I에서 $\mathbf{r}$의 모든 원시함수는 적당한 상수벡터 $\mathbf{C}$에 대해서 $\mathbf{R} + \mathbf{C}$의 형태임을 보일 수 있다(연습문제 45). I에서 $\mathbf{r}$의 모든 원시함수의 집합을 I에서 $\mathbf{r}$의 **부정적분(indefinite integral)**이라 한다.

> **정의** $\mathbf{r}$의 모든 원시함수들의 집합을 t에 관한 $\mathbf{r}$의 **부정적분(indefinite integral)**이라 하고 $\int \mathbf{r}(t)\, dt$라 쓴다. $\mathbf{R}$이 $\mathbf{r}$의 임의의 원시함수이면 다음과 같다.
>
> $$\int \mathbf{r}(t)\, dt = \mathbf{R}(t) + \mathbf{C}$$

부정적분에 대한 보통의 산술공식이 성립한다.

예제 1 벡터함수를 적분하기 위하여, 각 성분을 적분한다.

$$\int ((\cos t)\mathbf{i} + \mathbf{j} - 2t\mathbf{k})\, dt = \left(\int \cos t\, dt \right)\mathbf{i} + \left(\int dt \right)\mathbf{j} - \left(\int 2t\, dt \right)\mathbf{k} \qquad (1)$$

$$= (\sin t + C_1)\mathbf{i} + (t + C_2)\mathbf{j} - (t^2 + C_3)\mathbf{k} \qquad (2)$$

$$= (\sin t)\mathbf{i} + t\mathbf{j} - t^2\mathbf{k} + \mathbf{C} \qquad \mathbf{C} = C_1\mathbf{i} + C_2\mathbf{j} - C_3\mathbf{k}$$

스칼라함수의 적분에서와 같이 식 (1)과 (2)의 단계를 생략하고 바로 마지막 식을 계산하기를 권장한다. 즉, 각 성분함수의 역도함수를 구하고 끝에 상수벡터를 더하면 된다. ■

벡터함수의 정적분을 성분함수를 사용하여 정의할 수 있다. 벡터함수의 극한과 도함수를 계산하던 것과 일치한다.

> **정의** $\mathbf{r}(t) = f(t)\mathbf{i} + g(t)\mathbf{j} + h(t)\mathbf{k}$의 성분함수가 구간 $[a, b]$에서 적분가능하면 $\mathbf{r}$은 적분가능하다고 하고, 이때 a부터 b까지 $\mathbf{r}$의 **정적분(definite integral)**은
>
> $$\int_a^b \mathbf{r}(t)\, dt = \left(\int_a^b f(t)\, dt \right)\mathbf{i} + \left(\int_a^b g(t)\, dt \right)\mathbf{j} + \left(\int_a^b h(t)\, dt \right)\mathbf{k}$$
>
> 로 정의한다.

예제 2 예제 1에서와 같이 성분함수를 적분한다.

$$\int_0^\pi ((\cos t)\mathbf{i} + \mathbf{j} - 2t\mathbf{k})\, dt = \left(\int_0^\pi \cos t\, dt \right)\mathbf{i} + \left(\int_0^\pi dt \right)\mathbf{j} - \left(\int_0^\pi 2t\, dt \right)\mathbf{k}$$

$$= \left[\sin t \right]_0^\pi \mathbf{i} + \left[t \right]_0^\pi \mathbf{j} - \left[t^2 \right]_0^\pi \mathbf{k}$$

$$= [0 - 0]\mathbf{i} + [\pi - 0]\mathbf{j} - [\pi^2 - 0^2]\mathbf{k}$$

$$= \pi\mathbf{j} - \pi^2\mathbf{k}$$

■

연속인 벡터함수에 대하여 미적분학의 기본정리는 다음과 같다.

$$\int_a^b \mathbf{r}(t)\,dt = \mathbf{R}(t)\bigg]_a^b = \mathbf{R}(b) - \mathbf{R}(a)$$

여기서 $\mathbf{R}$은 $\mathbf{r}$의 역도함수, 즉 $\mathbf{R}'(t) = \mathbf{r}(t)$이다(연습문제 46). 벡터함수의 역도함수는 또한 벡터함수이고, 벡터함수의 정적분은 하나의 상수벡터이다.

예제 3 행글라이더의 궤적은 알지 못하고 오직 가속도벡터 $\mathbf{a}(t) = -(3\cos t)\mathbf{i} - (3\sin t)\mathbf{j} + 2\mathbf{k}$만이 주어졌다고 하자. 그리고 시점($t=0$)에서 행글라이더의 위치는 $(4, 0, 0)$이고 속도가 $\mathbf{v}(0) = 3\mathbf{j}$라 하자. 이때 행글라이더의 위치벡터를 t의 함수로 표현하라.

풀이 우리의 목표는

미분방정식: $\quad \mathbf{a} = \dfrac{d^2\mathbf{r}}{dt^2} = -(3\cos t)\mathbf{i} - (3\sin t)\mathbf{j} + 2\mathbf{k}$

초기조건: $\quad \mathbf{v}(0) = 3\mathbf{j}, \quad \mathbf{r}(0) = 4\mathbf{i} + 0\mathbf{j} + 0\mathbf{k}$

을 알고 $\mathbf{r}(t)$를 찾는 것이다. 위의 미분방정식의 양변을 t에 관하여 적분하면

$$\mathbf{v}(t) = -(3\sin t)\mathbf{i} + (3\cos t)\mathbf{j} + 2t\mathbf{k} + \mathbf{C}_1$$

$\mathbf{v}(0) = 3\mathbf{j}$를 사용하여 $\mathbf{C}_1$을 구한다.

$$3\mathbf{j} = -(3\sin 0)\mathbf{i} + (3\cos 0)\mathbf{j} + (0)\mathbf{k} + \mathbf{C}_1$$
$$3\mathbf{j} = 3\mathbf{j} + \mathbf{C}_1$$
$$\mathbf{C}_1 = \mathbf{0}$$

따라서 시간의 함수로서 행글라이더의 속도는

$$\frac{d\mathbf{r}}{dt} = \mathbf{v}(t) = -(3\sin t)\mathbf{i} + (3\cos t)\mathbf{j} + 2t\mathbf{k}$$

이제 위의 미분방정식의 양변을 적분하면

$$\mathbf{r}(t) = (3\cos t)\mathbf{i} + (3\sin t)\mathbf{j} + t^2\mathbf{k} + \mathbf{C}_2$$

초기조건 $\mathbf{r}(0) = 4\mathbf{i}$를 사용하여 $\mathbf{C}_2$을 구하면:

$$4\mathbf{i} = (3\cos 0)\mathbf{i} + (3\sin 0)\mathbf{j} + (0^2)\mathbf{k} + \mathbf{C}_2$$
$$4\mathbf{i} = 3\mathbf{i} + (0)\mathbf{j} + (0)\mathbf{k} + \mathbf{C}_2$$
$$\mathbf{C}_2 = \mathbf{i}$$

그러므로 구하는 행글라이더의 t의 함수로서의 위치벡터는

$$\mathbf{r}(t) = (1 + 3\cos t)\mathbf{i} + (3\sin t)\mathbf{j} + t^2\mathbf{k}$$

이다. 이것은 그림 11.9에서 볼 수 있는 행글라이더의 궤적이다. z축을 감고 돌아서 나선처럼 보일지라도, 올라가는 방법 때문에 나선이 아니다(11.5절에서 이에 대해 더 자세히 알아본다). ∎

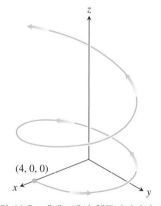

그림 11.9 예제 3에서 행글라이더의 경로. 경로가 z축을 감고 올라가지만 나선은 아니다.

이상적인 발사체 운동에 대한 벡터 및 매개방정식

벡터함수의 적분에 대한 전형적인 예는 발사체 운동에 대한 식의 유도에서 찾아볼 수 있다. 발사체 운동이란, 물리학적으로 볼 때, 물체가 초기 위치에서 지정된 각도로 어떻게 발사되는가 또는 발사체가 수직 좌표평면에서 오직 중력에 의해서만 위로 어떻게 움직이는가를 표현하는 것이다. 이 전형적인 예에서, 물체의 속력과 고도에 따라 변하면서 작용하는 어떠한 마찰력의 영향도 고려하지 않는다. 또한, 물체의 높이에 따라

다르게 작용될 수 있는 중력의 효과도 고려하지 않는다. 더 나아가 로켓 발사 또는 대포에서 발사된 탄환과 같은 발사체의 아래에 놓여있는 지구의 회전에 따른 장거리 효과도 무시한다. 대부분의 경우, 이러한 효과의 무시로 인해 운동에 대한 합리적인 근삿값을 얻게 된다.

발사체 운동에 대한 식을 얻기 위해, 이 발사체가 수직 좌표평면에서 움직이는 입자와 같이 운동한다고 가정하고, 발사체의 비행에 오직 중력만이 항상 같은 값으로 수직 아래방향으로 작용한다고 가정한다. 발사체가 $t=0$일 때, 원점에서 초기 속도벡터 $\mathbf{v}_0$로 제1사분면으로 발사되었다고 가정하자(그림 11.10). 만일 $\mathbf{v}_0$가 수평선과 각 α를 이루면

$$\mathbf{v}_0 = (|\mathbf{v}_0| \cos \alpha)\mathbf{i} + (|\mathbf{v}_0| \sin \alpha)\mathbf{j}$$

이고, 초기속력 $|\mathbf{v}_0|$ 대신에 간단한 기호 v_0를 사용하면

$$\mathbf{v}_0 = (v_0 \cos \alpha)\mathbf{i} + (v_0 \sin \alpha)\mathbf{j} \tag{3}$$

이다. 발사체의 초기위치는

$$\mathbf{r}_0 = 0\mathbf{i} + 0\mathbf{j} = \mathbf{0} \tag{4}$$

이라 하자. 뉴턴의 운동 제 2법칙에 의하여 발사체에 가해지는 힘은 이 발사체의 질량 m과 가속도의 곱과 같다. 즉, $\mathbf{r}$이 그 발사체의 위치벡터, t를 시간이라 하면 그 힘은 $m(d^2\mathbf{r}/dt^2)$이 된다. 만일 힘이 단지 중력 $-mg\mathbf{j}$라면

$$m\frac{d^2\mathbf{r}}{dt^2} = -mg\mathbf{j}, \qquad \frac{d^2\mathbf{r}}{dt^2} = -g\mathbf{j}$$

여기서 g는 중력가속도이다. 다음의 초깃값 문제를 풀어서 $\mathbf{r}$을 t의 함수로 표현해 보자.

미분방정식: $\dfrac{d^2\mathbf{r}}{dt^2} = -g\mathbf{j}$

초기조건: $t = 0$일 때 $\mathbf{r} = \mathbf{r}_0$, $\dfrac{d\mathbf{r}}{dt} = \mathbf{v}_0$

방정식을 한 번 적분하면

$$\frac{d\mathbf{r}}{dt} = -(gt)\mathbf{j} + \mathbf{v}_0$$

이고, 한 번 더 적분하면

$$\mathbf{r} = -\frac{1}{2}gt^2\mathbf{j} + \mathbf{v}_0 t + \mathbf{r}_0$$

를 얻는다. 식 (3)과 (4)의 $\mathbf{v}_0$와 $\mathbf{r}_0$의 값을 대입하면

$$\mathbf{r} = -\frac{1}{2}gt^2\mathbf{j} + \underbrace{(v_0 \cos \alpha)t\mathbf{i} + (v_0 \sin \alpha)t\mathbf{j}}_{\mathbf{v}_0 t} + \mathbf{0}$$

을 얻는다. 정리하면

이상적인 발사체의 운동방정식

$$\mathbf{r} = (v_0 \cos \alpha)t\mathbf{i} + \left((v_0 \sin \alpha)t - \frac{1}{2}gt^2\right)\mathbf{j} \tag{5}$$

식 (5)는 이상적인 발사체 운동에 대한 **벡터 방정식**(*vector equation*)이다. 각 α는 발

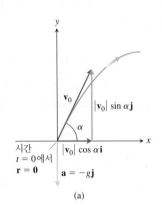

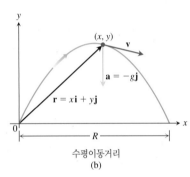

그림 11.10 (a) $t=0$에서 위치, 속도, 가속도, 발사각. (b) 얼마 후의 시간 t에서 위치, 속도, 가속도

사체의 **발사각(발포각, 고도각; launch angle(firing angle, angle of elevation))**이라 하고, 앞에서 언급한대로 v_0는 발사체의 **초기속력(initial speed)**이다. $\mathbf{r}$의 성분으로부터 매개방정식

$$x = (v_0 \cos \alpha)t, \qquad y = (v_0 \sin \alpha)t - \frac{1}{2}gt^2 \tag{6}$$

을 얻는다. 단, x는 지상에서의 거리이고, y는 시간 $t \geq 0$에서 발사체의 높이이다.

예제 4 발사체가 지면의 원점으로부터 초기속력 500 m/s와 발사각 60°로 발사된다. 10초 후 이 발사체의 위치를 구하라.

풀이 식 (5)에서 $v_0 = 500$, $\alpha = 60°$, $g = 9.8$, $t = 10$일 때 이 발사체의 성분을 구한다.

$$\begin{aligned}
\mathbf{r} &= (v_0 \cos \alpha)t\mathbf{i} + \left((v_0 \sin \alpha)t - \frac{1}{2}gt^2 \right)\mathbf{j} \\
&= (500)\left(\frac{1}{2}\right)(10)\mathbf{i} + \left((500)\left(\frac{\sqrt{3}}{2}\right)10 - \left(\frac{1}{2}\right)(9.8)(100) \right)\mathbf{j} \\
&\approx 2500\mathbf{i} + 3840\mathbf{j}
\end{aligned}$$

따라서 발사 10초 후 발사체는 지상 3840 m, 발사 지점에서 2500 m 떨어진 위치에 있다. ∎

이상적인 발사체의 움직임은 포물선을 그린다. 이는 식 (6)으로부터 보일 수 있는데, 첫 번째 식으로부터 $t = x/(v_0 \cos \alpha)$를 얻어서 이를 두 번째 식에 대입하면 다음과 같은 직교좌표 방정식을 얻는다.

$$y = -\left(\frac{g}{2v_0{}^2 \cos^2 \alpha} \right)x^2 + (\tan \alpha)x$$

이 방정식은 $y = ax^2 + bx$ 형태이므로 이 그래프는 포물선이다.

발사체는 수직 속도 성분이 0일 때 가장 높은 위치에 도달한다. 지면으로부터 발사된 발사체가 식 (5)에서의 수직성분이 0이 될 때 다시 지면에 도착하며, 원점으로부터 지면 위의 충돌지점까지의 거리를 **수평이동거리(range)** R이라 한다. 여기에 이 결과들을 요약 정리하였으며, 증명은 연습문제 31에서 해보자.

이상적인 발사체 운동의 높이, 비행시간, 수평이동거리

한 물체가 지면으로부터 초기속력 v_0와 발사각 α로 원점에서 발사될 때의 이상적인 발사체 운동에 대하여

$$\text{최대높이:} \qquad y_{\max} = \frac{(v_0 \sin \alpha)^2}{2g}$$

$$\text{비행시간:} \qquad t = \frac{2v_0 \sin \alpha}{g}$$

$$\text{수평이동거리:} \qquad R = \frac{v_0{}^2}{g} \sin 2\alpha$$

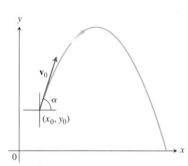

그림 11.11 초기속도 $\mathbf{v}_0$, 수평선과 α각을 갖고 점 (x_0, y_0)에서 발사된 발사체의 경로

만일 이상적인 발사체를 원점 대신에 점 (x_0, y_0)에서 발사한다면(그림 11.11), 운동 경로에 대한 위치벡터는

$$\mathbf{r} = (x_0 + (v_0 \cos \alpha)t)\mathbf{i} + \left(y_0 + (v_0 \sin \alpha)t - \frac{1}{2}gt^2 \right)\mathbf{j} \tag{7}$$

이다. 연습문제 33에서 증명해 보자.

바람의 영향을 받는 발사체 운동

다음은 발사체에 돌풍과 같은 또 다른 힘이 가해졌을 때, 이를 어떻게 다루는지 보여주는 예제이다. 예제 5에서 야구공의 경로가 수직평면에 놓여 있다고 가정한다.

예제 5 지면의 1 m 위에서 야구공이 타격된다. 그것은 초기속력 50 m/s로 수평선과 20°의 각도로 날아간다. 야구공이 타격된 순간에, 돌풍이 그 공이 외야로 날아가는 방향과 반대 방향으로 수평적으로 불고 있어 결과적으로 그 공의 초기속도에 $-2.5\mathbf{i}$ (m/s)의 성분만큼 부가되었다(2.5 m/s = 9 km/h).

(a) 야구공의 경로에 대한 벡터방정식(위치벡터)을 구하라.

(b) 야구공이 도달하는 최대의 높이와 그때의 시간을 구하라.

(c) 공을 잡지 않는다고 가정했을 때 그것의 수평이동거리와 비행시간을 구하라.

풀이

(a) 식 (3)과 돌풍을 고려하면 야구공의 초기속도는

$$\mathbf{v}_0 = (v_0 \cos \alpha)\mathbf{i} + (v_0 \sin \alpha)\mathbf{j} - 2.5\mathbf{i}$$
$$= (50 \cos 20°)\mathbf{i} + (50 \sin 20°)\mathbf{j} - (2.5)\mathbf{i}$$
$$= (50 \cos 20° - 2.5)\mathbf{i} + (50 \sin 20°)\mathbf{j}$$

이고, 초기위치는 $\mathbf{r}_0 = 0\mathbf{i} + 1\mathbf{j}$이다. $d^2\mathbf{r}/dt^2 = -g\mathbf{j}$을 적분하면

$$\frac{d\mathbf{r}}{dt} = -(gt)\mathbf{j} + \mathbf{v}_0$$

이며, 한 번 더 적분하면 다음 식을 얻는다.

$$\mathbf{r} = -\frac{1}{2}gt^2\mathbf{j} + \mathbf{v}_0 t + \mathbf{r}_0$$

$\mathbf{v}_0$와 $\mathbf{r}_0$의 값을 위의 방정식에 대입하면 야구공의 위치벡터는 다음과 같다.

$$\mathbf{r} = -\frac{1}{2}gt^2\mathbf{j} + \mathbf{v}_0 t + \mathbf{r}_0$$
$$= -4.9t^2\mathbf{j} + (50 \cos 20° - 2.5)t\mathbf{i} + (50 \sin 20°)t\mathbf{j} + 1\mathbf{j}$$
$$= (50 \cos 20° - 2.5)t\mathbf{i} + \left(1 + (50 \sin 20°)t - 4.9t^2\right)\mathbf{j}$$

(b) 야구공은 속도벡터의 수직성분이 0일 때, 즉

$$\frac{dy}{dt} = 50 \sin 20° - 9.8t = 0$$

일 때 최대의 높이에 도달한다. 이것을 t에 대하여 풀면

$$t = \frac{50 \sin 20°}{9.8} \approx 1.75 \text{ s}$$

이다. 이 시간을 $\mathbf{r}$에 대한 수직성분에 대입하여 최대 높이를 얻는다.

$$y_{\max} = 1 + (50 \sin 20°)(1.75) - 4.9(1.75)^2$$
$$\approx 15.9 \text{ m}$$

따라서 야구공의 최대 높이는 약 15.9 m이고, 이것은 공이 타격된 후 1.75초가 지난 때이다.

(c) 야구공이 지면에 도착하는 시간을 구하기 위해 $\mathbf{r}$의 수직성분을 0이라 놓고 t에 대하여 푼다.

$$1 + (50 \sin 20°)t - 4.9t^2 = 0$$
$$1 + (17.1)t - 4.9t^2 = 0$$

해는 약 $t = 3.55$초, $t = -0.06$초이다. 이때 양수의 시간을 $\mathbf{r}$의 수평성분에 대입하면 수평이동거리는 다음과 같다.

$$R = (50 \cos 20° - 2.5)(3.55)$$
$$\approx 157.8 \text{ m}$$

따라서 수평이동거리는 약 157.8 m이고 비행시간은 약 3.55초이다. ■

연습문제 41과 42에서 비행속도를 늦추는 공기저항이 있을 때의 발사체 운동에 관하여 공부해 보자.

연습문제 11.2

벡터값 함수의 적분

연습문제 1~10에서 적분값을 구하라.

1. $\displaystyle\int_0^1 [t^3 \mathbf{i} + 7\mathbf{j} + (t + 1)\mathbf{k}]\, dt$

2. $\displaystyle\int_1^2 \left[(6 - 6t)\mathbf{i} + 3\sqrt{t}\,\mathbf{j} + \left(\frac{4}{t^2}\right)\mathbf{k} \right] dt$

3. $\displaystyle\int_{-\pi/4}^{\pi/4} [(\sin t)\mathbf{i} + (1 + \cos t)\mathbf{j} + (\sec^2 t)\mathbf{k}]\, dt$

4. $\displaystyle\int_0^{\pi/3} [(\sec t \tan t)\mathbf{i} + (\tan t)\mathbf{j} + (2 \sin t \cos t)\mathbf{k}]\, dt$

5. $\displaystyle\int_1^4 \left[\frac{1}{t}\mathbf{i} + \frac{1}{5 - t}\mathbf{j} + \frac{1}{2t}\mathbf{k} \right] dt$

6. $\displaystyle\int_0^1 \left[\frac{2}{\sqrt{1 - t^2}}\mathbf{i} + \frac{\sqrt{3}}{1 + t^2}\mathbf{k} \right] dt$

7. $\displaystyle\int_0^1 [te^{t^2}\mathbf{i} + e^{-t}\mathbf{j} + \mathbf{k}]\, dt$

8. $\displaystyle\int_1^{\ln 3} [te^t \mathbf{i} + e^t \mathbf{j} + \ln t\,\mathbf{k}]\, dt$

9. $\displaystyle\int_0^{\pi/2} [\cos t\,\mathbf{i} - \sin 2t\,\mathbf{j} + \sin^2 t\,\mathbf{k}]\, dt$

10. $\displaystyle\int_0^{\pi/4} [\sec t\,\mathbf{i} + \tan^2 t\,\mathbf{j} - t \sin t\,\mathbf{k}]\, dt$

초깃값 문제

연습문제 11~20에서 t의 벡터함수로서 $\mathbf{r}$에 대한 초깃값 문제를 풀라.

11. 미분방정식: $\dfrac{d\mathbf{r}}{dt} = -t\mathbf{i} - t\mathbf{j} - t\mathbf{k}$

   초기조건: $\mathbf{r}(0) = \mathbf{i} + 2\mathbf{j} + 3\mathbf{k}$

12. 미분방정식: $\dfrac{d\mathbf{r}}{dt} = (180t)\mathbf{i} + (180t - 16t^2)\mathbf{j}$

   초기조건: $\mathbf{r}(0) = 100\mathbf{j}$

13. 미분방정식: $\dfrac{d\mathbf{r}}{dt} = \dfrac{3}{2}(t + 1)^{1/2}\mathbf{i} + e^{-t}\mathbf{j} + \dfrac{1}{t + 1}\mathbf{k}$

   초기조건: $\mathbf{r}(0) = \mathbf{k}$

14. 미분방정식: $\dfrac{d\mathbf{r}}{dt} = (t^3 + 4t)\mathbf{i} + t\mathbf{j} + 2t^2\mathbf{k}$

   초기조건: $\mathbf{r}(0) = \mathbf{i} + \mathbf{j}$

15. 미분방정식: $\dfrac{d\mathbf{r}}{dt} = (\tan t)\mathbf{i} + \left(\cos\left(\frac{1}{2}t\right)\right)\mathbf{j} - (\sec 2t)\mathbf{k}$

   초기조건: $\mathbf{r}(0) = 3\mathbf{i} - 2\mathbf{j} + \mathbf{k}$

16. 미분방정식: $\dfrac{d\mathbf{r}}{dt} = \left(\dfrac{t}{t^2 + 2}\right)\mathbf{i} - \left(\dfrac{t^2 + 1}{t - 2}\right)\mathbf{j} + \left(\dfrac{t^2 + 4}{t^2 + 3}\right)\mathbf{k}$

   초기조건: $\mathbf{r}(0) = \mathbf{i} - \mathbf{j} + \mathbf{k}$

17. 미분방정식: $\dfrac{d^2\mathbf{r}}{dt^2} = -32\mathbf{k}$

   초기조건: $\mathbf{r}(0) = 100\mathbf{k}, \quad \dfrac{d\mathbf{r}}{dt}\Big|_{t=0} = 8\mathbf{i} + 8\mathbf{j}$

18. 미분방정식: $\dfrac{d^2\mathbf{r}}{dt^2} = -(\mathbf{i} + \mathbf{j} + \mathbf{k})$

   초기조건: $\mathbf{r}(0) = 10\mathbf{i} + 10\mathbf{j} + 10\mathbf{k}, \quad \dfrac{d\mathbf{r}}{dt}\Big|_{t=0} = \mathbf{0}$

19. 미분방정식: $\dfrac{d^2\mathbf{r}}{dt^2} = e^t\mathbf{i} - e^{-t}\mathbf{j} + 4e^{2t}\mathbf{k}$

   초기조건: $\mathbf{r}(0) = 3\mathbf{i} + \mathbf{j} + 2\mathbf{k}, \quad \dfrac{d\mathbf{r}}{dt}\Big|_{t=0} = -\mathbf{i} + 4\mathbf{j}$

20. 미분방정식: $\dfrac{d^2\mathbf{r}}{dt^2} = (\sin t)\mathbf{i} - (\cos t)\mathbf{j} + (4 \sin t \cos t)\mathbf{k}$

   초기조건: $\mathbf{r}(0) = \mathbf{i} - \mathbf{k}, \quad \dfrac{d\mathbf{r}}{dt}\Big|_{t=0} = \mathbf{i}$

직선 위의 운동

21. $t=0$에서 한 입자가 점 $(1, 2, 3)$에 있다. 그것은 한 직선을 따라서 점 $(4, 1, 4)$까지 움직이고, 점 $(1, 2, 3)$에서 속력이 2이고, 상수의 가속도벡터 $3\mathbf{i}-\mathbf{j}+\mathbf{k}$를 가진다. 시간 t에서 그 입자의 위치벡터 $\mathbf{r}(t)$에 대한 방정식을 구하라.

22. 직선을 따라서 움직이는 한 입자가 점 $(1, -1, 2)$에 있고 $t=0$에서 속력이 2이다. 그 입자는 상수의 가속도벡터 $2\mathbf{i}+\mathbf{j}+\mathbf{k}$를 가지고 점 $(3, 0, 3)$까지 앞으로 움직인다. 이때 시간 t에서 위치벡터 $\mathbf{r}(t)$를 구하라.

발사체 운동

다음 연습문제에서 발사체 비행은 특별한 언급이 없으면 이상적인 발사체 운동으로 생각한다. 모든 발사각은 수평선으로부터 잰 것으로 간주한다. 모든 발사체는 특별한 언급이 없으면 수평면의 원점에서 발사된 것으로 생각한다.

23. 비행시간 한 발사체가 초기속력 840 m/s, $60°$의 각도로 발사된다. 지면에서의 거리가 21 km가 될 때의 시간을 구하라.

24. 수평이동거리와 높이 대 속력

   a. 주어진 발사각으로 한 발사체의 초기속력을 2배 늘리는 것은 그 수평이동거리를 4배하는 것과 같음을 보이라.

   b. 높이와 수평이동거리를 2배 늘리는 데 초기속력을 약 몇 퍼센트 증가시켜야 하는가?

25. 비행시간과 높이 한 발사체가 초기속력 500 m/s와 경사각 $45°$로 발사된다.

   a. 이 발사체가 가장 멀리 도달한 시간과 거리를 구하라.

   b. 이 발사체가 지면에서 5 km 떨어져 있을 때의 지상으로부터의 높이를 구하라.

   c. 발사체의 최대 높이를 구하라.

26. 야구공 던지기 야구공이 경기장 지면의 9.8 m 높이에서 수평 각도 $30°$로 투구된다. 초기속력이 9.8 m/s일 때 그 공이 지면으로부터 가장 멀리 도달한 시간과 거리를 구하라.

27. 골프공 발사 지면에서 용수철 총이 골프공을 $45°$ 각도로 발사한다. 그 공은 10 m 떨어진 지면에 떨어진다.

   a. 공의 초기속력은 얼마인가?

   b. 동일한 초기속력에 대하여 지면에서의 거리가 6 m가 되는 두 발사각을 구하라.

28. 전자 발사 TV 튜브 안에서 전자가 튜브의 표면을 향하여 수평적으로 5×10^6 m/s의 속력으로 40 cm 멀리 쏘아진다. 전자가 도달하기 전 대략 얼마나 멀리 주사되는가?

29. 동일한 수평이동거리를 갖는 발사각 발사체의 초기속력이 400 m/s일 때 이 발사체가 발사지점과 같은 위치에 있는 지면에서 16 km 떨어진 목표물에 도달하도록 하는 두 경사각을 구하라.

30. 총탄속력 구하기 총탄의 최대 사거리가 24.5 km일 때 총탄의 속력을 구하라.

31. 본문에서 주어진(예제 4 다음에 나오는) 이상적인 발사체 운동의 최대 높이, 비행시간, 수평이동거리에 대한 결과를 증명하라.

32. 충돌하는 구슬 다음 그림은 두 구슬을 이용한 실험을 나타낸

다. 구슬 A는 발사각 α와 초기속력 v_0로 구슬 B쪽으로 발사되었다. 동시에 구슬 B는 A로부터 R 단위 수평거리에 있는 지점에서 수직 방향으로 $R \tan \alpha$ 단위만큼 떨어진 받침대에서 낙하하였다. 이 두 구슬은 v_0의 값에 관계없이 충돌된 채로 발견되었다. 이것은 우연의 일치였을까? 혹은 반드시 일어나는 일일까? 그 이유를 설명하라.

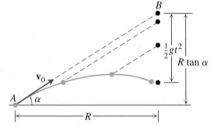

33. (x_0, y_0)에서 발사 다음의

   미분방정식: $\dfrac{d^2\mathbf{r}}{dt^2} = -g\mathbf{j}$

   초기조건: $\mathbf{r}(0) = x_0\mathbf{i} + y_0\mathbf{j}$

   $\dfrac{d\mathbf{r}}{dt}(0) = (v_0 \cos \alpha)\mathbf{i} + (v_0 \sin \alpha)\mathbf{j}$

평면의 벡터 $\mathbf{r}$에 대한 초깃값 문제를 풀어봄으로써 방정식

$$x = x_0 + (v_0 \cos \alpha)t,$$
$$y = y_0 + (v_0 \sin \alpha)t - \frac{1}{2}gt^2$$

을 유도하라(본문의 식 (7)을 보라).

34. 경로 위의 최대 높이가 되는 점들 초기속력 v_0, 발사각 α로 발사된 발사체에 대하여 α를 변수로, v_0를 고정된 상수로 생각하자. $0 < \alpha < \pi/2$에 대하여 우리는 그림에서처럼 포물선 경로를 얻는다. 이러한 포물선 경로의 최대 높이가 되는 평면의 점들은 모두 타원

$$x^2 + 4\left(y - \frac{v_0^2}{4g}\right)^2 = \frac{v_0^4}{4g^2}, \ 단 \ x \geq 0$$

위에 놓여 있음을 보이라.

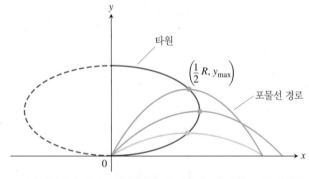

35. 내리막에서의 발사 이상적인 발사체가 아래의 그림에서처럼 경사진 평면 아래로 곧게 발사된다.

   a. 초기속도벡터가 각 AOR을 2등분할 때 내리막에서의 수평이동거리가 최대임을 보이라.

   b. 만일 발사체가 내리막 대신에 오르막으로 발사된다면 그 수평이동거리가 최대가 되는 발사각은 얼마인가? 그 이유를 설명하라.

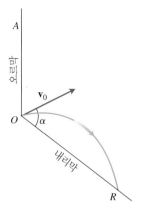

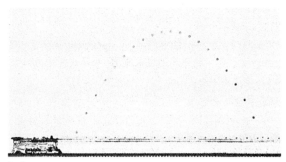

출처: *PSSC Physics*, 2nd ed., Reprinted by permission of Educational Development Center, Inc.

36. 경사진 그린 골프공이 그림에서처럼 각 홀의 도착점에서 14 m 위의 경사진 그린까지 45°의 경사각으로 35.5m/s의 초기속력으로 날아간다. 골프공이 어디에 떨어지는지 지면에서 112 m 떨어진 깃대를 중심으로 설명하라.

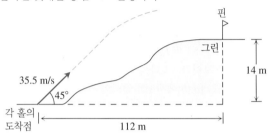

37. 배구공 배구공이 2 m 높이의 네트에서 4 m 떨어진 곳의 지면으로부터 1.3 m 높이에서 때려졌다. 그 공은 27°의 각도로 초기속력 12 m/s로 때려진 점을 떠나서 상대방 팀에 의하여 손대지 않은 채로 굴러간다.

a. 이 배구공의 경로에 대한 벡터방정식을 구하라.

b. 이 배구공이 얼마나 높게 날아가고 언제 가장 높게 도달하는가?

c. 공의 수평이동거리와 비행시간을 구하라.

d. 언제 이 공이 2.3 m 높이에 있는가? 공이 지면에 닿을 때의 수평이동거리는 얼마인가?

e. 네트를 2.5 m로 올렸을 때 이것은 상황을 변화시키는가? 그 이유를 설명하라.

38. 포환 던지기 1987년 모스크바에서 나탈리아 리스브스카야는 4 kg 포환을 22.63 m 던져 세계여자포환던지기 기록을 세웠다. 그녀가 지면에서 2 m 높이에서 수평선과 40°의 각도로 포환을 던졌다고 할 때 포환의 초기속력은 얼마인가?

39. 모형 기차 아래 그림의 다섬광 사진은 직선 수평 철로 위에서 일정한 속력으로 달리는 모형 기차를 나타낸다. 기차가 움직임에 따라 구슬이 기차의 굴뚝에 있는 용수철에 의하여 공기 중으로 발사되었다. 기차와 같은 진행방향으로 같은 속력으로 연속적으로 이동한 이 구슬은 발사 1초 후 기차에 복귀하였다. 구슬의 경로가 수평축과 이루는 각을 구하고 이것을 이용하여 이 구슬이 얼마나 높이 날아갔는지, 또 기차는 얼마나 빨리 달리는지 설명하라.

40. 돌풍에 의존한 야구공 타격 한 야구공이 지면의 0.8 m 높이에서 타격된다. 그것은 발사각 23°로 초기속도 40 m/s로 날아간다. 그 공이 타격된 순간에, 순간돌풍이 공쪽으로 불어서 $-4\mathbf{i}(\text{m/s})$의 성분만큼 공의 초기속도에 가해졌다. 비행의 방향으로 5 m 높이의 벽이 본루에서 90 m 떨어진 곳에 설치되어 있다.

a. 이 야구공의 경로에 대한 벡터 방정식을 구하라.

b. 이 야구공이 얼마나 높게 날아가고 언제 가장 높게 도달하는가?

c. 이 공은 잡히지 않는다고 가정하고 수평이동거리와 비행시간을 구하라.

d. 언제 이 공이 6 m 높이에 있는가? 공이 이 높이에 있을 때 본루에서의 수평이동거리는?

e. 위의 타자는 홈런을 쳤는가? 그 이유를 설명하라.

선형 항력과 발사체 운동

중력을 제외하고 발사체의 운동에 영향을 주는 주된 힘은 공기저항이다. 이러한 감속력을 **항력(drag force)**이라 한다. 그것은 발사체의 속도에 **반대 방향**으로 작용한다(아래 그림을 보라). 그러나 비교적 낮은 속력으로 공기 중에 움직이는 발사체에 대한 항력은 속력 (최초의 힘)에 (거의) 비례한다. 그래서 이것은 **선형적(linear)**이라 한다.

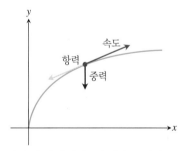

41. 선형 항력 다음의 평면벡터 $\mathbf{r}$에 대한 초깃값 문제

미분방정식: $\dfrac{d^2\mathbf{r}}{dt^2} = -g\mathbf{j} - k\mathbf{v} = -g\mathbf{j} - k\dfrac{d\mathbf{r}}{dt}$

초기조건: $\mathbf{r}(0) = \mathbf{0}$

$\left.\dfrac{d\mathbf{r}}{dt}\right|_{t=0} = \mathbf{v}_0 = (v_0\cos\alpha)\mathbf{i} + (v_0\sin\alpha)\mathbf{j}$

를 풀어봄으로써 방정식

$$x = \dfrac{v_0}{k}(1 - e^{-kt})\cos\alpha$$

$$y = \frac{v_0}{k}(1 - e^{-kt})(\sin \alpha) + \frac{g}{k^2}(1 - kt - e^{-kt})$$

을 유도하라. 여기서, **항력상수(drag coefficient)** k는 공기밀도에 의한 양수의 저항상수이다. v_0와 α는 발사체의 초기속도, 발사각, g는 중력가속도이다.

42. 야구공 타격과 선형 항력   선형 항력이 수반될 때의 예제 5의 야구공 문제를 생각해 보자(연습문제 41 참조). 항력상수 $k = 0.12$이고 순간돌풍은 없는 것으로 가정한다.

a. 연습문제 41에서 그 야구공의 경로에 대한 벡터를 구하라.

b. 야구공이 얼마나 높이 날아가는가? 그리고 언제 최대의 높이에 도달하는가?

c. 야구공의 지상에서의 수평이동거리와 비행시간을 구하라.

d. 야구공이 9 m 높이에 도달하는 시간을 구하라. 그 높이에 있을 때 본루에서의 수평이동거리는?

e. 3 m 높이의 외야벽이 야구공의 비행방향으로 본루에서 115 m 떨어진 곳에 있다. 외야수는 지상에서 3.3 m 높이까지는 어떠한 공도 점프하여 잡을 수 있어서 공이 외야벽 밖으로 넘어가는 것을 막을 수 있다. 타자는 홈런을 쳤는가?

이론과 예제

43. 적분가능한 벡터함수의 다음의 성질을 증명하라.

a. 상수 스칼라배 공식:

$$\int_a^b k\mathbf{r}(t)\,dt = k\int_a^b \mathbf{r}(t)\,dt \quad \text{(임의의 상수 } k\text{)}$$

음수의 공식,

$$\int_a^b (-\mathbf{r}(t))\,dt = -\int_a^b \mathbf{r}(t)\,dt$$

는 $k = -1$을 택함으로써 얻어진다.

b. 합과 차의 공식:

$$\int_a^b (\mathbf{r}_1(t) \pm \mathbf{r}_2(t))\,dt = \int_a^b \mathbf{r}_1(t)\,dt \pm \int_a^b \mathbf{r}_2(t)\,dt$$

c. 상수 벡터곱 공식:

$$\int_a^b \mathbf{C} \cdot \mathbf{r}(t)\,dt = \mathbf{C} \cdot \int_a^b \mathbf{r}(t)\,dt \quad \text{(임의의 상수벡터 } \mathbf{C}\text{)}$$

$$\int_a^b \mathbf{C} \times \mathbf{r}(t)\,dt = \mathbf{C} \times \int_a^b \mathbf{r}(t)\,dt \quad \text{(임의의 상수벡터 } \mathbf{C}\text{)}$$

44. 스칼라 및 벡터함수의 곱   스칼라함수 $u(t)$와 벡터함수 $\mathbf{r}(t)$가 구간 $a \le t \le b$에서 정의되었다고 하자.

a. u와 $\mathbf{r}$이 $[a, b]$에서 연속이면 $u\mathbf{r}$도 $[a, b]$에서 연속임을 보이라.

b. u와 $\mathbf{r}$이 $[a, b]$에서 둘 다 미분가능하면 $u\mathbf{r}$도 $[a, b]$에서 미분가능하고

$$\frac{d}{dt}(u\mathbf{r}) = u\frac{d\mathbf{r}}{dt} + \mathbf{r}\frac{du}{dt}$$

임을 보이라.

45. 벡터함수의 역도함수

a. 스칼라함수에 대한 평균값 정리의 따름정리 2를 사용하여, 2개의 벡터함수 $\mathbf{R}_1(t)$과 $\mathbf{R}_2(t)$의 도함수가 구간 I에서 항등적으로 같다면 그 두 함수의 차는 구간 I에서 상수벡터가 됨을 보이라.

b. 위의 (a)의 결과를 사용하여, $\mathbf{R}(t)$가 구간 I에서 $\mathbf{r}(t)$의 역도함수이면 임의의 다른 역도함수는 적당한 상수 $\mathbf{C}$에 대하여 $\mathbf{R}(t) + \mathbf{C}$와 같음을 보이라.

46. 미적분학의 기본정리   실변수 스칼라함수에 대한 미적분학의 기본정리는 실변수 벡터함수에 대하여도 성립한다. 이것을 다음의 절차대로 증명하라. 먼저 벡터함수 $\mathbf{r}(t)$가 구간 $a \le t \le b$에서 연속이면 구간 (a, b)의 모든 점 t에 대하여

$$\frac{d}{dt}\int_a^t \mathbf{r}(\tau)\,d\tau = \mathbf{r}(t)$$

가 성립함을 보이라. 그 다음 연습문제 45의 (b)의 결과를 사용하여 R이 구간 $[a, b]$에서 $\mathbf{r}$의 임의의 역도함수이면

$$\int_a^b \mathbf{r}(t)\,dt = \mathbf{R}(b) - \mathbf{R}(a)$$

임을 보이라.

47. 돌풍을 수반한 야구공 타격과 선형 항력   예제 5의 야구공 문제를 다시 생각하자. 이번에는 항력상수는 0.08이고 순간돌풍으로 인하여 $-5\mathbf{i}(\text{m/s})$의 성분만큼 야구공의 초기속도에 부가되었다고 가정한다.

a. 야구공의 경로에 대한 벡터방정식을 구하라.

b. 야구공이 얼마나 높이 날아가는가? 그리고 언제 최대의 높이에 도달하는가?

c. 야구공의 지상에서의 수평이동거리와 비행시간을 구하라.

d. 야구공이 10 m 높이에 도달하는 시간을 구하라. 그 높이에 있을 때 본루에서의 수평이동거리는?

e. 6 m 높이의 외야벽이 야구공의 비행방향으로 본루에서 120 m 떨어진 곳에 있다. 타자는 홈런을 쳤는가? 만일 그렇다면, 공의 초기속도의 수평성분의 어떠한 변화가 그 공을 홈런을 치지 못하도록 했겠는가? 만일 그렇지 않다면, 어떠한 변화로 그 공이 홈런이 되도록 할 수 있는가?

48. 높이 대 시간   발사체가 최대 높이에 이르는 시간의 반$(1/2)$에 그 최대 높이의 $3/4$의 위치에 있음을 보이라.

공간에서의 호의 길이

이 절과 다음 두 절에서 우리는 곡선의 회전과 비틀림의 급한 정도를 사용하여 곡선 모양의 특징을 수학적으로 표현하는 것에 대해 공부한다.

공간곡선의 호의 길이

그림 11.12 수직선에서와 같이 곡선에서도 선택된 기준점으로부터 방향이 주어진 거리를 사용하여 각 점의 좌표 눈금을 만들 수 있다.

매끄러운 공간곡선 또는 평면곡선의 특징 중의 하나는 길이를 잴 수 있다는 것이다. 원점으로부터 방향이 주어진 거리를 부여함으로써 좌표축 위의 점들을 표시할 수 있는 것처럼, 길이를 잴 수 있는 곡선에 대해서는 어떤 기준점으로부터 곡선을 따라서 방향이 주어진 거리 s를 부여함으로써 곡선 위의 점들을 표시할 수 있다(그림 11.12). 이는 11.2절에서 평면곡선에 대해서도 했던 것이다.

매끄러운 공간곡선의 길이를 구하기 위하여 평면곡선에서 구했던 공식에 z항을 추가한다.

> **정의**　t가 $t=a$부터 $t=b$까지 증가할 때 정확히 한 번 그려지는 매끄러운 곡선 $\mathbf{r}(t)=x(t)\mathbf{i}+y(t)\mathbf{j}+z(t)\mathbf{k}$, $a\le t\le b$의 **길이(length)**는 다음과 같다.
>
> $$L = \int_a^b \sqrt{\left(\frac{dx}{dt}\right)^2 + \left(\frac{dy}{dt}\right)^2 + \left(\frac{dz}{dt}\right)^2}\, dt \qquad (1)$$

평면곡선의 경우처럼, 주어진 조건을 만족하는 임의의 편리한 매개변수 표현식으로부터도 공간곡선의 길이는 계산할 수 있다. 이것의 증명은 생략한다.

식 (1)의 제곱근은 속도벡터 $d\mathbf{r}/dt$의 길이 $|\mathbf{v}|$이다. 이것으로부터 길이에 대한 공식을 다음과 같이 더 간단하게 쓸 수 있다.

> **호의 길이 공식**
>
> $$L = \int_a^b |\mathbf{v}|\, dt \qquad (2)$$

예제 1　행글라이더가 나선 $\mathbf{r}(t)=(\cos t)\mathbf{i}+(\sin t)\mathbf{j}+t\mathbf{k}$를 따라서 위로 날아오른다. $t=0$부터 $t=2\pi$까지 경로를 따라 행글라이더가 이동한 거리를 구하라.

풀이　주어진 시간 동안 이동경로는 나선이 한 번 완전히 회전한 것에 대응한다(그림 11.13). 이 부분의 곡선의 길이는

$$L = \int_a^b |\mathbf{v}|\, dt = \int_0^{2\pi} \sqrt{(-\sin t)^2 + (\cos t)^2 + (1)^2}\, dt$$

$$= \int_0^{2\pi} \sqrt{2}\, dt = 2\pi\sqrt{2} \quad \text{단위 길이}$$

이것은 나선의 xy평면에 사영시킨 원의 길이의 $\sqrt{2}$배에 해당한다. ■

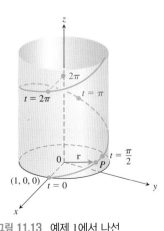

그림 11.13　예제 1에서 나선 $\mathbf{r}(t)=(\cos t)\mathbf{i}+(\sin t)\mathbf{j}+t\mathbf{k}$

t를 매개변수로 매개변수화된 매끄러운 곡선 C 위에 기준점 $P(t_0)$를 택하면, 각 t의 값에 대해, 곡선 C 위의 점 $P(t)=(x(t), y(t), z(t))$이 정해지고, 기준점으로부터 C를 따라 잰 방향거리(그림 11.14)

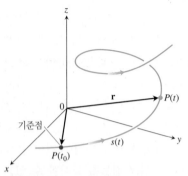

그림 11.14 $P(t_0)$부터 임의의 점 $P(t)$까지 곡선을 따라서 잰 방향 거리는

$$s(t) = \int_{t_0}^{t} |\mathbf{v}(\tau)| \, d\tau$$

이다.

τ는 그리스 문자 tau("now")와 운을 맞추어 발음한다.

$$s(t) = \int_{t_0}^{t} |\mathbf{v}(\tau)| \, d\tau$$

값이 정해진다. 이는 9.2절에서 평면곡선에 대해 구한 호의 길이 함수에 z항만 추가된 함수이다. $t > t_0$일 때, $s(t)$는 $P(t_0)$부터 $P(t)$까지의 거리이다. $t < t_0$일 때, $s(t)$는 그 거리의 음수이다. 각 s의 값에 따라 곡선 C 위의 점이 정해지므로, 또한 s를 매개변수로 C를 매개변수화한다. s를 이 곡선에 대한 **호의 길이 매개변수(arc length parameter)**라 부른다. 이 매개변수의 값은 t가 증가하는 방향으로 증가한다. 호의 길이 매개변수는 특히 공간 곡선의 회전과 비틀림의 성질을 조사하는 데 아주 효과적임을 알게 될 것이다.

기준점 $P(t_0)$를 가진 호의 길이 매개변수

$$s(t) = \int_{t_0}^{t} \sqrt{[x'(\tau)]^2 + [y'(\tau)]^2 + [z'(\tau)]^2} \, d\tau = \int_{t_0}^{t} |\mathbf{v}(\tau)| \, d\tau \qquad (3)$$

식 (3)에서 문자 t를 상극한으로서 사용하고 있으므로 그리스 문자 τ(타우)를 적분변수로 사용하였다.

곡선 $\mathbf{r}(t)$가 매개변수 t의 함수로 주어져 있고 $s(t)$가 식 (3)에 의하여 주어진 호의 길이 함수이면, 식 $s = s(t)$를 t에 관해 풀면 t를 s의 함수 $t = t(s)$로 나타낸다. 이를 곡선 식의 t에 대입하면 곡선은 $\mathbf{r} = \mathbf{r}(t(s))$와 같이 s에 관하여 재매개화된다. 이 새로운 매개화는 곡선의 기준점으로부터 방향이 주어진 거리와 곡선 위의 점들의 표시가 일치되게 해준다.

예제 2 이 예제는 실제로 호의 길이 재매개화를 구하는 예이다. $t_0 = 0$일 때, t_0부터 t까지 나선

$$\mathbf{r}(t) = (\cos t)\mathbf{i} + (\sin t)\mathbf{j} + t\mathbf{k}$$

를 따른 호의 길이 매개변수는

$$
\begin{aligned}
s(t) &= \int_{t_0}^{t} |\mathbf{v}(\tau)| \, d\tau \qquad \text{식 (3)} \\
&= \int_{0}^{t} \sqrt{2} \, d\tau \qquad \text{예제 1로부터} \\
&= \sqrt{2}\, t
\end{aligned}
$$

이다. 방정식을 t에 대하여 풀면 $t = s/\sqrt{2}$이다. 이것을 위치벡터 $\mathbf{r}$에 대입하면 다음의 나선에 대한 호의 길이 매개변수화를 얻는다:

$$\mathbf{r}(t(s)) = \left(\cos \frac{s}{\sqrt{2}}\right)\mathbf{i} + \left(\sin \frac{s}{\sqrt{2}}\right)\mathbf{j} + \frac{s}{\sqrt{2}}\mathbf{k} \qquad \blacksquare$$

예제 2와 달리, 어떤 다른 매개변수 t에 의해서 주어진 곡선을 해석적으로 호의 길이 매개변수화를 구하는 것은 일반적으로 어렵다. 그러나 다행히도 우리는 $s(t)$ 또는 그 역함수 $t(s)$에 대한 정확한 식을 필요로 하는 경우가 많지 않다.

역사적 인물
기브스(Josiah Willard Gibbs, 1839~1903)

매끄러운 곡선 위의 속력

식 (3)에서 근호 속의 도함수들은 연속이므로 (곡선은 매끄럽다), 미적분학의 기본정리

에 의하여 s는 t에 관하여 미분가능한 함수이고 그 도함수는

$$\frac{ds}{dt} = |\mathbf{v}(t)| \tag{4}$$

이다. 알고 있는 것처럼 어떤 입자가 경로를 따라서 움직이는 속력은 $\mathbf{v}$의 크기이다.

식 (3)에서는 s를 정의하는 데 기준점 $P(t_0)$가 필요하지만, 식 (4)에서는 전혀 필요치 않음을 주목하라. 움직이는 물체의 경로를 따라서 잰 거리의 변화율은 기준점으로부터 얼마나 떨어져 있는가는 문제되지 않는다.

또한, 매끄러운 곡선의 정의에 의하여 $|\mathbf{v}|$는 절대 0이 되지 않으므로 $ds/dt > 0$임을 주목하라. 그래서 s는 t에 대한 증가함수이다.

단위접선벡터

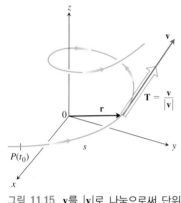

그림 11.15 $\mathbf{v}$를 $|\mathbf{v}|$로 나눔으로써 단위접선벡터 $\mathbf{T}$를 구한다.

우리가 이미 알고 있듯이 속도벡터 $\mathbf{v} = d\mathbf{r}/dt$는 곡선 $\mathbf{r}(t)$에 접하고 따라서 벡터

$$\mathbf{T} = \frac{\mathbf{v}}{|\mathbf{v}|}$$

는 (매끄러운) 곡선에 접하는 단위벡터이므로, **단위접선벡터(unit tangent vector)**라 한다(그림 11.15). $\mathbf{v}$가 t의 미분가능한 함수이기만 하면 단위접선벡터 $\mathbf{T}$도 t의 미분가능한 함수가 된다. 11.5절에서 알 수 있겠지만, $\mathbf{T}$는 3차원 공간에서 움직이는 물체의 운동을 표현하는 데 사용되는 운동표준틀(traveling reference frame)의 3개의 단위벡터 중의 하나이다.

예제 3 11.2절의 예제 3에서의 행글라이더의 경로를 표현하는 곡선

$$\mathbf{r}(t) = (1 + 3\cos t)\mathbf{i} + (3\sin t)\mathbf{j} + t^2\mathbf{k}$$

의 단위접선벡터를 구하라.

풀이 그 예제에서

$$\mathbf{v} = \frac{d\mathbf{r}}{dt} = -(3\sin t)\mathbf{i} + (3\cos t)\mathbf{j} + 2t\mathbf{k}$$

이고

$$|\mathbf{v}| = \sqrt{9 + 4t^2}$$

임을 알았다. 따라서

$$\mathbf{T} = \frac{\mathbf{v}}{|\mathbf{v}|} = -\frac{3\sin t}{\sqrt{9 + 4t^2}}\mathbf{i} + \frac{3\cos t}{\sqrt{9 + 4t^2}}\mathbf{j} + \frac{2t}{\sqrt{9 + 4t^2}}\mathbf{k} \qquad\blacksquare$$

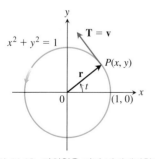

그림 11.16 단위원을 따라 반시계방향으로 도는 운동

단위원을 따라 반시계방향으로 도는 운동

$$\mathbf{r}(t) = (\cos t)\mathbf{i} + (\sin t)\mathbf{j}$$

에 대하여는 이미

$$\mathbf{v} = (-\sin t)\mathbf{i} + (\cos t)\mathbf{j}$$

가 단위벡터임을 알고 있으므로 $\mathbf{T} = \mathbf{v}$이고 $\mathbf{T}$는 $\mathbf{r}$에 직교한다(그림 11.16).

속도벡터는 위치벡터 $\mathbf{r}$의 시간 t에 관한 변화율이다. 그렇다면 호의 길이에 관한 위치벡터의 변화율, 더 자세히 말하면, $d\mathbf{r}/ds$는 무엇일까? 우리가 다루고 있는 곡선에 있어서 $ds/dt > 0$이므로 s는 일대일 함수이고 역함수를 가지므로, t를 s의 미분가능한 함

수로 표현할 수 있다(6.1절 참조). 그 역함수의 도함수는

$$\frac{dt}{ds} = \frac{1}{ds/dt} = \frac{1}{|\mathbf{v}|}$$

이다. 이것으로부터 $\mathbf{r}$은 s의 미분가능한 함수임을 알 수 있고, 따라서 연쇄법칙에 의하여 $\mathbf{r}$을 다음과 같이 미분할 수 있다.

$$\frac{d\mathbf{r}}{ds} = \frac{d\mathbf{r}}{dt}\frac{dt}{ds} = \mathbf{v}\frac{1}{|\mathbf{v}|} = \frac{\mathbf{v}}{|\mathbf{v}|} = \mathbf{T} \qquad (5)$$

이 식은 $d\mathbf{r}/ds$가 속도벡터 $\mathbf{v}$ 방향으로 단위접선벡터임을 말해준다(그림 11.15).

연습문제 11.3

단위접선벡터와 곡선의 길이 구하기

연습문제 1~8에서 곡선의 단위접선벡터를 구하라. 곡선의 주어진 일부분의 길이를 구하라.

1. $\mathbf{r}(t) = (2\cos t)\mathbf{i} + (2\sin t)\mathbf{j} + \sqrt{5}t\mathbf{k}, \quad 0 \le t \le \pi$

2. $\mathbf{r}(t) = (6\sin 2t)\mathbf{i} + (6\cos 2t)\mathbf{j} + 5t\mathbf{k}, \quad 0 \le t \le \pi$

3. $\mathbf{r}(t) = t\mathbf{i} + (2/3)t^{3/2}\mathbf{k}, \quad 0 \le t \le 8$

4. $\mathbf{r}(t) = (2+t)\mathbf{i} - (t+1)\mathbf{j} + t\mathbf{k}, \quad 0 \le t \le 3$

5. $\mathbf{r}(t) = (\cos^3 t)\mathbf{j} + (\sin^3 t)\mathbf{k}, \quad 0 \le t \le \pi/2$

6. $\mathbf{r}(t) = 6t^3\mathbf{i} - 2t^3\mathbf{j} - 3t^3\mathbf{k}, \quad 1 \le t \le 2$

7. $\mathbf{r}(t) = (t\cos t)\mathbf{i} + (t\sin t)\mathbf{j} + (2\sqrt{2}/3)t^{3/2}\mathbf{k}, \quad 0 \le t \le \pi$

8. $\mathbf{r}(t) = (t\sin t + \cos t)\mathbf{i} + (t\cos t - \sin t)\mathbf{j}, \quad \sqrt{2} \le t \le 2$

9. 곡선
$$\mathbf{r}(t) = (5\sin t)\mathbf{i} + (5\cos t)\mathbf{j} + 12t\mathbf{k}$$
위에서 증가하는 호의 길이의 방향으로 점 $(0, 5, 0)$으로부터 그 곡선을 따라서 26π 단위 거리에 있는 점을 구하라.

10. 곡선
$$\mathbf{r}(t) = (12\sin t)\mathbf{i} - (12\cos t)\mathbf{j} + 5t\mathbf{k}$$
위에서 증가하는 호의 길이의 방향과 반대 방향으로 점 $(0, -12, 0)$으로부터 그 곡선을 따라서 13π 단위 거리에 있는 점을 구하라.

호의 길이 매개변수

연습문제 11~14에서 식 (3)에서 적분

$$s = \int_0^t |\mathbf{v}(\tau)|\,d\tau$$

의 값을 구함으로써 $t=0$인 점으로부터 곡선을 따른 호의 길이 매개 변수를 구하라.

11. $\mathbf{r}(t) = (4\cos t)\mathbf{i} + (4\sin t)\mathbf{j} + 3t\mathbf{k}, \quad 0 \le t \le \pi/2$

12. $\mathbf{r}(t) = (\cos t + t\sin t)\mathbf{i} + (\sin t - t\cos t)\mathbf{j}, \quad \pi/2 \le t \le \pi$

13. $\mathbf{r}(t) = (e^t\cos t)\mathbf{i} + (e^t\sin t)\mathbf{j} + e^t\mathbf{k}, \quad -\ln 4 \le t \le 0$

14. $\mathbf{r}(t) = (1+2t)\mathbf{i} + (1+3t)\mathbf{j} + (6-6t)\mathbf{k}, \quad -1 \le t \le 0$

이론과 예제

15. **호의 길이** $(0, 0, 1)$부터 $(\sqrt{2}, \sqrt{2}, 0)$까지 곡선

$$\mathbf{r}(t) = (\sqrt{2}t)\mathbf{i} + (\sqrt{2}t)\mathbf{j} + (1 - t^2)\mathbf{k}$$

의 길이를 구하라.

16. **나선의 길이** 예제 1에서 나선 1회전의 길이 $2\pi\sqrt{2}$는 또한 한 변의 길이가 2π 단위인 정사각형의 대각선의 길이이다. 나선이 감아 도는 원기둥의 일부분을 절단하고 펴서 이 정사각형을 얻어내는 방법을 설명하라.

17. **타원**

  a. 곡선 $\mathbf{r}(t) = (\cos t)\mathbf{i} + (\sin t)\mathbf{j} + (1-\cos t)\mathbf{k}, 0 \le t \le 2\pi$는 한 직원기둥과 평면의 교선임을 보임으로써 타원임을 증명하라. 또, 그 원기둥과 평면의 방정식을 구하라.

  b. 원기둥 위에 타원을 스케치하라. 또한 $t=0, \pi/2, \pi, 3\pi/2$에서 단위접선벡터를 그리라.

  c. 가속도벡터는 항상 (그 평면에 수직인 벡터에 직교하는) 평면에 평행임을 보이라. 따라서 가속도벡터를 타원 위의 한 벡터로서 그린다면 이 타원의 평면 위에 놓일 것이다. $t=0, \pi/2, \pi, 3\pi/2$에서 가속도벡터를 추가하여 그리라.

  d. 이 타원의 길이에 대한 적분식을 구하라. 적분값을 구하려 하지 마라; 그것은 초보적인 문제는 아니다.

  T e. 수치 적분기 이 타원의 길이를 소수점 2자리까지 계산하라.

18. **길이는 매개변수화에 의존하지 않는다** 매끄러운 곡선의 길이는 매개변수화에 의존하지 않음을 보이기 위해 예제 1에서 나선 1 회전의 길이를 다음의 매개변수를 사용하여 계산하라.

  a. $\mathbf{r}(t) = (\cos 4t)\mathbf{i} + (\sin 4t)\mathbf{j} + 4t\mathbf{k}, \quad 0 \le t \le \pi/2$

  b. $\mathbf{r}(t) = [\cos(t/2)]\mathbf{i} + [\sin(t/2)]\mathbf{j} + (t/2)\mathbf{k}, \quad 0 \le t \le 4\pi$

  c. $\mathbf{r}(t) = (\cos t)\mathbf{i} - (\sin t)\mathbf{j} - t\mathbf{k}, \quad -2\pi \le t \le 0$

19. **원의 신개선** 고정된 원 주위에 감아진 끈을 이 원이 위치하는 평면에 팽팽하게 잡은 채로 풀면 그것의 끝점 P는 원의 신개선(involute)을 그린다. 첨부된 그림에서 문제의 원은 방정식 $x^2 + y^2 = 1$이고 신개선의 시점은 $(1, 0)$이다. 그 끈의 펼쳐진 부분은 Q에서 이 원에 접하고 t는 양의 x축에서 선분 OQ에 이르는 각의 호도이다. 이 신개선에 대한 점 $P(x, y)$의 매개방정식

$$x = \cos t + t\sin t, \quad y = \sin t - t\cos t, \quad t > 0$$

을 유도하라.

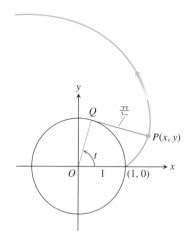

20. (연습문제 19의 계속) 점 $P(x, y)$에서 원의 신개선에 대한 단위 접선벡터를 구하라.

21. 직선 위의 거리 $\mathbf{u}$가 단위벡터일 때, 직선 $\mathbf{r}(t) = P_0 + t\mathbf{u}$를 따라서 $t = 0$에서의 점 $P_0(x_0, y_0, z_0)$로부터 호의 길이 매개변수는 t 자신임을 보이라.

22. $n = 10$일 때의 심프슨의 공식을 이용하여 $\mathbf{r}(t) = t\mathbf{i} + t^2\mathbf{j} + t^3\mathbf{k}$를 따라서 원점으로부터 점 $(2, 4, 8)$까지의 호의 길이의 근삿값을 구하라.

11.4 곡선의 곡률과 법선벡터

이 절에서는 곡선이 어떻게 회전 또는 구부러지는지에 대해 공부한다. 먼저 좌표평면 위의 곡선을 살펴보고 그 다음으로 공간곡선에 대하여 공부한다.

평면곡선의 곡률

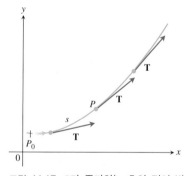

입자가 평면의 매끄러운 곡선을 따라서 움직일 때, 곡선이 구부러짐에 따라 $\mathbf{T} = d\mathbf{r}/ds$는 회전한다. $\mathbf{T}$는 단위벡터이므로 입자가 곡선을 따라 움직일 때 $\mathbf{T}$의 크기는 일정하고 오직 방향만이 변화한다. $\mathbf{T}$가 곡선을 따라 단위 길이당 회전하는 변화율을 **곡률**(*curvature*)이라 부른다(그림 11.17). 곡률함수에 대한 전통적인 기호는 그리스 문자 κ ("카파")이다.

> 정의 $\mathbf{T}$가 매끄러운 곡선의 단위벡터일 때 이 곡선의 **곡률(curvature)**함수는 다음과 같이 정의한다.
> $$\kappa = \left| \frac{d\mathbf{T}}{ds} \right|$$

그림 11.17 P가 증가하는 호의 길이 방향으로 곡선을 따라서 움직일 때, 단위접선벡터는 회전한다. P에서 $|d\mathbf{T}/ds|$의 값을 P에서 그 곡선의 **곡률**이라고 한다.

만약 $|d\mathbf{T}/ds|$가 크다면, 입자가 P를 지날 때 $\mathbf{T}$는 급격하게 회전하고 그러므로 P에서의 곡률은 크다. $|d\mathbf{T}/ds|$가 0에 가까우면 $\mathbf{T}$가 점점 완만하게 회전하고, P에서의 곡률은 점점 작아진다.

매끄러운 곡선 $\mathbf{r}(t)$가 호의 길이 s가 아닌 다른 매개변수 t로 이미 주어졌다면 곡률을

κ는 그리스 문자 kappa

$$\kappa = \left| \frac{d\mathbf{T}}{ds} \right| = \left| \frac{d\mathbf{T}}{dt} \frac{dt}{ds} \right| \qquad \text{연쇄법칙}$$

$$= \frac{1}{|ds/dt|} \left| \frac{d\mathbf{T}}{dt} \right|$$

$$= \frac{1}{|\mathbf{v}|} \left| \frac{d\mathbf{T}}{dt} \right| \qquad \frac{ds}{dt} = |\mathbf{v}|$$

으로 계산할 수 있다.

곡률 계산 공식

$\mathbf{r}(t)$가 매끄러운 곡선일 때 곡률은 스칼라함수

$$\kappa = \frac{1}{|\mathbf{v}|}\left|\frac{d\mathbf{T}}{dt}\right| \tag{1}$$

이다. 단, $T = \mathbf{v}/|\mathbf{v}|$는 단위접선벡터이다.

정의에 의하여 구해 보면 예제 1과 2에서 직선과 원의 곡률은 상수임을 알 수 있다.

예제 1 직선은 매개방정식 $\mathbf{r}(t) = \mathbf{C} + t\mathbf{v}$에 의해 표현된다. 여기서 $\mathbf{C}$와 $\mathbf{v}$는 상수벡터이다. 따라서 $\mathbf{r}'(t) = \mathbf{v}$이고 단위접선벡터 $\mathbf{T} = \mathbf{v}/|\mathbf{v}|$는 항상 같은 방향을 가리키고 도함수가 $\mathbf{0}$인 상수벡터이다(그림 11.18). 이로부터 직선의 곡률은 매개변수 t의 모든 값에 대하여 0이다.

$$\kappa = \frac{1}{|\mathbf{v}|}\left|\frac{d\mathbf{T}}{dt}\right| = \frac{1}{|\mathbf{v}|}|\mathbf{0}| = 0 \qquad \blacksquare$$

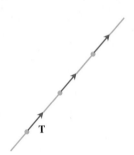

그림 11.18 한 직선을 따라서 $\mathbf{T}$는 항상 같은 방향을 가리킨다. 곡률, $|d\mathbf{T}/dt|$는 0이다(예제 1).

예제 2 여기서는 원의 곡률을 구해보자. 반지름이 a인 원의 매개방정식을

$$\mathbf{r}(t) = (a\cos t)\mathbf{i} + (a\sin t)\mathbf{j}$$

라 하면

$$\mathbf{v} = \frac{d\mathbf{r}}{dt} = -(a\sin t)\mathbf{i} + (a\cos t)\mathbf{j}$$

$$|\mathbf{v}| = \sqrt{(-a\sin t)^2 + (a\cos t)^2} = \sqrt{a^2} = |a| = a \qquad a > 0\text{이므로 } |a| = a$$

이다. 이로부터

$$\mathbf{T} = \frac{\mathbf{v}}{|\mathbf{v}|} = -(\sin t)\mathbf{i} + (\cos t)\mathbf{j}$$

$$\frac{d\mathbf{T}}{dt} = -(\cos t)\mathbf{i} - (\sin t)\mathbf{j}$$

$$\left|\frac{d\mathbf{T}}{dt}\right| = \sqrt{\cos^2 t + \sin^2 t} = 1$$

을 얻는다. 그러므로 원의 곡률은 매개변수 t의 임의의 값에 대하여 상수이다.

$$\kappa = \frac{1}{|\mathbf{v}|}\left|\frac{d\mathbf{T}}{dt}\right| = \frac{1}{a}(1) = \frac{1}{a} = \frac{1}{\text{반지름}} \qquad \blacksquare$$

κ를 계산하는 공식인 식 (1)이 공간곡선에 대해서도 성립하지만 다음 절에서 응용하기에 좀 더 편리한 계산 공식을 구할 것이다.

단위접선벡터 $\mathbf{T}$에 수직인 벡터 중에서 곡선이 회전하는 방향을 가리키는 중요한 벡터가 있다. $\mathbf{T}$는 일정한 크기(그 크기가 항상 1이므로)를 가지므로 그 도함수 $d\mathbf{T}/ds$는 $\mathbf{T}$에 수직이다 (11.1절 식 (4)). 그러므로 $d\mathbf{T}/ds$를 κ로 나누면 $\mathbf{T}$에 직교하는 단위벡터 $\mathbf{N}$을 얻는다(그림 11.19).

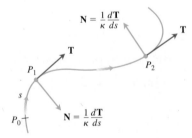

그림 11.19 곡선에 직교하는 벡터 $d\mathbf{T}/ds$는 항상 $\mathbf{T}$가 회전하는 방향을 가리킨다. 단위법선벡터 $\mathbf{N}$은 $d\mathbf{T}/ds$의 방향이다.

정의 $\kappa \neq 0$인 점에서 평면의 매끄러운 곡선에 대한 **주단위법선벡터(principal unit normal)**는 다음과 같이 정의한다.

$$\mathbf{N} = \frac{1}{\kappa}\frac{d\mathbf{T}}{ds}$$

벡터 $d\mathbf{T}/ds$는 곡선이 구부러짐에 따라 $\mathbf{T}$가 회전하는 방향을 가리킨다. 그러므로 증가하는 호의 길이의 방향에서는 $d\mathbf{T}/ds$는 $\mathbf{T}$가 시계방향으로 회전할 때 오른쪽을 향하고 $\mathbf{T}$가 반시계방향으로 회전할 때 왼쪽을 향한다. 즉, 주단위법선벡터 $\mathbf{N}$은 곡선이 휜 쪽을 향한다(그림 11.19).

매끄러운 곡선 $\mathbf{r}(t)$가 호의 길이 매개변수 s가 아닌 다른 매개변수 t로 주어졌다면, 우리는 연쇄법칙을 사용하여 $\mathbf{N}$을 직접 계산할 수 있다.

$$\mathbf{N} = \frac{d\mathbf{T}/ds}{|d\mathbf{T}/ds|}$$

$$= \frac{(d\mathbf{T}/dt)(dt/ds)}{|d\mathbf{T}/dt|\,|dt/ds|}$$

$$= \frac{d\mathbf{T}/dt}{|d\mathbf{T}/dt|} \qquad \frac{dt}{ds} = \frac{1}{ds/dt} > 0\text{은 소거된다.}$$

κ와 s를 먼저 구하지 않고도 $\mathbf{N}$을 구할 수 있다.

$\mathbf{N}$을 계산하는 공식

$\mathbf{r}(t)$가 매끄러운 곡선일 때 주단위법선벡터는

$$\mathbf{N} = \frac{d\mathbf{T}/dt}{|d\mathbf{T}/dt|} \tag{2}$$

이다. 단, $\mathbf{T}=\mathbf{v}/|\mathbf{v}|$는 단위접선벡터이다.

예제 3   원운동

$$\mathbf{r}(t) = (\cos 2t)\mathbf{i} + (\sin 2t)\mathbf{j}$$

에 대하여 $\mathbf{T}$와 $\mathbf{N}$을 구하라.

풀이 $\mathbf{T}$를 먼저 구한다:

$$\mathbf{v} = -(2\sin 2t)\mathbf{i} + (2\cos 2t)\mathbf{j}$$
$$|\mathbf{v}| = \sqrt{4\sin^2 2t + 4\cos^2 2t} = 2$$
$$\mathbf{T} = \frac{\mathbf{v}}{|\mathbf{v}|} = -(\sin 2t)\mathbf{i} + (\cos 2t)\mathbf{j}$$

이것으로부터

$$\frac{d\mathbf{T}}{dt} = -(2\cos 2t)\mathbf{i} - (2\sin 2t)\mathbf{j}$$
$$\left|\frac{d\mathbf{T}}{dt}\right| = \sqrt{4\cos^2 2t + 4\sin^2 2t} = 2$$

이고

$$\mathbf{N} = \frac{d\mathbf{T}/dt}{|d\mathbf{T}/dt|}$$
$$= -(\cos 2t)\mathbf{i} - (\sin 2t)\mathbf{j} \qquad \text{식 (2)}$$

이다. $\mathbf{T}\cdot\mathbf{N}=0$임을 주목하면 $\mathbf{N}$은 $\mathbf{T}$에 직교함을 알 수 있다. 이 원운동에 대하여 $\mathbf{N}$은 $\mathbf{r}(t)$에서부터 원의 중심인 원점을 향함을 알 수 있다. ∎

평면곡선에 대한 곡률원

$\kappa \neq 0$인 평면곡선 위의 한 점 P에서 **곡률원(circle of curvature)** 또는 **접촉원(osculating circle)**이란 다음의 성질을 갖는 평면에 있는 원이다.

1. 원은 P에서 이 곡선에 접하고(곡선과 같은 접선을 갖는다)
2. P에서 이 곡선과 같은 곡률을 갖고
3. 이 곡선의 오목한 부분 또는 안쪽을 향해 위치한다(그림 11.20에서처럼).

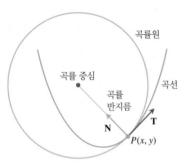

그림 11.20 $P(x, y)$에서 접촉원의 중심은 곡선의 안쪽에 위치한다.

P에서 곡선의 **곡률 반지름(radius of curvature)**은 곡률원의 반지름으로서 예제 2에 의하면

$$\text{곡률 반지름} = \rho = \frac{1}{\kappa}$$

이다. ρ를 구하기 위해서는 κ를 구하고 그 역수를 취한다. P에서 이 곡선의 **곡률중심 (center of curvature)**은 곡률원의 중심이다.

예제 4 원점에서 포물선 $y = x^2$의 접촉원을 구하고 그림을 그리라.

풀이 매개변수 $t = x$ (9.1절의 예제 5)를 사용하여

$$\mathbf{r}(t) = t\mathbf{i} + t^2\mathbf{j}$$

와 같이 매개변수화한다. 식 (1)을 사용하여 원점에서 포물선의 곡률을 구한다:

$$\mathbf{v} = \frac{d\mathbf{r}}{dt} = \mathbf{i} + 2t\mathbf{j}$$

$$|\mathbf{v}| = \sqrt{1 + 4t^2}$$

이므로

$$\mathbf{T} = \frac{\mathbf{v}}{|\mathbf{v}|} = (1 + 4t^2)^{-1/2}\mathbf{i} + 2t(1 + 4t^2)^{-1/2}\mathbf{j}$$

이고, 이것으로부터

$$\frac{d\mathbf{T}}{dt} = -4t(1 + 4t^2)^{-3/2}\mathbf{i} + \left[2(1 + 4t^2)^{-1/2} - 8t^2(1 + 4t^2)^{-3/2} \right]\mathbf{j}$$

를 얻는다. 원점 $t = 0$에서 곡률은

$$\kappa(0) = \frac{1}{|\mathbf{v}(0)|}\left| \frac{d\mathbf{T}}{dt}(0) \right| \qquad \text{식 (1)}$$

$$= \frac{1}{\sqrt{1}}|0\mathbf{i} + 2\mathbf{j}|$$

$$= (1)\sqrt{0^2 + 2^2} = 2$$

이다. 그러므로 곡률 반지름은 $1/\kappa = 1/2$이고 원점에서 $t = 0$이고 $\mathbf{T} = \mathbf{i}$, $\mathbf{N} = \mathbf{j}$이며 접촉원의 중심은 $(0, 1/2)$이다. 따라서 곡률원의 방정식은 다음과 같다.

$$(x - 0)^2 + \left(y - \frac{1}{2} \right)^2 = \left(\frac{1}{2} \right)^2$$

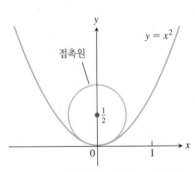

그림 11.21 원점에서 포물선 $y = x^2$에 대한 접촉원(예제 4)

그림 11.21에서 보듯이 접촉원은 원점에서 이 포물선에 대한 접선 근사 $y = 0$보다도 더 나은 근사임을 알 수 있다.

공간곡선에 대한 곡률과 법선벡터

공간 위의 매끄러운 곡선이 어떤 매개변수 t의 함수로서 위치벡터 $\mathbf{r}(t)$로 주어지고 s가 이 곡선의 호의 길이 매개변수이면 단위접선벡터 $\mathbf{T}$는 $d\mathbf{r}/ds = \mathbf{v}/|\mathbf{v}|$이다. 이때 공간에서의 **곡률(curvature)**을 평면곡선에서와 같이

$$\kappa = \left| \frac{d\mathbf{T}}{ds} \right| = \frac{1}{|\mathbf{v}|} \left| \frac{d\mathbf{T}}{dt} \right| \tag{3}$$

로 정의한다. 벡터 $d\mathbf{T}/ds$는 $\mathbf{T}$에 직교하므로 **주단위법선벡터(principal unit normal)**를 다음과 같이 정의한다.

$$\mathbf{N} = \frac{1}{\kappa} \frac{d\mathbf{T}}{ds} = \frac{d\mathbf{T}/dt}{|d\mathbf{T}/dt|} \tag{4}$$

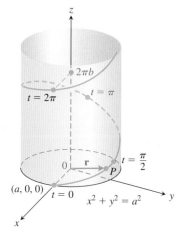

그림 11.22 a와 b가 양수이고 $t \geq 0$ 일 때의 나선(예제 5)
$\mathbf{r}(t) = (a \cos t)\mathbf{i} + (a \sin t)\mathbf{j} + bt\mathbf{k}$

예제 5 나선(그림 11.22)

$$\mathbf{r}(t) = (a \cos t)\mathbf{i} + (a \sin t)\mathbf{j} + bt\mathbf{k}, \qquad a, b \geq 0, \qquad a^2 + b^2 \neq 0$$

에 대한 곡률을 구하라.

풀이 속도벡터 $\mathbf{v}$로부터 $\mathbf{T}$를 계산한다.

$$\mathbf{v} = -(a \sin t)\mathbf{i} + (a \cos t)\mathbf{j} + b\mathbf{k}$$

$$|\mathbf{v}| = \sqrt{a^2 \sin^2 t + a^2 \cos^2 t + b^2} = \sqrt{a^2 + b^2}$$

$$\mathbf{T} = \frac{\mathbf{v}}{|\mathbf{v}|} = \frac{1}{\sqrt{a^2 + b^2}} \left[-(a \sin t)\mathbf{i} + (a \cos t)\mathbf{j} + b\mathbf{k} \right]$$

이때 식 (3)을 사용하여 곡률 κ를 구한다.

$$\begin{aligned}
\kappa &= \frac{1}{|\mathbf{v}|} \left| \frac{d\mathbf{T}}{dt} \right| \\
&= \frac{1}{\sqrt{a^2 + b^2}} \left| \frac{1}{\sqrt{a^2 + b^2}} \left[-(a \cos t)\mathbf{i} - (a \sin t)\mathbf{j} \right] \right| \\
&= \frac{a}{a^2 + b^2} \left| -(\cos t)\mathbf{i} - (\sin t)\mathbf{j} \right| \\
&= \frac{a}{a^2 + b^2} \sqrt{(\cos t)^2 + (\sin t)^2} = \frac{a}{a^2 + b^2}
\end{aligned}$$

이 방정식으로부터 고정된 a에 대하여 b가 커지면 곡률은 작아짐을 알 수 있다. 그리고 고정된 b에 대하여 a가 작아지면 곡률은 작아짐을 알 수 있다.

$b = 0$일 때 나선은 반지름이 a인 원이 되고 원의 경우에서처럼 곡률은 $1/a$이 된다. $a = 0$일 때 나선은 z축이 되고 그래서 직선에서처럼 곡률은 0이다. ∎

예제 6 예제 5에서 나선에 대한 $\mathbf{N}$을 구하고, 이 벡터가 가리키는 방향을 나타내라.

풀이
$$\frac{d\mathbf{T}}{dt} = -\frac{1}{\sqrt{a^2 + b^2}} \left[(a \cos t)\mathbf{i} + (a \sin t)\mathbf{j} \right] \qquad \text{예제 5}$$

$$\left| \frac{d\mathbf{T}}{dt} \right| = \frac{1}{\sqrt{a^2 + b^2}} \sqrt{a^2 \cos^2 t + a^2 \sin^2 t} = \frac{a}{\sqrt{a^2 + b^2}}$$

$$\mathbf{N} = \frac{d\mathbf{T}/dt}{|d\mathbf{T}/dt|} \qquad \text{식 (4)}$$

$$= -\frac{\sqrt{a^2 + b^2}}{a} \cdot \frac{1}{\sqrt{a^2 + b^2}} [(a \cos t)\mathbf{i} + (a \sin t)\mathbf{j}]$$

$$= -(\cos t)\mathbf{i} - (\sin t)\mathbf{j}$$

따라서 $\mathbf{N}$은 xy평면과 평행하며 항상 z축을 향하고 있다. ∎

연습문제 11.4

평면곡선

연습문제 1~4에서 평면곡선에 대한 $\mathbf{T}$, $\mathbf{N}$, κ를 구하라.

1. $\mathbf{r}(t) = t\mathbf{i} + (\ln \cos t)\mathbf{j}, \quad -\pi/2 < t < \pi/2$
2. $\mathbf{r}(t) = (\ln \sec t)\mathbf{i} + t\mathbf{j}, \quad -\pi/2 < t < \pi/2$
3. $\mathbf{r}(t) = (2t + 3)\mathbf{i} + (5 - t^2)\mathbf{j}$
4. $\mathbf{r}(t) = (\cos t + t \sin t)\mathbf{i} + (\sin t - t \cos t)\mathbf{j}, \quad t > 0$

5. **xy평면에서 함수의 그래프의 곡률에 대한 공식**
   a. xy 평면에서 그래프 $y = f(x)$는 자동적으로 매개방정식 $x = x$, $y = f(x)$ 혹은 벡터방정식 $\mathbf{r}(x) = x\mathbf{i} + f(x)\mathbf{j}$를 가진다. 이러한 방정식을 사용하여 f가 x의 2번 미분가능한 함수이면,
   $$\kappa(x) = \frac{|f''(x)|}{[1 + (f'(x))^2]^{3/2}}$$
   임을 보이라.
   b. (a)에서 κ에 대한 공식을 사용하여 $y = \ln (\cos x)$, $-\pi/2 < x < \pi/2$의 곡률을 구하라. 여기서 구한 답과 연습문제 1에서의 답을 비교하라.
   c. 변곡점에서 곡률이 0임을 보이라.

6. **매개변수화된 평면곡선의 곡률에 대한 공식**
   a. 두 번 미분가능한 함수 $x = f(t)$, $y = g(t)$로 정의된 매끄러운 곡선 $\mathbf{r}(t) = f(t)\mathbf{i} + g(t)\mathbf{j}$의 곡률 공식은
   $$\kappa = \frac{|\dot{x}\ddot{y} - \dot{y}\ddot{x}|}{(\dot{x}^2 + \dot{y}^2)^{3/2}}$$
   으로 주어짐을 보이라. 이 공식에서 점 ($\cdot$)은 t에 관한 미분을 나타내며, 점 하나에 한번씩 미분한다.
   이 공식을 사용하여 다음의 곡선에 대한 곡률을 구하라.
   b. $\mathbf{r}(t) = t\mathbf{i} + (\ln \sin t)\mathbf{j}, \quad 0 < t < \pi$
   c. $\mathbf{r}(t) = [\tan^{-1}(\sinh t)]\mathbf{i} + (\ln \cosh t)\mathbf{j}$

7. **평면곡선에 대한 법선벡터**
   a. $\mathbf{n}(t) = -g'(t)\mathbf{i} + f'(t)\mathbf{j}$와 $-\mathbf{n}(t) = g'(t)\mathbf{i} - f'(t)\mathbf{j}$는 둘 다 점 $(f(t), g(t))$에서 곡선 $\mathbf{r}(t) = f(t)\mathbf{i} + g(t)\mathbf{j}$에 직교함을 보이라.
   특별한 평면곡선에 대한 $\mathbf{N}$을 구하기 위해 (a)에서 그 곡선의 구부러진 부분으로 향하는 $\mathbf{n}$ 또는 $-\mathbf{n}$을 택하여 단위벡터로 만들 수 있다(그림 11.19 참조). 이러한 방법을 이용하여 다음 곡선에 대하여 $\mathbf{N}$을 구하라.
   b. $\mathbf{r}(t) = t\mathbf{i} + e^{2t}\mathbf{j}$
   c. $\mathbf{r}(t) = \sqrt{4 - t^2}\,\mathbf{i} + t\mathbf{j}, \quad -2 \leq t \leq 2$

8. (연습문제 7의 계속)
   a. 연습문제 7의 방법을 사용하여 $t < 0$, $t > 0$일 때 곡선

$\mathbf{r}(t) = t\mathbf{i} + (1/3)t^3\mathbf{j}$에 대한 $\mathbf{N}$을 구하라.
   b. (a)에 있는 곡선에 대하여 $t \neq 0$일 때 식 (4)를 이용하여 $\mathbf{T}$로부터 직접 $\mathbf{N}$을 계산하라. $t = 0$일 때 $\mathbf{N}$이 존재하는가? 이 곡선의 그래프를 그리고 t가 음수에서 양수의 값으로 변할 때 $\mathbf{N}$에 어떠한 변화가 있는지 설명하라.

공간곡선

연습문제 9~16에서 공간곡선에 대하여 $\mathbf{T}$, $\mathbf{N}$, κ를 구하라.

9. $\mathbf{r}(t) = (3 \sin t)\mathbf{i} + (3 \cos t)\mathbf{j} + 4t\mathbf{k}$
10. $\mathbf{r}(t) = (\cos t + t \sin t)\mathbf{i} + (\sin t - t \cos t)\mathbf{j} + 3\mathbf{k}$
11. $\mathbf{r}(t) = (e^t \cos t)\mathbf{i} + (e^t \sin t)\mathbf{j} + 2\mathbf{k}$
12. $\mathbf{r}(t) = (6 \sin 2t)\mathbf{i} + (6 \cos 2t)\mathbf{j} + 5t\mathbf{k}$
13. $\mathbf{r}(t) = (t^3/3)\mathbf{i} + (t^2/2)\mathbf{j}, \quad t > 0$
14. $\mathbf{r}(t) = (\cos^3 t)\mathbf{i} + (\sin^3 t)\mathbf{j}, \quad 0 < t < \pi/2$
15. $\mathbf{r}(t) = t\mathbf{i} + (a \cosh(t/a))\mathbf{j}, \quad a > 0$
16. $\mathbf{r}(t) = (\cosh t)\mathbf{i} - (\sinh t)\mathbf{j} + t\mathbf{k}$

곡률에 관한 문제 추가

17. 포물선 $y = ax^2$, $a \neq 0$은 꼭짓점에서 최대의 곡률을 가지고 있음을 보이고, 또 최소의 곡률은 갖지 않음을 보이라. (**주의**: 곡선의 곡률은 그것이 평행이동하거나 회전했을 때 변하지 않으므로 임의의 포물선에 대해서도 같은 결과를 얻는다.)

18. 타원 $x = a \cos t$, $y = b \sin t$, $a > b > 0$은 장축에서 최대의 곡률을, 단축에서 최소의 곡률을 가짐을 보이라. (연습문제 17에서와 같이 임의의 타원에 대해서도 같은 결과를 얻는다.)

19. **나선의 곡률의 최대화** 예제 5에서 나선 $\mathbf{r}(t) = (a \cos t)\mathbf{i} + (a \sin t)\mathbf{j} + bt\mathbf{k}$ $(a, b \geq 0)$의 곡률이 $\kappa = a/(a^2 + b^2)$임을 알았다. 주어진 b에 대하여 κ의 최댓값을 구하라. 그 이유를 설명하라.

20. **전곡률** 매끄러운 곡선의 $s = s_0$부터 $s = s_1 > s_0$까지 부분의 **전곡률(total curvature)**을, s_0부터 s_1까지 κ를 적분함으로써 구한다. 이 곡선이 어떤 다른 매개변수, 예를 들어 t를 가지면 전곡률은
   $$K = \int_{s_0}^{s_1} \kappa\, ds = \int_{t_0}^{t_1} \kappa \frac{ds}{dt}\, dt = \int_{t_0}^{t_1} \kappa |\mathbf{v}|\, dt$$
   이다. 단, t_0와 t_1은 s_0와 s_1에 대응한다. 다음 곡선의 전곡률을 구하라.
   a. 나선 $\mathbf{r}(t) = (3 \cos t)\mathbf{i} + (3 \sin t)\mathbf{j} + t\mathbf{k}$, $0 \leq t \leq 4\pi$의 부분
   b. 포물선 $y = x^2$, $-\infty < x < \infty$

21. 곡선 $\mathbf{r}(t) = t\mathbf{i} + (\sin t)\mathbf{j}$의 점 $(\pi/2, 1)$에서의 곡률원의 방정식을 구하라. (이 곡선은 xy평면에서 $y = \sin x$의 그래프를 매개변수

화한다.)

22. $t=1$일 때 곡선 $\mathbf{r}(t)=(2\ln t)\mathbf{i}-[t+(1/t)]\mathbf{j}$, $e^{-2}\leq t\leq e^2$의 점 $(0,$ $-2)$에서의 곡률원의 방정식을 구하라.

☐ **연습문제 5에서 유도된 공식**

$$\kappa(x)=\frac{|f''(x)|}{[1+(f'(x))^2]^{3/2}}$$

은 2번 미분가능한 평면곡선 $y=f(x)$의 곡률 $\kappa(x)$를 x의 함수로 표현한다.

연습문제 23~26에서 각 곡선의 곡률함수를 구하라. 그 다음 주어진 구간에서 $\kappa(x)$와 함께 $f(x)$를 그려라. 여러분은 약간 놀라게 될 것이다.

23. $y=x^2$, $-2\leq x\leq2$ **24.** $y=x^4/4$, $-2\leq x\leq2$

25. $y=\sin x$, $0\leq x\leq2\pi$ **26.** $y=e^x$, $-1\leq x\leq2$

연습문제 27~28에서 각 함수의 그래프에서 곡률이 최대인 점을 구하라.

27. $f(x)=\ln x$ **28.** $f(x)=\dfrac{x}{x+1}$, $x>-1$

29. 접촉원 포물선 $y=x^2$의 점 (a,a^2)에서의 접촉원의 중심이 $\left(-4a^3,3a^2+\dfrac{1}{2}\right)$임을 보이라.

30. 접촉원 포물선 $y=x^2$의 $x=1$에서의 접촉원의 매개방정식을 구하라.

컴퓨터 탐구

연습문제 31~38에서 CAS를 사용하여 $\kappa\neq0$인 평면곡선 위의 한 점 P에서의 접촉원을 탐구하자. CAS를 이용하여 다음의 단계를 수행하라.

a. 주어진 구간에서 매개방정식 또는 함수식으로 주어진 평면 곡선을 도시하여 그것이 어떻게 보이는지 알아보라.

b. 연습문제 5 또는 6에서의 근사식을 사용하여 주어진 값 t_0에서 곡선의 곡률 κ를 계산하라. 곡선이 함수 $y=f(x)$로 주어질 때는 매개방정식 $x=t$, $y=f(t)$를 사용하라.

c. t_0에서 단위법선벡터 $\mathbf{N}$을 구하라. $\mathbf{N}$의 성분의 부호는 단위접선벡터 $\mathbf{T}$가 $t=t_0$에서 시계방향 또는 반시계방향으로 회전하는지에 따라 달라짐을 주목하라(연습문제 7 참조).

d. $\mathbf{C}=a\mathbf{i}+b\mathbf{j}$가 원점으로부터 접촉원의 중심 (a,b)까지의 벡터일 때 벡터방정식

$$\mathbf{C}=\mathbf{r}(t_0)+\frac{1}{\kappa(t_0)}\mathbf{N}(t_0)$$

으로부터 중심 $\mathbf{C}$를 구하라. 곡선 위의 점 $P(x_0,y_0)$은 위치벡터 $\mathbf{r}(t_0)$로 주어진다.

e. 접촉원의 방정식 $(x-a)^2+(y-b)^2=1/\kappa^2$을 함축적으로 도시하라. 그리고 이 곡선과 접촉원을 함께 도시하라. 여러분은 보이는 모니터 창의 크기로서 실험할 필요가 있을지 모른다. 그러나 정사각형이 되도록 하라.

31. $\mathbf{r}(t)=(3\cos t)\mathbf{i}+(5\sin t)\mathbf{j}$, $0\leq t\leq2\pi$, $t_0=\pi/4$

32. $\mathbf{r}(t)=(\cos^3 t)\mathbf{i}+(\sin^3 t)\mathbf{j}$, $0\leq t\leq2\pi$, $t_0=\pi/4$

33. $\mathbf{r}(t)=t^2\mathbf{i}+(t^3-3t)\mathbf{j}$, $-4\leq t\leq4$, $t_0=3/5$

34. $\mathbf{r}(t)=(t^3-2t^2-t)\mathbf{i}+\dfrac{3t}{\sqrt{1+t^2}}\mathbf{j}$, $-2\leq t\leq5$, $t_0=1$

35. $\mathbf{r}(t)=(2t-\sin t)\mathbf{i}+(2-2\cos t)\mathbf{j}$, $0\leq t\leq3\pi$, $t_0=3\pi/2$

36. $\mathbf{r}(t)=(e^{-t}\cos t)\mathbf{i}+(e^{-t}\sin t)\mathbf{j}$, $0\leq t\leq6\pi$, $t_0=\pi/4$

37. $y=x^2-x$, $-2\leq x\leq5$, $x_0=1$

38. $y=x(1-x)^{2/5}$, $-1\leq x\leq2$, $x_0=1/2$

11.5 가속도의 접선과 법선 성분

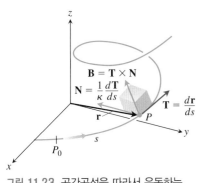

그림 11.23 공간곡선을 따라서 운동하는 서로 직교하는 단위벡터들의 TNB 틀

만일 여러분이 한 공간곡선을 따라서 운동하고 있다면 여러분의 운동을 설명해 줄 벡터 표현을 위해 직교좌표계 $\mathbf{i}$, $\mathbf{j}$, $\mathbf{k}$를 이용하는 것은 실제적으로는 적절하지 않다. 이들을 대신하여, 운동하는 방향(단위접선벡터 $\mathbf{T}$)과 운동경로가 회전하는 방향(단위법선벡터 $\mathbf{N}$)과 운동이 위 두 벡터에 의해서 만들어지는 평면으로부터 이 평면에 수직방향으로 꼬이는 경향(**단위종법선벡터**(*unit binormal vector*) $\mathbf{B}=\mathbf{T}\times\mathbf{N}$으로 정의됨)을 나타내는 벡터들이 더 중요하게 사용될 것이다. 운동(그림 11.23)과 함께 이동하는 서로 직교하는 단위벡터들의 이러한 **TNB 틀**(*frame*)의 1차 결합으로서 곡선에 대한 가속도벡터를 표현하면 그 경로와 경로에 따른 운동의 특성이 특히 잘 나타난다.

TNB 틀

공간의 한 곡선의 **종법선벡터**(**binormal vector**)는 $\mathbf{B}=\mathbf{T}\times\mathbf{N}$으로서 $\mathbf{T}$와 $\mathbf{N}$에 수직인 단위벡터이다(그림 11.24). $\mathbf{T}$, $\mathbf{N}$, $\mathbf{B}$는 공간을 통하여 운동하는 입자의 경로를 계산하는 데 중요한 역할을 하는 움직이는 오른손법칙 벡터틀을 정의한다. 이것을 **프레네틀**

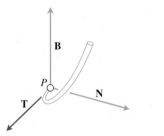

그림 11.24 **T**, **N**, **B**(순서적으로)는 공간에서 서로 수직인 단위벡터들의 오른손 법칙 틀을 구성한다.

(**Frenet frame**; Jean-Frédéric Frenet, 1816~1900을 본뜸) 또는 **TNB 틀**(**TNB frame**)이라 한다.

가속도의 접선과 법선 성분

한 물체가 중력, 브레이크, 로켓 모터, 또는 무엇이든가에 의하여 가속될 때 우리는 보통 가속도가 접선벡터 **T**의 방향인, 운동의 방향으로 얼마만큼 작용하는지 알고 싶어 한다. 우리는 이것을 연쇄법칙을 사용하여 계산할 수 있다. 즉, **v**를

$$\mathbf{v} = \frac{d\mathbf{r}}{dt} = \frac{d\mathbf{r}}{ds}\frac{ds}{dt} = \mathbf{T}\frac{ds}{dt}$$

로 다시 쓰고 위의 모든 등식을 미분함으로써

$$\mathbf{a} = \frac{d\mathbf{v}}{dt} = \frac{d}{dt}\left(\mathbf{T}\frac{ds}{dt}\right) = \frac{d^2s}{dt^2}\mathbf{T} + \frac{ds}{dt}\frac{d\mathbf{T}}{dt}$$

$$= \frac{d^2s}{dt^2}\mathbf{T} + \frac{ds}{dt}\left(\frac{d\mathbf{T}}{ds}\frac{ds}{dt}\right) = \frac{d^2s}{dt^2}\mathbf{T} + \frac{ds}{dt}\left(\kappa\mathbf{N}\frac{ds}{dt}\right) \qquad \frac{d\mathbf{T}}{ds} = \kappa\mathbf{N}$$

$$= \frac{d^2s}{dt^2}\mathbf{T} + \kappa\left(\frac{ds}{dt}\right)^2\mathbf{N}$$

을 얻는다.

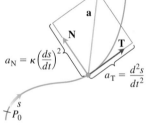

$$a_\mathrm{N} = \kappa\left(\frac{ds}{dt}\right)^2 \qquad a_\mathrm{T} = \frac{d^2s}{dt^2}$$

그림 11.25 가속도의 접선 및 법선 성분. 가속도 **a**는 항상 **B**에 수직인 **T**와 **N**에 의하여 결정된 평면 위에 있다.

정의   가속도벡터를

$$\mathbf{a} = a_\mathrm{T}\mathbf{T} + a_\mathrm{N}\mathbf{N} \tag{1}$$

으로 나타낼 때

$$a_\mathrm{T} = \frac{d^2s}{dt^2} = \frac{d}{dt}|\mathbf{v}|, \qquad a_\mathrm{N} = \kappa\left(\frac{ds}{dt}\right)^2 = \kappa|\mathbf{v}|^2 \tag{2}$$

이 되고, 이를 가속도의 **접선**(**tangential**) 및 **법선**(**normal**) 스칼라 성분이라 한다.

종법선벡터 **B**는 식 (1)에서 나타나지 않음에 유의하라. 우리가 관찰하고 있는 이동체의 경로가 공간에서 꼬이고 회전하는 것이 어떻게 보일지라도 가속도 **a**는 항상 **B**에 수직인 **T**와 **N**에 의한 평면 위에 놓여 있다. 식 (1)은 또한 그 가속도가 운동에 얼마나 크게 접하여(d^2s/dt^2) 나타나는지 그리고 운동에 얼마나 크게 수직으로 [$\kappa(ds/dt)^2$] 나타나는지 정확히 알 수 있게 한다(그림 11.25).

식 (2)로부터는 어떠한 정보를 얻을 수 있을까? 정의에 의하여 가속도 **a**는 속도 **v**의 변화율, 그래서 일반적으로 **v**의 크기와 방향은 물체가 그 경로를 따라 이동함에 따라 변한다. 가속도의 접선 성분은 a_T는 **v**의 **크기**의 변화율로 측정한다(즉, 속력의 변화). 가속도의 법선 성분 a_N은 **v**의 **방향**의 변화율을 측정한다.

가속도의 법선 스칼라 성분은 곡률 곱하기 속력의 **제곱**임을 유의하라. 이것은 여러분이 자동차를 급격히(큰 κ), 고속(큰 $|\mathbf{v}|$)으로 회전할 때 붙잡고 있어야 하는 이유를 설명해 준다. 만일 여러분이 자동차의 속력을 2배로 높이면 여러분은 같은 곡률에 대하여 가속도의 법선 성분이 4배가 됨을 경험하게 될 것이다.

물체가 일정한 속력으로 원 위를 운동하면 d^2s/dt^2은 0이고 모든 가속도는 **N**을 따라서 원의 중심 방향으로 향한다. 만일 그 물체가 속력을 높이거나 낮추면 **a**는 0이 아닌 접선 성분을 가질 것이다(그림 11.26).

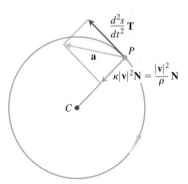

$$\frac{d^2s}{dt^2}\mathbf{T}$$

$$\kappa|\mathbf{v}|^2\mathbf{N} = \frac{|\mathbf{v}|^2}{\rho}\mathbf{N}$$

그림 11.26 반지름이 ρ인 원 주위를 반시계방향으로 회전함에 따라 속력을 높이는 물체의 가속도의 접선 및 법선 성분

a_N을 계산하기 위하여, 우리는 보통 공식 $a_N = \sqrt{|\mathbf{a}|^2 - a_T{}^2}$을 사용하는데 이것은 방정식 $|\mathbf{a}|^2 = \mathbf{a} \cdot \mathbf{a} = a_T{}^2 + a_N{}^2$을 a_N에 대하여 풀면 바로 구할 수 있다. 이 공식으로부터 κ를 먼저 계산할 필요없이 a_N을 구할 수 있다.

가속도의 법선 성분 계산에 대한 공식

$$a_N = \sqrt{|\mathbf{a}|^2 - a_T{}^2} \tag{3}$$

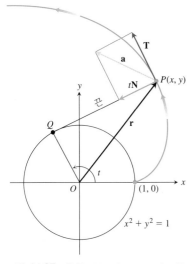

그림 11.27 운동 $\mathbf{r}(t) = (\cos t + t \sin t)\mathbf{i}$ $+ (\sin t - t \cos t)\mathbf{j}$의 접선 및 법선 성분. 고정된 원 주위에 감긴 끈을 원의 평면에 팽팽하게 잡은 채로 풀면 그것의 끝점 P는 원의 신개선을 그린다(예제 1).

예제 1 $\mathbf{T}$와 $\mathbf{N}$을 구하지 않고 운동

$$\mathbf{r}(t) = (\cos t + t \sin t)\mathbf{i} + (\sin t - t \cos t)\mathbf{j}, \qquad t > 0$$

의 가속도를 $\mathbf{a} = a_T\mathbf{T} + a_N\mathbf{N}$의 형태로 나타내라. (이 운동의 경로는 그림 11.27에서처럼 원의 신개선이다. 또한, 11.3절 연습문제 19 참조.)

풀이 먼저 식 (2)를 사용하여 a_T를 구한다.

$$\mathbf{v} = \frac{d\mathbf{r}}{dt} = (-\sin t + \sin t + t \cos t)\mathbf{i} + (\cos t - \cos t + t \sin t)\mathbf{j}$$
$$= (t \cos t)\mathbf{i} + (t \sin t)\mathbf{j}$$

$$|\mathbf{v}| = \sqrt{t^2 \cos^2 t + t^2 \sin^2 t} = \sqrt{t^2} = |t| = t \qquad t > 0$$

$$a_T = \frac{d}{dt}|\mathbf{v}| = \frac{d}{dt}(t) = 1 \qquad \text{식 (2)}$$

a_T를 알고 있으므로 식 (3)으로부터 a_N을 구한다.

$$\mathbf{a} = (\cos t - t \sin t)\mathbf{i} + (\sin t + t \cos t)\mathbf{j}$$
$$|\mathbf{a}|^2 = t^2 + 1 \qquad \text{적당한 계산을 하면}$$
$$a_N = \sqrt{|\mathbf{a}|^2 - a_T{}^2}$$
$$= \sqrt{(t^2 + 1) - (1)} = \sqrt{t^2} = t$$

따라서 식 (1)에 의하여 $\mathbf{a}$를 구한다.

$$\mathbf{a} = a_T\mathbf{T} + a_N\mathbf{N} = (1)\mathbf{T} + (t)\mathbf{N} = \mathbf{T} + t\mathbf{N} \qquad \blacksquare$$

열률

$d\mathbf{B}/ds$는 $\mathbf{T}$, $\mathbf{N}$, $\mathbf{B}$와 어떤 관계가 있을까? 11.1절의 외적에 대한 미분법칙으로부터

$$\frac{d\mathbf{B}}{ds} = \frac{d(\mathbf{T} \times \mathbf{N})}{ds} = \frac{d\mathbf{T}}{ds} \times \mathbf{N} + \mathbf{T} \times \frac{d\mathbf{N}}{ds}$$

을 얻는다. $\mathbf{N}$은 $d\mathbf{T}/ds$ 방향이므로 $(d\mathbf{T}/ds) \times \mathbf{N} = \mathbf{0}$이고

$$\frac{d\mathbf{B}}{ds} = \mathbf{0} + \mathbf{T} \times \frac{d\mathbf{N}}{ds} = \mathbf{T} \times \frac{d\mathbf{N}}{ds}$$

이다. 따라서 외적은 그것의 각 인수와 직교하므로 $d\mathbf{B}/ds$는 $\mathbf{T}$와 직교한다.

$d\mathbf{B}/ds$는 또한 $\mathbf{B}$와 직교하므로($\mathbf{B}$는 상수 길이를 가지므로), $d\mathbf{B}/ds$는 $\mathbf{B}$와 $\mathbf{T}$에 의해서 생성된 평면에 직교한다. 즉, $d\mathbf{B}/ds$는 $\mathbf{N}$에 평행이고 그러므로 $d\mathbf{B}/ds$는 $\mathbf{N}$의 상수배이다. 기호로

$$\frac{d\mathbf{B}}{ds} = -\tau\mathbf{N}$$

위의 방정식에서 전통적으로 음의 부호를 사용한다. 스칼라 τ를 그 곡선의 **열률**(*torsion*)

이라 한다.

$$\frac{d\mathbf{B}}{ds} \cdot \mathbf{N} = -\tau \mathbf{N} \cdot \mathbf{N} = -\tau(1) = -\tau$$

이므로 이 식으로부터 다음을 정의한다.

정의

$\mathbf{B} = \mathbf{T} \times \mathbf{N}$이라 하자. 매끄러운 곡선의 **열률(torsion)**은 다음과 같이 정의한다.

$$\tau = -\frac{d\mathbf{B}}{ds} \cdot \mathbf{N} \tag{4}$$

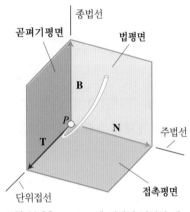

그림 11.28 **T, N, B**에 의하여 결정된 세 평면의 이름

절대로 음이 아닌 곡률 κ와 달리 열률 τ는 양수, 음수, 또는 0이 될 수 있다.

T, N, B에 의하여 결정된 3개의 평면의 이름을 그림 11.28에 나타내었다. 곡률 $\kappa = |d\mathbf{T}/ds|$는 점 P가 그 경로를 따라서 움직일 때 법평면이 회전하는 회전율로 생각될 수 있다. 마찬가지로 열률 $\tau = -(d\mathbf{B}/ds) \cdot \mathbf{N}$은 P가 곡선을 따라 움직일 때 접촉평면이 **T**를 중심으로 회전하는 회전율이다. 열률은 그 곡선이 얼마나 비틀어 구부러지는지를 측정한다.

그림 11.29를 보라. 만일 P가 구부러진 선로를 따라 올라가는 기차라면 전조등이 단위 거리당 좌우로 회전하는 회전율은 그 선로의 곡률이다. 기차가 **T**와 **N**에 의하여 결정된 평면을 비틀어 구부러지는 비율이 열률이다. 고등수학에서 0이 아닌 상수 곡률과 0이 아닌 상수 열률을 갖는 공간곡선은 나선뿐임을 증명할 수 있다.

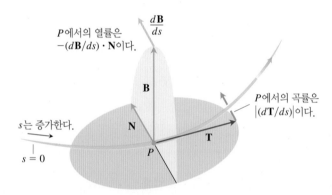

그림 11.29 모든 움직이는 물체는 그 이동경로의 기하를 분류하는 **TNB** 틀을 가지고 운동한다.

곡률과 열률 계산공식

이제 매끄러운 곡선의 곡률과 열률을 계산할 때 사용하기 쉬운 공식들을 만들어보자. 식 (1)과 (2)로부터 다음을 얻는다.

$$\begin{aligned}
\mathbf{v} \times \mathbf{a} &= \left(\frac{ds}{dt}\mathbf{T}\right) \times \left[\frac{d^2s}{dt^2}\mathbf{T} + \kappa\left(\frac{ds}{dt}\right)^2\mathbf{N}\right] \\
&= \left(\frac{ds}{dt}\frac{d^2s}{dt^2}\right)(\mathbf{T} \times \mathbf{T}) + \kappa\left(\frac{ds}{dt}\right)^3(\mathbf{T} \times \mathbf{N}) \\
&= \kappa\left(\frac{ds}{dt}\right)^3\mathbf{B}
\end{aligned}$$

$\mathbf{v} = d\mathbf{r}/dt = (ds/dt)\mathbf{T}$

$\mathbf{T} \times \mathbf{T} = \mathbf{0}$과 $\mathbf{T} \times \mathbf{N} = \mathbf{B}$

이로부터 다음 식을 얻는다.

$$|\mathbf{v} \times \mathbf{a}| = \kappa \left|\frac{ds}{dt}\right|^3 |\mathbf{B}| = \kappa |\mathbf{v}|^3 \qquad \frac{ds}{dt} = |\mathbf{v}| \text{와} \quad |\mathbf{B}| = 1$$

κ에 대해 풀면 다음 공식을 얻는다.

곡률에 대한 벡터 공식

$$\kappa = \frac{|\mathbf{v} \times \mathbf{a}|}{|\mathbf{v}|^3} \tag{5}$$

식 (5)는 벡터 형태로 표현된 곡선에서 $|\mathbf{v}|$가 0이 아닌 경우에 속도와 가속도로부터, 곡선에 대한 기하적인 성질인 곡률을 계산한다. 곡선을 따라 운동을 표현하는 공식으로부터 운동이 어떻게 변할지라도, $\mathbf{v}$가 결코 0이 되지 않는다면, 곡선의 기하적인 성질을 계산할 수 있다. 곡선이 비록 매개변수로 정의되었다고 해도 이를 계산하는 데는 아무 문제가 되지 않는다.

열률에 대하여 가장 널리 사용되는 공식은 고등수학에서 유도되는 것으로, 다음과 같이 형렬식 형태로 주어진다.

열률에 대한 공식

$$\tau = \frac{\begin{vmatrix} \dot{x} & \dot{y} & \dot{z} \\ \ddot{x} & \ddot{y} & \ddot{z} \\ \dddot{x} & \dddot{y} & \dddot{z} \end{vmatrix}}{|\mathbf{v} \times \mathbf{a}|^2} \qquad (\mathbf{v} \times \mathbf{a} \neq \mathbf{0}\text{일 때}) \tag{6}$$

도함수에 대한 뉴턴 도트 표기법
식 (6)에서 점은 t에 관하여 미분하는 것을 나타낸다. 각 점마다 한 번의 미분을 의미한다. 따라서, $\dot{x}$("엑스 도트")는 dx/dt를, $\ddot{x}$("엑스 더블도트")는 d^2x/dt^2를, $\dddot{x}$("엑스 트리플도트")는 d^3x/dt^3를 의미한다. 같은 방법으로 $\dot{y} = dy/dt$ 등도 마찬가지이다.

이 공식은 벡터함수 $\mathbf{r}$을 구성하는 성분 함수들 $x = f(t)$, $y = g(t)$, $z = h(t)$의 도함수로부터 열률을 직접 계산한다. 행렬식의 첫째 행은 $\mathbf{v}$, 둘째 행은 $\mathbf{a}$, 셋째 행은 $\dot{\mathbf{a}} = d\mathbf{a}/dt$로부터 온다. 도함수를 나타내는 전통적인 뉴턴 도트 표기법이 사용되었다.

예제 2 식 (5)와 (6)을 이용해서 다음 나선에 대한 곡률 κ와 열률 τ를 구하라.
$$\mathbf{r}(t) = (a \cos t)\mathbf{i} + (a \sin t)\mathbf{j} + bt\mathbf{k}, \qquad a, b \geq 0, \qquad a^2 + b^2 \neq 0$$

풀이 식 (5)를 이용하여 곡률을 구한다.

$$\mathbf{v} = -(a \sin t)\mathbf{i} + (a \cos t)\mathbf{j} + b\mathbf{k}$$

$$\mathbf{a} = -(a \cos t)\mathbf{i} - (a \sin t)\mathbf{j}$$

$$\mathbf{v} \times \mathbf{a} = \begin{vmatrix} \mathbf{i} & \mathbf{j} & \mathbf{k} \\ -a \sin t & a \cos t & b \\ -a \cos t & -a \sin t & 0 \end{vmatrix}$$

$$= (ab \sin t)\mathbf{i} - (ab \cos t)\mathbf{j} + a^2\mathbf{k}$$

$$\kappa = \frac{|\mathbf{v} \times \mathbf{a}|}{|\mathbf{v}|^3} = \frac{\sqrt{a^2 b^2 + a^4}}{(a^2 + b^2)^{3/2}} = \frac{a\sqrt{a^2 + b^2}}{(a^2 + b^2)^{3/2}} = \frac{a}{a^2 + b^2} \tag{7}$$

식 (7)에서 구한 결과는 11.4절의 예제 5에서 곡률의 정의로부터 직접 계산한 결과와 일치한다.

식 (6)으로부터 열률을 계산하기 위해, $\mathbf{r}$을 t에 관하여 미분함으로써 행렬식의 각 항들을 구해 보자. $\mathbf{v}$와 $\mathbf{a}$는 이미 구하였고,

$$\dot{\mathbf{a}} = \frac{d\mathbf{a}}{dt} = (a \sin t)\mathbf{i} - (a \cos t)\mathbf{j}$$

이다. 따라서 열률은 다음과 같다.

$$\tau = \frac{\begin{vmatrix} \dot{x} & \dot{y} & \dot{z} \\ \ddot{x} & \ddot{y} & \ddot{z} \\ \dddot{x} & \dddot{y} & \dddot{z} \end{vmatrix}}{|\mathbf{v} \times \mathbf{a}|^2} = \frac{\begin{vmatrix} -a \sin t & a \cos t & b \\ -a \cos t & -a \sin t & 0 \\ a \sin t & -a \cos t & 0 \end{vmatrix}}{\left(a\sqrt{a^2 + b^2}\right)^2} \quad \begin{array}{l} |\mathbf{v} \times \mathbf{a}|\text{는} \\ \text{식 (7)로부터} \end{array}$$

$$= \frac{b(a^2 \cos^2 t + a^2 \sin^2 t)}{a^2(a^2 + b^2)}$$

$$= \frac{b}{a^2 + b^2}$$

마지막 식으로부터 원기둥에 대한 나선의 열률이 상수임을 알 수 있다. 실제로, 상수의 곡률과 상수의 열률은 공간에서의 모든 곡선들 중에 나선만이 갖는 특성이다. ■

공간곡선에 대한 공식

단위접선벡터:	$\mathbf{T} = \dfrac{\mathbf{v}}{|\mathbf{v}|}$
주단위법선벡터:	$\mathbf{N} = \dfrac{d\mathbf{T}/dt}{|d\mathbf{T}/dt|}$
종법선벡터:	$\mathbf{B} = \mathbf{T} \times \mathbf{N}$
곡률:	$\kappa = \left|\dfrac{d\mathbf{T}}{ds}\right| = \dfrac{|\mathbf{v} \times \mathbf{a}|}{|\mathbf{v}|^3}$
열률:	$\tau = -\dfrac{d\mathbf{B}}{ds} \cdot \mathbf{N} = \dfrac{\begin{vmatrix} \dot{x} & \dot{y} & \dot{z} \\ \ddot{x} & \ddot{y} & \ddot{z} \\ \dddot{x} & \dddot{y} & \dddot{z} \end{vmatrix}}{|\mathbf{v} \times \mathbf{a}|^2}$
가속도의 접선 및 법선 스칼라 성분:	$\mathbf{a} = a_T\mathbf{T} + a_N\mathbf{N}$
	$a_T = \dfrac{d}{dt}|\mathbf{v}|$
	$a_N = \kappa|\mathbf{v}|^2 = \sqrt{|\mathbf{a}|^2 - a_T{}^2}$

연습문제 11.5

가속도의 접선 및 법선 성분

연습문제 1과 2에서 $\mathbf{a}$를 $\mathbf{T}$와 $\mathbf{N}$을 구하지 않고 $\mathbf{a} = a_T\mathbf{T} + a_N\mathbf{N}$ 형태로 나타내라.

1. $\mathbf{r}(t) = (a \cos t)\mathbf{i} + (a \sin t)\mathbf{j} + bt\mathbf{k}$

2. $\mathbf{r}(t) = (1 + 3t)\mathbf{i} + (t - 2)\mathbf{j} - 3t\mathbf{k}$

연습문제 3~6에서 $\mathbf{a}$를 $\mathbf{T}$와 $\mathbf{N}$을 구하지 않고 t의 주어진 값에서 $\mathbf{a} = a_T\mathbf{T} + a_N\mathbf{N}$ 형태로 나타내라.

3. $\mathbf{r}(t) = (t + 1)\mathbf{i} + 2t\mathbf{j} + t^2\mathbf{k}, \quad t = 1$

4. $\mathbf{r}(t) = (t \cos t)\mathbf{i} + (t \sin t)\mathbf{j} + t^2\mathbf{k}, \quad t = 0$

5. $\mathbf{r}(t) = t^2\mathbf{i} + (t + (1/3)t^3)\mathbf{j} + (t - (1/3)t^3)\mathbf{k}, \quad t = 0$

6. $\mathbf{r}(t) = (e^t \cos t)\mathbf{i} + (e^t \sin t)\mathbf{j} + \sqrt{2}e^t\mathbf{k}, \quad t = 0$

TNB 틀 구하기

연습문제 7과 8에서 t의 주어진 값에서 $\mathbf{r}$, $\mathbf{T}$, $\mathbf{N}$, $\mathbf{B}$를 구하라. 또, t의 그러한 값에서 접촉평면, 법평면, 유한평면에 대한 방정식을 구하라.

7. $\mathbf{r}(t) = (\cos t)\mathbf{i} + (\sin t)\mathbf{j} - \mathbf{k}, \quad t = \pi/4$

8. $\mathbf{r}(t) = (\cos t)\mathbf{i} + (\sin t)\mathbf{j} + t\mathbf{k}, \quad t = 0$

연습문제 9~16에서 공간곡선에 대해서 $\mathbf{B}$와 τ를 구하라. 11.4절 연습문제 9~16에서는 $\mathbf{T}$, $\mathbf{N}$, κ를 구하였다.

9. $\mathbf{r}(t) = (3\sin t)\mathbf{i} + (3\cos t)\mathbf{j} + 4t\mathbf{k}$

10. $\mathbf{r}(t) = (\cos t + t\sin t)\mathbf{i} + (\sin t - t\cos t)\mathbf{j} + 3\mathbf{k}$

11. $\mathbf{r}(t) = (e^t \cos t)\mathbf{i} + (e^t \sin t)\mathbf{j} + 2\mathbf{k}$

12. $\mathbf{r}(t) = (6\sin 2t)\mathbf{i} + (6\cos 2t)\mathbf{j} + 5t\mathbf{k}$

13. $\mathbf{r}(t) = (t^3/3)\mathbf{i} + (t^2/2)\mathbf{j}, \quad t > 0$

14. $\mathbf{r}(t) = (\cos^3 t)\mathbf{i} + (\sin^3 t)\mathbf{j}, \quad 0 < t < \pi/2$

15. $\mathbf{r}(t) = t\mathbf{i} + (a\cosh(t/a))\mathbf{j}, \quad a > 0$

16. $\mathbf{r}(t) = (\cosh t)\mathbf{i} - (\sinh t)\mathbf{j} + t\mathbf{k}$

물리적인 응용

17. 자동차의 속도계가 꾸준히 35 km/h를 가리키고 있다. 이 자동차는 가속되고 있는가? 그 이유를 설명하라.

18. 일정한 속력으로 움직이는 입자의 가속도에 관하여 무엇을 말할 수 있는가? 그 이유를 설명하라.

19. 가속도가 항상 속도에 수직인 입자의 속력에 관하여 무엇을 말할 수 있는가? 그 이유를 설명하라.

20. 질량이 m인 한 물체가 10 단위/s의 일정한 속력으로 포물선 $y = x^2$을 따라서 운동한다. $(0, 0)$에서 가속도로 인한 그 물체의 힘은 얼마인가? 또한 $(\sqrt{2}, 2)$에서는? 답을 $\mathbf{i}$와 $\mathbf{j}$로 나타내라. (뉴턴의 법칙, $\mathbf{F} = m\mathbf{a}$를 기억하라.)

이론과 예제

21. 직선
$$\mathbf{r}(t) = (x_0 + At)\mathbf{i} + (y_0 + Bt)\mathbf{j} + (z_0 + Ct)\mathbf{k}$$
에 대한 κ와 τ가 0이 됨을 보이라.

22. 움직이는 입자에 대한 가속도의 법선 성분이 0이면 직선을 따라 이동함을 보이라.

23. **곡률을 구하는 간단한 방법** 이미 $|a_\mathrm{N}|$과 $|\mathbf{v}|$를 알고 있다면 공식 $a_\mathrm{N} = \kappa |\mathbf{v}|^2$으로부터 곡률을 편리하게 구할 수 있다. 이것을 사용하여 곡선
$$\mathbf{r}(t) = (\cos t + t\sin t)\mathbf{i} + (\sin t - t\cos t)\mathbf{j}, \quad t > 0$$

의 곡률과 곡률 반지름을 구하라. (예제 1로부터 a_N와 $|\mathbf{v}|$를 얻으라.)

24. 매끄러운 평면곡선 $\mathbf{r}(t) = f(t)\mathbf{i} + g(t)\mathbf{j}$의 열률에 관하여 무엇을 말할 수 있는가? 그 이유를 설명하라.

25. **열률이 0인 미분가능한 곡선은 평면 위에 있다.** 열률이 0인 충분히 미분가능한 곡선이 한 평면 위에 놓여 있다는 것은 속도가, "어떤 고정된 벡터 $\mathbf{C}$에 수직인 채로 움직이는 입자가 $\mathbf{C}$에 수직인 어떤 평면 위에서 운동한다."는 사실의 특별한 경우이다. 이것은 다시 보면 미적분학에서는 다음 문제의 해로 생각할 수 있다.

$\mathbf{r}(t) = f(t)\mathbf{i} + g(t)\mathbf{j} + h(t)\mathbf{k}$를 구간 $[a, b]$의 모든 t에 대하여 두 번 미분가능하고 $t = a$일 때 $\mathbf{r} = 0$이고 $[a, b]$의 모든 t에 대하여 $\mathbf{v} \cdot \mathbf{k} = 0$이라 하자. 그때 $[a, b]$의 모든 t에 대하여 $h(t) = 0$임을 보이라. (**힌트**: $\mathbf{a} = d^2\mathbf{r}/dt^2$으로 시작하여 초기조건을 역방향으로 적용하라.)

26. **$\mathbf{B}$와 $\mathbf{v}$로부터 τ를 계산할 수 있는 공식** 정의 $\tau = -(d\mathbf{B}/ds) \cdot \mathbf{N}$에서 시작하고 연쇄법칙을 적용하여 $d\mathbf{B}/ds$를
$$\frac{d\mathbf{B}}{ds} = \frac{d\mathbf{B}}{dt}\frac{dt}{ds} = \frac{d\mathbf{B}}{dt}\frac{1}{|\mathbf{v}|}$$
으로 다시 쓰면 공식
$$\tau = -\frac{1}{|\mathbf{v}|}\left(\frac{d\mathbf{B}}{dt} \cdot \mathbf{N}\right)$$
을 얻는다. 이 식을 이용하여 예제 2의 나선에 대한 열률을 구하라.

컴퓨터 탐구

연습문제 27~30에서 CAS를 사용하여 주어진 t의 값에서 곡선에 대한 $\mathbf{v}$, $\mathbf{a}$, 속력, $\mathbf{T}$, $\mathbf{N}$, $\mathbf{B}$, κ, τ, 그리고 가속도의 접선 및 법선 성분을 구하라. 소수점 4자리까지 반올림하라.

27. $\mathbf{r}(t) = (t\cos t)\mathbf{i} + (t\sin t)\mathbf{j} + t\mathbf{k}, \quad t = \sqrt{3}$

28. $\mathbf{r}(t) = (e^t \cos t)\mathbf{i} + (e^t \sin t)\mathbf{j} + e^t\mathbf{k}, \quad t = \ln 2$

29. $\mathbf{r}(t) = (t - \sin t)\mathbf{i} + (1 - \cos t)\mathbf{j} + \sqrt{-t}\,\mathbf{k}, \quad t = -3\pi$

30. $\mathbf{r}(t) = (3t - t^2)\mathbf{i} + (3t^2)\mathbf{j} + (3t + t^3)\mathbf{k}, \quad t = 1$

11.6 극좌표에서의 속도와 가속도

이 절에서는 극좌표에서의 속도와 가속도에 대한 공식을 유도한다. 이 공식들은 공간에서의 행성이나 위성의 경로를 계산하는 데 사용된다. 또한, 케플러의 행성 운동법칙을 검사하는 데도 사용된다.

극좌표와 원주좌표에서의 운동

점 $P(r, \theta)$에 있는 입자가 극좌표 평면 위의 곡선을 따라 이동할 때, 그것의 위치, 속도, 가속도를 그림 11.30에서와 같이 움직이는 단위벡터

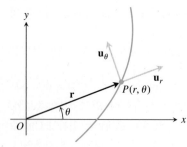

그림 11.30 **r**의 길이는 점 P의 양의 극좌표 r이다. 따라서 **u**$_r$는 **r**/|**r**|로서 **r**/r이다. 식 (1)은 **u**$_r$와 **u**$_\theta$를 **i**와 **j**에 관해 표현한다.

$$\mathbf{u}_r = (\cos\theta)\mathbf{i} + (\sin\theta)\mathbf{j}, \qquad \mathbf{u}_\theta = -(\sin\theta)\mathbf{i} + (\cos\theta)\mathbf{j} \qquad (1)$$

에 의해 표현한다. 벡터 **u**$_r$은 위치벡터 $\overrightarrow{OP}$를 향하므로 **r** = r**u**$_r$이다. 벡터 **u**$_\theta$는 **u**$_r$에 수직하며 θ가 증가하는 방향을 가리킨다.

식 (1)로부터 다음을 구할 수 있다.

$$\frac{d\mathbf{u}_r}{d\theta} = -(\sin\theta)\mathbf{i} + (\cos\theta)\mathbf{j} = \mathbf{u}_\theta$$

$$\frac{d\mathbf{u}_\theta}{d\theta} = -(\cos\theta)\mathbf{i} - (\sin\theta)\mathbf{j} = -\mathbf{u}_r$$

u$_r$와 **u**$_\theta$를 t에 관하여 미분하여 그것들이 시간에 따라 어떻게 변하는지 알아보면, 연쇄법칙에 의하여

$$\dot{\mathbf{u}}_r = \frac{d\mathbf{u}_r}{d\theta}\dot\theta = \dot\theta\mathbf{u}_\theta, \qquad \dot{\mathbf{u}}_\theta = \frac{d\mathbf{u}_\theta}{d\theta}\dot\theta = -\dot\theta\mathbf{u}_r \qquad (2)$$

를 얻는다. 그러므로 속도벡터를 **u**$_r$와 **u**$_\theta$로 나타내면

$$\mathbf{v} = \dot{\mathbf{r}} = \frac{d}{dt}(r\mathbf{u}_r) = \dot{r}\mathbf{u}_r + r\dot{\mathbf{u}}_r = \dot{r}\mathbf{u}_r + r\dot\theta\mathbf{u}_\theta$$

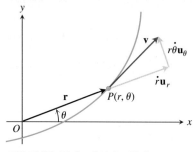

그림 11.31 극좌표에서 속도벡터
$$\mathbf{v} = \dot{r}\mathbf{u}_r + r\dot\theta\mathbf{u}_\theta$$

가 성립한다. 그림 11.31 참조. 앞 절에서처럼, 시간에 관한 미분에 대하여 뉴턴의 도트 표기법을 사용하여 그 공식들을 가능한 한 간단하게 한다: $\dot{\mathbf{u}}_r$는 $d\mathbf{u}_r/dt$를 의미하고, $\dot\theta$은 $d\theta/dt$를 의미하고, 등등.

가속도는

$$\mathbf{a} = \dot{\mathbf{v}} = (\ddot{r}\mathbf{u}_r + \dot{r}\dot{\mathbf{u}}_r) + (\dot{r}\dot\theta\mathbf{u}_\theta + r\ddot\theta\mathbf{u}_\theta + r\dot\theta\dot{\mathbf{u}}_\theta)$$

이다. 식 (2)를 사용하여 $\dot{\mathbf{u}}_r$와 $\dot{\mathbf{u}}_\theta$의 값을 구하고 그 성분들을 분리하면 가속도의 방정식은 다음 식과 같다.

$$\mathbf{a} = (\ddot{r} - r\dot\theta^2)\mathbf{u}_r + (r\ddot\theta + 2\dot{r}\dot\theta)\mathbf{u}_\theta$$

이러한 운동방정식을 공간으로 확장하기 위해, 방정식 **r** = r**u**$_r$의 우변에 z**k**를 더한다. 그러면 이 **원주좌표**(*cylindrical coordinate*)에서 다음을 얻는다.

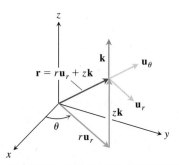

그림 11.32 원주좌표에서 위치벡터 및 기본 단위벡터. $|\mathbf{r}| = \sqrt{r^2 + z^2}$이므로 $z \neq 0$이면 $|\mathbf{r}| \neq r$이다.

위치:	$\mathbf{r} = r\mathbf{u}_r + z\mathbf{k}$
속도:	$\mathbf{v} = \dot{r}\mathbf{u}_r + r\dot\theta\mathbf{u}_\theta + \dot{z}\mathbf{k}$
가속도:	$\mathbf{a} = (\ddot{r} - r\dot\theta^2)\mathbf{u}_r + (r\ddot\theta + 2\dot{r}\dot\theta)\mathbf{u}_\theta + \ddot{z}\mathbf{k}$

(3)

벡터 **u**$_r$, **u**$_\theta$, **k**는 오른손법칙 틀(그림 11.32)을 구성한다.

$$\mathbf{u}_r \times \mathbf{u}_\theta = \mathbf{k}, \qquad \mathbf{u}_\theta \times \mathbf{k} = \mathbf{u}_r, \qquad \mathbf{k} \times \mathbf{u}_r = \mathbf{u}_\theta$$

평면에서의 행성운동

뉴턴의 중력법칙에 의하면, 질량이 M인 태양의 중심으로부터 질량이 m인 행성의 중심까지의 반지름벡터를 **r**이라 할 때, 행성과 태양 간의 중력의 힘 **F**는

$$\mathbf{F} = -\frac{GmM}{|\mathbf{r}|^2}\frac{\mathbf{r}}{|\mathbf{r}|}$$

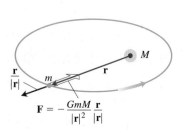

그림 11.33 중력은 질량의 중심들을 연결하는 직선을 향한다.

이다(그림 11.33). G는 **만유인력상수**(**universal gravitational constant**)이다. 질량을 킬로그램, 힘을 뉴턴, 거리를 미터 단위로 했을 때 G는 약 6.6738×10^{-11} Nm^2 kg^{-2}이다.

중력법칙과 뉴턴의 운동 제2법칙, $\mathbf{F} = m\ddot{\mathbf{r}}$에 의하여

$$m\ddot{\mathbf{r}} = -\frac{GmM}{|\mathbf{r}|^2}\frac{\mathbf{r}}{|\mathbf{r}|}$$

$$\ddot{\mathbf{r}} = -\frac{GM}{|\mathbf{r}|^2}\frac{\mathbf{r}}{|\mathbf{r}|}$$

을 얻는다. 그러므로 행성은 언제든지 태양의 중심을 향하여 가속된다.

$\ddot{\mathbf{r}}$은 $\mathbf{r}$의 스칼라배이므로

$$\mathbf{r} \times \ddot{\mathbf{r}} = \mathbf{0}$$

임을 알 수 있다. 이 식으로부터

$$\frac{d}{dt}(\mathbf{r} \times \dot{\mathbf{r}}) = \underbrace{\dot{\mathbf{r}} \times \dot{\mathbf{r}}}_{0} + \mathbf{r} \times \ddot{\mathbf{r}} = \mathbf{r} \times \ddot{\mathbf{r}} = \mathbf{0}$$

그러므로 적당한 상수벡터 C에 대하여

$$\mathbf{r} \times \dot{\mathbf{r}} = \mathbf{C} \tag{4}$$

가 된다.

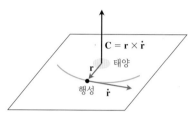

그림 11.34 뉴턴의 중력과 운동의 법칙을 따르는 행성은 $\mathbf{C} = \mathbf{r} \times \dot{\mathbf{r}}$에 수직인 태양의 질량중심을 지나는 평면에서 운동한다.

식 (4)에 의하면 $\mathbf{r}$과 $\dot{\mathbf{r}}$은 항상 C에 수직인 평면에 놓여 있다. 그러므로 이 행성은 태양의 중심을 지나는 고정된 평면에서 운동한다(그림 11.34). 다음에서 케플러의 법칙으로 운동을 자세하게 설명한다.

케플러의 제1법칙(타원 법칙)

케플러의 제1법칙(*Kepler's first law*)에 의하면 한 행성의 경로는 태양의 위치가 초점 중의 하나가 되는 타원이다. 그 타원의 이심률은

$$e = \frac{r_0 v_0{}^2}{GM} - 1 \tag{5}$$

이고, 극방정식은(9.7절 식 (5) 참조)

$$r = \frac{(1 + e)r_0}{1 + e\cos\theta} \tag{6}$$

이다. 여기서 v_0는 행성이 태양으로부터 가장 가까운 거리 r_0에 위치했을 때의 속도이다. 증명은 너무 길어서 생략한다. 태양의 질량 M은 1.99×10^{30} kg이다.

케플러의 제2법칙(등적 법칙)

케플러의 제2법칙(*Kepler's second law*)에 의하면, 태양에서 한 행성까지의 반지름벡터(우리의 모형에서 벡터 $\mathbf{r}$)는 그림 11.35에서 보는 바와 같이, 같은 시간에 같은 넓이(등적)를 이루며 이동한다. 이 그림에서, 행성이 이동하는 평면을 xy평면이라 가정하면, $\mathbf{C}$의 방향으로 단위벡터가 $\mathbf{k}$이다. 이 평면에서 극좌표를 도입하고, $|\mathbf{r}| = r$이 최소가 될 때의 방향 $\mathbf{r}$을 시작하는 선으로 선택하여 $\theta = 0$이라 하자. 그러면 $t = 0$에서 $r(0) = r_0$가 최솟값이 되며, 따라서

그림 11.35 행성과 태양을 연결하는 직선은 같은 시간에 같은 넓이를 쓸고 간다.

$$\dot{r}\big|_{t=0} = \frac{dr}{dt}\bigg|_{t=0} = 0 \text{이고} \quad v_0 = |\mathbf{v}|\big|_{t=0} = \big[r\dot{\theta}\big]_{t=0} \qquad \text{식 (3)에서 } \dot{z} = 0$$

이다. 케플러의 제2법칙을 유도하기 위하여, 식 (3)을 사용하여 식 (4)로부터 외적 $\mathbf{C} = \mathbf{r} \times \dot{\mathbf{r}}$의 값을 구한다.

$$\mathbf{C} = \mathbf{r} \times \dot{\mathbf{r}} = \mathbf{r} \times \mathbf{v}$$
$$= r\mathbf{u}_r \times (\dot{r}\mathbf{u}_r + r\dot{\theta}\mathbf{u}_\theta) \qquad \text{식 (3), } \dot{z} = 0$$
$$= r\dot{r}\underbrace{(\mathbf{u}_r \times \mathbf{u}_r)}_{0} + r(r\dot{\theta})\underbrace{(\mathbf{u}_r \times \mathbf{u}_\theta)}_{\mathbf{k}}$$
$$= r(r\dot{\theta})\mathbf{k} \qquad\qquad\qquad\qquad (7)$$

t를 0으로 택하면

$$\mathbf{C} = \left[r(r\dot{\theta}) \right]_{t=0} \mathbf{k} = r_0 v_0 \mathbf{k}$$

를 얻는다. 이 값을 식 (7)의 $\mathbf{C}$에 대입하면

$$r_0 v_0 \mathbf{k} = r^2 \dot{\theta}\mathbf{k} \quad \text{즉} \quad r^2 \dot{\theta} = r_0 v_0$$

가 성립한다. 여기서 넓이가 나타났다. 극좌표에서 넓이 미분은

$$dA = \frac{1}{2} r^2 \, d\theta$$

이다(9.5절). 따라서 dA/dt는 상수의 값

$$\frac{dA}{dt} = \frac{1}{2} r^2 \dot{\theta} = \frac{1}{2} r_0 v_0 \qquad\qquad (8)$$

를 가진다. 그래서 dA/dt는 상수이고, 이것은 케플러의 제 2법칙을 증명한다.

케플러의 제3법칙(시간-거리 법칙)

행성이 태양 주위를 한 번 회전하는 데 걸린 시간 T를 행성의 **궤도주기(orbital period)** 라 한다. **케플러의 제3법칙**(*Kepler's third law*)에 의하면 T와 궤도의 반장축 a는 다음과 같은 관계가 성립한다.

$$\frac{T^2}{a^3} = \frac{4\pi^2}{GM}$$

이 방정식의 우변은 주어진 태양계 내에서는 상수이므로 T^2의 a^3에 대한 비율은 **이 계의 모든 행성에 대하여도 같다.**

여기서는 케플러의 제 3법칙의 일부만 유도하고자 한다. 행성의 타원 궤도에 의해 둘러싸인 영역의 넓이는 다음과 같이 계산한다.

$$\text{넓이} = \int_0^T dA$$
$$= \int_0^T \frac{1}{2} r_0 v_0 \, dt \qquad \text{식 (8)}$$
$$= \frac{1}{2} T r_0 v_0$$

b를 타원의 반단축이라 하면 타원의 넓이는 πab이다. 따라서 다음 식을 얻는다.

$$T = \frac{2\pi ab}{r_0 v_0} = \frac{2\pi a^2}{r_0 v_0} \sqrt{1 - e^2} \qquad \begin{array}{l} \text{임의의 타원에 대하여} \\ b = a\sqrt{1 - e^2} \end{array} \qquad (9)$$

이제 a와 e를 r_0, v_0, G, M에 관하여 표현하는 것만 남아 있다. e는 식 (5)를 사용하여 해결한다. a에 대하여는, 식 (6)에서 θ를 π로 대입함으로써

$$r_{\max} = r_0 \frac{1 + e}{1 - e}$$

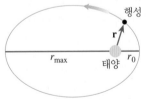

그림 11.36 타원의 장축의 길이는 $2a = r_0 + r_{\max}$이다.

를 얻고, 그림 11.36으로부터 다음 식을 얻는다.

$$2a = r_0 + r_{max} = \frac{2r_0}{1 - e} = \frac{2r_0 GM}{2GM - r_0 v_0{}^2} \qquad (10)$$

식 (9)의 양변을 제곱하고 식 (5)와 (10)의 결과들을 대입하면 케플러의 제 3법칙을 얻는다(연습문제 11).

연습문제 11.6

연습문제 1~7에서 속도벡터와 가속도벡터를 $\mathbf{u}_r$와 $\mathbf{u}_\theta$를 사용하여 나타내라.

1. $r = \theta$, $\dfrac{d\theta}{dt} = 2$

2. $r = \dfrac{1}{\theta}$, $\dfrac{d\theta}{dt} = t^2$

3. $r = a(1 - \cos\theta)$, $\dfrac{d\theta}{dt} = 3$

4. $r = a\sin 2\theta$, $\dfrac{d\theta}{dt} = 2t$

5. $r = e^{a\theta}$, $\dfrac{d\theta}{dt} = 2$

6. $r = a(1 + \sin t)$, $\theta = 1 - e^{-t}$

7. $r = 2\cos 4t$, $\theta = 2t$

8. 궤도모양 식 (5)에서 v_0가 어떤 값일 때, 식 (6)에서의 궤도가 원이 되는가? 타원이 되는가? 포물선이 되는가? 쌍곡선이 되는가?

9. 원의 궤도 원궤도를 따라 운동하는 행성의 속력은 일정함을 보이라. (**힌트**: 이것은 케플러의 법칙 중의 하나의 결과이다.)

10. $\mathbf{r}$이 평면곡선을 따라서 움직이는 한 입자의 위치벡터이고 dA/dt가 그 위치벡터가 넓이를 이루는 비율이라 하자. 좌표를 도입하지 않고, 또 적당한 미분이 존재한다고 했을 때 방정식

$$\frac{dA}{dt} = \frac{1}{2}|\mathbf{r} \times \dot{\mathbf{r}}|$$

이 성립하는 이유에 대하여 증분과 극한에 기초하여 기하학적으로 설명하라.

11. 케플러의 제3법칙 케플러의 제3법칙의 유도 과정을 완성하라 (식 (10) 이후 부분).

12. 주어진 표의 자료들이 케플러의 제 3법칙을 만족하는가? 이유를 설명하라.

행성	반장축 a (10^{10} m)	주기 T(년)
수성	5.79	0.241
금성	10.81	0.615
화성	22.78	1.881
토성	142.70	29.457

13. 지구의 장축 지구의 궤도주기가 365.256일이라 할 때, 지구 궤도의 장축의 길이를 추정하라.

14. 천왕성의 궤도주기가 84년이라 할 때, 천왕성 궤도의 장축의 길이를 추정하라.

15. 지구 궤도의 이심률이 $e = 0.0167$이라 할 때, 궤도는 거의 원에 가깝고, 반지름은 약 150×10^6 km이다. 케플러의 제2법칙을 만족하도록 넓이의 비율 dA/dt를 km²/s의 단위로 구하라.

16. 목성의 궤도 주기 목성의 궤도가 $a = 77.8 \times 10^{10}$ m라 할 때, 궤도주기를 추정하라.

17. 목성의 질량 이오는 목성의 달 중의 하나이다. 이 달의 궤도가 반장축의 길이가 0.042×10^{10} m이고 궤도주기가 1.769일이라 할 때, 목성의 질량을 추정하라.

18. 지구에서 달까지의 거리 달의 지구 공전주기가 2.36055×10^6초라 할 때, 지구로부터 달까지의 거리를 추정하라.

11장 복습문제

1. 벡터함수의 미분과 적분에 대한 법칙을 서술하라. 예를 들라.

2. 충분히 매끄러운 공간곡선을 따라서 움직이는 물체의 속도, 속력, 운동방향 및 가속도를 어떻게 정의하고 계산하는가? 예를 들라.

3. 일정한 크기를 갖는 벡터함수의 미분에 관한 특징은 무엇인가? 예를 들라.

4. 이상적인 발사체에 대한 벡터방정식 및 매개방정식은 무엇인가? 발사체의 최대높이, 비행시간, 수평이동거리를 어떻게 구하는가? 예를 들라.

5. 매끄러운 공간곡선의 길이를 어떻게 정의하고 계산하는가? 예를 들라. 정의에서 어떠한 수학적인 가정이 포함되는가?

6. 공간의 매끄러운 곡선을 따라서 주어진 점으로부터의 거리를 어떻게 구하는가? 예를 들라.

7. 미분가능한 곡선의 단위접선벡터는 무엇인가? 예를 들라.

8. 평면에서 두 번 미분가능한 곡선에 대하여 곡률, 곡률원(접촉원), 곡률중심 및 곡률반지름을 정의하라. 예를 들라. 어떤 곡

선이 곡률 0을 갖는가? 상수의 곡률을 갖는 곡선은 무엇인가?

9. 평면곡선의 주법선벡터는 무엇인가? 그것은 언제 정의되는가? 그것의 방향은 무엇인가? 예를 들라.

10. 공간곡선에 대한 $\mathbf{N}$과 κ를 어떻게 정의하는가? 이러한 양들의 관계는 무엇인가? 예를 들라.

11. 곡선의 종법선벡터는 무엇인가? 예를 들라. 이것은 곡선의 열률과 무슨 관계가 있는가? 예를 들라.

12. 움직이는 물체의 가속도를 접선 성분과 법선 성분의 합으로 표현하는 공식이 있는가? 예를 들라. 이 가속도를 이러한 방법으로 표현하는 이유가 무엇인가? 그 물체가 상수의 속력으로 움직이면 어떠한가? 또, 원 주위를 상수의 속력으로 움직이면 어떠한가?

13. 케플러의 법칙들을 서술하라.

11장 종합문제

평면에서 운동

종합문제 1과 2에서 곡선을 그리고 t의 주어진 값에서의 속도와 가속도벡터를 그려라. 그리고 $\mathbf{T}$와 $\mathbf{N}$을 구하지 않고 $\mathbf{a}$를 $\mathbf{a}=a_T\mathbf{T}+a_N\mathbf{N}$의 형태로 나타내라. t의 주어진 값에서 κ의 값을 구하라.

1. $\mathbf{r}(t) = (4\cos t)\mathbf{i} + (\sqrt{2}\sin t)\mathbf{j}$, $t=0$, $\pi/4$

2. $\mathbf{r}(t) = (\sqrt{3}\sec t)\mathbf{i} + (\sqrt{3}\tan t)\mathbf{j}$, $t=0$

3. 시간 t에서 평면 위의 한 입자의 위치가

$$\mathbf{r} = \frac{1}{\sqrt{1+t^2}}\mathbf{i} + \frac{t}{\sqrt{1+t^2}}\mathbf{j}$$

이다. 그 입자의 최고 속력을 구하라.

4. $\mathbf{r}(t) = (e^t\cos t)\mathbf{i} + (e^t\sin t)\mathbf{j}$라 하자. $\mathbf{r}$과 $\mathbf{a}$ 사이의 각은 절대로 변하지 않음을 보이라. 그 각은 얼마인가?

5. **곡률 구하기** 점 P에서, 평면에서 움직이는 한 입자의 속도와 가속도는 각각 $\mathbf{v}=3\mathbf{i}+4\mathbf{j}$와 $\mathbf{a}=5\mathbf{i}+15\mathbf{j}$이다. P에서 그 입자의 경로에 대한 곡률을 구하라.

6. 곡선 $y=e^x$ 위의 점으로서 곡률이 최대가 되는 점을 구하라.

7. 한 입자가 xy평면에서 단위원 주위에서 움직인다. 시간 t에서 그것의 위치는 $\mathbf{r}=x\mathbf{i}+y\mathbf{j}$이고, 여기서 x와 y는 t의 미분가능한 함수이다. 만일 $\mathbf{v}\cdot\mathbf{j}=y$이면 dy/dt를 구하라. 이 운동은 시계방향인가 혹은 반시계방향인가?

8. 곡선 $9y=x^3$(거리 단위는 미터)으로 이루어진 한 기송관(공기 튜브)을 따라서 한 서신을 보낸다. 점 $(3,3)$에서 $\mathbf{v}\cdot\mathbf{i}=4$와 $\mathbf{a}\cdot\mathbf{i}=-2$이다. $(3,3)$에서 $\mathbf{v}\cdot\mathbf{j}$와 $\mathbf{a}\cdot\mathbf{j}$의 값을 구하라.

9. **원운동 분류** 한 입자가 속도벡터와 위치벡터가 항상 직교하도록 평면에서 움직인다. 이 입자는 원점이 중심인 원 운동을 함을 보이라.

10. **사이클로이드를 따른 속력** 반지름이 1 m이고, 중심이 C인 원모양의 바퀴가 x축을 따라서 초당 반 바퀴로 오른쪽으로 굴러간다(아래 그림 참조). 시간 t초 후에 이 바퀴의 원주 위의 점 P의 위치벡터는 다음과 같다.

$$\mathbf{r} = (\pi t - \sin \pi t)\mathbf{i} + (1 - \cos \pi t)\mathbf{j}$$

   a. 구간 $0\leq t\leq 3$ 동안에 P에 의하여 추적된 곡선을 그리라.

   b. $t=0, 1, 2, 3$에서 $\mathbf{v}$와 $\mathbf{a}$를 구하고 이 벡터들을 여러분의 그림에 추가하라.

   c. 임의의 주어진 시간에 이 바퀴의 그 끝점의 진행방향의 속력은 얼마인가? C의 속력은 얼마인가?

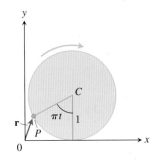

발사체 운동

11. **포환 던지기** 포환이 지면에서 2 m 위의 발사자의 손을 45°의 각도와 14 m/s의 속도로 발사된다. 3초 후 포환은 어디에 있는가?

12. **창 던지기** 창이 지면에서 2.5 m 위의 발사자의 손을 45°의 각도와 24 m/s의 속도로 발사된다. 이 창은 얼마나 높이 날아가는가?

13. 골프공이 초기속력 v_0로 수평선과 α각, 기울어진 직선방향의 언덕의 기슭에 위치한 한 점으로부터 수평선과 ϕ각으로 타격된다. 여기서 $0 < \phi < \alpha < \frac{\pi}{2}$이다. 이 공은 이 언덕의 기슭에서 위로 측정했을 때 거리가

$$\frac{2v_0^2 \cos \alpha}{g \cos^2 \phi} \sin (\alpha - \phi)$$

인 위치에 떨어짐을 보이라. 그러므로 주어진 v_0에 대하여 얻을 수 있는 가장 큰 수평이동거리는

$$\alpha = (\phi/2) + (\pi/4)$$

일 때, 즉 초기속도벡터가 수직선과 언덕 간의 각을 이등분할 때 일어남을 보이라.

T14. **창 던지기** 1988년 포츠담에서 동독의 페트라 펠케는 창던지기에서 80 m의 세계여자기록을 세웠다.

   a. 펠케가 창을 지면의 2 m에서 수평선과 40°의 각도로 던졌다고 하면 창의 초기속력은 얼마인가?

   b. 이 창은 얼마나 높이 날아갔는가?

공간에서 운동

종합문제 15와 16에서 곡선의 길이를 구하라.

15. $\mathbf{r}(t) = (2\cos t)\mathbf{i} + (2\sin t)\mathbf{j} + t^2\mathbf{k}$, $0 \leq t \leq \pi/4$

16. $\mathbf{r}(t) = (3\cos t)\mathbf{i} + (3\sin t)\mathbf{j} + 2t^{3/2}\mathbf{k}$, $0 \leq t \leq 3$

종합문제 17~20에서 주어진 t의 값에서 **T**, **N**, **B**, κ 및 τ를 구하라.

17. $\mathbf{r}(t) = \dfrac{4}{9}(1+t)^{3/2}\mathbf{i} + \dfrac{4}{9}(1-t)^{3/2}\mathbf{j} + \dfrac{1}{3}t\mathbf{k}, \quad t=0$

18. $\mathbf{r}(t) = (e^t \sin 2t)\mathbf{i} + (e^t \cos 2t)\mathbf{j} + 2e^t\mathbf{k}, \quad t=0$

19. $\mathbf{r}(t) = t\mathbf{i} + \dfrac{1}{2}e^{2t}\mathbf{j}, \quad t=\ln 2$

20. $\mathbf{r}(t) = (3\cosh 2t)\mathbf{i} + (3\sinh 2t)\mathbf{j} + 6t\mathbf{k}, \quad t=\ln 2$

종합문제 21과 22에서 **a**를 **T**와 **N**을 구하지 않고 $t=0$에서 $\mathbf{a} = a_\mathrm{T}\mathbf{T} + a_\mathrm{N}\mathbf{N}$의 형태로 표현하라.

21. $\mathbf{r}(t) = (2 + 3t + 3t^2)\mathbf{i} + (4t + 4t^2)\mathbf{j} - (6\cos t)\mathbf{k}$

22. $\mathbf{r}(t) = (2+t)\mathbf{i} + (t+2t^2)\mathbf{j} + (1+t^2)\mathbf{k}$

23. $\mathbf{r}(t) = (\sin t)\mathbf{i} + \left(\sqrt{2}\cos t\right)\mathbf{j} + (\sin t)\mathbf{k}$일 때 **T**, **N**, **B**, κ 및 τ를 t의 함수로서 구하라.

24. 구간 $0 \le t \le \pi$의 어떠한 시간에서 운동
$$\mathbf{r}(t) = \mathbf{i} + (5\cos t)\mathbf{j} + (3\sin t)\mathbf{k}$$
의 속도와 가속도벡터가 서로 수직인가?

25. 시간 $t \ge 0$에서 공간에서 움직이는 입자의 위치는
$$\mathbf{r}(t) = 2\mathbf{i} + \left(4\sin\dfrac{t}{2}\right)\mathbf{j} + \left(3 - \dfrac{t}{\pi}\right)\mathbf{k}$$
이다. **r**이 벡터 $\mathbf{i} - \mathbf{j}$와 수직이 되는 최초의 시간을 구하라.

26. 점 $(1, 1, 1)$에서 곡선 $\mathbf{r}(t) = t\mathbf{i} + t^2\mathbf{j} + t^3\mathbf{k}$의 접촉평면, 법평면 및 곧펴기평면에 대한 방정식을 구하라.

27. $t=0$에서 곡선 $\mathbf{r}(t) = e^t\mathbf{i} + (\sin t)\mathbf{j} + \ln(1-t)\mathbf{k}$에 접하는 직선의 매개방정식을 구하라.

28. $t=\pi/4$인 점에서 나선 $\mathbf{r}(t) = (\sqrt{2}\cos t)\mathbf{i} + (\sqrt{2}\sin t)\mathbf{j} + t\mathbf{k}$에 접하는 직선의 매개방정식을 구하라.

이론과 예제

29. 동시의 곡선 이상적인 발사체의 방정식
$$x = (v_0\cos\alpha)t, \quad y = (v_0\sin\alpha)t - \dfrac{1}{2}gt^2$$
에서 α를 소거할 때
$$x^2 + (y + gt^2/2)^2 = v_0^2 t^2$$
임을 보이라. 이것은 동일한 초기속력을 가지고 원점에서 동시에 발사된 발사체는 임의의 주어진 순간에 그들의 발사각에 관계없이 중심이 $(0, -gt^2/2)$이고 반지름이 v_0t인 원 위에 모두 놓여 있음을 보여준다. 이러한 원을 그 발사의 동기곡선(synchronous curve)이라 한다.

30. 곡률 반지름 두 번 미분가능한 평면곡선 $\mathbf{r}(t) = f(t)\mathbf{i} + g(t)\mathbf{j}$의 곡률 반지름은 공식
$$\rho = \dfrac{\dot{x}^2 + \dot{y}^2}{\sqrt{\ddot{x}^2 + \ddot{y}^2 - \ddot{s}^2}}, \quad \ddot{s} = \dfrac{d}{dt}\sqrt{\dot{x}^2 + \dot{y}^2}$$
으로 주어짐을 보이라.

31. 평면에서 곡률의 다른 정의 충분히 미분가능한 평면곡선의 곡률의 다른 정의로 $|d\phi/ds|$라 할 수 있다. 여기서, ϕ은 **T**와 **i** 사이의 각이다(그림 11.37(a)). 그림 11.37(b)는 한 점 P에서 각 ϕ와 함께 점 $(a, 0)$부터 점 P까지 원 $x^2 + y^2 = a^2$을 따라서 반시계방향으로 잰 거리 s를 보여준다. 이 두 번째 정의를 사용하여 원의 곡률을 구하라. (**힌트:** $\phi = \theta + \pi/2$)

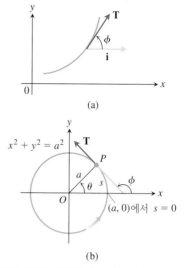

(a)

(b)

그림 11.37 종합문제 31의 그림

32. 스카이랩 4호로부터 관측 스카이랩 4호가 지면 위로 437 km 높이의 원지점에 있을 때 지구의 겉넓이의 몇 퍼센트를 우주비행사가 볼 수 있는가? 위의 값을 구하기 위하여, 눈에 보이는 표면을 그림에서처럼 원호 GT를 y축 중심으로 회전하여 얻어진 면으로 모형을 만들라. 그리고 다음의 단계를 수행하라.

1. 그림의 닮은 삼각형을 이용하여
$$y_0/6380 = 6380/(6380 + 437)$$
임을 보이라. y_0에 대하여 풀라.

2. 소수점 4자리를 유효숫자까지, 눈에 보이는 표면의 넓이를
$$VA = \int_{y_0}^{6380} 2\pi x\sqrt{1 + \left(\dfrac{dx}{dy}\right)^2}\, dy$$
로 계산하라.

3. 그 결과를 지구의 겉넓이의 백분율로 표현하라.

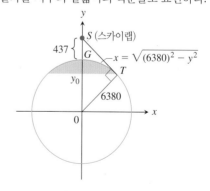

11장 보충 · 심화 문제

응용

1. 마찰이 없는 입자 P가 시간 $t=0$에서 점 $(a, 0, 0)$을 정지상태에서 출발하여 그림에서처럼 중력의 영향으로 나선

$$\mathbf{r}(\theta) = (a \cos \theta)\mathbf{i} + (a \sin \theta)\mathbf{j} + b\theta\mathbf{k} \quad (a, b > 0)$$

를 따라 아래로 미끄러져 간다. 이 방정식에서 θ는 원주좌표 θ이고, 나선은 원주좌표계에서 곡선 $r=a$, $z=b\theta$, $\theta \geq 0$이다. 우리는 θ를 그 운동에 대한 t의 미분가능한 함수라 가정한다. 에너지 보존법칙에 의하면 입자가 거리 z 직선 아래로 떨어진 후 속력은 $\sqrt{2gz}$이다. 여기서 g는 중력가속도 상수이다.

a. $\theta=2\pi$일 때각의 속도 $d\theta/dt$를 구하라.

b. 입자의 θ 및 z 좌표를 t의 함수로 표현하라.

c. 속도 $d\mathbf{r}/dt$의 접선 성분, 법선 성분 및 가속도 $d^2\mathbf{r}/dt^2$을 t의 함수로 표현하라. 이 가속도는 종법선벡터 $\mathbf{B}$의 방향으로 임의의 0이 아닌 성분을 가지는가?

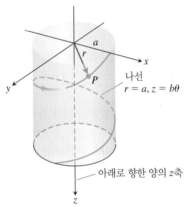

나선
$r=a, z=b\theta$

아래로 향한 양의 z축

2. 보충 · 심화 문제 1에서 곡선이 그림에서처럼 원뿔나선 $r=a\theta$, $z=b\theta$로 대체된다고 하자.

a. 각의 속도 $d\theta/dt$를 θ의 함수로 표현하라.

b. 입자가 나선을 따라서 움직인 거리를 θ의 함수로 표현하라.

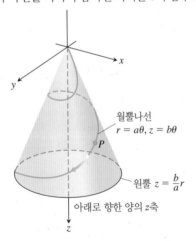

원뿔나선
$r=a\theta, z=b\theta$

원뿔 $z = \dfrac{b}{a} r$

아래로 향한 양의 z축

극좌표계와 원주좌표계에서의 운동

3. 궤도 방정식

$$r = \frac{(1 + e)r_0}{1 + e \cos \theta}$$

으로부터 행성은 $\theta=0$일 때 태양에 가장 가깝고 그때에 $r=r_0$임을 보이라.

4. **케플러 방정식** 한 행성이 주어진 시일에 그 궤도에 위치하도록 하는 문제는 결국 케플러의 다음 형태의 방정식

$$f(x) = x - 1 - \frac{1}{2} \sin x = 0$$

을 이끌어 낸다.

a. 이 특별한 방정식은 $x=0$과 $x=2$ 사이에 하나의 해를 가짐을 보이라.

b. 컴퓨터 혹은 계산기(라디안 모드로)를 가지고 뉴턴 방법을 사용하여 되도록 많은 소수점 자리까지 해를 구하라.

5. 11.6절에서 평면에서 움직이는 입자의 속도는

$$\mathbf{v} = \dot{x}\mathbf{i} + \dot{y}\mathbf{j} = \dot{r}\mathbf{u}_r + r\dot{\theta}\mathbf{u}_\theta$$

으로 주어짐을 알았다.

a. 내적 $\mathbf{v} \cdot \mathbf{i}$와 $\mathbf{v} \cdot \mathbf{j}$의 값을 구하여 $\dot{x}$과 $\dot{y}$을 $\dot{r}$과 $r\dot{\theta}$로 표현하라.

b. 내적 $\mathbf{v} \cdot \mathbf{u}_r$와 $\mathbf{v} \cdot \mathbf{u}_\theta$의 값을 구하여 $\dot{r}$과 $r\dot{\theta}$을 $\dot{x}$과 $\dot{y}$로 표현하라.

6. 극좌표로 주어진 두 번 미분가능한 곡선 $r=f(\theta)$의 곡률을 f와 그 도함수로 표현하라.

7. 극좌표 평면의 원점을 통과하는 가는 막대기가 원점에 관하여 (평면에서) 3 rad/min의 비율로 회전한다. 딱정벌레가 점 $(2, 0)$을 시작하여 원점의 방향으로 그 막대기를 따라서 1 cm/min의 비율로 기어간다.

a. 딱정벌레가 원점에서 중간(1 cm)에 위치할 때 그의 가속도와 속도를 극좌표로 구하라.

b. 그 딱정벌레가 원점에 도착한 시간까지 움직였던 경로의 길이는 가장 가까운 mm로 얼마나 될까?

8. **원주좌표에서 호의 길이**

a. $ds^2 = dx^2 + dy^2 + dz^2$을 원주좌표로 표현하면 $ds^2 = dr^2 + r^2 d\theta^2 + dz^2$을 얻음을 보이라.

b. 이러한 결과를 상자의 모서리와 대각선에 관하여 기하학적으로 설명하라. 그 상자를 그리라.

c. 문제 (a)의 결과를 이용하여 곡선 $r=e^\theta$, $z=e^\theta$, $0 \leq \theta \leq \ln 8$의 길이를 구하라.

9. **원주좌표에서 위치와 운동에 대한 단위벡터** 공간에서 움직이는 한 입자의 위치가 원주좌표로 주어질 때 그의 위치와 운동을 표현하는 데 익숙한 단위벡터들은

$$\mathbf{u}_r = (\cos \theta)\mathbf{i} + (\sin \theta)\mathbf{j}, \qquad \mathbf{u}_\theta = -(\sin \theta)\mathbf{i} + (\cos \theta)\mathbf{j}$$

그리고 $\mathbf{k}$이다(아래 그림 참조).

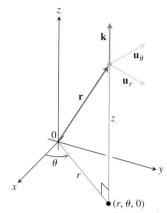

그때 그 입자의 위치벡터는 $\mathbf{r}=r\mathbf{u}_r+z\mathbf{k}$이다. 여기서 r은 이 입자의 위치의 양의 극거리 좌표이다.

a. $\mathbf{u}_r$, $\mathbf{u}_\theta$, $\mathbf{k}$가 이 순서대로 단위벡터들의 오른손법칙 틀을 이룸을 보이라.

b.
$$\frac{d\mathbf{u}_r}{d\theta}=\mathbf{u}_\theta,\quad \frac{d\mathbf{u}_\theta}{d\theta}=-\mathbf{u}_r$$
이 성립함을 보이라.

c. t에 관한 필요한 미분이 존재한다고 할 때 $\mathbf{v}=\dot{\mathbf{r}}$과 $\mathbf{a}=\ddot{\mathbf{r}}$을 $\mathbf{u}_r$, $\mathbf{u}_\theta$, $\mathbf{k}$, $\dot{r}$, $\dot{\theta}$에 관하여 표현하라.

d. 각운동량의 보존 $\mathbf{r}(t)$를 공간에서 움직이는 물체의 시간 t에서의 위치라 하자. 시간 t에서 그 물체에 작용하는 힘은
$$\mathbf{F}(t)=-\frac{c}{|\mathbf{r}(t)|^3}\mathbf{r}(t)$$
이다. 여기서 c는 상수라 하자. 물리학에서 물체의 시간 t에서의 **각운동량(angular momentum)**은 $\mathbf{L}(t)=\mathbf{r}(t)\times m\mathbf{v}(t)$로 정의된다. 여기서 m은 그 물체의 질량, $\mathbf{v}(t)$는 속도이다. 각운동량은 보존량임을 증명하라. 즉, $\mathbf{L}(t)$는 시간에 무관한 상수벡터임을 증명하라. 뉴턴의 법칙 $\mathbf{F}=m\mathbf{a}$를 기억하라. (이것은 물리학의 문제가 아니라 미적분학의 문제이다.)

12

편도함수

개요　직각 원기둥의 부피는 그 반지름과 높이의 함수 $V = \pi r^2 h$이다. 다시 말해, 두 변수 r과 h의 함수 $V(r, h)$이다. 바닷물 속을 통과하는 소리의 속력은 본질적으로는 염도 S와 온도 T의 함수이다. 주택 담보 대출의 월 상환금은 대출 원금 P, 이자율 i와 대출기간 t의 함수이다. 이는 둘 이상의 독립변수에 의해 정의되는 함수의 예이다.

이 장에서는 1변수 미적분학의 기본적인 개념들을 다변수의 함수로 확장한다. 다변수 함수의 도함수는 변수들끼리 서로 다르게 연관되어 있기 때문에 더욱 더 다양하고 흥미롭다. 따라서 이 도함수의 응용 또한 1변수 미적분보다 더 다양하다. 다변수를 포함하는 적분 또한 그렇다는 것은 다음 장에서 보게 될 것이다.

12.1　다변수 함수

실수로 된 여러 개의 독립변수에 의해 정의되는 실수값 함수를 1변수 함수와 비슷하게 볼 수 있다. 정의역에 속하는 점들은 실수 성분의 순서쌍 (3쌍, 4쌍, n-쌍)이고, 치역에 속하는 값은 실수이다.

> 정의　D를 실수 성분의 n-쌍 $(x_1, x_2, \cdots, x_n)$들의 집합이라 하자. D에서 정의된 **실함수(real-valued function)** f는 D에 속하는 각각의 원소를 단 하나의 실수 $w = f(x_1, x_2, \cdots, x_n)$에 대응시키는 규칙이다. D를 함수의 **정의역(domain)**이라 한다. f에 의하여 결정되는 w들의 집합을 f의 **치역(range)**이라 한다. w를 함수 f의 **종속변수(dependent variable)**라 하고, f를 n개의 **독립변수(independent variable)** 들인 $x_1, \cdots, x_n$의 함수라 부른다. 또는 x_j들을 **입력변수(input variable)**, w를 함수의 **출력변수(output variable)**라 고도 부른다.

함수 f가 2변수 함수일 때, 일반적으로 2개의 독립변수를 x와 y로, 종속변수는 z로 표기하고, f의 정의역은 xy평면 내에서 한 영역으로 표시한다(그림 12.1). 만일 함수 f가 3변수 함수이면, 3개의 변수를 x, y와 z로, 종속변수는 w로 표기하고, 정의역은 공간 내에서 한 영역으로 표시한다.

일반적으로 응용문제에서는 변수가 나타내는 의미를 표시하는 문자를 주로 사용한다. 예를 들어, 원기둥의 부피(volume)는 그 반지름(radius)과 높이(height)에 의해서 구해지므로 $V = f(r, h)$로 나타낸다. 좀 더 구체적으로 표현하기 위해, 함수 $f(r, h)$라는 표

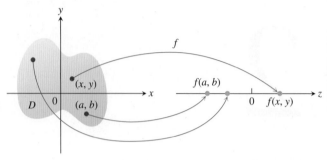

그림 12.1 함수 $z = f(x, y)$의 도표

기법 대신에 r과 h로부터 부피 V를 구하는 공식을 사용하여, $V = \pi r^2 h$로 나타내기도 한다. 두 경우 모두에서 r과 h는 독립변수이고, V는 종속변수이다.

함수식에 의해서 주어진 함숫값을 계산할 경우에는 독립변수들의 값을 대입하여 대응하는 종속변수의 값을 구한다. 예를 들어, 함수 $f(x, y, z) = \sqrt{x^2 + y^2 + z^2}$의 점 $(3, 0, 4)$에서의 값은

$$f(3, 0, 4) = \sqrt{(3)^2 + (0)^2 + (4)^2} = \sqrt{25} = 5$$

이다.

정의역과 치역

1변수 이상의 함수를 정의하는 경우, 함숫값이 허수가 되거나 분모가 0이 되게 하는 독립변수들은 제외시킨다. $f(x, y) = \sqrt{y - x^2}$일 때, y는 x^2보다 작을 수 없다. 만약 함수 $f(x, y) = 1/(xy)$이면, xy는 0이 될 수 없다. 함수의 정의역은 별도로 명시되지 않는 한 함숫값이 실수가 될 수 있게 하는 최대 집합으로서 정의한다. 치역은 종속변수들의 값으로서 구성된 집합이다.

예제 1 **(a)** 다음은 2변수 함수들이고, 종속변수 z가 실수값을 갖기 위하여 정의역이 제한된다.

함수	정의역	치역
$z = \sqrt{y - x^2}$	$y \geq x^2$	$[0, \infty)$
$z = \dfrac{1}{xy}$	$xy \neq 0$	$(-\infty, 0) \cup (0, \infty)$
$z = \sin xy$	모든 평면	$[-1, 1]$

(b) 다음은 3변수 함수들이고, 정의역이 제한될 수 있다.

함수	정의역	치역
$w = \sqrt{x^2 + y^2 + z^2}$	모든 공간	$[0, \infty)$
$w = \dfrac{1}{x^2 + y^2 + z^2}$	$(x, y, z) \neq (0, 0, 0)$	$(0, \infty)$
$w = xy \ln z$	반공간 $z > 0$	$(-\infty, \infty)$

2변수 함수

평면 내에서 영역은 실직선 상의 구간과 같이 내부점과 경계점을 가질 수 있다. 닫힌

구간 $[a, b]$는 경계점을 포함하고, 열린 구간 (a, b)는 경계점을 포함하지 않으며, $[a, b)$와 같은 구간은 열린 구간도 아니고 닫힌 구간도 아니다.

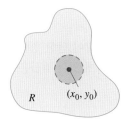

(a) 내부점

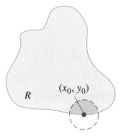

(b) 경계점

그림 12.2 평면 상의 영역 R의 내부점과 경계점. 내부점은 R에 포함된다. R의 경계점은 R에 포함될 필요가 없다.

정의 xy평면에서 영역 R 내의 한 점 (x_0, y_0)가 영역 R의 **내부점(interior point)**이 되기 위한 필요충분조건은 (x_0, y_0)가 R에 완전히 포함되는 원판의 중심이 되는 것이다 (그림 12.2). 한 점 (x_0, y_0)가 영역 R의 **경계점(boundary point)**이란 (x_0, y_0)를 중심으로 하는 모든 원판이 영역 R의 외부점뿐만 아니라 내부점을 포함하는 경우이다(경계점은 영역 R에 포함될 필요는 없다).

　 영역의 내부점들의 집합을 그 영역의 **내부(interior)**라 한다. 그 영역의 경계점들의 집합을 그 영역의 **경계(boundary)**라 한다. 어떤 영역이 **열린 영역(open region)**이라는 것은 그 영역이 모두 내부점들로 구성되어 있는 경우이다. **닫힌 영역(closed region)**이란 그 영역이 모든 경계점들을 포함하는 영역이다(그림 12.3).

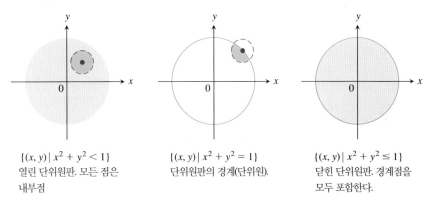

$\{(x, y) \mid x^2 + y^2 < 1\}$
열린 단위원판. 모든 점은 내부점

$\{(x, y) \mid x^2 + y^2 = 1\}$
단위원판의 경계(단위원).

$\{(x, y) \mid x^2 + y^2 \leq 1\}$
닫힌 단위원판. 경계점을 모두 포함한다.

그림 12.3 평면 상의 단위원의 내부점과 경계점

　 실수 상의 반구간 $[a, b)$와 같이, 평면에서도 열린 영역도 아니고 닫힌 영역도 아닌 집합이 있다. 그림 12.3의 열린 원판에서 시작하여, 그것에 경계점의 전부가 아닌 일부만을 더하게 되면, 더한 결과의 집합은 열린 영역도 아니고 닫힌 영역도 아니다. 경계점이 있음으로 인하여 열린 영역이 아니고, 포함되지 않은 경계점이 있음으로 인하여 닫힌 영역이 아니다. 두 개의 흥미로운 예로 공집합과 전체 평면을 살펴보자. 공집합은 내부점인 원소도 없고, 또한 경계점인 원소도 없다. 그러므로 공집합은 열린 영역이고 (왜냐하면 공집합은 내부점이 아닌 점을 포함하고 있지 않기 때문에) 동시에 닫힌 영역이다(왜냐하면 포함되지 않은 경계점이 없기 때문에). 전체 xy평면 역시 열린 영역과 닫힌 영역 둘 다 된다. 평면의 모든 점들은 모두 내부점이 되므로 열린 영역이고, 경계점이 하나도 없으므로 닫힌 영역이다. 이와 같이, 열린 영역과 닫힌 영역이 둘 다 되는, 평면의 부분집합은 공집합과 전체 평면 둘 밖에 없다. 다른 집합들은 열린 영역, 또는 닫힌 영역, 또는 둘 다 아닌 영역일 수 있다.

정의   평면 상에서 **유계(bounded)영역**이란 유한인 반지름을 가지는 원판 안에 포함되는 영역이다. **비유계(unbounded)영역**이란 유계영역이 아닌 영역이다.

　 평면 상에서 **유계**(*bounded*)집합의 예를 들면 선분, 삼각형, 삼각형의 내부, 사각형, 원, 원판 등이다. 평면 상에서 **비유계**(*unbounded*)집합의 예를 들면, 직선, 좌표축, 무한구간에서 정의된 함수의 그래프, 사분면, 반평면, 평면 그 자체 등이다.

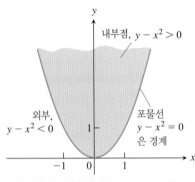

그림 12.4 예제 2의 함수 $f(x, y)$의 정의역은 색칠한 영역과 그 경계 포물선으로 이루어져 있다.

예제 2 함수 $f(x, y) = \sqrt{y - x^2}$의 정의역을 구하라.

풀이 함수 f는 $y - x^2 \geq 0$에서 정의되므로 정의역은 그림 12.4와 같이 닫힌 영역이고 비유계영역이다. 포물선 $y = x^2$이 정의역의 경계이다. 포물선보다 위에 있는 점들은 정의역의 내부점이다. ■

2변수 함수의 그래프, 등위곡선, 등고선

함수 $f(x, y)$의 그래프를 그릴 때 두 가지의 방법이 있다. 그 하나는 정의역 내에 f가 어떤 일정한 값을 가지는 곡선들을 그리고 값을 표기하는 방법이고, 다른 하나는 공간 상에서 곡면 $z = f(x, y)$의 그래프를 그리는 방법이다.

> **정의** 함수 $f(x, y)$가 일정한 상수값 $f(x, y) = c$인 평면 상의 점들의 집합을 f의 **등위곡선(level curve)**이라 한다. f의 정의역 내의 점 (x, y)에 대한 공간에서의 점 $(x, y, f(x, y))$의 집합을 f의 **그래프(graph)**라 한다. f의 그래프를 **곡면(surface)** $z = f(x, y)$라고도 부른다.

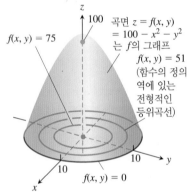

그림 12.5 예제 3의 함수 $f(x, y)$의 그래프와 몇 개의 등위곡선들

예제 3 $f(x, y) = 100 - x^2 - y^2$의 그래프를 그리고, 등위곡선 $f(x, y) = 0$, $f(x, y) = 51$, $f(x, y) = 75$의 그래프를 f의 정의역에서 그려라.

풀이 함수 f의 정의역은 xy평면 전체이고, 치역은 100보다 작거나 같은 모든 실수들의 집합이다. 그래프는 포물면 $z = 100 - x^2 - y^2$이고, 그림 12.5에 이 면의 양의 부분이 주어져 있다.

등위곡선 $f(x, y) = 0$은 xy평면 상의 점들의 집합으로서 원점에 중심이 있고 반지름이 10인 원

$$f(x, y) = 100 - x^2 - y^2 = 0 \quad \text{즉} \quad x^2 + y^2 = 100$$

이다. 같은 방법으로 등위곡선 $f(x, y) = 51$과 $f(x, y) = 75$(그림 12.5)는 다음과 같은 원이다.

$$f(x, y) = 100 - x^2 - y^2 = 51 \quad \text{즉} \quad x^2 + y^2 = 49$$
$$f(x, y) = 100 - x^2 - y^2 = 75 \quad \text{즉} \quad x^2 + y^2 = 25$$

등위곡선 $f(x, y) = 100$은 원점만으로 구성된다 (이 경우도 등위곡선이라 한다). $x^2 + y^2 > 100$이면, $f(x, y)$의 값은 음수이다. 예를 들어, 원점이 중심이고 반지름이 12인 원 $x^2 + y^2 = 144$는 상수값 $f(x, y) = -44$를 가지며, 함수 f의 등위곡선이다. ■

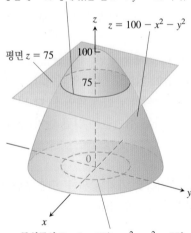

등고선 $f(x, y) = 100 - x^2 - y^2 = 75$는 평면 $z = 75$ 상에 있는 원 $x^2 + y^2 = 25$이다.

등위곡선 $f(x, y) = 100 - x^2 - y^2 = 75$는 xy평면 상에 있는 원 $x^2 + y^2 = 25$이다.

그림 12.6 xy평면에 평행인 평면 $z = c$는 곡면 $z = f(x, y)$와 만나서 등고선을 만든다.

곡면 $z = f(x, y)$가 평면 $z = c$에 의해서 잘린 공간 상의 곡선은 함숫값 $f(x, y) = c$를 만족하는 점들로 구성되어 있다. 이 곡선을 **등고선(contour curve)** $f(x, y) = c$라 부르고, f의 정의역 상에 있는 등위곡선 $f(x, y) = c$와 구별한다. 그림 12.6은 함수 $f(x, y) = 100 - x^2 - y^2$에 의해서 정의되는 곡면 $z = 100 - x^2 - y^2$ 상의 등고선 $f(x, y) = 75$를 나타낸다. 이 등고선은 원 $x^2 + y^2 = 25$의 바로 위에 있으며, 이 원은 함수의 정의역 상의 등위곡선 $f(x, y) = 75$이다.

그런데 모든 사람들이 두 개념을 구별하는 것은 아니다. 아마도 독자는 이 두 종류의 곡선을 하나의 이름으로 부르고 상황에 따라서 구별할 수 있을 것이다. 예를 들어, 대부분의 지도에서 일정한 고도 (수면 위의 높이)를 나타내는 곡선들을 등고선이라 부르고 등위곡선이라 부르지 않는다(그림 12.7).

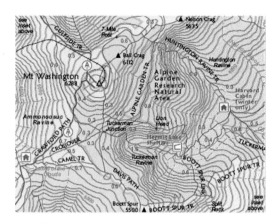

그림 12.7 New Hampshire에 있는 Washington산의 등고선(Appalachian Mountain Club의 허가로 게재)

3변수 함수

평면에서, 2변수 함수가 일정한 값 $f(x, y) = c$를 만족하는 점들은 그 함수의 정의역 상에서 곡선을 이룬다. 공간 상에서, 3변수 함수가 일정한 값 $f(x, y, z) = c$를 만족하는 점들은 그 함수의 정의역 상에서 곡면을 이룬다.

> **정의** 3변수 함수 $f(x, y, z)$가 일정한 상수값 $f(x, y, z) = c$를 만족하는 공간 상의 점 $f(x, y, z)$ 들의 집합을 f의 **등위곡면(level surface)**이라 한다.

3변수 함수의 그래프 위의 점 $(x, y, z, f(x, y, z))$는 4차원 공간 상에 있기 때문에 3차원 공간에서는 효과적으로 그래프를 그릴 수 없다. 그러한 이유로 3차원 상에서 그 함수의 등위곡면을 이용하여 함수의 모양을 이해할 수 있다.

예제 4 함수

$$f(x, y, z) = \sqrt{x^2 + y^2 + z^2}$$

의 등위곡면을 구하라.

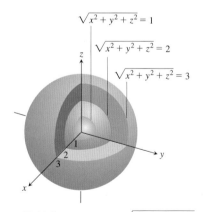

그림 12.8 $f(x, y, z) = \sqrt{x^2 + y^2 + z^2}$ 의 등위곡면은 동심원들이다(예제 4).

풀이 함수 f의 값은 원점으로부터 점 (x, y, z)까지의 거리이다. 각 $c > 0$에 대한 등위곡면 $\sqrt{x^2 + y^2 + z^2} = c$는 중심이 원점에 있고 반지름이 c인 구이다. 그림 12.8은 잘라낸 구에서 3개의 구들을 보여준다. 등위곡면 $\sqrt{x^2 + y^2 + z^2} = 0$은 오직 원점으로만 구성되어 있다.

여기에서 함수의 그래프를 그리지는 않는다. 함수의 정의역 위에서 등위곡면을 주의해서 살펴보자. 등위곡면은 정의역 상에서 함수의 값이 어떻게 변하는지를 보여준다. 만약에 원점이 중심이고 반지름이 c인 구 위에서는 함수의 값은 일정한 값, 즉 c를 유지한다. 만약에 한 구 위에서 다른 구 위로 이동하면 함수의 값은 변화한다. 만약에 원점에서 멀어지면 함수의 값은 증가하고, 만약에 중심으로 가까이 가면 함수의 값은 감소한다. 함수의 값이 변하는 방법은 우리가 취하는 방향에 의해서 결정된다. 방향 변화는 우리가 취하는 방향에 의존한다. 방향의 변화에 대한 의존성은 중요하다. 12.5절에서 다시 볼 것이다. ■

공간에 있는 영역의 내부, 경계, 열림, 닫힘, 유계성, 비유계성에 대한 정의는 평면 상에 있는 영역의 성질과 유사하다. 3차원에서는 원판 대신에 반지름이 양인 구를 사용하여 정의한다.

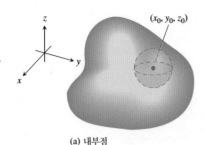

(a) 내부점

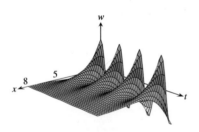

(b) 경계점

그림 12.9 공간 상에 있는 영역의 내부 점과 경계점. 평면에 있는 영역처럼, 경계 점이 공간 영역 R에 속할 필요는 없다.

정의   공간에 있는 영역 R의 한 점 (x_0, y_0, z_0)가 R의 **내부점(interior point)**이란 이 점이 R에 완전히 포함되는 어떤 구의 중심이 되는 경우이다(그림 12 9(a)). 한점 (x_0, y_0, z_0)가 R의 **경계점(boundary point)**이란 (x_0, y_0, z_0)를 중심으로 하는 모든 구가 R의 내부와 외부를 동시에 포함하는 경우이다(그림 12 9(b)). R의 **내부(interior)**란 R의 내부점들의 집합이다

열린 영역(open region)이란 그 영역 안의 모든 점이 내부점인 경우이다. **닫힌 영역 (closed region)**이란 그 영역의 모든 경계점을 포함하는 경우이다.

공간에서 **열린** 집합의 예를 들면 구의 내부, $z>0$인 열린 반공간, 제 1팔분원 (즉 x, y, z가 모두 양인 경우) , 전체 공간 등을 들 수 있다. 공간에서 **닫힌** 집합의 예를 들면 선, 평면, $z \geq 0$인 닫힌 반공간을 들 수 있다. 경계의 일부분이 제거된 구나 한 면 또는 모서리 또는 꼭지점이 없는 직육면체 등은 **열린** 집합도 아니고 **닫힌** 집합도 아니다.

3변수 이상의 함수도 역시 중요하다. 예를 들어서 공간에서 표면의 온도(temperature)는 표면상의 점 $P(x, y, z)$ 의 위치뿐만 아니라 시간 t에 의존하므로 $T = f(x, y, z, t)$로서 정의된다.

컴퓨터 그래픽

3차원 그래픽 프로그램은 2변수 함수의 그래픽이 가능하게 해준다. 우리는 종종 함수에 관한 정보를 공식보다 그래프를 통해 더 빨리 얻을 수 있다. 왜냐하면 곡면은 증가와 감소 행동, 높은 점들과 낮은 점들을 바로 보여주기 때문이다.

예제 5   지표면 아래의 온도 w는 표면으로부터의 깊이 x와 시간 t에 대한 함수이다. 만약에 x의 단위를 미터(m)라고 하고, t를 연중 가장 높은 지표면 온도를 가지는 날로부터 경과한 날의 수라고 하면 온도 변화 함수는 다음과 같이 정의된다.

$$w = \cos(1.7 \times 10^{-2} t - 0.6x)e^{-0.6x}$$

(0 m에서의 온도가 $+1$과 -1 사이의 값을 갖도록 조절하면, x미터에서의 온도의 변화량은 지표면에서의 변화량에 대한 비율로서 해석할 수 있다.)

그림 12.10은 컴퓨터로 그린 온도함수의 그래프이다. 5 m의 깊이에서 변화량(그림에서 수직 진폭의 변화량)은 지표면에서의 변화량의 약 5%이다. 8 m에서는 연중 거의 변화가 없다.

그래프에서 지표면 아래 5 m에서의 온도는 지표면에서의 온도와 연중 약 반년이 다름을 알 수 있다. 지표면 위에서 온도가 가장 낮을 때(예를 들어 최근 1월), 지하 5 m에서는 가장 높다. 지하 5 m에서 계절은 반대이다. ■

그림 12.11은 몇 개의 2변수 함수의 그래프와 그 등위곡선들의 그래프를 보여준다.

그림 12.10   이 그래프는 계절에 따른 지하 온도의 변화량을 지표면 온도에 대한 비율로서 나타낸다(예제 5).

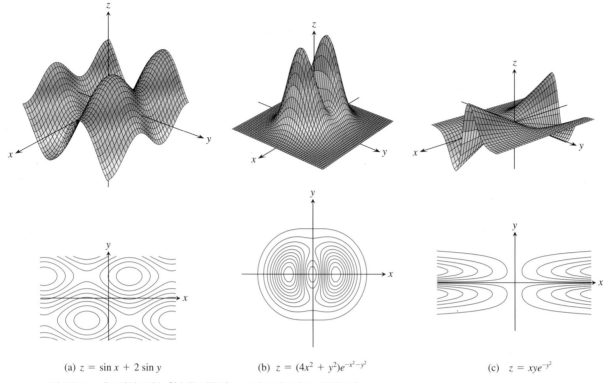

(a) $z = \sin x + 2 \sin y$

(b) $z = (4x^2 + y^2)e^{-x^2-y^2}$

(c) $z = xye^{-y^2}$

그림 12.11 대표적인 2변수 함수를 컴퓨터로 그린 그래프와 그 등위곡선

연습문제 12.1

정의역, 치역, 등위곡선

연습문제 1~4에서 주어진 함숫값을 구하라.

1. $f(x, y) = x^2 + xy^3$

   a. $f(0, 0)$ **b.** $f(-1, 1)$

   c. $f(2, 3)$ **d.** $f(-3, -2)$

2. $f(x, y) = \sin(xy)$

   a. $f\left(2, \dfrac{\pi}{6}\right)$ **b.** $f\left(-3, \dfrac{\pi}{12}\right)$

   c. $f\left(\pi, \dfrac{1}{4}\right)$ **d.** $f\left(-\dfrac{\pi}{2}, -7\right)$

3. $f(x, y, z) = \dfrac{x - y}{y^2 + z^2}$

   a. $f(3, -1, 2)$ **b.** $f\left(1, \dfrac{1}{2}, -\dfrac{1}{4}\right)$

   c. $f\left(0, -\dfrac{1}{3}, 0\right)$ **d.** $f(2, 2, 100)$

4. $f(x, y, z) \quad \overline{49 \quad x^2 \quad y^2 \quad z^2}$

   a. $f(0, 0, 0)$ **b.** $f(2, -3, 6)$

   c. $f(-1, 2, 3)$ **d.** $f\left(\dfrac{4}{\sqrt{2}}, \dfrac{5}{\sqrt{2}}, \dfrac{6}{\sqrt{2}}\right)$

연습문제 5~12에서 각 함수의 정의역을 구하고 그리라.

5. $f(x, y) = \sqrt{y - x - 2}$

6. $f(x, y) = \ln(x^2 + y^2 - 4)$

7. $f(x, y) = \dfrac{(x - 1)(y + 2)}{(y - x)(y - x^3)}$

8. $f(x, y) = \dfrac{\sin(xy)}{x^2 + y^2 - 25}$

9. $f(x, y) = \cos^{-1}(y - x^2)$

10. $f(x, y) = \ln(xy + x - y - 1)$

11. $f(x, y) = \sqrt{(x^2 - 4)(y^2 - 9)}$

12. $f(x, y) = \dfrac{1}{\ln(4 - x^2 - y^2)}$

연습문제 13~16에서 같은 좌표축 상에서 주어진 값 c에 대한 등위곡선 $f(x, y) = c$를 구하고 그리라. 이 등위곡선들을 등고선지도라 한다.

13. $f(x, y) = x + y - 1$, $c = -3, -2, -1, 0, 1, 2, 3$

14. $f(x, y) = x^2 + y^2$, $c = 0, 1, 4, 9, 16, 25$

15. $f(x, y) = xy$, $c = -9, -4, -1, 0, 1, 4, 9$

16. $f(x, y) = \sqrt{25 - x^2 - y^2}$, $c = 0, 1, 2, 3, 4$

연습문제 17~30에서

   (a) 함수의 정의역을 구하라.

   (b) 함수의 치역을 구하라.

(c) 함수의 등위곡선을 그리라.

(d) 함수의 정의역의 경계를 구하라.

(e) 정의역이 열린 영역, 닫힌 영역, 또는 어느 것도 아닌지를 결정하라.

(f) 정의역이 유계인지 비유계인지를 결정하라.

17. $f(x, y) = y - x$ **18.** $f(x, y) = \sqrt{y - x}$

19. $f(x, y) = 4x^2 + 9y^2$ **20.** $f(x, y) = x^2 - y^2$

21. $f(x, y) = xy$ **22.** $f(x, y) = y/x^2$

23. $f(x, y) = \dfrac{1}{\sqrt{16 - x^2 - y^2}}$ **24.** $f(x, y) = \sqrt{9 - x^2 - y^2}$

25. $f(x, y) = \ln(x^2 + y^2)$ **26.** $f(x, y) = e^{-(x^2+y^2)}$

27. $f(x, y) = \sin^{-1}(y - x)$ **28.** $f(x, y) = \tan^{-1}\left(\dfrac{y}{x}\right)$

29. $f(x, y) = \ln(x^2 + y^2 - 1)$ **30.** $f(x, y) = \ln(9 - x^2 - y^2)$

곡면과 등위곡선 확인하기

연습문제 31~36에서 6개 함수의 등위곡선이 있다. 이 6개의 등위곡선에 해당하는 함수의 그래프가 a~f까지, 그들의 식이 g~l까지 주어져 있다. 각 등위곡선과 그에 어울리는 그래프와 식을 찾아 짝지으라.

31.

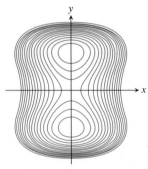

32.

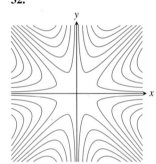

33.

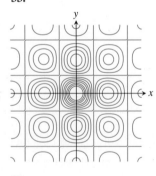

34.

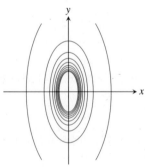

35.

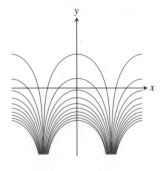

36.

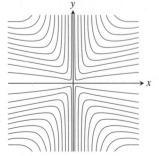

a.

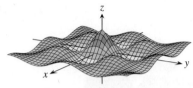

b.

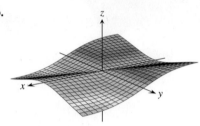

c.

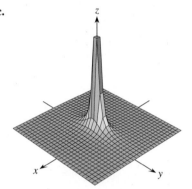

d.

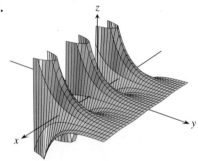

e.

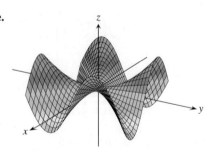

f.

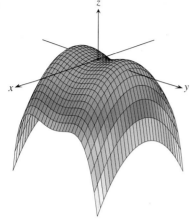

g. $z = -\dfrac{xy^2}{x^2 + y^2}$ **h.** $z = y^2 - y^4 - x^2$

i. $z = (\cos x)(\cos y)\, e^{-\sqrt{x^2 + y^2}/4}$

j. $z = e^{-y}\cos x$ **k.** $z = \dfrac{1}{4x^2 + y^2}$

l. $z = \dfrac{xy(x^2 - y^2)}{x^2 + y^2}$

2변수 함수

연습문제 37~48에서 주어진 함수의 값을 두 가지 방법으로 나타내라. **(a)** 곡면 $z = f(x, y)$ 의 그래프 그리기. **(b)** 함수의 정의역에 몇 개의 등위곡선 그리기. 각각의 등위곡선에 함숫값을 표시하라.

37. $f(x, y) = y^2$ **38.** $f(x, y) = \sqrt{x}$

39. $f(x, y) = x^2 + y^2$ **40.** $f(x, y) = \sqrt{x^2 + y^2}$

41. $f(x, y) = x^2 - y$ **42.** $f(x, y) = 4 - x^2 - y^2$

43. $f(x, y) = 4x^2 + y^2$ **44.** $f(x, y) = 6 - 2x - 3y$

45. $f(x, y) = 1 - |y|$ **46.** $f(x, y) = 1 - |x| - |y|$

47. $f(x, y) = \sqrt{x^2 + y^2 + 4}$ **48.** $f(x, y) = \sqrt{x^2 + y^2 - 4}$

등위곡선 구하기

연습문제 49~52에서 주어진 점을 지나는 함수 $f(x, y)$ 의 등위곡선의 방정식을 구하고 그래프를 그리라.

49. $f(x, y) = 16 - x^2 - y^2$, $\left(2\sqrt{2},\ \sqrt{2}\right)$

50. $f(x, y) = \sqrt{x^2 - 1}$, $(1, 0)$

51. $f(x, y) = \sqrt{x + y^2 - 3}$, $(3, -1)$

52. $f(x, y) = \dfrac{2y - x}{x + y + 1}$, $(-1, 1)$

등위곡면 그리기

연습문제 53~60에서 다음의 함수들에 대해서 대표적인 등위곡면을 그리라.

53. $f(x, y, z) = x^2 + y^2 + z^2$ **54.** $f(x, y, z) = \ln(x^2 + y^2 + z^2)$

55. $f(x, y, z) = x + z$ **56.** $f(x, y, z) = z$

57. $f(x, y, z) = x^2 + y^2$ **58.** $f(x, y, z) = y^2 + z^2$

59. $f(x, y, z) = z - x^2 - y^2$

60. $f(x, y, z) = (x^2/25) + (y^2/16) + (z^2/9)$

등위곡면 구하기

연습문제 61~64에서 주어진 점을 지나는 함수의 등위곡면의 방정식을 구하라.

61. $f(x, y, z) = \sqrt{x - y} - \ln z$, $(3, -1, 1)$

62. $f(x, y, z) = \ln(x^2 + y + z^2)$, $(-1, 2, 1)$

63. $g(x, y, z) = \sqrt{x^2 + y^2 + z^2}$, $\left(1, -1, \sqrt{2}\right)$

64. $g(x, y, z) = \dfrac{x - y + z}{2x + y - z}$, $(1, 0, -2)$

연습문제 65~68에서 각 함수의 정의역을 구하고 그리라. 그리고 주어진 점을 지나는 함수의 등위곡선 또는 등위곡면의 방정식을 구하라.

65. $f(x, y) = \displaystyle\sum_{n=0}^{\infty} \left(\dfrac{x}{y}\right)^n$, $(1, 2)$

66. $g(x, y, z) = \displaystyle\sum_{n=0}^{\infty} \dfrac{(x + y)^n}{n!\, z^n}$, $(\ln 4, \ln 9, 2)$

67. $f(x, y) = \displaystyle\int_x^y \dfrac{d\theta}{\sqrt{1 - \theta^2}}$, $(0, 1)$

68. $g(x, y, z) = \displaystyle\int_x^y \dfrac{dt}{1 + t^2} + \int_0^z \dfrac{d\theta}{\sqrt{4 - \theta^2}}$, $\left(0, 1, \sqrt{3}\right)$

컴퓨터 탐구

연습문제 69~72에서 주어진 각 함수들에 대해서 CAS를 이용하여 아래에서 주어진 단계들을 수행하라.

   a. 주어진 사각형 영역에서 곡면을 그리라.

   b. 주어진 사각형 영역에서 등위곡선을 그리라.

   c. 주어진 점을 지나는 함수 f의 등위곡선을 그리라.

69. $f(x, y) = x \sin \dfrac{y}{2} + y \sin 2x$, $0 \le x \le 5\pi$, $0 \le y \le 5\pi$, $P(3\pi, 3\pi)$

70. $f(x, y) = (\sin x)(\cos y)\, e^{\sqrt{x^2 + y^2}/8}$, $0 \le x \le 5\pi$, $0 \le y \le 5\pi$, $P(4\pi, 4\pi)$

71. $f(x, y) = \sin(x + 2\cos y)$, $-2\pi \le x \le 2\pi$, $-2\pi \le y \le 2\pi$, $P(\pi, \pi)$

72. $f(x, y) = e^{(x^{0.1} - y)} \sin(x^2 + y^2)$, $0 \le x \le 2\pi$, $-2\pi \le y \le \pi$, $P(\pi, -\pi)$

연습문제 73~76에서 CAS를 이용하여 주어진 등위곡면을 그리라.

73. $4 \ln(x^2 + y^2 + z^2) = 1$ **74.** $x^2 + z^2 = 1$

75. $x + y^2 - 3z^2 = 1$

76. $\sin\left(\dfrac{x}{2}\right) - (\cos y)\sqrt{x^2 + z^2} = 2$

매개변수로 정의된 곡면   평면에서 곡선을 매개변수 구간 I에서 한 쌍의 방정식 $x = f(t)$, $y = g(t)$로서 정의하는 것처럼 공간에서도 곡선을 매개변수의 사각형 영역 $a \le u \le b$, $c \le v \le d$에서 3개의 방정식 $x = f(u, v)$, $y = g(u, v)$, $z = h(u, v)$로서 종종 정의한다. 많은 종류의 컴퓨터 대수 체계가 곡면의 그래프를 그릴 때 매개변수 형태에 대해서도 정의되어져 있다(매개변수로 정의된 곡면은 14.5절에서 자세하게 공부할 것이다).

연습문제 77~80에서 CAS를 이용하여 주어진 곡면의 그래프를 그리라. 그리고 xy평면에서 몇개의 등위곡선을 그리라.

77. $x = u \cos v, \quad y = u \sin v, \quad z = u, \quad 0 \le u \le 2,$
$\quad 0 \le v \le 2\pi$

78. $x = u \cos v, \quad y = u \sin v, \quad z = v, \quad 0 \le u \le 2,$
$\quad 0 \le v \le 2\pi$

79. $x = (2 + \cos u) \cos v, \quad y = (2 + \cos u) \sin v, \quad z = \sin u,$
$\quad 0 \le u \le 2\pi, \quad 0 \le v \le 2\pi$

80. $x = 2 \cos u \cos v, \quad y = 2 \cos u \sin v, \quad z = 2 \sin u,$
$\quad 0 \le u \le 2\pi, \quad 0 \le v \le \pi$

12.2 고차원에서의 극한과 연속

이 절에서는 다변수 함수의 극한과 연속 개념을 다룰 것이다. 이 이론들은 1변수 함수의 극한과 연속 개념과 유사하나 독립변수가 둘 이상이므로 더 복잡하고 새로운 개념이 요구된다.

2변수 함수의 극한

한 점 (x_0, y_0)에 충분히 가까운 모든 점들 (x, y)의 그 함숫값들 $f(x, y)$가 한 고정된 실수 L에 가까이 있으면, (x, y)가 (x_0, y_0)에 접근할 때 f가 극한 L에 접근한다고 정의한다. 이 개념은 1변수 함수에 대한 극한의 정의와 유사하다. 그러나 주의해야 할 것은 (x_0, y_0)가 f의 정의역 내부에 있을 때, (x, y)는 (x_0, y_0)의 단지 왼쪽과 오른쪽 뿐 아니라 모든 방향에서 접근할 수 있다. 극한이 존재하기 위해서는 모든 접근 방향에 대해 같은 극한값을 가져야 한다. 정의에 따라 몇 가지 예제에서 이 문제를 살펴볼 것이다.

> **정의**   임의의 실수 $\varepsilon > 0$에 대해서 적당한 실수 $\delta > 0$이 존재해서 f의 정의역에 존재하는 (x, y) 중에서
>
> $$0 < \sqrt{(x - x_0)^2 + (y - y_0)^2} < \delta \text{이면} \qquad |f(x, y) - L| < \varepsilon$$
>
> 이 성립하면, (x, y)가 (x_0, y_0)에 접근할 때 함수 $f(x, y)$가 **극한(limit)** L에 접근한다라고 하며 기호로는
>
> $$\lim_{(x, y) \to (x_0, y_0)} f(x, y) = L$$
>
> 이라 표현한다.

극한의 정의에 의하면 (x, y)와 (x_0, y_0)의 거리가 충분히 작으면(이때 거리가 0은 아님), $f(x, y)$와 L 사이의 거리를 임의로 작게 만들 수 있다는 것이다. 극한의 정의는 함수 f의 정의역의 내부점 (x_0, y_0) 뿐만 아니라, 비록 정의역에 속하지 않더라도, 경계점에도 적용된다. 유일하게 필요한 조건은 항상 점 (x, y)가 정의역의 점이어야 한다는 것이다(그림 12.12 참조).

1변수 함수의 경우에서처럼, 다음을 증명할 수 있다.

$$\lim_{(x, y) \to (x_0, y_0)} x = x_0$$

$$\lim_{(x, y) \to (x_0, y_0)} y = y_0$$

$$\lim_{(x, y) \to (x_0, y_0)} k = k \qquad (k \text{는 임의의 실수})$$

예를 들어서, 위의 첫 번째 극한의 경우는 $f(x, y) = x$이고 $L = x_0$이다. 극한의 정의에 의해서 $\varepsilon > 0$이 주어졌다고 하자. 만약에 $\delta = \varepsilon$이라 하면,

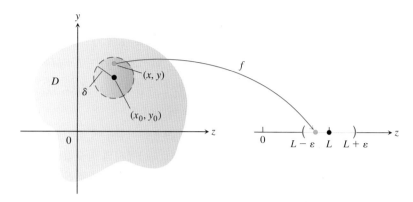

그림 12.12 극한의 정의에서, δ는 중심이 (x_0, y_0) 인 원의 반지름이다. 이 원 안에 있는 모든 점 (x, y) 에 대하여 함숫값 $f(x, y)$ 가 구간 $(L-\varepsilon, L-\varepsilon)$ 안에 놓여 있다.

$$0 < \sqrt{(x - x_0)^2 + (y - y_0)^2} < \delta = \varepsilon$$

일 때,

$$\sqrt{(x - x_0)^2} < \varepsilon \qquad {\scriptstyle (x - x_0)^2 \le (x - x_0)^2 + (y - y_0)^2}$$
$$|x - x_0| < \varepsilon \qquad {\scriptstyle \sqrt{a^2} = |a|}$$
$$|f(x, y) - x_0| < \varepsilon \qquad {\scriptstyle x = f(x, y)}$$

이 성립함을 알 수 있다. 즉,

$$0 < \sqrt{(x - x_0)^2 + (y - y_0)^2} < \delta 이면 \quad |f(x, y) - x_0| < \varepsilon$$

이다. 따라서 정의를 만족하는 δ를 찾았으므로 다음이 증명되었다.

$$\lim_{(x, y) \to (x_0, y_0)} f(x, y) = \lim_{(x, y) \to (x_0, y_0)} x = x_0$$

1변수 함수에서처럼, 두 함수의 합의 극한은 각각의 극한의 합과 같음 (각각의 극한이 존재하는 경우)을 증명할 수 있고, 극한의 차, 상수배, 곱, 몫, 거듭제곱과 근의 경우에도 같은 결과를 얻을 수 있다. 이러한 사실들을 정리 1에 요약하였다.

정리 1　2변수 함수의 극한 성질　L, M, k가 실수이고

$$\lim_{(x, y) \to (x_0, y_0)} f(x, y) = L, \qquad \lim_{(x, y) \to (x_0, y_0)} g(x, y) = M$$

이라 가정하면 다음의 성질이 성립한다.

1. 합의 공식: $\displaystyle \lim_{(x, y) \to (x_0, y_0)} (f(x, y) + g(x, y)) = L + M$

2. 차의 공식: $\displaystyle \lim_{(x, y) \to (x_0, y_0)} (f(x, y) - g(x, y)) = L - M$

3. 상수배의 공식: $\displaystyle \lim_{(x, y) \to (x_0, y_0)} kf(x, y) = kL \qquad (k는 임의의 실수)$

4. 거듭제곱의 공식: $\displaystyle \lim_{(x, y) \to (x_0, y_0)} (f(x, y) \cdot g(x, y)) = L \cdot M$

5. 몫의 공식: $\displaystyle \lim_{(x, y) \to (x_0, y_0)} \frac{f(x, y)}{g(x, y)} = \frac{L}{M}, \qquad M \neq 0$

6. 거듭제곱의 공식: $\displaystyle \lim_{(x, y) \to (x_0, y_0)} [f(x, y)]^n = L^n, n는 양의 정수$

7. 근의 공식: $\displaystyle \lim_{(x, y) \to (x_0, y_0)} \sqrt[n]{f(x, y)} = \sqrt[n]{L} = L^{1/n},$

$\qquad\qquad\qquad n$은 양의 정수이고 만약 n이 짝수이면,
$\qquad\qquad\qquad L > 0$이어야 한다.

정리 1을 증명하지는 않지만 대략적으로 그 의미를 살펴보자. (x, y)가 (x_0, y_0)에 충분히 가까우면, $f(x, y)$는 L에 가깝고 $g(x, y)$는 M에 가깝다(극한의 정의에 의해)라고 하자.

그러면 $f(x, y) + g(x, y)$는 $L+M$에 가깝고; $f(x, y) - g(x, y)$는 $L-M$에 가깝고; $kf(x, y)$는 kL에 가깝고; $f(x, y)g(x, y)$는 LM에 가깝고; 만약 $M \neq 0$이면 $\dfrac{f(x, y)}{g(x, y)}$는 $\dfrac{L}{M}$에 가깝다라는 의미이다.

다항식 함수나 유리함수에 정리 1을 적용하면, $(x, y) \to (x_0, y_0)$일 때 이러한 함수들의 극한값을 (x_0, y_0)에서의 함숫값들을 계산함으로써 구할 수 있다. 단, (x_0, y_0)에서 유리함수가 정의되어야 한다는 조건이 필요하다.

예제 1   이 예제에서는, 극한 정의 다음에서 논의했던 3가지 극한값과 정리 1의 결과들을 묶어서 극한값을 계산한다. 간단하게 함수 표현에서 x와 y자리에 접근하는 점의 값을 대입함으로써 극한값이 계산됨을 알 수 있다.

(a) $\displaystyle\lim_{(x, y)\to(0,1)} \frac{x - xy + 3}{x^2y + 5xy - y^3} = \frac{0 - (0)(1) + 3}{(0)^2(1) + 5(0)(1) - (1)^3} = -3$

(b) $\displaystyle\lim_{(x, y)\to(3, -4)} \sqrt{x^2 + y^2} = \sqrt{(3)^2 + (-4)^2} = \sqrt{25} = 5$ ∎

예제 2   다음 극한값을 구하라.

$$\lim_{(x, y)\to(0, 0)} \frac{x^2 - xy}{\sqrt{x} - \sqrt{y}}$$

풀이 $(x, y) \to (0, 0)$일 때, 분모 $\sqrt{x} - \sqrt{y}$가 0으로 접근하므로, 정리 1의 몫의 공식을 이용할 수 없다. 그런데 분자와 분모에 $\sqrt{x} + \sqrt{y}$를 각각 곱하면 극한을 구할 수 있는 동치인 식을 구할 수 있다.

$$\lim_{(x, y)\to(0,0)} \frac{x^2 - xy}{\sqrt{x} - \sqrt{y}} = \lim_{(x, y)\to(0,0)} \frac{\left(x^2 - xy\right)\left(\sqrt{x} + \sqrt{y}\right)}{\left(\sqrt{x} - \sqrt{y}\right)\left(\sqrt{x} + \sqrt{y}\right)}$$ 값이 1이 되는 식을 곱하기

$$= \lim_{(x, y)\to(0,0)} \frac{x\left(x - y\right)\left(\sqrt{x} + \sqrt{y}\right)}{x - y}$$ 연산

$$= \lim_{(x, y)\to(0,0)} x\left(\sqrt{x} + \sqrt{y}\right)$$ 0이 아닌 인수 $(x - y)$로 약분하기

$$= 0\left(\sqrt{0} + \sqrt{0}\right) = 0$$ 알고 있는 극한값

경로 $y = x(x - y = 0$인 곳에서)가 함수 $f(x, y) = \dfrac{x^2 - xy}{\sqrt{x} - \sqrt{y}}$의 정의역에 포함되지 않으므로 인수 $(x-y)$로 약분할 수 있다. ∎

예제 3   극한이 존재하면 $\displaystyle\lim_{(x, y)\to(0,0)} \frac{4xy^2}{x^2 + y^2}$을 구하라.

풀이   먼저 직선 $x = 0$를 따라 $y \neq 0$일 때 함수의 값은 항상 0이다. 마찬가지로 직선 $y = 0$을 따라 $x \neq 0$일 때 함수의 값은 0이다. 그러므로 (x, y)가 $(0, 0)$에 접근할 때, 극한이 존재한다면 그 극한값은 0이어야 한다(그림 12.13 참조). 극한의 정의를 이용하여, 이것이 참임을 보이자.

임의의 $\varepsilon > 0$이라 하자. $0 < \sqrt{x^2 + y^2} < \delta$일 때

그림 12.13 예제 3의 함수가 극한값이 존재한다면 곡면 그래프는 극한값이 0이어야 함을 보여준다.

$$\left| \frac{4xy^2}{x^2 + y^2} - 0 \right| < \varepsilon$$

즉, 만약 $0 < \sqrt{x^2 + y^2} < \delta$일 때

$$\frac{4|x|y^2}{x^2 + y^2} < \varepsilon$$

인 $\delta > 0$을 찾아야 한다.

$y^2 \leq x^2 + y^2$이므로 좌변의 식에 대해 다음을 얻는다.

$$\frac{4|x|y^2}{x^2 + y^2} \leq 4|x| = 4\sqrt{x^2} \leq 4\sqrt{x^2 + y^2} \qquad \frac{y^2}{x^2 + y^2} \leq 1$$

따라서 $\delta = \varepsilon/4$라 하고 $0 < \sqrt{x^2 + y^2} < \delta$라 하면 다음 식이 성립한다.

$$\left| \frac{4xy^2}{x^2 + y^2} - 0 \right| \leq 4\sqrt{x^2 + y^2} < 4\delta = 4\left(\frac{\varepsilon}{4}\right) = \varepsilon$$

정의에 의해서 다음을 보였다.

$$\lim_{(x,\,y) \to (0,0)} \frac{4xy^2}{x^2 + y^2} = 0$$

예제 4　$f(x, y) = \dfrac{y}{x}$일 때, 극한값 $\displaystyle\lim_{(x,\,y) \to (0,\,0)} f(x, y)$이 존재하는가?

풀이　f의 정의역은 y축을 포함하지 않으므로 점 (x, y)를 원점 $(0, 0)$으로 접근시킬 때 어떤 점 (x, y)도 $x = 0$인 점을 지나지 않는다. x축을 따라 접근하면, $x = 0$일 때를 제외하고는 함숫값이 $f(x, 0) = 0$이다. 따라서 $(x, y) \to (0, 0)$일 때 극한이 존재하면, 극한값은 $L = 0$이어야 한다. 한편 직선 $y = x$를 따라 접근하면, $x = 0$일 때를 제외하고는 함숫값이 $f(x, x) = x/x = 1$이다. 즉, 직선 $y = x$를 따라 함숫값이 1로 접근한다. 이 의미는 중심이 $(0, 0)$이고 반지름이 δ인 어떤 원에 대하여도, 이 원 내부에 존재하는 x축 위의 점 $(x, 0)$에서는 함숫값이 0이 되고, 또한 직선 $y = x$ 위의 점 (x, x)에서는 함숫값이 1이 된다는 것이다. 따라서 그림 12.12에서 원의 반지름인 δ를 아무리 작게 잡더라도 그 원 안에는 함숫값의 차이가 1이 되는 점들이 항상 존재한다. 그러므로 극한의 정의에서 ε을 1보다 작은 값으로 택하면 $L = 0$, $L = 1$ 또는 어떤 실수에 대하여도 성립하지 않는다. 점 $(0, 0)$에 접근하는 다른 경로에 따라 서로 다른 극한값을 가지므로 극한은 존재하지 않는다.

연속성

1변수 함수에서와 마찬가지로 극한을 이용하여 연속성을 정의한다.

> **정의**　함수 $f(x, y)$가 **점 (x_0, y_0)에서 연속**이란
> 1. f가 (x_0, y_0)에서 정의되고
> 2. $\displaystyle\lim_{(x,\,y) \to (x_0,\,y_0)} f(x, y)$가 존재하고
> 3. $\displaystyle\lim_{(x,\,y) \to (x_0,\,y_0)} f(x, y) = f(x_0, y_0)$인 경우이다.
>
> 함수의 정의역 상의 모든 점에서 연속이면, 함수가 **연속(continuous)**이라 한다.

극한의 정의에서와 마찬가지로, 연속성도 f의 정의역의 내부점 뿐만 아니라 경계점에 대해서도 적용된다. 단지 점 (x_0, y_0) 근처의 임의의 점 (x, y)는 f의 정의역에 있어야 한다.

정리 1의 결과에 의하면, 연속함수들의 대수적 연산에 의한 함수들은 그 함수들이 정의된 영역에서 연속임을 알 수 있다. 즉, 연속함수들의 합, 차, 상수배, 곱, 몫, 거듭제곱 등은 이러한 함수들이 정의되는 영역에서 연속함수들이다. 특히, 2변수의 다항식함수와 유리함수들은 그 함수들이 정의되는 모든 점에서 연속이다.

예제 5
$$f(x, y) = \begin{cases} \dfrac{2xy}{x^2 + y^2}, & (x, y) \neq (0, 0) \\ 0, & (x, y) = (0, 0) \end{cases}$$

가 원점을 제외한 모든 점에서 연속임을 보이라(그림 12.14 참조).

풀이 함수 f는 $(x, y) \neq (0, 0)$인 모든 점에서 연속이다. 왜냐하면 그 점에서의 함숫값은 x, y에 대한 유리함수로부터 구해지고, 극한값 또한 유리함수식에 x와 y의 값을 대입하여 구할 수 있기 때문이다.

$(0, 0)$에서는, f의 값이 주어져 있지만 $(x, y) \to (0, 0)$일 때, f의 극한값이 존재하지 않는다. 그 이유는 원점에 접근하는 경로에 따라서, 지금 보이겠지만, 다른 극한값을 가지기 때문이다.

모든 실수 m에 대하여 함수 f는 구멍난 직선 $y = mx$, $x \neq 0$을 따라 일정한 값을 가진다. 왜냐하면

$$f(x, y)\bigg|_{y=mx} = \frac{2xy}{x^2 + y^2}\bigg|_{y=mx} = \frac{2x(mx)}{x^2 + (mx)^2} = \frac{2mx^2}{x^2 + m^2x^2} = \frac{2m}{1 + m^2}$$

이다. 그러므로 (x, y)가 직선 $y = mx$를 따라 $(0, 0)$에 접근할 때 이 일정한 값이 f의 극한값이 된다.

$$\lim_{\substack{(x, y) \to (0,0) \\ y=mx\text{를 따라서}}} f(x, y) = \lim_{(x, y) \to (0,0)} \left[f(x, y)\bigg|_{y=mx} \right] = \frac{2m}{1 + m^2}$$

이 극한값은 기울기 m의 값에 따라서 다른 값이 된다. 그러므로 (x, y)가 원점에 접근할 때 f의 극한값이라고 할 유일한 수가 존재하지 않는다. ■

예제 4와 5는 2변수 이상 함수의 극한값에 대한 중요한 성질을 설명해 준다. 한 점에서 극한이 존재하기 위해서는 어떠한 경로를 따라서 접근할지라도 그 극한값이 유일해야 한다. 이 결론은 1변수 함수의 경우와 비슷한데, 이 경우에서는 좌극한 값과 우극한 값이 같아야 한다. 그러므로 2변수 이상의 함수의 경우에는 다른 극한값을 가지는 경로를 찾으면, 그 함수는 접근하는 그 점에서 극한값이 존재하지 않는 것이다.

극한의 비존재성을 위한 2-경로 테스트
(x, y)가 (x_0, y_0)에 접근할 때 함수 $f(x, y)$가 정의역에서 2개의 다른 경로에 대해서 다른 극한값을 가지면, $\lim_{(x, y) \to (x_0, y_0)} f(x, y)$는 존재하지 않는다.

예제 6 (x, y)가 $(0, 0)$에 접근할 때 함수(그림 12.15 참조)

$$f(x, y) = \frac{2x^2 y}{x^4 + y^2}$$

는 극한값을 가지지 않음을 보이라.

풀이 극한값은 바로 대입하면 0/0 형태이므로 구할 수가 없다. 끝점이 $(0, 0)$인 포물선

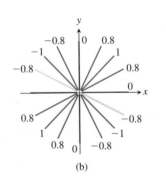

(a)

(b)

그림 12.14 (a)
$$f(x, y) = \begin{cases} \dfrac{2xy}{x^2 + y^2}, & (x, y) \neq (0, 0) \\ 0, & (x, y) = (0, 0) \end{cases}$$
의 그래프. 함수는 원점을 제외한 모든 점에서 연속이다. (b) 각 직선 $y = mx$, $x \neq 0$을 따라 f의 값들이 서로 다른 상수이다 (예제 5).

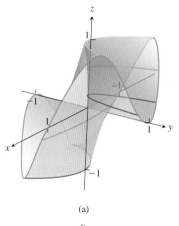

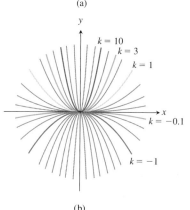

그림 12.15 (a) $f(x, y) = 2x^2y / (x^4 + y^2)$의 그래프. (b) 각 경로 $y = kx^2$을 따라가면 f의 값은 일정한 값이다(상수 k값에 따라 달라진다). (예제 6)

곡선을 따라서 f의 값을 조사해 본다. 곡선 $y = kx^2$, $x \neq 0$을 따라가면 함수는 다음과 같이 일정한 값을 가진다.

$$f(x, y)\bigg|_{y=kx^2} = \frac{2x^2y}{x^4 + y^2}\bigg|_{y=kx^2} = \frac{2x^2(kx^2)}{x^4 + (kx^2)^2} = \frac{2kx^4}{x^4 + k^2x^4} = \frac{2k}{1 + k^2}$$

따라서 경로에 따른 극한값은 다음과 같다.

$$\lim_{\substack{(x, y) \to (0,0) \\ y=kx^2을\ 따라서}} f(x, y) = \lim_{(x, y) \to (0,0)} \left[f(x, y)\bigg|_{y=kx^2} \right] = \frac{2k}{1 + k^2}$$

이 극한값은 접근하는 경로에 따라서 변한다. 만약에 (x, y)가 포물선 $y = x^2$, $k = 1$인 경우를 따라서 $(0, 0)$에 접근하면 이 극한값은 1이다. 만약 (x, y)가 x축, $k = 0$인 경우를 따라서 $(0, 0)$에 접근하면 이 극한값은 0이다. 2-경로 테스트에 의해서 (x, y)가 $(0, 0)$에 접근할 때 f는 극한값을 가지지 않는다. ■

예제 6에서 함수가 모든 직선 경로 $y = mx$를 따라 극한값 0을 갖는 것을 보일 수 있다 (연습문제 57). 다음과 같은 결과를 얻는다.

> 점 (x_0, y_0)로 접근하는 모든 직선을 따라 같은 극한값을 가질지라도, 점 (x_0, y_0)에서 극한이 존재한다고 말할 수 없다.

연속함수들의 합성함수는 올바르게 정의되었다고 한다면, 또한 연속이다. 정의되는 점들에서 연속이라는 조건만 있으면 된다. 증명은 1변수 함수의 경우(1.5절 정리 9 참조)와 비슷하며, 여기에서는 생략한다.

> **합성함수의 연속성**
> 함수 f가 (x_0, y_0)에서 연속이고, 함수 g가 $f(x_0, y_0)$에서 연속인 1변수 함수이면, $h(x, y) = g(f(x, y))$로 정의된 합성함수 $h = g \circ f$는 (x_0, y_0)에서 연속이다.

예를 들어, 합성함수

$$e^{x-y}, \qquad \cos \frac{xy}{x^2 + 1}, \qquad \ln (1 + x^2y^2)$$

은 모든 점 (x, y)에서 연속이다.

3변수 이상의 함수

2변수 함수에 대한 극한과 연속의 정의와 함수들의 합, 곱, 몫, 거듭제곱, 합성함수들에 대한 극한과 연속에 대한 모든 결과들은 3변수 또는 그 이상의 변수에 대한 함수로 확장할 수 있다. 예를 들어,

$$\ln (x + y + z), \qquad \frac{y \sin z}{x - 1}$$

는 이 함수들의 정의역에서 연속이고, 극한은 다음과 같다.

$$\lim_{P \to (1,0,-1)} \frac{e^{x+z}}{z^2 + \cos \sqrt{xy}} = \frac{e^{1-1}}{(-1)^2 + \cos 0} = \frac{1}{2}$$

여기서 P는 점 (x, y, z)를 나타내고, 극한값은 직접 대입법으로 구할 수 있다.

유계 닫힌 집합 위에서 연속함수의 극값

극값정리(3.1절 정리 1)에 의하면 유계 닫힌 구간 $[a, b]$의 모든 점에서 연속인 1변수 함수는 구간 내에 적어도 한 점에서 최댓값과 최솟값을 갖는다. 평면 상의 유계 닫힌 집합 R(예를 들어, 선분, 원판, 삼각형 영역 등)에서 연속인 함수 $z = f(x, y)$도 마찬가지이다. 이 함수는 R 내의 적당한 점들에서 최댓값과 최솟값을 갖는다. 물론 R 내에서 유일하지 않을 수도 있다.

유사한 결과들이 3변수 이상의 함수에 대해서도 성립한다. 예를 들어, 연속함수 $w = f(x, y, z)$는 이 함수가 정의된 유계 닫힌 영역(예를 들어, 공, 육면체, 구면각, 직육면체 등)에서 최댓값과 최솟값을 갖는다. 이 최댓값과 최솟값을 구하는 방법은 12.7절에서 공부할 것이다.

연습문제 12.2

2변수 함수에 대한 극한 구하기
연습문제 1~12에서 극한을 구하라.

1. $\lim\limits_{(x, y) \to (0,0)} \dfrac{3x^2 - y^2 + 5}{x^2 + y^2 + 2}$

2. $\lim\limits_{(x, y) \to (0,4)} \dfrac{x}{\sqrt{y}}$

3. $\lim\limits_{(x, y) \to (3,4)} \sqrt{x^2 + y^2 - 1}$

4. $\lim\limits_{(x, y) \to (2, -3)} \left(\dfrac{1}{x} + \dfrac{1}{y}\right)^2$

5. $\lim\limits_{(x, y) \to (0,\pi/4)} \sec x \tan y$

6. $\lim\limits_{(x, y) \to (0,0)} \cos \dfrac{x^2 + y^3}{x + y + 1}$

7. $\lim\limits_{(x, y) \to (0,\ln 2)} e^{x-y}$

8. $\lim\limits_{(x, y) \to (1,1)} \ln |1 + x^2 y^2|$

9. $\lim\limits_{(x, y) \to (0,0)} \dfrac{e^y \sin x}{x}$

10. $\lim\limits_{(x, y) \to (1/27, \pi^3)} \cos \sqrt[3]{xy}$

11. $\lim\limits_{(x, y) \to (1, \pi/6)} \dfrac{x \sin y}{x^2 + 1}$

12. $\lim\limits_{(x, y) \to (\pi/2,0)} \dfrac{\cos y + 1}{y - \sin x}$

나눗셈의 극한
연습문제 13~24에서 주어진 식을 변형하여 극한을 구하라.

13. $\lim\limits_{\substack{(x, y) \to (1,1) \\ x \neq y}} \dfrac{x^2 - 2xy + y^2}{x - y}$

14. $\lim\limits_{\substack{(x, y) \to (1,1) \\ x \neq y}} \dfrac{x^2 - y^2}{x - y}$

15. $\lim\limits_{\substack{(x, y) \to (1,1) \\ x \neq 1}} \dfrac{xy - y - 2x + 2}{x - 1}$

16. $\lim\limits_{\substack{(x, y) \to (2, -4) \\ x \neq -4, x \neq x^2}} \dfrac{y + 4}{x^2 y - xy + 4x^2 - 4x}$

17. $\lim\limits_{\substack{(x, y) \to (0,0) \\ x \neq y}} \dfrac{x - y + 2\sqrt{x} - 2\sqrt{y}}{\sqrt{x} - \sqrt{y}}$

18. $\lim\limits_{\substack{(x, y) \to (2,2) \\ x+y \neq 4}} \dfrac{x + y - 4}{\sqrt{x + y} - 2}$

19. $\lim\limits_{\substack{(x, y) \to (2,0) \\ 2x-y \neq 4}} \dfrac{\sqrt{2x - y} - 2}{2x - y - 4}$

20. $\lim\limits_{\substack{(x, y) \to (4,3) \\ x \neq y+1}} \dfrac{\sqrt{x} - \sqrt{y + 1}}{x - y - 1}$

21. $\lim\limits_{(x, y) \to (0,0)} \dfrac{\sin (x^2 + y^2)}{x^2 + y^2}$

22. $\lim\limits_{(x, y) \to (0,0)} \dfrac{1 - \cos (xy)}{xy}$

23. $\lim\limits_{(x, y) \to (1, -1)} \dfrac{x^3 + y^3}{x + y}$

24. $\lim\limits_{(x, y) \to (2,2)} \dfrac{x - y}{x^4 - y^4}$

3변수 함수에 대한 극한 구하기
연습문제 25~30에서 극한을 구하라.

25. $\lim\limits_{P \to (1,3,4)} \left(\dfrac{1}{x} + \dfrac{1}{y} + \dfrac{1}{z}\right)$

26. $\lim\limits_{P \to (1,-1,-1)} \dfrac{2xy + yz}{x^2 + z^2}$

27. $\lim\limits_{P \to (\pi,\pi,0)} (\sin^2 x + \cos^2 y + \sec^2 z)$

28. $\lim\limits_{P \to (-1/4,\pi/2,2)} \tan^{-1} xyz$

29. $\lim\limits_{P \to (\pi,0,3)} ze^{-2y} \cos 2x$

30. $\lim\limits_{P \to (2, -3,6)} \ln \sqrt{x^2 + y^2 + z^2}$

2변수 함수의 연속
연습문제 31~34에서 주어진 함수들은 평면의 어느 점에서 연속인가?

31. a. $f(x, y) = \sin (x + y)$
   b. $f(x, y) = \ln (x^2 + y^2)$

32. a. $f(x, y) = \dfrac{x + y}{x - y}$
   b. $f(x, y) = \dfrac{y}{x^2 + 1}$

33. a. $g(x, y) = \sin \dfrac{1}{xy}$
   b. $g(x, y) = \dfrac{x + y}{2 + \cos x}$

34. a. $g(x, y) = \dfrac{x^2 + y^2}{x^2 - 3x + 2}$
   b. $g(x, y) = \dfrac{1}{x^2 - y}$

3변수 함수의 연속
연습문제 35~40에서 주어진 함수들은 공간의 어느 점에서 연속인가?

35. a. $f(x, y, z) = x^2 + y^2 - 2z^2$
   b. $f(x, y, z) = \sqrt{x^2 + y^2 - 1}$

36. a. $f(x, y, z) = \ln xyz$
   b. $f(x, y, z) = e^{x+y} \cos z$

37. a. $h(x, y, z) = xy \sin \dfrac{1}{z}$ **b.** $h(x, y, z) = \dfrac{1}{x^2 + z^2 - 1}$

38. a. $h(x, y, z) = \dfrac{1}{|y| + |z|}$ **b.** $h(x, y, z) = \dfrac{1}{|xy| + |z|}$

39. a. $h(x, y, z) = \ln(z - x^2 - y^2 - 1)$

  b. $h(x, y, z) = \dfrac{1}{z - \sqrt{x^2 + y^2}}$

40. a. $h(x, y, z) = \sqrt{4 - x^2 - y^2 - z^2}$

  b. $h(x, y, z) = \dfrac{1}{4 - \sqrt{x^2 + y^2 + z^2 - 9}}$

원점에서 극한이 존재하지 않음

연습문제 41~48에서 주어진 함수들에 대해서 다른 경로를 따라 접근하여 $(x, y) \to (0, 0)$일 때 극한이 존재하지 않음을 보이라.

41. $f(x, y) = -\dfrac{x}{\sqrt{x^2 + y^2}}$ **42.** $f(x, y) = \dfrac{x^4}{x^4 + y^2}$

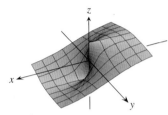 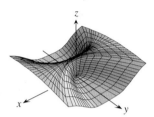

43. $f(x, y) = \dfrac{x^4 - y^2}{x^4 + y^2}$ **44.** $f(x, y) = \dfrac{xy}{|xy|}$

45. $g(x, y) = \dfrac{x - y}{x + y}$ **46.** $g(x, y) = \dfrac{x^2 - y}{x - y}$

47. $h(x, y) = \dfrac{x^2 + y}{y}$ **48.** $h(x, y) = \dfrac{x^2 y}{x^4 + y^2}$

이론과 예제

연습문제 49~54에서 극한이 존재하지 않음을 보이라.

49. $\lim\limits_{(x, y) \to (1,1)} \dfrac{xy^2 - 1}{y - 1}$ **50.** $\lim\limits_{(x, y) \to (1, -1)} \dfrac{xy + 1}{x^2 - y^2}$

51. $\lim\limits_{(x,y) \to (0,1)} \dfrac{x \ln y}{x^2 + (\ln y)^2}$ **52.** $\lim\limits_{(x,y) \to (1,0)} \dfrac{xe^y - 1}{xe^y - 1 + y}$

53. $\lim\limits_{(x,y) \to (0,0)} \dfrac{y + \sin x}{x + \sin y}$ **54.** $\lim\limits_{(x,y) \to (1,1)} \dfrac{\tan y - y \tan x}{y - x}$

55. $f(x, y) = \begin{cases} 1, & y \geq x^4 \\ 1, & y \leq 0 \\ 0, & \text{그 외에} \end{cases}$ 이라 하자.

다음 각 극한이 존재하면 극한값을 구하고, 그렇지 않으면 왜 극한이 존재하지 않는지를 설명하라.

  a. $\lim\limits_{(x, y) \to (0,1)} f(x, y)$ **b.** $\lim\limits_{(x, y) \to (2,3)} f(x, y)$

  c. $\lim\limits_{(x, y) \to (0,0)} f(x, y)$

56. $f(x, y) = \begin{cases} x^2, & x \geq 0 \\ x^3, & x < 0 \end{cases}$ 이라 하자. 다음 각 극한을 구하라.

  a. $\lim\limits_{(x, y) \to (3, -2)} f(x, y)$ **b.** $\lim\limits_{(x, y) \to (-2, 1)} f(x, y)$

  c. $\lim\limits_{(x, y) \to (0,0)} f(x, y)$

57. 예제 6에서 함수가 $(0, 0)$으로 접근하는 모든 직선을 따라 극한값이 0이 됨을 보이라.

58. $f(x_0, y_0) = 3$이고, f가 (x_0, y_0)에서 연속이면,
$$\lim\limits_{(x, y) \to (x_0, y_0)} f(x, y)$$
는 무엇인가? 만약 f가 (x_0, y_0)에서 불연속인 경우는? 그 이유를 설명하라.

샌드위치 정리 2변수 함수에 대해서, 중심이 (x_0, y_0)인 원판 내의 점 $(x, y) \neq (x_0, y_0)$에 대해서 $g(x, y) \leq f(x, y) \leq h(x, y)$이고 $(x, y) \to (x_0, y_0)$일 때 g와 h가 동일한 극한 L을 가지면, 다음이 성립한다.
$$\lim\limits_{(x, y) \to (x_0, y_0)} f(x, y) = L$$

연습문제 59~62에서 이 정리를 이용하여 질문에 답하라.

59. $1 - \dfrac{x^2 y^2}{3} < \dfrac{\tan^{-1} xy}{xy} < 1$임을 이용하여 $\lim\limits_{(x, y) \to (0,0)} \dfrac{\tan^{-1} xy}{xy}$를 구할 수 있는가? 그 이유를 설명하라.

60. $2|xy| - \dfrac{x^2 y^2}{6} < 4 - 4\cos\sqrt{|xy|} < 2|xy|$임을 이용하여
$$\lim\limits_{(x, y) \to (0,0)} \dfrac{4 - 4\cos\sqrt{|xy|}}{|xy|}$$
을 구할 수 있는가? 그 이유를 설명하라.

61. $|\sin(1/x)| \leq 1$임을 이용하여 $\lim\limits_{(x, y) \to (0,0)} y \sin\dfrac{1}{x}$을 구할 수 있는가? 그 이유를 설명하라.

62. $|\cos(1/y)| \leq 1$임을 이용하여 $\lim\limits_{(x, y) \to (0,0)} x \cos\dfrac{1}{y}$을 구할 수 있는가? 그 이유를 설명하라.

63. (예제 5의 계속)

  a. 예제 5를 다시 읽고, $m = \tan\theta$를 식
$$f(x, y)\Big|_{y = mx} = \dfrac{2m}{1 + m^2}$$
  에 대입하여 결과를 간단히 한 후에 직선의 경사각에 따라서 f의 값이 어떻게 변하는지 살펴보라.

  b. (a)에서 구한 식을 이용하여 직선 $y = mx$를 따라서 $(x, y) \to (0, 0)$이고 접근하는 각이 -1에서 1 사이일 때 f의 극한값을 구하라.

64. 연속 확장 $f(x, y) = xy \dfrac{x^2 - y^2}{x^2 + y^2}$를 확장하여 원점에서 연속이 되도록 $f(0, 0)$을 정의하라.

변수를 극좌표로 바꾸기

직교좌표 상에서 $\lim\limits_{(x, y) \to (0, 0)} f(x, y)$를 구할 수 없는 경우에 극좌표로 바꾸어서 생각해 보자. $x = r\cos\theta$, $y = r\sin\theta$를 대입하고 이 결과의 표현식에 대해서 $r \to 0$일 때 극한값을 구하여 보자. 즉, 다음 식을 만족하는 실수 L이 존재하는지를 결정하라.

임의의 $\varepsilon > 0$에 대하여, 적당한 $\delta > 0$가 존재하여 모든 r과 θ에 대하여 다음이 성립한다.
$$0 < |r| < \delta \quad \Rightarrow \quad |f(r, \theta) - L| < \varepsilon \qquad (1)$$
위의 조건을 만족하는 L이 존재하면,

$$\lim_{(x,\,y)\to(0,0)} f(x,\,y) = \lim_{r\to 0} f(r\cos\theta,\, r\sin\theta) = L$$

이다. 예를 들어,

$$\lim_{(x,\,y)\to(0,0)} \frac{x^3}{x^2 + y^2} = \lim_{r\to 0} \frac{r^3\cos^3\theta}{r^2} = \lim_{r\to 0} r\cos^3\theta = 0$$

이다. 위의 등식을 확인하기 위해서 식 (1) 이 $f(r,\,\theta) = r\cos^3\theta$와 $L = 0$을 만족함을 보여야 한다. 즉, 임의의 $\varepsilon > 0$에 대해서 적당한 $\delta > 0$가 존재해서 임의의 r과 θ에 대해서

$$0 < |r| < \delta \quad \Rightarrow \quad |r\cos^3\theta - 0| < \varepsilon$$

임을 보여야 한다.

$$|r\cos^3\theta| = |r||\cos^3\theta| \le |r|\cdot 1 = |r|$$

이므로 $\delta = \varepsilon$로 잡으면 위의 명제가 성립한다. 이와는 대조적으로

$$\frac{x^2}{x^2 + y^2} = \frac{r^2\cos^2\theta}{r^2} = \cos^2\theta$$

는 $|r|$가 아무리 작아도 0과 1 사이의 모든 값을 취하므로 극한 $\lim\limits_{(x,\,y)\to(0,\,0)} x^2/(x^2 + y^2)$은 존재하지 않는다.

위의 모든 경우에서 $r \to 0$일 때 극한의 존재성의 판별은 비교적 쉽다. 극좌표로의 변환이 항상 도움이 되는 것은 아니다. 경우에 따라서는 잘못된 결론에 이르는 오류를 범할 수도 있다. 예를 들어서, 모든 직선 (또는 반직선) $\theta = $상수를 따라서 극한이 존재하는 경우일지라도 넓은 의미로서는 존재하지 않을 수도 있다. 예제 5가 이 경우를 나타낸다. $f(x,\,y) = (2x^2y)/(x^4 + y^2)$을 극좌표로 나타내면 $r \ne 0$에 대해서

$$f(r\cos\theta,\, r\sin\theta) = \frac{r\cos\theta\sin 2\theta}{r^2\cos^4\theta + \sin^2\theta}$$

이다. θ를 상수라 하고 $r \to 0$이면, 극한은 0이다. 그런데 경로 $y = x^2$ 위에서는 $r\sin\theta = r^2\cos^2\theta$이고

$$f(r\cos\theta,\, r\sin\theta) = \frac{r\cos\theta\sin 2\theta}{r^2\cos^4\theta + (r\cos^2\theta)^2}$$

$$= \frac{2r\cos^2\theta\sin\theta}{2r^2\cos^4\theta} = \frac{r\sin\theta}{r^2\cos^2\theta} = 1$$

이다.

연습문제 65~70에서 $(x,\,y) \to (0,\,0)$일 때 f의 극한값을 구하거나 극한이 존재하지 않음을 보이라.

65. $f(x,\,y) = \dfrac{x^3 - xy^2}{x^2 + y^2}$ **66.** $f(x,\,y) = \cos\left(\dfrac{x^3 - y^3}{x^2 + y^2}\right)$

67. $f(x,\,y) = \dfrac{y^2}{x^2 + y^2}$ **68.** $f(x,\,y) = \dfrac{2x}{x^2 + x + y^2}$

69. $f(x,\,y) = \tan^{-1}\left(\dfrac{|x| + |y|}{x^2 + y^2}\right)$

70. $f(x,\,y) = \dfrac{x^2 - y^2}{x^2 + y^2}$

연습문제 71과 72에서 f를 확장하여 원점에서 연속이 되도록 $f(0,\,0)$을 정의하라.

71. $f(x,\,y) = \ln\left(\dfrac{3x^2 - x^2y^2 + 3y^2}{x^2 + y^2}\right)$

72. $f(x,\,y) = \dfrac{3x^2y}{x^2 + y^2}$

극한 정의 이용하기

연습문제 73~78에서 함수 $f(x,\,y)$와 양의 실수 ε이 주어져 있다. 각 문제에 대해서, 적당한 $\delta > 0$이 존재해서 임의의 $(x,\,y)$에 대하여

$$0 < \sqrt{x^2 + y^2} < \delta \quad \Rightarrow \quad |f(x,\,y) - f(0,\,0)| < \varepsilon$$

임을 보이라.

73. $f(x,\,y) = x^2 + y^2,\quad \varepsilon = 0.01$

74. $f(x,\,y) = y/(x^2 + 1),\quad \varepsilon = 0.05$

75. $f(x,\,y) = (x + y)/(x^2 + 1),\quad \varepsilon = 0.01$

76. $f(x,\,y) = (x + y)/(2 + \cos x),\quad \varepsilon = 0.02$

77. $f(x,\,y) = \dfrac{xy^2}{x^2 + y^2},\quad f(0,\,0) = 0 \quad \varepsilon = 0.04$

78. $f(x,\,y) = \dfrac{x^3 + y^4}{x^2 + y^2},\quad f(0,\,0) = 0 \quad \varepsilon = 0.02$

연습문제 79~82에서 함수 $f(x,\,y,\,z)$와 양의 실수 e이 주어져 있다. 각 문제에 대하여 적당한 $\delta > 0$이 존재해서 모든 $(x,\,y,\,z)$에 대하여

$$0 < \sqrt{x^2 + y^2 + z^2} < \delta \quad \Rightarrow \quad |f(x,\,y,\,z) - f(0,\,0,\,0)| < \varepsilon$$

임을 보이라.

79. $f(x,\,y,\,z) = x^2 + y^2 + z^2,\quad \varepsilon = 0.015$

80. $f(x,\,y,\,z) = xyz,\quad \varepsilon = 0.008$

81. $f(x,\,y,\,z) = \dfrac{x + y + z}{x^2 + y^2 + z^2 + 1},\quad \varepsilon = 0.015$

82. $f(x,\,y,\,z) = \tan^2 x + \tan^2 y + \tan^2 z,\quad \varepsilon = 0.03$

83. $f(x,\,y,\,z) = x + y - z$가 임의의 점 $(x_0,\,y_0,\,z_0)$에서 연속임을 보이라.

84. $f(x,\,y,\,z) = x^2 + y^2 + z^2$가 원점에서 연속임을 보이라.

12.3   편도함수

다변수 함수의 미적분은 여러 변수에 대해 한 번에 하나씩 계산하므로 기본적으로 1변수 함수의 미적분과 유사하게 생각한다. 편도함수는 다변수 함수의 독립변수들 중에서 하나를 선택하고 나머지 변수들을 모두 상수로 취급하여 그 한 변수에 관해서 얻은 도

함수이다. 이 절에서는 편도함수가 어떻게 정의되고 기하학적으로 어떠한 의미를 가지고 있으며, 1변수 함수의 도함수에서 이미 알고 있는 공식들을 적용하여 어떻게 계산하는지를 보여준다. 다변수 함수는 한 점에 접근하는 방향이 무한히 많고 다양하기 때문에, 이의 **미분가능성**(*differentiability*)을 말하기 위해서는 편미분계수의 존재 외에 더 많은 조건이 필요하다. 하지만, 미분가능한 다변수 함수들은 미분가능한 1변수 함수와 거의 똑같은 성질들을 가지고 있음을 알 수 있으며, 특히, 미분가능한 다변수 함수 또한 연속이고 선형근사가 잘 이루어진다.

2변수 함수의 편도함수

(x_0, y_0)가 함수 $f(x, y)$의 정의역 내의 한 점이면, 수직평면 $y = y_0$는 곡면 $z = f(x, y)$와 곡선 $z = f(x, y_0)$에서 교차한다(그림 12.16). 이 곡선은 평면 $y = y_0$ 내의 함수 $z = f(x, y_0)$의 그래프이다. 이 평면의 수평좌표는 x, 수직좌표는 z이다. y는 상수값 y_0를 취하므로 변수가 아니다.

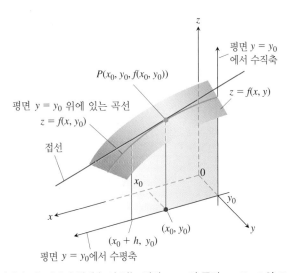

그림 12.16 xy평면의 제1사분면 위에 놓여 있는 평면 $y = y_0$와 곡면 $z = f(x, y)$의 교차

점 (x_0, y_0)에서 x에 대한 함수 f의 편미분계수는 점 $x = x_0$에서 x에 대한 함수 $f(x, y_0)$의 미분계수이다. 편미분계수와 미분계수를 구별하기 위해서 미분계수에서 사용한 d와는 다르게 ∂를 사용한다. 정의에서 h는 실수이며, 양수와 음수를 다 포함한다.

> **정의**　점 (x_0, y_0)에서 x에 관한 $f(x, y)$의 편미분계수는 만약 극한이 존재하면 다음과 같다.
>
> $$\frac{\partial f}{\partial x}\bigg|_{(x_0, y_0)} = \lim_{h \to 0} \frac{f(x_0 + h, y_0) - f(x_0, y_0)}{h}$$

점 (x_0, y_0)에서 x에 관한 $f(x, y)$의 편미분계수는 1변수 함수 $f(x, y_0)$의 점 $x = x_0$에서 미분계수와 같다.

$$\frac{\partial f}{\partial x}\bigg|_{(x_0, y_0)} = \frac{d}{dx} f(x, y_0)\bigg|_{x = x_0}$$

점 (x_0, y_0)에서 편미분계수를 나타내는 기호는 여러 가지로 사용된다.

$$\frac{\partial f}{\partial x}(x_0, y_0), \qquad f_x(x_0, y_0) \qquad \text{와} \qquad \frac{\partial z}{\partial x}\bigg|_{(x_0, y_0)}$$

편미분계수를 계산함에 있어 특정한 점 (x_0, y_0)를 지정하지 않으면, 편미분계수가 존재하는 모든 점들의 집합을 정의역으로 하는 편도함수가 된다. 이 함수에 대한 기호는 다음과 같다.

$$\frac{\partial f}{\partial x}, \qquad f_x \qquad 와 \qquad \frac{\partial z}{\partial x}$$

점 (x_0, y_0)에서 x에 관한 f의 편미분계수의 값은 평면 $y = y_0$ 위에 있는 곡선 $z = f(x, y_0)$의 점 $P(x_0, y_0, f(x_0, y_0))$ 에서 기울기이다. 그림 12.16에서 이 기울기는 음수이다. 점 P에서 곡선의 접선은 점 P를 지나고 이 기울기를 갖는 평면 $y = y_0$ 위에 있는 직선이다. 점 (x_0, y_0)에서 편미분계수 $\partial f/\partial x$는 y의 값을 y_0로 고정시킨 후, x만의 변화에 따른 f의 변화율이 된다.

점 (x_0, y_0)에서 y에 관한 $f(x, y)$의 편미분계수의 정의는 x에 관한 f의 편미분계수의 정의와 비슷하게 한다. x의 값을 x_0로 고정시킨 후, 일변수 함수 $f(x_0, y)$의 점 $y = y_0$에서 미분계수로 정의한다.

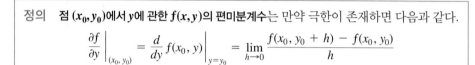

> **정의** **점 (x_0, y_0)에서 y에 관한 $f(x, y)$의 편미분계수**는 만약 극한이 존재하면 다음과 같다.
>
> $$\left.\frac{\partial f}{\partial y}\right|_{(x_0, y_0)} = \left.\frac{d}{dy} f(x_0, y)\right|_{y=y_0} = \lim_{h \to 0} \frac{f(x_0, y_0 + h) - f(x_0, y_0)}{h}$$

점 (x_0, y_0)에서 y에 관한 f의 편미분계수의 값은 수직 평면 $x = x_0$ 위에 있는 곡선 $z = f(x_0, y)$의 점 $P(x_0, y_0, f(x_0, y_0))$에서 기울기이다(그림 12.17). 점 P에서 곡선의 접선은 점 P를 지나고 이 기울기를 갖는 평면 $x = x_0$ 위에 있는 직선이다. 편미분계수는 x의 값을 x_0로 고정시킨 후, 점 (x_0, y_0)에서 y만의 변화에 따른 f의 변화율이 된다.

y에 관한 편미분계수는 x에 관한 편미분계수와 같은 방법으로 표시한다.

$$\frac{\partial f}{\partial y}(x_0, y_0), \qquad f_y(x_0, y_0), \qquad \frac{\partial f}{\partial y}, \qquad f_y$$

점 $P(x_0, y_0, f(x_0, y_0))$에서 곡면 $z = f(x, y)$에 대한 2개의 접선에 주의하자(그림 12.18). 위의 접선들이 결정하는 평면은 P에서 곡면에 관한 접평면인가? 미분가능한

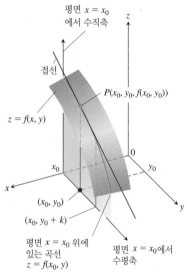

그림 12.17 xy평면의 제1사분면 위에 놓여 있는 평면 $x = x_0$와 곡면 $z = f(x, y)$의 교차

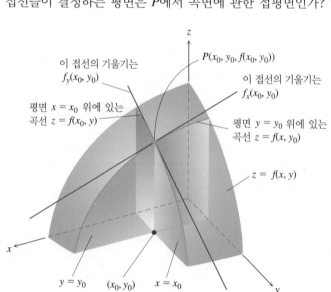

그림 12.18 그림 12.16과 12.17이 합쳐짐. 점 $(x_0, y_0, f(x_0, y_0))$에서 접선은(적어도 이 그림에서는), 곡면에 접하는 평면을 결정한다.

함수에 대해서 접평면임을 12.6절에서 알아볼 것이다. 그 이유를 살펴보기 전에 편미분계수에 대해서 좀 더 공부할 것이다.

계산

$\partial f / \partial x$와 $\partial f / \partial y$의 정의에 의해서 한 점에서 f를 미분하는 두 가지 다른 방법을 보여준다. x에 관해서 미분할 때에는 y를 상수로 취급하고, y에 관해서 미분할 때에는 x를 상수로 간주한다. 다음에 나오는 예제들에서 주어진 점 (x_0, y_0)에서 이들 미분계수들은 일반적으로 다름을 알 수 있다.

예제 1
$$f(x, y) = x^2 + 3xy + y - 1$$
일 때, $(4, -5)$에서 $\partial f / \partial x$와 $\partial f / \partial y$를 구하라.

풀이 $\partial f / \partial x$를 구하기 위하여 y를 상수로 생각하고 x에 관해서 미분하면 다음과 같다.
$$\frac{\partial f}{\partial x} = \frac{\partial}{\partial x}(x^2 + 3xy + y - 1) = 2x + 3 \cdot 1 \cdot y + 0 - 0 = 2x + 3y$$

$(4, -5)$에서 $\partial f / \partial x$의 값은 $2(4) + 3(-5) = -7$이다.

$\partial f / \partial y$를 구하기 위해서는 x를 상수로 생각하고 y에 관해서 미분하면 다음과 같다:
$$\frac{\partial f}{\partial y} = \frac{\partial}{\partial y}(x^2 + 3xy + y - 1) = 0 + 3 \cdot x \cdot 1 + 1 - 0 = 3x + 1$$

$(4, -5)$에서 $\partial f / \partial y$의 값은 $3(4) + 1 = 13$이다. ∎

예제 2 $f(x, y) = y \sin xy$일 때, $\partial f / \partial y$를 구하라.

풀이 x를 상수로 생각하고 f를 y와 $\sin xy$의 곱으로 생각한다:
$$\frac{\partial f}{\partial y} = \frac{\partial}{\partial y}(y \sin xy) = y \frac{\partial}{\partial y} \sin xy + (\sin xy) \frac{\partial}{\partial y}(y)$$
$$= (y \cos xy) \frac{\partial}{\partial y}(xy) + \sin xy = xy \cos xy + \sin xy$$ ∎

예제 3 $f(x, y) = \dfrac{2y}{y + \cos x}$일 때, f_x와 f_y를 구하라.

풀이 f를 분수로 생각한다. y를 상수로 생각하면, f_x는 몫의 미분공식에 의해 다음과 같다.
$$f_x = \frac{\partial}{\partial x}\left(\frac{2y}{y + \cos x}\right) = \frac{(y + \cos x)\frac{\partial}{\partial x}(2y) - 2y\frac{\partial}{\partial x}(y + \cos x)}{(y + \cos x)^2}$$
$$= \frac{(y + \cos x)(0) - 2y(-\sin x)}{(y + \cos x)^2} = \frac{2y \sin x}{(y + \cos x)^2}$$

x를 상수로 생각하면, f_y는 다시 몫의 미분공식을 사용하여 구한다.
$$f_y = \frac{\partial}{\partial y}\left(\frac{2y}{y + \cos x}\right) = \frac{(y + \cos x)\frac{\partial}{\partial y}(2y) - 2y\frac{\partial}{dy}(y + \cos x)}{(y + \cos x)^2}$$
$$= \frac{(y + \cos x)(2) - 2y(1)}{(y + \cos x)^2} = \frac{2 \cos x}{(y + \cos x)^2}$$ ∎

음함수 미분법을 이용하여 도함수를 구하는 것과 같은 방법으로 편도함수를 구하기 위해서 다음의 예제를 살펴보기로 하자.

예제 4 방정식 $yz - \ln z = x + y$에서 z가 2개의 독립변수 x와 y에 관한 함수이고 편도함수가 존재할 때, $\partial z / \partial x$를 구하라.

풀이 방정식의 양변에서 y를 상수로 생각하고, z를 x에 관해서 미분가능한 함수라고 생각하고, 방정식의 양변을 x에 관해서 미분하면 다음과 같다.

$$\frac{\partial}{\partial x}(yz) - \frac{\partial}{\partial x}\ln z = \frac{\partial x}{\partial x} + \frac{\partial y}{\partial x}$$

$$y\frac{\partial z}{\partial x} - \frac{1}{z}\frac{\partial z}{\partial x} = 1 + 0 \qquad {\scriptstyle y가\ 상수일\ 때\ \frac{\partial}{\partial x}(yz) = y\frac{\partial z}{\partial x}}$$

$$\left(y - \frac{1}{z}\right)\frac{\partial z}{\partial x} = 1$$

$$\frac{\partial z}{\partial x} = \frac{z}{yz - 1} \qquad\blacksquare$$

예제 5 평면 $x = 1$은 포물면 $z = x^2 + y^2$과 포물선에서 만난다. $(1, 2, 5)$에서 포물선에 접하는 접선의 기울기를 구하라(그림 12.19).

풀이 표물선은 yz평면과 평행인 평면 위에 있으며, 기울기는 $(1, 2)$에서 편도함수 $\partial z / \partial y$의 값이다.

$$\left.\frac{\partial z}{\partial y}\right|_{(1,2)} = \left.\frac{\partial}{\partial y}(x^2 + y^2)\right|_{(1,2)} = \left.2y\right|_{(1,2)} = 2(2) = 4$$

확인하기 위해서 포물선을 평면 $x = 1$ 상에 있는 1변수 함수 $z = (1)^2 + y^2 = 1 + y^2$의 그래프라고 생각하고 $y = 2$에서 기울기를 구해 보자. 이제 기울기를 미분계수로서 구할 수 있고, 그 값은 다음과 같다.

$$\left.\frac{dz}{dy}\right|_{y=2} = \left.\frac{d}{dy}(1 + y^2)\right|_{y=2} = \left.2y\right|_{y=2} = 4 \qquad\blacksquare$$

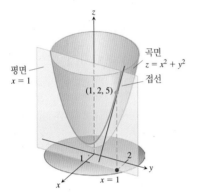

그림 12.19 점 $(1, 2, 5)$에서 평면 $x = 1$과 곡면 $z = x^2 + y^2$이 만나는 곡선에 대한 접선

3변수 이상의 함수

3변수 이상의 함수의 편도함수에 대한 정의는 2변수 함수에 대한 정의와 유사하다. 이들은 한 변수에 대한 도함수이고 나머지 독립변수들은 상수로 간주한다.

예제 6 x, y, z가 독립변수이고

$$f(x, y, z) = x \sin(y + 3z)$$

일 때, 다음과 같다.

$$\frac{\partial f}{\partial z} = \frac{\partial}{\partial z}\left[x \sin(y + 3z)\right] = x\frac{\partial}{\partial z}\sin(y + 3z) \qquad {\scriptstyle x를\ 상수\ 취급}$$

$$= x\cos(y + 3z)\frac{\partial}{\partial z}(y + 3z) \qquad\qquad {\scriptstyle 연쇄법칙}$$

$$= 3x\cos(y + 3z) \qquad\qquad\qquad {\scriptstyle y를\ 상수\ 취급} \quad\blacksquare$$

예제 7 저항이 R_1, R_2, R_3옴(ohm)인 저항체가 병렬로 연결되어 총 저항이 R옴인 저항체일 때 R은 다음 방정식에 의해 구할 수 있다(그림 12.20).

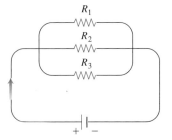

그림 12.20 저항기가 이와 같은 형태로 연결되었을 때 병렬로 연결되었다고 한다(예제 7). 각 저항기는 전류의 한 부분을 통하게 한다. 총 저항 R은 다음 식에 의해서 계산된다.

$$\frac{1}{R} = \frac{1}{R_1} + \frac{1}{R_2} + \frac{1}{R_3}$$

$$\frac{1}{R} = \frac{1}{R_1} + \frac{1}{R_2} + \frac{1}{R_3}$$

$R_1 = 30$, $R_2 = 45$, $R_3 = 90$옴일 때 $\partial R/\partial R_2$의 값을 구하라.

풀이　$\partial R/\partial R_2$을 구하기 위하여 R_1과 R_3을 상수로 취급하고 음함수 미분법을 이용하여 R_2에 관해서 방정식의 양변을 미분하면 다음과 같다.

$$\frac{\partial}{\partial R_2}\left(\frac{1}{R}\right) = \frac{\partial}{\partial R_2}\left(\frac{1}{R_1} + \frac{1}{R_2} + \frac{1}{R_3}\right)$$

$$-\frac{1}{R^2}\frac{\partial R}{\partial R_2} = 0 - \frac{1}{R_2{}^2} + 0$$

$$\frac{\partial R}{\partial R_2} = \frac{R^2}{R_2{}^2} = \left(\frac{R}{R_2}\right)^2$$

$R_1 = 30$, $R_2 = 45$, $R_3 = 90$일 때,

$$\frac{1}{R} = \frac{1}{30} + \frac{1}{45} + \frac{1}{90} = \frac{3+2+1}{90} = \frac{6}{90} = \frac{1}{15}$$

이므로, $R = 15$이고 다음을 얻는다.

$$\frac{\partial R}{\partial R_2} = \left(\frac{15}{45}\right)^2 = \left(\frac{1}{3}\right)^2 = \frac{1}{9}$$

따라서 주어진 값에서 R_2의 미세한 변화는 그 크기의 $1/9$만큼 R을 변하게 만든다. ■

편도함수와 연속성

함수 $f(x, y)$는 불연속인 점에서도 x와 y에 관한 편미분계수를 가질 수 있다. 이 점이 1변수 함수와 다르다. 1변수 함수의 경우 미분계수가 존재하면 연속이다. 하지만 $f(x, y)$의 편미분계수들이 존재하고 그들이 (x_0, y_0)를 중심으로 한 원판 위에서 연속이어야만, f는 (x_0, y_0)에서 연속이다. 이 절의 끝에서 다시 볼 것이다.

예제 8　다음 함수를 생각하자(그림 12.21 참조).

$$f(x, y) = \begin{cases} 0, & xy \neq 0 \\ 1, & xy = 0 \end{cases}$$

(a) 직선 $y = x$를 따라 (x, y)가 $(0, 0)$에 접근할 때 f의 극한을 구하라.

(b) f가 원점에서 연속이 아님을 증명하라.

(c) 두 편미분계수 $\partial f/\partial x$와 $\partial f/\partial y$가 원점에서 존재함을 보이라.

풀이

(a) 직선 $y = x$에서 $f(x, y)$의 값은 모두 0이므로 (원점은 제외) f의 극한값은 다음과 같다.

$$\lim_{(x,y)\to(0,0)} f(x, y)\Big|_{y=x} = \lim_{(x,y)\to(0,0)} 0 = 0$$

(b) $f(0, 0) = 1$이므로, (a)에서 구한 극한값과 다르므로 f는 $(0, 0)$에서 연속이 아니다.

(c) $(0, 0)$에서 $\partial f/\partial x$를 구하기 위하여 $y = 0$이라 둔다. 그러면 모든 x에 대하여 $f(x, y) = 1$이고, f의 그래프는 그림 12.21에 있는 직선 L_1이다. 임의의 점 x에서 이 직선의 기울기는 $\partial f/\partial x = 0$이다. 특히, $(0, 0)$에서 $\partial f/\partial x = 0$이다. 마찬가지로 $\partial f/\partial y$는 임의의 점 y에서 직선 L_2의 기울기이고 $(0, 0)$에서 $\partial f/\partial y = 0$이다. ■

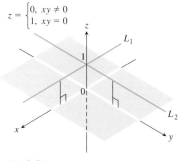

$$z = \begin{cases} 0, & xy \neq 0 \\ 1, & xy = 0 \end{cases}$$

그림 12.21

$$f(x, y) = \begin{cases} 0, & xy \neq 0 \\ 1, & xy = 0 \end{cases}$$

의 그래프는 직선 L_1, L_2, xy평면의 4개의 열린 사분면으로 구성된다. 함수는 원점에서 편도함수를 가지지만, 이 점에서 연속은 아니다(예제 8).

예제 8을 통해서 알 수 있는 것은 고차원에서 미분가능성의 정의는 단지 편미분계수의 존재성으로는 안되고 좀 더 강한 조건이 필요하다는 것이다. 이 절의 마지막에 2변수 함수에 대한 미분가능성을 정의할 것이며(1변수 함수보다 약간 더 복잡하다) 연속성과의 관계를 알아볼 것이다.

2계 편도함수

함수 $f(x, y)$를 2번 미분하면 2계 도함수를 얻는다. 이 도함수들은 다음과 같이 나타낸다.

$$\frac{\partial^2 f}{\partial x^2} \text{ 또는 } f_{xx}, \qquad \frac{\partial^2 f}{\partial y^2} \text{ 또는 } f_{yy}$$

$$\frac{\partial^2 f}{\partial x \partial y} \text{ 또는 } f_{yx}, \qquad \frac{\partial^2 f}{\partial y \partial x} \text{ 또는 } f_{xy}$$

방정식으로 표현하면 다음과 같다.

$$\frac{\partial^2 f}{\partial x^2} = \frac{\partial}{\partial x}\left(\frac{\partial f}{\partial x}\right), \qquad \frac{\partial^2 f}{\partial x \partial y} = \frac{\partial}{\partial x}\left(\frac{\partial f}{\partial y}\right)$$

미분하는 순서에 주의하라.

$$\frac{\partial^2 f}{\partial x \partial y} \qquad y\text{에 대해서 먼저 미분한 후에 } x\text{에 관해서 미분한다.}$$

$$f_{yx} = (f_y)_x \qquad \text{동일한 의미이다.}$$

역사적 인물
라플라스(Pierre–Simon Laplace, 1749~1827)

예제 9 $f(x, y) = x \cos y + y e^x$일 때, 다음 2계 편도함수를 구하라.

$$\frac{\partial^2 f}{\partial x^2}, \qquad \frac{\partial^2 f}{\partial y \partial x}, \qquad \frac{\partial^2 f}{\partial y^2}, \qquad \frac{\partial^2 f}{\partial x \partial y}$$

풀이 먼저 1계 편도함수를 계산한다.

$$\frac{\partial f}{\partial x} = \frac{\partial}{\partial x}(x \cos y + y e^x) \qquad\qquad \frac{\partial f}{\partial y} = \frac{\partial}{\partial y}(x \cos y + y e^x)$$

$$= \cos y + y e^x \qquad\qquad\qquad\qquad = -x \sin y + e^x$$

이제 1계 편도함수를 한번 더 미분하여 2계 편도함수를 구한다.

$$\frac{\partial^2 f}{\partial y \partial x} = \frac{\partial}{\partial y}\left(\frac{\partial f}{\partial x}\right) = -\sin y + e^x \qquad\qquad \frac{\partial^2 f}{\partial x \partial y} = \frac{\partial}{\partial x}\left(\frac{\partial f}{\partial y}\right) = -\sin y + e^x$$

$$\frac{\partial^2 f}{\partial x^2} = \frac{\partial}{\partial x}\left(\frac{\partial f}{\partial x}\right) = y e^x \qquad\qquad\qquad \frac{\partial^2 f}{\partial y^2} = \frac{\partial}{\partial y}\left(\frac{\partial f}{\partial y}\right) = -x \cos y$$

클레로의 정리

예제 9에서 2계 편도함수

$$\frac{\partial^2 f}{\partial y \partial x} \text{와} \qquad \frac{\partial^2 f}{\partial x \partial y}$$

가 같음에 주목하라. 이것은 항상 일치하는 것은 아니다. 다음의 정리에서 알 수 있듯이 f, f_x, f_y, f_{xy}, f_{yx}가 연속일 때 두 편도함수는 같다. 하지만 연속 조건이 만족하지 않을 때에는 서로 다른 도함수를 얻을 수 있다(연습문제 82 참조).

> **정리 2 클레로의 정리** $f(x, y)$와 그 도함수 f_x, f_y, f_{xy}, f_{yx}가 점 (a, b)를 포함하는 열린 영역에서 정의된 함수이고 (a, b)에서 모두 연속이면 다음과 같다.
>
> $$f_{xy}(a, b) = f_{yx}(a, b)$$

정리 2는 프랑스 수학자 클레로(Alexis Clairaut)가 발견하였다. 이 정리의 증명은 부록 9에 주어져 있다. 정리 2에 의해서 2계 편도함수를 구할 때 이들이 연속이기만 하면 어떤 순서로 미분하는지는 관계가 없다는 것을 알 수 있다. 때로는 미분 순서를 바꿈으로서 계산을 더 쉽게 할 수 있다.

예제 10 $$w = xy + \frac{e^y}{y^2 + 1}$$

일 때 $\partial^2 w / \partial x \partial y$를 구하라.

풀이   기호 $\partial^2 w / \partial x \partial y$는 y에 관해서 먼저 미분하고, 그 다음에 x에 관해서 미분하는 것을 의미한다. 그런데 미분 순서를 바꾸어서 x에 관해서 먼저 미분한 뒤 y에 관해서 미분하면 답을 더 빨리 구할 수 있다. 두 번의 계산으로

$$\frac{\partial w}{\partial x} = y, \qquad \frac{\partial^2 w}{\partial y \partial x} = 1$$

을 구할 수 있다. y에 관해서 먼저 미분해도 $\partial^2 w / \partial x \partial y = 1$을 얻는다. 함수 w가 정리 2의 조건을 모든 점 (x_0, y_0)에서 만족하기 때문에 어느 순서로도 미분할 수 있다.   ∎

고계의 편도함수

우리는 대부분 1계와 2계 편도함수를 다루었다. 왜냐하면 대부분의 응용 문제에서 이들을 다루기 때문이다. 하지만 도함수가 존재하는 한 몇 번을 미분하는가에 대한 제한은 없다. 그러므로 3계, 4계 도함수도 구할 수 있으며, 다음과 같이 표현한다.

$$\frac{\partial^3 f}{\partial x \partial y^2} = f_{yyx}$$

$$\frac{\partial^4 f}{\partial x^2 \partial y^2} = f_{yyxx}$$

2계 도함수에서와 같이 모든 도함수들이 연속이기만 하면 미분하는 순서에는 관계가 없다.

예제 11 $f(x, y, z) = 1 - 2xy^2z + x^2y$일 때 f_{yxyz}를 구하라.

풀이   변수 y에 관해서 먼저 미분하고, x, y, z의 순으로 미분한다.

$$f_y = -4xyz + x^2$$
$$f_{yx} = -4yz + 2x$$
$$f_{yxy} = -4z$$
$$f_{yxyz} = -4$$

∎

미분가능성

다변수 함수에 대한 미분가능성의 개념은 1변수 함수에 대한 미분가능성보다 더 복잡하다. 정의역에서 한 점에 접근하는 경로가 방향에 따라 여러 가지로 나타날 수 있기

때문이다. 2변수 함수의 편미분계수를 정의함에 있어서 그래프 상의 곡면을 xz평면과 평행한 수직평면, yz평면과 평행한 수직평면으로 교차시킨다. 교차평면으로 발생되는 곡선을 **자취**(trace)라 부른다. 정의역에서 접근시킬 수 있는 점 (x_0, y_0)에서의 편미분계수는 그 점에 대응하는 곡면 위의 점에서 자취 곡선들에 접하는 두 접선의 기울기임을 알았다(그림 12.18 참조). 미분가능한 함수에 대하여, 이 수직평면들 중의 하나를 약간 회전(여기서 수직은 유지되지만 더 이상 좌표평면에 평행하지는 않게)시켰을 때, 평면 위에 나타나는 매끄러운 자취 곡선의 곡면 위 점에서 접선의 기울기가 이전의 기울기(수직평면이 좌표평면과 평행이었을 때의 기울기)와 아주 약간만 달라질 거라고 가정하는 것은 합당해 보인다. 하지만, 단지 편미분계수의 존재성만으로는 이런 결과를 보장할 수가 없다. 그림 12.21에서 보는 것처럼, 함수가 (x_0, y_0)에서 단지 x축 방향과 y축 방향으로 극한을 갖는다고 함수가 그 점에서 극한값을 갖는다고 말할 수는 없다. 그렇기 때문에 두 편미분계수가 존재한다고 하더라도 다른 수직평면에 의한 자취 곡선에 대한 미분계수가 존재함을 보장하기에 충분하지 않다. 미분가능성을 말하기 위해서는, 점 (x_0, y_0)에 어떤 경로를 따라서 접근하든지, 독립변수들의 변화량이 매우 작을 경우(미분)에는 함숫값의 갑작스러운 변화가 발생하지 않는다는 보장이 필요하다. 이때 경로는 두 변수 x와 y가 한 변수의 값만 변하는 것이 아니라 동시에 변할 수 있는 모든 경우를 다 생각해야 한다.

1변수 함수에 대하여 공부한 내용을 상기해보자. 함수 $y=f(x)$가 $x=x_0$에서 미분가능하면, x의 값이 x_0에서 $x_0 + \Delta x$로 변할 때 나타나는 함수의 변화량 Δy가 접선(또는 함수 f의 x_0에서의 선형근사 L)을 따른 변화량 ΔL에 아주 가까움을 알고 있다. 즉, 2.9절의 식 (1)로부터, $\Delta x \to 0$일 때 $\varepsilon \to 0$이 되는 ε에 의해

$$\Delta y = f'(x_0)\Delta x + \varepsilon \Delta x$$

이 성립한다. 이 결과를 확장하여 2변수 함수에 대한 미분가능성을 정의한다.

정의 함수 $z=(x, y)$가 $f_x(x_0, y_0)$와 $f_y(x_0, y_0)$가 존재하고 Δz가 다음 방정식을 만족하면 함수 f는 (x_0, y_0)에서 **미분가능**(differentiable)**하다**고 한다.

$$\Delta z = f_x(x_0, y_0)\Delta x + f_y(x_0, y_0)\Delta y + \varepsilon_1 \Delta x + \varepsilon_2 \Delta y$$

여기서 $\Delta x, \Delta y \to 0$일 때, $\varepsilon_1 \to 0$이고 $\varepsilon_2 \to 0$이다. f가 정의역 내의 모든 점에서 미분가능할 때, f는 **미분가능한 함수**라 하며, 이 함수의 그래프는 **매끄러운 곡면(smooth surface)**이다.

다음 정리 (증명은 부록 9 참조)와 그에 따른 따름정리는 점 (x_0, y_0)에서 1계 편도함수가 연속인 함수는 그 점에서 미분가능하며, 일차함수에 의해 그 근방에서 아주 잘 근사됨을 말해 준다. 이 선형근사는 12.6절에서 공부한다.

정리 3 2변수 함수에 대한 증분정리 $f(x, y)$의 1계 편도함수가 점 (x_0, y_0)를 포함하는 열린 영역 R에서 정의되고, f_x와 f_y가 (x_0, y_0)에서 연속이라 가정하자. (x_0, y_0)에서 R 내의 점 $(x_0 + \Delta x, y_0 + \Delta y)$로 변할 때 f의 변화량

$$\Delta z = f(x_0 + \Delta x, y_0 + \Delta y) - f(x_0, y_0)$$

은 다음의 방정식을 만족한다.

$$\Delta z = f_x(x_0, y_0)\Delta x + f_y(x_0, y_0)\Delta y + \varepsilon_1 \Delta x + \varepsilon_2 \Delta y$$

여기서 Δx, $\Delta y \to 0$일 때 각각의 ε_1, $\varepsilon_2 \to 0$이다.

정리 3의 따름정리　함수 $f(x, y)$의 편도함수 f_x와 f_y가 열린 영역 R에서 연속이면, f가 R의 모든 점에서 미분가능하다.

$z = f(x, y)$가 미분가능하면, 미분가능성의 정의에 의해서 Δx, Δy가 0에 접근할 때 $\Delta z = f(x_0 + \Delta x, y_0 + \Delta y) - f(x_0, y_0)$은 0에 접근한다. 이 사실은 2변수 함수가 미분가능한 모든 점에서 연속임을 나타낸다.

정리 4　미분가능성은 연속성의 충분조건　함수 $f(x, y)$가 (x_0, y_0)에서 미분가능하면, f는 (x_0, y_0)에서 연속이다.

정리 3의 따름정리와 정리 4로부터 알 수 있듯이 (x_0, y_0)를 포함하는 열린 영역에서 f_x와 f_y가 연속이면 함수 $f(x, y)$는 (x_0, y_0)에서 연속이다. 그러나 예제 8에서 본 바와 같이 2변수 함수의 경우 1계 편미분계수가 존재하는 점에서 불연속인 경우도 있다. 한 점에서 편미분계수의 존재성만으로는 그 점에서의 연속성을 보장하지 못한다. 하지만 한 점을 포함하는 열린 영역에서 편도함수의 연속성은 그 점에서 미분가능성을 보장한다.

연습문제 12.3

1계 편도함수 구하기

연습문제 1~22에서 $\partial f/\partial x$, $\partial f/\partial y$를 구하라.

1. $f(x, y) = 2x^2 - 3y - 4$ 　**2.** $f(x, y) = x^2 - xy + y^2$

3. $f(x, y) = (x^2 - 1)(y + 2)$

4. $f(x, y) = 5xy - 7x^2 - y^2 + 3x - 6y + 2$

5. $f(x, y) = (xy - 1)^2$ 　**6.** $f(x, y) = (2x - 3y)^3$

7. $f(x, y) = \sqrt{x^2 + y^2}$ 　**8.** $f(x, y) = (x^3 + (y/2))^{2/3}$

9. $f(x, y) = 1/(x + y)$ 　**10.** $f(x, y) = x/(x^2 + y^2)$

11. $f(x, y) = (x + y)/(xy - 1)$ 　**12.** $f(x, y) = \tan^{-1}(y/x)$

13. $f(x, y) = e^{(x+y+1)}$ 　**14.** $f(x, y) = e^{-x}\sin(x + y)$

15. $f(x, y) = \ln(x + y)$ 　**16.** $f(x, y) = e^{xy}\ln y$

17. $f(x, y) = \sin^2(x - 3y)$ 　**18.** $f(x, y) = \cos^2(3x - y^2)$

19. $f(x, y) = x^y$ 　**20.** $f(x, y) = \log_y x$

21. $f(x, y) = \displaystyle\int_x^y g(t)\, dt$ 　(g가 모든 t에서 연속)

22. $f(x, y) = \displaystyle\sum_{n=0}^{\infty}(xy)^n$ 　($|xy| < 1$)

연습문제 23~34에서 f_x, f_y, f_z를 구하라.

23. $f(x, y, z) = 1 + xy^2 - 2z^2$

24. $f(x, y, z) = xy + yz + xz$

25. $f(x, y, z) = x - \sqrt{y^2 + z^2}$

26. $f(x, y, z) = (x^2 + y^2 + z^2)^{-1/2}$

27. $f(x, y, z) = \sin^{-1}(xyz)$

28. $f(x, y, z) = \sec^{-1}(x + yz)$

29. $f(x, y, z) = \ln(x + 2y + 3z)$

30. $f(x, y, z) = yz \ln(xy)$

31. $f(x, y, z) = e^{-(x^2+y^2+z^2)}$

32. $f(x, y, z) = e^{-xyz}$

33. $f(x, y, z) = \tanh(x + 2y + 3z)$

34. $f(x, y, z) = \sinh(xy - z^2)$

연습문제 35~40에서 각각의 변수에 대한 편도함수를 구하라.

35. $f(t, \alpha) = \cos(2\pi t - \alpha)$

36. $g(u, v) = v^2 e^{(2u/v)}$

37. $h(\rho, \phi, \theta) = \rho \sin\phi \cos\theta$

38. $g(r, \theta, z) = r(1 - \cos\theta) - z$

39. 심장에 의해서 행해진 일　(2.9절 연습문제 51)

$$W(P, V, \delta, v, g) = PV + \frac{V\delta v^2}{2g}$$

40. Wilson 토지 크기 공식　(3.5절 연습문제 57)

$$A(c, h, k, m, q) = \frac{km}{q} + cm + \frac{hq}{2}$$

2계편도함수구하기

연습문제 41~54에서 2계 편도함수를 모두 구하라.

41. $f(x, y) = x + y + xy$ **42.** $f(x, y) = \sin xy$

43. $g(x, y) = x^2y + \cos y + y \sin x$

44. $h(x, y) = xe^y + y + 1$ **45.** $r(x, y) = \ln (x + y)$

46. $s(x, y) = \tan^{-1} (y/x)$ **47.** $w = x^2 \tan (xy)$

48. $w = ye^{x^2 - y}$ **49.** $w = x \sin (x^2y)$

50. $w = \dfrac{x - y}{x^2 + y}$

51. $f(x, y) = x^2y^3 - x^4 + y^5$

52. $g(x, y) = \cos x^2 - \sin 3y$ **53.** $z = x \sin (2x - y^2)$

54. $z = xe^{x/y^2}$

클레로의 정리

연습문제 55~60에서 $w_{xy} = w_{yx}$임을 검증하라.

55. $w = \ln (2x + 3y)$ **56.** $w = e^x + x \ln y + y \ln x$

57. $w = xy^2 + x^2y^3 + x^3y^4$

58. $w = x \sin y + y \sin x + xy$

59. $\omega = \dfrac{x^2}{y^3}$ **60.** $\omega = \dfrac{3x - y}{x + y}$

61. f_{xy}를 계산할 때 어떤 순서로 미분하는 것이 빠른가? x에 관해서 먼저, 혹은 y에 관해서 먼저? 계산하지 않고 답하라.

 a. $f(x, y) = x \sin y + e^y$

 b. $f(x, y) = 1/x$

 c. $f(x, y) = y + (x/y)$

 d. $f(x, y) = y + x^2y + 4y^3 - \ln (y^2 + 1)$

 e. $f(x, y) = x^2 + 5xy + \sin x + 7e^x$

 f. $f(x, y) = x \ln xy$

62. 아래의 함수들에 대해서 5계 편도함수 $\partial^5 f/\partial x^2 \partial y^3$은 0이다. 가능한 빨리 이것을 보이기 위해서 어느 변수에 대해서 먼저 미분해야 되는가? x 혹은 y? 계산하지 않고 답하라.

 a. $f(x, y) = y^2x^4e^x + 2$

 b. $f(x, y) = y^2 + y(\sin x - x^4)$

 c. $f(x, y) = x^2 + 5xy + \sin x + 7e^x$

 d. $f(x, y) = xe^{y^2/2}$

편미분계수의 정의 이용하기

연습문제 63~66에서 편미분계수의 극한 정의를 이용하여 주어진 점에서 함수의 편미분계수를 계산하라.

63. $f(x, y) = 1 - x + y - 3x^2y$, $\dfrac{\partial f}{\partial x}$, $\dfrac{\partial f}{\partial y}$, $(1, 2)$

64. $f(x, y) = 4 + 2x - 3y - xy^2$, $\dfrac{\partial f}{\partial x}$, $\dfrac{\partial f}{\partial y}$, $(-2, 1)$

65. $f(x, y) = \sqrt{2x + 3y - 1}$, $\dfrac{\partial f}{\partial x}$, $\dfrac{\partial f}{\partial y}$, $(-2, 3)$

66. $f(x, y) = \begin{cases} \dfrac{\sin (x^3 + y^4)}{x^2 + y^2}, & (x, y) \neq (0, 0) \\ 0, & (x, y) = (0, 0) \end{cases}$

$\dfrac{\partial f}{\partial x}$, $\dfrac{\partial f}{\partial y}$, $(0, 0)$

67. $f(x, y) = 2x + 3y - 4$라 하자. 점 $(2, -1)$에서 이 곡면에 접하면서 다음 평면 위에 있는 직선의 기울기를 구하라.

 a. 평면 $x = 2$ **b.** 평면 $y = -1$

68. $f(x, y) = x^2 + y^3$라 하자. 점 $(-1, 1)$에서 이 곡면에 접하면서 다음 평면 위에 있는 직선의 기울기를 구하라.

 a. 평면 $x = -1$ **b.** 평면 $y = 1$

69. 3변수 $w = f(x, y, z)$가 3변수 함수일 때 (x_0, y_0, z_0)에서 편도함수 $\partial f/\partial z$의 정의를 적으라. 이 정의를 이용하여 $f(x, y, z) = x^2yz^2$일 때, $(1, 2, 3)$에서 $\partial f/\partial z$를 구하라.

70. 3변수 $w = f(x, y, z)$가 3변수 함수일 때 (x_0, y_0, z_0)에서 편도함수 $\partial f/\partial y$의 정의를 적으라. 이 정의를 이용하여 $f(x, y, z) = -2xy^2 + yz^2$일 때, $(-1, 0, 3)$에서 $\partial f/\partial y$를 구하라.

연습문제 71~74에서 주어진 편도함수를 갖는 함수 $z = f(x, y)$를 구하라. 구할 수 없다면 이유를 설명하라.

71. $\dfrac{\partial f}{\partial x} = 3x^2y^2 - 2x$, $\dfrac{\partial f}{\partial y} = 2x^3y + 6y$

72. $\dfrac{\partial f}{\partial x} = 2xe^{xy^2} + x^2y^2e^{xy^2} + 3$, $\dfrac{\partial f}{\partial y} = 2x^3ye^{xy^2} - e^y$

73. $\dfrac{\partial f}{\partial x} = \dfrac{2y}{(x + y)^2}$, $\dfrac{\partial f}{\partial y} = \dfrac{2x}{(x + y)^2}$

74. $\dfrac{\partial f}{\partial x} = xy \cos (xy) + \sin (xy)$, $\dfrac{\partial f}{\partial y} = x \cos (xy)$

음함수미분법

75. 방정식 $xy + z^3x - 2yz = 0$에서 z가 2개의 독립변수 x, y에 관한 함수이고 편도함수가 존재할 때, $(1, 1, 1)$에서 $\partial z/\partial x$의 값을 구하라.

76. 방정식 $xz + y \ln x - x^2 + 4 = 0$에서 x를 2개의 독립변수 y와 z에 대한 함수이고 편도함수가 존재할 때, 점 $(1, -1, -3)$에서 $\partial x/\partial z$의 값을 구하라.

연습문제 77과 78에서 아래의 삼각형에 관하여 질문에 답하라.

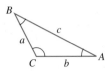

77. A를 a, b, c에 관한 음함수 형태로 나타내고, $\partial A/\partial a$와 $\partial A/\partial b$를 구하라.

78. a를 A, b, B에 관한 음함수 형태로 나타내고, $\partial a/\partial A$와 $\partial a/\partial B$를 구하라.

79. 2개의 종속변수 방정식 $x = v \ln u$, $y = u \ln v$에서 u와 v가 독립변수 x와 y에 관한 함수이고, v_x가 존재할 때, v_x를 u와 v에 관한 식으로 표현하라. (**힌트**: 2개의 방정식을 x에 관해서 미분하고, u_x를 소거하여 v_x에 관해서 풀라.)

80. 2개의 종속변수 방정식 $u = x^2 - y^2$, $v = x^2 - y$에서 x와 y가 독립변수 u와 v에 관한 함수이고 편도함수가 존재할 때 $\partial x/\partial u$와 $\partial y/\partial u$를 구하라. (연습문제 79에 있는 힌트를 참조하라.) 이때 $s = x^2 + y^2$이라 두고 $\partial s/\partial u$를 구하라.

이론과 예제

81. $f(x, y) = \begin{cases} y^3, & y \geq 0 \\ -y^2, & y < 0 \end{cases}$ 이라 하자. f_x, f_y, f_{xy}와 f_{yx}를 구하고 각 편도함수의 정의역을 말하라.

82. $f(x, y) = \begin{cases} xy \dfrac{x^2 - y^2}{x^2 + y^2}, & \text{if } (x, y) \neq 0 \\ 0, & \text{if } (x, y) = 0 \end{cases}$ 이라 하자. 이 그래프는 706쪽에서 볼 수 있다.

   a. 모든 x에 대하여 $\dfrac{\partial f}{\partial y}(x, 0) = x$이고, 모든 y에 대하여 $\dfrac{\partial f}{\partial x}(0, y) = -y$임을 보이라.

   b. $\dfrac{\partial^2 f}{\partial y \partial x}(0, 0) \neq \dfrac{\partial^2 f}{\partial x \partial y}(0, 0)$임을 보이라.

3차원의 라플라스 방정식(three-dimensional Laplace equation)

$$\frac{\partial^2 f}{\partial x^2} + \frac{\partial^2 f}{\partial y^2} + \frac{\partial^2 f}{\partial z^2} = 0$$

은 공간 상에서 열전도 문제, 중력 문제, 전위의 문제에 의해 모델링된다. **2차원의 라플라스 방정식(two-dimensional Laplace equation)**

$$\frac{\partial^2 f}{\partial x^2} + \frac{\partial^2 f}{\partial y^2} = 0$$

은 앞의 방정식에서 $\partial^2 f / \partial z^2$을 소거하여 얻어진다. 이것은 평면 상에서 전위의 문제와 안정된 상태의 열전도 문제 등을 모델링한다 (아래 그림 참조). 평면 (a)는 z축에 수직인 입체 (b)의 얇은 판으로 생각할 수 있다.

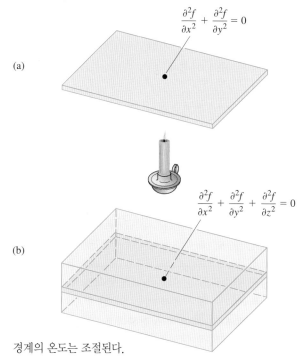

(a) $\dfrac{\partial^2 f}{\partial x^2} + \dfrac{\partial^2 f}{\partial y^2} = 0$

(b) $\dfrac{\partial^2 f}{\partial x^2} + \dfrac{\partial^2 f}{\partial y^2} + \dfrac{\partial^2 f}{\partial z^2} = 0$

경계의 온도는 조절된다.

연습문제 83~90에서 주어진 함수들이 라플라스 방정식의 해가 됨을 보이라.

83. $f(x, y, z) = x^2 + y^2 - 2z^2$

84. $f(x, y, z) = 2z^3 - 3(x^2 + y^2)z$

85. $f(x, y) = e^{-2y} \cos 2x$

86. $f(x, y) = \ln \sqrt{x^2 + y^2}$

87. $f(x, y) = 3x + 2y - 4$

88. $f(x, y) = \tan^{-1} \dfrac{x}{y}$

89. $f(x, y, z) = (x^2 + y^2 + z^2)^{-1/2}$

90. $f(x, y, z) = e^{3x+4y} \cos 5z$

파동방정식

해변가에서 파도의 스냅 사진을 찍어서 관찰하면 순간적으로 최고점과 골의 규칙적인 패턴이 있음을 알 수 있다. 공간 상에서 거리에 관한 주기적인 수직운동을 볼 수 있다. 물속에서 있으면 파도가 지나갈 때 물의 오름과 내림을 느낄 수 있다. 시간에 관한 주기적인 수직운동을 알 수 있다. 물리학에서는 이 아름다운 대칭현상을 **1차원의 파동방정식**

$$\frac{\partial^2 w}{\partial t^2} = c^2 \frac{\partial^2 w}{\partial x^2}$$

으로 표시하는데, 여기서 w는 파도의 높이, x는 거리변수, t는 시간변수이고, c는 파도가 지나가는 속도이다.

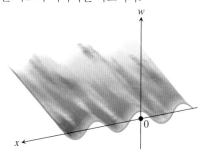

이 예제에서 x는 해변을 지나간 거리이지만 다른 응용문제에서는 x가 진동하는 현의 한쪽 끝에서의 거리가 될 수도 있고, 공기 (음파)를 통과한 거리 혹은 공간 (광파)을 통과한 거리도 될 수 있다. c는 파동의 매체와 형태에 따라서 달라진다.

연습문제 91~97에서 주어진 함수들은 파동방정식의 해임을 보이라.

91. $w = \sin(x + ct)$

92. $w = \cos(2x + 2ct)$

93. $w = \sin(x + ct) + \cos(2x + 2ct)$

94. $w = \ln(2x + 2ct)$

95. $w = \tan(2x - 2ct)$

96. $w = 5 \cos(3x + 3ct) + e^{x+ct}$

97. $w = f(u)$, 여기서 f는 u에 관해서 미분가능한 함수이고, $u = a(x + ct)$이고, a는 상수이다.

98. 함수 $f(x, y)$가 열린 영역 R에서 연속인 1계 편도함수를 가지면, f는 R에서 연속인가? 그 이유를 설명하라.

99. 함수 $f(x, y)$가 열린 영역 R에서 연속인 2계 편도함수를 가지면 f의 1계 편도함수는 R에서 반드시 연속인가? 그 이유를 설명하라.

100. 열방정식 주어진 영역에서 시간 t에서의 온도 분포를 표현하는 중요한 편미분방정식은 다음과 같은 1차원 열방정식으로 표현된다.

$$\frac{\partial f}{\partial t} = \frac{\partial^2 f}{\partial x^2}$$

임의의 상수 α, β에 대하여 함수 $u(x, t) = \sin(\alpha x) \cdot e^{-\beta t}$가 열방정식을 만족함을 보이라. 이 함수가 해가 되기 위한 α와 β 사이의 관계는 무엇인가?

101. $f(x, y) = \begin{cases} \dfrac{xy^2}{x^2 + y^4}, & (x, y) \neq (0, 0) \\ 0, & (x, y) = (0, 0) \end{cases}$ 이라 하자.

$f_x(0, 0)$과 $f_y(0, 0)$이 존재하지만 f가 $(0, 0)$에서 미분가능하지 않음을 보이라. (힌트: f가 $(0, 0)$에서 연속이 아님을 보이고 정리 4를 이용하라.)

102. $f(x, y) = \begin{cases} 0, & x^2 < y < 2x^2 \\ 1, & \text{그 외에서는} \end{cases}$ 이라 하자.

$f_x(0, 0)$과 $f_y(0, 0)$이 존재하지만 f가 $(0, 0)$에서 미분가능하지 않음을 보이라.

103. 코르테버흐–더프리스(Korteweg-deVries) 방정식 얕은 수면파의 운동을 표현하는 이 비선형미분방정식은 다음과 같이 주어진다.

$$4u_t + u_{xxx} + 12u\,u_x = 0$$

함수 $u(x, t) = \text{sech}^2(x - t)$가 코르테버흐–더프리스 방정식의 해임을 보이라.

104. 함수 $T = \dfrac{1}{\sqrt{x^2 + y^2}}$가 방정식 $T_{xx} + T_{yy} = T^3$을 만족함을 보이라.

12.4 연쇄법칙

> dw/dt를 계산하기 위해, w부터 t까지 경로를 읽어 내려가면서, 경로의 도함수들을 곱한다.

2.6절에서 공부한 1변수 함수에 대한 연쇄법칙에 의하면 $w = f(x)$가 x에 관해서 미분가능한 함수이고, $x = g(t)$가 t에 관해서 미분가능하면, w는 t에 관해서 미분가능하고 dw/dt는 다음의 식을 이용하여 계산할 수 있다.

$$\frac{dw}{dt} = \frac{dw}{dx}\frac{dx}{dt}$$

이 합성함수 $w(t) = f(g(t))$에 대하여, t를 독립변수로, $x = g(t)$를 중간변수(intermediate variable)로 생각할 수 있다. 왜냐하면 t가 x의 값을 결정하고 x가 다시 함수 f에 의해 w의 값을 결정하기 때문이다. 연쇄법칙을 옆의 어깨에 종속 도형(dependency diagram)으로 나타내었다. 어떤 변수가 어떤 변수에 종속되는지를 도형에 담았다.

다변수 함수에 대한 연쇄법칙은 독립변수와 중간변수의 개수가 몇 개냐에 따라 여러 개의 형태를 갖는다. 하지만, 독립변수가 정해진 상태라면, 연쇄법칙은 앞에서 논의한 것과 같은 방법으로 작용한다.

연쇄법칙

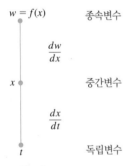

$$\frac{dw}{dt} = \frac{dw}{dx}\frac{dx}{dt}$$

2변수 함수

함수 $w = f(x, y)$이고 $x = x(t)$, $y = y(t)$가 모두 t에 관해서 미분가능한 함수일 때 연쇄법칙은 다음의 정리와 같이 주어진다.

정리 5 하나의 독립변수와 2개의 중간 변수를 갖는 함수에 대한 연쇄법칙 $w = f(x, y)$가 미분가능한 함수이고, $x = x(t)$, $y = y(t)$가 t에 관해서 미분가능한 함수이면, 합성함수 $w = f(x(t), y(t))$는 t에 관해서 미분가능하고, 다음이 성립한다.

$$\frac{dw}{dt} = f_x(x(t), y(t)) \cdot x'(t) + f_y(x(t), y(t)) \cdot y'(t)$$

또는

$$\frac{dw}{dt} = \frac{\partial f}{\partial x}\frac{dx}{dt} + \frac{\partial f}{\partial y}\frac{dy}{dt}$$

$\dfrac{\partial f}{\partial x}, \dfrac{\partial w}{\partial x}, f_x$는 모두 x에 관한 f의 편도함수를 나타낸다.

증명 증명에서는 x와 y가 $t=t_0$에서 미분가능이면, w가 t_0에서 미분가능이고

$$\frac{dw}{dt}(t_0) = \frac{\partial w}{\partial x}(P_0)\frac{dx}{dt}(t_0) + \frac{\partial w}{\partial y}(P_0)\frac{dy}{dt}(t_0)$$

임을 보일 것이다. 여기서 $P_0 = (x(t_0), y(t_0))$이다.

t가 t_0에서 $t_0 + \Delta t$로 변화할 때, 대응하는 증분을 Δx, Δy, Δw라 하자. f가 미분가능하므로(12.3절의 정의 참조)

$$\Delta w = \frac{\partial w}{\partial x}(P_0)\,\Delta x + \frac{\partial w}{\partial y}(P_0)\,\Delta y + \varepsilon_1 \Delta x + \varepsilon_2 \Delta y$$

이다. 여기서 Δx, $\Delta y \to 0$일 때 ε_1, $\varepsilon_2 \to 0$이다. dw/dt를 계산하기 위해서 방정식을 Δt로 나누고 Δt가 0에 접근한다고 하자. 나누면 다음과 같다.

$$\frac{\Delta w}{\Delta t} = \frac{\partial w}{\partial x}(P_0)\frac{\Delta x}{\Delta t} + \frac{\partial w}{\partial y}(P_0)\frac{\Delta y}{\Delta t} + \varepsilon_1\frac{\Delta x}{\Delta t} + \varepsilon_2\frac{\Delta y}{\Delta t}$$

$\Delta t \to 0$이면 다음을 얻는다.

$$\frac{dw}{dt}(t_0) = \lim_{\Delta t \to 0}\frac{\Delta w}{\Delta t}$$

$$= \frac{\partial w}{\partial x}(P_0)\frac{dx}{dt}(t_0) + \frac{\partial w}{\partial y}(P_0)\frac{dy}{dt}(t_0) + 0\cdot\frac{dx}{dt}(t_0) + 0\cdot\frac{dy}{dt}(t_0) \qquad \blacksquare$$

우리는 편도함수 $\partial f/\partial x$를 자주 $\partial w/\partial x$로 적는다. 따라서 정리 5의 연쇄법칙을 다음과 같이 쓸 수 있다.

$$\frac{dw}{dt} = \frac{\partial w}{\partial x}\frac{dx}{dt} + \frac{\partial w}{\partial y}\frac{dy}{dt}$$

하지만 앞의 식에서 종속변수 w의 의미는 각 변에서 다르게 해석된다. 좌변에서의 w는 하나의 변수 t의 함수인 합성함수 $w = f(x(t), y(t))$를 지칭하고, 우변에서의 w는 2개의 변수 x와 y의 함수인 함수 $w = f(x, y)$를 지칭한다. 또한 도함수 dw/dt, dx/dt와 dy/dt들은 한 점 t_0에서 상미분하여 계산하고, 편도함수 $\partial w/\partial x$와 $\partial w/\partial y$는 한점 (x_0, y_0)에서 편미분하여 계산한다. 여기서 $x_0 = x(t_0)$이며 $y_0 = y(t_0)$이다. 이 교재에서는 이러한 이해를 바탕으로, 혼동되지 않는 곳에서는 두 가지 형태를 혼합해서 사용할 것이다.

옆에 주어진 **종속 도형(dependency diagram)**을 이용하면 연쇄법칙을 쉽게 기억할 수 있다. 이 합성함수의 실제 독립변수는 t이고, x와 y는 중간변수(t에 의해 조절되는)이며, w는 종속변수이다.

좀 더 정확하게 연쇄법칙을 표현하면 정리 5에 주어진 다양한 도함수들이 어떻게 계산되는지 알 수 있다.

$$\frac{dw}{dt}(t_0) = \frac{\partial f}{\partial x}(x_0, y_0)\cdot\frac{dx}{dt}(t_0) + \frac{\partial f}{\partial y}(x_0, y_0)\cdot\frac{dy}{dt}(t_0)$$

또는, 다른 표현을 사용하면 다음과 같다.

$$\left.\frac{dw}{dt}\right|_{t_0} = \left.\frac{\partial f}{\partial x}\right|_{(x_0, y_0)}\left.\frac{dx}{dt}\right|_{t_0} + \left.\frac{\partial f}{\partial y}\right|_{(x_0, y_0)}\left.\frac{dy}{dt}\right|_{t_0}$$

연쇄법칙을 기억하기 위해서 아래의 도형을 그려라. dw/dt를 구하기 위해서 w에서 시작하여 t로 향한 각 경로를 읽어 내려가면서 그 경로에 있는 도함수들을 곱하라. 그런 다음 그 곱들을 더하라.

연쇄법칙

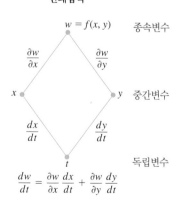

$$\frac{dw}{dt} = \frac{\partial w}{\partial x}\frac{dx}{dt} + \frac{\partial w}{\partial y}\frac{dy}{dt}$$

예제 1 경로 $x = \cos t$, $y = \sin t$를 따라 $w = xy$의 t에 관한 도함수를 연쇄법칙을 이용하여 구하라. $t = \pi/2$에서 도함수의 값을 구하라.

풀이 dw/dt를 계산하기 위하여 다음과 같이 연쇄법칙을 이용한다:

$$\frac{dw}{dt} = \frac{\partial w}{\partial x}\frac{dx}{dt} + \frac{\partial w}{\partial y}\frac{dy}{dt}$$

$$= \frac{\partial(xy)}{\partial x}\cdot\frac{d}{dt}(\cos t) + \frac{\partial(xy)}{\partial y}\cdot\frac{d}{dt}(\sin t)$$

$$= (y)(-\sin t) + (x)(\cos t)$$

$$= (\sin t)(-\sin t) + (\cos t)(\cos t)$$

$$= -\sin^2 t + \cos^2 t$$

$$= \cos 2t$$

이 예제에서 더욱 더 직접적인 방법으로 결과를 확인할 수 있다. t에 관한 함수로서 w는 다음과 같다.

$$w = xy = \cos t \sin t = \frac{1}{2}\sin 2t$$

그러므로

$$\frac{dw}{dt} = \frac{d}{dt}\left(\frac{1}{2}\sin 2t\right) = \frac{1}{2}\cdot 2\cos 2t = \cos 2t$$

두 경우에 모두, 주어진 t값에 대해서 다음과 같다.

$$\left.\frac{dw}{dt}\right|_{t=\pi/2} = \cos\left(2\frac{\pi}{2}\right) = \cos\pi = -1 \qquad\blacksquare$$

3변수 함수

이제는 3변수 함수에 대한 연쇄법칙을 생각해 볼 수 있을 것이다. 왜냐하면 2변수에 대한 공식에 세 번째 항만 더하면 되기 때문이다.

> **정리 6 하나의 독립변수와 3개의 중간변수를 갖는 함수에 대한 연쇄법칙** $w = f(x, y, z)$가 미분가능한 함수이고 x, y, z가 t에 관해서 미분가능하면, w는 t에 관해서 미분가능한 함수이고 다음이 성립한다.
>
> $$\frac{dw}{dt} = \frac{\partial w}{\partial x}\frac{dx}{dt} + \frac{\partial w}{\partial y}\frac{dy}{dt} + \frac{\partial w}{\partial z}\frac{dz}{dt}$$

증명은 중간변수가 2개 대신에 3개인 것을 제외하고 정리 5의 증명과 동일하다. 이 새로운 식을 기억하기 위해 사용될 종속 도형에서도, w에서 t까지 3개의 가지가 있는 것을 제외하고는 비슷하다.

예제 2 $w = xy + z$, $x = \cos t$, $y = \sin t$, $z = t$일 때 dw/dt를 구하라. 이 예제에서 $w(t)$의 값은 t가 변할 때 나선 경로를 따라 변하고 있다(11.1절). $t = 0$에서 도함수의 값을 구하라.

풀이 정리 6을 사용하여 도함수를 구한다.

$$\frac{dw}{dt} = \frac{\partial w}{\partial x}\frac{dx}{dt} + \frac{\partial w}{\partial y}\frac{dy}{dt} + \frac{\partial w}{\partial z}\frac{dz}{dt}$$

$$= (y)(-\sin t) + (x)(\cos t) + (1)(1) \qquad \text{중간변수에 대입}$$

$$= (\sin t)(-\sin t) + (\cos t)(\cos t) + 1$$

$$= -\sin^2 t + \cos^2 t + 1 = 1 + \cos 2t$$

여기서는 w에서 t로 향한 경로가 2개 대신에 3개가 있다. 그러나 dw/dt를 구하는 방법은 같다. 각 경로를 읽어서 그 경로 상에 있는 도함수들을 곱한 뒤, 그 곱들을 더하라.

연쇄법칙

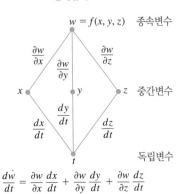

$$\frac{dw}{dt} = \frac{\partial w}{\partial x}\frac{dx}{dt} + \frac{\partial w}{\partial y}\frac{dy}{dt} + \frac{\partial w}{\partial z}\frac{dz}{dt}$$

그러므로 $t=0$에서 값은 다음과 같다.

$$\left.\frac{dw}{dt}\right|_{t=0} = 1 + \cos(0) = 2$$ ∎

곡선을 따라 변하는 현상의 물리적인 의미를 위해 시간 t에 따라 위치가 변하는 물체를 생각하자. $w = T(x, y, z)$가 매개방정식 $x = x(t)$, $y = y(t)$, $z = z(t)$로 주어지는 곡선 C의 점 (x, y, z)에서의 온도라고 하면, 합성함수 $w = T(x(t), y(t), z(t))$는 곡선 위에서 t에 관한 온도를 나타낸다. 이때 도함수 dw/dt는 정리 6에서 계산한 것처럼, 곡선 위의 운동에 따른 온도의 순간 변화율이다.

곡면 위에서 정의된 함수들

지구 표면 위의 한 점 (x, y, z)에서의 온도 $w = f(x, y, z)$를 생각해 보자. x, y, z가 경도 r과 위도 s에 의해 정의된 함수라고 생각하자. 만일 $x = g(r, s)$, $y = h(r, s)$, $z = k(r, s)$이면 온도를 r과 s에 관한 다음과 같은 합성함수라고 생각할 수 있다.

$$w = f(g(r, s), h(r, s), k(r, s))$$

밑에 제시한 조건하에서 w는 r과 s에 관해서 편도함수를 가지고 다음과 같이 계산할 수 있다.

> **정리 7 2개의 독립변수와 3개의 중간변수를 갖는 함수에 대한 연쇄법칙** $w = f(x, y, z)$, $x = g(r, s)$, $y = h(r, s)$, $z = k(r, s)$라 하자. 4개의 함수가 모두 미분가능하면 w가 r과 s에 관해서 편도함수를 가지고 다음과 같다.
>
> $$\frac{\partial w}{\partial r} = \frac{\partial w}{\partial x}\frac{\partial x}{\partial r} + \frac{\partial w}{\partial y}\frac{\partial y}{\partial r} + \frac{\partial w}{\partial z}\frac{\partial z}{\partial r}$$
>
> $$\frac{\partial w}{\partial s} = \frac{\partial w}{\partial x}\frac{\partial x}{\partial s} + \frac{\partial w}{\partial y}\frac{\partial y}{\partial s} + \frac{\partial w}{\partial z}\frac{\partial z}{\partial s}$$

정리 7의 첫 번째 방정식은 s를 상수로 취급하고 $r=t$라고 하면 정리 6에서 정의된 연쇄법칙에 의해서 유도된다. 두 번째 방정식도 같은 방법으로 r을 상수로 취급하고 $s=t$라고 하면 얻어질 수 있다. 위의 방정식에 대한 종속 도형은 그림 12.22에 있다.

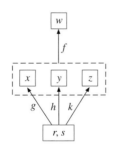
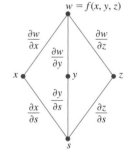

그림 12.22 합성함수와 정리 7에 대한 종속 도형

예제 3 $w = x + 2y + z^2$, $x = \dfrac{r}{s}$, $y = r^2 + \ln s$, $z = 2r$일 때 $\partial w/\partial r$과 $\partial w/\partial s$를 r과 s에 관한 함수로 나타내라.

풀이 정리 7의 공식을 이용하여

$$\frac{\partial w}{\partial r} = \frac{\partial w}{\partial x}\frac{\partial x}{\partial r} + \frac{\partial w}{\partial y}\frac{\partial y}{\partial r} + \frac{\partial w}{\partial z}\frac{\partial z}{\partial r}$$

$$= (1)\left(\frac{1}{s}\right) + (2)(2r) + (2z)(2)$$

$$= \frac{1}{s} + 4r + (4r)(2) = \frac{1}{s} + 12r \qquad \text{중간변수 } z\text{에 대입하여라.}$$

$$\frac{\partial w}{\partial s} = \frac{\partial w}{\partial x}\frac{\partial x}{\partial s} + \frac{\partial w}{\partial y}\frac{\partial y}{\partial s} + \frac{\partial w}{\partial z}\frac{\partial z}{\partial s}$$

$$= (1)\left(-\frac{r}{s^2}\right) + (2)\left(\frac{1}{s}\right) + (2z)(0) = \frac{2}{s} - \frac{r}{s^2} \qquad \blacksquare$$

f가 3변수 함수 대신에 2변수 함수이면 정리 7의 각 방정식에서 각각 한 항씩 줄어든다.

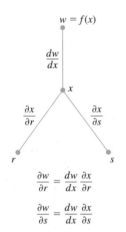

연쇄법칙

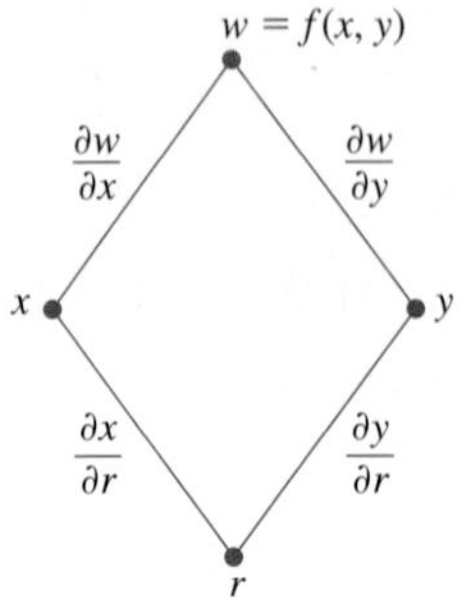

$$w = f(x, y)$$

$$\frac{\partial w}{\partial x} \qquad \frac{\partial w}{\partial y}$$

$$x \qquad y$$

$$\frac{\partial x}{\partial r} \qquad \frac{\partial y}{\partial r}$$

$$r$$

$$\frac{\partial w}{\partial r} = \frac{\partial w}{\partial x}\frac{\partial x}{\partial r} + \frac{\partial w}{\partial y}\frac{\partial y}{\partial r}$$

그림 12.23 식
$$\frac{\partial w}{\partial r} = \frac{\partial w}{\partial x}\frac{\partial x}{\partial r} + \frac{\partial w}{\partial y}\frac{\partial y}{\partial r}$$
에 대한 종속 도형

> $w=(x, y)$, $x=g(r, s)$, $y=h(r, s)$이면 다음이 성립한다.
>
> $$\frac{\partial w}{\partial r} = \frac{\partial w}{\partial x}\frac{\partial x}{\partial r} + \frac{\partial w}{\partial y}\frac{\partial y}{\partial r}, \qquad \frac{\partial w}{\partial s} = \frac{\partial w}{\partial x}\frac{\partial x}{\partial s} + \frac{\partial w}{\partial y}\frac{\partial y}{\partial s}$$

그림 12.23은 첫 번째 식에 대한 종속 도형이다. 두 번째 식에 대한 종속 도형은 단지 r만 s로 바꾸어 주면 똑같다.

예제 4 $w = x^2 + y^2$, $x = r - s$, $y = r + s$일 때 $\partial w/\partial r$과 $\partial w/\partial s$를 r과 s에 관한 함수로 나타내라.

풀이 앞의 설명으로부터

$$\frac{\partial w}{\partial r} = \frac{\partial w}{\partial x}\frac{\partial x}{\partial r} + \frac{\partial w}{\partial y}\frac{\partial y}{\partial r} \qquad \frac{\partial w}{\partial s} = \frac{\partial w}{\partial x}\frac{\partial x}{\partial s} + \frac{\partial w}{\partial y}\frac{\partial y}{\partial s}$$

$$= (2x)(1) + (2y)(1) \qquad = (2x)(-1) + (2y)(1)$$
$$= 2(r - s) + 2(r + s) \qquad = -2(r - s) + 2(r + s)$$
$$= 4r \qquad\qquad = 4s \qquad \blacksquare$$

중간변수에 대입

f가 하나의 중간변수 x만의 함수이면 식들은 더욱 더 간단해진다.

연쇄법칙

$$w = f(x)$$

$$\frac{dw}{dx}$$

$$x$$

$$\frac{\partial x}{\partial r} \qquad \frac{\partial x}{\partial s}$$

$$r \qquad\qquad s$$

$$\frac{\partial w}{\partial r} = \frac{dw}{dx}\frac{\partial x}{\partial r}$$

$$\frac{\partial w}{\partial s} = \frac{dw}{dx}\frac{\partial x}{\partial s}$$

그림 12.24 1개의 중간변수를 가지고 r과 s의 합성함수 f를 미분하기 위한 종속 도형

> $w = f(x)$, $x = g(r, s)$이면 다음이 성립한다.
>
> $$\frac{\partial w}{\partial r} = \frac{dw}{dx}\frac{\partial x}{\partial r}, \qquad \frac{\partial w}{\partial s} = \frac{dw}{dx}\frac{\partial x}{\partial s}$$

이 경우 상미분 (1개의 변수) dw/dx를 이용할 수 있다. 종속 도형은 그림 12.24에 주어져 있다.

음함수 미분법 다시 보기

정리 5의 2변수 연쇄법칙을 이용하여 음함수 미분법에서 나오는 공식을 유도할 수 있다. 다음을 가정하자.

1. 함수 $F(x, y)$는 미분가능하고

2. 방정식 $F(x, y) = 0$은 y가 x에 관해서 미분가능한 함수, 즉 $y = h(x)$임을 음함수로 정의한다.

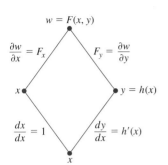

$w = F(x, y)$

$\dfrac{\partial w}{\partial x} = F_x \qquad F_y = \dfrac{\partial w}{\partial y}$

$x \qquad\qquad y = h(x)$

$\dfrac{dx}{dx} = 1 \qquad \dfrac{dy}{dx} = h'(x)$

x

$\dfrac{dw}{dx} = F_x \cdot 1 + F_y \cdot \dfrac{dy}{dx}$

그림 12.25 $w = F(x, y)$를 x에 관해서 미분하기 위한 종속 도형. $dw/dx = 0$으로 둠으로써 음함수 미분법에 대한 간단한 계산식을 얻는다(정리 8).

$w = F(x, y) = 0$이므로 $\dfrac{dw}{dx} = 0$이다. 연쇄법칙(그림 12.25의 종속 도형)을 이용하여 도함수를 계산하면

$$0 = \frac{dw}{dx} = F_x \frac{dx}{dx} + F_y \frac{dy}{dx} \qquad \text{정리 5에서 } t = x, \ f = F \text{ 대입}$$

$$= F_x \cdot 1 + F_y \cdot \frac{dy}{dx}$$

$F_y = \partial w / \partial y \neq 0$이면, 위의 방정식을 dy/dx에 관해서 풀 수 있다.

$$\frac{dy}{dx} = -\frac{F_x}{F_y}$$

이 결과를 정식으로 적어보면 다음과 같다.

> **정리 8 음함수 미분법** $F(x, y)$가 미분가능하고, 방정식 $F(x, y) = 0$은 y가 x에 관한 미분가능한 함수의 음함수 표현이라 가정하자. 이때 $F_y \neq 0$인 모든 점에서 다음이 성립한다.
>
> $$\frac{dy}{dx} = -\frac{F_x}{F_y} \qquad\qquad (1)$$

예제 5 $y^2 - x^2 - \sin xy = 0$일 때, 정리 8을 이용하여 dy/dx를 구하라.

풀이 $F(x, y) = y^2 - x^2 - \sin xy$라 두자. 정리 8을 이용하면 다음을 얻는다.

$$\frac{dy}{dx} = -\frac{F_x}{F_y} = -\frac{-2x - y\cos xy}{2y - x\cos xy}$$

$$= \frac{2x + y\cos xy}{2y - x\cos xy}$$

이 계산은 1변수에서의 음함수 미분법을 따라 계산한 것보다 현저히 짧다. ■

정리 8의 결과는 3변수에도 쉽게 확장된다. 방정식 $F(x, y, z) = 0$은 변수 z가 함수 $z = f(x, y)$임을 음함수로 정의한다고 가정하자. 그러면 f의 정의역의 모든 (x, y)에 대하여 $F(x, y, f(x, y)) = 0$이 성립한다. F와 f가 미분가능 함수라고 가정하면, 연쇄법칙을 사용하여 방정식 $F(x, y, z) = 0$을 독립변수 x에 관하여 다음과 같이 미분할 수 있다.

$$0 = \frac{\partial F}{\partial x}\frac{\partial x}{\partial x} + \frac{\partial F}{\partial y}\frac{\partial y}{\partial x} + \frac{\partial F}{\partial z}\frac{\partial z}{\partial x}$$

$$= F_x \cdot 1 + F_y \cdot 0 + F_z \cdot \frac{\partial z}{\partial x} \qquad x\text{에 관하여 미분할 때 } y\text{는 상수}$$

따라서

$$F_x + F_z \frac{\partial z}{\partial x} = 0$$

이다. 비슷한 방법으로 독립변수 y에 관하여 미분하면 다음과 같은 결과를 얻는다.

$$F_y + F_z \frac{\partial z}{\partial y} = 0$$

$F_z \neq 0$인 모든 점에서 마지막 두 식을 풀면 $z = f(x, y)$의 편도함수를 얻는다.

$$\frac{\partial z}{\partial x} = -\frac{F_x}{F_z} \text{와} \quad \frac{\partial z}{\partial y} = -\frac{F_y}{F_z} \tag{2}$$

식 (2)의 결과가 유효하기 위해 필요한 조건을 고등미적분학에서 **음함수정리(Implicit Function Theorem)**라 불리는 중요한 정리로부터 찾을 수 있다. 편도함수 F_x, F_y와 F_z가 공간 상의 점 (x_0, y_0, z_0)을 포함하는 열린 영역 R에서 연속이고, 어떤 상수 c에 대해 $F(x_0, y_0, z_0) = c$이고 $F_z(x_0, y_0, z_0) \neq 0$이면, 방정식 $F(x, y, z) = c$는 점 (x_0, y_0, z_0) 근방에서 x와 y의 미분가능한 함수로서의 z를 음함수로 표현한 식이고, z의 편도함수는 식 (2)에 의해 주어진다.

예제 6 $x^3 + z^2 + ye^{xz} + z \cos y = 0$일 때, 점 $(0, 0, 0)$에서 $\dfrac{dz}{dx}$와 $\dfrac{dz}{dy}$를 구하라.

풀이 $F(x, y, z) = x^3 + z^2 + ye^{xz} + z \cos y$라 놓자. 그러면

$$F_x = 3x^2 + zye^{xz}, \qquad F_y = e^{xz} - z \sin y, \qquad F_z = 2z + xye^{xz} + \cos y$$

이다. $F(0, 0, 0) = 0$, $F_z(0, 0, 0) = 1 \neq 0$이고 1계 편도함수가 연속이므로, 음함수 정리에 의해서 방정식 $F(x, y, z) = 0$은 z를 $(0, 0, 0)$ 근방에서 x와 y의 미분가능 함수로 정의한다. 식 (2)로부터

$$\frac{\partial z}{\partial x} = -\frac{F_x}{F_z} = -\frac{3x^2 + zye^{xz}}{2z + xye^{xz} + \cos y} \text{이고} \qquad \frac{\partial z}{\partial y} = -\frac{F_y}{F_z} = -\frac{e^{xz} - z \sin y}{2z + xye^{xz} + \cos y}$$

이다. 점 $(0, 0, 0)$에서 값을 구하면

$$\frac{\partial z}{\partial x} = -\frac{0}{1} = 0 \text{이고} \qquad \frac{\partial z}{\partial y} = -\frac{1}{1} = -1$$

이다. ∎

다변수 함수

이 절에서 연쇄법칙의 여러 가지 형태를 공부하였다. 그러나 이 형태들은 일반적인 식의 특수한 경우들이다. 어떤 특별한 문제를 풀 때 종속 도형을 그리면 도움이 된다. 종속변수를 가장 위에, 중간변수를 중간에, 선택된 독립변수를 가장 아래에 둔다. 선택된 독립변수에 대한 종속변수의 도함수를 구하기 위해서는 종속변수에서 시작하여 독립변수까지 경로를 따라서 읽고, 계산하여 각 경로에 대응하는 도함수들을 곱한다. 그리고 다시 각 경로에서 곱한 식들을 더한다.

일반적으로, $w = f(x, y, \cdots, v)$가 중간변수 $x, y, \cdots, v$ (유한집합)에 관해서 미분가능한 함수이고, $x, y, \cdots, v$는 독립변수 $p, q, \cdots, t$ (다른 유한집합)에 관해서 미분가능한 함수라 가정한다. 이때 w는 변수 $p, q, \cdots, t$에 관해서 미분가능한 함수이고 이들 변수들에 관해서 w의 편도함수는 다음의 식으로 주어진다.

$$\frac{\partial w}{\partial p} = \frac{\partial w}{\partial x}\frac{\partial x}{\partial p} + \frac{\partial w}{\partial y}\frac{\partial y}{\partial p} + \cdots + \frac{\partial w}{\partial v}\frac{\partial v}{\partial p}$$

다른 방정식들은 p 대신에 $q, \cdots, t$를 1번에 하나씩 교체하여 구한다.

이 방정식을 기억하는 다른 방법은 우변을 다음의 두 벡터들의 내적으로 생각하면 된다.

$$\left(\frac{\partial w}{\partial x}, \frac{\partial w}{\partial y}, \ldots, \frac{\partial w}{\partial v}\right) \quad \text{와} \quad \left(\frac{\partial x}{\partial p}, \frac{\partial y}{\partial p}, \ldots, \frac{\partial v}{\partial p}\right)$$

중간변수에 대한 w의 도함수

선택된 독립변수에 대한 중간변수의 도함수

연습문제 12.4

연쇄법칙: 1개의 독립변수

연습문제 1~6에서 **(a)** 연쇄법칙을 사용하거나 w를 t에 관한 함수로 표시하고 t에 관해서 바로 미분하여 dw/dt를 t에 관한 함수로서 나타내라. 이때 **(b)** t의 주어진 값에서 dw/dt의 값을 계산하라.

1. $w = x^2 + y^2$,　$x = \cos t$,　$y = \sin t$;　$t = \pi$

2. $w = x^2 + y^2$,　$x = \cos t + \sin t$,　$y = \cos t - \sin t$;　$t = 0$

3. $w = \dfrac{x}{z} + \dfrac{y}{z}$,　$x = \cos^2 t$,　$y = \sin^2 t$,　$z = 1/t$;　$t = 3$

4. $w = \ln(x^2 + y^2 + z^2)$,　$x = \cos t$,　$y = \sin t$,　$z = 4\sqrt{t}$;　$t = 3$

5. $w = 2ye^x - \ln z$,　$x = \ln(t^2 + 1)$,　$y = \tan^{-1} t$,　$z = e^t$;　$t = 1$

6. $w = z - \sin xy$,　$x = t$,　$y = \ln t$,　$z = e^{t-1}$;　$t = 1$

연쇄법칙: 2개와 3개의 독립변수

연습문제 7과 8에서 **(a)** 연쇄법칙을 사용하거나 미분하기 전에 z를 u와 v에 관한 함수로서 표시하여 $\partial z/\partial u$와 $\partial z/\partial v$를 u와 v에 관한 함수로서 표시하라. 이때 **(b)** 주어진 점 (u, v)에서 $\partial z/\partial u$와 $\partial z/\partial w$를 계산하라.

7. $z = 4e^x \ln y$,　$x = \ln(u \cos v)$,　$y = u \sin v$;　$(u, v) = (2, \pi/4)$

8. $z = \tan^{-1}(x/y)$,　$x = u \cos v$,　$y = u \sin v$;　$(u, v) = (1.3, \pi/6)$

연습문제 9와 10에서 **(a)** 연쇄법칙을 사용하거나 미분하기 전에 w를 u와 v에 관한 함수로서 표시하여 $\partial w/\partial u$와 $\partial w/\partial v$를 u와 v에 대한 함수로서 표시하라. 이때 **(b)** 주어진 점 (u, v)에서 $\partial w/\partial u$와 $\partial w/\partial v$를 계산하라.

9. $w = xy + yz + xz$,　$x = u + v$,　$y = u - v$,　$z = uv$;　$(u, v) = (1/2, 1)$

10. $w = \ln(x^2 + y^2 + z^2)$,　$x = ue^v \sin u$,　$y = ue^v \cos u$,　$z = ue^v$;　$(u, v) = (-2, 0)$

연습문제 11과 12에서 **(a)** 연쇄법칙을 사용하거나 미분하기 전에 u를 x, y, z에 관한 함수로서 표시하여 $\partial u/\partial x$, $\partial u/\partial y$, $\partial u/\partial z$를 x, y, z에 관한 함수로서 표시하라. 이때 **(b)** 주어진 점 (x, y, z)에서 $\partial u/\partial x$, $\partial u/\partial y$, $\partial u/\partial z$를 계산하라.

11. $u = \dfrac{p - q}{q - r}$,　$p = x + y + z$,　$q = x - y + z$,　$r = x + y - z$;　$(x, y, z) = \left(\sqrt{3}, 2, 1\right)$

12. $u = e^{qr} \sin^{-1} p$,　$p = \sin x$,　$q = z^2 \ln y$,　$r = 1/z$;　$(x, y, z) = (\pi/4, 1/2, -1/2)$

분지도형이용하기

연습문제 13~24에서 종속 도형을 그리고 각 도함수에 대한 연쇄법칙 식을 적으라.

13. $\dfrac{dz}{dt}$,　$z = f(x, y)$,　$x = g(t)$,　$y = h(t)$

14. $\dfrac{dz}{dt}$,　$z = f(u, v, w)$,　$u = g(t)$,　$v = h(t)$,　$w = k(t)$

15. $\dfrac{\partial w}{\partial u}$,　$\dfrac{\partial w}{\partial v}$,　$w = h(x, y, z)$,　$x = f(u, v)$,　$y = g(u, v)$,　$z = k(u, v)$

16. $\dfrac{\partial w}{\partial x}$,　$\dfrac{\partial w}{\partial y}$,　$w = f(r, s, t)$,　$r = g(x, y)$,　$s = h(x, y)$,　$t = k(x, y)$

17. $\dfrac{\partial w}{\partial u}$,　$\dfrac{\partial w}{\partial v}$,　$w = g(x, y)$,　$x = h(u, v)$,　$y = k(u, v)$

18. $\dfrac{\partial w}{\partial x}$,　$\dfrac{\partial w}{\partial y}$,　$w = g(u, v)$,　$u = h(x, y)$,　$v = k(x, y)$

19. $\dfrac{\partial z}{\partial t}$,　$\dfrac{\partial z}{\partial s}$,　$z = f(x, y)$,　$x = g(t, s)$,　$y = h(t, s)$

20. $\dfrac{\partial y}{\partial r}$,　$y = f(u)$,　$u = g(r, s)$

21. $\dfrac{\partial w}{\partial s}$,　$\dfrac{\partial w}{\partial t}$,　$w = g(u)$,　$u = h(s, t)$

22. $\dfrac{\partial w}{\partial p}$,　$w = f(x, y, z, v)$,　$x = g(p, q)$,　$y = h(p, q)$,　$z = j(p, q)$,　$v = k(p, q)$

23. $\dfrac{\partial w}{\partial r}$,　$\dfrac{\partial w}{\partial s}$,　$w = f(x, y)$,　$x = g(r)$,　$y = h(s)$

24. $\dfrac{\partial w}{\partial s}$,　$w = g(x, y)$,　$x = h(r, s, t)$,　$y = k(r, s, t)$

음함수미분법

연습문제 25~30에서 주어진 방정식은 y가 x에 관해서 미분가능한 함수를 나타낸다고 하자. 정리 8을 이용하여 주어진 점에서 dy/dx의 값을 구하라.

25. $x^3 - 2y^2 + xy = 0$,　$(1, 1)$

26. $xy + y^2 - 3x - 3 = 0$,　$(-1, 1)$

27. $x^2 + xy + y^2 - 7 = 0$,　$(1, 2)$

28. $xe^y + \sin xy + y - \ln 2 = 0$,　$(0, \ln 2)$

29. $(x^3 - y^4)^6 + \ln(x^2 + y) = 1$,　$(-1, 0)$

30. $xe^{x^2 y} - ye^x = x - y + 2$,　$(1, 1)$

연습문제 31~34에서 주어진 점에서 $\partial z/\partial x$와 $\partial z/\partial y$의 값을 구하라.

31. $z^3 - xy + yz + y^3 - 2 = 0$,　$(1, 1, 1)$

32. $\dfrac{1}{x} + \dfrac{1}{y} + \dfrac{1}{z} - 1 = 0$,　$(2, 3, 6)$

33. $\sin(x + y) + \sin(y + z) + \sin(x + z) = 0$,　(π, π, π)

34. $xe^y + ye^z + 2\ln x - 2 - 3\ln 2 = 0$, $(1, \ln 2, \ln 3)$

특별한점에서편도함수구하기

35. $w = (x+y+z)^2$, $x = r-s$, $y = \cos(r+s)$, $z = \sin(r+s)$일 때, $r = 1$, $s = -1$에서 $\partial w/\partial r$을 구하라.

36. $w = xy + \ln z$, $x = v^2/u$, $y = u+u$, $z = \cos u$일 때, $u = -1$, $v = 2$에서 $\partial w/\partial v$를 구하라.

37. $w = x^2 + (y/x)$, $x = u - 2v + 1$, $y = 2u + v - 2$일 때, $u = 0$, $v = 0$에서 $\partial w/\partial v$를 구하라.

38. $z = \sin xy + x\sin y$, $x = u^2 + v^2$, $y = uv$일 때, $u = 0$, $v = 1$에서 $\partial z/\partial u$를 구하라.

39. $z = 5\tan^{-1} x$, $x = e^u + \ln v$일 때, $u = \ln 2$, $v = 1$에서 $\partial z/\partial u$, $\partial z/\partial v$를 구하라.

40. $z = \ln q$, $q = \sqrt{v+3}\,\tan^{-1} u$일 때, $u = 1$, $v = -2$에서 $\partial z/\partial u$, $\partial z/\partial v$를 구하라.

이론과예제

41. $w = f(s^3 + t^2)$이고 $f'(x) = e^x$라 할 때, $\dfrac{\partial w}{\partial t}$와 $\dfrac{\partial w}{\partial s}$를 구하라.

42. $w = f\left(ts^2, \dfrac{s}{t}\right)$이고 $\dfrac{\partial f}{\partial x}(x, y) = xy$, $\dfrac{\partial f}{\partial y}(x, y) = \dfrac{x^2}{2}$라 할 때, $\dfrac{\partial w}{\partial t}$와 $\dfrac{\partial w}{\partial s}$를 구하라.

43. $z = f(x, y)$, $x = g(t)$, $y = h(t)$, $f_x(2, -1) = 3$과 $f_y(2, -1) = -2$라 하자. $g(0) = 2$, $h(0) = -1$, $g'(0) = 5$이고 $h'(0) = -4$일 때 $\dfrac{dz}{dt}\bigg|_{t=0}$을 구하라.

44. $z = f(x, y)^2$, $x = g(t)$, $y = h(t)$, $f_x(1, 0) = -1$, $f_y(1, 0) = 1$과 $f(1, 0) = 2$라 하자. $g(3) = 1$, $h(3) = 0$, $g'(3) = -3$이고 $h'(3) = 4$일 때 $\dfrac{dz}{dt}\bigg|_{t=3}$을 구하라.

45. $z = f(w)$, $w = g(x, y)$, $x = 2r^3 - s^2$과 $y = re^s$라 하자. $g_x(2, 1) = -3$, $g_y(2, 1) = 2$, $f'(7) = -1$이고 $g(2, 1) = 7$일 때 $\dfrac{\partial z}{\partial r}\bigg|_{r=1, s=0}$과 $\dfrac{\partial z}{\partial s}\bigg|_{r=1, s=0}$을 구하라.

46. $z = \ln(f(w))$, $w = g(x, y)$, $x = \sqrt{r-s}$과 $y = r^2 s$라 하자. $g_x(2, -9) = -1$, $g_y(2, -9) = 3$, $f'(-2) = 2$, $f(-2) = 5$이고 $g(2, -9) = -2$일 때 $\dfrac{\partial z}{\partial r}\bigg|_{r=3, s=-1}$과 $\dfrac{\partial z}{\partial s}\bigg|_{r=3, s=-1}$을 구하라.

47. 전기회로에서 전압의 변화 $V = IR$을 만족하는 전기회로에서 건전지가 방전됨에 따라 전압 V가 서서히 감소한다. 동시에 저항 R은 저항기가 뜨거워짐에 따라서 서서히 증가한다. 방정식
$$\frac{dV}{dt} = \frac{\partial V}{\partial I}\frac{dI}{dt} + \frac{\partial V}{\partial R}\frac{dR}{dt}$$
을 이용하여 $R = 600$ ohm, $I = 0.04$ amp, $dR/dt = 0.5$ ohm/s, $dV/dt = -0.01$ volt/s일 때 순간적으로 전압이 어떻게 변하는지 구하라.

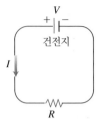

48. 상자의 치수 변화 직사각형 상자의 모서리 길이 a, b, c가 시간에 따라서 변하고 있다. 어느 순간에 $a = 1$ m, $b = 2$ m, $c = 3$ m, $da/dt = db/dt = 1$ m/s, $dc/dt = 3$ m/s라 하자. 이 순간에 상자의 부피 V와 겉넓이 S의 변화율을 구하라. 상자의 내부 대각선의 길이는 증가하는가? 감소하는가?

49. $f(u, v, w)$가 미분가능하고, $u = x-y$, $v = y-z$, $w = z-x$일 때 다음을 보이라.
$$\frac{\partial f}{\partial x} + \frac{\partial f}{\partial y} + \frac{\partial f}{\partial z} = 0$$

50. 극좌표 미분가능한 함수 $w = f(x, y)$에 극좌표 $x = r\cos\theta$, $y = r\sin\theta$를 대입한다고 가정하자.

   a. 다음을 보이라.
   $$\frac{\partial w}{\partial r} = f_x\cos\theta + f_y\sin\theta, \quad \frac{1}{r}\frac{\partial w}{\partial\theta} = -f_x\sin\theta + f_y\cos\theta$$

   b. (a)의 방정식을 풀어서 f_x와 f_y를 $\partial w/\partial r$와 $\partial w/\partial\theta$의 식으로 나타내라.

   c. $(f_x)^2 + (f_y)^2 = \left(\dfrac{\partial w}{\partial r}\right)^2 + \dfrac{1}{r^2}\left(\dfrac{\partial w}{\partial\theta}\right)^2$임을 보이라.

51. 라플라스 방정식 $w = f(u, v)$가 라플라스 방정식 $f_{uu} + f_{vv} = 0$을 만족하고 $u = (x^2 - y^2)/2$이고 $v = xy$이면 w는 라플라스 방정식 $w_{xx} + w_{yy} = 0$을 만족함을 보이라.

52. 라플라스 방정식 $w = f(u) + g(v)$, $u = x + iy$, $v = x - iy$, $i = \sqrt{-1}$이라 하자. 만약 필요한 함수들이 미분가능하면 w는 라플라스 방정식 $w_{xx} + w_{yy} = 0$을 만족함을 보이라.

53. 나선 위에서 극값 나선 $x = \cos t$, $y = \sin t$, $z = t$를 따라 함수 $f(x, y, z)$의 편도함수가
$$f_x = \cos t, \qquad f_y = \sin t, \qquad f_z = t^2 + t - 2$$
라 가정하자. 만약 존재한다면, 곡선의 어느 점에서 f가 극값을 가지는가?

54. 공간 상의 곡선 $w = x^2 e^{2y}\cos 3z$라 하자. 곡선 $x = \cos t$, $y = \ln(t+2)$, $z = t$ 위의 점 $(1, \ln 2, 0)$에서 dw/dt의 값을 구하라.

55. 원주상의 온도 $T = f(x, y)$를 원 $x = \cos t$, $y = \sin t$, $0 \le t \le 2\pi$, 위의 점 (x, y)에서의 온도이고
$$\frac{\partial T}{\partial x} = 8x - 4y, \qquad \frac{\partial T}{\partial y} = 8y - 4x$$
라 하자.

   a. 도함수 dT/dt, d^2T/dt^2을 이용하여 원 위의 어느 점에서 최대 온도와 최소 온도를 갖는지 구하라.

   b. $T = 4x^2 - 4xy + 4y^2$이라고 하자. 원 위에서 T의 최댓값과 최솟값을 구하라.

56. 타원에서의 온도 $T = g(x, y)$가 타원
$$x = 2\sqrt{2}\cos t, \qquad y = \sqrt{2}\sin t, \qquad 0 \le t \le 2\pi$$

위의 점 (x, y)에서의 온도이고 다음을 가정하자.

$$\frac{\partial T}{\partial x} = y, \qquad \frac{\partial T}{\partial y} = x$$

a. dT/dt와 d^2T/dt^2을 이용하여 타원 위에서 최대와 최소 온도의 위치를 구하라.

b. $T = xy - 2$라고 가정하자. 타원 위에서 T의 최댓값과 최솟값을 구하라.

57. 점 (x, y)에서의 온도 $T = T(x, y)(℃)$가 $T_x(1, 2) = 3$과 $T_y(1, 2) = -1$을 만족한다. $x = e^{2t-2}(\text{cm})$이고 $y = 2 + \ln t(\text{cm})$일 때, $t = 1$인 점에서 온도 T의 변화율을 구하라.

58. 벌레가 xy평면의 $x = f(t)$, $y = g(t)$로 주어진 경로 바로 위의 곡면 $z = x^2 - y^2$을 기어 다닌다. $f(2) = 4$, $f'(2) = -1$, $g(2) = -2$이고 $g'(2) = -3$일 때, 벌레의 높이 z는 $t = 2$에서 얼마의 변화율로 변하는가?

적분을 미분하기 적당한 연속성에 관한 조건하에서

$$F(x) = \int_a^b g(t, x)\, dt$$

일 때 $F'(x) = \int_a^b g_x(t, x)\, dt$이다. $G(u, x) = \int_a^u g(t, x)\, dt$라고 가정하자. 이 사실과 연쇄법칙을 이용하여

$$F(x) = \int_a^{f(x)} g(t, x)\, dt$$

의 도함수를 구할 수 있다. 여기서 $u = f(x)$이다. 연습문제 59~60에서 도함수를 구하라.

59. $F(x) = \int_0^{x^2} \sqrt{t^4 + x^3}\, dt$ 60. $F(x) = \int_{x^2}^1 \sqrt{t^3 + x^2}\, dt$

12.5 방향도함수와 기울기 벡터

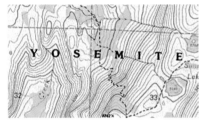

그림 12.26 캘리포니아의 요새미티 국립공원의 등고선 지도에 등고선에 수직으로 흘러 경사가 가장 심한 내리막 경로를 따라 흐르는 강줄기가 보인다.
(**출처**: 미국 지질 조사로부터 요새미티 국립공원 지도 http://www.usgs.gov)

캘리포니아(California)의 요새미티(Yosemite) 국립공원의 등고선 지도(그림 12.26)를 보면, 강물이 등고선에 수직인 방향으로 흐르고 있음을 관찰할 수 있을 것이다. 강물은 가장 경사가 심한 내리막 경로를 따라 흘러서 가장 빠르게 낮은 위치에 도달한다. 그러므로 강줄기의 해발 높이의 순간 변화율이 가장 큰 방향은 어느 특정한 방향인 것이다. 이 절에서는 내리막길(downhill) 방향으로 불리는 이 방향이 왜 등고선에 수직인 방향인가를 공부한다.

평면에서의 방향도함수

12.4절에서 배운 것과 같이, $f(x, y)$가 미분가능하면, 미분가능한 곡선 $x = g(t)$, $y = h(t)$ 상에서 t에 관한 f의 변화율은 다음과 같다.

$$\frac{df}{dt} = \frac{\partial f}{\partial x}\frac{dx}{dt} + \frac{\partial f}{\partial y}\frac{dy}{dt}$$

임의의 점 $P_0(x_0, y_0) = P_0(g(t_0), h(t_0))$에서 이 방정식은 t의 증가에 따른 f의 변화율을 나타내고, 이것은 다른 요인들보다 곡선을 따라서 움직이는 방향에 의존한다. 만약에 곡선이 직선이고, t가 P_0에서 주어진 단위벡터 $\mathbf{u}$의 방향으로 직선을 따라서 측정된 호의 길이 변수라고 하면, df/dt는 $\mathbf{u}$의 방향으로 정의역 내에서 거리에 관한 f의 변화율을 나타낸다. $\mathbf{u}$의 방향을 변화시킴으로써, 다른 방향으로 P_0를 지나감에 따라 거리에 관한 f의 변화율을 구할 수 있다. 이제는 이 생각을 좀 더 상세하게 정의하자.

함수 $f(x, y)$가 xy평면 위에있는영역 R에서 정의되고, $P_0(x_0, y_0)$가 R에 있는 점이고, $\mathbf{u} = u_1\mathbf{i} + u_2\mathbf{j}$가 단위벡터라고 가정하자. 이때 방정식

$$x = x_0 + su_1, \qquad y = y_0 + su_2$$

는 P_0를 지나고 $\mathbf{u}$에 평행인 직선을 나타낸다. 매개변수 s가 P_0로부터 $\mathbf{u}$ 방향으로의 호의 길이라 하면, P_0에서 $\mathbf{u}$ 방향에 대한 f의 변화율은 P_0에서 df/ds를 계산하여 구할 수 있다(그림 12.27).

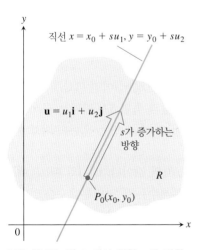

그림 12.27 점 P_0에서 방향 $\mathbf{u}$에 대한 f의 변화율은 f가 P_0에서 이 직선을 따라서 변하는 비율이다.

정의 단위벡터 $\mathbf{u} = u_1\mathbf{i} + u_2\mathbf{j}$ 방향에 대한 $P_0(x_0, y_0)$에서 f의 미분계수(derivative)는 극한이 존재하면 다음과 같이 정의된다.

$$\left(\frac{df}{ds}\right)_{\mathbf{u}, P_0} = \lim_{s \to 0} \frac{f(x_0 + su_1, y_0 + su_2) - f(x_0, y_0)}{s} \tag{1}$$

식 (1)에 의해 정의된 **방향미분계수(directional derivative)**를 다음과 같이도 표시한다.

$$D_{\mathbf{u}}f(P_0) \qquad \text{또는} \qquad D_{\mathbf{u}}f|_{P_0} \qquad \begin{array}{l}\mathbf{u} \text{ 방향에 대한} \\ P_0 \text{에서 } f \text{의 방향미분계수}\end{array}$$

편미분계수 $f_x(x_0, y_0)$, $f_y(x_0, y_0)$는 P_0에서 $\mathbf{i}$, $\mathbf{j}$ 방향에 대한 방향미분계수이다. 12.3절의 편미분계수 정의를 식 (1)과 비교해 보면 알 수 있다.

예제 1 단위벡터 $\mathbf{u} = \left(1/\sqrt{2}\right)\mathbf{i} + \left(1/\sqrt{2}\right)\mathbf{j}$ 방향에 대한 $P_0(1, 2)$에서

$$f(x, y) = x^2 + xy$$

의 방향미분계수를 구하라.

풀이

$$\left(\frac{df}{ds}\right)_{\mathbf{u}, P_0} = \lim_{s \to 0} \frac{f(x_0 + su_1, y_0 + su_2) - f(x_0, y_0)}{s} \qquad \text{식 (1)}$$

$$= \lim_{s \to 0} \frac{f\left(1 + s \cdot \dfrac{1}{\sqrt{2}}, 2 + s \cdot \dfrac{1}{\sqrt{2}}\right) - f(1, 2)}{s} \qquad \text{대입}$$

$$= \lim_{s \to 0} \frac{\left(1 + \dfrac{s}{\sqrt{2}}\right)^2 + \left(1 + \dfrac{s}{\sqrt{2}}\right)\left(2 + \dfrac{s}{\sqrt{2}}\right) - (1^2 + 1 \cdot 2)}{s}$$

$$= \lim_{s \to 0} \frac{\left(1 + \dfrac{2s}{\sqrt{2}} + \dfrac{s^2}{2}\right) + \left(2 + \dfrac{3s}{\sqrt{2}} + \dfrac{s^2}{2}\right) - 3}{s}$$

$$= \lim_{s \to 0} \frac{\dfrac{5s}{\sqrt{2}} + s^2}{s} = \lim_{s \to 0} \left(\frac{5}{\sqrt{2}} + s\right) = \frac{5}{\sqrt{2}}$$

$P_0(1, 2)$에서의 $\mathbf{u}$ 방향에 대한 $f(x, y) = x^2 + xy$의 변화율은 $5/\sqrt{2}$이다. ∎

방향도함수의 의미

식 $z = f(x, y)$는 공간에 있는 곡면 S를 나타낸다. 만약 $z_0 = f(x_0, y_0)$이면 $P(x_0, y_0, z_0)$는 S 상에 있다. P와 $P_0(x_0, y_0)$를 지나고 $\mathbf{u}$에 평행인 수직평면과 곡면 S가 만나는 곡선을 C라 하자(그림 12.28). $\mathbf{u}$ 방향에 대한 f의 변화율은 벡터 $\mathbf{u}$와 $\mathbf{k}$로 만든 오른손 좌표계에서 점 P에서 곡선 C에 접하는 접선의 기울기이다.

$\mathbf{u} = \mathbf{i}$일 때, P_0에서 방향미분계수는 (x_0, y_0)에서 $\partial f/\partial x$의 값이다. $\mathbf{u} = \mathbf{j}$일 때, P_0에서 방향미분계수는 (x_0, y_0)에서 $\partial f/\partial y$의 값이다. 방향미분계수는 두 편미분계수를 일반화시킨다. 단지 방향 $\mathbf{i}$와 $\mathbf{j}$ 뿐만 아니라 임의의 방향 $\mathbf{u}$에 대한 f의 변화율을 구할 수 있다.

방향미분계수의 물리적인 의미를 살펴보기 위해, $T = f(x, y)$를 평면 상의 영역에서 각 점 (x, y)에서의 온도라 하자. 이때 $f(x_0, y_0)$는 $P_0(x_0, y_0)$에서의 온도이고 $(D_{\mathbf{u}}f)_{P_0}$는 $\mathbf{u}$ 방향에 대한 순간적인 온도의 변화율을 나타낸다.

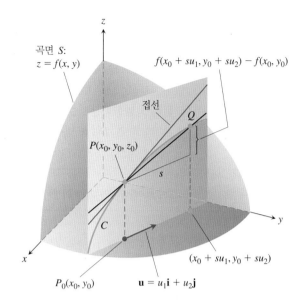

그림 12.28 P_0에서 곡선 C의 기울기는 $\lim_{Q \to P}$ 기울기(PQ)이다. 이것이 방향미분계수이다.

$$\left(\frac{df}{ds}\right)_{\mathbf{u}, P_0} = D_\mathbf{u}f\big|_{P_0}.$$

계산과 기울기

미분가능한 함수 f에 대해서 방향미분계수를 효율적으로 계산하는 방법을 살펴보자. $P_0(x_0, y_0)$를 지나고 단위벡터 $\mathbf{u} = u_1\mathbf{i} + u_2\mathbf{j}$ 방향으로 증가하는 호의 길이 변수 s에 관한 매개방정식이

$$x = x_0 + su_1, \qquad y = y_0 + su_2 \tag{2}$$

인 직선을 생각하자. 이때 연쇄법칙에 의해 다음을 얻는다.

$$\begin{aligned}
\left(\frac{df}{ds}\right)_{\mathbf{u}, P_0} &= \frac{\partial f}{\partial x}\bigg|_{P_0} \frac{dx}{ds} + \frac{\partial f}{\partial y}\bigg|_{P_0} \frac{dy}{ds} \qquad \text{\small f를 미분하기 위해 연쇄법칙} \\[2mm]
&= \frac{\partial f}{\partial x}\bigg|_{P_0} u_1 + \frac{\partial f}{\partial y}\bigg|_{P_0} u_2 \qquad \text{\small 식 (2)에 의해서} \\
&\qquad\qquad\qquad\qquad\qquad\quad\ \text{\small $dx/ds = u_1$이고 $dy/ds = u_2$} \\[2mm]
&= \underbrace{\left[\frac{\partial f}{\partial x}\bigg|_{P_0}\mathbf{i} + \frac{\partial f}{\partial y}\bigg|_{P_0}\mathbf{j}\right]}_{\text{\small P_0에서 f의 기울기 벡터}} \cdot \underbrace{\left[u_1\mathbf{i} + u_2\mathbf{j}\right]}_{\text{\small 방향 }\mathbf{u}} \tag{3}
\end{aligned}$$

식 (3)에 의해 미분가능한 함수 f의 $\mathbf{u}$ 방향에 대한 P_0에서 방향미분계수는 $\mathbf{u}$와 P_0에서 f의 기울기라 불리는 벡터의 내적이다.

정의 $f(x, y)$의 **기울기 벡터**(**gradient vector** 혹은 **gradient**)는 다음과 같은 벡터이다.

$$\nabla f = \frac{\partial f}{\partial x}\mathbf{i} + \frac{\partial f}{\partial y}\mathbf{j}$$

점 $P_0(x_0, y_0)$에서 기울기 벡터는 다음과 같이 적으며, 그의 값은 편미분계수를 계산하여 얻어진다.

$$\nabla f\big|_{P_0} \quad \text{또는} \quad \nabla f(x_0, y_0)$$

기호 ∇f는 "grad f" 또는 "f의 기울기 벡터" 또는 "델 f"라고 읽는다. 기호 ∇은 "델 (del)"이라고 읽는다. 기울기 벡터에 대한 다른 표기법은 grad f이고 표기대로 읽는다. 기울기 기호를 사용하면서, 식 (3)을 다음과 같은 정리로 다시 쓸 수 있다.

정리 9 방향미분계수는 내적이다. $f(x, y)$가 $P_0(x_0, y_0)$를 포함하는 열린 영역에서 미분가능하면, f의 **u**–방향미분계수는

$$\left(\frac{df}{ds}\right)_{\mathbf{u}, P_0} = \nabla f|_{P_0} \cdot \mathbf{u} \tag{4}$$

즉, P_0에서 f의 기울기 벡터 ∇f와 **u**의 내적이다. 간단히, $D_{\mathbf{u}} f = \nabla f \cdot \mathbf{u}$이다.

예제 2 점 (2, 0)에서 **v** = 3**i** − 4**j** 방향에 대한 $f(x, y) = xe^y + \cos(xy)$의 방향미분계수를 구하라.

풀이 **v**의 방향은 **v**를 그 길이로 나누어서 얻어진 단위벡터이다.

$$\mathbf{u} = \frac{\mathbf{v}}{|\mathbf{v}|} = \frac{\mathbf{v}}{5} = \frac{3}{5}\mathbf{i} - \frac{4}{5}\mathbf{j}$$

f의 편도함수는 연속이고 (2, 0)에서 다음과 같다.

$$f_x(2, 0) = (e^y - y \sin(xy))\Big|_{(2,0)} = e^0 - 0 = 1$$

$$f_y(2, 0) = (xe^y - x \sin(xy))\Big|_{(2,0)} = 2e^0 - 2 \cdot 0 = 2$$

(2, 0)에서 f의 기울기 벡터는 다음과 같다(그림 12.29 참조).

$$\nabla f|_{(2,0)} = f_x(2, 0)\mathbf{i} + f_y(2, 0)\mathbf{j} = \mathbf{i} + 2\mathbf{j}$$

(2, 0)에서 **v** 방향에 대한 f의 방향미분계수는 다음과 같다.

$$D_{\mathbf{u}} f|_{(2,0)} = \nabla f|_{(2,0)} \cdot \mathbf{u} \quad \text{식 (4)의 } D_{\mathbf{u}} f|_{P_0} \text{ 기호}$$

$$= (\mathbf{i} + 2\mathbf{j}) \cdot \left(\frac{3}{5}\mathbf{i} - \frac{4}{5}\mathbf{j}\right) = \frac{3}{5} - \frac{8}{5} = -1 \qquad \blacksquare$$

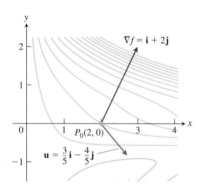

그림 12.29 f의 정의역에 ∇f를 벡터로서 표시. f의 등위곡선들을 보여 준다. (2, 0)에서 방향 **u**에 대한 f의 변화율은 $\nabla f \cdot \mathbf{u} = -1$이다. 이는 ∇f의 **u** 방향 성분이다(예제 2).

간단히 표현한 식 (4)의 내적을 계산하면 다음과 같다.

$$D_{\mathbf{u}} f = \nabla f \cdot \mathbf{u} = |\nabla f||\mathbf{u}| \cos\theta = |\nabla f| \cos\theta$$

여기서 θ는 벡터 **u**와 ∇f의 사잇각이고, 다음의 성질을 갖는다.

방향미분계수 $D_u f = \nabla f \cdot \mathbf{u} = |\nabla f| \cos\theta$의 성질

1. $\cos\theta = 1$, 즉 $\theta = 0$, 즉 **u**가 ∇f의 방향일 때 함수 f는 가장 빨리 증가한다.

다시 말해서 정의역 내의 모든 점 P에서 f는 기울기 벡터 ∇f와 같은 방향으로 가장 빠르게 증가한다. 이 방향에 대한 방향미분계수는 다음과 같다.

$$D_{\mathbf{u}} f = |\nabla f| \cos(0) = |\nabla f|$$

2. 마찬가지로 f는 $-\nabla f$의 방향으로 가장 빠르게 감소한다. 이 방향에 대한 방향미분계수는 $D_{\mathbf{u}} f = |\nabla f| \cos(\pi) = -|\nabla f|$이다.

3. 기울기 벡터 $\nabla f \neq 0$에 수직인 모든 방향은 f의 변화가 0이 되는 방향이다. 왜냐하면 $\theta = \pi/2$이기 때문이다.

$$D_{\mathbf{u}} f = |\nabla f| \cos(\pi/2) = |\nabla f| \cdot 0 = 0$$

나중에 살펴보겠지만 이 성질들은 2차원에서 뿐만 아니라 3차원에서도 성립한다.

예제 3 $f(x, y) = (x^2/2) + (y^2/2)$일 때 다음을 만족하는 방향을 구하라.

(a) $(1, 1)$에서 가장 빨리 증가한다.

(b) $(1, 1)$에서 가장 빨리 감소한다.

(c) $(1, 1)$에서 f의 변화가 0이다.

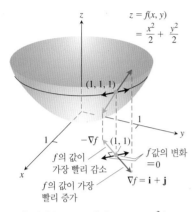

그림 12.30 $(1, 1)$에서 $f(x, y) = (x^2/2) +$ $(y^2/2)$가 가장 빨리 증가하는 방향은 $\nabla f|_{(1, 1)} = \mathbf{i} + \mathbf{j}$이다. 이것은 $(1, 1, 1)$에서 곡면이 가장 빨리 증가하는 방향이다(예제 3).

풀이

(a) $(1, 1)$에서는 ∇f의 방향에서 가장 빨리 증가한다. 여기서 기울기 벡터는 다음과 같다.

$$\nabla f|_{(1, 1)} = (x\mathbf{i} + y\mathbf{j})\Big|_{(1, 1)} = \mathbf{i} + \mathbf{j}$$

이때 방향은 다음과 같다.

$$\mathbf{u} = \frac{\mathbf{i} + \mathbf{j}}{|\mathbf{i} + \mathbf{j}|} = \frac{\mathbf{i} + \mathbf{j}}{\sqrt{(1)^2 + (1)^2}} = \frac{1}{\sqrt{2}}\mathbf{i} + \frac{1}{\sqrt{2}}\mathbf{j}$$

(b) $(1, 1)$에서는 $-\nabla f$의 방향에서 가장 빨리 감소한다. 이때 방향은 다음과 같다.

$$-\mathbf{u} = -\frac{1}{\sqrt{2}}\mathbf{i} - \frac{1}{\sqrt{2}}\mathbf{j}$$

(c) $(1, 1)$에서 변화가 0인 방향은 ∇f에 수직인 방향으로 다음과 같다.

$$\mathbf{n} = -\frac{1}{\sqrt{2}}\mathbf{i} + \frac{1}{\sqrt{2}}\mathbf{j}, \qquad -\mathbf{n} = \frac{1}{\sqrt{2}}\mathbf{i} - \frac{1}{\sqrt{2}}\mathbf{j}$$

그림 12.30 참조. ∎

기울기 벡터와 등위곡선에 대한 접선

미분가능한 함수 $f(x, y)$가 매끄러운 곡선 $\mathbf{r} = g(t)\mathbf{i} + h(t)\mathbf{j}$를 따라 일정한 함숫값 c를 가지면(이 곡선을 f의 등위곡선이라 한다), $f(g(t), h(t)) = c$이다. 이 식의 양변을 t에 관해서 미분하면 다음의 식을 얻는다.

$$\frac{d}{dt}f(g(t), h(t)) = \frac{d}{dt}(c)$$

$$\frac{\partial f}{\partial x}\frac{dg}{dt} + \frac{\partial f}{\partial y}\frac{dh}{dt} = 0 \qquad \text{연쇄법칙}$$

$$\underbrace{\left(\frac{\partial f}{\partial x}\mathbf{i} + \frac{\partial f}{\partial y}\mathbf{j}\right)}_{\nabla f} \cdot \underbrace{\left(\frac{dg}{dt}\mathbf{i} + \frac{dh}{dt}\mathbf{j}\right)}_{\frac{d\mathbf{r}}{dt}} = 0 \tag{5}$$

그림 12.31 미분가능한 2변수 함수의 한 점에서 기울기는 항상 그 점을 지나는 함수의 등위곡선에 수직이다.

식 (5)는 ∇f가 접선벡터 $d\mathbf{r}/dt$에 수직, 즉 곡선에 수직임을 나타낸다. 그림 12.31에서 영이 아닌 벡터에 대하여 ∇f를 볼 수 있다. (∇f가 영벡터도 가능하다.)

> 미분가능한 함수 $f(x, y)$의 정의역 내의 모든 점 (x_0, y_0)에서 f의 기울기 벡터는 (x_0, y_0)를 지나는 등위곡선에 수직이다(그림 12.31).

식 (5)는 등고선 지도에서 강물이 등고선에 수직방향으로 흘러갈 거라는 우리의 관찰을 증명해 준다(그림 12.26 참조). 아래로 흐르는 시냇물은 가장 빨리 정착지에 도달할 것이므로 방향미분계수의 두 번째 성질에 의해서 음의 기울기 벡터 방향으로 흐른다. 식 (5)에 의해 이 방향은 등위곡선과 수직이 된다. 이 관찰을 이용하여 등위곡선에 대한 접선의 방정식을 구할 수도 있다. 이것은 기울기 벡터에 수직인 직선들이다. 한 점 $P_0(x_0, y_0)$를 지나고 벡터 $\mathbf{N} = A\mathbf{i} + B\mathbf{j}$에 수직인 직선의 방정식은 다음과 같다(연습문제 39).

$$A(x - x_0) + B(y - y_0) = 0$$

만일 $\mathbf{N}$이 기울기 벡터 $\nabla f|_{(x_0, y_0)} = f_x(x_0, y_0)\mathbf{i} + f_y(x_0, y_0)\mathbf{j}$이고, 이 기울기 벡터가 영벡터가 아니면 다음 공식을 얻는다.

등위곡선의 접선

$$f_x(x_0, y_0)(x - x_0) + f_y(x_0, y_0)(y - y_0) = 0 \tag{6}$$

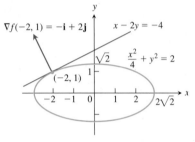

그림 12.32 타원을 함수 $f(x, y) = (x^2/4) + y^2$의 한 등위곡선으로 생각하여 타원 $(x^2/4) + y^2 = 2$에 대한 접선을 구할 수 있다(예제 4).

예제 4 $(-2, 1)$에서 타원(그림 12.32)

$$\frac{x^2}{4} + y^2 = 2$$

에 대한 접선의 방정식을 구하라.

풀이 타원은 함수

$$f(x, y) = \frac{x^2}{4} + y^2$$

의 등위곡선이다. $(-2, 1)$에서 f의 기울기 벡터는 다음과 같다.

$$\nabla f|_{(-2, 1)} = \left(\frac{x}{2}\mathbf{i} + 2y\mathbf{j}\right)\Big|_{(-2, 1)} = -\mathbf{i} + 2\mathbf{j}$$

기울기 벡터가 영벡터가 아니므로 $(-2, 1)$에서 타원에 대한 접선의 방정식은 다음과 같다.

$$(-1)(x + 2) + (2)(y - 1) = 0 \qquad \text{식 (6)}$$
$$x - 2y = -4 \qquad \text{간단히} \qquad \blacksquare$$

두 함수 f와 g에 대한 기울기 벡터를 알고 있으면, 그 함수들의 합, 차, 상수배, 곱, 몫에 대한 기울기 벡터를 구할 수 있다. 연습문제 40에서 증명할 것이다. 이 공식들은 1변수 함수에 대한 도함수의 공식과 같음에 주의하라.

기울기 벡터에 대한 대수공식

1. **합의 공식:** $\qquad\qquad \nabla(f + g) = \nabla f + \nabla g$
2. **차의 공식:** $\qquad\qquad \nabla(f - g) = \nabla f - \nabla g$
3. **상수배 공식:** $\qquad\quad \nabla(kf) = k\nabla f \qquad (k\text{는 임의의 실수})$
4. **곱의 공식:** $\qquad\qquad \nabla(fg) = f\nabla g + g\nabla f$
5. **몫의 공식:** $\qquad\qquad \nabla\left(\dfrac{f}{g}\right) = \dfrac{g\nabla f - f\nabla g}{g^2} \left.\vphantom{\dfrac{g}{g}}\right\}$ 기울기 벡터의 왼쪽에 스칼라배

예제 5 다음 함수를 이용하여 2개의 공식을 설명한다.

$$f(x, y) = x - y \qquad g(x, y) = 3y$$
$$\nabla f = \mathbf{i} - \mathbf{j} \qquad\quad \nabla g = 3\mathbf{j}$$

1. $\nabla(f - g) = \nabla(x - 4y) = \mathbf{i} - 4\mathbf{j} = \nabla f - \nabla g \qquad \text{공식 2}$
2. $\nabla(fg) = \nabla(3xy - 3y^2) = 3y\mathbf{i} + (3x - 6y)\mathbf{j}$

이고

$$f\nabla g + g\nabla f = (x - y)3\mathbf{j} + 3y(\mathbf{i} - \mathbf{j})$$
$$= 3y\mathbf{i} + (3x - 6y)\mathbf{j}$$

대입
간단히

이다. 그러므로 이 예제는 $\nabla(fg) = f\nabla g + g\nabla f$임을 설명한다. ∎

3변수 함수

공간에서 미분가능한 함수 $f(x, y, z)$와 단위벡터 $\mathbf{u} = u_1\mathbf{i} + u_2\mathbf{j} + u_3\mathbf{k}$에 대해서

$$\nabla f = \frac{\partial f}{\partial x}\mathbf{i} + \frac{\partial f}{\partial y}\mathbf{j} + \frac{\partial f}{\partial z}\mathbf{k}$$

이고

$$D_{\mathbf{u}}f = \nabla f \cdot \mathbf{u} = \frac{\partial f}{\partial x}u_1 + \frac{\partial f}{\partial y}u_2 + \frac{\partial f}{\partial z}u_3$$

이다. 방향도함수는 다음과 같은 형태로 다시 쓸 수 있다.

$$D_{\mathbf{u}}f = \nabla f \cdot \mathbf{u} = |\nabla f||u|\cos\theta = |\nabla f|\cos\theta$$

따라서 2변수 함수에 대해서 앞에서 서술한 성질들은 3변수에 대해서도 성립한다. 임의의 점에서 f는 ∇f의 방향으로 가장 빨리 증가하고, $-\nabla f$의 방향으로 가장 빨리 감소한다. ∇f에 수직인 모든 방향으로 f의 도함수는 0이다.

예제 6

(a) $P_0(1, 1, 0)$에서 $\mathbf{v} = 2\mathbf{i} - 3\mathbf{j} + 6\mathbf{k}$ 방향에 대한 $f(x, y, z) = x^3 - xy^2 - z$의 방향미분계수를 구하라.

(b) P_0에서 가장 빨리 변하는 f의 방향을 구하고, 이 방향에 대한 변화율을 구하라.

풀이

(a) $\mathbf{v}$의 방향은 $\mathbf{v}$를 $\mathbf{v}$의 길이로 나눔으로써 얻어진다.

$$|\mathbf{v}| = \sqrt{(2)^2 + (-3)^2 + (6)^2} = \sqrt{49} = 7$$

$$\mathbf{u} = \frac{\mathbf{v}}{|\mathbf{v}|} = \frac{2}{7}\mathbf{i} - \frac{3}{7}\mathbf{j} + \frac{6}{7}\mathbf{k}$$

P_0에서 f의 편미분계수는 다음과 같다.

$$f_x = (3x^2 - y^2)\Big|_{(1,1,0)} = 2, \qquad f_y = -2xy\Big|_{(1,1,0)} = -2, \qquad f_z = -1\Big|_{(1,1,0)} = -1$$

P_0에서 f의 기울기 벡터는 다음과 같다.

$$\nabla f\big|_{(1,1,0)} = 2\mathbf{i} - 2\mathbf{j} - \mathbf{k}$$

그러므로 P_0에서 $\mathbf{v}$ 방향에 대한 f의 방향미분계수는 다음과 같다.

$$D_{\mathbf{u}}f\big|_{(1,1,0)} = \nabla f\big|_{(1,1,0)} \cdot \mathbf{u} = (2\mathbf{i} - 2\mathbf{j} - \mathbf{k}) \cdot \left(\frac{2}{7}\mathbf{i} - \frac{3}{7}\mathbf{j} + \frac{6}{7}\mathbf{k}\right)$$

$$= \frac{4}{7} + \frac{6}{7} - \frac{6}{7} = \frac{4}{7}$$

(b) 함수는 $\nabla f = 2\mathbf{i} - 2\mathbf{j} - \mathbf{k}$의 방향으로 가장 빨리 증가하고, $-\nabla f$의 방향으로 가장 빨리 감소한다. 이 방향으로의 변화율은 각각 다음과 같다.

$$|\nabla f| = \sqrt{(2)^2 + (-2)^2 + (-1)^2} = \sqrt{9} = 3, \qquad -|\nabla f| = -3$$ ∎

경로에 대한 연쇄법칙

매끄러운 곡선 C의 식이 $\mathbf{r}(t) = x(t)\mathbf{i} + y(t)\mathbf{j} + z(t)\mathbf{k}$이고, 곡선 C를 따라 정의된 스칼라함수가 $w = f(\mathbf{r}(t))$일 때, 12.4절 정리 6의 연쇄법칙에 의해 다음이 성립한다.

$$\frac{dw}{dt} = \frac{\partial w}{\partial x}\frac{dx}{dt} + \frac{\partial w}{\partial y}\frac{dy}{dt} + \frac{\partial w}{\partial z}\frac{dz}{dt}$$

위 식 우변에 있는 편도함수들은 곡선 $\mathbf{r}(t)$를 따라 계산하고, 중간변수들의 도함수는 t에 대해 계산한다. 위 식을 벡터 표현으로 나타내면 다음과 같다.

> **경로를 따르는 도함수**
>
> $$\frac{d}{dt}f(\mathbf{r}(t)) = \nabla f(\mathbf{r}(t)) \cdot \mathbf{r}'(t) \tag{7}$$

식 (7)은 합성함수 $f(\mathbf{r}(t))$의 도함수가 외부함수 f에 대한 "도함수"(기울기 벡터) "곱하기" (내적) 내부함수 $\mathbf{r}$의 도함수임을 말해준다. 이것은 2.6절에서 공부했던 합성함수의 도함수에 대한 "외부-내부" 법칙과 유사하다. 즉, 경로에 대한 다변수 연쇄법칙은, 여기에 포함된 항들과 연산들의 의미에 적당한 설명이 주어지면, 1변수 미분법에서의 연쇄법칙과 정확하게 같은 형태임을 알 수 있다.

연습문제 12.5

주어진 점에서 기울기 구하기

연습문제 1~6에서 주어진 점에서 함수의 기울기 벡터를 구하라. 그 점을 지나는 등위곡선과 함께 기울기 벡터를 그리라.

1. $f(x, y) = y - x$, $(2, 1)$
2. $f(x, y) = \ln(x^2 + y^2)$, $(1, 1)$

3. $g(x, y) = xy^2$, $(2, -1)$
4. $g(x, y) = \dfrac{x^2}{2} - \dfrac{y^2}{2}$, $(\sqrt{2}, 1)$

5. $f(x, y) = \sqrt{2x + 3y}$, $(-1, 2)$

6. $f(x, y) = \tan^{-1}\dfrac{\sqrt{x}}{y}$, $(4, -2)$

연습문제 7~10에서 주어진 점에서 ∇f를 구하라.

7. $f(x, y, z) = x^2 + y^2 - 2z^2 + z \ln x$, $(1, 1, 1)$
8. $f(x, y, z) = 2z^3 - 3(x^2 + y^2)z + \tan^{-1} xz$, $(1, 1, 1)$
9. $f(x, y, z) = (x^2 + y^2 + z^2)^{-1/2} + \ln(xyz)$, $(-1, 2, -2)$
10. $f(x, y, z) = e^{x+y} \cos z + (y + 1) \sin^{-1} x$, $(0, 0, \pi/6)$

방향미분계수 구하기

연습문제 11~18에서 P_0에서 $\mathbf{u}$의 방향에 대한 방향미분계수를 구하라.

11. $f(x, y) = 2xy - 3y^2$, $P_0(5, 5)$, $\mathbf{u} = 4\mathbf{i} + 3\mathbf{j}$
12. $f(x, y) = 2x^2 + y^2$, $P_0(-1, 1)$, $\mathbf{u} = 3\mathbf{i} - 4\mathbf{j}$
13. $g(x, y) = \dfrac{x - y}{xy + 2}$, $P_0(1, -1)$, $\mathbf{u} = 12\mathbf{i} + 5\mathbf{j}$
14. $h(x, y) = \tan^{-1}(y/x) + \sqrt{3}\sin^{-1}(xy/2)$, $P_0(1, 1)$, $\mathbf{u} = 3\mathbf{i} - 2\mathbf{j}$

15. $f(x, y, z) = xy + yz + zx$, $P_0(1, -1, 2)$, $\mathbf{u} = 3\mathbf{i} + 6\mathbf{j} - 2\mathbf{k}$
16. $f(x, y, z) = x^2 + 2y^2 - 3z^2$, $P_0(1, 1, 1)$, $\mathbf{u} = \mathbf{i} + \mathbf{j} + \mathbf{k}$
17. $g(x, y, z) = 3e^x \cos yz$, $P_0(0, 0, 0)$, $\mathbf{u} = 2\mathbf{i} + \mathbf{j} - 2\mathbf{k}$
18. $h(x, y, z) = \cos xy + e^{yz} + \ln zx$, $P_0(1, 0, 1/2)$, $\mathbf{u} = \mathbf{i} + 2\mathbf{j} + 2\mathbf{k}$

연습문제 19~24에서 주어진 점 P_0에서 가장 빨리 증가하고 감소하는 방향을 구하라. 그런 다음 이 방향에 대한 함수의 방향미분계수를 구하라.

19. $f(x, y) = x^2 + xy + y^2$, $P_0(-1, 1)$
20. $f(x, y) = x^2y + e^{xy}\sin y$, $P_0(1, 0)$
21. $f(x, y, z) = (x/y) - yz$, $P_0(4, 1, 1)$
22. $g(x, y, z) = xe^y + z^2$, $P_0(1, \ln 2, 1/2)$
23. $f(x, y, z) = \ln xy + \ln yz + \ln xz$, $P_0(1, 1, 1)$
24. $h(x, y, z) = \ln(x^2 + y^2 - 1) + y + 6z$, $P_0(1, 1, 0)$

등위곡선의 접선 구하기

연습문제 25~28에서 곡선 $f(x, y) = c$와 ∇f와 주어진 점에서 접선의 그래프를 그리라. 그리고 접선의 방정식을 구하라.

25. $x^2 + y^2 = 4$, $(\sqrt{2}, \sqrt{2})$
26. $x^2 - y = 1$, $(\sqrt{2}, 1)$
27. $xy = -4$, $(2, -2)$
28. $x^2 - xy + y^2 = 7$, $(-1, 2)$

이론과 예제

29. $f(x, y) = x^2 - xy + y^2 - y$ 라 하자. 다음을 만족하는 방향 $\mathbf{u}$와 $D_\mathbf{u}f$

$(1, -1)$의 값을 구하라.

a. $D_{\mathbf{u}}f(1, -1)$이 최대   **b.** $D_{\mathbf{u}}f(1, -1)$이 최소

c. $D_{\mathbf{u}}f(1, -1) = 0$ **d.** $D_{\mathbf{u}}f(1, -1) = 4$

e. $D_{\mathbf{u}}f(1, -1) = -3$

30. $f(x, y) = \dfrac{(x - y)}{(x + y)}$라 하자. 다음을 만족하는 방향 $\mathbf{u}$와 $D_{\mathbf{u}}f\left(-\dfrac{1}{2}, \dfrac{3}{2}\right)$의 값을 구하라.

a. $D_{\mathbf{u}}f\left(-\dfrac{1}{2}, \dfrac{3}{2}\right)$이 최대   **b.** $D_{\mathbf{u}}f\left(-\dfrac{1}{2}, \dfrac{3}{2}\right)$이 최소

c. $D_{\mathbf{u}}f\left(-\dfrac{1}{2}, \dfrac{3}{2}\right) = 0$ **d.** $D_{\mathbf{u}}f\left(-\dfrac{1}{2}, \dfrac{3}{2}\right) = -2$

e. $D_{\mathbf{u}}f\left(-\dfrac{1}{2}, \dfrac{3}{2}\right) = 1$

31. 방향미분계수가 0인 경우 $P(3, 2)$에서 $f(x, y) = xy + y^2$의 방향미분계수가 0인 방향을 구하라.

32. 방향미분계수가 0인 경우 $P(1, 1)$에서 $f(x, y) = (x^2 - y^2)/(x^2 + y^2)$의 방향미분계수가 0인 방향을 구하라.

33. $P(1, 2)$에서 $f(x, y) = x^2 - 3xy + 4y^2$의 변화율이 14인 방향 $\mathbf{u}$가 존재하는가? 그 이유를 설명하라.

34. 원을 따라서 변하는 온도 $P(1, -1, 1)$에서 온도함수 $T(x, y, z) = 2xy - yz$의 변화율이 $-38°C/m$인 방향 $\mathbf{u}$가 존재하는가? (온도는 $8°C$, 거리는 미터) 그 이유를 설명하라.

35. $P_0(1, 2)$에서 $\mathbf{i} + \mathbf{j}$의 방향에 대한 방향미분계수는 $2\sqrt{2}$이고, $-2\mathbf{j}$ 방향에 대한 방향미분계수는 -3이다. $-\mathbf{i} - 2\mathbf{j}$ 방향에 대한 f의 방향미분계수는 무엇인가? 그 이유를 설명하라.

36. 점 P에서 $\mathbf{v} = \mathbf{i} + \mathbf{j} - \mathbf{k}$ 방향에 대한 $f(x, y, z)$의 방향미분계수가 가장 크다. 이 방향에 대한 방향미분계수의 값은 $2\sqrt{3}$이다.

a. P에서 ∇f는 무엇인가? 그 이유를 설명하라.

b. P에서 $\mathbf{i} + \mathbf{j}$ 방향에 대한 f의 방향미분계수는 무엇인가?

37. 방향미분계수와 스칼라 성분 P_0에서 단위벡터 $\mathbf{u}$ 방향에 대한 미분가능한 함수 $f(x, y, z)$의 방향미분계수는 $\mathbf{u}$ 방향에 대한 $(\nabla f)_{P_0}$의 스칼라 성분과 어떤 관계가 있는가? 그 이유를 설명하라.

38. 방향미분계수와 편미분계수 $f(x, y, z)$의 필요한 도함수들이 정의된다고 가정하자. $D_{\mathbf{i}}f$, $D_{\mathbf{j}}f$, $D_{\mathbf{k}}f$는 f_x, f_y, f_z들과 어떤 관계가 있는가? 그 이유를 설명하라.

39. xy평면 내의 직선 $A(x - x_0) + B(y - y_0) = 0$은 점 (x_0, y_0)를 지나고 벡터 $\mathbf{N} = A\mathbf{i} + B\mathbf{j}$에 수직인 xy평면에 있는 직선의 방정식임을 보이라.

40. 기울기 벡터에 대한 대수법칙   주어진 상수 k와 기울기 벡터

$$\nabla f = \frac{\partial f}{\partial x}\mathbf{i} + \frac{\partial f}{\partial y}\mathbf{j} + \frac{\partial f}{\partial z}\mathbf{k}, \qquad \nabla g = \frac{\partial g}{\partial x}\mathbf{i} + \frac{\partial g}{\partial y}\mathbf{j} + \frac{\partial g}{\partial z}\mathbf{k}$$

에 대하여 기울기 벡터에 대한 대수공식을 증명하라.

연습문제 41~44에서 주어진 점에서 주어진 방정식의 그래프에 수직인 직선의 매개방정식을 구하라.

41. $x^2 + y^2 = 25$, $(-3, 4)$

42. $x^2 + xy + y^2 = 3$, $(2, -1)$

43. $x^2 + y^2 + z^2 = 14$, $(3, -2, 1)$

44. $z = x^3 - xy^2$, $(-1, 1, 0)$

12.6   접평면과 미분

1변수 미분법에서 우리는 미분가능한 함수의 그래프 위의 한 점에서 그래프에 대한 접신을 미분계수로 어떻게 정의하였는지를 알아보았다. 또한 접선이 그 점에서 함수의 선형근사임을 알았다. 이 절에서는 비슷한 방법으로 함수 $w = f(x, y, z)$의 등위곡면 위의 한 점에서 곡면에 대한 접평면을 기울기 벡터에 의해 어떻게 정의하는지를 공부할 것이다. 접평면은 그 점에서 함수 f의 선형근사가 되며 함수의 전미분을 정의한다.

접평면과 법선

$\mathbf{r}(t) = x(t)\mathbf{i} + y(t)\mathbf{j} + z(t)\mathbf{k}$를 미분가능한 함수 f에 대한 등위곡면 $f(x, y, z) = c$ 위의 한 매끄러운 곡선이라 하면, 이 앞절의 식 (7)로부터 다음이 성립한다.

$$\frac{d}{dt}f(\mathbf{r}(t)) = \nabla f(\mathbf{r}(t)) \cdot \mathbf{r}'(t)$$

곡선 $\mathbf{r}$을 따라 함수 f의 값이 일정하므로, 위 식의 좌변에서 도함수는 0이며, 따라서 기울기 벡터 ∇f는 곡선의 속도벡터 $\mathbf{r}'$과 직교한다.

이제 P_0를 지나는 곡선에 주의를 집중하자(그림 12.33). P_0를 지나는 모든 속도벡터들은 P_0에서 ∇f에 수직이므로, 곡선의 접선은 모두 ∇f에 수직이고 P_0를 지나는 평면에 놓여 있다. 이 평면을 다음과 같이 정의한다.

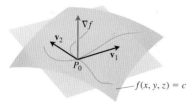

그림 12.33 기울기 벡터 ∇f는 P_0를 지나는 곡면 위의 모든 매끄러운 곡선의 속도벡터에 수직이다. 그러므로 P_0에서 속도벡터는 P_0에서 접평면이라 부르는 평면에 놓여 있다.

정의 미분가능한 함수 f의 등위곡면 $f(x, y, z) = c$ 위에 있는, 기울기 벡터가 영벡터가 아닌 점 P_0에서 **접평면(tangent plane)**은 P_0를 지나고 $\nabla f|_{P_0}$에 수직인 평면이다. P_0에서 곡면의 **법선(normal line)**은 $\nabla f|_{P_0}$와 평행이고 P_0를 지나는 직선이다.

그러므로 10.5절에서와 같이 접평면과 법선은 P_0에서 기울기 벡터가 영벡터가 아니라면, 다음의 식으로 주어진다.

$P_0(x_0, y_0, z_0)$에서 $f(x, y, z) = c$에 대한 접평면

$$f_x(P_0)(x - x_0) + f_y(P_0)(y - y_0) + f_z(P_0)(z - z_0) = 0 \tag{1}$$

$P_0(x_0, y_0, z_0)$에서 $f(x, y, z) = c$에 대한 법선

$$x = x_0 + f_x(P_0)t, \qquad y = y_0 + f_y(P_0)t, \qquad z = z_0 + f_z(P_0)t \tag{2}$$

예제 1 점 $P_0(1, 2, 4)$에서 등위 곡면

$$f(x, y, z) = x^2 + y^2 + z - 9 = 0 \qquad \text{원형 포물면}$$

에 대한 접평면과 법선의 방정식을 구하라.

풀이 곡면은 그림 12.34에서 볼 수 있다.
접평면은 P_0를 지나고, P_0에서 f의 기울기 벡터에 수직인 평면이다. 기울기 벡터는 다음과 같다.

$$\nabla f|_{P_0} = (2x\mathbf{i} + 2y\mathbf{j} + \mathbf{k})\Big|_{(1, 2, 4)} = 2\mathbf{i} + 4\mathbf{j} + \mathbf{k}$$

그러므로 접평면의 방정식은 다음과 같다.

$$2(x - 1) + 4(y - 2) + (z - 4) = 0 \quad \text{즉} \quad 2x + 4y + z = 14$$

P_0에서 곡면의 법선은 다음과 같다.

$$x = 1 + 2t, \qquad y = 2 + 4t, \qquad z = 4 + t \qquad ■$$

한 점 $P_0(x_0, y_0, z_0)$에서 매끄러운 곡면 $z = f(x, y)$에 대한 접평면의 방정식을 구하기 위하여 방정식 $z = f(x, y)$를 동치인 방정식 $f(x, y) - z = 0$으로 나타낸다. 이때 곡면 $z = f(x, y)$는 함수 $F(x, y, z) = f(x, y) - z$의 0 등위곡면이 된다. F의 편도함수들은 다음과 같다.

$$F_x = \frac{\partial}{\partial x}(f(x, y) - z) = f_x - 0 = f_x$$

$$F_y = \frac{\partial}{\partial y}(f(x, y) - z) = f_y - 0 = f_y$$

$$F_z = \frac{\partial}{\partial z}(f(x, y) - z) = 0 - 1 = -1$$

P_0에서 기울기 벡터가 영벡터가 아니라면, P_0에서 등위곡면에 대한 접평면의 방정식은 다음과 같다.

$$F_x(P_0)(x - x_0) + F_y(P_0)(y - y_0) + F_z(P_0)(z - z_0) = 0$$

즉

$$f_x(x_0, y_0)(x - x_0) + f_y(x_0, y_0)(y - y_0) - (z - z_0) = 0$$

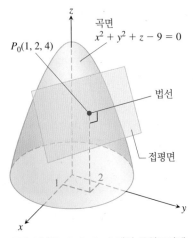

그림 12.34 $P_0(1, 2, 4)$에서 등위곡면에 대한 접평면과 법선(예제 1)

$(x_0, y_0, f(x_0, y_0))$에서 곡면 $z=f(x, y)$에 대한 접평면

점 $P_0(x_0, y_0, z_0) = (x_0, y_0, f(x_0, y_0))$에서 미분가능한 함수 f의 곡면 $z = f(x, y)$에 대한 접평면의 방정식은 다음과 같다.

$$f_x(x_0, y_0)(x - x_0) + f_y(x_0, y_0)(y - y_0) - (z - z_0) = 0 \tag{3}$$

예제 2 $(0, 0, 0)$에서 곡면 $z = x \cos y - ye^x$에 대한 접평면의 방정식을 구하라.

풀이 $f(x, y) = x \cos y - ye^x$의 편미분계수를 계산하고

$$f_x(0, 0) = (\cos y - ye^x)\Big|_{(0, 0)} = 1 - 0 \cdot 1 = 1$$

$$f_y(0, 0) = (-x \sin y - e^x)\Big|_{(0, 0)} = 0 - 1 = -1$$

식 (3)을 이용하면 접평면의 방정식은 다음과 같다.

$$1 \cdot (x - 0) - 1 \cdot (y - 0) - (z - 0) = 0, \qquad \text{식 (3)}$$

즉,

$$x - y - z = 0$$

∎

예제 3 곡면

$$f(x, y, z) = x^2 + y^2 - 2 = 0 \qquad \text{원기둥}$$

과

$$g(x, y, z) = x + z - 4 = 0 \qquad \text{평면}$$

이 만나면 타원 E가 된다(그림 12.35). 점 $P_0(1, 1, 3)$에서 E에 대한 접선의 매개방정식을 구하라.

풀이 P_0에서 접선은 ∇f와 ∇g에 모두 수직이므로 $\mathbf{v} = \nabla f \times \nabla g$에 평행하다. $\mathbf{v}$의 성분과 P_0의 좌표를 이용하여 접선의 방정식을 구할 수 있다.

$$\nabla f\big|_{(1, 1, 3)} = (2x\mathbf{i} + 2y\mathbf{j})\Big|_{(1, 1, 3)} = 2\mathbf{i} + 2\mathbf{j}$$

$$\nabla g\big|_{(1, 1, 3)} = (\mathbf{i} + \mathbf{k})\Big|_{(1, 1, 3)} = \mathbf{i} + \mathbf{k}$$

$$\mathbf{v} = (2\mathbf{i} + 2\mathbf{j}) \times (\mathbf{i} + \mathbf{k}) = \begin{vmatrix} \mathbf{i} & \mathbf{j} & \mathbf{k} \\ 2 & 2 & 0 \\ 1 & 0 & 1 \end{vmatrix} = 2\mathbf{i} - 2\mathbf{j} - 2\mathbf{k}$$

접선의 방정식은 다음과 같다.

$$x = 1 + 2t, \qquad y = 1 - 2t, \qquad z = 3 - 2t$$

∎

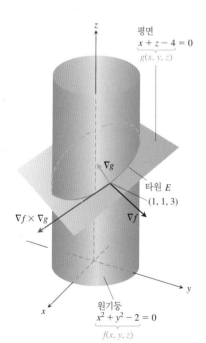

그림 12.35 원기둥과 평면은 타원 E에서 만난다(예제 3).

주어진 방향에서 변화량 추정하기

방향미분계수는 점 P_0에서 근처의 다른 점으로 짧은 거리 ds만큼 이동할 때, f의 변화량이 얼마인지를 계산할 때 상미분계수와 비슷한 역할을 한다. 만약 f가 1변수 함수이면 다음이 성립한다.

$$df = f'(P_0)\,ds \qquad \text{상미분계수} \times \text{증분}$$

2변수 이상의 함수에 대해서는 다음의 공식을 이용한다.

$$df = (\nabla f|_{P_0} \cdot \mathbf{u})\,ds \qquad \text{방향미분계수} \times \text{증분}$$

여기서 $\mathbf{u}$는 P_0에서 움직이는 방향을 나타낸다.

$\mathbf{u}$ 방향으로 f의 변화량의 추정값

점 P_0에서 $\mathbf{u}$ 방향으로 짧은 거리 ds만큼 이동했을 때 미분가능한 함수 f의 변화량을 추정하기 위해서 다음 공식을 사용한다.

$$df = \underbrace{(\nabla f|_{P_0} \cdot \mathbf{u})}_{\text{방향미분계수}} \underbrace{ds}_{\text{거리 증분}}$$

예제 4 $\qquad\qquad f(x, y, z) = y \sin x + 2yz$

일 때 점 $P(x, y, z)$가 $P_0(0, 1, 0)$에서 0.1 단위만큼 $P_1(2, 2, -2)$을 향해 이동할 때 f의 변화량을 구하라.

풀이   먼저 P_0에서 $\overrightarrow{P_0P_1} = 2\mathbf{i} + \mathbf{j} - 2\mathbf{k}$ 방향에 대한 f의 방향미분계수를 구한다. 이 벡터의 방향은 다음과 같다.

$$\mathbf{u} = \frac{\overrightarrow{P_0P_1}}{|\overrightarrow{P_0P_1}|} = \frac{\overrightarrow{P_0P_1}}{3} = \frac{2}{3}\mathbf{i} + \frac{1}{3}\mathbf{j} - \frac{2}{3}\mathbf{k}$$

P_0에서 f의 기울기 벡터는 다음과 같다.

$$\nabla f|_{(0, 1, 0)} = ((y\cos x)\mathbf{i} + (\sin x + 2z)\mathbf{j} + 2y\mathbf{k})\Big|_{(0, 1, 0)} = \mathbf{i} + 2\mathbf{k}$$

그러므로 방향미분계수는 다음과 같다.

$$\nabla f|_{P_0} \cdot \mathbf{u} = (\mathbf{i} + 2\mathbf{k}) \cdot \left(\frac{2}{3}\mathbf{i} + \frac{1}{3}\mathbf{j} - \frac{2}{3}\mathbf{k}\right) = \frac{2}{3} - \frac{4}{3} = -\frac{2}{3}$$

P_0에서 $\mathbf{u}$ 방향으로 $ds = 0.1$ 단위만큼 이동하면 f의 변화량 df는 대략 다음과 같다(그림 12.36 참조).

$$df = (\nabla f|_{P_0} \cdot \mathbf{u})(ds) = \left(-\frac{2}{3}\right)(0.1) \approx -0.067 \text{ 단위} \qquad \blacksquare$$

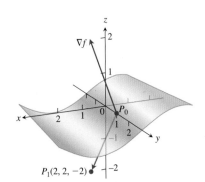

그림 12.36 점 $P(x, y, z)$가 P_0에서 등위곡면을 벗어나 P_1을 향해 0.1 단위만큼 이동할 때, f의 값은 근사적으로 -0.067 단위만큼 변한다.

2변수 함수의 선형근사식 구하기

복잡한 2변수 함수의 경우, 계산하기 어렵지 않고 구체적인 응용에서 허용하는 오차 범위 내에서 좀 더 간단한 함수로 근사할 필요가 있다. 1변수 함수에 대해서 1차 근사식을 이용한 것과 유사한 방법으로 근사함수를 구할 수 있다(2.9절).

근사할 함수가 $z = f(x, y)$이고, f, f_x, f_y의 값을 알고, f가 미분가능한 점 (x_0, y_0)의 근처에서 좋은 근사식을 원한다고 가정하자. 만약에 (x_0, y_0)에서 (x, y)로 이동하면, 이때의 증분은 $\Delta x = x - x_0$, $\Delta y = y - y_0$(그림 12.37)이고, 12.3절에 있는 미분가능성에 대한 정의에 의해서 변화량은 다음과 같다.

$$f(x, y) - f(x_0, y_0) = f_x(x_0, y_0)\Delta x + f_y(x_0, y_0)\Delta y + \varepsilon_1\Delta x + \varepsilon_2\Delta y$$

여기서 Δx, $\Delta y \to 0$이면 ε_1, $\varepsilon_2 \to 0$이다. 증분 Δx, Δy가 작아지면, 곱 $\varepsilon_1\Delta x$, $\varepsilon_2\Delta y$도 결국은 더 작아지고, 다음 근사식을 얻게 된다.

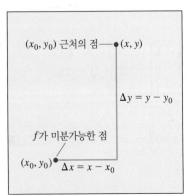

그림 12.37 f가 (x_0, y_0)에서 미분가능하면, 이 근처의 임의의 점 (x, y)에서 f의 값은 대략
$f(x_0, y_0) + f_x(x_0, y_0)\Delta x + f_y(x_0, y_0)\Delta y$이다.

$$f(x, y) \approx \underbrace{f(x_0, y_0) + f_x(x_0, y_0)(x - x_0) + f_y(x_0, y_0)(y - y_0)}_{L(x, y)}$$

다시 말해서 Δx, Δy가 작으면 f는 선형근사식 L과 거의 같은 값을 가질 것이다.

정의 f가 미분가능한 점 (x_0, y_0)에서 $f(x, y)$의 **선형식(linearization)**은 다음과 같다.

$$L(x, y) = f(x_0, y_0) + f_x(x_0, y_0)(x - x_0) + f_y(x_0, y_0)(y - y_0)$$

다음과 같은 근사식을 (x_0, y_0)에서 f의 **표준선형근사식(standard linear approximation)** 이라 한다.

$$f(x, y) \approx L(x, y)$$

식 (3)에 의해 평면 $z = L(x, y)$는 점 (x_0, y_0)에서 곡면 $z = f(x, y)$의 접평면임을 알 수 있다. 그러므로 2변수 함수에 대한 선형근사식은 근사 접평면이고 이것은 1변수 함수에 대한 선형근사식이 접선인 것과 같은 원리이다(연습문제 57 참조).

예제 5   점 $(3, 2)$에서 다음 함수의 선형식을 구하라.

$$f(x, y) = x^2 - xy + \frac{1}{2}y^2 + 3$$

풀이   먼저 $(x_0, y_0) = (3, 2)$에서 f, f_x, f_y를 계산한다:

$$f(3, 2) = \left(x^2 - xy + \frac{1}{2}y^2 + 3 \right)\bigg|_{(3, 2)} = 8$$

$$f_x(3, 2) = \frac{\partial}{\partial x}\left(x^2 - xy + \frac{1}{2}y^2 + 3 \right)\bigg|_{(3, 2)} = (2x - y)\big|_{(3, 2)} = 4$$

$$f_y(3, 2) = \frac{\partial}{\partial y}\left(x^2 - xy + \frac{1}{2}y^2 + 3 \right)\bigg|_{(3, 2)} = (-x + y)\big|_{(3, 2)} = -1$$

이로부터

$$L(x, y) = f(x_0, y_0) + f_x(x_0, y_0)(x - x_0) + f_y(x_0, y_0)(y - y_0)$$
$$= 8 + (4)(x - 3) + (-1)(y - 2) = 4x - y - 2$$

$(3, 2)$에서 f의 선형식은 $L(x, y) = 4x - y - 2$이다(그림 12.38 참조).   ∎

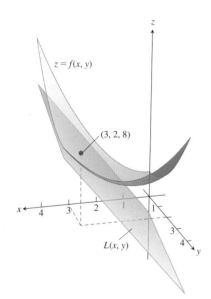

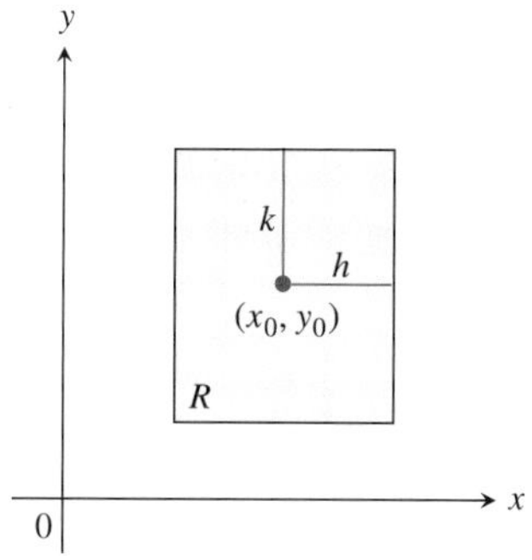

그림 12.38 접평면 $L(x, y)$는 예제 5에서 함수 $f(x, y)$의 선형식을 나타낸다.

미분가능한 함수 $f(x, y)$를 (x_0, y_0)에서 f의 선형식 $L(x, y)$로 근사할 때 그 근사가 얼마나 정확한가에 대한 질문은 중요하다.

(x_0, y_0)를 중심으로 한 직사각형 R(그림 12.39)에서 $|f_{xx}|$, $|f_{yy}|$, $|f_{xy}|$의 상계 M을 찾을 수 있으면 간단한 공식을 이용하여 R에서 오차의 한계를 계산할 수 있다(12.9절에서 유도된다). **오차(error)**는 $E(x, y) = f(x, y) - L(x, y)$로 주어진다.

그림 12.39 xy평면에 있는 직사각형 영역 R: $|x - x_0| \leq h$, $|y - y_0| \leq k$

표준선형근사식의 오차

f가 (x_0, y_0)를 중심으로 하는 직사각형 R을 포함하는 열린 집합에서 연속인 1계, 2계 도함수를 가지고, M이 R에서 $|f_{xx}|$, $|f_{yy}|$, $|f_{xy}|$의 상계이고, R에서 $f(x, y)$ 대신에 선형 근사식

$$L(x, y) = f(x_0, y_0) + f_x(x_0, y_0)(x - x_0) + f_y(x_0, y_0)(y - y_0)$$

으로 근사시킬 때 생기는 오차 $E(x, y)$는 다음 부등식을 만족한다.

$$|E(x, y)| \leq \frac{1}{2} M(|x - x_0| + |y - y_0|)^2$$

주어진 M에 대해서 $|E(x, y)|$를 작게 하기 위해서는 $|x-x_0|$와 $|y-y_0|$를 작게 만들어야 한다.

미분

2.9절을 상기하면 1변수 함수 $y = f(x)$에 대해서 x가 a에서 $a + \Delta x$로 변할 때 f의 변화량은

$$\Delta f = f(a + \Delta x) - f(a)$$

이고 f의 미분은 다음과 같다.

$$df = f'(a)\, dx$$

이제 2변수 함수의 미분에 대해서 살펴보자.

$f(x, y)$가 미분가능한 함수이고, 한 점 (x_0, y_0)에서 편미분계수가 존재한다고 가정하자. (x_0, y_0)에서 가까운 점 $(x_0 + \Delta x, y_0 + \Delta y)$로 변화할 때, f의 변화량은 다음과 같다.

$$\Delta f = f(x_0 + \Delta x, y_0 + \Delta y) - f(x_0, y_0)$$

기호 $x - x_0 = \Delta x$, $y - y_0 = \Delta y$를 이용하고 $L(x, y)$의 정의에 기초하여 계산하면 대응하는 L의 변화량은 다음과 같다.

$$\Delta L = L(x_0 + \Delta x, y_0 + \Delta y) - L(x_0, y_0)$$
$$= f_x(x_0, y_0)\Delta x + f_y(x_0, y_0)\Delta y$$

미분 dx와 dy는 독립변수이므로 임의의 값을 취할 수 있다.

종종 $dx = \Delta x = x - x_0$, $dy = \Delta y = y - y_0$라 둔다. 이때 다음과 같이 f의 전미분을 정의할 수 있다.

정의 점 (x_0, y_0)에서 가까운 점 $(x_0 + dx, y_0 + dy)$로 변화할 때, f의 선형식에서의 변화량

$$df = f_x(x_0, y_0)\, dx + f_y(x_0, y_0)\, dy$$

을 f의 **전미분(total differential of f)**이라 부른다.

예제 6 반지름이 1 cm이고, 높이가 5 cm인 원기둥 모양의 깡통이 있다고 하자. 그런데 반지름과 높이가 $dr = +0.03$, $dh = -0.1$만큼 변했을 때 이로 인하여 생기는 깡통 부피의 절대 변화량의 근삿값을 구하라.

풀이 $V = \pi r^2 h$의 절대 변화량을 계산하기 위해서 다음의 식을 이용한다.

$$\Delta V \approx dV = V_r(r_0, h_0)\, dr + V_h(r_0, h_0)\, dh$$

$V_r = 2\pi rh$, $V_h = \pi r^2$이므로 다음과 같다.

$$dV = 2\pi r_0 h_0\, dr + \pi r_0{}^2\, dh = 2\pi(1)(5)(0.03) + \pi(1)^2(-0.1)$$
$$= 0.3\pi - 0.1\pi = 0.2\pi \approx 0.63 \text{ cm}^3$$

예제 7 어떤 회사가 높이가 2.5 m이고, 반지름이 0.5 m인 직원기둥 모양의 스테인리스 저장 탱크를 제조하고 있다. 이때 탱크의 부피는 높이와 반지름의 아주 작은 변화에 대해서 어떻게 반응하는가?

풀이 $V = \pi r^2 h$이므로 부피의 변화량의 근삿값은 전미분으로부터 다음과 같이 주어진다.

$$dV = V_r(0.5, 2.5)\,dr + V_h(0.5, 2.5)\,dh$$
$$= (2\pi rh)\Big|_{(0.5,\,2.5)}\,dr + (\pi r^2)\Big|_{(0.5,\,2.5)}\,dh$$
$$= 2.5\pi\,dr + 0.25\pi\,dh$$

즉, r의 값에서 1 단위가 변할 때 부피는 약 2.5 π 단위가 변한다. h의 값이 1 단위 변하면 V는 약 0.25π 단위가 변한다. 탱크의 부피는 r의 작은 변화량에 대해서 h의 같은 작은 변화량보다 10배나 민감하게 변화한다. 품질관리 엔지니어들은 탱크의 정확한 부피를 중요시하므로 탱크의 반지름에 신경을 써야 한다.

이와는 달리 r과 h의 값이 $r = 2.5$, $h = 0.5$로 바뀌면, 부피 V의 변화량은 다음과 같다.

$$dV = (2\pi rh)\Big|_{(2.5,\,0.5)}\,dr + (\pi r^2)\Big|_{(2.5,\,0.5)}\,dh = 2.5\pi\,dr + 6.25\pi\,dh$$

이때 부피는 r의 변화량보다는 h의 변화량에 더욱 민감하게 변한다(그림 12.40).

일반적으로 함수는 편도함수를 가장 크게 하는 변수의 작은 변화에 가장 민감하게 반응한다. ■

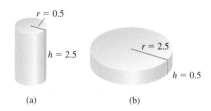

그림 12.40 원기둥 (a)의 부피는 h의 작은 변화량보다 r의 같은 작은 변화량에 더욱 더 민감하게 변한다. 원기둥 (b)의 부피는 r의 작은 변화량보다 h의 같은 작은 변화량에 더욱 더 민감하게 변한다(예제 7).

3변수 이상의 함수

유사한 결과가 3변수 이상의 미분가능한 함수에 대해서도 성립한다.

1. 한 점 $P_0(x_0, y_0, z_0)$에서 $f(x, y, z)$의 **선형식(linearization)**은 다음과 같다.

$$L(x, y, z) = f(P_0) + f_x(P_0)(x - x_0) + f_y(P_0)(y - y_0) + f_z(P_0)(z - z_0)$$

2. R을 중심이 P_0인 닫힌 직육면체라 하고, f의 2계 도함수들이 연속이 되는 열린 영역 안에 있다고 가정하자. 그리고 $|f_{xx}|$, $|f_{yy}|$, $|f_{zz}|$, $|f_{xy}|$, $|f_{xz}|$, $|f_{yz}|$의 값이 모두 R에서 M보다 작거나 같다고 가정하자. 이때 f를 L로서 근사시킬 때 **오차** $E(x, y, z) = f(x, y, z) - L(x, y, z)$는 R에서 유계이고 다음의 부등식으로 주어진다.

$$E| \le \frac{1}{2}M\big(|x - x_0| + |y - y_0| + |z - z_0|\big)^2$$

3. f의 2계 편도함수가 연속이고 x, y, z가 x_0, y_0, z_0에서 작은 양 dx, dy, dz만큼 변할 때 **전미분**

$$df = f_x(P_0)\,dx + f_y(P_0)\,dy + f_z(P_0)\,dz$$

는 f의 변화량에 관한 좋은 근삿값을 제공한다.

예제 8 점 $(x_0, y_0, z_0) = (2, 1, 0)$에서

$$f(x, y, z) = x^2 - xy + 3\sin z$$

의 선형근사식 $L(x, y, z)$를 구하라. 직육면체

$$R: \quad |x - 2| \le 0.01, \qquad |y - 1| \le 0.02, \qquad |z| \le 0.01$$

에서 f를 L로 근사시킬 때 오차의 상계를 구하라.

풀이 함수 f의 정의에 의해서 다음을 얻는다.

$$f(2, 1, 0) = 2, \qquad f_x(2, 1, 0) = 3, \qquad f_y(2, 1, 0) = -2, \qquad f_z(2, 1, 0) = 3$$

따라서 선형근사식은 다음과 같다.

$$L(x, y, z) = 2 + 3(x - 2) + (-2)(y - 1) + 3(z - 0) = 3x - 2y + 3z - 2$$

또한

$$f_{xx} = 2, \qquad f_{yy} = 0, \qquad f_{zz} = -3 \sin z, \qquad f_{xy} = -1, \qquad f_{xz} = 0, \qquad f_{yz} = 0$$

이고, $|-3 \sin z| \leq 3 \sin 0.01 \approx 0.03$이므로, 2계 편도함수의 상계를 $M = 2$로 잡을 수 있다. 이때 R에서 f를 L로 근사시킬 때 생기는 오차 한계는 다음과 같다.

$$E| \leq \frac{1}{2}(2)(0.01 + 0.02 + 0.01)^2 = 0.0016 \qquad \blacksquare$$

연습문제 12.6

곡면에 대한 접평면과 법선

연습문제 1~10에서 점 P_0에서 곡면의 (a) 접평면과 (b) 법선의 방정식을 구하라.

1. $x^2 + y^2 + z^2 = 3$, $P_0(1, 1, 1)$
2. $x^2 + y^2 - z^2 = 18$, $P_0(3, 5, -4)$
3. $2z - x^2 = 0$, $P_0(2, 0, 2)$
4. $x^2 + 2xy - y^2 + z^2 = 7$, $P_0(1, -1, 3)$
5. $\cos \pi x - x^2 y + e^{xz} + yz = 4$, $P_0(0, 1, 2)$
6. $x^2 - xy - y^2 - z = 0$, $P_0(1, 1, -1)$
7. $x + y + z = 1$, $P_0(0, 1, 0)$
8. $x^2 + y^2 - 2xy - x + 3y - z = -4$, $P_0(2, -3, 18)$
9. $x \ln y + y \ln z = x$, $P_0(2, 1, e)$
10. $ye^x - ze^{y^2} = z$, $P_0(0, 0, 1)$

연습문제 11~14에서 주어진 점에서 곡면에 대한 접평면의 방정식을 구하라.

11. $z = \ln (x^2 + y^2)$, $(1, 0, 0)$
12. $z = e^{-(x^2 + y^2)}$, $(0, 0, 1)$
13. $z = \sqrt{y - x}$, $(1, 2, 1)$
14. $z = 4x^2 + y^2$, $(1, 1, 5)$

곡면이 만나는 교차 곡선에 대한 접선의 방정식

연습문제 15~20에서 주어진 점에서 곡면들이 만나는 교차곡선에 대한 접선의 매개방정식을 구하라.

15. 곡면: $x + y^2 + 2z = 4$, $x = 1$
    점: $(1, 1, 1)$
16. 곡면: $xyz = 1$, $x^2 + 2y^2 + 3z^2 = 6$
    점: $(1, 1, 1)$
17. 곡면: $x^2 + 2y + 2z = 4$, $y = 1$
    점: $(1, 1, 1/2)$
18. 곡면: $x + y^2 + z = 2$, $y = 1$
    점: $(1/2, 1, 1/2)$

19. 곡면: $x^3 + 3x^2 y^2 + y^3 + 4xy - z^2 = 0$,
    $x^2 + y^2 + z^2 = 11$
    점: $(1, 1, 3)$
20. 곡면: $x^2 + y^2 = 4$, $x^2 + y^2 - z = 0$
    점: $\left(\sqrt{2}, \sqrt{2}, 4\right)$

변화량 추정하기

21. 점 $P(x, y, z)$가 $P_0(3, 4, 12)$에서 $3\mathbf{i} + 6\mathbf{j} - 2\mathbf{k}$ 방향으로 $ds = 0.1$ 단위만큼 변했을 때
    $$f(x, y, z) = \ln\sqrt{x^2 + y^2 + z^2}$$
    의 변화량을 구하라.
22. 점 $P(x, y, z)$가 원점에서 $2\mathbf{i} + 2\mathbf{j} - 2\mathbf{k}$ 방향으로 $ds = 0.1$ 단위만큼 변했을 때
    $$f(x, y, z) = e^x \cos yz$$
    의 변화량을 추정하라.
23. 점 $P(x, y, z)$가 $P_0(2, -1, 0)$에서 $P_1(0, 1, 2)$ 쪽으로 $ds = 0.2$ 단위만큼 변했을 때
    $$g(x, y, z) = x + x \cos z - y \sin z + y$$
    의 변화량을 추정하라.
24. 점 $P(x, y, z)$가 $P_0(-1, -1, -1)$에서 원점 쪽으로 $ds = 0.1$ 단위만큼 변했을 때
    $$h(x, y, z) = \cos(\pi xy) + xz^2$$
    의 변화량을 추정하라.
25. **원 위에서 온도의 변화량** xy평면의 점 (x, y)에서 섭씨온도는 $T(x, y) = x \sin 2y$이고 xy평면에서의 거리는 미터(m)로 측정한다고 가정하자. 한 입자가 중심이 원점이고 반지름이 1 m인 원 위를 시계방향으로 일정한 속도 2 m/s로 움직이고 있다.

    a. 점 $P\left(\frac{1}{2}, \frac{\sqrt{3}}{2}\right)$에서 입자의 체감온도는 몇 °C/m인가?

    b. P에서 입자의 체감온도는 몇 °C/s인가?
26. **공간의 곡선에서 온도의 변화량** 공간의 영역에서 섭씨온도는 $T(x, y, z) = 2x^2 - xyz$이다. 입자는 이 영역 내에서 움직이고 있고, 시간 t에서 입자의 위치는 $x = 2t^2$, $y = 3t$, $z = -t^2$으로 주어

진다. 여기서 t의 단위는 초(s)이고, 거리의 단위는 미터(m)이다.

a. 입자가 $P(8, 6, -4)$에 있을 때 입자의 체감온도는 몇 °C/m인가?

b. P에서 입자의 체감온도는 몇 °C/s인가?

선형근사식 구하기

연습문제 27~32에서 주어진 점에서 함수의 선형근사식 $L(x, y)$를 구하라.

27. $f(x, y) = x^2 + y^2 + 1$ **a.** $(0, 0)$,   **b.** $(1, 1)$

28. $f(x, y) = (x + y + 2)^2$ **a.** $(0, 0)$,   **b.** $(1, 2)$

29. $f(x, y) = 3x - 4y + 5$ **a.** $(0, 0)$,   **b.** $(1, 1)$

30. $f(x, y) = x^3 y^4$ **a.** $(1, 1)$,   **b.** $(0, 0)$

31. $f(x, y) = e^x \cos y$ **a.** $(0, 0)$,   **b.** $(0, \pi/2)$

32. $f(x, y) = e^{2y-x}$ **a.** $(0, 0)$,   **b.** $(1, 2)$

33. 체감 온도 지수 노출된 피부에 실체적으로 느껴지는 온도를 나타내는 체감 온도 지수는 온도와 풍속의 함수이다. 최근 2001년에 미국 기상과(National Weather Service)에서 현대 열전달 이론, 인간 얼굴 모델과 피부 조직의 저항에 기초해서 만든 공식은 다음과 같다(단위 변환에 의해 수정됨).

$$W = W(v, T) = 13.13 + 0.6215\,T - 11.36\,v^{0.16} + 0.396\,T \cdot v^{0.16}$$

여기서 T는 온도(°C)이고 v는 풍속(km/h)이다. 체감 온도 지수의 일부분은 아래와 같다.

v (km/h)	\multicolumn{7}{c}{$T(°C)$}
	5	**0**	**-5**	**-10**	**-15**	**-20**	**-25**
10	2.7	-3.3	-9.3	-15.2	-21.2	-27.2	-33.1
20	1.1	-5.2	-11.5	-17.8	-24.1	-30.4	-36.7
30	0.1	-6.4	-13.0	-19.5	-26.0	-32.5	-39.0
40	-0.7	-7.4	-14.0	-20.7	-27.4	-34.1	-40.8
50	-1.3	-8.1	-14.9	-21.7	-28.5	-35.4	-42.2
60	-1.8	-8.7	-15.7	-22.6	-29.5	-36.4	-43.3

a. 표를 이용하여 $W(30, -5)$, $W(50, -25)$과 $W(30, -10)$을 구하라.

b. 공식을 이용하여 $W(15, -40)$, $W(80, -40)$과 $W(90, 0)$을 구하라.

c. $(40, -10)$에서 함수 $W(v, T)$의 선형근사식 $L(v, T)$를 구하라.

d. (c)의 $L(v, T)$를 이용하여 다음 체감 온도 지수를 추정하라.
   i) $W(39, -9)$ **ii)** $W(42, -12)$
   iii) $W(10, -25)$ (왜 이 값이 표에서 찾은 값과 차이가 큰 지를 설명하라).

34. 연습문제 33에서 $(50, -20)$에서 함수 $W(v, T)$의 선형근사식 $L(v, T)$를 구하라. 이를 이용하여 다음 체감 온도 지수를 추정하라.
   a. $W(49, -22)$ **b.** $W(53, -19)$
   c. $W(60, -30)$

선형근사식에 대한 오차의 한계

연습문제 35~40에서 P_0에서 함수 $f(x, y)$의 선형근사식 $L(x, y)$를 구하라. 직사각형 영역 R에서 근사식 $f(x, y) \approx L(x, y)$의 오차의 한계를 구하라.

35. $f(x, y) = x^2 - 3xy + 5$, $P_0(2, 1)$,
    R: $|x - 2| \leq 0.1$, $|y - 1| \leq 0.1$

36. $f(x, y) = (1/2)x^2 + xy + (1/4)y^2 + 3x - 3y + 4$, $P_0(2, 2)$,
    R: $|x - 2| \leq 0.1$, $|y - 2| \leq 0.1$

37. $f(x, y) = 1 + y + x \cos y$, $P_0(0, 0)$,
    R: $|x| \leq 0.2$, $|y| \leq 0.2$
    (E를 추정할 때 $|\cos y| \leq 1, |\sin y| \leq 1$를 사용하라.)

38. $f(x, y) = xy^2 + y \cos(x - 1)$, $P_0(1, 2)$,
    R: $|x - 1| \leq 0.1$, $|y - 2| \leq 0.1$

39. $f(x, y) = e^x \cos y$, $P_0(0, 0)$,
    R: $|x| \leq 0.1$, $|y| \leq 0.1$
    (E를 추정할 때 $e^x \leq 1.11$, $|\cos y| \leq 1$를 사용하라.)

40. $f(x, y) = \ln x + \ln y$, $P_0(1, 1)$,
    R: $|x - 1| \leq 0.2$, $|y - 1| \leq 0.2$

3변수 함수의 선형근사식

연습문제 41~46에서 주어진 점에서 함수의 선형근사식 $L(x, y, z)$를 구하라.

41. $f(x, y, z) = xy + yz + xz$
   a. $(1, 1, 1)$ **b.** $(1, 0, 0)$ **c.** $(0, 0, 0)$

42. $f(x, y, z) = x^2 + y^2 + z^2$
   a. $(1, 1, 1)$ **b.** $(0, 1, 0)$ **c.** $(1, 0, 0)$

43. $f(x, y, z) = \sqrt{x^2 + y^2 + z^2}$
   a. $(1, 0, 0)$ **b.** $(1, 1, 0)$ **c.** $(1, 2, 2)$

44. $f(x, y, z) = (\sin xy)/z$
   a. $(\pi/2, 1, 1)$ **b.** $(2, 0, 1)$

45. $f(x, y, z) = e^x + \cos(y + z)$
   a. $(0, 0, 0)$ **b.** $\left(0, \dfrac{\pi}{2}, 0\right)$ **c.** $\left(0, \dfrac{\pi}{4}, \dfrac{\pi}{4}\right)$

46. $f(x, y, z) = \tan^{-1}(xyz)$
   a. $(1, 0, 0)$ **b.** $(1, 1, 0)$ **c.** $(1, 1, 1)$

연습문제 47~50에서 P_0에서 함수 $f(x, y, z)$의 선형근사식 $L(x, y, z)$를 구하라. 영역 R에서 근사식 $f(x, y, z) \approx L(x, y, z)$의 최대 오차의 한계를 구하라.

47. $f(x, y, z) = xz - 3yz + 2$, $P_0(1, 1, 2)$,
    R: $|x - 1| \leq 0.01$, $|y - 1| \leq 0.01$, $|z - 2| \leq 0.02$

48. $f(x, y, z) = x^2 + xy + yz + (1/4)z^2$, $P_0(1, 1, 2)$,
    R: $|x - 1| \leq 0.01$, $|y - 1| \leq 0.01$, $|z - 2| \leq 0.08$

49. $f(x, y, z) = xy + 2yz - 3xz$, $P_0(1, 1, 0)$,
    R: $|x - 1| \leq 0.01$, $|y - 1| \leq 0.01$, $|z| \leq 0.01$

50. $f(x, y, z) = \sqrt{2} \cos x \sin(y + z)$, $P_0(0, 0, \pi/4)$,
    R: $|x| \leq 0.01$, $|y| \leq 0.01$, $|z - \pi/4| \leq 0.01$

오차 추정: 변화에 대한 민감도

51. 최대 오차 추정하기 $T = x(e^y + e^{-y})$이고 $x = 2$, $y = \ln 2$이고 최대 가능 오차가 $|dx| = 0.1$, $|dy| = 0.02$라고 가정하자. T를 계산할 때 생기는 최대 가능 오차를 추정하라.

52. 저항의 변화 병렬로 연결된 저항 R_1, R_2, Ω(ohm)의 총 저항 R은 다음 식으로 주어진다(그림 참조).

$$\frac{1}{R} = \frac{1}{R_1} + \frac{1}{R_2}$$

a. $dR = \left(\frac{R}{R_1}\right)^2 dR_1 + \left(\frac{R}{R_2}\right)^2 dR_2$임을 보이라.

b. 아래와 같이 두 저항 $R_1 = 100 \ \Omega$, $R_2 = 400 \ \Omega$으로 전기회로를 구성하였다. 그런데 제조과정에서 약간의 오차가 있고, 당신의 저항기가 받는 저항은 정확하게 이 값들이 아닐 수도 있다. 이때 저항 R은 R_1의 변동과 R_2의 변동 중 어느 쪽에 더 민감하게 반응하는가? 그 이유를 설명하라.

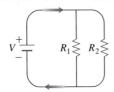

c. 다른 전기회로에서 R_1을 $20 \ \Omega$에서 $20.1 \ \Omega$, R_2를 $25 \ \Omega$에서 $24.9 \ \Omega$으로 변화시키려고 한다. R은 몇 % 정도 변화하는가?

53. 세로와 가로의 길이를 측정하여 길고 폭이 작은 직사각형의 넓이를 계산하려고 한다. 어느 길이를 더 세심하게 측정하여야 하는가? 그 이유를 설명하라.

54. a. $(1, 0)$의 근방에서 $f(x, y) = x^2(y + 1)$은 x와 y의 변화 중 어디에 더 민감하게 변하는가? 그 이유를 설명하라.

b. $(1, 0)$에서 dx에 대한 dy의 어떤 비율이 df가 0이 되게 하는가?

55. 2×2 행렬식의 값 $|a|$가 $|b|$, $|c|$, $|d|$보다 훨씬 클 때, 행렬식

$$f(a, b, c, d) = \begin{vmatrix} a & b \\ c & d \end{vmatrix}$$

의 값은 a, b, c, d 중 어느 값에 가장 민감한가? 그 이유를 설명하라.

56. 윌슨(Wilson) 크기 공식 경제학에서 윌슨(Wilson) 몫 배분공식에 의하면 가계에서 주문하는 상품(라디오, 신발, 비 등)의 양 Q는 $Q = \sqrt{2KM/h}$이다. 여기서 K는 주문시 드는 비용, M은 주당 판매량, h는 주당 관리비용(공간비용, 사용료, 보안료 등)이다. 점 $(K_0, M_0, h_0) = (2, 20, 0 05)$의 근방에서 Q는 K, M, h 중 어느 변수에 가장 민감한가? 그 이유를 설명하라.

이론과 예제

57. $f(x, y)$의 선형근사식은 접평면 근사식이다. 점 $P_0(x_0, y_0, f(x_0, y_0))$에서 미분가능한 함수 f에 의해서 정의되는 곡면 $z = f(x, y)$에 대한 접평면 방정식은 다음과 같음을 보이라.

$$f_x(x_0, y_0)(x - x_0) + f_y(x_0, y_0)(y - y_0) - (z - f(x_0, y_0)) = 0$$

즉,

$$z = f(x_0, y_0) + f_x(x_0, y_0)(x - x_0) + f_y(x_0, y_0)(y - y_0)$$

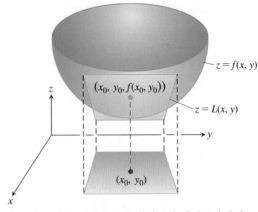

그러므로 P_0에서 접평면은 P_0에서 f의 선형근사식의 그래프이다(그림 참조).

58. 원의 신개선에 대한 변화 곡선

$$\mathbf{r}(t) = (\cos t + t \sin t)\mathbf{i} + (\sin t - t \cos t)\mathbf{j}, \qquad t > 0$$

의 단위접선벡터 방향에 대한 $f(x, y) = x^2 + y^2$의 방향도함수를 구하라.

59. 접곡선 매끄러운 곡선이 곡면과 만나는 점에서 접한다는 것은 그 교점에서 속도벡터가 ∇f에 수직하는 경우이다. 곡선

$$\mathbf{r}(t) = \sqrt{t}\,\mathbf{i} + \sqrt{t}\,\mathbf{j} + (2t - 1)\mathbf{k}$$

가 $t = 1$일 때 곡면 $x^2 + y^2 - z = 1$에 접함을 보이라.

60. 법선곡선 매끄러운 곡선이 곡면 $f(x, y, z) = c$와 만나는 점에서 곡면에 **수직**(*normal*)이다는 것은 그 곡선의 속도벡터가 그 교점에서 ∇f의 0이 아닌 실수배인 경우이다. 곡선

$$\mathbf{r}(t) = \sqrt{t}\,\mathbf{i} + \sqrt{t}\,\mathbf{j} - \frac{1}{4}(t + 3)\mathbf{k}$$

가 $t = 1$일 때 곡면 $x^2 + y^2 - z = 3$에 수직임을 보이라.

61. 아래 그림에서 보는 것처럼, 밑면이 정사각형인 닫힌 직육면체 상자를 생각하자. x는 최대 0.5%의 허용 오차로 측정되었고 y는 최대 0.75%의 허용 오차로 측정되었다. 즉, $|dx|/x < 0.005$이고, $|dy|/y < 0.0075$이다.

a. 미분을 이용하여, 상자의 부피 V를 계산함에 있어 상대 오차 $|dV|/V$를 추정하라.

b. 미분을 이용하여, 상자의 겉넓이 S를 계산함에 있어 상대 오차 $|dS|/S$를 추정하라.

(힌트: $\dfrac{4x^2 + 4xy}{2x^2 + 4xy} \leq \dfrac{4x^2 + 8xy}{2x^2 + 4xy} = 2$이고

$\dfrac{4xy}{2x^2 + 4xy} \leq \dfrac{2x^2 + 4xy}{2x^2 + 4xy} = 1$이다.)

12.7 극값과 안장점

역사적 인물
푸아송(Siméon-Denis Poisson,
1781~1840)

연속인 2변수 함수는 유계인 닫힌 영역에서 극값들을 가진다(그림 12.41, 12.42 참조). 이 절에서는 함수의 1계 편도함수를 이용하여 그 극값들을 구하는 방법을 배울 것이다. 2변수 함수는 영역의 경계점이나 혹은 두 개의 1계 편도함수가 모두 0이거나 또는 1계 편도함수 중 적어도 하나가 존재하지 않는 영역의 내부점에서만 극값을 가질 수 있다. 하지만 내부점 (a, b)에서 도함수의 값이 0이어도 극값을 항상 가지는 것은 아니다. 이 경우 함수의 그래프는 (a, b) 근방에서 안장모양이며 (a, b)에서 접평면을 가로지른다.

극값에 대한 도함수 판정법

1변수 함수인 경우 극값을 구하기 위해서 그래프에서 수평접선을 가지는 점을 구한다. 그 점에서 극대점, 극소점, 변곡점인지를 판별한다. 2변수 함수인 경우는 곡면 $z = f(x, y)$가 수평 **접평면**(tangent plane)을 가지는 점을 구한다. 그 점들에서 극대점, 극소점, 안장점인지를 판별한다.

먼저 극대, 극소의 정의부터 시작한다.

> **정의** $f(x, y)$가 (a, b)를 포함하는 영역 R에서 정의되었다고 하자.
> 1. (a, b)를 중심으로 하는 어떤 원판 안의 모든 점 (x, y)에서 $f(a, b) \geq (x, y)$이면 $f(a, b)$를 f의 **극댓값**(local maximum)이라 한다.
> 2. (a, b)를 중심으로 하는 어떤 원판 안의 모든 점 (x, y)에서 $f(a, b) \leq f(x, y)$이면 $f(a, b)$를 f의 **극솟값**(local minimum)이라 한다.

곡면 $z = f(x, y)$에서 극댓값은 산의 봉우리에 해당되고, 극솟값은 계곡의 밑바닥에 대응한다(그림 12.43). 만약 이런 점이 존재하면, 이 점들에서 접평면은 수평이다. 극값은 **상대 극값**(relative extrema)이라고도 한다.

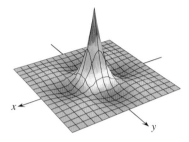

그림 12.41 함수
$$z = (\cos x)(\cos y)e^{-\sqrt{x^2+y^2}}$$
은 사각형 영역 $|x| \leq 3\pi/2$, $|y| \leq 3\pi/2$에서 최댓값 1, 최솟값 -0.067을 갖는다.

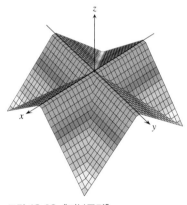

그림 12.42 "지붕곡면"
$$z = \frac{1}{2}\left(||x| - |y|| - |x| - |y|\right)$$
은 사각형의 영역 $|x| \leq a$, $|y| \leq a$에서 최댓값 0, 최솟값 $-a$를 갖는다.

극대(근처에서 f의 가장 큰 값)

극소(근처에서 f의 가장 작은 값)

그림 12.43 극대는 산의 봉우리이고, 극소는 계곡의 밑바닥

1변수 함수에서와 같이, 1계 도함수 판정법이 극값을 판정하는 핵심 기법이다.

> **정리 10 극값의 1계 도함수 판정법** $f(x, y)$가 영역의 내부 점 (a, b)에서 극댓값 또는 극솟값을 가지고, 이 점에서 1계 편미분계수가 존재하면, $f_x(a, b) = 0$이고 $f_y(a, b) = 0$이다.

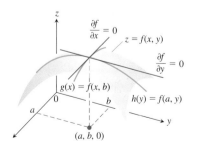

그림 12.44 f가 $x = a$, $y = b$에서 극댓값을 가지면, 1계 편도함수 $f_x(a, b)$와 $f_y(a, b)$는 모두 0이다.

증명 만일 f가 (a, b)에서 극값을 가지면 $g(x) = f(x, b)$는 $x = a$에서 극값을 가진다(그림 12.44). 그러므로 $g'(a) = 0$(3장 정리 2). $g'(a) = f_x(a, b)$이므로, $f_x(a, b) = 0$이다. $h(y) = f(a, y)$에 대해서도 유사한 방법으로 하면, $f_y(a, b) = 0$을 얻는다. ∎

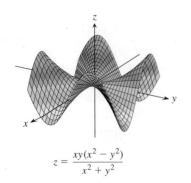

$$z = \frac{xy(x^2 - y^2)}{x^2 + y^2}$$

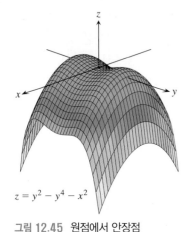

$z = y^2 - y^4 - x^2$

그림 12.45 원점에서 안장점

(a, b)에서 곡면 $z = f(x, y)$에 대한 접평면의 방정식에 $f_x(a, b) = 0$, $f_y(a, b) = 0$을 대입하면 다음을 얻는다.

$$f_x(a, b)(x - a) + f_y(a, b)(y - b) - (z - f(a, b)) = 0$$
$$0 \cdot (x - a) + 0 \cdot (y - b) - z + f(a, b) = 0$$

즉

$$z = f(a, b)$$

그러므로 정리 10에 의하면 곡면이 극점에서 접평면을 가지면, 그 접평면은 수평 접평면이어야만 한다.

> **정의** $f_x = f_y = 0$이거나 이 편도함수들 중 하나 또는 둘 다 존재하지 않는 함수 $f(x, y)$의 정의역 상의 내점을 f의 **임계점(critical point)**이라 한다.

정리 10에 의하면 함수 $f(x, y)$는 임계점이나 경계점에서만 극값을 가질 수 있다. 미분가능한 1변수 함수의 경우, 모든 임계점에서 극값을 가지는 것은 아니다. 미분가능한 1변수 함수에서는 변곡점을 가질 수 있다. 미분가능한 2변수 함수에서는 **안장점**을 가질 수 있다.

> **정의** 미분가능한 함수 $f(x, y)$가 임계점 (a, b)에서 **안장점(saddle point)**을 가진다는 것은 (a, b)를 중심으로 하는 모든 열린 원판에서 $f(x, y) > f(a, b)$이 성립하는 점 (x, y)와 $f(x, y) < f(a, b)$이 성립하는 또 다른 점 (x, y)가 정의역 내에 동시에 존재할 때이다. 이때, 곡면 $z = f(x, y)$ 위의 점 $(a, b, f(a, b))$를 곡면의 안장점이라 한다(그림 12.45).

예제 1 $f(x, y) = x^2 + y^2 - 4y + 9$의 극값을 구하라.

풀이 f의 정의역은 전 평면(그러므로 경계점이 없음)이고, 모든 점에서 편도함수 $f_x = 2x$와 $f_y = 2y - 4$가 존재한다. 그러므로 극값은 다음 조건을 만족하는 점에서만 발생한다.

$$f_x = 2x = 0 \text{과} \qquad f_y = 2y - 4 = 0$$

이를 가능하게 하는 점은 점 $(0, 2)$뿐이고 이 점에서 f의 값은 5이다.
또한 $f(x, y) = x^2 + (y - 2)^2 + 5$는 결코 5보다 작을 수 없기 때문에, 임계점 $(0, 2)$에서 극솟값을 갖는다는 것을 알게 된다(그림 12.46). ∎

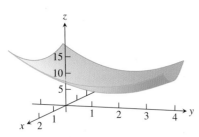

그림 12.46 함수 $f(x, y) = x^2 + y^2 - 4y + 9$의 그래프는 점 $(0, 2)$에서 극솟값 5를 가지는 포물선이다(예제 1).

예제 2 $f(x, y) = y^2 - x^2$의 극값을 구하라. (만약 존재하면)

풀이 f의 정의역은 전 평면(그러므로 경계점은 없음)이고, 편도함수 $f_x = -2x$, $f_y = 2y$는 모든 점에서 존재한다. 그러므로 극값은 $f_x = 0$과 $f_y = 0$인 원점 $(0, 0)$에서만 발생한다. 그런데 양의 x축을 따라서 f의 값은 $f(x, 0) = -x^2 < 0$; 양의 y축을 따라서 f의 값은 $f(0, y) = y^2 > 0$이다. 그러므로 $(0, 0)$을 중심으로 하는 xy평면 내에 있는 모든 원판은 함숫값이 양인 점과 음인 점을 가진다. 함수는 원점에서 극값을 갖지 않고 안장점을 가진다(그림 12.47(a)). 그림 12.47(b)는 f의 등위곡선 (쌍곡선)을 보여준다. 이는 함수가 4개의 그룹으로 나누어져 증가와 감소가 교대로 나타남을 알게 해 준다. ∎

R의 내점 (a, b)에서 $f_x = f_y = 0$이라는 사실이 그 점에서 극값을 가진다는 것을 보장하지는 못한다. 그런데 만일 f와 f의 1계, 2계 편도함수들이 R 내에서 연속이면 다음의

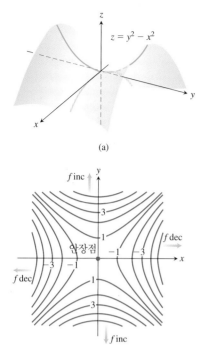

그림 12.47 (a) 원점이 함수 $f(x, y) = y^2 - x^2$의 안장점이다. 극값은 존재하지 않는다(예제 2). (b) 예제 2의 함수 f의 등위곡선들

정리로부터 새로운 판정법을 얻을 수 있다. 이 정리는 12.9절에서 증명된다.

정리 11 극값의 2계 도함수 판정법 (a, b)를 중심으로 하는 어떤 원판 위에서 $f(x, y)$와 1계, 2계 편도함수가 연속이고, $f_x(a, b) = f_y(a, b) = 0$이라 가정하자. 이때

  i) (a, b)에서 $f_{xx} < 0$, $f_{xx} f_{yy} - f_{xy}^2 > 0$이면 f는 (a, b)에서 **극댓값(local maximum)**을 가진다.

  ii) (a, b)에서 $f_{xx} > 0$, $f_{xx} f_{yy} - f_{xy}^2 > 0$이면 f는 (a, b)에서 **극솟값(local minimum)**을 가진다.

  iii) (a, b)에서 $f_{xx} f_{yy} - f_{xy}^2 < 0$이면 f는 (a, b)에서 **안장점(saddle point)**을 가진다.

  iv) (a, b)에서 $f_{xx} f_{yy} - f_{xy}^2 = 0$이면 **판정할 수 없다.** 이 경우는 (a, b)에서 f의 값을 판정하기 위해서 다른 방법을 사용해야 한다.

식 $f_{xx} f_{yy} - f_{xy}^2$을 f의 **판별식(discriminant)** 혹은 **헤시안(Hessian)**이라 한다. 때로는 다음과 같은 행렬식 형태로 기억하는 것이 쉽다.

$$f_{xx} f_{yy} - f_{xy}^2 = \begin{vmatrix} f_{xx} & f_{xy} \\ f_{xy} & f_{yy} \end{vmatrix}$$

정리 11에 의하면 (a, b)에서 판별식이 양이면 곡면곡선은 모든 방향에 대해서 같은 방향으로 구부러진다. $f_{xx} < 0$이면 아래로 굽고, 이것은 극댓값을 만들고, $f_{xx} > 0$이면 위로 굽고 이것은 극솟값을 만든다. 한편, 행렬식이 (a, b)에서 음이면, 어떤 방향에서는 곡면이 위로 굽고, 어떤 방향에서는 아래로 굽는다. 즉, 안장점을 가진다.

예제 3 다음 함수의 극값을 구하라.

$$f(x, y) = xy - x^2 - y^2 - 2x - 2y + 4$$

풀이 함수는 모든 점 x, y에서 정의되고 미분가능하며 정의역은 경계점을 가지지 않는다. 그러므로 함수는 f_x, f_y가 동시에 0인 점에서 극값을 가진다. 이것으로부터

$$f_x = y - 2x - 2 = 0, \qquad f_y = x - 2y - 2 = 0$$

즉

$$x = y = -2$$

이다. 그러므로 점 $(-2, -2)$는 f가 극값을 가질 수 있는 유일한 점이다. 확인하기 위해서 다음을 계산한다.

$$f_{xx} = -2, \qquad f_{yy} = -2, \qquad f_{xy} = 1$$

$(a, b) = (-2, -2)$에서 f의 판별식은 다음과 같다.

$$f_{xx} f_{yy} - f_{xy}^2 = (-2)(-2) - (1)^2 = 4 - 1 = 3$$

따라서 $f_{xx} < 0$이고 $f_{xx} f_{yy} - f_{xy}^2 > 0$이다.

그러므로 f는 $(-2, -2)$에서 극댓값을 가진다. 이 점에서 f의 값 $f(-2, -2) = 8$이다. ■

예제 4 $f(x, y) = 3y^2 - 2y^3 - 3x^2 + 6xy$의 극값을 구하라.

풀이 f는 모든 점에서 미분가능하므로, 다음을 만족하는 점에서만 극값을 가진다.

$$f_x = 6y - 6x = 0 \text{과} \qquad f_y = 6y - 6y^2 + 6x = 0$$

처음 식으로부터 $y = x$를 구하고, 두 번째 식의 y에 이를 대입하면

$$6x - 6x^2 + 6x = 0, \quad 즉 \quad 6x(2 - x) = 0$$

이 되므로 두 개의 임계점 $(0, 0)$과 $(2, 2)$를 얻는다.

이 극값을 알아보기 위해, 2계 편도함수들을 계산하면

$$f_{xx} = -6, \quad f_{yy} = 6 - 12y, \quad f_{xy} = 6$$

이고 판별식은

$$f_{xx}f_{yy} - f_{xy}^2 = (-36 + 72y) - 36 = 72(y - 1)$$

이다. 임계점 $(0, 0)$에서는 판별식의 값이 음수인 -72이다. 따라서 원점에서 함수는 안장점을 가진다. 또 다른 임계점 $(2, 2)$에서는 판별식의 값이 양수인 72이고 $f_{xx} = -6$으로 음수이므로, 정리 11에 의해서 임계점 $(2, 2)$에서는 극댓값 $f(2, 2) = 12 - 16 - 12 + 24 = 8$을 가진다. 곡면의 그래프는 그림 12.48에 나와 있다. ■

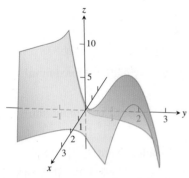

그림 12.48 곡면 $z = 3y^2 - 2y^3 - 3x^2 + 6xy$는 원점에서 안장점을 가지고 $(2, 2)$에서 극댓값을 가진다(예제 4).

예제 5 함수 $f(x, y) = 10xye^{-(x^2+y^2)}$의 임계점을 구하고 2계 도함수 판정법을 사용하여 각 점들에서 안장점, 극솟값, 또는 극댓값을 가지는지를 판별하라.

풀이 먼저 편도함수 f_x와 f_y를 구하고, 동시에 0이 되는 값을 구하여 임계점을 알아보자.

$$f_x = 10ye^{-(x^2+y^2)} - 20x^2ye^{-(x^2+y^2)} = 10y(1 - 2x^2)e^{-(x^2+y^2)} = 0 \Rightarrow y = 0 \text{ 또는 } 1 - 2x^2 = 0,$$

$$f_y = 10xe^{-(x^2+y^2)} - 20xy^2e^{-(x^2+y^2)} = 10x(1 - 2y^2)e^{-(x^2+y^2)} = 0 \Rightarrow x = 0 \text{ 또는 } 1 - 2y^2 = 0$$

두 편도함수는 모든 점에서 연속이므로, 임계점은 오직 다음과 같다.

$$(0, 0), \left(\frac{1}{\sqrt{2}}, \frac{1}{\sqrt{2}}\right), \left(-\frac{1}{\sqrt{2}}, \frac{1}{\sqrt{2}}\right), \left(\frac{1}{\sqrt{2}}, -\frac{1}{\sqrt{2}}\right) \text{과} \quad \left(-\frac{1}{\sqrt{2}}, -\frac{1}{\sqrt{2}}\right)$$

이제 각 임계점에서의 판별식 값을 계산하기 위해, 2계 편도함수를 계산하여 보자.

$$f_{xx} = -20xy(1 - 2x^2)e^{-(x^2+y^2)} - 40xye^{-(x^2+y^2)} = -20xy(3 - 2x^2)e^{-(x^2+y^2)},$$

$$f_{xy} = f_{yx} = 10(1 - 2x^2)e^{-(x^2+y^2)} - 20y^2(1 - 2x^2)e^{-(x^2+y^2)} = 10(1 - 2x^2)(1 - 2y^2)e^{-(x^2+y^2)},$$

$$f_{yy} = -20xy(1 - 2y^2)e^{-(x^2+y^2)} - 40xye^{-(x^2+y^2)} = -20xy(3 - 2y^2)e^{-(x^2+y^2)}$$

다음 표는 2계 도함수 판정법에 필요한 값들을 요약해 놓았다.

임계점	f_{xx}	f_{xy}	f_{yy}	판별식 D
$(0, 0)$	0	10	0	-100
$\left(\dfrac{1}{\sqrt{2}}, \dfrac{1}{\sqrt{2}}\right)$	$-\dfrac{20}{e}$	0	$-\dfrac{20}{e}$	$\dfrac{400}{e^2}$
$\left(-\dfrac{1}{\sqrt{2}}, \dfrac{1}{\sqrt{2}}\right)$	$\dfrac{20}{e}$	0	$\dfrac{20}{e}$	$\dfrac{400}{e^2}$
$\left(\dfrac{1}{\sqrt{2}}, -\dfrac{1}{\sqrt{2}}\right)$	$\dfrac{20}{e}$	0	$\dfrac{20}{e}$	$\dfrac{400}{e^2}$
$\left(-\dfrac{1}{\sqrt{2}}, -\dfrac{1}{\sqrt{2}}\right)$	$-\dfrac{20}{e}$	0	$-\dfrac{20}{e}$	$\dfrac{400}{e^2}$

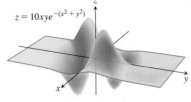

$z = 10xye^{-(x^2+y^2)}$

그림 12.49 예제 5에서의 함수의 그래프

표로부터 임계점 $(0, 0)$에서는 $D < 0$이므로, 이 점은 안장점임을 알 수 있다. 또한 임계점 $\left(\dfrac{1}{\sqrt{2}}, \dfrac{1}{\sqrt{2}}\right)$와 $\left(-\dfrac{1}{\sqrt{2}}, -\dfrac{1}{\sqrt{2}}\right)$에서는 $D > 0$이고 $f_{xx} < 0$이므로, 이 점들에서는 극댓값을 갖는다. 나머지 임계점 $\left(-\dfrac{1}{\sqrt{2}}, \dfrac{1}{\sqrt{2}}\right)$과 $\left(\dfrac{1}{\sqrt{2}}, -\dfrac{1}{\sqrt{2}}\right)$에서는 $D > 0$이고 $f_{xx} > 0$이므로 이 점들에서는 극솟값을 갖는다. 곡면의 그래프는 그림 12.49에서 볼 수 있다. ■

유계인 닫힌 영역에서 최대와 최소

유계인 닫힌 영역 R에서 연속인 함수 $f(x, y)$의 최댓값, 최솟값은 3단계로 구한다.

1. f가 극댓값 또는 극솟값을 가질 수 있는 **R의 내점을 구하고** 이 점에서 f의 값을 계산한다. 이 점들은 f의 임계점이다.
2. f가 극댓값과 극솟값을 가지는 **R의 경계점을 구하고** 이 점에서 f의 값을 계산한다. 이것을 어떻게 하는지 다음 예제에서 보일 것이다.
3. 위의 값들을 비교하여 f의 가장 큰 값과 가장 작은 값을 구한다. 이것들이 R에서 f의 최댓값과 최솟값이다.

예제 6   직선 $x=0$, $y=0$, $y=9-x$로 둘러싸인 제1사분면에 있는 삼각형의 영역에서

$$f(x, y) = 2 + 2x + 4y - x^2 - y^2$$

의 최댓값과 최솟값을 구하라.

풀이 f가 미분가능이므로, f가 최댓값, 최솟값을 가지는 점은 $f_x = f_y = 0$을 만족하는 삼각형의 내부(그림 12.50(a))이거나 경계점이다.

(a) 내점(interior point) 이 경우에는 다음을 만족한다.

$$f_x = 2 - 2x = 0, \qquad f_y = 4 - 2y = 0$$

이것으로부터 한 점 $(x, y) = (1, 2)$를 얻는다. 이 점에서 f의 값은 다음과 같다.

$$f(1, 2) = 7$$

(b) 경계점(boundary point) 삼각형의 한 변씩 살펴보자.

i) 선분 OA 상에서 $y=0$. 이제 함수

$$f(x, y) = f(x, 0) = 2 + 2x - x^2$$

은 닫힌 구간 $0 \le x \le 9$에서 정의된 x에 관한 함수이다. 이 함수의 극값은 끝점에서 생길 수 있다.

$$x = 0 \text{일 때} \qquad f(0, 0) = 2$$
$$x = 9 \text{일 때} \qquad f(9, 0) = 2 + 18 - 81 = -61$$

또는 내점에서 극값을 가질 수도 있다. 이 경우 $f'(x, 0) = 2 - 2x = 0$이고 $f'(x, 0) = 0$인 유일한 내점은 $x = 1$이다. 여기서

$$f(x, 0) = f(1, 0) = 3$$

ii) 선분 OB에서 $x=0$이고

$$f(x, y) = f(0, y) = 2 + 4y - y^2$$

(i)의 경우에서처럼, $f(0, y)$를 닫힌 구간 $[0, 9]$에서 정의된 y에 관한 함수로 생각하자. 이 함수의 극값은 끝점 또는 내점 중에서 $f'(0, y) = 0$이 되는 점에서 생길 수 있다. $f'(0, y) = 4 - 2y$이므로, 내점 중에서 $f'(0, y) = 0$이 되는 점은 $(0, 2)$가 유일하고 $f(0, 2) = 6$이다. 따라서 이 선분에서 대상이 되는 점은 다음과 같다.

$$f(0, 0) = 2, \qquad f(0, 9) = -43, \qquad f(0, 2) = 6$$

iii) AB의 끝점에서 f의 값을 이미 구하였으므로, AB의 내점만 살펴보면 된다. $y = 9 - x$이므로

$$f(x, y) = 2 + 2x + 4(9 - x) - x^2 - (9 - x)^2 = -43 + 16x - 2x^2$$

$f'(x, 9-x) = 16 - 4x = 0$이라고 두면 다음을 얻는다.

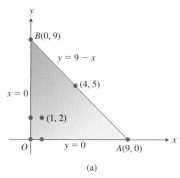

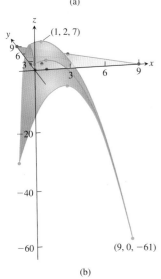

그림 12.50 (a) 이 삼각형의 영역은 예제 6에 있는 함수의 정의역이다. (b) 예제 6에 있는 함수의 그래프. 파란색 점들이 극대 또는 극소가 될 대상이다.

$$x = 4$$

이 x의 값에서

$$y = 9 - 4 = 5, \qquad f(x, y) = f(4, 5) = -11$$

요약 가능한 값들을 열거하면 $7, 2, -61, 3, -43, 6, -11$이다. 가장 큰 값은 7이고, $(1, 2)$에서 f의 값이다. 가장 작은 값은 -61이고 $(9, 0)$에서 f의 값이다. 그림 12.50(b) 참조. ■

변수에 대해 대수적 제약이 주어진 극값 문제는 대개는 다음 절에서 공부하게 될 라그랑주 승수법(Lagrange multiplier)을 이용하여 풀 수 있다. 그러나 종종 다음의 예제처럼 직접 문제를 풀 수도 있다.

예제 7 어떤 배달회사는 길이와 둘레 (절단면의 둘레)의 합이 270 cm를 초과하지 않는 직사각형의 상자만을 받는다. 수납될 수 있는 가장 큰 부피를 가지는 상자의 치수를 구하라.

풀이 x, y, z를 각각 직사각형 상자의 세로, 가로, 높이라고 하자. 이때 둘레는 $2y + 2z$이다. $x + 2y + 2z = 270$(배달회사에서 허용되는 가장 큰 상자)을 만족하는 상자의 부피 $V = xyz$(그림 12.51)을 최대화시키려고 한다. 그러므로 상자의 부피를 2변수 함수로서 나타낼 수 있다.

$$V(y, z) = (270 - 2y - 2z)yz \qquad V = xyz, \ x = 270 - 2y - 2z$$
$$= 270yz - 2y^2z - 2yz^2$$

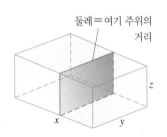

둘레＝여기 주위의 거리

z

x y

그림 12.51 예제 7의 상자

1계 편도함수들을 0이라고 두면 다음과 같다.

$$V_y(y, z) = 270z - 4yz - 2z^2 = (270 - 4y - 2z)z = 0$$
$$V_z(y, z) = 270y - 2y^2 - 4yz = (270 - 2y - 4z)y = 0$$

이것으로부터 임계점 $(0, 0)$, $(0, 135)$, $(135, 0)$, $(45, 45)$를 얻는다. $(0, 0)$, $(0, 135)$, $(135, 0)$에서 부피는 0이고 최댓값은 아니다. $(45, 45)$에서 2계 도함수 판정법을 적용한다(정리 11).

$$V_{yy} = -4z, \qquad V_{zz} = -4y, \qquad V_{yz} = 270 - 4y - 4z$$

이고

$$V_{yy}V_{zz} - V_{yz}{}^2 = 16yz - 4(135 - 2y - 2z)^2$$

이므로

$$V_{yy}(45, 45) = -4(45) < 0$$

와

$$\left[V_{yy}V_{zz} - V_{yz}{}^2 \right]_{(45, 45)} = 16(45)(45) - 4(-45)^2 > 0$$

이다. 이것은 $(45, 45)$에서 가장 큰 부피를 가짐을 의미한다. 소포의 치수는 $x = 270 - 2(45) - 2(45) = 90$ cm, $y = 45$ cm, $z = 45$ cm이다. 최대 부피는 $V = (90)(45)(45) = 182{,}250$ cm³, 혹은 182.25 L이다 ■

정리 11은 매우 유용한 결과이지만 그 제약조건을 잘 기억해야 한다. 도함수가 0이 아닌 곳에서 함수가 극값을 가질 수 있는 함수의 정의역의 경계점에는 정리 11을 적용할 수가 없다. 그리고 f_x 또는 f_y가 존재하지 않는 점에서도 적용할 수 없다.

최대 - 최소 판정법의 요약

$f(x, y)$의 극값은 다음의 점들에서 생긴다.

 i) f의 정의역의 **경계점**

 ii) **임계점**($f_x = f_y = 0$인 내점 또는 f_x나 f_y가 존재하지 않는 내점)

(a, b)를 중심으로 하는 원판에서 f의 1계, 2계 도함수가 연속이고, $f_x(a, b) = 0$, $f_y(a, b) = 0$이면, $f(a, b)$의 성질은 **2계 도함수 판정법**으로 구할 수 있다.

 i) (a, b)에서 $f_{xx} < 0$이고 $f_{xx} f_{yy} - f_{xy}^2 > 0$ ⇒ **극댓값**

 ii) (a, b)에서 $f_{xx} > 0$이고 $f_{xx} f_{yy} - f_{xy}^2 > 0$ ⇒ **극솟값**

 iii) (a, b)에서 $f_{xx} f_{yy} - f_{xy}^2 < 0$ ⇒ **안장점**

 iv) (a, b)에서 $f_{xx} f_{yy} - f_{xy}^2 = 0$ ⇒ **판정할 수 없음**

연습문제 12.7

극값 구하기

연습문제 1~30에서 함수의 극솟값, 극댓값, 안장점을 모두 구하라.

 1. $f(x, y) = x^2 + xy + y^2 + 3x - 3y + 4$

 2. $f(x, y) = 2xy - 5x^2 - 2y^2 + 4x + 4y - 4$

 3. $f(x, y) = x^2 + xy + 3x + 2y + 5$

 4. $f(x, y) = 5xy - 7x^2 + 3x - 6y + 2$

 5. $f(x, y) = 2xy - x^2 - 2y^2 + 3x + 4$

 6. $f(x, y) = x^2 - 4xy + y^2 + 6y + 2$

 7. $f(x, y) = 2x^2 + 3xy + 4y^2 - 5x + 2y$

 8. $f(x, y) = x^2 - 2xy + 2y^2 - 2x + 2y + 1$

 9. $f(x, y) = x^2 - y^2 - 2x + 4y + 6$

 10. $f(x, y) = x^2 + 2xy$

 11. $f(x, y) = \sqrt{56x^2 - 8y^2 - 16x - 31} + 1 - 8x$

 12. $f(x, y) = 1 - \sqrt[3]{x^2 + y^2}$

 13. $f(x, y) = x^3 - y^3 - 2xy + 6$

 14. $f(x, y) = x^3 + 3xy + y^3$

 15. $f(x, y) = 6x^2 - 2x^3 + 3y^2 + 6xy$

 16. $f(x, y) = x^3 + y^3 + 3x^2 - 3y^2 - 8$

 17. $f(x, y) = x^3 + 3xy^2 - 15x + y^3 - 15y$

 18. $f(x, y) = 2x^3 + 2y^3 - 9x^2 + 3y^2 - 12y$

 19. $f(x, y) = 4xy - x^4 - y^4$

 20. $f(x, y) = x^4 + y^4 + 4xy$

 21. $f(x, y) = \dfrac{1}{x^2 + y^2 - 1}$ **22.** $f(x, y) = \dfrac{1}{x} + xy + \dfrac{1}{y}$

 23. $f(x, y) = y \sin x$ **24.** $f(x, y) = e^{2x} \cos y$

 25. $f(x, y) = e^{x^2 + y^2 - 4x}$ **26.** $f(x, y) = e^y - ye^x$

 27. $f(x, y) = e^{-y}(x^2 + y^2)$

 28. $f(x, y) = e^x(x^2 - y^2)$

 29. $f(x, y) = 2 \ln x + \ln y - 4x - y$

 30. $f(x, y) = \ln(x + y) + x^2 - y$

최댓값, 최솟값 구하기

연습문제 31~38에서 주어진 영역 위에서 함수의 최댓값과 최솟값을 구하라.

 31. 직선 $x = 0$, $y = 2$, $y = 2x$로 둘러싸인 제1사분면의 닫힌 삼각형 영역, $f(x, y) = 2x^2 - 4x + y^2 - 4y + 1$

 32. 직선 $x = 0$, $y = 4$, $y = x$로 둘러싸인 제1사분면의 닫힌 삼각형 영역, $D(x, y) = x^2 - xy + y^2 + 1$

 33. 직선 $x = 0$, $y = 0$, $y + 2x = 2$로 둘러싸인 제1사분면의 닫힌 삼각형 영역, $f(x, y) = x^2 + y^2$

 34. 직사각형 영역 $0 \le x \le 5$, $-3 \le y \le 3$, $T(x, y) = x^2 + xy + y^2 - 6x$

 35. 직사각형 영역 $0 \le x \le 5$, $-3 \le y \le 0$, $T(x, y) = x^2 + xy + y^2 - 6x + 2$

 36. 직사각형 영역 $0 \le x \le 1$, $0 \le y \le 1$, $f(x, y) = 48xy - 32x^3 - 24y^2$

 37. 직사각형 영역 $1 \le x \le 3$, $-\dfrac{\pi}{4} \le y \le \dfrac{\pi}{4}$, $f(x, y) = (4x - x^2)$(그림 참조)

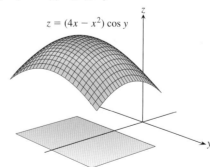

$z = (4x - x^2) \cos y$

 38. 직선 $x = 0$, $y = 0$, $x + y = 1$로 둘러싸인 제1사분면의 삼각형 영역, $f(x, y) = 4x - 8xy + 2y + 1$

 39. $\displaystyle\int_a^b (6 - x - x^2) \, dx$가 가장 큰 값을 가지는 $a \le b$인 두 수 a, b

를 구하라.

40. $\int_a^b (24 - 2x - x^2)^{1/3}dx$가 가장 큰 값을 가지는 $a \leq b$인 두 수 a, b를 구하라.

41. 온도 평평한 원형판은 영역 $x^2 + y^2 \leq 1$의 모양이다. 경계 $x^2 + y^2 = 1$을 포함하여 판은 열이 가해져서 점 (x, y)에서의 온도가 다음과 같다.

$$T(x, y) = x^2 + 2y^2 - x$$

이 판 상에서 가장 뜨거운 점과 가장 차가운 점을 구하라.

42. 제1사분면 $(x > 0, y > 0)$에서 다음 함수의 임계점을 구하고 f가 이 점에서 최솟값을 가짐을 보이라.

$$f(x, y) = xy + 2x - \ln x^2 y$$

이론과 예제

43. 주어진 조건하에서 만약 존재하면, $f(x, y)$의 최댓값, 최솟값, 안장점을 구하고 각 경우에 대해 이유를 설명하라.

  a. $f_x = 2x - 4y, \quad f_y = 2y - 4x$

  b. $f_x = 2x - 2, \quad f_y = 2y - 4$

  c. $f_x = 9x^2 - 9, \quad f_y = 2y + 4$

44. 아래에서 주어진 함수들에 대해서 판별식 $f_{xx}f_{yy} - f_{xy}{}^2$은 원점에서 0이므로 2계 도함수 판정법을 사용할 수 없다.
$z = f(x, y)$의 곡면의 모양을 추측하여 f가 원점에서 최댓값, 최솟값을 가지는지 혹은 둘 다 가지지 않는지를 결정하라. 각 경우에 대해서 그 이유를 설명하라.

  a. $f(x, y) = x^2 y^2$ **b.** $f(x, y) = 1 - x^2 y^2$

  c. $f(x, y) = xy^2$ **d.** $f(x, y) = x^3 y^2$

  e. $f(x, y) = x^3 y^3$ **f.** $f(x, y) = x^4 y^4$

45. k의 값이 무엇이든지 간에 $(0, 0)$은 $f(x, y) = x^2 + kxy + y^2$의 임계점임을 보이라. (힌트: 두 경우로 나누어서 생각하라. $k = 0$과 $k \neq 0$)

46. 어떤 k값에 대해서 2계 도함수 판정법은 $f(x, y) = x^2 + kxy + y^2$가 $(0, 0)$에서 안장점을 가지는 것을 보장할 수 있는가? 어떤 k 값에 대해서 2계 도함수 판정법으로는 판별할 수 없는가? 그 이유를 설명하라.

47. $f_x(a, b) = f_y(a, b) = 0$이면 f는 (a, b)에서 반드시 극댓값이나 극솟값을 가지는가? 그 이유를 설명하라.

48. (a, b)를 중심으로 한 원판 위에서 f와 1계, 2계 편도함수가 연속이고 $f_{xx}(a, b)$와 $f_{yy}(a, b)$의 부호가 다를 때, $f(a, b)$에 대하여 알 수 있는 것은 무엇인가? 그 이유를 설명하라.

49. 평면 $x + 2y + 3z = 0$ 위에 놓여 있는 $z = 10 - x^2 - y^2$의 그래프 내의 점들 중 이 평면과 가장 멀리 떨어져 있는 점을 구하라.

50. 평면 $x + 2y - z = 0$과 가장 가까운 $z = x^2 + y^2 + 10$ 내의 점을 구하라.

51. 원점으로부터 가장 가까운 평면 $3x + 2y + z = 6$ 위의 점을 구하라.

52. 점 $(2, -1, 1)$로부터 평면 $x + y - z = 2$까지 최소 거리를 구하라.

53. 숫자의 합이 9이면서 제곱하여 더한 값이 최소가 되는 세 수를 구하라.

54. 숫자의 합이 3이면서 곱이 최대가 되는 세 양수를 구하라.

55. $x + y + z = 6$일 때, $s = xy + yz = zx$의 최댓값을 구하라.

56. 원뿔 $z = \sqrt{x^2 + y^2}$으로부터 점 $(-6, 4, 0)$까지 최소 거리를 구하라.

57. 구 $x^2 + y^2 + z^2 = 4$의 내부에 접하면서 사각형 상자의 최대 부피가 되는 치수를 구하라.

58. 부피가 27 cm³인 모든 닫힌 사각형 상자 중에서, 겉넓이가 최소인 것은?

59. 12 m²의 재료를 사용하여 열린 사각형 상자를 만들려고 한다. 최대 부피의 상자가 되게 하기 위한 치수는 얼마인가?

60. 사각형 영역 $0 \leq x \leq 1, 0 \leq y \leq 1$에서 함수 $f(x, y) = x^2 + y^2 + 2xy - x - y + 1$을 생각하자.

  a. f는 이 사각형에 놓여 있는 선분 $2x + 2y = 1$에서 최솟값을 가짐을 보이라.

  b. 이 사각형에서 f의 최댓값을 구하라.

61. 원점으로부터 $y^2 - xz^2 = 4$의 그래프까지 가장 가까운 점을 구하라.

62. 제1팔분공간에 x절편이 6, y절편이 6, z절편이 6인 평면으로 둘러싸인 영역에 내접하는 직육면체 상자가 있다.

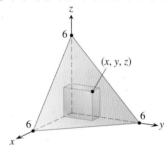

  a. 평면의 방정식을 구하라.

  b. 최대 부피를 가지는 상자의 치수를 구하라.

매개곡선에서 극값 곡선 $x = x(t), y = y(t)$에서 함수 $f(x, y)$의 극값을 구하기 위해서, f를 t에 대한 1변수 함수로서 생각하고, 연쇄법칙을 사용하여 $df/dt = 0$인 점을 구한다. 1변수 함수의 경우에서와 같이 f의 극값은 다음의 점들에서 구할 수 있다.

  a. 임계점 (df/dt가 0이거나 존재하지 않는 점)

  b. 매개변수 영역의 끝점

주어진 곡선들 상에서 다음 함수들의 최댓값과 최솟값을 구하라.

63. 함수들:

  a. $f(x, y) = x + y$ **b.** $g(x, y) = xy$ **c.** $h(x, y) = 2x^2 + y^2$

곡선들:

  i. 반원 $x^2 + y^2 = 4, y \geq 0$

  ii. 사분원 $x^2 + y^2 = 4, x \geq 0, y \geq 0$

매개방정식 $x = 2 \cos t, y = 2 \sin t$를 이용하라.

64. 함수들:

  a. $f(x, y) = 2x + 3y$

  b. $g(x, y) = xy$

  c. $h(x, y) = x^2 + 3y^2$

곡선들:

  i. 반타원 $(x^2/9) + (y^2/4) = 1, y \geq 0$

  ii. 사분타원 $(x^2/9) + (y^2/4) = 1, x \geq 0, y \geq 0$

매개방정식 $x = 3 \cos t$, $y = 2 \sin t$를 이용하라.

65. 함수: $f(x, y) = xy$

곡선들:

　i. 직선 $x = 2t$, $y = t + 1$

　ii. 선분 $x = 2t$, $y = t + 1$, $-1 \le t \le 0$

　iii. 선분 $x = 2t$, $y = t + 1$, $0 \le t \le 1$

66. 함수들:

　a. $f(x, y) = x^2 + y^2$

　b. $g(x, y) = 1/(x^2 + y^2)$

곡선들:

　i. 직선 $x = t$, $y = 2 - 2t$

　ii. 선분 $x = t$, $y = 2 - 2t$, $0 \le t \le 1$

67. 최소제곱선과 회귀직선　실험으로 얻은 점 (x_1, y_1), (x_2, y_2), $\cdots$, (x_n, y_n)을 직선 $y = mx + b$로 근사시킬 때, 일반적으로 주어진 점과 직선과의 수직거리의 제곱의 합을 최소화시키는 직선을 선택한다. 이론적으로 이것은 함수

$$w = (mx_1 + b - y_1)^2 + \cdots + (mx_n + b - y_n)^2 \qquad (1)$$

을 최소화시키는 m과 b의 값을 찾는 것과 같다. (주어진 그림 참조) 이렇게 되는 m과 b의 값은 다음과 같음을 증명하라.

$$m = \frac{\left(\sum x_k\right)\left(\sum y_k\right) - n \sum x_k y_k}{\left(\sum x_k\right)^2 - n \sum x_k{}^2} \qquad (2)$$

$$b = \frac{1}{n}\left(\sum y_k - m \sum x_k\right) \qquad (3)$$

여기서 합은 $k = 1$부터 $k = n$까지이다. 많은 과학용 계산기들은 이 식을 내재하고 있다. 자료를 입력한 후 몇 번의 입력키를 침으로써 m과 b를 계산할 수 있다.

　m과 b의 값에 의해서 결정되는 직선 $y = mx + b$를 주어진 자료에 대한 **최소제곱선, 회귀직선, 추세선**이라 한다.

최소제곱선을 이용하여 다음을 할 수 있다.

1. 간단한 식으로 자료를 요약할 수 있다.

2. 실험으로 측정하지 않은 x에서의 y의 값을 예상할 수 있다.

3. 자료를 해석적으로 분석할 수 있다.

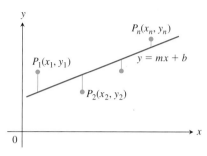

연습문제 68~70에서 식 (2)와 (3)을 이용하여 주어진 각 자료들에 대한 최소제곱선을 구하라. 그런 후 이 방정식을 이용하여 $x = 4$에 대응하는 y의 값을 예측하라.

68. $(-2, 0)$,　$(0, 2)$,　$(2, 3)$　　　**69.** $(-1, 2)$,　$(0, 1)$,　$(3, -4)$

70. $(0, 0)$, $(1, 2)$, $(2, 3)$

컴퓨터 탐구

연습문제 71~76에서 함수를 조사하여 극값을 판별하라. CAS를 이용하여 다음 과정을 수행하라.

　a. 주어진 사각형 위에서 함수를 그리라.

　b. 사각형에 몇 개의 등위곡선을 그리라.

　c. 함수의 1계 편도함수를 계산하고 CAS의 방정식 풀이를 이용하여 임계점을 구하라. 임계점은 (b)에서 그린 등위곡선과 어떤 연관성이 있는가? 만일 존재한다면 어느 임계점이 안장점인가? 그 이유를 설명하라.

　d. 함수의 2계 편도함수를 계산하고 판별식 $f_{xx} f_{yy} - f_{xy}{}^2$을 구하라.

　e. 최대·최소 판정법을 이용하여 (c)에서 구한 임계점을 판별하라. (c)에서의 결과와 일치하는가?

71. $f(x, y) = x^2 + y^3 - 3xy$,　$-5 \le x \le 5$,　$-5 \le y \le 5$

72. $f(x, y) = x^3 - 3xy^2 + y^2$,　$-2 \le x \le 2$,　$-2 \le y \le 2$

73. $f(x, y) = x^4 + y^2 - 8x^2 - 6y + 16$,　$-3 \le x \le 3$, $-6 \le y \le 6$

74. $f(x, y) = 2x^4 + y^4 - 2x^2 - 2y^2 + 3$,　$-3/2 \le x \le 3/2$, $-3/2 \le y \le 3/2$

75. $f(x, y) = 5x^6 + 18x^5 - 30x^4 + 30xy^2 - 120x^3$, $-4 \le x \le 3$,　$-2 \le y \le 2$

76. $f(x, y) = \begin{cases} x^5 \ln (x^2 + y^2), & (x, y) \ne (0, 0) \\ 0, & (x, y) = (0, 0) \end{cases}$, $-2 \le x \le 2$,　$-2 \le y \le 2$

12.8 라그랑주 승수

역사적 인물

라그랑주(Joseph Louis Lagrange, 1736~1813)

때로는 정의역이 평면 전체가 아닌 특별한 영역(예를 들어 원판, 닫힌 삼각형 영역 또는 곡선) 내로 제한되어 있는 함수에 대해서 극값을 구해야 할 필요가 있다. 앞 절의 예제 6에서 이러한 상황의 예를 보았다. 이 절에서는 제약 조건이 있는 함수의 극값을 구해주는 매우 효과적인 방법인 **라그랑주 승수법**(*method of Lagrange multipliers*)에 대하여 공부한다.

제약조건식이 있는 최댓값과 최솟값

제약조건이 있는 최솟값을 한 변수를 소거함으로써 구할 수 있는 문제를 먼저 생각해 보자.

예제 1 원점으로부터 가장 가까운 평면 $2x+y-z-5=0$ 위의 점 $P(x, y, z)$를 구하라.

풀이 문제는 제약조건 $2x+y-z-5=0$을 만족하는 다음 함수의 최솟값을 구하는 것이다.

$$\begin{aligned} |\overrightarrow{OP}| &= \sqrt{(x-0)^2 + (y-0)^2 + (z-0)^2} \\ &= \sqrt{x^2 + y^2 + z^2} \end{aligned}$$

$|\overrightarrow{OP}|$가 최솟값을 가지는 점에서 함수

$$f(x, y, z) = x^2 + y^2 + z^2$$

이 최솟값을 가지므로, 제약조건 $2x+y-z-5=0$을 만족하는 $f(x, y, z)$의 최솟값을 구함으로써 문제를 풀 수 있다(그래서 제곱근을 피할 수 있다). 만일 이 제약조건식에서 x와 y를 독립변수로 생각하면 z를 다음과 같이 쓸 수 있다.

$$z = 2x + y - 5$$

이때 문제는 함수

$$h(x, y) = f(x, y, 2x+y-5) = x^2 + y^2 + (2x+y-5)^2$$

이 최솟값을 갖는 점 (x, y)를 구하는 문제가 된다. h의 정의역은 전 xy평면이므로, 12.7절의 1계 도함수 판정법에 의해서 h의 모든 최솟값은 다음을 만족하는 점에서 생긴다.

$$h_x = 2x + 2(2x+y-5)(2) = 0, \qquad h_y = 2y + 2(2x+y-5) = 0$$

이 식은 다음과 같다.

$$10x + 4y = 20, \qquad 4x + 4y = 10$$

이 식으로부터 해는 다음과 같다.

$$x = \frac{5}{3}, \qquad y = \frac{5}{6}$$

2계 도함수 판정법과 기하학적 논의를 적용하여 이들 값에서 h가 최소화되는 것을 보일 수 있다. 평면 $z=2x+y-5$ 위에서 대응하는 점의 z좌표는 다음과 같다.

$$z = 2\left(\frac{5}{3}\right) + \frac{5}{6} - 5 = -\frac{5}{6}$$

그러므로 우리가 구하고자 하는 점은 다음과 같다.

$$\text{가장 가까운 점: } P\left(\frac{5}{3}, \frac{5}{6}, -\frac{5}{6}\right)$$

P와 원점과의 거리는 $5/\sqrt{6} \approx 2.04$이다. ■

제약조건이 있는 최대·최소 문제는 예제 1에서와 같이 대입에 의해서 항상 잘 해결되지는 않는다.

예제 2 쌍곡선기둥 $x^2 - z^2 - 1 = 0$ 위의 점 중 원점으로부터 가장 가까운 점을 구하라.

풀이 1 쌍곡선기둥은 그림 12.52에 주어져 있다. 쌍곡선기둥에서 원점까지 가장 가까운 점을 구하고자 한다. 이 점의 좌표는 제약조건 $x^2 - z^2 - 1 = 0$ 하에서

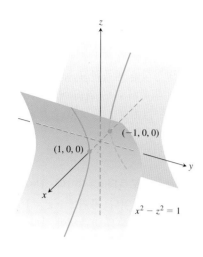

그림 12.52 예제 2의 쌍곡선기둥 $x^2 - z^2 - 1 = 0$

쌍곡선기둥 $x^2 - z^2 = 1$

이 부분에서, $x = \sqrt{z^2 + 1}$

이 부분에서, $x = -\sqrt{z^2 + 1}$

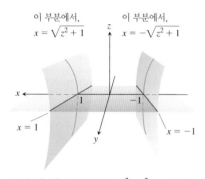

그림 12.53 쌍곡선기둥 $x^2 - z^2 = 1$ 위에 있는 점 (x, y, z)의 첫 2개의 성분으로부터 xy평면 상의 영역은 xy평면에서 띠 $-1 < x < 1$는 제외된다(예제 2).

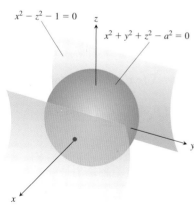

그림 12.54 원점을 중심으로 하고 쌍곡선기둥 $x^2 - z^2 - 1 = 0$에 접할 때까지 비눗방울같이 팽창하는 구(예제 2)

$$f(x, y, z) = x^2 + y^2 + z^2 \qquad \text{거리의 제곱}$$

의 값을 최소화시킨다. 제약조건 방정식에서 x와 y를 독립변수로 생각하면,

$$z^2 = x^2 - 1$$

이고 쌍곡선기둥 상에서 $f(x, y, z) = x^2 + y^2 + z^2$의 값은 다음의 함수로 주어진다.

$$h(x, y) = x^2 + y^2 + (x^2 - 1) = 2x^2 + y^2 - 1$$

f를 최소화시키는 쌍곡선기둥 상의 점을 찾기 위하여 h를 최소화시키는 xy평면 상의 점을 찾으면 된다. h의 극값은 다음의 점에서 생긴다.

$$h_x = 4x = 0, \qquad h_y = 2y = 0$$

즉, $(0, 0)$에서 생긴다. 그런데 쌍곡선기둥에는 $x = 0$, $y = 0$인 점은 없다. 무엇이 잘못되었을까?

그 이유는 1계 도함수 판정법을 이용하여 구한 점이 h가 최솟값을 갖는 h의 **정의역 안에서**(*in the domain of h*) 찾았기 때문이다. 이와는 달리 h가 최솟값을 갖는 쌍곡선기둥 위의 점을 찾아야 한다. h의 정의역은 평면 전체이지만, 쌍곡선기둥 위의 점 (x, y, z)들의 첫 두 좌표 (x, y)들의 집합으로 선택된 정의역은 xy평면에 있는 쌍곡선기둥의 그림자 영역이다. 이 영역은 선 $x = -1$과 $x = 1$ 사이의 띠를 포함하지 않는다(그림 12.53).

만일 x와 y 대신에 y와 z를 독립변수로 생각하면 이 문제는 피할 수 있다. x를 y와 z로서 나타내면

$$x^2 = z^2 + 1$$

이 되고, 대입하면 $f(x, y, z) = x^2 + y^2 + z^2$은

$$k(y, z) = (z^2 + 1) + y^2 + z^2 = 1 + y^2 + 2z^2$$

이 되고, k가 가장 작은 값을 취하는 점을 찾으면 된다. yz평면 상에 있는 k의 정의역은 기둥 위의 점 (x, y, z)에 대응하는 y좌표와 z좌표로 이루어진 점들이다. k의 가장 작은 값은

$$k_y = 2y = 0, \qquad k_z = 4z = 0$$

인 점에서 생긴다. 즉 $y = z = 0$, 이것으로부터

$$x^2 = z^2 + 1 = 1, \qquad x = \pm 1$$

대응하는 기둥 위의 점은 $(\pm 1, 0, 0)$이다. 다음의 부등식으로부터 점 $(\pm 1, 0, 0)$은 k가 최솟값을 가지는 점임을 알 수 있다.

$$k(y, z) = 1 + y^2 + 2z^2 \geq 1$$

원점과 기둥 위의 점과의 최소 거리는 1 단위임을 알 수 있다.

풀이 2 원점으로부터 가장 가까운 기둥 위의 점을 찾는 다른 방법은 원점을 중심으로 하는 작은 구를 기둥에 접할 때까지 비눗방울같이 팽창시키는 것을 생각하는 것이다(그림 12.54). 접하는 각 점에서 기둥과 구는 동일한 접평면과 법선을 가진다. 그러므로 구와 기둥을 아래 두 식을 0으로 놓음으로써 얻어지는 등위곡면으로 표현하면,

$$f(x, y, z) = x^2 + y^2 + z^2 - a^2, \qquad g(x, y, z) = x^2 - z^2 - 1$$

이때 곡면이 만나는 교점에서 기울기 벡터 ∇f와 ∇g는 평행하다. 그러므로 임의의 교점에서 적당한 실수 λ("람다")가 존재해서 다음 식을 만족한다.

$$\nabla f = \lambda \nabla g$$

즉,

$$2x\mathbf{i} + 2y\mathbf{j} + 2z\mathbf{k} = \lambda(2x\mathbf{i} - 2z\mathbf{k})$$

그러므로 접점에서의 성분 x, y, z는 다음의 세 방정식을 만족한다.

$$2x = 2\lambda x, \qquad 2y = 0, \qquad 2z = -2\lambda z$$

어떤 λ의 값에 대해서 점 (x, y, z)의 좌표가 위의 세 방정식을 만족하고 동시에 곡면 $x^2 - z^2 - 1 = 0$ 상에 놓여 있게 되는가? 이 질문에 대답하기 위해서 곡면 위의 어떤 점도 x 좌표가 0이 아니다는 사실을 이용하면 $x \neq 0$임을 알 수 있다. 그러므로 $2x = 2\lambda x$로부터 다음을 얻을 수 있다.

$$2 = 2\lambda \quad \text{즉} \quad \lambda = 1$$

$\lambda = 1$인 경우, 방정식 $2z = -2\lambda z$는 $2z = -2z$이다. 이 방정식으로부터 $z = 0$이다. $y = 0$이므로(방정식 $2y = 0$ 이용.), 우리가 찾는 점들은 모두 $(x, 0, 0)$ 형태이다. 곡면 $x^2 - z^2 = 1$ 위의 어떤 점들이 이 형태를 가지는가? 해답은 점 $(x, 0, 0)$으로 다음 식을 만족해야 한다.

$$x^2 - (0)^2 = 1, \qquad x^2 = 1, \qquad x = \pm 1$$

원점에서 가장 가까운 쌍곡선기둥 상의 점은 $(\pm 1, 0, 0)$이다. ■

라그랑주 승수법

예제 2의 풀이 2에서 **라그랑주 승수법**(method of Lagrange multipliers)을 사용하였다. 이 방법은 제약조건 $g(x, y, z) = 0$을 만족하는 변수 중에서 함수 $f(x, y, z)$의 극댓값은

$$\nabla f = \lambda \nabla g$$

를 만족하는 곡면 $g = 0$ 위의 점에서 얻어진다는 것이다. 여기서 λ는 적당한 스칼라 상수이다. (**라그랑주 승수**라 불린다.)

이 방법을 더욱 연구하고 그 원리를 알기 위해 다음의 관찰을 정리로서 서술한다.

> **정리 12 직교하는 기울기 벡터 정리** $f(x, y, z)$가 매끄러운 곡선
> $$C: \quad \mathbf{r}(t) = x(t)\mathbf{i} + y(t)\mathbf{j} + z(t)\mathbf{k}$$
> 를 포함하는 영역에서 미분가능한 함수라 하자. P_0가 C 위의 점이고, f가 C 위의 P_0에서 극댓값 또는 극솟값을 가지면, P_0에서 ∇f는 C에 직교한다.

증명 ∇f가 P_0에서 곡선의 접선벡터 $\mathbf{r}'$에 수직임을 보인다. C 위에서 f의 값은 다음의 합성함수 $f(x(t), y(t), z(t))$로서 주어진다. t에 대한 이 함수의 도함수는 다음과 같다.

$$\frac{df}{dt} = \frac{\partial f}{\partial x}\frac{dx}{dt} + \frac{\partial f}{\partial y}\frac{dy}{dt} + \frac{\partial f}{\partial z}\frac{dz}{dt} = \nabla f \cdot \mathbf{r}'$$

f가 곡선 위에서 극댓값 또는 극솟값을 가지는 임의의 점 P_0에서 $df/dt = 0$이므로

$$\nabla f \cdot \mathbf{r}' = 0$$ ■

정리 12에서 z항을 제거하면, 2변수 함수에 대해서도 유사한 결론을 얻는다.

> **정리 12의 따름정리**   미분가능한 함수 $f(x, y)$가 매끄러운 곡선 $\mathbf{r}(t) = x(t)\mathbf{i} + y(t)\mathbf{j}$ 위에서 극댓값 또는 극솟값을 가지는 점에서, $\nabla f \cdot \mathbf{r}' = 0$이다.

정리 12는 라그랑주 승수법의 핵심이론이다. $f(x, y, z)$와 $g(x, y, z)$가 미분가능한 함수이고 곡면 $g(x, y, z) = 0$ 위의 점 P_0에서 f가 극댓값 또는 극솟값을 갖는다고 가정하자. 또한, 곡면 $g(x, y, z) = 0$ 위의 점들에서 $\nabla g \neq 0$이라 하자. 이때 f는 곡면 $g(x, y, z)$

=0 위에서 P_0를 지나는 모든 미분가능한 곡선에 대해서 P_0에서 극댓값 또는 극솟값을 갖는다. 그러므로 ∇f는 P_0를 지나는 모든 미분가능한 곡선의 접선벡터에 수직이다. ∇g도 마찬가지이다(왜냐하면 12.5절에서 본 것과 같이 ∇g는 등위곡면 $g=0$에 수직하기 때문이다). 그러므로 P_0에서 ∇f는 ∇g의 적당한 스칼라 상수 λ배이다.

라그랑주 승수법

$f(x, y, z)$와 $g(x, y, z)$가 미분가능한 함수이고 $g(x, y, z)=0$일 때 $\nabla g \neq 0$이라 하자. 제약조건식 $g(x, y, z)=0$을 만족하는 f의 극댓값 또는 극솟값을 구하기 위해서, 다음의 방정식

$$\nabla f = \lambda \nabla g, \qquad g(x, y, z) = 0 \tag{1}$$

을 만족하는 x, y, z, λ를 구하라. 2변수 함수에 대해서는 조건이 비슷하지만 변수 z가 없다.

이 방법을 적용하는데 몇 가지 주의가 필요하다. 실제로 극값이 존재하지 않을 수도 있다(연습문제 45).

예제 3 타원(그림 12.55)

$$\frac{x^2}{8} + \frac{y^2}{2} = 1$$

위에서 함수

$$f(x, y) = xy$$

의 최댓값과 최솟값을 구하라.

풀이 제약조건식

$$g(x, y) = \frac{x^2}{8} + \frac{y^2}{2} - 1 = 0$$

을 만족하는 $f(x, y)=xy$의 극값을 구하는 문제이다. 이 값을 구하기 위해서 먼저

$$\nabla f = \lambda \nabla g, \qquad g(x, y) = 0$$

을 만족하는 x, y, λ의 값을 구해야 한다. 식 (1)에 있는 기울기 방정식

$$y\mathbf{i} + x\mathbf{j} = \frac{\lambda}{4}x\mathbf{i} + \lambda y\mathbf{j}$$

으로부터 다음을 얻는다.

$$y = \frac{\lambda}{4}x, \qquad x = \lambda y, \qquad 즉, \qquad y = \frac{\lambda}{4}(\lambda y) = \frac{\lambda^2}{4}y$$

이므로 $y=0$ 또는 $\lambda = \pm 2$이다. 이제 두 가지 경우를 생각해 보자.

경우 1: 만약에 $y=0$이면 $x=y=0$. 그러나 $(0, 0)$은 타원 위에 없다. 따라서 $y \neq 0$

경우 2: 만약에 $y \neq 0$이면, $\lambda = \pm 2$이고 $x = \pm 2y$. 이 식을 방정식 $g(x, y)=0$에 대입하면

$$\frac{(\pm 2y)^2}{8} + \frac{y^2}{2} = 1, \qquad 4y^2 + 4y^2 = 8, \qquad y = \pm 1$$

그러므로 함수 $f(x, y)=xy$는 타원 위의 네 점 $(\pm 2, 1)$, $(\pm 2, -1)$에서 극값을 가진다. 극값은 $xy=2$와 $xy=-2$이다.

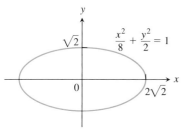

그림 12.55 예제 3은 이 타원 위에서 곱 xy의 가장 큰 값과 가장 작은 값을 찾는 방법을 보여준다.

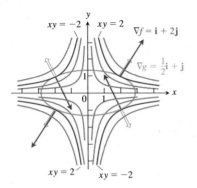

그림 12.56 제약조건 $g(x, y)=x^2/8 + y^2/2-1=0$에서 함수 $f(x, y)=xy$는 4개의 점 $(\pm 2, \pm 1)$에서 극값을 가진다. 이 점들은 타원 위에 있고 ∇f(붉은색)가 ∇g(푸른색)의 스칼라 상수배가 되는 점들이다(예제 3).

해의 기하학적 의미 함수 $f(x, y)=xy$의 등위곡선은 쌍곡선 $xy=c$이다(그림 12.56). 쌍곡선이 원점으로부터 멀어질수록 f의 절댓값은 더 커진다. 점 (x, y)가 타원 $x^2+4y^2=8$ 위에 있을 때 $f(x, y)$의 극값을 구하고자 한다. 타원과 교차하는 쌍곡선들 중에서 어느 것이 가장 원점으로부터 멀리 떨어져 있는가? 타원을 스쳐 지나가는 쌍곡선, 즉 접하는 쌍곡선이 원점으로부터 가장 먼 쌍곡선이다. 이 점들에서 쌍곡선에 수직인 벡터는 타원에도 수직이다. 따라서 $\nabla f=y\mathbf{i}+y\mathbf{j}$는 $\nabla g=\dfrac{x}{4}\mathbf{i}+y\mathbf{j}$의 $(\lambda=\pm 2)$배이다. 예를 들어, 점 $(2, 1)$에서는 다음과 같다.

$$\nabla f = \mathbf{i} + 2\mathbf{j}, \qquad \nabla g = \frac{1}{2}\mathbf{i} + \mathbf{j}\text{이므로}, \qquad \nabla f = 2\nabla g$$

점 $(-2, 1)$에서는 다음과 같다.

$$\nabla f = \mathbf{i} - 2\mathbf{j}, \qquad \nabla g = -\frac{1}{2}\mathbf{i} + \mathbf{j}\text{이므로}, \qquad \nabla f = -2\nabla g \qquad \blacksquare$$

예제 4 원 $x^2+y^2=1$ 위에서 함수 $f(x, y)=3x+4y$의 최댓값과 최솟값을 구하라.

풀이 이 문제를 라그랑주 승수 문제로 변형하기 위해

$$f(x, y) = 3x + 4y, \qquad g(x, y) = x^2 + y^2 - 1$$

이라 하고, 다음의 방정식을 만족하는 x, y, λ의 값을 구하라.

$$\nabla f = \lambda \nabla g: \quad 3\mathbf{i} + 4\mathbf{j} = 2x\lambda \mathbf{i} + 2y\lambda \mathbf{j}$$
$$g(x, y) = 0: \quad x^2 + y^2 - 1 = 0$$

식 (1)에 있는 기울기 방정식에 의하면 $\lambda \neq 0$이고, 이것으로부터 다음을 얻는다.

$$x = \frac{3}{2\lambda}, \qquad y = \frac{2}{\lambda}$$

이 방정식들로부터 x와 y가 같은 부호를 갖는다는 사실을 알 수 있다. x와 y의 값을 방정식 $g(x, y)=0$에 대입하면 다음과 같다.

$$\left(\frac{3}{2\lambda}\right)^2 + \left(\frac{2}{\lambda}\right)^2 - 1 = 0$$

이를 계산하면 다음을 얻는다.

$$\frac{9}{4\lambda^2} + \frac{4}{\lambda^2} = 1, \qquad 9 + 16 = 4\lambda^2, \qquad 4\lambda^2 = 25, \qquad \lambda = \pm\frac{5}{2}$$

그러므로

$$x = \frac{3}{2\lambda} = \pm\frac{3}{5}, \qquad y = \frac{2}{\lambda} = \pm\frac{4}{5}$$

이고, $f(x, y)=3x+4y$는 $(x, y)=\pm\left(\dfrac{3}{5}, \dfrac{4}{5}\right)$에서 최댓값과 최솟값을 가진다.

점 $\pm\left(\dfrac{3}{5}, \dfrac{4}{5}\right)$에서 $3x+4y$의 값을 계산하면, 원 $x^2+y^2=1$ 위에서 최댓값과 최솟값은 각각 다음과 같다.

$$3\left(\frac{3}{5}\right) + 4\left(\frac{4}{5}\right) = \frac{25}{5} = 5, \qquad 3\left(-\frac{3}{5}\right) + 4\left(-\frac{4}{5}\right) = -\frac{25}{5} = -5$$

해의 기하학적 의미 $f(x, y)=3x+4y$의 등위곡선은 직선 $3x+4y=c$이다(그림 12.57). 이 직선이 원점과 멀리 떨어져 있을수록 f의 절댓값은 커진다. 점 (x, y)가 $x^2+y^2=1$ 원 위에

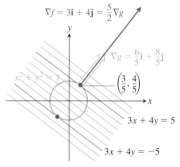

그림 12.57 함수 $f(x, y) = 3x + 4y$는 단위원 $g(x, y) = x^2 + y^2 - 1 = 0$ 위의 점 $(3/5, 4/5)$에서 가장 큰 값을 취하고 점 $(-3/5, -4/5)$에서 가장 작은 값을 취한다(예제 4). 이 각각의 점들에서 ∇f는 ∇g의 스칼라 상수배이다. 그림은 첫 번째 점에서 기울기를 나타낸다.

있을 때 $f(x, y)$의 최댓값과 최솟값을 구하고자 한다. 원과 교차하는 직선 중 어느 것이 원점과 가장 멀리 떨어져 있는가? 원에 접하는 직선이 원점과 가장 멀리 떨어져 있다. 접점에서 직선에 수직인 임의의 벡터는 원에도 수직이다. 따라서 기울기 $\nabla f = 3\mathbf{i} + 4\mathbf{j}$는 기울기 $\nabla g = 2x\mathbf{i} + 2y\mathbf{j}$의 스칼라 상수 $(\lambda = \pm 5/2)$배이다. 예를 들어, 점 $\left(\dfrac{3}{5}, \dfrac{4}{5}\right)$에서

$$\nabla f = 3\mathbf{i} + 4\mathbf{j}, \qquad \nabla g = \frac{6}{5}\mathbf{i} + \frac{8}{5}\mathbf{j} \text{이므로}, \qquad \nabla f = \frac{5}{2}\nabla g$$

이다.   ∎

두 제약조건식을 갖는 라그랑주 승수

많은 응용문제에서, 변수들이 두 제약조건식을 만족하는 미분가능한 함수 $f(x, y, z)$의 최댓값, 최솟값을 구해야 한다. 제약조건식이

$$g_1(x, y, z) = 0, \qquad g_2(x, y, z) = 0$$

이고 g_1, g_2가 미분가능하고, ∇g_1과 ∇g_2가 평행하지 않으면, 2개의 라그랑주 승수 λ와 μ("뮤")를 도입하여 f의 극댓값과 극솟값을 구한다. 즉, 다음의 방정식을 동시에 만족하는 x, y, z, λ, μ의 값을 계산하여 f가 최댓값과 최솟값을 가지는 점 $P(x, y, z)$를 구하는 것이다.

$$\nabla f = \lambda \nabla g_1 + \mu \nabla g_2, \qquad g_1(x, y, z) = 0, \qquad g_2(x, y, z) = 0 \qquad (2)$$

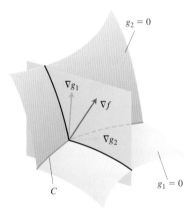

그림 12.58 벡터 ∇g_1과 ∇g_2는 곡선 C에 수직인 평면 상에 놓여 있다. 왜냐하면 ∇g_1는 곡면 $g_1 = 0$에 수직이고 ∇g_2는 곡면 $g_2 = 0$에 수직이다.

μ는 그리스 문자 mu

식 (2)는 훌륭한 기하학적 의미를 가진다. 곡면 $g_1 = 0$과 $g_2 = 0$(일반적으로)은 매끄러운 곡선, 이를테면 C에서 만난다(그림 12.58). 이 곡선을 따라서 f가 극댓값과 극솟값을 가지는 점을 찾는다. 정리 12에서 살펴본 것과 같이 이 점들은 ∇f가 C에 수직인 점들이다. 그런데 ∇g_1과 ∇g_2도 역시 이 점들에서 C에 수직이다. 왜냐하면 C는 곡면 $g_1 = 0$과 $g_2 = 0$에 놓여 있기 때문이다. 따라서 ∇f는 ∇g_1과 ∇g_2에 의해서 결정되는 평면 상에 있고 이것은 적당한 λ와 μ에 대해서 $\nabla f = \lambda \nabla g_1 + \mu \nabla g_2$임을 의미한다. 우리가 찾는 점들도 두 곡면 모두에 놓여 있으므로, 그 점들의 좌표는 방정식 $g_1(x, y, z) = 0$과 $g_2(x, y, z) = 0$을 만족한다. 이것은 식 (2)에서 요구하는 식들이다.

예제 5   평면 $x + y + z = 1$은 원기둥 $x^2 + y^2 = 1$을 타원 모양으로 자른다(그림 12.59). 이 타원 위의 점들 중 원점으로부터 가장 가까운, 그리고 가장 먼 점들을 구하라.

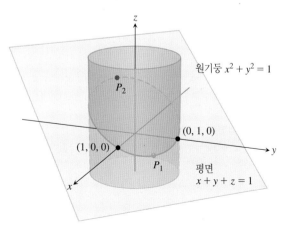

그림 12.59 면과 원기둥이 만나는 타원 위에서, 원점으로부터 가장 가까운, 그리고 가장 먼 점들은 무엇인가?(예제 5)

풀이 제약조건식

$$g_1(x, y, z) = x^2 + y^2 - 1 = 0 \tag{3}$$

$$g_2(x, y, z) = x + y + z - 1 = 0 \tag{4}$$

을 만족하는

$$f(x, y, z) = x^2 + y^2 + z^2$$

$((x, y, z)$로부터 원점까지의 거리의 제곱)의 최댓값과 최솟값을 구한다. 이때 식 (2)에 있는 기울기 벡터방정식은 다음과 같다.

$$\nabla f = \lambda \nabla g_1 + \mu \nabla g_2$$

$$2x\mathbf{i} + 2y\mathbf{j} + 2z\mathbf{k} = \lambda(2x\mathbf{i} + 2y\mathbf{j}) + \mu(\mathbf{i} + \mathbf{j} + \mathbf{k})$$

$$2x\mathbf{i} + 2y\mathbf{j} + 2z\mathbf{k} = (2\lambda x + \mu)\mathbf{i} + (2\lambda y + \mu)\mathbf{j} + \mu\mathbf{k}$$

즉

$$2x = 2\lambda x + \mu, \qquad 2y = 2\lambda y + \mu, \qquad 2z = \mu \tag{5}$$

식 (5)를 이용하여 다음을 얻는다.

$$2x = 2\lambda x + 2z \Longrightarrow (1 - \lambda)x = z,$$
$$2y = 2\lambda y + 2z \Longrightarrow (1 - \lambda)y = z \tag{6}$$

$\lambda = 1$이고 $z = 0$이거나, $\lambda \neq 1$이고 $x = y = \dfrac{z}{(1-\lambda)}$일 때, 식 (6)은 동시에 만족된다.

만약 $z = 0$일 때, 대응하는 타원 위의 점을 구하기 위해서 식 (3)과 (4)를 동시에 풀면 두 점 $(1, 0, 0)$과 $(0, 1, 0)$을 얻는다. 그림 12.59를 보면 알 수 있다.

만약 $x = y$이면, 식 (3)과 (4)에서

$$x^2 + x^2 - 1 = 0 \qquad\qquad x + x + z - 1 = 0$$
$$2x^2 = 1 \qquad\qquad\qquad z = 1 - 2x$$
$$x = \pm\frac{\sqrt{2}}{2} \qquad\qquad\quad z = 1 \mp \sqrt{2}$$

대응하는 타원 위의 점들은

$$P_1 = \left(\frac{\sqrt{2}}{2}, \frac{\sqrt{2}}{2}, 1 - \sqrt{2}\right), \qquad P_2 = \left(-\frac{\sqrt{2}}{2}, -\frac{\sqrt{2}}{2}, 1 + \sqrt{2}\right)$$

그런데 여기서 주목할 것은 P_1, P_2 둘 다 타원 위에서 f의 극댓값을 가지지만, P_2는 P_1보다 원점에서 더 멀다.

타원 위의 점들 중에서 원점에 가장 가까운 점들은 $(1, 0, 0)$과 $(0, 1, 0)$이다. 타원 위의 점 중 원점에서 가장 멀리 떨어진 점은 P_2이다(그림 12.59 참조). ■

연습문제 12.8

1개의 제약조건식과 2개의 독립변수

1. 타원 위에서 극값 타원 $x^2 + 2y^2 = 1$ 위에서 $f(x, y) = xy$가 극값을 갖는 점을 구하라.

2. 원 위에서 극값 제약조건식 $g(x, y) = x^2 + y^2 - 10 = 0$ 위에서 $f(x, y) = xy$의 극값을 구하라.

3. 직선 위에서 최댓값 직선 $x + 3y = 10$ 위에서 $f(x, y) = 49 - x^2 - y^2$의 최댓값을 구하라.

4. 직선 위에서 극값 직선 $x + y = 3$ 위에서 $f(x, y) = x^2 y$의 극댓값과 극솟값을 구하라.

5. 제약조건이 있는 최솟값 원점으로부터 가장 가까운 곡선 $xy^2 = 54$ 위의 점을 구하라.

6. 제약조건이 있는 최솟값 원점으로부터 가장 가까운 곡선 $x^2 y = 2$ 위의 점을 구하라.

7. 라그랑주 승수법을 이용하라.

a. 쌍곡선 위에서 최솟값   제약조건 $xy = 16$, $x > 0$, $y > 0$을 만족하는 $x + y$의 최솟값을 구하라.

b. 직선 위에서 최댓값   제약조건 $x + y = 16$을 만족하는 xy의 최댓값을 구하라.

각 해의 기하학적 의미를 설명하라.

8. 곡선 위에서 극값   원점과 가장 가까운 그리고 가장 먼 xy평면 안에 있는 곡선 $x^2 + xy + y^2 = 1$ 위의 점을 구하라.

9. 고정된 부피를 가지는 최소 겉넓이   부피가 16π cm³이고 최소 겉넓이를 갖는 닫힌 직원기둥의 깡통의 치수를 구하라.

10. 구 안의 원기둥   반지름 a인 구 안에 내접하는 열린 직원기둥의 겉넓이가 가장 크기 위한 반지름과 높이를 구하라. 가장 큰 겉넓이는 얼마인가?

11. 타원 안의 가장 큰 넓이를 가진 사각형   라그랑주 승수법을 사용하여 타원 $\dfrac{x^2}{16} + \dfrac{y^2}{9} = 1$ 안에 내접하는 가장 큰 넓이를 가지는 사각형의 치수를 구하라. 여기서 사각형의 변들은 좌표축에 평행하다.

12. 타원 안의 가장 긴 둘레를 가진 사각형   타원 $\dfrac{x^2}{a^2} + \dfrac{y^2}{b^2} = 1$ 안에 내접하는 가장 긴 둘레를 가지는 사각형의 치수를 구하라. 이때 사각형의 변들은 좌표축에 평행하다. 가장 긴 둘레는 얼마인가?

13. 원 위에서 극값   제약조건 $x^2 - 2x + y^2 - 4y = 0$을 만족하는 $x^2 + y^2$의 최댓값과 최솟값을 구하라.

14. 원 위에서 극값   제약조건 $x^2 + y^2 = 4$를 만족하는 $3x - y + 6$의 최댓값과 최솟값을 구하라.

15. 금속판 위의 개미   금속판 위의 점 (x, y)에서 온도를 나타내는 함수는 $T(x, y) = 4x^2 - 4xy + y^2$이다. 판 위의 개미가 원점을 중심으로 반지름이 5인 원에서 움직이고 있다. 개미가 느끼는 가장 높은 온도와 가장 낮은 온도는 무엇인가?

16. 최저 가격의 저장탱크   어떤 회사가 LPG를 저장하는 탱크 제작을 주문 받았다. 고객의 요청사항은 원기둥의 탱크로서 양끝이 반구의 모양으로서 8000 m³의 LPG를 담을 수 있어야 한다. 고객은 가장 적은 재료로서 탱크를 만들기를 원한다. 탱크의 원기둥 부분의 반지름과 높이를 구하라.

1개의 제약조건과 3개의 독립변수

17. 한 점과의 최소 거리   점 $(1, 1, 1)$으로부터 가장 가까운 평면 $x + 2y + 3z = 13$ 위의 점을 구하라.

18. 한 점과의 최대 거리   점 $(1, -1, 1)$으로부터 가장 먼 구 $x^2 + y^2 + z^2 = 4$ 위의 점을 구하라.

19. 원점과의 최소 거리   원점으로부터 가장 가까운 곡면 $x^2 - y^2 - z^2 = 1$ 위의 점을 구하라.

20. 원점과의 최소 거리   원점으로부터 가장 가까운 곡면 $z = xy + 1$ 위의 점을 구하라.

21. 원점과의 최소 거리   원점으로부터 가장 가까운 곡면 $z^2 = xy + 4$ 위의 점을 구하라.

22. 원점과의 최소 거리   원점으로부터 가장 가까운 곡면 $xyz = 1$ 위의 점을 구하라.

23. 구 위에서 최대·최소   구 $x^2 + y^2 + z^2 = 30$ 위에서

$$f(x, y, z) = x - 2y + 5z$$

의 최댓값과 최솟값을 구하라.

24. 구 위에서 최대·최소   구 $x^2 + y^2 + z^2 = 25$ 위에서 $f(x, y, z) = x + 2y + 3z$가 최댓값과 최솟값을 갖는 점을 구하라.

25. 제곱 합의 최소화   세 실수의 합이 9이고 이 수들의 제곱의 합이 가장 작게 되는 세 실수를 구하라.

26. 곱의 최대화 $x + y + z^2 = 16$일 때 곱이 최대가 되는 세 양의 실수 x, y, z를 구하라.

27. 구 안에 포함되는 최대 부피의 직육면체 상자   반지름이 1인 구 안에 내접하는 최대 부피를 가지는 닫힌 직육면체 상자의 치수를 구하라.

28. 평면에 꼭짓점이 놓여 있는 상자   세 면이 좌표평면에 놓여 있고, 한 꼭짓점이 평면 $\dfrac{x}{a} + \dfrac{y}{b} + \dfrac{z}{c} = 1$에 놓여 있는 제1팔분원에 위치한 닫힌 직육면체 상자의 최대 부피를 구하라. 여기서 $a > 0$, $b > 0$, $c > 0$이다.

29. 우주 탐사기에서 온도가 가장 높은 곳   타원체

$$4x^2 + y^2 + 4z^2 = 16$$

모양의 우주 탐사기가 대기권으로 진입해 그 표면이 뜨거워지고 있다. 1시간 후 탐사기 표면의 한 점 (x, y, z)에서 온도는

$$T(x, y, z) = 8x^2 + 4yz - 16z + 600$$

이다. 탐사기의 표면 중 가장 뜨거운 위치는 어디인가?

30. 구표면의 최대·최소 온도   구 $x^2 + y^2 + z^2 = 1$ 위의 점 (x, y, z)에서 섭씨온도는 $T = 400xyz^2$이다. 구 표면에서 가장 온도가 높은 지점과 가장 온도가 낮은 지점을 구하라.

31. 콥(Cobb)−더글러스(Douglas) 생산 함수   1920년대에 콥(Charles Cobb)과 더글러스(Paul Douglas)는 (회사, 산업계, 또는 전체 경제의) 총 생산량 P를 투입된 노동 시간 x와 (모든 건물과 장비에 대한 금융 가치까지 포함) 투자된 자본 y의 함수로서 수식화 하였다. 콥−더글러스 생산함수는 다음과 같다.

$$P(x, y) = kx^\alpha y^{1-\alpha}$$

여기서 k와 α는 어떤 특정 회사 또는 경제의 지표를 나타내는 상수이다.

a. 노동과 자본 둘 다를 두 배로 늘리면 생산량 P도 두 배가 됨을 보이라.

b. 어떤 특정 회사의 생산 함수가 $k = 120$과 $\alpha = 3/4$으로 표현된다고 하자. 노동 비용의 단위를 $250, 자본 비용의 단위를 $400라 하고, 모든 비용의 총 지출 합계가 $100,000을 넘지 않는다고 할 때, 이 회사가 생산할 수 있는 최대 수준을 구하라.

32. (연습문제 31의 계속)   노동 비용의 단위가 c_1이고, 자본 비용의 단위가 c_2이고, 회사가 총예산으로 B달러까지를 지출할 수 있다면, 총 생산량은 $c_1 x + c_2 y = B$에 의해 제약된다. 이 제약조건에서,

$$x = \frac{\alpha B}{c_1} \quad\text{과}\quad y = \frac{(1 - \alpha)B}{c_2}$$

일 때 생산 수준이 최대로 발생됨을 보이라.

33. 효용 함수 최대화하기: 경제학에서의 예   경제학에서 2개의 자본재 G_1, G_2의 양 x와 y의 유용성 혹은 효율성은 때때로 함수

$U(x, y)$로서 측정된다. 예를 들어, G_1, G_2를 현재 제약회사가 보유하고 있는 화학약품이라 하고, $U(x, y)$를 한 제품을 생산하여 얻는 이익이라 하자. 이때 이 제품은 제조과정에 따라서 다른 양의 화학약품을 필요로 한다. 만약 G_1의 가격이 a 달러/kg이고, G_2의 가격이 b 달러/kg이고, 위 G_1과 G_2를 구입할 수 있는 총 비용이 c 달러일 때 회사의 경영인은 주어진 제약식 $ax+by=c$를 만족하면서 $U(x, y)$를 최대화시키고자 한다. 따라서 그들은 전형적인 라그랑주 승수 문제를 필수적으로 풀어야 한다.

만약
$$U(x, y) = xy + 2x$$
이고, 방정식 $ax+by=c$를
$$2x + y = 30$$
이라 가정하자. 이 제약조건을 만족하는 U의 최댓값과 대응하는 x, y의 값을 구하라.

34. 혈액형 사람의 혈액형은 세 유전형에 의해 A, B와 O로 분류한다. 동형접합체 혈액형은 AA, BB와 OO형이고, 이형접합체 혈액형은 AB, AO와 BO형이다. 총 인구 중에서 세 유전형의 비율을 p, q와 r이라 하면, **하디-와인버그**(*Hardy–Weinberg*) 법칙은 어떤 특정한 집단에서 이형접합체 혈액형을 갖는 사람의 비율 Q를
$$Q(p, q, r) = 2(pq + pr + qr)$$
와 같이 수식으로 나타내었다. 여기서 $p+q+r=1$이다. Q의 최대값을 구하라.

35. 들보의 길이 3.5절 연습문제 43에서, 큰 빌딩으로부터 k만큼 떨어진 곳에 있는 높이 h인 담장과 빌딩 벽에 닿을 수 있는 가장 짧은 들보의 길이 L을 구하는 문제를 제기했다. 라그랑주 승수를 이용하여
$$L = (h^{2/3} + k^{2/3})^{3/2}$$
임을 보이라.

36. 전파망원경의 위치 정하기 새롭게 발견된 유성에 전파망원경을 세운다고 하자. 혼선을 최소화하기 위해서 유성에서 자장이 가장 약한 곳에 설치하려고 할 것이다. 유성은 반지름이 6 단위인 구 모양이다. 원점을 중심으로 하는 유성에서 자장의 크기는 $M(x, y, z)=6x-y^2+xz+60$이다. 전파망원경을 어디에 설치하여야 하는가?

2개의 제약조건식을 가지는 최적화 문제

37. 제약조건식 $2x-y=0$과 $y+z=0$을 만족하는 함수 $f(x, y, z)=x^2+2y^2 z^2$의 최댓값을 구하라.

38. $x+2y+3z=6$과 $x+3y+9z=9$를 만족하는 함수 $f(x, y, z)=x^2+y^2+z^2$의 최솟값을 구하라.

39. 원점과의 최소 거리 평면 $y+2z=12$와 $x+y=6$이 만나는 교차직선 위에서 원점과 가장 가까운 점을 구하라.

40. 교차선 위에서 최댓값 평면 $2x-y=0$과 $y+z=0$이 만나는 교차직선 위에서 $f(x, y, z)=x^2+2y-z^2$의 최댓값을 구하라.

41. 교차곡선 위에서 극값 평면 $z=1$과 구 $x^2+y^2+z^2=10$과의 교차곡선에서 $f(x, y, z)=x^2yz+1$의 극값을 구하라.

42. a. 교차직선 위에서 최댓값 2개의 평면 $x+y+z=40$과 $x+y-z=0$이 만나는 교차직선 위에서 $w=xyz$의 최댓값을 구하라.

  b. w의 최솟값이 아니고 최댓값을 구하였음을 기하학적으로 증명하라.

43. 교차원 위에서 극값 평면 $y-x=0$과 구 $x^2+y^2+z^2=4$가 만나는 교차원 위에서 함수 $f(x, y, z)=xy+z^2$의 극값을 구하라.

44. 원점과의 최소 거리 평면 $2y+4z=5$와 원뿔 $z^2=4x^2+4y^2$과의 교차곡선 위에서 원점과 가장 가까운 점을 구하라.

이론과 예제

45. $\nabla f = \lambda \nabla g$는 충분조건이 아니다. 제약조건식 $g(x, y)=0$, $\nabla g \neq \mathbf{0}$을 만족하는 $f(x, y)$의 극값이 존재하기 위해서 $\nabla f = \lambda \nabla g$가 필요조건이지만, 이 조건만으로는 존재성을 보장하지 못한다. 한 예로서, 라그랑주 승수법을 이용하여 제약조건식 $xy=16$을 만족하는 $f(x, y)=x+y$의 최댓값을 구해 보자. 이 방법에 의해서 두 점 $(4, 4)$와 $(-4, -4)$는 극값을 취할 가능성 있는 점들이다. 그러나 합 $(x+y)$는 쌍곡선 $xy=16$ 위에서 최댓값을 갖지 않는다. 제1사분면 상의 쌍곡선 위의 점에서 원점과 멀어질수록 합 $f(x, y)=x+y$는 점점 더 커진다.

46. 최소 제곱평면 평면 $z=Ax+By+C$는 다음의 점들 (x_k, y_k, z_k)을 근사적으로 지나간다.
$$(0, 0, 0), \quad (0, 1, 1), \quad (1, 1, 1), \quad (1, 0, -1)$$
오차제곱의 합
$$\sum_{k=1}^{4}(Ax_k + By_k + C - z_k)^2$$
을 최소화하는 A, B, C의 값을 구하라.

47. a. 구 위에서 최댓값 abc-직교좌표 상에서 원점을 중심으로 하고 반지름이 r인 구 상에서 $a^2b^2c^2$의 최댓값은 $\left(\dfrac{r^2}{3}\right)^3$임을 보이라.

  b. 기하평균과 산술평균 (a)의 결과를 이용하여 음이 아닌 실수 a, b, c에 대해서
$$(abc)^{1/3} \leq \frac{a + b + c}{3}$$
임을 보이라. 즉, 3개의 음이 아닌 실수들의 **기하평균**은 이들의 **산술평균**보다 작거나 같다.

48. 곱의 합 $a_1, a_2, \cdots, a_n$을 n개의 양의 실수라고 하자. 제약조건식 $\displaystyle\sum_{i=1}^{n} x_i^2 = 1$을 만족하는 $\displaystyle\sum_{i=1}^{n} a_i x_i$의 최댓값을 구하라.

컴퓨터 탐구

연습문제 49~54에서 CAS를 사용하여 라그랑주 승수법을 단계별로 이행하여 제약조건식이 있는 극값 문제를 풀라.

  a. 함수 $h=f-\lambda_1 g_1 - \lambda_2 g_2$를 정의하라. 여기서 f는 목적함수이고, $g_1=0$과 $g_2=0$은 제약조건식이다.

  b. λ_1과 λ_2에 대한 편도함수도 포함하여 h의 모든 1계 편도함수를 구하라. 그리고 이들을 0으로 두자.

  c. (b)에서 구한 연립방정식을 λ_1과 λ_2를 포함하여 모든 미지수에 관해서 풀라.

  d. (c)에서 구한 각 점에서 f의 값을 계산하고 문제에서 주어진

제약 조건을 만족하는 극값을 결정하라.

49. 제약조건식 $x^2 + y^2 - 2 = 0$과 $x^2 + z^2 - 2 = 0$을 만족하는 $f(x, y, z)$ $= xy + yz$의 최솟값을 구하라.

50. 제약조건식 $x^2 + y^2 - 1 = 0$과 $x - z = 0$을 만족하는 $f(x, y, z) =$ xyz의 최솟값을 구하라.

51. 제약조건식 $2y + 4z - 5 = 0$과 $4x^2 + 4y^2 - z^2 = 0$을 만족하는 $f(x, y, z) = x^2 + y^2 + z^2$의 최댓값을 구하라.

52. 제약조건식 $x^2 - xy + y^2 - z^2 - 1 = 0$과 $x^2 + y^2 - 1 = 0$을 만족하는 $f(x, y, z) = x^2 + y^2 + z^2$의 최솟값을 구하라.

53. 제약조건식 $2x - y + z - w - 1 = 0$과 $x + y - z + w - 1 = 0$을 만족하는 $f(x, y, z, w) = x^2 + y^2 + z^2 + w^2$의 최솟값을 구하라.

54. 직선 $y = x + 1$과 포물선 $y^2 = x$ 사이의 거리를 구하라. (**힌트**: (x, y)를 직선 위의 점이라 하고 (w, z)를 포물선 위의 점이라 하자. $(x - w)^2 + (y - z)^2$을 최소화하라.)

12.9   2변수 함수에 대한 테일러 공식

이 절에서는 테일러 공식을 이용하여 극값에 대한 2계 도함수 판정법(12.7절)과 2개의 독립변수에 대한 함수의 1차 근사식에 대한 오차 공식(12.6절)을 유도한다. 테일러 공식을 이용하여 유도함으로써 공식을 확장할 수 있고 2개의 독립변수에 대한 함수에 대해서 모든 차수의 근사 다항식을 유도할 수 있다.

2계 도함수 판정법의 유도

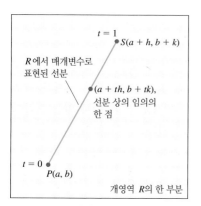

그림 12.60 P에서 근방의 점 S까지의 선분을 매개변수화하여 $P(a, b)$에서 2계 도함수 판정법 유도하기

$f(x, y)$가 $f_x = f_y = 0$인 점 $P(a, b)$를 포함하는 열린 영역 R에서 연속인 1계와 2계 편도함수를 가진다고 가정하자(그림 12.60). h와 k를 점 $S(a + h, b + k)$와 P를 연결하는 선분이 R의 내부에 포함되게 하는 아주 작은 증가량이라 하자. 선분 PS를 다음과 같이 매개방정식으로 나타낸다.

$$x = a + th, \qquad y = b + tk, \qquad 0 \le t \le 1$$

만약에 $F(t) = f(a + th, b + tk)$일 때, 연쇄법칙에 의하면 다음과 같다.

$$F'(t) = f_x \frac{dx}{dt} + f_y \frac{dy}{dt} = hf_x + kf_y$$

f_x와 f_y가 미분가능하므로(둘 다 연속인 편도함수를 가지기 때문에), F'는 t에 관해서 미분가능한 함수이고,

$$F'' = \frac{\partial F'}{\partial x} \frac{dx}{dt} + \frac{\partial F'}{\partial y} \frac{dy}{dt} = \frac{\partial}{\partial x}(hf_x + kf_y) \cdot h + \frac{\partial}{\partial y}(hf_x + kf_y) \cdot k$$

$$= h^2 f_{xx} + 2hk f_{xy} + k^2 f_{yy} \qquad f_{xy} = f_{yx}$$

F와 F'가 $[0, 1]$에서 연속이고, F'가 $(0, 1)$에서 미분가능하므로, $n = 2$, $a = 0$이라 하고 테일러 공식을 적용하면 다음과 같다.

$$F(1) = F(0) + F'(0)(1 - 0) + F''(c)\frac{(1 - 0)^2}{2}$$
$$= F(0) + F'(0) + \frac{1}{2}F''(c) \tag{1}$$

여기서 c는 0과 1 사이의 적당한 수이다. 식 (1)을 f에 관해서 나타내면 다음과 같다.

$$f(a + h, b + k) = f(a, b) + hf_x(a, b) + kf_y(a, b)$$
$$+ \frac{1}{2}\left(h^2 f_{xx} + 2hk f_{xy} + k^2 f_{yy}\right)\Bigg|_{(a + ch, \, b + ck)} \tag{2}$$

$f_x(a, b) = f_y(a, b) = 0$이므로 다음 식을 얻는다.

$$f(a + h, b + k) - f(a, b) = \frac{1}{2}\left(h^2 f_{xx} + 2hk f_{xy} + k^2 f_{yy}\right)\Big|_{(a+ch,\, b+ck)} \tag{3}$$

(a, b)에서 f의 극값이 존재함을 결정하기 위해, $f(a+h, b+k) - f(a, b)$의 부호를 조사한다. 식 (3)에 의해서 이것은 다음의 부호와 일치한다.

$$Q(c) = (h^2 f_{xx} + 2hk f_{xy} + k^2 f_{yy})\big|_{(a+ch,\, b+ck)}$$

만약에 $Q(0) \neq 0$이면, $Q(c)$의 부호는 충분히 작은 h와 k의 값에 대해서 $Q(0)$의 부호와 같을 것이다.

$$Q(0) = h^2 f_{xx}(a, b) + 2hk f_{xy}(a, b) + k^2 f_{yy}(a, b) \tag{4}$$

이것의 부호는 (a, b)에서 f_{xx}와 $f_{xx}f_{yy} - f_{xy}^2$의 부호로서 결정할 수 있다. 식 (4)의 양변에 f_{xx}를 곱하고 우변을 정리하면 다음과 같다.

$$f_{xx}Q(0) = (hf_{xx} + kf_{xy})^2 + (f_{xx}f_{yy} - f_{xy}^2)k^2 \tag{5}$$

식 (5)로부터 다음 사실을 알 수 있다.

1. (a, b)에서 $f_{xx} < 0$이고 $f_{xx}f_{yy} - f_{xy}^2 > 0$이면 충분히 작은 0이 아닌 실수 h와 k에 대해서 $Q(0) < 0$이고 f는 (a, b)에서 **극댓값**(*local maximum*)을 가진다.
2. (a, b)에서 $f_{xx} > 0$이고 $f_{xx}f_{yy} - f_{xy}^2 > 0$이면 충분히 작은 0이 아닌 실수 h와 k에 대해서 $Q(0) > 0$이고 f는 (a, b)에서 **극솟값**(*local minimum*)을 가진다.
3. (a, b)에서 $f_{xx}f_{yy} - f_{xy}^2 < 0$이면 충분히 작은 0이 아닌 실수 h와 k가 있어서 $Q(0) > 0$이고 또 다른 값에 대해서는 $Q(0) < 0$이다. $P_0(a, b, f(a, b))$에 아주 가까운 곡면 $z = f(x, y)$ 위에는 P_0 아래에 있는 점들이 있고, 또 어떤 점들은 P_0 위에 있는 점들이 있다. 따라서 f는 (a, b)에서 **안장점**(*saddle point*)을 가진다.
4. $f_{xx}f_{yy} - f_{xy}^2 = 0$이면 판정할 수 없다. $Q(0)$가 0이 될 가능성 때문에 $Q(c)$의 부호를 결정할 수 없다.

선형근사식에 대한 오차 공식

함수 $f(x, y)$와 (x_0, y_0)에서 f에 대한 선형근사식 $L(x, y)$와의 차이 $E(x, y)$는 다음의 부등식을 만족함을 보일 것이다.

$$E(x, y)| \leq \frac{1}{2}M\big(|x - x_0| + |y - y_0|\big)^2$$

함수 f는 (x_0, y_0)를 중심으로 하는 닫힌 직사각형 영역 R을 포함하는 열린 집합에서 연속인 2계 편도함수를 가진다고 가정하자. 여기서 실수 M은 R에서 $|f_{xx}|$, $|f_{yy}|$, $|f_{xy}|$의 상계이다.

우리가 원하는 부등식은 식 (2)에서 유도할 수 있다. a, b 대신 x_0와 y_0를 대입하고, h와 k 대신에 각각 $x - x_0, y - y_0$을 대입하여 다음과 같이 결과를 재정리하면 다음과 같다.

$$f(x, y) = \underbrace{f(x_0, y_0) + f_x(x_0, y_0)(x - x_0) + f_y(x_0, y_0)(y - y_0)}_{\text{선형근사식 } L(x, y)}$$

$$\underbrace{+ \frac{1}{2}\left((x - x_0)^2 f_{xx} + 2(x - x_0)(y - y_0)f_{xy} + (y - y_0)^2 f_{yy}\right)\Big|_{(x_0+c(x-x_0),\, y_0+c(y-y_0))}}_{\text{오차 } E(x, y)}$$

이 방정식은 다음을 나타낸다.

$$|E| \leq \frac{1}{2}\left(|x-x_0|^2|f_{xx}| + 2|x-x_0||y-y_0||f_{xy}| + |y-y_0|^2|f_{yy}|\right)$$

따라서 만약에 M이 R에서 $|f_{xx}|$, $|f_{xy}|$, $|f_{yy}|$의 상계이면 다음과 같다.

$$|E| \leq \frac{1}{2}\left(|x-x_0|^2 M + 2|x-x_0||y-y_0|M + |y-y_0|^2 M\right)$$

$$= \frac{1}{2}M\left(|x-x_0| + |y-y_0|\right)^2$$

2변수 함수에 대한 테일러 공식

앞에서 유도한 F'와 F''에 대한 식은 $f(x,y)$에 다음의 미분연산자들을 적용하여 구해진다.

$$\left(h\frac{\partial}{\partial x} + k\frac{\partial}{\partial y}\right), \qquad \left(h\frac{\partial}{\partial x} + k\frac{\partial}{\partial y}\right)^2 = h^2\frac{\partial^2}{\partial x^2} + 2hk\frac{\partial^2}{\partial x\,\partial y} + k^2\frac{\partial^2}{\partial y^2}$$

아래 식은 처음 그 예의 일반화된 공식이다.

$$F^{(n)}(t) = \frac{d^n}{dt^n}F(t) = \left(h\frac{\partial}{\partial x} + k\frac{\partial}{\partial y}\right)^n f(x,y) \tag{6}$$

즉, $F(t)$에 d^n/dt^n을 적용한 것은 이항정리에 의해서 아래의 식을 전개한 후 $f(x,y)$에 적용하여 얻은 결과와 같다.

$$\left(h\frac{\partial}{\partial x} + k\frac{\partial}{\partial y}\right)^n$$

f의 $(n+1)$차까지의 편도함수들이 (a,b)를 중심으로 하는 직사각형의 영역에서 연속이면, $F(t)$에 대해서 테일러 공식을 다음과 같이 확장할 수 있다.

$$F(t) = F(0) + F'(0)t + \frac{F''(0)}{2!}t^2 + \cdots + \frac{F^{(n)}(0)}{n!}t^{(n)} + 나머지$$

$t=1$이라 하면 다음과 같다.

$$F(1) = F(0) + F'(0) + \frac{F''(0)}{2!} + \cdots + \frac{F^{(n)}(0)}{n!} + 나머지$$

위의 급수의 우변에 있는 첫항부터 n개의 미분계수들을 식 (6)과 $t=0$을 이용하여 동치인 식으로 바꾸어서 대입하고 적당한 나머지 항을 더하면 다음의 공식을 얻는다.

점 (a,b)에서 $f(x,y)$의 테일러 공식

$f(x,y)$가 점 (a,b)를 중심으로 하는 열린 직사각형의 영역 R에서 $(n+1)$차까지의 편도함수들이 연속이라 가정하자. 이때 R에서 다음 식을 만족하는 $0<c<1$가 존재한다.

$$f(a+h, b+k) = f(a,b) + (hf_x + kf_y)\big|_{(a,b)} + \frac{1}{2!}\left(h^2 f_{xx} + 2hk f_{xy} + k^2 f_{yy}\right)\big|_{(a,b)}$$

$$+ \frac{1}{3!}\left(h^3 f_{xxx} + 3h^2 k f_{xxy} + 3hk^2 f_{xyy} + k^3 f_{yyy}\right)\big|_{(a,b)} + \cdots + \frac{1}{n!}\left(h\frac{\partial}{\partial x} + k\frac{\partial}{\partial y}\right)^n f\bigg|_{(a,b)}$$

$$+ \frac{1}{(n+1)!}\left(h\frac{\partial}{\partial x} + k\frac{\partial}{\partial y}\right)^{n+1} f\bigg|_{(a+ch, b+ck)} \tag{7}$$

첫 n개의 미분계수들은 (a,b)에서 계산되었다. 마지막 항은 (a,b)와 $(a+h, b+k)$를 연

결하는 선분 위의 적당한 점 $(a+ch, b+ck)$에서 계산되었다.

$(a, b)=(0, 0)$이고 h와 k를 독립변수(이들을 여기서는 x와 y로 나타낸다)라고 하면 식 (7)은 다음과 같이 간단하게 쓸 수 있다.

원점에서 $f(x, y)$에 대한 테일러 공식

$$f(x, y) = f(0, 0) + xf_x + yf_y + \frac{1}{2!}(x^2f_{xx} + 2xyf_{xy} + y^2f_{yy})$$

$$+ \frac{1}{3!}(x^3f_{xxx} + 3x^2yf_{xxy} + 3xy^2f_{xyy} + y^3f_{yyy}) + \cdots + \frac{1}{n!}\left(x^n\frac{\partial^n f}{\partial x^n} + nx^{n-1}y\frac{\partial^n f}{\partial x^{n-1}\partial y} + \cdots + y^n\frac{\partial^n f}{\partial y^n}\right)$$

$$+ \frac{1}{(n+1)!}\left(x^{n+1}\frac{\partial^{n+1} f}{\partial x^{n+1}} + (n+1)x^ny\frac{\partial^{n+1} f}{\partial x^n\partial y} + \cdots + y^{n+1}\frac{\partial^{n+1} f}{\partial y^{n+1}}\right)\Bigg|_{(cx, cy)} \tag{8}$$

처음 n개의 미분계수들은 $(0, 0)$에서 계산되었다. 마지막 항은 원점과 (x, y)를 연결하는 선분 상의 점에서 계산되었다.

테일러 공식은 2변수 함수에 대한 다항식 근사식을 제공한다. 첫 n계 미분계수를 포함하는 항들은 다항식이다. 마지막 항은 이 근사 다항식에 대한 오차를 알려 준다. 테일러 공식의 첫 3개의 항은 함수에 대한 1차 선형근사식이다. 1차 선형근사식을 향상시키기 위해서 더 높은 차수의 항을 더한다.

예제 1   원점 근처에서 $f(x, y) = \sin x \sin y$의 2차 근사식을 구하라. $|x| \leq 0.1$이고 $|y| \leq 0.1$일 때 근사식은 어느 정도 정확한가?

풀이   식 (8)에서 $n=2$라 두면 다음과 같다.

$$f(x, y) = f(0, 0) + (xf_x + yf_y) + \frac{1}{2}(x^2f_{xx} + 2xyf_{xy} + y^2f_{yy})$$

$$+ \frac{1}{6}(x^3f_{xxx} + 3x^2yf_{xxy} + 3xy^2f_{xyy} + y^3f_{yyy})_{(cx, cy)}$$

여기서

$$f(0, 0) = \sin x \sin y|_{(0,0)} = 0, \qquad f_{xx}(0, 0) = -\sin x \sin y|_{(0,0)} = 0,$$

$$f_x(0, 0) = \cos x \sin y|_{(0,0)} = 0, \qquad f_{xy}(0, 0) = \cos x \cos y|_{(0,0)} = 1,$$

$$f_y(0, 0) = \sin x \cos y|_{(0,0)} = 0, \qquad f_{yy}(0, 0) = -\sin x \sin y|_{(0,0)} = 0$$

이다. 따라서

$$\sin x \sin y \approx 0 + 0 + 0 + \frac{1}{2}(x^2(0) + 2xy(1) + y^2(0)), \quad \text{즉} \quad \sin x \sin y \approx xy$$

이 근사식에서 오차는 다음과 같다.

$$E(x, y) = \frac{1}{6}(x^3f_{xxx} + 3x^2yf_{xxy} + 3xy^2f_{xyy} + y^3f_{yyy})\Bigg|_{(cx, cy)}$$

3계 도함수의 절댓값은 결코 1을 넘지 않는다. 왜냐하면 그들은 사인과 코사인의 곱이기 때문이다. 또한 $|x| \leq 0.1$이고 $|y| \leq 0.1$이므로 다음을 얻는다.

$$|E(x, y)| \leq \frac{1}{6}((0.1)^3 + 3(0.1)^3 + 3(0.1)^3 + (0.1)^3) = \frac{8}{6}(0.1)^3 \leq 0.00134$$

(반올림). $|x| \leq 0.1$이고 $|y| \leq 0.1$일 때, 오차는 0.00134를 초과하지 않는다.   ■

연습문제 12.9

2차 근사식과 3차 근사식 구하기

연습문제 1~10에서 테일러 공식을 이용하여 원점 근방에서 $f(x, y)$에 대한 2차 근사식과 3차 근사식을 구하라.

1. $f(x, y) = xe^y$

2. $f(x, y) = e^x \cos y$

3. $f(x, y) = y \sin x$

4. $f(x, y) = \sin x \cos y$

5. $f(x, y) = e^x \ln (1 + y)$

6. $f(x, y) = \ln (2x + y + 1)$

7. $f(x, y) = \sin (x^2 + y^2)$

8. $f(x, y) = \cos (x^2 + y^2)$

9. $f(x, y) = \dfrac{1}{1 - x - y}$

10. $f(x, y) = \dfrac{1}{1 - x - y + xy}$

11. 테일러 공식을 이용하여 원점에서 $f(x, y) = \cos x \cos y$에 대한 2차 근사식을 구하라. $|x| \leq 0.1$이고 $|y| \leq 0.1$일 때 근사식의 오차를 계산하라.

12. 테일러 공식을 이용하여 원점에서 $e^x \sin y$의 2차 근사식을 구하라. $|x| \leq 0.1$이고 $|y| \leq 0.1$일 때, 근사식의 오차를 계산하라.

12.10 제약조건이 있는 변수에 대한 편도함수

$w = f(x, y)$와 같은 함수의 편도함수를 구할 때, 우리는 x와 y를 독립변수라고 가정하였다. 하지만 많은 응용 문제에서는 이 가정이 성립하지 않는다. 예를 들어, 기체의 내부 에너지 함수는 $U = f(P, V, T)$로서 표현할 수 있다. 여기서 P는 압력, V는 부피, T는 온도이다. 그런데 기체의 개개 분자들이 서로 부딪히지 않으면 P, V, T는 이상 기체 법칙 (ideal gas law)

$$PV = nRT \qquad (n, R\text{은 상수})$$

을 만족하지만 상호작용을 하지 않을 수가 없다. 이 절에서는 이와 같은 경우, 예를 들어 경제학이나 공학, 물리를 배울 때 나오는 현상들에서 편도함수를 어떻게 구하는지를 배운다.

어떤 변수가 종속인지 혹은 독립인지를 결정하라.

함수 $w = f(x, y, z)$에서 변수들이 방정식 $z = x^2 + y^2$으로 제약되어 있을 때 f의 편도함수들의 기하학적 의미와 편도함숫값은 어느 변수가 독립이고 어느 변수가 종속인지에 따라서 달라진다. 이러한 선택이 어떻게 그 결과에 영향을 미치는지를 알아보기 위해서 $w = x^2 + y^2 + z^2$이고 $z = x^2 + y^2$일 때 $\partial w / \partial x$를 구해 보자.

예제 1 $w = x^2 + y^2 + z^2$이고 $z = x^2 + y^2$일 때 $\partial w / \partial x$를 구하라.

풀이   4개의 미지수 x, y, z, w에 대한 2개의 방정식이 있다. 많은 다른 연립방정식에서와 같이 2개의 미지수(종속변수)를 나머지 2개의 미지수(독립변수)에 대해서 풀 수 있다. $\partial w / \partial x$를 구하기 때문에 w는 종속변수이고, x는 독립변수임을 알 수 있다. 나머지 변수들에 대한 선택은 다음과 같이 요약할 수 있다.

종속변수	독립변수
w, z	x, y
w, y	x, z

어떤 경우에서도, w를 선택된 독립변수에 대한 식으로 나타낼 수 있다. 두 번째 방정식 $z = x^2 + y^2$을 이용하여 첫 번째 방정식에서 나머지 종속변수를 제거할 수 있다.

첫 번째 경우, 나머지 종속변수는 z이다. 첫 번째 방정식에서 z 대신에 $x^2 + y^2$을 대입하여 제거할 수 있다. 결과적으로 w에 관해서 풀면 다음과 같다.

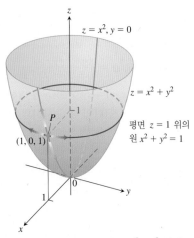

그림 12.61 P가 포물면 $z = x^2 + y^2$ 위에 놓여 있을 때 P에서 $w = x^2 + y^2 + z^2$의 x에 대한 편도함수의 값은 움직이는 방향에 따라 변한다(예제 1). (1) $y = 0$일 때 x가 변하면, P는 xz평면 위에 있는 포물선 $z = x^2$ 위를 위 또는 아래로 움직이고 $\partial w / \partial x = 2x + 4x^3$이다. (2) $z = 1$일 때, x가 변하는 P는 평면 $z = 1$ 위의 원 $x^2 + y^2 = 1$ 위를 움직이고 $\partial w / \partial x = 0$이다.

$$w = x^2 + y^2 + z^2 = x^2 + y^2 + (x^2 + y^2)^2$$
$$= x^2 + y^2 + x^4 + 2x^2y^2 + y^4$$

그리고

$$\frac{\partial w}{\partial x} = 2x + 4x^3 + 4xy^2 \tag{1}$$

이 식은 x와 y가 독립변수인 경우의 $\partial w / \partial x$이다.

두 번째 경우, x와 z가 독립변수이고, y가 나머지 종속변수이다. 두 번째 방정식에서 y^2 대신에 $z - x^2$을 넣을 수 있으므로 w 식에 대입하면

$$w = x^2 + y^2 + z^2 = x^2 + (z - x^2) + z^2 = z + z^2$$

이고 다음을 얻는다.

$$\frac{\partial w}{\partial x} = 0 \tag{2}$$

이 식은 x와 z가 독립변수인 경우의 $\partial w / \partial x$이다.

식 (1)과 (2)에서 $\partial w / \partial x$의 식은 확실히 다르다. 관계식 $z = x^2 + y^2$을 이용하여 한 식을 다른 식으로 바꿀 수 없다. $\partial w / \partial x$가 하나로 존재하지 않고 2개가 존재한다. $\partial w / \partial x$를 구하는 원래의 질문은 불확실함을 알 수 있다. 어떠한 $\partial w / \partial x$를 구하고자 하는가?

식 (1)과 (2)의 기하학적 의미를 살펴보면 왜 두 방정식들이 다른지를 알 수 있다. 함수 $w = x^2 + y^2 + z^2$은 점 (x, y, z)에서 원점까지 거리의 제곱을 나타낸다. 제약식 $z = x^2 + y^2$은 점 (x, y, z)가 그림 12.61에서와 같이 포물면 위의 점임을 나타낸다. 이 곡면에서만 이동할 수 있는 점 $P(x, y, z)$에서 $\partial w / \partial x$를 구하는 것은 어떤 의미를 가지는가? P의 좌표가, 예를 들어 $(1, 0, 1)$이면 $\partial w / \partial x$의 값은 무엇인가?

x와 y를 독립변수라 하면, y를 고정시키고(이 경우 $y = 0$) x는 변한다고 하고 $\partial w / \partial x$를 구한다. 그러므로 P는 xz평면에서 포물선 $z = x^2$을 따라 움직인다. P가 이 포물선을 따라 움직일 때 P와 원점과의 거리의 제곱 w는 변한다. 이 경우에(위의 첫 번째 해) $\partial w / \partial x$는 다음과 같다.

$$\frac{\partial w}{\partial x} = 2x + 4x^3 + 4xy^2$$

점 $P(1, 0, 1)$에서 이 도함수의 값은 다음과 같다.

$$\frac{\partial w}{\partial x} = 2 + 4 + 0 = 6$$

만약 x와 z를 독립변수라 하면, z를 고정시키고 x는 변수라 생각하여 $\partial w / \partial x$를 구한다. P의 z좌표가 1이므로, x를 변화시킬 때 P는 평면 $z = 1$에 있는 원을 따라 움직인다. P가 이 원을 따라 움직이면 원점과의 거리는 일정하고, 이 거리의 제곱 w는 변하지 않는다. 즉,

$$\frac{\partial w}{\partial x} = 0$$

이다. 이것은 두 번째 해에서 구한 것이다. ■

$w = f(x, y, z)$에 있는 변수들이 다른 방정식에 의해서 제약될 때 $\partial w / \partial x$를 어떻게 구하는가

예제 1에서 본 것처럼 함수 $w = f(x, y, z)$에 있는 변수들이 다른 방정식과 연관되어 있을 때 3단계를 거쳐서 $\partial w / \partial x$를 구한다. 이 단계는 $\partial w / \partial y$와 $\partial w / \partial z$를 구할 때도 적용된다.

> **1.** 어떤 미지수가 독립이고 종속변수인지를 **결정**하라(실제적으로 물리적 혹은 이론적인 내용을 보고 결정한다).
> **2.** w의 식에서 다른 종속변수는 **제거**하라.
> **3.** 미분하라.

어떤 미지수가 종속인지를 결정한 후에 만약에 단계 2를 수행할 수 없으면, 그 방정식을 있는 그대로 미분해서 $\partial w / \partial x$에 대해서 풀라. 다음의 예에서 이 과정을 보인다.

예제 2 $w = x^2 + y^2 + z^2$, $z^3 - xy + yz + y^3 = 1$이고 x, y가 독립변수일 때, 점 $(x, y, z) = (2, -1, 1)$에서 $\partial w / \partial x$를 구하라.

풀이 w에 관한 식에서 z를 제거하는 것은 쉽지 않다. 그러므로 x와 y를 독립변수, w와 z를 종속변수로 간주하고 두 방정식들을 x에 관해서 음함수 미분법을 적용한다. 이로부터 다음 두 개의 식을 얻는다.

$$\frac{\partial w}{\partial x} = 2x + 2z \frac{\partial z}{\partial x} \tag{3}$$

와

$$3z^2 \frac{\partial z}{\partial x} - y + y \frac{\partial z}{\partial x} + 0 = 0 \tag{4}$$

이제 이 두 방정식을 이용하여 $\partial w / \partial x$를 x, y, z에 관한 식으로 표현할 수 있다. 식 (4)를 이용하여 $\partial z / \partial x$에 관해서 풀면 다음 식을 얻는다.

$$\frac{\partial z}{\partial x} = \frac{y}{y + 3z^2}$$

그리고 이 식을 식 (3)에 대입하면 다음 식을 얻는다.

$$\frac{\partial w}{\partial x} = 2x + \frac{2yz}{y + 3z^2}$$

$(x, y, z) = (2, -1, 1)$에서 편미분계수는 다음과 같다.

$$\left(\frac{\partial w}{\partial x} \right)_{(2, -1, 1)} = 2(2) + \frac{2(-1)(1)}{-1 + 3(1)^2} = 4 + \frac{-2}{2} = 3 \qquad ■$$

역사적 인물
코바랩스키(Sonya Kovalevsky, 1850~1891)

기호

도함수를 계산할 때 어떤 변수를 독립변수로 취하였는지를 보이기 위해서 다음의 기호를 사용할 수 있다.

$$\left(\frac{\partial w}{\partial x} \right)_y \qquad x, y \text{가 독립변수일 때 } \partial w / \partial x \text{이다.}$$

$$\left(\frac{\partial f}{\partial y} \right)_{x, t} \qquad y, x, t \text{가 독립변수일 때 } \partial f / \partial y \text{이다.}$$

예제 3 $w = x^2 + y - z + \sin t$이고 $x + y = t$일 때 $\left(\dfrac{\partial w}{\partial x} \right)_{y, z}$를 구하라.

풀이 x, y, z가 독립변수이므로, 다음을 얻는다.

$$t = x + y, \qquad w = x^2 + y - z + \sin(x + y)$$

$$\left(\frac{\partial w}{\partial x}\right)_{y,\,z} = 2x + 0 - 0 + \cos\,(x + y)\,\frac{\partial}{\partial x}\,(x + y)$$

$$= 2x + \cos\,(x + y) \qquad\blacksquare$$

화살표 그림

예제 3에 있는 것과 같은 문제를 풀 때, 변수와 함수들이 어떠한 관계가 있는지를 나타내는 화살표 그림을 가지고 있으면 종종 편하다. 만약에

$$w = x^2 + y - z + \sin t, \qquad x + y = t$$

이고, x, y, z가 독립변수일 때 $\partial w/\partial x$를 구하기 위해서 다음과 같은 그림을 그린다:

$$\begin{pmatrix} x \\ y \\ z \end{pmatrix} \quad \rightarrow \quad \begin{pmatrix} x \\ y \\ z \\ t \end{pmatrix} \quad \rightarrow \quad w \tag{5}$$

독립변수   중간변수   종속변수

그림에서 같은 기호를 가진 독립변수와 중간변수들 사이의 혼동을 피하기 위해서 중간변수 대신에 다른 기호를 사용할 수도 있다 (따라서 중간변수들을 독립변수들에 대한 함수로서 간주한다). 그러므로 $u = x$, $v = y$, $s = z$를 새로 정의한 중간변수라고 하자. 이 기호를 사용하면 화살표 그림은 다음과 같다.

$$\begin{pmatrix} x \\ y \\ z \end{pmatrix} \quad \rightarrow \quad \begin{pmatrix} u \\ v \\ s \\ t \end{pmatrix} \quad \rightarrow \quad w \tag{6}$$

독립변수   중간변수와의   종속변수
관계식
$u = x$
$v = y$
$s = z$
$t = x + y$

이 그림에서 독립변수는 왼쪽에 있고 중간변수와 독립변수와의 관계식은 중앙에 있고 종속변수는 오른쪽에 있다. 이제 함수 w는 다음과 같다.

$$w = u^2 + v - s + \sin t$$

여기서

$$u = x, \qquad v = y, \qquad s = z, \qquad t = x + y$$

$\partial w/\partial x$를 계산하기 위해서 네 변수에 대한 연쇄법칙을 w에 적용하고 식 (6)에서 주어진 화살표 그림을 이용하면 다음과 같다.

$$\frac{\partial w}{\partial x} = \frac{\partial w}{\partial u}\frac{\partial u}{\partial x} + \frac{\partial w}{\partial v}\frac{\partial v}{\partial x} + \frac{\partial w}{\partial s}\frac{\partial s}{\partial x} + \frac{\partial w}{\partial t}\frac{\partial t}{\partial x}$$

$$= (2u)(1) + (1)(0) + (-1)(0) + (\cos t)(1)$$

$$= 2u + \cos t$$

$$= 2x + \cos\,(x + y) \qquad \text{원래 독립변수로 고쳐주기 위해}$$
$u = x$와 $t = x + y$를 대입

연습문제 12.10

제약조건식을 가진 변수에 대한 편도함수 구하기

연습문제 1~3에서 변수들 사이의 관계를 나타내는 그림을 그려서 구하라.

1. $w = x^2 + y^2 + z^2$, $z = x^2 + y^2$일 때 다음을 구하라.

   a. $\left(\dfrac{\partial w}{\partial y}\right)_z$ **b.** $\left(\dfrac{\partial w}{\partial z}\right)_x$ **c.** $\left(\dfrac{\partial w}{\partial z}\right)_y$

2. $w = x^2 + y - z + \sin t$, $x + y = t$일 때 다음을 구하라.

   a. $\left(\dfrac{\partial w}{\partial y}\right)_{x,\,z}$ **b.** $\left(\dfrac{\partial w}{\partial y}\right)_{z,\,t}$ **c.** $\left(\dfrac{\partial w}{\partial z}\right)_{x,\,y}$

   d. $\left(\dfrac{\partial w}{\partial z}\right)_{y,\,t}$ **e.** $\left(\dfrac{\partial w}{\partial t}\right)_{x,\,z}$ **f.** $\left(\dfrac{\partial w}{\partial t}\right)_{y,\,z}$

3. $U = f(P, V, T)$는 기체의 내부에너지 공식으로 이상 기체법칙 $PV = nRT$ (n과 R은 상수)를 따른다고 하자. 다음을 구하라.

   a. $\left(\dfrac{\partial U}{\partial P}\right)_V$ **b.** $\left(\dfrac{\partial U}{\partial T}\right)_V$

4. $w = x^2 + y^2 + z^2$, $y \sin z + z \sin x = 0$일 때 점 $(x, y, z) = (0, 1, \pi)$에서 다음을 구하라.

   a. $\left(\dfrac{\partial w}{\partial x}\right)_y$ **b.** $\left(\dfrac{\partial w}{\partial z}\right)_y$

5. $w = x^2 y^2 + yz - z^3$, $x^2 + y^2 + z^2 = 6$일 때 점 $(w, x, y, z) = (4, 2, 1, -1)$에서 다음을 구하라.

   a. $\left(\dfrac{\partial w}{\partial y}\right)_x$ **b.** $\left(\dfrac{\partial w}{\partial y}\right)_z$

6. $x = u^2 + v^2$이고 $y = uv$일 때, 점 $(u, v) = (\sqrt{2}, 1)$에서 $\left(\dfrac{\partial u}{\partial y}\right)_x$을 구하라.

7. 극좌표에서 $x^2 + y^2 = r^2$이고 $x = r \cos u$라 하자. 다음을 구하라.

   $\left(\dfrac{\partial x}{\partial r}\right)_\theta$, $\left(\dfrac{\partial r}{\partial x}\right)_y$

8. $w = x^2 - y^2 + 4z + t$이고, $x + 2z + t = 25$라 하사. 방정식

   $$\frac{\partial w}{\partial x} = 2x - 1, \qquad \frac{\partial w}{\partial x} = 2x - 2$$

는 각각 어떤 변수를 종속변수, 어떤 변수를 독립변수로 선택했을 때의 값이다. 각각의 경우에 대해서 독립변수를 결정하라.

이론과 예제

9. 유체역학에서 많이 사용되는 성질로서 $f(x, y, z) = 0$이라 가정하면

   $$\left(\frac{\partial x}{\partial y}\right)_z \left(\frac{\partial y}{\partial z}\right)_x \left(\frac{\partial z}{\partial x}\right)_y = -1$$

   임을 증명하라. (**힌트**: 모든 도함수를 편도함수 $\partial f/\partial x$, $\partial f/\partial y$, $\partial f/\partial z$로서 나타내라.)

10. $z = x + f(u)$이고, $u = xy$일 때

    $$x\frac{\partial z}{\partial x} - y\frac{\partial z}{\partial y} = x$$

    임을 보이라.

11. 방정식 $g(x, y, z) = 0$에서 z가 독립변수 x와 y에 관해서 미분가능한 함수이고, $g_z \neq 0$이라 가정하자.

    $$\left(\frac{\partial z}{\partial y}\right)_x = -\frac{\partial g/\partial y}{\partial g/\partial z}$$

    임을 보이라.

12. $f(x, y, z, w) = 0$과 $g(x, y, z, w) = 0$에서 z와 w가 독립변수 x와 y에 관해서 미분가능한 함수이고

    $$\frac{\partial f}{\partial z}\frac{\partial g}{\partial w} - \frac{\partial f}{\partial w}\frac{\partial g}{\partial z} \neq 0$$

    이라 가정하자.

    $$\left(\frac{\partial z}{\partial x}\right)_y = -\frac{\dfrac{\partial f}{\partial x}\dfrac{\partial g}{\partial w} - \dfrac{\partial f}{\partial w}\dfrac{\partial g}{\partial x}}{\dfrac{\partial f}{\partial z}\dfrac{\partial g}{\partial w} - \dfrac{\partial f}{\partial w}\dfrac{\partial g}{\partial z}}$$

    $$\left(\frac{\partial w}{\partial y}\right)_x = -\frac{\dfrac{\partial f}{\partial z}\dfrac{\partial g}{\partial y} - \dfrac{\partial f}{\partial y}\dfrac{\partial g}{\partial z}}{\dfrac{\partial f}{\partial z}\dfrac{\partial g}{\partial w} - \dfrac{\partial f}{\partial w}\dfrac{\partial g}{\partial z}}$$

    임을 보이라.

12장   복습문제

1. 2변수 함수란 무엇인가? 3변수 함수란 무엇인가? 예를 들라.

2. 평면 혹은 공간에서 열린 집합이란 무엇을 의미하는가? 닫힌 집합이란 무엇을 의미하는가? 예를 각각 들라. 열린 집합도 아니고 닫힌 집합도 아닌 예를 들라.

3. 2변수 함수 $f(x, y)$의 값을 그래프에서 어떻게 나타낼 수 있는가? 3변수 함수 $f(x, y, z)$에 대해서 동일한 문제를 어떻게 하는가?

4. $(x, y) \to (x_0, y_0)$일 때 함수 $f(x, y)$가 극한 L을 가진다는 것은 무엇을 의미하는가? 2변수 함수에 대해서 극한의 기본적인 성질은 무엇인가?

5. 2변수(3변수) 함수가 정의역의 한 점에서 언제 연속이 되는가? 정의역의 어떤 점에서는 연속이고 어떤 점에서는 불연속인 함수의 예를 들라.

6. 연속함수들의 대수적인 결합과 합성에 대해서 무엇을 말할 수 있는가?

7. 극한이 존재하지 않음을 두 경로 판정법으로 설명하라.

8. 함수 $f(x, y)$의 편도함수 $\partial f/\partial x$와 $\partial f/\partial y$는 어떻게 정의되는가? 그들은 어떻게 해석되고 계산하는가?

9. 2변수 함수에 대한 1계 편도함수와 연속성과의 관계는 1변수 함수에 대한 1계 도함수와 연속성과의 관계와 어떻게 다른가? 예를 들라.

10. 혼합된 2계 편도함수에 대한 클레로의 정리는 무엇인가? 2계와 고계 편도함수를 계산할 때 이것을 어떻게 이용할 수 있는가? 예를 들라.

11. 함수 $f(x, y)$가 미분가능하다는 것은 무슨 의미를 가지는가? 증분 정리(Increment Theorem)는 미분가능성과 어떤 연관성이 있는가?

12. $f(x, y)$가 미분가능하다는 것을 f_x와 f_y값을 계산하여 어떻게 결정할 수 있는가? 한 점에서 f의 미분가능성과 f의 연속성과는 어떤 관계가 있는가?

13. 연쇄법칙이란? 2변수 함수에 대한 연쇄법칙은 무엇인가? 3변수함수에 대해서는? 곡면 상에서 정의된 함수에 대해서는? 이와 같이 다른 식들을 어떻게 그림으로 그릴 수 있는가? 모든 다른 형식의 공식을 기억할 수 있는 일반화된 공식은 무엇인가?

14. 점 P_0에서 단위벡터 **u** 방향에 대한 함수 $f(x, y)$의 방향미분계수를 구하라. 변화율은 어떠한가? 기하학적인 의미를 가지는가? 예를 들라.

15. 미분가능한 함수 $f(x, y)$의 기울기 벡터는 무엇인가? 함수의 방향도함수와는 어떤 연관성이 있는가? 3변수 함수에 대해서도 유사한 결과를 서술하라.

16. 미분가능한 함수 $f(x, y)$의 등위곡선 위의 점에서 접선은 어떻게 구하는가? 미분가능한 함수 $f(x, y, z)$의 등위곡면 위의 점에서 접평면과 법선은 어떻게 구하는가? 예를 들라.

17. 변화량을 측정하기 위해서 방향도함수를 어떻게 이용하는가?

18. 점 (x_0, y_0)에서 2변수 함수 $f(x, y)$의 1차 근사식은 어떻게 구하는가? 왜 1차 근사식을 구하는가? 3변수 함수에 대해서도 1차 근사식을 구할 수 있는가?

19. 2변수(3변수) 함수의 1차 근사식의 정확도는 얼마인가?

20. (x, y)가 (x_0, y_0)에서 $(x_0 + dx, y_0 + dy)$ 쪽으로 이동하면 미분가능한 함수 $f(x, y)$의 값에서 결과적으로 발생하는 변화량은 어떻게 계산하는가? 예를 들라.

21. 미분가능한 함수 $f(x, y)$에 대해서 극댓값, 극솟값, 안장점은 어떻게 정의하는가? 예를 들라.

22. 함수 $f(x, y)$의 극값을 결정하기 위하여 어떤 도함수 판정법을 이용할 수 있는가? 위의 판정법은 어떻게 이 값들을 판정할 수 있는가? 예를 들라.

23. xy평면에서 유계인 닫힌 영역에서 연속인 함수의 극값을 어떻게 구하는가? 예를 들라.

24. 라그랑주 승수법을 설명하고 예를 들라.

25. 함수 $f(x, y)$에 대해서 테일러 정리는 어떻게 근사 다항식을 정의하고 오차를 계산하는가?

26. $w = f(x, y, z)$이고 미지수 x, y, z가 방정식 $g(x, y, z) = 0$에 의해서 제약되어 있으면, 기호 $(\partial w / \partial x)_y$의 의미는 무엇인가? 제약 조건을 가지는 변수에 대한 편도함수를 계산하는 데 화살표 그림은 어떻게 도움을 주는가? 예를 들라.

12장 종합문제

정의역, 치역, 등위곡선

종합문제 1~4에서 주어진 함수의 정의역과 치역을 구하라. 그것의 등위곡선을 확인하라. 한 등위곡선을 그려라.

1. $f(x, y) = 9x^2 + y^2$
2. $f(x, y) = e^{x+y}$
3. $g(x, y) = 1/xy$
4. $g(x, y) = \sqrt{x^2 - y}$

종합문제 5~8에서 주어진 함수의 정의역과 치역을 구하라. 그것의 등위곡면을 확인하라. 전형적인 등위곡면을 그려라.

5. $f(x, y, z) = x^2 + y^2 - z$
6. $g(x, y, z) = x^2 + 4y^2 + 9z^2$
7. $h(x, y, z) = \dfrac{1}{x^2 + y^2 + z^2}$
8. $k(x, y, z) = \dfrac{1}{x^2 + y^2 + z^2 + 1}$

극한 구하기

종합문제 9~14에서 극한을 구하라.

9. $\displaystyle\lim_{(x,y)\to(\pi,\,\ln 2)} e^y \cos x$
10. $\displaystyle\lim_{(x,y)\to(0,0)} \dfrac{2+y}{x+\cos y}$
11. $\displaystyle\lim_{(x,y)\to(1,1)} \dfrac{x-y}{x^2 - y^2}$
12. $\displaystyle\lim_{(x,y)\to(1,1)} \dfrac{x^3 y^3 - 1}{xy - 1}$
13. $\displaystyle\lim_{P\to(1,-1,\,e)} \ln|x+y+z|$
14. $\displaystyle\lim_{P\to(1,-1,-1)} \tan^{-1}(x+y+z)$

종합문제 15와 16에서 접근하는 경로를 다르게 하여 극한이 존재하지 않음을 보여라.

15. $\displaystyle\lim_{\substack{(x,y)\to(0,0) \\ y\neq x^2}} \dfrac{y}{x^2 - y}$
16. $\displaystyle\lim_{\substack{(x,y)\to(0,0) \\ xy\neq 0}} \dfrac{x^2 + y^2}{xy}$

17. 연속성 확장 $(x, y) \neq (0, 0)$일 때 $f(x, y) = (x^2 - y^2)/(x^2 + y^2)$이라 하자. 원점에서 f가 연속이 되게 $f(0, 0)$을 정의할 수 있는가? 그 이유를 설명하라.

18. 연속성 확장

$$f(x, y) = \begin{cases} \dfrac{\sin(x-y)}{|x| + |y|}, & |x| + |y| \neq 0 \\ 0, & (x, y) = (0, 0) \end{cases}$$

이라 하자. f는 원점에서 연속인가? 그 이유를 설명하라.

편도함수

종합문제 19~24에서 각각의 변수에 대해서 편도함수를 구하라.

19. $f(r, \theta) = r \sin \theta - r \cos \theta$
20. $f(x, y) = \dfrac{1}{2} \ln(x^2 - y^2) + \sin^{-1} \dfrac{y}{x}$

21. $f(R_1, R_2, R_3) = \dfrac{1}{R_1} + \dfrac{1}{R_2} + \dfrac{1}{R_3}$

22. $f(x, y, z) = \cos(4\pi x - y + 5z)$

23. $P(n, R, T, V) = \dfrac{nRT}{V}$ (이상 기체 법칙)

24. $f(r, l, T, w) = \dfrac{1}{2rl}\sqrt{\dfrac{T}{\pi w}}$

2계 편도함수

종합문제 25~28에서 2계 편도함수를 구하라.

25. $g(x, y) = y + \dfrac{x}{y}$ **26.** $f(x, y) = e^y - x\cos y$

27. $g(x, y) = y - xy - 8y^3 + \ln(y^2 - 1)$

28. $g(x, y) = x^2 - 9xy - \sin y + 5e^x$

연쇄법칙 계산

29. $w = \sin(xy + \pi)$, $x = e^t$, $y = \ln(t + 1)$일 때 $t = 0$에서 dw/dt를 구하라.

30. $w = xe^y + y\sin z - \cos z$, $x = 2\sqrt{t}$, $y = t - 1 + \ln t$, $z = \pi t$일 때 $t = 1$에서 dw/dt를 구하라.

31. $w = \sin(2x - y)$, $x = r + \sin s$, $y = rs$일 때 $r = \pi$, $s = 0$에서 $\partial w/\partial r$, $\partial w/\partial s$를 구하라.

32. $w = \ln\sqrt{1 + x^2} - \tan^{-1} x$, $x = 2e^u\cos v$일 때 $u = v = 0$에서 $\partial w/\partial u$, $\partial w/\partial v$를 구하라.

33. $t = 1$에서 곡선 $x = \cos t$, $y = \sin t$, $z = \cos 2t$ 위에서 함수 $f(x, y, z) = xy + yz + xz$의 t에 대한 도함수의 값을 구하라.

34. $w = f(s)$가 s에 대해서 미분가능한 함수이고 $s = y + 5x$일 때,

$$\frac{\partial w}{\partial x} - 5\frac{\partial w}{\partial y} = 0$$

임을 보이라.

음함수 미분법

종합문제 35와 36에서 주어진 방정식이 y는 x에 대해서 미분가능한 함수라 가정하자. 점 P에서 dy/dx의 값을 구하라.

35. $1 - x - y^2 - \sin xy = 0$, $P(0, 1)$

36. $2xy + e^{x+y} - 2 = 0$, $P(0, \ln 2)$

방향미분계수

종합문제 37~40에서 f가 P_0에서 가장 빨리 증가하고 가장 빨리 감소하는 방향을 구하고, 이 방향들에 대한 f의 방향미분계수를 구하라. 그리고 P_0에서 벡터 $\mathbf{v}$ 방향에 대한 f의 방향미분계수를 구하라.

37. $f(x, y) = \cos x \cos y$, $P_0(\pi/4, \pi/4)$, $\mathbf{v} = 3\mathbf{i} + 4\mathbf{j}$

38. $f(x, y) = x^2 e^{-2y}$, $P_0(1, 0)$, $\mathbf{v} = \mathbf{i} + \mathbf{j}$

39. $f(x, y, z) = \ln(2x + 3y + 6z)$, $P_0(-1, -1, 1)$,
$\mathbf{v} = 2\mathbf{i} + 3\mathbf{j} + 6\mathbf{k}$

40. $f(x, y, z) = x^2 + 3xy - z^2 + 2y + z + 4$, $P_0(0, 0, 0)$,
$\mathbf{v} = \mathbf{i} + \mathbf{j} + \mathbf{k}$

41. 속도방향에 대한 방향미분계수 $t = \pi/3$에서 나선

$$\mathbf{r}(t) = (\cos 3t)\mathbf{i} + (\sin 3t)\mathbf{j} + 3t\mathbf{k}$$

의 속도벡터의 방향에 대한 $f(x, y, z) = xyz$의 방향미분계수를 구하라.

42. 최대 방향미분계수   점 $(1, 1, 1)$에서 $f(x, y, z) = xyz$가 취할 수 있는 가장 큰 방향미분계수는 얼마인가?

43. 주어진 값에 대한 방향도함수   점 $(1, 2)$에서 함수 $f(x, y)$는 $(2, 2)$ 방향에 대한 방향미분계수가 2이고, $(1, 1)$ 방향에 대한 방향미분계수가 -2이다.

  a. $f_x(1, 2)$와 $f_y(1, 2)$를 구하라.

  b. $(1, 2)$에서 $(4, 6)$ 방향에 대한 f의 방향미분계수를 구하라.

44. $f(x, y)$가 (x_0, y_0)에서 미분가능일 때 다음의 진술 중 참인 것은? 그 이유를 설명하라.

  a. $\mathbf{u}$가 단위벡터이면, (x_0, y_0)에서 $\mathbf{u}$ 방향에 대한 f의 방향미분계수는 $(f_x(x_0, y_0)\mathbf{i} + f_y(x_0, y_0)\mathbf{j}) \cdot \mathbf{u}$이다.

  b. (x_0, y_0)에서 $\mathbf{u}$ 방향에 대한 f의 방향미분계수는 벡터이다.

  c. (x_0, y_0)에서 f의 방향미분계수는 ∇f의 방향에서 가장 큰 값을 가진다.

  d. (x_0, y_0)에서 벡터 ∇f는 곡선 $f(x, y) = f(x_0, y_0)$에 직교한다.

기울기 벡터, 접평면, 법선

종합문제 45와 46에서 주어진 점에서 곡면 $f(x, y, z) = c$와 ∇f의 그래프를 그리라.

45. $x^2 + y + z^2 = 0$; $(0, -1, \pm 1)$, $(0, 0, 0)$

46. $y^2 + z^2 = 4$; $(2, \pm 2, 0)$, $(2, 0, \pm 2)$

종합문제 47과 48에서 P_0에서 등위곡면 $f(x, y, z) = c$의 접평면의 방정식을 구하라. 그리고 P_0에서 곡면의 법선의 매개방정식을 구하라.

47. $x^2 - y - 5z = 0$, $P_0(2, -1, 1)$

48. $x^2 + y^2 + z = 4$, $P_0(1, 1, 2)$

종합문제 49와 50에서 주어진 점에서 곡면 $z = f(x, y)$의 접평면의 방정식을 구하라.

49. $z = \ln(x^2 + y^2)$, $(0, 1, 0)$

50. $z = 1/(x^2 + y^2)$, $(1, 1, 1/2)$

종합문제 51과 52에서 점 P_0에서 등위곡선 $f(x, y) = c$의 접선과 법선의 방정식을 구하라. 그리고 P_0에서 ∇f와 함께 접선, 법선과 등위 곡선의 그래프를 그리라.

51. $y - \sin x - 1$, $P_0(\pi, 1)$ **52.** $\dfrac{y^2}{2} - \dfrac{x^2}{2} = \dfrac{3}{2}$, $P_0(1, 2)$

곡선의 접선

종합문제 53과 54에서 주어진 점에서 곡면들의 교차곡선에 접하는 직선의 매개방정식을 구하라.

53. 곡면: $x^2 + 2y + 2z = 4$, $y = 1$
     점: $(1, 1, 1/2)$

54. 곡면: $x + y^2 + z = 2$, $y = 1$
     점: $(1/2, 1, 1/2)$

선형근사식

종합문제 55와 56에서 점 P_0에서 함수 $f(x, y)$의 선형근사식 $L(x, y)$를 구하라. 그리고 직사각형 영역 R에서 근사식 $f(x, y) \approx L(x, y)$에 대한 오차의 상계를 구하라.

55. $f(x, y) = \sin x \cos y$, $P_0(\pi/4, \pi/4)$

$$R: \left| x - \frac{\pi}{4} \right| \le 0.1, \quad \left| y - \frac{\pi}{4} \right| \le 0.1$$

56. $f(x, y) = xy - 3y^2 + 2$, $P_0(1, 1)$
   R: $|x - 1| \leq 0.1$, $|y - 1| \leq 0.2$

종합문제 57과 58에서 주어진 점에서 함수의 선형근사식을 구하라.
57. $f(x, y, z) = xy + 2yz - 3xz$, $(1, 0, 0)$, $(1, 1, 0)$
58. $f(x, y, z) = \sqrt{2} \cos x \sin (y + z)$, $(0, 0, \pi/4)$, $(\pi/4, \pi/4, 0)$

변화에 따른 계산과 민감도

59. 파이프관의 부피 구하기   지름이 대략 36 cm이고 길이가 1 km인 파이프관의 부피를 계산하려고 한다. 어떤 치수를 더 세심하게 측정하여야 하는가, 길이 혹은 지름? 이유는?

60. 변화에 대한 민감도   점 $(1, 2)$ 근처에서 $f(x, y) = x^2 - xy + y^2 - 3$은 x의 변화 혹은 y의 변화 중 어디에 더 민감한가? 어떻게 알 수 있는가?

61. 전기회로에서의 변화   전기회로에서 전류 I(amperes)는 방정식 $I = V/R$의 관계식을 가진다고 하자. 여기서 V는 전압(volt)이고, R(ohm)은 저항이다. 만약에 전압이 24에서 23 volt로 떨어지고, 저항이 100에서 80 ohm으로 떨어지면, I는 증가할 것인가 혹은 감소할 것인가? 얼마만큼 차이가 생기는가? I의 변화량은 전압 혹은 저항중 어느 변화에 더 민감한가? 어떻게 알 수 있는가?

62. 타원의 넓이를 계산할 때 생기는 최대 오차 $a = 10$ cm이고, $b = 16$ cm이고 측정 오차는 0.1 cm 이하이다. 타원 $\dfrac{x^2}{a^2} + \dfrac{y^2}{b^2} = 1$의 넓이 $A = \pi ab$를 계산할 때 최대 백분율 오차는 얼마인가?

63. 제품 산정시 오차 $y = uv$, $z = u + v$라 하자. 여기서 u와 v는 양의 독립변수이다.
   a. u의 측정오차는 2%이고 v의 측정오차는 3%일 때, y의 값을 계산할 때 백분율 오차는 얼마인가?
   b. z의 값을 계산할 때 백분율 오차는 y의 백분율 오차보다 작다는 것을 보이라.

64. 심장지수   심출력(cardiac output)의 연구에서 다른 사람들과의 비교를 위해서 연구자들은 **심장지수**(*cardiac index*) C를 구하기 위해서 심출력을 체면적으로 나눈다.

$$C = \frac{\text{심출력}}{\text{체면적}}$$

몸무게가 w이고, 키가 h인 사람의 체면적 B는 대략 다음 식으로 주어진다.

$$B = 71.84 w^{0.425} h^{0.725}$$

여기서 B의 단위는 cm^{2}이고, w의 단위는 kg이고, h의 단위는 cm이다. 키가 180 cm, 몸무게가 70 kg, 심출력이 7 L/min인 사람의 심장지수를 계산하려고 한다. 심장지수를 계산할 때, 몸무게에서 1 kg의 오차 혹은 키에서 1 cm 오차 어느 것이 더 큰 영향을 미치는가?

극값

종합문제 65~70에서 주어진 함수의 극댓값, 극솟값과 안장점에 대한 판정을 하라. 이 점들에서 함수의 값을 구하라.
65. $f(x, y) = x^2 - xy + y^2 + 2x + 2y - 4$
66. $f(x, y) = 5x^2 + 4xy - 2y^2 + 4x - 4y$

67. $f(x, y) = 2x^3 + 3xy + 2y^3$
68. $f(x, y) = x^3 + y^3 - 3xy + 15$
69. $f(x, y) = x^3 + y^3 + 3x^2 - 3y^2$
70. $f(x, y) = x^4 - 8x^2 + 3y^2 - 6y$

최댓값, 최솟값

종합문제 71~78에서 영역 R에서 f의 최댓값과 최솟값을 구하라.
71. $f(x, y) = x^2 + xy + y^2 - 3x + 3y$
   R: 제1사분면과 직선 $x + y = 4$로 잘린 삼각형 영역
72. $f(x, y) = x^2 - y^2 - 2x + 4y + 1$
   R: 좌표축과 직선 $x = 4$와 $y = 2$로 둘러싸인 제1사분면에 있는 직사각형 영역
73. $f(x, y) = y^2 - xy - 3y + 2x$
   R: 직선 $x = \pm 2$와 $y = \pm 2$로 둘러싸인 제1사분면의 정사각형 영역
74. $f(x, y) = 2x + 2y - x^2 - y^2$
   R: 좌표축과 직선 $x = 2$, $y = 2$로 둘러싸인 제1사분면의 영역
75. $f(x, y) = x^2 - y^2 - 2x + 4y$
   R: x축 위와 직선 $y = x + 2$ 아래, 직선 $x = 2$의 왼쪽에 놓여있는 삼각형 영역
76. $f(x, y) = 4xy - x^4 - y^4 + 16$
   R: 직선 $y = -2$ 위, 직선 $y = x$ 아래, 직선 $x = 2$의 왼쪽에 놓여 있는 삼각형 영역
77. $f(x, y) = x^3 + y^3 + 3x^2 - 3y^2$
   R: 직선 $x = \pm 1$과 $y = \pm 1$로 둘러싸인 사각형 영역
78. $f(x, y) = x^3 + 3xy + y + 1$
   R: 선 $x = \pm 1$과 $y = \pm 1$로 둘러싸인 사각형 영역

라그랑주 승수

79. 원 위에서 극값   원 $x^2 + y^2 = 1$ 위에서 $f(x, y) = x^3 + y^2$의 극값을 구하라.
80. 원 위에서 극값   원 $x^2 + y^2 = 1$ 위에서 $f(x, y) = xy$의 극값을 구하라.
81. 원판 위에서 극값   단위 원판 $x^2 + y^2 \leq 1$ 위에서 $f(x, y) = x^2 + 3y^2 + 2y$의 극값을 구하라.
82. 원판 위에서 극값   원판 $x^2 + y^2 \leq 9$ 위에서 $f(x, y) = x^2 + y^2 - 3x - xy$의 극값을 구하라.
83. 구 위에서 극값   단위 구 $x^2 + y^2 + z^2 = 1$ 위에서 $f(x, y, z) = x - y + z$의 극값을 구하라.
84. 원점과의 최소 거리   원점으로부터 가장 가까운 곡면 $z^2 - xy = 4$ 위의 점을 구하라.
85. 상자의 최소 비용   닫힌 직육면체 상자의 부피는 V cm^{3}이다. 상자에 사용된 재료비는 천장과 바닥은 1 cm^{2}당 a센트이고, 앞면과 뒷면은 1 cm^{2}당 b센트이고, 나머지 면은 1 cm^{2}당 c센트이다. 재료비를 최소화하기 위한 치수를 구하라.
86. 최소 부피   점 $(2, 1, 2)$를 지나는 평면 $ax + by + cz = 1$ 중에서 제1팔분면을 가장 적은 부피로 자르는 평면을 구하라.
87. 곡면들의 교차곡선 위에서 극값   직원기둥 $x^2 + y^2 = 1$과 쌍곡선기둥 $xz = 1$의 교차곡선 위에서 $f(x, y, z) = x(y + z)$의 극값을 구

하라.

88. 평면과 원뿔이 만나서 이루는 곡선에서 원점까지 최소 거리 평면 $x+y+z=1$과 원뿔 $z^2=2x^2+2y^2$의 교차곡선 위에서 원점과 가장 가까운 점을 구하라.

이론과예제

89. $w=f(r, \theta)$, $r=\sqrt{x^2+y^2}$, $\theta=\tan^{-1}\left(\dfrac{y}{x}\right)$라 하자. $\partial w/\partial x$와 $\partial w/\partial y$를 구하고 답을 r과 θ에 관한 식으로 나타내라.

90. $z=f(u, v)$, $u=ax+by$, $v=ax-by$라 하자. z_x와 z_y를 f_u, f_v, 상수 a와 b에 관한 식으로 나타내라.

91. a, b는 상수이고, $w=u^3+\tanh u+\cos u$, $u=ax+by$일 때 다음 식이 성립함을 보이라.
$$a\frac{\partial w}{\partial y}=b\frac{\partial w}{\partial x}$$

92. 연쇄법칙 이용하기 $w=\ln(x^2+y^2+2z)$, $x=r+s$, $y=r-s$, $z=2rs$일 때, 연쇄법칙을 이용하여 w_r과 w_s를 구하라. 구한 다음 다른 방법으로 답을 확인하라.

93. 벡터 사이의 각 방정식 $e^u\cos v-x=0$과 $e^u\sin v-y=0$은 u와 v를 x와 y에 대해서 미분가능한 함수로 정의한다고 가정하자. 벡터
$$\frac{\partial u}{\partial x}\mathbf{i}+\frac{\partial u}{\partial y}\mathbf{j}, \qquad \frac{\partial v}{\partial x}\mathbf{i}+\frac{\partial v}{\partial y}\mathbf{j}$$
사이의 각은 상수임을 보이라.

94. 극좌표와 2계 도함수 극좌표 $x=r\cos\theta$, $y=r\sin\theta$를 이용하여 $f(x, y)$를 $g(r, \theta)$로 바꾼다.
점 $(r, \theta)=\left(2, \dfrac{\pi}{2}\right)$에서
$$\frac{\partial f}{\partial x}=\frac{\partial f}{\partial y}=\frac{\partial^2 f}{\partial x^2}=\frac{\partial^2 f}{\partial y^2}=1$$
일 때 $\partial^2 g/\partial u^2$의 값을 구하라.

95. 평면에 평행인 법선 곡면
$$(y+z)^2+(z-x)^2=16$$
위의 점으로서 이 점에서 법선이 yz평면에 평행인 점을 구하라.

96. xy평면에 평행인 접평면 곡면

$$xy+yz+zx-x-z^2=0$$
위의 점으로서 이 점에서 접평면이 xy평면과 평행인 점을 구하라.

97. 기울기가 위치벡터와 평행일 때 $\nabla f(x, y, z)$가 항상 위치벡터 $(x\mathbf{i}+y\mathbf{j}+z\mathbf{k})$에 평행하다고 가정하자. 임의의 a에 대해서 $f(0, 0, a)=f(0, 0, -a)$임을 보이라.

98. 모든 방향에 대한 한쪽방향으로의 방향미분계수, 기울기 벡터는 아님 점 $P(x_0, y_0, z_0)$에서 방향 $u=u_1\mathbf{i}+u_2\mathbf{j}+u_3\mathbf{k}$에 대한 한쪽방향으로의 방향미분계수는 다음과 같다.
$$\lim_{s\to 0^+}\frac{f(x_0+su_1, y_0+su_2, z_0+su_3)-f(x_0, y_0, z_0)}{s}$$
원점에서 모든 방향에 대한
$$f(x, y, z)=\sqrt{x^2+y^2+z^2}$$
의 한쪽방향으로의 방향미분계수는 1이고, 원점에서 기울기 벡터는 존재하지 않음을 보이라.

99. 원점을 지나는 법선 점 $(1, 1, 1)$에서 곡면 $xy+z=2$의 법선은 원점을 지나는 것을 보이라.

100. 접평면과 법선

a. 곡면 $x^2-y^2+z^2=4$를 그리라.

b. $(2, -3, 3)$에서 곡면의 법선벡터를 구하라. 위의 그림에 추가하여 그리라.

c. $(2, -3, 3)$에서 접평면과 법선의 방정식을 구하라.

제약조건을가진변수에대한편도함수

종합문제 101과 102에서 변수들 사이의 관계를 나타내는 그림을 먼저 그리라.

101. $w=x^2e^{yz}$, $z=x^2-y^2$일 때 다음을 구하라.

a. $\left(\dfrac{\partial w}{\partial y}\right)_z$ **b.** $\left(\dfrac{\partial w}{\partial z}\right)_x$ **c.** $\left(\dfrac{\partial w}{\partial z}\right)_y$

102. $U=f(P, V, T)$를 이상 기체 법칙 $PV=nRT(n, R$은 상수)을 만족하는 기체의 내부에너지라 하자. 다음을 구하라.

a. $\left(\dfrac{\partial U}{\partial T}\right)_P$ **b.** $\left(\dfrac{\partial U}{\partial V}\right)_T$

12장   보충 · 심화 문제

편도함수

1. 원점에서안장점을가지는함수 12.2절 연습문제 60을 풀었으면, 다음 함수를 기억할 것이다.
$$f(x, y)=\begin{cases} xy\dfrac{x^2-y^2}{x^2+y^2}, & (x, y)\neq(0, 0)\\[2mm] 0, & (x, y)=(0, 0)\end{cases}$$
(그림 참조)는 $(0, 0)$에서 연속이다. $f_{xy}(0, 0)$과 $f_{yx}(0, 0)$을 구하라.

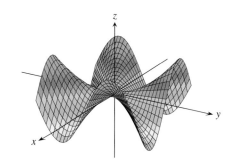

2. 2개의 1계 편도함수로부터 함수 구하기 1계 편도함수가 $\partial w/\partial x = 1 + e^x \cos y$, $\partial w/\partial y = 2y - e^x \sin y$이고 점 $(\ln 2, 0)$에서 함숫값이 $\ln 2$인 함수 $w = f(x, y)$를 구하라.

3. 라이프니츠 법칙의 증명 라이프니츠의 법칙은 f가 $[a, b]$에서 연속이고, $u(x)$, $v(x)$가 x에 대해서 미분가능한 함수이고 이들의 함숫값이 $[a, b]$ 안에 있으면, 다음과 같다.

$$\frac{d}{dx}\int_{u(x)}^{v(x)} f(t)\,dt = f(v(x))\frac{dv}{dx} - f(u(x))\frac{du}{dx}$$

$$g(u, v) = \int_u^v f(t)\,dt, \qquad u = u(x), \qquad v = v(x)$$

이라 하고, 연쇄법칙을 이용하여 dg/dx를 구하여서 법칙을 증명하라.

4. 2계 편도함수가 제약조건을 가지는 함수 구하기 f가 r에 대해서 두 번 미분가능한 함수이고, $r = \sqrt{x^2 + y^2 + z^2}$이고, 다음 식이 성립한다고 가정하자.

$$f_{xx} + f_{yy} + f_{zz} = 0$$

적당한 상수 a와 b에 대하여 다음 식이 성립함을 보이라.

$$f(r) = \frac{a}{r} + b$$

5. 동차함수 함수 $f(x, y)$가 n차 동차함수(*homogeneous of degree* n)란 모든 t, x, y에 대해서 $f(tx, ty) = t^n f(x, y)$임을 의미한다. 이러한 함수(충분히 미분가능)에 대해서 다음을 증명하라(여기서 n은 음이 아닌 정수).

a. $x\dfrac{\partial f}{\partial x} + y\dfrac{\partial f}{\partial y} = nf(x, y)$

b. $x^2\left(\dfrac{\partial^2 f}{\partial x^2}\right) + 2xy\left(\dfrac{\partial^2 f}{\partial x \partial y}\right) + y^2\left(\dfrac{\partial^2 f}{\partial y^2}\right) = n(n-1)f$

6. 극좌표에서 곡면

$$f(r, \theta) = \begin{cases} \dfrac{\sin 6r}{6r}, & r \neq 0 \\ 1, & r = 0 \end{cases}$$

이라 하자. 여기서 r과 θ는 극좌표이다. 다음을 구하라.

a. $\lim_{r \to 0} f(r, \theta)$ **b.** $f_r(0, 0)$ **c.** $f_\theta(r, \theta)$, $r \neq 0$

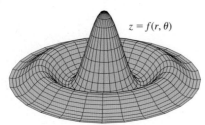

$z = f(r, \theta)$

기울기 벡터와 접선

7. 위치벡터의 성질 $\mathbf{r} = x\mathbf{i} + y\mathbf{j} + z\mathbf{k}$, $r = |\mathbf{r}|$이라 하자.

a. $\nabla r = \mathbf{r}/r$임을 보이라.

b. $\nabla(r^n) = nr^{n-1}\mathbf{r}$임을 보이라.

c. 기울기 벡터가 $\mathbf{r}$인 함수를 구하라.

d. $\mathbf{r} \cdot d\mathbf{r} = r\,dr$임을 보이라.

e. 임의의 상수 벡터 $\mathbf{A}$에 대하여 $\nabla(\mathbf{A} \cdot \mathbf{r}) = \mathbf{A}$임을 보이라.

8. 접선에 직교하는 기울기 미분가능한 함수 $f(x, y)$가 미분가능한

곡선 $x = g(t)$, $y = h(t)$를 따라 상수값 c를 가진다고 가정하자. 즉, 모든 t에 대해서 다음과 같다.

$$f(g(t), h(t)) = c$$

이 방정식의 양변을 t에 대하여 미분하여 곡선 위의 모든 점에서 ∇f가 곡선의 접선벡터에 직교함을 보이라.

9. 곡면에 접하는 곡선 곡선

$$\mathbf{r}(t) = (\ln t)\mathbf{i} + (t \ln t)\mathbf{j} + t\mathbf{k}$$

가 $(0, 0, 1)$에서 곡면

$$xz^2 - yz + \cos xy = 1$$

의 접선임을 보이라.

10. 곡면에 접하는 곡선 곡선

$$\mathbf{r}(t) = \left(\frac{t^3}{4} - 2\right)\mathbf{i} + \left(\frac{4}{t} - 3\right)\mathbf{j} + \cos(t - 2)\mathbf{k}$$

가 $(0, -1, 1)$에서 곡면

$$x^3 + y^3 + z^3 - xyz = 0$$

의 접선임을 보이라.

극값

11. 곡면 위에서 극값 곡면 $z = x^3 + y^3 - 9xy + 27$ 위에서 z가 극값을 가질 수 있는 가능점은 단지 $(0, 0)$과 $(3, 3)$이다. $(0, 0)$에서는 최댓값, 최솟값 모두 갖지 않음을 보이라. $(3, 3)$에서 z가 최댓값 혹은 최솟값을 가지는지를 결정하라.

12. 닫힌 제1사분면에서 최댓값 닫힌 제1사분면에서 $f(x, y) = 6xye^{-(2x+3y)}$의 최댓값을 구하라(음이 아닌 축도 포함).

13. 제1팔분면에 의해 잘린 최소 부피 제1팔분면에 있는 한 점에서 타원체

$$\frac{x^2}{a^2} + \frac{y^2}{b^2} + \frac{z^2}{c^2} = 1$$

에 대한 접평면과 평면 $x = 0$, $y = 0$, $z = 0$으로 둘러싸인 영역의 최소 부피를 구하라.

14. xy평면에 있는 직선과 포물선 사이의 최소 거리 제약조건식 $y = x + 1$, $u = v^2$을 만족하는 함수 $f(x, y, u, v) = (x - u)^2 + (y - v)^2$을 최소화하여, xy평면 안에 있는 직선 $y = x + 1$과 포물선 $y^2 = x$ 사이의 최소거리를 구하라.

이론과예제

15. 1계 편도함수의 유계성은 연속성을 의미한다. 다음의 정리를 증명하라: $f(x, y)$가 xy평면의 열린 영역 R에서 정의되고, R에서 f_x와 f_y가 유계이면, $f(x, y)$는 R에서 연속이다(유계성에 대한 가정은 필수적이다).

16. $\mathbf{r}(t) = g(t)\mathbf{i} + h(t)\mathbf{j} + k(t)\mathbf{k}$가 미분가능한 함수 $f(x, y, z)$의 정의역에서 매끄러운 곡선이라 가정하자. df/dt, ∇f, $\mathbf{v} = d\mathbf{r}/dt$의 관계를 설명하라. f가 극값을 가지는 곡선의 내부점에서 ∇f와 $\mathbf{v}$에 대해서 무엇을 말할 수 있는가? 그 이유를 설명하라.

17. 편도함수로부터 함수 구하기 f와 g가 x, y에 관한 함수로서 다음을 만족한다고 가정하자.

$$\frac{\partial f}{\partial y} = \frac{\partial g}{\partial x}, \qquad \frac{\partial f}{\partial x} = \frac{\partial g}{\partial y}$$

또, $\dfrac{\partial f}{\partial x}=0$, $f(1,2)=g(1,2)=5$, $f(0,0)=4$라 가정하자. 이 때 $f(x,y)$와 $g(x,y)$를 구하라.

18. 변화율에 대한 변화율 $f(x,y)$가 2변수 함수이고, $\mathbf{u}=a\mathbf{i}+b\mathbf{j}$가 단위 벡터이면, $D_{\mathbf{u}}f(x,y)=f_x(x,y)a+f_y(x,y)b$는 (x,y)에서 방향 $\mathbf{u}$에 대한 $f(x,y)$의 변화율이다. (x,y)에서 방향 $\mathbf{u}$에 대한 $f(x,y)$의 변화율에 대한 변화율을 유도하라.

19. 열을 추적하는 입자의 경로 열을 추적하는 입자는 평면 안의 임의의 점 (x,y)에서 온도가 가장 빨리 올라가는 방향으로 움직이는 성질을 갖는다. (x,y)에서의 온도가 $T(x,y)=-e^{-2y}\cos x$이면, $(\pi/4,0)$에서 열을 추적하는 입자의 경로에 대한 방정식 $y=f(x)$를 구하라.

20. 튀어서 난 후의 속도 어떤 입자가 점 $(0,0,30)$을 지나서 일정한 속도 $\mathbf{i}+\mathbf{j}-5\mathbf{k}$를 가지고 직선으로 날아가다가 곡면 $z=2x^2+3y^2$과 부딪쳤다. 이 입자는 곡면에 스쳐 날았고, 반사각은 입사각과 같다. 속력의 손실이 없다고 가정하면, 곡면을 스친 후의 속도는 무엇인가? 간단하게 답하라.

21. 곡면에 접하는 방향도함수 S를 $f(x,y)=10-x^2-y^2$의 그래프가 나타내는 곡면이라 하자. 각 점 (x,y,z)에서 온도는 $T(x,y,z)=x^2y+y^2z+4x+14y+z$라 가정하자.
  a. 점 $(0,0,10)$에서 곡면 S의 모든 가능한 접선의 방향 중 어느 방향이 $(0,0,10)$에서 온도의 변화율이 가장 큰가?
  b. 점 $(1,1,8)$에서 S의 접선의 방향 중 온도의 변화율이 가장 큰 것은?

22. 다른 구멍 뚫기 땅의 평평한 표면 위에서 지질학자들이 수직으로 구멍을 뚫었는데 지하 300 m에서 광맥에 부딪쳤다. 그들은 첫 번째 구멍에서 북쪽으로 30 m 떨어진 곳에 두 번째 구멍을 뚫었다. 그런데 지하 285 m에서 광맥에 부딪쳤다. 첫 번째 구멍에서 동쪽으로 30 m 떨어진 곳에 세 번째 구멍을 뚫었다. 그런데 지하 307.5 m에서 광맥에 부딪쳤다. 지질학자들은 광맥이 반구모양일 것이라고 전제하고 경제적인 측면에서 표면에서 가장 가까운 광맥을 찾으려고 한다. 땅의 표면을 xy평면이라고 가정하면, 지질학자들은 첫 번째 구멍에서 어느 방향으로 네 번째 구멍을 뚫을 것이라고 생각하는가?

1차원의 열방정식 $w(x,t)$는 측면이 완벽하게 절연된 균일한 전선에서 위치 x, 시간 t에서의 온도를 나타낸다. 이때 편도함수 w_{xx}, w_t는 다음의 미분방정식을 만족한다.

$$w_{xx}=\frac{1}{c^2}w_t$$

이 방정식을 **1차원 열방정식**(*one-dimensional heat equation*)이라 한다. 양의 상수 c^2은 전선이 만들어진 물질에 따라서 결정된다.

23. $w=e^{rt}\sin\pi x$ 형태를 가진 모든 해를 구하라. 여기서 r은 상수이다.

24. 조건식 $w(0,t)=0$과 $w(L,t)=0$을 만족하고 $w=e^{rt}\sin kx$ 형태를 가진 1차원 열방정식의 모든 해를 구하라. $t\to\infty$일 때 해에 어떤 현상이 생기는가?

13

중적분

개요 이 장에서는 2변수 함수 $f(x, y)$에 대한 평면의 한 영역에서 2중적분을 정의한다. 1변수 적분과 같이 근삿값인 리만 합의 극한으로 정의한다. 1변수 정적분이 부호가 있는 넓이를 나타낼 수 있는 것과 유사하게, 2중적분은 부호가 있는 부피를 나타낼 수 있다. 2중적분도 4.4절에서 공부한 미적분학의 기본정리를 이용하여 계산할 수 있다. 다만, 각 변수인 x와 y에 관하여 순서대로 두 번 적분하여 계산한다. 2중적분은 4장에서 다루었던 평면에서의 영역보다 더 일반적인 영역에 대한 넓이까지도 구할 수 있게 해준다. 더 나아가 1변수에서 치환적분이 적분을 구하기 쉽게 해준 것과 마찬가지로, 때로는 극좌표를 사용함으로써 2중적분의 계산을 쉽게 해주기도 한다. 뿐만 아니라 2중적분을 계산하는 더 일반적인 치환적분을 공부한다.

또한 우리는 **3변수 함수** $f(x, y, z)$에 대한 공간의 한 영역에서 3중적분을 정의한다. 3중적분은 공간에서 보다 더 일반적인 영역의 부피를 구할 수 있게 해주고, 그에 대한 계산은 2중적분에서 계산했던 방법을 세 번으로 늘려 적용하면 된다. 때로는 원주좌표나 구면좌표를 사용하면 3중적분의 계산을 쉽게 할 수 있으며, 그러한 방법들을 공부할 것이다. 2중적분 또는 3중적분은 다변수 함수의 평균값을 계산하거나, 모멘트나 질량중심을 구하는 등 아주 많이 응용된다.

13.1 직사각형에서 2중적분과 반복적분

4장에서 구간 $[a, b]$에서 연속함수 $f(x)$의 정적분을 리만 합의 극한값으로 정의하였다. 이 절에서는 이러한 방법을 확장하여 평면의 유계영역 R에서 연속인 2변수 함수 $f(x, y)$의 적분을 정의한다. 1변수 함수와 2변수 함수의 적분은 모두 리만 합의 극한값이 된다. 1변수 함수의 적분에 대한 리만 합은 유한한 구간을 작은 소구간으로 분할한 다음에 각 소구간의 길이와 소구간의 한 점 c_k에서의 f값을 곱한 후, 이 곱들의 합을 구하여 얻는다. 이와 마찬가지로 분할하고, 곱하고, 더하는 방법을 이용하여 근사시킨 리만 합의 극한으로서 2중적분을 정의한다.

2중적분

우선 평면에서 가장 간단한 형태인 직사각형 영역에서의 적분에 대하여 알아보자. 함수 $f(x, y)$가 직사각형

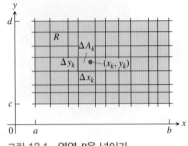

그림 13.1 영역 R을 넓이가
$\Delta A_k = \Delta x_k \Delta y_k$
인 작은 직사각형들로 분할하는 격자

$$R: \quad a \le x \le b, \quad c \le y \le d$$

에서 정의되었다고 하자. x축과 y축에 평행한 선분들을 그어서 R을 n개의 작은 직사각형으로 나눈다(그림 13.1). 작은 직사각형의 가로와 세로를 작게 할수록 직사각형의 개수 n의 값은 커져 간다. 이 작은 직사각형들을 R의 **분할(partition)**이라 한다. 작은 직사각형의 가로가 Δx이고 세로가 Δy이면 넓이는 $\Delta A = \Delta x \Delta y$가 된다. 작은 직사각형 각각에 번호를 붙여서 k번째 작은 직사각형의 넓이를 ΔA_k라 하면, 전체 작은 직사각형들의 넓이는 $\Delta A_1, \Delta A_2, \cdots, \Delta A_n$이 된다.

k번째 작은 직사각형에서 한 점 (x_k, y_k)를 선택한 후, 이 점에서의 f값과 작은 직사각형의 넓이 ΔA_k를 곱하고, 이 곱들의 합을 구하여 리만 합

$$S_n = \sum_{k=1}^{n} f(x_k, y_k)\, \Delta A_k$$

를 얻는다. k번째 작은 직사각형에서 어떤 점 (x_k, y_k)를 선택하느냐에 따라 S_n의 값이 다르게 나올 수 있다.

R의 분할에서 나오는 모든 작은 직사각형들의 가로와 세로가 0으로 가까워질 때, 이 리만 합이 어떻게 되는지 알아보자. R의 한 분할 P로부터 생기는 직사각형들의 가로나 세로의 길이 중에서 가장 큰 값을 분할 P의 **노름(norm)**이라 하고, 기호 $\|P\|$로 나타낸다. 만일 $\|P\| = 0.1$이면, R의 분할로부터 나오는 모든 직사각형들의 가로와 세로의 길이는 0.1을 넘을 수 없다. P의 노름이 0으로 수렴하는 것을 $\|P\| \to 0$이라 나타내자. 만일 $\|P\| \to 0$일 때 리만 합이 수렴하면, 이 극한값을

$$\lim_{\|P\| \to 0} \sum_{k=1}^{n} f(x_k, y_k)\, \Delta A_k$$

로 쓴다. $\|P\| \to 0$일 때, 직사각형들의 크기는 작아지며 그 개수 n은 증가한다. 따라서 우리는 이 극한값을

$$\lim_{n \to \infty} \sum_{k=1}^{n} f(x_k, y_k)\, \Delta A_k$$

와 같이 나타낼 수 있다. 여기에서 $n \to \infty$일 때, $\|P\| \to 0$이고 $\Delta A_k \to 0$이다.

이러한 종류의 극한에는 다양한 경우들이 포함되어 있다. 작은 직사각형들은 R의 분할을 만드는 수평선과 수직선의 격자에 의해 결정된다. 각 작은 직사각형에는 f값을 계산할 수 있는 점 (x_k, y_k)들이 무수히 많다. 이 점들이 직사각형들과 함께 하나의 리만 합을 결정한다. 극한값을 계산하기 위해서는 작은 직사각형들의 개수가 무한히 커지고 가로와 세로의 길이가 0으로 수렴하도록 하는 분할들에 대하여 이 과정을 반복하여야 한다.

어떤 선택을 하더라도 S_n의 극한값이 모두 같다면 함수 f가 **적분가능(integrable)**하다고 말한다. 그 극한값을 R에서 f의 **2중적분(double integral)**이라 하며, 기호로

$$\iint_R f(x, y)\, dA \qquad \text{또는} \qquad \iint_R f(x, y)\, dx\, dy$$

와 같이 나타낸다. 4장에서 배운 1변수 함수의 경우와 마찬가지로, $f(x, y)$가 R에서 연속이면 f는 적분가능하다. 매끄러운 곡선이나 유한개의 점에서 불연속인 함수들도 적분 가능하다. 이러한 내용의 증명은 고급 교재에서 찾아볼 수 있다.

부피로서의 2중적분

함수 $f(x, y)$가 xy평면의 직사각형 영역 R에서 0보다 크다고 하자. 우리는 f의 R에서의

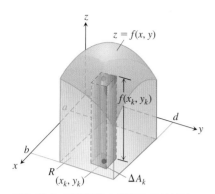

그림 **13.2** 직육면체로 입체를 근사시킴으로써, 일반적인 입체의 부피를 2중적분으로 정의한다. 이 그림에서 입체의 부피는 밑면 R에서 $f(x, y)$의 2중적분이다.

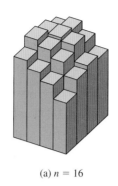

(a) $n = 16$

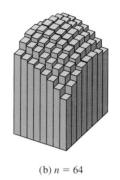

(b) $n = 64$

(c) $n = 256$

그림 **13.3** n이 증가함에 따라 리만 합이 그림 13.2의 입체의 부피에 가까워지고 있다.

2중적분을 밑면이 xy평면에서 R인 부분과 윗면이 곡면 $z = f(x, y)$가 되는 입체의 3차원 부피로 생각할 수 있다(그림 13.2). 합 $S_n = \sum f(x_k, y_k) \, \Delta A_k$의 각 항 $f(x_k, y_k)\Delta A_k$는 직육면체의 부피인데, 이는 밑면 ΔA_k에 수직으로 서 있는 입체의 부피의 근삿값이다. 따라서 합 S_n은 입체의 부피에 대한 근삿값이므로 입체의 부피를

$$\text{부피} = \lim_{n \to \infty} S_n = \iint\limits_{R} f(x, y) \, dA$$

로 정의한다. 여기서 $n \to \infty$일 때 $\Delta A_k \to 0$이다.

부피를 계산하는 이 일반적인 방법은 5장에서 배운 방법과 일치하는데, 이에 대한 증명은 생략하기로 한다. 그림 13.3은 직육면체의 개수 n이 증가함에 따라 리만 합이 입체의 부피에 점점 더 가까워지는 것을 보여주고 있다.

2중적분 계산을 위한 푸비니 정리

xy평면의 직사각형 영역 R: $0 \le x \le 2$, $0 \le y \le 1$에서 평면 $z = 4 - x - y$의 아랫부분의 부피를 구하는 것을 생각해 보자. 5.1절에서처럼 x축에 수직인 단면의 넓이를 구하여 계산하는 방법을 이용하면(그림 13.4), 부피는

$$\int_{x=0}^{x=2} A(x) \, dx \tag{1}$$

가 된다. 여기서 $A(x)$는 x에서의 단면의 넓이이다. 각 x에 대하여 $A(x)$를 적분값

$$A(x) = \int_{y=0}^{y=1} (4 - x - y) \, dy \tag{2}$$

로 계산할 수 있는데, 이는 점 x에서 x축에 수직인 평면안에 있는 곡선 $z = 4 - x - y$의 아랫부분에 대한 넓이이다. $A(x)$를 계산할 때, x는 고정되어 있고 적분값은 y에 관한 적분이다. 식 (1)과 (2)로부터 전체 입체의 부피는 다음과 같이 계산한다.

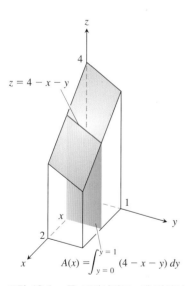

그림 **13.4** x를 고정시키고 y에 관하여 적분하여 단면의 넓이 $A(x)$를 구한다.

$$\begin{aligned}
\text{부피} &= \int_{x=0}^{x=2} A(x) \, dx = \int_{x=0}^{x=2} \left(\int_{y=0}^{y=1} (4 - x - y) \, dy \right) dx \\
&= \int_{x=0}^{x=2} \left[4y - xy - \frac{y^2}{2} \right]_{y=0}^{y=1} dx = \int_{x=0}^{x=2} \left(\frac{7}{2} - x \right) dx \\
&= \left[\frac{7}{2}x - \frac{x^2}{2} \right]_0^2 = 5
\end{aligned}$$

적분 계산은 생략하고 부피를 나타내는 식만 쓴다면

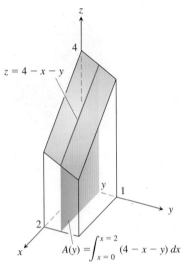

그림 13.5 y를 고정시키고 x에 관하여 적분하여 단면의 넓이 $A(y)$를 구한다.

$$\text{부피} = \int_0^2 \int_0^1 (4 - x - y)\,dy\,dx \tag{3}$$

와 같이 나타낼 수 있다. 여기서 우변의 식을 **반복적분(iterated 또는 repeated integral)** 이라 한다. 이 식은 고정된 x에 대하여 $y=0$부터 $y=1$까지 $4-x-y$를 y에 관하여 적분하고, 이 적분값을 $x=0$부터 $x=2$까지 x에 관하여 적분함으로써 입체의 부피를 구할 수 있음을 의미한다. 적분의 하한 0과 상한 1은 y와 관련되어 있으므로 dy와 가까운 적분에 표시한다. 다른 하한 0과 상한 2는 변수 x와 관련되어 있으므로 바깥쪽 적분 기호에 표시하는데, 이 적분 기호는 dx와 짝을 이룬다.

이번에는 y축에 수직인 단면들을 이용하여 부피를 구한다면 어떻게 될 것인지 알아보자(그림 13.5). y축에 수직인 단면의 넓이는

$$A(y) = \int_{x=0}^{x=2} (4 - x - y)\,dx = \left[4x - \frac{x^2}{2} - xy \right]_{x=0}^{x=2} = 6 - 2y \tag{4}$$

인데, 이는 y의 함수이다. 따라서 입체의 부피는

$$\text{부피} = \int_{y=0}^{y=1} A(y)\,dy = \int_{y=0}^{y=1} (6 - 2y)\,dy = \left[6y - y^2 \right]_0^1 = 5$$

로 앞에서 구한 값과 같다.

앞의 방법과 같이 부피 공식을 반복적분으로 나타내면

$$\text{부피} = \int_0^1 \int_0^2 (4 - x - y)\,dx\,dy$$

와 같다. 우변의 식으로부터 알 수 있는 것은 식 (4) 에서처럼 $x=0$부터 $x=2$까지 $4-x-y$를 x에 관하여 적분한 후, 이 값을 $y=0$부터 $y=1$까지 y에 관하여 적분하면 입체의 부피를 구할 수 있다는 것이다. 이 반복적분에서는 먼저 x에 관하여 적분하고 나중에 y에 관하여 적분한 것으로 식 (3)의 적분 순서와 반대이다.

반복적분을 이용한 두 가지 부피 계산과 영역 R: $0 \le x \le 2$, $0 \le y \le 1$에서의 2중 적분

$$\iint\limits_R (4 - x - y)\,dA$$

는 어떤 관계가 있을까? 이에 대한 답은 두 가지 반복적분 모두 2중적분과 같다는 것이다. 이는 반복적분의 값과 2중적분의 값이 모두 같은 영역의 부피를 나타내고 있으므로 충분히 예측할 수 있는 결과이다. 1907년 푸비니(Guido Fubini)에 의하여 알려진 정리에 따르면 직사각형 영역에서 임의의 연속함수의 2중적분은 반복적분으로 계산할 수 있고, 반복적분의 순서에 상관이 없다는 것이 알려졌다(푸비니는 이를 포함하는 더욱 일반적인 결과를 증명하였다).

역사적 인물
푸비니(Guido Fubini, 1879~1943)

정리 1 푸비니의 정리(제1형태) $f(x, y)$가 직사각형 영역 R: $a \le x \le b$, $c \le y \le d$에서 연속이면

$$\iint\limits_R f(x, y)\,dA = \int_c^d \int_a^b f(x, y)\,dx\,dy = \int_a^b \int_c^d f(x, y)\,dy\,dx$$

푸비니 정리에 의하면 직사각형 영역에서의 2중적분은 반복적분에 의해 계산할 수

있다. 따라서 하나의 변수에 관하여 한 번씩 미적분학의 기본정리를 이용하여 적분함으로써 2중적분의 값을 구할 수 있다.

푸비니 정리는 또한 2중적분은 반복적분의 순서에 관계없음을 알려주고 있는데, 편의에 따라 반복적분의 순서를 정하여 2중적분을 계산할 수 있다. 단면의 넓이를 이용하여 부피를 구할 때, x축에 수직인 평면이나 y축에 수직인 평면을 이용할 수 있다.

예제 1 $f(x, y) = 100 - 6x^2 y$, $R: 0 \le x \le 2$, $-1 \le y \le 1$에 대하여 $\iint_R f(x, y)\, dA$를 구하라.

풀이 그림 13.6은 곡면 아래 영역을 보여준다. 푸비니 정리에 의해 값을 구한다.

$$\iint_R f(x, y)\, dA = \int_{-1}^{1} \int_{0}^{2} (100 - 6x^2 y)\, dx\, dy = \int_{-1}^{1} \left[100x - 2x^3 y \right]_{x=0}^{x=2} dy$$

$$= \int_{-1}^{1} (200 - 16y)\, dy = \left[200y - 8y^2 \right]_{-1}^{1} = 400$$

적분 순서를 바꾸어도 같은 값을 얻을 수 있다.

$$\int_{0}^{2} \int_{-1}^{1} (100 - 6x^2 y)\, dy\, dx = \int_{0}^{2} \left[100y - 3x^2 y^2 \right]_{y=-1}^{y=1} dx$$

$$= \int_{0}^{2} \left[(100 - 3x^2) - (-100 - 3x^2) \right] dx$$

$$= \int_{0}^{2} 200\, dx = 400 \qquad \blacksquare$$

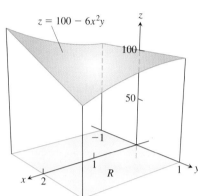

그림 13.6 2중적분 $\iint_R f(x, y)\, dA$는 사각형 영역 R에서 이 곡면의 아랫부분 영역의 부피를 나타낸다(예제 1).

예제 2 사각형 영역 $R: 0 \le x \le 1$, $0 \le y \le 2$에서 타원포물면(elliptical paraboloid) $z = 10 + x^2 + 3y^2$의 아랫부분의 영역의 부피를 구하라.

풀이 그림 13.7은 곡면과 영역을 보여준다. 영역의 부피는 다음의 2중적분으로 구한다.

$$V = \iint_R (10 + x^2 + 3y^2)\, dA = \int_{0}^{1} \int_{0}^{2} (10 + x^2 + 3y^2)\, dy\, dx$$

$$= \int_{0}^{1} \left[10y + x^2 y + y^3 \right]_{y=0}^{y=2} dx$$

$$= \int_{0}^{1} (20 + 2x^2 + 8)\, dx = \left[20x + \frac{2}{3}x^3 + 8x \right]_{0}^{1} = \frac{86}{3} \qquad \blacksquare$$

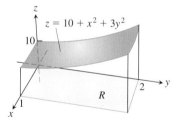

그림 13.7 2중적분 $\iint_R f(x, y)\, dA$는 사각형 영역 R에서 이 곡면의 아랫부분 영역의 부피를 나타낸다(예제 2).

연습문제 13.1

반복적분 계산하기

연습문제 1~14에서 주어진 반복적분을 계산하라.

1. $\displaystyle\int_{1}^{2} \int_{0}^{4} 2xy\, dy\, dx$

2. $\displaystyle\int_{0}^{2} \int_{-1}^{1} (x - y)\, dy\, dx$

3. $\displaystyle\int_{-1}^{0} \int_{-1}^{1} (x + y + 1)\, dx\, dy$

4. $\displaystyle\int_{0}^{1} \int_{0}^{1} \left(1 - \frac{x^2 + y^2}{2} \right) dx\, dy$

5. $\displaystyle\int_{0}^{3} \int_{0}^{2} (4 - y^2)\, dy\, dx$

6. $\displaystyle\int_{0}^{3} \int_{-2}^{0} (x^2 y - 2xy)\, dy\, dx$

7. $\displaystyle\int_{0}^{1} \int_{0}^{1} \frac{y}{1 + xy}\, dx\, dy$

8. $\displaystyle\int_{1}^{4} \int_{0}^{4} \left(\frac{x}{2} + \sqrt{y} \right) dx\, dy$

9. $\displaystyle\int_{0}^{\ln 2} \int_{1}^{\ln 5} e^{2x+y}\, dy\, dx$

10. $\displaystyle\int_{0}^{1} \int_{1}^{2} xy e^x\, dy\, dx$

11. $\displaystyle\int_{-1}^{2}\int_{0}^{\pi/2} y \sin x \, dx \, dy$

12. $\displaystyle\int_{\pi}^{2\pi}\int_{0}^{\pi} (\sin x + \cos y) \, dx \, dy$

13. $\displaystyle\int_{1}^{4}\int_{1}^{e} \frac{\ln x}{xy} \, dx \, dy$

14. $\displaystyle\int_{-1}^{2}\int_{1}^{2} x \ln y \, dy \, dx$

15. $\displaystyle\int_{0}^{1}\int_{0}^{c} (2x + y) \, dx \, dy = 3$ 이기 위한 상수 c의 모든 값을 구하라.

16. $\displaystyle\int_{-1}^{c}\int_{0}^{2} (xy + 1) \, dy \, dx = 4 + 4c$ 이기 위한 상수 c의 모든 값을 구하라.

사각형 영역에서 2중적분 계산하기

연습문제 17~24에서 주어진 영역 R에서 2중적분을 계산하라.

17. $\displaystyle\iint_{R} (6y^2 - 2x) \, dA, \qquad R: \ 0 \le x \le 1, \ 0 \le y \le 2$

18. $\displaystyle\iint_{R} \left(\frac{\sqrt{x}}{y^2}\right) dA, \qquad R: \ 0 \le x \le 4, \ 1 \le y \le 2$

19. $\displaystyle\iint_{R} xy \cos y \, dA, \qquad R: \ -1 \le x \le 1, \ 0 \le y \le \pi$

20. $\displaystyle\iint_{R} y \sin(x + y) \, dA, \qquad R: \ -\pi \le x \le 0, \ 0 \le y \le \pi$

21. $\displaystyle\iint_{R} e^{x-y} \, dA, \qquad R: \ 0 \le x \le \ln 2, \ 0 \le y \le \ln 2$

22. $\displaystyle\iint_{R} xye^{xy^2} \, dA, \qquad R: \ 0 \le x \le 2, \ 0 \le y \le 1$

23. $\displaystyle\iint_{R} \frac{xy^3}{x^2 + 1} \, dA, \qquad R: \ 0 \le x \le 1, \ 0 \le y \le 2$

24. $\displaystyle\iint_{R} \frac{y}{x^2 y^2 + 1} \, dA, \qquad R: \ 0 \le x \le 1, \ 0 \le y \le 1$

연습문제 25~26에서 주어진 영역에서 함수 f를 적분하라.

25. 정사각형 영역 정사각형 영역 $1 \le x \le 2$, $1 \le y \le 2$에서 $f(x, y) = \dfrac{1}{xy}$

26. 직사각형 영역 직사각형 영역 $0 \le x \le \pi$, $0 \le y \le 1$에서 $f(x, y) = y \cos xy$

연습문제 27~28에서 부피가 다음 적분에 의해 주어지는 입체를 그리라.

27. $\displaystyle\int_{0}^{1}\int_{0}^{2} (9 - x^2 - y^2) \, dy \, dx$

28. $\displaystyle\int_{0}^{3}\int_{1}^{4} (7 - x - y) \, dx \, dy$

29. 정사각형 영역 $R: -1 \le x \le 1$, $-1 \le y \le 1$에서 포물선 $z = x^2 + y^2$ 아래 영역의 부피를 구하라.

30. 정사각형 영역 $R: 0 \le x \le 2$, $0 \le y \le 2$에서 타원포물면 $z = 16 - x^2 - y^2$ 아래 영역의 부피를 구하라.

31. 정사각형 영역 $R: 0 \le x \le 1$, $0 \le y \le 1$에서 평면 $z = 2 - x - y$ 아래 영역의 부피를 구하라.

32. 직사각형 영역 $R: 0 \le x \le 4$, $0 \le y \le 2$에서 평면 $z = \dfrac{y}{2}$ 아래 영역의 부피를 구하라.

33. 직사각형 영역 $R: 0 \le x \le \dfrac{\pi}{2}$, $0 \le y \le \dfrac{\pi}{4}$에서 곡면 $z = 2 \sin x \cos y$ 아래 영역의 부피를 구하라.

34. 직사각형 영역 $R: 0 \le x \le 1$, $0 \le y \le 2$에서 곡면 $z = 4 - y^2$ 아래 영역의 부피를 구하라.

35. $\displaystyle\int_{1}^{2}\int_{0}^{3} kx^2 y \, dx \, dy = 1$을 만족하는 상수 k의 값을 구하라.

36. 2중적분 $\displaystyle\int_{-1}^{1}\int_{0}^{\pi/2} x \sin \sqrt{y} \, dy \, dx$를 계산하라.

37. 푸비니 정리를 이용하여 다음 2중적분을 계산하라.

$$\int_{0}^{2}\int_{0}^{1} \frac{x}{1 + xy} \, dx \, dy$$

38. 푸비니 정리를 이용하여 다음 2중적분을 계산하라.

$$\int_{0}^{1}\int_{0}^{3} xe^{xy} \, dx \, dy$$

T **39.** 응용 소프트웨어를 이용하여 다음 적분을 계산하라.

a. $\displaystyle\int_{0}^{1}\int_{0}^{2} \frac{y - x}{(x + y)^3} \, dx \, dy$

b. $\displaystyle\int_{0}^{2}\int_{0}^{1} \frac{y - x}{(x + y)^3} \, dy \, dx$

40. 함수 $f(x, y)$가 구간 $R: a \le x \le b$, $c \le y \le d$에서 연속이고 R의 내부에서

$$F(x, y) = \int_{a}^{x}\int_{c}^{y} f(u, v) \, dv \, du$$

일 때, 2계 편도함수 F_{xy}와 F_{yx}를 구하라.

13.2 일반적인 영역에서의 2중적분

이 절에서는 사각형의 영역보다 더 일반적인 모양을 가진 유계영역에서 2중적분을 정의하고, 값을 구하려고 한다. 이러한 2중적분 또한 반복적분을 이용하여 계산하는데, 이를 위해 적분영역을 정해주는 것이 매우 주요한 문제가 된다. 적분 영역의 경계가 좌표축과 평행인 직선이 아니기 때문에, 적분의 한계가 고정된 상수가 아닌 변수를 포함

할 수 있다.

직사각형이 아닌 유계영역에서의 2중적분

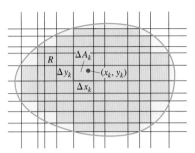

그림 13.8 직사각형이 아닌 영역을 좌표 축에 평행한 선분들로 잘게 나누어 작은 직사각형들을 만든 그림

그림 13.8과 같이 직사각형이 아닌 유계영역 R에서 함수 $f(x, y)$의 2중적분을 정의해 보자. 먼저 좌표축에 평행한 직선들로 이루어진 작은 직사각형 격자들을 만들어서 이 직사각형들의 합집합이 영역 R의 모든 점을 포함하도록 하자. 이 경우에는 R의 경계부 분이 곡선이므로 어떤 직사각형은 R의 바깥부분도 포함하고 있다. 따라서 R에 포함되 는 유한개의 직사각형들의 합집합이 R과 일치하지 않을 수도 있다. R의 분할은 R의 바 깥쪽에 있는 직사각형과 R의 안쪽과 바깥쪽에 걸쳐 있는 사각형을 제외하고 R 안에 완 전히 포함되어 있는 직사각형들로만 구성되도록 한다. 보통 많은 경우의 영역에 대하 여 분할의 노름(분할의 작은사각형들 중 가장 큰 가로나 세로의 길이)이 0에 가까워지 면 점점 더 많은 R의 부분이 직사각형들의 합집합에 포함된다.

주어진 R의 분할에 대하여 작은 직사각형들에 적당히 순서를 1부터 n까지 주고, ΔA_k 를 k번째 직사각형의 넓이라 하자. 한 점 (x_k, y_k)를 k번째 직사각형에서 선택하여 리만 합

$$S_n = \sum_{k=1}^{n} f(x_k, y_k)\, \Delta A_k$$

을 만든다. 리만 합 S_n을 구성하는 분할의 노름이 0에 가까워지면, 즉 $\|P\| \to 0$이면, 직 사각형의 개수가 무한히 커지고 각 직사각형의 가로와 세로의 길이와 그 넓이 ΔA_k가 0 에 접근한다.

$f(x, y)$가 연속이면 리만 합을 만드는 선택에 관계없이 리만 합은 어떤 극한값에 수렴 한다. 이 극한값이 R에서 $f(x, y)$의 **2중적분(double integral)**이다.

$$\lim_{\|P\| \to 0} \sum_{k=1}^{n} f(x_k, y_k)\, \Delta A_k = \iint_R f(x, y)\, dA$$

2중적분에서는 R의 경계의 성질 때문에 구간에서의 적분으로 표현되지 않는 문제가 생길 수 있다. R의 경계가 휘어져 있으면 R의 내부에 있는 작은 직사각형들의 합집합 이 R이 되지 못한다. 작은 직사각형들 중에서 R의 내부와 외부를 포함하는 것들은 분 할의 노름이 0에 가까워질 때 무시할 수 있을 만큼 작아져야 R에 포함되는 작은 직사 각형들의 합집합이 R을 근사시킨다고 할 수 있다. 우리가 앞으로 다룰 영역들은 이렇 게 분할의 노름이 작아질 때 R의 내부에 있는 직사각형들의 합집합이 R을 근사시키는 성질을 가지고 있다. 예를 들어, 다각형, 원, 타원 등의 경계나 1변수 함수의 그래프로 연결된 선분들이 경계인 경우에는 아무런 문제가 생기지 않는다. '프랙탈' 형태의 곡선 에서는 문제가 생길 수 있으나, 대부분의 응용에서는 이런 경우는 거의 나타나지 않는 다. 어떤 영역 R이 2중적분 계산에 적합한지에 대해서는 보다 고급 과정에서 공부하길 바란다.

부피

$f(x, y)$가 R에서 0보다 큰 연속함수이면 앞에서와 마찬가지로 밑면이 영역 R이고 윗면 이 곡면 $z = f(x, y)$인 입체의 부피를 $\iint_R f(x, y)\, dA$로 정의한다(그림 13.9).

그림 13.10과 같이 R이 곡선 $y = g_2(x)$, $y = g_1(x)$와 직선 $x = a$, $x = b$에 의하여 둘러싸 인 영역인 경우에 앞에서처럼 단면의 넓이를 이용하는 방법을 이용하여 부피를 계산

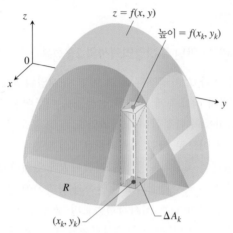

$$\text{부피} = \lim \sum f(x_k, y_k)\, \Delta A_k = \iint\limits_{R} f(x, y)\, dA$$

그림 13.9 밑면의 모양이 휘어진 경우에 입체의 부피를 밑면이 직사각형인 경우와 같은 방법으로 정의한다.

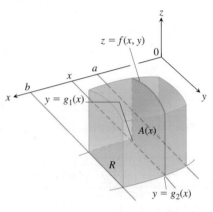

그림 13.10 그림에서 수직 단면의 넓이는 $A(x)$이다. 이 넓이를 $x=a$부터 $x=b$까지 적분하여 입체의 부피를 구한다.

$$\int_a^b A(x)\, dx = \int_a^b \int_{g_1(x)}^{g_2(x)} f(x, y)\, dy\, dx$$

할 수 있다. 단면의 넓이

$$A(x) = \int_{y=g_1(x)}^{y=g_2(x)} f(x, y)\, dy$$

를 먼저 계산한 다음에 $A(x)$를 $x=a$부터 $x=b$까지 적분하면 반복적분으로 부피

$$V = \int_a^b A(x)\, dx = \int_a^b \int_{g_1(x)}^{g_2(x)} f(x, y)\, dy\, dx \qquad (1)$$

를 얻는다.

마찬가지로 그림 13.11과 같이 R이 곡선 $x=h_2(y)$, $x=h_1(y)$와 직선 $y=c$, $y=d$로 둘러싸인 경우에도 단면의 넓이를 이용하여 반복적분으로 부피를 계산하면

$$\text{부피} = \int_c^d \int_{h_1(y)}^{h_2(y)} f(x, y)\, dx\, dy \qquad (2)$$

이다. R에서 f의 2중적분을 부피로 정의하였는데, 이를 식 (1), (2)와 같이 반복적분으로 구할 수 있다. 이것은 다음 푸비니 정리의 더 강한 형태로부터 알 수 있다.

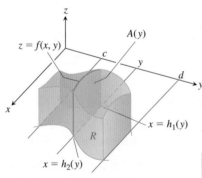

그림 13.11 이 입체의 부피는

$$\int_c^d A(y)\, dy = \int_c^d \int_{h_1(y)}^{h_2(y)} f(x, y)\, dx\, dy$$

이다.

주어진 입체에 대해, 정리 2는 그림 13.10 또는 여기에 표시된 방법으로 부피를 계산할 수 있다고 설명한다. 두 계산 모두 동일한 결과를 얻는다.

정리 2 푸비니 정리(더 강한 형태) $f(x, y)$가 영역 R에서 연속이라고 하자.

1. R이 $a \le x \le b$, $g_1(x) \le y \le g_2(x)$와 같이 주어지고, g_1, g_2가 $[a, b]$에서 연속이면, 2중적분은 다음과 같이 계산한다.

$$\iint\limits_{R} f(x, y)\, dA = \int_a^b \int_{g_1(x)}^{g_2(x)} f(x, y)\, dy\, dx$$

2. R이 $c \le y \le d$, $h_1(y) \le x \le h_2(y)$와 같이 주어지고, h_1, h_2가 $[c, d]$에서 연속이면, 2중적분은 다음과 같이 계산한다.

$$\iint\limits_{R} f(x, y)\, dA = \int_c^d \int_{h_1(y)}^{h_2(y)} f(x, y)\, dx\, dy$$

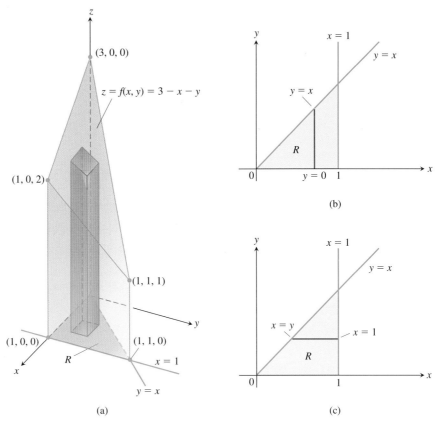

그림 13.12 (a) 밑면이 xy평면에 있는 프리즘 모양의 입체. 이 프리즘의 부피는 R에서의 2중적분으로 정의된다. 2중적분을 반복적분으로 계산하기 위하여 y에 관하여 먼저 적분하고 다시 x에 관하여 적분하거나, 혹은 순서를 바꾸어 적분한다(예제 1). (b) 반복적분

$$\int_{x=0}^{x=1} \int_{y=0}^{y=x} f(x, y)\, dy\, dx$$

의 하한과 상한을 보라. y에 관하여 먼저 적분하는 경우에는 R을 통과하고 x축에 수직인 직선을 따라 적분하고, 다시 R에 포함된 모든 수직선을 따라 왼쪽부터 오른쪽까지 적분한다. (c) 반복적분

$$\int_{y=0}^{y=1} \int_{x=y}^{x=1} f(x, y)\, dx\, dy$$

의 하한과 상한을 보라. x에 관하여 먼저 적분하는 경우에는 R을 통과하고 x축에 수평인 직선을 따라 적분하고, 다시 R에 포함된 모든 수평선을 따라 아래쪽부터 위쪽까지 적분한다.

예제 1 밑면이 x축과 직선 $y = x$, $x = 1$로 둘러싸인 xy평면의 삼각형이고, 위 부분은 평면

$$z = f(x, y) = 3 - x - y$$

인 프리즘 모양의 입체의 부피를 구하라.

풀이 그림 13.12를 참조하라. x가 0과 1 사이의 값일 때, y는 $y = 0$부터 $y = x$까지 움직인다(그림 13.12 (b)). 따라서 2중적분은 다음과 같이 계산한다.

$$V = \int_0^1 \int_0^x (3 - x - y)\, dy\, dx = \int_0^1 \left[3y - xy - \frac{y^2}{2} \right]_{y=0}^{y=x} dx$$

$$= \int_0^1 \left(3x - \frac{3x^2}{2} \right) dx = \left[\frac{3x^2}{2} - \frac{x^3}{2} \right]_{x=0}^{x=1} = 1$$

적분의 순서를 바꾸어 계산하면(그림 13.12 (c)), 부피는

$$V = \int_0^1 \int_y^1 (3 - x - y)\, dx\, dy = \int_0^1 \left[3x - \frac{x^2}{2} - xy \right]_{x=y}^{x=1} dy$$

$$= \int_0^1 \left(3 - \frac{1}{2} - y - 3y + \frac{y^2}{2} + y^2 \right) dy$$

$$= \int_0^1 \left(\frac{5}{2} - 4y + \frac{3}{2}y^2 \right) dy = \left[\frac{5}{2}y - 2y^2 + \frac{y^3}{2} \right]_{y=0}^{y=1} = 1$$

이다. 두 적분이 같은 것을 알 수 있다. ∎

푸비니 정리에 의하면 반복적분으로 2중적분을 구할 때 적분의 순서는 관계가 없지만, 어떤 경우에는 한쪽 적분이 다른 쪽 적분보다 계산이 쉬운 경우가 있다. 다음의 예제에서 이것을 확인할 수 있다.

예제 2 xy평면에서 x축과 직선 $y=x$, $x=1$로 둘러싸인 삼각형을 R이라 할 때,

$$\iint_R \frac{\sin x}{x}\, dA$$

의 값을 구하라.

풀이 적분영역은 그림 13.13과 같다. 먼저 y에 관하여 적분하고 다시 x에 관하여 적분하면, 첫 번째 적분에서는 x가 고정되어, 적분 계산은

$$\int_0^1 \left(\int_0^x \frac{\sin x}{x}\, dy \right) dx = \int_0^1 \left(y\frac{\sin x}{x} \Big]_{y=0}^{y=x} \right) dx = \int_0^1 \sin x\, dx$$

$$= -\cos(1) + 1 \approx 0.46$$

이 된다. 적분의 순서를 바꾸면

$$\int_0^1 \int_y^1 \frac{\sin x}{x}\, dx\, dy$$

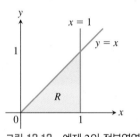

그림 13.13 예제 2의 적분영역

를 계산해야 하는데, $\int ((\sin x)/x)\, dx$의 계산이 어렵기 때문에 문제가 생긴다(간단한 형태의 부정적분이 없다).

어떤 적분 순서가 더 좋은가에 대한 일반적인 원칙은 없다. 우선 적분 순서를 하나 선택하여 적분하다가 계산이 잘 되지 않으면, 순서를 바꾸어 계산한다. 어떤 순서도 계산이 어려운 경우에는 근삿값을 계산할 수밖에 없다. ∎

적분영역 구하기

이제 적분영역을 결정하는 방법에 대하여 알아보자. 다음의 방법은 평면의 대부분의 영역에 적용된다. 보다 복잡한 모양의 영역인 경우에는 이 방법이 곧바로 적용되지 않을 수 있지만, 전체 영역을 이 방법이 적용될 수 있는 작은 영역으로 나누어서 적용한다.

수직절단선을 이용하기 2중적분 $\iint_R f(x, y)\, dA$를 계산할 때, 먼저 y에 관하여 적분하고 다시 x에 관하여 적분하는 경우는 다음의 순서를 따른다.

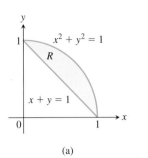

(a)

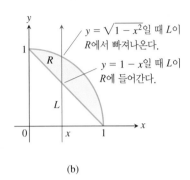

(b)

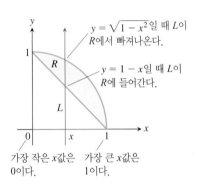

가장 작은 x값은   가장 큰 x값은
0이다.   1이다.

(c)

그림 13.14   먼저 y로 적분을 하고 그 다음 x로 적분할 때 적분구간 찾기

1. **그림 그리기**   적분영역을 그리고 경계를 찾는다(그림 13.14(a)).
2. **y에 대한 적분구간 구하기**   영역 R을 통과하고 y가 증가하는 방향의 수직선 L을 생각한다. 직선 L이 R과 만나는 시작점과 끝점에 해당하는 y값을 구한다. 이 점들이 적분의 하한과 상한이 되는데, 보통 x에 대한 함수로 나타난다(그림 13.14(b)).
3. **x에 대한 적분구간 구하기** R과 만나는 모든 수직선을 포함할 수 있도록 x의 하한과 상한을 찾는다. 이때 적분은 아래와 같다(그림 13.14(c)).

$$\iint\limits_R f(x, y)\, dA = \int_{x=0}^{x=1} \int_{y=1-x}^{y=\sqrt{1-x^2}} f(x, y)\, dy\, dx$$

수평절단선을 이용하기   반복적분의 적분 순서를 바꾸어 2중적분을 계산할 때에는 2단계와 3단계의 수직선 대신에 수평선을 이용한다(그림 13.15 참조). 적분은 아래와 같다.

$$\iint\limits_R f(x, y)\, dA = \int_0^1 \int_{1-y}^{\sqrt{1-y^2}} f(x, y)\, dx\, dy$$

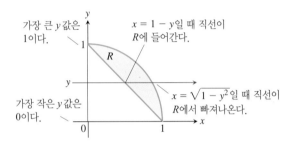

그림 13.15   먼저 x로 적분하고 그 다음 y로 적분할 때 적분구간 찾기

예제 3   다음 적분에 대한 적분영역을 그리고 적분의 순서를 바꾸어 표현하라.

$$\int_0^2 \int_{x^2}^{2x} (4x + 2)\, dy\, dx$$

풀이   적분영역을 부등식으로 나타내면 $x^2 \leq y \leq 2x$, $0 \leq x \leq 2$이다. 따라서 적분영역은 곡선 $y = x^2$, $y = 2x$와 직선 $x = 0$, $x = 2$로 둘러싸인 부분이다(그림 13.16(a)).

적분 순서를 바꾸기 위하여 적분영역의 왼쪽에서 오른쪽으로 통과하는 수평선을 생각하자. 이 직선은 $x = y/2$일 때 적분영역에 들어가고, $x = \sqrt{y}$일 때 적분영역에서 빠져 나온

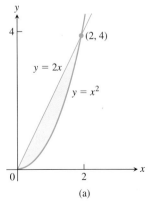

그림 13.16   예제 3의 적분영역

다. y의 범위가 $y=0$부터 $y=4$까지이면 이러한 직선을 모두 포함한다(그림 13.16(b)).

$$\int_0^4 \int_{y/2}^{\sqrt{y}} (4x + 2) \, dx \, dy$$

이다. 두 적분의 값은 모두 8이다.   ■

2중적분의 성질

1변수 함수의 성질이 연속함수의 2중적분에 대해서도 성립하는데, 이 성질들은 적분 계산 및 응용에 유용하게 사용된다.

$f(x, y)$와 $g(x, y)$가 유계의 영역 R에서 연속이라 하면 다음 성질이 성립한다.

1. 상수배: $\iint\limits_R cf(x, y) \, dA = c \iint\limits_R f(x, y) \, dA$ (임의의 수 c)

2. 합과 차: $\iint\limits_R (f(x, y) \pm g(x, y)) \, dA = \iint\limits_R f(x, y) \, dA \pm \iint\limits_R g(x, y) \, dA$

3. 지배성:

(a) R에서 $f(x, y) \geq 0$일 때, $\iint\limits_R f(x, y) \, dA \geq 0$

(b) R에서 $f(x, y) \geq g(x, y)$일 때, $\iint\limits_R f(x, y) \, dA \geq \iint\limits_R g(x, y) \, dA$

4. 가법성: R이 공통부분이 없는 두 영역 R_1과 R_2의 합집합이면

$$\iint\limits_R f(x, y) \, dA = \iint\limits_{R_1} f(x, y) \, dA + \iint\limits_{R_2} f(x, y) \, dA$$

성질 4는 영역 R이 유한개의 선분 또는 부드러운 곡선을 경계로 가지는 두 개의 겹치지 않는 영역 R_1과 R_2로 이루어져 있을 때 성립한다. 그림 13.17에서 이러한 영역의 예를 설명한다.

위의 성질이 어떻게 성립하는지 대략적으로 살펴보자. 함수 $f(x, y)$ 대신에 이 함수에 상수배한 $cf(x, y)$를 생각하면, f에 대한 리만 합

$$S_n = \sum_{k=1}^n f(x_k, y_k) \, \Delta A_k$$

은 cf에 대한 리만 합

$$\sum_{k=1}^n cf(x_k, y_k) \, \Delta A_k = c \sum_{k=1}^n f(x_k, y_k) \, \Delta A_k = cS_n$$

로 바뀐다. $n \to \infty$일 때 극한을 생각하면 $c \lim\limits_{x \to \infty} S_n = c \iint_R f \, dA$와 $\lim\limits_{x \to \infty} cS_n = \iint_R cf \, dA$는 같은 극한값을 가진다. 상수배하는 성질이 합에서 적분으로 옮겨 간 것이다.

다른 성질들도 리만 합에 대하여 성립하는 것을 쉽게 보일 수 있으므로, 위와 마찬가지로 생각하면 2중적분에서도 성립함을 알 수 있다. 이렇게 대략적으로 위의 성질이 성립하는 것을 보았는데, 실제로 리만 합이 수렴하는 것을 보이는 데는 더 많은 수학적 지식이 필요하다.

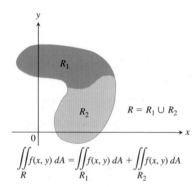

$$\iint\limits_R f(x, y) \, dA = \iint\limits_{R_1} f(x, y) \, dA + \iint\limits_{R_2} f(x, y) \, dA$$

그림 13.17 직사각형 영역에서 성립하는 가법성이 부드러운 곡선으로 둘러싸인 영역에서도 성립한다.

예제 4 곡선 $y = 2\sqrt{x}$와 직선 $y = 4x - 2$ 그리고 x축으로 둘러싸인 영역 R 위로 곡면 $z = 16 - x^2 - y^2$ 아래로 만들어진 쐐기모양 영역의 부피를 구하라.

풀이 그림 13.18(a)에서 우리가 부피를 구하고자 하는 쐐기모양의 영역과 곡면이 주어졌다. 그림 13.18(b)는 xy평면에서 적분영역이 주어졌다. 만약 $dy\,dx$ 순서로 적분하면(먼저, y에 관해 적분하고, 그 다음에 x로 한다), 두 번을 나누어 적분해야 한다. 왜냐 하면, $0 \leq x \leq 0.5$에서는 y가 $y = 0$부터 $y = 2\sqrt{x}$까지 움직이고, $0.5 \leq x \leq 1$에서는 y가 $y = 4x - 2$로부터 $y = 2\sqrt{x}$까지 움직인다. 그래서 단 한 번의 2중적분으로 같은 결과를 얻기 위해 $dx\,dy$ 순서로 적분하고 적분영역은 그림 13.18(b)와 같이 주어진다. 부피의 계산은 다음과 같이 얻어진다.

$$\iint_R (16 - x^2 - y^2)\, dA$$

$$= \int_0^2 \int_{y^2/4}^{(y+2)/4} (16 - x^2 - y^2)\, dx\, dy$$

$$= \int_0^2 \left[16x - \frac{x^3}{3} - xy^2 \right]_{x=y^2/4}^{x=(y+2)/4} dx$$

$$= \int_0^2 \left[4(y+2) - \frac{(y+2)^3}{3 \cdot 64} - \frac{(y+2)y^2}{4} - 4y^2 + \frac{y^6}{3 \cdot 64} + \frac{y^4}{4} \right] dy$$

$$= \left[\frac{191y}{24} + \frac{63y^2}{32} - \frac{145y^3}{96} - \frac{49y^4}{768} + \frac{y^5}{20} + \frac{y^7}{1344} \right]_0^2 = \frac{20803}{1680} \approx 12.4 \quad \blacksquare$$

2중적분의 개발은 양의 연속함수의 곡면 $z = f(x, y)$와 영역 R 사이에 만들어진 입체 영역의 부피를 표현하는 데 초점이 맞춰져 있었다. 1변수 적분의 경우에 부호가 있는 넓이를 보았던 것처럼, $f(x_k, y_k)$가 음수일 때, 곱 $f(x_k, y_k)\Delta A_k$는 그림 13.9에서와 같이 리만 합을 구할 때 사용하는 밑면이 직사각형인 상자의 부피가 음이 됨을 말해준다. 그래서 R에서 정의된 임의의 연속함수 f에 대하여, 리만 합의 극한은 R과 곡면 사이에 이루어진 입체의 부호가 있는 부피 (전체 부피가 아닌)를 나타낸다. 뿐만 아니라 2중적분은 또 다른 해석을 갖는다. 다음 절에서는 2중적분을 이용하여 평면에서의 일반적인 영역의 넓이를 계산하는 방법을 공부한다.

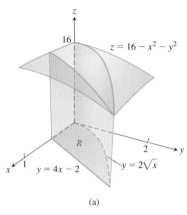

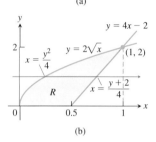

그림 13.18 (a) 예제 4의 쐐기모양의 영역 (b) 영역 R에서 나타낸 $dx\,dy$ 적분 순서

연습문제 13.2

적분영역 그리기

연습문제 1~8에서 주어진 적분영역을 그리라.

1. $0 \leq x \leq 3, \quad 0 \leq y \leq 2x$
2. $-1 \leq x \leq 2, \quad x - 1 \leq y \leq x^2$
3. $-2 \leq y \leq 2, \quad y^2 \leq x \leq 4$
4. $0 \leq y \leq 1, \quad y \leq x \leq 2y$
5. $0 \leq x \leq 1, \quad e^x \leq y \leq e$
6. $1 \leq x \leq e^2, \quad 0 \leq y \leq \ln x$
7. $0 \leq y \leq 1, \quad 0 \leq x \leq \sin^{-1} y$
8. $0 \leq y \leq 8, \quad \frac{1}{4}y \leq x \leq y^{1/3}$

적분영역 구하기

연습문제 9~18에서 주어진 영역 R에서 정의된 2중적분 $\iint_R dA$를 (a) 수직절단선을 이용하여, (b) 수평절단선을 이용하여 반복적분으로 표현하라.

9.

10.

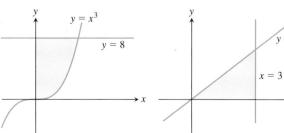

11.　　　　　　　　**12.**

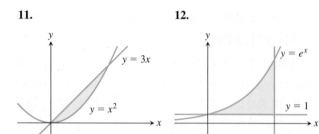

13. $y = \sqrt{x}$, $y = 0$, $x = 9$로 둘러싸인 영역

14. $y = \tan x$, $x = 0$, $y = 1$로 둘러싸인 영역

15. $y = e^{-x}$, $y = 1$, $x = \ln 3$으로 둘러싸인 영역

16. $y = 0$, $x = 0$, $y = 1$, $y = \ln x$로 둘러싸인 영역

17. $y = 3 - 2x$, $y = x$, $x = 0$으로 둘러싸인 영역

18. $y = x^2$, $y = x + 2$로 둘러싸인 영역

적분영역을 찾고 2중적분 구하기

연습문제 19~24에서 적분영역을 그리고 2중적분을 구하라.

19. $\int_0^\pi \int_0^x x \sin y \, dy \, dx$ 　　**20.** $\int_0^\pi \int_0^{\sin x} y \, dy \, dx$

21. $\int_1^{\ln 8} \int_0^{\ln y} e^{x+y} \, dx \, dy$ 　　**22.** $\int_1^2 \int_y^{y^2} dx \, dy$

23. $\int_0^1 \int_0^{y^2} 3y^3 e^{xy} \, dx \, dy$ 　　**24.** $\int_1^4 \int_0^{\sqrt{x}} \frac{3}{2} e^{y/\sqrt{x}} \, dy \, dx$

연습문제 25~28에서 주어진 영역에서 f를 적분하라.

25. 사각형 제1사분면에서 직선 $y=x$, $y=2x$, $x=1$, $x=2$로 둘러싸인 영역에서 $f(x, y) = x/y$

26. 삼각형 꼭짓점이 $(0, 0)$, $(1, 0)$, $(0, 1)$인 삼각형에서 $f(x, y) = x^2 + y^2$

27. 삼각형 uv평면의 제1사분면에서 $u + v = 1$에 의하여 잘린 삼각형에서 $f(u, v) = v - \sqrt{u}$

28. 휘어진 영역 st평면의 제1사분면에서 $1 \le t \le 2$일 때 곡선 $s = \ln t$의 윗부분에서 $f(s, t) = e^s \ln t$

연습문제 29~32는 좌표평면의 한 영역에서의 적분이다. 각 적분의 적분영역을 그리고, 그 값을 구하라.

29. $\int_{-2}^0 \int_v^{-v} 2 \, dp \, dv$ 　$(pv$평면$)$

30. $\int_0^1 \int_0^{\sqrt{1-s^2}} 8t \, dt \, ds$ 　$(st$평면$)$

31. $\int_{-\pi/3}^{\pi/3} \int_0^{\sec t} 3 \cos t \, du \, dt$ 　$(tu$평면$)$

32. $\int_0^{3/2} \int_1^{4-2u} \frac{4 - 2u}{v^2} \, dv \, du$ 　$(uv$평면$)$

적분 순서 바꾸기

연습문제 33~46에서 적분영역을 그리고 적분의 순서를 바꾼 적분으로 표현하라.

33. $\int_0^1 \int_2^{4-2x} dy \, dx$ 　　**34.** $\int_0^2 \int_{y-2}^0 dx \, dy$

35. $\int_0^1 \int_y^{\sqrt{y}} dx \, dy$ 　　**36.** $\int_0^1 \int_{1-x}^{1-x^2} dy \, dx$

37. $\int_0^1 \int_1^{e^x} dy \, dx$ 　　**38.** $\int_0^{\ln 2} \int_{e^y}^2 dx \, dy$

39. $\int_0^{3/2} \int_0^{9-4x^2} 16x \, dy \, dx$ 　　**40.** $\int_0^2 \int_0^{4-y^2} y \, dx \, dy$

41. $\int_0^1 \int_{-\sqrt{1-y^2}}^{\sqrt{1-y^2}} 3y \, dx \, dy$ 　　**42.** $\int_0^2 \int_{-\sqrt{4-x^2}}^{\sqrt{4-x^2}} 6x \, dy \, dx$

43. $\int_1^e \int_0^{\ln x} xy \, dy \, dx$ 　　**44.** $\int_0^{\pi/6} \int_{\sin x}^{1/2} xy^2 \, dy \, dx$

45. $\int_0^3 \int_1^{e^y} (x + y) \, dx \, dy$ 　　**46.** $\int_0^{\sqrt{3}} \int_0^{\tan^{-1} y} \sqrt{xy} \, dx \, dy$

연습문제 47~56에서 적분영역을 그리고 적분의 순서를 바꾸어 계산하라.

47. $\int_0^\pi \int_x^\pi \frac{\sin y}{y} \, dy \, dx$ 　　**48.** $\int_0^2 \int_x^2 2y^2 \sin xy \, dy \, dx$

49. $\int_0^1 \int_y^1 x^2 e^{xy} \, dx \, dy$ 　　**50.** $\int_0^2 \int_0^{4-x^2} \frac{xe^{2y}}{4 - y} \, dy \, dx$

51. $\int_0^{2\sqrt{\ln 3}} \int_{y/2}^{\sqrt{\ln 3}} e^{x^2} \, dx \, dy$ 　　**52.** $\int_0^3 \int_{\sqrt{x/3}}^1 e^{y^3} \, dy \, dx$

53. $\int_0^{1/16} \int_{y^{1/4}}^{1/2} \cos(16\pi x^5) \, dx \, dy$ 　　**54.** $\int_0^8 \int_{\sqrt[3]{x}}^2 \frac{dy \, dx}{y^4 + 1}$

55. 정사각형 영역 R이 직선 $|x| + |y| = 1$로 이루어진 정사각형일 때, $\iint_R (y - 2x^2) \, dA$

56. 삼각형 영역 R이 직선 $y=x$, $y=2x$, $x+y=2$로 둘러싸인 영역일 때, $\iint_R xy \, dA$

곡면 $z=f(x, y)$의 아래 영역의 부피

57. 밑면이 $y=x$, $x=0$, $x+y=2$로 둘러싸인 xy평면의 삼각형이고 윗면이 포물면 $z=x^2+y^2$인 영역의 부피를 구하라.

58. 밑면이 포물선 $y=2-x^2$과 직선 $y=x$로 둘러싸인 xy평면의 영역이고 윗면이 원주면 $z=x^2$인 입체의 부피를 구하라.

59. 밑면이 포물선 $y=4-x^2$과 직선 $y=3x$로 둘러싸인 xy평면의 영역이고 윗면이 평면 $z=x+4$인 입체의 부피를 구하라.

60. 제1팔분공간에서 원주면 $x^2+y^2=4$와 평면 $z+y=3$으로 둘러싸인 입체의 부피를 구하라.

61. 제1팔분공간에서 평면 $x=3$과 포물기둥 $z=4-y^2$으로 둘러싸인 입체의 부피를 구하라.

62. 제1팔분공간에서 곡면 $z=4-x^2-y$에 의하여 잘린 입체의 부피를 구하라.

63. 제1팔분공간에서 원주면 $z=12-3y^2$과 평면 $x+y=2$로 잘린 쐐기모양의 부피를 구하라.

64. 정사각 기둥 $|x| + |y| \le 1$과 평면 $z=0$, $3x+z=3$으로 둘러싸

인 입체의 부피를 구하라.

65. 앞뒤로 평면 $x=1$, $x=2$로, 양옆으로 원주면 $y=\pm 1/x$, 그리고 위아래로 평면 $z=x+1$, $z=0$으로 둘러싸인 입체의 부피를 구하라.

66. 앞뒤로 평면 $x=\pm\pi/3$으로 양옆으로 원주면 $y=\pm\sec x$, 그리고 위로는 $z=1+y^2$, 아래로는 xy평면으로 둘러싸인 입체의 부피를 구하라.

연습문제 67과 68에서 적분영역을 그리고, 2중적분으로 주어진 입체의 부피를 구하라.

67. $\displaystyle\int_0^3\int_0^{2-2x/3}\left(1-\frac{1}{3}x-\frac{1}{2}y\right)dy\,dx$

68. $\displaystyle\int_0^4\int_{-\sqrt{16-y^2}}^{\sqrt{16-y^2}}\sqrt{25-x^2-y^2}\,dx\,dy$

유계가 아닌 영역에서의 적분

1변수 함수의 이상적분과 마찬가지로 2중적분의 이상적분도 종종 계산할 수 있다. 다음 반복적분의 이상적분들 중에서 첫 번째 적분은 보통의 적분처럼 구할 수 있다. 그리고 그 값에 대하여 7.8절에서 한 것처럼 적절한 상한과 하한을 취해서 1변수의 이상적분을 계산하면 된다.

연습문제 69~72에서 이상적분을 반복적분으로 구하라.

69. $\displaystyle\int_1^\infty\int_{e^{-x}}^1\frac{1}{x^3y}\,dy\,dx$

70. $\displaystyle\int_{-1}^1\int_{-1/\sqrt{1-x^2}}^{1/\sqrt{1-x^2}}(2y+1)\,dy\,dx$

71. $\displaystyle\int_{-\infty}^\infty\int_{-\infty}^\infty\frac{1}{(x^2+1)(y^2+1)}\,dx\,dy$

72. $\displaystyle\int_0^\infty\int_0^\infty xe^{-(x+2y)}\,dx\,dy$

2중적분의 근삿값

연습문제 73과 74에서 수직선 $x=a$, 수평선 $y=c$로 분할된 영역 R에서 $f(x, y)$의 2중적분의 근삿값을 구하라. 각 작은 직사각형에서 (x_k, y_k)를 주어진 점들로 계산하라.

$$\iint_R f(x, y)\,dA \approx \sum_{k=1}^n f(x_k, y_k)\,\Delta A_k$$

73. x축과 반원 $y=\sqrt{1-x^2}$으로 둘러싸인 영역 R에서 $f(x, y)=x+y$, 단, R을 직선 $x=-1$, $-1/2$, 0, 1/4, 1/2, 1과 $y=0$, 1/2, 1로 분할하고 (x_k, y_k)를 R에 포함된 k번째 작은 직사각형의 왼쪽 아래 꼭짓점으로 선택한다.

74. 원 $(x-2)+(y-3)^2=1$의 내부영역 R에서 $f(x, y)=x+2y$. 단, R을 직선 $x=1$, 3/2, 2, 5/2, 3과 $y=2$, 5/2, 3, 7/2, 4로 분할하고 (x_k, y_k)를 R에 포함된 k번째 작은 직사각형의 중심점으로 선택한다.

이론과 예제

75. 부채꼴 원판 $x^2+y^2\le 4$에서 반직선 $h=\pi/6$와 $h=\pi/2$로 잘린 부분 중 작은 영역에서 $f(x, y)=\sqrt{4-x^2}$을 적분하라.

76. 유계가 아닌 영역 무한 직사각형 $2\le x<\infty$, $0\le y\le 2$에서 $f(x, y)=1/[(x^2-x)(y-1)^{2/3}]$을 적분하라.

77. 비원형 기둥 직각(비원형) 기둥은 xy평면에 그 밑면 R을 가지고 있으며, 포물면 $z=x^2+y^2$을 윗면으로 가지고 있다. 기둥의 부피는 다음과 같다.

$$V=\int_0^1\int_0^y(x^2+y^2)\,dx\,dy+\int_1^2\int_0^{2-y}(x^2+y^2)\,dx\,dy$$

밑면 R을 그리고, 적분 순서를 바꾸어서 부피를 하나의 2중적분에 의해 나타내라. 적분을 계산하여 부피를 구하라.

78. 2중적분으로 변환 다음 적분을 구하라.

$$\int_0^2(\tan^{-1}\pi x-\tan^{-1}x)\,dx$$

(힌트: 적분기호 안의 함수를 적분으로 나타내라.)

79. 2중적분의 최댓값 xy평면의 어떤 영역 R에 대하여 다음 적분이 최대가 되는가? 그 이유를 설명하라.

$$\iint_R(4-x^2-2y^2)\,dA$$

80. 2중적분의 최솟값 xy평면의 어떤 영역 R에 대하여 다음 적분이 최소가 되는가? 그 이유를 설명하라.

$$\iint_R(x^2+y^2-9)\,dA$$

81. xy평면의 직사각형 영역에서 연속함수 $f(x, y)$를 적분했을 때 적분 순서에 따라 서로 다른 값이 나올 수 있는가? 그 이유를 설명하라.

82. xy평면에서 꼭짓점이 (0, 1), (2, 0), (1, 2)인 삼각형의 내부를 영역 R이라 할 때, R에서 연속함수 $f(x, y)$를 어떻게 적분할 수 있는가? 그 이유를 설명하라.

83. 유계가 아닌 영역 다음을 증명하라.

$$\int_{-\infty}^\infty\int_{-\infty}^\infty e^{-x^2-y^2}\,dx\,dy=\lim_{b\to\infty}\int_{-b}^b\int_{-b}^b e^{-x^2-y^2}\,dx\,dy$$
$$=4\left(\int_0^\infty e^{-x^2}\,dx\right)^2$$

84. 이상 2중적분 다음 이상적분을 구하라.

$$\int_0^1\int_0^3\frac{x^2}{(y-1)^{2/3}}\,dy\,dx$$

컴퓨터 탐구

연습문제 85~88에서 CAS의 2중적분 계산기를 이용하여 적분의 근삿값을 구하라.

85. $\displaystyle\int_1^3\int_1^x\frac{1}{xy}\,dy\,dx$

86. $\displaystyle\int_0^1\int_0^1 e^{-(x^2+y^2)}\,dy\,dx$

87. $\displaystyle\int_0^1\int_0^1\tan^{-1}xy\,dy\,dx$

88. $\displaystyle\int_{-1}^1\int_0^{\sqrt{1-x^2}}3\sqrt{1-x^2-y^2}\,dy\,dx$

연습문제 89~94에서 CAS의 2중적분 계산기를 이용하여 적분값을 구하라. 또, 적분 순서를 바꾼 후 CAS를 이용하여 적분값을 구하라.

89. $\displaystyle\int_0^1 \int_{2y}^4 e^{x^2}\, dx\, dy$

90. $\displaystyle\int_0^3 \int_{x^2}^9 x \cos (y^2)\, dy\, dx$

91. $\displaystyle\int_0^2 \int_{y^3}^{4\sqrt{2y}} (x^2 y - xy^2)\, dx\, dy$

92. $\displaystyle\int_0^2 \int_0^{4-y^2} e^{xy}\, dx\, dy$

93. $\displaystyle\int_1^2 \int_0^{x^2} \frac{1}{x+y}\, dy\, dx$

94. $\displaystyle\int_1^2 \int_{y^3}^8 \frac{1}{\sqrt{x^2+y^2}}\, dx\, dy$

13.3 2중적분으로 구하는 넓이

이 절에서는 2중적분을 이용하여 평면의 유계영역의 넓이를 계산하는 방법과 2변수 함수의 평균값을 찾는 방법을 알아본다.

평면에서 유계영역의 넓이

앞 절에서 공부한 영역 R에서의 2중적분에서 함수 f를 상수함수 $f(x, y)=1$로 택하면 리만 합은 다음 식과 같다.

$$S_n = \sum_{k=1}^n f(x_k, y_k)\, \Delta A_k = \sum_{k=1}^n \Delta A_k \qquad (1)$$

이 식은 R의 분할을 이루고 있는 작은 직사각형들의 넓이의 합을 나타내며, R의 넓이에 대한 근삿값이다. R의 분할의 노름이 0에 가까워지면, 분할을 이루고 있는 직사각형의 가로와 세로 길이가 0에 가까워지게 되고, 이 직사각형들은 점점 영역 R의 더욱 많은 부분을 뒤덮게 된다(그림 13.8). 이 같은 직관적 고찰을 바탕으로 하여 영역 R의 넓이를

$$\lim_{\|P\| \to 0} \sum_{k=1}^n \Delta A_k = \iint_R dA \qquad (2)$$

로 정의한다.

> **정의** 평면의 유계 닫힌 영역 R의 **넓이(area)**는 다음과 같다.
> $$A = \iint_R dA$$

이 장의 다른 정의들과 마찬가지로 위 정의는 1변수 함수의 그래프로 표현할 수 있는 영역은 물론 훨씬 다양한 영역에 적용될 수 있다. 뿐만 아니라 두 가지 정의를 함께 적용할 수 있는 영역에 대해서는, 넓이에 대한 위 정의는 앞선 정의와 같은 값을 나타 낸다. 위 정의를 통하여 넓이를 계산하려면 영역 R에서 상수함수 $f(x, y)=1$을 적분하면 된다.

예제 1 제1사분면에서 $y=x$와 $y=x^2$으로 둘러싸인 영역 R의 넓이를 구하라.

풀이 주어진 영역은 그림 13.19와같다. 두 곡선의 교점을 구하면 원점과 $(1, 1)$이고, 넓이를 계산하면

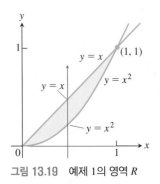

그림 13.19 예제 1의 영역 R

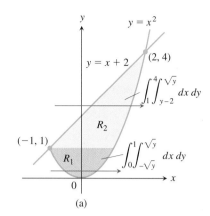

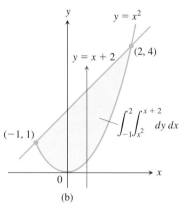

그림 13.20 (a)와 같이 x에 관한 적분을 먼저 하면 2번의 2중적분을 계산해야 하지만, (b)와 같이 y에 관한 적분을 먼저 하면 1번만 적분 계산을 하면 된다(예제 2).

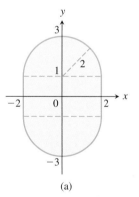

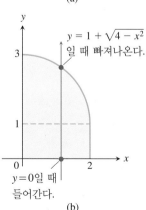

그림 13.21 (a) 예제 3에서의 운동장 R의 영역. (b) 운동장의 제1사분면

$$A = \int_0^1 \int_{x^2}^x dy\, dx = \int_0^1 \Big[y\Big]_{x^2}^x dx$$

$$= \int_0^1 (x - x^2)\, dx = \left[\frac{x^2}{2} - \frac{x^3}{3}\right]_0^1 = \frac{1}{6}$$

과 같다. 위에서 정적분 $\int_0^1 (x - x^2)\, dx$는 반복적분의 안쪽 적분을 계산한 것으로, 4.6절에서 배운 방법으로 곡선 사이의 넓이를 계산할 때 나오는 적분과 같다. ∎

예제 2   포물선 $y = x^2$과 직선 $y = x + 2$로 둘러싸인 영역 R의 넓이를 구하라.

풀이   그림 13.20(a)와 같이 영역 R을 부분영역 R_1과 R_2로 나눈 다음, 각각의 넓이를 계산하여 합하면 된다. 즉, 영역 R의 넓이는 다음과 같다.

$$A = \iint_{R_1} dA + \iint_{R_2} dA = \int_0^1 \int_{-\sqrt{y}}^{\sqrt{y}} dx\, dy + \int_1^4 \int_{y-2}^{\sqrt{y}} dx\, dy$$

또한, 반복적분의 순서를 바꾸어서(그림 13.20(b)) 다음과 같이 구할 수도 있다.

$$A = \int_{-1}^2 \int_{x^2}^{x+2} dy\, dx$$

두 번째 방법이 적분 계산을 1번만 포함하고 있으므로 계산이 간단하다.

$$A = \int_{-1}^2 \Big[y\Big]_{x^2}^{x+2} dx = \int_{-1}^2 (x + 2 - x^2)\, dx = \left[\frac{x^2}{2} + 2x - \frac{x^3}{3}\right]_{-1}^2 = \frac{9}{2}$$ ∎

예제 3   다음 식으로 표현된 운동장 $R: -2 \le x \le 2,\ -1 - \sqrt{4 - x^2} \le y \le 1 + \sqrt{4 - x^2}$의 넓이를 구하라.

(a) 푸비니 정리를 이용하여

(b) 기본도형의 성질을 이용하여

풀이   운동장 R의 영역은 그림 13.21에 그려져 있다.

(a) 영역은 그래프에서 보듯이 대칭이다. 제1사분면의 넓이를 4배하면 운동장의 넓이가 된다. 그림 13.21(b)에서 보는 것처럼, x에서 수직선은 $y = 0$일 때 영역에 들어가고, $y = 1 + \sqrt{4 - x^2}$일 때 빠져나온다. 푸비니 정리를 이용하면 다음을 얻는다.

$$A = \iint_R dA = 4 \int_0^2 \int_0^{1 + \sqrt{4 - x^2}} dy\, dx$$

$$= 4 \int_0^2 \left(1 + \sqrt{4 - x^2}\right) dx$$

$$= 4\left[x + \frac{x}{2}\sqrt{4 - x^2} + \frac{4}{2}\sin^{-1}\frac{x}{2}\right]_0^2 \quad \text{적분표 공식 45}$$

$$= 4\left(2 + 0 + 2 \cdot \frac{\pi}{2} - 0\right) = 8 + 4\pi$$

(b) 영역 R은 반경이 2인 반원들에 의해 두 변이 직사각형으로 구성되어 있다. 넓이는 길이가 4×2인 직사각형의 넓이와 반경이 2인 원의 넓이를 더함으로써 계산할 수 있다.

$$A = 8 + \pi 2^2 = 8 + 4\pi$$ ∎

평균값

닫힌 구간에서 1변수 함수의 평균값은 그 구간에서의 함수의 적분을 구간의 길이로 나눈 값이다. 이를 일반화하여, 2차원 유계영역에서 2변수 함수의 평균값은 그 영역에서의 함수의 적분을 영역의 넓이로 나눈 값으로 정의한다. 이해를 돕기 위해 밑바닥이 영역 R인 물탱크에 담겨져 출렁이고 있는 물을 상상해 보자. 어느 특정한 순간 밑바닥의 각 지점 (x, y)에서의 수면의 높이를 함숫값 $f(x, y)$로 생각하면, 평균 수위는 물이 잔잔해져 각 지점에서의 수위가 모두 같아질 때의 높이, 즉 탱크에 담겨진 물의 부피를 바닥의 넓이로 나눈 값으로 볼 수 있다. 이로부터 자연스럽게, 영역 R에서 적분가능한 함수 f의 평균값은 다음과 같이 정의한다.

$$\text{영역 } R \text{에서 } f \text{의 평균값} = \frac{1}{R \text{의 넓이}} \iint\limits_{R} f \, dA \tag{3}$$

함수 f가 영역 R을 덮고 있는 얇은 판의 각 지점에서의 온도를 나타내면, 그 판의 평균온도는 영역 R에서 함수 f의 2중적분을 R의 넓이로 나눈 값이다. 또, $f(x, y)$가 한 점 P와 점 (x, y) 사이의 거리이면 R에서 f의 평균값은 P로부터 영역 R 내부의 점들에 이르는 평균거리이다.

예제 4 영역 $R: 0 \leq x \leq \pi, 0 \leq y \leq 1$에서 $f(x, y) = x \cos xy$의 평균값을 구하라.

풀이 영역 R에서 f의 적분은

$$\int_0^\pi \int_0^1 x \cos xy \, dy \, dx = \int_0^\pi \Big[\sin xy \Big]_{y=0}^{y=1} dx \qquad \int x \cos xy \, dy = \sin xy + C$$

$$= \int_0^\pi (\sin x - 0) \, dx = -\cos x \Big]_0^\pi = 1 + 1 = 2$$

이고, R의 넓이는 π이다. 따라서 R에서 f의 평균값은 $2/\pi$이다. ∎

연습문제 13.3

2중적분에 의한 영역의 넓이 구하기

연습문제 1~12에서 주어진 곡선 또는 직선으로 둘러싸인 영역을 그리고, 영역의 넓이를 2중적분을 사용하여 표현하고 값을 구하라.

1. 좌표축과 직선 $x + y = 2$
2. 직선 $x = 0$, $y = 2x$와 $y = 4$
3. 포물선 $x = -y^2$과 직선 $y = x + 2$
4. 포물선 $x = y - y^2$과 직선 $y = -x$
5. 곡선 $y = e^x$와 세 직선 $y = 0$, $x = 0$, $x = \ln 2$
6. 제1사분면 내에서 곡선 $y = \ln x$, $y = 2 \ln x$와 직선 $x = e$
7. 포물선 $x = y^2$과 $x = 2y - y^2$
8. 포물선 $x = y^2 - 1$과 $x = 2y^2 - 2$
9. 직선 $y = x$, $y = x/3$와 $y = 2$
10. 직선 $y = 1 - x$, $y = 2$와 곡선 $y = e^x$
11. 직선 $y = 2x$, $y = x/2$와 $y = 3 - x$
12. 직선 $y = x - 2$, $y = -x$와 곡선 $y = \sqrt{x}$

적분영역 구하기

연습문제 13~18에서 주어진 적분은 xy평면에서 어떤 영역의 넓이를 나타내고 있다. 그 영역을 그리고, 영역의 경계를 이루는 곡선 또는 직선의 방정식을 구하라. 또한, 그 영역의 넓이를 계산하라.

13. $\displaystyle\int_0^6 \int_{y^2/3}^{2y} dx \, dy$

14. $\displaystyle\int_0^3 \int_{-x}^{x(2-x)} dy \, dx$

15. $\displaystyle\int_0^{\pi/4} \int_{\sin x}^{\cos x} dy \, dx$

16. $\displaystyle\int_{-1}^2 \int_{y^2}^{y+2} dx \, dy$

17. $\displaystyle\int_{-1}^0 \int_{-2x}^{1-x} dy \, dx + \int_0^2 \int_{-x/2}^{1-x} dy \, dx$

18. $\displaystyle\int_0^2 \int_{x^2-4}^0 dy \, dx + \int_0^4 \int_0^{\sqrt{x}} dy \, dx$

평균값 구하기

19. 다음 영역에서 함수 $f(x, y) = \sin(x+y)$의 평균값을 구하라.
  a. 직사각형 $0 \le x \le \pi,\ 0 \le y \le \pi$
  b. 직사각형 $0 \le x \le \pi,\ 0 \le y \le \pi/2$

20. 정사각형 $0 \le x \le 1,\ 0 \le y \le 1$에서 $f(x, y) = xy$의 평균값과 원 $x^2 + y^2 \le 1$의 제1사분면에 속하는 영역에서 함수 f의 평균값 중 어느 것이 더 크다고 생각하는가? 구체적으로 계산해 보라.

21. 정사각형 $0 \le x \le 2,\ 0 \le y \le 2$에서 포물면 $z = x^2 + y^2$의 평균 높이를 구하라.

22. 정사각형 $\ln 2 \le x \le 2 \ln 2,\ \ln 2 \le y \le 2 \ln 2$에서 $f(x, y) = 1/(xy)$의 평균값을 구하라.

이론과 예제

23. 도형의 넓이 영역 $R: 0 \le x \le 2,\ 2 - x \le y \le \sqrt{4 - x^2}$의 넓이를 구하라.
  (a) 푸비니 정리를 이용하여 **(b)** 기본도형의 성질을 이용하여

24. 도형의 넓이 바깥쪽 반지름이 2이고, 안쪽 반지름이 1인 원형의 와셔의 넓이를 **(a)** 푸비니 정리를 이용하여 **(b)** 기본도형의 성질을 이용하여 구하라.

25. 박테리아 개체수 $f(x, y) = (10{,}000e^y)/(1 + |x|/2)$가 xy평면에서의 한 점 (x, y)에서 박테리아의 서식 밀도를 나타낼 때 직사각형 $-5 \le x \le 5,\ -2 \le y \le 0$ 내부의 박테리아 총 수를 구하라.

26. 인구 $f(x, y) = 100(y+1)$이 킬로미터로 측정되는 xy평면에서의 한 점 (x, y)에서 지구상 평면 지역의 인구밀도를 나타낼 때 곡선 $x = y^2$과 $x = 2y - y^2$으로 둘러싸인 영역 내의 인구 수를 구하라.

27. 텍사스 주의 평균 기온 미국 텍사스 주의 연감에 의하면, 텍사스에는 254개의 군이 있고 각 군에는 기상국(氣象局)이 있다. 어느 시점 t_0에서 254개의 각 기상국에서 그 지역의 온도를 기록한다고 하자. 시점 t_0에서 텍사스 주의 평균 기온에 대한 근삿값을 구하는 공식을 만들라. 공식에는 텍사스 주의 연감에서 찾을 수 있는 정보를 포함해야 한다.

28. 닫힌 구간 $a \le x \le b$에서 정의된 $y = f(x)$는 음이 아닌 연속함수이다. x축, 수직선 $x = a$와 $y = b$ 그리고 $f(x)$의 그래프에 둘러싸인 영역의 넓이를 2중적분으로 구한 값과 4.3절에서 정의한 곡선 아래 영역의 넓이와 일치함을 증명하라.

29. 함수 $f(x, y)$가 평면 위의 영역 R에서 연속이고 영역의 넓이를 $A(R)$이라고 하자. 상수 m과 M에 의해서 모든 $(x, y) \in R$에 대해 $m \le f(x, y) \le M$이 성립할 때, 다음을 증명하라.
$$mA(R) \le \iint_R f(x, y)\, dA \le MA(R)$$

30. 함수 $f(x, y)$가 평면 위의 넓이가 $A(R)$인 영역 R에서 연속이고 양의 함수라고 하자. 만일 $\iint_R f(x, y)\, dA = 0$일 때, 모든 $(x, y) \in R$에서 $f(x, y) = 0$임을 증명하라.

13.4 극좌표를 이용한 2중적분

2중적분은 극좌표로 표현하면 그 계산이 더 쉬워지는 경우가 가끔 있다. 이 절에서는 경계선이 극방정식으로 주어진 영역에서의 적분을 극좌표로 나타내는 방법과 적분을 계산하는 방법을 공부한다.

극좌표에서의 2중적분

xy평면의 한 영역 R에서 어떤 함수의 2중적분을 정의할 때, R을 좌표축에 평행인 직선으로 만든 여러 개의 직사각형으로 잘게 나누었다. 이 직사각형은 각 변의 x, y값이 일정하기 때문에, 직교좌표에서는 가장 편리한 도형이다. 극좌표에서 사용하기 편한 도형은 각 변의 r, θ의 값이 일정한 '극사각형'이다. 혼란을 피하기 위해 적분의 영역을 표현하기 위한 극좌표계 (r, θ)에서는 r의 범위를 $r \ge 0$으로 한다.

반직선 $\theta = \alpha$, $\theta = \beta$ 및 연속인 곡선 $r = g_1(\theta)$와 $r = g_2(\theta)$로 둘러싸인 영역 R에서 함수 $f(r, \theta)$가 정의되어 있고, α와 β 사이의 모든 θ에 대하여, $0 \le g_1(\theta) \le g_2(\theta) \le a$라고 가정한다. 그러면 R은 부등식 $0 \le r \le a$와 $\alpha \le \theta \le \beta$(단, $0 \le \beta - \alpha \le 2\pi$)로 정의되는 부채꼴 모양의 영역 Q 안에 있다. 그림 13.22 참조.

원호와 반직선으로 Q를 잘게 나누어 보자. 이 원호는 중심이 원점이고 반지름이 Δr, $2\Delta r, \cdots, m\Delta r$인 원의 호이고, $\Delta r = a/m$이다. 반직선은

$$\theta = \alpha, \qquad \theta = \alpha + \Delta\theta, \qquad \theta = \alpha + 2\Delta\theta, \qquad \ldots, \qquad \theta = \alpha + m'\Delta\theta = \beta$$

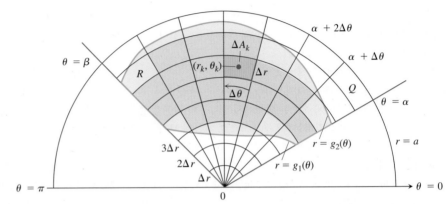

그림 13.22 영역 R: $g_1(\theta) \leq r \leq g_2(\theta)$, $\alpha \leq \theta \leq \beta$는 $0 \leq \beta - \alpha \leq 2\pi$일 때 부채꼴 영역 Q: $0 \leq r \leq a$, $\alpha \leq \theta \leq \beta$의 부분집합이다. Q를 원호와 반직선으로 잘게 나누면 R의 분할을 얻는다.

로 주어지며, $\Delta\theta = (\beta - \alpha)/m'$이다. Q를 분할하고 있는 조각, 즉 원호와 반직선이 만드는 도형을 '극사각형'이라 한다.

영역 R 안에 있는 극사각형에 번호를 붙여(순서는 아무래도 좋다), 그 넓이를 ΔA_1, ΔA_2, $\cdots$, ΔA_n이라 하자. 넓이가 ΔA_k인 극사각형 안의 임의의 점을 (r_k, θ_k)라 하고 다음의 부분합

$$S_n = \sum_{k=1}^{n} f(r_k, \theta_k)\, \Delta A_k$$

을 구성한다. 함수 f가 R에서 연속일 때, Δr과 $\Delta\theta$가 0에 가까워지도록 극사각형을 잘게 나누어 가면, 이 부분합은 어떤 극한값에 수렴할 것이다. 이 극한값을 영역 R에서 f의 2중적분이라 한다. 기호로는 다음과 같이 나타낸다.

$$\lim_{n \to \infty} S_n = \iint\limits_{R} f(r, \theta)\, dA$$

이 극한값을 계산하려면, 먼저 ΔA_k를 Δr과 $\Delta\theta$로 표시하여 부분합 S_n을 구해야 한다. 그림 13.23처럼, k번째 극사각형 ΔA_k의 경계인 두 원호를 지나는 반지름의 평균을 r_k라 하자. ΔA_k의 안쪽 부채꼴의 반지름은 $r_k - (\Delta r/2)$이고, 바깥쪽의 반지름은 $r_k + (\Delta r/2)$이다.

반지름이 r이고 중심각이 θ인 부채꼴의 넓이는

$$A = \frac{1}{2}\theta \cdot r^2$$

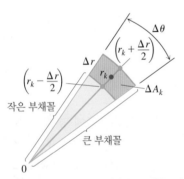

그림 13.23 ΔA_k= (바깥쪽 부채꼴 넓이) − (안쪽 부채꼴 넓이) 이므로 ΔA_k= $r_k \Delta r \Delta\theta$가 된다.

인데, 이는 원의 넓이 πr^2에 부채꼴의 넓이가 차지하는 비율이 $\theta/2\pi$이기 때문이다. 그러므로 두 원호와 원점이 결정하는 부채꼴의 넓이는

안쪽 부채꼴: $\quad \dfrac{1}{2}\left(r_k - \dfrac{\Delta r}{2}\right)^2 \Delta\theta$

바깥쪽 부채꼴: $\quad \dfrac{1}{2}\left(r_k + \dfrac{\Delta r}{2}\right)^2 \Delta\theta$

이다. 따라서

ΔA_k = (바깥쪽 부채꼴의 넓이) − (안쪽 부채꼴의 넓이)

$$= \frac{\Delta\theta}{2}\left[\left(r_k + \frac{\Delta r}{2}\right)^2 - \left(r_k - \frac{\Delta r}{2}\right)^2\right] = \frac{\Delta\theta}{2}(2r_k\,\Delta r) = r_k\,\Delta r\,\Delta\theta$$

임을 알 수 있다. 이 결과를 부분합 S_n에 대입하면

$$S_n = \sum_{k=1}^{n} f(r_k, \theta_k)\, r_k\, \Delta r\, \Delta \theta$$

를 얻는다. $n \to \infty$일 때, $\Delta r, \Delta \theta \to 0$이고, 위의 부분합은 다음의 2중적분

$$\lim_{n \to \infty} S_n = \iint_R f(r, \theta)\, r\, dr\, d\theta$$

에 수렴한다. 푸비니 정리의 또 다른 형태에 의하면, 위의 극한값은 r과 θ에 관한 1변수 함수의 적분을 반복함으로써 구할 수 있으므로

$$\iint_R f(r, \theta)\, dA = \int_{\theta=\alpha}^{\theta=\beta} \int_{r=g_1(\theta)}^{r=g_2(\theta)} f(r, \theta)\, r\, dr\, d\theta$$

가 성립한다.

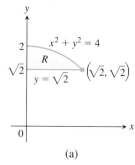

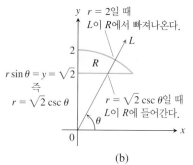

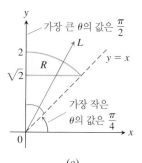

그림 13.24 극좌표에 대한 적분구간 구하기

적분영역 구하기

극좌표에서 적분영역을 구하는 과정은 직교좌표에서의 경우와 같다. 그림 13.24에서와 같은 영역 R을 사용하여 설명하자. 극좌표에서 $\iint_R f(r, \theta)\, dA$를 계산하려면, 먼저 r에 대한 적분과 그 다음 θ에 대한 적분을 해야 하므로, 다음의 순서를 따른다.

1. **그림 그리기**: 영역의 그림을 그리고, 경계선의 방정식을 구한다(그림 13.24(a)).
2. **r의 적분구간 구하기**: 원점에서 r이 증가하는 방향으로 반직선 L을 영역 R을 가로질러 긋는다. L이 R에 들어가고 빠져나오는 r값을 구한다. 이로부터 r의 적분의 상한과 하한을 구한다. 이 r값은 보통 양의 x축과 L이 이루는 각 θ의 함수로 표시된다(그림 13.24(b)).
3. **θ의 적분구간 구하기**: 영역 R을 끼고 있는 최소와 최대의 θ값을 구한다. 이것이 θ의 적분의 상한과 하한이다(그림 13.24(c)).

이로부터 2중적분은 다음과 같음을 알 수 있다.

$$\iint_R f(r, \theta)\, dA = \int_{\theta=\pi/4}^{\theta=\pi/2} \int_{r=\sqrt{2}\csc\theta}^{r=2} f(r, \theta)\, r\, dr\, d\theta$$

예제 1 심장형(cardioid) 곡선 $r = 1 + \cos\theta$의 내부와 원 $r = 1$의 외부의 공통부분 R에서 함수 $f(r, \theta)$의 2중적분을 구하기 위한 적분영역을 결정하라.

풀이

1. 심장형 곡선과 원을 그려 영역 R의 경계선의 방정식을 확인한다(그림 13.25).
2. **r의 적분구간을 구한다.** 원점에서 출발한 반직선은 $r = 1$일 때 R에 들어가고 $r = 1 + \cos\theta$일 때 R에서 빠져나온다.
3. **마지막으로 θ의 적분구간을 구한다.** 원점에서 시작되고 영역의 R과 만나는 반직선은 $\theta = -\pi/2$와 $\theta = \pi/2$ 사이에 있다. 따라서 이 적분은 다음과 같이 된다.

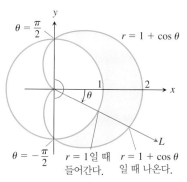

그림 13.25 예제 1의 영역에서 극좌표에 대한 적분구간 구하기

$$\int_{-\pi/2}^{\pi/2} \int_{1}^{1+\cos\theta} f(r, \theta)\, r\, dr\, d\theta \qquad\blacksquare$$

f가 $f = 1$인 상수함수이면, 영역 R에서의 2중적분값은 R의 넓이가 됨을 알 수 있다.

극좌표에서 넓이 미분

$$dA = r\,dr\,d\theta$$

극좌표에서의 넓이

극좌표로 표시되는 유계 닫힌 영역 R의 넓이는 다음과 같다.

$$A = \iint_R r\,dr\,d\theta$$

이것은 앞에서 배운 넓이의 공식과 일치한다.

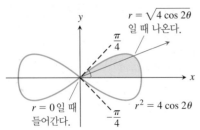

그림 13.26 색칠한 영역에서의 적분에서 r의 범위는 0부터 $\sqrt{4\cos 2\theta}$이고, θ의 범위는 0부터 $\pi/4$까지이다(예제 2).

예제 2 염주형(lemniscate) 곡선 $r^2 = 4\cos 2\theta$로 둘러싸인 영역의 넓이를 구하라.

풀이 염주형의 그래프를 그려 영역과 적분영역을 결정한다(그림 13.26). 영역의 대칭성으로부터 영역의 넓이는 제1사분면에 있는 부분의 넓이의 4배가 됨을 알 수 있다.

$$A = 4\int_0^{\pi/4}\int_0^{\sqrt{4\cos 2\theta}} r\,dr\,d\theta = 4\int_0^{\pi/4}\left[\frac{r^2}{2}\right]_{r=0}^{r=\sqrt{4\cos 2\theta}} d\theta$$

$$= 4\int_0^{\pi/4} 2\cos 2\theta\,d\theta = 4\sin 2\theta\Big]_0^{\pi/4} = 4 \qquad\blacksquare$$

직교좌표에서의 적분을 극좌표 적분으로 바꾸기

직교좌표로 표시된 적분 $\iint_R f(x, y)\,dx\,dy$를 극좌표에 관한 적분으로 바꿀 때에는 두 가지 순서를 밟는다. 먼저 $x = r\cos\theta$, $y = r\sin\theta$로 치환하고 $dx\,dy = r\,dr\,d\theta$를 원래의 직교좌표 적분에 대입한다. 그 다음 영역 R의 경계곡선에 대하여 극좌표 적분영역을 결정한다. 이제 직교좌표에 관한 적분은

$$\iint_R f(x, y)\,dx\,dy = \iint_G f(r\cos\theta, r\sin\theta)\,r\,dr\,d\theta$$

로 변환되는데, 여기서 G는 적분영역이 극좌표로 표현된 영역을 의미한다. 치환해야 할 변수가 1개가 아니라 2개인 점을 제외하면, 4장에서 다룬 치환 방법과 마찬가지인 셈이다. $dx\,dy$를 $dr\,d\theta$가 아닌 $r\,dr\,d\theta$로 바꾸어야 한다는 것에 한 번 더 주의하자. 중적분에 대한 치환적분은 13.8절에서 좀 더 일반적인 방법으로 배운다.

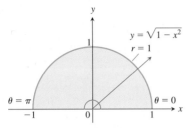

그림 13.27 예제 3의 반원 영역은 $0 \le r \le 1$, $0 \le \theta \le \pi$로 나타낼 수 있다.

예제 3 R이 x축과 곡선 $y = \sqrt{1-x^2}$으로 둘러싸인 반원 영역일 때(그림 13.27), 2중적분을 구하라.

$$\iint_R e^{x^2+y^2}\,dy\,dx$$

풀이 함수 $e^{x^2+y^2}$은 통계학 등 수학의 여러 분야에 흔히 등장하는 중요한 함수로서, 그 적분 또한 중요하지만, 직교좌표를 이용하는 직접적인 계산 방법은 알려져 있지 않다. 그러나 극좌표를 이용하면 간단히 해결된다. $x = r\cos\theta$와 $y = r\sin\theta$를 대입하고 $dy\,dx$를 $r\,dr\,d\theta$로 바꾸어 주면

$$\iint_R e^{x^2+y^2}\,dy\,dx = \int_0^{\pi}\int_0^{1} e^{r^2}\,r\,dr\,d\theta = \int_0^{\pi}\left[\frac{1}{2}e^{r^2}\right]_0^1 d\theta$$

$$= \int_0^{\pi}\frac{1}{2}(e-1)\,d\theta = \frac{\pi}{2}(e-1)$$

을 얻게 된다. 여기서 $r \, dr \, d\theta$에 있는 r이 e^{r^2}을 적분가능하게 하였다. 이 r이 없었다면 적분이 불가능했을 것이다. ■

예제 4 다음 2중적분을 구하라.

$$\int_0^1 \int_0^{\sqrt{1-x^2}} (x^2 + y^2) \, dy \, dx$$

풀이 먼저 y에 관하여 적분을 하면

$$\int_0^1 \left(x^2 \sqrt{1 - x^2} + \frac{(1 - x^2)^{3/2}}{3} \right) dx$$

를 얻지만, 이 적분은 기본 적분표를 참고하지 않으면 계산하기 어렵다.

그러나 이 적분을 극좌표로 바꾸어 주면 계산이 쉬워진다. 직교좌표계로 영역은 $0 \le y \le \sqrt{1 - x^2}$과 $0 \le x \le 1$로 표현되고, 이것은 단위원 $x^2 + y^2 = 1$ 내부 중 제1사분면에 해당하는 부분이다(그림 13.27의 제1사분면). 극좌표를 이용하여 $x = r \cos \theta$, $y = r \sin \theta$, $0 \le \theta \le \pi/2$, $0 \le r \le 1$, $dy \, dx = r \, dr \, d\theta$를 대입하여 계산하면

$$\int_0^1 \int_0^{\sqrt{1-x^2}} (x^2 + y^2) \, dy \, dx = \int_0^{\pi/2} \int_0^1 (r^2) \, r \, dr \, d\theta$$

$$= \int_0^{\pi/2} \left[\frac{r^4}{4} \right]_{r=0}^{r=1} d\theta = \int_0^{\pi/2} \frac{1}{4} \, d\theta = \frac{\pi}{8}$$

을 얻게 된다. 여기서 극좌표로 바꾸어 계산하는 것이 효과적이다. 이유는 r^2이 $x^2 + y^2$보다 더 간단할 뿐만 아니라 적분영역의 하한과 상한이 상수가 되기 때문이다. ■

예제 5 포물면 $z = 9 - x^2 - y^2$과 좌표평면에서 단위원을 위, 아래로 싸인 입체의 부피를 구하라.

풀이 적분영역 R은 단위원 $x^2 + y^2 = 1$로 극좌표계에서 $r = 1$, $0 \le \theta \le 2\pi$로 표현된다. 입체의 영역은 그림 13.28과 같고 부피는 다음과 같은 2중적분으로 주어진다.

$$\iint\limits_R (9 - x^2 - y^2) \, dA = \int_0^{2\pi} \int_0^1 (9 - r^2) \, r \, dr \, d\theta$$

$$= \int_0^{2\pi} \int_0^1 (9r - r^3) \, dr \, d\theta$$

$$= \int_0^{2\pi} \left[\frac{9}{2} r^2 - \frac{1}{4} r^4 \right]_{r=0}^{r=1} d\theta$$

$$= \frac{17}{4} \int_0^{2\pi} d\theta = \frac{17\pi}{2}$$ ■

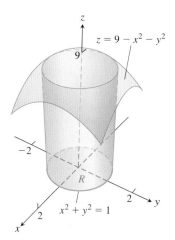

그림 13.28 예제 5의 입체

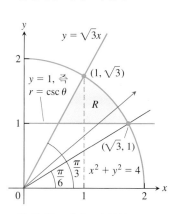

그림 13.29 예제 6의 영역 R

예제 6 극좌표계를 이용하여 좌표평면에서 원 $x^2 + y^2 = 4$, 직선 $y = 1$ 위로, $y = \sqrt{3}x$ 아래로 둘러싸인 영역 R의 넓이를 구하라.

풀이 그림 13.29는 영역 R을 보여준다. 먼저 직선 $y = \sqrt{3}x$의 기울기는 $\sqrt{3} = \tan \theta$로 $\theta = \pi/3$이다. 그 다음 $x^2 + 1 = 4$ 즉 $x = \sqrt{3}$일 때, 직선 $y = 1$과 원 $x^2 + y^2 = 4$와 만난다. 그리고 원점과 점 $(\sqrt{3}, 1)$을 지나는 직선의 기울기는 $1/\sqrt{3} = \tan \theta$로 $\theta = \pi/6$이다. 이러한 관계들은 그림 13.29에서 볼 수 있다.

영역 R에서 θ가 $\pi/6$부터 $\pi/3$까지 변할 때, 극좌표 r은 수평선 $y=1$부터 원 $x^2+y^2=4$까지 변한다. 수평선에 대한 식 $y=1$의 y에 $r\sin\theta$를 대입하면, $r\sin\theta=1$, 즉 $r=\csc\theta$가 되어 이것은 극좌표로 표현된 것이다. 원의 극방정식은 $r=2$이다. 따라서 극좌표로 $\pi/6 \le\theta\le\pi/3$이고 r은 $r=\csc\theta$와 $r=2$ 사이의 범위를 가진다. 그러므로 영역의 넓이를 반복적분을 이용해서 다음과 같이 구할 수 있다.

$$
\begin{aligned}
\iint\limits_{R} dA &= \int_{\pi/6}^{\pi/3}\int_{\csc\theta}^{2} r\,dr\,d\theta \\
&= \int_{\pi/6}^{\pi/3}\left[\frac{1}{2}r^2\right]_{r=\csc\theta}^{r=2} d\theta \\
&= \int_{\pi/6}^{\pi/3}\frac{1}{2}\left[4-\csc^2\theta\right]d\theta \\
&= \frac{1}{2}\left[4\theta+\cot\theta\right]_{\pi/6}^{\pi/3} \\
&= \frac{1}{2}\left(\frac{4\pi}{3}+\frac{1}{\sqrt{3}}\right)-\frac{1}{2}\left(\frac{4\pi}{6}+\sqrt{3}\right)=\frac{\pi-\sqrt{3}}{3}
\end{aligned}
$$

연습문제 13.4

극좌표에서 영역

연습문제 1~8에서 직교좌표로 주어진 영역을 극좌표로 표현하라.

1.

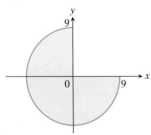

2.

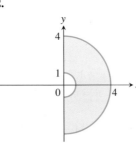

3.

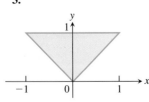

4.

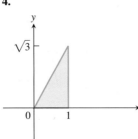

5.

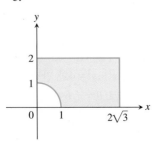

6.

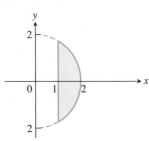

7. 원 $x^2+y^2=2x$에 의해 둘러싸인 영역

8. 반원 $x^2+y^2=2y$, $y\ge0$으로 둘러싸인 영역

극좌표를 이용한 적분 계산

연습문제 9~22에서 직교좌표로 표현된 적분을 극좌표의 표현으로 바꾸어 계산하라.

9. $\displaystyle\int_{-1}^{1}\int_{0}^{\sqrt{1-x^2}} dy\,dx$

10. $\displaystyle\int_{0}^{1}\int_{0}^{\sqrt{1-y^2}} (x^2+y^2)\,dx\,dy$

11. $\displaystyle\int_{0}^{2}\int_{0}^{\sqrt{4-y^2}} (x^2+y^2)\,dx\,dy$

12. $\displaystyle\int_{-a}^{a}\int_{-\sqrt{a^2-x^2}}^{\sqrt{a^2-x^2}} dy\,dx$

13. $\displaystyle\int_{0}^{6}\int_{0}^{y} x\,dx\,dy$

14. $\displaystyle\int_{0}^{2}\int_{0}^{x} y\,dy\,dx$

15. $\displaystyle\int_{1}^{\sqrt{3}}\int_{1}^{x} dy\,dx$

16. $\displaystyle\int_{\sqrt{2}}^{2}\int_{\sqrt{4-y^2}}^{y} dx\,dy$

17. $\displaystyle\int_{-1}^{0}\int_{-\sqrt{1-x^2}}^{0} \frac{2}{1+\sqrt{x^2+y^2}}\,dy\,dx$

18. $\displaystyle\int_{-1}^{1}\int_{-\sqrt{1-x^2}}^{\sqrt{1-x^2}} \frac{2}{(1+x^2+y^2)^2}\,dy\,dx$

19. $\displaystyle\int_{0}^{\ln 2}\int_{0}^{\sqrt{(\ln 2)^2-y^2}} e^{\sqrt{x^2+y^2}}\,dx\,dy$

20. $\displaystyle\int_{-1}^{1}\int_{-\sqrt{1-y^2}}^{\sqrt{1-y^2}} \ln(x^2+y^2+1)\,dx\,dy$

21. $\displaystyle\int_0^1 \int_x^{\sqrt{2-x^2}} (x+2y)\,dy\,dx$

22. $\displaystyle\int_1^2 \int_0^{\sqrt{2x-x^2}} \frac{1}{(x^2+y^2)^2}\,dy\,dx$

연습문제 23~26에서 적분영역을 그리고, 극좌표로 표현된 적분 혹은 적분의 합을 직교좌표의 적분 혹은 적분의 합으로 바꾸라.

23. $\displaystyle\int_0^{\pi/2} \int_0^1 r^3 \sin\theta\cos\theta\,dr\,d\theta$

24. $\displaystyle\int_{\pi/6}^{\pi/2} \int_1^{\csc\theta} r^2 \cos\theta\,dr\,d\theta$

25. $\displaystyle\int_0^{\pi/4} \int_0^{2\sec\theta} r^5 \sin^2\theta\,dr\,d\theta$

26. $\displaystyle\int_0^{\tan^{-1}\frac{4}{3}} \int_0^{3\sec\theta} r^7\,dr\,d\theta + \int_{\tan^{-1}\frac{4}{3}}^{\pi/2} \int_0^{4\csc\theta} r^7\,dr\,d\theta$

극좌표에서 넓이 구하기

27. 곡선 $r=2(2-\sin 2\theta)^{1/2}$의 내부로서 제1사분면에 있는 부분의 넓이를 구하라.

28. 심장형 곡선과 원의 공통영역 심장형 곡선 $r=1+\cos\theta$의 내부와 원 $r=1$의 외부의 공통부분의 넓이를 구하라.

29. 장미형 곡선의 한 잎 장미형 곡선 $r=12\cos 3\theta$로 둘러싸인 잎 가운데, 1개의 잎의 넓이를 구하라.

30. 달팽이 집 양의 x축과 나선 $r=4\theta/3,\ 0\le\theta\le 2\pi$로 둘러싸인 부분의 넓이를 구하라.

31. 심장형 곡선 중 제1사분면 영역 심장형 곡선 $r=1+\sin\theta$의 내부로서 제1사분면에 있는 부분의 넓이를 구하라.

32. 두 심장형 곡선의 공통영역 두 심장형 곡선 $r=1+\cos\theta$와 $r=1-\cos\theta$의 내부의 공통부분의 넓이를 구하라.

평균값

극좌표에서 영역 R에서 함수의 평균값(13.3절)은 다음과 같다.

$$\frac{1}{넓이(R)} \iint_R f(r,\theta)\,r\,dr\,d\theta$$

33. 반구면의 평균높이 xy평면의 원판 $x^2+y^2\le a^2$에서 반구면 $z=\sqrt{a^2-x^2-y^2}$의 평균높이를 구하라.

34. 원뿔의 평균높이 xy평면의 원판 $x^2+y^2\le a^2$에서 원뿔 $z=\sqrt{x^2+y^2}$의 평균높이를 구하라.

35. 원판의 내부에서 중심까지의 평균거리 원판 $x^2+y^2\le a^2$ 내부의 점 $P(x,y)$부터 원점까지의 평균거리를 구하라.

36. 원판 내부의 점과 경계선의 한 점까지 평균제곱거리 원판 $x^2+y^2\le 1$ 내부의 점 $P(x,y)$부터 경계선 위의 점 $A(1,0)$까지의 거리의 제곱에 대한 평균값을 구하라.

이론과 예제

37. 극좌표 적분으로 바꾸어 계산하기 영역 $1\le x^2+y^2\le e$에서 함수 $f(x,y)=[\ln(x^2+y^2)]/\sqrt{x^2+y^2}$의 2중적분을 구하라.

38. 극좌표 적분으로 바꾸어 계산하기 영역 $1\le x^2+y^2\le e^2$에서 함수

$f(x,y)=[\ln(x^2+y^2)]/(x^2+y^2)$의 2중적분을 구하라.

39. 밑면이 원이 아닌 직각기둥의 부피 심장형 곡선 $r=1+\cos\theta$의 내부와 원 $r=1$의 외부와의 공통부분을 밑면으로 하고, 이 밑면에 수직인 기둥이 있다. 이 기둥의 윗면이 평면 $z=x$일 때, 이 기둥의 부피를 구하라.

40. 밑면이 원이 아닌 직각기둥의 부피 연주형 곡선 $r^2=2\cos 2\theta$로 둘러싸인 영역을 밑면으로 하고 이 밑면에 수직인 기둥이 있다. 이 기둥의 윗면이 구면 $z=\sqrt{2-r^2}$일 때, 이 기둥의 부피를 구하라.

41. 극좌표 적분으로 바꾸기
a. 이상적분 $I=\int_0^\infty e^{-x^2}\,dx$를 구하는 일반적인 방법은 먼저 이 적분의 제곱을 계산한다.

$$I^2=\left(\int_0^\infty e^{-x^2}\,dx\right)\left(\int_0^\infty e^{-y^2}\,dy\right)=\int_0^\infty\int_0^\infty e^{-(x^2+y^2)}\,dx\,dy$$

극좌표를 이용하여 마지막 적분을 계산하고, 또 I를 구하라.
b. 다음을 구하라.

$$\lim_{x\to\infty}\mathrm{erf}(x)=\lim_{x\to\infty}\int_0^x \frac{2e^{-t^2}}{\sqrt{\pi}}\,dt$$

42. 극좌표 적분으로 바꾸어 계산하기 다음 2중적분을 구하라.

$$\int_0^\infty\int_0^\infty \frac{1}{(1+x^2+y^2)^2}\,dx\,dy$$

43. 적분값의 존재 함수 $f(x,y)=1/(1-x^2-y^2)$의 원판 $x^2+y^2\le 3/4$에서 2중적분을 구하라.
$f(x,y)$의 원판 $x^2+y^2\le 1$에서 2중적분이 존재할까? 그 이유를 설명하라.

44. 극좌표에서 넓이 공식 원점과 곡선 $r=f(\theta),\ \alpha\le\theta\le\beta$가 이루는 부채꼴의 넓이에 대한 공식은

$$A=\int_\alpha^\beta \frac{1}{2}r^2\,d\theta$$

임을 극좌표를 이용한 2중적분으로부터 유도하라.

45. 원판 내부의 한 점까지의 평균거리 반지름 a인 원의 내부의 한 점을 P_0, 원점과 P_0 사이의 거리를 h라 하자. 임의의 점 P와 P_0 사이의 거리를 d라 할 때, 이 원의 내부 영역에서 d^2의 평균값을 구하라. (**힌트:** 원의 중심을 원점에, P_0를 x축 위에 잡는다.)

46. 넓이 극좌표 평면에 있는 어떤 영역의 넓이가

$$A=\int_{\pi/4}^{3\pi/4}\int_{\csc\theta}^{2\sin\theta} r\,dr\,d\theta$$

로 주어져 있다고 가정하자. 이 영역의 그림을 그리고 그 넓이를 구하라.

47. 중심이 원점이고 반지름이 2인 원의 상반부 내부와 원 $x^2+(y-1)^2=1$의 외부로 이루어진 영역 R에 대하여, 적분 $\iint_R \sqrt{x^2+y^2}\,dA$를 계산하라.

48. 원 $x^2+y^2=2$의 내부와 $x\le -1$으로 이루어진 영역 R에 대하여, 적분 $\iint_R (x^2+y^2)^{-2}\,dA$를 계산하라.

컴퓨터 탐구

연습문제 49~52에 대하여, 직교좌표로 표현된 적분을 극좌표의 적분으로 바꾸어, CAS를 이용하여 계산하라. 각 문제를 다음의 단

계별로 시행해 보라.

  a. 직교좌표로 표현된 적분영역을 xy평면에 그리라.

  b. (a)의 직교영역에 있는 경계선의 방정식에 대하여, 직교좌표를 r, θ로 고쳐 극방정식으로 표현하라.

  c. (b)의 결과를 이용하여 극좌표 평면의 영역을 그리라.

  d. 직교좌표로 표현된 피적분함수를 극좌표 표현으로 바꾸라. (c)의 그림에서 적분영역을 결정하고, CAS 적분장치를 이

용하여 적분을 구하라.

49. $\displaystyle\int_0^1 \int_x^1 \frac{y}{x^2 + y^2} \, dy \, dx$

50. $\displaystyle\int_0^1 \int_0^{x/2} \frac{x}{x^2 + y^2} \, dy \, dx$

51. $\displaystyle\int_0^1 \int_{-y/3}^{y/3} \frac{y}{\sqrt{x^2 + y^2}} \, dx \, dy$

52. $\displaystyle\int_0^1 \int_y^{2-y} \sqrt{x + y} \, dx \, dy$

13.5 직교좌표에서의 3중적분

1변수 함수의 적분에 비해 2중적분이 좀 더 일반적인 상황을 다룰 수 있듯이, 3중적분은 보다 더 일반적인 문제를 해결할 수 있다. 3차원 입체의 부피, 3차원 영역에서 정의된 함수의 평균값을 계산하는 데 3중적분이 사용된다. 14장에서 설명하겠지만, 3중적분은 3차원에서 정의된 벡터장과 유체역학의 연구에도 사용된다.

3중적분

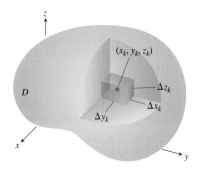

그림 13.30 입체를 부피가 ΔV_k인 작은 직육면체로 분할

3차원 공간에서 유계 닫힌 영역 D, 예를 들어 속이 찬 공이나 한 덩어리의 찰흙같은 영역에서 함수 $F(x, y, z)$가 정의되어 있으면, D에서 함수 F의 적분을 다음과 같은 방법으로 정의한다. 우선 D를 포함하는 상자 모양과 같은 영역을 생각하자. 이 영역을 그림 13.30에서와 같이 좌표평면에 평행인 평면들을 사용하여 작은 직육면체들로 분할한다. 이 작은 직육면체 중에서 D의 내부에 위치한 직육면체에 대해 적당한 순서에 의하여 1에서 n까지 번호를 매긴다. k번째 직육면체의 각 변의 길이는 Δx_k, Δy_k, Δz_k로 주어지고 부피는 $\Delta V_k = \Delta x_k \, \Delta y_k \, \Delta z_k$이다. k번째의 직육면체에서 한 점 (x_k, y_k, z_k)를 선택하여 부분합

$$S_n = \sum_{k=1}^n F(x_k, y_k, z_k) \, \Delta V_k \tag{1}$$

을 구성한다. Δx_k, Δy_k, Δz_k들 중에서 가장 큰 값을 분할의 노름(norm)이라 하고 $\|P\|$로 나타내자. 직육면체를 더욱 잘게 쪼갬에 따라서 분할의 노름은 0으로 수렴한다. 어떠한 분할과 점 (x_k, y_k, z_k)을 선택하여도 부분합이 하나의 값으로 수렴한다면, F가 D에서 **적분가능하다(integrable)**고 말한다. 2중적분의 경우와 마찬가지로, F가 연속이고 D의 경계면들이 부드러운 곡면들로서 이루어져 있다면, F는 적분가능하다. $\|P\| \to 0$일 때, 직육면체의 개수 n이 무한히 많아지고, 부분합 S_n은 극한값을 갖는다. 이 극한값을 D에서 F의 **3중적분(triple integral of F over D)**이라 부르고

$$\lim_{n \to \infty} S_n = \iiint_D F(x, y, z) \, dV \qquad \text{또는} \qquad \lim_{\|P\| \to 0} S_n = \iiint_D F(x, y, z) \, dx \, dy \, dz$$

로 나타낸다. 영역 D에서 연속인 함수가 적분가능하면, 이 영역 D를 '합리적으로 매끄러운(reasonably smooth)' 경계를 가지고 있다고 말한다.

3차원 공간에서 영역의 부피

F가 1의 값을 갖는 상수함수일 때, 식 (1)의 부분합은

$$S_n = \sum F(x_k, y_k, z_k)\, \Delta V_k = \sum 1 \cdot \Delta V_k = \sum \Delta V_k$$

이 된다. Δx_k, Δy_k, Δz_k가 0에 가까이 가면 ΔV_k는 더 작아지고 개수는 더욱 많아지며 D의 더욱 많은 부분을 채울수 있게 된다. 따라서 D의 부피를 다음과 같이 3중적분으로 정의한다.

$$\lim_{n \to \infty} \sum_{k=1}^{n} \Delta V_k = \iiint_D dV$$

정의   3차원에서 유계 닫힌 영역 D의 **부피**(volume)는 다음과 같다.

$$V = \iiint_D dV$$

위의 정의는 부피에 관하여 앞에서 배운 정의와 일치하는데, 이에 대한 증명은 생략한다. 이 정의를 이용하면 곡면으로 둘러싸인 입체의 부피를 계산할 수 있음을 곧 알 수 있을 것이다. 이는 이전에 다루었던(5장, 13.2절) 입체보다 더 일반적인 입체이다.

dz dy dx 순서로 적분구간 구하기

13.2절에서 배운 푸비니 정리는 3차원에서도 성립한다. 이것을 적용하면 3중적분은 1변수 함수의 적분을 3번 반복 사용하여 계산한다. 2중적분에서와 마찬가지로 기하학적인 관찰을 통하여 3중적분의 적분영역을 구한다.

영역 D에서 3중적분

$$\iiint_D F(x, y, z)\, dV$$

를 계산하기 위해서는 먼저 z에 대해 적분하고, 다음으로 y에 대해, 마지막으로 x에 대해 적분한다(다른 순서로 적분할 수도 있으며, 예제 2에서 설명하는 것처럼 비슷한 과정을 따르면 된다.).

1. **그리기**: 영역 D를 그리고, D의 xy평면에 대한 정사영면 R을 그린다. 영역 D의 윗부분과 아랫부분을 둘러싼 곡면과 정사영면 R의 윗부분과 아랫부분을 둘러싼 곡선을 찾는다.

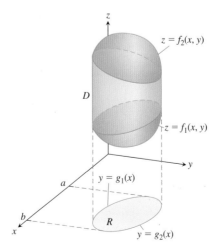

2. z의 적분구간 구하기: z축에 평행하고 정사영면 R에 있는 점 (x, y)를 통과하는 직선 M을 그린다. z의 값이 증가함에 따라서 M은 $z = f_1(x, y)$일 때 D에 들어가고 $z = f_2(x, y)$일 때 D에서 빠져나가는데, 이들이 z에 대한 하한과 상한이다.

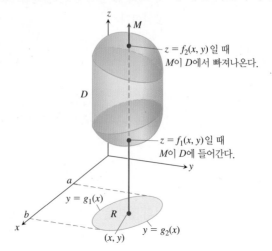

3. y의 적분구간 구하기: y축에 평행하고 정사영면 R의 점 (x, y)를 지나는 직선 L을 그린다. y의 값이 증가함에 따라서 L은 R에 $y = g_1(x)$일 때 들어가고 $y = g_2(x)$일 때 R에서 빠져나가는데, 이들이 y에 대한 하한과 상한이다.

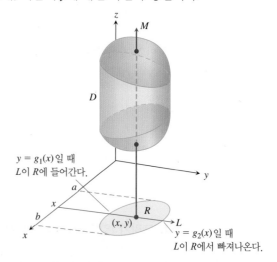

4. x의 적분구간 구하기: y축에 평행하고 정사영면 R을 통과하는 직선들을 모두 포함하도록 x의 범위를 선택한다. 예를 들어, 앞의 그림에서는 $x = a$, $y = b$가 이에 해당한다. 이들이 x에 대한 하한과 상한이다. 따라서 D에서 F의 적분은

$$\int_{x=a}^{x=b} \int_{y=g_1(x)}^{y=g_2(x)} \int_{z=f_1(x, y)}^{z=f_2(x, y)} F(x, y, z) \, dz \, dy \, dx$$

가 된다. 만약 적분의 순서를 바꿀 경우에는 비슷한 과정을 따르면 된다. 영역 D의 정사영면은 적분변수 중에서 마지막 2개 변수가 만드는 평면에 위치하게 된다.

3차원 영역 D의 윗부분과 아랫부분이 유계인 곡면으로 싸여 있고 정사영면이 위와 아래에서 유계인 곡선으로 둘러싸여 있으면 앞의 과정을 적용할 수 있다. 만약 영역의 내부에 복잡한 구멍이 있을 경우에는 앞의 과정을 직접 적용할 수 없다. 이 경우 영역을 앞의 과정을 적용할 수 있는 작은 영역으로 분할할 수 있다면, 각 분할한 영역에 위

의 방법을 적용하여 적분을 구한 다음 이를 모두 더하면 된다.

첫 번째 예제에서 적분 영역 구하는 방법을 설명한다.

예제 1 S를 중심이 원점이고 반지름이 5인 구라 하고 D를 평면 $z=3$ 위에 있으며 구의 아래에 있는 영역이라 하자. 영역 D에서 함수 $F(x, y, z)$의 3중적분을 계산하기 위한 적분 영역을 구하라.

풀이   평면 $z=3$ 위에 있으며 구의 아래에 있는 영역은 곡면 $x^2 + y^2 + z^2 = 25$와 평면 $z=3$에 의해 둘러싸인 영역이다.

적분 영역을 구하기 위해, 먼저 영역을 그려 보면, 그림 13.31과 같다. xy평면에서 정사영면 R은 중심이 원점인 원이 된다. 영역 D의 측면도(옆에서 본 도형)를 살펴봄으로써, 이 원의 반지름이 4임을 알아낼 수 있다. 그림 13.32(a) 참조.

이제 영역 R에서 한 점 (x, y)를 고정하고, 이 점 위로 수직선 M을 그리면, 이 직선이 높이가 $z=3$일 때 영역에 들어가고, 높이가 $z = \sqrt{25 - x^2 - y^2}$일 때 영역에서 빠져나오는 것을 알 수 있다. 그림 13.31 참조. 이것은 z에 대한 적분의 하한과 상한이다.

y에 대한 적분의 구간을 구하기 위해, 영역 R에 놓여 있으며, 점 (x, y)를 지나고 y축에 평행인 직선 L을 생각하자. 명쾌함을 위해, 그림 13.32(b)에서 영역 R과 직선 L을 따로 그려보았다. 직선 L은 $y = -\sqrt{16 - x^2}$일 때 영역 R에 들어가고 $y = \sqrt{16 - x^2}$일 때 영역 R에서 빠져나온다. 이는 y에 대한 적분의 하한과 상한이다.

마지막으로, 직선 L이 영역 R을 왼쪽으로부터 오른쪽까지 쓸고 갈 때, x의 값은 $x = -4$부터 $x = 4$까지 변한다. 이것이 x에 대한 적분의 하한과 상한이다. 그러므로 영역 D에서 함수 F의 3중적분은 다음과 같이 주어진다.

$$\iiint\limits_{D} F(x, y, z)\, dz\, dy\, dx = \int_{-4}^{4} \int_{-\sqrt{16-x^2}}^{\sqrt{16-x^2}} \int_{3}^{\sqrt{25-x^2-y^2}} F(x, y, z)\, dz\, dy\, dx \qquad \blacksquare$$

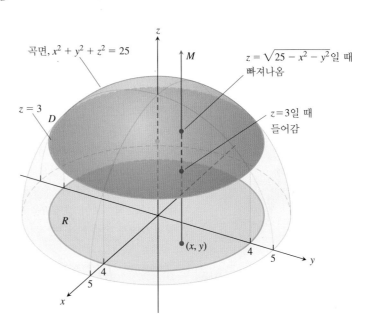

그림 13.31   평면 $z=3$ 위에 있으며 반지름이 5인 구의 아래에 있는 영역에서 정의된 함수의 3중적분을 계산하기 위한 적분 영역 구하기(예제 1).

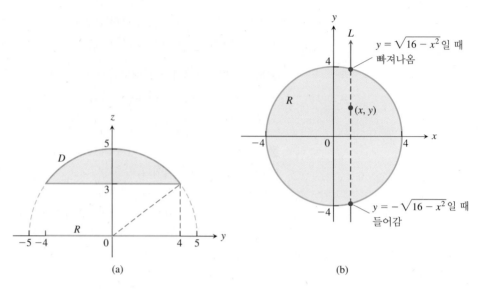

(a)

(b)

그림 13.32 (a) 예제 1에서 영역의 x축을 따라 아랫방향으로 바라본 측면도. 점선으로 그린 직각 삼각형은 빗변의 길이가 5이고, 밑변과 높이가 각각 3과 4이다. 이 측면도에서, 영역 R은 y축에 -4와 4 사이에 놓여 있다. (b) xy평면에 표시된 정사영면 R.

예제 1에서 영역 D는 여러 대칭성을 가지고 있음을 쉽게 알아볼 수 있다. 대칭성이 없어도, 다음 예제에서 보는 것처럼, 적분 영역을 구하는 방법은 똑같은 과정을 따라 진행된다.

예제 2 꼭짓점이 $(0, 0, 0)$, $(1, 1, 0)$, $(0, 1, 0)$과 $(0, 1, 1)$로 주어진 사면체 D에서 함수 $F(x, y, z)$의 3중적분을 계산하기 위한 적분 영역을 구하라. 적분 순서를 $dz\,dy\,dx$로 하라.

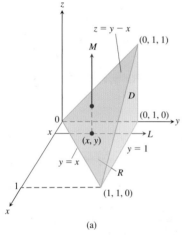

(a)

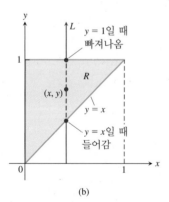

(b)

그림 13.33 (a) 적분 $dz\,dy\,dx$의 순서로 적분 구간을 구하는 방법을 보여주는 예제 2에서 사면체 (b) xy평면에 표시된 정사영면 R.

풀이 영역 D와 xy평면에 정사영한 영역 R은 그림 13.33(a)에서 볼 수 있다. D의 옆면은 xz평면에 평행하고, 뒷면은 yz평면에 놓여 있고, 윗면은 평면 $z = y - x$에 포함되어 있다.

z에 대한 적분 구간을 구하기 위해, 정사영 영역 R에서 한 점 (x, y)를 고정하고, z축에 평행이고 점 (x, y)를 지나는 수직선 M을 생각해 보자. 이 직선은 높이가 $z = 0$일 때 영역 D에 들어가고, 높이가 $z = y - x$일 때 영역 D에서 빠져나온다.

y에 대한 적분 구간을 구하기 위해, 다시 한 번 영역 R에서 한 점 (x, y)를 고정하고, 이제는 R에 놓여 있으면서 점 (x, y)를 지나고 y축에 평행한 직선 L을 생각해 보자. 이 직선은 그림 13.33(a)에서 볼 수 있으며, 또한 그림 13.33(b)에서처럼 R의 평면도에서도 볼 수 있다. 이 직선 L은 $y = x$일 때 영역 R에 들어가고 $y = 1$일 때 빠져나온다.

마지막으로, 직선 L이 영역 R을 쓸고 갈 때, x의 값은 $x = 0$부터 $x = 1$까지 변한다. 그러므로 영역 D에서 함수 F의 3중적분은 다음과 같이 주어진다.

$$\iiint\limits_{D} F(x, y, z)\, dz\,dy\,dx = \int_0^1 \int_x^1 \int_0^{y-x} F(x, y, z)\, dz\,dy\,dx \qquad \blacksquare$$

다음 예제에서는 적분 순서가 바뀌었을 때에 사용되는 방법으로 영역 D를 xy평면에 정사영하는 대신에 xz평면에 정사영하여 적분 영역을 구하는 방법을 보여준다.

예제 3 예제 2에서의 영역 D에서 함수 $F(x, y, z) = 1$을 $dz\,dy\,dx$의 순서로 3중적분하여 사면체 D의 부피를 구하라. 그리고 적분 순서를 $dy\,dz\,dx$로 바꾸어 같은 계산을 하라.

풀이   예제 2에서 구한 적분 구간을 사용하여 사면체의 부피를 구하면 다음과 같다.

$$V = \int_0^1 \int_x^1 \int_0^{y-x} dz\, dy\, dx \qquad \text{부피를 구할 때 피적분함수는 1}$$

$$= \int_0^1 \int_x^1 (y - x)\, dy\, dx \qquad z\text{에 대하여 적분하고 계산}$$

$$= \int_0^1 \left[\frac{1}{2} y^2 - xy \right]_{y=x}^{y=1} dx \qquad y\text{에 대하여 적분}$$

$$= \int_0^1 \left(\frac{1}{2} - x + \frac{1}{2} x^2 \right) dx \qquad \text{계산}$$

$$= \left[\frac{1}{2} x - \frac{1}{2} x^2 + \frac{1}{6} x^3 \right]_0^1 \qquad x\text{에 대하여 적분}$$

$$= \frac{1}{6} \qquad \text{계산}$$

이제 적분 순서를 $dy\, dz\, dx$로 바꾸어서 부피를 계산할 것이다. 이에 대한 적분 영역을 구하는 과정은 비슷하다. 단지 y에 대한 구간을 먼저 구한 후, 그 다음에 z에 대하여, 마지막으로 x에 대하여 구하는 것만 다르다. 영역 D는 앞에서와 같은 사면체이다. 이제는 D를 정사영한 영역 R이 그림 13.34에서 보는 것처럼 xz평면에 놓여 있다.

y에 대한 적분 구간을 구하기 위해, 정사영 영역 R에서 한 점 (x, z)를 고정하고, y축에 평행이고 점 (x, z)를 지나는 직선 M을 생각해 보자. 그림 13.34에서 보는 것처럼, 이 직선은 $y = x + z$일 때 영역 D에 들어가고, $y = 1$일 때 영역 D에서 빠져나온다.

다음으로 z에 대한 적분 구간을 구하여 보자. R에 놓여 있으면서 점 (x, z)를 지나고 z축에 평행한 직선 L은 $z = 0$일 때 영역 R에 들어가고 $z = 1 - x$일 때 빠져나온다(그림 13.34 참조).

마지막으로, 직선 L이 영역 R을 쓸고 갈 때, x의 값은 $x = 0$부터 $x = 1$까지 변한다. 그러므로 사면체의 부피는 다음과 같다.

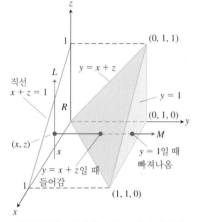

그림 13.34 사면체 D에서 정의된 함수의 3중적분을 계산하기 위해 적분 영역 구하기(예제 3).

$$V = \int_0^1 \int_0^{1-x} \int_{x+z}^1 dy\, dz\, dx$$

$$= \int_0^1 \int_0^{1-x} (1 - x - z)\, dz\, dx$$

$$= \int_0^1 \left[(1 - x)z - \frac{1}{2} z^2 \right]_{z=0}^{z=1-x} dx$$

$$= \int_0^1 \left[(1 - x)^2 - \frac{1}{2} (1 - x)^2 \right] dx$$

$$= \frac{1}{2} \int_0^1 (1 - x)^2\, dx$$

$$= -\frac{1}{6} (1 - x)^3 \Big]_0^1 = \frac{1}{6}$$

■

이제는 좀 더 복잡한 영역에 대하여 3중적분의 적분 영역을 구하고 계산한다.

예제 4   곡면 $z = x^2 + 3y^2$과 $z = 8 - x^2 - y^2$으로 둘러싸인 영역 D의 부피를 구하라.

풀이   부피는

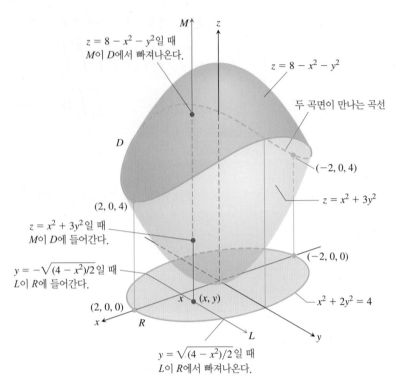

그림 13.35 예제 4에서 두 포물면으로 둘러싸인 영역의 부피

$$V = \iiint\limits_{D} dz\, dy\, dx$$

즉, D에서 함수 $F(x, y, z) = 1$의 적분이다. 3중적분에 대한 적분영역을 구하기 위하여 먼저 영역을 그린다. 그림 13.35에서 보는 것처럼, 2개의 곡면은 타원기둥 $x^2 + 3y^2 = 8 - x^2 - y^2$, 즉 $x^2 + 2y^2 = 4$, $z > 0$에서 만난다. 영역 D의 xy평면에 대한 정사영면 R의 경계는 같은 방정식 $x^2 + 2y^2 = 4$를 만족시키는 타원이다. R의 위 경계는 곡선 $y = \sqrt{(4 - x^2)/2}$이고 아래 경계는 $y = -\sqrt{(4 - x^2)/2}$이다.

이제 z의 적분 구간을 구하자. z축에 평행하고 R의 점 (x, y)를 통과하는 직선 M은 $z = x^2 + 3y^2$에서 D에 들어가고 $z = 8 - x^2 - y^2$에서 빠져나간다.

다음으로 y의 적분 구간을 구하자. y축에 평행하고 R의 점 (x, y)를 지나는 직선 L은 $y = -\sqrt{(4 - x^2)/2}$에서 R에 들어가고 $y = \sqrt{(4 - x^2)/2}$에서 빠져나간다.

마지막으로 x의 적분 구간을 구하자. 직선 L이 R을 지남에 따라서 x값은 점 $(-2, 0, 0)$에서 $x = -2$로부터 시작하여 점 $(2, 0, 0)$에서 $x = 2$까지 변하게 된다. D의 부피는 다음과 같다.

$$V = \iiint\limits_{D} dz\, dy\, dx \qquad \text{부피를 구할 때 피적분함수는 1}$$

$$= \int_{-2}^{2} \int_{-\sqrt{(4-x^2)/2}}^{\sqrt{(4-x^2)/2}} \int_{x^2+3y^2}^{8-x^2-y^2} dz\, dy\, dx \qquad \text{적분 구간 대입}$$

$$= \int_{-2}^{2} \int_{-\sqrt{(4-x^2)/2}}^{\sqrt{(4-x^2)/2}} (8 - 2x^2 - 4y^2)\, dy\, dx \qquad z\text{에 대한 적분 계산}$$

$$= \int_{-2}^{2} \left[(8 - 2x^2)y - \frac{4}{3}y^3 \right]_{y=-\sqrt{(4-x^2)/2}}^{y=\sqrt{(4-x^2)/2}} dx \qquad y\text{에 대한 적분}$$

$$= \int_{-2}^{2} \left(2(8 - 2x^2)\sqrt{\frac{4 - x^2}{2}} - \frac{8}{3}\left(\frac{4 - x^2}{2}\right)^{3/2} \right) dx \qquad \text{계산}$$

$$= \int_{-2}^{2} \left[8\left(\frac{4 - x^2}{2}\right)^{3/2} - \frac{8}{3}\left(\frac{4 - x^2}{2}\right)^{3/2} \right] dx = \frac{4\sqrt{2}}{3}\int_{-2}^{2} (4 - x^2)^{3/2}\, dx$$

$$= 8\pi\sqrt{2} \qquad\qquad x = 2\sin u \text{로 치환하여 적분한다.} \qquad \blacksquare$$

3변수 함수의 평균값

3차원 공간의 영역 D에서 함수 F의 평균값은

$$D\text{에서 } F\text{의 \textbf{평균값}} = \frac{1}{D\text{의 부피}} \iiint_D F\, dV \qquad (2)$$

로 정의된다. 예를 들어, 함수가 $F(x, y, z) = \sqrt{x^2 + y^2 + z^2}$이면, 영역 D에서 F의 평균값은 원점으로부터 D의 한 점까지의 거리에 대한 평균값이다. 만약 $F(x, y, z)$가 3차원 공간의 영역 D 안에 있는 한 점 (x, y, z)에서 온도를 나타내면, D에서 F의 평균값은 입체의 평균온도가 될 것이다.

예제 5 평면 $x = 2$, $y = 2$와 $z = 2$로 둘러싸인 제1팔분공간의 영역에서 함수 $F(x, y, z) = xyz$의 평균값을 구하라.

풀이 입체를 그려서 적분영역을 구하고(그림 13.36), 식 (2)를 이용하여 입체에서 F의 평균값을 구한다.

영역 D의 부피는 $(2)(2)(2) = 8$이다. 입체에서 F의 적분값을 구하면

$$\int_0^2 \int_0^2 \int_0^2 xyz\, dx\, dy\, dz = \int_0^2 \int_0^2 \left[\frac{x^2}{2}yz\right]_{x=0}^{x=2} dy\, dz = \int_0^2 \int_0^2 2yz\, dy\, dz$$

$$= \int_0^2 \left[y^2 z \right]_{y=0}^{y=2} dz = \int_0^2 4z\, dz = \left[2z^2 \right]_0^2 = 8$$

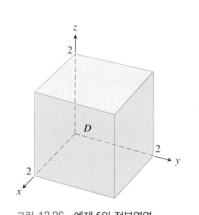

그림 13.36 예제 5의 적분영역

이므로, 식 (2)로부터 평균값은

$$\text{입체 } D\text{에서 } xyz\text{의 평균값} = \frac{1}{\text{부피}} \iiint_{\text{입체}} xyz\, dV = \left(\frac{1}{8}\right)(8) = 1$$

이다. 적분을 계산할 때 $dx\, dy\, dz$ 순서로 하였지만, 어떤 순서로 계산하여도 같은 결과를 얻는다. $\blacksquare$

3중적분의 성질

3중적분도 1변수 함수의 적분이나 2중적분과 같은 대수적 성질을 만족한다. 13.2절 800쪽에 있는 네 가지 2중적분의 성질을 3중적분으로 바꾸면 간단히 얻을 수 있다.

연습문제 13.5

다른 적분 순서로 3중적분 구하기

1. 예제 2에서 함수가 $F(x, y, z) = 1$일 때 적분을 계산하여, 사면체의 부피를 구하라.

2. 직육면체의 부피   좌표평면과 평면 $x = 1$, $y = 2$와 $z = 3$으로 둘러싸인 제1팔분공간의 직육면체의 부피를 6개의 서로 다른 반복 3중적분으로 나타내고, 그 중 하나의 적분값을 계산하라.

3. 사면체의 부피   평면 $6x + 3y + 2z = 6$과 좌표평면들로 둘러싸인 제1팔분공간의 사면체의 부피를 6개의 서로 다른 반복 3중적분으로 나타내고, 그 중 하나의 적분값을 계산하라.

4. 입체의 부피   원기둥 $x^2 + z^2 = 4$와 평면 $y = 3$으로 둘러싸인 제1팔분공간의 입체의 부피를 6개의 서로 다른 반복 3중적분으로 나타내고, 그 중 하나의 적분값을 계산하라.

5. 포물면으로 싸인 부피   포물면 $z = 8 - x^2 - y^2$과 $z = x^2 + y^2$으로 둘러싸인 영역을 D라 하자. D의 부피를 6개의 서로 다른 반복 3중적분으로 나타내고, 그 중 하나의 적분값을 계산하라.

6. 평면으로 닫힌 포물면 내부의 부피   포물면 $z = x^2 + y^2$과 평면 $z = 2y$로 둘러싸인 영역을 D라 하자. D의 부피를 $dz\, dx\, dy$와 $dz\, dy\, dx$의 적분 순서로 반복 3중적분으로 나타내라. 계산은 하지 않는다.

반복 3중적분 계산하기

연습문제 7~20에서 적분값을 구하라.

7. $\displaystyle\int_0^1 \int_0^1 \int_0^1 (x^2 + y^2 + z^2)\, dz\, dy\, dx$

8. $\displaystyle\int_0^{\sqrt{2}} \int_0^{3y} \int_{x^2+3y^2}^{8-x^2-y^2} dz\, dx\, dy$ **9.** $\displaystyle\int_1^e \int_1^{e^2} \int_1^{e^3} \frac{1}{xyz}\, dx\, dy\, dz$

10. $\displaystyle\int_0^1 \int_0^{3-3x} \int_0^{3-3x-y} dz\, dy\, dx$ **11.** $\displaystyle\int_0^{\pi/6} \int_0^1 \int_{-2}^3 y \sin z\, dx\, dy\, dz$

12. $\displaystyle\int_{-1}^1 \int_0^1 \int_0^2 (x + y + z)\, dy\, dx\, dz$

13. $\displaystyle\int_0^3 \int_0^{\sqrt{9-x^2}} \int_0^{\sqrt{9-x^2}} dz\, dy\, dx$ **14.** $\displaystyle\int_0^2 \int_{-\sqrt{4-y^2}}^{\sqrt{4-y^2}} \int_0^{2x+y} dz\, dx\, dy$

15. $\displaystyle\int_0^1 \int_0^{2-x} \int_0^{2-x-y} dz\, dy\, dx$ **16.** $\displaystyle\int_0^1 \int_0^{1-x^2} \int_3^{4-x^2-y} x\, dz\, dy\, dx$

17. $\displaystyle\int_0^{\pi} \int_0^{\pi} \int_0^{\pi} \cos (u + v + w)\, du\, dv\, dw$ (*uvw*-공간)

18. $\displaystyle\int_0^1 \int_1^{\sqrt{e}} \int_1^e se^s \ln r \frac{(\ln t)^2}{t}\, dt\, dr\, ds$ (*rst*-공간)

19. $\displaystyle\int_0^{\pi/4} \int_0^{\ln \sec v} \int_{-\infty}^{2t} e^x\, dx\, dt\, dv$ (*tvx*-공간)

20. $\displaystyle\int_0^7 \int_0^2 \int_0^{\sqrt{4-q^2}} \frac{q}{r + 1}\, dp\, dq\, dr$ (*pqr*-공간)

동등한 반복적분 구하기

21. 적분 영역은 아래와 같다.

$$\int_{-1}^1 \int_{x^2}^1 \int_0^{1-y} dz\, dy\, dx$$

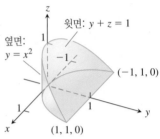

이 적분을 다음에 주어진 순서에 따라 반복적분으로 나타내라.

a. $dy\, dz\, dx$ **b.** $dy\, dx\, dz$
c. $dx\, dy\, dz$ **d.** $dx\, dz\, dy$
e. $dz\, dx\, dy$

22. 적분 영역은 아래와 같다.

$$\int_0^1 \int_{-1}^0 \int_0^{y^2} dz\, dx\, dy$$

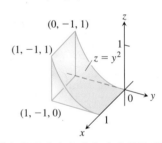

이 적분을 다음에 주어진 순서에 따라 반복적분으로 나타내라.

a. $dy\, dz\, dx$ **b.** $dy\, dx\, dz$
c. $dx\, dy\, dz$ **d.** $dx\, dz\, dy$
e. $dz\, dx\, dy$

3중적분을 이용한 부피 구하기

연습문제 23~36에서 영역의 부피를 구하라.

23. 원주면 $z = y^2$과 xy평면 및 평면 $x = 0$, $x = 1$, $y = -1$과 $y = 1$로 둘러싸인 영역

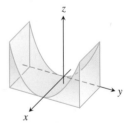

24. 평면 $x + z = 1$과 $y + 2z = 2$ 및 좌표평면으로 둘러싸인 제1팔분공간의 영역

25. 좌표평면과 평면 $x+z=2$, 원주면 $x=4-y^2$으로 둘러싸인 제1 팔분공간의 영역

26. 원주면 $x^2+y^2=1$과 평면 $z=-y$와 $z=0$으로 둘러싸인 쐐기모 양의 한쪽 영역

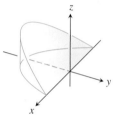

27. 세점 $(1, 0, 0)$, $(0, 2, 0)$과 $(0, 0, 3)$을 통과하는 평면과 좌표평 면으로 둘러싸인 제1팔분공간의 영역

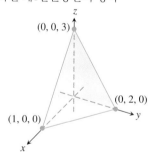

28. 좌표평면, 평면 $y=1-x$와 곡면 $z=\cos(\pi x/2)$, $0 \le x \le 1$로 둘 러싸인 제1팔분공간의 영역

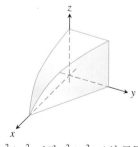

29. 2개의 원주면 $x^2+y^2=1$과 $x^2+z^2=1$의 공통 내부이면서 제1팔 분공간의 영역

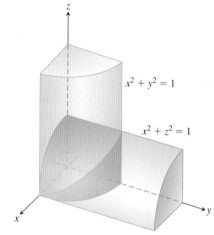

30. 좌표평면과 곡면 $z=4-x^2-y$로 둘러싸인 제1팔분공간의 영역

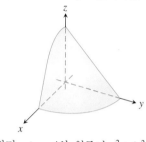

31. 좌표평면, 평면 $x+y=4$와 원주면 $y^2+4z^2=16$으로 둘러싸인 제1팔분공간의 영역

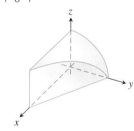

32. 원주면 $x^2+y^2=4$를 평면 $z=0$과 $x+z=3$으로 절단한 영역

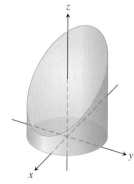

33. 평면 $x+y+2z=2$와 $2x+2y+z=4$로 둘러싸인 제1팔분공간 의 영역

34. 평면 $z=x$, $x+z=8$, $z=y$, $y=8$과 $z=0$으로 둘러싸인 유한한 영역

35. 타원주면 입체 $x+4y^2 \le 4$를 xy평면과 평면 $z=x+2$로 절단한 영역

36. 뒷면은 평면 $x=0$, 앞면과 측면은 포물주면 $x=1-y^2$, 윗면은 포물면 $z=x^2+y^2$, 아랫면은 xy평면으로 둘러싸인 영역

평균값

연습문제 37~40에서 주어진 영역에서 함수 $F(x, y, z)$의 평균값을 구하라.

37. 좌표평면과 평면 $x=2$, $y=2$, $z=2$로 둘러싸인 제1팔분공간의 입방체에서 함수 $F(x, y, z) = x^2 + 9$

38. 좌표평면과 평면 $x=1$, $y=1$, $z=2$로 둘러싸인 제1팔분공간의 직육면체에서 함수 $F(x, y, z) = x + y - z$

39. 좌표평면과 평면 $x=1$, $y=1$, $z=1$로 둘러싸인 제1팔분공간의 입방체에서 함수 $F(x, y, z) = x^2 + y^2 + z^2$

40. 좌표평면과 평면 $x=2$, $y=2$와 $z=2$로 둘러싸인 제1팔분공간의 입방체에서 함수 $F(x, y, z) = xyz$

적분 순서 바꾸기

연습문제 41~44에서 적분 순서를 적절하게 바꾸어서 적분값을 계산하라.

41. $\displaystyle\int_0^4 \int_0^1 \int_{2y}^2 \frac{4\cos(x^2)}{2\sqrt{z}} \, dx \, dy \, dz$

42. $\displaystyle\int_0^1 \int_0^1 \int_{x^2}^1 12xze^{zy^2} \, dy \, dx \, dz$

43. $\displaystyle\int_0^1 \int_{\sqrt[3]{z}}^1 \int_0^{\ln 3} \frac{\pi e^{2x} \sin \pi y^2}{y^2} \, dx \, dy \, dz$

44. $\displaystyle\int_0^2 \int_0^{4-x^2} \int_0^x \frac{\sin 2z}{4-z} \, dy \, dz \, dx$

이론과 예제

45. 반복적분의 상한 구하기 a에 대하여 풀라.
$$\int_0^1 \int_0^{4-a-x^2} \int_a^{4-x^2-y} dz \, dy \, dx = \frac{4}{15}$$

46. 타원면 c의 어떠한 값에 대하여 타원면 $x^2 + (y/2)^2 + (z/c)^2 = 1$의 부피가 8π가 되는가?

47. 3중적분의 최소화 공간의 어떤 영역 D에서 아래 적분값이 최소가 되는가?
$$\iiint_D (4x^2 + 4y^2 + z^2 - 4) \, dV$$
그 이유를 설명하라.

48. 3중적분의 최대화 공간의 어떤 영역 D에서 아래 적분값이 최대가 되는가?
$$\iiint_D (1 - x^2 - y^2 - z^2) \, dV$$
그 이유를 설명하라.

컴퓨터 탐구

연습문제 49~52에서 CAS 적분 유틸리티를 사용하여 주어진 입체 영역에서 함수의 3중적분을 계산하라.

49. 원주면 입체 $x^2 + y^2 = 1$을 평면 $z=0$과 $z=1$로 절단한 영역에서 함수 $F(x, y, z) = x^2 y^2 z$

50. 아랫면은 포물면 $z = x^2 + y^2$으로, 윗면은 평면 $z=1$로 둘러싸인 입체에서 함수 $F(x, y, z) = |xyz|$

51. 아랫면은 원뿔 $z = \sqrt{x^2 + y^2}$으로, 윗면은 평면 $z=1$로 둘러싸인 입체에서 함수
$$F(x, y, z) = \frac{z}{(x^2 + y^2 + z^2)^{3/2}}$$

52. 구면체 $x^2 + y^2 + z^2 \leq 1$에서 함수 $F(x, y, z) = x^2 + y^2 + z^2$

13.6 응용

이 절에서는 2차원 또는 3차원 공간에 있는 물체의 질량과 모멘트를 직교좌표에서 계산하는 방법을 알아본다. 5.6절에서 우리가 공부한 1변수의 경우와 비슷한 정의와 방법이지만, 이 절은 더 실제적인 상황을 다룬다.

질량과 1차 모멘트

3차원 공간에 있는 영역 D를 채우고 있는 물체의 밀도함수를 $\delta(x, y, z)$라 하면, D에서 δ의 적분값이 **질량**(mass)이다. 그 이유를 알기 위하여, 그림 13.37에서와 같이 n개의 질량 단위로 물체를 분할하였다고 생각하자. 이 물체의 질량은 극한값

$$M = \lim_{n \to \infty} \sum_{k=1}^n \Delta m_k = \lim_{n \to \infty} \sum_{k=1}^n \delta(x_k, y_k, z_k) \Delta V_k = \iiint_D \delta(x, y, z) \, dV$$

이다.

좌표평면에 관한 입체 D의 **1차 모멘트**(first moment)는 평면에서 점 (x, y, z)까지의

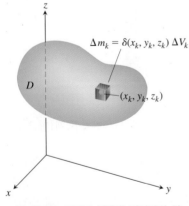

그림 **13.37** 물체의 질량을 정의하기 위해 먼저 물체를 질량 원소가 Δm_k인 유한개의 작은 단위로 세분한다.

표 13.1 입체에 대한 질량과 모멘트의 공식

3차원 입체의 경우

질량: $\quad M = \iiint\limits_{D} \delta \, dV \qquad$ $\delta = \delta(x, y, z)$는 (x, y, z)에서 밀도함수

좌표평면에 관한 1차 모멘트:

$$M_{yz} = \iiint\limits_{D} x \, \delta \, dV, \qquad M_{xz} = \iiint\limits_{D} y \, \delta \, dV, \qquad M_{xy} = \iiint\limits_{D} z \, \delta \, dV$$

질량중심:

$$\bar{x} = \frac{M_{yz}}{M}, \qquad \bar{y} = \frac{M_{xz}}{M}, \qquad \bar{z} = \frac{M_{xy}}{M}$$

2차원 평평한 판의 경우

질량: $\quad M = \iint\limits_{R} \delta \, dA \qquad$ $\delta = \delta(x, y)$는 (x, y)에서 밀도함수

1차 모멘트: $\quad M_y = \iint\limits_{R} x \, \delta \, dA, \qquad M_x = \iint\limits_{R} y \, \delta \, dA$

질량중심: $\quad \bar{x} = \frac{M_y}{M}, \qquad \bar{y} = \frac{M_x}{M}$

거리에 그 점에서 입체의 밀도를 곱하고 D에서 3중적분한 것으로 정의한다. 예를 들어, yz평면에 관한 1차 모멘트는

$$M_{yz} = \iiint\limits_{D} x\delta(x, y, z) \, dV$$

이다.

질량중심은 1차 모멘트로 얻어진다. 예를 들면, 질량중심의 x 성분은 $\bar{x} = M_{yz}/M$이다.

얇고 평평한 판과 같은 2차원 물체의 경우 1차 모멘트는 간단히 z 성분을 누락하여 얻을 수 있다. 그래서 y축에 대한 1차 모멘트는 y축으로부터의 거리에 밀도를 곱하여 적분하는 것으로 다음과 같다.

$$M_y = \iint\limits_{R} x\delta(x, y) \, dA$$

표 13.1은 공식을 요약한 것이다.

예제 1　아래로는 평면 $z = 0$에서의 원판 $R: x^2 + y^2 \le 4$로, 위로는 포물면 $z = 4 - x^2 - y^2$으로 둘러싸인 입체(그림 13.38)의 밀도 δ는 상수함수이다. 이 입체의 질량중심을 구하라.

풀이　입체의 대칭성 때문에 두 질량중심 $\bar{x} = \bar{y} = 0$이다. $\bar{z}$를 구하기 위하여, 먼저 다음을 계산하자.

$$M_{xy} = \iint\limits_{R}\int_{z=0}^{z=4-x^2-y^2} z \, \delta \, dz \, dy \, dx = \iint\limits_{R} \left[\frac{z^2}{2} \right]_{z=0}^{z=4-x^2-y^2} \delta \, dy \, dx$$

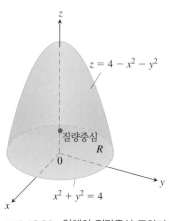

그림 13.38　입체의 질량중심 구하기(예제 1)

$$= \frac{\delta}{2} \iint_R (4 - x^2 - y^2)^2 \, dy \, dx$$

$$= \frac{\delta}{2} \int_0^{2\pi} \int_0^2 (4 - r^2)^2 r \, dr \, d\theta \qquad \text{극좌표}$$

$$= \frac{\delta}{2} \int_0^{2\pi} \left[-\frac{1}{6} (4 - r^2)^3 \right]_{r=0}^{r=2} d\theta = \frac{16\delta}{3} \int_0^{2\pi} d\theta = \frac{32\pi\delta}{3}$$

같은 방법으로 다음 질량을 얻을 수 있다.

$$M = \iiint_R \int_0^{4-x^2-y^2} \delta \, dz \, dy \, dx = 8\pi\delta$$

그러므로 $\bar{z} = (M_{yz}/M) = 4/3$이고, 질량중심은 $(\bar{x}, \bar{y}, \bar{z}) = (0, 0, 4/3)$이다. ■

입체 혹은 평평한 판의 밀도가 예제 1과 같이 상수일 경우, 질량중심을 그 도형의 **중심 (centroid)**이라 한다. 이러한 도형의 중심을 찾기 위해 δ를 1로 가정하여 앞의 방법과 같이 1차 모멘트를 질량으로 나누어 $\bar{x}, \bar{y}, \bar{z}$를 구한다. 이러한 방법은 2차원의 물체에서도 마찬가지이다.

예제 2   제1사분면에서 $y = x$와 $y = x^2$으로 둘러싸인 영역의 중심을 구하라.

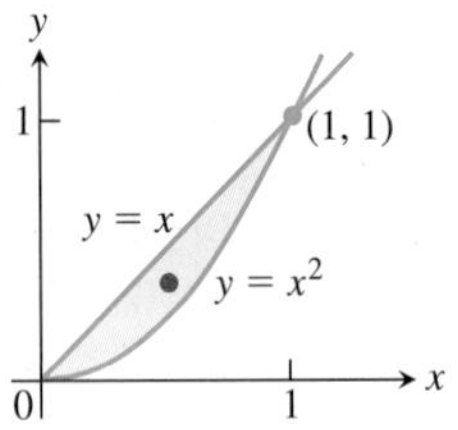

풀이   적분영역을 결정하기 위해 주어진 영역을 그려 본다(그림 13.39). 표 13.1의 공식에서 $\delta = 1$로 놓고 계산하면

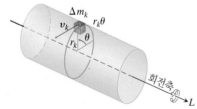

그림 13.39   예제 2에서 영역의 중심

$$M = \int_0^1 \int_{x^2}^x 1 \, dy \, dx = \int_0^1 \left[y \right]_{y=x^2}^{y=x} dx = \int_0^1 (x - x^2) \, dx = \left[\frac{x^2}{2} - \frac{x^3}{3} \right]_0^1 = \frac{1}{6}$$

$$M_x = \int_0^1 \int_{x^2}^x y \, dy \, dx = \int_0^1 \left[\frac{y^2}{2} \right]_{y=x^2}^{y=x} dx$$

$$= \int_0^1 \left(\frac{x^2}{2} - \frac{x^4}{2} \right) dx = \left[\frac{x^3}{6} - \frac{x^5}{10} \right]_0^1 = \frac{1}{15}$$

$$M_y = \int_0^1 \int_{x^2}^x x \, dy \, dx = \int_0^1 \left[xy \right]_{y=x^2}^{y=x} dx = \int_0^1 (x^2 - x^3) \, dx = \left[\frac{x^3}{3} - \frac{x^4}{4} \right]_0^1 = \frac{1}{12}$$

이다. 따라서 M, M_x, M_y로부터

$$\bar{x} = \frac{M_y}{M} = \frac{1/12}{1/6} = \frac{1}{2}, \qquad \bar{y} = \frac{M_x}{M} = \frac{1/15}{1/6} = \frac{2}{5}$$

이다. 즉, 도형의 중심은 $(1/2, 2/5)$이다. ■

관성모멘트

물체의 1차 모멘트(표 13.1)로부터 이 물체가 중력장 내의 한 축에 미치는 돌림힘 (torque)을 알 수 있다. 그러나 그 물체가 샤프트인 경우에는 그것에 얼마나 많은 양의 에너지가 축적되어 있는지 또는 특정한 각속도로 샤프트를 가속하기 위해 필요한 에너지는 얼마나 되는지에 더욱 관심이 있으며, 이 양들은 2차 모멘트 또는 관성모멘트를 통해 알 수 있다.

이 샤프트를 작은 조각들로 분할하여 k번째 조각의 질량과 회전축으로부터 이 조각의 질량중심에 이르는 거리를 각각 Δm_k와 r_k로 나타내자(그림 13.40). 만일 샤프트가 초당 $v = d\theta/dt$ 라디안의 각속도로 회전하면, 이 조각의 질량중심은 선속도

그림 13.40   샤프트를 작은 조각으로 분할하고 각각의 조각이 가지고 있는 운동에너지를 모두 합하여 회전하는 샤프트의 운동에너지를 계산한다.

$$v_k = \frac{d}{dt}(r_k\theta) = r_k\frac{d\theta}{dt} = r_k\omega$$

으로 원형궤도를 따라 움직인다.

작은 조각의 운동에너지의 근삿값은

$$\frac{1}{2}\Delta m_k v_k{}^2 = \frac{1}{2}\Delta m_k(r_k\omega)^2 = \frac{1}{2}\omega^2 r_k{}^2\,\Delta m_k$$

이다. 따라서 샤프트의 운동에너지의 근삿값은

$$\sum \frac{1}{2}\omega^2 r_k{}^2\,\Delta m_k$$

이다. 점점 더 작은 조각으로 나누어 계산하여 극한을 취하면, 샤프트의 운동에너지는 다음 적분으로 나타난다.

$$\mathrm{KE}_{\mathrm{shaft}} = \int \frac{1}{2}\omega^2 r^2\,dm = \frac{1}{2}\omega^2\int r^2\,dm \qquad (1)$$

여기서

$$I = \int r^2\,dm$$

을 샤프트의 **관성모멘트**(*moment of inertia*)라 하며, 이를 식 (1)에 대입하면 샤프트의 운동에너지는 다음 식과 같다.

$$\mathrm{KE}_{\mathrm{shaft}} = \frac{1}{2}I\omega^2$$

회전하는 샤프트의 관성모멘트는 기관차의 관성과 유사하다. 질량 m인 정지 상태의 기관차를 선속도 v로 움직이기 위해서는 $\mathrm{KE}=(1/2)mv^2$의 운동에너지를 필요로 한다. 또한, 이 기관차를 멈추기 위해서는 같은 양의 에너지를 제거해야 한다. 관성모멘트 I인 샤프트를 각속도 v로 회전시키기 위해서는 $\mathrm{KE}=(1/2)I\omega^2$의 운동에너지가 필요하고, 이를 멈추기 위해서는 역시 같은 양의 에너지를 제거해야 한다. 샤프트의 관성모멘트는 기관차의 질량과 비교할 수 있다. 기관차를 출발시키거나 멈추는 데 힘이 들게 하는 것은 기관차의 질량이며, 샤프트를 회전시키거나 멈추는 데 힘이 들게 하는 것은 샤프트의 관성모멘트이다. 관성모멘트는 샤프트의 총 질량뿐만 아니라 질량의 분포에 따라 달라진다. 회전축으로부터 멀리 떨어진 질량이 관성모멘트에 더 많은 영향을 미친다.

이제 관성모멘트에 관한 공식을 유도하자. $r(x, y, z)$를 D의 점 (x, y, z)로부터 직선 L까지의 거리라 하면, 직선 L에 관한 질량 $\Delta m_k = \delta(x_k, y_k, z_k)\,\Delta V_k$의 관성모멘트는 대략 $\Delta I_k = r^2(x_k, y_k, z_k)\Delta m_k$이다(그림 13.40). 입체 전체의 L에 관한 **관성모멘트(moment of inertia about L)**는

$$I_L = \lim_{n\to\infty}\sum_{k=1}^{n}\Delta I_k = \lim_{n\to\infty}\sum_{k=1}^{n}r^2(x_k, y_k, z_k)\delta(x_k, y_k, z_k)\,\Delta V_k = \iiint_{D}r^2\delta\,dV$$

가 된다. L이 x축이라면, $r^2 = y^2 + z^2$(그림 13.41)이므로

$$I_x = \iiint_{D}(y^2 + z^2)\,\delta(x, y, z)\,dV$$

가 된다.

같은 방법으로 L이 y축이거나 z축이면

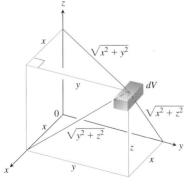

그림 13.41 dV에서 좌표평면과 축까지의 거리

$$I_y = \iiint\limits_D (x^2 + z^2)\, \delta(x, y, z)\, dV, \qquad I_z = \iiint\limits_D (x^2 + y^2)\, \delta(x, y, z)\, dV$$

를 얻는다. 표 13.2는 관성모멘트에 관한 공식을 정리한 것이다 (2차 모멘트는 거리에 제곱을 한 것이기 때문에 2차라는 말을 붙인다). 이 표에는 원점에 대한 **극모멘트** (*polar moment*)에 공식도 포함되어 있다.

표 13.2 관성모멘트 (2차 모멘트) 공식

3차원 입체

x축에 관한: $\quad I_x = \iiint (y^2 + z^2)\, \delta\, dV \qquad\quad \delta = \delta(x, y, z)$

y축에 관한: $\quad I_y = \iiint (x^2 + z^2)\, \delta\, dV$

z축에 관한: $\quad I_z = \iiint (x^2 + y^2)\, \delta\, dV$

직선 L에 관한: $\quad I_L = \iiint r^2(x, y, z)\, \delta\, dV \qquad\quad r(x, y, z)$는 점 (x, y, z)와 직선 L 사이의 거리이다.

2차원 평평한 판

x축에 관한: $\quad I_x = \iint y^2\, \delta\, dA \qquad\qquad\quad \delta = \delta(x, y)$

y축에 관한: $\quad I_y = \iint x^2\, \delta\, dA$

z축에 관한: $\quad I_L = \iint r^2(x, y)\, \delta\, dA \qquad\quad r(x, y)$는 점 (x, y)와 직선 L 사이의 거리이다.

원점에 관한(극모멘트): $\quad I_0 = \iint (x^2 + y^2)\, \delta\, dA = I_x + I_y$

예제 3 그림 13.42의 직육면체의 밀도 δ는 상수함수이다. 이 입체의 관성모멘트 I_x, I_y, I_z를 구하라.

풀이 I_x의 공식으로부터

$$I_x = \int_{-c/2}^{c/2}\int_{-b/2}^{b/2}\int_{-a/2}^{a/2} (y^2 + z^2)\, \delta\, dx\, dy\, dz$$

를 얻는다. $(y^2 + z^2)\delta$가 x, y, z의 우함수이기 때문에 계산이 조금 쉬워진다. 직육면체는 각 팔분공간에 하나씩 모두 8개의 대칭부분을 갖는다. 따라서 이 가운데 한 부분의 적분값에 8배를 하면 전체 적분값을 얻는다.

$$I_x = 8\int_{0}^{c/2}\int_{0}^{b/2}\int_{0}^{a/2} (y^2 + z^2)\, \delta\, dx\, dy\, dz = 4a\delta\int_{0}^{c/2}\int_{0}^{b/2} (y^2 + z^2)\, dy\, dz$$

$$= 4a\delta\int_{0}^{c/2}\left[\frac{y^3}{3} + z^2 y\right]_{y=0}^{y=b/2} dz$$

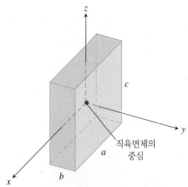

그림 13.42 원점이 이 입체의 중심일 때, I_x, I_y, I_z 구하기(예제 3)

$$= 4a\delta \int_0^{c/2} \left(\frac{b^3}{24} + \frac{z^2 b}{2} \right) dz$$

$$= 4a\delta \left(\frac{b^3 c}{48} + \frac{c^3 b}{48} \right) = \frac{abc\delta}{12}(b^2 + c^2) = \frac{M}{12}(b^2 + c^2) \qquad M = abc\delta$$

같은 방법으로, 다음을 얻는다.

$$I_y = \frac{M}{12}(a^2 + c^2), \qquad I_z = \frac{M}{12}(a^2 + b^2) \qquad \blacksquare$$

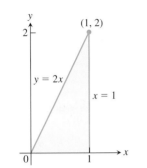

그림 13.43 예제 4에서 삼각형 형태의 영역

예제 4 삼각형 모양의 얇고 평평한 판이 좌표평면의 제1사분면에서 x축, 직선 $x = 1$, $y = 2x$로 둘러싸여 있다. 각 점 (x, y)에서 영역의 밀도는 $\delta(x, y) = 6x + 6y + 6$이다. 각 축과 원점에 관한 모멘트를 구하라.

풀이 그림 13.43의 삼각형 영역으로 적분영역을 결정한다. x축에 대한 관성모멘트는

$$I_x = \int_0^1 \int_0^{2x} y^2 \delta(x, y)\, dy\, dx = \int_0^1 \int_0^{2x} (6xy^2 + 6y^3 + 6y^2)\, dy\, dx$$

$$= \int_0^1 \left[2xy^3 + \frac{3}{2}y^4 + 2y^3 \right]_{y=0}^{y=2x} dx = \int_0^1 (40x^4 + 16x^3)\, dx$$

$$= \left[8x^5 + 4x^4 \right]_0^1 = 12$$

이다. 마찬가지로, y축에 대한 관성모멘트는

$$I_y = \int_0^1 \int_0^{2x} x^2 \delta(x, y)\, dy\, dx = \frac{39}{5}$$

이다. I_x를 구할 때에는 밀도에 y^2을, I_y를 구할 때에는 밀도에 x^2을 곱하여 적분했음에 유의하라.

I_x와 I_y를 구했으므로 표 13.2의 식 $I_0 = I_x + I_y$를 이용하면 다음과 같다.

$$I_0 = 12 + \frac{39}{5} = \frac{60 + 39}{5} = \frac{99}{5} \qquad \blacksquare$$

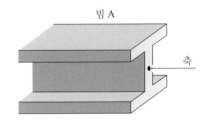

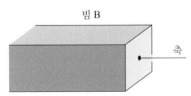

그림 13.44 빔의 수평축에 대한 수직단면의 모멘트가 클수록 휨강도는 커진다. 빔 A와 빔 B는 같은 단면넓이를 가지고 있으나 B가 더욱 쉽게 휘어진다.

관성모멘트는 무거운 수평 철제빔이 휘는 정도와도 관련이 있다. 빔의 휨강도는 빔의 수평축에 대한 수직단면의 관성모멘트 I의 상수배이다. 동일한 하중이 주어졌을 경우 I값이 작을수록 쉽게 휘어진다. 이것이 단면이 정사각형인 빔 대신에 I 빔을 사용하는 이유이다. 레일의 발에 해당하는 I 빔의 위와 아랫부분, 곧 빔의 수평축으로부터 가장 멀리 떨어진 곳에 질량의 대부분이 분포되어 있음에 따라 I값이 극대화된다(그림 13.44).

연습문제 13.6

밀도가 일정한 판

1. **질량중심 구하기** 제1사분면 내에서 직선 $x = 0$, $y = x$와 포물선 $y = 2 - x^2$으로 둘러싸이고 밀도가 $\delta = 3$인 얇은 판의 질량중심을 구하라.

2. **관성모멘트 구하기** 제1사분면에서 직선 $x = 3$과 $y = 3$으로 둘러

싸인 밀도가 상수 δ인 얇은 판의 두 좌표축에 대한 관성모멘트를 구하라.

3. **중심 구하기** 제1사분면에서 포물선 $y^2 = 2x$와 직선 $y = 0$, $x + y = 4$로 둘러싸인 영역의 중심을 구하라.

4. **중심 구하기** 제1사분면에서 직선 $x + y = 3$을 경계로 하는 삼각

형 영역의 중심을 구하라.

5. **중심 구하기** 제1사분면에서 원 $x^2+y^2=a^2$으로 둘러싸인 영역의 중심을 구하라.

6. **중심 구하기** x축과 곡선 $y=\sin x$, $0 \le x \le \pi$로 둘러싸인 영역의 중심을 구하라.

7. **관성모멘트 구하기** 밀도가 $\delta=1$이고 원 $x^2+y^2=4$로 둘러싸인 얇은 원판의 x축에 대한 관성모멘트를 구하라. 또한, 이 결과를 이용하여 I_y와 I_0를 구하라.

8. **관성모멘트 구하기** 밀도가 $\delta=1$이고 곡선 $y=(\sin^2 x)/x^2$과 x축의 구간 $\pi \le x \le 2\pi$로 둘러싸인 얇은 판의 y축에 대한 관성모멘트를 구하라.

9. **무한한 영역의 중심** 제2사분면에서 두 좌표축과 곡선 $y=e^x$로 둘러싸인 무한영역의 중심을 구하라.

10. **무한한 판의 1차 모멘트** 제1사분면에서 곡선 $y=e^{-x^2/2}$의 아랫부분에 놓여 있는 밀도 $\delta(x,y)=1$인 얇은 판의 y축에 대한 1차 모멘트를 구하라.

일정하지 않은 밀도를 가진 판

11. **관성모멘트 구하기** 포물선 $x=y-y^2$과 직선 $x+y=0$으로 둘러싸인 영역에 놓여 있는 얇은 판의 x축에 대한 관성모멘트를 구하라. 단, $\delta(x,y)=x+y$이다.

12. **질량 구하기** 타원 $x^2+4y^2=12$가 포물선 $x=4y^2$에 의해 나누어진 두 영역 중 작은 쪽에 놓여 있는 얇은 판의 질량을 구하라. 단, $\delta(x,y)=5x$이다.

13. **질량중심 구하기** y축과 직선 $y=x$, $y=2-x$로 둘러싸인 얇은 삼각형 판의 질량중심을 구하라. 단, $\delta(x,y)=6x+3y+3$이다.

14. **질량중심과 관성모멘트 구하기** 포물선 $x=y^2$과 $x=2y-y^2$으로 둘러싸인 영역에 놓여 있는 얇은 판의 x축에 대한 질량중심과 관성모 멘트를 구하라. 단, $\delta(x,y)=y+1$이다.

15. **질량중심, 관성모멘트** 제1사분면에서 직선 $y=6$, $x=1$로 둘러싸인 얇은 사각형 판의 y축에 대한 질량중심과 관성모멘트를 구하라. 단, $\delta(x,y)=x+y+1$이다.

16. **질량중심, 관성모멘트** 직선 $y=1$과 포물선 $y=x^2$으로 둘러싸인 얇은 판의 y축에 대한 질량중심과 관성모멘트를 구하라. 단, $\delta(x,y)=y+1$이다.

17. **질량중심, 관성모멘트** x축과 직선 $x=\pm 1$, 포물선 $y=x^2$으로 둘러싸인 얇은 판의 y축에 대한 질량중심과 관성모멘트를 구하라. 단, $\delta(x,y)=7y+1$이다.

18. **질량중심, 관성모멘트** 직선 $x=0$, $x=20$, $y=-1$, $y=1$로 둘러싸인 얇은 직사각형 판의 x축에 대한 질량중심과 관성모멘트를 구하라. 단, $\delta(x,y)=1+(x/20)$이다.

19. **질량중심, 관성모멘트** 직선 $y=x$, $y=-x$, $y=1$로 둘러싸인 얇은 삼각형 판의 질량중심, 좌표축에 대한 관성모멘트와 극모멘트를 구하라. 단, $\delta(x,y)=y+1$이다.

20. **질량중심, 관성모멘트** $\delta(x,y)=3x^2+1$인 경우, 연습문제 19의 물음에 답하라.

밀도가 일정한 입체

21. **관성모멘트** 다음 그림에 있는 직육면체의 I_x, I_y, I_z를 계산하여

이 입체의 각 모서리에 관한 관성모멘트를 구하라.

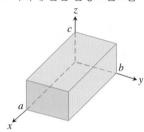

22. **관성모멘트** 다음 그림에서 각 좌표축은 주어진 입체의 질량중심을 지나고, 그 입체의 모서리와 평행하다. $a=b=6$, $c=4$일 때 I_x, I_y, I_z을 구하라.

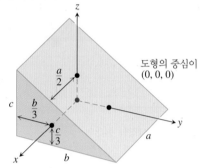

도형의 중심이 $(0,0,0)$

23. **질량중심과 관성모멘트** 곡면 $z=4y^2$과 3개의 평면 $z=4$, $x=1$, $x=-1$로 둘러싸인 물받이통의 밀도가 일정할 때, 세 축에 관한 질량중심과 관성모멘트를 구하라.

24. **질량중심** 밑면이 평면 $z=0$, 옆면이 타원주면 $x^2+4y^2=4$, 윗면이 평면 $z=2-x$로 둘러싸인 입체의 밀도가 일정하다. (다음 그림 참조)

a. $\bar{x}$와 $\bar{y}$를 구하라.

b. 다음 적분

$$M_{xy}=\int_{-2}^{2}\int_{-(1/2)\sqrt{4-x^2}}^{(1/2)\sqrt{4-x^2}}\int_{0}^{2-x} z\,dz\,dy\,dx$$

를 계산하되, 마지막 x에 관한 적분은 기본 적분표를 이용하라. 또, M_{xy}를 M으로 나누어, $\bar{z}=5/4$임을 보이라.

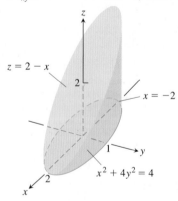

25. a. **질량중심** 아래로는 포물면 $z=x^2+y^2$, 위로는 평면 $z=4$로 둘러싸인 입체의 밀도가 일정할 때 이 입체의 질량중심을 구하라.

b. 이 입체의 부피를 균등하게 둘로 나누는 평면 $z=c$를 구하라. 이 평면은 질량중심을 지나지 않는다.

26. 모멘트 평면 $x=\pm1$, $z=\pm1$, $y=3$, $y=5$로 둘러싸인 정육면체가 있다. 질량중심과 좌표축에 관한 관성모멘트를 각각 구하라.

27. 직선에 관한 관성모멘트 연습문제 22의 입체에서 $a=4$, $b=6$, $c=3$이라 하자. 이 입체의 점 (x, y, z)부터 직선 $L: z=0$, $y=6$까지의 거리의 제곱이 $r^2=(y-6)^2+z^2$임을 간단한 그림으로 보이라. 그리고 이 직선 L에 관한 관성모멘트를 계산하라.

28. 직선에 관한 관성모멘트 연습문제 22의 입체에서 $a=4$, $b=6$, $c=3$으로 한다. 이 입체의 점 (x, y, z)부터 직선 $L: x=4$, $y=0$까지의 거리의 제곱이 $r^2=(x-4)^2+y^2$임을 간단한 그림으로 보이라. 이 직선 L에 관한 관성모멘트를 구하라.

밀도가 일정하지 않은 입체

연습문제 29와 30에서 **a.** 그 입체의 질량과 **b.** 질량중심을 구하라.

29. 좌표평면과 평면 $x+y+z=2$로 둘러싸여 제1팔분공간에 있는 입체를 생각하자. 이 입체의 밀도함수는 $\delta(x, y, z)=2x$이다.

30. 평면 $y=0$과 $z=0$, 곡면 $z=4-x^2$과 $x=y^2$으로 둘러싸여 제1팔분공간에 있는 입체(아래 그림)를 생각하자. 이 입체의 밀도함수는 $\delta(x, y, z)=kxy$이다. 단, k는 상수이다.

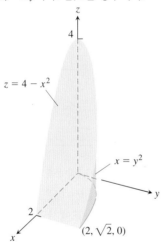

연습문제 31과 32에서 입체의

    a. 질량

    b. 질량중심

    c. 좌표축에 관한 관성모멘트

를 구하라.

31. 세 좌표평면과 세 평면 $x=1$, $y=1$, $z=1$로 둘러싸여 제1팔분공간에 있는 정육면체를 생각한다. 이 입체의 밀도함수는 $\delta(x, y, z)=x+y+z+1$이다.

32. 연습문제 22의 입체에 대하여 $a=2$, $b=6$, $c=3$이라 한다. 또, 밀도함수는 $\delta(x, y, z)=x+1$이다. 밀도함수가 상수이면, 질량중심은 $(0, 0, 0)$일 것이란 사실에 주의하자.

33. 질량 세 평면 $x+z=1$, $x-z=-1$, $y=0$과 곡면 $y=\sqrt{z}$로 둘러싸인 입체의 질량을 구하라. 단, 밀도함수는 $\delta(x, y, z)=2y+5$이다.

34. 질량 두 포물면 $z=16-2x^2-2y^2$, $z=2x^2+2y^2$으로 둘러싸인

입체의 밀도함수가 $\delta(x, y, z)=\sqrt{x^2+y^2}$이다. 이 입체의 질량을 구하라.

이론과 예제

평행축 정리 $L_{\text{c.m.}}$은 질량 m인 물체의 질량중심을 지나는 직선이고, L은 $L_{\text{c.m.}}$으로부터 h 단위만큼 떨어져 평행인 직선이라 하자. **평행축 정리**(*Parallel Axis Theorem*)란 직선 $L_{\text{c.m.}}$과 L에 관한 관성모멘트 $I_{\text{c.m.}}$과 I_L이 방정식

$$I_L = I_{\text{c.m.}} + mh^2 \tag{2}$$

을 만족한다는 것이다. 2차원 경우에서처럼, 하나의 모멘트와 질량을 알고 있으면, 다른 쪽의 모멘트를 쉽게 계산하는 방법을 제시하고 있다.

35. 평행축 정리의 증명

    a. 3차원 공간의 물체에 대하여, 이 물체의 질량중심을 지나는 한 평면에 관한 그 물체의 1차 모멘트는 0이 됨을 증명하라. (**힌트:** 물체의 질량중심을 원점에 두고, 또 주어진 평면을 yz평면으로 하자. 공식 $\bar{x}=M_{yz}/M$은 어떤 정보를 주는가?)

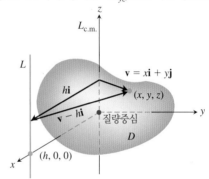

    b. 평행축 정리를 증명하기 위하여, 물체의 질량중심이 원점, 직선 $L_{\text{c.m.}}$은 z축으로, 또 L은 점 $(h, 0, 0)$에서 xy평면에 수직이 되도록 한다. 이 물체에 채워진 공간영역을 D라 하면, 그림에 있는 기호를 사용하여

$$I_L = \iiint_D |\mathbf{v} - h\mathbf{i}|^2 \, dm$$

이 성립한다. 피적분함수를 전개하여 증명을 완성하라.

36. 반지름이 a이고, 밀도가 상수함수인 공의 지름에 관한 관성모멘트는 $(2/5)ma^2$이다. 여기서 m은 공의 질량이다. 구면에 접하는 접선에 관한 관성모멘트를 구하라.

37. 연습문제 21에서 주어진 입체에 대하여, z축에 관한 이 입체의 관성모멘트는 $I_z=abc(a^2+b^2)/3$이다.

    a. 식 (2)를 사용하여 이 입체의 질량중심을 지나고 z축에 평행인 직선에 관한 관성모멘트를 구하라.

    b. 식 (2)와 위의 (a)에서 얻은 결과를 이용하여 직선 $x=0$, $y=2b$에 관한 이 입체의 관성모멘트를 구하라.

38. 연습문제 22에서 주어진 입체에 대하여 $a=b=6$, $c=4$라 하면, x축에 관한 관성모멘트는 $I_x=208$이다. 직선 $y=4$, $z=-4/3$(입체의 가장 좁은 끝부분의 변)에 관한 관성모멘트를 구하라.

13.7 원주좌표와 구면좌표에서의 3중적분

물리학, 공학 또는 기하학에서 원주, 원뿔, 구에 대한 계산은 이 절에서 소개되는 원주 좌표와 구면좌표를 이용하면 간단해지는 경우가 종종 있다. 원주좌표와 구면좌표로 변환하고 그에 따른 3중적분을 계산하는 과정은 13.4절에서 배운 평면에서 극좌표로의 변환과 비슷하다.

원주좌표에서의 적분

3차원 공간에서 원주좌표는 xy평면에 극좌표를 도입하고 직교좌표의 z축을 취하여 얻어진다. 원주좌표에서는 그림 13.46에서 보는 바와 같이, 공간에서의 각 점들을 하나 또는 여러 개의 (r, θ, z)로 나타낸다. 여기서는 $r \geq 0$이다.

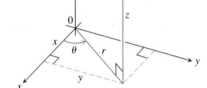

그림 13.46 3차원 공간에서의 한 점의 원주좌표는 r, θ, z이다.

> **정의** **원주좌표(cylindrical coordinates)**에서는 공간에서의 한 점 P를 다음 성질들을 만족하는 $r \geq 0$인 (r, θ, z)들로 나타낸다.
> 1. r과 θ는 점 P에서 xy평면 위로 내린 수선의 발의 극좌표이다.
> 2. z는 점 P에서 z축의 직교좌표이다.

직교좌표와 원주좌표에서의 x, y, r, θ들은 다음 관계식들을 만족한다.

> **직교좌표 (x, y, z)와 원주좌표 (r, θ, z)의 관계식**
> $$x = r \cos \theta, \qquad y = r \sin \theta, \qquad z = z,$$
> $$r^2 = x^2 + y^2, \qquad \tan \theta = y/x$$

원주좌표에서 방정식 $r = a$는 xy평면 위의 원뿐만 아니라 z축 중심의 원주면 전체이다(그림 13.47). 방정식 $r = 0$은 z축을 나타내며, 방정식 $\theta = \theta_0$은 z축을 포함하고 x축과 양의 방향의 각이 θ_0인 평면이다. 방정식 $z = z_0$은 직교좌표에서와 마찬가지로 z축에 수직인 평면을 나타낸다.

중심축이 z축 방향인 원주면, z축을 포함하는 평면이나 z축에 수직인 평면을 나타내는 데는 원주좌표가 적당하다. 이와 같은 곡면들의 방정식은 좌표의 값이 상수로 표현된다.

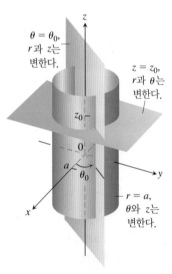

그림 13.47 원주좌표에서 좌표값이 상수인 방정식들은 원주면과 평면을 나타낸다.

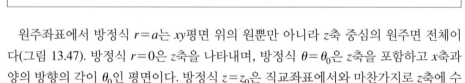

$$r = 4 \qquad \text{원주면, 반지름은 4, 중심축은 } z \text{축}$$
$$\theta = \frac{\pi}{3} \qquad z \text{축을 포함하는 평면}$$
$$z = 2 \qquad z \text{축에 수직인 평면}$$

영역 D에서의 3중적분을 원주좌표를 이용하여 계산해 보자. 먼저 영역 D를 작은 직육면체가 아닌 n개의 원주쐐기들로 분할한다. 이제 k번째 원주쐐기에서 r, θ, z가 Δr_k, $\Delta \theta_k$, Δz_k만큼 변하고, 이러한 길이 중 가장 큰 값을 이 분할의 **노름(norm)**이라 한다.

3중적분은 이들 원주쐐기들을 이용하여 리만 합의 극한으로 정의한다. 원주쐐기의 부피 ΔV_k는 $r\theta$평면에서의 밑넓이 ΔA_k와 높이 Δz의 곱으로 얻어진다(그림 13.48).

k번째 쐐기의 중심 (r_k, θ_k, z_k)에 대하여, 극좌표계에서 넓이는 $\Delta A_k = r_k \Delta r_k \Delta \theta_k$이고, 따라서 원주쐐기의 부피는 $\Delta V_k = \Delta z_k r_k \Delta r_k \Delta \theta_k$이다. 이제 함수 f의 영역 D에서 리만 합은

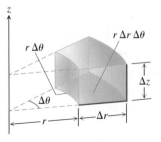

그림 13.48 원주좌표에서 쐐기의 부피의 근삿값은 $\Delta V = \Delta z \, r \, \Delta r \, \Delta \theta$이다.

$$S_n = \sum_{k=1}^{n} f(r_k, \theta_k, z_k)\, \Delta z_k\, r_k\, \Delta r_k\, \Delta \theta_k$$

가 된다. 영역 D에서 함수 f의 3중적분은 분할들의 노름을 0으로 접근시켰을 때 리 만 합들의 극한값이다.

원주좌표에서 부피 미분

$$dV = dz\, r\, dr\, d\theta$$

$$\lim_{n \to \infty} S_n = \iiint_D f\, dV = \iiint_D f\, dz\, r\, dr\, d\theta$$

그런데 원주좌표에서의 3중적분은 다음 예제에서와 같이 반복적분으로 계산된다. 비록 원주좌표를 정의할 때에는 θ의 범위에 제한을 두지 않지만, 적분하려는 대부분의 경우에 θ의 범위를 길이가 2π인 구간으로 제한할 필요가 있다. 그래서 우리는 일반적으로 θ의 범위를 $\alpha \le \theta \le \beta$로, 단, 여기서 $0 \le \beta - \alpha \le 2\pi$를 만족하도록 약속하자.

예제 1 아래로는 평면 $z=0$, 옆으로는 원주면 $x^2 + (y-1)^2 = 1$, 위로는 포물면 $z = x^2 + y^2$으로 둘러싸여 있는 영역을 D라 하자. 원주좌표를 이용하여 D에서 함수 $f(r, \theta, z)$의 적분을 구할 때 적분영역을 결정하라.

풀이 영역 D의 밑면은 D의 xy평면 위로의 정사영 R이며, R의 경계는 원 $x^2 + (y-1)^2 = 1$이다. 이 원의 극방정식은

$$x^2 + (y-1)^2 = 1$$
$$x^2 + y^2 - 2y + 1 = 1$$
$$r^2 - 2r \sin \theta = 0$$
$$r = 2 \sin \theta$$

이다. 영역 D는 그림 13.49와 같다.

먼저 z의 적분구간에 대하여 알아보자. 평면 R 내의 임의의 점 (r, θ)를 지나고 z축에 평행한 직선 M은 $z=0$일 때 D에 들어가고 $z = x^2 + y^2 = r^2$일 때 빠져나간다.

다음으로 r의 적분구간에 대하여 알아보자. 원점에서 시작하여 점 (r, θ)를 지나는 반직선 L은 $r=0$일 때 R에 들어가고 $r = 2 \sin \theta$일 때 빠져나간다.

마지막으로 θ의 적분구간에 대하여 알아보자. 반직선 L이 평면 R 전체를 쓸어내림에 따라 L이 양의 x축과 이루는 각 θ는 $\theta = 0$부터 $\theta = \pi$까지 변한다. 그러므로 3중적분은 다음과 같다.

$$\iiint_D f(r, \theta, z)\, dV = \int_0^{\pi} \int_0^{2 \sin \theta} \int_0^{r^2} f(r, \theta, z)\, dz\, r\, dr\, d\theta \qquad \blacksquare$$

예제 1은 원주좌표에서 적분영역을 구하는 방법을 보여주고 있으며, 이 과정은 다음과 같이 요약된다.

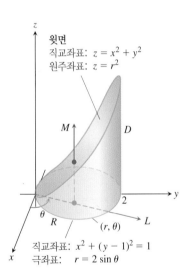

윗면
직교좌표: $z = x^2 + y^2$
원주좌표: $z = r^2$

직교좌표: $x^2 + (y-1)^2 = 1$
극좌표: $r = 2 \sin \theta$

그림 13.49 원주좌표에서 적분을 계산하기 위한 적분영역 구하기(예제 1)

원주좌표에서의 적분법

원주좌표로 3차원 공간의 영역 D에서의 3중적분

$$\iiint_D f(r, \theta, z)\, dV$$

를 계산하려면 다음의 각 단계를 거쳐 먼저 z에 관하여 적분하고, 그 다음 r에 관하여,

마지막으로 θ에 관하여 적분한다.

1. 그리기   영역 D와 영역 D의 xy평면 위로의 정사영 R을 그린다. D와 R의 경계를 이루는 곡면들과 곡선들의 방정식을 구한다.

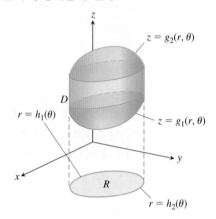

2. z의 적분구간 구하기   평면 R 상의 임의의 점 (r, θ)를 지나고 z축에 평행한 직선 M을 그린다. z가 증가함에 따라 직선 M은 $z = g_1(r, \theta)$일 때 영역 D에 들어가고 $z = g_2(r, \theta)$일 때 빠져나간다. 이로부터 z의 적분구간을 구한다.

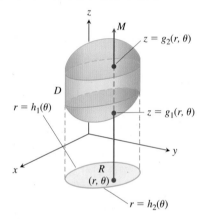

3. r의 적분구간 구하기   원점에서 시작하여 점 (r, θ)를 지나는 반직선 L을 그린다. 반직선 L은 $r = h_1(\theta)$일 때 평면 R에 들어가고 $r = h_2(\theta)$일 때 빠져나간다. 이로부터 r의 적분 구간을 구한다.

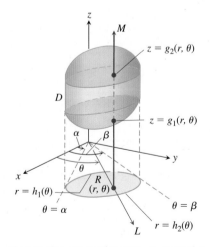

4. θ의 적분구간 구하기   반직선 L이 평면 R 전체를 쓸어내림에 따라 L이 양의 x축과 이

루는 각 θ는 $\theta=\alpha$부터 $\theta=\beta$까지 변한다. 이로부터 θ의 적분구간을 구한다. 따라서 3중적분은 다음과 같다.

$$\iiint\limits_{D} f(r, \theta, z)\, dV = \int_{\theta=\alpha}^{\theta=\beta} \int_{r=h_1(\theta)}^{r=h_2(\theta)} \int_{z=g_1(r,\theta)}^{z=g_2(r,\theta)} f(r, \theta, z)\, dz\, r\, dr\, d\theta$$

예제 2 옆으로는 원주면 $x^2+y^2=4$, 위로는 포물면 $z=x^2+y^2$, 아래로는 xy평면으로 둘러싸인 입체의 중심(밀도 $\delta=1$)을 구하라.

풀이 먼저 위로는 포물면 $z=r^2$, 아래는 평면 $z=0$으로 둘러싸인 입체를 그린다(그림 13.50). 밑면 R은 xy평면 상의 원판 $0 \le r \le 2$이다.

이 입체의 중심 $(\bar{x}, \bar{y}, \bar{z})$은 중심축인 z축 위에 있게 된다. 따라서 $\bar{x}=\bar{y}=0$이다. $\bar{z}$를 구하기 위하여 모멘트 M_{xy}을 질량 M으로 나눈다.

모멘트와 질량의 계산을 위한 적분영역을 정하기 위하여 위에 나온 4단계를 실행한다. 입체의 모양은 그렸으므로, 적분영역을 구하기 위한 나머지 단계를 거친다.

z의 적분구간 밑면 R 내의 임의의 점 (r, θ)를 지나고 z축에 평행한 직선 M은 $z=0$일 때 입체에 들어가고 $z=r^2$일 때 빠져나간다.

r의 적분구간 원점에서 출발해 점 (r, θ)를 지나는 반직선 L은 $r=0$일 때 밑면 R에 들어가고 $r=2$일 때 빠져나간다.

θ의 적분구간 반직선 L이 평면 R을 시계 바늘처럼 회전할 때 L이 양의 x축과 이루는 각 θ는 $\theta=0$부터 $\theta=2\pi$까지 변한다. 따라서 모멘트 M_{xy}의 값은

$$M_{xy} = \int_0^{2\pi}\int_0^2\int_0^{r^2} z\, dz\, r\, dr\, d\theta = \int_0^{2\pi}\int_0^2 \left[\frac{z^2}{2}\right]_0^{r^2} r\, dr\, d\theta$$

$$= \int_0^{2\pi}\int_0^2 \frac{r^5}{2}\, dr\, d\theta = \int_0^{2\pi}\left[\frac{r^6}{12}\right]_0^2 d\theta = \int_0^{2\pi}\frac{16}{3}\, d\theta = \frac{32\pi}{3}$$

가 된다. 질량 M의 값은

$$M = \int_0^{2\pi}\int_0^2\int_0^{r^2} dz\, r\, dr\, d\theta = \int_0^{2\pi}\int_0^2 \left[z\right]_0^{r^2} r\, dr\, d\theta$$

$$= \int_0^{2\pi}\int_0^2 r^3\, dr\, d\theta = \int_0^{2\pi}\left[\frac{r^4}{4}\right]_0^2 d\theta = \int_0^{2\pi} 4\, d\theta = 8\pi$$

이다. 그러므로

$$\bar{z} = \frac{M_{xy}}{M} = \frac{32\pi}{3}\frac{1}{8\pi} = \frac{4}{3}$$

이며, 입체의 중심은 $(0, 0, 4/3)$이다. 이 입체의 중심은 입체의 외부인 z축 위에 위치함에 주의하라. ∎

구면좌표와 적분

구면좌표에서는 공간에서의 한 점의 위치를 정할 때 그림 13.51에서와 같이 2개의 각과 하나의 거리를 사용한다. 첫 번째 좌표 $\rho=|\overrightarrow{OP}|$는 원점으로부터 점 P에 이르는 거리이며, 절대 음이 될수 없다. 두 번째 좌표 ϕ는 $\overrightarrow{OP}$가 양의 z축과 이루는 각이며 구간 $[0, \pi]$에서 값을 가지도록 약속한다. 세 번째 좌표는 원주좌표에서 측정된 각 θ와 같다.

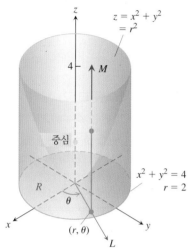

그림 13.50 예제 2는 이 입체의 중심을 구하는 방법이다.

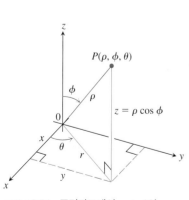

그림 13.51 구면좌표에서 ρ, ϕ, θ와 x, y, z, r 사이의 관계

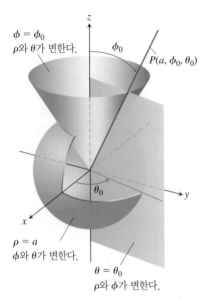

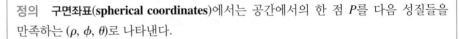

그림 13.52 구면좌표에서 좌표값이 상수인 방정식들은 구면, 하나의 원뿔면. 반평면들을 나타낸다.

정의 **구면좌표(spherical coordinates)**에서는 공간에서의 한 점 P를 다음 성질들을 만족하는 (ρ, ϕ, θ)로 나타낸다.

1. ρ는 점 P에서 원점에 이르는 거리이다($\rho \geq 0$).
2. ϕ는 반직선 $\overrightarrow{OP}$와 양의 z축 사이의 각이다($0 \leq \phi \leq \pi$).
3. θ는 원주좌표에서 측정된 각과 같다.

지구의 지도와 비교해 볼 때, θ는 지구의 한 점의 경도와 관계가 있으며, ϕ는 그 점의 위도와 관계가 있다. 한편, ρ는 지표면 상의 고도와 관계가 있다.

방정식 $\rho = a$는 중심이 원점이고 반지름이 a인 구면을 나타낸다(그림 13.52). 방정식 $\phi = \phi_0$는 꼭짓점이 원점이고 중심축이 z축인 원뿔을 나타낸다(xy평면은 $\phi = \pi/2$일 때의 원뿔이라고 원뿔의 개념을 확장한다). 만약 ϕ_0가 $\pi/2$보다 크면 원뿔 $\phi = \phi_0$는 아래 쪽으로 열려 있다. 방정식 $\theta = \theta_0$는 z축을 포함하고 양의 x축과 이루는 각이 θ_0인 반평면을 나타낸다.

구면좌표와 직교좌표, 원주좌표 사이의 관계식

$$r = \rho \sin \phi, \qquad x = r \cos \theta = \rho \sin \phi \cos \theta,$$
$$z = \rho \cos \phi, \qquad y = r \sin \theta = \rho \sin \phi \sin \theta, \tag{1}$$
$$\rho = \sqrt{x^2 + y^2 + z^2} = \sqrt{r^2 + z^2}$$

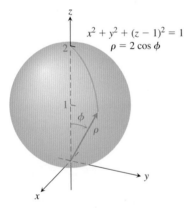

그림 13.53 예제 3의 구면

예제 3 구면 $x^2 + y^2 + (z-1)^2 = 1$에 대한 구면좌표 방정식을 구하라.

풀이 관계식 (1)을 x, y, z에 대입하면

$$x^2 + y^2 + (z-1)^2 = 1$$
$$\rho^2 \sin^2 \phi \cos^2 \theta + \rho^2 \sin^2 \phi \sin^2 \theta + (\rho \cos \phi - 1)^2 = 1 \qquad \text{관계식 (1)}$$
$$\rho^2 \sin^2 \phi \underbrace{(\cos^2 \theta + \sin^2 \theta)}_{1} + \rho^2 \cos^2 \phi - 2\rho \cos \phi + 1 = 1$$

$$\rho^2 \underbrace{(\sin^2 \phi + \cos^2 \phi)}_{1} = 2\rho \cos \phi$$

$$\rho^2 = 2\rho \cos \phi$$
$$\rho = 2 \cos \phi \qquad \rho > 0$$

를 얻게 된다. 각 ϕ는 구의 북극점일 때 0부터 남극점일 때 $\pi/2$까지 변화한다. 각 θ는 ρ의 표현식에 나오지 않는데 이는 구가 z축에 대해 대칭이라는 사실을 반영한다. 그림 13.53 참조.

예제 4 원뿔 $z = \sqrt{x^2 + y^2}$에 대한 구면좌표 방정식을 구하라.

풀이 1 기하적인 풀이 원뿔은 z축에 관하여 대칭이고 yz평면의 제1사분면을 직선 $z = y$를 따라 잘라낸다. 그러므로 원뿔과 양의 z축 사이의 각은 $\pi/4$ 라디안이며, 원뿔은 구면좌표에서 ϕ가 $\pi/4$인 점들로 이루어져 있다. 따라서 구하는 원뿔의 방정식은 $\phi = \pi/4$ 이다(그림 13.54 참조).

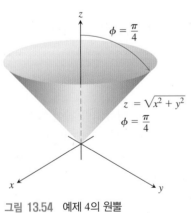

그림 13.54 예제 4의 원뿔

풀이 2 대수적인 풀이 관계식 (1)을 x, y, z에 대입하면 똑같은 결과를 얻게 된다.

$$z = \sqrt{x^2 + y^2}$$

$$\rho \cos \phi = \sqrt{\rho^2 \sin^2 \phi} \qquad \text{예제 3}$$

$$\rho \cos \phi = \rho \sin \phi \qquad \rho > 0,\ \sin\phi \geq 0$$

$$\cos \phi = \sin \phi$$

$$\phi = \frac{\pi}{4} \qquad 0 \leq \phi \leq \pi \qquad \blacksquare$$

중심이 원점인 구면들, z축에 경첩이 달린 모양의 반평면들, 꼭짓점이 원점이고 z축이 대칭축인 원뿔들을 나타내는 데는 구면좌표가 유용하다. 이와 같은 곡면들의 방정식은 좌표의 값이 상수로 표현된다.

$$\rho = 4 \qquad \text{구면, 반지름은 4, 중심은 원점}$$

$$\phi = \frac{\pi}{3} \qquad \text{양의 } z\text{축과 이루는 각이 } \pi/3 \text{ 라디안,}$$
$$\qquad\qquad \text{꼭짓점이 원점인 위로 열린 원뿔}$$

$$\theta = \frac{\pi}{3} \qquad \text{양의 } x\text{축과 이루는 각이 } \pi/3 \text{ 라디안}$$
$$\qquad\qquad \text{이고 } z\text{축에 경첩이 달린 반평면}$$

원주좌표를 이용해 영역 D에서의 3중적분을 구할 때는 영역 D를 n개의 구면쐐기들로 분할한다. 점 $(\rho_k, \phi_k, \theta_k)$를 포함하는 k번째 구면쐐기의 크기는 ρ, θ, ϕ들이 $\Delta\rho_k$, $\Delta\phi_k$, $\Delta\theta_k$ 만큼 변하는 양에 의해 주어진다. 이 구면쐐기의 한 테두리는 길이 $\rho_k \Delta\phi_k$인 원호이고 다른 한 테두리는 길이 $\rho_k \sin \phi_k \Delta\theta_k$인 원호이며 두께는 $\Delta\rho_k$이다. 이제 $\Delta\rho_k$, $\Delta\theta_k$, $\Delta\phi_k$들이 충분히 작으면, 구면쐐기는 이들을 세 변으로 하는 정육면체와 아주 근사하게 된다(그림 13.55). 따라서 점 $(\rho_k, \phi_k, \theta_k)$을 포함하는 구면쐐기의 부피 ΔV_k는 $\Delta V_k = \rho_k^2 \sin \phi_k\, \Delta\rho_k\, \Delta\phi_k\, \Delta\theta_k$이다.

함수 $f(\rho, \phi, \theta)$의 리만 합은

$$S_n = \sum_{k=1}^{n} f(\rho_k, \phi_k, \theta_k)\, \rho_k^2 \sin \phi_k\, \Delta\rho_k\, \Delta\phi_k\, \Delta\theta_k$$

이다. 분할의 노름이 0에 가까워지고 구면쐐기들이 더 작아짐에 따라 f가 연속함수이면 리만 합은 극한값을 갖는다.

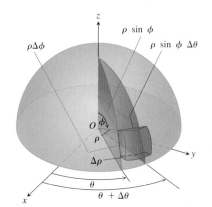

그림 13.55 구면좌표에서는 정육면체의 부피를 근사하는 구면 쐐기의 부피를 사용한다.

$$\lim_{n\to\infty} S_n = \iiint\limits_{D} f(\rho, \phi, \theta)\, dV = \iiint\limits_{D} f(\rho, \phi, \theta)\, \rho^2 \sin \phi\, d\rho\, d\phi\, d\theta$$

구면 좌표에서의 부피 미분

$$dV = \rho^2 \sin \phi\, d\rho\, d\phi\, d\theta$$

구면좌표에서 적분을 계산할 때는 일반적으로 먼저 ρ에 관하여 적분한다. 적분영역을 구하는 과정은 아래에서 볼 수 있다. 적분영역은 z축 둘레의 회전체 (또는 그의 일부분)이고 θ와 ϕ는 상수인 경우로 국한한다. 원주좌표에서와 마찬가지로, θ의 범위를 $\alpha \leq \theta \leq \beta$로, 단 여기서 $0 \leq \beta - \alpha \leq 2\pi$를 만족하도록 제한한다.

구면좌표에서의 적분법

구면좌표로 3차원 공간의 영역 D에서의 3중적분

$$\iiint\limits_{D} f(\rho, \phi, \theta)\, dV$$

를 계산하려면 다음의 각 단계를 거쳐 먼저 ρ에 관하여 적분하고, 그 다음 ϕ에 관하여, 마지막으로 θ에 관하여 적분한다.

1. 그리기 영역 D와 영역 D의 xy평면 위로의 정사영 R을 그린다. D의 경계를 이루는 곡면들의 방정식을 구한다.

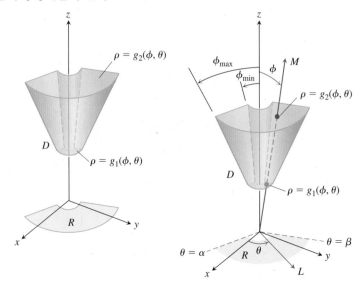

2. ρ의 적분구간 원점에서 시작하여 D를 지나고, 양의 z축과 사이의 각이 ϕ인 반직선 M을 그린다. 또한, xy평면 위로 M의 정사영을 그리고, 이 정사영을 L이라 하자. 반직선 L이 양의 x축과 이루는 각을 θ라고 하자. 이제 ρ가 증가함에 따라 M은 $\rho = g_1(\phi, \theta)$일 때 영역 D에 들어가고 $\rho = g_2(\phi, \theta)$일 때 빠져나간다. 이로부터 ρ의 적분구간을 구한다.

3. ϕ의 적분구간 주어진 각 θ에 대하여 M이 z축과 이루는 최소각 $\phi = \phi_{min}$과 최대각 $\phi = \phi_{max}$을 구한다. 이로부터 ϕ의 적분구간을 구한다.

4. θ의 적분구간 각 θ가 α부터 β까지 변하면서 반직선 L이 R 전체를 휩쓸고 지나간다면, 이것이 θ의 적분구간이다. 따라서 3중적분은 다음과 같다.

$$\iiint\limits_{D} f(\rho, \phi, \theta)\, dV = \int_{\theta=\alpha}^{\theta=\beta} \int_{\phi=\phi_{min}}^{\phi=\phi_{max}} \int_{\rho=g_1(\phi, \theta)}^{\rho=g_2(\phi, \theta)} f(\rho, \phi, \theta)\, \rho^2 \sin\phi\, d\rho\, d\phi\, d\theta$$

예제 5 속이 꽉 찬 구 $\rho \leq 1$가 원뿔 $\phi = \pi/3$로 잘린 부분인 '아이스크림 콘' D의 부피를 구하라.

풀이 구하는 부피는 영역 D에서 함수 $f(\rho, \phi, \theta) = 1$의 적분인

$$V = \iiint\limits_{D} \rho^2 \sin\phi\, d\rho\, d\phi\, d\theta$$

이다. 적분을 계산할 때 필요한 적분영역을 구하기 위하여 먼저 D와 D의 xy평면 위로의 정사영 R을 그린다(그림 13.56).

ρ의 적분구간 원점에서 시작하여 D를 지나고, 양의 z축과 이루는 각이 ϕ인 반직선 M을 그린다. 또한, M의 xy평면 위로의 정사영 L을 그리고 양의 x축과 이루는 각을 θ라고 하자. 반직선 M은 $\rho = 0$일 때 영역 D에 들어가고 $\rho = 1$일 때 빠져나간다.

ϕ의 적분구간 원뿔 $\phi = \pi/3$는 양의 z축과 $\pi/3$의 각을 이룬다. 주어진 각 θ에 대하여 ϕ는 $\phi = 0$부터 $\phi = \pi/3$까지 변한다.

θ의 적분구간 각 θ가 0부터 2π까지 변하면 반직선 L은 R 전체를 휩쓸고 지나간다. 따라서 구하는 부피는 다음과 같다.

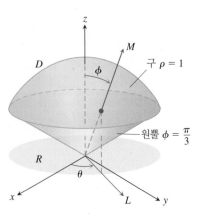

그림 13.56 예제 5의 아이스크림 콘

$$V = \iiint\limits_{D} \rho^2 \sin\phi \, d\rho \, d\phi \, d\theta = \int_0^{2\pi} \int_0^{\pi/3} \int_0^1 \rho^2 \sin\phi \, d\rho \, d\phi \, d\theta$$

$$= \int_0^{2\pi} \int_0^{\pi/3} \left[\frac{\rho^3}{3}\right]_0^1 \sin\phi \, d\phi \, d\theta = \int_0^{2\pi} \int_0^{\pi/3} \frac{1}{3} \sin\phi \, d\phi \, d\theta$$

$$= \int_0^{2\pi} \left[-\frac{1}{3}\cos\phi\right]_0^{\pi/3} d\theta = \int_0^{2\pi} \left(-\frac{1}{6} + \frac{1}{3}\right) d\theta = \frac{1}{6}(2\pi) = \frac{\pi}{3} \qquad \blacksquare$$

예제 6 예제 5의 영역 D에서 일정한 밀도 $\delta=1$을 갖는 입체가 있다. 이 입체의 z축에 대한 관성모멘트를 구하라.

풀이 직교좌표에서 z축에 대한 관성모멘트는

$$I_z = \iiint\limits_{D} (x^2 + y^2) \, dV$$

이다. 구면좌표에서는 $x^2 + y^2 = (\rho\sin\phi\cos\theta)^2 + (\rho\sin\phi\sin\theta)^2 = \rho^2\sin^2\phi$이므로

$$I_z = \iiint\limits_{D} (\rho^2\sin^2\phi) \, \rho^2 \sin\phi \, d\rho \, d\phi \, d\theta = \iiint\limits_{D} \rho^4 \sin^3\phi \, d\rho \, d\phi \, d\theta$$

이다. 이것은 예제 5의 적분영역 D에서 다음과 같이 된다.

$$I_z = \int_0^{2\pi} \int_0^{\pi/3} \int_0^1 \rho^4 \sin^3\phi \, d\rho \, d\phi \, d\theta = \int_0^{2\pi} \int_0^{\pi/3} \left[\frac{\rho^5}{5}\right]_0^1 \sin^3\phi \, d\phi \, d\theta$$

$$= \frac{1}{5}\int_0^{2\pi} \int_0^{\pi/3} (1 - \cos^2\phi)\sin\phi \, d\phi \, d\theta = \frac{1}{5}\int_0^{2\pi} \left[-\cos\phi + \frac{\cos^3\phi}{3}\right]_0^{\pi/3} d\theta$$

$$= \frac{1}{5}\int_0^{2\pi} \left(-\frac{1}{2} + 1 + \frac{1}{24} - \frac{1}{3}\right) d\theta = \frac{1}{5}\int_0^{2\pi} \frac{5}{24} d\theta = \frac{1}{24}(2\pi) = \frac{\pi}{12} \qquad \blacksquare$$

좌표변환 공식

원주좌표 → 직교좌표	**구면좌표 → 직교좌표**	**구면좌표 → 원주좌표**
$x = r\cos\theta$	$x = \rho\sin\phi\cos\theta$	$r = \rho\sin\phi$
$y = r\sin\theta$	$y = \rho\sin\phi\sin\theta$	$z = \rho\cos\phi$
$z = z$	$z = \rho\cos\phi$	$\theta = \theta$

3중적분에서 dV에 대응하는 공식

$$dV = dx \, dy \, dz$$
$$= dz \, r \, dr \, d\theta$$
$$= \rho^2 \sin\phi \, d\rho \, d\phi \, d\theta$$

다음 절에서는 원주좌표와 구면좌표에서 dV를 결정하는 방법에 대해 더 일반적인 과정으로 공부한다. 물론 결과들은 동일하다.

연습문제 13.7

연습문제 1~12에서 3차원 공간에서 원주좌표 방정식의 그래프를 그리라.

1. $r = 2$ **2.** $\theta = \dfrac{\pi}{4}$

3. $z = -1$ **4.** $z = r$

5. $r = \theta$ **6.** $z = r \sin \theta$

7. $r^2 + z^2 = 4$ **8.** $1 \le r \le 2, \quad 0 \le \theta \le \dfrac{\pi}{3}$

9. $r \le z \le \sqrt{9 - r^2}$

10. $0 \le r \le 2 \sin \theta, \quad 1 \le z \le 3$

11. $0 \le r \le 4 \cos \theta, \quad 0 \le \theta \le \dfrac{\pi}{2}, \quad 0 \le z \le 5$

12. $0 \le r \le 3, \quad \dfrac{-\pi}{2} \le \theta \le \dfrac{\pi}{2}, \quad 0 \le z \le r \cos \theta$

연습문제 13~22에서 3차원 공간에서 구면좌표 방정식의 그래프를 그리라.

13. $\rho = 3$ **14.** $\phi = \dfrac{\pi}{6}$

15. $\theta = \dfrac{2}{3}\pi$ **16.** $\rho = \csc \phi$

17. $\rho \cos \phi = 4$

18. $1 \le \rho \le 2 \sec \phi, \quad 0 \le \phi \le \dfrac{\pi}{4}$

19. $0 \le \rho \le 3 \csc \phi$

20. $0 \le \rho \le 1, \quad \dfrac{\pi}{2} \le \phi \le \pi, \quad 0 \le \theta \le \pi$

21. $0 \le \rho \cos \theta \sin \phi \le 2, \quad 0 \le \rho \sin \theta \sin \phi \le 3,$
$0 \le \rho \cos \phi \le 4$

22. $4 \sec \phi \le \rho \le 5$

원주좌표에서 적분 계산

연습문제 23~28에서 원주좌표에서의 적분을 계산하라.

23. $\displaystyle \int_0^{2\pi} \int_0^1 \int_r^{\sqrt{2-r^2}} dz \, r \, dr \, d\theta$ **24.** $\displaystyle \int_0^{2\pi} \int_0^3 \int_{r^2/3}^{\sqrt{18-r^2}} dz \, r \, dr \, d\theta$

25. $\displaystyle \int_0^{2\pi} \int_0^{\theta/2\pi} \int_0^{3+24r^2} dz \, r \, dr \, d\theta$ **26.** $\displaystyle \int_0^{\pi} \int_0^{\theta/\pi} \int_{-\sqrt{4-r^2}}^{3\sqrt{4-r^2}} z \, dz \, r \, dr \, d\theta$

27. $\displaystyle \int_0^{2\pi} \int_0^1 \int_r^{1/\sqrt{2-r^2}} 3 \, dz \, r \, dr \, d\theta$

28. $\displaystyle \int_0^{2\pi} \int_0^1 \int_{-1/2}^{1/2} (r^2 \sin^2 \theta + z^2) \, dz \, r \, dr \, d\theta$

원주좌표에서 적분 순서 바꾸기

이제까지 보아 온 적분들을 원주좌표로 구할 때 선호하는 적분 순서가 있음을 알 수 있다. 그러나 선호하지 않는 적분 순서에서도 대개 계산이 잘 되며 가끔 계산이 더 쉽게 될 경우가 있다.

연습문제 29~32에서 적분을 계산하라.

29. $\displaystyle \int_0^{2\pi} \int_0^3 \int_0^{z/3} r^3 \, dr \, dz \, d\theta$ **30.** $\displaystyle \int_{-1}^1 \int_0^{2\pi} \int_0^{1+\cos\theta} 4r \, dr \, d\theta \, dz$

31. $\displaystyle \int_0^1 \int_0^{\sqrt{z}} \int_0^{2\pi} (r^2 \cos^2 \theta + z^2) \, r \, d\theta \, dr \, dz$

32. $\displaystyle \int_0^2 \int_{r-2}^{\sqrt{4-r^2}} \int_0^{2\pi} (r \sin \theta + 1) \, r \, d\theta \, dz \, dr$

33. 아래로는 평면 $z=0$, 위로는 구면 $x^2+y^2+z^2=4$, 옆으로는 원기둥 $x^2+y^2=1$로 둘러싸인 영역을 D라 하자. 다음의 적분 순서를 사용하여 D의 부피를 원주좌표에서의 3중적분으로 나타내라.

a. $dz \, dr \, d\theta$ **b.** $dr \, dz \, d\theta$ **c.** $d\theta \, dz \, dr$

34. 아래로는 원뿔 $z=\sqrt{x^2+y^2}$, 위로는 포물면 $z=2-x^2-y^2$으로 둘러싸인 영역을 D라 하자. 다음의 적분 순서를 사용하여 D의 부피를 원주좌표에서의 3중적분으로 나타내라.

a. $dz \, dr \, d\theta$ **b.** $dr \, dz \, d\theta$ **c.** $d\theta \, dz \, dr$

원주좌표에서 반복적분 구하기

35. 아래로는 평면 $z=0$, 옆으로는 원기둥 $r=\cos\theta$, 위로는 포물면 $z=3r^2$으로 둘러싸인 영역에서 적분

$$\iiint f(r, \theta, z) \, dz \, r \, dr \, d\theta$$

를 계산하기 위하여 반복적분의 적분영역을 구하라.

36. 적분

$$\int_{-1}^1 \int_0^{\sqrt{1-y^2}} \int_0^x (x^2 + y^2) \, dz \, dx \, dy$$

를 원주좌표에서의 적분으로 변환하여 구하라.

연습문제 37~42에서 영역 D에서 적분 계산을 위하여 적분 $\iiint_D f(r, \theta, z) \, dz \, r \, dr \, d\theta$를 반복적분으로 나타내라.

37. D는 xy평면에 수직인 원주면으로서 밑면은 xy평면 위의 원 $r=2\sin\theta$이고 윗면은 평면 $z=4-y$ 위에 있다.

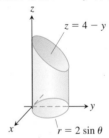

38. D는 xy평면에 수직인 원주면으로서 밑면은 xy평면 위의 원 $r=3\cos\theta$이고 윗면은 평면 $z=5-x$ 위에 있다.

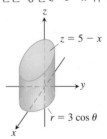

39. D는 xy평면에 수직인 기둥으로서 밑면은 xy평면 위의 심장형 곡선 $r=1+\cos\theta$의 내부와 원 $r=1$의 외부이고, 윗면은 평면 $z=4$ 위에 있다.

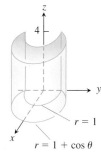

40. D는 xy평면에 수직인 기둥으로서 밑면은 xy평면 위의 두 원 $r=\cos\theta$와 $r=2\cos\theta$의 사이이고, 윗면은 평면 $z=3-y$ 위에 있다.

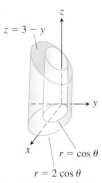

41. D는 밑면이 xy평면 위에서 x축, 직선 $y=x$, $x=1$로 둘러싸인 삼각형이고, 윗면은 평면 $z=2-y$ 위에 있는 프리즘이다.

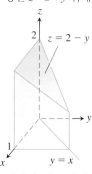

42. D는 밑면이 xy평면 위에서 y축, 직선 $y=x$, $y=1$로 둘러싸인 삼각형이고 윗면은 평면 $z=2-x$ 위에 있는 프리즘이다.

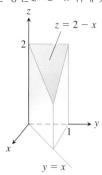

구면좌표에서 적분 계산

연습문제 43~48에서 구면좌표에서의 적분을 구하라.

43. $\displaystyle\int_0^\pi \int_0^\pi \int_0^{2\sin\phi} \rho^2 \sin\phi \, d\rho \, d\phi \, d\theta$

44. $\displaystyle\int_0^{2\pi} \int_0^{\pi/4} \int_0^2 (\rho\cos\phi)\, \rho^2 \sin\phi \, d\rho \, d\phi \, d\theta$

45. $\displaystyle\int_0^{2\pi} \int_0^{\pi} \int_0^{(1-\cos\phi)/2} \rho^2 \sin\phi \, d\rho \, d\phi \, d\theta$

46. $\displaystyle\int_0^{3\pi/2} \int_0^{\pi} \int_0^1 5\rho^3 \sin^3\phi \, d\rho \, d\phi \, d\theta$

47. $\displaystyle\int_0^{2\pi} \int_0^{\pi/3} \int_{\sec\phi}^2 3\rho^2 \sin\phi \, d\rho \, d\phi \, d\theta$

48. $\displaystyle\int_0^{2\pi} \int_0^{\pi/4} \int_0^{\sec\phi} (\rho\cos\phi)\, \rho^2 \sin\phi \, d\rho \, d\phi \, d\theta$

구면좌표에서 적분 순서 바꾸기

이제까지 보아 온 적분들을 구면좌표로 구할 때 선호하는 적분 순서가 있음을 알 수 있다. 그러나 선호하지 않는 적분 순서로도 같은 값을 구하며 가끔 계산이 더 쉽게 될 경우도 있다.

연습문제 49~52에서 적분을 계산하라.

49. $\displaystyle\int_0^2 \int_{-\pi}^0 \int_{\pi/4}^{\pi/2} \rho^3 \sin 2\phi \, d\phi \, d\theta \, d\rho$

50. $\displaystyle\int_{\pi/6}^{\pi/3} \int_{\csc\phi}^{2\csc\phi} \int_0^{2\pi} \rho^2 \sin\phi \, d\theta \, d\rho \, d\phi$

51. $\displaystyle\int_0^1 \int_0^{\pi} \int_0^{\pi/4} 12\rho \sin^3\phi \, d\phi \, d\theta \, d\rho$

52. $\displaystyle\int_{\pi/6}^{\pi/2} \int_{-\pi/2}^{\pi/2} \int_{\csc\phi}^2 5\rho^4 \sin^3\phi \, d\rho \, d\theta \, d\phi$

53. D는 연습문제 33에 있는 영역이라 하자. 다음의 적분 순서를 사용하여 D의 부피를 구면좌표에서의 3중적분으로 나타내라.
 a. $d\rho \, d\phi \, d\theta$ **b.** $d\phi \, d\rho \, d\theta$

54. 아래로는 원뿔 $z=\sqrt{x^2+y^2}$, 위로는 평면 $z=1$로 둘러싸인 영역을 D라 하자. 다음의 적분 순서를 사용하여 D의 부피를 구면좌표에서의 3중적분으로 나타내라.
 a. $d\rho \, d\phi \, d\theta$ **b.** $d\phi \, d\rho \, d\theta$

구면좌표에서 반복적분 구하기

연습문제 55~60에서 **(a)** 주어진 입체의 부피를 계산하기 위하여 구면좌표에서의 적분구간을 구하고, **(b)** 적분을 계산하라.

55. 구면 $\rho=\cos\phi$와 반구 $\rho=2$, $z\ge0$ 사이의 입체

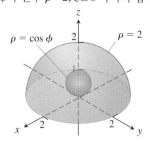

56. 아래로는 반구 $\rho=1$, $z\geq0$, 위로는 심장형 회전체 $\rho=1+\cos\phi$ 로 둘러싸인 입체

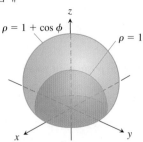

57. 심장형 회전체 $\rho=1-\cos\phi$로 둘러싸인 입체

58. 연습문제 57의 입체를 xy평면으로 자른 윗부분

59. 아래로는 구면 $\rho=2\cos\phi$, 위로는 원뿔 $z=\sqrt{x^2+y^2}$으로 둘러싸인 입체

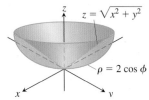

60. 아래로는 xy평면, 옆으로는 구면 $\rho=2$, 위로는 원뿔 $\phi=\pi/3$로 둘러싸인 입체

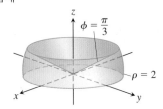

3중적분 구하기

61. 구 $\rho=2$의 부피를 **(a)** 구면좌표, **(b)** 원주좌표, **(c)** 직교좌표에서의 3중적분으로 나타내라.

62. 영역 D를 제1팔분공간 중 아래로는 원뿔 $\phi=\pi/4$, 위로는 구 $\rho=3$으로 둘러싸인 부분이라 하자. D의 부피를 **(a)** 원주좌표, **(b)** 구면좌표에서의 반복적분으로 나타내고, **(c)** D의 부피 V를 구하라.

63. 반지름이 2인 구를 구의 중심으로부터 거리가 1인 평면으로 잘랐을 때 작은 쪽의 모자 모양의 영역을 D라 하자. 영역 D의 부피를 **(a)** 구면좌표, **(b)** 원주좌표, **(c)** 직교좌표에서의 반복적분으로 나타내라. **(d)** 세 좌표 중 한 좌표에서의 3중적분으로 D의 부피를 구하라.

64. 반구 $x^2+y^2+z^2\leq1$, $z\geq0$의 관성모멘트 I_z를 **(a)** 원주좌표, **(b)** 구면좌표에서 반복적분으로 나타내라. **(c)** I_z을 구하라.

부피

연습문제 65~70에서 입체들의 부피를 구하라.

65.

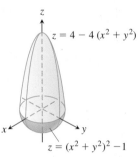

66.

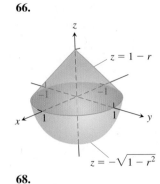

67.

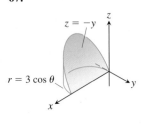

68.

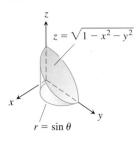

69.   **70.**

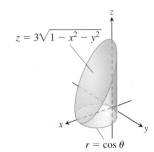

71. 구와 원뿔 속이 꽉 찬 구 $\rho\leq a$의 일부분 중 원뿔 $\phi=\pi/3$와 $\phi=2\pi/3$ 사이에 있는 부분의 부피를 구하라.

72. 구와 반평면 제1팔분공간에서 속이 꽉 찬 구 $\rho\leq a$의 일부분 중 반평면 $\theta=0$과 $\theta=\pi/6$로 잘린 부분의 부피를 구하라.

73. 구와 평면 속이 꽉 찬 구 $\rho\leq2$를 평면 $z=1$로 잘랐을 때 작은 영역의 부피를 구하라.

74. 원뿔과 평면 두 평면 $z=1$과 $z=2$ 사이에서 원뿔 $z=\sqrt{x^2+y^2}$으로 둘러싸인 입체의 부피를 구하라.

75. 원주면과 포물면 아래로는 평면 $z=0$, 옆으로는 원주면 $x^2+y^2=1$, 위로는 포물면 $z=x^2+y^2$으로 둘러싸인 영역의 부피를 구하라.

76. 원주면과 포물면 아래로는 포물면 $z=x^2+y^2$, 옆으로는 원주면 $x^2+y^2=1$, 위로는 포물면 $z=x^2+y^2+1$로 둘러싸인 영역의 부피를 구하라.

77. 원주면과 원뿔 두꺼운 벽으로 된 속이 꽉 찬 원주면 $1\leq x^2+y^2\leq2$의 일부분 중 두 원뿔 $z=\pm\sqrt{x^2+y^2}$으로 잘린 부분의 부피를 구하라.

78. 구면과 원주면 구면 $x^2+y^2+z^2=2$의 내부와 원주면 $x^2+y^2=1$의 외부에 있는 영역의 부피를 구하라.

79. 원주면과 평면 원주면 $x^2+y^2=4$와 두 평면 $z=0$과 $y+z=4$로 둘러싸인 입체의 부피를 구하라.

80. 원주면과 평면 원주면 $x^2+y^2=4$와 두 평면 $z=0$과 $x+y+z$

=4로 둘러싸인 입체의 부피를 구하라.

81. 포물면들로 막힌 영역   위로는 포물면 $z=5-x^2-y^2$, 아래로는 포물면 $z=4x^2+4y^2$으로 둘러싸인 입체의 부피를 구하라.

82. 포물면과 원주면   위로는 포물면 $z=9-x^2-y^2$, 아래로는 xy평면으로 둘러싸인 영역 중 원주면 $x^2+y^2=1$의 외부에 있는 부피를 구하라.

83. 원주면과 구면   속이 꽉 찬 원주면 $x^2+y^2\leq1$의 일부분 중 구면 $x^2+y^2+z^2=4$로 잘린 영역의 부피를 구하라.

84. 구면과 포물면   위로는 구면 $x^2+y^2+z^2=2$, 아래로는 포물면 $z=x^2+y^2$으로 둘러싸인 영역의 부피를 구하라.

평균값

85. 두 평면 $z=-1$과 $z=1$ 사이 중 원주면 $r=1$로 둘러싸인 영역에서 함수 $f(r, \theta, z)=r$의 평균값을 구하라.

86. 구면 $r^2+z^2=1$로 둘러싸인 속이 꽉 찬 구에서 함수 $f(r, \theta, z)=r$의 평균값을 구하라(이것은 구면 $x^2+y^2+z^2=1$이다).

87. 속이 꽉 찬 구 $\rho\leq1$에서 함수 $f(\rho, \phi, \theta)=\rho$의 평균값을 구하라.

88. 속이 꽉 찬 반구 $\rho\leq1$, $0\leq\phi\leq\pi/2$에서 $f(\rho, \phi, \theta)=\rho\cos\phi$의 평균값을 구하라.

질량, 모멘트, 중심

89. 질량중심   아래로는 평면 $z=0$, 위로는 원뿔 $z=r$, $r\geq0$, 옆으로는 원주면 $r=1$로 둘러싸인 밀도가 일정한 입체가 있다. 이 입체의 질량중심을 구하라.

90. 입체의 중심   제1팔분공간에서 위로는 원뿔 $z=\sqrt{x^2+y^2}$, 아래로는 평면 $z=0$, 옆으로는 원주면 $x^2+y^2=4$와 두 평면 $x=0$, $y=0$으로 둘러싸인 영역의 중심을 구하라.

91. 입체의 중심   연습문제 60의 입체의 중심을 구하라.

92. 입체의 중심   위로는 구면 $\rho=a$, 아래로는 원뿔 $\phi=\pi/4$로 둘러싸인 입체의 중심을 구하라.

93. 입체의 중심   위로는 곡면 $z=\sqrt{r}$, 옆으로는 원주면 $\rho=4$, 아래로는 xy평면으로 둘러싸인 영역의 중심을 구하라.

94. 입체의 중심   속이 꽉 찬 구 $r^2+z^2\leq1$의 일부분 중 두 반평면 $\theta=-\pi/3$, $r\geq0$과 $\theta=\pi/3$, $r\geq0$으로 잘린 영역의 중심을 구하라.

95. 속이 꽉 찬 원뿔의 관성모멘트   밑면의 반지름이 1, 높이가 1인 원뿔의 꼭짓점을 지나고 밑면에 평행인 축에 대한 관성모멘트를 구하라($d=1$이다).

96. 속이 꽉찬구의 관성모멘트   반지름이 a인 속의 꽉 찬 구의 지름에 대한 관성모멘트를 구하라($\delta=1$이다).

97. 속이 꽉 찬 원뿔의 관성모멘트   밑면의 반지름이 a, 높이가 h인 원뿔의 대칭축에 대한 관성모멘트를 구하라. (**힌트**: 원점을 원

주의 꼭짓점으로 하고 z축을 대칭축으로 하라.)

98. 변하는 밀도   위로는 포물면 $z=r^2$, 아래로는 평면 $z=0$, 옆으로는 원주면 $r=1$로 둘러싸인 입체가 있다. 밀도가 다음과 같을 때, 이 입체의 z축에 대한 질량중심과 관성모멘트를 구하라.
   a. $\delta(r, \theta, z)=z$ **b.** $\delta(r, \theta, z)=r$

99. 변하는 밀도   아래로는 원뿔 $z=\sqrt{x^2+y^2}$, 위로는 평면 $z=1$로 둘러싸인 입체가 있다. 밀도가 다음과 같을 때, 이 입체의 z축에 대한 질량중심과 관성모멘트를 구하라.
   a. $\delta(r, \theta, z)=z$ **b.** $\delta(r, \theta, z)=z^2$

100. 변하는 밀도   속이 꽉 찬 구 $\rho=a$에 대하여 밀도가 다음과 같을 때, 이 입체의 z축에 대한 관성모멘트를 구하라.
   a. $\delta(\rho, \phi, \theta)=\rho^2$ **b.** $\delta(\rho, \phi, \theta)=r=\rho\sin\phi$

101. 속이 꽉 찬 반타원체의 중심   속이 꽉 찬 회전 반타원체 $(r^2/a^2)+(z^2/h^2)\leq1$, $z\geq0$의 중심은 z축 위에 밑면으로부터 꼭대기까지의 3/8 거리에 있음을 보이라. 특히 $h=a$일 때는 반구가 된다. 그러므로 반구의 중심은 대칭축 위에 밑면으로부터 꼭대기까지의 3/8 거리에 있다.

102. 속이 꽉 찬 원뿔의 중심   속이 꽉 찬 원뿔의 중심은 밑면으로부터 꼭짓점까지의 1/4 거리에 있음을 보이라(일반적으로 속이 꽉 찬 원뿔 또는 피라미드의 중심은 밑면으로부터 꼭짓점까지의 1/4 거리에 있다).

103. 행성의 중심 밀도   반지름이 R인 구형의 행성이 행성의 중심으로 가까이 갈수록 직선적으로 증가하는 밀도 분포를 가지며 총 질량은 M이다. 이 행성의 가장자리 (지표면)에서 밀도가 0이라면 중심에서의 밀도는 얼마인가?

104. 행성의 대기 질량   반지름이 R인 구형의 행성은 밀도가 $\mu=\mu_0\,e^{-ch}$인 대기를 갖는다. 이때 h는 행성의 지표면으로부터의 고도, μ_0는 수평면에서의 밀도이고, c는 양의 상수이다. 행성의 대기 질량을 구하라.

이론과 예제

105. 원주좌표에서의 수직 평면들
   a. x축에 수직인 평면들은 원주좌표로 $r=a\sec\theta$ 형태임을 보이라.
   b. y축에 수직인 평면들은 $r=b\csc\theta$ 형태임을 보이라.

106. (연습문제 105의 계속)   평면 $ax+by=c$, $c\neq0$을 나타내는 $r=f(\theta)$ 형태의 원주좌표에서의 방정식을 구하라.

107. 대칭   원주좌표에서 $r=f(z)$ 형태의 방정식을 갖는 곡면은 어떤 종류의 대칭성을 갖는가? 그 이유를 설명하라.

108. 대칭   구면좌표에서 $\rho=f(\phi)$ 형태의 방정식을 갖는 곡면은 어떤 종류의 대칭성을 갖는가? 그 이유를 설명하라.

13.8 중적분에서의 변수변환

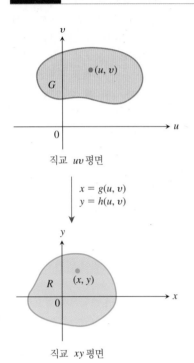

직교 uv평면

$$x = g(u, v)$$
$$y = h(u, v)$$

직교 xy평면

그림 13.57 $x = g(u, v)$와 $y = h(u, v)$에 의한 치환으로 xy평면에 있는 영역 R에서의 적분 계산을 uv평면에 있는 영역 G에서의 적분 계산으로 바꾼다.

이 절에서는 변수 변환에 대한 개념을 소개하는데, 중적분을 계산하기 위한 치환법에 사용되는 기법이다. 이 방법은 복잡한 적분식을 계산하기 쉬운 적분식으로 바꾸어주는 것이다. 치환법은 피적분함수나 적분의 상한, 하한을 간단하게 하거나 또는 이 모두를 다 간단하게 하는 방법이다. 다변수 변환과 치환의 세심한 논의는 고등수학 과정에서 다루기로 하고, 여기에서는 1변수 적분에서 다루었던 개념을 어떻게 일반적으로 반영할지에 대해 공부한다.

중적분에서의 변수변환

변수변환은 적분영역을 다른 것으로 바꿀 때 쓰는 방법이다. 중적분의 변수변환의 예로 13.4절에 있는 극좌표 변환을 들 수 있다.

uv평면에 영역 G가 그림 13.57에서 보는 바와 같이 다음 함수식

$$x = g(u, v), \qquad y = h(u, v)$$

에 의해 xy평면에 있는 영역 R로 일대일 변환이 이루어졌다고 가정해 보자. 이 변환은 G의 내부에서 일대일이라 하자. R은 변환에 의한 G의 **상(image)**이라 하며 G는 R의 **원상(preimage)**이라 한다. R에서 정의된 임의의 함수 $f(x, y)$는 G에서 정의된 함수 $f(g(u, v), h(u, v))$로 생각할 수 있다. 영역 R에서 $f(x, y)$의 적분과 영역 G에서 $f(g(u, v), h(u, v))$의 적분과는 어떤 관계가 있을까?

이 질문의 이해를 돕기 위해 1변수의 경우를 다시 살펴보자. 다변수 경우에서 사용할 방법을 1변수와 일관되게 하기 위해, 우선 4장에서 1변수 적분법에 대한 치환적분에서 사용되었던 변수 x와 u로 바꾸어서 적분식을 써보면 다음 식처럼 된다.

$$\int_{g(a)}^{g(b)} f(x)\, dx = \int_{a}^{b} f(g(u))\, g'(u)\, du \qquad x = g(u),\ dx = g'(u)\, du$$

따라서 이와 비슷한 형태로 2중적분 $\iint_R f(x, y)\, dx\, dy$의 치환적분을 제안하려면, $g'(u)$와 같은 도함수 인자가 필요하다. 이는 영역 G에서의 넓이 미분 $du\, dv$를 영역 R에서의 넓이미분 $dx\, dy$로 변환시킬 때 곱해주는 인자를 의미한다. 이 인자를 J라 표기하고 계속해서 살펴보면, 1변수에서 g'이 변수 u의 함수인 것과 마찬가지로 인자 J는 변수 u와 v의 함수가 되는 것은 당연하다고 생각된다. 또한 J는 순간적인 변화량을 담고 있어야 하므로 표현식에서는 편도함수가 포함되어 있을 것이다. 변환에 사용된 식 $x = g(u, v)$와 $y = h(u, v)$에 관련된 편도함수는 4개이므로, 인자 $J(u, v)$에는 이 4개 모두가 포함될 수 있음이 또한 당연하다고 생각된다. 이러한 생각으로부터 편도함수에 의해 다음과 같이 정의하였고, 나중에 독일 수학자인 야코비(Carl Jacobi)의 이름을 붙여 명명하였다.

> **정의** 좌표변환 $x = g(u, v)$, $y = h(u, v)$의 **야코비 행렬식(Jacobian determinant)** 또는 간단히 **야코비안(Jacobian)**은 다음과 같다.
>
> $$J(u, v) = \begin{vmatrix} \dfrac{\partial x}{\partial u} & \dfrac{\partial x}{\partial v} \\[2mm] \dfrac{\partial y}{\partial u} & \dfrac{\partial y}{\partial v} \end{vmatrix} = \frac{\partial x}{\partial u}\frac{\partial y}{\partial v} - \frac{\partial y}{\partial u}\frac{\partial x}{\partial v} \tag{1}$$

야코비안은

$$J(u, v) = \frac{\partial(x, y)}{\partial(u, v)}$$

치환 $x=g(u, v)$, $y=h(u, v)$에 의한 넓이 미분 변화

$$dx\,dy = \left|\frac{\partial(x, y)}{\partial(u, v)}\right|\,du\,dv$$

와 같이 쓰기도 하는데, 이 기호의 장점은 식 (1)에 있는 행렬식이 x와 y의 u와 v에 대한 편도함수로 이루어졌음을 기억하게 해준다. 식 (1)에서 편도함수의 행렬은 1변수 상황에서의 도함수 g'처럼 작용한다. 야코비안은 변환에 의해 (u, v) 주변의 넓이가 얼마나 확대되는지 또는 축소되는지를 나타내는 척도이다. 실제적으로 인자 $|J|$는 G에서의 미분 사각형 넓이 $du\,dv$를 그에 대응하는 R에서의 미분 사각형 넓이 $dx\,dy$에 맞춰 변환시켜준다. 일반적으로 축척 인자 $|J|$는 G에서 점 (u, v)에 따라 다르다. 즉, $|J|$는 영역 G의 점 (x, y)에 의존한다. 다음에 나오는 예제에서 특정한 변환에 대해 넓이 미분 $du\,dv$를 어떻게 변환시키는지를 보여준다.

이제 영역 R에서 $f(x, y)$의 적분과 영역 G에서 $f(g(u, v), h(u, v))$의 적분과의 관계에 관련된 원래 질문에 대해 답을 할 수 있다.

> **정리 3　2중적분의 치환법**　함수 $f(x, y)$가 영역 R에서 연속이라 하자. G를 G의 내부 점들을 일대일로 대응시켜 주는 변환 $x=g(u, v)$, $y=h(u, v)$에 의한 R의 원상이라 하자. 함수 g와 h가 G의 내부에서 연속인 편도함수를 갖는다면, 다음 식이 성립한다.
>
> $$\iint_R f(x, y)\,dx\,dy = \iint_G f(g(u, v), h(u, v))\left|\frac{\partial(x, y)}{\partial(u, v)}\right|\,du\,dv \qquad (2)$$

식 (2)를 유도하는 것은 복잡하고, 정확히 말하면 고등 미적분학 과정에서 다루어야 한다. 따라서 여기서는 생략한다. 이제 식으로 정의된 치환법을 예제를 통해 설명한다.

예제 1　극좌표변환 $x=r\cos\theta$, $y=r\sin\theta$의 야코비안을 구하고, 식 (2)를 이용하여 직교좌표에서의 중적분 $\iint_R f(x, y)\,dx\,dy$를 극좌표에서의 적분으로 나타내라.

풀이　그림 13.58은 $x=r\cos\theta$, $y=r\sin\theta$에 의한 변수변환을 이용하여 직사각형 영역 G: $0\le r\le 1$, $0\le\theta\le\pi/2$를 xy평면의 원 $x^2+y^2=1$의 내부영역 중 제1사분면의 사분원 R로 바꾸는 것을 보여준다.

극좌표에서는 u와 v의 자리에 r과 θ를 넣고 $x=r\cos\theta$와 $y=r\sin\theta$로 치환한다. 이때 야코비안은

$$J(r, \theta) = \begin{vmatrix} \dfrac{\partial x}{\partial r} & \dfrac{\partial x}{\partial \theta} \\[2mm] \dfrac{\partial y}{\partial r} & \dfrac{\partial y}{\partial \theta} \end{vmatrix} = \begin{vmatrix} \cos\theta & -r\sin\theta \\ \sin\theta & r\cos\theta \end{vmatrix} = r(\cos^2\theta + \sin^2\theta) = r$$

이 된다. 극좌표에서 적분을 할 때 $r\ge 0$이라고 가정하고 있으므로 $|J(r, \theta)| = |r| = r$이 되고, 따라서 식 (2)는

$$\iint_R f(x, y)\,dx\,dy = \iint_G f(r\cos\theta, r\sin\theta)\,r\,dr\,d\theta \qquad (3)$$

이 된다. 이 결과는 13.4절에서 극좌표 영역에 관한 기하학적 아이디어를 사용해 유도했던 공식과 일치한다.　■

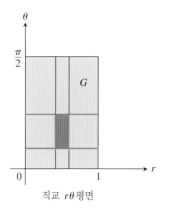

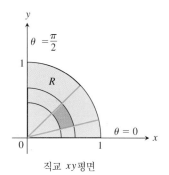

그림 13.58　식 $x=r\cos\theta$, $y=r\sin\theta$에 의하여 G가 R로 변환된다. 예제 1에서 계산된 야코비안 인자 r은 G에서 사각형 미분 $dr\,d\theta$를 R에서 넓이 요소 미분 $dx\,dy$에 맞추는 척도이다.

다음은 좌표변환을 통해 직사각형 영역이 사다리꼴이 되는 예이다. 이런 형태의 변환을 **선형변환(linear transformation)**이라 부른다. 야코비안은 영역 G에서 상수이다.

예제 2   변수변환

$$u = \frac{2x - y}{2}, \qquad v = \frac{y}{2} \tag{4}$$

를 이용하여 적분

$$\int_0^4 \int_{x=y/2}^{x=(y/2)+1} \frac{2x - y}{2} dx \, dy$$

를 uv평면의 적당한 영역에서 계산하라.

풀이 xy평면에서의 적분영역 R을 그리고, 경계의 식을 구한다(그림 13.59).

식 (2)를 이용하려면 이에 해당하는 uv영역 G와 야코비안을 찾아야 한다. 이를 위해 먼저 식 (4)에서 x와 y를 u와 v에 관해서 풀어야 한다. 간단한 계산을 통하여

$$x = u + v, \qquad y = 2v \tag{5}$$

를 얻는다. 이 변환식을 R의 경계를 나타내는 식에 대입하여 G의 경계를 나타내는 식을 구한다(그림 13.59).

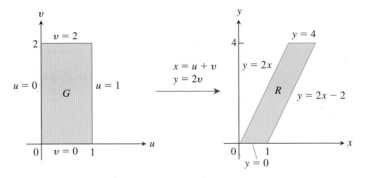

그림 13.59   식 $x = u + v$와 $y = 2v$로부터 G가 R로 변환된다. 역변환 $u = (2x - y)/2$와 $v = y/2$로부터 R이 G로 변환된다(예제 2).

R의 경계를 나타내는 xy식	대응하는 영역 G의 경계를 나타내는 uv식	간단히 정리한 uv식
$x = y/2$	$u + v = 2v/2 = v$	$u = 0$
$x = (y/2) + 1$	$u + v = (2v/2) + 1 = v + 1$	$u = 1$
$y = 0$	$2v = 0$	$v = 0$
$y = 4$	$2v = 4$	$v = 2$

식 (5)로부터 변환에 대한 야코비안은

$$J(u, v) = \begin{vmatrix} \dfrac{\partial x}{\partial u} & \dfrac{\partial x}{\partial v} \\[2mm] \dfrac{\partial y}{\partial u} & \dfrac{\partial y}{\partial v} \end{vmatrix} = \begin{vmatrix} \dfrac{\partial}{\partial u}(u + v) & \dfrac{\partial}{\partial v}(u + v) \\[2mm] \dfrac{\partial}{\partial u}(2v) & \dfrac{\partial}{\partial v}(2v) \end{vmatrix} = \begin{vmatrix} 1 & 1 \\ 0 & 2 \end{vmatrix} = 2$$

이다. 이제 계산한 결과들을 식 (2)에 적용하면 다음과 같다.

$$\int_0^4 \int_{x=y/2}^{x=(y/2)+1} \frac{2x-y}{2} dx\, dy = \int_{v=0}^{v=2} \int_{u=0}^{u=1} u\, |J(u,v)|\, du\, dv$$

$$= \int_0^2 \int_0^1 (u)(2)\, du\, dv = \int_0^2 \Big[u^2\Big]_0^1 dv = \int_0^2 dv = 2 \quad\blacksquare$$

예제 3 다음 적분을 계산하라.

$$\int_0^1 \int_0^{1-x} \sqrt{x+y}\,(y-2x)^2\, dy\, dx$$

풀이 xy평면에서의 적분영역 R을 그리고 경계곡선의 식을 구한다(그림 13.60). 피적분함수로부터 변수변환이 $u=x+y$와 $v=y-2x$가 되어야 함을 추측할 수 있다. x와 y를 u와 v의 함수로 나타내면

$$x = \frac{u}{3} - \frac{v}{3}, \qquad y = \frac{2u}{3} + \frac{v}{3} \tag{6}$$

이 된다. 식 (6)을 통해서 uv영역 G의 경계를 찾을 수 있다(그림 13.60).

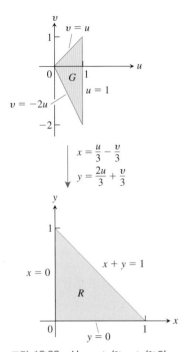

그림 13.60 식 $x=(u/3)-(v/3)$와 $y=(2u/3)+(v/3)$로부터 G가 R로 변환된다. 역으로 변환식 $u=x+y$와 $v=y-2x$로부터 R이 G로 변환된다(예제 3).

R의 경계를 나타내는 xy식	대응하는 영역 G의 경계를 나타내는 uv식	간단히 정리한 uv식
$x+y=1$	$\left(\dfrac{u}{3} - \dfrac{v}{3}\right) + \left(\dfrac{2u}{3} + \dfrac{v}{3}\right) = 1$	$u=1$
$x=0$	$\dfrac{u}{3} - \dfrac{v}{3} = 0$	$v=u$
$y=0$	$\dfrac{2u}{3} + \dfrac{v}{3} = 0$	$v=-2u$

식 (6)을 통한 변수변환의 야코비안은

$$J(u,v) = \begin{vmatrix} \dfrac{\partial x}{\partial u} & \dfrac{\partial x}{\partial v} \\ \dfrac{\partial y}{\partial u} & \dfrac{\partial y}{\partial v} \end{vmatrix} = \begin{vmatrix} \dfrac{1}{3} & -\dfrac{1}{3} \\ \dfrac{2}{3} & \dfrac{1}{3} \end{vmatrix} = \frac{1}{3}$$

이 된다. 식 (2)를 이용하면 적분 계산은 다음과 같다.

$$\int_0^1 \int_0^{1-x} \sqrt{x+y}\,(y-2x)^2\, dy\, dx = \int_{u=0}^{u=1} \int_{v=-2u}^{v=u} u^{1/2} v^2\, |J(u,v)|\, dv\, du$$

$$= \int_0^1 \int_{-2u}^u u^{1/2} v^2 \left(\frac{1}{3}\right) dv\, du = \frac{1}{3}\int_0^1 u^{1/2} \left[\frac{1}{3}v^3\right]_{v=-2u}^{v=u} du$$

$$= \frac{1}{9}\int_0^1 u^{1/2}(u^3 + 8u^3)\, du = \int_0^1 u^{7/2}\, du = \frac{2}{9}u^{9/2}\Big]_0^1 = \frac{2}{9} \quad\blacksquare$$

다음 예제에서 우리는 피적분함수를 간단히 하는 비선형변환의 예를 살펴본다. 극좌표처럼 비선형변환은 영역의 직선 경계를 곡선 경계로 옮긴다 (또는 역변환에 의해 반대로 옮긴다.) 일반적으로 비선형변환은 선형변환보다 분석하기 복잡하고, 자세한 것은 고급과정에서 다룬다.

예제 4 다음 적분을 계산하라.

$$\int_1^2 \int_{1/y}^y \sqrt{\frac{y}{x}}\, e^{\sqrt{xy}}\, dx\, dy$$

풀이 피적분함수에 나타나는 근호로부터 변수변환이 $u = \sqrt{xy}$와 $v = \sqrt{y/x}$가 되어야 함을 추측할 수 있다. 이 식들에 제곱을 취하면 $u^2 = xy$와 $v^2 = y/x$가 되고, 이로부터 $u^2v^2 = y^2$와 $u^2/v^2 = x^2$을 유도할 수 있다. 따라서 우리는 변수변환

$$x = \frac{u}{v}, \qquad y = uv$$

를 얻게 된다. 여기서 $u > 0$과 $v > 0$이다. 우선 이 변수변환을 통해 피적분함수가 어떻게 변하는지 살펴보자. 이 변수변환의 야코비안은 상수가 아닌

$$J(u, v) = \begin{vmatrix} \dfrac{\partial x}{\partial u} & \dfrac{\partial x}{\partial v} \\[2mm] \dfrac{\partial y}{\partial u} & \dfrac{\partial y}{\partial v} \end{vmatrix} = \begin{vmatrix} \dfrac{1}{v} & -\dfrac{u}{v^2} \\[2mm] v & u \end{vmatrix} = \frac{2u}{v}$$

이다. G를 uv평면에서 적분영역이라 할 때 변수변환에 의해 변환된 중적분은 식 (2)에 의해 다음과 같이 된다.

$$\iint_R \sqrt{\frac{y}{x}}\, e^{\sqrt{xy}}\, dx\, dy = \iint_G v e^u \frac{2u}{v}\, du\, dv = \iint_G 2u e^u\, du\, dv$$

변환된 피적분함수는 원래 적분보다 더 계산하기 쉬워 보이므로 이제는 변환된 적분을 위한 적분영역을 결정해 보자.

원래 적분의 xy평면에서의 적분영역 R은 그림 13.61과 같다. 변수변환 $u = \sqrt{xy}$와 $v = \sqrt{y/x}$에 의해 R의 왼쪽 경계 $xy = 1$은 G에서 수직 선분 $u = 1$, $2 \geq v \geq 1$이 된다(그림 13.62). 비슷하게 R의 오른쪽 경계 $y = x$는 G에서 수평 선분 $v = 1$, $1 \leq u \leq 2$가 된다. 마지막으로 R의 위쪽 경계인 수평선 $y = 2$는 G에서 $uv = 2$, $1 \leq v \leq 2$에 대응한다. 그림 13.62에서 보듯이 우리가 R의 경계를 반시계방향으로 움직일 때 G의 경계 역시 반시계방향으로 움직인다. uv평면에서 적분영역 G를 알았기 때문에 이제 우리는 다음의 두 적분식이 같다고 쓸 수 있다.

$$\int_1^2 \int_{1/y}^y \sqrt{\frac{y}{x}}\, e^{\sqrt{xy}}\, dx\, dy = \int_1^2 \int_1^{2/u} 2u e^u\, dv\, du \qquad \text{적분 순서에 주의하자.}$$

이제 우변의 변환된 적분을 계산하면 다음과 같다.

$$\int_1^2 \int_1^{2/u} 2u e^u\, dv\, du = 2 \int_1^2 \left[v u e^u \right]_{v=1}^{v=2/u} du$$

$$= 2 \int_1^2 (2 e^u - u e^u)\, du$$

$$= 2 \int_1^2 (2 - u) e^u\, du$$

$$= 2 \left[(2 - u) e^u + e^u \right]_{u=1}^{u=2} \qquad \text{부분적분}$$

$$= 2(e^2 - (e + e)) = 2e(e - 2) \qquad \blacksquare$$

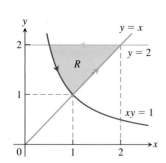

그림 13.61 적분영역 R(예제 4)

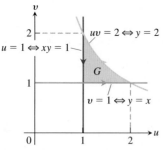

그림 13.62 G의 경계는 그림 13.61에서 R의 경계에 대응한다. 우리가 R 주변을 반시계방향으로 움직일 때 G의 주변 역시 반시계방향으로 움직인다는 데 주목하자. 역변환식 $u = \sqrt{xy}$, $v = \sqrt{y/x}$는 영역 R을 영역 G로 변환한다.

3중적분에서의 변수변환

13.7절에 나타난 원주좌표와 구면좌표 변환은 3중적분에서의 변수변환의 특수한 경우

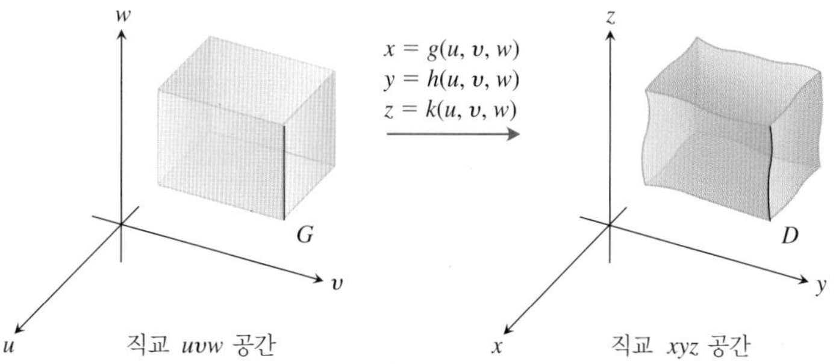

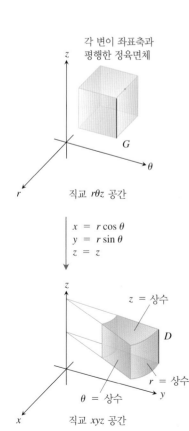

그림 **13.63** 식 $x = g(u, v, w)$, $y = h(u, v, w)$, $z = k(u, v, w)$를 통해 xyz 공간에 있는 영역 D에서 적분 계산을 식 (7)을 이용하여 uvw 공간에 있는 영역 G에서 적분으로 바꿀 수 있다.

이다. 3차원 영역을 다른 적분영역으로 변환시키기 위해 변수변환이 사용된다. 그 방법은 2차원 대신에 3차원에서 계산한다는 점 이외에는 식 (2)에 의해 주어진 2중적분과 같은 방법이다.

그림 13.63에서 보는 바와 같이 uvw 공간에서의 영역 G가 미분가능한 식들

$$x = g(u, v, w), \qquad y = h(u, v, w), \qquad z = k(u, v, w)$$

에 의해 xyz 공간에서의 영역 D로 일대일 변환되었다고 하자. 그러면 D에서 정의된 임의의 함수 $F(x, y, z)$는 G에서 정의된 함수

$$F(g(u, v, w), h(u, v, w), k(u, v, w)) = H(u, v, w)$$

로 생각할 수 있다. 만일 g, h, k의 각 편도함수가 존재하고 연속이면, D에서 $F(x, y, z)$의 적분은 아래의 공식에 의해 G에서 $H(u, v, w)$의 적분으로 고쳐 쓸 수 있다.

$$\iiint_D F(x, y, z)\, dx\, dy\, dz = \iiint_G H(u, v, w)\,|J(u, v, w)|\, du\, dv\, dw \qquad (7)$$

이 식에서 절댓값 기호 안의 $J(u, v, w)$는 **야코비안 행렬식**

$$J(u, v, w) = \begin{vmatrix} \dfrac{\partial x}{\partial u} & \dfrac{\partial x}{\partial v} & \dfrac{\partial x}{\partial w} \\[2mm] \dfrac{\partial y}{\partial u} & \dfrac{\partial y}{\partial v} & \dfrac{\partial y}{\partial w} \\[2mm] \dfrac{\partial z}{\partial u} & \dfrac{\partial z}{\partial v} & \dfrac{\partial z}{\partial w} \end{vmatrix} = \dfrac{\partial(x, y, z)}{\partial(u, v, w)}$$

이다. 이 행렬식은 (u, v, w)에서 (x, y, z)로 좌표가 변환될 때, G 안에 있는 한 점 근처의 부피가 얼마나 팽창하거나 축소하는지 알 수 있는 척도가 된다. 2차원의 경우에서처럼 변수변환 식 (7)의 증명은 복잡하기 때문에 여기서는 다루지 않겠다.

원주좌표에서는 r, θ, z가 u, v, w 자리에 들어간다. 직교 $r\theta z$ 공간에서 직교 xyz 공간으로의 변환은 아래의 변환식

$$x = r \cos \theta, \qquad y = r \sin \theta, \qquad z = z$$

에 의해 이루어진다(그림 13.64). 이 변환의 야코비안은

$$J(r, \theta, z) = \begin{vmatrix} \dfrac{\partial x}{\partial r} & \dfrac{\partial x}{\partial \theta} & \dfrac{\partial x}{\partial z} \\[2mm] \dfrac{\partial y}{\partial r} & \dfrac{\partial y}{\partial \theta} & \dfrac{\partial y}{\partial z} \\[2mm] \dfrac{\partial z}{\partial r} & \dfrac{\partial z}{\partial \theta} & \dfrac{\partial z}{\partial z} \end{vmatrix} = \begin{vmatrix} \cos \theta & -r \sin \theta & 0 \\ \sin \theta & r \cos \theta & 0 \\ 0 & 0 & 1 \end{vmatrix}$$

그림 **13.64** 변환식 $x = \cos \theta$, $y = r \sin \theta$, $z = z$에 의하여 정육면체 G가 원주형 쐐기영역 D로 변환된다.

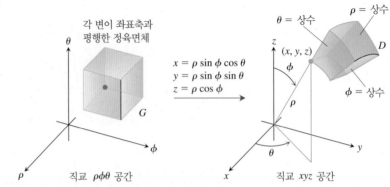

그림 13.65 식 $x = \rho \sin\phi \cos\theta$, $y = \rho \sin\phi \sin\theta$, $z = \rho \cos\phi$에 의하여 정육면체 G가 원주형의 쐐기영역 D로 변환된다.

$$= r\cos^2\theta + r\sin^2\theta = r$$

이므로, 변수변환 식 (7)은

$$\iiint\limits_D F(x, y, z)\, dx\, dy\, dz = \iiint\limits_G H(r, \theta, z)|r|\, dr\, d\theta\, dz$$

가 된다. 여기서 $r \geq 0$이므로 절댓값은 생략할 수 있다.

구면좌표에서는 ρ, ϕ, θ가 u, v, w 자리에 들어간다. 직교 $\rho\phi\theta$ 공간에서 직교 xyz 공간으로의 변환은 아래의 변환식

$$x = \rho \sin\phi \cos\theta, \qquad y = \rho \sin\phi \sin\theta, \qquad z = \rho \cos\phi$$

에 의해 이루어진다(그림 13.65). 이 변환의 야코비안은

$$J(\rho, \phi, \theta) = \begin{vmatrix} \dfrac{\partial x}{\partial \rho} & \dfrac{\partial x}{\partial \phi} & \dfrac{\partial x}{\partial \theta} \\[2mm] \dfrac{\partial y}{\partial \rho} & \dfrac{\partial y}{\partial \phi} & \dfrac{\partial y}{\partial \theta} \\[2mm] \dfrac{\partial z}{\partial \rho} & \dfrac{\partial z}{\partial \phi} & \dfrac{\partial z}{\partial \theta} \end{vmatrix} = \rho^2 \sin\phi$$

이다(연습문제 23). 따라서 식 (7)에 해당하는 공식은

$$\iiint\limits_D F(x, y, z)\, dx\, dy\, dz = \iiint\limits_G H(\rho, \phi, \theta)\, |\rho^2 \sin\phi|\, d\rho\, d\phi\, d\theta$$

가 된다. $0 \leq \phi \leq \pi$에 대해서 $\sin\phi$는 항상 음수가 아니므로, 위의 식에서 절댓값을 생략할 수 있다. 이 결과는 13.7절에서 얻은 결과와 동일하다는 것에 주목하라.

변수변환의 또 다른 예를 살펴보자. 이 문제는 직접 계산할 수도 있지만, 변수변환을 이용하여 풀이해 보자.

예제 5 3중적분

$$\int_0^3 \int_0^4 \int_{x=y/2}^{x=(y/2)+1} \left(\frac{2x - y}{2} + \frac{z}{3} \right) dx\, dy\, dz$$

을 계산하라. 단, 변수변환

$$u = (2x - y)/2, \qquad v = y/2, \qquad w = z/3 \tag{8}$$

을 이용하여 uvw 공간에서의 적절한 영역에서 적분하라.

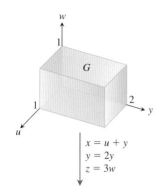

$$x = u + y$$
$$y = 2y$$
$$z = 3w$$

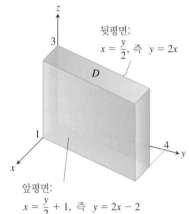

뒷평면:
$$x = \frac{y}{2}, \ \text{즉} \ y = 2x$$

앞평면:
$$x = \frac{y}{2} + 1, \ \text{즉} \ y = 2x - 2$$

그림 13.66 식 $x = u + v$, $y = 2v$, $z = 3w$ 에 의하여 G가 D로 변환된다. 역으로 $u = (2x - y)/2$, $v = y/2$, $w = z/3$에 의하여 D가 G로 변환된다(예제 5).

풀이 xyz 공간에서의 적분영역 D를 그리고 경계를 확인한다(그림 13.66). 이 경우에 경계를 이루는 곡면은 평면이다. 식 (7)을 이용하기 위하여 uvw 공간의 영역 G와 변수변환의 야코비안을 알아내야 한다. 이를 위해 먼저 식 (8)에서 x, y, z를 u, v, w에 관해서 풀어야 한다. 계산해 보면

$$x = u + v, \qquad y = 2v, \qquad z = 3w \tag{9}$$

가 된다. 이제 이 식을 D의 경계를 나타내는 식에 대입하여 G의 경계에 대한 식을 구한다.

D의 경계를 나타내는 xyz식	대응하는 영역 G의 경계를 나타내는 uvw식	간단히 정리한 uvw식
$x = y/2$	$u + v = 2v/2 = v$	$u = 0$
$x = (y/2) + 1$	$u + v = (2v/2) + 1 = v + 1$	$u = 1$
$y = 0$	$2v = 0$	$v = 0$
$y = 4$	$2v = 4$	$v = 2$
$z = 0$	$3w = 0$	$w = 0$
$z = 3$	$3w = 3$	$w = 1$

식 (9)를 다시 이용하면 좌표변환의 야코비안은

$$J(u, v, w) = \begin{vmatrix} \dfrac{\partial x}{\partial u} & \dfrac{\partial x}{\partial v} & \dfrac{\partial x}{\partial w} \\[4pt] \dfrac{\partial y}{\partial u} & \dfrac{\partial y}{\partial v} & \dfrac{\partial y}{\partial w} \\[4pt] \dfrac{\partial z}{\partial u} & \dfrac{\partial z}{\partial v} & \dfrac{\partial z}{\partial w} \end{vmatrix} = \begin{vmatrix} 1 & 1 & 0 \\ 0 & 2 & 0 \\ 0 & 0 & 3 \end{vmatrix} = 6$$

이 된다. 이제 식 (7)을 이용하여 다음과 같이 계산할 수 있다.

$$\int_0^3 \int_0^4 \int_{x=y/2}^{x=(y/2)+1} \left(\frac{2x - y}{2} + \frac{z}{3} \right) dx\, dy\, dz$$

$$= \int_0^1 \int_0^2 \int_0^1 (u + w) \, |J(u, v, w)| \, du\, dv\, dw$$

$$= \int_0^1 \int_0^2 \int_0^1 (u + w)(6) \, du\, dv\, dw = 6 \int_0^1 \int_0^2 \left[\frac{u^2}{2} + uw \right]_0^1 dv\, dw$$

$$= 6 \int_0^1 \int_0^2 \left(\frac{1}{2} + w \right) dv\, dw = 6 \int_0^1 \left[\frac{v}{2} + vw \right]_0^2 dw = 6 \int_0^1 (1 + 2w) \, dw$$

$$= 6 \left[w + w^2 \right]_0^1 = 6(2) = 12 \qquad \blacksquare$$

연습문제 13.8

2변수변환에서 변환된 영역과 야코비안 계산하기

1. a. 변환식
$$u = x - y, \qquad v = 2x + y$$
에서 x, y를 u, v에 관해서 풀고 야코비안 $\partial(x, y)/\partial(u, v)$를 계산하라.

b. xy평면에서 $(0, 0)$, $(1, 1)$, $(1, -2)$를 꼭짓점으로 하는 삼각형 영역에 대하여 변수변환 $u = x - y$, $v = 2x + y$에 의한 상을 구하라. 또, 변환된 영역을 uv평면에 그려라.

2. a. 변환식
$$u = x + 2y, \qquad v = x - y$$

에서 x, y를 u, v에 관해서 풀고 야코비안 $\partial(x, y)/\partial(u, v)$를 계산하라.

  b. xy평면에서 직선 $y=0$, $y=x$, $x+2y=2$로 둘러싸인 삼각형에 대하여 변수변환 $u=x+2y$, $v=x-y$에 의한 상을 구하라. 또, 변환된 영역을 uv평면에 그리라.

3. a. 변환식

$$u = 3x + 2y, \qquad v = x + 4y$$

에서 x, y를 u, v에 관해서 풀고 야코비안 $\partial(x, y)/\partial(u, v)$를 계산하라.

  b. xy평면에서 x축, y축, 직선 $x+y=1$로 둘러싸인 삼각형에 대하여 변수변환 $u=3x+2y$, $v=x+4y$에 의한 상을 구하라. 또, 변환된 영역을 uv평면에 그리라.

4. a. 변환식

$$u = 2x - 3y, \qquad v = -x + y$$

에서 x, y를 u, v에 관해서 풀고 야코비안 $\partial(x, y)/\partial(u, v)$를 계산하라.

  b. xy평면에서 직선 $x=-3$, $x=0$, $y=x$, $y=x+1$로 둘러싸인 평행사변형 영역에 대하여 변수변환 $u=2x-3y$, $v=-x+y$에 의한 상을 구하라. 또, 변환된 영역을 uv평면에 그리라.

변수변환을 이용하여 2중적분 구하기

5. 예제 1에 있는 2중적분

$$\int_0^4 \int_{x=y/2}^{x=(y/2)+1} \frac{2x-y}{2} \, dx \, dy$$

를 x와 y에 관해서 직접 계산하고 답이 2가 되는 것을 확인하라.

6. 직선 $y=-2x+4$, $y=-2x+7$, $y=x-2$, $y=x+1$로 둘러싸인 제1사분면에 있는 영역을 R이라 할 때, 연습문제 1의 변수변환을 이용하여 적분을 계산하라.

$$\iint_R (2x^2 - xy - y^2) \, dx \, dy$$

7. 직선 $y=-(3/2)x+1$, $y=-(3/2)x+3$, $y=-(1/4)x$, $y=-(1/4)x+1$로 둘러싸인 제1사분면에 있는 영역을 R이라 할 때, 연습문제 3의 변수변환을 이용하여 적분을 계산하라.

$$\iint_R (3x^2 + 14xy + 8y^2) \, dx \, dy$$

8. 연습문제 4에 있는 평행사변형 영역 R과 변환을 이용하여 적분을 계산하라.

$$\iint_R 2(x - y) \, dx \, dy$$

9. 쌍곡선 $xy=1$, $xy=9$와 직선 $y=x$, $y=4x$로 둘러싸인 xy평면의 제1사분면에 있는 영역을 R이라 하자. 변수변환 $x=u/v$, $y=uv$, $u>0$, $v>0$을 이용하여 2중적분

$$\iint_R \left(\sqrt{\frac{y}{x}} + \sqrt{xy} \right) dx \, dy$$

을 uv평면에서의 해당되는 영역 G에서 적분으로 나타내고, 그 값을 계산하라.

10. a. uv평면에서 변환식 $x=u$, $y=uv$의 야코비안을 구하라. uv평면에서 $1 \le u \le 2$, $1 \le uv \le 2$를 만족하는 영역 G를 그리라.

  b. 식 (2)를 이용하여 적분

$$\int_1^2 \int_1^2 \frac{y}{x} dy \, dx$$

를 영역 G에서 적분으로 변환한 후에 2개의 적분을 계산하라.

11. 타원 판에서의 극관성모멘트 xy평면에서 타원 $x^2/a^2 + y^2/b^2 = 1$, $a>0$, $b>0$으로 둘러싸인 영역을 덮고 있는 밀도가 일정한 얇은 판이 있다. 이 판의 원점에 대한 1차 모멘트를 구하라. (**힌트**: 변환 $x=ar\cos\theta$, $y=br\sin\theta$를 이용하라.)

12. 타원의 넓이 타원 방정식 $x^2/a^2 + y^2/b^2 = 1$의 넓이 πab는 xy평면에서 타원으로 둘러싸인 영역에서 함수 $f(x, y)=1$을 적분하여 얻을 수 있다. 적분 계산은 삼각함수 치환을 이용한다. 좀 더 간단한 방법은 변환 관계식 $x=au$, $y=bv$를 이용하여, uv평면의 원판 G: $u^2 + v^2 \le 1$에서 변환된 적분을 계산하는 것이다. 이 방법으로 계산하라.

13. 연습문제 2에 있는 변환을 이용하여 2중적분

$$\int_0^{2/3} \int_y^{2-2y} (x + 2y)e^{(y-x)} \, dx \, dy$$

를 uv평면의 영역 G에서 적분으로 나타낸 후에 이를 계산하라.

14. 변환 $x=u+(1/2)v$, $y=v$를 이용하여 2중적분

$$\int_0^2 \int_{y/2}^{(y+4)/2} y^3(2x - y)e^{(2x-y)^2} \, dx \, dy$$

를 uv평면의 영역 G에서 적분으로 나타낸 후에 이를 계산하라.

15. 변환 $x=u/v$, $y=uv$를 이용하여 2중적분

$$\int_1^2 \int_{1/y}^y (x^2 + y^2) \, dx \, dy + \int_2^4 \int_{y/4}^{4/y} (x^2 + y^2) \, dx \, dy$$

를 계산하라.

16. 변환 $x=u^2 - v^2$, $y=2uv$를 이용하여 적분

$$\int_0^1 \int_0^{2\sqrt{1-x}} \sqrt{x^2 + y^2} \, dy \, dx$$

를 계산하라. (**힌트**: uv평면에서 $(0, 0)$, $(1, 0)$, $(1, 1)$을 꼭짓점으로 하는 삼각형 영역 G는 xy평면에서의 적분영역 R로 옮겨짐을 보이라.)

변수변환을 이용하여 3중적분 구하기

17. 예제 5에서 적분을 x, y, z에 관해서 계산하라.

18. 타원체 부피 아래의 타원체 부피를 구하라.

$$\frac{x^2}{a^2} + \frac{y^2}{b^2} + \frac{z^2}{c^2} = 1$$

(**힌트**: $x=au$, $y=bv$, $z=cw$로 놓고 uvw 공간의 해당되는 영역의 부피를 구하라.)

19. 3중적분

$$\iiint |xyz| \, dx \, dy \, dz$$

를 타원체

$$\frac{x^2}{a^2} + \frac{y^2}{b^2} + \frac{z^2}{c^2} \leq 1$$

에서 계산하라. (**힌트**: $x = au$, $y = bv$, $z = cw$로 놓고 uvw 공간에서 해당되는 영역에서 적분하라.)

20. D를 아래의 부등식으로 정의된 xyz 공간에서의 영역이라 하자.
$$1 \leq x \leq 2, \quad 0 \leq xy \leq 2, \quad 0 \leq z \leq 1$$

3중적분

$$\iiint\limits_D (x^2 y + 3xyz)\, dx\, dy\, dz$$

를 변환

$$u = x, \quad v = xy, \quad w = 3z$$

를 이용하여 uvw 공간에서의 적절한 영역 G에서 계산하라.

이론과 예제

21. 다음 변수변환 관계식에서 야코비안 $\partial(x, y)/\partial(u, v)$를 계산하라.
 a. $x = u \cos v, \quad y = u \sin v$
 b. $x = u \sin v, \quad y = u \cos v$

22. 다음 변수변환 관계식에서 야코비안 $\partial(x, y, z)/\partial(u, v, w)$를 계산하라.
 a. $x = u \cos v, \quad y = u \sin v, \quad z = w$
 b. $x = 2u - 1, \quad y = 3v - 4, \quad z = (1/2)(w - 4)$

23. 직교 $\rho\phi\theta$ 공간에서 직교 xyz 공간으로 변수변환할 때 야코비안이 $\rho^2 \sin \phi$임을 보이라.

24. **1변수 적분에서의 치환** 1변수 적분에서 치환을 하면 영역의 변환은 어떻게 되는가? 이때 야코비안은 어떻게 되는가? 예를 들어 설명하라.

25. **반타원체의 중심** 반구의 중심이 대칭축의 밑면에서 정점으로 향하는 3/8 되는 지점에 놓여 있다고 가정하자. 이때 적당한 적분을 변환시켜서 반타원체 입체인 $(x^2/a^2) + (y^2/b^2) + (z^2/c^2) \leq 1$, $z \geq 0$의 질량중심이 z축의 밑면에서 정점으로 향하는 3/8 위치에 있다는 것을 보이라(여기서 적분을 꼭 구하지 않고도 이를 보일 수 있다).

26. **원주각** 5.2절에서 회전체 부피를 계산하는 방법을 배웠다. 즉, 곡선 $y = f(x)$와 x축 위의 구간 a부터 b까지 ($0 < a < b$) 사이에 놓여 있는 영역을 y축을 회전축으로 회전시켜서 얻어진 입체의 부피는 $\int_a^b 2\pi x f(x)\, dx$이다. 3중적분을 이용하여 같은 결과를 얻게 됨을 증명하라. (**힌트**: y와 z의 역할을 바꾼 원주좌표를 이용하라.)

27. **역변환** 그림 13.57에서 식 $x = g(u, v)$, $y = h(u, v)$는 uv평면에서의 영역 G를 xy평면에서의 영역 R로 변환한다. 치환 변환은 일대일이고 연속인 1계 편도함수를 가지므로, 역변환이 존재하고, 식은 $u = \alpha(x, y)$, $v = \beta(x, y)$이고 연속인 1계 편도함수를 가지며, R을 다시 G로 변환한다. 더 나아가, 역변환의 야코비안 행렬식은 다음과 같이 역관계가 성립한다.

$$\frac{\partial(x, y)}{\partial(u, v)} = \left(\frac{\partial(u, v)}{\partial(x, y)}\right)^{-1} \qquad (10)$$

식 (10)의 증명은 고등 미적분학에서 다룬다. 이 식과 변환 $u = xy$, $v = y/x$을 이용하여 xy평면의 제1사분면에서 두 직선 $y = 2x$, $2y = x$와 두 곡선 $xy = 2$, $2xy = 1$에 의해 둘러싸인 영역 R의 넓이를 구하라.

28. (연습문제 27의 계속) 연습문제 27의 영역 R에 대하여, 적분 $\iint_R y^2\, dA$를 계산하라.

13장 복습문제

1. 좌표평면의 유계영역에서 2변수 함수의 2중적분을 정의하라.

2. 2중적분은 반복적분으로 어떻게 계산하는가? 적분의 순서는 중요한 것인가? 적분구간은 어떻게 구하는가? 예를 들라.

3. 넓이와 평균값을 계산할 때 2중적분은 어떻게 사용되는가? 예를 들라.

4. 직교좌표의 2중적분을 극좌표의 2중적분으로 어떻게 바꿀 수 있는가? 이것이 왜 중요한 것인가? 예를 들라.

5. 3차원 공간의 유계영역에서 함수 $f(x, y, z)$의 3중적분을 정의하라.

6. 직교좌표에서 3중적분은 어떻게 계산하는가? 적분구간은 어떻게 구하는가? 예를 들라.

7. 직교좌표에서 부피, 평균값, 질량, 모멘트, 질량중심 등을 계산할 때 2중적분과 3중적분은 어떻게 사용되는가? 예를 들라.

8. 원주좌표나 구면좌표에서 3중적분은 어떻게 정의되는가? 직교좌표보다 이런 좌표에서 계산하는 이유는 무엇인가?

9. 원주좌표나 구면좌표에서 3중적분은 어떻게 계산하는가? 적분구간은 어떻게 구하는가? 예를 들라.

10. 2중적분에서 변수변환은 2차원 영역을 어떻게 변환시키는가? 계산의 예를 들라.

11. 3중적분에서 변수변환은 3차원 영역을 어떻게 변환시키는가? 계산의 예를 들라.

13장 종합문제

2중적분 계산

종합문제 1~4에서 적분영역을 그리고 2중적분을 계산하라.

1. $\int_1^{10} \int_0^{1/y} y e^{xy} \, dx \, dy$

2. $\int_0^1 \int_0^{x^3} e^{y/x} \, dy \, dx$

3. $\int_0^{3/2} \int_{-\sqrt{9-4t^2}}^{\sqrt{9-4t^2}} t \, ds \, dt$

4. $\int_0^1 \int_{\sqrt{y}}^{2-\sqrt{y}} xy \, dx \, dy$

3중적분 계산

종합문제 5~8에서 적분영역을 그리고 2중적분을 계산하라. 또한 적분 순서를 바꾸어서 계산하라.

5. $\int_0^4 \int_{-\sqrt{4-y}}^{(y-4)/2} dx \, dy$

6. $\int_0^1 \int_{x^2}^x \sqrt{x} \, dy \, dx$

7. $\int_0^{3/2} \int_{-\sqrt{9-4y^2}}^{\sqrt{9-4y^2}} y \, dx \, dy$

8. $\int_0^2 \int_0^{4-x^2} 2x \, dy \, dx$

종합문제 9~12에서 2중적분을 계산하라.

9. $\int_0^1 \int_{2y}^2 4 \cos(x^2) \, dx \, dy$

10. $\int_0^2 \int_{y/2}^1 e^{x^2} \, dx \, dy$

11. $\int_0^8 \int_{\sqrt[3]{x}}^2 \frac{dy \, dx}{y^4 + 1}$

12. $\int_0^1 \int_{\sqrt[3]{y}}^1 \frac{2\pi \sin \pi x^2}{x^2} dx \, dy$

2중적분을 이용한 넓이와 부피

13. **직선과 포물선 사이 넓이** xy평면에서 직선 $y=2x+4$와 포물선 $y=4-x^2$으로 둘러싸인 영역의 넓이를 구하라.

14. **직선과 포물선 사이 넓이** xy평면에서 오른쪽은 포물선 $y=x^2$, 왼쪽은 직선 $x+y=2$, 위쪽은 직선 $y=4$로 둘러싸인 삼각 영역의 넓이를 구하라.

15. **포물면 아래 영역의 부피** xy평면에서 세 직선 $y=x$, $x=0$, $x+y=2$로 둘러싸인 영역을 밑면으로 하고, 포물면 $z=x^2+y^2$ 아래에 있는 입체의 부피를 구하라.

16. **포물주면 아래 영역의 부피** xy평면에서 포물선 $y=6-x^2$과 직선 $y=x$로 둘러싸인 영역을 밑면으로 하고 포물주면 $z=x^2$ 아래에 있는 입체의 부피를 구하라.

평균값

종합문제 17과 18에서 주어진 영역에서 $f(x, y)=xy$의 평균값을 구하라.

17. 제1사분면에서 두 직선 $x=1$, $y=1$로 둘러싸인 영역

18. 제1사분면에 놓여 있는 사분원 $x^2+y^2 \le 1$

극좌표

종합문제 19와 20에서 주어진 적분을 극좌표로 바꾸어 계산하라.

19. $\int_{-1}^1 \int_{-\sqrt{1-x^2}}^{\sqrt{1-x^2}} \frac{2 \, dy \, dx}{(1 + x^2 + y^2)^2}$

20. $\int_{-1}^1 \int_{-\sqrt{1-y^2}}^{\sqrt{1-y^2}} \ln(x^2 + y^2 + 1) \, dx \, dy$

21. **렘니스케이트 위에서 적분하기** 곡선 $(x^2+y^2)^2-(x^2-y^2)=0$의 하나의 고리로 둘러싸인 영역에서 함수 $f(x, y)=1/(1+x^2+y^2)^2$을 적분하라.

22. 다음 영역에서 함수 $f(x, y)=1/(1+x^2+y^2)^2$을 적분하라.
   a. **삼각형 영역** 꼭짓점이 $(0, 0)$, $(1, 0)$, $(1, 3)$인 삼각형
   b. **제1사분면** xy평면의 제1사분면

종합문제 23~26에서 3중적분을 계산하라.

23. $\int_0^\pi \int_0^\pi \int_0^\pi \cos(x + y + z) \, dx \, dy \, dz$

24. $\int_{\ln 6}^{\ln 7} \int_0^{\ln 2} \int_{\ln 4}^{\ln 5} e^{(x+y+z)} \, dz \, dy \, dx$

25. $\int_0^1 \int_0^{x^2} \int_0^{x+y} (2x - y - z) \, dz \, dy \, dx$

26. $\int_1^e \int_1^x \int_0^z \frac{2y}{z^3} \, dy \, dz \, dx$

3중적분을 이용한 부피와 평균값

27. **부피** 옆으로는 원주면 $x=-\cos y$, $-\pi/2 \le y \le \pi/2$, 위로는 평면 $z=-2x$, 아래로는 xy평면으로 둘러싸인 쐐기모양 입체의 부피를 구하라.

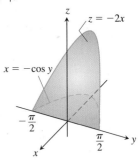

28. **부피** 위로는 원주면 $z=4-x^2$, 옆으로는 원주면 $x^2+y^2=4$, 아래로는 xy평면으로 둘러싸인 입체의 부피를 구하라.

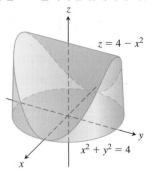

29. **평균값** 제1팔분체에서 좌표평면과 평면 $x=1$, $y=3$, $z=1$로 둘러싸인 직육면체에서 함수 $f(x, y, z)=30xz\sqrt{x^2+y}$의 평균값을 구하라.

30. **평균값** 속이 꽉 찬 구 $\rho \le a$(구면좌표)에서 ρ의 평균값을 구하라.

원주좌표와 구면좌표

31. 원주좌표에서 직교좌표로 다음 적분

$$\int_0^{2\pi} \int_0^{\sqrt{2}} \int_r^{\sqrt{4-r^2}} 3\, dz\, r\, dr\, d\theta, \qquad r \geq 0$$

을 (a) $dz\, dx\, dy$ 순서의 직교좌표와 (b) 구면좌표로 변환하고, (c) 둘 중 한 적분을 계산하라.

32. 직교좌표에서 원주좌표로 (a) 다음 적분을 원주좌표로 바꾸고, (b) 그 적분을 계산하라.

$$\int_0^1 \int_{-\sqrt{1-x^2}}^{\sqrt{1-x^2}} \int_{-(x^2+y^2)}^{(x^2+y^2)} 21xy^2\, dz\, dy\, dx$$

33. 직교좌표에서 구면좌표로 (a) 다음 적분을 구면좌표로 바꾸고, (b) 그 적분을 계산하라.

$$\int_{-1}^1 \int_{-\sqrt{1-x^2}}^{\sqrt{1-x^2}} \int_{\sqrt{x^2+y^2}}^1 dz\, dy\, dx$$

34. 직교, 원주, 구면좌표 원뿔 $z = \sqrt{x^2 + y^2}$과 원주면 $x^2 + y^2 = 1$로 둘러싸인 영역에서 함수 $f(x, y, z) = 6 + 4y$의 적분을 (a) 직교좌표, (b) 원주좌표, (c) 구면좌표로 각각 나타내고, (d) 셋 중 하나를 계산하라.

35. 원주좌표에서 직교좌표로 다음 적분을 직교좌표로 바꾸어 나타내라.

$$\int_0^{\pi/2} \int_1^{\sqrt{3}} \int_1^{\sqrt{4-r^2}} r^3(\sin\theta\cos\theta)z^2\, dz\, dr\, d\theta$$

단, 적분 순서는 z, y, x로 하라.

36. 직교좌표에서 원주좌표로 어떤 입체의 부피가 다음 적분으로 주어졌다.

$$\int_0^2 \int_0^{\sqrt{2x-x^2}} \int_{-\sqrt{4-x^2-y^2}}^{\sqrt{4-x^2-y^2}} dz\, dy\, dx$$

a. 이 입체의 경계면을 수식으로 나타내라.

b. 위 적분을 원주좌표로 바꾸어 나타내라.

37. 구면좌표와 원주좌표 구면 형태의 영역을 포함하는 영역에서 3중적분을 할 때, 항상 구면좌표가 편리한 것은 아니다. 어떤 경우에는 원주좌표를 이용하는 것이 계산하는 데 더 쉽다. 이 점을 마음에 두고, 위로는 구면 $x^2 + y^2 + z^2 = 8$, 아래로는 평면 $z = 2$로 둘러싸인 영역의 부피를 (a) 원주좌표와 (b) 구면좌표로 각각 계산하라.

질량과 모멘트

38. 구면좌표로 I_z 구하기 밀도가 상수 $\delta = 1$이고, 위로는 구면 $r = 2$, 아래로는 원뿔 $f = \pi/3$로 둘러싸인 입체의 z축에 대한 관성모멘트를 구하라.

39. 두꺼운 구면의 관성모멘트 밀도가 상수 δ이고, 반지름이 a, b $(a < b)$인 중심이 같은 두 구면으로 둘러싸인 입체의 중심을 지나는 직선에 대한 관성모멘트를 구하라.

40. 사과의 관성모멘트 밀도가 $\delta = 1$로 일정하고, 구면좌표 곡면 $\rho = 1 - \cos\phi$로 둘러싸인 입체의 z축에 대한 관성모멘트를 구하라. 그 입체는 다음 그림에서 빨간색 곡선을 z축을 중심으로 회전시킨 것이다.

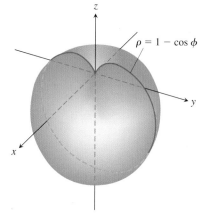

41. 영역의 중심 xy평면에서 두 직선 $x = 2$, $y = 2$와 쌍곡선 $xy = 2$로 둘러싸인 삼각 영역의 중심을 구하라.

42. 영역의 중심 xy평면에서 직선 $x + 2y = 0$과 포물선 $x + y^2 - 2y = 0$으로 둘러싸인 영역의 중심을 구하라.

43. 극모멘트 xy평면에서 두 직선 $y = 2x$, $y = 4$와 y축으로 둘러싸인 삼각형 판의 원점에 대한 관성 극모멘트를 구하라. 단, 밀도는 $\delta = 3$이다.

44. 극모멘트 밀도가 $\delta = 1$인 다음 직선들로 둘러싸인 얇은 직사각형 판의 질량중심에 대한 관성 극모멘트를 구하라.

a. xy평면에서 $x = \pm 2$, $y = \pm 1$

b. xy평면에서 $x = \pm a$, $y = \pm b$

(힌트: I_x를 먼저 찾고, I_x에 대한 공식을 이용하여 I_y를 찾는다. 그리고 두 값을 더해서 I_0를 구한다.)

45. 관성모멘트 밀도가 상수 δ이고, xy평면에서 꼭짓점이 $(0, 0)$, $(3, 0)$, $(3, 2)$인 삼각형 영역을 덮고 있는 얇은 판의 x축에 대한 관성모멘트를 구하라.

46. 밀도가 변하는 얇은 판 밀도가 $\delta(x, y) = x + 1$이고, 직선 $y = x$와 포물선 $y = x^2$으로 둘러싸인 얇은 판의 질량중심과 두 좌표축에 대한 관성모멘트를 각각 구하라.

47. 밀도가 변하는 얇은 판 밀도가 $\delta(x, y) = x^2 + y^2 + 1/3$이고, 네 직선 $x = \pm 1$, $y = \pm 1$로 둘러싸인 정사각형 평판의 질량과 좌표축에 대한 1차 모멘트를 구하라.

48. 관성모멘트가 동일한 삼각형들 밑변이 x축에서의 구간 $[0, b]$에 놓여 있는 선분이고, 꼭짓점이 x축 위쪽의 수평선 $y = h$ 위에 놓여 있는 밀도가 상수 δ인 삼각형의 x축에 대한 관성모멘트를 구하라. 계산에서 알 수 있듯이, 관성모멘트는 꼭짓점의 위치에 관계 없이 같은 값을 갖는다.

49. 영역의 중심 부등식 $0 \leq r \leq 3$, $-\pi/3 \leq \theta \leq \pi/3$로 정의된 극좌표평면에서 영역의 중심을 구하라.

50. 영역의 중심 제1사분면에서 반직선 $\theta = 0$, $\theta = \pi/2$와 원 $r = 1$, $r = 3$으로 둘러싸인 영역의 중심을 구하라.

51. a. 영역의 중심 원 $r = 1$의 외부와 심장형 곡선 $r = 1 + \cos\theta$의 내부의 공통 부분의 중심을 구하라.

b. 위 영역의 개형을 그리고 중심을 표시하라.

52. a. 영역의 중심 극좌표 부등식 $0 \leq r \leq a$, $-\alpha \leq \theta \leq \alpha$ $(0 < \alpha \leq \pi)$로 정의된 영역의 중심을 구하라. $a \to \pi^-$일 때 중심은 어떻게 이동하는가?

b. $\alpha = 5\pi/6$일 때 영역을 그리고 중심을 표시하라.

변수변환

53. $u = x - y$, $v = y$이면 모든 연속함수 f에 대하여

$$\int_0^\infty \int_0^x e^{-sx} f(x - y, y) \, dy \, dx = \int_0^\infty \int_0^\infty e^{-s(u+v)} f(u, v) \, du \, dv$$

이 성립함을 보이라.

54. 다음 등식이 성립하기 위한 상수 a, b, c의 관계를 구하라.

$$\int_{-\infty}^\infty \int_{-\infty}^\infty e^{-(ax^2 + 2bxy + cy^2)} \, dx \, dy = 1$$

(힌트: $(\alpha\delta - \beta\gamma)^2 = ac - b^2$을 만족하는 상수 $\alpha, \beta, \gamma, \delta$를 택하여 $s = \alpha x + \beta y$, $t = \gamma x + \delta y$로 치환하면 $ax^2 + 2bxy + cy^2 = s^2 + t^2$이다.)

13장 보충·심화 문제

부피

1. 모래더미: 2중 및 3중적분 한 더미의 모래가 있다. 이 모래더미의 밑면은 xy평면에 놓여 있는 영역으로 포물선 $x^2 + y = 6$과 직선 $y = x$로 둘러싸여 있다. 점 (x, y)에서의 모래의 높이는 x^2이다. 모래의 부피를 (a) 2중적분으로 (b) 3중적분으로 나타낸 후 (c) 부피를 구하라.

2. 반구체 그릇에 있는 물 반지름이 5 cm인 반구체 그릇에 물이 아래로부터 3 cm까지 채워져 있다. 그릇에 담겨져 있는 물의 양을 구하라.

3. 2개의 평면 사이에 있는 원주면 입체 평면 $z = 0$과 $x + y + z = 2$ 사이에 있는 원기둥 입체 $x^2 + y^2 \le 1$의 부피를 구하라.

4. 구와 포물면 위로는 구 $x^2 + y^2 + z^2 = 2$로, 아래로는 포물면 $z = x^2 + y^2$으로 둘러싸인 영역의 부피를 구하라.

5. 2개의 포물면 위로는 포물면 $z = 3 - x^2 - y^2$으로, 아래로는 포물면 $z = 2x^2 + 2y^2$으로 둘러싸인 영역의 부피를 구하라.

6. 구면좌표 구면좌표가 $r = 2\sin\phi$로 주어진 곡면으로 둘러싸인 영역의 부피를 구하라(주어진 그림을 보라).

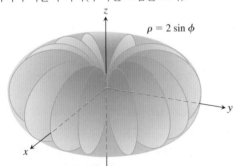

$\rho = 2\sin\phi$

7. 구에 있는 구멍 속이 꽉 찬 구에 원기둥 모양의 구멍이 뚫려 있고, 구멍의 축은 구의 지름이 된다. 구멍을 제외한 입체의 부피는 다음과 같다.

$$V = 2\int_0^{2\pi} \int_0^{\sqrt{3}} \int_1^{\sqrt{4-z^2}} r \, dr \, dz \, d\theta$$

a. 구멍의 반지름과 구의 반지름을 구하라.

b. 적분값을 계산하라.

8. 구와 원기둥 속이 꽉 찬 구면체 $r^2 + z^2 \le 9$를 원주면 $r = 3\sin\theta$로 절단한 입체의 부피를 구하라.

9. 2개의 포물면 포물면 $z = x^2 + y^2$과 $z = (x^2 + y^2 + 1)/2$로 둘러싸인 영역의 부피를 구하라.

10. 원주면과 곡면 $z = xy$ 2개의 원주면 $r = 1$과 $r = 2$ 사이에 위치하고, 아래로는 xy평면, 위로는 곡면 $z = xy$에 의해 둘러싸인 제1팔분공간의 영역에 대한 부피를 구하라.

적분 순서 바꾸기

11. 아래 적분을 계산하라.

$$\int_0^\infty \frac{e^{-ax} - e^{-bx}}{x} \, dx$$

(힌트: 다음 식

$$\frac{e^{-ax} - e^{-bx}}{x} = \int_a^b e^{-xy} \, dy$$

를 이용하여 2중적분을 만들고, 적분 순서를 바꾸어서 적분값을 계산하라.)

12. a. 극좌표 극좌표로 변환하여 다음을 보이라.

$$\int_0^{a\sin\beta} \int_{y\cot\beta}^{\sqrt{a^2 - y^2}} \ln(x^2 + y^2) \, dx \, dy = a^2\beta\left(\ln a - \frac{1}{2}\right)$$

여기서 $a > 0$이고 $0 < \beta < \pi/2$이다.

b. 위의 직교좌표로 표현된 적분을 적분 순서를 바꾸어서 나타내라.

13. 2중적분을 1변수 함수 적분으로 줄이기 적분 순서를 바꾸어서 다음 2중적분이 1변수 함수의 적분으로 변환됨을 보이라.

$$\int_0^x \int_0^u e^{m(x-t)} f(t) \, dt \, du = \int_0^x (x - t) e^{m(x-t)} f(t) \, dt$$

마찬가지로, 다음을 보이라.

$$\int_0^x \int_0^v \int_0^u e^{m(x-t)} f(t) \, dt \, du \, dv = \int_0^x \frac{(x - t)^2}{2} e^{m(x-t)} f(t) \, dt$$

14. 적분구간을 상수가 되도록 2중적분을 변환하기 다중적분의 적분구간이 변수를 포함할 경우에 때때로 적분구간이 상수가 되도록 적분을 바꿀 수 있다. 적분 순서를 바꾸어서 다음을 보이라.

$$\int_0^1 f(x)\left(\int_0^x g(x - y) f(y) \, dy\right) dx$$

$$= \int_0^1 f(y)\left(\int_y^1 g(x - y) f(x) \, dx\right) dy$$

$$= \frac{1}{2} \int_0^1 \int_0^1 g(|x - y|) f(x) f(y) \, dx \, dy$$

질량과 모멘트

15. 극관성의 최소화 xy평면 제1사분면의 꼭짓점이 $(0, 0)$, $(a, 0)$, $(a, 1/a)$인 삼각형 영역에 밀도가 일정한 얇은 판이 놓여 있다. 판의 원점에 대한 극관성모멘트가 최소가 되는 a의 값은 무엇인가?

16. 삼각형 판의 극관성 밀도가 $\delta = 3$으로 일정하고 얇은 삼각형 판이 xy평면에서 y축, 직선 $y = 2x$와 $y = 4$로 둘러싸여 있을 때, 판의 원점에 대한 극관성모멘트를 구하라.

17. 평형추의 질량과 극관성 밀도가 1로 일정한 속도조절 바퀴의 평형추는 반지름이 a인 원의 중심에서 b $(b < a)$만큼 떨어진 현을 절단 후 생긴 조각이다. 평형추의 질량과 바퀴의 중심에 대한 극관성모멘트를 구하라.

18. 부메랑의 중심 xy평면에서 두 개의 포물선 $y^2 = -4(x-1)$과 $y^2 = -2(x-2)$ 사이에 위치한 부메랑 모양의 영역의 중심을 구하라.

이론과 예제

19. 다음 2중적분을 계산하라.
$$\int_0^a \int_0^b e^{\max(b^2x^2, \, a^2y^2)} \, dy \, dx$$
여기서 a, b는 양수이고
$$\max(b^2x^2, a^2y^2) = \begin{cases} b^2x^2 \geq a^2y^2 \text{ 일 때,} & b^2x^2 \\ b^2x^2 < a^2y^2 \text{ 일 때,} & a^2y^2 \end{cases}$$
이다.

20. 직사각형 $x_0 \leq x \leq x_1$, $y_0 \leq y \leq y_1$에서 2중적분
$$\iint \frac{\partial^2 F(x, y)}{\partial x \, \partial y} \, dx \, dy$$
는 다음과 같음을 보이라.
$$F(x_1, y_1) - F(x_0, y_1) - F(x_1, y_0) + F(x_0, y_0)$$

21. $f(x, y)$가 x에 관한 함수와 y에 관한 함수의 곱 $f(x, y) = F(x)G(y)$로 표현된다고 하자. 그러면 직사각형 $R: a \leq x \leq b$, $c \leq y \leq d$에서 함수 f의 적분은 아래 공식과 같이 곱으로 계산될 수 있다.
$$\iint_R f(x, y) \, dA = \left(\int_a^b F(x) \, dx \right) \left(\int_c^d G(y) \, dy \right) \tag{1}$$
증명은 다음과 같다.
$$\iint_R f(x, y) \, dA = \int_c^d \left(\int_a^b F(x)G(y) \, dx \right) dy \tag{i}$$
$$= \int_c^d \left(G(y) \int_a^b F(x) \, dx \right) dy \tag{ii}$$
$$= \int_c^d \left(\int_a^b F(x) \, dx \right) G(y) \, dy \tag{iii}$$
$$= \left(\int_a^b F(x) \, dx \right) \int_c^d G(y) \, dy \tag{iv}$$

a. 증명 과정 (i)부터 (iv)까지의 이유를 제시하라. 식 (1)을 적용하면 계산 시간을 줄일 수 있다. 이를 이용하여 다음 적분을 계산하라.

b. $\displaystyle\int_0^{\ln 2} \int_0^{\pi/2} e^x \cos y \, dy \, dx$ **c.** $\displaystyle\int_1^2 \int_{-1}^1 \frac{x}{y^2} \, dx \, dy$

22. 함수 $f(x, y) = (x^2 + y^2)/2$의 단위벡터 $\mathbf{u} = u_1\mathbf{i} + u_2\mathbf{j}$ 방향에 대한 방향도함수를 $D_\mathbf{u}f$라 하자.

a. 평균값 구하기 제1사분면에서 직선 $x + y = 1$로 절단된 삼각형 영역에서 $D_\mathbf{u}f$의 평균값을 구하라.

b. 평균값과 무게중심 일반적으로 xy평면에 있는 영역에서 $D_\mathbf{u}f$의 평균값은 영역의 중심점에서의 $D_\mathbf{u}f$의 값임을 보이라.

23. $\Gamma(1/2)$의 값 감마함수
$$\Gamma(x) = \int_0^\infty t^{x-1} e^{-t} \, dt$$
는 계승함수(factorial function)의 정의역을 음이 아닌 정수에서 실수로 확장한다. 아래의 수는 미분방정식에서 매우 흥미로운 값이다.
$$\Gamma\left(\frac{1}{2}\right) = \int_0^\infty t^{(1/2)-1} e^{-t} \, dt = \int_0^\infty \frac{e^{-t}}{\sqrt{t}} \, dt \tag{2}$$

a. 13.4절의 연습문제 41을 이용하여 다음이 성립함을 보이라.
$$I = \int_0^\infty e^{-y^2} \, dy = \frac{\sqrt{\pi}}{2}$$

b. 식 (2)에서 $y = \sqrt{t}$를 대입하여 다음이 성립함을 보이라.
$$\Gamma(1/2) = 2I = \sqrt{\pi}$$

24. 원형판위의 총전하량 반지름이 R m인 원형판의 전하 분포는 $\sigma(r, \theta) = kr(1 - \sin \theta)$ coulomb/m^{2}을 따른다. 여기서 k는 상수이다. 판 위에서 함수 σ를 적분하여 총 전하량 Q를 구하라.

25. 포물형 강우 측정 그릇의 모양이 포물면 $z = x^2 + y^2$ 형태이고, 높이는 $z = 0$부터 $z = 30$ cm까지 변한다. 그릇을 이용하여 강우량을 측정하고자 한다. 3 cm 혹은 9 cm 강우량에 대응하는 그릇의 높이를 구하라.

26. 위성접시 안의 물 포물형 위성접시는 폭이 2 m이고, 깊이는 1/2 m이다. 대칭인 축은 수직으로부터 30° 기울어져 있다.

a. 위성접시가 담을 수 있는 물의 양을 직교좌표를 이용하여 3중적분으로 나타내라. (**힌트:** 위성접시가 좌표계에서 수평이 되게 하고, 수위면은 기울어져 있다고 생각하자.) (**주의:** 적분영역이 깔끔하지는 않다.)

b. 위성접시에 물이 괴이지 않는 최소의 기울기는 얼마인가?

27. 무한한 반원주면 한쪽면이 원점으로부터 1단위 위에 있고 중심축이 $(0, 0, 1)$부터 ∞로 가는 반직선인 반지름이 1인 무한한 반원주면의 내부를 D라 할 때, 원주좌표계를 사용하여 다음 적분을 계산하라.
$$\iiint_D z(r^2 + z^2)^{-5/2} \, dV$$

28. 4차원 부피 1차원 수직선 위의 구간 $[a, b]$의 길이는 $\int_a^b 1 \, dx$이고, 2차원 xy평면에 있는 영역 R의 넓이는 $\iint_R 1 \, dA$이고, 3차원 xyz 공간의 영역 D의 부피는 $\iiint_D 1 \, dV$임을 알고 있다. 이를 확장시켜 만약 Q가 4차원 $xyzw$ 공간의 영역일 때, $\iiiint_Q 1 \, dV$를 Q의 4차원 부피라 하자. 4차원 공간의 직교좌표계를 이용하여 4차원 공간 안에 있는 4차원 단위 구면 $x^2 + y^2 + z^2 + w^2 = 1$ 내부의 4차원 부피를 계산하라.

14

벡터장과 적분

개요　이 장에서는 적분 이론을 공간에서의 곡선 또는 곡면으로, 즉 선적분과 면적분으로 확장시킨다. 선적분과 면적분 이론은 과학이나 공학에서 강력한 수학 도구로 활용된다. 선적분은 경로를 따라 움직이는 물체의 힘에 의해 수행되는 일을 구하거나 밀도가 일정하지 않은 곡선 철사의 질량을 구할 때 사용된다. 면적분은 곡면을 통과하는 유체의 유속을 구하거나 전기력 또는 자기력의 상호작용을 설명할 때 사용한다. 우리는 벡터 적분의 기본적인 정리를 소개하며, 그에 따른 수학적인 정리와 물리적인 응용에 대해 논의하고, 마지막으로 미적분학의 기본정리의 일반화라 할 수 있는 벡터 해석학의 정리들을 증명한다.

14.1 스칼라함수의 선적분

공간 내에서 곡선을 따라 놓여 있는 철사의 전체 질량을 구하거나 또는 그러한 곡선을 따라 작용하는 변하는 힘에 의해 수행되는 일을 구하기 위해서는 4장에서 정의한 적분 개념보다 훨씬 더 보편적인 적분 개념이 필요하다. 다시 말해 구간 $[a, b]$에서 적분하는 대신에 곡선 C를 따라 적분해야 할 필요가 있다. 좀 더 보편적인 적분을 (비록 **경로적분**(path integral)이 더 잘 어울리는 용어일지 모르겠지만) **선적분**(line integral)이라 한다. 공간 곡선에서 정의를 하고 나면, xy평면에 있는 곡선은 z좌표값이 항상 0인 특별한 경우로 본다.

　$f(x, y, z)$가 실수를 함숫값으로 가지는 함수일 때, 이 함수 f의 정의역 내에 놓여 있는 곡선 C에서 적분하고 싶다고 하자. 매개변수 t에 의해 곡선을 나타내는 방정식이 $\mathbf{r}(t) = g(t)\mathbf{i} + \theta(t)\mathbf{j} + k(t)\mathbf{k}$, $a \leq t \leq b$와 같다면 곡선을 따라 함수 f의 값은 합성함수 $f(g(t), h(t), k(t))$이다. 우리는 $t = a$부터 $t = b$까지 호의 길이에 대하여 이 합성함수를 적분할 것이다. 이를 위해 먼저, 곡선 C를 유한 n개의 부분호로 분할하자(그림 14.1). 각 부분호는 길이가 Δs_k이다. 각 부분호 내에서 곡선 위의 점 (x_k, y_k, z_k)를 잡고 리만 합과 유사한 형태로 다음과 같은 합을 구한다.

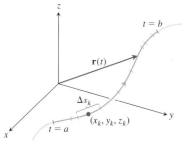

그림 14.1　$t = a$부터 $t = b$까지 곡선 $\mathbf{r}(t)$는 작은 호들로 분할되었다. 이 부분호들의 길이는 Δs_k이다.

$$S_n = \sum_{k=1}^{n} \underbrace{f(x_k, y_k, z_k)}_{\substack{\text{부분호 위의}\\\text{한 점에서 } f\text{의 값}}} \underbrace{\Delta s_k}_{\text{부분호의 길이}}$$

S_n의 값은 곡선 C를 어떻게 분할하느냐에 따라, 또는 k번째 부분호에서 점 (x_k, y_k, z_k)를

어떻게 잡느냐에 따라 값이 달라질 수 있다. 만일 f가 연속이고 함수 g, h와 k의 1계 도함수가 연속이면, 이 합은 n이 증가하고 길이 Δs_k가 0으로 접근할 때 극한값으로 접근한다. 이 극한으로부터 정적분과 유사한 다음 적분을 정의한다. 이 정의에서 우리는 분할이 $n \to \infty$일 때 부분호의 길이가 0에 가까워짐을, 즉 $\Delta s_k \to 0$을 만족함을 가정한다.

정의 함수 f가 매개변수 t에 의해 $\mathbf{r}(t) = g(t)\mathbf{i} + h(t)\mathbf{j} + k(t)\mathbf{k}$, $a \le t \le b$로 정의된 곡선 C에서 정의되었다면 **곡선 C에서 함수 f의 선적분(line integral of f over C)**은 극한값이 존재할 때, 다음과 같이 정의한다.

$$\int_C f(x, y, z)\, ds = \lim_{n \to \infty} \sum_{k=1}^{n} f(x_k, y_k, z_k)\, \Delta s_k \qquad (1)$$

만일 곡선 C가 $a \le t \le b$에서 매끄럽고(즉, $\mathbf{v} = d\mathbf{r}/dt$가 연속이고 어디서도 $\mathbf{0}$이 아니다) 함수 f가 C에서 연속이면, 식 (1)에서의 극한이 존재한다는 것을 증명할 수 있다. 또한 미적분학의 기본정리를 적용하여 호의 길이 함수

$$s(t) = \int_a^t |\mathbf{v}(\tau)|\, d\tau \qquad \text{11.3절 식 (3)에 } t_0 = a \text{를 대입}$$

를 미분하면 식 (1)에서의 ds는 $ds = |\mathbf{v}(t)|\, dt$로 표현되며, 이를 이용하여 곡선 C에서 f의 적분을 계산하면 다음 식을 얻는다.

$$\frac{ds}{dt} = |\mathbf{v}| = \sqrt{\left(\frac{dx}{dt}\right)^2 + \left(\frac{dy}{dt}\right)^2 + \left(\frac{dz}{dt}\right)^2}$$

$$\int_C f(x, y, z)\, ds = \int_a^b f(g(t), h(t), k(t)) |\mathbf{v}(t)|\, dt \qquad (2)$$

식 (2)에서 우변의 적분은 4장에서 정의된 단지 보통의 1변수 정적분으로 매개변수인 t에 관한 적분이다. 이 공식을 사용하여 매개변수가 어떤 함수가 사용되어지던 간에 매끄럽기만 하면 좌변의 선적분을 정확히 계산할 수 있게 해준다. 또한 매개변수 t는 경로를 따른 방향을 정의해 주기도 한다. $\mathbf{r}(a)$가 곡선 C의 시작점이 되고 이 점이 t가 증가하는 방향으로 곡선을 따라 이동하게 된다(그림 14.1).

선적분의 계산 방법

곡선 C에서 연속함수 $f(x, y, z)$를 적분하기 위해서는 다음과 같이 하여야 한다.

1. C에 대한 매끄러운 매개변수화를 구하라.

$$\mathbf{r}(t) = g(t)\mathbf{i} + h(t)\mathbf{j} + k(t)\mathbf{k}, \qquad a \le t \le b$$

2. 다음 적분을 계산하라.

$$\int_C f(x, y, z)\, ds = \int_a^b f(g(t), h(t), k(t)) |\mathbf{v}(t)|\, dt$$

$$f(\mathbf{r}(t)) = f(g(t), h(t), k(t))$$

만약에 f가 함숫값 1을 가지는 상수함수이면, C에서 f의 적분은 C의 $t = a$부터 $t = b$까지의 길이가 된다. 곡선 $\mathbf{r}$을 따라 계산되는 $f(g(t), h(t), k(t))$를 $f(\mathbf{r}(t))$로 쓰기도 한다.

예제 1 원점과 점 $(1, 1, 1)$을 연결하는 선분 C에서 $f(x, y, z) = x - 3y^2 + z$를 적분하라(그림 14.2).

풀이 어떤 매개변수화에도 같은 답이 나오므로, 다음과 같은 가장 간단한 매개변수화를 택하자.

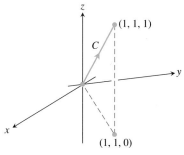

그림 14.2 예제 1에서의 적분 경로

$$\mathbf{r}(t) = t\mathbf{i} + t\mathbf{j} + t\mathbf{k}, \qquad 0 \le t \le 1$$

이것의 각 성분은 연속인 1계 도함수를 가지며 $|\mathbf{v}(t)| = |\mathbf{i}+\mathbf{j}+\mathbf{k}| = \sqrt{1^2 + 1^2 + 1^2} = \sqrt{3}$ 은 언제나 0이 되지 않으므로, 이 매개변수화는 매끄럽다. C에서 f의 적분은 다음과 같다.

$$\int_C f(x, y, z)\, ds = \int_0^1 f(t, t, t)\left(\sqrt{3}\right) dt \qquad \text{식 (2)}, \, ds = |\mathbf{v}(t)|\, dt = \sqrt{3}\, dt$$

$$= \int_0^1 (t - 3t^2 + t)\sqrt{3}\, dt$$

$$= \sqrt{3}\int_0^1 (2t - 3t^2)\, dt = \sqrt{3}\left[t^2 - t^3\right]_0^1 = 0 \qquad\blacksquare$$

가법성

선적분에는 다음과 같은 유용한 성질이 있다. 구분적으로 매끄러운 곡선 C가 유한개의 매끄러운 곡선들 $C_1, C_2, \cdots, C_n$이 끝과 끝이 연결되어 만들어진 것이라면(11.1절), C에서 어떤 함수의 적분은 각각의 부분곡선들에서의 적분들의 합과 같다.

$$\int_C f\, ds = \int_{C_1} f\, ds + \int_{C_2} f\, ds + \cdots + \int_{C_n} f\, ds \qquad (3)$$

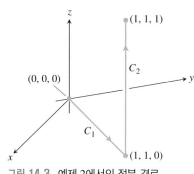

그림 14.3 예제 2에서의 적분 경로

예제 2   그림 14.3에서 보는 것처럼, 원점에서 $(1, 1, 1)$까지 연결하는 또 다른 곡선은 선분 C_1과 선분 C_2가 연결되어 있다. $C_1 \cup C_2$에서 $f(x, y, z)=x-3y^2+z$를 적분하라.

풀이 C_1과 C_2에 대한 가장 단순한 매개변수화를 구한 후에, 그것의 속도벡터의 크기를 확인하자.

$$C_1: \quad \mathbf{r}(t) = t\mathbf{i} + t\mathbf{j}, \quad 0 \le t \le 1; \quad |\mathbf{v}| = \sqrt{1^2 + 1^2} = \sqrt{2}$$

$$C_2: \quad \mathbf{r}(t) = \mathbf{i} + \mathbf{j} + t\mathbf{k}, \quad 0 \le t \le 1; \quad |\mathbf{v}| = \sqrt{0^2 + 0^2 + 1^2} = 1$$

이들 매개변수화를 통하여 다음을 구할 수 있다.

$$\int_{C_1 \cup C_2} f(x, y, z)\, ds = \int_{C_1} f(x, y, z)\, ds + \int_{C_2} f(x, y, z)\, ds \qquad \text{식 (3)}$$

$$= \int_0^1 f(t, t, 0)\sqrt{2}\, dt + \int_0^1 f(1, 1, t)(1)\, dt \qquad \text{식 (2)}$$

$$= \int_0^1 (t - 3t^2 + 0)\sqrt{2}\, dt + \int_0^1 (1 - 3 + t)(1)\, dt$$

$$= \sqrt{2}\left[\frac{t^2}{2} - t^3\right]_0^1 + \left[\frac{t^2}{2} - 2t\right]_0^1 = -\frac{\sqrt{2}}{2} - \frac{3}{2} \qquad\blacksquare$$

예제 1과 예제 2에서 나타난 것과 같이, 적분에 관한 다음의 세 가지를 유념하자. 첫째, 곡선의 각 성분이 f의 공식에 대입되는 순간, 그 적분은 t에 대한 표준적분이 된다. 둘째, $C_1 \cup C_2$에서의 f의 적분은 그 경로의 각 부분에서의 적분들의 합으로 구해진다. 셋째, C와 $C_1 \cup C_2$에서의 f의 적분들은 다른 값을 갖는다. 14.3절에서 이 세 번째 성질을 조사할 것이다.

두 점을 연결하는 경로를 따라 적분할 때, 점들 사이의 경로가 바뀌면 선적분의 값이 바뀔 수 있다.

예제 3 나선 $\mathbf{r}(t) = \cos t\mathbf{i} + \sin t\mathbf{j} + t\mathbf{k},\ 0 \le t \le \pi$에서 함수 $.(x, y, z) = 2xy + \sqrt{z}$의 선적분을 구하라.

풀이 나선(그림 14.4)에 대하여,

$$\mathbf{v}(t) = \mathbf{r}'(t) = -\sin t\mathbf{i} + \cos t\mathbf{j} + \mathbf{k}$$

이고

$$|\mathbf{v}(t)| = \sqrt{(-\sin t)^2 + (\cos t)^2 + 1} = \sqrt{2}$$

이다. $\mathbf{r}(t)$에서 함수 f를 계산하면

$$f(\mathbf{r}(t)) = f(\cos t,\ \sin t,\ t) = 2 \cos t \sin t + \sqrt{t} = \sin 2t + \sqrt{t}$$

이다. 따라서 선적분은 다음과 같다.

$$\int_C f(x, y, z)\, ds = \int_0^\pi \left(\sin 2t + \sqrt{t} \right) \sqrt{2}\, dt$$

$$= \sqrt{2} \left[-\frac{1}{2} \cos 2t + \frac{2}{3} t^{3/2} \right]_0^\pi$$

$$= \frac{2\sqrt{2}}{3} \pi^{3/2} \approx 5.25$$

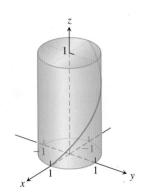

그림 14.4 예제 3의 나선과 같은 곡선에서 선적분을 구한다.

질량과 모멘트의 계산

우리는 코일 용수철이나 철사를 공간에서 매끄러운 곡선을 따라 분포된 질량으로 생각하자. 단위 길이당 질량을 표현하는 연속밀도함수 $\delta(x, y, z)$에 의해 분포가 이루어졌다. 곡선 C가 매개변수 t에 의해 $\mathbf{r}(t) = x(t)\mathbf{i} + y(t)\mathbf{j} + z(t)\mathbf{k},\ a \le t \le b$에 의해 표현된다고 하면 x, y와 z는 매개변수 t의 함수이고, 밀도함수는 $\delta(x(t), y(t), z(t))$이며 호의 길이 미분은

$$ds = \sqrt{\left(\frac{dx}{dt}\right)^2 + \left(\frac{dy}{dt}\right)^2 + \left(\frac{dz}{dt}\right)^2}\, dt$$

로 주어진다(11.3절 참조). 용수철 또는 철사의 질량, 질량중심, 모멘트(적률)는 표 14.1의 공식을 사용하여 구간 $[a, b]$에서 매개변수 t에 관한 적분으로 계산된다. 예를 들어, 질량에 대한 공식은

$$M = \int_a^b \delta(x(t), y(t), z(t)) \sqrt{\left(\frac{dx}{dt}\right)^2 + \left(\frac{dy}{dt}\right)^2 + \left(\frac{dz}{dt}\right)^2}\, dt$$

가 된다. 이 공식은 또한 가는 막대에도 적용되며 5.6절에서와 비슷하게 유도할 수 있다. 표 13.1과 13.2에서 2중적분과 3중적분에 대한 공식과 아주 비슷한 것을 볼 수 있다. 평면 영역에 대한 2중적분, 입체에서의 3중적분이 코일 용수철, 철사, 가는 막대에서는 선적분이 된다.

표에서 질량의 원소 dm은 표 13.1에서의 δdV보다 δds와 같으며 곡선 C에서 적분한다는 것을 주목하라.

표 14.1 공간에서 매끄러운 곡선을 따라 놓인 코일 용수철, 철사, 가는 막대에 대한 질량과 모멘트 공식

질량: $\quad M = \int_C \delta\,ds$ $\quad\quad\delta = \delta(x, y, z)$는 (x, y, z)에서 밀도이다.

좌표평면에 대한 1차 모멘트:

$$M_{yz} = \int_C x\,\delta\,ds, \qquad M_{xz} = \int_C y\,\delta\,ds, \qquad M_{xy} = \int_C z\,\delta\,ds$$

질량중심의 좌표:

$$\bar{x} = M_{yz}/M, \qquad \bar{y} = M_{xz}/M, \qquad \bar{z} = M_{xy}/M$$

좌표축 그리고 다른 직선에 대한 관성모멘트:

$$I_x = \int_C (y^2 + z^2)\,\delta\,ds, \qquad I_y = \int_C (x^2 + z^2)\,\delta\,ds, \qquad I_z = \int_C (x^2 + y^2)\,\delta\,ds,$$

$$I_L = \int_C r^2\,\delta\,ds \qquad r(x, y, z) = \text{점 } (x, y, z) \text{로부터 직선 } L \text{까지의 거리}$$

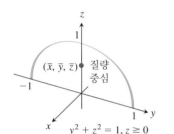

그림 14.5 예제 4에서 변하는 밀도를 가지는 원형 아치 구조물의 질량중심을 어떻게 구하는지 알 수 있다.

예제 4 밀도가 위보다 아래가 더 큰 가느다란 금속으로 만든 아치형 구조물이 yz평면에 있는 반원 $y^2 + z^2 = 1$, $z \geq 0$을 따라 놓여 있다(그림 14.5). 이 아치형 구조물 위의 점 (x, y, z)에서의 밀도가 $\delta(x, y, z) = 2 - z$일 때 이 아치형 구조물의 질량중심을 구하라.

풀이 이 아치형 구조물은 yz평면에 있고, 이것의 질량은 z축에 대하여 대칭적으로 분포되어 있으므로, $\bar{x} = 0$과 $\bar{y} = 0$을 알 수 있다. 이제 $\bar{z}$를 구하기 위하여 원에 대한 매개변수화

$$\mathbf{r}(t) = (\cos t)\mathbf{j} + (\sin t)\mathbf{k}, \qquad 0 \leq t \leq \pi$$

를 구하자. 이 매개변수화에 대하여

$$|\mathbf{v}(t)| = \sqrt{\left(\frac{dx}{dt}\right)^2 + \left(\frac{dy}{dt}\right)^2 + \left(\frac{dz}{dt}\right)^2} = \sqrt{(0)^2 + (-\sin t)^2 + (\cos t)^2} = 1$$

을 얻는다. 그러므로 표 14.1에 있는 공식들에 의하여

$$M = \int_C \delta\,ds = \int_C (2 - z)\,ds = \int_0^\pi (2 - \sin t)\,dt = 2\pi - 2$$

$$M_{xy} = \int_C z\delta\,ds = \int_C z(2 - z)\,ds = \int_0^\pi (\sin t)(2 - \sin t)\,dt$$

$$= \int_0^\pi (2\sin t - \sin^2 t)\,dt = \frac{8 - \pi}{2} \qquad \text{일반적인 적분}$$

$$\bar{z} = \frac{M_{xy}}{M} = \frac{8 - \pi}{2} \cdot \frac{1}{2\pi - 2} = \frac{8 - \pi}{4\pi - 4} \approx 0.57$$

을 얻는다. $\bar{z}$ 값을 소수점 아래 2자리까지 구하면, 질량중심은 $(0, 0, 0.57)$이다. ∎

평면에서의 선적분

평면곡선에서의 선적분에 대한 기하학적 해석은 자연스럽다. C가 xy평면에서 매개변수 t에 의해 $\mathbf{r}(t) = x(t)\mathbf{i} + y(t)\mathbf{j}$, $a \leq t \leq b$로 표현되는 매끄러운 곡선이면, 곡선 C를 따라 평면에 수직인, 그림 14.6에서 보는 것처럼 z축에 평행이 되는 직선을 이동시킴으로써

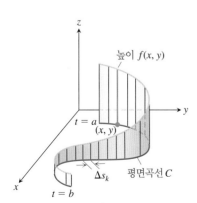

그림 14.6 선적분 $\int_C f\,ds$는 $z = f(x, y) \geq 0$ 아래에 있는 원기둥 곡면 또는 벽면의 일부에 대한 넓이이다.

원기둥의 곡면을 만들어낸다. 만일 $z = f(x, y)$가 평면 내에서 곡선 C를 포함하는 영역에서 정의된 음이 아닌 연속함수이면, f의 그래프는 평면 위에 놓인 곡면이다. 이 원기둥을 이 곡면으로 자르면, 곡선 C 위에 놓여 있는 원기둥 위의 곡선이 되고 구불구불한 상태를 유지한다. 곡면 곡선 밑과 xy평면 위에 놓여 있는 원기둥 곡면의 일부는 구불구불한 벽 또는 담장과 같고 곡선 C 위에 서 있으며 평면에 수직이다. 곡선 위의 임의의 점 (x, y)에서 벽의 높이는 $f(x, y)$이다. 정의

$$\int_C f \, ds = \lim_{n \to \infty} \sum_{k=1}^{n} f(x_k, y_k) \, \Delta s_k$$

(여기서 $n \to \infty$일 때 $\Delta s_k \to 0$이다)로부터 선적분 $\int_C f ds$는 그림에서 보이는 벽의 넓이라는 것을 알 수 있다.

연습문제 14.1

벡터 방정식의 그래프

연습문제 1~8에서 벡터 방정식들을 아래의 그래프 (a)~(h)와 대응시키라.

a.

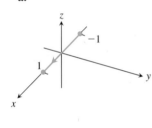

b.

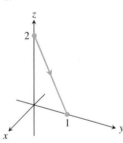

c.

d.

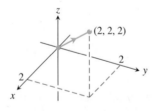

e.

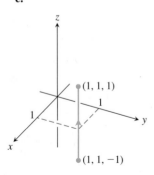

f.

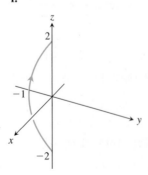

g.

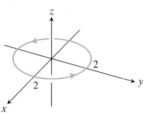

h.

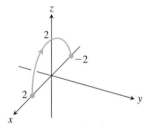

1. $\mathbf{r}(t) = t\mathbf{i} + (1 - t)\mathbf{j}, \quad 0 \le t \le 1$
2. $\mathbf{r}(t) = \mathbf{i} + \mathbf{j} + t\mathbf{k}, \quad -1 \le t \le 1$
3. $\mathbf{r}(t) = (2\cos t)\mathbf{i} + (2\sin t)\mathbf{j}, \quad 0 \le t \le 2\pi$
4. $\mathbf{r}(t) = t\mathbf{i}, \quad -1 \le t \le 1$
5. $\mathbf{r}(t) = t\mathbf{i} + t\mathbf{j} + t\mathbf{k}, \quad 0 \le t \le 2$
6. $\mathbf{r}(t) = t\mathbf{j} + (2 - 2t)\mathbf{k}, \quad 0 \le t \le 1$
7. $\mathbf{r}(t) = (t^2 - 1)\mathbf{j} + 2t\mathbf{k}, \quad -1 \le t \le 1$
8. $\mathbf{r}(t) = (2\cos t)\mathbf{i} + (2\sin t)\mathbf{k}, \quad 0 \le t \le \pi$

공간곡선 위에서 선적분 계산

9. C는 $(0, 1, 0)$부터 $(1, 0, 0)$까지 연결하는 선분 $x=t$, $y=(1-t)$, $z=0$일 때 $\int_C (x+y) \, ds$를 계산하라.
10. C는 $(0, 1, 1)$부터 $(1, 0, 1)$까지 연결하는 선분 $x=t$, $y=(1-t)$, $z=1$일 때 $\int_C (x-y+z-2) \, ds$를 계산하라.
11. 곡선 $\mathbf{r}(t) = 2t\mathbf{i} + t\mathbf{j} + (2-2t)\mathbf{k}$, $0 \le t \le 1$을 따라 $\int_C (xy+y+z) \, ds$를 계산하라.
12. 곡선 $\mathbf{r}(t) = (4\cos t)\mathbf{i} + (4\sin t)\mathbf{j} + 3t\mathbf{k}$, $-2\pi \le t \le 2\pi$를 따라 $\int_C \sqrt{x^2 + y^2} \, ds$를 계산하라.
13. $(1, 2, 3)$부터 $(0, -1, 1)$까지 연결하는 선분에서 $f(x, y, z) = x+y+z$의 선적분을 계산하라.
14. 곡선 $\mathbf{r}(t) = t\mathbf{i} + t\mathbf{j} + t\mathbf{k}$, $1 \le t \le \infty$에서 $f(x, y, z) = \sqrt{3}/(x^2 + y^2 + z^2)$의 선적분을 계산하라.
15. $(0, 0, 0)$부터 $(1, 1, 1)$까지 연결하는 경로 (주어진 그림 참조)가

C_1: $\mathbf{r}(t) = t\mathbf{i} + t^2\mathbf{j}, \quad 0 \le t \le 1$

C_2: $\mathbf{r}(t) = \mathbf{i} + \mathbf{j} + t\mathbf{k}, \quad 0 \le t \le 1$

로 주어져있을 때 그 경로에서 $f(x, y, z) = x + \sqrt{y} - z^2$을 적분하라.

16. $(0, 0, 0)$부터 $(1, 1, 1)$까지 연결하는 경로 (주어진 그림 참조)가

C_1: $\mathbf{r}(t) = t\mathbf{k}, \quad 0 \le t \le 1$

C_2: $\mathbf{r}(t) = t\mathbf{j} + \mathbf{k}, \quad 0 \le t \le 1$

C_3: $\mathbf{r}(t) = t\mathbf{i} + \mathbf{j} + \mathbf{k}, \quad 0 \le t \le 1$

로 주어져있을 때 그 경로에서 $f(x, y, z) = x + \sqrt{y} - z^2$을 적분하라.

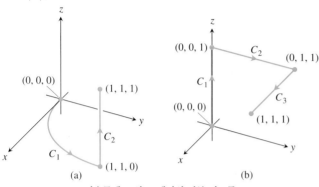

(a)   (b)

연습문제 15와 16에서의 적분 경로들

17. 경로 $\mathbf{r}(t) = t\mathbf{i} + t\mathbf{j} + t\mathbf{k}, 0 < a \le t \le b$에서
$f(x, y, z) = (x + y + z)/(x^2 + y^2 + z^2)$을 적분하라.

18. 원

$$\mathbf{r}(t) = (a \cos t)\mathbf{j} + (a \sin t)\mathbf{k}, \qquad 0 \le t \le 2\pi$$

에서 $f(x, y, z) = -\sqrt{x^2 + z^2}$을 적분하라.

평면곡선 위에서 선적분

19. 곡선 C가 다음과 같을 때, 선적분 $\int_C x\, ds$를 계산하라.

a. 선분 $x = t, y = t/2, (0, 0)$부터 $(4, 2)$까지

b. 포물선 $x = t, y = t^2, (0, 0)$부터 $(2, 4)$까지

20. 곡선 C가 다음과 같을 때, 선적분 $\int_C \sqrt{x + 2y}\, ds$를 계산하라.

a. 선분 $x = t, y = 4t, (0, 0)$부터 $(1, 4)$까지

b. $C_1 \cup C_2$; C_1은 $(0, 0)$부터 $(1, 0)$까지의 선분이고 C_2는 $(1, 0)$부터 $(1, 2)$까지의 선분

21. 곡선 $\mathbf{r}(t) = 4t\mathbf{i} - 3t\mathbf{j}, -1 \le t \le 2$에서 함수 $f(x, y) = ye^{x^2}$의 선적분을 구하라.

22. 곡선 $\mathbf{r}(t) = (\cos t)\mathbf{i} + (\sin t)\mathbf{j}, 0 \le t \le 2\pi$에서 함수 $f(x, y) = x - y + 3$의 선적분을 구하라.

23. 곡선 C가 $x = t^2, y = t^3, 1 \le t \le 2$일 때, $\int_C \dfrac{x^2}{y^{4/3}}\, ds$를 구하라.

24. 곡선 $\mathbf{r}(t) = t^3\mathbf{i} + t^4\mathbf{j}, 1/2 \le t \le 1$에서 함수 $f(x, y) = \sqrt{y}/x$의 선적분을 구하라.

25. 곡선 C가 다음 그림과 같이 주어졌을 때, $\int_C (x + \sqrt{y})\, ds$를 구하라.

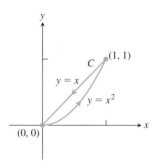

26. 곡선 C가 다음 그림과 같이 주어졌을 때, $\int_C \dfrac{1}{x^2 + y^2 + 1}\, ds$를 구하라.

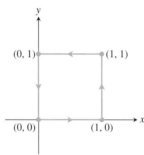

연습문제 27~30에서 주어진 곡선에서 f를 적분하라.

27. $f(x, y) = x^3/y, \quad C: y = x^2/2, \quad 0 \le x \le 2$

28. $f(x, y) = (x + y^2)/\sqrt{1 + x^2}, C: y = x^2/2$ $(1, 1/2)$부터 $(0, 0)$까지

29. $f(x, y) = x + y, C: x^2 + y^2 = 4$ 제1사분면에 있는 $(2, 0)$부터 $(0, 2)$까지

30. $f(x, y) = x^2 - y, C: x^2 + y^2 = 4$ 제1사분면에 있는 $(0, 2)$부터 $(\sqrt{2}, \sqrt{2})$까지

31. 곡선 $y = x^2, 0 \le x \le 2$ 위에 수직으로 서 있고, 곡면 $f(x, y) = x + \sqrt{y}$의 아래쪽에 놓여 있는 구불구불한 벽의 한쪽면의 넓이를 구하라.

32. 직선 $2x + 3y = 6, 0 \le x \le 6$ 위에 수직으로 서 있고, 곡면 $f(x, y) = 4 + 3x + 2y$의 아래쪽에 놓여 있는 벽의 한쪽면의 넓이를 구하라.

질량과 모멘트

33. 철사의 질량 곡선 $\mathbf{r}(t) = (t^2 - 1)\mathbf{j} + 2t\mathbf{k}, 0 \le t \le 1$을 따라 놓인 철사의 밀도가 $\delta = (3/2)t$일 때 철사의 질량을 구하라.

34. 휘어진 철사의 질량중심 밀도가 $\delta(x, y, z) = 15\sqrt{y + 2}$인 철사가 곡선 $\mathbf{r}(t) = (t^2 - 1)\mathbf{j} + 2t\mathbf{k}, -1 \le t \le 1$을 따라 놓여 있다. 이것의 질량중심을 구하라. 이 곡선과 질량중심을 함께 그리라.

35. 변하는 밀도를 가진 철사의 질량 곡선 $\mathbf{r}(t) = \sqrt{2}t\mathbf{i} + \sqrt{2}t\mathbf{j} + (4 - t^2)\mathbf{k}, 0 \le t \le 1$을 따라 놓인 가는 철사의 밀도가 각각 다음과 같을 때 철사의 질량을 구하라.

(a) $\delta = 3t$, **(b)** $\delta = 1$

36. 변하는 밀도를 가진 철사의 질량중심 곡선 $\mathbf{r}(t) = t\mathbf{i} + 2t\mathbf{j} + (2/3)t^{3/2}\mathbf{k}, 0 \le t \le 2$를 따라 놓인 가는 철사의 밀도가 $\delta = 3\sqrt{5 + t}$일 때 철사의 질량중심을 구하라.

37. 철사 고리의 관성모멘트 상수 밀도 δ를 가지는 원형 철사 고리

가 xy평면에서 원 $x^2+y^2=a^2$을 따라 놓여 있다. z축에 대한 이 고리의 관성모멘트를 구하라.

38. 긴 막대의 관성 상수 밀도를 가지는 가느다란 막대가 yz평면에 있는 선분 $\mathbf{r}(t)=t\mathbf{j}+(2-2t)\mathbf{k}$, $0\le t\le1$을 따라 놓여 있다. 세 좌표축에 대한 막대의 관성모멘트를 구하라.

39. 상수 밀도를 가지는 2개의 용수철 상수 밀도 δ를 가지는 용수철이 나선

$$\mathbf{r}(t) = (\cos t)\mathbf{i} + (\sin t)\mathbf{j} + t\mathbf{k}, \qquad 0 \le t \le 2\pi$$

를 따라 놓여 있다.

a. I_z를 구하라.

b. 만약에 상수 밀도 δ를 가지는 다른 용수철이 (a)의 용수철보다 2배의 길이를 가지며 $0\le t\le4\pi$에 대한 나선을 따라 놓여 있다고 가정하자. 긴 용수철에 대한 I_z가 짧은 용수철에 대한 것들과 같겠는가? 아니면 다르겠는가? 긴 용수철에 대한 I_z를 계산하여 예측을 확인해 보자.

40. 상수 밀도를 가지는 철사 상수 밀도 $\delta=1$을 가지는 철사가 곡선

$$\mathbf{r}(t) = (t\cos t)\mathbf{i} + (t\sin t)\mathbf{j} + \left(2\sqrt{2}/3\right)t^{3/2}\mathbf{k}, \qquad 0 \le t \le 1$$

을 따라 놓여 있다. $\bar{z}$, I_z를 구하라.

41. 예제 4의 아치형 구조물 예제 4의 아치형 구조물에 대하여 I_x를 구하라.

42. 변하는 밀도를 가지는 철사에 대한 질량중심, 관성모멘트 밀도가 δ $=1/(t+1)$일 때, 곡선

$$\mathbf{r}(t) = t\mathbf{i} + \frac{2\sqrt{2}}{3}t^{3/2}\mathbf{j} + \frac{t^2}{2}\mathbf{k}, \qquad 0 \le t \le 2$$

를 따라 놓인 가는 철사의 질량중심과 각 좌표축들에 대한 관성모멘트를 구하라.

컴퓨터 탐구

연습문제 43~46에서 CAS를 가지고 다음의 과정을 실행하여 선적분을 구하라.

a. 경로 $\mathbf{r}(t)=g(t)\mathbf{i}+h(t)\mathbf{j}+k(t)\mathbf{k}$에 대하여 $ds=|\mathbf{v}(t)|\,dt$를 구하라.

b. 매개변수 t에 대한 함수로서 적분함수 $f(g(t),h(t),k(t))|\mathbf{v}(t)|$를 나타내라.

c. 본문의 식 (2)를 적용하여 $\int_C f\,ds$를 구하라.

43. $f(x,y,z)=\sqrt{1+30x^2+10y}$; $\mathbf{r}(t)=t\mathbf{i}+t^2\mathbf{j}+3t^2\mathbf{k}$, $0\le t\le2$

44. $f(x,y,z)=\sqrt{1+x^3+5y^3}$; $\mathbf{r}(t)=t\mathbf{i}+\frac{1}{3}t^2\mathbf{j}+\sqrt{t}\mathbf{k}$, $0\le t\le2$

45. $f(x,y,z)=x\sqrt{y}-3z^2$; $\mathbf{r}(t)=(\cos 2t)\mathbf{i}+(\sin 2t)\mathbf{j}+5t\mathbf{k}$, $0\le t\le2\pi$

46. $f(x,y,z)=\left(1+\frac{9}{4}z^{1/3}\right)^{1/4}$; $\mathbf{r}(t)=(\cos 2t)\mathbf{i}+(\sin 2t)\mathbf{j}+t^{5/2}\mathbf{k}$, $0\le t\le2\pi$

14.2 벡터장과 선적분: 일, 순환, 유출

중력과 전기력은 크기와 함께 방향을 가지고 있다. 각 점에서 이들을 표현하기 위해 벡터가 사용되며, 점들이 속한 영역 내에서 **벡터장**(*vector field*)을 이룬다. 이 절에서는 이 벡터장을 통해 움직이는 물체에 의해 수행되어지는 일을 계산하기 위해 선적분이 어떻게 사용되는지를 공부한다. 또한 이 영역 내에서 벡터장으로 유체의 속도를 표현하는 **속도장**(*velocity field*)에 대해 공부한다. 영역 내에 놓여 있는 곡선을 따라 또는 통과하여 흐르는 유체의 속도를 구하기 위해 선적분이 사용된다.

벡터장

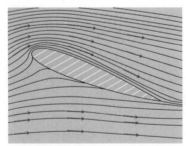

그림 14.7 풍동내에서 날개 주위를 흐르는 유체의 속도벡터들

그림 14.8 폭이 좁아지는 수로를 흐르는 유선. 수로의 폭이 좁아지면 물의 흐름이 빨라지며 속도벡터들은 크기가 증가한다.

평면 또는 공간에서 한 영역이 공기나 물과 같은 움직이는 유체로 채워졌다고 가정하자. 이 유체는 매우 많은 수의 입자들로 이루어져 있고, 모든 순간에 입자들은 속도 $\mathbf{v}$를 갖고 있다. 주어진 (동일한) 시간에서 영역 내의 다른 위치에서 이 속도들은 다를 수 있다. 따라서 우리는 유체의 각 점에 있는 입자의 속도를 표현하여 이 점에 대응하는 속도벡터로 생각할 수 있다. 이와 같은 유체의 유동은 벡터장의 한 예가 된다. 그림 14.7에서는 풍동내에서 항공기 날개 주위를 흐르는 공기로부터 구한 속도 벡터장을 보여준다. 그림 14.8에서는 폭이 좁아지는 수로를 따라 흐르는 물의 유선을 따라 속도벡터들의 벡터장을 보여준다. 벡터장은 또한 중력(그림 14.9)과 같은 힘, 또는 자기장, 전기장에 의해 표현될 수 있으며, 순수하게 수학적인 함수를 표현할 수도 있다.

일반적으로, **벡터장**(**vector field**)은 영역 내의 각 점에 대해서 하나의 벡터를 대응시

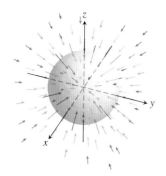

그림 **14.9** 중력 벡터장에서의 벡터들이 이 벡터장의 근원을 나타내는 질량중심을 향하고 있다.

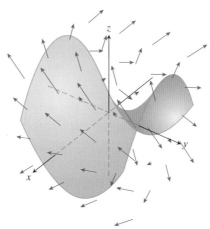

그림 **14.10** 물 또는 바람의 유동 속도벡터를 나타내는 벡터장에서 곡면은 필터, 그물망, 또는 낙하산을 나타낼 수 있다. 화살표는 유동의 방향을, 그의 길이는 속력을 나타낸다.

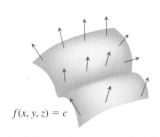

$f(x, y, z) = c$

그림 **14.11** 곡면 $f(x, y, z) = c$에서의 기울기 벡터 ∇f에 의한 벡터장. 곡면에서 함수 f는 상수이고, 벡터 방향은 가장 빠르게 증가하는 방향을 표시한다.

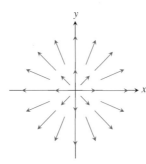

그림 **14.12** 평면에서 점들의 위치벡터 $\mathbf{F} = x\mathbf{i} + y\mathbf{j}$를 이용하여 만든 방사 벡터장. $\mathbf{F}$가 계산되는 점이 화살표의 머리가 아닌 꼬리가 됨을 주의하라.

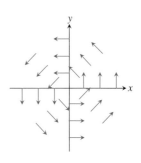

그림 **14.13** 평면에서 회전하는 단위벡터들의 회전 벡터장
$$\mathbf{F} = (-y\mathbf{i} + x\mathbf{j})/(x^2 + y^2)^{1/2}$$
이 벡터장은 원점에서는 정의되지 않는다.

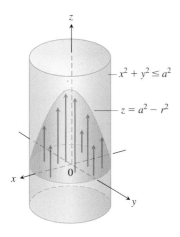

$x^2 + y^2 \leq a^2$

$z = a^2 - r^2$

그림 **14.14** 긴 원기둥 관에서의 유체의 유동. 원기둥 안의 벡터 $\mathbf{v} = (a^2 - r^2)\mathbf{k}$들의 시작점은 xy평면에 놓여 있고, 끝점은 포물면 $z = a^2 - r^2$에 놓여 있다.

키는 함수로 정의한다. 예를 들어, 공간 내의 한 3차원 영역에서의 벡터장은 다음과 같은 식으로 표현된다.

$$\mathbf{F}(x, y, z) = M(x, y, z)\mathbf{i} + N(x, y, z)\mathbf{j} + P(x, y, z)\mathbf{k}$$

각 **성분함수(component function)** M, N, P가 각각 연속이면, 벡터장은 **연속(continuous)**이라 하며, 각 성분함수들이 미분가능하면, 벡터장은 **미분가능하다(differentiable)**고 한다. 2차원 벡터장의 식은 다음과 같이 나타낼 수 있다.

$$\mathbf{F}(x, y) = M(x, y)\mathbf{i} + N(x, y)\mathbf{j}$$

11장에서는 또 다른 형태의 벡터장을 보았었다. 공간 내의 곡선에 대한 접선벡터 $\mathbf{T}$와 법선벡터 $\mathbf{N}$은 둘 다 곡선을 따라 벡터장을 이룬다. 곡선 $\mathbf{r}(t)$를 따라 아래의 속도장의 표현식과 비슷하게 성분함수식에 의해 표현된다.

$$\mathbf{v}(t) = f(t)\mathbf{i} + g(t)\mathbf{j} + h(t)\mathbf{k}$$

스칼라함수 $f(x, y, z)$의 등위 곡면의 각 점에 기울기 벡터 ∇f를 대응시키면 곡면에서의 3차원 벡터장을 얻는다. 흐르는 유체의 각 점에 유체의 속도벡터를 대응시키면 공간 내의 한 영역에서 정의되는 3차원 벡터장을 얻는다. 이들과 또 다른 예들이 그림 14.7~14.16에서 볼 수 있다. 벡터장을 그리기 위해서, 영역을 대표할 수 있는 점들을 선택하여 찍고, 그 점에 대응하는 벡터를 그린다. 벡터함수를 계산하는 점이 화살표의

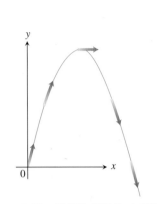

그림 14.15   발사체 운동의 속도벡터 $\mathbf{v}(t)$는 궤적을 따라 벡터장을 이루고 있다.

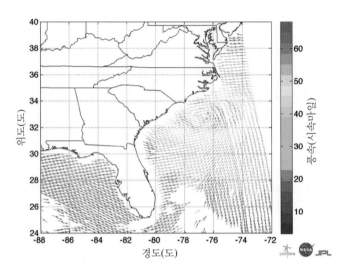

그림 14.16   NASA의 QuikSCAT 위성 데이터를 사용하여 2011년 8월 27일 노스캐롤라이나에 허리케인 아이린이 상륙하기 6시간 전의 풍속과 풍향을 근사적으로 표현하였다. 화살표는 바람의 방향을 보여주고, 속력은(길이보다 오히려) 색깔에 의해 나타내었다. 최대 풍속(시속 130 킬로미터)이 발생한 지역은 너무 작아서 이 사진의 해상도에서는 표현할 수 없었다.

머리가 아닌 꼬리가 되도록 그린다.

기울기 벡터장

미분가능한 스칼라함수의 기울기 벡터는 그 점에서 함숫값이 최대로 증가하는 방향을 나타낸다. 함수의 모든 기울기 벡터는 벡터장의 중요한 형태를 이루고 있다(12.5절 참조). 미분가능한 함수 $f(x, y, z)$의 **기울기 벡터장(gradient field)**은 다음과 같은 기울기 벡터들의 벡터장으로 정의한다.

$$\nabla f = \frac{\partial f}{\partial x}\mathbf{i} + \frac{\partial f}{\partial y}\mathbf{j} + \frac{\partial f}{\partial z}\mathbf{k}$$

각 점 (x, y, z)에서, 기울기 벡터장은 함수 f의 최대 증가 방향을 가리키고, 그 방향으로의 방향 도함수의 값을 크기로 갖는 벡터로 구성된다. 기울기 벡터장은 힘 장을 나타낼 수도 있고, 응용문제에 적용되는 매체를 따라 움직이는 유체의 운동이나 열의 흐름을 표현하는 속도장을 나타낼 수도 있다. 많은 물리 응용문제에서는, f가 퍼텐셜 에너지를 표현하고, 그 기울기 벡터장은 그에 대응하는 힘을 표현한다. 이와 같은 경우에서, f는 흔히 음의 값을 가지게 함으로써, 힘이 퍼텐셜 에너지를 감소하는 방향을 나타내도록 한다.

예제 1   어떤 물질이 가열되어, 물질내 한 영역의 각 점 (x, y, z)에서 온도 T가 다음과 같이 주어지고

$$T = 100 - x^2 - y^2 - z^2$$

T의 기울기 벡터를 $\mathbf{F}(x, y, z)$라고 정의하였다고 하자. 벡터장 $\mathbf{F}$를 구하라.

풀이   기울기 벡터장 $\mathbf{F}$는 $\mathbf{F} = \nabla T = -2x\mathbf{i} - 2y\mathbf{j} - 2z\mathbf{k}$이다. 영역의 각 점에서 벡터장 $\mathbf{F}$는 온도가 최대로 증가하는 방향을 가리킨다. 벡터는 온도가 최대인 원점을 향하고 있다(그림 14.17 참조). ■

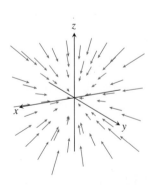

그림 14.17   온도 기울기 벡터장에서 벡터는 온도가 최대로 증가하는 방향을 나타낸다. 이 경우 화살표는 원점을 향하여 그려진다.

벡터장의 선적분

14.1절에서 스칼라함수 $f(x, y, z)$의 경로 C에서의 선적분을 정의하였다. 여기서는 곡선 C를 따라 벡터장 함수 $\mathbf{F}$를 선적분하는 방법을 공부한다. 이러한 선적분은 유체의 흐름이나 일, 에너지, 전기장, 중력장을 공부하는 데 중요하게 활용된다.

벡터장 $\mathbf{F} = M(x, y, z)\mathbf{i} + N(x, y, z)\mathbf{j} + P(x, y, z)\mathbf{k}$가 연속함수라고 가정하고 곡선 C가 매끄러운 매개방정식 $\mathbf{r}(t) = g(t)\mathbf{i} + h(t)\mathbf{j} + k(t)\mathbf{k}$, $a \le t \le b$라고 가정하자. 14.1절에서 설명한 것과 같이, 매개방정식 $\mathbf{r}(t)$는 곡선 C를 따라 **전진 방향(forward direction)**이라 불리는 방향(또는 진행 방향)을 결정해 준다. 경로 C를 따라 각 점에서 접선벡터 $\mathbf{T} = d\mathbf{r}/ds = \mathbf{v}/|\mathbf{v}|$는 경로에 접하는 단위벡터이고 전진 방향을 가리킨다. (벡터 $\mathbf{v} = d\mathbf{r}/dt$는 각 점에서 경로 C에 접하는 속도벡터이다. 이는 11.1절과 11.3절 참조). 벡터장의 선적분은 경로 C를 따라 스칼라함수인 $\mathbf{F}$의 접선 성분을 선적분하는 것이다. 이 접선 성분은 다음과 같이 내적에 의해 구할 수 있다.

$$\mathbf{F} \cdot \mathbf{T} = \mathbf{F} \cdot \frac{d\mathbf{r}}{ds}$$

따라서 다음과 같은 정의를 만들 수 있다.

정의 매개변수 t에 의해 $\mathbf{r}(t)$, $a \le t \le b$로 표현되는 매끄러운 곡선 C를 따라 정의된 벡터장 함수 $\mathbf{F}$를 연속함수라고 하자. **벡터장 함수 F의 곡선 C에서의 선적분(line integral of F along C)**은 다음과 같이 정의한다.

$$\int_C \mathbf{F} \cdot \mathbf{T}\, ds = \int_C \left(\mathbf{F} \cdot \frac{d\mathbf{r}}{ds}\right) ds = \int_{\mathbf{C}} \mathbf{F} \cdot d\mathbf{r} \tag{1}$$

벡터장 함수의 선적분은 스칼라함수의 선적분과 비슷한 방법으로 계산할 수 있다.(14.1절 참조)

벡터장 함수 $F = M\mathbf{i} + N\mathbf{j} + P\mathbf{k}$의 곡선 C: $\mathbf{r}(t) = g(t)\mathbf{i} + h(t)\mathbf{j} + k(t)\mathbf{k}$에서의 선적분의 계산

1. 벡터장 $\mathbf{F}$의 성분함수 $M(x, y, z)$, $N(x, y, z)$와 $P(x, y, z)$에 곡선 C의 매개방정식 $\mathbf{r}(t)$의 성분 $x = g(t)$, $y = h(t)$와 $z = k(t)$를 대입하여 벡터장 함수 $\mathbf{F}$를 $\mathbf{F}(\mathbf{r}(t))$로 나타낸다.
2. 도함수(속도) 벡터 $d\mathbf{r}/dt$를 구한다.
3. 매개변수 t, $a \le t \le b$에 관하여 다음과 같이 선적분을 계산한다.

$$\int_C \mathbf{F} \cdot d\mathbf{r} = \int_a^b \mathbf{F}(\mathbf{r}(t)) \cdot \frac{d\mathbf{r}}{dt}\, dt \tag{2}$$

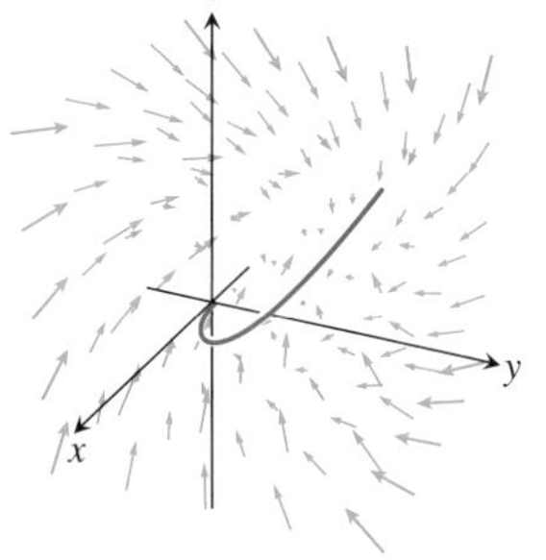

예제 2 매개방정식 $\mathbf{r}(t) = t^2\mathbf{i} + t\mathbf{j} + \sqrt{t}\,\mathbf{k}$, $0 \le t \le 1$로 표현된 곡선 C를 따라 정의된 벡터장 함수 $\mathbf{F}(x, y, z) = z\mathbf{i} + xy\mathbf{j} - y^2\mathbf{k}$(그림 14.18 참조)의 선적분 $\int_C \mathbf{F} \cdot d\mathbf{r}$을 계산하라.

풀이 먼저

$$\mathbf{F}(\mathbf{r}(t)) = \sqrt{t}\,\mathbf{i} + t^3\mathbf{j} - t^2\mathbf{k} \qquad z = \sqrt{t},\, xy = t^3,\, -y^2 = -t^2$$

이고

$$\frac{d\mathbf{r}}{dt} = 2t\mathbf{i} + \mathbf{j} + \frac{1}{2\sqrt{t}}\mathbf{k}$$

이다. 따라서 선적분은 다음과 같이 계산한다.

그림 14.18 (빨간색의) 곡선은 예제 2의 벡터장을 따라서 휘어져 있다. 선적분은 곡선을 따라 그 위에 놓여있는 벡터들에 의해 결정된다.

$$\int_C \mathbf{F} \cdot d\mathbf{r} = \int_0^1 \mathbf{F}(\mathbf{r}(t)) \cdot \frac{d\mathbf{r}}{dt} \, dt$$

$$= \int_0^1 \left(2t^{3/2} + t^3 - \frac{1}{2} t^{3/2} \right) dt$$

$$= \left[\left(\frac{3}{2} \right) \left(\frac{2}{5} t^{5/2} \right) + \frac{1}{4} t^4 \right]_0^1 = \frac{17}{20}$$ ∎

dx, dy 또는 dz에 관한 선적분

힘 또는 유동을 해석하고자 할 때, 가끔은 각 성분 방향으로 분리하여 생각하는 것이 더 유용하다. 예를 들어, 중력장의 효과를 해석하고자 할 때, 수평방향으로 운동을 무시하고, 수직방향으로 힘과 운동을 고려하는 것이 나을 것이다. 또는 댐의 안쪽 벽면을 밀어내는 물이나 비행기의 진로에 영향을 미치는 바람의 해석에서는 수평방향으로 압력을 가하는 힘만 고려하는 것이 더 좋을 것이다. 이러한 경우에 스칼라함수의 선적분을 $\int_C M \, dx$와 같이 좌표 중의 하나의 변수에 관한 적분으로 계산하기를 원한다. 이러한 형태의 적분은 14.1절에서 정의했던 호의 길이 선적분 $\int_C M \, ds$ 와는 전혀 다른 것이다. 스칼라함수 $M(x, y, z)$에 대한 새로운 적분 $\int_C M \, dx$를 정의하기 위하여, x방향으로 오직 하나의 성분만을 갖고, y방향, z방향 성분은 없는 벡터장 함수 $\mathbf{F} = M(x, y, z)\mathbf{i}$를 정의한다. 그러면 곡선 C가 매개변수 t에 의해 $\mathbf{r}(t) = g(t)\mathbf{i} + h(t)\mathbf{j} + k(t)\mathbf{k}$, $a \le t \le b$로 표현된다면, 곡선 C에서 $x = g(t)$와 $dx = g'(t) \, dt$이고, 벡터장 함수 $\mathbf{F}$는 다음을 만족한다.

$$\mathbf{F} \cdot d\mathbf{r} = \mathbf{F} \cdot \frac{d\mathbf{r}}{dt} \, dt = M(x, y, z)\mathbf{i} \cdot (g'(t)\mathbf{i} + h'(t)\mathbf{j} + k'(t)\mathbf{k}) \, dt$$

$$= M(x, y, z) \, g'(t) \, dt = M(x, y, z) \, dx$$

벡터장 함수 $\mathbf{F}$의 곡선 C에서 선적분의 정의로부터 다음과 같이 정의한다.

$$\int_C M(x, y, z) \, dx = \int_C \mathbf{F} \cdot d\mathbf{r}, \quad \text{where} \quad \mathbf{F} = M(x, y, z)\mathbf{i}$$

같은 방법으로, y방향으로 오직 하나의 성분을 갖는 벡터장 함수 $\mathbf{F} = N(x, y, z)\mathbf{j}$를 정의함으로써, 또는 z방향으로 오직 하나의 성분을 갖는 벡터장 함수 $\mathbf{F} = P(x, y, z)\mathbf{k}$를 정의함으로써 선적분 $\int_C N \, dy$ 또는 $\int_C P \, dz$를 정의할 수 있다. 이 세 가지 적분들은 모두 곡선 C를 따라 t에 관한 적분으로 표현할 수 있으며, 다음과 같은 공식을 얻는다.

선적분 기호

통상적으로 사용하는 표현인

$$\int_C M \, dx + N \, dy + P \, dz$$

는 세 선적분의 합으로 짧게 표현한 방법이다. 각 좌표 방향을 표현한 방법은 다음과 같다.

$$\int_C M(x, y, z) \, dx + \int_C N(x, y, z) \, dy$$
$$+ \int_C P(x, y, z) \, dz$$

이 적분을 계산하기 위해서는 곡선 C를 $g(t)\mathbf{i} + h(t)\mathbf{j} + k(t)\mathbf{k}$와 같이 매개변수화하여 식 (3), (4)와 (5)를 이용한다.

$$\int_C M(x, y, z) \, dx = \int_a^b M(g(t), h(t), k(t)) \, g'(t) \, dt \qquad (3)$$

$$\int_C N(x, y, z) \, dy = \int_a^b N(g(t), h(t), k(t)) \, h'(t) \, dt \qquad (4)$$

$$\int_C P(x, y, z) \, dz = \int_a^b P(g(t), h(t), k(t)) \, k'(t) \, dt \qquad (5)$$

이들 선적분은 조합해서 사용하기도 하며, 이 경우 간단히 다음과 같이 쓴다.

$$\int_C M(x, y, z) \, dx + \int_C N(x, y, z) \, dy + \int_C P(x, y, z) \, dz = \int_C M \, dx + N \, dy + P \, dz$$

예제 3 경로 C가 나선 $\mathbf{r}(t) = (\cos t)\mathbf{i} + (\sin t)\mathbf{j} + t\mathbf{k}$, $0 \le t \le 2\pi$일 때, 선적분

$$\int_C -y\, dx + z\, dy + 2x\, dz$$

를 계산하라.

풀이 매개변수 t를 사용하여 모두를 표현하면

$$x = \cos t,\ y = \sin t,\ z = t$$

이고

$$dx = -\sin t\, dt,\ dy = \cos t\, dt,\ dz = dt$$

이다. 따라서 선적분은 다음과 같이 계산한다.

$$\begin{aligned}
\int_C -y\, dx + z\, dy + 2x\, dz &= \int_0^{2\pi} \left[(-\sin t)(-\sin t) + t\cos t + 2\cos t \right] dt \\
&= \int_0^{2\pi} \left[2\cos t + t\cos t + \sin^2 t \right] dt \\
&= \left[2\sin t + (t\sin t + \cos t) + \left(\frac{t}{2} - \frac{\sin 2t}{4} \right) \right]_0^{2\pi} \\
&= \left[0 + (0 + 1) + (\pi - 0) \right] - \left[0 + (0 + 1) + (0 - 0) \right] \\
&= \pi
\end{aligned}$$

∎

공간내 곡선에서 힘이 한 일

벡터장 $\mathbf{F} = M(x, y, z)\mathbf{i} + N(x, y, z)\mathbf{j} + P(x, y, z)\mathbf{k}$가 공간내 한 영역에서 힘을 나타내는 함수라 가정하자(이는 중력일 수도 있고 전자기력일 수도 있다). 또한

$$\mathbf{r}(t) = g(t)\mathbf{i} + h(t)\mathbf{j} + k(t)\mathbf{k}, \qquad a \le t \le b$$

는 이 영역에 놓여 있는 매끄러운 곡선이라 가정하자. 이 곡선을 따라 이 힘으로 물체를 이동시키는 일을 계산하는 공식은 5장에서 다룬 일, 즉 x축 위의 구간을 따라 $\mathbf{F}(x)$의 크기를 갖는 연속적인 힘에 의한 일에 대한 1변수 적분과 같은 방식으로 유도된다. 공간내 곡선 C에서, 곡선 위의 한 점 A로부터 또 다른 점 B까지 곡선을 따라 연속적인 힘 $\mathbf{F}$에 의하여 물체를 이동시키는 일을 다음과 같이 정의한다.

먼저 점 A에서부터 점 B까지 곡선 C를 길이가 Δs_k인 n개의 부분호 $P_{k-1}P_k$로 나눈 후, 각 호 $P_{k-1}P_k$ 위에서 한 점 (x_k, y_k, z_k)를 잡고 그 점에서 단위접선벡터를 $T(x_k, y_k, z_k)$라 하자. 호 $P_{k-1}P_k$를 따라 물체를 이동시킨 일 W_k는 힘 $\mathbf{F}(x_k, y_k, z_k)$의 접선 성분과 물체가 호를 따라 이동한 거리의 근삿값인 Δs_k의 곱으로 근사시킬 수 있다(그림 14.19 참조).

점 A로부터 점 B까지 물체를 이동시킨 전체 일은 각 부분호를 따라 한 일들을 더해줌으로 근사시킬 수 있다. 따라서

$$W \approx \sum_{k=1}^{n} W_k \approx \sum_{k=1}^{n} \mathbf{F}(x_k, y_k, z_k) \cdot \mathbf{T}(x_k, y_k, z_k)\, \Delta s_k$$

이다. 곡선 C를 n개의 부분호로 어떻게 나누더라도, 각 부분호 내에서 어떤 점 (x_k, y_k, z_k)을 잡더라도, $n \to \infty$일 때 $\Delta s_k \to 0$이면, 이 합은 다음 선적분의 값으로 접근한다.

$$\int_C \mathbf{F} \cdot \mathbf{T}\, ds$$

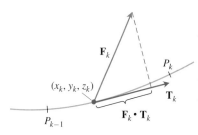

그림 14.19 부분호를 따라 한 일은 $\mathbf{F}_k = \mathbf{F}(x_k, y_k, z_k)$와 $\mathbf{T}_k = \mathbf{T}(x_k, y_k, z_k)$에 의해 $\mathbf{F}_k \cdot \mathbf{T}_k\, \Delta s_k$로 근사시킨다.

이는 함수 **F**의 곡선 *C*에서 선적분이고, 전체 한 일을 정의한다.

정의 곡선 *C*를 매개변수 *t*에 의해 **r**(*t*), *a* ≤ *t* ≤ *b*로 정의된 매끄러운 곡선이라 하고 **F**를 곡선 *C*를 포함하는 한 영역에서 정의된 힘을 나타내는 벡터장이라 하자. 곡선 *C*를 따라 점 *A* = **r**(*a*)부터 점 *B* = **r**(*b*)까지 물체를 이동시키는 **일(work)**은 다음과 같다

$$W = \int_C \mathbf{F} \cdot \mathbf{T}\, ds = \int_a^b \mathbf{F}(\mathbf{r}(t)) \cdot \frac{d\mathbf{r}}{dt}\, dt \tag{6}$$

이 적분을 계산해서 나오는 값의 부호는 곡선이 진행하는 방향에 의해 결정된다. 물체를 이동시키는 방향을 거꾸로 하면, 그림 14.20에서 보는 것처럼 **T**의 방향이 반대로 되고 **F**·**T**의 부호도 반대가 되어 적분의 부호가 반대로 된다.

앞에서 공부한 내용을 바탕으로, 일에 대한 적분을 경우에 가장 적합하고 편리한 기호를 써서 여러 가지 방법으로 표현할 수 있다. 표 14.2는 식 (6)에서 일 적분을 표현할 수 있는 다섯 가지 방법을 보여 준다. 표에서 벡터장 함수의 각 성분들 *M*, *N*과 *P*는 중간변수들 *x*, *y*와 *z*의 함수들인데, 결국에는 벡터장에서 곡선 *C*를 따라 독립변수 *t*의 함수로 된다. 즉, 곡선을 따라 *x* = *g*(*t*), *y* = *h*(*t*)와 *z* = *k*(*t*)로 변환되며, 또한 *dx* = *g*′(*t*)*dt*, *dy* = *h*′(*t*)*dt*와 *dz* = *k*′(*t*)*dt*로 변환이 이루어진다.

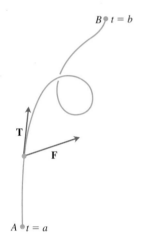

그림 14.20 힘 **F**에 의해 한 일은 매끄러운 곡선에서 *A*부터 *B*까지 스칼라 성분 **F**·**T**의 선적분이다.

표 14.2 곡선 *C*: **r**(*t*) = *g*(*t*)**i** + *h*(*t*)**j** + *k*(*t*)**k**, *a* ≤ *t* ≤ *b*를 따라 힘 **F** = *M***i** + *N***j** + *P***k**에 의한 일 적분을 다르게 표현하는 방법들

$$W = \int_C \mathbf{F} \cdot \mathbf{T}\, ds \qquad\qquad 정의$$

$$= \int_C \mathbf{F} \cdot d\mathbf{r} \qquad\qquad 벡터\ 미분\ 형식$$

$$= \int_a^b \mathbf{F} \cdot \frac{d\mathbf{r}}{dt}\, dt \qquad\qquad 매개변수에\ 의한\ 벡터\ 계산$$

$$= \int_a^b \big(Mg'(t) + Nh'(t) + Pk'(t)\big)\, dt \qquad\qquad 매개변수에\ 의한\ 스칼라\ 계산$$

$$= \int_C M\, dx + N\, dy + P\, dz \qquad\qquad 스칼라\ 미분\ 형식$$

예제 4 (0, 0, 0)부터 (1, 1, 1)까지 연결하는 곡선 **r**(*t*) = *t***i** + *t*²**j** + *t*³**k**, 0 ≤ *t* ≤ 1을 따라 물체를 이동시키는 힘 **F** = (*y* − *x*²)**i** + (*z* − *y*²)**j** + (*x* − *z*²)**k**에 의해 한 일을 구하라(그림 14.21).

풀이 먼저 곡선 **r**(*t*)에서 **F**를 구한다.

$$\mathbf{F} = (y - x^2)\mathbf{i} + (z - y^2)\mathbf{j} + (x - z^2)\mathbf{k}$$
$$= \underbrace{(t^2 - t^2)}_{0}\mathbf{i} + (t^3 - t^4)\mathbf{j} + (t - t^6)\mathbf{k} \qquad x = t,\ y = t^2,\ z = t^3\ 대입$$

그런 후에 *d***r**/*dt*를 구한다.

$$\frac{d\mathbf{r}}{dt} = \frac{d}{dt}(t\mathbf{i} + t^2\mathbf{j} + t^3\mathbf{k}) = \mathbf{i} + 2t\mathbf{j} + 3t^2\mathbf{k}$$

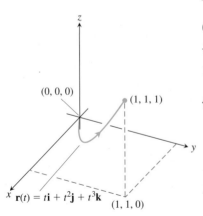

그림 14.21 예제 4의 곡선

마지막으로, $\mathbf{F} \cdot d\mathbf{r}/dt$와 $t=0$부터 $t=1$까지에서 그것의 적분을 구한다.

$$\mathbf{F} \cdot \frac{d\mathbf{r}}{dt} = \left[(t^3 - t^4)\mathbf{j} + (t - t^6)\mathbf{k} \right] \cdot (\mathbf{i} + 2t\mathbf{j} + 3t^2\mathbf{k})$$

$$= (t^3 - t^4)(2t) + (t - t^6)(3t^2) = 2t^4 - 2t^5 + 3t^3 - 3t^8 \qquad \text{내적 계산}$$

이므로 다음과 같다.

$$\text{일} = \int_0^1 \left(2t^4 - 2t^5 + 3t^3 - 3t^8 \right) dt$$

$$= \left[\frac{2}{5}t^5 - \frac{2}{6}t^6 + \frac{3}{4}t^4 - \frac{3}{9}t^9 \right]_0^1 = \frac{29}{60} \qquad \blacksquare$$

예제 5   힘 $\mathbf{F} = x\mathbf{i} + y\mathbf{j} + z\mathbf{k}$에 의해 매개방정식 $\mathbf{r}(t) = \cos(\pi t)\mathbf{i} + t^2\mathbf{j} + \sin(\pi t)\mathbf{k}$, $0 \le t \le 1$에 의해 표현되는 곡선 C를 따라 물체를 이동시키는 일을 구하라.

풀이   곡선 C를 따라 힘 $\mathbf{F}$를 t의 함수로 나타내면

$$\mathbf{F}(\mathbf{r}(t)) = \cos(\pi t)\mathbf{i} + t^2\mathbf{j} + \sin(\pi t)\mathbf{k}$$

이다. 다음으로 도함수 $d\mathbf{r}/dt$를 구하면

$$\frac{d\mathbf{r}}{dt} = -\pi \sin(\pi t)\mathbf{i} + 2t\mathbf{j} + \pi \cos(\pi t)\mathbf{k}$$

이다. 따라서 내적을 구하면

$$\mathbf{F}(\mathbf{r}(t)) \cdot \frac{d\mathbf{r}}{dt} = -\pi \sin(\pi t) \cos(\pi t) + 2t^3 + \pi \sin(\pi t) \cos(\pi t) = 2t^3$$

이다. 한 일은 선적분이므로 다음과 같다.

$$\int_a^b \mathbf{F}(\mathbf{r}(t)) \cdot \frac{d\mathbf{r}}{dt} \, dt = \int_0^1 2t^3 \, dt = \frac{t^4}{2} \Big]_0^1 = \frac{1}{2} \qquad \blacksquare$$

속도장에 대한 유동적분과 순환

벡터장 $\mathbf{F}$를 공간내 어떤 영역(예를 들어, 조수 독(tidal basin) 또는 수력발전소의 터빈실)을 통과하여 흐르는 유체의 속도장이라 가정하자. 이런 환경 아래서, 영역 내의 곡선에서 함수 $\mathbf{F} \cdot \mathbf{T}$의 적분은 곡선을 따라 흐르는 유체의 유동, 또는 순환을 나타낸다. 예를 들어, 그림 14.12의 벡터장은 단위원을 따라 순환이 전혀 없다. 이와 대조적으로, 그림 14.13의 벡터장은 단위원을 따라 순환한다.

정의 $\mathbf{r}(t)$가 매끄러운 곡선 C의 매개방정식이고, $\mathbf{F}$가 곡선에서 정의된 연속 속도벡터장이면, 점 $A = \mathbf{r}(a)$부터 $B = \mathbf{r}(b)$까지 곡선을 따라 흐르는 **유동(flow)**은

$$\text{유동} = \int_C \mathbf{F} \cdot \mathbf{T} \, ds \qquad\qquad (7)$$

이다. 이 경우의 적분을 **유동적분(flow integral)**이라 한다. 이 곡선이 같은 점에서 시작하여 끝나면, 즉 $A = B$이면 유동은 곡선을 따른 **순환(circulation)**이라 한다.

곡선 C를 따라 진행하는 방향도 중요하다. 만약 진행 방향을 반대로 바꾸면 $\mathbf{T}$가 $-\mathbf{T}$로 바뀌고, 적분의 부호도 바뀐다. 유동적분도 일 적분을 구하는 것과 같은 방법으로 구한다.

예제 6   유체의 속도장이 $\mathbf{F}=x\mathbf{i}+z\mathbf{j}+y\mathbf{k}$이다. 나선 $\mathbf{r}(t)=(\cos t)\mathbf{i}+(\sin t)\mathbf{j}+t\mathbf{k}$, $0\leq t\leq$ $\pi/2$를 따른 유동을 구하라.

풀이   곡선에서 $\mathbf{F}$를 구하고,

$$\mathbf{F} = x\mathbf{i} + z\mathbf{j} + y\mathbf{k} = (\cos t)\mathbf{i} + t\mathbf{j} + (\sin t)\mathbf{k} \qquad x = \cos t, z = t, y = \sin t \text{ 대입}$$

그런 후에 $d\mathbf{r}/dt$를 구한다.

$$\frac{d\mathbf{r}}{dt} = (-\sin t)\mathbf{i} + (\cos t)\mathbf{j} + \mathbf{k}$$

이제 $t=0$부터 $t=\dfrac{\pi}{2}$까지 $\mathbf{F}\cdot(d\mathbf{r}/dt)$를 적분하면 유동이 계산된다.

$$\begin{aligned}\mathbf{F} \cdot \frac{d\mathbf{r}}{dt} &= (\cos t)(-\sin t) + (t)(\cos t) + (\sin t)(1)\\ &= -\sin t \cos t + t \cos t + \sin t\end{aligned}$$

$$\begin{aligned}\text{유동} &= \int_{t=a}^{t=b} \mathbf{F} \cdot \frac{d\mathbf{r}}{dt}dt = \int_{0}^{\pi/2} (-\sin t \cos t + t \cos t + \sin t)\, dt\\ &= \left[\frac{\cos^2 t}{2} + t \sin t\right]_0^{\pi/2} = \left(0 + \frac{\pi}{2}\right) - \left(\frac{1}{2} + 0\right) = \frac{\pi}{2} - \frac{1}{2}\end{aligned}$$ ∎

예제 7   원 $\mathbf{r}(t)=(\cos t)\mathbf{i}+(\sin t)\mathbf{j}$, $0\leq t\leq 2\pi$를 따라 흐르는 속도 벡터장 $\mathbf{F}=(x-y)\mathbf{i}$ $+x\mathbf{j}$의 순환을 구하라(그림 14.22).

풀이   원에서 $\mathbf{F}=(x-y)\mathbf{i}+x\mathbf{j}=(\cos t-\sin t)\mathbf{i}+(\cos t)\mathbf{j}$이고

$$\frac{d\mathbf{r}}{dt} = (-\sin t)\mathbf{i} + (\cos t)\mathbf{j}$$

이다. 따라서

$$\mathbf{F} \cdot \frac{d\mathbf{r}}{dt} = -\sin t \cos t + \underbrace{\sin^2 t + \cos^2 t}_{1}$$

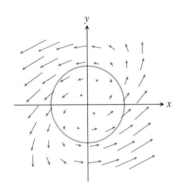

그림 14.22   예제 7의 속도 벡터장 $\mathbf{F}$와 곡선 $\mathbf{r}(t)$

이므로 순환은

$$\begin{aligned}\text{순환} &= \int_0^{2\pi} \mathbf{F} \cdot \frac{d\mathbf{r}}{dt}dt = \int_0^{2\pi} (1 - \sin t \cos t)\, dt\\ &= \left[t - \frac{\sin^2 t}{2}\right]_0^{2\pi} = 2\pi\end{aligned}$$

이다. 그림 14.22에서 보는 것처럼, 이 속도 벡터장을 갖는 유체는 원을 따라 반시계방향으로 순환하고 있다. 따라서 양의 순환이다. ∎

단순 평면곡선을 가로지르는 유출

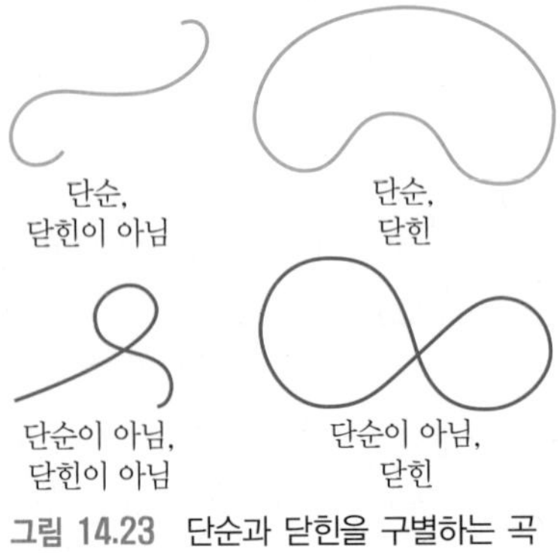

xy평면에서 곡선이 자기 자신과 교차하지 않으면 **단순(simple)**이라 한다(그림 14.23 참조). 곡선이 시작점과 끝점이 같은 점일 때, **닫힌(closed) 곡선** 또는 **루프(loop)**라 한다. xy평면에서, 매끄러운 곡선 C로 둘러싸인 영역으로 어떤 유체가 들어가거나 나가는 비율을 구하기 위하여, 유체의 속도 벡터장에 대한 곡선의 외향 법선 방향으로의 스 칼라 성분인, $\mathbf{F}\cdot\mathbf{n}$의 C에서의 선적분을 구한다. C를 가로지르는 유출은 법선 방향이므로 접선 방향 성분은 고려하지 않고, $\mathbf{F}$의 법선 방향 성분만을 사용한다. 이 적분값이 C를

단순,
닫힌이 아님

단순,
닫힌

단순이 아님,
닫힌이 아님

단순이 아님,
닫힌

그림 14.23   단순과 닫힌을 구별하는 곡선들. 닫힌 곡선을 루프라고도 한다.

가로지르는 **F**의 **유출**(*flux*)이다. 그런데 많은 경우에 있어서 유출에 대한 계산에서 운동은 고려하지 않는다. 예를 들면 만약에 **F**가 전기장이거나 자기장인 경우에도 **F**·**n**의 적분을 역시 *C*를 가로지르는 벡터의 유출이라 부른다.

정의 *C*를 평면에서 연속인 벡터장 **F** = *M*(*x*, *y*)**i** + *N*(*x*, *y*)**j**의 정의역에 있는 매끄러운 폐곡선이라 하고 **n**을 *C*에서의 외향 단위법선벡터라고 하면, *C*를 가로지르는 **F**의 **유출**(**flux**)은 다음과 같다.

$$C\text{를 가로지르는 } \mathbf{F}\text{의 유출} = \int_C \mathbf{F} \cdot \mathbf{n} \, ds \tag{8}$$

유출과 순환의 차이점에 주목하자. *C*를 가로지르는 **F**의 유출은 곡선의 외향 법선 방향에 대한 **F**의 스칼라 성분 **F**·**n**의 곡선 길이에 대한 선적분이다. *C*를 따른 **F**의 순환은 곡선의 접선 방향에 대한 **F**의 스칼라 성분 **F**·**T**의 곡선 길이에 대한 선적분이다. 유출은 **F**의 법선 방향의 성분에 대한 적분이고, 순환은 **F**의 접선 방향의 성분에 대한 적분이다. 곡면을 가로지르는 유출은 14.6절에서 다룬다.

식 (8)에 있는 적분을 계산하기 위하여, 먼저 *t*가 *a*부터 *b*까지 증가할 때, 곡선 *C*의 매개방정식

$$x = g(t), \qquad y = h(t), \qquad a \le t \le b$$

를 구하자. 곡선의 단위접선벡터 **T**와 벡터 **k**의 벡터곱을 구하여 외향 단위법선벡터 **n**을 구할 수 있다. 그런데 **T**×**k**와 **k**×**T**에서 어느 것을 택하여야 할까? 어느 것이 외향 벡터일까? 이것은 *t*가 증가하면서 *C*가 선회하는 방식에 좌우된다. 만약에 운동이 시계방향이면 **k**×**T**가 외향이다; 만약에 운동이 반시계방향이면 **T**×**k**가 외향이다(그림 14.24). 일반적인 선택은 **n** = **T**×**k**이다. 즉, 반시계방향의 운동을 택한다. 그러므로 식 (8)에서 선적분의 값이 *C*가 진행하는 방향에 좌우되지는 않지만, 벡터 **n**과 적분을 계산하기 위하여 공식을 이끌어낼 때 반시계방향을 가정한다.

성분으로 보면

$$\mathbf{n} = \mathbf{T} \times \mathbf{k} = \left(\frac{dx}{ds}\mathbf{i} + \frac{dy}{ds}\mathbf{j} \right) \times \mathbf{k} = \frac{dy}{ds}\mathbf{i} - \frac{dx}{ds}\mathbf{j} \qquad \begin{vmatrix} \mathbf{i} & \mathbf{j} & \mathbf{k} \\ \frac{dx}{ds} & \frac{dy}{ds} & 0 \\ 0 & 0 & 1 \end{vmatrix}$$

이다. 만약에 **F** = *M*(*x*, *y*)**i** + *N*(*x*, *y*)**j**이면

$$\mathbf{F} \cdot \mathbf{n} = M(x, y)\frac{dy}{ds} - N(x, y)\frac{dx}{ds}$$

이다. 그러므로

$$\int_C \mathbf{F} \cdot \mathbf{n} \, ds = \int_C \left(M\frac{dy}{ds} - N\frac{dx}{ds} \right) ds = \oint_C M \, dy - N \, dx$$

이다. 여기에서 마지막 적분에 유향원 ↻을 그려서, 폐곡선 *C*를 따르는 적분이 반시계방향임을 나타내었다. 이 적분을 구하기 위하여 *M*, *dy*, *N*, *dx*를 *t*를 써서 나타내고, *t* = *a*부터 *t* = *b*까지 적분을 한다. 유출을 구하기 위하여 **n**이나 *ds*를 알 필요는 없다.

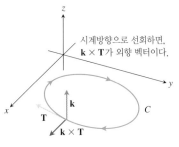

시계방향으로 선회하면, **k** × **T**가 외향 벡터이다.

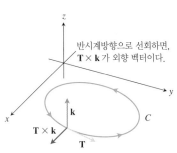

반시계방향으로 선회하면, **T** × **k**가 외향 벡터이다.

그림 14.24 *xy*평면에서, *t*가 증가함에 따라 반시계방향으로 선회하는 매끄러운 곡선 *C*에 대한 외향 단위법선벡터를 구하기 위하여 **n** = **T** × **k**를 택한다. 시계방향으로 선회하는 운동에서는 **n** = **k** × **T**를 택한다.

매끄러운 닫힌 평면곡선을 가로지르는 유출 계산하기

$$(C를 가로지르는 \ \mathbf{F} = M\mathbf{i} + N\mathbf{j}의 \ 유출) = \oint_C M\,dy - N\,dx \qquad (9)$$

반시계방향으로 정확히 한 번 C의 자취를 그리는 임의의 매끄러운 매개방정식 $x = g(t)$, $y = h(t)$, $a \le t \le b$를 사용하여 이 적분을 구할 수 있다.

예제 8 xy평면에서 원 $x^2 + y^2 = 1$을 가로지르는 $\mathbf{F} = (x-y)\mathbf{i} + x\mathbf{j}$의 유출을 구하라. (속도 벡터장과 곡선은 앞의 그림 14.22 참조)

풀이 매개방정식 $\mathbf{r}(t) = (\cos t)\mathbf{i} + (\sin t)\mathbf{j}$, $0 \le t \le 2\pi$는 단위원의 자취를 정확히 한 번 지난다. 그러므로 식 (9)에 나타난 매개변수화를 적용한다. 다음 식

$$M = x - y = \cos t - \sin t, \qquad dy = d(\sin t) = \cos t\,dt$$
$$N = x = \cos t, \qquad dx = d(\cos t) = -\sin t\,dt$$

로부터 유출을 구한다.

$$유출 = \oint_C M\,dy - N\,dx = \int_0^{2\pi} (\cos^2 t - \sin t \cos t + \cos t \sin t)\,dt \quad \text{식 (9)}$$
$$= \int_0^{2\pi} \cos^2 t\,dt = \int_0^{2\pi} \frac{1 + \cos 2t}{2}\,dt = \left[\frac{t}{2} + \frac{\sin 2t}{4}\right]_0^{2\pi} = \pi$$

단위원을 가로지르는 $\mathbf{F}$의 유출은 π이다. 여기서 답이 양수이므로, 곡선을 가로지르는 유동은 외향적이다. 내향적인 유동이었다면 음의 유출을 얻었을 것이다. ■

연습문제 14.2

벡터장

연습문제 1~4에서 함수의 기울기 벡터장을 구하라.

1. $f(x, y, z) = (x^2 + y^2 + z^2)^{-1/2}$
2. $f(x, y, z) = \ln\sqrt{x^2 + y^2 + z^2}$
3. $g(x, y, z) = e^z - \ln(x^2 + y^2)$
4. $g(x, y, z) = xy + yz + xz$
5. 평면에서 주어진 벡터장 $\mathbf{F} = M(x, y)\mathbf{i} + N(x, y)\mathbf{j}$가 방향은 원점을 향하고, 크기는 (x, y)부터 원점까지의 거리의 제곱에 반비례한다고 한다. 이때 $\mathbf{F}$를 구하라(이 벡터장은 $(0, 0)$에서 정의되지 않는다).
6. 평면에서 주어진 벡터장 $\mathbf{F} = M(x, y)\mathbf{i} + N(x, y)\mathbf{j}$가 원점 $(0, 0)$에서는 $\mathbf{F} = 0$이고, 원점 이외의 점 (a, b)에서는 $\mathbf{F}$가 원 $x^2 + y^2 = a^2 + b^2$에 접하고, 시계방향을 가지며 크기는 $|\mathbf{F}| = \sqrt{a^2 + b^2}$이다. 이때 $\mathbf{F}$를 구하라.

벡터장의 선적분

연습문제 7~12에서 각 경로들을 따라 $(0, 0, 0)$부터 $(1, 1, 1)$까지 움직일 때, $\mathbf{F}$의 선적분을 계산하라.

    a. 직선 경로 C_1: $\mathbf{r}(t) = t\mathbf{i} + t\mathbf{j} + t\mathbf{k}$, $0 \le t \le 1$

    b. 곡선 경로 C_2: $\mathbf{r}(t) = t\mathbf{i} + t^2\mathbf{j} + t^4\mathbf{k}$, $0 \le t \le 1$

    c. $(0, 0, 0)$부터 $(1, 1, 0)$까지 연결하는 선분을 거친 후에 $(1, 1, 0)$부터 $(1, 1, 1)$까지 연결하는 선분을 거치는 경로 $C_3 \cup C_4$

7. $\mathbf{F} = 3y\mathbf{i} + 2x\mathbf{j} + 4z\mathbf{k}$
8. $\mathbf{F} = [1/(x^2 + 1)]\mathbf{j}$
9. $\mathbf{F} = \sqrt{z}\mathbf{i} - 2x\mathbf{j} + \sqrt{y}\mathbf{k}$
10. $\mathbf{F} = xy\mathbf{i} + yz\mathbf{j} + xz\mathbf{k}$
11. $\mathbf{F} = (3x^2 - 3x)\mathbf{i} + 3z\mathbf{j} + \mathbf{k}$
12. $\mathbf{F} = (y + z)\mathbf{i} + (z + x)\mathbf{j} + (x + y)\mathbf{k}$

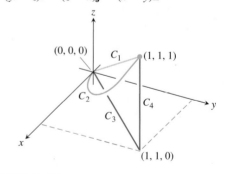

x, y와 z에 관한 선적분

연습문제 13~16에서 경로 C를 따라 선적분을 계산하라.

13. $\int_C (x - y)\,dx$, $C: x = t, y = 2t + 1$, $0 \le t \le 3$

14. $\int_C \dfrac{x}{y}\,dy$, $C: x = t,\ y = t^2,\ 1 \le t \le 2$

15. $\int_C (x^2 + y^2)\,dy$, C는 다음 그림에서 주어진 선분

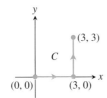

16. $\int_C \sqrt{x + y}\,dx$, C는 다음 그림에서 주어진 선분

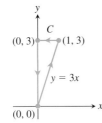

17. 곡선 $\mathbf{r}(t) = t\mathbf{i} - \mathbf{j} + t^2\mathbf{k}, 0 \le t \le 1$을 따라 다음 적분을 계산하라.

a. $\int_C (x + y - z)\,dx$ **b.** $\int_C (x + y - z)\,dy$

c. $\int_C (x + y - z)\,dz$

18. 곡선 $\mathbf{r}(t) = (\cos t)\mathbf{i} + (\sin t)\mathbf{j} - (\cos t)\mathbf{k}, 0 \le t \le \pi$를 따라 다음 적분을 계산하라.

a. $\int_C xz\,dx$ **b.** $\int_C xz\,dy$ **c.** $\int_C xyz\,dz$

일

연습문제 19~22에서 주어진 곡선을 따라 t가 증가하는 방향으로 $\mathbf{F}$가 한 일의 양을 구하라.

19. $\mathbf{F} = xy\mathbf{i} + y\mathbf{j} - yz\mathbf{k}$

$\mathbf{r}(t) = t\mathbf{i} + t^2\mathbf{j} + t\mathbf{k},\quad 0 \le t \le 1$

20. $\mathbf{F} = 2y\mathbf{i} + 3x\mathbf{j} + (x + y)\mathbf{k}$

$\mathbf{r}(t) = (\cos t)\mathbf{i} + (\sin t)\mathbf{j} + (t/6)\mathbf{k},\quad 0 \le t \le 2\pi$

21. $\mathbf{F} = z\mathbf{i} + x\mathbf{j} + y\mathbf{k}$

$\mathbf{r}(t) = (\sin t)\mathbf{i} + (\cos t)\mathbf{j} + t\mathbf{k},\quad 0 \le t \le 2\pi$

22. $\mathbf{F} = 6z\mathbf{i} + y^2\mathbf{j} + 12x\mathbf{k}$

$\mathbf{r}(t) = (\sin t)\mathbf{i} + (\cos t)\mathbf{j} + (t/6)\mathbf{k},\quad 0 \le t \le 2\pi$

평면에서의 선적분

23. $(-1, 1)$부터 $(2, 4)$까지 연결하는 곡선 $y = x^2$을 따라 선적분 $\int_C xy\,dx + (x + y)\,dy$를 계산하라.

24. 꼭짓점 $(0, 0)$, $(1, 0)$, $(0, 1)$을 가지는 삼각형의 주위를 반시계 방향으로 돌 때, $\int_C (x - y)\,dx + (x + y)\,dy$를 계산하라.

25. $(4, 2)$부터 $(1, -1)$까지 연결하는 곡선 $x = y^2$을 따라 주어진 벡터장 $\mathbf{F} = x^2\mathbf{i} - y\mathbf{j}$에 대한 $\int_C \mathbf{F} \cdot \mathbf{T}\,ds$를 계산하라.

26. $(1, 0)$부터 $(0, 1)$까지 단위원 $x^2 + y^2 = 1$을 따라 반시계방향으로 벡터장 $\mathbf{F} = y\mathbf{i} - x\mathbf{j}$에 대한 $\int_C \mathbf{F} \cdot d\mathbf{r}$을 계산하라.

평면에서 일, 순환, 유출

27. 일 $(1, 1)$부터 $(2, 3)$까지 연결하는 선분에서 힘 $\mathbf{F} = xy\mathbf{i} + (y - x)\mathbf{j}$가 한 일의 양을 구하라.

28. 일 $(2, 0)$부터 그 자신까지 원 $x^2 + y^2 = 4$를 따라 반시계방향으로 곡선이 주어졌을 때, $f(x, y) = (x + y)^2$의 기울기 벡터장이 한 일을 구하라.

29. 순환과 유출 다음의 주어진 곡선을 가로지르거나 그 곡선을 따라 벡터장

$$\mathbf{F}_1 = x\mathbf{i} + y\mathbf{j}, \qquad \mathbf{F}_2 = -y\mathbf{i} + x\mathbf{j}$$

의 유출과 순환을 구하라.

a. 원 $\mathbf{r}(t) = (\cos t)\mathbf{i} + (\sin t)\mathbf{j}, 0 \le t \le 2\pi$

b. 타원 $\mathbf{r}(t) = (\cos t)\mathbf{i} + (4 \sin t)\mathbf{j}, 0 \le t \le 2\pi$

30. 원을 가로지르는 유출 원 $\mathbf{r}(t) = (a \cos t)\mathbf{i} + (a \sin t)\mathbf{j}, 0 \le t \le 2\pi$를 가로지르는 벡터장

$$\mathbf{F}_1 = 2x\mathbf{i} - 3y\mathbf{j}, \qquad \mathbf{F}_2 = 2x\mathbf{i} + (x - y)\mathbf{j}$$

의 유출을 구하라.

연습문제 31~34에서 반원으로 이루어진 호 $\mathbf{r}_1(t) = (a \cos t)\mathbf{i} + (a \sin t)\mathbf{j}, 0 \le t \le \pi$를 이어서 선분 $\mathbf{r}_2(t) = t\mathbf{i}, -a \le t \le a$로 이루어진 닫힌 반원 경로를 따라 그리고, 이 경로를 가로지르는 벡터장 $\mathbf{F}$의 순환과 유출을 구하라.

31. $\mathbf{F} = x\mathbf{i} + y\mathbf{j}$ **32.** $\mathbf{F} = x^2\mathbf{i} + y^2\mathbf{j}$

33. $\mathbf{F} = -y\mathbf{i} + x\mathbf{j}$ **34.** $\mathbf{F} = -y^2\mathbf{i} + x^2\mathbf{j}$

35. 유동적분 xy평면에서 $(1, 0)$부터 $(-1, 0)$까지 연결하는 다음의 각 경로를 따라 벡터장 $\mathbf{F} = (x + y)\mathbf{i} - (x^2 + y^2)\mathbf{j}$의 유동을 구하라.

a. 원 $x^2 + y^2 = 1$의 위쪽 반원

b. $(1, 0)$부터 $(-1, 0)$까지 연결하는 선분

c. $(1, 0)$부터 $(0, -1)$까지 연결하는 선분을 이어서 $(0, -1)$부터 $(-1, 0)$까지 연결하는 선분

36. 삼각형을 가로지르는 유출 꼭짓점 $(1, 0)$, $(0, 1)$, $(-1, 0)$을 가지는 삼각형을 외향으로 가로지르는, 연습문제 35에서의 벡터장 $\mathbf{F}$의 유출을 구하라.

37. 닫힌 곡선 $\mathbf{r}(t) = (-\sin t)\mathbf{i} + (\cos t)\mathbf{j}, 0 \le t \le 2\pi$를 따라, 밀도가 $\delta = 0.001\ \text{kg/m}^2$인 기체의 유동이 벡터장 $\mathbf{F} = \delta\mathbf{v}$에 의해 표현된다. 여기서 속도장 $\mathbf{v} = x\mathbf{i} + y^2\mathbf{j}$은 초속 미터 단위로 측정된다. 곡선 $\mathbf{r}(t)$를 가로지르는 유출을 구하라.

38. 닫힌 곡선 $\mathbf{r}(t) = (\cos t)\mathbf{i} + (\sin t)\mathbf{j}, 0 \le t \le 2\pi$를 따라, 밀도가 $\delta = 0.3\ \text{kg/m}^2$인 기체의 유동이 벡터장 $\mathbf{F} = \delta\mathbf{v}$에 의해 표현된다. 여기서 속도장 $\mathbf{v} = x^2\mathbf{i} - y\mathbf{j}$은 초속 미터 단위로 측정된다. 곡선 $\mathbf{r}(t)$를 가로지르는 유출을 구하라.

39. 점 $(0, 0)$부터 $(2, 4)$까지 다음 각 경로를 따라 속도 벡터장 $\mathbf{F} = y^2\mathbf{i} + 2xy\mathbf{j}$의 유동을 구하라.

a. 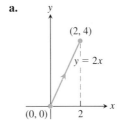   **b.**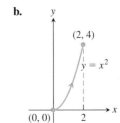

c. (a), (b)와 다른 점 (0, 0)부터 (2, 4)까지 어떠한 곡선

40. 다음 각 닫힌 경로를 따라 속도벡터장 $\mathbf{F}=y\mathbf{i}+(x+2y)\mathbf{j}$의 순환을 구하라.

a.

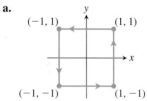

b.

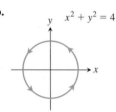

c. (a), (b)와 다른 어떠한 닫힌 경로

41. $t=0$부터 $t=2$까지 곡선 $\mathbf{r}(t)=2t\mathbf{i}+t^2\mathbf{j}$을 따라 물체를 이동시키는 힘 $\mathbf{F}=y^2\mathbf{i}+x^3\mathbf{j}$가 한 일을 구하라. 여기서 힘의 단위는 뉴튼(N)이고, 거리의 단위는 미터이다.

42. $t=1$부터 $t=e$까지 곡선 $\mathbf{r}(t)=e^t\mathbf{i}+(\ln t)\mathbf{j}+t^2\mathbf{k}$을 따라 물체를 이동시키는 힘 $\mathbf{F}=e^y\mathbf{i}+(\ln x)\mathbf{j}+3z\mathbf{k}$가 한 일을 구하라. 여기서 힘의 단위는 뉴튼(N)이고, 거리의 단위는 미터이다.

43. 곡선 $\mathbf{r}(t)=t^2\mathbf{i}+t\mathbf{j}$, $1\le t\le 2$를 따라 흐르는 속도장 $\mathbf{F}=\dfrac{x}{y+1}\mathbf{i}+\dfrac{y}{x+1}\mathbf{j}$의 유동을 구하라. 여기서 속도의 단위는 초속 미터이다.

44. 곡선 $\mathbf{r}(t)=e^t\mathbf{i}-e^{2t}\mathbf{j}+e^{-t}\mathbf{k}$, $0\le t\le \ln 2$를 따라 흐르는 속도장 $\mathbf{F}=(y+z)\mathbf{i}+x\mathbf{j}-y\mathbf{k}$의 유동을 구하라. 여기서 속도의 단위는 초속 미터이다.

45. 밀도가 $\delta=0.25$ g/cm^{2}인 소금물이 곡선 $\mathbf{r}(t)=\sqrt{t}\,\mathbf{i}+t\mathbf{j}$, $0\le t\le 4$를 따라 흐르고 있다. 이때 속도장은 $\mathbf{F}=\delta\mathbf{v}$이고, 속도는 $\mathbf{v}=xy\mathbf{i}+(y-x)\mathbf{j}$이며, 단위는 초속 센티미터이다. 곡선 $\mathbf{r}(t)$를 따라 흐르는 $\mathbf{F}$의 유동을 구하라.

46. 밀도가 $\delta=0.2$ g/cm^{2}인 프로필 알코올이 닫힌 곡선 $\mathbf{r}(t)=(\sin t)\mathbf{i}-(\cos t)\mathbf{j}$, $0\le t\le 2\pi$ 위를 흐르고 있다. 이때 속도장은 $\mathbf{F}=\delta\mathbf{v}$이고, 속도는 $\mathbf{v}=(x-y)\mathbf{i}+x^2\mathbf{j}$이며, 단위는 초속 센티미터이다. 곡선 $\mathbf{r}(t)$를 따라 흐르는 $\mathbf{F}$의 유동을 구하라.

평면에서 벡터장

47. 스핀 벡터장 원 $x^2+y^2=4$ 위의 대표적인 점들에서 그것의 수평, 수직 성분들과 함께 스핀 벡터장

$$\mathbf{F}=-\dfrac{y}{\sqrt{x^2+y^2}}\mathbf{i}+\dfrac{x}{\sqrt{x^2+y^2}}\mathbf{j}$$

를 그리라(그림 14.13 참조).

48. 방사 벡터장 원 $x^2+y^2=1$ 위의 대표적인 점들에서 그것의 수평, 수직 성분들과 함께 방사 벡터장

$$\mathbf{F}=x\mathbf{i}+y\mathbf{j}$$

를 그리라(그림 14.12 참조).

49. 접벡터들로 이루어진 벡터장

a. xy평면에서 다음을 만족하는 벡터장 $G=P(x,y)\mathbf{i}+Q(x,y)\mathbf{j}$를

구하라. 임의의 점 $(a,b)\ne(0,0)$에서 G는 크기가 $\sqrt{a^2+b^2}$이고, 원 $x^2+y^2=a^2+b^2$에 접하며, 반시계방향을 가리키는 벡터이다(이 벡터장은 $(0,0)$에서 정의되지 않는다).

b. G는 그림 14.13의 스핀 벡터장 $\mathbf{F}$와 어떻게 관계되는가?

50. 접벡터들로 이루어진 벡터장

a. xy평면에서 다음을 만족하는 벡터장 $\mathbf{G}=P(x,y)\mathbf{i}+Q(x,y)\mathbf{j}$를 구하라. 임의의 점 $(a,b)\ne(0,0)$에서 $\mathbf{G}$는 원 $x^2+y^2=a^2+b^2$에 접하며, 시계방향을 가리키는 단위벡터이다.

b. $\mathbf{G}$는 그림 14.13의 스핀 벡터장 $\mathbf{F}$와 어떻게 관계되는가?

51. 원점을 가리키는 단위벡터들 xy평면에서 다음을 만족하는 벡터장 $\mathbf{F}=M(x,y)\mathbf{i}+N(x,y)\mathbf{j}$를 구하라. 임의의 점 $(x,y)\ne(0,0)$에서 $\mathbf{F}$는 원점을 가리키는 단위벡터이다(이 벡터장은 $(0,0)$에서 정의되지 않는다).

52. 2개의 '중심' 벡터장 xy평면에서 다음을 만족하는 벡터장 $\mathbf{F}=M(x,y)\mathbf{i}+N(x,y)\mathbf{j}$를 구하라. 임의의 점 $(x,y)\ne(0,0)$에서 $\mathbf{F}$는 원점을 가리키며, $|\mathbf{F}|$는 **(a)** (x,y)부터 원점까지의 거리이며, **(b)** (x,y)부터 원점까지의 거리에 반비례한다(이 벡터장은 $(0,0)$에서 정의되지 않는다).

53. 일과 면적 함수 $f(t)$를 $a\le t\le b$에서 미분가능하고 양의 값을 갖는다고 가정하자. 곡선 C를 매개방정식 $\mathbf{r}(t)=t\mathbf{i}+f(t)\mathbf{j}$, $a\le t\le b$라 하고, $\mathbf{F}$를 $\mathbf{F}=y\mathbf{i}$라 하자. 일 적분

$$\int_C \mathbf{F}\cdot d\mathbf{r}$$

과 함수 f의 그래프와 t축, $t=a$와 $t=b$를 경계로 하는 영역의 넓이와 어떤 관계가 있는가? 이유를 설명하라.

54. 상수 크기의 방사힘에 의해 한 일 입자가 매끄러운 곡선 $y=f(x)$를 따라 $(a,f(a))$로부터 $(b,f(b))$까지 이동한다. 입자를 시동시키는 힘의 크기가 상수값 k이고 항상 원점으로부터 멀어진다고 하자. 이 힘에 의해 한 일이

$$\int_C \mathbf{F}\cdot\mathbf{T}\,ds = k\Big[\big(b^2+(f(b))^2\big)^{1/2}-\big(a^2+(f(a))^2\big)^{1/2}\Big]$$

임을 보이라.

공간에서 유동적분

연습문제 55~58에서 $\mathbf{F}$는 공간의 어떤 영역을 통하여 흐르는 유체의 속도 벡터장이다. 주어진 곡선을 따라서 t가 증가하는 방향으로의 유동을 구하라.

55. $\mathbf{F}=-4xy\mathbf{i}+8y\mathbf{j}+2\mathbf{k}$
$\mathbf{r}(t)=t\mathbf{i}+t^2\mathbf{j}+\mathbf{k}$, $0\le t\le 2$

56. $\mathbf{F}=x^2\mathbf{i}+yz\mathbf{j}+y^2\mathbf{k}$
$\mathbf{r}(t)=3t\mathbf{j}+4t\mathbf{k}$, $0\le t\le 1$

57. $\mathbf{F}=(x-z)\mathbf{i}+x\mathbf{k}$
$\mathbf{r}(t)=(\cos t)\mathbf{i}+(\sin t)\mathbf{k}$, $0\le t\le\pi$

58. $\mathbf{F}=-y\mathbf{i}+x\mathbf{j}+2\mathbf{k}$
$\mathbf{r}(t)=(-2\cos t)\mathbf{i}+(2\sin t)\mathbf{j}+2t\mathbf{k}$, $0\le t\le 2\pi$

59. 순환 다음에 주어진 t가 증가하는 방향으로 선회하는 세 곡선으로 이루어진 닫힌 경로를 따른 $\mathbf{F}=2x\mathbf{i}+2z\mathbf{j}+2y\mathbf{k}$의 순환을 구하라.

C_1: $\mathbf{r}(t) = (\cos t)\mathbf{i} + (\sin t)\mathbf{j} + t\mathbf{k}, \quad 0 \le t \le \pi/2$

C_2: $\mathbf{r}(t) = \mathbf{j} + (\pi/2)(1 - t)\mathbf{k}, \quad 0 \le t \le 1$

C_3: $\mathbf{r}(t) = t\mathbf{i} + (1 - t)\mathbf{j}, \quad 0 \le t \le 1$

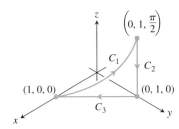

60. 영순환 폐곡선 C를 평면 $2x + 3y - z = 0$이 원주면 $x^2 + y^2 = 12$와 만나 이루는 타원이라 하자. 어떤 방향으로든지 C를 따라 $\mathbf{F} = x\mathbf{i} + y\mathbf{j} + z\mathbf{k}$의 순환은 0이 됨을 이 선적분을 직접 계산하지 말고 보이라.

61. 곡선을 따라서의 유동 벡터장 $\mathbf{F} = xy\mathbf{i} + y\mathbf{j} - yz\mathbf{k}$는 공간에서의 유체의 속도 벡터장이다. $(0, 0, 0)$부터 $(1, 1, 1)$까지 원주면 $y = x^2$과 평면 $z = x$의 교집합으로 이루어진 곡선을 따라 유동을 구하라. (**힌트**: 매개변수 $t = x$ 이용)

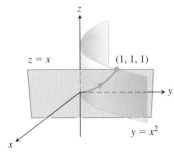

62. 기울기 벡터장의 유동 벡터장 $\mathbf{F} = \nabla(xy^2z^3)$의 유동을 구하라.
  a. 연습문제 60에서의 곡선 C를, 위에서 보았을 때 시계방향으로 한 번 선회하는 경우
  b. $(1, 1, 1)$부터 $(2, 1, -1)$까지 연결하는 선분을 따라

컴퓨터 탐구

연습문제 63~68에서 주어진 경로를 따라 힘 $\mathbf{F}$가 한 일의 양을 구하기 위하여 CAS를 사용하여 다음의 과정들을 수행하라.
  a. 경로 $\mathbf{r}(t) = g(t)\mathbf{i} + h(t)\mathbf{j} + k(t)\mathbf{k}$에 대한 $d\mathbf{r}$을 구하라.
  b. 경로를 따라 힘 $\mathbf{F}$를 구하라.
  c. $\int_C \mathbf{F} \cdot d\mathbf{r}$을 구하라.

63. $\mathbf{F} = xy^6\mathbf{i} + 3x(xy^5 + 2)\mathbf{j}; \quad \mathbf{r}(t) = (2\cos t)\mathbf{i} + (\sin t)\mathbf{j},$
$0 \le t \le 2\pi$

64. $\mathbf{F} = \dfrac{3}{1 + x^2}\mathbf{i} + \dfrac{2}{1 + y^2}\mathbf{j}; \quad \mathbf{r}(t) = (\cos t)\mathbf{i} + (\sin t)\mathbf{j},$
$0 \le t \le \pi$

65. $\mathbf{F} = (y + yz\cos xyz)\mathbf{i} + (x^2 + xz\cos xyz)\mathbf{j} + (z + xy\cos xyz)\mathbf{k}; \quad \mathbf{r}(t) = (2\cos t)\mathbf{i} + (3\sin t)\mathbf{j} + \mathbf{k},$
$0 \le t \le 2\pi$

66. $\mathbf{F} = 2xy\mathbf{i} - y^2\mathbf{j} + ze^x\mathbf{k}; \quad \mathbf{r}(t) = -t\mathbf{i} + \sqrt{t}\mathbf{j} + 3t\mathbf{k},$
$1 \le t \le 4$

67. $\mathbf{F} = (2y + \sin x)\mathbf{i} + (z^2 + (1/3)\cos y)\mathbf{j} + x^4\mathbf{k};$
$\mathbf{r}(t) = (\sin t)\mathbf{i} + (\cos t)\mathbf{j} + (\sin 2t)\mathbf{k}, \quad -\pi/2 \le t \le \pi/2$

68. $\mathbf{F} = (x^2y)\mathbf{i} + \dfrac{1}{3}x^3\mathbf{j} + xy\mathbf{k}; \quad \mathbf{r}(t) = (\cos t)\mathbf{i} + (\sin t)\mathbf{j} + (2\sin^2 t - 1)\mathbf{k}, \quad 0 \le t \le 2\pi$

14.3 경로 독립, 보존적 벡터장, 퍼텐셜 함수

중력장(gravitational field) G는 공간 내의 점에서 질량이 있는 물체로 인한 중력의 효과를 표현하는 벡터장이다. 이 중력장 내에 놓여 있는 질량이 m인 물체에 작용하는 중력은 $\mathbf{F} = m\mathbf{G}$이다. 이와 비슷하게, **전기장(electric field) E**는 공간 내에 전하를 띤 입자에 전기력의 효과를 표현하는 벡터장이다. 이 전기장 내에 놓여 있는 전하가 q인 물체에 작용하는 전기력은 $\mathbf{F} = q\mathbf{E}$이다. 중력장이나 전기장에서 어떤 질량이나 전하를 한 지점으로부터 다른 지점까지 이동시키는 일의 양은 이 물체의 시작과 마지막 위치에 의해 결정될 뿐 두 지점 사이의 경로에는 전혀 무관하다. 이 절에서는 벡터장의 이러한 경로 독립 성질에 관하여 공부하고 또한 이러한 성질과 관련한 일 적분을 계산하는 방법을 공부한다.

경로 독립

공간 내에 있는 어떤 열린 영역 D에 놓여 있는 두 점 A와 B를 생각하자. D에서 정의된 벡터장 $\mathbf{F}$에 대하여 A부터 B까지 경로 C를 따라 $\mathbf{F}$의 선적분은 보통의 경우, 경로 C를 어떻게 선택하느냐에 따라 달라진다는 것을 14.1절에서 공부하였다. 하지만 특별한 벡

터장의 경우에는 A부터 B까지 어떤 경로를 선택하더라도 적분값이 달라지지 않는다.

정의 $\mathbf{F}$를 공간 내의 어떤 열린 영역 D에서 정의된 벡터장이라 하고, D에 있는 임의의 두 점 A, B에 대하여, A부터 B까지 D 안에 놓여 있는 경로 C에서 선적분 $\int_C \mathbf{F} \cdot d\mathbf{r}$은 모든 경로에 대해 같은 값을 갖는다. 이 적분 $\int_C \mathbf{F} \cdot d\mathbf{r}$을 D에서 **경로 독립**(path independent in D)이라 하고, 벡터장 $\mathbf{F}$를 D에서 **보존적**(conservative on D)이라 한다.

보존적이란 용어는 물리학에서 유래하였으며, 벡터장이 에너지 보존 법칙이 성립한다는 것을 말해준다. 벡터장의 선적분이 A부터 B까지의 경로에 무관할 때, 일반적인 선적분 $\int_C$ 기호 대신에 간단히 기호 $\int_A^B$를 사용하기도 한다. 이 기호가 적분이 경로에 무관하고 시점과 끝점에만 관계함을 표시함으로, 경로 독립임을 기억하는 데 도움이 되기 때문이다.

우리가 명시하게 될 합리적인 미분가능성 조건에서, 벡터장 $\mathbf{F}$가 보존적일 필요충분조건이 이 벡터장이 어떤 스칼라함수 f의 기울기 벡터장, 즉 $\mathbf{F} = \nabla f$가 되어야 함을 보일 수 있다. 이때 함수 f를 특별한 이름으로 부른다.

정의 함수 $\mathbf{F}$가 영역 D에서 정의된 벡터장이고, D에서 정의된 어떤 스칼라함수 f에 대하여 $\mathbf{F} = \nabla f$이면, 함수 f는 $\mathbf{F}$에 대한 **퍼텐셜 함수**(potential function)라 한다.

중력 퍼텐셜은 스칼라함수로서 그 기울기 벡터가 중력 벡터장이 되는 함수이고, 전기 퍼텐셜 함수는 그 기울기 벡터가 전기 벡터장이 되는 스칼라함수이다. 앞으로 살펴보겠지만, 어떤 벡터장 $\mathbf{F}$에 대한 퍼텐셜 함수 f를 구하고, $\mathbf{F}$의 정의역 안에서 두 점 A와 B를 잇는 어떠한 경로에서의 선적분을 다음과 같이 계산할 수 있다.

$$\int_A^B \mathbf{F} \cdot d\mathbf{r} = \int_A^B \nabla f \cdot d\mathbf{r} = f(B) - f(A) \qquad (1)$$

다변수 함수에 대한 기울기 벡터 ∇f를 1변수 함수에 대한 도함수 f'와 같이 생각해 보면, 식 (1)은 미적분학의 기본정리 공식

$$\int_a^b f'(x)\, dx = f(b) - f(a)$$

의 벡터 미적분학 형태가 된다.

보존적 벡터장은 또 다른 주목할 만한 성질들을 갖고 있다. 예를 들어, $\mathbf{F}$가 D에서 보존적이라고 말하는 것은 D 안에 놓여 있는 임의의 닫힌 곡선에서 $\mathbf{F}$의 적분이 0이라고 말하는 것과 동치이다. 식 (1)이 성립하려면 곡선, 벡터장 그리고 정의역에 관한 어떤 조건들이 성립해야 한다. 다음에서 이 조건들에 대하여 알아보자.

곡선, 벡터장, 정의역에 대한 가정

앞으로 다루어질 결과 또는 계산이 유효하기 위해서는 곡선, 곡면, 정의역 또는 벡터장에 대한 어떤 성질들을 가정해야 한다. 이러한 가정은 정리에서 제시할 것이다. 또한 따로 언급되지 않았다면 예제 또는 연습문제에서 적용할 것이다.

구분적으로 매끄러운(piecewise smooth) 곡선만을 생각할 것이다. 이런 곡선은 11.1절에서 공부한 바와 같이 유한개의 매끄러운 곡선의 끝과 끝을 연결하여 만들어진다. 이

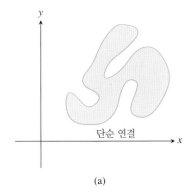

(a)

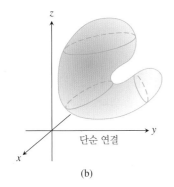

(b)

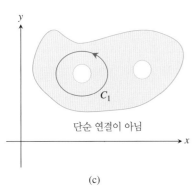

(c)

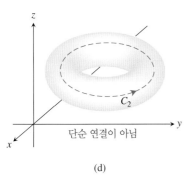

(d)

그림 14.25 네 가지의 연결된 영역. (a)와 (b)는 단순 연결된 영역이다. (c)와 (d)에서 곡선 C_1과 C_2는 그 영역 안에서 한 점으로 수축될 수 없기 때문에 단순 연결이 아니다.

러한 곡선에 대해 길이를 계산할 수 있으며, 유한개의 연결 점을 제외한 모든 점에서 접선 벡터를 구할 수 있다. 그리고 벡터장 **F**는 각 성분들의 1계 편도함수가 모두 연속인 벡터장만 다룰 것이다.

정의역 D는 공간 내에서 **연결(connected)** 영역을 생각한다. D가 열린 영역일 때 연결이란 임의의 두 점이 영역 내에서 매끄러운 곡선으로 연결될 수 있다는 의미이다. 또한 어떤 결과는 D가 **단순 연결(simply connected)** 영역에서 생각한다. 즉, D 안의 임의의 닫힌 곡선이 D를 벗어나지 않으면서 D의 한 점으로 수축될 수 있다는 의미이다. 원판이 제거된 평면은 단순 연결이 아닌 2차원 영역이다; 이 평면에서 이 원판을 둘러싼 닫힌 곡선을 생각하면 이 원판에 의한 구멍을 지나지 않고 한 점으로 수축될 수가 없기 때문이다(그림 14.25(c) 참조). 같은 방법으로 공간 내에서 한 직선을 제거한다면, 이 영역도 단순 연결이 아니다. 이 직선을 포함하는 닫힌 곡선은 D 안에서 한 점으로 수축될 수 없다.

연결과 단순 연결은 같은 것이 아니며, 각각이 다른 것을 포함하지도 않는다. 연결 영역은 '한 조각'으로 구성된 것이라 생각하고, 단순 연결 영역은 어떤 루프를 걸 구멍을 갖지 않는 영역으로 생각하라. 공간 전체는 연결 영역이고 또한 단순 연결 영역이다. 그림 14.25는 이 성질들을 설명해준다.

주의 이 장에서 나오는 여러 결과들은 제시된 조건들이 만족되지 않는 상황에서 적용하면 성립되지 않을 수도 있다. 예를 들어, 보존적 벡터장에 대한 성분 판정법은 단순 연결이 아닌 영역에서는 성립되지 않는다(예제 5 참조). 이 조건은 필요시에는 기술될 것이다.

보존적 벡터장에서의 선적분

스칼라함수 f를 미분하면 기울기 벡터장 **F**가 된다. 기울기 벡터장의 선적분을 계산하기 위한 방법이 미적분학의 기본정리와 유사하게 주어진다.

> **정리 1 선적분의 기본정리** 곡선 C를 평면 또는 공간 내에서 점 A와 점 B를 연결하는 매끄러운 곡선이라 하고 그 매개변수화가 $\mathbf{r}(t)$라 하자. 함수 f를 곡선 C를 포함하는 영역 D에서 정의되는 미분가능한 함수이고 그 기울기 벡터 $\mathbf{F} = \nabla f$가 연속이라 하면 다음이 성립한다.
>
> $$\int_C \mathbf{F} \cdot d\mathbf{r} = f(B) - f(A)$$

미적분학의 기본정리와 같이, 정리 1은 리만 합을 구하여 극한을 취하지 않고서도 또는 14.2절에서 사용한 과정을 거쳐 선적분을 구하지 않고서도 곧바로 선적분을 계산할 수 있게 해주는 직접적인 방법이다. 정리 1을 증명하기 전에 다음 예제를 보자.

예제 1 힘 벡터장 $\mathbf{F} = \nabla f$를 다음 함수의 기울기 벡터라 하자.

$$f(x, y, z) = -\frac{1}{x^2 + y^2 + z^2}$$

힘 **F**가 점 $(1, 0, 0)$으로부터 원점을 지나지 않고 $(0, 0, 2)$까지 연결된 매끄러운 곡선 C를 따라 물체를 이동시킨 일을 구하라.

풀이 정리 1을 적용하면 원점을 지나지 않고 두 점을 연결하는 임의의 곡선 C를 따라 힘 $\mathbf{F}$에 의해 한 일은 다음과 같다.

$$\int_C \mathbf{F} \cdot d\mathbf{r} = f(0, 0, 2) - f(1, 0, 0) = -\frac{1}{4} - (-1) = \frac{3}{4} \qquad \blacksquare$$

행성에 작용하는 중력과 전하를 띤 입자에 작용하는 전기력은 둘 다 예제 1에서 주어진 벡터장 $\mathbf{F}$에 의해 나타내어진다. 여기서 측정 단위에서 발생되는 상수는 다르게 적용될 수 있다. 중력을 모형화하는 데 사용되었다면, 예제 1의 함수 f는 중력 퍼텐셜에너지를 나타낸다. 함수 f는 음의 값을 가지고, 원점 근처에서는 음의 무한대로 가까워진다. 이런 선택은 f의 기울기 벡터인 중력장 $\mathbf{F}$가 원점을 향하고 있음을 보장해준다. 따라서 물체는 위로 올라가지 않고 아래로 떨어진다.

정리 1의 증명 두 점 A와 B는 영역 D의 내부에 있고, 영역 D의 내부에서 두 점 A와 B를 연결하는 곡선 C: $\mathbf{r}(t) = g(t)\mathbf{i} + h(t)\mathbf{j} + k(t)\mathbf{k}$는 매끄러운 곡선이라 하자. 12.5절에서 곡선 C를 따라 스칼라함수 f의 도함수가 내적 $\nabla f(\mathbf{r}(t)) \cdot r'(t)$임을 알고 있다. 따라서 다음을 얻는다.

$$\int_C \mathbf{F} \cdot d\mathbf{r} = \int_A^B \nabla f \cdot d\mathbf{r} \qquad \mathbf{F} = \nabla f$$

$$= \int_{t=a}^{t=b} \nabla f(\mathbf{r}(t)) \cdot \mathbf{r}'(t)\, dt \qquad \text{14.2절 식 (2)에 의해 } d\mathbf{r} \text{ 계산}$$

$$= \int_a^b \frac{d}{dt} f(\mathbf{r}(t))\, dt \qquad \text{12.5절 식 (7)}$$

$$= f(\mathbf{r}(b)) - f(\mathbf{r}(a)) \qquad \text{미적분학의 기본정리}$$

$$= f(B) - f(A) \qquad \mathbf{r}(a) = A, \mathbf{r}(b) = B \qquad \blacksquare$$

이제 정리 1로부터 기울기 벡터장 $\mathbf{F} = \nabla f$의 선적분을 함수 f를 알고 있을 때에 바로 계산할 수 있음을 알았다. 실제로 응용 문제에 매우 중요한 벡터장이 기울기 벡터장이다. 정리 1에 이어 나오는 다음 결과는 어떠한 보존적 벡터장도 이러한 형태라는 것을 보여준다.

> **정리 2 보존적 벡터장은 기울기 벡터장이다.** 벡터장 $\mathbf{F} = M\mathbf{i} + N\mathbf{j} + P\mathbf{k}$의 각 성분 함수가 공간내 열린 연결 영역 D에서 연속이라 하자. $\mathbf{F}$가 보존적 벡터장일 필요충분조건은 $\mathbf{F}$가 어떤 미분가능함수 f의 기울기 벡터장 ∇f가 되는 것이다.

정리 2에 의하면, 영역 D에서의 두점 A, B와 두 점을 연결하는 D 안에 놓여 있는 경로 C에 대하여, $\mathbf{F} = \nabla f$와 선적분 $\int_C \mathbf{F} \cdot d\mathbf{r}$이 경로 C에 독립이라 함은 동치이다.

정리 2의 증명 만일 $\mathbf{F}$가 기울기 벡터장, 즉 미분가능함수 f에 대하여 $\mathbf{F} = \nabla f$라 하면 정리 1에 의하여 $\int_C \mathbf{F} \cdot d\mathbf{r} = f(B) - f(A)$이다. 선적분의 값은 경로 C에 독립이며, 단지 A와 B에 의해서만 결정된다. 따라서 선적분은 경로 독립이고 $\mathbf{F}$는 보존적 벡터장의 정의를 만족한다.

역으로, $\mathbf{F}$가 보존적 벡터장이라 하자. 이제 영역 D에서 $\nabla f = \mathbf{F}$를 만족하는 함수 f를 찾

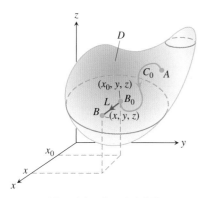

그림 14.26 정리 2의 증명에서 함수 $f(x, y, z)$는 점 A부터 점 B_0까지 선적분 $\int_{C_0} \mathbf{F} \cdot d\mathbf{r} = f(B_0)$와, x축과 평행하고 점 B_0와 점 $B = (x, y, z)$를 연결하는 선분 L을 따르는 선적분 $\int_L \mathbf{F} \cdot d\mathbf{r}$의 합으로 계산된다. 점 A에서 f의 함숫값은 $f(A) = 0$이다.

으면 된다. 먼저, D 안에서 한 점 A를 잡고 $f(A) = 0$이라 하자. D 안에서 임의의 다른 점 B에 대하여 $f(B)$의 값을 $\int_C \mathbf{F} \cdot d\mathbf{r}$이라 정의한다. 단, 여기서 경로 C는 A부터 B까지 연결하는 임의의 매끄러운 곡선으로 D 안에 놓여 있다. $\mathbf{F}$가 보존적 벡터장이므로, $f(B)$의 값은 경로 C의 선택에 의존하지 않는다. $\nabla f = \mathbf{F}$를 보이기 위해 벡터의 각 성분별로 $\partial f / \partial x = M$, $\partial f / \partial y = N$과 $\partial f / \partial z = P$를 보이도록 한다.

B의 좌표를 (x, y, z)라 하자. f의 정의에 의해 아주 가까이 있는 점 $B_0 = (x_0, y, z)$에서의 함수 f의 값은 $\int_{C_0} \mathbf{F} \cdot d\mathbf{r}$로 정의한다. 단, 여기서 경로 C_0는 임의의 A로부터 B_0까지 경로이다. 이제 A로부터 B까지의 경로를 $C = C_0 \cup L$이라 놓자. 즉, 먼저 A로부터 B_0까지 경로 C_0를 따라 가고, 그런 후 B_0로부터 B까지는 직선 L을 따라 가는 경로이다(그림 14.26). B_0가 B에 아주 가까울 때, 직선 L은 D에 놓여 있게 되고 $f(B)$의 값은 A부터 B까지 경로에 독립적이므로 함수 f의 값은 다음과 같다.

$$f(x, y, z) = \int_{C_0} \mathbf{F} \cdot d\mathbf{r} + \int_L \mathbf{F} \cdot d\mathbf{r}$$

이를 미분하면 다음을 얻는다.

$$\frac{\partial}{\partial x} f(x, y, z) = \frac{\partial}{\partial x} \left(\int_{C_0} \mathbf{F} \cdot d\mathbf{r} + \int_L \mathbf{F} \cdot d\mathbf{r} \right)$$

우변에서 1번째 항은 x에 상관없고, 2번째 항만 x와 관계있으므로

$$\frac{\partial}{\partial x} f(x, y, z) = \frac{\partial}{\partial x} \int_L \mathbf{F} \cdot d\mathbf{r}$$

이다. 직선 L이 매개변수 t에 의해 $\mathbf{r}(t) = t\mathbf{i} + y\mathbf{j} + z\mathbf{k}$, $x_0 \leq t \leq x$로 표현되므로, $d\mathbf{r}/dt = \mathbf{i}$이다. 또한 $\mathbf{F} = M\mathbf{i} + N\mathbf{j} + P\mathbf{k}$이므로 $\mathbf{F} \cdot d\mathbf{r}/dt = M$이고 $\int_L \mathbf{F} \cdot d\mathbf{r} = \int_{x_0}^{x} M(t, y, z) \, dt$이다. 이를 대입하면 미적분학의 기본정리에 의해

$$\frac{\partial}{\partial x} f(x, y, z) = \frac{\partial}{\partial x} \int_{x_0}^{x} M(t, y, z) \, dt = M(x, y, z)$$

가 된다. 같은 방법으로 $\partial f / \partial y = N$과 $\partial f / \partial z = P$도 보일 수 있다. 따라서 $\mathbf{F} = \nabla f$이다. ■

예제 2 점 $A(-1, 3, 9)$와 $B(1, 6, -4)$를 연결하는 임의의 매끄러운 곡선 C를 따라 물체를 이동시키는 데, 보존적 벡터장

$$\mathbf{F} = yz\mathbf{i} + xz\mathbf{j} + xy\mathbf{k} = \nabla f, \quad \text{단}, \quad f(x, y, z) = xyz$$

에 의하여 한 일을 구하라.

풀이 $f(x, y, z) = xyz$이므로 다음과 같다.

$$\begin{aligned}
\int_C \mathbf{F} \cdot d\mathbf{r} &= \int_A^B \nabla f \cdot d\mathbf{r} \qquad &\mathbf{F} = \nabla f \text{와 경로 독립}\\
&= f(B) - f(A) \qquad &\text{기본정리 1}\\
&= xyz\big|_{(1,6,-4)} - xyz\big|_{(-1,3,9)}\\
&= (1)(6)(-4) - (-1)(3)(9)\\
&= -24 + 27 = 3
\end{aligned}$$

보존적 벡터장에서 선적분의 매우 유용한 성질이 적분 경로가 닫힌 곡선일 때 중요한 역할을 한다. 닫힌 경로에서의 적분을 선적분 기호를 $\oint_C$와 같이 구분하여 사용하기도 한다(다음 절에서 더 자세히 다룰 것이다).

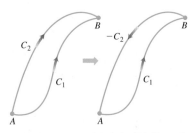

그림 14.27 A부터 B까지 연결하는 2개의 경로가 있으면, 그 중에서 하나의 방향을 바꾸어서 닫힌 곡선을 만들 수 있다.

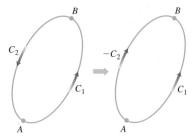

그림 14.28 A와 B가 닫힌 곡선 위에 있다면, 닫힌 곡선의 일부의 방향을 바꾸어 A부터 B까지 연결하는 2개의 경로를 만들 수 있다.

> **정리 3 보존적 벡터장의 닫힌 곡선에 대한 성질** 다음의 명제들은 서로 동치이다.
> 1. D에 놓여 있는 임의의 닫힌 곡선에 대하여 $\oint_C \mathbf{F} \cdot d\mathbf{r} = 0$이다.
> 2. $\mathbf{F}$는 D에서 보존적 벡터장이다.

1 ⇒ 2의 증명 D에 속하는 두 점 A와 B에 대하여 A부터 B까지의 임의의 두 경로 C_1과 C_2에서 $\mathbf{F} \cdot d\mathbf{r}$의 적분은 같은 값을 갖는다는 것을 보이려 한다. C_2의 방향을 바꾸어 B로부터 A까지 연결하는 경로 $-C_2$를 만든다(그림 14.27). C_1과 $-C_2$로 닫힌 곡선 C를 만들면

$$\int_{C_1} \mathbf{F} \cdot d\mathbf{r} - \int_{C_2} \mathbf{F} \cdot d\mathbf{r} = \int_{C_1} \mathbf{F} \cdot d\mathbf{r} + \int_{-C_2} \mathbf{F} \cdot d\mathbf{r} = \int_C \mathbf{F} \cdot d\mathbf{r} = 0$$

을 얻는다. 그러므로 C_1과 C_2에서의 적분들은 같은 값을 갖는다. $\mathbf{F} \cdot d\mathbf{r}$의 정의에 의하여 곡선을 따라 방향을 바꾸면 선적분의 부호가 반대가 됨을 기억하자.

2 ⇒ 1의 증명 임의의 닫힌 곡선 C에서 $\mathbf{F} \cdot d\mathbf{r}$의 적분은 0임을 보이자. 먼저 C 위의 두 점 A와 B를 택한 후에 이것을 이용하여 C를 두 부분으로 나누자. A부터 B까지 C_1으로 연결하고, 역으로 B부터 A까지 C_2로 연결한다(그림 14.28). 그러면 다음을 얻는다.

$$\oint_C \mathbf{F} \cdot d\mathbf{r} = \int_{C_1} \mathbf{F} \cdot d\mathbf{r} + \int_{C_2} \mathbf{F} \cdot d\mathbf{r} = \int_A^B \mathbf{F} \cdot d\mathbf{r} - \int_A^B \mathbf{F} \cdot d\mathbf{r} = 0 \qquad \blacksquare$$

다음의 도표에서 정리 2와 정리 3의 결과에 대한 요약을 볼 수 있다.

$$
\begin{array}{ccccc}
& \text{정리 2} & & \text{정리 3} & \\
D\text{에서 } \mathbf{F} = \nabla f & \Leftrightarrow & \begin{array}{c}\mathbf{F}\text{는 } D\text{에서}\\\text{보존적 벡터장이다}\end{array} & \Leftrightarrow & \begin{array}{c}D\text{에 놓여 있는 임의의}\\\text{닫힌 곡선에서}\\\oint_C \mathbf{F} \cdot d\mathbf{r} = 0\end{array}
\end{array}
$$

다음의 두 가지 의문이 남는다.
1. 주어진 벡터장 $\mathbf{F}$가 보존적인지 아닌지를 어떻게 알 수 있는가?
2. $\mathbf{F}$가 보존적이라면, 어떻게 ($\mathbf{F} = \nabla f$를 만족하는) 퍼텐셜 함수를 구할 수 있는가?

보존적 벡터장에 대한 퍼텐셜 구하기

벡터장이 보존적인가를 알아보는 판정법을 알아본다. 성분함수의 편도함수를 이용한다.

> **보존적 벡터장에 대한 성분 판정법**
> $\mathbf{F} = M(x, y, z)\mathbf{i} + N(x, y, z)\mathbf{j} + P(x, y, z)\mathbf{k}$를 성분함수들이 연속인 1계 편도함수들을 가지는 벡터장이라 하자. 그러면 $\mathbf{F}$가 보존적이기 위한 필요충분조건은 다음과 같다.
> $$\frac{\partial P}{\partial y} = \frac{\partial N}{\partial z}, \qquad \frac{\partial M}{\partial z} = \frac{\partial P}{\partial x}, \qquad \frac{\partial N}{\partial x} = \frac{\partial M}{\partial y} \tag{2}$$

성분 판정법은 단순 연결 영역에서 다음 벡터

$$\left(\frac{\partial P}{\partial y} - \frac{\partial N}{\partial z} \right)\mathbf{i} + \left(\frac{\partial M}{\partial z} - \frac{\partial P}{\partial x} \right)\mathbf{j} + \left(\frac{\partial N}{\partial x} - \frac{\partial M}{\partial y} \right)\mathbf{k}$$

가 영벡터일 필요충분조건이 **F**가 보존적이라고 말하는 것으로 볼 수 있다. 이 흥미로운 벡터를 **F**의 회전(curl)이라 부른다. 이는 14.7절에서 공부한다.

F가 보존적이면 식 (2)가 성립한다는 것의 증명   다음의 식

$$\mathbf{F} = M\mathbf{i} + N\mathbf{j} + P\mathbf{k} = \frac{\partial f}{\partial x}\mathbf{i} + \frac{\partial f}{\partial y}\mathbf{j} + \frac{\partial f}{\partial z}\mathbf{k}$$

를 만족하는 퍼텐셜 함수 f가 존재한다. 그러므로 다음을 얻는다.

$$\frac{\partial P}{\partial y} = \frac{\partial}{\partial y}\left(\frac{\partial f}{\partial z}\right) = \frac{\partial^2 f}{\partial y\, \partial z}$$

$$= \frac{\partial^2 f}{\partial z\, \partial y} \qquad \text{12.3절의 정리 2}$$

$$= \frac{\partial}{\partial z}\left(\frac{\partial f}{\partial y}\right) = \frac{\partial N}{\partial z}$$

식 (2)에 있는 나머지 것들도 비슷한 방식으로 증명된다.   ■

위 증명의 나머지 한쪽 방향, 즉 식 (2)가 성립하면 **F**는 보존적이 된다는 증명은 14.7절에서 살펴볼 스토크스 정리(Stokes Theorem)의 결과인데, 이때 **F**의 정의역이 단순 연결된 영역이라는 가정이 필요하다.

F가 보존적이라는 것을 알았으면 **F**에 대한 퍼텐셜 함수를 구하려고 한다. 이것을 구하기 위해서는 f에 대한 등식 $\nabla f = \mathbf{F}$ 또는

$$\frac{\partial f}{\partial x}\mathbf{i} + \frac{\partial f}{\partial y}\mathbf{j} + \frac{\partial f}{\partial z}\mathbf{k} = M\mathbf{i} + N\mathbf{j} + P\mathbf{k}$$

를 풀어야 한다. 이 방정식을 풀기 위하여 다음 예제에서 살펴보는 것과 같이 다음 세 식

$$\frac{\partial f}{\partial x} = M, \qquad \frac{\partial f}{\partial y} = N, \qquad \frac{\partial f}{\partial z} = P$$

를 적분해야 한다.

예제 3 $\mathbf{F} = (e^x \cos y + yz)\mathbf{i} + (xz - e^x \sin y)\mathbf{j} + (xy + z)\mathbf{k}$가 정의되는 영역에서 보존적 벡터장임을 보이고 이것에 대한 퍼텐셜 함수를 구하라.

풀이   **F**의 정의역은 3차원 공간 전체이므로, 이는 열린 영역이며 단순 연결 영역이다. 식 (2)에 있는 판별법을 식

$$M = e^x \cos y + yz, \qquad N = xz - e^x \sin y, \qquad P = xy + z$$

에 적용하여 계산하면 다음이 성립함을 알 수 있다.

$$\frac{\partial P}{\partial y} = x = \frac{\partial N}{\partial z}, \qquad \frac{\partial M}{\partial z} = y = \frac{\partial P}{\partial x}, \qquad \frac{\partial N}{\partial x} = -e^x \sin y + z = \frac{\partial M}{\partial y}$$

또한 편도함수들은 연속이므로, 이 식들에 의하여 **F**가 보존적, 즉 $\nabla f = \mathbf{F}$가 성립하는 함수 f가 존재함을 알 수 있다(정리 2). 식

$$\frac{\partial f}{\partial x} = e^x \cos y + yz, \qquad \frac{\partial f}{\partial y} = xz - e^x \sin y, \qquad \frac{\partial f}{\partial z} = xy + z \qquad (3)$$

들을 적분하여 f를 구한다. 먼저 y와 z를 고정시키고, 첫 번째 식을 x에 대하여 적분하여

$$f(x, y, z) = e^x \cos y + xyz + g(y, z)$$

를 얻는다. 여기서 적분상수는 x에 관해서만 상수이고, y 또는 z에 대한 함수일 수 있으므로, 이때의 적분상수를 y와 z에 대한 함수로 놓는다. 그런 후에 이 식으로부터 $\partial f / \partial y$를 계산하고 식 (3)에서의 $\partial f / \partial y$의 표현과 비교한다. 그리하여

$$-e^x \sin y + xz + \frac{\partial g}{\partial y} = xz - e^x \sin y$$

가 되므로 $\partial g / \partial y = 0$을 얻는다. 그러므로 g는 오직 z에 대한 함수가 되고,

$$f(x, y, z) = e^x \cos y + xyz + h(z)$$

가 된다. 이제 이 식에서 $\partial f / \partial z$를 계산한 후에 식 (3)에서의 $\partial f / \partial z$에 대한 식과 비교한다. 이로부터

$$xy + \frac{dh}{dz} = xy + z, \qquad \frac{dh}{dz} = z$$

가 되며, 그러므로

$$h(z) = \frac{z^2}{2} + C$$

이다. 따라서 구하고자 하는 퍼텐셜 함수는 다음과 같다.

$$f(x, y, z) = e^x \cos y + xyz + \frac{z^2}{2} + C$$

C에 임의의 값을 대입함으로써 $\mathbf{F}$의 퍼텐셜 함수를 무수히 많이 구할 수 있다.   ■

예제 4 $\mathbf{F} = (2x - 3)\mathbf{i} - z\mathbf{j} + (\cos z)\mathbf{k}$가 보존적 벡터장이 아님을 보이라.

풀이   식 (2)에서의 성분 판정법을 적용하기 위하여 우선 두 식

$$\frac{\partial P}{\partial y} = \frac{\partial}{\partial y}(\cos z) = 0, \qquad \frac{\partial N}{\partial z} = \frac{\partial}{\partial z}(-z) = -1$$

을 구한다. 이 두 식은 서로 다르므로 $\mathbf{F}$는 보존적 벡터장이 아니다. 더 이상의 판정이 필요 없다.   ■

예제 5   벡터장

$$\mathbf{F} = \frac{-y}{x^2 + y^2}\mathbf{i} + \frac{x}{x^2 + y^2}\mathbf{j} + 0\mathbf{k}$$

가 성분 판정법의 식을 만족하지만, 이의 정의되는 영역에서 보존적 벡터장은 아님을 보이라. 이러한 경우가 가능한 이유를 설명하라.

풀이 $M = -y/(x^2 + y^2)$, $N = x/(x^2 + y^2)$과 $P = 0$이라 놓자. 성분 판정법을 적용하면

$$\frac{\partial P}{\partial y} = 0 = \frac{\partial N}{\partial z}, \qquad \frac{\partial P}{\partial x} = 0 = \frac{\partial M}{\partial z}, \qquad \frac{\partial M}{\partial y} = \frac{y^2 - x^2}{(x^2 + y^2)^2} = \frac{\partial N}{\partial x}$$

을 얻는다. 따라서 벡터장 $\mathbf{F}$는 성분 판정법의 조건식을 만족하였다. 하지만 이 판정법에서는 벡터장의 정의역이 단순 연결이라 가정하였으나, 이 벡터장 $\mathbf{F}$의 정의역은 그렇지 못하다. $x^2 + y^2$이 0이 될 수 없기 때문에 정의역은 z축을 제외한 전체 공간이 되고, xy평면상에서 단위원 C, 즉 매개변수 t에 의해 $\mathbf{r}(t) = (\cos t)\mathbf{i} + (\sin t)\mathbf{j}$, $0 \le t \le 2\pi$로 표현되는 원은 z축을 감고 있으나 z축 위의 점이 아닌 한 점을 잡으면 이 점으로 수축시키지는 못한다.

　$\mathbf{F}$가 보존적 벡터장이 아님을 보이기 위해, C에서 선적분 $\oint_C \mathbf{F} \cdot d\mathbf{r}$을 계산해 보자. 먼저 벡터장을 매개변수 t의 식으로 표현해 보면

$$\mathbf{F} = \frac{-y}{x^2 + y^2}\mathbf{i} + \frac{x}{x^2 + y^2}\mathbf{j} = \frac{-\sin t}{\sin^2 t + \cos^2 t}\mathbf{i} + \frac{\cos t}{\sin^2 t + \cos^2 t}\mathbf{j} = (-\sin t)\mathbf{i} + (\cos t)\mathbf{j}$$

이고, 또한 $d\mathbf{r}/dt = (-\sin t)\mathbf{i} + (\cos t)\mathbf{j}$ 이므로 선적분을 계산해 보면

$$\oint_C \mathbf{F} \cdot d\mathbf{r} = \oint_C \mathbf{F} \cdot \frac{d\mathbf{r}}{dt} dt = \int_0^{2\pi} \left(\sin^2 t + \cos^2 t\right) dt = 2\pi$$

이다. $\mathbf{F}$의 선적분이 0이 아니므로 정리 3에 의해서 $\mathbf{F}$는 보존적 벡터장이 아니다. 벡터장 $\mathbf{F}$의 그림은 다음 절의 그림 14.31(d)에서 볼 수 있다. ■

예제 5는 벡터장의 정의역이 단순 연결이 아닐 때는 성분 판정법을 적용할 수 없음을 보여준다. 하지만 예제에서 정의역을 바꾸어서 반지름이 1이고 중심이 (2, 2, 2)인 공으로 제한해 주면 또는 이와 비슷하게 z축의 점들을 포함하지 않는 공 모양의 영역으로 제한해 주면 이 영역 D는 단순 영역이 된다. 이제 성분 판정법의 조건뿐만 아니라 편도함수 식 (2)도 성립하게 된다. 이 새로운 상황에서 예제 5의 벡터장 $\mathbf{F}$는 D에서 보존적 벡터장이다. 어떤 함수가 영역을 통한 성질(연속성이나 중간값 정리와 같은)을 만족하는지를 결정할 때에서는 주의를 기울여야 한다. 따라서 벡터장이 주어진 영역에서 어떤 성질을 만족하는지를 판정할 때에도 당연히 꼼꼼하게 따져봐야만 한다.

완전미분 형식

일 적분과 순환 적분을 가끔은 14.2절에서 언급한

$$\int_C M\,dx + N\,dy + P\,dz$$

와 같은 꼴의 미분 형식으로 표현하면 편리하다. 이러한 적분은 $M\,dx + N\,dy + P\,dz$가 함수 f에 대하여 전미분이 되고 C가 A와 B를 연결하는 임의의 곡선이면 비교적 계산하기 쉬워진다. 왜냐하면 이와 같은 경우에

$$\int_C M\,dx + N\,dy + P\,dz = \int_C \frac{\partial f}{\partial x}dx + \frac{\partial f}{\partial y}dy + \frac{\partial f}{\partial z}dz$$

$$= \int_A^B \nabla f \cdot d\mathbf{r} \qquad \nabla f\text{는 보존적 벡터장}$$

$$= f(B) - f(A) \qquad \text{정리 1}$$

가 되기 때문이다. 그러므로 1변수 미분가능한 함수들의 경우와 같이

$$\int_A^B df = f(B) - f(A)$$

가 된다.

정의 임의의 식 $M(x, y, z)\,dx + N(x, y, z)\,dy + P(x, y, z)\,dz$를 **미분 형식(differential form)**이라 한다. 미분 형식이 공간에 있는 영역 D에서 정의된 어떤 스칼라함수 f에 대하여

$$M\,dx + N\,dy + P\,dz = \frac{\partial f}{\partial x}dx + \frac{\partial f}{\partial y}dy + \frac{\partial f}{\partial z}dz = df$$

가 성립하면, D에서 **완전미분 형식(exact differential form)**이라 한다.

만약에 D에서 $M\,dx+N\,dy+P\,dz=df$가 성립하면 $\mathbf{F}=M\mathbf{i}+N\mathbf{j}+P\mathbf{k}$는 D에서 f의 기울기 벡터장이 됨을 명심하자. 역으로 만약에 $\mathbf{F}=\nabla f$가 성립하면, 미분 형식 $M\,dx+N\,dy+P\,dz$는 완전미분 형식이다. 그러므로 미분 형식이 완전미분 형식이 되는지를 알아보는 판별법은 $\mathbf{F}$가 보존적 벡터장인지를 알아보는 판별법과 동일하다.

완전미분형식 $M\,dx+N\,dy+P\,dz$에 대한 성분 판별법

미분 형식 $M\,dx+N\,dy+P\,dz$가 열린 단순 연결 영역에서 완전미분 형식이 되기 위한 필요충분조건은

$$\frac{\partial P}{\partial y}=\frac{\partial N}{\partial z}, \qquad \frac{\partial M}{\partial z}=\frac{\partial P}{\partial x}, \qquad \frac{\partial N}{\partial x}=\frac{\partial M}{\partial y}$$

이다. 이것은 벡터장 $\mathbf{F}=M\mathbf{i}+N\mathbf{j}+P\mathbf{k}$가 보존적 벡터장임과 동치이다.

예제 6 $y\,dx+x\,dy+4\,dz$가 완전미분 형식이 됨을 보이고, $(1,1,1)$부터 $(2,3,-1)$까지 연결하는 선분에서 적분을 구하라.

$$\int_{(1,1,1)}^{(2,3,-1)} y\,dx+x\,dy+4\,dz$$

풀이 $M=y, N=x, P=4$로 놓고 완전미분 형식의 판별법을 적용하라.

$$\frac{\partial P}{\partial y}=0=\frac{\partial N}{\partial z}, \qquad \frac{\partial M}{\partial z}=0=\frac{\partial P}{\partial x}, \qquad \frac{\partial N}{\partial x}=1=\frac{\partial M}{\partial y}$$

이 식들로부터 $y\,dx+x\,dy+4\,dz$가 완전미분 형식임을 알 수 있고, 그러므로 적당한 함수 f에 대하여

$$y\,dx+x\,dy+4\,dz=df$$

이며, 이것의 적분은 $f(2,3,-1)-f(1,1,1)$이다.

다음의 식

$$\frac{\partial f}{\partial x}=y, \qquad \frac{\partial f}{\partial y}=x, \qquad \frac{\partial f}{\partial z}=4 \tag{4}$$

를 적분하여 f를 구할 수 있다. 첫 번째 식으로부터

$$f(x,y,z)=xy+g(y,z)$$

를 얻는다. 두 번째 식으로부터

$$\frac{\partial f}{\partial y}=x+\frac{\partial g}{\partial y}=x, \qquad \frac{\partial g}{\partial y}=0$$

을 알 수 있다. 그러므로 g는 오직 z에 대한 함수이며

$$f(x,y,z)=xy+h(z)$$

가 성립한다. 식 (4)의 세 번째 식으로부터

$$\frac{\partial f}{\partial z}=0+\frac{dh}{dz}=4, \qquad h(z)=4z+C$$

임을 알 수 있다. 그러므로 다음을 얻는다.

$$f(x,y,z)=xy+4z+C$$

이것의 선적분은 $(1,1,1)$부터 $(2,3,-1)$까지 경로에 독립이며 다음과 같다.

$$f(2,3,-1)-f(1,1,1)=2+C-(5+C)=-3 \qquad\blacksquare$$

연습문제 14.3

보존적 벡터장에 대하여 판정하기

연습문제 1~6에서 벡터장이 보존적 벡터장인지, 아닌지를 판정하라.

1. $\mathbf{F} = yz\mathbf{i} + xz\mathbf{j} + xy\mathbf{k}$
2. $\mathbf{F} = (y \sin z)\mathbf{i} + (x \sin z)\mathbf{j} + (xy \cos z)\mathbf{k}$
3. $\mathbf{F} = y\mathbf{i} + (x + z)\mathbf{j} - y\mathbf{k}$
4. $\mathbf{F} = -y\mathbf{i} + x\mathbf{j}$
5. $\mathbf{F} = (z + y)\mathbf{i} + z\mathbf{j} + (y + x)\mathbf{k}$
6. $\mathbf{F} = (e^x \cos y)\mathbf{i} - (e^x \sin y)\mathbf{j} + z\mathbf{k}$

퍼텐셜 함수 구하기

연습문제 7~12에서 벡터장 $\mathbf{F}$에 대한 퍼텐셜 함수 f를 구하라.

7. $\mathbf{F} = 2x\mathbf{i} + 3y\mathbf{j} + 4z\mathbf{k}$
8. $\mathbf{F} = (y + z)\mathbf{i} + (x + z)\mathbf{j} + (x + y)\mathbf{k}$
9. $\mathbf{F} = e^{y+2z}(\mathbf{i} + x\mathbf{j} + 2x\mathbf{k})$
10. $\mathbf{F} = (y \sin z)\mathbf{i} + (x \sin z)\mathbf{j} + (xy \cos z)\mathbf{k}$
11. $\mathbf{F} = (\ln x + \sec^2(x + y))\mathbf{i}$
$$+ \left(\sec^2(x + y) + \frac{y}{y^2 + z^2}\right)\mathbf{j} + \frac{z}{y^2 + z^2}\mathbf{k}$$
12. $\mathbf{F} = \dfrac{y}{1 + x^2 y^2}\mathbf{i} + \left(\dfrac{x}{1 + x^2 y^2} + \dfrac{z}{\sqrt{1 - y^2 z^2}}\right)\mathbf{j}$
$$+ \left(\dfrac{y}{\sqrt{1 - y^2 z^2}} + \dfrac{1}{z}\right)\mathbf{k}$$

완전미분 형식

연습문제 13~17에서 적분될 미분 형식이 완전미분 형식임을 보이라. 적분을 구하라.

13. $\displaystyle\int_{(0,0,0)}^{(2,3,-6)} 2x\,dx + 2y\,dy + 2z\,dz$
14. $\displaystyle\int_{(1,1,2)}^{(3,5,0)} yz\,dx + xz\,dy + xy\,dz$
15. $\displaystyle\int_{(0,0,0)}^{(1,2,3)} 2xy\,dx + (x^2 - z^2)\,dy - 2yz\,dz$
16. $\displaystyle\int_{(0,0,0)}^{(3,3,1)} 2x\,dx - y^2\,dy - \frac{4}{1 + z^2}\,dz$
17. $\displaystyle\int_{(1,0,0)}^{(0,1,1)} \sin y \cos x\,dx + \cos y \sin x\,dy + dz$

선적분을 구하기 위해 퍼텐셜 함수 구하기

연습문제 18~22에서 관계되는 벡터장들은 공간 R^3 전체에서는 정의되지 않았지만 보존적 벡터장이다. 예제 6에서와 같이 각 벡터장에 대한 퍼텐셜 함수를 구하고 적분을 구하라.

18. $\displaystyle\int_{(0,2,1)}^{(1,\pi/2,2)} 2\cos y\,dx + \left(\frac{1}{y} - 2x \sin y\right)dy + \frac{1}{z}\,dz$
19. $\displaystyle\int_{(1,1,1)}^{(1,2,3)} 3x^2\,dx + \frac{z^2}{y}\,dy + 2z \ln y\,dz$

20. $\displaystyle\int_{(1,2,1)}^{(2,1,1)} (2x \ln y - yz)\,dx + \left(\frac{x^2}{y} - xz\right)dy - xy\,dz$
21. $\displaystyle\int_{(1,1,1)}^{(2,2,2)} \frac{1}{y}\,dx + \left(\frac{1}{z} - \frac{x}{y^2}\right)dy - \frac{y}{z^2}\,dz$
22. $\displaystyle\int_{(-1,-1,-1)}^{(2,2,2)} \frac{2x\,dx + 2y\,dy + 2z\,dz}{x^2 + y^2 + z^2}$

응용과 예제

23. **예제 6 다시 보기** 예제 6에서 $(1, 1, 1)$부터 $(2, 3, -1)$까지 연결하는 선분에 대한 매개변수화를 구한 후에 이 선분을 따라 $\mathbf{F} = y\mathbf{i} + x\mathbf{j} + 4\mathbf{k}$의 선적분을 계산함으로써 적분
$$\int_{(1,1,1)}^{(2,3,-1)} y\,dx + x\,dy + 4\,dz$$
를 계산하라. $\mathbf{F}$가 보존적 벡터장이므로 이때의 적분은 경로에 독립이다.

24. $(0, 0, 0)$부터 $(0, 3, 4)$까지 연결하는 선분 C를 따라
$$\int_C x^2\,dx + yz\,dy + (y^2/2)\,dz$$
를 계산하라.

경로에 대하여 독립 연습문제 25와 26에서 적분의 값이 A부터 B까지 연결하는 경로에 독립임을 보이라.

25. $\displaystyle\int_A^B z^2\,dx + 2y\,dy + 2xz\,dz$
26. $\displaystyle\int_A^B \frac{x\,dx + y\,dy + z\,dz}{\sqrt{x^2 + y^2 + z^2}}$

연습문제 27과 28에서 $\mathbf{F}$에 대한 퍼텐셜 함수를 구하라.

27. $\mathbf{F} = \dfrac{2x}{y}\mathbf{i} + \left(\dfrac{1 - x^2}{y^2}\right)\mathbf{j}, \quad \{(x, y): y > 0\}$
28. $\mathbf{F} = (e^x \ln y)\mathbf{i} + \left(\dfrac{e^x}{y} + \sin z\right)\mathbf{j} + (y \cos z)\mathbf{k}$

29. **다른 경로들을 따라서의 일** $(1, 0, 0)$부터 $(1, 0, 1)$까지 연결하는 다음의 경로들을 따라
$$\mathbf{F} = (x^2 + y)\mathbf{i} + (y^2 + x)\mathbf{j} + ze^z\mathbf{k}$$
가 한 일을 구하라.

a. 선분 $x = 1,\ y = 0,\ 0 \le z \le 1$
b. 나선 $\mathbf{r}(t) = (\cos t)\mathbf{i} + (\sin t)\mathbf{j} + (t/2\pi)\mathbf{k},\ 0 \le t \le 2\pi$
c. $(1, 0, 0)$부터 $(0, 0, 0)$까지 x축, 그 후에 $(0, 0, 0)$부터 $(1, 0, 1)$까지 포물선 $z = x^2,\ y = 0$

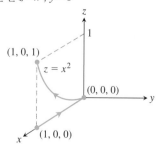

30. 다른 경로들을 따라 한 일 $(1, 0, 1)$부터 $(1, \pi/2, 0)$까지 연결하는 다음의 경로들을 따라

$$\mathbf{F} = e^{yz}\mathbf{i} + (xze^{yz} + z\cos y)\mathbf{j} + (xye^{yz} + \sin y)\mathbf{k}$$

가 한 일을 구하라.

a. 선분 $x=1, y=\pi t/2, z=1-t, 0 \le t \le 1$

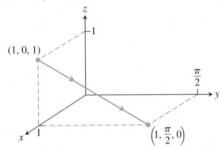

b. $(1, 0, 1)$부터 원점까지는 두 점을 연결하는 선분, 그 다음에 원점부터 $(1, \pi/2, 0)$까지 두 점을 연결하는 선분

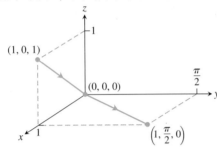

c. $(1, 0, 1)$부터 $(1, 0, 0)$까지 두 점을 연결하는 선분, 그 다음에 $(1, 0, 0)$부터 원점까지 x축, 그 다음에 원점에서 $(1, \pi/2, 0)$까지 연결하는 포물선 $y = \pi x^2/2, z = 0$

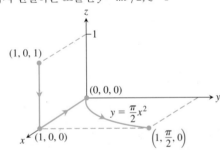

31. 두 가지 방식으로 일 적분 구하기 $\mathbf{F} = \nabla(x^3 y^2)$이라 하고, C를 xy평면에서 $(-1, 1)$부터 $(0, 0)$까지 연결하는 선분과 그 다음에 $(0, 0)$부터 $(1, 1)$까지 연결하는 선분으로 이루어진, $(-1, 1)$부터 $(1, 1)$까지 연결하는 경로라 하자. 다음의 두 방식으로 $\int_C \mathbf{F} \cdot d\mathbf{r}$을 계산하라.

a. C를 이루는 두 선분에 대한 매개변수화를 구하여 적분을 구하라.

b. $\mathbf{F}$에 대한 퍼텐셜 함수 $f(x, y) = x^3 y^2$을 이용하여 적분을 구하라.

32. 다른 경로를 따라서의 적분 xy평면에서 다음의 경로 C를 따라 $\int_C 2x\cos y\, dx - x^2 \sin y\, dy$를 계산하라.

a. $(1, 0)$부터 $(0, 1)$까지의 포물선 $y = (x-1)^2$

b. $(-1, \pi)$부터 $(1, 0)$까지 연결하는 선분

c. $(-1, 0)$부터 $(1, 0)$까지의 x축

d. $(1, 0)$부터 다시 $(1, 0)$까지의 성망형

$$\mathbf{r}(t) = (\cos^3 t)\mathbf{i} + (\sin^3 t)\mathbf{j}, \quad 0 \le t \le 2\pi$$

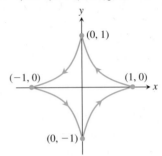

33. a. 완전미분 형식 다음의 미분 형식이 완전미분 형식이라면 상수 a, b, c는 어떤 관계가 있는가?

$$(ay^2 + 2czx)\, dx + y(bx + cz)\, dy + (ay^2 + cx^2)\, dz$$

b. 기울기 벡터장 b와 c가 무슨 값을 가질 때

$$\mathbf{F} = (y^2 + 2czx)\mathbf{i} + y(bx + cz)\mathbf{j} + (y^2 + cx^2)\mathbf{k}$$

는 기울기 벡터장이 되는가?

34. 선적분의 기울기 벡터장 $\mathbf{F} = \nabla f$가 보존적 벡터장이고

$$g(x, y, z) = \int_{(0,0,0)}^{(x,y,z)} \mathbf{F} \cdot d\mathbf{r}$$

이라 가정하자. $\nabla g = \mathbf{F}$임을 보이라.

35. 최소 일의 경로 힘 벡터장 $\mathbf{F}$에 의하여 두 지점 사이를 한 물체가 움직일 때, 이 벡터장에 의하여 한 일이 최소가 되는 경로를 구해야 된다. 간단한 계산에 의하여 $\mathbf{F}$가 보존적 벡터장임을 알았다. 어떤 경로를 찾아야 할까? 그 이유를 설명하라.

36. 실험 실험으로, 힘 벡터장 $\mathbf{F}$가 A부터 B까지 연결하는 경로 C_1을 따라 어떤 물체를 움직일 때 한 일이 A부터 B까지의 경로 C_2를 따라 그 물체를 움직일 때 한 일의 반이었다. 이때 $\mathbf{F}$에 대하여 무슨 결론을 낼 수 있는가? 그 이유를 설명하라.

37. 상수 힘에 의하여 한 일 A부터 B까지 연결하는 모든 경로를 따라 상수 힘 벡터장 $\mathbf{F} = a\mathbf{i} + b\mathbf{j} + c\mathbf{k}$가 어떤 물체를 움직이는 데 한 일은 $W = \mathbf{F} \cdot \overrightarrow{AB}$임을 보이라.

38. 중력 벡터장

a. 중력 벡터장

$$\mathbf{F} = -GmM \frac{x\mathbf{i} + y\mathbf{j} + z\mathbf{k}}{(x^2 + y^2 + z^2)^{3/2}}$$

(여기서, G, m, M은 상수들이다.)

에 대한 퍼텐셜 함수를 구하라.

b. P_1과 P_2를 각각 원점으로부터 거리가 s_1과 s_2가 되는 점들이라 하자. (a)에서의 중력 벡터장이 어떤 물체를 P_1부터 P_2까지 움직일 때 한 일은

$$GmM\left(\frac{1}{s_2} - \frac{1}{s_1}\right)$$

임을 보이라.

14.4 평면에서 그린 정리

$\mathbf{F}$가 보존적 벡터장이면, $\mathbf{F} = \nabla f$를 만족하는 미분가능한 함수 f가 존재함을 알고 있고 점 A와 B를 연결하는 임의의 곡선 C에서 $\mathbf{F}$의 선적분을 $\int_C \mathbf{F} \cdot d\mathbf{r} = f(B) - f(A)$와 같이 계산할 수 있다. 이 절에서는 $\mathbf{F}$가 보존적 벡터장이 아닌 경우에, 평면에서의 닫힌 곡선 C에서 일 적분과 유동 적분을 계산하는 방법을 유도해 낸다. **그린 정리**(*Green theorem*) 라 알려진 이 방법은 닫힌 곡선 C에서 선적분을 C로 둘러싸인 영역에서 2중적분으로 변환시키는 것이다.

유체(액체 또는 기체)의 유동에 대한 속도 벡터장은 그림으로 표현하기가 쉬우므로 이것을 사용하여 설명하고자 한다. 물론 그린 정리는 벡터장의 특별한 의미에 상관없 이 몇 가지 조건들을 만족한다면 어떠한 벡터장에서도 적용된다. 그린 정리를 설명하 기 위한 두 가지 새로운 개념을 먼저 살펴본다. 평면에 수직인 축을 감아 회전하는 **순 환 밀도**(*circulation density*)와 **발산**(*divergence*)(또는 **유출 밀도**(*flux density*))이다.

축을 돌아 회전하는 스핀: 회전(curl)의 k성분

$\mathbf{F}(x, y) = M(x, y)\mathbf{i} + N(x, y)\mathbf{j}$가 평면에서 유체 유동의 속도 벡터장이라 가정하고 M과 N 의 1계 편도함수가 영역 R의 각 점에서 연속이라고 가정하자. (x, y)를 R에서의 한 점이 라 하고 이 점 (x, y)를 한 꼭짓점으로 하고, 자신과 그 내부가 R 안에 완전히 놓여 있는 직사각형을 A라 하자. 이 사각형의 각 변은 좌표축에 평행하며, 길이는 각각 Δx와 Δy라 하자. M과 N은 직사각형 A를 포함하는 작은 영역에서 함숫값의 부호가 바뀌지 않는다 고 가정하자. 그린 정리에서 필요한 첫 번째 개념은 평면 영역을 흐르는 유체 내의 한 점에 떠 있는 외륜(paddle wheel)이 평면에 수직인 축을 감아 회전(spin)하는데, 얼마나 빨리 회전(spin)하는지를 수치로 나타내는 것이다. 이 개념은 유체가 평면에 수직이고 다른 점에 위치한 축들을 어떻게 감아 순환하는지에 대한 감각을 알려준다. 물리학자 는 이것을 한 점에서 벡터장 $\mathbf{F}$의 **순환 밀도**(*circulation density*)라 부르기도 한다. 이를 구하기 위해서는 속도 벡터장

$$\mathbf{F}(x, y) = M(x, y)\mathbf{i} + N(x, y)\mathbf{j}$$

와 그림 14.29의 직사각형 A를 생각해보자(여기서 $\mathbf{F}$의 두 성분함수를 양의 함수라고

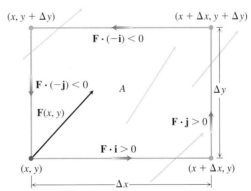

그림 14.29 직사각형의 밑변을 따라 $\mathbf{i}$ 방향으로 영역 A를 흘러가는 유동량의 근삿 값은 $\mathbf{F}(x, y) \cdot \mathbf{i} \Delta x$이다. 그림에서 양수임을 알 수 있다. 각 점 (x, y)에서 순환량의 근 삿값을 구하기 위해서는 각 변을 따라 빨간 화살표 방향으로 흘러가는 유동량을 계 산하여 더해 준 후 사각형의 넓이로 나누어 주면 된다. $\Delta x \to 0$, $\Delta y \to 0$일 때, 극 한을 취하면 단위 넓이당 순환량을 구할 수 있다.

가정하자).

직사각형 A의 경계를 따라 흐르는 순환량은 각 변을 따라 접선 방향으로 흐르는 유동량의 합이다. 밑변을 따라 흐르는 유동량은 근사적으로

$$\mathbf{F}(x, y) \cdot \mathbf{i}\, \Delta x = M(x, y)\Delta x$$

이다. 이는 속도벡터 $\mathbf{F}(x, y)$의 접선 방향 $\mathbf{i}$의 스칼라 성분과 선분의 길이의 곱이다. 유동량은 $\mathbf{F}$의 성분함수에 따라 양수 또는 음수로 나타낸다. 직사각형 A의 경계를 따라 흐르는 순 순환량은 다음 내적으로 정의하는 네 변을 따라 흐르는 유동량을 더함으로써 근삿값을 구할 수 있다.

윗변:	$\mathbf{F}(x, y + \Delta y) \cdot (-\mathbf{i})\, \Delta x = -M(x, y + \Delta y)\Delta x$
밑변:	$\mathbf{F}(x, y) \cdot \mathbf{i}\, \Delta x = M(x, y)\Delta x$
오른쪽변:	$\mathbf{F}(x + \Delta x, y) \cdot \mathbf{j}\, \Delta y = N(x + \Delta x, y)\Delta y$
왼쪽변:	$\mathbf{F}(x, y) \cdot (-\mathbf{j})\, \Delta y = -N(x, y)\Delta y$

마주보는 변들을 합하여 다음을 얻는다.

윗변과 밑변:　　$-(M(x, y + \Delta y) - M(x, y))\Delta x \approx -\left(\dfrac{\partial M}{\partial y}\Delta y\right)\Delta x$

오른쪽변과 왼쪽변:　$(N(x + \Delta x, y) - N(x, y))\Delta y \approx \left(\dfrac{\partial N}{\partial x}\Delta x\right)\Delta y$

마지막 두 식을 더하여 반시계방향으로 돌아가는 순 순환량

$$\text{직사각형 주위의 순환량} \approx \left(\frac{\partial N}{\partial x} - \frac{\partial M}{\partial y}\right)\Delta x\, \Delta y$$

을 얻고, 이를 $\Delta x\Delta y$로 나누어 주면 직사각형에 대한 **순환 밀도**를 추정할 수 있다.

$$\frac{\text{직사각형 주위의 순환}}{\text{직사각형의 넓이}} \approx \frac{\partial N}{\partial x} - \frac{\partial M}{\partial y}$$

여기서 Δx와 Δy가 0으로 접근할 때, 점 (x, y)에서 $\mathbf{F}$의 **순환 밀도**가 구해진다.

단위 $\mathbf{k}$벡터의 끝에서 xy평면으로 내려다 볼 때 회전이 반시계방향으로 돌고 있으면, 순환 밀도는 양수이다(그림 14.30). 순환 밀도의 값은 14.7절에서 정의할 더 일반적인 순환 벡터장(벡터장의 $\mathbf{F}$의 **회전**(*curl*)이라 부르며 curl $\mathbf{F}$로 쓴다.)의 $\mathbf{k}$성분이다. 그린 정리에서는 curl $\mathbf{F}$의 $\mathbf{k}$와의 내적으로 얻은 $\mathbf{k}$성분만 필요하다.

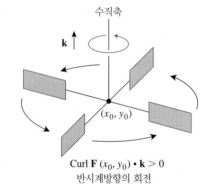

Curl $\mathbf{F}$ $(x_0, y_0) \cdot \mathbf{k} > 0$
반시계방향의 회전

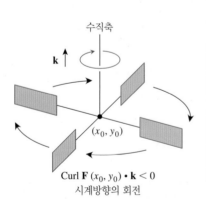

Curl $\mathbf{F}$ $(x_0, y_0) \cdot \mathbf{k} < 0$
시계방향의 회전

그림 14.30 평면 영역에서 수축되지 않는 액체의 유동에서 회전의 $\mathbf{k}$성분으로부터 한 점에서의 유체의 회전 속도를 측정할 수 있다. 회전의 $\mathbf{k}$성분은 그 점들에서 회전이 반시계방향이면 양의 값이 되고, 회전이 시계방향이면 음의 값이 된다.

> **정의**　벡터장 $\mathbf{F} = M\mathbf{i} + N\mathbf{j}$의 점 (x, y)에서의 **순환 밀도(circulation density)**는 다음 스칼라 값이다.
>
> $$\frac{\partial N}{\partial x} - \frac{\partial M}{\partial y} \tag{1}$$
>
> 이 값은 또한 **회전의 k성분(the k-component of the curl)**이라 하며 (curl $\mathbf{F}$)$\cdot \mathbf{k}$로 표기한다.

만일 물이 얇은 층으로 된 xy평면의 한 영역에서 흐르고 있다면, 한 점 (x_0, y_0)에서 회전(curl)의 $\mathbf{k}$성분은, 이 평면에 수직이면서 $\mathbf{k}$에 평행인 축을 가진 조그마한 외륜이 물의 (x_0, y_0)에서 어느 방향으로 그리고 얼마나 빠르게 회전하는지를 수치로 나타내준다 (그림 14.30). xy평면을 내려다 볼 때, (curl $\mathbf{F}$)$\cdot \mathbf{k}$가 양의 값이면 반시계방향으로 회전하고, $\mathbf{k}$성분이 음의 값이면 시계방향으로 회전한다.

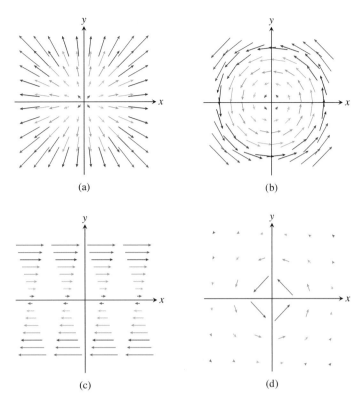

그림 14.31   평면에서 흘러가는 기체의 속도 벡터장(예제 1)

예제 1   다음 벡터장들은 xy평면에서 흘러가는 기체의 속도를 표현한다. 각 벡터장의 순환 밀도를 구하고 물리적인 의미를 설명하라. 그림 14.31은 벡터장을 그림으로 나타내었다.

(a) 균등 팽창 또는 압축: $\mathbf{F}(x, y) = cx\mathbf{i} + cy\mathbf{j}$ c는 상수

(b) 균등 회전: $\mathbf{F}(x, y) = -cy\mathbf{i} + cx\mathbf{j}$

(c) 전단 흐름: $\mathbf{F}(x, y) = y\mathbf{i}$

(d) 월풀 효과: $\mathbf{F}(x, y) = \dfrac{-y}{x^2 + y^2}\mathbf{i} + \dfrac{x}{x^2 + y^2}\mathbf{j}$

풀이   **(a) 균등 팽창**: $(\text{curl } \mathbf{F}) \cdot \mathbf{k} = \dfrac{\partial}{\partial k}(cy) - \dfrac{\partial}{\partial y}(cx) = 0$ 기체는 아주 조금도 순환하지 않는다.

(b) 회전: $(\text{curl } \mathbf{F}) \cdot \mathbf{k} = \dfrac{\partial}{\partial x}(cx) - \dfrac{\partial}{\partial y}(-cy) = 2c$ 상수 순환 밀도는 모든 점에서 회전하는 것을 의미한다. 만일 $c > 0$이면 반시계방향으로 회전하고, $c < 0$이면 시계방향으로 회전한다.

(c) 전단: $(\text{curl } \mathbf{F}) \cdot \mathbf{k} = -\dfrac{\partial}{\partial y}(y) = -1$ 순환 밀도는 상수이고 음수이다. 따라서 외륜이 전단 흐름의 물에 떠서 시계방향으로 회전한다. 각 점에서의 회전속도는 동일하다. 유체 유동의 평균 회전 효과는 그림 14.32에서 보는 것과 같은 작은 시계방향 원 모양으로 유체를 누르는 것이다.

(d) 월풀 효과:

$$(\text{curl } \mathbf{F}) \cdot \mathbf{k} = \frac{\partial}{\partial x}\left(\frac{x}{x^2 + y^2}\right) - \frac{\partial}{\partial y}\left(\frac{-y}{x^2 + y^2}\right) = \frac{y^2 - x^2}{(x^2 + y^2)^2} - \frac{y^2 - x^2}{(x^2 + y^2)^2} = 0$$

순환 밀도는 원점을 제외한 모든 점(즉, 이 벡터장이 정의되는 모든 점)에서 0이다. 기

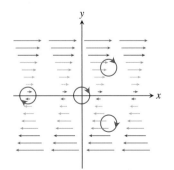

그림 14.32   전단 유동은 각 점에서 시계방향으로 유체를 눌러준다(예제 1(c)).

체는 벡터장이 정의되는 어떠한 점에서도 순환하지 않는다. ∎

그린 정리의 첫 번째 공식은 순환 밀도를 사용하여 xy 평면에서의 유동에 대한 적분을 계산하는 방법을 알려준다. (유동 적분은 14.2절에 정의되어 있다.) 정리의 두 번째 공식은 **유출 밀도**로부터 경계를 가로지르는 유동을 구해주는 유출 적분을 계산하는 방법을 알려준다. 우리는 이 개념을 나중에 정의하고, 정리를 두 가지 형태로 제시한다.

발산

속도장 $\mathbf{F}(x, y) = M(x, y)\mathbf{i} + N(x, y)\mathbf{j}$를 그림 14.33에서 보는 것처럼 직사각형 A를 포함하는 영역에서 다시 생각해보자. 이전에서와 같이, 벡터장 성분함수들은 직사각형 A를 포함하는 작은 영역에서 함숫값의 부호가 바뀌지 않는다고 가정하자. 여기서는 유체가 경계를 가로질러 A를 빠져나가는 양을 결정하는 것에 관심을 가져보자.

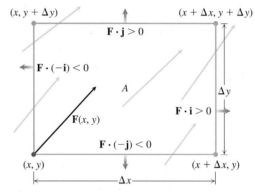

그림 14.33　직사각형의 밑변을 통과하여 외향 법선 $-\mathbf{j}$ 방향으로 영역 A을 빠져나가는 유출량의 근삿값은 $\mathbf{F}(x, y) \cdot (-\mathbf{j})\Delta x$이다. 그림에서 벡터장 $\mathbf{F}$는 음수임을 알 수 있다. 각 점 (x, y)에서 유출량의 근삿값을 구하기 위해서는 각 변을 빨간 화살표 방향으로 통과하여 빠져나가는 유출량을 계산하여 더해 준 후 사각형의 넓이로 나누어 주면 된다. $\Delta x \to 0$, $\Delta y \to 0$일 때 극한을 취하면 단위 넓이당 유출량을 구할 수 있다.

유체가 직사각형의 밑변을 통과하여 빠져나가는 유출량은 근사적으로(그림 14.33)

$$\mathbf{F}(x, y) \cdot (-\mathbf{j})\, \Delta x = -N(x, y)\Delta x$$

가 된다. 이는 점 (x, y)에서 속도벡터의 외향 법선 방향 스칼라 성분과 선분의 길이의 곱이다. 만일 속도가, 예를 들어, 초당 미터 (m/s)로 표현된다면 유출량(flow rate)은 초당 미터(m/s) 곱하기 미터(m), 즉 초당 제곱미터(m²/s)가 된다. 유체가 다른 세 변을 통과하는 외향 법선 방향으로 빠져나가는 유출량은 비슷한 방법으로 계산할 수 있다. 유출량은 $\mathbf{F}$의 성분함수의 부호에 따라 양수 또는 음수로 나타낸다. 직사각형 A의 경계를 통과하는 순 유출량은 다음에서 정의하는 네 변을 통과하는 유출량을 더함으로써 근삿값을 구할 수 있다.

유체의 유출량: 윗변:　$\mathbf{F}(x, y + \Delta y) \cdot \mathbf{j}\, \Delta x = N(x, y + \Delta y)\Delta x$

밑변:　$\mathbf{F}(x, y) \cdot (-\mathbf{j})\, \Delta x = -N(x, y)\Delta x$

오른쪽변:　$\mathbf{F}(x + \Delta x, y) \cdot \mathbf{i}\, \Delta y = M(x + \Delta x, y)\Delta y$

왼쪽변:　$\mathbf{F}(x, y) \cdot (-\mathbf{i})\, \Delta y = -M(x, y)\Delta y$

마주보는 변들을 합하여 다음을 얻는다.

윗변과 밑변:　$(N(x, y + \Delta y) - N(x, y))\Delta x \approx \left(\dfrac{\partial N}{\partial y}\Delta y\right)\Delta x$

오른쪽변과 왼쪽변: $(M(x + \Delta x, y) - M(x, y))\Delta y \approx \left(\dfrac{\partial M}{\partial x}\Delta x\right)\Delta y$

이들 마지막 두 식을 합하여 유출량의 순효과, 즉

$$\text{직사각형의 경계를 가로지르는 유출} \approx \left(\dfrac{\partial M}{\partial x} + \dfrac{\partial N}{\partial y}\right)\Delta x\Delta y$$

를 얻는다. 이제 $\Delta x\Delta y$로 나누어 직사각형에 대한 단위 넓이당 총 유출, 즉 유출 밀도를 구한다.

$$\frac{\text{직사각형의 경계를 가로지르는 유출}}{\text{직사각형의 넓이}} \approx \left(\dfrac{\partial M}{\partial x} + \dfrac{\partial N}{\partial y}\right)$$

마지막으로, 점 (x, y)에서 $\mathbf{F}$의 **유출 밀도**를 정의하기 위하여 Δx와 Δy를 0으로 접근시킨다. 수학에서는 유출 밀도를 $\mathbf{F}$의 **발산**이라 부른다. 이것에 대한 기호는 div $\mathbf{F}$이며, '$\mathbf{F}$의 발산' 또는 '다이버전스 $\mathbf{F}$'로 읽는다.

> **정의**   점 (x, y)에서 벡터장 $\mathbf{F}=M\mathbf{i}+N\mathbf{j}$의 **발산(유출 밀도)**은 다음과 같다.
>
> $$\operatorname{div} \mathbf{F} = \dfrac{\partial M}{\partial x} + \dfrac{\partial N}{\partial y} \qquad (2)$$

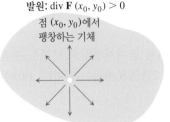

발원: div $\mathbf{F}\,(x_0, y_0) > 0$
점 (x_0, y_0)에서 팽창하는 기체

침하: div $\mathbf{F}\,(x_0, y_0) < 0$
점 (x_0, y_0)에서 압축되는 기체

그림 14.34 만약에 기체가 점 (x_0, y_0)에서 팽창한다면, 유동의 선들은 양의 발산이 되고, 만약에 기체가 압축된다면 이때의 발산은 음의 부호를 갖는다.

액체와 달리 기체는 압축될 수 있다. 기체의 속도 벡터장의 발산은 각 점에서 기체의 팽창 또는 압축이 얼마나 되는가를 나타낸다. 직관적으로 기체가 점 (x_0, y_0)에서 팽창되면, 유동선들은 그곳에서부터 발산할 것이고, 기체는 (x_0, y_0)를 포함하는 작은 직사각형으로부터 흘러나가므로 (x_0, y_0)에서 $\mathbf{F}$의 발산은 양의 부호를 갖는다. 만약에 기체가 팽창하는 것이 아니라 압축된다면, 이때의 발산은 음의 부호를 갖는다(그림 14.34).

예제 2   예제 1의 각 벡터장에 대하여 순환 밀도를 구하라. 그리고 그 의미를 설명하라.

풀이

(a) div $\mathbf{F} = \dfrac{\partial}{\partial x}(cx) + \dfrac{\partial}{\partial y}(cy) = 2c$: $c>0$이면 기체는 균등 팽창을 진행하고 있으며, $c<0$이면 균등 압축을 진행하고 있다.

(b) div $\mathbf{F} = \dfrac{\partial}{\partial x}(-cy) + \dfrac{\partial}{\partial y}(cx) = 0$: 기체는 팽창하지도 압축되지도 않고 있다.

(c) div $\mathbf{F} = \dfrac{\partial}{\partial x}(y) = 0$: 기체는 팽창하지도 압축되지도 않고 있다.

(d) div $\mathbf{F} = \dfrac{\partial}{\partial x}\left(\dfrac{-y}{x^2 + y^2}\right) + \dfrac{\partial}{\partial y}\left(\dfrac{x}{x^2 + y^2}\right) = \dfrac{2xy}{(x^2 + y^2)^2} - \dfrac{2xy}{(x^2 + y^2)^2} = 0$: 또 다시 속도장의 정의역의 모든 점에서 발산이 0이 되었다.   ■

그림 14.31의 (b), (c)와 (d)의 경우는 2차원 평면에서 액체의 흐름에 대한 매우 그럴싸한 모형들이다. 이 경우에서와 같이, 흘러가는 액체의 속도장의 발산이 항상 0이 될 때 유체역학에서는 액체가 **비압축(incompressible)**이라 말한다.

그린 정리에 대한 두 가지 공식

단순 닫힌 곡선 C는 두 가지 방향으로 진행할 수 있다(곡선이 자기 자신을 통과하지 않으면 단순 곡선임을 기억하자). 만일 물체가 곡선을 따라 이동할 때 곡선이 둘러싼 영역이 항상 물체의 왼쪽에 위치한다고 하면, 곡선은 반시계방향, 다시 말해 양의 방향이라 한다. 곡선이 시계방향이면, 물체가 곡선을 따라 이동할 때 곡선이 둘러싼 영역이 오른쪽에 위치하며 곡선은 음의 방향이라 한다. 곡선 C의 방향이 바뀌면 곡선 C에서 벡터장 $\mathbf{F}$의 선적분은 부호가 바뀐다. 단순 닫힌 곡선 C의 방향이 반시계방향, 즉 양의 방향일 때 선적분을

$$\oint_C \mathbf{F}(x, y) \cdot d\mathbf{r}$$

으로 표기한다.

그린 정리의 첫 번째 공식은 벡터장의 단순 닫힌 곡선을 반시계방향으로 도는 순환이 곡선에 둘러싸인 영역에서 벡터장의 회전의 $\mathbf{k}$성분의 2중적분이라는 것이다. 14.2절의 순환에 대한 식 (7)의 정의를 상기하자.

순환과 회전

C를 도는 순환 $= \displaystyle\oint_C \mathbf{F} \cdot \mathbf{T}\, ds$

$(\text{curl } \mathbf{F}) \cdot \mathbf{k} = \dfrac{\partial N}{\partial x} - \dfrac{\partial M}{\partial y}$

> **정리 4 그린 정리(순환-회전 또는 접선 공식)** 곡선 C를 평면에서 영역 R을 둘러싼, 구분적으로 매끄러운, 단순 닫힌 곡선이라 하자. 벡터장 $\mathbf{F} = M\mathbf{i} + N\mathbf{j}$의 각 성분함수 M과 N은 R을 포함하는 열린 영역에서 1계 편도함수가 연속이라 하자. C를 돌아 흐르는 $\mathbf{F}$의 반시계방향 순환은 영역 R에서 $(\text{curl } \mathbf{F}) \cdot \mathbf{k}$의 2중적분과 같다.
>
> $$\underbrace{\oint_C \mathbf{F} \cdot \mathbf{T}\, ds}_{\text{반시계방향 순환}} = \oint_C M\, dx + N\, dy = \underbrace{\iint_R \left(\frac{\partial N}{\partial x} - \frac{\partial M}{\partial y} \right) dx\, dy}_{\text{회전 적분}} \qquad (3)$$

그린 정리의 두 번째 공식은 벡터장이 평면에서의 단순 닫힌 곡선을 통과하여 빠져나가는 유출량이 이 곡선에 둘러싸인 영역에서 벡터장의 발산에 대한 2중적분과 같다는 것이다. 14.2절의 식 (8)과 (9)의 유출량에 대한 공식을 상기하자.

유출과 발산

C를 통과하는 $\mathbf{F}$의 유출 $= \displaystyle\oint_C \mathbf{F} \cdot \mathbf{n}\, ds$

$\text{div } \mathbf{F} = \dfrac{\partial M}{\partial x} + \dfrac{\partial N}{\partial y}$

> **정리 5 그린 정리(유출-발산 또는 법선 공식)** 곡선 C를 평면에서 영역 R을 둘러싼, 구분적으로 매끄러운, 단순 닫힌 곡선이라 하자. 벡터장 $\mathbf{F} = M\mathbf{i} + N\mathbf{j}$의 각 성분함수 M과 N은 R을 포함하는 열린 영역에서 1계 편도함수가 연속이라 하자. C를 통과하여 빠져나가는 $\mathbf{F}$의 유출은 C에 의해 둘러싸인 영역 R에서 $\text{div } \mathbf{F}$의 2중적분과 같다.
>
> $$\underbrace{\oint_C \mathbf{F} \cdot \mathbf{n}\, ds}_{\text{유출}} = \oint_C M\, dy - N\, dx = \underbrace{\iint_R \left(\frac{\partial M}{\partial x} + \frac{\partial N}{\partial y} \right) dx\, dy}_{\text{발산 적분}} \qquad (4)$$

그린 정리의 두 공식은 동치이다. 벡터장 $\mathbf{G}_1 = -N\mathbf{i} + M\mathbf{j}$에 식 (3)을 적용하면 식 (4)를 얻게 되고, $\mathbf{G}_2 = N\mathbf{i} - M\mathbf{j}$에 식 (4)를 적용하면 식 (3)을 얻는다.

그린 정리의 두 가지 공식은 4.4절의 미적분학의 기본정리를 2차원으로 일반화시킨 것으로 볼 수 있다. 식 (3)의 좌변의 선적분으로 정의되는, 곡선 C를 돌아 흐르는 $\mathbf{F}$의 반시계방향 순환은 C에 의해 둘러싸인 영역 R에서 순환 밀도의 적분, 즉 식 (3)의 우변의 2중적분이다. 같은 방법으로 식 (4)의 좌변의 선적분으로 정의되는, 곡선 C를 통과하여 빠져나가는 $\mathbf{F}$의 유출량은 C에 의해 둘러싸인 영역 R에서 유량 밀도의 적분, 즉 식 (4)의 우변의 2중적분이다.

예제 3   벡터장

$$\mathbf{F}(x, y) = (x - y)\mathbf{i} + x\mathbf{j}$$

와 단위원

$$C: \quad \mathbf{r}(t) = (\cos t)\mathbf{i} + (\sin t)\mathbf{j}, \quad 0 \le t \le 2\pi$$

로 둘러싸인 영역 R을 가지고 그린 정리의 두 가지 공식이 성립함을 확인하자.

풀이   먼저 C를 돌아 흐르는 $\mathbf{F} = M\mathbf{i} + N\mathbf{j}$의 반시계방향 순환을 계산하자. 곡선 C에서 $x = \cos t$와 $y = \sin t$이다. $\mathbf{F}(\mathbf{r}(t))$를 계산하고 성분함수를 편미분하여 다음을 얻는다.

$$M = x - y = \cos t - \sin t, \qquad dx = d(\cos t) = -\sin t \, dt,$$
$$N = x = \cos t, \qquad dy = d(\sin t) = \cos t \, dt.$$

그러므로

$$\oint_C \mathbf{F} \cdot \mathbf{T} \, ds = \oint_C M \, dx + N \, dy$$

$$= \int_{t=0}^{t=2\pi} (\cos t - \sin t)(-\sin t) \, dt + (\cos t)(\cos t) \, dt$$

$$= \int_0^{2\pi} (-\sin t \cos t + 1) \, dt = 2\pi$$

이다. 이는 식 (3)의 좌변을 구했다. 다음은 식 (3)의 우변인 회전 적분을 구한다. $M = x - y$이고 $N = x$이므로,

$$\frac{\partial M}{\partial x} = 1, \qquad \frac{\partial M}{\partial y} = -1, \qquad \frac{\partial N}{\partial x} = 1, \qquad \frac{\partial N}{\partial y} = 0$$

이고, 그러므로 다음을 얻는다.

$$\iint_R \left(\frac{\partial N}{\partial x} - \frac{\partial M}{\partial y} \right) dx \, dy = \iint_R (1 - (-1)) \, dx \, dy$$

$$= 2 \iint_R dx \, dy = 2(\text{단위원 내부의 넓이}) = 2\pi$$

따라서 식 (3)의 좌변과 우변은 둘 다 2π로 같다. 그린 정리의 순환–회전 공식이 성립한다. 그림 14.35는 곡선 C를 돌아 흐르는 벡터장을 보여준다.

이제 그린 정리의 유출–발산 공식인 식 (4)의 양변을 계산한다. 유출량을 먼저 계산하면

$$\oint_C M \, dy - N \, dx = \int_{t=0}^{t=2\pi} (\cos t - \sin t)(\cos t \, dt) - (\cos t)(-\sin t \, dt)$$

$$= \int_0^{2\pi} \cos^2 t \, dt = \pi$$

이고, 다음은 발산 적분을 계산하여 얻는다.

$$\iint_R \left(\frac{\partial M}{\partial x} + \frac{\partial N}{\partial y} \right) dx \, dy = \iint_R (1 + 0) \, dx \, dy = \iint_R dx \, dy = \pi$$

따라서 식 (4)의 좌변과 우변이 모두 π로 같다. 그린 정리의 유출–발산 공식이 성립한다. ■

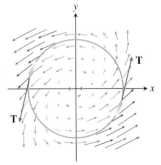

그림 14.35   예제 3의 벡터장은 단위원을 돌아서 2π 주기의 반시계방향의 순환을 한다.

그린 정리를 사용하여 선적분 구하기

만약에 많은 곡선들의 끝과 끝을 연결하여 닫힌 곡선 C를 만들었다면, C에서 선적분을 계산하는 과정은 많은 다른 적분을 다루어야 되므로 매우 지루하게 길어질 수가 있다. 그러나 만약에 C가 영역 R을 둘러싸서 그린 정리를 적용할 수 있다면, 이 정리를 이용하여 C에서의 선적분을 R에서의 2중적분으로 바꿀 수 있다.

예제 4 C가 제1사분면에서 직선 $x=1$과 $y=1$로 잘라내어 만들어진 정사각형의 둘레일 때, 다음 적분을 구하라.

$$\oint_C xy\,dy - y^2\,dx$$

풀이 선적분을 정사각형에서의 2중적분으로 바꾸는 그린 정리의 두 가지 공식을 모두 이용할 수 있다. C는 정사각형의 경계이고 R은 그 내부이다.

1. 접선 공식 (3)의 이용: $M=-y^2$과 $N=xy$로 놓으면 다음을 얻는다.

$$\oint_C -y^2\,dx + xy\,dy = \iint_R \left(\frac{\partial N}{\partial x} - \frac{\partial M}{\partial y}\right) dx\,dy = \iint_R (y-(-2y))\,dx\,dy$$

$$= \int_0^1\int_0^1 3y\,dx\,dy = \int_0^1 \left[3xy\right]_{x=0}^{x=1} dy = \int_0^1 3y\,dy = \frac{3}{2}y^2\Big]_0^1 = \frac{3}{2}$$

2. 법선 공식 (4)의 이용: $M=xy,\ N=y^2$으로 놓으면 같은 결과를 얻는다.

$$\oint_C xy\,dy - y^2\,dx = \iint_R \left(\frac{\partial M}{\partial x} + \frac{\partial N}{\partial y}\right) dx\,dy = \iint_R (y+2y)\,dx\,dy = \frac{3}{2} \qquad \blacksquare$$

예제 5 직선 $x=\pm 1$과 $y=\pm 1$로 둘러싸인 정사각형을 통과하여 빠져나가는 벡터장 $\mathbf{F}(x,y)=2e^{xy}\mathbf{i}+y^3\mathbf{j}$의 유출량을 구하라.

풀이 선적분을 이용하여 유출을 구할 때에는 정사각형의 각각의 변에 대하여 계산하기 때문에 4번의 선적분을 구하여야 한다. 그린 정리를 적용하여 선적분을 2중적분으로 바꿀 수 있다. $M=2e^{xy},\ N=y^3$으로 놓고, C를 이 정사각형으로, R을 이 정사각형의 내부로 놓으면 다음을 얻는다.

$$\text{유출} = \oint_C \mathbf{F}\cdot\mathbf{n}\,ds = \oint_C M\,dy - N\,dx$$

$$= \iint_R \left(\frac{\partial M}{\partial x} + \frac{\partial N}{\partial y}\right) dx\,dy \qquad \text{그린 정리 식 (4)}$$

$$= \int_{-1}^1\int_{-1}^1 (2ye^{xy} + 3y^2)\,dx\,dy = \int_{-1}^1 \left[2e^{xy} + 3xy^2\right]_{x=-1}^{x=1} dy$$

$$= \int_{-1}^1 (2e^y + 6y^2 - 2e^{-y})\,dy = \left[2e^y + 2y^3 + 2e^{-y}\right]_{-1}^1 = 4 \qquad \blacksquare$$

특수한 영역에 대한 그린 정리의 증명

C를 xy평면에 있는 매끄러운 단순 닫힌 곡선이라 하자. 이때 좌표축들에 평행한 직선들은 이 곡선과 두 점 이내에서 만난다고 가정하자. R을 C로 둘러싸인 영역이라 하고, M, N과 이것들의 1계 도함수들이 R과 C를 포함하는 어떤 열린 영역의 모든 점에서 연속이라 가정하자. 그린 정리의 순환–회전 공식을 증명하려고 한다.

$$\oint_C M\,dx + N\,dy = \iint_R \left(\frac{\partial N}{\partial x} - \frac{\partial M}{\partial y} \right) dx\,dy \tag{5}$$

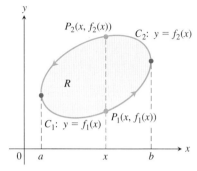

그림 14.36에서 C는 2개의 유향 곡선으로 이루어졌다.

$$C_1: \quad y = f_1(x), \quad a \le x \le b, \qquad C_2: \quad y = f_2(x), \quad b \ge x \ge a$$

a와 b 사이의 임의의 점 x에 대하여 $y = f_1(x)$부터 $y = f_2(x)$까지 y에 대해 $\partial M / \partial y$를 적분하여

$$\int_{f_1(x)}^{f_2(x)} \frac{\partial M}{\partial y}\,dy = M(x, y) \Big]_{y=f_1(x)}^{y=f_2(x)} = M(x, f_2(x)) - M(x, f_1(x))$$

를 얻는다. 이제 이것을 a부터 b까지 x에 대하여 적분하면 다음을 얻는다.

$$\int_a^b \int_{f_1(x)}^{f_2(x)} \frac{\partial M}{\partial y}\,dy\,dx = \int_a^b \left[M(x, f_2(x)) - M(x, f_1(x)) \right] dx$$

$$= -\int_b^a M(x, f_2(x))\,dx - \int_a^b M(x, f_1(x))\,dx$$

$$= -\int_{C_2} M\,dx - \int_{C_1} M\,dx$$

$$= -\oint_C M\,dx$$

그림 14.36 경계곡선 C는 $y = f_1(x)$의 그래프인 C_1과 $y = f_2(x)$의 그래프인 C_2로 이루어졌다.

그러므로 식의 순서를 바꾸면

$$\oint_C M\,dx = \iint_R \left(-\frac{\partial M}{\partial y} \right) dx\,dy \tag{6}$$

이다. 식 (6)에 의하여 식 (5)의 절반이 증명되었다. 그림 14.37에서 제안한 것과 같이 $\partial N / \partial x$를 x에 대하여 적분하고 다시 y에 대하여 적분함으로써 나머지 절반의 결과를 보일 수 있다. 그림 14.37에서 그림 14.36의 곡선은 2개의 유향 곡선 $C_1': x = g_1(y)$, $d \ge y \ge c$와 $C_2': x = g_2(y)$, $c \le y \le d$로 나누어진다. 이것의 2중적분의 결과는 다음 식과 같다.

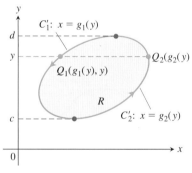

그림 14.37 경계곡선 C는 $x = g_1(y)$의 그래프인 C_1'과 $x = g_2(y)$의 그래프인 C_2'로 이루어졌다.

$$\oint_C N\,dy = \iint_R \frac{\partial N}{\partial x}\,dx\,dy \tag{7}$$

식 (6)과 식 (7)을 합하여 식 (5)를 얻는다. 이것으로 증명이 완결되었다. ■

또한 그린 정리는 그림 14.38에서 보는 것과 같은, 더 일반적인 영역에서도 성립한다. 그림 14.38(c)에서 영역은 단순 연결이 아니다. 경계를 이루는 곡선 C_1과 C_h는 보는 것과 같이 양의 방향이다. 즉, 곡선을 따라 진행할 때 영역이 항상 왼쪽에 위치한다. 또

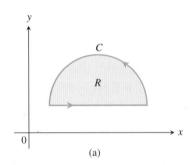
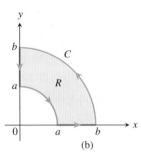
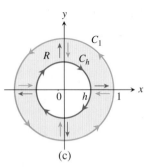

그림 14.38 그린 정리가 적용될 다른 영역들. (c)에서 영역이 좌표축에 의해 4개의 단순 연결 영역으로 나누어진다. 이 유향 경계를 따라 선적분을 구하여 더한다.

한 공동 경계에서는 서로 반대방향으로 진행하므로 소거가 발생된다. 이러한 경우, 그린 정리는 단순 연결이 아닌 영역에서도 성립한다. 증명은 범위를 줄인 영역들의 모임의 적분으로 만들어서 각 영역의 적분을 합산하여 진행한다. 각 적분들은 경계에서 중복될 수 있다. 그림 14.38(c)에서와 같이, 서로 다른 방향으로 한 번씩, 즉 두 번 지나는 경계에서는 적분이 소거된다. 여기서는 증명 전체를 다루지는 않는다.

연습문제 14.4

curl F의 k성분 계산하기

연습문제 1~6에서 다음 평면에서의 벡터장에 대하여, curl **F**의 **k**성분을 구하라.

1. $\mathbf{F} = (x + y)\mathbf{i} + (2xy)\mathbf{j}$

2. $\mathbf{F} = (x^2 - y)\mathbf{i} + (y^2)\mathbf{j}$

3. $\mathbf{F} = (xe^y)\mathbf{i} + (ye^x)\mathbf{j}$

4. $\mathbf{F} = (x^2y)\mathbf{i} + (xy^2)\mathbf{j}$

5. $\mathbf{F} = (y\sin x)\mathbf{i} + (x\sin y)\mathbf{j}$

6. $\mathbf{F} = (x/y)\mathbf{i} - (y/x)\mathbf{j}$

그린 정리 확인하기

연습문제 7~10에서 벡터장 $\mathbf{F} = M\mathbf{i} + N\mathbf{j}$에 대한 식 (3)과 (4)의 양변을 계산하여 그린 정리의 결론을 확인하자. 각 경우에 적분 영역은 원반 $R: x^2 + y^2 \le a^2$으로 하고 그것의 경계는 원 $C: r = (a\cos t)\mathbf{i} + (a\sin t)\mathbf{j}, 0 \le t \le 2\pi$로 한다.

7. $\mathbf{F} = -y\mathbf{i} + x\mathbf{j}$

8. $\mathbf{F} = y\mathbf{i}$

9. $\mathbf{F} = 2x\mathbf{i} - 3y\mathbf{j}$

10. $\mathbf{F} = -x^2y\mathbf{i} + xy^2\mathbf{j}$

순환과 유출량

연습문제 11~20에서 그린 정리를 이용하여 벡터장 **F**와 곡선 *C*에 대한 반시계방향으로의 순환과 유출을 구하라.

11. $\mathbf{F} = (x - y)\mathbf{i} + (y - x)\mathbf{j}$

C: $x = 0, x = 1, y = 0, y = 1$로 이루어진 사각형

12. $\mathbf{F} = (x^2 + 4y)\mathbf{i} + (x + y^2)\mathbf{j}$

C: $x = 0, x = 1, y = 0, y = 1$로 이루어진 사각형

13. $\mathbf{F} = (y^2 - x^2)\mathbf{i} + (x^2 + y^2)\mathbf{j}$

C: $y = 0, x = 3, y = x$로 이루어진 삼각형

14. $\mathbf{F} = (x + y)\mathbf{i} - (x^2 + y^2)\mathbf{j}$

C: $y = 0, x = 1, y = x$로 이루어진 삼각형

15. $\mathbf{F} = (xy + y^2)\mathbf{i} + (x - y)\mathbf{j}$

16. $\mathbf{F} = (x + 3y)\mathbf{i} + (2x - y)\mathbf{j}$

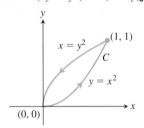
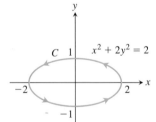

17. $\mathbf{F} = x^3y^2\mathbf{i} + \dfrac{1}{2}x^4y\mathbf{j}$

18. $\mathbf{F} = \dfrac{x}{1 + y^2}\mathbf{i} + \left(\tan^{-1} y\right)\mathbf{j}$

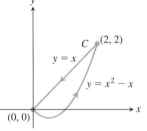
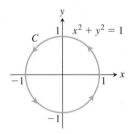

19. $\mathbf{F} = (x + e^x\sin y)\mathbf{i} + (x + e^x\cos y)\mathbf{j}$

C: 엽주형 $r^2 = \cos 2\theta$의 오른쪽 닫힌 곡선

20. $\mathbf{F} = \left(\tan^{-1}\dfrac{y}{x}\right)\mathbf{i} + \ln(x^2 + y^2)\mathbf{j}$

C: 극좌표 부등식 $1 \le r \le 2, 0 \le \theta \le \pi$로 정의되는 영역의 경계

21. 제1사분면에서 곡선 $y = x^2$과 $y = x$로 둘러싸인 영역의 경계에 대하여 이 경계를 따라 그리고, 이 경계를 통과하여 빠져나가는 벡터장 $\mathbf{F} = xy\mathbf{i} + y^2\mathbf{j}$의 반시계방향의 순환과 유출을 구하라.

22. 제1사분면에서 직선 $x = \pi/2$와 $y = \pi/2$로 잘라내어 만들어진 정사각형의 경계에 대하여 이 경계를 따라 그리고, 이 경계를 통과하여 빠져나가는 벡터장 $\mathbf{F} = (-\sin y)\mathbf{i} + (x \cos y)\mathbf{j}$의 반시계방향의 순환과 유출을 구하라.

23. 심장형 $r = a(1 + \cos\theta), a > 0$을 통과하여 빠져나가는 벡터장

$$\mathbf{F} = \left(3xy - \frac{x}{1 + y^2}\right)\mathbf{i} + (e^x + \tan^{-1} y)\mathbf{j}$$

의 유출을 구하라.

24. 위로는 곡선 $y = 3 - x^2$, 아래로는 곡선 $y = x^4 + 1$에 의해 둘러싸인 영역의 경계를 따라서 $\mathbf{F} = (y + e^x \ln y)\mathbf{i} + (e^x/y)\mathbf{j}$의 반시계방향으로의 순환을 구하라.

일(work)

연습문제 25~26에서 한 물체가 주어진 곡선을 따라서 반시계방향으로 한 바퀴 돌때, $\mathbf{F}$에 의하여 한 일을 구하라.

25. $\mathbf{F} = 2xy^3\mathbf{i} + 4x^2y^2\mathbf{j}$

C: 제1사분면에서 x축과 직선 $x = 1$, 곡선 $y = x^3$으로 둘러싸인 "삼각" 영역의 경계

26. $\mathbf{F} = (4x - 2y)\mathbf{i} + (2x - 4y)\mathbf{j}$

C: 원 $(x - 2)^2 + (y - 2)^2 = 4$

그린 정리 이용하기

연습문제 27~30에서 그린 정리를 적용하여 적분들을 계산하라.

27. $\oint_C (y^2\,dx + x^2\,dy)$

C: 경계가 $x = 0, x + y = 1, y = 0$인 삼각형

28. $\oint_C (3y\,dx + 2x\,dy)$

C: $0 \le x \le \pi, 0 \le y \le \sin x$의 경계

29. $\oint_C (6y + x)\,dx + (y + 2x)\,dy$

C: 원 $(x - 2)^2 + (y - 3)^2 = 4$

30. $\oint_C (2x + y^2)\,dx + (2xy + 3y)\,dy$

C: 그린 정리가 성립하는 임의의 단순 닫힌 곡선

그린 정리로 넓이 구하기 만약에 평면에 있는 단순 닫힌 곡선 C와 이것이 둘러싸는 영역 R에서 그린 정리에 나오는 가정들이 성립한다면, R의 넓이는

> **그린 정리 넓이 공식**
>
> $$R\text{의 넓이} = \frac{1}{2}\oint_C x\,dy - y\,dx$$

으로 주어진다. 그 이유를 살펴보면, 식 (4)에서 다음을 얻는다.

$$R\text{의 넓이} = \iint_R dy\,dx = \iint_R \left(\frac{1}{2} + \frac{1}{2}\right) dy\,dx$$

$$= \oint_C \frac{1}{2}x\,dy - \frac{1}{2}y\,dx$$

연습문제 31~34에서 위의 그린 정리의 넓이 공식을 사용하여 주어진 곡선들로 둘러싸인 영역의 넓이를 구하라.

31. 원 $\mathbf{r}(t) = (a\cos t)\mathbf{i} + (a\sin t)\mathbf{j}, \quad 0 \le t \le 2\pi$

32. 타원 $\mathbf{r}(t) = (a\cos t)\mathbf{i} + (b\sin t)\mathbf{j}, \quad 0 \le t \le 2\pi$

33. 성망형 $\mathbf{r}(t) = (\cos^3 t)\mathbf{i} + (\sin^3 t)\mathbf{j}, \quad 0 \le t \le 2\pi$

34. 사이클로이드 $x = t - \sin t, y = 1 - \cos t$의 한 아치

35. C를 그린 정리가 성립하는 영역의 경계라 하자. 그린 정리를 사용하여 다음을 구하라.

a. $\oint_C f(x)\,dx + g(y)\,dy$

b. $\oint_C ky\,dx + hx\,dy$ (k와 h는 상수)

36. 넓이에만 종속되는 적분 임의의 정사각형 주위를 따라서

$$\oint_C xy^2\,dx + (x^2y + 2x)\,dy$$

의 적분값은 오직 이 정사각형의 넓이에만 종속되지, 평면에서의 이것의 위치에는 종속되지 않음을 보이라.

37. 임의의 닫힌 곡선 C에 대하여 적분을 구하라.

$$\oint_C 4x^3y\,dx + x^4\,dy$$

38. 임의의 닫힌 곡선 C에 대하여 적분을 구하라.

$$\oint_C -y^3\,dy + x^3\,dx$$

39. 선적분으로서의 넓이 평면에서 R이 구분적으로 매끄러운 단순 닫힌 곡선 C로 둘러싸인 영역이라면

$$R\text{의 넓이} = \oint_C x\,dy = -\oint_C y\,dx$$

임을 보이라.

40. 선적분으로서의 정적분 음의 함숫값을 가지지 않는 함수 $y = f(x)$가 $[a, b]$에서 연속인 1계 도함수를 갖는다고 가정하자. xy평면에서 아래로는 x축, 위로는 f의 그래프, 양 옆으로는 직선 $x = a$와 $x = b$에 의해 둘러싸인 영역의 경계를 C라 하자. 다음 등식이 성립함을 보이라.

$$\int_a^b f(x)\,dx = -\oint_C y\,dx$$

41. 넓이와 질량중심 xy평면에서 구분적으로 매끄러운 단순 닫힌 곡선 C로 경계되는 영역 R의 넓이를 A로 하고 이 영역의 질량중심의 x좌표를 $\bar{x}$라 하자. 등식

$$\frac{1}{2}\oint_C x^2\,dy = -\oint_C xy\,dx = \frac{1}{3}\oint_C x^2\,dy - xy\,dx = A\bar{x}$$

가 성립함을 보이라.

42. 관성모멘트 I_y를 연습문제 41에 나오는 영역의 y축에 대한 관

성모멘트라 하자. 등식

$$\frac{1}{3}\oint_C x^3\,dy = -\oint_C x^2y\,dx = \frac{1}{4}\oint_C x^3\,dy - x^2y\,dx = I_y$$

가 성립함을 보이라.

43. 그린 정리와 라플라스 방정식 모든 필요한 편도함수들이 존재하고 연속이라 가정한다. 만약에 $f(x, y)$가 라플라스 방정식

$$\frac{\partial^2 f}{\partial x^2} + \frac{\partial^2 f}{\partial y^2} = 0$$

을 만족한다면, 그린 정리가 적용되는 모든 닫힌 곡선 C에 대하여

$$\oint_C \frac{\partial f}{\partial y}dx - \frac{\partial f}{\partial x}dy = 0$$

이 성립함을 보이라. (이것의 역도 역시 참이다. 만약에 선적분 항상 0이면, f는 라플라스 방정식을 만족한다.)

44. 최대의 일 평면에 있는 모든 매끄러운 단순 닫힌 곡선들 중에서, 반시계방향으로 이 곡선을 따라서

$$\mathbf{F} = \left(\frac{1}{4}x^2y + \frac{1}{3}y^3\right)\mathbf{i} + x\mathbf{j}$$

에 의하여 한 일이 가장 크게 되는 곡선을 구하라. (**힌트:** 어디에서 (curl $\mathbf{F}$)·$\mathbf{k}$가 양이 되는가?)

45. 많은 구멍을 가진 영역 경계가 되는 곡선들이 매끄러운 단순 닫힌 곡선이 되기만 하면, 유한개의 구멍을 가진 영역들에 대하여 그린 정리가 성립하며, 경계를 따라 움직일 때 R이 왼쪽에 있게 되는 방향으로 진행하면서 경계의 각 성분 위에서 적분한다(주어진 그림을 참조).

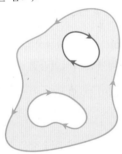

a. $f(x, y) = \ln(x^2 + y^2)$이라 하고 C를 원 $x^2 + y^2 = a^2$이라 한다. 다음의 유출 적분을 구하라.

$$\oint_C \nabla f \cdot \mathbf{n}\,ds$$

b. 평면에서 K를 $(0, 0)$을 지나지 않는 임의의 매끄러운 단순 닫힌 곡선이라 하자. 그린 정리를 이용하여

$$\oint_K \nabla f \cdot \mathbf{n}\,ds$$

가 $(0, 0)$이 K의 내부에 또는 K의 외부에 있는 것에 따라서 두 가지의 가능한 값을 가짐을 보이자.

46. 벤딕슨의 판별법 평면의 유체 유동의 **유선**(*streamline*)들은 유체의 개별 입자들의 자취를 나타내는 매끄러운 곡선들이다. 이 유동의 속도 벡터장의 벡터들 $\mathbf{F} = M(x, y)\mathbf{i} + N(x, y)\mathbf{j}$는 이 유선들의 접벡터들이다. 만약에(구멍들이나 빠진 점들이 없는) 단순 연결 영역 R에서 유동이 있고, 또한 R 전체에서 $M_x + N_y \neq 0$이 성립하면, R에 있는 모든 유선들은 닫힌 곡선이 아님을 보이라. 다른 말로 나타내면, R에서 유체의 어떤 입자도 닫힌 궤적을 갖지 못한다. 판정 기준 $M_x + N_y \neq 0$을 닫힌 궤적의 비존재성에 대한 **벤딕슨의 판별법(Bendixson's criterion)**이라 부른다.

47. 식 (7)을 증명하여 그린 정리의 특수한 경우의 증명을 완성하라.

48. 보존적 벡터장들의 회전 성분 보존적 2차원 벡터장의 회전 성분에 대하여 무엇을 말할 수 있는가? 그 이유를 설명하라.

컴퓨터 탐구

연습문제 49~52에서 CAS와 그린 정리를 이용하여 단순 닫힌 곡선 C를 따라서 벡터장 $\mathbf{F}$의 반시계방향으로의 순환을 구하라. 다음의 CAS 단계들을 실행하자.

a. xy평면에 C를 그리라.

b. 그린 정리의 접선 공식에 대한 피적분함수 $(\partial N / \partial x) - (\partial M / \partial y)$를 결정하라.

c. (a)의 그림으로부터 적분의 (2중적분) 상한과 하한을 결정하고, 이때의 순환에 대한 회전적분을 계산하라.

49. $\mathbf{F} = (2x - y)\mathbf{i} + (x + 3y)\mathbf{j}$, C: 타원 $x^2 + 4y^2 = 4$

50. $\mathbf{F} = (2x^3 - y^3)\mathbf{i} + (x^3 + y^3)\mathbf{j}$, C: 타원 $\dfrac{x^2}{4} + \dfrac{y^2}{9} = 1$

51. $\mathbf{F} = x^{-1}e^y\mathbf{i} + (e^y \ln x + 2x)\mathbf{j}$
C: (아래로는) $y = 1 + x^4$과 (위로는) $y = 2$로 둘러싸인 영역의 경계

52. $\mathbf{F} = xe^y\mathbf{i} + (4x^2 \ln y)\mathbf{j}$
C: 꼭짓점 $(0, 0)$, $(2, 0)$, $(0, 4)$를 가지는 삼각형

14.5 곡면과 넓이

평면에 있는 곡선들은 다음과 같이 세 가지의 방법으로 나타내어졌다.

양함수 형식: $y = f(x)$

음함수 형식: $F(x, y) = 0$

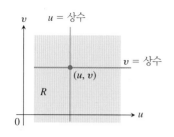

매개변수화된 벡터 형식: $\mathbf{r}(t) = f(t)\mathbf{i} + g(t)\mathbf{j},\ a \le t \le b$

공간에 있는 곡면들도 비슷하게 정의하였다.

양함수 형식: $z = f(x, y)$
음함수 형식: $F(x, y, z) = 0$

또한 곡면에 대해서도 매개변수화된 표현이 있는데, 두 매개변수의 벡터함수를 사용하여 곡면 위의 점의 위치를 나타낸다. 이 절에서는 이 새로운 형식에 대해 알아보고, 이 새로운 형식의 2중적분을 곡면의 넓이를 구하는 데 적용한다. 곡면의 넓이를 구하는 양함수 또는 음함수 형식의 2중적분은 이 일반화된 매개변수 식의 특수한 경우에 해당된다.

곡면의 매개변수화

함수

$$\mathbf{r}(u, v) = f(u, v)\mathbf{i} + g(u, v)\mathbf{j} + h(u, v)\mathbf{k} \tag{1}$$

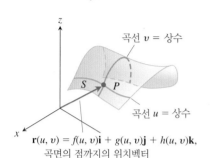

그림 14.39 영역 R에서 2개의 변수에 대한 벡터함수로서 표현된 매개변수화된 곡면 S

을, uv평면에 있는 영역 R에서 정의되고 R의 내부에서 일대일이 되는 연속인 벡터함수로 하자(그림 14.39). $\mathbf{r}$의 치역을 $\mathbf{r}$에 의하여 정의되는 **곡면(surface)** S라 부른다. 식 (1)은 영역 R과 함께 곡면의 **매개변수화(parametrization)**를 구성한다. 변수 u와 v는 **매개변수(parameter)**들이고, R은 **매개변수 영역(parameter domain)**이다. 논의를 간단히 하기 위하여 R을 $a \le u \le b$, $c \le v \le d$ 형태의 부등식으로 표현되는 직사각형이라 하자. $\mathbf{r}$이 R의 내부에서 일대일이 된다는 조건으로부터 S는 자기 자신과 교차하지 않는다. 식 (1)은 3개의 매개방정식

$$x = f(u, v), \qquad y = g(u, v), \qquad z = h(u, v)$$

와 동등한 벡터함수이다.

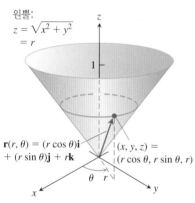

$$\mathbf{r}(r, \theta) = (r \cos \theta)\mathbf{i} + (r \sin \theta)\mathbf{j} + r\mathbf{k}$$

그림 14.40 예제 1의 원뿔은 원주좌표를 사용하여 매개변수화시킬 수 있다.

예제 1 원뿔

$$z = \sqrt{x^2 + y^2}, \qquad 0 \le z \le 1$$

의 매개변수화를 구하라.

풀이 원주좌표를 써서 매개변수화를 쉽게 얻을 수 있다. 원뿔 위의 점 (x, y, z)는 전형적으로 $x = r \cos \theta$, $y = r \sin \theta$와 $z = \sqrt{x^2 + y^2} = r$, $0 \le r \le 1$, $0 \le \theta \le 2\pi$로 표현된다(그림 14.40). 식 (1)에 $u = r$과 $v = \theta$로 놓으면 매개변수화를 얻는다.

$$\mathbf{r}(r, \theta) = (r \cos \theta)\mathbf{i} + (r \sin \theta)\mathbf{j} + r\mathbf{k}, \qquad 0 \le r \le 1, \quad 0 \le \theta \le 2\pi$$

이는 정의역 R의 내부에서는 일대일이고, 끝점 $(r = 0)$에서는 그렇지 않다. ∎

예제 2 구면 $x^2 + y^2 + z^2 = a^2$의 매개변수화를 구하라.

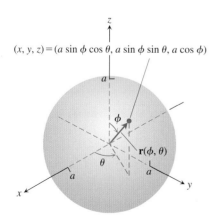

$(x, y, z) = (a \sin \phi \cos \theta, a \sin \phi \sin \theta, a \cos \phi)$

그림 14.41 예제 2의 구면은 구면좌표를 이용하여 매개변수화시킬 수 있다.

풀이 구면좌표가 유용하다. 구면 위의 점 (x, y, z)는 전형적으로 $x = a \sin \phi \cos \theta$, $y = a \sin \phi \sin \theta$, $z = a \cos \phi$, $0 \le \phi \le \pi$, $0 \le \theta \le 2\pi$로(그림 14.41) 표현된다. 식 (1)에 $u = \phi$, $v = \theta$로 놓으면 매개변수화를 얻는다.

$$\mathbf{r}(\phi, \theta) = (a \sin \phi \cos \theta)\mathbf{i} + (a \sin \phi \sin \theta)\mathbf{j} + (a \cos \phi)\mathbf{k},$$
$$0 \le \phi \le \pi, \quad 0 \le \theta \le 2\pi$$

이번에도 정의역 R의 내부에서는 일대일이고, 양 극점 ($\phi = 0$ 또는 $\phi = \pi$)에서는 그렇지 않다. ∎

예제 3 원주면

$$x^2 + (y - 3)^2 = 9, \qquad 0 \leq z \leq 5$$

의 매개변수화를 구하라.

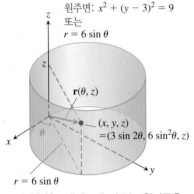

원주면: $x^2 + (y-3)^2 = 9$
또는
$r = 6 \sin \theta$

$\mathbf{r}(\theta, z)$

(x, y, z)
$= (3 \sin 2\theta, 6 \sin^2\theta, z)$

$r = 6 \sin \theta$

그림 14.42 예제 3에 나오는 원기둥은 원주좌표를 이용하여 매개변수화시킬 수 있다.

풀이 원주좌표에서, 점 (x, y, z)에 대하여 $x = r \cos\theta$, $y = r \sin\theta$, $z = z$로 표현된다. 원주면 $x^2 + (y-3)^2 = 9$ 위의 점들에 대하여(그림 14.42), 이 식은 xy평면에 있는 원주면의 밑면에 대한 극방정식과 동일하다.

$$x^2 + (y^2 - 6y + 9) = 9$$
$$r^2 - 6r \sin\theta = 0 \qquad \begin{array}{l} x^2 + y^2 = r^2 \\ y = r \sin\theta \end{array}$$

즉

$$r = 6 \sin\theta, \qquad 0 \leq \theta \leq \pi$$

이다. 그러므로 원주면 위의 점은

$$x = r \cos\theta = 6 \sin\theta \cos\theta = 3 \sin 2\theta$$
$$y = r \sin\theta = 6 \sin^2\theta$$
$$z = z$$

이다. 식 (1)에서 $u = \theta$와 $v = z$로 놓으면 매개변수화를 얻는다.

$$\mathbf{r}(\theta, z) = (3 \sin 2\theta)\mathbf{i} + (6 \sin^2\theta)\mathbf{j} + z\mathbf{k}, \quad 0 \leq \theta \leq \pi, \quad 0 \leq z \leq 5 \qquad ∎$$

곡면의 넓이

우리의 목적은 매개변수화

$$\mathbf{r}(u, v) = f(u, v)\mathbf{i} + g(u, v)\mathbf{j} + h(u, v)\mathbf{k}, \quad a \leq u \leq b, \quad c \leq v \leq d$$

로 표현된 휘어진 곡면 S의 넓이를 계산하기 위한 2중적분을 구하는 것이다. 앞으로의 전개과정에서 S는 매끄러운 곡면일 필요가 있다. 매끄럽다는 정의에서는 다음과 같은 u와 v에 대한 $\mathbf{r}$의 편도함수들이 존재함을 가정한다.

$$\mathbf{r}_u = \frac{\partial \mathbf{r}}{\partial u} = \frac{\partial f}{\partial u}\mathbf{i} + \frac{\partial g}{\partial u}\mathbf{j} + \frac{\partial h}{\partial u}\mathbf{k}$$

$$\mathbf{r}_v = \frac{\partial \mathbf{r}}{\partial v} = \frac{\partial f}{\partial v}\mathbf{i} + \frac{\partial g}{\partial v}\mathbf{j} + \frac{\partial h}{\partial v}\mathbf{k}$$

> **정의** 매개변수화된 곡면 $\mathbf{r}(u, v) = f(u, v)\mathbf{i} + g(u, v)\mathbf{j} + h(u, v)\mathbf{k}$에 대하여 $\mathbf{r}_u$와 $\mathbf{r}_v$가 연속이고 매개변수 정의역 위에서 $\mathbf{r}_u \times \mathbf{r}_v \neq 0$이면 이 곡면은 **매끄럽다(smooth)**고 한다.

매끄러움의 정의에 나오는 조건인 $\mathbf{r}_u \times \mathbf{r}_v \neq 0$은 두 벡터 $\mathbf{r}_u$와 $\mathbf{r}_v$가 영벡터가 아니면서 또한 평행하지 않는다는 것을 뜻하는 것으로, 이때 항상 이 곡면에 접하는 평면을 결정할 수 있게 된다. 정의역의 경계에서는 넓이 계산에 영향을 주지 않기 때문에 이 조건을 엄격하게 적용하지 않는다.

이제 직선들 $u = u_0$, $u = u_0 + \Delta u$, $v = v_0$, $v = v_0 + \Delta v$로 4개의 변을 이루는, R 안에 있는 조그마한 직사각형 ΔA_{uv}를 생각하자(그림 14.43). ΔA_{uv}의 각 변은 곡면 S 위에 있는 어

떤 곡선으로 사상되며, 이들 4개의 곡선들은 '휘어진 넓이 요소' $\Delta \sigma_{uv}$의 경계가 된다. 그림에 있는 기호에서 변 $v = v_0$은 곡선 C_1로 사상되고, 변 $u = u_0$은 C_2로 사상되며, 이들의 공통 꼭짓점 (u_0, v_0)은 P_0으로 사상된다.

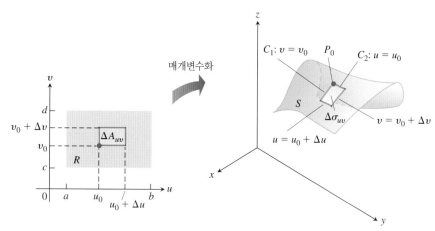

그림 **14.43** uv평면에 있는 직사각형 넓이 요소 ΔA_{uv}는 S에 있는 휘어진 넓이 요소 $\Delta \sigma_{uv}$로 대응한다.

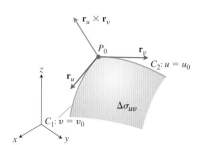

그림 **14.44** 곡면의 넓이 요소 $\Delta \sigma_{uv}$를 확대한 그림

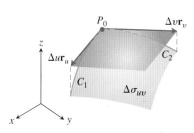

그림 **14.45** 두 벡터 $\Delta u \mathbf{r}_u$와 $\Delta v \mathbf{r}_v$에 의하여 결정되는 평행사변형이 곡면의 넓이 요소 $\Delta \sigma_{uv}$를 근사한다.

그림 14.44에 $\Delta \sigma_{uv}$를 확대하였다. 편미분계수 벡터 $\mathbf{r}_u(u_0, v_0)$는 P_0에서 C_1에 접한다. 마찬가지로 $\mathbf{r}_v(u_0, v_0)$는 P_0에서 C_2에 접한다. 외적 $\mathbf{r}_u \times \mathbf{r}_v$는 점 P_0에서 곡면에 수직이다 (여기에서부터 S가 매끄럽다는 가정이 필요하다. $\mathbf{r}_u \times \mathbf{r}_v \neq \mathbf{0}$이 만족되어야만 한다).

다음으로 접평면 위에 있는, 벡터 $\Delta u \mathbf{r}_u$와 $\Delta v \mathbf{r}_v$를 변으로 가지는 평행사변형으로 곡면의 넓이 요소 $\Delta \sigma_{uv}$를 근사시키자(그림 14.45). 이 평행사변형의 넓이는

$$\left| \Delta u \mathbf{r}_u \times \Delta v \mathbf{r}_v \right| = \left| \mathbf{r}_u \times \mathbf{r}_v \right| \Delta u \, \Delta v \qquad (2)$$

이다. uv평면에 있는 영역 R을 직사각형 영역들 ΔA_{uv}로 분할하는 것으로부터, 곡면 S를 곡면의 넓이 요소들 $\Delta \sigma_{uv}$로의 분할을 얻을 수 있다. 각각의 곡면 요소의 넓이를 식 (2)에 나오는 평행사변형의 넓이로 정의한 후에 이들의 넓이를 합하여 S의 넓이의 근삿값을 구하자.

$$\sum_n \left| \mathbf{r}_u \times \mathbf{r}_v \right| \Delta u \, \Delta v \qquad (3)$$

Δu와 Δv가 독립적으로 0으로 접근함에 따라서 넓이 요소의 수 n은 무한히 커지며, $\mathbf{r}_u$와 $\mathbf{r}_v$의 연속성에 의하여 식 (3)의 합은 2중적분 $\int_c^d \int_a^b \left| \mathbf{r}_u \times \mathbf{r}_v \right| du \, dv$에 근사한다. 곡면 S의 넓이는 이 영역 R에서의 2중적분으로 정의된다.

정의 매끄러운 곡면
$$\mathbf{r}(u, v) = f(u, v)\mathbf{i} + g(u, v)\mathbf{j} + h(u, v)\mathbf{k}, \qquad a \leq u \leq b, \quad c \leq v \leq d$$
의 넓이는 다음과 같다.
$$A = \iint\limits_R \left| \mathbf{r}_u \times \mathbf{r}_v \right| dA = \int_c^d \int_a^b \left| \mathbf{r}_u \times \mathbf{r}_v \right| du \, dv \qquad (4)$$

$\left| \mathbf{r}_u \times \mathbf{r}_v \right| du \, dv$를 $d\sigma$로 나타냄으로써 식 (4)에 나오는 적분을 줄여 쓸 수 있다. 곡면 넓이 미분 $d\sigma$는 11.3절의 호의 길이 미분 ds와 유사한 개념이다.

매개변수화된 곡면에 대한 곡면 넓이 미분

$$d\sigma = |\mathbf{r}_u \times \mathbf{r}_v|\, du\, dv \qquad\qquad \iint_S d\sigma \qquad\qquad (5)$$

곡면 넓이 미분   곡면의 면적분에
대한 미분 형식

예제 4 예제 1에 있는 원뿔(그림 14.40)의 곡면 넓이를 구하라.

풀이 예제 1에서 매개변수화

$$\mathbf{r}(r, \theta) = (r \cos \theta)\mathbf{i} + (r \sin \theta)\mathbf{j} + r\mathbf{k}, \qquad 0 \le r \le 1, \quad 0 \le \theta \le 2\pi$$

를 얻었다. 먼저 식 (4)를 적용하여 $\mathbf{r}_r \times \mathbf{r}_\theta$를 구하자.

$$\mathbf{r}_r \times \mathbf{r}_\theta = \begin{vmatrix} \mathbf{i} & \mathbf{j} & \mathbf{k} \\ \cos \theta & \sin \theta & 1 \\ -r \sin \theta & r \cos \theta & 0 \end{vmatrix}$$

$$= -(r \cos \theta)\mathbf{i} - (r \sin \theta)\mathbf{j} + \underbrace{(r \cos^2 \theta + r \sin^2 \theta)}_{r}\mathbf{k}$$

그러므로 $|\mathbf{r}_r \times \mathbf{r}_u| = \sqrt{r^2 \cos^2 \theta + r^2 \sin^2 \theta + r^2} = \sqrt{2r^2} = \sqrt{2}r$이다. 이 원뿔의 넓이는 다음과 같다.

$$A = \int_0^{2\pi} \int_0^1 |\mathbf{r}_r \times \mathbf{r}_\theta|\, dr\, d\theta \qquad \text{식 (4)에서 } u = r, v = \theta \text{ 대입}$$

$$= \int_0^{2\pi} \int_0^1 \sqrt{2}r\, dr\, d\theta = \int_0^{2\pi} \frac{\sqrt{2}}{2} d\theta = \frac{\sqrt{2}}{2}(2\pi) = \pi\sqrt{2} \qquad\blacksquare$$

예제 5 반지름이 a인 구면의 곡면 넓이를 구하라.

풀이 예제 2에 나오는 매개변수화

$$\mathbf{r}(\phi, \theta) = (a \sin \phi \cos \theta)\mathbf{i} + (a \sin \phi \sin \theta)\mathbf{j} + (a \cos \phi)\mathbf{k}$$

$$0 \le \phi \le \pi, \quad 0 \le \theta \le 2\pi$$

를 이용하자. $\mathbf{r}_\phi \times \mathbf{r}_\theta$를 구해 보면

$$\mathbf{r}_\phi \times \mathbf{r}_\theta = \begin{vmatrix} \mathbf{i} & \mathbf{j} & \mathbf{k} \\ a \cos \phi \cos \theta & a \cos \phi \sin \theta & -a \sin \phi \\ -a \sin \phi \sin \theta & a \sin \phi \cos \theta & 0 \end{vmatrix}$$

$$= (a^2 \sin^2 \phi \cos \theta)\mathbf{i} + (a^2 \sin^2 \phi \sin \theta)\mathbf{j} + (a^2 \sin \phi \cos \phi)\mathbf{k}$$

를 얻는다. 그러므로 $0 \le \phi \le \pi$일 때 $\sin \phi \ge 0$이 되므로

$$|\mathbf{r}_\phi \times \mathbf{r}_\theta| = \sqrt{a^4 \sin^4 \phi \cos^2 \theta + a^4 \sin^4 \phi \sin^2 \theta + a^4 \sin^2 \phi \cos^2 \phi}$$

$$= \sqrt{a^4 \sin^4 \phi + a^4 \sin^2 \phi \cos^2 \phi} = \sqrt{a^4 \sin^2 \phi(\sin^2 \phi + \cos^2 \phi)}$$

$$= a^2 \sqrt{\sin^2 \phi} = a^2 \sin \phi$$

이 된다. 그러므로 이 구면의 넓이는

$$A = \int_0^{2\pi} \int_0^\pi a^2 \sin \phi\, d\phi\, d\theta$$

$$= \int_0^{2\pi} \left[-a^2 \cos\phi \right]_0^\pi d\theta = \int_0^{2\pi} 2a^2 \, d\theta = 4\pi a^2$$

이다. 이것은 구면의 넓이에 대하여 잘 알려진 공식과 같다. ■

예제 6 S를 곡선 $x = \cos z$, $y = 0$, $-\pi/2 \le z \le \pi/2$를 z축을 회전축으로 회전시켜 얻은 럭비공 곡면이라 하자(그림 14.46 참조). S에 대한 매개방정식을 구하고 곡면의 넓이를 구하라.

풀이 예제 2에서 z축을 회전축으로 회전시켜 얻은 곡면 S의 매개방정식을 구하는 힌트를 얻는다. 곡선 $x = \cos z$, $y = 0$ 위의 점 $(x, 0, z)$가 z축을 회전축으로 회전하면, xy평면 위로 높이가 z인 곳에서, 중심이 z축에 있고 반경이 $r = \cos z$인 원을 얻는다(그림 14.46 참조). 점이 회전각 θ, $0 \le \theta \le 2\pi$를 따라 원을 쓸고 지나간다. 이 원 위의 임의의 점을 (x, y, z)라 하고, 매개변수 $u = z$와 $v = \theta$라고 놓자. 그러면

$$x = r\cos\theta = \cos u \cos v, \quad y = r\sin\theta = \cos u \sin v, \quad z = u$$

이고 이로부터 S에 대한 매개방정식을 구하면

$$\mathbf{r}(u, v) = \cos u \cos v \, \mathbf{i} + \cos u \sin v \, \mathbf{j} + u\mathbf{k}, \quad -\frac{\pi}{2} \le u \le \frac{\pi}{2}, \quad 0 \le v \le 2\pi$$

이다. 다음으로 식 (5)를 사용하여 곡면 S의 넓이를 구해보자. 매개방정식을 미분하면

$$\mathbf{r}_u = -\sin u \cos v \, \mathbf{i} - \sin u \sin v \, \mathbf{j} + \mathbf{k}$$

와

$$\mathbf{r}_v = -\cos u \sin v \, \mathbf{i} + \cos u \cos v \, \mathbf{j}$$

를 얻는다. 외적을 계산하면 다음과 같다.

$$\mathbf{r}_u \times \mathbf{r}_v = \begin{vmatrix} \mathbf{i} & \mathbf{j} & \mathbf{k} \\ -\sin u \cos v & -\sin u \sin v & 1 \\ -\cos u \sin v & \cos u \cos v & 0 \end{vmatrix}$$

$$= -\cos u \cos v \, \mathbf{i} - \cos u \sin v \, \mathbf{j} - (\sin u \cos u \cos^2 v + \cos u \sin u \sin^2 v)\mathbf{k}$$

외적의 크기를 구해보면 다음과 같다.

$$|\mathbf{r}_u \times \mathbf{r}_v| = \sqrt{\cos^2 u \, (\cos^2 v + \sin^2 v) + \sin^2 u \cos^2 u}$$

$$= \sqrt{\cos^2 u \, (1 + \sin^2 u)}$$

$$= \cos u \sqrt{1 + \sin^2 u} \qquad -\frac{\pi}{2} \le u \le \frac{\pi}{2} \text{에 대하여} \quad \cos u \ge 0$$

식 (4)로부터 곡면의 넓이는 다음 적분에 의해 주어진다.

$$A = \int_0^{2\pi} \int_{-\pi/2}^{\pi/2} \cos u \sqrt{1 + \sin^2 u} \, du \, dv$$

이 적분을 계산하기 위해서, $w = \sin u$로 치환하면 $dw = \cos u \, du$, $-1 \le w \le 1$이 되고, 곡면 S는 xy평면에 대하여 대칭이므로, w를 0부터 1까지만 적분하고 2배 해주면 된다. 따라서 넓이는 다음과 같다.

$$A = 2\int_0^{2\pi} \int_0^1 \sqrt{1 + w^2} \, dw \, dv$$

$$= 2\int_0^{2\pi} \left[\frac{w}{2}\sqrt{1 + w^2} + \frac{1}{2}\ln\left(w + \sqrt{1 + w^2}\right) \right]_0^1 dv \qquad \text{적분표 공식 35}$$

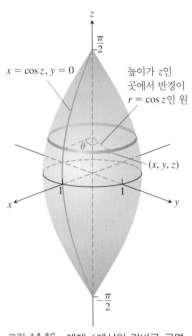

$x = \cos z, y = 0$

높이가 z인 곳에서 반경이 $r = \cos z$인 원

θ

(x, y, z)

$\frac{\pi}{2}$

$-\frac{\pi}{2}$

그림 14.46 예제 6에서의 럭비공 곡면은 곡선 $x = \cos z$를 z축을 회전축으로 회전시켜 얻는다.

$$= \int_0^{2\pi} 2\left[\frac{1}{2}\sqrt{2} + \frac{1}{2}\ln\left(1 + \sqrt{2}\right)\right] dv$$

$$= 2\pi\left[\sqrt{2} + \ln\left(1 + \sqrt{2}\right)\right] \qquad \blacksquare$$

음함수 곡면

곡면은 종종 함수의 등위곡면으로 다음과 같은 방정식으로 표현된다.

$$F(x, y, z) = c$$

이와 같은 등위곡면은 양함수 형식이 아니며, **음함수로 정의된 곡면**(*implicitly defined surface*)이다. 예를 들어, 음함수 곡면은 전기장 또는 중력장에서 등전위 곡면에서 볼 수 있다. 그림 14.47은 이러한 곡면의 한 예를 보여준다. 이 곡면을 $\mathbf{r}(u, v) = f(u, v)\mathbf{i} + g(u, v)\mathbf{j} + h(u, v)\mathbf{k}$와 같은 형식으로 나타내기 위해 필요한 함수 f, g와 h를 찾는 것은 어려울 수 있다. 이제 음함수 곡면에 대한 곡면 넓이 미분 $d\sigma$를 구하는 방법을 알아보자.

그림 14.47은 곡면이 아래 평면의 그림자 영역 R의 위에 놓인 음함수 곡면의 예를 보고 있다. 이 곡면은 방정식 $F(x, y, z) = c$로 정의되고 $\mathbf{p}$는 평면 영역 R의 단위법선벡터로 선택한다. 곡면이 **매끄럽고**(**smooth**)(즉, F가 미분가능하고 ∇F가 S에서 0이 아니고 연속이다) $\nabla F \cdot \mathbf{p} \neq 0$이라 가정하자. 따라서 곡면은 자기자신 위로 결코 접히지 않은 곡면이다.

법선벡터 $\mathbf{p}$는 단위벡터 $\mathbf{k}$라 가정하자. 따라서 그림 14.47에서 영역 R은 xy평면 위에 놓여 있다. 가정에 의해 S에서 $\nabla F \cdot \mathbf{p} = \nabla F \cdot \mathbf{k} = F_z \neq 0$이다. 음함수 정리(12.4절 참조)에 의하면, 비록 $h(x, y)$의 양함수 표현식은 모를지라도, S는 미분가능한 함수 $z = h(x, y)$의 그래프가 된다. 매개변수 u와 v를 $u = x$와 $v = y$로 정의하자. 그러면 $z = h(u, v)$이고 S에 대한 매개방정식은 다음과 같이 주어진다.

$$\mathbf{r}(u, v) = u\mathbf{i} + v\mathbf{j} + h(u, v)\mathbf{k} \qquad (6)$$

식 (4)를 이용하여 S의 넓이를 계산해보자. $\mathbf{r}$의 편도함수를 계산하면

$$\mathbf{r}_u = \mathbf{i} + \frac{\partial h}{\partial u}\mathbf{k}와 \qquad \mathbf{r}_v = \mathbf{j} + \frac{\partial h}{\partial v}\mathbf{k}$$

이다. 음함수 미분법에서 연쇄법칙(12.4절 식 (2)를 참조)을 $F(x, y, z) = c$, 여기서 $x = u$, $y = v$와 $z = h(u, v)$에 적용하면 다음 편도함수를 얻는다.

$$\frac{\partial h}{\partial u} = -\frac{F_x}{F_z}와 \qquad \frac{\partial h}{\partial v} = -\frac{F_y}{F_z} \qquad F_z \neq 0$$

이 편도함수를 $\mathbf{r}$의 편도함수에 대입하면

$$\mathbf{r}_u = \mathbf{i} - \frac{F_x}{F_z}\mathbf{k}와 \qquad \mathbf{r}_v = \mathbf{j} - \frac{F_y}{F_z}\mathbf{k}$$

이다. 이제 두 벡터의 외적을 계산하면

$$\mathbf{r}_u \times \mathbf{r}_v = \frac{F_x}{F_z}\mathbf{i} + \frac{F_y}{F_z}\mathbf{j} + \mathbf{k}$$

$$\begin{vmatrix} \mathbf{i} & \mathbf{j} & \mathbf{k} \\ 1 & 0 & -F_x/F_z \\ 0 & 1 & -F_y/F_z \end{vmatrix} \begin{matrix} \mathbf{r}_u \\ \mathbf{r}_v \text{ 의 외적} \end{matrix}$$

$$= \frac{1}{F_z}(F_x\mathbf{i} + F_y\mathbf{j} + F_z\mathbf{k})$$

$$= \frac{\nabla F}{F_z} = \frac{\nabla F}{\nabla F \cdot \mathbf{k}}$$

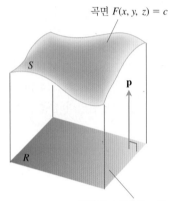

곡면 $F(x, y, z) = c$

좌표평면 위로의 S의 수직사영 또는 '그림자'

그림 14.47 곧 살펴보는 것과 같이 공간에 있는 곡면 S의 넓이는 좌표평면 위로의 S의 '그림자' 또는 수직사영 위에서 관련된 2중적분을 계산함으로써 구할 수 있다. 단위벡터 $\mathbf{p}$는 평면의 법선이다.

$$= \frac{\nabla F}{\nabla F \cdot \mathbf{p}} \qquad\qquad \mathbf{p} = \mathbf{k}$$

이다. 그러므로 곡면 넓이 미분은 다음과 같다.

$$d\sigma = |\mathbf{r}_u \times \mathbf{r}_v| \, du \, dv = \frac{|\nabla F|}{|\nabla F \cdot \mathbf{p}|} dx \, dy \qquad u = x \text{와} \quad v = y$$

만일 $\mathbf{p}$가 xz평면에 법선벡터 $\mathbf{p} = \mathbf{j}$이고, S에서 $F_y \neq 0$이거나 $\mathbf{p}$가 yz평면에 법선벡터 $\mathbf{p} = \mathbf{i}$이고, S에서 $F_x \neq 0$일 경우에도 비슷한 계산으로 구할 수 있다. 식 (4)와 이 결과들을 결합하면 다음 일반적인 공식을 얻는다.

음함수 곡면의 넓이에 대한 공식

평면에서 닫힌 유계 영역 R 위에 있는 곡면 $F(x, y, z) = c$의 넓이는

$$\text{곡면 넓이} = \iint\limits_R \frac{|\nabla F|}{|\nabla F \cdot \mathbf{p}|} dA \tag{7}$$

이다. 여기서 $\mathbf{p} = \mathbf{i}, \mathbf{j}$ 또는 $\mathbf{k}$는 R에 법선벡터이고 $\nabla F \cdot \mathbf{p} \neq 0$이 성립한다.

그러므로 곡면 넓이는 ∇F의 크기를 R에 수직 방향으로 ∇F의 스칼라 성분의 크기로 나눈 값에 대한 R에서의 2중적분이다.

R 전체에서 $\nabla F \cdot \mathbf{p} \neq 0$이 성립하고 ∇F가 연속이라고 가정하면 식 (7)이 얻어진다. 이 때의 적분이 존재할 때, 이 적분값을 R 위에서 곡면 $F(x, y, z) = c$의 넓이로 정의한다 (이때의 사영은 일대일이라고 가정하였음을 명심하자).

예제 7　평면 $z = 4$에 의해 포물면 $x^2 + y^2 - z = 0$의 바닥을 잘라 생긴 곡면 넓이를 구하라.

풀이　곡면 S와 그것의 xy평면 위로의 정사영 영역 R을 그린다(그림 14.48). 곡면 S는 등위면 $F(x, y, z) = x^2 + y^2 - z = 0$의 일부분이며, R은 xy평면에 있는 원반 $x^2 + y^2 \leq 4$이다. R의 평면에 수직인 단위벡터 $\mathbf{p} = \mathbf{k}$로 택하자.

곡면의 임의의 점 (x, y, z)에서

$$F(x, y, z) = x^2 + y^2 - z$$
$$\nabla F = 2x\mathbf{i} + 2y\mathbf{j} - \mathbf{k}$$
$$|\nabla F| = \sqrt{(2x)^2 + (2y)^2 + (-1)^2}$$
$$= \sqrt{4x^2 + 4y^2 + 1}$$
$$|\nabla F \cdot \mathbf{p}| = |\nabla F \cdot \mathbf{k}| = |-1| = 1$$

을 얻는다. 영역 R에서 $dA = dx\,dy$이다. 그러므로 넓이는 다음과 같다.

$$\text{곡면 넓이} = \iint\limits_R \frac{|\nabla F|}{|\nabla F \cdot \mathbf{p}|} dA \qquad \text{식 (7)}$$

$$= \iint\limits_{x^2 + y^2 \leq 4} \sqrt{4x^2 + 4y^2 + 1} \, dx \, dy$$

$$= \int_0^{2\pi} \int_0^2 \sqrt{4r^2 + 1} \, r \, dr \, d\theta \qquad \text{극좌표}$$

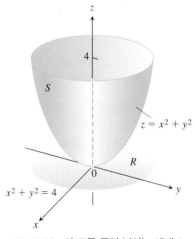

$x^2 + y^2 = 4$

그림 14.48　이 포물 곡면 넓이는 예제 7에서 계산된다.

$$= \int_0^{2\pi} \left[\frac{1}{12}(4r^2 + 1)^{3/2} \right]_0^2 d\theta$$

$$= \int_0^{2\pi} \frac{1}{12}(17^{3/2} - 1)\, d\theta = \frac{\pi}{6}\left(17\sqrt{17} - 1 \right)$$ ■

예제 7은 xy평면의 영역 R 위에서 곡면 $z = f(x, y)$의 넓이를 어떻게 구할지를 설명해 준다. 실제로 곡면 넓이 미분은 두 가지 방법으로 주어질 수 있다. 다음 예제를 보자.

예제 8 xy평면에서 영역 R 위의 함수 $z = f(x, y)$의 곡면 넓이 미분 $d\sigma$를 다음 방법으로 유도하라.
(a) 식 (5)를 이용하여 매개변수식으로
(b) 식 (7)을 이용하여 음함수로

풀이
(a) $x = u, y = v$와 $z = f(u, v)$를 써서 곡면을 매개화하면 다음 매개방정식을 얻는다.

$$\mathbf{r}(u, v) = u\mathbf{i} + v\mathbf{j} + f(u, v)\mathbf{k}$$

편도함수를 구하면 $\mathbf{r}_u = \mathbf{i} + f_u\mathbf{k}, \mathbf{r}_v = \mathbf{j} + f_v\mathbf{k}$가 되고 외적은

$$\mathbf{r}_u \times \mathbf{r}_v = -f_u\mathbf{i} - f_v\mathbf{j} + \mathbf{k} \qquad \begin{vmatrix} \mathbf{i} & \mathbf{j} & \mathbf{k} \\ 1 & 0 & f_u \\ 0 & 1 & f_v \end{vmatrix}$$

이다. 따라서 $|\mathbf{r}_u \times \mathbf{r}_v|\, du\, dv = \sqrt{f_u^2 + f_v^2 + 1}\, du\, dv$이다. u와 v에 다시 대입하면 곡면 넓이 미분은 다음과 같다.

$$d\sigma = \sqrt{f_x^2 + f_y^2 + 1}\, dx\, dy$$

(b) 음함수 $F(x, y, z) = f(x, y) - z$를 정의하자. (x, y)는 영역 R에 속하므로, R을 포함하는 평면의 단위법선벡터는 $\mathbf{p} = \mathbf{k}$이다. 또한 $\nabla F = f_x\mathbf{i} + f_y\mathbf{j} - \mathbf{k}$이므로 $|\nabla F \cdot \mathbf{p}| = |-1| = 1$이고 $|\nabla F| = \sqrt{f_x^2 + f_y^2 + 1}$이므로 $|\nabla F| / |\nabla F \cdot \mathbf{p}| = |\nabla F|$이다. 여기서도 곡면 넓이 미분은 다음과 같다.

$$d\sigma = \sqrt{f_x^2 + f_y^2 + 1}\, dx\, dy$$ ■

예제 8에서 유도한 곡면 넓이 미분으로부터 양함수 $z = f(x, y)$로 주어진 함수의 그래프의 곡면 넓이를 계산하기 위한 다음 공식을 얻는다.

$z = f(x, y)$의 그래프의 곡면 넓이에 대한 공식
xy평면에서 영역 R 위의 그래프 $z = f(x, y)$에 대하여, 곡면의 넓이를 구하는 공식은 다음과 같다.

$$A = \iint\limits_R \sqrt{f_x^2 + f_y^2 + 1}\, dx\, dy \tag{8}$$

연습문제 14.5

곡면들에 대한 매개변수화 구하기

연습문제 1~16에서 곡면의 매개변수화를 구하라(다양한 방법이 있으므로, 여러분들의 답이 책 뒷면의 풀이와 다를 수도 있다).

1. **포물면** $z = x^2 + y^2,\ z \le 4$

2. **포물면** $z = 9 - x^2 - y^2,\ z \ge 0$

3. **원뿔** 원뿔 $z = \sqrt{x^2 + y^2}/2$에서 평면 $z=0$과 $z=3$ 사이에 놓여 있고 제1팔분공간에 있는 부분

4. **원뿔대** 평면 $z=2$와 $z=4$ 사이에 놓인 원뿔 $z = 2\sqrt{x^2 + y^2}$의 부분

5. **구면모자** 구면 $x^2 + y^2 + z^2 = 9$를 원뿔 $z = \sqrt{x^2 + y^2}$으로 잘라 만든 모자형 곡면

6. **구면모자** 제1팔분공간에 있고 xy평면과 원뿔 $z = 2\sqrt{x^2 + y^2}$ 사이에 놓인 구면 $x^2 + y^2 + z^2 = 4$의 부분

7. **구면띠** 평면 $z = \sqrt{3}/2$와 $z = -\sqrt{3}/2$ 사이에 놓인 구면 $x^2 + y^2 + z^2 = 3$의 부분

8. **구면모자** 평면 $z = -2$로 잘린 구면 $x^2 + y^2 + z^2 = 8$의 위쪽 부분

9. **평면들 사이의 포물주면** 평면 $x=0,\ z=2,\ z=0$으로 잘려진 포물기둥 $z = 4 - y^2$의 부분

10. **평면들 사이의 포물주면** 평면 $z=0,\ z=3,\ y=2$로 잘려진 포물기둥 $y = x^2$의 부분

11. **원주면띠** 평면 $x=0$과 $x=3$ 사이에 놓인 원주면 $y^2 + z^2 = 9$의 부분

12. **원주면띠** 평면 $y = -2$와 $y=2$ 사이에 놓여 있고 xy 평면 위에 놓인 원주면 $x^2 + z^2 = 4$의 부분

13. **원주면 안에 있는 기울어진 평면** 평면 $x+y+z=1$의
    a. 원주면 $x^2 + y^2 = 9$의 내부에 놓인 부분
    b. 원주면 $y^2 + z^2 = 9$의 내부에 놓인 부분

14. **원주면 안에 있는 기울어진 평면** 평면 $x - y + 2z = 2$의
    a. 원주면 $x^2 + z^2 = 3$의 내부에 놓인 부분
    b. 원주면 $y^2 + z^2 = 2$의 내부에 놓인 부분

15. **원주면띠** 평면 $y=0$과 $y=3$ 사이에 놓인 원주면 $(x-2)^2 + z^2 = 4$의 부분

16. **원주면띠** 평면 $x=0$과 $x=10$ 사이에 놓인 원주면 $y^2 + (z-5)^2 = 25$의 부분

매개변수화된 곡면 넓이

연습문제 17~26에서 매개변수화를 이용하여 곡면의 넓이를 2중적분으로 나타내라. 적분값을 계산하라. (다양한 방법이 있으므로, 여러분이 답한 적분식이 책 뒷면의 풀이와 다를 수가 있다. 그러나 적분값은 같아야 된다.)

17. **원주면 안에 있는 기울어진 평면** 원주면 $x^2 + y^2 = 1$ 내부에 놓인 평면 $y + 2z = 2$의 부분

18. **원주면 안에 있는 평면** 원주면 $x^2 + y^2 = 4$ 내부에 놓인 평면 $z = -x$의 부분

19. **원뿔대** 평면 $z=2$와 $z=6$ 사이에 놓인 원뿔 $z = 2\sqrt{x^2 + y^2}$의 부분

20. **원뿔대** 평면 $z=1$과 $z=4/3$ 사이에 놓인 원뿔 $z = \sqrt{x^2 + y^2}/3$의 부분

21. **원주면띠** 평면 $z=1$과 $z=4$ 사이에 놓인 원주면 $x^2 + y^2 = 1$의 부분

22. **원주면띠** 평면 $y = -1$과 $y=1$ 사이에 놓인 원주면 $x^2 + z^2 = 10$의 부분

23. **포물 모자** 포물면 $z = 2 - x^2 - y^2$을 원뿔 $z = \sqrt{x^2 + y^2}$으로 잘라 만든 모자형 곡면

24. **포물띠** 평면 $z=1$과 $z=4$ 사이에 놓인 포물면 $z = x^2 + y^2$의 부분

25. **짧은 구면** 구면 $x^2 + y^2 + z^2 = 2$를 원뿔 $z = \sqrt{x^2 + y^2}$으로 잘라 만들어진 밑부분의 곡면

26. **구면띠** 평면 $z = -1$과 $z = \sqrt{3}$ 사이에 놓인 구면 $x^2 + y^2 + z^2 = 4$의 부분

매개변수화된 곡면에 접하는 평면

매개변수화된 곡면 $\mathbf{r}(u, v) = f(u, v)\mathbf{i} + g(u, v)\mathbf{j} + h(u, v)\mathbf{k}$ 위의 점 $P_0(f(u_0, v_0), g(u_0, v_0), h(u_0, v_0))$에서의 접평면은 P_0을 지나고, P_0에서의 접벡터들 $\mathbf{r}_u(u_0, v_0)$와 $\mathbf{r}_v(u_0, v_0)$의 외적인 $\mathbf{r}_u(u_0, v_0) \times \mathbf{r}_v(u_0, v_0)$에 수직인 평면이다.

연습문제 27~30에서 점 P_0에서 곡면에 접하는 평면의 방정식을 구하라. 그런 후에 곡면의 직교좌표에서의 방정식을 구하고, 이 곡면과 접평면을 대략 그리라.

27. **원뿔** $(r, \theta) = (2, \pi/4)$에 대응되는 점 $P_0(\sqrt{2}, \sqrt{2}, 2)$에서 원뿔 $\mathbf{r}(r, \theta) = (r\cos\theta)\mathbf{i} + (r\sin\theta)\mathbf{j} + r\mathbf{k},\ r \ge 0,\ 0 \le \theta \le 2\pi$

28. **반구면** $(\phi, \theta) = (\pi/6, \pi/4)$에 대응되는 점 $P_0(\sqrt{2}, \sqrt{2}, 2\sqrt{3})$에서 반구면 $\mathbf{r}(\phi, \theta) = (4\sin\phi\cos\theta)\mathbf{i} + (4\sin\phi\sin\theta)\mathbf{j} + (4\cos\phi)\mathbf{k},\ 0 \le \phi \le \pi/2,\ 0 \le \theta \le 2\pi$

29. **원주면** $(\theta, z) = (\pi/3, 0)$에 대응되는 점 $P_0(3\sqrt{3}/2, 9/2, 0)$에서 원주면 $\mathbf{r}(\theta, z) = (3\sin 2\theta)\mathbf{i} + (6\sin^2\theta)\mathbf{j} + z\mathbf{k},\ 0 \le \theta \le \pi$(예제 3 참조)

30. **타원주면** $(x, y) = (1, 2)$에 대응되는 점 $P_0(1, 2, -1)$에서 타원주면 $\mathbf{r}(x, y) = x\mathbf{i} + y\mathbf{j} - x^2\mathbf{k},\ -\infty < x < \infty,\ -\infty < y < \infty$

매개변수화에 대한 더 많은 예제들

31. **a.** **회전체 토러스**(*torus of revolution*, 도넛)는 공간에서 xz평면에 있는 원 C를 z축을 회전축으로 회전하여 얻어진다 (다음 그림 참조). 만약에 C가 반지름 $r > 0$이고 중심이 $(R, 0, 0)$이면, 토러스의 매개변수화는
$$\mathbf{r}(u, v) = ((R + r\cos u)\cos v)\mathbf{i}$$
$$+ ((R + r\cos u)\sin v)\mathbf{j} + (r\sin u)\mathbf{k}$$
임을 보이라. 여기에서 $0 \le u \le 2\pi$와 $0 \le v \le 2\pi$는 그림에 나오는 각들이다.

b. 이 토러스의 곡면 넓이는 $A = 4\pi^2 Rr$임을 보이라.

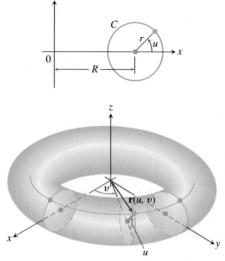

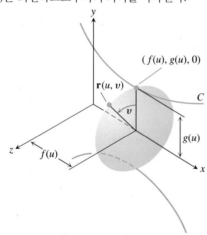

32. 회전면의 매개변수화 $a \le u \le b$일 때, $g(u) > 0$인 매개변수화된 곡선 C: $(f(u), g(u))$이 x축을 회전축으로 회전한다고 가정하자.

a. 다음 식

$$\mathbf{r}(u, v) = f(u)\mathbf{i} + (g(u)\cos v)\mathbf{j} + (g(u)\sin v)\mathbf{k}$$

가 회전면의 매개변수화임을 보이라. 여기서 $0 \le v \le 2\pi$는 xy평면으로부터 곡면 위의 점 $\mathbf{r}(u, v)$까지의 각이다 (다음 그림 참조). $f(u)$는 회전축을 따라서의 거리를 나타내고, $g(u)$는 회전축으로부터의 거리를 나타낸다.

b. 곡선 $x = y^2$, $y \ge 0$을 x축을 회전축으로 회전시켜 얻어진 곡면에 대한 매개변수화를 구하라.

33. a. 타원면의 매개변수화 타원 $(x^2/a^2) + (y^2/b^2) = 1$에 대한 매개변수화 $x = a\cos\theta$, $y = b\sin\theta$, $0 \le \theta \le 2\pi$를 다시 생각하자. 구면좌표에 나오는 각들 θ와 ϕ를 이용하여 벡터사상

$$\mathbf{r}(\theta, \phi) = (a\cos\theta\cos\phi)\mathbf{i} + (b\sin\theta\cos\phi)\mathbf{j} + (c\sin\phi)\mathbf{k}$$

가 타원면 $(x^2/a^2) + (y^2/b^2) + (z^2/c^2) = 1$의 매개변수화임을 보이라.

b. 타원면의 곡면 넓이를 적분으로 나타내라. 이 적분을 계산하지는 말자.

34. 일엽쌍곡면

a. 원 $x^2 + y^2 = r^2$과 관계되는 각 θ와 쌍곡함수 $r^2 - z^2 = 1$과 관계되는 쌍곡 매개변수 u에 대한 식으로서 일엽쌍곡면 $x^2 +$ $y^2 - z^2 = 1$에 대한 매개변수화를 구하라.
(힌트: $\cosh^2 u - \sinh^2 u = 1$)

b. 쌍곡면 $(x^2/a^2) + (y^2/b^2) - (z^2/c^2) = 1$에 대하여 (a)의 결과를 일반화시키라.

35. (연습문제 34의 계속) $x_0{}^2 + y_0{}^2 = 25$를 만족하는 점 $(x_0, y_0, 0)$에서 쌍곡면 $x^2 + y^2 - z^2 = 25$에 접하는 평면의 직교좌표에서의 방정식을 구하라.

36. 이엽쌍곡면 이엽쌍곡면 $(z^2/c^2) - (x^2/a^2) - (y^2/b^2) = 1$의 매개변수화를 구하라.

양함수, 음함수 형식의 곡면 넓이

37. 포물면 $x^2 + y^2 - z = 0$을 평면 $z = 2$로 잘라서 만든 곡면의 넓이를 구하라.

38. 포물면 $x^2 + y^2 - z = 0$을 평면 $z = 2$와 $z = 6$으로 잘라서 만든 띠의 넓이를 구하라.

39. 평면 $x + 2y + 2z = 5$를 옆면이 $x = y^2$과 $x = 2 - y^2$으로 이루어진 원주면으로 잘라서 만든 영역의 넓이를 구하라.

40. xy평면에 있는 직선 $x = \sqrt{3}$, $y = 0$, $y = x$로 둘러싸인 삼각형 영역 바로 위에 있는 곡면 $x^2 - 2z = 0$의 부분의 넓이를 구하라.

41. xy평면에 있는 직선 $x = 2$, $y = 0$, $y = 3x$로 둘러싸인 삼각형 영역 바로 위에 있는 곡면 $x^2 - 2y^2\,2z = 0$의 부분의 넓이를 구하라.

42. 구면 $x^2 + y^2 + z^2 = 2$를 원뿔 $z = \sqrt{x^2 + y^2}$으로 잘라서 만든 모자 모양의 영역의 넓이를 구하라.

43. 평면 $z = cx$ (c는 상수)를 원주면 $x^2 + y^2 = 1$로 잘라서 만든 타원의 넓이를 구하라.

44. 평면 $x = \pm 1/2$과 $y = \pm 1/2$ 사이에 놓인 원주면 $x^2 + z^2 = 1$의 위쪽 부분의 넓이를 구하라.

45. yz평면에 있는 고리 $1 \le y^2 + z^2 \le 4$ 바로 위에 놓여진, 포물면 $x = 4 - y^2 - z^2$ 부분의 넓이를 구하라.

46. 포물면 $x^2 + y + z^2 = 2$를 평면 $y = 0$으로 잘라서 만든 곡면의 넓이를 구하라.

47. xy평면에 있는 정사각형 R: $1 \le x \le 2$, $0 \le y \le 1$ 바로 위에 놓인 곡면 $x^2 - 2\ln x + \sqrt{15}y - z = 0$의 넓이를 구하라.

48. xy평면에 있는 정사각형 R: $0 \le x \le 1$, $0 \le y \le 1$ 바로 위에 놓인 곡면 $2x^{3/2} + 2y^{3/2} - 3z = 0$의 넓이를 구하라.

연습문제 49~54에서 곡면들의 넓이를 구하라.

49. 평면 $z = 3$으로 잘라 만들어진 포물면 $z = x^2 + y^2$의 밑부분의 곡면

50. yz평면으로 잘라 만들어진 포물면 $x = 1 - y^2 - z^2$의 '코' 모양의 곡면

51. xy평면에 있는 원 $x^2 + y^2 = 1$과 타원 $9x^2 + 4y^2 = 36$ 사이에 놓인 영역 위에 있는 원뿔 $z = \sqrt{x^2 + y^2}$의 부분. (힌트: 기하학의 공식들을 이용하여 이 영역의 넓이를 구하라.)

52. 평면 $2x + 6y + 3z = 6$에서 제1팔분공간을 경계하는 면들에 의하여 잘려 만들어진 삼각형. 서로 다른 양함수 형식들을 이용하여 세 가지의 방법으로 넓이를 구하라.

53. 원주면 $y = (2/3)z^{3/2}$을 평면 $x = 1$과 $y = 16/3$로 잘라 만들어진 제1팔분공간에 있는 곡면

54. xz 평면의 제1사분면에 있고 포물선 $x = 4 - z^2$으로 잘라 만들어진 영역 위에 놓인 평면 $y + z = 4$의 부분

55. 매개방정식

$$\mathbf{r}(x, z) = x\mathbf{i} + f(x, z)\mathbf{j} + z\mathbf{k}$$

와 식 (5)를 이용하여 양함수 $y = f(x, z)$에 관련한 곡면 넓이 미분 $d\sigma$를 유도하라.

56. 매끄러운 곡선 $y = f(x)$, $a \le x \le b$를 x축을 회전축으로 회전하여 얻은 곡면을 S라고 하자. 단, $f(x) \ge 0$이라 하자.

　a. S의 매개방정식이 다음 벡터함수가 됨을 보이라.

$$\mathbf{r}(x, \theta) = x\mathbf{i} + f(x) \cos \theta \mathbf{j} + f(x) \sin \theta \mathbf{k}$$

　단, 여기서 θ는 x축을 따라 회전하는 회전각이다(주어진 그림 참조).

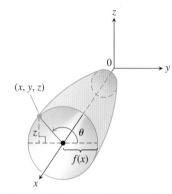

　b. 식 (4)를 이용하여 회전체의 곡면의 넓이가 다음과 같음을 보이라.

$$A = \int_a^b 2\pi f(x) \sqrt{1 + [f'(x)]^2}\, dx$$

14.6 면적분

곡면의 크기, 휘어진 박막을 통과하는 액체의 유동, 또는 곡면 위의 총 전하량을 계산하기 위해, 공간 내의 휘어진 곡면에서 함수를 적분할 필요가 있다. 그와 같은 면적분은 1차원 곡선에서 적분하는 선적분 개념을 2차원으로 확장시킨 것이다. 선적분과 같이 면적분은 두 가지 형태로 나타난다. 첫 번째 형태는 곡면에서 스칼라함수를 적분하는 것으로, 곡면의 총 질량을 구하기 위해 곡면에서 정의된 질량 밀도 함수를 적분하는 것과 같은 것이다. 이는 14.1절에서 가느다란 선의 질량을 구하기 위해 정의한 스칼라함수의 선적분에 대응하는 형태이다. 두 번째 형태는 벡터장을 면적분하는 것으로, 14.2절에서 정의한 벡터장의 선적분과 유사한 형태이다. (이전에 곡선을 통과하여 빠져나가는 F의 유출을 정의하였던 것처럼) 유체에 잠겨있는 곡면을 통과하는 유체의 순 유출을 측량할 때 사용하는 형태이다. 이 절에서는 이러한 개념들과 몇 가지 그 응용들에 대해 공부한다.

면적분

함수 $G(x, y, z)$를 곡면 S 위의 각 점에서 **질량 밀도**(단위 넓이당 질량)라 하자. 그러면 다음과 같은 방법의 적분으로써 총 질량 S를 계산할 수 있다.

14.5절에서와 같이 곡면 S를 uv평면 위의 영역 R에서 다음과 같이 매개방정식

$$\mathbf{r}(u, v) = f(u, v)\mathbf{i} + g(u, v)\mathbf{j} + h(u, v)\mathbf{k}, \qquad (u, v) \in R$$

으로 정의하자. 그림 14.49에서 곡면 S가 R의 부분 조각(간단하게 하기 위해, 사각형이라 하자)에 해당되는 곡면 요소 또는 조각으로 어떻게 나누어지는지를 보여준다. 이때 곡면 요소의 넓이는 다음과 같다.

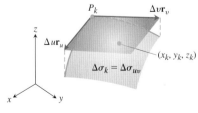

그림 14.49 곡면 요소의 넓이 $\Delta\sigma_k$는 벡터 $\Delta u \mathbf{r}_u$와 $\Delta v \mathbf{r}_v$에 의해 결정되는 접 평행사변형의 넓이로 근사시킨다. 점 (x_k, y_k, z_k)는 곡면 요소 위에 놓여 있으며, 여기에서는 평행사변형의 아래에 있다.

$$\Delta\sigma_{uv} \approx |\mathbf{r}_u \times \mathbf{r}_v|\, du\, dv$$

13.2절에서 2중적분을 정의할 때 부분 조각으로 나누었던 것처럼, 곡면 요소 조각의 넓이에 어떤 순서를 따라 $\Delta\sigma_1, \Delta\sigma_2, \dots, \Delta\sigma_n$과 같이 번호를 부여한다. S에서 리만 합을

구하기 위해 k번째 조각에서 점 (x_k, y_k, z_k)를 선택하고 그 점에서 함수 G의 값과 넓이 Δs_k를 곱한 후, 모두 더하여 다음을 얻는다.

$$\sum_{k=1}^{n} G(x_k, y_k, z_k) \Delta \sigma_k$$

k번째 조각에서 선택되는 점 (x_k, y_k, z_k)에 따라서 리만 합의 값은 달라질 수도 있다. 그러면 곡면 조각의 수를 증가시켜, 조각의 넓이가 0으로 접근하고, $\Delta u \to 0$과 $\Delta v \to 0$이 되게 하여 극한을 취한다. 이 극한값은 물론 점들의 선택에 상관없이 존재한다고 할 때, **곡면 S에서 G의 면적분**(surface integral of G over the surface S)을 다음과 같이 정의한다.

$$\iint\limits_{S} G(x, y, z)\, d\sigma = \lim_{n \to \infty} \sum_{k=1}^{n} G(x_k, y_k, z_k)\, \Delta \sigma_k \qquad (1)$$

13.2절에서의 2중적분의 정의와 14.1절의 선적분과 유사함을 알 수 있다. 곡면 S가 구분적으로 매끄럽고, G가 S에서 연속이면, 식 (1)에 의해 정의된 면적분이 존재함을 보일 수 있다.

  S가 매개방정식, 양함수 또는 음함수로 표현되었을 때, 14.5절에서 공부했던 것과 같은 방법으로 면적분을 계산하는 공식을 알아보자.

스칼라함수의 면적분 공식

1. 매개방정식 $\mathbf{r}(u, v) = f(u, v)\mathbf{i} + g(u, v)\mathbf{j} + h(u, v)\mathbf{k}$, $(u, v) < R$로 정의된 매끄러운 곡면 S에 대하여, 함수 $G(x, y, z)$가 S에서 정의된 연속함수일 때, S에서 G의 면적분은 R에서 2중적분으로 주어진다.

$$\iint\limits_{S} G(x, y, z)\, d\sigma = \iint\limits_{R} G(f(u, v), g(u, v), h(u, v))\, |\mathbf{r}_u \times \mathbf{r}_v|\, du\, dv \qquad (2)$$

2. 음함수 $F(x, y, z) = c$로 주어진 곡면 S에 대하여, 함수 F가 미분가능한 함수이고 곡면 S가 곡면의 바로 아래에 있는 좌표평면에 닫힌 유계 그림자 영역 R 위에 놓여 있을 때, S에서 연속함수 G의 면적분은 R에서 2중적분으로 주어진다.

$$\iint\limits_{S} G(x, y, z)\, d\sigma = \iint\limits_{R} G(x, y, z)\, \frac{|\nabla F|}{|\nabla F \cdot \mathbf{p}|}\, dA \qquad (3)$$

여기서 $\mathbf{p}$는 R에 수직인 단위벡터이고 $\nabla F \cdot \mathbf{p} \neq 0$이다.

3. 양함수 $z = f(x, y)$로 주어진 곡면 S에 대하여, 함수 f가 xy평면의 영역 R에서 정의되는 도함수가 연속인 함수일 때, S에서 연속함수 G의 면적분은 R에서 2중적분으로 주어진다.

$$\iint\limits_{S} G(x, y, z)\, d\sigma = \iint\limits_{R} G(x, y, f(x, y)) \sqrt{f_x^2 + f_y^2 + 1}\, dx\, dy \qquad (4)$$

  식 (1)에서 면적분은 적용하는 것에 따라 다른 의미를 갖는다. 만일 G가 상수함수 1이라면, 이 적분은 S의 넓이가 된다. 만일 G가 어떤 재질의 얇은 껍질의 질량 밀도를 나타내는 함수이고 이 껍질이 S에 의해 나타내어지면, 이 적분은 껍질의 질량이 된다. 만일 G가 얇은 껍질의 전하 밀도라면, 적분은 총 전하량이 된다.

예제 1 원뿔 $z = \sqrt{x^2 + y^2}$, $0 \le z \le 1$에서 $G(x, y, z) = x^2$을 적분하라.

풀이 식 (2)와 14.5절의 예제 4에서의 계산을 이용하여, $|\mathbf{r}_r \times \mathbf{r}_\theta| = \sqrt{2}\,r$을 구한다. 따라서 다음을 얻는다.

$$\iint\limits_{S} x^2\, d\sigma = \int_0^{2\pi} \int_0^1 \left(r^2 \cos^2 \theta \right) \left(\sqrt{2}\,r \right) dr\, d\theta \qquad {\scriptstyle x = r\cos\theta}$$

$$= \sqrt{2} \int_0^{2\pi} \int_0^1 r^3 \cos^2 \theta\, dr\, d\theta$$

$$= \frac{\sqrt{2}}{4} \int_0^{2\pi} \cos^2 \theta\, d\theta = \frac{\sqrt{2}}{4} \left[\frac{\theta}{2} + \frac{1}{4} \sin 2\theta \right]_0^{2\pi} = \frac{\pi\sqrt{2}}{4} \qquad \blacksquare$$

면적분에서도 다른 2중적분의 성질들을 만족한다. 즉, 두 함수의 합의 적분은 각각의 적분의 합과 같으며, 그밖에도 다른 여러 성질이 있다. 영역 가법성은 다음과 같다.

$$\iint\limits_{S} G\, d\sigma = \iint\limits_{S_1} G\, d\sigma + \iint\limits_{S_2} G\, d\sigma + \cdots + \iint\limits_{S_n} G\, d\sigma$$

만약에 S가 매끄러운 곡선들에 의해서 유한개의 서로 겹치지 않는 매끄러운 조각들로 분할된다면 (즉, S가 구분적으로 매끄럽다) S에서 적분은 각각의 조각들에서의 적분들의 합이다. 그러므로 정육면체의 표면에서의 어떤 함수의 적분은 이 정육면체의 각 면들에서의 적분들의 합과 같다. 조그마한 금속판을 붙여서 만든 거북등과 같은 금속판에서 적분은 먼저 각각의 조그마한 금속판에서 적분들을 구하고 이들을 합하여 얻는다.

예제 2 제1팔분공간을 평면 $x = 1$, $y = 1$과 $z = 1$로 잘라 얻어진 정육면체의 표면에서 $G(x, y, z) = xyz$를 적분하라(그림 14.50).

풀이 먼저 6개의 각 면에서 xyz를 적분한 후에 이것들을 더한다. 좌표평면에 놓인 면들에서는 $xyz = 0$이 되므로 이 정육면체의 표면에서의 적분은 다음과 같다.

$$\iint\limits_{\substack{\text{정육면체} \\ \text{표면}}} xyz\, d\sigma = \iint\limits_{A\text{면}} xyz\, d\sigma + \iint\limits_{B\text{면}} xyz\, d\sigma + \iint\limits_{C\text{면}} xyz\, d\sigma$$

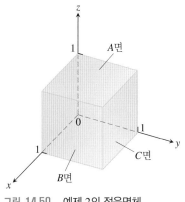

그림 14.50 예제 2의 정육면체

A는 xy평면에 있는 정사각형 영역 R_{xy}: $0 \le x \le 1$, $0 \le y \le 1$에서 $f(x, y, z) = z = 1$인 곡면이다. 이 곡면과 영역에 대하여

$$\mathbf{p} = \mathbf{k}, \qquad \nabla f = \mathbf{k}, \qquad |\nabla f| = 1, \qquad |\nabla f \cdot \mathbf{p}| = |\mathbf{k} \cdot \mathbf{k}| = 1$$

$$d\sigma = \frac{|\nabla f|}{|\nabla f \cdot \mathbf{p}|} dA = \frac{1}{1} dx\, dy = dx\, dy \qquad {\scriptstyle \text{식 (3)}}$$

$$xyz = xy(1) = xy$$

가 되고

$$\iint\limits_{A\text{면}} xyz\, d\sigma = \iint\limits_{R_{xy}} xy\, dx\, dy = \int_0^1 \int_0^1 xy\, dx\, dy = \int_0^1 \frac{y}{2}\, dy = \frac{1}{4}$$

이 성립한다. 대칭성에 의하여 B면과 C면 위에서의 적분들도 역시 1/4이다. 그러므로

$$\iint_{\substack{\text{정육면체} \\ \text{표면}}} xyz \, d\sigma = \frac{1}{4} + \frac{1}{4} + \frac{1}{4} = \frac{3}{4}$$

■

예제 3 곡선 $x = \cos z$, $y = 0$, $-\pi/2 \le z \le \pi/2$를 z축을 회전축으로 회전시켜 얻은 럭비공 곡면 S에서 함수 $G(x, y, z) = \sqrt{1 - x^2 - y^2}$을 적분하라.

풀이 곡면의 그림은 14.5절의 예제 6과 그림 14.46에서 볼 수 있으며, 다음 매개방정식을 구하였다.

$$x = \cos u \cos v, \quad y = \cos u \sin v, \quad z = u, \quad -\frac{\pi}{2} \le u \le \frac{\pi}{2} \text{와} \quad 0 \le v \le 2\pi$$

여기서 v는 z축을 회전축으로 xz평면 위를 회전하는 회전각이다. 이 매개방정식을 함수 G의 표현식에 대입하면

$$\sqrt{1 - x^2 - y^2} = \sqrt{1 - (\cos^2 u)(\cos^2 v + \sin^2 v)} = \sqrt{1 - \cos^2 u} = |\sin u|$$

이다. 이 매개방정식에 대한 적분 넓이 미분을 구하면 (14.5절 예제 6 참조)

$$d\sigma = \cos u \sqrt{1 + \sin^2 u} \, du \, dv$$

이다. 이로부터 면적분을 구하면 다음과 같다.

$$\iint_S \sqrt{1 - x^2 - y^2} \, d\sigma = \int_0^{2\pi} \int_{-\pi/2}^{\pi/2} |\sin u| \cos u \sqrt{1 + \sin^2 u} \, du \, dv$$

$$= 2 \int_0^{2\pi} \int_0^{\pi/2} \sin u \cos u \sqrt{1 + \sin^2 u} \, du \, dv$$

$$= \int_0^{2\pi} \int_1^2 \sqrt{w} \, dw \, dv \quad \begin{array}{l} w = 1 + \sin^2 u, \\ dw = 2\sin u \cos u \, du \\ u = 0\text{일 때, } w = 1 \\ u = \pi/2\text{일 때, } w = 2 \end{array}$$

$$= 2\pi \cdot \frac{2}{3} w^{3/2} \Big]_1^2 = \frac{4\pi}{3} \left(2\sqrt{2} - 1\right)$$

■

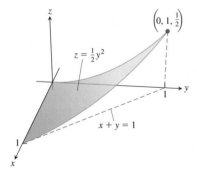

그림 14.51 예제 4에서 곡면 S

예제 4 xy평면에서의 삼각형 영역 R: $x \ge 0$, $y \ge 0$, $x + y \le 1$에 놓여 있는 원기둥 $z = y^2/2$의 일부분에서 정의된 면적분 $\iint_S \sqrt{x(1 + 2z)} \, d\sigma$를 계산하라(그림 14.51).

풀이 곡면 S에서 함수 G는 다음과 같이 주어진다.

$$G(x, y, z) = \sqrt{x(1 + 2z)} = \sqrt{x} \sqrt{1 + y^2}$$

$z = f(x, y) = y^2/2$이라 놓고, 식 (4)를 이용하여 면적분을 계산하면

$$d\sigma = \sqrt{f_x{}^2 + f_y{}^2 + 1} \, dx \, dy = \sqrt{0 + y^2 + 1} \, dx \, dy$$

이므로, 다음과 같다.

$$\iint_S G(x, y, z) \, d\sigma = \iint_R \left(\sqrt{x} \sqrt{1 + y^2}\right) \sqrt{1 + y^2} \, dx \, dy$$

$$= \int_0^1 \int_0^{1-x} \sqrt{x} (1 + y^2) \, dy \, dx$$

$$= \int_0^1 \sqrt{x} \left[(1 - x) + \frac{1}{3}(1 - x)^3\right] dx \qquad \text{적분, 계산}$$

$$= \int_0^1 \left(\frac{4}{3}x^{1/2} - 2x^{3/2} + x^{5/2} - \frac{1}{3}x^{7/2} \right) dx \qquad \text{일반적인 연산}$$

$$= \left[\frac{8}{9}x^{3/2} - \frac{4}{5}x^{5/2} + \frac{2}{7}x^{7/2} - \frac{2}{27}x^{9/2} \right]_0^1$$

$$= \frac{8}{9} - \frac{4}{5} + \frac{2}{7} - \frac{2}{27} = \frac{284}{945} \approx 0.30 \qquad \blacksquare$$

곡면의 방향

매개방정식 $\mathbf{r}(t)$로 정의되는 곡선 C는 t가 증가하는 방향으로 나아가는 자연스러운 방향(orientation), 즉 방향(direction)을 가지고 있다. 곡선 C를 따라 곡선 위의 각 점에서의 단위접선벡터 $\mathbf{T}$는 이 나아가는 방향을 가리킨다. 곡선에서는 각 점에서 접선벡터 $\mathbf{T}$의 방향을 따를 것인지, 아니면 $-\mathbf{T}$의 방향을 따를 것인지에 따라 곡선에 주어지는 방향은 두 가지가 가능하다.

공간에서의 곡면 S의 방향을 지정하기 위해서, 비슷한 방법을 적용해 보려고 곡면의 각 점에서 법선벡터를 사용하고자 한다. 곡면의 매개방정식 $\mathbf{r}(u, v)$에서 얻어지는 벡터 $\mathbf{r}_u \times \mathbf{r}_v$는 곡면의 법선과 평행한 벡터이므로, 곡면의 방향을 이 매개화가 적용되는 모든 점에서는 이 벡터의 방향으로 줄 수 있다. 곡면의 두 번째 방향은 벡터 $-(\mathbf{r}_u \times \mathbf{r}_v)$를 선택하여 주어지는 데, 각 점에서 곡면의 반대쪽을 가리키는 벡터이다. **방향(orientation)**이란, 본질적으로, 곡면의 두 면 중의 한 면을 일관되게 선택하는 방법이라 할 수 있다. 모든 곡면이 방향을 가지는 것은 아니지만, 곡면이 하나의 방향을 가지고 있다면, 또한 반대 방향인 두 번째의 방향도 가지고 있다.

그림 14.52에서, 구의 각 점은 구의 중심을 향하여 안쪽을 가리키는 하나의 법선벡터를 가지고 있다. 그리고 반대 방향으로 바깥쪽을 가리키는 또 다른 법선벡터도 가지고 있다. 구의 방향을 지정하는 방법은 구의 각 점에서 안쪽을 가리키는 벡터를 선택하든지, 아니면 각 점에서 바깥쪽을 가리키는 벡터를 선택하든지, 두 가지 방법이 가능하다.

매끄러운 곡면 S에 대하여, 연속적인 단위법선벡터장 $\mathbf{n}$을 선택할 수 있을 때, 곡면 S는 **방향을 가진다(orientable)** (또는 **양면이 있다(two-sided)**)라고 한다. 구 또는 다른 매끄러운 곡면이 공간에서의 어떤 영역의 경계가 되면, 이는 방향을 가진다. 왜냐하면 각 점에서 바깥쪽을 가리키는 단위법선벡터 $\mathbf{n}$을 선택하여 방향을 지정할 수 있기 때문이다.

단위법선벡터 $\mathbf{n}$을 가지고 있는 곡면, 같은 얘기로, 일관되게 면을 선택할 수 있는 곡면은 방향을 가지는 곡면이라 부른다. 모든 점에서 벡터 $\mathbf{n}$의 방향은 그 점에서 **양의 방향(positive direction)** 또는 **양의 방향인 면(positively oriented side)**을 결정한다(그림 14.52). 모든 곡면이 방향이 주어지지는 않는다. 방향이 주어지지 않는 곡면의 대표적인 예로는 그림 14.53의 뫼비우스 띠(Möbius band)가 있다. 연속인 단위법선벡터장(그림에서 압정의 바늘로 표현한)을 어떻게 만들어 보더라도, 한 점에서 시작하여 이 벡터를, 그림에서 보는 방법으로, 곡을 따라 연속적으로 이동하면 시작점으로 다시 돌아올 것이다. 하지만 이 벡터는 반대 방향을 가리키고 있다. 뫼비우스 띠에서는 연속인 법선벡터장이 되는 벡터를 선택할 수 없다. 따라서 뫼비우스 띠는 방향을 가지지 않는다.

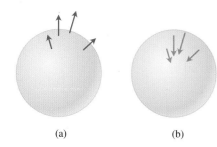

(a)   (b)

그림 14.52 구에서 두 가지 방향이 가능하게 해주는 (a) 바깥쪽을 가리키는 벡터장과 (b) 안쪽을 가리키는 벡터장

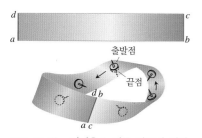

그림 14.53 뫼비우스 띠를 만들기 위하여 직사각형 모양의 긴 종이의 조각 $abcd$를 가지고, 그 끝인 bc를 한 번 꼬아서 a와 c가 맞붙고 b와 d가 맞붙도록 이 긴 조각을 붙인다. 뫼비우스 띠는 방향을 줄 수 없는 곡면 또는 단면의 곡면이다.

벡터장의 면적분

14.2절에서 곡선 C를 따라 벡터장의 선적분을 $\int_C \mathbf{F} \cdot \mathbf{T} ds$로 정의하였다. 여기서 $\mathbf{T}$는 전진 방향을 향하는 곡선에 대한 단위접선벡터이다. 이와 유사한 방법으로, 면적분을 정의한다.

> **정의** 3차원 공간에서의 벡터장 $\mathbf{F}$는 단위법선벡터 $\mathbf{n}$이 선택되어 방향을 갖는 매끄러운 곡면 S에서 정의된 연속함수를 각 성분으로 갖는다고 하자. 이때 S에서 F의 **면적분 (surface integral of F over S)**은 다음과 같이 정의한다.
>
> $$\iint_S \mathbf{F} \cdot \mathbf{n}\, d\sigma \tag{5}$$
>
> 이 적분은 또한 S를 통과하는 벡터장 $\mathbf{F}$의 **유출(flux)**이라 한다.

$\mathbf{F}$가 3차원 유체 유동을 나타내는 속도장이라면, 곡면 S를 가로지르는 $\mathbf{F}$의 유출은 S의 방향을 결정하기 위해 선택된 법선벡터 $\mathbf{n}$의 방향으로 단위 시간당 S를 통과하여 흐르는 유체의 순 유동량이다. 유체의 유동은 14.7절에서 더 자세히 다룰 것이다.

매개곡면에 대한 면적분 계산하기

예제 5 포물주면 $y = x^2$, $0 \le x \le 1$, $0 \le z \le 4$의 곡면을 통과하여 빠져나가는 $\mathbf{F} = yz\mathbf{i} + x\mathbf{j} - z^2\mathbf{k}$의 그림 14.54에서 가리키는 $\mathbf{n}$ 방향으로의 유출을 구하라.

풀이 이 곡면에서 $x = x$, $y = x^2$, $z = z$가 성립하므로 자동적으로 매개변수화 $\mathbf{r}(x, z) = x\mathbf{i} + x^2\mathbf{j} + z\mathbf{k}$, $0 \le x \le 1$, $0 \le z \le 4$를 얻는다. 접벡터들의 외적은

$$\mathbf{r}_x \times \mathbf{r}_z = \begin{vmatrix} \mathbf{i} & \mathbf{j} & \mathbf{k} \\ 1 & 2x & 0 \\ 0 & 0 & 1 \end{vmatrix} = 2x\mathbf{i} - \mathbf{j}$$

이다. 이 곡면에서 그림 14.54에서 가리키는 것처럼 외향을 가리키는 단위법선벡터는

$$\mathbf{n} = \frac{\mathbf{r}_x \times \mathbf{r}_z}{|\mathbf{r}_x \times \mathbf{r}_z|} = \frac{2x\mathbf{i} - \mathbf{j}}{\sqrt{4x^2 + 1}}$$

이다. 곡면에서 $y = x^2$이므로 이때 벡터장은 다음과 같다.

$$\mathbf{F} = yz\mathbf{i} + x\mathbf{j} - z^2\mathbf{k} = x^2 z\mathbf{i} + x\mathbf{j} - z^2\mathbf{k}$$

그러므로 다음을 얻는다.

$$\mathbf{F} \cdot \mathbf{n} = \frac{1}{\sqrt{4x^2 + 1}}\left((x^2 z)(2x) + (x)(-1) + (-z^2)(0)\right)$$

$$= \frac{2x^3 z - x}{\sqrt{4x^2 + 1}}$$

이 곡면을 통과하여 빠져나가는 $\mathbf{F}$의 외향 유출은 다음과 같다.

$$\iint_S \mathbf{F} \cdot \mathbf{n}\, d\sigma = \int_0^4 \int_0^1 \frac{2x^3 z - x}{\sqrt{4x^2 + 1}} |\mathbf{r}_x \times \mathbf{r}_z|\, dx\, dz \qquad d\sigma = |\mathbf{r}_x \times \mathbf{r}_z|\, dx\, dz$$

$$= \int_0^4 \int_0^1 \frac{2x^3 z - x}{\sqrt{4x^2 + 1}} \sqrt{4x^2 + 1}\, dx\, dz$$

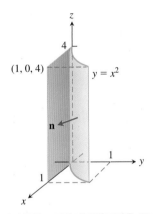

그림 14.54 포물기둥의 표면을 통과하는 유출 구하기(예제 5)

$$= \int_0^4 \int_0^1 (2x^3z - x)\, dx\, dz = \int_0^4 \left[\tfrac{1}{2}x^4z - \tfrac{1}{2}x^2 \right]_{x=0}^{x=1} dz$$

$$= \int_0^4 \tfrac{1}{2}(z - 1)\, dz = \tfrac{1}{4}(z - 1)^2 \Big]_0^4$$

$$= \tfrac{1}{4}(9) - \tfrac{1}{4}(1) = 2$$

매개변수식 $\mathbf{r}(u, v)$로 표현된 곡면을 통과하는 $\mathbf{F}$의 유출에 대한 간단한 공식이 있다.

$$d\sigma = |\mathbf{r}_u \times \mathbf{r}_v|\, du\, dv$$

와 법선 방향

$$\mathbf{n} = \frac{\mathbf{r}_u \times \mathbf{r}_v}{|\mathbf{r}_u \times \mathbf{r}_v|}$$

으로부터 다음 식을 얻는다.

> **매개변수화된 곡면을 가로지르는 유출**
>
> $$\text{유출} = \iint_R \mathbf{F} \cdot (\mathbf{r}_u \times \mathbf{r}_v)\, du\, dv$$

$$\iint_S \mathbf{F} \cdot \mathbf{n}\, d\sigma = \iint_R \mathbf{F} \cdot \frac{\mathbf{r}_u \times \mathbf{r}_v}{|\mathbf{r}_u \times \mathbf{r}_v|} |\mathbf{r}_u \times \mathbf{r}_v|\, du\, dv = \iint_R \mathbf{F} \cdot (\mathbf{r}_u \times \mathbf{r}_v)\, du\, dv$$

이 유출에 대한 적분식은 $|\mathbf{r}_u \times \mathbf{r}_v|$ 항이 소거되어 계산할 필요가 없으므로 예제 5에서의 계산을 간단하게 해준다.

$$\mathbf{F} \cdot (\mathbf{r}_x \times \mathbf{r}_z) = (x^2z)(2x) + (x)(-1) = 2x^3z - x$$

이므로, 직접 계산을 통해 예제 5에서의 결과를 바로 얻는다.

$$\text{유출} = \iint_S \mathbf{F} \cdot \mathbf{n}\, d\sigma = \int_0^4 \int_0^1 (2x^3z - x)\, dx\, dz = 2$$

등위곡면에 대한 면적분 계산하기

만약에 S가 등위면 $g(x, y, z) = c$의 일부이면, $\mathbf{n}$은 방향의 선택에 따라서 다음의 두 가지 벡터장

$$\mathbf{n} = \pm \frac{\nabla g}{|\nabla g|} \tag{6}$$

중의 하나가 된다. 이때에 대응되는 유출은 다음과 같다.

$$\text{유출} = \iint_S \mathbf{F} \cdot \mathbf{n}\, d\sigma$$

$$= \iint_R \left(\mathbf{F} \cdot \frac{\pm \nabla g}{|\nabla g|} \right) \frac{|\nabla g|}{|\nabla g \cdot \mathbf{p}|}\, dA \qquad \text{식 (6)과 (3)}$$

$$= \iint_R \mathbf{F} \cdot \frac{\pm \nabla g}{|\nabla g \cdot \mathbf{p}|}\, dA \tag{7}$$

예제 6 원주면 $y^2 + z^2 = 1$, $z \geq 0$을 평면 $x = 0$과 $x = 1$로 잘라 만든 곡면 S를 외향으로 통과하는 $\mathbf{F} = yz\mathbf{j} + z^2\mathbf{k}$의 유출을 구하라.

풀이 S 위에서 외향인 법선 벡터장(그림 14.55)은 $g(x, y, z) = y^2 + z^2$의 기울기 벡터장으로부터

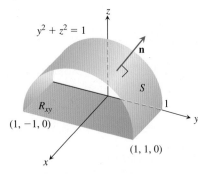

그 곡면을 통과하는 벡터장
에 대한 외향 유출의 계산. 그림자 영역
R_{xy}의 넓이는 2이다(예제 6).

$$\mathbf{n} = +\frac{\nabla g}{|\nabla g|} = \frac{2y\mathbf{j} + 2z\mathbf{k}}{\sqrt{4y^2 + 4z^2}} = \frac{2y\mathbf{j} + 2z\mathbf{k}}{2\sqrt{1}} = y\mathbf{j} + z\mathbf{k}$$

와 같이 계산될 수 있다. $\mathbf{p} = \mathbf{k}$로부터

$$d\sigma = \frac{|\nabla g|}{|\nabla g \cdot \mathbf{k}|} dA = \frac{2}{|2z|} dA = \frac{1}{z} dA \qquad \text{식 (3)}$$

를 얻는다. S에서 $z \geq 0$이 성립하므로 절댓값 기호를 없앨 수 있다.

곡면에서 $\mathbf{F} \cdot \mathbf{n}$의 값은

$$\begin{aligned}
\mathbf{F} \cdot \mathbf{n} &= (yz\mathbf{j} + z^2\mathbf{k}) \cdot (y\mathbf{j} + z\mathbf{k}) \\
&= y^2 z + z^3 = z(y^2 + z^2) \\
&= z \qquad\qquad\qquad S\text{에서 } y^2 + z^2 = 1
\end{aligned}$$

이다. 그림 14.55에서처럼 곡면이 xy평면에 직사각형인 그림자 영역 R_{xy}로 사영된다. 그러므로 S를 통과하여 빠져나가는 $\mathbf{F}$의 유출은 다음과 같다.

$$\iint\limits_{S} \mathbf{F} \cdot \mathbf{n} \, d\sigma = \iint\limits_{R_{xy}} (z)\left(\frac{1}{z} dA\right) = \iint\limits_{R_{xy}} dA = \text{넓이}(R_{xy}) = 2 \qquad \blacksquare$$

얇은 막의 모멘트와 질량

볼(bowl)이나 메탈 드럼, 돔(dome)과 같은 얇은 막들은 곡면들로 나타난다. 표 14.3에 나타난 공식들을 이용하여 이들의 모멘트와 질량을 계산할 수 있다. 5.6절에서와 비슷한 방법으로 유도한다. 공식들은 14.1절, 표 14.1의 선적분에 대한 것과 비슷하다.

표 14.3 매우 얇은 막에 대한 질량과 모멘트

질량: $\quad M = \iint\limits_{S} \delta \, d\sigma \qquad \delta = \delta(x, y, z) = (x, y, z)$에서의 단위 넓이당 질량인 밀도

좌표평면들에 대한 제1 모멘트:

$$M_{yz} = \iint\limits_{S} x \, \delta \, d\sigma, \qquad M_{xz} = \iint\limits_{S} y \, \delta \, d\sigma, \qquad M_{xy} = \iint\limits_{S} z \, \delta \, d\sigma$$

질량중심의 좌표:

$$\bar{x} = M_{yz}/M, \qquad \bar{y} = M_{xz}/M, \qquad \bar{z} = M_{xy}/M$$

좌표축들에 대한 관성모멘트:

$$I_x = \iint\limits_{S} (y^2 + z^2) \, \delta \, d\sigma, \quad I_y = \iint\limits_{S} (x^2 + z^2) \, \delta \, d\sigma, \quad I_z = \iint\limits_{S} (x^2 + y^2) \, \delta \, d\sigma,$$

$$I_L = \iint\limits_{S} r^2 \delta \, d\sigma \qquad r(x, y, z) = \text{점 } (x, y, z)\text{부터 직선 } L\text{까지의 거리}$$

예제 7 일정한 밀도 δ를 가지는, 반지름이 a인 얇은 반구면의 질량중심을 구하라.

풀이 반구면을 표현하는 식은

$$f(x, y, z) = x^2 + y^2 + z^2 = a^2, \qquad z \geq 0$$

이다(그림 14.56). z축에 대한 이 곡면의 대칭에 의하여 $\bar{x} = \bar{y} = 0$임을 알 수 있다. 이제 공식 $\bar{z} = M_{xy}/M$으로부터 $\bar{z}$를 구하면 된다.

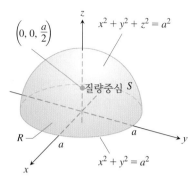

그림 14.56 상수 밀도를 가지는 얇은 반구면의 질량중심은 대칭축의 바닥에서 꼭대기까지의 중간에 있다(예제 7).

반구면의 질량은

$$M = \iint_S \delta \, d\sigma = \delta \iint_S d\sigma = (\delta)(S\text{의 넓이}) = 2\pi a^2 \delta \qquad \delta = \text{상수}$$

이다. M_{xy}에 대한 적분을 계산하기 위하여 $\mathbf{p} = \mathbf{k}$로 택하고 다음을 계산한다.

$$|\nabla f| = |2x\mathbf{i} + 2y\mathbf{j} + 2z\mathbf{k}| = 2\sqrt{x^2 + y^2 + z^2} = 2a$$

$$|\nabla f \cdot \mathbf{p}| = |\nabla f \cdot \mathbf{k}| = |2z| = 2z$$

$$d\sigma = \frac{|\nabla f|}{|\nabla f \cdot \mathbf{p}|} dA = \frac{a}{z} dA \qquad \text{식 (3)}$$

그러면

$$M_{xy} = \iint_S z\delta \, d\sigma = \delta \iint_R z\frac{a}{z} dA = \delta a \iint_R dA = \delta a(\pi a^2) = \delta \pi a^3$$

$$\bar{z} = \frac{M_{xy}}{M} = \frac{\pi a^3 \delta}{2\pi a^2 \delta} = \frac{a}{2}$$

이다. 반구면의 질량중심은 점 $(0, 0, a/2)$이다. ■

예제 8 원뿔 $z = \sqrt{x^2 + y^2}$을 평면 $z = 1$과 $z = 2$로 잘라내어 만든, 밀도 $\delta = 1/z^2$을 갖는 박막의 질량중심을 구하라(그림 14.57).

풀이 이 곡면은 z축에 대하여 대칭이므로 $\bar{x} = \bar{y} = 0$이다. 또한 $\bar{z} = M_{xy}/M$이므로 14.5절 예제 4에서처럼 구하면

$$\mathbf{r}(r, \theta) = (r\cos\theta)\mathbf{i} + (r\sin\theta)\mathbf{j} + r\mathbf{k}, \qquad 1 \le r \le 2, \quad 0 \le \theta \le 2\pi$$

이고

$$|\mathbf{r}_r \times \mathbf{r}_\theta| = \sqrt{2} r$$

이다. 그러므로

$$M = \iint_S \delta \, d\sigma = \int_0^{2\pi} \int_1^2 \frac{1}{r^2} \sqrt{2} r \, dr \, d\theta$$

$$= \sqrt{2} \int_0^{2\pi} \left[\ln r\right]_1^2 d\theta = \sqrt{2} \int_0^{2\pi} \ln 2 \, d\theta$$

$$= 2\pi\sqrt{2} \ln 2$$

$$M_{xy} = \iint_S \delta z \, d\sigma = \int_0^{2\pi} \int_1^2 \frac{1}{r^2} r \sqrt{2} r \, dr \, d\theta$$

$$= \sqrt{2} \int_0^{2\pi} \int_1^2 dr \, d\theta$$

$$= \sqrt{2} \int_0^{2\pi} d\theta = 2\pi\sqrt{2},$$

$$\bar{z} = \frac{M_{xy}}{M} = \frac{2\pi\sqrt{2}}{2\pi\sqrt{2} \ln 2} = \frac{1}{\ln 2}$$

이다. 따라서 박막의 질량중심은 점 $(0, 0, 1/\ln 2)$이다. ■

연습문제 14.6

스칼라함수의 면적분

연습문제 1~8에서 주어진 곡면에서 주어진 함수들을 적분하라.

1. **포물주면**   포물주면 $y=x^2$, $0 \le x \le 2$, $0 \le z \le 3$에서 $G(x, y, z) = x$

2. **원주면**   원주면 $y^2 + z^2 = 4$, $z \ge 0$, $1 \le x \le 4$에서 $G(x, y, z) = z$

3. **구면**   단위구면 $x^2 + y^2 + z^2 = 1$에서 $G(x, y, z) = x^2$

4. **반구면**   반구면 $x^2 + y^2 + z^2 = a^2$, $z \ge 0$에서 $G(x, y, z) = z^2$

5. **평면의 부분** xy평면에 있는 정사각형 $0 \le x \le 1$, $0 \le y \le 1$ 위에 놓인 평면 $x + y + z = 4$의 부분에서 $F(x, y, z) = z$

6. **원뿔**   원뿔 $z = \sqrt{x^2 + y^2}$, $0 \le z \le 1$에서 $F(x, y, z) = z - x$

7. **포물형 둥근 지붕**   포물형 둥근 지붕 $z = 1 - x^2 - y^2$, $z \ge 0$에서 $H(x, y, z) = x^2 \sqrt{5 - 4z}$

8. **구면 모자**   원뿔 $z = \sqrt{x^2 + y^2}$ 위에 놓인 구면 $x^2 + y^2 + z^2 = 4$의 부분에서 $H(x, y, z) = yz$

9. 제1팔분공간을 평면 $x=a$, $y=a$, $z=a$로 잘라서 만든 정육면체의 표면에서 $G(x, y, z) = x + y + z$를 적분하라.

10. 제1팔분공간에서 좌표평면들과 평면 $x=2$와 $y+z=1$로 둘러싸인 쐐기형 영역의 표면에서 $G(x, y, z) = y + z$를 적분하라.

11. 제1팔분공간을 평면 $x=a$, $y=b$, $z=c$로 잘라서 만든 직사각형 영역의 표면에서 $G(x, y, z) = xyz$를 적분하라.

12. 평면 $x = \pm a$, $y = \pm b$, $z = \pm c$로 둘러싸인 직사각형 영역의 표면에서 $G(x, y, z) = xyz$를 적분하라.

13. 제1팔분공간에 놓인 평면 $2x + 2y + z = 2$의 부분에서 $G(x, y, z) = x + y + z$를 적분하라.

14. 포물주면 $y^2 + 4z = 16$을 평면 $x=0$, $x=1$, $z=0$으로 잘라서 만든 곡면에서 $G(x, y, z) = x\sqrt{y^2 + 4}$를 적분하라.

15. xy평면에서 $(0, 0, 0)$, $(1, 1, 0)$과 $(0, 1, 0)$을 꼭짓점으로 갖는 삼각형 위에 있는 곡면 $z = x + y^2$에서 $G(x, y, z) = z - x$를 적분하라(다음 그림 참조).

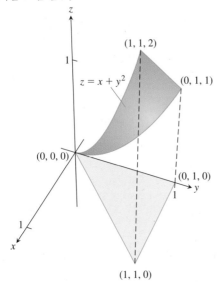

16. 곡면 $z = x^2 + y$, $0 \le x \le 1$, $-1 \le y \le 1$에서 $G(x, y, z) = x$를 적분

하라.

17. $(1, 0, 0)$, $(0, 2, 0)$과 $(0, 1, 1)$을 꼭짓점으로 갖는 삼각형 평면에서 $G(x, y, z) = xyz$를 적분하라(다음 그림 참조).

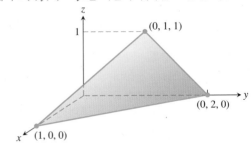

18. 제1팔분공간에 있으면서 $z=0$과 $z=1$ 사이에 있는 평면 $x+y=1$에서 $G(x, y, z) = x - y - z$를 적분하라(다음 그림 참조).

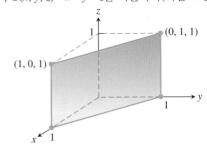

벡터장의 면적분 또는 유출 구하기

연습문제 19~28에서 매개변수화를 이용하여 주어진 방향으로 곡면을 통과하는 유출 $\iint_S \mathbf{F} \cdot \mathbf{n} \, ds$를 구하라.

19. **포물주면** $\mathbf{F} = z^2\mathbf{i} + x\mathbf{j} - 3z\mathbf{k}$ 포물주면 $z = 4 - y^2$을 평면 $x=0$, $x=1$, $z=0$으로 잘라 만들어진 곡면을 통과하여, 외향으로(x축과 수직으로 멀어지는 방향으로).

20. **포물주면** $\mathbf{F} = x^2\mathbf{j} - xz\mathbf{k}$ 포물주면 $y = x^2$, $-1 \le x \le 1$에서 평면 $z=0$과 $z=2$로 잘라 만들어진 곡면을 통과하여, 외향으로(yz평면에 수직으로 멀어지는 방향으로)

21. **구면** $\mathbf{F} = z\mathbf{k}$ 제1팔분공간에 놓인 구면 $x^2 + y^2 + z^2 = a^2$의 부분을 통과하여, 원점에서 멀어지는 방향으로.

22. **구면** $\mathbf{F} = x\mathbf{i} + y\mathbf{j} + z\mathbf{k}$ 구면 $x^2 + y^2 + z^2 = a^2$을 통과하여, 원점에서 멀어지는 방향으로.

23. **평면** $\mathbf{F} = 2xy\mathbf{i} + 2yz\mathbf{j} + 2xz\mathbf{k}$ xy평면에 있는 정사각형 $0 \le x \le a$, $0 \le y \le a$ 위에 놓인평면 $x + y + z = 2a$의 부분을 통과하여, 위쪽으로.

24. **원주면** $\mathbf{F} = x\mathbf{i} + y\mathbf{j} + z\mathbf{k}$ 원주면 $x^2 + y^2 = 1$에서 평면 $z=0$과 $z=a$로 잘라 만들어진 부분을 통과하여, 위쪽으로.

25. **원뿔** $\mathbf{F} = xy\mathbf{i} - z\mathbf{k}$ 원뿔 $z = \sqrt{x^2 + y^2}$, $0 \le z \le 1$을 통과하여, 외향으로(z축과 수직으로 멀어지는 방향으로).

26. **원뿔** $\mathbf{F} = y^2\mathbf{i} + xz\mathbf{j} - \mathbf{k}$ 원뿔 $z = 2\sqrt{x^2 + y^2}$, $0 \le z \le 2$를 통과하여, 외향으로(z축과 수직으로 멀어지는 방향으로).

27. **원뿔대** $\mathbf{F} = -x\mathbf{i} - y\mathbf{j} + z^2\mathbf{k}$ 평면 $z=1$과 $z=2$ 사이에 놓인 원뿔 $z = \sqrt{x^2 + y^2}$의 부분을 통과하여, 외향으로(z축과 수직으로 멀어지는 방향으로).

28. 포물면 $\mathbf{F}=4x\mathbf{i}+4y\mathbf{j}+2\mathbf{k}$ 포물면 $z=x^2+y^2$을 평면 $z=1$로 잘라 만든 바닥부분의 곡면을 통과하여, 외향으로(z축과 수직으로 멀어지는 방향으로).

연습문제 29와 30에서 특별한 방향으로 주어진 곡면의 부분을 통과하는 벡터장 $\mathbf{F}$의 유출을 구하라.

29. $\mathbf{F}(x,y,z)=-\mathbf{i}+2\mathbf{j}+3\mathbf{k}$
S: 직육면체 표면 $z=0$, $0\leq x\leq 2$, $0\leq y\leq 3$, 방향 $\mathbf{k}$

30. $\mathbf{F}(x,y,z)=yx^2\mathbf{i}-2\mathbf{j}+xz\mathbf{k}$
S: 직육면체 표면 $y=0$, $-1\leq x\leq 2$, $2\leq z\leq 7$, 방향 $-\mathbf{j}$

연습문제 31~36에서 식 (7)을 이용하여 원점에서 멀어지는 방향으로 제1팔분공간에 놓인 구면 $x^2+y^2+z^2=a^2$의 부분에서 벡터장 $\mathbf{F}$의 면적분을 구하라.

31. $\mathbf{F}(x,y,z)=z\mathbf{k}$
32. $\mathbf{F}(x,y,z)=-y\mathbf{i}+x\mathbf{j}$
33. $\mathbf{F}(x,y,z)=y\mathbf{i}-x\mathbf{j}+\mathbf{k}$
34. $\mathbf{F}(x,y,z)=zx\mathbf{i}+zy\mathbf{j}+z^2\mathbf{k}$
35. $\mathbf{F}(x,y,z)=x\mathbf{i}+y\mathbf{j}+z\mathbf{k}$
36. $\mathbf{F}(x,y,z)=\dfrac{x\mathbf{i}+y\mathbf{j}+z\mathbf{k}}{\sqrt{x^2+y^2+z^2}}$

37. 포물주면 $z=4-y^2$을 평면 $x=0$, $x=1$, $z=0$으로 잘라서 만든 곡면을 통과하는 벡터장 $\mathbf{F}(x,y,z)=z^2\mathbf{i}+x\mathbf{j}-3z\mathbf{k}$의 외향 유출을 구하라.

38. 평면 $z=1$로 잘라진 포물면 $z=x^2+y^2$의 바닥으로 이루어진 곡면을 통과하는 벡터장 $\mathbf{F}(x,y,z)=4x\mathbf{i}+4y\mathbf{j}+2\mathbf{k}$의 외향($z$축에서 멀어지는 방향으로의) 유출을 구하라.

39. S를 제1팔분공간에 놓인 원주면 $y=e^x$의 부분으로서, x축과 평행하게 사영시키면 yz평면에 놓인 직사각형 R_{yz}: $1\leq y\leq 2$, $0\leq z\leq 1$ 위로 사영되는 영역이라 하자(다음 그림 참조). $\mathbf{n}$을 yz평면으로부터 멀어지는 방향을 가리키는 S 위의 단위법선벡터라 하자. $\mathbf{n}$ 방향으로의 곡면 S를 통과하는 벡터장 $\mathbf{F}(x,y,z)=-2\mathbf{i}+2y\mathbf{j}+z\mathbf{k}$의 유출을 구하라.

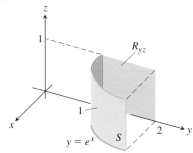

40. S를 제1팔분공간에 놓인 원주면 $y=\ln x$의 부분으로서, y축과 평행하게 xz평면으로 사영시키면 직사각형 R_{xz}: $1\leq x\leq e$, $0\leq z\leq 1$ 위로 사영되는 영역이라 하자. $\mathbf{n}$을 xz평면으로부터 멀어지는 방향을 가리키는 S 위의 단위법선벡터라 하자. $\mathbf{n}$ 방향으로의 S를 통과하는 벡터장 $\mathbf{F}=2y\mathbf{j}+z\mathbf{k}$의 유출을 구하라.

41. 제1팔분공간을 평면 $x=a$, $y=a$, $z=a$로 잘라서 만든 정육면체의 표면을 통과하는 벡터장 $\mathbf{F}=2xy\mathbf{i}+2yz\mathbf{j}+2xz\mathbf{k}$의 외향 유출을 구하라.

42. 구 $x^2+y^2+z^2\leq 25$를 평면 $z=3$으로 잘라 만든위쪽의 모자 모양의 영역의 표면을 통과하는 벡터장 $\mathbf{F}=xz\mathbf{i}+yz\mathbf{j}+\mathbf{k}$의 외향 유출을 구하라.

모멘트와 질량

43. 질량중심 제1팔분공간에 놓인 구면 $x^2+y^2+z^2=a^2$의 부분의 질량중심을 구하라.

44. 질량중심 (예제 6에 나오는 곡면과 닮은) 원주면 $y^2+z^2=9$, $z\geq 0$을 평면 $x=0$과 $x=3$으로 잘라서 만든 곡면의 질량중심을 구하라.

45. 상수 밀도를 가지는 얇은 막 원뿔 $x^2+y^2-z^2=0$을 평면 $z=1$과 $z=2$로 잘라서 만든, 상수 밀도 δ를 가지는, 얇은 막의 질량중심과 z축에 대한 관성모멘트를 구하라.

46. 상수 밀도를 가지는 원뿔면 원뿔 $4x^2+4y^2-z^2=0$, $z\geq 0$을 원주면 $x^2+y^2=2x$로 잘라서 만든, 상수 밀도 δ를 가지는, 얇은 막의 z축에 대한 관성모멘트를 구하라(다음 그림 참조).

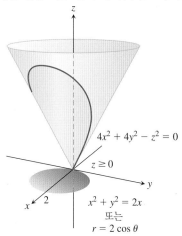

47. 원형 막
  a. 반지름이 a이고 상수밀도 δ를 가지는 얇은 원형 막의 지름에 대한 관성모멘트를 구하라.
  b. 평행축 정리(13.6절 연습문제)와 (a)의 결과를 이용하여 이 막에 접하는 직선에 대한 관성모멘트를 구하라.

48. 원뿔면 밑면의 반지름이 a이고, 높이가 h인 속이 찬 원뿔의 옆면(원뿔의 표면 빼기 밑면)의 질량중심을 구하라.

49. xy평면에 $(0,0)$, $(1,0)$, $(0,2)$와 $(1,2)$를 꼭짓점으로 하는 직사각형의 바로 위로 평면 $2x+3y+6z=12$에 놓인 곡면 S가 있다. 곡면 S의 한 점 (x,y,z)에서 밀도가 $\delta(x,y,z)=4xy+6z$ (mg/cm^2)일 때, S의 전체 질량을 구하라.

50. xy평면에 $(0,0)$, $(2,0)$과 $(2,4)$를 꼭짓점으로 하는 삼각형의 바로 위로 포물면 $z=\dfrac{1}{2}x^2+\dfrac{1}{2}y^2$에 놓인 곡면 S가 있다. 곡면 S의 한 점 (x,y,z)에서 밀도가 $\delta(x,y,z)=9xy$ (g/cm^2)일 때, S의 전체 질량을 구하라.

14.7 스토크스 정리

2차원 벡터장 $\mathbf{F} = M\mathbf{i} + N\mathbf{j}$에 대하여 평면에서의 단순 닫힌 곡선을 따라 반시계방향으로 도는 순환을 계산할 때, 그린 정리를 사용하면, 곡선에 의해 둘러싸인 영역에서 스칼라함수$(\partial N/\partial x - \partial M/\partial y)$의 2중적분으로 계산할 수 있게 해준다. 이 식은 이 절에서 정의하게 될 **회전 벡터장**(*curl vector field*)의 $\mathbf{k}$성분이다. 이 회전 벡터장은 $\mathbf{k}$에 평행한 축을 둘러싼 영역 안의 각 점에서 $\mathbf{F}$의 회전 속도를 측량한다. 3차원 공간에서, 벡터장의 각 점에서의 회전은 그 점에서 회전 벡터와 평행한 축을 회전축으로 도는 것을 말한다. 공간에서의 닫힌 곡선 C가 유향 곡면의 경계일 경우에, C를 따라 $\mathbf{F}$의 순환은 회전 벡터장의 면적분과 같음을 알게 될 것이다. 이 결과는 그린 정리를 평면 영역에서 공간에서의 매끄러운 곡선을 경계로 갖는 일반적인 곡면으로 확장한 것이다.

회전 벡터장

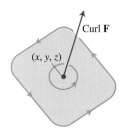

그림 14.58 3차원 유체의 유동에서 평면에 있는 점 (x, y, z)에서의 회전벡터. 순환선에 대한 오른손 관계를 명심하자.

$\mathbf{F}$를 공간에서 유체의 유동을 나타내는 벡터장이라 가정하자. 유체의 점 (x, y, z) 근처의 입자는 (x, y, z)를 지나고 정의하려고 하는 어떤 벡터에 평행인 한 축을 회전축으로 회전하려는 경향이 있다. 이 벡터의 방향은 벡터의 화살표 끝점에서 순환하는 평면을 내려다보았을 때, 유체가 회전이 반시계방향으로 보이는 방향이 된다. 이 방향은 오른손 법칙을 따르는데, 오른손 엄지손가락이 회전축의 방향일 때 손가락의 방향이 유체 내 입자들이 회전하는 방향과 일치하게 된다(그림 14.58 참조). 벡터의 길이는 회전 속력을 나타낸다. 이 벡터를 **회전벡터**(**curl vector**)라고 하고, 벡터장 $\mathbf{F} = M\mathbf{i} + N\mathbf{j} + P\mathbf{k}$에 대하여 다음과 같이 정의된다.

$$\text{curl } \mathbf{F} = \left(\frac{\partial P}{\partial y} - \frac{\partial N}{\partial z}\right)\mathbf{i} + \left(\frac{\partial M}{\partial z} - \frac{\partial P}{\partial x}\right)\mathbf{j} + \left(\frac{\partial N}{\partial x} - \frac{\partial M}{\partial y}\right)\mathbf{k} \tag{1}$$

이 사실은 그린 정리의 순환-회전 공식을 공간으로 일반화한 정리이자 이 절의 주제인 스토크스 정리로부터 나오는 결과이다.

$\mathbf{F} = M(x, y)\mathbf{i} + N(x, y)\mathbf{j}$일 때, $(\text{curl } \mathbf{F}) \cdot \mathbf{k} = (\partial N/\partial x - \partial N/\partial y)$가 14.4절에 나오는 정의와 일치한다는 것을 알 수 있다. 식 (1)에서의 curl $\mathbf{F}$는 주로 연산자 기호

$$\nabla = \mathbf{i}\frac{\partial}{\partial x} + \mathbf{j}\frac{\partial}{\partial y} + \mathbf{k}\frac{\partial}{\partial z} \tag{2}$$

를 사용하여 나타낸다. 기호 ∇은 '델'로 읽으며, 이 기호를 사용하여 다음 식과 같이 $\mathbf{F}$의 회전을 계산한다.

∇은 "델" 연산자

$$\nabla \times \mathbf{F} = \begin{vmatrix} \mathbf{i} & \mathbf{j} & \mathbf{k} \\ \dfrac{\partial}{\partial x} & \dfrac{\partial}{\partial y} & \dfrac{\partial}{\partial z} \\ M & N & P \end{vmatrix}$$

$$= \left(\frac{\partial P}{\partial y} - \frac{\partial N}{\partial z}\right)\mathbf{i} + \left(\frac{\partial M}{\partial z} - \frac{\partial P}{\partial x}\right)\mathbf{j} + \left(\frac{\partial N}{\partial x} - \frac{\partial M}{\partial y}\right)\mathbf{k}$$

이 회전을 기호로 적기 위해 외적을 사용하여 '델 크로스 에프'로 읽는다.

$$\text{curl } \mathbf{F} = \nabla \times \mathbf{F} \tag{3}$$

예제 1 $\mathbf{F} = (x^2 - z)\mathbf{i} + xe^z\mathbf{j} + xy\mathbf{k}$의 회전을 구하라.

풀이 식 (3)과 외적에 대한 행렬식 공식을 이용하여 다음과 같이 계산한다.

$$\text{curl } \mathbf{F} = \nabla \times \mathbf{F}$$

$$= \begin{vmatrix} \mathbf{i} & \mathbf{j} & \mathbf{k} \\ \dfrac{\partial}{\partial x} & \dfrac{\partial}{\partial y} & \dfrac{\partial}{\partial z} \\ x^2 - z & xe^z & xy \end{vmatrix}$$

$$= \left(\frac{\partial}{\partial y}(xy) - \frac{\partial}{\partial z}(xe^z) \right)\mathbf{i} - \left(\frac{\partial}{\partial x}(xy) - \frac{\partial}{\partial z}(x^2 - z) \right)\mathbf{j}$$

$$+ \left(\frac{\partial}{\partial x}(xe^z) - \frac{\partial}{\partial y}(x^2 - z) \right)\mathbf{k} \qquad \text{curl } \mathbf{F}\text{는 스칼라가 아닌}\\ \text{벡터이다.}$$

$$= (x - xe^z)\mathbf{i} - (y + 1)\mathbf{j} + (e^z - 0)\mathbf{k}$$

$$= x(1 - e^z)\mathbf{i} - (y + 1)\mathbf{j} + e^z\mathbf{k} \qquad\blacksquare$$

앞으로 살펴보는 것과 같이 연산자 ∇에 대한 많은 응용이 있다. 예를 들면, 스칼라함수 $f(x, y, z)$에 적용했을 때, f의 기울기 벡터를 다음과 같이 얻을 수 있다.

$$\nabla f = \frac{\partial f}{\partial x}\mathbf{i} + \frac{\partial f}{\partial y}\mathbf{j} + \frac{\partial f}{\partial z}\mathbf{k}$$

이제 이것을 '기울기 f' 또는 '델 f'라고 읽는다.

스토크스 정리

스토크스 정리는 그린 정리를 3차원으로 일반화한 정리이다. 그린 정리의 순환-회전 공식은 xy평면에서 단순 닫힌 곡선 C를 따라서 반시계방향으로 순환하는 벡터장을 C에 의해 둘러싸인 평면 영역 R에서 2중적분으로 나타내는 것이다. 스토크스 정리는 공간 내에서 방향을 가진 곡면 S의 경계가 되는 곡선 C(그림 14.59)를 따라 반시계방향으로 순환하는 벡터장을 곡면 S에서 면적분으로 나타낸다. 이때 곡면은 **구분적으로 매끄러운** 곡면이어야 한다. 즉, 유한개의 매끄러운 곡면이 매끄러운 곡선을 따라서 연결되어 있는 것을 의미한다.

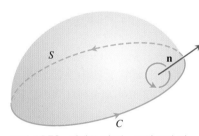

그림 14.59 경계를 이루는 곡선 C의 방향으로 법선 벡터장 $\mathbf{n}$의 방향이 오른손 법칙에 따라 결정된다. 오른손 엄지손가락이 $\mathbf{n}$의 방향을 가리킬 때, 손가락이 C의 회전하는 방향이 된다.

> **정리 6 스토크스정리** 곡면 S를 구분적으로 매끄러운, 방향을 가진 곡면이라 하자. 이 곡면은 구분적으로 매끄러운 곡선 C가 경계를 이루고 있다고 하자. 벡터장 $\mathbf{F} = M\mathbf{i} + N\mathbf{j} + P\mathbf{k}$의 성분 벡터들은 S를 포함하는 열린 영역에서 1계 편도함수가 연속이라고 하자. 곡면의 단위법선벡터 $\mathbf{n}$에 관하여 반시계방향으로 C를 따라 회전하는 $\mathbf{F}$의 순환은 곡면 S에서 $\nabla \times \mathbf{F} \cdot \mathbf{n}$의 적분과 같다.
>
> $$\underbrace{\oint_C \mathbf{F} \cdot d\mathbf{r}}_{\substack{\text{반시계방향으로}\\\text{의 순환}}} = \underbrace{\iint_S \nabla \times \mathbf{F} \cdot \mathbf{n}\, d\sigma}_{\text{회전적분}} \tag{4}$$

식 (4)로부터 만일 서로 다른, 방향을 갖는 두 개의 곡면 S_1과 S_2가 같은 경계곡선 C를 갖는다면 이들의 회전 적분은 같다.

$$\iint_{S_1} \nabla \times \mathbf{F} \cdot \mathbf{n}_1 \, d\sigma = \iint_{S_2} \nabla \times \mathbf{F} \cdot \mathbf{n}_2 \, d\sigma$$

단위법선벡터들 $\mathbf{n}_1$과 $\mathbf{n}_2$가 곡면들에 올바르게 방향을 주었으면, 이때의 두 회전적분들은 식 (4)의 좌변에 있는 반시계방향으로의 순환적분과 같다. 그러므로 회전적분은 곡면에 독립적이며 오직 경계곡선을 따라 흐르는 순환에만 의존한다. 이러한 곡면에의 독립성은 보존적 벡터장의 곡선을 따라 흐르는 유동 적분에 대한 경로 독립성과 비슷하며, 유동 적분의 값은 곡선 경로의 양 끝점 (즉, 경계점)에만 의존한다. 회전 벡터장 $\nabla \times \mathbf{F}$는 스칼라함수 f의 기울기 벡터 ∇f와 유사하다.

만약에 C가 xy평면에 있는 반시계방향을 가지는 곡선이고, R은 곡선 C를 경계로 하는 xy평면에 있는 영역이라면, $d\sigma = dx\,dy$가 성립하고, 또한

$$(\nabla \times \mathbf{F}) \cdot \mathbf{n} = (\nabla \times \mathbf{F}) \cdot \mathbf{k} = \left(\frac{\partial N}{\partial x} - \frac{\partial M}{\partial y} \right)$$

이다. 이러한 조건 아래에서, 스토크스 식은

$$\oint_C \mathbf{F} \cdot d\mathbf{r} = \iint_R \left(\frac{\partial N}{\partial x} - \frac{\partial M}{\partial y} \right) dx\,dy$$

가 되는데, 이것은 그린 정리에 나오는 방정식의 순환–회전 공식이다. 반대로 이들의 단계를 거꾸로 거치면 2차원 벡터장에 대한 그린 정리에 대한 순환–회전 공식을 다시

$$\oint_C \mathbf{F} \cdot d\mathbf{r} = \iint_R \nabla \times \mathbf{F} \cdot \mathbf{k} \, dA \tag{5}$$

와 같이 델 기호로 써서 나타낼 수 있다. 그림 14.60 참조.

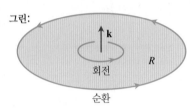

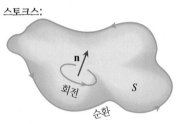

그림 14.60 그린 정리와 스토크스 정리의 비교

예제 2 반구면 S: $x^2 + y^2 + z^2 = 9$, $z \geq 0$과 이것의 경계원 C: $x^2 + y^2 = 9$, $z = 0$과 벡터장 $\mathbf{F} = y\mathbf{i} - x\mathbf{j}$에 대하여 식 (4)를 계산하라.

풀이 반구면은 xy평면에서 C를 경계로 갖는 그림 14.59와 매우 닮았다(그림 14.61 참조). 매개변수화 $r(\theta) = (3\cos\theta)\mathbf{i} + (3\sin\theta)\mathbf{j}$, $0 \leq \theta \leq 2\pi$를 사용하여(위쪽에서 바라보았을 때) C를 따라 반시계방향으로의 순환을 계산하면 다음과 같다.

$$d\mathbf{r} = (-3\sin\theta \, d\theta)\mathbf{i} + (3\cos\theta \, d\theta)\mathbf{j}$$
$$\mathbf{F} = y\mathbf{i} - x\mathbf{j} = (3\sin\theta)\mathbf{i} - (3\cos\theta)\mathbf{j}$$
$$\mathbf{F} \cdot d\mathbf{r} = -9\sin^2\theta \, d\theta - 9\cos^2\theta \, d\theta = -9\,d\theta$$
$$\oint_C \mathbf{F} \cdot d\mathbf{r} = \int_0^{2\pi} -9 \, d\theta = -18\pi$$

또한, $\mathbf{F}$의 회전적분에 대하여 계산하면 다음과 같다.

$$\nabla \times \mathbf{F} = \left(\frac{\partial P}{\partial y} - \frac{\partial N}{\partial z} \right)\mathbf{i} + \left(\frac{\partial M}{\partial z} - \frac{\partial P}{\partial x} \right)\mathbf{j} + \left(\frac{\partial N}{\partial x} - \frac{\partial M}{\partial y} \right)\mathbf{k}$$
$$= (0 - 0)\mathbf{i} + (0 - 0)\mathbf{j} + (-1 - 1)\mathbf{k} = -2\mathbf{k}$$
$$\mathbf{n} = \frac{x\mathbf{i} + y\mathbf{j} + z\mathbf{k}}{\sqrt{x^2 + y^2 + z^2}} = \frac{x\mathbf{i} + y\mathbf{j} + z\mathbf{k}}{3} \qquad \text{외향의 단위법선벡터}$$
$$d\sigma = \frac{3}{z} dA \qquad \text{14.6절 예제 7에서 } a = 3\text{으로 놓으면}$$

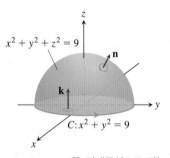

그림 14.61 C를 경계곡선으로 갖는 반구면과 원판(예제 2와 3)

$$\nabla \times \mathbf{F} \cdot \mathbf{n} \, d\sigma = -\frac{2z}{3}\frac{3}{z}dA = -2 \, dA$$

이므로

$$\iint_S \nabla \times \mathbf{F} \cdot \mathbf{n} \, d\sigma = \iint_{x^2+y^2 \le 9} -2 \, dA = -18\pi$$

이다. 그러므로 스토크스 정리에 의해 원을 따라 회전하는 순환은 반구면에서 회전적분과 같다. ∎

스토크스 정리에서 나오는 면적분은 곡선 C를 경계로 갖는 어떠한 곡면을 사용해도 계산할 수 있다. 이때 곡면이 정확하게 방향이 주어지고 이 곡면이 벡터장 $\mathbf{F}$의 정의역 안에 포함되기만 하면 된다. 예제 2의 곡선 C를 따라 회전하는 순환을 사용하여 다음 예제에서 이 사실을 확인해 준다.

예제 3 예제 2의 경계곡선 C를 따라 회전하는 순환을 계산하라. 이때 xy평면에서 중심이 원점이고 반경이 3인 원판을 (반구면을 대신하여) 곡면 S로 사용하라. 그림 14.61 참조.

풀이 예제 2에서와 같이 $\nabla \times \mathbf{F} = -2\mathbf{k}$이다. xy평면에서의 원판으로 된 곡면에 대하여 법선벡터는 $\mathbf{n} = \mathbf{k}$이다. 따라서

$$\nabla \times \mathbf{F} \cdot \mathbf{n} \, d\sigma = -2\mathbf{k} \cdot \mathbf{k} \, dA = -2 \, dA$$

이고

$$\iint_S \nabla \times \mathbf{F} \cdot \mathbf{n} \, d\sigma = \iint_{x^2+y^2 \le 9} -2 \, dA = -18\pi$$

이다. 계산이 전보다 더 간단하다 ∎

예제 4 곡선 C를 따라 벡터장 $\mathbf{F} = (x^2 - y)\mathbf{i} + 4z\mathbf{j} + x^2\mathbf{k}$의 순환을 구하라. 여기에서 곡선은 평면 $z = 2$가 원뿔 $z = \sqrt{x^2 + y^2}$과 만나 만들어지며, 방향은 위쪽에서 바라보았을 때 반시계방향이다(그림 14.62).

풀이 스토크스 정리에 의하여 원뿔의 표면에서 적분하여 순환을 구할 수 있다. 위 쪽에서 바라보았을 때 반시계방향으로 C를 회전하는 것에 대응되게 원뿔의 표면에서 안쪽의 법선벡터 $\mathbf{n}$, 즉 양의 $\mathbf{k}$성분을 취하는 법선벡터를 취한다.

원뿔을 매개변수화하면 다음과 같다.

$$\mathbf{r}(r, \theta) = (r\cos\theta)\mathbf{i} + (r\sin\theta)\mathbf{j} + r\mathbf{k}, \qquad 0 \le r \le 2, \quad 0 \le \theta \le 2\pi$$

그러면

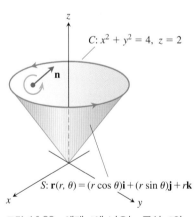

그림 14.62 예제 4에 나오는 곡선 C와 원뿔 S

$$\mathbf{n} = \frac{\mathbf{r}_r \times \mathbf{r}_\theta}{|\mathbf{r}_r \times \mathbf{r}_\theta|} = \frac{-(r\cos\theta)\mathbf{i} - (r\sin\theta)\mathbf{j} + r\mathbf{k}}{r\sqrt{2}} \qquad \text{14.5절 예제 4}$$

$$= \frac{1}{\sqrt{2}}\big(-(\cos\theta)\mathbf{i} - (\sin\theta)\mathbf{j} + \mathbf{k}\big)$$

$$d\sigma = r\sqrt{2} \, dr \, d\theta \qquad \text{14.5절 예제 4}$$

$$\nabla \times \mathbf{F} = -4\mathbf{i} - 2x\mathbf{j} + \mathbf{k} \qquad \text{단순 계산}$$

$$= -4\mathbf{i} - 2r\cos\theta\mathbf{j} + \mathbf{k} \qquad x = r\cos\theta$$

를 얻는다. 따라서

$$\nabla \times \mathbf{F} \cdot \mathbf{n} = \frac{1}{\sqrt{2}}\left(4\cos\theta + 2r\cos\theta\sin\theta + 1\right)$$

$$= \frac{1}{\sqrt{2}}\left(4\cos\theta + r\sin 2\theta + 1\right)$$

이고, 이때의 순환은 다음과 같다.

$$\oint_C \mathbf{F} \cdot d\mathbf{r} = \iint_S \nabla \times \mathbf{F} \cdot \mathbf{n}\, d\sigma \qquad \text{스토크스 정리, 식 (4)}$$

$$= \int_0^{2\pi} \int_0^2 \frac{1}{\sqrt{2}}\left(4\cos\theta + r\sin 2\theta + 1\right)\left(r\sqrt{2}\, dr\, d\theta\right) = 4\pi \qquad \blacksquare$$

예제 5 예제 4에서 사용한 원뿔은 $z=2$ 평면에 놓여 있는 경계곡선 C를 따르는 순환을 계산하는 데 사용될 곡면으로 제일 쉬운 것은 아니다. 만일 이 대신에 $z=2$ 평면에 놓여 있는 반지름이 2이고 z축에 중심이 있는 평평한 원판을 사용한다면, 곡면 S의 법선벡터는 $\mathbf{n}=\mathbf{k}$가 된다. 예제 4에서와 똑같은 방법으로 계산을 하면, $\nabla \times \mathbf{F} = -4\mathbf{i} - 2x\mathbf{j} + \mathbf{k}$는 여전히 같지만, 여기서는 $\nabla \times \mathbf{F} \cdot \mathbf{n} = 1$이 된다. 따라서

$$\iint_S \nabla \times \mathbf{F} \cdot \mathbf{n}\, d\sigma = \iint_{x^2+y^2 \le 4} 1\, dA = 4\pi \qquad \text{정사영이 } xy\text{평면에서 반지름이 2인 원}$$

이다. 예제 4에서 구한 순환과 같은 답을 얻게 된다. $\blacksquare$

예제 6 쌍곡 포물면 $z=y^2-x^2$의 z축을 중심축으로 반지름이 1인 원기둥 내부에 속한 부분으로 이루어진 곡면 S와 그의 경계곡선 C에 대한 매개변수식을 구하라(그림 14.63). 그리고 양의 $\mathbf{k}$성분을 갖는 법선과 벡터장 $\mathbf{F}=y\mathbf{i}-x\mathbf{j}+x^2\mathbf{k}$를 사용하여 스토크스 정리를 검증하라.

풀이 곡선 C를 경계로 갖는 곡면의 z좌표가 y^2-x^2으로 주어졌고, xy평면에서 단위원이 반시계방향으로 회전한다고 할 때, C의 매개변수식은

$$\mathbf{r}(t) = (\cos t)\mathbf{i} + (\sin t)\mathbf{j} + (\sin^2 t - \cos^2 t)\mathbf{k}, \quad 0 \le t \le 2\pi$$

와 같이 주어지며

$$\frac{d\mathbf{r}}{dt} = (-\sin t)\mathbf{i} + (\cos t)\mathbf{j} + (4\sin t\cos t)\mathbf{k}, \quad 0 \le t \le 2\pi$$

이다. 곡선 $\mathbf{r}(t)$을 따라 흐르는 벡터장 $\mathbf{F}$에 대한 공식은

$$\mathbf{F} = (\sin t)\mathbf{i} - (\cos t)\mathbf{j} + (\cos^2 t)\mathbf{k}$$

이다. 곡선 C를 따라 반시계방향으로의 순환은 다음 선적분의 값이다.

$$\int_0^{2\pi} \mathbf{F} \cdot \frac{d\mathbf{r}}{dt}\, dt = \int_0^{2\pi}\left(-\sin^2 t - \cos^2 t + 4\sin t\cos^3 t\right) dt$$

$$= \int_0^{2\pi}\left(4\sin t\cos^3 t - 1\right) dt$$

$$= \left[-\cos^4 t - t\right]_0^{2\pi} = -2\pi$$

이제는 $\nabla \times \mathbf{F} \cdot \mathbf{n}$을 곡면 S에서 적분함으로써 같은 양을 계산한다. 극좌표계를 이용하면 평면에서의 점 (r, θ) 위에 있는 곡면 S의 z좌표가 $y^2-x^2 = r^2\sin^2\theta - r^2\cos^2\theta$가 됨을 상기

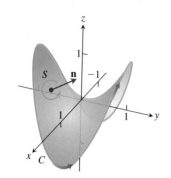

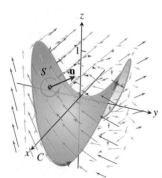

그림 14.63 예제 6의 곡면과 벡터장

하여 곡면 S를 극좌표로 매개화하면

$$\mathbf{r}(r, \theta) = (r \cos \theta)\mathbf{i} + (r \sin \theta)\mathbf{j} + r^2(\sin^2 \theta - \cos^2 \theta)\mathbf{k}, \quad 0 \le r \le 1, \quad 0 \le \theta \le 2\pi$$

와 같다. 다음으로 $\nabla \times \mathbf{F} \cdot \mathbf{n} \, d\sigma$를 계산하자. 우선

$$\nabla \times \mathbf{F} = \begin{vmatrix} \mathbf{i} & \mathbf{j} & \mathbf{k} \\ \dfrac{\partial}{\partial x} & \dfrac{\partial}{\partial y} & \dfrac{\partial}{\partial z} \\ y & -x & x^2 \end{vmatrix} = -2x\mathbf{j} - 2\mathbf{k} = -(2r \cos \theta)\mathbf{j} - 2\mathbf{k}$$

이고

$$\mathbf{r}_r = (\cos \theta)\mathbf{i} + (\sin \theta)\mathbf{j} + 2r(\sin^2 \theta - \cos^2 \theta)\mathbf{k}$$
$$\mathbf{r}_\theta = (-r \sin \theta)\mathbf{i} + (r \cos \theta)\mathbf{j} + 4r^2(\sin \theta \cos \theta)\mathbf{k}$$
$$\mathbf{r}_r \times \mathbf{r}_\theta = \begin{vmatrix} \mathbf{i} & \mathbf{j} & \mathbf{k} \\ \cos \theta & \sin \theta & 2r(\sin^2 \theta - \cos^2 \theta) \\ -r \sin \theta & r \cos \theta & 4r^2(\sin \theta \cos \theta) \end{vmatrix}$$
$$= 2r^2(2 \sin^2 \theta \cos \theta - \sin^2 \theta \cos \theta + \cos^3 \theta)\mathbf{i}$$
$$- 2r^2(2 \sin \theta \cos^2 \theta + \sin^3 \theta + \sin \theta \cos^2 \theta)\mathbf{j} + r\mathbf{k}$$

이므로 다음을 얻는다.

$$\iint\limits_S \nabla \times \mathbf{F} \cdot \mathbf{n} \, d\sigma = \int_0^{2\pi} \int_0^1 \nabla \times \mathbf{F} \cdot \frac{\mathbf{r}_r \times \mathbf{r}_\theta}{|\mathbf{r}_r \times \mathbf{r}_\theta|} |\mathbf{r}_r \times \mathbf{r}_\theta| \, dr \, d\theta$$
$$= \int_0^{2\pi} \int_0^1 \nabla \times \mathbf{F} \cdot (\mathbf{r}_r \times \mathbf{r}_\theta) \, dr \, d\theta$$
$$= \int_0^{2\pi} \int_0^1 \left[4r^3\big(2 \sin \theta \cos^3 \theta + \sin^3 \theta \cos \theta + \sin \theta \cos^3 \theta\big) - 2r \right] dr \, d\theta$$
$$= \int_0^{2\pi} \left[r^4\big(3 \sin \theta \cos^3 \theta + \sin^3 \theta \cos \theta\big) - r^2 \right]_{r=0}^{r=1} d\theta \qquad \text{적분}$$
$$= \int_0^{2\pi} \big(3 \sin \theta \cos^3 \theta + \sin^3 \theta \cos \theta - 1\big) \, d\theta \qquad \text{계산}$$
$$= \left[-\frac{3}{4} \cos^4 \theta + \frac{1}{4} \sin^4 \theta - \theta \right]_0^{2\pi}$$
$$= \left(-\frac{3}{4} + 0 - 2\pi + \frac{3}{4} - 0 + 0 \right) = -2\pi$$

따라서 곡면 S에서 $\nabla \times \mathbf{F} \cdot \mathbf{n}$의 면적분은 곡선 C를 따라 반시계방향으로 $\mathbf{F}$의 순환과 같다. 스토크스 정리의 이론에도 적합하다. ■

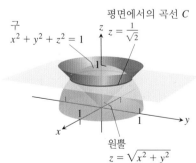

구
$x^2 + y^2 + z^2 = 1$

평면에서의 곡선 C
$z = \dfrac{1}{\sqrt{2}}$

원뿔
$z = \sqrt{x^2 + y^2}$

그림 14.64 예제 7의 순환 곡선 C

예제 7 다음 벡터장이 구 $x^2 + y^2 + z^2 = 1$과 원뿔 $z = \sqrt{x^2 + y^2}$이 만나는 곡선을 따라 위에서 내려다 볼 때 z축을 중심으로 반시계방향으로 돌 때, 순환을 계산하라.

$$\mathbf{F} = (x^2 + z)\mathbf{i} + (y^2 + 2x)\mathbf{j} + (z^2 - y)\mathbf{k}$$

풀이 구와 원뿔이 만나는 곡선을 구하면 $1 = (x^2 + y^2) + z^2 = z^2 + z^2 = 2z^2$이다. 즉 $z = 1/\sqrt{2}$이다(그림 14.64). 평면 $z = 1/\sqrt{2}$ 내에 있는 둘러싸인 원판의 경계인, 만나는 곡선 $x^2 + y^2 = 1/2$에 대해 스토크스 정리를 적용하자. 곡면에 대한 법선벡터는 $\mathbf{n} = \mathbf{k}$이다. 회전 벡터 curl $\mathbf{F}$를 계산하면

$$\nabla \times \mathbf{F} = \begin{vmatrix} \mathbf{i} & \mathbf{j} & \mathbf{k} \\ \dfrac{\partial}{\partial x} & \dfrac{\partial}{\partial y} & \dfrac{\partial}{\partial z} \\ x^2 + z & y^2 + 2x & z^2 - y \end{vmatrix} = -\mathbf{i} + \mathbf{j} + 2\mathbf{k}$$ 단순 계산

이므로 $\nabla \times \mathbf{F} \cdot \mathbf{k} = 2$이다. 원판을 따라 흐르는 순환은 다음과 같다.

$$\oint_C \mathbf{F} \cdot d\mathbf{r} = \iint_S \nabla \times \mathbf{F} \cdot \mathbf{k}\, d\sigma$$

$$= \iint_S 2\, d\sigma = 2 \cdot (\text{원판의 넓이}) = 2 \cdot \pi\left(\frac{1}{\sqrt{2}}\right)^2 = \pi$$ ∎

$\nabla \times \mathbf{F}$의 외륜 해석

$\mathbf{F}$를 공간에서 닫힌 곡선 C를 포함하는 영역 R에서 움직이는 유체의 속도장이라 가정하자. 그러면

$$\oint_C \mathbf{F} \cdot d\mathbf{r}$$

은 곡선 C를 따라 회전하는 유체의 순환이다. 스토크스 정리에 의하면, 이 순환은 C를 경계로 가지는 곡면 S를 통과하는 $\nabla \times \mathbf{F}$의 유출과 같다.

$$\oint_C \mathbf{F} \cdot d\mathbf{r} = \iint_S \nabla \times \mathbf{F} \cdot \mathbf{n}\, d\sigma$$

만약에 영역 R에 있는 한 점 Q와 그 점에서의 방향벡터 $\mathbf{u}$를 고정했다고 가정하자. C를 $\mathbf{u}$에 수직인 평면에 놓인, Q를 중심으로 하고 반지름이 ρ인 원으로 잡자. 만약에 $\nabla \times \mathbf{F}$가 Q에서 연속이면, C를 경계로 가지는 원판 S에서 $\nabla \times \mathbf{F}$의 $\mathbf{u}$성분의 평균값은 반지름 $\rho \to 0$일 때, Q에서 $\nabla \times \mathbf{F}$의 $\mathbf{u}$성분으로 가까워진다.

$$(\nabla \times \mathbf{F} \cdot \mathbf{u})_Q = \lim_{\rho \to 0} \frac{1}{\pi\rho^2} \iint_S \nabla \times \mathbf{F} \cdot \mathbf{u}\, d\sigma$$

스토크스 정리를 적용하여, 면적분을 선적분으로 고치면

$$(\nabla \times \mathbf{F} \cdot \mathbf{u})_Q = \lim_{\rho \to 0} \frac{1}{\pi\rho^2} \oint_C \mathbf{F} \cdot d\mathbf{r} \tag{6}$$

을 얻는다. 식 (6)의 좌변은 $\mathbf{u}$가 $\nabla \times \mathbf{F}$의 방향일 때 최댓값을 갖는다. ρ가 작을 때는 식 (6)의 우변의 극한은 근사적으로 C를 따라 도는 순환을 원판의 넓이로 나눈(순환 밀도)

$$\frac{1}{\pi\rho^2} \oint_C \mathbf{F} \cdot d\mathbf{r}$$

이다. 반지름이 r인 조그마한 외륜(paddle wheel)이 유체 속 Q에서 회전축이 $\mathbf{u}$와 같은 방향으로 놓여 있다고 가정하자(그림 14.65). C를 따라 회전하는 유체의 순환은 외륜의 회전 속도에 영향을 줄 것이다. 회전적분이 가장 클 때 외륜의 날개는 가장 빠르게 회전할 것이다. 그러므로 외륜의 회전축이 $\nabla \times \mathbf{F}$의 방향을 가리킬 때 외륜은 가장 빠르게 회전할 것이다.

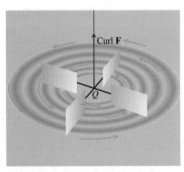

그림 14.65 유체 내의 점 Q에서 작은 외륜은 회전축이 curl $\mathbf{F}$의 방향일 때 가장 빠르게 회전한다.

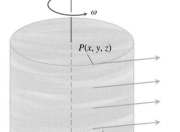
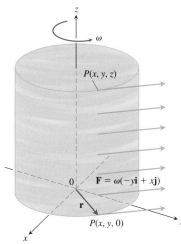

그림 14.66 xy평면에 평행하게 흐르는 양의 (반시계) 방향으로 상수 각속도 ω를 가지는 일정한 회전 유동(예제 8)

예제 8 상수 밀도를 가지는 유체가 z축을 회전축으로 속도 $\mathbf{F} = \omega(-y\mathbf{i} + x\mathbf{j})$로 돌고 있다. 여기에서 ω는 양의 상수로서 회전의 **각속도**(*angular velocity*)이다(그림 14.66). $\nabla \times \mathbf{F}$를 구하고 이것과 순환 밀도의 관계를 말하라.

풀이 $\mathbf{F} = -\omega y\mathbf{i} + \omega x\mathbf{j}$로부터

$$\nabla \times \mathbf{F} = \left(\frac{\partial P}{\partial y} - \frac{\partial N}{\partial z}\right)\mathbf{i} + \left(\frac{\partial M}{\partial z} - \frac{\partial P}{\partial x}\right)\mathbf{j} + \left(\frac{\partial N}{\partial x} - \frac{\partial M}{\partial y}\right)\mathbf{k}$$

$$= (0 - 0)\mathbf{i} + (0 - 0)\mathbf{j} + (\omega - (-\omega))\mathbf{k} = 2\omega\mathbf{k}$$

이므로, $(\nabla \times \mathbf{F}) \cdot \mathbf{k} = 2\omega$이다. 스토크스 정리에 의하여 $\nabla \times \mathbf{F}$에 수직인 평면, 즉 xy평면에 있는 원판 S의 경계인, 반지름이 ρ인 원 C를 따라 $\mathbf{F}$의 순환은

$$\oint_C \mathbf{F} \cdot d\mathbf{r} = \iint_S \nabla \times \mathbf{F} \cdot \mathbf{n}\, d\sigma = \iint_S 2\omega\mathbf{k} \cdot \mathbf{k}\, dx\,dy = (2\omega)(\pi\rho^2)$$

이다. 그러므로 2ω에 대하여 식을 풀면

$$(\nabla \times \mathbf{F}) \cdot \mathbf{k} = 2\omega = \frac{1}{\pi\rho^2}\oint_C \mathbf{F} \cdot d\mathbf{r}$$

을 얻고, 이것은 $\mathbf{u} = \mathbf{k}$일 때 식 (6)과 일치한다. ∎

예제 9 $\mathbf{F} = xz\mathbf{i} + xy\mathbf{j} + 3xz\mathbf{k}$이고 C는 평면 $2x + y + z = 2$ 중에서 제1팔분공간에 놓인 영역의 경계로서 위쪽에서 바라보았을 때 반시계방향으로 회전할 때 스토크스 정리를 사용하여 $\int_C \mathbf{F} \cdot d\mathbf{r}$을 계산하라(그림 14.67).

풀이 이때의 평면은 함수 $f(x, y, z) = 2x + y + z$의 등위면 $f(x, y, z) = 2$이다. 단위법선벡터

$$\mathbf{n} = \frac{\nabla f}{|\nabla f|} = \frac{(2\mathbf{i} + \mathbf{j} + \mathbf{k})}{|2\mathbf{i} + \mathbf{j} + \mathbf{k}|} = \frac{1}{\sqrt{6}}\left(2\mathbf{i} + \mathbf{j} + \mathbf{k}\right)$$

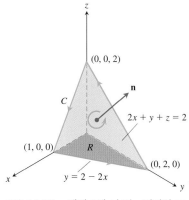

그림 14.67 예제 9에 나오는 평면인 곡면

의 방향은 C 둘레를 반시계방향으로 도는 회전과 일치한다. 스토크스 정리를 적용하기 위하여

$$\text{curl } \mathbf{F} = \nabla \times \mathbf{F} = \begin{vmatrix} \mathbf{i} & \mathbf{j} & \mathbf{k} \\ \dfrac{\partial}{\partial x} & \dfrac{\partial}{\partial y} & \dfrac{\partial}{\partial z} \\ xz & xy & 3xz \end{vmatrix} = (x - 3z)\mathbf{j} + y\mathbf{k}$$

를 구한다. 평면에서 z는 $2 - 2x - y$이므로

$$\nabla \times \mathbf{F} = (x - 3(2 - 2x - y))\mathbf{j} + y\mathbf{k} = (7x + 3y - 6)\mathbf{j} + y\mathbf{k}$$

이고, 따라서

$$\nabla \times \mathbf{F} \cdot \mathbf{n} = \frac{1}{\sqrt{6}}\left(7x + 3y - 6 + y\right) = \frac{1}{\sqrt{6}}\left(7x + 4y - 6\right)$$

이다. 곡면 넓이 미분은

$$d\sigma = \frac{|\nabla f|}{|\nabla f \cdot \mathbf{k}|}\,dA = \frac{\sqrt{6}}{1}\,dx\,dy \qquad \text{14.5절 식 (7)}$$

이다. 순환은 다음과 같다.

$$\oint_C \mathbf{F} \cdot d\mathbf{r} = \iint_S \nabla \times \mathbf{F} \cdot \mathbf{n} \, d\sigma \qquad \text{스토크스 정리 식 (4)}$$

$$= \int_0^1 \int_0^{2-2x} \frac{1}{\sqrt{6}} \left(7x + 4y - 6 \right) \sqrt{6} \, dy \, dx$$

$$= \int_0^1 \int_0^{2-2x} (7x + 4y - 6) \, dy \, dx = -1 \qquad \blacksquare$$

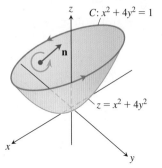

그림 14.68 예제 10의 타원형 포물면의 일부이다. 평면 $z=1$과 만나는 곡선 C와 안쪽 법선 $\mathbf{n}$을 보여 준다.

예제 10 곡면 S를 평면 $z=1$ 아래에 놓여 있는 타원형 포물면 $z=x^2+4y^2$이라 하자 (그림 14.68). S의 방향을 정의하기 위하여 곡면의 안쪽 법선 $\mathbf{n}$을 잡는다. 이는 법선이 양의 $\mathbf{k}$성분을 갖게 해준다. 벡터장 $\mathbf{F}=y\mathbf{i}-xz\mathbf{j}+xz^2\mathbf{k}$에 대하여 $\mathbf{n}$방향으로 S를 통과하는 회전 $\nabla \times \mathbf{F}$의 유출을 구하라.

풀이 스토크스 정리를 이용하여 그림 14.68에서 보는 것과 같이 포물면 $z=x^2+4y^2$과 평면 $z=1$의 교선 C의 곡선을 따라 $\mathbf{F}$의 반시계방향 순환을 계산함으로써 이와 동치인 회전적분을 구한다. S의 방향은 곡선 C의 방향이 z축을 회전축으로 반시계방향이 되도록 일치시킨다. 곡선 C는 평면 $z=1$에서 타원 $x^2+4y^2=1$이다. 이 타원을 매개방정식으로 표현하면 $x=\cos t,\ y=\frac{1}{2}\sin t,\ z=1,\ 0 \le t \le 2\pi$이다. 따라서 C는

$$\mathbf{r}(t) = (\cos t)\mathbf{i} + \frac{1}{2}(\sin t)\mathbf{j} + \mathbf{k}, \qquad 0 \le t \le 2\pi$$

이다. 순환 적분 $\oint_C \mathbf{F} \cdot d\mathbf{r}$을 계산하기 위하여 C를 따라 $\mathbf{F}$를 계산하고, 속도벡터 $d\mathbf{r}/dt$를 구하면

$$\mathbf{F}(\mathbf{r}(t)) = \frac{1}{2}(\sin t)\mathbf{i} - (\cos t)\mathbf{j} + (\cos t)\mathbf{k}$$

와

$$\frac{d\mathbf{r}}{dt} = -(\sin t)\mathbf{i} + \frac{1}{2}(\cos t)\mathbf{j}$$

이다. 그러면

$$\oint_C \mathbf{F} \cdot d\mathbf{r} = \int_0^{2\pi} \mathbf{F}(\mathbf{r}(t)) \cdot \frac{d\mathbf{r}}{dt} \, dt$$

$$= \int_0^{2\pi} \left(-\frac{1}{2}\sin^2 t - \frac{1}{2}\cos^2 t \right) dt$$

$$= -\frac{1}{2} \int_0^{2\pi} dt = -\pi$$

이므로 스토크스 정리에 의해 벡터장 $\mathbf{F}$에 대하여 $\mathbf{n}$방향으로 S를 통과하는 회전의 유출은 다음과 같다.

$$\iint_S \nabla \times \mathbf{F} \cdot \mathbf{n} \, d\sigma = -\pi \qquad \blacksquare$$

다면체 곡면들에 대한 스토크스 정리의 증명 개요

S를 유한개의 평면영역 또는 면들로 이루어진 다면체 곡면이라 하자(예를 들면 그림 14.69를 보자). S의 각각의 분리된 면에 그린 정리를 적용하자. 여기에는 두 종류의 면이 있다.

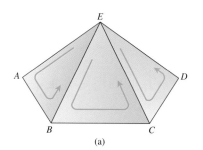

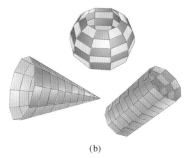

그림 14.69 (a) 다면체 곡면의 부분
(b) 다른 다면체 곡면

1. 다른 면들의 변들로 완전히 둘러싸인 면들

2. 다른 면들과 만나지 않는 하나 또는 그 이상의 변들을 가지는 면들

S의 경계는 다른 면들과 이웃하지 않는, 제2형 면들의 변들로 이루어져 있다. 그림 14.69(a)에서 삼각형 EAB, BCE, CDE는 S의 부분을 나타낸다. 그리고 $ABCD$는 곡면의 경계의 부분을 나타낸다. 그린 정리가 xy평면에서 곡선에 대하여 말하고 있지만, 일반적인 형태로 공간에서 평면곡선에도 적용할 수 있다. 일반화된 형태에서는 $\mathbf{n}$을 법선 벡터로 갖는 평면에서의 영역 R을 둘러싼 곡선을 따라 흐르는 $\mathbf{F}$의 선적분이 R의 내부에서 $(\text{curl } \mathbf{F}) \cdot \mathbf{n}$에 대한 2중적분과 같음을 말한다. 이러한 형태의 식을 그림 14.69(a)의 세 삼각형들에 차례대로 적용하고, 그 결과들을 더하여

$$\left(\oint_{EAB} + \oint_{BCE} + \oint_{CDE} \right) \mathbf{F} \cdot d\mathbf{r} = \left(\iint_{EAB} + \iint_{BCE} + \iint_{CDE} \right) \nabla \times \mathbf{F} \cdot \mathbf{n} \, d\sigma \tag{7}$$

를 얻는다. 내부의 선분을 따르는 적분들이 서로 상쇄되므로, 식 (7)의 좌변의 3개의 선적분들은 주변 $ABCDE$를 따라 하나의 선적분으로 합해진다. 예를 들면, 삼각형 ABE의 변 BE를 따르는 적분은 삼각형 EBC의 같은 변을 따르는 적분에 대하여 부호가 반대이다. 선분 CE에 대하여서도 같은 것이 성립한다. 그러므로 식 (7)은

$$\oint_{ABCDE} \mathbf{F} \cdot d\mathbf{r} = \iint_{ABCDE} \nabla \times \mathbf{F} \cdot \mathbf{n} \, d\sigma$$

로 줄어든다. 모든 면들에 대하여 그린 정리를 적용하고 그 결과들을 더하여

$$\oint_{\Delta} \mathbf{F} \cdot d\mathbf{r} = \iint_{S} \nabla \times \mathbf{F} \cdot \mathbf{n} \, d\sigma$$

를 얻는다. 이것이 그림 14.69(a)와 같은 다면체 곡면 S에 대한 스토크스 정리이다. 더 일반적인 다면체 곡면에 대한 그림은 그림 14.69(b)에서 볼 수 있으며, 이에 대한 증명도 확장시킬 수 있다. 일반적인 매끄러운 곡면은 다면체 곡면의 극한으로 생각할 수 있다.

구멍이 있는 곡면들에 대한 스토크스 정리

스토크스 정리는 하나 또는 그 이상의 구멍이 있는 방향을 가지는 곡면 S(그림 14.70)에 대해서도 성립한다. $\nabla \times \mathbf{F}$의 법선 성분의 S에서 면적분은 $\mathbf{F}$의 접선 성분의 모든 경계곡선에서 선적분의 합과 같다. 여기서 S의 방향에 따라 곡선의 방향이 정해진다. 이러한 곡선에 대해서도 정리의 내용은 변하지 않으며, 곡선 C는 단순 닫힌 곡선의 합으로 생각하면 된다.

중요한 항등식

다음의 항등식은 수학이나 물리학에서 흔히 볼 수 있다.

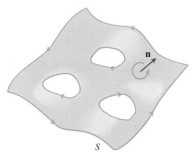

그림 14.70 스토크스 정리는 구멍이 있는 방향을 가지는 곡면에 대해서도 성립한다. 곡면 S의 방향을 일관되게 하기 위해서 외부 곡선은 $\mathbf{n}$을 중심으로 반시계방향으로, 구멍을 둘러싼 내부 곡선은 시계방향으로 돌고 있다.

$$\text{curl grad } f = \mathbf{0} \quad \text{즉} \quad \nabla \times \nabla f = \mathbf{0} \tag{8}$$

전자기장이나 중력장을 공부할 때 나오는 힘은 종종 퍼텐셜 함수 f와 관련되어 있다. 항등식 (8)은 이 힘들에 대한 회전이 0이라는 것을 말해준다. 이 항등식 (8)은 2계 편도

함수들이 연속인 모든 함수 $f(x, y, z)$에 대하여 성립한다. 이것의 증명은 다음과 같다.

$$\nabla \times \nabla f = \begin{vmatrix} \mathbf{i} & \mathbf{j} & \mathbf{k} \\ \dfrac{\partial}{\partial x} & \dfrac{\partial}{\partial y} & \dfrac{\partial}{\partial z} \\ \dfrac{\partial f}{\partial x} & \dfrac{\partial f}{\partial y} & \dfrac{\partial f}{\partial z} \end{vmatrix} = (f_{zy} - f_{yz})\mathbf{i} - (f_{zx} - f_{xz})\mathbf{j} + (f_{yx} - f_{xy})\mathbf{k}$$

만약에 2계 편도함수들이 연속이라면, 괄호 안의 혼합 2계 도함수들은 서로 같고 (12.3절 정리 2) 그래서 등식의 벡터는 영벡터이다.

보존적 벡터장들과 스토크스 정리

14.3절에서 벡터장 $\mathbf{F}$가 공간에 있는 열린 영역 D에서 보존적이라는 것과 D에 놓여 있는 임의의 닫힌 곡선을 따라 $\mathbf{F}$의 적분이 0이라는 것이 동치라는 사실을 알았다. 이것은 열린 단순 연결 영역에서 $\nabla \times \mathbf{F} = \mathbf{0}$이 성립한다는 것과 동치이다 (이 식은 $\mathbf{F}$가 영역에서 보존적인지를 판정할 때 사용된다).

> **정리 7—닫힌 곡선의 성질과 관련된 Curl F = 0** 만약에 공간에 있는 열린 단순 연결 영역 D의 모든 점에서 $\nabla \times \mathbf{F} = \mathbf{0}$이면, D에 놓여 있는 임의의 구분적으로 매끄러운 닫힌 경로 C에 대하여 다음 식이 성립한다.
>
> $$\oint_C \mathbf{F} \cdot d\mathbf{r} = 0$$

증명의 개요 정리 7은 두 단계로 증명할 수 있다. 첫째 단계는 그림 14.71(a)와 같은 단순 닫힌 곡선들에 대하여 증명하는 것이다. 고급 수학의 한 부류인 위상수학의 한 정리에 의하면, 열린 단순 연결 영역 D에서 모든 미분가능한 단순 닫힌 곡선 C는, D에 놓인 매끄러운 양면의 곡면 S의 경계이다. 그래서 스토크스 정리에 의하여

$$\oint_C \mathbf{F} \cdot d\mathbf{r} = \iint_S \nabla \times \mathbf{F} \cdot \mathbf{n} \, d\sigma = 0$$

을 얻는다.

두 번째 단계는 그림 14.71(b)에 나타난 것과 같이 자신이 교차하는 곡선들에 대한 것이다. 이에 대한 증명 방법은 이 곡선을 방향이 주어진 곡면들로 구분지어지는 단순 닫힌 곡선들로 나눈 후에 각각의 닫힌 곡선들에 대하여 스토크스 정리를 적용한 다음, 그 결과들을 합하는 것이다.

다음에 나오는 도표에서 열린 단순 연결 영역에서 정의된 보존적 벡터장들에 대한 결과들을 요약하였다. 이러한 영역에 대하여 네 명제는 서로 동치이다.

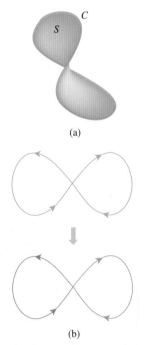

그림 14.71 (a) 공간에 있는 열린 단순 연결 영역에서 단순 닫힌 곡선 C는 매끄러운 곡면 S의 경계이다. (b) 자신과 교차하는 매끄러운 곡선은 단순 닫힌 곡선으로 나누어서 스토크스 정리를 적용한다.

14.3절 정리 2

D에서 보존적인 $\mathbf{F}$ $\Longleftrightarrow$ D에서 $\mathbf{F} = \nabla f$

14.3절 정리 3 $\Updownarrow$ 벡터 항등식 (8) $\Downarrow$ (연속인 2계 편도함수들)

D에 있는 임의의 닫힌 경로 C에서 $\Longleftarrow$ D에서 $\nabla \times \mathbf{F} = \mathbf{0}$

정리 7 영역의 단순 연결성과 스토크스 정리

$$\oint_C \mathbf{F} \cdot d\mathbf{r} = 0$$

연습문제 14.7

연습문제 1~6에서 각 벡터장 **F**의 회전을 구하라.

1. $\mathbf{F} = (x + y - z)\mathbf{i} + (2x - y + 3z)\mathbf{j} + (3x + 2y + z)\mathbf{k}$
2. $\mathbf{F} = (x^2 - y)\mathbf{i} + (y^2 - z)\mathbf{j} + (z^2 - x)\mathbf{k}$
3. $\mathbf{F} = (xy + z)\mathbf{i} + (yz + x)\mathbf{j} + (xz + y)\mathbf{k}$
4. $\mathbf{F} = ye^z\mathbf{i} + ze^x\mathbf{j} - xe^y\mathbf{k}$
5. $\mathbf{F} = x^2yz\mathbf{i} + xy^2z\mathbf{j} + xyz^2\mathbf{k}$
6. $\mathbf{F} = \dfrac{x}{yz}\mathbf{i} - \dfrac{y}{xz}\mathbf{j} + \dfrac{z}{xy}\mathbf{k}$

스토크스 정리를 이용하여 선적분 구하기

연습문제 7~12에서 스토크스 정리에 있는 면적분을 사용하여, 곡선 C를 따라서 지시된 방향으로의 벡터장 **F**의 순환을 구하라.

7. $\mathbf{F} = x^2\mathbf{i} + 2x\mathbf{j} + z^2\mathbf{k}$
   C: xy평면에 있는, 위쪽에서 보았을 때 반시계방향으로의 타원 $4x^2 + y^2 = 4$

8. $\mathbf{F} = 2y\mathbf{i} + 3x\mathbf{j} - z^2\mathbf{k}$
   C: xy평면에 있는, 위쪽에서 보았을 때 반시계방향으로의 원 $x^2 + y^2 = 9$

9. $\mathbf{F} = y\mathbf{i} + xz\mathbf{j} + x^2\mathbf{k}$
   C: 평면 $x + y + z = 1$에서 제1팔분공간에 의하여 잘린 삼각형의 경계, 위쪽에서 보았을 때 반시계방향으로

10. $\mathbf{F} = (y^2 + z^2)\mathbf{i} + (x^2 + z^2)\mathbf{j} + (x^2 + y^2)\mathbf{k}$
    C: 평면 $x + y + z = 1$에서 제1팔분공간에 의하여 잘린 삼각형의 경계, 위쪽에서 보았을 때 반시계방향으로

11. $\mathbf{F} = (y^2 + z^2)\mathbf{i} + (x^2 + y^2)\mathbf{j} + (x^2 + y^2)\mathbf{k}$
    C: xy평면에 있는 직선 $x = \pm 1$과 $y = \pm 1$로 경계되는 정사각형, 위쪽에서 보았을 때 반시계방향으로

12. $\mathbf{F} = x^2y^3\mathbf{i} + \mathbf{j} + z\mathbf{k}$
    C: 원주면 $x^2 + y^2 = 4$와 반구면 $x^2 + y^2 + z^2 = 16$, $z \ge 0$의 교차 영역, 위쪽에서 보았을 때 반시계방향으로

회전 벡터장의 적분

13. **n**을 타원형 막
    $$S: \quad 4x^2 + 9y^2 + 36z^2 = 36, \qquad z \ge 0$$
    의 외향 단위법선벡터라 하고
    $$\mathbf{F} = y\mathbf{i} + x^2\mathbf{j} + (x^2 + y^4)^{3/2}\sin e^{\sqrt{xyz}}\,\mathbf{k}$$
    라 하자. 다음 적분을 구하라.
    $$\iint\limits_{S} \nabla \times \mathbf{F} \cdot \mathbf{n}\, d\sigma$$
    (힌트: 이 막의 바닥에 있는 타원에 대한 하나의 매개변수화는 $x = 3\cos t$, $y = 2\sin t$, $0 \le t \le 2\pi$이다.)

14. **n**을 포물형 막
    $$S: \quad 4x^2 + y + z^2 = 4, \qquad y \ge 0$$
    의 외향 단위법선벡터(원점에서 멀어지는 법선벡터)라 하고

$$\mathbf{F} = \left(-z + \frac{1}{2 + x}\right)\mathbf{i} + (\tan^{-1} y)\mathbf{j} + \left(x + \frac{1}{4 + z}\right)\mathbf{k}$$

라 하자. 다음 적분을 구하라.
$$\iint\limits_{S} \nabla \times \mathbf{F} \cdot \mathbf{n}\, d\sigma$$

15. S를 윗면이 $x^2 + y^2 \le a^2$, $z = h$인 원주면 $x^2 + y^2 = a^2$, $0 \le z \le h$라 하자. $\mathbf{F} = -y\mathbf{i} + x\mathbf{j} + x^2\mathbf{k}$라 하자. 스토크스 정리를 이용하여 S를 통과하는 외향으로의 $\nabla \times \mathbf{F}$의 유출을 구하라.

16. S가 반구면 $x^2 + y^2 + z^2 = 1$, $z \ge 0$일 때, 다음 적분을 구하라.
    $$\iint\limits_{S} \nabla \times (y\mathbf{i}) \cdot \mathbf{n}\, d\sigma$$

17. $\mathbf{F} = \nabla \times \mathbf{A}$라 하자. 여기서
    $$\mathbf{A} = \left(y + \sqrt{z}\right)\mathbf{i} + e^{xyz}\mathbf{j} + \cos(xz)\mathbf{k}$$
    이다. 반구 $x^2 + y^2 + z^2 = 1$, $z \ge 0$을 통과하여 외부로 향하는 **F**의 유출을 결정하라.

18. 연습문제 17을 반복하여, 전체 단위 구를 통과하는 **F**의 유출을 결정하라.

매개변수화된 곡면에 대한 스토크스 정리

연습문제 19~24에서 스토크스 정리에 나오는 면적분을 이용하여, 바깥으로 향하는 단위법선벡터 **n** 방향으로의 곡면 S를 통과하는 벡터장 **F**의 회전의 유출을 구하라.

19. $\mathbf{F} = 2z\mathbf{i} + 3x\mathbf{j} + 5y\mathbf{k}$
    S: $\mathbf{r}(r, \theta) = (r\cos\theta)\mathbf{i} + (r\sin\theta)\mathbf{j} + (4 - r^2)\mathbf{k}$,
    $0 \le r \le 2$, $0 \le \theta \le 2\pi$

20. $\mathbf{F} = (y - z)\mathbf{i} + (z - x)\mathbf{j} + (x + z)\mathbf{k}$
    S: $\mathbf{r}(r, \theta) = (r\cos\theta)\mathbf{i} + (r\sin\theta)\mathbf{j} + (9 - r^2)\mathbf{k}$,
    $0 \le r \le 3$, $0 \le \theta \le 2\pi$

21. $\mathbf{F} = x^2y\mathbf{i} + 2y^3z\mathbf{j} + 3z\mathbf{k}$
    S: $\mathbf{r}(r, \theta) = (r\cos\theta)\mathbf{i} + (r\sin\theta)\mathbf{j} + r\mathbf{k}$,
    $0 \le r \le 1$, $0 \le \theta \le 2\pi$

22. $\mathbf{F} = (x - y)\mathbf{i} + (y - z)\mathbf{j} + (z - x)\mathbf{k}$
    S: $\mathbf{r}(r, \theta) = (r\cos\theta)\mathbf{i} + (r\sin\theta)\mathbf{j} + (5 - r)\mathbf{k}$,
    $0 \le r \le 5$, $0 \le \theta \le 2\pi$

23. $\mathbf{F} = 3y\mathbf{i} + (5 - 2x)\mathbf{j} + (z^2 - 2)\mathbf{k}$
    S: $\mathbf{r}(\phi, \theta) = \left(\sqrt{3}\sin\phi\cos\theta\right)\mathbf{i} + \left(\sqrt{3}\sin\phi\sin\theta\right)\mathbf{j} + \left(\sqrt{3}\cos\phi\right)\mathbf{k}$, $0 \le \phi \le \pi/2$, $0 \le \theta \le 2\pi$

24. $\mathbf{F} = y^2\mathbf{i} + z^2\mathbf{j} + x\mathbf{k}$
    S: $\mathbf{r}(\phi, \theta) = (2\sin\phi\cos\theta)\mathbf{i} + (2\sin\phi\sin\theta)\mathbf{j} + (2\cos\phi)\mathbf{k}$,
    $0 \le \phi \le \pi/2$, $0 \le \theta \le 2\pi$

이론과 예제

25. C는 위에서 내려다 볼 때 z축을 중심으로 반시계방향으로 도는 매끄러운 곡선 $\mathbf{r}(t) = (2\cos t)\mathbf{i} + (2\sin t)\mathbf{j} + (3 - 2\cos^3 t)\mathbf{k}$라 하자. S는 원주면 $x^2 + y^2 = 4$의 $z \ge 0$이면서 곡선 C의 아랫부분

과 xy평면의 원판을 밑변으로 하는 구분적으로 매끄러운 곡면
이라 하자. 따라서 곡선 C는 원주면 S에 놓여 있으며, xy평면
위쪽에 있다(다음 그림 참조). 벡터장 $\mathbf{F}=y\mathbf{i}-x\mathbf{j}+x^2\mathbf{k}$를 사용
하여 스토크스 정리의 식 (4)를 검증하라.

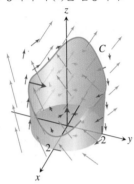

26. 벡터장 $\mathbf{F}=2xy\mathbf{i}+x\mathbf{j}+(y+z)\mathbf{k}$와 단위법선벡터 $\mathbf{n}$이 위로 향하
도록 방향이 주어진 곡면 $z=4-x^2-y^2$, $z\geq0$을 사용하여 스토
크스 정리를 검증하라.

27. **영 순환** 식 (8)과 스토크스 정리를 이용하여 공간에 있는 임의
의 매끄러운 방향을 가진 곡면의 경계를 따라 주어진 벡터장의
회전은 0이 됨을 보이라.
   a. $\mathbf{F} = 2x\mathbf{i} + 2y\mathbf{j} + 2z\mathbf{k}$ b. $\mathbf{F} = \nabla(xy^2z^3)$
   c. $\mathbf{F} = \nabla \times (x\mathbf{i} + y\mathbf{j} + z\mathbf{k})$ d. $\mathbf{F} = \nabla f$

28. **영 순환** $f(x, y, z)=(x^2+y^2+z^2)^{-1/2}$이라 하자. xy평면에 있는
원 $x^2+y^2=a^2$을 따라 벡터장 $\mathbf{F}=\nabla f$의 시계방향으로의 순환
은 0임을 보이라.
   a. $\mathbf{r}=(a\cos t)\mathbf{i}+(a\sin t)\mathbf{j}$, $0\leq t\leq2\pi$로 놓고, 원에서 $\mathbf{F}\cdot d\mathbf{r}$을
   적분하여 보이기
   b. 스토크스 정리를 적용하여 보이기

29. C를 그림에서 보는 것과 같이 방향을 줄 수 있는 평면 $2x+2y$
$+z=2$에 있는 단순 닫힌 매끄러운 곡선이라 하자. 적분
$$\oint_C 2y\, dx + 3z\, dy - x\, dz$$

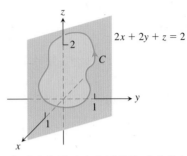

가 오직 C에 의하여 둘러싸인 영역의 넓이에만 종속되지 C의
위치나 모양에는 종속되지 않음을 보이라.

30. $\mathbf{F}=x\mathbf{i}+y\mathbf{j}+z\mathbf{k}$이면, $\nabla\times\mathbf{F}=\mathbf{0}$임을 보이라.

31. 두 번 미분가능한 성분들을 가지며, 이것의 회전이 $x\mathbf{i}+y\mathbf{j}+z\mathbf{k}$
인 벡터장을 구하라. 그렇지 않다면, 이런 벡터장이 존재하지
않음을 보이라.

32. 스토크스 정리에 의하여 그것의 회전이 0이 되는 벡터장의 순
환에 대하여 무엇을 알 수 있을까? 그 이유를 설명하라.

33. R을 구분적으로 매끄러운 단순 닫힌 곡선 C에 의하여 경계되
는 xy평면에 놓인 영역이라 하고, x축과 y축에 대한 R의 관성모
멘트가 각각 I_x와 I_y라 하자. $r=\sqrt{x^2+y^2}$일 때, 적분
$$\oint_C \nabla(r^4)\cdot\mathbf{n}\, ds$$
를 I_x와 I_y의 식으로 나타내라.

34. **영 회전, 보존적이지 않은 벡터장** C가 xy평면에 있는 원 $x^2+y^2=1$
일 때, 벡터장
$$\mathbf{F} = \frac{-y}{x^2+y^2}\mathbf{i} + \frac{x}{x^2+y^2}\mathbf{j} + z\mathbf{k}$$
의 회전은 0이 되나 적분
$$\oint_C \mathbf{F}\cdot d\mathbf{r}$$
은 0이 되지 않음을 보이라. ($\mathbf{F}$의 정의역이 단순 연결 영역이
아니므로 정리 7을 여기에 적용할 수가 없다. 벡터장 $\mathbf{F}$는 z축
을 따라서 정의가 되지 않으므로, $\mathbf{F}$의 정의역을 벗어나지 않고
C를 한 점으로 축소시킬 방법이 없다.)

14.8 발산 정리와 통합 이론

평면에서 그린 정리의 발산 공식이 나타내는 것은 단순 닫힌 곡선을 통과하는 벡터장
의 외향 유출은 이 곡선이 둘러싸고 있는 영역에서 벡터장의 발산을 적분함으로써 계
산될 수 있다는 것이다. 3차원 공간에서 이에 대응되는, 발산 정리로 불리는 정리가 나
타내는 것은, 공간에서 닫힌 곡면을 통과하는 벡터장의 외향 유출은 이 곡면이 둘러싸
는 영역에서 벡터장의 발산을 적분함으로써 계산될 수 있다는 것이다. 이 절에서는 발
산 정리를 증명하고, 이것으로 유출의 계산이 얼마나 간단하게 계산될 수 있는지를 알
아본다. 또한, 전기장에 있는 유출에 대한 가우스의 법칙과 유체역학의 연속방정식을

유도한다. 마지막으로, 이 장의 벡터적분 정리들을 미적분학의 기본정리를 일반화한 하나의 통합된 정리로 요약한다.

3차원에서의 발산

벡터장 $\mathbf{F} = M(x, y, z)\mathbf{i} + N(x, y, z)\mathbf{j} + P(x, y, z)\mathbf{k}$의 **발산(divergence)**은 스칼라함수

$$\text{div } \mathbf{F} = \nabla \cdot \mathbf{F} = \frac{\partial M}{\partial x} + \frac{\partial N}{\partial y} + \frac{\partial P}{\partial z} \tag{1}$$

로 정의한다. 기호 'div $\mathbf{F}$'은 '$\mathbf{F}$의 발산' 또는 '디브 $\mathbf{F}$'와 같이 읽는다. 용어 $\nabla \cdot \mathbf{F}$는 '델 닷 $\mathbf{F}$'로 읽는다.

3차원에서 div $\mathbf{F}$는 2차원에서와 같은 물리적인 해석으로 이해된다. 만약에 $\mathbf{F}$가 기체 유동의 속도 벡터장이면, 점 (x, y, z)에서 div $\mathbf{F}$의 값은, 기체가 (x, y, z)에서 압축되거나 또는 팽창하는 비율이다. 발산은 그 점에서 단위 부피당 유출, 즉 **유출 밀도**이다.

예제 1 다음 벡터장들은 공간에서 기체 유동의 속도를 나타낸다. 각 벡터장의 발산을 구하고 물리적 의미를 설명하라. 그림 14.72는 각 벡터장을 그림으로 나타내었다.

(a) 팽창: $\mathbf{F}(x, y, z) = x\mathbf{i} + y\mathbf{j} + z\mathbf{k}$

(b) 압축: $\mathbf{F}(x, y, z) = -x\mathbf{i} - y\mathbf{j} - z\mathbf{k}$

(c) z축을 회전축으로 회전: $\mathbf{F}(x, y, z) = -y\mathbf{i} - x\mathbf{j}$

(d) 수평면을 따라 전단: $\mathbf{F}(x, y, z) = z\mathbf{j}$

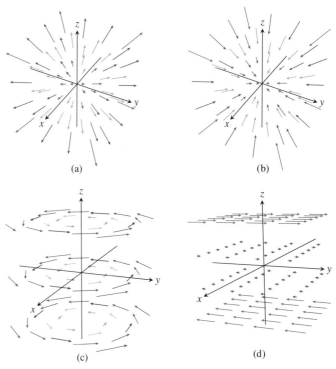

(a)   (b)

(c)   (d)

그림 14.72 공간에서 기체 유동의 속도장(예제 1)

풀이

(a) $\text{div } \mathbf{F} = \frac{\partial}{\partial x}(x) + \frac{\partial}{\partial y}(y) + \frac{\partial}{\partial z}(z) = 3$: 기체는 모든 점에서 균일한 팽창이 끊임없이 계속 진행되고 있다.

(b) div $\mathbf{F} = \dfrac{\partial}{\partial x}(-x) + \dfrac{\partial}{\partial y}(-y) + \dfrac{\partial}{\partial z}(-z) = -3$: 기체는 모든 점에서 균일한 압축이 끊임없이 계속 진행되고 있다.

(c) div $\mathbf{F} = \dfrac{\partial}{\partial x}(-y) + \dfrac{\partial}{\partial y}(x) = 0$: 기체는 어떠한 점에서도 압축되거나 팽창되지 않는다.

(d) div $\mathbf{F} = \dfrac{\partial}{\partial y}(z) = 0$: 마찬가지로, 속도 벡터장의 정의역의 모든 점에서 발산이 0이다. 따라서 기체는 어떠한 점에서도 압축되거나 팽창되지 않는다. ∎

발산 정리

발산정리가 나타내는 것은 적당한 조건에서 닫힌 곡면을 (외향으로) 통과하는 벡터장의 외향 유출은 이 곡면이 둘러싸는 3차원 영역에서 벡터장 발산의 3중적분과 같다는 것이다.

정리 8 발산 정리 벡터장 $\mathbf{F}$의 성분함수가 연속인 1계 편도함수를 갖고, S가 방향을 갖는 구분적으로 매끄러운 닫힌 곡면이라 하자. 이 곡면의 외향 법선 벡터 $\mathbf{n}$의 방향으로 곡면 S를 통과하는 벡터장 $\mathbf{F}$의 유출은 이 곡면이 둘러싸는 영역 D에서 $\nabla \cdot \mathbf{F}$의 적분과 같다.

$$\iint\limits_{S} \mathbf{F} \cdot \mathbf{n}\, d\sigma = \iiint\limits_{D} \nabla \cdot \mathbf{F}\, dV \qquad (2)$$

외향 유출   발산적분

예제 2 구면 $x^2 + y^2 + z^2 = a^2$에서 팽창하는 벡터장 $\mathbf{F} = x\mathbf{i} + y\mathbf{j} + z\mathbf{k}$에 대한 식 (2)의 양변을 계산하라(그림 14.73).

풀이 $f(x, y, z) = x^2 + y^2 + z^2 - a^2$의 기울기 벡터로부터 계산되는 S에 대한 외향 단위 법선벡터는

$$\mathbf{n} = \frac{2(x\mathbf{i} + y\mathbf{j} + z\mathbf{k})}{\sqrt{4(x^2 + y^2 + z^2)}} = \frac{x\mathbf{i} + y\mathbf{j} + z\mathbf{k}}{a} \qquad \text{\small S에서 } x^2 + y^2 + z^2 = a^2$$

이다. 이로부터

$$\mathbf{F} \cdot \mathbf{n}\, d\sigma = \frac{x^2 + y^2 + z^2}{a}\, d\sigma = \frac{a^2}{a}\, d\sigma = a\, d\sigma$$

를 얻는다. 그러므로 외향 유출은

$$\iint\limits_{S} \mathbf{F} \cdot \mathbf{n}\, d\sigma = \iint\limits_{S} a\, d\sigma = a \iint\limits_{S} d\sigma = a(4\pi a^2) = 4\pi a^3 \qquad \text{\small S의 넓이는} \atop \text{\small $4\pi a^2$}$$

이다. 식 (2)의 우변에서 $\mathbf{F}$의 발산은

$$\nabla \cdot \mathbf{F} = \frac{\partial}{\partial x}(x) + \frac{\partial}{\partial y}(y) + \frac{\partial}{\partial z}(z) = 3$$

이므로 다음과 같은 발산적분을 얻는다.

$$\iiint\limits_{D} \nabla \cdot \mathbf{F}\, dV = \iiint\limits_{D} 3\, dV = 3\left(\frac{4}{3}\pi a^3\right) = 4\pi a^3 \qquad ∎$$

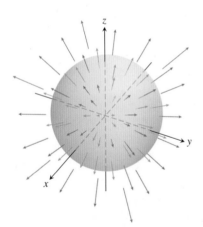

그림 14.73 균일하게 팽창하는 벡터장과 구(예제 2)

응용 과학에서 관심을 끄는 많은 벡터장들은 각 점에서 발산이 0이 된다. 팽창도 없고 수축도 없는, 즉 비압축성 순환하는 액체의 속도장이 일반적인 예이다. 다른 예로는 상수 벡터장 $\mathbf{F}=a\mathbf{i}+b\mathbf{j}+c\mathbf{k}$와 고정된 평면을 따라 전단하는 속도장(예제 1(d) 참조) 등이 있다. $\mathbf{F}$가 어떤 영역 내의 각 점에서 발산이 0인 속도장이면, 식 (2)의 우변에 있는 적분이 0이다. 따라서 S가 발산 정리가 적용되는 닫힌 곡면이면, S를 통과하는 $\mathbf{F}$의 외향 유출은 0이다. 이와 같은 발산 정리의 중요한 응용을 정리해 보자.

> **따름정리** 구분적으로 매끄럽고 방향을 가지는 닫힌 곡면 S에 둘러싸인 영역의 각 점에서 발산이 0인 모든 벡터장 $\mathbf{F}$에 대하여, 곡면 S를 통과하는 $\mathbf{F}$의 외향 유출은 0이다.

예제 3 제1팔분공간을 평면 $x=1$, $y=1$, $z=1$로 잘라 만들어진 정육면체의 표면을 통과하는 $\mathbf{F}=xy\mathbf{i}+yz\mathbf{j}+xz\mathbf{k}$의 외향 유출을 구하라.

풀이 정육면체의 6개의 각 면에 대한 적분의 합으로서의 유출을 계산하는 대신에 발산

$$\nabla \cdot \mathbf{F} = \frac{\partial}{\partial x}(xy) + \frac{\partial}{\partial y}(yz) + \frac{\partial}{\partial z}(xz) = y + z + x$$

를 정육면체의 내부에서 적분함으로써 유출을 계산할 수 있다.

$$유출 = \iint_{\substack{정육면체 \\ 표면}} \mathbf{F} \cdot \mathbf{n}\, d\sigma = \iiint_{\substack{정육면체 \\ 내부}} \nabla \cdot \mathbf{F}\, dV \qquad \text{발산 정리}$$

$$= \int_0^1 \int_0^1 \int_0^1 (x+y+z)\, dx\, dy\, dz = \frac{3}{2} \qquad \text{단순 적분} \qquad ■$$

예제 4

(a) 벡터장

$$\mathbf{F} = x^2\mathbf{i} + 4xyz\mathbf{j} + ze^x\mathbf{k}$$

의 상자 모양의 영역 D: $0 \le x \le 3$, $0 \le y \le 2$, $0 \le z \le 1$(그림 14.74 참조)을 통과하는 외향 유출을 계산하라.

(b) 이 영역에서 div $\mathbf{F}$를 적분하고, 발산 정리의 결과처럼 이 적분값이 (a)에서와 같은 값임을 보이라.

풀이

(a) 영역 D에는 6개의 면이 있다. 이 면들에 대해 차례대로 유출을 계산한다. 평면 $z=1$에 있는 윗면을 생각하자. 외향 법선벡터는 $\mathbf{n}=\mathbf{k}$이다. 이 면을 통과하는 유출은 $\mathbf{F} \cdot \mathbf{n} = ze^x$에 의해 주어진다. 이 면에서는 $z=1$이므로 윗면의 점 (x, y, z)에서 유출은 e^x이다. 이 면을 통과하는 총 외향 유출은 면적분에 의해 다음과 같이 주어진다.

$$\int_0^2 \int_0^3 e^x\, dx\, dy = 2e^3 - 2 \qquad \text{단순 적분}$$

다른 면을 통과하는 외향 유출도 비슷한 방법으로 계산되므로, 다음 표에 그 결과들을 요약하였다.

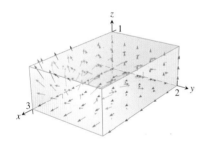

그림 14.74 영역에서 div $\mathbf{F}$의 적분과 6개 면을 통과하는 총 유출은 같다(예제 4).

면	단위법선벡터 n	$\mathbf{F} \cdot \mathbf{n}$	면을 통과하는 유출
$x = 0$	$-\mathbf{i}$	$-x^2 = 0$	0
$x = 3$	$\mathbf{i}$	$x^2 = 9$	18
$y = 0$	$-\mathbf{j}$	$-4xyz = 0$	0
$y = 2$	$\mathbf{j}$	$4xyz = 8xz$	18
$z = 0$	$-\mathbf{k}$	$-ze^x = 0$	0
$z = 1$	$\mathbf{k}$	$ze^x = e^x$	$2e^3 - 2$

6개의 각 면의 항들을 더하면 총 외향 유출이 구해진다.

$$18 + 18 + 2e^3 - 2 = 34 + 2e^3$$

(b) 먼저 $\mathbf{F}$ 발산을 구하면

$$\text{div } \mathbf{F} = \nabla \cdot \mathbf{F} = 2x + 4xz + e^x$$

이다. $\mathbf{F}$의 발산을 D에서 적분하면

$$\iiint\limits_{D} \text{div } \mathbf{F} \, dV = \int_0^1 \int_0^2 \int_0^3 (2x + 4xz + e^x) \, dx \, dy \, dz$$

$$= \int_0^1 \int_0^2 (8 + 18z + e^3) \, dy \, dz$$

$$= \int_0^1 (16 + 36z + 2e^3) \, dz$$

$$= 34 + 2e^3$$

이다. 발산 정리의 결과처럼, D에서 발산의 적분과 D의 경계면을 통과하는 외향 유출은 같다. ∎

발산과 회전

$\mathbf{F}$가 3차원 공간에서의 벡터장이면, 회전 $\nabla \times \mathbf{F}$도 또한 3차원 공간에서의 벡터장이다. 그러므로 식 (1)을 이용하여 $\nabla \times \mathbf{F}$의 발산을 계산할 수 있다. 이 계산의 결과는 항상 0이다.

정리 9 벡터장 $\mathbf{F} = M\mathbf{i} + N\mathbf{j} + P\mathbf{k}$가 연속인 2계 편도함수가 존재하면 다음이 성립한다.
$$\text{div } (\text{curl } \mathbf{F}) = \nabla \cdot (\nabla \times \mathbf{F}) = 0$$

증명 발산과 회전의 정의에 의해 다음과 같이 계산되며,

$$\text{div } (\text{curl } \mathbf{F}) = \nabla \cdot (\nabla \times \mathbf{F})$$

$$= \frac{\partial}{\partial x}\left(\frac{\partial P}{\partial y} - \frac{\partial N}{\partial z}\right) + \frac{\partial}{\partial y}\left(\frac{\partial M}{\partial z} - \frac{\partial P}{\partial x}\right) + \frac{\partial}{\partial z}\left(\frac{\partial N}{\partial x} - \frac{\partial M}{\partial y}\right)$$

$$= \frac{\partial^2 P}{\partial x \partial y} - \frac{\partial^2 N}{\partial x \partial z} + \frac{\partial^2 M}{\partial y \partial z} - \frac{\partial^2 P}{\partial y \partial x} + \frac{\partial^2 N}{\partial z \partial x} - \frac{\partial^2 M}{\partial z \partial y}$$

$$= 0$$

2계 편도함수들은 12.3절의 클레오의 정리에 의해 다 소거된다. ∎

정리 9는 가끔 흥미로운 응용을 갖는다. 벡터장 $\mathbf{G} = \text{curl } \mathbf{F}$는 발산이 0이어야 한다.

이를 다르게 표현하면, div **G** ≠ 0이면, **G**는 2계 편도함수가 연속인 어떤 벡터장 **F**의 회전이 될 수가 없다. 더 나아가 벡터장 **G** = curl **F**의 임의의 닫힌 곡면 *S*를 통과하는 외향 유출은 발산 정리의 따름정리에 의해 0이 된다. 물론 정리의 조건들은 만족해야 한다. 그러므로 벡터장 **G**의 면적분을 0이 안 되게 하는 닫힌 곡면이 있다면, **G**는 어떤 벡터장 **F**의 회전이 아니라는 결론을 얻을 수 있다.

특별한 영역에 대하여 발산 정리 증명

발산 정리를 증명하기 위하여 각 성분들이 연속인 편도함수들을 갖는 벡터장 **F**를 잡자. 먼저 *D*는 속이 꽉 찬 공이나 정육면체, 또는 타원체와 같은 구멍이나 거품이 없는 볼록 영역이라 가정하자. 또한, xy평면으로의 *S*의 사영인 영역 R_{xy}의 내부점에서 xy평면에 수직인 임의의 직선이 곡면 *S*에 정확히 2개의 점에서 만나서 $f_1 \le f_2$인 곡면들

$$S_1: \quad z = f_1(x, y), \qquad (x, y) \in R_{xy}$$
$$S_2: \quad z = f_2(x, y), \qquad (x, y) \in R_{xy}$$

을 만든다고 가정하자. 다른 좌표평면으로의 *D*의 사영에 대하여 비슷한 가정을 할 수 있다. 그림 14.75 참조.

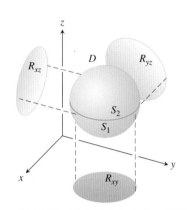

그림 14.75 먼저 여기에 나타난 3차원 영역과 같은 종류들에 대하여 발산 정리를 증명하자.

단위법선벡터 $\mathbf{n} = n_1\mathbf{i} + n_2\mathbf{j} + n_3\mathbf{k}$의 성분들은 **n**이 **i**, **j**, **k**들과 이루는 각인 α, β, γ의 코사인들이다(그림 14.76). 왜냐하면 여기에 나온 모든 벡터가 단위벡터이기 때문에 다음과 같이 방향 코사인을 얻는다.

$$n_1 = \mathbf{n} \cdot \mathbf{i} = |\mathbf{n}||\mathbf{i}| \cos \alpha = \cos \alpha$$
$$n_2 = \mathbf{n} \cdot \mathbf{j} = |\mathbf{n}||\mathbf{j}| \cos \beta = \cos \beta$$
$$n_3 = \mathbf{n} \cdot \mathbf{k} = |\mathbf{n}||\mathbf{k}| \cos \gamma = \cos \gamma$$

그러므로 단위법선벡터는 다음과 같다.

$$\mathbf{n} = (\cos \alpha)\mathbf{i} + (\cos \beta)\mathbf{j} + (\cos \gamma)\mathbf{k}$$

그리고

$$\mathbf{F} \cdot \mathbf{n} = M \cos \alpha + N \cos \beta + P \cos \gamma$$

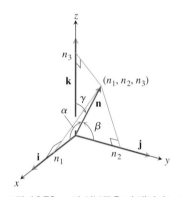

그림 14.76 **n**의 성분들은 이 벡터가 **i**, **j**, **k**와 이루는 각들 α, β, γ의 코사인들이다.

가 성립한다.

성분 형식으로 보면, 발산 정리는

$$\iint\limits_S \underbrace{(M \cos \alpha + N \cos \beta + P \cos \gamma)}_{\mathbf{F} \cdot \mathbf{n}} \, d\sigma = \iiint\limits_D \underbrace{\left(\frac{\partial M}{\partial x} + \frac{\partial N}{\partial y} + \frac{\partial P}{\partial z} \right)}_{\text{div } \mathbf{F}} dx \, dy \, dz$$

이다. 다음의 3개의 등식들

$$\iint\limits_S M \cos \alpha \, d\sigma = \iiint\limits_D \frac{\partial M}{\partial x} dx \, dy \, dz \tag{3}$$

$$\iint\limits_S N \cos \beta \, d\sigma = \iiint\limits_D \frac{\partial N}{\partial y} dx \, dy \, dz \tag{4}$$

$$\iint\limits_S P \cos \gamma \, d\sigma = \iiint\limits_D \frac{\partial P}{\partial z} dx \, dy \, dz \tag{5}$$

를 증명함으로써 이 정리를 증명할 수 있다.

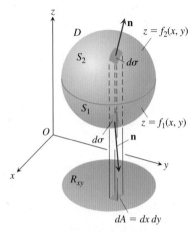

그림 14.77 곡면 S_1과 S_2로 둘러싸인 영역 D가 xy평면에 있는 영역 R_{xy} 위로 수직으로 사영된다.

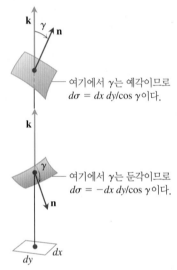

여기에서 γ는 예각이므로 $d\sigma = dx\,dy/\cos\gamma$이다.

여기에서 γ는 둔각이므로 $d\sigma = -dx\,dy/\cos\gamma$이다.

그림 14.78 그림 14.77에서의 곡면 조각들을 확대한 모습. $F = \mathbf{F}\cdot\mathbf{n}$을 가지고 14.5절의 식 (7)에서 관계 $d\sigma = \pm dx\,dy/\cos\gamma$가 유도되었다.

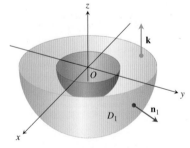

그림 14.79 중심이 동일한 2개의 구면들 사이의 속이 꽉 찬 영역의 아래 반쪽

식 (5)의 증명 좌변의 면적분을 D의 xy평면 위로의 사영 R_{xy}에서 2중적분으로 변환시킴으로써 식 (5)를 증명하자(그림 14.77). 곡면 S는 방정식 $z = f_2(x, y)$으로 표현된 위쪽 부분 S_2와 방정식 $z = f_1(x, y)$으로 표현된 아래쪽 부분 S_1로 이루어졌다. S_2에서 외향의 법선벡터 $\mathbf{n}$은 양의 $\mathbf{k}$성분을 가지며

$$d\sigma = \frac{dA}{|\cos\gamma|} = \frac{dx\,dy}{\cos\gamma}\text{이므로} \qquad \cos\gamma\,d\sigma = dx\,dy$$

이다. 그림 14.78 참조. S_1에서 외향의 법선벡터 $\mathbf{n}$은 음의 $\mathbf{k}$성분을 가지며

$$\cos\gamma\,d\sigma = -dx\,dy$$

가 성립한다. 그러므로

$$
\iint_S P\cos\gamma\,d\sigma = \iint_{S_2} P\cos\gamma\,d\sigma + \iint_{S_1} P\cos\gamma\,d\sigma
$$

$$
= \iint_{R_{xy}} P(x, y, f_2(x, y))\,dx\,dy - \iint_{R_{xy}} P(x, y, f_1(x, y))\,dx\,dy
$$

$$
= \iint_{R_{xy}} \left[P(x, y, f_2(x, y)) - P(x, y, f_1(x, y)) \right]\,dx\,dy
$$

$$
= \iint_{R_{xy}} \left[\int_{f_1(x, y)}^{f_2(x, y)} \frac{\partial P}{\partial z}\,dz \right]\,dx\,dy = \iiint_D \frac{\partial P}{\partial z}\,dz\,dx\,dy
$$

이다. 이것으로 식 (5)가 성립함이 증명되었다.

식 (3)과 (4)에 대한 증명들은 같은 방식을 따라 얻을 수 있다. 또는 x, y, z; M, N, P; α, β, γ들의 순서를 바꾸어서 식 (5)로부터 같은 결과들을 얻는다. 특별한 영역에 대하여 발산 정리가 증명되었다. ■

다른 영역들에 대한 발산 정리

지금까지 다루었던 단순 영역들 유한개로 분할되는 영역들, 또는 확실한 방법으로 단순 영역들의 극한으로 정의될 수 있는 영역들로 발산 정리가 확장될 수 있다. 예를 들면, D가 중심이 같은 두 구면 사이의 영역이고, $\mathbf{F}$가 D와 그 경계인 곡면에서 연속인 미분가능한 성분들을 갖는다고 가정하자. D를 적도선을 지나는 평면으로 잘라서 각각의 반쪽의 영역에 따로따로 발산 정리를 적용시키자. 아래 반쪽인 D_1은 그림 14.79에 나타나 있다. D_1을 경계하는 곡면 S_1은 바깥쪽 반구면과 고리 모양의 평면, 안쪽 반구면으로 이루어진다. 발산 정리에 의하여

$$
\iint_{S_1} \mathbf{F}\cdot\mathbf{n}_1\,d\sigma_1 = \iiint_{D_1} \nabla\cdot\mathbf{F}\,dV_1 \tag{6}
$$

을 알수 있다. D_1으로부터 외향을 가리키는 단위법선벡터 $\mathbf{n}_1$은 바깥쪽 곡면에서는 원점에서 멀어지는 방향을 가리키고, 평평한 평면에서는 $\mathbf{k}$와 같고, 안쪽 곡면에서는 원점 쪽을 가리킨다. 이제 D_2와 이것의 표면 S_2(그림 14.80)에 발산 정리를 적용시키자.

$$
\iint_{S_2} \mathbf{F}\cdot\mathbf{n}_2\,d\sigma_2 = \iiint_{D_2} \nabla\cdot\mathbf{F}\,dV_2 \tag{7}
$$

S_2에서 D_2로부터 바깥쪽을 가리키는 $\mathbf{n}_2$를 보면, $\mathbf{n}_2$는 고리 모양의 평면에서는 $-\mathbf{k}$와

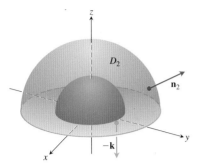

그림 14.80 중심이 동일한 2개의 구면들 사이의 속이 꽉 찬 영역의 위쪽 반쪽

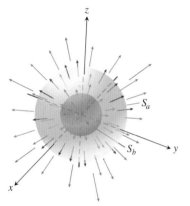

그림 14.81 팽창하는 벡터장에서 중심이 같은 두 개의 구. 외부의 구 S_a는 내부의 구 S_b를 둘러싸고 있다.

같고, 바깥쪽 구면에서는 원점과 멀어지는 방향을 가리키고, 안쪽 구면에서는 원점 쪽을 가리킨다. 식 (6)과 (7)을 합하면, $\mathbf{n}_1$과 $\mathbf{n}_2$는 반대 부호들을 가지므로, 평평한 면에서의 적분들은 서로 상쇄된다. 그러므로 결론적으로 D는 두 곡면의 사이에 놓인 영역이고, S는 두 구면으로 이루어지는 D의 경계이고, $\mathbf{n}$은 D로부터 외향인 방향을 가리키는 S의 단위법선벡터일 때,

$$\iint_S \mathbf{F} \cdot \mathbf{n} \, d\sigma = \iiint_D \nabla \cdot \mathbf{F} \, dV$$

가 된다.

예제 5 영역 $D: 0 < b^2 \le x^2 + y^2 + z^2 \le a^2$의 경계를 통과하는 벡터장

$$\mathbf{F} = \frac{x\mathbf{i} + y\mathbf{j} + z\mathbf{k}}{\rho^3}, \qquad \rho = \sqrt{x^2 + y^2 + z^2} \tag{8}$$

의 외향 유출을 구하라(그림 14.81).

풀이 유출은 D에서 $\nabla \cdot \mathbf{F}$를 적분함으로써 계산될 수 있다. D에서 $\rho \ne 0$임을 기억하자. 다음의 식을 얻는다.

$$\frac{\partial \rho}{\partial x} = \frac{1}{2}(x^2 + y^2 + z^2)^{-1/2}(2x) = \frac{x}{\rho}$$

또한

$$\frac{\partial M}{\partial x} = \frac{\partial}{\partial x}(x\rho^{-3}) = \rho^{-3} - 3x\rho^{-4}\frac{\partial \rho}{\partial x} = \frac{1}{\rho^3} - \frac{3x^2}{\rho^5}$$

이고, 비슷한 방법으로

$$\frac{\partial N}{\partial y} = \frac{1}{\rho^3} - \frac{3y^2}{\rho^5}, \qquad \frac{\partial P}{\partial z} = \frac{1}{\rho^3} - \frac{3z^2}{\rho^5}$$

이다. 따라서 발산은

$$\operatorname{div} \mathbf{F} = \frac{\partial M}{\partial x} + \frac{\partial N}{\partial y} + \frac{\partial P}{\partial z} = \frac{3}{\rho^3} - \frac{3}{\rho^5}(x^2 + y^2 + z^2) = \frac{3}{\rho^3} - \frac{3\rho^2}{\rho^5} = 0$$

이다.

그러므로 발산 정리의 따름정리에 의해 D의 경계를 통과하는 순 외향 유출은 0이다. 이 벡터장 $\mathbf{F}$에서 살펴보아야 할 것이 더 있다. 안쪽구면 S_b를 통과하여 D를 빠져나가는 유출은 (이들 유출의 합이 0이므로) 바깥쪽의 구면 S_a를 통과하여 D를 빠져나가는 유출과 부호가 반대이다. 그래서 S_b를 통과하여 원점과 멀어지는 방향으로의 $\mathbf{F}$의 유출은 S_a를 통과하여 원점과 멀어지는 방향으로의 유출과 일치한다. 그러므로 원점을 중심으로 하는 구면을 통과하는 $\mathbf{F}$의 유출은 구면의 반지름에 독립적이다. 이때의 유출은 무엇일까?

이것을 구하기 위하여 임의의 구 S_a에 대하여 유출적분을 직접 계산하자. 반지름이 a인 구면에서의 외향인 단위법선벡터는

$$\mathbf{n} = \frac{x\mathbf{i} + y\mathbf{j} + z\mathbf{k}}{\sqrt{x^2 + y^2 + z^2}} = \frac{x\mathbf{i} + y\mathbf{j} + z\mathbf{k}}{a}$$

이다. 따라서 이 구면에서

$$\mathbf{F} \cdot \mathbf{n} = \frac{x\mathbf{i} + y\mathbf{j} + z\mathbf{k}}{a^3} \cdot \frac{x\mathbf{i} + y\mathbf{j} + z\mathbf{k}}{a} = \frac{x^2 + y^2 + z^2}{a^4} = \frac{a^2}{a^4} = \frac{1}{a^2}$$

이고

$$\iint\limits_{S_a} \mathbf{F} \cdot \mathbf{n} \, d\sigma = \frac{1}{a^2} \iint\limits_{S_a} d\sigma = \frac{1}{a^2}(4\pi a^2) = 4\pi$$

이다. 원점을 중심으로 하는 임의의 구면을 통과하는 식 (8)의 $\mathbf{F}$의 외향 유출은 4π이다. $\mathbf{F}$가 원점에서 연속이 아니므로 이 결과는 발산 정리에 모순되지 않는다. ∎

가우스 법칙: 전자기 이론의 네 가지 위대한 법칙 중 하나

전자기 이론에서 원점에 놓인 점전하 q로부터 생기는 전기장은

$$\mathbf{E}(x, y, z) = \frac{1}{4\pi\varepsilon_0} \frac{q}{|\mathbf{r}|^2}\left(\frac{\mathbf{r}}{|\mathbf{r}|}\right) = \frac{q}{4\pi\varepsilon_0} \frac{\mathbf{r}}{|\mathbf{r}|^3} = \frac{q}{4\pi\varepsilon_0} \frac{x\mathbf{i} + y\mathbf{j} + z\mathbf{k}}{\rho^3}$$

이다. 여기에서, ε_0은 물리적 상수이고, $\mathbf{r}$은 점 (x, y, z)의 위치벡터이고, 그리고 $\rho = |\mathbf{r}| = \sqrt{x^2 + y^2 + z^2}$이다. 식 (8)로부터 다음을 얻는다.

$$\mathbf{E} = \frac{q}{4\pi\varepsilon_0}\mathbf{F}$$

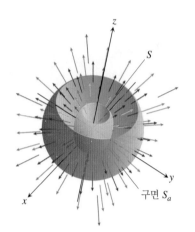

그림 14.82 구면 S_a가 또 다른 곡면 S를 둘러싸고 있다. 보여주기 위해 곡면들의 윗부분을 제거하였다.

예제 5의 계산으로부터 원점을 중심으로 하는 임의의 구면을 통과하는 $\mathbf{E}$의 외향 유출은 q/ε_0이지만, 이것은 구면들에만 한정되는 것이 아니다. 원점을 포함하는 임의의 닫힌 곡면(그리고 발산 정리가 성립하는 임의의 곡면) S를 통과하는 $\mathbf{E}$의 외향 유출도 q/ε_0이다. 그 이유를 알아보기 위하여 원점을 중심으로 하고 곡면 S를 포함하는 커다란 구면 S_a를 생각하자(그림 14.82 참조). $\rho > 0$일 때

$$\nabla \cdot \mathbf{E} = \nabla \cdot \frac{q}{4\pi\varepsilon_0}\mathbf{F} = \frac{q}{4\pi\varepsilon_0}\nabla \cdot \mathbf{F} = 0$$

이 성립하므로 S와 S_a 사이의 영역 D에서 $\nabla \cdot \mathbf{E}$의 3중적분은 0이다. 그래서 발산 정리에 의하여

$$\iint\limits_{D\text{의 경계}} \mathbf{E} \cdot \mathbf{n} \, d\sigma = 0$$

이고, 원점에서 멀어지는 방향으로의 S를 통과하는 $\mathbf{E}$의 유출은, 원점에서 멀어지는 방향으로의 S_a를 통과하는 $\mathbf{E}$의 유출과 같은 q/ε_0이다. 가우스의 법칙으로 불리는 이 문장은 또한 여기에서 가정된 한 점보다 더 일반화된 전하들의 분포들에도 적용되며, 대부분의 물리학 교재에서 볼 수 있을 것이다. 원점을 둘러싸는 어떤 닫힌 곡면에 대해서도 다음이 성립한다.

$$\text{가우스 법칙:} \quad \iint\limits_{S} \mathbf{E} \cdot \mathbf{n} \, d\sigma = \frac{q}{\varepsilon_0}$$

유체역학의 연속방정식

공간에서 D를 방향을 가지는 닫힌 곡면 S를 경계로 하는 영역이라 하자. 만약에 $\mathbf{v}(x, y, z)$가 영역 D에서 매끄럽게 흐르는 유체의 속도벡터이고, $\delta = \delta(t, x, y, z)$는 (x, y, z)에서 시간 t일 때의 유체 밀도이고, $\mathbf{F} = \delta\mathbf{v}$라면, **유체역학의 연속방정식**(continuity equation)은

$$\nabla \cdot \mathbf{F} + \frac{\partial \delta}{\partial t} = 0$$

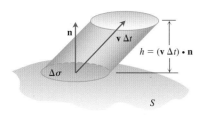

그림 14.83 짧은 시간 Δt 동안에 조각 $\Delta \sigma$를 통해서 위쪽으로 흐르는 유체는 부피가 대략 밑면×높이 = $\mathbf{v} \cdot \mathbf{n} \Delta \sigma \Delta t$인 원기둥을 채운다.

이라고 정의한다. 여기에 포함된 함수들이 연속인 1계 편도함수들을 가지면, 이 방정식은 발산 정리로부터 자연스럽게 유도된다.

먼저 적분

$$\iint\limits_{S} \mathbf{F} \cdot \mathbf{n} \, d\sigma$$

은 질량이 S를 통과하여 D를 빠져나가는 비율이다. ($\mathbf{n}$이 바깥쪽으로의 법선벡터이므로 빠져나간다). 그 이유를 알아보기 위하여 곡면 위에서 넓이 조각 $\Delta \sigma$를 생각하자(그림 14.83). 짧은 시간 Δt 동안에 이 조각을 통과하여 흐르는 유체의 부피 ΔV는 근사적으로 밑넓이가 $\Delta \sigma$이고 높이가 $(\mathbf{v}\Delta t) \cdot \mathbf{n}$인 원주면의 부피와 일치한다. 여기에서 $\mathbf{v}$는 조각의 점에서의 속도벡터이다.

$$\Delta V \approx \mathbf{v} \cdot \mathbf{n} \, \Delta \sigma \, \Delta t$$

유체에서 이와 같은 부피의 질량은

$$\Delta m \approx \delta \mathbf{v} \cdot \mathbf{n} \, \Delta \sigma \, \Delta t$$

이므로 이 조각을 통과하여 D의 외부로 흐르는 질량의 비율은

$$\frac{\Delta m}{\Delta t} \approx \delta \mathbf{v} \cdot \mathbf{n} \, \Delta \sigma$$

이다. 이것으로부터 질량이 S를 통과하여 흐르는 평균 비율의 값으로서 다음의 근사

$$\sum \frac{\Delta m}{\Delta t} \approx \sum \delta \mathbf{v} \cdot \mathbf{n} \, \Delta \sigma$$

를 얻는다. 마지막으로 $\Delta \sigma \to 0$과 $\Delta t \to 0$일 때 질량이 S를 통과하여 D를 빠져나가는 순간 비율은

$$\frac{dm}{dt} = \iint\limits_{S} \delta \mathbf{v} \cdot \mathbf{n} \, d\sigma$$

인데, 이것은 우리의 특정한 유동에 대하여

$$\frac{dm}{dt} = \iint\limits_{S} \mathbf{F} \cdot \mathbf{n} \, d\sigma$$

이다.

이제 B를 유동에 있는 한 점 Q를 중심으로 하는 속이 꽉 찬 구라 하자. B에서 $\nabla \cdot \mathbf{F}$의 평균값은

$$\frac{1}{B의 \ 부피} \iiint\limits_{B} \nabla \cdot \mathbf{F} \, dV$$

이다. 발산의 연속성으로부터 $\nabla \cdot \mathbf{F}$는 B의 어떤 한 점 P에서 정확히 이 값을 갖는다는 것을 안다. 그래서 발산 정리 식 (2)에 의해

$$(\nabla \cdot \mathbf{F})_P = \frac{1}{B의 \ 부피} \iiint\limits_{B} \nabla \cdot \mathbf{F} \, dV = \frac{\iint\limits_{S} \mathbf{F} \cdot \mathbf{n} \, d\sigma}{B의 \ 부피}$$

$$= \frac{질량이 \ 표면 \ S를 \ 통과하여 \ B를 \ 빠져나가는 \ 비율}{B의 \ 부피} \tag{9}$$

이 성립한다. 이 식의 마지막 항은 단위 부피당 질량의 감소를 표현한다.

이제 중심 Q를 고정시키고 B의 반지름을 0에 접근시키자. $\delta = \dfrac{m}{V}$이므로 식 (9)의 좌변은 $(\nabla \cdot \mathbf{F})_Q$로 수렴하고, 우변은 $(-\partial\delta/\partial t)_Q$로 수렴한다. 이들 두 개의 극한의 일치가 연속방정식

$$\nabla \cdot \mathbf{F} = -\frac{\partial\delta}{\partial t}$$

을 얻는다.

연속방정식으로부터 $\nabla \cdot \mathbf{F}$의 의미를 알 수 있다. 한 점에서 $\mathbf{F}$의 발산은 그 점에서 유체의 밀도가 감소하는 비율이다.

이제 발산 정리

$$\iint\limits_S \mathbf{F} \cdot \mathbf{n}\, d\sigma = \iiint\limits_D \nabla \cdot \mathbf{F}\, dV$$

로부터 영역 D에서의 유체의 밀도의 감소(발산적분)는 곡면 S를 통과하여 빠져나간 질량(외향 유출)으로 설명된다. 그러므로 이 정리는 질량의 보존에 대한 명제이다 (연습문제 35).

적분 정리들의 통합

2차원 벡터장 $\mathbf{F} = M(x, y)\mathbf{i} + N(x, y)\mathbf{j}$를 $\mathbf{k}$성분이 0인 3차원 벡터장으로 생각하면 $\nabla \cdot \mathbf{F} = (\partial M/\partial x) + (\partial N/\partial y)$가 되고 그린 정리의 법선 공식은

$$\oint\limits_C \mathbf{F} \cdot \mathbf{n}\, ds = \iint\limits_R \left(\frac{\partial M}{\partial x} + \frac{\partial N}{\partial y}\right) dx\, dy = \iint\limits_R \nabla \cdot \mathbf{F}\, dA$$

로 나타난다. 비슷하게 $\nabla \times \mathbf{F} \cdot \mathbf{k} = (\partial N/\partial x) - (\partial M/\partial y)$이 되며, 그래서 그린 정리의 접선 공식은

$$\oint\limits_C \mathbf{F} \cdot \mathbf{T}\, ds = \iint\limits_R \left(\frac{\partial N}{\partial x} - \frac{\partial M}{\partial y}\right) dx\, dy = \iint\limits_R \nabla \times \mathbf{F} \cdot \mathbf{k}\, dA$$

로 나타난다. 이제 델(del)로 나타낸 그린 정리와 스토크스 정리와 발산 정리의 식들과의 관계를 알 수 있다.

그린 정리와 이것의 3차원으로의 확장

그린 정리의 접선 공식:
$$\oint\limits_C \mathbf{F} \cdot \mathbf{T}\, ds = \iint\limits_R \nabla \times \mathbf{F} \cdot \mathbf{k}\, dA$$

스토크스 정리:
$$\oint\limits_C \mathbf{F} \cdot \mathbf{T}\, ds = \iint\limits_S \nabla \times \mathbf{F} \cdot \mathbf{n}\, d\sigma$$

그린 정리의 법선 공식:
$$\oint\limits_C \mathbf{F} \cdot \mathbf{n}\, ds = \iint\limits_R \nabla \cdot \mathbf{F}\, dA$$

발산 정리:
$$\iint\limits_S \mathbf{F} \cdot \mathbf{n}\, d\sigma = \iiint\limits_D \nabla \cdot \mathbf{F}\, dV$$

평면에 있는 평평한 곡면에서 3차원 공간에 있는 곡면으로 스토크스 정리가 어떻게

그린 정리의 접선(회전) 공식을 일반화하는지 잘 살펴보자. 각 경우에 방향을 가지는 곡면의 내부에서 curl **F**의 면적분은, 그 곡면의 경계를 따라 **F**의 순환과 일치한다.

같은 방식으로, 평면에 있는 2차원 영역에서 공간에 있는 3차원 영역으로, 발산 정리는 그린 정리의 법선(유출) 공식을 일반화한다. 각각의 경우에 영역의 내부에서 $\nabla \cdot \mathbf{F}$의 적분은 영역을 둘러싼 경계를 통과하는 벡터장의 총 유출과 일치한다.

이들 모든 결과들은 **하나의 기본정리**의 공식으로 생각될 수 있다. 4.4절에서의 미적분학의 기본정리는 만일 $f(x)$가 (a, b)에서 미분가능하고 $[a, b]$에서 연속이면

$$\int_a^b \frac{df}{dx} dx = f(b) - f(a)$$

이 성립한다는 것이다. $[a, b]$ 전체에서 $\mathbf{F} = f(x)\mathbf{i}$로 놓으면 $df/dx = \nabla \cdot \mathbf{F}$이다. $[a, b]$의 경계에서의 단위법선벡터 **n**을 b에서 **i**로, a에서 $-\mathbf{i}$로 정의하면(그림 14.84)

그림 14.84 일차원 공간에서 $[a, b]$의 경계에서 외향 단위법선벡터들

$$f(b) - f(a) = f(b)\mathbf{i} \cdot (\mathbf{i}) + f(a)\mathbf{i} \cdot (-\mathbf{i})$$
$$= \mathbf{F}(b) \cdot \mathbf{n} + \mathbf{F}(a) \cdot \mathbf{n}$$
$$= [a, b]의\ 경계를\ 통과하는\ \mathbf{F}의\ 총\ 외향\ 유출$$

이다. 이제 이 기본정리로부터

$$\mathbf{F}(b) \cdot \mathbf{n} + \mathbf{F}(a) \cdot \mathbf{n} = \int_{[a, b]} \nabla \cdot \mathbf{F}\, dx$$

임을 알 수 있다. 미적분학의 기본정리, 그린 정리의 법선 공식, 발산 정리 모두에 의하면, 영역에서 벡터장 **F**에 미분연산자 $\nabla \cdot$를 작용시켜 적분한 값은 이 영역의 경계에서 법벡터장 성분의 합과 일치한다는 것을 알 수 있다(여기서 그린 정리에서의 선적분과 발산 정리에서의 면적분을 경계에서의 '합'으로 나타내었다).

스토크스 정리와 그린 정리의 접선 공식으로부터, 적당한 방향이 주어졌을 때, 벡터장에 미분연산자 $\nabla \times$를 작용시켜 면적분한 값은 곡면의 경계에서 접벡터장 성분의 합과 일치한다.

이들 설명의 아름다움은 다음과 같이 하나의 통합된 원리에 담겨져 있다.

통합 기본정리 영역에서 벡터장에 미분연산자를 작용한 것의 적분은 이 영역의 경계에서의 연산자에 적합한 벡터장 성분의 합과 같다.

연습문제 14.8

발산 계산하기

연습문제 1~8에서 주어진 벡터장의 발산을 구하라.

1. $\mathbf{F} = (x - y + z)\mathbf{i} + (2x + y - z)\mathbf{j} + (3x + 2y - 2z)\mathbf{k}$

2. $\mathbf{F} = (x \ln y)\mathbf{i} + (y \ln z)\mathbf{j} + (z \ln x)\mathbf{k}$

3. $\mathbf{F} = ye^{xy}\mathbf{i} + ze^{xy}\mathbf{j} + xe^{yz}\mathbf{k}$

4. $\mathbf{F} = \sin(xy)\mathbf{i} + \cos(yz)\mathbf{j} + \tan(xz)\mathbf{k}$

5. 그림 14.13에서 회전 벡터장

6. 그림 14.12에서 방사 벡터장

7. 그림 14.9와 14.3절 연습문제 38(a)에서 중력 벡터장

8. 그림 14.14에서 속도 벡터장

발산 정리를 사용하여 외향 유출 계산하기

연습문제 9~20에서 발산 정리를 사용하여 영역 D의 경계를 통과하는 **F**의 외향 유출을 구하라.

9. 정육면체 $\mathbf{F} = (y^2 x)\mathbf{i} + (z^2 y)\mathbf{j} + (y^2 x)\mathbf{k}$

   D: 평면 $x = \pm 1$, $y = \pm 1$, $z = \pm 1$로 경계되는 정육면체

10. $\mathbf{F} = x^2\mathbf{i} + y^2\mathbf{j} + z^2\mathbf{k}$

 a. **정육면체** D: 제1팔분공간을 평면 $x=1$, $y=1$, $z=1$로 잘라 만들어진 정육면체

 b. **정육면체** D: 평면 $x=\pm1$, $y=\pm1$, $z=\pm1$로 경계되는 정육면체

 c. **원주면** D: 속이 꽉 찬 원주면 $x^2+y^2\le4$에서 평면 $z=0$과 $z=1$로 잘린 영역

11. **원주면과 포물면** $\mathbf{F}=y\mathbf{i}+xy\mathbf{j}-z\mathbf{k}$

  D: 평면 $z=0$과 포물면 $z=x^2+y^2$ 사이에 놓인 속이 꽉 찬 원주면 $x^2+y^2\le4$의 내부 영역

12. **구** $\mathbf{F}=x^2\mathbf{i}+xz\mathbf{j}+3z\mathbf{k}$

  D: 속이 꽉 찬 구 $x^2+y^2+z^2\le4$

13. **구의 부분** $\mathbf{F}=x^2\mathbf{i}-2xy\mathbf{j}+3xz\mathbf{k}$

  D: 제1팔분공간이 구면 $x^2+y^2+z^2=4$로 잘린 영역

14. **원주면** $\mathbf{F}=(6x^2+2xy)\mathbf{i}+(2y+x^2z)\mathbf{j}+4x^2y^3\mathbf{k}$

  D: 제1팔분공간이 원주면 $x^2+y^2=4$와 평면 $z=3$으로 잘린 영역

15. **쐐기** $\mathbf{F}=2xz\mathbf{i}-xy\mathbf{j}-z^2\mathbf{k}$

  D: 제1팔분공간을 평면 $y+z=4$와 타원 주면 $4x^2+y^2=16$으로 잘라 만들어진 쐐기형 영역

16. **구** $\mathbf{F}=x^3\mathbf{i}+y^3\mathbf{j}+z3\mathbf{k}$

  D: 속이 꽉 찬 구 $x^2+y^2+z^2\le a^2$

17. **두터운 구면** $\mathbf{F}=\sqrt{x^2+y^2+z^2}(x\mathbf{i}+y\mathbf{j}+z\mathbf{k})$

  D: 영역 $1\le x^2+y^2+z^2\le2$

18. **두터운 구면** $\mathbf{F}=(x\mathbf{i}+y\mathbf{j}+z\mathbf{k})/\sqrt{x^2+y^2+z^2}$

  D: 영역 $1\le x^2+y^2+z^2\le4$

19. **두터운 구면** $\mathbf{F}=(5x^3+12xy^2)\mathbf{i}+(y^3+e^y\sin z)\mathbf{j}$
$+(5z^3+e^y\cos z)\mathbf{k}$

  D: 구면 $x^2+y^2+z^2=1$과 $x^2+y^2+z^2=2$ 사이의 영역

20. **두터운 원주면** $\mathbf{F}=\ln(x^2+y^2)\mathbf{i}-\left(\dfrac{2z}{x}\tan^{-1}\dfrac{y}{x}\right)\mathbf{j}$
$+z\sqrt{x^2+y^2}\mathbf{k}$

  D: 두터운 벽을 가진 원주면 $1\le x^2+y^2\le2$, $-1\le z\le2$

이론과 예제

21. a. 매끄러운 닫힌 곡면 S를 통과하는 위치 벡터장 $\mathbf{F}=x\mathbf{i}+y\mathbf{j}+z\mathbf{k}$의 외향 유출은 $3\times$(곡면이 둘러싼 영역의 부피)임을 보이라.

 b. $\mathbf{n}$을 S에서 외향 단위법선 벡터장이라 하자. S의 모든 점에서 $\mathbf{F}$가 $\mathbf{n}$에 수직일 수 있는가?

22. 다음 그림과 같은 닫힌 정육면체와 닮은 곡면의 밑면이 xy평면에서 단위 정사각형이다. 4개의 옆면들은 평면 $x=0$, $x=1$, $y=0$, $y=1$에 놓여 있다. 윗면은 방정식이 밝혀지지 않은 임의의 매끄러운 곡면이다. $\mathbf{F}=x\mathbf{i}-2y\mathbf{j}+(z+3)\mathbf{k}$로 놓고 A면을 통과하는 $\mathbf{F}$의 외향 유출은 1이고, B면을 통과하는 외향 유출은 -3이라 가정하자. 윗면을 통과하는 외향 유출에 대하여 어떤 결론을 줄 수 있는가? 그 이유를 설명하라.

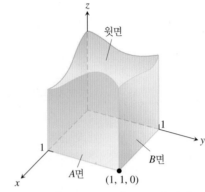

23. $\mathbf{F}=(y\cos2x)\mathbf{i}+(y^2\sin2x)\mathbf{j}+(x^2y+z)\mathbf{k}$라 하자. $\mathbf{F}=\nabla\times\mathbf{A}$를 만족하는 벡터장 $\mathbf{A}$가 존재하는가? 이유를 설명하라.

24. **기울기 벡터의 유출** S는 속이 꽉 찬 구 $x^2+y^2+z^2\le a^2$ 중 제1팔분공간에 놓인 부분의 표면이라 하고 $f(x,y,z)=\ln\sqrt{x^2+y^2+z^2}$이라 하자.

$$\iint_S \nabla f\cdot\mathbf{n}\,d\sigma$$

를 계산하라($\nabla f\cdot\mathbf{n}$은 외향 법선벡터 $\mathbf{n}$ 방향으로의 f의 미분이다).

25. $\mathbf{F}$를 매끄러운 닫힌 곡면 S를 경계로 하는 영역 D를 포함하는 공간의 부분에서 성분들이 연속인 1계 편도함수들을 가지는 벡터장이라 하자. 만약에 $|\mathbf{F}|\le1$이면

$$\iiint_D \nabla\cdot\mathbf{F}\,dV$$

의 크기에 어떤 한계를 줄 수 있는가? 그 이유를 설명하라.

26. **최대 유출**   부등식 $0\le x\le a$, $0\le y\le b$, $0\le z\le1$로 정의되는 모든 직육면체 영역 중에서, 6개의 면을 통과하는 $\mathbf{F}=(-x^2-4xy)\mathbf{i}-6yz\mathbf{j}+12z\mathbf{k}$의 외향 총 유출이 가장 크게 되는 직육면체는 무엇인가? 이때의 최대 유출은 얼마인가?

27. 벡터장

$$\mathbf{F}=xy\mathbf{i}+(\sin xz+y^2)\mathbf{j}+(e^{xy^2}+x)\mathbf{k}$$

의 평면 $y=0$, $z=0$, $z=2-y$와 포물기둥 $z=1-x^2$을 경계로 하는 영역 D를 둘러싸고 있는 곡면 S를 빠져나가는 순 외향 유출을 계산하라.

28. 벡터장 $\mathbf{F}=(x\mathbf{i}+y\mathbf{j}+z\mathbf{k})/(x^2+y^2+z^2)^{3/2}$의 타원면 $9x^2+4y^2+6z^2=36$을 통과하여 외부로 향하는 순 유출을 계산하라.

29. $\mathbf{F}$를 미분가능한 벡터장이라 하고 $g(x,y,z)$를 미분가능한 스칼라함수라 하자. 다음의 항등식들을 검증하라.

 a. $\nabla\cdot(g\mathbf{F})=g\nabla\cdot\mathbf{F}+\nabla g\cdot\mathbf{F}$

 b. $\nabla\times(g\mathbf{F})=g\nabla\times\mathbf{F}+\nabla g\times\mathbf{F}$

30. $\mathbf{F}_1$과 $\mathbf{F}_2$를 미분가능한 벡터장이라 하고 a와 b를 임의의 실수 상수라 하자. 다음의 항등식들을 검증하라.

 a. $\nabla\cdot(a\mathbf{F}_1+b\mathbf{F}_2)=a\nabla\cdot\mathbf{F}_1+b\nabla\cdot\mathbf{F}_2$

 b. $\nabla\times(a\mathbf{F}_1+b\mathbf{F}_2)=a\nabla\times\mathbf{F}_1+b\nabla\times\mathbf{F}_2$

 c. $\nabla\cdot(\mathbf{F}_1\times\mathbf{F}_2)=\mathbf{F}_2\cdot\nabla\times\mathbf{F}_1-\mathbf{F}_1\cdot\nabla\times\mathbf{F}_2$

31. 만일 $\mathbf{F}=M\mathbf{i}+N\mathbf{j}+P\mathbf{k}$가 미분가능한 벡터장이면, 기호 $\mathbf{F}\cdot\nabla$을

$$M\frac{\partial}{\partial x} + N\frac{\partial}{\partial y} + P\frac{\partial}{\partial z}$$

로 정의한다. 미분가능한 벡터장 $\mathbf{F}_1$과 $\mathbf{F}_2$에 대하여 다음의 항등식들을 검증하라.

a. $\nabla \times (\mathbf{F}_1 \times \mathbf{F}_2) = (\mathbf{F}_2 \cdot \nabla)\mathbf{F}_1 - (\mathbf{F}_1 \cdot \nabla)\mathbf{F}_2 + (\nabla \cdot \mathbf{F}_2)\mathbf{F}_1 - (\nabla \cdot \mathbf{F}_1)\mathbf{F}_2$

b. $\nabla(\mathbf{F}_1 \cdot \mathbf{F}_2) = (\mathbf{F}_1 \cdot \nabla)\mathbf{F}_2 + (\mathbf{F}_2 \cdot \nabla)\mathbf{F}_1 + \mathbf{F}_1 \times (\nabla \times \mathbf{F}_2) + \mathbf{F}_2 \times (\nabla \times \mathbf{F}_1)$

32. 조화함수 영역 D에서 정의된 함수 $f(x, y, z)$가 영역 D 전체에서 라플라스 방정식

$$\nabla^2 f = \nabla \cdot \nabla f = \frac{\partial^2 f}{\partial x^2} + \frac{\partial^2 f}{\partial y^2} + \frac{\partial^2 f}{\partial z^2} = 0$$

을 만족하면 이 함수를 조화함수라 부른다.

a. f는 매끄러운 곡면 S에 의하여 둘러싸인 유계인 영역 D 전체에서 조화함수이고, $\mathbf{n}$은 S에서 선택된 단위법선벡터라 가정하자. f의 $\mathbf{n}$ 방향으로의 도함수인 $\nabla f \cdot \mathbf{n}$의 S에서의 적분은 0임을 보이라.

b. f가 D에서 조화함수이면

$$\iint_S f\, \nabla f \cdot \mathbf{n}\, d\sigma = \iiint_D |\nabla f|^2\, dV$$

임을 보이라.

33. 그린 제1공식 f와 g는 구분적으로 매끄러운 닫힌 곡면 S로 둘러싸인 영역 D에서 정의된 연속인 1계와 2계 편도함수들을 가지는 스칼라함수라 가정하자.

$$\iint_S f\, \nabla g \cdot \mathbf{n}\, d\sigma = \iiint_D (f\, \nabla^2 g + \nabla f \cdot \nabla g)\, dV \qquad (10)$$

임을 보이라. 식 (10)은 **그린 제1공식**이다. (**힌트**: 벡터장 $\mathbf{F} = f\nabla g$에 발산 정리를 적용하자.)

34. 그린 제2공식 (연습문제 33의 계속) 식 (10)에 나오는 f와 g를 교환하여 비슷한 공식을 얻자. 그런 후에 식 (10)에서 이 식을 빼서

$$\iint_S (f\, \nabla g - g\, \nabla f) \cdot \mathbf{n}\, d\sigma = \iiint_D (f\, \nabla^2 g - g\, \nabla^2 f)\, dV \qquad (11)$$

임을 보이라. 이 식은 **그린 제2공식**이다.

35. 질량의 보존 $\mathbf{v}(t, x, y, z)$를 공간에 있는 영역 D에서 연속 미분가능한 벡터장이라 하고 $p(t, x, y, z)$를 연속 미분가능한 스칼라함수라 하자. 변수 t는 시간 정의역을 나타낸다. 질량 보존의 법칙은

$$\frac{d}{dt}\iiint_D p(t, x, y, z)\, dV = -\iint_S p\mathbf{v} \cdot \mathbf{n}\, d\sigma$$

이다. 여기서 S는 D를 둘러싸는 곡면이다.

a. $\mathbf{v}$가 속도 유동 벡터장이고 p가 점 (x, y, z)에서 시간 t일 때의 유체의 밀도를 나타낸다고 할 때, 질량 보존의 법칙에 대한 물리적인 설명을 하라.

b. 발산 정리와 라이프니츠 법칙

$$\frac{d}{dt}\iiint_D p(t, x, y, z)\, dV = \iiint_D \frac{\partial p}{\partial t}\, dV$$

를 이용하여 질량 보존의 법칙이 연속방정식

$$\nabla \cdot p\mathbf{v} + \frac{\partial p}{\partial t} = 0$$

과 동치임을 보이라(첫째 항 $\nabla \cdot p\mathbf{v}$에서 변수 t는 고정되고, 둘째항 $\partial p/\partial t$에서 D에 있는 점 (x, y, z)는 고정된다).

36. 열확산방정식 $T(t, x, y, z)$를 공간에 있는 영역 D를 채우는 고체의 점 (x, y, z)에서 시간 t일 때의 온도를 나타내는 함수라 하고, 이때 $T(t, x, y, z)$는 연속인 2계 편도함수들을 가진다고 가정하자. 만약에 고체의 열용량과 질량 밀도를 각각 상수 c와 ρ로 나타낸다면, 양 $c\rho T$를 고체의 **단위 부피당 열에너지**라 부른다.

a. 왜 $-\nabla T$가 열이 흐르는 방향을 가리키는지를 설명하라.

b. $-k\nabla T$로 **에너지 유출벡터**를 나타내자(상수 k를 **열전도율**이라 부른다). 연습문제 35에서 $-k\nabla T = \mathbf{v}$와 $c\rho T = p$로 놓고, 질량보존의 법칙이 성립한다고 가정하여 $K = k/(c\rho) > 0$가 열확산계수일 때, 열확산방정식

$$\frac{\partial T}{\partial t} = K\nabla^2 T$$

을 유도하라. (**주의**: $T(t, x)$가 완벽하게 절연된 옆면을 가진, 균등 전도막대에서의 시간 t와 위치 x에서의 온도를 나타낸다면, $\nabla^2 T = \partial^2 T/\partial x^2$와 확산방정식은 12장의 보충·심화 문제들에 나오는 1차원 열방정식이 됨을 명심하자.)

14장 복습문제

1. 스칼라함수의 선적분은 무엇인가? 이것은 어떻게 계산하는가? 예를 들라.

2. 선적분을 사용하여 철선이나 용수철의 질량중심을 구할 수 있는가? 그 방법을 설명하라.

3. 벡터장이란 무엇인가? 벡터장의 선적분은 무엇인가? 기울기 벡터장은 무엇인가? 그 예를 들라.

4. 곡선을 따르는 벡터장의 유동은 무엇인가? 곡선을 따라 물체가 이동할 때 벡터장에 의해 한 일은 무엇인가? 그 일은 어떻게 계산하는가? 그 예를 들라.

5. 선적분의 기본정리는 무엇인가? 미적분학의 기본정리와 어떤 연관성이 있는지를 설명하라.

6. 보존적 벡터장에 대한 세 가지 특별한 성질을 말하라. 벡터장이 보존적인지를 어떻게 말할 수 있는가?

7. 경로에 독립인 벡터장에 대한 특징은 무엇인가?

8. 퍼텐셜 함수란 무엇인가? 보존적 벡터장에 대한 퍼텐셜 함수를 어떻게 구하는지 예를 들어 설명하라.

9. 미분 형식이란 무엇인가? 미분 형식이 완전하다는 의미는 무엇인가? 완전하다는 것은 어떻게 판별하는가? 예를 들라.

10. 그린 정리는 무엇인가? 4장의 순변화정리가 어떻게 그린 정리의 두 형태로 확장되었는지를 논의하라.

11. 공간에서 매개변수된 곡면의 넓이를 어떻게 계산하는가? 음함수 $F(x, y, z) = 0$으로 정의된 곡면의 넓이는? 또한 $z = f(x, y)$의 그래프로 표현되는 곡면의 넓이는? 예를 들라.

12. 스칼라함수는 매개변수화된 곡면에서 어떻게 적분하는가? 또한 음함수 또는 양함수로 정의된 곡면에서는 어떻게 적분하는가? 예를 들라.

13. 방향을 가지는 곡면이란 무엇인가? 방향을 가지는 곡면에서 3차원 벡터장의 면적분은 무엇인가? 이것은 벡터장의 외향 유출과 어떤 관련이 있는가? 예를 들라.

14. 벡터장의 회전은 무엇인가? 그 의미를 해석해 보라.

15. 스토크스 정리는 무엇인가? 어떻게 그린 정리를 3차원으로 일반화하였는지 설명하라.

16. 벡터장의 발산은 무엇인가? 그 의미를 해석해 보라.

17. 발산 정리는 무엇인가? 어떻게 그린 정리를 3차원으로 일반화하였는지 설명하라.

18. 그린 정리, 스토크스 정리, 발산 정리가 1변수 적분에 대한 미적분학의 기본정리와 어떻게 연관되는가?

14장 종합문제

선적분 구하기

1. 주어진 그림에서 원점으로부터 점 $(1, 1, 1)$까지 연결하는 2개의 꺾은선 경로를 볼 수 있다. 각각의 경로에서 $f(x, y, z) = 2x - 3y^2 - 2z + 3$을 적분하라.

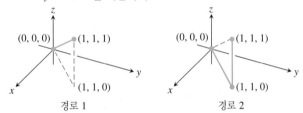

경로 1   경로 2

2. 주어진 그림에서 원점으로부터 점 $(1, 1, 1)$까지 연결하는 3개의 꺾은선 경로를 볼 수 있다. 각각의 경로에서 $f(x, y, z) = x^2 + y - z$를 적분하라.

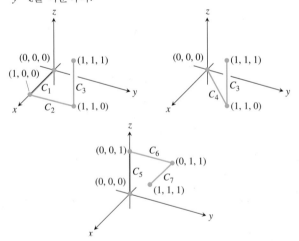

3. 원
$$\mathbf{r}(t) = (a \cos t)\mathbf{j} + (a \sin t)\mathbf{k}, \qquad 0 \le t \le 2\pi$$
에서 $f(x, y, z) = \sqrt{x^2 + z^2}$을 적분하라.

4. 신개선
$$\mathbf{r}(t) = (\cos t + t \sin t)\mathbf{i} + (\sin t - t \cos t)\mathbf{j}, \quad 0 \le t \le \sqrt{3}$$
에서 $f(x, y, z) = \sqrt{x^2 + y^2}$을 적분하라.

종합문제 5와 6에서 적분을 계산하라.

5. $\displaystyle\int_{(-1,1,1)}^{(4,-3,0)} \frac{dx + dy + dz}{\sqrt{x + y + z}}$

6. $\displaystyle\int_{(1,1,1)}^{(10,3,3)} dx - \sqrt{\frac{z}{y}}\,dy - \sqrt{\frac{y}{z}}\,dz$

7. 구면 $x^2 + y^2 + z^2 = 5$를 평면 $z = -1$로 잘라 만들어진 원을 따라 위쪽에서 보았을 때 시계방향으로
$$\mathbf{F} = -(y \sin z)\mathbf{i} + (x \sin z)\mathbf{j} + (xy \cos z)\mathbf{k}$$를 적분하라.

8. 구면 $x^2 + y^2 + z^2 = 9$를 평면 $x = 2$로 잘라 만들어진 원을 따라
$$\mathbf{F} = 3x^2 y\mathbf{i} + (x^3 + 1)\mathbf{j} + 9z^2\mathbf{k}$$를 적분하라.

종합문제 9와 10에서 적분을 계산하라.

9. $\displaystyle\int_C 8x \sin y\, dx - 8y \cos x\, dy$

C는 제1사분면을 직선 $x = \pi/2$와 $y = \pi/2$로 잘라 만들어진 정사각형의 경계이다.

10. $\displaystyle\int_C y^2\, dx + x^2\, dy$

C는 원 $x^2 + y^2 = 4$이다.

면적분 구하기

11. **타원형 영역의 넓이** 평면 $x + y + z = 1$을 원주면 $x^2 + y^2 = 1$로 잘라 만들어진 타원형 영역의 넓이를 구하라.

12. **포물형 모자** 포물면 $y^2 + z^2 = 3x$를 평면 $x = 1$로 잘라 만들어진 모자 모양의 영역 넓이를 구하라.

13. **구형 모자** 구면 $x^2 + y^2 + z^2 = 1$을 평면 $z = \sqrt{2}/2$로 잘라 만들어진 윗부분의 모자 모양의 영역 넓이를 구하라.

14. **a. 원주면으로 잘라 만들어진 반구면** 반구면 $x^2 + y^2 + z^2 = 4$, $z \ge 0$을 원주면 $x^2 + y^2 = 2x$로 잘라 만들어진 곡면의 넓이를 구하라.

    b. 반구면 내부에 놓인 원주면의 부분의 넓이를 구하라. (**힌트:** xz평면으로 사영하라. 또는 적분 $\int h\, ds$를 계산하라. 여기서 h는 원주면의 높이이고, ds는 xy평면에 놓인 원 $x^2 + y^2 = 2x$에서의 곡선 길이 미분이다.)

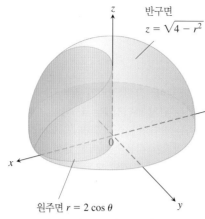

반구면
$z = \sqrt{4 - r^2}$

원주면 $r = 2\cos\theta$

15. 삼각형의 넓이 평면 $(x/a) + (y/b) + (z/c) = 1(a, b, c > 0)$이 제1팔분공간과 만나 생기는 삼각형의 넓이를 구하라. 여러분의 답을 벡터 계산으로 구한 것과 비교하자.

16. 평면에 의해 잘린 포물주면 포물주면 $y^2 - z = 1$을 평면 $x = 0$, $x = 3$, $z = 0$으로 잘라 만들어진 곡면에서

    a. $g(x, y, z) = \dfrac{yz}{\sqrt{4y^2 + 1}}$ **b.** $g(x, y, z) = \dfrac{z}{\sqrt{4y^2 + 1}}$

    를 적분하라.

17. 평면에 의해 잘린 원주면 평면 $x = 0$과 $x = 1$ 사이에 그리고 평면 $z = 3$ 위에 놓인 제1팔분공간에 있는 원주면 $y^2 + z^2 = 25$의 부분에서 $g(x, y, z) = x^4 y(y^2 + z^2)$을 적분하라.

18. 와이오밍 주의 넓이 와이오밍 주는 서경 111°3′와 104°3′ 사이, 북위 41°와 45° 사이를 경계로 갖는다. 지구를 반지름 $R = 6370$ km인 구로 가정할 때, 와이오밍 주의 넓이를 구하라.

매개변수화된 곡면

종합문제 19~24에서 곡면들에 대한 매개변수화를 구하라(여러 가지의 방법으로 구할 수 있으므로, 여러분의 답이 책 뒷면의 풀이와 다를 수도 있다).

19. 구면 띠 평면 $z = -3$과 $z = 3\sqrt{3}$ 사이에 놓인 구면 $x^2 + y^2 + z^2 = 36$의 부분

20. 포물면 모자 평면 $z = -2$ 위에 있는 포물면 $z = -(x^2 + y^2)/2$의 부분

21. 원뿔 원뿔 $z = 1 + \sqrt{x^2 + y^2}$, $z \leq 3$

22. 정사각형 위의 평면 제1사분면의 정사각형 $0 \leq x \leq 2$, $0 \leq y \leq 2$ 위에 놓인 평면 $4x + 2y + 4z = 12$의 부분

23. 포물면의 부분 xy평면 위에 놓인 포물면 $y = 2(x^2 + z^2)$, $y \leq 2$의 부분

24. 반구면의 부분 제1팔분공간에 놓인 반구면 $x^2 + y^2 + z^2 = 10$, $y \geq 0$의 부분

25. 곡면 넓이 곡면

$$\mathbf{r}(u, v) = (u + v)\mathbf{i} + (u - v)\mathbf{j} + v\mathbf{k},$$
$$0 \leq u \leq 1, 0 \leq v \leq 1$$

    의 넓이를 구하라.

26. 면적분 종합문제 25의 곡면에서 $f(x, y, z) = xy - z^2$을 적분하라.

27. 나선면의 넓이 다음 그림에 나타난 나선면

$$\mathbf{r}(r, \theta) = (r\cos\theta)\mathbf{i} + (r\sin\theta)\mathbf{j} + \theta\mathbf{k}, \quad 0 \leq \theta \leq 2\pi, \; 0 \leq r \leq 1$$

의 넓이를 구하라.

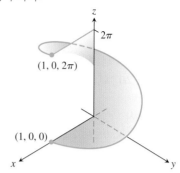

2π

$(1, 0, 2\pi)$

$(1, 0, 0)$

28. 면적분 S가 종합문제 27의 나선면 S에서 적분 $\iint_S \sqrt{x^2 + y^2 + 1}\, d\sigma$를 구하라.

보존적 벡터장

종합문제 29~32에서 벡터장들이 보존적 벡터장인지, 아닌지를 판별하라.

29. $\mathbf{F} = x\mathbf{i} + y\mathbf{j} + z\mathbf{k}$

30. $\mathbf{F} = (x\mathbf{i} + y\mathbf{j} + z\mathbf{k})/(x^2 + y^2 + z^2)^{3/2}$

31. $\mathbf{F} = xe^y\mathbf{i} + ye^z\mathbf{j} + ze^x\mathbf{k}$

32. $\mathbf{F} = (\mathbf{i} + z\mathbf{j} + y\mathbf{k})/(x + yz)$

종합문제 33과 34에서 벡터장들에 대한 퍼텐셜 함수들을 구하라.

33. $\mathbf{F} = 2\mathbf{i} + (2y + z)\mathbf{j} + (y + 1)\mathbf{k}$

34. $\mathbf{F} = (z\cos xz)\mathbf{i} + e^y\mathbf{j} + (x\cos xz)\mathbf{k}$

일과 순환

종합문제 35와 36에서 종합문제 1에 나오는 $(0, 0, 0)$으로부터 $(1, 1, 1)$까지의 경로를 따라 각각의 벡터장에 의하여 한 일을 구하라.

35. $\mathbf{F} = 2xy\mathbf{i} + \mathbf{j} + x^2\mathbf{k}$ **36.** $\mathbf{F} = 2xy\mathbf{i} + x^2\mathbf{j} + \mathbf{k}$

37. 두 가지 방법으로 일 구하기 두 가지의 방법으로, 점 $(1, 0)$부터 점 $(e^{2\pi}, 0)$까지 평면곡선 $\mathbf{r}(t) = (e^t\cos t)\mathbf{i} + (e^t\sin t)\mathbf{j}$를 따라

$$\mathbf{F} = \frac{x\mathbf{i} + y\mathbf{j}}{(x^2 + y^2)^{3/2}}$$

    에 의하여 한 일을 구하라.

    a. 곡선의 매개변수화를 사용하여 일적분을 계산하는 방법으로

    b. $\mathbf{F}$에 대한 퍼텐셜 함수를 계산하는 방법으로

38. 다른 경로를 따라 유동 벡터장 $\mathbf{F} = \nabla(x^2 z e^y)$의 유동을 구하라.

    a. 평면 $x + y + z = 1$이 원주면 $x^2 + z^2 = 25$와 만나서 만든 타원 C 주위를, 양의 y축으로부터 보았을 때 시계방향으로 한 번 도는 경우

    b. 종합문제 27에 있는 나선면의 휘어진 경계를 따라서 $(1, 0, 0)$부터 $(1, 0, 2\pi)$까지 움직이는 경우

종합문제 39와 40에서 스토크스 정리의 면적분을 이용하여 주어진 방향으로 곡선 C를 따라 벡터장 $\mathbf{F}$의 순환을 구하라.

39. 타원을 따라 순환 $\mathbf{F} = y^2\mathbf{i} - y\mathbf{j} + 3z^2\mathbf{k}$

    C: 평면 $2x + 6y - 3z = 6$이 원주면 $x^2 + y^2 = 1$과 만나서 생기는 타원, 위에서 보았을 때 반시계방향으로

40. 원을 따라 순환 $\mathbf{F} = (x^2 + y)\mathbf{i} + (x + y)\mathbf{j} + (4y^2 - z)\mathbf{k}$

C: 평면 $z=-y$가 구면 $x^2+y^2+z^2=4$와 만나서 생기는 원, 위에서 보았을 때 반시계방향으로

질량과 모멘트

41. 다른 밀도를 가진 철사 t에서 밀도가 (a) $\delta=3t$, (b) $\delta=1$일 때 곡선 $\mathbf{r}(t)=\sqrt{2t}\mathbf{i}+\sqrt{2t}\mathbf{j}+(4-t^2)\mathbf{k}$, $0\leq t\leq 1$을 따라 놓인 가는 철사의 질량을 구하라.

42. 변하는 밀도를 가진 철사 t에서 밀도가 $\delta=3\sqrt{5+t}$일 때, 곡선 $\mathbf{r}(t)=t\mathbf{i}+2t\mathbf{j}+(2/3)t^{3/2}\mathbf{k}$, $0\leq t\leq 2$를 따라 놓인 가는 철사의 질량중심을 구하라.

43. 변하는 밀도를 가진 철사 t에서 밀도가 $\delta=1/(t+1)$일 때, 곡선
$$\mathbf{r}(t) = t\mathbf{i} + \frac{2\sqrt{2}}{3}t^{3/2}\mathbf{j} + \frac{t^2}{2}\mathbf{k}, \qquad 0\leq t\leq 2$$
를 따라 놓인 가는 철사의 질량중심과 각 좌표축에 대한 관성모멘트를 구하라.

44. 아치형 모형의 질량중심 아치형 모형의 가느다란 금속 막대가 xy평면에 있는 반원 $y=\sqrt{a^2-x^2}$을 따라 놓여 있다. 이 금속 막대 위의 점 (x, y)에서의 밀도가 $\delta(x, y)=2a-y$이다. 이때의 질량 중심을 구하라.

45. 상수 밀도를 가지는 철사 상수 밀도 $\delta=1$을 가지는 철사가 곡선 $\mathbf{r}(t)=(e^t\cos t)\mathbf{i}+(e^t\sin t)\mathbf{j}+e^t\mathbf{k}$, $0\leq t\leq\ln 2$를 따라 놓여 있다. $\bar{z}$와 I_z를 구하라.

46. 상수 밀도를 가지는 나선 철사 나선 $\mathbf{r}(t)=(2\sin t)\mathbf{i}+(2\cos t)\mathbf{j}+3t\mathbf{k}$, $0\leq t\leq 2\pi$를 따라 놓인 상수 밀도 δ를 가지는 철사의 질량과 질량중심을 구하라.

47. 막의 관성과 질량중심 평면 $z=3$으로 잘라 만들어진 구면 $x^2+y^2+z^2=25$의 윗부분의 밀도 $\delta(x, y, z)=z$를 가지는 얇은 막의 I_z와 질량중심을 구하라.

48. 정육면체의 관성모멘트 제1팔분공간을 평면 $x=1$, $y=1$, $z=1$로 잘라서 만든 정육면체의 표면이 밀도 $\delta=1$을 가질 때, 이 표면의 z축에 대한 관성모멘트를 구하라.

평면곡선 또는 곡면을 통과하는 유출

종합문제 49와 50에서 그린 정리를 사용하여 벡터장들과 곡선들에 대한 반시계방향의 순환과 외향 유출을 구하라.

49. 정사각형 $\mathbf{F}=(2xy+x)\mathbf{i}+(xy^2-y)\mathbf{j}$
  C: $x=0$, $x=1$, $y=0$, $y=1$로 경계되는 정사각형

50. 삼각형 $\mathbf{F}=(y^2-6x^2)\mathbf{i}+(x+y^2)\mathbf{j}$
  C: 직선 $y=0$, $y=x$, $x=1$로 만들어진 삼각형

51. 영 선적분 그린 정리가 적용되는 임의의 닫힌 곡선 C에 대하여
$$\oint_C \ln x\sin y\, dy - \frac{\cos y}{x}dx = 0$$
임을 보이라.

52. a. 외향 유출과 넓이 그린 정리가 적용되는 임의의 닫힌 곡선을 통과하는 위치 벡터장 $\mathbf{F}=x\mathbf{i}+y\mathbf{j}$의 외향 유출은 이 곡선이 둘러싸는 영역의 넓이의 2배임을 보이라.

  b. $\mathbf{n}$을 그린 정리가 적용되는 어떤 닫힌 곡선에 대한 외향 단위 법선벡터라 하자. C의 모든 점에서 $\mathbf{F}=x\mathbf{i}+y\mathbf{j}$가 $\mathbf{n}$에 수직일 수 없음을 보이라.

종합문제 53~56에서 D의 경계를 통과하는 $\mathbf{F}$의 외향 유출을 구하라.

53. 정육면체 $\mathbf{F}=2xy\mathbf{i}+2yz\mathbf{j}+2xz\mathbf{k}$
  D: 제1팔분공간을 평면 $x=1$, $y=1$, $z=1$로 잘라 만든 정육면체

54. 구면 모자 $\mathbf{F}=xz\mathbf{i}+yz\mathbf{j}+\mathbf{k}$
  D: 속이 꽉 찬 구 $x^2+y^2+z^2\leq 25$를 평면 $z=3$으로 잘라 만든 윗쪽의 모자형 영역의 전체 표면

55. 구면 모자 $\mathbf{F}=-2x\mathbf{i}-3y\mathbf{j}+z\mathbf{k}$
  D: 속이 꽉 찬 구 $x^2+y^2+z^2\leq 2$를 포물면 $z=x^2+y^2$으로 잘라 만들어진 윗쪽의 영역

56. 원뿔과 원주면 $\mathbf{F}=(6x+y)\mathbf{i}-(x+z)\mathbf{j}+4yz\mathbf{k}$
  D: 원뿔 $z=\sqrt{x^2+y^2}$과 원주면 $x^2+y^2=1$, 좌표평면들로 경계되는 제1팔분공간에 있는 영역

57. 반구면, 원주면, 그리고 평면 S를 왼쪽으로는 반구면 $x^2+y^2+z^2=a^2$, $y\leq 0$으로 경계되고, 중간에서는 원주면 $x^2+z^2=a^2$, $0\leq y\leq a$로 경계되며, 오른쪽에서는 평면 $y=a$에 경계되는 영역의 표면이라 하자. S를 통과하는 $\mathbf{F}=y\mathbf{i}+z\mathbf{j}+x\mathbf{k}$의 외향 유출을 구하라.

58. 원주면과 평면 제1팔분공간에서 원주면 $x^2+4y^2=16$과 평면 $y=2z$, $x=0$, $z=0$을 경계로 하는 영역의 표면을 통과하는 벡터장 $\mathbf{F}=3xz^2\mathbf{i}+y\mathbf{j}-z^3\mathbf{k}$의 외향 유출을 구하라.

59. 원주형 캔 발산 정리를 사용하여 원주면 $x^2+y^2=1$과 평면 $z=1$과 $z=-1$로 둘러싸인 영역의 표면을 통과하는 $\mathbf{F}=xy^2\mathbf{i}+x^2y\mathbf{j}+y\mathbf{k}$의 외향 유출을 구하라.

60. 반구면 **(a)** 발산 정리를 이용하여 **(b)** 직접 유출 적분을 계산하여 반구면 $x^2+y^2+z^2=a^2$, $z\geq 0$을 위쪽으로 통과하는 $\mathbf{F}=(3z+1)\mathbf{k}$의 유출을 구하라.

14장 보충 · 심화 문제

그린 정리로 넓이 구하기

보충 · 심화 문제 1~4에서, 그린 정리 넓이 공식(14.4절 연습문제)을 사용하여, 주어진 곡선들로 둘러싼 영역의 넓이를 구하라.

1. 리마송(달팽이꼴 곡선) $x=2\cos t-\cos 2t$, $y=2\sin t-\sin 2t$, $0\leq t\leq 2\pi$

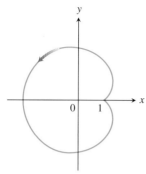

2. 삼각주형 곡선 $x = 2\cos t + \cos 2t,\ y = 2\sin t - \sin 2t,\ 0 \le t \le 2\pi$

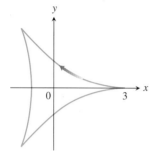

3. 팔자형 곡선 $x = (1/2)\sin 2t,\ y = \sin t,\ 0 \le t \le \pi$
(하나의 루프에 대해서)

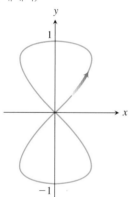

4. 물방울 곡선 $x = 2a\cos t - a\sin 2t,\ y = b\sin t,\ 0 \le t \le 2\pi$

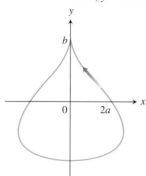

이론과 응용

5. a. 오직 한 점에서 값 **0**을 가지고, 모든 점에서 curl **F**가 0이 아닌 벡터장 **F**(x, y, z)의 예를 들라. 이때의 한 점을 확인하고 회전을 계산하라.

b. 정확히 한 직선에서만 값 **0**을 가지고, 모든 점에서 curl **F**가 0이 아닌 벡터장 **F**(x, y, z)의 예를 들라. 이때의 직선을 확인

하고 회전을 계산하라.

c. 정확히 한 곡면에서만 값 **0**을 가지고, 모든 점에서 curl **F**가 0이 아닌 벡터장 **F**(x, y, z)의 예를 들라. 이때의 곡면을 확인하고 회전을 계산하라.

6. 벡터장 **F** $= yz^2\mathbf{i} + xz^2\mathbf{j} + 2xyz\mathbf{k}$가 구면 $x^2 + y^2 + z^2 = R^2$에서 이 곡면에 수직이며 **F**$(a, b, c) \ne \mathbf{0}$이 성립하는 곡면에서의 모든 점 (a, b, c)를 구하라.

7. 곡면에서의 각각의 점 (x, y, z)에서 질량 밀도 $\delta(x, y, z)$가 이 곡면의 어떤 고정된 점 (a, b, c)까지의 거리가 될 때, 반지름이 R이 되는 구면 막 모양의 이 곡면의 질량을 구하라.

8. 밀도함수가 $\delta(x, y, z) = 2\sqrt{x^2 + y^2}$일 때, 나선면
$$\mathbf{r}(r, \theta) = (r\cos\theta)\mathbf{i} + (r\sin\theta)\mathbf{j} + \theta\mathbf{k}$$
$(0 \le r \le 1,\ 0 \le \theta \le 2\pi)$의 질량을 구하라. 종합문제 27에 나오는 그림을 보라.

9. 모든 직사각형 영역 $0 \le x \le a,\ 0 \le y \le b$들 중에서 네 변을 통과하는 **F** $= (x^2 + 4xy)\mathbf{i} - 6y\mathbf{j}$의 외향 총 유출이 가장 적게 나오는 직사각형은 무엇인가? 이때의 가장 적은 유출은 얼마인가?

10. 원점을 지나는 평면들 중에서 이들 평면과 구면 $x^2 + y^2 + z^2 = 4$가 만나서 이루는 원을 따라 유동 벡터장 **F** $= z\mathbf{i} + x\mathbf{j} + y\mathbf{k}$의 순환이 가장 크게 되는 평면의 방정식을 구하라.

11. $(2, 0)$부터 $(0, 2)$까지 연결하는 제1사분면에 놓인 원의 부분을 따라 끈이 놓여있다. 이 끈의 밀도는 $r(x, y) = xy$이다.

a. 끈을 유한개의 부분곡선으로 분할하여 이 끈을 똑바로 x축으로 움직이게 하는 중력에 의하여 한 일이
$$\text{일} = \lim_{n \to \infty}\sum_{k=1}^{n} g\,x_k y_k{}^2 \Delta s_k = \int_C g\,xy^2\,ds$$
임을 보이라. 여기서 g는 중력 상수이다.

b. (a)의 선적분을 계산하여 총 일을 구하라.

c. 총 일은 이 끈의 질량중심 $(\bar{x}, \bar{y})$를 x축으로 똑바로 내릴 때 필요한 일과 일치함을 보이라.

12. 제1팔분공간에 놓인 평면 $x + y + z = 1$의 부분을 따라서 놓인 얇은 종이가 있다. 이 종이의 밀도는 $\delta(x, y, z) = xy$이다.

a. 이 종이를 유한개의 부분 조각들로 분할하여 이 종이를 똑바로 xy평면으로 움직일 때, 중력이 한 일은
$$\text{일} = \lim_{n \to \infty}\sum_{k=1}^{n} g\,x_k y_k z_k\,\Delta\sigma_k = \iint_S g\,xyz\,d\sigma$$
임을 보이라. 여기서 g는 중력 상수이다.

b. (a)의 선적분을 계산하여 총 일을 구하라.

c. 총 일은 이 종이의 질량중심 $(\bar{x}, \bar{y}, \bar{z})$을 xy평면으로 똑바로 내릴 때 필요한 일과 일치함을 보이라.

13. 아르키메데스의 원리 공과 같은 물체가 어떤 액체 안에 있다면, 이것은 바닥으로 가라앉거나 위로 뜨거나 또는 일정한 거리만큼 가라앉은 후에 액체 안에 놓이게 된다. 액체가 상수인 질량 밀도 w를 가지고 있고 액체의 표면은 평면 $z = 4$라 가정하자. 액체 속에 담겨 있는 구형 공이 영역 $x^2 + y^2 + (z - 2)^2 \le 1$을 차지한다.

a. 액체의 압력에 의하여 공에 주어지는 총 힘의 크기는 다음

과 같은 면적분

$$\text{힘} = \lim_{n \to \infty} \sum_{k=1}^{n} w(4 - z_k)\,\Delta\sigma_k = \iint_S w(4 - z)\,d\sigma$$

에 의해 계산됨을 보이라.

b. 이 공이 움직이지 않으므로, 이 공은 액체의 부력에 의하여 떠받쳐져 있다. 구면에 작용하는 부력의 크기는

$$\text{부력} = \iint_S w(z - 4)\mathbf{k} \cdot \mathbf{n}\,d\sigma$$

임을 보이라. 여기서 $\mathbf{n}$은 (x, y, z)에서의 외향 단위법선벡터이다. 이것은 액체에 잠긴 물체에 작용하는 부력의 크기는 이 부피만큼의 액체의 무게와 같다는 아르키메데스의 원리를 나타내 준다.

c. 발산 정리를 이용하여 (b)의 부력 크기를 계산하라.

14. 휘어진 곡면에서의 액체의 힘 곡면 $z = \sqrt{x^2 + y^2}$, $0 \le z \le 2$ 모양의 원뿔에 상수인 질량 밀도 w를 가지는 액체가 채워져 있다. xy평면이 바닥면이라 가정할 때, $z = 1$부터 $z = 2$까지의 원뿔의 부분에 작용하는 액체 압력에 의한 총 힘은 면적분

$$F = \iint_S w(2 - z)\,d\sigma$$

임을 보이라. 이 적분을 계산하라.

15. 패러데이의 법칙 만약에 $\mathbf{E}(t, x, y, z)$와 $\mathbf{B}(t, x, y, z)$가 각각 점 (x, y, z)와 시각 t에서의 전기장과 자기장을 나타낸다면, 전자기 이론의 기본 원리에 의하여 $\nabla \times \mathbf{E} = -\partial\mathbf{B}/\partial t$를 알 수 있다. 여기서 $\nabla \times \mathbf{E}$는 t를 고정하고서 미분하고, $\partial\mathbf{B}/\partial t$는 (x, y, z)를 고정하고서 미분한다. 스토크스 정리를 이용하여 패러데이의 법칙

$$\oint_C \mathbf{E} \cdot d\mathbf{r} = -\frac{\partial}{\partial t}\iint_S \mathbf{B} \cdot \mathbf{n}\,d\sigma$$

을 유도하라. 여기서 C는 철사 원형을 나타내는데 이것을 따라서 전류가 곡면의 단위법선벡터 $\mathbf{n}$에 대하여 반시계방향으로 흐르면서 C 주위로 전압

$$\oint_C \mathbf{E} \cdot d\mathbf{r}$$

을 준다. 위 식의 우변의 면적분을 **자기유출**(*magnetic flux*)이

라 부르며, S는 임의의 방향을 가지는 곡면이고, C는 S의 경계이다.

16. 벡터장

$$\mathbf{F} = -\frac{GmM}{|\mathbf{r}|^3}\mathbf{r}$$

을 $\mathbf{r} \ne \mathbf{0}$일 때 정의되는 중력장이라 하자. 14.8절의 가우스 법칙을 이용하여 $\mathbf{F} = \nabla \times \mathbf{H}$를 만족하는 연속 미분가능한 벡터장 $\mathbf{H}$가 존재하지 않음을 보이라.

17. $f(x, y, z)$와 $g(x, y, z)$가 C를 경계곡선으로 하는, 방향을 가지는 곡면 S에서 정의된 연속 미분가능한 스칼라함수라면,

$$\iint_S (\nabla f \times \nabla g) \cdot \mathbf{n}\,d\sigma = \oint_C f\,\nabla g \cdot d\mathbf{r}$$

이 성립함을 보이라.

18. 방향을 가지는 곡면 S에 둘러싸인 영역 D에서 $\nabla \cdot \mathbf{F}_1 = \nabla \cdot \mathbf{F}_2$와 $\nabla \times \mathbf{F}_1 = \nabla \times \mathbf{F}_2$가 성립한다고 가정하고, 곡면의 외향 단위법선벡터 $\mathbf{n}$에 대하여 S에서 $\mathbf{F}_1 \cdot \mathbf{n} = \mathbf{F}_2 \cdot \mathbf{n}$이라 가정하자. D 전체에서 $\mathbf{F}_1 = \mathbf{F}_2$가 성립함을 증명하라.

19. $\nabla \cdot \mathbf{F} = 0$이고 $\nabla \times \mathbf{F} = 0$일 때, $\mathbf{F} = \mathbf{0}$이 됨을 증명하거나 아니면 이 명제가 성립하지 않는 예를 들라.

20. S를 방향을 가지는 $\mathbf{r}(u, v)$로 매개변수화된 곡면이라고 하자. 용어 $d\boldsymbol{\sigma} = \mathbf{r}_u \, du \times \mathbf{r}_v \, dv$를 $d\boldsymbol{\sigma}$는 곡면에 수직인 벡터가 되도록 정의한다. 또한, (14.5절 식 (5)에 의하여) 크기 $d\sigma = |d\boldsymbol{\sigma}|$는 곡면 넓이 미분이다.

$$E = |\mathbf{r}_u|^2, \quad F = \mathbf{r}_u \cdot \mathbf{r}_v, \quad G = |\mathbf{r}_v|^2$$

일 때, 항등식

$$d\sigma = (EG - F^2)^{1/2}\,du\,dv$$

를 유도하라.

21. 외향 법선벡터 $\mathbf{n}$으로부터 방향을 가지는 곡면 S에 의하여 둘러싸인 영역 D의 부피 V에 대하여 항등식

$$V = \frac{1}{3}\iint_S \mathbf{r} \cdot \mathbf{n}\,d\sigma$$

가 성립함을 보이라. 여기서 $\mathbf{r}$은 D에 있는 점 (x, y, z)의 위치벡터이다.

부록

이 절에서는 실수, 부등식, 구간, 절댓값에 대해 살펴보자.

실수

미분적분학의 대부분은 실수 체계의 성질에 기초를 두고 있다. **실수(real number)**는 아래의 예와 같이 소수로 표현되는 수이다.

$$-\frac{3}{4} = -0.75000\cdots$$

$$\frac{1}{3} = 0.33333\cdots$$

$$\sqrt{2} = 1.4142\cdots$$

여기서 '…'는 소수 부분 수열이 계속됨을 의미한다. 모든 가능한 소수 표현은 실수를 나타내지만 경우에 따라 두 가지의 소수 표현이 하나의 실수를 표현하기도 한다. 예를 들어 .999…과 1.000…은 모두 실수 1을 나타낸다. 무한히 9를 가지는 임의의 수에 대해서도 비슷한 명제가 적용된다.

실수는 기하학적으로 **실직선(real line)**으로 불리는 수직선의 점으로 표현된다.

$$\overset{\xleftarrow{\hspace{2cm}}\xrightarrow{\hspace{2cm}}}{\underset{-2 \quad\quad -1\frac{3}{4}\quad\quad 0\ \frac{1}{3}\quad\quad 1\ \sqrt{2}\quad 2\quad\quad 3\ \pi \quad\quad 4}{}}$$

기호 '$\mathbb{R}$'은 실수계, 즉 실직선을 나타낸다.

실수계의 성질을 세 가지로 분류할 수 있는데 대수적 성질, 순서성, 완비성이다. **대수적 성질(algebraic property)**이란 실수가 더하고, 빼고, 곱하고, 또한 (0이 아닌 수로) 나눌 수 있다는 것이다. 이러한 산술의 일반 규칙에 의해 더 많은 실수를 만들 수도 있다. **절대 0으로 나눌 수는 없다.**

실수의 **순서성(order property)**이란 부록 6에 주어진다. 왼쪽 표에서 제시된 규칙은 실수의 순서성을 바탕으로 한다. 여기서 기호 '$\Rightarrow$'는 '수반한다'는 의미이다.

부등식에 숫자를 곱하는 규칙은 주의해야 한다. 양수를 곱하면 부등식이 유지되지만, 음수를 곱하면 부등식의 부호가 바뀐다. 역수는 같은 부호를 가진 수에 대해서는 부등호의 방향이 바뀐다. 예를 들면, $2 < 5$이지만 $-2 > -5$와 $\frac{1}{2} > \frac{1}{5}$가 성립한다.

부등식에 대한 규칙

a, b, c가 실수라 하자.
1. $a < b \Rightarrow a + c < b + c$
2. $a < b \Rightarrow a - c < b - c$
3. $a < b,\ c > 0 \Rightarrow ac < bc$
4. $a < b,\ c < 0 \Rightarrow bc < ac$
   특별한 경우: $a < b \Rightarrow -b < -a$
5. $a > 0 \Rightarrow \frac{1}{a} > 0$
6. a와 b가 둘 다 양수이거나 둘 다 음수이면, $a < b \Rightarrow \frac{1}{b} < \frac{1}{a}$

실수계의 **완비성(completeness property)**은 정확히 정의하는 게 더 어렵지만 이것이 1장에서 언급한 극한의 개념의 중심적인 부분이 된다. 대략 표현해 보면 실수가 실직선을 '완비한다'라고 표현하는 것은 실직선 안에 '구멍'이나 '틈'이 없다는 의미이다. 실수의 완비성이 없다면 미적분학에서 대부분의 정리는 성립되지 않을 수도 있다. 이 내용은 좀 더 깊이 있는 책에서 다루기로 한다. 그러나 부록 6은 포함될 내용들과 실수가 어떤 구조로 이루어져 있는가에 대한 힌트를 제공한다.

실수는 3개의 대표적인 부분집합이 있는데 자연수, 정수, 유리수이다.

1. 자연수 $1, 2, 3, 4, \cdots$

2. 정수 $0, \pm 1, \pm 2, \pm 3, \cdots$

3. 유리수, 즉 분수 $\dfrac{m}{n}$으로 표현되며, 여기서 m과 n은 정수이고 특히 $n \neq 0$으로 표현된다. 예를 들면,

$$\frac{1}{3}, \quad -\frac{4}{9} = \frac{-4}{9} = \frac{4}{-9}, \quad \frac{200}{13}, \quad 57 = \frac{57}{1}$$

유리수는 실수의 소수 표현 중 아래에 해당하는 형태이다.

(a) 유한인 경우(무한히 0의 배열로 끝나는 경우), 예를 들면

$$\frac{3}{4} = 0.75000 \ldots = 0.75$$

(b) 적당한 묶음이 무한히 반복되는 경우, 예를 들면

$$\frac{23}{11} = 2.090909 \ldots = 2.\overline{09} \qquad \text{—는 되풀이되는 숫자들의 묶음 표시}$$

유한인 경우도 소수가 반복되는 경우로도 볼 수 있는데 0이 무한히 반복된다고 할 수 있다.

유리수는 실수의 대수적 성질과 순서성은 보존하지만, 완비성은 성립하지 않는다. 예를 들어, 제곱하여 2가 되는 유리수는 존재하지 않는다. 즉, 유리수 직선에는 $\sqrt{2}$가 있어야 할 곳에 '구멍'이 나 있다.

유리수가 아닌 실수를 **무리수(irrational numbers)**라 한다. 그들은 순환하지 않는 무한소수로 특징지어진다. 예를 들어, $\pi, \sqrt{2}, \sqrt[3]{5}, \log_{10} 3$ 등이다. 모든 소수 전개는 실수를 나타내므로 무한히 많은 무리수가 존재한다는 것은 분명하다. 임의의 실수에 얼마든지 가까워지는 유리수와 무리수들을 동시에 찾을 수 있다. 유리수나 무리수 모두 실직선의 어느 한 점에 가까운 곳에서 찾을 수 있다.

집합 기호는 실수의 특별한 부분집합을 표현하는 데 유용하다. **집합(set)**은 대상들의 모임인데 이러한 대상을 집합의 **원소(elements)**라고 한다. S가 집합일 때, 기호 $a \in S$는 'a가 S의 원소이다'는 의미이고, 기호 $a \notin S$는 'a가 S의 원소가 아니다'의 의미이다. S와 T가 집합이면 $S \cup T$는 S와 T의 **합집합(union)**으로 S에 속하거나 또는 T에 속하는 모든 원소들로 이루어진다(S와 T에 동시에 속하기도 한다). **교집합(intersection)** $S \cap T$는 S와 T에 동시에 속하는 모든 원소들로 이루어진다. **공집합(empty set)** $\varnothing$는 어떠한 원소도 포함하지 않는 집합이다. 예를 들면, 유리수 집합과 무리수 집합의 교집합은 공집합이다.

어떤 집합은 괄호 안에 그들의 원소를 모두 나열함으로써 표현한다. 예를 들어, 집합 A가 6보다 작은 자연수(즉, 양의 정수)들로 구성된다면 다음과 같이 표현한다.

$$A = \{1, 2, 3, 4, 5\}$$

정수 전체의 집합 또한 다음과 같다.

$$\{0, \pm 1, \pm 2, \pm 3, \dots\}$$

집합을 표현하는 또 다른 방법은 괄호 안에 집합 내의 모든 원소를 생성하는 규칙을 설명하는 것이다. 예를 들어, 집합

$$A = \{x \,|\, x \ 0 < x < 6 \text{인 정수}\}$$

는 6보다 작은 양의 정수들의 집합이다.

구간

적어도 2개 이상의 실수를 포함하고 그 두 수 사이의 수를 모두 포함하는 실수의 부분 집합을 **구간(interval)**이라 정의한다. 예를 들어, $-2 \leq x \leq 5$나 $x > 6$인 모든 실수 x의 집합을 구간이라 한다. 그러나 0이 아닌 모든 실수의 집합은 구간이 아니다. 왜냐 하면 0이 없기 때문에 예를 들어 두 수를 -1과 1로 택했을 때 두 수 사이의 모든 실수가 집합에 포함되지 못하기 때문이다.

기하학적으로 구간은 실직선 또는 실직선 상의 반직선이나 선분을 의미한다. 선분에 대응되는 실수구간은 **유한 구간(finite intervals)**이고, 반직선이나 실직선에 대응되는 구간은 **무한 구간(infinite intervals)**이다.

유한구간은 양 끝점을 포함하면 **닫힌 구간(closed)**, 두 끝점 중 하나의 끝점만 포함하면 **반구간(half-open)**, 양 끝점을 모두 포함하지 않으면 **열린 구간(open)**이라고 한다. 또한, 양 끝점을 **경계점(boundary points)**이라 하고, 구간의 **경계(boundary)**를 만든다. 여기서 구간 내의 남은 점을 **내점(interior point)**이라 하고 이들 모두는 구간의 **내부(interior)**를 구성한다. 무한 구간이 하나의 유한 끝점을 포함하면 닫힌 구간이고 그렇지 않으면 열린 구간이다. 실직선은 무한 구간으로서 열린 구간이면서 동시에 닫힌 구간이다. 표 A.1은 다양한 구간의 형태를 요약한 것이다.

표 A.1 구간의 형태

기호	집합 설명	형태	그림
(a, b)	$\{x \,|\, a < x < b\}$	열린 구간	
$[a, b]$	$\{x \,|\, a \leq x \leq b\}$	닫힌 구간	
$[a, b)$	$\{x \,|\, a \leq x < b\}$	반구간	
$(a, b]$	$\{x \,|\, a < x \leq b\}$	반구간	
(a, ∞)	$\{x \,|\, x > a\}$	열린 구간	
$[a, \infty)$	$\{x \,|\, x \geq a\}$	닫힌 구간	
$(-\infty, b)$	$\{x \,|\, x < b\}$	열린 구간	
$(-\infty, b]$	$\{x \,|\, x \leq b\}$	닫힌 구간	
$(-\infty, \infty)$	$\mathbb{R}$ (실수집합)	열린 구간이면서 닫힌 구간	

부등식 풀기

x에 관한 부등식을 만족하는 수들의 구간을 찾는 과정을 부등식을 **푼다(solving)**라고 한다.

예제 1 다음 부등식을 풀고 실직선상에 표시하라.

(a) $2x - 1 < x + 3$

(b) $\dfrac{6}{x - 1} \geq 5$

풀이

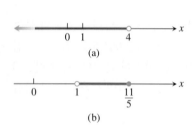
(a)

(b)

그림 A.1 예제 1의 부등식에 대한 해집합

(a)
$$2x - 1 < x + 3$$
$$2x < x + 4 \qquad \text{양변에 1을 더하라.}$$
$$x < 4 \qquad \text{양변에서 } x \text{를 빼라.}$$

답은 열린 구간 $(-\infty, 4)$이다(그림 A.1(a)).

(b) 부등식 $6/(x-1) \geq 5$의 경우 $x > 1$인 경우만 성립한다. $x \leq 1$이면 $6/(x-1)$이 정의되지 않거나 음수값을 만들기 때문이다. 따라서 $(x-1)$은 양수이므로 부등식의 양변에 $(x-1)$을 곱해도 부등호가 유지된다. 그리고

$$\frac{6}{x - 1} \geq 5$$
$$6 \geq 5x - 5 \qquad \text{양변에 } (x - 1) \text{을 곱하라.}$$
$$11 \geq 5x \qquad \text{양변에 5를 더하라.}$$
$$\frac{11}{5} \geq x \qquad \text{또는 } x \leq \frac{11}{5}$$

이고, 답은 반구간 $(1, 11/5]$이다(그림 A.1(b)). ∎

절댓값

실수 x의 **절댓값(absolute value)**은 $|x|$로 표시하고 다음과 같이 정의한다.

$$|x| = \begin{cases} x, & x \geq 0 \\ -x, & x < 0 \end{cases}$$

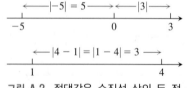
그림 A.2 절댓값은 수직선 상의 두 점 사이의 거리를 말한다.

예제 2 $\quad |3| = 3, \quad |0| = 0, \quad |-5| = -(-5) = 5, \quad |-|a|| = |a|$ ∎

기하학적으로 x의 절댓값은 실직선 상에서 x와 0 사이의 거리를 의미한다. 따라서 거리는 항상 양수이거나 0이므로 모든 실수 x에 대하여 $|x| \geq 0$이고 $|x| = 0$의 필요충분조건은 $x = 0$이다(그림 A.2). 실직선 상의 x와 y 사이의 거리

$$|x - y| = \text{실직선 상의 } x \text{와 } y \text{ 사이의 거리}$$

기호 $\sqrt{a}$는 항상 a의 **음이 아닌(nonnegative)** 제곱근을 의미하므로 $|x|$의 다른 정의는 다음과 같다.

$$|x| = \sqrt{x^2}$$

$\sqrt{a^2} = |a|$이므로 $a \geq 0$이 아닌 경우 $\sqrt{a^2} = a$가 성립하지 않음에 주의해야 한다.

절댓값은 다음과 같은 성질을 가진다(증명은 연습문제로 남긴다).

절댓값의 성질

1. $|-a| = |a|$ 하나의 수와 그 수의 덧셈의 역원, 즉 음수도 같은 절댓값을 갖는다.

---

2. $\lvert ab \rvert = \lvert a \rvert \lvert b \rvert$	곱의 절댓값은 절댓값의 곱과 같다.
3. $\left\lvert \dfrac{a}{b} \right\rvert = \dfrac{\lvert a \rvert}{\lvert b \rvert}$	나눗셈의 절댓값은 절댓값의 나눗셈과 같다.
4. $\lvert a + b \rvert \le \lvert a \rvert + \lvert b \rvert$	**삼각부등식(triangle inequality)** 두 수의 합의 절댓값은 절댓값의 합보다 작거나 같다.

일반적으로 $\lvert -a \rvert \ne -\lvert a \rvert$임을 주의해야 한다. 예를 들어, $\lvert -3 \rvert = 3$이지만 $-\lvert 3 \rvert = -3$이다. a와 b의 부호가 서로 다르면 $\lvert a+b \rvert$는 $\lvert a \rvert + \lvert b \rvert$보다 작다. 그렇지 않은 경우면 $\lvert a+b \rvert$는 $\lvert a \rvert + \lvert b \rvert$와 같다. $\lvert -3+5 \rvert$의 표현에서 절댓값 기호는 괄호처럼 취급된다. 즉, 절댓값을 계산하기 전에 먼저 절댓값 안의 산술연산부터 해야 한다.

예제 3
$$\lvert -3 + 5 \rvert = \lvert 2 \rvert = 2 < \lvert -3 \rvert + \lvert 5 \rvert = 8$$
$$\lvert 3 + 5 \rvert = \lvert 8 \rvert = \lvert 3 \rvert + \lvert 5 \rvert$$
$$\lvert -3 - 5 \rvert = \lvert -8 \rvert = 8 = \lvert -3 \rvert + \lvert -5 \rvert \qquad ■$$

부등식 $\lvert x \rvert < a$는 x와 0 사이의 거리가 양수 a보다 작음을 나타낸다. 즉, x가 그림 A.3과 같이 $-a$와 a 사이에 존재해야 함을 의미한다.

왼쪽 표는 절댓값 정의의 모든 결론들로서 종종 절댓값을 포함하는 방정식 또는 부등식을 풀 때 도움을 준다.

기호 $\Leftrightarrow$는 논리적 관계 '필요충분조건'을 나타낼 때 사용한다.

예제 4 주어진 방정식의 해를 구하라.
$$\lvert 2x - 3 \rvert = 7$$

풀이 성질 5를 적용하면, $2x - 3 = \pm 7$이다. 따라서 2개의 가능성이 있는데,

$$2x - 3 = 7 \qquad 2x - 3 = -7 \qquad \text{절댓값 없이 동치인 방정식}$$
$$2x = 10 \qquad\quad 2x = -4 \qquad\quad \text{방정식을 푼다.}$$
$$x = 5 \qquad\qquad x = -2$$

그러므로 $\lvert 2x - 3 \rvert = 7$의 해는 $x = 5$와 $x = -2$이다. $\qquad ■$

예제 5 주어진 부등식을 풀라.
$$\left\lvert 5 - \frac{2}{x} \right\rvert < 1$$

풀이

$$\left\lvert 5 - \frac{2}{x} \right\rvert < 1 \Leftrightarrow -1 < 5 - \frac{2}{x} < 1 \qquad \text{성질 6}$$
$$\Leftrightarrow -6 < -\frac{2}{x} < -4 \qquad \text{5를 빼라.}$$
$$\Leftrightarrow 3 > \frac{1}{x} > 2 \qquad -\tfrac{1}{2}\text{를 곱하라.}$$
$$\Leftrightarrow \frac{1}{3} < x < \frac{1}{2} \qquad \text{역수를 취하라.}$$

부등식의 다양한 규칙들이 여기서 어떻게 사용되었는지 잘 살펴보라. 음수를 곱하면 부등호의 방향이 바뀐다. 양변이 양수인 경우 역수를 취하면 부등호의 방향이 바뀐다. 처음 부등식이 성립하기 위한 필요충분조건은 $(1/3) < x < (1/2)$이다. 답은 열린 구간 $(1/3, 1/2)$이다. $\qquad ■$

그림 A.3 $\lvert x \rvert < a$는 x가 $-a$와 a 사이에 있음을 의미한다.

절댓값과 구간

a가 임의의 양수이면,

5. $\lvert x \rvert = a \Leftrightarrow x = \pm a$
6. $\lvert x \rvert < a \Leftrightarrow -a < x < a$
7. $\lvert x \rvert > a \Leftrightarrow x > a$ 또는 $x < -a$
8. $\lvert x \rvert \le a \Leftrightarrow -a \le x \le a$
9. $\lvert x \rvert \ge a \Leftrightarrow x \ge a$ 또는 $x \le -a$

연습문제 A.1

1. $\frac{1}{9}$을 반복되는 숫자로 표시하기 위해 묶음 표시 '‒'를 사용하여 순환소수로 표현하라. $\frac{2}{9}, \frac{3}{9}, \frac{8}{9}, \frac{9}{9}$도 소수 표현으로 바꾸라.

2. $2 < x < 6$인 x에 대하여 다음 부등식이 성립하는지 여부를 판단하라.

  a. $0 < x < 4$ b. $0 < x - 2 < 4$

  c. $1 < \frac{x}{2} < 3$ d. $\frac{1}{6} < \frac{1}{x} < \frac{1}{2}$

  e. $1 < \frac{6}{x} < 3$ f. $|x - 4| < 2$

  g. $-6 < -x < 2$ h. $-6 < -x < -2$

연습문제 3~6에서 주어진 부등식을 풀고 실직선에 표시하라.

3. $-2x > 4$ 4. $5x - 3 \le 7 - 3x$

5. $2x - \frac{1}{2} \ge 7x + \frac{7}{6}$ 6. $\frac{4}{5}(x - 2) < \frac{1}{3}(x - 6)$

연습문제 7~9에서 주어진 방정식을 풀라.

7. $|y| = 3$ 8. $|2t + 5| = 4$ 9. $\left|8 - 3s\right| = \frac{9}{2}$

연습문제 10~17에서 주어진 부등식을 풀고 구간 또는 구간의 합으로 해를 표현하라. 또한, 실직선에 표시하라.

10. $|x| < 2$ 11. $|t - 1| \le 3$ 12. $|3y - 7| < 4$

13. $\left|\frac{z}{5} - 1\right| \le 1$ 14. $\left|3 - \frac{1}{x}\right| < \frac{1}{2}$ 15. $|2s| \ge 4$

16. $|1 - x| > 1$ 17. $\left|\frac{r + 1}{2}\right| \ge 1$

연습문제 18~21에서 주어진 부등식을 풀고 구간 또는 구간의 합으로 해를 표현하라. 또한, 실직선에 표시하라. $\sqrt{a^2} = |a|$를 활용한다.

18. $x^2 < 2$ 19. $4 < x^2 < 9$
20. $(x - 1)^2 < 4$ 21. $x^2 - x < 0$

22. $|-a| = a$라는 함정에 빠지지 마라. 어떤 실수 a에 대해서 이 식이 성립하는가? 어떤 실수에서 성립하지 않는가?

23. $|x - 1| = 1 - x$를 풀라.

24. **삼각부등식에 대한 증명** 다음 삼각부등식의 증명 과정 중에 번호 매겨진 단계마다 적절한 이유를 제시하라.

$$a + b|^2 = (a + b)^2 \tag{1}$$
$$= a^2 + 2ab + b^2$$
$$\le a^2 + 2|a||b| + b^2 \tag{2}$$
$$= |a|^2 + 2|a||b| + |b|^2 \tag{3}$$
$$= (|a| + |b|)^2$$
$$|a + b| \le |a| + |b| \tag{4}$$

25. 임의의 실수 a, b에 대하여 $|ab| = |a||b|$가 성립함을 보이라.

26. $|x| \le 3$과 $x > -1/2$가 성립하는 x를 구하라.

27. 부등식 $|x| + |y| \le 1$이 성립하는 그래프를 그리라.

28. 임의의 실수 a에 대하여 $|-a| = |a|$가 성립함을 보이라.

29. a가 임의의 양수일 때 $|x| > a$의 필요충분조건이 $x > a$, $x < -a$임을 보이라.

30. a. b가 0이 아닌 실수일 때 $|1/b| = 1/|b|$를 증명하라.

  b. 임의의 실수 a와 $b \ne 0$에 대하여 $\left|\frac{b}{a}\right| = \frac{|b|}{|a|}$를 증명하라.

A.2 수학적 귀납법

$$1 + 2 + \cdots + n = \frac{n(n + 1)}{2}$$

처럼 많은 공식은 수학적 귀납법이라는 공리를 적용함으로써 모든 양의 정수 n에 대하여 성립함을 보일 수 있다. 이 공리를 사용한 증명은 수학적 귀납법에 의한 증명 또는 귀납법에 의한 증명이라 한다. 귀납법으로 공식을 증명하는 단계는 다음과 같다.

1. $n = 1$에서 공식이 성립함을 확인한다.
2. 임의의 양의 정수 $n = k$에서 공식이 성립한다고 가정하면, 다음 정수 $n = k + 1$에서도 성립함을 증명한다.

귀납법 공리는 이 두 단계가 완성되면 공식이 모든 양의 정수 n에 대하여 성립한다는 주장이다. 1단계에 의해 $n = 1$인 경우 성립한다. 2단계에 의해 $n = 2$인 경우 성립한다. 따라서 다시 2단계에 의해 $n = 3$인 경우도 성립한다. 이와 같은 방법에 의해 $n = 4, 5,$

…에 대하여 계속적으로 성립한다. 첫 번째 도미노가 쓰러지고 k번째 도미노가 쓰러지면 그 다음 $(k+1)$번째 도미노를 쓰러지므로 모든 도미노는 쓰러진다.

다른 관점으로 살펴보면, 각각의 양의 정수에 대하여 하나씩 주어지는 명제들의 수열 $S_1, S_2, \cdots, S_n, \cdots$을 갖는다고 가정하자. 만일 이 명제 중 어느 하나가 참이라고 가정한다면 같은 선상에서 다음 명제가 참이 됨을 보일 수 있다. 또한, S_1이 참임을 보일 수 있다. 그렇다면 우리는 S_1으로부터 계속해서 모든 명제가 참이라는 결론을 가져도 된다.

예제 1 모든 양의 정수 n에 대하여 주어진 식이 성립함을 보이기 위해 수학적 귀납법을 활용하라.

$$1 + 2 + \cdots + n = \frac{n(n+1)}{2}$$

풀이 위에 언급한 2개의 단계를 보임으로써 증명을 완성한다.

1. $n=1$인 경우 다음과 같이 공식이 성립한다.

$$1 = \frac{1(1+1)}{2}$$

2. $n=k$인 경우 공식이 성립한다고 가정하면, $n=k+1$인 경우 성립하는가? 다음과 같이

$$1 + 2 + \cdots + k = \frac{k(k+1)}{2}$$

이 성립한다고 하면, $n=k+1$인 경우

$$1 + 2 + \cdots + k + (k+1) = \frac{k(k+1)}{2} + (k+1) = \frac{k^2 + k + 2k + 2}{2}$$
$$= \frac{(k+1)(k+2)}{2} = \frac{(k+1)((k+1)+1)}{2}$$

이 된다. 즉 $n=k+1$인 경우도 $n(n+1)/2$로 표현된다.

즉, 수학적 귀납법은 주어진 합의 공식은 모든 양의 정수 n에 대하여 성립함을 보여준다. ∎

4.2절 예제 4에서 1부터 n까지의 정수의 합을 계산함으로써 공식의 또 다른 증명을 하기도 한다. 그러나 수학적 귀납법에 의한 증명이 좀 더 일반적이다. 1부터 n까지의 정수의 제곱의 합이나 세제곱의 합에 대한 식을 찾기 위해서도 사용한다(연습문제 9, 10). 다음은 또 다른 예제이다.

예제 2 수학적 귀납법을 활용하여 모든 n에 대하여 주어진 식이 성립함을 보이라.

$$\frac{1}{2^1} + \frac{1}{2^2} + \cdots + \frac{1}{2^n} = 1 - \frac{1}{2^n}$$

풀이 수학적 귀납법의 2개의 단계를 보임으로써 증명을 완성한다.

1. $n=1$인 경우 다음과 같이 식이 성립한다.

$$\frac{1}{2^1} = 1 - \frac{1}{2^1}$$

2.
$$\frac{1}{2^1} + \frac{1}{2^2} + \cdots + \frac{1}{2^k} = 1 - \frac{1}{2^k}$$

이면,

$$\frac{1}{2^1} + \frac{1}{2^2} + \cdots + \frac{1}{2^k} + \frac{1}{2^{k+1}} = 1 - \frac{1}{2^k} + \frac{1}{2^{k+1}} = 1 - \frac{1 \cdot 2}{2^k \cdot 2} + \frac{1}{2^{k+1}}$$

$$= 1 - \frac{2}{2^{k+1}} + \frac{1}{2^{k+1}} = 1 - \frac{1}{2^{k+1}}$$

따라서 주어진 공식은 $n=k$인 경우에 성립하면 $n=k+1$인 경우도 성립한다.

증명된 이 두 단계에 의해 수학적 귀납법은 모든 양의 정수 n에 대하여 주어진 공식이 성립함을 보여준다. ∎

시작하는 단계의 정수가 1이 아닌 경우

$n=1$에서 시작하는 대신 다른 정수에서 시작하는 귀납법을 생각해 보자. 그러한 경우 단계는 다음과 같다.

1. $n=n_1$인 경우 공식이 성립함을 확인한다.
2. 공식이 $n=k\geq n_1$에 대하여 성립한다고 가정하고 $n=k+1$인 경우 성립함을 증명한다.

이 2개의 단계가 완성되면 수학적 귀납법은 모든 $n\geq n_1$에 대하여 식이 성립함을 보장한다.

예제 3 충분히 큰 n에 대하여 $n!>3n$이 성립함을 보이라.

풀이 어느 정도 큰 n에 대하여 성립하는지 확인하기 위하여 아래와 같이 표를 작성해 본다.

n	1	2	3	4	5	6	7
$n!$	1	2	6	24	120	720	5040
3^n	3	9	27	81	243	729	2187

$n=7$인 경우 성립하므로 $n\geq 7$에 대해서 $n!>3^n$이 성립할 것처럼 보인다. 따라서 수학적 귀납법을 $n=7$인 경우부터 적용해서 확인해 보면, $n_1=7$이라 놓고, 두 번째 단계를 완성하기 위해 $k\geq 7$인 경우 $k!>3^k$라고 가정하자. 그러면

$$(k+1)! = (k+1)(k!) > (k+1)3^k > 7\cdot 3^k > 3^{k+1}$$

이다. 따라서 모든 $k\geq 7$에 대하여

$$k! > 3^k \text{이면} \quad (k+1)! > 3^{k+1} \text{이다.}$$

이다. 즉, 수학적 귀납법에 의해 모든 $n\geq 7$인 경우 $n!\geq 3^n$이 성립한다. ∎

유한히 많은 함수들의 합에 대한 합의 미분 공식의 증명

다음 식을 수학적 귀납법으로 증명한다.

$$\frac{d}{dx}(u_1 + u_2 + \cdots + u_n) = \frac{du_1}{dx} + \frac{du_2}{dx} + \cdots + \frac{du_n}{dx}$$

$n=2$인 경우에 식이 성립한다. 2.3절에서 증명하였다. 수학적 귀납법의 첫 번째 단계이다. 두 번째 단계는 임의의 양의 정수 $n=k(k\geq n_0=2)$에 대해 식이 성립한다고 가정할 때, $n=k+1$일 때도 식이 성립함을 보여야 한다. 따라서

$$\frac{d}{dx}(u_1 + u_2 + \cdots + u_k) = \frac{du_1}{dx} + \frac{du_2}{dx} + \cdots + \frac{du_k}{dx} \tag{1}$$

가 성립한다고 가정하자. 그러면

$$\frac{d}{dx}\underbrace{(u_1 + u_2 + \cdots + u_k}_{\substack{\text{이 합으로 정의된}\\\text{함수를 } u\text{라고 하자.}}} + \underbrace{u_{k+1})}_{\substack{\text{이 함수를}\\v\text{라고 하자.}}}$$

$$= \frac{d}{dx}(u_1 + u_2 + \cdots + u_k) + \frac{du_{k+1}}{dx} \qquad \text{합의 공식 } \frac{d}{dx}(u + v)$$

$$= \frac{du_1}{dx} + \frac{du_2}{dx} + \cdots + \frac{du_k}{dx} + \frac{du_{k+1}}{dx} \qquad \text{식 (1)}$$

이 두 단계를 보임으로, 수학적 귀납법은 모든 정수 $n \geq 2$에 대하여 합의 공식이 성립함을 보여준다.

연습문제 A.2

1. 임의의 두 수 a, b에 대하여 삼각부등식이 $|a + b| \leq |a| + |b|$가 성립한다고 가정할 때 모든 양의 정수 n에 대하여 아래 주어진 식이 성립함을 보이라.
$$|x_1 + x_2 + \cdots + x_n| \leq |x_1| + |x_2| + \cdots + |x_n|$$

2. $r \neq 1$이면 모든 양의 정수 n에 대하여 주어진 식이 성립함을 보이라.
$$1 + r + r^2 + \cdots + r^n = \frac{1 - r^{n+1}}{1 - r}$$

3. 곱의 미분 공식 $\frac{d}{dx}(uv) = u\frac{dv}{dx} + v\frac{du}{dx}$와 $\frac{d}{dx}(x) = 1$을 이용하여 모든 양의 정수 n에 대하여 $\frac{d}{dx}(x^n) = nx^{n-1}$이 성립함을 보이라.

4. 함수 $f(x)$가 임의의 양수 x_1과 x_2에 대하여 $f(x_1 x_2) = f(x_1) + f(x_2)$가 성립한다고 가정하자. 임의의 양의 정수 n과 양수 $x_1, x_2, \cdots, x_n$에 대하여
$$f(x_1 x_2 \cdots x_n) = f(x_1) + f(x_2) + \cdots + f(x_n)$$
이 성립함을 보이라.

5. 모든 양의 정수 n에 대하여
$$\frac{2}{3^1} + \frac{2}{3^2} + \cdots + \frac{2}{3^n} = 1 - \frac{1}{3^n}$$
이 성립함을 보이라.

6. 충분히 큰 n에 대하여 $n! > n^3$이 성립함을 보이라.

7. 충분히 큰 n에 대하여 $2^n > n^2$이 성립함을 보이라.

8. $n \geq -3$인 경우 $2^n \geq 1/8$이 성립함을 보이라.

9. **제곱의 합** 1에서 n까지 양의 정수 제곱 합의 공식이
$$\frac{n\left(n + \frac{1}{2}\right)(n + 1)}{3}$$
임을 보이라.

10. **세제곱의 합** 1에서 n까지 양의 정수 세제곱 합의 공식이 $(n(n+1)/2)^2$임을 보이라.

11. **유한합의 공식** 모든 양의 정수 n에 대하여 주어진 유한합의 공식이 성립함을 보이라(4.2절 참조).

    a. $\displaystyle\sum_{k=1}^{n}(a_k + b_k) = \sum_{k=1}^{n}a_k + \sum_{k=1}^{n}b_k$

    b. $\displaystyle\sum_{k=1}^{n}(a_k - b_k) = \sum_{k=1}^{n}a_k - \sum_{k=1}^{n}b_k$

    c. $\displaystyle\sum_{k=1}^{n}ca_k = c \cdot \sum_{k=1}^{n}a_k$ （임의의 수 c）

    d. $\displaystyle\sum_{k=1}^{n}a_k = n \cdot c$ （a_k가 상수 c인 경우）

12. 모든 양의 정수 n과 모든 실수 x에 대하여 $|x^n| = |x|^n$이 성립함을 보이라.

A.3 직선, 원, 포물선

이 절에서는 평면에서 좌표, 선, 거리, 원, 포물선에 대해 살펴보고, 증분에 대해서도 논의한다.

평면 상의 직교 좌표

이 절에서 실수를 좌표로 대응시켜서 실직선의 점들과 실수를 일치시켰다. 평면 상의

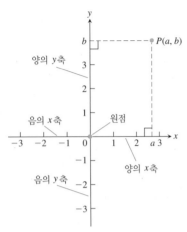

그림 A.4 평면 상의 직교좌표계는 원점에서 교차하는 2개의 수직축에 바탕을 둔다.

역사적 인물
데카르트(Rene Descartes, 1596~1650)

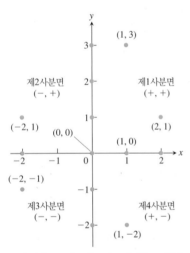

그림 A.5 xy좌표계 또는 데카르트 평면 상에 이름 붙여진 점들. 좌표축상의 점들은 모두 순서쌍을 갖지만 보통은 실수로 표현한다(예를 들어, x축 상의 (1, 0)은 1로 표시). 사분면의 좌표부호 경향을 주의하라.

점들도 실수의 순서쌍의 점들과 일치시킬 수 있다. 먼저 두 직교좌표가 각각 직선의 0점에서 만나도록 그린다. 이 직선을 평면에서 **좌표축(coordinate axes)**이라 한다. 수평의 x축 상에서는 숫자를 x로 표현하고 오른쪽으로 갈수록 증가한다. 수직의 y축 상에서는 숫자를 y로 표현하고 위로 갈수록 증가한다(그림 A.4). 따라서 '위로' 그리고 '오른쪽으로'가 양의 방향이고, 반면에 '아래로' 그리고 '왼쪽으로'가 음의 방향으로 간주된다. 좌표계의 **원점(orgin)** O는 0으로 이름 붙여지고 x와 y값이 둘 다 0인 평면 상의 점이다.

만일 P가 평면 상의 임의의 점이라면, 다음 방법으로 유일한 실수들의 순서쌍으로 표현된다. 2개의 좌표축에 수직이고 점 P를 지나는 직선들을 그리라. 이 직선들은 각각 좌표를 a와 b로 가지는 점에서 좌표축에서 만난다(그림 A.4). 순서쌍 (a, b)는 점 P로 규정짓고 **좌표쌍(coordinate pair)**이라 부른다. 첫 번째 수 a를 P의 **x좌표** 또는 **가로좌표(x coordinate, abscissa)**라 하고, 두 번째 수 b를 P의 **y좌표** 또는 **세로좌표(y coordinate, ordinate)**라 한다. y축 상의 모든 점의 x좌표는 0이고 x축 상의 모든 점의 y좌표는 0이다. 원점은 점 $(0, 0)$이다.

과정을 바꾸어 순서쌍 (a, b)에서 시작해서 평면 상에 대응하는 점으로 움직여 보자. 종종 P를 순서쌍에 일치시키고 $P(a, b)$라고 표기한다. 또는, 때때로 '점 (a, b)'라고 하기도 한다. (a, b)를 실직선 상의 열린 구간이 아닌 평면 상의 점으로 간주시킬 때는 내용으로부터 분명히 파악할 수 있을 것이다. 좌표로 이름 붙여진 몇 개의 점들을 그림 A.5에서 확인할 수 있다.

이 좌표계는 **직교좌표계** 또는 **데카르트 좌표계(rectangular coordinate system, Cartesian coordinate system)**라 한다(16세기 프랑스 수학자 데카르트 이름을 따서). 이 좌표 평면, 즉 데카르트 평면의 좌표축은 평면을 **사분면(quadrants)**이라 불리는 4개의 부분으로 나누는데 그림 A.5에서 보이듯이 반시계방향으로 번호를 매긴다.

변수 x, y를 가지는 방정식 또는 부등식의 **그래프**는 그 식을 만족하는 좌표를 가진 평면 상에 모든 점 $P(x, y)$의 집합이다. 좌표평면 상에 자료의 점을 찍거나 변수가 서로 다른 측량 단위를 갖는 공식의 그래프를 그릴 때 두 좌표축 상에 같은 크기를 사용할 필요는 없다. 예를 들면, 로켓 모터의 시간 대 추진력은 시간축 상의 1초와 추진력축 상의 1 N을 나타내는 표시를 원점으로부터 같은 거리로 취할 이유가 없다.

일반적으로 물리적 측정을 표현하지 않는 변수를 가진 함수의 그래프를 그릴 때 또는 기하적 측면과 삼각법을 연구하기 위해 좌표평면에 그림을 그릴 때는 좌표축 상의 크기를 동일하게 만들기 위해 노력해야 한다. 그러면 거리의 수직단위는 수평단위와 같게 보인다. 측량사의 지도나 축적도처럼 같은 길이의 선분은 같아 보여야 하고, 일치하는 각은 일치하게 보여야 한다.

컴퓨터 모니터나 계산기 화면은 또 다른 문제이다. 그래프를 만들어 내는 기계에서 수직과 수평 측도는 일반적으로 서로 달라서 거리나 기울기, 각도가 일그러짐이 나타난다. 원은 타원처럼, 직사각형은 정사각형처럼, 직각이 예각이나 둔각처럼 나타난다.

증분과 직선

하나의 입자가 평면 상의 한 점에서 다른 점으로 움직일 때 좌표에서의 순 변화량을 증분이라고 한다. 이는 끝점의 좌표에서 시작점의 좌표의 차로 계산된다. 만일 x가 x_1에서 x_2로 이동하였다면 x 상의 **증분(increment)**은 다음과 같다.

$$\Delta x = x_2 - x_1$$

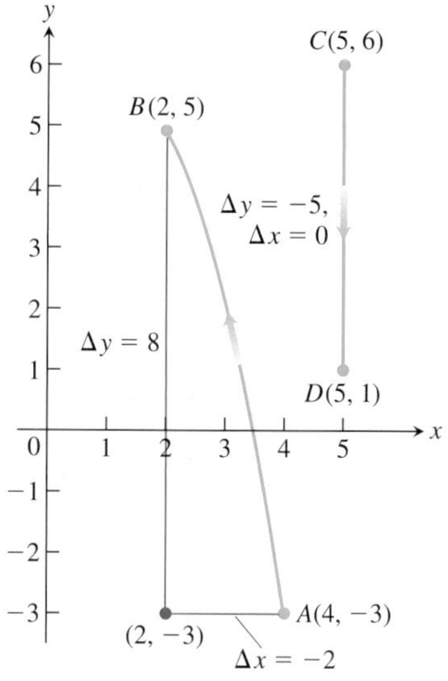

예제 1 $A(4, -3)$에서 $B(2, 5)$로 이동한 점에 대한 x좌표와 y좌표의 증분은 각각

$$\Delta x = 2 - 4 = -2, \qquad \Delta y = 5 - (-3) = 8$$

이다. 또한, $C(5, 6)$에서 $D(5, 1)$로 이동한 점에 대한 좌표 증분은 각각

$$\Delta x = 5 - 5 = 0, \qquad \Delta y = 1 - 6 = -5$$

이다. 그림 A.6 참조. ■

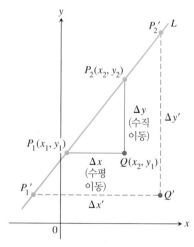

그림 A.6 좌표 증분은 양수, 음수 또는 0일 수 있다(예제 1).

평면 상의 두 점 $P_1(x_1, y_1)$, $P_2(x_2, y_2)$에 대하여 증분 $\Delta x = x_2 - x_1$과 $\Delta y = y_2 - y_1$을 각각 P_1과 P_2 사이의 **수평이동(run)**과 **수직이동(rise)**이라 한다. 그러한 2개의 점은 항상 유일한 직선(보통은 선)을 결정한다. 직선 P_1P_2라고 부른다.

아래와 같은 비를 가지는 평면 상의 임의의 수직이 아닌 직선은

$$m = \frac{\text{수직이동}}{\text{수평이동}} = \frac{\Delta y}{\Delta x} = \frac{y_2 - y_1}{x_2 - x_1}$$

직선 상의 어떠한 두 점 $P_1(x_1, y_1)$과 $P_2(x_2, y_2)$에 대해서도 같은 값을 가진다(그림 A.7). 이것은 닮은 삼각형에서 대응하는 변의 비는 같기 때문이다.

정의 평면 상의 수직이 아닌 직선 P_1P_2의 **기울기(slope)**는 다음과 같다.

$$m = \frac{\text{수직이동}}{\text{수평이동}} = \frac{\Delta y}{\Delta x} = \frac{y_2 - y_1}{x_2 - x_1}$$

기울기 m은 직선의 방향(위로, 아래로)과 경사 정도를 나타낸다. 만약 기울기가 양의 값을 가지면 오른쪽 위로 증가하는 직선이고, 만약 기울기가 음의 값을 가지면 오른쪽 아래로 감소하는 직선이다(그림 A.8) 기울기의 절댓값이 커질수록 더 급하게 상승하거

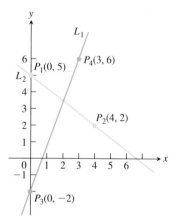

그림 A.7 삼각형 P_1QP_2와 $P_1'Q'P_2'$는 닮았다. 따라서 직선 상의 임의의 두 점에 대응하는 변의 길이는 항상 같다. 이 공통값이 직선의 기울기이다.

그림 A.8 L_1의 기울기는

$$m = \frac{\Delta y}{\Delta x} = \frac{6 - (-2)}{3 - 0} = \frac{8}{3}$$

이다. 즉, x가 3씩 증가할 때마다 y는 8씩 증가한다. L_2의 기울기는

$$m = \frac{\Delta y}{\Delta x} = \frac{2 - 5}{4 - 0} = \frac{-3}{4}$$

이다. 즉, x가 4씩 증가할 때마다 y는 3씩 감소한다.

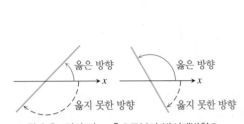

그림 A.9 경사도는 x축으로부터 반시계방향으로 측정한다.

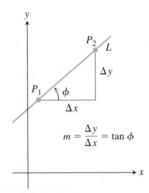

그림 A.10 수직이 아닌 직선의 기울기는 경사각의 탄젠트값이다.

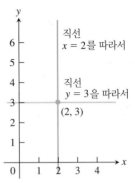

그림 A.11 (2, 3)을 지나는 수직선과 수평선에 대한 표준식은 $x = 2$와 $y = 3$이다.

나 하강한다. 수직선의 기울기는 정의되지 않는다. 왜냐하면 수직선에서 수평이동 Δx가 0이므로 기울기의 비 m을 계산할 수 없다.

직선의 방향이나 경사 정도는 각으로도 측정할 수 있다. x축을 가로지르는 직선의 **경사각(angle of inclination)**은 x축으로부터 직선까지 반시계방향으로 가장 작은 각을 읽으면 된다(그림 A.9). 수평선의 경사각은 0°이고, 수직선의 경사각은 90°이다. 만일 ϕ(그리스 문자, 파이)가 직선의 경사각을 표시한다면 $0 \leq \phi < 180°$이다.

수직이 아닌 직선의 기울기 m과 경사각 ϕ 사이의 관계는 그림 A.10에서 보여준다.

$$m = \tan\phi$$

직선은 상대적으로 간단한 형태를 가진다. x축 상의 점 a을 통과하는 수직선 상의 모든 점은 x좌표를 a로 가진다. 따라서 $x = a$는 수직선에 대한 식이다. 비슷하게 $y = b$는 y축 상에서 b를 지나는 수평선에 대한 식이다(그림 A.11).

수직이 아닌 직선 L에 대해서 만일 기울기 m과 한 점 $P_1(x_1, y_1)$이 주어진다고 하자.

점 $P(x, y)$는 L 상의 임의의 점이라 하면, 두 점 P_1과 P를 사용해서 다음과 같이 기울기를 계산할 수 있다.

$$m = \frac{y - y_1}{x - x_1}$$

따라서 $y - y_1 = m(x - x_1)$ 즉 $y = y_1 + m(x - x_1)$으로 표현된다.

$$y = y_1 + m(x - x_1)$$

으로 주어진 식은 한 점 (x_1, y_1)을 지나고 기울기가 m인 직선의 **점-기울기 방정식 (point-slope equation)**이다.

예제 2 (2, 3)을 지나고 기울기가 $-3/2$인 직선의 방정식을 구하라.

풀이 $x_1 = 2$, $y_1 = 3$과 $m = -3/2$을 점-기울기 방정식에 대입하면 다음과 같다.

$$y = 3 - \frac{3}{2}(x - 2), \qquad y = -\frac{3}{2}x + 6$$

$x = 0$일 때 $y = 6$이므로 직선은 y축과 $y = 6$에서 만난다.

예제 3 $(-2, -1)$과 (3, 4)를 지나는 직선의 방정식을 구하라.

풀이 직선의 기울기는 다음과 같다.

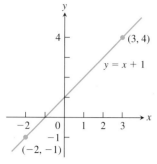

그림 A.12 예제 3의 직선의 그래프

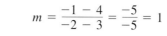

$$m = \frac{-1-4}{-2-3} = \frac{-5}{-5} = 1$$

이 기울기와 두 점 중 한 점을 택해서 점 – 기울기 방정식에 대입하라.

$(x_1, y_1) = (-2, -1)$인 점을 택하면,   **$(x_1, y_1) = (3, 4)$인 점을 택하면,**

$y = -1 + 1 \cdot (x - (-2))$ $y = 4 + 1 \cdot (x - 3)$

$y = -1 + x + 2$ $y = 4 + x - 3$

$y = x + 1$ $y = x + 1$

같은 결과

두 가지 방법 모두 같은 직선 $y = x + 1$을 얻는다(그림 A.12). ■

수직이 아닌 직선이 y축과 만나는 점의 y좌표를 직선의 **y절편(y–intercept)**이라 하고, 수평이 아닌 직선이 x축과 만나는 점의 x좌표를 직선의 **x절편(x–intercept)**이라 한다 (그림 A.13).

기울기가 m이고 y절편이 b인 직선은 점 $(0, b)$를 지난다. 따라서 다음과 같은 식을 갖는다.

$$y = b + m(x - 0), \quad 즉 \quad y = mx + b$$

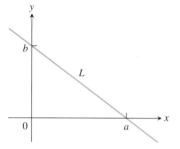

그림 A.13 직선 L은 x절편 a와 y절편 b를 가진다.

$$y = mx + b$$

로 주어진 방정식은 기울기가 m이고, y절편이 b인 **기울기 – 절편 방정식(slope-intercept equation)**이다.

$y = mx$의 형태를 가진 직선은 y절편이 0이다. 따라서 원점을 지난다. 직선의 방정식을 **선형(linear)**방정식이라 부른다. 방정식

$$Ax + By = C \ (A와 B는 동시에 0은 아니다.)$$

을 x와 y에 관한 **일반적인 선형방정식**이라 한다. 왜냐하면 이 방정식의 그래프는 항상 직선이고, 모든 직선은 이런 형태의 방정식(기울기가 정의되지 않는 직선을 포함)을 가진다.

평행선과 수직선

평행한 직선들은 같은 경사각을 가진다. 따라서 기울기도 같다(수직선만 아니면). 역으로 기울기가 같은 직선들은 경사각이 같고 따라서 평행하다.

두 개의 수직이 아닌 두 직선 L_1과 L_2가 직교하면 각각의 기울기 m_1, m_2에 대하여 $m_1 m_2 = -1$을 만족한다. 그래서 각각의 기울기는 서로에게 음의 역수관계이다.

$$m_1 = -\frac{1}{m_2}, \qquad m_2 = -\frac{1}{m_1}$$

이다. 그림 A.14에서 닮은 삼각형을 살펴보면 $m_1 = a/h$이고 $m_2 = -h/a$임을 알 수 있다. 따라서 $m_1 m_2 = (a/h)(-h/a) = -1$을 확인할 수 있다.

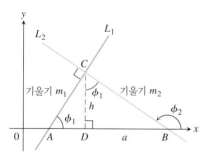

그림 A.14 삼각형 ADC와 삼각형 CDB는 닮은 삼각형이다. 따라서 삼각형 CDB의 윗각이 ϕ_1일 때 삼각형 CDB의 변으로부터 $\tan \phi_1 = a/h$이다.

평면 상에서의 거리와 원

평면 상의 두 점 사이의 거리를 계산하는 공식은 피타고라스 정리에 의해 유도된다(그림 A.15).

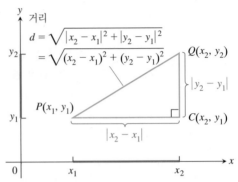

그림 A.15 두 점 $P(x_1, y_1)$과 $Q(x_2, y_2)$ 사이의 거리를 계산하기 위해 삼각형 PCQ에 피타고라스 정리를 적용한다.

평면 상의 두 점 사이의 거리 공식

두 점 $P(x_1, y_1)$과 $Q(x_2, y_2)$ 사이의 거리는 다음과 같다.

$$d = \sqrt{(\Delta x)^2 + (\Delta y)^2} = \sqrt{(x_2 - x_1)^2 + (y_2 - y_1)^2}$$

반지름이 a인 **원(circle)**은 중심 $C(h, k)$로부터 거리가 a인 모든 점 $P(x, y)$의 집합으로 정의한다(그림 A.16). 거리 공식으로부터 점 P가 원 위에 있을 필요충분조건은 다음과 같다.

$$\sqrt{(x - h)^2 + (y - k)^2} = a$$

즉,

$$(x - h)^2 + (y - k)^2 = a^2 \qquad (1)$$

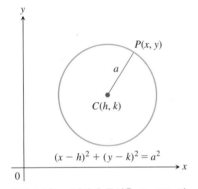

그림 A.16 xy평면에 중심을 (h, k)로 갖고 반지름이 a인 원

식 (1)은 중심이 (h, k)이고 반지름이 a인 원의 표준방정식이다. 반지름이 $a = 1$이고, 원점이 중심인 원은 아래와 같은 식을 가지며, **단위원(unit circle)**이라 한다.

예제 4

(a) 반지름이 2이고 중심이 (3, 4)인 원의 표준방정식은 다음과 같다.

$$(x - 3)^2 + (y - 4)^2 = 2^2 = 4$$

(b) 원

$$(x - 1)^2 + (y + 5)^2 = 3$$

은 $h = 1$, $k = -5$이고 $a = \sqrt{3}$이다. 따라서 중심은 $(h, k) = (1, -5)$이고 반지름은 $a = \sqrt{3}$이다. ∎

원에 대한 방정식이 표준형이 아니라면 먼저 식을 표준형으로 바꾼 후 원의 중심과 반지름을 찾을 수 있다. 그렇게 하는 대수적 기술이 완전제곱화이다.

예제 5 주어진 원의 중심과 반지름을 구하라.

$$x^2 + y^2 + 4x - 6y - 3 = 0$$

풀이 x, y에 관하여 완전제곱화하여 방정식을 표준형으로 바꾼다.

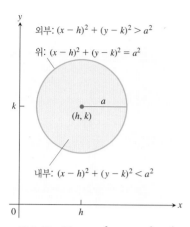

그림 A.17 원 $(x-h)^2 + (y-k)^2 = a^2$의 내부와 외부

$$x^2 + y^2 + 4x - 6y - 3 = 0$$
$$(x^2 + 4x) + (y^2 - 6y) = 3$$
$$\left(x^2 + 4x + \left(\frac{4}{2}\right)^2\right) + \left(y^2 - 6y + \left(\frac{-6}{2}\right)^2\right) =$$
$$3 + \left(\frac{4}{2}\right)^2 + \left(\frac{-6}{2}\right)^2$$
$$(x^2 + 4x + 4) + (y^2 - 6y + 9) = 3 + 4 + 9$$
$$(x + 2)^2 + (y - 3)^2 = 16$$

중심은 $(-2, 3)$이고 반지름 $a = 4$이다.

주어진 방정식에서 시작하여라.
같은 변수끼리 묶고 상수는 우변으로 이항하여라.

양변에서 x의 계수의 반을 제곱해서 더하여라. y에 대해서도 비슷하게 하면 좌변의 괄호 안의 표현은 완전제곱의 형태이다.

2차식의 형태를 써서

아래 주어진 부등식을 만족하는 점들 (x, y)는

$$(x - h)^2 + (y - k)^2 < a^2$$

중심이 (h, k)이고 반지름이 a인 원의 **내부**(**interior**)영역을 구성한다(그림 A.17). 원의 **외부**(**exterior**)는 아래 식을 만족하는 점 (x, y)로 이루어진다.

$$(x - h)^2 + (y - k)^2 > a^2$$

포물선

일반적인 포물선의 기하학적 정의와 성질은 9장에서 살펴보았다. 여기에서는 $y = ax^2 + bx + c$ 형태의 방정식의 그래프에서 나타나는 포물선을 살펴보자.

예제 6　$y = x^2$을 살펴보면, 이 방정식을 만족하는 좌표를 가진 몇 개의 점들은 $(0, 0)$, $(1, 1)$, $\left(\frac{3}{2}, \frac{9}{4}\right)$, $(-1, 1)$, $(2, 4)$, $(-2, 4)$이다. 이러한 점들은 포물선이라 정의되는 부드러운 곡선을 구성한다(그림 A.18).

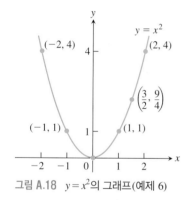

그림 A.18 $y = x^2$의 그래프(예제 6)

$$y = ax^2$$

형태의 방정식의 **축**(**axis**, 대칭축)을 y축으로 가지는 **포물선**(**parabola**)이다. 포물선의 **꼭짓점**(**vertex**, 포물선과 대칭축과의 교차점)은 원점이다. 만일 포물선이 $a > 0$이면 위로 열린 곡선이고, $a < 0$이면 아래로 열린 곡선이다. $|a|$의 값이 커질수록 점점 좁은 포물선이 만들어진다(그림 A.19).

일반적으로 $y = ax^2 + bx + c$의 그래프는 포물선 $y = x^2$을 이동하고 확장 또는 축소한 형태이다.

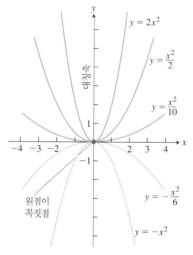

그림 A.19 a는 포물선 $y = ax^2$의 열린 방향을 결정할 뿐만 아니라 척도인자이다. 포물선은 a가 0에 가까워질수록 넓어지고 $|a|$가 커질수록 좁아진다.

$y = ax^2 + bx + c$, $a \neq 0$의 그래프

방정식 $y = ax^2 + bx + c$, $a \neq 0$의 그래프는 포물선이다. 만일 $a > 0$이면 포물선이 위로 열려 있고, $a < 0$이면 아래로 열려 있다. **축**(**axis**)은 다음과 같은 직선이다.

$$x = -\frac{b}{2a} \qquad (2)$$

포물선의 **꼭짓점**(**vertex**)은 축과 포물선이 만나는 점이다. 꼭짓점의 x좌표는 $x = -\frac{b}{2a}$이고, 포물선의 식에 $x = -\frac{b}{2a}$를 대입하면 y좌표를 찾을 수 있다.

$a = 0$이면 직선에 대한 방정식 $y = bx + c$이다. 식 (2)에 주어진 축은 완전제곱화함으로

써 구할 수 있다.

예제 7 $y = -\dfrac{1}{2} + x^2 - x + 4$의 그래프를 그리라.

풀이 $y = ax^2 + bx + c$와 주어진 식을 비교해 보면,

$$a = -\frac{1}{2}, \qquad b = -1, \qquad c = 4$$

이다. $a > 0$이므로 포물선은 아래로 열린 곡선이고, 식 (2)로부터 축은 수직선

$$x = -\frac{b}{2a} = -\frac{(-1)}{2(-1/2)} = -1$$

이다. $x = -1$인 경우

$$y = -\frac{1}{2}(-1)^2 - (-1) + 4 = \frac{9}{2}$$

이다. 꼭짓점은 $(-1, 9/2)$이다.

　$y = 0$일 때 x절편을 계산해 보면

$$-\frac{1}{2}x^2 - x + 4 = 0$$
$$x^2 + 2x - 8 = 0$$
$$(x - 2)(x + 4) = 0$$
$$x = 2, \qquad x = -4$$

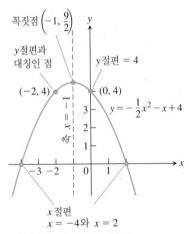

꼭짓점 $\left(-1, \dfrac{9}{2}\right)$

y절편과 대칭인 점

$(-2, 4)$

y절편 = 4

$(0, 4)$

축: $x = -1$

$y = -\dfrac{1}{2}x^2 - x + 4$

x절편
$x = -4$와 $x = 2$

그림 A.20 예제 7의 포물선

몇 개의 점을 찍고, 대칭축을 그리고 그림 A.20처럼 그래프를 완성하기 위해 열린 방향을 결정한다. ∎

타원

일반적인 타원의 기하학적인 정의와 성질은 9장에서 살펴보았다. 여기에서는 원과 관련지어서 살펴본다. 타원은 비록 함수의 그래프는 아닐지라도, 함수의 그래프에서 했던 것처럼, 원을 수평으로 또는 수직으로 늘여서 만들 수 있다. 반지름이 r이고 중심이 원점인 원에 대한 표준형은 다음과 같다.

$$x^2 + y^2 = r^2$$

원의 표준형에서 x대신에 cx를 대입하면(그림 A.21) 다음 식을 얻는다.

$$c^2x^2 + y^2 = r^2 \tag{3}$$

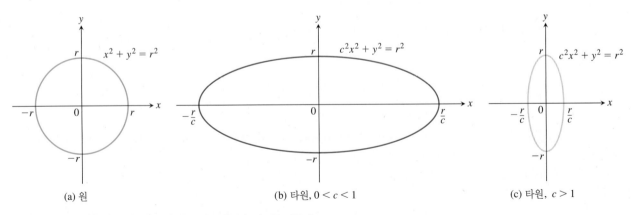

(a) 원　　　　　　　(b) 타원, $0 < c < 1$　　　　　　　(c) 타원, $c > 1$

그림 A.21 원을 수평으로 확장 또는 압축시켜 타원의 그래프를 만든다.

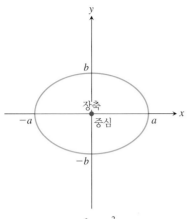

그림 A.22 타원 $\dfrac{x^2}{a^2} + \dfrac{y^2}{b^2} = 1$, $a > b$의 그래프. 장축은 수평선분이다.

만일 $0 < c < 1$이면, 식 (3)의 그래프는 수평으로 확장된다. 만일 $c > 1$이면, 원은 수평으로 압축된다. 두 경우 모두, 식 (3)의 그래프는 타원이다(그림 A.21). 그림 A.21에서 세 그래프 모두에서 y-절편은 항상 $-r$과 r이다. 그림 A.21(b)에서 두 점 $(\pm r/c, 0)$을 연결하는 선분을 타원의 **장축(major axis)**이라 하고, 두 점 $(0, \pm r)$을 연결하는 선분을 **단축(minor axis)**이라 한다. 그림 A.21(c)에서는 타원의 축들이 반대로 된다. 즉, 두 점 $(0, \pm r)$을 연결하는 선분이 장축이 되고, 두 점 $(\pm r/c, 0)$을 연결하는 선분이 단축이 된다. 항상 더 긴 선분이 장축이 된다.

식 (3)의 양변을 r^2으로 나누면, 다음 식을 얻는다.

$$\frac{x^2}{a^2} + \frac{y^2}{b^2} = 1 \tag{4}$$

여기서 $a = r/c$이고 $b = r$이다. 만일 $a > b$이면, 장축은 수평선분이고, 반대로 $a < b$이면, 장축은 수직선분이다. 식 (4)에 의해 주어진 타원의 **중심(center)**은 원점이다(그림 A.22).

식 (4)에서 x대신에 $x - h$를, y대신에 $y - k$를 대입하면, 다음 식을 얻는다.

$$\frac{(x - h)^2}{a^2} + \frac{(y - k)^2}{b^2} = 1 \tag{5}$$

식 (5)는 중심이 (h, k)인 **타원의 표준형(standard equation of an ellipse)**이다.

연습문제 A.3

거리, 기울기와 직선 포물선

연습문제 1과 2에서 좌표축에서 한 점이 A.서 B로 이동할 때 증분 Δx와 Δy를 계산하고 A. B 사이의 거리를 구하라.

1. $A(-3, 2)$,　$B(-1, -2)$　　**2.** $A(-3.2, -2)$,　$B(-8.1, -2)$

연습문제 3과 4에서 주어진 방정식의 그래프를 설명하라.

3. $x^2 + y^2 = 1$　　　　**4.** $x^2 + y^2 \leq 3$

연습문제 5와 6에서 주어진 점을 좌표평면에 표시하고 기울기를 구하고 AB에 수직인 직선의 기울기를 구하라.

5. $A(-1, 2)$,　$B(-2, -1)$　　**6.** $A(2, 3)$,　$B(-1, 3)$

연습문제 7과 8에서 주어진 점을 지나는 수직선과 수평선의 식을 구하라.

7. $(-1, 4/3)$　　　　**8.** $\left(0, -\sqrt{2}\right)$

연습문제 9~15에서 주어진 조건에 맞는 직선의 식을 구하라.

9. $(-1, 1)$을 지나고 기울기가 -1인 직선
10. $(3, 4)$와 $(-2, 5)$를 지나는 직선
11. 기울기 $-5/4$와 y절편이 6인 직선
12. $(-12, -9)$를 지나고 기울기가 0인 직선
13. y절편이 4이고, x절편이 -1인 직선
14. $(5, -1)$을 지나고 $2x + 5y = 15$와 평행한 직선
15. $(4, 10)$을 지나고 $6x^2 - 3y = 5$와 수직인 직선

연습문제 16과 17에서 x절편과 y절편을 구하고 그래프를 그릴 때 활용하라.

16. $3x + 4y = 12$　　　　**17.** $\sqrt{2}x - \sqrt{3}y = \sqrt{6}$
18. $A \neq 0$, $B \neq 0$일 때 $Ax + By = C_1$과 $Bx - Ay = C_2$ 사이에 어떤 관계가 성립되는지 찾아보고 이유를 제시하라.
19. 한 점이 $A(-2, 3)$에서 출발하여 $\Delta x = 5$, $\Delta y = -6$만큼 변화할 때 새로운 위치를 구하라.
20. 한 점이 $A(x, y)$에서 $B(3, -3)$으로 움직일 때 $\Delta x = 5$, $\Delta y = 6$이면 x, y를 구하라.

원

연습문제 21~23에서 주어진 중심 $C(h, k)$와 반지름 a를 가지는 원의 방정식을 찾고 xy평면에 그리라. 존재한다면 x, y절편을 표시하라.

21. $C(0, 2)$,　$a = 2$　　　　**22.** $C(-1, 5)$,　$a = \sqrt{10}$
23. $C\left(-\sqrt{3}, -2\right)$,　$a = 2$

연습문제 24~26에서 주어진 원의 방정식의 그래프를 그리라. 또한 중심을 구하고 존재한다면 x절편과 y절편을 구하라.

24. $x^2 + y^2 + 4x - 4y + 4 = 0$
25. $x^2 + y^2 - 3y - 4 = 0$　　**26.** $x^2 + y^2 - 4x + 4y = 0$

포물선

연습문제 27~30에서 주어진 포물선의 그래프를 그리고 꼭짓점, 축, 절편을 구하라.

27. $y = x^2 - 2x - 3$　　　　**28.** $y = -x^2 + 4x$

29. $y = -x^2 - 6x - 5$ **30.** $y = \dfrac{1}{2}x^2 + x + 4$

부등식

연습문제 31~34에서 주어진 부등식의 영역을 구하라.

31. $x^2 + y^2 > 7$ **32.** $(x - 1)^2 + y^2 \le 4$

33. $x^2 + y^2 > 1, \quad x^2 + y^2 < 4$

34. $x^2 + y^2 + 6y < 0, \quad y > -3$

35. 중심이 $(-2, 1)$이고 반지름이 $\sqrt{6}$인 원의 내부의 점들을 표현하는 부등식을 구하라.

36. 중심이 $(0, 0)$이고 반지름이 $\sqrt{2}$인 원 위와 내부의 점들 중 $(1, 0)$을 지나는 수직선의 오른쪽 영역을 표현하는 부등식을 구하라.

이론과 예제

연습문제 37~40에서 2개의 식의 그래프를 그리고 만나는 점을 구하라.

37. $y = 2x, \quad x^2 + y^2 = 1$ **38.** $y - x = 1, \quad y = x^2$

39. $y = -x^2, \quad y = 2x^2 - 1$

40. $x^2 + y^2 = 1, \quad (x - 1)^2 + y^2 = 1$

연습문제 41과 42에서 온도는 벽에서 변한다.

41. 절연체 주어진 그림에서 기울기를 측정해서 (a) 석고벽판, (b) 섬유유리 절연체, (c) 나무동판에서 각각의 인치당 각도로 온도변 화를 예상해 보라.

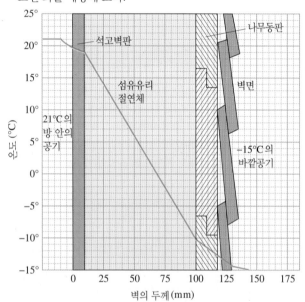

42. 절연체 연습문제 41의 그림에 따라 가장 좋은 절연체와 가장 나쁜 절연체를 선택하고 이유를 설명하라.

43. 물 속에서의 압력 물 안에서 잠수사들이 경험하는 압력 p는 잠수깊이 d와 관련이 있고 $p = kd + 101.3$(k는 상수)란 식을 세울 수 있다. 표면에서 압력은 101.3 kPa이다. 100 m 깊이에서 압력은 약 1106.5 kPa이다. 50 m 깊이에서의 압력을 구하라.

44. 반사되는 빛 빛 광선은 제2사분면으로부터 $x + y = 1$의 경로로 입사 중에 x축에서 그림처럼 반사된다. 입사각과 반사각은 같다. 빛이 움직이는 경로를 식으로 세워라.

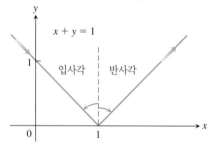

연습문제 44에서 빛의 경로. 입사각과 반사각은 수직선에서부터 측정한다.

45. 화씨온도 대 섭씨온도 FC평면에서 화씨와 섭씨온도와의 관계를 나타내는 다음 식의 그래프를 그리라.

$$C = \dfrac{5}{9}(F - 32)$$

같은 그래프 상에 직선 $C = F$를 그리고 섭씨온도계의 어떤 온도가 화씨온도계가 읽는 숫자와 같은 숫자를 나타내는지 찾아보라.

46. Washington Cog 철도 기술자들은 수평으로 달리는 거리에서 올라가거나 내려간 거리의 기울기로 노반의 기울기를 계산한다. 이 비율을 노반의 등급이라 하고 보통 % 기호를 쓴다. 해안을 따라가는 상업용 철도의 등급은 보통 2% 이내이고 산은 4%로 올라간다. 고속도로는 보통 5%보다 적다.

　뉴햄프셔에서의 Washington Cog 철도의 가장 가파른 부분은 대략 37.1%의 등급을 갖는다고 한다. 철도선로의 이 부분을 따라서 차의 앞부분의 좌석은 뒷부분의 좌석보다 4 m 위에 있다. 좌석의 앞 열과 뒷 열 사이는 얼마나 멀리 떨어져 있는가?

47. 삼각형의 세 꼭짓점 $A(1, 2)$, $B(5, 5)$, $C(4, -2)$에 대응하는 변의 길이를 계산하고, 주어진 삼각형이 이등변삼각형이지만 정삼각형이 아님을 확인하라.

48. $A(0, 0)$, $B(1, \sqrt{3})$, $C(2, 0)$을 세 꼭짓점으로 갖는 삼각형이 정삼각형임을 보이라.

49. $A(2, -1)$, $B(1, 3)$, $C(-3, 2)$를 세 꼭짓점으로 가질 때 나머지 한 점을 찾아서 정사각형을 만들라.

50. $(-1, 1)$, $(2, 0)$, $(2, 3)$을 포함하여 다른 한 점을 찾아서 평행사변형을 만들라.

51. $4x + y = 1$과 수직인 직선 $2x + ky = 3$에서 k값을 구하라.

52. 선분의 중점 $P(x_1, y_1)$과 $Q(x_2, y_2)$의 중점이

$$\left(\dfrac{x_1 + x_2}{2}, \dfrac{y_1 + y_2}{2} \right)$$

임을 보이라.

A.4 극한정리의 증명들

여기서는 1.2절 정리 1의 2~5와 정리 4를 증명한다.

정리 1 극한공식　L, M, c, k가 실수이고,

$$\lim_{x \to c} f(x) = L, \quad \lim_{x \to c} g(x) = M$$

이면 다음 공식들이 성립한다.

 1. 합의 공식: $\lim\limits_{x \to c} (f(x) + g(x)) = L + M$

 2. 차의 공식: $\lim\limits_{x \to c} (f(x) - g(x)) = L - M$

 3. 상수배의 공식: $\lim\limits_{x \to c} (k \cdot f(x)) = k \cdot L$

 4. 곱의 공식: $\lim\limits_{x \to c} (f(x) \cdot g(x)) = L \cdot M$

 5. 몫의 공식: $\lim\limits_{x \to c} \dfrac{f(x)}{g(x)} = \dfrac{L}{M}, \quad M \neq 0$

 6. 거듭제곱의 공식: $\lim\limits_{x \to c} [f(x)]^n = L^n$, n은 양의 정수

 7. 근의 공식: $\lim\limits_{x \to c} \sqrt[n]{f(x)} = \sqrt[n]{L} = L^{1/n}$, n은 양의 정수

     (n이 짝수라면 $\lim\limits_{x \to c} f(x) = L > 0$으로 가정한다.)

　1.3절에서 합의 공식을 증명하였고 거듭제곱과 근의 공식은 고급 미적분학에서 증명될 것이다. 차의 공식은 합의 공식에서 $g(x)$ 대신 $-g(x)$로, M 대신 $-M$으로 바꾸면 증명할 수 있다. 상수배 공식은 곱의 공식에서 $g(x) = k$로 적용하면 성립함을 확인할 수 있다. 이제 증명해야 할 법칙은 곱의 공식과 몫의 공식이다.

곱의 공식 증명　임의의 $\varepsilon > 0$에 대하여 f와 g의 정의역인 D의 모든 x에서 아래 주어진 식이 성립하는 $\delta > 0$가 존재함을 보이면 된다.

$$0 < |x - c| < \delta \quad \Rightarrow \quad |f(x)g(x) - LM| < \varepsilon$$

ε을 양의 실수로 가정하고, $f(x)$와 $g(x)$를

$$f(x) = L + (f(x) - L), \qquad g(x) = M + (g(x) - M)$$

라 하자. 두 식을 곱해서 LM을 빼면 다음과 같다.

$$
\begin{aligned}
f(x) \cdot g(x) - LM &= (L + (f(x) - L))(M + (g(x) - M)) - LM \\
&= LM + L(g(x) - M) + M(f(x) - L) \\
&\quad + (f(x) - L)(g(x) - M) - LM \\
&= L(g(x) - M) + M(f(x) - L) + (f(x) - L)(g(x) - M) \quad (1)
\end{aligned}
$$

f와 g가 $x \to c$일 때 각각 극한값 L과 M을 가지므로, D 내의 모든 x에 대하여 양의 실수 $\delta_1, \delta_2, \delta_3, \delta_4$가 존재하여 아래와 같이 성립한다.

$$
\begin{aligned}
0 < |x - c| < \delta_1 &\quad \Rightarrow \quad |f(x) - L| < \sqrt{\varepsilon/3} \\
0 < |x - c| < \delta_2 &\quad \Rightarrow \quad |g(x) - M| < \sqrt{\varepsilon/3} \\
0 < |x - c| < \delta_3 &\quad \Rightarrow \quad |f(x) - L| < \varepsilon/(3(1 + |M|)) \\
0 < |x - c| < \delta_4 &\quad \Rightarrow \quad |g(x) - M| < \varepsilon/(3(1 + |L|))
\end{aligned}
\qquad (2)
$$

δ를 $\delta_i(1 \le i \le 4)$ 중에 가장 작은 수로 취하면 식 (2)에서 부등식의 우변항들이 $0 < |x-c| < \delta$인 x에 대하여 동시에 성립한다. 따라서 $0 < |x-c| < \delta$인 D 내의 모든 x에 대하여

$$f(x) \cdot g(x) - LM| \qquad \text{식 (1)에 삼각부등식을 적용}$$

$$\le |L||g(x) - M| + |M||f(x) - L| + |f(x) - L||g(x) - M|$$

$$\le (1 + |L|)|g(x) - M| + (1 + |M|)|f(x) - L| + |f(x) - L||g(x) - M|$$

$$< \frac{\varepsilon}{3} + \frac{\varepsilon}{3} + \sqrt{\frac{\varepsilon}{3}}\sqrt{\frac{\varepsilon}{3}} = \varepsilon \qquad \text{식 (2)로부터 얻어지는 값}$$

이다. 따라서 곱의 법칙이 성립한다. ∎

몫의 공식 증명 $\lim_{x \to c}(1/g(x)) = 1/M$이 성립함을 보이면 극한곱의 법칙에 의해 아래와 같이 몫의 공식이 성립한다.

$$\lim_{x \to c}\frac{f(x)}{g(x)} = \lim_{x \to c}\left(f(x) \cdot \frac{1}{g(x)}\right) = \lim_{x \to c}f(x) \cdot \lim_{x \to c}\frac{1}{g(x)} = L \cdot \frac{1}{M} = \frac{L}{M}$$

$\varepsilon > 0$이라 하자. $\lim_{x \to c}(1/g(x)) = 1/M$이 성립함을 보이기 위해, 적당한 $\delta > 0$이 존재해서 모든 x에 대하여

$$0 < |x - c| < \delta \quad \Rightarrow \quad \left|\frac{1}{g(x)} - \frac{1}{M}\right| < \varepsilon$$

이 됨을 보이면 된다. $|M| > 0$이므로 적당한 양수 δ_1이 존재하고, 모든 x에 대하여 다음이 성립한다.

$$0 < |x - c| < \delta_1 \quad \Rightarrow \quad |g(x) - M| < \frac{M}{2} \tag{3}$$

임의의 수 A, B에 대하여 $|A| - |B| \le |A - B|$와 $|B| - |A| \le |A - B|$이 성립함을 보일수 있고, 따라서 $||A| - |B|| \le |A - B|$가 된다. 따라서 $A = g(x)$, $B = M$으로 놓으면,

$$||g(x)| - |M|| \le |g(x) - M|$$

이 성립한다. 식 (3)의 우변 부등식과 관련지어 다시 살펴보면

$$||g(x)| - |M|| < \frac{|M|}{2}$$

$$-\frac{|M|}{2} < |g(x)| - |M| < \frac{|M|}{2}$$

$$\frac{|M|}{2} < |g(x)| < \frac{3|M|}{2}$$

$$|M| < 2|g(x)| < 3|M|$$

$$\frac{1}{|M|} < \frac{2}{|M|} < \frac{3}{|g(x)|} \tag{4}$$

따라서 $0 < |x-c| < \delta_1$인 모든 x에 대하여

$$\left|\frac{1}{g(x)} - \frac{1}{M}\right| = \left|\frac{M - g(x)}{Mg(x)}\right| \le \frac{1}{|M|} \cdot \frac{1}{|g(x)|} \cdot |M - g(x)|$$

$$< \frac{1}{|M|} \cdot \frac{2}{|M|} \cdot |M - g(x)| \qquad \text{식 (4)} \tag{5}$$

이다. 그런데 $(1/2)|M|^2\varepsilon > 0$이므로 적당한 $\delta_2 > 0$에 대하여

$$0 < |x - c| < \delta_2 \quad \Rightarrow \quad |M - g(x)| < \frac{\varepsilon}{2}|M|^2 \tag{6}$$

이고, 여기서 $\delta = \min\{\delta_1, \delta_2\}$로 취하면 $0 < |x - c| < \delta$인 모든 x에 대하여 식 (5)와 (6)이 성립한다. 얻어진 결론들을 관련시켜 보면 다음과 같다.

$$0 < |x - c| < \delta \quad \Rightarrow \quad \left| \frac{1}{g(x)} - \frac{1}{M} \right| < \varepsilon$$

따라서 몫의 공식이 성립한다.　■

> **정리 4 샌드위치 정리**　상수 c를 포함하는 적당한 열린 구간 I 내의 $x = c$를 제외한 모든 x에 대하여 $g(x) \le f(x) \le h(x)$라 하자. 만일 $\lim_{x \to c} g(x) = \lim_{x \to c} h(x) = L$이면 $\lim_{x \to c} f(x) = L$이다.

우극한에 대한 증명　$\lim_{x \to c^+} g(x) = \lim_{x \to c^+} h(x) = L$이 성립한다고 가정하자. 그러면 임의의 $\varepsilon > 0$에 대하여 적당한 $\delta > 0$가 존재하여 $c < x < c + \delta$인 모든 x는 I에 포함되고 다음 부등식이 성립한다.

$$L - \varepsilon < g(x) < L + \varepsilon, \quad L - \varepsilon < h(x) < L + \varepsilon$$

주어진 부등식을 $g(x) \le f(x) \le h(x)$와 연결하면,

$$L - \varepsilon < g(x) \le f(x) \le h(x) < L + \varepsilon,$$
$$L - \varepsilon < f(x) < L + \varepsilon,$$
$$-\varepsilon < f(x) - L < \varepsilon$$

이다. 따라서 $c < x < c + \delta$ 내의 모든 x에 대하여 $|f(x) - L| < \varepsilon$가 된다.　■

좌극한에 대한 증명　$\lim_{x \to c^-} g(x) = \lim_{x \to c^-} h(x) = L$이 성립한다고 가정하자. 그러면 임의의 $\varepsilon > 0$에 대하여 적당한 $\delta > 0$이 존재하여 $c - \delta < x < c$인 모든 x는 I에 포함되고 다음 부등식이 성립한다.

$$L - \varepsilon < g(x) < L + \varepsilon, \quad L - \varepsilon < h(x) < L + \varepsilon$$

앞에서와 마찬가지로 $c - \delta < x < c$인 모든 x에 대하여 $|f(x) - L| < \varepsilon$가 성립한다.　■

양극한에 대한 증명　$\lim_{x \to c} g(x) = \lim_{x \to c} h(x) = L$이 성립하면 $x \to c^+$이고 $x \to c^-$일 때 $g(x)$와 $h(x)$는 L에 가까워진다. 따라서 $\lim_{x \to c^+} f(x) = L$이고 $\lim_{x \to c^+} f(x) = L$이다. 따라서 $\lim_{x \to c} f(x)$는 존재하고 그 값은 L이다.　■

연습문제 A.4

1. 함수 $f_1(x)$, $f_2(x)$, $f_3(x)$가 $x \to c$일 때 극한값 L_1, L_2, L_3를 갖는다고 하자. 세 함수의 합은 극한값 $L_1 + L_2 + L_3$를 가짐을 보이고, 수학적 귀납법 (부록 2)을 활용하여 이 결과를 유한개의 함수의 합으로 일반화하라.

2. $x \to c$일 때 함수 $f_1(x)$, $f_2(x)$, $\cdots$, $f_n(x)$가 극한값 L_1, L_2, $\cdots$, L_n에 수렴한다고 하자. 수학적 귀납법과 정리 1의 곱의 법칙을 활용해서 주어진 식이 성립함을 보이라.
$$\lim_{x \to c} f_1(x) \cdot f_2(x) \cdot \cdots \cdot f_n(x) = L_1 \cdot L_2 \cdot \cdots \cdot L_n$$

3. $\lim_{x \to c} x = c$와 연습문제 2를 활용해서 $n > 1$인 정수 n에 대하여
$$\lim_{x \to c} x^n = c^n$$
임을 보이라.

4. **다항식의 극한**　임의의 상수 k에 대하여 $\lim_{x \to c} (k) = k$와 연습문제 1과 3을 활용해서 임의의 다항함수
$$f(x) = a_n x^n + a_{n-1} x^{n-1} + \cdots + a_1 x + a_0$$
에 대하여 $\lim_{x \to c} f(x) = f(c)$임을 보이라.

5. **유리함수의 극한**　$f(x)$와 $g(x)$가 다항함수이고 $g(c) \ne 0$일 때 정리 1과 연습문제 4의 결과를 활용해서 주어진 극한이 성립함을 보이라.

$$\lim_{x \to c} \frac{f(x)}{g(x)} = \frac{f(c)}{g(c)}$$

6. 연속함수의 합성 그림 A.23은 2개의 연속함수의 합성함수도 연속이다는 증명을 위한 그림이다. 증명을 재구성하라. 증명될 명제는 다음과 같다. "f가 $x=c$에서 연속이고, g가 $f(c)$에서 연속이면 $g \circ f$는 $x=c$에서 연속이다."

단, c는 f의 정의역 내의 내점이고, $f(c)$는 g의 정의역 내의 내점이다. 또한, 우극한과 좌극한이 성립함을 보여서 두 극한 값이 일치함을 확인한다(한쪽 극한의 증명방법은 다른 한쪽 극한의 증명방법과 비슷하다).

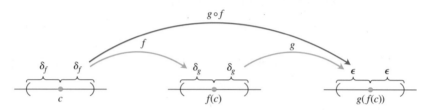

그림 A.23 2개의 연속함수의 합성은 연속이다의 증명을 위한 그림

A.5 자주 나오는 극한값

8.1절 정리 5의 극한 (4)~(6)을 증명하고자 한다.

극한 4: $|x| < 1$이면, $\displaystyle\lim_{n \to \infty} x_n = 0$이다. 각각의 $\varepsilon > 0$에 대하여 적당한 자연수 N이 존재해서, $n > N$인 모든 n에 대하여 $|x^n| < \varepsilon$임을 보이면 된다. $\varepsilon^{1/n} \to 1$인 반면에 $|x| < 1$이므로 적당한 자연수 N이 존재해서 $\varepsilon^{1/N} > |x|$가 된다. 즉,

$$|x^N| = |x|^N < \varepsilon \tag{1}$$

이것이 우리가 찾는 정수이다. 왜냐하면 $|x| < 1$이면 모든 $n > N$에 대하여 다음이 성립한다.

$$|x^n| < |x^N| \tag{2}$$

(1)과 (2)를 결합하면 모든 $n > N$에 대하여 $|x^n| < \varepsilon$이고 증명이 완성된다. ∎

극한 5: 임의의 수 x에 대하여, $\displaystyle\lim_{n \to \infty} \left(1 + \frac{x}{n}\right)^n = e^x$이다.

$$a_n = \left(1 + \frac{x}{n}\right)^n$$

이라 하자. 그러면

$$\ln a_n = \ln \left(1 + \frac{x}{n}\right)^n = n \ln \left(1 + \frac{x}{n}\right) \to x$$

이다. 왜냐하면 로피탈의 법칙을 적용해서 n에 관하여 미분하면

$$\lim_{n \to \infty} n \ln \left(1 + \frac{x}{n}\right) = \lim_{n \to \infty} \frac{\ln(1 + x/n)}{1/n}$$

$$= \lim_{n \to \infty} \frac{\left(\dfrac{1}{1 + x/n}\right) \cdot \left(-\dfrac{x}{n^2}\right)}{-1/n^2} = \lim_{n \to \infty} \frac{x}{1 + x/n} = x$$

이기 때문이다. $f(x) = e^x$에 대하여 8.1절의 정리 3을 적용하면 아래와 같은 결과를 얻는다.

$$\left(1 + \frac{x}{n}\right)^n = a_n = e^{\ln a_n} \to e^x$$
∎

극한 6: 임의의 수 x에 대하여, $\displaystyle\lim_{n\to\infty}\frac{x^n}{n!}=0$이다.

$$-\frac{|x|^n}{n!}\le\frac{x^n}{n!}\le\frac{|x|^n}{n!}$$

이므로 $|x|^n/n!\to 0$이 성립함을 보이기만 하면 된다. 그러면 수열에 관한 샌드위치 정리를 적용해서 $x^n/n!\to 0$의 결론을 얻는다(8.1절 정리 2).

먼저 $|x|^n/n!\to 0$이 성립함을 보이기 위한 첫 단계로 정수 $M>|x|$를 택하자. 그러면 $(|x|/M)<1$이다. 위에서 증명한 극한 4에 의해 $(|x|/M)^n\to 0$이 된다. $n>M$인 모든 자연수 n에 대하여

$$\frac{|x|^n}{n!}=\frac{|x|^n}{\underbrace{1\cdot 2\cdot\cdots\cdot M\cdot(M+1)\cdot(M+2)\cdot\cdots\cdot n}_{(n-M)\text{개 인자}}}$$

$$\le\frac{|x|^n}{M!M^{n-M}}=\frac{|x|^n M^M}{M!M^n}=\frac{M^M}{M!}\left(\frac{|x|}{M}\right)^n$$

이 성립한다. 따라서

$$0\le\frac{|x|^n}{n!}\le\frac{M^M}{M!}\left(\frac{|x|}{M}\right)^n$$

그런데 n이 증가해도 $M^M/M!$의 값은 변하지 않고 $(|x|/M)^n\to 0$이 되므로 샌드위치 정리에 의해 $|x|^n/n!\to 0$이 된다. ∎

A.6　실수에 관한 정리

미적분학의 논리적인 전개는 실수의 성질에 기초한다. 함수, 미분, 적분 등에서 나오는 많은 결과들은 유리수 상에서만 정의되는 함수에 대해서 명시되어졌다면 성립하지 않을 것이다. 이 장에서는 실수 이론의 몇 가지 기본 개념들을 간단히 살펴봄으로써 미적분학에서 더 깊이 있게 그리고 좀 더 많은 이론적 연구를 할 부분들에 대한 힌트를 제공받고자 한다.

실수를 만들기 위해서는 세 가지 성질이 요구된다. 즉 **대수적 성질, 순서성, 완비성**이다. 대수적 성질은 덧셈, 곱셈, 뺄셈, 나눗셈을 포함한다. 이 연산들은 실수뿐만 아니라 유리수와 복소수에도 적용된다.

수의 구조는 덧셈과 곱셈 연산을 가지는 집합을 바탕으로 만들어진다. 다음 성질들은 덧셈과 곱셈에 대해 성립한다.

A1　임의의 수 a, b, c에 대하여 $a+(b+c)=(a+b)+c$

A2　임의의 수 a, b에 대하여 $a+b=b+a$

A3　임의의 수 a에 대하여 $a+0=a$가 성립하는 '0'이 존재한다.

A4　a에 대하여 $a+b=0$이 성립하는 b가 존재한다.

M1　임의의 수 a, b, c에 대하여 $a(bc)=(ab)c$

M2　임의의 수 a, b에 대하여 $ab=ba$

M3　임의의 수 a에 대하여 $a\cdot 1=a$가 성립하는 '1'이 존재한다.

M4 0이 아닌 수 a에 대하여 $ab=1$인 수 b가 존재한다.

D 임의의 수 a, b, c에 대하여 $a(b+c)=ab+ac$

여기에서 A1과 M1은 **결합법칙**(*associative law*), A2와 M2는 **교환법칙**(*commutativity*), A3와 M3는 **항등원법칙**(*identity law*)이고, D는 **분배법칙**(*distributive law*)이다. 이 대수적 성질을 가진 집합을 **체(field)**라 한다. 체에 관하여는 추상대수에서 깊이 있게 다룬다.

순서성은 임의의 두 수의 크기를 비교 가능하게 한다. 순서성은 다음과 같다.

O1 임의의 수 a, b에 대하여 $a \leq b$ 또는 $b \leq a$거나 둘 다 성립한다.

O2 $a \leq b$이고 $b \leq a$이면, $a=b$이다.

O3 $a \leq b$이고 $b \leq c$이면, $a \leq c$이다.

O4 $a \leq b$이면 $a+c \leq b+c$이다.

O5 $a \leq b$이고 $0 \leq c$이면, $ac \leq bc$이다.

여기에서 O3는 **추이성**(*transitivity law*)이고, O4와 O5는 덧셈과 곱셈에 대한 순서성과 관계가 있다.

실수, 정수, 그리고 유리수는 순서를 가지고 있지만 복소수는 순서를 갖지 않는다. $i=\sqrt{-1}$과 같은 수는 0보다 더 크거나 더 작다고 결정할 수 있는 합당한 이유가 존재하지 않기 때문이다. 위에서처럼 임의의 두 수의 크기를 비교할 수 있는 체를 **순서체(ordered field)**라 한다. 유리수나 실수는 순서체이고 이외에도 다른 예가 많이 존재한다.

기하학적으로 실수를 하나의 선 상에 정렬된 점들로 간주할 수 있다. 실수는 선 상에 구멍이나 틈이 없이 모든 점에 대응하는데 이러한 성질을 **완비성(completeness property)**이라 한다. 반면에 유리수는 $\sqrt{2}$나 π와 같은 점들이 빠지게 되고, 정수는 심지어 1/2과 같은 분수도 빠진다. 완비성을 가진 실수는 빠지는 점들이 생기지 않는다.

빠진 구멍과 같은 모호한 개념은 정확히 무엇을 의미하는가? 이에 대한 대답을 하기 위해 완비성에 대한 좀 더 정확한 설명이 요구된다. 주어진 집합의 모든 수들이 M보다 작거나 같은 경우 M을 그 집합의 **상계(upper bound)**라 하고, 가장 작은 상계를 **상한(least upper bound)**이라 한다. 예를 들어, 음의 실수 전체의 집합에 대해 $M=2$는 상계이다. 또한, $M=1$도 상계이다. 따라서 2는 상한이 아님을 보여준다. 이 집합의 상한은 0이 된다. 위로 유계인 공집합이 아닌 모든 집합이 그 집합 안에 상한을 가지면 **완비된(complete)** 순서체라 정의한다.

유리수에서는 $\sqrt{2}$보다 작은 수들의 집합은 위로 유계이지만 유리수인 상한을 가지지는 않는다. 왜냐하면 어떠한 유리수 상계 M도 $\sqrt{2}$보다 여전히 더 크고 M보다 약간은 더 작은 유리수로 대체될 수 있기 때문이다. 그래서 유리수는 완비가 아니다. 실수의 경우 위로 유계인 집합은 항상 상한을 가진다. 따라서 실수는 완비순서체이다.

완비성은 미적분학에서 많은 결론들의 중심에 있다. 한 예는 3.1절에서처럼 닫힌 구간 $[a, b]$에서 정의된 함수의 최댓값을 찾을 때 나타난다. 함수 $y=x-x^3$에 대하여 구간 $[0, 1]$에서 $1-3x^2=0$을 만족하는 점 $x=\sqrt{1/3}$에서 최댓값을 갖는다. 유리수에서만 정의된 함수로 제한해서 고려하면 $x=\sqrt{1/3}$이 유리수가 아니므로 최댓값을 갖지 못한다 (그림 A.24). 닫힌 구간 $[a, b]$에서 연속함수는 최댓값을 갖는다는 최댓값 정리 (3.1절)는 유리수에서만 정의된 함수에서는 성립하지 않는다.

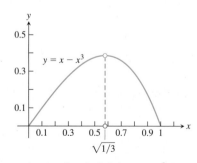

그림 A.24 $[0, 1]$ 상에서 $y=x-x^3$의 극댓값은 무리수 $x=\sqrt{1/3}$에서 존재한다.

중간값 정리에 의하면 $f(a)<0$이고 $f(b)>0$을 만족하는 구간 $[a, b]$에서 연속함수 f는 $[a, b]$의 어떤 점에서 함숫값을 0으로 갖는다. 함숫값 $f(x)=0$인 $[a, b]$ 내의 어떤 점 x가 존재하지 않고 음수에서 양수로 뛰어넘을 수 없다. 중간값 정리 또한 실수의 완비성에 의존하여 성립하는 정리로서 만약 유리수 상에서만 정의된 연속함수라면 중간값 정리는 성립하지 못한다. 예를 들어, 함수 $f(x)=3x^2-1$의 경우 $f(0)=-1$이고 $f(1)=2$이지만, f를 유리수 상에서만 고려하면 절대 0값을 가질 수 없다. $f(x)=0$이 성립하는 유일한 x값은 $x=\sqrt{1/3}$으로서 유리수가 아니다.

실수를 완비된 순서체라고 말함으로써 실수가 가져야 할 성질들을 모두 담았다. 그러나 아직 끝나지 않았다. 피타고라스 학파의 그리스 수학자들은 모든 수는 정수의 비라는 조건을 실직선 상의 수들에 또 다른 성질로 부과하기 위해서 노력하였다. 그러나 그들은 $\sqrt{2}$와 같은 무리수를 발견했을 때 그들의 노력이 의미없음을 알게 되었다. 실수에 특성을 부여하려고 하는 우리의 노력 또한 보이지 않는 어떠한 이유로 금이 갈 수 있을지 어떻게 알겠는가? 예술가 에셔(Escher)는 나선형 계단에 계속 올라가서 사실은 그들 스스로 재회하는 착시현상을 그렸다. 그러나 그런 계단을 만들기 위해 노력하는 기술자는 어떠한 구조도 설계자가 그렸던 계획을 실현시킬 수 없다는 것을 알게 될 것이다. 마찬가지로 실수에 대한 우리의 구상이 약간의 미묘한 모순을 포함하고 있지는 않은지, 그리고 그런 수체계의 구조가 만들어질 수 없지는 않는지 생각해 보아야 한다.

이 논의는 실수를 특수히 기술하고 이 모델에서 대수적 성질, 순서성, 완비성이 만족된다는 것을 확인함으로써 해결할 수 있다. 이것을 실수에 대한 구조라 부른다. 계단도 나무, 돌, 또는 철로 만들 수 있는 것처럼 실수를 구조화시키는 데에도 몇 가지 접근방법이 있다. 첫 번째 구조는 실수를 무한소수, 즉

$$a.d_1 d_2 d_3 d_4 \ldots$$

로 간주하는 것이다. 이러한 접근에서는 실수는 정수부분인 a와 소수부분의 수열로서 각각 0에서 9로 구성된 d_1, d_2, d_3, $\cdots$로 이루어진다. 이 수열은 멈추거나 또는 주기적으로 반복되거나 패턴도 없이 끊임없이 계속 진행되기도 한다. 2.00, 0.3333333$\cdots$, 3.1415926535898$\cdots$는 3개의 익숙한 형태를 표현한다. 이 수들 뒤에 따라오는 "$\cdots$"의 실수적 의미는 8장처럼 수열이나 급수의 전개를 요구한다. 각각의 실수는 유한소수 근삿값으로 표현되는 유리수 수열의 극한으로 만들어진다. 그러면 무한소수는 아래와 같은 급수로 볼 수 있다.

$$a + \frac{d_1}{10} + \frac{d_2}{100} + \cdots$$

실수에 대한 이러한 소수 구조는 아주 간단한 것은 아니다. 왜냐하면 이러한 구조로 실수를 설명할 경우 완비성과 순서성의 증명은 쉬우나 대수적 성질을 증명하는 것은 쉽지 않다. 두 수를 더하거나 곱하는 경우조차도 무한번의 연산이 필요하고 나눗셈의 경우는 무한소수에 대한 유리수 근삿값의 극한값을 포함해서 주의 깊은 논의가 필요하다.

데데킨트(Richard Dedekind, 1831~1916, 독일 수학자)에 의해 주어진 다른 접근은 1872년에 실수에 관한 최초의 엄밀한 구조를 주었다. 임의의 실수 x는 유리수 집합을 x보다 작거나 같은 유리수 집합과 x보다 큰 유리수 집합으로 나눌 수 있다. 따라서 데데킨트는 이러한 이유를 거꾸로 활용해서 유리수 집합을 2개의 부분집합으로 분류하는 경계값으로 실수를 정의하였다. 이상한 접근처럼 보이지만 옛 구조에서 새로운 구조

를 만드는 이러한 간접적인 방법은 이론 수학자들에게는 흔히 있는 일이다.

이러한 접근방법과 또 다른 접근방법은 원하는 대수적 성질, 순서성, 완비성을 가지는 숫자 체계를 만드는 데 사용할 수 있다. 그렇다면 마지막으로 논의할 내용은 모든 구조가 같은 것을 만드는지의 여부이다. 다른 구조로 세 가지 성질을 만족하는 다른 숫자 체계를 만들어내는 것이 가능할까? 만일 대답이 '네'라면 이 중에 어떤 구조가 실수인가? 다행히 대답은 '아니오'이다. 실수는 대수적 성질, 순서성, 완비성을 만족하는 유일한 숫자체계이다.

실수의 성질과 극한에 대한 혼돈은 초기 미적분학 발전에 있어 상당한 논쟁을 일으켰다. 뉴턴, 라이프니츠, 그리고 그 계승자들인 미적분학 선구자들은 Δx와 Δy가 각각 0에 가까워질 때 차분몫

$$\frac{\Delta y}{\Delta x} = \frac{f(x + \Delta x) - f(x)}{\Delta x}$$

이 어떤 값을 갖는지 살펴볼 때 2개의 무한히 작은 양의 몫으로 미분을 말했다. dx와 dy로 표시하는 이 '무한소들'은 0이 아닌 어떤 고정된 수보다도 더 작은 새로운 종류의 수로 간주되었다. 유사하게 정적분은 x가 닫힌 구간에서 움직일 때 무한개의 무한소의 합 $f(x) \cdot dx$로 간주되었다. 근사하는 차분몫 $\frac{\Delta y}{\Delta x}$는 오늘날처럼 많이 이해된 반면에 극한이라기보다는 무한소의 몫으로 미분의 의미를 각인하였다. 이러한 사고방식은 논리적인 어려움들을 이끌어냈다. 무한소로 시도된 정의와 조작은 모순과 불일치에 부딪혔다. 더 구체적이고 계산적인 차분몫은 그러한 문제를 일으키지는 않았지만 그러나 단지 유용한 계산도구로만 간주되었다. 차분몫은 미분의 수치적인 값을 계산하고 일반적인 공식을 이끌어내는 데 사용되곤 했지만 미분계수가 실제로 무엇인지에 대한 질문의 중심에 있다고는 고려하지 않았다. 오늘날 무한소와 관련한 논리적 문제들은 근사하는 차분몫의 극한으로 미분계수를 정의함으로써 피할 수 있다. 예전 접근의 애매성은 더 이상 존재하지 않는다. 미적분학에 대한 오늘날의 이론들은 무한소의 개념이 필요하지도 않고 사용되지도 않는다.

A.7 복소수

복소수는 $a + ib$ 또는 $a + bi$의 형태로 표현된다. 여기서 a와 b는 실수이고 i는 $\sqrt{-1}$에 대한 기호이다. 불행하게도, 실제(real)과 상상(imaginary)라는 용어는 어쨌든 $\sqrt{-1}$이 $\sqrt{2}$보다 우리 생각에 호감이 덜할 것이라는 함축적 의미를 가지고 있다. 사실은 미적분학의 기초가 되는 실수계(부록 A.6 참조)를 구성하는 데 있어서도, 새로운 발명과 같은 상상이 아주 많이 요구된다. 여기서는 이러한 실수계의 다양한 발견들을 살펴보고, 복소수계의 더 뛰어난 발견들을 소개한다.

실수의 발전

수의 발전에 있어서 초기 단계에서는 수는 물건을 세는 **단위**(counting number)로 1, 2, 3, …와 같이 인지하였다. 이를 **자연수**(natural number) 또는 **양의 정수**(positive integer)라 부른다. 이러한 수들에 의해서는 어떤 단순한 덧셈, 곱셈과 같은 산술적 연

산이 수행된다. 다시 말해, m과 n이 어떤 양의 정수이면

$$m + n = p \text{와} \qquad mn = q \tag{1}$$

도 또한 양의 정수가 된다. (1)의 어느 식이든 좌변의 두 양의 정수가 주어지면, 그에 해당하는 우변의 양의 정수를 구할 수 있다. 더 나아가, 어떤 때에는 양의 정수 m과 p가 정해지면 $m+n=p$를 만족하는 양의 정수 n을 구할 수 있다. 예를 들어, $3+n=7$을 풀어서 유일한 해가 되는 양의 정수를 구할 수 있다. 하지만, $7+n=3$을 만족하는 양의 정수는 존재하지 않기에 좀 더 확장된 수의 계(system)가 필요하게 된다.

0(zero)과 음의 정수는 $7+n=3$와 같은 식을 풀기 위해서 만들어졌다. 모든 정수들

$$\ldots, -3, -2, -1, 0, 1, 2, 3, \ldots, \tag{2}$$

를 인지하는 문명사회에서 교육받은 사람들은 두 개의 정수가 주어진 식 $m+n=p$에서 항상 정수 해를 구할 수 있다.

이렇게 교육받은 사람은 (2)에서 나열된 어떤 두 정수를 곱하는 방법 또한 알고 있다. 만일 식 (1)에서 m과 q가 주어졌을 때, 어떤 경우에는 n을 구할 수 있지만, 그렇지 못한 경우가 있음을 발견하게 된다. 그들의 상상력을 동원하여, 더 많은 수들을 만들어 내어 분수라 하는 수를 발견하였다. 분수는 두 정수 m과 n에 의해 단지 m/n으로 표현되는 수이다. 0은 특별한 경우로 나중에 자세한 설명이 필요하지만, 궁극적으로 분모가 0 이 아닌 모든 정수들의 비(ratio) m/n로 구성된 계가 필요하다는 것을 발견한다. 이 **유리수 (rational numbers)**들의 집합으로 불리는 수 계 내에서는 어떤 두 수에 대하여, 다음과 같은 **유리수 연산(rational operation)**들이 수행되기에 충분하게 된다.

1. **(a)** 덧셈
   (b) 뺄셈

2. **(a)** 곱셈
   (b) 나눗셈

단, 여기서 0으로 나누는 것은 의미가 없기에 제외된다.

피타고라스 정리에 의하면 길이가 1인 사각형 (단위 사각형, 그림 A.25)에서 기하학적으로 길이가 $\sqrt{2}$가 되는 선분을 그릴 수 있음을 알게 된다. $\sqrt{2}$는 어떤 수의 기본 단위로 생각할 수 있다. 이 수는 기하적인 문제에 의해 만들어지는 다음 방정식

$$x^2 = 2$$

를 풀 수 있게 해준다. 하지만 $\sqrt{2}$로 표현되는 이 선분의 길이는 우리가 알고 있는 수가 아니라는 것 또한 알게 된다. 이 말은 $\sqrt{2}$가 두 정수의 비로 표현될 수 없다는 것이다. 즉, 이제까지 교육받은 사람은 방정식 $x^2=2$의 유리수 해를 구할 수 없다.

제곱해서 2가 되는 유리수는 없다. 그 이유를 알기 위해, 그러한 유리수가 있다고 가정해 보자. 그러면 두 개의 정수 p와 q가 있어서 1외에 공약수를 갖지 않고 p/q가 $\sqrt{2}$가 되므로

$$p^2 = 2q^2 \tag{3}$$

이다. p와 q는 정수이므로, p는 짝수이어야 한다. 만약 홀수이면 제곱도 홀수가 되기 때문이다. 따라서 어떤 정수 p_1으로부터 $p=2p_1$라고 할 수 있다. 식 (3)으로부터 $2p_1^2=q^2$이 되며, 마찬가지로, q도 짝수이어야 한다. 따라서 어떤 정수 q_1으로부터 $q=2q_1$라고 할 수 있다. 이는 2가 p와 q의 공약수가 되어, p와 q를 공약수가 1밖에 없는 선택기준에 모순이 된다. 그러므로 제곱해서 2가 되는 유리수는 없다.

이제까지의 지식으로는 방정식 $x^2=2$의 유리수 해를 구할 수 없음을 알게 된 사람들

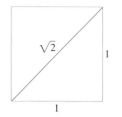

그림 A.25 직선자와 콤파스로 무리수 길이를 갖는 선분을 작도하는 것이 가능하다.

이 다음과 같은 유리수들의 수열을 찾게 된다.

$$\frac{1}{1}, \frac{7}{5}, \frac{41}{29}, \frac{239}{169}, \cdots \qquad (4)$$

이 수열의 항들을 제곱해보면

$$\frac{1}{1}, \frac{49}{25}, \frac{1681}{841}, \frac{57{,}121}{28{,}561}, \cdots \qquad (5)$$

이 되어 2로 수렴하게 된다. 이 때에 그들의 상상력은 유리수들의 수열의 극한이 되는 수가 필요하다는 것을 제안한다. 증가하는 수열이 위로 유계이면 항상 극한값을 갖는 다는 사실(8.1절, 정리 6)을 알고 있다면, 식 (4)의 수열은 이 성질을 만족하므로 어떤 극한값 L을 갖게 된다. 이 값은 식 (5)에 의해 $L^2 = 2$임을 또한 알 수 있으므로 이 극한 값 L은 유리수가 아니다. 만일 유리수들의 집합에 유리수들의 모든 증가하는 유계수열 의 극한값들을 모두 추가하게 되면, 새로운 수체계인 **실수**(*real number*)가 된다.

복소수

실수계로 발전하는 동안에 여러 단계에서 상상력이 동원되었다. 실제로 지금까지 살 펴본 바에 의해서도 실수계가 구성되기 위해 최소한 3번의 발명적인 상상이 있었음을 알 수 있다.

1. 첫 번째 발명된 계: 모든 정수들의 집합은 세는 수들로부터 만들어졌다.
2. 두 번째 발명된 계: 유리수 m/n들의 집합은 정수들로부터 만들어졌다.
3. 세 번째 발명된 계: 모든 실수들의 집합은 유리수들로부터 만들어졌다.

이렇게 만들어진 계는 전 단계의 수들이 그 상위 단계의 수에 포함되는 계층구조를 갖는다. 또한 전 단계에서 연산이 그 상위단계에서 그대로 수행된다.

1. 모든 정수들의 계에서, 어떠한 정수 a에 대하여 다음 방정식을 풀 수 있다.

$$x + a = 0 \qquad (6)$$

2. 모든 유리수들의 계에서, 어떠한 유리수 $a(\neq 0)$와 b에 대하여 다음 방정식을 풀 수 있다.

$$ax + b = 0 \qquad (7)$$

3. 모든 실수들의 계에서, 방정식 (6)과 (7)을 풀 수 있으며, 또한 다음 이차방정식들도 풀 수 있다. 단, $a \neq 0$이고 $b^2 - 4ac \geq 0$이다,

$$ax^2 + bx + c = 0 \qquad (8)$$

식 (8)의 해는 아마도 다음과 같은 공식으로 잘 알고 있다.

$$x = \frac{-b \pm \sqrt{b^2 - 4ac}}{2a} \qquad (9)$$

또한 판별식, 즉, $b^2 - 4ac$의 값이 음이면, 식 (9)의 해는 지금까지 소개한 수에서는 존재하지 않는다고 잘 알고 있다. 실제로, 아주 간단한 이차 방정식

$$x^2 + 1 = 0$$

은 지금까지 소개한 수에서는 풀 수 없다.

그래서 우리는 네 번째 발명이 필요하며, $a + ib$와 같은 **복소수**(*complex number*)들의

집합을 만들게 된다. i 기호를 사용하지 않고 순서쌍 (a, b)을 사용할 수 있다. 대수적인 연산에서 a와 b는 다르게 처리되므로 순서를 지키는 것이 중요하다. 이렇게 **복소수계 (complex number system)**는 모든 실수들의 순서쌍 (a, b)들의 집합으로 구성되며, $=$, $+$, $\div$ 등의 연산이 사용된다. 복소수로는 (a, b)와 $a+ib$ 두 표현을 다 사용한다. a와 b를 복소수 (a, b)의 **실수부(real part)**와 **허수부(imaginary part)**라 부른다.

다음 연산의 정의를 살펴보자.

동등($=$)

$a+ib=c+id$이면   두 복소수 (a, b)와 (c, d)가 같으면

$a=c$이고 $b=d$ $a=c$이고 $b=d$

덧셈($+$)

$(a+ib)+(c+id)$ 두 복소수 (a, b)와 (c, d)의 합은

$=(a-c)+i(b+d)$ 복소수 $(a+c, b+d)$이다.

곱셈($\times$)

$(a+ib)(c+id)$ 두 복소수 (a, b)와 (c, d)의 곱은

$=(ac-bd)+i(ad+bc)$ 복소수 $(ac-bd, ad-bc)$이다.

$c(a+ib)=ac+i(bc)$ 복소수 (a, b)와 실수 c의 곱은

           복소수 (ac, bc)이다.

복소수 (a, b) 중에서 두 번째 수 b가 0이 되는 모든 수들의 집합은 모든 실수 a의 집합에서 만족하는 성질들을 모두 만족한다. 예를 들어, $(a, 0)$과 $(c, 0)$의 덧셈과 곱셈은

$$(a, 0) + (c, 0) = (a + c, 0),$$
$$(a, 0) \cdot (c, 0) = (ac, 0)$$

와 같이 허수부가 0이 되는 같은 형태의 수가 된다. 또한 복소수 (c, d)에 실수 $(a, 0)$을 곱하면 다음과 같다.

$$(a, 0) \cdot (c, d) = (ac, ad) = a(c, d)$$

특히, 복소수 $(0, 0)$은 복소수계에서 0의 역할을 하고, 복소수 $(1, 0)$은 항등원 또는 1의 역할을 한다.

실수부가 0이고 허수부가 1인 복소수 $(0, 1)$은 제곱하면

$$(0, 1)(0, 1) = (-1, 0)$$

허수부가 0이고 실수부가 -1인 복소수이다. 그러므로 복소수 (a, b)들의 계에서는 제곱하여 항등원 $(1, 0)$을 더하면 영 $(0, 0)$이 되는 복소수 $x=(0, 1)$이 존재한다. 즉,

$$(0, 1)^2 + (1, 0) = (0, 0)$$

이다. 따라서 방정식

$$x^2 + 1 = 0$$

은 이 새로운 수 체계에서는 해 $x=(0, 1)$을 갖는다.

아마도 복소수에 대한 기호로 (a, b)보다 $a+ib$가 더 친숙할 것이다. 이는 순서쌍에 대한 연산 법칙으로부터

$$(a, b) = (a, 0) + (0, b) = a(1, 0) + b(0, 1)$$

와 같이 쓸 수 있으며, (1, 0)은 1처럼 (0, 1)은 $\sqrt{-1}$과 같으므로 (a, b)를 $a + ib$로 쓸 수 있다.

A.8 벡터 외적에 대한 분배법칙

이 장에서는 10.4절 성질 2인 분배법칙

$$\mathbf{u} \times (\mathbf{v} + \mathbf{w}) = \mathbf{u} \times \mathbf{v} + \mathbf{u} \times \mathbf{w}$$

를 증명하고자 한다.

증명 분배법칙을 이끌어 내기 위해 $\mathbf{u} \times \mathbf{v}$를 새로운 방법으로 만들어 보자. 원점에서 출발하는 벡터 $\mathbf{u}$와 $\mathbf{v}$를 그리고, $\mathbf{u}$와 원점에서 수직인 평면 M을 만든다(그림 A.26). $\mathbf{v}$를 평면 M에 수직으로 사영시키면 길이가 $|\mathbf{v}| \sin \theta$인 벡터 $\mathbf{v}'$이 만들어진다. 이 벡터를 $\mathbf{u}$를 중심으로 양의 방향으로 90° 회전시키면 새로운 벡터 $\mathbf{v}''$이 만들어진다. 마지막으로 $\mathbf{v}''$에 $\mathbf{u}$의 길이만큼을 곱하라. 생성되는 벡터 $|\mathbf{u}|\mathbf{v}''$은 $\mathbf{u} \times \mathbf{v}$와 같다. 왜냐하면 $\mathbf{v}''$은 작도에 의해 (그림 A.26) $\mathbf{u} \times \mathbf{v}$와 같은 방향을 가지고,

$$|\mathbf{u}||\mathbf{v}''| = |\mathbf{u}||\mathbf{v}'| = |\mathbf{u}||\mathbf{v}|\sin\theta = |\mathbf{u} \times \mathbf{v}|$$

가 성립하기 때문이다.

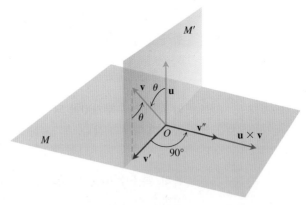

그림 **A.26** 교재에서 설명한 대로 $\mathbf{u} \times \mathbf{v} = |\mathbf{u}| \mathbf{v}''$ (여기에서 사용된 프라임 기호는 미분기호가 아닌 단순 기호이다.)

다음과 같은 세 가지 작도는 $\mathbf{u}$와 평행하지 않은 평면 상의 삼각형을 이루는 벡터에 세 가지 연산을 각각 적용시키면 또 다른 삼각형을 만들어 낼 수 있다. 여기에서 세 가지 연산은

1. M 위로의 사영
2. $\mathbf{u}$를 중심으로 90° 회전
3. $|\mathbf{u}|$와의 곱

이다. 먼저 $\mathbf{v}$, $\mathbf{w}$, $\mathbf{v} + \mathbf{w}$로 이루어진 삼각형(그림 A.27)부터 시작해 보자. 이 세 가지 단계를 각각 적용시켜 보면 다음이 성립한다.

1. 주어진 벡터 방정식을 만족하는 변 $\mathbf{v}'$, $\mathbf{w}'$, $(\mathbf{v} + \mathbf{w})'$으로 이루어진 삼각형

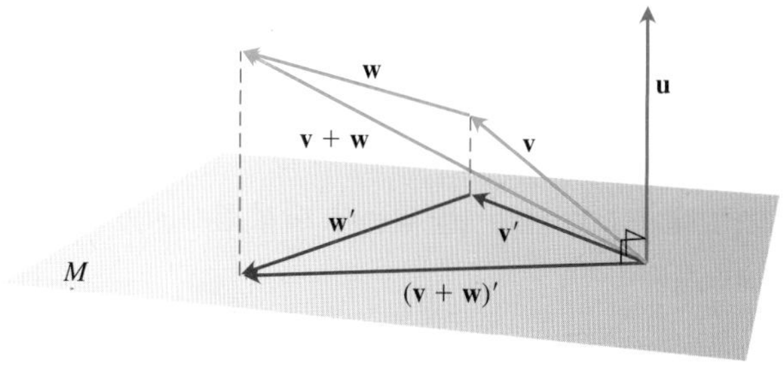

그림 A.27　벡터 **v**, **w**, **v** + **w**와 각각의 벡터들의 **u**와 수직인 평면 위로의 사영

$$\mathbf{v}' + \mathbf{w}' = (\mathbf{v} + \mathbf{w})'$$

2. 주어진 벡터 방정식을 만족하는 변 $\mathbf{v}''$, $\mathbf{w}''$, $(\mathbf{v}+\mathbf{w})''$으로 이루어진 삼각형

$$\mathbf{v}'' + \mathbf{w}'' = (\mathbf{v} + \mathbf{w})''$$

(여기서 각 벡터 위에 이중 프라임은 그림 A.26에서와 같은 의미이다.)

3. 주어진 벡터 방정식을 만족하는 변 $|\mathbf{u}|\mathbf{v}''$, $|\mathbf{u}|\mathbf{w}''$, $|\mathbf{u}|(\mathbf{v}+\mathbf{w})''$로 이루어진 삼각형

$$|\mathbf{u}|\mathbf{v}'' + |\mathbf{u}|\mathbf{w}'' = |\mathbf{u}|(\mathbf{v} + \mathbf{w})''$$

증명 중에 표현한 벡터 표현, 즉 $|\mathbf{u}|\mathbf{v}''=\mathbf{u}\times\mathbf{v}$, $|\mathbf{u}|\mathbf{w}''=\mathbf{u}\times\mathbf{w}$, $|\mathbf{u}|(\mathbf{v}+\mathbf{w})''=\mathbf{u}\times(\mathbf{v}+\mathbf{w})$를 마지막 벡터 방정식에 대체하면 다음과 같은 식을 얻을 수 있다.

$$\mathbf{u} \times \mathbf{v} + \mathbf{u} \times \mathbf{w} = \mathbf{u} \times (\mathbf{v} + \mathbf{w}) \qquad ■$$

A.9　클레로의 정리와 증분정리

이 절에서는 클레로의 정리(12.3절, 정리 2)와 2변수 함수에 대한 증분정리(12.3절, 정리 3)를 생각해 보자. 오일러(Euler)는 1734년 최초로 유체역학에 관해 쓴 논문에서 혼합된 미분정리를 발표하였다.

> **정리 2 클레로의 정리**　$f(x, y)$와 편도함수 f_x, f_y, f_{xy}, f_{yx}가 한 점 (a, b)를 포함하는 열린 영역에서 정의되고 (a, b)에서 모두 연속이면, $f_{xy}(a, b) = f_{yx}(a, b)$이다.

증명　$f_{xy}(a, b) = f_{yx}(a, b)$에 대한 증명은 네 번의 평균값 정리(3.2절 정리 4)를 적용함으로써 얻어질 수 있다. 가정에 의해 xy평면에 있는 사각형 R 내부에 있는 점 (a, b)에서 f, f_x, f_y, f_{xy}, f_{yx}가 모두 정의된다고 하자. $(a+h, b+k)$ 또한 R 내부에 있도록 h, k를 놓고, 차를 생각해 보자.

$$\Delta = F(a + h) - F(a) \qquad (1)$$

여기서

$$F(x) = f(x, b + k) - f(x, b) \qquad (2)$$

이다. $F(x)$가 미분가능한 함수이므로, 연속이고 따라서 함수 F에 평균값 정리를 적용하면 식 (1)은

$$\Delta = hF'(c_1) \qquad (3)$$

이 된다. 여기서 c_1은 a와 $a+h$ 사이에 있다. 식 (2)로부터

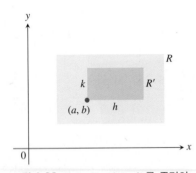

그림 A.28 $f_{xy}(a, b) = f_{yx}(a, b)$를 증명의 열쇠는 어떤 R인가에 상관없이 그 내부점 중에 f_{xy}와 f_{yx}가 같은 값을 같는지이다(반드시 같은 점에서 함숫값이 같을 필요는 없다).

$$F'(x) = f_x(x, b + k) - f_x(x, b)$$

이고, 이를 식 (3)에 대입하면

$$\Delta = h[f_x(c_1, b + k) - f_x(c_1, b)] \tag{4}$$

를 얻는다. 이제 함수 $g(y) = f_x(c_1, y)$에 평균값 정리를 적용하면,

$$g(b + k) - g(b) = kg'(d_1)$$

즉,

$$f_x(c_1, b + k) - f_x(c_1, b) = kf_{xy}(c_1, d_1)$$

이 된다. 여기서 d_1은 b와 $b+k$ 사이에 존재한다. 이 식을 식 (4)에 대입하면,

$$\Delta = hkf_{xy}(c_1, d_1) \tag{5}$$

을 얻는다. (c_1, d_1)은 네 점 (a, b), $(a+h, b)$, $(a+h, b+k)$, $(a, b+k)$로 이루어진 사각형 R' 내의 한 점이다(그림 A.28 참조).

식 (2)를 식 (1)에 대입하면,

$$\begin{aligned} \Delta &= f(a + h, b + k) - f(a + h, b) - f(a, b + k) + f(a, b) \\ &= [f(a + h, b + k) - f(a, b + k)] - [f(a + h, b) - f(a, b)] \\ &= \phi(b + k) - \phi(b) \end{aligned} \tag{6}$$

이다. 여기서

$$\phi(y) = f(a + h, y) - f(a, y) \tag{7}$$

식 (6)에 평균값의 정리를 적용하면, b와 $b+k$ 사이의 적당한 값 d_2에 의해

$$\Delta = k\phi'(d_2) \tag{8}$$

이다. 식 (7)로부터 다음을 얻는다.

$$\phi'(y) = f_y(a + h, y) - f_y(a, y) \tag{9}$$

식 (9)를 식 (8)에 대입하면

$$\Delta = k[f_y(a + h, d_2) - f_y(a, d_2)]$$

을 얻는다. 마지막으로 다시 한 번 $f_y(x, d_2)$에 평균값 정리를 적용하면, a와 $a+h$ 사이에 적당한 값 c_2에 의해 다음 식을 얻는다.

$$\Delta = khf_{yx}(c_2, d_2) \tag{10}$$

따라서 식 (5)와 식 (10)에 의해

$$f_{xy}(c_1, d_1) = f_{yx}(c_2, d_2) \tag{11}$$

이고, 여기에서 (c_1, d_1)과 (c_2, d_2)는 사각형 R' 내의 점이다(그림 A.28). 식 (11)은 원하는 결과가 아니다. 왜냐하면 (c_1, d_1)에서의 f_{xy}와 (c_2, d_2)에서 f_{yx}가 같은 값을 가지기 때문이다. 그러나 h와 k는 원하는 대로 충분히 작게 만들어도 된다. 그리고 f_{xy}와 f_{yx}가 둘 다 (a, b)에서 연속이라는 가정은 $f_{xy}(c_1, d_1) = f_{yx}(a, b) + \varepsilon_1$과 $f_{yx}(c_2, d_2) = f_{yx}(a, b) + \varepsilon_2$에서 h, $k \to 0$일수록 ε_1, $\varepsilon_2 \to 0$임을 의미한다. 따라서 h와 k를 0에 가깝게 하면 $f_{xy}(a, b) = f_{yx}(a, b)$가 성립한다. ■

정리 2에서 주어진 가정보다 좀 더 약한 가정에서도 $f_{xy}(a, b)$와 $f_{yx}(a, b)$의 등식이 성립함을 증명할 수 있다. 예를 들면, f, f_x, f_y가 영역 R에 존재하고 f_{xy}가 (a, b)에서 연속이다는 가정으로도 f_{yx}가 (a, b)에서 존재하고 그 점에서 f_{xy}와 같은 값을 갖는다.

정리 3 2변수 함수에 대한 증분정리 (x_0, y_0)를 포함하는 열린 영역 R에서 $z = f(x, y)$의 1계 편도함수가 정의되고 f_x와 f_y가 (x_0, y_0)에서 연속이라 가정하자. 영역 R 내의 한 점 (x_0, y_0)에서 다른 한 점 $(x_0 + \Delta x, y_0 + \Delta y)$로 이동할 때 f에서의 변화량 $\Delta z = f(x_0 + \Delta x, y_0 + \Delta y) - f(x_0, y_0)$은 아래와 같은 식을 만족한다.

$$\Delta z = f_x(x_0, y_0)\,\Delta x + f_y(x_0, y_0)\,\Delta y + \varepsilon_1 \Delta x + \varepsilon_2 \Delta y$$

단, $\Delta x, \Delta y \to 0$이면, $\varepsilon_1, \varepsilon_2 \to 0$이다.

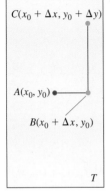

그림 **A.29** 증분정리의 증명 중에 직사각형 영역 T, 그림에서는 Δx와 Δy가 양수이지만 둘 중 하나가 0이거나 음수이어도 된다.

증명 영역 R 내부에 있고 중심이 $A(x_0, y_0)$인 직사각형 T 내에서 조사하기로 하고, Δx, Δy는 충분히 작은 값으로서 A와 $B(x_0 + \Delta x, y_0)$를 연결하는 선분과 B와 $C(x_0 + \Delta x, y_0 + \Delta y)$를 연결하는 선분이 T 내에 있다고 가정하자(그림 A.29).

Δz를 2개의 증분의 합, 즉 $\Delta z = \Delta z_1 + \Delta z_2$로 표현하자. 여기에서

$$\Delta z_1 = f(x_0 + \Delta x, y_0) - f(x_0, y_0)$$

는 f가 A에서 B로 움직일 때 변화량이고,

$$\Delta z_2 = f(x_0 + \Delta x, y_0 + \Delta y) - f(x_0 + \Delta x, y_0)$$

는 f가 B에서 C로 움직일 때 변화량이다(그림 A.30).

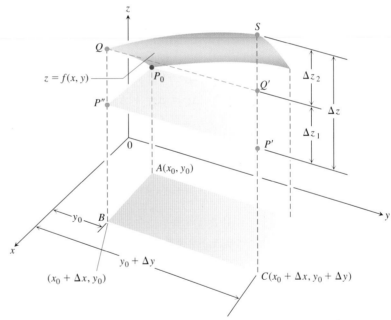

그림 **A.30** $P_0(x_0, y_0, f(x_0, y_0))$ 근처 곡면 $z = f(x, y)$의 일부분. P_0, P', P''는 xy평면 위에서 같은 높이 $z_0 = f(x_0, y_0)$를 갖는다. z에서의 변화량 $\Delta z = P'S$이고 $P''Q = P'Q'$에서 보여주는 변화량 $\Delta z_1 = f(x_0 + \Delta x, y_0) - f(x_0, y_0)$는 y와 y_0가 같은 반면에 x_0에서 $x_0 + \Delta x$로 x의 변화량에 의해 영향을 받는다. 그러면 x가 $x_0 + \Delta x$와 같을 때 $\Delta z_2 = f(x_0 + \Delta x, y_0 + \Delta y) - f(x_0 + \Delta x, y_0)$는 y가 y_0에서 $y + \Delta y$로 변화하면서 나타나는 z에서의 변화량이다. 이것은 $Q'S$로 표현되는가? z에서의 전체 변화량은 Δz_1과 Δz_2의 합이다.

$[x_0, x_0 + \Delta x]$에서 $F(x) = f(x, y_0)$는 x에 관하여 미분가능한(따라서 연속인) 함수로서 도함수는

$$F'(x) = f_x(x, y_0)$$

이다. 평균값 정리(3.2절, 정리 4)를 적용하면, x_0와 $x_0 + \Delta x$ 사이의 $x = c$에 대하여 다음이 성립한다.

$$F(x_0 + \Delta x) - F(x_0) = F'(c)\,\Delta x$$

즉,

$$f(x_0 + \Delta x, y_0) - f(x_0, y_0) = f_x(c, y_0)\,\Delta x$$

즉,

$$\Delta z_1 = f_x(c, y_0)\,\Delta x \tag{12}$$

비슷한 방법으로 $[y_0, y_0 + \Delta y]$에서 $G(y) = f(x_0 + \Delta x, y)$도 미분가능한 (따라서 연속인) 함수로서 도함수는 다음과 같다.

$$G'(y) = f_y(x_0 + \Delta x, y)$$

따라서 y_0와 $y_0 + \Delta y$ 사이의 y값 d에 대하여 다음이 성립한다.

$$G(y_0 + \Delta y) - G(y_0) = G'(d)\,\Delta y$$

즉,

$$f(x_0 + \Delta x, y_0 + \Delta y) - f(x_0 + \Delta x, y) = f_y(x_0 + \Delta x, d)\,\Delta y$$

이다. 평균값의 정리를 적용하면,

$$\Delta z_2 = f_y(x_0 + \Delta x, d)\,\Delta y \tag{13}$$

그런데 $\Delta x, \Delta y \to 0$일 때 $c \to x_0$, $d \to y_0$임을 알 수 있고, 따라서 f_x, f_y가 (x_0, y_0)에서 연속이므로

$$\begin{aligned}
\varepsilon_1 &= f_x(c, y_0) - f_x(x_0, y_0), \\
\varepsilon_2 &= f_y(x_0 + \Delta x, d) - f_y(x_0, y_0)
\end{aligned} \tag{14}$$

는 $\Delta x, \Delta y \to 0$일 때 모두 0으로 수렴한다. 따라서

$$\begin{aligned}
\Delta z &= \Delta z_1 + \Delta z_2 \\
&= f_x(c, y_0)\Delta x + f_y(x_0 + \Delta x, d)\Delta y \qquad \text{식 (12), (13)으로부터} \\
&= \left[f_x(x_0, y_0) + \varepsilon_1 \right]\Delta x + \left[f_y(x_0, y_0) + \varepsilon_2 \right]\Delta y \qquad \text{식 (14)로부터} \\
&= f_x(x_0, y_0)\Delta x + f_y(x_0, y_0)\Delta y + \varepsilon_1 \Delta x + \varepsilon_2 \Delta y
\end{aligned}$$

으로 표현되고, $\Delta x, \Delta y \to 0$일 때 $\varepsilon_1, \varepsilon_2 \to 0$이 성립한다. ∎

유한개의 독립변수를 가진 함수에서도 일반화된 결론이 성립한다. $w = f(x, y, z)$가 (x_0, y_0, z_0)를 포함하는 개영역에서 정의되고 (x_0, y_0, z_0)에서 1차 편도함수 f_x, f_y, f_z가 연속이라고 하자. 그러면

$$\begin{aligned}
\Delta w &= f(x_0 + \Delta x, y_0 + \Delta y, z_0 + \Delta z) - f(x_0, y_0, z_0) \\
&= f_x \Delta x + f_y \Delta y + f_z \Delta z + \varepsilon_1 \Delta x + \varepsilon_2 \Delta y + \varepsilon_3 \Delta z
\end{aligned} \tag{15}$$

가 성립하고, 여기서 $\Delta x, \Delta y, \Delta z \to 0$일 때 $\varepsilon_1, \varepsilon_2, \varepsilon_3 \to 0$이다.

식 (15)에서 주어진 1차 편도함수 f_x, f_y, f_z에 대하여 (x_0, y_0, z_0)에서의 값을 계산하고자 한다.

식 (15)는 Δw를 아래 주어진 3개의 증분의 합으로 간주하고 각각의 변수에 평균값정리를 적용하면 증명할 수 있다.

$$\Delta w_1 = f(x_0 + \Delta x, y_0, z_0) - f(x_0, y_0, z_0) \tag{16}$$

$$\Delta w_2 = f(x_0 + \Delta x, y_0 + \Delta y, z_0) - f(x_0 + \Delta x, y_0, z_0) \tag{17}$$

$$\Delta w_3 = f(x_0 + \Delta x, y_0 + \Delta y, z_0 + \Delta z) - f(x_0 + \Delta x, y_0 + \Delta y, z_0) \tag{18}$$

3개의 편증분 Δw_1, Δw_2, Δw_3의 각각은 2개의 좌표는 상수값을 갖고 하나만 변수가 된

다. 예를 들어, 식 (17)에서 x는 $x_0 + \Delta x$로 z는 z_0로 고정된 상수값이고 유일하게 y만 변수이다. 그런데 $f(x_0 + \Delta x, y, z_0)$가 도함수 f_y를 가진 y에 관한 연속함수이므로 평균값의 정리를 적용할 수 있다. 따라서 y_0와 $y_0 + \Delta y$ 사이의 적당한 y_1에 의하여 다음 식이 성립한다.

$$\Delta w_2 = f_y(x_0 + \Delta x, y_1, z_0)\, \Delta y$$

1장

1.1절, pp. 6~7

1. (a) 19 **(b)** 1

3. (a) $-\dfrac{4}{\pi}$ **(b)** $-\dfrac{3\sqrt{3}}{\pi}$ **5.** 1

7. (a) 4 **(b)** $y = 4x - 9$

9. (a) 2 **(b)** $y = 2x - 7$

11. (a) 12 **(b)** $y = 12x - 16$

13. (a) -9 **(b)** $y = -9x - 2$

15. (a) $-1/4$ **(b)** $y = -x/4 - 1$

17. (a) $1/4$ **(b)** $y = x/4 + 1$

19. Your estimates may not completely agree with these.

(a)

PQ_1	PQ_2	PQ_3	PQ_4
43	46	49	50

The appropriate units are m/s.

(b) ≈ 50 m/s or 180 km/h

21. (a)

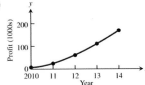

(b) $\approx \$56{,}000$/year

(c) $\approx \$42{,}000$/year

23. (a) 0.414213, 0.449489, $\left(\sqrt{1+h}-1\right)/h$ **(b)** $g(x) = \sqrt{x}$

$1 + h$	1.1	1.01	1.001	1.0001
$\sqrt{1+h}$	1.04880	1.004987	1.0004998	1.0000499
$\left(\sqrt{1+h}-1\right)/h$	0.4880	0.4987	0.4998	0.499

1.00001	1.000001
1.000005	1.0000005
0.5	0.5

(c) 0.5 **(d)** 0.5

25. (a) 15 km/h, 3.3 km/h, 10 km/h **(b)** 10 km/h, 0 km/h, 4 km/h

(c) 20 km/h when $t = 3.5$ h

1.2절, pp. 15~18

1. (a) Does not exist. As x approaches 1 from the right, $g(x)$ approaches 0. As x approaches 1 from the left, $g(x)$ approaches 1. There is no single number L that all the values $g(x)$ get arbitrarily close to as $x \to 1$.

(b) 1 **(c)** 0 **(d)** 1/2

3. (a) True **(b)** True **(c)** False **(d)** False **(e)** False

(f) True **(g)** True **(h)** False **(i)** True **(j)** True **(k)** False

5. As x approaches 0 from the left, $x/|x|$ approaches -1. As x approaches 0 from the right, $x/|x|$ approaches 1. There is no single number L that the function values all get arbitrarily close to as $x \to 0$.

7. Nothing can be said. **9.** No; no; no **11.** -4 **13.** -8

15. 3 **17.** $-25/2$ **19.** 16 **21.** 3/2 **23.** 1/10

25. -7 **27.** 3/2 **29.** $-1/2$ **31.** -1 **33.** 4/3

35. 1/6 **37.** 4 **39.** 1/2 **41.** 3/2 **43.** -1

45. 1 **47.** 1/3 **49.** $\sqrt{4 - \pi}$

51. (a) Quotient Rule **(b)** Difference and Power Rules

(c) Sum and Constant Multiple Rules

53. (a) -10 **(b)** -20 **(c)** -1 **(d)** 5/7

55. (a) 4 **(b)** -21 **(c)** -12 **(d)** $-7/3$

57. 2 **59.** 3 **61.** $1/\left(2\sqrt{7}\right)$ **63.** $\sqrt{5}$

65. (a) The limit is 1.

67. (a) $f(x) = (x^2 - 9)/(x + 3)$

x	-3.1	-3.01	-3.001	-3.0001	-3.00001	-3.000001
$f(x)$	-6.1	-6.01	-6.001	-6.0001	-6.00001	-6.000001

x	-2.9	-2.99	-2.999	-2.9999	-2.99999	-2.999999
$f(x)$	-5.9	-5.99	-5.999	-5.9999	-5.99999	-5.999999

(c) $\lim\limits_{x \to -3} f(x) = -6$

69. (a) $G(x) = (x + 6)/(x^2 + 4x - 12)$

x	-5.9	-5.99	-5.999	-5.9999
$G(x)$	$-.126582$	$-.1251564$	$-.1250156$	$-.1250015$

-5.99999	-5.999999
$-.1250001$	$-.1250000$

x	-6.1	-6.01	-6.001	-6.0001
$G(x)$	$-.123456$	$-.124843$	$-.124984$	$-.124998$

-6.00001	-6.000001
$-.124999$	$-.124999$

(c) $\lim\limits_{x \to -6} G(x) = -1/8 = -0.125$

71. (a) $f(x) = (x^2 - 1)/(|x| - 1)$

x	-1.1	-1.01	-1.001	-1.0001	-1.00001	-1.000001
$f(x)$	2.1	2.01	2.001	2.0001	2.00001	2.000001

x	$-.9$	$-.99$	$-.999$	$-.9999$	$-.99999$	$-.999999$
$f(x)$	1.9	1.99	1.999	1.9999	1.99999	1.999999

(c) $\lim\limits_{x \to -1} f(x) = 2$

73. (a) $g(\theta) = (\sin \theta)/\theta$

θ	.1	.01	.001	.0001	.00001	.000001
$g(\theta)$	.998334	.999983	.999999	.999999	.999999	.999999

θ	$-.1$	$-.01$	$-.001$	$-.0001$	$-.00001$	$-.000001$
$g(\theta)$	.998334	.999983	.999999	.999999	.999999	.999999

$\lim\limits_{\theta \to 0} g(\theta) = 1$

75. $c = 0, 1, -1$; the limit is 0 at $c = 0$, and 1 at $c = 1, -1$.

77. 7 **79. (a)** 5 **(b)** 5 **81. (a)** 0 **(b)** 0

1.3절, pp. 24~27

1. $\delta = 2$

3. $\delta = 1/2$

5. $\delta = 1/18$

7. $\delta = 0.1$ **9.** $\delta = 7/16$ **11.** $\delta = \sqrt{5} - 2$

13. $\delta = 0.36$ **15.** (3.99, 4.01), $\delta = 0.01$

17. $(-0.19, 0.21)$, $\delta = 0.19$ **19.** (3, 15), $\delta = 5$

21. (10/3, 5), $\delta = 2/3$

23. $\left(-\sqrt{4.5}, -\sqrt{3.5}\right)$, $\delta = \sqrt{4.5} - 2 \approx 0.12$

25. $\left(\sqrt{15}, \sqrt{17}\right)$, $\delta = \sqrt{17} - 4 \approx 0.12$

27. $\left(2 - \dfrac{0.03}{m}, 2 + \dfrac{0.03}{m}\right)$, $\delta = \dfrac{0.03}{m}$

29. $\left(\dfrac{1}{2} - \dfrac{c}{m}, \dfrac{c}{m} + \dfrac{1}{2}\right)$, $\delta = \dfrac{c}{m}$

31. $L = -3$, $\delta = 0.01$ **33.** $L = 4$, $\delta = 0.05$

35. $L = 4$, $\delta = 0.75$

55. $[\,8.7332, 8.7476\,]$. To be safe, the left endpoint was rounded up and the right endpoint rounded down.

59. The limit does not exist as x approaches 3.

1.4절, pp. 33~35

1. (a) True **(b)** True **(c)** False **(d)** True
(e) True **(f)** True **(g)** False **(h)** False
(i) False **(j)** False **(k)** True **(l)** False

3. (a) 2, 1 **(b)** No, $\lim\limits_{x\to 2^+} f(x) \neq \lim\limits_{x\to 2^-} f(x)$
(c) 3, 3 **(d)** Yes, 3

5. (a) No **(b)** Yes, 0 **(c)** No

7. (a)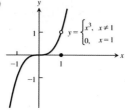

$y = \begin{cases} x^3, & x \neq 1 \\ 0, & x = 1 \end{cases}$

(b) 1, 1 **(c)** Yes, 1

9. (a) $D: 0 \le x \le 2$, $R: 0 < y \le 1$ and $y = 2$
(b) $[\,0, 1) \cup (1, 2\,]$ **(c)** $x = 2$ **(d)** $x = 0$

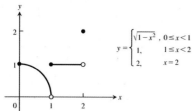

$y = \begin{cases} \sqrt{1 - x^2}, & 0 \le x < 1 \\ 1, & 1 \le x < 2 \\ 2, & x = 2 \end{cases}$

11. $\sqrt{3}$ **13.** 1 **15.** $2/\sqrt{5}$ **17. (a)** 1 **(b)** -1

19. (a) 1 **(b)** -1 **21. (a)** 1 **(b)** 2/3 **23.** 1 **25.** 3/4

27. 2 **29.** 1/2 **31.** 2 **33.** 0 **35.** 1 **37.** 1/2

39. 0 **41.** 3/8 **43.** 3 **45.** 0

51. $\delta = \varepsilon^2$, $\lim\limits_{x\to 5^+} \sqrt{x - 5} = 0$

55. (a) 400 **(b)** 399 **(c)** The limit does not exist.

1.5절, pp. 44~46

1. No; not defined at $x = 2$

3. Continuous **5. (a)** Yes **(b)** Yes **(c)** Yes **(d)** Yes

7. (a) No **(b)** No **9.** 0

11. 1, nonremovable; 0, removable **13.** All x except $x = 2$

15. All x except $x = 3$, $x = 1$ **17.** All x

19. All x except $x = 0$ **21.** All x except $n\pi/2$, n any integer

23. All x except $n\pi/2$, n an odd integer **25.** All $x \ge -3/2$

27. All x **29.** All x **31.** 0; continuous at $x = \pi$

33. 1; continuous at $y = 1$ **35.** $\sqrt{2}/2$; continuous at $t = 0$

37. $g(3) = 6$ **39.** $f(1) = 3/2$ **41.** $a = 4/3$

43. $a = -2, 3$ **45.** $a = 5/2, b = -1/2$

65. $x \approx 1.8794, -1.5321, -0.3473$ **67.** $x \approx 1.7549$

69. $x \approx 0.7391$

1.6절, pp. 55~58

1. (a) 0 **(b)** -2 **(c)** 2 **(d)** Does not exist **(e)** -1
(f) ∞ **(g)** Does not exist **(h)** 1 **(i)** 0

3. (a) -3 **(b)** -3 **5. (a)** 1/2 **(b)** 1/2 **7. (a)** $-5/3$
(b) $-5/3$ **9.** 0 **11.** -1 **13. (a)** 2/5 **(b)** 2/5

15. (a) 0 **(b)** 0 **17. (a)** 7 **(b)** 7 **19. (a)** 0 **(b)** 0

21. (a) ∞ **(b)** ∞ **23.** 2 **25.** ∞ **27.** 0 **29.** 1

31. ∞ **33.** 1 **35.** 1/2 **37.** ∞ **39.** $-\infty$

41. $-\infty$ **43.** ∞ **45. (a)** ∞ **(b)** $-\infty$ **47.** ∞

49. ∞ **51.** $-\infty$ **53. (a)** ∞ **(b)** $-\infty$ **(c)** $-\infty$ **(d)** ∞

55. (a) $-\infty$ **(b)** ∞ **(c)** 0 **(d)** 3/2

57. (a) $-\infty$ **(b)** 1/4 **(c)** 1/4 **(d)** 1/4 **(e)** It will be $-\infty$.

59. (a) $-\infty$ **(b)** ∞ **61. (a)** ∞ **(b)** ∞ **(c)** ∞ **(d)** ∞

63.   **65.**

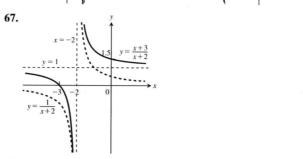

67.

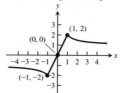

69. Domain: $(-\infty, \infty)$, Range: $[\,4, 7)$

71. Domain: $(-\infty, 0)$ and $(0, \infty)$, Range: $(-\infty, -1)$ and $(1, \infty)$

73. Here is one possibility.   **75.** Here is one possibility.

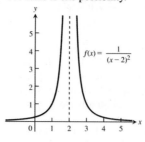

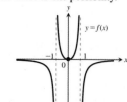

77. Here is one possibility.   **79.** Here is one possibility.

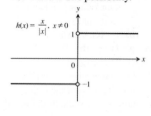

83. At most one   **85.** 0   **87.** $-3/4$ **89.** $5/2$

97. (a) For every positive real number B there exists a corresponding number $\delta > 0$ such that for all x
$$c - \delta < x < c \implies f(x) > B.$$

(b) For every negative real number $-B$ there exists a corresponding number $\delta > 0$ such that for all x
$$c < x < c + \delta \implies f(x) < -B.$$

(c) For every negative real number $-B$ there exists a corresponding number $\delta > 0$ such that for all x
$$c - \delta < x < c \implies f(x) < -B.$$

103.
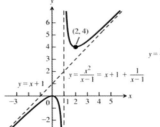

105.
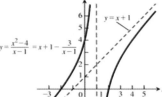

107.
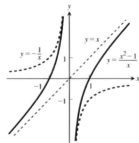

109.
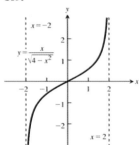

111.
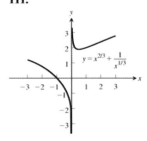

113. At ∞: ∞, at $-\infty$: 0

종합문제, pp. 59~60

1. At $x = -1$: $\lim_{x \to -1^-} f(x) = \lim_{x \to -1^+} f(x) = 1$, so $\lim_{x \to -1} f(x) = 1 = f(-1)$; continuous at $x = -1$

At $x = 0$: $\lim_{x \to 0^-} f(x) = \lim_{x \to 0^+} f(x) = 0$, so $\lim_{x \to 0} f(x) = 0$. However, $f(0) \neq 0$, so f is discontinuous at $x = 0$. The discontinuity can be removed by redefining $f(0)$ to be 0.

At $x = 1$: $\lim_{x \to 1^-} f(x) = -1$ and $\lim_{x \to 1^+} f(x) = 1$, so $\lim_{x \to 1} f(x)$ does not exist. The function is discontinuous at $x = 1$, and the discontinuity is not removable.

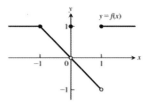

3. (a) -21 **(b)** 49   **(c)** 0   **(d)** 1   **(e)** 1   **(f)** 7
(g) -7 **(h)** $-\dfrac{1}{7}$ **5.** 4

7. (a) $(-\infty, +\infty)$ **(b)** $[0, \infty)$ **(c)** $(-\infty, 0)$ and $(0, \infty)$
(d) $(0, \infty)$

9. (a) Does not exist   **(b)** 0   **11.** $\dfrac{1}{2}$ **13.** $2x$ **15.** $-\dfrac{1}{4}$

17. $2/3$ **19.** $2/\pi$ **21.** 1   **23.** 4   **25.** 2   **27.** 0

31. No in both cases, because $\lim_{x \to 1} f(x)$ does not exist, and $\lim_{x \to -1} f(x)$ does not exist.

33. Yes, f does have a continuous extension, to $a = 1$ with $f(1) = 4/3$.

35. No   **37.** $2/5$ **39.** 0   **41.** $-\infty$ **43.** 0   **45.** 1

47. (a) $x = 3$ **(b)** $x = 1$ **(c)** $x = -4$

49. Domain: $[-4, 2)$ and $(2, 4]$, Range: $(-\infty, \infty)$

보충 · 심화 문제, pp. 60~62

1. 0; the left-hand limit was taken because the function is undefined for $v > c$.

3. $17.5 < t < 22.5$; within 2.5°C   **11. (a)** B **(b)** A
(c) A **(d)** A

19. (a) $\lim_{a \to 0} r_+(a) = 0.5$, $\lim_{a \to -1^+} r_+(a) = 1$
(b) $\lim_{a \to 0} r_-(a)$ does not exist, $\lim_{a \to -1^+} r_-(a) = 1$

23. 0   **25.** 1   **27.** 4   **29.** $y = 2x$ **31.** $y = x, y = -x$

35. $-4/3$

37. (a) Domain: $\{1, 1/2, 1/3, 1/4 \ldots\}$
(b) The domain intersects (a, b) if $a < 0$ and $b > 0$.
(c) 0

39. (a) Domain: $(-\infty, -1/\pi) \cup [-1/(2\pi), -1/(3\pi)] \cup [-1/(4\pi), -1/(5\pi)] \cup \cdots \cup [1/(5\pi), 1/(4\pi)] \cup [1/(3\pi), 1/(2\pi)] \cup [1/\pi, \infty)$
(b) The domain intersects any open interval (a, b) containing 0 because $1/(n\pi) < b$ for large enough n.
(c) 0

2장

2.1절, pp. 66~67

1. P_1: $m_1 = 1$, P_2: $m_2 = 5$ **3.** P_1: $m_1 = 5/2$, P_2: $m_2 = -1/2$
5. $y = 2x + 5$ **7.** $y = x + 1$

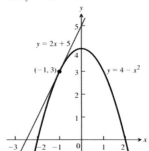
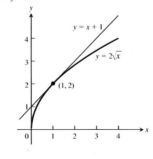

9. $y = 12x + 16$

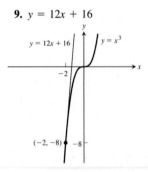

11. $m = 4, y - 5 = 4(x - 2)$

13. $m = -2, y - 3 = -2(x - 3)$

15. $m = 12, y - 8 = 12(t - 2)$

17. $m = \dfrac{1}{4}, y - 2 = \dfrac{1}{4}(x - 4)$

19. $m = -1$　　**21.** $m = -1/4$

23. (a) It is the rate of change of the number of cells when $t = 5$. The units are the number of cells per hour.
(b) $P'(3)$ because the slope of the curve is greater there.
(c) $51.72 \approx 52$ cells/h

25. $(-2, -5)$　　**27.** $y = -(x + 1), y = -(x - 3)$

29. 19.6 m/s　　**31.** 6π　　**35.** Yes　　**37.** Yes

39. (a) Nowhere　　**41. (a)** At $x = 0$　　**43. (a)** Nowhere

45. (a) At $x = 1$　　**47. (a)** At $x = 0$

2.2절, pp. 73~76

1. $-2x, 6, 0, -2$　　**3.** $-\dfrac{2}{t^3}, 2, -\dfrac{1}{4}, -\dfrac{2}{3\sqrt{3}}$

5. $\dfrac{3}{2\sqrt{3\theta}}, \dfrac{3}{2\sqrt{3}}, \dfrac{1}{2}, \dfrac{3}{2\sqrt{2}}$　　**7.** $6x^2$　　**9.** $\dfrac{1}{(2t + 1)^2}$

11. $\dfrac{3}{2} q^{1/2}$　　**13.** $1 - \dfrac{9}{x^2}, 0$　　**15.** $3t^2 - 2t, 5$

17. $\dfrac{-4}{(x - 2)\sqrt{x - 2}}, \quad y - 4 = -\dfrac{1}{2}(x - 6)$　　**19.** 6

21. $1/8$　　**23.** $\dfrac{-1}{(x + 2)^2}$　　**25.** $\dfrac{-1}{(x - 1)^2}$　　**27. (b)**　　**29. (d)**

31. (a) $x = 0, 1, 4$
(b)

33.

35. (a)　i) 0.77 °C/h　**ii)** 1.43 °C/h
　iii) 0 °C/h　**iv)** −1.88 °C/h
(b) 3.63 °C/h at 12 P.M., −4 °C/h at 6 P.M.
(c)

37. Since $\lim\limits_{h \to 0^+} \dfrac{f(0 + h) - f(0)}{h} = 1$

while $\lim\limits_{h \to 0^-} \dfrac{f(0 + h) - f(0)}{h} = 0,$

$f'(0) = \lim\limits_{h \to 0} \dfrac{f(0 + h) - f(0)}{h}$ does not exist and $f(x)$ is not differentiable at $x = 0$.

39. Since $\lim\limits_{h \to 0^+} \dfrac{f(1 + h) - f(1)}{h} = 2$ while

$\lim\limits_{h \to 0^-} \dfrac{f(1 + h) - f(1)}{h} = \dfrac{1}{2}, \quad f'(1) = \lim\limits_{h \to 0} \dfrac{f(1 + h) - f(1)}{h}$

does not exist and $f(x)$ is not differentiable at $x = 1$.

41. Since $f(x)$ is not continuous at $x = 0$, $f(x)$ is not differentiable at $x = 0$.

43. Since $\lim\limits_{h \to 0^+} \dfrac{f(0 + h) - f(0)}{h} = 3$ while

$\lim\limits_{h \to 0^-} \dfrac{f(0 + h) - f(0)}{h} = 0, f$ is not differentiable at $x = 0$.

45. (a) $-3 \le x \le 2$　**(b)** None　**(c)** None

47. (a) $-3 \le x < 0, 0 < x \le 3$　**(b)** None　**(c)** $x = 0$

49. (a) $-1 \le x < 0, 0 < x \le 2$　**(b)** $x = 0$　**(c)** None

2.3절, pp. 83~85

1. $\dfrac{dy}{dx} = -2x, \dfrac{d^2y}{dx^2} = -2$

3. $\dfrac{ds}{dt} = 15t^2 - 15t^4, \dfrac{d^2s}{dt^2} = 30t - 60t^3$

5. $\dfrac{dy}{dx} = 4x^2 - 1, \dfrac{d^2y}{dx^2} = 8x$

7. $\dfrac{dw}{dz} = -\dfrac{6}{z^3} + \dfrac{1}{z^2}, \dfrac{d^2w}{dz^2} = \dfrac{18}{z^4} - \dfrac{2}{z^3}$

9. $\dfrac{dy}{dx} = 12x - 10 + 10x^{-3}, \dfrac{d^2y}{dx^2} = 12 - 30x^{-4}$

11. $\dfrac{dr}{ds} = \dfrac{-2}{3s^3} + \dfrac{5}{2s^2}, \dfrac{d^2r}{ds^2} = \dfrac{2}{s^4} - \dfrac{5}{s^3}$

13. $y' = -5x^4 + 12x^2 - 2x - 3$

15. $y' = 3x^2 + 10x + 2 - \dfrac{1}{x^2}$　　**17.** $y' = \dfrac{-19}{(3x - 2)^2}$

19. $g'(x) = \dfrac{x^2 + x + 4}{(x + 0.5)^2}$　　**21.** $\dfrac{dv}{dt} = \dfrac{t^2 - 2t - 1}{(1 + t^2)^2}$

23. $f'(s) = \dfrac{1}{\sqrt{s}(\sqrt{s} + 1)^2}$　　**25.** $v' = -\dfrac{1}{x^2} + 2x^{-3/2}$

27. $y' = \dfrac{-4x^3 - 3x^2 + 1}{(x^2 - 1)^2(x^2 + x + 1)^2}$

29. $y' = 2x^3 - 3x - 1, y'' = 6x^2 - 3, y''' = 12x, y^{(4)} = 12,$
$y^{(n)} = 0$ for $n \ge 5$

31. $y' = 3x^2 + 8x + 1, y'' = 6x + 8, y''' = 6, y^{(n)} = 0$ for $n \ge 4$

33. $y' = 2x - 7x^{-2}, y'' = 2 + 14x^{-3}$

35. $\dfrac{dr}{d\theta} = 30^{-4}, \dfrac{d^2r}{d\theta^2} = -120^{-5}$　　**37.** $\dfrac{dw}{dz} = -z^{-2} - 1, \dfrac{d^2w}{dz^2} = 2z^{-3}$

39. (a) 13　**(b)** −7　**(c)** 7/25　**(d)** 20

41. (a) $y = -\dfrac{x}{8} + \dfrac{5}{4}$　**(b)** $m = -4$ at (0, 1)

　(c) $y = 8x - 15, y = 8x + 17$

43. $y = 4x, y = 2$　　**45.** $a = 1, b = 1, c = 0$

47. (2, 4)　　**49.** (0, 0), (4, 2)　　**51.** $y = -16x + 24$

53. (a) $y = 2x + 2$ **(c)** $(2, 6)$ **55.** 50   **57.** $a = -3$
59. $P'(x) = na_n x^{n-1} + (n-1)a_{n-1}x^{n-2} + \cdots + 2a_2 x + a_1$
61. The Product Rule is then the Constant Multiple Rule, so the latter
is a special case of the Product Rule.

63. (a) $\dfrac{d}{dx}(uvw) = uvw' + uv'w + u'vw$

(b) $\dfrac{d}{dx}(u_1 u_2 u_3 u_4) = u_1 u_2 u_3 u_4' + u_1 u_2 u_3' u_4 + u_1 u_2' u_3 u_4 + u_1' u_2 u_3 u_4$

(c) $\dfrac{d}{dx}(u_1 \cdots u_n) = u_1 u_2 \cdots u_{n-1} u_n' + u_1 u_2 \cdots u_{n-2} u_{n-1}' u_n + \cdots + u_1' u_2 \cdots u_n$

65. $\dfrac{dP}{dV} = -\dfrac{nRT}{(V-nb)^2} + \dfrac{2an^2}{V^3}$

2.4절, pp. 91~95

1. (a) -2 m, -1 m/s
  (b) 3 m/s, 1 m/s; 2 m/s², 2 m/s²
  (c) Changes direction at $t = 3/2$ s
3. (a) -9 m, -3 m/s
  (b) 3 m/s, 12 m/s; 6 m/s², -12 m/s²
  (c) No change in direction
5. (a) -20 m, -5 m/s
  (b) 45 m/s, $(1/5)$ m/s; 140 m/s², $(4/25)$ m/s²
  (c) No change in direction
7. (a) $a(1) = -6$ m/s², $a(3) = 6$ m/s²
  (b) $v(2) = 3$ m/s **(c)** 6 m
9. Mars: ≈ 7.5 s, Jupiter: ≈ 1.2 s
11. $g_s = 0.75$ m/s²
13. (a) $v = -9.8t$, $|v| = 9.8t$ m/s, $a = -9.8$ m/s²
  (b) $t \approx 3.4$ s
  (c) $v \approx -33.1$ m/s
15. (a) $t = 2, t = 7$ **(b)** $3 \leq t \leq 6$
  (c)   **(d)**

$|v|$ (m/s), Speed, t (s)

a, $a = \dfrac{dv}{dt}$, t

17. (a) 57 m/s **(b)** 2 s **(c)** 8 s, 0 m/s
  (d) 10.8 s, 27 m/s **(e)** 2.8 s
  (f) Greatest acceleration happens 2 s after launch
  (g) Constant acceleration between 2 and 10.8 s, -10 m/s²
19. (a) $\dfrac{4}{7}$ s, 280 cm/s **(b)** 560 cm/s, 980 cm/s²
  (c) 29.75 flashes/s
21. $C =$ position, $A =$ velocity, $B =$ acceleration
23. (a) \$110/machine **(b)** \$80 **(c)** \$79.90
25. (a) $b'(0) = 10^4$ bacteria/h **(b)** $b'(5) = 0$ bacteria/h
  (c) $b'(10) = -10^4$ bacteria/h
27. (a) $\dfrac{dy}{dt} = \dfrac{t}{12} - 1$

  (b) The largest value of $\dfrac{dy}{dt}$ is 0 m/h when $t = 12$ and the smallest
  value of $\dfrac{dy}{dt}$ is -1 m/h when $t = 0$.

(c)

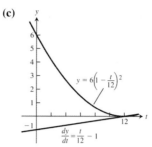

$y = 6\left(1 - \dfrac{t}{12}\right)^2$

$\dfrac{dy}{dt} = \dfrac{t}{12} - 1$

29. 0.846 m, 1.482 m, the additional number of meters required to
stop the car if speed is increased by 1 km/h
31. $t = 25$ s, $D = \dfrac{6250}{9}$ m

33.

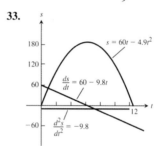

$s = 60t - 4.9t^2$

$\dfrac{ds}{dt} = 60 - 9.8t$

$\dfrac{d^2 s}{dt^2} = -9.8$

(a) $v = 0$ when $t = 6.12$ s
(b) $v > 0$ when $0 \leq t < 6.12 \Rightarrow$ the object moves up; $v < 0$
  when $6.12 < t \leq 12.24 \Rightarrow$ the object moves down.
(c) The object changes direction at $t = 6.12$ s.
(d) The object speeds up on $(6.12, 12.24)$ and slows down on
  $[0, 6.12)$.
(e) The object is moving fastest at the endpoints $t = 0$ and
  $t = 12.24$ when it is traveling 60 m/s. It's moving slowest
  at $t = 6.12$ when the speed is 0.
(f) When $t = 6.12$ the object is $s = 183.6$ m from the origin
  and farthest away.

35.

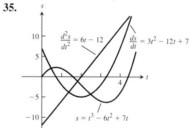

$\dfrac{d^2 s}{dt^2} = 6t - 12$

$\dfrac{ds}{dt} = 3t^2 - 12t + 7$

$s = t^3 - 6t^2 + 7t$

(a) $v = 0$ when $t = \dfrac{6 \pm \sqrt{15}}{3}$ s

(b) $v < 0$ when $\dfrac{6 - \sqrt{15}}{3} < t < \dfrac{6 + \sqrt{15}}{3} \Rightarrow$

  the object moves left; $v > 0$ when $0 \leq t < \dfrac{6 - \sqrt{15}}{3}$ or

  $\dfrac{6 + \sqrt{15}}{3} < t \leq 4 \Rightarrow$ the object moves right.

(c) The object changes direction at $t = \dfrac{6 \pm \sqrt{15}}{3}$ s.

(d) The object speeds up on $\left(\dfrac{6-\sqrt{15}}{3}, 2\right) \cup \left(\dfrac{6+\sqrt{15}}{3}, 4\right]$

and slows down on $\left[0, \dfrac{6-\sqrt{15}}{3}\right) \cup \left(2, \dfrac{6+\sqrt{15}}{3}\right)$.

(e) The object is moving fastest at $t=0$ and $t=4$ when it is moving 7 units/s and slowest at $t=\dfrac{6\pm\sqrt{15}}{3}$ s.

(f) When $t=\dfrac{6+\sqrt{15}}{3}$ the object is at position $s \approx -6.303$ units and farthest from the origin.

2.5절, pp. 99~101

1. $-10 - 3\sin x$ **3.** $2x\cos x - x^2\sin x$

5. $-\csc x \cot x - \dfrac{2}{\sqrt{x}}$ **7.** $\sin x \sec^2 x + \sin x$

9. $\sec x + x \sec x \tan x - \dfrac{1}{x^2}$ **11.** $\dfrac{-\csc^2 x}{(1+\cot x)^2}$

13. $4\tan x \sec x - \csc^2 x$ **15.** 0

17. $3x^2\sin x \cos x + x^3\cos^2 x - x^3\sin^2 x$

19. $\sec^2 t - 1$ **21.** $\dfrac{-2\csc t \cot t}{(1-\csc t)^2}$ **23.** $-\theta(\theta\cos\theta + 2\sin\theta)$

25. $\sec\theta\csc\theta(\tan\theta - \cot\theta) = \sec^2\theta - \csc^2\theta$ **27.** $\sec^2 q$

29. $\sec^2 q$ **31.** $\dfrac{q^3\cos q - q^2\sin q - q\cos q - \sin q}{(q^2-1)^2}$

33. (a) $2\csc^3 x - \csc x$ **(b)** $2\sec^3 x - \sec x$

35.

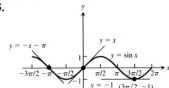

37.

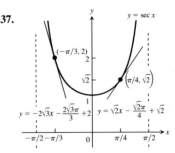

39. Yes, at $x = \pi$ **41.** No   **43.** Yes, at $x=0, \pi,$ and 2π

45. $\left(-\dfrac{\pi}{4}, -1\right); \left(\dfrac{\pi}{4}, 1\right)$

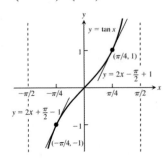

47. (a) $y = -x + \pi/2 + 2$ **(b)** $y = 4 - \sqrt{3}$

49. 0 **51.** $\sqrt{3}/2$ **53.** -1 **55.** 0

57. $-\sqrt{2}$ m/s, $\sqrt{2}$ m/s, $\sqrt{2}$ m/s^2, $\sqrt{2}$ m/s^3

59. $c = 9$ **61. (a)** $\sin x$ **(b)** $3\cos x - \sin x$

(c) $73\sin x + x\cos x$

63. (a) i) 10 cm   **ii)** 5 cm   **iii)** $-5\sqrt{2} \approx -7.1$ cm

(b) i) 0 cm/s   **ii)** $-5\sqrt{3} \approx -8.7$ cm/s

iii) $-5\sqrt{2} \approx -7.1$ cm/s

2.6절, pp. 106~109

1. $12x^3$ **3.** $3\cos(3x+1)$ **5.** $\dfrac{\cos x}{2\sqrt{\sin x}}$

7. $2\pi x \sec^2(\pi x^2)$

9. With $u=(2x+1), y=u^5 : \dfrac{dy}{dx} = \dfrac{dy}{du}\dfrac{du}{dx} = 5u^4 \cdot 2 = 10(2x+1)^4$

11. With $u = (1-(x/7)), y=u^{-7} : \dfrac{dy}{dx} = \dfrac{dy}{du}\dfrac{du}{dx} = -7u^{-8}\cdot\left(-\dfrac{1}{7}\right) = \left(1-\dfrac{x}{7}\right)^{-8}$

13. With $u = ((x^2/8) + x - (1/x)), y=u^4 : \dfrac{dy}{dx} = \dfrac{dy}{du}\dfrac{du}{dx} = 4u^3 \cdot \left(\dfrac{x}{4}+1+\dfrac{1}{x^2}\right) = 4\left(\dfrac{x^2}{8}+x-\dfrac{1}{x}\right)^3\left(\dfrac{x}{4}+1+\dfrac{1}{x^2}\right)$

15. With $u=\tan x, y=\sec u : \dfrac{dy}{dx} = \dfrac{dy}{du}\dfrac{du}{dx} = (\sec u \tan u)(\sec^2 x) = \sec(\tan x)\tan(\tan x)\sec^2 x$

17. With $u=\tan x, y=u^3 : \dfrac{dy}{dx} = \dfrac{dy}{du}\dfrac{du}{dx} = 3u^2\sec^2 x = 3\tan^2 x(\sec^2 x)$

19. $-\dfrac{1}{2\sqrt{3-t}}$ **21.** $\dfrac{4}{\pi}(\cos 3t - \sin 5t)$ **23.** $\dfrac{\csc\theta}{\cot\theta + \csc\theta}$

25. $2x\sin^4 x + 4x^2\sin^3 x\cos x + \cos^{-2} x + 2x\cos^{-3} x\sin x$

27. $(3x-2)^5 - \dfrac{1}{x^3\left(4-\dfrac{1}{2x^2}\right)^2}$ **29.** $\dfrac{(4x+3)^3(4x+7)}{(x+1)^4}$

31. $\sqrt{x}\sec^2(2\sqrt{x}) + \tan(2\sqrt{x})$ **33.** $\dfrac{x\sec x \tan x + \sec x}{2\sqrt{7 + x\sec x}}$

35. $\dfrac{2\sin\theta}{(1+\cos\theta)^2}$ **37.** $-2\sin(\theta^2)\sin 2\theta + 2\theta\cos(2\theta)\cos(\theta^2)$

39. $\left(\dfrac{t+2}{2(t+1)^{3/2}}\right)\cos\left(\dfrac{t}{\sqrt{t+1}}\right)$

41. $2\pi\sin(\pi t - 2)\cos(\pi t - 2)$ **43.** $\dfrac{8\sin(2t)}{(1+\cos 2t)^5}$

45. $10t^{10}\tan^9 t\sec^2 t + 10t^9\tan^{10} t$

47. $\dfrac{-3t^6(t^2+4)}{(t^3-4t)^4}$ **49.** $-2\cos(\cos(2t-5))(\sin(2t-5))$

51. $\left(1+\tan^4\left(\dfrac{t}{12}\right)\right)^2\left(\tan^3\left(\dfrac{t}{12}\right)\sec^2\left(\dfrac{t}{12}\right)\right)$

53. $-\dfrac{t\sin(t^2)}{\sqrt{1+\cos(t^2)}}$ **55.** $6\tan(\sin^3 t)\sec^2(\sin^3 t)\sin^2 t\cos t$

57. $3(2t^2-5)^3(18t^2-5)$ **59.** $\dfrac{6}{x^3}\left(1+\dfrac{1}{x}\right)\left(1+\dfrac{2}{x}\right)$

61. $2\csc^2(3x-1)\cot(3x-1)$ **63.** $16(2x+1)^2(5x+1)$

65. $f'(x) = 0$ for $x=1, 4; f''(x) = 0$ for $x=2, 4$

67. $5/2$ **69.** $-\pi/4$ **71.** 0 **73.** -5

75. (a) $2/3$ **(b)** $2\pi + 5$ **(c)** $15 - 8\pi$ **(d)** $37/6$ **(e)** -1
   (f) $\sqrt{2}/24$ **(g)** $5/32$ **(h)** $-5/\left(3\sqrt{17}\right)$
77. 5   **79. (a)** 1 **(b)** 1   **81.** $y = 1 - 4x$
83. (a) $y = \pi x + 2 - \pi$ **(b)** $\pi/2$
85. It multiplies the velocity, acceleration, and jerk by 2, 4, and 8, respectively.
87. $v(6) = \dfrac{2}{5}\,\text{m/s}, a(6) = -\dfrac{4}{125}\,\text{m/s}^2$

2.7절, pp. 113~115

1. $\dfrac{-2xy - y^2}{x^2 + 2xy}$ **3.** $\dfrac{1 - 2y}{2x + 2y - 1}$

5. $\dfrac{-2x^3 + 3x^2 y - xy^2 + x}{x^2 y - x^3 + y}$ **7.** $\dfrac{1}{y(x + 1)^2}$ **9.** $\cos y \cot y$

11. $\dfrac{-\cos^2(xy) - y}{x}$ **13.** $\dfrac{-y^2}{y\sin\left(\frac{1}{y}\right) - \cos\left(\frac{1}{y}\right) + xy}$

15. $-\dfrac{\sqrt{r}}{\sqrt{\theta}}$ **17.** $\dfrac{-r}{\theta}$ **19.** $y' = -\dfrac{x}{y}, y'' = \dfrac{-y^2 - x^2}{y^3}$

21. $\dfrac{dy}{dx} = \dfrac{x + 1}{y}, \dfrac{d^2 y}{dx^2} = \dfrac{x^2 + 2x}{y^3}$

23. $y' = \dfrac{\sqrt{y}}{\sqrt{y} + 1}, y'' = \dfrac{1}{2\left(\sqrt{y} + 1\right)^3}$

25. $y' = \dfrac{3x^2}{1 - \cos y}, y'' = \dfrac{6x(1 - \cos y)^2 - 9x^4 \sin y}{(1 - \cos y)^3}$

27. -2 **29.** $(-2, 1): m = -1, (-2, -1): m = 1$

31. (a) $y = \dfrac{7}{4}x - \dfrac{1}{2}$ **(b)** $y = -\dfrac{4}{7}x + \dfrac{29}{7}$

33. (a) $y = 3x + 6$ **(b)** $y = -\dfrac{1}{3}x + \dfrac{8}{3}$

35. (a) $y = \dfrac{6}{7}x + \dfrac{6}{7}$ **(b)** $y = -\dfrac{7}{6}x - \dfrac{7}{6}$

37. (a) $y = -\dfrac{\pi}{2}x + \pi$ **(b)** $y = \dfrac{2}{\pi}x - \dfrac{2}{\pi} + \dfrac{\pi}{2}$

39. (a) $y = 2\pi x - 2\pi$ **(b)** $y = -\dfrac{x}{2\pi} + \dfrac{1}{2\pi}$

41. Points: $\left(-\sqrt{7}, 0\right)$ and $\left(\sqrt{7}, 0\right)$, Slope: -2

43. $m = -1$ at $\left(\dfrac{\sqrt{3}}{4}, \dfrac{\sqrt{3}}{2}\right)$, $m = \sqrt{3}$ at $\left(\dfrac{\sqrt{3}}{4}, \dfrac{1}{2}\right)$

45. $(-3, 2): m = -\dfrac{27}{8}; (-3, -2): m = \dfrac{27}{8}; (3, 2): m = \dfrac{27}{8};$
   $(3, -2): m = -\dfrac{27}{8}$

47. $(3, -1)$

53. $\dfrac{dy}{dx} = -\dfrac{y^3 + 2xy}{x^2 + 3xy^2}, \dfrac{dx}{dy} = -\dfrac{x^2 + 3xy^2}{y^3 + 2xy}, \dfrac{dx}{dy} = \dfrac{1}{dy/dx}$

2.8절, pp. 118~121

1. $\dfrac{dA}{dt} = 2\pi r \dfrac{dr}{dt}$ **3.** 10 **5.** -6 **7.** $-3/2$
9. $31/13$ **11. (a)** $-180\,\text{m}^2/\text{min}$ **(b)** $-135\,\text{m}^3/\text{min}$
13. (a) $\dfrac{dV}{dt} = \pi r^2 \dfrac{dh}{dt}$ **(b)** $\dfrac{dV}{dt} = 2\pi h r \dfrac{dr}{dt}$

(c) $\dfrac{dV}{dt} = \pi r^2 \dfrac{dh}{dt} + 2\pi h r \dfrac{dr}{dt}$

15. (a) 1 volt/s   **(b)** $-\dfrac{1}{3}$ amp/s

(c) $\dfrac{dR}{dt} = \dfrac{1}{I}\left(\dfrac{dV}{dt} - \dfrac{V}{I}\dfrac{dI}{dt}\right)$

(d) $3/2$ ohms/s, R is increasing.

17. (a) $\dfrac{ds}{dt} = \dfrac{x}{\sqrt{x^2 + y^2}}\dfrac{dx}{dt}$

(b) $\dfrac{ds}{dt} = \dfrac{x}{\sqrt{x^2 + y^2}}\dfrac{dx}{dt} + \dfrac{y}{\sqrt{x^2 + y^2}}\dfrac{dy}{dt}$

(c) $\dfrac{dx}{dt} = -\dfrac{y}{x}\dfrac{dy}{dt}$

19. (a) $\dfrac{dA}{dt} = \dfrac{1}{2}ab\cos\theta\dfrac{d\theta}{dt}$

(b) $\dfrac{dA}{dt} = \dfrac{1}{2}ab\cos\theta\dfrac{d\theta}{dt} + \dfrac{1}{2}b\sin\theta\dfrac{da}{dt}$

(c) $\dfrac{dA}{dt} = \dfrac{1}{2}ab\cos\theta\dfrac{d\theta}{dt} + \dfrac{1}{2}b\sin\theta\dfrac{da}{dt} + \dfrac{1}{2}a\sin\theta\dfrac{db}{dt}$

21. (a) $14\,\text{cm}^2/\text{s}$, increasing   **(b)** $0\,\text{cm/s}$, constant
   (c) $-14/13\,\text{cm/s}$, decreasing
23. (a) $-3.6\,\text{m/s}$ **(b)** $-5.355\,\text{m}^2/\text{s}$ **(c)** $-1\,\text{rad/s}$
25. $6\,\text{m/s}$

27. (a) $\dfrac{dh}{dt} = 11.19\,\text{cm/min}$ **(b)** $\dfrac{dr}{dt} = 14.92\,\text{cm/min}$

29. (a) $\dfrac{-1}{24\pi}\,\text{m/min}$ **(b)** $r = \sqrt{26y - y^2}\,\text{m}$

(c) $\dfrac{dr}{dt} = -\dfrac{5}{288\pi}\,\text{m/min}$

31. $1\,\text{m/min}, 40\pi\,\text{m}^2/\text{min}$ **33.** $3.16\,\text{m/s}$
35. Increasing at $466/1681\,L/\text{min}^2$
37. $-5\,\text{m/s}$ **39.** $-441\,\text{m/s}$
41. $\dfrac{5}{72\pi}\,\text{cm/min}, \dfrac{10}{3}\,\text{cm}^2/\text{min}$
43. (a) $-10/\sqrt{13} \approx -2.774\,\text{m/s}$
   (b) $d\theta_1/dt = 5/39\,\text{rad/s}, d\theta_2/dt = -5/39\,\text{rad/s}$
   (c) $d\theta_1/dt = 1/6\,\text{rad/s}, d\theta_2/dt = -1/6\,\text{rad/s}$
45. $-5.5\,\text{deg/min}$ **47.** $12\pi\,\text{km/min}$

2.9절, pp. 131~133

1. $L(x) = 10x - 13$ **3.** $L(x) = 2$ **5.** $L(x) = x - \pi$

7. $2x$ **9.** $-x - 5$ **11.** $\dfrac{1}{12}x + \dfrac{4}{3}$

13. $f(0) = 1$. Also, $f'(x) = k(1 + x)^{k-1}$, so $f'(0) = k$. This means the linearization at $x = 0$ is $L(x) = 1 + kx$.

15. (a) 1.01 **(b)** 1.003

17. $\left(3x^2 - \dfrac{3}{2\sqrt{x}}\right)dx$ **19.** $\dfrac{2 - 2x^2}{(1 + x^2)^2}\,dx$

21. $\dfrac{1 - y}{3\sqrt{y} + x}\,dx$ **23.** $\dfrac{5}{2\sqrt{x}}\cos\left(5\sqrt{x}\right)dx$

25. $(4x^2)\sec^2\left(\dfrac{x^3}{3}\right)dx$

27. $\dfrac{3}{\sqrt{x}}\left(\csc\left(1 - 2\sqrt{x}\right)\cot\left(1 - 2\sqrt{x}\right)\right)dx$

29. (a) 0.41 **(b)** 0.4 **(c)** 0.01
31. (a) 0.231 **(b)** 0.2 **(c)** 0.031

33. (a) $-1/3$ **(b)** $-2/5$ **(c)** $1/15$

35. $dV = 4\pi r_0^2\, dr$ **37.** $dS = 12x_0\, dx$ **39.** $dV = 2\pi r_0 h\, dr$

41. (a) $0.08\pi\ \text{m}^2$ **(b)** 2% **43.** $dV \approx 565.5\ \text{cm}^3$

45. (a) 2% **(b)** 4% **47.** $\frac{1}{3}\%$ **49.** 3%

51. The ratio equals 37.52, so a change in the acceleration of gravity on the moon has about 38 times the effect that a change of the same magnitude has on Earth.

53. Increase $V \approx 40\%$

55. (a) i) $b_0 = f(a)$ **ii)** $b_1 = f'(a)$ **iii)** $b_2 = \dfrac{f''(a)}{2}$

  (b) $Q(x) = 1 + x + x^2$ **(d)** $Q(x) = 1 - (x - 1) + (x - 1)^2$

  (e) $Q(x) = 1 + \dfrac{x}{2} - \dfrac{x^2}{8}$

  (f) The linearization of any differentiable function $u(x)$ at $x = a$ is $L(x) = u(a) + u'(a)(x - a) = b_0 + b_1(x - a)$, where b_0 and b_1 are the coefficients of the constant and linear terms of the quadratic approximation. Thus, the linearization for $f(x)$ at $x = 0$ is $1 + x$; the linearization for $g(x)$ at $x = 1$ is $1 - (x - 1)$ or $2 - x$; and the linearization for $h(x)$ at $x = 0$ is $1 + \dfrac{x}{2}$.

종합문제, pp. 134~138

1. $5x^4 - 0.25x + 0.25$ **3.** $3x(x - 2)$

5. $2(x + 1)(2x^2 + 4x + 1)$

7. $3(\theta^2 + \sec\theta + 1)^2(2\theta + \sec\theta\tan\theta)$

9. $\dfrac{1}{2\sqrt{t}\left(1 + \sqrt{t}\right)^2}$ **11.** $2\sec^2 x \tan x$

13. $8\cos^3(1 - 2t)\sin(1 - 2t)$ **15.** $5(\sec t)(\sec t + \tan t)^5$

17. $\dfrac{\theta\cos\theta + \sin\theta}{\sqrt{2\theta\sin\theta}}$ **19.** $\dfrac{\cos\sqrt{2\theta}}{\sqrt{2\theta}}$

21. $x\csc\left(\dfrac{2}{x}\right) + \csc\left(\dfrac{2}{x}\right)\cot\left(\dfrac{2}{x}\right)$

23. $\dfrac{1}{2}x^{1/2}\sec(2x)^2\left[16\tan(2x)^2 - x^{-2}\right]$

25. $-10x\csc^2(x^2)$ **27.** $8x^3\sin(2x^2)\cos(2x^2) + 2x\sin^2(2x^2)$

29. $\dfrac{-(t + 1)}{8t^3}$ **31.** $\dfrac{1 - x}{(x + 1)^3}$ **33.** $\dfrac{-1}{2x^2\left(1 + \dfrac{1}{x}\right)^{1/2}}$

35. $\dfrac{-2\sin\theta}{(\cos\theta - 1)^2}$ **37.** $3\sqrt{2x + 1}$ **39.** $-9\left[\dfrac{5x + \cos 2x}{(5x^2 + \sin 2x)^{5/2}}\right]$

41. $-\dfrac{y + 2}{x + 3}$ **43.** $\dfrac{-3x^2 - 4y + 2}{4x - 4y^{1/3}}$ **45.** $-\dfrac{y}{x}$

47. $\dfrac{1}{2y(x + 1)^2}$ **49.** $\dfrac{dp}{dq} = \dfrac{6q - 4p}{3p^2 + 4q}$

51. $\dfrac{dr}{ds} = (2r - 1)(\tan 2s)$

53. (a) $\dfrac{d^2y}{dx^2} = \dfrac{-2xy^3 - 2x^4}{y^5}$ **(b)** $\dfrac{d^2y}{dx^2} = \dfrac{-2xy^2 - 1}{x^4 y^3}$

55. (a) 7 **(b)** -2 **(c)** $5/12$ **(d)** $1/4$ **(e)** 12 **(f)** $9/2$
  (g) $3/4$

57. 0 **59.** $\sqrt{3}$ **61.** $-\dfrac{1}{2}$ **63.** $\dfrac{-2}{(2t + 1)^2}$

65. (a)

$f(x) = \begin{cases} x^2, & -1 \le x < 0 \\ -x^2, & 0 \le x < 1 \end{cases}$

  (b) Yes **(c)** Yes

67. (a)

$y = \begin{cases} x, & 0 \le x \le 1 \\ 2 - x, & 1 < x \le 2 \end{cases}$

  (b) Yes **(c)** No

69. $\left(\dfrac{5}{2}, \dfrac{9}{4}\right)$ and $\left(\dfrac{3}{2}, -\dfrac{1}{4}\right)$

71. $(-1, 27)$ and $(2, 0)$

73. (a) $(-2, 16), (3, 11)$ **(b)** $(0, 20), (1, 7)$

75.

77. $\dfrac{1}{4}$ **79.** 4

81. Tangent: $y = -\dfrac{1}{4}x + \dfrac{9}{4}$, normal: $y = 4x - 2$

83. Tangent: $y = 2x - 4$, normal: $y = -\dfrac{1}{2}x + \dfrac{7}{2}$

85. Tangent: $y = -\dfrac{5}{4}x + 6$, normal: $y = \dfrac{4}{5}x - \dfrac{11}{5}$

87. $(1, 1)$: $m = -\dfrac{1}{2}$; $(1, -1)$: m not defined

89. $B = $ graph of f, $A = $ graph of f'

91.

93. (a) $0, 0$ **(b)** 1700 rabbits, ≈ 1400 rabbits

95. -1 **97.** $1/2$ **99.** 4 **101.** 1

103. To make g continuous at the origin, define $g(0) = 1$.

105. (a) $\dfrac{dS}{dt} = (4\pi r + 2\pi h)\dfrac{dr}{dt}$

  (b) $\dfrac{dS}{dt} = 2\pi r\dfrac{dh}{dt}$

  (c) $\dfrac{dS}{dt} = (4\pi r + 2\pi h)\dfrac{dr}{dt} + 2\pi r\dfrac{dh}{dt}$

  (d) $\dfrac{dr}{dt} = -\dfrac{r}{2r + h}\dfrac{dh}{dt}$

107. $-40 \text{ m}^2/\text{s}$ **109.** $0.02 \text{ ohm}/\text{s}$ **111.** $2 \text{ m}/\text{s}$

113. (a) $r = \dfrac{2}{5}h$ (b) $-\dfrac{5}{16\pi} \text{ m}/\text{min}$

115. (a) $\dfrac{3}{5} \text{ km}/\text{s}$ or $600 \text{ m}/\text{s}$ (b) $\dfrac{18}{\pi} \text{ rpm}$

117. (a) $L(x) = 2x + \dfrac{\pi - 2}{2}$

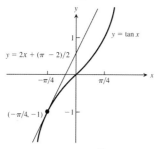

(b) $L(x) = -\sqrt{2}x + \dfrac{\sqrt{2}(4 - \pi)}{4}$

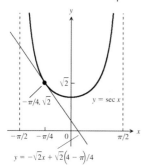

119. $L(x) = 1.5x + 0.5$ **121.** $dS = \dfrac{\pi r h_0}{\sqrt{r^2 + h_0^2}}dh$

123. (a) 4% (b) 8% (c) 12%

보충 · 심화 문제, pp. 138~140

1. (a) $\sin 2\theta = 2\sin\theta\cos\theta$; $2\cos 2\theta = 2\sin\theta(-\sin\theta) + \cos\theta(2\cos\theta)$; $2\cos 2\theta = -2\sin^2\theta + 2\cos^2\theta$; $\cos 2\theta = \cos^2\theta - \sin^2\theta$

(b) $\cos 2\theta = \cos^2\theta - \sin^2\theta$; $-2\sin 2\theta = 2\cos\theta(-\sin\theta) - 2\sin\theta(\cos\theta)$; $\sin 2\theta = \cos\theta\sin\theta + \sin\theta\cos\theta$; $\sin 2\theta = 2\sin\theta\cos\theta$

3. (a) $a = 1, b = 0, c = -\dfrac{1}{2}$ (b) $b = \cos a, c = \sin a$

5. $h = -4, k = \dfrac{9}{2}, a = \dfrac{5\sqrt{5}}{2}$

7. (a) $0.09y$ (b) Increasing at 1% per year
9. Answers will vary. Here is one possibility.

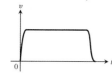

11. (a) $2 \text{ s}, 19.6 \text{ m}/\text{s}$ (b) $12.25 \text{ s}, 120 \text{ m}$

15. (a) $m = -\dfrac{b}{\pi}$ (b) $m = -1, b = \pi$

17. (a) $a = \dfrac{3}{4}, b = \dfrac{9}{4}$ **19.** f odd $\Rightarrow f'$ is even

23. h' is defined but not continuous at $x = 0$; k' is defined *and* continuous at $x = 0$.

25. $\dfrac{43}{75} \text{ rad}/\text{s}$

29. (a) 0.248 m (b) 0.02015 s
(c) It will lose about $28.3 \text{ min}/\text{day}$.

3장

3.1절, pp. 146~148

1. Absolute minimum at $x = c_2$; absolute maximum at $x = b$
3. Absolute maximum at $x = c$; no absolute minimum
5. Absolute minimum at $x = a$; absolute maximum at $x = c$
7. No absolute minimum; no absolute maximum
9. Absolute maximum at $(0, 5)$ **11.** (c) **13.** (d)
15. Absolute minimum at $x = 0$; no absolute maximum

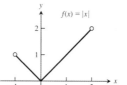

17. Absolute maximum at $x = 2$; no absolute minimum

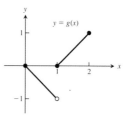

19. Absolute maximum at $x = \pi/2$; absolute minimum at $x = 3\pi/2$

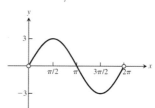

21. Absolute maximum: -3; absolute minimum: $-19/3$

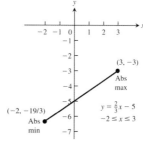

23. Absolute maximum: 3; absolute minimum: -1

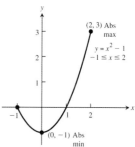

25. Absolute maximum: -0.25; absolute minimum: -4

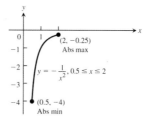

27. Absolute maximum: 2; absolute minimum: -1

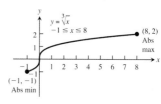

29. Absolute maximum: 2;
absolute minimum: 0

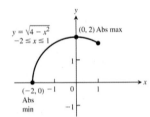

31. Absolute maximum: 1;
absolute minimum: −1

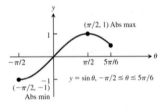

33. Absolute maximum: $2/\sqrt{3}$;
absolute minimum: 1

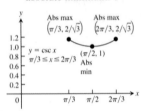

35. Absolute maximum: 2;
absolute minimum: −1

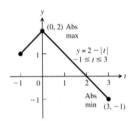

37. Increasing on $(0, 8)$, decreasing on $(-1, 0)$; absolute maximum: 16 at $x = 8$; absolute minimum: 0 at $x = 0$

39. Increasing on $(-32, 1)$; absolute maximum: 1 at $\theta = 1$; absolute minimum: -8 at $\theta = -32$

41. $x = 3$

43. $x = 1, x = 4$

45. $x = 1$

47. $x = 0$ and $x = 4$

49. $x = 2$ and $x = -4$

51.

Critical point or endpoint	Derivative	Extremum	Value
$x = -\dfrac{4}{5}$	0	Local max	$\dfrac{12}{25}10^{1/3} \approx 1.034$
$x = 0$	Undefined	Local min	0

53.

Critical point or endpoint	Derivative	Extremum	Value
$x = -2$	Undefined	Local max	0
$x = -\sqrt{2}$	0	Minimum	-2
$x = \sqrt{2}$	0	Maximum	2
$x = 2$	Undefined	Local min	0

55.

Critical point or endpoint	Derivative	Extremum	Value
$x = 1$	Undefined	Minimum	2

57.

Critical point or endpoint	Derivative	Extremum	Value
$x = -1$	0	Maximum	5
$x = 1$	Undefined	Local min	1
$x = 3$	0	Maximum	5

59. **(a)** No
(b) The derivative is defined and nonzero for $x \neq 2$. Also, $f(2) = 0$ and $f(x) > 0$ for all $x \neq 2$.
(c) No, because $(-\infty, \infty)$ is not a closed interval.
(d) The answers are the same as parts (a) and (b), with 2 replaced by a.

61. y is increasing on $(-\infty, \infty)$ and so has no extrema.

63. Yes

65. g assumes a local maximum at $-c$.

67. **(a)** Maximum value is 144 at $x = 2$.
(b) The largest volume of the box is 144 cubic units, and it occurs when $x = 2$.

69. $\dfrac{v_0^2}{2g} + s_0$

71. Maximum value is 11 at $x = 5$; minimum value is 5 on the interval $[-3, 2]$; local maximum at $(-5, 9)$.

73. Maximum value is 5 on the interval $[3, \infty)$; minimum value is -5 on the interval $(-\infty, -2]$.

3.2절, pp. 153~155

1. $1/2$ **3.** 1

5. $\dfrac{1}{3}\left(1 + \sqrt{7}\right) \approx 1.22$, $\dfrac{1}{3}\left(1 - \sqrt{7}\right) \approx -0.549$

7. Does not; f is not differentiable at the interior domain point $x = 0$.

9. Does   **11.** Does not; f is not differentiable at $x = -1$.

15. **(a)**

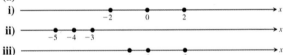

27. Yes   **29.** **(a)** 4   **(b)** 3   **(c)** 3

31. **(a)** $\dfrac{x^2}{2} + C$ **(b)** $\dfrac{x^3}{3} + C$ **(c)** $\dfrac{x^4}{4} + C$

33. **(a)** $\dfrac{1}{x} + C$ **(b)** $x + \dfrac{1}{x} + C$ **(c)** $5x - \dfrac{1}{x} + C$

35. **(a)** $-\dfrac{1}{2}\cos 2t + C$ **(b)** $2\sin\dfrac{t}{2} + C$

(c) $-\dfrac{1}{2}\cos 2t + 2\sin\dfrac{t}{2} + C$

37. $f(x) = x^2 - x$ **39.** $r(\theta) = 8\theta + \cot\theta - 2\pi - 1$

41. $s = 4.9t^2 + 5t + 10$ **43.** $s = \dfrac{1 - \cos(\pi t)}{\pi}$

45. $s = 16t^2 + 20t + 5$ **47.** $s = \sin(2t) - 3$

49. If $T(t)$ is the temperature of the thermometer at time t, then $T(0) = -19\,°C$ and $T(14) = 100\,°C$. From the Mean Value Theorem, there exists a $0 < t_0 < 14$ such that $\dfrac{T(14) - T(0)}{14 - 0} = 8.5\,°C/s = T'(t_0)$, the rate at which the temperature was changing at $t = t_0$ as measured by the rising mercury on the thermometer.

51. Because its average speed was approximately 7.667 knots, and by the Mean Value Theorem, it must have been going that speed at least once during the trip.

55. The conclusion of the Mean Value Theorem yields

$$\frac{\frac{1}{b}-\frac{1}{a}}{b-a} = -\frac{1}{c^2} \Rightarrow c^2\left(\frac{a-b}{ab}\right) = a-b \Rightarrow c = \sqrt{ab}.$$

59. $f(x)$ must be zero at least once between a and b by the Intermediate Value Theorem. Now suppose that $f(x)$ is zero twice between a and b. Then, by the Mean Value Theorem, $f'(x)$ would have to be zero at least once between the two zeros of $f(x)$, but this can't be true since we are given that $f'(x) \neq 0$ on this interval. Therefore, $f(x)$ is zero once and only once between a and b.

69. $1.09999 \leq f(0.1) \leq 1.1$

3.3절, pp. 158~160

1. (a) 0, 1
   (b) Increasing on $(-\infty, 0)$ and $(1, \infty)$; decreasing on $(0, 1)$
   (c) Local maximum at $x = 0$; local minimum at $x = 1$

3. (a) $-2, 1$
   (b) Increasing on $(-2, 1)$ and $(1, \infty)$; decreasing on $(-\infty, -2)$
   (c) No local maximum; local minimum at $x = -2$

5. (a) $-2, 1, 3$
   (b) Increasing on $(-2, 1)$ and $(3, \infty)$; decreasing on $(-\infty, -2)$ and $(1, 3)$
   (c) Local maximum at $x = 1$; local minimum at $x = -2, 3$

7. (a) 0, 1
   (b) Increasing on $(-\infty, -2)$ and $(1, \infty)$; decreasing on $(-2, 0)$ and $(0, 1)$
   (c) Local minimum at $x = 1$

9. (a) $-2, 2$
   (b) Increasing on $(-\infty, -2)$ and $(2, \infty)$; decreasing on $(-2, 0)$ and $(0, 2)$
   (c) Local maximum at $x = -2$; local minimum at $x = 2$

11. (a) $-2, 0$
   (b) Increasing on $(-\infty, -2)$ and $(0, \infty)$; decreasing on $(-2, 0)$
   (c) Local maximum at $x = -2$; local minimum at $x = 0$

13. (a) $\dfrac{\pi}{2}, \dfrac{2\pi}{3}, \dfrac{4\pi}{3}$
   (b) Increasing on $\left(\dfrac{2\pi}{3}, \dfrac{4\pi}{3}\right)$; decreasing on $\left(0, \dfrac{\pi}{2}\right)$, $\left(\dfrac{\pi}{2}, \dfrac{2\pi}{3}\right)$, and $\left(\dfrac{4\pi}{3}, 2\pi\right)$
   (c) Local maximum at $x = 0$ and $x = \dfrac{4\pi}{3}$; local minimum at $x = \dfrac{2\pi}{3}$ and $x = 2\pi$

15. (a) Increasing on $(-2, 0)$ and $(2, 4)$; decreasing on $(-4, -2)$ and $(0, 2)$
   (b) Absolute maximum at $(-4, 2)$; local maximum at $(0, 1)$ and $(4, -1)$; absolute minimum at $(2, -3)$; local minimum at $(-2, 0)$

17. (a) Increasing on $(-4, -1)$, $(1/2, 2)$, and $(2, 4)$; decreasing on $(-1, 1/2)$
   (b) Absolute maximum at $(4, 3)$; local maximum at $(-1, 2)$ and $(2, 1)$; no absolute minimum; local minimum at $(-4, -1)$ and $(1/2, -1)$

19. (a) Increasing on $(-\infty, -1.5)$; decreasing on $(-1.5, \infty)$
   (b) Local maximum: 5.25 at $t = -1.5$; absolute maximum: 5.25 at $t = -1.5$

21. (a) Decreasing on $(-\infty, 0)$; increasing on $(0, 4/3)$; decreasing on $(4/3, \infty)$
   (b) Local minimum at $x = 0$ $(0, 0)$; local maximum at $x = 4/3$ $(4/3, 32/27)$; no absolute extrema

23. (a) Decreasing on $(-\infty, 0)$; increasing on $(0, 1/2)$; decreasing on $(1/2, \infty)$
   (b) Local minimum at $\theta = 0$ $(0, 0)$; local maximum at $\theta = 1/2$ $(1/2, 1/4)$; no absolute extrema

25. (a) Increasing on $(-\infty, \infty)$; never decreasing
   (b) No local extrema; no absolute extrema

27. (a) Increasing on $(-2, 0)$ and $(2, \infty)$; decreasing on $(-\infty, -2)$ and $(0, 2)$
   (b) Local maximum: 16 at $x = 0$; local minimum: 0 at $x = \pm 2$; no absolute maximum; absolute minimum: 0 at $x = \pm 2$

29. (a) Increasing on $(-\infty, -1)$; decreasing on $(-1, 0)$; increasing on $(0, 1)$; decreasing on $(1, \infty)$
   (b) Local maximum: 0.5 at $x = \pm 1$; local minimum: 0 at $x = 0$; absolute maximum: $1/2$ at $x = \pm 1$; no absolute minimum

31. (a) Increasing on $(10, \infty)$; decreasing on $(1, 10)$
   (b) Local maximum: 1 at $x = 1$; local minimum: -8 at $x = 10$; absolute minimum: -8 at $x = 10$

33. (a) Decreasing on $\left(-2\sqrt{2}, -2\right)$; increasing on $(-2, 2)$; decreasing on $\left(2, 2\sqrt{2}\right)$
   (b) Local minima: $g(-2) = -4$, $g\left(2\sqrt{2}\right) = 0$; local maxima: $g\left(-2\sqrt{2}\right) = 0$, $g(2) = 4$; absolute maximum: 4 at $x = 2$; absolute minimum: -4 at $x = -2$

35. (a) Increasing on $(-\infty, 1)$; decreasing when $1 < x < 2$, decreasing when $2 < x < 3$; discontinuous at $x = 2$; increasing on $(3, \infty)$
   (b) Local minimum at $x = 3$ $(3, 6)$; local maximum at $x = 1$ $(1, 2)$; no absolute extrema

37. (a) Increasing on $(-2, 0)$ and $(0, \infty)$; decreasing on $(-\infty, -2)$
   (b) Local minimum: $-6\sqrt[3]{2}$ at $x = -2$; no absolute maximum; absolute minimum: $-6\sqrt[3]{2}$ at $x = -2$

39. (a) Increasing on $\left(-\infty, -2/\sqrt{7}\right)$ and $\left(2/\sqrt{7}, \infty\right)$; decreasing on $\left(-2/\sqrt{7}, 0\right)$ and $\left(0, 2/\sqrt{7}\right)$
   (b) Local maximum: $24\sqrt[3]{2}/7^{7/6} \approx 3.12$ at $x = -2/\sqrt{7}$; local minimum: $-24\sqrt[3]{2}/7^{7/6} \approx -3.12$ at $x = 2/\sqrt{7}$; no absolute extrema

41. (a) Local maximum: 1 at $x = 1$; local minimum: 0 at $x = 2$
   (b) Absolute maximum: 1 at $x = 1$; no absolute minimum

43. (a) Local maximum: 1 at $x = 1$; local minimum: 0 at $x = 2$
   (b) No absolute maximum; absolute minimum: 0 at $x = 2$

45. (a) Local maxima: -9 at $t = -3$ and 16 at $t = 2$; local minimum: -16 at $t = -2$
   (b) Absolute maximum: 16 at $t = 2$; no absolute minimum

47. (a) Local minimum: 0 at $x = 0$
   (b) No absolute maximum; absolute minimum: 0 at $x = 0$

49. (a) Local maximum: 5 at $x = 0$; local minimum: 0 at $x = -5$ and $x = 5$
   (b) Absolute maximum: 5 at $x = 0$; absolute minimum: 0 at $x = -5$ and $x = 5$

51. (a) Local maximum: 2 at $x = 0$;
   local minimum: $\dfrac{\sqrt{3}}{4\sqrt{3}-6}$ at $x = 2 - \sqrt{3}$
   (b) No absolute maximum; an absolute minimum at $x = 2 - \sqrt{3}$

53. (a) Local maximum: 1 at $x = \pi/4$;
   local maximum: 0 at $x = \pi$;
   local minimum: 0 at $x = 0$;
   local minimum: -1 at $x = 3\pi/4$

55. Local maximum: 2 at $x = \pi/6$;
local maximum: $\sqrt{3}$ at $x = 2\pi$;
local minimum: -2 at $x = 7\pi/6$;
local minimum: $\sqrt{3}$ at $x = 0$

57. (a) Local minimum: $(\pi/3) - \sqrt{3}$ at $x = 2\pi/3$;
local maximum: 0 at $x = 0$;
local maximum: π at $x = 2\pi$

59. (a) Local minimum: 0 at $x = \pi/4$

61. Local minimum at $x = 1$; no local maximum

63. Local maximum: 3 at $\theta = 0$;
local minimum: -3 at $\theta = 2\pi$

65.

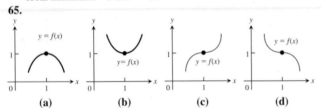

(a)　　**(b)**　　**(c)**　　**(d)**

67. (a)

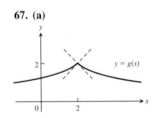

(b)

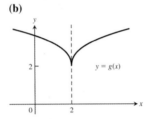

71. $a = -2, b = 4$

3.4절, pp. 168~172

1. Local maximum: $3/2$ at $x = -1$; local minimum: -3 at $x = 2$;
point of inflection at $(1/2, -3/4)$; rising on $(-\infty, -1)$ and
$(2, \infty)$; falling on $(-1, 2)$; concave up on $(1/2, \infty)$; concave
down on $(-\infty, 1/2)$

3. Local maximum: $3/4$ at $x = 0$; local minimum: 0 at $x = \pm 1$;
points of inflection at $\left(-\sqrt{3}, \dfrac{3\sqrt[3]{4}}{4}\right)$ and $\left(\sqrt{3}, \dfrac{3\sqrt[3]{4}}{4}\right)$;
rising on $(-1, 0)$ and $(1, \infty)$; falling on $(-\infty, -1)$ and $(0, 1)$;
concave up on $\left(-\infty, -\sqrt{3}\right)$ and $\left(\sqrt{3}, \infty\right)$; concave down on
$\left(-\sqrt{3}, \sqrt{3}\right)$

5. Local maxima: $\dfrac{-2\pi}{3} + \dfrac{\sqrt{3}}{2}$ at $x = -2\pi/3$, $\dfrac{\pi}{3} + \dfrac{\sqrt{3}}{2}$ at
$x = \pi/3$; local minima: $-\dfrac{\pi}{3} - \dfrac{\sqrt{3}}{2}$ at $x = -\pi/3$, $\dfrac{2\pi}{3} - \dfrac{\sqrt{3}}{2}$
at $x = 2\pi/3$; points of inflection at $(-\pi/2, -\pi/2)$, $(0, 0)$, and
$(\pi/2, \pi/2)$; rising on $(-\pi/3, \pi/3)$; falling on $(-2\pi/3, -\pi/3)$
and $(\pi/3, 2\pi/3)$; concave up on $(-\pi/2, 0)$ and $(\pi/2, 2\pi/3)$;
concave down on $(-2\pi/3, -\pi/2)$ and $(0, \pi/2)$

7. Local maxima: 1 at $x = -\pi/2$ and $x = \pi/2$, 0 at $x = -2\pi$
and $x = 2\pi$; local minima: -1 at $x = -3\pi/2$ and $x = 3\pi/2$,
0 at $x = 0$; points of inflection at $(-\pi, 0)$ and $(\pi, 0)$; ris-
ing on $(-3\pi/2, -\pi/2)$, $(0, \pi/2)$, and $(3\pi/2, 2\pi)$; falling on
$(-2\pi, -3\pi/2)$, $(-\pi/2, 0)$, and $(\pi/2, 3\pi/2)$; concave up on
$(-2\pi, -\pi)$ and $(\pi, 2\pi)$; concave down on $(-\pi, 0)$ and $(0, \pi)$

9.

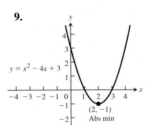

11.

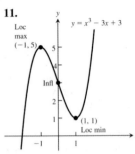

13.

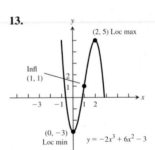

15.

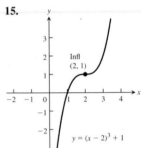

17.

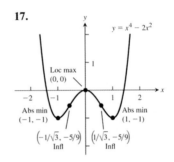

19.

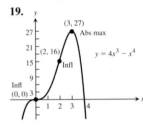

21.

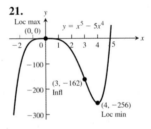

23.

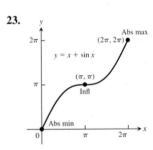

25.

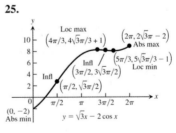

27.

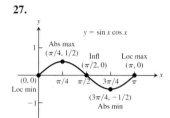

$y = \sin x \cos x$

Abs max $(\pi/4, 1/2)$
Infl $(\pi/2, 0)$
Loc max $(\pi, 0)$
(0, 0) Loc min
$(3\pi/4, -1/2)$ Abs min

29.

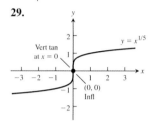

$y = x^{1/5}$
Vert tan at $x = 0$
(0, 0) Infl

31.

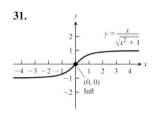

$y = \dfrac{x}{\sqrt{x^2 + 1}}$
(0, 0) Infl

33.

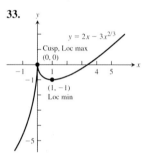

$y = 2x - 3x^{2/3}$
Cusp, Loc max (0, 0)
(1, −1) Loc min

35.

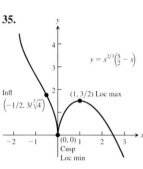

$y = x^{2/3}\left(\dfrac{5}{2} - x\right)$
Infl $\left(-1/2, 3/\sqrt[3]{4}\right)$
(1, 3/2) Loc max
(0, 0) Cusp Loc min

37.

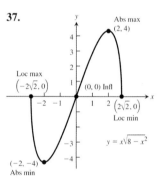

Abs max (2, 4)
Loc max $\left(-2\sqrt{2}, 0\right)$
(0, 0) Infl
$\left(2\sqrt{2}, 0\right)$ Loc min
$(-2, -4)$ Abs min
$y = x\sqrt{8 - x^2}$

39.

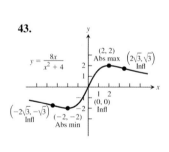

(0, 4) Abs max
$y = \sqrt{16 - x^2}$
(−4, 0) Abs min
(4, 0) Abs min

41.

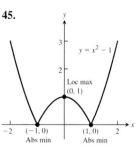

$y = \dfrac{x^2 - 3}{x - 2}$
(3, 6) Loc min
(1, 2) Loc max

43.

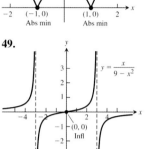

$y = \dfrac{8x}{x^2 + 4}$
(2, 2) Abs max
$\left(2\sqrt{3}, \sqrt{3}\right)$ Infl
(0, 0) Infl
$\left(-2\sqrt{3}, -\sqrt{3}\right)$ Infl
$(-2, -2)$ Abs min

45.

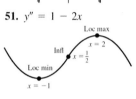

$y = x^2 - 1$
Loc max (0, 1)
(−1, 0) Abs min
(1, 0) Abs min

47.

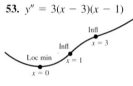

$y = \sqrt{|x|}$
(0, 0)
Cusp Abs min

49.

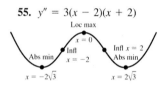

$y = \dfrac{x}{9 - x^2}$
(0, 0) Infl

51. $y'' = 1 - 2x$

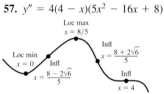

Loc max $x = 2$
Infl $x = \frac{1}{2}$
Loc min $x = -1$

53. $y'' = 3(x - 3)(x - 1)$

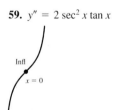

Infl $x = 3$
Infl $x = 1$
Loc min $x = 0$

55. $y'' = 3(x - 2)(x + 2)$

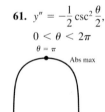

Loc max $x = 0$
Infl $x = -2$
Infl $x = 2$
Abs min $x = -2\sqrt{3}$
Abs min $x = 2\sqrt{3}$

57. $y'' = 4(4 - x)(5x^2 - 16x + 8)$

Loc max $x = 8/5$
Loc min $x = 0$
Infl $x = \dfrac{8 - 2\sqrt{6}}{5}$
Infl $x = \dfrac{8 + 2\sqrt{6}}{5}$
Infl $x = 4$

59. $y'' = 2 \sec^2 x \tan x$

Infl $x = 0$

61. $y'' = -\dfrac{1}{2} \csc^2 \dfrac{\theta}{2},$
$0 < \theta < 2\pi$

$\theta = \pi$ Abs max

63. $y'' = 2 \tan\theta \sec^2\theta, -\dfrac{\pi}{2} < \theta < \dfrac{\pi}{2}$

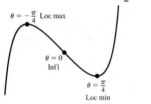

65. $y'' = -\sin t, 0 \le t \le 2\pi$

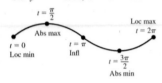

67. $y'' = -\dfrac{2}{3}(x+1)^{-5/3}$

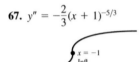

69. $y'' = \dfrac{1}{3}x^{-2/3} + \dfrac{2}{3}x^{-5/3}$

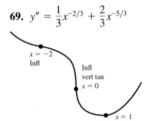

71. $y'' = \begin{cases} -2, & x < 0 \\ 2, & x > 0 \end{cases}$

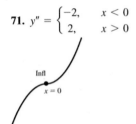

73.

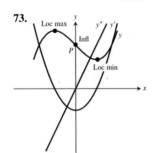

75.

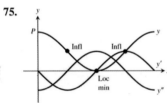

77.

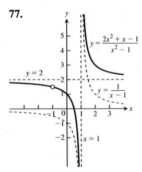

79.

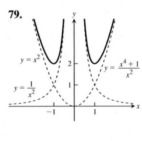

81.

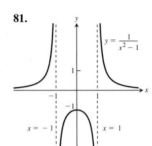

83.

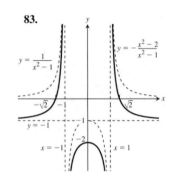

85.

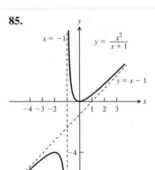

87.

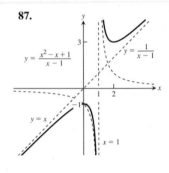

89.

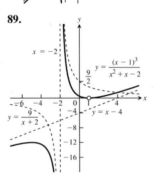

91.

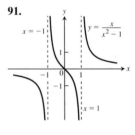

93.

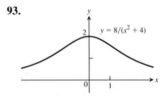

95.

Point	y'	y''
P	$-$	$+$
Q	$+$	0
R	$+$	$-$
S	0	$-$
T	$-$	$-$

97.

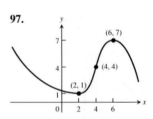

99.

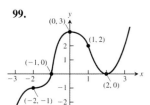

101.

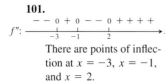

There are points of inflection at $x = -3$, $x = -1$, and $x = 2$.

103.

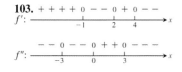

There are local maxima at $x = -1$ and $x = 4$. There is a local minimum at $x = 2$. There are points of inflection at $x = 0$ and $x = 3$.

105. (a) Towards origin: $0 \le t < 2$ and $6 \le t \le 10$; away from origin: $2 \le t \le 6$ and $10 \le t \le 15$

(b) $t = 2, t = 6, t = 10$

(c) $t = 5, t = 7, t = 13$

(d) Positive: $5 \le t \le 7$, $13 \le t \le 15$; negative: $0 \le t \le 5$, $7 \le t \le 13$

107. ≈ 60 thousand units

109. Local minimum at $x = 2$; inflection points at $x = 1$ and $x = 5/3$

111. $-1, 2$ **113.** $b = -3$ **119.** $a = 1, b = 3, c = 9$

121. The zeros of $y' = 0$ and $y'' = 0$ are extrema and points of inflection, respectively. Inflection at $x = 3$, local maximum at $x = 0$, local minimum at $x = 4$.

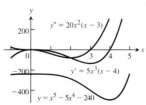

123. The zeros of $y' = 0$ and $y'' = 0$ are extrema and points of inflection, respectively. Inflection at $x = -\sqrt[3]{2}$; local maximum at $x = -2$; local minimum at $x = 0$.

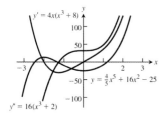

3.5절, pp. 178~184

1. 16 cm, 4 cm by 4 cm

3. (a) $(x, 1 - x)$ (b) $A(x) = 2x(1 - x)$

(c) $\frac{1}{2}$ square units, 1 by $\frac{1}{2}$

5. $14 \times 35 \times 5$ cm, 2450 cm³

7. 80,000 m²; 400 m by 200 m

9. (a) The optimum dimensions of the tank are 2 m on the base edges and 1 m deep.

(b) Minimizing the surface area of the tank minimizes its weight for a given wall thickness. The thickness of the steel walls would likely be determined by other considerations such as structural requirements.

11. 45×22.5 cm   **13.** $\dfrac{\pi}{2}$ **15.** $h : r = 8 : \pi$

17. (a) $V(x) = 2x(60 - 2x)(45 - 2x)$ (b) Domain: $(0, 22.5)$

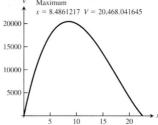

(c) Maximum volume $\approx 20{,}468$ cm³ when $x \approx 8.49$ cm

(d) $V'(x) = 24x^2 - 840x + 5400$, so the critical point is at $x = \dfrac{35 - 5\sqrt{13}}{2}$ which confirms the result in part (c).

(e) $x = 12.5$ cm or $x = 5$ cm

19. ≈ 2418.40 cm³

21. (a) $h = 184/3, w = 46$

(b)

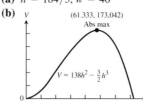

23. If r is the radius of the hemisphere, h the height of the cylinder, and V the volume, then $r = \left(\dfrac{3V}{8\pi}\right)^{1/3}$ and $h = \left(\dfrac{3V}{\pi}\right)^{1/3}$.

25. (b) $x = 16.2$ (c) $L \approx 28$ cm

27. Radius $= \sqrt{2}$ m, height $= 1$ m, volume $= \dfrac{2\pi}{3}$ m³

29. 1   **31.** $\dfrac{9b}{9 + \sqrt{3\pi}}$ m, triangle; $\dfrac{b\sqrt{3\pi}}{9 + \sqrt{3\pi}}$ m, circle

33. $\dfrac{3}{2} \times 2$ **35.** (a) 16   (b) -1

37. $r = \dfrac{2\sqrt{2}}{3}$ $h = \dfrac{4}{3}$ **39.** Area 8 when $a = 2$

41. (a) $v(0) = 29.4$ m/s   (b) 78.4 m at $t = 3$ s

(c) Velocity when $s = 0$ is $v(7) = -39.2$ m/s.

43. ≈ 9.58 m   **45.** 4 m

47. (a) $10\sqrt{3} \times 10\sqrt{6}$ cm

49. (a) $10\pi \approx 31.42$ cm/s; when $t = 0.5$ s, 1.5 s, 2.5 s, 3.5 s; $s = 0$, acceleration is 0.

(b) 10 cm from rest position; speed is 0.

51. (a) $s = ((12 - 12t)^2 + 64t^2)^{1/2}$

(b) -12 knots, 8 knots

(c) No

(d) $4\sqrt{13}$. This limit is the square root of the sums of the squares of the individual speeds.

53. $x = \dfrac{a}{2}, v = \dfrac{ka^2}{4}$ **55.** $\dfrac{c}{2} + 50$

57. (a) $\sqrt{\dfrac{2km}{h}}$ (b) $\sqrt{\dfrac{2km}{h}}$ **61.** $2 \times 2 \times \dfrac{3}{2}$ m, \$720

63. $M = \dfrac{C}{2}$ **69.** (a) $y = -1$

71. (a) The minimum distance is $\dfrac{\sqrt{5}}{2}$.

(b) The minimum distance is from the point $(3/2, 0)$ to the point $(1, 1)$ on the graph of $y = \sqrt{x}$, and this occurs at the value $x = 1$, where $D(x)$, the distance squared, has its minimum value.

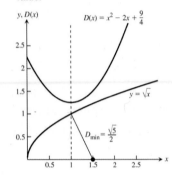

3.6절, pp. 187~189

1. $x_2 = -\dfrac{5}{3}, \dfrac{13}{21}$ **3.** $x_2 = -\dfrac{51}{31}, \dfrac{5763}{4945}$ **5.** $x_2 = \dfrac{2387}{2000}$

7. $x_2 = \dfrac{17}{14}$ **9.** x_1, and all later approximations will equal x_0.

11.

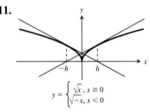

$$y = \begin{cases} \sqrt{x}, & x \geq 0 \\ \sqrt{-x}, & x < 0 \end{cases}$$

13. The points of intersection of $y = x^3$ and $y = 3x + 1$ or $y = x^3 - 3x$ and $y = 1$ have the same x-values as the roots of part (i) or the solutions of part (iv).   **15.** 1.165561185

17. (a) Two   **(b)** 0.35003501505249 and -1.0261731615301

19. $\pm 1.3065629648764, \pm 0.5411961001462$ **21.** $x \approx 0.45$

23. 0.8192   **25.** The root is 1.17951.

27. (a) For $x_0 = -2$ or $x_0 = -0.8$, $x_i \rightarrow -1$ as i gets large.
   (b) For $x_0 = -0.5$ or $x_0 = 0.25$, $x_i \rightarrow 0$ as i gets large.
   (c) For $x_0 = 0.8$ or $x_0 = 2$, $x_i \rightarrow 1$ as i gets large.
   (d) For $x_0 = -\sqrt{21}/7$ or $x_0 = \sqrt{21}/7$, Newton's method does not converge. The values of x_i alternate between $-\sqrt{21}/7$ and $\sqrt{21}/7$ as i increases.

29. Answers will vary with machine speed.

3.7절, pp. 195~198

1. (a) x^2 **(b)** $\dfrac{x^3}{3}$ **(c)** $\dfrac{x^3}{3} - x^2 + x$

3. (a) x^{-3} **(b)** $-\dfrac{1}{3}x^{-3}$ **(c)** $-\dfrac{1}{3}x^{-3} + x^2 + 3x$

5. (a) $-\dfrac{1}{x}$ **(b)** $-\dfrac{5}{x}$ **(c)** $2x + \dfrac{5}{x}$

7. (a) $\sqrt{x^3}$ **(b)** $\sqrt{x}$ **(c)** $\dfrac{2\sqrt{x^3}}{3} + 2\sqrt{x}$

9. (a) $x^{2/3}$ **(b)** $x^{1/3}$ **(c)** $x^{-1/3}$

11. (a) $\cos(\pi x)$ **(b)** $-3\cos x$ **(c)** $-\dfrac{1}{\pi}\cos(\pi x) + \cos(3x)$

13. (a) $\dfrac{1}{2}\tan x$ **(b)** $2\tan\left(\dfrac{x}{3}\right)$ **(c)** $-\dfrac{2}{3}\tan\left(\dfrac{3x}{2}\right)$

15. (a) $-\csc x$ **(b)** $\dfrac{1}{5}\csc(5x)$ **(c)** $2\csc\left(\dfrac{\pi x}{2}\right)$

17. $\dfrac{x^2}{2} + x + C$ **19.** $t^3 + \dfrac{t^2}{4} + C$ **21.** $\dfrac{x^4}{2} - \dfrac{5x^2}{2} + 7x + C$

23. $-\dfrac{1}{x} - \dfrac{x^3}{3} - \dfrac{x}{3} + C$ **25.** $\dfrac{3}{2}x^{2/3} + C$

27. $\dfrac{2}{3}x^{3/2} + \dfrac{3}{4}x^{4/3} + C$ **29.** $4y^2 - \dfrac{8}{3}y^{3/4} + C$

31. $x^2 + \dfrac{2}{x} + C$ **33.** $2\sqrt{t} - \dfrac{2}{\sqrt{t}} + C$ **35.** $-2\sin t + C$

37. $-21\cos\dfrac{\theta}{3} + C$ **39.** $3\cot x + C$ **41.** $-\dfrac{1}{2}\csc\theta + C$

43. $4\sec x - 2\tan x + C$ **45.** $-\dfrac{1}{2}\cos 2x + \cot x + C$

47. $\dfrac{t}{2} + \dfrac{\sin 4t}{8} + C$ **49.** $\dfrac{3x^{(\sqrt{3}+1)}}{\sqrt{3} + 1} + C$

51. $\tan\theta + C$ **53.** $-\cot x - x + C$ **55.** $-\cos\theta + \theta + C$

63. (a) Wrong: $\dfrac{d}{dx}\left(\dfrac{x^2}{2}\sin x + C\right) = \dfrac{2x}{2}\sin x + \dfrac{x^2}{2}\cos x = x\sin x + \dfrac{x^2}{2}\cos x$

   (b) Wrong: $\dfrac{d}{dx}(-x\cos x + C) = -\cos x + x\sin x$

   (c) Right: $\dfrac{d}{dx}(-x\cos x + \sin x + C) = -\cos x + x\sin x + \cos x = x\sin x$

65. (a) Wrong: $\dfrac{d}{dx}\left(\dfrac{(2x+1)^3}{3} + C\right) = \dfrac{3(2x+1)^2(2)}{3} = 2(2x+1)^2$

   (b) Wrong: $\dfrac{d}{dx}((2x+1)^3 + C) = 3(2x+1)^2(2) = 6(2x+1)^2$

   (c) Right: $\dfrac{d}{dx}((2x+1)^3 + C) = 6(2x+1)^2$

67. Right   **69. (b)**   **71.** $y = x^2 - 7x + 10$

73. $y = -\dfrac{1}{x} + \dfrac{x^2}{2} - \dfrac{1}{2}$ **75.** $y = 9x^{1/3} + 4$

77. $s = t + \sin t + 4$ **79.** $r = \cos(\pi\theta) - 1$

81. $v = \dfrac{1}{2}\sec t + \dfrac{1}{2}$ **83.** $y = x^2 - x^3 + 4x + 1$

85. $r = \dfrac{1}{t} + 2t - 2$ **87.** $y = x^3 - 4x^2 + 5$

89. $y = -\sin t + \cos t + t^3 - 1$ **91.** $y = 2x^{3/2} - 50$

93.

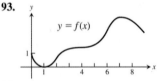

95.

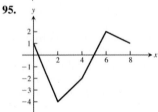

97. $y = x - x^{4/3} + \dfrac{1}{2}$ **99.** $y = -\sin x - \cos x - 2$

101. (a) (i) 33.2 units, **(ii)** 33.2 units, **(iii)** 33.2 units
   (b) True

103. $t = 30/k$, $k = 6$

105. (a) $v = 10t^{3/2} - 6t^{1/2}$ **(b)** $s = 4t^{5/2} - 4t^{3/2}$

109. (a) $-\sqrt{x} + C$ **(b)** $x + C$ **(c)** $\sqrt{x} + C$
   (d) $-x + C$ **(e)** $x - \sqrt{x} + C$ **(f)** $-x - \sqrt{x} + C$

종합문제, pp. 199~202

1. Minimum value is 1 at $x = 2$.

3. Local maximum at $(-2, 17)$; local minimum at $\left(\dfrac{4}{3}, -\dfrac{41}{27}\right)$

5. Minimum value is 0 at $x = -1$ and $x = 1$.

7. There is a local minimum at $(0, 1)$.

9. Maximum value is $\dfrac{1}{2}$ at $x = 1$; minimum value is $-\dfrac{1}{2}$ at $x = -1$.

11. No   **13.** No minimum; absolute maximum: $f(1) = 16$;
   critical points: $x = 1$ and $11/3$

15. Yes, except at $x = 0$ **17.** No   **21. (b)** one

23. (b) 0.8555 99677 2

29. Global minimum value of $\dfrac{1}{2}$ at $x = 2$

31. (a) $t = 0, 6, 12$ **(b)** $t = 3, 9$ **(c)** $6 < t < 12$
   (d) $0 < t < 6$, $12 < t < 14$

33.
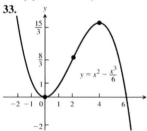

35.

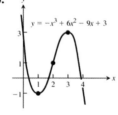

37.
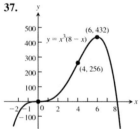

39.
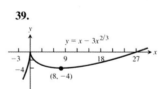

41.
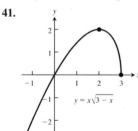

43. (a) Local maximum at $x = 4$, local minimum at $x = -4$,
   inflection point at $x = 0$
   (b)
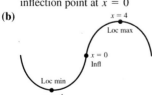

45. (a) Local maximum at $x = 0$, local minima at $x = -1$ and
   $x = 2$, inflection points at $x = \left(1 \pm \sqrt{7}\right)/3$
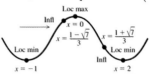

47. (a) Local maximum at $x = -\sqrt{2}$, local minimum at $x = \sqrt{2}$,
   inflection points at $x = \pm 1$ and 0
   (b)
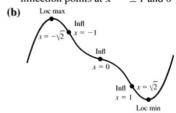

53.
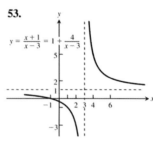

55.
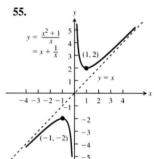

57.
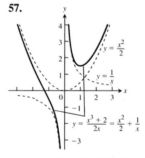

59.
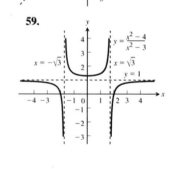

61. (a) $0, 36$ **(b)** $18, 18$ **63.** 54 square units

65. height = 2, radius = $\sqrt{2}$

67. $x = 5 - \sqrt{5}$ hundred ≈ 276 tires,
   $y = 2\left(5 - \sqrt{5}\right)$ hundred ≈ 553 tires

69. Dimensions: base is 15 cm by 30 cm, height = 5 cm;
   maximum volume = 2250 cm³

71. $x_5 = 2.1958\ 23345$ **73.** $\dfrac{x^4}{4} + \dfrac{5}{2}x^2 - 7x + C$

75. $2t^{3/2} - \dfrac{4}{t} + C$ **77.** $-\dfrac{1}{r + 5} + C$

79. $(\theta^2 + 1)^{3/2} + C$ **81.** $\dfrac{1}{3}(1 + x^4)^{3/4} + C$

83. $10 \tan \dfrac{s}{10} + C$ **85.** $-\dfrac{1}{\sqrt{2}} \csc \sqrt{2}\theta + C$

87. $\dfrac{1}{2}x - \sin \dfrac{x}{2} + C$ **89.** $y = x - \dfrac{1}{x} - 1$

91. $r = 4t^{5/2} + 4t^{3/2} - 8t$

보충 · 심화 문제, pp. 202~204

1. The function is constant on the interval.
3. The extreme points will not be at the end of an open interval.
5. (a) A local minimum at $x = -1$, points of inflection at $x = 0$ and $x = 2$
   (b) A local maximum at $x = 0$ and local minima at $x = -1$ and $x = 2$, points of inflection at $x = \dfrac{1 \pm \sqrt{7}}{3}$
9. No   11. $a = 1, b = 0, c = 1$ 13. Yes
15. Drill the hole at $y = h/2$.
17. $r = \dfrac{RH}{2(H - R)}$ for $H > 2R, r = R$ if $H \le 2R$
19. $\dfrac{12}{5}$ and 5
21. (a) $\dfrac{c - b}{2e}$ (b) $\dfrac{c + b}{2}$ (c) $\dfrac{b^2 - 2bc + c^2 + 4ae}{4e}$
    (d) $\dfrac{c + b + t}{2}$
23. $m_0 = 1 - \dfrac{1}{q}, m_1 = \dfrac{1}{q}$
25. (a) $k = 15$ (b) 7.5 m
27. Yes, $y = x + C$ 29. $v_0 = \dfrac{2\sqrt{2}}{3}b^{3/4}$ 33. 3

4장

4.1절, pp. 213~215

1. (a) 0.125   (b) 0.21875   (c) 0.625   (d) 0.46875
3. (a) 1.066667   (b) 1.283333   (c) 2.666667   (d) 2.083333
5. 0.3125, 0.328125   7. 1.5, 1.574603
9. (a) 245 cm   (b) 245 cm   11. (a) 1180 m   (b) 1300 m
13. (a) 22.862 m/s   (b) 13.867 m/s   (c) 44.893 m
15. $\dfrac{31}{16}$ 17. 1
19. (a) Upper = 758 L, lower = 543 L
    (b) Upper = 2363 L, lower = 1693 L
    (c) $\approx$ 31.4 h, $\approx$ 32.4 h
21. (a) 2   (b) $2\sqrt{2} \approx 2.828$ (c) $8\sin\left(\dfrac{\pi}{8}\right) \approx 3.061$
    (d) Each area is less than the area of the circle, π. As n increases, the polygon area approaches π.

4.2절, p. 222

1. $\dfrac{6(1)}{1 + 1} + \dfrac{6(2)}{2 + 1} = 7$
3. $\cos(1)\pi + \cos(2)\pi + \cos(3)\pi + \cos(4)\pi = 0$
5. $\sin\pi - \sin\dfrac{\pi}{2} + \sin\dfrac{\pi}{3} = \dfrac{\sqrt{3} - 2}{2}$
7. All of them   9. b
11. $\displaystyle\sum_{k=1}^{6} k$ 13. $\displaystyle\sum_{k=1}^{4} \dfrac{1}{2^k}$ 15. $\displaystyle\sum_{k=1}^{5} (-1)^{k+1}\dfrac{1}{k}$
17. (a) -15 (b) 1   (c) 1   (d) -11 (e) 16
19. (a) 55   (b) 385   (c) 3025   21. -56 23. -73
25. 240   27. 3376   29. (a) 21   (b) 3500   (c) 2620
31. (a) $4n$ (b) cn (c) $(n^2 - n)/2$ 33. 2600   35. $-2\sqrt{3}$

37. (a) 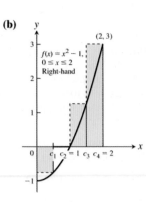 (b)

(c)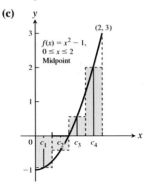

39. (a) 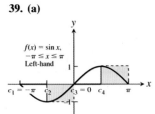 (b)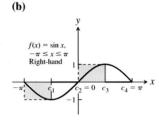

(c)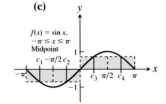

41. 1.2
43. $\dfrac{2}{3} - \dfrac{1}{2n} - \dfrac{1}{6n^2}, \dfrac{2}{3}$
45. $12 + \dfrac{27n + 9}{2n^2}, \quad 12$
47. $\dfrac{5}{6} + \dfrac{6n + 1}{6n^2}, \dfrac{5}{6}$
49. $\dfrac{1}{2} + \dfrac{1}{n} + \dfrac{1}{2n^2}, \dfrac{1}{2}$

4.3절, pp. 231~234

1. $\displaystyle\int_0^2 x^2\, dx$ 3. $\displaystyle\int_{-7}^5 (x^2 - 3x)\, dx$ 5. $\displaystyle\int_2^3 \dfrac{1}{1 - x}\, dx$
7. $\displaystyle\int_{-\pi/4}^0 \sec x\, dx$
9. (a) 0   (b) -8 (c) -12 (d) 10   (e) -2 (f) 16
11. (a) 5   (b) $5\sqrt{3}$ (c) -5 (d) -5
13. (a) 4   (b) -4 15. Area = 21 square units

17. Area $= 9\pi/2$ square units   **19.** Area $= 2.5$ square units
21. Area $= 3$ square units   **23.** $b^2/4$ **25.** $b^2 - a^2$
27. (a) 2π **(b)** π **29.** $1/2$ **31.** $3\pi^2/2$ **33.** $7/3$
35. $1/24$ **37.** $3a^2/2$ **39.** $b/3$ **41.** -14
43. -2 **45.** $-7/4$ **47.** 7 **49.** 0
51. Using n subintervals of length $\Delta x = b/n$ and right-endpoint values:

$$\text{Area} = \int_0^b 3x^2 \, dx = b^3$$

53. Using n subintervals of length $\Delta x = b/n$ and right-endpoint values:

$$\text{Area} = \int_0^b 2x \, dx = b^2$$

55. $\text{av}(f) = 0$ **57.** $\text{av}(f) = -2$ **59.** $\text{av}(f) = 1$
61. (a) $\text{av}(g) = -1/2$ **(b)** $\text{av}(g) = 1$ **(c)** $\text{av}(g) = 1/4$
63. $c(b - a)$ **65.** $b^3/3 - a^3/3$ **67.** 9
69. $b^4/4 - a^4/4$ **71.** $a = 0$ and $b = 1$ maximize the integral.
73. Upper bound $= 1$, lower bound $= 1/2$
75. For example, $\displaystyle\int_0^1 \sin(x^2) \, dx \le \int_0^1 dx = 1$

77. $\displaystyle\int_a^b f(x) \, dx \ge \int_a^b 0 \, dx = 0$ **79.** Upper bound $= 1/2$

4.4절, pp. 243~246

1. $-10/3$ **3.** $124/125$ **5.** $753/16$ **7.** 1 **9.** $2\sqrt{3}$
11. 0 **13.** $-\pi/4$ **15.** $1 - \dfrac{\pi}{4}$ **17.** $\dfrac{2 - \sqrt{2}}{4}$ **19.** $-8/3$
21. $-3/4$ **23.** $\sqrt{2} - \sqrt[4]{8} + 1$ **25.** -1 **27.** 16
29. $1/2$ **31.** $\sqrt{26} - \sqrt{5}$ **33.** $\left(\cos\sqrt{x}\right)\left(\dfrac{1}{2\sqrt{x}}\right)$
35. $4t^5$ **37.** 3 **39.** $\sqrt{1 + x^2}$ **41.** $-\dfrac{1}{2}x^{-1/2}\sin x$
43. 0 **45.** 1 **47.** $28/3$
49. $1/2$ **51.** π **53.** $\dfrac{\sqrt{2}\pi}{2}$
55. d, since $y' = \dfrac{1}{x}$ and $y(\pi) = \displaystyle\int_\pi^\pi \dfrac{1}{t} dt - 3 = -3$
57. b, since $y' = \sec x$ and $y(0) = \displaystyle\int_0^0 \sec t \, dt + 4 = 4$
59. $y = \displaystyle\int_2^x \sec t \, dt + 3$ **61.** $\dfrac{2}{3}bh$ **63.** \$9.00
65. (a) $T(0) = 20°C$, $T(16) = 24°C$, $T(25) = 30°C$
  (b) $\text{av}(T) = 23.33°C$
67. $2x - 2$ **69.** $-3x + 5$
71. (a) True. Since f is continuous, g is differentiable by Part 1 of the Fundamental Theorem of Calculus.
  (b) True: g is continuous because it is differentiable.
  (c) True, since $g'(1) = f(1) = 0$.
  (d) False, since $g''(1) = f'(1) > 0$.
  (e) True, since $g'(1) = 0$ and $g''(1) = f'(1) > 0$.
  (f) False: $g''(x) = f'(x) > 0$, so g'' never changes sign.
  (g) True, since $g'(1) = f(1) = 0$ and $g'(x) = f(x)$ is an increasing function of x (because $f'(x) > 0$).

73. (a) $v = \dfrac{ds}{dt} = \dfrac{d}{dt}\displaystyle\int_0^t f(x) \, dx = f(t) \Rightarrow v(5) = f(5) = 2\,\text{m/s}$
  (b) $a = df/dt$ is negative, since the slope of the tangent line at $t = 5$ is negative.
  (c) $s = \displaystyle\int_0^3 f(x) \, dx = \dfrac{1}{2}(3)(3) = \dfrac{9}{2}\text{m}$, since the integral is the area of the triangle formed by $y = f(x)$, the x-axis, and $x = 3$.
  (d) $t = 6$, since after $t = 6$ to $t = 9$, the region lies below the x-axis.
  (e) At $t = 4$ and $t = 7$, since there are horizontal tangents there.
  (f) Toward the origin between $t = 6$ and $t = 9$, since the velocity is negative on this interval. Away from the origin between $t = 0$ and $t = 6$, since the velocity is positive there.
  (g) Right or positive side, because the integral of f from 0 to 9 is positive, there being more area above the x-axis than below.

4.5절, pp. 251~253

1. $\dfrac{1}{6}(2x + 4)^6 + C$ **3.** $-\dfrac{1}{3}(x^2 + 5)^{-3} + C$
5. $\dfrac{1}{10}(3x^2 + 4x)^5 + C$ **7.** $-\dfrac{1}{3}\cos 3x + C$
9. $\dfrac{1}{2}\sec 2t + C$ **11.** $-6(1 - r^3)^{1/2} + C$
13. $\dfrac{1}{3}(x^{3/2} - 1) - \dfrac{1}{6}\sin(2x^{3/2} - 2) + C$
15. (a) $-\dfrac{1}{4}(\cot^2 2\theta) + C$ **(b)** $-\dfrac{1}{4}(\csc^2 2\theta) + C$
17. $-\dfrac{1}{3}(3 - 2s)^{3/2} + C$ **19.** $-\dfrac{2}{5}(1 - \theta^2)^{5/4} + C$
21. $\left(-2/\left(1 + \sqrt{x}\right)\right) + C$ **23.** $\dfrac{1}{3}\tan(3x + 2) + C$
25. $\dfrac{1}{2}\sin^6\left(\dfrac{x}{3}\right) + C$ **27.** $\left(\dfrac{r^3}{18} - 1\right)^6 + C$
29. $-\dfrac{2}{3}\cos(x^{3/2} + 1) + C$ **31.** $\dfrac{1}{2\cos(2t + 1)} + C$
33. $-\sin\left(\dfrac{1}{t} - 1\right) + C$ **35.** $-\dfrac{\sin^2(1/\theta)}{2} + C$
37. $\dfrac{2}{3}(1 + x)^{3/2} - 2(1 + x)^{1/2} + C$ **39.** $\dfrac{2}{3}\left(2 - \dfrac{1}{x}\right)^{3/2} + C$
41. $\dfrac{2}{27}\left(1 - \dfrac{3}{x^3}\right)^{3/2} + C$ **43.** $\dfrac{1}{12}(x - 1)^{12} + \dfrac{1}{11}(x - 1)^{11} + C$
45. $-\dfrac{1}{8}(1 - x)^8 + \dfrac{4}{7}(1 - x)^7 - \dfrac{2}{3}(1 - x)^6 + C$
47. $\dfrac{1}{5}(x^2 + 1)^{5/2} - \dfrac{1}{3}(x^2 + 1)^{3/2} + C$ **49.** $\dfrac{-1}{4(x^2 - 4)^2} + C$
51. (a) $-\dfrac{6}{2 + \tan^3 x} + C$ **(b)** $-\dfrac{6}{2 + \tan^3 x} + C$
  (c) $-\dfrac{6}{2 + \tan^3 x} + C$
53. $\dfrac{1}{6}\sin\sqrt{3(2r - 1)^2 + 6} + C$ **55.** $s = \dfrac{1}{2}(3t^2 - 1)^4 - 5$
57. $s = 4t - 2\sin\left(2t + \dfrac{\pi}{6}\right) + 9$
59. $s = \sin\left(2t - \dfrac{\pi}{2}\right) + 100t + 1$ **61.** $6\,\text{m}$

4.6절, pp. 259~262

1. (a) 14/3 **(b)** 2/3 **3. (a)** 1/2 **(b)** −1/2
5. (a) 15/16 **(b)** 0 **7. (a)** 0 **(b)** 1/8 **9. (a)** 4 **(b)** 0
11. (a) 506/375 **(b)** 86,744/375 **13. (a)** 0 **(b)** 0
15. $2\sqrt{3}$ **17.** 3/4 **19.** $3^{5/2} - 1$ **21.** 3 **23.** $\pi/3$
25. 16/3 **27.** $2^{5/2}$ **29.** $\pi/2$ **31.** 128/15 **33.** 4/3
35. 5/6 **37.** 38/3 **39.** 49/6 **41.** 32/3 **43.** 48/5
45. 8/3 **47.** 8 **49.** 5/3 (There are three intersection points.)
51. 18 **53.** 243/8 **55.** 8/3 **57.** 2 **59.** 104/15
61. 56/15 **63.** 4 **65.** $\frac{4}{3} - \frac{4}{\pi}$ **67.** $\pi/2$ **69.** 2
71. 1/2 **73.** 1
75. (a) $\left(\pm\sqrt{c}, c\right)$ **(b)** $c = 4^{2/3}$ **(c)** $c = 4^{2/3}$
77. 11/3 **79.** 3/4 **81.** Neither **83.** $F(6) - F(2)$
85. (a) −3 **(b)** 3 **87.** $I = a/2$

종합문제, pp. 263~266

1. (a) About 680 m **(b)** h (meters)

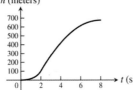

3. (a) −1/2 **(b)** 31 **(c)** 13 **(d)** 0
5. $\displaystyle\int_{1}^{5}(2x-1)^{-1/2}\,dx = 2$ **7.** $\displaystyle\int_{-\pi}^{0}\cos\frac{x}{2}\,dx = 2$
9. (a) 4 **(b)** 2 **(c)** −2 **(d)** −2π **(e)** 8/5
11. 8/3 **13.** 62 **15.** 1 **17.** 1/6 **19.** 18
21. 9/8 **23.** $\frac{\pi^2}{32} + \frac{\sqrt{2}}{2} - 1$ **25.** 4 **27.** $\frac{8\sqrt{2}-7}{6}$
29. Min: −4, max: 0, area: 27/4 **31.** 6/5
35. $y = \displaystyle\int_{5}^{x}\left(\frac{\sin t}{t}\right)dt - 3$ **37.** $-4(\cos x)^{1/2} + C$
39. $\theta^2 + \theta + \sin(2\theta + 1) + C$ **41.** $\frac{t^3}{3} + \frac{4}{t} + C$
43. $-\frac{1}{3}\cos(2t^{3/2}) + C$ **45.** $\dfrac{1}{4(\sin 2\theta + \cos 2\theta)^2} + C$
47. 16 **49.** 2 **51.** 1 **53.** 8 **55.** $27\sqrt{3}/160$
57. $\pi/2$ **59.** $\sqrt{3}$ **61.** $6\sqrt{3} - 2\pi$ **63.** −1 **65.** 2
67. 1 **69. (a)** b **(b)** b **73.** −4° C
75. $\sqrt{2 + \cos^3 x}$ **77.** $\dfrac{-6}{3 + x^4}$
79. Yes **81.** $-\sqrt{1 + x^2}$
83. Cost ≈ 13,897.50 using a lower sum estimate

보충 · 심화 문제, pp. 266~268

1. (a) Yes **(b)** No **5. (a)** 1/4 **(b)** $\sqrt[3]{12}$
7. $f(x) = \dfrac{x}{\sqrt{x^2 + 1}}$ **9.** $y = x^3 + 2x - 4$

11. 36/5

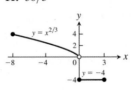

15. 13/3

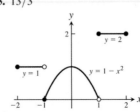

17. 1/2 **19.** 1/6

13. $\dfrac{1}{2} - \dfrac{2}{\pi}$

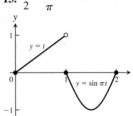

21. $\displaystyle\int_{0}^{1} f(x)\,dx$ **23. (b)** πr^2
25. (a) 0 **(b)** −1
  (c) −π **(d)** $x = 1$
  (e) $y = 2x + 2 - \pi$
  (f) $x = -1, x = 2$
  (g) $[-2\pi, 0]$
27. $2/x$ **29.** $\dfrac{\sin 4y}{\sqrt{y}} - \dfrac{\sin y}{2\sqrt{y}}$

5장

5.1절, pp. 277~280

1. 16 **3.** 16/3 **5. (a)** $2\sqrt{3}$ **(b)** 8 **7. (a)** 60 **(b)** 36
9. 8π **11.** 10 **13. (a)** s^2h **(b)** s^2h **15.** 8/3
17. $\dfrac{2\pi}{3}$ **19.** $4 - \pi$ **21.** $\dfrac{32\pi}{5}$ **23.** 36π **25.** π
27. $\pi\left(\dfrac{\pi}{2} + 2\sqrt{2} - \dfrac{11}{3}\right)$ **29.** 2π **31.** 2π
33. $4\pi\ln 4$ **35.** $\pi^2 - 2\pi$ **37.** $\dfrac{2\pi}{3}$ **39.** $\dfrac{117\pi}{5}$
41. $\pi(\pi - 2)$ **43.** $\dfrac{4\pi}{3}$ **45.** 8π **47.** $\dfrac{7\pi}{6}$
49. (a) 8π **(b)** $\dfrac{32\pi}{5}$ **(c)** $\dfrac{8\pi}{3}$ **(d)** $\dfrac{224\pi}{15}$
51. (a) $\dfrac{16\pi}{15}$ **(b)** $\dfrac{56\pi}{15}$ **(c)** $\dfrac{64\pi}{15}$ **53.** $V = 2a^2b\pi^2$
55. (a) $V = \dfrac{\pi h^2(3a - h)}{3}$ **(b)** $\dfrac{1}{120\pi}$ m/s
59. $V = 3308$ cm³ **61.** $\dfrac{4 - b + a}{2}$

5.2절, pp. 286~288

1. 6π **3.** 2π **5.** 14π/3 **7.** 8π **9.** 5π/6
11. $\dfrac{7\pi}{15}$ **13. (b)** 4π **15.** $\dfrac{16\pi}{15}\left(3\sqrt{2} + 5\right)$
17. $\dfrac{8\pi}{3}$ **19.** $\dfrac{4\pi}{3}$ **21.** $\dfrac{16\pi}{3}$
23. (a) 16π **(b)** 32π **(c)** 28π
  (d) 24π **(e)** 60π **(f)** 48π
25. (a) $\dfrac{27\pi}{2}$ **(b)** $\dfrac{27\pi}{2}$ **(c)** $\dfrac{72\pi}{5}$ **(d)** $\dfrac{108\pi}{5}$

27. (a) $\dfrac{6\pi}{5}$ **(b)** $\dfrac{4\pi}{5}$ **(c)** 2π **(d)** 2π

29. (a) About the x-axis: $V = \dfrac{2\pi}{15}$; about the y-axis: $V = \dfrac{\pi}{6}$

   (b) About the x-axis: $V = \dfrac{2\pi}{15}$; about the y-axis: $V = \dfrac{\pi}{6}$

31. (a) $\dfrac{5\pi}{3}$ **(b)** $\dfrac{4\pi}{3}$ **(c)** 2π **(d)** $\dfrac{2\pi}{3}$

33. (a) $\dfrac{4\pi}{15}$ **(b)** $\dfrac{7\pi}{30}$ **35. (a)** $\dfrac{24\pi}{5}$ **(b)** $\dfrac{48\pi}{5}$

37. (a) $\dfrac{9\pi}{16}$ **(b)** $\dfrac{9\pi}{16}$

39. Disk: 2 integrals; washer: 2 integrals; shell: 1 integral

41. (a) $\dfrac{256\pi}{3}$ **(b)** $\dfrac{244\pi}{3}$ **45.** 2

5.3절, pp. 292~294

1. 12   **3.** $\dfrac{53}{6}$ **5.** $\dfrac{123}{32}$ **7.** $\dfrac{99}{8}$ **9.** $\dfrac{53}{6}$ **11.** 2

13. (a) $\displaystyle\int_{-1}^{2} \sqrt{1 + 4x^2}\, dx$ **(c)** ≈ 6.13

15. (a) $\displaystyle\int_{0}^{\pi} \sqrt{1 + \cos^2 y}\, dy$ **(c)** ≈ 3.82

17. (a) $\displaystyle\int_{-1}^{3} \sqrt{1 + (y + 1)^2}\, dy$ **(c)** ≈ 9.29

19. (a) $\displaystyle\int_{0}^{\pi/6} \sec x\, dx$ **(c)** ≈ 0.55

21. (a) $y = \sqrt{x}$ from $(1, 1)$ to $(4, 2)$
   (b) Only one. We know the derivative of the function and the value of the function at one value of x.

23. 1   **27.** Yes, $f(x) = \pm x + C$ where C is any real number.

33. $\displaystyle\int_{0}^{x} \sqrt{1 + 9t}\, dt$, $\dfrac{2}{27}(10^{3/2} - 1)$

5.4절, pp. 297~299

1. (a) $2\pi \displaystyle\int_{0}^{\pi/4} (\tan x)\sqrt{1 + \sec^4 x}\, dx$ **(c)** $S \approx 3.84$

(b)
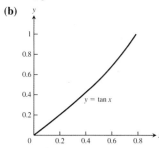

3. (a) $2\pi \displaystyle\int_{1}^{2} \dfrac{1}{y}\sqrt{1 + y^{-4}}\, dy$ **(c)** $S \approx 5.02$

(b)
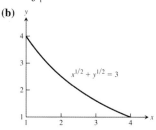

5. (a) $2\pi \displaystyle\int_{1}^{4} (3 - x^{1/2})^2 \sqrt{1 + (1 - 3x^{-1/2})^2}\, dx$ **(c)** $S \approx 63.37$

(b)
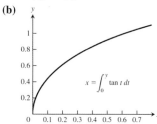

7. (a) $2\pi \displaystyle\int_{0}^{\pi/3} \left(\displaystyle\int_{0}^{y} \tan t\, dt\right) \sec y\, dy$ **(c)** $s \approx 2.08$

(b)

9. $4\pi\sqrt{5}$ **11.** $3\pi\sqrt{5}$ **13.** $98\pi/81$ **15.** 2π
17. $\pi(\sqrt{8} - 1)/9$ **19.** $35\pi\sqrt{5}/3$ **21.** $(2\pi/3)(2\sqrt{2} - 1)$
23. $253\pi/20$ **27.** Order 226.2 liters of each color.

5.5절, pp. 305~309

1. 116 J   **3.** 400 N/m   **5.** 4 cm, 0.08 J
7. (a) 12,000 N/cm   **(b)** 6000 N · cm, 18,000 N · cm
9. 780 J   **11.** 108,000 J   **13.** 234 J
15. (a) 235,200,000 J   **(b)** 17 h, 46 min   **(c)** 266 min
   (d) At 9780 N/m³: a) 234,720,000 J b) 17 h, 44 min
   At 9820 N/m³: a) 235,680,000 J b) 17 h, 48 min
17. 5,772,676.5 J   **19.** 8,977,666 J   **21.** 385,369 J
23. 15,073,099.75 J   **27.** 120 J   **29.** 138.72 J
31. 2.175 J   **33.** 5.144×10^{10} J   **35.** 9146.7 N
37. (a) 26,989.2 N   **(b)** 25,401.6 N   **39. (a)** 182,933 N
   (b) 187,600 N   **41.** 5808 N
43. (a) 19,600 N   **(b)** 14,700 N   **(c)** 16,135 N
45. (a) 14,933 N   **(b)** 2.94 m   **47.** $\dfrac{wb}{2}$

49. No. The tank will overflow because the movable end will have moved only 2.18 m by the time the tank is full.

5.6절, pp. 320~322

1. $M = 14/3, \bar{x} = 93/35$ **3.** $M = \ln 4, \bar{x} = (3 - \ln 4)/(\ln 4)$

5. $M = 13, \bar{x} = 41/26$ **7.** $\bar{x} = 0, \bar{y} = 12/5$

9. $\bar{x} = 1, \bar{y} = -3/5$ **11.** $\bar{x} = 16/105, \bar{y} = 8/15$

13. $\bar{x} = 0, \bar{y} = \pi/8$ **15. (a)** $(4/\pi, 4/\pi)$ **(b)** $(0, 4/\pi)$

17. $\bar{x} = 7, \bar{y} = \dfrac{\ln 16}{12}$

19. $\bar{x} = 5/7, \bar{y} = 10/33.$ $(\bar{x})^4 < \bar{y}$, so the center of mass is outside the region.

21. $\bar{x} = 3/2, \bar{y} = 1/2$

23. (a) $\dfrac{224\pi}{3}$ **(b)** $\bar{x} = 2, \bar{y} = 0$

(c)

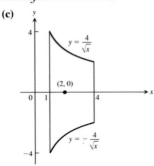

27. $\bar{x} = \bar{y} = 1/3$ **29.** $\bar{x} = a/3, \bar{y} = b/3$ **31.** $13\delta/6$

33. $\bar{x} = 0, \bar{y} = \dfrac{a\pi}{4}$ **35.** $\bar{x} = 1/2, \bar{y} = 4$

37. $\bar{x} = 6/5, \bar{y} = 8/7$ **39.** $V = 32\pi, S = 32\sqrt{2}\pi$ **43.** $4\pi^2$

45. $\bar{x} = 0, \bar{y} = \dfrac{2a}{\pi}$ **47.** $\bar{x} = 0, \bar{y} = \dfrac{4b}{3\pi}$

49. $\sqrt{2}\pi a^3(4 + 3\pi)/6$ **51.** $\bar{x} = \dfrac{a}{3}, \bar{y} = \dfrac{b}{3}$

종합문제, pp. 322~324

1. $\dfrac{9\pi}{280}$ **3.** π^2 **5.** $\dfrac{72\pi}{35}$

7. (a) 2π **(b)** π **(c)** $12\pi/5$ **(d)** $26\pi/5$

9. (a) 8π **(b)** $1088\pi/15$ **(c)** $512\pi/15$

11. $\pi(3\sqrt{3} - \pi)/3$

13. (a) $16\pi/15$ **(b)** $8\pi/5$ **(c)** $8\pi/3$ **(d)** $32\pi/5$

15. $\dfrac{28\pi}{3} \text{ m}^3$ **17.** $(\pi/3)(a^2 + ab + b^2)h$ **19.** $\dfrac{10}{3}$ **21.** $\dfrac{285}{5}$

23. $28\pi\sqrt{2}/3$ **25.** 4π **27.** 4640 J

29. $\dfrac{w}{2}(2ar - a^2)$ **31.** 65,680,230 J

33. $3,375,000\pi$ J, 257 s **35. (a)** 11.31 J **(b)** 29.18 J

37. $\bar{x} = 0, \bar{y} = 8/5$ **39.** $\bar{x} = 3/2, \bar{y} = 12/5$

41. $\bar{x} = 9/5, \bar{y} = 11/10$ **43.** 52,267 J **45.** 344,960 N

보충 · 심화 문제, pp. 324~326

1. $f(x) = \sqrt{\dfrac{2x - a}{\pi}}$ **3.** $f(x) = \sqrt{C^2 - 1}\, x + a$, where $C \geq 1$

5. $\dfrac{\pi}{30\sqrt{2}}$ **7.** 28/3 **9.** $\dfrac{4h\sqrt{3mh}}{3}$

11. $\bar{x} = 0, \bar{y} = \dfrac{n}{2n + 1}, (0, 1/2)$

15. (a) $\bar{x} = \bar{y} = 4(a^2 + ab + b^2)/(3\pi(a + b))$
(b) $(2a/\pi, 2a/\pi)$

17. $\approx 365,867$ N

6장

6.1절, pp. 333~336

7. Not one-to-one **9.** One-to-one

11. D: $(0, 1]$ R: $[0, \infty)$ **13.** D: $[-1, 1]$ R: $[-\pi/2, \pi/2]$

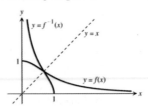 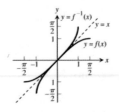

15. D: $[0, 6]$ R: $[0, 3]$ **17. (a)** Symmetric about the line $y = x$

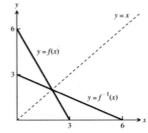 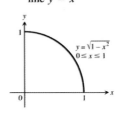

19. $f^{-1}(x) = \sqrt{x - 1}$ **21.** $f^{-1}(x) = \sqrt[3]{x + 1}$

23. $f^{-1}(x) = \sqrt{x} - 1$

25. $f^{-1}(x) = \sqrt[5]{x}$; domain: $-\infty < x < \infty$; range: $-\infty < y < \infty$

27. $f^{-1}(x) = 5\sqrt{x} - 1$; domain: $-\infty < x < \infty$; range: $-\infty < y < \infty$

29. $f^{-1}(x) = \dfrac{1}{\sqrt{x}}$; domain: $x > 0$; range: $y > 0$

31. $f^{-1}(x) = \dfrac{2x + 3}{x - 1}$; domain: $-\infty < x < \infty, x \neq 1$; range: $-\infty < y < \infty, y \neq 2$

33. $f^{-1}(x) = 1 - \sqrt{x + 1}$; domain: $-1 \leq x < \infty$; range: $-\infty < y \leq 1$

35. (a) $f^{-1}(x) = \dfrac{x}{2} - \dfrac{3}{2}$ **37. (a)** $f^{-1}(x) = -\dfrac{x}{4} + \dfrac{5}{4}$

(b) **(b)**

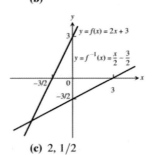 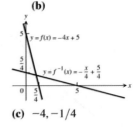

(c) $-4, -1/4$

(c) $2, 1/2$

39. (b)

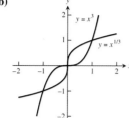

(c) Slope of f at $(1, 1)$: 3; slope of g at $(1, 1)$: $1/3$; slope of f at $(-1, -1)$: 3; slope of g at $(-1, -1)$: $1/3$

(d) $y = 0$ is tangent to $y = x^3$ at $x = 0$; $x = 0$ is tangent to $y = \sqrt[3]{x}$ at $x = 0$.

41. $1/9$ **43.** 3

45. (a) $f^{-1}(x) = \dfrac{1}{m}x$

(b) The graph of f^{-1} is the line through the origin with slope $1/m$.

47. (a) $f^{-1}(x) = x - 1$

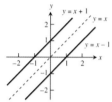

(b) $f^{-1}(x) = x - b$. The graph of f^{-1} is a line parallel to the graph of f. The graphs of f and f^{-1} lie on opposite sides of the line $y = x$ and are equidistant from that line.

(c) Their graphs will be parallel to one another and lie on opposite sides of the line $y = x$ equidistant from that line.

51. Increasing, therefore one-to-one; $df^{-1}/dx = \dfrac{1}{9}x^{-2/3}$

53. Decreasing, therefore one-to-one; $df^{-1}/dx = -\dfrac{1}{3}x^{-2/3}$

6.2절, pp. 342~344

1. (a) $\ln 3 - 2\ln 2$ **(b)** $2(\ln 2 - \ln 3)$ **(c)** $-\ln 2$

(d) $\dfrac{2}{3}\ln 3$ **(e)** $\ln 3 + \dfrac{1}{2}\ln 2$ **(f)** $\dfrac{1}{2}(3\ln 3 - \ln 2)$

3. (a) $\ln 5$ **(b)** $\ln(x - 3)$ **(c)** $\ln(t^2)$

5. $t = e^2/(e^2 - 1)$ **7.** $1/x$ **9.** $2/t$ **11.** $-1/x$

13. $\dfrac{1}{\theta + 1}$ **15.** $3/x$ **17.** $2(\ln t) + (\ln t)^2$ **19.** $x^3 \ln x$

21. $\dfrac{1 - \ln t}{t^2}$ **23.** $\dfrac{1}{x(1 + \ln x)^2}$ **25.** $\dfrac{1}{x \ln x}$ **27.** $2\cos(\ln \theta)$

29. $-\dfrac{3x + 2}{2x(x + 1)}$ **31.** $\dfrac{2}{t(1 - \ln t)^2}$ **33.** $\dfrac{\tan(\ln \theta)}{\theta}$

35. $\dfrac{10x}{x^2 + 1} + \dfrac{1}{2(1 - x)}$ **37.** $2x \ln|x| - x \ln\dfrac{|x|}{\sqrt{2}}$

39. $\ln\left(\dfrac{2}{3}\right)$ **41.** $\ln|y^2 - 25| + C$ **43.** $\ln 3$

45. $(\ln 2)^2$ **47.** $\dfrac{1}{\ln 4}$ **49.** $\ln|6 + 3\tan t| + C$

51. $\ln 2$ **53.** $\ln 27$ **55.** $\ln(1 + \sqrt{x}) + C$

57. $\left(\dfrac{1}{2}\right)\sqrt{x(x + 1)}\left(\dfrac{1}{x} + \dfrac{1}{x + 1}\right) = \dfrac{2x + 1}{2\sqrt{x(x + 1)}}$

59. $\left(\dfrac{1}{2}\right)\sqrt{\dfrac{t}{t + 1}}\left(\dfrac{1}{t} - \dfrac{1}{t + 1}\right) = \dfrac{1}{2\sqrt{t(t + 1)^{3/2}}}$

61. $\sqrt{\theta + 3}(\sin\theta)\left(\dfrac{1}{2(\theta + 3)} + \cot\theta\right)$

63. $t(t + 1)(t + 2)\left[\dfrac{1}{t} + \dfrac{1}{t + 1} + \dfrac{1}{t + 2}\right] = 3t^2 + 6t + 2$

65. $\dfrac{\theta + 5}{\theta\cos\theta}\left[\dfrac{1}{\theta + 5} - \dfrac{1}{\theta} + \tan\theta\right]$

67. $\dfrac{x\sqrt{x^2 + 1}}{(x + 1)^{2/3}}\left[\dfrac{1}{x} + \dfrac{x}{x^2 + 1} - \dfrac{2}{3(x + 1)}\right]$

69. $\dfrac{1}{3}\sqrt[3]{\dfrac{x(x - 2)}{x^2 + 1}}\left(\dfrac{1}{x} + \dfrac{1}{x - 2} - \dfrac{2x}{x^2 + 1}\right)$

71. (a) Max $= 0$ at $x = 0$, min $= -\ln 2$ at $x = \pi/3$

(b) Max $= 1$ at $x = 1$, min $= \cos(\ln 2)$ at $x = 1/2$ and $x = 2$

73. $\ln 16$ **75. (a)** Increasing on $(0, e^{-2})$ and $(1, \infty)$; decreasing on $(e^{-2}, 1)$ **(b)** local maximum is $4/e^2$ at $x = e^{-2}$; absolute minimum is 0 at $x = 1$; no absolute maximum **77.** $4\pi \ln 4$

79. $\pi \ln 16$ **81. (a)** $6 + \ln 2$ **(b)** $8 + \ln 9$

83. (a) $\bar{x} \approx 1.44, \bar{y} \approx 0.36$

(b)

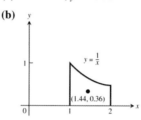

87. $y = x + \ln|x| + 2$ **89. (b)** 0.00469

6.3절, pp. 352~355

1. (a) $t = -10\ln 3$ **(b)** $t = -\dfrac{\ln 2}{k}$ **(c)** $t = \dfrac{\ln .4}{\ln .2}$

3. $4(\ln x)^2$ **5.** $\ln 3$ **7.** $-5e^{-5x}$ **9.** $-7e^{(5 - 7x)}$ **11.** xe^x

13. $x^2 e^x$ **15.** $2e^\theta \cos\theta$ **17.** $2\theta e^{-\theta^2}\sin(e^{-\theta^2})$ **19.** $\dfrac{1 - t}{t}$

21. $1/(1 + e^\theta)$ **23.** $e^{\cos t}(1 - t\sin t)$ **25.** $(\sin x)/x$

27. $\dfrac{ye^y \cos x}{1 - ye^y \sin x}$ **29.** $\dfrac{2e^{2x} - \cos(x + 3y)}{3\cos(x + 3y)}$

31. $y' = \dfrac{3x^2}{1 - \cos y}, y'' = \dfrac{6x(1 - \cos y)^2 - 9x^4 \sin y}{(1 - \cos y)^3}$

33. $\dfrac{1}{3}e^{3x} - 5e^{-x} + C$ **35.** 1 **37.** $8e^{(x + 1)} + C$

39. 2 **41.** $2e^{\sqrt{r}} + C$ **43.** $-e^{-t^2} + C$ **45.** $-e^{1/x} + C$

47. e **49.** $\dfrac{1}{\pi}e^{\sec \pi t} + C$ **51.** 1 **53.** $\ln(1 + e^r) + C$

55. $y = 1 - \cos(e^t - 2)$ **57.** $y = 2(e^{-x} + x) - 1$

59. $2^x \ln 2$ **61.** $\left(\dfrac{\ln 5}{2\sqrt{s}}\right)5^{\sqrt{s}}$ **63.** $\pi x^{(\pi - 1)}$

65. $-\sqrt{2}\cos\theta^{(\sqrt{2} - 1)}\sin\theta$ **67.** $7^{\sec\theta}(\ln 7)^2(\sec\theta \tan\theta)$

69. $(3\cos 3t)(2^{\sin 3t})\ln 2$ **71.** $\dfrac{1}{\theta \ln 2}$ **73.** $\dfrac{3}{x \ln 4}$

75. $\dfrac{x^2}{\ln 10} + 3x^2 \log_{10} x$ **77.** $\dfrac{-2}{(x+1)(x-1)}$

79. $\sin(\log_7 \theta) + \dfrac{1}{\ln 7} \cos(\log_7 \theta)$ **81.** $\dfrac{1}{\ln 10}$

83. $\dfrac{1}{t}(\log_2 3)3^{\log_2 t}$ **85.** $\dfrac{1}{t}$ **87.** $\dfrac{5^x}{\ln 5} + C$ **89.** $\dfrac{1}{2\ln 2}$

91. $\dfrac{1}{\ln 2}$ **93.** $\dfrac{6}{\ln 7}$ **95.** 32760 **97.** $\dfrac{3x^{(\sqrt{3}+1)}}{\sqrt{3}+1} + C$

99. $3^{\sqrt{2}+1}$ **101.** $\dfrac{1}{\ln 10}\left(\dfrac{(\ln x)^2}{2}\right) + C$ **103.** $2(\ln 2)^2$

105. $\dfrac{3\ln 2}{2}$ **107.** $\ln 10$ **109.** $(\ln 10)\ln|\ln x| + C$

111. $\ln(\ln x), x > 1$ **113.** $-\ln x$

115. $(x+1)^x\left(\dfrac{x}{x+1} + \ln(x+1)\right)$ **117.** $(\sqrt{t})^t\left(\dfrac{\ln t}{2} + \dfrac{1}{2}\right)$

119. $(\sin x)^x(\ln \sin x + x\cot x)$ **121.** $\cos x^x \cdot x^x(1 + \ln x)$

123. $\dfrac{3y - xy\ln y}{x^2 - x}$ **125.** $\dfrac{1 - xy\ln y}{x^2(1 + \ln y)}$ **127.** $(1 + \ln t)^2$

129. Maximum: 1 at $x = 0$, minimum: $2 - 2\ln 2$ at $x = \ln 2$

131. (a) Abs max: $\dfrac{1}{e}$ at $x = 1$ (b) $\left(2, \dfrac{2}{e^2}\right)$

133. Abs max of $1/(2e)$ assumed at $x = 1/\sqrt{e}$ **135.** 2

137. $y = e^{x/2} - 1$ **139.** $\dfrac{e^2 - 1}{2e}$ **141.** $\ln(\sqrt{2} + 1)$

143. (a) $\dfrac{d}{dx}(x\ln x - x + C) = x \cdot \dfrac{1}{x} + \ln x - 1 + 0 = \ln x$

   (b) $\dfrac{1}{e - 1}$

145. (b) $|\text{error}| \approx 0.02140$
   (c) $L(x) = x + 1$ never overestimates e^x.

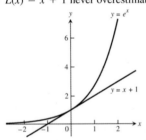

147. $2\ln 5$ **149.** (a) $4 + \ln 2$ (b) $\left(\dfrac{1}{2}\right)(4 + \ln 2)$

151. $x \approx -0.76666$
153. (a) $L(x) = 1 + (\ln 2)x \approx 0.69x + 1$

6.4절, pp. 361~362

1. (a) -0.00001 (b) $10{,}536$ years   (c) 82%
3. 54.88 g   **5.** 19.9 m   **7.** 2.8147498×10^{14}
9. (a) 8 years   (b) 32.02 years   **11.** Yes, $y(20) < 1$
13. 15.28 years   **15.** 56,562 years
19. (a) 17.5 min   (b) 13.26 min
21. $-3°C$ **23.** About 6693 years   **25.** 54.62%
27. $\approx 15{,}683$ years

6.5절, pp. 369~371

1. $-1/4$ **3.** $5/7$ **5.** $1/2$ **7.** $1/4$ **9.** $-23/7$
11. $5/7$ **13.** 0   **15.** -16 **17.** -2 **19.** $1/4$
21. 2   **23.** 3   **25.** -1 **27.** $\ln 3$ **29.** $\dfrac{1}{\ln 2}$ **31.** $\ln 2$
33. 1   **35.** $1/2$ **37.** $\ln 2$ **39.** $-\infty$ **41.** $-1/2$
43. -1 **45.** 1   **47.** 0   **49.** 2   **51.** $1/e$ **53.** 1
55. $1/e$ **57.** $e^{1/2}$ **59.** 1   **61.** e^3 **63.** 0   **65.** $+1$
67. 3   **69.** 1   **71.** 0   **73.** ∞ **75.** (b) is correct.

77. (d) is correct.   **79.** $c = \dfrac{27}{10}$ **81.** (b) $\dfrac{-1}{2}$ **83.** -1

87. (a) $y = 1$ (b) $y = 0, y = \dfrac{3}{2}$

89. (a) We should assign the value 1 to $f(x) = (\sin x)^x$ to make it continuous at $x = 0$.

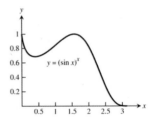

   (c) The maximum value of $f(x)$ is close to 1 near the point $x \approx 1.55$ (see the graph in part (a)).

6.6절, pp. 381~384

3. (a) $-\pi/6$ (b) $\pi/4$ (c) $-\pi/3$
5. (a) $\pi/3$ (b) $3\pi/4$ (c) $\pi/6$
7. (a) $3\pi/4$ (b) $\pi/6$ (c) $2\pi/3$
9. $1/\sqrt{2}$ **11.** $-1/\sqrt{3}$ **13.** $\pi/2$ **15.** $\pi/2$ **17.** $\pi/2$

19. 0   **21.** $\dfrac{-2x}{\sqrt{1 - x^4}}$ **23.** $\dfrac{\sqrt{2}}{\sqrt{1 - 2t^2}}$

25. $\dfrac{1}{|2s + 1|\sqrt{s^2 + s}}$ **27.** $\dfrac{-2x}{(x^2 + 1)\sqrt{x^4 + 2x^2}}$

29. $\dfrac{-1}{\sqrt{1 - t^2}}$ **31.** $\dfrac{-1}{2\sqrt{t}(1 + t)}$ **33.** $\dfrac{1}{(\tan^{-1} x)(1 + x^2)}$

35. $\dfrac{-e^t}{|e^t|\sqrt{(e^t)^2 - 1}} = \dfrac{-1}{\sqrt{e^{2t} - 1}}$ **37.** $\dfrac{-2s^n}{\sqrt{1 - s^2}}$ **39.** 0

41. $\sin^{-1} x$ **43.** 0   **45.** $\dfrac{8\sqrt{2}}{4 + 3\pi}$ **47.** $\sin^{-1}\dfrac{x}{3} + C$

49. $\dfrac{1}{\sqrt{17}}\tan^{-1}\dfrac{x}{\sqrt{17}} + C$ **51.** $\dfrac{1}{\sqrt{2}}\sec^{-1}\left|\dfrac{5x}{\sqrt{2}}\right| + C$

53. $2\pi/3$ **55.** $\pi/16$ **57.** $-\pi/12$

59. $\dfrac{3}{2}\sin^{-1} 2(r - 1) + C$ **61.** $\dfrac{\sqrt{2}}{2}\tan^{-1}\left(\dfrac{x - 1}{\sqrt{2}}\right) + C$

63. $\dfrac{1}{4}\sec^{-1}\left|\dfrac{2x - 1}{2}\right| + C$ **65.** π **67.** $\pi/12$

69. $\dfrac{1}{2}\sin^{-1} y^2 + C$ **71.** $\sin^{-1}(x - 2) + C$ **73.** π

75. $\dfrac{1}{2}\tan^{-1}\left(\dfrac{y - 1}{2}\right) + C$ **77.** 2π

79. $\dfrac{1}{2}\ln(x^2+4)+2\tan^{-1}\dfrac{x}{2}+C$

81. $x+\ln(x^2+9)-\dfrac{10}{3}\tan^{-1}\dfrac{x}{3}+C$

83. $\sec^{-1}|x+1|+C$ **85.** $e^{\sin^{-1}x}+C$

87. $\dfrac{1}{3}(\sin^{-1}x)^3+C$ **89.** $\ln|\tan^{-1}y|+C$ **91.** $\sqrt{3}-1$

93. $\dfrac{2}{3}\tan^{-1}\left(\dfrac{\tan^{-1}\sqrt{x}}{3}\right)+C$ **95.** $\pi^2/32$ **97.** 5

99. 2   **101.** 1   **103.** 1   **109.** $y=\sin^{-1}x$

111. $y=\sec^{-1}x+\dfrac{2\pi}{3},\,x>1$ **113. (b)** $x=\sqrt{5}$

115. $\theta=\cos^{-1}\left(\dfrac{1}{\sqrt{3}}\right)\approx 54.7°$

127. $\pi^2/2$ **129. (a)** $\pi^2/2$ **(b)** 2π
131. (a) 0.84107   **(b)** -0.72973 **(c)** 0.46365
133. (a) Domain: all real numbers except those having the form

$\dfrac{\pi}{2}+k\pi$, where k is an integer

Range: $-\dfrac{\pi}{2}<y<\dfrac{\pi}{2}$

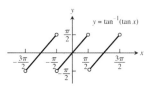

(b) Domain: $-\infty<x<\infty$; Range: $-\infty<y<\infty$

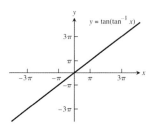

135. (a) Domain: $-\infty<x<\infty$;
Range: $0\le y\le\pi$

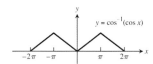

(b) Domain: $-1\le x\le 1$;
Range: $-1\le y\le 1$

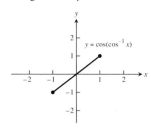

137. The graphs are identical.   **139.**

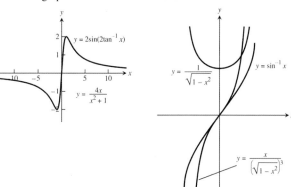

6.7절, pp. 389~392

1. $\cosh x=5/4$, $\tanh x=-3/5$, $\coth x=-5/3$,
$\operatorname{sech}x=4/5$, $\operatorname{csch}x=-4/3$
3. $\sinh x=8/15$, $\tanh x=8/17$, $\coth x=17/8$, $\operatorname{sech}x=15/17$,
$\operatorname{csch}x=15/8$

5. $x+\dfrac{1}{x}$ **7.** e^{5x} **9.** e^{4x} **13.** $2\cosh\dfrac{x}{3}$

15. $\operatorname{sech}^2\sqrt{t}+\dfrac{\tanh\sqrt{t}}{\sqrt{t}}$ **17.** $\coth z$

19. $(\ln\operatorname{sech}\theta)(\operatorname{sech}\theta\tanh\theta)$ **21.** $\tanh^3 v$ **23.** 2

25. $\dfrac{1}{2\sqrt{x(1+x)}}$ **27.** $\dfrac{1}{1+\theta}-\tanh^{-1}\theta$

29. $\dfrac{1}{2\sqrt{t}}-\coth^{-1}\sqrt{t}$ **31.** $-\operatorname{sech}^{-1}x$ **33.** $\dfrac{\ln 2}{\sqrt{1+\left(\frac{1}{2}\right)^{2\theta}}}$

35. $|\sec x|$ **41.** $\dfrac{\cosh 2x}{2}+C$ **43.** $12\sinh\left(\dfrac{x}{2}-\ln 3\right)+C$

45. $7\ln\left|e^{x/7}+e^{-x/7}\right|+C$ **47.** $\tanh\left(x-\dfrac{1}{2}\right)+C$

49. $-2\operatorname{sech}\sqrt{t}+C$ **51.** $\ln\dfrac{5}{2}$ **53.** $\dfrac{3}{32}+\ln 2$

55. $e-e^{-1}$ **57.** $3/4$ **59.** $\dfrac{3}{8}+\ln\sqrt{2}$

61. $\ln(2/3)$ **63.** $\dfrac{-\ln 3}{2}$ **65.** $\ln 3$

67. (a) $\sinh^{-1}(\sqrt{3})$ **(b)** $\ln(\sqrt{3}+2)$

69. (a) $\coth^{-1}(2)-\coth^{-1}(5/4)$ **(b)** $\left(\dfrac{1}{2}\right)\ln\left(\dfrac{1}{3}\right)$

71. (a) $-\operatorname{sech}^{-1}\left(\dfrac{12}{13}\right)+\operatorname{sech}^{-1}\left(\dfrac{4}{5}\right)$

(b) $-\ln\left(\dfrac{1+\sqrt{1-(12/13)^2}}{(12/13)}\right)+\ln\left(\dfrac{1+\sqrt{1-(4/5)^2}}{(4/5)}\right)$

$=-\ln\left(\dfrac{3}{2}\right)+\ln(2)=\ln(4/3)$

73. (a) 0   **(b)** 0

77. (b) $\sqrt{\dfrac{mg}{k}}$ **(c)** $70\sqrt{30/47}\approx 55.93\text{ m/s}$ **79.** 2π **81.** $\dfrac{6}{5}$

6.8절, pp. 396~397

1. (a) Slower **(b)** Slower **(c)** Slower **(d)** Faster
(e) Slower **(f)** Slower **(g)** Same **(h)** Slower
3. (a) Same **(b)** Faster **(c)** Same **(d)** Same
(e) Slower **(f)** Faster **(g)** Slower **(h)** Same
5. (a) Same **(b)** Same **(c)** Same **(d)** Faster
(e) Faster **(f)** Same **(g)** Slower **(h)** Faster
7. d, a, c, b
9. (a) False **(b)** False **(c)** True **(d)** True
(e) True **(f)** True **(g)** False **(h)** True
13. When the degree of f is less than or equal to the degree of g.
15. 1, 1
21. (b) $\ln(e^{17000000}) = 17{,}000{,}000 < (e^{17 \times 10^6})^{1/10^6}$
$= e^{17} \approx 24{,}154{,}952.75$
(c) $x \approx 3.4306311 \times 10^{15}$
(d) They cross at $x \approx 3.4306311 \times 10^{15}$.
23. (a) The algorithm that takes $O(n\log_2 n)$ steps

(b)

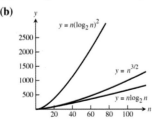

25. It could take one million for a sequential search; at most 20 steps for a binary search.

종합문제, pp. 398~400

1. $-2e^{-x/5}$ **3.** xe^{4x} **5.** $\dfrac{2\sin\theta\cos\theta}{\sin^2\theta} = 2\cot\theta$ **7.** $\dfrac{2}{(\ln 2)x}$

9. $-8^{-t}(\ln 8)$ **11.** $18x^{2.6}$

13. $(x+2)^{x+2}(\ln(x+2)+1)$ **15.** $-\dfrac{1}{\sqrt{1-u^2}}$

17. $\dfrac{-1}{\sqrt{1-x^2}\cos^{-1}x}$ **19.** $\tan^{-1}(t) + \dfrac{t}{1+t^2} - \dfrac{1}{2t}$

21. $\dfrac{1-z}{\sqrt{z^2-1}} + \sec^{-1}z$ **23.** -1

25. $\dfrac{2(x^2+1)}{\sqrt{\cos 2x}}\left[\dfrac{2x}{x^2+1} + \tan 2x\right]$

27. $5\left[\dfrac{(t+1)(t-1)}{(t-2)(t+3)}\right]^5\left[\dfrac{1}{t+1} + \dfrac{1}{t-1} - \dfrac{1}{t-2} - \dfrac{1}{t+3}\right]$

29. $\dfrac{1}{\sqrt{\theta}}(\sin\theta)^{\sqrt{\theta}}\left(\dfrac{\ln\sqrt{\sin\theta}}{2} + \theta\cot\theta\right)$ **31.** $-\cos e^x + C$

33. $\tan(e^x - 7) + C$ **35.** $e^{\tan x} + C$ **37.** $\dfrac{-\ln 7}{3}$

39. $\ln 8$ **41.** $\ln(9/25)$ **43.** $-[\ln|\cos(\ln v)|] + C$

45. $-\dfrac{1}{2}(\ln x)^{-2} + C$ **47.** $-\cot(1 + \ln r) + C$

49. $\dfrac{1}{2\ln 3}(3^{x^2}) + C$ **51.** $3\ln 7$ **53.** $15/16 + \ln 2$

55. $e - 1$ **57.** $1/6$ **59.** $9/14$

61. $\dfrac{1}{3}[(\ln 4)^3 - (\ln 2)^3]$ or $\dfrac{7}{3}(\ln 2)^3$ **63.** $\dfrac{9\ln 2}{4}$ **65.** π

67. $\pi/\sqrt{3}$ **69.** $\sec^{-1}|2y| + C$ **71.** $\pi/12$

73. $\sin^{-1}(x+1) + C$ **75.** $\pi/2$ **77.** $\dfrac{1}{3}\sec^{-1}\left(\dfrac{t+1}{3}\right) + C$

79. $y = \dfrac{\ln 2}{\ln(3/2)}$ **81.** $y = \ln x - \ln 3$ **83.** $y = \dfrac{1}{1-e^x}$

85. 5 **87.** 0 **89.** 1 **91.** 3/7 **93.** 0 **95.** 1
97. $\ln 10$ **99.** $\ln 2$ **101.** 5 **103.** $-\infty$ **105.** 1
107. 1 **109. (a)** Same rate **(b)** Same rate **(c)** Faster
(d) Faster **(e)** Same rate **(f)** Same rate
111. (a) True **(b)** False **(c)** False **(d)** True **(e)** True
(f) True
113. $1/3$
115. Absolute maximum $= 0$ at $x = e/2$,
absolute minimum $= -0.5$ at $x = 0.5$
117. 1
119. $1/e$ m/s
121. $1/\sqrt{2}$ units long by $1/\sqrt{e}$ units high,
$A = 1/\sqrt{2e} \approx 0.43$ units^2
123. (a) Absolute maximum of $2/e$ at $x = e^2$; inflection point
$(e^{8/3}, (8/3)e^{-4/3})$; concave up on $(e^{8/3}, \infty)$; concave down
on $(0, e^{8/3})$

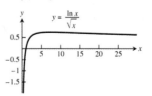

(b) Absolute maximum of 1 at $x = 0$; inflection
points $(\pm 1/\sqrt{2}, 1/\sqrt{e})$; concave up on
$(-\infty, -1/\sqrt{2}) \cup (1/\sqrt{2}, \infty)$; concave down on
$(-1/\sqrt{2}, 1/\sqrt{2})$

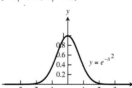

(c) Absolute maximum of 1 at $x = 0$; inflection point $(1, 2/e)$;
concave up on $(1, \infty)$; concave down on $(-\infty, 1)$

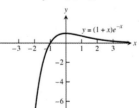

125. $y = \left(\tan^{-1}\left(\dfrac{x+C}{2}\right)\right)^2$ **127.** $y^2 = \sin^{-1}(2\tan x + C)$

129. $y = -2 + \ln(2 - e^{-x})$ **131.** $y = 4x - 4\sqrt{x} + 1$

133. 18,935 years **135.** $20(5 - \sqrt{17})$ m

보충·심화 문제, pp. 400~402

1. $\pi/2$ **3.** $1/\sqrt{e}$ **5.** $\ln 2$

7. (a) 1 **(b)** $\pi/2$ **(c)** π

9. $y' = \dfrac{x^{y-1}y^2 - ye^x(x^y + 1)\ln y}{e^x(x^y + 1) - x^y y\ln x}$ **11.** $\dfrac{1}{\ln 2}, \dfrac{1}{2\ln 2}, 2:1$

13. $x = 2$ **15.** $2/17$ **19.** $\bar{x} = \dfrac{\ln 4}{\pi}, \bar{y} = 0$ **21. (b)** $61°$

7장

7.1절, pp. 407~408

1. $\ln 5$ **3.** $2\tan x - 2\sec x - x + C$

5. $\sin^{-1} x + \sqrt{1 - x^2} + C$ **7.** $e^{-\cot z} + C$

9. $\tan^{-1}(e^z) + C$ **11.** π **13.** $t + \cot t + \csc t + C$

15. $\sqrt{2}$ **17.** $\frac{1}{8}\ln(1 + 4\ln^2 y) + C$

19. $\ln|1 + \sin\theta| + C$ **21.** $2t^2 - t + 2\tan^{-1}\left(\frac{t}{2}\right) + C$

23. $2(\sqrt{2} - 1) \approx 0.82843$ **25.** $\sec^{-1}(e^y) + C$

27. $\sin^{-1}(2\ln x) + C$ **29.** $\ln|\sin x| + \ln|\cos x| + C$

31. $7 + \ln 8$ **33.** $\left(\sin^{-1} y - \sqrt{1 - y^2}\right]_{-1}^{0} = \frac{\pi}{2} - 1$

35. $\sec^{-1}\left|\frac{x-1}{7}\right| + C$ **37.** $\frac{\theta^3}{3} - \frac{\theta^2}{2} + \theta + \frac{5}{2}\ln|2\theta - 5| + C$

39. $x - \ln(1 + e^x) + C$ **41.** $(1/2)e^{2x} - e^x + \ln(1 + e^x) + C$

43. $2\arctan(\sqrt{x}) + C$ **45.** $2\sqrt{2} - \ln(3 + 2\sqrt{2})$

47. $\ln(2 + \sqrt{3})$ **49.** $\bar{x} = 0, \quad \bar{y} = \dfrac{1}{\ln(3 + 2\sqrt{2})}$

51. $xe^{x^3} + C$ **53.** $\frac{1}{30}(x^4 + 1)^{3/2}(3x^4 - 2) + C$

7.2절, pp. 414~416

1. $-2x\cos(x/2) + 4\sin(x/2) + C$

3. $t^2\sin t + 2t\cos t - 2\sin t + C$

5. $\ln 4 - \frac{3}{4}$ **7.** $xe^x - e^x + C$

9. $-(x^2 + 2x + 2)e^{-x} + C$

11. $y\tan^{-1}(y) - \ln\sqrt{1 + y^2} + C$

13. $x\tan x + \ln|\cos x| + C$

15. $(x^3 - 3x^2 + 6x - 6)e^x + C$ **17.** $(x^2 - 7x + 7)e^x + C$

19. $(x^5 - 5x^4 + 20x^3 - 60x^2 + 120x - 120)e^x + C$

21. $\frac{1}{2}\left(-e^\theta\cos\theta + e^\theta\sin\theta\right) + C$

23. $\frac{e^{2x}}{13}(3\sin 3x + 2\cos 3x) + C$

25. $\frac{2}{3}\left(\sqrt{3s + 9}\,e^{\sqrt{3s+9}} - e^{\sqrt{3s+9}}\right) + C$

27. $\frac{\pi\sqrt{3}}{3} - \ln(2) - \frac{\pi^2}{18}$

29. $\frac{1}{2}\left[-x\cos(\ln x) + x\sin(\ln x)\right] + C$

31. $\frac{1}{2}\ln|\sec x^2 + \tan x^2| + C$

33. $\frac{1}{2}x^2(\ln x)^2 - \frac{1}{2}x^2\ln x + \frac{1}{4}x^2 + C$

35. $-\frac{1}{x}\ln x - \frac{1}{x} + C$ **37.** $\frac{1}{4}e^{x^4} + C$

39. $\frac{1}{3}x^2(x^2 + 1)^{3/2} - \frac{2}{15}(x^2 + 1)^{5/2} + C$

41. $-\frac{2}{5}\sin 3x\sin 2x - \frac{3}{5}\cos 3x\cos 2x + C$

43. $\frac{2}{9}x^{3/2}(3\ln x - 2) + C$

45. $2\sqrt{x}\sin\sqrt{x} + 2\cos\sqrt{x} + C$

47. $\frac{\pi^2 - 4}{8}$ **49.** $\frac{5\pi - 3\sqrt{3}}{9}$

51. $\frac{1}{2}(x^2 + 1)\tan^{-1} x - \frac{x}{2} + C$ **53.** $xe^{x^2} + C$

55. $(2/3)x^{3/2}\arcsin(\sqrt{x}) + (2/9)x\sqrt{1 - x} + (4/9)\sqrt{1 - x} + C$

57. (a) π (b) 3π (c) 5π (d) $(2n + 1)\pi$

59. $2\pi(1 - \ln 2)$ **61.** (a) $\pi(\pi - 2)$ (b) 2π

63. (a) 1 (b) $(e - 2)\pi$ (c) $\frac{\pi}{2}(e^2 + 9)$

(d) $\bar{x} = \frac{1}{4}(e^2 + 1), \bar{y} = \frac{1}{2}(e - 2)$

65. $\frac{1}{2\pi}(1 - e^{-2\pi})$ **67.** $u = x^n, dv = \cos x\, dx$

69. $u = x^n, dv = e^{ax}\, dx$ **73.** $u = x^n, dv = (x + 1)^{-(1/2)}\, dx$

77. $x\sin^{-1} x + \cos(\sin^{-1} x) + C$

79. $x\sec^{-1} x - \ln|x + \sqrt{x^2 - 1}| + C$ **81.** Yes

83. (a) $x\sinh^{-1} x - \cosh(\sinh^{-1} x) + C$

(b) $x\sinh^{-1} x - (1 + x^2)^{1/2} + C$

7.3절, pp. 421~422

1. $\frac{1}{2}\sin 2x + C$ **3.** $-\frac{1}{4}\cos^4 x + C$

5. $\frac{1}{3}\cos^3 x - \cos x + C$ **7.** $-\cos x + \frac{2}{3}\cos^3 x - \frac{1}{5}\cos^5 x + C$

9. $\sin x - \frac{1}{3}\sin^3 x + C$ **11.** $\frac{1}{4}\sin^4 x - \frac{1}{6}\sin^6 x + C$

13. $\frac{1}{2}x + \frac{1}{4}\sin 2x + C$ **15.** $16/35$ **17.** 3π

19. $-4\sin x\cos^3 x + 2\cos x\sin x + 2x + C$

21. $-\cos^4 2\theta + C$ **23.** 4 **25.** 2

27. $\sqrt{\frac{3}{2}} - \frac{2}{3}$ **29.** $\frac{4}{5}\left(\frac{3}{2}\right)^{5/2} - \frac{18}{35} - \frac{2}{7}\left(\frac{3}{2}\right)^{7/2}$ **31.** $\sqrt{2}$

33. $\frac{1}{2}\tan^2 x + C$ **35.** $\frac{1}{3}\sec^3 x + C$ **37.** $\frac{1}{3}\tan^3 x + C$

39. $2\sqrt{3} + \ln(2 + \sqrt{3})$ **41.** $\frac{2}{3}\tan\theta + \frac{1}{3}\sec^2\theta\tan\theta + C$

43. $4/3$ **45.** $2\tan^2 x - 2\ln(1 + \tan^2 x) + C$

47. $\frac{1}{4}\tan^4 x - \frac{1}{2}\tan^2 x + \ln|\sec x| + C$ **49.** $\frac{4}{3} - \ln\sqrt{3}$

51. $-\frac{1}{10}\cos 5x - \frac{1}{2}\cos x + C$ **53.** π

55. $\frac{1}{2}\sin x + \frac{1}{14}\sin 7x + C$

57. $\frac{1}{6}\sin 3\theta - \frac{1}{4}\sin\theta - \frac{1}{20}\sin 5\theta + C$

59. $-\frac{2}{5}\cos^5\theta + C$ **61.** $\frac{1}{4}\cos\theta - \frac{1}{20}\cos 5\theta + C$

63. $\sec x - \ln|\csc x + \cot x| + C$ **65.** $\cos x + \sec x + C$

67. $\frac{1}{4}x^2 - \frac{1}{4}x\sin 2x - \frac{1}{8}\cos 2x + C$ **69.** $\ln(2 + \sqrt{3})$

71. $\pi^2/2$ **73.** $\bar{x} = \frac{4\pi}{3}, \bar{y} = \frac{8\pi^2 + 3}{12\pi}$ **75.** $(\pi/4)(4 - \pi)$

7.4절, pp. 426~427

1. $\ln|\sqrt{9 + x^2} + x| + C$ **3.** $\pi/4$ **5.** $\pi/6$

7. $\frac{25}{2}\sin^{-1}\left(\frac{t}{5}\right) + \frac{t\sqrt{25 - t^2}}{2} + C$

9. $\frac{1}{2}\ln\left|\frac{2x}{7} + \frac{\sqrt{4x^2 - 49}}{7}\right| + C$

11. $7\left[\frac{\sqrt{y^2 - 49}}{7} - \sec^{-1}\left(\frac{y}{7}\right)\right] + C$ **13.** $\frac{\sqrt{x^2 - 1}}{x} + C$

15. $-\sqrt{9 - x^2} + C$ **17.** $\frac{1}{3}(x^2 + 4)^{3/2} - 4\sqrt{x^2 + 4} + C$

19. $\frac{-2\sqrt{4 - w^2}}{w} + C$ **21.** $\sin^{-1} x - \sqrt{1 - x^2} + C$

23. $4\sqrt{3} - \frac{4\pi}{3}$ **25.** $-\frac{x}{\sqrt{x^2 - 1}} + C$

27. $-\dfrac{1}{5}\left(\dfrac{\sqrt{1-x^2}}{x}\right)^5 + C$ **29.** $2\tan^{-1}2x + \dfrac{4x}{(4x^2+1)} + C$

31. $\dfrac{1}{2}x^2 + \dfrac{1}{2}\ln|x^2-1| + C$ **33.** $\dfrac{1}{3}\left(\dfrac{v}{\sqrt{1-v^2}}\right)^3 + C$

35. $\ln 9 - \ln\left(1 + \sqrt{10}\right)$ **37.** $\pi/6$ **39.** $\sec^{-1}|x| + C$

41. $\sqrt{x^2-1} + C$ **43.** $\dfrac{1}{2}\ln\left|\sqrt{1+x^4} + x^2\right| + C$

45. $4\sin^{-1}\dfrac{\sqrt{x}}{2} + \sqrt{x}\sqrt{4-x} + C$

47. $\dfrac{1}{4}\sin^{-1}\sqrt{x} - \dfrac{1}{4}\sqrt{x}\sqrt{1-x}\,(1-2x) + C$

49. $(9/2)\arcsin\left(\dfrac{x+1}{3}\right) + (1/2)(x+1)\sqrt{8-2x-x^2} + C$

51. $\sqrt{x^2+4x+3} - \operatorname{arcsec}(x+2) + C$

53. $y = 2\left[\dfrac{\sqrt{x^2-4}}{2} - \sec^{-1}\left(\dfrac{x}{2}\right)\right]$

55. $y = \dfrac{3}{2}\tan^{-1}\left(\dfrac{x}{2}\right) - \dfrac{3\pi}{8}$ **57.** $3\pi/4$

59. (a) $\dfrac{1}{12}\left(\pi + 6\sqrt{3} - 12\right)$

   (b) $\bar{x} = \dfrac{3\sqrt{3}-\pi}{4\left(\pi + 6\sqrt{3} - 12\right)}, \bar{y} = \dfrac{\pi^2 + 12\sqrt{3}\pi - 72}{12\left(\pi + 6\sqrt{3} - 12\right)}$

61. (a) $-\dfrac{1}{3}x^2(1-x^2)^{3/2} - \dfrac{2}{15}(1-x^2)^{5/2} + C$

   (b) $-\dfrac{1}{3}(1-x^2)^{3/2} + \dfrac{1}{5}(1-x^2)^{5/2} + C$

   (c) $\dfrac{1}{5}(1-x^2)^{5/2} - \dfrac{1}{3}(1-x^2)^{3/2} + C$

63. $\sqrt{3} - \dfrac{\sqrt{2}}{2} + \dfrac{1}{2}\ln\left(\dfrac{2+\sqrt{3}}{\sqrt{2}+1}\right)$

7.5절, pp. 433~435

1. $\dfrac{2}{x-3} + \dfrac{3}{x-2}$ **3.** $\dfrac{1}{x+1} + \dfrac{3}{(x+1)^2}$

5. $\dfrac{-2}{z} + \dfrac{-1}{z^2} + \dfrac{2}{z-1}$ **7.** $1 + \dfrac{17}{t-3} + \dfrac{-12}{t-2}$

9. $\dfrac{1}{2}\left[\ln|1+x| - \ln|1-x|\right] + C$

11. $\dfrac{1}{7}\ln\left|(x+6)^2(x-1)^5\right| + C$ **13.** $(\ln 15)/2$

15. $-\dfrac{1}{2}\ln|t| + \dfrac{1}{6}\ln|t+2| + \dfrac{1}{3}\ln|t-1| + C$ **17.** $3\ln 2 - 2$

19. $\dfrac{1}{4}\ln\left|\dfrac{x+1}{x-1}\right| - \dfrac{x}{2(x^2-1)} + C$ **21.** $(\pi + 2\ln 2)/8$

23. $\tan^{-1}y - \dfrac{1}{y^2+1} + C$

25. $-(s-1)^{-2} + (s-1)^{-1} + \tan^{-1}s + C$

27. $\dfrac{2}{3}\ln|x-1| + \dfrac{1}{6}\ln|x^2+x+1| - \sqrt{3}\tan^{-1}\left(\dfrac{2x+1}{\sqrt{3}}\right) + C$

29. $\dfrac{1}{4}\ln\left|\dfrac{x-1}{x+1}\right| + \dfrac{1}{2}\tan^{-1}x + C$

31. $\dfrac{-1}{\theta^2+2\theta+2} + \ln(\theta^2+2\theta+2) - \tan^{-1}(\theta+1) + C$

33. $x^2 + \ln\left|\dfrac{x-1}{x}\right| + C$

35. $9x + 2\ln|x| + \dfrac{1}{x} + 7\ln|x-1| + C$

37. $\dfrac{y^2}{2} - \ln|y| + \dfrac{1}{2}\ln(1+y^2) + C$ **39.** $\ln\left(\dfrac{e^t+1}{e^t+2}\right) + C$

41. $\dfrac{1}{5}\ln\left|\dfrac{\sin y - 2}{\sin y + 3}\right| + C$

43. $\dfrac{(\tan^{-1}2x)^2}{4} - 3\ln|x-2| + \dfrac{6}{x-2} + C$

45. $\ln\left|\dfrac{\sqrt{x}-1}{\sqrt{x}+1}\right| + C$

47. $2\sqrt{1+x} + \ln\left|\dfrac{\sqrt{x+1}-1}{\sqrt{x+1}+1}\right| + C$

49. $\dfrac{1}{4}\ln\left|\dfrac{x^4}{x^4+1}\right| + C$

51. $\dfrac{1}{\sqrt{2}}\ln\left|\dfrac{\sqrt{2}\cos\theta + 1}{\sqrt{2}\cos\theta - 1}\right| + \dfrac{1}{2}\ln\left|\dfrac{1-\cos\theta}{1+\cos\theta}\right| + C$

53. $4\sqrt{1+\sqrt{x}} + 2\ln\left|\dfrac{\sqrt{1+\sqrt{x}}-1}{\sqrt{1+\sqrt{x}}+1}\right| + C$

55. $\dfrac{1}{3}x^3 - 2x^2 + 5x - 10\ln|x+2| + C$

57. $\dfrac{1}{\ln 2}\ln(2^x + 2^{-x}) + C$ **59.** $\dfrac{1}{4}\ln\left|\dfrac{x-1}{x+1}\right| - \dfrac{1}{2}\arctan x + C$

61. $\dfrac{1}{2}\ln\left|(\ln x + 1)(\ln x + 3)\right| + C$

63. $\ln\left|x + \sqrt{x^2-1}\right| + C$

65. $\dfrac{2}{9}x^3(x^3+1)^{3/2} - \dfrac{4}{45}(x^3+1)^{5/2} + C$

67. $x = \ln|t-2| - \ln|t-1| + \ln 2$

69. $x = \dfrac{6t}{t+2} - 1$ **71.** $3\pi\ln 25$

73. $\ln(3) - \dfrac{1}{2}$ **75.** 1.10

77. (a) $x = \dfrac{1000e^{4t}}{499 + e^{4t}}$ **(b)** 1.55 days

7.6절, pp. 439~441

1. $\dfrac{2}{\sqrt{3}}\left(\tan^{-1}\sqrt{\dfrac{x-3}{3}}\right) + C$

3. $\sqrt{x-2}\left(\dfrac{2(x-2)}{3} + 4\right) + C$ **5.** $\dfrac{(2x-3)^{3/2}(x+1)}{5} + C$

7. $\dfrac{-\sqrt{9-4x}}{x} - \dfrac{2}{3}\ln\left|\dfrac{\sqrt{9-4x}-3}{\sqrt{9-4x}+3}\right| + C$

9. $\dfrac{(x+2)(2x-6)\sqrt{4x-x^2}}{6} + 4\sin^{-1}\left(\dfrac{x-2}{2}\right) + C$

11. $-\dfrac{1}{\sqrt{7}}\ln\left|\dfrac{\sqrt{7}+\sqrt{7+x^2}}{x}\right| + C$

13. $\sqrt{4-x^2} - 2\ln\left|\dfrac{2+\sqrt{4-x^2}}{x}\right| + C$

15. $\dfrac{e^{2t}}{13}(2\cos 3t + 3\sin 3t) + C$

17. $\dfrac{x^2}{2}\cos^{-1}x + \dfrac{1}{4}\sin^{-1}x - \dfrac{1}{4}x\sqrt{1-x^2} + C$

19. $\dfrac{x^3}{3}\tan^{-1}x - \dfrac{x^2}{6} + \dfrac{1}{6}\ln(1+x^2) + C$

21. $-\dfrac{\cos 5x}{10} - \dfrac{\cos x}{2} + C$

23. $8\left[\dfrac{\sin(7t/2)}{7} - \dfrac{\sin(9t/2)}{9}\right] + C$

25. $6\sin(\theta/12) + \dfrac{6}{7}\sin(7\theta/12) + C$

27. $\dfrac{1}{2}\ln(x^2 + 1) + \dfrac{x}{2(1 + x^2)} + \dfrac{1}{2}\tan^{-1}x + C$

29. $\left(x - \dfrac{1}{2}\right)\sin^{-1}\sqrt{x} + \dfrac{1}{2}\sqrt{x - x^2} + C$

31. $\sin^{-1}\sqrt{x} - \sqrt{x - x^2} + C$

33. $\sqrt{1 - \sin^2 t} - \ln\left|\dfrac{1 + \sqrt{1 - \sin^2 t}}{\sin t}\right| + C$

35. $\ln\left|\ln y + \sqrt{3 + (\ln y)^2}\right| + C$

37. $\ln\left|x + 1 + \sqrt{x^2 + 2x + 5}\right| + C$

39. $\dfrac{x + 2}{2}\sqrt{5 - 4x - x^2} + \dfrac{9}{2}\sin^{-1}\left(\dfrac{x + 2}{3}\right) + C$

41. $-\dfrac{\sin^4 2x \cos 2x}{10} - \dfrac{2\sin^2 2x \cos 2x}{15} - \dfrac{4\cos 2x}{15} + C$

43. $\dfrac{\sin^3 2\theta \cos^2 2\theta}{10} + \dfrac{\sin^3 2\theta}{15} + C$

45. $\tan^2 2x - 2\ln|\sec 2x| + C$

47. $\dfrac{(\sec \pi x)(\tan \pi x)}{\pi} + \dfrac{1}{\pi}\ln|\sec \pi x + \tan \pi x| + C$

49. $\dfrac{-\csc^3 x \cot x}{4} - \dfrac{3\csc x \cot x}{8} - \dfrac{3}{8}\ln|\csc x + \cot x| + C$

51. $\dfrac{1}{2}\big[\sec(e^t - 1)\tan(e^t - 1) +$
  $\ln|\sec(e^t - 1) + \tan(e^t - 1)|\,\big] + C$

53. $\sqrt{2} + \ln\left(\sqrt{2} + 1\right)$ **55.** $\pi/3$

57. $2\pi\sqrt{3} + \pi\sqrt{2}\ln\left(\sqrt{2} + \sqrt{3}\right)$ **59.** $\bar{x} = 4/3, \bar{y} = \ln\sqrt{2}$

61. 8 **63.** $\pi/8$ **67.** $\pi/4$

7.7절, pp. 448~450

1. I: **(a)** 1.5, 0 **(b)** 1.5, 0 **(c)** 0%
 II: **(a)** 1.5, 0 **(b)** 1.5, 0 **(c)** 0%

3. I: **(a)** 2.75, 0.08 **(b)** 2.67, 0.08 **(c)** $0.0312 \approx 3\%$
 II: **(a)** 2.67, 0 **(b)** 2.67, 0 **(c)** 0%

5. I: 6.25, 0.5 **(b)** 6, 0.25 **(c)** $0.0417 \approx 4\%$
 II: **(a)** 6, 0 **(b)** 6, 0 **(c)** 0%

7. I: **(a)** 0.509, 0.03125 **(b)** 0.5, 0.009 **(c)** $0.018 \approx 2\%$
 II: **(a)** 0.5, 0.002604 **(b)** 0.5, 0.4794 **(c)** 0%

9. I: **(a)** 1.8961, 0.161 **(b)** 2, 0.1039 **(c)** $0.052 \approx 5\%$
 II: **(a)** 2.0045, 0.0066 **(b)** 2, 0.00454 **(c)** 0.2%

11. (a) 1 **(b)** 2   **13. (a)** 116 **(b)** 2

15. (a) 283 **(b)** 2   **17. (a)** 71 **(b)** 10

19. (a) 76 **(b)** 12   **21. (a)** 82 **(b)** 8

23. $106.6\ \text{m}^3$ **25.** $\approx 2.55\ \text{m}$

27. (a) ≈ 0.00021 **(b)** ≈ 1.37079 **(c)** $\approx 0.015\%$

31. (a) ≈ 5.870 **(b)** $|E_T| \le 0.0032$

33. 21.07 cm   **35.** 14.4   **39.** $\approx 28.7\ \text{mg}$

7.8절, pp. 459~461

1. $\pi/2$ **3.** 2   **5.** 6   **7.** $\pi/2$ **9.** $\ln 3$ **11.** $\ln 4$

13. 0   **15.** $\sqrt{3}$ **17.** π **19.** $\ln\left(1 + \dfrac{\pi}{2}\right)$

21. -1 **23.** 1   **25.** $-1/4$ **27.** $\pi/2$ **29.** $\pi/3$

---

31. 6   **33.** $\ln 2$ **35.** Diverges   **37.** Diverges

39. Diverges   **41.** Diverges   **43.** Converges

45. Converges   **47.** Diverges   **49.** Converges

51. Converges   **53.** Diverges   **55.** Converges

57. Converges   **59.** Diverges   **61.** Converges

63. Diverges   **65.** Converges   **67.** Converges

69. (a) Converges when $p < 1$ **(b)** Converges when $p > 1$

71. 1   **73.** 2π **75.** $\ln 2$

77. (a) 1   **(b)** $\pi/3$ **(c)** Diverges

79. (a) $\pi/2$ **(b)** π **81. (b)** ≈ 0.88621

83. (a)

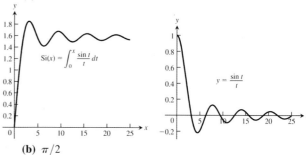

(b) $\pi/2$

85. (a)

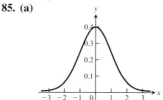

(b) ≈ 0.683, ≈ 0.954, ≈ 0.997

91. ≈ 0.16462

종합문제, pp. 462~464

1. $(x + 1)(\ln(x + 1)) - (x + 1) + C$

3. $x\tan^{-1}(3x) - \dfrac{1}{6}\ln(1 + 9x^2) + C$

5. $(x + 1)^2 e^x - 2(x + 1)e^x + 2e^x + C$

7. $\dfrac{2e^x \sin 2x}{5} + \dfrac{e^x \cos 2x}{5} + C$

9. $2\ln|x - 2| - \ln|x - 1| + C$

11. $\ln|x| - \ln|x + 1| + \dfrac{1}{x + 1} + C$

13. $-\dfrac{1}{3}\ln\left|\dfrac{\cos\theta - 1}{\cos\theta + 2}\right| + C$

15. $4\ln|x| - \dfrac{1}{2}\ln(x^2 + 1) + 4\tan^{-1}x + C$

17. $\dfrac{1}{16}\ln\left|\dfrac{(v - 2)^5(v + 2)}{v^6}\right| + C$

19. $\dfrac{1}{2}\tan^{-1}t - \dfrac{\sqrt{3}}{6}\tan^{-1}\dfrac{t}{\sqrt{3}} + C$

21. $\dfrac{x^2}{2} + \dfrac{4}{3}\ln|x + 2| + \dfrac{2}{3}\ln|x - 1| + C$

23. $\dfrac{x^2}{2} - \dfrac{9}{2}\ln|x + 3| + \dfrac{3}{2}\ln|x + 1| + C$

25. $\dfrac{1}{3}\ln\left|\dfrac{\sqrt{x + 1} - 1}{\sqrt{x + 1} + 1}\right| + C$ **27.** $\ln|1 - e^{-s}| + C$

29. $-\sqrt{16 - y^2} + C$ **31.** $-\dfrac{1}{2}\ln|4 - x^2| + C$

33. $\ln \dfrac{1}{\sqrt{9-x^2}} + C$ **35.** $\dfrac{1}{6}\ln\left|\dfrac{x+3}{x-3}\right| + C$

37. $-\dfrac{\cos^5 x}{5} + \dfrac{\cos^7 x}{7} + C$ **39.** $\dfrac{\tan^5 x}{5} + C$

41. $\dfrac{\cos\theta}{2} - \dfrac{\cos 11\theta}{22} + C$ **43.** $4\sqrt{1-\cos(t/2)} + C$

45. At least 16   **47.** $T = \pi, S = \pi$ **49.** $-4°C$

51. (a) ≈ 2.42 L (b) ≈ 24.83 km/L

53. $\pi/2$ **55.** 6   **57.** $\ln 3$ **59.** 2   **61.** $\pi/6$

63. Diverges   **65.** Diverges   **67.** Converges

69. $\dfrac{1}{2}xe^{2x} - \dfrac{1}{4}e^{2x} + C$ **71.** $2\tan x - x + C$

73. $x\tan x - \ln|\sec x| + C$ **75.** $-\dfrac{1}{3}(\cos x)^3 + C$

77. $1 + \dfrac{1}{2}\ln\left(\dfrac{2}{1+e^2}\right)$ **79.** $2\ln\left|1-\dfrac{1}{x}\right| + \dfrac{4x+1}{2x^2} + C$

81. $\dfrac{e^{2x}-1}{e^x} + C$ **83.** $9/4$ **85.** $256/15$

87. $-\dfrac{1}{3}\csc^3 x + C$

89. $\dfrac{2x^{3/2}}{3} - x + 2\sqrt{x} - 2\ln\left(\sqrt{x}+1\right) + C$

91. $\dfrac{1}{2}\sin^{-1}(x-1) + \dfrac{1}{2}(x-1)\sqrt{2x-x^2} + C$

93. $-2\cot x - \ln|\csc x + \cot x| + \csc x + C$

95. $\dfrac{1}{12}\ln\left|\dfrac{3+v}{3-v}\right| + \dfrac{1}{6}\tan^{-1}\dfrac{v}{3} + C$

97. $\dfrac{\theta\sin(2\theta+1)}{2} + \dfrac{\cos(2\theta+1)}{4} + C$

99. $\dfrac{1}{4}\sec^2\theta + C$ **101.** $2\left(\dfrac{(\sqrt{2-x})^3}{3} - 2\sqrt{2-x}\right) + C$

103. $\tan^{-1}(y-1) + C$

105. $\dfrac{1}{4}\ln|z| - \dfrac{1}{4z} - \dfrac{1}{4}\left[\dfrac{1}{2}\ln(z^2+4) + \dfrac{1}{2}\tan^{-1}\left(\dfrac{z}{2}\right)\right] + C$

107. $-\dfrac{1}{4}\sqrt{9-4t^2} + C$ **109.** $\ln\left(\dfrac{e^t+1}{e^t+2}\right) + C$

111. $1/4$ **113.** $\dfrac{2}{3}x^{3/2} + C$ **115.** $-\dfrac{1}{5}\tan^{-1}(\cos 5t) + C$

117. $2\sqrt{r} - 2\ln\left(1+\sqrt{r}\right) + C$

119. $\dfrac{1}{2}x^2 - \dfrac{1}{2}\ln(x^2+1) + C$

121. $\dfrac{2}{3}\ln|x+1| + \dfrac{1}{6}\ln|x^2-x+1| + \dfrac{1}{\sqrt{3}}\tan^{-1}\left(\dfrac{2x-1}{\sqrt{3}}\right) + C$

123. $\dfrac{4}{7}(1+\sqrt{x})^{7/2} - \dfrac{8}{5}(1+\sqrt{x})^{5/2} + \dfrac{4}{3}(1+\sqrt{x})^{3/2} + C$

125. $2\ln\left|\sqrt{x} + \sqrt{1+x}\right| + C$

127. $\ln x - \ln|1+\ln x| + C$

129. $\dfrac{1}{2}x^{\ln x} + C$ **131.** $\dfrac{1}{2}\ln\left|\dfrac{1-\sqrt{1-x^4}}{x^2}\right| + C$

133. (b) $\dfrac{\pi}{4}$ **135.** $x - \dfrac{1}{\sqrt{2}}\tan^{-1}\left(\sqrt{2}\tan x\right) + C$

보충 · 심화 문제, pp. 465~467

1. $x(\sin^{-1}x)^2 + 2(\sin^{-1}x)\sqrt{1-x^2} - 2x + C$

3. $\dfrac{x^2\sin^{-1}x}{2} + \dfrac{x\sqrt{1-x^2} - \sin^{-1}x}{4} + C$

5. $\dfrac{1}{2}\left(\ln\left(t-\sqrt{1-t^2}\right) - \sin^{-1}t\right) + C$ **7.** 0

9. $\ln(4) - 1$ **11.** 1   **13.** $32\pi/35$ **15.** 2π

17. (a) π (b) $\pi(2e-5)$

19. (b) $\pi\left(\dfrac{8(\ln 2)^2}{3} - \dfrac{16(\ln 2)}{9} + \dfrac{16}{27}\right)$

21. $\left(\dfrac{e^2+1}{4}, \dfrac{e-2}{2}\right)$

23. $\sqrt{1+e^2} - \ln\left(\dfrac{\sqrt{1+e^2}}{e} + \dfrac{1}{e}\right) - \sqrt{2} + \ln\left(1+\sqrt{2}\right)$

25. $\dfrac{12\pi}{5}$ **27.** $a = \dfrac{1}{2}, -\dfrac{\ln 2}{4}$ **29.** $\dfrac{1}{2} < p \le 1$

33. $\dfrac{2}{1-\tan(x/2)} + C$ **35.** 1   **37.** $\dfrac{\sqrt{3}\pi}{9}$

39. $\dfrac{1}{\sqrt{2}}\ln\left|\dfrac{\tan(t/2)+1-\sqrt{2}}{\tan(t/2)+1+\sqrt{2}}\right| + C$

41. $\ln\left|\dfrac{1+\tan(\theta/2)}{1-\tan(\theta/2)}\right| + C$

8장

8.1절, pp. 479~482

1. $a_1 = 0, a_2 = -1/4, a_3 = -2/9, a_4 = -3/16$

3. $a_1 = 1, a_2 = -1/3, a_3 = 1/5, a_4 = -1/7$

5. $a_1 = 1/2, a_2 = 1/2, a_3 = 1/2, a_4 = 1/2$

7. $1, \dfrac{3}{2}, \dfrac{7}{4}, \dfrac{15}{8}, \dfrac{31}{16}, \dfrac{63}{32}, \dfrac{127}{64}, \dfrac{255}{128}, \dfrac{511}{256}, \dfrac{1023}{512}$

9. $2, 1, -\dfrac{1}{2}, -\dfrac{1}{4}, \dfrac{1}{8}, \dfrac{1}{16}, -\dfrac{1}{32}, -\dfrac{1}{64}, \dfrac{1}{128}, \dfrac{1}{256}$

11. $1, 1, 2, 3, 5, 8, 13, 21, 34, 55$

13. $a_n = (-1)^{n+1}, n \ge 1$

15. $a_n = (-1)^{n+1}(n)^2, n \ge 1$ **17.** $a_n = \dfrac{2^{n-1}}{3(n+2)}, n \ge 1$

19. $a_n = n^2 - 1, n \ge 1$ **21.** $a_n = 4n - 3, n \ge 1$

23. $a_n = \dfrac{3n+2}{n!}, n \ge 1$ **25.** $a_n = \dfrac{1+(-1)^{n+1}}{2}, n \ge 1$

27. $a_n = \dfrac{1}{(n+1)(n+2)}$ **29.** $a_n = \sin\left(\dfrac{\sqrt{n+1}}{1+(n+1)^2}\right)$

31. Converges, 2   **33.** Converges, -1 **35.** Converges, -5

37. Diverges   **39.** Diverges   **41.** Converges, $1/2$

43. Converges, 0   **45.** Converges, $\sqrt{2}$ **47.** Converges, 1

49. Converges, 0   **51.** Converges, 0   **53.** Converges, 0

55. Converges, 1   **57.** Converges, e^7 **59.** Converges, 1

61. Converges, 1   **63.** Diverges   **65.** Converges, 4

67. Converges, 0   **69.** Diverges   **71.** Converges, e^{-1}

73. Diverges   **75.** Converges, 0   **77.** Diverges

79. Converges, $e^{2/3}$ **81.** Converges, $x (x > 0)$

83. Converges, 0   **85.** Converges, 1   **87.** Converges, $1/2$

89. Converges, 1 **91.** Converges, $\pi/2$ **93.** Converges, 0
95. Converges, 0 **97.** Converges, $1/2$ **99.** Converges, 0
101. 8 **103.** 4 **105.** 5 **107.** $1 + \sqrt{2}$ **109.** $x_n = 2^{n-2}$
111. (a) $f(x) = x^2 - 2$, $1.414213562 \approx \sqrt{2}$
   (b) $f(x) = \tan(x) - 1$, $0.7853981635 \approx \pi/4$
   (c) $f(x) = e^x$, diverges
113. 1
121. Nondecreasing, bounded
123. Not nondecreasing, bounded
125. Converges, nondecreasing sequence theorem
127. Converges, nondecreasing sequence theorem
129. Diverges, definition of divergence
131. Converges
133. Converges
145. (b) $\sqrt{3}$

8.2절, pp. 489~492

1. $s_n = \dfrac{2(1 - (1/3)^n)}{1 - (1/3)}, 3$ **3.** $s_n = \dfrac{1 - (-1/2)^n}{1 - (-1/2)}, 2/3$

5. $s_n = \dfrac{1}{2} - \dfrac{1}{n+2}, \dfrac{1}{2}$ **7.** $1 - \dfrac{1}{4} + \dfrac{1}{16} - \dfrac{1}{64} + \cdots, \dfrac{4}{5}$

9. $-\dfrac{3}{4} + \dfrac{9}{16} + \dfrac{57}{64} + \dfrac{249}{256} + \cdots$, diverges.

11. $(5 + 1) + \left(\dfrac{5}{2} + \dfrac{1}{3}\right) + \left(\dfrac{5}{4} + \dfrac{1}{9}\right) + \left(\dfrac{5}{8} + \dfrac{1}{27}\right) + \cdots, \dfrac{23}{2}$

13. $(1 + 1) + \left(\dfrac{1}{2} - \dfrac{1}{5}\right) + \left(\dfrac{1}{4} + \dfrac{1}{25}\right) + \left(\dfrac{1}{8} - \dfrac{1}{125}\right) + \cdots, \dfrac{17}{6}$

15. Converges, 5/3 **17.** Converges, 1/7

19. Converges, $\dfrac{e}{e + 2}$ **21.** Diverges **23.** 23/99

25. 7/9 **27.** 1/15 **29.** 41333/33300 **31.** Diverges
33. Inconclusive **35.** Diverges **37.** Diverges

39. $s_n = 1 - \dfrac{1}{n+1}$; converges, 1

41. $s_n = \ln \sqrt{n+1}$; diverges

43. $s_n = \dfrac{\pi}{3} - \cos^{-1}\left(\dfrac{1}{n+2}\right)$; converges, $-\dfrac{\pi}{6}$ **45.** 1 **47.** 5

49. 1 **51.** $-\dfrac{1}{\ln 2}$ **53.** Converges, $2 + \sqrt{2}$

55. Converges, 1 **57.** Diverges
59. Converges, $\dfrac{e^2}{e^2 - 1}$

61. Converges, 2/9 **63.** Converges, 3/2 **65.** Diverges

67. Converges, 4 **69.** Diverges **71.** Converges, $\dfrac{\pi}{\pi - e}$
73. Converges, $-5/6$ **75.** Diverges
77. $a = 1, r = -x$; converges to $1/(1 + x)$ for $|x| < 1$
79. $a = 3, r = (x - 1)/2$; converges to $6/(3 - x)$ for x in $(-1, 3)$

81. $|x| < \dfrac{1}{2}, \dfrac{1}{1 - 2x}$ **83.** $-2 < x < 0, \dfrac{1}{2 + x}$

85. $x \neq (2k + 1)\dfrac{\pi}{2}$, k an integer; $\dfrac{1}{1 - \sin x}$

87. (a) $\displaystyle\sum_{n=-2}^{\infty} \dfrac{1}{(n + 4)(n + 5)}$ (b) $\displaystyle\sum_{n=0}^{\infty} \dfrac{1}{(n + 2)(n + 3)}$

   (c) $\displaystyle\sum_{n=5}^{\infty} \dfrac{1}{(n - 3)(n - 2)}$

97. (a) $r = 3/5$ (b) $r = -3/10$ **99.** $|r| < 1, \dfrac{1 + 2r}{1 - r^2}$

101. (a) 16.84 mg, 17.79 mg (b) 17.84 mg
103. (a) $0, \dfrac{1}{27}, \dfrac{2}{27}, \dfrac{1}{9}, \dfrac{2}{9}, \dfrac{7}{27}, \dfrac{8}{27}, \dfrac{1}{3}, \dfrac{2}{3}, \dfrac{7}{9}, \dfrac{8}{9}, 1$

   (b) $\displaystyle\sum_{n=1}^{\infty} \dfrac{1}{2}\left(\dfrac{2}{3}\right)^{n-1} = 1$ **105.** $(4/3)\pi$

8.3절, pp. 497~499

1. Converges **3.** Converges **5.** Converges **7.** Diverges

9. Converges **11.** Diverges

13. Diverges; $\displaystyle\lim_{n \to \infty} \dfrac{n}{n + 1} = 1 \neq 0$

15. Diverges; p-series, $p < 1$

17. Converges; geometric series, $r = \dfrac{1}{8} < 1$

19. Converges; geometric series, $r = \dfrac{1}{8} < 1$
21. Diverges; Integral Test
23. Converges; geometric series, $r = 2/3 < 1$
25. Diverges; Integral Test

27. Diverges; $\displaystyle\lim_{n \to \infty} \dfrac{2^n}{n + 1} \neq 0$

29. Diverges; $\lim_{n \to \infty} (\sqrt{n}/\ln n) \neq 0$

31. Diverges; geometric series, $r = \dfrac{1}{\ln 2} > 1$
33. Converges; Integral Test
35. Diverges; nth-Term Test
37. Converges; Integral Test
39. Diverges; nth-Term Test
41. Converges; by taking limit of partial sums
43. Converges; Integral Test
45. Converges; Integral Test **47.** $a = 1$

49. (a)

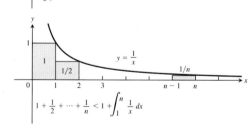

   (b) ≈ 41.55
51. True **53.** $n \geq 251{,}415$

55. $s_8 = \displaystyle\sum_{n=1}^{8} \dfrac{1}{n^3} \approx 1.195$ **57.** 10^{60}

65. (a) $1.20166 \leq S \leq 1.20253$
   (b) $S \approx 1.2021$, error < 0.0005
67. $\left(\dfrac{\pi^2}{6} - 1\right) \approx 0.64493$

8.4절, pp. 502~504

1. Converges; compare with $\sum(1/n^2)$
3. Diverges; compare with $\sum\left(1/\sqrt{n}\right)$
5. Converges; compare with $\sum(1/n^{3/2})$
7. Converges; compare with $\sum\sqrt{\dfrac{n+4n}{n^4+0}}=\sqrt{5}\,\sum\dfrac{1}{n^{3/2}}$
9. Converges
11. Diverges; limit comparison with $\sum(1/n)$
13. Diverges; limit comparison with $\sum\left(1/\sqrt{n}\right)$
15. Diverges
17. Diverges; limit comparison with $\sum\left(1/\sqrt{n}\right)$
19. Converges; compare with $\sum(1/2^n)$
21. Diverges; nth-Term Test
23. Converges; compare with $\sum(1/n^2)$
25. Converges; $\left(\dfrac{n}{3n+1}\right)^n<\left(\dfrac{n}{3n}\right)^n=\left(\dfrac{1}{3}\right)^n$
27. Diverges; direct comparison with $\sum(1/n)$
29. Diverges; limit comparison with $\sum(1/n)$
31. Diverges; limit comparison with $\sum(1/n)$
33. Converges; compare with $\sum(1/n^{3/2})$
35. Converges; $\dfrac{1}{n2^n}\le\dfrac{1}{2^n}$ **37.** Converges; $\dfrac{1}{3^{n-1}+1}<\dfrac{1}{3^{n-1}}$
39. Converges; comparison with $\sum(1/5n^2)$
41. Diverges; comparison with $\sum(1/n)$
43. Converges; comparison with $\sum\dfrac{1}{n(n-1)}$ or limit comparison with $\sum(1/n^2)$
45. Diverges; limit comparison with $\sum(1/n)$
47. Converges; $\dfrac{\tan^{-1}n}{n^{1.1}}<\dfrac{\pi/2}{n^{1.1}}$
49. Converges; compare with $\sum(1/n^2)$
51. Diverges; limit comparison with $\sum(1/n)$
53. Converges; limit comparison with $\sum(1/n^2)$
55. Diverges nth-Term Test
67. Converges **69.** Converges **71.** Converges

8.5절, pp. 509~510

1. Converges **3.** Diverges **5.** Converges
7. Converges **9.** Converges **11.** Diverges
13. Converges **15.** Converges
17. Converges; Ratio Test **19.** Diverges; Ratio Test
21. Converges; Ratio Test
23. Converges; compare with $\sum(3/(1.25)^n)$
25. Diverges; $\lim\limits_{n\to\infty}\left(1-\dfrac{3}{n}\right)^n=e^{-3}\ne0$
27. Converges; compare with $\sum(1/n^2)$
29. Diverges; compare with $\sum(1/(2n))$ **31.** Diverges; $a_n\nrightarrow0$
33. Converges; Ratio Test **35.** Converges; Ratio Test
37. Converges; Ratio Test **39.** Converges; Root Test
41. Converges; compare with $\sum(1/n^2)$
43. Converges; Ratio Test **45.** Diverges; Ratio Test
47. Converges; Ratio Test **49.** Diverges; Ratio Test
51. Converges; Ratio Test **53.** Converges; Ratio Test
55. Diverges; $a_n=\left(\dfrac{1}{3}\right)^{(1/n!)}\to1$ **57.** Converges; Ratio Test
59. Diverges; Root Test **61.** Converges; Root Test
63. Converges; Ratio Test

65. (a) Diverges; nth-Term Test
(b) Diverges; Root Test
(c) Converges; Root Test
(d) Converges; Ratio Test
69. Yes

8.6절, pp. 515~517

1. Converges by Alternating Series Test
3. Converges; Alternating Series Test
5. Converges; Alternating Series Test
7. Diverges; $a_n\nrightarrow0$
9. Diverges; $a_n\nrightarrow0$
11. Converges; Alternating Series Test
13. Converges by Alternating Series Test
15. Converges absolutely. Series of absolute s is a convergent geometric series.
17. Converges conditionally; $1/\sqrt{n}\to0$ but $\sum_{n=1}^{\infty}\dfrac{1}{\sqrt{n}}$ diverges.
19. Converges absolutely; compare with $\sum_{n=1}^{\infty}(1/n^2)$.
21. Converges conditionally; $1/(n+3)\to0$ but $\sum_{n=1}^{\infty}\dfrac{1}{n+3}$ diverges (compare with $\sum_{n=1}^{\infty}(1/n)$).
23. Diverges; $\dfrac{3+n}{5+n}\to1$
25. Converges conditionally; $\left(\dfrac{1}{n^2}+\dfrac{1}{n}\right)\to0$ but $(1+n)/n^2>1/n$
27. Converges absolutely; Ratio Test
29. Converges absolutely by Integral Test
31. Diverges; $a_n\nrightarrow0$
33. Converges absolutely by Ratio Test
35. Converges absolutely, since $\left|\dfrac{\cos n\pi}{n\sqrt{n}}\right|=\left|\dfrac{(-1)^{n+1}}{n^{3/2}}\right|=\dfrac{1}{n^{3/2}}$ (convergent p-series)
37. Converges absolutely by Root Test
39. Diverges; $a_n\to\infty$
41. Converges conditionally; $\sqrt{n+1}-\sqrt{n}=1/\left(\sqrt{n}+\sqrt{n+1}\right)\to0$, but series of absolute values diverges $\left(\text{compare with }\sum\left(1/\sqrt{n}\right)\right)$.
43. Diverges, $a_n\to1/2\ne0$
45. Converges absolutely; $\text{sech } n=\dfrac{2}{e^n+e^{-n}}=\dfrac{2e^n}{e^{2n}+1}<\dfrac{2e^n}{e^{2n}}=\dfrac{2}{e^n}$, a term from a convergent geometric series.
47. Converges conditionally; $\sum(-1)^{n+1}\dfrac{1}{2(n+1)}$ converges by Alternating Series Test; $\sum\dfrac{1}{2(n+1)}$ diverges by limit comparison with $\sum(1/n)$.
49. $|\text{Error}|<0.2$ **51.** $|\text{Error}|<2\times10^{-11}$
53. $n\ge31$ **55.** $n\ge4$ **57.** Converges; Root Test
59. Converges; Limit of Partial Sums
61. Converges; Ratio Test **63.** Diverges; p-series Test
65. Converges; Root Test **67.** Converges; Limit Comparison Test
69. Diverges; Limit of Partial Sums
71. Diverges; Limit Comparison Test
73. Diverges; nth-Term Test **75.** Diverges; Limit of Partial Sums
77. Converges; Limit Comparison Test
79. Converges; Limit Comparison Test

81. Converges; Ratio Test
83. 0.54030   **85. (a)** $a_n \geq a_{n+1}$ **(b)** $-1/2$

8.7절, pp. 526~528

1. (a) $1, -1 < x < 1$ **(b)** $-1 < x < 1$ **(c)** none
3. (a) $1/4, -1/2 < x < 0$ **(b)** $-1/2 < x < 0$ **(c)** none
5. (a) $10, -8 < x < 12$ **(b)** $-8 < x < 12$ **(c)** none
7. (a) $1, -1 < x < 1$ **(b)** $-1 < x < 1$ **(c)** none
9. (a) $3, -3 \leq x \leq 3$ **(b)** $-3 \leq x \leq 3$ **(c)** none
11. (a) ∞, for all x **(b)** for all x **(c)** none
13. (a) $1/2, -1/2 < x < 1/2$ **(b)** $-1/2 < x < 1/2$ **(c)** none
15. (a) $1, -1 \leq x < 1$ **(b)** $-1 < x < 1$ **(c)** $x = -1$
17. (a) $5, -8 < x < 2$ **(b)** $-8 < x < 2$ **(c)** none
19. (a) $3, -3 < x < 3$ **(b)** $-3 < x < 3$ **(c)** none
21. (a) $1, -2 < x < 0$ **(b)** $-2 < x < 0$ **(c)** none
23. (a) $1, -1 < x < 1$ **(b)** $-1 < x < 1$ **(c)** none
25. (a) $0, x = 0$ **(b)** $x = 0$ **(c)** none
27. (a) $2, -4 < x \leq 0$ **(b)** $-4 < x < 0$ **(c)** $x = 0$
29. (a) $1, -1 \leq x \leq 1$ **(b)** $-1 \leq x \leq 1$ **(c)** none
31. (a) $1/4, 1 \leq x \leq 3/2$ **(b)** $1 \leq x \leq 3/2$ **(c)** none
33. (a) ∞, for all x **(b)** for all x **(c)** none
35. (a) $1, -1 \leq x < 1$ **(b)** $-1 < x < 1$ **(c)** -1
37. 3   **39.** 8   **41.** $-1/3 < x < 1/3, 1/(1 - 3x)$
43. $-1 < x < 3, 4/(3 + 2x - x^2)$
45. $0 < x < 16, 2/(4 - \sqrt{x})$
47. $-\sqrt{2} < x < \sqrt{2}, 3/(2 - x^2)$
49. $\dfrac{2}{x} = \displaystyle\sum_{n=0}^{\infty} 2(-1)^n (x - 1)^n, \ 0 < x < 2$

51. $\displaystyle\sum_{n=0}^{\infty} \left(-\tfrac{1}{3}\right)^n (x - 5)^n, \ 2 < x < 8$

53. $1 < x < 5, \ 2/(x - 1), \ \displaystyle\sum_{n=1}^{\infty} \left(-\tfrac{1}{2}\right)^n n(x - 3)^{n-1},$
$1 < x < 5, \ -2/(x - 1)^2$

55. (a) $\cos x = 1 - \dfrac{x^2}{2!} + \dfrac{x^4}{4!} - \dfrac{x^6}{6!} + \dfrac{x^8}{8!} - \dfrac{x^{10}}{10!} + \cdots$; converges
for all x
(b) Same answer as part (c)
(c) $2x - \dfrac{2^3 x^3}{3!} + \dfrac{2^5 x^5}{5!} - \dfrac{2^7 x^7}{7!} + \dfrac{2^9 x^9}{9!} - \dfrac{2^{11} x^{11}}{11!} + \cdots$

57. (a) $\dfrac{x^2}{2} + \dfrac{x^4}{12} + \dfrac{x^6}{45} + \dfrac{17x^8}{2520} + \dfrac{31x^{10}}{14175}, -\dfrac{\pi}{2} < x < \dfrac{\pi}{2}$
(b) $1 + x^2 + \dfrac{2x^4}{3} + \dfrac{17x^6}{45} + \dfrac{62x^8}{315} + \cdots, -\dfrac{\pi}{2} < x < \dfrac{\pi}{2}$

63. (a) T **(b)** T **(c)** F **(d)** T **(e)** N **(f)** F **(g)** N **(h)** T

8.8절, pp. 532~533

1. $P_0(x) = 1, P_1(x) = 1 + 2x, P_2(x) = 1 + 2x + 2x^2,$
$P_3(x) = 1 + 2x + 2x^2 + \dfrac{4}{3}x^3$

3. $P_0(x) = 0, P_1(x) = x - 1, P_2(x) = (x - 1) - \dfrac{1}{2}(x - 1)^2,$
$P_3(x) = (x - 1) - \dfrac{1}{2}(x - 1)^2 + \dfrac{1}{3}(x - 1)^3$

5. $P_0(x) = \dfrac{1}{2}, P_1(x) = \dfrac{1}{2} - \dfrac{1}{4}(x - 2),$
$P_2(x) = \dfrac{1}{2} - \dfrac{1}{4}(x - 2) + \dfrac{1}{8}(x - 2)^2,$
$P_3(x) = \dfrac{1}{2} - \dfrac{1}{4}(x - 2) + \dfrac{1}{8}(x - 2)^2 - \dfrac{1}{16}(x - 2)^3$

7. $P_0(x) = \dfrac{\sqrt{2}}{2}, P_1(x) = \dfrac{\sqrt{2}}{2} + \dfrac{\sqrt{2}}{2}\left(x - \dfrac{\pi}{4}\right),$
$P_2(x) = \dfrac{\sqrt{2}}{2} + \dfrac{\sqrt{2}}{2}\left(x - \dfrac{\pi}{4}\right) - \dfrac{\sqrt{2}}{4}\left(x - \dfrac{\pi}{4}\right)^2,$
$P_3(x) = \dfrac{\sqrt{2}}{2} + \dfrac{\sqrt{2}}{2}\left(x - \dfrac{\pi}{4}\right) - \dfrac{\sqrt{2}}{4}\left(x - \dfrac{\pi}{4}\right)^2$
$\qquad - \dfrac{\sqrt{2}}{12}\left(x - \dfrac{\pi}{4}\right)^3$

9. $P_0(x) = 2, P_1(x) = 2 + \dfrac{1}{4}(x - 4),$
$P_2(x) = 2 + \dfrac{1}{4}(x - 4) - \dfrac{1}{64}(x - 4)^2,$
$P_3(x) = 2 + \dfrac{1}{4}(x - 4) - \dfrac{1}{64}(x - 4)^2 + \dfrac{1}{512}(x - 4)^3$

11. $\displaystyle\sum_{n=0}^{\infty} \dfrac{(-x)^n}{n!} = 1 - x + \dfrac{x^2}{2!} - \dfrac{x^3}{3!} + \dfrac{x^4}{4!} - \cdots$

13. $\displaystyle\sum_{n=0}^{\infty} (-1)^n x^n = 1 - x + x^2 - x^3 + \cdots$

15. $\displaystyle\sum_{n=0}^{\infty} \dfrac{(-1)^n 3^{2n+1} x^{2n+1}}{(2n + 1)!}$ **17.** $7\displaystyle\sum_{n=0}^{\infty} \dfrac{(-1)^n x^{2n}}{(2n)!}$ **19.** $\displaystyle\sum_{n=0}^{\infty} \dfrac{x^{2n}}{(2n)!}$

21. $x^4 - 2x^3 - 5x + 4$ **23.** $\displaystyle\sum_{n=1}^{\infty} (-1)^{n+1} \dfrac{x^{2n}}{(2n - 1)!}$

25. $8 + 10(x - 2) + 6(x - 2)^2 + (x - 2)^3$
27. $21 - 36(x + 2) + 25(x + 2)^2 - 8(x + 2)^3 + (x + 2)^4$
29. $\displaystyle\sum_{n=0}^{\infty} (-1)^n (n + 1)(x - 1)^n$ **31.** $\displaystyle\sum_{n=0}^{\infty} \dfrac{e^2}{n!}(x - 2)^n$

33. $\displaystyle\sum_{n=0}^{\infty} (-1)^{n+1} \dfrac{2^{2n}}{(2n)!} \left(x - \dfrac{\pi}{4}\right)^{2n}$

35. $-1 - 2x - \dfrac{5}{2}x^2 - \cdots, -1 < x < 1$

37. $x^2 - \dfrac{1}{2}x^3 + \dfrac{1}{6}x^4 + \cdots, -1 < x < 1$

39. $x^4 + x^6 + \dfrac{x^8}{2} + \cdots, (-\infty, \infty)$

45. $L(x) = 0, Q(x) = -x^2/2$ **47.** $L(x) = 1, Q(x) = 1 + x^2/2$
49. $L(x) = x, Q(x) = x$

8.9절, pp. 539~540

1. $\displaystyle\sum_{n=0}^{\infty} \dfrac{(-5x)^n}{n!} = 1 - 5x + \dfrac{5^2 x^2}{2!} - \dfrac{5^3 x^3}{3!} + \cdots$

3. $\displaystyle\sum_{n=0}^{\infty} \dfrac{5(-1)^n (-x)^{2n+1}}{(2n + 1)!} = \displaystyle\sum_{n=0}^{\infty} \dfrac{5(-1)^{n+1} x^{2n+1}}{(2n + 1)!}$
$= -5x + \dfrac{5x^3}{3!} - \dfrac{5x^5}{5!} + \dfrac{5x^7}{7!} + \cdots$

5. $\displaystyle\sum_{n=0}^{\infty} \dfrac{(-1)^n (5x^2)^{2n}}{(2n)!} = 1 - \dfrac{25x^4}{2!} + \dfrac{625x^8}{4!} - \cdots$

7. $\displaystyle\sum_{n=1}^{\infty} (-1)^{n+1} \dfrac{x^{2n}}{n} = x^2 - \dfrac{x^4}{2} + \dfrac{x^6}{3} - \dfrac{x^8}{4} + \cdots$

9. $\displaystyle\sum_{n=0}^{\infty} (-1)^n \left(\dfrac{3}{4}\right)^n x^{3n} = 1 - \dfrac{3}{4}x^3 + \dfrac{3^2}{4^2}x^6 - \dfrac{3^3}{4^3}x^9 + \cdots$

11. $\ln 3 + \displaystyle\sum_{n=1}^{\infty} (-1)^{n+1} \dfrac{2^n x^n}{n} = \ln 3 + 2x - 2x^2 + \dfrac{8}{3}x^3 - \cdots$

13. $\displaystyle\sum_{n=0}^{\infty} \dfrac{x^{n+1}}{n!} = x + x^2 + \dfrac{x^3}{2!} + \dfrac{x^4}{3!} + \dfrac{x^5}{4!} + \cdots$

15. $\displaystyle\sum_{n=2}^{\infty} \frac{(-1)^n x^{2n}}{(2n)!} = \frac{x^4}{4!} - \frac{x^6}{6!} + \frac{x^8}{8!} - \frac{x^{10}}{10!} + \cdots$

17. $\displaystyle x - \frac{\pi^2 x^3}{2!} + \frac{\pi^4 x^5}{4!} - \frac{\pi^6 x^7}{6!} + \cdots = \sum_{n=0}^{\infty} \frac{(-1)^n \pi^{2n} x^{2n+1}}{(2n)!}$

19. $\displaystyle 1 + \sum_{n=1}^{\infty} \frac{(-1)^n (2x)^{2n}}{2 \cdot (2n)!} =$
$\displaystyle 1 - \frac{(2x)^2}{2 \cdot 2!} + \frac{(2x)^4}{2 \cdot 4!} - \frac{(2x)^6}{2 \cdot 6!} + \frac{(2x)^8}{2 \cdot 8!} - \cdots$

21. $\displaystyle x^2 \sum_{n=0}^{\infty} (2x)^n = x^2 + 2x^3 + 4x^4 + \cdots$

23. $\displaystyle\sum_{n=1}^{\infty} n x^{n-1} = 1 + 2x + 3x^2 + 4x^3 + \cdots$

25. $\displaystyle\sum_{n=1}^{\infty} (-1)^{n+1} \frac{x^{4n-1}}{2n-1} = x^3 - \frac{x^7}{3} + \frac{x^{11}}{5} - \frac{x^{15}}{7} + \cdots$

27. $\displaystyle\sum_{n=0}^{\infty} \left(\frac{1}{n!} + (-1)^n \right) x^n = 2 + \frac{3}{2} x^2 - \frac{5}{6} x^3 + \frac{25}{24} x^4 - \cdots$

29. $\displaystyle\sum_{n=1}^{\infty} \frac{(-1)^{n-1} x^{2n+1}}{3n} = \frac{x^3}{3} - \frac{x^5}{6} + \frac{x^7}{9} - \cdots$

31. $x + x^2 + \dfrac{x^3}{3} - \dfrac{x^5}{30} + \cdots$

33. $x^2 - \dfrac{2}{3} x^4 + \dfrac{23}{45} x^6 - \dfrac{44}{105} x^8 + \cdots$

35. $1 + x + \dfrac{1}{2} x^2 - \dfrac{1}{8} x^4 + \cdots$ **37.** $1 - \dfrac{x^2}{2} - \dfrac{x^3}{2} - \dfrac{x^4}{4} - \cdots$

39. $|\text{Error}| \le \dfrac{1}{10^4 \cdot 4!} < 4.2 \times 10^{-6}$

41. $|x| < (0.06)^{1/5} < 0.56968$

43. $|\text{Error}| < (10^{-3})^3 / 6 < 1.67 \times 10^{-10}, \quad -10^{-3} < x < 0$

45. $|\text{Error}| < (3^{0.1})(0.1)^3 / 6 < 1.87 \times 10^{-4}$

53. (a) $Q(x) = 1 + kx + \dfrac{k(k-1)}{2} x^2$ (b) $0 \le x < 100^{-1/3}$

8.10절, pp. 547~548

1. $1 + \dfrac{x}{2} - \dfrac{x^2}{8} + \dfrac{x^3}{16}$ **3.** $1 + 3x + 6x^2 + 10x^3$

5. $1 - x + \dfrac{3x^2}{4} - \dfrac{x^3}{2}$ **7.** $1 - \dfrac{x^3}{2} + \dfrac{3x^6}{8} - \dfrac{5x^9}{16}$

9. $1 + \dfrac{1}{2x} - \dfrac{1}{8x^2} + \dfrac{1}{16x^3}$

11. $(1 + x)^4 = 1 + 4x + 6x^2 + 4x^3 + x^4$

13. $(1 - 2x)^3 = 1 - 6x + 12x^2 - 8x^3$

15. 0.0713362 **17.** 0.4969536 **19.** 0.0999445 **21.** 0.10000

23. $\dfrac{1}{13 \cdot 6!} \approx 0.00011$ **25.** $\dfrac{x^3}{3} - \dfrac{x^7}{7 \cdot 3!} + \dfrac{x^{11}}{11 \cdot 5!}$

27. (a) $\dfrac{x^2}{2} - \dfrac{x^4}{12}$

(b) $\dfrac{x^2}{2} - \dfrac{x^4}{3 \cdot 4} + \dfrac{x^6}{5 \cdot 6} - \dfrac{x^8}{7 \cdot 8} + \cdots + (-1)^{15} \dfrac{x^{32}}{31 \cdot 32}$

29. $1/2$ **31.** $-1/24$ **33.** $1/3$ **35.** -1 **37.** 2

39. $3/2$ **41.** e **43.** $\cos \dfrac{3}{4}$ **45.** $\dfrac{\sqrt{3}}{2}$ **47.** $\dfrac{x^3}{1-x}$

49. $\dfrac{x^3}{1 + x^2}$ **51.** $\dfrac{-1}{(1 + x)^2}$ **55.** 500 terms **57.** 4 terms

59. (a) $x + \dfrac{x^3}{6} + \dfrac{3x^5}{40} + \dfrac{5x^7}{112}$, radius of convergence $= 1$

(b) $\dfrac{\pi}{2} - x - \dfrac{x^3}{6} - \dfrac{3x^5}{40} - \dfrac{5x^7}{112}$

61. $1 - 2x + 3x^2 - 4x^3 + \cdots$

67. (a) -1 (b) $\left(1/\sqrt{2}\right)(1 + i)$ (c) $-i$

71. $x + x^2 + \dfrac{1}{3} x^3 - \dfrac{1}{30} x^5 + \cdots$, for all x

종합문제, pp. 550~552

1. Converges to 1 **3.** Converges to -1 **5.** Diverges
7. Converges to 0 **9.** Converges to 1 **11.** Converges o e^{-5}
13. Converges to 3 **15.** Converges to ln 2 **17.** Diverges
19. $1/6$ **21.** $3/2$ **23.** $e/(e-1)$ **25.** Diverges
27. Converges conditionally **29.** Converges conditionally
31. Converges absolutely **33.** Converges absolutely
35. Converges absolutely **37.** Converges absolutely
39. Converges absolutely **41.** Converges absolutely
43. Diverges
45. (a) $3, -7 \le x < -1$ (b) $-7 < x < -1$ (c) $x = -7$
47. (a) $1/3, 0 \le x \le 2/3$ (b) $0 \le x \le 2/3$ (c) None
49. (a) ∞, for all x (b) For all x (c) None
51. (a) $\sqrt{3}, -\sqrt{3} < x < \sqrt{3}$ (b) $-\sqrt{3} < x < \sqrt{3}$ (c) None
53. (a) $e, -e < x < e$ (b) $-e < x < e$ (c) Empty set

55. $\dfrac{1}{1 + x}, \dfrac{1}{4}, \dfrac{4}{5}$ **57.** $\sin x, \pi, 0$ **59.** $e^x, \ln 2, 2$ **61.** $\displaystyle\sum_{n=0}^{\infty} 2^n x^n$

63. $\displaystyle\sum_{n=0}^{\infty} \frac{(-1)^n \pi^{2n+1} x^{2n+1}}{(2n+1)!}$ **65.** $\displaystyle\sum_{n=0}^{\infty} \frac{(-1)^n x^{10n/3}}{(2n)!}$ **67.** $\displaystyle\sum_{n=0}^{\infty} \frac{((\pi x)/2)^n}{n!}$

69. $2 - \dfrac{(x+1)}{2 \cdot 1!} + \dfrac{3(x+1)^2}{2^3 \cdot 2!} + \dfrac{9(x+1)^3}{2^5 \cdot 3!} + \cdots$

71. $\dfrac{1}{4} - \dfrac{1}{4^2}(x-3) + \dfrac{1}{4^3}(x-3)^2 - \dfrac{1}{4^4}(x-3)^3$

73. 0.4849171431 **75.** 0.4872223583 **77.** $7/2$ **79.** $1/12$

81. -2 **83.** $r = -3, s = 9/2$ **85.** $2/3$

87. $\ln \left(\dfrac{n+1}{2n} \right)$; the series converges to $\ln \left(\dfrac{1}{2} \right)$.

89. (a) ∞ (b) $a = 1, b = 0$ **91.** It converges.

99. (a) Converges; Limit Comparison Test
(b) Converges; Direct Comparison Test
(c) Diverges; nth-Term Test

101. 2

보충 · 심화 문제, pp. 552~554

1. Converges; Comparison Test
3. Diverges; nth-Term Test
5. Converges; Comparison Test
7. Diverges; nth-Term Test

9. With $a = \pi/3$, $\cos x = \dfrac{1}{2} - \dfrac{\sqrt{3}}{2}(x - \pi/3) - \dfrac{1}{4}(x - \pi/3)^2 + \dfrac{\sqrt{3}}{12}(x - \pi/3)^3 + \cdots$

11. With $a = 0$, $e^x = 1 + x + \dfrac{x^2}{2!} + \dfrac{x^3}{3!} + \cdots$

13. With $a = 22\pi$, $\cos x = 1 - \dfrac{1}{2}(x - 22\pi)^2 + \dfrac{1}{4!}(x - 22\pi)^4 - \dfrac{1}{6!}(x - 22\pi)^6 + \cdots$

15. Converges, limit $= b$ **17.** $\pi/2$ **21.** $b = \pm \dfrac{1}{5}$

23. $a = 2, L = -7/6$ **27.** (b) Yes

31. (a) $\displaystyle\sum_{n=1}^{\infty} n x^{n-1}$ (b) 6 (c) $\dfrac{1}{q}$

33. (a) $R_n = C_0 e^{-kt_0} \left(1 - e^{-nkt_0} \right) / \left(1 - e^{-kt_0} \right)$,

$$R = C_0\left(e^{-kt_0}\right)/\left(1 - e^{-kt_0}\right) = C_0/\left(e^{kt_0} - 1\right)$$

(b) $R_1 = 1/e \approx 0.368$,
$R_{10} = R\left(1 - e^{-10}\right) \approx R(0.9999546) \approx 0.58195$;
$R \approx 0.58198; 0 < (R - R_{10})/R < 0.0001$

(c) 7

9장

9.1절, pp. 561~564

1.

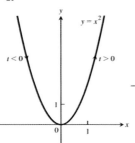

3.

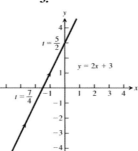

5.

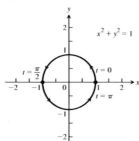

7.

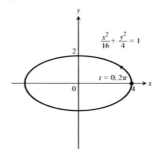

9.

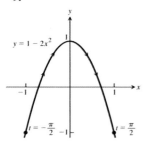

11.

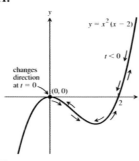

13.

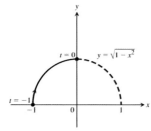

15.

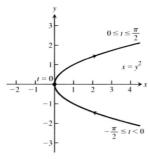

17.

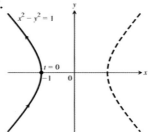

19. D **21.** E **23.** C

25.

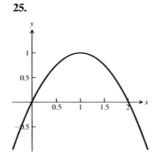

27.

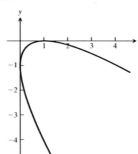

29. (a) $x = a \cos t$, $y = -a \sin t$, $0 \le t \le 2\pi$
(b) $x = a \cos t$, $y = a \sin t$, $0 \le t \le 2\pi$
(c) $x = a \cos t$, $y = -a \sin t$, $0 \le t \le 4\pi$
(d) $x = a \cos t$, $y = a \sin t$, $0 \le t \le 4\pi$

31. Possible answer: $x = -1 + 5t$, $y = -3 + 4t$, $0 \le t \le 1$
33. Possible answer: $x = t^2 + 1$, $y = t$, $t \le 0$
35. Possible answer: $x = 2 - 3t$, $y = 3 - 4t$, $t \ge 0$
37. Possible answer: $x = 2 \cos t$, $y = 2\left|\sin t\right|$, $0 \le t \le 4\pi$
39. Possible answer: $x = \dfrac{-at}{\sqrt{1 + t^2}}$, $y = \dfrac{a}{\sqrt{1 + t^2}}$, $-\infty < t < \infty$
41. Possible answer: $x = \dfrac{4}{1 + 2\tan\theta}$, $y = \dfrac{4\tan\theta}{1 + 2\tan\theta}$,
$0 \le \theta < \pi/2$ and $x = 0$, $y = 2$ if $\theta = \pi/2$
43. Possible answer: $x = 2 - \cos t$, $y = \sin t$, $0 \le t \le 2\pi$
45. $x = 2 \cot t$, $y = 2 \sin^2 t$, $0 < t < \pi$
47. $x = a \sin^2 t \tan t$, $y = a \sin^2 t$, $0 \le t < \pi/2$ **49.** $(1, 1)$

9.2절, pp. 572~573

1. $y = -x + 2\sqrt{2}$, $\dfrac{d^2y}{dx^2} = -\sqrt{2}$

3. $y = -\dfrac{1}{2}x + 2\sqrt{2}$, $\dfrac{d^2y}{dx^2} = -\dfrac{\sqrt{2}}{4}$

5. $y = x + \dfrac{1}{4}$, $\dfrac{d^2y}{dx^2} = -2$ **7.** $y = 2x - \sqrt{3}$, $\dfrac{d^2y}{dx^2} = -3\sqrt{3}$

9. $y = x - 4$, $\dfrac{d^2y}{dx^2} = \dfrac{1}{2}$

11. $y = \sqrt{3}x - \dfrac{\pi\sqrt{3}}{3} + 2$, $\dfrac{d^2y}{dx^2} = -4$

13. $y = 9x - 1$, $\dfrac{d^2y}{dx^2} = 108$ **15.** $-\dfrac{3}{16}$ **17.** -6

19. 1   **21.** $3a^2\pi$ **23.** $|ab|\pi$ **25.** 4   **27.** 12
29. π^2 **31.** $8\pi^2$ **33.** $\dfrac{52\pi}{3}$ **35.** $3\pi\sqrt{5}$

37. $(\bar{x}, \bar{y}) = \left(\dfrac{12}{\pi} - \dfrac{24}{\pi^2}, \dfrac{24}{\pi^2} - 2\right)$

39. $(\bar{x}, \bar{y}) = \left(\dfrac{1}{3}, \pi - \dfrac{4}{3}\right)$ **41. (a)** π **(b)** π

43. (a) $x = 1,$ $y = 0,$ $\dfrac{dy}{dx} = \dfrac{1}{2}$ **(b)** $x = 0,$ $y = 3,$ $\dfrac{dy}{dx} = 0$

   (c) $x = \dfrac{\sqrt{3} - 1}{2},$ $y = \dfrac{3 - \sqrt{3}}{2},$ $\dfrac{dy}{dx} = \dfrac{2\sqrt{3} - 1}{\sqrt{3} - 2}$

45. $\left(\dfrac{\sqrt{2}}{2}, 1\right),$ $y = 2x$ at $t = 0,$ $y = -2x$ at $t = \pi$

47. (a) 8a **(b)** $\dfrac{64\pi}{3}$ **49.** $32\pi/15$

9.3절, p. 577

1. a, e; b, g; c, h; d, f   **3.**

   (a) $\left(2, \dfrac{\pi}{2} + 2n\pi\right)$ and $\left(-2, \dfrac{\pi}{2} + (2n + 1)\pi\right),$ n an integer

   (b) $(2, 2n\pi)$ and $(-2, (2n + 1)\pi),$ n an integer

   (c) $\left(2, \dfrac{3\pi}{2} + 2n\pi\right)$ and $\left(-2, \dfrac{3\pi}{2} + (2n + 1)\pi\right),$ n an integer

   (d) $(2, (2n + 1)\pi)$ and $(-2, 2n\pi),$ n an integer

5. (a) $(3, 0)$ **(b)** $(-3, 0)$ **(c)** $\left(-1, \sqrt{3}\right)$ **(d)** $\left(1, \sqrt{3}\right)$
   (e) $(3, 0)$ **(f)** $\left(1, \sqrt{3}\right)$ **(g)** $(-3, 0)$ **(h)** $\left(-1, \sqrt{3}\right)$

7. (a) $\left(\sqrt{2}, \dfrac{\pi}{4}\right)$ **(b)** $(3, \pi)$ **(c)** $\left(2, \dfrac{11\pi}{6}\right)$

   (d) $\left(5, \pi - \tan^{-1}\dfrac{4}{3}\right)$

9. (a) $\left(-3\sqrt{2}, \dfrac{5\pi}{4}\right)$ **(b)** $(-1, 0)$ **(c)** $\left(-2, \dfrac{5\pi}{3}\right)$

   (d) $\left(-5, \pi - \tan^{-1}\dfrac{3}{4}\right)$

11.

13.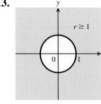

15.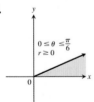

17.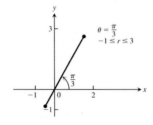

19.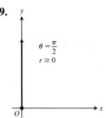

21.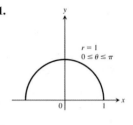

23.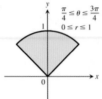

25.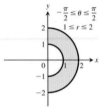

27. $x = 2,$ vertical line through $(2, 0)$ **29.** $y = 0,$ the x-axis
31. $y = 4,$ horizontal line through $(0, 4)$
33. $x + y = 1,$ line, $m = -1, b = 1$
35. $x^2 + y^2 = 1,$ circle, $C(0, 0),$ radius 1
37. $y - 2x = 5,$ line, $m = 2, b = 5$
39. $y^2 = x,$ parabola, vertex $(0, 0),$ opens right
41. $y = e^x,$ graph of natural exponential function
43. $x + y = \pm 1,$ two straight lines of slope $-1,$ y-intercepts
   $b = \pm 1$
45. $(x + 2)^2 + y^2 = 4,$ circle, $C(-2, 0),$ radius 2
47. $x^2 + (y - 4)^2 = 16,$ circle, $C(0, 4),$ radius 4
49. $(x - 1)^2 + (y - 1)^2 = 2,$ circle, $C(1, 1),$ radius $\sqrt{2}$
51. $\sqrt{3}y + x = 4$ **53.** $r \cos\theta = 7$ **55.** $\theta = \pi/4$
57. $r = 2$ or $r = -2$ **59.** $4r^2 \cos^2\theta + 9r^2 \sin^2\theta = 36$
61. $r \sin^2\theta = 4 \cos\theta$ **63.** $r = 4 \sin\theta$
65. $r^2 = 6r \cos\theta - 2r \sin\theta - 6$
67. $(0, \theta),$ where θ is any angle

9.4절, p. 581
1. x-axis   **3.** y-axis

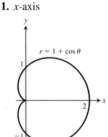   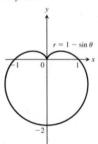

5. y-axis   **7.** x-axis, y-axis, origin

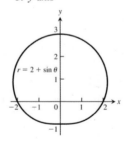   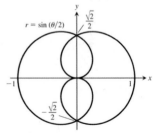

9. x-axis, y-axis, origin

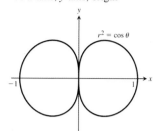

11. y-axis, x-axis, origin

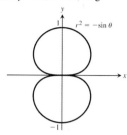

13. x-axis, y-axis, origin   **15.** Origin

17. The slope at $(-1, \pi/2)$ is -1, at $(-1, -\pi/2)$ is 1.

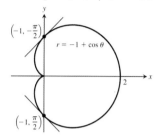

19. The slope at $(1, \pi/4)$ is -1, at $(-1, -\pi/4)$ is 1, at $(-1, 3\pi/4)$ is 1, at $(1, -3\pi/4)$ is -1.

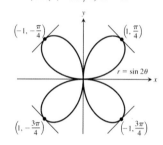

21. At $\pi/6$: slope $\sqrt{3}$, concavity 16 (concave up); at $\pi/3$: slope $-\sqrt{3}$, concavity -16 (concave down).

23. At 0: slope 0, concavity 2 (concave up); at $\pi/2$: slope $-2/\pi$, concavity $-2(8 + \pi^2)/\pi^3$ (concave down).

25. (a)

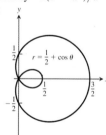

(b)

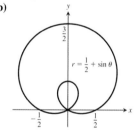

27. (a)

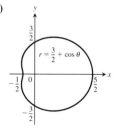

(b)

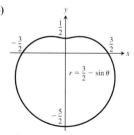

29.

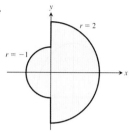

31.

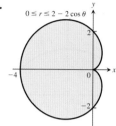

33. Equation (a)

9.5절, pp. 585~586

1. $\dfrac{1}{6}\pi^3$ **3.** 18π **5.** $\dfrac{\pi}{8}$ **7.** 2 **9.** $\dfrac{\pi}{2} - 1$

11. $5\pi - 8$ **13.** $3\sqrt{3} - \pi$ **15.** $\dfrac{\pi}{3} + \dfrac{\sqrt{3}}{2}$

17. $\dfrac{8\pi}{3} + \sqrt{3}$ **19. (a)** $\dfrac{3}{2} - \dfrac{\pi}{4}$ **21.** $19/3$ **23.** 8

25. $3\left(\sqrt{2} + \ln\left(1 + \sqrt{2}\right)\right)$ **27.** $\dfrac{\pi}{8} + \dfrac{3}{8}$

31. (a) a **(b)** a **(c)** $2a/\pi$

9.6절, pp. 592~594

1. $y^2 = 8x$, $F(2, 0)$, directrix: $x = -2$

3. $x^2 = -6y$, $F(0, -3/2)$, directrix: $y = 3/2$

5. $\dfrac{x^2}{4} - \dfrac{y^2}{9} = 1$, $F\left(\pm\sqrt{13}, 0\right)$, $V(\pm 2, 0)$,

asymptotes: $y = \pm\dfrac{3}{2}x$

7. $\dfrac{x^2}{2} + y^2 = 1$, $F(\pm 1, 0)$, $V\left(\pm\sqrt{2}, 0\right)$

9.

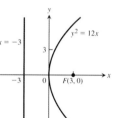

11.

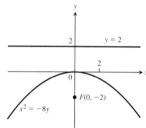

13.

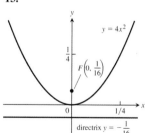

15.

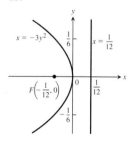

17.

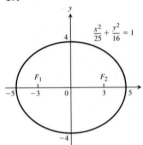

$$\frac{x^2}{25} + \frac{y^2}{16} = 1$$

19.

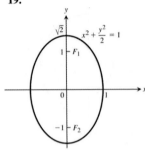

$$x^2 + \frac{y^2}{2} = 1$$

21.

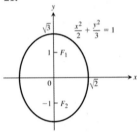

$$\frac{x^2}{2} + \frac{y^2}{3} = 1$$

23.

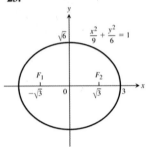

$$\frac{x^2}{9} + \frac{y^2}{6} = 1$$

25. $\dfrac{x^2}{4} + \dfrac{y^2}{2} = 1$

27. Asymptotes: $y = \pm x$

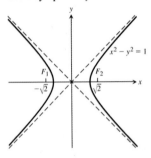

$$x^2 - y^2 = 1$$

29. Asymptotes: $y = \pm x$

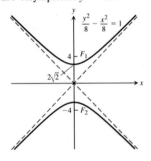

$$\frac{y^2}{8} - \frac{x^2}{8} = 1$$

31. Asymptotes: $y = \pm 2x$

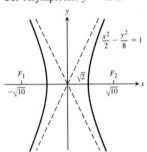

$$\frac{x^2}{2} - \frac{y^2}{8} = 1$$

33. Asymptotes: $y = \pm x/2$

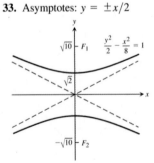

$$\frac{y^2}{2} - \frac{x^2}{8} = 1$$

35. $y^2 - x^2 = 1$

37. $\dfrac{x^2}{9} - \dfrac{y^2}{16} = 1$

39. (a) Vertex: $(1, -2)$; focus: $(3, -2)$; directrix: $x = -1$

(b)

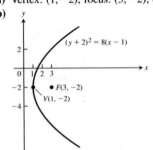

$$(y + 2)^2 = 8(x - 1)$$

41. (a) Foci: $\left(4 \pm \sqrt{7}, 3\right)$; vertices: $(8, 3)$ and $(0, 3)$; center: $(4, 3)$

(b)

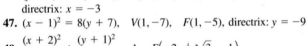

$$\frac{(x - 4)^2}{16} + \frac{(y - 3)^2}{9} = 1$$

43. (a) Center: $(2, 0)$; foci: $(7, 0)$ and $(-3, 0)$; vertices: $(6, 0)$ and $(-2, 0)$; asymptotes: $y = \pm \dfrac{3}{4}(x - 2)$

(b)

$$\frac{(x - 2)^2}{16} - \frac{y^2}{9} = 1$$

$$y = -\frac{3}{4}(x - 2) \qquad y = \frac{3}{4}(x - 2)$$

45. $(y + 3)^2 = 4(x + 2)$, $V(-2, -3)$, $F(-1, -3)$, directrix: $x = -3$

47. $(x - 1)^2 = 8(y + 7)$, $V(1, -7)$, $F(1, -5)$, directrix: $y = -9$

49. $\dfrac{(x + 2)^2}{6} + \dfrac{(y + 1)^2}{9} = 1$, $F\left(-2, \pm \sqrt{3} - 1\right)$, $V(-2, \pm 3 - 1)$, $C(-2, -1)$

51. $\dfrac{(x - 2)^2}{3} + \dfrac{(y - 3)^2}{2} = 1$, $F(3, 3)$ and $F(1, 3)$, $V\left(\pm \sqrt{3} + 2, 3\right)$, $C(2, 3)$

53. $\dfrac{(x - 2)^2}{4} - \dfrac{(y - 2)^2}{5} = 1$, $C(2, 2)$, $F(5, 2)$ and $F(-1, 2)$, $V(4, 2)$ and $V(0, 2)$; asymptotes: $(y - 2) = \pm \dfrac{\sqrt{5}}{2}(x - 2)$

55. $(y + 1)^2 - (x + 1)^2 = 1$, $C(-1, -1)$, $F\left(-1, \sqrt{2} - 1\right)$ and $F\left(-1, -\sqrt{2} - 1\right)$, $V(-1, 0)$ and $V(-1, -2)$; asymptotes $(y + 1) = \pm(x + 1)$

57. $C(-2, 0)$, $a = 4$ **59.** $V(-1, 1)$, $F(-1, 0)$

61. Ellipse: $\dfrac{(x+2)^2}{5} + y^2 = 1$, $C(-2, 0)$, $F(0, 0)$ and
$F(-4, 0)$, $V(\sqrt{5} - 2, 0)$ and $V(-\sqrt{5} - 2, 0)$

63. Ellipse: $\dfrac{(x-1)^2}{2} + (y-1)^2 = 1$, $C(1, 1)$, $F(2, 1)$ and
$F(0, 1)$, $V(\sqrt{2} + 1, 1)$ and $V(-\sqrt{2} + 1, 1)$

65. Hyperbola: $(x-1)^2 - (y-2)^2 = 1$, $C(1, 2)$,
$F(1 + \sqrt{2}, 2)$ and $F(1 - \sqrt{2}, 2)$, $V(2, 2)$ and
$V(0, 2)$; asymptotes: $(y - 2) = \pm(x - 1)$

67. Hyperbola: $\dfrac{(y-3)^2}{6} - \dfrac{x^2}{3} = 1$, $C(0, 3)$, $F(0, 6)$
and $F(0, 0)$, $V(0, \sqrt{6} + 3)$ and $V(0, -\sqrt{6} + 3)$;
asymptotes: $y = \sqrt{2}x + 3$ or $y = -\sqrt{2}x + 3$

69. (b) 1:1 **73.** Length $= 2\sqrt{2}$, width $= \sqrt{2}$, area $= 4$

75. 24π

77. $x = 0, y = 0$: $y = -2x$; $x = 0, y = 2$: $y = 2x + 2$;
$x = 4, y = 0$: $y = 2x - 8$

79. $\bar{x} = 0$, $\bar{y} = \dfrac{16}{3\pi}$

9.7절, pp. 600~601

1. $e = \dfrac{3}{5}$, $F(\pm 3, 0)$;
directrices are $x = \pm\dfrac{25}{3}$.

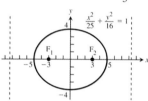

3. $e = \dfrac{1}{\sqrt{2}}$; $F(0, \pm 1)$;
directrices are $y = \pm 2$.

5. $e = \dfrac{1}{\sqrt{3}}$; $F(0, \pm 1)$;
directrices are $y = \pm 3$.

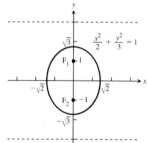

7. $e = \dfrac{\sqrt{3}}{3}$; $F(\pm\sqrt{3}, 0)$;
directrices are
$x = \pm 3\sqrt{3}$.

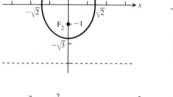

9. $\dfrac{x^2}{27} + \dfrac{y^2}{36} = 1$ **11.** $\dfrac{x^2}{4851} + \dfrac{y^2}{4900} = 1$

13. $\dfrac{x^2}{9} + \dfrac{y^2}{4} = 1$ **15.** $\dfrac{x^2}{64} + \dfrac{y^2}{48} = 1$

17. $e = \sqrt{2}$; $F(\pm\sqrt{2}, 0)$;
directrices are $x = \pm\dfrac{1}{\sqrt{2}}$.

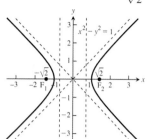

19. $e = \sqrt{2}$; $F(0, \pm 4)$;
directrices are $y = \pm 2$.

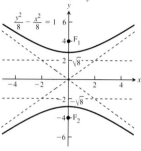

21. $e = \sqrt{5}$; $F(\pm\sqrt{10}, 0)$;
directrices are $x = \pm\dfrac{2}{\sqrt{10}}$.

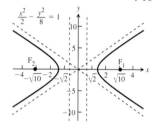

23. $e = \sqrt{5}$; $F(0, \pm\sqrt{10})$;
directrices are $y = \pm\dfrac{2}{\sqrt{10}}$.

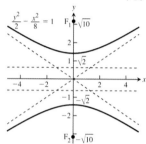

25. $y^2 - \dfrac{x^2}{8} = 1$ **27.** $x^2 - \dfrac{y^2}{8} = 1$ **29.** $r = \dfrac{2}{1 + \cos\theta}$

31. $r = \dfrac{30}{1 - 5\sin\theta}$ **33.** $r = \dfrac{1}{2 + \cos\theta}$ **35.** $r = \dfrac{10}{5 - \sin\theta}$

37.
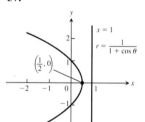

39.
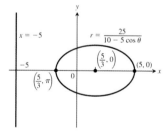

41.
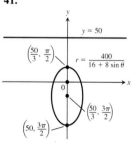

43.
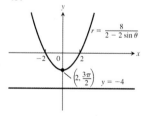

45. $y = 2 - x$

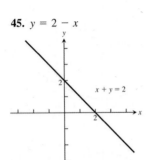

47. $y = \dfrac{\sqrt{3}}{3}x + 2\sqrt{3}$

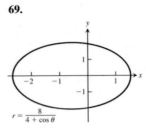

69.

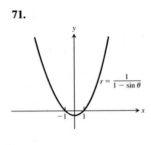

71.

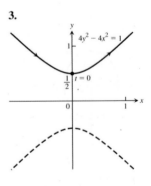

49. $r\cos\left(\theta - \dfrac{\pi}{4}\right) = 3$

51. $r\cos\left(\theta + \dfrac{\pi}{2}\right) = 5$

53.

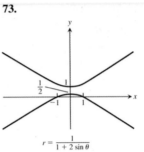

55.

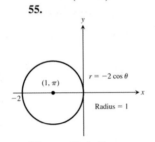

73.

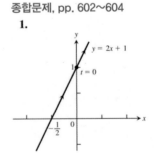

57. $r = 12\cos\theta$

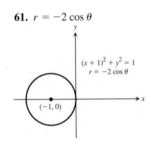

59. $r = 10\sin\theta$

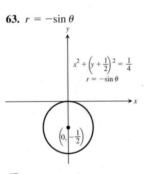

75. (b)

Planet	Perihelion	Aphelion
Mercury	0.3075 AU	0.4667 AU
Venus	0.7184 AU	0.7282 AU
Earth	0.9833 AU	1.0167 AU
Mars	1.3817 AU	1.6663 AU
Jupiter	4.9512 AU	5.4548 AU
Saturn	9.0210 AU	10.0570 AU
Uranus	18.2977 AU	20.0623 AU
Neptune	29.8135 AU	30.3065 AU

61. $r = -2\cos\theta$

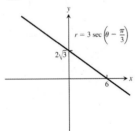

63. $r = -\sin\theta$

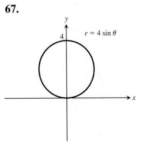

종합문제, pp. 602~604

1.

3.

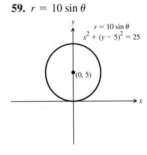

65.

67.

5.

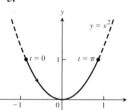

7. $x = 3 \cos t$, $y = 4 \sin t$, $0 \le t \le 2\pi$

9. $y = \dfrac{\sqrt{3}}{2} x + \dfrac{1}{4}$, $\dfrac{1}{4}$

11. (a) $y = \dfrac{\pm |x|^{3/2}}{8} - 1$ **(b)** $y = \dfrac{\pm\sqrt{1 - x^2}}{x}$

13. $\dfrac{10}{3}$ **15.** $\dfrac{285}{8}$ **17.** 10   **19.** $\dfrac{9\pi}{2}$ **21.** $\dfrac{76\pi}{3}$

23. $y = \dfrac{\sqrt{3}}{3} x - 4$ **25.** $x = 2$

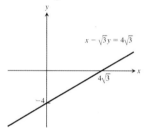
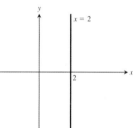

27. $y = -\dfrac{3}{2}$ **29.** $x^2 + (y + 2)^2 = 4$

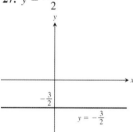
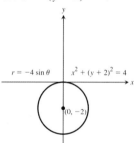

31. $\left(x - \sqrt{2}\right)^2 + y^2 = 2$ **33.** $r = -5 \sin \theta$

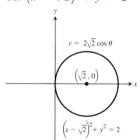
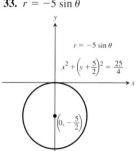

35. $r = 3 \cos \theta$ **37.**

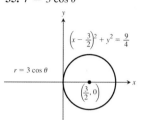
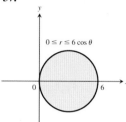

39. d   **41.** l   **43.** k   **45.** i   **47.** $\dfrac{9}{2}\pi$ **49.** $2 + \dfrac{\pi}{4}$

51. 8   **53.** $\pi - 3$

55. Focus is $(0, -1)$,   **57.** Focus is $\left(\dfrac{3}{4}, 0\right)$,
　　　directrix is $y = 1$.　　　　　　　　　directrix is $x = -\dfrac{3}{4}$.

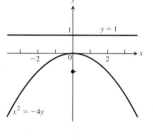
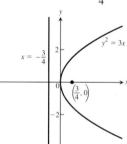

59. $e = \dfrac{3}{4}$ **61.** $e = 2$; the asymptotes are
　　　　　　　　　　　　　　　$y = \pm\sqrt{3}\,x$.

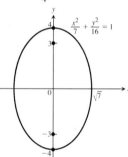
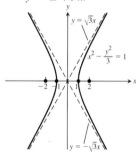

63. $(x - 2)^2 = -12(y - 3)$, $V(2, 3)$, $F(2, 0)$, directrix is $y = 6$.

65. $\dfrac{(x + 3)^2}{9} + \dfrac{(y + 5)^2}{25} = 1$, $C(-3, -5)$, $F(-3, -1)$ and $F(-3, -9)$, $V(-3, -10)$ and $V(-3, 0)$.

67. $\dfrac{\left(y - 2\sqrt{2}\right)^2}{8} - \dfrac{(x - 2)^2}{2} = 1$, $C\left(2, 2\sqrt{2}\right)$, $F\left(2, 2\sqrt{2} \pm \sqrt{10}\right)$, $V\left(2, 4\sqrt{2}\right)$ and $V(2, 0)$, the asymptotes are $y = 2x - 4 + 2\sqrt{2}$ and $y = -2x + 4 + 2\sqrt{2}$.

69. Hyperbola: $C(2, 0)$, $V(0, 0)$ and $V(4, 0)$, the foci are $F\left(2 \pm \sqrt{5}, 0\right)$, and the asymptotes are $y = \pm\dfrac{x - 2}{2}$.

71. Parabola: $V(-3, 1)$, $F(-7, 1)$, and the directrix is $x = 1$.

73. Ellipse: $C(-3, 2)$, $F\left(-3 \pm \sqrt{7}, 2\right)$, $V(1, 2)$ and $V(-7, 2)$

75. Circle: $C(1, 1)$ and radius $= \sqrt{2}$

77. $V(1, 0)$

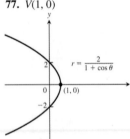

79. $V(2, \pi)$ and $V(6, \pi)$

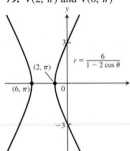

81. $r = \dfrac{4}{1 + 2\cos\theta}$ **83.** $r = \dfrac{2}{2 + \sin\theta}$

85. (a) 24π **(b)** 16π

보충 · 심화 문제, pp. 604~605

1. $x - \dfrac{7}{2} = \dfrac{y^2}{2}$

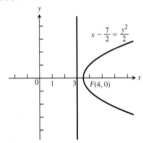

3. $3x^2 + 3y^2 - 8y + 4 = 0$ **5.** $F(0, \pm1)$

7. (a) $\dfrac{(y - 1)^2}{16} - \dfrac{x^2}{48} = 1$ **(b)** $\dfrac{\left(y + \dfrac{3}{4}\right)^2}{\left(\dfrac{25}{16}\right)} - \dfrac{x^2}{\left(\dfrac{75}{2}\right)} = 1$

11.

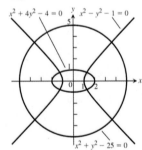

13.

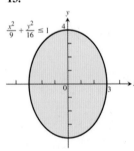

15.

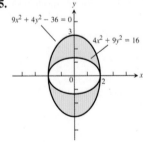

17. (a) $r = e^{2\theta}$ **(b)** $\dfrac{\sqrt{5}}{2}\left(e^{4\pi} - 1\right)$

19. $r = \dfrac{4}{1 + 2\cos\theta}$ **21.** $r = \dfrac{2}{2 + \sin\theta}$

23. $x = (a + b)\cos\theta - b\cos\left(\dfrac{a + b}{b}\theta\right)$,

$y = (a + b)\sin\theta - b\sin\left(\dfrac{a + b}{b}\theta\right)$

27. $\dfrac{\pi}{2}$

10장

10.1절, pp. 610~612

1. The line through the point $(2, 3, 0)$ parallel to the z-axis
3. The x-axis
5. The circle $x^2 + y^2 = 4$ in the xy-plane
7. The circle $x^2 + z^2 = 4$ in the xz-plane
9. The circle $y^2 + z^2 = 1$ in the yz-plane
11. The circle $x^2 + y^2 = 16$ in the xy-plane
13. The ellipse formed by the intersection of the cylinder $x^2 + y^2 = 4$ and the plane $z = y$
15. The parabola $y = x^2$ in the xy-plane
17. (a) The first quadrant of the xy-plane
　　(b) The fourth quadrant of the xy-plane
19. (a) The ball of radius 1 centered at the origin
　　(b) All points more than 1 unit from the origin
21. (a) The ball of radius 2 centered at the origin with the interior of the ball of radius 1 centered at the origin removed
　　(b) The solid upper hemisphere of radius 1 centered at the origin
23. (a) The region on or inside the parabola $y = x^2$ in the xy-plane and all points above this region
　　(b) The region on or to the left of the parabola $x = y^2$ in the xy-plane and all points above it that are 2 units or less away from the xy-plane
25. 3   **27.** 7   **29.** $2\sqrt{3}$ **31. (a)** 2   **(b)** 3   **(c)** 4
33. (a) 3   **(b)** 4   **(c)** 5
35. (a) $x = 3$ **(b)** $y = -1$ **(c)** $z = -2$
37. (a) $z = 1$ **(b)** $x = 3$ **(c)** $y = -1$
39. (a) $x^2 + (y - 2)^2 = 4, z = 0$
　　(b) $(y - 2)^2 + z^2 = 4, x = 0$ **(c)** $x^2 + z^2 = 4, y = 2$
41. (a) $y = 3, z = -1$ **(b)** $x = 1, z = -1$ **(c)** $x = 1, y = 3$
43. $x^2 + y^2 + z^2 = 25, z = 3$ **45.** $0 \le z \le 1$ **47.** $z \le 0$
49. (a) $(x - 1)^2 + (y - 1)^2 + (z - 1)^2 < 1$
　　(b) $(x - 1)^2 + (y - 1)^2 + (z - 1)^2 > 1$
51. $C(-2, 0, 2), a = 2\sqrt{2}$ **53.** $C(\sqrt{2}, \sqrt{2}, -\sqrt{2}), a = \sqrt{2}$
55. $C(-2, 0, 2), a = \sqrt{8}$ **57.** $C\left(-\dfrac{1}{4}, -\dfrac{1}{4}, -\dfrac{1}{4}\right), a = \dfrac{5\sqrt{3}}{4}$
59. $C(2, -3, 5), a = 7$
61. $(x - 1)^2 + (y - 2)^2 + (z - 3)^2 = 14$
63. $(x + 1)^2 + \left(y - \dfrac{1}{2}\right)^2 + \left(z + \dfrac{2}{3}\right)^2 = \dfrac{16}{81}$
65. (a) $\sqrt{y^2 + z^2}$ **(b)** $\sqrt{x^2 + z^2}$ **(c)** $\sqrt{x^2 + y^2}$
67. $\sqrt{17} + \sqrt{33} + 6$ **69.** $y = 1$
71. (a) $(0, 3, -3)$ **(b)** $(0, 5, -5)$
73. $z = x^2/4 + 1$ **75. (a)** $z^2 = x^2$ **(b)** $y^2 = x^2$

10.2절, pp. 619~620

1. (a) $\langle 9, -6 \rangle$ **(b)** $3\sqrt{13}$ **3. (a)** $\langle 1, 3 \rangle$ **(b)** $\sqrt{10}$

5. (a) $\langle 12, -19 \rangle$ **(b)** $\sqrt{505}$

7. (a) $\left\langle \frac{1}{5}, \frac{14}{5} \right\rangle$ **(b)** $\frac{\sqrt{197}}{5}$ **9.** $\langle 1, -4 \rangle$

11. $\langle -2, -3 \rangle$ **13.** $\left\langle -\frac{1}{2}, \frac{\sqrt{3}}{2} \right\rangle$ **15.** $\left\langle -\frac{\sqrt{3}}{2}, -\frac{1}{2} \right\rangle$

17. $-3\mathbf{i} + 2\mathbf{j} - \mathbf{k}$ **19.** $-3\mathbf{i} + 16\mathbf{j}$

21. $3\mathbf{i} + 5\mathbf{j} - 8\mathbf{k}$

23. The vector v is horizontal and 25 mm long. The vectors **u** and **w** are 17 mm long. **w** is vertical and **u** makes a 45° angle with the horizontal. All vectors must be drawn to scale.

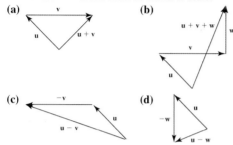

25. $3\left(\frac{2}{3}\mathbf{i} + \frac{1}{3}\mathbf{j} - \frac{2}{3}\mathbf{k} \right)$ **27.** $5(\mathbf{k})$

29. $\sqrt{\frac{1}{2}} \left(\frac{1}{\sqrt{3}}\mathbf{i} - \frac{1}{\sqrt{3}}\mathbf{j} - \frac{1}{\sqrt{3}}\mathbf{k} \right)$

31. (a) $2\mathbf{i}$ **(b)** $-\sqrt{3}\mathbf{k}$ **(c)** $\frac{3}{10}\mathbf{j} + \frac{2}{5}\mathbf{k}$ **(d)** $6\mathbf{i} - 2\mathbf{j} + 3\mathbf{k}$

33. $\frac{7}{13}(12\mathbf{i} - 5\mathbf{k})$

35. (a) $\frac{3}{5\sqrt{2}}\mathbf{i} + \frac{4}{5\sqrt{2}}\mathbf{j} - \frac{1}{\sqrt{2}}\mathbf{k}$ **(b)** $(1/2, 3, 5/2)$

37. (a) $-\frac{1}{\sqrt{3}}\mathbf{i} - \frac{1}{\sqrt{3}}\mathbf{j} - \frac{1}{\sqrt{3}}\mathbf{k}$ **(b)** $\left(\frac{5}{2}, \frac{7}{2}, \frac{9}{2} \right)$

39. $A(4, -3, 5)$ **41.** $a = \frac{3}{2}, b = \frac{1}{2}$

43. $a = -1, b = 2, c = 1$ **45.** $\approx \langle -338.095, 725.046 \rangle$

47. $|\mathbf{F}_1| = \frac{100 \cos 45°}{\sin 75°} \approx 73.205$ N,

$|\mathbf{F}_2| = \frac{100 \cos 30°}{\sin 75°} \approx 89.658$ N,

$\mathbf{F}_1 = \langle -|\mathbf{F}_1| \cos 30°, |\mathbf{F}_1| \sin 30° \rangle \approx \langle -63.397, 36.603 \rangle$,
$\mathbf{F}_2 = \langle |\mathbf{F}_2| \cos 45°, |\mathbf{F}_2| \sin 45° \rangle \approx \langle 63.397, 63.397 \rangle$

49. $w = \frac{100 \sin 75°}{\cos 40°} \approx 126.093$ N,

$|\mathbf{F}_1| = \frac{w \cos 35°}{\sin 75°} \approx 106.933$ N

51. (a) $(5 \cos 60°, 5 \sin 60°) = \left(\frac{5}{2}, \frac{5\sqrt{3}}{2} \right)$

(b) $(5 \cos 60° + 10 \cos 315°, 5 \sin 60° + 10 \sin 315°) =$ $\left(\frac{5 + 10\sqrt{2}}{2}, \frac{5\sqrt{3} - 10\sqrt{2}}{2} \right)$

53. (a) $\frac{3}{2}\mathbf{i} + \frac{3}{2}\mathbf{j} - 3\mathbf{k}$ **(b)** $\mathbf{i} + \mathbf{j} - 2\mathbf{k}$ **(c)** $(2, 2, 1)$

59. (a) $\langle 0, 0, 0 \rangle$ **(b)** $\langle 0, 0, 0 \rangle$

10.3절, pp. 626~628

1. (a) $-25, 5, 5$ **(b)** -1 **(c)** -5 **(d)** $-2\mathbf{i} + 4\mathbf{j} - \sqrt{5}\mathbf{k}$

3. (a) $25, 15, 5$ **(b)** $\frac{1}{3}$ **(c)** $\frac{5}{3}$ **(d)** $\frac{1}{9}(10\mathbf{i} + 11\mathbf{j} - 2\mathbf{k})$

5. (a) $2, \sqrt{34}, \sqrt{3}$ **(b)** $\frac{2}{\sqrt{3}\sqrt{34}}$ **(c)** $\frac{2}{\sqrt{34}}$

(d) $\frac{1}{17}(5\mathbf{j} - 3\mathbf{k})$

7. (a) $10 + \sqrt{17}, \sqrt{26}, \sqrt{21}$ **(b)** $\frac{10 + \sqrt{17}}{\sqrt{546}}$ **(c)** $\frac{10 + \sqrt{17}}{\sqrt{26}}$

(d) $\frac{10 + \sqrt{17}}{26}(5\mathbf{i} + \mathbf{j})$

9. 0.75 rad   **11.** 1.77 rad

13. Angle at $A = \cos^{-1}\left(\frac{1}{\sqrt{5}} \right) \approx 63.435$ degrees, angle at

$B = \cos^{-1}\left(\frac{3}{5} \right) \approx 53.130$ degrees, angle at

$C = \cos^{-1}\left(\frac{1}{\sqrt{5}} \right) \approx 63.435$ degrees.

17. $\cos^{-1}\left(\frac{3}{\sqrt{10}} \right) \approx 0.322$ radian or 18.43 degrees

25. Horizontal component: ≈ 396 m/s, vertical component: ≈ 55.7 m/s

27. (a) Since $|\cos \theta| \leq 1$, we have $|\mathbf{u} \cdot \mathbf{v}| = |\mathbf{u}| |\mathbf{v}| |\cos \theta| \leq |\mathbf{u}| |\mathbf{v}| (1) = |\mathbf{u}| |\mathbf{v}|$.

(b) We have equality precisely when $|\cos \theta| = 1$ or when one or both of **u** and v are **0**. In the case of nonzero vectors, we have equality when $\theta = 0$ or π, that is, when the vectors are parallel.

29. a

35. $x + 2y = 4$

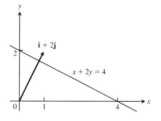

37. $-2x + y = -3$

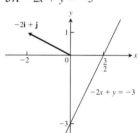

39. $x + y = -1$

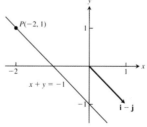

41. $2x - y = 0$

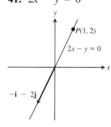

43. 5 J   **45.** 3464 J   **47.** $\frac{\pi}{4}$ **49.** $\frac{\pi}{6}$ **51.** 0.14

10.4절, pp. 633~634

1. $|\mathbf{u} \times \mathbf{v}| = 3$, direction is $\frac{2}{3}\mathbf{i} + \frac{1}{3}\mathbf{j} + \frac{2}{3}\mathbf{k}$; $|\mathbf{v} \times \mathbf{u}| = 3$, direction is $-\frac{2}{3}\mathbf{i} - \frac{1}{3}\mathbf{j} - \frac{2}{3}\mathbf{k}$

3. $|\mathbf{u} \times \mathbf{v}| = 0$, no direction; $|\mathbf{v} \times \mathbf{u}| = 0$, no direction

5. $|\mathbf{u} \times \mathbf{v}| = 6$, direction is $-\mathbf{k}$; $|\mathbf{v} \times \mathbf{u}| = 6$, direction is $\mathbf{k}$

7. $|\mathbf{u} \times \mathbf{v}| = 6\sqrt{5}$, direction is $\dfrac{1}{\sqrt{5}}\mathbf{i} - \dfrac{2}{\sqrt{5}}\mathbf{k}$; $|\mathbf{v} \times \mathbf{u}| = 6\sqrt{5}$, direction is $-\dfrac{1}{\sqrt{5}}\mathbf{i} + \dfrac{2}{\sqrt{5}}\mathbf{k}$

9.

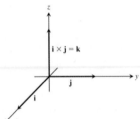

11.

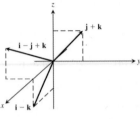

13.

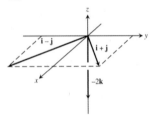

15. (a) $2\sqrt{6}$ (b) $\pm\dfrac{1}{\sqrt{6}}(2\mathbf{i} + \mathbf{j} + \mathbf{k})$

17. (a) $\dfrac{\sqrt{2}}{2}$ (b) $\pm\dfrac{1}{\sqrt{2}}(\mathbf{i} - \mathbf{j})$

19. 8   **21.** 7   **23.** (a) None   (b) $\mathbf{u}$ and $\mathbf{w}$

25. $1.5\sqrt{3}$ N-m

27. (a) True   (b) Not always true   (c) True   (d) True
(e) Not always true   (f) True   (g) True   (h) True

29. (a) $\text{proj}_\mathbf{v}\, \mathbf{u} = \dfrac{\mathbf{u} \cdot \mathbf{v}}{\mathbf{v} \cdot \mathbf{v}}\mathbf{v}$ (b) $\pm \mathbf{u} \times \mathbf{v}$ (c) $\pm\,(\mathbf{u} \times \mathbf{v}) \times \mathbf{w}$

   (d) $|(\mathbf{u} \times \mathbf{v}) \cdot \mathbf{w}|$ (e) $(\mathbf{u} \times \mathbf{v}) \times (\mathbf{u} \times \mathbf{w})$ (f) $|\mathbf{u}|\,\dfrac{\mathbf{v}}{|\mathbf{v}|}$

31. (a) Yes   (b) No   (c) Yes   (d) No

33. No, v need not equal w. For example, $\mathbf{i} + \mathbf{j} \neq -\mathbf{i} + \mathbf{j}$,
but $\mathbf{i} \times (\mathbf{i} + \mathbf{j}) = \mathbf{i} \times \mathbf{i} + \mathbf{i} \times \mathbf{j} = \mathbf{0} + \mathbf{k} = \mathbf{k}$ and
$\mathbf{i} \times (-\mathbf{i} + \mathbf{j}) = -\mathbf{i} \times \mathbf{i} + \mathbf{i} \times \mathbf{j} = \mathbf{0} + \mathbf{k} = \mathbf{k}$.

35. 2   **37.** 13   **39.** $\sqrt{129}$ **41.** $\dfrac{11}{2}$ **43.** $\dfrac{25}{2}$

45. $\dfrac{3}{2}$ **47.** $\dfrac{\sqrt{21}}{2}$

49. If $\mathbf{A} = a_1\mathbf{i} + a_2\mathbf{j}$ and $\mathbf{B} = b_1\mathbf{i} + b_2\mathbf{j}$, then

$$\mathbf{A} \times \mathbf{B} = \begin{vmatrix} \mathbf{i} & \mathbf{j} & \mathbf{k} \\ a_1 & a_2 & 0 \\ b_1 & b_2 & 0 \end{vmatrix} = \begin{vmatrix} a_1 & a_2 \\ b_1 & b_2 \end{vmatrix}\mathbf{k}$$

and the triangle's area is

$$\frac{1}{2}\left|\mathbf{A} \times \mathbf{B}\right| = \pm\frac{1}{2}\begin{vmatrix} a_1 & a_2 \\ b_1 & b_2 \end{vmatrix}.$$

The applicable sign is $(+)$ if the acute angle from $\mathbf{A}$ to $\mathbf{B}$ runs counterclockwise in the xy-plane, and $(-)$ if it runs clockwise.

51. 4   **53.** 44/3   **55.** Coplanar   **57.** Not coplanar

10.5절, pp. 641~643

1. $x = 3 + t$, $y = -4 + t$, $z = -1 + t$

3. $x = -2 + 5t$, $y = 5t$, $z = 3 - 5t$

5. $x = 0$, $y = 2t$, $z = t$

7. $x = 1$, $y = 1$, $z = 1 + t$

9. $x = t$, $y = -7 + 2t$, $z = 2t$

11. $x = t$, $y = 0$, $z = 0$

13. $x = t$, $y = t$, $z = \dfrac{3}{2}t$, $0 \le t \le 1$,   **15.** $x = 1$, $y = 1 + t$, $z = 0$, $-1 \le t \le 0$

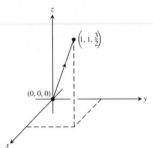

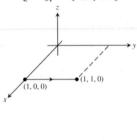

17. $x = 0$, $y = 1 - 2t$, $z = 1$, $0 \le t \le 1$ **19.** $x = 2 - 2t$, $y = 2t$, $z = 2 - 2t$, $0 \le t \le 1$

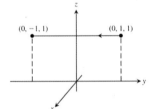

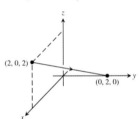

21. $3x - 2y - z = -3$ **23.** $7x - 5y - 4z = 6$

25. $x + 3y + 4z = 34$ **27.** $(1, 2, 3)$, $-20x + 12y + z = 7$

29. $y + z = 3$ **31.** $x - y + z = 0$ **33.** $2\sqrt{30}$ **35.** 0

37. $\dfrac{9\sqrt{42}}{7}$ **39.** 3   **41.** 19/5   **43.** 5/3   **45.** $9/\sqrt{41}$

47. $\pi/4$ **49.** $\arccos(-1/6) \approx 1.738$ radians

51. $\arcsin(2/\sqrt{154}) \approx 0.161$ radians   **53.** 1.38 rad

55. 0.82 rad   **57.** $\left(\dfrac{3}{2}, -\dfrac{3}{2}, \dfrac{1}{2}\right)$ **59.** $(1, 1, 0)$

61. $x = 1 - t$, $y = 1 + t$, $z = -1$

63. $x = 4$, $y = 3 + 6t$, $z = 1 + 3t$

65. $L1$ intersects $L2$; $L2$ is parallel to $L3$, $\sqrt{5}/3$; $L1$ and $L3$ are skew, $10\sqrt{2}/3$

67. $x = 2 + 2t$, $y = -4 - t$, $z = 7 + 3t$; $x = -2 - t$, $y = -2 + (1/2)t$, $z = 1 - (3/2)t$

69. $\left(0, -\dfrac{1}{2}, -\dfrac{3}{2}\right)$, $(-1, 0, -3)$, $(1, -1, 0)$

73. Many possible answers. One possibility: $x + y = 3$ and $2y + z = 7$.

75. $(x/a) + (y/b) + (z/c) = 1$ describes all planes *except* those through the origin or parallel to a coordinate axis.

10.6절, pp. 647~648

1. (d), ellipsoid   **3.** (a), cylinder   **5.** (l), hyperbolic paraboloid

7. (b), cylinder   **9.** (k), hyperbolic paraboloid   **11.** (h), cone

13.

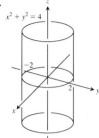

$x^2 + y^2 = 4$

15.

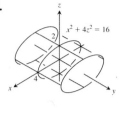

$x^2 + 4z^2 = 16$

17.

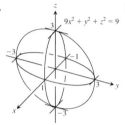

$9x^2 + y^2 + z^2 = 9$

19.

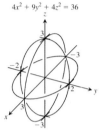

$4x^2 + 9y^2 + 4z^2 = 36$

21.

$z = x^2 + 4y^2$

23.

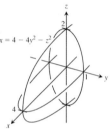

$x = 4 - 4y^2 - z^2$

25.

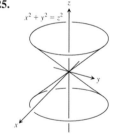

$x^2 + y^2 = z^2$

27.

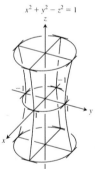

$x^2 + y^2 - z^2 = 1$

29.

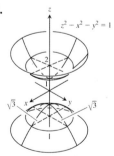

$z^2 - x^2 - y^2 = 1$

31.

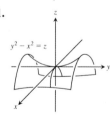

$y^2 - x^2 = z$

33.

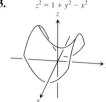

$z^2 = 1 + y^2 - x^2$

35.

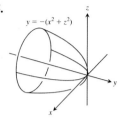

$y = -(x^2 + z^2)$

37.

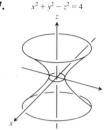

$x^2 + y^2 - z^2 = 4$

39.

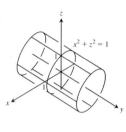

$x^2 + z^2 = 1$

41.

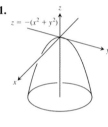

$z = -(x^2 + y^2)$

43.

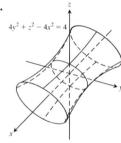

$4y^2 + z^2 - 4x^2 = 4$

45. (a) $\dfrac{2\pi(9 - c^2)}{9}$ **(b)** 8π **(c)** $\dfrac{4\pi abc}{3}$

종합문제, pp. 649~651

1. (a) $\langle -17, 32 \rangle$ **(b)** $\sqrt{1313}$

3. (a) $\langle 6, -8 \rangle$ **(b)** 10

5. $\left\langle -\dfrac{\sqrt{3}}{2}, -\dfrac{1}{2} \right\rangle$ [assuming counterclockwise]

7. $\left\langle \dfrac{8}{\sqrt{17}}, -\dfrac{2}{\sqrt{17}} \right\rangle$

9. Length $= 2$, direction is $\dfrac{1}{\sqrt{2}}\mathbf{i} + \dfrac{1}{\sqrt{2}}\mathbf{j}$.

11. $\mathbf{v}\,(\pi/2) = 2(-\mathbf{i})$

13. Length $= 7$, direction is $\dfrac{2}{7}\mathbf{i} - \dfrac{3}{7}\mathbf{j} + \dfrac{6}{7}\mathbf{k}$.

15. $\dfrac{8}{\sqrt{33}}\mathbf{i} - \dfrac{2}{\sqrt{33}}\mathbf{j} + \dfrac{8}{\sqrt{33}}\mathbf{k}$

17. $|\mathbf{v}| = \sqrt{2}$, $|\mathbf{u}| = 3$, $\mathbf{v}\cdot\mathbf{u} = \mathbf{u}\cdot\mathbf{v} = 3$, $\mathbf{v}\times\mathbf{u} = -2\mathbf{i} + 2\mathbf{j} - \mathbf{k}$,
$\mathbf{u}\times\mathbf{v} = 2\mathbf{i} - 2\mathbf{j} + \mathbf{k}$, $|\mathbf{v}\times\mathbf{u}| = 3$, $\theta = \cos^{-1}\left(\dfrac{1}{\sqrt{2}}\right) = \dfrac{\pi}{4}$,
$|\mathbf{u}|\cos\theta = \dfrac{3}{\sqrt{2}}$, $\text{proj}_{\mathbf{v}}\,\mathbf{u} = \dfrac{3}{2}\,(\mathbf{i} + \mathbf{j})$

19. $\dfrac{4}{3}\,(2\mathbf{i} + \mathbf{j} - \mathbf{k})$

21. $\mathbf{u} \times \mathbf{v} = \mathbf{k}$

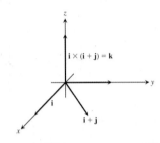

23. $2\sqrt{7}$ **25.** (a) $\sqrt{14}$ (b) 1 **29.** $\sqrt{78}/3$

31. $x = 1 - 3t,\ y = 2,\ z = 3 + 7t$ **33.** $\sqrt{2}$

35. $2x + y + z = 5$ **37.** $-9x + y + 7z = 4$

39. $\left(0, -\dfrac{1}{2}, -\dfrac{3}{2}\right), (-1, 0, -3), (1, -1, 0)$ **41.** $\pi/3$

43. $x = -5 + 5t,\ y = 3 - t,\ z = -3t$

45. (b) $x = -12t,\ y = 19/12 + 15t,\ z = 1/6 + 6t$

47. Yes; v is parallel to the plane.

49. 3 **51.** $-3\mathbf{j} + 3\mathbf{k}$

53. $\dfrac{2}{\sqrt{35}}(5\mathbf{i} - \mathbf{j} - 3\mathbf{k})$ **55.** $\left(\dfrac{11}{9}, \dfrac{26}{9}, -\dfrac{7}{9}\right)$

57. $(1, -2, -1);\ x = 1 - 5t,\ y = -2 + 3t,\ z = -1 + 4t$

59. $2x + 7y + 2z + 10 = 0$

61. (a) No (b) No (c) No (d) No (e) Yes

63. $11/\sqrt{107}$

65. $x^2 + y^2 + z^2 = 4$

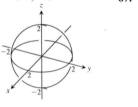

67. $4x^2 + 4y^2 + z^2 = 4$

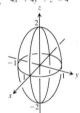

69. $z = -(x^2 + y^2)$

71. $x^2 + y^2 = z^2$

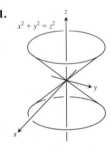

73. $x^2 + y^2 - z^2 = 4$

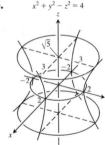

75. $y^2 - x^2 - z^2 = 1$

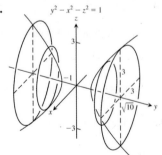

보충 · 심화 문제, pp. 651~653

1. $(26, 23, -1/3)$ **3.** $|\mathbf{F}| = 88.7$ N

5. (a) $|\mathbf{F}_1| = 80$ N, $|\mathbf{F}_2| = 60$ N, $\mathbf{F}_1 = \langle -48, 64 \rangle$,

$\mathbf{F}_2 = \langle 48, 36 \rangle$, $\alpha = \tan^{-1}\dfrac{4}{3}$, $\beta = \tan^{-1}\dfrac{3}{4}$

(b) $|\mathbf{F}_1| = \dfrac{2400}{13} \approx 184.615$ N, $|\mathbf{F}_2| = \dfrac{1000}{13} \approx 76.923$ N,

$\mathbf{F}_1 = \left\langle \dfrac{-12{,}000}{169}, \dfrac{28{,}800}{169} \right\rangle \approx \langle -71.006, 170.414 \rangle$,

$\mathbf{F}_2 = \left\langle \dfrac{12{,}000}{169}, \dfrac{5000}{169} \right\rangle \approx \langle 71.006, 29.586 \rangle$,

$\alpha = \tan^{-1}\dfrac{12}{5}$, $\beta = \tan^{-1}\dfrac{5}{12}$

9. (a) $\theta = \tan^{-1}\sqrt{2} \approx 54.74°$ (b) $\theta = \tan^{-1} 2\sqrt{2} \approx 70.53°$

13. (a) $\dfrac{6}{\sqrt{14}}$ (b) $2x - y + 2z = 8$

(c) $x - 2y + z = 3 + 5\sqrt{6}$ and $x - 2y + z = 3 - 5\sqrt{6}$

15. $\dfrac{32}{41}\mathbf{i} + \dfrac{23}{41}\mathbf{j} - \dfrac{13}{41}\mathbf{k}$

17. (a) $0, 0$ (b) $-10\mathbf{i} - 2\mathbf{j} + 6\mathbf{k}, -9\mathbf{i} - 2\mathbf{j} + 7\mathbf{k}$

(c) $-4\mathbf{i} - 6\mathbf{j} + 2\mathbf{k}, \mathbf{i} - 2\mathbf{j} - 4\mathbf{k}$

(d) $-10\mathbf{i} - 10\mathbf{k}, -12\mathbf{i} - 4\mathbf{j} - 8\mathbf{k}$

19. The formula is always true.

11장

11.1절, pp. 661~663

1. $\mathbf{i} - \dfrac{1}{2}\mathbf{j} + \mathbf{k}$ **3.** $2\mathbf{i} + \dfrac{1}{2}\mathbf{j} + \dfrac{\pi}{4}\mathbf{k}$

5. $y = x^2 - 2x,\ \mathbf{v} = \mathbf{i} + 2\mathbf{j},\ \mathbf{a} = 2\mathbf{j}$

7. $y = \dfrac{2}{9}x^2,\ \mathbf{v} = 3\mathbf{i} + 4\mathbf{j},\ \mathbf{a} = 3\mathbf{i} + 8\mathbf{j}$

9. $t = \dfrac{\pi}{4}:\mathbf{v} = \dfrac{\sqrt{2}}{2}\mathbf{i} - \dfrac{\sqrt{2}}{2}\mathbf{j},\ \mathbf{a} = \dfrac{-\sqrt{2}}{2}\mathbf{i} - \dfrac{\sqrt{2}}{2}\mathbf{j};$

$t = \pi/2:\mathbf{v} = -\mathbf{j},\ \mathbf{a} = -\mathbf{i}$

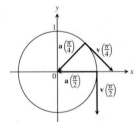

11. $t = \pi:\mathbf{v} = 2\mathbf{i},\ \mathbf{a} = -\mathbf{j};\ t = \dfrac{3\pi}{2}:\mathbf{v} = \mathbf{i} - \mathbf{j},\ \mathbf{a} = -\mathbf{i}$

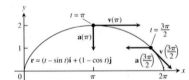

13. $\mathbf{v} = \mathbf{i} + 2t\mathbf{j} + 2\mathbf{k};\ \mathbf{a} = 2\mathbf{j};$ speed: 3; direction: $\dfrac{1}{3}\mathbf{i} + \dfrac{2}{3}\mathbf{j} + \dfrac{2}{3}\mathbf{k};$

$$\mathbf{v}(1) = 3\left(\frac{1}{3}\mathbf{i} + \frac{2}{3}\mathbf{j} + \frac{2}{3}\mathbf{k}\right)$$

15. $\mathbf{v} = (-2\sin t)\mathbf{i} + (3\cos t)\mathbf{j} + 4\mathbf{k}$;

$\mathbf{a} = (-2\cos t)\mathbf{i} - (3\sin t)\mathbf{j}$; speed: $2\sqrt{5}$;

direction: $\left(-1/\sqrt{5}\right)\mathbf{i} + \left(2/\sqrt{5}\right)\mathbf{k}$;

$\mathbf{v}(\pi/2) = 2\sqrt{5}\left[\left(-1/\sqrt{5}\right)\mathbf{i} + \left(2/\sqrt{5}\right)\mathbf{k}\right]$

17. $\mathbf{v} = \left(\frac{2}{t+1}\right)\mathbf{i} + 2t\mathbf{j} + t\mathbf{k}$; $\mathbf{a} = \left(\frac{-2}{(t+1)^2}\right)\mathbf{i} + 2\mathbf{j} + \mathbf{k}$;

speed: $\sqrt{6}$; direction: $\frac{1}{\sqrt{6}}\mathbf{i} + \frac{2}{\sqrt{6}}\mathbf{j} + \frac{1}{\sqrt{6}}\mathbf{k}$;

$\mathbf{v}(1) = \sqrt{6}\left(\frac{1}{\sqrt{6}}\mathbf{i} + \frac{2}{\sqrt{6}}\mathbf{j} + \frac{1}{\sqrt{6}}\mathbf{k}\right)$

19. $\pi/2$ **21.** $\pi/2$ **23.** $x = t,\ y = -1,\ z = 1 + t$

25. $x = t,\ y = \frac{1}{3}t,\ z = t$ **27.** $4, -2$ **29.** $2, -2$

31. E   **33.** D   **35.** C

37. (a) (i): It has constant speed 1.   (ii): Yes
(iii): Counterclockwise   (iv): Yes
(b) (i): It has constant speed 2.   (ii): Yes
(iii): Counterclockwise   (iv): Yes
(c) (i): It has constant speed 1.   (ii): Yes
(iii): Counterclockwise
(iv): It starts at $(0, -1)$ instead of $(1, 0)$.
(d) (i): It has constant speed 1.   (ii): Yes
(iii): Clockwise   (iv): Yes
(i): It has variable speed.   (ii): No
(iii): Counterclockwise   (iv): Yes

39. $\mathbf{v} = 2\sqrt{5}\mathbf{i} + \sqrt{5}\mathbf{j}$

11.2절, pp. 669~672

1. $(1/4)\mathbf{i} + 7\mathbf{j} + (3/2)\mathbf{k}$ **3.** $\left(\frac{\pi + 2\sqrt{2}}{2}\right)\mathbf{j} + 2\mathbf{k}$

5. $(\ln 4)\mathbf{i} + (\ln 4)\mathbf{j} + (\ln 2)\mathbf{k}$

7. $\frac{e-1}{2}\mathbf{i} + \frac{e-1}{e}\mathbf{j} + \mathbf{k}$ **9.** $\mathbf{i} - \mathbf{j} + \frac{\pi}{4}\mathbf{k}$

11. $\mathbf{r}(t) = \left(\frac{-t^2}{2} + 1\right)\mathbf{i} + \left(\frac{-t^2}{2} + 2\right)\mathbf{j} + \left(\frac{-t^2}{2} + 3\right)\mathbf{k}$

13. $\mathbf{r}(t) = ((t + 1)^{3/2} - 1)\mathbf{i} + (-e^{-t} + 1)\mathbf{j} + (\ln(t + 1) + 1)\mathbf{k}$

15. $\mathbf{r}(t) = (3 + \ln|\sec t|)\mathbf{i} + (-2 + 2\sin(t/2))\mathbf{j} + (1 - (1/2)\ln|\sec 2t| + \tan 2t|)\mathbf{k}$

17. $\mathbf{r}(t) = 8t\mathbf{i} + 8t\mathbf{j} + (-16t^2 + 100)\mathbf{k}$

19. $\mathbf{r}(t) = (e^t - 2t + 2)\mathbf{i} + (-e^{-t} + 3t + 2)\mathbf{j} + (e^{2t} - 2t + 1)\mathbf{k}$

21. $\mathbf{r}(t) = \left(\frac{3}{2}t^2 + \frac{6}{\sqrt{11}}t + 1\right)\mathbf{i} - \left(\frac{1}{2}t^2 + \frac{2}{\sqrt{11}}t - 2\right)\mathbf{j}$

$+ \left(\frac{1}{2}t^2 + \frac{2}{\sqrt{11}}t + 3\right)\mathbf{k} = \left(\frac{1}{2}t^2 + \frac{2t}{\sqrt{11}}\right)(3\mathbf{i} - \mathbf{j} + \mathbf{k})$

$+ (\mathbf{i} + 2\mathbf{j} + 3\mathbf{k})$

23. 50 s

25. (a) 72.2 s; 25,510 m   (b) 4020 m   (c) 6378 m

27. (a) $v_0 \approx 9.9$ m/s   (b) $\alpha \approx 18.4°$ or $71.6°$

29. $39.3°$ or $50.7°$ **35.** (b) $\mathbf{v}_0$ would bisect $\angle AOR$.

37. (a) (Assuming that "x" is zero at the point of impact)
$\mathbf{r}(t) = (x(t))\mathbf{i} + (y(t))\mathbf{j}$, where $x(t) = (12\cos 27°)t$ and
$y(t) = 1.3 + (12\sin 27°)t - 4.9t^2$.
(b) At $t \approx 0.556$ s, it reaches its maximum height of about 2.814 m.
(c) Range ≈ 14 m; flight time ≈ 1.31 s
(d) At $t \approx 0.232$ and $t \approx 0.880$ s, when it is ≈ 11.52 and

≈ 4.59 m from where it will land
(e) Yes. It changes things because the ball won't clear the net.

39. 1.225 m, 5.45 m/s

47. (a) $\mathbf{r}(t) = (x(t))\mathbf{i} + (y(t))\mathbf{j}$; where

$$x(t) = \left(\frac{1}{0.08}\right)(1 - e^{-0.08t})(50\cos 20° - 5) \text{ and}$$

$$y(t) = 1 + \left(\frac{50}{0.08}\right)(1 - e^{-0.08t})(\sin 20°)$$

$$+ \left(\frac{9.8}{0.08^2}\right)(1 - 0.08t - e^{-0.08t})$$

(b) At $t \approx 1.633$ s it reaches a maximum height of about 14.66 m.
(c) Range ≈ 125.11 m; flight time ≈ 3.404 s
(d) At $t \approx 0.670$ and 2.622 s, when it is about 27.39 and 99.30 m from home plate
(e) No

11.3절, pp. 676~677

1. $\mathbf{T} = \left(-\frac{2}{3}\sin t\right)\mathbf{i} + \left(\frac{2}{3}\cos t\right)\mathbf{j} + \frac{\sqrt{5}}{3}\mathbf{k}$, 3π

3. $\mathbf{T} = \frac{1}{\sqrt{1+t}}\mathbf{i} + \frac{\sqrt{t}}{\sqrt{1+t}}\mathbf{k}$, $\frac{52}{3}$

5. $\mathbf{T} = -\cos t\mathbf{j} + \sin t\mathbf{k}$, $\frac{3}{2}$

7. $\mathbf{T} = \left(\frac{\cos t - t\sin t}{t+1}\right)\mathbf{i} + \left(\frac{\sin t + t\cos t}{t+1}\right)\mathbf{j}$

$+ \left(\frac{\sqrt{2}t^{1/2}}{t+1}\right)\mathbf{k}$, $\frac{\pi^2}{2} + \pi$

9. $(0, 5, 24\pi)$

11. $s(t) = 5t,\ L = \frac{5\pi}{2}$

13. $s(t) = \sqrt{3}e^t - \sqrt{3},\ L = \frac{3\sqrt{3}}{4}$

15. $\sqrt{2} + \ln\left(1 + \sqrt{2}\right)$

17. (a) Cylinder is $x^2 + y^2 = 1$; plane is $x + z = 1$.
(b) and (c)

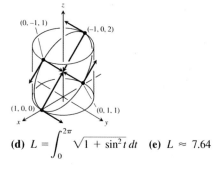

(d) $L = \int_0^{2\pi} \sqrt{1 + \sin^2 t}\, dt$ (e) $L \approx 7.64$

11.4절, pp. 682~683

1. $\mathbf{T} = (\cos t)\mathbf{i} - (\sin t)\mathbf{j}$, $\mathbf{N} = (-\sin t)\mathbf{i} - (\cos t)\mathbf{j}$, $\kappa = \cos t$

3. (a) $\mathbf{T} = \frac{1}{\sqrt{1+t^2}}\mathbf{i} - \frac{t}{\sqrt{1+t^2}}\mathbf{j}$, $\mathbf{N} = \frac{-t}{\sqrt{1+t^2}}\mathbf{i} - \frac{1}{\sqrt{1+t^2}}\mathbf{j}$, $\kappa = \frac{1}{2\left(\sqrt{1+t^2}\right)^3}$

5. (b) $\cos x$

7. (b) $\mathbf{N} = \dfrac{-2e^{2t}}{\sqrt{1 + 4e^{4t}}}\mathbf{i} + \dfrac{1}{\sqrt{1 + 4e^{4t}}}\mathbf{j}$

(c) $\mathbf{N} = -\dfrac{1}{2}\left(\sqrt{4 - t^2}\,\mathbf{i} + t\mathbf{j}\right)$

9. $\mathbf{T} = \dfrac{3\cos t}{5}\mathbf{i} - \dfrac{3\sin t}{5}\mathbf{j} + \dfrac{4}{5}\mathbf{k}$,

$\mathbf{N} = (-\sin t)\mathbf{i} - (\cos t)\mathbf{j}, \kappa = \dfrac{3}{25}$

11. $\mathbf{T} = \left(\dfrac{\cos t - \sin t}{\sqrt{2}}\right)\mathbf{i} + \left(\dfrac{\cos t + \sin t}{\sqrt{2}}\right)\mathbf{j}$,

$\mathbf{N} = \left(\dfrac{-\cos t - \sin t}{\sqrt{2}}\right)\mathbf{i} + \left(\dfrac{-\sin t + \cos t}{\sqrt{2}}\right)\mathbf{j}, \kappa = \dfrac{1}{e^t\sqrt{2}}$

13. $\mathbf{T} = \dfrac{t}{\sqrt{t^2 + 1}}\mathbf{i} + \dfrac{1}{\sqrt{t^2 + 1}}\mathbf{j}$,

$\mathbf{N} = \dfrac{\mathbf{i}}{\sqrt{t^2 + 1}} - \dfrac{t\mathbf{j}}{\sqrt{t^2 + 1}}, \kappa = \dfrac{1}{t(t^2 + 1)^{3/2}}$

15. $\mathbf{T} = \left(\operatorname{sech}\dfrac{t}{a}\right)\mathbf{i} + \left(\tanh\dfrac{t}{a}\right)\mathbf{j}$,

$\mathbf{N} = \left(-\tanh\dfrac{t}{a}\right)\mathbf{i} + \left(\operatorname{sech}\dfrac{t}{a}\right)\mathbf{j}$,

$\kappa = \dfrac{1}{a}\operatorname{sech}^2\dfrac{t}{a}$

19. $1/(2b)$

21. $\left(x - \dfrac{\pi}{2}\right)^2 + y^2 = 1$

23. $\kappa(x) = 2/(1 + 4x^2)^{3/2}$

25. $\kappa(x) = |\sin x|/(1 + \cos^2 x)^{3/2}$

27. maximum curvature $2/(3\sqrt{3})$ at $x = 1/\sqrt{2}$

11.5절, pp. 688~689

1. $\mathbf{a} = |a|\mathbf{N}$ **3.** $\mathbf{a}(1) = \dfrac{4}{3}\mathbf{T} + \dfrac{2\sqrt{5}}{3}\mathbf{N}$ **5.** $\mathbf{a}(0) = 2\mathbf{N}$

7. $\mathbf{r}\left(\dfrac{\pi}{4}\right) = \dfrac{\sqrt{2}}{2}\mathbf{i} + \dfrac{\sqrt{2}}{2}\mathbf{j} - \mathbf{k}, \mathbf{T}\left(\dfrac{\pi}{4}\right) = -\dfrac{\sqrt{2}}{2}\mathbf{i} + \dfrac{\sqrt{2}}{2}\mathbf{j}$,

$\mathbf{N}\left(\dfrac{\pi}{4}\right) = -\dfrac{\sqrt{2}}{2}\mathbf{i} - \dfrac{\sqrt{2}}{2}\mathbf{j}, \mathbf{B}\left(\dfrac{\pi}{4}\right) = \mathbf{k}$; osculating plane:

$z = -1$; normal plane: $-x + y = 0$; rectifying plane: $x + y = \sqrt{2}$

9. $\mathbf{B} = \left(\dfrac{4}{5}\cos t\right)\mathbf{i} - \left(\dfrac{4}{5}\sin t\right)\mathbf{j} - \dfrac{3}{5}\mathbf{k}, \tau = -\dfrac{4}{25}$

11. $\mathbf{B} = \mathbf{k}, \tau = 0$ **13.** $\mathbf{B} = -\mathbf{k}, \tau = 0$ **15.** $\mathbf{B} = \mathbf{k}, \tau = 0$

17. Yes. If the car is moving on a curved path ($\kappa \neq 0$), then $a_N = \kappa|\mathbf{v}|^2 \neq 0$ and $\mathbf{a} \neq \mathbf{0}$.

23. $\kappa = \dfrac{1}{t}, \rho = t$

27. Components of $\mathbf{v}$: $-1.8701, 0.7089, 1.0000$
Components of $\mathbf{a}$: $-1.6960, -2.0307, 0$
Speed: 2.2361; Components of $\mathbf{T}$: $-0.8364, 0.3170, 0.4472$
Components of $\mathbf{N}$: $-0.4143, -0.8998, -0.1369$
Components of $\mathbf{B}$: $0.3590, -0.2998, 0.8839$; Curvature: 0.5060
Torsion: 0.2813; Tangential component of acceleration: 0.7746
Normal component of acceleration: 2.5298

29. Components of $\mathbf{v}$: $2.0000, 0, -0.1629$
Components of $\mathbf{a}$: $0, -1.0000, -0.0086$; Speed: 2.0066
Components of $\mathbf{T}$: $0.9967, 0, -0.0812$
Components of $\mathbf{N}$: $-0.0007, -1.0000, -0.0086$

Components of $\mathbf{B}$: $-0.0812, 0.0086, 0.9967$;
Curvature: 0.2484
Torsion: 0.0411; Tangential component of acceleration: 0.0007
Normal component of acceleration: 1.0000

11.6절, p. 693

1. $\mathbf{v} = 2\mathbf{u}_r + 2\theta\mathbf{u}_\theta$
$\mathbf{a} = -4\theta\mathbf{u}_r + 8\mathbf{u}_\theta$

3. $\mathbf{v} = (3a\sin\theta)\mathbf{u}_r + 3a(1 - \cos\theta)\mathbf{u}_\theta$
$\mathbf{a} = 9a(2\cos\theta - 1)\mathbf{u}_r + (18a\sin\theta)\mathbf{u}_\theta$

5. $\mathbf{v} = 2ae^{a\theta}\mathbf{u}_r + 2e^{a\theta}\mathbf{u}_\theta$
$\mathbf{a} = 4e^{a\theta}(a^2 - 1)\mathbf{u}_r + 8ae^{a\theta}\mathbf{u}_\theta$

7. $\mathbf{v} = (-8\sin 4t)\mathbf{u}_r + (4\cos 4t)\mathbf{u}_\theta$
$\mathbf{a} = (-40\cos 4t)\mathbf{u}_r - (32\sin 4t)\mathbf{u}_\theta$

13. $\approx 29.93 \times 10^{10}$ m   **15.** $\approx 2.25 \times 10^9$ km^2/s

17. $\approx 1.876 \times 10^{27}$ kg

종합문제, pp. 694~695

1. $\dfrac{x^2}{16} + \dfrac{y^2}{2} = 1$

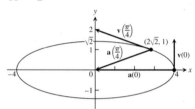

At $t = 0$: $a_T = 0, a_N = 4, \kappa = 2$;

At $t = \dfrac{\pi}{4}$: $a_T = \dfrac{7}{3}, a_N = \dfrac{4\sqrt{2}}{3}, \kappa = \dfrac{4\sqrt{2}}{27}$

3. $|\mathbf{v}|_{\max} = 1$ **5.** $\kappa = 1/5$ **7.** $dy/dt = -x$; clockwise

11. Shot put is on the ground, about 21.88 m from the stopboard.

15. Length $= \dfrac{\pi}{4}\sqrt{1 + \dfrac{\pi^2}{16}} + \ln\left(\dfrac{\pi}{4} + \sqrt{1 + \dfrac{\pi^2}{16}}\right)$

17. $\mathbf{T}(0) = \dfrac{2}{3}\mathbf{i} - \dfrac{2}{3}\mathbf{j} + \dfrac{1}{3}\mathbf{k}$; $\mathbf{N}(0) = \dfrac{1}{\sqrt{2}}\mathbf{i} + \dfrac{1}{\sqrt{2}}\mathbf{j}$;

$\mathbf{B}(0) = -\dfrac{1}{3\sqrt{2}}\mathbf{i} + \dfrac{1}{3\sqrt{2}}\mathbf{j} + \dfrac{4}{3\sqrt{2}}\mathbf{k}$; $\kappa = \dfrac{\sqrt{2}}{3}; \tau = \dfrac{1}{6}$

19. $\mathbf{T}(\ln 2) = \dfrac{1}{\sqrt{17}}\mathbf{i} + \dfrac{4}{\sqrt{17}}\mathbf{j}$; $\mathbf{N}(\ln 2) = -\dfrac{4}{\sqrt{17}}\mathbf{i} + \dfrac{1}{\sqrt{17}}\mathbf{j}$;

$\mathbf{B}(\ln 2) = \mathbf{k}; \kappa = \dfrac{8}{17\sqrt{17}}; \tau = 0$

21. $\mathbf{a}(0) = 10\mathbf{T} + 6\mathbf{N}$

23. $\mathbf{T} = \left(\dfrac{1}{\sqrt{2}}\cos t\right)\mathbf{i} - (\sin t)\mathbf{j} + \left(\dfrac{1}{\sqrt{2}}\cos t\right)\mathbf{k}$;

$\mathbf{N} = \left(-\dfrac{1}{\sqrt{2}}\sin t\right)\mathbf{i} - (\cos t)\mathbf{j} - \left(\dfrac{1}{\sqrt{2}}\sin t\right)\mathbf{k}$;

$\mathbf{B} = \dfrac{1}{\sqrt{2}}\mathbf{i} - \dfrac{1}{\sqrt{2}}\mathbf{k}; \kappa = \dfrac{1}{\sqrt{2}}; \tau = 0$

25. $\dfrac{\pi}{3}$ **27.** $x = 1 + t, \ y = t, \ z = -t$ **31.** $\kappa = \dfrac{1}{a}$

보충 · 심화 문제, pp. 696~697

1. (a) $\dfrac{d\theta}{dt}\Big|_{\theta=2\pi} = 2\sqrt{\dfrac{\pi gb}{a^2 + b^2}}$

(b) $\theta = \dfrac{gbt^2}{2(a^2 + b^2)}, \ z = \dfrac{gb^2t^2}{2(a^2 + b^2)}$

(c) $\mathbf{v}(t) = \dfrac{gbt}{\sqrt{a^2 + b^2}}\mathbf{T}$;

$$\frac{d^2\mathbf{r}}{dt^2} = \frac{bg}{\sqrt{a^2 + b^2}}\mathbf{T} + a\left(\frac{bgt}{a^2 + b^2}\right)^2 \mathbf{N}$$

There is no component in the direction of **B**.

5. (a) $\dfrac{dx}{dt} = \dot{r}\cos\theta - r\dot{\theta}\sin\theta$, $\dfrac{dy}{dt} = \dot{r}\sin\theta + r\dot{\theta}\cos\theta$

   (b) $\dfrac{dr}{dt} = \dot{x}\cos\theta + \dot{y}\sin\theta$, $r\dfrac{d\theta}{dt} = -\dot{x}\sin\theta + \dot{y}\cos\theta$

7. (a) $\mathbf{a}(1) = -9\mathbf{u}_r - 6\mathbf{u}_\theta$, $\mathbf{v}(1) = -\mathbf{u}_r + 3\mathbf{u}_\theta$

   (b) 6.5 cm

9. (c) $\mathbf{v} = \dot{r}\mathbf{u}_r + r\dot{\theta}\mathbf{u}_\theta + \dot{z}\mathbf{k}$, $\mathbf{a} = (\ddot{r} - r\dot{\theta}^2)\mathbf{u}_r + (r\ddot{\theta} + 2\dot{r}\dot{\theta})\mathbf{u}_\theta + \ddot{z}\mathbf{k}$

12장

12.1절, pp. 705~708

1. (a) 0　(b) 0　(c) 58　(d) 33
3. (a) 4/5　(b) 8/5　(c) 3　(d) 0
5. Domain: all points (x, y) on or above line $y = x + 2$
7. Domain: all points (x, y) not lying on the graph of $y = x$ or $y = x^3$

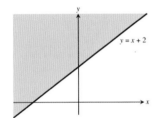

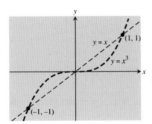

9. Domain: all points (x, y) satisfying $x^2 - 1 \leq y \leq x^2 + 1$

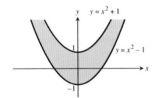

11. Domain: all points (x, y) for which $(x - 2)(x + 2)(y - 3)(y + 3) \geq 0$

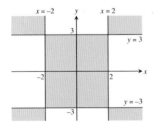

13.

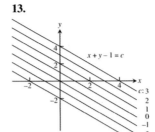

15.

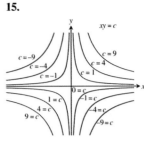

17. (a) All points in the xy-plane　(b) All reals
    (c) The lines $y - x = c$　(d) No boundary points
    (e) Both open and closed　(f) Unbounded
19. (a) All points in the xy-plane　(b) $z \geq 0$
    (c) For $f(x, y) = 0$, the origin; for $f(x, y) \neq 0$, ellipses with the center $(0, 0)$, and major and minor axes along the x- and y-axes, respectively
    (d) No boundary points　(e) Both open and closed
    (f) Unbounded
21. (a) All points in the xy-plane　(b) All reals
    (c) For $f(x, y) = 0$, the x- and y-axes; for $f(x, y) \neq 0$, hyperbolas with the x- and y-axes as asymptotes
    (d) No boundary points　(e) Both open and closed
    (f) Unbounded
23. (a) All (x, y) satisfying $x^2 + y^2 < 16$　(b) $z \geq 1/4$
    (c) Circles centered at the origin with radii $r < 4$
    (d) Boundary is the circle $x^2 + y^2 = 16$
    (e) Open　(f) Bounded
25. (a) $(x, y) \neq (0, 0)$　(b) All reals
    (c) The circles with center $(0, 0)$ and radii $r > 0$
    (d) Boundary is the single point $(0, 0)$
    (e) Open　(f) Unbounded
27. (a) All (x, y) satisfying $-1 \leq y - x \leq 1$
    (b) $-\pi/2 \leq z \leq \pi/2$
    (c) Straight lines of the form $y - x = c$ where $-1 \leq c \leq 1$
    (d) Boundary is two straight lines $y = 1 + x$ and $y = -1 + x$
    (e) Closed　(f) Unbounded
29. (a) Domain: all points (x, y) outside the circle $x^2 + y^2 = 1$
    (b) Range: all reals
    (c) Circles centered at the origin with radii $r > 1$
    (d) Boundary: $x^2 + y^2 = 1$
    (e) Open　(f) Unbounded
31. (f), (h)　33. (a), (i)　35. (d), (j)
37. (a)

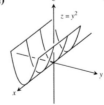

(b)

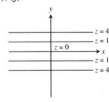

39. (a)

(b)

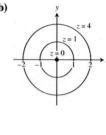

49. $x^2 + y^2 = 10$

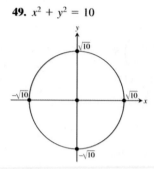

51. $x + y^2 = 4$

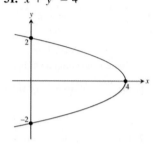

41. (a)

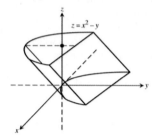

(b)

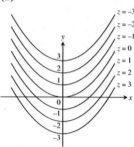

53.

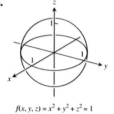

$f(x, y, z) = x^2 + y^2 + z^2 = 1$

55.

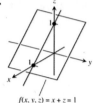

$f(x, y, z) = x + z = 1$

43. (a)

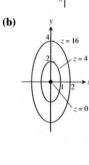

(b)

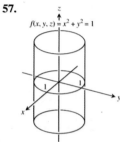

57.

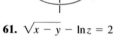
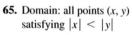
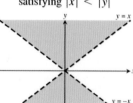

$f(x, y, z) = x^2 + y^2 = 1$

59.

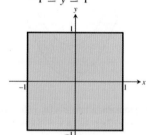

$f(x, y, z) = z - x^2 - y^2 = 1$
or $z = x^2 + y^2 + 1$

61. $\sqrt{x - y} - \ln z = 2$ **63.** $x^2 + y^2 + z^2 = 4$

65. Domain: all points (x, y)
satisfying $|x| < |y|$

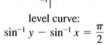

level curve: $y = 2x$

67. Domain: all points (x, y)
satisfying $-1 \le x \le 1$ and
$-1 \le y \le 1$

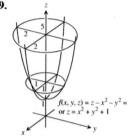

level curve:
$\sin^{-1} y - \sin^{-1} x = \dfrac{\pi}{2}$

45. (a)

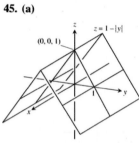

(b)

47. (a)

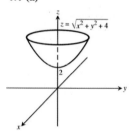

(b)

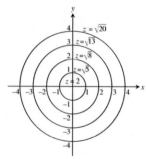

12.2절, pp. 714~716

1. $5/2$ **3.** $2\sqrt{6}$ **5.** 1 **7.** $1/2$ **9.** 1
11. $1/4$ **13.** 0 **15.** -1 **17.** 2 **19.** $1/4$
21. 1 **23.** 3 **25.** $19/12$ **27.** 2 **29.** 3
31. **(a)** All (x, y) **(b)** All (x, y) except $(0, 0)$
33. **(a)** All (x, y) except where $x = 0$ or $y = 0$ **(b)** All (x, y)
35. **(a)** All (x, y, z)
    (b) All (x, y, z) except the interior of the cylinder $x^2 + y^2 = 1$
37. **(a)** All (x, y, z) with $z \neq 0$ **(b)** All (x, y, z) with $x^2 + z^2 \neq 1$
39. **(a)** All points (x, y, z) satisfying $z > x^2 + y^2 + 1$
    (b) All points (x, y, z) satisfying $z \neq \sqrt{x^2 + y^2}$
41. Consider paths along $y = x, x > 0$, and along $y = x, x < 0$.
43. Consider the paths $y = kx^2$, k a constant.
45. Consider the paths $y = mx$, m a constant, $m \neq -1$.
47. Consider the paths $y = kx^2$, k a constant, $k \neq 0$.
49. Consider the paths $x = 1$ and $y = x$.
51. Along $y = 1$ the limit is 0; along $y = e^x$ the limit is $1/2$.
53. Along $y = 0$ the limit is 1; along $y = -\sin x$ the limit is 0.
55. **(a)** 1 **(b)** 0 **(c)** Does not exist
59. The limit is 1.   **61.** The limit is 0.
63. **(a)** $f(x, y)\big|_{y=mx} = \sin 2\theta$ where $\tan\theta = m$ **65.** 0
67. Does not exist   **69.** $\pi/2$ **71.** $f(0, 0) = \ln 3$
73. $\delta = 0.1$ **75.** $\delta = 0.005$ **77.** $\delta = 0.04$
79. $\delta = \sqrt{0.015}$ **81.** $\delta = 0.005$

12.3절, pp. 725~728

1. $\dfrac{\partial f}{\partial x} = 4x, \dfrac{\partial f}{\partial y} = -3$ **3.** $\dfrac{\partial f}{\partial x} = 2x(y + 2), \dfrac{\partial f}{\partial y} = x^2 - 1$

5. $\dfrac{\partial f}{\partial x} = 2y(xy - 1), \dfrac{\partial f}{\partial y} = 2x(xy - 1)$

7. $\dfrac{\partial f}{\partial x} = \dfrac{x}{\sqrt{x^2 + y^2}}, \dfrac{\partial f}{\partial y} = \dfrac{y}{\sqrt{x^2 + y^2}}$

9. $\dfrac{\partial f}{\partial x} = \dfrac{-1}{(x + y)^2}, \dfrac{\partial f}{\partial y} = \dfrac{-1}{(x + y)^2}$

11. $\dfrac{\partial f}{\partial x} = \dfrac{-y^2 - 1}{(xy - 1)^2}, \dfrac{\partial f}{\partial y} = \dfrac{-x^2 - 1}{(xy - 1)^2}$

13. $\dfrac{\partial f}{\partial x} = e^{x+y+1}, \dfrac{\partial f}{\partial y} = e^{x+y+1}$ **15.** $\dfrac{\partial f}{\partial x} = \dfrac{1}{x + y}, \dfrac{\partial f}{\partial y} = \dfrac{1}{x + y}$

17. $\dfrac{\partial f}{\partial x} = 2\sin(x - 3y)\cos(x - 3y),$
$\dfrac{\partial f}{\partial y} = -6\sin(x - 3y)\cos(x - 3y)$

19. $\dfrac{\partial f}{\partial x} = yx^{y-1}, \dfrac{\partial f}{\partial y} = x^y \ln x$ **21.** $\dfrac{\partial f}{\partial x} = -g(x), \dfrac{\partial f}{\partial y} = g(y)$

23. $f_x = y^2, f_y = 2xy, f_z = -4z$
25. $f_x = 1, f_y = -y(y^2 + z^2)^{-1/2}, f_z = -z(y^2 + z^2)^{-1/2}$
27. $f_x = \dfrac{yz}{\sqrt{1 - x^2y^2z^2}}, f_y = \dfrac{xz}{\sqrt{1 - x^2y^2z^2}}, f_z = \dfrac{xy}{\sqrt{1 - x^2y^2z^2}}$
29. $f_x = \dfrac{1}{x + 2y + 3z}, f_y = \dfrac{2}{x + 2y + 3z}, f_z = \dfrac{3}{x + 2y + 3z}$
31. $f_x = -2xe^{-(x^2+y^2+z^2)}, f_y = -2ye^{-(x^2+y^2+z^2)}, f_z = -2ze^{-(x^2+y^2+z^2)}$
33. $f_x = \mathrm{sech}^2(x + 2y + 3z), f_y = 2\,\mathrm{sech}^2(x + 2y + 3z),$
    $f_z = 3\,\mathrm{sech}^2(x + 2y + 3z)$
35. $\dfrac{\partial f}{\partial t} = -2\pi \sin(2\pi t - \alpha), \dfrac{\partial f}{\partial \alpha} = \sin(2\pi t - \alpha)$
37. $\dfrac{\partial h}{\partial \rho} = \sin\phi\cos\theta, \dfrac{\partial h}{\partial \phi} = \rho\cos\phi\cos\theta, \dfrac{\partial h}{\partial \theta} = -\rho\sin\phi\sin\theta$

39. $W_P(P, V, \delta, v, g) = V, W_V(P, V, \delta, v, g) = P + \dfrac{\delta v^2}{2g},$

$W_\delta(P, V, \delta, v, g) = \dfrac{Vv^2}{2g}, W_v(P, V, \delta, v, g) = \dfrac{V\delta v}{g},$

$W_g(P, V, \delta, v, g) = -\dfrac{V\delta v^2}{2g^2}$

41. $\dfrac{\partial f}{\partial x} = 1 + y, \dfrac{\partial f}{\partial y} = 1 + x, \dfrac{\partial^2 f}{\partial x^2} = 0, \dfrac{\partial^2 f}{\partial y^2} = 0, \dfrac{\partial^2 f}{\partial y\,\partial x} = \dfrac{\partial^2 f}{\partial x\,\partial y} = 1$

43. $\dfrac{\partial g}{\partial x} = 2xy + y\cos x, \dfrac{\partial g}{\partial y} = x^2 - \sin y + \sin x,$

$\dfrac{\partial^2 g}{\partial x^2} = 2y - y\sin x, \dfrac{\partial^2 g}{\partial y^2} = -\cos y,$

$\dfrac{\partial^2 g}{\partial y\,\partial x} = \dfrac{\partial^2 g}{\partial x\,\partial y} = 2x + \cos x$

45. $\dfrac{\partial r}{\partial x} = \dfrac{1}{x + y}, \dfrac{\partial r}{\partial y} = \dfrac{1}{x + y}, \dfrac{\partial^2 r}{\partial x^2} = \dfrac{-1}{(x + y)^2}, \dfrac{\partial^2 r}{\partial y^2} = \dfrac{-1}{(x + y)^2},$

$\dfrac{\partial^2 r}{\partial y\,\partial x} = \dfrac{\partial^2 r}{\partial x\,\partial y} = \dfrac{-1}{(x + y)^2}$

47. $\dfrac{\partial w}{\partial x} = x^2 y\sec^2(xy) + 2x\tan(xy), \dfrac{\partial w}{\partial y} = x^3 \sec^2(xy),$

$\dfrac{\partial^2 w}{\partial y\,\partial x} = \dfrac{\partial^2 w}{\partial x\,\partial y} = 2x^3 y\sec^2(xy)\tan(xy) + 3x^2 \sec^2(xy)$

$\dfrac{\partial^2 w}{\partial x^2} = 4xy\sec^2(xy) + 2x^2 y^2 \sec^2(xy)\tan(xy) + 2\tan(xy)$

$\dfrac{\partial^2 w}{\partial y^2} = 2x^4 \sec^2(xy)\tan(xy)$

49. $\dfrac{\partial w}{\partial x} = \sin(x^2 y) + 2x^2 y\cos(x^2 y), \dfrac{\partial w}{\partial y} = x^3 \cos(x^2 y),$

$\dfrac{\partial^2 w}{\partial y\,\partial x} = \dfrac{\partial^2 w}{\partial x\,\partial y} = 3x^2 \cos(x^2 y) - 2x^4 y\sin(x^2 y)$

$\dfrac{\partial^2 w}{\partial x^2} = 6xy\cos(x^2 y) - 4x^3 y^2 \sin(x^2 y)$

$\dfrac{\partial^2 w}{\partial y^2} = -x^5 \sin(x^2 y)$

51. $\dfrac{\partial f}{\partial x} = 2xy^3 - 4x^3, \dfrac{\partial f}{\partial y} = 3x^2 y^2 + 5y^4,$

$\dfrac{\partial^2 f}{\partial x^2} = 2y^3 - 12x^2, \dfrac{\partial^2 f}{\partial y^2} = 6x^2 y + 20y^3,$

$\dfrac{\partial^2 f}{\partial y\,\partial x} = \dfrac{\partial^2 f}{\partial x\,\partial y} = 6xy^2$

53. $\dfrac{\partial z}{\partial x} = 2x\cos(2x - y^2) + \sin(2x - y^2),$

$\dfrac{\partial z}{\partial y} = -2xy\cos(2x - y^2),$

$\dfrac{\partial^2 z}{\partial x^2} = 4\cos(2x - y^2) - 4x\sin(2x - y^2),$

$\dfrac{\partial^2 z}{\partial y^2} = -4xy^2 \sin(2x - y^2) - 2x\cos(2x - y^2),$

$\dfrac{\partial^2 z}{\partial x\,\partial y} = \dfrac{\partial^2 z}{\partial y\,\partial x} = 4xy\sin(2x - y^2) - 2y\cos(2x - y^2)$

55. $\dfrac{\partial w}{\partial x} = \dfrac{2}{2x + 3y}, \dfrac{\partial w}{\partial y} = \dfrac{3}{2x + 3y}, \dfrac{\partial^2 w}{\partial y\,\partial x} = \dfrac{\partial^2 w}{\partial x\,\partial y} = \dfrac{-6}{(2x + 3y)^2}$

57. $\dfrac{\partial w}{\partial x} = y^2 + 2xy^3 + 3x^2 y^4, \dfrac{\partial w}{\partial y} = 2xy + 3x^2 y^2 + 4x^3 y^3,$

$$\frac{\partial^2 w}{\partial y\,\partial x} = \frac{\partial^2 w}{\partial x\,\partial y} = 2y + 6xy^2 + 12x^2y^3$$

59. $\dfrac{\partial \omega}{\partial x} = \dfrac{2x}{y^3},\ \dfrac{\partial \omega}{\partial y} = \dfrac{-3x^2}{y^4}$

$\dfrac{\partial^2 \omega}{\partial y\,\partial x} = \dfrac{-6x}{y^4},\ \dfrac{\partial^2 \omega}{\partial x\,\partial y} = \dfrac{-6x}{y^4}$

61. (a) x first　**(b)** y first　**(c)** x first
　　(d) x first　**(e)** y first　**(f)** y first
63. $f_x(1, 2) = -13,\ f_y(1, 2) = -2$
65. $f_x(-2, 3) = 1/2,\ f_y(-2, 3) = 3/4$
67. (a) 3　**(b)** 2　　**69.** 12

71. $\dfrac{\partial f}{\partial x} = 3x^2y^2 - 2x \Rightarrow$

$f(x, y) = x^3y^2 - x^2 + g(y) \Rightarrow$

$\dfrac{\partial f}{\partial y} = 2x^3y + g'(y) = 2x^3y + 64 \Rightarrow$

$g'(y) = 6y \Rightarrow g(y) = 3y^2$ works $\Rightarrow$

$f(x, y) = x^3y^2 - x^2 + 3y^2$ works

73. $\dfrac{\partial^2 f}{\partial y\,\partial x} = \dfrac{2x - 2y}{(x + y)^3} \neq \dfrac{\partial^2 f}{\partial x\,\partial y} = \dfrac{2y - 2x}{(x + y)^3}$ so impossible　　**75.** -2

77. $\dfrac{\partial A}{\partial a} = \dfrac{a}{bc\sin A},\ \dfrac{\partial A}{\partial b} = \dfrac{c\cos A - b}{bc\sin A}$

79. $v_x = \dfrac{\ln v}{(\ln u)(\ln v) - 1}$

81. $f_x(x, y) = 0$ for all points (x, y),

$f_y(x, y) = \begin{cases} 3y^2, & y \geq 0 \\ -2y, & y < 0 \end{cases}$

$f_{xy}(x, y) = f_{yx}(x, y) = 0$ for all points (x, y)

99. Yes

12.4절, pp. 735~737

1. (a) $\dfrac{dw}{dt} = 0,$　**(b)** $\dfrac{dw}{dt}(\pi) = 0$

3. (a) $\dfrac{dw}{dt} = 1,$　**(b)** $\dfrac{dw}{dt}(3) = 1$

5. (a) $\dfrac{dw}{dt} = 4t\tan^{-1}t + 1,$　**(b)** $\dfrac{dw}{dt}(1) = \pi + 1$

7. (a) $\dfrac{\partial z}{\partial u} = 4\cos v\ln(u\sin v) + 4\cos v,$

$\dfrac{\partial z}{\partial v} = -4u\sin v\ln(u\sin v) + \dfrac{4u\cos^2 v}{\sin v}$

(b) $\dfrac{\partial z}{\partial u} = \sqrt{2}(\ln 2 + 2),\ \dfrac{\partial z}{\partial v} = -2\sqrt{2}(\ln 2 - 2)$

9. (a) $\dfrac{\partial w}{\partial u} = 2u + 4uv,\ \dfrac{\partial w}{\partial v} = -2v + 2u^2$

(b) $\dfrac{\partial w}{\partial u} = 3,\ \dfrac{\partial w}{\partial v} = -\dfrac{3}{2}$

11. (a) $\dfrac{\partial u}{\partial x} = 0,\ \dfrac{\partial u}{\partial y} = \dfrac{z}{(z - y)^2},\ \dfrac{\partial u}{\partial z} = \dfrac{-y}{(z - y)^2}$

(b) $\dfrac{\partial u}{\partial x} = 0,\ \dfrac{\partial u}{\partial y} = 1,\ \dfrac{\partial u}{\partial z} = -2$

13. $\dfrac{dz}{dt} = \dfrac{\partial z}{\partial x}\dfrac{dx}{dt} + \dfrac{\partial z}{\partial y}\dfrac{dy}{dt}$

15. $\dfrac{\partial w}{\partial u} = \dfrac{\partial w}{\partial x}\dfrac{\partial x}{\partial u} + \dfrac{\partial w}{\partial y}\dfrac{\partial y}{\partial u} + \dfrac{\partial w}{\partial z}\dfrac{\partial z}{\partial u},$

$\dfrac{\partial w}{\partial v} = \dfrac{\partial w}{\partial x}\dfrac{\partial x}{\partial v} + \dfrac{\partial w}{\partial y}\dfrac{\partial y}{\partial v} + \dfrac{\partial w}{\partial z}\dfrac{\partial z}{\partial v}$

17. $\dfrac{\partial w}{\partial u} = \dfrac{\partial w}{\partial x}\dfrac{\partial x}{\partial u} + \dfrac{\partial w}{\partial y}\dfrac{\partial y}{\partial u},\ \dfrac{\partial w}{\partial v} = \dfrac{\partial w}{\partial x}\dfrac{\partial x}{\partial v} + \dfrac{\partial w}{\partial y}\dfrac{\partial y}{\partial v}.$

19. $\dfrac{\partial z}{\partial t} = \dfrac{\partial z}{\partial x}\dfrac{\partial x}{\partial t} + \dfrac{\partial z}{\partial y}\dfrac{\partial y}{\partial t},\ \dfrac{\partial z}{\partial s} = \dfrac{\partial z}{\partial x}\dfrac{\partial x}{\partial s} + \dfrac{\partial z}{\partial y}\dfrac{\partial y}{\partial s}$

21. $\dfrac{\partial w}{\partial s} = \dfrac{dw}{du}\dfrac{\partial u}{\partial s},\ \dfrac{\partial w}{\partial t} = \dfrac{dw}{du}\dfrac{\partial u}{\partial t}$

23. $\dfrac{\partial w}{\partial r} = \dfrac{\partial w}{\partial x}\dfrac{\partial x}{\partial r} + \dfrac{\partial w}{\partial y}\dfrac{\partial y}{\partial r} = \dfrac{\partial w}{\partial x}\dfrac{\partial x}{\partial r}$ since $\dfrac{\partial y}{\partial r} = 0,$

$\dfrac{\partial w}{\partial s} = \dfrac{\partial w}{\partial x}\dfrac{\partial x}{\partial s} + \dfrac{\partial w}{\partial y}\dfrac{\partial y}{\partial s} = \dfrac{\partial w}{\partial y}\dfrac{\partial y}{\partial s}$ since $\dfrac{\partial x}{\partial s} = 0$

25. $4/3$　**27.** $-4/5$　**29.** 20　**31.** $\dfrac{\partial z}{\partial x} = \dfrac{1}{4},\ \dfrac{\partial z}{\partial y} = -\dfrac{3}{4}$

33. $\dfrac{\partial z}{\partial x} = -1,\ \dfrac{\partial z}{\partial y} = -1$　**35.** 12　**37.** -7

39. $\dfrac{\partial z}{\partial u} = 2,\ \dfrac{\partial z}{\partial v} = 1$　**41.** $\dfrac{\partial w}{\partial t} = 2t\,e^{s^3+t^2},\ \dfrac{\partial w}{\partial s} = 3s^2\,e^{s^3+t^2}$

43. 23　**45.** $-16, 2$　**47.** -0.00005 amp/s
53. $(\cos 1, \sin 1, 1)$ and $(\cos(-2), \sin(-2), -2)$

55. (a) Maximum at $\left(-\dfrac{\sqrt{2}}{2}, \dfrac{\sqrt{2}}{2}\right)$ and $\left(\dfrac{\sqrt{2}}{2}, -\dfrac{\sqrt{2}}{2}\right)$; minimum

at $\left(\dfrac{\sqrt{2}}{2}, \dfrac{\sqrt{2}}{2}\right)$ and $\left(-\dfrac{\sqrt{2}}{2}, -\dfrac{\sqrt{2}}{2}\right)$

(b) Max = 6, min = 2

57. 5°C/s   **59.** $2x\sqrt{x^8 + x^3} + \displaystyle\int_0^{x^2} \dfrac{3x^2}{2\sqrt{t^4 + x^3}}\, dt$

12.5절, pp. 744~745

1.

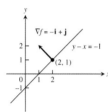

3.

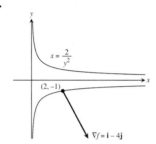

5.

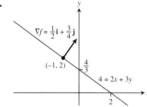

7. $\nabla f = 3\mathbf{i} + 2\mathbf{j} - 4\mathbf{k}$ **9.** $\nabla f = -\dfrac{26}{27}\mathbf{i} + \dfrac{23}{54}\mathbf{j} - \dfrac{23}{54}\mathbf{k}$

11. -4 **13.** $21/13$ **15.** 3   **17.** 2

19. $\mathbf{u} = -\dfrac{1}{\sqrt{2}}\mathbf{i} + \dfrac{1}{\sqrt{2}}\mathbf{j},\ (D_\mathbf{u}f)_{P_0} = \sqrt{2}; -\mathbf{u} = \dfrac{1}{\sqrt{2}}\mathbf{i} - \dfrac{1}{\sqrt{2}}\mathbf{j},$
$(D_{-\mathbf{u}}f)_{P_0} = -\sqrt{2}$

21. $\mathbf{u} = \dfrac{1}{3\sqrt{3}}\mathbf{i} - \dfrac{5}{3\sqrt{3}}\mathbf{j} - \dfrac{1}{3\sqrt{3}}\mathbf{k},\ (D_\mathbf{u}f)_{P_0} = 3\sqrt{3};$
$-\mathbf{u} = -\dfrac{1}{3\sqrt{3}}\mathbf{i} + \dfrac{5}{3\sqrt{3}}\mathbf{j} + \dfrac{1}{3\sqrt{3}}\mathbf{k},\ (D_{-\mathbf{u}}f)_{P_0} = -3\sqrt{3}$

23. $\mathbf{u} = \dfrac{1}{\sqrt{3}}(\mathbf{i} + \mathbf{j} + \mathbf{k}),\ (D_\mathbf{u}f)_{P_0} = 2\sqrt{3};$
$-\mathbf{u} = -\dfrac{1}{\sqrt{3}}(\mathbf{i} + \mathbf{j} + \mathbf{k}),\ (D_{-\mathbf{u}}f)_{P_0} = -2\sqrt{3}$

25.

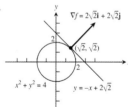

27.

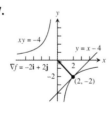

29. (a) $\mathbf{u} = \dfrac{3}{5}\mathbf{i} - \dfrac{4}{5}\mathbf{j},\ D_\mathbf{u} f(1, -1) = 5$

(b) $\mathbf{u} = -\dfrac{3}{5}\mathbf{i} + \dfrac{4}{5}\mathbf{j},\ D_\mathbf{u} f(1, -1) = -5$

(c) $\mathbf{u} = \dfrac{4}{5}\mathbf{i} + \dfrac{3}{5}\mathbf{j},\ \mathbf{u} = -\dfrac{4}{5}\mathbf{i} - \dfrac{3}{5}\mathbf{j}$

(d) $\mathbf{u} = -\mathbf{j},\ \mathbf{u} = \dfrac{24}{25}\mathbf{i} - \dfrac{7}{25}\mathbf{j}$

(e) $\mathbf{u} = -\mathbf{i},\ \mathbf{u} = \dfrac{7}{25}\mathbf{i} + \dfrac{24}{25}\mathbf{j}$

31. $\mathbf{u} = \dfrac{7}{\sqrt{53}}\mathbf{i} - \dfrac{2}{\sqrt{53}}\mathbf{j},\ -\mathbf{u} = -\dfrac{7}{\sqrt{53}}\mathbf{i} + \dfrac{2}{\sqrt{53}}\mathbf{j}$

33. No, the maximum rate of change is $\sqrt{185} < 14$.

35. $-7/\sqrt{5}$ **41.** $r(t) = (-3 - 6t)\mathbf{i} + (4 + 8t)\mathbf{j},\ -\infty < t < \infty$

43. $r(t) = (3 + 6t)\mathbf{i} + (-2 - 4t)\mathbf{j} + (1 + 2t)\mathbf{k},\ -\infty < t < \infty$

12.6절, pp. 752~754

1. (a) $x + y + z = 3$
(b) $x = 1 + 2t, y = 1 + 2t, z = 1 + 2t$

3. (a) $2x - z - 2 = 0$
(b) $x = 2 - 4t, y = 0, z = 2 + 2t$

5. (a) $2x + 2y + z - 4 = 0$
(b) $x = 2t, y = 1 + 2t, z = 2 + t$

7. (a) $x + y + z - 1 = 0$
(b) $x = t, y = 1 + t, z = t$

9. (a) $-x + 3y + z/e = 2$
(b) $x = 2 - t, y = 1 + 3t, z = e + (1/e)t$

11. $2x - z - 2 = 0$

13. $x - y + 2z - 1 = 0$

15. $x = 1, y = 1 + 2t, z = 1 - 2t$

17. $x = 1 - 2t, y = 1, z = \dfrac{1}{2} + 2t$

19. $x = 1 + 90t, y = 1 - 90t, z = 3$

21. $df = \dfrac{9}{11{,}830} \approx 0.0008$ **23.** $dg = 0$

25. (a) $\dfrac{\sqrt{3}}{2}\sin\sqrt{3} - \dfrac{1}{2}\cos\sqrt{3} \approx 0.935°\text{C/m}$
(b) $\sqrt{3}\sin\sqrt{3} - \cos\sqrt{3} \approx 1.87°\text{C/s}$

27. (a) $L(x, y) = 1$ **(b)** $L(x, y) = 2x + 2y - 1$

29. (a) $L(x, y) = 3x - 4y + 5$ **(b)** $L(x, y) = 3x - 4y + 5$

31. (a) $L(x, y) = 1 + x$ **(b)** $L(x, y) = -y + \dfrac{\pi}{2}$

33. (a) $W(30, -5) = -13°\text{C}, W(50, -25) = -42.2°\text{C},$
$W(30, -10) = -19.5°\text{C}$
(b) $W(15, -40) \approx -53.7°\text{C}, W(80, -40) \approx -66.6°\text{C},$
$W(90, 0) \approx -10.2°\text{C}$
(c) $L(v, T) \approx 1.336\,T - 0.11v - 2.952$
(d) **i)** $L(39, 9) \approx -19.3°\text{C}$
ii) $L(42, -12) \approx -23.6°\text{C}$
iii) $L(10, -25) \approx -37.5°\text{C}$

35. $L(x, y) = 7 + x - 6y;\ 0.06$ **37.** $L(x, y) = x + y + 1;\ 0.08$

39. $L(x, y) = 1 + x;\ 0.0222$

41. (a) $L(x, y, z) = 2x + 2y + 2z - 3$ **(b)** $L(x, y, z) = y + z$
(c) $L(x, y, z) = 0$

43. (a) $L(x, y, z) = x$
(b) $L(x, y, z) = \dfrac{1}{\sqrt{2}}x + \dfrac{1}{\sqrt{2}}y$
(c) $L(x, y, z) = \dfrac{1}{3}x + \dfrac{2}{3}y + \dfrac{2}{3}z$

45. (a) $L(x, y, z) = 2 + x$
(b) $L(x, y, z) = x - y - z + \dfrac{\pi}{2} + 1$
(c) $L(x, y, z) = x - y - z + \dfrac{\pi}{2} + 1$

47. $L(x, y, z) = 2x - 6y - 2z + 6,\ 0.0024$

49. $L(x, y, z) = x + y - z - 1,\ 0.00135$

51. Maximum error (estimate) ≤ 0.31 in magnitude

53. Pay more attention to the smaller of the two dimensions. It will generate the larger partial derivative.

55. f is most sensitive to a change in d.

61. (a) 1.75%   **(b)** 1.75%

12.7절, pp. 761~763

1. $f(-3, 3) = -5$, local minimum   **3.** $f(-2, 1)$, saddle point

5. $f\left(3, \dfrac{3}{2}\right) = \dfrac{17}{2}$, local maximum

7. $f(2, -1) = -6$, local minimum   **9.** $f(1, 2)$, saddle point

11. $f\left(\dfrac{16}{7}, 0\right) = -\dfrac{16}{7}$, local maximum

13. $f(0, 0)$, saddle point; $f\left(-\dfrac{2}{3}, \dfrac{2}{3}\right) = \dfrac{170}{27}$, local maximum

15. $f(0, 0) = 0$, local minimum; $f(1, -1)$, saddle point

17. $f(0, \pm\sqrt{5})$, saddle points; $f(-2, -1) = 30$, local maximum; $f(2, 1) = -30$, local minimum

19. $f(0, 0)$, saddle point; $f(1, 1) = 2$, $f(-1, -1) = 2$, local maxima

21. $f(0, 0) = -1$, local maximum

23. $f(n\pi, 0)$, saddle points, for every integer n

25. $f(2, 0) = e^{-4}$, local minimum

27. $f(0, 0) = 0$, local minimum; $f(0, 2)$, saddle point

29. $f\left(\dfrac{1}{2}, 1\right) = \ln\left(\dfrac{1}{4}\right) - 3$, local maximum

31. Absolute maximum: 1 at $(0, 0)$; absolute minimum: -5 at $(1, 2)$

33. Absolute maximum: 4 at $(0, 2)$; absolute minimum: 0 at $(0, 0)$

35. Absolute maximum: 11 at $(0, -3)$; absolute minimum: -10 at $(4, -2)$

37. Absolute maximum: 4 at $(2, 0)$; absolute minimum: $\dfrac{3\sqrt{2}}{2}$ at $\left(3, -\dfrac{\pi}{4}\right), \left(3, \dfrac{\pi}{4}\right), \left(1, -\dfrac{\pi}{4}\right)$, and $\left(1, \dfrac{\pi}{4}\right)$

39. $a = -3, b = 2$

41. Hottest is $2\dfrac{1}{4}°$ at $\left(-\dfrac{1}{2}, \dfrac{\sqrt{3}}{2}\right)$ and $\left(-\dfrac{1}{2}, -\dfrac{\sqrt{3}}{2}\right)$; coldest is $-\dfrac{1}{4}°$ at $\left(\dfrac{1}{2}, 0\right)$.

43. (a) $f(0, 0)$, saddle point   **(b)** $f(1, 2)$, local minimum
   (c) $f(1, -2)$, local minimum; $f(-1, -2)$, saddle point

49. $\left(\dfrac{1}{6}, \dfrac{1}{3}, \dfrac{355}{36}\right)$ **51.** $\left(\dfrac{9}{7}, \dfrac{6}{7}, \dfrac{3}{7}\right)$ **53.** 3, 3, 3   **55.** 12

57. $\dfrac{4}{\sqrt{3}} \times \dfrac{4}{\sqrt{3}} \times \dfrac{4}{\sqrt{3}}$ **59.** 2 m × 2 m × 1 m

61. Points $(0, 2, 0)$ and $(0, -2, 0)$ have distance 2 from the origin.

63. (a) On the semicircle, max $f = 2\sqrt{2}$ at $t = \pi/4$, min $f = -2$ at $t = \pi$. On the quarter circle, max $f = 2\sqrt{2}$ at $t = \pi/4$, min $f = 2$ at $t = 0, \pi/2$.
   (b) On the semicircle, max $g = 2$ at $t = \pi/4$, min $g = -2$ at $t = 3\pi/4$. On the quarter circle, max $g = 2$ at $t = \pi/4$, min $g = 0$ at $t = 0, \pi/2$.
   (c) On the semicircle, max $h = 8$ at $t = 0, \pi$; min $h = 4$ at $t = \pi/2$. On the quarter circle, max $h = 8$ at $t = 0$, min $h = 4$ at $t = \pi/2$.

65. i) min $f = -1/2$ at $t = -1/2$; no max
   ii) max $f = 0$ at $t = -1, 0$; min $f = -1/2$ at $t = -1/2$
   iii) max $f = 4$ at $t = 1$; min $f = 0$ at $t = 0$

69. $y = -\dfrac{20}{13}x + \dfrac{9}{13}$, $y|_{x=4} = -\dfrac{71}{13}$

12.8절, pp. 770~773

1. $\left(\pm\dfrac{1}{\sqrt{2}}, \dfrac{1}{2}\right), \left(\pm\dfrac{1}{\sqrt{2}}, -\dfrac{1}{2}\right)$ **3.** 39   **5.** $(3, \pm3\sqrt{2})$

7. (a) 8   **(b)** 64

9. $r = 2$ cm, $h = 4$ cm

11. Length $= 4\sqrt{2}$, width $= 3\sqrt{2}$

13. $f(0, 0) = 0$ is minimum; $f(2, 4) = 20$ is maximum.

15. Lowest $= 0°$, highest $= 125°$

17. $\left(\dfrac{3}{2}, 2, \dfrac{5}{2}\right)$ **19.** 1   **21.** $(0, 0, 2), (0, 0, -2)$

23. $f(1, -2, 5) = 30$ is maximum; $f(-1, 2, -5) = -30$ is minimum.

25. 3, 3, 3   **27.** $\dfrac{2}{\sqrt{3}}$ by $\dfrac{2}{\sqrt{3}}$ by $\dfrac{2}{\sqrt{3}}$ units

29. $(\pm4/3, -4/3, -4/3)$ **31.** $\approx$24,322 units

33. $U(8, 14) = \$128$ **37.** $f(2/3, 4/3, -4/3) = \dfrac{4}{3}$

39. $(2, 4, 4)$ **41.** Maximum is $1 + 6\sqrt{3}$ at $\left(\pm\sqrt{6}, \sqrt{3}, 1\right)$; minimum is $1 - 6\sqrt{3}$ at $\left(\pm\sqrt{6}, -\sqrt{3}, 1\right)$.

43. Maximum is 4 at $(0, 0, \pm2)$; minimum is 2 at $\left(\pm\sqrt{2}, \pm\sqrt{2}, 0\right)$.

12.9절, p. 777

1. Quadratic: $x + xy$; cubic: $x + xy + \dfrac{1}{2}xy^2$

3. Quadratic: xy; cubic: xy

5. Quadratic: $y + \dfrac{1}{2}(2xy - y^2)$;
   cubic: $y + \dfrac{1}{2}(2xy - y^2) + \dfrac{1}{6}(3x^2y - 3xy^2 + 2y^3)$

7. Quadratic: $\dfrac{1}{2}(2x^2 + 2y^2) = x^2 + y^2$; cubic: $x^2 + y^2$

9. Quadratic: $1 + (x + y) + (x + y)^2$;
   cubic: $1 + (x + y) + (x + y)^2 + (x + y)^3$

11. Quadratic: $1 - \dfrac{1}{2}x^2 - \dfrac{1}{2}y^2$; $E(x, y) \le 0.00134$

12.10절, p. 781

1. (a) 0   **(b)** $1 + 2z$ **(c)** $1 + 2z$

3. (a) $\dfrac{\partial U}{\partial P} + \dfrac{\partial U}{\partial T}\left(\dfrac{V}{nR}\right)$ **(b)** $\dfrac{\partial U}{\partial P}\left(\dfrac{nR}{V}\right) + \dfrac{\partial U}{\partial T}$

5. (a) 5   **(b)** 5   **7.** $\left(\dfrac{\partial x}{\partial r}\right)_\theta = \cos\theta$ $\left(\dfrac{\partial r}{\partial x}\right)_y = \dfrac{x}{\sqrt{x^2 + y^2}}$

종합문제, pp. 782~785

1. Domain: all points in the xy-plane; range: $z \ge 0$. Level curves are ellipses with major axis along the y-axis and minor axis along the x-axis.

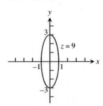

3. Domain: all (x, y) such that $x \ne 0$ and $y \ne 0$; range: $z \ne 0$. Level curves are hyperbolas with the x- and y-axes as asymptotes.

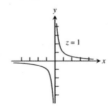

5. Domain: all points in *xyz*-space; range: all real numbers. Level surfaces are paraboloids of revolution with the *z*-axis as axis.

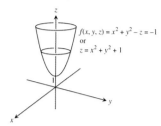

7. Domain: all (x, y, z) such that $(x, y, z) \neq (0, 0, 0)$; range: positive real numbers. Level surfaces are spheres with center $(0, 0, 0)$ and radius $r > 0$.

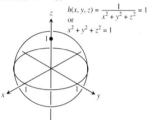

9. -2 **11.** $1/2$ **13.** 1

15. Let $y = kx^2$, $k \neq 1$

17. No; $\lim_{(x,y)\to(0,0)} f(x, y)$ does not exist.

19. $\dfrac{\partial g}{\partial r} = \cos\theta + \sin\theta$, $\dfrac{\partial g}{\partial \theta} = -r\sin\theta + r\cos\theta$

21. $\dfrac{\partial f}{\partial R_1} = -\dfrac{1}{R_1{}^2}$, $\dfrac{\partial f}{\partial R_2} = -\dfrac{1}{R_2{}^2}$, $\dfrac{\partial f}{\partial R_3} = -\dfrac{1}{R_3{}^2}$

23. $\dfrac{\partial P}{\partial n} = \dfrac{RT}{V}$, $\dfrac{\partial P}{\partial R} = \dfrac{nT}{V}$, $\dfrac{\partial P}{\partial T} = \dfrac{nR}{V}$, $\dfrac{\partial P}{\partial V} = -\dfrac{nRT}{V^2}$

25. $\dfrac{\partial^2 g}{\partial x^2} = 0$, $\dfrac{\partial^2 g}{\partial y^2} = \dfrac{2x}{y^3}$, $\dfrac{\partial^2 g}{\partial y\,\partial x} = \dfrac{\partial^2 g}{\partial x\,\partial y} = -\dfrac{1}{y^2}$

27. $\dfrac{\partial^2 f}{\partial x^2} = -30x + \dfrac{2 - 2x^2}{(x^2 + 1)^2}$, $\dfrac{\partial^2 f}{\partial y^2} = 0$, $\dfrac{\partial^2 f}{\partial y\,\partial x} = \dfrac{\partial^2 f}{\partial x\,\partial y} = 1$

29. $\dfrac{dw}{dt}\bigg|_{t=0} = -1$

31. $\dfrac{\partial w}{\partial r}\bigg|_{(r,\,s)=(\pi,\,0)} = 2$, $\dfrac{\partial w}{\partial s}\bigg|_{(r,\,s)=(\pi,\,0)} = 2 - \pi$

33. $\dfrac{df}{dt}\bigg|_{t=1} = -(\sin 1 + \cos 2)(\sin 1) + (\cos 1 + \cos 2)(\cos 1)$
$-2(\sin 1 + \cos 1)(\sin 2)$

35. $\dfrac{dy}{dx}\bigg|_{(x,\,y)=(0,1)} = -1$

37. Increases most rapidly in the direction $\mathbf{u} = -\dfrac{\sqrt{2}}{2}\mathbf{i} - \dfrac{\sqrt{2}}{2}\mathbf{j}$;

decreases most rapidly in the direction $-\mathbf{u} = \dfrac{\sqrt{2}}{2}\mathbf{i} + \dfrac{\sqrt{2}}{2}\mathbf{j}$;

$D_{\mathbf{u}}f = \dfrac{\sqrt{2}}{2}$; $D_{-\mathbf{u}}f = -\dfrac{\sqrt{2}}{2}$; $D_{\mathbf{u}_1}f = -\dfrac{7}{10}$ where $\mathbf{u}_1 = \dfrac{\mathbf{v}}{|\mathbf{v}|}$

39. Increases most rapidly in the direction $\mathbf{u} = \dfrac{2}{7}\mathbf{i} + \dfrac{3}{7}\mathbf{j} + \dfrac{6}{7}\mathbf{k}$;

decreases most rapidly in the direction $-\mathbf{u} = -\dfrac{2}{7}\mathbf{i} - \dfrac{3}{7}\mathbf{j} - \dfrac{6}{7}\mathbf{k}$;

$D_{\mathbf{u}}f = 7$; $D_{-\mathbf{u}}f = -7$; $D_{\mathbf{u}_1}f = 7$ where $\mathbf{u}_1 = \dfrac{\mathbf{v}}{|\mathbf{v}|}$

41. $\pi/\sqrt{2}$ **43. (a)** $f_x(1, 2) = f_y(1, 2) = 2$ **(b)** $14/5$

45.

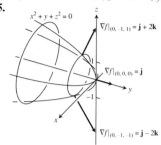

47. Tangent: $4x - y - 5z = 4$; normal line:
$x = 2 + 4t$, $y = -1 - t$, $z = 1 - 5t$

49. $2y - z - 2 = 0$

51. Tangent: $x + y = \pi + 1$; normal line: $y = x - \pi + 1$

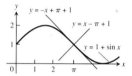

53. $x = 1 - 2t$, $y = 1$, $z = 1/2 + 2t$

55. Answers will depend on the upper bound used for $|f_{xx}|, |f_{xy}|, |f_{yy}|$. With $M = \sqrt{2}/2$, $|E| \leq 0.0142$. With $M = 1$, $|E| \leq 0.02$.

57. $L(x, y, z) = y - 3z$, $L(x, y, z) = x + y - z - 1$

59. Be more careful with the diameter.

61. $dI = 0.038$, % change in $I = 15.83\%$, more sensitive to voltage change

63. (a) 5% **65.** Local minimum of -8 at $(-2, -2)$

67. Saddle point at $(0, 0)$, $f(0, 0) = 0$; local maximum of $1/4$ at $(-1/2, -1/2)$

69. Saddle point at $(0, 0)$, $f(0, 0) = 0$; local minimum of -4 at $(0, 2)$; local maximum of 4 at $(-2, 0)$; saddle point at $(-2, 2)$, $f(-2, 2) = 0$

71. Absolute maximum: 28 at $(0, 4)$; absolute minimum: $-9/4$ at $(3/2, 0)$

73. Absolute maximum: 18 at $(2, -2)$; absolute minimum: $-17/4$ at $(-2, 1/2)$

75. Absolute maximum: 8 at $(-2, 0)$; absolute minimum: -1 at $(1, 0)$

77. Absolute maximum: 4 at $(1, 0)$; absolute minimum: -4 at $(0, -1)$

79. Absolute maximum: 1 at $(0, \pm 1)$ and $(1, 0)$; absolute minimum: -1 at $(-1, 0)$

81. Maximum: 5 at $(0, 1)$; minimum: $-1/3$ at $(0, -1/3)$

83. Maximum: $\sqrt{3}$ at $\left(\dfrac{1}{\sqrt{3}}, -\dfrac{1}{\sqrt{3}}, \dfrac{1}{\sqrt{3}}\right)$; minimum: $-\sqrt{3}$ at $\left(-\dfrac{1}{\sqrt{3}}, \dfrac{1}{\sqrt{3}}, -\dfrac{1}{\sqrt{3}}\right)$

85. Width $= \left(\dfrac{c^2 V}{ab}\right)^{1/3}$, depth $= \left(\dfrac{b^2 V}{ac}\right)^{1/3}$, height $= \left(\dfrac{a^2 V}{bc}\right)^{1/3}$

87. Maximum: $\dfrac{3}{2}$ at $\left(\dfrac{1}{\sqrt{2}}, \dfrac{1}{\sqrt{2}}, \sqrt{2}\right)$ and $\left(-\dfrac{1}{\sqrt{2}}, -\dfrac{1}{\sqrt{2}}, -\sqrt{2}\right)$;

minimum: $\dfrac{1}{2}$ at $\left(-\dfrac{1}{\sqrt{2}}, \dfrac{1}{\sqrt{2}}, -\sqrt{2}\right)$ and $\left(\dfrac{1}{\sqrt{2}}, -\dfrac{1}{\sqrt{2}}, \sqrt{2}\right)$

89. $\dfrac{\partial w}{\partial x} = \cos\theta \dfrac{\partial w}{\partial r} - \dfrac{\sin\theta}{r}\dfrac{\partial w}{\partial\theta}$, $\dfrac{\partial w}{\partial y} = \sin\theta\dfrac{\partial w}{\partial r} + \dfrac{\cos\theta}{r}\dfrac{\partial w}{\partial\theta}$

95. $(t, -t \pm 4, t)$, t a real number

101. (a) $(2y + x^2 z)e^{yz}$ (b) $x^2 e^{yz}\left(y - \dfrac{z}{2y}\right)$ (c) $(1 + x^2 y)e^{yz}$

보충 · 심화 문제, pp. 785~787

1. $f_{xy}(0, 0) = -1$, $f_{yx}(0, 0) = 1$

7. (c) $\dfrac{r^2}{2} = \dfrac{1}{2}(x^2 + y^2 + z^2)$ **13.** $V = \dfrac{\sqrt{3}abc}{2}$

17. $f(x, y) = \dfrac{y}{2} + 4$, $g(x, y) = \dfrac{x}{2} + \dfrac{9}{2}$

19. $y = 2\ln|\sin x| + \ln 2$

21. (a) $\dfrac{1}{\sqrt{53}}(2\mathbf{i} + 7\mathbf{j})$ (b) $\dfrac{-1}{\sqrt{29{,}097}}(98\mathbf{i} - 127\mathbf{j} + 58\mathbf{k})$

23. $w = e^{-c^2\pi^2 t}\sin \pi x$

13장

13.1절, pp. 793~794

1. 24   **3.** 1   **5.** 16   **7.** $2\ln 2 - 1$ **9.** $(3/2)(5 - e)$

11. $3/2$ **13.** $\ln 2$ **15.** $3/2, -2$ **17.** 14   **19.** 0

21. $1/2$ **23.** $2\ln 2$ **25.** $(\ln 2)^2$

27.

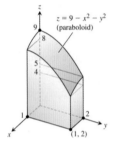

29. $8/3$ **31.** 1   **33.** $\sqrt{2}$ **35.** $2/27$

37. $\dfrac{3}{2}\ln 3 - 1$ **39.** (a) $1/3$ (b) $2/3$

13.2절, pp. 801~804

1.

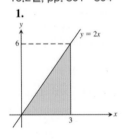

3.

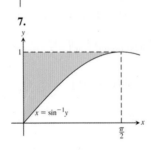

5.

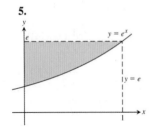

7.

9. (a) $0 \le x \le 2$, $x^3 \le y \le 8$

(b) $0 \le y \le 8$, $0 \le x \le y^{1/3}$

11. (a) $0 \le x \le 3$, $x^2 \le y \le 3x$

(b) $0 \le y \le 9$, $\dfrac{y}{3} \le x \le \sqrt{y}$

13. (a) $0 \le x \le 9$, $0 \le y \le \sqrt{x}$

(b) $0 \le y \le 3$, $y^2 \le x \le 9$

15. (a) $0 \le x \le \ln 3$, $e^{-x} \le y \le 1$

(b) $\dfrac{1}{3} \le y \le 1$, $-\ln y \le x \le \ln 3$

17. (a) $0 \le x \le 1$, $x \le y \le 3 - 2x$

(b) $0 \le y \le 1$, $0 \le x \le y \cup 1 \le y \le 3$, $0 \le x \le \dfrac{3 - y}{2}$

19. $\dfrac{\pi^2}{2} + 2$

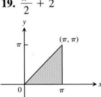

21. $8\ln 8 - 16 + e$

23. $e - 2$

25. $\dfrac{3}{2}\ln 2$ **27.** $-1/10$

29. 8

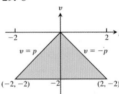

31. 2π

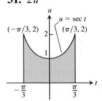

33. $\displaystyle\int_2^4\int_0^{(4-y)/2} dx\, dy$

35. $\displaystyle\int_0^1\int_{x^2}^x dy\, dx$

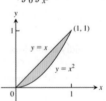

37. $\int_1^e \int_{\ln y}^1 dx\, dy$

39. $\int_0^9 \int_0^{(\sqrt{9-y})/2} 16x\, dx\, dy$

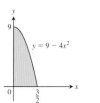

41. $\int_{-1}^1 \int_0^{\sqrt{1-x^2}} 3y\, dy\, dx$

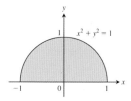

43. $\int_0^1 \int_{e^y}^e xy\, dx\, dy$

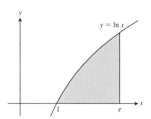

45. $\int_1^{e^3} \int_{\ln x}^3 (x+y)\, dy\, dx$

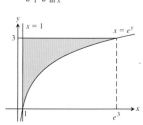

47. 2

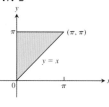

49. $\dfrac{e-2}{2}$

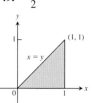

51. 2

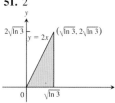

53. $1/(80\pi)$

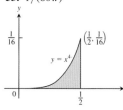

55. $-2/3$

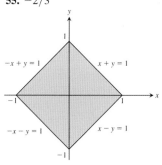

57. $4/3$ **59.** $625/12$ **61.** 16 **63.** 20 **65.** $2(1 + \ln 2)$

67.

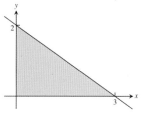
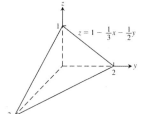

69. 1   **71.** π^2 **73.** $-\dfrac{3}{32}$ **75.** $\dfrac{20\sqrt{3}}{9}$

77. $\int_0^1 \int_x^{2-x} (x^2 + y^2)\, dy\, dx = \dfrac{4}{3}$

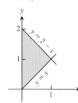

79. R is the set of points (x, y) such that $x^2 + 2y^2 < 4$.

81. No, by Fubini's Theorem, the two orders of integration must give the same result.

85. 0.603   **87.** 0.233

13.3절, pp. 806~807

1. $\int_0^2 \int_0^{2-x} dy\, dx = 2$ or

$\int_0^2 \int_0^{2-y} dx\, dy = 2$

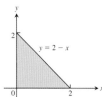

3. $\int_{-2}^1 \int_{y-2}^{-y^2} dx\, dy = \dfrac{9}{2}$

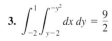
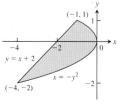

5. $\int_0^{\ln 2} \int_0^{e^x} dy\, dx = 1$

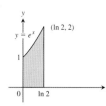

7. $\int_0^1 \int_{y^2}^{2y-y^2} dx\, dy = \dfrac{1}{3}$

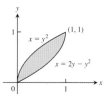

9. $\displaystyle\int_0^2\int_y^{3y} 1\,dx\,dy = 4$ or

$$\int_0^2\int_{x/3}^{x} 1\,dy\,dx + \int_2^6\int_{x/3}^{2} 1\,dy\,dx = 4$$

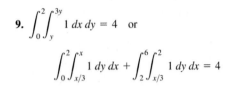

11. $\displaystyle\int_0^1\int_{x/2}^{2x} 1\,dy\,dx + \int_1^2\int_{x/2}^{3-x} 1\,dy\,dx = \dfrac{3}{2}$ or

$$\int_0^1\int_{y/2}^{2y} 1\,dx\,dy + \int_1^2\int_{y/2}^{3-y} 1\,dx\,dy = \dfrac{3}{2}$$

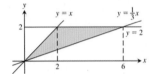

13. 12

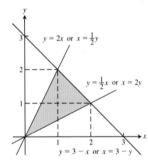

15. $\sqrt{2} - 1$

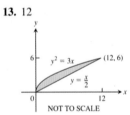

17. $\dfrac{3}{2}$

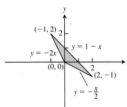

19. (a) 0 **(b)** $4/\pi^2$ **21.** $8/3$ **23.** $\pi - 2$
25. $40{,}000(1 - e^{-2})\ln(7/2) \approx 43{,}329$

13.4절, pp. 812~814

1. $\dfrac{\pi}{2} \le \theta \le 2\pi, 0 \le r \le 9$ **3.** $\dfrac{\pi}{4} \le \theta \le \dfrac{3\pi}{4}, 0 \le r \le \csc\theta$

5. $0 \le \theta \le \dfrac{\pi}{6}, 1 \le r \le 2\sqrt{3}\sec\theta$;

$$\dfrac{\pi}{6} \le \theta \le \dfrac{\pi}{2}, 1 \le r \le 2\csc\theta$$

7. $-\dfrac{\pi}{2} \le \theta \le \dfrac{\pi}{2}, 0 \le r \le 2\cos\theta$ **9.** $\dfrac{\pi}{2}$

11. 2π **13.** 36 **15.** $2 - \sqrt{3}$ **17.** $(1 - \ln 2)\,\pi$

19. $(2\ln 2 - 1)(\pi/2)$ **21.** $\dfrac{2(1 + \sqrt{2})}{3}$

23.

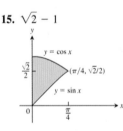

$$\int_0^1\int_0^{\sqrt{1-x^2}} xy\,dy\,dx \quad\text{or}\quad \int_0^1\int_0^{\sqrt{1-y^2}} xy\,dx\,dy$$

25.

$$\int_0^2\int_0^{x} y^2(x^2 + y^2)\,dy\,dx \quad\text{or}\quad \int_0^2\int_y^{2} y^2(x^2 + y^2)\,dx\,dy$$

27. $2(\pi - 2)$ **29.** 12π **31.** $(3\pi/8) + 1$ **33.** $\dfrac{2a}{3}$

35. $\dfrac{2a}{3}$ **37.** $2\pi(2 - \sqrt{e})$ **39.** $\dfrac{4}{3} + \dfrac{5\pi}{8}$

41. (a) $\dfrac{\sqrt{\pi}}{2}$ **(b)** 1 **43.** $\pi\ln 4$, no   **45.** $\dfrac{1}{2}(a^2 + 2h^2)$

47. $\dfrac{8}{9}(3\pi - 4)$

13.5절, pp. 822~824

1. $1/6$

3. $\displaystyle\int_0^1\int_0^{2-2x}\int_0^{3-3x-3y/2} dz\,dy\,dx, \int_0^2\int_0^{1-y/2}\int_0^{3-3x-3y/2} dz\,dx\,dy,$

$$\int_0^1\int_0^{3-3x}\int_0^{2-2x-2z/3} dy\,dz\,dx, \int_0^3\int_0^{1-z/3}\int_0^{2-2x-2z/3} dy\,dx\,dz,$$

$$\int_0^2\int_0^{3-3y/2}\int_0^{1-y/2-z/3} dx\,dz\,dy, \int_0^3\int_0^{2-2z/3}\int_0^{1-y/2-z/3} dx\,dy\,dz.$$

The value of all six integrals is 1.

5. $\displaystyle\int_{-2}^{2}\int_{-\sqrt{4-x^2}}^{\sqrt{4-x^2}}\int_{x^2+y^2}^{8-x^2-y^2} 1\,dz\,dx\,dy, \int_{-2}^{2}\int_{-\sqrt{4-y^2}}^{\sqrt{4-y^2}}\int_{x^2+y^2}^{8-x^2-y^2} 1\,dz\,dx\,dy,$

$$\int_{-2}^{2}\int_4^{8-y^2}\int_{-\sqrt{8-z-y^2}}^{\sqrt{8-z-y^2}} 1\,dx\,dz\,dy + \int_{-2}^{2}\int_{y^2}^{4}\int_{-\sqrt{z-y^2}}^{\sqrt{z-y^2}} 1\,dx\,dz\,dy,$$

$$\int_4^8\int_{-\sqrt{8-z}}^{\sqrt{8-z}}\int_{-\sqrt{8-z-y^2}}^{\sqrt{8-z-y^2}} 1\,dx\,dy\,dz + \int_0^4\int_{-\sqrt{z}}^{\sqrt{z}}\int_{-\sqrt{z-y^2}}^{\sqrt{z-y^2}} 1\,dx\,dy\,dz,$$

$$\int_{-2}^{2}\int_4^{8-x^2}\int_{-\sqrt{8-z-x^2}}^{\sqrt{8-z-x^2}} 1\,dy\,dz\,dx + \int_{-2}^{2}\int_{x^2}^{4}\int_{-\sqrt{z-x^2}}^{\sqrt{z-x^2}} 1\,dy\,dz\,dx,$$

$$\int_4^8 \int_{-\sqrt{8-z}}^{\sqrt{8-z}} \int_{-\sqrt{8-z-x^2}}^{\sqrt{8-z-x^2}} 1 \, dy \, dx \, dz \;+\; \int_0^4 \int_{-\sqrt{z}}^{\sqrt{z}} \int_{-\sqrt{z-x^2}}^{\sqrt{z-x^2}} 1 \, dy \, dx \, dz.$$

The value of all six integrals is 16π.

7. 1   **9.** 6   **11.** $\dfrac{5(2-\sqrt{3})}{4}$ **13.** 18

15. $7/6$ **17.** 0   **19.** $\dfrac{1}{2} - \dfrac{\pi}{8}$

21. (a) $\displaystyle\int_{-1}^{1}\int_0^1\int_{x^2}^{1-z} dy \, dz \, dx$ **(b)** $\displaystyle\int_0^1\int_{-\sqrt{1-z}}^{\sqrt{1-z}}\int_{x^2}^{1-z} dy \, dx \, dz$

    (c) $\displaystyle\int_0^1\int_0^{1-z}\int_{-\sqrt{y}}^{\sqrt{y}} dx \, dy \, dz$ **(d)** $\displaystyle\int_0^1\int_0^{1-y}\int_{-\sqrt{y}}^{\sqrt{y}} dx \, dz \, dy$

    (e) $\displaystyle\int_0^1\int_{-\sqrt{y}}^{\sqrt{y}}\int_0^{1-y} dz \, dx \, dy$

23. $2/3$ **25.** $20/3$ **27.** 1   **29.** $16/3$ **31.** $8\pi - \dfrac{32}{3}$

33. 2   **35.** 4π **37.** $31/3$ **39.** 1   **41.** $2 \sin 4$

43. 4   **45.** $a = 3$ or $a = 13/3$

47. The domain is the set of all points (x, y, z) such that $4x^2 + 4y^2 + z^2 \le 4$.

13.6절, pp. 829~831

1. $\bar{x} = 5/14, \bar{y} = 38/35$ **3.** $\bar{x} = 64/35, \bar{y} = 5/7$

5. $\bar{x} = \bar{y} = 4a/(3\pi)$

7. $I_x = I_y = 4\pi \text{ gm/cm}^2, I_0 = 8\pi \text{ gm/cm}^2$

9. $\bar{x} = -1, \bar{y} = 1/4$ **11.** $I_x = 64/105$

13. $\bar{x} = 3/8, \bar{y} = 17/16$ **15.** $\bar{x} = 11/3, \bar{y} = 14/27, I_y = 432$

17. $\bar{x} = 0, \bar{y} = 13/31, I_y = 7/5$

19. $\bar{x} = 0, \bar{y} = 7/10; I_x = 9/10 \text{ kg/m}^2, I_y = 3/10 \text{ kg/m}^2,$
   $I_0 = 6/5 \text{ kg/m}^2$

21. $I_x = \dfrac{M}{3}(b^2 + c^2), I_y = \dfrac{M}{3}(a^2 + c^2), I_z = \dfrac{M}{3}(a^2 + b^2)$

23. $\bar{x} = \bar{y} = 0, \bar{z} = 12/5, I_x = 7904/105 \approx 75.28,$
   $I_y = 4832/63 \approx 76.70, I_z = 256/45 \approx 5.69$

25. (a) $\bar{x} = \bar{y} = 0, \bar{z} = 8/3$ **(b)** $c = 2\sqrt{2}$

27. $I_L = 1386$

29. (a) $4/3$ gm   **(b)** $\bar{x} = 4/5$ cm, $\bar{y} = \bar{z} = 2/5$ cm

31. (a) $5/2$ **(b)** $\bar{x} = \bar{y} = \bar{z} = 8/15$ **(c)** $I_x = I_y = I_z = 11/6$

33. 3 kg

37. (a) $I_{\text{c.m.}} = \dfrac{abc(a^2 + b^2)}{12}, R_{\text{c.m.}} = \sqrt{\dfrac{a^2 + b^2}{12}}$

   (b) $I_L = \dfrac{abc(a^2 + 7b^2)}{3}, R_L = \sqrt{\dfrac{a^2 + 7b^2}{3}}$

13.7절, pp. 840~843

1.

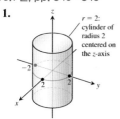

3.

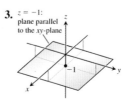

5.

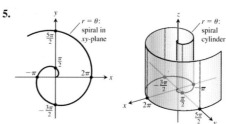

7.

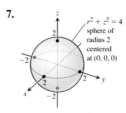

9. $r \le z \le \sqrt{9 - r^2}$: cone with vertex angle $\dfrac{\pi}{2}$ below a sphere of radius 3 centered at $(0, 0, 0)$, and its interior

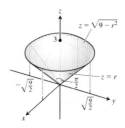

11. $0 \le r \le 4 \cos \theta, 0 \le \theta \le \dfrac{\pi}{2}, 0 \le z \le 5$: half-cylinder of height 5, radius 2, and tangent to the z-axis, and its interior

13. $\rho = 3$: sphere of radius 3 centered at $(0, 0, 0)$

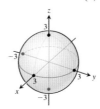

15. $\theta = \frac{2}{3}\pi$: closed half-plane along the z-axis

17. $\rho \cos \phi = 4$: plane with z-intercept 4 and parallel to the xy-plane

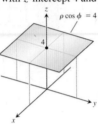

19. $0 \leq \rho \leq 3 \csc \phi \Rightarrow 0 \leq \rho \sin \phi \leq 3$: cylinder of radius 3 centered on the z-axis, and its interior

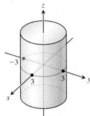

21. $0 \leq \rho \cos \theta \sin \phi \leq 2$, $0 \leq \rho \sin \theta \sin \phi \leq 3$, $0 \leq \rho \cos \phi \leq 4$: rectangular box $2 \times 3 \times 4$, and its interior

23. $\dfrac{4\pi(\sqrt{2}-1)}{3}$ **25.** $\dfrac{17\pi}{5}$ **27.** $\pi(6\sqrt{2}-8)$ **29.** $\dfrac{3\pi}{10}$

31. $\pi/3$

33. (a) $\displaystyle\int_0^{2\pi}\int_0^1\int_0^{\sqrt{4-r^2}} r\, dz\, dr\, d\theta$

(b) $\displaystyle\int_0^{2\pi}\int_0^{\sqrt{3}}\int_0^1 r\, dr\, dz\, d\theta + \int_0^{2\pi}\int_{\sqrt{3}}^2\int_0^{\sqrt{4-z^2}} r\, dr\, dz\, d\theta$

(c) $\displaystyle\int_0^1\int_0^{\sqrt{4-r^2}}\int_0^{2\pi} r\, d\theta\, dz\, dr$

35. $\displaystyle\int_{-\pi/2}^{\pi/2}\int_0^{\cos\theta}\int_0^{3r^2} f(r,\theta,z)\, dz\, r\, dr\, d\theta$

37. $\displaystyle\int_0^{\pi}\int_0^{2\sin\theta}\int_0^{4-r\sin\theta} f(r,\theta,z)\, dz\, r\, dr\, d\theta$

39. $\displaystyle\int_{-\pi/2}^{\pi/2}\int_1^{1+\cos\theta}\int_0^4 f(r,\theta,z)\, dz\, r\, dr\, d\theta$

41. $\displaystyle\int_0^{\pi/4}\int_0^{\sec\theta}\int_0^{2-r\sin\theta} f(r,\theta,z)\, dz\, r\, dr\, d\theta$ **43.** π^2

45. $\pi/3$ **47.** 5π **49.** 2π **51.** $\left(\dfrac{8-5\sqrt{2}}{2}\right)\pi$

53. (a) $\displaystyle\int_0^{2\pi}\int_0^{\pi/6}\int_0^2 \rho^2\sin\phi\, d\rho\, d\phi\, d\theta +$

$\displaystyle\int_0^{2\pi}\int_{\pi/6}^{\pi/2}\int_0^{\csc\phi} \rho^2\sin\phi\, d\rho\, d\phi\, d\theta$

(b) $\displaystyle\int_0^{2\pi}\int_1^2\int_{\pi/6}^{\sin^{-1}(1/\rho)} \rho^2\sin\phi\, d\phi\, d\rho\, d\theta +$

$\displaystyle\int_0^{2\pi}\int_0^2\int_0^{\pi/6} \rho^2\sin\phi\, d\phi\, d\rho\, d\theta +$

$\displaystyle\int_0^{2\pi}\int_0^1\int_{\pi/6}^{\pi/2} \rho^2\sin\phi\, d\phi\, d\rho\, d\theta$

55. $\displaystyle\int_0^{2\pi}\int_0^{\pi/2}\int_{\cos\phi}^2 \rho^2\sin\phi\, d\rho\, d\phi\, d\theta = \dfrac{31\pi}{6}$

57. $\displaystyle\int_0^{2\pi}\int_0^{\pi}\int_0^{1-\cos\phi} \rho^2\sin\phi\, d\rho\, d\phi\, d\theta = \dfrac{8\pi}{3}$

59. $\displaystyle\int_0^{2\pi}\int_{\pi/4}^{\pi/2}\int_0^{2\cos\phi} \rho^2\sin\phi\, d\rho\, d\phi\, d\theta = \dfrac{\pi}{3}$

61. (a) $8\displaystyle\int_0^{\pi/2}\int_0^{\pi/2}\int_0^2 \rho^2\sin\phi\, d\rho\, d\phi\, d\theta$

(b) $8\displaystyle\int_0^{\pi/2}\int_0^2\int_0^{\sqrt{4-r^2}} r\, dz\, dr\, d\theta$

(c) $8\displaystyle\int_0^2\int_0^{\sqrt{4-x^2}}\int_0^{\sqrt{4-x^2-y^2}} dz\, dy\, dx$

63. (a) $\displaystyle\int_0^{2\pi}\int_0^{\pi/3}\int_{\sec\phi}^2 \rho^2\sin\phi\, d\rho\, d\phi\, d\theta$

(b) $\displaystyle\int_0^{2\pi}\int_0^{\sqrt{3}}\int_1^{\sqrt{4-r^2}} r\, dz\, dr\, d\theta$

(c) $\displaystyle\int_{-\sqrt{3}}^{\sqrt{3}}\int_{-\sqrt{3-x^2}}^{\sqrt{3-x^2}}\int_1^{\sqrt{4-x^2-y^2}} dz\, dy\, dx$ **(d)** $5\pi/3$

65. $8\pi/3$ **67.** $9/4$ **69.** $\dfrac{3\pi-4}{18}$ **71.** $\dfrac{2\pi a^3}{3}$

73. $5\pi/3$ **75.** $\pi/2$ **77.** $\dfrac{4(2\sqrt{2}-1)\pi}{3}$ **79.** 16π

81. $5\pi/2$ **83.** $\dfrac{4\pi(8-3\sqrt{3})}{3}$ **85.** $2/3$ **87.** $3/4$

89. $\bar{x} = \bar{y} = 0, \bar{z} = 3/8$ **91.** $(\bar{x},\bar{y},\bar{z}) = (0,0,3/8)$

93. $\bar{x} = \bar{y} = 0, \bar{z} = 5/6$ **95.** $I_x = \pi/4$ **97.** $\dfrac{a^4 h\pi}{10}$

99. (a) $(\bar{x},\bar{y},\bar{z}) = \left(0,0,\dfrac{4}{5}\right), I_z = \dfrac{\pi}{12}$

(b) $(\bar{x},\bar{y},\bar{z}) = \left(0,0,\dfrac{5}{6}\right), I_z = \dfrac{\pi}{14}$

101. $\dfrac{3M}{\pi R^3}$

103. The surface's equation $r = f(z)$ tells us that the point $(r, \theta, z) = (f(z), \theta, z)$ will lie on the surface for all θ. In particular, $(f(z), \theta + \pi, z)$ lies on the surface whenever $(f(z), \theta, z)$ lies on the surface, so the surface is symmetric with respect to the z-axis.

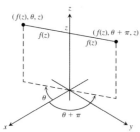

13.8절, pp. 851~853

1. (a) $x = \dfrac{u + v}{3}, y = \dfrac{v - 2u}{3}; \dfrac{1}{3}$

(b) Triangular region with boundaries $u = 0$, $v = 0$, and $u + v = 3$

3. (a) $x = \dfrac{1}{5}(2u - v), y = \dfrac{1}{10}(3v - u); \dfrac{1}{10}$

(b) Triangular region with boundaries $3v = u$, $v = 2u$, and $3u + v = 10$

7. $64/5$　**9.** $\displaystyle\int_1^2 \int_1^3 (u + v)\dfrac{2u}{v}\, du\, dv = 8 + \dfrac{52}{3}\ln 2$

11. $\dfrac{\pi ab(a^2 + b^2)}{4}$　**13.** $\dfrac{1}{3}\left(1 + \dfrac{3}{e^2}\right) \approx 0.4687$

15. $\dfrac{225}{16}$　**17.** 12　**19.** $\dfrac{a^2b^2c^2}{6}$

21. (a) $\begin{vmatrix} \cos v & -u\sin v \\ \sin v & u\cos v \end{vmatrix} = u\cos^2 v + u\sin^2 v = u$

(b) $\begin{vmatrix} \sin v & u\cos v \\ \cos v & -u\sin v \end{vmatrix} = -u\sin^2 v - u\cos^2 v = -u$

27. $\dfrac{3}{2}\ln 2$

종합문제, pp. 854~856

1. $9e - 9$

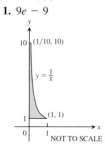

3. $9/2$

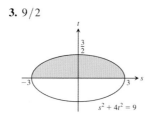

5. $\displaystyle\int_{-2}^0 \int_{2x+4}^{4-x^2} dy\, dx = \dfrac{4}{3}$

7. $\displaystyle\int_{-3}^3 \int_0^{(1/2)\sqrt{9-x^2}} y\, dy\, dx = \dfrac{9}{2}$

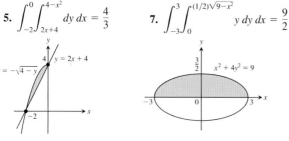

9. $\sin 4$　**11.** $\dfrac{\ln 17}{4}$　**13.** $4/3$　**15.** $4/3$　**17.** $1/4$

19. π　**21.** $\dfrac{\pi - 2}{4}$　**23.** 0　**25.** $8/35$　**27.** $\pi/2$

29. $\dfrac{2(31 - 3^{5/2})}{3}$

31. (a) $\displaystyle\int_{-\sqrt{2}}^{\sqrt{2}} \int_{-\sqrt{2-y^2}}^{\sqrt{2-y^2}} \int_{\sqrt{x^2+y^2}}^{\sqrt{4-x^2-y^2}} 3\, dz\, dx\, dy$

(b) $\displaystyle\int_0^{2\pi} \int_0^{\pi/4} \int_0^2 3\rho^2 \sin\phi\, d\rho\, d\phi\, d\theta$　**(c)** $2\pi(8 - 4\sqrt{2})$

33. $\displaystyle\int_0^{2\pi} \int_0^{\pi/4} \int_0^{\sec\phi} \rho^2 \sin\phi\, d\rho\, d\phi\, d\theta = \dfrac{\pi}{3}$

35. $\displaystyle\int_0^1 \int_{\sqrt{1-x^2}}^{\sqrt{3-x^2}} \int_1^{\sqrt{4-x^2-y^2}} z^2xy\, dz\, dy\, dx$

$+ \displaystyle\int_1^{\sqrt{3}} \int_0^{\sqrt{3-x^2}} \int_1^{\sqrt{4-x^2-y^2}} z^2xy\, dz\, dy\, dx$

37. (a) $\dfrac{8\pi(4\sqrt{2} - 5)}{3}$　**(b)** $\dfrac{8\pi(4\sqrt{2} - 5)}{3}$

39. $I_z = \dfrac{8\pi\delta(b^5 - a^5)}{15}$

41. $\bar{x} = \bar{y} = \dfrac{1}{2 - \ln 4}$　**43.** $I_0 = 104$　**45.** $I_x = 2\delta$

47. $M = 4, M_x = 0, M_y = 0$

49. $\bar{x} = \dfrac{3\sqrt{3}}{\pi}, \bar{y} = 0$

51. (a) $\bar{x} = \dfrac{15\pi + 32}{6\pi + 48}, \bar{y} = 0$

(b)

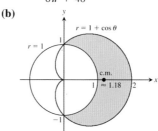

보충·심화 문제, pp. 856~857

1. (a) $\displaystyle\int_{-3}^2 \int_x^{6-x^2} x^2\, dy\, dx$　**(b)** $\displaystyle\int_{-3}^2 \int_x^{6-x^2} \int_0^{x^2} dz\, dy\, dx$

(c) $125/4$

3. 2π　**5.** $3\pi/2$

7. (a) Hole radius $= 1$, sphere radius $= 2$　**(b)** $4\sqrt{3}\pi$

9. $\pi/4$　**11.** $\ln\left(\dfrac{b}{a}\right)$　**15.** $1/\sqrt[4]{3}$

17. Mass $= a^2 \cos^{-1}\left(\dfrac{b}{a}\right) - b\sqrt{a^2 - b^2}$,

$I_0 = \dfrac{a^4}{2}\cos^{-1}\left(\dfrac{b}{a}\right) - \dfrac{b^3}{2}\sqrt{a^2 - b^2} - \dfrac{b^3}{6}(a^2 - b^2)^{3/2}$

19. $\dfrac{1}{ab}(e^{a^2b^2} - 1)$　**21. (b)** 1　**(c)** 0

25. $h = \sqrt{180}\,\text{cm}, h = \sqrt{540}\,\text{cm}$　**27.** $2\pi\left[\dfrac{1}{3} - \left(\dfrac{1}{3}\right)\dfrac{\sqrt{2}}{2}\right]$

14장

14.1절, pp. 864~866

1. Graph (c) **3.** Graph (g) **5.** Graph (d) **7.** Graph (f)

9. $\sqrt{2}$ **11.** $\frac{13}{2}$ **13.** $3\sqrt{14}$ **15.** $\frac{1}{6}(5\sqrt{5}+9)$

17. $\sqrt{3}\ln\left(\frac{b}{a}\right)$ **19. (a)** $4\sqrt{5}$ **(b)** $\frac{1}{12}(17^{3/2}-1)$

21. $\frac{15}{32}(e^{16}-e^{64})$ **23.** $\frac{1}{27}(40^{3/2}-13^{3/2})$

25. $\frac{1}{6}(5^{3/2}+7\sqrt{2}-1)$ **27.** $\frac{10\sqrt{5}-2}{3}$ **29.** 8

31. $\frac{1}{6}(17^{3/2}-1)$ **33.** $2\sqrt{2}-1$

35. (a) $4\sqrt{2}-2$ **(b)** $\sqrt{2}+\ln(1+\sqrt{2})$ **37.** $I_z=2\pi\delta a^3$

39. (a) $I_z=2\pi\sqrt{2}\delta$ **(b)** $I_z=4\pi\sqrt{2}\delta$ **41.** $I_x=2\pi-2$

14.2절, pp. 876~879

1. $\nabla f=-(x\mathbf{i}+y\mathbf{j}+z\mathbf{k})(x^2+y^2+z^2)^{-3/2}$

3. $\nabla g=-\left(\frac{2x}{x^2+y^2}\right)\mathbf{i}-\left(\frac{2y}{x^2+y^2}\right)\mathbf{j}+e^z\mathbf{k}$

5. $\mathbf{F}=-\frac{kx}{(x^2+y^2)^{3/2}}\mathbf{i}-\frac{ky}{(x^2+y^2)^{3/2}}\mathbf{j}$, any $k>0$

7. (a) 9/2 **(b)** 13/3 **(c)** 9/2
9. (a) 1/3 **(b)** $-1/5$ **(c)** 0
11. (a) 2 **(b)** 3/2 **(c)** 1/2
13. $-15/2$ **15.** 36 **17. (a)** $-5/6$ **(b)** 0 **(c)** $-7/12$
19. 1/2 **21.** $-\pi$ **23.** 69/4 **25.** $-39/2$ **27.** 25/6
29. (a) $\text{Circ}_1=0$, $\text{circ}_2=2\pi$, $\text{flux}_1=2\pi$, $\text{flux}_2=0$
    (b) $\text{Circ}_1=0$, $\text{circ}_2=8\pi$, $\text{flux}_1=8\pi$, $\text{flux}_2=0$
31. $\text{Circ}=0$, $\text{flux}=a^2\pi$ **33.** $\text{Circ}=a^2\pi$, $\text{flux}=0$
35. (a) $-\frac{\pi}{2}$ **(b)** 0 **(c)** 1 **37.** $(.0001)\pi\,\text{kg/s}$
39. (a) 32 **(b)** 32 **(c)** 32 **41.** 115.2 J
43. $5/3-(3/2)\ln 2\,\text{m}^2/\text{s}$ **45.** $5/3\,\text{g/s}$
47.

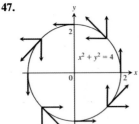

49. (a) $\mathbf{G}=-y\mathbf{i}+x\mathbf{j}$ **(b)** $\mathbf{G}=\sqrt{x^2+y^2}\,\mathbf{F}$

51. $\mathbf{F}=-\frac{x\mathbf{i}+y\mathbf{j}}{\sqrt{x^2+y^2}}$ **55.** 48 **57.** π **59.** 0 **61.** $\frac{1}{2}$

14.3절, pp. 889~890

1. Conservative **3.** Not conservative **5.** Not conservative

7. $f(x,y,z)=x^2+\frac{3y^2}{2}+2z^2+C$ **9.** $f(x,y,z)=xe^{y+2z}+C$

11. $f(x,y,z)=x\ln x-x+\tan(x+y)+\frac{1}{2}\ln(y^2+z^2)+C$

13. 49 **15.** -16 **17.** 1 **19.** $9\ln 2$ **21.** 0 **23.** -3

27. $\mathbf{F}=\nabla\left(\frac{x^2-1}{y}\right)$ **29. (a)** 1 **(b)** 1 **(c)** 1

31. (a) 2 **(b)** 2 **33. (a)** $c=b=2a$ **(b)** $c=b=2$
35. It does not matter what path you use. The work will be the same on any path because the field is conservative.

37. The force $\mathbf{F}$ is conservative because all partial derivatives of M, N, and P are zero. $f(x,y,z)=ax+by+cz+C$; $A=(xa,ya,za)$ and $B=(xb,yb,zb)$. Therefore, $\int \mathbf{F}\cdot d\mathbf{r}=f(B)-f(A)=a(xb-xa)+b(yb-ya)+c(zb-za)=\mathbf{F}\cdot\overrightarrow{AB}$.

14.4절, pp. 900~902

1. $2y-1$ **3.** ye^x-xe^y **5.** $\sin y-\sin x$
7. Flux $=0$, circ $=2\pi a^2$ **9.** Flux $=-\pi a^2$, circ $=0$
11. Flux $=2$, circ $=0$ **13.** Flux $=-9$, circ $=9$
15. Flux $=-11/60$, circ $=-7/60$
17. Flux $=64/9$, circ $=0$ **19.** Flux $=1/2$, circ $=1/2$
21. Flux $=1/5$, circ $=-1/12$ **23.** 0 **25.** 2/33 **27.** 0
29. -16π **31.** πa^2 **33.** $3\pi/8$
35. (a) 0 if C is traversed counterclockwise
    (b) $(h-k)$(area of the region)
45. (a) 4π **(b)** 4π if $(0,0)$ lies inside K, 0 otherwise

14.5절, pp. 911~913

1. $\mathbf{r}(r,\theta)=(r\cos\theta)\mathbf{i}+(r\sin\theta)\mathbf{j}+r^2\mathbf{k}$, $0\le r\le 2$, $0\le\theta\le 2\pi$
3. $\mathbf{r}(r,\theta)=(r\cos\theta)\mathbf{i}+(r\sin\theta)\mathbf{j}+(r/2)\mathbf{k}$, $0\le r\le 6$, $0\le\theta\le\pi/2$
5. $\mathbf{r}(r,\theta)=(r\cos\theta)\mathbf{i}+(r\sin\theta)\mathbf{j}+\sqrt{9-r^2}\,\mathbf{k}$, $0\le r\le 3\sqrt{2}/2$, $0\le\theta\le 2\pi$; Also:
    $\mathbf{r}(\phi,\theta)=(3\sin\phi\cos\theta)\mathbf{i}+(3\sin\phi\sin\theta)\mathbf{j}+(3\cos\phi)\mathbf{k}$, $0\le\phi\le\pi/4$, $0\le\theta\le 2\pi$
7. $\mathbf{r}(\phi,\theta)=(\sqrt{3}\sin\phi\cos\theta)\mathbf{i}+(\sqrt{3}\sin\phi\sin\theta)\mathbf{j}+(\sqrt{3}\cos\phi)\mathbf{k}$, $\pi/3\le\phi\le 2\pi/3$, $0\le\theta\le 2\pi$
9. $\mathbf{r}(x,y)=x\mathbf{i}+y\mathbf{j}+(4-y^2)\mathbf{k}$, $0\le x\le 2$, $-2\le y\le 2$
11. $\mathbf{r}(u,v)=u\mathbf{i}+(3\cos v)\mathbf{j}+(3\sin v)\mathbf{k}$, $0\le u\le 3$, $0\le v\le 2\pi$
13. (a) $\mathbf{r}(r,\theta)=(r\cos\theta)\mathbf{i}+(r\sin\theta)\mathbf{j}+(1-r\cos\theta-r\sin\theta)\mathbf{k}$, $0\le r\le 3$, $0\le\theta\le 2\pi$
    (b) $\mathbf{r}(u,v)=(1-u\cos v-u\sin v)\mathbf{i}+(u\cos v)\mathbf{j}+(u\sin v)\mathbf{k}$, $0\le u\le 3$, $0\le v\le 2\pi$
15. $\mathbf{r}(u,v)=(4\cos^2 v)\mathbf{i}+u\mathbf{j}+(4\cos v\sin v)\mathbf{k}$, $0\le u\le 3$, $-(\pi/2)\le v\le(\pi/2)$; Another way: $\mathbf{r}(u,v)=(2+2\cos v)\mathbf{i}+u\mathbf{j}+(2\sin v)\mathbf{k}$, $0\le u\le 3$, $0\le v\le 2\pi$

17. $\int_0^{2\pi}\int_0^1\frac{\sqrt{5}}{2}r\,dr\,d\theta=\frac{\pi\sqrt{5}}{2}$

19. $\int_0^{2\pi}\int_1^3 r\sqrt{5}\,dr\,d\theta=8\pi\sqrt{5}$ **21.** $\int_0^{2\pi}\int_1^4 1\,du\,dv=6\pi$

23. $\int_0^{2\pi}\int_0^1 u\sqrt{4u^2+1}\,du\,dv=\frac{(5\sqrt{5}-1)}{6}\pi$

25. $\int_0^{2\pi}\int_{\pi/4}^\pi 2\sin\phi\,d\phi\,d\theta=(4+2\sqrt{2})\pi$

27.

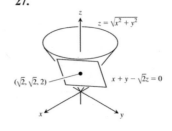

29.

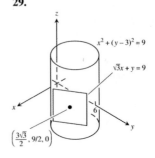

33. (b) $A = \int_0^{2\pi} \int_0^{\pi} [a^2b^2 \sin^2\phi \cos^2\phi + b^2c^2 \cos^4\phi \cos^2\theta + a^2c^2 \cos^4\phi \sin^2\theta]^{1/2} \, d\phi \, d\theta$

35. $x_0x + y_0y = 25$ **37.** $13\pi/3$ **39.** 4
41. $6\sqrt{6} - 2\sqrt{2}$ **43.** $\pi\sqrt{c^2+1}$
45. $\frac{\pi}{6}(17\sqrt{17} - 5\sqrt{5})$ **47.** $3 + 2\ln 2$
49. $\frac{\pi}{6}(13\sqrt{13} - 1)$ **51.** $5\pi\sqrt{2}$ **53.** $\frac{2}{3}(5\sqrt{5} - 1)$

14.6절, pp. 922~923

1. $\iint_S x \, d\sigma = \int_0^3 \int_0^2 u\sqrt{4u^2+1} \, du \, dv = \frac{17\sqrt{17}-1}{4}$

3. $\iint_S x^2 \, d\sigma = \int_0^{2\pi} \int_0^{\pi} \sin^3\phi \cos^2\theta \, d\phi \, d\theta = \frac{4\pi}{3}$

5. $\iint_S z \, d\sigma = \int_0^1 \int_0^1 (4-u-v)\sqrt{3} \, dv \, du = 3\sqrt{3}$
(for $x = u, y = v$)

7. $\iint_S x^2\sqrt{5-4z} \, d\sigma = \int_0^1 \int_0^{2\pi} u^2 \cos^2 v \cdot \sqrt{4u^2+1} \cdot u\sqrt{4u^2+1} \, dv \, du =$
$\int_0^1 \int_0^{2\pi} u^3(4u^2+1) \cos^2 v \, dv \, du = \frac{11\pi}{12}$

9. $9a^3$ **11.** $\frac{abc}{4}(ab+ac+bc)$ **13.** 2
15. $\frac{1}{30}(\sqrt{2}+6\sqrt{6})$ **17.** $\sqrt{6}/30$ **19.** -32 **21.** $\frac{\pi a^3}{6}$
23. $13a^4/6$ **25.** $2\pi/3$ **27.** $-73\pi/6$ **29.** 18
31. $\frac{\pi a^3}{6}$ **33.** $\frac{\pi a^2}{4}$ **35.** $\frac{\pi a^3}{2}$ **37.** -32 **39.** -4
41. $3a^4$ **43.** $\left(\frac{a}{2}, \frac{a}{2}, \frac{a}{2}\right)$
45. $(\bar{x}, \bar{y}, \bar{z}) = \left(0, 0, \frac{14}{9}\right), I_z = \frac{15\pi\sqrt{2}}{2}\delta$
47. (a) $\frac{8\pi}{3}a^4\delta$ **(b)** $\frac{20\pi}{3}a^4\delta$ **49.** $70/3 \, \text{mg}$

14.7절, pp. 935~936

1. $-\mathbf{i} - 4\mathbf{j} + \mathbf{k}$ **3.** $(1-y)\mathbf{i} + (1-z)\mathbf{j} + (1-x)\mathbf{k}$
5. $x(z^2-y^2)\mathbf{i} + y(x^2-z^2)\mathbf{j} + z(y^2-x^2)\mathbf{k}$ **7.** 4π
9. $-5/6$ **11.** 0 **13.** -6π **15.** $2\pi a^2$ **17.** $-\pi$
19. 12π **21.** $-\pi/4$ **23.** -15π **25.** -8π
33. $16I_y + 16I_x$

14.8절, pp. 947~949

1. 0 **3.** $(y^2z + xz^2 + x^2y)e^{xyz}$ **5.** 0 **7.** 0
9. -16 **11.** -8π **13.** 3π **15.** $-40/3$ **17.** 12π
19. $12\pi(4\sqrt{2}-1)$ **23.** No
25. The integral's value never exceeds the surface area of S.
27. $184/35$

종합문제, pp. 950~952

1. Path 1: $2\sqrt{3}$; path 2: $1 + 3\sqrt{2}$ **3.** $4a^2$ **5.** 0
7. $8\pi \sin(1)$ **9.** 0 **11.** $\pi\sqrt{3}$
13. $2\pi\left(1 - \frac{1}{\sqrt{2}}\right)$ **15.** $\frac{abc}{2}\sqrt{\frac{1}{a^2} + \frac{1}{b^2} + \frac{1}{c^2}}$ **17.** 50

19. $\mathbf{r}(\phi, \theta) = (6 \sin\phi \cos\theta)\mathbf{i} + (6 \sin\phi \sin\theta)\mathbf{j} + (6 \cos\phi)\mathbf{k}$, $\frac{\pi}{6} \leq \phi \leq \frac{2\pi}{3}, 0 \leq \theta \leq 2\pi$
21. $\mathbf{r}(r, \theta) = (r \cos\theta)\mathbf{i} + (r \sin\theta)\mathbf{j} + (1+r)\mathbf{k}, 0 \leq r \leq 2,$ $0 \leq \theta \leq 2\pi$
23. $\mathbf{r}(u, v) = (u \cos v)\mathbf{i} + 2u^2\mathbf{j} + (u \sin v)\mathbf{k}, 0 \leq u \leq 1,$ $0 \leq v \leq \pi$
25. $\sqrt{6}$ **27.** $\pi[\sqrt{2} + \ln(1 + \sqrt{2})]$ **29.** Conservative
31. Not conservative **33.** $f(x, y, z) = y^2 + yz + 2x + z$
35. Path 1: 2; path 2: 8/3 **37. (a)** $1 - e^{-2\pi}$ **(b)** $1 - e^{-2\pi}$
39. 0 **41. (a)** $4\sqrt{2} - 2$ **(b)** $\sqrt{2} + \ln(1 + \sqrt{2})$
43. $(\bar{x}, \bar{y}, \bar{z}) = \left(1, \frac{16}{15}, \frac{2}{3}\right); I_x = \frac{232}{45}, I_y = \frac{64}{15}, I_z = \frac{56}{9}$
45. $\bar{z} = \frac{3}{2}, I_z = \frac{7\sqrt{3}}{3}$ **47.** $(\bar{x}, \bar{y}, \bar{z}) = (0, 0, 49/12), I_z = 640\pi$
49. Flux: 3/2; circ: $-1/2$ **53.** 3
55. $\frac{2\pi}{3}(7 - 8\sqrt{2})$ **57.** 0 **59.** π

보충 · 심화 문제, pp. 952~954

1. 6π **3.** 2/3
5. (a) $\mathbf{F}(x, y, z) = z\mathbf{i} + x\mathbf{j} + y\mathbf{k}$ **(b)** $\mathbf{F}(x, y, z) = z\mathbf{i} + y\mathbf{k}$
(c) $\mathbf{F}(x, y, z) = z\mathbf{i}$
7. $\frac{16\pi R^3}{3}$ **9.** $a = 2, b = 1$. The minimum flux is -4.
11. (b) $\frac{16}{3}g$ **(c)** Work $= \left(\int_C gxy \, ds\right) \bar{y} = g\int_C xy^2 \, ds = \frac{16}{3}g$
13. (c) $\frac{4}{3}\pi w$ **19.** False if $\mathbf{F} = y\mathbf{i} + x\mathbf{j}$

부록

부록 A.1, p. AP-6

1. $0.\overline{1}, 0.\overline{2}, 0.\overline{3}, 0.\overline{8}, 0.\overline{9}$ or 1
3. $x < -2$ **5.** $x \leq -\frac{1}{3}$
7. $3, -3$ **9.** $7/6, 25/6$
11. $-2 \leq t \leq 4$ **13.** $0 \leq z \leq 10$
15. $(-\infty, -2] \cup [2, \infty)$ **17.** $(-\infty, -3] \cup [1, \infty)$
19. $(-3, -2) \cup (2, 3)$ **21.** $(0, 1)$ **23.** $(-\infty, 1]$
27. The graph of $|x| + |y| \leq 1$ is the interior and boundary of the "diamond-shaped" region.

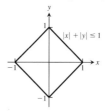

부록 A.3, pp. AP-17~AP-18

1. $2, -4; 2\sqrt{5}$　　**3.** Unit circle

5. $m_\perp = -\dfrac{1}{3}$

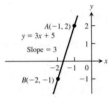

7. (a) $x = -1$　**(b)** $y = 4/3$　　**9.** $y = -x$

11. $y = -\dfrac{5}{4}x + 6$　　**13.** $y = 4x + 4$　　**15.** $y = -\dfrac{x}{2} + 12$

17. x-intercept $= \sqrt{3}$, y-intercept $= -\sqrt{2}$

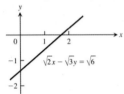

19. $(3, -3)$

21. $x^2 + (y - 2)^2 = 4$　　　　**23.** $\left(x + \sqrt{3}\right)^2 + (y + 2)^2 = 4$

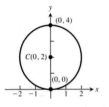　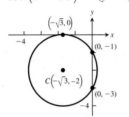

25. $x^2 + (y - 3/2)^2 = 25/4$　　**27.**

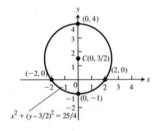　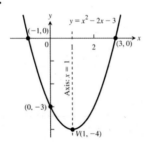

29.

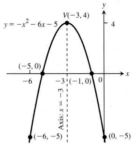

31. Exterior points of a circle of radius $\sqrt{7}$, centered at the origin

33. The washer between the circles $x^2 + y^2 = 1$ and $x^2 + y^2 = 4$ (points with distance from the origin between 1 and 2)

35. $(x + 2)^2 + (y - 1)^2 < 6$

37. $\left(\dfrac{1}{\sqrt{5}}, \dfrac{2}{\sqrt{5}}\right)$, $\left(-\dfrac{1}{\sqrt{5}}, -\dfrac{2}{\sqrt{5}}\right)$

39. $\left(-\dfrac{1}{\sqrt{3}}, -\dfrac{1}{3}\right)$, $\left(\dfrac{1}{\sqrt{3}}, -\dfrac{1}{3}\right)$

41. (a) $\approx -0.1°C/mm$　　**(b)** $\approx -0.31°C/mm$
(c) $\approx -0.15°C/mm$

43. 603.9 kPa

45. Yes: $C = F = -40°$

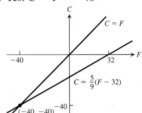

51. $k = -8$,　$k = 1/2$

기본 적분표

Basic Forms

1. $\displaystyle\int k\,dx = kx + C, \quad k \text{ any number}$

2. $\displaystyle\int x^n\,dx = \frac{x^{n+1}}{n+1} + C, \quad n \neq -1$

3. $\displaystyle\int \frac{dx}{x} = \ln|x| + C$

4. $\displaystyle\int e^x\,dx = e^x + C$

5. $\displaystyle\int a^x\,dx = \frac{a^x}{\ln a} + C \quad (a > 0, a \neq 1)$

6. $\displaystyle\int \sin x\,dx = -\cos x + C$

7. $\displaystyle\int \cos x\,dx = \sin x + C$

8. $\displaystyle\int \sec^2 x\,dx = \tan x + C$

9. $\displaystyle\int \csc^2 x\,dx = -\cot x + C$

10. $\displaystyle\int \sec x \tan x\,dx = \sec x + C$

11. $\displaystyle\int \csc x \cot x\,dx = -\csc x + C$

12. $\displaystyle\int \tan x\,dx = \ln|\sec x| + C$

13. $\displaystyle\int \cot x\,dx = \ln|\sin x| + C$

14. $\displaystyle\int \sinh x\,dx = \cosh x + C$

15. $\displaystyle\int \cosh x\,dx = \sinh x + C$

16. $\displaystyle\int \frac{dx}{\sqrt{a^2 - x^2}} = \sin^{-1}\frac{x}{a} + C$

17. $\displaystyle\int \frac{dx}{a^2 + x^2} = \frac{1}{a}\tan^{-1}\frac{x}{a} + C$

18. $\displaystyle\int \frac{dx}{x\sqrt{x^2 - a^2}} = \frac{1}{a}\sec^{-1}\left|\frac{x}{a}\right| + C$

19. $\displaystyle\int \frac{dx}{\sqrt{a^2 + x^2}} = \sinh^{-1}\frac{x}{a} + C \quad (a > 0)$

20. $\displaystyle\int \frac{dx}{\sqrt{x^2 - a^2}} = \cosh^{-1}\frac{x}{a} + C \quad (x > a > 0)$

Forms Involving $ax + b$

21. $\displaystyle\int (ax + b)^n\,dx = \frac{(ax + b)^{n+1}}{a(n + 1)} + C, \quad n \neq -1$

22. $\displaystyle\int x(ax + b)^n\,dx = \frac{(ax + b)^{n+1}}{a^2}\left[\frac{ax + b}{n + 2} - \frac{b}{n + 1}\right] + C, \quad n \neq -1, -2$

23. $\displaystyle\int (ax + b)^{-1}\,dx = \frac{1}{a}\ln|ax + b| + C$

24. $\displaystyle\int x(ax + b)^{-1}\,dx = \frac{x}{a} - \frac{b}{a^2}\ln|ax + b| + C$

25. $\displaystyle\int x(ax + b)^{-2}\,dx = \frac{1}{a^2}\left[\ln|ax + b| + \frac{b}{ax + b}\right] + C$

26. $\displaystyle\int \frac{dx}{x(ax + b)} = \frac{1}{b}\ln\left|\frac{x}{ax + b}\right| + C$

27. $\displaystyle\int \left(\sqrt{ax + b}\right)^n\,dx = \frac{2}{a}\frac{\left(\sqrt{ax + b}\right)^{n+2}}{n + 2} + C, \quad n \neq -2$

28. $\displaystyle\int \frac{\sqrt{ax + b}}{x}\,dx = 2\sqrt{ax + b} + b\int \frac{dx}{x\sqrt{ax + b}}$

29. (a) $\displaystyle\int \frac{dx}{x\sqrt{ax+b}} = \frac{1}{\sqrt{b}} \ln \left| \frac{\sqrt{ax+b} - \sqrt{b}}{\sqrt{ax+b} + \sqrt{b}} \right| + C$ **(b)** $\displaystyle\int \frac{dx}{x\sqrt{ax-b}} = \frac{2}{\sqrt{b}} \tan^{-1} \sqrt{\frac{ax-b}{b}} + C$

30. $\displaystyle\int \frac{\sqrt{ax+b}}{x^2} dx = -\frac{\sqrt{ax+b}}{x} + \frac{a}{2}\int \frac{dx}{x\sqrt{ax+b}} + C$ **31.** $\displaystyle\int \frac{dx}{x^2\sqrt{ax+b}} = -\frac{\sqrt{ax+b}}{bx} - \frac{a}{2b}\int \frac{dx}{x\sqrt{ax+b}} + C$

Forms Involving $a^2 + x^2$

32. $\displaystyle\int \frac{dx}{a^2+x^2} = \frac{1}{a} \tan^{-1}\frac{x}{a} + C$ **33.** $\displaystyle\int \frac{dx}{(a^2+x^2)^2} = \frac{x}{2a^2(a^2+x^2)} + \frac{1}{2a^3} \tan^{-1}\frac{x}{a} + C$

34. $\displaystyle\int \frac{dx}{\sqrt{a^2+x^2}} = \sinh^{-1}\frac{x}{a} + C = \ln\left(x + \sqrt{a^2+x^2}\right) + C$

35. $\displaystyle\int \sqrt{a^2+x^2}\, dx = \frac{x}{2}\sqrt{a^2+x^2} + \frac{a^2}{2}\ln\left(x + \sqrt{a^2+x^2}\right) + C$

36. $\displaystyle\int x^2\sqrt{a^2+x^2}\, dx = \frac{x}{8}(a^2+2x^2)\sqrt{a^2+x^2} - \frac{a^4}{8}\ln\left(x + \sqrt{a^2+x^2}\right) + C$

37. $\displaystyle\int \frac{\sqrt{a^2+x^2}}{x} dx = \sqrt{a^2+x^2} - a\ln\left|\frac{a + \sqrt{a^2+x^2}}{x}\right| + C$

38. $\displaystyle\int \frac{\sqrt{a^2+x^2}}{x^2} dx = \ln\left(x + \sqrt{a^2+x^2}\right) - \frac{\sqrt{a^2+x^2}}{x} + C$

39. $\displaystyle\int \frac{x^2}{\sqrt{a^2+x^2}} dx = -\frac{a^2}{2}\ln\left(x + \sqrt{a^2+x^2}\right) + \frac{x\sqrt{a^2+x^2}}{2} + C$

40. $\displaystyle\int \frac{dx}{x\sqrt{a^2+x^2}} = -\frac{1}{a}\ln\left|\frac{a + \sqrt{a^2+x^2}}{x}\right| + C$ **41.** $\displaystyle\int \frac{dx}{x^2\sqrt{a^2+x^2}} = -\frac{\sqrt{a^2+x^2}}{a^2x} + C$

Forms Involving $a^2 - x^2$

42. $\displaystyle\int \frac{dx}{a^2-x^2} = \frac{1}{2a}\ln\left|\frac{x+a}{x-a}\right| + C$ **43.** $\displaystyle\int \frac{dx}{(a^2-x^2)^2} = \frac{x}{2a^2(a^2-x^2)} + \frac{1}{4a^3}\ln\left|\frac{x+a}{x-a}\right| + C$

44. $\displaystyle\int \frac{dx}{\sqrt{a^2-x^2}} = \sin^{-1}\frac{x}{a} + C$ **45.** $\displaystyle\int \sqrt{a^2-x^2}\, dx = \frac{x}{2}\sqrt{a^2-x^2} + \frac{a^2}{2}\sin^{-1}\frac{x}{a} + C$

46. $\displaystyle\int x^2\sqrt{a^2-x^2}\, dx = \frac{a^4}{8}\sin^{-1}\frac{x}{a} - \frac{1}{8}x\sqrt{a^2-x^2}(a^2-2x^2) + C$

47. $\displaystyle\int \frac{\sqrt{a^2-x^2}}{x} dx = \sqrt{a^2-x^2} - a\ln\left|\frac{a + \sqrt{a^2-x^2}}{x}\right| + C$ **48.** $\displaystyle\int \frac{\sqrt{a^2-x^2}}{x^2} dx = -\sin^{-1}\frac{x}{a} - \frac{\sqrt{a^2-x^2}}{x} + C$

49. $\displaystyle\int \frac{x^2}{\sqrt{a^2-x^2}} dx = \frac{a^2}{2}\sin^{-1}\frac{x}{a} - \frac{1}{2}x\sqrt{a^2-x^2} + C$ **50.** $\displaystyle\int \frac{dx}{x\sqrt{a^2-x^2}} = -\frac{1}{a}\ln\left|\frac{a + \sqrt{a^2-x^2}}{x}\right| + C$

51. $\displaystyle\int \frac{dx}{x^2\sqrt{a^2-x^2}} = -\frac{\sqrt{a^2-x^2}}{a^2x} + C$

Forms Involving $x^2 - a^2$

52. $\displaystyle\int \frac{dx}{\sqrt{x^2-a^2}} = \ln\left|x + \sqrt{x^2-a^2}\right| + C$

53. $\displaystyle\int \sqrt{x^2-a^2}\, dx = \frac{x}{2}\sqrt{x^2-a^2} - \frac{a^2}{2}\ln\left|x + \sqrt{x^2-a^2}\right| + C$

54. $\int \left(\sqrt{x^2 - a^2}\right)^n dx = \dfrac{x\left(\sqrt{x^2 - a^2}\right)^n}{n + 1} - \dfrac{na^2}{n + 1} \int \left(\sqrt{x^2 - a^2}\right)^{n-2} dx, \quad n \neq -1$

55. $\int \dfrac{dx}{\left(\sqrt{x^2 - a^2}\right)^n} = \dfrac{x\left(\sqrt{x^2 - a^2}\right)^{2-n}}{(2 - n)a^2} - \dfrac{n - 3}{(n - 2)a^2} \int \dfrac{dx}{\left(\sqrt{x^2 - a^2}\right)^{n-2}}, \quad n \neq 2$

56. $\int x\left(\sqrt{x^2 - a^2}\right)^n dx = \dfrac{\left(\sqrt{x^2 - a^2}\right)^{n+2}}{n + 2} + C, \quad n \neq -2$

57. $\int x^2 \sqrt{x^2 - a^2}\, dx = \dfrac{x}{8}(2x^2 - a^2)\sqrt{x^2 - a^2} - \dfrac{a^4}{8} \ln \left|x + \sqrt{x^2 - a^2}\right| + C$

58. $\int \dfrac{\sqrt{x^2 - a^2}}{x}\, dx = \sqrt{x^2 - a^2} - a \sec^{-1}\left|\dfrac{x}{a}\right| + C$

59. $\int \dfrac{\sqrt{x^2 - a^2}}{x^2}\, dx = \ln \left|x + \sqrt{x^2 - a^2}\right| - \dfrac{\sqrt{x^2 - a^2}}{x} + C$

60. $\int \dfrac{x^2}{\sqrt{x^2 - a^2}}\, dx = \dfrac{a^2}{2} \ln \left|x + \sqrt{x^2 - a^2}\right| + \dfrac{x}{2}\sqrt{x^2 - a^2} + C$

61. $\int \dfrac{dx}{x\sqrt{x^2 - a^2}} = \dfrac{1}{a} \sec^{-1}\left|\dfrac{x}{a}\right| + C = \dfrac{1}{a} \cos^{-1}\left|\dfrac{a}{x}\right| + C$ **62.** $\int \dfrac{dx}{x^2\sqrt{x^2 - a^2}} = \dfrac{\sqrt{x^2 - a^2}}{a^2 x} + C$

Trigonometric Forms

63. $\int \sin ax\, dx = -\dfrac{1}{a}\cos ax + C$ **64.** $\int \cos ax\, dx = \dfrac{1}{a}\sin ax + C$

65. $\int \sin^2 ax\, dx = \dfrac{x}{2} - \dfrac{\sin 2ax}{4a} + C$ **66.** $\int \cos^2 ax\, dx = \dfrac{x}{2} + \dfrac{\sin 2ax}{4a} + C$

67. $\int \sin^n ax\, dx = -\dfrac{\sin^{n-1} ax \cos ax}{na} + \dfrac{n - 1}{n} \int \sin^{n-2} ax\, dx$

68. $\int \cos^n ax\, dx = \dfrac{\cos^{n-1} ax \sin ax}{na} + \dfrac{n - 1}{n} \int \cos^{n-2} ax\, dx$

69. (a) $\int \sin ax \cos bx\, dx = -\dfrac{\cos(a + b)x}{2(a + b)} - \dfrac{\cos(a - b)x}{2(a - b)} + C, \quad a^2 \neq b^2$

    (b) $\int \sin ax \sin bx\, dx = \dfrac{\sin(a - b)x}{2(a - b)} - \dfrac{\sin(a + b)x}{2(a + b)} + C, \quad a^2 \neq b^2$

    (c) $\int \cos ax \cos bx\, dx = \dfrac{\sin(a - b)x}{2(a - b)} + \dfrac{\sin(a + b)x}{2(a + b)} + C, \quad a^2 \neq b^2$

70. $\int \sin ax \cos ax\, dx = -\dfrac{\cos 2ax}{4a} + C$ **71.** $\int \sin^n ax \cos ax\, dx = \dfrac{\sin^{n+1} ax}{(n + 1)a} + C, \quad n \neq -1$

72. $\int \dfrac{\cos ax}{\sin ax}\, dx = \dfrac{1}{a} \ln |\sin ax| + C$ **73.** $\int \cos^n ax \sin ax\, dx = -\dfrac{\cos^{n+1} ax}{(n + 1)a} + C, \quad n \neq -1$

74. $\int \dfrac{\sin ax}{\cos ax}\, dx = -\dfrac{1}{a} \ln |\cos ax| + C$

75. $\int \sin^n ax \cos^m ax\, dx = -\dfrac{\sin^{n-1} ax \cos^{m+1} ax}{a(m + n)} + \dfrac{n - 1}{m + n} \int \sin^{n-2} ax \cos^m ax\, dx, \quad n \neq -m$ (reduces $\sin^n ax$)

76. $\int \sin^n ax \cos^m ax\, dx = \dfrac{\sin^{n+1} ax \cos^{m-1} ax}{a(m + n)} + \dfrac{m - 1}{m + n} \int \sin^n ax \cos^{m-2} ax\, dx, \quad m \neq -n$ (reduces $\cos^m ax$)

77. $\displaystyle\int \frac{dx}{b + c \sin ax} = \frac{-2}{a\sqrt{b^2 - c^2}} \tan^{-1}\left[\sqrt{\frac{b-c}{b+c}} \tan\left(\frac{\pi}{4} - \frac{ax}{2}\right)\right] + C, \quad b^2 > c^2$

78. $\displaystyle\int \frac{dx}{b + c \sin ax} = \frac{-1}{a\sqrt{c^2 - b^2}} \ln\left|\frac{c + b \sin ax + \sqrt{c^2 - b^2}\cos ax}{b + c \sin ax}\right| + C, \quad b^2 < c^2$

79. $\displaystyle\int \frac{dx}{1 + \sin ax} = -\frac{1}{a}\tan\left(\frac{\pi}{4} - \frac{ax}{2}\right) + C$

80. $\displaystyle\int \frac{dx}{1 - \sin ax} = \frac{1}{a}\tan\left(\frac{\pi}{4} + \frac{ax}{2}\right) + C$

81. $\displaystyle\int \frac{dx}{b + c \cos ax} = \frac{2}{a\sqrt{b^2 - c^2}} \tan^{-1}\left[\sqrt{\frac{b-c}{b+c}} \tan\frac{ax}{2}\right] + C, \quad b^2 > c^2$

82. $\displaystyle\int \frac{dx}{b + c \cos ax} = \frac{1}{a\sqrt{c^2 - b^2}} \ln\left|\frac{c + b \cos ax + \sqrt{c^2 - b^2}\sin ax}{b + c \cos ax}\right| + C, \quad b^2 < c^2$

83. $\displaystyle\int \frac{dx}{1 + \cos ax} = \frac{1}{a}\tan\frac{ax}{2} + C$

84. $\displaystyle\int \frac{dx}{1 - \cos ax} = -\frac{1}{a}\cot\frac{ax}{2} + C$

85. $\displaystyle\int x \sin ax\, dx = \frac{1}{a^2}\sin ax - \frac{x}{a}\cos ax + C$

86. $\displaystyle\int x \cos ax\, dx = \frac{1}{a^2}\cos ax + \frac{x}{a}\sin ax + C$

87. $\displaystyle\int x^n \sin ax\, dx = -\frac{x^n}{a}\cos ax + \frac{n}{a}\int x^{n-1}\cos ax\, dx$

88. $\displaystyle\int x^n \cos ax\, dx = \frac{x^n}{a}\sin ax - \frac{n}{a}\int x^{n-1}\sin ax\, dx$

89. $\displaystyle\int \tan ax\, dx = \frac{1}{a}\ln|\sec ax| + C$

90. $\displaystyle\int \cot ax\, dx = \frac{1}{a}\ln|\sin ax| + C$

91. $\displaystyle\int \tan^2 ax\, dx = \frac{1}{a}\tan ax - x + C$

92. $\displaystyle\int \cot^2 ax\, dx = -\frac{1}{a}\cot ax - x + C$

93. $\displaystyle\int \tan^n ax\, dx = \frac{\tan^{n-1} ax}{a(n-1)} - \int \tan^{n-2} ax\, dx, \quad n \neq 1$

94. $\displaystyle\int \cot^n ax\, dx = -\frac{\cot^{n-1} ax}{a(n-1)} - \int \cot^{n-2} ax\, dx, \quad n \neq 1$

95. $\displaystyle\int \sec ax\, dx = \frac{1}{a}\ln|\sec ax + \tan ax| + C$

96. $\displaystyle\int \csc ax\, dx = -\frac{1}{a}\ln|\csc ax + \cot ax| + C$

97. $\displaystyle\int \sec^2 ax\, dx = \frac{1}{a}\tan ax + C$

98. $\displaystyle\int \csc^2 ax\, dx = -\frac{1}{a}\cot ax + C$

99. $\displaystyle\int \sec^n ax\, dx = \frac{\sec^{n-2} ax \tan ax}{a(n-1)} + \frac{n-2}{n-1}\int \sec^{n-2} ax\, dx, \quad n \neq 1$

100. $\displaystyle\int \csc^n ax\, dx = -\frac{\csc^{n-2} ax \cot ax}{a(n-1)} + \frac{n-2}{n-1}\int \csc^{n-2} ax\, dx, \quad n \neq 1$

101. $\displaystyle\int \sec^n ax \tan ax\, dx = \frac{\sec^n ax}{na} + C, \quad n \neq 0$

102. $\displaystyle\int \csc^n ax \cot ax\, dx = -\frac{\csc^n ax}{na} + C, \quad n \neq 0$

Inverse Trigonometric Forms

103. $\displaystyle\int \sin^{-1} ax\, dx = x \sin^{-1} ax + \frac{1}{a}\sqrt{1 - a^2x^2} + C$

104. $\displaystyle\int \cos^{-1} ax\, dx = x \cos^{-1} ax - \frac{1}{a}\sqrt{1 - a^2x^2} + C$

105. $\displaystyle\int \tan^{-1} ax\, dx = x \tan^{-1} ax - \frac{1}{2a}\ln(1 + a^2x^2) + C$

106. $\displaystyle\int x^n \sin^{-1} ax\, dx = \frac{x^{n+1}}{n+1}\sin^{-1} ax - \frac{a}{n+1}\int \frac{x^{n+1}\, dx}{\sqrt{1 - a^2x^2}}, \quad n \neq -1$

107. $\int x^n \cos^{-1} ax \, dx = \dfrac{x^{n+1}}{n+1} \cos^{-1} ax + \dfrac{a}{n+1} \int \dfrac{x^{n+1} \, dx}{\sqrt{1 - a^2 x^2}}, \quad n \neq -1$

108. $\int x^n \tan^{-1} ax \, dx = \dfrac{x^{n+1}}{n+1} \tan^{-1} ax - \dfrac{a}{n+1} \int \dfrac{x^{n+1} \, dx}{1 + a^2 x^2}, \quad n \neq -1$

Exponential and Logarithmic Forms

109. $\int e^{ax} \, dx = \dfrac{1}{a} e^{ax} + C$

110. $\int b^{ax} \, dx = \dfrac{1}{a} \dfrac{b^{ax}}{\ln b} + C, \quad b > 0, b \neq 1$

111. $\int x e^{ax} \, dx = \dfrac{e^{ax}}{a^2}(ax - 1) + C$

112. $\int x^n e^{ax} \, dx = \dfrac{1}{a} x^n e^{ax} - \dfrac{n}{a} \int x^{n-1} e^{ax} \, dx$

113. $\int x^n b^{ax} \, dx = \dfrac{x^n b^{ax}}{a \ln b} - \dfrac{n}{a \ln b} \int x^{n-1} b^{ax} \, dx, \quad b > 0, b \neq 1$

114. $\int e^{ax} \sin bx \, dx = \dfrac{e^{ax}}{a^2 + b^2}(a \sin bx - b \cos bx) + C$

115. $\int e^{ax} \cos bx \, dx = \dfrac{e^{ax}}{a^2 + b^2}(a \cos bx + b \sin bx) + C$

116. $\int \ln ax \, dx = x \ln ax - x + C$

117. $\int x^n (\ln ax)^m \, dx = \dfrac{x^{n+1}(\ln ax)^m}{n+1} - \dfrac{m}{n+1} \int x^n (\ln ax)^{m-1} \, dx, \quad n \neq -1$

118. $\int x^{-1}(\ln ax)^m \, dx = \dfrac{(\ln ax)^{m+1}}{m+1} + C, \quad m \neq -1$

119. $\int \dfrac{dx}{x \ln ax} = \ln |\ln ax| + C$

Forms Involving $\sqrt{2ax - x^2}, a > 0$

120. $\int \dfrac{dx}{\sqrt{2ax - x^2}} = \sin^{-1}\left(\dfrac{x - a}{a}\right) + C$

121. $\int \sqrt{2ax - x^2} \, dx = \dfrac{x - a}{2}\sqrt{2ax - x^2} + \dfrac{a^2}{2} \sin^{-1}\left(\dfrac{x - a}{a}\right) + C$

122. $\int \left(\sqrt{2ax - x^2}\right)^n \, dx = \dfrac{(x - a)\left(\sqrt{2ax - x^2}\right)^n}{n+1} + \dfrac{na^2}{n+1} \int \left(\sqrt{2ax - x^2}\right)^{n-2} \, dx$

123. $\int \dfrac{dx}{\left(\sqrt{2ax - x^2}\right)^n} = \dfrac{(x - a)\left(\sqrt{2ax - x^2}\right)^{2-n}}{(n - 2)a^2} + \dfrac{n - 3}{(n - 2)a^2} \int \dfrac{dx}{\left(\sqrt{2ax - x^2}\right)^{n-2}}$

124. $\int x\sqrt{2ax - x^2} \, dx = \dfrac{(x + a)(2x - 3a)\sqrt{2ax - x^2}}{6} + \dfrac{a^3}{2} \sin^{-1}\left(\dfrac{x - a}{a}\right) + C$

125. $\int \dfrac{\sqrt{2ax - x^2}}{x} \, dx = \sqrt{2ax - x^2} + a \sin^{-1}\left(\dfrac{x - a}{a}\right) + C$

126. $\int \dfrac{\sqrt{2ax - x^2}}{x^2} \, dx = -2 \sqrt{\dfrac{2a - x}{x}} - \sin^{-1}\left(\dfrac{x - a}{a}\right) + C$

127. $\int \dfrac{x \, dx}{\sqrt{2ax - x^2}} = a \sin^{-1}\left(\dfrac{x - a}{a}\right) - \sqrt{2ax - x^2} + C$

128. $\int \dfrac{dx}{x\sqrt{2ax - x^2}} = -\dfrac{1}{a} \sqrt{\dfrac{2a - x}{x}} + C$

Hyperbolic Forms

129. $\int \sinh ax \, dx = \dfrac{1}{a} \cosh ax + C$

130. $\int \cosh ax \, dx = \dfrac{1}{a} \sinh ax + C$

131. $\int \sinh^2 ax \, dx = \dfrac{\sinh 2ax}{4a} - \dfrac{x}{2} + C$

132. $\int \cosh^2 ax \, dx = \dfrac{\sinh 2ax}{4a} + \dfrac{x}{2} + C$

133. $\displaystyle\int \sinh^n ax\, dx = \frac{\sinh^{n-1} ax \cosh ax}{na} - \frac{n-1}{n}\int \sinh^{n-2} ax\, dx, \quad n \neq 0$

134. $\displaystyle\int \cosh^n ax\, dx = \frac{\cosh^{n-1} ax \sinh ax}{na} + \frac{n-1}{n}\int \cosh^{n-2} ax\, dx, \quad n \neq 0$

135. $\displaystyle\int x \sinh ax\, dx = \frac{x}{a}\cosh ax - \frac{1}{a^2}\sinh ax + C$

136. $\displaystyle\int x \cosh ax\, dx = \frac{x}{a}\sinh ax - \frac{1}{a^2}\cosh ax + C$

137. $\displaystyle\int x^n \sinh ax\, dx = \frac{x^n}{a}\cosh ax - \frac{n}{a}\int x^{n-1}\cosh ax\, dx$

138. $\displaystyle\int x^n \cosh ax\, dx = \frac{x^n}{a}\sinh ax - \frac{n}{a}\int x^{n-1}\sinh ax\, dx$

139. $\displaystyle\int \tanh ax\, dx = \frac{1}{a}\ln(\cosh ax) + C$

140. $\displaystyle\int \coth ax\, dx = \frac{1}{a}\ln|\sinh ax| + C$

141. $\displaystyle\int \tanh^2 ax\, dx = x - \frac{1}{a}\tanh ax + C$

142. $\displaystyle\int \coth^2 ax\, dx = x - \frac{1}{a}\coth ax + C$

143. $\displaystyle\int \tanh^n ax\, dx = -\frac{\tanh^{n-1} ax}{(n-1)a} + \int \tanh^{n-2} ax\, dx, \quad n \neq 1$

144. $\displaystyle\int \coth^n ax\, dx = -\frac{\coth^{n-1} ax}{(n-1)a} + \int \coth^{n-2} ax\, dx, \quad n \neq 1$

145. $\displaystyle\int \text{sech } ax\, dx = \frac{1}{a}\sin^{-1}(\tanh ax) + C$

146. $\displaystyle\int \text{csch } ax\, dx = \frac{1}{a}\ln\left|\tanh \frac{ax}{2}\right| + C$

147. $\displaystyle\int \text{sech}^2 ax\, dx = \frac{1}{a}\tanh ax + C$

148. $\displaystyle\int \text{csch}^2 ax\, dx = -\frac{1}{a}\coth ax + C$

149. $\displaystyle\int \text{sech}^n ax\, dx = \frac{\text{sech}^{n-2} ax \tanh ax}{(n-1)a} + \frac{n-2}{n-1}\int \text{sech}^{n-2} ax\, dx, \quad n \neq 1$

150. $\displaystyle\int \text{csch}^n ax\, dx = -\frac{\text{csch}^{n-2} ax \coth ax}{(n-1)a} - \frac{n-2}{n-1}\int \text{csch}^{n-2} ax\, dx, \quad n \neq 1$

151. $\displaystyle\int \text{sech}^n ax \tanh ax\, dx = -\frac{\text{sech}^n ax}{na} + C, \quad n \neq 0$

152. $\displaystyle\int \text{csch}^n ax \coth ax\, dx = -\frac{\text{csch}^n ax}{na} + C, \quad n \neq 0$

153. $\displaystyle\int e^{ax}\sinh bx\, dx = \frac{e^{ax}}{2}\left[\frac{e^{bx}}{a+b} - \frac{e^{-bx}}{a-b}\right] + C, \quad a^2 \neq b^2$

154. $\displaystyle\int e^{ax}\cosh bx\, dx = \frac{e^{ax}}{2}\left[\frac{e^{bx}}{a+b} + \frac{e^{-bx}}{a-b}\right] + C, \quad a^2 \neq b^2$

Some Definite Integrals

155. $\displaystyle\int_0^\infty x^{n-1}e^{-x}\, dx = \Gamma(n) = (n-1)!, \quad n > 0$

156. $\displaystyle\int_0^\infty e^{-ax^2}\, dx = \frac{1}{2}\sqrt{\frac{\pi}{a}}, \quad a > 0$

157. $\displaystyle\int_0^{\pi/2} \sin^n x\, dx = \int_0^{\pi/2} \cos^n x\, dx = \begin{cases} \dfrac{1\cdot 3\cdot 5\cdot\,\cdots\,\cdot(n-1)}{2\cdot 4\cdot 6\cdot\,\cdots\,\cdot n}\cdot\dfrac{\pi}{2}, & \text{if } n \text{ is an even integer} \geq 2 \\[2ex] \dfrac{2\cdot 4\cdot 6\cdot\,\cdots\,\cdot(n-1)}{3\cdot 5\cdot 7\cdot\,\cdots\,\cdot n}, & \text{if } n \text{ is an odd integer} \geq 3 \end{cases}$

기본 공식과 법칙

Basic Algebra Formulas

Arithmetic Operations

$$a(b + c) = ab + ac, \qquad \frac{a}{b} \cdot \frac{c}{d} = \frac{ac}{bd}$$

$$\frac{a}{b} + \frac{c}{d} = \frac{ad + bc}{bd}, \qquad \frac{a/b}{c/d} = \frac{a}{b} \cdot \frac{d}{c}$$

Laws of Signs

$$-(-a) = a, \qquad \frac{-a}{b} = -\frac{a}{b} = \frac{a}{-b}$$

Zero   Division by zero is not defined.

$$\text{If } a \neq 0: \quad \frac{0}{a} = 0, \quad a^0 = 1, \quad 0^a = 0$$

$$\text{For any number } a: a \cdot 0 = 0 \cdot a = 0$$

Laws of Exponents

$$a^m a^n = a^{m+n}, \qquad (ab)^m = a^m b^m, \qquad (a^m)^n = a^{mn}, \qquad a^{m/n} = \sqrt[n]{a^m} = \left(\sqrt[n]{a} \right)^m$$

If $a \neq 0$, then

$$\frac{a^m}{a^n} = a^{m-n}, \qquad a^0 = 1, \qquad a^{-m} = \frac{1}{a^m}.$$

The Binomial Theorem   For any positive integer n,

$$(a + b)^n = a^n + na^{n-1}b + \frac{n(n - 1)}{1 \cdot 2} a^{n-2} b^2$$

$$+ \frac{n(n - 1)(n - 2)}{1 \cdot 2 \cdot 3} a^{n-3} b^3 + \cdots + nab^{n-1} + b^n.$$

For instance,

$$(a + b)^2 = a^2 + 2ab + b^2, \qquad (a - b)^2 = a^2 - 2ab + b^2$$
$$(a + b)^3 = a^3 + 3a^2 b + 3ab^2 + b^3, \qquad (a - b)^3 = a^3 - 3a^2 b + 3ab^2 - b^3.$$

Factoring the Difference of Like Integer Powers, $n > 1$

$$a^n - b^n = (a - b)(a^{n-1} + a^{n-2}b + a^{n-3}b^2 + \cdots + ab^{n-2} + b^{n-1})$$

For instance,

$$a^2 - b^2 = (a - b)(a + b),$$
$$a^3 - b^3 = (a - b)(a^2 + ab + b^2),$$
$$a^4 - b^4 = (a - b)(a^3 + a^2 b + ab^2 + b^3).$$

Completing the Square   If $a \neq 0$, then

$$ax^2 + bx + c = au^2 + C \qquad \left(u = x + (b/2a), C = c - \frac{b^2}{4a} \right)$$

The Quadratic Formula
If $a \neq 0$ and $ax^2 + bx + c = 0$, then

$$x = \frac{-b \pm \sqrt{b^2 - 4ac}}{2a}.$$

Geometry Formulas

A = area, B = area of base, C = circumference, S = surface area, V = volume

Triangle

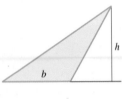

$A = \frac{1}{2}bh$

Similar Triangles

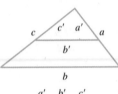

$\dfrac{a'}{a} = \dfrac{b'}{b} = \dfrac{c'}{c}$

Pythagorean Theorem

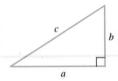

$a^2 + b^2 = c^2$

Parallelogram

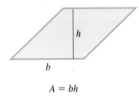

$A = bh$

Trapezoid

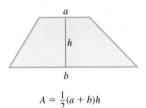

$A = \frac{1}{2}(a + b)h$

Circle

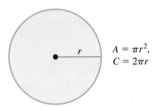

$A = \pi r^2,$
$C = 2\pi r$

Any Cylinder or Prism with Parallel Bases

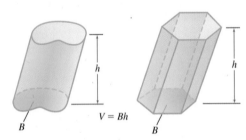

$V = Bh$

Right Circular Cylinder

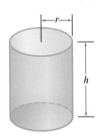

$V = \pi r^2 h$
$S = 2\pi rh =$ Area of side

Any Cone or Pyramid

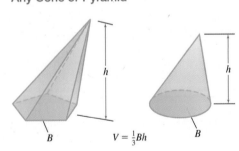

$V = \frac{1}{3}Bh$

Right Circular Cone

$V = \frac{1}{3}\pi r^2 h$
$S = \pi rs =$ Area of side

Sphere

$V = \frac{4}{3}\pi r^3, S = 4\pi r^2$

Trigonometry Formulas

Definitions and Fundamental Identities

Sine: $\sin\theta = \dfrac{y}{r} = \dfrac{1}{\csc\theta}$

Cosine: $\cos\theta = \dfrac{x}{r} = \dfrac{1}{\sec\theta}$

Tangent: $\tan\theta = \dfrac{y}{x} = \dfrac{1}{\cot\theta}$

Identities

$\sin(-\theta) = -\sin\theta, \quad \cos(-\theta) = \cos\theta$

$\sin^2\theta + \cos^2\theta = 1, \quad \sec^2\theta = 1 + \tan^2\theta, \quad \csc^2\theta = 1 + \cot^2\theta$

$\sin 2\theta = 2\sin\theta\cos\theta, \quad \cos 2\theta = \cos^2\theta - \sin^2\theta$

$\cos^2\theta = \dfrac{1 + \cos 2\theta}{2}, \quad \sin^2\theta = \dfrac{1 - \cos 2\theta}{2}$

$\sin(A + B) = \sin A\cos B + \cos A\sin B$

$\sin(A - B) = \sin A\cos B - \cos A\sin B$

$\cos(A + B) = \cos A\cos B - \sin A\sin B$

$\cos(A - B) = \cos A\cos B + \sin A\sin B$

$\tan(A + B) = \dfrac{\tan A + \tan B}{1 - \tan A\tan B}$

$\tan(A - B) = \dfrac{\tan A - \tan B}{1 + \tan A\tan B}$

$\sin\left(A - \dfrac{\pi}{2}\right) = -\cos A, \qquad \cos\left(A - \dfrac{\pi}{2}\right) = \sin A$

$\sin\left(A + \dfrac{\pi}{2}\right) = \cos A, \qquad \cos\left(A + \dfrac{\pi}{2}\right) = -\sin A$

$\sin A\sin B = \dfrac{1}{2}\cos(A - B) - \dfrac{1}{2}\cos(A + B)$

$\cos A\cos B = \dfrac{1}{2}\cos(A - B) + \dfrac{1}{2}\cos(A + B)$

$\sin A\cos B = \dfrac{1}{2}\sin(A - B) + \dfrac{1}{2}\sin(A + B)$

$\sin A + \sin B = 2\sin\dfrac{1}{2}(A + B)\cos\dfrac{1}{2}(A - B)$

$\sin A - \sin B = 2\cos\dfrac{1}{2}(A + B)\sin\dfrac{1}{2}(A - B)$

$\cos A + \cos B = 2\cos\dfrac{1}{2}(A + B)\cos\dfrac{1}{2}(A - B)$

$\cos A - \cos B = -2\sin\dfrac{1}{2}(A + B)\sin\dfrac{1}{2}(A - B)$

Trigonometric Functions

Radian Measure

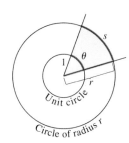

$\dfrac{s}{r} = \dfrac{\theta}{1} = \theta$ or $\theta = \dfrac{s}{r}$,

$180° = \pi$ radians.

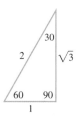

Degrees	Radians

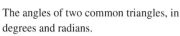

The angles of two common triangles, in degrees and radians.

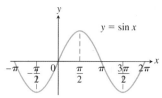

Domain: $(-\infty, \infty)$
Range: $[-1, 1]$

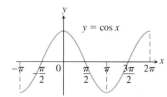

Domain: $(-\infty, \infty)$
Range: $[-1, 1]$

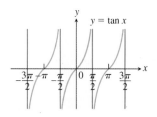

Domain: All real numbers except odd integer multiples of $\pi/2$
Range: $(-\infty, \infty)$

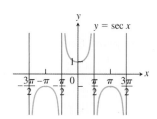

Domain: All real numbers except odd integer multiples of $\pi/2$
Range: $(-\infty, -1] \cup [1, \infty)$

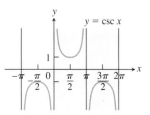

Domain: $x \neq 0, \pm\pi, \pm 2\pi, \ldots$
Range: $(-\infty, -1] \cup [1, \infty)$

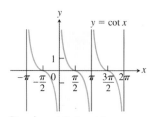

Domain: $x \neq 0, \pm\pi, \pm 2\pi, \ldots$
Range: $(-\infty, \infty)$

Series

Tests for Convergence of Infinite Series

1. **The nth-Term Test:** Unless $a_n \to 0$, the series diverges.
2. **Geometric series:** $\sum ar^n$ converges if $|r| < 1$; otherwise it diverges.
3. **p-series:** $\sum 1/n^p$ converges if $p > 1$; otherwise it diverges.
4. **Series with nonnegative terms:** Try the Integral Test, Ratio Test, or Root Test. Try comparing to a known series with the Comparison Test or the Limit Comparison Test.
5. **Series with some negative terms:** Does $\sum |a_n|$ converge? If yes, so does $\sum a_n$ because absolute convergence implies convergence.
6. **Alternating series:** $\sum a_n$ converges if the series satisfies the conditions of the Alternating Series Test.

Taylor Series

$$\frac{1}{1-x} = 1 + x + x^2 + \cdots + x^n + \cdots = \sum_{n=0}^{\infty} x^n, \qquad |x| < 1$$

$$\frac{1}{1+x} = 1 - x + x^2 - \cdots + (-x)^n + \cdots = \sum_{n=0}^{\infty} (-1)^n x^n, \qquad |x| < 1$$

$$e^x = 1 + x + \frac{x^2}{2!} + \cdots + \frac{x^n}{n!} + \cdots = \sum_{n=0}^{\infty} \frac{x^n}{n!}, \qquad |x| < \infty$$

$$\sin x = x - \frac{x^3}{3!} + \frac{x^5}{5!} - \cdots + (-1)^n \frac{x^{2n+1}}{(2n+1)!} + \cdots = \sum_{n=0}^{\infty} \frac{(-1)^n x^{2n+1}}{(2n+1)!}, \qquad |x| < \infty$$

$$\cos x = 1 - \frac{x^2}{2!} + \frac{x^4}{4!} - \cdots + (-1)^n \frac{x^{2n}}{(2n)!} + \cdots = \sum_{n=0}^{\infty} \frac{(-1)^n x^{2n}}{(2n)!}, \qquad |x| < \infty$$

$$\ln(1+x) = x - \frac{x^2}{2} + \frac{x^3}{3} - \cdots + (-1)^{n-1} \frac{x^n}{n} + \cdots = \sum_{n=1}^{\infty} \frac{(-1)^{n-1} x^n}{n}, \qquad -1 < x \le 1$$

$$\ln \frac{1+x}{1-x} = 2 \tanh^{-1} x = 2\left(x + \frac{x^3}{3} + \frac{x^5}{5} + \cdots + \frac{x^{2n+1}}{2n+1} + \cdots\right) = 2 \sum_{n=0}^{\infty} \frac{x^{2n+1}}{2n+1}, \qquad |x| < 1$$

$$\tan^{-1} x = x - \frac{x^3}{3} + \frac{x^5}{5} - \cdots + (-1)^n \frac{x^{2n+1}}{2n+1} + \cdots = \sum_{n=0}^{\infty} \frac{(-1)^n x^{2n+1}}{2n+1}, \qquad |x| \le 1$$

Binomial Series

$$(1+x)^m = 1 + mx + \frac{m(m-1)x^2}{2!} + \frac{m(m-1)(m-2)x^3}{3!} + \cdots + \frac{m(m-1)(m-2)\cdots(m-k+1)x^k}{k!} + \cdots$$

$$= 1 + \sum_{k=1}^{\infty} \binom{m}{k} x^k, \qquad |x| < 1,$$

where

$$\binom{m}{1} = m, \qquad \binom{m}{2} = \frac{m(m-1)}{2!}, \qquad \binom{m}{k} = \frac{m(m-1)\cdots(m-k+1)}{k!} \qquad \text{for } k \ge 3.$$

Vector Operator Formulas (Cartesian Form)

Formulas for Grad, Div, Curl, and the Laplacian

Cartesian (x, y, z) $\mathbf{i}, \mathbf{j}$, and $\mathbf{k}$ are unit vectors in the directions of increasing x, y, and z. M, N, and P are the scalar components of $\mathbf{F}(x, y, z)$ in these directions.

Gradient $\nabla f = \dfrac{\partial f}{\partial x}\mathbf{i} + \dfrac{\partial f}{\partial y}\mathbf{j} + \dfrac{\partial f}{\partial z}\mathbf{k}$

Divergence $\nabla \cdot \mathbf{F} = \dfrac{\partial M}{\partial x} + \dfrac{\partial N}{\partial y} + \dfrac{\partial P}{\partial z}$

Curl $\nabla \times \mathbf{F} = \begin{vmatrix} \mathbf{i} & \mathbf{j} & \mathbf{k} \\ \dfrac{\partial}{\partial x} & \dfrac{\partial}{\partial y} & \dfrac{\partial}{\partial z} \\ M & N & P \end{vmatrix}$

Laplacian $\nabla^2 f = \dfrac{\partial^2 f}{\partial x^2} + \dfrac{\partial^2 f}{\partial y^2} + \dfrac{\partial^2 f}{\partial z^2}$

Vector Triple Products

$(\mathbf{u} \times \mathbf{v}) \cdot \mathbf{w} = (\mathbf{v} \times \mathbf{w}) \cdot \mathbf{u} = (\mathbf{w} \times \mathbf{u}) \cdot \mathbf{v}$

$\mathbf{u} \times (\mathbf{v} \times \mathbf{w}) = (\mathbf{u} \cdot \mathbf{w})\mathbf{v} - (\mathbf{u} \cdot \mathbf{v})\mathbf{w}$

The Fundamental Theorem of Line Integrals

Part 1 Let $\mathbf{F} = M\mathbf{i} + N\mathbf{j} + P\mathbf{k}$ be a vector field whose components are continuous throughout an open connected region D in space. Then there exists a differentiable function f such that

$$\mathbf{F} = \nabla f = \frac{\partial f}{\partial x}\mathbf{i} + \frac{\partial f}{\partial y}\mathbf{j} + \frac{\partial f}{\partial z}\mathbf{k}$$

if and only if for all points A and B in D, the value of $\int_A^B \mathbf{F} \cdot d\mathbf{r}$ is independent of the path joining A to B in D.

Part 2 If the integral is independent of the path from A to B, its value is

$$\int_A^B \mathbf{F} \cdot d\mathbf{r} = f(B) - f(A).$$

Green's Theorem and Its Generalization to Three Dimensions

Tangential form of Green's Theorem: $\oint_C \mathbf{F} \cdot \mathbf{T}\, ds = \iint_R (\nabla \times \mathbf{F}) \cdot \mathbf{k}\, dA$

Stokes' Theorem: $\oint_C \mathbf{F} \cdot \mathbf{T}\, ds = \iint_S (\nabla \times \mathbf{F}) \cdot \mathbf{n}\, d\sigma$

Normal form of Green's Theorem: $\oint_C \mathbf{F} \cdot \mathbf{n}\, ds = \iint_R (\nabla \cdot \mathbf{F})\, dA$

Divergence Theorem: $\iint_S \mathbf{F} \cdot \mathbf{n}\, d\sigma = \iiint_D \nabla \cdot \mathbf{F}\, dV$

Vector Identities

In the identities here, f and g are differentiable scalar functions; $\mathbf{F}$, $\mathbf{F}_1$, and $\mathbf{F}_2$ are differentiable vector fields; and a and b are real constants.

$\nabla \times (\nabla f) = \mathbf{0}$

$\nabla(fg) = f\nabla g + g\nabla f$

$\nabla \cdot (g\mathbf{F}) = g\nabla \cdot \mathbf{F} + \nabla g \cdot \mathbf{F}$

$\nabla \times (g\mathbf{F}) = g\nabla \times \mathbf{F} + \nabla g \times \mathbf{F}$

$\nabla \cdot (a\mathbf{F}_1 + b\mathbf{F}_2) = a\nabla \cdot \mathbf{F}_1 + b\nabla \cdot \mathbf{F}_2$

$\nabla \times (a\mathbf{F}_1 + b\mathbf{F}_2) = a\nabla \times \mathbf{F}_1 + b\nabla \times \mathbf{F}_2$

$\nabla(\mathbf{F}_1 \cdot \mathbf{F}_2) = (\mathbf{F}_1 \cdot \nabla)\mathbf{F}_2 + (\mathbf{F}_2 \cdot \nabla)\mathbf{F}_1 + \mathbf{F}_1 \times (\nabla \times \mathbf{F}_2) + \mathbf{F}_2 \times (\nabla \times \mathbf{F}_1)$

$\nabla \cdot (\mathbf{F}_1 \times \mathbf{F}_2) = \mathbf{F}_2 \cdot (\nabla \times \mathbf{F}_1) - \mathbf{F}_1 \cdot (\nabla \times \mathbf{F}_2)$

$\nabla \times (\mathbf{F}_1 \times \mathbf{F}_2) = (\mathbf{F}_2 \cdot \nabla)\mathbf{F}_1 - (\mathbf{F}_1 \cdot \nabla)\mathbf{F}_2 + (\nabla \cdot \mathbf{F}_2)\mathbf{F}_1 - (\nabla \cdot \mathbf{F}_1)\mathbf{F}_2$

$\nabla \times (\nabla \times \mathbf{F}) = \nabla(\nabla \cdot \mathbf{F}) - (\nabla \cdot \nabla)\mathbf{F} = \nabla(\nabla \cdot \mathbf{F}) - \nabla^2\mathbf{F}$

$(\nabla \times \mathbf{F}) \times \mathbf{F} = (\mathbf{F} \cdot \nabla)\mathbf{F} - \frac{1}{2}\nabla(\mathbf{F} \cdot \mathbf{F})$

Limits

General Laws

If L, M, c, and k are real numbers and

$$\lim_{x \to c} f(x) = L \quad \text{and} \quad \lim_{x \to c} g(x) = M, \quad \text{then}$$

Sum Rule: $\quad \lim_{x \to c} (f(x) + g(x)) = L + M$

Difference Rule: $\quad \lim_{x \to c} (f(x) - g(x)) = L - M$

Product Rule: $\quad \lim_{x \to c} (f(x) \cdot g(x)) = L \cdot M$

Constant Multiple Rule: $\quad \lim_{x \to c} (k \cdot f(x)) = k \cdot L$

Quotient Rule: $\quad \lim_{x \to c} \dfrac{f(x)}{g(x)} = \dfrac{L}{M}, \quad M \neq 0$

The Sandwich Theorem

If $g(x) \leq f(x) \leq h(x)$ in an open interval containing c, except possibly at $x = c$, and if

$$\lim_{x \to c} g(x) = \lim_{x \to c} h(x) = L,$$

then $\lim_{x \to c} f(x) = L$.

Inequalities

If $f(x) \leq g(x)$ in an open interval containing c, except possibly at $x = c$, and both limits exist, then

$$\lim_{x \to c} f(x) \leq \lim_{x \to c} g(x).$$

Continuity

If g is continuous at L and $\lim_{x \to c} f(x) = L$, then

$$\lim_{x \to c} g(f(x)) = g(L).$$

Specific Formulas

If $P(x) = a_n x^n + a_{n-1} x^{n-1} + \cdots + a_0$, then

$$\lim_{x \to c} P(x) = P(c) = a_n c^n + a_{n-1} c^{n-1} + \cdots + a_0.$$

If $P(x)$ and $Q(x)$ are polynomials and $Q(c) \neq 0$, then

$$\lim_{x \to c} \frac{P(x)}{Q(x)} = \frac{P(c)}{Q(c)}.$$

If $f(x)$ is continuous at $x = c$, then

$$\lim_{x \to c} f(x) = f(c).$$

$$\lim_{x \to 0} \frac{\sin x}{x} = 1 \quad \text{and} \quad \lim_{x \to 0} \frac{1 - \cos x}{x} = 0$$

L'Hôpital's Rule

If $f(a) = g(a) = 0$, both f' and g' exist in an open interval I containing a, and $g'(x) \neq 0$ on I if $x \neq a$, then

$$\lim_{x \to a} \frac{f(x)}{g(x)} = \lim_{x \to a} \frac{f'(x)}{g'(x)},$$

assuming the limit on the right side exists.

Differentiation Rules

General Formulas

Assume u and v are differentiable functions of x.

Constant: $\qquad\qquad\qquad\qquad \dfrac{d}{dx}(c) = 0$

Sum: $\qquad\qquad\qquad\qquad \dfrac{d}{dx}(u + v) = \dfrac{du}{dx} + \dfrac{dv}{dx}$

Difference: $\qquad\qquad\qquad \dfrac{d}{dx}(u - v) = \dfrac{du}{dx} - \dfrac{dv}{dx}$

Constant Multiple: $\qquad\qquad \dfrac{d}{dx}(cu) = c\dfrac{du}{dx}$

Product: $\qquad\qquad\qquad \dfrac{d}{dx}(uv) = u\dfrac{dv}{dx} + \dfrac{du}{dx}v$

Quotient: $\qquad\qquad\qquad \dfrac{d}{dx}\left(\dfrac{u}{v}\right) = \dfrac{v\dfrac{du}{dx} - u\dfrac{dv}{dx}}{v^2}$

Power: $\qquad\qquad\qquad\qquad \dfrac{d}{dx}x^n = nx^{n-1}$

Chain Rule: $\qquad\qquad\qquad \dfrac{d}{dx}(f(g(x)) = f'(g(x)) \cdot g'(x)$

Trigonometric Functions

$$\dfrac{d}{dx}(\sin x) = \cos x \qquad \dfrac{d}{dx}(\cos x) = -\sin x$$

$$\dfrac{d}{dx}(\tan x) = \sec^2 x \qquad \dfrac{d}{dx}(\sec x) = \sec x \tan x$$

$$\dfrac{d}{dx}(\cot x) = -\csc^2 x \qquad \dfrac{d}{dx}(\csc x) = -\csc x \cot x$$

Exponential and Logarithmic Functions

$$\dfrac{d}{dx}e^x = e^x \qquad\qquad \dfrac{d}{dx}\ln x = \dfrac{1}{x}$$

$$\dfrac{d}{dx}a^x = a^x \ln a \qquad \dfrac{d}{dx}(\log_a x) = \dfrac{1}{x \ln a}$$

Inverse Trigonometric Functions

$$\dfrac{d}{dx}(\sin^{-1} x) = \dfrac{1}{\sqrt{1 - x^2}} \qquad \dfrac{d}{dx}(\cos^{-1} x) = -\dfrac{1}{\sqrt{1 - x^2}}$$

$$\dfrac{d}{dx}(\tan^{-1} x) = \dfrac{1}{1 + x^2} \qquad \dfrac{d}{dx}(\sec^{-1} x) = \dfrac{1}{|x|\sqrt{x^2 - 1}}$$

$$\dfrac{d}{dx}(\cot^{-1} x) = -\dfrac{1}{1 + x^2} \qquad \dfrac{d}{dx}(\csc^{-1} x) = -\dfrac{1}{|x|\sqrt{x^2 - 1}}$$

Hyperbolic Functions

$$\dfrac{d}{dx}(\sinh x) = \cosh x \qquad \dfrac{d}{dx}(\cosh x) = \sinh x$$

$$\dfrac{d}{dx}(\tanh x) = \operatorname{sech}^2 x \qquad \dfrac{d}{dx}(\operatorname{sech} x) = -\operatorname{sech} x \tanh x$$

$$\dfrac{d}{dx}(\coth x) = -\operatorname{csch}^2 x \qquad \dfrac{d}{dx}(\operatorname{csch} x) = -\operatorname{csch} x \coth x$$

Inverse Hyperbolic Functions

$$\dfrac{d}{dx}(\sinh^{-1} x) = \dfrac{1}{\sqrt{1 + x^2}} \qquad \dfrac{d}{dx}(\cosh^{-1} x) = \dfrac{1}{\sqrt{x^2 - 1}}$$

$$\dfrac{d}{dx}(\tanh^{-1} x) = \dfrac{1}{1 - x^2} \qquad \dfrac{d}{dx}(\operatorname{sech}^{-1} x) = -\dfrac{1}{x\sqrt{1 - x^2}}$$

$$\dfrac{d}{dx}(\coth^{-1} x) = \dfrac{1}{1 - x^2} \qquad \dfrac{d}{dx}(\operatorname{csch}^{-1} x) = -\dfrac{1}{|x|\sqrt{1 + x^2}}$$

Parametric Equations

If $x = f(t)$ and $y = g(t)$ are differentiable, then

$$y' = \dfrac{dy}{dx} = \dfrac{dy/dt}{dx/dt} \qquad \text{and} \qquad \dfrac{d^2y}{dx^2} = \dfrac{dy'/dt}{dx/dt}.$$

Integration Rules

General Formulas

Zero:
$$\int_a^a f(x)\,dx = 0$$

Order of Integration:
$$\int_b^a f(x)\,dx = -\int_a^b f(x)\,dx$$

Constant Multiples:
$$\int_a^b kf(x)\,dx = k\int_a^b f(x)\,dx, \qquad k \text{ any number}$$

$$\int_a^b -f(x)\,dx = -\int_a^b f(x)\,dx, \qquad k = -1$$

Sums and Differences:
$$\int_a^b (f(x) \pm g(x))\,dx = \int_a^b f(x)\,dx \pm \int_a^b g(x)\,dx$$

Additivity:
$$\int_a^b f(x)\,dx + \int_b^c f(x)\,dx = \int_a^c f(x)\,dx$$

Max-Min Inequality: If max f and min f are the maximum and minimum values of f on $[a, b]$, then

$$\min f \cdot (b - a) \le \int_a^b f(x)\,dx \le \max f \cdot (b - a).$$

Domination:
$$f(x) \ge g(x) \quad \text{on} \quad [a, b] \quad \text{implies} \quad \int_a^b f(x)\,dx \ge \int_a^b g(x)\,dx$$

$$f(x) \ge 0 \quad \text{on} \quad [a, b] \quad \text{implies} \quad \int_a^b f(x)\,dx \ge 0$$

The Fundamental Theorem of Calculus

Part 1 If f is continuous on $[a, b]$, then $F(x) = \int_a^x f(t)\,dt$ is continuous on $[a, b]$ and differentiable on (a, b) and its derivative is $f(x)$:

$$F'(x) = \frac{d}{dx}\int_a^x f(t)\,dt = f(x).$$

Part 2 If f is continuous at every point of $[a, b]$ and F is any antiderivative of f on $[a, b]$, then

$$\int_a^b f(x)\,dx = F(b) - F(a).$$

Substitution in Definite Integrals

$$\int_a^b f(g(x)) \cdot g'(x)\,dx = \int_{g(a)}^{g(b)} f(u)\,du$$

Integration by Parts

$$\int_a^b u(x)\,v'(x)\,dx = u(x)\,v(x)\Big]_a^b - \int_a^b v(x)\,u'(x)\,dx$$

A Brief Table of Integrals follows the Index at the back of the text.

찾아보기

사진 출처

Frontmatter: Page 9, Pling/Shutterstock.

Chapter 1: Page 19, Chapter 1 opening photo, Lebrecht Music and Arts Photo Library/Alamy Stock Photo.

Chapter 2: Page 56, Chapter 2 opening photo, Gui Jun Peng/Shutterstock.

Chapter 3: Page 120, Chapter 3 opening photo, Yellowj/Shutterstock; **Page 150, Exercise 19,** PSSC Physics, 2nd ed., Reprinted by permission of Educational Development Center, Inc.; **Page 195, Exercise 94,** NCPMF "Differentiation" by W.U. Walton et al., Project CALC. Reprinted by permission of Educational Development Center, Inc.

Chapter 4: Page 201, Chapter 4 opening photo, Carlos Castilla/Shutterstock.

Chapter 5: Page 266, Chapter 5 opening photo, Patrick Pleul/Dpa picture alliance archive/Alamy Stock Photo.

Chapter 6: Page 332, Chapter 6 opening photo, Pling/Shutterstock; **Page 372, Figure 6.44,** PSSC Physics, 2nd ed., Reprinted by permission of Education Development Center, Inc.

Chapter 7: Page 388, Chapter 7 opening photo, Markus Gann/Shutterstock.

Chapter 8: Page 465, Chapter 8 opening photo, Petr Petrovich/Shutterstock.

Chapter 9: Page 530, Chapter 9 opening photo, Fotomak/Shutterstock; **Page 546, Figure 9.10,** PSSC Physics, 2nd ed., Reprinted by permission of Educational Development Center, Inc.

Chapter 10: Page 616, Chapter 10 opening photo, Kjpargeter/Shutterstock.

Chapter 11: Page 667, Chapter 11 opening photo, Dudarev Mikhail/Shutterstock.

Chapter 12: Page 716, Chapter 12 opening photo, EPA European pressphoto agency b.v./Alamy Stock Photo; **Page 733, Exercise 39,** PSSC Physics, 2nd ed., Reprinted by permission of Educational Development Center, Inc.

Chapter 13: Page 759, Chapter 13 opening photo, Alberto Loyo/Shutterstock; **Page 763, Figure 13.7,** From Appalachian Mountain Club. Copyright by Appalachian Mountain Club; **Page 798, Figure 13.26,** Yosemite National Park Map, U.S. Geological Survey.

Chapter 14: Page 850, Chapter 14 opening photo, Viappy/Shutterstock.

Chapter 15: Page 922, Chapter 15 opening photo, Szefei/Shutterstock; **Page 929, Figure 15.7,** Reprinted by permission of Educational Development Center, Inc.; **Page 929, Figure 15.8,** Reprinted by permission of Educational Development Center, Inc.

Chapter 16: Page 1016, Chapter 16 opening photo, Rich Carey/Shutterstock; **Page 1019, Figure 16.3,** U.S. Bureau of the Census (Sept., 2007): www.census.gov/ipc/www/idb.

Appendices: Page AP-1, Appendices opening photo, Lebrecht Music and Arts Photo Library/Alamy Stock Photo.

수학교재연구회

안동대학교: 유영찬   인천대학교: 구상모

인제대학교: 이성재   전북대학교: 이용훈

대표 역자: 이용훈